C A L C U L U S

미분적분학

김현정 지음

경문사

■ 김현정

서울대학교 수학교육과 학사

서울대학교 수학과 박사

현) 호서대학교 교수

미분적분학(Calculus)

지은이 김현정
펴낸이 조경희
펴낸곳 경문사
펴낸날 2024년 1월 2일 1판 1쇄
등 록 1979년 11월 9일 제1979-000023호
주 소 04057, 서울특별시 마포구 와우산로 174
전 화 (02)332-2004 팩스 (02)336-5193
이메일 kyungmoon@kyungmoon.com

값 39,000원

ISBN 979-11-6073-667-0

머리말

이 책은 자연계열과 공학계열의 대학생들이 전공과목을 배우는 데 기초가 되는 미적분학을 체계적으로 다루고 있다. 미적분학을 다룬 책은 이미 많은 종류가 출간되어 있지만, 번역서는 국내 중등교육의 내용과 연속되지 않은 경우가 많고 국내 교재는 미적분의 개념과 예제에서 기하학적인 이미지의 사용이 부족한 경우가 많다. 그래서 나는 오랜 기간 대학에서 미적분학을 가르치면서 다양한 수준의 교재가 필요하다는 것을 절실히 느꼈고 그간의 강의자료를 정리하여 이 책을 쓰게 되었다.

내가 재직하고 있는 대학에는 큰 규모의 공대가 있는데 이들 공대생의 수학 능력은 천차만별이다. 게다가 2020년에 시작된 코로나 팬데믹의 영향으로 학생들은 자기 스스로 계산을 하거나 필기를 하는 것에 익숙하지 않게 되었고, 특히 여러 단계의 과정을 거치는 문제에 집중하지 못하는 경향이 두드러졌다. 이러한 학생들을 보면서 더는 기존의 수업방식에 안주해 있을 수 없었던 나는 새로운 교육방법의 필요성을 깨닫고 다양한 시도를 하게 되었다. 사회적 흐름에 따른 학생들의 변화에 걸맞은 교육을 이루어보려는 나의 노력이 부디 미적분학을 가르치고 배우는 이들에게 조금이나마 도움이 될 수 있길 바란다.

미적분학을 다룬 이 책의 대상은 수학을 전공하는 학생이 아닌 이공계열의 다양한 학생들이다. 특히 고등학교에서 수학이 어렵고 힘들었던 이공계열 학생 또는 독학으로 대학 미적분을 공부하는 학생을 대상으로 한다. 이공계열을 선택한 학생들이 초등학교와 중학교의 초반까지는 대부분 수학에 흥미를 가졌음에도 불구하고 점차 이런저런 이유로 수학에 흥미를 잃고 실력이 뒤처지는 경우가 많은데, 이런 학생들에게 이 책이 유용한 교재가 될 수 있을 것이다.

지난 30년간 수학 교육에 대한 나의 생각에는 많은 변화가 있었다. 돌이켜보면 대학에서 수학 강의를 막 시작했던 당시의 나는 주로 논리와 증명을 통해 개념을 설명하려고 했다. 그런데 학기가 지나면서 학생들이 수학에 흥미를 갖지 못하고 점점 더 힘들어한다는 것을 알게 되면서 수학을 교육한다는 것에 대해 근본적인 성찰을 하지 않을 수 없었다.

이제까지 대부분의 미적분학 교재는 수학의 개념에 대해 정확히 설명하는 데 중점을 두었다. 하지만 내 경험에 따르면 이러한 논리적 접근은 학생들이 개념을 이해하는 데 크게 도움이 되지 않는다. 또한 미적분의 응용과 적용에 중점을 두는 공학계열에서는 수학을 기피하는 학생이 증가하는 사회 분위기를 이유로 미적분 수업에서 계산에 중점을 두어야 한다는 견해도 있다. 그러나 현재는 새로운 변화의 시대이고 응용의 범위는 무한하기 때문에 개념의 이해가 더욱 중요해지고 있다. 그래서 이 책에서는 개념을 설명하는 다양한 방법을 시도하되, 엄밀한 수학적 개념을 평이한 말과 그림을 활용해 설명하고자 했다.

이 책의 특징을 소개하면 다음과 같다.

A. 현재 중등 교육과정의 수학 내용과 연결된 내용으로 구성하였다.

- 최근 중등 교육과정에서 제외되어 학생들이 배우지 않는 개념, 즉 행렬, 급수, 벡터 그리고 곡선의 자취 등에 대한 설명을 추가하였다. 가령, 행렬의 개념이 필요한 부분에서는 행렬과 행렬식에 대해 정의를 내렸다. 벡터를 처음 배우는 학생들을 위해 벡터의 개념을 물리적인 정의와 수학적인 정의로 구분하여 상세히 다루었다.
- [0장. 미적분학의 기본 개념]에서는 일반 미적분학에 없는 중등 교육과정의 내용을 정리하였다. 이는 문과 학생과 이과 학생의 전공학과 교차지원이 늘면서 문과 수학을 공부한 학생들이 본격적으로 미적분학을 공부하기 전에 알아두어야 할 내용이기 때문이다. 특히 문과 계열의 학생들에게는 생소한 삼각함수, 지수함수, 로그함수의 정의를 상세하게 다루었다.
- 중등 교육과정에서 용어를 정의하거나 설명하는 경우 집합 용어를 되도록 적게 사용하는 경향이 있는데, 이 책에서도 용어를 정의할 때 집합의 기호를 사용하기보다 쉽게 말로 풀어서 용어를 정의하고 개념을 설명하였다.

B. 이미지를 통해 미적분의 개념을 쉽게 이해할 수 있게 설명하였다.

- 미적분을 흔히 '계산'이라고 오해하지만 미적분의 대상은 평면이나 공간에서의 도형이다. 따라서 대표적인 개념인 함수, 함수의 극한, 연속, 미분, 적분에 관해 설명하면서 많은 그림을 사용하였다.
- 공학 분야에서 곡선과 곡면은 중요한 도형인데, 최근 벡터와 기하 내용이 중등 교육과정에서 매우 약화되었다. 그래서 곡선과 곡면을 함수의 그래프 혹은 방정식으로 표현하는 방식을 비중 있게 다루었다. 이미지로서의 곡선이나 곡면을 평면이나 공간에서 곡선이나 곡면의 방정식으로 표현하는 방법을 자세히 설명하였다.

C. 학생 스스로 논리에 익숙해질 수 있도록 내용을 전개하였다.

- 과학의 기본은 논리이다. 그러나 논리를 기계적인 공식을 통해 암기하는 방식이 아니라 자연스럽게 이해하는 방식을 통해 스스로 습득할 수 있도록 하였다. 결국 논리의 핵심은 원인과 결과의 과정이므로, 각 단계의 개념과 계산이 왜 필요한지 스스로 생각하도록 학습을 유도하였다.
- 각 개념의 설명과정에서 개념의 일관성과 확장성을 강조하였다. 예컨대 실함수의 극한, 이변수함수의 극한, 벡터함수의 극한을 설명하면서 극한의 개념이 갖는 일관성을 밝혀줌으로써 이 개념에 대한 확장된 이해를 가능하게 하였다.
- 직선, 평면, 공간을 설명할 때는 차원의 확장에 대한 개념을 그림을 통해 이해할 수 있도록 하였다. 다중적분에 대한 설명에서 차원에 대한 이해를 다시 한번 생각하도록 하였다.

D. 개념에 대한 이해와 계산 능력을 함양하기 위해 난이도 별로 다양한 예제를 수록하였다.

- 개념을 설명하는 과정에서 난이도에 따른 다양한 예제를 제시하였다.
- 본문에는 예제에 대한 상세한 풀이 과정이 있다. 예제와 관련된 개념의 이해를 돕기 위해 예제와 같은 형태의 문제를 연습문제에 배치하고 예제의 번호와 해당 연습문제의 번호를 다음과 같이 연결하였다.

> **[예제 4.23]** 구간 $[-\frac{1}{2}, 2]$에서 함수 $f(x) = -2x^3 + 3x^2$의 극값을 모두 구하여라. [연습문제 7~12]

[7-12] 1계 도함수를 이용하여 다음 함수의 극값을 구하여라. [예제 4.23~4.26]

E. 본문의 내용을 주요 부분과 보충 부분으로 구분하여 구성하였다.

- 주요 부분에서는 핵심 내용을 체계적으로 서술하였다.
- 보충 부분에서는 주요 부분의 내용을 보완하는 그림, 주요 내용에 대한 배경 설명, 복습 내용 그리고 자세한 계산 과정 등을 서술하였다.

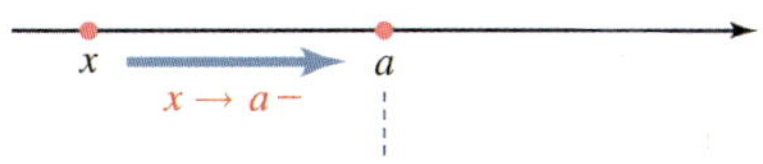

[그림 2.10](a)

[그림 2.10](a)은 $x<a$에서 x가 a로 다가가는 경우이고 기호로 다음과 같다.

$$x \to a-$$

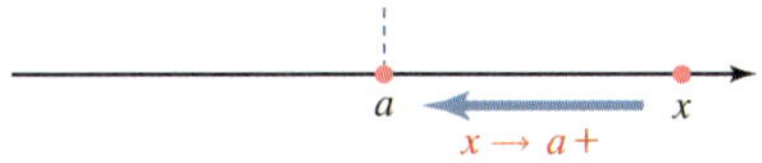

[그림 2.10](b)

[그림 2.10](b)는 $x>a$에서 x가 a로 다가가는 경우이고 기호로 다음과 같다.

$$x \to a+$$

F. 본문 내용에서 색상과 번호를 사용하여 관련 사항을 구분하였다.

- 그림, 정의, 정리의 번호를 각 장에서 일렬로 부여하였다. 가령 2장에서 [그림 2.1]에서 시작하여 2장의 마지막 그림까지 그 번호를 일렬로 부여하였다. 마찬가지로 [정의 2.1]과 [정리 2.1]에서 시작하여 2장의 마지막 정의와 정리의 번호를 일렬로 부여하였다.
- 정의, 정리, 주요 식을 나타내는 상자의 색상을 각각 구별하였다.

[정의 4.3: 함수의 증가와 감소] 함수 f가 구간 I에서 정의되었다고 하자.

(i) 구간 I 내의 모든 x_1, x_2에 대하여 $x_1<x_2$일 때 $f(x_1)<f(x_2)$이면 함수 f는 구간 I에서 증가(increasing)한다고 한다.

(ii) 구간 I 내의 모든 x_1, x_2에 대하여 $x_1<x_2$일 때 $f(x_1)>f(x_2)$이면 함수 f는 구간 I에서 감소(decreasing)한다고 한다.

[정리 4.1: 롤(Rolle)의 정리]

유계이고 닫힌 구간 $[a,b]$에서 정의된 함수 f가 닫힌 구간 $[a,b]$에서 연속이고, 열린 구간 (a,b)에서 미분가능하고 $f(a)=f(b)$이라고 하자.

그러면 $f'(k)=0$인 k가 열린 구간 (a,b) 내에 적어도 하나 존재한다.

$$(f^{-1})'(b)=\frac{1}{f'(a)}=\frac{1}{f'(f^{-1}(b))}$$

- '주의'와 '참고'도 색상을 달리 사용하여 구분하였다. [주의]는 개념의 이해에서 주의해야 할 내용이고, [참고]는 개념의 내용을 보조적으로 설명하는 내용이다.
- 주요 내용의 '*' 부분을 설명하는 내용을 보충 부분에 '*'로 표시해 설명하였다.

다음은 이 책의 내용에 대한 간단한 설명이다.

1. [0장. 미적분학의 기본 개념]은 일반 미적분학에 관해 공부를 시작하기 전 미리 알아두어야 하는 내용으로, 고등학교 수학 내용의 복습에 해당한다.
2. 1장부터 6장까지는 실함수의 극한, 연속, 미분과 적분을 다루었다. 실함수의 그래프를 그리고 평면도형의 넓이를 구하는 방식을 설명하였다.
3. [7장. 수열과 급수]는 함수의 급수 표현에 관한 내용인데, 특히 공학 분야에서 응용을 위해 중요하게 다뤄야 할 부분이다.
4. [8장. 극좌표와 극방정식, 원뿔곡선]에서는 평면도형의 표현방식을 다양하게 다루었다. 평면의 극좌표계는 평면곡선을 다양하게 표현해주는 중요한 도구이다. 그리고 원뿔곡선은 평면 이차방정식으로 표현되는 대표적인 평면곡선이다.
5. [9장. 벡터 그리고 공간 위의 직선, 평면, 이차곡면]에서는 벡터의 물리적 정의와 수학적 정의를 다루었다. 그리고 벡터함수를 사용하여 평면곡선과 공간곡선에 대해 수학적인 정의를 내리고 곡선의 성질을 다루었다.
6. 10장부터 12장까지는 이변수함수와 삼변수함수의 극한, 연속, 미분 그리고 적분을 다루었다.

이 책을 마무리하면서 다음 두 가지 점이 아쉬움으로 남는다. 하나는, 기초 단계부터 심화 단계까지 좀 더 다양한 연습문제를 제공하지 못한 점이다. 또 하나는, 미적분학의 꽃이라고 할 수 있는 벡터장에 대한 미적분 관련 내용을 포함하지 못한 점이다. 모쪼록 다음 개정판을 통해 이 책의 부족한 부분을 보충할 수 있길 바란다.

마지막으로 이 책을 집필하면서 내게 도움을 주셨던 여러 사람에게 감사의 마음을 전하고 싶다. 우선, 오랜 기간 호서대학교 수학과에서 같이 지내온 김완순 교수님, 박준석 교수님, 이춘호 교수님, 이경복 교수님께 감사한다. 이미 은퇴하신 분들도 계시지만 그분들의 연륜을 통해 나는 큰 배움을 얻었다. 그리고 많은 시간 동안 교육에 관한 대화를 나눌 수 있었던 박영자 교수님께도 감사를 전한다. 이 책의 연습문제를 만들어준 김귀석 선생님과 하용선 선생님에게도 진심 어린 감사를 전한다.

이번 책의 제작과 관련한 저자의 까다로운 요구에도 불구하고 이를 수락하고 출간을 맡아 주신 경문사의 박종화 상무님께 감사드린다. 길고 지루한 편집과정에 큰 도움을 주신 박종인 차장님 그리고 송재병 과장님께도 감사를 드린다. 방대한 내용을 일관성 있게 조정하느라 수차례에 걸쳐 수정을 거듭하는 동안 송재병 과장님의 꼼꼼한 검토는 큰 도움이 되었다.

마지막으로 나의 부모님께 감사를 드린다. 이 책을 집필하고 있는 딸에게 늘 용기와 격려를 보내주셨던 아버지와 어머니는 나에게 가장 큰 힘이 되었다. 부모님께 이 책을 바친다.

2023년 11월 김현정

차례

Chapter 3 미분

Chapter 4 미분의 활용

Chapter 5 적분: 정적분과 부정적분

Chapter 6 적분의 응용

Chapter 7 수열과 급수

Chapter 8 극좌표와 극방정식, 원뿔곡선

Chapter 9 벡터 그리고 공간 위의 직선, 평면, 이차곡면

Chapter 10 벡터함수와 매개곡선

Chapter 11 다변수함수

Chapter 12 다중적분

CHAPTER 0

미적분학을 위한 기본 개념

수학을 생각하면 기호와 숫자와 식과 같이 주의 깊게 보지 않으면 기호들의 나열로만 생각이 된다. 이런 부분이 일반인들에게 아마도 수학을 멀게 느껴지게 하는 주요한 원인일 것이다. 그러나 기호가 없던 시절을 상상해 보자.

현존하는 유클리드의 「원론」 사본 중 가장 오래된 것은 영국 옥스퍼드 대학의 보들리 도서관에 소장된 〈MS D'Orville 301〉이다. 그 문서에는 점을 나타내는 문자, 직선을 나타내는 문자 그리고 각을 나타내는 문자를 제외하고 어떤 수학기호도 없다.

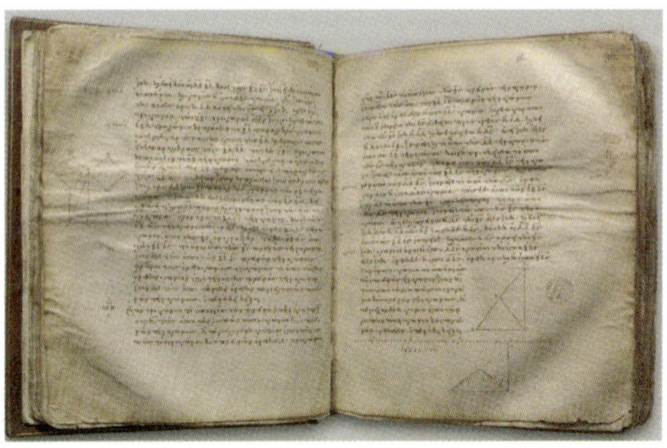

[그림] 원론 「사본」인 〈MS D'Orville 301〉
(ⓒ Bodleian Libraries, University of Oxford)

[그림]은 단순한 항등식 $(a+b)^2 = a^2 + 2ab + b^2$ 을 증명하는 방법을 보여주고 있다. 유클리드의 저작에는 덧셈이나 뺄셈을 나타내는 기호는 전혀 없다. 그의 문서는 기하학적이고 완전 수사학적이다. [그림]에는 이미 고인이 된 많은 이들의 남겨놓은 기하학적 그림과 대수방정식에 인도 숫자로 된 메모까지 있는 것이 보인다. [그림]은 히스(Thomas Heath)의 번역에 의해 2권의 명제 7을 다음과 같이 기술하고 있다.

"직선을 임의로 자를 경우 전체 위의 정사각형은 각 부분 위의 정사각형 및 부분들이 만든 직사각형의 두 배와 같다."

이 기술을 익숙한 기호로 표현하면 다음과 같다.

$$(a+b)^2 = a^2 + 2ab + b^2$$

기호를 사용한 식이 편리한 기록임에는 틀림이 없다. 그러나 기호의 사용은 그 이상의 의미가 있다. 기호는 인간이 사용하는 자연스러운 단어들 속의 모든 특정한 의미와 애매한 의미의 오해를 초월할 수 있도록 해준다. 즉 기호의 사용은 특정 서술을 일반적인 형태로 만든다.

데카르트의 시대에 와서 거의 완전한 현대적인 기호를 사용하게 되었다. 미적분학에서 기호에 의한 방정식의 사용은 매우 중요한 준비단계이다.

0.1 실수

미적분학의 기본 개념은 실수의 체계와 성질에 기초하고 있다. 실수는 무엇이고 어떤 성질을 가지고 있는지 알아보자.

◐ 자연수, 정수, 유리수 그리고 무리수

실수를 구성하는 수의 종류를 알아보자. 우선 하나, 둘, 셋, 넷 등으로 대상의 개수를 셀 수 있는 수인 **자연수**(Natural numbers 또는 Countable numbers)

$$1, 2, 3, 4, 5, 6, \cdots$$

로 시작을 한다. 자연수의 모임을 기호로 $\mathbb{N}$으로 표시한다.

자연수를 확장해서 다음 세 종류를 만든다.

- 자연수
- 0
- 0을 중심으로 각 자연수의 반대 부호를 갖는 음의 수(즉 모든 자연수 n에 대하여 음의 수인 $-n$)

이러한 세 종류의 수인 [자연수, 0, 자연수의 음의 값]으로 이루어진 수를 **정수**(Integer)라고 한다. 즉,

$$\underbrace{\cdots, -5, -4, -3, -2, -1}_{\text{자연수의 음의 값}}, 0, \underbrace{1, 2, 3, 4, 5, \cdots}_{\text{자연수}}$$

[참고] 유리수의 영어 명칭이 rational number인 이유는 인간의 이성적(ration)인 논리에 의한 확장으로 만들어진 수의 의미를 갖는다. 그리스 시대의 사람들에게는 연산에 의한 확장이 자연스러운 확장이었다. 그리스 시대의 사람들에게는 연산에 의한 확장이 자연스러운 확장이었다.

정수의 모임을 기호로 $\mathbb{Z}$로 표시한다.

정수를 2개의 비율(ratio)을 구하여 만들어진 수가 **유리수**(Rational number 또는 Quotient number)이다. 즉 유리수 r은 정수 m과 $n \neq 0$으로 다음과 같이 표현된다.

$$r = \frac{m}{n}$$

[주의] 비율은 0으로 나눌 수 없다. 즉, $\frac{3}{0}, \frac{0}{0}$ 등은 정의되지 않는다.

유리수의 정의에서 정수 n은 $n = \frac{n}{1} = \frac{2n}{2} = \cdots$이므로 모든 정수는 유리수임을 알 수 있다. 유리수의 모임을 기호로 $\mathbb{Q}$로 표시한다.
이렇게 자연수에서 정수, 그리고 정수에서 유리수로 자연스럽게 확장되었다.

[참고] 미적분학에서 수는 실수를 지칭한다.

여기서 수란 무엇인지를 다시 한번 생각해 보자. 역사적으로 고대 그리스에서는 수에 대하여 근본적으로 생각을 하면서 「수(numbers)」와 「크기(length)」를 구분

해서 생각했다. 그리스의 수학자들은 유리수만을 수라고 허용하였고 선분의 길이를 수로 대응시키는 것을 금기했다.

그리스 시대부터 가장 널리 사용되고 있는 명제 중에 **피타고라스 정리**가 있다. ([그림 0.1](a) 참고) 피타고라스 정리에 의해 선분의 길이가 유리수로 표현되지 않는 선분이 있음을 알게 된다.

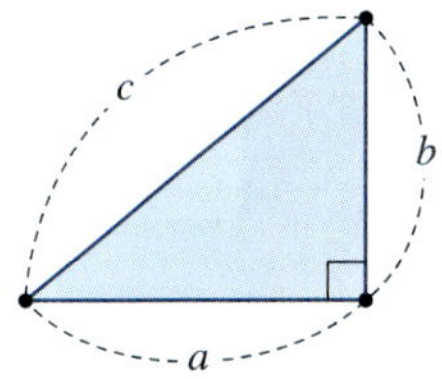

$a^2+b^2=c^2$

[그림 0.1](a) 피타고라스 정리

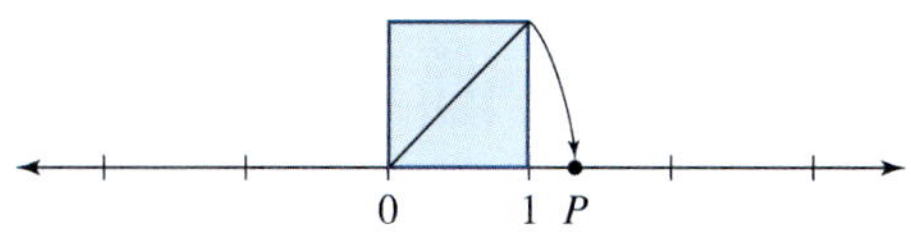

[그림 0.1](b)

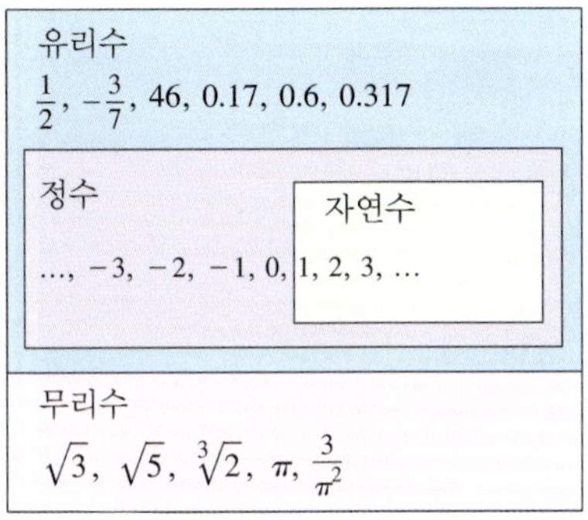

[그림 0.2] 실수체계

[참고] 무리수의 영어 명칭이 irrational numbers이고 「비이성적」이라는 의미이다. 무리수는 수로서 인정을 받지 못했고 무리수의 존재에 대한 발설만으로도 이단으로 여겨지던 시기가 있었다. 무리수를 수로서 받아들이는 과정은 수학의 역사에서 큰 사건 중의 하나이다.

예를 들어 [그림 0.1](b)에서 보면 한 변이 1인 정사각형의 대각선에 해당하는 선분 $\overline{OP}$의 길이에 해당하는 수가 유리수가 아님을 보일 수 있고 $\sqrt{2}$에 해당한다. 그러므로 유리수가 아닌 수가 존재한다는 것을 알 수 있다. 유리수가 아닌 수를 **무리수**(Irrational numbers)라고 한다. 즉 **실수는 유리수와 무리수로 이루어진다**. ([그림 0.2] 실수체계 참고)

실수를 나타내는 표현으로 소수 표현이 있다. **무리수는 무한 소수 중에서 비순환 표현으로 이루어진 소수로 표현된다.**

$$\sqrt{2}=1.41423562373095\cdots,\quad \pi=3.141592653589793\cdots$$

근대에 와서 실수에 대한 체계를 세우기 위해 다음과 같은 기본적인 가정을 한다. 이러한 가정은 실수에 연속성에 대한 성질을 부여한 것이다.

「선분의 길이를 수로 나타내고 수가 있으면 그 수에 해당하는 선분이 있다」

여기서 수는 양의 수를 의미한다.

◐ 실수의 성질

실수에는 연산의 성질, 크기, 연속성의 성질이 있다.

[성질 1] 실수는 사칙연산(덧셈, 곱셈, 뺄셈, 나눗셈)이 가능하다.

실수는 덧셈, 뺄셈, 곱셈, 나눗셈인 네 개의 연산을 사용한다. 그러나 원칙적으로

- 덧셈과 뺄셈인 두 개의 연산이 있고
- 뺄셈은 덧셈의 한 변형이고 나눗셈은 곱셈의 한 변형이다. 즉,
  (i) **뺄셈**: 두 실수 a, b에 대하여 $a-b=a+(-b)$.
  (ii) **나눗셈**: 두 실수 a, b에 대하여 $a\div b=a\cdot\frac{1}{b}=a\frac{1}{b}$.

[주의] 곱셈의 기호는 ×, ·, 생략 등이 있다.
- 문자 사이의 곱셈은 생략으로 곱셈을 표시한다. (예: ab, abc, a^2b 등)
- 숫자 사이의 곱셈은 ·으로 곱셈을 표시한다. (예: $2\cdot3, 3\cdot7$ 등)

실수는 기본적으로 덧셈과 곱셈인 두 개의 연산이 있다. 실수의 기본 연산인 덧셈(+)과 곱셈(·)은 다음의 세 가지 기본 성질을 갖는다.

[정리 0.1: 실수의 연산의 성질]

(1) 교환법칙: $a+b=b+a$, $ab=ba$

(2) 결합법칙: $(a+b)+c=a+(b+c)$, $(ab)c=a(bc)$

(3) 분배법칙: $a(b+c)=ab+ac$, $(a+b)c=ac+bc$

[성질 2] 모든 두 개의 실수는 반드시 크기를 비교할 수 있다.

두 실수 a,b에 대하여 다음 중 반드시 하나만 성립한다.

$$a<b,\ a=b,\ b<a$$

실수의 크기에 관한 다음과 같은 중요한 성질이 있다.

$$\text{모든 실수 } a\text{에 대하여 } a^2=aa\geq 0$$

[성질 3] 모든 실수는 연결된 직선 위의 모든 점과 일대일대응을 한다.

이 성질을 실수의 연속성이라고 하고 극한의 정의에 매우 중요하고 미적분학의 중요한 개념의 기초가 된다. 일반적으로 직선은 연속적으로 연결되어 있음을 알고 있다. 이것은 점으로 이루어진 직선에 빠진 점이 없고 연속적이라는 것을 의미한다.

기하학적으로 직선은 연속적으로 연결된 굽지 않은 선의 이상적인 모델이다. 이러한 직선을 모델로 직선과 일대일대응으로 이루어진 실수는 연속성을 가진다.

실수의 성질을 정리하면 다음과 같다.

[정리 0.2: 실수의 성질]

[성질 1] 실수는 사칙연산(덧셈, 곱셈, 뺄셈, 나눗셈)이 가능하다.

[성질 2] 모든 두 개의 실수는 반드시 크기를 비교할 수 있다.

[성질 3] 모든 실수는 연결된 직선 위의 모든 점과 일대일대응을 한다.

◐ 실직선: 직선의 좌표계

실직선은 직선 위의 점이 실수와 일대일대응을 시킨 준비를 갖춘 직선으로 **직선의 좌표계**라고도 한다. 실직선은 다음과 같은 준비와 방법으로 실수와 일대일대응을 한다.

[참고] 실직선은 직선과 구별된다.

- 직선은 양방향이 무한히 연장되는 점으로 이루어진 도형으로 다음과 같이 그린다.

- 실직선은 실수를 직선 위의 점에 대응시킨 실수의 직선좌표계로 다음과 같이 그린다.

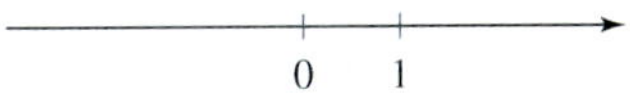

이때, 직선의 좌표계는 직선 위의 각 점에 실수의 이름을 붙여주는 방법(체계)이다.

[정의 0.1: 실직선 또는 실수의 좌표계]

직선 위에 다음과 같은 조건을 갖춘 경우 **실직선**이라고 한다.

(1) 직선 위에 한 점를 잡는다. 이 점에 숫자 0을 대응하고 **기준점**(origin)이라고 한다.

(2) 점 0은 직선을 두 개의 부분으로 나눈다. 관습적으로 오른쪽 부분을 양의 방향으로 정하고 화살표를 표시한다. ([그림 0.3](a) 참고)*

(3) 점 0를 기준으로 양의 방향의 반직선에 점 0과 다른 한 점을 잡고 실수 1을 대응한다. ([그림 0.3](a) 참고)

(4) 선분 $\overline{01}$의 길이를 단위길이로 정하고 단위길이에 대한 길이의 비에 따라서 실수를 대응시킨다. ([그림 0.3](b) 참고)

* 실직선에서 0을 중심으로 화살표가 있는 방향이 양의 방향이다.

[그림 0.3](a) 실직선 또는 실수의 좌표계

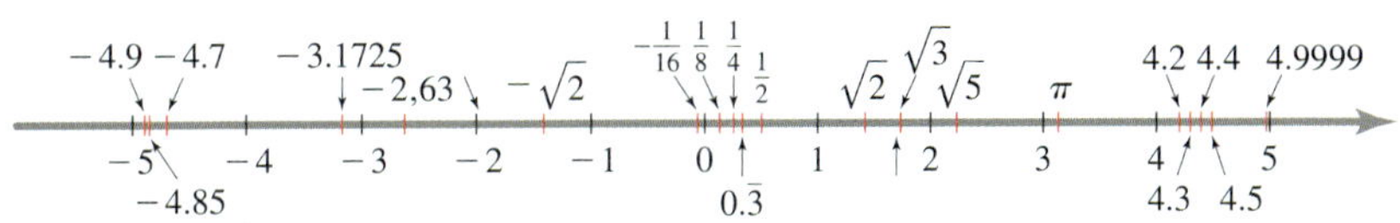

[그림 0.3](b) 실직선 위에 실수의 대응

◐ 실직선의 구간

미적분에서 자주 나오는 실수의 집합으로 **구간**(interval)이 있고 기하학적으로는 선분에 해당한다. 두 실수 $a<b$에 대하여

일반적으로 구간을 표현하는 괄호 ( )는 경계의 점을 포함하지 않는 구간을 표현하고 괄호 [ ]는 경계의 점을 포함하고 있는 구간을 표현한다.

(i) a와 b사이의 모든 실수들의 집합을 (a,b)라고 표시하고 a에서 b까지의 **열린 구간**(open interval)이라고 한다. 즉, $(a,b)=\{x|a<x<b\}$.

(ii) a와 b를 포함하여 a와 b사이의 모든 실수들의 집합을 $[a,b]$라고 표시하고 a에서 b까지의 **닫힌 구간**(closed interval)이라고 한다. 즉, $[a,b]=\{x\mid a\le x\le b\}$.

(iii) a 또는 b가 실수가 아닌 경우에도 구간을 정의한다. 예를 들어서 구간 $(a,\infty)=\{x|a<x\}$ 이고 구간 $(-\infty,b]=\{x\mid x\le b\}$.

실수 위의 구간에 해당하는 선분 또는 반직선의 끝점을 포함하는지 포함하지 않는지에 따라서 다음과 같은 종류의 구간이 있다.

구간의 기호는 다른 수학적 기호와 혼동되기 쉽다. 예를 들어서 구간 $(1,1)$과 좌표 $(1,1)$은 같은 기호를 쓴다. 그러므로 구간을 표시하는 경우 '구간 (a,b)'라고 쓴다.

[표 0.1]

기호	정의	그림
(a,b)	$\{x \mid a<x<b\}$	
$[a,b]$	$\{x \mid a\le x\le b\}$	
$[a,b)$	$\{x \mid a\le x<b\}$	
$(a,b]$	$\{x \mid a<x\le b\}$	
(a,∞)	$\{x \mid a<x\}$	
$[a,\infty)$	$\{x \mid a\le x\}$	
$(-\infty,b)$	$\{x \mid x<b\}$	
$(-\infty,b]$	$\{x \mid x\le b\}$	
$(-\infty,\infty)$	$\mathbb{R}$(실수 전체)	

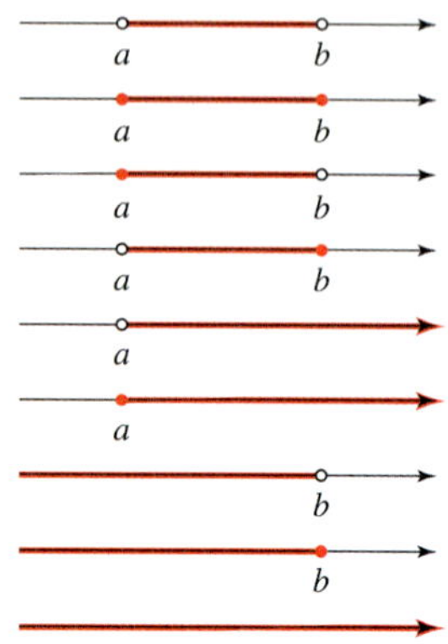

[예제 0.1] 다음 주어진 구간을 부등호로 표시하고 수직선 위에 그려라.

(a) 구간 $[-1,2)$ (b) 구간 $\left[\frac{3}{2},4\right]$ (c) 구간 $(-3,\infty)$

[풀이]

(a) 구간 $[-1,2)$를 부등호로 표시하면 $-1\le x<2$이다. 구간 $[-1,2)$를 수직선 위에 그리면 다음과 같다.

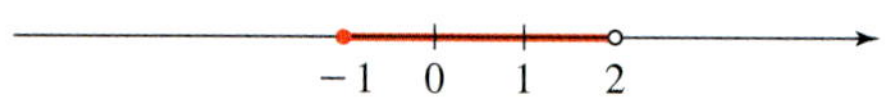

(b) 구간 $\left[\frac{3}{2},4\right]$를 부등호로 표시하면 $\frac{3}{2}\le x\le 4$이다. 구간 $\left[\frac{3}{2},4\right]$를 수직선 위에 그리면 다음과 같다.

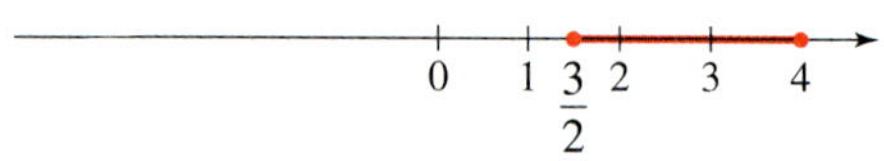

(c) 구간 $(-3,\infty)$를 부등호로 표시하면 $-3<x<\infty$이다. 구간 $(-3,\infty)$를 수직선 위에 그리면 다음과 같다.

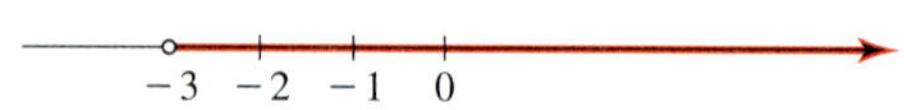

■

연습문제

• Part 1

[1-8] 다음 주어진 구간을 부등호로 표시하고 수직선 위에 그려라. [예제 0.1]

1. 구간 $[2,4]$
2. 구간 $(0,3)$
3. 구간 $[-1,5)$
4. 구간 $(2,6]$
5. 구간 $(3,\infty)$
6. 구간 $[2,\infty)$
7. 구간 $(-\infty,-1)$
8. 구간 $(-\infty,1]$

0.2 지수와 근호

$a \neq 0$는 실수라고 하자. 실수 x에 대한 지수 a^x를 살펴보자. 여기서는 유리수 x인 경우 지수 a^x의 정의를 정리해 보자.

밑 → a^x ← 지수

◐ 정수 지수

지수 a^x는 같은 수를 반복하여 곱하는 개념에서 시작한다.

* 양의 정수는 자연수와 같은 의미이다.

> **[정의 0.2: 정수 지수]** $a \neq 0$는 실수이고 n은 양의 정수*일 때
>
> - $a^n = a \cdot a \cdot a \cdots a \cdot a$ (n번 곱한다.)
> - $a^0 = 1$
> - $a^{-1} = \dfrac{1}{a}$ 그리고 $a^{-n} = \dfrac{1}{a^n}$

유리식에서 분모 또는 분자가 분수 형태를 가지는 유리수를 **번분수**(complex fraction)라고 한다. 번분수는 계산은 다음과 같다.

$$\frac{b/a}{d/c} = \frac{b}{a} \cdot \frac{b}{a} = \frac{bc}{ad}$$

다음 지수를 계산해 보자.

$$\left(\frac{2}{3}\right)^0 = 1, \quad (-2)^{-3} = \frac{1}{(-2)^3} = \frac{1}{-8} = -\frac{1}{8}, \quad \left(\frac{1}{2}\right)^{-1} = \frac{1}{1/2} = 2$$

다음의 지수의 성질은 지수만이 갖는 고유한 성질이다.

> **[정리 0.3: 지수의 성질 1]** n, m을 정수라고 하자.
>
> (1) $a^n a^m = a^{n+m}$, $\dfrac{a^n}{a^m} = a^{n-m}$
>
> (2) $(a^n)^m = a^{nm}$
>
> (3) $(ab)^n = a^n b^n$, $\left(\dfrac{a}{b}\right)^n = \dfrac{a^n}{b^n}$

이러한 지수의 성질은 각 항의 변수의 곱을 간단하게 정리하는 데 필요하다.

[예제 0.2] 다음 식의 항을 정리하여라. [연습문제 1~9]

(1) $(2a^4b^2)(3ab^3)^4$ (2) $\left(\dfrac{x}{y^2}\right)^2\left(\dfrac{yx^2}{z}\right)^3$ (3) $\left(\dfrac{z}{2x^2y}\right)^{-2}\left(\dfrac{y^3}{z}\right)$

[풀이]

(1) $(2a^4b^2)(3ab^3)^4 = (2a^4b^2)\left[3^4a^4(b^3)^4\right]$　성질 (3) $(ab)^n = a^nb^n$

$= (2a^4b^2)(81a^4b^{12})$　성질 (2) $(a^n)^m = a^{nm}$

$= (2)(81)a^4a^4b^2b^{12}$　교환법칙 (같은 밑의 인수 모으기)

$= 162a^8b^{14}.$　성질 (1) $a^na^m = a^{n+m}$

(2) $\left(\dfrac{x}{y^2}\right)^2\left(\dfrac{x^2y}{z}\right)^3 = \dfrac{x^2}{y^4}\dfrac{(x^2)^3y^3}{z^3}$　성질 (3) $(ab)^n = a^nb^n$, $\left(\dfrac{a}{b}\right)^n = \dfrac{a^n}{b^n}$

$= \dfrac{x^2}{y^4}\dfrac{x^6y^3}{z^3}$　성질 (2) $(a^n)^m = a^{nm}$

$= x^2x^6\left(\dfrac{y^3}{y^4}\right)\dfrac{1}{z^3}$　교환법칙 (같은 밑의 인수 모으기)

$= \dfrac{x^8}{yz^3}.$　성질 (1) $a^na^m = a^{n+m}$, $\dfrac{a^n}{a^m} = a^{n-m}$

(3) $\left(\dfrac{z}{2x^2y}\right)^{-2}\left(\dfrac{z^2}{y^3}\right) = \dfrac{z^{-2}}{(2x^2y)^{-2}}\dfrac{z^2}{y^3}$　성질 (3) $(ab)^n = a^nb^n$, $\left(\dfrac{a}{b}\right)^n = \dfrac{a^n}{b^n}$

$= \dfrac{(2x^2y)^2}{z^2}\dfrac{z^2}{y^3}$　정의 $a^{-n} = \dfrac{1}{a^n}$

$= \dfrac{2^2x^4y^2}{z^2}\dfrac{z^2}{y^3}$　성질 (3) $(ab)^n = a^nb^n$,

$= 2^2x^4\dfrac{y^2}{y^3}\dfrac{z^2}{z^2}$　교환법칙 (같은 밑의 인수 모으기)

$= \dfrac{4x^4}{y}.$　성질 (1) $a^na^m = a^{n+m}$, $\dfrac{a^n}{a^m} = a^{n-m}$ ■

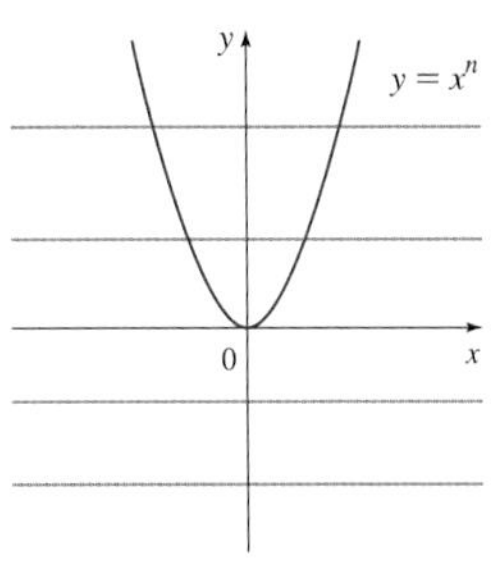

[그림 0.4](a) n이 짝수

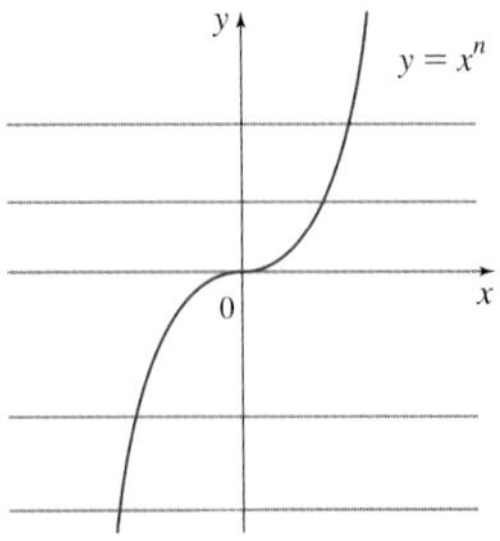

[그림 0.4](b) n이 홀수

◐ 근호

방정식 $x^2 = 64$의 실수 해를 64의 **제곱근**이라고 한다. 64의 제곱근은 2개의 실수로 $x = 8$과 $x = -8$이고 각각 **양의 제곱근**와 **음의 제곱근**이라고 한다.

방정식 $x^3 = 64$의 실수 해 x를 64의 **세제곱근**이라고 하고 64의 세제곱근은 한 개의 실수인 $x = 4$가 64의 **세제곱근**이다.

방정식 $x^2 = -64$의 실수 해는 존재하지 않기 때문에 -64의 제곱근은 없다.

방정식 $x^3 = -64$의 실수 해는 $x = -4$이다. 즉, $(-4)^3 = -64$이다. 그러므로 -64의 **세제곱근**은 -4이다.

일반적으로 방정식 $x^n = a$의 실수 해를 n**제곱근**이라고 한다. 함수 $f(x) = x^2 - a$의 그래프를 살펴보자.

- n이 짝수인 경우, $a > 0$이면 해가 2개이고 $a < 0$이면 해가 존재하지 않는다. ([그림 0.4](a) 참고)
- n이 홀수인 경우, [그림 0.4](b)에서 오직 1개의 실수 해를 갖는다. ([그림 0.4](b) 참고)

[정의 0.3: n제곱근] n이 자연수이고 a는 실수일 때

(1) n이 짝수인 경우,

$a \geq 0$이면 $x^n = a$의 음이 아닌 실수 해를 a의 (양의) n제곱근이라고 한다.

$a < 0$이면 $x^n = a$의 해가 존재하지 않고 a의 n제곱근은 존재하지 않는다.

(2) n이 홀수인 경우, $x^n = a$의 오직 한 개의 실수 해를 a의 n제곱근이라고 한다.

(3) 수학기호로 a의 n제곱근을 $\sqrt[n]{a}$으로 쓴다.

[주의]

(1) n이 짝수이고 $a > 0$인 경우 $x^n = a$의 음의 실수 해를 a의 **음의 n제곱근**이라고 하고, 기호로 $-\sqrt[n]{a}$라고 쓴다.

(2) n이 짝수이고 $a > 0$인 경우 a의 (양의) n제곱근 $\sqrt[n]{a}$와 a의 (음의) n제곱근 $-\sqrt[n]{a}$가 있다.

(3) $n = 2$인 경우, 일반적으로 $\sqrt[2]{a} = \sqrt{a}$라고 쓴다. 즉 2를 생략한다.

(4) n이 짝수인 경우 $\sqrt[n]{a^n} \geq 0$이므로 $\sqrt[n]{a^n} = |a|$.

n이 홀수인 경우 $\sqrt[n]{a^n} = a$.

제곱근을 구할 때 나음을 주의해야 한다.
$\sqrt{3^2} = 3$이고 $\sqrt{(-3)^2} = 3 = |-3|$.
그리고 $\sqrt[3]{8} = 2$이고 $\sqrt[3]{-8} = -2$.

[보기]

(1) $\sqrt[4]{81} = 3$ (왜냐하면 $3^4 = 81$이고 $3 \geq 0$)

(2) $\sqrt[3]{-125} = -5$ (왜냐하면 $(-5)^3 = -125$)

(3) $\sqrt{-8}$는 존재하지 않는다. (왜냐하면 어떤 실수의 제곱은 -8이 되지 않는다.)

[예제 0.3] 다음 식을 정리하여라. [연습문제 10~21]

(1) $\sqrt{27} + \sqrt{300}$ (2) $\sqrt{16a} + \sqrt{a^5}$, $(a \geq 0)$

(3) $\sqrt[3]{x^4}$ (4) $\sqrt[4]{x^8 y^4}$

[풀이] (1) $\sqrt{27} + \sqrt{300} = \sqrt{3^2 3} + \sqrt{(10)^2 3} = 3\sqrt{3} + 10\sqrt{3} = 13\sqrt{3}$

(2) $a \geq 0$이므로 $\sqrt{16a} + \sqrt{a^5} = \sqrt{4^2 a} + \sqrt{a^4 a} = 4\sqrt{a} + a^2\sqrt{a}$

(3) $\sqrt[3]{x^4} = \sqrt[3]{x^3 x} = x\sqrt[3]{x}$ n이 홀수인 경우 $\sqrt[n]{x^n} = x$

(4) $\sqrt[4]{x^8 y^4} = \sqrt[4]{x^8}\sqrt[4]{y^4} = x^2|y|$ n이 짝수인 경우 $\sqrt[n]{x^n} = |x|$ ■

◐ 유리수 지수

유리수 지수는 $a^{2/3}$와 같이 지수가 유리수인 경우를 말한다. 즉, 지수 a^x에서 $x = \frac{q}{p}$ ($p \neq 0$, q는 정수)인 경우이다. 유리수 지수는 정수 지수의 확장이다. 확장의 의미는 정수 지수의 성질인 [정리 0.2: 지수의 성질]을 만족하는 일관성을 유지하는 것이다. 우선 n이 자연수인 경우 $a^{1/n}$을 정의해 보자.

지수법칙을 사용하면 다음이 성립하므로 $a^{1/n}$은 $x^n = a$의 해이다.

$$(a^{1/n})^n = a^{\left(\frac{1}{n}\cdot n\right)} = a^1 = a$$

[주의] n이 짝수이면 a가 음이 아닌 실수이어야만 $a^{1/n}$의 정의를 할 수 있다.
왜냐하면 a가 음수이면 $a^{1/1} \neq a^{2/2}$.
만약 이 조건이 없으면 다음과 같은 모순이 나올 수 있다.

$$-1 = (-1)^{2/2} = \left[(-1)^2\right]^{1/2} = 1^{1/2} = 1$$

그러므로 n제곱근 $\sqrt[n]{a}$의 정의에 의해 다음과 같이 놓을 수 있다.

$$a^{1/n} = \sqrt[n]{a}$$

[정의 0.4: 유리수 지수] $a \neq 0$인 실수이고 정수 m과 자연수 n라고 놓자.

$$a^{m/n} = (a^{1/n})^m = (a^m)^{1/n} \text{ 즉, } a^{m/n} = (\sqrt[n]{a})^m = \sqrt[n]{a^m}$$

이때 n이 짝수이면 a가 양수이어야 한다.

지수가 유리수인 경우에도 다음과 같은 지수의 성질이 성립한다.

[정리 0.4: 지수의 성질 2] r, s은 유리수이고 a를 양의 실수라고 하자.

(1) $a^r a^s = a^{r+s}$, $\dfrac{a^r}{a^s} = a^{r-s}$

(2) $(a^r)^s = a^{rs}$

(3) $(ab)^r = a^r b^r$, $\left(\dfrac{a}{b}\right)^r = \dfrac{a^r}{b^r}$

[참고] 식을 간단하게 정리를 할 때 분수 형태의 식은 분모에 근호를 포함하지 않은 식으로 정리하는 것을 권장한다. 이러한 과정을 **분모의 유리화**라고 한다.
예를 들면 다음과 같다.

$$\frac{2}{\sqrt{3}} = \frac{2}{\sqrt{3}} \cdot \frac{\sqrt{3}}{\sqrt{3}} = \frac{2\sqrt{3}}{3}$$

$$\frac{1}{\sqrt[3]{7^2}} = \frac{1}{\sqrt[3]{7^2}} \cdot \frac{\sqrt[3]{7}}{\sqrt[3]{7}} = \frac{\sqrt[3]{7}}{7}$$

[예제 0.4] 다음 근호로 표현된 식을 유리수 지수의 식으로 표현하여라. [연습문제 22~27]

(1) $(2\sqrt{x})^3(3\sqrt[3]{x})$ (2) $\dfrac{\sqrt{a}}{\sqrt[3]{a^4}}$ (3) $\sqrt{x\sqrt{x}}$ (4) $\sqrt[4]{x^3}\sqrt{x}$

[풀이] (1) $(2\sqrt{x})^3(3\sqrt[3]{x}) = (2x^{1/2})^3(3x^{1/3}) = (2^3x^{3/2})(3x^{1/3})$
$= 24x^{3/2+1/3} = 24x^{11/6}$

(2) $\dfrac{\sqrt{a}}{\sqrt[3]{a^4}} = \dfrac{a^{1/2}}{a^{4/3}} = a^{1/2-4/3} = a^{-5/6}$

(3) $\sqrt{x\sqrt{x}} = (xx^{1/2})^{1/2} = (x^{3/2})^{1/2} = x^{3/4}$

(4) $\sqrt[4]{x^3}\sqrt{x} = (x^{3/4})(x^{1/2}) = x^{3/4+1/2} = x^{5/4}$ ■

연습문제

• Part 1

[1-9] 다음 식의 항을 정리하여라. [예제 0.2]

1. $(-3x^2y)(-2xy^4)(2xy)$
2. $(2xy^2)^3(3x^2y)$
3. $(-xyz^3)^2(y^2z)^3$
4. $\left(\frac{y^2}{x^3}\right)^2\left(\frac{x^4z}{y}\right)^3$
5. $\left(-\frac{2x^3y}{z^3}\right)^3\left(\frac{y^2z^3}{x^4}\right)^3$
6. $\left(\frac{3x}{y^2z}\right)^3\left(\frac{yz^2}{x^2}\right)^2$
7. $\left(\frac{z^2}{2xy^4}\right)^{-3}\left(\frac{x^2z}{y^3}\right)^2$
8. $\left(\frac{3x^2z^3}{2y^3}\right)^{-2}\left(\frac{y}{2x^2z}\right)^{-3}$
9. $\left(\frac{-3x^2y^3}{z^4}\right)^2\left(\frac{-x^3z^2}{y^3}\right)^{-2}$

[10-21] 다음 식을 정리하여라. [예제 0.3]

10. $\sqrt{4}+\sqrt{100}$
11. $\sqrt{8}+\sqrt{18}$
12. $\sqrt{45}-\sqrt{20}$
13. $\sqrt{9a^3}+\sqrt{a^5}$ (단, $a \geq 0$)
14. $\sqrt{25a}-\sqrt{4a}$ (단, $a \geq 0$)
15. $\sqrt{a^7}+\sqrt{4a^4}$ (단, $a \geq 0$)
16. $\sqrt[3]{8a^5}$
17. $\sqrt[5]{-32a^6}$
18. $\sqrt[3]{81a^5b^3}$
19. $\sqrt[4]{16a^4b^{12}}$
20. $\sqrt[4]{(-4)^2a^8}$
21. $\sqrt[8]{(-2a)^{16}b^{24}}$

[22-27] 다음 근호로 표현된 식을 유리수 지수의 식으로 표현하여라. [예제 0.4]

22. $(-2\sqrt{a})^2(\sqrt[3]{a})^4$
23. $\frac{\sqrt[4]{a}}{\sqrt[3]{a^2}}$
24. $\sqrt{a\sqrt[3]{a}}$
25. $\left(2\sqrt[3]{a^2}\right)^3(2\sqrt{a})$
26. $\frac{\sqrt[4]{a^3}}{\sqrt{a}}$
27. $\sqrt{a\sqrt{a\sqrt{a}}}$

• Part 2

[28-29] 다음 항을 정리하여라.

28. $\left(\frac{-2x^2}{y^2z}\right)^3\left(\frac{z^4}{-3x^2y^3}\right)^2\left(\frac{xz^3}{y}\right)^{-2}$
29. $\left(\frac{y^{-2}z^3}{x^{-3}}\right)^2\left(\frac{-3y^2}{x^4z}\right)^3 \div \left(\frac{yz^2}{x^3}\right)^{-2}$

[30-31] 다음 식을 정리하여라.

30. $\sqrt{a^4}+\sqrt[3]{a^6}-\sqrt[4]{16a^8}$
31. $\sqrt{4a^2}-\sqrt[3]{-a^3}+\sqrt[4]{(-a)^4}$ (단, $a<0$)

32. 다음 근호로 표현된 식을 유리수 지수의 식으로 표현하여라.

$$\sqrt[3]{a\sqrt[3]{a\sqrt[3]{a}}}$$

0.3 대수식: 전개와 인수분해

◐ 대수식의 용어

[주의] 대수식(algebraic expression)과 방정식(equation)은 구별해야 한다. 방정식은 등호인 「=」을 갖는 식이다.

수식(mathematical expression)은 수와 문자를 연산으로 연결한 표현이다. **대수식**(algebraic expression)은 수와 문자의 덧셈, 뺄셈, 곱셈, 나눗셈, 제곱근 등을 유한개 연결한 식이다.

$$x^4+5x^3-2x^2+1 \qquad \sqrt[3]{x^2+x+1} \qquad \frac{z+3}{z^3+z^2+z+1} \qquad x^2y^3+xy^2+xy-x+10$$

[주의] 단항식 $3x^2y$인 경우
- x에 관한 식으로 2차식
- y에 관한 식으로 1차식
- x와 y에 관한 식으로 3차식

대수식에서 $x, y, z, \cdots$ 등으로 표현되는 문자는 **변수**라고 하는데 주어진 식에서 가능한 범위 안에 있는 임의의 수를 대입할 수 있는 기능을 갖는다.
문자와 숫자가 곱셈과 나눗셈만으로 이루어진 표현을 **항**(term)이라고 한다. 이러한 유한개의 항들은 덧셈으로 연결된 식이 대수식이다.
단항식(monomial)은 항이 하나인 식이고 변수가 곱해진 개수가 항의 **차수**(degree)이고 변수와 함께 곱해진 숫자와 문자를 항의 **계수**(coefficient)라고 한다.
다항식(polynomial)은 단항식의 유한개의 합으로 표현된 식이다. 다항식의 각 항의 차수에서 가장 높은 차수를 **다항식의 차수**라고 한다.
다항식은 단항식의 유한개의 합으로 표현된 식이다.

* n차 다항식은 최고차를 갖는 n차 항의 계수 $a \neq 0$임을 가정한다.

[정의 0.5: 다항식] 변수 x에 대한 n차 **다항식***은 다음과 같다.

$$a_nx^n+a_{n-1}x^{n-1}+\cdots+a_1x+a_0$$

여기서 $a_n \neq 0$, $a_{n-1}, \cdots, a_0$은 실수이고, n은 음이 아닌 정수이다.

◐ 식의 전개

여러 개의 대수식을 곱하여 새로운 대수식을 만들 수 있는데 이러한 과정의 기본 원리는 다음의 **분배법칙**에 기초한다.

[정리 0.5: 분배법칙]
(1) $a(b+c)=ab+ac$
(2) $(a+b)c=ac+bc$
(3) $(a+b)(c+d)=ac+ad+bc+bd$

분배법칙을 사용하여 여러 개의 대수식의 곱을 새로운 대수식으로 정리를 하는

- 동류항: 같은 변수가 같은 개수로 이루어진 항을 말한다.

  (예) $2xy^2$와 $-xy^2$는 동류항이지만 $2xy^2$와 xy는 동류항이 아니다.
- 식에서 동류항인 여러 항을 묶어주는 것은 식을 정리하는 첫 단계이다.

  (예) $2x-y+5y+3y$
  $= [2x+5x]+[-y+3y]$
  $= 7x+2y$

과정을 **식의 전개**(expansion)라고 한다. 식의 전개는 분배법칙을 적용하여 식을 전개한 후에 동류항을 묶어주어서 항을 정리하는 **동류항 정리**를 반드시 해야 한다.

[예제 0.5] 다음 식을 전개하여라. [연습문제 1~24]

(1) $(2x+1)(3x-5)$ (2) $(2x+3)(x^2-5x+4)$

[풀이] (1) [정리 0.5: 분배법칙]을 적용하자.

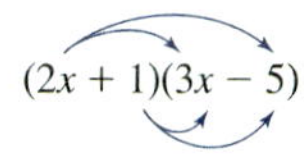

그러면 $(2x+1)(3x-5) = (2x)(3x)+(2x)(-5)+(1)(3x)+(1)(-5)$ 분배 법칙

$= 6x^2-10x+3x-5$

$= 6x^2-7x-5.$ 동류항 정리

(2) $(2x+3)(x^2-5x+4) = 2x(x^2-5x+4)+3(x^2-5x+4)$ 분배 법칙

$= (2x^3-10x^2+8x)+(3x^2-15x+12)$

$= 2x^3-7x^2-7x+12$ 동류항 정리

■

식의 전개는 [정리 0.5: 분배법칙]이 가장 기본이다. 다음은 자주 사용되는 식의 전개공식이다.

[정리 0.6: 식의 전개공식]

(1) $(A+B)^2 = A^2+2AB+B^2$

$(A-B)^2 = A^2-2AB+B^2$

(2) $(A+B)^3 = A^3+3A^2B+3AB^2+B^3$

$(A-B)^3 = A^3-3A^2B+3AB^2-B^3$

(3) $(A+B)(A-B) = A^2-B^2$

(4) $(A+B)(A^2-AB+B^2) = A^3+B^3$

$(A-B)(A^2-AB+B^2) = A^3-B^3$

(5) (이항정리)

$$(A+B)^n = \binom{n}{0}A^n+\binom{n}{1}A^{n-1}B+\cdots+\binom{n}{k}A^{n-k}B^k+\cdots+\binom{n}{n}B^n$$

여기서 $0 \le k \le n$인 정수이고 $\binom{n}{k} = \dfrac{n!}{k!(n-k)!}$.

[예제 0.6] 다음 식의 전개를 구하여라. [연습문제 1~24]

(1) $(3x+5)^2$ (2) $(x^2-2)^3$

(3) $(x+2)(x^2-2x+4)$ (4) $(x+y-2)^2$

[풀이] (1) [정리 0.6: 식의 전개공식] (1)을 적용하여 식을 전개해 보자.

$$(3x+5)^2 = (3x)^2 + 2(3x)(5) + 5^2$$
$$= 9x^2 + 30x + 25$$

(2) [정리 0.6: 식의 전개공식] (2)를 적용하여 식을 전개해 보자.

$$(x^2-2)^3 = (x^2)^3 - 3(x^2)(2) + 3(x^2)(2)^2 - (2)^3$$
$$= x^6 - 6x^2 + 12x^2 - 8$$
$$= x^6 + 6x^2 - 8 \qquad \text{동류항 정리}$$

(3) [정리 0.6: 식의 전개 공식] (4)를 적용하여 식을 전개해 보자.

$$(x+2)(x^2-2x+4) = x^3 + 2^3 = x^3 + 8$$

(5) [정리 0.6: 식의 전개 공식] (1)을 두 번 적용하여 식을 전개해 보자.

$$*(x+y-2)^2 = [(x+y)-2]^2$$
$$= (x+y)^2 - 4(x+y) + 4$$
$$= x^2 + 2xy + y^2 - 4x - 4y + 4$$

■

* 다음과 같은 공식도 사용된다.
$(a+b+c)^2$
$= a^2+b^2+c^2+2ab+2bc+2ac$

◐ 이중근호 풀기

제곱근호의 다음 성질은 많이 사용되고 **이중근호 풀기**에 매우 유용하다.

$$\sqrt{a^2} = |a| = \begin{cases} a, & a \ge 0 \\ -a, & a < 0 \end{cases}$$

다음 이중근호의 식에서 외부의 근호의 내부를 완전제곱으로 만드는 것이 가장 중요하다. 이때, 복호(±)는 동일한 순서이다.

$$\sqrt{(x+y) \pm 2\sqrt{xy}} = \sqrt{(\sqrt{x} \pm \sqrt{y})^2} = |\sqrt{x} \pm \sqrt{y}|$$

[이중근호 $\sqrt{a \pm 2\sqrt{b}}$ 푸는 단계]
① $\sqrt{a \pm 2\sqrt{b}} = (x+y) \pm 2\sqrt{xy}$
② $a = x+y$이고 $b = xy$인 x와 y를 찾는다.
③ $\sqrt{a \pm 2\sqrt{b}} = \sqrt{x} \pm \sqrt{y}$

[이중근호를 푸는 단계] ①의 단계에서 $2\sqrt{xy}$와 같이 2가 곱하여 있다는 것을 반드시 확인해야 한다.

[예제 0.7] 다음 이중근호를 풀어라. [연습문제 25~30]

(1) $\sqrt{3-2\sqrt{2}}$ (2) $\sqrt{3+\sqrt{5}}$

[풀이]

(1) $3-2\sqrt{2}$이므로 $x+y=3$이고 $xy=2$인 실수 x, y를 찾으면 다음과 같다.

$$x = 2 \text{이고 } y = 1$$

그러므로 $\sqrt{3-2\sqrt{2}} = \sqrt{(\sqrt{2}-\sqrt{1})^2} = \sqrt{2}-1$.

(2) 근호의 내부식 $3+\sqrt{5}$에서 $\sqrt{5}$의 계수를 2로 만들기 위하여 다음과 같이 변환한다.

$$\sqrt{3+\sqrt{5}}=\sqrt{\frac{6+2\sqrt{5}}{2}}=\frac{\sqrt{6+2\sqrt{5}}}{\sqrt{2}}$$

그러면 분자의 이중근호 $\sqrt{6+2\sqrt{5}}$ 의 내부는 기본형태이다.
$6+2\sqrt{5}$ 에서 $x+y=6$이고 $xy=5$인 실수 x, y를 구해보면 $x=3$이고 $y=2$이다.

$$\sqrt{6-2\sqrt{5}}=\sqrt{(\sqrt{3}-\sqrt{2})^2}=\sqrt{3}-\sqrt{2}$$

그러므로 $\sqrt{3+\sqrt{5}}=\dfrac{\sqrt{6+2\sqrt{5}}}{\sqrt{2}}=\dfrac{\sqrt{3}-\sqrt{2}}{\sqrt{2}}$. ■

[주의] $\sqrt{x^2}=|x|$이고 $(\sqrt{x})^2=x$.

[예제 0.8] 다음 식을 전개하여라. [연습문제 1~24]

(1) $(2\sqrt{x}-y)(2\sqrt{x}+y)$ (2) $(x+2y+1)(x-2y-1)$

[풀이] (1) $(2\sqrt{x}-y)(2\sqrt{x}+y)=(2\sqrt{x})^2-(y)^2=4x-y^2$

(2) $$\begin{aligned}(x+2y+1)(x-2y-1)&=(x)^2-(2y+1)^2\\&=x^2-[(2y)^2+2(2y)\cdot 1+(1)^2]\\&=x^2-4y^2-4y-1\end{aligned}$$ ■

◐ 인수분해

- 자연수 n이 1보다 큰 유한개의 자연수 $a_1, a_2, \cdots, a_m$의 곱으로 표현되는 경우, 즉, $n=a_1a_2\cdots a_m$인 경우 $a_1, a_2, \cdots, a_m$은 n의 **인수**(factor)라고 한다.
- 대수식이 1이 아닌 유한개의 식의 곱으로 표현되는 경우도 유한개의 식을 **인수**(factor)라고 한다.

주어진 식이 몇 개의 식들의 곱으로 이루어진 경우 분배법칙을 사용하여 식을 전개하였다. 주어진 식의 곱을 이루는 식을 전개된 식의 **인수**라고 한다. 예를 들어서 다음 식 $x^2=4$에서 식 $x-2$와 $x+2$는 x^2-4의 인수이다.

$$(x-2)(x+2)=x^2-4$$

식의 전개의 반대방향으로 전개된 식을 인수들의 곱으로 표현을 하는 과정을 **인수분해**(factorization)라고 한다. 예를 들어

인수분해 →
$$x^2-4=(x-2)(x+2)$$
← 전개

다음은 인수분해를 하는 방법이고 [정리 0.6: 식의 전개공식]의 반대방향이다.

[정리 0.7: 인수분해의 공식]

(1) 공통인수: $ab+ac=a(b+c)$

(2) 이차식의 인수분해 $x^2+(a+b)x+ab=(x+a)(x+b)$,
$$acx^2+(ad+bc)x+bd=(ax+b)(cx+d)$$

(3) $a^2-b^2=(a+b)(a-b)$

(4) $a^2+2ab+b^2=(a+b)^2$,
$a^2-2ab+b^2=(a-b)^2$

(5) $a^3 + b^3 = (a+b)(a^2 - ab + b^2)$,
$a^3 - b^3 = (a-b)(a^2 + ab + b^2)$

(6) $a^3 + 3a^2b + 3ab^2 + b^3 = (a+b)^3$,
$a^3 - 3a^2b + 3ab^2 - b^3 = (a-b)^3$

인수분해에서 가장 기본은 공통인수로 묶는 것이다. 이때, 항들의 최대공약수가 **공통인수**이다.

[예제 0.9] 다음 식을 인수분해를 하여라. [연습문제 31~47]

(1) $4x^2 - 8x$ (2) $3x^2y^4 - 6xy^3 + 12x^3y^2$

(3) $(x-y)(2x-3) + 4(x-y)$

[정리 0.7: 인수분해의 공식] (1) 공통인수 묶기에서 공통인수는 각항들의 **최대공약수**를 의미한다.

* 각 항의 최대공약수는 숫자와 문자의 종류별로 각각 최대공약수를 구하고 곱하면 된다.

[풀이] (1) 각 항인 $4x^2$과 $8x$의 최대공약수는 $4x$이다. [정리 0.7: 인수분해 공식] (1)에 의해서 인수분해는 다음과 같다.

$$4x^2 - 8x = 4x(x-2)$$

(2)* $3, 6, 12$의 최대공약수는 3이다. x^2, x, x^3의 최대공약수는 x이다. y^4, y^3, y^2의 최대공약수는 y^2이다. 주어진 식의 3개의 항 $3x^2y^4$, $6xy^3$, $12x^3y^2$의 최대공약수는 $3xy^2$이다. 그러므로 인수분해는 다음과 같다.

$$3x^2y^4 - 6xy^3 + 12x^3y^2 = 3xy^2(xy^2 - 2y + 4x^2)$$

(3) 주어진 식의 2개 항인 $(x-y)(2x-3)$과 $4(x-y)$의 공통인수는 $x-y$이다. 그러므로 인수분해는 다음과 같다.

$$(x-y)(2x-3) + 4(x-y) = (x-y)(2x-3+4) = (x-y)(2x+1)$$ ■

[정리 0.7: 인수분해 공식] (2)는 이차식의 인수분해에서 가장 많이 사용되는 방법이다.

$x^2 + (a+b)x + ab$와 $abx^2 + (ad+bc)x + cd$에서 상수항을 인수분해하여 다음의 과정으로 인수분해를 할 수 있다. 이 과정에서 [그림 0.5](a) 또는 [그림 0.5](b)를 그리는 것이 필요하다.

(i) 이차항의 계수와 상수항을 각각 2개의 인수의 곱으로 표현한다.

(ii) [그림 0.5](a)와 (b) 같이 2줄로 쓰고 대각선 방향으로 곱한다.

(iii) (i)~(ii)을 반복하여 대각선 방향의 곱의 두 개의 값을 더하면 일차항의 계수가 되도록 한다.

(iv) 인수분해의 각 인수는 (i)에서 만들어진 1행과 2행으로 만들어진다. ([그림 0.5](a)와 (b) 참고)

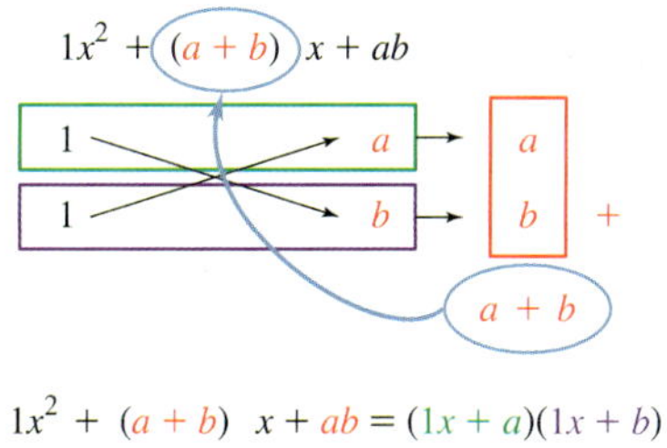

[그림 0.5](a)
이차항의 계수가 1인 경우

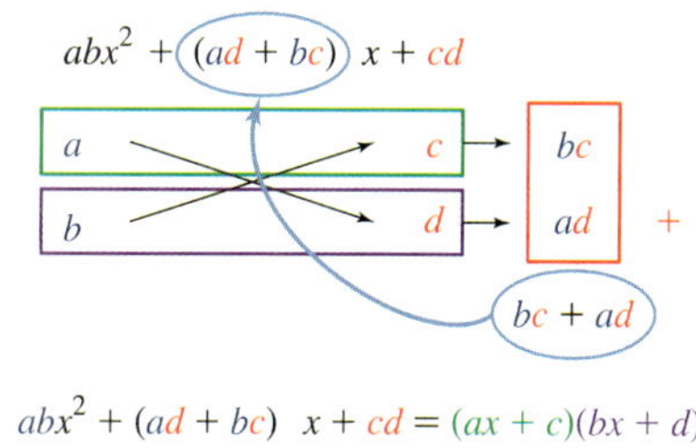

[그림 0.5](b)
이차항의 계수가 1이 아닌 경우

[예제 0.10] 다음 식을 인수분해를 하여라. [연습문제 31~47]

(1) x^2+5x+6 (2) $2x^2-x-6$ (3) $3(2a+1)^2+(2a+1)-2$

* 상수항 6은 두 가지 경우인 $6=1\times6$ 또는 $6=2\times3$으로 분해되고 일차식의 계수를 만드는 경우를 선택한다.

[풀이] (1) x^2+5x+6*에서
이차항의 계수 $1=1\times1$과 상수항 $6=2\times3$이므로 다음과 같이 그림을 그려보자.

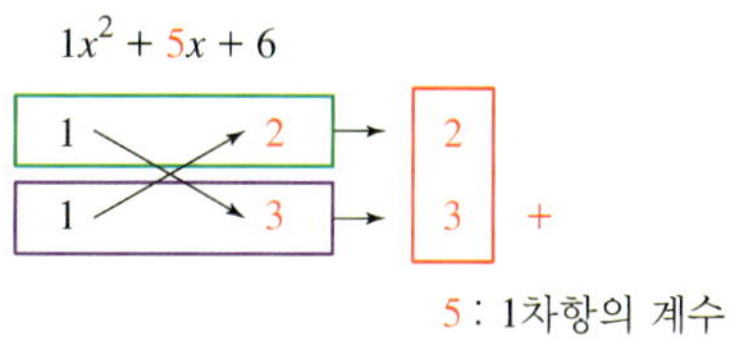

그러므로 $x^2+5x+6=(x+2)(x+3)$이다.

(2) $2x^2-x-6$에서 이차항의 계수 $2=1\times2$과 상수항 $-6=(-2)\times(3)$이므로 다음과 같이 그림을 그려보자.

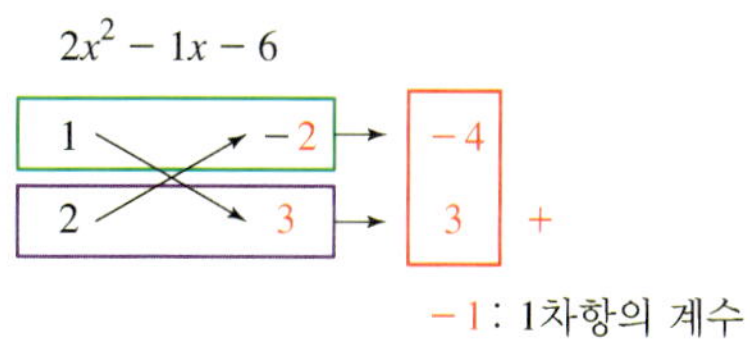

그러므로 $2x^2-x-6=(x-2)(2x+3)$이다.

(3) 인수분해에서 치환을 통해 간단한 식으로 변환하고 공식을 활용하는 방법이다.
$3(2a+1)^2+(2a+1)-2$에서 $A=2a+1$라고 놓으면 $3A^2+A-2$가 된다.
$3A^2+A-2$에서 이차항의 계수 $3=1\times3$과 상수항 $-2=(1)\times(-2)$이므로 다음과 같이 그림을 그려보자.

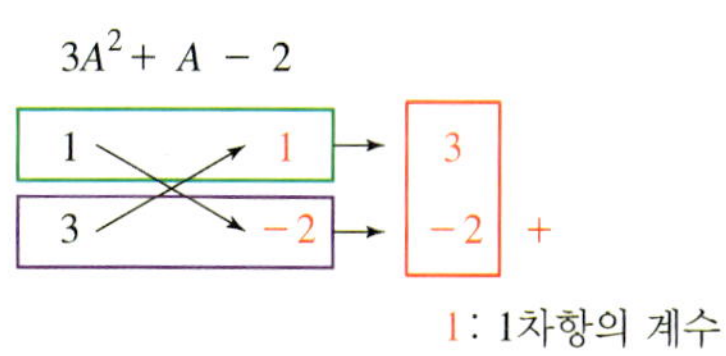

그러므로 $3A^2+A-2=(A+1)(3A-2)$이다.
이제 치환의 식 $A=2a+1$을 사용하여 변수 a에 관한 식으로 변환을 하면

$$(A+1)(3A-2) = [(2a+1)+1][3(2a+1)-2]$$
$$= (2a+2)(6a+1) = 2(a+1)(6a+1).$$

그러므로 $3(2a+1)^2 + (2a+1) - 2 = 2(a+1)(6a+1).$ ■

이와 같은 이차식의 인수분해는 인수의 계수들이 유리수 범위이다. 그러나 다음과 같이 무리수 범위의 인수분해 그리고 복소수의 인수분해도 가능하다.

$$x^2 - 2 = (x+\sqrt{2})(x-\sqrt{2})$$
$$x^2 + 1 = (x+i)(x-i)$$

완전제곱식을 이용하여 복소수 내에서 항상 일차식으로 인수분해가 가능하다.

[예제 0.11] 다음 이차식을 복소수 범위에서 인수분해를 하여라. [연습문제 48~55]

(1) x^2+4x+2 (2) x^2+4x+6

[풀이] (1) $x^2+4x+2 = (x^2+4x+4)-2$
$$= (x+2)^2 - 2$$
$$= (x+2+\sqrt{2})(x+2-\sqrt{2})$$

(2) $x^2+4x+6 = (x^2+4x+4)+2$
$$= (x+2)^2 + 2$$
$$= (x+2+\sqrt{2}i)(x+2-\sqrt{2}i)$$
■

[주의] 일반적으로 어떤 조건 없이 인수분해를 하는 경우 **실수 범위**에서 이루어진다.

[예제 0.12] 다음 식을 인수분해를 하여라. [연습문제 56~63]

(1) $27x^3-8$ (2) x^6+8

(3) $2x^4-8x^2$ (4) $x^5y^2-xy^6$

[풀이] (1) [정리 0.7: 인수분해의 공식] (5)를 적용하여 인수분해를 해 보자.

$$27x^3 - 8 = (3x)^3 - (2)^3$$
$$= (3x-2)(9x^2+6x+4)$$

(2) [정리 0.7: 인수분해의 공식] (5)를 적용하여 인수분해를 해 보자.

$$x^6 + 8 = (x^2)^3 + (2)^3$$
$$= (x+2)(x^2-2x+4)$$

(3) [정리 0.7: 인수분해의 공식] (1)과 (3)을 적용하여 인수분해를 해 보자.

$$2x^4 - 8x^2 = 2x^2(x^2-4)$$
$$= 2x^2(x+2)(x-2)$$

(4) [정리 0.7: 인수분해의 공식] (1)과 (3)을 적용하여 인수분해를 해 보자.

$$\begin{aligned} x^5y^2 - xy^6 &= xy^2(x^4 - y^4) \\ &= xy^2(x^2 - y^2)(x^2 + y^2) = xy^2(x-y)(x+y)(x^2+y^2) \end{aligned}$$ ■

유리수 범위에서 이차식의 인수분해가 되지 않는 경우 인수분해는 **근의 공식**을 사용하여 인수분해를 할 수 있다. 이 과정에서 이차식이 일차식으로 인수분해가 되지 않는 경우에 대한 판정도 가능하다. 이때, $a \neq 0$.

$$\begin{aligned} & ax^2 + bx + c \\ &= a\left(x^2 + \frac{b}{a}x + \frac{c}{a}\right) \\ &= a\left[\left(x + \frac{b}{2a}\right)^2 - \frac{b^2 - 4ac}{4a^2}\right] \\ &= a\left(x + \frac{b}{2a} + \frac{\sqrt{b^2 - 4ac}}{2a}\right)\left(x + \frac{b}{2a} - \frac{\sqrt{b^2 - 4ac}}{2a}\right) \end{aligned}$$

이차식 $ax^2 + bx + c$에서 $D = b^2 - 2ab$는 이차식의 판별식이라고 한다.

- $D \geq 0$이면, 실수 범위에서 인수분해 가능
- $D < 0$이면, 실수 범위에서 인수분해 불가능

(i) $D = b^2 - 2ac > 0$인 경우 인수분해를 하면 다음과 같다.

$$\begin{aligned} & ax^2 + bx + c \\ &= a\left(x - \frac{-b + \sqrt{b^2 - 4ac}}{2a}\right)\left(x - \frac{-b - \sqrt{b^2 - 4ac}}{2a}\right) \end{aligned}$$

(ii) $D = b^2 - 2ac = 0$인 경우 인수분해를 하면 다음과 같다.

$$\begin{aligned} & ax^2 + bx + c \\ &= a\left(x - \frac{b}{a}x\right)^2 \end{aligned}$$

(iii) $D = b^2 - 2ac < 0$인 경우 $\left(x + \frac{b}{2a}\right)^2 = \frac{b^2 - 4ac}{4a^2} < 0$은 가능하지 않기 때문에 실수 범위에서 인수분해를 할 수 없다.

이차식 $ax^2 + bx + c = 0$에서 다음을 이차식의 근의 공식이라고 한다.

$$x = \frac{-b \pm \sqrt{b^2 - 4ac}}{2a}$$

[정리 0.8: 근의 공식에 의한 이차식의 인수분해] 이차식 $ax^2 + bx + c$에서

(1) $D = b^2 - 2ac > 0$이면

$$ax^2 + bx + c = \left(x - \frac{-b + \sqrt{b^2 - 4ac}}{2a}\right)\left(x - \frac{-b - \sqrt{b^2 - 4ac}}{2a}\right)$$

(2) $D = b^2 - 2ac = 0$이면 $ax^2 + bx + c = \left(x + \frac{b}{2a}\right)^2$

(3) $D = b^2 - 2ac < 0$이면 $ax^2 + bx + c$는 실수 범위에서 인수분해가 되지 않는다.

[예제 0.13] 다음 이차식을 인수분해를 하여라.* [연습문제 48~55]

(1) x^2+2x-1　　(2) x^2+x+1

* 「미적분학」에서 인수분해는 실수 범위 내의 인수분해를 의미한다.

[풀이]

(1) 이차식 x^2+2x-1에서 $D=(2)^2-4(1)(-1)=8>0$이므로 실수 범위에서 인수분해가 가능하다.

$$x=\frac{-2\pm\sqrt{8}}{2}=\frac{2(-1\pm\sqrt{2})}{2}=-1\pm\sqrt{2}$$

이므로 다음과 같이 인수분해가 된다.

$$\begin{aligned}x^2+2x-1&=(x-(-1+\sqrt{2}))(x-(-1-\sqrt{2}))\\&=(x+1-\sqrt{2})(x+1+\sqrt{2})\end{aligned}$$

(2) 이차식 x^2+x+1에서 $D=(1)^2-4(1)(1)=-3<0$이므로 실수 범위에서 인수분해가 불가능하다.* ■

* 이차식 x^2+x+1의 복소수 범위에서의 인수분해는 다음과 같다.
$x^2+x+1=(x+\frac{1+\sqrt{3}i}{2})(x+\frac{1-\sqrt{3}i}{2})$

연습문제

• Part 1

[1-24] 다음 식을 전개하여라. [예제 0.5~0.6] [예제 0.8]

1. $(x+1)(x+3)$
2. $(2x+y)(x-3y)$
3. $(3x+5)(x-1)$
4. $(x+2)(x^2-4x-3)$
5. $(x^2+xy-y^2)(x+3y)$
6. $(2y+1)(y^2-y+3)$
7. $(2x-y)^2$
8. $(2x+1)^3$
9. $(2x+3y)(4x^2-6xy+9y^2)$
10. $(x-3)(x^2+3x+9)$
11. $(x+y+1)^2$
12. $(3x-2y)^2$
13. $(x^2+3y)^3$
14. $(-x+3y)(x^2+3xy+9y^2)$
15. $(2x+3y-2)^2$
16. $(-x+3y+z)^2$
17. $(x^3-2y^2)^2$
18. $(x-3y)^3$
19. $(x+2y)(x-2y)$
20. $(3\sqrt{2x}+y)(-3\sqrt{2x}+y)$
21. $(\sqrt[4]{x^2}+3y)(\sqrt[4]{x^2}-3y)$ (단, $x<0$)
22. $(3x-y-1)(3x+y-1)$
23. $(-2x+y+2)(2x+y-2)$
24. $(x^2+x+1)(x^2-x+1)$

[25-30] 다음 이중근호를 풀어라. [예제 0.7]

25. $\sqrt{9+2\sqrt{20}}$
26. $\sqrt{5+\sqrt{24}}$
27. $\sqrt{9-2\sqrt{14}}$
28. $\sqrt{9-\sqrt{72}}$
29. $\sqrt{5-\sqrt{15}}$
30. $\sqrt{5+\sqrt{21}}$

[31-47] 다음 식을 인수분해를 하여라. [예제 0.9~0.10]

31. $8xy+3x^2y$
32. $2xy^3+4x^2y^2-x^3y$
33. $(x+2y)(x^2+y^2)-(x+2y)3xy$
34. $3x^3-24x$
35. x^2y^2-2xy

36. $2x^2y^5 - 6xy^3 + 7x^3y^3$

37. $a^3b^2c + 3ab^2c^3 + 4abc$

38. $(a+b)(a-2b) - (a+b)(2a-3b)$

39. $(a+3b)(a^2+b^3) + (-a-3b)(a+b)$

40. $6x^2 + x - 1$

41. $2x^2 + 3xy - 2y^2$

42. $6x^2 + 17x - 14$

43. $4x^2 - y^2$

44. $12a^2 + 7ab - 12b^2$

45. $(x+y)^2 + 3(x+y) + 2$

46. $6(2x+3)^2 - (2x+3) - 1$

47. $(x+y)^2 - 2(x+y)(2x+y) - 3(2x+y)^2$

[48-55] 다음 이차식을 복소수 범위에서 인수분해를 하여라. [예제 0.11] [예제 0.13]

48. $x^2 + 6x + 4$

49. $x^2 - 4x + 1$

50. $2x^2 + 3x - 4$

51. $x^2 + 2x + 2$

52. $x^2 + 4$

53. $2x^2 - 4x + 1$

54. $x^2 - 2x + 5$

55. $x^2 + 4x + 5$

[56-63] 다음 식을 인수분해를 하여라. [예제 0.12]

56. $8x^3 + 27$

57. $x^6 - y^3$

58. $x^4 - 1$

59. $x^3y - 4xy^3$

60. $x^5 + x^3 - 2x$

61. $2x^5 + x^4 - x^3$

62. $3x^3 - 4x^2y - 4xy^2$

63. $x^5y^3 - x^4y^4 + x^3y^4 - x^2y^5$

• Part 2

[64-72] 다음 식을 전개하여라.

64. $(x-y)^4$

65. $(2x+3y+1)^3$

66. $(x+y)^5$

67. $(x^2+y-3)^2$

68. $(x+y-1)(x+y+1)$

69. $(2x-\sqrt{y})(2x+\sqrt{y})$

70. $(x+1)(x^2-x+1)$

71. $(x+y+z)(x-y-z)$

72. $(x+2)(x^2+2x+4)$

[73-82] 다음 식을 인수분해를 하여라.

73. $27x^3 - 27x^2 + 9x - 1$

74. $x^4 + x^2z^2 - y^2z^2 - y^4$

75. $(x-1)(x-3)(x+2)(x+4) + 24$

76. $x^4 + 2x^2 + 9$

77. $2x^2 + xy - y^2 + 10x + 4y + 12$

78. $xy(x-y) + yz(y-z) + zx(z-x)$

79. $\left(1+\frac{1}{x}\right)^2 - \left(1-\frac{1}{x}\right)^2$

80. $(x-1)(x+2)^2 - (x-1)^2(x+2)$

81. $3x^3 - x^2 - 12x + 4$

82. $(3x+2)^2 + 8(3x+2) + 12$

0.4 등식: 항등식과 방정식

이번에는 등식과 방정식의 정의와 방정식을 푼다는 것에 대한 의미를 알아본다. 특히 일차방정식, 이차방정식 그리고 일반 n차방정식의 풀이에 대해 알아본다.

◐ 등식(equation)의 정의

등식의 예들이 다음과 같이 있다.

$$3x-2=7$$
$$\sqrt{x-1}=2x+3$$
$$2x^2-3x+5=0$$
$$\frac{1}{x+1}=\frac{2x-1}{x}$$

* 수학명제는 주어와 술어로 이루어진 문장으로 참 또는 거짓의 값을 갖는다.

등호 =은 양팔 저울에 비유된다. 등호의 **우변**(right side)과 **좌변**(left side)의 값이 같음을 표현한다. 식 $3+5=8$에서 $3+5$는 좌변이고 8은 우변이며 등호 =은 이 두 변의 값이 같음을 나타낸다. 이때, $3+5=8$과 $8=3+5$는 같은 표현이다.
등식(equation)은 등호 =을 사용하여 두 개의 식이 같음을 나타내는 **수학명제*** 이다.

이와 같이 문자 x를 포함하고 있는 등식에서 문자 x를 등식의 **미지수**라고 부른다. 등식에서 등호가 성립하게 하는 (즉, 양변의 값이 같게 하는) 미지수 x의 값을 찾는 것이 등식을 공부하는 목표다.

(i) 등식에서 양변의 값이 같게 되는 미지수의 값을 등식의 **해**(solutions) 또는 **근**(roots)이라고 한다. 이때, 등식의 해를 모아놓은 집합을 **해집합**이라고 하고 일반적으로 미적분학에서 등식의 해는 실수에서 찾는다.
(ii) 등식의 모든 근을 찾는 것을 **방정식을 푼다**(solving the equation)라고 한다.

등식은 항등식과 방정식인 두 종류의 등식이 있다.

① **항등식**은 모든 실수가 등식의 해가 되는 등식이다. 모든 실수를 등식의 미지수에 넣어도 항상 등식이 성립하는 등식이다. 다시 말해서, 등식의 해집합이 실수 전체이다. 예를 들어, 다음의 등식은 항등식이다.

$$x+x=2x$$

② **방정식**은 등식의 변수에 특정한 수를 대입할 때만 등식이 성립하는 등식이다. 해가 하나도 없는 등식도 방정식이라고 한다. 예를 들어 다음과 같은 등식은 방정식이다.

$$2x+1=1 \qquad (*)$$
$$x^2+2=1 \qquad (**)$$

등식 (*)의 해는 단 하나인 실수 0으로 해집합은 $\{0\}$이다.
등식 (**)은 어떤 실수를 대입해도 등식이 성립하지 않으므로 해집합은 공집합 $\varnothing$이다.

앞으로 방정식과 항등식의 구별을 하지 않고 **방정식**으로 부른다.

방정식은 항등식과 구별되는 등식의 종류이지만 일반적으로 방정식은 등식과 같은 의미로 사용되는 경우가 많다.
방정식을 일반적인 표현은 다음과 같이 표현한다.

$$p(x)=0$$

(i) $p(x)$가 미지수 x에 관한 일차식이면 **일차방정식**이라고 한다.
(ii) $p(x)$가 미지수 x에 관한 이차식이면 **이차방정식**이라고 한다.
(iii) $p(x)$가 미지수 x에 관한 n차식이면 n**차방정식**이라고 한다.

◐ 일차방정식

일차방정식은 가장 간단한 형태의 방정식이고 **선형방정식**이라고도 한다.

[정의 0.6: 일차방정식] 미지수 x를 갖는 다음과 같은 방정식을 **일차방정식**(linear equation) 또는 **선형방정식**이라고 한다. 이때 $a \neq 0$, b는 실수이다.

$$ax+b=0$$

일차방정식 $ax+b=0$에서 미지수 x에 대하여 ax는 **일차항**이고 미지수가 없는 항을 **상수항**(또는 0차항)이라고 한다.

다음은 일차방정식과 일차방정식이 아닌 예를 보여준다.

일차방정식	일차방정식이 아닌 방정식
$2x+1=3$	$x^2+3x-1=0$
$2x=\frac{1}{3}x+5$	$x-2\sqrt{x}+1=0$
$x+9=\frac{x}{5}-3$	$\frac{2}{x}-x=5$

[참고] 여기에 덧붙여서 일차방정식은 아니지만 $ax+b=0$에서 $a=0$인 경우를 알아보자.

$$0\cdot x=-b$$

- $b=0$이면 $0\cdot x=0$이므로 x에 모든 실수를 대입해도 방정식은 성립하고 방정식의 해는 모든 실수이다.
- $b\neq 0$이면 $0\cdot x=-b$이므로 x에 어떤 실수를 대입해도 방정식은 성립하지 않는다. 방정식의 해는 하나도 없다.

일차방정식 $ax+b=0$, $(a\neq 0)$을 다음과 같은 과정으로 풀어보자.

① 미지수 x에 대한 일차항과 상수항을 각각 좌변과 우변으로 이항하여 다음과 같이 정리한다. 이것을 **우변과 좌변 정리**라고 한다.

$$ax=-b$$

② $a\neq 0$이므로 일차방정식 $ax+b=0$의 해는 $x=-\frac{b}{a}$이다.

[예제 0.14] 방정식 $7x+5=5x+9$를 풀어라. [연습문제 1~6]

[풀이] 방정식 $7x+5=5x+9$에서 미지수 x가 있는 항인 $7x$, $5x$와 상수항 5, 9를 각각 좌변과 우변으로 이항하여 모으고 해를 구해보자.

$$7x-5x=9-5$$
$$2x=4$$
$$x=2$$

방정식 $7x+5=5x+9$의 해는 2이다. ■

방정식이 유리수 계수를 갖는 경우 각 항의 유리수 계수의 분모의 최소공배수를 양변에 곱해서 **정수 계수를 갖는 방정식**으로 변환하여 해를 구한다.

[예제 0.15] 방정식 $\frac{x}{2}+\frac{x}{3}=10$을 풀어라. [연습문제 1~6]

[풀이] 각 항의 계수가 정수가 아닌 유리수인 경우 가장 먼저 정수 계수를 갖도록 방정식을 변환한다. 각 항의 분모의 최소공배수를 양변에 곱한다. 2, 3, 1의 최소공배수는 6이므로 주어진 방정식의 양변에 6을 곱하면 정수 계수를 갖는 방정식이 된다.

$$6\left[\frac{x}{2}+\frac{x}{3}\right]=6\cdot 10$$
$$3x+2x=60.$$

그러므로 $5x=60$이고 $x=12$이다. 방정식의 해는 12이다. ■

◐ 이차방정식과 n차방정식

이차방정식과 n차방정식의 해를 구하는 방법에 대하여 알아보자.

[정의 0.7: 이차방정식과 n차방정식]

(i) 이차방정식: 미지수 x를 갖는 이차방정식(quadratic equation)은 다음과 같다.

$$ax^2+bx+c=0,\ (a\neq 0, b, c\text{는 실수})$$

(ii) n차방정식(n은 자연수): 미지수 x를 갖는 n차방정식은 다음과 같다.

$$a_nx^n+a_{n-1}x+\cdots+a_1x+a_0=0,\ (a_n\neq 0,\ a_{n-1},\ \cdots,\ a_1,\ a_0\text{는 실수})$$

일반적인 n차방정식의 해를 구하는 기본 원리는 다음의 실수의 중요한 성질이다.

여기서 「if and only if」가 필요충분조건을 의미한다.

P 필요충분조건 Q

는 P와 Q는 동치인 명제이다. 즉, 같은 의미를 갖는 명제이다.

[정리 0.9]

(i) 두 실수 A와 B가 있을 때

$[A\cdot B=0]$ if and only if $[A=0$ 또는 $B=0]$.

(ii) n개의 실수 $A_1, A_2, \cdots, A_n$이 있을 때

$[A_1\cdot A_2\cdot\ \cdots\ \cdot A_n=0]$ if and only if $[A_1=0$ 또는 $A_2=0$ 또는 $\cdots$ $A_n=0]$.

[정리 0.9]는 다항방정식의 해를 구하는 과정에서 중요하다. 다항방정식 $p(x)=0$에서 다항식의 인수분해 $p(x)=q_1(x)q_2(x)$가 되는 경우 [정리 0.9]에 의해서 다음과 같은 의미이다.

$$q_1(x)=0 \text{ 또는 } q_2(x)=0$$

다항식을 가능한 한 일차식으로 인수분해를 하는 것은 다항방정식의 해를 구하는 과정에서 가장 중요하다.

[n차방정식의 해를 구하는 방법]

[1단계] 주어진 식을 다음과 같이 만든다. 즉, 모든 항을 좌변으로 이항하여 정리한다.

$$a_n x^n + a_{n-1}x + \cdots + a_1 x + a_0 = 0$$

[2단계] n차방정식을 이루는 n차 다항식 $a_n x^n + a_{n-1}x + \cdots + a_1 x + a_0$을 인수분해 한다. 실수 범위에서 인수분해를 한다.

[3단계] [정리 0.9]에 의해서 인수분해의 각 인수에 의해 해를 구한다.

[예제 0.16] 방정식 $x^2+5x=24$를 풀어라. [연습문제 7~15]

[풀이] 방정식 $x^2+5x=24$를 정리하고 인수분해를 해서 풀어보자.

$$x^2+5x-24=0$$
$$(x-3)(x+8)=0$$
$$x-3=0 \text{ 또는 } x+8=0$$
$$x=3 \text{ 또는 } x=-8$$

그러므로 주어진 방정식 $x^2+5x=24$의 해는 $x=3$과 $x=-8$이다. ■

이차식이 유리수 범위에서 인수분해가 되지 않는 경우 [정리 0.8: 근의 공식에 의한 이차식의 인수분해]를 사용하여 인수분해하고 이차방정식의 해를 구한다.

[정리 0.10: 근의 공식에 의한 방정식의 해] 이차방정식 $ax^2+bx+c=0$에서

(1) $D=b^2-2ac>0$인 경우 이차방정식의 해는 다음과 같이 2개이다.

$$x=\frac{-b+\sqrt{b^2-4ac}}{2a}, \quad x=\frac{-b-\sqrt{b^2-4ac}}{2a}$$

(2) $D=b^2-2ac=0$인 경우 이차방정식의 해는 다음의 1개이고 중근이라고 한다.

$$x = -\frac{b}{a}x$$

(3) $D = b^2 - 2ac < 0$인 경우 이차방정식의 (실수)해는 존재하지 않는다.

이차방정식의 인수분해는

- [정리 0.6: 인수분해의 공식]을 적용하여 유리수 범위에서 인수분해를 하고
- [정리 0.9: 근의 공식에 의한 인수분해]를 적용하여 실수 범위에서 인수분해를 한다.

[예제 0.17] 다음 방정식을 풀어라. [연습문제 7~15]

(1) $x^2 + 2x - 1 = 0$ (2) $x^2 + x + 1 = 0$

[풀이] (1) 방정식 $x^2 + 2x - 1 = 0$에서 $a = 1,\ b = 2,\ c = -1$.

먼저 $D = b^2 - 4ac = 2^2 - 4(1)(-1) = 8 > 0$이므로 주어진 방정식의 2개의 근을 구하면 다음과 같다.

$$x = \frac{-2 + \sqrt{8}}{2} = \frac{-1 + \sqrt{2}}{1} = -1 + \sqrt{2},$$
$$x = \frac{-2 - \sqrt{8}}{2} = \frac{-1 - \sqrt{2}}{1} = -1 - \sqrt{2}.$$

방정식 $x^2 + 2x - 1 = 0$의 해는 $-1 + \sqrt{2}$과 $-1 - \sqrt{2}$이다.

(2) 방정식 $x^2 + x + 1 = 0$에서 $a = 1,\ b = 1,\ c = 1$.

판별식 $D = b^2 - 4ac = 1^2 - 4(1)(1) = -3 < 0$이므로 주어진 방정식의 실수 해가 없다. ■

유리수 계수를 갖는 n차방정식은 각 항의 계수의 분모의 최소공배수를 양변에 곱해서 정수 계수를 갖는 n차 다항식으로 만들 수 있다. 그러므로 정수 계수를 갖는 n차방정식을 풀어보자.

우선 **정수 계수**를 갖는 n차 다항식 $P(x) = a_n x^n + a_{n-1}x + \cdots + a_1 x + a_0$의 인수분해를 알아보자. n차 다항식 $P(x)$의 일차식의 인수를 찾기 위해 다음과 같은 **인수정리**를 사용할 수 있다.

[정리 0.11: 인수정리] n차 다항식 $P(x) = a_n x^n + \cdots + a_0$과 실수 α에 대해

$[P(\alpha) = 0] \Leftrightarrow^*$ [$P(x)$는 $(x - \alpha)$를 인수로 갖는다.]

$\Leftrightarrow$ [$P(x) = (x - \alpha)Q(x)$인 다항식 $Q(x)$가 있다.]

* $\Leftrightarrow$는 필요충분조건을 나타낸다. 즉, [$p(x) \Leftrightarrow q(x)$]는 두 명제 $p(x)$와 $q(x)$가 동치라는 의미이다.

[정리 0.11: 인수정리]는 다항식 $P(x)$를 일차식 $(x - \alpha)$로 나누면 몫이 $Q(x)$이고 나머지가 0임을 의미한다. 그러나 몫 $Q(x)$가 존재하는 것을 말해주고 있지만, 정확히 구하는 것은 알려주지 않는다. 몫 $Q(x)$를 구체적으로 구하는 방법은 [그림 0.6](a)에서 볼 수 있듯이 실수의 나눗셈을 하는 방법과 매우 유사하다.

일차식 $(x - \alpha)$로 나눈 몫을 구하는 경우는 다항식의 나눗셈인 [그림 0.6](a)를 간

단하게 변형한 **조립제법**으로 구할 수 있다. ([그림 0.6](b) 참고)

예를 들어서 다항식 $2x^3-3x+6$를 $x-2$로 나누었을 때 몫이 $2x^3-3x+6$이고 나머지는 16임을 [그림 0.6](a)에서 볼 수 있다. 그러므로 다음과 같이 표현한다.

$$2x^3-3x+6=(x-2)(2x^2+4x+5)+16.$$

[그림 0.6](b)에서 조립제법은 다항식의 계수만으로 몫과 나머지를 구하는 방법을 보여주고 있다.

정수 계수 다항식 $p(x)$를 다항식 $q(x)$으로 나누는 경우

- 몫 $s(x)$와 나머지 $r(x)$가 구해지고 $$p(x)=s(x)q(x)+r(x)$$ 로 표현된다.
- 나머지 $r(x)$는 [$r(x)$의 차수]<[$q(x)$의 차수]를 만족해야 한다.

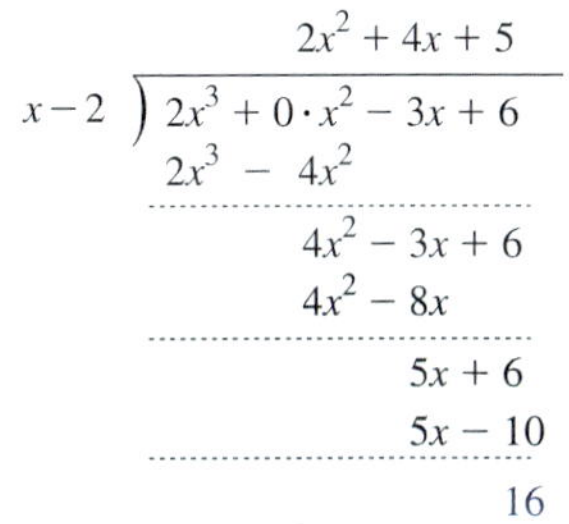

[그림 0.6](a)

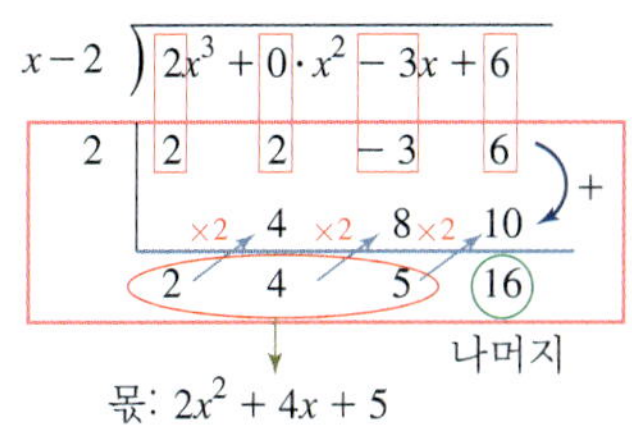

[그림 0.6](b) 조립제법

[예제 0.18] 방정식 $3x^3-2x^2+x-2=0$의 해를 구하여라. [연습문제 16~21]

[풀이] 3차 다항식 $P(x)=3x^3-2x^2+x-2$라고 놓자. [정리 0.11: 인수정리]를 적용하여 $P(1)=3-2+1-2=0$이므로 $P(x)$는 인수 $(x-1)$을 갖는다. 즉, $P(x)=(x-1)Q(x)$인 다항식 $Q(x)$를 갖는다. 조립제법으로 다항식 $Q(x)$를 구해보자.

1	3	−2	1	−2
		3	1	2
	3	1	2	0

$P(x)$를 $(x-1)$로 나눈 몫은 $Q(x)=3x^2+x+2$이고 인수분해는 다음과 같다.

$$P(x)=(x-1)(3x^2+x+2).$$

이차식 $Q(x)=3x^2+x+2$의 판별식 $D=1-4(3)(2)=-23<0$이므로 $Q(x)=3x^2+x+2$는 인수분해가 되지 않는다. 그러므로 $P(x)$의 인수분해는 다음과 같다.

$$P(x)=(x-1)(3x^2+x+2)$$

그러므로 방정식 $P(x)=3x^3-2x^2+x-2=0$의 해는 $x=1$이다. ■

[예제 0.19] 방정식 $x^4+x^3-x^2-7x-6=0$의 해를 구하여라. [연습문제 16~21]

[풀이] 4차 다항식 $P(x)=x^4+x^3-x^2-7x-6$라고 놓자. [정리 0.11: 인수정리]를 적용하여 $P(-1)=1-1-1+7-6=0$이므로 $P(x)$는 인수 $x+1$을 갖는다. 즉, $P(x)=(x+1)Q(x)$인 다항식 $Q(x)$를 갖는다. 조립제법으로 다항식 $Q(x)$를 구하자.

$$\begin{array}{r|rrrrr} -1 & 1 & 1 & -1 & -7 & -6 \\ & & -1 & 0 & 1 & 6 \\ \hline & 1 & 0 & -1 & -6 & \boxed{0} \end{array}$$

그러면 $Q(x)=x^3-x-6$이다. $P(x)$는 다음과 같이 쓸 수 있다.

$$P(x)=x^4+x^3-x^2-7x-6=(x+1)(x^3-x-6)$$

$Q(x)=x^3-x-6$이라고 놓자. [정리 0.11: 인수정리]에 의해 $Q(2)=8-2-6=0$이므로 $Q(x)=x^3-x-6=(x-2)S(x)$인 다항식 $S(x)$을 갖는다. 조립제법으로 다항식 $S(x)$를 구해보자.

$$\begin{array}{r|rrrr} 2 & 1 & 0 & -1 & -6 \\ & & 2 & 4 & 6 \\ \hline & 1 & 2 & 3 & \boxed{0} \end{array}$$

조립제법으로 $Q(x)=x^3-x-6=(x-2)(x^2+2x+3)$이고 $S(x)=x^2+2x+3$이다. 이차식 $S(x)=x^2+2x+3$에서 $D=2^2-4(1)(3)=4-12=-8<0$이므로 $S(x)=x^2+2x+3$는 인수분해가 되지 않는다. 그러므로 $P(x)$의 인수분해는 다음과 같다.

$$P(x)=(x+1)(x-2)(x^2+2x+3)$$

$P(x)=x^4+x^3-x^2-7x-6=(x+1)(x-2)(x^2+2x+3)=0$이므로 방정식 $x^4+x^3-x^2-7x-6=0$의 해는 $x=-1$과 $x=2$이다. ■

연습문제

• Part 1

[1-6] 다음 일차방정식을 풀어라. [예제 0.14~0.15]

1. $5x+4=3x-10$
2. $3x+7=x+3$
3. $5x-1=3x+8$
4. $\frac{2x}{3}-\frac{x}{2}=5$
5. $\frac{3x}{2}-3=\frac{x}{3}+4$
6. $\frac{x}{6}-\frac{2}{3}=\frac{x}{4}-3$

[7-15] 다음 이차방정식을 풀어라. [예제 0.16~0.17]

7. $4x^2-16x=-7$
8. $3x^2-5x+2=0$
9. $x^2-x=6$
10. $x^2-4x+1=0$
11. $2x^2+x+6=0$
12. $x^2+4x+5=0$
13. $2x^2-2x-3=0$
14. $3x^2+x-1=0$
15. $4x^2+3x+1=0$

[16-21] 다음 방정식의 해를 구하여라. [예제 0.18~0.19]

16. $3x^3-3x^2-12x+12=0$
17. $2x^3+x^2-13x+6=0$
18. $x^3-x^2-x-2=0$
19. $x^4-10x^3+35x^2-50x+24=0$
20. $x^4+x^3-x^2-7x-6=0$
21. $(x^2+4x+5)^2-12(x^2+4x)-40=0$

• Part 2

[22-24] 다음 방정식의 해를 구하여라.

22. $(x+1)(x+2)(x+3)(x+4)=120$

23. $6x^4+5x^3-38x^2+5x+6=0$

24. $x^4-6x^2+1=0$

25. 삼차 방정식 $x^3-ax^2+(a+1)x+3a=0$의 한 근이 -1일 때, 나머지 두 근의 합을 구하여라.

26. 어떤 정육면체의 가로와 세로의 길이를 각각 2cm씩 늘리고, 높이를 4cm 줄였더니 부피가 243cm^3인 직육면체가 되었다. 이때 처음 정육면체의 한 모서리의 길이를 구하여라.

0.5 부등식

◐ 부등식의 용어

부등식은 등식에서 등호 대신에 부등호를 사용한 수학 명제이다. 부등호의 **우변**과 **좌변**의 식의 크기를 비교하고 있다. **부등호**는 다음과 같은 4가지 종류가 있다.

$$<,\ >,\ \leq,\ \geq$$

다음은 방정식의 해와 부등식의 해의 차이를 보여준다.

부등식: $2x+5\leq 11$의 해:

방정식: $2x+5=11$의 해:

부등식에 있는 문자 x를 **미지수**라고 한다. 부등식을 성립하게 하는 모든 미지수 x를 찾는 것이 부등식의 목표이다. 예를 들어 다음 식 $2x+5\leq 11$은 부등식이다.

x	$2x+5\leq 11$	
1	[$7\leq 11$] 부등호가 성립한다.	$x=1$은 해이다.
2	[$9\leq 11$] 부등호가 성립한다.	$x=2$는 해이다.
3	[$11\leq 11$] 부등호가 성립한다.	$x=3$은 해이다.
4	[$13\leq 11$] 부등호가 성립하지 않는다.	$x=4$는 해가 아니다.

부등식의 미지수에 실수를 대입해서 부등식이 성립하는 경우 대입한 실수를 **부등식의 해**라고 한다. 부등식을 푼다는 것은 부등식의 해를 **모두 구하는** 것을 의미한다.

부등식을 푸는 과정에서 다음 부등호의 성질은 중요하다.

[정리 0.12: 부등식의 성질]

(1) $C>0$이고 $A<B$이면 $CA\leq CB$.

(2) $C<0$이고 $A<B$이면 $CA\geq CB$.

(3) $0<A<B$이면 $\dfrac{1}{B}<\dfrac{1}{A}$.

◐ 일차부등식

일차부등식은 다음과 같은 네 가지 형태가 있다. ($a\neq 0$, b는 실수)

$$ax+b<0,\ ax+b>0,\ ax+b\leq 0,\ ax+b\geq 0$$

일차부등식을 푸는 과정은 일차방정식을 푸는 과정과 비슷하다. 즉, 가장 먼저 해야 하는 일은 일차항과 상수항을 각각 좌변과 우변으로 모으고 정리하는 것이다. 이를 **우변과 좌변 정리**라고 하자. 부등식에서 주의할 점은 양변에 상수나 식을 곱하는 과정에 **부등호의 방향**을 잘 고려해야 하는 것이다.

[예제 0.20] 다음 부등식의 해를 구하고 수직선에 그려라. [연습문제 1~9]

(1) $3x-2<9x-8$ (2) $2(2x+3)-10<6(x-2)$

[풀이] (1) $3x-2<9x-8$을 우변과 좌변 정리를 한 뒤 풀어보자.

$3x-9x<-8+2$

$-6x<-6$ 우변과 좌변 정리

$x>1$ [정리 0.12: 부등식의 성질] (2)

부등식의 해는 $(1,\infty)$이고 수직선에 그리면 다음과 같다.

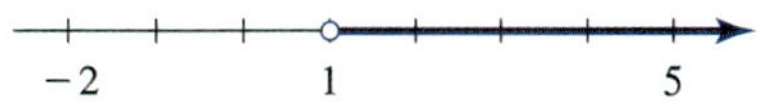

(2) $2(2x+3)-10<6(x-2)$ [정리 0.1] (3) 분배법칙

$4x+6-10<6x-12$

$4x-6x<-12+4$

$-2x<-8$ 우변과 좌변 정리

$x>4$ [정리 0.12: 부등식의 성질] (2)

부등식의 해는 $(4,\infty)$이고 수직선에 그리면 다음과 같다.

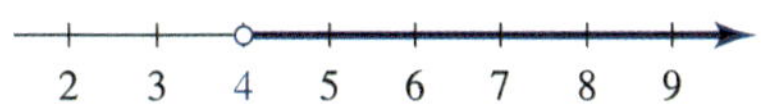

■

유리수 계수 부등식은 정수 계수 부등식으로 변환한 후에 부등식을 푼다.
정수 계수 부등식으로 만드는 과정에서 반드시 부등식의 방향을 주의해야 한다.

[예제 0.21] 부등식 $\frac{2x-3}{4}+6\geq 2+\frac{4x}{3}$의 해를 구하고 수직선에 그려라. [연습문제 1~9]

[풀이] 유리수 계수 부등식은 모든 계수의 분모들의 최소공배수를 우변과 좌변에 곱해서 정수 계수를 갖는 부등식으로 만든다. 그러면 계수들의 분모인 4, 1, 3의 최소공배수는 12이다. 주어진 부등식을 정수 계수의 부등식으로 변환하고 풀어보자.

$12\left[\frac{2x-3}{4}+6\right]\geq 12\left[2+\frac{4x}{3}\right]$ 양변에 최소공배수 곱하기

$3(2x-3)+72\geq 24+16x$ 분배법칙

$6x-9+72\geq 24+16x$

$6x-16x\geq 24-63$

$-10x\geq -39$ 우변과 좌변 정리하기

$x\leq \frac{39}{10}$ [정리 0.12: 부등식의 성질] (2)

부등식의 해는 $\left(-\infty,\frac{39}{10}\right]$이고 수직선에 그리면 다음과 같다.

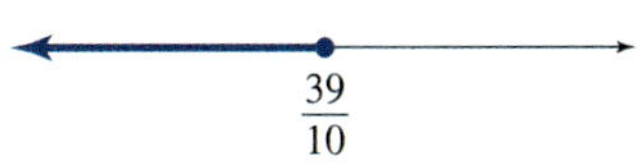

■

부등식 $[a<b<c]$는 2개의 부등식 $[a<b]$와 $[b<c]$가 동시에 성립함을 의미한다.

[예제 0.22] 다음 부등식 $4 \le 3x-2 < 13$을 풀어라. [연습문제 10~12]

[풀이] 주어진 부등식 $4 \le 3x-2<13$은 다음 2개의 부등식 $[4 \le 3x-2]$와 $[3x-2<13]$을 동시에 만족하는 모든 해를 구해야 한다.

$$[4 \le 3x-2] \text{ 그리고 } [3x-2<13]$$
$$[-3x \le -6] \text{ 그리고 } [3x<15]$$
$$[x \ge 2] \text{ 그리고 } [x<5]$$
$$2 \le x < 5$$

두 명제 p와 q에 대하여

- [p 그리고 q]는 두 명제 p와 q가 동시에 성립함을 의미한다.
- [p 또는 q]는 두 명제 p와 q 중에서 적어도 하나의 명제가 성립함을 의미한다.

부등식의 해는 $[2,5)$이고 수직선에 그리면 다음과 같다.

■

◐ 다항부등식과 유리부등식

다항부등식과 유리부등식의 부등식을 푸는 일반적인 과정을 알아보자.

[다항부등식과 유리부등식을 푸는 일반적인 과정]

1. 0이 아닌 모든 항을 한쪽 변으로 모두 이항한다. 예를 들어서 $p(x) \le 0$의 형태이다.
2. 식 $p(x)$를 인수분해한다. 유리식인 경우* 분모와 분자의 식을 따로 인수분해한다.
3. 다음과 같은 과정으로 수직선에 식 $p(x)$의 부호를 표시한다.
   ① 인수분해를 한 모든 인수의 근들을 모두 수직선에 표시한다.
   ② 각 인수의 근들의 사이의 부호를 결정한다.
   - $(x-a)^n$에서 n이 홀수이면 $x=a$를 중심으로 부호가 변한다.
   - $(x-a)^n$에서 n이 짝수이면 $x=a$를 중심으로 부호가 변하지 않는다.
4. 수직선에서 표시된 $p(x)$의 부호를 근거로 부등식의 해를 구한다. 단, 유리부등식인 경우는 분모가 0이 되는 점은 해에서 제외한다.

* 다항식 또는 유리식 $p(x)$의 부호를 수직선에 표시하는 경우

①
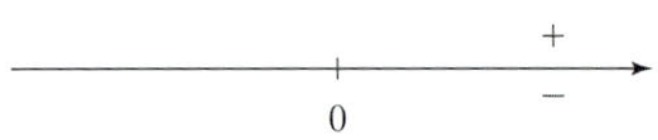

수직선 위는 $p(x)>0$인 부분
수직선 아래는 $p(x)<0$인 부분

② 최고치의 계수가 양수이면 $p(x)>0$인 수직선 위에서 시작하여 가장 큰 근부터 차례대로 부호의 변화를 그린다.

[예제 0.23] 다음 부등식을 풀어라. [연습문제 13~22]

(1) $x^2 \le 5x-6$ (2) $(x-1)(x-2)^2(x-3)<0$

(3) $\dfrac{x+1}{x-1} \ge 1$ (4) $\dfrac{1+x}{1-x} \ge 1$

[풀이] (1) $x^2 \le 5x-6$을 우변과 좌변 정리를 하고 부등식을 풀어보자.

$x^2-5x+6 \le 0$이고 $(x-2)(x-3) \le 0$.

수직선에 부등식의 해를 표현하면 다음과 같다.

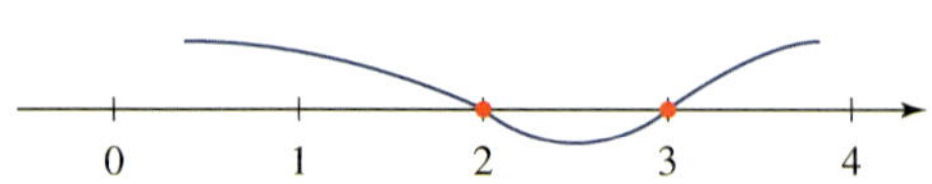

그러므로 주어진 부등식의 해는 $2 \le x \le 3$이다.

(2) 부등식 $(x-1)(x-2)^2(x-3)<0$에서 부등식의 해를 수직선에 표현하면 다음과 같다.

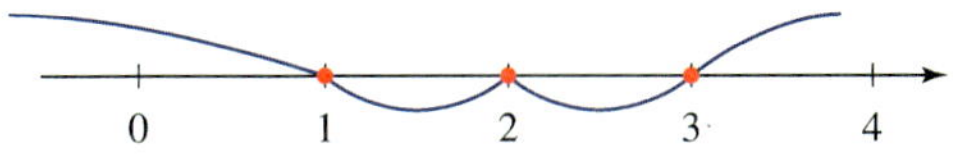

그러므로 주어진 부등식의 해는 $1<x<2$ 또는 $2<x<3$이다.

[주의] 유리식을 포함하는 부등식에서 분모의 식을 양변에 곱하려고 하면 분모의 식이 양수인 경우와 음수인 경우로 나누어 부등식을 풀어야 한다. 그러므로 유리식을 포함하는 부등식은 **유리식을 유지한 형태로 통분을 하여 정리**해야 한다.
통분도 인수분해에 해당된다.

(3) 부등식 $\dfrac{x+1}{x-1}\geq 1$을 우변과 좌변 정리를 하고 풀어보자.

$\dfrac{x+1}{x-1}-1\geq 0$

$\dfrac{x+1-(x-1)}{x-1}\geq 0$이고 $\dfrac{2}{x-1}\geq 0$.

수직선에 부등식의 해를 표현하면 다음과 같다.

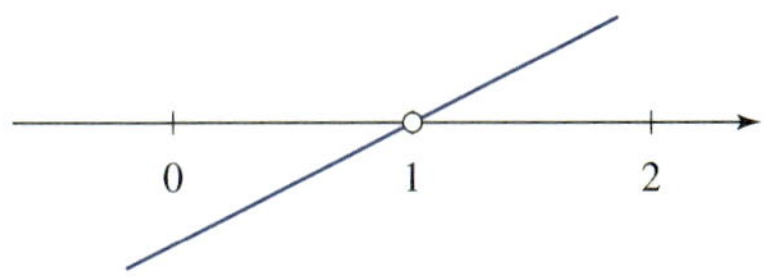

그러므로 주어진 부등식의 해는 $x>1$(이때, $x=1$은 분모가 0이 되므로 제외된다)이다.

(4) 부등식 $\dfrac{1+x}{1-x}\geq 1$을 우변과 좌변 정리를 하고 풀어보자.

$\dfrac{1+x}{1-x}-1\geq 0$

$\dfrac{1+x-(1-x)}{1-x}\geq 0$이고 $\dfrac{2x}{1-x}\geq 0$.

최고차항을 양수로 만들면 $\dfrac{2x}{x-1}\leq 0$이다. 이때 부등호가 변한다.

수직선에 부등식의 해를 표현하면 다음과 같다.

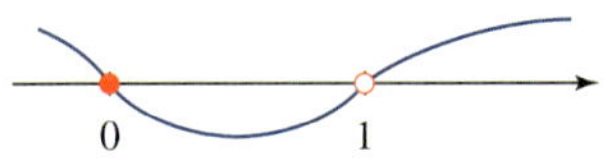

그러므로 주어진 부등식의 해는 $0\leq x<1$(이때, $x=1$은 분모가 0이 되므로 제외한다)이다. ■

연습문제

• Part 1

[1-9] 다음 일차부등식의 해를 구하고 수직선에 그려라. [예제 0.20~0.21]

1. $-4x+2<-5x+4$
2. $3(x+2)>2(x-2)$
3. $x+3\geq 3x+7$
4. $3(x-1)\leq 2(x+4)$
5. $\frac{1}{3}(x-1)\geq\frac{1}{2}(x+1)$
6. $\frac{1}{3}(-2x+1)<\frac{1}{2}(x-3)$
7. $\frac{3x-1}{2}-2x<\frac{1}{3}x-1$
8. $\frac{-2x+1}{3}-2\leq\frac{x+1}{4}+2$
9. $\frac{3x+4}{2}-\frac{x-1}{3}<0$

[10-12] 다음 연립부등식을 풀어라. [예제 0.22]

10. $3x-10<5x+2\leq 8+3x$
11. $\begin{cases}2x-4\leq x\\3x-2\geq 2x+2\end{cases}$
12. $-x\leq 5x-2(x+1)<2+x$

[13-22] 다음 부등식을 풀어라. [예제 0.23]

13. $x^2-3x+2<0$
14. $6x^2-x-1\leq 0$
15. $x^2+x+1<0$
16. $(2x-1)(x-2)^2(x-3)\leq 0$
17. $(x+1)(x-2)^2(x-3)<0$
18. $(x+2)^3(x-1)^3>0$
19. $\frac{x^2-4}{x}<0$
20. $\frac{x+3}{x-1}\leq 1$
21. $\frac{2x-3}{x+1}\geq 1$
22. $\frac{3x-1}{x+1}<0$

• Part 2

23. x에 대한 부등식 $ax-1<x-a$의 해를 구하여라.
24. x에 대한 부등식 $(a+b)x-2b\geq 0$의 해가 $x\leq -2$일 때, $bx-4a\leq 0$의 해를 구하여라.
25. 연립부등식 $\begin{cases}2x+5\leq 3x+2\\x-a<18-3(x+2)\end{cases}$의 해가 $b\leq x<\frac{15}{4}$일 때, $a+b$의 값을 구하여라.
26. 부등식 $\frac{x^2-4x}{x-1}<0$의 해를 구하여라.

0.6 좌표평면

좌표평면은 기하적인 평면과 실수의 관계를 만들어 주는 매개의 역할을 한다. 좌표평면에서 그려지는 곡선의 그림이 방정식으로 표현되고 방정식이 좌표평면 위의 곡선의 그림으로 표현되는 관계를 공부하는 것은 미적분에서 중요하다. 즉, 도형을 공부하는 수단으로 방정식을 사용하기도 하고 방정식을 풀기 위하여 도형을 사용할 수 있다.

◐ 좌표평면

르네 데카르트
(Rene Descartes, 1596–1650)

1637년에 데카르트는 유명한 철학서인 「방법서설」을 출판했다. 이 책은 두 종류의 부록을 첨부했는데 그중의 하나가 기하학(La Geometrie)이고 이 부록에 좌표계를 사용하여 곡선을 표현하였다.

실직선은 직선 위의 각 점에 실수를 일대일대응시킨 직선이다. 이때, 일대일대응 방법을 **직선좌표계**라고 한다. 이제 평면을 생각해 보자. 평면도 점으로 이루어졌고 평면 위의 각 점에 실수를 사용하여 이름을 붙이는 방법을 **평면좌표계**(plane coordinate system)라고 부른다. 평면좌표계를 고정한 평면을 **좌표평면**이라고 한다.
평면의 각 점에 실수로 이름을 붙여주는 방법인 평면좌표계는 여러 가지가 있지만 먼저 가장 널리 사용되는 방법인 **직교좌표계**을 정의해 보자.
평면의 직교좌표계는 프랑스의 수학자 르네 데카르트에 의해 1637년에 최초로 발표되었다. 그래서 직교좌표계는 그의 이름을 따라 **카테시안 좌표계**(Cartesian coordinate system)라고 부른다. Cartesian은 데카르트의 라틴어식 표기이다.
우선 수직하는 2개의 직선이 있고 두 직선이 만나는 점을 **원점** O라고 부른다. 관례적으로 한 직선은 수평으로 그리고 원점 O을 기준으로 오른쪽 방향은 양의 방향으로 한다. 이러한 수평의 직선을 x**축**으로 부른다. 다른 한 직선은 수직으로 그리고 원점 O을 기준으로 위쪽 방향을 양의 방향으로 한다. 이 수직인 직선을 y**축**으로 부른다.
두 개의 수직선인 x축과 y축이 주어진 경우 평면 위의 점 P의 좌표는 실수를 가지고 점 P에 붙여진 이름으로 실수의 순서쌍으로 주어진다.
점 P를 지나고 x축에 수직인 수선의 발에 대한 x축에서의 좌표를 a라고 하고 점 P를 지나고 y축에 수직인 수선의 발에 대한 y축에서의 좌표를 b라고 하면 점 P의 좌표는 순서쌍 (a, b)이다. 이때, a는 점 P의 x**좌표** 또는 x성분, b는 점 P의 y**좌표** 또는 y성분이라고 부른다. ([그림 0.7] 참고)
평면에 직교좌표계가 주어지면 평면은 네 개 부분으로 나뉘어진다. 네 개의 부분평면에서 $x>0$이고 $y>0$인 부분을 **제1사분면**으로 부르고 반시계 방향으로 각 부분을 **제2사분면**, **제3사분면**, **제4사분면**으로 부른다. ([그림 0.7] 참고)

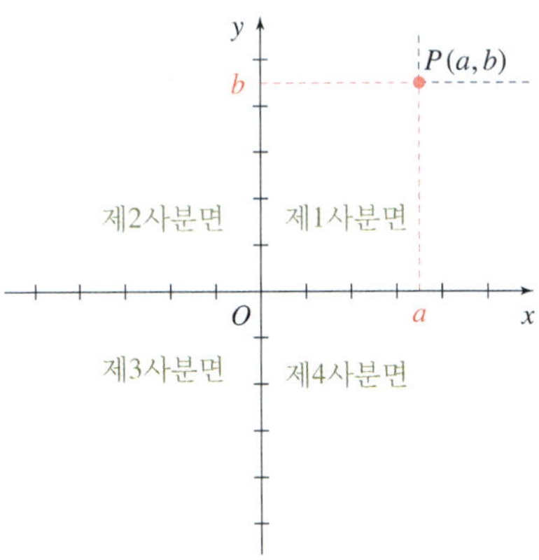

[그림 0.7] 평면좌표계

[예제 0.24] 평면의 점의 좌표 $(2,4), (-4,2), (-3,-4)$를 갖는 점을 좌표평면에 그려라. [연습문제 1~8]

[풀이]

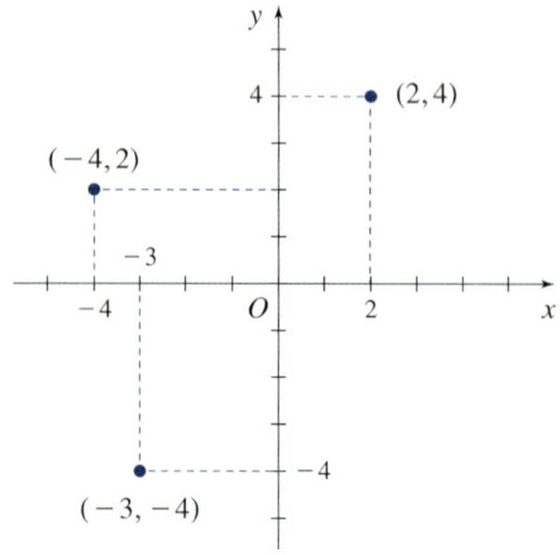

[그림 0.8] ■

◐ 평면 방정식과 평면 부등식

평면 방정식과 평면 부등식에 대해 간단히 알아보자.

평면 방정식은 좌표평면에 주어진 방정식이다. 좌표평면은 평면좌표계가 주어진 평면으로 모든 점은 순서쌍 (x, y)로 나타내어진다.

- 평면 방정식은 **두 개의 변수** x, y**를 갖는 방정식**이다.
- 평면 방정식은 일반적으로 **평면 위의 곡선**을 나타낸다. 이러한 평면 위의 곡선을 그리는 것은 평면의 방정식을 만족하는 모든 점 (x, y)를 평면에 그리는 것이다. 평면 방정식의 「**그래프를 그린다**」라고 한다.

평면 부등식은 좌표평면에 주어진 부등식이다.

- 평면 방정식과 비슷하게 **두 개의 변수** x, y**를 갖는 부등식**이다.
- 평면 부등식이 나타내는 영역을 그리는 것은 가장 먼저 부등식의 경계인 곡선을 그리고 곡선으로 분할된 평면의 여러 영역에서 부등식을 만족하는 부분을 모두 선택한다.
- 예를 들어서 평면 부등식 $p(x, y) \geq 0$ 또는 $p(x, y) > 0$의 경계는 평면 방정식 $p(x, y) = 0$이다.

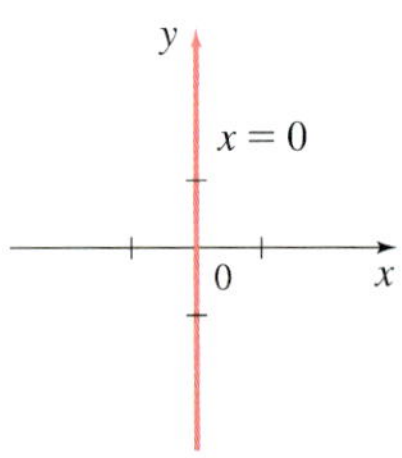

[그림 0.9](a) $x = 0$

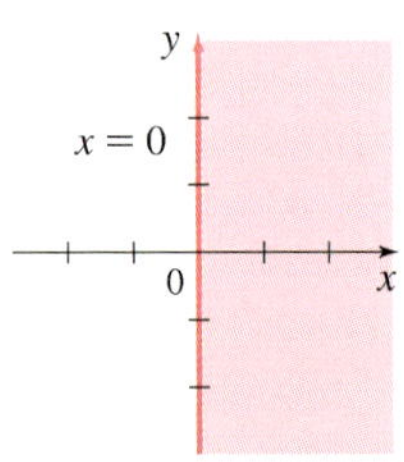

[그림 0.9](b) $x \geq 0$

[예제 0.25] 다음 주어진 영역을 좌표평면에 표시하여라. [연습문제 9~18]

(1) 평면 방정식 $x = 0$이 나타내는 영역(곡선)

(2) 평면 부등식 $x \geq 0$이 나타내는 영역

(3) 평면 방정식 $y = 1$이 나타내는 영역(곡선)

(4) 평면 부등식 $-1 < y < 1$이 나타내는 영역

[풀이]

(1) 좌표평면의 평면 방정식 $x = 1$에서 변수 y가 보이지 않는 것은 y는 조건이 없이 모든 실수를 갖는 것을 의미한다. 그러므로 평면에서 모든 실수 y에 대하여 모든 점 $(1, y)$을 그리는 것이고 영역의 표시는 [그림 0.9](a)와 같이 y축이다.

(2) 좌표평면의 평면 부등식 $x \geq 0$의 경계는 평면 방정식 $x = 0$이고 [그림 0.9](a)에서 보면 평면 방정식 $x = 0$은 평면을 두 부분으로 분할한다. 두 부분에서 부등식

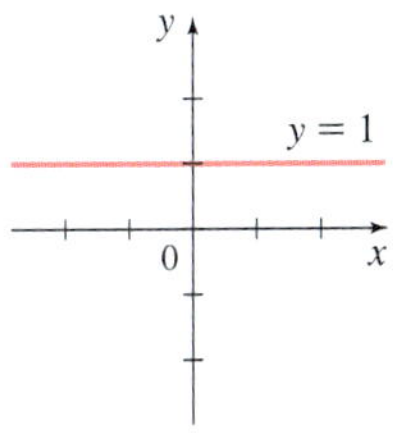

[그림 0.9](c) $y=1$

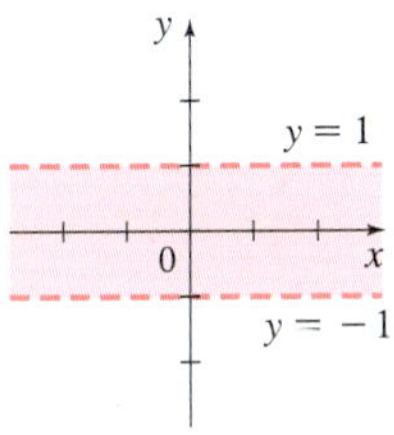

[그림 0.9](d) $-1<y<1$

$x\ge 0$을 만족하는 모든 점이 있는 부분을 선택한다. 점 $(1,0)$을 부등식 $x\ge 0$에 대입하면 부등식을 만족하므로 점 $(1,0)$이 있는 영역을 선택한다. 그러므로 평면 부등식 $x\ge 0$의 영역의 표시는 [그림 0.9](b)와 같다.

(3) 좌표평면의 평면 방정식 $y=1$에서 변수 x가 보이지 않는다. 이것은 x는 조건이 없고 x는 모든 실수를 갖는 것을 의미한다. 그러므로 평면에서 모든 실수 x에 대하여 모든 점 $(x,1)$을 그리는 것이다. 영역의 표시는 [그림 0.9](c)와 같다.

(2) 좌표평면의 평면 부등식 $-1<y<1$의 경계는 평면 방정식 $y=-1$과 $y=1$이다. 좌표평면에 경계를 그리면 평면은 세 부분으로 분할되고 평면 부등식 $-1<y<1$을 만족하는 점이 있는 부분을 모두 선택한다. 점 $(0,0)$을 부등식 $-1<y<1$에 대입하면 부등식이 만족한다. 평면 부등식 $-1<y<1$의 영역은 분할된 세 영역에서 점 $(0,0)$을 포함하는 영역으로 영역의 표시는 [그림 0.9](d)와 같다. ■

◐ 두 점 사이의 거리

좌표평면의 **두 점 사이의 거리**에 대한 식을 구해보자. 두 점 사이의 거리는 직각삼각형에 대한 피타고라스 정리에 기초한다. 좌표평면 위의 두 점 $A(x_1,y_1)$와 $B(x_2,y_2)$가 있을 때 [그림 0.10]과 같이 선분 $\overline{AB}$를 빗면으로 갖는 직각삼각형을 그려보자

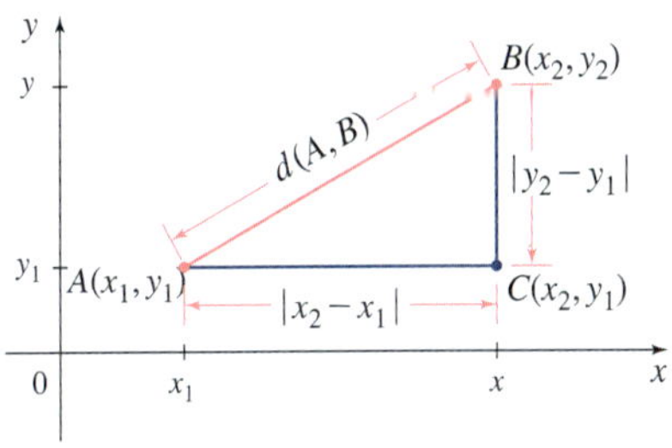

[그림 0.10] A와 B 사이의 거리$=|AB|$

두 점 A와 B 사이의 거리 $|AB|$는 직각삼각형 ABC에서 빗변 AB의 길이를 의미한다. 그러므로 피타고라스 정리에 의해 빗변 AB의 길이 $|AB|$는 다음과 같다.

$$|AB|=\sqrt{(x_2-x_1)^2+(y_2-y_1)^2}$$

[정의 0.8: 두 점 사이의 거리] 좌표평면 위의 두 점 $A(x_1,y_1)$와 $B(x_2,y_2)$ 사이의 거리(distance) $|AB|$는 다음과 같다.

$$|AB|=\sqrt{(x_2-x_1)^2+(y_2-y_1)^2}$$

두 점 A와 B 사이의 거리 $|AB|$에 대하여 $|AB|=|BA|$임을 알 수 있다.

[예제 0.26] 두 점 $A(1,-2)$와 $B(8,9)$에서 점 $P(5,3)$까지 거리 중에서 점 P에 더 가까운 점을 구하여라. [연습문제 19~22]

[풀이] 두 점 A와 P 사이의 거리는 $|AP|=\sqrt{(5-1)^2+(3-(-2))^2}=\sqrt{41}$.
두 점 B와 P 사이의 거리는 $|BP|=\sqrt{(5-8)^2+(3-9)^2}=\sqrt{45}$.
$|AP|<|BP|$이므로 점 A가 점 P에 더 가까이 있다. ■

◐ 원의 방정식

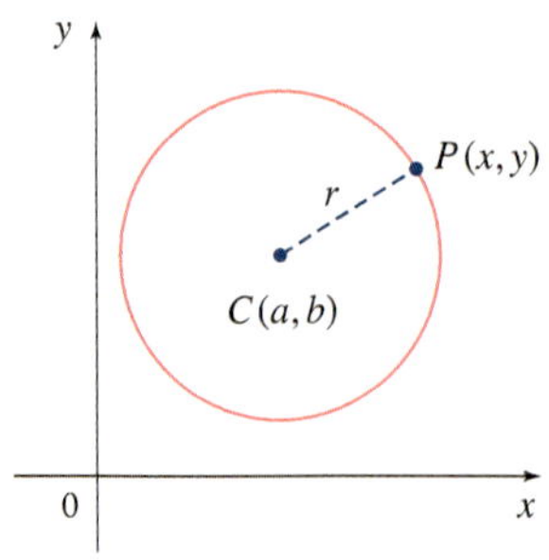

[그림 0.11]

평면에 있는 원은 주어진 점 $C(a,b)$에서 일정한 거리 $r>0$에 있는 모든 점 $P(x,y)$의 모임이다. ([그림 0.11] 참고)
원의 정의에 의하여 두 점 $C(a,b)$와 $P(x,y)$ 사이의 거리 $|PC|=r$이므로

$$\sqrt{(x-a)^2+(y-b)^2}=r$$
$$(x-a)^2+(y-b)^2=r^2.$$

이때, 점 C는 **원의 중심**이고 양의 실수 r은 **원의 반지름**이다.

> **[정리 0.13: 원의 방정식]**
> 중심이 (a,b)이고 반지름이 $r>0$인 **원의 (표준)방정식**은 다음과 같다.
>
> $$(x-a)^2+(y-b)^2=r^2$$
>
> 원의 표준방정식을 정리하면 두 변수 x,y의 이차식으로 표현된다.
>
> $$x^2+y^2+Ax+By+D=0*$$

* 주어진 평면 이차식이 원의 방정식이 되는 조건은

[x^2의 계수]=[y^2의 계수]

이다.

[예제 0.27] 다음 방정식을 만족하는 점들을 좌표평면 위에 그려보아라. [연습문제 23~28]

(1) $x^2+y^2=25$ (2) $(x-2)^2+(y+1)^2=25$

[풀이]

(1) 방정식 $x^2+y^2=25$은 중심이 $(0,0)$이고 반지름이 5인 원이고 그래프는 좌표평면에 [그림 0.12](a)에서 같이 그려진다.

(2) 방정식 $(x-2)^2+(y+1)^2=25$은 중심이 $(2,-1)$이고 반지름이 5인 원이고 그래프는 좌표평면에 [그림 0.12](b)에서 같이 그려진다.

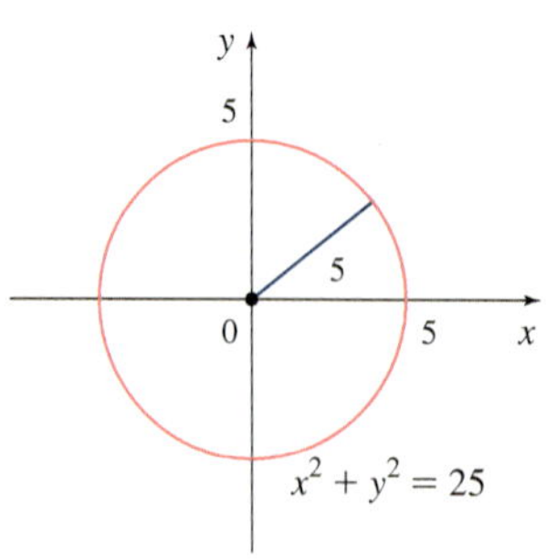

[그림 0.12](a)

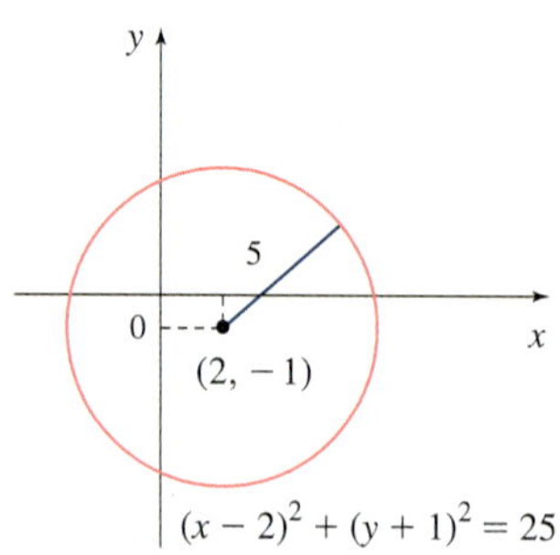

[그림 0.12](b)

■

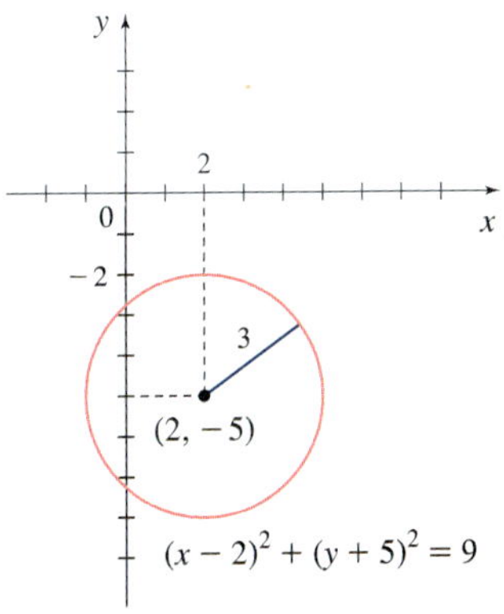

[그림 0.13]

[예제 0.28] 중심이 $(2, -5)$이고 반지름이 3인 원의 방정식을 구하고 그려보아라. [연습문제 29~31]

[풀이] 중심이 $(2, -5)$이고 반지름이 3인 원의 방정식은 다음과 같다.

$$(x-2)^2+(y+5)^2=9$$

그래프는 좌표평면에서 [그림 0.13]와 같이 그려진다. ■

[주의] 평면 이차방정식 $x^2+y^2+Ax+By+D=0$이 항상 원의 방정식은 아니다.
이차방정식 $x^2+y^2-2x+4y+9=0$을 완전제곱형으로 변환하면 다음과 같다.

$$(x-1)^2+(y+2)^2=-4$$

이 식을 만족하는 점 (x, y)는 존재하지 않는다. 그러므로 원의 방정식이 아니다.

[예제 0.29] 다음 방정식 $x^2+y^2+2x-6y+7=0$이 원임을 보여라. [연습문제 23~28]

[풀이] $x^2+y^2+2x-6y+7=0$에서 x, y에 대한 각각의 완전제곱형을 만들면 다음과 같다.

$$(x^2+2x+1)-1+(y^2-6y+9)-9+7=0$$
$$(x+1)^2+(y-3)^2=3$$

이 방정식으로부터 중심이 $(-1, 3)$이고 반지름이 $\sqrt{3}$ 인 원이다. ■

연습문제

• Part 1

[1-8] 다음 평면의 좌표를 갖는 점을 좌표평면에 그려라. [예제 0.24]

1. $(1, 1)$
2. $(2, 4)$
3. $(-3, 1)$
4. $(-4, 4)$
5. $(-3, -1)$
6. $(-2, -4)$
7. $(4, -1)$
8. $(1, -2)$

[9-18] 다음 주어진 영역을 좌표평면에 표시하여라. [예제 0.25]

9. $x=3$
10. $y=-3$
11. $y\geq -1$
12. $x\geq 1$
13. $-1<x<2$
14. $1\leq x\leq 3$
15. $x=-3$
16. $y=4$
17. $-2\leq y<3$
18. $0<y\leq 1$

[19-22] 다음 두 점 사이의 거리를 구하여라. [예제 0.26]

19. $A(0, 0)$, $B(3, 4)$
20. $A(1, -1)$, $B(3, 5)$
21. $A(-2, -3)$, $B(0, 4)$
22. $A(-2, 2)$, $B(3, 14)$

[23-28] 다음 원의 중심과 반지름을 각각 구하여라. [예제 0.27] [예제 0.29]

23. $x^2+y^2=1$
24. $(x+2)^2+(y-1)^2=4$
25. $x^2+y^2-4x-4y=1$
26. $x^2+y^2=4$
27. $(x+3)^2+y^2=16$
28. $x^2+y^2+2x-2y-1=0$

[29-31] 중심과 반지름이 다음과 같은 원의 방정식을 구하여라. [예제 0.28]

29. 중심 $(3,-2)$, 반지름 5
30. 중심 $(0,0)$, 반지름 10
31. 중심 $(-1,2)$, 반지름 $\sqrt{5}$

• Part 2

32. 두 점 $A(-1,2)$, $B(4,5)$에서 같은 거리에 있는 x축 위의 점과 y축 위의 점을 각각 구하여라.
33. 세 점 $A(9,7)$, $B(2,3)$, $C(8,-1)$을 꼭짓점으로 하는 삼각형 ΔABC는 어떤 삼각형인가를 판단하여라.
34. 두 점 $A(-1,-1)$, $B(2,2)$에 대하여 $\overline{AP}:\overline{BP}=2:1$을 만족하는 점 P의 방정식을 구하여라.
35. 점 $(2,4)$를 지나고 x축과 y축에 동시에 접하는 원은 두 개가 있다. 이 두 원의 중심 사이의 거리를 구하여라.

0.7 평면에서의 직선

길을 걸어가면 언덕을 올라가는 경우도 있고 비탈길을 내려오는 경우도 있다. 가까운 동네에 있는 언덕이 있고 설악산과 지리산, 한라산 등의 높은 산이 있다. 산의 높고 낮음은 **해발고도***를 정의해서 말한다. ([그림 0.14](a) 참고)

* 해발고도는 해수면을 기준점으로 측정대상 지점까지의 높이를 의미한다.

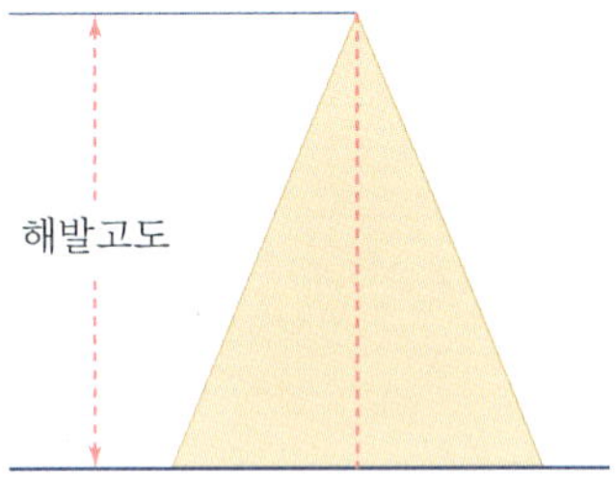

[그림 0.14](a)

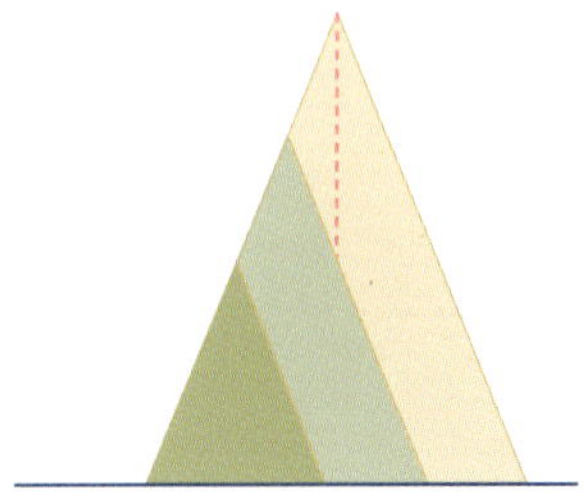
[그림 0.14](b)

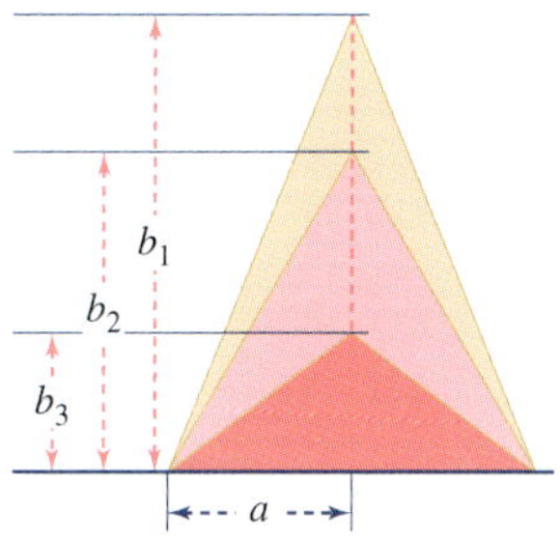

[그림 0.14](c)

[그림 0.14](b)에 있는 3개의 산은 높이는 다르지만 가파른 정도가 같다. 즉, 해발고도는 산의 가파른 정도를 의미하지 않는다. 그러나 [그림 0.14](c)의 3개의 산은 가파른 정도가 다르다. 가장 높은 산이 가장 가파르고 가장 낮은 산이 가장 작게 가파르다. 즉, 3개의 산의 가파른 정도는 다음과 같은 순서로 볼 수 있다.

$$\frac{b_1}{a} < \frac{b_2}{a} < \frac{b_3}{a}$$

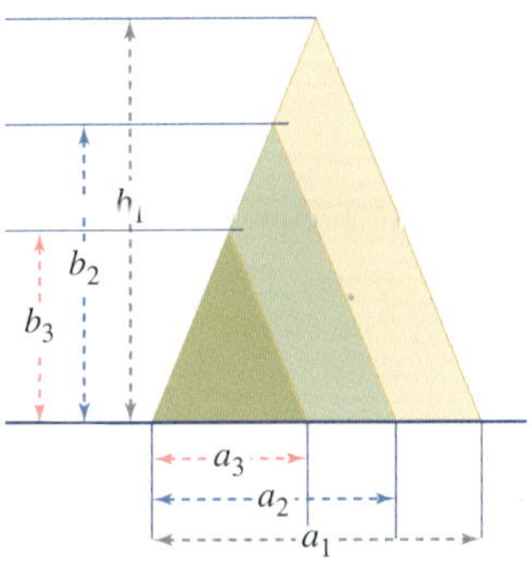

[그림 0.15]

[그림 0.15]에서 3개의 산은 가파른 정도가 같다고 할 수 있으므로 가파른 정도를 나타내는 양을 다음과 같이 정의하고 **기울기**라고 부른다.

$$\frac{b_1}{a_1} = \frac{b_2}{a_2} = \frac{b_3}{a_3}$$

◐ 직선의 기울기

직선의 기울기는 직선 위의 특정한 두 점으로 정의해 보자. 그러면 직선 위의 서로 다른 두 점을 임의로 잡아도 같은 기울기가 나와야 한다. 이제 좌표평면에서 직선 위의 어떤 두 점 선택이 되어도 같은 값이 나오는 **기울기** m을 정의하자. ([그림 0.16] 참고)

[그림 0.16]에서와 같이 직선에 있는 4점 $A(x_1, y_1)$, $B(x_2, y_2)$, $A'(x'_1, y'_1)$, $B'(x'_2, y'_2)$를 잡으면 두 직각삼각형 ΔABC와 $\Delta A'B'C'$는 닮은꼴이다. 그러므로 두 삼각형의 닮은비에 의해 다음과 같은 비례식을 갖는다.

$$\frac{y_2 - y_1}{x_2 - x_1} = \frac{y'_2 - y'_1}{x'_2 - x'_1}$$

즉, 두 점 $A(x_1, y_1)$, $B(x_2, y_2)$에 의한 비례식 $\dfrac{y_2 - y_1}{x_2 - x_1}$와 두 점 $A'(x'_1, y'_1)$, $B'(x'_2, y'_2)$에 의한 비례식 $\dfrac{y'_2 - y'_1}{x'_2 - x'_1}$이 같다. 그러므로 직선 위의 임의의 점 $A(x_1, y_1)$, $B(x_2, y_2)$에 대하여 직선의 기울기 m은 다음과 같이 정의할 수 있다.

$$m = \frac{y_2 - y_1}{x_2 - x_1}$$

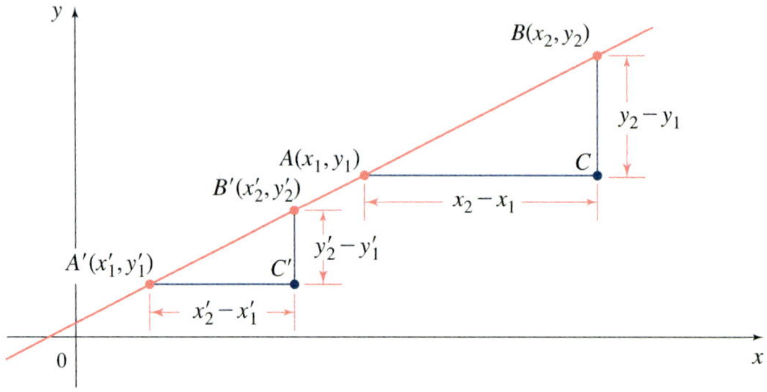

[그림 0.16]

[정의 0.9: 직선의 기울기]

평면 위의 두 점 $A(x_1, y_1)$와 $B(x_2, y_2)$을 지나는 직선의 기울기 m은 다음과 같다.

$$m = \frac{y_2 - y_1}{x_2 - x_1}$$

단, 수직인 직선은 $x_1 = x_2$이므로 기울기 m이 정의되지 않는다.

직선의 기울기 $m = \dfrac{y_2 - y_1}{x_2 - x_1}$은 x축의 변화인 $x_2 - x_1$을 기준으로 y축의 변화인 $y_2 - y_1$을 보는 것이다. x축으로 증가하는 경우 즉, $x_2 - x_1 \geq 0$인 경우 y축의 변화는 다음 4가지로 볼 수 있다. ([그림 0.17] 참고)

- y축으로 증가하면, 즉 $y_2 - y_1 \geq 0$이면 기울기 $m > 0$이다.
- y축으로 변화하지 않으면, 즉 $y_2 - y_1 = 0$이면 기울기 $m = 0$이다.
- y축으로 감소하면, 즉 $y_2 - y_1 \geq 0$이면 기울기 $m < 0$이다.
- $x_2 - x_1 = 0$이면 기울기 m은 정의되지 않는다.

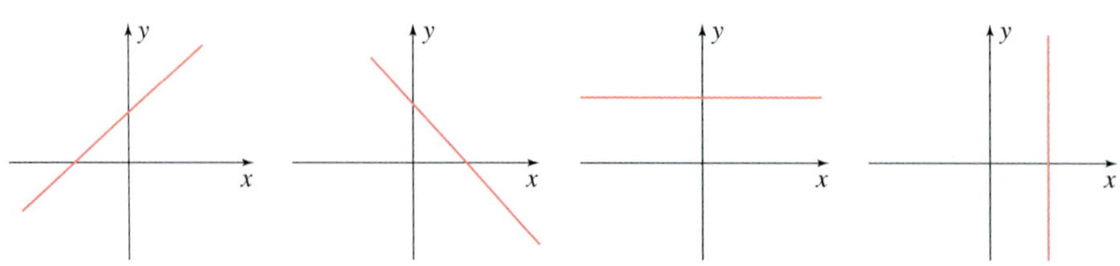

$m > 0$　　$m < 0$　　$m = 0$　　m이 없다.

[그림 0.17]

◐ 직선의 방정식

이제 주어진 직선의 방정식을 구해보자.
우선 기울기가 m이고 점 $Q(x_1, y_1)$를 지나는 직선의 방정식을 정의해 보자.
직선의 임의의 한 점 $P(x, y)$에 대한 **직선의 기울기**는 다음과 같다.

$$m = \frac{y - y_1}{x - x_1}$$

그러므로 기울기가 m이고 점 $Q(x_1, y_1)$를 지나는 **직선의 방정식**은 다음과 같다.

$$(y - y_1) = m(x - x_1)$$

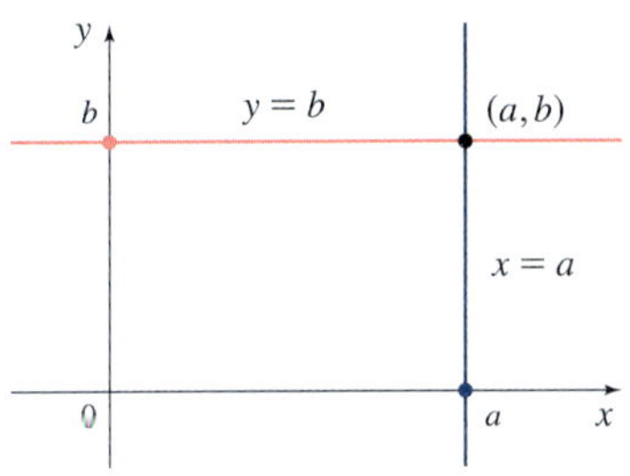

[그림 0.18]

[정리 0.14: 직선의 방정식]*

(i) 기울기가 m이고 점 $Q(x_1, y_1)$를 지나는 **직선의 방정식**은 다음과 같다.

$$(y - y_1) = m(x - x_1)$$

(ii) 점 (a, b)를 지나고 y축에 평행인 직선의 방정식은 $x = a$이다. ([그림 0.18] 참고)
(iii) 점 (a, b)를 지나고 x축에 평행인 직선의 방정식은 $y = b$이다. ([그림 0.18] 참고)

* 평면의 직선의 방정식을 일반적으로 다음과 같이 놓는다.

$$ax + by + c = 0$$

이때, $a \neq 0$ 또는 $b \neq 0$.

[예제 0.30] 기울기가 $-\frac{1}{2}$이고 점 $(1, -3)$을 지나는 직선의 방정식을 구하여라. [연습문제 1~4]

[풀이] 기울기 $m = -\frac{1}{2}$이고 점 $(1, -3)$을 지나는 직선의 방정식은 다음과 같다.

$$(y - (-3)) = -\frac{1}{2}(x - 1)$$

$$y = -\frac{1}{2}x - \frac{5}{2} \quad \text{또는} \quad x + 2y + 5 = 0$$ ■

[예제 0.31] 두 점 $(-1, 2)$와 $(3, -4)$를 지나는 직선의 방정식을 구하여라. [연습문제 5~8]

[풀이] 두 점 $(-1, 2)$와 $(3, -4)$를 지나는 직선의 기울기 m은 다음과 같다.

$$m = \frac{-4 - 2}{3 - (-1)} = -\frac{6}{4} = -\frac{3}{2}$$

기울기 $m = -\frac{3}{2}$이고 점 $(-1, 2)$을 지나는 직선의 방정식은 다음과 같다.

$$(y-2) = -\frac{3}{2}(x+1)$$

$$y = -\frac{3}{2}x + \frac{1}{2}$$

■

◐ 두 직선의 관계: 평행과 수직

평면에 있는 서로 다른 두 직선의 관계를 알아보자. 서로 다른 두 직선은 단 한 점에서 만나거나 서로 만나지 않는다. 서로 다른 두 직선이 만나는 경우, 두 점 이상에서 만날 수 없고 오직 한 점에서만 만난다는 것을 주의해야 한다. 평면에서 만나지 않는 두 직선을 **평행**하다고 한다.

> **[정의 0.10: 두 직선의 평행]** 평면에 있는 서로 다른 두 직선이 만나지 않을 때 이 두 직선이 **평행하다**(parallel)고 한다.

두 직선이 한 점에서 **수직**으로 만나는 경우와 평행인 경우를 직선의 방정식으로 판별해 보자.

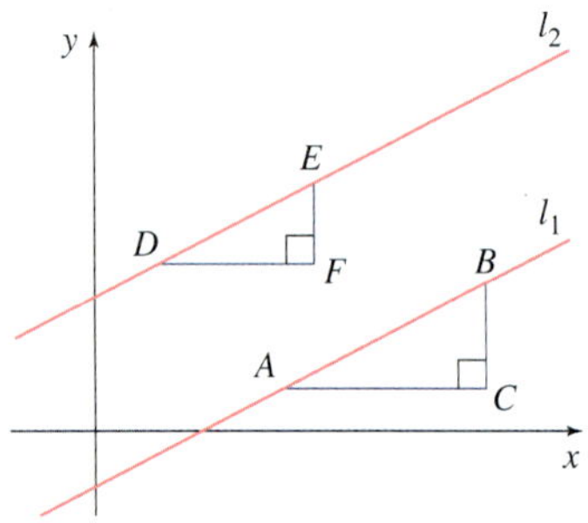

[그림 0.19](a) 평행인 두 직선

> **[정리 0.15: 두 직선의 평행과 수직]**
> y축에 평행이 아닌 서로 다른 두 직선의 기울기를 각각 m_1과 m_2라고 하자.
> (i) 서로 다른 두 직선이 평행할 필요충분조건은 두 직선의 기울기가 같다. 즉, $m_1 = m_2$. ([그림 0.19](a) 참고)
> (ii) 서로 다른 두 직선이 수직일 필요충분조건은 두 직선의 기울기의 곱이 -1이다. 즉, $m_1 \cdot m_2 = -1$. ([그림 0.19](b) 참고)

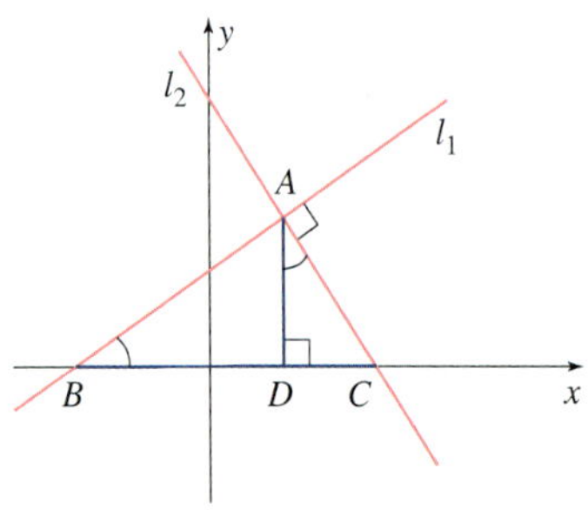

[그림 0.19](b) 수직인 두 직선

y축에 평행이 아닌 서로 다른 두 직선 l_1과 l_2이 평행한 경우를 알아보자.
[그림 0.19](a)를 보면 두 삼각형 ΔABC와 ΔDEF는 닮은꼴이므로
직선 l_1과 l_2의 기울기가 각각 m_1과 m_2라고 하면

$m_1 = \frac{|BC|}{|AC|} = \frac{|EF|}{|DF|} = m_2$이므로 $m_1 = m_2$이다.

y축에 평행이 아닌 서로 다른 두 직선 l_1과 l_2이 수직인 경우를 알아보자.
[그림 0.19](b)를 보면 두 삼각형 ΔABD와 ΔCAD는 닮은꼴이므로

$\frac{|AD|}{|BD|} = \frac{|CD|}{|AD|}$이고 $|AD|^2 = |BD|\,|CD|$이다.

직선 l_1과 l_2의 기울기가 각각 m_1과 m_2라고 하면

$m_1 = \frac{|AD|}{|BD|}$ $m_2 = -\frac{|AD|}{|DC|}$이므로 $m_1 \cdot m_2 = -\frac{|AD|^2}{|BD|\,|DC|} = -1$이다.

[예제 0.32] 직선 $4x+12y+9=0$에 평행하고 점 $(3,5)$를 지나는 직선의 방정식을 구하여라. [연습문제 9~14]

[풀이] 직선 $4x+12y+9=0$의 기울기를 구하기 위해 다음과 같이 변환하자.

$$12y = -4x-9$$
$$y = -\frac{1}{3}x - \frac{3}{4}$$

기울기 $m = -\frac{1}{3}$이고 점 $(3,5)$을 지나는 직선의 식은 다음과 같다.

$$y-5 = -\frac{1}{3}(x-3)$$
$$y = -\frac{1}{3}x+6$$

■

[예제 0.33] 직선 $4x+12y+9=0$에 수직이고 원점 $(0,0)$을 지나는 직선의 방정식을 구하여라. [연습문제 9~14]

[풀이] [예제 0.32]에 의해서 주어진 직선의 기울기는 $m_1 = -\frac{1}{3}$이다.
직선 $4x+12y+9=0$에 수직인 직선의 기울기 m은 다음과 같다.

$$m_1 \cdot m = -\frac{1}{3}\cdot m = -1$$
$$m = 3$$

그러므로 기울기 $m=3$이고 점 $(0,0)$을 지나는 직선의 방정식은 다음과 같다.

$$(y-0) = 3(x-0)$$
$$y = 3x$$

■

연습문제

• Part 1

[1-4] 다음에서 주어진 기울기와 한 점을 지나는 직선의 방정식을 구하여라. [예제 0.30]

1. 기울기 1, 점 $(2,4)$
2. 기울기 -2, 점 $(0,4)$
3. 기울기 3, 점 $(1,3)$
4. 기울기 $-\frac{1}{3}$, 점 $(2,1)$

[5-8] 다음 두 점을 지나는 직선의 방정식을 구하여라. [예제 0.32~0.33]

5. $(1,2)$, $(3,5)$
6. $(-1,4)$, $(1,2)$
7. $(2,0)$, (0.5)
8. $(1,-5)$, $(3,7)$

[9-14] 다음 조건을 만족하는 직선의 방정식을 구하여라. [예제 0.32~0.33]

9. $y=2x+2$에 평행하고 점 $(1,-3)$을 지나는 직선
10. $y=-2x+1$에 평행하고 점 $(-1,-2)$를 지나는 직선
11. $2x-y+3=0$에 평행하고 점 $(4,5)$를 지나는 직선
12. $y=2x+1$에 수직이고 $(1,1)$을 지나는 직선
13. $y=-\frac{1}{3}x+2$에 수직이고 $(0,0)$을 지나는 직선
14. $2x+3y+4=0$에 수직이고 $(2,4)$를 지나는 직선

• Part 2

15. 세 점 $A(3,2)$, $B(1,-1)$, $C(a,-2)$가 한 직선 위에 있을 때, a의 값을 구하여라.
16. 세 점 $A(-2,4)$, $B(-3,2)$, $C(3,0)$를 꼭짓점으로 하는 삼각형 ΔABC가 있다. 점 A를 지나고 삼각형 ΔABC의 넓이를 이등분하는 직선의 방정식을 구하여라.
17. 두 직선 $y=2x-1$, $y=x-3$의 교점과 $(1,1)$을 지나는 직선의 방정식을 구하여라.
18. 두 점 $A(-1,5)$, $B(5,7)$를 이은 선분 AB의 수직이등분선의 방정식을 구하여라.

CHAPTER 1

실함수

데카르트 xy-평면 위에서 곡선, 운동과 변화를 수학적으로 표현하기 위해 두 변수 x와 y 사이의 관계에서 원인과 결과를 표현하는 함수의 개념이 나왔다.

1673년 라이프니츠는 곡선과 관련된 변화량을 표현하기 위해 함수를 쓰자고 주장했고 **함수**(function)의 개념을 처음으로 확립하였다. 라이프니츠(Gottfried Wilhelm Leibniz, 1646-1716)는 함수를 변수 x값의 변화에 따라 다른 변수 y가 정해지는 것으로 정의하였고 그의 함수의 개념은 도함수에 해당한다. 그의 연구 방법은 주로 그림을 통한 기하학적인 방법이었기 때문에 개념이 완벽하지 못했고 함수라는 용어도 막연하였다.

18세기 스위스의 오일러(Leonard Euler, 1707-1783)는 함수를 변수와 상수에 의해 만들어지는 식이라고 정의하였고 오늘날 쓰고 있는 $f(x)$로 표현했다. 이때도 아직 함수가 변수와 상수로만 이루어진 식이라는 생각에서 벗어나지 못한 상태였다.

현재 함수를 기초를 구축한 것은 프랑스의 수학자 푸리에와 코시(Augustin Louis Cauchy, 1789-1857)이다. 특히, 코시는 평면의 두 변수 x, y에 대해 x의 값을 정하면 그에 따라 y값이 정해지는 규칙이 있을 때 y는 x의 함수라고 정의하였다. 즉, 함수를 꼭 식으로 표시하지 않아도 된다는 결과를 얻었다. 오늘날에는 그의 정의를 더욱 발전시켜서 함수를 정의하고 있다.

Leonard Euler

Augustin Louis Cauchy

이선란(李善兰)

function이라는 용어를 한자 '**함수**(函數)'로 옮긴 사람은 중국의 수학자 이선란(李善兰, 1810-1882)이다. 함수라는 이름은 상자(函)를 생각해서 붙인 이름일 것이다. 즉, $y = f(x)$에서 함수 f의 값을 표현하는 변수 y는 내부에 정의역 변수 x를 포함하고 있는 수라는 의미이다.

1.1 실함수

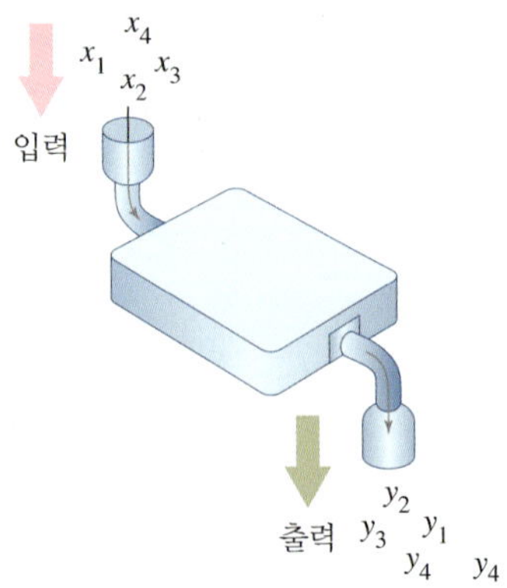

함수를 기계 또는 블랙박스라고 볼 수 있음을 보여주고 있다. 함수는 기계의 일정한 규칙이 있어서 입력값을 넣으면 내부의 규칙에 따라 하나의 출력값이 나오는 기계이다.

1.1.1 실함수란 무엇인가?

함수는 우리의 주변 환경을 수학용어로 표현하는 도구로서 수학에서 가장 기본적이고 중요한 역할을 한다. 우리는 함수를 초등학교 때부터 배워 와서 매우 친숙하다. 일반적으로 함수가 무엇이냐고 질문을 한다면 무엇을 떠올릴 수 있을까? 가장 먼저 $f(x)=x^2$와 같은 기호가 생각이 날 수도 있고 입력을 하면 출력이 나오는 기계를 떠올릴 수도 있다. 수(number)를 입력하였을 때 수가 1개 나오는 규칙은 가장 익숙한 함수의 형태이지만 반드시 수만 입력해야 하는 것은 아니다.

예를 들어 대한민국 각각의 국민은 주민번호를 갖는다. 이 규칙도 함수이다. 이 규칙에 넣어야 하는 값(입력값)은 대한민국 국민이고 나오는 값(출력값)은 0에서 9까지의 숫자로 이루어진 13자리 숫자이다. 이 대응에는 다음과 같은 대응규칙이 있고 이 규칙을 함수라고 한다.

- 대한민국의 국민은 한 사람도 빠짐없이 주민번호를 갖는다.
  : 입력값은 하나도 빠짐없이 입력이 되어져야 한다.
- 대한민국 국민은 단 하나의 주민번호만을 갖는다.
  : 각 입력값에 대응되는 출력값은 단 하나이다.

◐ 실함수의 정의

미분적분학에서는 함수의 입력값과 출력값을 실수와 그와 연관된 집합인 경우만을 다룬다. **실함수**는 실수에서 입력값과 출력값을 갖는 미적분학에서 가장 기본적으로 다루는 함수이다.

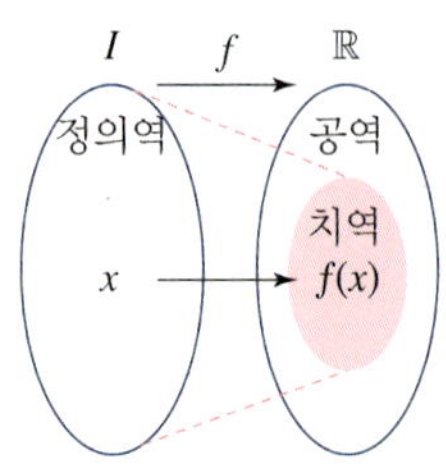

[그림 1.1](a)

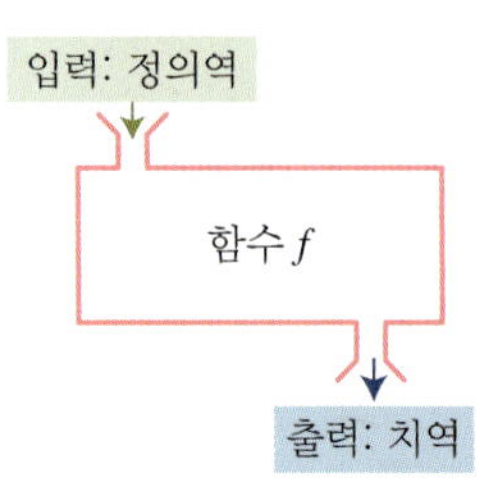

[그림 1.1](b)

[정의 1.1: 실함수, 정의역, 치역] 실수의 부분집합 I가 있다고 하자.
실함수 f는 I에 속하는 임의의 실수 x를 입력하면 단 하나의 실수 y를 대응시키는 규칙이다. 이때, 입력값들의 모임 I를 함수 f의 **정의역**(domain)이라고 하고 $D(f)$라고 표시한다.

- 정의역 I에서의 실함수는 기호로 $f: I \to \mathbb{R}$라고 쓴다.
- **입력값** x에 대하여 **출력값** y가 대응될 때 $y=f(x)$라고 쓴다.
- $f(x)$를 x에서의 f의 **함숫값** 또는 **상**(image)라고 한다. ([그림 1.1](a) 참고)
- 출력값들을 모임을 **치역**(range)이라고 하며 $R(f)$라고 표시한다. ([그림 1.1](a), (b) 참고) 즉, $R(f)=\{f(x) \mid x \in I\}$.

실함수 f에 대하여 기호 $f(3)=6$는 다음과 같은 의미이다.

- 3에 대응하는 함수 f의 값은 6이다.

- f에 의한 3의 상(image)은 6이다.
- 3을 입력하였을 때 함수 f의 출력값은 6이다.

그러므로 「$x=3$이 함수 f에 의해 대응하는 값은 무엇인가?」라는 말은 「함숫값 $f(3)$은 얼마인가?」라고 기호로 쓴다.
일반적으로 실함수의 규칙은 정의역의 변수 x에 관한 식으로 표현된다.
예를 들어서 실함수 f가 임의의 실수 x에 대하여

$$f(x) = 2x^2 - 4x + 1$$

와 같은 식으로 표현된다고 하자. 그러면 $f(3)$과 $f(-2)$를 구하면 다음과 같다.

$$f(3) = 2(3)^2 - (4)(3) + 1 = 18 - 12 + 1 = 7,$$
$$f(-2) = 2(-2)^2 - (4)(-2) + 1 = 8 + 8 + 1 = 17$$

[예제 1.1] 함수 $f(x) = -x^2 + 3x$에 대하여 $f(-1)$, $f(t)$, $f(x^2)$, $f(p-1)$을 구하여라. [연습문제 1~4]

[풀이] $f(-1) = -(-1)^2 + (3)(-1) = -1 - 3 = -4$
$f(t) = -t^2 + 3t$
$f(x^2) = -(x^2)^2 + 3(x^2) = -x^4 + 3x^2$
$f(p-1) = -(p-1)^2 + 3(p-1) = -p^2 + 2p - 1 + 3p - 3 = -p^2 + 5p - 4$ ■

[예제 1.2] 함수 $f(x) = \begin{cases} 1-x, & \text{if } x < 1 \\ \sqrt{x+3}, & \text{if } x \geq 1 \end{cases}$에 대하여 $f(-1)$, $f(0)$, $f(1)$을 구하여라. [연습문제 5~7]

[풀이] $x = -1 < 1$이므로 $f(-1) = 1 - (-1) = 1 + 1 = 2$.
$x = 0 < 1$이므로 $f(0) = 1 - (0) = 1$.
$x = 1 \geq 1$이므로 $f(1) = \sqrt{1+3} = \sqrt{4} = 2$. ■

◐ 절댓값

자주 사용되는 실함수인 절댓값을 알아보자. 일반적으로 **절댓값**(absolut value)이라고 부른다. 기호로 실수 a에 대하여 $|a|$라고 표현하고 a의 **절댓값**이라고 한다. 실수 a의 절댓값 $|a|$는 실직선에서 0에서 a까지의 거리를 의미한다.
절댓값의 정의를 알아보면 다음과 같다.

> 임의의 실수 a에 대하여 $|a| = \begin{cases} a, & \text{if } a \geq 0 \\ -a, & \text{if } a < 0 \end{cases}$

[예제 1.3] 다음 절댓값을 구해보자. [연습문제 8~15]

(1) $|3| = 3$, $|-3| = 3$, $|0| = 0$

(2) $|\sqrt{2}-1| = \sqrt{2}-1$이다. 왜냐하면 $(\sqrt{2}-1) > 0$.

(3) $|3-\pi| = -(3-\pi) = \pi - 3$. 왜냐하면 $(3-\pi) < 0$. ■

1.1.2 함수의 정의역

◐ 실함수의 최대정의역

함수에서 정의역은 중요하다. 함수의 정의역은 명확하게 주어진 경우가 있고 주어지지 않는 경우가 있다. 정의역이 명확하게 주어진 경우 주어진 정의역을 우선적으로 사용한다. 정의역이 주어지지 않는 경우 주어진 함수의 식을 보고 정의역을 정한다. 주어진 함수의 식이 잘 정의될 수 있는 최대한의 영역을 정의역으로 정하고 이를 함수의 **최대정의역**이라고 한다.

예를 들어서 다음과 같이 두 함수가 주어졌다고 하자.

(1) $f(x) = \dfrac{1}{x+2}$, $0 \le x \le 2$

(2) $f(x) = \dfrac{1}{x+2}$

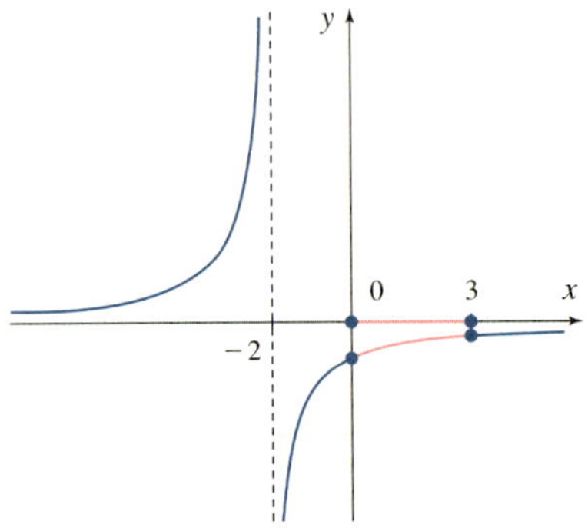

[그림 1.2](a) $f(x) = \dfrac{1}{x+2}$, $0 \le x \le 2$

(1)의 경우 함수 f의 정의역 $D(f)$는 구간 $[0, 2]$이다. ([그림 1.2](a) 참고)

(2)의 경우 함수 f의 정의역이 표현되어 있지 않지만, 함수식이 정의될 수 있는 최대한의 영역을 정의역 $D(f)$로 잡는다. 따라서 함수식 $\dfrac{1}{x+2}$ 분모 $x+2 \ne 0$이어야 하므로 함수 f의 최대정의역 $D(f)$는 「-2를 제외한 모든 실수」이다. ([그림 1.2](b) 참고)

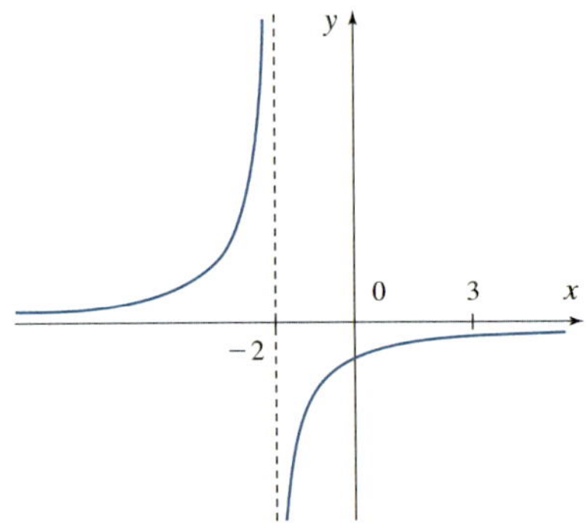

[그림 1.2](b) $f(x) = \dfrac{1}{x+2}$

[예제 1.4] 다음 함수의 최대정의역*을 구하여라. [연습문제 15~24]

(1) $f(x) = x^2 + 5x$ (2) $g(x) = \sqrt{x+1}$ (3) $h(x) = \dfrac{3x}{x^2-4}$

* 함수의 최대정의역을 구할 경우
- 유리식에서 분모의 식$\ne 0$
- 무리식에서 제곱근호의 내부≥ 0

[풀이] (1) 함수 $f(x) = x^2 + 5x$의 최대정의역은 실수 전체인 $(-\infty, \infty)$이다.

(2) 함수 $g(x) = \sqrt{x+1}$의 최대정의역은 $x+1 \ge 0$이고 구간 $[-1, \infty)$에 해당한다.

(3) 함수 $h(x) = \dfrac{3x}{x^2-4}$의 분모가 0이 되지 않아야 한다. 그러므로 $x^2 - 4 \ne 0$이고 최대정의역은 -2와 2를 제외한 실수의 집합이다. ■

◐ 함수의 상등

두 함수의 같음 또는 상등을 정의하는 것은 중요하다.

[정의 1.2: 함수의 상등]

I, J는 실수의 부분집합이고 두 실함수 $f : I \to \mathbb{R}$와 $g : J \to \mathbb{R}$가 있다고 하자. 다음

두 가지를 만족하면 「두 함수 f와 g가 같다 또는 상등이다」라고 한다.
(i) $I=J$
(ii) I에 속하는 모든 x에 대하여 $f(x)=g(x)$.

[주의] 두 함수가 같다는 것을 보일 때 반드시 2개의 조건 (i)과 (ii)를 모두 만족해야 한다는 것을 주의하자.

* $\frac{x^2-1}{x-1}=\frac{(x-1)(x+1)}{x-1}\neq x+1$임을 주의하자.
등호가 성립하기 위한 조건인 $x\neq 1$이 반드시 필요하다.

[예제 1.5] 두 실함수 $f(x)=\frac{x^2-1}{x-1}$과 $g(x)=x+1$은 같은 함수인지 알아보아라.* [연습문제 25~27]

[풀이] 두 함수 f와 g의 최대정의역을 구해보자.
함수 f의 최대정의역 $D(f)$는 1을 제외한 모든 실수이고 함수 g의 최대정의역 $D(g)$은 실수 전체이다. 즉, $D(f)\neq D(g)$이므로 두 함수 f와 g는 같지 않다. ■

1.1.3 실함수의 그래프

함수를 시각적으로 표현하는 가장 중요한 방법은 함수의 그래프를 그리는 것이다. 실수의 구간 I에서 정의된 함수 f의 그래프는 다음과 같다.

「정의역 I에 속하는 임의의 x에 대하여 평면의 점 $(x, f(x))$의 모임」

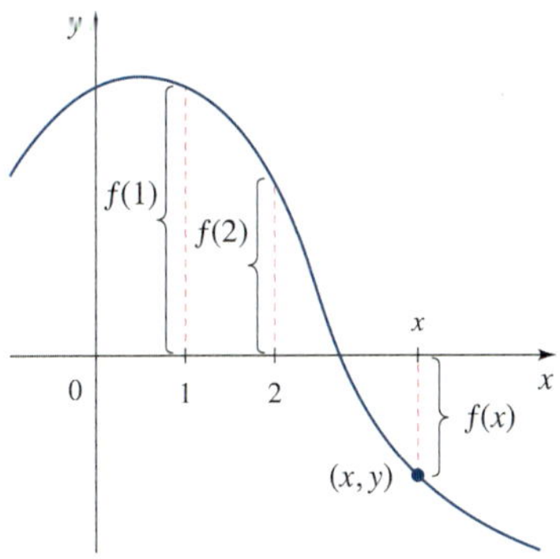

[그림 1.3] 함수 $y=f(x)$의 그래프

[그림 1.3]과 같이 실함수 f의 그래프는 좌표평면에 그려진다. 평면의 순서쌍 $(x, f(x))$의 y좌표가 함숫값 $f(x)$이므로 실함수를 다음과 같이 표현한다.

$$y=f(x)$$

함수의 그래프는 함수의 움직임을 보여주는 유용한 도구이다.
실함수 f의 그래프에 대해
(1) 그래프를 구하는 것은 정의역 I의 임의의 x에 대하여 평면의 점 $(x, f(x))$의 모임을 구하는 것이다.
(2) 그래프를 그리는 것은 그래프의 모든 순서쌍 $(x, f(x))$을 xy-좌표평면에 그린 것이다. ([그림 1.3] 참고)

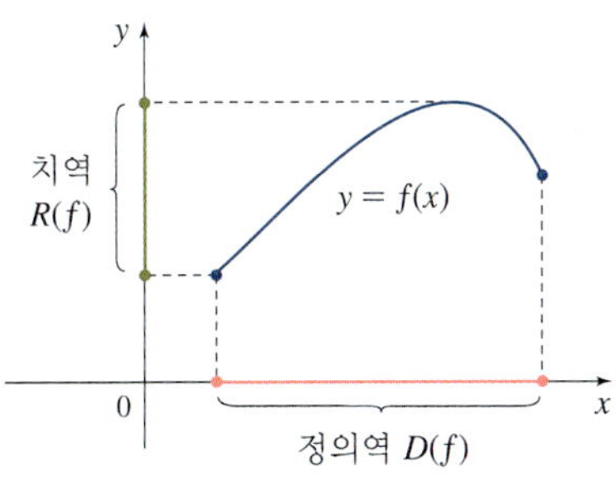

[그림 1.4](a)

[그림 1.4](a)와 (b)는 함수 $y=f(x)$의 정의역 $D(f)$과 치역 $R(f)$을 보여준다. [그림 1.4](a)는 함수 f의 정의역과 치역이 실수의 구간임을 보여주고 있다.
[그림 1.4](b)는 함수 f의 정의역이 0을 제외한 실수의 집합으로 연결되지 않는 두 개의 구간 $(-\infty, 0)$과 $(0, \infty)$이고 함수 f의 치역도 두 개의 구간 $(-\infty, 0)$과 $(0, \infty)$으로 된 경우를 보여주고 있다.

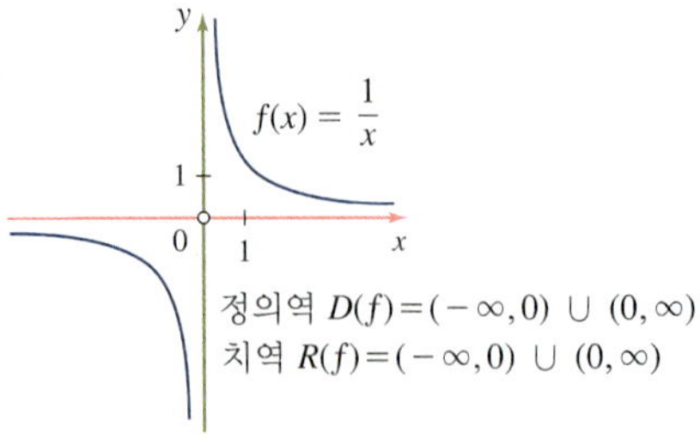

[그림 1.4](b)

함수 f의 그래프를 그린다는 것은 함수 f의 그래프인 $\{(x,f(x)) \mid x\in D(f)\}$에 있는 모든 점들을 xy-평면에 그리는 것이다. 그래서 다음의 세 명제가 동치임을 정리해 두면 유용하다.

① (a,b)가 함수 f의 그래프 위에 있다.

② (a,b)가 방정식 $y=f(x)$를 만족한다.

③ 등식 $b=f(a)$가 성립한다.

[예제 1.6] 함수 f의 그래프가 [그림 1.5]와 같이 주어졌을 때

(1) $f(1)$과 $f(7)$를 구하여라.

(2) 함수 f의 정의역 $D(f)$과 치역 $R(f)$을 구하여라. [연습문제 28~31]

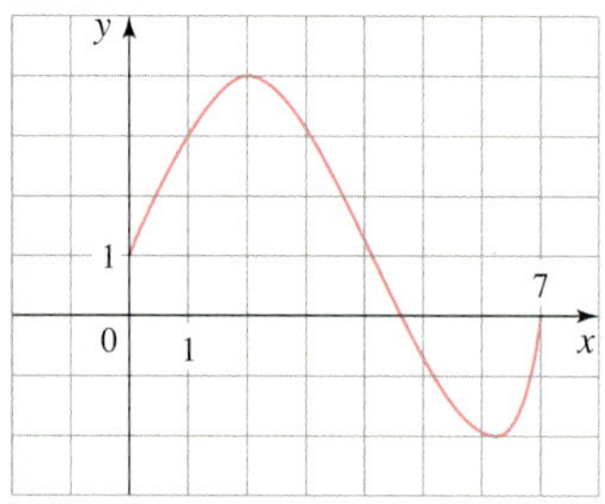

[그림 1.5]

[풀이] (1) 함수 f의 그래프인 [그림 1.5]를 보면 $f(1)=3$이고 $f(7)=0$이다.

(2) 정의역 $D(f)$는 구간 $[0,7]$이고 치역 $R(f)$은 구간 $[-2,4]$이다. ■

◐ 실함수의 그래프와 방정식의 그래프: 수직선 검사

> **[주의]** 함수의 그래프와 방정식의 그래프의 정의는 다음과 같다.
>
> (1) 실함수 $y=f(x)$의 그래프 : $\{(x,f(x)) \mid x\in D(f)\}$
>
> (2) 방정식 $F(x,y)=0$의 그래프 : $\{(x,y) \mid F(x,y)=0\}$

실함수 $y=f(x)$*의 그래프와 방정식 $F(x,y)=0$의 그래프의 공통점은 평면좌표에서 일반적으로 곡선으로 그려진다는 것이다. 우리는 평면에 그려진 곡선을 보고 함수의 그래프인지 아닌지를 구별하는 것도 필요하다. 평면의 곡선이 함수의 그래프이면, x축에 수직인 수직선을 그릴 때 그래프와 많아야 한 점과 만나야 한다. 즉, 곡선과 수직선이 만나지 않거나 단 한 점에서만 만나야 한다. 이를 **수직선 검사**(vertical line test)라고 한다. 수직선 검사는 평면의 곡선이 함수의 그래프인지를 검사하는 방법이다.

* 실함수의 식 $y=f(x)$도 방정식이다. 즉 $F(x,y)=y-f(x)$라고 놓으면 $F(x,y)=0$인 방정식이다.

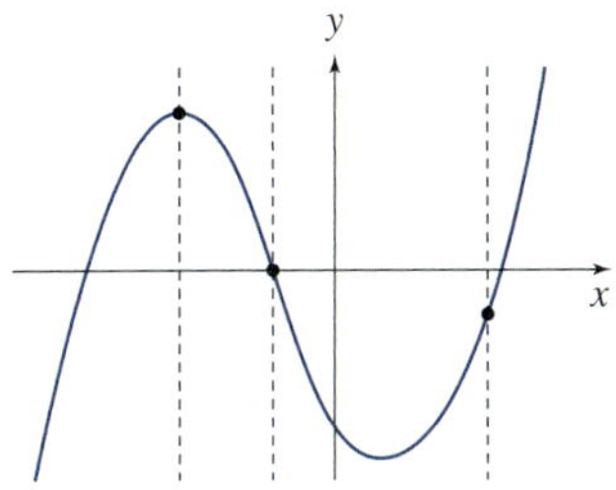

[그림 1.6](a) 함수의 그래프이다.

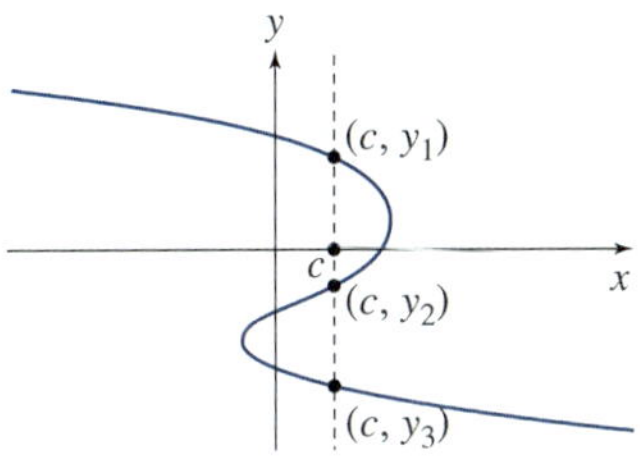

[그림 1.6](b) 함수의 그래프가 아니다.

> **[정리 1.1: 수직선 검사(vertical line test)]** xy-평면 위의 곡선과 x축에 수직인 직선인 수직선에 대하여
> (1) 모든 수직선이 곡선과 많아야 한 점에서 만나면 곡선은 함수의 그래프이다.
> (2) 곡선과 두 점 이상에서 만나는 수직선이 존재하면 곡선은 함수의 그래프가 아니다.

[그림 1.6](a)의 곡선은 모든 수직선과 한 점에서 만나기 때문에 함수의 그래프이다. 그러나 [그림 1.6](b)의 곡선은 수직선 $x=c$와 세 점 (c, y_1), (c, y_2), (c, y_3)에서 만나기 때문에 함수의 그래프가 아니다.

함수의 그래프가 아님을 보이는 것은 두 점 이상에서 곡선과 만나는 수직선을 하나만 찾아도 된다.

[예제 1.7] 다음 평면의 곡선이 함수의 그래프가 될 수 있는지를 판별하여라.
[연습문제 32]

(1)

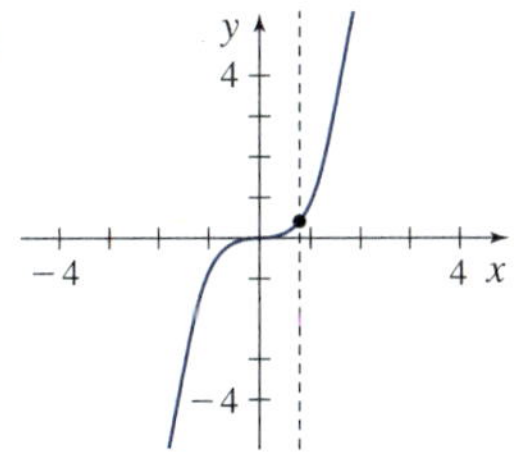

(2)

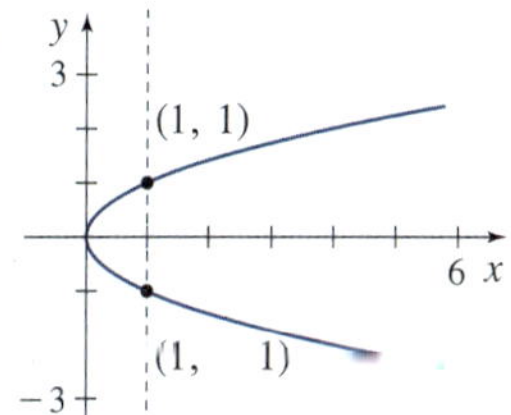

(3)

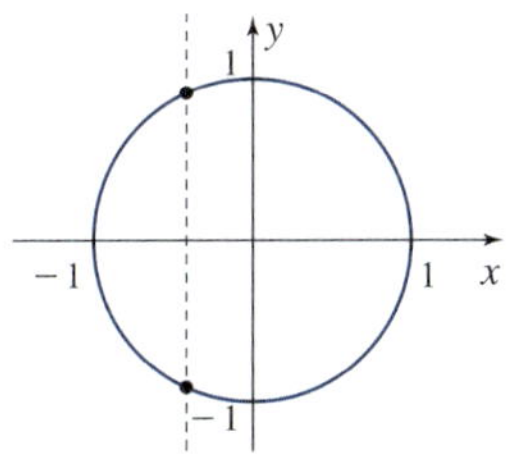

(4)

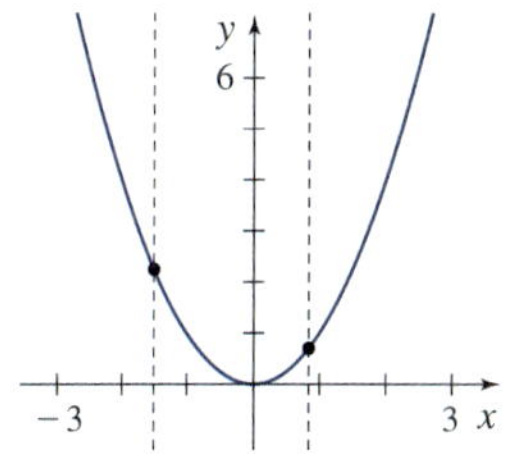

(5)

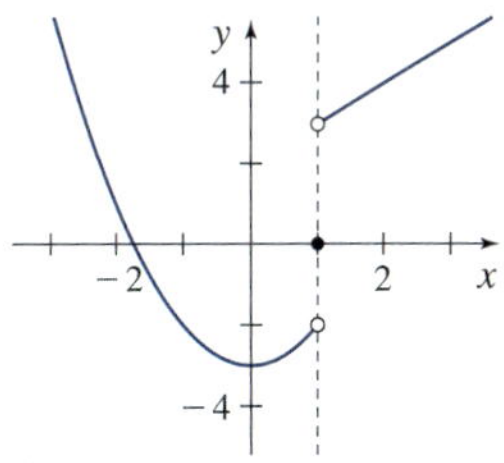

(6)

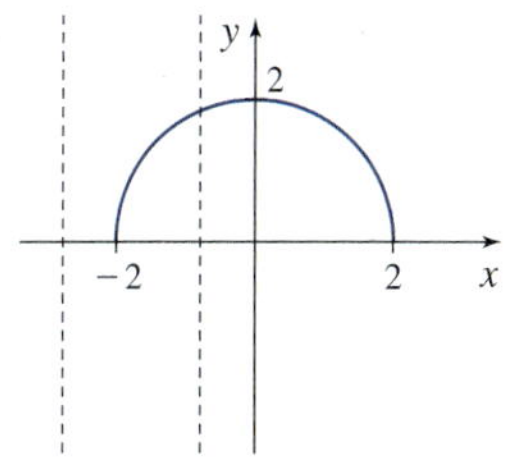

[풀이] (2)의 곡선은 수직선 $x=1$은 두 점 $(1, -1)$과 $(1, 1)$에서 만난다. 그러므로 (2)의 곡선은 함수의 그래프가 아니다.

(3)의 곡선도 비슷하게 수직선 검사에 의해 함수의 그래프가 아님을 알 수 있다.

(6)의 곡선에서 구간 $[-2, 2]$의 수직선은 곡선과 한 점에서 만나고 구간 $[-2, 2]$이외에서의 수직선은 곡선과 만나지 않는다. 즉, 모든 수직선은 곡선과 많아야 한 점에서 만난다. 그러므로 [정리 1.1: 수직선 판정법]에 의해서 (6)의 곡선은 함수의 그래프이다.

[정리 1.1: 수직선 판정법]에 의해서 함수의 그래프인 것과 함수의 그래프가 아닌 것

을 다음과 같이 판별할 수 있다.

- 함수의 그래프인 것: (1), (4), (5), (6)
- 함수의 그래프가 아닌 것: (2), (3) ■

◐ 표를 이용한 실함수의 그래프 그리기

함수 $y=f(x)$의 그래프를 그리는 두 가지 방법을 알아보자.
첫 번째 방법은 함수 f의 정의역에 속하는 여러 값에 대한 순서쌍 $(x, f(x))$의 표를 만들고 이 점들을 평면에 찍고 그 사이를 부드럽게 이어서 그린다.
예를 들어서 $f(x)=x^2$의 그래프를 그려보자.
함수 $f(x)=x^2$의 정의역은 실수 전체이다. 정의역의 점 $-2, -1, 0, 1, 2$에 대한 그래프에 속하는 점 $(x, f(x))$의 표를 만들면 다음 [표 1.1]와 같다.

[표 1.1]

x	$y=f(x)$
-2	4
-1	1
0	0
1	1
2	4

이들 점들을 좌표평면 위에 찍고 점들 사이를 여러 가지 방법으로 이어보면 다양하게 그릴 수 있다. [그림 1.7](a)는 다섯 개의 점 사이를 매끄럽게 이어서 그린 곡선이고 [그림 1.7](b)는 다섯 개의 점 사이를 임의로 구불구불하게 그린 곡선이다. 정확한 점은 오직 다섯 개의 주어졌고 그 이외의 점은 주어지지 않았기 때문에 여러 가지 방법이 있을 수밖에 없다. 주어진 5개의 점으로는 어떤 그림이 맞는지는 모른다. 그러나 함수 f의 그래프에 속하는 많은 점 들을 바탕으로 그리면 실제 그래프에 가까운 그래프를 그릴 수 있다.

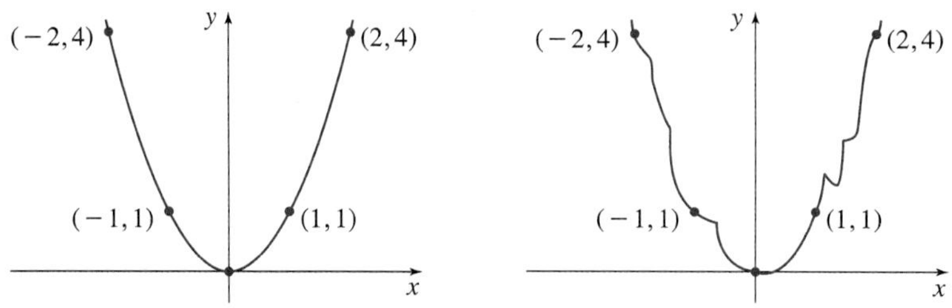

[그림 1.7](a) [그림 1.7](b)

그래프를 그리는 또 다른 방법은 함수의 미분을 이용하여 그래프의 개형을 비교적 자세하게 그리는 방법이다. 이러한 방법은 미분을 공부하고 4장에서 자세하게 다룰 예정이다.

연습문제

• Part 1

[1-4] 다음 함수 f에 대하여 $f(1)$, $f(x^2)$, $f(p+1)$을 각각 구하여라. [예제 1.1]

1. $f(x)=2x+1$
2. $f(x)=x^2$
3. $f(x)=\dfrac{1}{x}$
4. $f(x)=2x^2+x+1$

[5-7] 다음 함수 f에 대하여 $f(-1)$, $f(0)$, $f(1)$을 각각 구하여라. [예제 1.2]

5. $f(x)=\begin{cases} x^2+1, & \text{if } x<0 \\ \sqrt{2x+1}, & \text{if } x\geq 0 \end{cases}$
6. $f(x)=\begin{cases} \dfrac{x^2+1}{x}, & \text{if } x\neq 0 \\ 3, & \text{if } x=0 \end{cases}$
7. $f(x)=\begin{cases} -x+3, & x<0 \\ 2, & x=0 \\ x\ [illegible]\ 1, & x>0 \end{cases}$

[8-15] 다음 절댓값을 구하여라. [예제 1.3]

8. $|-\sqrt{3}+1|$
9. $|\pi+1|$
10. $\left|\dfrac{\pi}{2}-2\right|$
11. $|5-\sqrt{24}|$
12. $|-\sqrt{3}-1|$
13. $\left|\dfrac{5}{2}-2\sqrt{2}\right|$
14. $|1-0.\dot{9}|$
15. $|\sqrt{7}-2|$

[16-24] 다음 함수의 최대정의역을 구하여라. [예제 1.4]

16. $f(x)=3x^2-2x+1$
17. $f(x)=\sqrt{x-1}$
18. $f(x)=\dfrac{x^3+1}{x}$
19. $g(x)=2x+1$
20. $g(x)=-\sqrt{-2x+4}$
21. $g(x)=\dfrac{x^2-1}{x-1}$
22. $h(x)=x^{10}-x^8+x^6-10$
23. $h(x)=-2\sqrt{x-1}+\sqrt{3-x}$
24. $h(x)=\dfrac{x^2+2x+3}{x^2+x+1}$

[25-27] 두 함수가 같은 함수인지 다른 함수인지 설명하여라. [예제 1.5]

25. $f(x)=|x|$, $g(x)=\sqrt{x^2}$
26. $f(x)=\sqrt[4]{x^4}$, $g(x)=x$
27. $f(x)=x+1$, $g(x)=\dfrac{x^3+1}{x^2-x+1}$

[28-31] 함수 f의 그래프가 아래와 같이 주어졌을 때 다음을 구하여라. [예제 1.6]

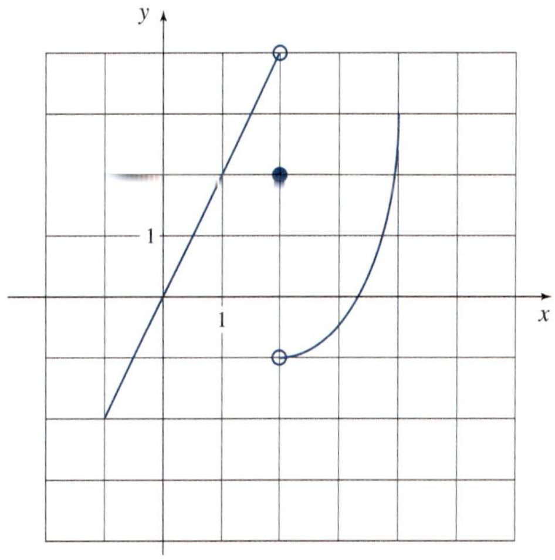

28. 함수 f의 정의역 $D(f)$를 구하여라.
29. 함수 f의 치역 $R(f)$를 구하여라.
30. $f(2)$를 구하여라.
31. $f(1)$을 구하여라.

32. 다음 평면의 곡선이 함수의 그래프가 될 수 있는 것을 모두 골라라. [예제 1.7]

(1)

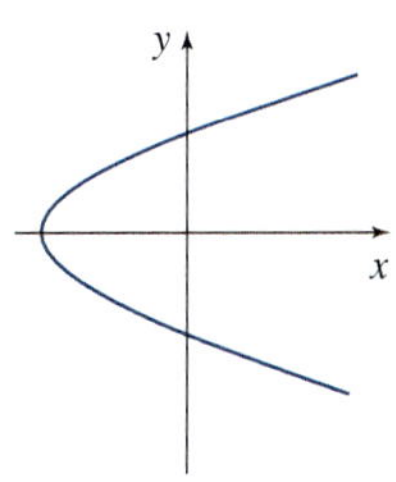

(2)

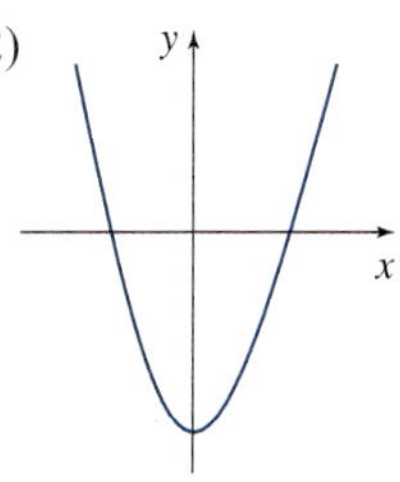

(3)

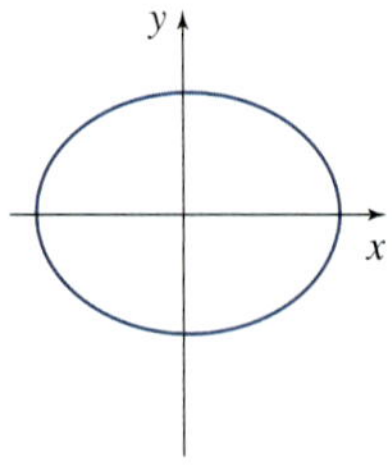

(4)

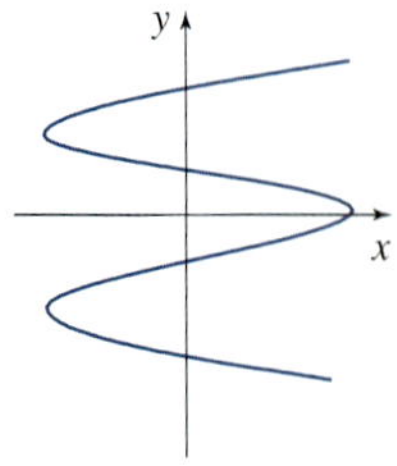

(5)

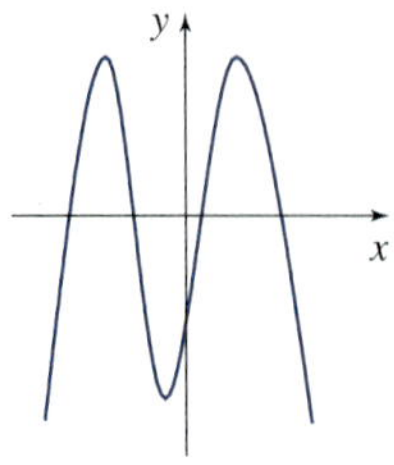

(6)

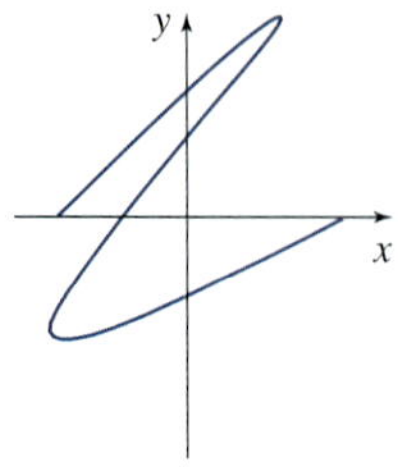

• Part 2

[33-35] 다음 함수의 최대정의역을 구하여라.

33. $f(x) = \sqrt{1 - \sqrt{x-2}}$

34. $f(x) = \sqrt{-x^2 + 3x + 4}$

35. $f(x) = \sqrt{\dfrac{-2x+1}{x-1}}$

36. 두 함수 $f(x) = |x|$와 $g(x) = x^2$이 서로 같은 함수가 되기 위한 최대정의역을 구하여라.

1.2 실함수의 연산과 합성

1.2.1 실함수의 연산

실수의 4칙연산에 대하여 두 실수 a와 b의 연산의 결과는 새로운 실수를 만든다. 비슷하게 함수들 사이의 4칙연산을 정의하여 새로운 함수를 만들 수 있다. 두 실함수 f와 g이 $f(x)=\frac{1}{x}$이고 $g(x)=\sqrt{x}$라고 주어졌을 때 새로운 함수 $f+g$를 다음과 같이 만들어 보자.

$$(f+g)(x)=f(x)+g(x)=\frac{1}{x}+\sqrt{x}$$

여기서 x는 f의 정의역 $D(f)$에도 속하고 g의 정의역 $D(g)$에도 속해야 한다. 즉, f의 정의역 $D(f)$는 0이 아닌 실수 집합이고 g의 정의역은 음이 아닌 실수인 $[0,\infty)$이므로 함수 $f+g$의 정의역은 $(0,\infty)$이다. 주의할 점은 두 실함수 f와 g의 나눗셈 $\frac{f}{g}$에서는 분모 $g(x)$가 0이 아니라는 조건이 있어야 한다.

[주의] 함수의 곱의 표현에서 일반적으로 · 을 생략할 수 있다. 즉, $f \cdot g = fg$으로 쓸 수 있다.

> **[정의 1.3: 실함수의 연산]** 두 함수 f와 g의 합 $f+g$, 차 $f-g$, 곱 $f \cdot g$을 다음과 같이 정의한다. 이때 이들 함수의 정의역은 $D(f)\cap D(g)$이다. 즉 $D(f)$와 $D(g)$의 공통 영역이다.
>
> (1) $(f+g)(x)=f(x)+g(x)$
>
> (2) $(f-g)(x)=f(x)-g(x)$
>
> (3) $(f \cdot g)(x)=f(x)g(x)$
>
> 두 함수 f와 g의 나눗셈 $\frac{f}{g}$도 다음과 같이 정의하고 정의역은 $D(f)\cap D(g)$에서 분모인 $g(x)\neq 0$인 모든 점들의 영역이다.
>
> (4) $\left(\frac{f}{g}\right)(x)=\frac{f(x)}{g(x)}$

함수의 곱셈의 특별한 경우로 함수의 상수배를 정의한다. 실수 c에 대하여 함수 cf를 다음과 같이 정의한다. f의 정의역 $D(f)$에 속하는 모든 x에 대하여

(3′) $(c \cdot f)(x)=(cf)(x)=cf(x)$

[복습] 함수 f의 최대정의역에서 주의할 부분은 다음과 같다.

- $f(x)=\frac{q(x)}{p(x)}$인 경우 $p(x)\neq 0$.
- $f(x)=\sqrt[n]{p(x)}$ (n은 짝수)인 경우 $p(x)\geq 0$.

[예제 1.8] 두 실함수 f와 g이 $f(x)=x^2+1$이고 $g(x)=\sqrt{x}$라고 주어졌을 때, 함수 $f+g$, fg, f/g, g/f를 구하고 최대정의역을 구하여라. [연습문제 1~8]

[풀이] 두 실함수 f와 g의 최대 정의역을 구하자. 실함수 $f(x)=x^2+1$의 정의역 $D(f)$은 실수 전체인 구간 $(-\infty,\infty)$이고 실함수 $g(x)=\sqrt{x}$의 정의역 $D(g)$은 음이

아닌 실수로 구간 $[0, \infty)$이다.

- 함수 $f+g$의 최대정의역은 $D(f+g) = D(f) \cap D(g)$으로 구간 $[0, \infty)$이다. 그리고 구간 $[0, \infty)$에 속하는 x에 대하여 $(f+g)(x) = x^2+1+\sqrt{x}$이다.
- 함수 fg의 최대정의역 $D(fg) = D(f) \cap D(g)$이므로 구간은 $[0, \infty)$이다. 그리고 구간 $[0, \infty)$에 속하는 x에 대하여 $(fg)(x) = (x^2+1)\sqrt{x} = x^2\sqrt{x}+\sqrt{x}$이다.
- 함수 $\dfrac{f}{g}$의 최대정의역 $D(f/g)$은 $D(f) \cap D(g)$에서 $g(x) = \sqrt{x} \neq 0$이어야 하므로 $D(f/g)$는 $(0, \infty)$이다. 그리고 구간 $(0, \infty)$에 속하는 x에 대하여 $\left(\dfrac{f}{g}\right)(x) = \dfrac{x^2+1}{\sqrt{x}}$.
- 함수 $\dfrac{g}{f}$의 최대정의역 $D(g/f)$은 $D(f) \cap D(g)$에서 $f(x) = x^2+1 > 0$이므로 $D(g/f)$는 $[0, \infty)$이다. 구간 $[0, \infty)$에 속하는 x에 대하여 $\left(\dfrac{g}{f}\right)(x) = \dfrac{\sqrt{x}}{x^2+1}$. ■

1.2.2 다항함수와 그래프

◐ 상수함수와 항등함수

앞으로 자주 다루는 여러 가지 실함수를 알아보자. 가장 기본적인 실함수는 다음 상수함수와 항등함수이다. 이 두 함수의 정의역은 실수 전체이다.

(i) 상수함수 $f(x) = c$. 이때 $D(f)$는 실수 전체이다.

(ii) 항등함수 $f(x) = x$. 이때 $D(f)$는 실수 전체이다.

두 실함수의 그래프를 살펴보면 [그림 1.8](a)와 (b)에서 볼 수 있다.

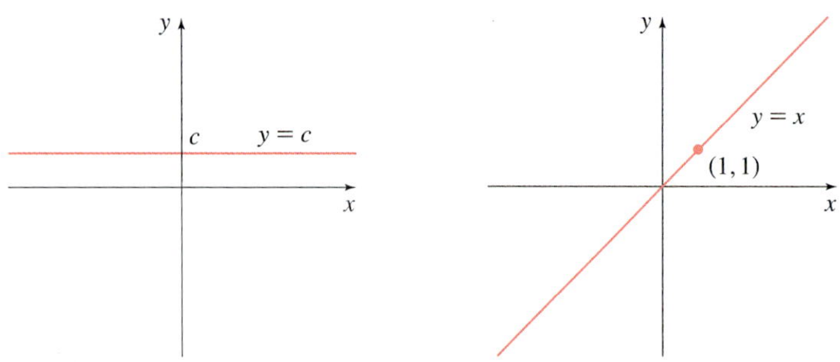

[그림 1.8](a) $f(x) = c$의 그래프 [그림 1.8](b) $f(x) = x$의 그래프

다음 다항함수에 대하여 알아보자. 다항함수는 함수의 식이 다항식인 함수이다.

[주의] 다항함수는 모든 항의 차수가 음이 아닌 정수이다.

[정의 1.4: 다항함수] 음이 아닌 정수 n과 실수 $c_0, c_1, \cdots, c_n (c_n \neq 0)$에 대하여 다음 함수를 n차 다항함수라고 한다.

$$f(x) = c_n x^n + c_{n-1}x^{n-1} + \cdots + c_1 x + c_0$$

이때, 다항함수 f의 최대정의역 $D(f)$는 실수 전체이다.

(1) $n=1$이면 $f(x)=c_1x+c_0$이고 일차함수(linear function)라고 한다.
(2) $n=2$이면 $f(x)=c_2x^2+c_1x+c_0$이고 이차함수(quadratic function)라고 한다.
(3) $f(x)=c_nx^n+c_{n-1}x^{n-1}+\cdots+c_0$은 n차함수(function of degree n)라고 한다.

◐ 일차함수와 그래프

일차함수 $f(x)=ax+b$의 최대정의역 $D(f)$은 실수 전체이다. **일차함수 $f(x)=ax+b$의 그래프는 직선으로 그려진다.**

(1) $b=0$인 경우 실함수 $f(x)=ax$는 [그림 1.9](a)에서 보듯이 원점 $(0,0)$을 지나는 직선이다. 실수 a는 직선의 기울기이므로 [그림 1.9](a)에서 기울기 a가 변화에 따른 식선의 모양을 다양하게 보여주고 있다.

(2) $a=1$임 경우 실함수 $f(x)=x+b$는 [그림 1.9](b)에서 보듯이 평행한 직선들로 $y=x+b$이다. 직선의 식 $y=x+b$은 [그림 1.9](b)에서 기울기가 모두 1이고 실수 b의 값에 따라 y축과 만나는 y절편인 $(0,b)$가 변하는 평행한 직선들을 다양하게 보여주고 있다.

[그림 1.9](a)에서 보면 일차함수 $f(x)=ax$의 그래프는
- 기울기의 절댓값 $|a|$가 커지면 y축에 가까워진다.
- 기울기의 절댓값 $|a|$가 작아지면 x축에 가까워진다.

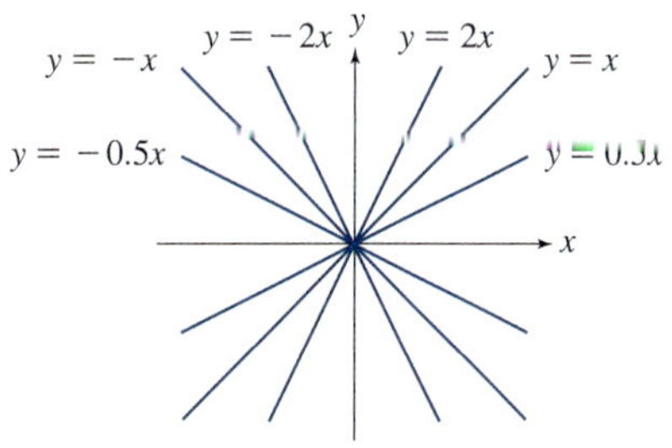

[그림 1.9](a) $f(x)=ax$의 그래프

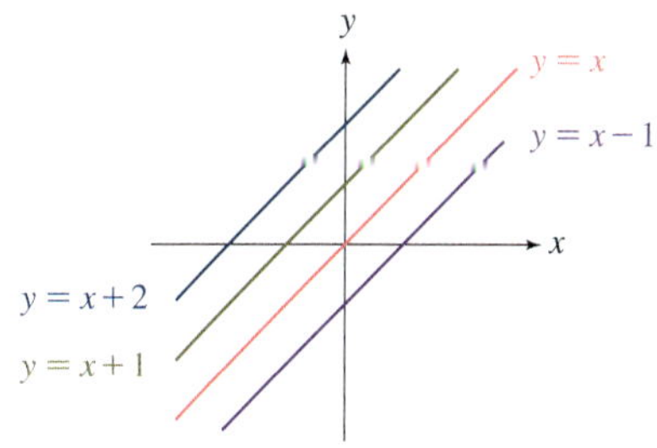

[그림 1.9](b) $f(x)=x+b$의 그래프

◐ 이차함수와 그래프

이차함수 $f(x)=ax^2+bx+c$의 최대정의역 $D(f)$는 실수 전체인 구간 $(-\infty,\infty)$이다.

간단한 **이차함수 $y=ax^2$의 그래프는** 원점 $(0,0)$을 지나고 좌표평면에 그리면 [그림 1.10]에서와 같고 **포물선** 형태라고 한다. [그림 1.10]은 $f(x)=ax^2+bx+c$에서 $b=c=0$으로 $f(x)=ax^2$에서 실수 a의 값에 따라 포물선의 모양을 다양하게 보여주고 있다. 이때, 대칭축인 $x=0$은 **포물선의 축**이라고 하고 원점 $(0,0)$은 포물선의 **꼭짓점**이라고 한다.

이차함수 $y=ax^2$의 그래프의 특징은 다음과 같다.

(i) 실수 a가 양수이면 위로 오목하고 실수 a가 음수이면 아래로 오목하다.
(ii) 실수 a의 절댓값 $|a|$가 클수록 포물선이 대칭축 $x=0$에 가깝게 굽어져 있다.

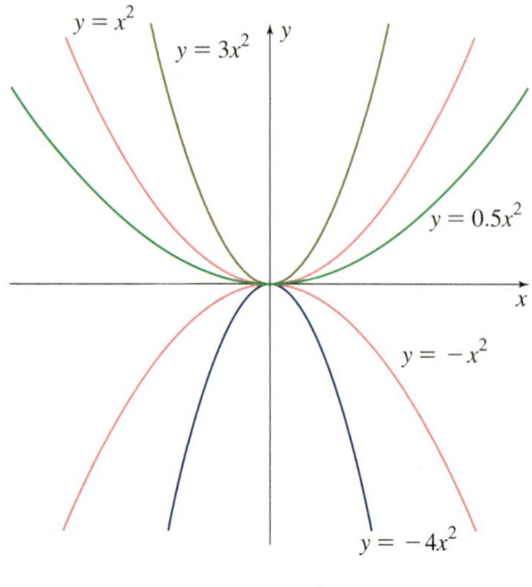

[그림 1.10] $y = ax^2$의 그래프

이차함수 $f(x) = ax^2 + bx + c$는 완전제곱 형식 $f(x) = a\left(x + \frac{b}{2a}\right)^2 - \frac{b^2 - 4ac}{4a}$로 변환된다.*

$f(x) = a\left(x + \frac{b}{2a}\right)^2 - \frac{b^2 - 4ac}{4a}$의 그래프는 $y = ax^2$의 그래프를

- x축으로 $-\frac{b}{2a}$만큼 평행이동하고
- y축으로 $-\frac{b^2 - 4ac}{4a}$만큼 평행이동한 것이다.

* 이차함수 $f(x) = ax^2 + bx + c$의 완전제곱 형식으로 변환 과정은 다음과 같다.

$$\begin{aligned} f(x) &= ax^2 + bx + c \\ &= a\left(x^2 + \frac{b}{a}x\right) + c \\ &= a\left(x^2 + \frac{b}{a}x + \frac{b^2}{4a^2}\right) - \frac{b^2}{4a} + c \\ &= a\left(x + \frac{b}{2a}\right)^2 - \frac{b^2 - 4ac}{4a} \end{aligned}$$

그러므로 이차함수 $f(x) = ax^2 + bx + c$의 축과 꼭짓점을 살펴보면

- 포물선의 축은 $x = 0$에서 $x = -\frac{b}{2a}$이 되고
- 포물선의 꼭짓점은 $(0, 0)$에서 $\left(-\frac{b}{2a}, -\frac{b^2 - 4ac}{4a}\right)$이 된다. ([그림 1.11](a)와 (b) 참고)

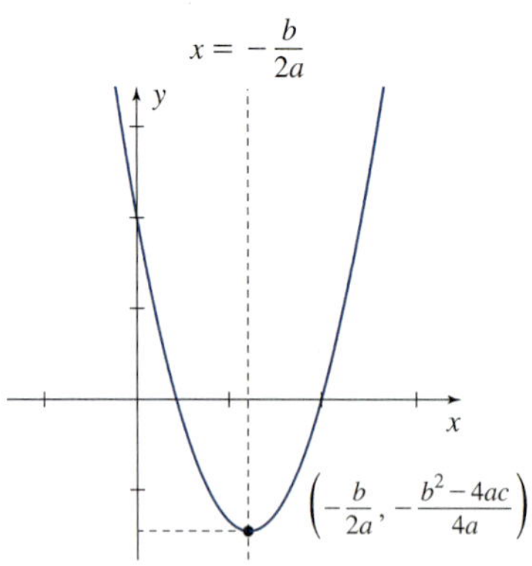

[그림 1.11](a) $a > 0$인 경우

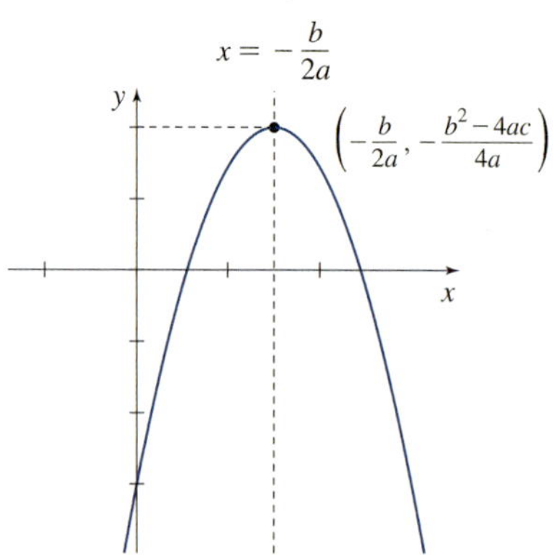

[그림 1.11](b) $a < 0$인 경우

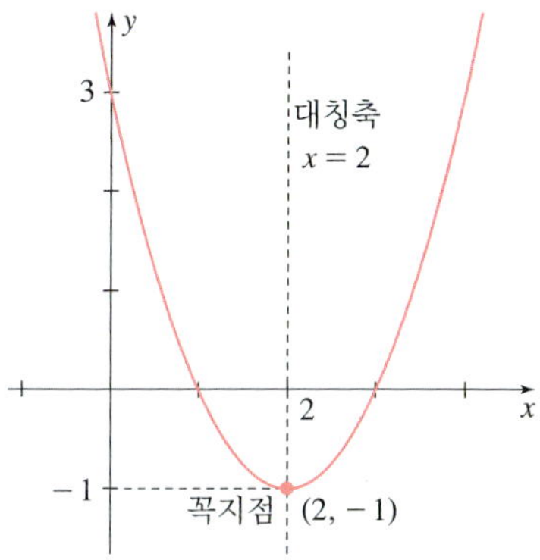

[그림 1.12] $f(x) = x^2 - 4x + 3$의 그래프

[예제 1.9] 이차함수 $f(x) = x^2 - 4x + 3$의 그래프를 그려라. [연습문제 9~12]

[풀이] 이차함수 $f(x) = x^2 - 4x + 3$를 완전제곱 형식으로 변환해 보자.

$$f(x) = x^2 - 4x + 3 = (x^2 - 4x + 4) - 4 + 3 = (x - 2)^2 - 1$$

그러므로 포물선의 대칭축은 $x = 2$이고 꼭짓점은 $(2, -1)$이다.
이차함수 $f(x) = x^2$의 그래프를 대칭축이 $x = 2$이고 꼭짓점이 $(2, -1)$이도록 평행이동한 그래프는 [그림 1.12]이다. ■

◐ 멱함수 $f(x) = x^n$(n가 자연수)와 그래프

실수 $\alpha \neq 0$를 잡자. 실함수에서 $f(x) = x^\alpha$의 형태의 실함수를 **멱함수**(power function)라고 한다.
지수 α가 자연수 n인 경우의 멱함수 $f(x) = x^n$에 대하여 알아보자.
멱함수 $f(x) = x^n$는 정의역은 실수 전체인 구간 $(-\infty, \infty)$이다.
자연수 n에 대한 멱함수 $f(x) = x^n$의 그래프를 알아보자.
$a = 1, 2, 3, 4, 5, 6, 7$의 7가지 멱함수의 그래프는 [그림 1.13](a), (b)와 같다.

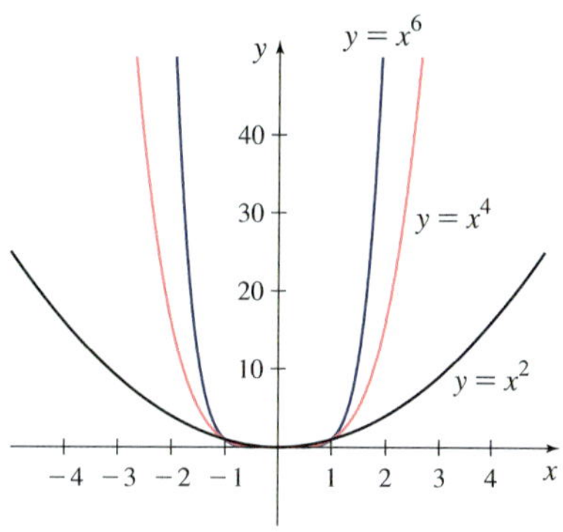

[그림 1.13](a) 지수 n이 짝수

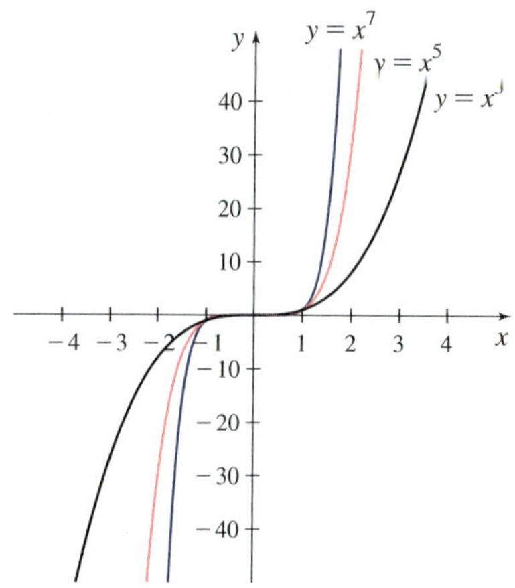

[그림 1.13](b) 지수 n이 홀수

(i) 지수 n이 홀수인 경우 [그림 1.13](b)에서 보면 함수 $f(x) = x^n$의 그래프는 치역이 실수 전체이다. 즉, 치역 $R(f)$는 $\mathbb{R}$이다.

(ii) 지수 n이 짝수인 경우 [그림 1.13](a)에서 보면 함수 $f(x) = x^n$의 그래프는 치역이 음이 아닌 실수이다. 즉, 치역 $R(f)$는 구간 $[0, \infty)$이다.

(iii) 지수 n의 커질수록 함수 $f(x) = x^n$의 그래프는 y축에 가깝다. 즉, $y = x^2$의 그래프 보다 $y = x^4$의 그래프가 y축에 가깝게 그려진다.

1.2.3 멱함수 $f(x)=x^{\frac{m}{n}}$과 그래프(m과 n이 서로소*인 자연수)

* 1이 아닌 두 자연수 m과 n이 서로소인 것은 m과 n의 최대공약수가 1임을 의미한다.

지수가 유리수 m/n이고 n이 자연수이고 m은 정수이고 n과 m은 서로소라고 하자. $f(x)=x^{m/n}$의 정의역 $D(f)$를 살펴보자.

- 분모 n가 짝수이면 n제곱근호의 내부에 오직 음이 아닌 실수를 대입해야만 하므로 f의 정의역은 $[0,\infty)$이다. 즉, 정의역 $D(f)$는 구간 $[0,\infty)$이다.
- 분모 n가 홀수이면 n제곱근호의 내부에 모든 실수를 대입할 수 있으므로 f의 정의역은 실수 전체이다. 즉, 정의역 $D(f)$는 구간 $(-\infty,\infty)$이다.

우선 함수 $f(x)=x^{1/n}$의 그래프를 그려보면 지수 $1/n$에 따라 [그림 1.14](a)와 (b)과 같이 그릴 수 있다.

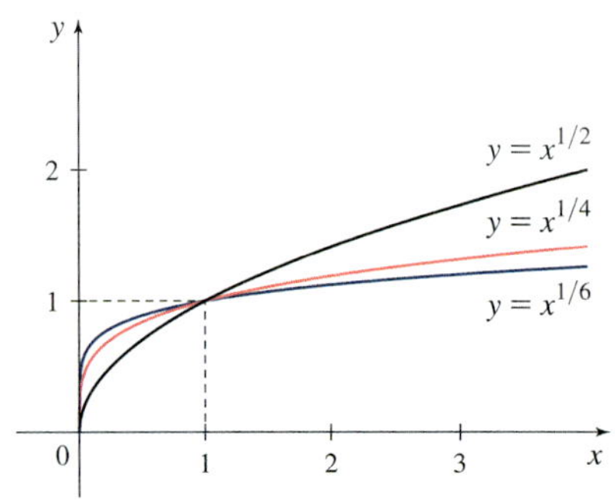

[그림 1.14](a)
n이 짝수인 경우

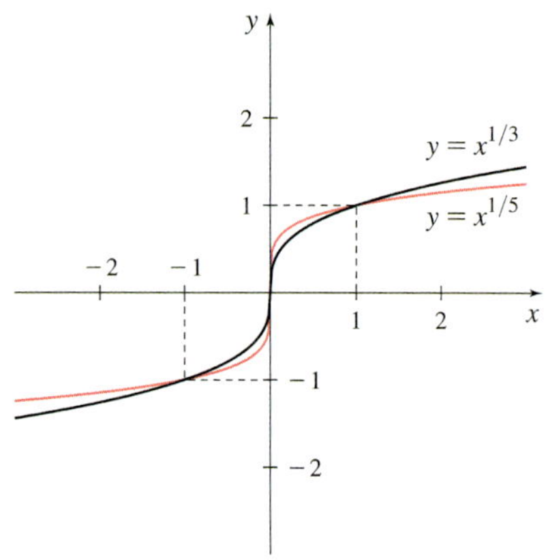

[그림 1.14](b)
n이 홀수인 경우

함수 $f(x)=x^{1/n}$의 그래프를 보면

- 분모 n가 짝수인 경우 함수 f의 정의역과 치역은 음이 아닌 실수이다. 정의역 $D(f)$는 구간 $[0,\infty)$이고 치역 $R(f)$는 구간 $[0,\infty)$이다. ([그림 1.14](a) 참고)
- 분모 n가 홀수인 경우 함수 f의 정의역과 치역은 실수 전체이다. 즉, 정의역 $D(f)$는 실수 전체이고 치역 $R(f)$은 실수 전체이다. ([그림 1.14](b) 참고)

[보기 1.1] 무리함수 $y=x^{1/2}=\sqrt{x}$, $y=x^{3/2}$, $y=\sqrt[3]{x}=x^{1/3}$, $y=x^{2/3}$의 그래프를 그리고 정의역과 치역을 비교해 보자.

(1) 실함수 $y=x^{1/2}=\sqrt{x}$과 $y=x^{3/2}$인 경우

지수의 분모가 짝수인 2이므로 두 함수 $y=x^{1/2}$과 $y=x^{3/2}$의 정의역은 음이 아닌 실수인 구간 $[0,\infty)$이다. $x^{1/2}\geq 0$이고 $x^{3/2}\geq 0$이므로 치역 $R(x^{1/2})=[0,\infty)$이고 $R(x^{3/2})=[0,\infty)$이다.

두 함수 $y=x^{1/2}$과 $y=x^{3/2}$의 그래프는 [그림 1.15](a)와 (b)이다.

(2) 함수 $y=\sqrt[3]{x}=x^{1/3}$과 $y=x^{2/3}$인 경우

지수의 분모가 홀수인 3이므로 두 함수 $y=x^{1/3}$과 $y=x^{2/3}$의 정의역은 모두 실수 전체이다.

$y=\sqrt[3]{x}=x^{1/3}$의 치역은 실수 전체이고 $R(\sqrt[3]{x})=(-\infty,\infty)$이다.

$y=x^{2/3}=(x^{1/3})^2\geq 0$이므로 $y=x^{2/3}$의 치역은 음이 아닌 실수인 구간 $R(x^{2/3})=[0,\infty)$이다.

두 함수 $y=x^{1/2}$과 $y=x^{3/2}$의 그래프는 [그림 1.15](c)와 (d)이다.

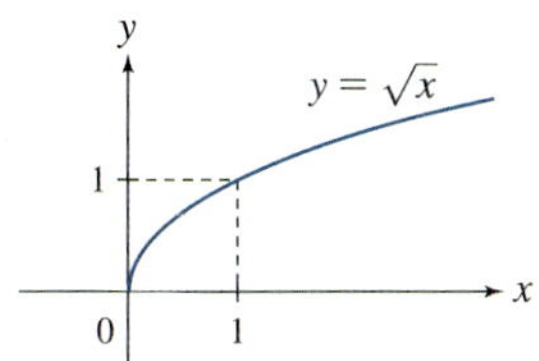

[그림 1.15](a)
$y=x^{1/2}=\sqrt{x}$의 그래프

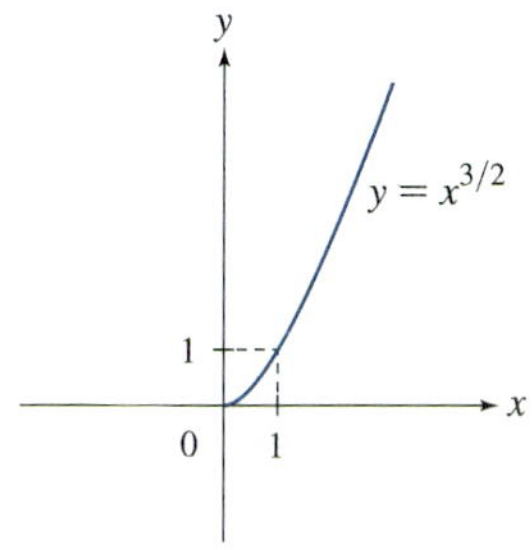

[그림 1.15](b)
$y=x^{3/2}$의 그래프

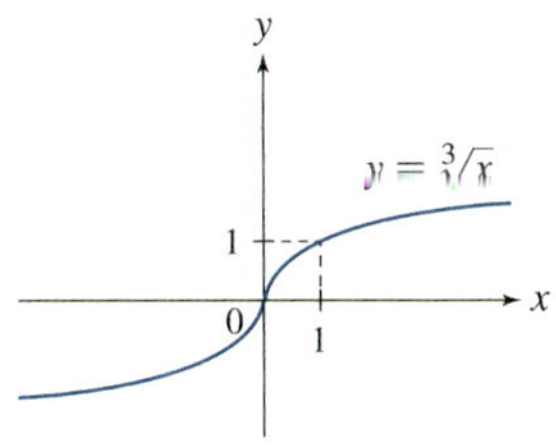

[그림 1.15](c)
$y=\sqrt[3]{x}=x^{1/3}$의 그래프

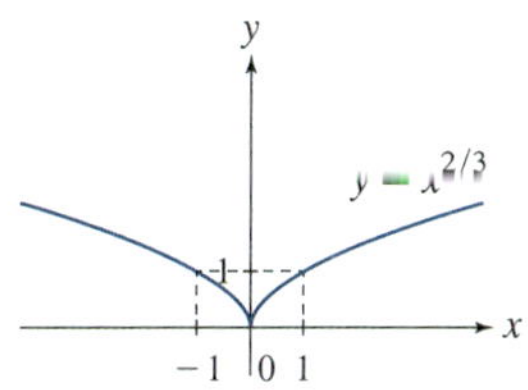

[그림 1.15](d)
$y=x^{2/3}$의 그래프 ■

일반적인 다항함수의 그래프를 그리는 것은 미분의 성질을 이용하여 4장에서 자세히 다룰 예정이다.

1.2.4 유리함수 $f(x)=\dfrac{1}{x^n}$ (n은 자연수)과 그래프

유리함수는 다항식의 분수 형태로 다음과 같이 정의된다.

함수를 표현하는 식이 분수 형태이면 정의역을 조심스럽게 다루어야 한다. 수학에서 항상 주의를 기울여야 하는 사실은 분모는 0이 아니어야 한다.

[정의 1.5: 유리함수] 음이 아닌 정수 n과 실수 $c_0, c_1, \cdots, c_n(c_n\neq 0)$ 그리고 $d_0, d_1, \cdots, d_m(d_m\neq 0)$에 대하여 다음 함수를 유리함수라고 한다.

$$f(x)=\frac{c_nx^n+c_{n-1}x^{n-1}+\cdots+c_1x+c_0}{d_mx^m+d_{m-1}x^{m-1}+\cdots+d_1x+d_0}=\frac{Q(x)}{P(x)}$$

이때, f의 정의역 $D(f)$는 분모 $P(x)\neq 0$인 실수이다.

예를 들어서 유리함수 $f(x)=\dfrac{1}{x}$와 $f(x)=\dfrac{1}{x^2}$의 그래프를 알아보자.

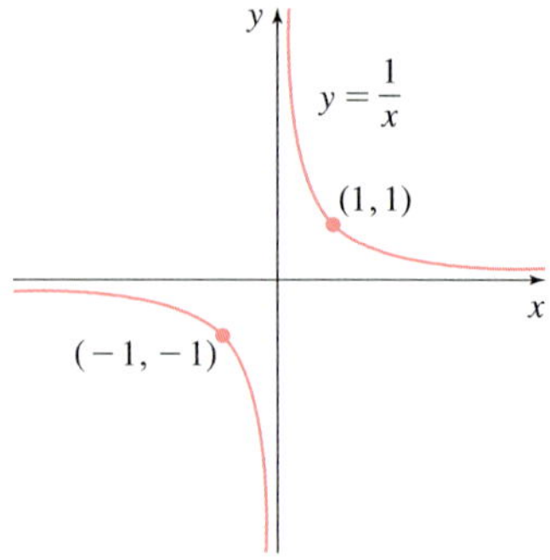

[그림 1.16](a) $f(x)=\dfrac{1}{x}$의 그래프

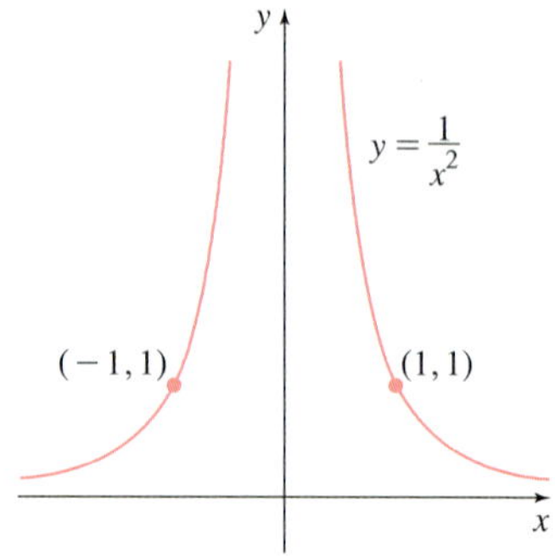

[그림 1.16](b) $f(x)=\dfrac{1}{x^2}$의 그래프

(i) 함수 $f(x)=\dfrac{1}{x}$에 대하여 정의역 $D(f)$는 0이 아닌 실수이고 치역 $R(f)$도 0이 아닌 실수이다. ([그림 1.16](a) 참고)

(ii) 함수 $f(x)=\dfrac{1}{x^2}$에 대하여 정의역 $D(f)$는 0이 아닌 실수이고 $f(x)=\dfrac{1}{x^2}>0$이므로 치역 $R(f)$는 양의 실수인 구간 $(0,\infty)$이다. ([그림 1.16](b) 참고)

[예제 1.10] 다음 함수 $f(x)=\dfrac{x^2+x-2}{x^2-2x-3}$의 정의역을 구하여라. [연습문제 13~15]

[풀이] 함수 $f(x)=\dfrac{x^2+x-2}{x^2-2x-3}$는 유리함수이므로 분모의 식 x^2-2x-3이 0이 되는 실수를 찾아보자.

$$x^2-2x-3=0$$
$$(x-3)(x+1)=0$$
$$x=3 \quad \text{또는} \quad x=-1$$

그러므로 함수 f의 정의역 $D(f)$는 3과 -1을 제외한 실수이다. ■

1.2.5 합성함수

실함수의 4칙연산으로 새로운 실함수를 만들었고 이번에는 다른 방법으로 새로운 실함수를 만들어 보자.

두 함수 f와 g가 있을 때, 그림에서 두 함수 f와 g가 잘 연결된 하나의 새로운 함수로 만들어 보자. 함수 f에서 g로 연결하기 위하여 함수 f에서 나온 출력값 $f(x)$가 다시 함수 g의 입력값이 되어야 한다. 함숫값 $f(x)$가 g의 정의역 $D(g)$에 속하는 점이어야 한다. 즉,

$$\text{모든 } x \in D(f)\text{이 대해 } f(x) \in D(g).$$

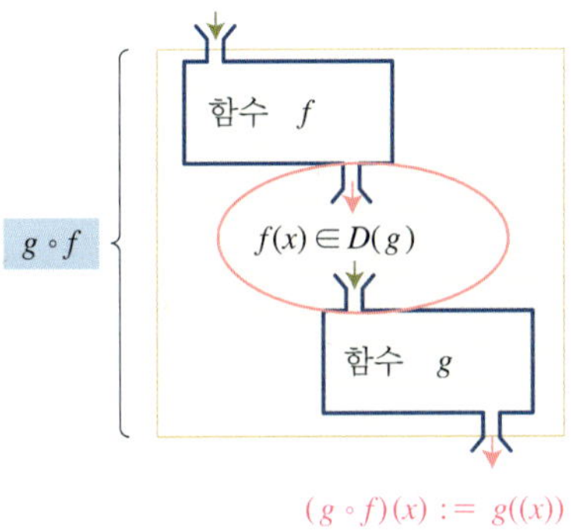

[그림 1.17] 합성함수 $g \circ f$

[그림 1.17]에서와 같이 두 함수 f와 g가 연결된 함수를 두 기계를 하나로 연결하는 개념으로 합성기계로 알아보자. 합성기계 $g \circ f$는 두 개의 기계인 f와 g를 하나로 연결한 기계이다.

두 기계 f와 g를 연결하기 위해서 기계 f의 출구와 기계 g의 입구를 연결한다. 그러면 합성된 기계 $g \circ f$는 한 개의 입력장치와 한 개의 출력장치를 갖는 기계이다. 이때, 연결된 기계인 합성기계 $g \circ f$가 제대로 작동이 되기 위해서 기계 f의 출구에서 나오는 생산물 $f(x)$가 기계 g의 입구에 들어갈 수 있어야 한다. 즉, 함숫값 $f(x)$가 g의 정의역 $D(g)$ 내에 들어갈 수 있어야 한다.

두 함수를 연결하여 만든 새로운 함수인 합성함수의 정의는 다음과 같다.

합성함수 $g \circ f$를 정의하는 가장 중요한 조건은 다음과 같다.

$$f(x) \in D(g)$$

[정의 1.6: 합성함수] 두 함수 f와 g가 있을 때, 합성함수 $g \circ f$를 다음과 같이 정의한다. 함수 $g \circ f$의 정의역 $D(g \circ f)$에 속하는 임의의 x에 대하여,

$$(g \circ f)(x) = g(f(x)).$$

[예제 1.11] 두 함수 $f(x) = \dfrac{1}{x}$와 $g(x) = \sqrt{x-1}$가 있을 때 [연습문제 16~21]

(1) 합성함수 $f \circ g$와 $g \circ f$의 표현과 정의역을 구하여라.

(2) $(f \circ g)(5)$와 $(g \circ f)\left(\dfrac{1}{2}\right)$를 구하여라.

[풀이] (1) 합성함수 $f \circ g$를 구해보자.

$$(f \circ g)(x) = f(g(x)) = f(\sqrt{x-1}) = \frac{1}{\sqrt{x-1}}$$

이때, 함수 $f \circ g$의 정의역 $D(f \circ g)$은 $x \geq 1$이고 $\sqrt{x-1} \neq 0$을 만족하는 집합이다. 그러므로 함수 $f \circ g$의 정의역 $D(f \circ g)$는 구간 $(1, \infty)$이다.

다음 합성함수 $g \circ f$를 구해보자.

$$(g \circ f)(x) = g(f(x)) = f\left(\frac{1}{x}\right) = \sqrt{\frac{1}{x} - 1} = \sqrt{\frac{1-x}{x}}.$$

이때, 함수 $g \circ f$의 정의역 $D(g \circ f)$은 $x \neq 0$이고 부등식 $\dfrac{1-x}{x} \geq 0$*을 만족하는 집합이다. 그러므로 함수 $g \circ f$의 정의역 $D(g \circ f)$ 구간 $(0, 1]$이다.

* 부등식 $\dfrac{1-x}{x} \geq 0$을 풀어보자.

$$\left[\frac{1-x}{x} \geq 0\right] \Leftrightarrow \left[\frac{x-1}{x} \leq 0\right]$$

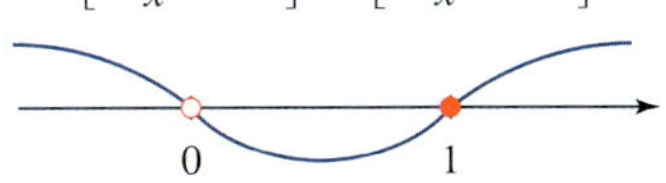

그러므로 $0 < x \leq 1$

(2) $(f \circ g)(5) = f(g(5)) = f(\sqrt{5-1}) = f(2) = \dfrac{1}{2}$

$(g \circ f)\left(\dfrac{1}{2}\right) = g\left(f\left(\dfrac{1}{2}\right)\right) = g(2) = \sqrt{2-1} = 1$ ■

[예제 1.12] 함수 $h(x)=\sqrt{1+x^2}$가 두 함수 f와 g의 합성함수라고 할 때 함수 f와 g를 구하여라. [연습문제 22~24]

[풀이] 함수 $h(x)=\sqrt{f(x)}$ 라고 놓으면 함수 $f(x)=1+x^2$이고 함수 $g(y)=\sqrt{y}$라고 놓자. 그러면 $h(x)=\sqrt{1+x^2}=\sqrt{f(x)}=g(f(x))=(g\circ f)(x)$.
함수 $f(x)=1+x^2$이고 $g(y)=\sqrt{y}$라고 하면 $h=g\circ f$이다. ■

연습문제

• Part 1

[1-4] 두 실함수 $f(x)=\dfrac{2x-1}{x}$와 $g(x)=\sqrt{x}$에 대하여 다음을 구하고 최대정의역을 구하여라. [예제 1.8]

1. $f-g$
2. fg
3. $\dfrac{g}{f}$
4. $\dfrac{f}{g}$

[5-8] 두 실함수 $f(x)=|x-3|-1$와 $g(x)=x^2-4$에 대하여 다음을 구하고 최대정의역을 구하여라. [예제 1.8]

5. $f+g$
6. fg
7. $\dfrac{g}{f}$
8. $\dfrac{f}{g}$

[9-12] 다음 이차함수의 그래프를 그려라. [예제 1.9]

9. $f(x)=x^2-4x-5$
10. $f(x)=-x^2+3x+1$
11. $f(x)=2x^2+x+1$
12. $f(x)=-3x(x+3)$

[13-15] 다음 함수 f의 정의역을 구하여라. [예제 1.10]

13. $f(x)=\dfrac{x^{10}+1}{x^2+3x-4}$
14. $f(x)=\dfrac{\sqrt{x}+2}{\sqrt{x}-2}$
15. $f(x)=\dfrac{(x-1)(x^2+x+1)}{x-1}$

[16-21] 주어진 두 함수 f, g에 대하여 $(f\circ g)(1)$과 $(g\circ f)(1)$을 각각 구하여라. [예제 1.11]

16. $f(x)=x^2,\ g(x)=2x+1$
17. $f(x)=\dfrac{1}{2x},\ g(x)=\sqrt{x}$
18. $f(x)=\sqrt{3x+1},\ g(x)=4-x$
19. $f(x)=x^3+1,\ g(x)=\dfrac{2}{x}$
20. $f(x)=3\sqrt{x},\ g(x)=\sqrt{5-x}$
21. $f(x)=\dfrac{x+1}{x^2},\ g(x)=\dfrac{1}{x^2+1}$

[22-24] 주어진 함수 $h(x)$에 대하여 $h=g\circ f$가 성립하는 f와 g를 구하여라. [예제 1.12]

22. $h(x)=(2x+1)^4$
23. $h(x)=\dfrac{2\sqrt{x}-1}{3-\sqrt{x}}$
24. $h(x)=\tan(x^2+3x+1)$

• Part 2

[25-27] 다음 함수의 그래프를 그려라.

25. $f(x)=|x^2-4|$
26. $f(x)=|x|+|x-1|+|x-2|$
27. $f(x)=|x|^2-3|x|+4$

[28-29] 주어진 두 함수 f, g에 대하여 $(f\circ g)(x)$와 $(g\circ f)(x)$를 구하고, 최대정의역을 각각 구하여라.

28. $f(x)=x^3+1,\ g(x)=x+1$
29. $[f(x)=\sqrt{2-x},\ g(x)=3x+1$

30. 함수 $h(x)=x^6+1$에 대하여 $h=g\circ f$가 성립하는 f와 g를 두 가지 이상의 방법으로 표현하여라.

1.3 역함수

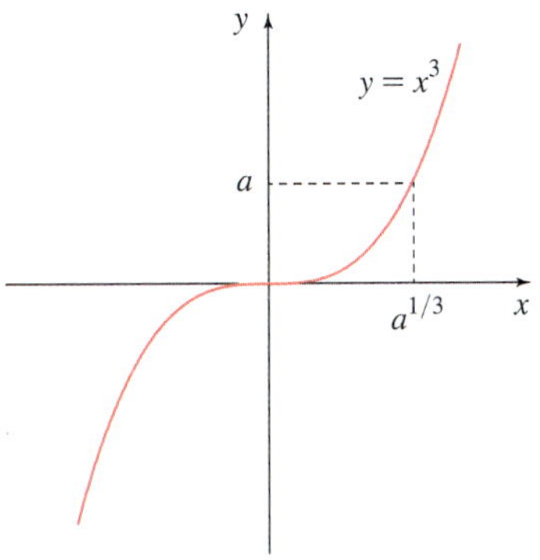

[그림 1.18] 함수 $f(x)=x^3$의 그래프

1.3.1 일대일함수

함수 $f(x)=x^3$의 그래프는 [그림 1.18]과 같다.

함숫값 $f(x)$가 a가 되는 x의 값은 단 하나이다. 즉 $f(x)=x^3=a$를 만족하는 실수 x는 단 하나 $a^{1/3}$이다. 이러한 함수를 일대일(one-to-one)이라고 한다.

[그림 1.19](a), (b), (c)는 세 함수 f, g, h를 나타낸 다이어그램이다.

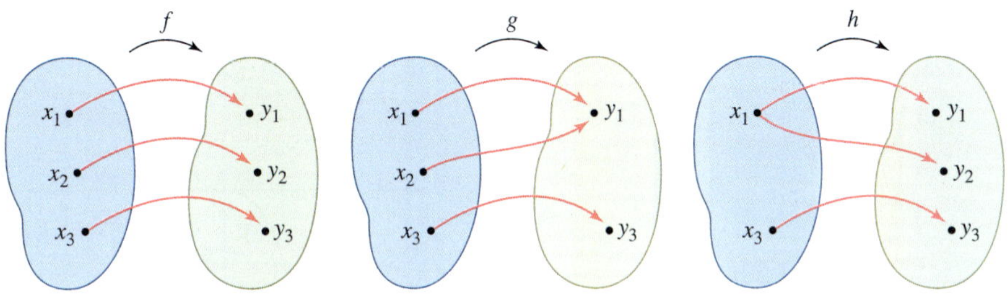

[그림 1.19](a) [그림 1.19](b) [그림 1.19](c)

[그림 1.19](a)에서 함수 f는 일대일이다.

[그림 1.19](b)에서 함수 g는 함수이지만 일대일이 아니다. 왜냐하면 $f(x_1)=y_1=f(x_2)$이기 때문이다.

[그림 1.19](c)에서 함수 h는 함수가 아니다. 왜냐하면 x_1에 대응하는 값이 y_1과 y_2인 2개이기 때문이다.

◐ 일대일함수의 정의

함수가 일대일임에 대한 정의를 알아보자.

[정의 1.7: 일대일 또는 단사함수] 함수 f가 일대일(one-to-one) 또는 단사함수라는 것은 정의역의 서로 다른 두 원소는 다른 함숫값을 갖는 함수를 말한다. 즉,

$$x_1 \neq x_2 \text{이면 } f(x_1) \neq f(x_2).$$

다음 세 명제는 같은 의미를 갖는 동치인 명제이다.

- 함수 f가 일대일이다.
- $x_1 \neq x_2$이면 $f(x_1) \neq f(x_2)$이다.
- $f(x_1)=f(x_2)$이면 $x_1=x_2$이다.

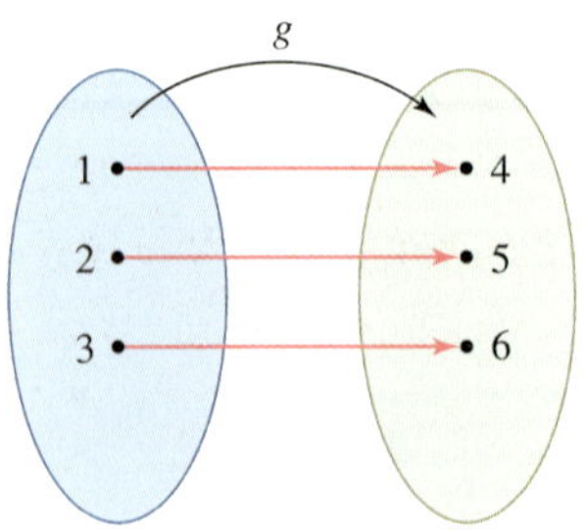

[그림 1.20](a)
일대일이고 일대일대응이다.

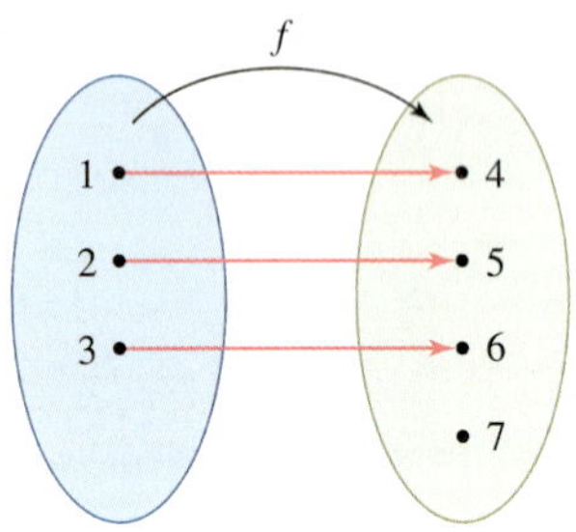

[그림 1.20](b)
일대일이고 일대일대응이 아니다.

[주의] [그림 1.20](a)의 함수 f와 [그림 1.20](b)의 함수 g는 같은 함수이다. 왜냐하면

- $D(f)=D(g)=\{1,2,3\}$ 이고
- 정의역의 각 원소에서 f의 함숫값과 g의 함숫값이 같기 때문이다.

[참고] 함수의 성질에서 자주 나오는 용어로 「일대일(one-to-one)」과 「일대일대응(one-to-one correspocdence)」이 있다. 이 두 개의 용어는 구별해야 한다.

- 함수 f가 일대일(one-to-one): [그림 1.20](a)와 (b) 참고
- 함수 f가 일대일대응(one-to-one corre-spocdence)은 다음 2가지를 만족한다.
  ① 함수 f가 일대일(one-to-one)이고
  ② 함수 f의 공역과 치역이 같다. ([그림 1.20](a) 참고)

[그림 1.21](a)와 (b)에서와 같이 함수의 그래프에서 x축에 평행한 수평선을 그려서 함수가 일대일인지 판별해 보자.

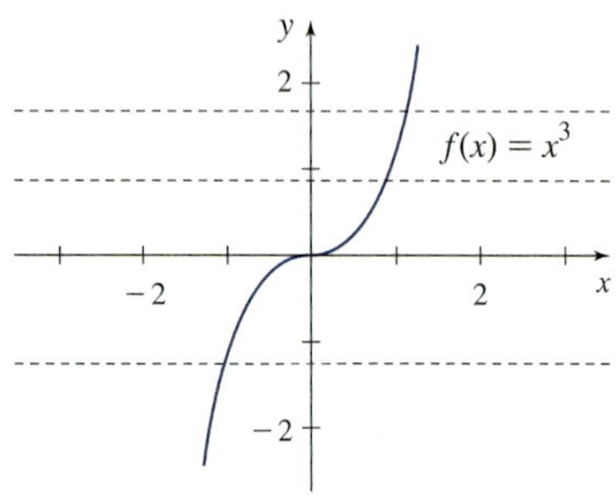

[그림 1.21](a)

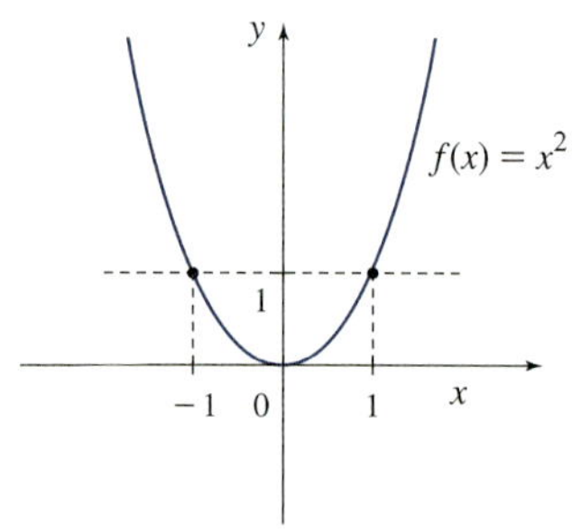

[그림 1.21](b)

- [그림 1.21](a)에서 수평선이 함수 $f(x)=x^3$의 그래프와 만나는 점 $(x, f(x))$을 살펴보자. 수평선이 $y=f(x)$의 그래프와 만나는 점이 오직 한 점이다. 즉, y를 함숫값으로 갖는 정의역에 단 하나 $x=y^{1/3}$이 있다. 함수 $f(x)=x^3$은 일대일이다.
- [그림 1.21](b)에서 수평선 $y=1$과 함수 $f(x)=x^2$의 그래프가 두 점 $(-1,1)$과 $(1,1)$에서 만나는 것을 볼 수 있다. 즉, $f(-1)=1=f(1)$이다. 그러므로 함수 $f(x)=x^2$은 일대일이 아니다.

◐ 수평선 판별법

일반적으로 함수 f가 일대일함수임을 판별하는 방법으로 함수 f의 그래프와 x축과 평행한 수평선을 이용하는 방법을 「**수평선 판별법**」이라고 부른다.

> **[정리 1.2: 수평선 판별법(horizontal line test)]** 평면 위의 함수 f의 그래프에 대해 임의의 수평선인 y축에 평행인 직선 $y=c$와 함수 f의 그래프가 많아야 한 점에서 만나면 실함수 f가 일대일함수이다.

[예제 1.13] 다음 함수를 수평선 판별법을 사용하여 일대일인지 아닌지를 판별하여라. [연습문제 1~6]

(1) $f(x)=x^2$, $D(f)=(-\infty,\infty)$

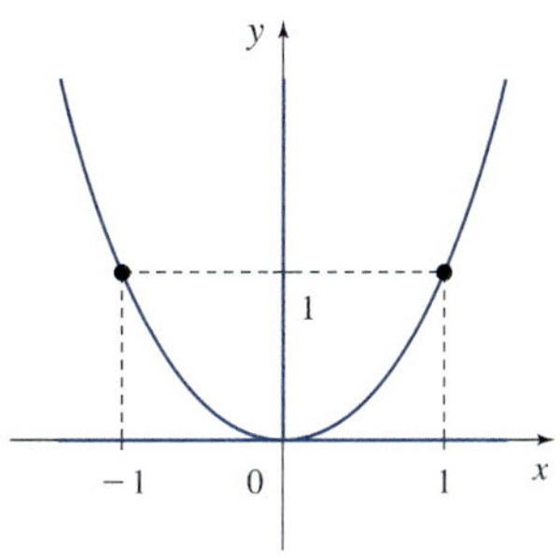

(2) $g(x)=x^2$, $D(g)=[0,\infty)$

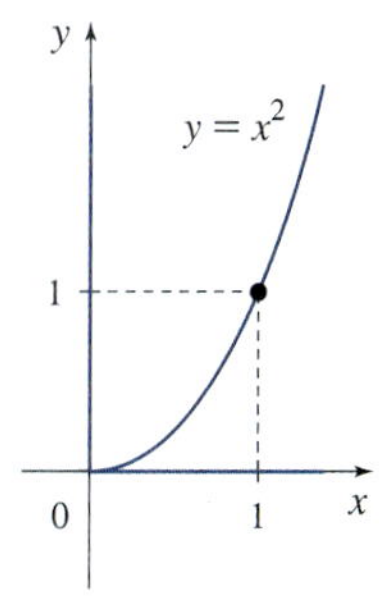

[풀이] (1) 함수 f의 그래프에 [정리 1.2: 수평선 판별법]을 적용해보자. 수평선 $y=1$과 함수 $f(x)=x^2$의 그래프가 만나는 점은 2개 $(1,1),(-1,1)$이다. 즉, $f(-1)=f(1)=1$. 그러므로 함수 $f(x)=x^2$는 일대일이 아니다.

(2) 함수 g의 그래프에 [정리 1.2: 수평선 판별법]을 적용해보자. 모든 수평선 $y=c$가 함수 $f(x)=x^2$의 그래프와 만나는 점 $(\sqrt{c},c)$은 많아야 1개이다. 왜냐하면 $D(g)=(0,\infty)$이므로 $(-\sqrt{c},c)$는 g의 그래프 위의 점이 아니기 때문이다. 그러므로 $D(g)=[0,\infty)$ 위의 함수 $g(x)=x^2$는 일대일이다. ■

[주의] [예제 1.13]은 같은 함수식을 갖는 함수라도 정의역에 따라 일대일일 수도 있고, 일대일이 아닐 수도 있음을 보여준다.

1.3.2 역함수

실수의 부분집합 A와 B를 잡자. 집합 A에서 정의된 실함수 f가 다음과 같고 함수 f의 치역이 집합 B이라고 하자.

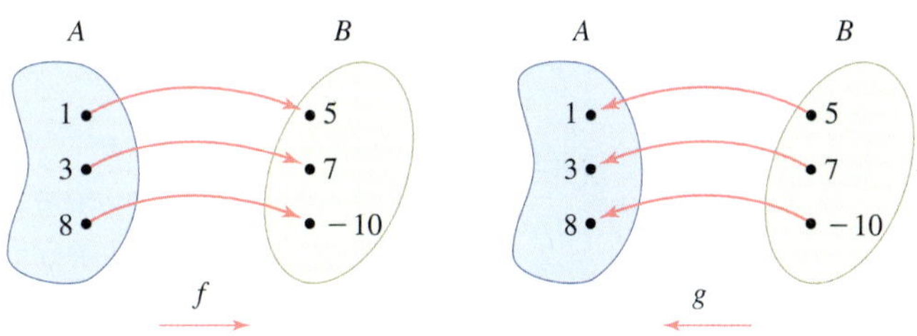

$$f(1)=5 \iff g(5)=1$$
$$f(3)=7 \iff g(7)=3$$
$$f(8)=-10 \iff g(-10)=8$$

함수 f의 화살표를 반대 방향으로 하는 대응규칙을 g라고 놓자. 그러면 대응규칙 g는 집합 B에서 정의된 함수가 되는 것을 알 수 있다.

함수 f의 대응규칙(화살표)를 반대방향으로 하는 대응규칙 g이 함수가 되는 경우 새로운 함수 $g:B\to A$를 함수 $f:A\to B$의 **역함수**(inverse function 또는 inverse)라고 한다.

중요한 점은 함수 f의 화살표를 반대 방향으로 하는 대응규칙이 함수인지 아닌지를 판별하는 일이다.

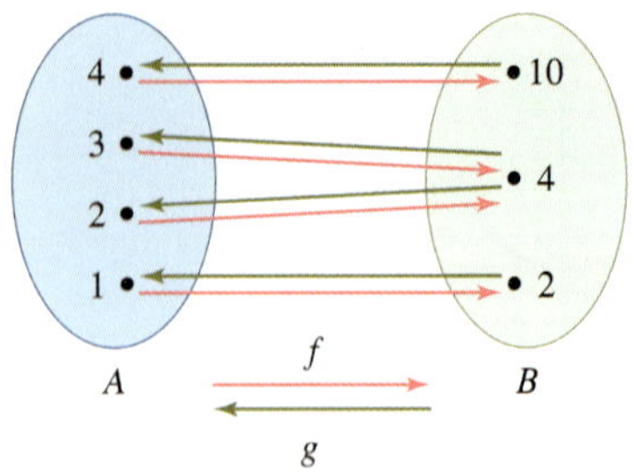

[그림 1.22]
대응규칙 g는 함수가 아니다.

예를 들어서 [그림 1.22]에서 화살표로 표현된 함수 $f : A \to B$에 대하여 함수 f의 반대 방향의 대응규칙 g를 살펴보자.

$$f(3) = f(2) = 4\text{이므로 } g(4) = 2\text{이고 } g(4) = 3.$$

그러므로 반대 방향의 대응규칙 g는 함수가 아니다. 그 이유는 함수 f가 일대일이 아니기 때문이다. 함수 f가 일대일이 아니면 함수 f는 역함수를 갖지 않는다.

◐ 역함수의 정의

함수 f의 반대 방향의 대응규칙 g가 함수가 되는 경우 대응규칙 g가 함수 f의 역함수이다. 함수 f의 반대 방향의 대응규칙인 역함수 g는 다음과 같다.

$$y = f(x) \Leftrightarrow x = g(y)$$

함수 f의 역함수 g의 정의역 $D(g)$를 알아보자.
역함수 g의 정의역에 속하는 y에 대하여 다음이 성립해야 한다.

$$g(y) = x \Leftrightarrow y = f(x)$$

[주의] 함수 f의 역함수의 존재를 위해
① 가장 먼저 함수 f가 일대일임을 보인다.
② 함수 f의 치역 $R(f)$를 구한다.

$y = f(x)$이므로 y는 f의 치역 $R(f)$에 속한다. 그러므로 역함수 g의 정의역 $D(g)$는 f의 치역 $R(f)$와 같다. 즉,

$$D(g) = R(f) \qquad (*)$$

역함수 g에 대한 정의역 $D(g)$를 구하기 위해 함수 f의 치역 $R(f)$를 구해야 한다.

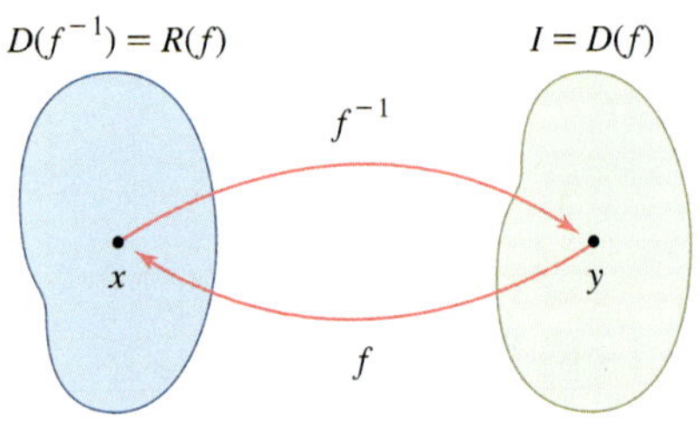

$y = f^{-1}(x) \Leftrightarrow x = f(y)$

[그림 1.23]

[정의 1.8: 역함수(inverse function)] 실수의 부분집합 I에서 정의된 실함수 f가 일대일함수이고 치역이 $R(f)$이라고 하면 다음과 같은 실함수 g가 존재한다.
함수 f의 치역 $R(f)$에 속하는 임의의 x에 대하여

$$y = g(x) \Leftrightarrow x = f(y).$$

- 함수 g를 함수 f의 **역함수**(inverse function)라고 한다.
- 기호로는 $f^{-1}(x) := g(x)$.
- 함수 f의 역함수의 정의역은 $D(f^{-1}) = R(f)$이다.

[주의] 역함수의 기호에 대하여 다음을 주의해야 한다.

$$f^{-1}(y) \neq \frac{1}{f(y)}$$

함수 f가 일대일함수이면 함수 f는 역함수 f^{-1}를 갖고 역함수 f^{-1}의 정의역은 $D(f^{-1}) = R(f)$이다. ([그림 1.23] 참고)

◐ 역함수의 성질

다음은 역함수의 주요 성질이다.

[정리 1.3: 역함수의 성질] (2), (3)은 역함수의 정의로도 이용된다. 다시 말해서, $[(g\circ f)(x)=x]$이고 $[(f\circ g)(y)=y]$를 만족하는 함수 g는 f의 역함수이다.

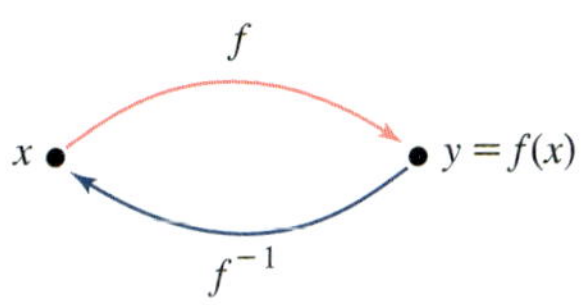

[그림 1.24]

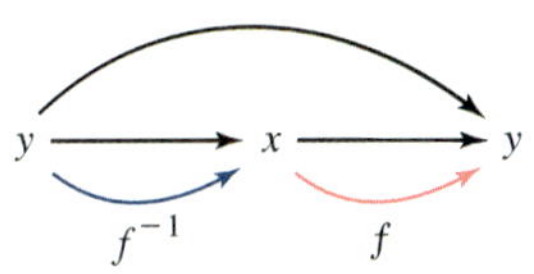

[그림 1.25]

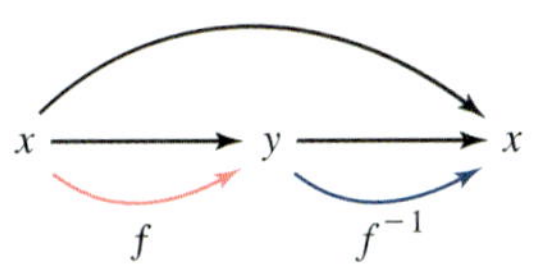

[그림 1.26]

> **[정리 1.3: 역함수의 성질]** 실함수 f의 역함수 f^{-1}에 대하여
> (1) $(f^{-1})^{-1}=f$
> (2) 함수 f의 정의역 $D(f)$에 있는 x에 대하여 $(f^{-1}\circ f)(x)=x$.
> (3) 함수 f^{-1}의 정의역 $D(f^{-1})=R(f)$에 있는 y에 대하여 $(f\circ f^{-1})(y)=y$.

[정리 1.3: 역함수의 성질] (1)은 [그림 1.24]에 의해서 함수 f의 역함수 f^{-1}의 반대 방향의 대응규칙 $(f^{-1})^{-1}$은 다시 함수 f가 된다. 즉, $(f^{-1})^{-1}=f$이다.
[정리 1.3: 역함수의 성질] (2)는 [그림 1.25]에 의해서, $f^{-1}\circ f$가 항등함수이다.
즉, $D(f)=I$에 있는 x에 대하여 $(f^{-1}\circ f)(x)=f^{-1}(f(x))=f^{-1}(y)=x$.
[정리 1.3: 역함수의 성질] (3)은 [그림 1.26]에 의해서, $f\circ f^{-1}$가 항등함수이다.
즉, $D(f^{-1})=R(f)$에 있는 y에 대하여 $(f\circ f^{-1})(y)=f(f^{-1}(y))=f(x)=y$.
예를 들어서 $f(x)=x^3$이면 역함수 $f^{-1}(x)=x^{1/3}$이다. 그러므로 다음이 성립한다.
$(f\circ f^{-1})(y)=f(f^{-1}(y))=f(y^{1/3})=(y^{1/3})^3=y$이고
$(f^{-1}\circ f)(x)=f^{-1}(f(x))=f(x^3)=(x^3)^{1/3}=x$이다.

◐ 역함수의 그래프

다음 역함수의 성질은 역함수의 그래프를 알아보자.
함수 $y=f(x)$가 역함수 f^{-1}를 갖는다고 하자.

$$y=f(x)\Leftrightarrow x=f^{-1}(y)$$

$[(a,b)$가 $y=f(x)$의 그래프 위의 점$]$의 필요충분조건은 $[(b,a)$가 $y=f^{-1}(x)$의 그래프 위의 점$]$이다.* 그러므로 함수 $y=f(x)$의 그래프와 역함수 $y=f^{-1}(x)$의 그래프는 직선 $y=x$에 관하여 대칭이다. ([그림 1.27] 참고)

* $[(a,b)$가 $y=f(x)$의 그래프 위의 점$]$
$\Leftrightarrow$
$[b=f(a)]$
$\Leftrightarrow$
$[a=f^{-1}(b)]$
$\Leftrightarrow$
$[(b,a)$가 $y=f^{-1}(x)$의 그래프 위의 점$]$

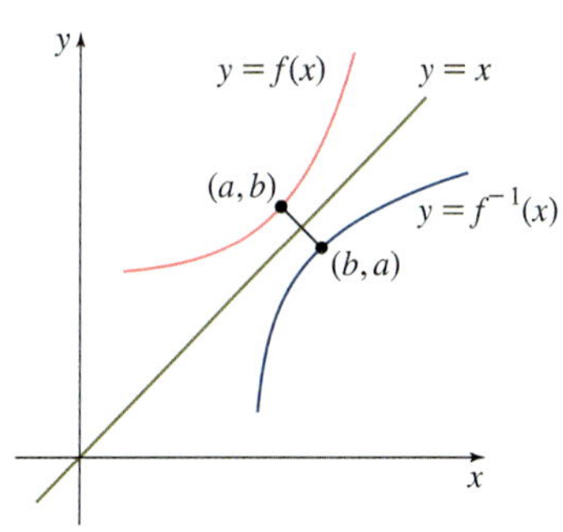

[그림 1.27]

예를 들어서 함수 $f(x)=x^2, (x \geq 0)$은 일대일이므로 함수 f의 역함수 f^{-1}가 있다. 실제로 함수 f의 역함수 $f^{-1}(x)=\sqrt{x}, (x \geq 0)$이다. 함수 $f(x)=x^2, (x \geq 0)$의 그래프와 $f^{-1}(x)=\sqrt{x}, (x \geq 0)$의 그래프는 $y=x$에 대하여 대칭임을 [그림 1.28]에서 볼 수 있다.

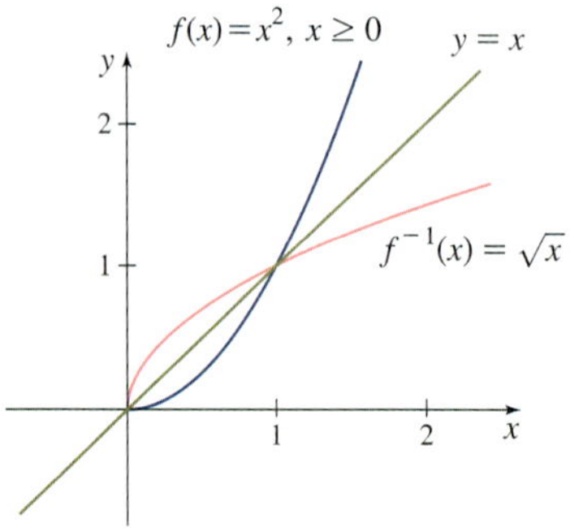

[그림 1.28]

■

1.3.3 역함수 구하는 법

함수 $f(x)=x^3$은 일대일이므로 역함수 f^{-1}가 존재한다. 이제 함수 f의 역함수 f^{-1}가 존재할 때 역함수 f^{-1}을 구체적으로 구해보자. 이때, 역함수 f^{-1}의 정의역 $D(f^{-1})=R(f)$를 주의해야 한다.

함수 $f(x)=x^3$의 역함수 f^{-1}의 정의를 사용하여 다음과 같이 구해보자.

$$f^{-1}(y)=x \iff f(x)=y$$
$$\sqrt[3]{y}=y^{1/3}=x \iff x^3=y$$

그러므로 함수 f의 역함수 $f^{-1}(y)=y^{1/3}$이다.

역함수를 갖는 함수에 대하여 구체적으로 역함수를 구하는 방법을 알아보자.

[역함수를 구하는 방법] 실수의 부분집합 I에서 정의된 실함수 f의 역함수 f^{-1}가 존재하면 다음과 같은 과정으로 역함수 f^{-1}를 구할 수 있다.

(1단계) 정의역 I에서의 함수 f가 일대일임을 보이고 치역 $R(f)$을 구한다.

(2단계) 주어진 방정식 $y=f(x)$를 y에 관한 식으로 푼다. 즉,

$$x=(y\text{의 식}). \qquad (*)$$

(3단계) 식 (*)에서 x와 y를 교환하여 $y=f^{-1}(x)$이고 $D(f^{-1})=R(f)$이다.

[예제 1.14] 함수 $f(x)=2x+6$의 역함수가 존재하는지를 판별하고 존재하는 경우 역함수를 구하여라. [연습문제 7~12]

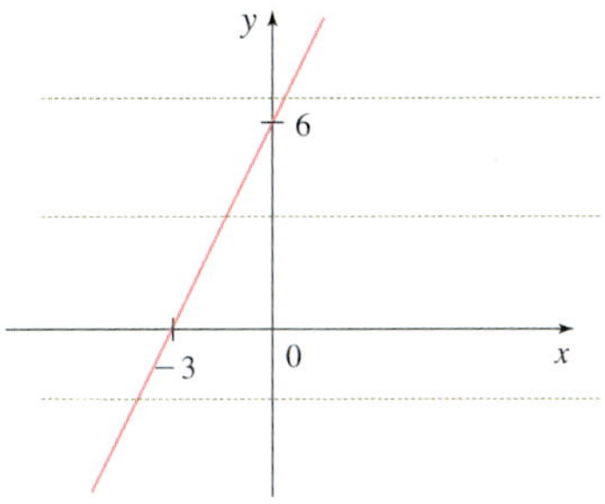

[그림 1.29]

[풀이]

[1단계] 함수 $f(x)=2x+6$가 일대일임을 판별하고 $R(f)$를 구해보자.

함수 $f(x)=2x+6$는 일차함수이고 f의 그래프는 기울기가 2이고 y절편이 6인 직선이다. [그림 1.29]의 함수 $f(x)=2x+6$의 그래프에 [정리 1.2: 수평선 판별법]을 적용하면 함수 f가 일대일임을 알 수 있다. 그리고 치역 $R(f)$은 실수 전체이다.

[2단계] 방정식 $y=2x+6$를 y에 관한 식으로 풀면 다음과 같다.

$$x=\frac{1}{2}(y-6)=\frac{1}{2}y-3$$

$$x=\frac{1}{2}y-3$$

[3단계] y에 관한 식 $x=\frac{1}{2}y-3$에서 x와 y를 교환하면 $y=\frac{1}{2}x-3$이다.

그러므로 f의 역함수 $f^{-1}(x)=\frac{1}{2}x-3$이다.

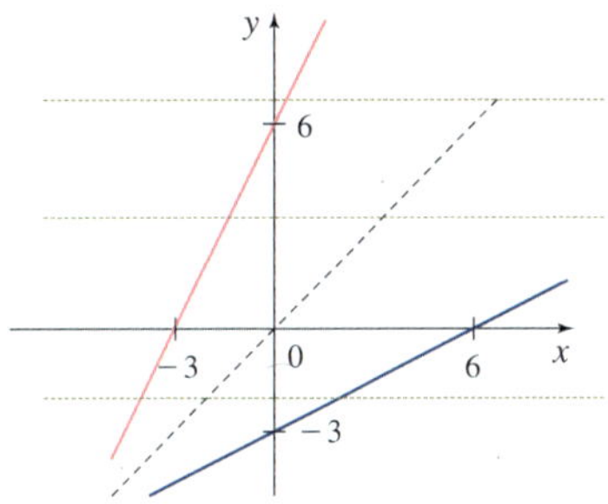

[그림 1.30] $f^{-1}(x)=\frac{1}{2}x-3$의 그래프

f의 역함수 $f^{-1}(x)=\frac{1}{2}x-3$의 그래프는 f의 그래프와 $y=x$에 대칭으로 그려보면 [그림 1.30]이다 ■

[예제 1.15] 함수 $f(x)=x^2-1, (x\geq 0)$의 역함수가 존재하는지를 판별하고 존재하는 경우 역함수를 구하여라. [연습문제 7~12]

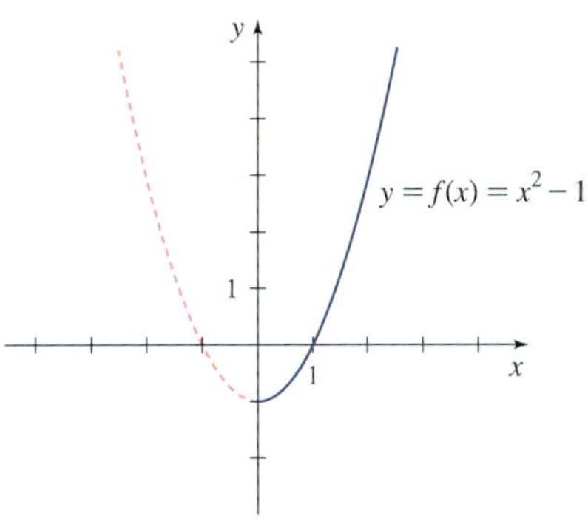

[그림 1.31]
$f(x)=x^2-1,\ (x\geq 0)$의 그래프

[풀이]

[1단계] [그림 1.31]의 함수 $f(x)=x^2-1, (x\geq 0)$의 그래프에 [정리 1.2: 수평선 판별법]을 적용하면 함수 $f(x)=x^2-1, (x\geq 0)$가 일대일이다.

함수 f의 치역을 구하면 $x\geq 0$에 대하여 $f(x)=x^2-1\geq -1$이다. 그러므로 함수 f의 치역은 $R(f)$는 구간 $[-1,\infty)$이다.

[2단계] 방정식 $y=x^2-1$를 y에 관한 식으로 풀면 다음과 같다.

$$x^2=y+1,\ (x\geq 0)$$

$$x=\sqrt{y+1}$$

[3단계] y에 관한 식 $x=\sqrt{y+1}, (x\geq 0)$에서 x와 y를 교환하면 $y=\sqrt{x+1}, (x\geq -1)$이다. 그러므로 f의 역함수 $f^{-1}(x)=\sqrt{x+1}, (x\geq -1)$.

f의 역함수 $f^{-1}(x)=\sqrt{x+1}$의 그래프는 [그림 1.32]이다.

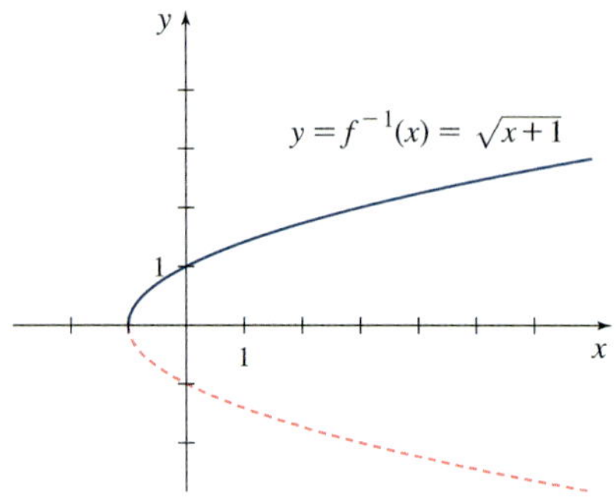

[그림 1.32] $f^{-1}(x) = \sqrt{x+1}$, $(x \geq -1)$의 그래프 ■

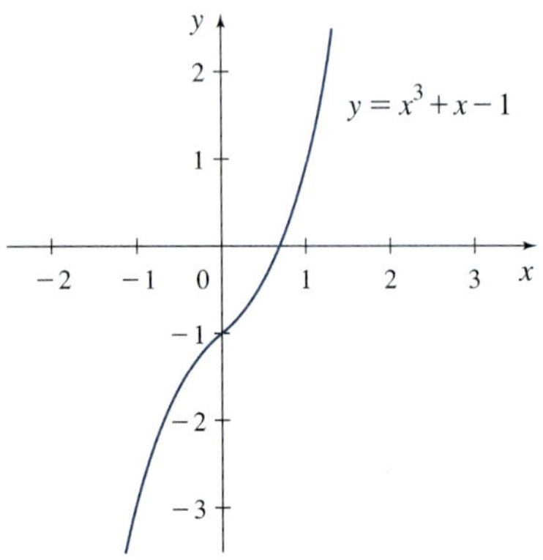

[그림 1.33] $f(x) = x^3 + x - 1$의 그래프

역함수를 구하는 과정에서 주의할 점은 역함수가 존재함을 알고 있지만 [2단계]에서 역함수의 식을 구하는 과정에서 항상 식을 구할 수 있는 것은 아니다.

예를 들어서 [그림 1.33]에서 함수 $f(x) = x^3 + x - 1$의 그래프를 보면 일대일임을 알 수 있고 그러므로 역함수를 갖는다. 그러나 방정식 $y = x^3 + x - 1$에서 y에 관한 식으로 풀 수가 없다. 즉, $x = (y$의 식$)$의 형태로 풀 수 없다.

그러므로 함수 $f(x) = x^3 + x - 1$의 역함수 f^{-1}가 있다는 것은 알 수 있지만 역함수 f^{-1}의 함수식을 구할 수 없다.

[주의] 역함수의 성질에서 다음을 주의하자.

(1) 함수 f의 역함수 f^{-1}가 존재하지만 역함수 f^{-1}의 식을 정확히 구할 수가 없는 경우가 있다.

(2) 함수 f에서 정의역에서 일대일이 아니지만 부분적으로 정의역을 다시 놓으면 함수가 일대일이 될 수 있다. 함수 f의 정의역에서 부분집합 A와 B를 잡자.

- A에서 정의된 함수 $f|_A$가 일대일이면 함수 $f|_A$의 역함수 $(f|_A)^{-1}$가 있다.
- B에서 정의된 함수 $f|_B$가 일대일이면 함수 $f|_B$의 역함수 $(f|_B)^{-1}$가 있다.
- 일반적으로 함수 $(f|_A)^{-1}$와 역함수 $(f|_B)^{-1}$는 같은 함수가 아니다.

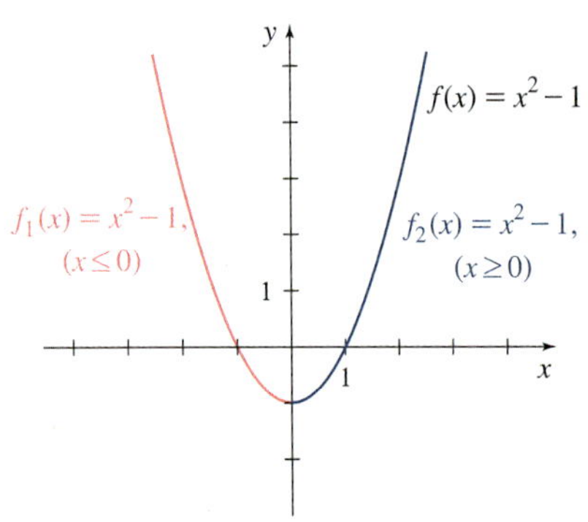

[그림 1.34]

[보기 1.2]

(1) 실수 전체에서 정의된 실함수 $f(x) = x^2 - 1$은 일대일이 아니다. 그러므로 역함수는 존재하지 않는다. ([그림 1.34] 참고)

(2) 구간 $(-\infty, 0]$에서 정의된 함수 $f_1(x) = x^2 - 1$은 일대일이고

$f_1(x) = x^2 - 1 \geq -1$이므로 f_1의 치역은 구간 $[-1, \infty)$이다. ([그림 1.34] 참고) 그러므로 함수 f_1는 역함수 f_1^{-1}를 갖는다.

함수 f_1의 역함수 f_1^{-1}를 구하면 $f_1^{-1}(x) = -\sqrt{x+1}$이고 f_1^{-1}의 정의역은 구간 $[-1, \infty)$이다. 그리고 f_1^{-1}의 치역 $R(f_1^{-1})$은 양이 아닌 실수의 구간 $(-\infty, 0]$이다. ([그림 1.35] 참고)

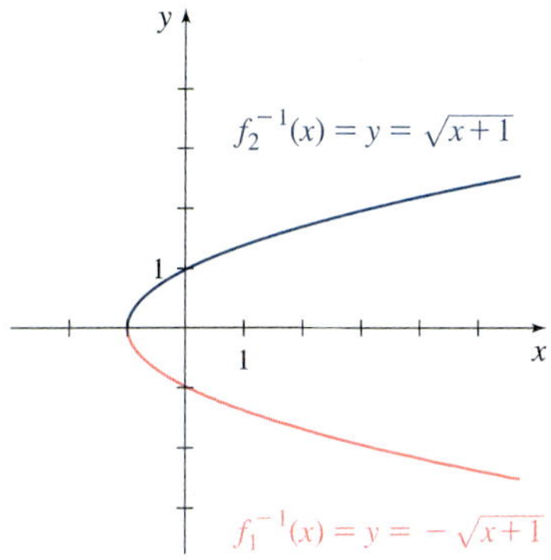

[그림 1.35] $f_1^{-1}(x) = -\sqrt{x+1}$ 의 그래프와 $f_2^{-1}(x) = \sqrt{x+1}$ 의 그래프

(3) 구간 $[0, \infty)$에서 정의된 함수 $f_2(x) = x^2 - 1$은 일대일이고 $f_2(x) = x^2 - 1 \geq -1$이므로 f_2의 치역은 구간 $[-1, \infty)$이다. ([그림 1.34] 참고) 그러므로 함수 f_2는 역함수 f_2^{-1}를 갖는다.

함수 f_2의 역함수를 구하면 $f_2^{-1}(x) = \sqrt{x+1}$이고 f_2^{-1}의 정의역은 구간 $[-1, \infty)$이다. 그리고 f_2^{-1}의 치역 $R(f_2^{-1})$은 음이 아닌 실수의 구간 $[0, \infty)$이다. ([그림 1.35] 참고) ■

[주의] [보기 1.2]에서 함수 $f(x) = x^2 - 1$에서 부분으로 이루어진 함수 f_1의 역함수 $f_1^{-1}(x) = -\sqrt{x+1}$과 함수 f_2의 역함수 $f_2^{-1}(x) = \sqrt{x+1}$은 같은 함수가 아니다. 즉, $f_1^{-1} \neq f_2^{-1}$.

연습문제

• Part 1

[1-6] 다음 함수가 일대일인지 아닌지를 판별하여라. [예제 1.13]

1. $f(x) = |x|,\ D(f) = [0, \infty)$
2. $g(x) = |x|,\ D(g) = (-\infty, \infty)$
3. $h(x) = |x|,\ D(h) = (-\infty, 0]$
4. $f(x) = -x^2 + 2x + 3,\ D(f) = [1, \infty)$
5. $g(x) = -x^2 + 2x + 3,\ D(g) = (-\infty, \infty)$
6. $h(x) = -x^2 + 2x + 3,\ D(h) = (-\infty, 1]$

[7-12] 함수 $f(x)$의 역함수가 있는지 판별하고 역함수가 존재한다면 역함수를 구하여라. [예제 1.14~1.15]

7. $f(x) = 4x - 1$
8. $f(x) = x^3$
9. $f(x) = |x|$
10. $f(x) = \sqrt{x}$
11. $f(x) = x^2 - 3x + 1$
12. $f(x) = -x^2 + 4x - 3\ \ (x \leq 2)$

• Part 2

13. 함수 $f(x) = \begin{cases} 3x+1, & (x \geq 0) \\ ax+b, & (x < 0) \end{cases}$ 이 역함수가 존재하기 위한 a, b의 조건은 구하여라.

[14-15] 함수 $f(x)$의 역함수를 구하여라.

14. $f(x) = \begin{cases} x^2, & (x \geq 0) \\ x, & (x < 0) \end{cases}$
15. $f(x) = \begin{cases} 2x-2, & (x \geq 1) \\ \dfrac{x}{2} - \dfrac{1}{2}, & (x < 1) \end{cases}$

1.4 지수함수와 로그함수

1.4.1 지수와 지수함수

지수함수는 실함수의 기본함수 중의 하나이다.
양의 실수 $b \neq 1$라고 하자. 지수함수를 다음과 같이 정의한다.

$$\text{임의의 실수 } x\text{에 대해 } f(x) = b^x$$

0장에서 지수함수 b^x의 정의에서 지수 x가 유리수인 경우에 정의하였다. 유리수 지수 b^x의 정의를 다시 한번 알아보고 지수 x가 실수인 지수함수 b^x의 정의를 확장해 보자.

[복습: 유리수 지수 b^x] 양의 실수 $b \neq 1$에 대하여

(1) $x = n$이 자연수인 경우 $b^x = b^n = bb \cdots b$ (n개의 곱)

(2) $x = n$이 정수인 경우

- $b^0 := 1$
- $b^{-1} := \dfrac{1}{b}$
- n이 음수이면 $-n = m$은 자연수이므로 $b^n = b^{-m} := \left(\dfrac{1}{b}\right)^m = \dfrac{1}{b^m}$

(3) $x = \dfrac{m}{n}$이 유리수인 경우

$$b^{\frac{1}{n}} := \sqrt[n]{b} \text{ 이고 } b^{\frac{m}{n}} := (\sqrt[n]{b})^m$$

◐ 실수 지수 b^x

지수가 유리수인 경우 지수함수 b^x를 정의하였다. 이제 지수가 실수인 경우로 지수함수 b^x를 정의를 확장해 보자. 유리수는 실수에서 조밀하게 분포되어 있다.* 우선 $b = 2$라고 놓자. 지수 x가 유리수인 경우 지수함수 $y = 2^x$의 그래프를 그려보면 [그림 1.36](a)와 같다. 지수함수 $y = 2^x$의 그래프에는 많은 구멍이 있다.** x가 무리수인 경우 2^x가 정의되지 않은 부분이 구멍으로 표현된 것이다.

* 실수에서 유리수의 조밀성은 실수의 성질에서 중요하고 엄밀한 수학적 정의가 있다. 유리수의 조밀성은 두 실수 $r < s$에 대해 $r < q < s$인 유리수 q가 항상 존재한다는 것이다.

** 실수는 유리수와 무리수로 이루어진다. 유리수는 조밀하게 존재하지만, 실수에서 유리수는 무리수에 해당하는 구멍이 있는 형태로 존재한다.

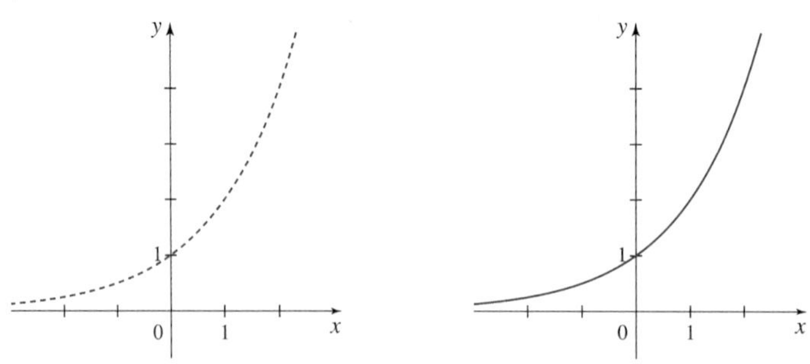

[그림 1.36](a)
$y = 2^x$의 그래프(x는 유리수)

[그림 1.36](b)
$y = 2^x$의 그래프(x는 실수)

지수함수 $y = 2^x$의 그래프를 다음과 같이 실수 전체로 확장한다.

[그림 1.36](a)에서와 같은 유리수에서 정의된 함수 $y = 2^x$의 구멍이 있는 그래프에서 [그림 1.36](b)와 같이 부드럽게 연결된 그래프로 그린다. 실수에서 유리수는 매우 조밀하게 분포되어 있기 때문에 이러한 확장이 가능하다.* [그림 1.36](b)는 실수 전체에서 그려진 지수함수 $y = 2^x$의 그래프이다. 즉, 지수함수 $y = 2^x$를 실수 전체에서 정의한 것이다.

* 유리수에서 정의된 함수를 실수로 연결하는 논리는 엄밀한 증명이 필요하므로 여기서는 생략한다.

예를 들어 x가 무리수인 경우 2^x을 다음과 같이 정의할 수 있다.

무리수 π는 $\pi = 3.141592\cdots$와 같이 무한 소수로 표현된다. π에 점점 가까이 다가가는 유리수 수열을 다음과 같이 만들 수 있다. 이러한 개념이 유리수의 조밀성에 해당한다.

$$3,\ 3.1,\ 3.14,\ 3.141,\ 3.1415,\ 3.14159,\ \cdots$$

그러면 유리수 지수의 수열 $2^3,\ 2^{3.1},\ 2^{3.14},\ 2^{3.141},\ 2^{3.1415},\ \cdots$가 점점 다가가는 실수를 2^π라고 정의한다. 엄밀한 정의는 2장에서 나오는 극한의 개념을 이용하지만, 실수 지수로의 확장에 대한 대략적인 개념을 소개하였다.

이제부터 양의 실수 $b \neq 1$인 경우 실수 지수 x에 대한 지수함수 b^x를 다룬다. 실수 지수에 대하여 다음과 같이 지수의 대표적인 성질이 동일하게 성립한다.

[정리 1.4: 지수 법칙] 1이 아닌 두 양의 실수 a, b와 실수 x, y에 대하여

(1) $b^{x+y} = b^x b^y$ (2) $b^{x-y} = \dfrac{b^x}{b^y}$

(3) $(b^x)^y = b^{xy}$ (4) $(ab)^x = a^x b^x$

◐ 지수함수와 그래프

이제 지수함수 $f(x) = b^x$에 대하여 정의하여 보자.

[정의 1.9: 지수함수] 양의 실수 $b \neq 1$라고 하자.
임의의 실수 x에 대해 실함수 $f(x) = b^x$를 **지수함수**(exponential function)라고 한다.

- 다항함수, 유리함수 그리고 무리함수를 **대수함수**(algebraic function)라고 한다. 변수에 대한 유한 번의 사칙연산과 거듭제곱근 연산으로 나타낼 수 있는 식이다.
- 삼각함수, 지수함수 그리고 로그함수 등을 **초월함수**(transcendental function)라고 한다. 대수적 연산을 뛰어넘어 극한의 개념으로 정의되는 함수이다.

지수함수 $f(x) = b^x$에 대하여

- 지수함수의 정의역 $D(f)$는 실수 전체인 구간 $(-\infty, \infty)$이다.
- 지수함수의 지역 $R(f)$는 구간 $(0, \infty)$이다.
- $f(0) = 1$
- 지수함수 $f(x) = b^x$의 그래프는 [그림 1.37](a)와 (b)이다.

• 지수함수는 일대일함수임을 알 수 있다.

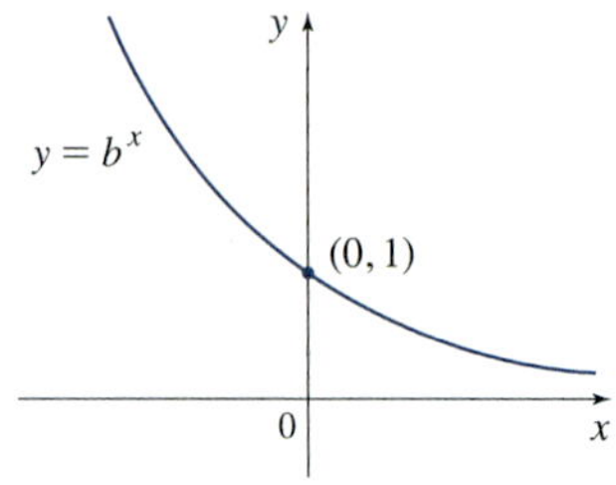

[그림 1.37](a) $0 < b < 1$

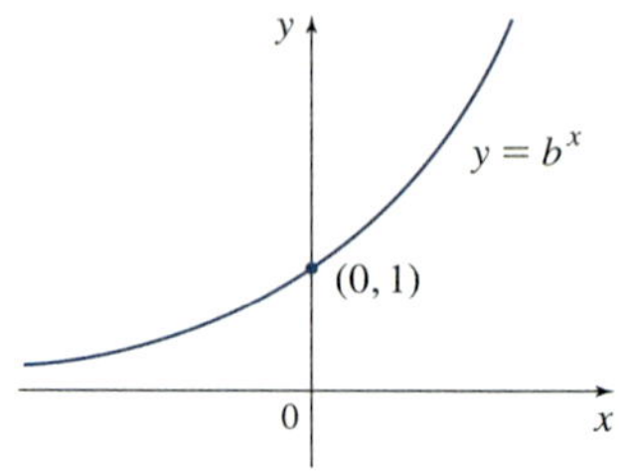

[그림 1.37](b) $b > 1$

양의 실수 b에 따라 변하는 그래프를 알아보자.

(i) $b > 1$인 경우 b가 점점 커지면 $y = b^x$의 그래프는 함숫값이 점점 더 빠르게 증가하는 것을 보여주고 있다. ([그림 1.38](a) 참고)

(ii) $0 < b < 1$인 경우 b가 점점 작아지면 $y = b^x$의 그래프는 함숫값이 점점 더 빠르게 감소하는 것을 보여주고 있다. ([그림 1.38](b) 참고)

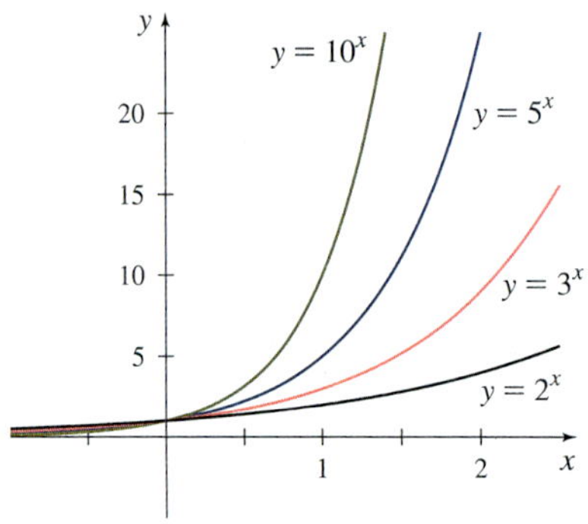

[그림 1.38](a) $b > 1$

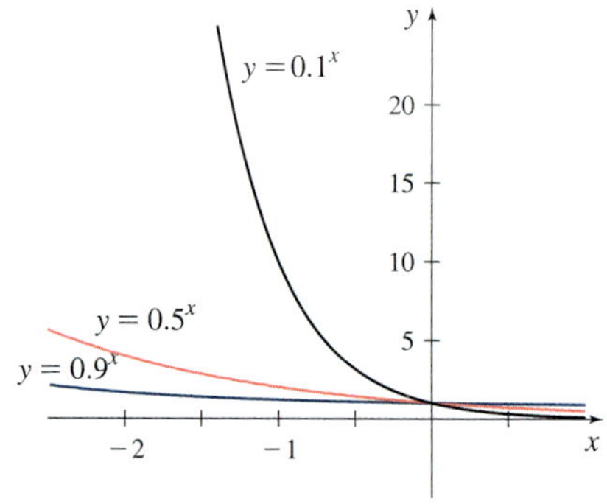

[그림 1.38](b) $0 < b < 1$

◐ 자연지수함수

앞으로 나올 수열과 적분에서 실수 e의 정의를 다양하게 소개할 예정이다.

지수함수 중에서 밑(base)을 특별한 실수 e로 놓은 지수함수를 소개해 보자. 실수 e를 밑으로 하는 지수함수를 **자연지수함수**(natural exponential function)라고 부르고 대표적인 지수함수이다. 그리고 실수 e는 무리수로 수학의 중요한 역할을 하는 실수 중의 하나이다. 실수 e는 수열의 극한 또는 적분 등 여러 가지 방법으로 정의되어지는데 여기서는 다음과 같이 간단히 소개한다.

[정의 1.10: 실수 e와 자연지수함수]

(1) 실수 $e = 2.718281828459\cdots$인 무한 소수로 표현 되는 무리수이다.

(2) e를 밑으로 하는 지수함수 $f(x) = e^x$를 **자연지수함수**(natural exponential function)라고 한다.

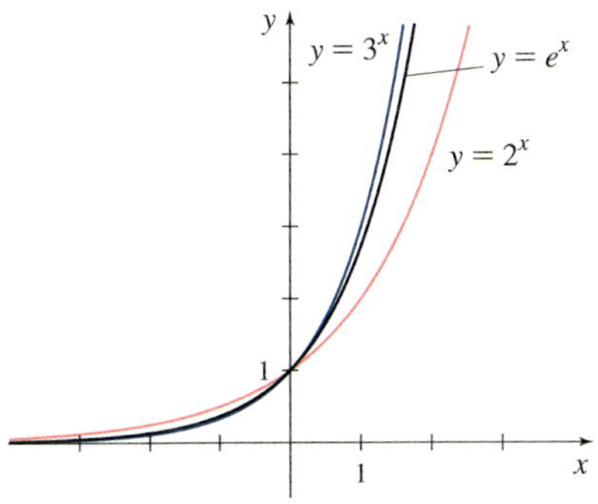

[그림 1.39](a)

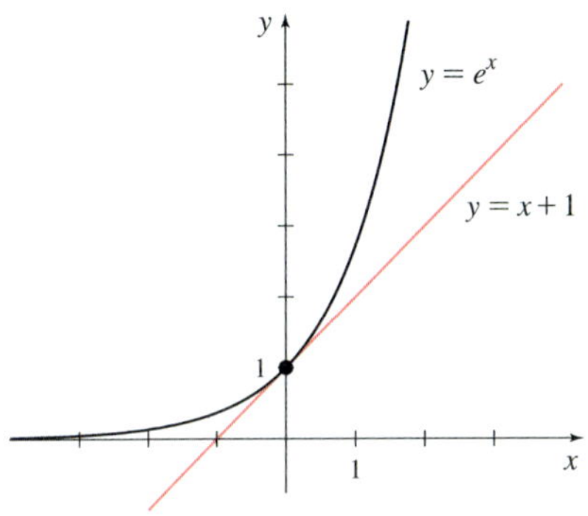

[그림 1.39](b) $y = e^x$ 의 그래프

자연지수함수는 중요한 응용에서 중요하게 사용되는 함수이고 $2 < e < 3$이므로 다음과 같은 그래프를 갖는다.

[그림 1.39](a)에는 $y = 2^x, y = e^x, y = 3^x$의 그래프가 있다.

$y = 2^x$의 그래프 위의 점 $(0, 1)$에서 $y = 2^x$의 접선의 기울기는 약 0.69이다.

$y = 3^x$의 그래프 위의 점 $(0, 1)$에서 $y = 3^x$의 접선의 기울기는 약 1.10이다.

$y = e^x$의 그래프 위의 점 $(0, 1)$에서 $y = e^x$의 접선의 기울기는 1이다. ([그림 1.39](b) 참고)

> 지수함수 $y = a^x$에서 $x = 0$에서 접선의 기울기가 1인 실수 a를 e라고 정의한다. 그리고 실수 e는 $2 < e < 3$인 것을 알 수 있다.

> **[참고]** 실수 e에 대한 정의는 다음과 같이 다양하게 할 수 있고 이러한 정의들은 각각 중요한 응용을 갖는다. 앞으로 해당 분야에서 이러한 정의를 공부할 예정이다.
> - 함수의 극한으로 정의하는 방법 [2.5절: 유리함수의 무한에서의 극한]
> - 수열의 극한으로 정의하는 방법
> - 적분에 의한 자연로그함수를 이용하여 정의하는 방법

1.4.2 로그와 로그함수

◐ 로그함수와 그래프

양의 실수 $b \neq 1$에 대해 지수함수 $y = b^x$의 그래프를 살펴보면 일대일이고 치역은 구간 $(0, \infty)$임을 알 수 있다. 그러므로 지수함수 $y = b^x$의 역함수는 존재하고 지수함수의 역함수를 **로그함수** $y = \log_b x$라고 정의한다.

> **[정의 1.11: 로그함수(logarithmic function)]** 양의 실수 $b \neq 1$이 있을 때 구간 $(0, \infty)$에서 정의된 다음과 같은 실함수 f를 밑이 b인 **로그함수**라고 한다. 임의의 양의 실수 x에 대하여
>
> $$f(x) = y \Leftrightarrow x = b^y$$
>
> 이때 밑이 b인 로그함수를 기호로 쓰면 $f(x) =: \log_b x$이다.

로그함수는 지수함수의 역함수이므로 다음과 같은 성질을 갖는다.

(1) 밑이 b인 로그함수 $y = \log_b x$는 지수함수 $y = b^x$의 역함수이다. 즉,

$$y = \log_b x \Leftrightarrow x = b^y$$

(2) 로그함수는 지수함수의 역함수이므로 로그함수 $y = \log_b x$의 그래프는 지수함수 $y = b^x$의 그래프와 직선 $y = x$에 대칭이다. ([그림 1.39](a)와 (b) 참고)
(3) $y = \log_b x$의 정의역은 $(0, \infty)$이고 치역은 실수 전체인 구간 $(-\infty, \infty)$이다.

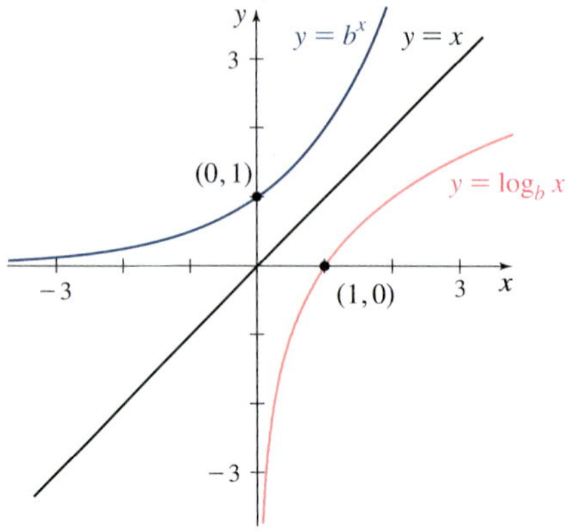

[그림 1.40](a)
$b > 1$인 경우 $y = \log_b x$의 그래프

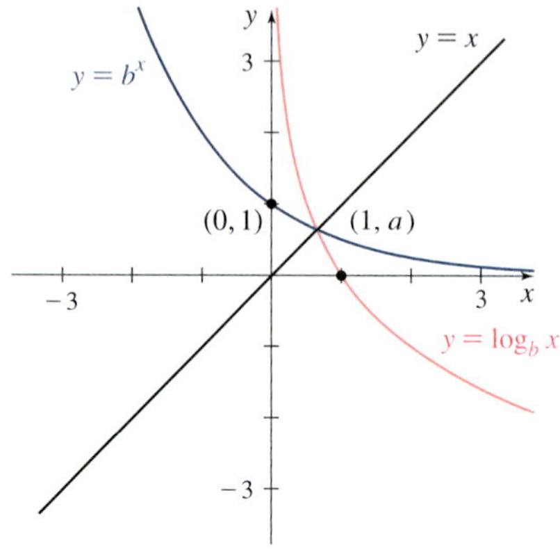

[그림 1.40](b)
$0 < b < 1$인 경우 $y = \log_b x$의 그래프

◐ 자연로그함수

로그함수에서 가장 많이 응용되는 함수는 밑이 무리수 e인 로그함수이다. 밑이 e인 로그함수를 **자연로그함수**(natural logarithmic function)라고 부른다.

[정의 1.12: 자연로그함수]
밑이 e인 로그함수 $f(x) = \log_e x$를 **자연로그함수**(natural logarithmic function)라고 한다. 자연로그함수를 기호로 $\ln x := \log_e x$라고 쓴다.

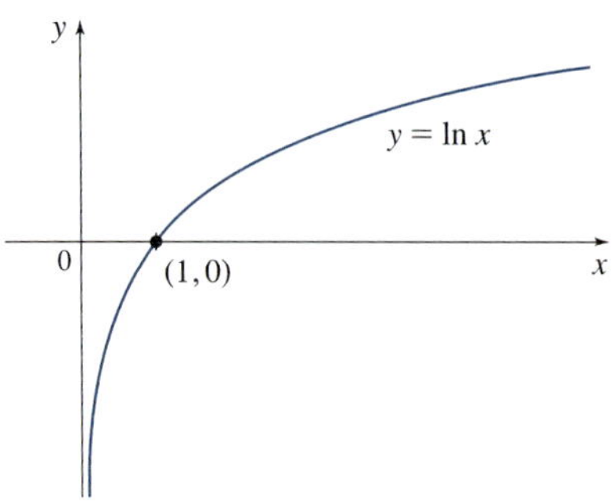

[그림 1.41] $y = \ln x$의 그래프

자연로그함수는 자연지수함수의 역함수이므로 다음과 같은 정의를 갖는다.

$$y = \ln x \iff x = e^y$$

실수 $e > 1$이므로 $y = \ln x$의 그래프는 [그림 1.41]에서와 같다.

[예제 1.16] 다음 함수의 정의역을 구하여라. [연습문제 1~6]

(1) $f(x) = \ln(x-1)$　　　　(2) $f(x) = \ln|x|$

[풀이]

(1) 로그함수 $f(x) = \ln(x-1)$에서 로그의 정의에 의해서 $x - 1 > 0$이어야 한다.
그러므로 f의 정의역 $D(f)$는 구간 $(1, \infty)$이다.
(2) $f(x) = \ln|x|$에서 로그의 정의여 의해서 $|x| > 0$이어야 한다.
그러므로 f의 정의역 $D(f)$는 0이 아닌 실수이다. ■

◐ 로그와 로그의 성질

로그는 1614년 스코틀랜드의 수학자이자 천문학자인 존 네이피어(John Napier, 1550-1617)가 만든 로그표를 발표한 것이 그 기원이다. 이후 레온하르트 오일러(Leonhard Euler, 1707-1783)가 지수함수의 역함수로서 로그의 개념이 정립하였다. 로그의 개념을 사용하면 크고 복잡한 곱셈의 계산을 덧셈 문제로 바꾸고 제곱이나 제곱근 계산이 간단해지는 효과가 있다.

로그함수와 별개로 로그라는 기호는 천문학, 경제학, 생명공학 등에 널리 사용된다. 로그의 정의는 로그함수와 같은 개념으로 지수의 역사상에 해당한다. $b \neq 1$인 양의 실수이고 두 실수 $a > 0$, c가 있을 때 지수의 정의는 다음과 같다.

$$c = \log_b a \Leftrightarrow a = b^c$$

로그함수는 지수함수와 역함수 관계이므로 로그가 포함된 식을 계산하는 경우 지수로 변환하여 구하게 된다. 예를 들어서 $\log_b 1$을 구해보자. $\log_b 1 = c$라고 놓고 실수 c를 구하면 된다.

$$\log_b 1 = c \Leftrightarrow 1 = b^c$$

이므로 $1 = b^c = b^0$이므로 실수 $c = 0$이다. 그러므로 $\log_b 1 = 0$이다.

다음은 로그의 중요한 성질이고 지수의 성질과의 관계를 생각하면 도움이 된다.

[정리 1.5: 로그의 성질] $b \neq 1$인 양의 실수와 두 양의 실수 a, c가 있을 때

(1) $\log_b 1 = 0, \quad \log_b b = 1$

(2) $\log_b (ac) = \log_b a + \log_b c$

(3) $\log_b \left(\dfrac{c}{a} \right) = \log_b c - \log_b a$

(4) 임의의 실수 r에 대하여 $\log_b (a^r) = r \log_b a$

(5) (밑의 변환) 양의 실수 $c \neq 1$에 대하여 $\log_b a = \dfrac{\log_c a}{\log_c b}$

(6) $b^{\log_b c} = c$이고 $e^{\ln c} = c$

[증명] (1) $b^0 = 1$이므로 로그의 정의에 의하여 $\log_b 1 = 0$.

또한 $b^1 = b$이므로 로그의 정의에 의하여 $\log_b b = 1$.

(2) $\log_b a = x$이고 $\log_b c = y$라고 놓자.

로그의 정의에 의하여 $a = b^x$이고 $c = b^y$.

지수의 성질에 의하여 $ac = b^x b^y = b^{x+y}$이고 $x + y = \log_b (ac)$.

즉, $\log_b (ac) = x + y = \log_b a + \log_b c$.

(5) $\log_b a = x$, $\log_c a = y$, $\log_c b = z$이라고 놓자.

로그의 정의에 의하여 $a = b^x$, $a = c^y$, $b = c^z$.

$a = b^x = c^y$이고 $(c^z)^x = c^y$.

즉, $c^{xz} = c^y$이므로 지수는 일대일이므로 $xz = y$이다.

그러므로 $\log_b a = x = \dfrac{y}{z} = \dfrac{\log_c a}{\log_c b}$.

(6) 지수인 $a=\log_b c$ 라고 놓자. 로그의 정의에 의하여 $c=b^a$.
그러므로 $c=b^a=b^{\log_b c}$ 이다. ■

[예제 1.17] 로그의 성질을 사용하여 다음 값을 구하여라. [연습문제 7~18]

(1) $\log_{10}25+\log_{10}4$ (2) $\log_2 60-\log_2 15$

(3) $\ln\left(\frac{1}{e\sqrt{e}}\right)$ (4) $e^{2\ln 5}$

[풀이]

(1) $\log_{10}25+\log_{10}4=\log_{10}(25\cdot 4)=\log_{10}100$ [정리 1.5: 로그의 성질] (2)

$$=\log_{10}10^2=2\log_{10}10=2$$

(2) $\log_2 60-\log_2 15=\log_2\left(\frac{60}{15}\right)=\log_2 4$ [정리 1.5: 로그의 성질] (3)

$$=\log_2 2^2=2\log_2 2=2$$

(3) $\ln\left(\frac{1}{e\sqrt{e}}\right)=\ln\left(\frac{1}{e^{3/2}}\right)=\ln\left(e^{-3/2}\right)$

$$=-\frac{3}{2}\ln e=-\frac{3}{2}$$ [정리 1.5: 로그의 성질] (4)

(4) $e^{2\ln 5}=e^{\ln 25}=25^{\ln e}$ [정리 1.5: 로그의 성질] (6)

$=25$ ■

[예제 1.18] 다음을 구하여라. [연습문제 19~24]

(1) 3^{x+9} 를 밑이 e 인 지수로 표현하여라.

(2) $\log_3 x$ 를 밑이 27인 로그로 표현하여라.

[풀이] (1) [정리 1.5: 로그의 성질] (6)을 적용하면 다음과 같다.

$$3^{x+9}=e^{\ln 3^{x+9}}=e^{(x+9)\ln 3}$$

(2) [정리 1.5: 로그의 성질] (5) 로그의 밑의 변환에 의해서 다음과 같다.

$$\log_3 x=\frac{\log_{27}x}{\log_{27}3}=\frac{\log_{27}x}{\log_{3^3}3}=\frac{\log_{27}x}{(1/3)\log_3 3}=\frac{\log_{27}x}{(1/3)}=3\log_{27}x$$ ■

연습문제

• Part 1

[1-6] 다음 함수의 정의역을 구하여라. [예제 1.16]

1. $f(x) = \ln(x^2+4x+5)$
2. $f(x) = \ln\dfrac{1}{x}$
3. $f(x) = 2\ln x$
4. $f(x) = \ln x^2$
5. $f(x) = \ln(2x-10)$
6. $f(x) = \ln(4-x)$

[7-18] 로그의 성질을 사용하여 다음 값을 구하여라. [예제 1.17]

7. $\log_{10}20 - \log_{10}2$
8. $\log_2 3\log_3 4$
9. $\log_{10}125 + \log_{10}8$
10. $\log_3 54 - \log_3 6$
11. $\ln e^2\sqrt{e}$
12. $\ln\left(\dfrac{1}{e^4}\right)$
13. $e^{3\ln 2}$
14. $\left(\dfrac{1}{e}\right)^{\ln 3}$
15. $\log_{16}8 + \log_{16}4$
16. $3\log_{10}50 + \log_{10}8$
17. $(\log_{10}5)^2 + 2\log_{10}5\log_{10}2 + (\log_{10}2)^2$
18. $e^{-\ln 3^2}$

[19-24] 다음을 구하여라. [예제 1.18]

19. 2^{x-3}을 밑이 e인 지수로 표현하여라.
20. $\log_{10}x$를 자연로그로 표현하여라.
21. 10^{x^2+x-2}를 밑이 e인 지수로 표현하여라.
22. $\log_{81}1024$를 밑이 3인 로그로 표현하여라.
23. $5^{(2x+1)}$을 밑이 e인 지수로 표현하여라.
24. $\log_x y$를 자연로그로 표현하여라. (단, x는 1이 아닌 양수, y는 양수)

• Part 2

25. $\log_2 3\log_3 4\log_4 5 \cdots \log_a(a+1) = 4$를 만족하는 a의 값을 구하여라.
26. $\log_{b^m}a^n = \dfrac{n}{m}\log_b a$를 증명하여라. (단, $b \neq 1,\ b>0,\ a>0$)
27. $x^x\ (x>0)$를 밑이 e인 지수로 표현하여라.

1.5 삼각함수

1.5.1 각도의 정의

각(angle)은 한 점에서 출발하는 2개의 반직선으로 이루어진 도형이다. 각의 크기인 각도를 재는 단위로 주로 두 가지를 다룬다. 하나는 60분법이고 다른 하나는 호도법(circular measure)이다.

> **[정의 1.13: 각도의 단위]**
> (1) **60분법**: 원의 한바퀴의 각도를 $360°$로 잡고 이를 기준으로 비율로 각의 크기를 재는 방법이다. 이 때, $x°$라고 쓰고 「x도」라고 부른다.
> (2) **호도법**: 반지름이 1인 원의 둘레의 길이 2π를 기준으로 호의 길이를 비율로 재는 방법이다. 호도법에서는 일반적으로 단위를 쓰지 않고 x라고 쓰고 「x 라디안(radian)」이라고 부른다.

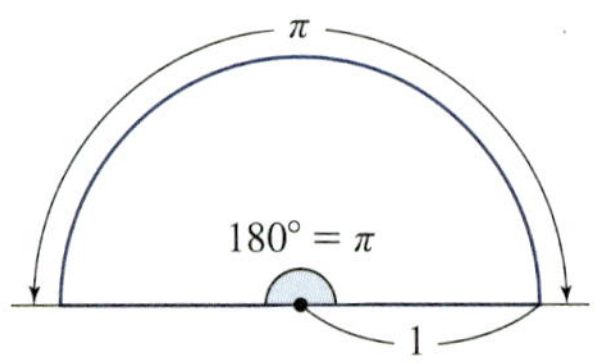

[그림 1.42]

각도를 나타내는 두 가지 방법인 $x°$와 α라디안 사이의 관계를 알아보자.
원의 반 바퀴를 두 가지 단위로 표현하면 $180°$와 π(radian)이므로 한 각도를 나타내는 $x°$와 α라디안 사이의 관계는 비례식으로 나타낼 수 있다. ([그림 1.42] 참고)

$$x : \alpha = 180 : \pi$$

비례식에 의해 $x°$와 α라디안을 다음과 같이 구할 수 있다.

$$\alpha = \frac{\pi}{180}x \text{와} \quad x = \frac{180}{\pi}\alpha \ ^{*}$$

* $x°$와 α라디안의 관계식을 다음 비례식으로 기억하는 것이 편리하다.
$x : \alpha = 180 : \pi$

다음은 2가지 각도를 나타내는 방법 사이의 관계표이다.

Degree	$0°$	$30°$	$45°$	$60°$	$90°$	$120°$	$135°$	$150°$	$180°$	$270°$	$360°$
Radian	0	$\frac{\pi}{6}$	$\frac{\pi}{4}$	$\frac{\pi}{3}$	$\frac{\pi}{2}$	$\frac{2\pi}{3}$	$\frac{3\pi}{4}$	$\frac{5\pi}{6}$	π	$\frac{3\pi}{2}$	2π

이제부터 대부분의 각도는 호도법으로 표시한다.

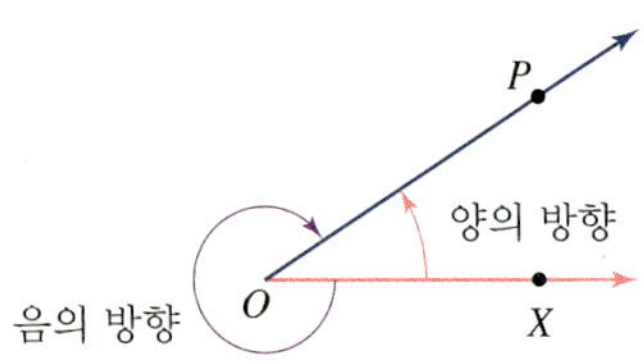

[그림 1.43](a)

◐ 일반각

각도 α를 표시하는 데 가장 먼저 0에서 2π까지 사용하였다. 이제 각도 α를 실수 전체로 확장하여 다음과 같이 사용한다. 모든 실수로 표현하는 각도를 일반각이라고

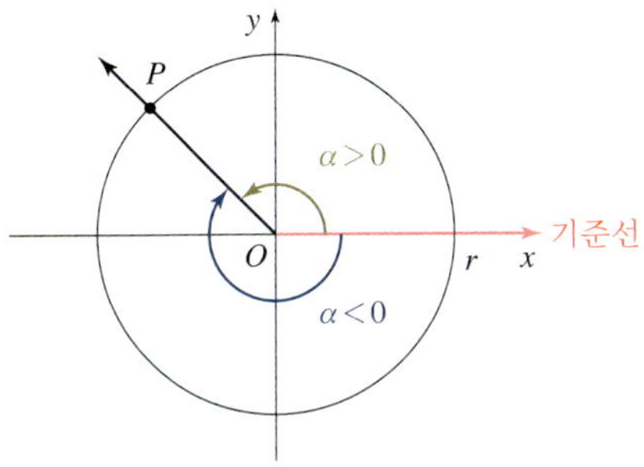

[그림 1.43](b)

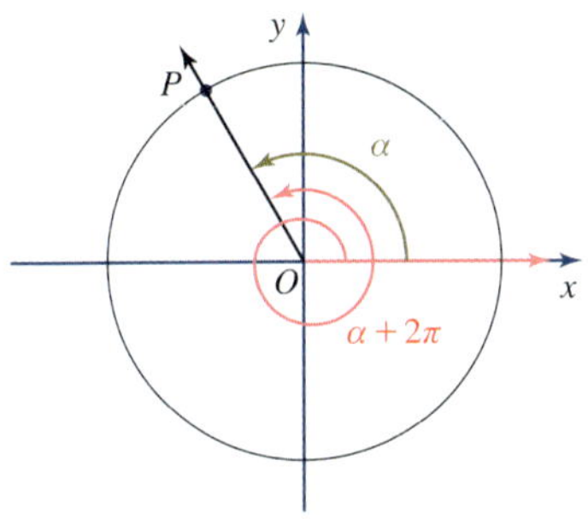

[그림 1.43](c)

한다. ([그림 1.43](a), (b), (c) 참고)

(1) $\alpha>0$: 기준선에서 **반시계방향**으로 재어진 각의 크기이다.

(2) $\alpha<0$: 기준선에서 **시계방향**으로 재어진 각의 크기이다.

(3) 반시계방향으로 기준선에서 1바퀴(2π)를 지나 모든 양의 실수의 각도를 가진 각을 만들 수 있다.

(4) 시계방향으로 기준선에서 1바퀴(-2π)를 지나 모든 음의 실수의 각도를 가진 각을 만들 수 있다.

> **[정의 1.14: 일반각]** 실수 α에 대하여
> (1) $\alpha>0$인 경우 기준선에서 각을 이루는 반직선까지 **반시계방향**으로 회전한 크기
> (2) $\alpha<0$인 경우 기준선에서 각을 이루는 반직선까지 **시계방향**으로 회전한 크기

일반적으로 직교좌표계에서 각도를 읽는 경우를 알아보자. [그림 1.43](b)에서 보면 **x축의 양의 방향의 반직선을 기준선으로 잡는다.** 기준선에서 반직선 $\overrightarrow{OP}$까지 반시계방향으로 회전하거나 시계방향으로 회전하면서 각의 크기 α를 측정하고 읽는다. [그림 1.43](c)에서 기준선과 반직선 $\overrightarrow{OP}$이 이루는 각의 크기 α는 다음과 같은 여러 가지 방법으로 표현할 수 있다.

$$\alpha,\ \alpha+2\pi,\ \alpha+4\pi,\ \alpha+6\pi,\ \cdots,\ \alpha-2\pi,\ \alpha-4\pi,\ \alpha-6\pi,\ \cdots$$

이러한 모든 표현들을 α의 **일반각**이고 다음과 같이 표현한다.

$$\alpha\text{의 일반각}=\alpha+2n\pi,\ (n\text{는 정수})$$

[보기 1.3] 다음은 평면의 직교좌표계에서 x축의 양의 방향의 반직선을 기준선으로 잡고 기준선에서부터 각을 만드는 반직선까지의 각도를 표현하고 있다. [연습문제 1~6]

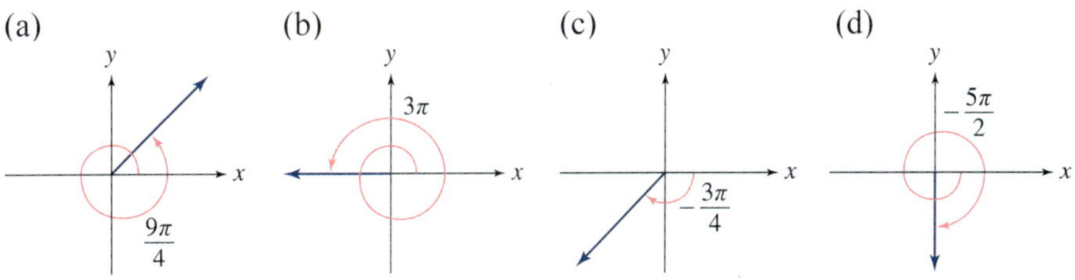

(a) 기준선에서 반시계방향으로 한바퀴를 넘어서 반직선까지의 각도
$=2\pi(\text{한바퀴})+\frac{\pi}{4}=\frac{9\pi}{4}$

(b) 기준선에서 반시계방향으로 한바퀴를 넘어서 반직선까지의 각도
$=2\pi(\text{한바퀴})+\pi=3\pi$

[주의] (a)의 경우 각을 나타내는 반직선의 각을 나타내는 일반각의 방법은 다음과 같이 무수히 많다.

$\cdots,\ -\frac{15\pi}{4},\ -\frac{7\pi}{4},\ \frac{\pi}{4},\ \frac{9\pi}{4},\ \frac{17\pi}{4},\ \cdots$

일반각은 $\frac{\pi}{4}+2n\pi$, (n은 정수)이다.

(c) 기준선에서 시계방향으로 반직선까지의 각도$=-\dfrac{3\pi}{4}$

(d) 기준선에서 시계방향으로 한바퀴를 넘어서 반직선까지의 각도

$=-2\pi(\text{한바퀴})-\dfrac{\pi}{2}=\dfrac{5\pi}{2}$ ■

1.5.2 삼각함수의 정의

가장 기본적인 삼각함수는 사인(sine), 코사인(cosine), 탄젠트(tangent)이다. $0<\alpha<\dfrac{\pi}{2}$인 경우 각이 α인 직각삼각형 ABC를 살펴보자. ([그림 1.44] 참고)

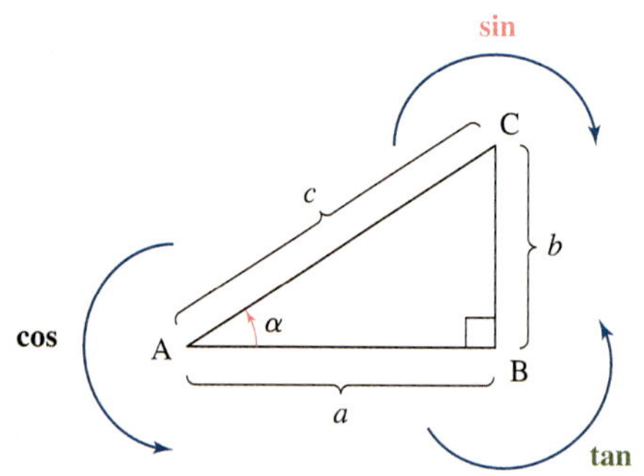

[그림 1.44]

* $\tan\alpha=\dfrac{b}{a}=\dfrac{b/c}{a/c}=\dfrac{\sin\alpha}{\cos\alpha}$.

즉, $\tan\alpha=\dfrac{\sin\alpha}{\cos\alpha}$.

> **[정의 1.15: 삼각함수 정의 1]** $0<\alpha<\dfrac{\pi}{2}$일 때 삼각함수 $\sin\alpha$, $\cos\alpha$, $\tan\alpha$를 다음과 같이 정의한다.
>
> $$\sin\alpha=\frac{b}{c},\quad \cos\alpha=\frac{a}{c},\quad \tan\alpha=\frac{b}{a}\,*$$

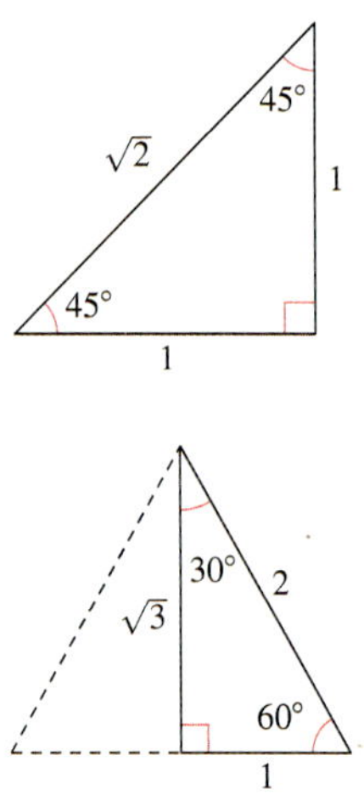

[그림 1.45]

[그림 1.45] 정삼각형과 직각이등변삼각형에서 $30°=\dfrac{\pi}{6}$, $45°=\dfrac{\pi}{4}$, $60°=\dfrac{\pi}{3}$인 각을 볼 수 있다. 삼각함수의 정의에 의해서 이들 각에 대한 삼각함수의 값을 구할 수 있다. 이러한 삼각함수의 각은 삼각함수에서 자주 사용하므로 다음 [표 1.2]과 같이 정리한다.

[표 1.2]

α	0	$\frac{\pi}{6}$	$\frac{\pi}{4}$	$\frac{\pi}{3}$	$\frac{\pi}{2}$
$\sin\alpha$	0	$\frac{1}{2}$	$\frac{\sqrt{2}}{2}$	$\frac{\sqrt{3}}{2}$	1
$\cos\alpha$	1	$\frac{\sqrt{3}}{2}$	$\frac{\sqrt{2}}{2}$	$\frac{1}{2}$	0
$\tan\alpha$	0	$\frac{1}{\sqrt{3}}$	1	$\sqrt{3}$	정의 불가

◐ 일반각에서의 삼각함수 정의

이제 일반각에 대한 삼각함수를 정의하여보자.
우선, 직각삼각형에서의 삼각함수의 정의를 일반각으로 확장을 하자.
원점이 중심이고 반지름이 $r>0$인 원을 그린다. 기준선인 x축인 양의 방향에서 각도 α에 해당하는 반직선과 원이 만나는 점 (a, b)라고 하자.

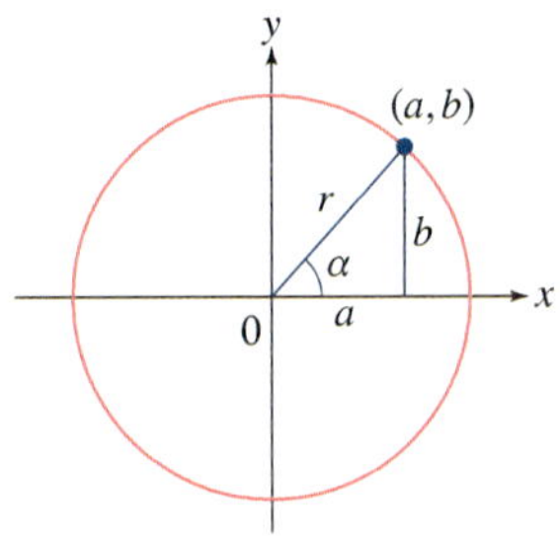

[그림 1.46](a) $0<\alpha<\frac{\pi}{2}$인 경우

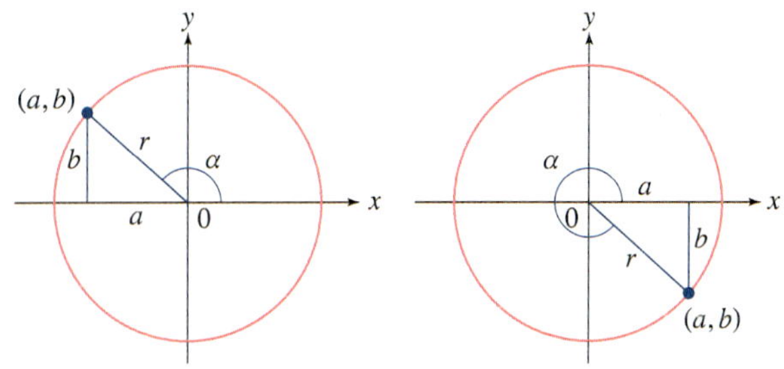

[그림 1.46](b) α가 실수인 경우

[그림 1.46](a)는 $0<\alpha<\frac{\pi}{2}$인 경우로 직각삼각형에서의 삼각함수의 정의에 의해 다음과 같이 정의하였다.

$$\sin\alpha=\frac{\text{높이}}{\text{빗변}}=\frac{b}{r},\quad \cos\alpha=\frac{\text{밑변}}{\text{빗변}}=\frac{a}{r} \qquad (*)$$

[그림 1.46](b)는 α가 실수인 경우로 기준선인 x축인 양의 방향에서 각도 α에 해당하는 반직선과 원이 만나는 점 (a, b)를 나타내고 있다. α가 실수인 경우 삼각함수는 다음과 같이 정의한다.

$$\sin\alpha=\frac{b}{r},\quad \cos\alpha=\frac{a}{r}$$

[참고] 삼각함수는 비율로 정의를 하기 때문에 [그림 1.46](a)와 (b)의 삼각함수의 정의는 원의 크기와 무관하다.

삼각함수는 사인함수와 코사인함수를 기본으로 다음 6개의 삼각함수를 정의한다.

삼각함수 sine 함수와 cosine 함수를 기본으로 정의하고 나머지 삼각함수를 sine 함수와 cosine 함수를 사용하여 정의한다.

[정의 1.16: 삼각함수의 정의 2] 원점이 중심이고 반지름이 $r>0$인 원을 그리고 기준선에서 각도 α에 해당하는 반직선과 원이 만나는 점 (a, b)라고 하자. ([그림 1.46](b) 참고)

(1) 사인(sine): $\sin\alpha=\frac{b}{r}$

(2) 코사인(cosine): $\cos\alpha=\frac{a}{r}$

(3) 탄젠트(tangent): $\tan\alpha = \dfrac{\sin\alpha}{\cos\alpha} = \dfrac{b}{a}$

(4) 코세컨트(cosecant): $\csc\alpha = \dfrac{1}{\sin\alpha} = \dfrac{r}{b}$

(5) 세컨트(secant): $\sec\alpha = \dfrac{1}{\cos\alpha} = \dfrac{r}{a}$

(6) 코탄젠트(cotangent): $\cot\alpha = \dfrac{1}{\tan\alpha} = \dfrac{a}{b}$

[예제 1.19] 다음 일반각에 대한 삼각함수의 값을 구하여라. [연습문제 7~24]

(1) $\sin\left(\dfrac{8\pi}{3}\right)$ (2) $\sec\left(\dfrac{8\pi}{3}\right)$ (3) $\tan\left(\dfrac{8\pi}{3}\right)$

(4) $\cos\left(-\dfrac{11\pi}{3}\right)$ (5) $\csc\left(-\dfrac{11\pi}{3}\right)$ (6) $\cot\left(-\dfrac{11\pi}{3}\right)$

[풀이]

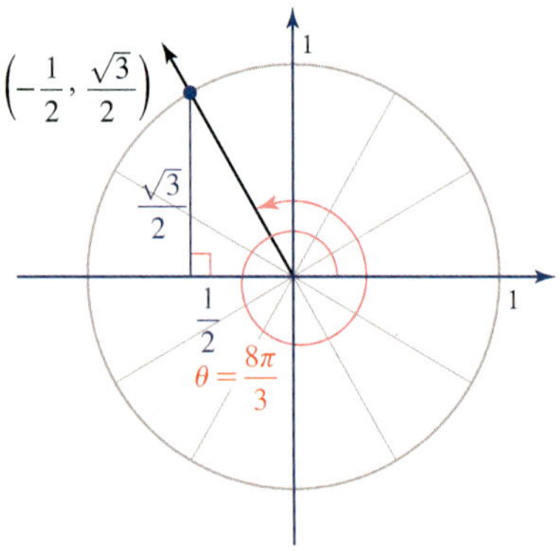

[그림 1.47](a)

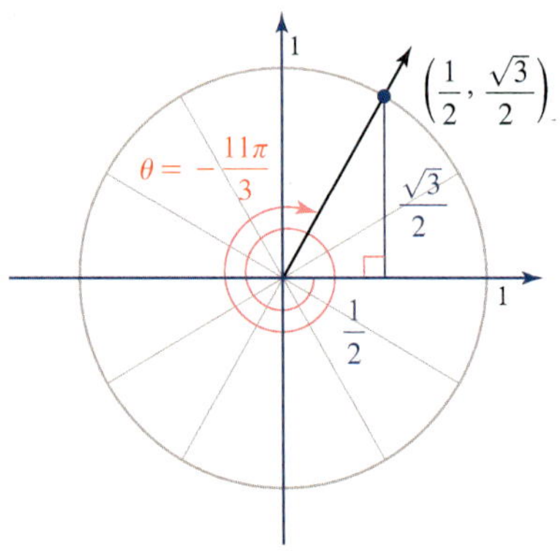

[그림 1.47](b)

(1), (2), (3)에서의 일반각 $\alpha = \dfrac{8\pi}{3} = 2\pi + \dfrac{2\pi}{3}$이므로 x축의 양의 방향에서 반시계 방향으로 한바퀴를 회전하고 $\dfrac{2\pi}{3}$을 추가로 회전한 반직선이 반지름이 1인 단위원과 만나는 점의 좌표는 $\left(-\dfrac{1}{2}, \dfrac{\sqrt{3}}{2}\right)$이다. 즉, $r=1$, $a=-\dfrac{1}{2}$, $b=\dfrac{\sqrt{3}}{2}$이다. ([그림 1.47](a) 참고)

(1) $\sin\left(\dfrac{8\pi}{3}\right) = \dfrac{b}{r} = \dfrac{\sqrt{3}}{2}$

(2) $\sec\left(\dfrac{8\pi}{3}\right) = \dfrac{1}{\cos\left(\dfrac{8\pi}{3}\right)} = \dfrac{r}{a} = \dfrac{1}{(-1/2)} = -2$

(3) $\tan\left(\dfrac{8\pi}{3}\right) = \dfrac{b}{a} = \dfrac{\sqrt{3}/2}{(-1/2)} = -\sqrt{3}$

(4), (5), (6)에서의 일반각 $\alpha = -\dfrac{11\pi}{3} = -2\pi - \dfrac{5\pi}{3}$이므로 x축의 양의 방향에서 시계 방향으로 한바퀴를 회전하고 $\dfrac{5\pi}{3}$을 추가로 회전한 반직선이 반지름이 1인 단위원과 만나는 점의 좌표는 $\left(\dfrac{1}{2}, \dfrac{\sqrt{3}}{2}\right)$이다. 즉, $r=1$, $a=\dfrac{1}{2}$, $b=\dfrac{\sqrt{3}}{2}$이다. ([그림 1.47](b) 참고)

(4) $\cos\left(-\dfrac{11\pi}{3}\right) = \dfrac{a}{r} = \dfrac{1}{2}$

(5) $\csc\left(-\dfrac{11\pi}{3}\right) = \dfrac{1}{\sin\left(-\dfrac{11\pi}{3}\right)} = \dfrac{r}{b} = \dfrac{1}{(\sqrt{3}/2)} = \dfrac{2}{\sqrt{3}}$

(6) $\cot\left(-\dfrac{11\pi}{3}\right) = \dfrac{a}{b} = \dfrac{1/2}{(\sqrt{3}/2)} = \dfrac{1}{\sqrt{3}}$ ■

이제 실함수 $y=f(x)$로서의 6개의 삼각함수를 정리해 보자. 이때 분수 형태의 함수는 분모가 0이 되는 점을 제외하고 정의된다. [표 1.3]은 6개의 삼각함수의 정의에서 정의역과 치역을 정리한 것이다.

[표 1.3]

함수기호	정의역	치역
$y=\sin x$	실수 전체	구간 $[-1,1]$
$y=\cos x$	실수 전체	구간 $[-1,1]$
$y=\tan x$	$\frac{(2n+1)\pi}{2}$을 제외한 실수(n은 정수)	실수 전체
$y=\csc x$	$n\pi$을 제외한 실수(n은 정수)	구간 $(-\infty,-1]$ 또는 $[1,\infty)$
$y=\sec x$	$\frac{(2n+1)\pi}{2}$을 제외한 실수(n은 성수)	구간 $(-\infty,-1]$ 또는 $[1,\infty)$
$y=\cot x$	$n\pi$을 제외한 실수(n은 정수)	실수 전체

◐ 삼각함수의 주기

삼각함수의 가장 중요한 성질 중의 하나인 삼각함수의 주기에 대하여 알아보자.

[정의 1.17: 주기함수와 주기] 실함수 f가 정의역에 속하는 모든 x에 대하여

$$f(x)=f(x+p) \qquad (*)$$

인 양의 실수 p가 존재하면 함수 f를 **주기함수**(periodic function)라고 한다. 식 $(*)$을 만족하는 가장 작은 양의 실수 p를 함수 f의 **주기**(period)라고 한다.

삼각함수는 주기를 갖는 대표적인 함수이다. **삼각함수의 주기**에 대하여 알아보자. 평면에서 원의 한 바퀴는 2π이므로 삼각함수은 다음과 같이 주기함수이다. 단, 주기함수임을 보여주는 것이고 주기가 반드시 2π이라는 것을 아니다.

$$\sin\alpha=\sin(\alpha+2\pi) \quad \cos\alpha=\cos(\alpha+2\pi) \quad \tan\alpha=\tan(\alpha+2\pi)$$
$$\csc\alpha=\csc(\alpha+2\pi) \quad \sec\alpha=\sec(\alpha+2\pi) \quad \cot\alpha=\cot(\alpha+2\pi)$$

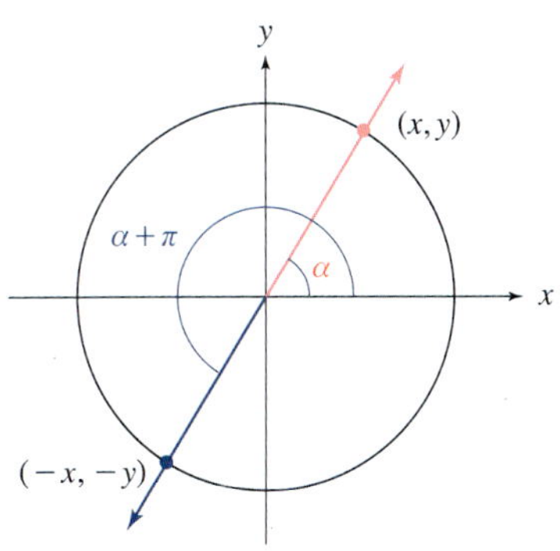

[그림 1.48]

[그림 1.48]에서 보면

$$\tan\alpha=\frac{y}{x}=\frac{-y}{-x}=\tan(\alpha+\pi),\ \cot\alpha=\frac{x}{y}=\frac{-x}{-y}=\cot(\alpha+\pi).$$

그러므로 $\tan\alpha$와 $\cot\alpha$는 주기가 2π가 아니고 π일 수 있음을 알 수 있다. 삼각함수의 주기를 정리하면 다음과 같다.

[정리 1.6: 삼각함수의 주기]

- 삼각함수 $\sin\alpha$, $\cos\alpha$, $\csc\alpha$, $\sec\alpha$는 주기가 2π인 주기함수이다.

$$\sin\alpha = \sin(\alpha + 2\pi) \qquad \cos\alpha = \cos(\alpha + 2\pi)$$
$$\csc\alpha = \csc(\alpha + 2\pi) \qquad \sec\alpha = \sec(\alpha + 2\pi)$$

- 삼각함수 $\tan\alpha$, $\cot\alpha$는 주기가 π인 주기함수이다.

$$\tan\alpha = \tan(\alpha + \pi) \qquad \cot\alpha = \cot(\alpha + \pi)$$

◐ 삼각함수의 그래프

삼각함수의 그래프를 그려보면 다음과 같다.

(1) $y = \sin x$의 그래프

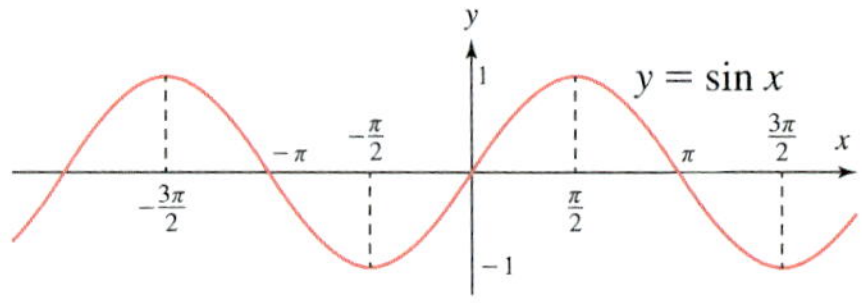

(2) $y = \cos x$의 그래프

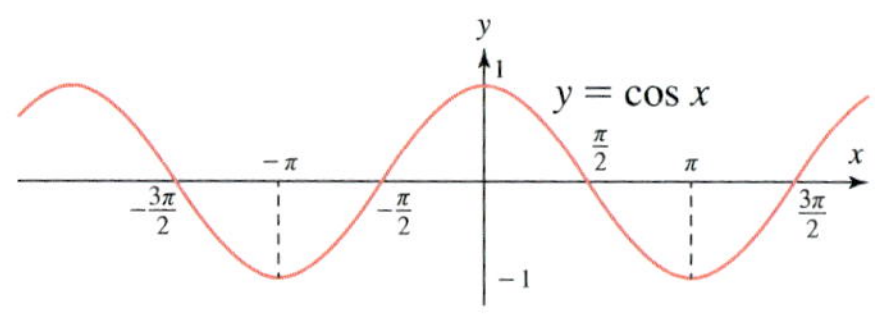

(3) $y = \tan x$의 그래프

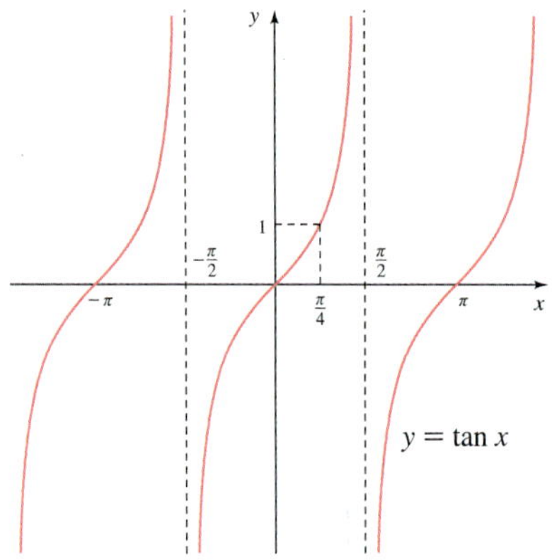

(4) $y = \cot x$의 그래프

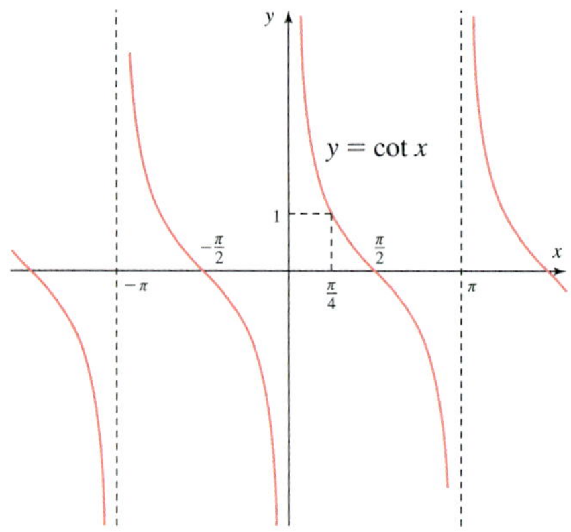

(5) $y = \csc x$의 그래프

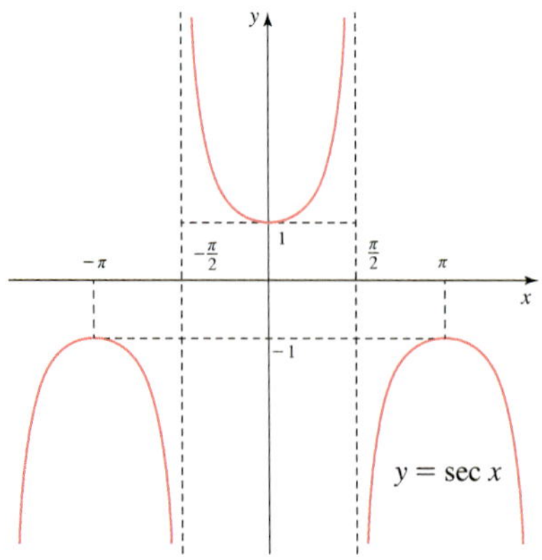

(6) $y = \sec x$의 그래프

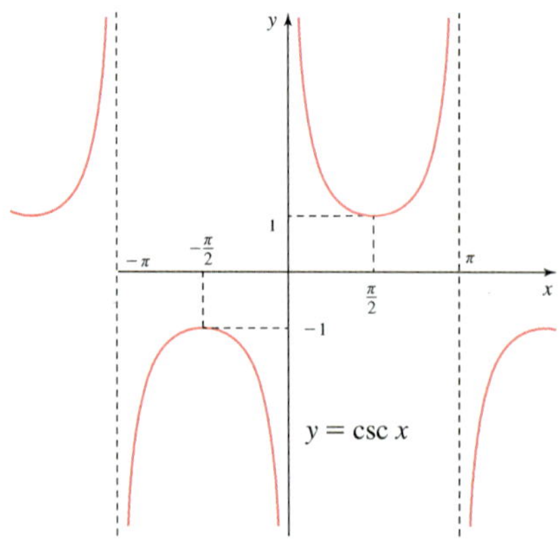

◐ 삼각함수의 성질

삼각함수의 각 α는 $0 \le \alpha \le \dfrac{\pi}{2}$에서의 특수각인 경우 삼각함수의 값이 쉽게 구해질 수 있기 때문에 다음은 유용하게 사용되는 삼각함수의 성질들이다.

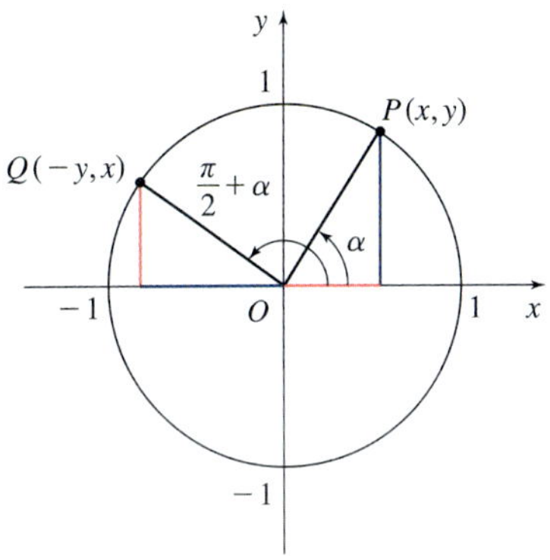

[그림 1.49](a)

[정리 1.7]

(1) $\sin\left(\alpha + \dfrac{\pi}{2}\right) = \cos\alpha \qquad \cos\left(\alpha + \dfrac{\pi}{2}\right) = -\sin\alpha$ ([그림 1.49](a) 참고)

(2) $\sin\left(\alpha - \dfrac{\pi}{2}\right) = -\cos\alpha \qquad \cos\left(\alpha - \dfrac{\pi}{2}\right) = \sin\alpha$

(3) $\sin(\alpha + \pi) = -\sin\alpha \qquad \cos(\alpha + \pi) = -\cos\alpha$ ([그림 1.49](b) 참고)

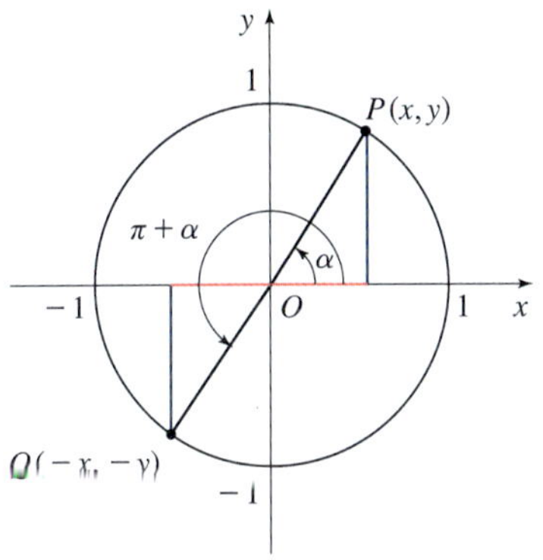

[그림 1.49](b)

[예제 1.20] 다음 삼각함수의 값을 구하여라. [연습문제 7~24]

(1) $\sin\dfrac{4\pi}{3}$ (2) $\cos\dfrac{3\pi}{4}$

[풀이] (1) $\sin\dfrac{4\pi}{3} = \sin\left(\pi + \dfrac{\pi}{3}\right) = -\sin\dfrac{\pi}{3} = -\dfrac{\sqrt{3}}{2}$

(2) $\cos\dfrac{3\pi}{4} = \cos\left(\dfrac{\pi}{2} + \dfrac{\pi}{4}\right) = -\sin\left(\dfrac{\pi}{4}\right) = -\dfrac{\sqrt{2}}{2}$ ■

가장 대표적인 항등식은

$$\cos^2\alpha + \sin^2\alpha = 1.$$

양변을 $\cos^2\alpha$를 나누면

$$1 + \tan^2\alpha = \sec^2\alpha.$$

다음은 삼각함수의 활용에 매우 유용한 대표적인 항등식이다.

[정리 1.8: 삼각함수의 항등식]

$$\cos^2\alpha + \sin^2\alpha = 1 \qquad 1 + \tan^2\alpha = \sec^2\alpha$$

항등식 $\cos^2\alpha + \sin^2\alpha = 1$은 피타고라스 정리와 같다. 피타고라스 정리는 $r^2 = a^2 + b^2$이다. 그리고 $\cos\alpha = \dfrac{a}{r}$이고 $\sin\alpha = \dfrac{b}{r}$이므로 $\cos^2\alpha + \sin^2\alpha = \left(\dfrac{a}{r}\right)^2 + \left(\dfrac{b}{r}\right)^2 = \dfrac{a^2 + b^2}{r^2} = 1$이다.

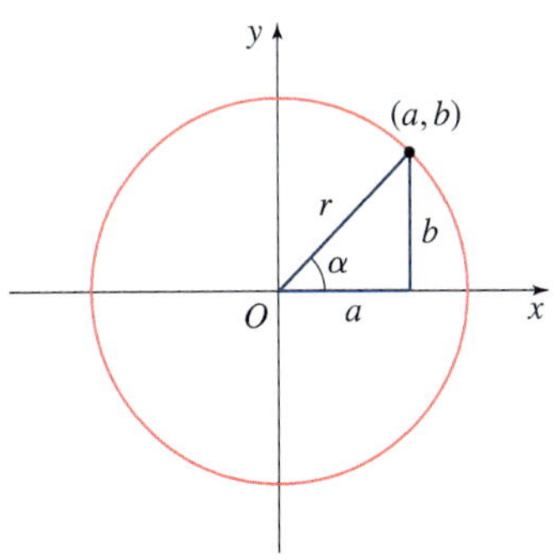

다음은 다양하게 활용되는 삼각함수의 공식들이다.

[정리 1.9: 삼각함수의 공식]

(1) 합의 공식

$\sin(A+B) = \sin A\cos B + \cos A\sin B$

$\sin(A-B) = \sin A\cos B - \cos A\sin B$

$\cos(A+B) = \cos A\cos B - \sin A\sin B$

$\cos(A-B) = \cos A\cos B + \sin A\sin B$

(2) 2배각의 공식

$\sin 2\alpha = 2\sin\alpha\cos\alpha$

$\cos 2\alpha = \cos^2\alpha - \sin^2\alpha = 2\cos^2\alpha - 1 = 1 - 2\sin^2\alpha$

(3) 반각의 공식

$\cos^2\alpha = \dfrac{1+\cos 2\alpha}{2} \qquad \sin^2\alpha = \dfrac{1-\cos 2\alpha}{2}$

(4) 곱을 합과 차로

$$\sin\alpha\cos\beta = \frac{1}{2}[\sin(\alpha+\beta)+\sin(\alpha-\beta)]$$

$$\cos\alpha\sin\beta = \frac{1}{2}[\sin(\alpha+\beta)-\sin(\alpha-\beta)]$$

$$\cos\alpha\cos\beta = \frac{1}{2}[\cos(\alpha+\beta)+\cos(\alpha-\beta)]$$

$$\sin\alpha\sin\beta = -\frac{1}{2}[\cos(\alpha+\beta)-\cos(\alpha-\beta)]$$

(5) 합과 차를 곱으로

$$\sin\alpha+\sin\beta = 2\sin\frac{\alpha+\beta}{2}\cos\frac{\alpha-\beta}{2}$$

$$\sin\alpha-\sin\beta = 2\cos\frac{\alpha+\beta}{2}\sin\frac{\alpha-\beta}{2}$$

$$\cos\alpha+\cos\beta = 2\cos\frac{\alpha+\beta}{2}\cos\frac{\alpha-\beta}{2}$$

$$\cos\alpha-\cos\beta = -2\sin\frac{\alpha+\beta}{2}\sin\frac{\alpha-\beta}{2}$$

다양한 삼각함수의 항등식과 공식 등을 이용하여 삼각함수의 값을 구해보자.

[예제 1.21] 다음을 구하여라. [연습문제 25~33]

(1) $\cos(\pi/12)$ (2) $\sin 75°$

(3) $\cos 15°\cos 75°$ (4) $\sin 15° + \sin 75°$

- 삼각함수의 공식의 [(4) 곱을 합과 차로]를 사용하는 경우 2개의 삼각함수의 곱에서 앞부분의 각도가 크도록 위치를 변경하면 각도가 음수가 나오지 않아서 편리하다.
  (예) $\cos 15°\sin 75° = \sin 75°\cos 15°$
- [(5) 합과 차를 곱으로]를 사용하는 경우 비슷하게 적용하면 편리하다.

[풀이]

(1) $\cos(\pi/12) = \cos\left(\dfrac{\pi}{3}-\dfrac{\pi}{4}\right)$

$= \cos\dfrac{\pi}{3}\cos\dfrac{\pi}{4}+\sin\dfrac{\pi}{3}\sin\dfrac{\pi}{4}$ [정리 1.9: 삼각함수의 공식] (1) 합의 공식

$= \dfrac{1}{2}\dfrac{\sqrt{2}}{2}+\dfrac{\sqrt{3}}{2}\dfrac{\sqrt{2}}{2}$

$= \dfrac{1}{4}(\sqrt{2}+\sqrt{6})$

(2) $\sin 75° = \sin(45°+30°)$

$= \sin 45°\cos 30° + \cos 45°\sin 30°$ [정리 1.9: 삼각함수의 공식] (1) 합의 공식

$$= \frac{\sqrt{2}}{2}\frac{\sqrt{3}}{2} + \frac{\sqrt{2}}{2}\frac{1}{2}$$

$$= \frac{1}{4}(\sqrt{6} + \sqrt{2})$$

(3) $\cos 15° \cos 75° = \cos 75° \cos 15°$

$$= \frac{1}{2}(\cos 90° + \cos 60°)$$ [정리 1.9: 삼각함수의 공식] (4) 곱을 합과 차로

$$= \frac{1}{2}\left(0 + \frac{1}{2}\right) = \frac{1}{4}.$$

(4) $\sin 15° + \sin 75° = \sin 75° + \sin 15°$

$$= 2\sin 45° \cos 30°$$ [정리 1.9: 삼각함수의 공식] (5) 합과 차를 곱으로

$$= 2\frac{\sqrt{2}}{2}\frac{\sqrt{3}}{2} = \frac{\sqrt{6}}{2}$$ ■

1.5.3 역삼각함수

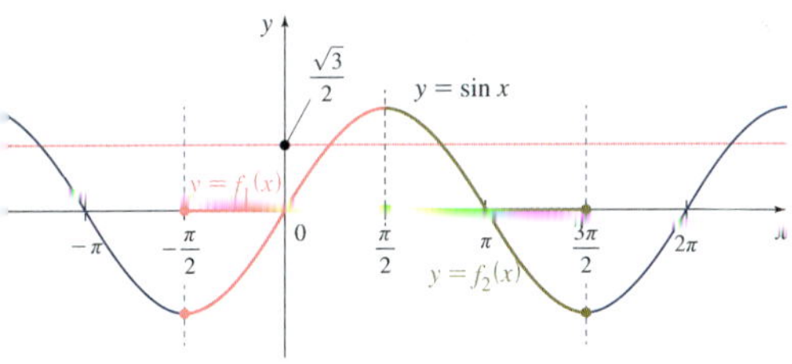

[그림 1.50]

주어진 함수에서 함수의 정의역에 따라 일대일일 수도 있고 아닐 수도 있다. 함수 $f(x) = \sin x$는 실수 전체에서 일대일이 아니다. ([그림 1.50] 참고)

정의역을 구간 $\left[-\frac{\pi}{2}, \frac{\pi}{2}\right]$으로 제한하여 정의한 함수 $f_1(x) = \sin x$는 일대일이고 함수 f_1의 치역은 구간 $[-1, 1]$이다. 그러므로 함수 $f_1(x) = \sin x$은 역함수 f_1^{-1}를 갖는다.

정의역을 구간 $\left[\frac{\pi}{2}, \frac{3\pi}{2}\right]$으로 제한하여 정의한 함수 $f_2(x) = \sin x$는 일대일이고 함수 f_2의 치역은 구간 $[-1, 1]$이다. 그러므로 함수 $f_2(x) = \sin x$은 역함수 f_2^{-1}를 갖는다.

역함수 f_1^{-1}와 f_2^{-1}의 정의에 의해서 $f_1^{-1}\left(\frac{\sqrt{3}}{2}\right)$과 $f_2^{-1}\left(\frac{\sqrt{3}}{2}\right)$을 구해보자.

$f_1^{-1}\left(\frac{\sqrt{3}}{2}\right) = a$를 놓고 다음에 의해서 구간 $\left[-\frac{\pi}{2}, \frac{\pi}{2}\right]$에서 a를 구하자.

$$f_1^{-1}\left(\frac{\sqrt{3}}{2}\right) = a \;\Leftrightarrow\; f_1(a) = \sin a = \frac{\sqrt{3}}{2}$$

구간 $\left[-\frac{\pi}{2}, \frac{\pi}{2}\right]$에서 구하면 $a = \frac{\pi}{3}$이다. 즉, $f_1^{-1}\left(\frac{\sqrt{3}}{2}\right) = \frac{\pi}{3}$이다.

$f_2^{-1}\left(\frac{\sqrt{3}}{2}\right) = b$를 놓고 다음에 의해서 구간 $\left[\frac{\pi}{2}, \frac{3\pi}{2}\right]$에서 a를 구하자.

$$f_2^{-1}\left(\frac{\sqrt{3}}{2}\right) = b \;\Leftrightarrow\; f_2(b) = \sin a = \frac{\sqrt{3}}{2}$$

구간 $\left[\frac{\pi}{2}, \frac{3\pi}{2}\right]$에서 구하면 $b = \frac{2\pi}{3}$이다. 즉, $f_2^{-1}\left(\frac{\sqrt{3}}{2}\right) = \frac{2\pi}{3}$이다.

그러므로 $f_1^{-1}\left(\frac{\sqrt{3}}{2}\right) \neq f_2^{-1}\left(\frac{\sqrt{3}}{2}\right)$이므로 f_1^{-1}와 f_2^{-1}는 같은 함수가 아니다.

삼각함수는 일대일이 아니므로 정의역을 제한하여 역함수를 정의해야 하는데 정의역의 제한에 따라 역함수가 달라진다. 그러므로 삼각함수의 역함수를 정의하는 경우 정의역의 제한에 매우 주의해야 한다. 삼각함수의 역함수를 **역삼각함수**(inverse trigonometric function)라고 한다. 역삼각함수는 미적분학에서 다루는 함수를 매우 풍부하게 만들어 준다.

◐ $y = \sin x$의 역함수

[주의] 미적분학에서는 f_2가 아니고 f_1의 역함수만을 $f_1^{-1} = \sin^{-1}$라고 기호를 사용한다.

[정의 1.18: 사인함수의 역함수]

① 구간 $\left[-\frac{\pi}{2}, \frac{\pi}{2}\right]$으로 제한하여 정의한 함수 $y = \sin x$는 일대일이고 치역은 $[-1, 1]$이다. ([그림 1.51] 참고)

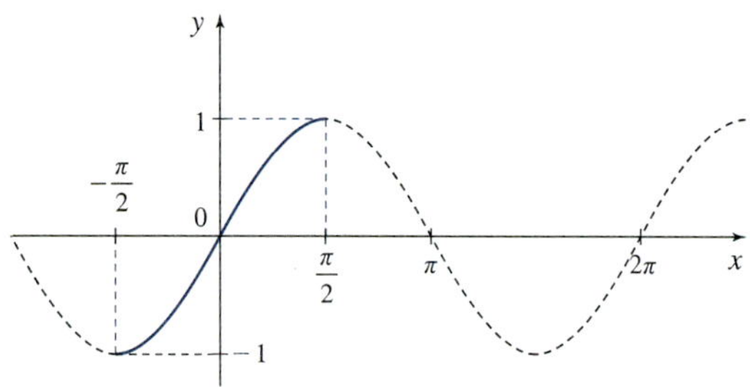

[그림 1.51]

② 함수 $y = \sin x$의 역함수 $y = \sin^{-1}x$가 구간 $[-1, 1]$에서 정의된다.

$$y = \sin^{-1}x \Leftrightarrow x = \sin y$$

③ 역함수 $y = \sin^{-1}x$의 치역은 구간 $\left[-\frac{\pi}{2}, \frac{\pi}{2}\right]$이다.

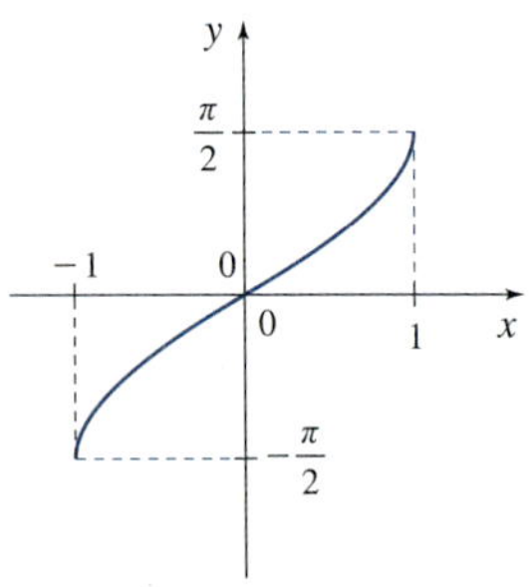

[그림 1.52]

[주의] $\sin^{-1}$의 치역이 $\left[-\frac{\pi}{2}, \frac{\pi}{2}\right]$이고, 다음 성질이다.
모든 실수 x에 대하여, $\sin^{-1}(\sin x) \neq x$.
예를 들어서 $\sin^{-1}\left(\sin\frac{5\pi}{6}\right) = \sin^{-1}\frac{1}{2} = \frac{\pi}{6}$.

역함수 $y = \sin^{-1}x$의 그래프는 [그림 1.52]이다. 함수 $y = \sin x, \left(-\frac{\pi}{2} \le x \le \frac{\pi}{2}\right)$의 그래프와 직선 $y = x$에 대칭이 되도록 그린다.

◐ $y = \cos x$의 역함수

[정의 1.19: 코사인함수의 역함수]

① 구간 $[0, \pi]$으로 제한하여 정의한 함수 $y = \cos x$는 일대일이고 치역은 $[-1, 1]$이다. ([그림 1.53] 참고)

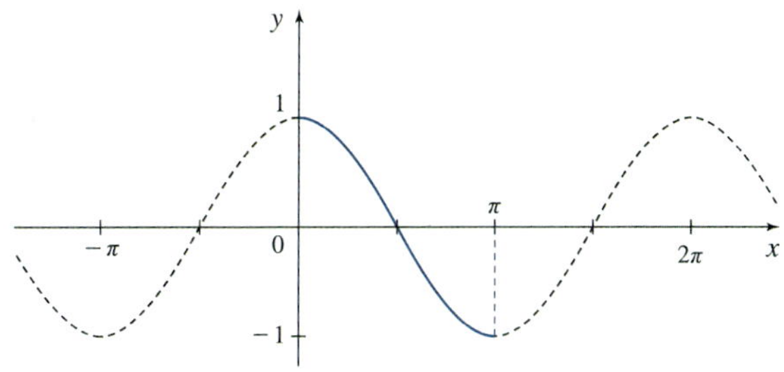

[그림 1.53]

② 함수 $y=\cos x$의 역함수 $y=\cos^{-1}x$가 구간 $[-1,1]$에서 정의된다.

$$y=\cos^{-1}x \Leftrightarrow x=\cos y$$

③ 역함수 $y=\cos^{-1}x$의 치역은 구간 $[0,\pi]$이다.

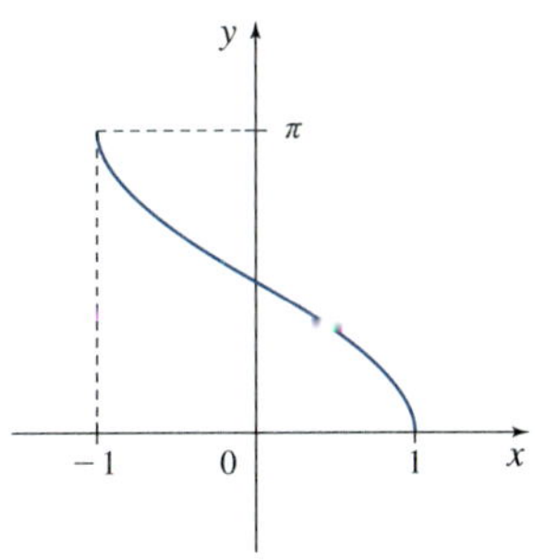

[그림 1.54]

[주의] 역함수 $\cos^{-1}$의 치역이 $[0,\pi]$이고, 다음 성질이다.
모든 실수 x에 대하여, $\cos^{-1}(\cos x)\neq x$.
예를 들어서 $\cos^{-1}\left(\cos\left(-\dfrac{\pi}{6}\right)\right)=\cos^{-1}\dfrac{\sqrt{3}}{2}=\dfrac{\pi}{6}$.

역함수 $y=\cos^{-1}x$의 그래프는 [그림 1.54]이다. 함수 $y=\cos x,(0\le x\le\pi)$의 그래프와 직선 $y=x$에 대칭이 되도록 그린다.
두 삼각함수 sin과 cos은 $\cos^2x+\sin^2x=1$이므로 각각의 역함수 $\sin^{-1}$과 $\cos^{-1}$도 관계가 있다. 즉, 함숫값 $\cos^{-1}x$를 $\sin^{-1}$의 함숫값으로 변환할 수 있고 앞으로 나올 미분과 적분에 관한 계산도 관계가 있다. 일반적으로 $\cos^{-1}$보다는 $\sin^{-1}$을 많이 사용한다.

[예제 1.22] 다음을 계산하여라. [연습문제 34~59]

(1) $\sin^{-1}\left(\dfrac{1}{\sqrt{2}}\right)$ (2) $\cos^{-1}\left(-\dfrac{1}{2}\right)$

(3) $\cos^{-1}\left(\cos\left(-\dfrac{\pi}{6}\right)\right)$ (4) $\cos\left(\cos^{-1}\dfrac{7}{10}\right)$

[풀이]

(1) $\sin^{-1}\left(\dfrac{1}{\sqrt{2}}\right)=x$라고 놓자. $\dfrac{1}{\sqrt{2}}=\sin x$. $y=\sin^{-1}x$의 치역은 구간 $\left[-\dfrac{\pi}{2},\dfrac{\pi}{2}\right]$이므로 $\sin^{-1}\left(\dfrac{1}{\sqrt{2}}\right)=x$인 $x=\dfrac{\pi}{4}$이다.

(2) $\cos^{-1}\left(-\dfrac{1}{2}\right)=x$라고 놓자. $-\dfrac{1}{2}=\cos x$. $y=\cos^{-1}x$의 치역은 구간 $[0,\pi]$이므로 $\cos^{-1}\left(-\dfrac{1}{2}\right)=x$인 $x=\dfrac{2\pi}{3}$이다.

[주의] 삼각함수의 역함수에서 다음과 같은 성질을 주의해서 살펴보자.

- $\sin^{-1}(\sin x)\neq x$이고 $\cos^{-1}(\cos x)\neq x$
- $\sin(\sin^{-1}x)=x$이고 $\cos(\cos^{-1}x)=x$

(3) $\cos^{-1}\left(\cos\left(-\frac{\pi}{6}\right)\right)=\cos^{-1}\left(\frac{\sqrt{3}}{2}\right)=a$를 구하자. $\frac{\sqrt{3}}{2}=\cos x$를 만족하는 x를 구간 $[0,\pi]$에서 구하면 $x=\frac{\pi}{6}$이다. 그러므로 $\cos^{-1}\left(\cos\left(-\frac{\pi}{6}\right)\right)=-\frac{\pi}{6}$.

(4) $\cos\left(\cos^{-1}\frac{7}{10}\right)=\frac{7}{10}$ ■

◐ $y=\tan x$의 역함수

이제 탄젠트 함수 $y=\tan x$의 역함수를 정의하자.

[정의 1.20: 탄젠트함수의 역함수]

① 구간 $\left(-\frac{\pi}{2},\frac{\pi}{2}\right)$으로 제한하여 정의한 함수 $y=\tan x$는 일대일이고 치역은 실수 전체이다. ([그림 1.55] 참고)

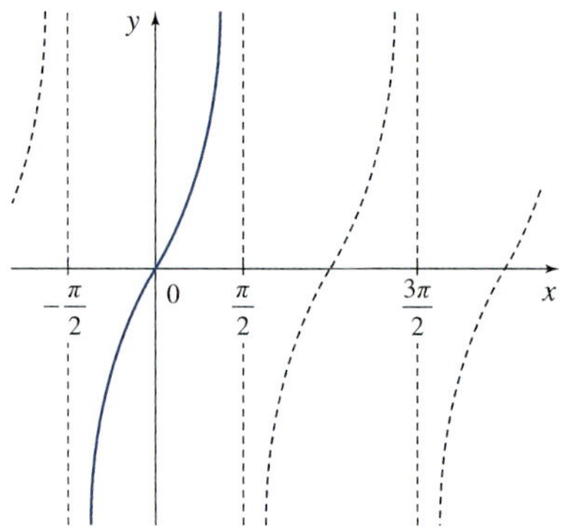

[그림 1.55]

② 함수 $y=\tan x$의 역함수 $y=\tan^{-1}x$가 실수 전체에서 정의된다.

$$y=\tan^{-1}x \Leftrightarrow x=\tan y.$$

③ 역함수 $y=\tan^{-1}x$의 치역은 구간 $\left(-\frac{\pi}{2},\frac{\pi}{2}\right)$이다.

[주의] $y=\tan^{-1}x$의 치역이 $\left(-\frac{\pi}{2},\frac{\pi}{2}\right)$이고, 다음 성질이다.
모든 실수 x에 대하여, $\tan^{-1}(\tan x)\neq x$.
예를 들어서 $\tan^{-1}\left(\tan\frac{5\pi}{6}\right)=\tan^{-1}\left(-\frac{1}{\sqrt{3}}\right)=-\frac{\pi}{6}$.

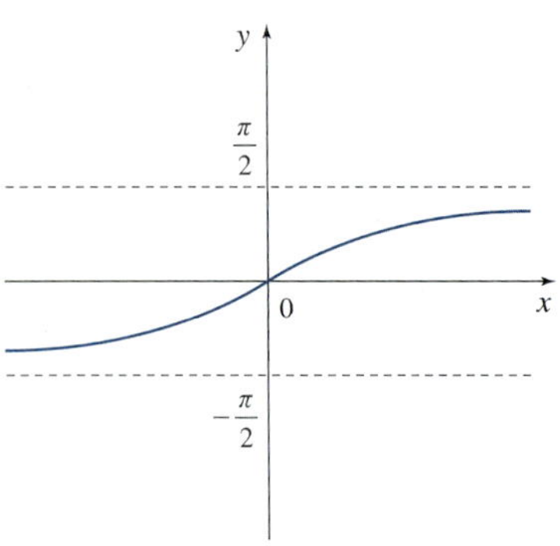

[그림 1.56]

역함수 $y=\tan^{-1}x$의 그래프는 [그림 1.56]이다. 함수 $y=\tan x$, $\left(-\frac{\pi}{2}<x<\frac{\pi}{2}\right)$의 그래프와 직선 $y=x$에 대칭이 되도록 그린다.

[주의] 함수 $y=\tan\alpha$의 역함수도 다음 성질을 갖는다.

$$\tan^{-1}(\tan x) \neq x$$
$$\tan(\tan^{-1}x) = x$$

[예제 1.23] 다음을 계산하여라. [연습문제 34~59]

(1) $\tan^{-1}(1)$　　(2) $\tan^{-1}\left(\tan\dfrac{2\pi}{3}\right)$　　(3) $\tan\left(\tan^{-1}(3)\right)$

[풀이]

(1) $\tan^{-1}(1)=a$라고 놓으면 $1=\tan a$이다. $y=\tan^{-1}x$의 치역은 구간 $\left(-\dfrac{\pi}{2}, \dfrac{\pi}{2}\right)$이므로 $\tan^{-1}(1)=a$를 만족하는 $a=\dfrac{\pi}{4}$이다.

(2) $\tan^{-1}\left(\tan\dfrac{2\pi}{3}\right)=\tan^{-1}(-\sqrt{3})=a$라고 놓으면 $\tan a=-\sqrt{3}$인 a를 구하자. $\tan^{-1}$의 치역은 구간 $\left(-\dfrac{\pi}{2}, \dfrac{\pi}{2}\right)$이므로 $\tan a=-\sqrt{3}$를 만족하는 $a=-\dfrac{\pi}{3}$이다. 그러므로 $\tan^{-1}\left(\tan\dfrac{2\pi}{3}\right)=-\dfrac{\pi}{3}$이다.

(3) $\tan\left(\tan^{-1}(3)\right)=3$ ■

◐ $y=\sec x$의 역함수

다음 세컨트 함수 $y=\sec x$의 역함수를 정의해 보자.

[정의 1.21: 세컨트함수의 역함수]

① 구간 $\left[0, \dfrac{\pi}{2}\right)$와 $\left(\dfrac{\pi}{2}, \pi\right]$으로 제한하여 정의한 함수 $y=\sec x$는 일대일이고 치역은 구간 $(-\infty, -1]$과 $[1, \infty)$이다. ([그림 1.57] 참고)

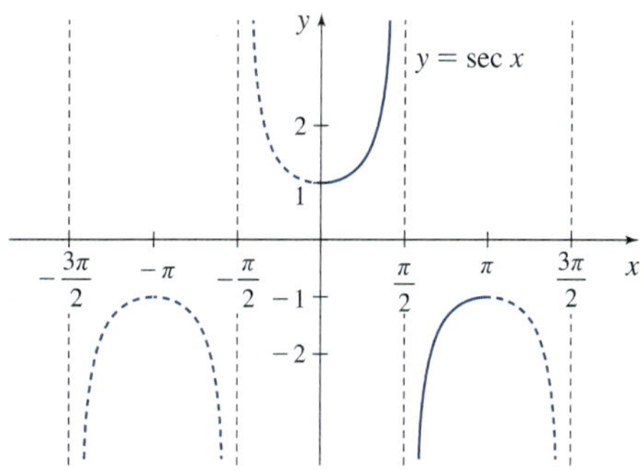

[그림 1.57]

② 함수 $y=\sec x$의 역함수 $y=\sec^{-1}x$가 구간 $(-\infty, -1]$과 $[1, \infty)$에서 존재한다.

$$y=\sec^{-1}x \Leftrightarrow x=\sec y$$

③ 역함수 $y=\sec^{-1}x$의 치역은 구간 $\left[0, \dfrac{\pi}{2}\right)$와 $\left(\dfrac{\pi}{2}, \pi\right]$이다.

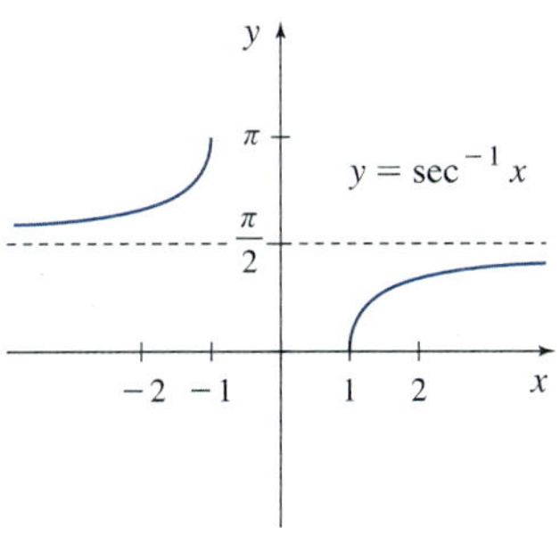

[그림 1.58]

역함수 $y=\sec^{-1}x$의 그래프는 [그림 1.58]이다. 함수 $y=\sec x$, $\left(0\le x<\dfrac{\pi}{2}\right.$이고 $\left.\dfrac{\pi}{2}<x\le\pi\right)$의 그래프와 직선 $y=x$에 대칭이 되도록 그린다.

함수 $y=\sec x$와 역함수 $y=\sec^{-1}x$는 적분 등에서 자주 사용되는 함수이다. 그런데 정의역과 치역이 분리된 구간이므로 조심스럽게 계산이 되어야 한다.

[예제 1.24] 다음을 계산하여라. [연습문제 34~59]

(1) $\sec^{-1}(2)$ (2) $\sec^{-1}(-\sqrt{2})$

[풀이]

(1) $\sec^{-1}(2)=x$라고 놓으면 $2=\sec x$이고 $\cos x=\dfrac{1}{2}$이다. $y=\sec^{-1}x$의 치역은 구간 $\left[0,\dfrac{\pi}{2}\right)$와 $\left(\dfrac{\pi}{2},\pi\right]$이므로 $\cos x=\dfrac{1}{2}$를 만족하는 $x=\dfrac{\pi}{3}$이다.
그러므로 $\sec^{-1}(2)=\dfrac{\pi}{3}$이다.

(2) $\sec^{-1}(-\sqrt{2})=x$라고 놓으면 $-\sqrt{2}=\sec x$이고 $\cos x=-\dfrac{1}{\sqrt{2}}$이다. $y=\sec^{-1}x$의 치역은 구간 $\left[0,\dfrac{\pi}{2}\right)$와 $\left(\dfrac{\pi}{2},\pi\right]$이므로 $\cos x=-\dfrac{1}{\sqrt{2}}$를 만족하는 $x=-\dfrac{\pi}{4}$이다. 그러므로 $\sec^{-1}(-\sqrt{2})=-\dfrac{1}{\sqrt{2}}$이다. ■

연습문제

• Part 1

[1-6] 다음 60분법의 각을 호도법의 각으로, 호도법의 각을 60분법의 각으로 표현하여라. [보기 1.1]

1. $15°$
2. $\dfrac{5\pi}{4}$
3. $135°$
4. $-\dfrac{5\pi}{3}$
5. $-210°$
6. 1

[7-24] 다음 일반각에 대한 삼각함수의 값을 구하여라. [예제 1.19~1.20]

7. $\sin\left(\dfrac{7\pi}{3}\right)$
8. $\cos\left(-\dfrac{7\pi}{3}\right)$
9. $\tan\left(\dfrac{13\pi}{6}\right)$
10. $\csc\left(-\dfrac{9\pi}{2}\right)$
11. $\sec\left(\dfrac{19\pi}{4}\right)$
12. $\cot\left(-\dfrac{21\pi}{4}\right)$
13. $\sin\left(\dfrac{19\pi}{6}\right)$
14. $\cos(-20\pi)$
15. $\tan(-6\pi)$
16. $\csc\left(\dfrac{13\pi}{4}\right)$
17. $\sec\left(\dfrac{23\pi}{6}\right)$
18. $\cot\left(-\dfrac{11\pi}{4}\right)$
19. $\sin\left(3\pi+\dfrac{\pi}{4}\right)$
20. $\cos\left(4\pi-\dfrac{\pi}{3}\right)$
21. $\tan\left(4\pi+\dfrac{3\pi}{4}\right)$
22. $\csc\left(2\pi+\dfrac{\pi}{6}\right)$
23. $\sec\left(-6\pi+\dfrac{\pi}{3}\right)$
24. $\cot\left(11\pi+\dfrac{\pi}{4}\right)$

[25-33] 다음을 구하여라. [예제 1.21]

25. $\sin\left(\frac{\pi}{12}\right)$

26. $\tan\left(\frac{\pi}{12}\right)$

27. $\sin^2\left(\frac{\pi}{8}\right)$

28. $\sin 15°\sin 75°$

29. $\sin 15°\cos 75°$

30. $\sin 15° - \sin 75°$

31. $\cos^2\left(\frac{\pi}{8}\right)$

32. $\cos 75° + \cos 15°$

33. $\cos 75°$

[34-59] 다음을 계산하여라. [예제 1.22~1.24]

34. $\sin^{-1}\left(\frac{\sqrt{3}}{2}\right)$

35. $\cos^{-1}\left(-\frac{\sqrt{3}}{2}\right)$

36. $\cos^{-1}\left(\cos\left(-\frac{\pi}{3}\right)\right)$

37. $\sin^{-1}\left(\sin\left(\frac{5\pi}{4}\right)\right)$

38. $\sin\left(\sin^{-1}\left(\frac{3}{5}\right)\right)$

39. $\cos\left(\cos^{-1}\left(\frac{4}{7}\right)\right)$

40. $\sin^{-1}\left(-\frac{1}{2}\right)$

41. $\cos^{-1}\left(\frac{1}{2}\right)$

42. $\sin^{-1}\left(-\frac{1}{2}\right)$

43. $\sin^{-1}\left(\sin\left(\frac{2\pi}{7}\right)\right)$

44. $\sin\left(\sin^{-1}\left(-\frac{2}{11}\right)\right)$

45. $\cos\left(\cos^{-1}\left(\frac{1}{3}\right)\right)$

46. $\cos^{-1}\left(\cos\left(\frac{3\pi}{8}\right)\right)$

47. $\cos^{-1}\left(\cos\left(\frac{5\pi}{4}\right)\right)$

48. $\tan^{-1}(\sqrt{3})$

49. $\tan^{-1}\left(\tan\left(\frac{3\pi}{4}\right)\right)$

50. $\tan(\tan^{-1}(-2))$

51. $\tan^{-1}\left(-\frac{\sqrt{3}}{3}\right)$

52. $\tan^{-1}\left(\tan\left(\frac{\pi}{8}\right)\right)$

53. $\tan\left(\tan^{-1}\left(\frac{1}{3}\right)\right)$

54. $\sec^{-1}(1)$

55. $\sec^{-1}(\sqrt{2})$

56. $\csc^{-1}(2)$

57. $\csc^{-1}\left(-\frac{2\sqrt{3}}{3}\right)$

58. $\cot^{-1}(\sqrt{3})$

59. $\cot^{-1}\left(-\frac{\sqrt{3}}{3}\right)$

• Part 2

[60-63] 다음을 계산하여라.

60. $\sin\frac{5\pi}{6} + \cos\left(-\frac{4\pi}{3}\right) + \tan\left(\frac{7\pi}{4}\right)$

61. $\csc\left(\frac{7\pi}{3}\right) + \sec\left(-\frac{7\pi}{6}\right) - 3\cot\left(\frac{9\pi}{4}\right)$

62. $3\sin\left(\frac{13\pi}{6}\right) - 2\sec\left(-\frac{11\pi}{4}\right) + \cot\left(\frac{5\pi}{4}\right)$

63. $\tan 75° - \tan 15°$

64. $\tan(\alpha+\beta) = \frac{\tan\alpha + \tan\beta}{1 - \tan\alpha\tan\beta}$ 를 증명하여라.

65. 두 직선 $y = 2x + 1$과 $y = 3x - 1$이 이루는 예각의 크기를 θ라 할 때, $\tan\theta$를 구하여라.

[66-71] 다음을 계산하여라.

66. $\sin\left(\cos^{-1}\left(\frac{1}{2}\right)\right)$

67. $\cos\left(\sin^{-1}\left(\frac{\sqrt{3}}{2}\right)\right)$

68. $\cos(\tan^{-1}x)$

69. $\tan(\sin^{-1}x)$ (단, $-1 < x < 1$)

70. $\sin\left\{2\cos^{-1}\left(\frac{2}{3}\right)\right\}$

71. $\cos(2\tan^{-1}x)$

CHAPTER 2

극한과 연속

극한은 미적분학의 핵심 개념이다. 미적분학은 주요 내용이 미분과 적분이지만 함수의 미분과 적분, 더 기본적으로 연속성은 극한을 사용한 정의이다. 그러므로 미적분학의 가장 기본 개념은 극한이다.

극한의 개념은 근대에 와서 생긴 개념은 아니다. 원의 둘레와 넓이를 구하려는 시도부터 극한의 개념이 생겨났다. 원을 작은 부채꼴 모양으로 무한히 작게 자르고 재배열하여 사각형으로 근사하는 과정은 극한의 대표적인 예이다.

극한에 대한 고민을 가져온 역사적 사건으로 가장 대표적인 예는 '제논의 역설'이다. 대표적인 화살표 역설을 소개한다. 날아가는 화살은 순간순간 정지해 있다. 따라서 정지된 화살은 아무리 모아도 화살은 날아가지 않는다는 주장이다. 이 역설에 의하면 운동은 존재하지 않는다. 이것은 시간과 공간이 연속이 아닌 불연속이라는 가정에서 생겨난 역설이다. 시간과 공간을 작게 분할하면 더 이상 분해되지 않는 작은 단위들로 시간과 공간이 이루어졌다는 가정을 하고 있다.

기하학적인 정의에서 직선과 평면과 공간은 점들로 이루어졌다. 그러므로 직선의 분할을 계속하면 점이 된다고 오해를 할 수 있다. 그러나 물리적인 직선이나 평면의 분해로는 점이 되지 않고 단순히 많은 점을 모으면 직선이 되는 것은 아니다. 직선은 구멍이 없고 연속성을 갖는다. 기하학적으로 연결되어 있다. 우리의 현실에 있는 연결된 끈이 직선의 연속성의 모형이다.

미적분학은 실수가 가장 기본이다. 실수의 연속성이 극한의 정의의 기본이다. 일반적으로 미적분학에서 수라고 하면 실수(real number)를 의미한다. 이 실수의 엄밀한 정의는 오랜 역사와 사건을 갖는다. 아르키메데스조차 원의 둘레 넓이를 직접 쓰지 않는다. 즉 π를 수가 아니고 그냥 원의 넓이에 해당하는 크기라고만 생각했다. 오랫동안 수학자들은 수(number)와 크기(length 또는 area)를 같은 것으로 보지 않았고 그에 따른 많은 모순적인 사건들이 생겨났다. 그리고 직선을 모델로 하는 연속성을 갖는 실수를 완성하였다. 연속성을 갖는 실수 위에서 함수는 극한을 다룰 수 있게 되었다.

2.1 함수의 극한

2.1.1 함수의 극한

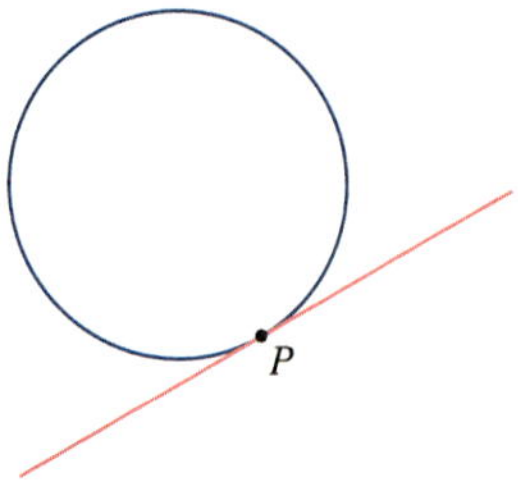

[그림 2.1](a) 접선 문제

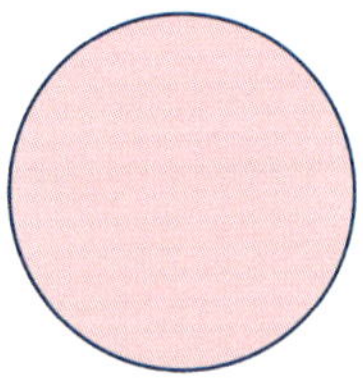
[그림 2.1](b) 면적 문제

미적분학(calculus)은 극한을 다루는 분야이다. 미분과 적분은 극한의 응용 분야이다. 그러므로 미적분학에서 극한의 개념을 알고 극한을 구하는 것은 매우 중요하다. 그러면 극한이 어떻게 생겨났고 왜 필요한지 알아보자. 극한의 개념을 시작하는 가장 중요한 예로 **접선 문제**와 **면적 문제**가 있다. ([그림 2.1](a), (b) 참고) 이 문제는 각각 미분과 적분에 해당한다.

접선(tangent)은 어원을 살펴보면 **접촉**(touching)이라는 의미를 갖는다. 두 곡선이 접하는 것은 단 한 점에서 만나고 만나는 점에서 곡선을 그리는 방향이 평행해야 한다는 것을 잠정적으로 의미한다. 즉, 접선이란 곡선 위의 점에서 곡선이 그려지는 방향을 가리키는 직선으로 직선의 극한으로 정의된 직선이다.

함수 $f(x)=x^2$의 그래프 위의 점 $(1,1)$에서 접선을 그려보자. 함수 $f(x)=x^2$의 그래프 위에 점 $(1,1)$과 다른 점 (x,x^2)을 잡아서 두 점을 이은 직선을 그린다. ([그림 2.2](a) 참고) x가 1에 점점 가까이 다가가면 두 점을 이은 직선은 붉은색 직선으로 다가간다. ([그림 2.2](b) 참고)

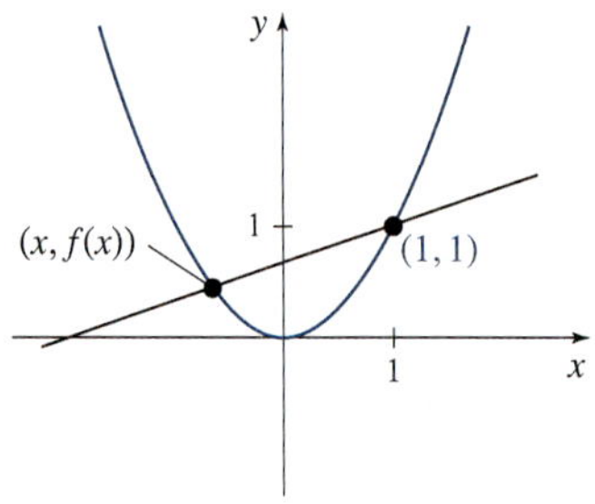

[그림 2.2](a)

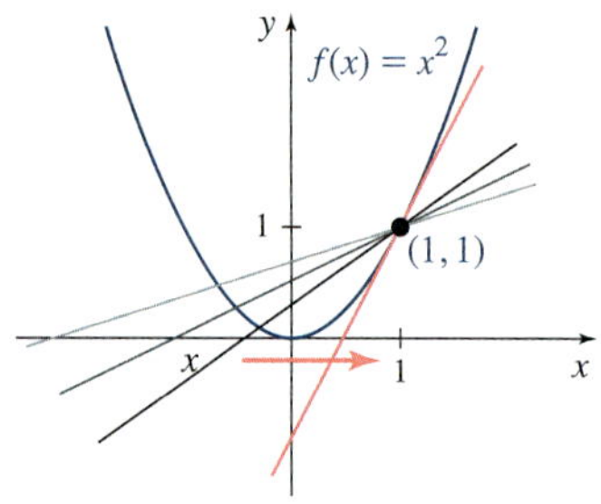

[그림 2.2](b)

극한의 근대적 기원은 접선의 존재 그리고 변화율에서 유래한다.

x가 1에 점점 가까이 다가가면 결국 할선들이 도달하는 목표의 직선인 [그림 2.1](b)의 붉은색 직선을 직선의 극한이라고 한다. 이러한 극한인 직선이 접선이 된다. 즉, 접선이 존재하는 의미를 직선의 극한의 존재로 정의한다.

x가 1에 가까이 다가가면 두 점 (x,x^2)와 $(1,1)$를 잇는 직선의 극한인 접선이 존재한다.

x가 1에 가까이 다가가면 두 점 (x,x^2)과 $(1,1)$을 잇는 직선의 기울기 $\dfrac{x^2-1}{x-1}$은 직선의 극한인 접선의 기울기인 실수 L로 다가간다.

$x=1$ 에서 함수 $f(x)=\dfrac{x^2-1}{x-1}$ 의 극한이 실수 L이다.

[주의] 다음 두 함수 $f(x)=\dfrac{x^2-1}{x-1}$ 과 $g(x)=x+1$은 다른 함수이다. 왜냐하면 f의 정의역 $D(f)$는 $x\neq 1$인 모든 실수이고 g의 정의역 $D(g)$는 모든 실수이기 때문이다.

구체적으로 $x=1$ 에서 함수 $f(x)=\dfrac{x^2-1}{x-1}$ 의 극한인 실수 L을 구해보자.
함수 $f(x)=\dfrac{x^2-1}{x-1}$ 의 정의역은 $x\neq 1$ 인 실수이다. 즉, $x=1$ 에서 정의되지 않았다.

$$x\neq 1 \text{ 인 실수 } x \text{에 대하여, } f(x)=\frac{(x+1)(x-1)}{x-1}=x+1.$$

함수 f의 그래프는 직선 $y=x+1$에 점 $(1,2)$을 없앤 직선이다. ([그림 2.3] 참고)
그러므로 「x가 1로 다가가는 함수 $f(x)=\dfrac{x^2-1}{x-1}$ 의 움직임」은
「$x\neq 1$ 이면서 x가 1로 다가가는 함수 $f(x)=\dfrac{x^2-1}{x-1}$ 의 움직임」을 본다.
$x\neq 1$ 이고 x가 1로 가까이 다가갈 때 함숫값 $f(x)$이 어떻게 변하는지 알아보자.
함수의 극한을 다루는 방법은 표를 사용한 방법과 그래프를 사용한 방법이 있다.

[표 2.1]

x	$f(x)=\dfrac{x^2-1}{x-1}$
0.9	1.9
0.99	1.99
0.999	1.999
0.999999	1.999999
1	?
1.000001	2.000001
1.001	2.001
1.01	2.01
1.1	2.1

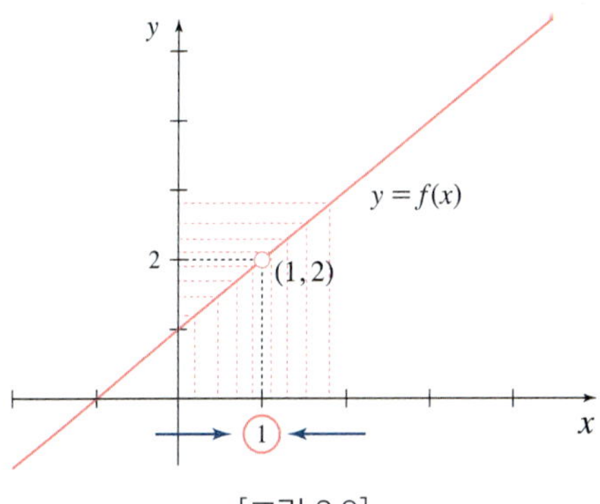

[그림 2.3]

[표 2.1]은 x가 1에 가까이 있는 여러 점에서의 함숫값 $f(x)$을 나타낸 것이다.
[그림 2.3]은 [표 2.1]에서의 점 $(x, f(x))$을 함수 f의 그래프 위에 그린 것이다.
[표 2.1]과 [그림 2.3]을 보면 다음을 알 수 있다.

「$x\neq 1$ 이고 x가 1로 다가가면 함숫값 $f(x)$가 2로 가까이 간다.」

수학적인 용어로 표현하면

「$x=1$ 에서 함수 f의 극한이 2이다.」

수학적 기호로 다음과 같이 쓴다.

$$\lim_{x \to 1} f(x) = \lim_{x \to 1} \frac{x^2 - 1}{x - 1} = 2$$

이제 함수 f의 극한에 대한 정의를 다음과 같이 정리해 보자.

◐ 함수의 극한의 의미

[정의 2.1: 함수의 극한]는 극한에 대한 엄밀한 정의는 아니고 개념적인 정의이다.

* 실수에서 a의 근처 또는 근방은 a를 중심으로 하는 열린 구간 $(a-r, a+r)$을 의미한다.

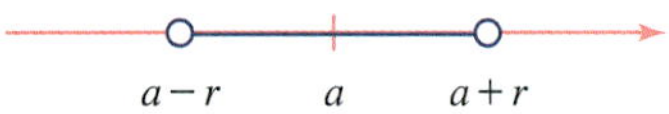

[정의 2.1: 함수의 극한] 실함수 f가 a를 제외한 a 근처*에서 정의되었다고 하자. $x \neq a$이고 x가 a로 충분히 가까이 다가갈 때 함숫값 $f(x)$가 실수 L에 다가간다면 x가 a에 다가갈 때 함수 f는 실수 L에 **수렴한다**고 한다.
이때, 실수 L을 $x=a$에서 **함수 f의 극한(limit)**이라고 하고 기호로 다음과 같이 쓴다.

$$\lim_{x \to a} f(x) = L$$

- 극한 「$\lim_{x \to a} f(x) = L$」에 대한 다음과 같은 다른 표현이 자주 사용된다.

$$x \to a \text{일 때 } f(x) \to L$$

- $x=a$에서 함수 f의 극한이 존재하지 않는 경우 x가 a에 다가갈 때 함수 f는 **수렴하지 않는다** 또는 **발산한다**라고 한다.

[정의 2.1: 함수의 극한]에서 세 가지 중요한 사항을 살펴보자.

[주의] 극한 $\lim_{x \to a}$의 의미는 다음 2가지 의미임을 주의한다.
① x가 a로 다가간다.
② $x \neq a$

(1) a를 제외한 a 근처에 있는 x의 움직임에 따라 극한 $\lim_{x \to a} f(x)$이 정해진다.
(2) 극한 $\lim_{x \to a} f(x) = L$은 실수이어야 한다.
(3) 극한 $\lim_{x \to a} f(x) = L$은 단 하나의 실수이어야 한다.

(1) **「a를 제외한 a 근처에 있는 x의 움직임에 따라서 극한 $\lim_{x \to a} f(x)$이 정해진다.」**에 대하여 자세하게 알아보자.
- 함수의 극한의 정의에서 x가 a로 다가갈 때 $x \neq a$이다.
- 극한 $\lim_{x \to a} f(x)$는 a를 제외하고 a근처에서 함숫값 $f(x)$에 따라 정해진다.
- 극한 $\lim_{x \to a} f(x)$는 $x=a$에서의 함숫값 $f(a)$와 관계가 없다.

[그림 2.4](a), (b), (c)의 세 가지 경우를 보면
① 세 가지 경우에서 a를 제외한 a 근처에서 함숫값의 변화는 모두 같고
② [그림 2.4](b)는 a에서 함숫값 $f(a)$가 떨어져서 정의되어 있고

③ [그림 2.4](c)는 함숫값 $f(a)$가 정의가 되어있지 않다.

극한을 판정하는 방법으로 그래프를 살펴보면 [그림 2.4](a), (b), (c) 모두 x가 a로 다가가면 $f(x)$가 L로 수렴한다. 즉, $\lim_{x \to a} f(x) = L$.

[그림 2.4](a), (b), (c)에서 보면 $x = a$에서의 함숫값 $f(a)$의 존재나 위치에 상관없이 a의 근처에서의 함수의 움직임에 의해 극한 $\lim_{x \to a} f(x)$가 구해지는 것을 알 수 있다.

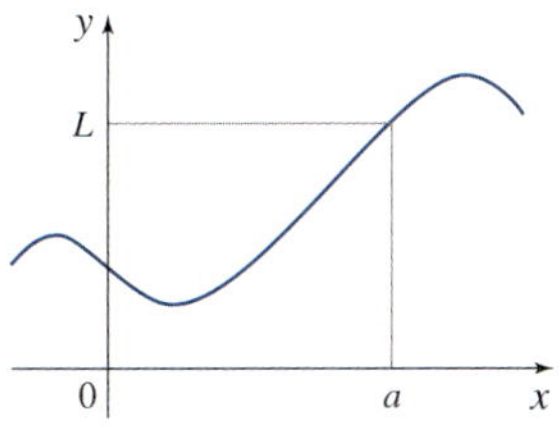

[그림 2.4](a)
$f(a) = L$이고
$\lim_{x \to a} f(x) = L$

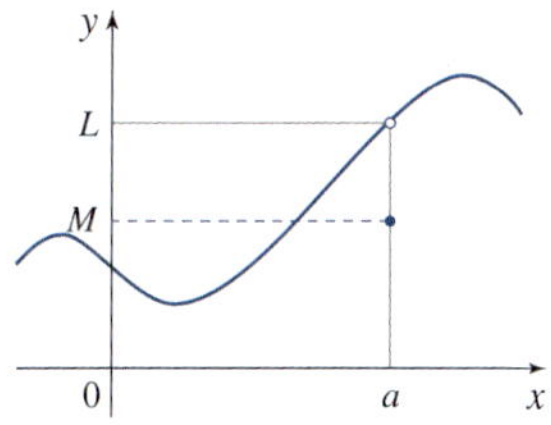

[그림 2.4](b)
$f(a) = M$이고
$\lim_{x \to a} f(x) = L$

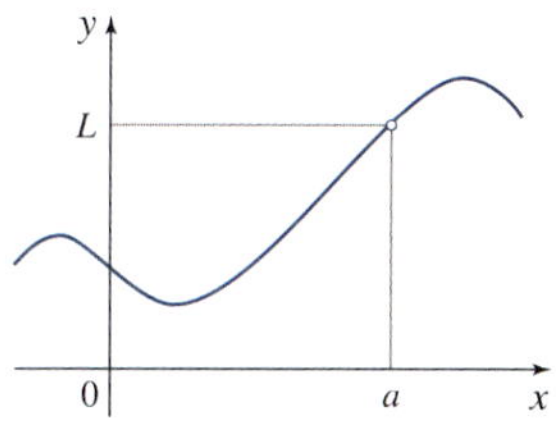

[그림 2.4](c)
$f(a)$가 정의되지 않고
$\lim_{x \to a} f(x) = L$

[예제 2.1] 다음 세 개 함수의 그래프를 보고 극한 $\lim_{x \to a} f(x)$, $\lim_{x \to a} g(x)$, $\lim_{x \to a} h(x)$를 구하여라. [연습문제 1~8, 9~12]

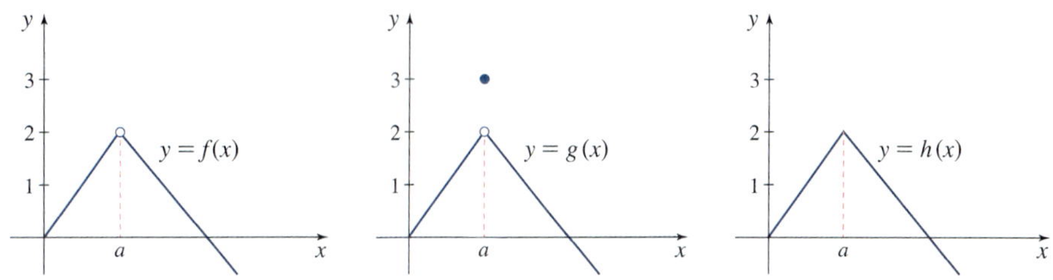

[풀이] 각 함수의 그래프에서 $x \neq a$이고 x의 근처에서 함숫값 $f(x)$의 변화를 살펴보면

$$\lim_{x \to a} f(x) = 2 \text{이고 } \lim_{x \to a} g(x) = 2 \text{이고 } \lim_{x \to 2} h(x) = 2.$$

함숫값 $f(a)$에 상관없이 a 근처에서 함수의 그래프에 의해 극한을 구할 수 있다. ■

극한 $\lim_{x \to a} f(x)$를 구하는 가장 기초적인 방법은 a의 근처에서 함수 f의 그래프를 그리고 함숫값 $f(x)$의 움직임을 보고 극한 $\lim_{x \to a} f(x)$을 구하는 것이다.

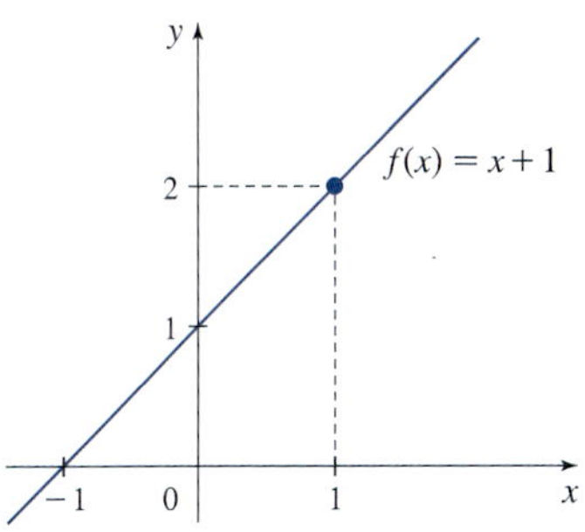

[그림 2.5] $f(x) = x + 1$의 그래프

[예제 2.2] 함수 $f(x) = x + 1$의 그래프를 그리고 극한 $\lim_{x \to 1} f(x)$를 존재하는지를 구하여라.

[풀이] 함수 $f(x) = x + 1$의 그래프는 [그림 2.5]이다.
[그림 2.5]의 그래프에서 $x = 1$ 근처의 함수 f의 움직임을 살펴보면
$\lim_{x \to 1} f(x) = \lim_{x \to 1}(x + 1) = 2.$ ■

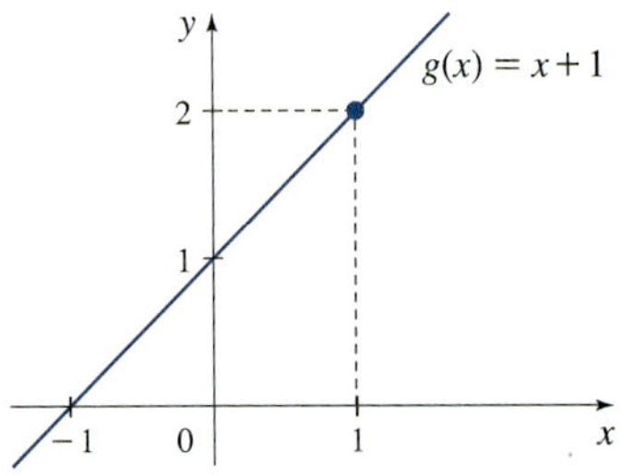

[그림 2.6](a) $g(x)=x+1$의 그래프

함수 $f(x)=\dfrac{x^2-1}{x-1}$에 대하여 극한 $\lim_{x\to1} f(x)$를 존재하는지를 알아보자. [그림 2.6](a)에서 $g(x)=x+1$의 그래프와 [그림 2.6](b)에서 $f(x)=\dfrac{x^2-1}{x-1}$의 그래프를 볼 수 있다. 다항함수 g의 정의역 $D(g)$은 실수 전체이고 유리함수 f의 정의역 $D(f)$는 1을 제외한 모든 실수이다. 즉, $D(f)\neq D(g)$. 그러므로 f와 g는 같은 함수가 아니다. 즉,

$$f(x)=\frac{x^2-1}{x-1}\neq x+1=g(x)$$

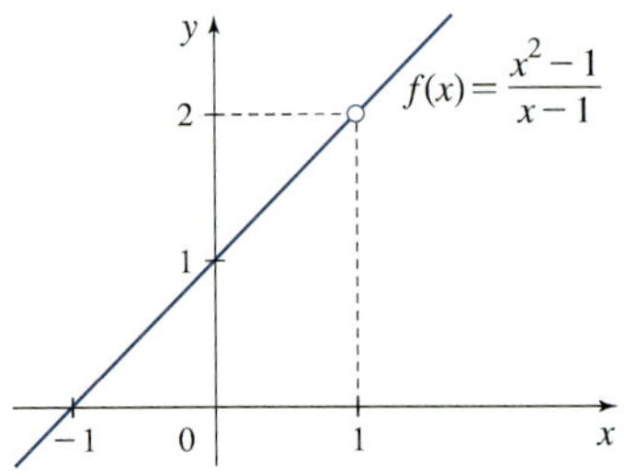

[그림 2.6](b) $f(x)=\dfrac{x^2-1}{x-1}$의 그래프

극한 $\lim_{x\to1}\dfrac{x^2-1}{x-1}$을 구하는 경우 $x\neq1$인 가정 때문에 다음과 같이 쓸 수 있다.

$$\lim_{x\to1}\frac{x^2-1}{x-1}=\lim_{x\to1}\frac{(x+1)\cancel{(x-1)}}{\cancel{x-1}}=\lim_{x\to1}(x+1)$$

그러므로 [그림 2.6](a)와 (b)에서 보면 $\lim_{x\to1}\dfrac{x^2-1}{x-1}=\lim_{x\to1}(x+1)=2$.

(2) 「$\lim_{x\to a} f(x)=L$이 실수이어야 한다.」는 극한이 실수로 정해져야 함을 의미한다. 극한이 실수가 아니면 수렴하지 않는다 또는 발산한다고 한다.

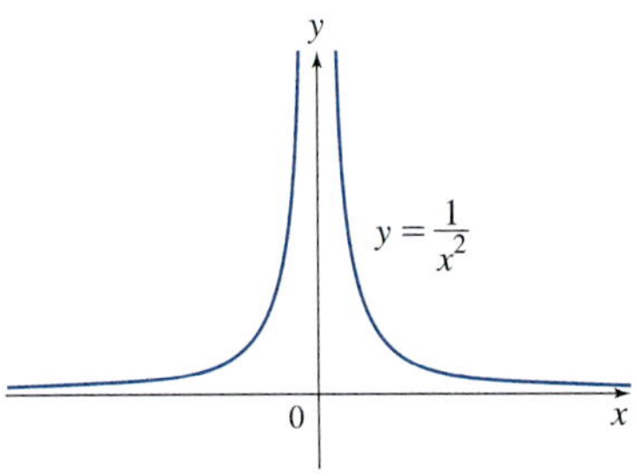

[그림 2.7] $y=\dfrac{1}{x^2}$의 그래프

예를 들어 함수 $f(x)=\dfrac{1}{x^2}$에 대해 극한 $\lim_{x\to0} f(x)$이 존재하는지를 알아보자. [그림 2.7]은 함수 $f(x)=\dfrac{1}{x^2}$의 그래프를 나타내고 있다. [그림 2.7]에서 보면 x가 0으로 다가가면 $f(x)=\dfrac{1}{x^2}$은 무한히 커지고 있다. 극한 $\lim_{x\to0} f(x)$를 실수로 나타낼 수 없기 때문에 $\lim_{x\to0}\dfrac{1}{x^2}$은 존재하지 않는다. 이때, 극한 $\lim_{x\to0}\dfrac{1}{x^2}$가 무한히 커지는 경우 다음과 같이 정의한다.

「x가 a으로 다가갈 때 $f(x)=\dfrac{1}{x^2}$은 무한대로 발산한다.」

[주의] ∞ 또는 $-\infty$는 실수가 아니고 기호이다. 그러므로 $\lim_{x\to0}\dfrac{1}{x^2}=\infty$는 극한 $\lim_{x\to0}\dfrac{1}{x^2}$이 발산하는 경우이다.

기호로는 다음과 같이 쓴다.

$$\lim_{x\to0}\frac{1}{x^2}=\infty$$

(3) 「$\lim_{x\to a} f(x)=L$은 단 하나의 실수이어야 한다.」는 x가 a로 다가갈 때 $f(x)$가 하나의 실수로 정해지지 않는 경우는 극한이 존재하지 않는다고 한다.

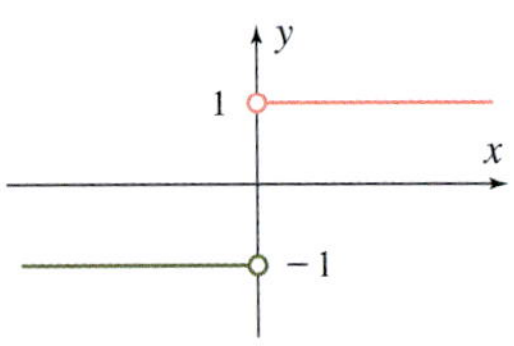

[그림 2.8]

[보기 2.1] 함수 $f(x)=\begin{cases}1, & x>0\\ -1, & x<0\end{cases}$에 대해 극한 $\lim_{x\to0} f(x)$를 존재하는지를 판정해보자.

[풀이] 함수 f의 그래프는 [그림 2.8]에서 볼 수 있다.
[그림 2.8]에서 보면 $x>0$에서 $f(x)=1$이고 $x<0$에서 $f(x)=-1$이다.

$x > 0$에서 x가 0에 다가가면 함숫값 $f(x)$는 1로 가까이 가고
$x < 0$에서 x가 0에 다가가면 함숫값 $f(x)$는 -1로 가까이 간다.
즉, x가 0에 다가갈 때 $f(x)$는 2개의 값인 1과 -1로 다가가고 있다.
극한 $\lim_{x \to 0} f(x)$을 단 하나의 실수로 나타낼 수 없기 때문에 $\lim_{x \to 0} f(x)$은 존재하지 않는다고 한다.* ■

* $\lim_{x\to 0} f(x)$에서 다음 3가지는 같은 의미이다.
  - 존재하지 않는다.
  - 수렴하지 않는다.
  - 발산한다.

[보기 2.2] 함수 $f(x) = \sin\dfrac{\pi}{x}$에 대하여 $\lim_{x \to 0} f(x)$을 존재하는지를 판정해 보자.

[풀이] $f(x) = \sin\dfrac{\pi}{x}$의 그래프는 [그림 2.9]와 같다.

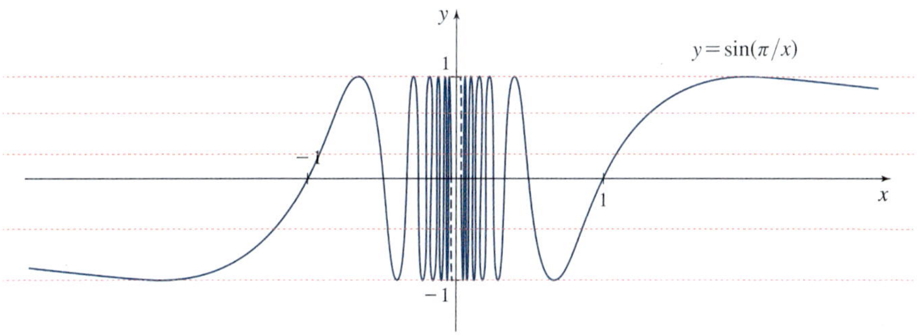

[그림 2.9]

함수 $f(x) = \sin\dfrac{\pi}{x}$의 그래프와 -1에서 1 사이의 모든 수평선 $y = a$은 무한히 많은 점에서 만난다. ([그림 2.9] 참고) 즉, x가 0으로 다가갈 때 $f(x) = \sin\dfrac{\pi}{x}$는 특정한 한 값에 다가가지 않는다. 그러므로 극한 $\lim_{x \to 0} \sin\dfrac{\pi}{x}$은 존재하지 않는다. ■

2.1.2 한쪽 극한

함수의 극한 $\lim_{x \to a} f(x)$는 $x \neq a$이면서 x가 a로 다가갈 때 함숫값 $f(x)$의 움직임을 살펴보는 것이다. 실직선 위의 점 a를 중심으로 직선이 $x > a$인 부분과 $x < a$인 부분으로 나누어진다. 실직선에서 $x \neq a$이면서 a의 근처에서, $x < a$이면서 a의 근처에 있는 경우와 $x > a$이면서 a의 근처에 있는 경우를 고려할 수 있다.

[그림 2.10](a)

[그림 2.10](a)은 $x < a$에서 x가 a로 다가가는 경우이고 기호로 다음과 같다.

$$x \to a-$$

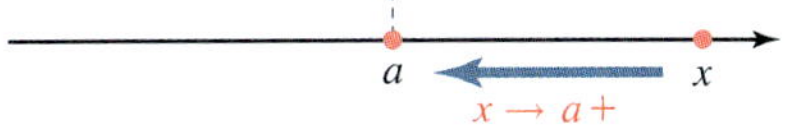

[그림 2.10](b)

[그림 2.10](b)는 $x > a$에서 x가 a로 다가가는 경우이고 기호로 다음과 같다.

$$x \to a+$$

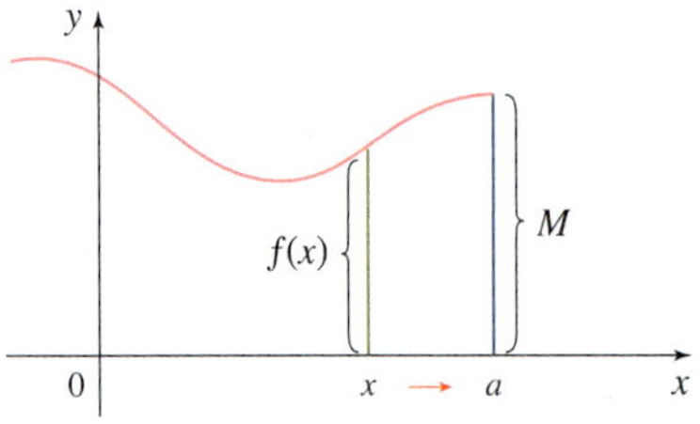

[그림 2.11](a) $\lim_{x \to a-} f(x) = L$

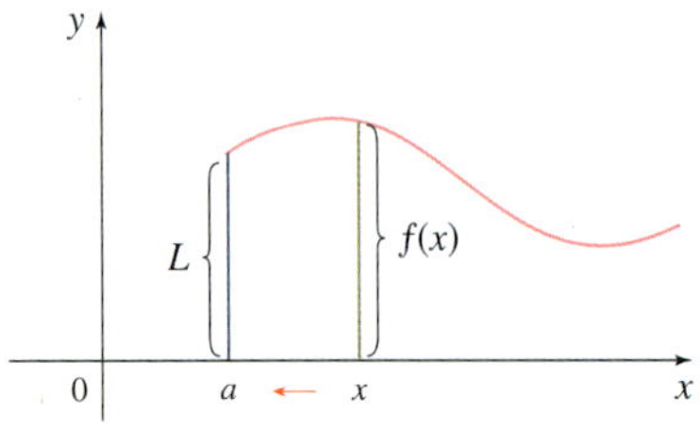

[그림 2.11](b) $\lim_{x \to a+} f(x) = M$

[정의 2.2: 함수의 우극한과 좌극한, 한쪽 극한]

(1) 실함수 f가 $x < a$인 a의 근처에서 정의되었다고 하자.
$x < a$이고 x가 a로 다가갈 때 함숫값 $f(x)$가 실수 L에 가까이 다가가는 경우

$$\lim_{x \to a-} f(x) = L$$

라고 쓰고 $x = a$에서 함수 f는 실수 L로 **왼쪽에서 수렴한다**고 한다. 실수 L을 $x = a$에서 함수 f의 **좌극한**이라고 한다. ([그림 2.11](a) 참고)

(2) 실함수 f가 $x > a$인 a의 근처에서 정의되었다고 하자.
$x > a$이고 x가 a로 다가갈 때 함숫값 $f(x)$가 실수 M에 가까이 다가가는 경우

$$\lim_{x \to a+} f(x) = M$$

라고 쓰고 $x = a$에서 함수 f는 실수 M로 **오른쪽에서 수렴한다**고 한다. 실수 M을 $x = a$에서 함수 f의 **우극한**이라고 한다. ([그림 2.11](b) 참고)

(3) 함수 f의 좌극한과 우극한을 함수 f의 **한쪽 극한**이라고 한다.

[예제 2.3] 다음 함수 $f(x) = \begin{cases} 1, & x > 0 \\ -1, & x < 0 \end{cases}$에 대하여 $\lim_{x \to 0+} f(x)$과 $\lim_{x \to 0-} f(x)$을 구하여라. [연습문제 13~16]

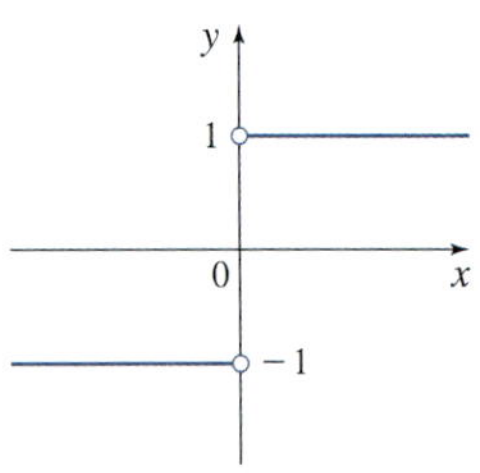

[그림 2.12]

[풀이] $f(x) = \begin{cases} 1, & x > 0 \\ -1, & x < 0 \end{cases}$이므로 $f(x)$의 그래프를 보면 [그림 2.12]과 같다.

$x < 0$인 경우 $\lim_{x \to 0-} f(x) = \lim_{x \to 0-} (-1) = -1$.

$x > 0$인 경우 $\lim_{x \to 0+} f(x) = \lim_{x \to 0+} 1 = 1$.

그러므로 좌극한 $\lim_{x \to 0-} f(x) = -1$이고 우극한 $\lim_{x \to 0+} f(x) = 1$이다. ■

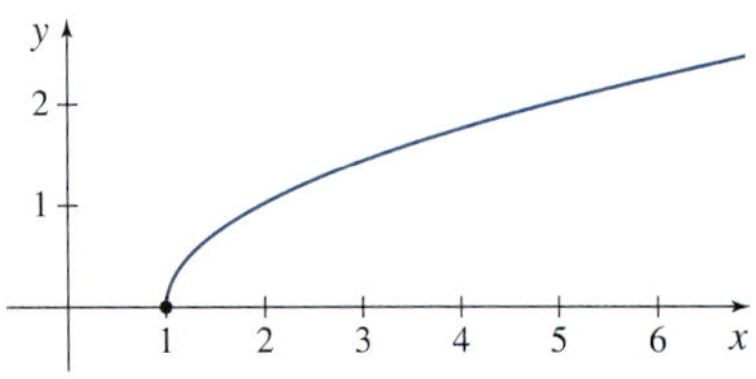

[그림 2.13]

함수 $f(x) = \sqrt{x-1}$의 정의역은 $[1, \infty)$이다. $x = 1$에서의 극한 $\lim_{x \to 1} f(x)$의 의미는 다음과 같다.

① x가 f의 정의역에 속한다.
② $x \neq 1$
③ x가 1로 다가간다.

그러므로 $\lim_{x \to 1} \sqrt{x-1} = \lim_{x \to 1+} \sqrt{x-1}$.

[예제 2.4] 다음 함수 $f(x) = \sqrt{x-1}$에 대하여 우극한 $\lim_{x \to 1+} f(x)$과 좌극한 $\lim_{x \to 1-} f(x)$을 구하여라. [연습문제 13~16]

[풀이] 함수 $f(x) = \sqrt{x-1}$의 정의역 $D(f)$은 구간 $[1, \infty)$이고 $f(x)$의 그래프는 [그림 2.13]과 같다.

$x > 1$인 경우 함수 $f(x) = \sqrt{x-1}$이고 $x > 1$이면서 x가 1로 다가가면 함수 $f(x) = \sqrt{x-1}$가 0으로 다가간다. ([그림 2.13] 참고)

$$\lim_{x \to 1+} f(x) = \lim_{x \to 1+} \sqrt{x-1} = 0$$

$x < 1$인 경우 함수 f가 정의되지 않으므로 좌극한 $\lim_{x \to 0-} f(x)$는 존재하지 않는다. ■

실수 a를 중심으로 $x<a$ 에서의 함수식과 $x>a$ 에서의 함수식이 나뉘어서 정의된 함수 f를 자주 만나게 된다. 이러한 함수의 극한 $\lim_{x\to a} f(x)$의 존재 여부를 판단하는 유용한 기준을 알아보자.

$\lim_{x\to a-} f(x)=L=\lim_{x\to a+} f(x)$는 다음의 의미를 갖는다.

① 좌극한 $\lim_{x\to a-} f(x)=L$

② 우극한 $\lim_{x\to a+} f(x)=L$

③ 좌극한과 우극한이 같다.

[정리 2.1] 실함수 f가 a를 제외한 a 근처의 모든 x에서 정의되었다고 하자.

$$\lim_{x\to a} f(x)=L$$

$$\Leftrightarrow$$

$$\lim_{x\to a-} f(x)=L=\lim_{x\to a+} f(x)$$

[예제 2.5] 세 함수가 다음 그래프와 같이 주어졌을 때 $x=a$에서 각 함수의 좌극한, 우극한, 극한을 구하여라. [연습문제 1~8, 9~12]

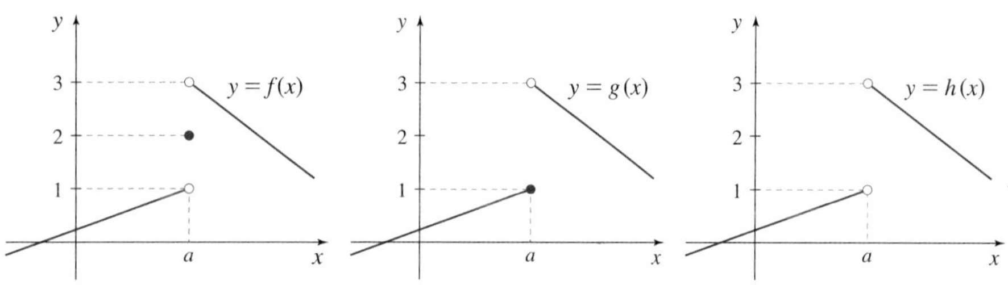

[풀이] 세 함수들의 그래프를 보고 세 함수의 좌극한을 구하면 다음과 같다.

$$\lim_{x\to a-} f(x)=\lim_{x\to a-} g(x)=\lim_{x\to a-} h(x)=1$$

세 함수의 우극한을 구하면 다음과 같다.

$$\lim_{x\to a+} f(x)=\lim_{x\to a+} g(x)=\lim_{x\to a+} h(x)=3$$

이제 a에서 세 함수의 극한을 알아보자.

$\lim_{x\to a-} f(x)=1\neq 3=\lim_{x\to a+} f(x)$이므로 [정리 2.1]에 의해서 극한 $\lim_{x\to a} f(x)$는 존재하지 않는다.

$\lim_{x\to a-} g(x)=1\neq 3=\lim_{x\to a+} g(x)$이므로 [정리 2.1]에 의해서 극한 $\lim_{x\to a} g(x)$는 존재하지 않는다.

$\lim_{x\to a-} h(x)=1\neq 3=\lim_{x\to a+} h(x)$이므로 [정리 2.1]에 의해서 극한 $\lim_{x\to a} h(x)$는 존재하지 않는다. ■

[예제 2.6] 함수 f의 그래프가 [그림 2.14]와 같을 때 극한 $\lim_{x\to a} f(x)$가 존재하는지를 알아보고 존재하면 극한값을 구하여라. [연습문제 17~19]

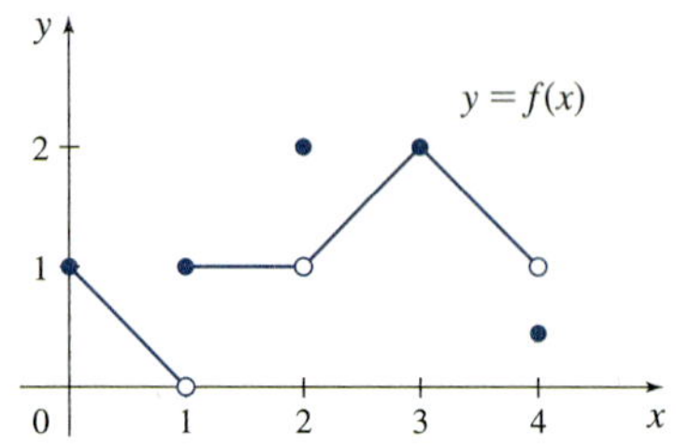

[그림 2.14]

(1) $\lim_{x \to 1} f(x)$ (2) $\lim_{x \to 2} f(x)$ (3) $\lim_{x \to 3} f(x)$

[풀이]

(1) $\lim_{x \to 1-} f(x) = 0$이고 $\lim_{x \to 1+} f(x) = 1$이므로 $\lim_{x \to 1-} f(x) \neq \lim_{x \to 1+} f(x)$. 그러므로 [정리 2.1]에 의해 극한 $\lim_{x \to 1} f(x)$은 존재하지 않는다.

(2) $\lim_{x \to 2-} f(x) = 1 = \lim_{x \to 2+} f(x)$이므로 [정리 2.1]에 의해 극한 $\lim_{x \to 2} f(x) = 1$이다.

(3) $\lim_{x \to 3-} f(x) = 2 = \lim_{x \to 3+} f(x)$이므로 [정리 2.1]에 의해 극한 $\lim_{x \to 3} f(x) = 2$이다. ■

연습문제

• Part 1

[1-8] 함수 f의 그래프를 보고 다음을 구하여라. [예제 2.1, 2.5]

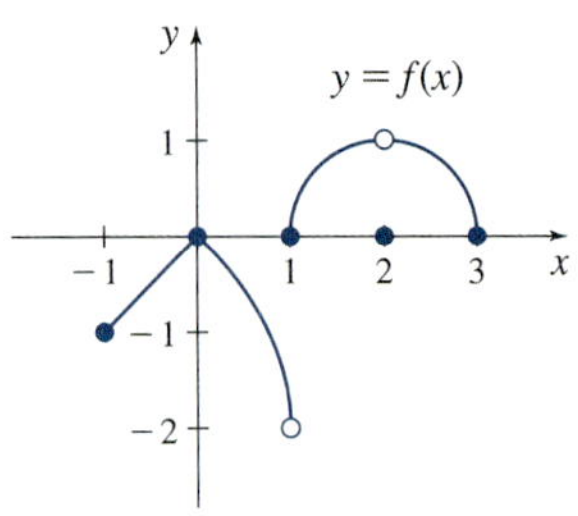

1. $\lim_{x \to 0} f(x)$
2. $\lim_{x \to 2} f(x)$
3. $\lim_{x \to 1+} f(x)$
4. $\lim_{x \to 1-} f(x)$
5. $\lim_{x \to -1+} f(x)$
6. $\lim_{x \to -1-} f(x)$
7. $\lim_{x \to 3+} f(x)$
8. $\lim_{x \to 3-} f(x)$

[9-12] 함수 g의 그래프를 보고 물음에 답하여라. [예제 2.1, 2.5]

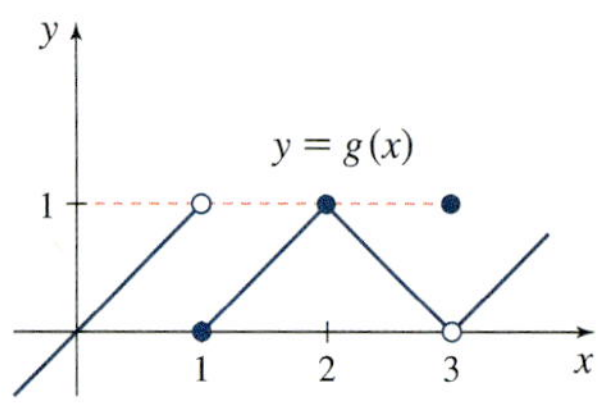

9. $\lim_{x \to 2} g(x)$
10. $\lim_{x \to 3} g(x)$
11. $\lim_{x \to 1+} g(x)$
12. $\lim_{x \to 1-} g(x)$

[13-16] 다음 함수 $f(x)$의 그래프를 그리고 그래프를 이용하여 $x = 0$에서의 좌극한과 우극한을 구하여라. [예제 2.3~2.4]

13. $f(x) = \begin{cases} 0, & x > 0 \\ x+1, & x < 0 \end{cases}$
14. $f(x) = \begin{cases} x, & x > 0 \\ -x, & x < 0 \end{cases}$
15. $f(x) = 2\sqrt{x} + 1$
16. $f(x) = \sqrt{-x}$

[17-19] 다음 함수에 대하여 $x=a$에서의 극한을 구하여라. [예제 2.6]

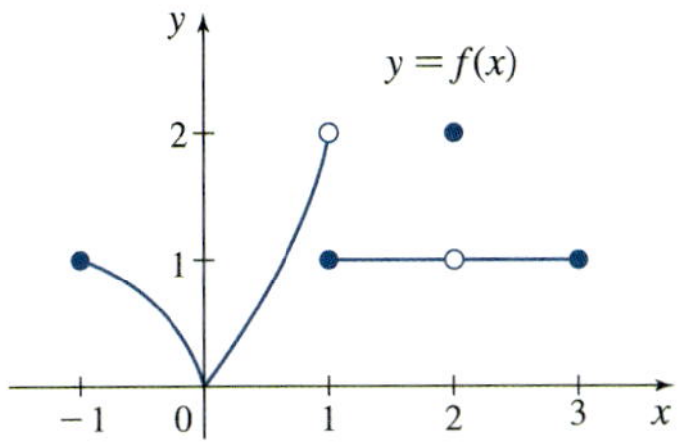

17. $a=0$

18. $a=1$

19. $a=2$

• Part 2

[20-27] 다음은 함수 $f(x)$의 그래프이다. 다음을 구하여라.

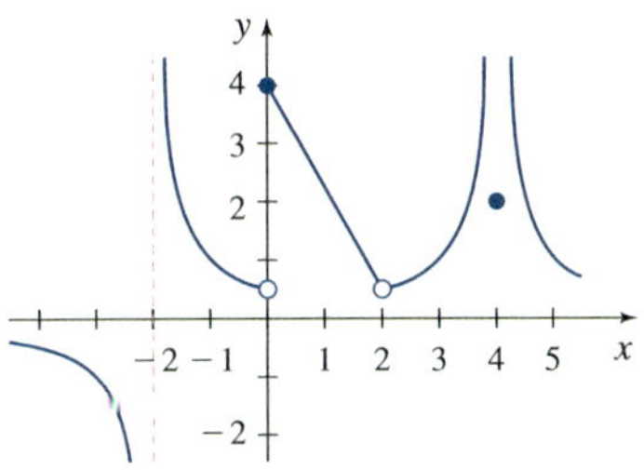

20. $f(-2)$

21. $f(0)$

22. $f(2)$

23. $f(4)$

24. $\lim\limits_{x\to -2} f(x)$

25. $\lim\limits_{x\to 0} f(x)$

26. $\lim\limits_{x\to 2} f(x)$

27. $\lim\limits_{x\to 4} f(x)$

[28-29] 다음 함수 $f(x)$의 그래프를 그리고 그래프를 이용하여 $x=a$에서의 극한을 구하여라.

28. $f(x)=\begin{cases} 2x+5, & x\le 2 \\ 4x+1, & x>2 \end{cases};\ a=2$

29. $f(x)=\begin{cases} 3x-5, & x<1 \\ 4, & x=1 \\ 4x, & x>1 \end{cases};\ a=1$

[30-31] 다음 조건을 만족하는 함수를 그려보아라.

30. $\lim\limits_{x\to 2} f(x)=3,\ \lim\limits_{x\to 3-} f(x)=3,\ \lim\limits_{x\to 3+} f(x)=1,\ f(2)=3,$ $f(3)=1$

31. $f(-2)=0,\ f(2)=0,\ \lim\limits_{x\to -2} f(x)=0,\ \lim\limits_{x\to 2} f(x)$는 존재하지 않는다.

2.2 극한의 성질과 극한 구하기

2.2.1 극한의 성질

미적분학의 가장 중요한 개념인 함수의 극한을 정의하였고 이제 구체적으로 함수의 극한을 구해보자. 앞의 극한의 정의에서 소개했던 표를 이용한 수치적 방법이나 그래프를 이용한 기하학적 방법을 이용하여 극한을 구하는 것은 번거롭다.* 이제 그래프를 사용하지 않고 함수의 극한을 구하는 방법을 알아보기 위하여 다음의 극한의 성질들을 알아보자.

* 실제적으로 극한으로 미분을 정의하고 미분으로 그래프를 그리게 된다. 즉, 극한을 사용하여 그래프를 그린다. 그러므로 그래프를 사용하여 극한을 구하는 것은 매우 제한적이다.

[정리 2.2: 극한의 성질 1] 두 함수 f, g에 대하여 $\lim\limits_{x\to a} f(x)$와 $\lim\limits_{x\to a} g(x)$가 존재한다고 하자. 그리고 실수 c가 있다고 하자.

(1) $\lim\limits_{x\to a}[f(x)+g(x)]$가 존재하고 $\lim\limits_{x\to a}[f(x)+g(x)]=\lim\limits_{x\to a} f(x)+\lim\limits_{x\to a} g(x)$.

(2) $\lim\limits_{x\to a}[f(x)-g(x)]$가 존재하고 $\lim\limits_{x\to a}[f(x)-g(x)]=\lim\limits_{x\to a} f(x)-\lim\limits_{x\to a} g(x)$.

(3) $\lim\limits_{x\to a}[f(x)g(x)]$가 존재하고 $\lim\limits_{x\to a}[f(x)\,g(x)]=\lim\limits_{x\to a} f(x)\lim\limits_{x\to a} g(x)$.

(4) $\lim\limits_{x\to a}[cf(x)]$가 존재하고 $\lim\limits_{x\to a}[cf(x)]=c\lim\limits_{x\to a} f(x)$.

(5) $\lim\limits_{x\to a} g(x)\neq 0$이면 $\lim\limits_{x\to a}\dfrac{f(x)}{g(x)}$가 존재하고 $\lim\limits_{x\to a}\dfrac{f(x)}{g(x)}=\dfrac{\lim\limits_{x\to a} f(x)}{\lim\limits_{x\to a} g(x)}$.

다음 정리는 앞으로 나올 2.4절의 내용이지만 다양한 함수의 극한을 구하는 과정에서 많이 사용되므로 여기에서 소개한다.

[정리 2.3: 극한의 성질 2] 함수 f에 대하여 $\lim\limits_{x\to a} f(x)$가 존재한다고 하자. 이때, n과 m은 자연수이다.

(1) $\lim\limits_{x\to a}(f(x))^n$가 존재하고 $\lim\limits_{x\to a}(f(x))^n=\left(\lim\limits_{x\to a} f(x)\right)^n$.

(2-1) m이 홀수인 경우 $\lim\limits_{x\to a}\sqrt[m]{f(x)}$가 존재하고 $\lim\limits_{x\to a}\sqrt[m]{f(x)}=\sqrt[m]{\lim\limits_{x\to a} f(x)}$.

(2-2) m이 짝수인 경우 $f(x)\geq 0$일 때 $\lim\limits_{x\to a}\sqrt[m]{f(x)}$가 존재하고
$\lim\limits_{x\to a}\sqrt[m]{f(x)}=\sqrt[m]{\lim\limits_{x\to a} f(x)}$.

(3-1) m이 홀수인 경우 $\lim\limits_{x\to a}(f(x))^{n/m}$가 존재하고 $\lim\limits_{x\to a}(f(x))^{n/m}=\left(\lim\limits_{x\to a} f(x)\right)^{n/m}$.

(3-2) m이 짝수인 경우 $f(x)\geq 0$일 때 $\lim\limits_{x\to a}(f(x))^{n/m}$가 존재하고
$\lim\limits_{x\to a}(f(x))^{n/m}=\left(\lim\limits_{x\to a} f(x)\right)^{n/m}$.

2.2.2 극한 구하기 1: 다항함수, 무리함수

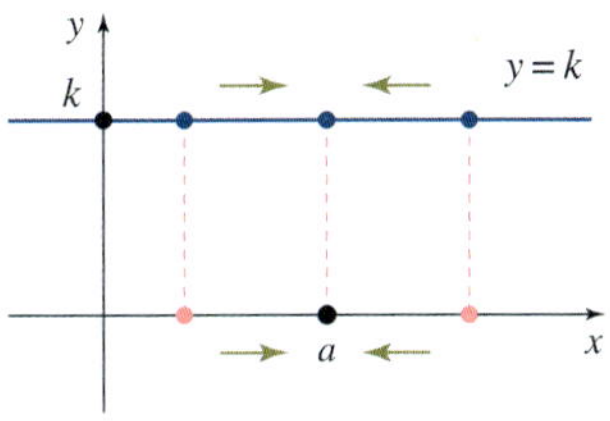

[그림 2.15](a) $\lim_{x\to a} k = k$

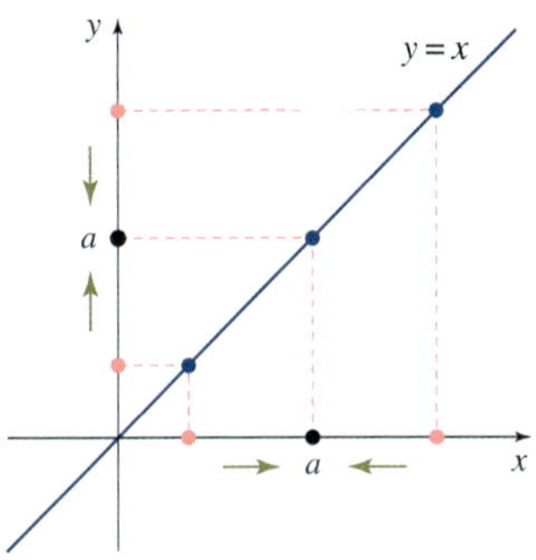

[그림 2.15](b) $\lim_{x\to a} x = a$

이제 가장 기본적인 함수인 상수함수와 항등함수의 그래프를 [그림 2.15](a)와 (b)에서 살펴보고 극한을 구해보자.

> **[정리 2.4]** a와 k는 실수라고 하자.
> (1) 상수함수 $f(x)=k$인 경우 $\lim_{x\to a} k = k$. ([그림 2.15](a) 참고)
> (2) 항등함수 $f(x)=x$인 경우 $\lim_{x\to a} x = a$. ([그림 2.15](b) 참고)

[보기 2.2] [정리 2.4]를 이용하여 다음 함수의 극한을 구해보자.

(1) $\lim_{x\to 9} 3 = 3$ (2) $\lim_{x\to 0} 3 = 3$ (3) $\lim_{x\to \pi} 3 = 3$

(4) $\lim_{x\to 9} x = 9$ (5) $\lim_{x\to 0} x = 0$ (6) $\lim_{x\to \pi} x = \pi$

[예제 2.7] 다음 극한을 구하여라.

(1) $\lim_{x\to a} x^2$ (2) 자연수 n에 대하여 $\lim_{x\to a} x^n$

[풀이] (1) [정리 2.2] (2)와 [정리 2.4] (2)에 의해서 $\lim_{x\to a} x^2 = \left(\lim_{x\to a} x\right)^2 = a^2$.

그러므로 극한 $\lim_{x\to a} x^2 = a^2$.

(2) 자연수 n에 대하여 [정리 2.3] (1)과 [정리 2.4] (2)에 의해서

$$\lim_{x\to a} x^n = \lim_{x\to a} (\overbrace{x\,x\,\dots\,x}^{n\text{개}}) = \overbrace{(\lim_{x\to a} x)\,(\lim_{x\to a} x)\,\dots\,(\lim_{x\to a} x)}^{n\text{개}} = \overbrace{a\,a\,\dots\,a}^{n\text{개}} = a^n.$$

그러므로 극한 $\lim_{x\to a} x^n = a^n$. ■

일반적인 다항함수의 극한을 알아보자.
예를 들어서 실수 a에서 다항함수 $p(x)=2x^3+5x^2+4x+2$의 극한을 [정리 2.2]와 [정리 2.4]를 사용하여 다음과 같은 과정으로 구해보자.

$$\begin{aligned}\lim_{x\to a} p(x) &= \lim_{x\to a}(2x^3+5x^2+4x+2)\\ &= \lim_{x\to a}(2x^3)+\lim_{x\to a}(5x^2)+\lim_{x\to a}(4x)+\lim_{x\to a}(2) && \text{[정리 2.2] (1)}\\ &= 2\lim_{x\to a} x^3+5\lim_{x\to a} x^2+4\lim_{x\to a} x+\lim_{x\to a} 2 && \text{[정리 2.2] (2)}\end{aligned}$$

$$= 2\left(\lim_{x \to a} x\right)^3 + 5\left(\lim_{x \to a} x\right)^2 + 4\lim_{x \to a} x + \lim_{x \to a} 2 \quad \text{[정리 2.2] (3)}$$

$$= 2a^3 + 5a^2 + 4a + 2 = p(a) \quad \text{[정리 2.4]}$$

a에서의 다항함수 $p(x)$의 극한은 $x = a$에서의 함숫값 $p(a)$에 해당한다. 즉, 다항함수 $p(x)$의 변수 x에 대하여 a를 대입하여 구한다.

$$\lim_{x \to a} p(x) = p(a)$$

[정리 2.2], [정리 2.3], [정리 2.4]의 극한의 성질을 사용하면 다항함수와 무리함수의 극한을 다음과 같이 구할 수 있다.

[주의] 다항함수와 무리함수의 a에서의 극한을 구하려고 할 때
(i) a가 함수의 정의역의 원소임을 확인하고
(ii) $\lim_{x \to a} f(x) = f(a)$이도록 극한을 구하면 된다.

[정리 2.5: 다항함수와 무리함수의 극한]

음이 아닌 정수 n과 실수 c_0, c_1, $\cdots$, $c_n\,(c_n \neq 0)$라고 하자. 다항함수 $p(x)$를 잡자.

(1) 다항함수 $f(x) = c_n x^n + c_{n-1}x^{n-1} + \cdots + c_1 x + c_0$에 대하여

$$\lim_{x \to a} f(x) = \lim_{x \to a}\left(c_n x^n + c_{n-1}x^{n-1} + \cdots + c_1 x + c_0\right)$$

$$= c_n a^n + c_{n-1}a^{n-1} + \cdots + c_1 a + c_0 = f(a)$$

즉, $\lim_{x \to a} f(x) = f(a)$.

(2-1) m이 홀수인 경우 무리함수 $f(x) = [p(x)]^{n/m}$에 대하여

$$\lim_{x \to a} f(x) = \left[\lim_{x \to a} p(x)\right]^{n/m} = [p(a)]^{n/m} = f(a).$$

즉, $\lim_{x \to a} f(x) = f(a)$.

(2-2) m이 짝수인 경우 $p(x) \geq 0$일 때 무리함수 $f(x) = [p(x)]^{n/m}$에 대하여

$$\lim_{x \to a} f(x) = \lim_{x \to a}[p(x)]^{n/m} = \left[\lim_{x \to a} p(x)\right]^{n/m} = [p(a)]^{n/m} = f(a).$$

즉, $\lim_{x \to a} f(x) = f(a)$.

[참고] [정리 2.5: 다항함수와 무리함수의 극한]에서 극한기호 $\lim_{x \to c}$는 우극한기호 $\lim_{x \to c+}$이나 좌극한기호 $\lim_{x \to c-}$로 대치하여도 성립한다.
즉, 다항함수나 무리함수 f에 대하여
$\lim_{x \to a+} f(x) = f(a)$이고 $\lim_{x \to a-} f(x) = f(a)$.

다항함수와 무리함수 f의 극한 $\lim_{x \to a} f(x)$는 a에서의 함숫값 $f(a)$이다.

[예제 2.8] 다음 극한을 구하여라. [연습문제 1~10]

(1) $\lim_{x \to -1}(2x - 30)$ (2) $\lim_{x \to 2}(2x^2 - 3x + 4)$

[풀이]

(1) [정리 2.5] (1)에 의해 극한 $\lim_{x \to -1}(2x-30)$은 $x=-1$에서의 함숫값이다.
즉, $\lim_{x \to -1}(2x-30) = 2(-1)-30 = -32$.

(2) [정리 2.5] (1)에 의해 극한 $\lim_{x \to 2}(2x^2-3x+4)$은 $x=2$에서의 함숫값이다.
즉, $\lim_{x \to 2}(2x^2-3x+4) = 2(2)^2-3(2)+4 = 8-6+4 = 6$. ■

[정리 2.3], [정리 2.4]와 [정리 2.5]를 같이 적용하면 다음 무리함수의 극한을 구할 수 있다.

[예제 2.9] 다음 극한을 구하여라. [연습문제 1~10]

(1) $\lim_{x \to 1}\sqrt{3x+1}$ (2) $\lim_{x \to -2}\sqrt[3]{x^2-5}$ (3) $\lim_{x \to 3}(x+1)^{3/2}$

[풀이]

(1) [정리 2.5] (2-2)에 의해 $\lim_{x \to 1}\sqrt{3x+1} = \sqrt{\lim_{x \to 1}(3x+1)} = \sqrt{4} = 2$.
그러므로 $\lim_{x \to 1}\sqrt{3x+1} = 2$.

(2) [정리 2.5] (2-1)에 의해 $\lim_{x \to -2}\sqrt[3]{x^2-5} = \sqrt[3]{\lim_{x \to -2}(x^2-5)} = \sqrt[3]{-1} = -1$. 그러므로 $\lim_{x \to -2}\sqrt[3]{x^2-5} = -1$.

(3) [정리 2.5] (2-2)에 의해 $\lim_{x \to 3}(x+1)^{3/2} = \left(\lim_{x \to 3}(x+1)\right)^{3/2} = (4)^{3/2} = (2^2)^{3/2} = 8$.
그러므로 $\lim_{x \to 3}(x+1)^{3/2} = 8$. ■

2.2.3 극한 구하기 2: 분수 형태의 함수

- 유리함수 $\frac{Q(x)}{P(x)}$는 $P(x)$와 $Q(x)$가 다항식
- 분수 형태의 함수 $\frac{Q(x)}{P(x)}$는 $P(x)$와 $Q(x)$가 다항식이거나 무리식
- 유리함수는 분수 형태 함수에 속한다.

분수 형태의 함수 f는 $f(x) = \frac{Q(x)}{P(x)}$와 같은 형태이고 이때 $P(x)$와 $Q(x)$는 다항식 또는 무리식이다. $x=a$에서 분수 형태의 함수 f의 극한을 다룰 때 다음과 같이 2개의 경우로 나누어서 극한을 구하는 방법을 알아보자.

(1) 분모의 극한 $\lim_{x \to a}P(x) = P(a) \neq 0$인 경우

(2) 분모의 극한 $\lim_{x \to a}P(x) = P(a) = 0$인 경우

◐ 분수 형태의 함수에서 분모의 극한 0이 아닌 경우

[주의] 분수 형태 함수 a에서의 극한을 구하려고 할 때

(i) a가 함수 f의 정의역의 원소인 것과 분모 $P(a) \neq 0$임을 확인하고

(ii) $\lim_{x \to a} f(x) = f(a)$이도록 극한을 구하면 된다.

> **[정리 2.6: 분수 형태 함수의 극한 1]** 분수 형태의 함수 $f(x) = \dfrac{Q(x)}{P(x)}$가 있을 때
>
> $P(a) \neq 0$이면 $\lim_{x \to a} f(x) = \lim_{x \to a} \dfrac{Q(x)}{P(x)} = \dfrac{\lim_{x \to a} Q(x)}{\lim_{x \to a} P(x)} = \dfrac{Q(a)}{P(a)} = f(a)$.
>
> 즉, $\lim_{x \to a} f(x) = f(a)$.

분수 형태 함수 f의 a에서의 극한 $\lim_{x \to a} f(x)$는 a에서의 함숫값 $f(a)$이다.

[예제 2.10] 다음 극한을 구하여라. [연습문제 11~22]

(1) $\lim_{x \to -2} \dfrac{2x+3}{x-2}$ (2) $\lim_{x \to 0} \dfrac{x^3+2x^2-1}{5-3x}$

[풀이]

(1) 함수식 $\dfrac{2x+3}{x-2}$의 분모 $P(x) = x-2$에서 $P(-2) = -4 \neq 0$이다.

그러므로 극한 $\lim_{x \to -2} \dfrac{2x+3}{x-2}$은 $x = -2$에서의 함숫값이다.

즉, $\lim_{x \to -2} \dfrac{2x+3}{x-2} = \dfrac{2(-2)+3}{-2-2} = \dfrac{-1}{-4} = \dfrac{1}{4}$.

(2) 함수식 $\dfrac{x^3+2x^2-1}{5-3x}$의 분모 $P(x) = 5-3x$에서 $P(0) = 5 \neq 0$이다.

그러므로 극한 $\lim_{x \to 0} \dfrac{x^3+2x^2-1}{5-3x}$는 $x = 0$에서의 함숫값이다.

즉, $\lim_{x \to 0} \dfrac{x^3+2x^2-1}{5-3x} = \dfrac{0^3+2(0)-1}{5-3(0)} = \dfrac{-1}{5} = -\dfrac{1}{5}$. ■

분수 형태 함수 $\dfrac{Q(x)}{P(x)}$에서 분모식 $P(x)$ 또는 분자식 $Q(x)$가 무리함수인 경우에도 [정리 2.6: 분수 형태 함수의 극한 1]을 비슷하게 적용하여 극한을 구한다.

[예제 2.11] 다음 극한을 구하여라. [연습문제 11~22]

(1) $\lim_{x \to 1} \dfrac{1}{\sqrt{2x-1}}$ (2) $\lim_{x \to 0} \dfrac{x-1}{\sqrt{x^2+1}}$

[풀이]

(1) [정리 2.5] (2-2)에 의해서 $\lim_{x \to 1} \sqrt{2x-1} = \sqrt{\lim_{x \to 1}(2x-1)} = \sqrt{1} = 1 \neq 0$이다. 그러므로 극한 $\lim_{x \to 1} \dfrac{1}{\sqrt{2x-1}}$은 $x = 1$에서 함숫값이다.

즉, $\lim_{x \to 1} \frac{1}{\sqrt{2x-1}} = \frac{1}{1} = 1$.

(2) [정리 2.5] (2-2)에 의해서 $\lim_{x \to 0} \sqrt{x^2+1} = \sqrt{\lim_{x \to 0}(x^2+1)} = \sqrt{1} = 1 \neq 0$이다. 그러므로 극한 $\lim_{x \to 0} \frac{x-1}{\sqrt{x^2+1}}$은 $x=0$에서 함숫값이다.

즉, $\lim_{x \to 0} \frac{x-1}{\sqrt{x^2+1}} = \frac{(0-1)}{1} = \frac{-1}{1} = -1$. ■

◐ 분수 형태 함수에서 분모의 극한이 0인 경우

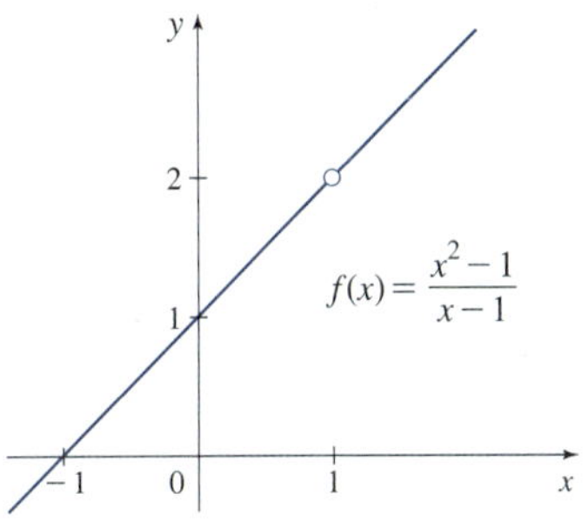

[그림 2.16](a) $f(x) = \frac{x^2-1}{x-1}$의 그래프

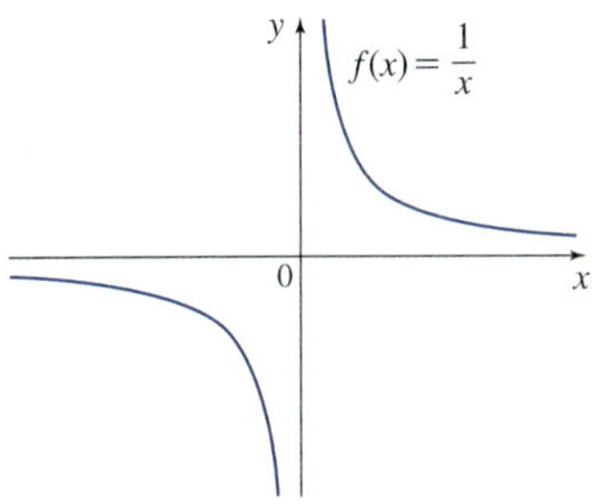

[그림 2.16](b) $f(x) = \frac{1}{x}$의 그래프

극한 $\lim_{x \to 1} \frac{x^2-1}{x-1}$과 $\lim_{x \to 0} \frac{1}{x}$을 그래프를 사용하여 다시 살펴보자.

- 극한 $\lim_{x \to 1} \frac{x^2-1}{x-1}$에서 분모의 극한과 분자의 극한은 모두 0이다. $f(x) = \frac{x^2-1}{x-1}$의 그래프를 보면 $\lim_{x \to 1} \frac{x^2-1}{x-1} = 2$이다. ([그림 2.16](a) 참고)
- 극한 $\lim_{x \to 0} \frac{1}{x}$에서 분모의 극한은 0이고 분자의 극한은 0이 아니다. $f(x) = \frac{1}{x}$의 그래프를 보면 우극한 $\lim_{x \to 0+} \frac{1}{x} = \infty$이고 좌극한 $\lim_{x \to 0-} \frac{1}{x} = -\infty$이다. ([그림 2.16](b) 참고)

두 함수 $f(x) = \frac{x^2-1}{x-1}$와 $f(x) = \frac{1}{x}$는 모두 분모의 극한이 0이다. 그러나 극한 $\lim_{x \to 1} \frac{x^2-1}{x-1} = 2$이지만 극한 $\lim_{x \to 0+} \frac{1}{x}$은 존재하지 않는다.

분수 형태 함수에서

- 분모의 극한은 0이고 분자의 극한은 0이 아닌 경우는 2.5절의 2.5.1 무한극한의 정의에서 다룰 예정이다.
- 분수 형태 함수에서 **분모의 극한과 분자의 극한이 모두 0인 경우** 함수의 극한을 이제부터 알아보자. 이러한 경우를 $\frac{0}{0}$ 형태라고 한다.

[보기 2.2] 극한 $\lim_{x \to -4} \frac{2x+8}{x^2+x-12}$을 구해보자.

[풀이]

① 분수 형태 함수의 분모의 극한과 분자의 극한이 모두 0임을 확인한다.

분모 $P(x) = 2x+8$과 분자 $Q(x) = x^2+x-12$가 모두 다항식이므로

$$\lim_{x \to -4} p(x) = P(-4)\text{이므로 } \lim_{x \to -4}(2x+8) = 0\text{이고}$$

$$\lim_{x \to -4} q(x) = Q(-4)\text{이므로 } \lim_{x \to -4}(x^2+x-12) = 0.$$

② 분자식 $P(-4)=0$이고 분모식 $Q(-4)=0$이므로 $P(x)$와 $Q(x)$를 인수분해하여 인수 $(x+4)$를 분리할 수 있다. 즉, 다음과 같이 인수분해한다.

$$P(x)=2x+8=2(x+4),$$
$$Q(x)=x^2+x-12=(x-3)(x+4).$$

③ 주어진 극한은 $x\neq -4$임을 가정하므로 약분하여 다음과 같이 극한을 구한다.

$$\lim_{x\to -4}\frac{2x+8}{x^2+x-12}=\lim_{x\to -4}\frac{2(x+4)}{(x-3)(x+4)}=\lim_{x\to -4}\frac{2}{(x-3)}=-\frac{2}{7}$$ ■

분수 형태 함수 $f(x)=\dfrac{Q(x)}{P(x)}$의 극한 $\lim_{x\to a}f(x)=\lim_{x\to a}\dfrac{Q(x)}{P(x)}$에서 $\lim_{x\to a}P(x)=0$이고 $\lim_{x\to a}Q(x)=0$인 경우 극한 $\lim_{x\to a}f(x)=\lim_{x\to a}\dfrac{Q(x)}{P(x)}$을 $\dfrac{0}{0}$ 형태라고 한다.

[정리 2.7: 분수 형태 함수의 극한 2: $\frac{0}{0}$ 형태] 분수 형태 함수 $f(x)=\dfrac{Q(x)}{P(x)}$에 대해 $P(a)=0$이고 $Q(a)=0$인 경우 다음 3단계를 거쳐서 극한을 구한다.

① 분모의 극한과 분자의 극한이 모두 0임을 확인한다.

② 분모와 분자를 인수분해하여 인수 $(x-a)$를 분리한다.

③ 주어진 극한 기호 $\lim_{x\to a}$는 $x\neq a$임을 가정하므로 약분하여 극한을 구한다.

[예제 2.12] 다음 극한을 구하여라. [연습문제 11~22]

(1) $\lim_{x\to 4}\dfrac{x^2-x-12}{x^2-10x+24}$ (2) $\lim_{x\to 0}\dfrac{\sqrt{x+1}-1}{x}$

[풀이]

(1) 유리함수에서 분모 $P(x)=x^2-x-12$와 분자 $Q(x)=x^2-10x+24$라고 놓자.

① $\lim_{x\to 4}p(x)=P(4)$이므로 $\lim_{x\to 4}(x^2-x-12)=0$이고

$\lim_{x\to 4}q(x)=Q(4)$이므로 $\lim_{x\to 4}(x^2-10x+24)=0$이다.

② 분모와 분자의 식을 인수분해를 하여 인수 $(x-4)$를 분리한다.

$$P(x)=x^2-x-12=(x+3)(x-4)\text{이고}$$
$$Q(x)=x^2-10x+24=(x-4)(x-6).$$

③ 주어진 극한은 $x\neq 4$임을 가정하므로 약분하여 극한을 구한다.

$$\lim_{x\to 4}\frac{x^2-x-12}{x^2-10x+24}=\lim_{x\to 4}\frac{(x+3)(x-4)}{(x-4)(x-6)}=\lim_{x\to 4}\frac{(x+3)}{(x-6)}=-\frac{7}{2}$$

그러므로 극한 $\lim_{x\to 4}\dfrac{x^2-x-12}{x^2-10x+24}=-\dfrac{7}{2}$이다.

(2) 분수 형태의 함수 $y=\dfrac{\sqrt{x+1}-1}{x}$의 분자식과 분모식에 대하여

① 분모식에서 $\lim_{x \to 0}(\sqrt{x+1}-1)=0$이고 분자식에서 $\lim_{x \to 0} x=0$이다.

② 분모식과 분자식을 인수분해하여 인수 $(x-0)=x$를 분해한다.
무리식인 경우는 분모를 유리화를 한 후에 인수를 분리할 수 있다.

$$\frac{\sqrt{x+1}-1}{x}=\frac{(\sqrt{x+1}-1)(\sqrt{x+1}+1)}{x(\sqrt{x+1}+1)}=\frac{x}{x(\sqrt{x+1}+1)}$$

③ 주어진 $x=0$에서의 극한은 $x \neq 0$임을 가정하므로 약분하여 극한을 구한다.

$$\lim_{x \to 0}\frac{\sqrt{x+1}-1}{x}=\lim_{x \to 0}\frac{x}{x(\sqrt{x+1}+1)}=\lim_{x \to 0}\frac{1}{\sqrt{x+1}+1}=\frac{1}{2}$$

그러므로 극한 $\lim_{x \to 0}\frac{\sqrt{x+1}-1}{x}=\frac{1}{2}$이다. ■

2.2.4 극한 구하기 3: 정의역이 나뉘어서 함수가 정의된 경우

함수 f가 다음과 같이 정의역이 나뉘어서 정의되어 있고 [그림 2.17]은 주어진 함수의 그래프를 나타낸다.

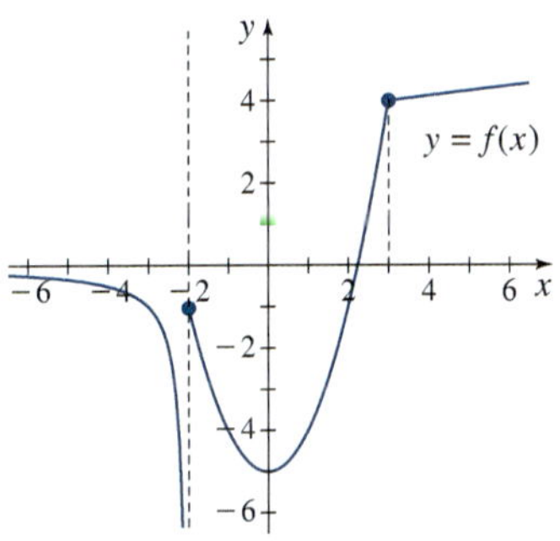

[그림 2.17]

$$f(x)=\begin{cases}\frac{1}{x+2}, & x<-2\\ x^2-5, & -2 \leq x \leq 3\\ \sqrt{x+13}, & x>3\end{cases}$$

극한 $\lim_{x \to 3} f(x)$을 구해보자.
$x=3$을 중심으로 $3<x$인 경우와 $3>x$인 경우 함수가 다르게 정의되었으므로 좌극한과 우극한을 각각 구해야 한다.

$3<x$이면 $f(x)=\sqrt{x+13}$이므로 우극한 $\lim_{x \to 3+} f(x)=\lim_{x \to 3+}\sqrt{x+13}=\sqrt{16}=4$.

$3>x$이면 $f(x)=x^2-5$이므로 좌극한 $\lim_{x \to 3-} f(x)=\lim_{x \to 3-}(x^2-5)=4$.

[정리 2.1]에 의하여 $\lim_{x \to 3-} f(x)=4=\lim_{x \to 3+} f(x)$이므로 극한 $\lim_{x \to 3} f(x)=4$.

함수 f가 다항함수, 분수 형태 함수인 경우 우극한 $\lim_{x \to a+} f(x)$이나 좌극한 $\lim_{x \to a-} f(x)$를 구할 때 [정리 2.5], [정리 2.6], [정리 2.7]에서 $\lim_{x \to a} f(x)$를 구하는 방법을 동일하게 적용한다.

[함수 f가 a를 중심으로 분리되어 정의된 경우 극한 $\lim_{x \to a} f(x)$를 구하는 방법]

① $a<x$인 경우 f의 정의에 의해 우극한 $\lim_{x \to a+} f(x)$를 구하고
$a>x$인 경우 f의 정의에 의해 좌극한 $\lim_{x \to a-} f(x)$를 구한다.

② $\lim_{x \to a-} f(x)=\lim_{x \to a+} f(x)$이면 극한 $\lim_{x \to a} f(x)$가 존재하고
$\lim_{x \to a-} f(x) \neq \lim_{x \to a+} f(x)$이면 극한 $\lim_{x \to a} f(x)$가 존재하지 않는다.

[예제 2.13] 함수 $f(x)=\begin{cases}1, & x>0\\ x, & x<0\end{cases}$의 $x=0$에서의 극한 $\lim_{x\to 0} f(x)$을 구하여라. [연습문제 23~26]

[풀이] $x=0$를 중심으로 함수가 나뉘어 정의되었으므로 좌극한과 우극한을 구해보자.

$$\lim_{x\to 0+} f(x)=\lim_{x\to 0+} 1=1\text{이고 }\lim_{x\to 0-} f(x)=\lim_{x\to 0-} x=0.$$

$\lim_{x\to 0+} f(x)=1\neq 0=\lim_{x\to 0-} f(x)$이므로 [정리 2.1]에 의해 $\lim_{x\to 0} f(x)$은 존재하지 않는다. ■

[예제 2.14] 다음 주어진 함수 f의 극한 $\lim_{x\to 0} f(x)$이 존재하는 지를 판별하여라. [연습문제 23~26]

$$f(x)=\begin{cases}2x-2, & x>0\\ -(x+2)^2, & x\le 0\end{cases}$$

[풀이] $x=0$를 중심으로 함수가 나뉘어 정의되었으므로 좌극한과 우극한을 구해보자.

$$\lim_{x\to 0+} f(x)=\lim_{x\to 0+}(2x-2)=-2\text{이고 }\lim_{x\to 0-} f(x)=\lim_{x\to 0-}\left[-(x+4)^2\right]=-4.$$

$\lim_{x\to 0-} f(x)=-2\neq -4=\lim_{x\to 0+} f(x)$이므로 [정리 2.1]에 의하여 극한 $\lim_{x\to 0} f(x)$는 존재하지 않는다. ■

연습문제

• Part 1

[1-10] 다음 극한을 구하여라. [예제 2.8~2.9]

1. $\lim_{x\to 3}(x^3-3x^2+9x)$
2. $\lim_{x\to -2}(x^2+1)(x^3-x+2)$
3. $\lim_{x\to -1}(x^3+1)^2$
4. $\lim_{x\to -1} x^2(1-x^3)$
5. $\lim_{x\to \frac{1}{2}}((2x)^3-2x+1)$
6. $\lim_{x\to -1}\sqrt{-5x+3}$
7. $\lim_{x\to 2}(x^2+\sqrt{2x+3})$
8. $\lim_{x\to 1}\sqrt{x(x+1)^2}$
9. $\lim_{x\to 2}(x\sqrt{3x^2-x+3})$
10. $\lim_{x\to 2}\sqrt[3]{9x^3-8}$

[11-22] 다음 극한을 구하여라. [예제 2.10~2.12]

11. $\lim_{x\to 1}\frac{3}{2x+1}$
12. $\lim_{x\to -4}\frac{4}{x+3}$
13. $\lim_{x\to 1}\frac{4x}{x^2+x}$
14. $\lim_{x\to 2}\frac{x}{\sqrt{x+2}}$
15. $\lim_{x\to 2}\frac{\sqrt[3]{x^2+2x}}{\sqrt{x+2}}$

16. $\lim_{x\to 2}\frac{2x^3+1}{\sqrt{x^2+3x-1}}$

17. $\lim_{x\to 2}\frac{x^2-4}{x-2}$

18. $\lim_{x\to -1}\frac{x^3-x}{x+1}$

19. $\lim_{x\to -3}\left(\frac{2x}{x+3}+\frac{6}{x+3}\right)$

20. $\lim_{x\to 0}\frac{x^3-x^2}{x^2}$

21. $\lim_{x\to 0}\frac{\sqrt{2+x}-\sqrt{2}}{x}$

22. $\lim_{x\to 2}\frac{x-2}{\sqrt{x}-\sqrt{2}}$

[23-26] 다음 물음에 답하여라. [예제 2.13~2.14]

23. $f(x)=\begin{cases}2x-3, & x\le 1\\ 3-x, & x>1\end{cases}$에 대하여 $\lim_{x\to 1}f(x)$을 구하여라.

24. $f(x)=\begin{cases}3x-1, & x<1\\ 3, & x=1\\ 2x, & x>1\end{cases}$에 대하여 $\lim_{x\to 1}f(x)$을 구하여라.

25. $f(x)=\begin{cases}x-2, & x<0\\ x^2, & 0\le x\le 2\\ 2x, & x>2\end{cases}$에 대하여 $\lim_{x\to 0}f(x)$과 $\lim_{x\to 2}f(x)$을 구하여라.

26. $f(x)=\begin{cases}\sqrt[3]{x}, & x\le -1\\ x, & -1<x\le 2\\ (x-1)^2, & x>2\end{cases}$에 대하여 $\lim_{x\to -1}f(x)$과 $\lim_{x\to 2}f(x)$을 구하여라.

• Part 2

[27-32] 그림을 보고 다음을 구하여라.

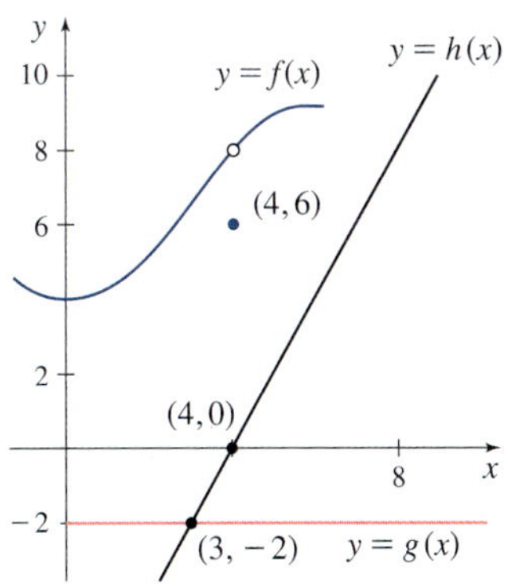

27. $\lim_{x\to 4}f(x)+g(x)$

28. $\lim_{x\to 4}2h(x)$

29. $\lim_{x\to 4}f(x)[g(x)-h(x)]$

30. $\lim_{x\to 4}f(x)g(x)$

31. $\lim_{x\to 4}\frac{g(x)}{f(x)}$

32. $\lim_{x\to 4}\frac{h(x)}{f(x)}$

[33-44] 다음 함수의 극한을 구하여라.

33. $\lim_{x\to 3}(x^2+x)(2x^3-3)$

34. $\lim_{x\to 5}\frac{3x^2+1}{x^2-5x+2}$

35. $\lim_{x\to -2}\sqrt{9-x^3+2x^2}$

36. $\lim_{x\to -1}\left(\frac{2x^5-x^4}{5x^2+4}\right)^3$

37. $\lim_{x\to 3}\sqrt[3]{x+5}\,(2x^2-x)$

38. $\lim_{x\to 3}\frac{\sqrt{x+1}-2}{x-3}$

39. $\lim_{x\to 2}\frac{x^2+2x-8}{x^2-x-2}$

40. $\lim_{x\to 3}\frac{\frac{1}{x}-\frac{1}{3}}{x-3}$

41. $\lim_{x\to 0}\frac{(x+2)^2-4}{x}$

42. $\lim_{x\to 0}\frac{|x|}{x}$

43. $\lim_{x\to 2}[x]$; $[x]$는 x를 넘지 않는 최대 정수

44. $\lim_{x\to \frac{1}{2}}[x]$; $[x]$는 x를 넘지 않는 최대 정수

2.3 함수의 연속

연결된 곡선의 기본적인 모형은 직선의 연결성이다. 직선의 연결성으로 극한의 개념을 정의하고 따라서 연속성을 정의한다.

함수의 극한의 첫 번째 응용은 함수의 연속이다. 함수의 연속의 개념은 좌표평면에 그려진 실함수의 그래프가 연결된 곡선이라는 것이다. 역사적으로 곡선의 연결성은 중요한 주제였다. 직선의 연결성을 기본 가정으로 직선에서 정의된 실함수의 그래프의 연결성을 실함수의 그래프의 극한으로 정의해 본다.

2.3.1 함수의 연속의 정의

◐ 한 점에서 연속

실수의 구간 I에서 정의된 실함수 f가 있다고 하자. 구간 I에 속하는 점 c에서 함수 f가 **연속**이라는 의미에 대하여 알아보자. [그림 2.18](a), (b), (c), (d), (e)에서 보이는 다섯 개의 함수의 그래프가 $x=0$에서 연결되어 있는지 또는 끊어졌는지를 알아보자.

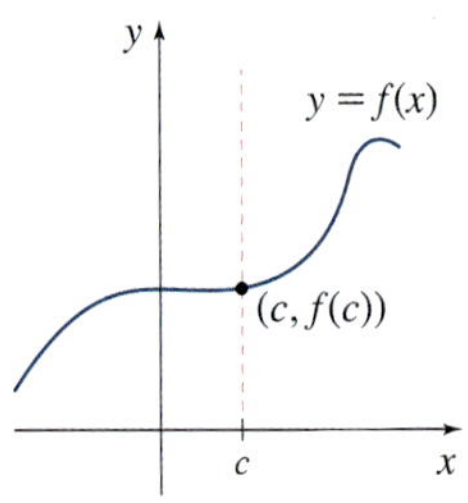

[그림 2.18](a)

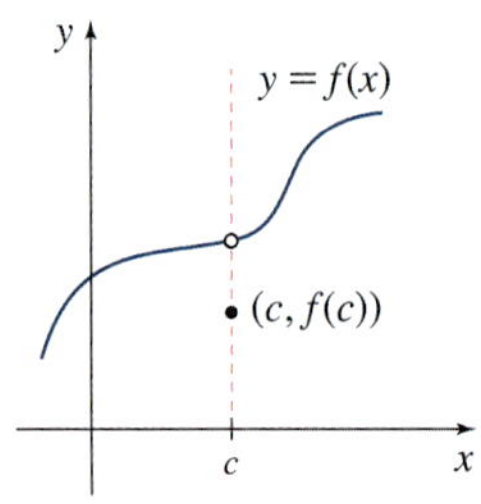

[그림 2.18](b)

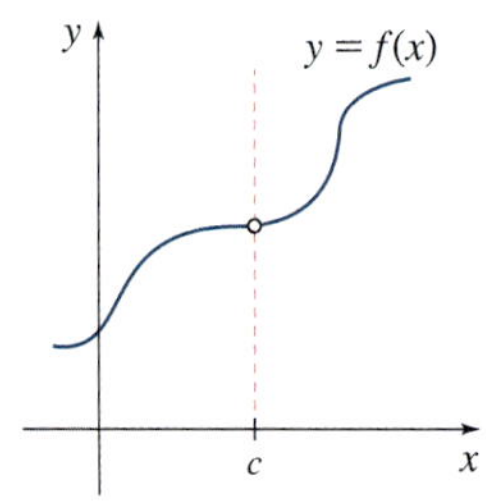

[그림 2.18](c)

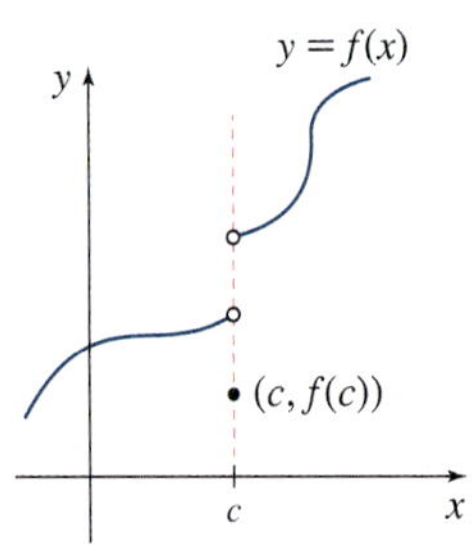

[그림 2.18](d)

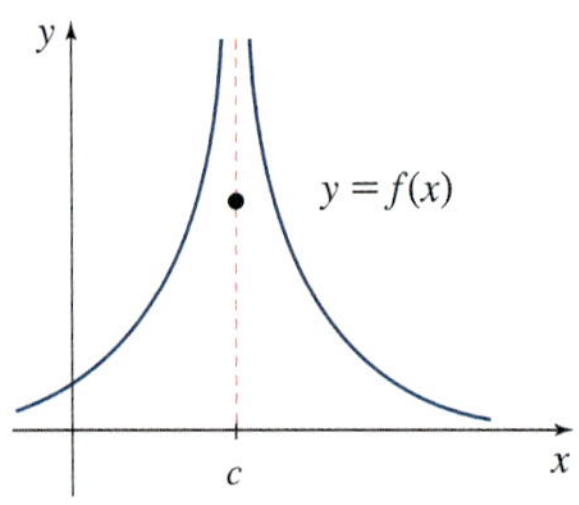

[그림 2.18](e)

함수의 그래프인 곡선이 $x=c$에서 연결되어 있는 것은 [그림 2.18](a)이다.
함수의 그래프가 $x=c$에서 끊어져 있는 것은 [그림 2.18](b), (c), (d), (e)이다.
[그림 2.18](b), (c)의 그래프는 $x=c$에서 구멍이 있어서 곡선이 끊어진 상태이다.
[그림 2.18](d), (e)의 그래프는 $x=c$에서 완전히 두 개의 곡선으로 분리되어서 곡선이 끊어진 상태이다.

함수의 그래프의 연결된 성질은 함수의 연속에 대한 정의이다. 즉, 함수 f가 $x=c$

에서 연속임은 함수 f의 그래프가 $x=c$에서 연결되어 있음을 의미한다.

(i) [그림 2.17](a)의 함수 f의 그래프는 $x=c$에서 연결된 곡선이므로 함수 f는 $x=c$에서 연속이라고 한다.

(ii) [그림 2.17](b), (c), (d), (e)의 함수 f의 그래프는 $x=c$에서 끊어진 곡선이므로 함수 f는 $x=c$에서 연속이 아니다.

함수가 점 c에서 연속이라는 수학적 정의는 다음과 같다.

> **[정의 2.3: 한 점에서 연속]** 구간 I 위의 실함수 f와 구간 I에 속하는 점 c를 잡자. 함수 f가 다음을 만족하면 $x=c$에서 **연속**이라고 한다.
>
> $$\lim_{x\to c} f(x) = f(c)$$

함수 f의 $x=c$에서 **연속**에 대한 정의인 $\lim_{x\to c} f(x)=f(c)$는 다음 3가지가 모두 성립해야 하는 것을 의미한다.

① 극한 $\lim_{x\to c} f(x)$가 존재한다.

② 함숫값 $f(c)$이 존재한다.

③ 극한 $\lim_{x\to c} f(x)$과 함숫값 $f(c)$가 같다.

다음 명제들은 같은 의미이다.

(1) 함수 f의 그래프는 $x=c$에서 연결되어 있다.

(2) 함수 f가 $x=c$에서 연속이다.

(3) $\lim_{x\to c} f(x)= f(c)$

[그림 2.18](a)에서 함수 f의 그래프는 $x=c$에서 연결되어 있고 ① 극한 $\lim_{x\to c} f(x)$이 있고 ② 함숫값 $f(c)$가 있고 ③ $\lim_{x\to c} f(x)=f(c)$이다. 즉, 3가지가 모두 성립한다. 그러므로 함수 f는 $x=c$에서 연속이다.

여기서 연속함수의 정의에 대해 유용한 해석을 알아보자.

> 다음은 동치인 명제들이다.
>
> (i) 함수 f가 $x=c$에서 연속이다. 즉, $\lim_{x\to c} f(x)=f(c)$.
>
> (ii) $\lim_{x\to c} f(x) = f(\lim_{x\to c} x)$

성질 (ii)는 함수 f가 $x=c$에서 연속이라는 의미가 극한 기호 $\lim_{x\to c}$가 함수 기호의 내부로 들어갈 수 있다는 것이다. 이 성질은 연속함수의 성질을 활용할 때 유용하게 사용된다.

◐ 한 점에서 불연속

함수 f가 $x=c$에서 연속이 아니면 함수 f가 $x=c$에서 **불연속**이라고 한다. 함수 f가 $x=c$에서 불연속임을 판단할 수 있는 기준을 정리하면 다음과 같다.

함수 f가 $x=c$에서 불연속임을 보일 때 [함수의 불연속의 기준]의 ①, ②, ③ 중에서 불연속의 이유를 찾아야 한다.

[함수의 불연속에 대한 기준] 구간 I 위의 실함수 f와 구간 I에 있는 점 c를 잡자. 함수 f가 $x=c$에서 불연속임은 다음 세 가지 중 적어도 한 가지가 성립한다.

① 극한 $\lim_{x\to c} f(x)$가 존재하지 않는다.

② 함숫값 $f(c)$가 존재하지 않는다.

③ 극한 $\lim_{x\to c} f(x)$가 함숫값 $f(c)$와 같지 않다.

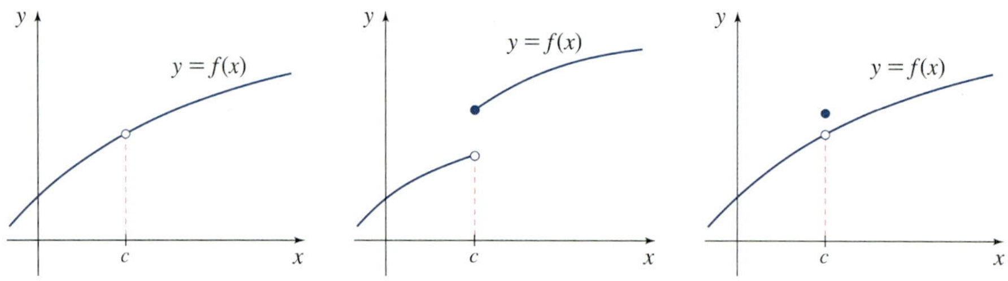

[그림 2.19](a) [그림 2.19](b) [그림 2.19](c)

함수 f가 $x=c$에서 불연속이라는 것과 $x=c$에서 연속이 아니라는 것은 같은 의미이다.

[그림 2.19](a), (b), (c)에 있는 함수의 그래프는 $x=c$에서 불연속이다.

[그림 2.19](a)는 ② 함숫값 $f(c)$가 정의되어 있지 않기 때문에 함수 f는 $x=c$에서 연속이 아니다.

[그림 2.19](b)는 ① 극한 $\lim_{x\to 0} f(x)$이 존재하지 않기 때문에 함수 f는 $x=c$에서 연속이 아니다.

[그림 2.19](c)는 ③ $\lim_{x\to c} f(x) \neq f(c)$이므로 함수 f는 $x=c$에서 연속이 아니다.

[예제 2.15] (1) 함수 $f(x)=3x^2-5x+4$가 $x=1$에서 연속인지 알아보아라.

(2) 함수 $g(x)=\dfrac{x^2+2}{x^2-4}$가 $x=-2,\ 0,\ 2$에서 각각 연속인지 알아보아라. [연습문제 1~8]

[풀이] (1) 다항함수 f의 정의역 $D(f)$은 실수 전체이고 $f(1)=2$이다.

$\lim_{x\to 1} f(x)=\lim_{x\to 1}(3x^2-5x+4)=2$이다. 그리고 $\lim_{x\to 1} f(x)=2=f(1)$이다.

그러므로 함수 $f(x)=3x^2-5x+4$는 $x=1$에서 연속이다.

(2) 함수 g의 정의역 $D(g)$은 -2와 2를 제외한 모든 실수이므로 $g(-2)$, $g(2)$이 존재하지 않는다. 그러므로 함수 g는 $x=-2, 2$에서 불연속이다.

이제 함수 g가 $x=0$에서 연속인지를 알아보자. $x=0$에서 분모가 0이 아니므로

$$\lim_{x \to 0} g(x) = \lim_{x \to 0} \frac{x^2+2}{x^2-4} = \frac{2}{-4} = -\frac{1}{2} = g(0)$$

이다. 그러므로 함수 g는 $x=0$에서 연속이다. ■

[예제 2.16] 다음 함수 f가 $x=3$에서 불연속임을 보여라. [연습문제 1~8]

$$f(x) = \begin{cases} \dfrac{x^2-9}{x-3}, & x<3 \\ 9, & x=3 \\ x^2-3, & x>3 \end{cases}$$

[풀이] 우선 $x=3$에서의 함수 f의 극한을 구해보자.
함수 f가 $x=3$을 중심으로 다르게 정의되었으므로 우극한과 좌극한을 구해보자.

$$\lim_{x \to 3+} f(x) = \lim_{x \to 3+} (x^2-3) = 3^2-3 = 6$$

$$\lim_{x \to 3-} f(x) = \lim_{x \to 3-} \frac{x^2-9}{x-3} = \lim_{x \to 3-} \frac{(x+3)(x-3)}{x-3} = \lim_{x \to 3-} (x+3) = 3+3 = 6$$

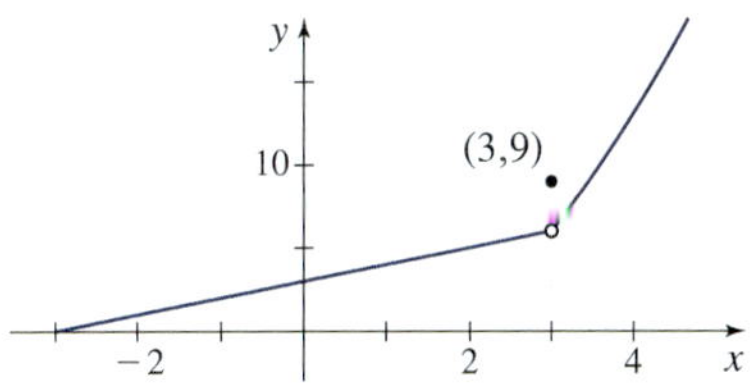

[그림 2.20]

$\lim_{x \to 3+} f(x) = 6 = \lim_{x \to 3-} f(x)$이므로 극한 $\lim_{x \to 3} f(x) = 6$이다.
함수 f의 정의에 의하여 $f(3)=9$이다.
$\lim_{x \to 3} f(x) = 6 \neq 9 = f(3)$이므로 함수 f는 $x=3$에서 불연속이다.
[그림 2.20]의 함수 f의 그래프는 $x=3$에서 끊어져 있음을 볼 수 있다. ■

◐ 제거가능한 불연속점

유리함수 f가 다음과 같은 성질을 갖는다면 $x=a$에서 연속이 아니다.

- 함수 f의 $x=a$에서 극한 $\lim_{x \to a} f(x)$가 존재한다.
- $x=a$에서의 함수 f가 정의되지 않는다. 즉, 함숫값 $f(a)$이 없다.

그러나 $x=a$에서 함수 f를 다음과 같이 정의하면 $x=a$에서 연속이다.

$$f(a) := \lim_{x \to a} f(x)$$

이러한 $x=a$를 함수 f의 **제거가능한 불연속점**이라고 한다.

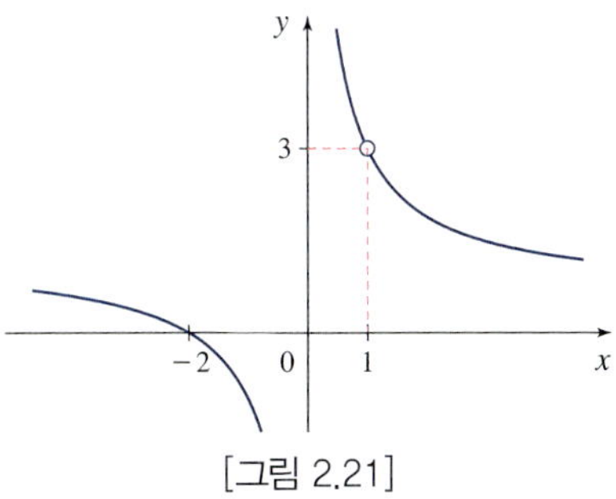

[그림 2.21]

[예제 2.17] 다음 함수 $f(x) = \dfrac{x^2+x-2}{x^2-x}$가 $x=1$에서 연속이 되도록 $x=1$의 함숫값 $f(1)$를 구하여라. [연습문제 9~10, 11~12]

[풀이] 유리함수 f의 그래프는 [그림 2.21]에서 볼 수 있다.
우선 $x=1$에서의 함수 f의 극한 $\lim_{x \to 1} f(x)$을 구해보자.
함수 f의 분모 $P(x)=x^2-x$와 분자 $Q(x)=x^2+x-2$에 대해 $P(1)=Q(1)=0$.
그러므로 분모 $P(x)$와 $Q(x)$를 인수분해를 하면 다음과 같다.

$$P(x) = x^2 - x = x(x-1)\text{이고 } Q(x) = x^2 + x - 2 = (x-1)(x+2)$$

극한 $\lim_{x \to 1} f(x)$을 구하면 다음과 같다.

$$\lim_{x \to 1} f(x) = \lim_{x \to 1} \frac{x^2 + x - 2}{x^2 - x} = \lim_{x \to 1} \frac{(x-1)(x+2)}{x(x-1)} = \lim_{x \to 1} \frac{x+2}{x} = 3$$

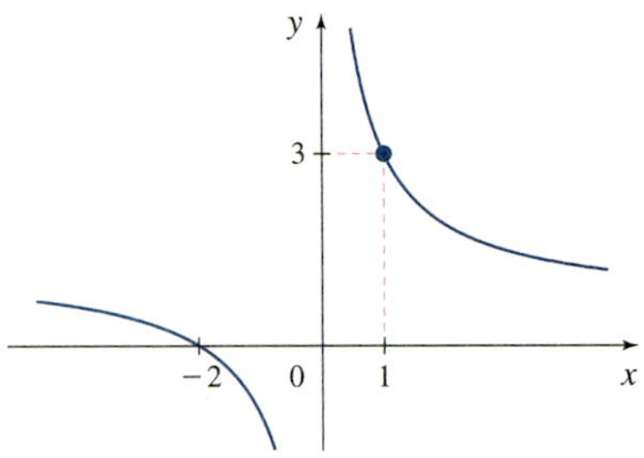

[그림 2.22]

함수 f의 정의역 $D(f)$는 1을 제외한 실수이므로 함숫값 $f(1)$은 존재하지 않는다. 그러므로 함수 f는 $x = c$에서 연속이 아니다.

[그림 2.21]에서 함수 f의 그래프를 보면 $x = 1$에서 구멍이 있다.

함수 f의 그래프의 구멍을 채우면 그래프는 연결되고 함수 f가 연속이다.

함수 f의 그래프의 구멍을 채우기 위해 $\lim_{x \to 1} f(x) = f(1)$이도록 $f(1)$을 정의하자.

$x = 1$에서 함숫값 $f(1) = 3$이라고 정의하자. ([그림 2.22] 참고)

그러면 $\lim_{x \to 1} f(x) = 3 = f(1)$이므로 함수 f는 $x = 1$에서 연속이다. ■

◐ 한쪽 연속: 우연속과 좌연속

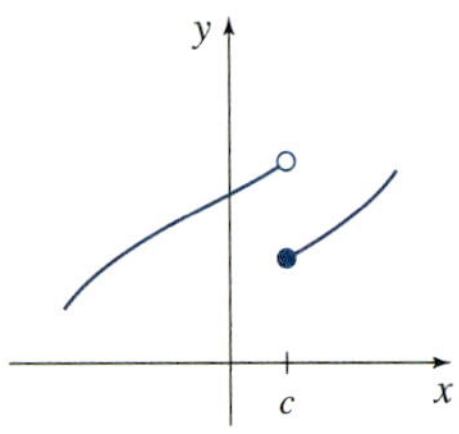

[그림 2.23](a) $y = f(x)$의 그래프

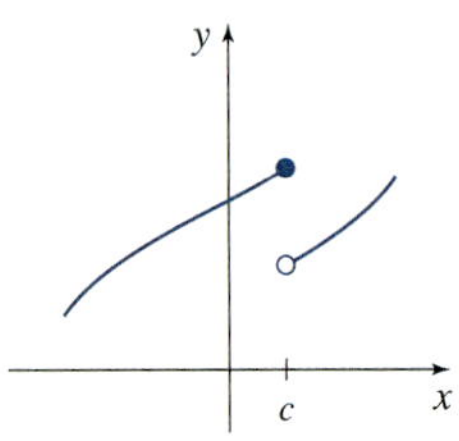

[그림 2.23](b) $y = g(x)$의 그래프

함수 f의 그래프가 [그림 2.23](a)이고 함수 g의 그래프가 [그림 2.23](b)이다.

[그림 2.23](a)에서 함수 f의 그래프를 보면

- $x = c$에서 함수 f의 우극한 $\lim_{x \to c+} f(x)$이 있고 함숫값 $f(c)$와 같다.
- $x = c$에서 함수 f의 좌극한 $\lim_{x \to c-} f(x)$이 있지만 함숫값 $f(c)$와 같지 않다.

이러한 함수 f는 $x = c$에서 우연속이지만 좌연속은 아니라고 한다.

[그림 2.23](b)에서 함수 g의 그래프를 보면

- $x = c$에서 함수 g의 좌극한 $\lim_{x \to c-} g(x)$이 있고 함숫값 $g(c)$와 같다.
- $x = c$에서 함수 g의 우극한 $\lim_{x \to c+} g(x)$이 있지만 함숫값 $g(c)$와 같지 않다.

이러한 함수 g는 $x = c$에서 좌연속이지만 우연속은 아니라고 한다.

[정의 2.4: 우연속과 좌연속]

(1) 함수 f가 $\lim_{x \to c-} f(x) = f(c)$이 성립하면 $x = c$에서 **좌연속**이라고 한다.

(2) 함수 f가 $\lim_{x \to c+} f(x) = f(c)$이 성립하면 $x = c$에서 **우연속**이라고 한다.

[정리 2.1]과 [정의 2.4]를 사용하여 다음과 같이 함수의 연속성을 보일 수 있다.

함수 f가 $x = c$에서 좌연속이고 우연속이면 함수 f의 $x = c$에서 연속이다.

[예제 2.18] 함수 $H(x)=\begin{cases}1, & x\ge 0\\ 0, & x<0\end{cases}$에 대하여

(1) 함수 H는 $x=0$에서 우연속인지 판별하여라.

(2) 함수 H는 $x=0$에서 좌연속인지 판별하여라.

(3) 함수 H는 $x=0$에서 연속인지 판별하여라.

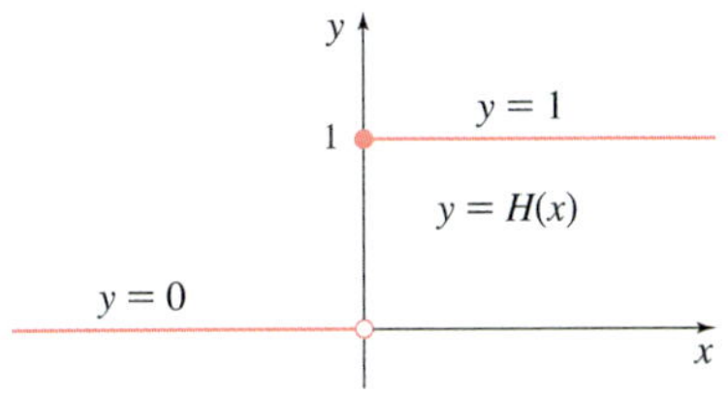

[그림 2.24]

[풀이] 함수 H의 그래프는 [그림 2.24]에서와 같다.

(1) $x>0$이면 $H(x)=1$이므로 $\lim_{x\to 0+} H(x)=1$이다. 함수 H의 정의에 의해 $H(0)=1$이므로 $\lim_{x\to 0+} H(x)=1=H(0)$이다. 그러므로 함수 H는 $x=0$에서 우연속이다.

(2) $x<0$인 $H(x)=0$이므로 $\lim_{x\to 0-} H(x)=0$이다. $\lim_{x\to 0-} H(x)=0\neq 1=H(0)$이므로 함수 H는 $x=0$에서 좌연속이 아니다.

(3) 좌극한 $\lim_{x\to 0-} H(x)=0$이고 우극한 $\lim_{x\to 0+} H(x)=1$이므로 $\lim_{x\to 0-} H(x)\neq \lim_{x\to 0+} H(x)$이다. 그러므로 극한 $\lim_{x\to 0+} H(x)$은 존재하지 않는다. 그러므로 함수 H는 $x=0$에서 불연속이다.* ([그림 2.24] 참고) ■

* (3)은 다음과 같이 풀이할 수 있다.
: (1)과 (2)에 의해 함수 H가 좌연속이 아니므로 $x=0$에서 불연속이다.

◐ 구간에서 연속

지금까지 한 점에서의 함수의 연속성을 공부하였다. 이제부터 구간에서의 함수의 연속성에 대하여 알아보자.

> **[정의 2.5: 구간에서 연속]** 함수 f가 구간 I의 모든 점에서 연속이면 함수 f가 구간 I에서 연속이라고 한다.

구체적으로 함수의 정의역이 다음 4가지 경우에 대하여 함수의 연속을 구체적으로 알아보자.

> **[정리 2.8: 구간에서의 연속]**
>
> (i) 구간 $I=(a,b)$인 경우 $a<c<b$인 모든 점 c에서 $\lim_{x\to c} f(x)=f(c)$이면 함수 f는 구간 (a,b)에서 연속이다. ([그림 2.25](a) 참고)
>
> (ii) 구간 $I=[a,b)$인 경우 $a<c<b$에서 $\lim_{x\to c} f(x)=f(c)$이고 $\lim_{x\to a+} f(x)=f(a)$이면 함수 f는 구간 $[a,b)$에서 연속이다. ([그림 2.25](b) 참고)
>
> (iii) 구간 $I=(a,b]$인 경우 $a<c<b$에서 $\lim_{x\to c} f(x)=f(c)$이고 $\lim_{x\to b-} f(x)=f(b)$이면 함수 f는 구간 $(a,b]$에서 연속이다. ([그림 2.25](c) 참고)
>
> (iv) 구간 $I=[a,b]$인 경우 $a<c<b$에서 $\lim_{x\to c} f(x)=f(c)$이고 $\lim_{x\to a+} f(x)=f(a)$이고 $\lim_{x\to b-} f(x)=f(b)$이면 함수 f는 구간 $[a,b]$에서 연속이다. ([그림 2.25](d) 참고)

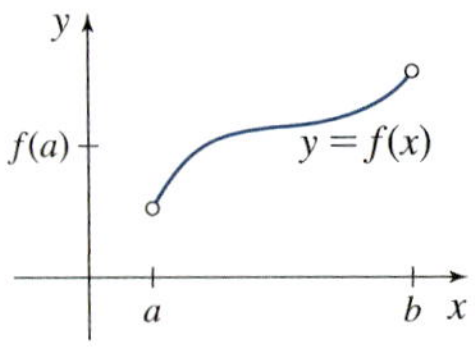

[그림 2.25](a)
함수 f가 구간 (a, b)에서 연속

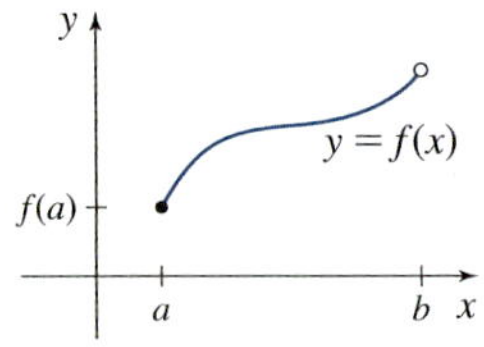

[그림 2.25](b)
함수 f가 구간 $[a, b)$에서 연속

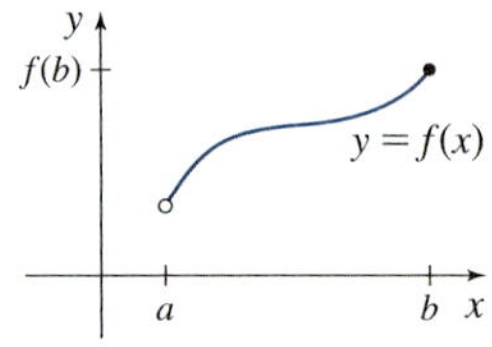

[그림 2.25](c)
함수 f가 구간 $(a, b]$에서 연속

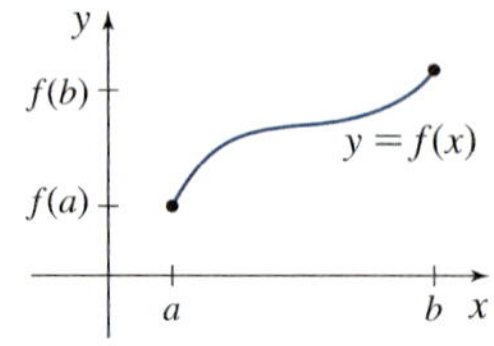

[그림 2.25](d)
함수 f가 구간 $[a, b]$에서 연속

[주의]

(1) 구간 I에서 함수 f의 연속성을 판별할 때 점 c가 구간의 경계점인지 또는 경계가 아닌 구간 I의 내부의 점인지를 구분하여 연속성을 판별해야 한다.

(2) 구간 I에서 함수 f가 불연속을 보이는 방법은 구간 I에서 함수 f가 불연속인 점을 적어도 하나 찾아야 한다.

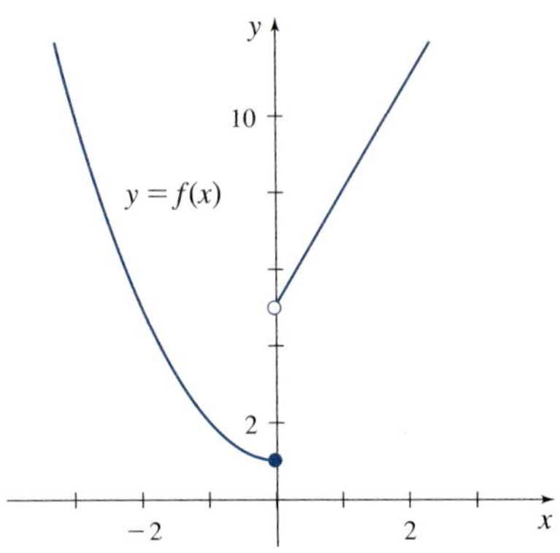

[그림 2.26]

[예제 2.19] 다음 함수에 대하여 물음에 답하여라. ([그림 2.26] 참고)

$$f(x) = \begin{cases} x^2 + 1, & x \leq 0 \\ 3x + 5, & x > 0 \end{cases}$$

(1) 함수 f가 실수 전체에서 연속인지 판별하여라.

(2) 함수 f가 구간 $(-\infty, 0]$에서 연속인지 판별하여라.

(3) 함수 f가 구간 $[0, \infty]$에서 연속인지 판별하여라.

[풀이]

(1) 함수 f의 그래프를 실수 전체에서 보면 그래프가 $x = 0$에서 연결되지 않음을 볼 수 있다. 그러므로 함수 f가 $x = 0$에서 불연속임을 보이자.
$x = 0$에서 함수 f의 우극한과 좌극한을 구하면 다음과 같다.

$$\lim_{x \to 0+} f(x) = \lim_{x \to 0+} (3x + 5) = 5$$

$$\lim_{x \to 0-} f(x) = \lim_{x \to 0-} (x^2 + 1) = 1$$

$\lim_{x \to 0-} f(x) \neq \lim_{x \to 0+} f(x)$이므로 극한 $\lim_{x \to 0} f(x)$이 존재하지 않는다.
함수 f는 $x = 0$에서 불연속이다.
그러므로 함수 f는 실수 전체에서 연속이 아니다.

(2) 구간 $(-\infty, 0]$에서 구간의 내부인 열린 구간 $(-\infty, 0)$에 있는 점 c와 경계점 0으로 나누어 연속성을 알아보자.
우선 열린 구간 $(-\infty, 0)$에 있는 점 c에서의 연속성을 알아보자.
$c < 0$이므로 함수 f의 정의에 의해서

$$\lim_{x \to c} f(x) = \lim_{x \to c} (x^2 + 1) = c^2 + 1 = f(c)$$

이므로 f는 $x = c$에서 연속이다.

다음 경계점 0에서 좌연속을 살펴보면 다음과 같다.

$$\lim_{x \to 0-} f(x) = \lim_{x \to 0-} (x^2 + 1) = 1 = f(0)$$

그러므로 함수 f는 $x=0$에서 좌연속이다.
두 가지 경우를 종합하여 구간 $(-\infty, 0]$에 있는 모든 점 c에서 f는 연속이다.
그러므로 함수 f는 구간 $(-\infty, 0]$에서 연속이다.

(3) 구간 $[0, \infty)$에서 구간의 내부인 열린 구간 $(0, \infty)$에 있는 점 c와 경계점 0으로 나누어 연속성을 알아보자.
우선 열린 구간 $(0, \infty)$에 속하는 점 c에서 연속성을 알아보자.
$c > 0$이므로 함수 f의 정의에 의해서

$$\lim_{x \to c} f(x) = \lim_{x \to c}(3x+5) = 3c+5 = f(c)$$

이므로 f는 $x=c$에서 연속이다.
다음 경계점 $c=0$에서는 우연속을 살펴보면 다음과 같다.

$$\lim_{x \to 0+} f(x) = \lim_{x \to 0+} (3x+5) = 5 \neq 1 = f(0)$$

그러므로 f는 $x=0$에서 우연속이 아니다.
그러므로 함수 f는 구간 $[0, \infty)$에서 불연속이다. ■

2.3.2 연속함수의 성질과 연속함수들

◐ 연속함수의 성질

연속함수들의 사칙연산으로 만들어진 새로운 함수들도 연속함수임을 알아보자.

[정리 2.9: 연속함수의 성질]
함수 f와 g가 $x=c$에서 연속이고 k는 실수라고 하자.
(1) 함수 $f+g$도 $x=c$에서 연속이다.
(2) 함수 $f-g$도 $x=c$에서 연속이다.
(3) 함수 kf도 $x=c$에서 연속이다.
(4) 함수 fg도 $x=c$에서 연속이다.
(5) $g(c) \neq 0$이면 함수 $\frac{f}{g}$도 $x=c$에서 연속이다.

[정리 2.9: 연속함수의 성질]은 [정리 2.2: 극한의 성질 1]에 의하여 유도될 수 있다. 예를 들어서 [정리 2.9: 연속함수의 성질] (1)을 살펴보자. 함수 f와 g가 $x=c$에서 연속이므로 $x=a$에서 f와 g의 극한은 존재하고 다음과 같다.

$$\lim_{x \to c} f(x) = f(c) \text{이고 } \lim_{x \to c} g(x) = g(c)$$

[정리 2.2: 극한의 성질 1]에 의하여

$$\lim_{x \to c}(f+g)(x) = \lim_{x \to c}(f(x)+g(x)) = f(c)+g(c)$$

이므로 함수 $f+g$도 $x=c$에서 연속임을 알 수 있다.

◐ 합성함수의 연속성

함수의 연산에 대한 연속성을 다루었고 다음은 연속인 두 함수를 합성한 합성함수의 연속성을 알아보자.

> **[정리 2.10: 합성함수의 연속성]** 함수 f가 $g(c)$에서 연속이고 함수 g가 c에서 연속이면 합성함수 $f \circ g$도 c에서 연속이다. 즉, 다음과 같다.
>
> $$\lim_{x \to c}(f \circ g)(x) = (f \circ g)(c)$$

함수 f가 $x=c$에서 연속이라는 것은 극한의 기호 $\lim_{x \to c}$가 함수의 기호 내부로 들어갈 수 있음을 의미한다. 즉,

$$\lim_{x \to c} f(x) = f\left(\lim_{x \to c} x\right).$$

함수가 연속이면 극한의 기호가 함수의 기호 안으로 들어갈 수 있음을 의미하기 때문에 [정리 2.10: 합성함수의 연속성]을 대략적으로 증명해 보자.

$$\lim_{x \to c}(f \circ g)(x) = \lim_{x \to c} f(g(x))^{*} = f(\lim_{x \to c} g(x)) = f(g(c)) = (f \circ g)(c)$$

f가 연속　　g가 연속

* 함수 g가 $x=c$에 연속이므로 $[x \to c]$이면 $[g(x) \to g(c)]$.

그러므로 $\lim_{x \to c}(f \circ g)(x) = (f \circ g)(c)$.

[정리 2.10: 합성함수의 연속성]에서 극한 $\lim_{x \to c}$의 기호는 우극한 기호 $\lim_{x \to c+}$ 나 좌극한 기호 $\lim_{x \to c-}$ 로 대치하여도 성립한다.

$$\lim_{x \to c+}(f \circ g)(x) = f(b) \text{이고 } \lim_{x \to c-}(f \circ g)(x) = f(b).$$

◐ 역함수의 연속성

1.5절에서 함수 f가 일대일이면 역함수 f^{-1}를 가지며, f와 f^{-1}의 그래프는 직선 $y=x$에 대하여 대칭인 것을 다루었다. [그림 2.27]에서 그래프의 연결성을 보면 함수 f가 연속이면 그의 역함수 f^{-1}도 연속임을 알 수 있다. (엄밀한 증명은 좀 더 다양한 수학적 사실들이 필요하지만 여기서는 직관적으로 이해할 수 있는 정도의 설명을 한다.)

함수 f가 역함수 f^{-1}를 갖는 경우 다음은 동치이다.

f가 구간 I에서 연속

$\Leftrightarrow$ f의 그래프가 연결된 곡선

$\Leftrightarrow$ f^{-1}의 그래프가 연결된 곡선

$\Leftrightarrow$ f^{-1}도 정의역 구간 $f(I)$에서 연속

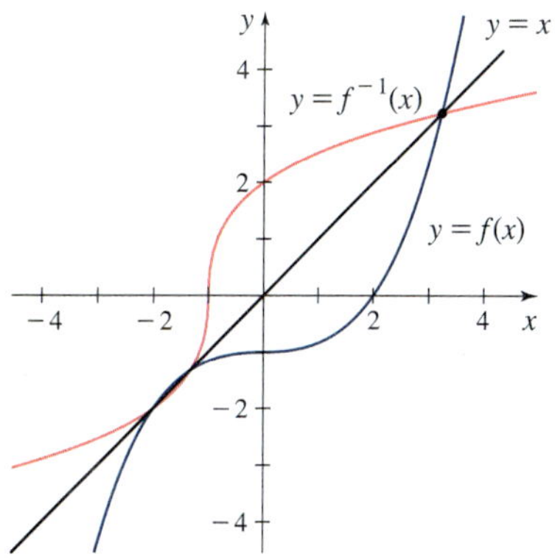

[그림 2.27]

> **[정리 2.11: 역함수의 연속성]** 함수 f가 구간 I에서 일대일이고 연속이면 f의 역함수 f^{-1}도 정의역 $f(I)$에서 연속이다.

◐ 연속인 함수들

구간 I에서 연속인 함수들은 구간 I에 있는 모든 점 $x = c$에서 다음을 만족한다.

$$\lim_{x \to c} f(x) = f(c)$$

2.2절 극한의 성질과 연속함수의 성질들을 참고하여 연속함수들을 알아보자.

함수 f가 $x = c$에서 연속임의 정의는 $\lim_{x\to c} f(x) = f(c)$이다. 이것은 극한 $\lim_{x\to c} f(x)$를 구하는 경우 극한 $\lim_{x\to c} f(x)$를 $x = c$에서의 함수값 $f(c)$로 구하게 된다면 함수 f가 $x = c$에서 연속이라는 것이다.

(1) 다항함수는 실수 전체에서 연속이다.
[정리 2.5: 다항함수와 무리함수의 극한]에서 다음의 다항함수가 있을 때

$$f(x) = c_n x^n + c_{n-1} x^{n-1} + \cdots + c_1 x + c_0$$

모든 실수 a에 대하여 $\lim_{x \to a} f(x) = f(a)$.
즉, 다항함수는 실수 전체에서 연속이다.

(2) 유리함수는 정의역에서 연속이다.
유리함수 $f(x) = \dfrac{c_n x^n + c_{n-1} x^{n-1} + \cdots + c_1 x + c_0}{d_m x^m + d_{m-1} x^{m-1} + \cdots + d_1 x + d_0} = \dfrac{Q(x)}{P(x)}$가 있을 때,
[정리 2.6: 분수 형태 함수의 극한 1]에서 $P(a) \neq 0$인 a에 대하여

$$\lim_{x \to a} f(x) = \lim_{x \to a} \frac{Q(x)}{P(x)} = \frac{Q(a)}{P(a)} = f(a).$$

그러므로 유리함수는 분모 함수가 0이 아닌 정의역 내에서 연속이다.

(3) $n > 0$이 홀수이면 $f(x) = \sqrt[n]{x}$은 실수 전체에서 연속이다. ([그림 2.28] 참고)
[정리 2.5: 다항함수와 무리함수의 극한] (1)에서 함수 $g(x) = x^n$은 연속함수

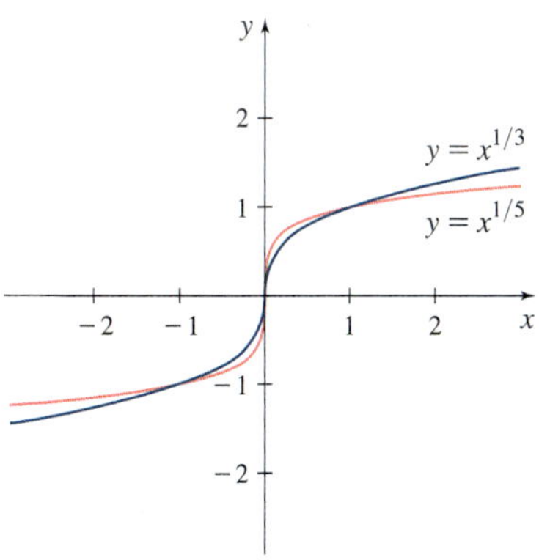

[그림 2.28](a) n이 홀수인 경우 $f(x) = \sqrt[n]{x}$의 그래프

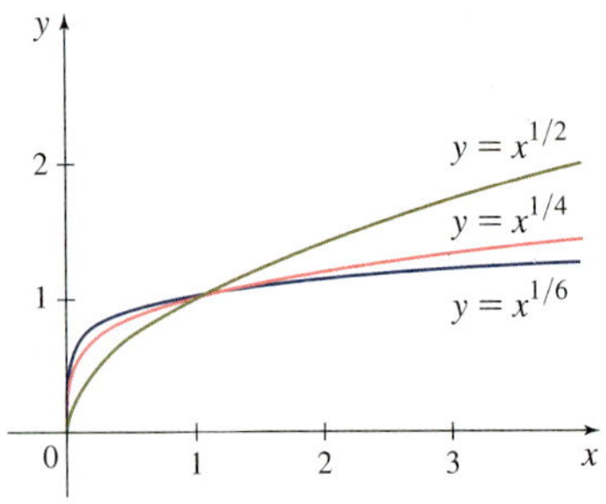

[그림 2.28](b) n이 짝수인 경우 $f(x) = \sqrt[n]{x}$의 그래프

이고 실수 전체에서 일대일이고, 치역도 실수 전체이다.

그러므로 g의 역함수 g^{-1}를 갖고 $g^{-1}(x) = \sqrt[n]{x} = x^{\frac{1}{n}} = f(x)$이다. 연속함수 g의 역함수이므로 [정리 2.11: 역함수의 연속성]에 의하여 $f(x) = \sqrt[n]{x}$는 실수 전체에서 연속이다. 즉, **$n > 0$이 홀수이면 $f(x) = \sqrt[n]{x}$은 실수 전체에서 연속이다.**

(4) $n > 0$이 짝수이면 $f(x) = \sqrt[n]{x}$은 $[0, \infty)$에서 연속이다. ([그림 2.28](b) 참고)

[정리 2.5: 다항함수와 무리함수의 극한]에서 짝수 $n > 0$일 때, 함수 $g(x) = x^n$은 연속함수이고 $[0, \infty)$에서 일대일이고 치역이 $[0, \infty)$이다.

그러므로 함수 g는 역함수 g^{-1}를 갖고 $g^{-1}(x) = \sqrt[n]{x} = x^{\frac{1}{n}} = f(x)$이다. 함수 g가 연속함수이므로 [정리 2.11: 역함수의 연속성]에 의하여 함수 $g^{-1}(x) = f(x) = \sqrt[n]{x}$는 $[0, \infty)$에서 연속이다.

즉, **$n > 0$이 짝수이면 $f(x) = \sqrt[n]{x}$은 $[0, \infty)$에서 연속이다.**

위의 (3)과 (4)는 [정리 2.5: 다항함수와 무리함수의 극한]의 설명이다. 역함수의 연속성을 이용하여 무리함수의 연속성과 극한을 알려주고 있다.
여러 가지 사실들을 종합하면 다음 함수들이 연속임을 알 수 있다.

* 연속인 함수를 아는 것은 유용하다. 연속인 함수는 다음과 같이 극한을 구할 수 있다.

$$\lim_{x \to a} f(x) = f(a)$$

[정리 2.12: 연속인 함수들]*

(1) 다항함수 f는 실수 전체에서 연속이다.

(2) 유리함수 $f(x) = \dfrac{Q(x)}{P(x)}$는 $P(x) \neq 0$인 f의 정의역에서 연속이다.

(3) 무리함수 $f(x) = \sqrt[n]{g(x)}$에 대하여 (이때, n은 자연수)

- n이 홀수이면 함수 g가 연속이면 무리함수 f는 연속이다.
- n이 짝수이면 함수 $g \geq 0$이고 연속이면 무리함수 f는 연속이다.

[예제 2.20] 다음 주어진 함수가 연속인 구간을 구하여라. [연습문제 13~16]

(1) $f(x) = \dfrac{x^2 - 2x + 1}{x - 1}$ (2) $f(x) = \sqrt{4 - x^2}$

[풀이]

[주의] $\dfrac{(x-1)^2}{x-1} \neq x - 1$임을 주의하자.

(1) 함수 $f(x) = \dfrac{x^2 - 2x + 1}{x - 1} = \dfrac{(x-1)^2}{x-1}$이므로 정의역 $D(f)$는 1을 제외한 실수이다.
그러므로 유리함수 f는 1을 제외한 모든 실수에서 연속이다.

(2) 무리함수 $f(x) = \sqrt{4 - x^2}$은 제곱근호의 내부의 식 $4 - x^2 \geq 0$이어야 한다. 그러므로 함수 f의 정의역은 $4 - x^2 \geq 0$이고 $(x-2)(x+2) \leq 0$이고 $-2 \leq x \leq 2$이다.
그러므로 무리함수 $f(x) = \sqrt{4 - x^2}$은 $-2 \leq x \leq 2$에서 연속이다. ■

2.3.3 연속함수의 주요 정리

[그림 2.29](a) 구간 $[a, b]$

[그림 2.29](b) 구간 $(a, b]$

[그림 2.29](c) 구간 $[a, b)$

[그림 2.29](d) 구간 (a, b)

연속함수의 주요 정리에서 중요한 조건이 되는 정의역의 성질을 알아보자.
두 실수 a, b가 $a \le b$이면 네 종류의 구간인 구간 $[a, b]$, 구간 $(a, b]$, 구간$[a, b)$, 구간 (a, b)가 존재하고 다음과 같다.

> 구간 $[a, b]$는 $a \le x \le b$를 만족하는 x의 모임이다. [그림 2.29](a)
> 구간 $(a, b]$는 $a < x \le b$를 만족하는 x의 모임이다. [그림 2.29](b)
> 구간 $[a, b)$는 $a \le x < b$를 만족하는 x의 모임이다. [그림 2.29](c)
> 구간 (a, b)는 $a < x < b$를 만족하는 x의 모임이다. [그림 2.29](d)

구간 $[a, b]$는 2개의 경계점인 실수 a, b를 모두 포함하고 있는 구간으로 **유계이고 닫힌 구간**이라고 한다. 구간 $[a, \infty)$와 구간 $(-\infty, b]$는 닫힌 구간이고 유계인 구간이 아니다.
유계이고 닫힌 구간 $[a, b]$에서 연속인 함수는 수학적으로 그리고 다양한 응용 분야에서 매우 중요한 성질을 갖는다. 그 중에서 자주 사용되는 정리가 **최댓값과 최솟값의 정리** 그리고 **중간값의 정리**이다. 이 정리들의 증명은 전문적인 수학의 개념이 필요하므로 여기서는 정리를 소개하고 정리를 응용한 예제를 다루어 보자.

◐ 최댓값과 최솟값의 정리

정의역에서 함수의 최댓값과 최솟값은 중요한 용어이다.

[정의 2.6: 최댓값과 최솟값] 구간 I에서 정의된 실함수 f가 있을 때
(1) 함수 f가 다음을 만족하는 u를 구간 I에서 갖는다면 $f(u)$를 f의 구간 I에서의 **최댓값**(maximum)이라고 한다.

「구간 I에 속하는 모든 x에 대하여 $f(x) \le f(u)$」

(2) 함수 f가 다음을 만족하는 v를 구간 I에서 갖는다면 $f(v)$를 f의 구간 I에서의 **최솟값**(minimum)이라고 한다.

「구간 I에 속하는 모든 x에 대하여 $f(x) \ge f(v)$」

함수가 정의역에서 최댓값과 최솟값을 갖는지를 알아보는 것은 매우 중요하다. [정리 2.13: 최댓값과 최솟값의 정리]에서 유계이고 닫힌 구간인 $[a, b]$에서 연속인 함수는 최댓값과 최솟값을 갖는다는 중요한 성질을 말해 주고 있다.
[정리 2.13: 최댓값과 최솟값의 정리]는 최댓값과 최솟값의 존재한다는 것을 알려주고 최댓값과 최솟값을 구하는 방법에 대한 것은 말해 주지 않고 있다. 최댓값과 최솟값이 존재한다는 가정 아래에서 최댓값과 최솟값을 구하는 방법은 미분에서

중요하게 다룰 예정이다. [정리 2.13: 최댓값과 최솟값의 정리]에 의해서 최댓값과 최솟값이 존재한다는 사실을 알고 있기 때문에 최댓값과 최솟값을 구하는 것이 가능한 것이다.

최댓값과 최솟값의 존재에 대한 정리를 소개하면 다음과 같다.

> **[정리 2.13: 최댓값과 최솟값의 정리]** 실함수 f가 구간 $[a,b]$에서 연속이라고 하자. 구간 $[a,b]$에 속하는 모든 x에 대하여 $f(v) \le f(x) \le f(u)$를 만족하는 u, v가 구간 $[a,b]$에 존재한다. 즉, 최댓값 $f(u)$와 최솟값 $f(v)$가 존재한다.

[정리 2.13: 최댓값과 최솟값의 정리]에서 다음 두 가지 조건은 모두 중요하다.

- 정의역이 유계이고 닫힌 구간 $[a,b]$이어야 한다.
- 함수 f가 연속이다.

[예제 2.21] 다음 함수의 세 가지 그래프는 최댓값과 최솟값을 갖지 않는다. 그 이유를 알아보자.

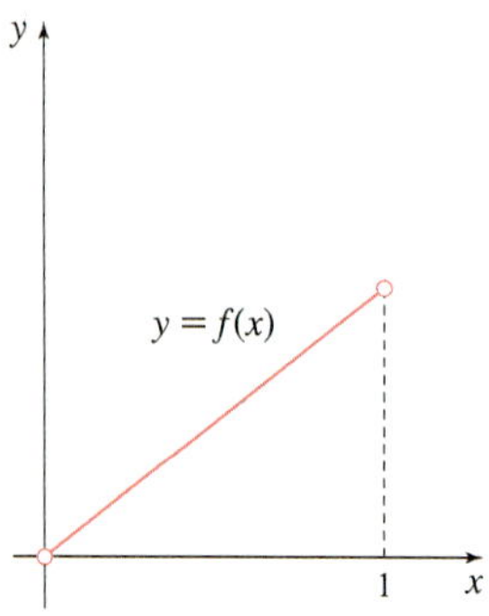

[그림 2.30](a)

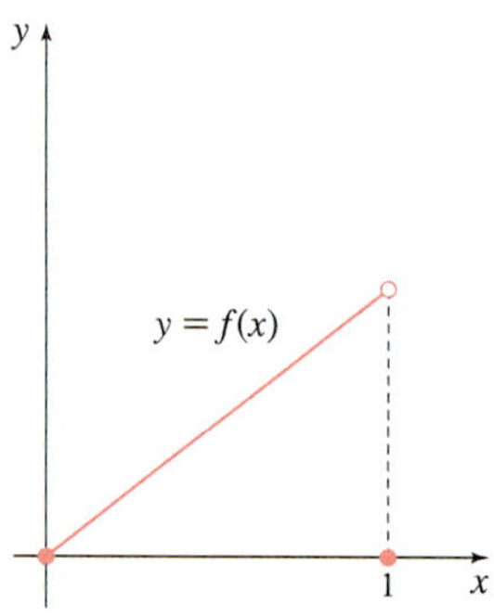

[그림 2.30](b)

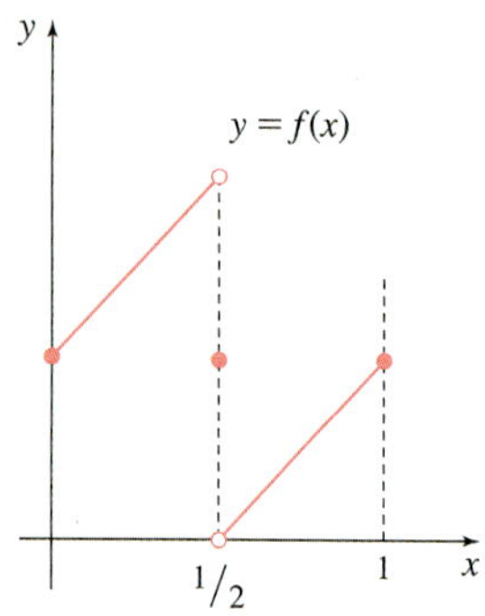

[그림 2.30](c)

[풀이] [그림 2.30](a)에서 함수 f의 그래프를 보면 함수 f는 구간 $(0,1)$에서 최솟값과 최댓값을 갖지 않는다. 열린 구간 $(0,1)$이 유계이고 닫힌 구간이 아니므로 [정리 2.13: 최댓값과 최솟값의 정리]를 적용할 수 없다.*

* [정리 2.13: 최댓값과 최솟값의 정리]에서
- 가정을 모두 만족하면 최댓값과 최솟값이 반드시 존재한다.
- 가정을 만족하지 않으면 최댓값과 최솟값이 존재할 수도 있고 존재하지 않을 수도 있다.

[그림 2.30](b)에서 함수 f의 그래프를 보면 함수 f는 구간 $[0,1]$에서 최솟값은 존재하지만 최댓값을 갖지 않는다. 그래프를 보면 $\lim_{x \to 1-} f(x) = 1 \ne 0 = f(1)$이므로 함수 f가 $x=1$에서 좌연속이 아니다. 즉, 함수 f는 구간 $[0,1]$에서 연속이 아니다. 그러므로 [정리 2.13: 최댓값과 최솟값의 정리]를 적용할 수 없다.

[그림 2.30](c)에서 함수 f의 그래프를 보면 함수 f는 구간 $[0,1]$에서 최솟값과 최댓값을 모두 갖지 않는다. 그래프를 보면 $\lim_{x \to 1/2-} f(x) = 1 \ne 0 = \lim_{x \to 1/2+} f(x)$이므로 함수 f가 $x = \frac{1}{2}$에서 극한이 존재하지 않고 함수 f가 $x = \frac{1}{2}$에서 연속이 아니다. 즉,

함수 f는 구간 $[0,1]$에서 연속이 아니다. 그러므로 [정리 2.13: 최댓값과 최솟값의 정리]를 적용할 수 없다. ■

◐ 중간값 정리

함수 f가 유계이고 닫힌 구간 $[a,b]$에서 연속이면 함수 f의 그래프는 양 끝점 $(a,f(a))$와 $(b,f(b))$에 연결된 끈을 연상하게 한다. [그림 2.31](a)와 (b)의 함수의 그래프를 보자.

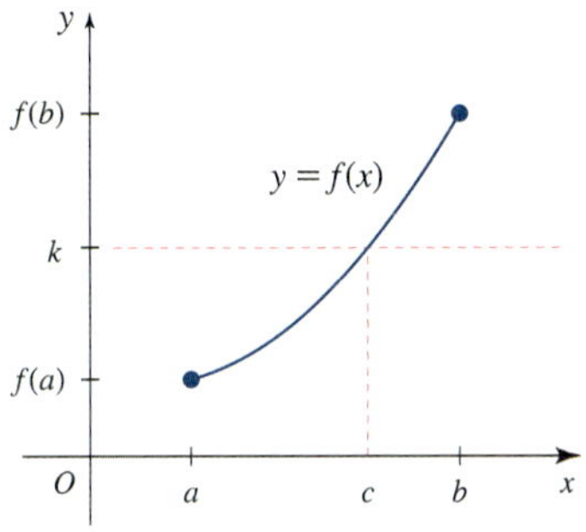

[그림 2.31](a)

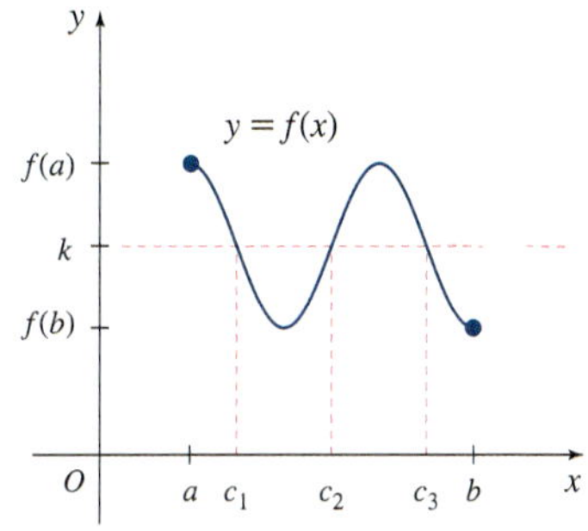

[그림 2.31](b)

실수 k가 $f(a)$와 $f(b)$ 사이의 값이면 함수 f의 그래프인 연결된 끈은 직선 $y=k$와 반드시 만나야 한다. 즉, 중간값인 실수 k를 함숫값으로 갖는 정의역 구간 $[a,b]$ 위의 점 c가 있어서 $k=f(c)$이다.
이러한 의미를 갖는 **중간값 정리(Intermediate Value Theorem)**는 다음과 같다.

> **[정리 2.14: 중간값 정리(Intermediate Value Theorem)]**
> 유계이고 닫힌 구간 $[a,b]$에서 연속인 함수 f에 대하여 k는 $f(a)$와 $f(b)$의 사잇값이면 $f(c)=k$인 c가 구간 $[a,b]$에 적어도 하나 존재한다.

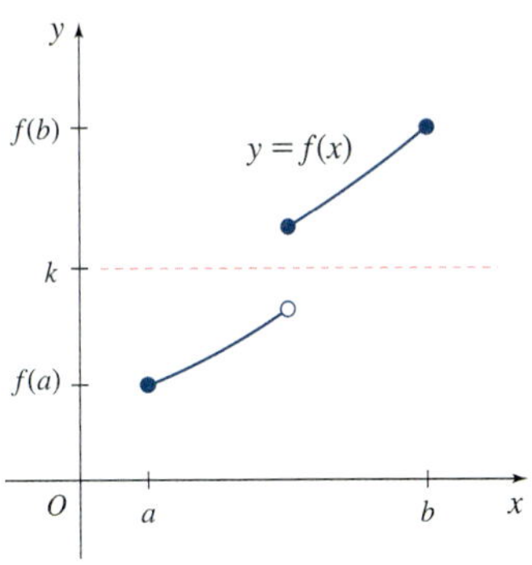

[그림 2.32]

[정리 2.14: 중간값 정리]도 함수 f의 정의역이 유계이고 닫힌 구간 $[a,b]$이고 함수 f가 연속임이 반드시 필요하다.
함수 f의 그래프가 [그림 2.32]과 같이 주어진 경우 함수 f는 유계이고 닫힌 구간 $[a,b]$에서 연속이 아니다. [그림 2.32]에서 보면 실수 k가 $f(a)$와 $f(b)$의 사잇값이지만 $k=f(c)$인 c가 구간 $[a,b]$에 존재하지 않는다. 즉, 함수 f에 대한 [정리 2.14: 중간값 정리]가 성립하지 않는다. 그 이유는 함수 f가 구간 $[a,b]$에서 연속이 아니기 때문이다.

[정리 2.14: 중간값 정리]의 중요한 응용으로 구간 $[a,b]$ 위에서 연속인 함수 f에 대해 방정식 $f(x)=0$의 **근이 열린 구간** (a,b)**에 존재한다**는 것이다.
유계이고 닫힌 구간 $[a,b]$ 위에서 연속인 함수 f에 대해 $f(a)$와 $f(b)$가 다른 부

호를 갖는다고 하자. 즉, $f(a)<0<f(b)$ 또는 $f(b)<0<f(a)$를 가정하자. 그러면 0는 $f(a)$와 $f(b)$의 사잇값이다.
[정리 2.14: 중간값 정리]에 의해서 $f(c)=0$인 c가 적어도 하나 구간 (a,b)에 존재한다. 이때, $f(c)=0$인 c는 방정식 $f(x)=0$의 근이다. 그러므로 방정식 $f(x)=0$의 근 c가 적어도 하나 구간 (a,b)에 존재한다.

> **[방정식의 근의 존재와 위치]** 함수 f가 구간 $[a,b]$에서 연속이고 $f(a)$와 $f(b)$가 다른 부호를 갖는다면 방정식 $f(x)=0$의 근 c가 구간 (a,b)에 적어도 하나 존재한다.

연속인 함수 f에 대하여 먼저 다음이 중요하다.

「$f(a)$와 $f(b)$가 다른 부호를 갖는 두 점 a와 b를 찾는다.」

그러면 방정식 $f(x)=0$의 근이 a와 b 사이에 존재한다.

[예제 2.22] 방정식 $x^3-x-1=0$이 구간 $[1,2]$ 위에서 근을 갖고 있음을 보여라. [연습문제 17~20]

[풀이] 함수 $f(x)=x^3-x-1$이 다항함수이므로 유계이고 닫힌 구간 $[1,2]$에서 연속이다. 그리고 $f(1)=-1<0$이고 $f(2)=5>0$이므로 [정리 2.14: 중간값 정리]에 의해서 방정식 $f(x)=0$의 근 c가 구간 $(1,2)$에 존재한다. ■

연습문제

• Part 1

[1-8] 다음 함수 f가 $x=a$에서 연속인지 확인하여라. [예제 2.15~2.16]

1. $f(x)=x^3-6;\ a=6$
2. $f(x)=\dfrac{x}{x^2+1};\ a=-1$
3. $f(x)=\dfrac{1}{x-2};\ a=2$
4. $f(x)=x+2;\ a=2$
5. $f(x)=\dfrac{x^2-4}{x-2};\ a=-2,\ a=2$
6. $f(x)=\begin{cases}\dfrac{2-x}{4-x^2}, & x\neq 2\\ \dfrac{1}{4}, & x=2\end{cases};\ a=-2,\ a=2$
7. $f(x)=\begin{cases}-2x, & x\le 2\\ x^2-4x+1, & x>2\end{cases};\ a=2$
8. $f(x)=\begin{cases}x^2+5x, & x<-1\\ 2, & x=-1\\ x-3, & x>-1\end{cases};\ a=-1$

[9-10] 다음 함수 f가 $x=3$에서 연속이도록 함숫값 $f(3)$을 정의하여라. [예제 2.17]

9. $f(x)=\dfrac{x^2-9}{x-3}$
10. $f(x)=\dfrac{x^2-7x+12}{x-3}$

[11-12] 다음 함수가 모든 점에서 연속이 되는 a를 구하여라. [예제 2.17]

11. $f(x)=\begin{cases}3x^2, & x\le 1\\ ax-4, & x>1\end{cases}$

12. $f(x)=\begin{cases}\dfrac{x^2-a^2}{x-a}, & x\ne a\\ 8, & x=a\end{cases}$

[13-16] 다음 함수에 대하여 연속이 되는 구간을 말하여라. [예제 2.20]

13. $f(x)=2x^2+5x-\dfrac{1}{x}$

14. $f(x)=x+1-\dfrac{2}{x^2+1}$

15. $f(x)=\sqrt{x}(x^3-5)$

16. $f(x)=\dfrac{x-4}{\sqrt{x}-2}$

[17-20] 주어진 구간에서 다음 방정식을 만족하는 근을 갖고 있음을 말하여라. [예제 2.22]

17. $x^2+x-12=0$, $(0, 5)$

18. $x^3-3x^2-x+2=0$, $(3, 4)$

19. $-x^3+4x+1=0$, $(-1, 0)$

20. $x^2-2-\cos x=0$, $(0, \pi)$

• Part 2

[21-24] 다음 함수에 대하여 $x=a$에서 연속인지 확인하고 그렇지 않으면 그 이유를 말하여라.

21. $f(x)=\ln|x-2|$; $a=2$

22. $f(x)=\begin{cases}e^x, & x<0\\ x^2, & x\ge 0\end{cases}$; $a=0$

23. $f(x)=\begin{cases}\dfrac{x}{|x|}, & x\ne 0\\ 1, & x=0\end{cases}$; $a=0$

24. $f(x)=\begin{cases}\tan\left(\dfrac{\pi}{4}x\right), & |x|<1\\ x, & |x|\ge 1\end{cases}$; $a=1$

[25-26] 다음 함수에 대하여 물음에 답하여라.

$$f(x)=\begin{cases}x+2, & x<0\\ e^x, & 0\le x\le 1\\ 2-x, & x>1\end{cases}$$

25. 불연속인 점을 모두 구하여라.

26. 위에서 구한 불연속인 점들에 대해 오른쪽 연속 또는 왼쪽 연속인지를 말할 수 있는지 말하여라.

[27-28] 다음 함수가 모든 점에서 연속이 되는 a, b를 구하여라.

27. $f(x)=\begin{cases}\dfrac{x^2-4}{x-2}, & x<2\\ ax^2-bx+3, & 2\le x<3\\ 2x-a+b, & x\ge 3\end{cases}$

28. $f(x)=\begin{cases}2x^3+x+7, & x\le -1\\ a(x+1)+b, & -1<x\le 2\\ x^2+5, & x>2\end{cases}$

[29-30] 주어진 구간에서 다음 방정식을 만족하는 근을 갖고 있음을 말하여라.

29. $\dfrac{x-x^3}{x-4}=3$, $(1, 3)$

30. $\sin x=x^2-x$, $(1, 2)$

2.4 삼각함수, 지수함수 그리고 로그함수의 연속

2.4.1 조임정리

조임정리(The Squeeze Theorem)는 극한을 구하는 유용한 방법 중의 하나이다. 세 개의 함수 f, g, h가 $x \neq a$이고 a 근처에서 $f(x) \leq g(x) \leq h(x)$이라고 하자. ([그림 2.33] 참고) 두 함수 f와 h가 $x = a$에서 같은 극한 L을 갖는다고 하자. 즉, $\lim_{x \to a} f(x) = \lim_{x \to a} h(x) = L$이라고 하자.

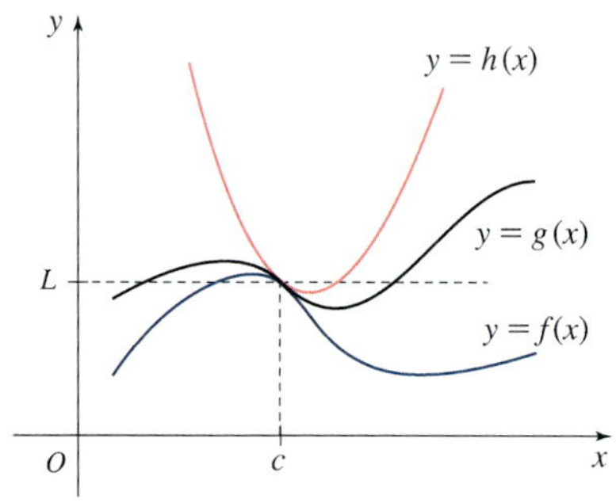

[그림 2.33]

그러면 [그림 2.33]을 보면 샌드위치처럼 f와 h의 중간에 있는 함수 g의 극한 $\lim_{x \to a} g(x)$도 같은 극한값 L을 갖는다.

[정리 2.15: 조임정리] 세 함수 f, g, h가 있어서 실수 a를 포함하는 열린 구간에서 $x \neq a$인 점 x에서 연속이고 $f(x) \leq g(x) \leq h(x)$이라고 하자.

$$\lim_{x \to a} f(x) = \lim_{x \to a} h(x) = L \text{이면 } \lim_{x \to a} g(x) = L$$

[예제 2.23] 극한 $\lim_{x \to 0} x^2 \sin\left(\frac{1}{x}\right)$를 구하여라. [연습문제 1~4]

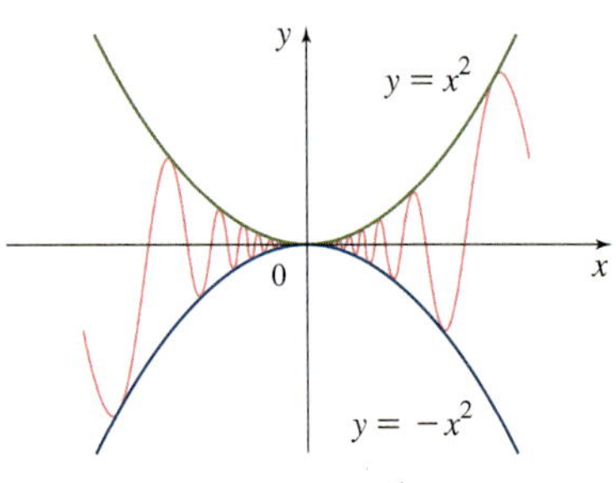

[그림 2.34] $y = x^2 \sin \frac{1}{x}$의 그래프

[풀이] 함수 $y = x^2 \sin \frac{1}{x}$의 그래프는 [그림 2.34]이다. 삼각함수 $y = \sin x$의 치역은 구간 $[-1, 1]$이므로 $x \neq 0$인 모든 x에서 $-1 \leq \sin \frac{1}{x} \leq 1$이다.
그러므로 $x \neq 0$인 모든 x에서 $-x^2 \leq x^2 \sin \frac{1}{x} \leq x^2$이다.
$\lim_{x \to 0} x^2 = 0 = \lim_{x \to 0}(-x^2)$이므로 [정리 2.15: 조임정리]에 의해서 극한은 다음과 같다.

$$\lim_{x \to 0}\left[x^2 \sin \frac{1}{x}\right] = 0$$

■

2.4.2 삼각함수와 역삼각함수의 연속

◐ 삼각함수의 연속

삼각함수의 연속성을 알아보자. 우선 다음의 기본적인 두 개의 극한을 알아보자. 이 극한은 두 삼각함수 $y=\sin x$와 $y=\cos x$가 $x=0$에서 연속임을 보여준다.

(1) $\lim_{t\to 0}\sin t = 0 = \sin 0$ (2) $\lim_{t\to 0}\cos t = 1 = \cos 0$

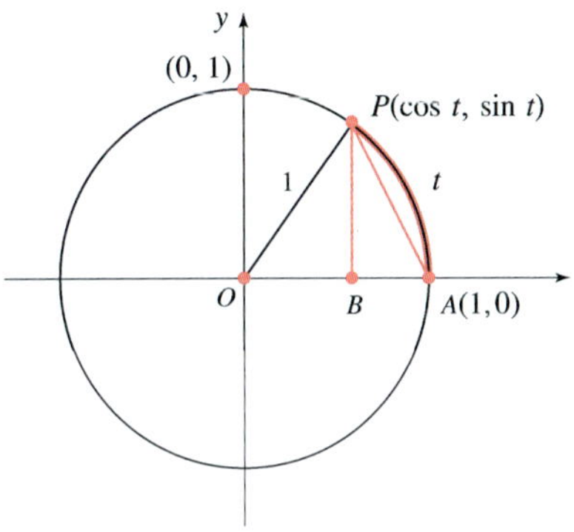

[그림 2.35]

(1) 좌표평면에 중심이 원점 O이고 반지름이 1인 원과 세 점 $A(1,0)$, $B(\cos t, 0)$, $P(\cos t, \sin t)$가 주어졌다. ([그림 2.35] 참고)

그러면 $0 < t < \frac{\pi}{2}$인 경우 [그림 2.35]를 보면 다음과 같다.

$$0 < |BP| < |AP| < |\widehat{AP}|$$

이때, 선분 BP의 길이$=|BP| = \sin t$이고 호 $\widehat{AP}$의 길이$=|\widehat{AP}| = t$. 그러므로

$$0 < \sin t < t.$$

$-\frac{\pi}{2} < t < 0$인 경우, $s = -t > 0$이라고 놓으면 $0 < \sin s < s$이다.

그러므로 $0 < \sin(-t) < (-t)$이고 $\sin(-t) = -\sin t$이므로

$$t < \sin t < 0.$$

그러므로 $-\frac{\pi}{2} < t < \frac{\pi}{2}$에서 $-|t| < \sin t < |t|$이다.

$\lim_{t\to 0} -|t| = 0 = \lim_{t\to 0}|t|$이고 [정리 2.15: 조임정리]에 의해

$\lim_{t\to 0}\sin t = 0 = \sin 0$이다.

그러므로 $\lim_{t\to 0}\sin t = 0 = \sin 0$이다.

(2) $\cos t = \sqrt{1-\sin^2 t}$이고 (1)에 의해서 극한을 구하면 다음과 같다.

$$\lim_{t\to 0}\cos t = \lim_{t\to 0}\sqrt{1-\sin^2 t} = \sqrt{1-\left(\lim_{t\to 0}\sin t\right)^2} = \sqrt{1-0} = 1$$

그러므로 $\lim_{t\to 0}\cos t = 1 = \cos 0$이다.

[그림 2.36](a)와 (b)에서 사인함수와 코사인함수의 그래프를 보면 연결된 곡선이므로 직관적으로 두 함수가 모든 실수에서 연속이다. 즉, 모든 실수 a에서

$$\lim_{x\to a}\sin x = \sin a \text{이고 } \lim_{x\to a}\cos x = \cos a.$$

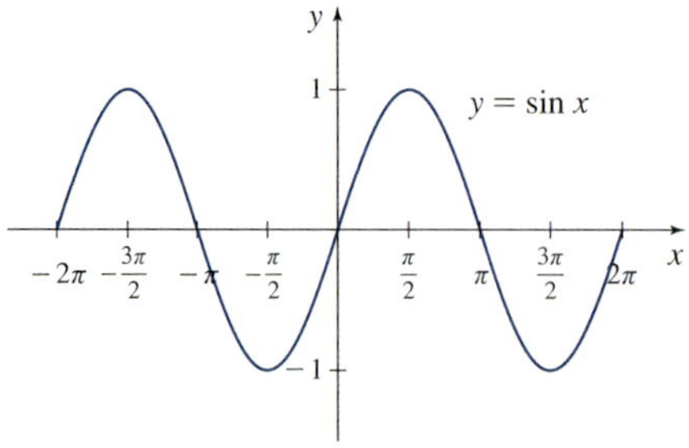

[그림 2.36](a) $y=\sin x$의 그래프

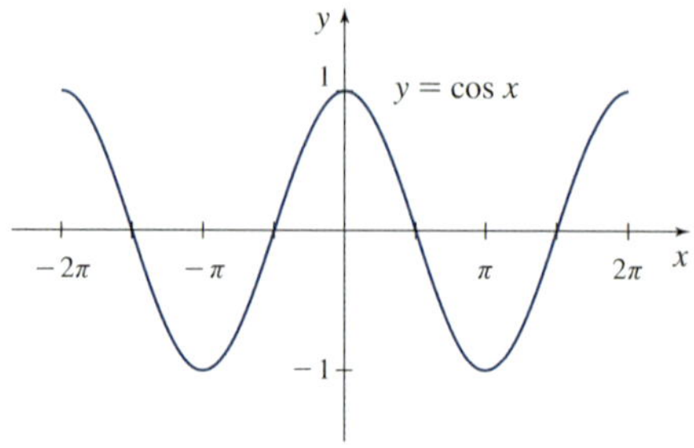

[그림 2.36](b) $y=\cos x$의 그래프

[정리 2.16: 사인과 코사인함수의 연속]

(1) 사인함수는 실수 전체에서 연속이다. 즉, 모든 실수 a에서 $\lim_{x\to a}\sin x=\sin a$.

(2) 코사인함수는 실수 전체에서 연속이다. 즉 모든 실수 a에서 $\lim_{x\to a}\cos x=\cos a$.

사인함수와 코사인함수의 연속성에 의해 다른 4개의 삼각함수의 연속성을 알 수 있다.

기본적으로 분수 형태인 함수는 분모의 식이 0인 점이 제외되고 연속성에서 알 수 있다.

[정리 2.17: 삼각함수의 연속] 모든 삼각함수는 정의역 내에서 연속이다.

(1) 사인함수와 코사인함수은 실수 전체에서 연속이다.

(2) $\tan x=\dfrac{\sin x}{\cos x}$는 $\dfrac{\pi}{2}+n\pi$(n은 정수)를 제외한 실수에서 연속이다.

(3) $\sec x=\dfrac{1}{\cos x}$는 $\dfrac{\pi}{2}+n\pi$(n은 정수)를 제외한 실수에서 연속이다.

(4) $\cot x=\dfrac{\cos x}{\sin x}$는 $n\pi$(n은 정수)를 제외한 실수에서 연속이다.

(5) $\csc x=\dfrac{1}{\sin x}$는 $n\pi$(n은 정수)를 제외한 실수에서 연속이다.

[예제 2.24] 다음 극한을 구하여라. [연습문제 5~16]

(1) $\lim_{x\to\frac{\pi}{2}}\csc x$　　(2) $\lim_{x\to\frac{\pi}{2}}\dfrac{1+\cos x}{\sin x}$　　(3) $\lim_{x\to 0}(\tan^2 x+\sec x)$

[풀이]

(1) [정리 2.6: 분수 형태 함수의 극한 1]에 의해서

$$\lim_{x\to\frac{\pi}{2}}\csc x=\lim_{x\to\frac{\pi}{2}}\frac{1}{\sin x}=\frac{1}{\lim_{x\to\frac{\pi}{2}}\sin x}=1.$$

(2) [정리 2.6: 분수 형태 함수의 극한 1]에 의해서

$$\lim_{x \to \pi/2} \frac{1+\cos x}{\sin x} = \frac{\displaystyle\lim_{x \to \pi/2} 1+\cos x}{\displaystyle\lim_{x \to \pi/2} \sin x} = \frac{1+\cos\frac{\pi}{2}}{\sin\frac{\pi}{2}} = \frac{1+0}{1} = 1.$$

(3) $\lim_{x \to 0}(\tan^2 x + \sec x) = \lim_{x \to 0} \tan^2 x + \lim_{x \to 0} \sec x = 1$ ■

[예제 2.25] 다음 극한을 구하여라. [연습문제 5~16]

(1) $\lim_{x \to 0} \frac{\sin^2 x}{1-\cos x}$ (2) $\lim_{x \to 0} \frac{1-\cos 2x}{\sin x}$

[풀이]

(1) 유리식의 $x=0$에서의 분모식과 분자식의 값은 모두 0이다. 그러므로 분모식와 분자식을 각각 인수분해를 한다.*

$$\lim_{x \to 0} \frac{\sin^2 x}{1-\cos x} = \lim_{x \to 0} \frac{1-\cos^2 x}{1-\cos x} = \lim_{x \to 0} \frac{(1-\cos x)(1+\cos x)}{1-\cos x} = \lim_{x \to 0}(1+\cos x)$$
$$= 1+1 = 2$$

그러므로 $\lim_{x \to 0} \frac{\sin^2 x}{1-\cos x} = 1$이다.

(2) 유리식의 $x=0$에서의 분모식와 분자식의 값은 모두 0이다. 그러므로 분모식와 분자식을 각각 인수분해를 한다.

$$\lim_{x \to 0} \frac{1-\cos 2x}{\sin x} = \lim_{x \to 0} \frac{1-(\cos^2 x - \sin^2 x)}{\sin x}$$
$$= \lim_{x \to 0} \frac{(1-\cos^2 x)+\sin^2 x}{\sin x} = \lim_{x \to 0} \frac{\sin^2 x + \sin^2 x}{\sin x}$$
$$= \lim_{x \to 0} \frac{2\sin^2 x}{\sin x} = \lim_{x \to 0} 2\sin x = 0$$ ■

* 삼각함수가 포함된 식 $f(x)$에서 $x=0$에서의 식의 값 $f(0)=0$이면 식 $f(x)$를 $\sin x$, $1-\cos x$ 또는 $\tan x$ 등의 인수를 갖도록 인수분해를 한다.

◐ 역삼각함수의 연속

[정리 2.11: 역함수의 연속성]에 의하여 연속인 실함수의 역함수도 연속임을 공부하였다. 이를 이용하여 역삼각함수의 연속성을 알아보자. 즉, 삼각함수는 정의역 안에서 연속임을 사용하여 역삼각함수의 연속임을 알 수 있다.

사인함수 $y=\sin x$는 실수 전체에서 연속이다. 사인함수 $y=\sin x$의 정의역을 $\left[-\frac{\pi}{2}, \frac{\pi}{2}\right]$로 제한하면 일대일이므로 역함수 $y=\sin^{-1}x$를 구간 $[-1, 1]$에서 정의하였다. [정리 2.11: 역함수의 연속성]에 의해서 연속인 사인함수 $y=\sin x$의 역함수 $y=\sin^{-1}x$는 구간 $[-1, 1]$에서 연속이다.

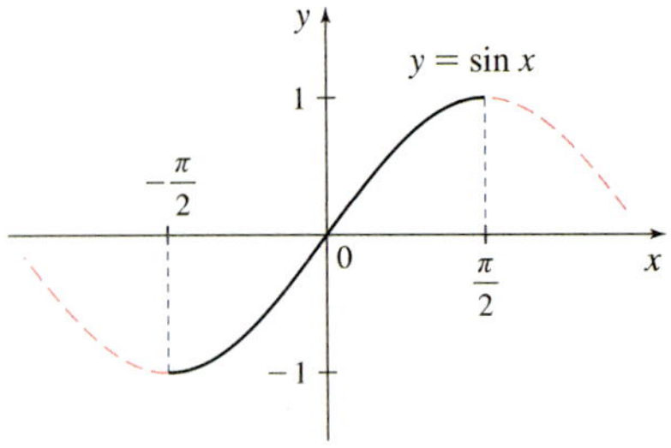

[그림 2.37](a)

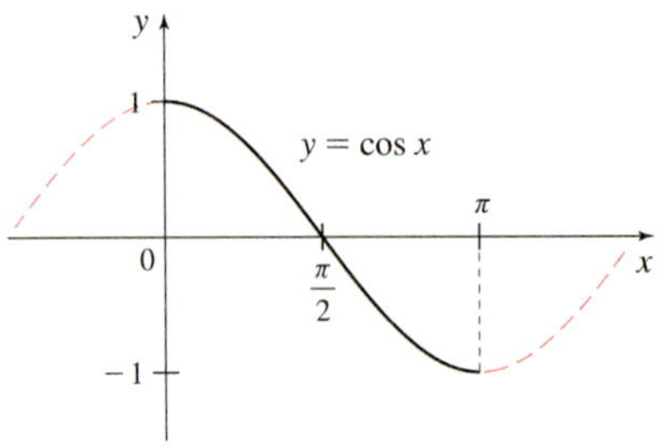

[그림 2.37](b)

코사인함수 $y=\cos x$는 실수 전체에서 연속이다. 코사인함수 $y=\cos x$의 정의역을 $[0,\pi]$으로 제한하면 일대일이므로 역함수 $y=\cos^{-1}x$를 구간 $[-1,1]$에서 정의하였다. [정리 2.11: 역함수의 연속성]에 의해서 연속인 코사인함수 $y=\cos x$의 역함수 $y=\cos^{-1}x$는 구간 $[-1,1]$에서 연속이다.

비슷하게 탄젠트함수 $y=\tan x$의 역함수 $y=\tan^{-1}x$는 구간 $(-\infty,\infty)$에서 연속이다.

[정리 2.18: 역삼각함수의 연속성]

(1) $\sin^{-1}$은 $[-1,1]$에서 연속이다. 즉, $\lim_{x\to a}\sin^{-1}x=\sin^{-1}a$.

(2) $\cos^{-1}$은 $[-1,1]$에서 연속이다. 즉, $\lim_{x\to a}\cos^{-1}x=\cos^{-1}a$.

(3) $\tan^{-1}$은 실수 전체 $(-\infty,\infty)$에서 연속이다. 즉, $\lim_{x\to a}\tan^{-1}x=\tan^{-1}a$.

[예제 2.26] 극한 $\lim_{x\to 1}(\sin^{-1}x+\tan^{-1}x)$을 구하여라. [연습문제 5~16]

[풀이] 역삼각함수 $\sin^{-1}$와 $\tan^{-1}$가 연속이므로 다음과 같다.

$$\lim_{x\to 1}(\sin^{-1}x+\tan^{-1}x)=\sin^{-1}1+\tan^{-1}1$$

역삼각함수의 정의에 의해서 다음과 같이 $\sin^{-1}(1)$과 $\tan^{-1}(1)$을 구하자.

$\sin^{-1}(1)=a \Leftrightarrow \sin a=1 \Leftrightarrow a=\frac{\pi}{2}$이고

$\tan^{-1}(1)=a \Leftrightarrow \tan a=1 \Leftrightarrow a=\frac{\pi}{4}$이다.

그러므로 극한 $\lim_{x\to 1}(\sin^{-1}x+\tan^{-1}x)=\frac{3\pi}{4}$이다. ■

[예제 2.27] 극한 $\lim_{x\to -1}(\tan^{-1}x-\cos^{-1}x)$을 구하여라. [연습문제 5~16]

[풀이] 함수 $\tan^{-1}$와 $\cos^{-1}$가 연속이므로 다음과 같이 쓸 수 있다.

$$\lim_{x\to -1}(\tan^{-1}x-\cos^{-1}x)=\tan^{-1}(-1)-\cos^{-1}(-1)$$

역삼각함수의 정의에 의해서 다음과 같이 $\tan^{-1}(-1)$과 $\cos^{-1}(-1)$을 구하자.

$\tan^{-1}(-1)=a \Leftrightarrow \tan a=-1 \Leftrightarrow a=-\frac{\pi}{4}$이고

$\cos^{-1}(-1)=a \Leftrightarrow \cos a=-1 \Leftrightarrow a=\pi$이다.

그러므로 극한 $\lim_{x\to -1}(\tan^{-1}x-\cos^{-1}x)=-\frac{\pi}{4}-\pi=-\frac{5\pi}{4}$이다. ■

◐ 극한 $\lim_{t\to 0}\frac{\sin t}{t}$ 구하기

다음 극한은 삼각함수를 포함하는 분수 형태의 함수식의 극한에 가장 기본적으로 사용되는 극한이다.

> **[정리 2.19]** 극한 $\lim_{t\to 0}\frac{\sin t}{t}=1$

[증명]

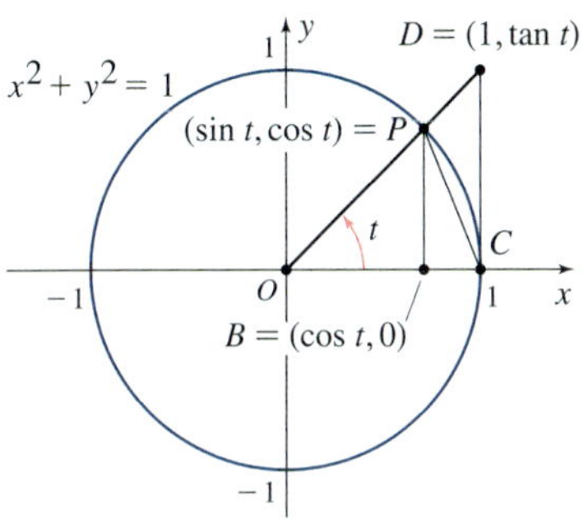

[그림 2.38]

[경우 1] $0<t\le\frac{\pi}{2}$ 인 경우 [그림 2.38]을 보면 다음과 같다.

$$[\Delta OPC\text{의 넓이}] < [\text{부채꼴 } OPC\text{의 넓이}] < [\Delta ODC\text{의 넓이}]$$

이때, $[\Delta OPC\text{의 넓이}]=\frac{1}{2}|OP|\,|OC|\sin t=\frac{1}{2}\times 1^2\times\sin t=\frac{1}{2}\sin t$

$[\text{부채꼴 } OPC\text{의 넓이}]=\frac{1}{2}\times 1^2\times t=\frac{1}{2}t$

$[\Delta ODC\text{의 넓이}]=\frac{1}{2}|OC|\,|CD|=\frac{1}{2}\times 1\times\tan\theta=\frac{1}{2}\frac{\sin t}{\cos t}.$

그러므로 $\frac{1}{2}\sin t\le\frac{t}{2}\le\frac{1}{2}\frac{\sin t}{\cos t}$ 이고 $\sin t\le t\le\frac{\sin t}{\cos t}$ 이다.

이를 이용하여 $\cos t\le\frac{\sin t}{t}\le 1$이 된다.

[경우 2] $-\frac{\pi}{2}\le t<0$인 경우 $t=-s$라고 놓자.

그러면 $0\le s\le\frac{\pi}{2}$ 이므로 [경우 1]을 적용하면 $\cos s\le\frac{\sin s}{s}\le 1$이다.

sine 함수의 그래프를 보면
$\sin(-x)=-\sin x.$
cosine 함수의 그래프를 보면
$\cos(-x)=\cos x.$

$\cos t=\cos(-s)=\cos s$이고 $\sin t=\sin(-s)=-\sin s$이므로 다음과 같다.

$$\cos t=\cos s\le\frac{\sin s}{s}=\frac{-\sin t}{-t}=\frac{\sin t}{t}\le 1$$

그러므로 $\cos t\le\frac{\sin t}{t}\le 1$이다.

[경우 1]과 [경우 2]에 의해 $t\ne 0$이고 $-\frac{\pi}{2}\le t\le\frac{\pi}{2}$에서 $\cos t\le\frac{\sin t}{t}\le 1.$

[정리 2.15: 조임정리]에 의하여 $\lim_{t\to 0}\cos t=\lim_{t\to 0}1=1$이므로 $\lim_{t\to 0}\frac{\sin t}{t}=1.$ ■

삼각함수가 포함된 극한이 $[\frac{0}{0}$ 형태]이면 $\lim_{x\to 0}\frac{\sin x}{x}$의 형태를 적용할 수 있도록 변형한다.

[예제 2.28] 극한 $\lim_{x\to 0}\frac{\cos x-1}{x}=0$임을 알아보자. [연습문제 17~26]

[풀이] $\lim_{x\to 0}\frac{\cos x-1}{x}=\lim_{x\to 0}\frac{(\cos x-1)(\cos x+1)}{x(\cos x+1)}$

$$= \lim_{x \to 0} \frac{\cos^2 x - 1}{x(\cos x + 1)} = \lim_{x \to 0} \frac{-\sin^2 x}{x(\cos x + 1)}$$

$$= \lim_{x \to 0} \left[-\frac{\sin^2 x}{x} \frac{1}{(\cos x - 1)} \right]$$

$$= -\lim_{x \to 0} \left(\frac{\sin x}{x} \right)^2 \lim_{x \to 0} \left(\frac{x}{\cos x + 1} \right) = (-1) \cdot \left(\frac{0}{2} \right) = 0$$

그러므로 극한 $\lim_{x \to 0} \frac{\cos x - 1}{x} = 0$이다. ■

[주의] [정리 2.19]의 극한 $\lim_{x \to 0} \sin \frac{x}{x}$에서 분자식 $\sin x$와 분모식 x가 같은 모양이어야 한다.

[예제 2.29] 다음 극한을 구하여라. [연습문제 17~26]

(1) $\lim_{x \to 0} \frac{\sin x}{2x}$ (2) $\lim_{x \to 0} \frac{\sin 4x}{3x}$ (3) $\lim_{x \to 0} \frac{\sin^2 2x}{x}$ (4) $\lim_{x \to 0} \frac{\tan x}{x}$

[풀이]

(1) $\lim_{x \to 0} \frac{\sin x}{2x} = \lim_{x \to 0} \frac{\sin x}{x} \frac{1}{2} = \frac{1}{2} \lim_{x \to 0} \frac{\sin x}{x} = \frac{1}{2} \cdot 1 = \frac{1}{2}$

(2) $\lim_{x \to 0} \frac{\sin 4x}{3x} = \lim_{x \to 0} \frac{\sin 4x}{4x} \frac{4}{3} = \frac{4}{3} \lim_{x \to 0} \frac{\sin 4x}{4x} = \frac{4}{3} \cdot 1 = \frac{4}{3}$

(3) $\lim_{x \to 0} \frac{\sin^2 2x}{x} = \lim_{x \to 0} \left[\left(\frac{\sin 2x}{2x} \right)^2 \cdot 4x \right] = \left(\lim_{x \to 0} \frac{\sin 2x}{2x} \right)^2 \left(\lim_{x \to 0} 4x \right) = 1 \cdot 0 = 0$

(4) $\lim_{x \to 0} \frac{\tan x}{x} = \lim_{x \to 0} \frac{\sin x}{x \cos x} = \lim_{x \to 0} \left(\frac{\sin x}{x} \cdot \frac{1}{\cos} \right) = \left(\lim_{x \to 0} \frac{\sin x}{x} \right) \left(\lim_{x \to 0} \frac{1}{\cos x} \right) = 1$ ■

2.4.3 지수함수와 로그함수의 연속

◐ 지수함수의 연속

1장에서 지수함수에서 지수를 유리수까지 정의하고 지수를 무리수로 확장하는 과정에서 연속적으로 확장을 한다고 개념을 정리하였다. 즉 지수함수는 실수 전체에서 연속이다.

우선 지수함수의 연속성을 알아보자.

1장에서 지수함수에서 지수를 유리수까지 정의한 다음에 지수를 무리수로 확장하는 과정에서 연속적으로 확장을 한다는 개념으로 정리하였다.

양의 실수 b에 대하여 지수함수 $y = b^x$의 그래프가 연결되어 있음을 보고 직관적으로 지수함수가 실수 전체에서 연속임을 알 수 있다. ([그림 2.39](a)와 (b) 참고)

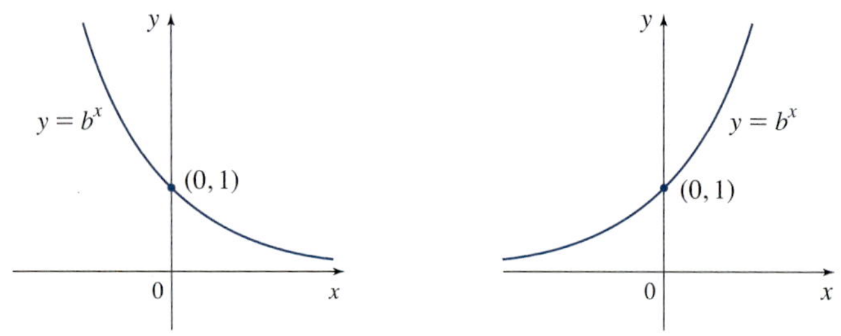

[그림 2.39](a) $0 < b < 1$인 경우 $y = b^x$의 그래프

[그림 2.39](b) $b > 1$인 경우 $y = b^x$의 그래프

[정리 2.20: 지수함수의 극한과 연속성]

(1) $0<b<1$ 또는 $b>1$인 경우 지수함수 $y=b^x$는 실수 전체에서 연속이다.
즉, 임의의 실수 a에 대하여 $\lim_{x\to a} b^x = b^a$이다.

(2) 자연지수 함수 $y=e^x$는 모든 실수에서 연속이다.
즉, 임의의 실수 a에 대하여 $\lim_{x\to a} e^x = e^a$이다.

◐ 로그함수의 연속

로그함수는 지수함수의 역함수이다. [정리 2.11: 역함수의 연속성]에 의해서 지수함수는 실수 전체에서 연속이고 치역이 구간 $(0,\infty)$이므로 지수함수의 역함수인 로그함수도 구간 $(0,\infty)$에서 연속임을 알 수 있다. [그림 2.40](a)와 (b)의 로그함수의 그래프를 보고 로그의 성질을 정리해 보자.

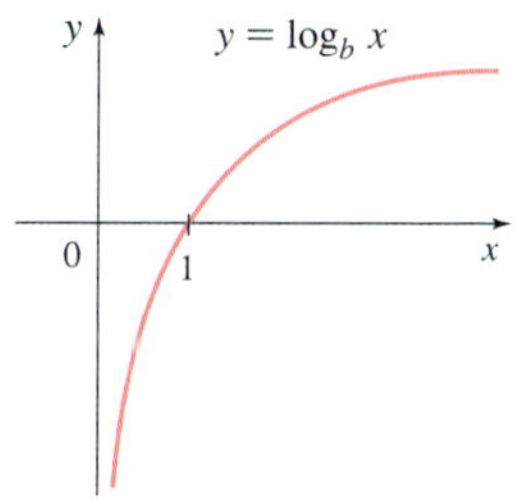

[그림 2.40](a) $b>1$인 경우 $y=\log_b x$의 그래프

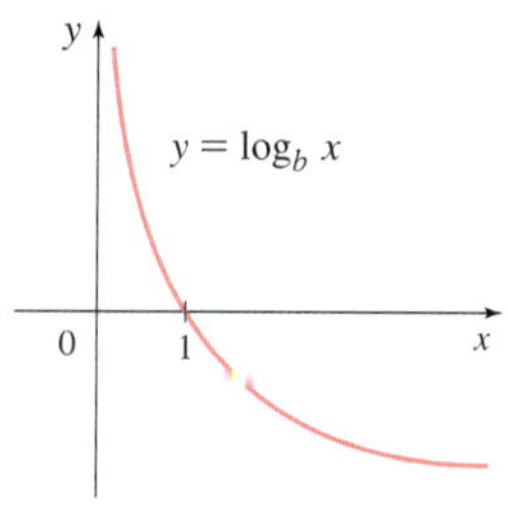

[그림 2.40](b) $0<b<1$인 경우 $y=\log_b x$의 그래프

자연로그함수 $y=\ln x=\log_e x$라고 정의된 함수이다. 이때, $2<e<3$.

[정리 2.21: 로그함수의 극한과 연속성]

(1) $0<b<1$ 또는 $b>1$인 경우 로그함수 $y=\log_b x$는 구간 $(0,\infty)$에서 연속이다. 즉, 실수 $a>0$에 대하여 $\lim_{x\to a}\log_b x=\log_b a$.

(2) 자연로그함수 $y=\ln x$는 구간 $(0,\infty)$에서 연속이다. 즉, 실수 $a>0$에 대하여 $\lim_{x\to a}\ln x=\ln a$.

지수함수와 로그함수의 연속성을 사용하여 지수함수와 로그함수의 극한을 구할 수 있다.

[예제 2.30] 다음 함수의 극한을 구하여라. [연습문제 27~30]

(1) $\lim_{x\to 0} e^{2x+1}$　　(2) $\lim_{x\to \pi} 2^{\cos 2x}$

(3) $\lim_{x\to 1} \ln 2x^2$　　(4) $\lim_{x\to 2}\dfrac{1}{(\log_2 x)^2}$

f가 연속이면

$$\lim_{x\to a} f(g(x)) = f(\lim_{x\to g} g(x))$$

임을 유의하자.

[풀이]

(1) 자연지수함수는 실수 전체에서 연속이므로 $\lim_{x\to 0} e^{2x+1} = e^{\lim_{x\to 0}(2x+1)} = e^1 = e$이다.

(2) 지수함수는 실수 전체에서 연속이므로 $\lim_{x\to \pi} 2^{\cos 2x} = 2^{\lim_{x\to\pi} \cos 2x} = 2^{\cos 2\pi} = 2$이다.

(3) 자연로그함수는 양의 실수에서 연속이므로 $\lim_{x\to 1} \ln 2x^2 = \ln\left(\lim_{x\to 1} 2x^2\right) = \ln 2$.

(4) 로그함수는 양의 실수에서 연속이고 분모가 $x=2$에서 0가 아니므로

$$\lim_{x\to 2}\frac{1}{(\log_2 x)^2} = \frac{1}{(\log_2 2)^2} = 1.$$

■

연습문제

• Part 1

[1-4] 다음 극한을 구하여라. [예제 2.23]

1. $\lim_{x\to 0} x\sin\frac{1}{x}$

2. $\lim_{x\to 0} x^2\cos\frac{1}{x}$

3. $\lim_{x\to 0+} \sqrt{x}\left(\sin\frac{1}{x}\right)$

4. $\lim_{x\to 0} x\left(1-\cos\frac{1}{x}\right)$

[5-16] 다음 극한을 구하여라. [예제 2.24~2.27]

5. $\lim_{x\to 0}(2\sin x - 1)$

6. $\lim_{x\to \frac{\pi}{6}}(\sin^2 x - 1)$

7. $\lim_{x\to \frac{\pi}{4}}(\sec x - 1)$

8. $\lim_{x\to \pi}(\sqrt{x+\pi})\cos x$

9. $\lim_{x\to 0} x\sec x$

10. $\lim_{x\to 0}(2\sin x - 3\cos x)$

11. $\lim_{x\to 0}\frac{1-\sin 2x}{\cos x}$

12. $\lim_{x\to 0}\frac{\sin 2x}{\sin x}$

13. $\lim_{x\to \frac{\pi}{2}}\frac{\cos^2 x}{1-\sin x}$

14. $\lim_{x\to 1}(\tan^{-1}x + \sin^{-1}x)\cos^{-1}x$

15. $\lim_{x\to \frac{1}{2}}\frac{\cos^{-1}x}{\sin^{-1}x}$

16. $\lim_{x\to 1}\sec^{-1}x$

[17-26] 다음 극한을 구하여라. [예제 2.28~2.29]

17. $\lim_{x\to 0}\frac{\sin\left(\frac{x}{2}\right)}{x}$

18. $\lim_{x\to 0}\frac{\tan^2 x}{x}$

19. $\lim_{x\to 0}\frac{1-\cos x}{x\sin x}$

20. $\lim_{x\to 0}\frac{x^2 - 3\sin x}{x}$

21. $\lim_{x\to 0}\frac{\cos x - \sin x - 1}{2x}$

22. $\lim_{x\to 0}\frac{\sin x(1-\cos x)}{x^2}$

23. $\lim_{x\to 0}\frac{3(1-\cos x)}{x}$

24. $\lim_{x\to 0}\frac{\sin x}{x+\tan x}$

25. $\lim_{x\to 0}\frac{\sin^2 x}{3x^2}$

26. $\lim_{x\to 0}\frac{\cos x - 1}{x^2}$

[27-30] 다음 극한을 구하여라. [예제 2.30]

27. $\lim_{x \to 0} \frac{2}{1+e^x}$

28. $\lim_{x \to 1} (2\ln(e^x))^2$

29. $\lim_{x \to 2} \frac{\ln x}{\log_2 2x}$

30. $\lim_{x \to e} \frac{x+1}{x \ln x}$

• Part 2

31. 구간 $[-1, 1]$에서 $\sqrt{5-2x^2} \le f(x) \le \sqrt{5-x^2}$이 성립할 때, $\lim_{x \to 0} f(x)$를 구하여라.

32. 모든 실수에 대하여 $2-x^2 \le g(x) \le 2\cos x$이 성립할 때, $\lim_{x \to 0} g(x)$를 구하여라.

[33-42] 다음 극한을 구하여라.

33. $\lim_{x \to \frac{\pi}{4}} \frac{x^2 \sin x}{x+\cos x}$

34. $\lim_{x \to 0} \frac{1+x^2+\sin x}{3\cos x}$

35. $\lim_{x \to 0} \frac{\sec x - 1}{\tan^2 x}$

36. $\lim_{x \to 2} \left(\tan^{-1}\left(\frac{x^2-4}{3x^2-6x}\right)\right)$

37. $\lim_{x \to 0} \frac{\sin 2x}{\sin 3x}$

38. $\lim_{x \to 0} \frac{\tan 5x}{\sin 3x}$

39. $\lim_{x \to 0} \frac{1-\cos 3x}{\cos^2 5x - 1}$

40. $\lim_{x \to 0} \frac{\tan 3x^2 + \sin^2 5x}{x}$

41. $\lim_{x \to 0} (e^x \cos x + x e^x)$

42. $\lim_{x \to 1} \left(\ln \frac{x}{e^x}\right)$

[43-44] 다음 함수에 대하여 $x=a$에서 연속인지 확인하고 그렇지 않으면 그 이유를 말하여라.

43. $f(x) = \begin{cases} \sin x, & x < \frac{\pi}{4} \\ \cos x, & x \ge \frac{\pi}{4} \end{cases};\ a = \frac{\pi}{4}$

44. $f(x) = \begin{cases} \tan^{-1} x, & x < 1 \\ \ln x, & x \ge 1 \end{cases};\ a = 1$

2.5 무한극한과 무한에서의 극한

지금까지 공부해 온 함수의 극한 $\lim_{x \to a} f(x) = L$의 개념을 다음과 같이 무한극한과 무한에서의 극한인 2가지 경우로 확장해 보자.

[참고: ∞ 또는 $-\infty$]

- 양의 무한대(∞): 모든 실수보다 큰 기호를 나타낸다. 즉, 모든 실수 x에 대하여 $x < \infty$.
- 음의 무한대($-\infty$): 모든 실수보다 작은 기호를 나타낸다. 즉, 모든 실수 x에 대하여 $x > -\infty$.

무한극한(infinite limit)은 무함수 f가 $x=a$에서 수렴하지 않는 경우 중에서 x가 a로 다가갈 때 f가 ∞로 무한히 커지거나 $-\infty$로 무한히 작아지는 경우이다. x가 a로 다가갈 때 **함수 f가 ∞로 발산한다** 또는 **$-\infty$로 발산한다**고 하고 다음과 같이 쓴다.

$$\lim_{x \to a} f(x) = \infty \text{ 또는 } \lim_{x \to a} f(x) = -\infty$$

무한에서의 극한(limit at infinity)은 x가 a로 다가가지 않고
x가 ∞로 무한히 커지거나 $-\infty$로 무한히 작아지는 경우 함수 f가 실수 L로 다가가는 경우이고 다음과 같이 쓴다.

$$\lim_{x \to \infty} f(x) = L \text{ 또는 } \lim_{x \to -\infty} f(x) = L$$

2.5.1 무한극한의 정의

◐ 무한극한의 정의

수학의 기호 중에서 양의 무한대(∞)와 음의 무한대 ($-\infty$)는 중요한 기호다. 주의할 점은 ∞와 $-\infty$은 수(number)가 아니고 기호(symbol)이다.

무한극한을 자세히 알아보자.
실함수 f가 [그림 2.41](a), (b)에서와 같이 a를 제외한 a 근처에서 정의되었다고 하자.

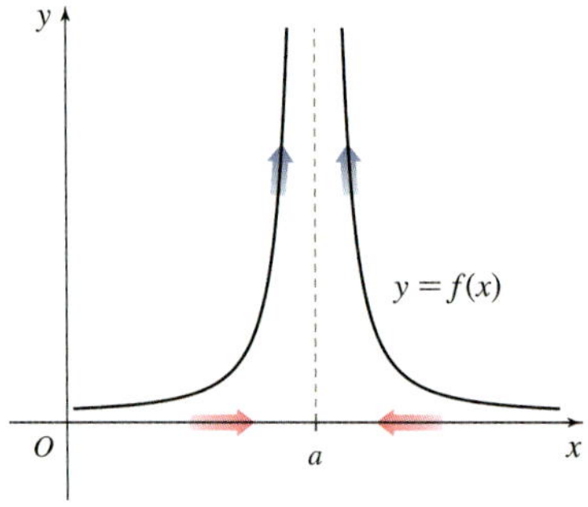

[그림 2.41](a)

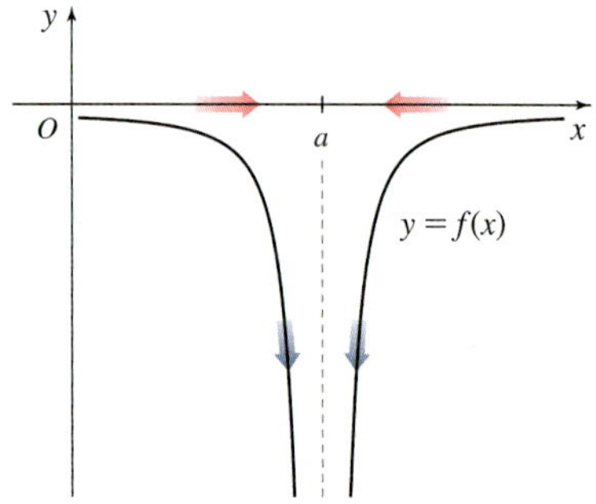

[그림 2.41](b)

[그림 2.41](a)에서 함수 f의 그래프를 보면 x가 a로 충분히 다가갈 때 함숫값 $f(x)$가 $+\infty$로 무한히 커지고 있다. [그림 2.41](b)에서 함수 f의 그래프를 보면 x가 a로 충분히 다가갈 때 함숫값 $f(x)$가 $-\infty$로 무한히 작아지고 있다. 두 경우

는 극한 $\lim_{x \to a} f(x)$가 존재하지 않는 경우이다.

함수의 극한이 발산하는 경우는 다양하게 있지만 극한 $\lim_{x \to a} f(x)$가 양의 무한대(∞) 또는 음의 무한대($-\infty$)로 가는 경우는 중요하게 사용된다.

이 경우에 극한 $\lim_{x \to a} f(x)$가 양의 무한대(∞)로 가는지 음의 무한대($-\infty$)로 가는지에 대한 부호를 정확히 구분하는 것이 중요하다.

[정의 2.7: 무한극한] 함수 f는 a를 제외한 a 근처에서 정의되었다고 하자.

(1) x가 a로 다가갈 때 함숫값 $f(x)$가 ∞로 무한히 커지면
x가 a로 다가갈 때 함수 f가 양의 무한대로 **발산한다**고 한다. ([그림 2.41](a) 참고) 기호로 다음과 같다.

$$\lim_{x \to a} f(x) = \infty$$

(2) x가 a로 다가갈 때 함숫값 $f(x)$가 $-\infty$로 무한히 작아지면
x가 a로 다가갈 때 함수 f가 음의 무한대로 **발산한다**고 한다. ([그림 2.41](b) 참고) 기호로 다음과 같이 쓴다.

$$\lim_{x \to a} f(x) = -\infty$$

(3) $\lim_{x \to a} f(x) = \infty$ 또는 $\lim_{x \to a} f(x) = -\infty$이면 a에서 함수 f는 **무한극한**(infinite limit)을 갖는다고 한다.

[예제 2.31] 극한 $\lim_{x \to 0} \frac{1}{x^2}$을 구하여라. [연습문제 1~12]

[풀이] 함수 $f(x) = \frac{1}{x^2}$의 그래프는 [그림 2.42]이다. 그래프를 보면 x가 a로 다가가면 함숫값 $f(x) = \frac{1}{x^2}$가 양의 무한대로 발산한다. 그러므로 극한은 다음과 같다.

$$\lim_{x \to 0} \frac{1}{x^2} = \infty$$

■

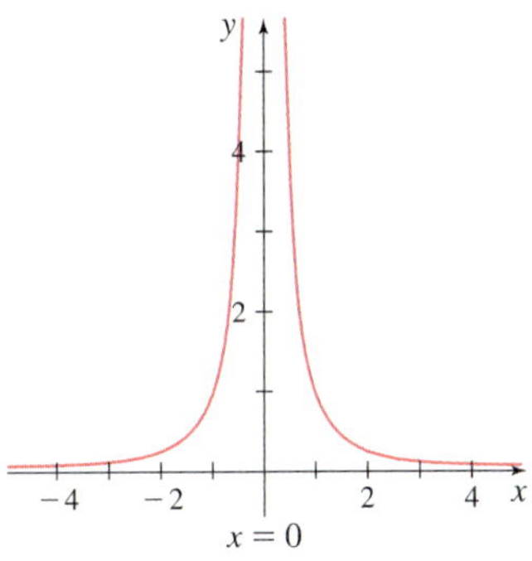

[그림 2.42] $f(x) = \frac{1}{x^2}$의 그래프

◐ 무한 한쪽극한: 무한 우극한과 무한 좌극한

다음 무한 한쪽극한을 알아보자.

[정의 2.8: 무한 우극한과 무한 좌극한]

(1) [무한 좌극한] 함수 f는 a 근처의 $x < a$인 x에 대하여 정의되었다고 하자.
$x < a$이고 x가 a로 다가갈 때 함숫값 $f(x)$가 무한히 커지거나 또는 무한히 작아지면 $x = a$에서 함수 f는 왼쪽에서 ∞ 또는 $-\infty$로 **발산한다**고 하고 기호는 다

음과 같다. ([그림 2.43](a), (b) 참고)

$$\lim_{x \to a-} f(x) = \infty \quad \text{또는} \quad \lim_{x \to a-} f(x) = -\infty$$

(2) **[무한 우극한]** 함수 f는 a 근처의 $x > a$인 x에 대하여 정의되었다고 하자. $x > a$이고 x가 a로 다가갈 때 함숫값 $f(x)$가 무한히 커지거나 또는 무한히 작아지면 $x = a$에서 함수 f는 오른쪽에서 ∞ 또는 $-\infty$로 **발산한다**고 하고 기호는 다음과 같다. ([그림 2.43](c), (d) 참고)

$$\lim_{x \to a+} f(x) = \infty \quad \text{또는} \quad \lim_{x \to a+} f(x) = -\infty$$

무한 우극한과 무한 좌극한을 **무한 한쪽극한**이라고 부른다.

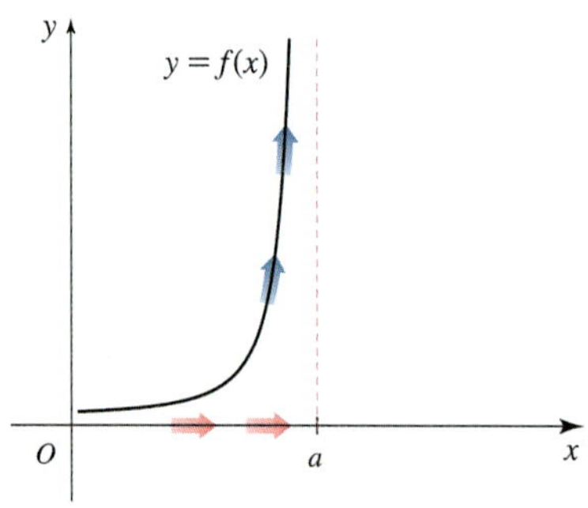

[그림 2.43](a) $\lim_{x \to a-} f(x) = \infty$

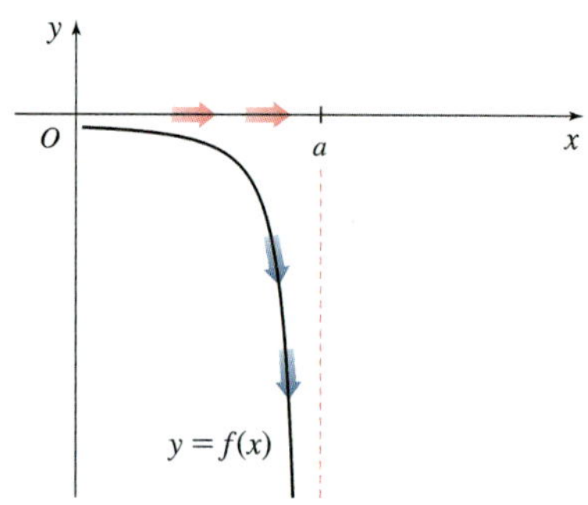

[그림 2.43](b) $\lim_{x \to a-} f(x) = -\infty$

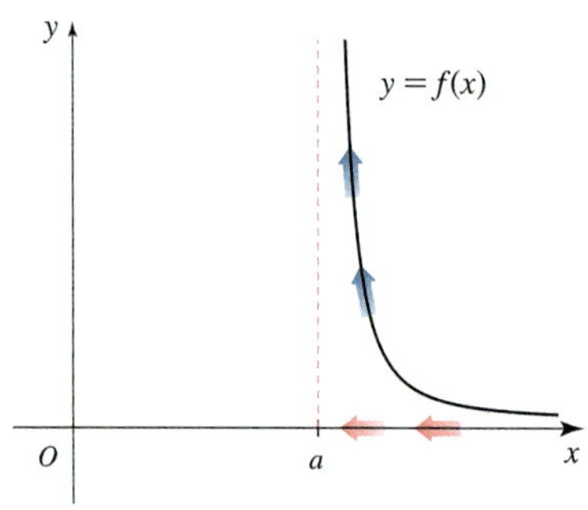

[그림 2.43](c) $\lim_{x \to a+} f(x) = \infty$

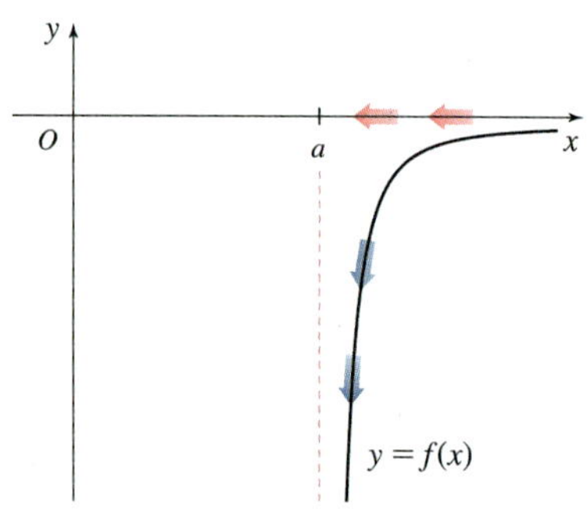

[그림 2.43](d) $\lim_{x \to a+} f(x) = -\infty$

우극한과 좌극한으로 극한의 존재를 판별하는 것과 비슷하게 무한 우극한과 무한 좌극한으로 무한극한을 구할 수 있다.

[정리 2.22]

(1) $\lim_{x \to a} f(x) = \infty$일 필요충분조건은 $\lim_{x \to a+} f(x) = \infty = \lim_{x \to a-} f(x)$.

(2) $\lim_{x \to a} f(x) = -\infty$일 필요충분조건은 $\lim_{x \to a+} f(x) = -\infty = \lim_{x \to a-} f(x)$.

함수 f의 $x = a$에서의 무한극한을 구하는 경우 무한 한쪽극한을 먼저 살펴보는 것이 일반적이다.

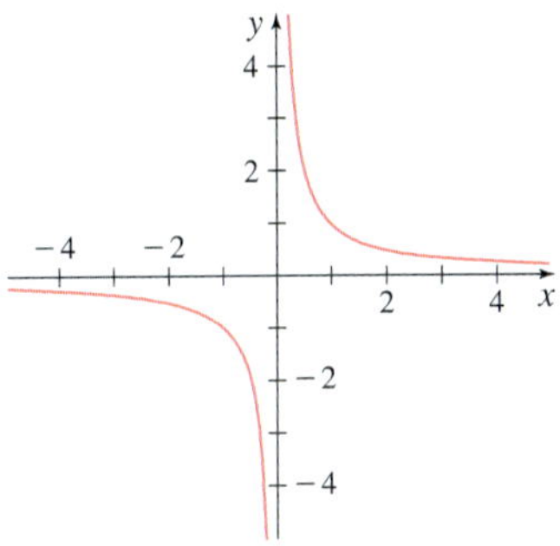

[그림 2.44] $f(x) = \dfrac{1}{x}$의 그래프

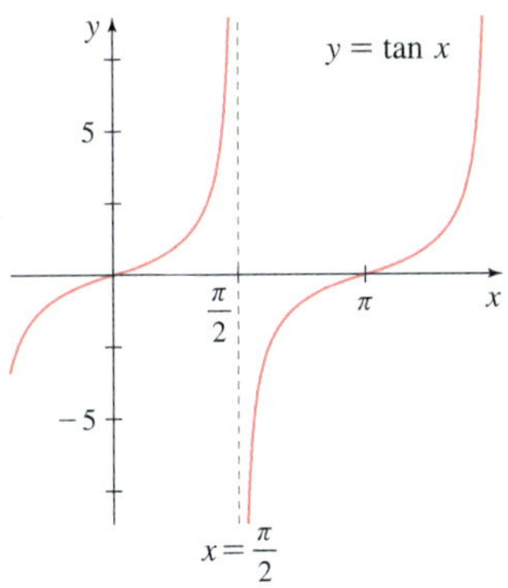

[그림 2.45]

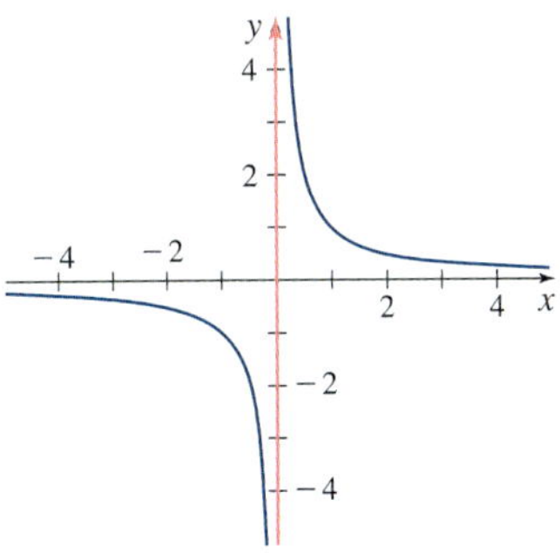

[그림 2.46] $f(x) = \dfrac{1}{x}$의 그래프

[예제 2.32] 극한 $\lim_{x \to 0} \dfrac{1}{x}$를 구하여라. [연습문제 1~12]

[풀이] 함수 $f(x) = \dfrac{1}{x}$의 그래프는 [그림 2.44]이다. [그림 2.44]에서 $f(x) = \dfrac{1}{x}$의 그래프를 보면 $x > 0$이고 0으로 다가가면 함숫값 $f(x) = \dfrac{1}{x}$가 양의 무한대로 발산한다. 그러므로 $x = 0$에서 f의 무한 우극한은 다음과 같다.

$$\lim_{x \to 0+} \frac{1}{x} = \infty$$

$x < 0$이고 0으로 다가가면 함숫값 $f(x) = \dfrac{1}{x}$가 음의 무한대로 발산한다. 그러므로 $x = 0$에서 f의 무한 좌극한은 다음과 같다.

$$\lim_{x \to 0-} \frac{1}{x} = -\infty$$

그러므로 $\lim_{x \to \infty+} \dfrac{1}{x} \neq \lim_{x \to \infty-} \dfrac{1}{x}$이므로, $\lim_{x \to 0} \dfrac{1}{x}$은 존재하지 않는다. ■

[예제 2.33] 극한 $\lim_{x \to \frac{\pi}{2}-} (\tan x)$와 $\lim_{x \to \frac{\pi}{2}+} (\tan x)$를 구하여라. [연습문제 1~12]

[풀이] 함수 $f(x) = \tan x$의 그래프는 [그림 2.45]이다.

$f(x) = \tan x$의 그래프를 보고 $x = \dfrac{\pi}{2}$에서 무한 우극한과 무한 좌극한은 다음과 같다.

$$\lim_{x \to \frac{\pi}{2}-} (\tan x) = \infty \text{이고} \quad \lim_{x \to \frac{\pi}{2}+} (\tan x) = -\infty$$ ■

◐ 수직점근선

함수 $f(x) = \dfrac{1}{x}$의 그래프는 [그림 2.46]이다. 함수 $f(x) = \dfrac{1}{x}$의 그래프를 보면 x가 0으로 가까이 다가가면 $f(x) = \dfrac{1}{x}$의 그래프는 y축인 직선 $x = 0$에 점점 가까워진

다. 이때, y축인 직선 $x=0$을 함수 $f(x)=\frac{1}{x}$의 수직점근선(vertical asymptote)이라고 한다. 점근선은 점점 가까워진다는 의미이다.
함수가 점근선을 갖는 경우 함수의 그래프에 점근선을 반드시 표시한다.

> **[정의 2.9: 수직점근선(vertical asymptote)]** 함수 f의 $x=a$에서 무한 한쪽극한인 다음 네 가지 중 하나가 성립하면 직선 $x=a$를 함수 f의 **수직점근선**이라고 한다.
>
> $$\lim_{x\to a-} f(x)=\infty,\quad \lim_{x\to a-} f(x)=-\infty,\quad \lim_{x\to a+} f(x)=\infty,\quad \lim_{x\to a+} f(x)=-\infty$$

[그림 2.47](a), (b), (c), (d)는 수직점근선을 갖는 함수 f의 그래프를 표현한 것이다. 즉, 무한 한쪽극한을 갖는 네 가지 경우이다.

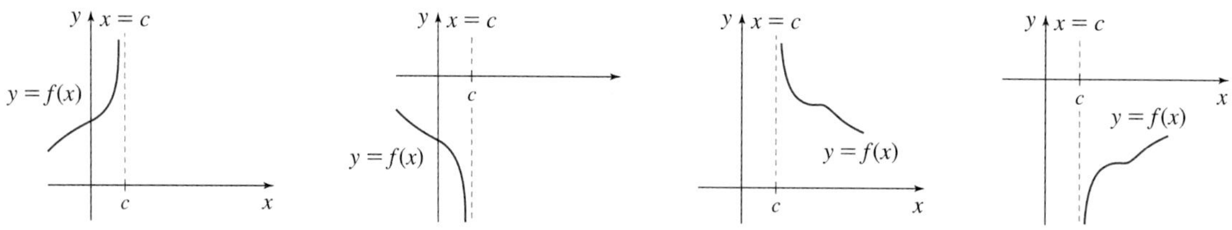

[그림 2.47](a) $\lim_{x\to a-} f(x)=\infty$

[그림 2.47](b) $\lim_{x\to a-} f(x)=-\infty$

[그림 2.47](c) $\lim_{x\to a+} f(x)=\infty$

[그림 2.47](d) $\lim_{x\to a+} f(x)=-\infty$

2.5.2 무한극한을 구하는 방법

이제까지는 주어진 함수의 그래프를 그리고 함수의 무한 한쪽극한과 수직점근선을 살펴보았다. 그러나 함수의 그래프를 그리지 않고 함수의 무한 한쪽극한과 수직점근선을 알아보는 것은 중요하다.
무한극한을 갖는 대표적인 예는 분수 형태의 함수 $\frac{Q(x)}{P(x)}$에서 생긴다.
분모식 $P(x)$과 분자식 $Q(x)$에서 $P(a)=0$이고 $Q(a)\neq 0$인 경우 $x=a$에서 함수 $\frac{Q(x)}{P(x)}$는 무한 한쪽극한이 생기고 직선 $x=a$는 함수 $\frac{Q(x)}{P(x)}$의 수직점근선이다.
여기서 중요한 것은 $x=a$에서 함수 $\frac{Q(x)}{P(x)}$의 무한 한쪽극한이 양의 무한대($+\infty$) 또는 음의 무한대($-\infty$)임을 판정하는 것, 즉 부호를 판정하는 것이다.

[예제 2.34] $\lim_{x\to 1+}\frac{2x}{x-1}$와 $\lim_{x\to 1-}\frac{2x}{x-1}$를 구해보자. [연습문제 1~12]

[풀이] 주어진 유리함수에서 분모 $P(x)=x-1$과 분자 $Q(x)=2x$라고 놓자. $x=1$에서 $P(1)=0$과 $Q(1)=2\neq 0$이므로 $x=1$에서의 무한 한쪽극한을 갖는다. $x=1$에서의 무한 한쪽극한을 구해보자.

우극한 $\lim\limits_{x\to 1+}\dfrac{2x}{x-1}$인 경우 $x>1$이고 1의 근처에서 $\dfrac{(2x)^{+}}{(x-1)^{+}}$이므로

$\lim\limits_{x\to 1+}\dfrac{2x}{x-1}=\infty.$

좌극한 $\lim\limits_{x\to 1-}\dfrac{2x}{x-1}$인 경우 $x<1$이고 1의 근처에서 $\dfrac{(2x)^{+}}{(x-1)^{-}}$이므로

$\lim\limits_{x\to 1-}\dfrac{2x}{x-1}=-\infty.$ ■

[무한 한쪽극한을 구하는 방법] 분수 형태의 함수 $f(x)=\dfrac{Q(x)}{P(x)}$에서

① $P(a)=0$이고 $Q(a)\neq 0$인 경우 $x=a$에서 함수 f는 무한 한쪽극한을 갖는다.

② 주어진 함수의 분모 $P(x)$와 분자 $Q(x)$를 각각 인수분해한다.

③ 무한 한쪽극한의 조건에서 분수 형태의 함수식의 각 인수에 대한 부호를 판별한다.

④ 판별한 함수식의 부호가

- 양수이면 무한 한쪽극한이 ∞이고
- 음수이면 무한 한쪽극한이 $-\infty$이다.

[예제 2.35] 다음 극한을 구하여라. [연습문제 1~12]

(1) $\lim\limits_{x\to 3+}\dfrac{2-5x}{x-3}$ (2) $\lim\limits_{x\to 3-}\dfrac{2-5x}{x-3}$

[풀이] 함수 $\dfrac{2-5x}{x-3}$에 대해 분모 $P(x)=x-3$에서 $P(3)=0$이고 분자 $Q(x)=2-5x$에서 $Q(3)=-13$이므로 (1)과 (2)는 모두 $x=3$에서 무한 한쪽극한을 갖는다.

(1) $x>3$이고 x가 3의 근처에서 $\dfrac{(2-5x)^{-}}{(x-3)^{+}}$이므로 $\lim\limits_{x\to 3+}\dfrac{2-5x}{x-3}=-\infty.$

(2) $x<3$이고 x가 3의 근처에서 $\dfrac{(2-5x)^{-}}{(x-3)^{-}}$이므로 $\lim\limits_{x\to 3+}\dfrac{2-5x}{x-3}=\infty.$ ■

[예제 2.36] 다음 극한을 구하여라. [연습문제 1~12]

$$\lim_{x\to -4+}\frac{-x^3+5x^2-6x}{-x^3-4x^2}$$

[풀이] 분수함수 $\dfrac{-x^3+5x^2-6x}{x^3-4x^2}$에 대해 분모 $P(x)=-x^3-4x^2$에서 $P(-4)=0$이고 분자 $Q(x)=-x^3+5x^2-6x$에서 $Q(-4)=8\neq 0$이므로 $x=-4$에서 무한극한을 갖는다.

분모식과 분자식을 각각 인수분해를 하면 $x\neq 4$이고 -4의 근처에서 다음과 같다.

$$\frac{Q(x)}{P(x)}=\frac{-x^3+5x^2-6x}{-x^3-4x^2}=\frac{-x(x-2)(x-3)}{-x^2(x+4)}=\frac{(x-2)(x-3)}{x(x+4)}^{*}$$

* 다음 두 함수는 같은 함수이다.

$f(x)=\dfrac{-x(x-2)(x-3)}{-x^2(x+4)}$

$g(x)=\dfrac{-(x-2)(x-3)}{-x(x+4)}$

왜냐하면 두 함수의 정의역이 $x=-4$와 $x=0$을 포함하지 않기 때문이다.

$x>-4$이고 x가 -4에 매우 가까이 있을 때 $\dfrac{Q(x)}{P(x)}$의 부호는 다음과 같다.

$$\frac{-(x-2)(x-3)-}{-(x)(x+4)+}$$

그러므로 $\displaystyle\lim_{x\to-4+}\frac{-x^3+5x^2-6x}{-x^3-4x^2}=-\infty.$ ■

[예제 2.37]은 많이 사용되는 삼각함수의 무한 한쪽극한이다.

[예제 2.37] 다음 삼각함수의 무한 한쪽극한을 알아보아라. [연습문제 1~12]

(1) $\displaystyle\lim_{x\to\frac{\pi}{2}+}\tan x=-\infty$ (2) $\displaystyle\lim_{x\to\frac{\pi}{2}-}\tan x=\infty$

(3) $\displaystyle\lim_{x\to\frac{\pi}{2}+}\sec x=-\infty$ (4) $\displaystyle\lim_{x\to\frac{\pi}{2}-}\sec x=\infty$

(5) $\displaystyle\lim_{x\to0+}\csc x=\infty$ (6) $\displaystyle\lim_{x\to0-}\csc x=-\infty$

(7) $\displaystyle\lim_{x\to0+}\cot x=\infty$ (8) $\displaystyle\lim_{x\to0-}\cot x=-\infty$

[풀이] 주어진 삼각함수는 분수 형태이다. 이 경우 분모가 0이 되는 점에서 무한 한쪽극한을 가질 가능성이 있다. 부호를 판정하는 방법으로 무한 한쪽극한을 구해보자.

(1) $\displaystyle\lim_{x\to\frac{\pi}{2}+}\tan x=\lim_{x\to\frac{\pi}{2}+}\frac{\sin x\,+}{\cos x\,-}=-\infty$

(2) $\displaystyle\lim_{x\to\frac{\pi}{2}-}\tan x=\lim_{x\to\frac{\pi}{2}-}\frac{\sin x\,+}{\cos x\,+}=\infty$

(3) $\displaystyle\lim_{x\to\frac{\pi}{2}+}\sec x=\lim_{x\to\frac{\pi}{2}+}\frac{1}{\cos x\,-}=-\infty$

(4) $\displaystyle\lim_{x\to\frac{\pi}{2}-}\sec x=\lim_{x\to\frac{\pi}{2}-}\frac{1}{\cos x\,+}=\infty$

(5) $\displaystyle\lim_{x\to0+}\csc x=\lim_{x\to0+}\frac{1}{\sin x\,+}=\infty$

(6) $\displaystyle\lim_{x\to0-}\csc x=\lim_{x\to0-}\frac{1}{\sin x\,-}=-\infty$

(7) $\displaystyle\lim_{x\to0+}\cot x=\lim_{x\to0+}\frac{\cos x\,+}{\sin x\,+}=\infty$

(8) $\displaystyle\lim_{x\to0-}\cot x=\lim_{x\to0-}\frac{\cos x\,+}{\sin x\,-}=-\infty$ ■

[예제 2.37]의 4개의 함수의 그래프를 살펴보고 수직점근선도 확인해 보자. ([그림 2.48](a), (b), (c), (d) 참고)

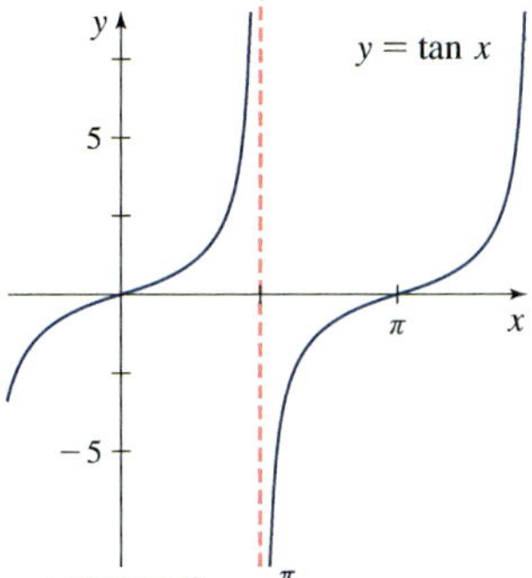

[그림 2.48](a)

$\lim_{x \to \frac{\pi}{2}+} \tan x = -\infty$,

$\lim_{x \to \frac{\pi}{2}-} \tan x = \infty$

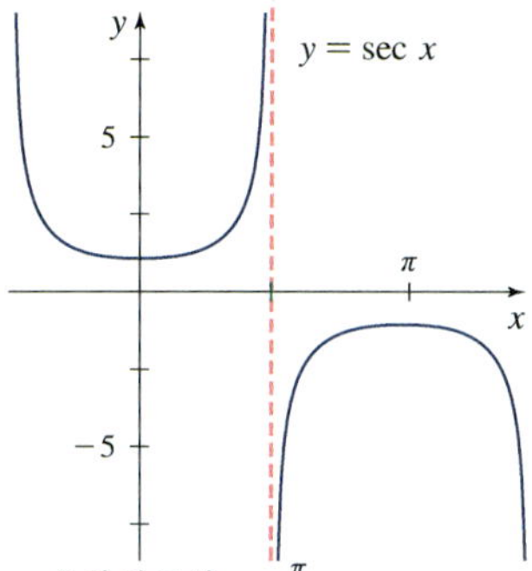

[그림 2.48](b)

$\lim_{x \to \frac{\pi}{2}+} \sec x = -\infty$,

$\lim_{x \to \frac{\pi}{2}-} \sec x = \infty$

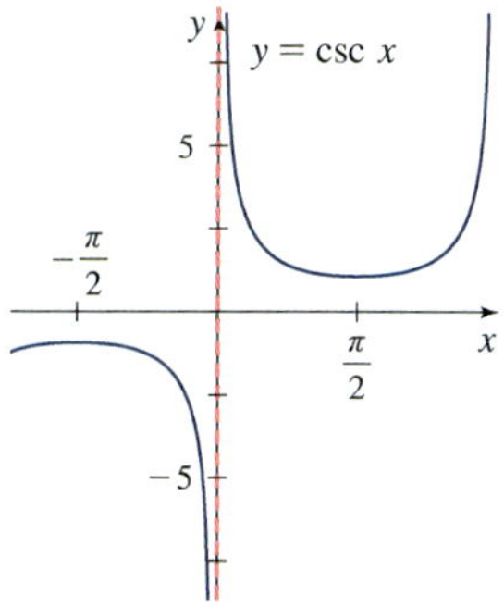

[그림 2.48](c)

$\lim_{x \to 0+} \csc x = \infty$,

$\lim_{x \to 0-} \csc x = -\infty$

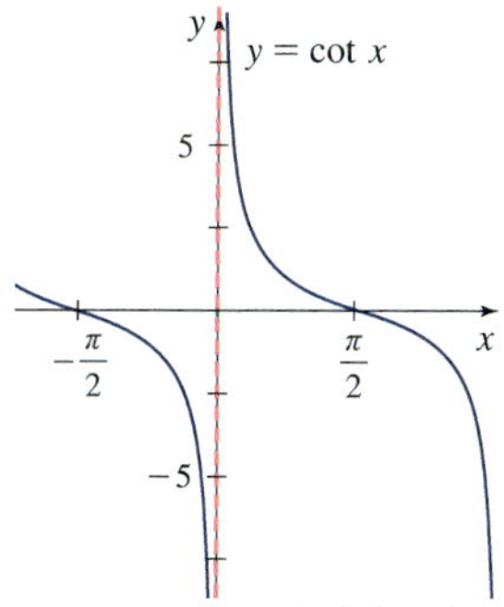

[그림 2.48](d)

$\lim_{x \to 0+} \cot x = \infty$,

$\lim_{x \to 0-} \cot x = -\infty$

◐ 로그함수의 무한극한

로그함수는 분수 형태의 함수는 아니지만 수직점근선을 갖는 대표적인 함수이다.

[정리 2.23: 로그함수의 무한극한과 수직점근선]

(1) $0 < b < 1$인 경우

- $\lim_{x \to 0+} \log_b x = \infty$
- 직선 $x=0$는 $f(x)=\log_b x$의 수직점근선이다. ([그림 2.49](a) 참고)

(2) $b > 1$일 때

- $\lim_{x \to 0+} \log_b x = -\infty$
- 직선 $x=0$는 $f(x)=\log_b x$의 수직점근선이다. ([그림 2.49](b) 참고)

(3) 자연로그함수에 대하여

- $\lim_{x \to 0+} \ln x = -\infty$
- 직선 $x=0$는 $f(x)=\ln x$의 수직점근선이다. ([그림 2.49](c) 참고)

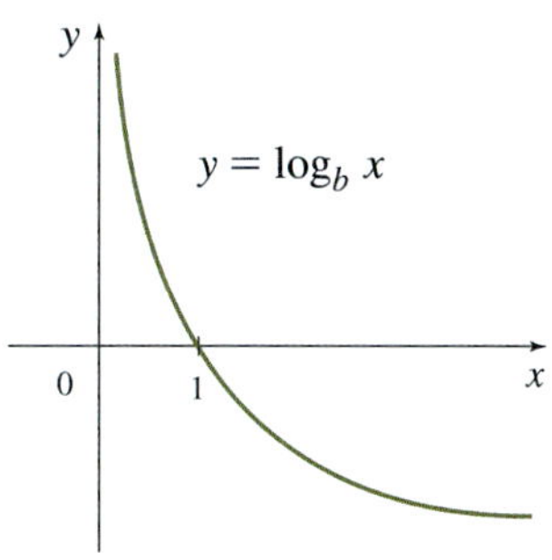

[그림 2.49](a) $0 < b < 1$인 경우 $y=\log_b x$의 그래프

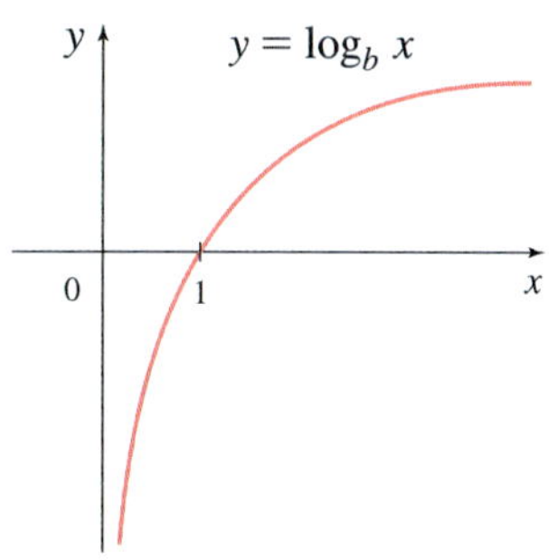

[그림 2.49](b) $b > 1$인 경우 $y=\log_b x$의 그래프

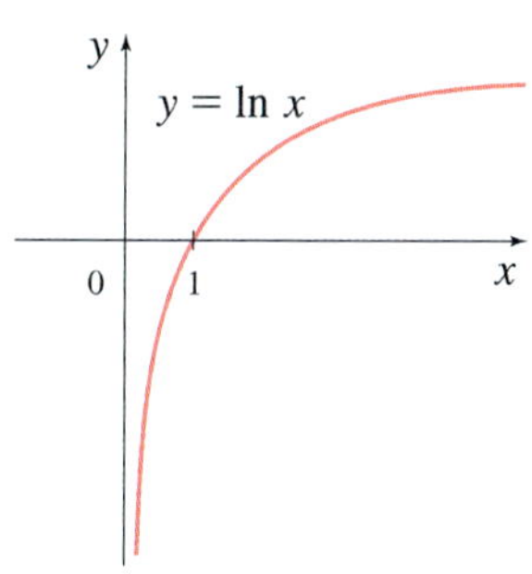

[그림 2.49](c) $y=\ln x=\log_e x$의 그래프

[예제 2.38] 함수의 $f(x)=\dfrac{x^2-4x+3}{x^2-1}$의 수직점근선이 있다면 구하여라. [연습문제 27~30]

[풀이] 주어진 유리함수에서 분모 $P(x)=x^2-1$과 분자 $Q(x)=x^2-4x+3$을 놓자. 먼저 분모식과 분자식을 인수분해하면 $\dfrac{x^2-4x+3}{x^2-1}=\dfrac{(x-1)(x-3)}{(x-1)(x+1)}$이다.

① $x=1$에서 함수 f의 극한을 알아보자.

분모식 $P(1)=0$이고 분자식 $Q(1)=0$이다.

$$\lim_{x\to 1}\frac{x^2-4x+3}{x^2-1}=\lim_{x\to 1}\frac{(x-1)(x-3)}{(x-1)(x+1)}=\lim_{x\to 1}\frac{x-3}{x+1}=-1$$

그러므로 $x=1$에서 함수식 $\dfrac{x^2-4x+3}{x^2-1}$는 무한 한쪽극한을 갖지 않는다. 그러므로 직선 $x=1$은 f의 수직 점근선이 아니다.

② $x=-1$에서 함수 f의 극한을 알아보자.

분모 $P(-1)=0$이고 분자 $Q(-1)=8\neq 0$이므로 $x=-1$에서 무한 한쪽극한을 갖는다.

$x>-1$이고 x가 -1의 근처에서 $\dfrac{-\ (x-1)(x-3)\ -}{-\ (x-1)(x+1)\ +}$ 이므로

$$\lim_{x\to -1+}\frac{x^2-4x+3}{x^2-1}=-\infty.$$

$x<-1$이고 x가 -1근처에서 $\dfrac{-\ (x-1)(x-3)\ -}{-\ (x-1)(x+1)\ -}$ 이므로

$$\lim_{x\to -4+}\frac{x^2-4x+3}{x^2-1}=\infty.$$

그러므로 직선 $x=-1$은 $f(x)$의 수직점근선이다. ■

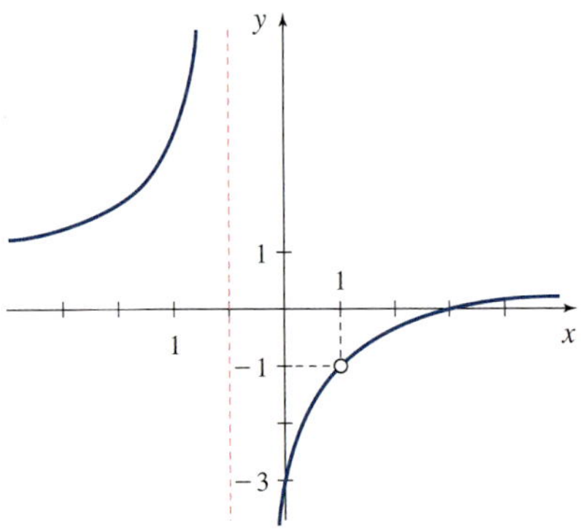

[그림 2.50]

실제로 함수 $f(x)=\dfrac{x^2-4x+3}{x^2-1}$의 그래프는 [그림 2.50]과 같다.

일반적으로 분수 형태의 함수에서 분모의 극한이 0이 되는 점 c에서 수직점근선을 판별해 보는 것은 함수의 그래프를 그려보는 과정에서 매우 중요하다.

2.5.3 무한에서의 극한

극한 $\lim_{x\to a}f(x)=L$의 개념을 두 가지 상황으로 확장하면 **무한극한**과 **무한에서의 극한**이 있다. 무한극한은 2.5.1절과 2.5.2절에서 다루었고 이번에는 무한에서의 극한을 알아보자.

◐ 무한에서의 극한의 정의

무한에서의 극한은 x가 실수 a로 다가가지 않고 x가 양의 무한대인 $+\infty$로 무한대로 커지거나 또는 음의 무한대인 $-\infty$로 무한히 작아지는 경우로 확장한 것이다. 즉, 극한 $\lim_{x\to\infty} f(x)$ 또는 $\lim_{x\to-\infty} f(x)$을 알아보는 것을 **무한에서의 극한**(limit at infinity)이라고 한다.

> **[정의 2.10: 무한에서의 극한(limit at infinity)]**
> (1) 함수 f가 구간 (a, ∞)에서 정의된 경우 ([그림 2.51](a) 참고)
> x가 무한히 커질 때 함숫값 $f(x)$이 실수 L에 점점 가까워진다면
> 함수 f의 **양의 무한에서의 극한**이 L이라고 하고 기호로 쓰면 $\lim_{x\to\infty} f(x) = L$이다.
> (2) 함수 f가 구간 $(-\infty, a)$에서 정의된 경우 ([그림 2.51](b) 참고)
> x가 무한히 작아질 때 함숫값 $f(x)$이 실수 L에 점점 가까워진다면
> 함수 f의 **음의 무한에서의 극한**이 L이라고 하고 기호로 쓰면 $\lim_{x\to\infty} f(x) = L$이다.

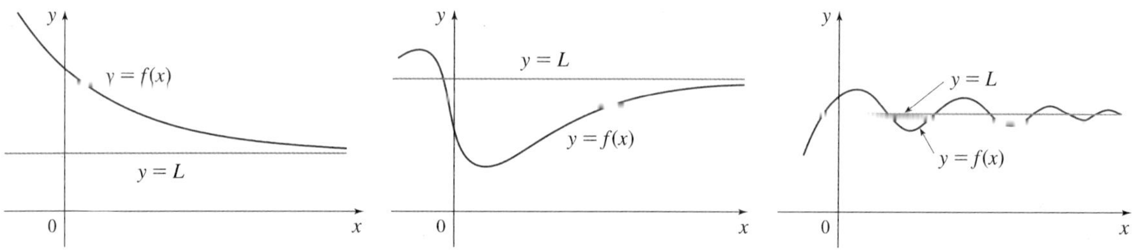

[그림 2.51](a) $\lim_{x\to\infty} f(x) = L$

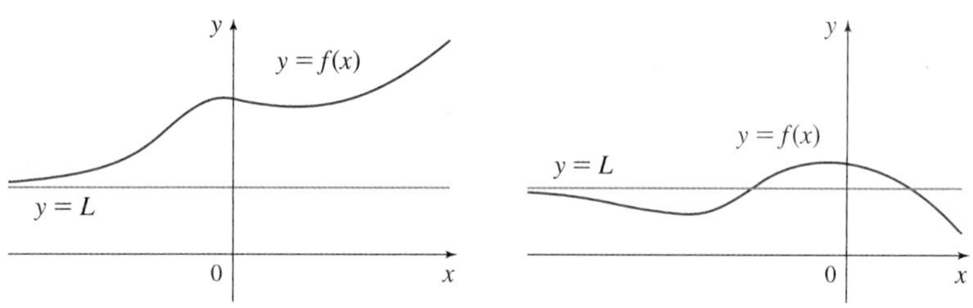

[그림 2.51](b) $\lim_{x\to-\infty} f(x) = L$

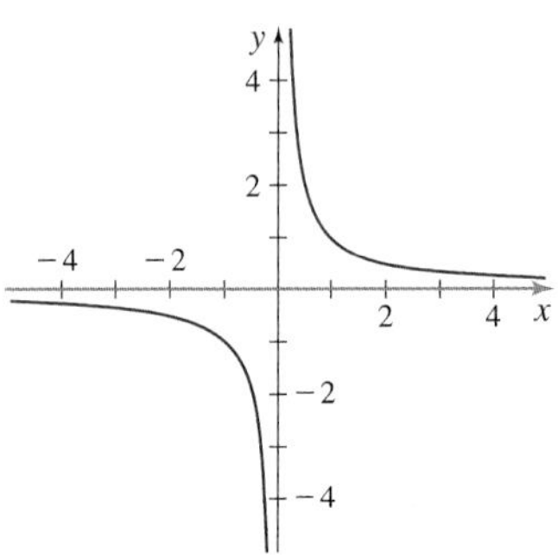

[그림 2.52] $f(x) = \dfrac{1}{x}$의 그래프

◐ 수평점근선

함수 $f(x) = \dfrac{1}{x}$의 그래프는 [그림 2.52]이다. 함수 $f(x) = \dfrac{1}{x}$의 그래프를 보면 x가 무한히 커지면 함수 $f(x) = \dfrac{1}{x}$의 그래프는 x축인 직선 $y = 0$에 점점 가까워진다. 이때, x축(즉, 직선 $y = 0$)을 $f(x) = \dfrac{1}{x}$의 **수평점근선**(horizontal asymptote)이라고 한다.

> **[정의 2.11: 수평점근선(horizontal asymptote)]**
> 함수 f의 무한에서의 극한 $\lim_{x \to \infty} f(x) = L$ 또는 $\lim_{x \to -\infty} f(x) = L$인 실수 L이 존재하면 직선 $y = L$을 f의 **수평점근선**이라고 한다.

함수가 수평점근선을 갖는 경우 함수의 그래프에 수평점근선을 반드시 표시해야 한다.
다음 [그림 2.53](a), (b)는 수평점근선을 갖는 함수 f의 그래프를 표현한 것이다.

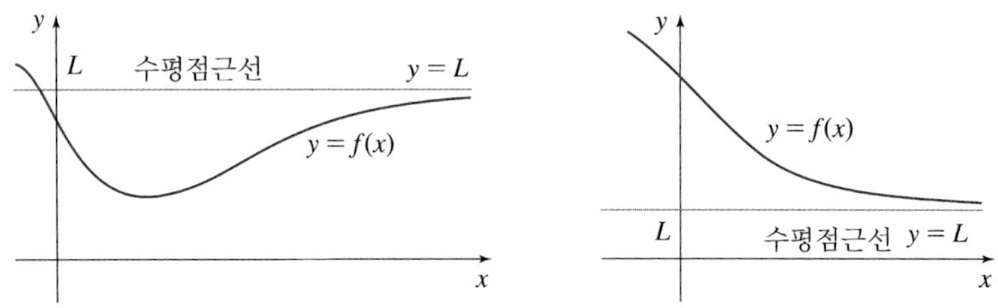

[그림 2.53](a) $\lim_{x \to \infty} f(x) = L$

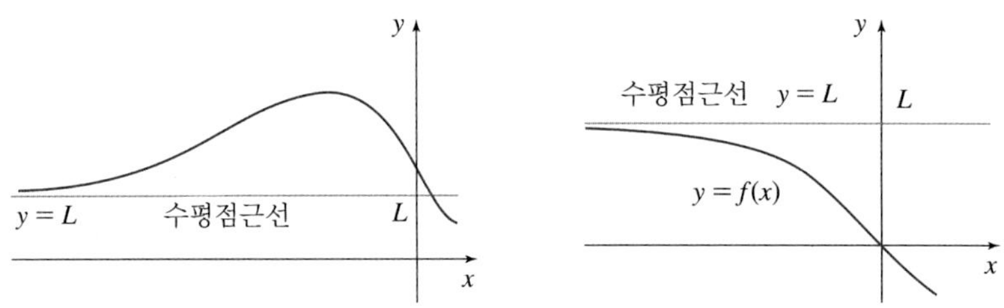

[그림 2.53](b) $\lim_{x \to -\infty} f(x) = L$

2.5.4 무한에서의 극한 구하는 방법

이제까지는 주어진 함수의 그래프를 살펴보고 함수의 무한에서의 극한과 수평점근선을 알아보았다. 그러나 함수의 그래프를 그리지 않고 함수의 무한에서의 극한과 수평점근선을 알아보는 것은 중요하다.
우선 가장 기본 함수의 무한에서의 극한을 그래프를 통해 구해보자.

[예제 2.39] 다음은 기본적인 함수인 $f(x) = x^n$, $(n = 1, 2, 3, 4)$의 그래프이다. 그래프를 보고 각 함수의 무한에서의 극한을 알아보자.

(1) $y = x$　　(2) $y = x^2$　　(3) $y = x^3$　　(4) $y = x^4$

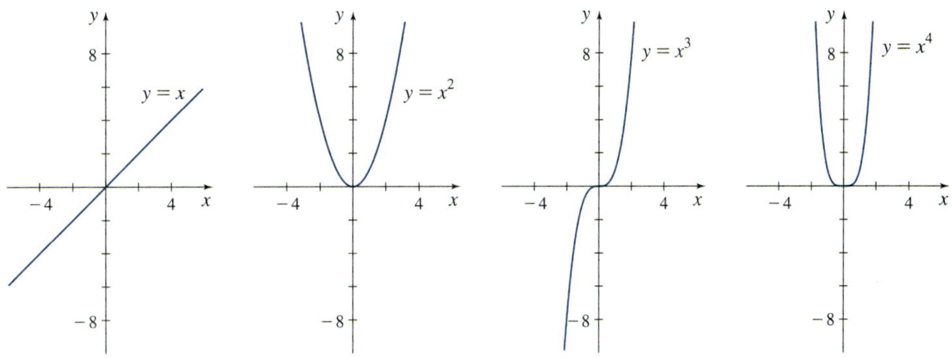

[풀이]

(1) 함수 $y = x$의 그래프를 보면 $\lim_{x \to \infty} x = \infty$이고 $\lim_{x \to -\infty} x = -\infty$.

(2) 함수 $y = x^2$의 그래프를 보면 $\lim_{x \to \infty} x^2 = \infty$이고 $\lim_{x \to -\infty} x^2 = \infty$.

(3) 함수 $y = x^3$의 그래프를 보면 $\lim_{x \to \infty} x^3 = \infty$이고 $\lim_{x \to -\infty} x^3 = -\infty$.

(4) 함수 $y = x^4$의 그래프를 보면 $\lim_{x \to \infty} x^4 = \infty$이고 $\lim_{x \to -\infty} x^4 = \infty$. ■

[예제 2.40] 다음 함수의 무한에서의 극한을 구하고 수평점근선을 구하여라.

(1) $y = \dfrac{1}{x}$　　　　(2) $y = \dfrac{1}{x^2}$

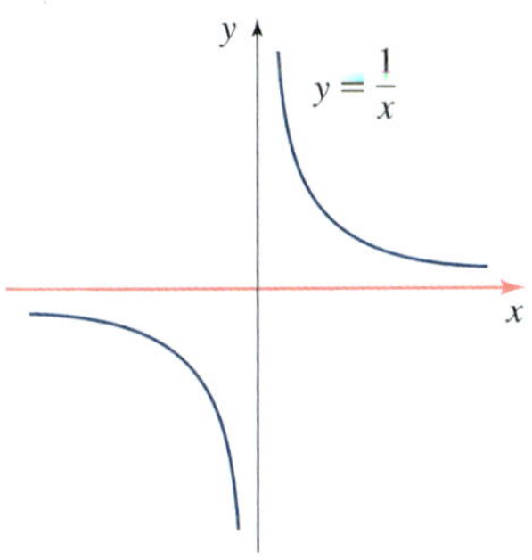

[그림 2.54](a) $y = \dfrac{1}{x}$의 그래프

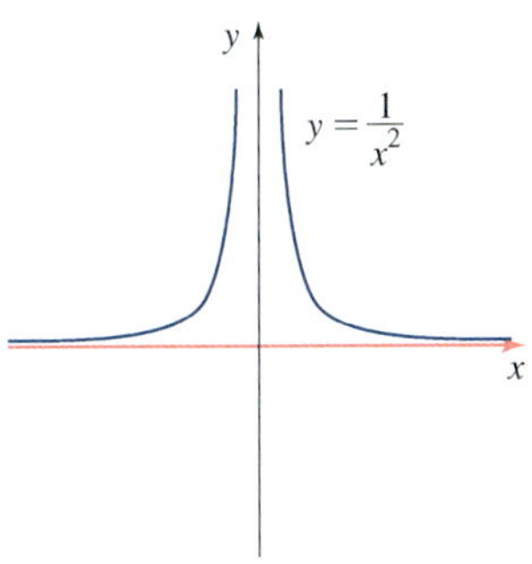

[그림 2.54](b) $y = \dfrac{1}{x^2}$의 그래프

[풀이]

(1) 함수 $f(x) = \dfrac{1}{x}$의 그래프는 [그림 2.54](a)이다. 그래프를 보고 함수 f의 무한에서의 극한을 구하면 다음과 같다.

$$\lim_{x \to \infty} \frac{1}{x} = 0 \quad \text{그리고} \quad \lim_{x \to -\infty} \frac{1}{x} = 0$$

그러므로 함수 $f(x) = \dfrac{1}{x}$의 수평점근선은 직선 $y = 0$이다. ([그림 2.54](a) 참고)

(2) 함수 $f(x) = \dfrac{1}{x^2}$의 그래프는 [그림 2.54](b)이다. 그래프를 보고 함수 f의 무한에서의 극한을 구하면 다음과 같다.

$$\lim_{x \to \infty} \frac{1}{x^2} = 0 \quad \text{그리고} \quad \lim_{x \to -\infty} \frac{1}{x^2} = 0$$

그러므로 함수 $f(x) = \dfrac{1}{x^2}$의 수평점근선은 $y = 0$이다. ([그림 2.54](b) 참고) ■

◐ 다항함수와 유리함수의 무한에서의 극한

기본함수의 무한에서의 극한을 정리해 보자.

[정리 2.24: 무한에서의 극한]

(1) $\lim_{x \to \infty} x = \infty$이고 $\lim_{x \to -\infty} x = -\infty$.

(2) 자연수 n에 대해 $\lim_{x \to \infty} x^n = \infty$이고 $\lim_{x \to -\infty} x^n = \begin{cases} -\infty, & n = 1, 3, \cdots \\ \infty, & n = 2, 4, \cdots \end{cases}$.

(3) $\lim_{x \to \infty} \frac{1}{x} = 0$이고 $\lim_{x \to -\infty} \frac{1}{x} = 0$.

(4) 자연수 n에 대해 $\lim_{x \to \infty} \frac{1}{x^n} = 0$이고 $\lim_{x \to -\infty} \frac{1}{x^n} = 0$.

이제 일반적인 n차 다항함수 $f(x) = c_n x^n + c_{n-1} x^{n-1} + \cdots + c_1 x + c_0$의 무한에서의 극한을 알아보자.

$$\begin{aligned}
&\lim_{x \to \infty} (c_n x^n + c_{n-1} x^{n-1} + \cdots + c_1 x + c_0) \\
&= \lim_{x \to \infty} c_n x^n \left[1 + \frac{c_{n-1}}{c_n} \frac{x^{n-1}}{x^n} + \cdots + \frac{c_1}{c_n} \frac{x}{x^n} + \frac{c_0}{c_n} \frac{1}{x^n} \right] \\
&= \lim_{x \to \infty} c_n x^n \left[1 + \frac{c_{n-1}}{c_n} \frac{1}{x} + \cdots + \frac{c_1}{c_n} \frac{1}{x^{n-1}} + \frac{c_0}{c_n} \frac{1}{x^n} \right] \\
&= \lim_{x \to \infty} c_n x^n = c_n \lim_{x \to \infty} x^n
\end{aligned}$$

다항식의 무한에서의 극한은 다항식의 최고차항의 무한에서의 극한을 따른다는 것을 보여 주고 있다. 또한 다항식의 음의 무한에서의 극한도 비슷하게 최고차항의 무한에서의 극한을 따른다.

다항함수의 무한에서의 극한은
- 최고차항의 계수,
- 다항함수 짝수 차수 또는 홀수 차수

의 영향으로 $+\infty$ 또는 $-\infty$가 된다.

[정리 2.25: 다항함수의 무한에서의 극한]

일반적인 다항함수의 무한대에서의 극한은 **최고차항의 무한대에서의 극한을** 따른다.

n차 다항함수 $f(x) = c_n x^n + c_{n-1} x^{n-1} + \cdots + c_1 x + c_0$에 대하여

(1) $\lim_{x \to \infty} (c_n x^n + c_{n-1} x^{n-1} + \cdots + c_1 x + c_0) = c_n \lim_{x \to \infty} x^n$

(2) $\lim_{x \to -\infty} (c_n x^n + c_{n-1} x^{n-1} + \cdots + c_1 x + c_0) = c_n \lim_{x \to -\infty} x^n$

[예제 2.41] 다음 다항함수의 극한을 구하여라. [연습문제 13~26]

(1) $\lim_{x \to \infty} (-3x^3 - 6x^2 + x - 10)$ (2) $\lim_{x \to -\infty} (-3x^3 - 6x^2 + x - 10)$

[풀이]

(1) $\lim_{x \to \infty}(-3x^3 - 6x^2 + x - 10)$

$= -3\lim_{x \to \infty} x^3$ [정리 2.25: 다항함수의 무한에서의 극한] (1)

$= -\infty$ [정리 2.24: 무한에서의 극한 1] (2)

(2) $\lim_{x \to -\infty}(-3x^3 - 6x^2 + x - 10)$

$= -3\lim_{x \to -\infty} x^3$ [정리 2.25: 다항함수의 무한에서의 극한] (1)

$= \infty$ [정리 2.24: 무한에서의 극한 1] (2) ■

유리함수의 무한에서의 극한을 구하는 경우 분모의 식과 분자의 식의 극한이 모두 ∞ 또는 −∞이므로 분모의 식이 무한으로 가는 속도와 분모의 식이 무한으로 가는 속도를 비교하는 것이다.

다음 유리식의 극한을 구해보자.

$$\lim_{x \to \infty}\frac{2x^2 + x - 1}{x^2 + 8x - 2} = \lim_{x \to \infty}\frac{2 + \frac{1}{x} - \frac{1}{x^2}}{1 + \frac{8}{x} - \frac{2}{x^2}} \quad \text{분모와 분자에 각각} \times \frac{1}{x^2}$$

$$= \frac{2}{1} = 1 \quad \text{[정리 2.24: 무한에서의 극한 1] (1), (4)}$$

$$\lim_{x \to \infty}\frac{x - 10}{x^2 + 8x - 2} = \lim_{x \to \infty}\frac{\frac{1}{x} - \frac{10}{x^2}}{1 + \frac{8}{x} - \frac{2}{x^2}} \quad \text{분모와 분자에 각각} \times \frac{1}{x^2}$$

$$= \frac{0}{1} = 0 \quad \text{[정리 2.24: 무한에서의 극한 1] (1), (4)}$$

이와 같이 유리함수의 무한에서의 극한은 분모의 최고차수로 분모와 분자를 각각 나누어주고 [정리 2.24: 무한에서의 극한 1]을 적용하여 구할 수 있다. 이러한 과정을 거쳐서 유리함수의 무한에서의 극한을 구하는 정리는 [정리 2.26: 유리함수의 무한에서의 극한]이다.

음의 무한대에서의 극한을 구하는 문제는 [정리 2.26: 유리함수의 무한에서의 극한] (2)와 같이 치환을 사용하여 양의 무한대의 극한으로 변환하여 구한다.

[정리 2.26: 유리함수의 무한에서의 극한]

유리함수 $f(x) = \dfrac{P(x)}{Q(x)} = \dfrac{c_n x^n + c_{n-1}x^{n-1} + \cdots + c_1 x + c_0}{d_m x^m + d_{m-1}x^{m-1} + \cdots + d_1 x + d_0}$에 대하여

$$(1)\ \lim_{x\to\infty} f(x) = \lim_{x\to\infty}\frac{P(x)}{Q(x)} = \begin{cases} \infty \text{ 또는 } -\infty, & n>m \\ \dfrac{c_n}{d_m}, & n=m \\ 0, & n<m \end{cases}$$

$$(2)\ \lim_{x\to-\infty} f(x) = \lim_{t\to\infty} f(-t)$$

[간단한 증명]

(1) 함수 $f(x)=\dfrac{P(x)}{Q(x)}=\dfrac{c_nx^n+c_{n-1}x^{n-1}+\cdots+c_0}{d_mx^m+d_{m-1}x^{m-1}+\cdots+d_0}$ 의 극한을 구하기 위해 분모의 최고차수 x^m 으로 분모와 분자를 나누고 분모와 분자의 각 항에 극한을 취한다. 예를 들어서 $f(x)=\dfrac{2x^2-3x+4}{x^3-3x^2+3}$ 에 대해 분모식의 최고차인 x^3 으로 분모식와 분자식을 나누고 분모와 분자의 각 항의 극한을 다음과 같이 구해보자.

$$\lim_{x\to\infty} f(x) = \lim_{x\to\infty}\frac{\dfrac{2}{x}-\dfrac{3}{x^2}+\dfrac{4}{x^3}}{1-\dfrac{3}{x}+\dfrac{3}{x^3}}$$

$$=\frac{\lim\limits_{x\to\infty}\dfrac{2}{x}-\lim\limits_{x\to\infty}\dfrac{3}{x^2}+\lim\limits_{x\to\infty}\dfrac{4}{x^3}}{\lim\limits_{x\to\infty}1-\lim\limits_{x\to\infty}\dfrac{3}{x}+\lim\limits_{x\to\infty}\dfrac{3}{x^3}}=\frac{0-0+0}{1-0+0}=0$$

모든 유리함수의 극한은 이 과정을 따라서 구하면 다음 규칙을 구할 수 있다.

$$\lim_{x\to\infty} f(x) = \lim_{x\to\infty}\frac{P(x)}{Q(x)} = \begin{cases} \infty \text{ 또는 } -\infty, & n>m \\ \dfrac{c_n}{d_m}, & n=m \\ 0, & n<m \end{cases}$$

(2) 음의 무한으로 가는 극한을 구하는 경우 $t=-x$로 치환을 하고 극한을 구한다. 예를 들어서 $\lim\limits_{x\to-\infty} f(x)=\lim\limits_{x\to-\infty}\dfrac{2x^2-3x+4}{x^3-3x^2+3}$ 에 대해 $t=-x$로 치환을 하고 양의 무한으로의 극한으로 표현해 보자.

$$\lim_{x\to-\infty} f(x)=\lim_{x\to-\infty}\frac{2x^3-3x+4}{x^3-3x^2+3}=\lim_{t\to\infty}\frac{2(-t)^3-3(-t)+4}{(-t)^3-3(-t)^2+3}$$

$$=\lim_{t\to\infty}\frac{-2t^3+3t+4}{-t^3+3t^2+3}$$

분모의 차수와 분자의 차수가 같은 유리함수의 무한에서의 극한이므로

$$\lim_{x\to-\infty} f(x)=\lim_{t\to\infty}\frac{-2t^3+3t+4}{-t^3+3t^2+3}=\frac{-2}{-1}=2.$$

■

[예제 2.42] 다음 함수의 극한을 구하여라. [연습문제 13~26]

(1) $\lim_{x\to\infty}\dfrac{x+2}{6x^3+x-8}$　　(2) $\lim_{x\to\infty}\dfrac{5x^3-2x+1}{3x-1}$

(3) $\lim_{x\to-\infty}\dfrac{5x^3-2x+1}{3x-1}$　　(4) $\lim_{x\to-\infty}\dfrac{2x^2+3x-10}{4x^2+3}$

[풀이] (1) $\dfrac{x+2}{6x^3+x-8}$에서 [분모의 차수]$=3>1=$[분자의 차수]이므로

$$\lim_{x\to\infty}\frac{x+2}{6x^3+x-8}=0.$$

(2) $\dfrac{5x^3-2x+1}{3x-1}$에서 [분모의 차수] $=1<3=$[분자의 차수]이므로

$$\lim_{x\to\infty}\frac{5x^3-2x+1}{3x-1}=\infty.$$

(3) $\dfrac{5x^3-2x+1}{3x-1}$에서 [분모의 차수]$=1<3=$[분자의 차수]이므로

$$\lim_{x\to-\infty}\frac{5x^3-2x+1}{3x-1}=\lim_{t\to\infty}\frac{-5t^3+2t+1}{-3t-1}=\infty.$$

(4) $\dfrac{2x^2+3x-10}{4x^2+3}$에서 [분모의 차수]$=2=2=$[분자의 차수]이므로

$$\lim_{x\to-\infty}\frac{2x^2+3x-10}{4x^2+3}=\lim_{t\to\infty}\frac{-2t^2-3t-10}{-4t^2+3}=\frac{2}{4}=\frac{1}{2}.$$ ■

분모 또는 분자의 식이 다항식이 아니고 무리식을 포함하는 분수 형태의 함수인 경우에도 [정리 2.26: 유리함수의 무한에서의 극한]에서와 같이 분모의 최고차수와 분자의 최고차수를 비교하여 무한에서의 극한을 구한다. 또한 음의 무한에서의 극한을 구하는 경우 [정리 2.26: 유리함수의 무한에서의 극한] (2)와 같이 치환을 사용하여 양의 무한에서의 극한으로 변환한다.

[예제 2.43] 다음 함수의 극한을 구하여라. [연습문제 13~26]

(1) $\lim_{x\to\infty}\dfrac{\sqrt{x^2+1}}{6x-8}$　　(2) $\lim_{x\to-\infty}\dfrac{x+1}{\sqrt{x^3-x}}$

* 앞으로는 방법 ②에 의해 분모와 분자의 최고차수를 비교하여 무한에서의 극한을 구하자.

[풀이] (1) 무한에서의 극한을 다음 두 가지 방법*으로 풀어보자.

① 함수 $f(x)=\dfrac{\sqrt{x^2+1}}{6x-8}$는 유리함수는 아니지만 무리식 $\sqrt{x^2+1}$은 다항식과 비슷한 성질을 가지고 있다. 무리식 $\sqrt{x^2+1}$도 무한대로 가는 속도는 최고차항을 따른다.

$$\lim_{x\to\infty}\frac{\sqrt{x^2+1}}{6x-8}=\lim_{x\to\infty}\frac{\sqrt{1+1/x^2}}{6-\dfrac{8}{x}}=\frac{\lim_{x\to\infty}\sqrt{1+1/x^2}}{\lim_{x\to\infty}\left(6-\dfrac{8}{x}\right)}=\frac{1}{6}$$

그러므로 $\lim_{x \to \infty} \frac{\sqrt{x^2+1}}{6x-8} = \frac{1}{6}$.

② 단순 유리식으로 간주하면 $\sqrt{x^2+1}$ 의 최고차항을 $\sqrt{x^2} = x^{2/2} = x^1$ 이라고 볼 수 있다. 그러므로 [분모의 차수]= 1 =[분자의 차수]이므로 무한에서의 극한은 다음과 같이 구할 수 있다.

$$\lim_{x \to \infty} \frac{\sqrt{x^2+1}}{6x-8} = \frac{\sqrt{1}}{6} = \frac{1}{6}$$

(2) 음의 무한에서의 극한을 구하는 경우 $t = -x$로 치환하고 양의 무한에서의 극한으로 변환한 후에 분모와 분자의 차수를 비교하여 구해보자.

$$\lim_{x \to -\infty} \frac{\sqrt{x^2+1}}{6x-8} = \lim_{t \to \infty} \frac{\sqrt{(-t)^2+1}}{6(-t)-8} = \lim_{\to \infty} \frac{\sqrt{t^2+1}}{-6t-8} = \frac{1}{-6} = -\frac{1}{6}.$$

그러므로 $\lim_{x \to -\infty} \frac{\sqrt{x^2+1}}{6x-8} = -\frac{1}{6}$. ■

분수 형태의 함수의 무한에서의 극한은 분모식과 분자식의 무한으로 가는 속도를 비교하는 개념이다. 일반적으로 두 함수의 무한으로 가는 속도를 비교하는 형식은 다음과 같은 두 가지가 있다.

① 분수 형태의 함수 $\frac{Q(x)}{P(x)}$ 의 무한에서의 극한를 $\left[\frac{\infty}{\infty}\right.$ **형태**$\left.\right]$라고 한다.

② 다항 형태 함수의 차 $P(x)-Q(x)$ 의 무한에서의 극한을 [$\infty - \infty$ **형태**]라고 한다.

②의 경우에서 무리식을 포함한 [$\infty - \infty$ **형태**]의 극한을 구하는 경우 무리식을 유리화를 하여 분수 형태로 변환하면 $\left[\frac{\infty}{\infty}\right.$ **형태**$\left.\right]$가 된다. 그리고 [정리 2.26: 유리함수의 무한에서의 극한]을 적용하여 무한에서의 극한을 구한다.

[예제 2.44] 다음 극한 $\lim_{x \to \infty}(\sqrt{x^2+1}-x)$을 구하여라. [연습문제 13~26]

[풀이] 극한 $\lim_{x \to \infty}(\sqrt{x^2+1}-x)$은 무리식을 포함한 [$\infty - \infty$ 형태]의 무한에서의 극한이므로 무리식을 유리화를 하여 분수 형태로 변환해 보자.

$$\lim_{x \to \infty}(\sqrt{x^2+1}-x) = \lim_{x \to \infty} \frac{(x^2+1-x^2)}{(\sqrt{x^2+1}+x)} = \lim_{x \to \infty} \frac{1}{(\sqrt{x^2+1}+x)}$$

분수 형태의 함수의 무한에서의 극한이므로 분자식과 분모식의 최고차를 비교해 보자.

$$[\text{분모 차수}] = 1 > 0 = [\text{분자의 차수}]\text{이므로 } \lim_{x \to \infty} \frac{1}{(\sqrt{x^2+1}+x)} = 0$$

그러므로 극한 $\lim_{x \to \infty}(\sqrt{x^2+1}-x) = 0$이다. ■

일반적으로 함수 f의 정의역이 유계가 아닌 구간인 구간 $(-\infty, \infty)$ 또는 구간 $(-\infty, b)$ 또는 구간 (b, ∞)의 형태인 경우 함수 f의 그래프에서 수평점근선의 존재 여부는 중요하다. 그러므로 함수 f의 무한에서의 극한을 구해 함수 f의 수평점근선을 확인해야 한다. 이때 두 종류의 무한에서의 극한을 모두 구해보아야 한다.

- $\lim_{x \to \infty} f(x) = \infty$ 또는 $-\infty$이고 $\lim_{x \to -\infty} f(x) = \infty$ 또는 $-\infty$인 경우는 수평점근선이 없다.
- $\lim_{x \to \infty} f(x) = L$ 또는 $\lim_{x \to -\infty} f(x) = L$인 경우 직선 $y = L$은 수평점근선이다.

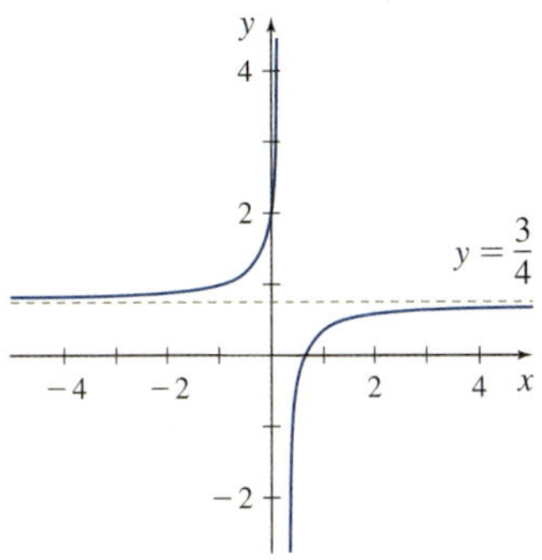

[그림 2.55]

[예제 2.45] 함수 $f(x) = \dfrac{3x-2}{4x-1}$의 수평점근선이 있다면 구하여라. [연습문제 31~34]

[풀이] 함수 $f(x) = \dfrac{3x-2}{4x-1}$의 무한에서의 극한을 구해보자.

$\lim_{x \to \infty} \dfrac{3x-2}{4x-1} = \dfrac{3}{4}$이므로 $y = \dfrac{3}{4}$은 함수 f의 수평점근선이다.

$\lim_{x \to -\infty} \dfrac{3x-2}{4x-1} = \lim_{t \to \infty} \dfrac{3(-t)-2}{4(-t)-1} = \dfrac{3}{4}$이므로 $y = \dfrac{3}{4}$은 함수 f의 수평점근선이다.

그러므로 함수 f의 수평점근선은 $y = \dfrac{3}{4}$이다. ([그림 2.55] 참고) ■

[예제 2.46] 함수 $f(x) = \dfrac{x^2-1}{x^2+1}$의 수평점근선이 있다면 구하여라. [연습문제 31~34]

[풀이] 함수 $f(x) = \dfrac{x^2-1}{x^2+1}$의 무한에서의 극한을 구해보자.

$\lim_{x \to \infty} f(x) = \lim_{x \to \infty} \dfrac{x^2-1}{x^2+1} = 1$이므로 $y = 1$은 함수 f의 수평점근선이다.

$\lim_{x \to -\infty} f(x) = \lim_{x \to -\infty} \dfrac{x^2-1}{x^2+1} = \lim_{t \to \infty} \dfrac{(-t)^2-1}{(-t)^2+1} = \lim_{t \to \infty} \dfrac{t^2-1}{t^2+1} = 1$이므로 $y = 1$은 함수 f의 수평점근선이다.

그러므로 함수 f의 수평점근선은 $y = 1$이다. ■

◐ 지수함수의 무한에서의 극한

다음은 지수함수의 무한에서의 극한을 알아본다.

$b = 2$인 경우 지수함수 $f(x) = 2^x$의 무한에서의 극한을 구해보자.

$\lim_{x \to \infty} f(x) = \lim_{x \to \infty} 2^x = \infty$이고

$$\lim_{x\to-\infty} f(x) = \lim_{x\to-\infty} 2^x = \lim_{t\to\infty} 2^{-t} = \lim_{t\to\infty}\frac{1}{2^t} = 0\text{이다.}$$

그러므로 $y=0$은 $f(x)=2^x$의 수평점근선이다.

이번에는 $b=\frac{1}{2}$인 경우 지수함수 $f(x)=\left(\frac{1}{2}\right)^x$의 무한에서의 극한을 구해보자.

$$\lim_{x\to\infty} f(x) = \lim_{x\to\infty}\left(\frac{1}{2}\right)^x = \lim_{x\to\infty}\frac{1}{2^x} = 0\text{이고}$$

$$\lim_{x\to-\infty} f(x) = \lim_{x\to-\infty}\left(\frac{1}{2}\right)^x = \lim_{t\to\infty}\left(\frac{1}{2}\right)^{-t} = \lim_{t\to\infty} 2^t = \infty\text{이다.}$$

그러므로 $y=0$은 $f(x)=\left(\frac{1}{2}\right)^x$의 수평점근선이다.

일반적인 지수함수의 무한에서의 극한을 정리하면 다음과 같다.

[주의] 실수 e는 $2<e<3$임을 주의하자.

[정리 2.27: 지수함수의 무한에서의 극한] 지수함수 $f(x)=b^x$에 대하여

(1) $b>1$일 때 $\lim_{x\to\infty} b^x=\infty$ 그리고 $\lim_{x\to-\infty} b^x=0$.
$y=0$는 함수 $f(x)=b^x$의 수직점근선이다. ([그림 5.56](a) 참고)

(2) $0<b<1$일 때 $\lim_{x\to\infty} b^x=0$ 그리고 $\lim_{x\to-\infty} b^x=\infty$.
$y=0$는 함수 $f(x)=b^x$의 수직점근선이다. ([그림 5.56](b) 참고)

(3) 자연지수함수 $f(x)=e^x$는 수평점근선 $y=0$을 갖는다.

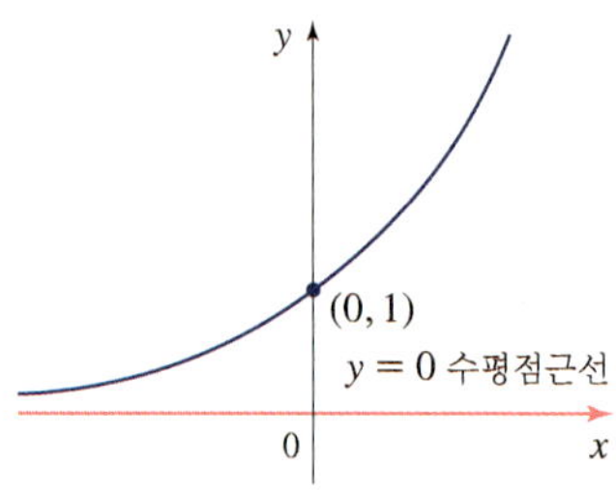

[그림 2.56](a) $b>1$인 경우 $y=b^x$의 그래프

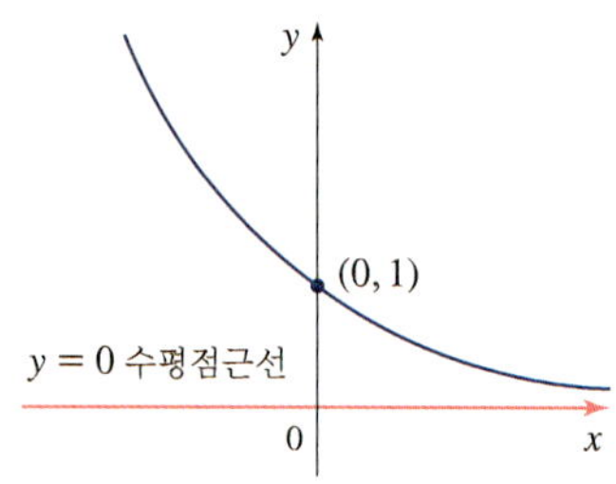

[그림 2.56](b) $0<b<1$인 경우 $y=b^x$의 그래프

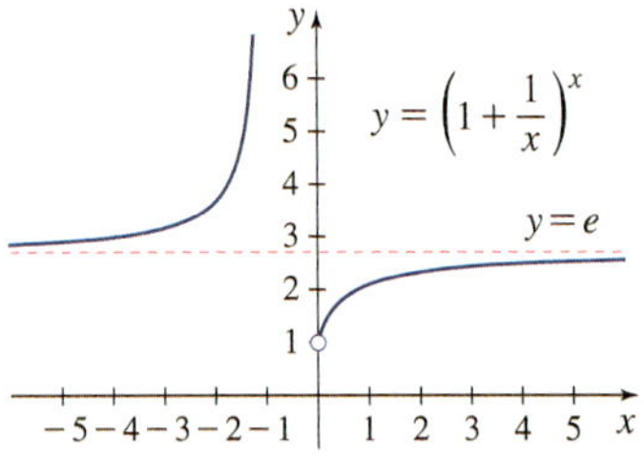

[그림 2.57]

1.4절의 [정의 1.12: 자연지수함수]에서 무리수 $e=2.718281828459\cdots$를 소개하였고 무리수 e의 다양한 정의가 있음을 말하였다. 여기서 무리수 e는 함수의 무한에서의 극한으로의 정의를 소개한다.

우선 함수 $y=\left(1+\frac{1}{x}\right)^x$의 그래프는 다음과 같다. [그림 2.57]의 그래프에 의해 함수 $y=\left(1+\frac{1}{x}\right)^x$의 무한에서의 극한이 있음을 볼 수 있고 무한에서의 극한값을 무리수 e라고 놓는다.

[주의] $\lim_{x\to\infty}\left(1+\frac{1}{x}\right)^x = e$에서 두 붉은색의 x가 같은 식으로 되어야 함을 주의하자.

[정의 2.12: 무리수 e의 극한을 이용한 정의]

$$\lim_{x\to-\infty}\left(1+\frac{1}{x}\right)^x = e \text{이고} \quad \lim_{x\to\infty}\left(1+\frac{1}{x}\right)^x = e.$$

자세한 증명은 여러 가지 엄밀한 극한의 성질이 필요하므로 생략한다. [정의 2.12: 무리수 e의 극한을 이용한 정리]의 무리수 e의 식은 자주 사용되므로 잘 알아두면 유용하다.

[예제 2.47] 다음 극한을 구하여라. [연습문제 35~40]

(1) $\lim_{x\to\infty}\left(1+\frac{2}{x}\right)^x$ (2) $\lim_{x\to\infty}\left(1-\frac{1}{x}\right)^x$

[풀이] (1) $\lim_{x\to\infty}\left(1+\frac{2}{x}\right)^x = \lim_{x\to\infty}\left[\left(1+\frac{2}{x}\right)^{x/2}\right]^2 = \left[\lim_{x\to\infty}\left(1+\frac{2}{x}\right)^{x/2}\right]^2 = [e]^2 = e^2$

(2) $\lim_{x\to\infty}\left(1-\frac{1}{x}\right)^x = \lim_{t\to-\infty}\left(1+\frac{1}{t}\right)^{-t} = \left[\lim_{t\to-\infty}\left(1+\frac{1}{t}\right)^t\right]^{-1} = [e]^{-1} = \frac{1}{e}$ ■

연습문제

• Part 1

[1-12] 다음 극한을 구하여라. [예제 2.31~2.37]

1. $\lim_{x\to2-}\frac{3x}{x-2}$
2. $\lim_{x\to2+}\frac{3x}{x-2}$
3. $\lim_{x\to3-}\frac{1}{x^2-9}$
4. $\lim_{x\to-3+}\frac{1}{x^2-9}$
5. $\lim_{x\to-2+}\frac{5x+1}{x(x+2)}$
6. $\lim_{x\to0+}\frac{5x+1}{x(x+2)}$
7. $\lim_{x\to1+}\frac{5x+1}{x(x+2)}$
8. $\lim_{x\to\frac{\pi}{4}-}\sec(2x)$
9. $\lim_{x\to-\frac{\pi}{2}+}\frac{1}{\tan x}$
10. $\lim_{x\to0+}\tan\left(x-\frac{\pi}{2}\right)$
11. $\lim_{x\to-1+}\ln(x+1)$
12. $\lim_{x\to0-}\ln|x|$

[13-26] 다음 극한을 구하여라. [예제 2.41~2.44]

13. $\lim_{x\to\infty}(x^2-3x-10)$
14. $\lim_{x\to-\infty}(2x+3)$
15. $\lim_{x\to\infty}\left(4+\frac{2}{x}\right)$
16. $\lim_{x\to-\infty}\left(\frac{x}{2}-\frac{2}{x}\right)$
17. $\lim_{x\to\infty}\frac{3x^2+2x}{x^3-4x+1}$
18. $\lim_{x\to\infty}\frac{4x^2+3}{x-1}$
19. $\lim_{x\to\infty}\frac{4x+2}{7x+5}$

20. $\lim_{x\to\infty}\dfrac{\sqrt{1+4x^2}}{2x+1}$

21. $\lim_{x\to-\infty}\dfrac{x}{\sqrt{2x^2-1}}$

22. $\lim_{x\to\infty}\ln\left(1-\dfrac{2}{x}\right)$

23. $\lim_{x\to-\infty}\dfrac{x+1}{(x^2+1)^{\frac{1}{3}}}$

24. $\lim_{x\to\infty}(1+e^x)$

25. $\lim_{x\to\infty}\left(x-\sqrt{x^2+5}\right)$

26. $\lim_{x\to-\infty}\left(2x+\sqrt{4x^2+1}\right)$

[27-30] 다음 함수에 대하여 수직점근선이 있다면 구하여라. [예제 2.38]

27. $f(x)=\dfrac{2x-6}{4-x}$

28. $f(x)=\dfrac{x^2-4}{x-2}$

29. $f(x)=\dfrac{x-2}{x^2-4}$

30. $f(x)=\dfrac{1}{x^2}-\dfrac{2}{x}+2$

[31-34] 다음 함수에 대하여 수평점근선이 있다면 구하여라. [예제 2.45]

31. $f(x)=\dfrac{2}{(x-4)^2}$

32. $f(x)=\dfrac{x^2}{x^2-x-2}$

33. $f(x)=\dfrac{x^2+4}{x^2-3}$

34. $f(x)=\dfrac{x^3-x-2}{x^2-2x+1}$

[35-40] 다음 극한을 구하여라. [예제 2.47]

35. $\lim_{x\to\infty}\left(1+\dfrac{1}{2x}\right)^x$

36. $\lim_{x\to\infty}\left(1+\dfrac{1}{x}\right)^{-x}$

37. $\lim_{x\to\infty}\left(1-\dfrac{1}{x}\right)^{2x}$

38. $\lim_{x\to\infty}\left(1+\dfrac{1}{x}\right)^{\frac{x}{2}}$

39. $\lim_{x\to0}(1+x)^{\frac{1}{x}}$

40. $\lim_{x\to0}(1+2x)^{\frac{1}{x}}$

• Part 2

[41-48] 다음 극한을 구하여라.

41. $\lim_{x\to0}\dfrac{\sqrt{1+x}-1}{x}$

42. $\lim_{x\to-1}\dfrac{\cos(x^2-1)}{x+1}$

43. $\lim_{x\to-\infty}\left(e^{3x}\sin^{-1}\left(\dfrac{1}{x}\right)\right)$

44. $\lim_{x\to-\infty}\tan^{-1}x$

45. $\lim_{x\to\infty}\dfrac{5x^{\frac{3}{2}}}{4\sqrt{x}+1}$

46. $\lim_{x\to\infty}\dfrac{1-e^x}{1+e^x}$

47. $\lim_{x\to\infty}\left(1+\dfrac{3}{2x}\right)^x$

48. $\lim_{x\to0}(1-2x)^{\frac{3}{x}}$

[49-52] 다음 함수에 대하여 수직점근선과 수평점근선이 있다면 구하여라.

49. $f(x)=\dfrac{x}{x-2}$

50. $f(x)=\dfrac{2x^2+x-1}{x^2+x-2}$

51. $f(x)=\dfrac{\sqrt{3x^2+2}}{2x-1}$

52. $f(x)=\dfrac{2e^x}{e^x-e}$

[53-55] 다음 조건을 만족하는 함수 $f(x)$를 그리시오.

53. $f(0)=0,\ f(1)=1,\ \lim_{x\to\infty}f(x)=0,$
f: 원점 대칭

54. $\lim_{x\to0+}f(x)=\infty,\ \lim_{x\to0-}f(x)=-\infty,$

$\lim_{x \to \infty} f(x) = 1$, $\lim_{x \to -\infty} f(x) = 1$

55. $\lim_{x \to 2} f(x) = -\infty$, $\lim_{x \to 0+} f(x) = \infty$, $\lim_{x \to 0-} f(x) = -\infty$,

$\lim_{x \to \infty} f(x) = \infty$, $\lim_{x \to -\infty} f(x) = 0$

[56-57] 다음 조건을 만족하는 함수 $f(x)$의 식을 구하여라.

56. 수직점근선 $x = 1$, $x = 3$, 수평점근선 $y = 1$

57. $\lim_{x \to \infty} f(x) = 0$, $\lim_{x \to -\infty} f(x) = 0$, $\lim_{x \to 0} f(x) = -\infty$,

$\lim_{x \to 3-} f(x) = \infty$, $\lim_{x \to 3+} f(x) = -\infty$, $f(2) = 0$

CHAPTER 3

미분

17세기는 과학혁명의 시기라고 불린다. 이 시기에 역사를 바꾼 다음 3가지의 수학적 발견이 나왔다.

1. 페르마의 최소시간의 원리
2. 뉴턴의 프린키피아
3. 데카르트의 방법서설

이 3명의 과학자의 공통점은 미적분학과 깊은 관련이 있다. 여기서 첫 번째 페르마의 최소시간의 원리를 소개한다. 빛이 운동할 때 빛이 경로를 택할 때 걸리는 시간을 최소화한다는 것이다. 이를 최적화 또는 최소화라고 한다.

이 원리는 몇 세기에 걸쳐서 과학의 발전에 지대한 영향을 미쳤다. 조제프 루이 라그랑주, 윌리엄 해밀턴 등을 거쳐서 최소작용의 원리로 일반화되어 적용 범위가 점점 넓어졌다. 이 원리는 모든 물리적 시스템은 어떤 작용을 최적화하면서 진행한다는 원리이다. 20세기에 중력장이 만족하는 아인슈타인 방정식까지 적용하여 이끌어낸 추상적이고 일반적인 원리이다. 이런 다양한 운동 원리를 밝히는 역사적 시작점이 바로 이 페르마의 원리이다. [참고도서: 수학이 필요한 순간 (김민형)]

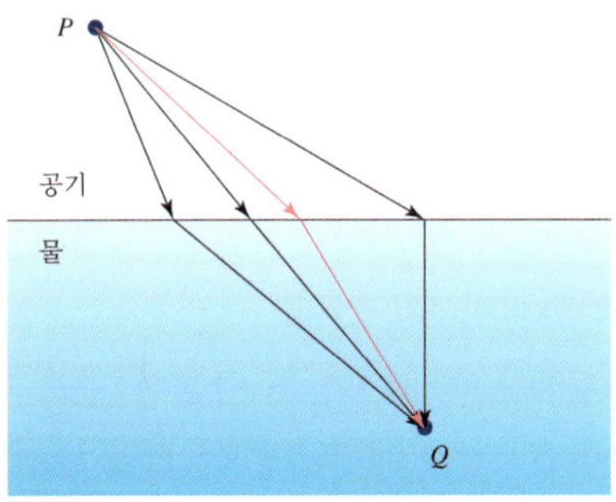

페르마 이전에도 스넬 그리고 데카르트에 의해 비슷한 내용을 발표했으나 실험과 밀도가 더 높은 매질에서는 빛이 더 빨리 움직인다는 가정을 하고 굴절되는 각도의 법칙을 제시하였다. 그러나 페르마는 시도는 다음과 같다. 광원에서 출발한 빛이 한 매질에서 다른 매질로 나아갈 때 경계면에서 구부러지는 직선 경로는 무한히 많이 존재한다. 이 모든 경로 중에서 시간을 최소화하는 경로가 스넬의 법칙을 만족하는 경로임을 보였다. 이 과정에서 페르마는 본인이 증명한 특정한 접선의 존재를 구하는 최적화 문제를 적용하여 모든 경로 중에서 최소시간이 걸리는 경로의 원칙을 증명하였다. 페르마는 미분을 처음 적용한 원리로 페르마의 정리를 소개하였다.

3.1 미분과 도함수

이제까지 극한의 개념을 공부하였고 극한을 이용하여 함수의 연속성을 공부하였다. 이제 미분과 적분의 개념으로 나아갈 예정이다. 우선 미분의 개념을 알아보자. 현재 미분의 정의의 기원적 개념은 다음과 같은 2가지 문제에서 비롯되었다.

하나는 평면곡선의 접선에 대한 개념이고 다른 하나는 순간속도에 대한 개념이다. 우선 곡선에 접한다는 개념은 유클리드의 「원론(Elements)」에서 기록이 나와 있다. 기록에서 보면 원문의 고대 그리스어를 "접촉(touching)"으로 번역을 한 접선의 존재를 기록하고 있다.

두 번째 순간속도는 17세기의 가장 유명한 2명의 수학자인 뉴턴의 "유율(fluxion)"과 라이프니츠의 "변화율(rate of change)"로 설명되는 개념이다. 순간속도의 개념은 첫 번째의 접선과 연결되고 현대적인 미분의 정의가 되었다.

3.1.1 접선과 순간속도

◐ 접선과 접선의 기울기

극한을 다루면서 접선의 개념을 언급하였다. 이를 상기해 보면 다음과 같다.

「접선(tangent)」의 어원을 살펴보면 「접촉(touching)」이라는 의미를 갖는다. 두 곡선이 한 점 P에서 접한다는 것은 주어진 점 P에서 만나고 점 P에서 곡선 위를 진행하는 방향에 평행해야 한다는 것이다.

즉, 접선이란 곡선 위의 점에서 곡선이 자취를 따라 진행하는 방향의 직선이다. 이러한 접선의 의미를 자세하게 다시 살펴보자.

「평면의 곡선 C가 함수 f의 그래프이고 곡선 C 위의 점 P를 잡자. 직선들이 점 P에서 곡선 C에 접하는 직선이 어떤 의미인지 알아보자.」

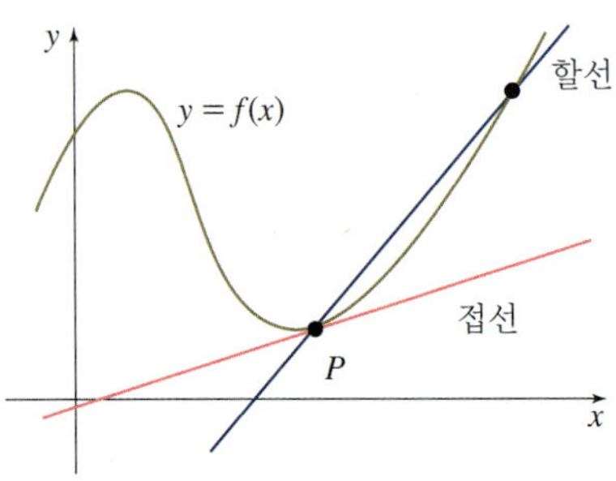

[그림 3.1]

[그림 3.1]에서 빨간색 직선은 점 P에서 곡선 C의 접선이지만 파란색 직선은 곡선 C의 접선이 아니고 할선이라고 한다.

[그림 3.1]의 점 P에서 곡선 C에 접선은 다음과 같은 특징을 생각할 수 있다.

(i) 점 P의 근방에서 단 한 점 P에서만 곡선 C와 만난다.

(ii) 접선은 곡선 C를 교차하지 않는다.

접선이라는 용어는 정의하지 않았지만 자주 사용해 왔다. 그동안 알고 있던 접선의 직관적인 개념을 확인해 보자.

다음 [그림 3.2](a), (b), (c), (d)에서 곡선 C 위의 점 P를 지나는 직선 L이 접선인지 아닌지를 알아보자.

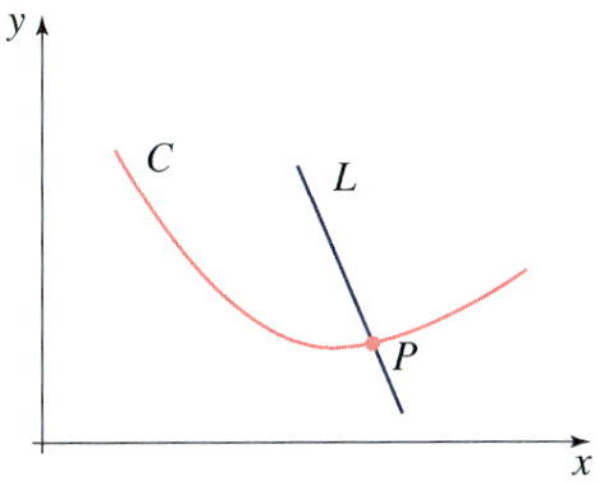

[그림 3.2](a)

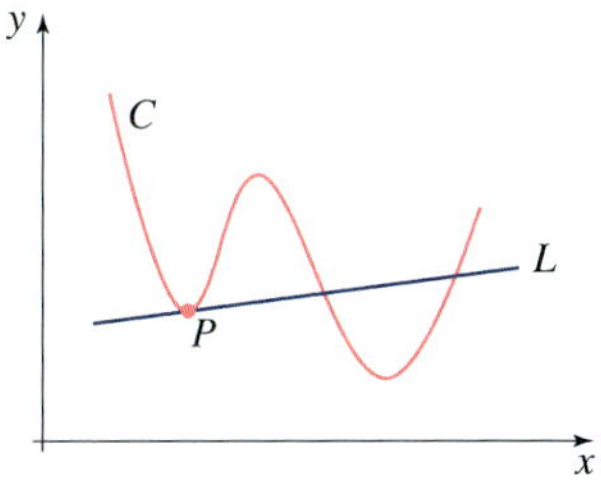

[그림 3.2](b)

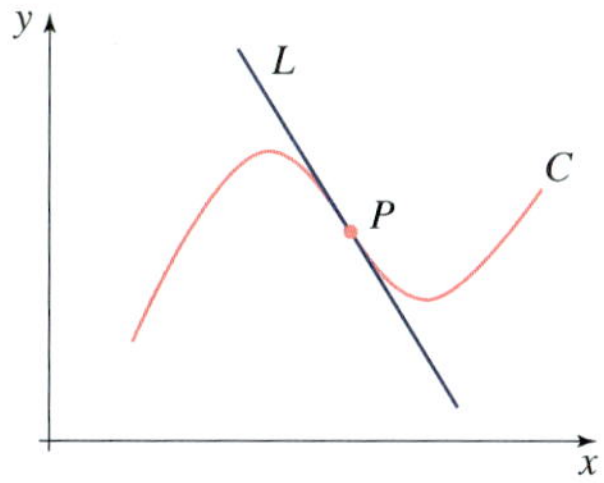

[그림 3.2](c)

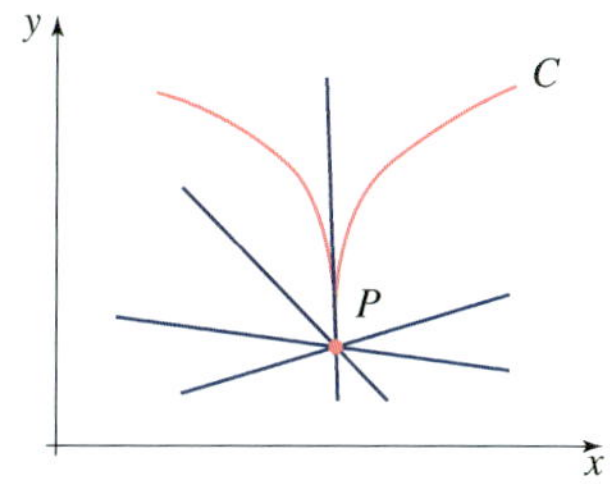

[그림 3.2](d)

[그림 3.2](b), (c)에서 직선 L은 점 P에서 곡선 C의 접선이다. 그러나 [그림 3.2](c)는 직선 L이 점 P에서 교차하지만 접선이다.
[그림 3.2](a), (d)에서 직선 L은 점 P에서 곡선 C의 접선이 아니다.

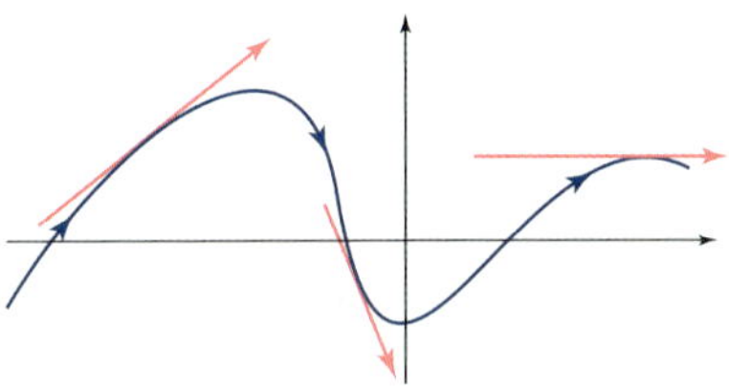

[그림 3.3]

기하학적으로 평면의 곡선 C의 점 P에서 접선은 점 P를 지나면서 곡선 C의 자취를 움직이는 순간적인 방향과 평행인 직선임을 의미한다. ([그림 3.3] 참고)

이제 함수 f의 그래프 위의 점 P에서 접선의 정의를 다음과 같이 알아보자. ([그림 3.4] 참고)

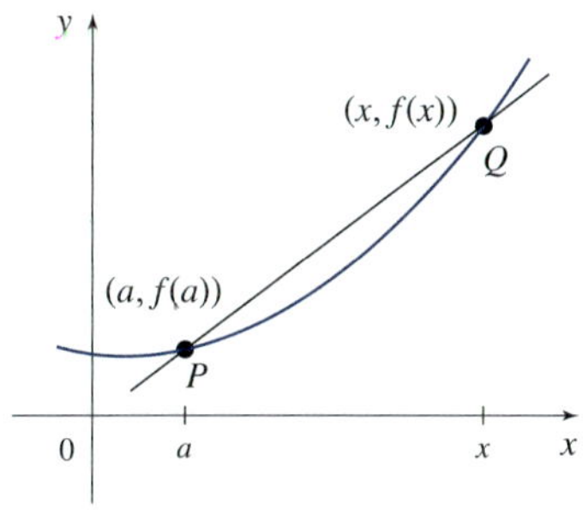

[그림 3.4](a)

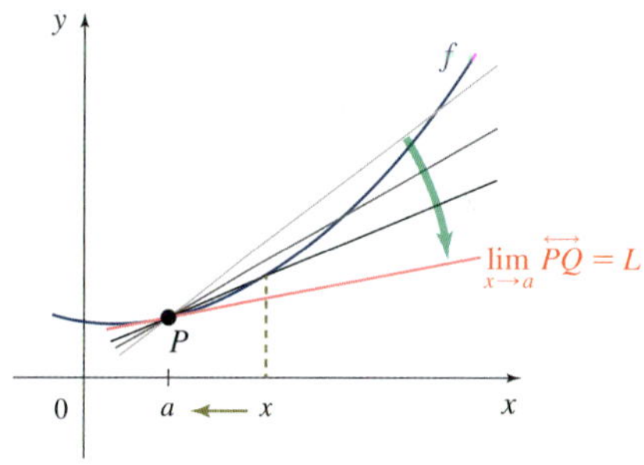

[그림 3.4](b)

(i) 함수 $y=f(x)$의 그래프 위의 서로 다른 두 점 $P(a, f(a))$와 $Q(x, f(x))$를 잡고 두 점을 잇는 직선 $\overleftrightarrow{PQ}$를 잡자. ([그림 3.4](a) 참고)

(ii) 점 $Q(x, f(x))$가 그래프를 따라 점 $P(a, f(a))$를 향해 접근하면 (즉, x가 a에 접근하면) 직선 $\overleftrightarrow{PQ}$가 [그림 3.4](b)와 같이 회전하듯 움직인다.

(iii) 직선 $\overleftrightarrow{PQ}$의 극한직선 $\lim_{x \to a} \overleftrightarrow{PQ} = L$이 존재하면 극한직선 L이 점 $P(a, f(a))$에서 그래프의 **접선**이다. ([그림 3.4](b) 참고)

점 $Q(x, f(x))$가 점 $P(a, f(a))$로 다가갈 때 직선 $\overleftrightarrow{PQ}$의 극한직선 $\lim_{x \to a} \overleftrightarrow{PQ} = L$이 존재한다고 하자. 그러면

- 극한직선 $\overleftrightarrow{PQ}$의 기울기$= \dfrac{f(x)-f(a)}{x-a}$ ([그림 3.4](a) 참고)

• 접선 $\lim_{x \to a}\overleftrightarrow{PQ} = L$의 기울기 $= \lim_{x \to a}\frac{f(x)-f(a)}{x-a}$ ([그림 3.4](b) 참고)

여기서 주의할 점은 극한직선 $\lim_{x \to a}\overleftrightarrow{PQ} = L$의 존재와 극한 $\lim_{x \to a}\frac{f(x)-f(a)}{x-a}$의 존재는 동치는 아니다. 극한 $\lim_{x \to a}\frac{f(x)-f(a)}{x-a}$에 대하여 다음 두 가지를 구분한다.

① 극한 $\lim_{x \to a}\frac{f(x)-f(a)}{x-a} = m_a$인 실수 m_a

② 무한극한 $\lim_{x \to a}\frac{f(x)-f(a)}{x-a} = \infty$ 또는 $-\infty$ (극한이 존재하지 않는 경우이다.)

극한 $\lim_{x \to a}\frac{f(x)-f(a)}{x-a}$는 점 $(a, f(a))$에서 접선의 기울기이다.

우선 ① 극한 $\lim_{x \to a}\frac{f(x)-f(a)}{x-a} = m_a$인 경우 접선 L은 점 $P(a, f(a))$를 지나고 기울기가 m_a인 직선이므로 **접선의 방정식**은 다음과 같다.

$$y - f(a) = m_a(x-a)$$

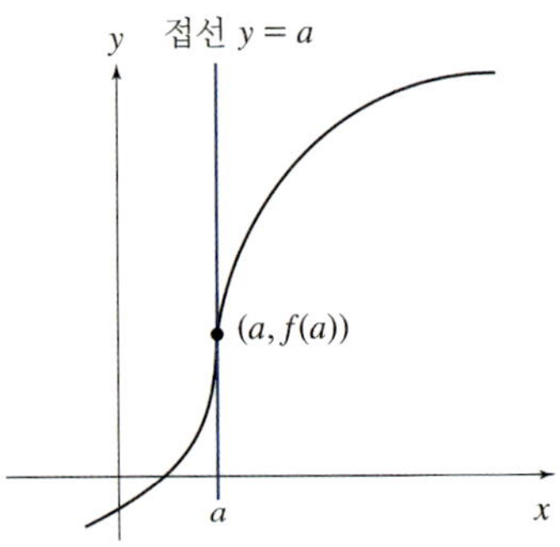

[그림 3.5] 수직접선 $x = a$

② 무한극한 $\lim_{x \to a}\frac{f(x)-f(a)}{x-a} = \infty$인 경우 접선 L은 [그림 3.5]와 같은 **수직접선**(vertical tangent line)을 갖는다고 하고 **접선의 방정식**은 다음과 같다.

$$x = a$$

[정의 3.1: 접선의 방정식] 함수 f의 그래프 위의 한 점 $P(a, f(a))$가 있을 때

(1) 점 $P(a, f(a))$에서 다음 극한인 실수 m_a가 존재하면

$$\lim_{x \to a}\frac{f(x)-f(a)}{x-a} = m_a \tag{3.1}$$

점 $P(a, f(a))$에서 **접선**을 갖고 기울기가 m_a인 **접선의 방정식**은 다음과 같다.

$$y - f(a) = m_a(x-a)$$

(2) 점 $P(a, f(a))$에서 다음과 같은 무한극한을 가질 경우

$$\lim_{x \to c}\frac{f(x)-f(c)}{x-c} = \infty \text{ 또는 } -\infty$$

점 $P(a, f(a))$에서 **수직접선**을 갖고 **접선의 방정식**은 다음과 같다.

$$x = a$$

접선의 기울기인 식 (3.1)을 더 유용하게 사용하기 위해 다른 표현을 구해보자. $x = a + h$라고 하고 $Q = (a+h, f(a+h))$라고 놓자. 그러면 다음과 같은 식 (3.1)과 동치인 표현인 식 (3.2)가 있다. 즉, 점 $(a, f(a))$에서의 접선의 기울기이다.

점 $(a, f(a))$에서 접선의 기울기
$$\lim_{x \to a}\frac{f(x)-f(a)}{x-a}=\lim_{h \to 0}\frac{f(a+h)-f(a)}{h}$$

$$\lim_{x \to a}\frac{f(x)-f(a)}{x-a}=\lim_{h \to 0}\frac{f(a+h)-f(a)}{(a+h)-a}=\lim_{h \to 0}\frac{f(a+h)-f(a)}{h}$$

$$\boxed{\lim_{h \to 0}\frac{f(a+h)-f(a)}{h}=m_a} \tag{3.2}$$

[예제 3.1] 함수 $y=x^2$에 대하여 [연습문제 1~8]

(1) 점 $(2, 4)$에서 접선의 기울기가 존재하면 접선의 기울기를 구하여라.

(2) 점 $(2, 4)$에서 접선의 접선의 방정식을 구하여라.

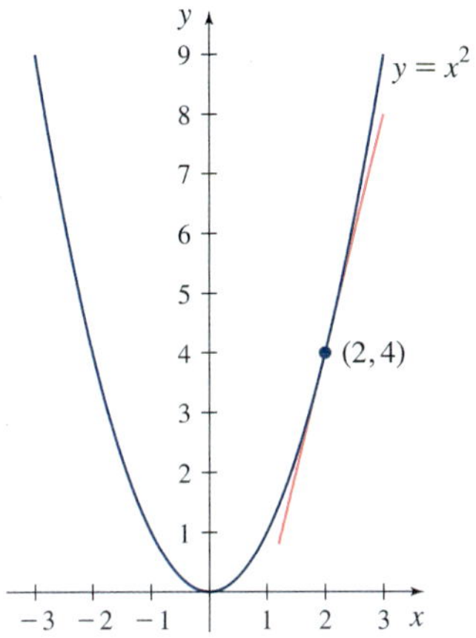

[그림 3.6] 함수 $y=x^2$의 그래프

[풀이] (1) 점 $(2, 4)$에서 접선의 기울기를 구해보자.

$$\lim_{x \to 2}\frac{f(x)-f(2)}{x-2}=\lim_{x \to 2}\frac{x^2-4}{x-2}=\lim_{x \to 2}\frac{(x+2)(x-2)}{x-2}=4$$

점 $(2, 4)$에서 접선의 기울기가 존재하고 접선의 기울기는 2이다.

(2) 점 $(2, 4)$에서 접선은 점 $(2, 4)$를 지나고 기울기가 2인 직선이다. 그러므로 접선의 방정식은 다음과 같다. ([그림 3.6] 참고)

$$y-4=4(x-2)\text{이고}\quad y=4x-4$$

■

[예제 3.2] 함수 $f(x)=\sqrt{x}$에 대하여 [연습문제 9~12]

(1) 점 $(4, 2)$에서 접선의 기울기가 존재하면 접선의 기울기를 구하여라,

(2) 점 $(4, 2)$에서 법선의 방정식을 구하여라.

[풀이]

(1) 점 $(4, 2)$에서 접선의 기울기를 구해보자.

$$\begin{aligned}\lim_{x \to 4}\frac{f(x)-f(4)}{x-4}&=\lim_{x \to 4}\frac{\sqrt{x}-\sqrt{4}}{x-4}\\&=\lim_{x \to 2}\frac{(\sqrt{x}+2)(\sqrt{x}-2)}{(\sqrt{x}+2)(x-4)}=\lim_{x \to 2}\frac{(x-4)}{(\sqrt{x}+2)(x-4)}\\&=\lim_{x \to 4}\frac{1}{\sqrt{x}+2}=\frac{1}{4}\end{aligned}$$

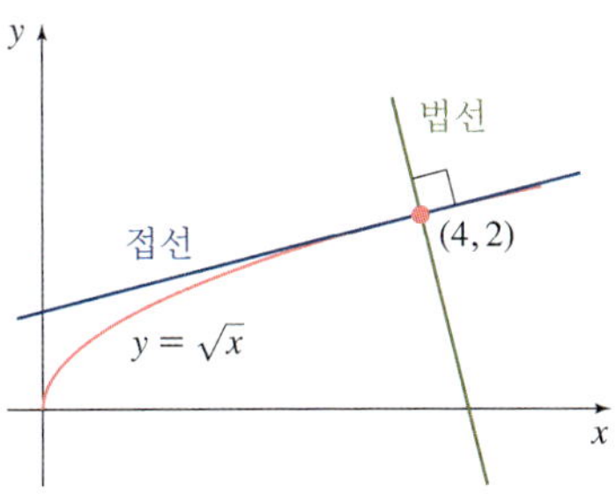

[그림 3.7] 함수 $f(x)=\sqrt{x}$의 그래프

점 $(4, 2)$에서 접선의 기울기는 존재하고 기울기는 $\frac{1}{4}$이다. ([그림 3.7] 참고) 그러므로 점 $(4, 2)$에서 접선은 점 $(4, 2)$을 지나고 기울기가 $\frac{1}{4}$인 직선이므로 접선의 방정식은 다음과 같다.

$$y-2=\frac{1}{4}(x-4)\text{이고}\ y=\frac{1}{4}x+1$$

(2) 점 $(4, 2)$에서의 법선은 점 $(4, 2)$에서의 접선에 수직인 직선이다. 점 $(4, 2)$에서 법선의 기울기를 m이라고 하자.

$(\text{접선의 기울기})\cdot(\text{법선의 기울기}) = \frac{1}{4}\cdot m = -1$이므로

법선의 기울기는 $m = -4$이다. ([그림 3.7] 참고)

점$(4,2)$에서 법선은 점 $(4,2)$을 지나고 기울기가 -4인 직선이므로 점$(4,2)$에서 법선의 방정식은 다음과 같다.

$$y-2 = -4(x-4)\text{이고 } y = -4x+18$$

■

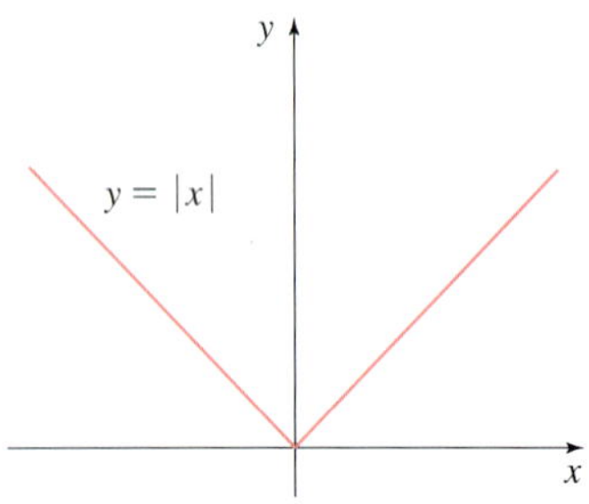

[그림 3.8] 함수 $f(x) = |x|$의 그래프

[예제 3.3] 함수 $f(x) = |x|$일 때 점 $(0,0)$에서 f의 접선의 존재성을 알아보아라.

[풀이] 왼쪽에서 점 $(0,0)$으로 다가가면 좌극한 직선의 기울기는 $x=0$에서 다음과 같은 좌극한이다. ([그림 3.8] 참고)

$$\lim_{x\to 0-}\frac{f(x)-f(0)}{x-0} = \lim_{x\to 0-}\frac{|x|}{x} = \lim_{x\to 0-}\frac{-x}{x} = \lim_{x\to 0}-1 = -1$$

오른쪽에서 점 $(0,0)$으로 다가가면 우극한 직선의 기울기는 $x=0$에서 다음과 같은 우극한이다. ([그림 3.8] 참고)

$$\lim_{x\to 0+}\frac{f(x)-f(0)}{x-0} = \lim_{x\to 0+}\frac{|x|}{x} = \lim_{x\to 0+}\frac{x}{x} = \lim_{x\to 0+}1 = 1$$

우극한 직선과 좌극한 직선은 다른 직선이고 극한 $\lim_{x\to 0}\frac{f(x)-f(0)}{x-0}$도 존재하지 않는다. 그러므로 점 $(0,0)$에서 접선도 존재하지 않고 수직접선도 존재하지 않는다. ■

접선은 직선의 극한에 대한 개념이므로 단 하나만 존재해야 함을 의미한다. [예제 3.3]과 같이 오른쪽에서 점 $(0,0)$으로 다가가는 우극한 직선과 왼쪽에서 점 $(0,0)$으로 다가가는 좌극한 직선이 다른 직선이므로 극한직선인 접선은 존재하지 않는다.

이번에는 극한직선의 기울기가 존재하지는 않지만 무한극한을 갖는 수직접선을 구해보자.

[예제 3.4] 함수 $f(x) = x^{1/3}$에 대하여 점 $(0,0)$에서 접선이 존재하면 접선의 방정식을 구하여라. [연습문제 1~8]

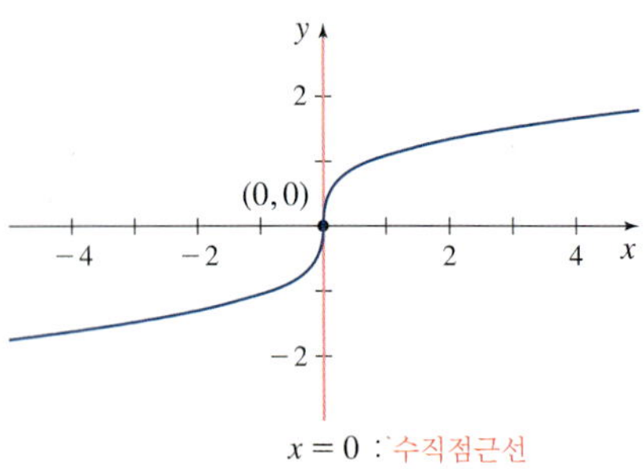

[그림 3.9] 함수 $f(x) = x^{1/3}$의 그래프

[풀이] 함수 $f(x) = x^{1/3}$의 그래프는 [그림 3.9]이다.

점 $(0,0)$에서 접선의 기울기의 존재성은 다음과 같은 극한의 존재성이다.

$$\lim_{x\to 0}\frac{f(x)-f(0)}{x-0} = \lim_{x\to 0}\frac{x^{1/3}}{x} = \lim_{x\to 0}\frac{1}{x^{2/3}} = \infty$$

그러므로 점 $(0,0)$에서 수직접선을 갖고 접선의 방정식은 $x=0$이다. ([그림 3.9] 참고) ■

[예제 3.5] 함수 $f(x)=x^{2/3}$일 때 점 $(0,0)$에서 함수 f의 접선에 대하여 알아보아라.

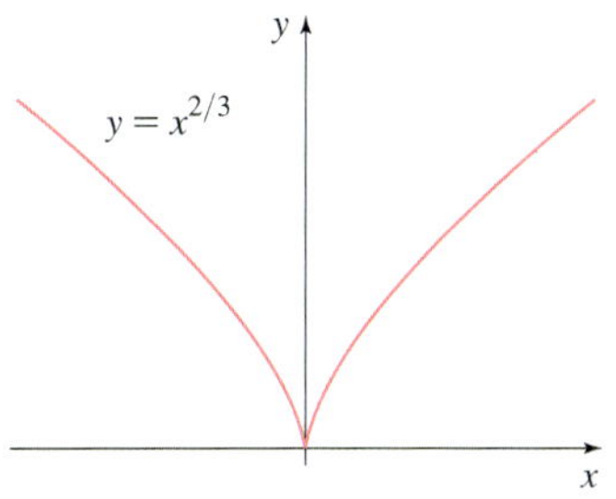

[그림 3.10] 함수 $f(x)=x^{2/3}$의 그래프

[풀이] 함수 $f(x)=x^{2/3}$의 그래프는 [그림 3.10]이다.
점 $(0,0)$에서 접선의 기울기의 존재성은 다음과 같은 극한의 존재성이다.

좌극한 $\lim_{x\to 0-}\frac{f(x)-f(0)}{x-0}=\lim_{x\to 0-}\frac{x^{2/3}}{x}=\lim_{x\to 0-}\frac{1}{x^{1/3}}=-\infty$이고

우극한 $\lim_{x\to 0+}\frac{f(x)-f(0)}{x-0}=\lim_{x\to 0+}\frac{x^{2/3}}{x}=\lim_{x\to 0+}\frac{1}{x^{1/3}}=\infty$

$\lim_{x\to 0-}\frac{f(x)-f(0)}{x-0}\neq\lim_{x\to 0+}\frac{f(x)-f(0)}{x-0}$이므로 무한극한 $\lim_{x\to 0}\frac{f(x)-f(0)}{x-0}$은 존재하지 않는다. 점$(0,0)$에서 함수 f의 수직 접선도 존재하지 않는다. ([그림 3.10] 참고) ■

◐ 순간속도와 변화율

자전거를 타고 지점 A에서 40km 떨어진 지점 B까지 가는 데 2시간이 걸렸다고 하자. 그러면 자전거의 **평균속력***(average velocity)은 한 시간에 20km라고 할 수 있다. 평균속력은 두 지점의 지나온 거리를 걸린 시간으로 나눈 양이다.

* $\text{평균속력}=\frac{\text{지나온 거리}}{\text{걸린 시간}}$

높은 위치에서 물체를 떨어뜨릴 경우 t초 후에 물체가 수직낙하하면서 지나온 거리를 나타내는 함수 $f(t)$를 $f(t)=20t^2$라고 놓자.

$t=1$초에서 $t=1.5$초까지 물체가 지나온 거리는 $f(1.5)-f(1)=45-20=25$이므로 평균속력을 구하면 다음과 같다.

$$\text{평균속력}=\frac{f(1.5)-f(1)}{1.5-1}=\frac{45-20}{0.5}=50$$

$t=1$초에서 $t=1.1$초까지 물체가 지나온 거리는 $f(1.1)-f(1)=24.2-20=4.2$이므로 평균속력을 구하면 다음과 같다.

$$\text{평균속력}=\frac{f(1.1)-f(1)}{1.1-1}=\frac{24.2-20}{0.1}=42$$

$t=1$초에서 $t=1.01$초까지 물체가 지나온 거리는 $f(1.01)-f(1)=20.402-20=0.402$이므로 평균속력을 구하면 다음과 같다.

$$\text{평균속력}=\frac{f(1.01)-f(1)}{1.01-1}=\frac{20.402-20}{1.01-1}=40.2$$

$t=1$초에서 0.01초 동안의 평균속력은 $t=1$초에서의 매우 짧은 시간 사이의 평균속력이고 $t=1$초에서의 순간적인 속력을 근사한다. 사실 0.01초보다 더 짧은 시간 동안의 평균속력을 구하면 더 잘 근사하는 순간적인 속력을 구할 수 있다. 이제 **순간속력**을 다음과 같이 정의해 보자.

[정의 3.2: 순간속력] t초에서 물체가 움직인 거리 $f(t)$라고 나타내면 평균속력의 극한인 다음 극한 v가 존재하면

$$v \equiv \lim_{t \to a} \frac{f(t)-f(a)}{t-a} = \lim_{h \to 0} \frac{f(a+h)-f(a)}{h}$$

극한 v를 $t=a$에서의 순간속력(instantaneous velocity)라고 한다.

[예제 3.6] t초에서 물체가 움직인 거리 $f(t)=20t^2$에 대하여

(1) $t=1$에서의 순간속력 v를 구해보자.

(2) $t=5.5$에서의 순간속력 v를 구해보자.

[풀이] (1) $t=1$에서의 순간속력 v를 구해보자.

$$\begin{aligned} v = \lim_{h \to 0} \frac{f(1+h)-f(1)}{h} &= \lim_{h \to 0} \frac{20(1+h)^2-20}{h} \\ &= \lim_{h \to 0} \frac{201+40h+20t^2-20}{h} \\ &= \lim_{h \to 0}(40+20t) = 40 \end{aligned}$$

그러므로 $t=1$에서의 순간속력 v는 40이다.

(2) $t=5.5$에서의 순간속력 v를 구해보자.

$$\begin{aligned} v = \lim_{h \to 0} \frac{f(5.5+h)-f(5.5)}{h} &= \lim_{h \to 0} \frac{20(5.5+h)^2-20\cdot(5.5)^2}{h} \\ &= \lim_{h \to 0} \frac{605+220h+20t^2-605}{h} \\ &= \lim_{h \to 0}(220h+20t) = 220 \end{aligned}$$

그러므로 $t=5.5$에서의 순간속력 v는 220이다. ■

◐ 접선의 기울기, 순간속력 그리고 변화율

함수 f의 그래프 위의 점 $P(a, f(a))$에서 접선이 존재하면 식 (3.1)과 식 (3.2)에서 접선의 기울기 m_a는 다음과 같다.

$$m_a = \lim_{x \to a} \frac{f(x)-f(a)}{x-a} = \lim_{h \to 0} \frac{f(a+h)-f(a)}{h}$$

시각 t에서 거리함수 $f(t)$의 $t=a$에서 **순간속력** v는 극한이 존재하면 다음과 같다.

$$v = \lim_{t \to a} \frac{f(t) - f(a)}{t - a} = \lim_{h \to 0} \frac{f(a+h) - f(a)}{h}$$

그러므로 접선의 기울기 m_a와 순간속력 v는 같은 개념임을 알 수 있다.

접선의 기울기의 개념에서 보면 $\dfrac{f(x) - f(a)}{x - a}$은 x의 변화($\Delta x = x - a$)에 대한 함숫값 $y = f(x)$의 변화 ($\Delta y = f(x) - f(a)$)의 비율이다.

속력의 개념에서 보면 $\dfrac{f(t) - f(a)}{t - a}$은 t의 변화($\Delta t = t - a$)에 대한 함숫값 $s = f(t)$의 변화 ($\Delta s = f(t) - f(a)$)의 비율이다.

두 변수 x, y가 함수 관계 $y = f(x)$가 있는 경우 다음 변화율의 정의는 중요한 개념이다.

> 정의역 변수의 변화에 대한 함숫값의 **변화율** $= \lim_{x \to a} \dfrac{f(x) - f(a)}{x - a}$

3.1.2 미분가능과 도함수

두 변수의 함수관계에서 변화율은 여러 가지 의미로 사용된다. 함수가 시간에 따른 물체의 움직임의 변화율은 순간속도를 나타낸다. 생물학에서는 생명체의 성장률, 경제학에서는 한계이익(marginal profit), 물리학에서는 전선의 밀도 그리고 화학에서는 용해율 등 다양한 변화율이 있다. 이와 같이 수학적 기본개념인 변화율이 여러 분야에서 각각의 의미를 가지고 중요한 역할을 한다는 것을 보여 준다. 수학적 개념의 중요한 역할은 이러한 하나의 개념이 다른 분야에서 독립적인 특별한 용어로 그 역할을 할 때이다.

◐ 한 점에서의 미분가능

함수 f에 대하여 점 c에서 정의역 변수의 변화에 대한 함숫값의 **변화율**

$$\lim_{x \to c} \frac{f(x) - f(c)}{x - c} = \lim_{h \to 0} \frac{f(c+h) - f(c)}{h}$$

이 존재하면 점 c에서 **미분가능**하다고 한다.

[정의 3.3: 미분가능성] 함수 f가 c를 포함하는 열린 구간에서 정의되었다고 하자. 다음 극한인 상수 L이 존재하면 함수 f가 $x = c$에서 **미분가능**(differentiable)이라고 한다.

$$\lim_{x \to c} \frac{f(x) - f(c)}{x - c} = \lim_{h \to 0} \frac{f(c+h) - f(c)}{h} = L$$

$f'(c)$를 함수 f의 c에서의 **미분계수**(differentiate at c)라고 부르기도 한다.

> 기호로 다음과 같이 쓰고 함수 f의 $x=c$에서의 **도함수**(derivative at c)라고 한다.
>
> $$\lim_{x \to c} \frac{f(x)-f(c)}{x-c} = \lim_{h \to 0} \frac{f(c+h)-f(c)}{h} = f'(c) = \frac{df}{dx}(c) \qquad (3.3)$$

미분가능의 정의에서 $\lim_{x \to c} \frac{f(x)-f(c)}{x-c} = f'(c)$은 아래의 의미를 갖는다.

- $x=c$에서 함수 f의 그래프의 접선의 기울기
- $x=c$에서 함수 f의 순간속도
- $x=c$에서 x에 대한 $y=f(x)$의 변화율
- $x=c$에서 f의 도함수 $f'(c)$

[예제 3.7] 함수 $f(x)=2x+1$가 $x=4$에서 미분가능성을 판별하고 미분가능하면 $f'(4)$를 구하여라. [연습문제 13~18]

[풀이] $\lim_{x \to 4} \frac{f(x)-f(4)}{x-4} = \lim_{x \to 4} \frac{(2x+1)-9}{x-4} = \lim_{x \to 4} \frac{2(x-4)}{x-4} = 2$

그러므로 f는 $x=4$에서 미분가능하고 $x=4$에서의 f의 도함수 $f'(4)=2$이다. ■

[예제 3.8] 함수 $f(x)=x^2+2x$가 $x=1$에서 미분가능성을 판별하고 미분가능하면 $f'(1)$을 구하여라. [연습문제 13~18]

[풀이] $\lim_{x \to 1} \frac{f(x)-f(1)}{x-1} = \lim_{x \to 1} \frac{x^2+2x-3}{x-1} = \lim_{x \to 1} \frac{(x-1)(x+3)}{x-1} = \lim_{x \to 1}(x+3) = 4$

그러므로 f는 $x=1$에서 미분가능하다. $x=1$에서의 f의 도함수 $f'(1)=4$이다. ■

[예제 3.9] 함수 $f(x)=\frac{1}{x}$가 $x=a>0$에서 $f'(a)$을 구하여라. [연습문제 13~18]

[풀이] $\lim_{x \to a} \frac{f(x)-f(a)}{x-a} = \lim_{x \to a} \frac{\frac{1}{x}-\frac{1}{a}}{x-a} = \lim_{x \to a} \frac{\frac{a-x}{xa}^{*}}{x-a} = \lim_{x \to a}\left(-\frac{1}{xa}\right) = -\frac{1}{a^2}$

$* \ \frac{\frac{a-x}{xa}}{x-a} = \frac{(a-x)}{(x-a)xa}$

그러므로 f는 $x=a$에서 미분가능하다. $x=a$에서 f의 도함수 $f'(a)=-\frac{1}{a^2}$. ■

[예제 3.10] 함수 $f(x)=\begin{cases} x^2\sin\frac{1}{x}, & x\neq 0 \\ 0\ , & x=0 \end{cases}$가 $x=0$에서 미분가능성을 알아보아라. [연습문제 13~18]

[풀이] $\lim_{x \to 0} \frac{f(x)-f(0)}{x-0} = \lim_{x \to 0} \frac{x^2\sin\frac{1}{x}}{x} = \lim_{x \to 0}\left(x\sin\frac{1}{x}\right)$

$-x \le x\sin\frac{1}{x} \le x$이고 $\lim_{x\to 0}(-x) = \lim_{x\to 0} x = 0$이다.

[정리 2.: 조임정리]에 의해서 $\lim_{x\to 0}\frac{f(x)-f(0)}{x-0} = \lim_{x\to 0}\left(x\sin\frac{1}{x}\right) = 0.$

그러므로 f는 $x=0$에서 미분가능하다. $x=0$에서의 f의 도함수 $f'(0)=0$이다. ■

함수 f의 $x=c$에서의 미분가능성과 $x=c$에서의 연속성과의 관계를 알아보자.

[정리 3.1: 연속성과 미분가능성]
함수 f가 $x=c$에서 미분가능이면 함수 f가 $x=c$에서 연속이다.

[증명] 함수 f가 $x=c$에서 연속성은 $\lim_{x\to c} f(x) = f(c)$이므로 $\lim_{x\to a}[f(x)-f(c)] = 0$임을 보이면 충분하다.

$$\begin{aligned}\lim_{x\to c}[f(x)-f(c)] &= \lim_{x\to c}\left[(x-c)\left(\frac{f(x)-f(c)}{x-c}\right)\right] \\ &= \left[\lim_{x\to c}(x-c)\right]\left[\lim_{x\to c}\left(\frac{f(x)-f(c)}{x-c}\right)\right] \quad f\text{가 } c\text{에서 미분가능} \\ &= 0\cdot f'(c) = 0.\end{aligned}$$

그러므로 $\lim_{x\to c} f(x) = f(c)$이고 함수 f는 $x=c$에서 연속이다. ■

[정리 3.1 (대우 표현)]은 [정리 3.1]의 대우에 해당한다. 주어진 명제와 주어진 명제의 대우는 같은 의미를 갖는 명제이다. 예를 들어서 명제 「p가 정수이면 p는 유리수이다.」의 대우 명제는 「p가 유리수가 아니면 p는 정수가 아니다.」이다. 이 두 개의 명제는 같은 의미를 갖는 명제이다.

[정리 3.1: 연속성과 미분가능성]과 같은 의미를 갖는 대우표현은 다음과 같이 [정리 3.1 (대우표현)]이 유용하게 사용된다.

[정리 3.1 (대우 표현)] 함수 f가 $x=c$에서 연속이 아니면 함수 f가 $x=c$에서 미분불가능하다.

이제 미분불가능한 함수의 성질을 알아보자.

(1) 함수 f가 $x=c$에서 연속이 아니면 함수 f가 $x=c$에서 미분불가능이다. ([그림 3.11](a) 참고)

(2) 함수 f가 $x=c$에서 수직접선을 갖는 경우 f는 $x=c$에서 미분이 불가능하다. 즉, $\lim_{x\to c}\frac{f(x)-f(c)}{x-c} = \infty$ 또는 $-\infty$이면 극한 $\lim_{x\to c}\frac{f(x)-f(c)}{x-c}$가 존재하지 않기 때문에 함수 f는 $x=c$에서 미분불가능이다. ([그림 3.11](d) 참고)

(3) 함수 f가 $x=c$에서 극한 $\lim_{x\to c}\frac{f(x)-f(c)}{x-c}$이 무한극한도 갖지 않고 극한도 존재하지 않으면 $x=c$에서 미분불가능이다.

예를 들어 $\lim\limits_{x \to c-} \dfrac{f(x)-f(c)}{x-c} \neq \lim\limits_{x \to c+} \dfrac{f(x)-f(c)}{x-c}$ 인 경우 극한 $\lim\limits_{x \to c} \dfrac{f(x)-f(c)}{x-c}$ 이 존재하지 않는다. 그러므로 함수 f가 $x=c$에서 미분가능하지 않다. 이때 함수 $y=f(x)$의 그래프가 $x=c$에서 꺾인 모양이다. ([그림 3.11](b), (c) 참고)

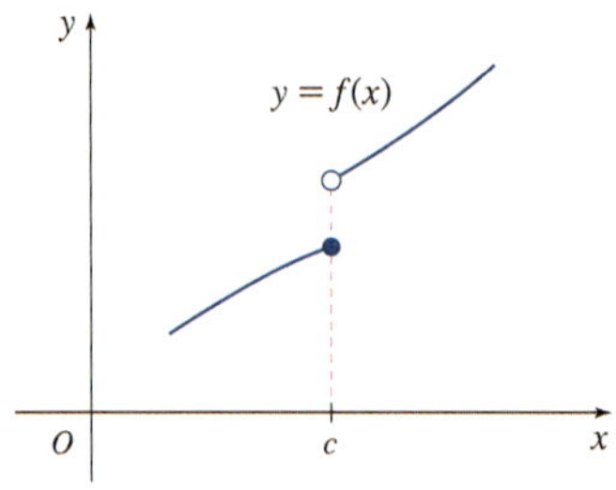

[그림 3.11](a)
함수 f가 $x=c$에서 불연속

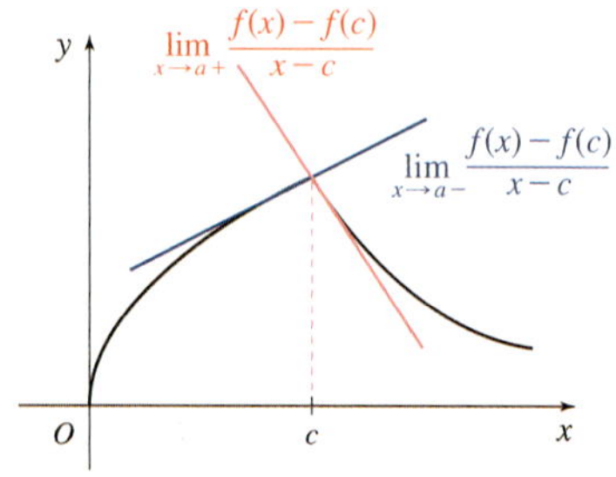

[그림 3.11](b)
극한 $\lim\limits_{x \to c} \dfrac{f(x)-f(c)}{x-c}$ 이 존재하지 않음

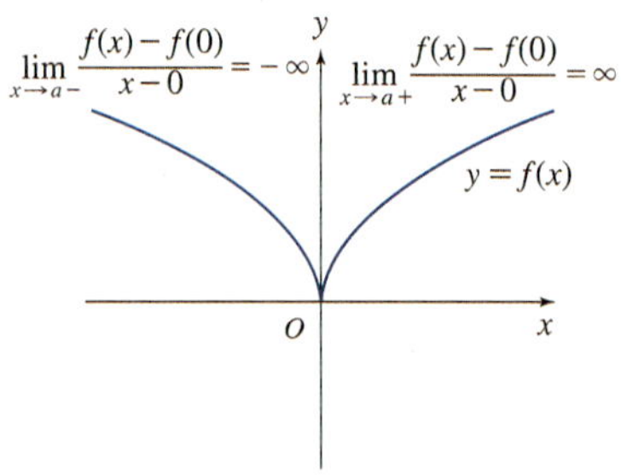

[그림 3.11](c)
극한 $\lim\limits_{x \to 0} \dfrac{f(x)-f(0)}{x-0}$ 이 존재하지 않음

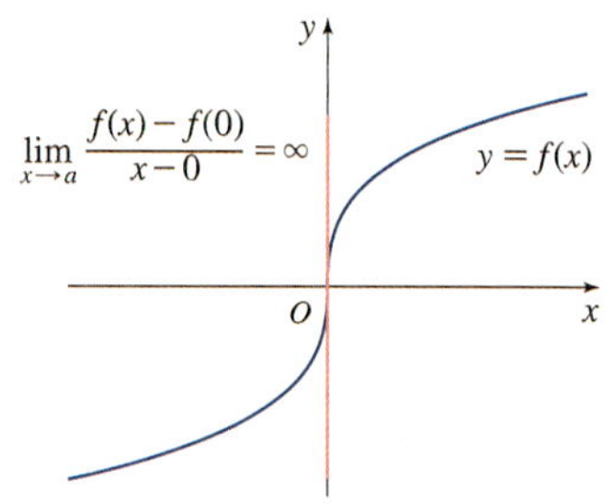

[그림 3.11](d)
극한 $\lim\limits_{x \to 0} \dfrac{f(x)-f(0)}{x-0}$ 이 무한극한
(수직접선)

함수 f가 $x=c$에서 미분불가능인 경우를 정리해 보자.

* [주의] (2)의 경우 c에서 수직접선을 갖지만 c에서 미분불가능이다.

> 함수 $y=f(x)$가 $x=c$에서 미분불가능인 경우는 다음과 같다.
> (1) 함수 f가 $x=c$에서 연속이 아니다.
> (2)* 극한 $\lim\limits_{x \to c} \dfrac{f(x)-f(c)}{x-c} = \infty$ 또는 $-\infty$이다. 즉, 수직접선을 갖는다.
> (3) (1)과 (2)를 제외하고 극한 $\lim\limits_{x \to c} \dfrac{f(x)-f(c)}{x-c}$ 이 존재하지 않는 경우이다.

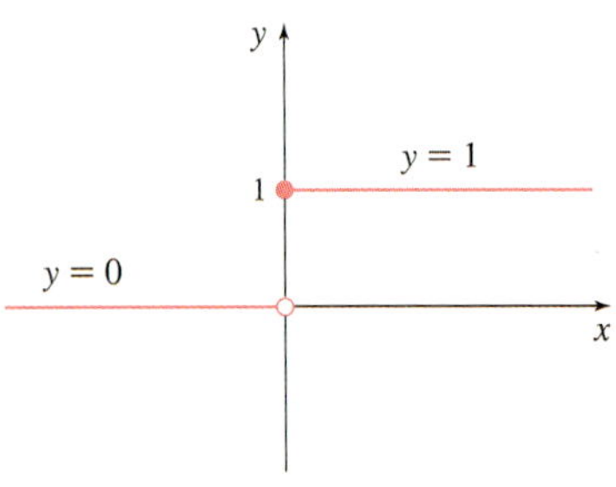

[그림 3.12] 함수 $y=H(x)$ 의 그래프

[예제 3.11] 함수 $H(x) = \begin{cases} 0, & x<0 \\ 1, & x \geq 0 \end{cases}$가 $x=0$에서 미분가능성을 판별하여라. [연습문제 19~22]

[풀이] 함수 H의 그래프는 [그림 3.12]에서 볼 수 있다.

[그림 3.12]에서 함수 H의 그래프를 보면 $x=0$에서 연속이 아니다. 함수 H의 $x=0$에서의 우극한과 좌극한을 구해보자.

$$\lim_{x\to 0-} H(x) = \lim_{x\to 0-} 0 = 0 \quad \text{그리고} \quad \lim_{x\to 0+} H(x) = \lim_{x\to 0+} 1 = 1$$

그러므로 극한 $\lim_{x\to 0} H(x)$는 존재하지 않고 함수 H는 $x=0$에서 연속이 아니다. 그러므로 함수 H는 $x=0$에서 미분불가능이다. ■

[예제 3.12] 함수 $f(x)=\begin{cases} -2x^2+4, & x<1 \\ x^2+1, & x\ge 1 \end{cases}$가 $x=1$에서 미분가능성을 판별하여라. [연습문제 19~22]

[풀이] $x=1$에서 좌극한
$$\lim_{x\to 1-}\frac{f(x)-f(1)}{x-1} = \lim_{x\to 1-}\frac{(-2x^2+4)-2}{x-1} = \lim_{x\to 1-}\frac{-2(x^2-1)}{x-1} = \lim_{x\to 1-}\frac{-2(x-1)(x+1)}{x-1} = \lim_{x\to 1-}(-2(x+1)) = -4.$$

$x=1$에서 우극한
$$\lim_{x\to 1+}\frac{f(x)-f(1)}{x-1} = \lim_{x\to 1+}\frac{(x^2+1)-2}{x-1} = \lim_{x\to 1+}\frac{x^2-1}{x-1} = \lim_{x\to 1+}\frac{(x-1)(x+1)}{x-1} = \lim_{x\to 1+}(x+1) = 2.$$

$\lim_{x\to 1-}\frac{f(x)-f(1)}{x-1} = 4 \ne 2 = \lim_{x\to 1+}\frac{f(x)-f(1)}{x-1}$이므로 극한 $\lim_{x\to 1}\frac{f(x)-f(1)}{x-1}$가 존재하지 않는다. 즉, 함수 f는 $x=1$에서 미분불가능이다. ■

◐ 구간에서의 미분가능

지금까지 한 점에서 함수 f의 미분가능성을 알아보았다. 이제 구간에서 함수 f의 미분가능성을 정의해 보자.

[주의] 함수의 미분가능성은 열린 구간에서만 정의한다는 것을 주의하자. 즉, 구간의 경계점에서는 함수의 미분가능을 정의하지 않는다.*

* 함수 f가 닫힌 구간 $[a,b]$에서 연속임을 정의할 수 있지만, 미분가능은 정의하지 않는다.

[정의 3.4: 열린 구간 위에서의 미분가능성]
열린 구간 (a,b) 위의 모든 점 c에 대하여 함수 f가 $x=c$에서 미분가능하면 함수 f가 열린 구간 (a,b)에서 미분가능이라고 한다.

[주의] 구간 (a,b)에서 함수 f가 미분가능하지 않다는 것은 함수 f가 미분가능하지 않은 점 c를 구간 (a,b)에서 찾는 것이다.

함수 f가 구간 (a,b)에서 미분가능하면 일반적으로 함수 f의 그래프가 꺽이지 않고 부드럽게 그려진 곡선이다. 단, 수직접선을 갖는지를 알아보는 것은 중요하다.

◐ 도함수

점 c에서 함수 f가 미분가능하면 $x=c$에서 도함수 $f'(c)$는 다음과 같다.

$$f'(c)=\lim_{x\to c}\frac{f(x)-f(c)}{x-c}=\lim_{h\to 0}\frac{f(c+h)-f(c)}{h}$$

[예제 3.13] 함수 $f(x)=x^2+2x$에 대하여 [연습문제 23~28]

(1) 실수 c에서 $f'(c)$를 구하여라.

(2) (1)을 사용하여 $f'(1)$을 구하여라.

[풀이] (1) $f'(c)=\lim_{x\to c}\frac{f(x)-f(c)}{x-c}=\lim_{x\to c}\frac{(x^2+2x)-(c^2+2c)}{x-c}$

$$=\lim_{x\to c}\frac{(x^2-c^2)+(2x-2c)}{x-c}$$

$$=\lim_{x\to c}\frac{(x-c)(x+c+2)}{x-c}=\lim_{x\to c}(x+c+2)=2c+2$$

즉, $f'(c)=2c+2$이다.

(2) $f'(c)=2c+2$에 $c=1$을 대입하면 $f'(2)=(2)\cdot(1)+2=4$이다. ■

[예제 3.12]에서 임의의 실수 c에서 $f'(c)=2c+2$이다.
그러므로 임의의 실수에서 함수 $f'(x)=2x+2$가 정의될 수 있다.

> **[정의 3.5: 도함수]** 함수 f가 구간 (a,b)에서 미분가능하다고 하자.
> 구간 (a,b)에서 함수 f'을 다음과 같이 정의하자.
>
> 구간 (a,b)의 x에 대하여 $f'(x)=\lim_{t\to x}\frac{f(t)-f(x)}{t-x}=\lim_{h\to 0}\frac{f(x+h)-f(x)}{h}$.
>
> 함수 f'을 f의 **도함수(derivative)**라고 하고 기호로 $f'(x)=\frac{df}{dx}(x)$라고 쓴다.

도함수 $f'(x)$와 $x=c$에서의 도함수 $f'(c)$의 관계는 다음과 같다.

- 도함수 $f'(x)$는 실함수이고
- $x=c$에서의 도함수 $f'(c)$는 도함수 $f'(x)$에 $x=c$를 대입한 것이다.
  즉, $f'(2)$는 도함수 $f'(x)$에 $x=2$를 대입한 것이다.

$x=2$에서의 f의 도함수 $f'(2)$를 구할 때
- f의 도함수 $f'(x)$를 먼저 구하고
- 도함수 $f'(x)$에 $x=2$을 대입하면 함숫값 $f'(2)$을 구할 수 있다.

[예제 3.14] 함수 $f(x)=x^2$에 대하여 [연습문제 25~28]

(1) 함수 f의 도함수 $f'(x)$를 구하여라.

(2) $x=2$에서의 f의 도함수 $f'(2)$를 구하여라.

[풀이]

(1) $f'(x)=\lim\limits_{t\to x}\dfrac{f(t)-f(x)}{t-x}=\lim\limits_{t\to x}\dfrac{t^2-x^2}{t-x}=\lim\limits_{t\to x}\dfrac{(t-x)(t+x)}{t-x}=\lim\limits_{t\to x}(t+x)=2x$

f의 도함수 $f'(x)=2x$이다.

(2) $x=2$에서의 f의 도함수 $f'(2)=2\cdot 2=4$. ■

연습문제

• Part 1

[1-8] 다음 함수에 대하여 주어진 점에서의 접선의 방정식을 구하여라. [예제 3.1, 3.4]

1. $f(x)=x^2+1,\ (1,1)$
2. $f(x)=\dfrac{1}{x},\ \left(2,\dfrac{1}{2}\right)$
3. $f(x)=x^2-x,\ (2,2)$
4. $f(x)=x^3,\ (0,0)$
5. $f(x)=\dfrac{2}{x-5},\ (3,-1)$
6. $f(x)=\dfrac{1}{\sqrt{x}},\ (4,\dfrac{1}{2})$
7. $f(x)=2x^{\frac{1}{3}}+1,\ (0,1)$
8. $f(x)=x^{\frac{1}{5}},\ (1,1)$

[9-12] 다음 함수 f와 주어진 점에서 접선과 법선의 방정식을 구하여라. [예제 3.2]

9. $f(x)=2x^2-1,\ (2,7)$
10. $f(x)=4-x^2,\ (2,0)$
11. $f(x)=\dfrac{x-4}{x-2},\ (3,-1)$
12. $f(x)=(x+2)^2,\ (-1,1)$

[13-18] 다음 함수 f가 주어진 점에서 미분가능인지 확인하고 미분가능하면 $f'(c)$를 구하여라. [예제 3.7~3.10]

13. $f(x)=2x^2+1,\ x=1$
14. $f(x)=\dfrac{1}{x},\ x=2$
15. $f(x)=\begin{cases}2x+3, & x<1\\ x^2+4, & x\geq 1\end{cases},\ x=1$
16. $f(x)=\begin{cases}4x+2, & x<2\\ x^2+1, & x\geq 2\end{cases},\ x=2$
17. $f(x)=\begin{cases}x+3, & x<1\\ 2\sqrt{x}, & x\geq 1\end{cases},\ x=1$
18. $f(x)=\begin{cases}x^3\sin\dfrac{1}{x}, & x\neq 0\\ 0, & x=0\end{cases},\ x=0$

[19-22] 다음 함수가 주어진 점에서 미분가능성을 확인하고 그렇지 않으면 이유를 말하여라. [예제 3.11~3.12]

19. $f(x)=\dfrac{1}{x},\ x=0$
20. $f(x)=\begin{cases}2x^2+1, & x<-1\\ 2+2x, & x\geq -1\end{cases},\ x=-1$
21. $f(x)=\begin{cases}4-3x, & x<1\\ 2x-1, & x\geq 1\end{cases},\ x=1$
22. $f(x)=\begin{cases}-4+2x^2, & x<0\\ 5x-4, & x\geq 0\end{cases},\ x=0$

[23-28] 다음 함수 f의 $f'(x)$를 구하고 이를 이용하여 $f'(a)$를 구하여라. [예제 3.13~3.14]

23. $f(x)=2,\ a=2$
24. $f(x)=7x-2,\ a=3$
25. $f(x)=x^2+x-3,\ a=-1$
26. $f(x)=x^2-5,\ a=3$
27. $f(x)=\dfrac{1}{x-1},\ a=\dfrac{1}{2}$
28. $f(x)=x^3-x,\ a=1$

• Part 2

[29-31] 다음 함수 f의 그래프에 대하여 물음에 답하여라.

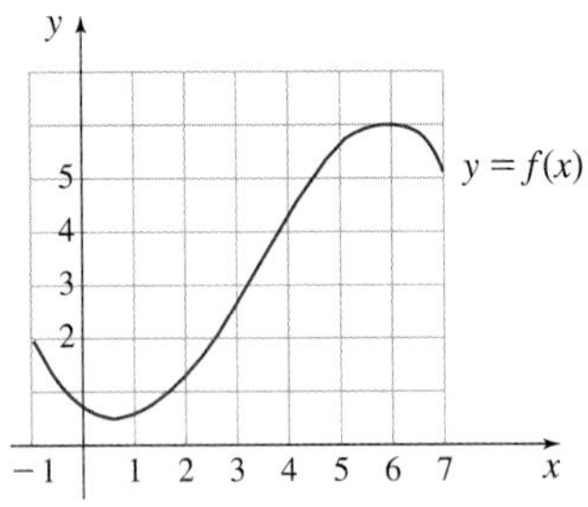

29. $f'(0)$를 그리시오.
30. $f'(2)$를 그리시오.
31. $f'(5)$를 그리시오.

[32-37] 다음 함수 f에 대하여 $f'(x)$를 구하여라.

32. $f(x) = 3x - 1$
33. $f(x) = 2x^2 - x + 4$
34. $f(x) = 3x^2 + x + 5$
35. $f(x) = -3x^2 + x - 5$
36. $f(x) = \dfrac{2x}{x-2}$
37. $f(x) = \sqrt[3]{2x}$

38. 다음 함수가 $x = 0$에서 미분가능성을 확인하고 그렇지 않으면 이유를 말하여라.

$$f(x) = \begin{cases} x\sin\dfrac{1}{x}, & x \neq 0 \\ 0, & x = 0 \end{cases}$$

[39-40] 다음 물음에 답하여라.

39. 점 $(2, 5)$를 지나고 $f(x) = 4x - x^2$에 접하는 직선의 방정식을 구하여라.
40. 점 $(1, -3)$를 지나고 $f(x) = x^2$에 접하는 직선의 방정식을 구하여라.

[41-42] 다음 함수 $f(x)$가 모든 실수 a, b와 상수 k에 대하여 다음을 만족할 때, 물음에 답하여라.

$$f(1) = 5,\ f(3) = 21,\ f(a+b) - f(a) = kab + 2b^2$$

41. 상수 k를 구하여라.
42. $f'(x)$를 구하여라.

3.2 미분의 성질과 도함수를 구하는 법

앞에서 언급했듯이 함수 f의 도함수를 구하는 것이 매우 중요하다. 점 c에서 정의에 의해 $f'(c)$를 구하는 경우와 도함수 $f'(x)$를 구하고 도함수에 값 $x=c$을 대입하여 $f'(c)$를 구하는 방법이 있다. 일반적으로는 도함수를 구하고 도함수의 함숫값으로서 $f'(c)$를 구한다. 그러므로 다양한 함수 f의 도함수 f'를 구하는 것이 매우 중요하다. 이 절에서는 다항함수 또는 유리함수의 도함수를 구하는 방법을 알아보자.

3.2.1 기본함수의 도함수: 상수함수와 항등함수, 멱함수

가장 기본적인 함수인 상수함수, 항등함수 그리고 멱함수의 도함수를 구해보자.

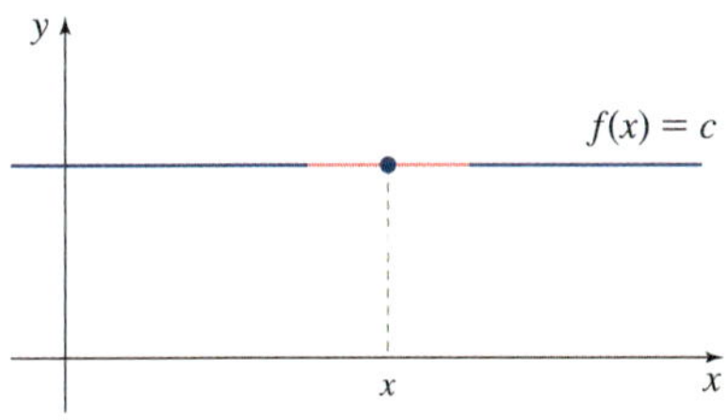

[그림 3.13](a) 함수 $f(x)=c$의 그래프

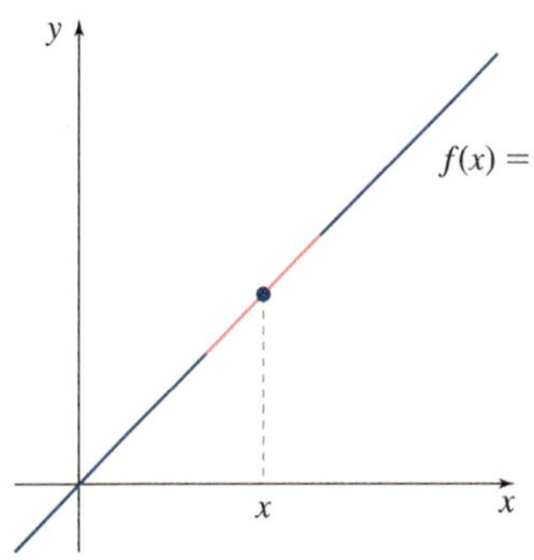

[그림 3.13](b) 함수 $f(x)=x$의 그래프

[정리 3.2: 상수함수와 항등함수의 도함수]

(1) 상수함수: 함수 $f(x)=c$이면 $f'(x)=0$이다. 즉, $\frac{d}{dx}(c)=(c)'=0$.

(2) 항등함수: 함수 $f(x)=x$이면 $f'(x)=1$이다. 즉, $\frac{d}{dx}(x)=(x)'=1$.

[증명] 두 함수 $f(x)=c$와 $f(x)=x$의 그래프는 [그림 3.13](a)와 (b)이다.

(1) $\frac{df}{dx}(x)=f'(x)=\lim_{t\to x}\frac{f(t)-f(x)}{t-x}=\lim_{t\to x}\frac{c-c}{t-x}=\lim_{t\to x}\frac{0}{t-x}=\lim_{t\to x}0=0$

그러므로 상수함수 f의 도함수 $f'(x)=(c)'=0$이다.

(2) $\frac{df}{dx}(x)=f'(x)=\lim_{t\to x}\frac{f(t)-f(x)}{t-x}=\lim_{t\to x}\frac{t-x}{t-x}=\lim_{t\to x}1=1$

그러므로 항등함수 f의 도함수 $f'(x)=(x)'=1$이다. ■

[예제 3.15] 다음 $\frac{d}{dx}[-3]$, $\frac{d}{dx}[\pi]$, $\frac{d}{dx}[\sqrt{2}]$을 구하여라.

[풀이] [정리 3.2] (1)에 의해 $\frac{d}{dx}[-3]=0$, $\frac{d}{dx}[\pi]=0$, $\frac{d}{dx}[\sqrt{2}]=0$. ■

[예제 3.16] 다음 $\frac{d}{dx}[x^2]$과 $\frac{d}{dx}[x^3]$을 구하여라.

[풀이] $\frac{d}{dx}[x^2]=\lim_{t\to x}\frac{t^2-x^2}{t-x}=\lim_{t\to x}\frac{(t+x)(t-x)}{t-x}=\lim_{t\to x}(t+x)=2x$

그러므로 $\frac{d}{dx}[x^2]=2x$이다.

$$\frac{d}{dx}[x^3] = \lim_{t\to x}\frac{t^3 - x^3}{t - x} = \lim_{t\to x}\frac{(t^2+tx+x^2)(t-x)}{t-x} = \lim_{t\to x}(t^2+tx+x^2) = 3x^2$$

그러므로 $\frac{d}{dx}[x^3] = 3x^2$이다. ■

멱함수(power function)는 다음과 같은 형태의 함수 f이다.

$f(x) = x^{\alpha}$, (α는 상수)

이때, 상수 α는 실수 범위임을 주의하자.

> **[정리 3.3: 멱함수의 도함수 1(자연수 지수)]**
> n이 자연수일 때, 함수 $f(x) = x^n$이면 $f'(x) = nx^{n-1}$.

[증명]

$$\begin{aligned} f'(x) &= \lim_{t\to x}\frac{t^n - x^n}{t - x} \\ &= \lim_{t\to x}\frac{(t-x)(t^{n-1}+t^{n-2}x+\cdots+tx^{n-2}+x^{n-1})}{t-x} \\ &= \lim_{t\to x}\underbrace{(t^{n-1}+t^{n-2}x+\cdots+tx^{n-2}+x^{n-1})}_{n\text{개}} \\ &= (x^{n-1}+x^{n-1}+\cdots+x^{n-1}+x^{n-1}) = nx^{n-1} \end{aligned}$$

그러므로 $f'(x) = nx^{n-1}$이다. ■

[예제 3.17] 다음 $\frac{d}{dx}[x^9]$, $\frac{d}{dx}[x^{100}]$을 구하여라.

[풀이] [정리 3.3: 멱함수의 도함수 1]에 의해 도함수를 구해보자.

$$\frac{d}{dx}[x^9] = 9x^8 \text{이고 } \frac{d}{dx}[x^{100}] = 100x^{99}$$ ■

3.2.2 도함수의 성질과 도함수: 다항함수와 유리함수

◐ 미분의 성질

다음 미분의 성질을 알아보자. 미분가능한 두 함수의 상수배, 합, 차에 의해 만들어진 함수의 미분가능성을 알아보자. 기본함수의 도함수에 도함수의 성질을 적용하여 다양한 함수의 도함수를 구할 수 있다.

> **[정리 3.4: 도함수의 성질 1]** 두 함수 f와 g가 미분가능하고 실수 k가 있을 때
> (1) 실수배: 함수 kf도 미분가능하고 $(kf)'(x) = kf'(x)$.
> (2) 합: 함수 $f+g$도 미분가능하고 $(f+g)'(x) = f'(x) + g'(x)$.
> (3) 차: 함수 $f-g$도 미분가능하고 $(f-g)'(x) = f'(x) - g'(x)$.

[예제 3.18] 미분의 성질을 이용하여 다음 함수의 도함수를 구하여라. [연습문제 1~10]

(1) $f(x) = 2x + 3$　　　(2) $f(x) = 5x^2$

(3) $f(x) = 2x^4 - 6x^2 + 2x - 3$

[풀이] (1) $f'(x) = \dfrac{d}{dx}[2x+3] = \dfrac{d}{dx}[2x] + \dfrac{d}{dx}[3] = 2\dfrac{d}{dx}[x] + 0 = 2$

그러므로 $f'(x) = 2$이다.

(2) $f'(x) = \dfrac{d}{dx}[5x^3] = 5\dfrac{d}{dx}[x^3] = 5 \cdot 3x^2 = 15x^2$

그러므로 $f'(x) = 15x^2$이다.

(3) $$f'(x) = \frac{d}{dx}[2x^4 - 6x^2 + 2x - 3] = 2\frac{d}{dx}[x^4] - 6\frac{d}{dx}[x^2] + 2\frac{d}{dx}[x] - \frac{d}{dx}[3]$$
$$= 2 \cdot 4x^3 - 6 \cdot 2x + 2 \cdot 1 - 0$$
$$= 8x^3 - 12x + 2$$

그러므로 $f'(x) = 8x^3 - 12x + 2$이다. ■

다음은 함수의 곱의 미분으로 **라이프니츠의 법칙**이라고 하고 미분의 성질에서 가장 중요한 성질 중의 하나이다. 두 함수의 곱의 라이프니츠의 법칙을 n개의 함수의 곱의 미분으로 확장할 수 있다.

[정리 3.5: 도함수의 성질] (4)인 곱의 미분은 [라이프니츠의 법칙]이라는 이름으로도 불린다. 미분의 특징을 가장 잘 타내는 성질이다.

> **[정리 3.5: 도함수의 성질 2]** 두 함수 f, g가 미분가능하면
>
> (4) 곱 [라이프니츠의 법칙]: 함수 fg도 미분가능하다.
>
> $$(fg)'(x) = f'(x)g(x) + f(x)g'(x)$$
>
> (4′) 함수 fgh도 미분가능하다.
>
> $$(fgh)'(x) = f'(x)g(x)h(x) + f(x)g'(x)h(x) + f(x)g(x)h'(x)$$

[예제 3.19] 다음 함수 $f(x) = (5x^2 - x + 1)(x^3 + 1)$의 도함수를 다음 2가지 방법으로 구하여라. [연습문제 11~16]

(1) [정리 3.5: 도함수의 성질 2] (4) 곱(라이프니츠의 법칙)을 적용하여 구하기.

(2) 함수식의 전개를 한 후에 미분하기.

[풀이]

(1) $$\frac{d}{dx}f(x) = \frac{d}{dx}[(5x^2 - x + 1)(x^3 + 1)]$$
$$= \left[\frac{d}{dx}(5x^2 - x + 1)\right](x^3 + 1) + (5x^2 - x + 1)\left[\frac{d}{dx}(x^3 + 1)\right]$$
$$= (10x - 1)(x^3 + 1) + (5x^2 - x + 1) \cdot 3x^2$$

$$= 10x^4 + 10x - x^3 - 1 + 15x^4 - 3x^3 + 3x^2$$
$$= 25x^4 - 4x^3 + 3x^2 + 10x - 1$$

(2) 함수 $f(x) = (5x^2 - x + 1)(x^3 + 1)$를 전개하고 도함수를 구해보자.

$$f(x) = (5x^2 - x + 1)(x^3 + 1) = 5x^5 - x^4 + x^3 + 5x^2 - x + 1$$
$$f'(x) = \frac{d}{dx}[5x^5 - x^4 + x^3 + 5x^2 - x + 1] = 25x^4 - 4x^3 + 3x^2 + 10x - 1$$ ■

분수 형태 함수의 미분은 자주 사용되는 유용한 정리이다.

[정리 3.6: 도함수의 성질 3] 두 함수 f와 g가 $x = c$에서 미분가능하면

(5) 나눗셈: $g(c) \neq 0$이면 함수 $\frac{f}{g}$도 $x = c$에서 미분가능하다.

$$\left(\frac{f}{g}\right)'(c) = \frac{f'(c)g(c) - f(c)g'(c)}{g^2(c)}$$

[예제 3.20] 다음 함수의 도함수를 구하여라. [연습문제 17~22]

(1) $f(x) = \frac{1}{x}$ (2) $f(x) = \frac{1}{x^2}$ (3) $f(x) = \frac{x^2+1}{2x-1}$ (4) $f(x) = \frac{x}{x-1}$

[풀이] (1) $f'(x) = \frac{d}{dx}\left[\frac{1}{x}\right] = \frac{\frac{d}{dx}[1] \cdot x - 1 \cdot \frac{d}{dx}[x]}{x^2} = \frac{0-1}{x^2} = -\frac{1}{x^2}$

그러므로 $f'(x) = \frac{d}{dx}\left[\frac{1}{x}\right] = -\frac{1}{x^2}$.

(2) $f'(x) = \frac{d}{dx}\left[\frac{1}{x^2}\right] = \frac{\frac{d}{dx}[1] \cdot x^2 - 1 \cdot \frac{d}{dx}[x^2]}{x^4} = \frac{0-2x}{x^4} = -\frac{2}{x^3}$

그러므로 $f'(x) = \frac{d}{dx}\left[\frac{1}{x^2}\right] = -\frac{2}{x^3}$.

(3) $$f'(x) = \frac{d}{dx}\left[\frac{x^2+1}{2x-1}\right] = \frac{\frac{d}{dx}[x^2+1] \cdot (2x-1) - (x^2+1) \cdot \frac{d}{dx}[2x-1]}{(2x-1)^2}$$
$$= \frac{2x \cdot (2x-1) - (x^2+1) \cdot 2}{(2x-1)^2}$$
$$= \frac{4x^2 - 2x - 2x^2 - 2}{(2x-1)^2} = \frac{2x^2 - 2x - 2}{(2x-1)^2}$$

그러므로 $f'(x) = \frac{d}{dx}\left[\frac{x^2+1}{2x-1}\right] = \frac{2x^2 - 2x - 2}{(2x-1)^2}$.

$$(4)\ f'(x) = \frac{d}{dx}\left[\frac{x}{x-1}\right] = \frac{\frac{d}{dx}[x]\cdot(x-1) - x\cdot\frac{d}{dx}[x-1]}{(x-1)^2} = \frac{(x-1)-x}{(x-1)^2}$$

$$= -\frac{1}{(x-1)^2}$$

그러므로 $f'(x) = \frac{d}{dx}\left[\frac{x}{x-1}\right] = -\frac{1}{(x-1)^2}$. ■

◐ 도함수 구하기: 멱함수, 다항함수, 유리함수

임의의 실수 n에 대하여 함수 $f(x) = x^n$의 미분을 알아보자.

(i) n이 자연수인 경우

[정리 3.3: 멱함수의 도함수 1]에서 자연수 n일 때 도함수 $f'(x) = nx^{n-1}$이다.

(ii) n이 음의 정수인 경우

[예제 3.19]의 (1)과 (2)에서 다음과 같이 구하였다.

$$\frac{d}{dx}[x^{-1}] = -\frac{1}{x^2} = -x^{-2}$$

$$\frac{d}{dx}[x^{-2}] = -\frac{2}{x^3} = -2x^{-3}$$

일반적으로 $n = -m$ (m은 자연수)이면 도함수는 다음과 같이 구한다.

$$\frac{d}{dx}[x^n] = \frac{d}{dx}[x^{-m}] = \frac{d}{dx}\left[\frac{1}{x^m}\right]$$

$$= \frac{\frac{d}{dx}[1]\cdot x^m - 1\cdot\frac{d}{dx}[x^m]}{x^{2m}}$$

$$= \frac{-mx^{m-1}}{x^{2m}} = \frac{-m}{x^{m+1}} = nx^{n-1}$$

(iii) $n = \frac{p}{q}$이 유리수인 경우

[3.5 음함수의 미분]에서 다음을 보일 예정이다.

$$\frac{d}{dx}[x^n] = \frac{d}{dx}[x^n] = \frac{d}{dx}[x^{q/p}] = \frac{q}{p}x^{\frac{q}{p}-1} = nx^{n-1}$$

(iv) n이 무리수인 경우

[3.7 로그함수와 지수함수의 미분]에서 $\frac{d}{dx}[x^n] = nx^{n-1}$을 증명할 수 있다.

그러므로 이 내용 (i)~(iv)를 종합하여

실수 α에 대하여 $\frac{d}{dx}[x^\alpha] = \alpha x^{\alpha-1}$이다.

다음 멱함수의 도함수는 가장 기본적인 도함수이고 매우 중요하다.

[정리 3.7: 멱함수의 도함수 2]를 적용하면 다음과 같이 도함수를 구한다.

$\frac{d}{dx}[\sqrt{x}] = \frac{1}{2}x^{\frac{1}{2}-1} = x^{-\frac{1}{2}} = \frac{1}{2\sqrt{x}}$

$\frac{d}{dx}[x^{\pi}] = \pi x^{\pi-1}$

$\frac{d}{dx}[x^{\sqrt{2}}] = \sqrt{2}x^{\sqrt{2}-1}$

[정리 3.7: 멱함수의 도함수 2]

실수 α에 대하여 $\frac{d}{dx}[x^{\alpha}] = \alpha x^{\alpha-1}$.

[정리 3.7: 멱함수의 도함수 2]에 의해 다항식 형태의 도함수를 구할 수 있다.

[정리 3.8: 다항함수의 도함수]

자연수 n에 대하여 n차 다항함수 $f(x) = c_n x^n + c_{n-1}x^{n-1} + \cdots + c_0$이 있을 때 함수 f는 실수 전체에서 미분가능하고

$$f'(x) = c_n n x^{n-1} + c_{n-1}(n-1)x^{n-2} + \cdots + c_1$$

[예제 3.21] 함수 $f(x) = x^3 + x^5$의 도함수를 구하여라. [연습문제 1~16]

[풀이] [정리 3.8: 다항함수의 도함수]를 적용하면 $f'(x) = 3x^2 + 5x^4$이다. ■

[예제 3.22] 함수 $f(x) = \frac{3x-5}{x^2+7}$의 도함수를 구하여라. [연습문제 17~22]

[풀이] [정리 3.6: 도함수의 성질 3] (나눗셈)을 적용하면 다음과 같다.

$$\begin{aligned} f'(x) &= \frac{3(x^2+7) - (3x-5)(2x)}{(x^2+7)^2} \\ &= \frac{3x^2 + 21 - 6x^2 + 10x}{(x^2+7)^2} \\ &= \frac{-3x^2 + 10x + 21}{(x^2+7)^2}. \end{aligned}$$

그러므로 도함수 $f'(x) = \frac{-3x^2+10x+21}{(x^2+7)^2}$이다. ■

[예제 3.23] 함수 $f(x) = \frac{x}{x^2+1}$의 그래프를 지나는 점 $\left(1, \frac{1}{2}\right)$에서의 접선의 방정식을 구하여라. [연습문제 23~26]

[풀이] 함수 f의 접선의 기울기는 $x=1$에서의 f의 도함수인 $f'(1)$이다.

$$f'(x) = \frac{(x^2+1)-x(2x)}{(x^2+1)^2} = \frac{1-x^2}{(x^2+1)^2} \text{ 이므로 } f'(1)=0$$

그러므로 점 $\left(1, \frac{1}{2}\right)$에서의 접선의 방정식은 $y - \frac{1}{2} = 0(x-1)$이고 $y = \frac{1}{2}$이다. ■

3.2.3 고계 도함수

실함수 f의 도함수 f'는 그 자체로 실함수이므로 실함수의 도함수 f'에 대하여 알았다. 만약 실함수 f'가 도함수를 갖는다면 함수 f'의 도함수를 $(f')' = f''$라고 쓰고 f의 2계 도함수(the second derivative)라고 하며 다음과 같이 기호를 사용한다.

$$(f')' = f'' \quad \text{그리고} \quad \frac{d}{dx}\left(\frac{df}{dx}\right) = \frac{d^2f}{dx^2}$$

2계 도함수 f''를 실함수로 보고 f''의 도함수를 $(f'')' = f'''$라고 쓰고 f의 3계 도함수(the third derivative)라고 한다. 이런 방법으로 4계 도함수 $f^{(4)}$, 5계 도함수 $f^{(5)}$ 등을 정의할 수 있다. $n \geq 2$인 정수일 때 n계 도함수를 고계 도함수(higher derivative)라고 한다.

[주의] n계 도함수 $y^{(n)}$은 y^n과 구별되어야 한다.

- $y^{(n)} = \frac{d^ny}{dx^n}$: n계 도함수
- $y^n = y \cdot y \cdots y$: y의 n개의 곱

다음은 함수 $y = f(x)$의 고계 도함수의 기호를 정리한 것이다.

1계 도함수	y'	$f'(x)$	$\frac{dy}{dx}$	$\frac{df}{dx}(x) = \frac{d}{dx}f(x)$
2계 도함수	$y'' = y^{(2)}$	$f''(x) = f^{(2)}(x)$	$\frac{d^2y}{dx^2}$	$\frac{d^2f}{dx^2}(x) = \frac{d^2}{dx^2}f(x)$
3계 도함수	$y''' = y^{(3)}$	$f'''(x) = f^{(3)}(x)$	$\frac{d^3y}{dx^3}$	$\frac{d^3f}{dx^3}(x) = \frac{d^3}{dx^3}f(x)$
4계 도함수	$y^{(4)}$	$f^{(4)}(x)$	$\frac{d^4y}{dx^4}$	$\frac{d^4f}{dx^4}(x) = \frac{d^4}{dx^4}f(x)$
⋮	⋮	⋮	⋮	⋮
n계 도함수	$y^{(n)}$	$f^{(n)}(x)$	$\frac{d^ny}{dx^n}$	$\frac{d^nf}{dx^n}(x) = \frac{d^n}{dx^n}f(x)$

[참고] 자연수 n에 대하여 함수 $f(x) = x^n$의 고계 도함수에서

- $f^{(n)}(x) = \frac{d^nf}{dx^n}(x) = n!$
- $k > n$이면 $f^{(k)}(x) = \frac{d^kf}{dx^k}(x) = 0$

[예제 3.24] [다항함수의 고계 도함수] $y = 2x^3$의 y', y'', $y^{(3)}$, $y^{(4)}$, $y^{(5)}$을 구하여라. [연습문제 27~32]

[풀이] $y' = (2x^3)' = 6x^2$

$$y'' = (y')' = (6x^2)' = 12x$$

$$y^{(3)} = (y'')' = (12x)' = 12$$

$$y^{(4)} = (y^{(3)})' = (12)' = 0$$
$$y^{(5)} = (y^{(4)})' = (0)' = 0$$ ■

[예제 3.25] 함수 $f(x) = 3x^4 - 2x^3 + x^2 - 4x + 2$의 고계 도함수를 모두 구하여라.
[연습문제 27~32]

[풀이] $f'(x) = 12x^3 - 6x^2 + 2x - 4$

$$f''(x) = 36x^2 - 12x + 2$$
$$f^{(3)}(x) = 72x - 12$$
$$f^{(4)}(x) = 72$$
$$f^{(5)}(x) = 0$$
$$f^{(n)}(x) = 0 \ \ (n \geq 5)$$ ■

[예제 3.26] 함수 $f(x) = \dfrac{1}{x+1}$에 대하여 $f^{(n)}(0)$을 구하여라 (n은 자연수).

[기호의 정의]
- 자연수 n에 대하여 $n! = 1 \cdot 2 \cdot 3 \cdots (n-1) \cdot n$.
- $0! = 1$.
- $n!$은 n 팩토리얼(factorial)이라고 부른다.

[풀이] $f'(x) = \dfrac{-1}{(x+1)^2}$이므로 $f'(0) = -1$.

$f''(x) = \dfrac{2(x+1)}{(x+1)^4} = \dfrac{2}{(x+1)^3}$이므로 $f''(0) = 2$.

$f'''(x) = \dfrac{-2 \cdot 3(x+1)^2}{(x+1)^6} = \dfrac{-2 \cdot 3}{(x+1)^4}$이므로 $f'''(0) = -2 \cdot 3$.

$f^{(4)}(x) = \dfrac{2 \cdot 3 \cdot 4(x+1)^3}{(x+1)^8} = \dfrac{2 \cdot 3 \cdot 4}{(x+1)^5}$이므로 $f^{(4)}(0) = 2 \cdot 3 \cdot 4$.

$f^{(5)}(x) = \dfrac{-2 \cdot 3 \cdot 4 \cdot 5(x+1)^4}{(x+1)^{10}} = -\dfrac{2 \cdot 3 \cdot 4 \cdot 5}{(x+1)^6}$이므로 $f^{(5)}(0) = -2 \cdot 3 \cdot 4 \cdot 5$.

그러므로 자연수 n에 대하여 $x = 0$에서 n계 도함수 $f^{(n)}(0)$은 다음과 같다.

$$f^{(n)}(0) = (-1)^n [2 \cdot 3 \cdot 4 \cdots \cdot n] = (-1)^n n!$$ ■

연습문제

• Part 1

[1-10] 다음 함수의 도함수를 구하여라. [예제 3.18]

1. $f(x) = -2$
2. $f(x) = \dfrac{1}{2}x + 2$
3. $f(x) = x^7$
4. $f(x) = 3x^5$
5. $f(x) = x^2 + 5x - 2$
6. $f(x) = x^3 - x + 2$
7. $f(x) = 3x^4 - 2x^2 - 10$
8. $f(x) = 2x^3 + 3x^2 - 5x - 3$
9. $f(x) = -(x+1)^2$
10. $f(x) = x(x-1)^2$

[11-16] 다음 함수의 도함수를 구하여라. [예제 3.19]

11. $f(x) = x(x+1)^2$

12. $f(x) = x^2(2x+1)$

13. $f(x) = (x-1)(3x+2)$

14. $f(x) = (x^2+x)(x^2-x+1)$

15. $f(x) = (x-2)(x^2+2x-1)$

16. $f(x) = (2x+1)(1+\dfrac{1}{x})$

[17-22] 다음 함수의 도함수를 구하여라. [예제 3.20]

17. $f(x) = \dfrac{3x-2}{2x-1}$

18. $f(x) = \dfrac{x+2}{2x^2}$

19. $f(x) = \dfrac{x+1}{x^3-x+1}$

20. $f(x) = \dfrac{x-1}{(x+1)^2}$

21. $f(x) = \dfrac{4x-3}{x^2-5}$

22. $f(x) = \dfrac{2x^2+x}{(x^2+1)^2}$

[23-26] 주어진 점을 지나고 $f(x)$에 접하는 접선의 방정식을 구하여라. [예제 3.24]

23. $f(x) = 5x^2-3x+2$, $(1, 4)$

24. $f(x) = x^2-3x$, $(2, -2)$

25. $f(x) = \dfrac{2x+3}{x-2}$, $(3, 9)$

26. $f(x) = 2\sqrt{x}-x^2$, $(1, 1)$

[27-32] 다음 함수에 대하여 물음에 답하여라. [예제 3.25~3.26]

$$f(x) = 5x^3+x^2-4x-5$$

$$g(x) = \frac{x^2-2}{2x+1}$$

27. $f'(x)$를 구하여라.

28. $f''(x)$를 구하여라.

29. $g'(x)$를 구하여라.

30. $g''(x)$를 구하여라.

31. $f'(2)$와 $f''(3)$을 구하여라.

32. $g'(1)$과 $g''(1)$을 구하여라.

• Part 2

[33-38] 다음 함수의 도함수를 구하여라.

33. $f(x) = (x+1)(\sqrt{x})$

34. $f(x) = x^{-2}(2x^3+x-3)$

35. $f(x) = \dfrac{x}{x+\dfrac{2}{x}}$

36. $f(x) = \dfrac{1-x^2}{1+x^2}$

37. $f(x) = (2x+3)^2$

38. $f(x) = \dfrac{\sqrt{x}}{x^2-\sqrt{x}+1}$

[39-42] $f(x)$, $g(x)$가 아래와 같을 때, 다음을 구하여라.

$$f(5) = 1,\ f'(5) = 6,\ g(5) = -3,\ g'(5) = 2$$

39. $(f+g)'(5)$

40. $(fg)'(5)$

41. $\left(\dfrac{f}{g}\right)'(5)$

42. $\left(\dfrac{g}{f}\right)'(5)$

[43-44] 다음 함수에 대해 주어진 점에서의 접선과 법선의 방정식을 구하여라.

43. $f(x) = (1+2x)^2$, $(1, 9)$

44. $f(x) = \dfrac{\sqrt{x}}{x+1}$, $\left(1, \dfrac{1}{2}\right)$

[45-48] 다음 물음에 답하여라.

45. $f(x) = x^4-3x^3+15x$의 모든 고계도함수를 구하여라.

46. $f(x) = \dfrac{1}{x}$의 모든 고계도함수를 구하여라.

47. $f(x) = \dfrac{x^2}{1+x}$에 대하여 $f''(1)$을 구하여라.

48. $f(x) = (2x+3)(x-1)^2+\dfrac{4}{x-2}$에 대하여 $f''(3)$을 구하여라.

3.3 삼각함수의 미분

삼각함수의 미분은 다양한 분야에서 중요한 역할을 한다. 우선 삼각함수를 포함하는 실함수의 극한과 연속에 대한 주요 결과들을 복습해 보자.

[복습] (1) $\lim_{x \to a} \sin x = \sin a$ (2) $\lim_{x \to a} \cos x = \cos a$

(3) $\lim_{x \to 0} \frac{\sin x}{x} = 1$ (4) $\lim_{x \to 0} \frac{1 - \cos x}{x} = 0$

삼각함수의 극한과 미분의 성질을 이용하여 삼각함수의 미분에 대하여 알아보자. 우선 가장 기본적인 sine 함수와 cosine 함수의 도함수를 구해보자.

$$\begin{aligned}
\frac{d}{dx}\sin x &= \lim_{h \to 0} \frac{\sin(x+h) - \sin x}{h} \\
&= \lim_{h \to 0} \frac{\sin x \cos h + \cos x \sin h - \sin x}{h} \\
&= \lim_{h \to 0} \frac{\sin x(\cos h - 1) + \cos x \sin h}{h} \\
&= (\sin x)\left[\lim_{h \to 0} \frac{\cos h - 1}{h}\right] + (\cos x)\left[\lim_{h \to 0} \frac{\sin h}{h}\right] \\
&= \sin x \cdot 0 + \cos x \cdot 1 = \cos x.
\end{aligned}$$

그러므로 $\frac{d}{dx}\sin x = \cos x.$

$$\begin{aligned}
\frac{d}{dx}\cos x &= \lim_{h \to 0} \frac{\cos(x+h) - \cos x}{h} \\
&= \lim_{h \to 0} \frac{\cos x \cos h - \sin x \sin h - \cos x}{h} \\
&= \lim_{h \to 0} \frac{\cos x(\cos h - 1) - \sin x \sin h}{h} \\
&= (\cos x)\left[\lim_{h \to 0} \frac{\cos h - 1}{h}\right] - (\sin x)\left[\lim_{h \to 0} \frac{\sin h}{h}\right] \\
&= \cos x \cdot 0 - \sin x \cdot 1 = -\sin x.
\end{aligned}$$

그러므로 $\frac{d}{dx}\cos x = -\sin x.$

> **[정리 3.9: sin과 cos의 도함수]**
>
> (1) 함수 $f(x)=\sin x$는 실수 전체에서 미분가능하고 $\dfrac{d}{dx}\sin x=\cos x$이다.
>
> (2) 함수 $f(x)=\cos x$는 실수 전체에서 미분가능하고 $\dfrac{d}{dx}\cos x=-\sin x$이다.

[예제 3.27] 다음 함수의 도함수 $\dfrac{dy}{dx}$를 구하여라. [연습문제 1~14]

(1) $y=\sin x-\cos x$　　(2) $y=\sin x\cos x$　　(3) $y=x\sin x$　　(4) $y=\dfrac{\sin x}{x}$

[풀이] (1) $\dfrac{dy}{dx}=\dfrac{d}{dx}[\sin x-\cos x]=\cos x+\sin x$

그러므로 $\dfrac{dy}{dx}=\cos x+\sin x$이다.

(2) $\dfrac{dy}{dx}=\dfrac{d}{dx}[\sin x\cos x]=\left[\dfrac{d}{dx}\sin x\right]\cos x+\sin x\left[\dfrac{d}{dx}\cos x\right]$

$$=\cos x\cos x+\sin x\cdot(-\sin x)=\cos^2 x-\sin^2 x$$

그러므로 $\dfrac{dy}{dx}=\cos^2 x-\sin^2 x$이다.

(3) $\dfrac{dy}{dx}=\dfrac{d}{dx}[x\sin x]=\left[\dfrac{d}{dx}x\right]\sin x+x\left[\dfrac{d}{dx}\sin x\right]=\sin x-x\cos x$

그러므로 $\dfrac{dy}{dx}=\sin x-x\cos x$이다.

(4) $\dfrac{dy}{dx}=\dfrac{d}{dx}\left[\dfrac{\sin x}{x}\right]=\dfrac{\left(\dfrac{d}{dx}\sin x\right)\cdot x-\sin x\cdot\dfrac{dx}{dx}}{x^2}=\dfrac{x\cos x-\sin x}{x^2}$

그러므로 $\dfrac{dy}{dx}=\dfrac{x\cos x-\sin x}{x^2}$이다. ■

[예제 3.28] 삼각함수의 도함수에 대하여 다음을 보여라. [연습문제 1~14]

(1) $\dfrac{d}{dx}[\tan x]=[\tan x]'=\sec^2 x$

(2) $\dfrac{d}{dx}[\cot x]=[\cot x]'=-\csc^2 x$

(3) $\dfrac{d}{dx}[\sec x]=[\sec x]'=\sec x\tan x$

(4) $\dfrac{d}{dx}[\csc x]=[\csc x]'=-\csc x\cot x$

[풀이]

(1) $\dfrac{d}{dx}[\tan x]=\left(\dfrac{\sin x}{\cos x}\right)'=\dfrac{(\sin x)'\cos x-\sin x(\cos x)'}{\cos^{2x}}$

$$= \frac{\cos^{2x} + \sin^2 x}{\cos^2 x} = \frac{1}{\cos^2 x} = \sec^2 x$$

그러므로 $\frac{d}{dx}[\tan x] = \sec^2 x$이다.

(2) $\frac{d}{dx}[\cot x] = \left(\frac{\cos x}{\sin x}\right)' = \frac{(\cos x)'\sin x - \cos x(\sin x)}{\sin^2 x}$

$$= \frac{-\sin^2 x - \cos^2 x}{\cos^2 x} = \frac{-1}{\sin^2 x} = -\csc^2 x$$

그러므로 $\frac{d}{dx}[\cot x] = -\csc^2 x$이다.

(3) $\frac{d}{dx}[\sec x] = \left(\frac{1}{\cos x}\right)' = \frac{-(\cos x)'}{\cos^2 x} = \frac{\sin x}{\cos^2 x} = \sec x \tan x$

그러므로 $\frac{d}{dx}[\sec x] = \sec x \tan x$이다.

(4) $\frac{d}{dx}[\csc x] = \left(\frac{1}{\sin x}\right)' = \frac{-(\sin x)'}{\sin^{2x}} = \frac{-\cos x}{\sin^2 x} = -\csc x \cot x$

그러므로 $\frac{d}{dx}[\csc x] = -\csc x \cot x$이다. ■

다음은 6개의 삼각함수의 도함수와 도함수의 정의역을 정리한 것이다.

도함수	도함수의 정의역
$\frac{d}{dx}[\sin x] = \cos x$	실수 전체 $(-\infty, \infty)$
$\frac{d}{dx}[\cos x] = -\sin x$	실수 전체 $(-\infty, \infty)$
$\frac{d}{dx}[\tan x] = \sec^2 x$	$n\pi + \frac{\pi}{2}$(n은 정수)를 제외한 실수
$\frac{d}{dx}[\cot x] = -\csc^2 x$	$n\pi$(n은 정수)를 제외한 실수
$\frac{d}{dx}[\sec x] = \sec x \tan x$	$n\pi + \frac{\pi}{2}$(n은 정수)를 제외한 실수
$\frac{d}{dx}[\csc x] = -\csc x \cot x$	$n\pi$(n은 정수)를 제외한 실수

[예제 3.29] 다음 함수의 도함수를 구하여라. [연습문제 1~14]

(1) $f(x) = \cot x + \tan x$ (2) $f(x) = \sin x + \cos x$

[풀이] (1) $f'(x) = (\cot x + \tan x)' = -\csc^2 x + \sec^2 x$

(2) $f'(x) = (\sin x + \cos x) = \cos x - \sin x$ ■

[예제 3.30] 함수 $f(x)=\sec x\csc x$의 도함수를 구하여라. [연습문제 1~14]

[풀이] $f'(x)=(\sec x\csc x)'=(\sec x)'\csc x+\sec x(\csc x)'$

$$=(\csc x\tan x)\csc x+\sec x(-\csc x\cot x)$$

$$=\frac{1}{\cos x}\cdot\frac{\sin x}{\cos}x\cdot\frac{1}{\sin}x-\frac{1}{\cos}x\cdot\frac{1}{\sin}x\cdot\frac{\cos x}{\sin x}$$

$$=\frac{1}{\cos^2 x}-\frac{1}{\sin^2 x}$$

$$=\sec^2 x-\csc^2 x$$

그러므로 도함수 $f'(x)=\sec^2 x-\csc^2 x$이다. ■

[예제 3.31] 함수 $f(x)=\sec x\tan x$의 도함수를 구하여라. [연습문제 1~14]

[풀이] $f'(x)=(\sec x\tan x)'=(\sec x)'\tan x+\sec x(\tan x)'$

$$=\sec x\tan^2 x+\sec^3 x.$$

그러므로 $f'(x)=\sec x\tan^2 x+\sec^3 x.$ ■

삼각함수의 고계 도함수를 구해보자.

[예제 3.32] 함수 $y=\sin x$와 $y=\cos x$에 대하여 $\frac{d^2y}{dx^2}$, $\frac{d^3y}{dx^3}$, $\frac{d^4y}{dx^4}$ 그리고 $\frac{d^{12}y}{dx^{12}}$를 구하여라. [연습문제 17~22]

[풀이]

(1) $\frac{dy}{dx}=\sin x$, $\frac{d^2y}{dx^2}=\cos x$, $\frac{d^3y}{dx^3}=-\sin x$, $\frac{d^4y}{dx^4}=-\cos x$, $\frac{d^5y}{dx^5}=\sin x$이다.

반복되는 규칙을 살펴보면 $\frac{d^{12}y}{dx^{12}}=-\cos x.$

(2) $\frac{dy}{dx}=\cos x$, $\frac{d^2y}{dx^2}=-\sin x$, $\frac{d^3y}{dx^3}=-\cos x$, $\frac{d^4y}{dx^4}=\sin x$, $\frac{d^5y}{dx^5}=\cos x$이다.

반복되는 규칙을 살펴보면 $\frac{d^{12}y}{dx^{12}}=\sin x.$ ■

연습문제

• Part 1

[1-14] 다음 함수에 대하여 도함수를 구하여라. [예제 3.27~3.31]

1. $f(x)=\sin x+2\cos x$
2. $f(x)=x+\cos x$
3. $f(x)=x-\sin x$
4. $f(x)=\tan x+\cos x$
5. $f(x)=2\csc x-2\cot x$
6. $f(x)=x\sin x$
7. $f(x)=\sin^2 x$
8. $f(x)=\cos^2 x$
9. $f(x)=4\sec x+3\tan x$
10. $f(x)=\sin x\sec x$

11. $f(x) = \cos x + 2\sin x\cos x$

12. $f(x) = x\tan x + x^2\cos x$

13. $f(x) = \dfrac{\cos x}{1+\sin x}$

14. $f(x) = \dfrac{\sin x}{1-\tan x}$

[15-16] 주어진 점에서 다음 함수 f의 접선의 방정식을 구하여라.

15. $f(x) = 2\sin x,\ (0, 0)$

16. $f(x) = \cos x + 2,\ (0, 3)$

[17-20] 다음 함수에 대하여 $f''(x)$를 구하여라. [예제 3.32]

17. $f(x) = \sec x$

18. $f(x) = \csc x$

19. $f(x) = \tan x$

20. $f(x) = \cot x$

[21-22] 다음 함수에 대하여 $f''(x)$과 $f'''(x)$을 구하여라. [예제 3.32]

21. $f(x) = \cos x + x^3 + 2x^2 - 3$

22. $f(x) = x\cos x$

• Part 2

[23-30] 다음 함수에 대하여 도함수를 구하여라.

23. $f(x) = \sqrt{x}\sin x$

24. $f(x) = x^3\sin x$

25. $f(x) = x\sin x\cos x$

26. $f(x) = \dfrac{x}{2\cos x}$

27. $f(x) = \dfrac{\sec x}{1+\sec x}$

28. $f(x) = \dfrac{1-\sec x}{\tan x}$

29. $f(x) = (\csc x)(x + \cot x)$

30. $f(x) = (x^2+1)(\sin x + \cos x)$

[31-32] 주어진 점에서 다음 함수에 대한 접선의 방정식을 구하여라.

31. $f(x) = \tan x,\ \left(\dfrac{\pi}{4}, 1\right)$

32. $f(x) = x\cos x,\ (\pi, -\pi)$

33. 곡선 $y = \dfrac{\cos x}{2+\sin x}$에서 수평인 접선을 갖는 점을 구하여라.

[34-36] 다음 물음에 답하여라.

34. $\dfrac{d^{26}}{dx^{26}}(\sin x)$를 구하여라.

35. $\dfrac{d^{30}}{dx^{30}}(\cos x)$를 구하여라.

36. $f(x) = \sec x$일 때, $f''\left(\dfrac{\pi}{4}\right)$을 구하여라.

3.4 연쇄법칙

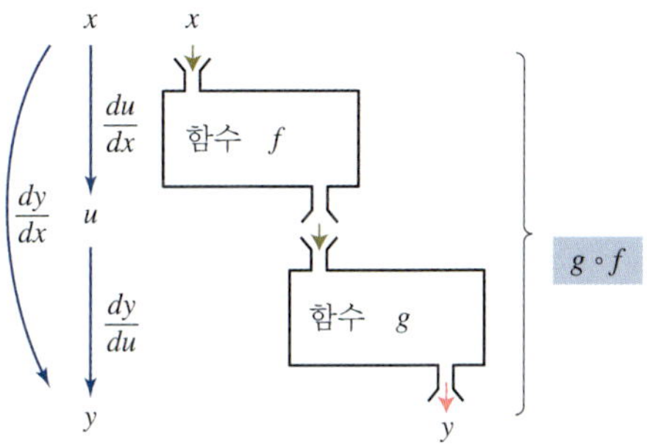

[그림 3.14]

연쇄법칙은 미분가능한 함수들의 합성함수가 미분가능함을 알려주는 법칙이다. A씨는 자신의 차를 운전해서 출근을 한다. A씨는 현재 1,000원에 몇 km를 갈 수 있는지를 계산하려고 한다. A씨의 차는 연비로 보면 $1l$당 12km를 갈 수 있고 현재의 기름값으로 계산을 하면 1,000원에 $0.6l$를 살 수 있다. y를 차의 운행 거리(km)라고 하고 u를 차를 운행하는데 사용되는 기름의 양(리터: l)이라고 하고 x를 차를 운행하는 과정에서 기름을 사면서 지불한 비용(1,000원)라고 하자.

- A씨 차의 연비 $= \dfrac{dy}{du} = 12(\mathrm{km}/l)$이고
- 1,000원에 살 수 있는 기름의 양 $= \dfrac{du}{dx} = 0.6(l/1{,}000\text{원})$.

A씨가 1,000원에 운행할 수 있는 거리$= \dfrac{dy}{dx} = \dfrac{dy}{du} \cdot \dfrac{du}{dx} = 12 \cdot 0.6 = 5(\mathrm{km}/1{,}000\text{원})$.

여기서 $\dfrac{dy}{dx} = \dfrac{dy}{du} \cdot \dfrac{du}{dx}$라고 볼 수 있다.

합성함수의 미분을 **연쇄법칙**이라고 한다. 연쇄법칙에 대해 자세히 알아보자.

[정리 3.10: 연쇄법칙(chain rule)] 함수 f가 $x=a$에서 미분가능하고 함수 g가 $u=f(a)$에서 미분가능하면 f와 g의 합성함수 $g \circ f$는 $x=a$에서 미분가능하고 $x=a$에서 도함수 $(g \circ f)'(a)$는 다음과 같다.

$$(g \circ f)'(a) = g'(f(a)) \cdot f'(a)$$

두 함수 $u=f(x)$와 $y=g(u)=(g \circ f)(x)$가 미분가능하면 연쇄법칙은 다음과 같이 표현된다.

$$(g \circ f)'(x) = g'(f(x)) \cdot f'(x)$$
$$\Leftrightarrow \frac{d(g \circ f)}{dx}(x) = \frac{dg}{du}(f(x)) \cdot \frac{df}{dx}(x)$$
$$\Leftrightarrow \frac{dy}{dx} = \frac{dy}{du} \cdot \frac{du}{dx}$$

일반적으로 3개의 함수가 합성이 되었을 때 합성함수의 미분에 대하여 알아보자.

[정리 3.11: 3개 함수의 연쇄법칙]

함수 f가 $x=a$에서 미분가능하고 함수 g가 $b=f(a)$에서 미분가능하고
함수 h가 $c=g(b)=g(f(a))$에서 미분가능하면

f, g와 h의 합성함수 $h \circ g \circ f$는 $x = a$에서 미분가능하고 $x = a$에서 도함수 $(h \circ g \circ f)'(a)$는 다음과 같다.

$$(h \circ g \circ f)'(a) = h'(g(f(a))) \cdot g'(f(a)) \cdot f'(a)$$

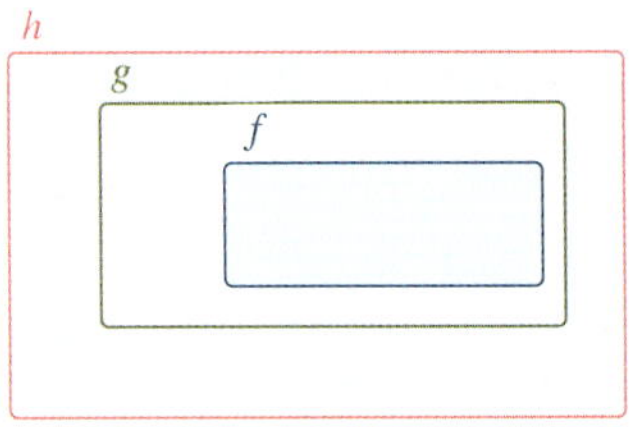

[그림 3.15] 합성함수 $h \circ g \circ f$

세 개의 함수 f, g, h의 합성함수 $(h \circ g \circ f)$에 대하여

- [그림 3.15]와 같이 물건을 포장한 세 겹의 포장지로 생각할 수 있다.
- 가장 안쪽의 포장지는 가장 먼저 실행하는 함수이고 가장 바깥쪽의 포장지는 가장 나중에 실행한 함수 h이다.
- 포장을 벗길 때 가장 겉의 포장지부터 벗겨내듯이 합성함수의 미분도 가장 나중에 실행하는 함수부터 차례로 미분을 하면서 각각을 곱한다.
- 즉, [h를 $g(f(a))$에서 미분: $h'(g(f(a)))$]
  → [g를 $f(a)$에서 미분: $g'(f(a))$]
  → [f를 a에서 미분: $f'(a)$] 차례로 미분을 하면서 각각을 곱한다.
  $(h \circ g \circ f)'(a) = h'(g(f(a))) \cdot g'(f(a)) \cdot f'(a)$

[예제 3.33] 함수 $h(x) = (6x^2 + 3x + 1)^{10}$의 도함수를 구하여라. [연습문제 1~18]

[풀이]
$$\begin{aligned} h'(x) = \left[(6x^2+3x+1)^{10}\right]' &= 10(6x^2+3x+1)^9(6x^2+3x+1)' \\ &= 10(6x^2+3x+1)^9(12x+3) \\ &= 30(6x^2+3x+1)^9(4x+1) \end{aligned}$$

그러므로 $h'(x) = 30(6x^2+3x+1)^9(4x+1)$이다. ■

[예제 3.34] 함수 $h(x) = \sqrt{1+x^4}$ 의 도함수를 구하여라. [연습문제 1~18]

[풀이]
$$\begin{aligned} h'(x) = \left(\sqrt{1+x^4}\right)' = \left[(1+x^4)^{1/2}\right]' &= \frac{1}{2}(1+x^4)^{-\frac{1}{2}}(1+x^4)' \\ &= \frac{1}{2}(1+x^4)^{-\frac{1}{2}}(4x^3) = \frac{2x^3}{\sqrt{1+x^4}} \end{aligned}$$

그러므로 $h'(x) = \dfrac{2x^3}{\sqrt{1+x^4}}$이다. ■

[예제 3.35] 함수 $h(x) = \cos(\sqrt{x^2+1})$의 도함수를 구하여라. [연습문제 1~18]

[풀이]
$$\begin{aligned} h'(x) = \left[\cos(\sqrt{x^2+1})\right]' &= -\sin(\sqrt{x^2+1})\left[\frac{1}{2}\frac{1}{\sqrt{x^2+1}}2x\right] \\ &= \frac{-x}{\sqrt{x^2+1}}\sin(\sqrt{x^2+1}) \end{aligned}$$

그러므로 $h'(x) = -\dfrac{x}{\sqrt{x^2+1}}\sin\sqrt{x^2+1}$ 이다. ■

[예제 3.36] 함수 $y=\left(\dfrac{x}{3x-1}\right)^3$에서 $\dfrac{dy}{dx}$를 구하여라. [연습문제 1~18]

[풀이] $$\frac{dy}{dx}=\left[\left(\frac{5x}{3x-1}\right)^3\right]'=3\left(\frac{5x}{3x-1}\right)^2\cdot\left(\frac{5x\cdot 3}{3x-1}\right)'$$
$$=3\left(\frac{5x}{3x-1}\right)^2\cdot\frac{5(3x-1)-5x\cdot 3}{(3x-1)^2}$$
$$=\frac{75x^2\cdot(-5)}{(3x-1)^4}=\frac{-375x^2}{(3x-1)^4}$$

그러므로 $\dfrac{dy}{dx}=\dfrac{-3x^2}{(3x-1)^4}$이다. ■

[예제 3.37] 다음 도함수를 각각 구하여라. [연습문제 1~18]

(1) $f(x)=\sin^3 x$ (2) $g(x)=\sin(x^3)$

[풀이] (1) $f(x)=\sin^3 x=(\sin x)(\sin x)(\sin x)$이므로 $f'(x)=3(\sin^2 x)(\cos x)$이다.

(2) $g'(x)=(\cos(x^3))3x^2=3x^2\cos(x^3)$이다. ■

[예제 3.38] 합성함수 $h(x)=(f\circ g)(x)$에 대하여 다음 주어진 표를 사용하여 $h'(1)$과 $h'(2)$를 구하여라. [연습문제 19~22]

x	$f(x)$	$f'(x)$	$g(x)$	$g'(x)$
1	1	5	2	3
2	2	7	1	4

[풀이] $h'(1)=f'(g(1))g'(1)=f'(2)g'(1)=7\cdot 3=21$
$h'(2)=f'(g(2))g'(1)=f'(1)g'(2)=5\cdot 4=20$ ■

연습문제

• Part 1

[1-18] 다음 함수의 도함수를 구하여라. [예제 3.33~3.37]

1. $f(x)=(2x+3)^3$
2. $f(x)=(x^3+2)^2$
3. $f(x)=(2x^3-x+3)^4$
4. $f(x)=x^2(3x^2-4)^2$
5. $f(x)=\dfrac{2x}{(x-2)^3}$
6. $f(x)=\left(\dfrac{2}{x+2}\right)^2$
7. $f(x)=\sqrt{3x^2+x-3}$
8. $f(x)=\dfrac{1}{\sqrt{3x-5}}$
9. $f(x)=\dfrac{x}{\sqrt{x^2+1}}$
10. $f(x)=\sqrt{\sin x}$
11. $f(x)=\sin\left(\dfrac{1}{x}\right)$
12. $f(x)=4\tan^3 x$
13. $f(x)=4\sec^3 x$
14. $f(x)=2\sin^2(x^2+1)$

15. $f(x)=\sin^3(2x)$

16. $f(x)=\sin^3(x^2)$

17. $f(x)=\sin(1+\tan x)$

18. $f(x)=\cos(5+\csc x)$

[19-20] 다음 표를 보고 물음에 답하여라. [예제 3.38]

x	$f(x)$	$f'(x)$	$g(x)$	$g'(x)$
3	5	-2	5	7
5	3	-1	12	4

19. $h(x)=f(g(x))$일 때, $h'(3)$을 구하여라.

20. $h(x)=g(f(x))$일 때, $h'(3)$을 구하여라.

[21-22] 다음을 보고 물음에 답하여라. [예제 3.38]

21. $F(x)=f(g(x))$에 대하여, $f(-2)=8$, $f'(-2)=4$, $f'(5)=3$, $g(5)=-2$, $g'(5)=6$일 때, $F'(5)$를 구하여라.

22. $h(x)=\sqrt{4+3f(x)}$에 대하여, $f(1)=7$, $f'(1)=4$일 때, $h'(1)$을 구하여라.

[23-26] 다음 함수의 2계 도함수 $f''(x)$를 구하여라.

23. $f(x)=(x^2+1)^2$

24. $f(x)=\sqrt{\cos x}$

25. $f(x)=\sin(2x)$

26. $f(x)=\cos^2 x$

• Part 2

[27-34] 다음 함수의 도함수를 구하여라.

27. $f(x)=\left(\dfrac{x^2}{x^2-1}\right)^2$

28. $f(x)=-\dfrac{2}{(x-2)^3}$

29. $f(x)=\cos\left(\dfrac{1}{x^2+1}\right)$

30. $f(x)=\sin^2\left(\dfrac{1}{x^2+1}\right)$

31. $f(x)=\sqrt{\tan x}$

32. $f(x)=\tan(\sqrt{x})$

33. $f(x)=\sqrt{2+\sqrt{3x}}$

34. $f(x)=\cos(\sqrt{\sin(\tan 2x)})$

[35-38] 다음 표를 보고 물음에 답하여라.

x	$f(x)$	$f'(x)$	$g(x)$	$g'(x)$
1	3	4	2	6
2	1	5	8	7
3	7	7	2	9

35. $h(x)=f(g(x))$일 때, $h'(1)$을 구하여라.

36. $h(x)=g(f(x))$일 때, $h'(1)$을 구하여라.

37. $h(x)=f(f(x))$일 때, $h'(2)$를 구하여라.

38. $h(x)=g(g(x))$일 때, $h'(3)$을 구하여라.

39. $h(x)=f(xf(xf(x)))$에 대하여, $f(1)=2$, $f(2)=3$, $f'(1)=4$, $f'(2)=5$, $f'(3)=6$일 때, $h'(1)$을 구하여라.

40. $f(x)=\sin(\sin x)$에 대하여, $(\pi, 0)$에서의 접선의 방정식을 구하여라.

3.5 음함수의 미분과 역함수의 미분

3.5.1 음함수의 미분

◐ 음함수의 의미

좌표평면의 일반적인 방정식 $F(x, y)=0$이 있다고 하자.

실함수 f에 대하여 방정식 $F(x, y)=y-f(x)$이라고 놓자. 그러면 방정식 $F(x, y)=0$은 방정식 $y=f(x)$이고 변수 y가 정의역 변수 x에 대한 한 개의 함숫값 $f(x)$로 표현되어 있음을 확실하게 볼 수 있다. 방정식 $y=f(x)$는 함수 f의 그래프이고 양함수(explicit function) 또는 그냥 함수라고 부른다.

그러나 방정식 $F(x, y)=0$에서 함수형식인 $y=f(x)$ 또는 $x=g(y)$가 겉으로 드러나지 않는 경우가 있다. 예를 들어, 다음 방정식을 살펴보고 [그림 3.16](a)에서 방정식의 그래프를 살펴보자.

$$x^2+y^2=9$$

관계식 $F(x, y)=0$의 그래프는 관계식 $F(x, y)=0$을 만족하는 점들의 모임이다. 관계식 $F(x, y)=0$의 그래프를 좌표평면에 그리면 평면 곡선으로 나타난다.

이 방정식에서 함수형식인 $y=f(x)$ 또는 $x=g(y)$이 보이지 않는다. 그러나 [그림 3.16](b)와 (c)에서 보면 그래프의 일부를 나타내는 붉은색 부분과 파란색 부분으로 칠해진 각 부분은 $y=f(x)$ 또는 $x=g(y)$로 표현될 수 있다. ([그림 3.16](b), (c) 참고) 이런 함수 표현들은 방정식 $x^2+y^2=9$에서 보이지는 않지만 방정식 $x^2+y^2=9$의 그래프의 일부를 나타내는 함수 표현이 숨어있다(또는 포함되어있다)는 의미로 음함수(implicit function)라고 부른다.

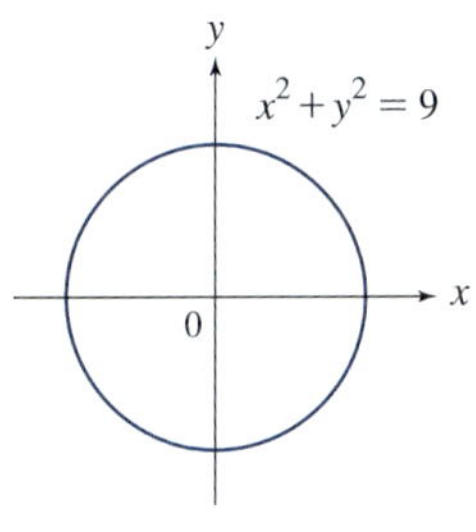

[그림 3.16](a)

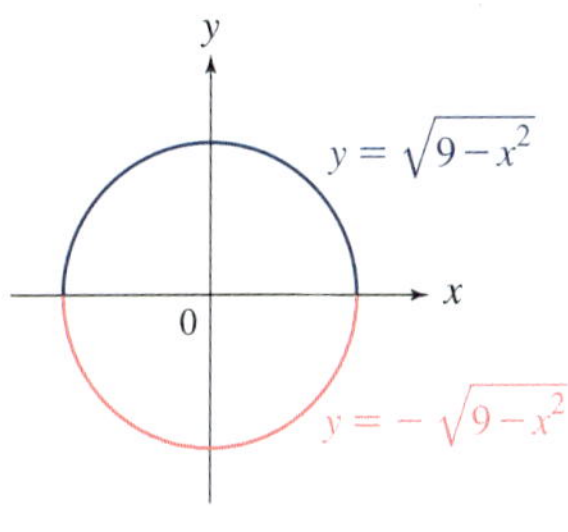

[그림 3.16](b)

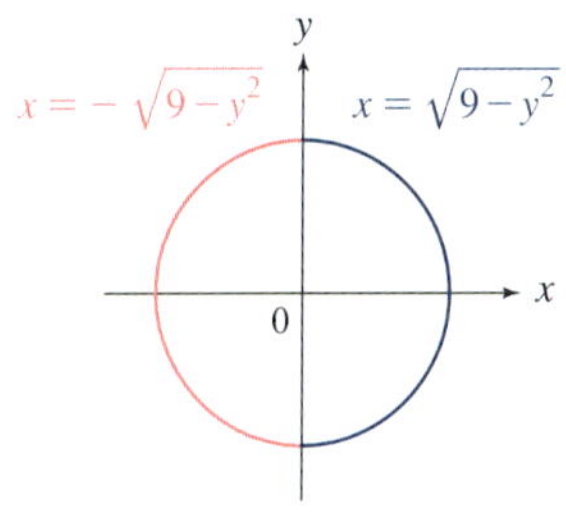

[그림 3.16](c)

이런 개념을 정리하면 다음과 같다.

[정의 3.6: 음함수] 관계식 $F(x, y)=0$이 있을 때

(1) 함수 또는 양함수(explicite function): 방정식 $F(x, y)=0$이 함수형식인 $y=f(x)$ 또는 $x=g(y)$로 표현된다. 방정식에서 함수의 형태가 드러나 있는 방정식이다.

(2) 음함수(implicit function): 방정식 $F(x, y) = 0$에 $y = f(x)$ 또는 $x = g(y)$와 같은 함수의 형태가 드러나지 않는 방정식이다. 방정식의 그래프의 일부분을 나타내는 함수의 형태가 숨어있는 방정식이다.

[예제 3.39] 방정식 $x^2 + y^2 = 9$에서 [연습문제 1~4]

(1) [그림 3.16](b)에서 붉은색과 파란색으로 표현된 그래프의 부분에 대해 각각의 양함수 표현을 구하여라.

(2) [그림 3.16](c)에서 붉은색과 파란색으로 표현된 그래프의 부분에 대해 각각의 양함수 표현을 구하여라.

[풀이]

(1) [그림 3.16](b)에서 방정식 $x^2 + y^2 = 9$의 그래프에서 붉은색과 파란색으로 표현된 그래프의 두 부분은 x축을 정의역으로 하는 함수의 그래프임을 알 수 있다. 방정식 $x^2 + y^2 = 9$에서 $y^2 = 9 - x^2$이고 $y = \sqrt{9 - x^2}$ 또는 $y = -\sqrt{9 - x^2}$이다. 푸른색으로 표현된 그래프는 $y \geq 0$이므로 함수 $y = \sqrt{9 - x^2}$으로 표현된다. 붉은색으로 표현된 그래프는 $y \leq 0$이므로 함수 $y = -\sqrt{9 - x^2}$으로 표현된다.

(2) [그림 3.16](c)에서 방정식 $x^2 + y^2 = 9$의 그래프에서 붉은색과 파란색으로 표현된 그래프의 두 부분은 y축을 정의역으로 하는 함수의 그래프임을 알 수 있다. 방정식 $x^2 + y^2 = 9$에서 $x^2 = 9 - y^2$이고 $x = \sqrt{9 - y^2}$ 또는 $x = -\sqrt{9 - y^2}$이다. 푸른색으로 표현된 그래프는 $x \geq 0$이므로 함수 $x = \sqrt{9 - y^2}$으로 표현된다. 붉은색으로 표현된 그래프는 $x \leq 0$이므로 함수 $x = -\sqrt{9 - y^2}$으로 표현된다.

■

◐ 음함수의 미분

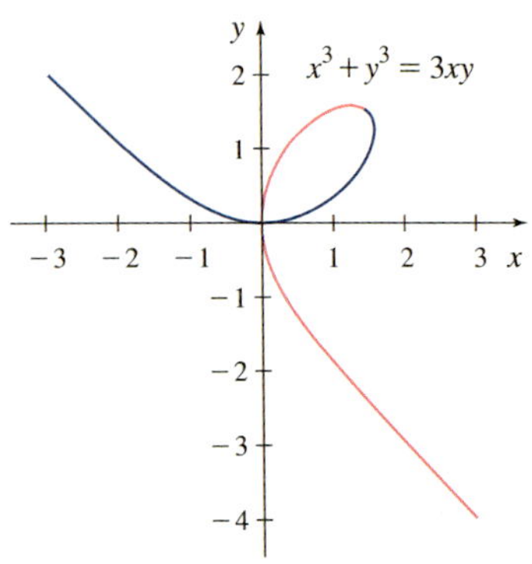

[그림 3.17]

방정식 $F(x, y) = 0$에서 방정식 그래프의 일부분을 나타내는 적당한 조건에서 함수의 형태 $y = f(x)$ 또는 $x = g(y)$이 존재하는 것을 알 수 있지만 구체적으로 함수를 구하는 것은 다른 문제이다.

예를 들어서 방정식 $x^3 + y^3 - 9xy = 0$에서 방정식 $x^3 + y^3 - 9xy = 0$의 그래프를 보자. ([그림 3.17] 참고)

- 그래프의 푸른색 부분을 표현하는 x에 관한 함수나 붉은색 부분을 표현하는 y에 관한 함수가 존재하는 것을 알 수 있다.
- 그러나 푸른색 부분에 대한 함수 $y = f(x)$나 붉은색 부분에 대한 함수 $x = g(y)$를 명확하게 구하는 것은 어렵다.

방정식 $F(x, y) = 0$에서 부분적으로 표현된 함수의 형태 $y = y(x)$ 또는 $x = x(y)$를 구체적으로 구하지 않고 미분 $y'(x) = \dfrac{dy}{dx}$ 또는 $x'(y) = \dfrac{dx}{dy}$를 구할 수 있다. 이러

한 미분은 **음함수의 미분**이라고 한다. 그러므로 방정식 $F(x, y) = 0$인 곡선 위의 점에서 접선을 구하고 접선의 방정식을 구할 수 있다.
다음 [예제 3.40]은 방정식 $F(x, y) = 0$에서 함수의 형태 $y = y(x)$를 직접 구하지 않고 미분 $y'(x) = \dfrac{dy}{dx}$를 구하는 방법을 보여준다.

[예제 3.40] 원 $x^2 + y^2 = 1$에서 $\dfrac{dy}{dx}$를 구하고 또한 원 위의 점 $\left(\dfrac{\sqrt{3}}{2}, \dfrac{1}{2}\right)$에서의 접선의 기울기를 구하여라. [연습문제 5~14]

* [주의] 미분기호 $\dfrac{dy}{dx}$를 보면 정의역 변수를 x로 놓고 함수 $y = y(x)$를 x로 미분을 구하는 기호이다.

[풀이] (1) 우선 $\dfrac{dy}{dx}$*를 구해보자.

주어진 방정식 $x^2 + y^2 = 1$의 양변을 정의역이 x인 함수식으로 생각한다. y변수를 x에 관한 함수 $y = y(x)$로 놓으면 다음과 같이 양변을 x의 식으로 볼 수 있다.

$$x^2 + [y(x)]^2 = 1$$

양변을 x에 관하여 미분하면 다음과 같다.

$$\frac{d}{dx}[x^2] + \frac{d}{dx}[y(x)]^2 = \frac{d}{dx}[1]. \qquad (*)$$

두 번째 항 $[y(x)]^2$은 합성함수이므로 연쇄법칙을 사용하여 미분해 보자.

$$\frac{d}{dx}[y(x)]^2 = 2y(x)\frac{dy}{dx}$$

그러므로 식 (*)을 구하면 다음과 같다.

$$2x + 2y\frac{dy}{dx} = 0 \qquad (**)$$

$\dfrac{dy}{dx}$를 구하기 위하여 식 (**)을 $\dfrac{dy}{dx}$에 관하여 정리한다.

$$\frac{dy}{dx} = -\frac{x}{y}, \quad (\text{단, } y \neq 0)$$

그러므로 $y \neq 0$인 경우 $\dfrac{dy}{dx} = -\dfrac{x}{y}$이다.

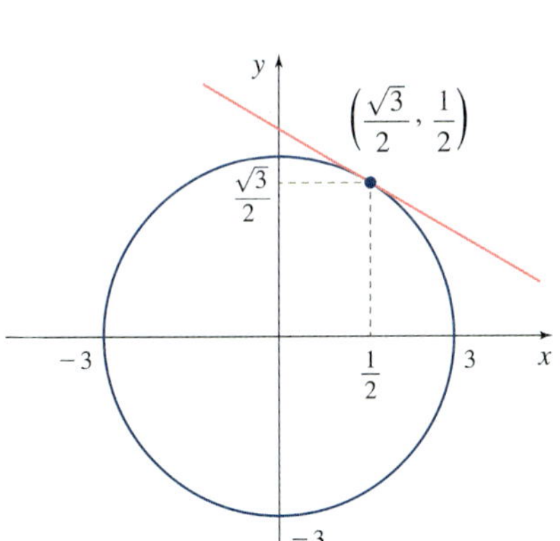

[그림 3.18]

(2) 이제 원 위의 점 $\left(\dfrac{\sqrt{3}}{2}, \dfrac{1}{2}\right)$에서 접선의 기울기를 구하자.

원 위의 점 $\left(\dfrac{\sqrt{3}}{2}, \dfrac{1}{2}\right)$에서 $\dfrac{dy}{dx}$의 값을 $\left.\dfrac{dy}{dx}\right|_{\left(\frac{\sqrt{3}}{2}, \frac{1}{2}\right)}$라고 표현하자.
$\left.\dfrac{dy}{dx}\right|_{\left(\frac{\sqrt{3}}{2}, \frac{1}{2}\right)}$이 점 $\left(\dfrac{\sqrt{3}}{2}, \dfrac{1}{2}\right)$에서 원의 접선의 기울기가 된다. 그러므로 접선의 기울기는 다음과 같다.

$$\left.\frac{dy}{dx}\right|_{\left(\frac{\sqrt{3}}{2},\frac{1}{2}\right)}=\left.\left(-\frac{y}{x}\right)\right|_{\left(\frac{\sqrt{3}}{2},\frac{1}{2}\right)}=-\frac{\frac{1}{2}}{\frac{\sqrt{3}}{2}}=-\frac{1}{\sqrt{3}}$$

그러므로 점 $\left(\frac{\sqrt{3}}{2},\frac{1}{2}\right)$에서 원 $x^2+y^2=1$의 접선의 기울기는 $-\frac{1}{\sqrt{3}}$이다. ■

방정식 $F(x,y)=0$에서 음함수의 미분을 구하는 단계를 정리하면 다음과 같다.

[음함수의 미분 $\frac{dy}{dx}$을 구하는 방법]

음함수 형태의 관계식 $F(x,y)=0$에서 $\frac{dy}{dx}$를 구해보자.

① 정의역 변수를 x로 놓고 함수 $y=y(x)$를 미분하는 문제임을 인식한다.

② 주어진 방정식의 양변을 x의 함수로 놓는다. 이때, 변수 $y=y(x)$로 놓는다.

③ 양변을 x에 관하여 미분한다.

- x만으로 이루어진 식은 x로 미분한다.
- $y=y(x)$를 포함하는 합성함수는 연쇄법칙으로 미분하고 $\frac{dy}{dx}$를 포함한다.

④ $\frac{dy}{dx}$에 관하여 정리한다. (단, 분수인 경우 분모 $\neq 0$을 표시한다.)

[예제 3.41] 방정식 $x^3+y^3-3xy=0$에서

(1) $\frac{dy}{dx}$를 구하여라. [연습문제 5~14]

(2) $x^3+y^3-3xy=0$ 위의 점 $\left(\frac{3}{2},\frac{3}{2}\right)$에서 접선의 방정식을 구하여라. [연습문제 15~18]

[풀이]

(1) 주어진 문제 $\frac{dy}{dx}$를 보면 정의역 변수를 x로 보고 각 항을 x에 관한 식으로 보고 변수 x에 관해 미분을 해야 한다.

주어진 방정식의 양변을 정의역이 x인 함수로 놓는다. y변수는 x의 함수 $y=y(x)$로 놓으면 방정식은 다음과 같이 볼 수 있다.

$$x^3+y(x)^3-3x\cdot y(x)=0$$

양변을 x에 관하여 미분해 보자.

$$\frac{d[x^3]}{dx}+\frac{d[y(x)^3]}{dx}-\frac{d[3x\cdot y(x)]}{dx}=\frac{d[0]}{dx}$$

두 번째 항 $y(x)^3$의 미분은 연쇄법칙을 적용하면 다음과 같다.

$$\frac{d[y(x)^3]}{dx} = 3[y(x)]^2\frac{dy}{dx} = 3y^2\frac{dy}{dx}$$

세 번째 항의 미분은 곱의 미분을 적용하면 다음과 같다.

$$\frac{d[3x \cdot y(x)]}{dx} = \frac{d[3x]}{dx} \cdot y(x) + 3x \cdot \frac{dy}{dx} = 3y + 3x\frac{dy}{dx}$$

그러므로 $3x^2 + 3y^2\frac{dy}{dx} - \left[3y + 3x\frac{dy}{dx}\right] = 0$이고

$$3x^2 + 3y^2\frac{dy}{dx} - 3y - 3x\frac{dy}{dx} = 0. \qquad (*)$$

식 (*)을 $\frac{dy}{dx}$에 관하여 정리하면 다음과 같다.

$$3x^2 + 3y^2\frac{dy}{dx} - 3y - 3x\frac{dy}{dx} = 0$$

$$(3y^2 - 3x)\frac{dy}{dx} = 3y - 3x^2$$

$$y^2 - x \neq 0 \text{이면 } \frac{dy}{dx} = \frac{y - x^2}{y^2 - x}$$

그러므로 $y^2 - x \neq 0$이면 $\frac{dy}{dx} = \frac{y - x^2}{y^2 - x}$이다.

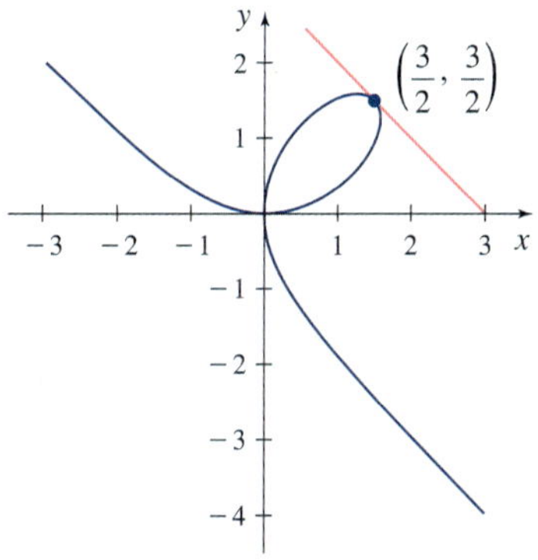

[그림 3.19]

(2) $x^3 + y^3 - 3xy = 0$ 위의 점 $\left(\frac{3}{2}, \frac{3}{2}\right)$에서 접선의 방정식을 구하기 위하여 접선의 기울기를 구하자. ([그림 3.19] 참고)

점 $\left(\frac{3}{2}, \frac{3}{2}\right)$에서 접선의 기울기는 점 $\left(\frac{3}{2}, \frac{3}{2}\right)$에서 $\frac{dy}{dx}$의 값이다.

점 $\left(\frac{3}{2}, \frac{3}{2}\right)$에서 접선의 기울기$= \left.\frac{dy}{dx}\right|_{\left(\frac{3}{2}, \frac{3}{2}\right)} = \left.\frac{y - x^2}{y^2 - x}\right|_{\left(\frac{3}{2}, \frac{3}{2}\right)}$

$$= \frac{\left(\frac{3}{2}\right) - \left(\frac{3}{2}\right)^2}{\left(\frac{3}{2}\right)^2 - \left(\frac{3}{2}\right)} = -1$$

점 $\left(\frac{3}{2}, \frac{3}{2}\right)$에서 접선은 점 $\left(\frac{3}{2}, \frac{3}{2}\right)$를 지나고 기울기가 -1인 직선이므로 직선의 방정식은 다음과 같다.

$$y - \frac{3}{2} = -1\left(x - \frac{3}{2}\right) \text{이고 } y = -x + 3$$

그러므로 $\left(\frac{3}{2}, \frac{3}{2}\right)$에서 접선의 방정식은 $y = -x + 3$이다. ■

[예제 3.42] $\sin(xy) - y^3 + x^3 = 0$에서 $\dfrac{dy}{dx}$를 구하여라. [연습문제 15~18]

[풀이] $\dfrac{dy}{dx}$에서 보면 정의역 변수를 x로 보고 각 항을 x에 관하여 미분해야 한다. 주어진 방정식의 양변을 x의 함수로 놓으면 다음과 같다.

$$\sin(xy(x)) - [y(x)]^3 + x^3 = 0$$

양변을 x에 관하여 미분해 보자.

$$\frac{d[\sin(xy(x))]}{dx} - \frac{d[(y(x))^3]}{dx} + \frac{d(x^3)}{dx} = 0 \tag{*}$$

첫 번째 항의 미분에서 연쇄법칙과 곱의 미분을 적용하면 다음과 같다.

$$\frac{d[\sin(xy(x))]}{dx} = [\cos(xy(x))]\left[\frac{d[xy(x)]}{dx}\right] = [\cos(xy(x))]\left[y + x\frac{dy}{dx}\right]$$

두 번째 항의 미분에서 연쇄법칙을 적용하면 다음과 같다.

$$\frac{d[(y(x))^3]}{dx} = 3[y(x)]^2\frac{dy}{dx}$$

식 (*)를 정리하면 다음과 같다.

$$[\cos(xy(x))]\left[y + x\frac{dy}{dx}\right] - 3(y(x))^2\frac{dy}{dx} + 3x^2 = 0\text{이고}$$

$$y\cos(xy) + \left(x\frac{dy}{dx}\right)\cos(xy) - 3y^2\frac{dy}{dx} + 3x^2 = 0. \tag{**}$$

식 (**)에서 $\dfrac{dy}{dx}$에 관하여 정리한다.

$$y\cos(xy) + [x\cos(xy)]\frac{dy}{dx} - 3y^2\frac{dy}{dx} + 3x^2 = 0$$

$$(x\cos(xy) - 3y^2)\frac{dy}{dx} = -y\cos(xy) - 3x^2$$

$$x\cos(xy) - 3y^2 \neq 0\text{이면 } \frac{dy}{dx} = \frac{-y\cos(xy) - 3x^2}{x\cos(xy) - 3y^2}$$

그러므로 $x\cos(xy) - 3y^2 \neq 0$이면 $\dfrac{dy}{dx} = \dfrac{-y\cos(xy) - 3x^2}{x\cos(xy) - 3y^2}$이다. ■

3.2절의 [정리 3.7: 멱함수의 도함수 2]에서 지수 n이 정수인 경우 $(x^n)' = nx^{n-1}$이 성립하는 것을 증명하였다.

이제 음함수의 미분을 이용하여 미분에서 가장 중요한 공식인 [정리 3.7: 멱함수의 도함수 2]의 일부분인 지수 n이 유리수인 경우의 다음 식을 증명해 보자.

$$(x^n)' = nx^{n-1}$$

> [정리 3.7: 멱함수의 도함수 2]에서 유리수지수인 경우
> 유리수 $n=\dfrac{q}{p}$일 때 함수 $y=x^n$의 미분 $y'=(x^n)'=nx^{n-1}$.

[증명] 유리수 $n=\dfrac{q}{p}$이고 q와 $p\neq 0$는 정수이다.
그러면 $y=x^n=x^{\frac{q}{p}}$이고 양변에 p 제곱을 하면 다음과 같다.

$$y^p=x^q \tag{$*$}$$

식 $(*)$에 음함수 미분을 사용하여 $y'=\dfrac{dy}{dx}$를 구해보자.
정의역 변수를 x로 놓고 식 $(*)$의 양변을 x의 함수로 보면 다음과 같다.

$$(y(x))^p=x^q \tag{$**$}$$

식 $(**)$의 양변을 x에 관하여 미분해 보자.

$$p(y(x))^{p-1}\frac{dy}{dx}=qx^{q-1}$$
$$py^{p-1}\frac{dy}{dx}=qx^{q-1}$$

$\dfrac{dy}{dx}$에 관하여 정리를 하면 $\dfrac{dy}{dx}=\dfrac{q}{p}\dfrac{x^{q-1}}{y^{p-1}}$이다.
식 $(*)$의 $y^p=x^q$을 대입하면

$$\begin{aligned}\frac{dy}{dx}=\frac{q}{p}\frac{x^{q-1}}{y^{p-1}}=\frac{q}{p}\frac{x^{q-1}}{(x^{q/p})^{(p-1)}}&=\frac{q}{p}x^{q-1-\frac{q(p-1)}{p}}\\&=\frac{q}{p}x^{\frac{p(q-1)-q(p-1)}{p}}\\&=\frac{q}{p}x^{\frac{q-p}{p}}=\frac{q}{p}x^{\frac{q}{p}-1}\end{aligned}$$

그러므로 $n=\dfrac{q}{p}$이므로 $y'=\dfrac{q}{p}x^{\frac{q}{p}-1}=nx^{n-1}$이다. 즉, $(x^2)'=nx^{n-1}$. ■

[정리 3.7: 멱함수의 도함수 2]의 지수가 유리수인 경우의 도함수를 사용하여 다음과 같은 분수 형태의 함수의 도함수를 구할 수 있다.

멱함수의 미분을 적용하기 위해 거듭제곱 형태의 무리식을 유리수지수로 변환해야 한다.

[예제 3.43] 함수 $f(x)=5-x^{5/3}+\dfrac{1}{\sqrt{x}}$의 도함수를 구하여라.

[풀이] [정리 3.7: 멱함수의 도함수 2]를 적용하여

$$f'(x) = \left(5 - x^{5/3} + \frac{1}{\sqrt{x}}\right)' = (5 - x^{5/3} + x^{-1/2})'$$
$$= -\frac{5}{3}x^{\frac{5}{3}-1} - \frac{1}{2}x^{-\frac{1}{2}-1}$$
$$= -\frac{5}{3}\sqrt[3]{x^2} - \frac{1}{2\sqrt{x^3}}.$$
■

[예제 3.44] 함수 $f(x) = \dfrac{3x^2 + x - 5\sqrt{x}}{x}$ 의 도함수를 구하여라.

[풀이] 분모가 단항식이므로 식을 다음과 같이 다항 형식으로 고칠 수 있다.

$$f(x) = \frac{3x^2 + x - 5\sqrt{x}}{x} = 3x + 1 - \frac{5}{\sqrt{x}}$$

[정리 3.7: 역함수의 도함수 2]를 적용하여 미분을 해보자.

$$f'(x) = \left(3x + 1 - \frac{5}{\sqrt{x}}\right)' = 3 + \frac{5}{2}x^{-\frac{3}{2}} = 3 + \frac{5}{2\sqrt{x^3}}.$$

그러므로 도함수 $f'(x) = 3 + \dfrac{5}{2\sqrt{x^3}}$ 이다. ■

3.5.2 역함수의 미분

[1장 실함수]에서 역함수에 대한 내용을 다루었다. 함수 f가 정의역에서 일대일이면 함수 f의 역함수가 존재한다. 함수 f의 역함수가 존재하는 경우 역함수의 식의 표현을 명확하게 구할 수 있는 경우도 있지만 역함수의 식의 표현을 구할 수 없는 경우도 많다. 역함수를 구할 수 없는 경우에도 역함수의 미분을 구할 수 있고 역함수 위의 점에서 접선도 구할 수 있다.
2.6절에서 역함수가 존재하는 경우 연속인 함수의 역함수가 연속임을 공부하였다. 이번 절에는 역함수가 존재하는 경우 미분가능한 함수의 역함수의 미분가능성을 살펴보자.

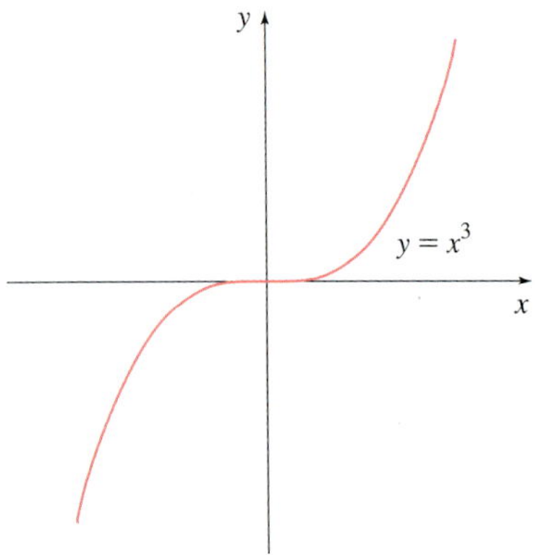

[그림 3.20] $y = x^3$의 그래프

[예제 3.45] 함수 $f(x) = x^3$에 대하여 함수 f의 그래프인 [그림 3.20]을 보면 실수 전체에서 일대일함수이고 f의 치역이 실수 전체이다. 그러므로 실수 전체에서 역함수 $y = f^{-1}(x)$가 존재한다.
(1) $x = 0$에서 함수 f의 도함수 $f'(0)$을 구하여라.
(2) $x = 0$에서 역함수 f^{-1}의 도함수 $(f^{-1})'(0)$이 있는지를 판별하여라.

[풀이] 함수 $y = f(x) = x^3$의 역함수를 구하면 $f^{-1}(x) = \sqrt[3]{x}$을 갖는다.

(1) 함수 f는 $x=0$에서 미분가능하고 $x=0$에서 도함수는 다음과 같다.

$\frac{df}{dx}(x)=(x^3)'=3x^2$이므로 $\frac{df}{dx}(0)=f'(0)=0$이다.

그러므로 $x=0$에서 도함수는 $f'(0)=0$이다.

(2) $f(0)=0$이므로 $f^{-1}(0)=0$이다. 이제 역함수 $f^{-1}(x)=x^{1/3}=\sqrt[3]{x}$가 $x=0$에서 미분가능한지 알아보자.

$$\lim_{x\to 0}\frac{f^{-1}(x)-f^{-1}(0)}{x-0}=\lim_{x\to 0}\frac{\sqrt[3]{x}}{x}=\lim_{x\to 0}\frac{1}{\sqrt[3]{x^2}}=\infty$$

그러므로 역함수 f^{-1}는 $x=0$에서 미분불가능하다. ■

[예제 3.45]에서 미분가능한 함수의 역함수가 일반적으로 미분가능하지 않을 수 있다는 것을 알았다. 그러나 적절한 조건을 추가하면 미분가능한 함수의 역함수도 미분가능할 수 있음을 보일 수 있다. 그러면 어떤 조건이 필요한지를 알아보자. 함수 f가 a에서 미분가능하고 역함수 f^{-1}가 $f(a)$에서 미분가능하다고 하자. 그러면 역함수의 성질을 적용하면 함수 f의 정의역의 모든 x에 대하여

$$(f^{-1}\circ f)(x)=x.$$

연쇄법칙으로 양변을 x에 관하여 미분하고 $x=a$를 대입하면 다음과 같다.

$$[(f^{-1})'(f(a))]\cdot[f'(a)]=1$$

두 실수 $(f^{-1})'(f(a))$와 $f'(a)$가 존재하고 이 두 실수의 곱이 1이다. 그러므로 다음의 성질을 갖는다.

$$(f^{-1})'(f(a))\neq 0\text{이고 } f'(a)\neq 0$$

그리고 $f'(a)\neq 0$이면 $(f^{-1})'(f(a))=\frac{1}{f'(a)}$이다.

a에서 미분가능한 함수 f가 역함수 f^{-1}를 갖는 경우 역함수 f^{-1}의 식을 구하지 않고 다음과 같이 미분가능성을 정리할 수 있다. 이를 [**역함수 정리**(Inverse Function Theorem)]라고 한다.

- $f'(a)=0$이면 역함수 f^{-1}는 $f(a)$에서 미분이 불가능하고
- $f'(a)\neq 0$이면 역함수 f^{-1}는 $f(a)$에서 미분가능하고 $(f^{-1})'(f(a))=\frac{1}{f'(a)}$이다. ([그림 3.21] 참고)

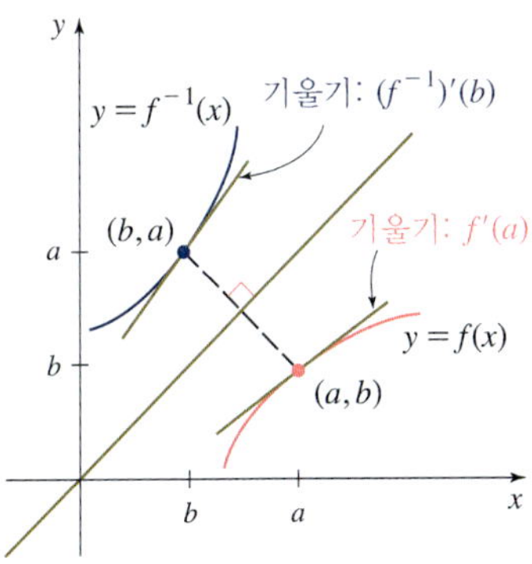

[그림 3.21]

[정리 3.12: 역함수 정리]

함수 f가 열린 구간 I에서 미분가능하고 역함수 f^{-1}를 갖는다고 하자. 구간 I 내의 점 a에서 $f'(a) \neq 0$이면 $f(a)$에서 역함수 f^{-1}가 미분가능하고 $f(a)$에서의 도함수는 다음과 같다.

$$(f^{-1})'(f(a)) = \frac{1}{f'(a)}$$

[주의] [정리 3.12: 역함수의 정리]에 의해서 $(f')(b)$를 구할 때 가장 먼저 해야 할 일은 $f(b) = a$인 a를 구해야 한다. 그러면 $(f^{-1})'(b) = \dfrac{1}{f'(a)}$이다.

역함수의 정의에 의하면 $[f(a) = b] \Leftrightarrow [f^{-1}(b) = a]$.
$b = f(a)$에서 역함수 f^{-1}의 미분 $(f^{-1})'(f(a)) = \dfrac{1}{f'(a)}$을 다음과 같이 쓸 수 있다.

$$(f^{-1})'(b) = \frac{1}{f'(a)} = \frac{1}{f'(f^{-1}(b))}$$

[정리 3.12: 역함수 정리]는 역함수의 식을 구체적으로 구하지 않고 역함수의 도함수를 구할 수 있다는 점이 중요하다.

[예제 3.46] 함수 $f(x) = x^2 (x > 0)$는 역함수 $f^{-1}(x) = \sqrt{x}$을 갖는다. [연습문제 19~24]

(1) 역함수 $f^{-1}(x) = \sqrt{x}$를 이용하여 $(f^{-1})'(4)$를 구하여라.

(2) [정리 3.12: 역함수 정리]를 이용하여 $(f^{-1})'(4)$를 구하여라.

[풀이] (1) 함수 f의 역함수 $f^{-1}(x) = \sqrt{x}$를 미분하면 다음과 같다.

$$(f^{-1})'(x) = (\sqrt{x})' = (x^{1/2})' = \frac{1}{2}x^{-\frac{1}{2}} = \frac{1}{2\sqrt{x}}$$

그러므로 $x = 4$에서 도함수는 $(f^{-1})'(4) = \left.\dfrac{1}{2\sqrt{x}}\right|_{x=4} = \dfrac{1}{4}$이다.

[주의] 역함수의 미분 $(f^{-1})'(b) = \dfrac{1}{f'(f^{-1}(b))}$을 이용하여 $(f^{-1})'(b)$를 구하는 경우 가장 먼저 $f^{-1}(b) = a$를 구해야 한다.

(2) $(f^{-1})'(4)$를 구하기 위하여 $f^{-1}(4)$를 구해야 한다. 역함수의 정의에 의해

$$f^{-1}(4) = a \Leftrightarrow f(a) = 4 \Leftrightarrow a^2 = 4$$

그러므로 $f^{-1}(4) = 2$이고 $f(2) = 4$이다.

[정리 3.12: 역함수 정리]에 의해 $(f^{-1})(4) = \dfrac{1}{f'(2)}$이므로 $f'(2)$를 구해보자.

$f'(x) = (x^2)' = 2x$이므로 $f'(2) = 4 \neq 0$이고 $(f^{-1})(4) = \dfrac{1}{f'(2)} = \dfrac{1}{4}$이다. ■

[예제 3.47] 함수 $f(x) = x^3 + x + 1$일 때 [연습문제 19~24]

(1) $f^{-1}(3)$의 값을 구하여라.

(2) $(f^{-1})'(3)$를 구하여라.

[풀이] (1) $f^{-1}(3)=b$을 구하자. 역함수의 정의에 의해서

$$f^{-1}(3)=b \Leftrightarrow f(b)=3.$$

$f(b)=b^3+b+1=3$인 실수 b를 구하면 $b=1$이다. 즉, $f^{-1}(3)=1$.

(2) $f(1)=3$이고 $f'(x)=3x^2+1$이므로 $f'(1)=4\neq 0$이다.

[정리 3.12: 역함수 정리]에 의해서 $(f^{-1})'(3)=\dfrac{1}{f'(1)}$이므로

$(f^{-1})'(3)=\dfrac{1}{f'(1)}=\dfrac{1}{4}$이다. ■

[예제 3.48] 함수 $f(x)=x^5+2x+1$일 때 $(f^{-1})'(4)$를 구하여라. [연습문제 19~24]

[풀이] 먼저 $f^{-1}(4)=b$를 구해야 한다. 역함수의 정의에 의해서

$$[f^{-1}(4)=b] \Leftrightarrow [f(b)=4].$$

그러므로 $f(b)=b^5+2b+1=4$인 실수 b를 구하면 $b=1$이다. 즉, $f^{-1}(4)=1$.

$f(1)=4$이고 $f'(x)=5x^4-2$이므로 $f'(1)=3\neq 0$이다.

[정리 3.12: 역함수 정리]에 의해서 $(f^{-1})'(4)=\dfrac{1}{f'(1)}$이므로

$(f^{-1})'(4)=\dfrac{1}{f'(1)}=\dfrac{1}{3}$이다. ■

[예제 3.49] 함수 $f(x)=2x+\cos x$일 때 $(f^{-1})'(1)$를 구하여라. [연습문제 19~24]

$y=y(x)$가 부분적으로 역함수 $x=x(y)$를 갖는다고 표현할 수 있다. 이 경우 다음과 같이 역함수의 미분을 표현한다.

$$\left.\frac{dx}{dy}\right|_{y=f(a)}=\frac{1}{\left.\left(\dfrac{dy}{dx}\right)\right|_{x=a}}$$

[풀이] 먼저 $f^{-1}(1)=b$를 구해야 한다. 역함수의 정의에 의해서

$$[f^{-1}(1)=b] \Leftrightarrow [f(b)=1].$$

그러므로 $f(b)=2b+\cos b=1$인 실수 b를 구하면 $b=0$이다. 즉, $f^{-1}(1)=0$.

$f(0)=1$이고 $f'(x)=2-\sin x$이므로 $f'(0)=2\neq 0$이다.

[정리 3.12: 역함수 정리]에 의해서 $(f^{-1})'(1)=\dfrac{1}{f'(0)}$이므로

$(f^{-1})'(1)=\dfrac{1}{f'(0)}=\dfrac{1}{2}$이다. ■

3.5.3 역삼각함수의 도함수

[1장 실함수]에서 주요 역삼각함수 $\sin^{-1}x$, $\cos^{-1}x$, $\tan^{-1}x$을 소개하였다. 이러한 역삼각함수를 다음 표로 다시 한번 살펴보자.

f	f^{-1}	f^{-1}의 정의역	f^{-1}의 치역
$f(x)=\sin x$	$f^{-1}(x)=\sin^{-1}x$	$[-1,1]$	$\left[-\frac{\pi}{2},\frac{\pi}{2}\right]$
$f(x)=\cos x$	$f^{-1}(x)=\cos^{-1}x$	$[-1,1]$	$[0,\pi]$
$f(x)=\tan x$	$f^{-1}(x)=\tan^{-1}x$	$(-\infty,\infty)$	$\left(-\frac{\pi}{2},\frac{\pi}{2}\right)$

◐ $\sin^{-1}x$의 도함수

미분을 다루는 경우 함수 f의 정의역의 경계에서는 미분가능을 다루지 않는다. 그러므로 함수의 미분가능성은 열린 구간에서 미분가능성을 살펴보아야 한다.

열린 구간 $(-1,1)$에서 함수 $f^{-1}(x)=\sin^{-1}x$의 미분가능성을 알아보자. 이때 $\sin^{-1}x$의 정의에 의해서 함숫값 $\sin^{-1}x$는 열린 구간 $\left(-\frac{\pi}{2},\frac{\pi}{2}\right)$에 있다. 또한 역함수의 정의에 의해서 다음과 같다.

$$\left[y=f^{-1}(x)=\sin^{-1}x\right]\Leftrightarrow\left[x=f(y)=\sin y\right]$$

이때, y가 열린 구간 $\left(-\frac{\pi}{2},\frac{\pi}{2}\right)$에 있으므로 $\frac{df}{dy}(y)=\frac{d(\sin y)}{dy}=\cos y>0$이다.

[정리 3.12: 역함수 정리]에 의해서 도함수를 구해보자.

$$\frac{d}{dx}(\sin^{-1}x)=(f^{-1})'(x)=\frac{1}{f'(f^{-1}(x))}=\frac{1}{\cos(\sin^{-1}x)}=\frac{1}{\sqrt{1-\sin^2(\sin^{-1}x)}}^{*}=\frac{1}{\sqrt{1-x^2}}.$$

$f'(y)=\cos y$이고 $f^{-1}(x)=\sin^{-1}x$

$-\frac{\pi}{2}<y<\frac{\pi}{2}$이므로 $0<\cos y=\sqrt{1-\sin^2 y}$

* $\sin(\sin^{-1}x)=x$를 이용하여 $\cos(\sin^{-1}x)=x$를 계산해 보자.

$$\cos^2(\sin^{-1}x)=1-\sin^2(\sin^{-1}x)=1-\left[\sin(\sin^{-1}x)\right]^2=1-x^2$$

$\cos(\sin^{-1}x)=\sqrt{1-x^2}$ 또는 $-\sqrt{1-x^2}$.

그러나 $-\frac{\pi}{2}\le\sin^{-1}x\le\frac{\pi}{2}$이므로 $\cos(\sin^{-1}x)=\sqrt{1-x^2}$.

그러므로 열린 구간 $(-1,1)$에서 $\frac{d}{dx}(\sin^{-1}x)=\frac{1}{\sqrt{1-x^2}}$이다.

◐ $\cos^{-1}x$의 도함수

열린 구간 $(-1,1)$ 내에서 $y=\cos^{-1}x$의 미분가능성을 알아보자. 이때 $\sin^{-1}x$의 정의에 의해서 함숫값 $\cos^{-1}x$는 열린 구간 $(0,\pi)$에 있다. 또한 역함수의 정의에 의해서 다음과 같다.

$$\left[y=f^{-1}(x)=\cos^{-1}x\right]\Leftrightarrow\left[x=f(y)=\cos y\right]$$

y가 열린 구간 $(0,\pi)$에 있으므로 $\frac{df}{dy}(y)=\frac{d(\cos y)}{dy}=\sin y>0$이다.

[정리 3.12: 역함수 정리]에 의해서 미분해 보자.

$$\frac{d}{dx}(\cos^{-1}x) = (f^{-1})'(x) = \frac{1}{f'(f^{-1}(x))} \qquad f'(y) = \sin y \text{이고 } f^{-1}(x) = \cos^{-1}x$$

$$= -\frac{1}{\sin(\cos^{-1}x)}$$

$$= -\frac{1}{\sqrt{1-\cos^2(\cos^{-1}x)}} \; * \qquad 0 < y < \pi \text{이므로 } 0 < \sin y = \sqrt{1-\cos^2 y}$$

$$= -\frac{1}{\sqrt{1-x^2}}$$

* $\cos(\cos^{-1}x) = x$를 이용하여 $\sin(\cos^{-1}x) = x$를 계산해 보자.

$$\sin^2(\cos^{-1}x) = 1-\cos^2(\cos^{-1}x) = 1-[\cos(\cos^{-1}x)]^2 = 1-x^2$$

$\sin(\cos^{-1}x) = \sqrt{1-x^2}$ 또는 $-\sqrt{1-x^2}$.
그러나 $0 \le \cos^{-1}x \le \pi$이므로
$\sin(\cos^{-1}x) = \sqrt{1-x^2}$.

그러므로 열린 구간 $(-1, 1)$에서 $\dfrac{d}{dx}(\cos^{-1}x) = \dfrac{-1}{\sqrt{1-x^2}}$이다.

◐ $\tan^{-1}x$의 도함수

임의의 실수 x에 대한 $y = \tan^{-1}x$의 미분가능성을 알아보자. 이때 $\tan^{-1}x$의 정의에 의해서 y는 열린 구간 $\left(-\dfrac{\pi}{2}, \dfrac{\pi}{2}\right)$에 있다. 또한 역함수의 정의에 의해서 다음과 같다.

$$[y = f^{-1}(x) = \tan^{-1}x] \Leftrightarrow [x = f(y) = \tan y]$$

y가 열린 구간 $\left(-\dfrac{\pi}{2}, \dfrac{\pi}{2}\right)$에 있기 때문에 $\dfrac{df}{dy}(y) = \dfrac{d(\tan y)}{dy} = \sec^2 y \ne 0$이다.
[정리 3.12: 역함수 정리]에 의해서 미분해 보자.

$$\frac{d}{dx}(\tan^{-1}x) = (f^{-1})'(x) = \frac{1}{f'(f^{-1}(x))} \qquad f'(y) = \sec^2 y \text{이고 } f^{-1}(x) = \tan^{-1}x$$

$$= \frac{1}{\sec^2(\tan^{-1}x)} \; **$$

$$= \frac{1}{1+\tan^2(\tan^{-1}x)} \qquad \sec^2 y = 1+\tan^2 y$$

$$= \frac{1}{1+x^2}$$

** $\tan(\tan^{-1}x) = x$를 이용하여 $\sec(\tan^{-1}x)$를 계산해 보자.

$$\sec^2(\tan^{-1}x) = 1+\tan^2(\tan^{-1}x) = 1+[\tan(\tan^{-1}x)]^2 = 1+x^2$$

$\sec(\tan^{-1}x) = \sqrt{1+x^2}$ 또는 $-\sqrt{1+x^2}$.
$0 < \sec x = \dfrac{1}{\cos x} < 1$이므로
$\sec(\tan^{-1}x) = \sqrt{1+x^2}$.

그러므로 구간 $(-\infty, \infty)$에서 $\dfrac{d}{dx}(\tan^{-1}x) = \dfrac{1}{1+x^2}$이다.

[정리 3.13: 역삼각함수의 도함수]

(1) 구간 $(-1, 1)$에 있는 점 x에 대하여 $\dfrac{d}{dx}(\sin^{-1}x) = \dfrac{1}{\sqrt{1-x^2}}$.

(2) 구간 $(-1, 1)$에 있는 점 x에 대하여 $\dfrac{d}{dx}(\cos^{-1}x) = -\dfrac{1}{\sqrt{1-x^2}}$.

(3) 구간 $(-\infty, \infty)$에 있는 점 x에 대하여 $\dfrac{d}{dx}(\tan^{-1}x) = \dfrac{1}{1+x^2}$.

[예제 3.50] $\sin^{-1}(3x-1)$의 도함수를 구하여라. [연습문제 25~30]

[풀이]
$$\frac{d}{dx}(\sin^{-1}(3x-1)) = [(\sin^{-1})'(3x-1)]\cdot(3x-1)'$$
$$= \frac{1}{\sqrt{1-(3x-1)^2}}\cdot 3 = \frac{3}{\sqrt{6x-9x^2}}$$

그러므로 $\dfrac{d}{dx}(\sin^{-1}(3x-1)) = \dfrac{3}{\sqrt{6x-9x^2}}$ 이다. ■

[예제 3.51] $\cos^{-1}(x^2+2)$의 도함수를 구하여라. [연습문제 25~30]

[풀이]
$$\frac{d}{dx}[\cos^{-1}(x^2+1)] = [(\cos^{-1})'(x^2+2)]\cdot(x^2+2)'$$
$$= \frac{1}{\sqrt{1-(x^2-2)^2}}\cdot(2x) = \frac{2x}{\sqrt{-3+4x-x^2}}$$

그러므로 $\dfrac{d}{dx}(\sin^{-1}(3x-1)) = \dfrac{2x}{\sqrt{-3+4x-x^2}}$ 이다. ■

[예제 3.52] $\dfrac{d}{dx}(\tan^{-1}(\sqrt{x}))$를 구하여라. [연습문제 25~30]

[풀이]
$$\frac{d}{dx}(\tan^{-1}(\sqrt{x})) = [(\tan^{-1})'(\sqrt{x})]\cdot(\sqrt{x})'$$
$$= \frac{1}{1+(\sqrt{x})^2}\cdot\frac{1}{2\sqrt{x}} = \frac{1}{2\sqrt{x}(1+x)}$$

그러므로 $\dfrac{d}{dx}(\tan^{-1}(\sqrt{x})) = \dfrac{1}{2\sqrt{x}(1+x)}$ 이다. ■

연습문제

• Part 1

[1-4] 다음 그림을 보고 물음에 답하여라. [예제 3.39]

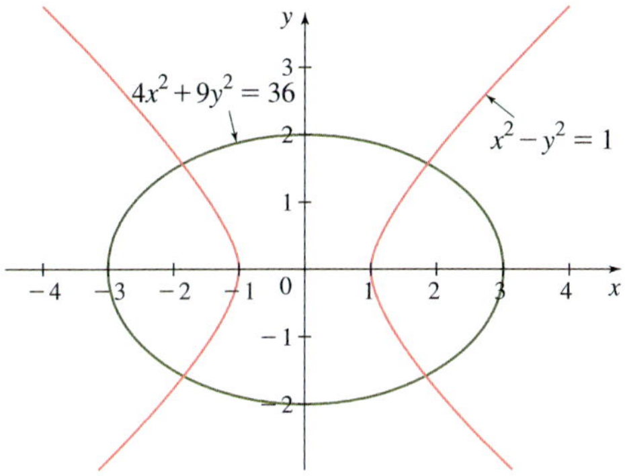

1. 방정식 $4x^2+9y^2=36$의 그래프를 보고 y를 x에 대한 함수로써의 2개의 양함수 표현을 구하여라.
2. 방정식 $4x^2+9y^2=36$의 그래프를 보고 x를 y에 대한 함수로써의 2개의 양함수 표현을 구하여라.
3. 방정식 $x^2-y^2=1$의 그래프를 보고 y를 x에 대한 함수로써의 2개의 양함수 표현을 구하여라.
4. 방정식 $x^2-y^2=1$의 그래프를 보고 x를 y에 대한 함수로써의 2개의 양함수 표현을 구하여라.

[5-14] 다음 방정식에서 $\dfrac{dy}{dx}$를 구하여라. [예제 3.40~3.41]

5. $x^2+y^2=4$
6. $x^3+y^3-2x=4$
7. $x^2-4xy+y^2=3$
8. $x^2y+xy^2=-3$
9. $x^3-4x^2y+xy^2=1$
10. $\dfrac{1}{x}+\dfrac{1}{y}=2$
11. $x^2+y^2=\dfrac{y}{x}$
12. $\sqrt{x}+\sqrt{y}=1$
13. $\sin x-\cos y=x+y$
14. $\sin(x^2y)=x-y$

[15-18] 다음 함수와 주어진 점에서의 접선의 방정식을 구하여라. [예제 3.41~3.42]

15. $x^2+y^2=5,\ (1,2)$
16. $(x-3)^2+(y+4)^2=25,\ (0,0)$
17. $3x^3y=6,\ (1,2)$
18. $x\cos y=1,\ \left(2,\dfrac{\pi}{3}\right)$

[19-24] 다음 함수에 대하여 $(f^{-1})'(c)$를 구하여라. [예제 3.46~3.49]

19. $f(x)=2x+3,\ c=-2$
20. $f(x)=5x^3+x-7,\ c=-1$
21. $f(x)=x^3+3\sin x+2\cos x,\ c=2$
22. $f(x)=x^3-3x^2-1(x\geq 2),\ c=-1$
23. $f(x)=x^2-4x-5(x>2),\ c=0$
24. $f(x)=2x^5+x^3+3x+2,\ c=8$

[25-30] 다음 함수의 도함수를 구하여라. [예제 3.50~3.52]

25. $f(x)=\sin^{-1}(4x)$
26. $f(x)=\sin^{-1}(x^3-1)$
27. $f(x)=\cos^{-1}(x-2)$
28. $f(x)=\cos^{-1}(x^2+1)$
29. $f(x)=\tan^{-1}(4x+3)$
30. $f(x)=\tan^{-1}(\sqrt[3]{x})$

• Part 2

[31-38] 다음 방정식에서 $\dfrac{dy}{dx}$를 구하여라.

31. $(2xy+x^2)^2=2y$
32. $x^2(x-y)^2=x^2+y^2$
33. $\sqrt{x+y}=x^2+y^2$
34. $\sqrt{x^2+y^2}=xy$
35. $y\sin\left(\dfrac{1}{y}\right)=2-xy$
36. $xy=\tan(xy)$
37. $x^4+\sin(xy)=0$
38. $\sin x\cos y=x^2+xy$

[39-42] 다음 방정식에서 $\dfrac{dx}{dy}$를 구하여라.

39. $x^2+y^2=xy$
40. $x^2+xy=xy^2+2$
41. $x^2\sin xy-y=0$

42. $\dfrac{y^2+4}{y^2-4}=x^2$

[43-46] 다음 방정식에서 $y'=\dfrac{dy}{dx}$와 $y''=\dfrac{d^2y}{dx^2}$를 구하여라.

43. $x^2+4y^2=2$

44. $x^2+xy+y^2=4$

45. $x^3-y^3=1$

46. $\sin x-\cos y=1$

[47-52] 다음 함수의 도함수를 구하여라.

47. $f(x)=x\sin^{-1}x$

48. $f(x)=\sin^{-1}\left(\dfrac{1}{x}\right)$

49. $f(x)=x\tan^{-1}(x^2)$

50. $f(x)=(\sin^{-1}x)^2$

51. $f(x)=x^2+(\cos^{-1}x)^2$

52. $f(x)=\sin(\tan^{-1}x)$

3.6 로그함수와 지수함수의 도함수

1장에서 실함수인 지수함수를 정의하였고 지수함수와 역함수의 관계에 있는 로그함수를 정의하였다. 이제 지수함수와 로그함수의 미분을 알아보자. 우선 무리수 e의 정의를 사용하여 지수함수의 미분을 정의한다. [정리 3.13: 역함수의 정리]를 사용하여 로그함수의 미분을 알아보자.
수학적으로 지수함수와 로그함수의 엄밀한 정의는 정적분의 개념을 이용한다. 지수함수와 로그함수를 엄밀하게 정의를 사용하지 않고 직관적으로 정의하는 이유는 극한과 미분에서 지수함수와 로그함수 함수를 이미 익숙하게 다루었고 예제로서도 매우 중요하기 때문이다.
우선 로그함수의 미분의 정의에 의해서 정의하고 지수함수의 미분은 로그함수의 역함수로서 역함수의 미분을 이용하여 정의한다.

3.6.1 로그함수의 도함수

2.6절에서 자연지수함수와 자연로그함수의 정의를 위하여 극한을 사용한 무리수 e의 정의를 다음과 같이 하였다.

$$\lim_{x \to -\infty}\left(1+\frac{1}{x}\right)^x = e\text{이고} \quad \lim_{x \to \infty}\left(1+\frac{1}{x}\right)^x = e$$

◐ 자연로그함수의 도함수

무리수 e의 극한에 대한 정의를 사용하여 자연로그함수의 미분을 알아보자.
자연로그함수는 밑을 실수 e로 하는 로그함수 $f(x) = \log_e x = \ln x$이다. 자연로그함수의 정의역은 양의 실수인 $D(f)$는 구간 $(0, \infty)$이고 치역은 실수 전체인 구간 $(-\infty, \infty)$이다.
이제 자연로그함수 $f(x) = \ln x$의 미분을 알아보자.
임의의 양의 실수 $x > 0$를 잡자.
$\lim\limits_{h \to 0}\dfrac{\ln(x+h)-\ln x}{h} = \lim\limits_{h \to 0}\dfrac{1}{h}\ln\left(\dfrac{x+h}{x}\right)$이고 $t = \dfrac{x}{h}$라고 놓고 치환을 해보자.

$$\begin{aligned}\lim_{h \to 0+}\frac{\ln(x+h)-\ln x}{h} &= \lim_{t \to \infty}\left[\frac{t}{x}\ln\left(1+\frac{1}{t}\right)\right] \\ &= \frac{1}{x}\lim_{t \to \infty}\left[\ln\left(1+\frac{1}{t}\right)^t\right] && \left[\lim_{t\to\infty}\right]\text{에서 } \frac{1}{x}\text{은 상수} \\ &= \frac{1}{x}\ln\left[\lim_{t \to \infty}\left(1+\frac{1}{t}\right)^t\right] && \text{함수 } y=\ln x\text{가 연속}\end{aligned}$$

$$= \frac{1}{x}\ln e = \frac{1}{x}$$

비슷하게 좌극한 $\lim_{h \to 0-} \frac{\ln(x+h) - \ln x}{x} = \frac{1}{x}$ 임을 보일 수 있다.

그러므로 극한 $\lim_{h \to 0} \frac{\ln(x+h) - \ln x}{x} = \frac{1}{x}$ 이고 $\frac{d}{dx}[\ln x] = \frac{1}{x}$ 이다. 즉 자연로그함수 $\ln x$의 도함수는 다음과 같다.

> $x > 0$에 대하여 $\frac{d}{dx}[\ln x] = \frac{1}{x}$

◐ 일반 로그함수의 도함수

$b \neq 1$인 양의 실수 b에 대해 일반 로그함수 $f(x) = \log_b x$의 도함수를 구해보자. 양의 실수 $x > 0$에 대하여 로그의 밑의 변환에 의해 $\log_b x = \frac{\ln x}{\ln b}$.

양변을 x에 관하여 도함수를 구하면 다음과 같다.

$$\frac{d[\log_b x]}{dx} = \frac{d}{dx}\left[\frac{\ln x}{\ln b}\right] = \frac{1}{\ln b}\frac{d}{dx}[\ln x] = \frac{1}{\ln b}\frac{1}{x} = \frac{1}{x\ln b}$$

그러므로 일반 로그함수 $f(x) = \log_b x$의 도함수는 다음과 같다.

> $x > 0$에 대하여 $\frac{d}{dx}[\log_b x] = \frac{1}{x\ln b}$

> **[정리 3.14: 로그함수의 도함수]**
>
> (1) 자연로그함수의 도함수: $x > 0$에 대하여 $\frac{d}{dx}[\ln x] = \frac{1}{x}$.
>
> (2) 일반 로그함수의 도함수: $x > 0$에 대하여 $\frac{d}{dx}[\log_b x] = \frac{1}{x\ln b}$.

[예제 3.53] 다음을 구하여라. [연습문제 1~14]

(1) $\frac{d}{dx}[\log_2 x]$ (2) $\frac{d}{dx}[\ln x]^2$ (3) $\frac{d}{dx}[x\ln x]$

(4) $\frac{d}{dx}[\log_3(x^2+1)]$ (5) $\frac{d}{dx}\left[\frac{\ln x}{x}\right]$ (6) $\frac{d}{dx}[\sqrt{x}\log_2 x]$

[풀이] (1) $\frac{d}{dx}[\log_2 x] = \frac{1}{x\ln 2}$

(2) $\frac{d}{dx}[\ln x]^2 = 2(\ln x)\cdot\frac{1}{x} = 2\frac{\ln x}{x}$

(3) $\frac{d}{dx}[x\ln x] = \frac{dx}{dx} \cdot \ln x + x \cdot \frac{d}{dx}[\ln x] = \ln x + \frac{x}{x} = \ln x + 1$

(4) $\frac{d}{dx}\left[\log_3(x^2+1)\right] = \frac{1}{\ln 3(x^2+1)} \cdot (2x) = \frac{2x}{\ln 3(x^2+1)}$

(5) $\frac{d}{dx}\left[\frac{\ln x}{x}\right] = \frac{\left(\frac{d}{dx}[\ln x]\right) \cdot x - (\ln x) \cdot \frac{dx}{dx}}{x^2} = \frac{\frac{x}{x} - \ln x}{x^2} = \frac{1-\ln x}{x^2}$

그러므로 $\frac{d}{dx}\left[\frac{\ln x}{x}\right] = \frac{1-\ln x}{x^2}$.

(6) $\frac{d}{dx}\left[\sqrt{x}\log_2 x\right] = \frac{d\sqrt{x}}{dx} \cdot \log_2 x + \sqrt{x} \cdot \frac{d[\log_2 x]}{dx}$

$$= \frac{1}{2\sqrt{x}} \cdot \log_2 x + \sqrt{x} \cdot \frac{1}{x\ln 2} = \frac{\log_2 x}{2\sqrt{x}} + \frac{1}{\ln 2\sqrt{x}}$$

그러므로 $\frac{d}{dx}\left[\sqrt{x}\log_2 x\right] = \frac{\log_2 x}{2\sqrt{x}} + \frac{1}{\ln 2\sqrt{x}}$. ■

◐ 로그함수의 미분 활용 1: 복잡한 함수의 미분

로그의 성질을 이용하면 복잡한 함수의 미분을 좀 더 간편하게 할 수 있다. 로그는 곱과 분수를 더하기나 빼기로 분해하는 성질을 가지고 있기 때문에 함수가 여러 식의 곱과 분수로 이루어진 복잡한 형태인 경우 함수식에 자연로그를 취한 후에 미분하면 편리하다.

[예제 3.54] $\frac{d}{dx}\left[\frac{x^2\sqrt[3]{7x-14}}{(1+x^2)^4}\right]$를 구하여라. [연습문제 15~18]

[풀이] 주어진 함수 $y = \frac{x^2\sqrt[3]{7x-14}}{(1+x^2)^4}$의 양변에 자연로그를 적용해 보자.

$$\ln y = \ln\left[\frac{x^2\sqrt[3]{7x-14}}{(1+x^2)^4}\right] = 2\ln x + \frac{1}{3}\ln(7x-14) - 4\ln(1+x^2)$$

$$\ln y = 2\ln x + \frac{1}{3}\ln(7x-14) - 4\ln(1+x^2) \qquad (*)$$

$\frac{dy}{dx}$를 구하기 위해서 우선 정의역 변수 x에 대한 함수 $y = y(x)$를 생각하자.

식 $(*)$의 양변을 x에 관하여 미분해 보자.

$$\frac{1}{y}\frac{dy}{dx} = \frac{d}{dx}\left[2\ln x + \frac{1}{3}\ln(7x-14) - 4\ln(1+x^2)\right]$$

$$= \frac{2}{x} + \frac{1}{3}\frac{7}{7x-14} - 4 \cdot \frac{2x}{1+x^2}$$

$$= \frac{2}{x} + \frac{1}{3x-6} - \frac{8x}{1+x^2}$$

그러므로 $\frac{1}{y}\frac{dy}{dx}=\frac{2}{x}+\frac{1}{3x-6}-\frac{8x}{1+x^2}$ 이고

$$\frac{dy}{dx}=y\left[\frac{2}{x}+\frac{1}{3x-6}-\frac{8x}{1+x^2}\right].$$

$y=\frac{x^2\sqrt[3]{7x-14}}{(1+x^2)^4}$ 이므로 도함수는 다음과 같다.

$$\frac{d}{dx}\left[\frac{x^2\sqrt[3]{7x-14}}{(1+x^2)^4}\right]=\frac{x^2\sqrt[3]{7x-14}}{(1+x^2)^4}\left[\frac{2}{x}+\frac{1}{3x-6}-\frac{8x}{1+x^2}\right]$$ ■

◐ 로그함수의 미분 활용 2: 실수지수를 갖는 멱함수의 도함수

α가 유리수인 경우에는 음함수의 미분에서 다음을 살펴보았다.
[정리 3.7: 멱함수의 도함수 2]에서 유리수 $\alpha=\frac{q}{p}$에 대하여 $\frac{d}{dx}[x^\alpha]=\alpha x^{\alpha-1}$인 공부하였다.

[주의] 실수 α에 대하여 멱함수 $y=x^\alpha$는 정의역을 $x>0$으로 놓는다.

다음은 로그함수의 미분을 이용하여 실수 α에 대하여 다항식 형태 $y=x^\alpha$의 도함수를 구해보자. 우선 $y=x^\alpha$의 양변에 자연로그를 취해 보자.
그러면 $\ln y=\alpha\ln x$.
양변을 x에 관하여 미분해 보자.

$$\frac{1}{y}\frac{dy}{dx}=\alpha\cdot\frac{1}{x}.$$
$$\frac{dy}{dx}=y\frac{\alpha}{x}=x^\alpha\frac{\alpha}{x}=\alpha x^{\alpha-1}.$$

그러므로 도함수 $\frac{dy}{dx}=\alpha x^{\alpha-1}$이다.

[정리 3.7: 멱함수의 도함수 2]에서 실수지수를 갖는 경우의 멱함수의 도함수를 구한 것이다. [정리 3.7: 멱함수의 도함수 2]의 증명은 다음 두 단계로 증명을 완성하였다.

- 음함수의 미분을 이용하여 유리수지수를 갖는 멱함수의 미분을 증명하였다.
- 로그함수를 이용하여 실수지수를 갖는 멱함수의 도함수를 증명하였다.

이제 [정리 3.7: 멱함수의 도함수 2]를 다시 한번 표현해 보자.

> [정리 3.7: 멱함수의 도함수 2]에서 실수지수인 경우
> 실수 α에 대하여 함수 $y=x^\alpha$의 도함수 $\frac{d}{dx}[x^\alpha]=(x^\alpha)'=\alpha x^{\alpha-1}$.

[예제 3.55] 다음 함수의 도함수를 구하여라.

(1) $y=x^{\sqrt{2}}$ (2) $y=\frac{x}{x^\pi+1}$

[풀이] (1) $y' = \left(x^{\sqrt{2}}\right)' = \sqrt{2}\, x^{\sqrt{2}-1}$

(2) $y' = \left(\dfrac{x}{x^{\pi}+1}\right)' = \dfrac{(x^{\pi}+1) - x \cdot (\pi x^{\pi-1})}{(x^{\pi}+1)^2} = \dfrac{1-(\pi-1)x^{\pi}}{(x^{\pi}+1)^2}$ ■

3.6.2 지수함수의 도함수

◐ 자연지수함수의 도함수

이제 로그함수의 역함수인 지수함수의 도함수를 구해보자.

우선 자연지수함수 $f(x) = e^x$는 자연로그함수의 역함수이므로

$$\left[y = f(x) = e^x\right] \Leftrightarrow \left[x = f^{-1}(y) = \log_e y = \ln y\right].$$

자연지수함수 $f(x) = e^x$의 정의역은 실수 전체인 구간 $(-\infty, \infty)$이고 치역은 구간 $(0, \infty)$이다. [정리 3.12: 역함수 정리]에 의해서 임의의 실수 x에 대하여 자연지수함수 $f(x) = e^x$의 미분은 다음과 같다.

$$\frac{d}{dx}\left[e^x\right] = \frac{df}{dx}(x) = f'(x) = \frac{1}{(f^{-1})'(f(x))}\,*$$

$y = f(x) = e^x$의 역함수 $f^{-1}(y) = \ln y$이고 $(\ln y)' = \dfrac{1}{y}$이므로

$$(f^{-1})'(f(x))** = \frac{d\left[f^{-1}\right]}{dy}(f(x)) = \frac{d\left[f^{-1}\right]}{dy}(y) = \frac{d[\ln y]}{dy} = \frac{1}{y} = \frac{1}{e^x}.$$

그러므로 도함수 $\dfrac{d}{dx}\left[e^x\right] = \dfrac{1}{(f^{-1})'(f(x))} = \dfrac{1}{1/e^x} = e^x$이다.

> 임의의 실수 x에 대하여 $\dfrac{d}{dx}\left[e^x\right] = e^x.$

* 함수 f와 역함수 f^{-1}에 대하여 $(f \circ f^{-1})(y) = y$이고 $(f^{-1} \circ f)(x) = x$.

** $f^{-1}(y) = \ln y$에서 $(f^{-1})'(y)$는 변수 y에 관한 미분이므로 $(f^{-1})'(y) = \dfrac{df^{-1}}{dy}(y)$.

◐ 일반 지수함수의 도함수

이제 일반 지수함수의 도함수를 구해보자.

양의 실수 $b \neq 1$이라고 할 때 지수함수 $y = b^x$의 도함수를 구해보자.

지수함수의 정의역은 실수 전체 $(-\infty, \infty)$이고 치역은 $(0, \infty)$이다.

지수함수 $y = e^x$와 로그함수 $y = \ln x$는 역함수 관계이므로 다음과 같다.

$$y = b^x = e^{\ln(b^x)} = e^{x\ln b}$$

임의의 실수 x에 대하여 $\dfrac{d}{dx}\left[b^x\right] = \dfrac{d}{dx}\left[e^{x\ln b}\right]$

$$= e^{x\ln b} \cdot (\ln b)$$

$$= e^{\ln b^x} \cdot (\ln b) = b^x \ln b.$$

임의의 실수 x에 대하여 $\dfrac{d}{dx}[b^x] = b^x \ln b.$

자연지수함수의 도함수와 일반 지수함수의 도함수를 정리하면 다음과 같다.

[정리 3.15: 지수함수의 도함수]

(1) 자연지수함수의 도함수: 임의의 실수 x에 대하여 $\dfrac{d}{dx}[e^x] = e^x.$

(2) 일반 지수함수의 도함수: 임의의 실수 x에 대하여 $\dfrac{d}{dx}[b^x] = b^x \ln b.$

[예제 3.56] 다음 도함수를 구하여라. [연습문제 19~32]

(1) $\dfrac{d}{dx}[e^{-x}]$ (2) $\dfrac{d}{dx}[2^x]$ (3) $\dfrac{d}{dx}[e^{2x}]$

(4) $\dfrac{d}{dx}[3^{x^2}]$ (5) $\dfrac{d}{dx}[e^{\cos x}]$

[풀이] (1) $\dfrac{d}{dx}[e^{-x}] = e^{-x} \cdot (-1) = -e^{-x}$

(2) $\dfrac{d}{dx}[2^x] = 2^x \ln 2$

(3) $\dfrac{d}{dx}[e^{2x}] = e^{2x} \cdot (2) = 2e^{2x}$

(4) $\dfrac{d}{dx}[3^{x^2}] = 3^{x^2} \ln 3 \cdot (2x) = (2x \ln 3) 3^{x^2}$

(5) $\dfrac{d}{dx}[e^{\cos x}] = e^{\cos x} \cdot (-\sin x) = -(\sin x) e^{\cos x}$ ■

[예제 3.57] 다음 함수의 도함수를 구하여라. [연습문제 19~32]

(1) $y = 2^{x^2}$ (2) $y = xe^{2x+1}$ (3) $y = 3^{\sin x}$

[풀이] (1) $y' = (2^{x^2})' = (2^{x^2} \ln 2) \cdot 2x = 2x(\ln x)2^{x^2} = x(\ln x)2^{x^2+1}$

그러므로 $y' = x(\ln x)2^{x^2+1}$.

(2) $y' = (x)'e^{2x+1} + x(e^{2x+1})' = e^{2x+1} + xe^{2x+1}2 = (1+2x)e^{2x+1}$

그러므로 $y' = (1+2x)e^{2x+1}$.

(3) $y = (3^{\sin x})' = 3^{\sin x}(\ln 3) \cdot \cos x = (\cos x \ln 3)3^{\sin x}$

그러므로 $y = (\cos x \ln 3)3^{\sin x}$. ■

다음은 자주 사용하는 함수들은 도함수를 구할 때 혼동하기 쉽기 때문에 다음과 같이 정리를 해두면 편리하다.

[주의] 가장 중요한 부분은 지수 부분이다.
• 지수가 상수인 식이 멱함수 형태이고
• 지수가 변수를 포함한 식이면 지수함수에 해당한다.

[주의] 다음 x에 관한 3종류의 함수는 미분하여라. (이 때 실수 $c \neq 1$를 잡자.)
(1) [멱함수 형태] 실수 c에 대하여 $y = x^c$인 경우 $(x^c)' = cx^{c-1}$.
(2) [지수함수] 양의 실수 $c \neq 1$에 대하여 $y = c^x$인 경우 $(c^x)' = c^x(\ln c)$.
(3) [혼합 형태] $y = [u(x)]^{v(x)}$인 경우*

$$\{[u(x)]^{v(x)}\}' = u(x)^{v(x)}\left[v'(x)\ln u(x) + v(x)\frac{u'(x)}{u(x)}\right].$$

* 혼합 형태인 경우는 양변에 자연로그함수를 적용하고 미분한다.

[풀이] (1) $y' = \dfrac{d}{dx}[x^c] = cx^{c-1}$

(2) $y' = \dfrac{d}{dx}[c^x] = c^x \ln c$

(3) 먼저 $y = [u(x)]^{v(x)}$의 양변에 자연로그를 취하면 다음과 같다.

$$\ln y = v(x)[\ln(u(x))]$$

양변을 x에 관하여 미분하면

$$\frac{1}{y}\frac{dy}{dx} = v'(x)[\ln(u(x))] + v(x)\frac{u'(x)}{u(x)} \text{이므로}$$

$$\frac{dy}{dx} = y\left[v'(x)[\ln(u(x))] + v(x)\frac{u'(x)}{u(x)}\right] \quad (y(x) = (u(x))^{v(x)})$$

$$= (u(x))^{v(x)}\left[v'(x)[\ln(u(x))] + v(x)\frac{u'(x)}{u(x)}\right].$$ ■

[예제 3.58] $\dfrac{d}{dx}\left[e^{\frac{1}{x}}\right]$를 구하여라. [연습문제 33~40]

[풀이] $\dfrac{d}{dx}\left[e^{\frac{1}{x}}\right] = e^{\frac{1}{x}}\left(-\dfrac{1}{x^2}\right) = -\dfrac{1}{x^2}e^{\frac{1}{x}}$ ■

[예제 3.59] 두 함수 x^π와 π^x의 도함수를 구하여라. [연습문제 33~40]

[풀이] 함수 x^π는 다항식 형태이므로 $\dfrac{d}{dx}[x^\pi] = \pi x^{\pi-1}$.

함수 π^x는 지수함수이므로 $\dfrac{d}{dx}[\pi^x] = \pi^x(\ln\pi)$. ■

[예제 3.60] $\dfrac{d}{dx}[x^{\cos x}]$을 구하여라. [연습문제 33~40]

[풀이] 함수 $y = x^{\cos x}$을 놓고 양변에 자연로그를 취하면 다음과 같다.

$$\ln y = \cos x(\ln x)$$

양변을 x에 관하여 미분해 보자.

$$\frac{1}{y}\frac{dy}{dx} = -\sin x[\ln(u(x))] + \cos x\left(\frac{1}{x}\right)$$
$$= -\sin x[\ln(u(x))] + \frac{\cos x}{x}.$$

$y = x^{\cos x}$이므로 $\frac{dy}{dx} = y\left[-\sin x[\ln(u(x))] + \frac{\cos x}{x}\right]$

$$= \left[-\sin x[\ln(u(x))] + \frac{\cos x}{x}\right]x^{\cos x}.$$

그러므로 도함수 $\frac{dy}{dx} = \left[-\sin x[\ln(u(x))] + \frac{\cos x}{x}\right]x^{\cos x}$이다. ■

3.6.3 쌍곡함수의 도함수

쌍곡함수의 정의는 삼각함수의 정의와 비슷하다.* 그러므로 삼각함수와 비슷하게 쌍곡사인함수와 쌍곡코사인함수를 정의하고, 이를 이용하여 나머지 4개의 쌍곡함수를 정의한다. 쌍곡함수의 미분도 삼각함수의 미분의 형식과 비슷하다. 단, 부호에 주의한다.

* [쌍곡함수와 삼각함수]

① 복소수 지수(오일러의 공식)

$e^{ix} = \cos x + i\sin x$

② $\begin{cases} e^{ix} = \cos x + i\sin x \\ e^{-ix} = \cos x - i\sin x \end{cases}$에서

$\begin{cases} \cos x = \dfrac{e^{ix}+e^{-ix}}{2} \\ \sin x = \dfrac{e^{ix}-e^{-ix}}{2i} \end{cases}.$

③ ②에서 허수단위 i를 제외하면

$\begin{cases} \cosh x = \dfrac{e^{x}+e^{-x}}{2} \\ \sinh x = \dfrac{e^{x}-e^{-x}}{2} \end{cases}$

◐ 쌍곡함수의 정의

앞에서 삼각함수, 지수함수와 로그함수의 미분을 알아보았다. 이들 함수와 함께 공학 분야에서 많은 활용이 되는 새로운 함수를 소개한다. **쌍곡함수**(hyperbolic function)라고 하는 새로운 함수는 지수함수 e^x와 e^{-x}를 사용하여 정의되고 여러 가지 면에서 삼각함수와 비슷한 성질을 갖는다.

[정의 3.7: 쌍곡함수]

(1) 쌍곡사인 함수(hyperbolic sine)는 모든 실수에 대하여 다음과 같이 정의한다.

$$\sinh x = \frac{e^x - e^{-x}}{2}$$

(2) 쌍곡코사인 함수 (hyperbolic cosine)는 모든 실수에 대하여 다음과 같이 정의한다.

$$\cosh x = \frac{e^x + e^{-x}}{2}$$

우선 쌍곡함수는 삼각함수와 매우 비슷하게 $\sinh x$와 $\cosh x$를 사용하여 다음과 같이 정의한다.

- 쌍곡탄젠트 함수: $\tanh x = \dfrac{\sinh x}{\cosh x} = \dfrac{e^x - e^{-x}}{e^x + e^{-x}}$, ($x$는 모든 실수)
- 쌍곡코세컨트 함수: $\operatorname{csch} x = \dfrac{1}{\sinh x} = \dfrac{2}{e^x - e^{-x}}$, ($x \neq 0$인 실수)
- 쌍곡세컨트 함수: $\operatorname{sech} x = \dfrac{1}{\cosh x} = \dfrac{2}{e^x + e^{-x}}$, ($x$는 모든 실수)
- 쌍곡코탄젠트 함수: $\coth x = \dfrac{\cosh x}{\sinh x} = \dfrac{e^x + e^{-x}}{e^x - e^{-x}}$, ($x \neq 0$인 실수)

쌍곡함수의 그래프는 다음과 같다.

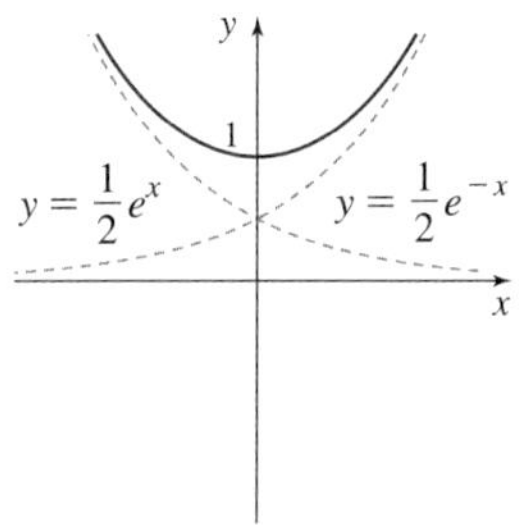

[그림 3.22](a)
$y = \cosh x$그래프

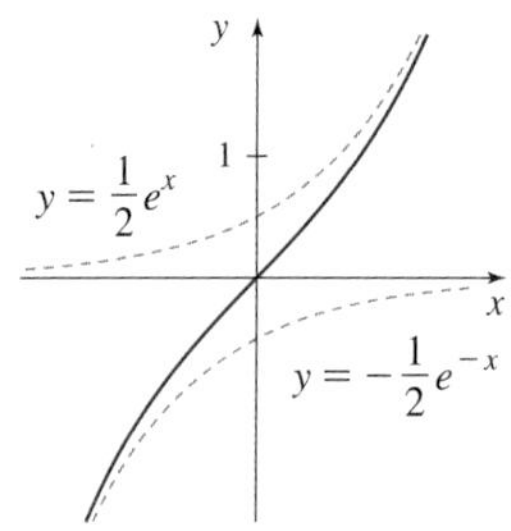

[그림 3.22](b)
$y = \sinh x$그래프

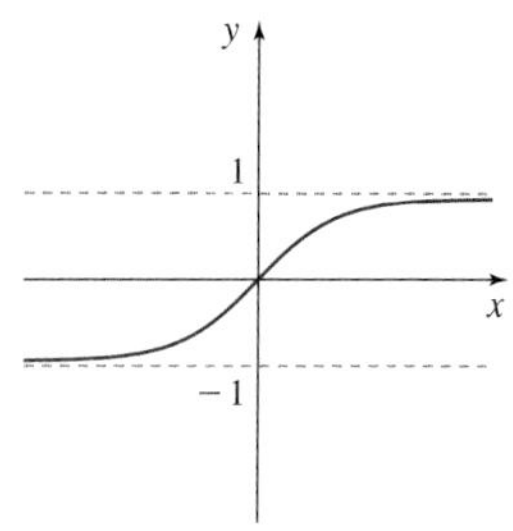

[그림 3.22](c)
$y = \tanh x$그래프

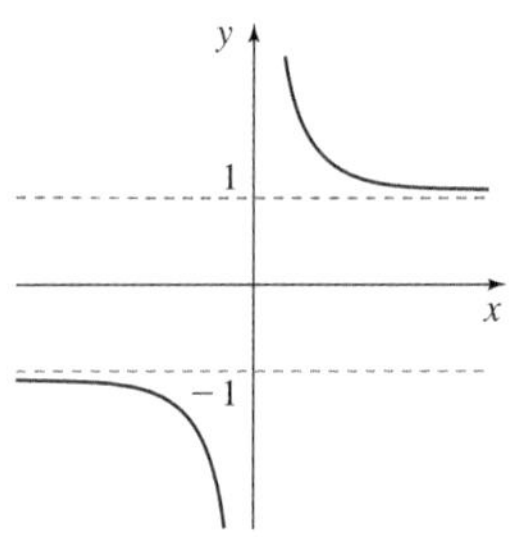

[그림 3.22](d)
$y = \coth x$의 그래프

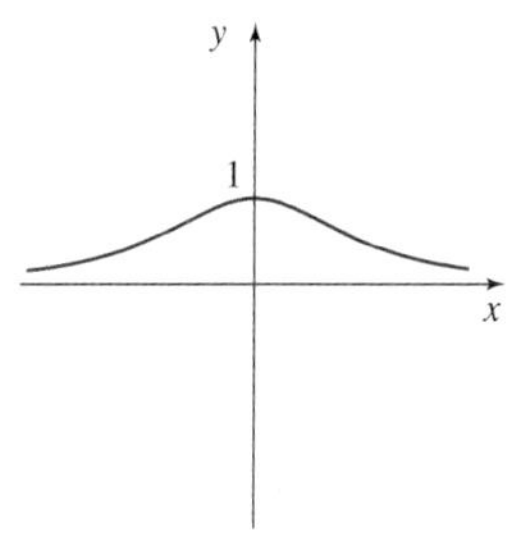

[그림 3.22](e)
$y = \operatorname{sech} x$의 그래프

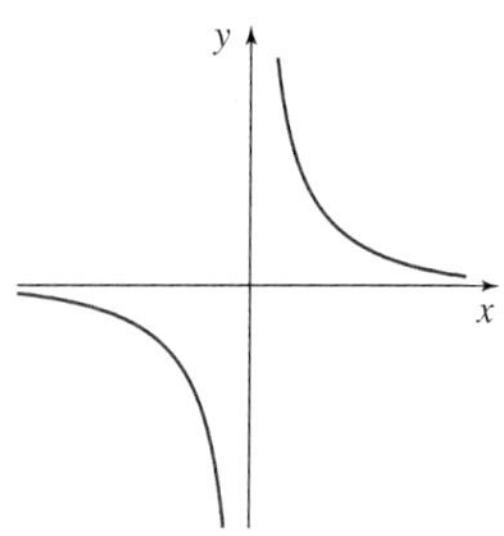

[그림 3.22](f)
$y = \operatorname{csch} x$의 그래프

[참고] 삼각함수의 항등식
$\cos^2 x + \sin^2 x = 1$
$1 + \tan^2 x = \sec^2 x$

쌍곡함수에서도 다음과 같은 중요한 항등식이 성립한다.

$$\cosh^2 x - \sinh^2 x = 1$$

이 항등식을 정의를 사용하여 증명해 보자.

$$\cosh^2 x - \sinh^2 x = \left(\frac{e^x + e^{-x}}{2}\right)^2 + \left(\frac{e^x - e^{-x}}{2}\right)^2$$
$$= \frac{e^{2x} + 2 + e^{-2x} - (e^{2x} - 2 + e^{-2x})}{4} = 1$$

[정리 3.16: 쌍곡함수의 항등식]

(1) $\cosh^{2x} - \sinh^{2x} = 1$ (2) $1 - \tanh^2 x = \operatorname{sech}^2 x$

◐ 쌍곡함수의 연속과 도함수

쌍곡함수는 연속함수 e^x와 e^{-x}들의 연산으로 정의되었으므로 쌍곡함수는 각 정의역에서 연속이다. 즉, 다음은 모든 실수 a에 대해 성립한다.

$$\lim_{x \to a}(\sinh x) = \sinh a \quad \text{그리고} \quad \lim_{x \to a}(\cosh x) = \cosh a.$$

이제 쌍곡함수의 미분을 알아보자.

(1) $\dfrac{d}{dx}[\sinh x] = \dfrac{d}{dx}\left[\dfrac{e^x - e^{-x}}{2}\right] = \dfrac{e^x + e^{-x}}{2} = \cosh x$, ($x$는 임의의 실수)

(2) $\dfrac{d}{dx}[\cosh x] = \dfrac{d}{dx}\left[\dfrac{e^x + e^{-x}}{2}\right] = \dfrac{e^x - e^{-x}}{2} = \sinh x$, ($x$는 임의의 실수)

(3) $\dfrac{d}{dx}[\tanh x] = \dfrac{d}{dx}\left[\dfrac{\sinh x}{\cosh x}\right] = \dfrac{\cosh^2 x - \sinh^2 x}{\cosh^2 x} = \dfrac{1}{\cosh^2 x} = \operatorname{sech}^2 x$,
(x는 임의의 실수)

(4) $\dfrac{d}{dx}[\operatorname{csch} x] = \dfrac{d}{dx}\left[\dfrac{1}{\sinh x}\right] = \dfrac{-\cosh x}{\sinh^2 x} = -\operatorname{csch} x \coth x$, ($x \neq 0$인 실수)

(5) $\dfrac{d}{dx}[\operatorname{sech} x] = \dfrac{d}{dx}\left[\dfrac{1}{\cosh x}\right] = \dfrac{-\sinh x}{\cosh^2 x} = -\operatorname{sech} x \tanh x$, ($x$는 임의의 실수)

(6) $\dfrac{d}{dx}[\coth x] = \dfrac{d}{dx}\left[\dfrac{\cosh x}{\sinh x}\right] = \dfrac{\sinh^2 x - \cosh^2 x}{\sinh^2 x} = \dfrac{-1}{\cosh^2 x} = -\operatorname{sech}^2 x$,
($x \neq 0$인 실수)

그러므로 쌍곡함수의 도함수는 다음과 같다.

쌍곡함수의 도함수도 삼각함수의 도함수와 비슷하다는 것을 알 수 있다. 다만 부호를 주의해서 살펴보자.

[정리 3.17: 쌍곡함수의 도함수]

$\dfrac{d}{dx}[\sinh x] = \cosh x$ $\dfrac{d}{dx}[\cosh x] = \sinh x$

$\dfrac{d}{dx}[\tanh x] = \operatorname{sech}^2 x$ $\dfrac{d}{dx}[\operatorname{csch} x] = -\operatorname{csch} x \coth x$

$\dfrac{d}{dx}[\operatorname{sech} x] = -\operatorname{sech} x \tanh x$ $\dfrac{d}{dx}[\coth x] = -\operatorname{sech}^2 x$

[예제 3.61] 다음 함수를 미분하여라. [연습문제 41~48]

(1) $\sinh x \cosh x$ (2) $\sinh^2 x$ (3) $\cosh^3(2x)$

[풀이] (1) $\dfrac{d}{dx}[\sinh x \cosh x] = \left[\dfrac{d}{dx}[\sinh x]\right]\cosh x + \sinh x\left[\dfrac{d}{dx}[\cosh x]\right]$

$= \cosh x \cdot \cosh x + \sinh x \cdot \sinh x = \cosh^2 x + \sinh^2 x$

(2) $\dfrac{d}{dx}[\sinh^2 x] = 2\sinh x \cosh x$

(3) $\dfrac{d}{dx}[\cosh^3(2x)] = 3\cosh^2(2x)\cdot\sinh(2x)\cdot 2 = 6[\cosh^2(2x)]\sinh(2x)$ ■

[예제 3.62] $\dfrac{d}{dx}[\cosh(x^3)]$와 $\dfrac{d}{dx}[\ln(\tanh x)]$를 구하여라.

[풀이] $\dfrac{d}{dx}[\cosh(x^3)] = \sinh(x^3)\cdot(3x^2) = 3x^2\sinh(x^3)$

$$\frac{d}{dx}[\ln(\tanh x)] = \frac{1}{\tanh x}\cdot\operatorname{sech}^2 x = \frac{\operatorname{sech}^2 x}{\tanh x} = \frac{\frac{1}{\cosh^2 x}}{\frac{\sinh x}{\cosh x}} = \frac{1}{\sinh x \cosh x}$$ ■

연습문제

• Part 1

[1-14] 다음 함수의 도함수를 구하여라. [예제 3.53]

1. $y = \log_{10} x$
2. $y = \log_5(2x)$
3. $y = \log_2(x^2+1)$
4. $y = x\log_2 x$
5. $y = -\ln x$
6. $y = \ln(x^2+1)$
7. $y = 2\ln(\sqrt{x}+1)$
8. $y = \dfrac{x}{\ln x}$
9. $y = \ln(x^2)$
10. $y = (\ln x)^2$
11. $y = \ln(\sin x)$
12. $y = \ln(\cos x)$
13. $y = x\ln\left(\dfrac{1}{x}\right)$
14. $y = x^2\ln(\tan x)$

[15-18] 다음 함수의 도함수 $y' = \dfrac{dy}{dx}$를 구하여라. [예제 3.54]

15. $y = (x^2+1)^2(2x-1)^4$
16. $y = x^2\sqrt{1+x^2}$
17. $y = \sqrt{\dfrac{x-1}{x+1}}$
18. $y = \dfrac{x^2(x^3+2)}{\sqrt{x^2+1}}$

[19-32] 다음 함수의 도함수를 구하여라. [예제 3.56~3.57]

19. $y = e^{3x}$
20. $y = e^{x^2}$
21. $y = xe^x$
22. $y = (x^2-x)e^x$
23. $y = \sin(e^x)$
24. $y = e^{x\ln x}$
25. $y = \tan(e^x)$
26. $y = \dfrac{1}{1+e^x}$

27. $y = 10^{2x+1}$
28. $y = 3^{(x^2 - x)}$
29. $y = x2^x$
30. $y = \dfrac{x + 3^x}{2^x}$
31. $y = \dfrac{1}{2^x + 3^x}$
32. $y = (2^x + x)^2$

[33-40] 함수의 도함수를 구하여라. [예제 3.58~3.60]

33. $y = 3^{3x}$
34. $y = (3x)^3$
35. $y = x^e$
36. $y = e^x$
37. $y = x^{\ln x}$
38. $y = (\sin x)^x$
39. $y = x^{\sin x}$
40. $y = x^{\tan x}$

[41-48] 함수의 도함수를 구하여라. [예제 3.61]

41. $y = \ln(\sinh x)$
42. $y = \sinh(\ln x)$
43. $y = \cosh^2 x$
44. $y = \cosh^3 x$
45. $y = x\sinh x$
46. $y = e^x \cosh x$
47. $y = \tanh(x^2 + x)$
48. $y = \mathrm{sech}(x^3 - 1)$

• Part 2

[49-74] 다음 함수의 도함수를 구하여라.

49. $y = \sin x \log_2 x$
50. $y = \ln x \log_3 x$
51. $y = \log_2(\ln x)$
52. $y = \ln\left(\ln\dfrac{1}{x}\right)$
53. $y = \sin x \ln x$
54. $y = \cos x \ln x$
55. $y = x\ln(x^2 + x - 3)$
56. $y = \ln(\tan^{-1} x)$
57. $y = \tan^{-1}(\ln x)$
58. $y = \ln\sqrt{2 + \cos^2 x}$
59. $y = \dfrac{\sqrt{x}(x^2+1)^2}{\sqrt[3]{3x+2}}$
60. $y = \dfrac{x\sin x}{(x^2+1)^3 \cos x}$
61. $y = e^{x\tan x}$
62. $y = e^{\sqrt{1+5x^2}}$
63. $y = \tan^{-1}(e^x)$
64. $y = \dfrac{2}{e^x + e^{-x}}$
65. $y = e^x(\sin x + \cos x)$
66. $y = \ln\left(\dfrac{1+e^x}{1-e^x}\right)$
67. $y = e^{x^2}$
68. $y = (x^2)^e$
69. $y = (\ln x)^{\tan x}$
70. $y = (\ln x)^x$
71. $y = e^x(\sinh x + \cosh x)$
72. $y = \ln(x^2 + \cosh x)$
73. $y = \sinh^2(\ln(x^2))$
74. $y = \sinh^2(2x)$

[75-77] 다음 함수와 주어진 점에서의 접선의 방정식을 구하여라.

75. $y = \ln(x^2 - 3)$, $(2, 0)$
76. $y = 1 + e^x + x^2$, $(0, 2)$
77. $y = \sinh x$, $(0, 0)$

미분의 활용

CHAPTER 4

3장까지는 미분의 기본적인 개념을 세우는 과정으로 변화율로서의 미분의 개념과 도함수를 구하는 공부를 하였다. 이제 미분을 다양한 수학적 문제에 적용하려고 한다. 미분의 활용에서는 두 가지 주제를 다룬다. 첫 번째가 미분을 사용하여 극한을 구하는 로피탈 정리이다. 도함수를 구하는 데 익숙하게 되면 로피탈 정리는 극한을 구하는 가장 유용한 도구가 된다. 두 번째는 미분을 사용하여 함수의 움직임을 살펴보는 것이다. "함수가 주어진 영역에서 최댓값 또는 최솟값을 갖는가?" 또는 "어느 영역에서 함숫값이 커지고 있는가? 또는 작아지는가?" 등의 함수의 움직임에 대한 질문을 해결하기 위하여 미분을 사용할 것이다. 실제 생활에서 일어나는 많은 문제를 해결하기 위하여 문제들을 함수로 표현하고 함수의 움직임을 통해서 문제의 답을 구하고 있다. 함수의 움직임을 살펴보기 위해서는 함수의 그래프를 직접 그려보는 것이 가장 확실하다.

미분의 활용에 대한 두 번째 주제인 함수의 움직임을 살펴보는 것에 대해 다음 두 가지를 다룰 예정이다.

먼저 주어진 영역에서 함수의 최댓값, 최솟값을 구하는 문제이다.

다음은 주어진 영역에서 함수의 그래프를 그리는 문제이다.

위의 두 가지 목표를 위하여 미분가능함수에 대한 중요한 정리 중 하나인 "평균값 정리"를 소개하고 평균값 정리가 함수의 증가와 감소, 그리고 오목성 등을 판별하는 가장 중요한 도구로 활용되는 과정을 공부해 보자.

4.1 평균값 정리

미분의 활용을 위해서 가장 중요하게 사용되는 정리인 **평균값 정리**를 알아보자. **평균값 정리**는 함수의 그래프의 증가, 감소 그리고 굴곡을 알려주고 함수의 그래프의 개형을 그리는 데 필요한 대부분의 정보를 알려준다. 또한 도형의 면적, 부피, 곡선의 길이를 구하는 적분공식을 이끌어내는 데에도 평균값 정리는 큰 역할을 한다. 즉, 미분과 적분의 문제를 푸는 과정에는 직접 사용되지 않지만, 적분과 미분의 중요한 공식을 이끌어내는 증명 과정에서 가장 많이 사용되는 정리이다.

Michelle Rolle(1652-1719): 프랑스의 수학자이고 1691년에 롤(Rolle)의 정리를 발표하였다.

여기에서 **롤(Rolle)의 정리**와 평균값 정리를 소개한다. 롤의 정리는 평균값 정리의 특수한 형태인데 롤의 정리를 먼저 소개하는 이유는 역사적으로 Michel Rolle이 롤의 정리를 먼저 발견하였고 평균값 정리는 롤의 정리를 사용하여 증명되었기 때문이다.

4.1.1 롤(Rolle)의 정리

[정리 4.1: 롤의 정리]에서 함수가 다음 3가지 조건을 만족한다는 것은 매우 중요하다.
① 닫힌 구간 $[a, b]$에서 연속이고
② 열린 구간 (a, b)에서 미분가능하고
③ $f(a) = f(b)$.

평균값 정리의 토대가 되는 **롤(Rolle)의 정리**는 다음과 같다.

[정리 4.1: 롤(Rolle)의 정리]
유계이고 닫힌 구간 $[a, b]$에서 정의된 함수 f가 닫힌 구간 $[a, b]$에서 연속이고, 열린 구간 (a, b)에서 미분가능하고 $f(a) = f(b)$이라고 하자.
그러면 $f'(k) = 0$인 k가 열린 구간 (a, b) 내에 적어도 하나 존재한다.

[그림 4.1](a)는 함수 f가 [정리 4.1: 롤의 정리]의 3가지 조건을 만족하고 열린 구간 (a, b) 내의 두 점 c_1과 c_2에서 $f'(c_1) = 0$, $f'(c_2) = 0$으로 [정리 4.1: 롤의 정리]가 성립하는 것을 보여주고 있다.
[그림 4.1](b), (c)는 함수 f가 [정리 4.1: 롤의 정리]의 3가지 조건을 만족하고 열린 구간 (a, b) 내의 한 점 c에서 $f'(c) = 0$이다.

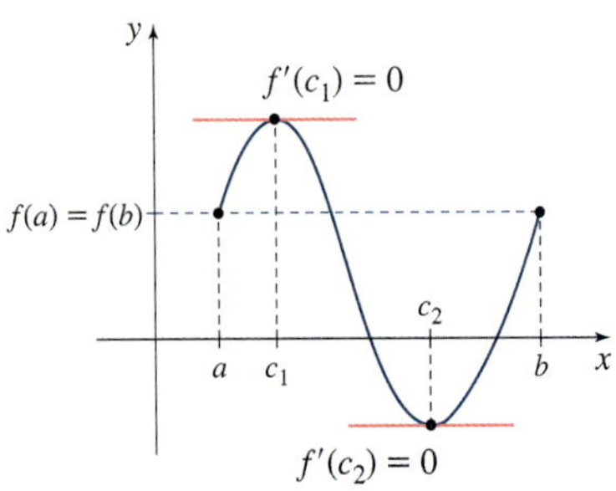

[그림 4.1](a)

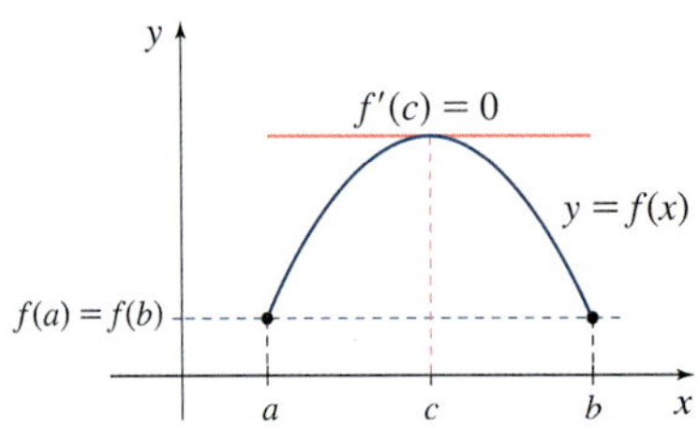

[그림 4.1](b)

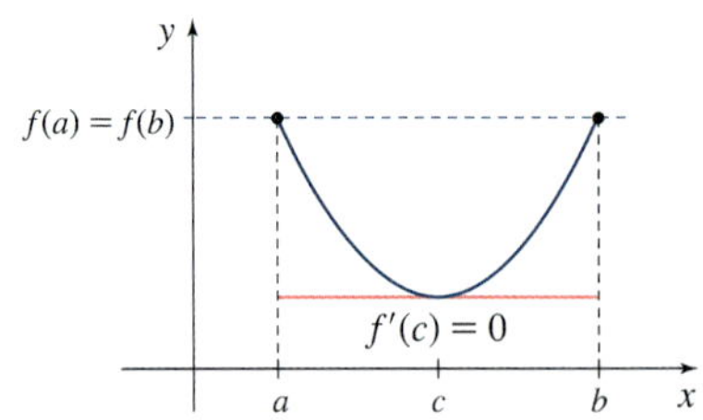

[그림 4.1](c)

[예제 4.1] 다음 함수는 [정리 4.1: 롤의 정리]가 성립하지 않는다. 그 이유를 설명하라.

(1) (2) (3)

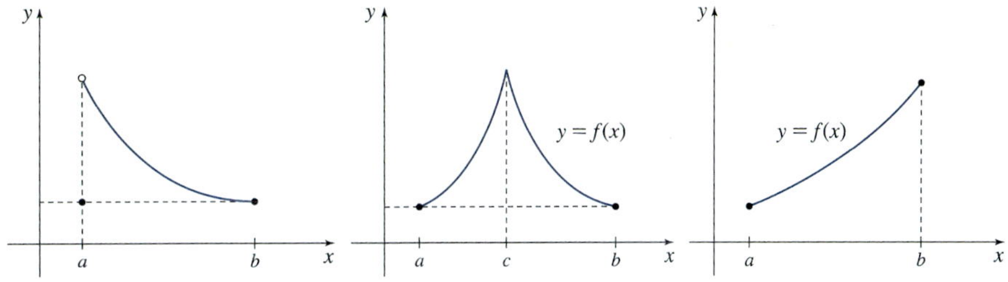

[풀이]

(1) $f(a)=f(b)$이지만 $\lim_{x\to a+} f(x)\neq f(a)$이므로 f는 $x=a$에서 연속이 아니므로 f는 닫힌 구간 $[a,b]$에서 연속이 아니다. 그러므로 $f'(k)=0$인 k가 열린 구간 (a,b) 내에 하나도 없다. 즉 [정리 4.1: 롤의 정리]가 성립하지 않는다.

(2) 함수 f는 $x=c$에서 미분 불가능이므로 구간 (a,b)에서 미분가능하지 않다. 그러므로 $f'(k)=0$인 k가 열린 구간 (a,b)에 존재하지 않는다. 즉 [정리 4.1: 롤의 정리]가 성립하지 않는다.

(3) $f(a)\neq f(b)$이므로 $f'(k)=0$인 k가 열린 구간 (a,b)에 존재하지 않는다. 즉, [정리 4.1: 롤의 정리]가 성립하지 않는다. ■

4.1.2 평균값 정리

[정리 4.2: 평균값의 정리]는 「라그랑주(Lagrenge)의 정리」 또는 「라그랑주(Lagrenge)의 평균값 정리」라고도 부른다. 그 외에도 「롤의 평균값 정리」, 「코시의 평균값 정리」 등 여러 가지 형태가 있고 [정리 4.2]의 평균값 정리가 가장 대표적인 형태로 알려져 있다.

이제 **평균값 정리**(Mean Value Theorem)를 소개한다, 이 정리는 롤의 정리를 이용하여 증명하지만 증명과정이 미적분학 수준을 넘는 내용이므로 여기에서는 생략한다.

[정리 4.2: 평균값 정리(Mean Value Theorem)]

유계이고 닫힌 구간 $[a,b]$에서 정의된 함수 f가 닫힌 구간 $[a,b]$에서 연속이고 열린 구간 (a,b)에서 미분가능이라고 하자.

그러면 다음을 만족하는 c가 열린 구간 (a,b) 내에 적어도 하나 존재한다.

$$f'(c)=\frac{f(b)-f(a)}{b-a}$$

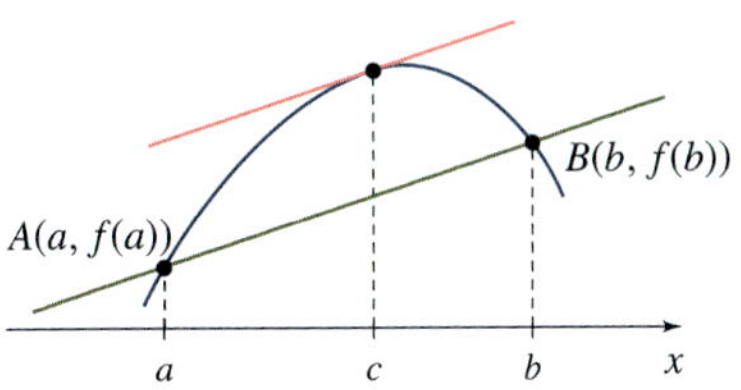

[그림 4.2](a)

평균값 정리를 기하학적으로 이해하기 위해 [그림 4.2](a)와 [그림 4.2](b)를 보자. 함수 f는 닫힌 구간 $[a,b]$에서 연속이고 열린 구간 (a,b)에서 미분가능하다고 하자. 함수 f의 그래프 위의 두 점 $A(a,f(a))$와 $B(b,f(b))$를 잇는 직선 $\overleftrightarrow{AB}$의 기울기는 다음과 같다.

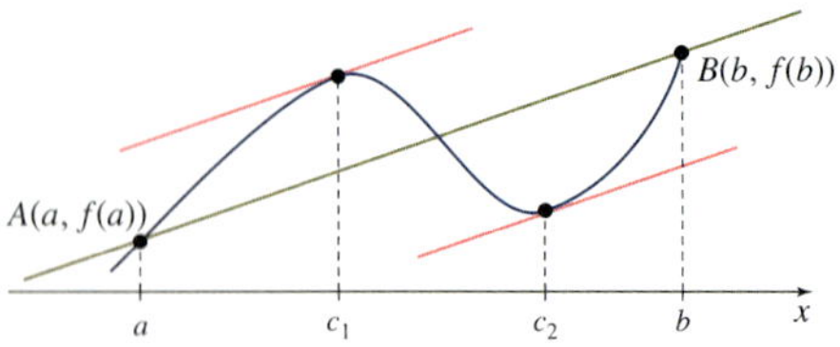

[그림 4.2](b)

$$\frac{f(b)-f(a)}{b-a}$$

그러면 두 점 A와 B를 잇는 직선 $\overleftrightarrow{AB}$와 평행한 접선을 갖는 실수 c가 열린 구간 (a,b) 내에 적어도 하나 존재한다. 두 점 A와 B를 잇는 직선 $\overleftrightarrow{AB}$와 $x=c$에서의 접선이 평행하므로 두 점 A와 B를 잇는 직선 $\overleftrightarrow{AB}$의 기울기와 $x=c$에서의 접선의 기울기는 같다.

$$[\text{두 점 } A\text{와 } B\text{를 잇는 직선의 기울기}] = [\text{실수 } c\text{에서의 접선의 기울기}]$$
$$\frac{f(b)-f(a)}{b-a} = f'(c)$$

[그림 4.2](a)에서는 직선 $\overleftrightarrow{AB}$와 평행한 접선을 갖는 한 점 c가 열린 구간 (a,b) 내에 존재한다. [그림 4.2](b)에서는 직선 $\overleftrightarrow{AB}$와 평행한 접선을 갖는 두 점 c_1, c_2가 열린 구간 (a,b) 내에 존재한다.

[예제 4.2] 구간 $[-2,2]$ 위의 함수 $f(x)=2x^3-3x+1$에 대한 평균값 정리가 성립하는 실수 c를 구하여라. [연습문제 1~5]

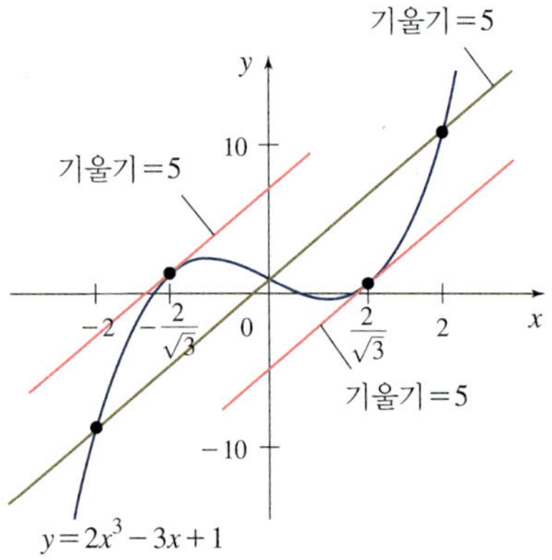

[그림 4.3] $f(x)=2x^3-3x+1$의 그래프

[풀이] 함수 f가 다항함수이므로 유계이고 닫힌 구간 $[-2,2]$에서 연속이고 열린 구간 $(-2,2)$에서 미분가능하다. 그러므로 [정리 4.2: 평균값 정리]의 가정을 모두 만족한다.

$f(-2)=-9$, $f(2)=11$이므로, 다음이 성립하는 c가 열린 구간 $(-2,2)$에 적어도 하나 존재한다.

$$f'(c)=\frac{f(2)-f(-2)}{2-(-2)}=\frac{20}{4}=5$$

$f'(x)=6x^2-3$이므로 $f'(c)=6c^2-3=5$이고 $6c^2=8$이다.

$c=\sqrt{\dfrac{4}{3}}=\dfrac{2}{\sqrt{3}}$ 또는 $c=-\sqrt{\dfrac{4}{3}}=-\dfrac{2}{\sqrt{3}}$이고 구간 $(-2,2)$ 내에 있다.

그러므로 평균값 정리를 만족하는 c는 $-\dfrac{2}{\sqrt{3}}$과 $\dfrac{2}{\sqrt{3}}$이다. ■

4.1.3 평균값 정리의 응용

◐ 미분과 상수함수

다음 정리는 [정리 4.2: 평균값 정리]를 적용하면 나오는 결과로 매우 유용하다. 특히, 부정적분 및 미분방정식 등의 해를 구하는 기초 이론으로써 중요하다. 다음 정리의 증명은 평균값 정리를 사용하므로 증명을 한번 시도해 보자.

[정리 4.3] 두 함수 f와 g가 닫힌 구간 $[a, b]$에서 연속이고 열린 구간 (a, b)에서 미분가능하다고 하자.

(1) 열린 구간 (a, b)에 있는 모든 x에서 $f'(x)=0$이면 함수 f는 구간 $[a, b]$에서 상수함수이다. 즉 구간 $[a, b]$에서 $f(x)=C$. 이때, C는 상수이다.

(2) 열린 구간 (a, b)에 있는 모든 x에 대하여 $f'(x)=g'(x)$이면 구간 $[a, b]$에서 $f(x)=g(x)+C$. 이때, C는 상수이다.

[증명]

(1) 구간 $(a, b]$에 속하는 임의의 점 x를 선택하자. 함수 f는 닫힌 구간 $[a, x]$에서 연속이고 열린 구간 (a, x)에서 미분가능하므로 [정리 4.2: 평균값 정리]에 의하여 다음을 만족하는 c가 열린 구간 (a, x)에 하나 존재한다.

$$f'(c)=\frac{f(x)-f(a)}{x-a}$$

가정에 의해 $f'(c)=0$이므로 $0=\dfrac{f(x)-f(a)}{x-a}$이고 $f(x)=f(a)$이다.
그러므로 구간 $(a, b]$에 있는 모든 x에 대해 $f(x)=f(a)$이다. 즉, 함수 f는 구간 $[a, b]$에서 상수함수이다.

(2) 구간 $[a, b]$에서 함수 $h(x)=f(x)-g(x)$이라고 정의하자.
함수 h는 닫힌 구간 $[a, b]$에서 연속이고 열린 구간 (a, b)에서 미분가능하다.
가정에 의하여 열린 구간 (a, b)에 있는 모든 x에 대해 $h'(x)=f'(x)-g'(x)=0$이다. (1)에 의해 함수 h는 구간 $[a, b]$에서 상수함수이다. 즉, 구간 $[a, b]$에 있는 모든 x에서 $h(x)=C$인 상수 C가 있다.
그러므로 닫힌 구간 $[a, b]$에서 $f(x)=g(x)+C$이다. ■

[예제 4.3] 도함수 $f'(x)=2x+1$이고 $f(0)=2$인 함수 f를 구하여라. [연습문제 6~10]

주어진 도함수 $f'(x)=\dfrac{df}{dx}(x)$를 포함하는 방정식에서 함수 f를 구하는 문제를 **미분방정식(Differential Equation)**이라고 한다. 미분방정식의 해를 구하는 경우 [정리 4.3] (2)는 중요한 역할을 한다.

[풀이] 함수 $g(x)=x^2+x$라고 놓자. $g'(x)=2x+1$이고 $f'(x)=2x+1=g'(x)$이다. [정리 4.3] (2)에 의해서 $f(x)=g(x)+C$인 상수 C가 있다. 즉, 함수 f는 다음과 같다.

$$f(x)=x^2+x+C$$

가정에 의해 $f(0)=2$이므로 $f(0)=C=2$. 그러므로 함수 f는 다음과 같다.

$$f(x)=x^2+x+2$$

■

연습문제

• Part 1

[1-5] 다음 함수와 주어진 구간에 대하여 평균값 정리를 만족하는 실수 c를 구하여라. [예제 4.2]

1. $f(x) = x^2 + 2x - 1$; $[0, 1]$
2. $f(x) = x^3 - 6x + 5$; $[1, 4]$
3. $f(x) = \frac{1}{2}x - \sqrt{x}$; $[0, 4]$
4. $f(x) = 2\cos x$; $[0, 2\pi]$
5. $f(x) = x - \frac{1}{x}$; $[3, 4]$

[6-10] 다음 조건을 만족하고 점 P를 지나는 $f(x)$를 구하여라. [정리 4.3]

6. $f'(x) = \pi$, $P(1, 3\pi)$
7. $f'(x) = 2$, $P(0, 5)$
8. $f'(x) = 2x$, $P(-2, 3)$
9. $f'(x) = \sec^2 x$, $P(\frac{\pi}{4}, 3)$
10. $f''(x) = 0$, $f'(0) = -1$, $P(0, 2)$

• Part 2

[11-15] 다음 구간에 대하여 평균값 정리를 만족하는 실수 c가 있다면 구하고 없다면 그 이유를 말하여라.

11. $f(x) = \sin(\frac{\pi}{2}x)$; $[-2, 2]$
12. $f(x) = x^{\frac{2}{3}}$; $[-1, 1]$
13. $f(x) = \begin{cases} x^2, & 0 \le x \le \frac{1}{3} \\ -x^2 + 2, & \frac{1}{3} < x \le 1 \end{cases}$
14. $f(x) = \begin{cases} x^2 - x, & -5 \le x \le -3 \\ 2x^2 - 3x - 15, & -3 < x \le -1 \end{cases}$
15. $f(x) = \begin{cases} 2x - 3, & 0 \le x \le 2 \\ -x^2 + 6x - 7, & 2 < x \le 3 \end{cases}$

[16-20] 다음 조건을 만족하고 점 P를 지나는 $f(x)$를 구하여라.

16. $f'(x) = \frac{2}{x^2} + 6x^2$, $P(1, 1)$
17. $f'(x) = \sec\frac{x}{2}\tan\frac{x}{2}$, $P(\frac{\pi}{2}, 2)$
18. $f''(x) = 0$,
19. $f''(x) = 0$, $f'(2) = 3$, $P(-1, 1)$
20. $f''(x) = \sin x$, $f'(\pi) = -2$, $P(0, 4)$

4.2 로피탈의 정리

미분의 첫 번째 활용으로 미분을 사용하여 극한을 구하는 **로피탈의 정리**를 소개한다. 2장에서 극한을 구하는 방법에 대하여 자세하게 다루었다. 분수 형태 함수의 분모식과 분자식이 모두 0일 때 함수의 극한을 2장에서의 방법으로 구하는 과정이 어려운 경우가 있다. 이러한 경우 로피탈의 정리를 사용하면 비교적 간단하게 극한을 구할 수 있다. 로피탈의 정리를 사용하는 경우 분모와 분자의 식을 각각 미분하게 되므로 일반적으로 계산이 간단해지고 간단하게 극한을 구할 수 있어 매우 유용하다. 로피탈의 정리를 사용하기 위해서는 극한을 구하고자 하는 식이 반드시 분수 형태이어야만 한다는 점은 주의해야 한다. 분수 형태가 아닌 경우는 분수 형태로 변형해서 **로피탈의 정리**를 적용한다.

극한을 구하는 함수가 연속함수인 경우는 함숫값을 대입하여 극한을 구하고 함수가 그래프로 주어진 경우는 그래프를 보면서 극한을 구한다. 연속함수의 극한의 형태가 아닌 경우 극한을 일반적으로 **부정 형태**(indeterminate form)라고 부른다. 극한의 부정 형태는 다음과 같다. 아래의 (i)과 (ii)는 분수 형태 $\frac{f(x)}{g(x)}$의 극한을 다루는 경우이다.

(i) $\frac{0}{0}$ 형태: $\lim_{x\to c} f(x)=0$이고 $\lim_{x\to c} g(x)=0$

(ii) $\frac{\infty}{\infty}$ 형태: $\lim_{x\to c} f(x)=\pm\infty$이고 $\lim_{x\to c} g(x)=\pm\infty$

(iii) 분수 형태로 변환할 수 있는 경우: $0\times\infty$, $\infty-\infty$, 0^0 등이 있다.

4.2.1 로피탈(L'Hospital)의 제1정리: $\frac{0}{0}$ 형태

[정리 4.4: 로피탈의 제1정리]는 한쪽 극한이나 음의 무한대에서의 극한을 다룰 때도 적용할 수 있다.

- $\lim_{x\to c+} f(x)=0=\lim_{x\to c+} g(x)$인 경우
- $\lim_{x\to c-} f(x)=0=\lim_{x\to c-} g(x)$인 경우
- $\lim_{x\to -\infty} f(x)=0=\lim_{x\to -\infty} g(x)$인 경우

[정리 4.4: 로피탈(L'Hospital)의 제1정리: $\frac{0}{0}$ 형태]

(1) 두 함수 f와 g가 열린 구간 (a,b)에서 미분가능하고 $x\neq c$인 구간 (a,b)에 있는 점 x에서 $g(x)\neq 0$이라고 하자.

$\lim_{x\to c} f(x)=0=\lim_{x\to c} g(x)$이고 $\lim_{x\to c}\frac{f'(x)}{g'(x)}=L$이면 다음이 성립한다.

$$\lim_{x\to c}\frac{f(x)}{g(x)}=\lim_{x\to c}\frac{f'(x)}{g'(x)}=L$$

(2) 두 함수 f와 g가 열린 구간 (a,∞)에서 미분가능하고 $x>a$에 대하여 $g(x)\neq 0$이라고 하자.

> $\lim_{x\to\infty} f(x) = 0 = \lim_{x\to\infty} g(x)$이고 $\lim_{x\to\infty}\frac{f'(x)}{g'(x)} = L$이면 다음이 성립한다.
>
> $$\lim_{x\to\infty}\frac{f(x)}{g(x)} = \lim_{x\to\infty}\frac{f'(x)}{g'(x)} = L$$

[증명] 로피탈(L'Hospital)의 정리는 평균값 정리를 이용하여 증명하지만, 여기서는 f'와 g'이 연속이고 $g'(c)\neq 0$이라는 가정을 추가하여 (1)의 증명의 개요를 알아보자. $\lim_{x\to c} f(x) = 0$이고 $\lim_{x\to c} g(x) = 0$이라고 하자. 두 함수의 연속성에 의해서 $f(c) = 0$이고 $g(c) = 0$이다.

$$\lim_{x\to c}\frac{f(x)}{g(x)} = \lim_{x\to c}\frac{f(x)-f(c)}{g(x)-g(c)} \qquad \text{가정 } f(c)=0\text{이고 } g(c)=0$$

$$= \lim_{x\to c}\frac{\dfrac{f(x)-f(c)}{x-c}}{\dfrac{g(x)-g(c)}{x-c}}$$

$$= \frac{\lim_{x\to c}\dfrac{f(x)-f(c)}{x-c}}{\lim_{x\to c}\dfrac{g(x)-g(c)}{x-c}} = \frac{f'(c)}{g'(c)} \qquad \lim_{x\to c}\frac{f(x)-f(c)}{x-c} = f'(c),\ \lim_{x\to c}\frac{g(x)-g(c)}{x-c} = g'(c)$$

f'와 g'이 연속이고 $g'(c)\neq 0$이므로 다음이 성립한다.

$$\lim_{x\to c}\frac{f(x)}{g(x)} = \frac{f'(c)}{g'(c)} = \frac{\lim_{x\to c} f'(x)}{\lim_{x\to c} g'(x)} = \lim_{x\to c}\frac{f'(x)}{g'(x)} = L$$

그러므로 $\lim_{x\to c}\frac{f(x)}{g(x)} = \lim_{x\to c}\frac{f'(x)}{g'(x)} = L.$ ■

로피탈 정리의 좋은 점은 분수 형태의 극한을 구할 때 분자의 식과 분모의 식을 각각 미분하여 식을 간단히 하고 극한을 구한다는 것이다.

[예제 4.4] $\lim_{x\to 0}\frac{\tan x}{6x}$를 구하여라. [연습문제 1~4]

[풀이] $\lim_{x\to 0}\tan x = 0 = \lim_{x\to 0} 6x$이므로 [정리 4.4: 로피탈의 제1정리]에 의하여

$$\lim_{x\to 0}\frac{\tan x}{6x} = \lim_{x\to 0}\frac{(\tan x)'}{(6x)'} = \lim_{x\to 0}\frac{\sec^2 x}{6} = \frac{1}{6}.$$

그러므로 극한 $\lim_{x\to 0}\frac{\tan x}{6x} = \frac{1}{6}$이다. ■

[예제 4.5] $\lim_{x\to 1}\frac{\ln x}{x-1}$를 구하여라. [연습문제 1~4]

[풀이] $\lim_{x\to 1} \ln x = 0 = \lim_{x\to 1}(x-1)$이므로 [정리 4.4: 로피탈의 제1정리]를 적용하여

$$\lim_{x\to 1}\frac{\ln x}{x-1} = \lim_{x\to 1}\frac{(\ln x)'}{(x-1)'} = \lim_{x\to 1}\frac{\frac{1}{x}}{1} = \lim_{x\to 1}\frac{1}{x} = 1.$$

그러므로 극한 $\lim_{x\to 1}\frac{\ln x}{x-1} = 1$이다. ■

[예제 4.6] $\lim_{x\to 0}\frac{e^x-1}{x^3}$를 구하여라. [연습문제 1~4]

[풀이] $\lim_{x\to 0}(e^x-1) = 0 = \lim_{x\to 0} x^3$이므로 [정리 4.4: 로피탈의 제1정리]를 적용하여

$$\lim_{x\to 0}\frac{e^x-1}{x^3} = \lim_{x\to 0}\frac{(e^x-1)'}{(x^3)'} = \lim_{x\to 0}\frac{e^x}{3x^2} = \infty.$$

그러므로 극한 $\lim_{x\to 0}\frac{e^x-1}{x^3} = \infty$이다. ■

[정리 4.4: 로피탈의 제1정리: $\frac{0}{0}$ 형태]에서 $\lim_{x\to c} f(x) = 0 = \lim_{x\to c} g(x)$이면 $\lim_{x\to c}\frac{f(x)}{g(x)} = \lim_{x\to c}\frac{f'(x)}{g'(x)}$.
다시 $\lim_{x\to c} f'(x) = 0 = \lim_{x\to c} g'(x)$이면 $\lim_{x\to c}\frac{f'(x)}{g'(x)} = \lim_{x\to c}\frac{f''(x)}{g''(x)}$.
즉, 부정형인 $\frac{0}{0}$ 형태가 아닌 나올 때까지 로피탈 정리를 여러 번 사용한다.

[예제 4.7] $\lim_{x\to 0}\frac{1-\cos x}{x^2+3x^3}$를 구하여라. [연습문제 1~4]

[풀이] $\lim_{x\to 0}(1-\cos x) = 0 = \lim_{x\to 0}(x^2+3x^3)$이므로 [정리 4.4: 로피탈의 제1정리]를 적용하면

$$\lim_{x\to 0}\frac{1-\cos x}{x^2+3x^3} = \lim_{x\to 0}\frac{1-\cos x)'}{(x^2+3x^3)'} = \lim_{x\to 0}\frac{\sin x}{2x+9x^2}.$$

$\lim_{x\to 0}\sin x = 0 = \lim_{x\to 0}(2x+9x^2)$이므로 다시 한번 [정리 4.4: 로피탈의 제1정리]에 의해 $\lim_{x\to 0}\frac{\sin x}{2x+9x^2} = \lim_{x\to 0}\frac{\cos x}{2+18x} = \frac{1}{2}$.

그러므로 극한 $\lim_{x\to 0}\frac{1-\cos x}{x^2+3x^3} = \frac{1}{2}$이다. ■

[예제 4.8] $\lim_{x\to 0}\frac{\tan x - x}{x^3}$를 구하여라. [연습문제 1~4]

[풀이] $\lim_{x\to 0}(\tan x - x) = 0 = \lim_{x\to 0} x^3$이므로 [정리 4.4: 로피탈의 제1정리]에 의하여

$$\lim_{x\to 0}\frac{\tan x - x}{x^3} = \lim_{x\to 0}\frac{(\tan x - x)'}{(x^3)'} = \lim_{x\to 0}\frac{\sec^2 x - 1}{3x^2}.$$

$\lim_{x\to 0}(\sec^2 x - 1) = 0 = \lim_{x\to 0} 3x^2$이므로 [정리 4.4: 로피탈의 제1정리]를 다시 적용하면

$$\lim_{x\to 0}\frac{\sec^2 x-1}{3x^2}=\lim_{x\to 0}(\frac{\sec^2 x-1)'}{(3x^2)'}=\lim_{x\to 0}\frac{2\sec^2 x\tan x}{6x}.$$

$\lim_{x\to 0}2\sec^2 x\tan x=0=\lim_{x\to 0}6x$이므로 [정리 4.4: 로피탈의 제1정리]를 다시 적용하면

$$\lim_{x\to 0}2\sec^2 x\frac{\tan x}{6x}=\lim_{x\to 0}\frac{4\sec^2\tan^2 x+2\sec^4 x}{6}=\frac{2}{6}=\frac{1}{3}.$$

그러므로 극한 $\lim_{x\to 0}\frac{\tan x-x}{x^3}=\frac{1}{3}$이다. ■

4.2.2 로피탈의 제2정리: $\frac{\infty}{\infty}$ 형태

[정리 4.5: 로피탈의 제2정리]는 한쪽 극한이나 음의 무한대에서의 극한을 다룰 때도 적용할 수 있다.

- $\lim_{x\to c+}f(x)=\pm\infty=\lim_{x\to c+}g(x)$인 경우
- $\lim_{x\to c-}f(x)=\pm\infty=\lim_{x\to c-}g(x)$인 경우
- $\lim_{x\to -\infty}f(x)=\pm\infty=\lim_{x\to -\infty}g(x)$인 경우

[정리 4.5: 로피탈(L'Hospital)의 제2정리: $\frac{\infty}{\infty}$ 형태]

(1) 두 함수 f와 g가 열린 구간 (a, b)에서 미분가능하고 $x\neq c$인 구간 (a, b)에 있는 점 x에서 $g(x)\neq 0$이라고 하자.

$\lim_{x\to c}f(x)=\pm\infty=\lim_{x\to c}g(x)$이고 $\lim_{x\to c}\frac{f'(x)}{g'(x)}=L$이면 다음이 성립한다.

$$\lim_{x\to c}\frac{f(x)}{g(x)}=\lim_{x\to c}\frac{f'(x)}{g'(x)}=L$$

(2) 두 함수 f와 g가 열린 구간 (a, ∞)에서 미분가능하고 $x>a$에 대하여 $g(x)\neq 0$이라고 하자.

$\lim_{x\to\infty}f(x)=\pm\infty=\lim_{x\to\infty}g(x)$이고 $\lim_{x\to\infty}\frac{f'(x)}{g'(x)}=L$이면 다음이 성립한다.

$$\lim_{x\to\infty}\frac{f(x)}{g(x)}=\lim_{x\to\infty}\frac{f'(x)}{g'(x)}=L$$

[예제 4.9] 극한 $\lim_{x\to\infty}\frac{2x}{e^x}$과 $\lim_{x\to\infty}\frac{x^2}{e^x}$을 구하여라. [연습문제 5~8]

[풀이] (1) $\lim_{x\to\infty}2x=\infty=\lim_{x\to\infty}e^x$이므로 [정리 4.5: 로피탈의 제2정리]에 의하여

$$\lim_{x\to\infty}\frac{2x}{e^x}=\lim_{x\to\infty}\frac{(2x)'}{(e^x)'}=\lim_{x\to\infty}\frac{2}{e^x}=0.$$

그러므로 극한 $\lim_{x\to\infty}\frac{2x}{e^x}=0$이다.

(2) $\lim_{x\to\infty}x^2=\infty=\lim_{x\to\infty}e^x$이므로 [정리 4.5: 로피탈의 제2정리]에 의하여

$$\lim_{x\to\frac{\pi}{2}-}\frac{\tan x}{\sec x+1}=\lim_{x\to\frac{\pi}{2}-}\frac{\sec^2 x}{\sec x\tan x}=\lim_{x\to\frac{\pi}{2}-}\frac{\sec x}{\tan x}=\lim_{x\to\frac{\pi}{2}-}\frac{1}{\sin x}=1.$$

그러므로 극한 $\lim_{x\to\infty}\frac{x^2}{e^x}=0$이다. ■

[예제 4.10] $\lim_{x\to\infty}\frac{\ln x}{x}$과 $\lim_{x\to\infty}\frac{\ln x}{x^2}$을 구하여라. [연습문제 5~8]

[풀이] (1) $\lim_{x\to\infty}\ln x=\infty=\lim_{x\to\infty}x$이므로 [정리 4.5: 로피탈의 제2정리]에 의하여

$$\lim_{x\to\infty}\frac{\ln x}{x}=\lim_{x\to\infty}\frac{(\ln x)'}{(x)'}=\lim_{x\to\infty}\frac{\frac{1}{x}}{1}=\lim_{x\to\infty}\frac{1}{x}=0.$$

극한 $\lim_{x\to\infty}\frac{\ln x}{x}=0$이다.

(2) $\lim_{x\to\infty}\ln x=\infty=\lim_{x\to\infty}x^2$이므로 [정리 4.5: 로피탈의 제2정리]에 의하여

$$\lim_{x\to\infty}\frac{\ln x}{x^2}=\lim_{x\to\infty}\frac{(\ln x)'}{(x^2)'}=\lim_{x\to\infty}\frac{\frac{1}{x}}{2x}=\lim_{x\to\infty}\frac{1}{2x^2}=0.$$

그러므로 극한 $\lim_{x\to\infty}\frac{\ln x}{x^2}=0$이다. ■

무한에서의 극한에서 $\frac{\infty}{\infty}$ 형태의 극한은 분자와 분모가 무한대로 가는 속도를 비교하는 것이다. 분수함수 또는 유리함수 $\frac{q(x)}{p(x)}$ ($p(x), q(x)$가 다항식 형태)인 경우에 $p(x)$의 차수와 $q(x)$의 차수의 비교를 하면 극한을 구할 수 있다. 이것이 $p(x)$와 $q(x)$가 무한대로 가는 속도를 비교하는 것이다. 2.4절의 [정리 2.10: 유리함수의 무한에서의 극한]을 복습해 보자.

함수 $f(x)=\frac{P(x)}{Q(x)}=\frac{c_n x^n+c_{n-1}x^{n-1}+\cdots+c_1x+c_0}{d_m x^m+d_{m-1}x^{m-1}+\cdots+d_1x+d_0}$에서 분자식 $P(x)$의 차수는 n이고 분모식 $Q(x)$의 차수는 m이라고 하자. 이때, m,n은 0 또는 자연수이다. 그러면 [정리 2.25: 유리함수의 무한에서의 극한]에 의해 다음이 성립한다.

$$\lim_{x\to\infty}f(x)=\lim_{x\to\infty}\frac{P(x)}{Q(x)}=\begin{cases}\infty \text{ 또는 } -\infty, & n>m\\ \frac{c_n}{d_m}, & n=m\\ 0, & n<m\end{cases} \tag{4.1}$$

분자식과 분모식의 차수만을 비교하여 극한을 구하는 것은 분자식과 분모식의 최고 차수의 항이 무한으로 가는 속도를 이끌고 있음을 의미한다.
또한 일반적인 유리함수에 대한 극한을 확장하여 무리근호를 포함하는 분수 형태의 함수에 대하여 분자의 차수와 분모의 최고차항의 지수가 자연수만이 아니고 양의 실수인 경우에도 비슷하게 적용하여 무한에서의 극한을 구하였다.

예를 들어서 $\lim_{x\to\infty}\frac{\sqrt{x}+10}{2\sqrt{x^3}+2x+3}$을 구해보자.

• 분모의 식 $\sqrt{x}+10$은 차수가 $\frac{1}{2}$이라고 할 수 있고

• 분자의 식 $2\sqrt{x^3}+2x+3$은 차수가 $\frac{3}{2}$이라고 할 수 있다.

그러므로 분자의 차수가 분모의 차수보다 크기 때문에 극한은 다음과 같다.

$$\lim_{x\to\infty}\frac{\sqrt{x}+10}{2\sqrt{x^3}+2x+3}=0$$

일반적으로 로그함수, 다항식, 지수함수가 무한대로 가는 속도의 비교를 하는 중요한 내용이다.

[예제 4.11] 모든 자연수 $n>0$에 대하여 다음을 확인하라.

(1) $\lim_{x\to\infty}\frac{\ln x}{x^n}=0$ (2) $\lim_{x\to\infty}\frac{x^n}{e^x}=0$

[풀이]

(1) $\lim_{x\to\infty}\ln x=\infty$이고 $\lim_{x\to\infty}x^n=\infty$이므로 [정리 4.5: 로피탈의 제2정리]에 의하여

$$\lim_{x\to\infty}\frac{\ln x}{x^n}=\lim_{x\to\infty}\frac{(\ln x)'}{(x^n)'}=\lim_{x\to\infty}\frac{1/x}{nx^{n-1}}=\lim_{x\to\infty}\frac{1}{nx^n}=0.$$

(2) $\lim_{x\to\infty}x^n=\infty=\lim_{x\to\infty}e^x$이므로 [정리 4.5: 로피탈의 제2정리]를 n번 적용하면

$$\lim_{x\to\infty}\frac{x^n}{e^x}=\lim_{x\to\infty}\frac{nx^{n-1}}{e^x}=\cdots=\lim_{x\to\infty}\frac{n(n-1)\cdots 1}{e^x}=0.$$ ■

다음 성질은 매우 중요하다.

$$\lim_{x\to\infty}\frac{\ln x}{x^n}=0 \text{ 그리고 } \lim_{x\to\infty}\frac{x^n}{e^x}=0$$

이 성질은

• 자연로그함수보다 다항함수가 무한으로 가는 속도가 더 빠르다는 것을 의미한다.

• 다항함수보다 자연지수함수가 무한으로 가는 속도가 더 빠르다는 것을 의미한다.

[예제 4.12] $\lim_{x\to 0+}\frac{\cot x}{\ln x}$을 구하여라. [연습문제 9~12]

[풀이] $\lim_{x\to 0+}\cot x=\infty$이고 $\lim_{x\to 0+}\ln x=-\infty$이므로 [정리 4.5: 로피탈의 제2정리]를 적용하면

$$\lim_{x\to 0+}\frac{\cot x}{\ln x}=\lim_{x\to 0+}\frac{(\cot x)'}{(\ln x)'}=\lim_{x\to 0+}\frac{-\csc^2 x}{\frac{1}{x}}=\lim_{x\to 0+}\frac{-x}{\sin^2 x}.$$

$\lim_{x\to 0+} x=0=\lim_{x\to 0+}\sin x$이므로 [정리 4,.4: 로피탈의 제1정리]를 적용하면

$$\lim_{x\to 0+}\frac{-x}{\sin^2 x}=\lim_{x\to 0+}\frac{(-x)'}{(\sin^2 x)'}=\lim_{x\to 0+}\frac{-1}{2\sin x\cos x}=-\infty.$$

그러므로 극한 $\lim_{x\to 0+}\frac{\cot x}{\ln x}=-\infty$이다. ■

[예제 4.13] $\lim_{x\to\frac{\pi}{2}-}\frac{\tan x}{\sec x+1}$을 구하여라. [연습문제 9~12]

[풀이] $\lim_{x\to\frac{\pi}{2}-}\tan x=\infty=\lim_{x\to\frac{\pi}{2}-}(\sec x+1)$이므로 [정리 4.5: 로피탈의 제2정리]를 적용하면

$$\lim_{x\to\frac{\pi}{2}-}\frac{\tan x}{\sec x+1}=\lim_{x\to\frac{\pi}{2}-}\frac{(\tan x)'}{(\sec x+1)'}=\lim_{x\to\frac{\pi}{2}-}\frac{\sec^2 x}{\sec x\tan x}$$

$$=\lim_{x\to\frac{\pi}{2}-}\frac{\sec x}{\tan x}=\lim_{x\to\frac{\pi}{2}-}\frac{1}{\sin x}=1$$

그러므로 극한 $\lim_{x\to\frac{\pi}{2}-}\frac{\tan x}{\sec x+1}=1$이다. ■

4.2.3 그 외의 부정 형태의 극한

로피탈의 정리를 사용하기 위해서는 식이 분수 형태이어야만 한다. 분수 형태가 아닌 부정 형태의 경우 로피탈의 정리를 사용하려면 분수 형태로 변형해야 한다.

[예제 4.14] 다음 극한을 구하여라. [연습문제 13~18]

(1) $\lim_{x\to 0+} x\ln x$ (2) $\lim_{x\to\infty} x\sin\frac{1}{x}$ (3) $\lim_{x\to 0+}\left(\frac{1}{x}-\frac{1}{\sin x}\right)$

부정 형태 $0\cdot\infty$인 경우에서 $\lim_{x\to c} f(x)=0$은 실수 0이 아니고 점점 0으로 작아진다는 것을 의미한다.

[풀이] (1) $\lim_{x\to 0+} x=0$이고 $\lim_{x\to 0+}\ln x=-\infty$이므로 극한은 부정 형태 $0\cdot\infty$이다.

주어진 식을 분수 형태로 변형하면

$x\ln x=\frac{\ln x}{\frac{1}{x}}$로 쓸 수 있고 $\lim_{x\to 0+}\ln x=-\infty$이고 $\lim_{x\to 0+}\frac{1}{x}=\infty$이다.

그러므로 [정리 4.5: 로피탈의 제2정리]를 적용하면

$$\lim_{x\to0+} x\ln x = \lim_{x\to0+}\frac{\ln x}{\frac{1}{x}} = \lim_{x\to0+}\frac{\frac{1}{x}}{-\frac{1}{x^2}} = \lim_{x\to0+}(-x) = 0.$$

그러므로 극한 $\lim_{x\to0+} x\ln x = 0$이다.

[예제 4.14] (2) $\lim_{x\to\infty} x\sin\frac{1}{x}$의 다른 풀이를 소개한다.

$x=\frac{1}{t}$로 치환하면

$$\lim_{x\to\infty} x\sin\frac{1}{x} = \lim_{x\to0+}\frac{\sin t}{t}.$$

삼각함수의 극한에 의하여

$$\lim_{x\to0+}\frac{\sin t}{t} = 1.$$

(2) $\lim_{x\to\infty} x = \infty$이고 $\lim_{x\to\infty}\sin\frac{1}{x} = 0$이므로 극한은 부정 형태 $0\cdot\infty$이다. 주어진 식을 분수 형태로 변형하면 $x\sin\frac{1}{x} = \dfrac{\sin\frac{1}{x}}{\frac{1}{x}}$이다.

$\lim_{x\to\infty}\sin\frac{1}{x} = 0 = \lim_{x\to\infty}\frac{1}{x}$이므로 [정리 4.4: 로피탈의 제1정리]를 적용하면

$$\lim_{x\to\infty} x\sin\frac{1}{x} = \lim_{x\to\infty}\frac{\sin\frac{1}{x}}{\frac{1}{x}} = \lim_{x\to\infty}\frac{-\frac{1}{x^2}\cos\left(\frac{1}{x}\right)}{-\frac{1}{x^2}} = \lim_{x\to\infty}\cos\left(\frac{1}{x}\right) = 1.$$

그러므로 극한 $\lim_{x\to\infty} x\sin\frac{1}{x} = 1$이다.

(3) $\lim_{x\to0+}\frac{1}{x} = \infty = \lim_{x\to0+}\frac{1}{\sin x}$이므로 극한은 부정 형태 $\infty-\infty$이다.

주어진 식을 하나의 분수 형태로 변형하면 $\frac{1}{x} - \frac{1}{\sin x} = \frac{\sin x - x}{x\sin x}$이다.

$\lim_{x\to0+}(\sin x - x) = 0 = \lim_{x\to0+} x\sin x$이므로 [정리 4.4: 로피탈의 제1정리]에 의해

$$\lim_{x\to0+}\left(\frac{1}{x} - \frac{1}{\sin x}\right) = \lim_{x\to0+}\frac{\sin x - x}{x\sin x} = \lim_{x\to0+}\frac{\cos x - 1}{\sin x + x\cos x}.$$

$\lim_{x\to0+}(\cos x - 1) = 0 = \lim_{x\to0+}(\sin x + x\cos x)$이므로 [정리 4.4: 로피탈의 제1정리]를 적용하면

$$\lim_{x\to0+}\frac{\cos x - 1}{\sin x + x\cos x} = \lim_{x\to0+}\frac{-\sin x}{\cos x + \cos x - x\sin x} = \frac{0}{2} = 0.$$

그러므로 극한 $\lim_{x\to0+}\left(\frac{1}{x} - \frac{1}{\sin x}\right) = 0$이다. ■

$\lim_{x\to0+}\left(\frac{1}{x} - \frac{1}{\sin x}\right) = 0$은 양수 x가 매우 작은 경우 $\frac{1}{x}$와 $\frac{1}{\sin x}$가 매우 근사하다는 것을 의미한다. 즉 0 근처에서 $\frac{1}{x} \sim \frac{1}{\sin x}$.

[예제 4.15] $\lim_{x\to0+} x^x$을 구하여라. [연습문제 19~24]

[풀이] 지수함수와 로그함수는 역함수 관계*이고 로그의 성질에 의해 $x^x = e^{x\ln x}$이다. 지수함수는 연속**이므로 극한 $\lim_{x\to0+} x^x = e^{\lim_{x\to0+} x\ln x}$으로 변환된다. 그러므로 $\lim_{x\to0+} x\ln x$를 구하면 된다.

[예제 4.14] (1)에 의하여 극한 $\lim_{x\to0+} x\ln x = 0$이다. 여기서는 치환을 사용하는 새로

* 지수함수와 로그함수는 역함수 관계이므로

$$e^{\ln f(x)} = f(x)$$

** 지수함수가 실수 전체에서 연속이므로

$$\lim_{x\to a} e^{f(x)} = e^{\lim_{x\to a} f(x)}$$

운 방법으로 극한 $\lim_{x \to 0+} x\ln x$을 다음과 같이 구해보자.

$$\text{변수 } t = \frac{1}{x}\text{로 치환하면 } \lim_{x \to 0+} x\ln x = \lim_{t \to \infty} \frac{1}{t}\ln\frac{1}{t} = \lim_{t \to \infty}\left(-\frac{\ln t}{t}\right)$$

$\lim_{t \to \infty} \ln t = \infty = \lim_{t \to \infty} t$이므로 [정리 4.5: 로피탈의 제2정리]를 적용하면

$\lim_{t \to \infty} \frac{-\ln t}{t} = \lim_{t \to \infty}\left(-\frac{1}{t}\right) = 0$이고 $\lim_{x \to 0+} x^x = e^{\lim_{x \to 0+} x\ln x} = e^0 = 1$이다.

그러므로 극한 $\lim_{x \to 0+} x^x = 1$이다. ■

연습문제

• Part 1

[1-4] 로피탈의 제1정리를 이용하여 다음 극한을 구하여라. [예제 4.4~4.8]

1. $\lim_{x \to -5} \frac{x^2 - 25}{x + 5}$
2. $\lim_{x \to -1} \frac{3x^3 + 3}{4x^3 - x + 3}$
3. $\lim_{x \to 0} \frac{x + \tan x}{\sin x}$
4. $\lim_{x \to 0} \frac{e^x - 1}{\sin x}$

[5-8] 로피탈의 제2정리를 이용하여 다음 극한을 구하여라. [예제 4.9~4.10]

5. $\lim_{x \to \infty} \frac{5x^3 - 2x}{7x^3 + 3}$
6. $\lim_{x \to \infty} \frac{x^3 + 1}{2^x + 6}$
7. $\lim_{x \to \infty} \frac{\ln(x^2 + 2x)}{\ln x}$
8. $\lim_{x \to \infty} \frac{e^{e^x}}{e^x}$

[9-12] 다음 극한을 구하여라. [예제 4.12~4.13]

9. $\lim_{x \to 0} \frac{\cos 2x - 1}{5x^2}$
10. $\lim_{x \to 0} \frac{\sin x - x}{x^3}$
11. $\lim_{x \to 0+} \frac{\ln(\sin x)}{\ln(\tan x)}$
12. $\lim_{x \to 1} \frac{\ln x - x + 1}{x^3 - 3x + 2}$

[13-18] 다음 극한을 구하여라. [예제 4.14]

13. $\lim_{x \to \infty} xe^{-x}$
14. $\lim_{x \to 0+} \sin x \ln(\sin x)$
15. $\lim_{x \to 0+} \sqrt{x}\ln x$
16. $\lim_{x \to 0}\left(\frac{1}{x^2} - \frac{\cos 3x}{x^2}\right)$
17. $\lim_{x \to 0+}\left(\frac{3x + 1}{x} - \frac{1}{x^2}\right)$
18. $\lim_{x \to 2+}\left(\frac{8}{x^2 - 4} - \frac{x}{x - 2}\right)$

[19-24] 다음 극한을 구하여라. [예제 4.15]

19. $\lim_{x \to 0+} x^{\sin x}$
20. $\lim_{x \to 0+} x^{2x}$
21. $\lim_{x \to \infty} x^{\frac{1}{\ln x}}$
22. $\lim_{x \to \infty} x^{\frac{1}{x}}$
23. $\lim_{x \to 1+} x^{\frac{1}{1-x}}$
24. $\lim_{x \to \infty}\left(1 + \frac{1}{x}\right)^x$

• Part 2

[25-48] 다음 극한을 구하여라.

25. $\lim_{x\to 2}\frac{x^2+x-6}{x^2-3x+2}$

26. $\lim_{x\to 1}\frac{2x^3+5x^2-4x-3}{x^3+x^2-10x+8}$

27. $\lim_{x\to 0}\frac{\ln(1-x)}{e^x-1}$

28. $\lim_{x\to \pi}\frac{1+\cos x}{\sin(2x)}$

29. $\lim_{x\to \infty}\frac{x+\ln x}{x\ln x}$

30. $\lim_{x\to \infty}\frac{\ln x}{\ln(\ln x)}$

31. $\lim_{x\to 0}\frac{e^x-1-\sin x}{1-\cos x}$

32. $\lim_{x\to 0}\frac{x^2}{\cos x-1}$

33. $\lim_{x\to 0}\frac{\sin 3x-3x+x^2}{\sin x\sin 2x}$

34. $\lim_{x\to \frac{\pi}{2}}\sec x-\tan x$

35. $\lim_{x\to 0}\csc x-\cot x$

36. $\lim_{x\to 1}\left(\frac{1}{\ln x}-\frac{x}{\ln x}\right)$

37. $\lim_{x\to \infty}x^2\left(1-x\sin\frac{1}{x}\right)$

38. $\lim_{x\to \frac{\pi}{2}}(1-\sin x)\tan x$

39. $\lim_{x\to 0+}\tan x\ln x$

40. $\lim_{x\to 0+}(x^2+x)^{-\ln x}$

41. $\lim_{x\to 0}(\sin x)^{\tan x}$

42. $\lim_{x\to \infty}(x+1)^{e^{-x}}$

43. $\lim_{x\to \frac{\pi}{2}-}(\sin x)^{\tan x}$

44. $\lim_{x\to \infty}(x^2+1)^{\frac{1}{x}}$

45. $\lim_{x\to 0}\left(\frac{\sin x}{x}\right)^{\frac{1}{x}}$

46. $\lim_{x\to \infty}\left(1+\frac{1}{2x}\right)^x$

47. $\lim_{x\to \infty}\left(1+\frac{1}{x}\right)^{-x^2}$

48. $\lim_{x\to \infty}\left(1+\frac{\sin x}{x}\right)^x$

4.3 최댓값과 최솟값 그리고 극값

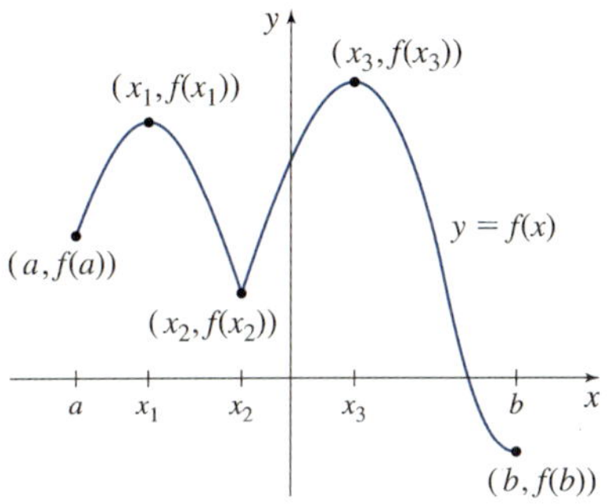

[그림 4.4]

2.3절의 함수의 연속에서 최댓값과 최솟값의 개념을 다루었고 연속함수에 대한 [정리 2.13: 최댓값과 최솟값의 정리]에서 유계이고 닫힌 구간에서 연속인 함수는 최댓값과 최솟값을 반드시 갖는다는 것을 알았다. 하지만 최댓값과 최솟값을 구하기 위해서는 미분을 활용해야 한다.

[그림 4.4]에서 함수 f의 그래프 위의 두 점 $(x_1, f(x_1))$와 $(x_3, f(x_3))$은 봉우리 꼭대기의 점이다. 봉우리의 꼭대기는 그 근처에서 가장 큰 함숫값을 갖는다. 그리고 정의역 구간 $[a, b]$에서 가장 큰 함숫값은 $f(x_3)$이다. 이런 의미에서 $f(x_1)$와 $f(x_3)$를 국소적인 최댓값(local maximum) 또는 **극댓값**이라고 부른다. 그 중에서 $f(x_3)$ 정의역 구간 $[a, b]$ 전체에서 최댓값이므로 $f(x_3)$을 광역적 최댓값(global maximum) 또는 **최댓값**(maximum)이라고 부른다. 즉, 연속함수인 경우 국소적 최댓값 중에서 가장 큰 값이 최댓값이다.

비슷하게 그래프 위의 세 점 $(a, f(a))$, $(x_2, f(x_2))$, $(b, f(b))$는 계곡의 밑바닥에 있는 점으로 그 근처에서 가장 작은 함숫값이다. 그리고 정의역 구간 $[a, b]$에서 가장 작은 함숫값은 $f(b)$이다. 이런 의미에서 $f(a)$, $f(x_2)$, $f(b)$를 국소적인 최솟값(local minimum) 또는 **극솟값**이라고 부른다. 그 중에서 $f(b)$를 정의역 구간 $[a, b]$ 전체에서 최솟값이므로 $f(b)$를 광역적 최솟값(global minimum) 또는 **최솟값**(minimum)이라고 부른다. 즉, 연속함수인 경우 국소적 최솟값 중에서 가장 작은 값이 최솟값이다.

국소적 최댓값과 국소적 최솟값을 합하여 **극값**(extreme value)이라고 부르며, 극값의 개념을 명확하게 알아보자.

4.3.1 최댓값과 최솟값의 정리

이번 절에서는 2.3절에서 소개한 [정리 2.13: 최댓값과 최솟값의 정리]를 다시 한 번 복습해 보자.

경제학이나 공학 분야에서는 주어진 문제의 답을 찾거나 최적화 문제를 다룬다. 주어진 문제를 함수로 표현하고 최댓값 또는 최솟값을 구하여 문제를 해결할 수 있다. 즉, 최댓값과 최솟값을 찾는 것은 응용 분야에서 매우 중요한 과정이다. 예를 들어서 어느 회사에서 상품 A와 상품 B를 생산한다고 하자. 상품 A와 상품 B를 만드는 데 필요한 각각의 비용인 생산 원가와 상품 A와 상품 B의 각각의 가격의 관계에서 이 회사가 이익을 최대로 하기 위하여 상품 A와 상품 B를 각각 얼마나 생산해야 하는지를 결정하는 문제도 최댓값을 구하는 것이다.

2.3절에서 [정리 2.13: 최댓값과 최솟값의 정리]를 소개하였지만, 여기서 다시 한 번 소개한다. 최댓값과 최솟값의 정리는 유계이고 닫힌 구간 $[a, b]$에서 정의된 연

속함수는 최댓값과 최솟값을 반드시 갖는다는 것을 말해 주고 있다. 존재하는 최댓값과 최솟값을 구체적으로 구하는 것은 매우 중요하다. 최댓값과 최솟값을 구하는 방법은 앞으로 미분의 활용에서 다룰 예정이다.

[정리 2.13]에서 정의역이 유계이고 닫힌 구간 $[a,b]$이라는 것과 함수 f가 연속임은 매우 중요하다.

[복습] [정리 2.13: 최댓값과 최솟값의 정리]
유계이고 닫힌 구간 $[a,b]$ 위의 함수 f가 연속이라고 하자.
그러면 구간 $[a,b]$에 있는 모든 x에서 $f(v) \le f(x) \le f(u)$를 만족하는 실수 u, v가 구간 $[a,b]$에 있다. 즉, 함수 f는 **최댓값** $f(u)$와 **최솟값** $f(v)$를 갖는다.

유계이고 닫힌 구간이 아닌 구간은 유계가 아니거나 닫힌 구간이 아닌 것을 의미한다. 즉, 유계가 아닌 구간은 $(-\infty, b]$, $(-\infty, b)$, $[a, \infty)$, (a, ∞), $(-\infty, \infty)$이 있고 닫힌 구간이 아닌 구간은 $(a,b]$, $[a,b)$, (a,b)가 있다.

우선 유계이고 닫힌 구간 $[a,b]$에서 연속인 함수 f의 그래프를 그리면 [그림 4.5]에서와 같이 양 끝점을 $f(a)$와 $f(b)$로 고정한 연결된 곡선의 다양한 모양이다. 양 끝점을 $f(a)$와 $f(b)$로 고정한 끈 또는 곡선 모양이어야 한다.

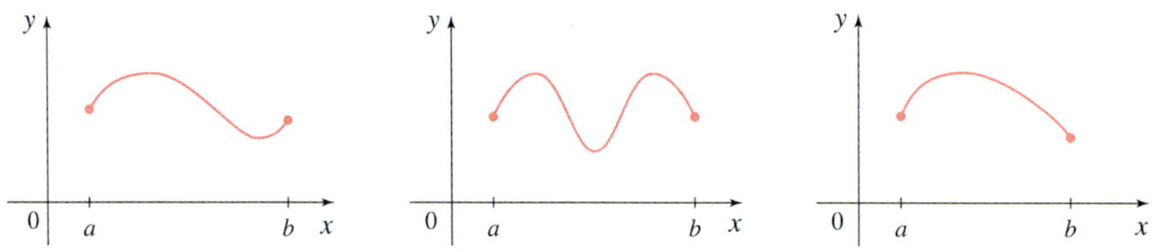

[그림 4.5]

[정리 2.13: 최댓값과 최솟값의 정리]에서 다음 두 가지 조건은 중요하다.

- 함수 f의 정의역이 유계이고 닫힌 구간 $[a,b]$이다.
- 함수 f는 구간 $[a,b]$에서 연속이다.

우선 함수 f가 연속이지만 정의역이 유계이고 닫힌 구간이 아니면 [정리 2.13: 최댓값과 최솟값의 정리]가 성립하지 않는다.

[예제 4.16] 함수 $f(x) = 4 - x^2$의 다음 각각의 그래프를 보고 최댓값과 최솟값을 구하고 최댓값 또는 최솟값이 없으면 그 이유를 말하여라.

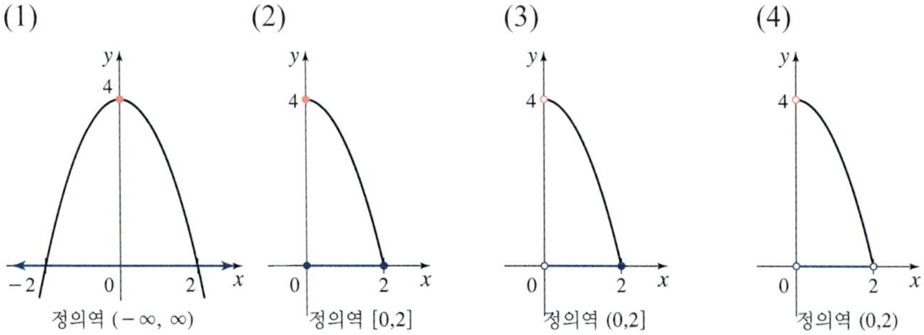

[풀이]

(1) 최댓값은 $f(0)=4$이고 최솟값은 없다. 정의역 $(-\infty,\infty)$이 유계가 아니기 때문에 [정리 2.13: 최댓값과 최솟값의 정리]가 적용되지 않는다.

(2) 최댓값은 $f(0)=4$이고 최솟값은 $f(2)=0$이다. 함수 f가 유계이고 닫힌 구간 $[0,2]$에서 연속이므로 [정리 2.13: 최댓값과 최솟값의 정리]를 적용할 수 있다.

(3) 최솟값은 $f(2)=0$이고 최댓값은 없다. 정의역 구간 $(0,2]$이 닫힌 구간이 아니기 때문에 [정리 2.13: 최댓값과 최솟값의 정리]가 적용되지 않는다.

(4) 최댓값과 최솟값 모두 없다. 정의역 구간 $(0,2)$이 닫힌 구간이 아니기 때문에 [정리 2.13: 최댓값과 최솟값의 정리]가 적용되지 않는다. ■

이번에 [정리 2.13: 최댓값과 최솟값의 정리]의 조건에서 함수의 연속성의 중요함에 대하여 알아보자.

유계이고 닫힌 구간인 정의역에서 연속이 아닌 함수인 경우 함수가 최댓값 또는 최솟값을 갖는다는 것을 보장할 수 없다.

[그림 4.6](a)에서 함수의 그래프를 보면 $x=0$과 $x=1$에서 최솟값 0을 갖지만, 최댓값은 없다. 왜냐하면 이 함수의 정의역은 유계이고 닫힌 구간 $[0,1]$이지만 함수는 $x=1$에서 불연속이기 때문에 [정리 2.13: 최댓값과 최솟값의 정리]을 적용할 수 없다.

[그림 4.6](b)에서 함수의 그래프를 보면 $x=a$에서 최솟값을 갖지만, 최댓값은 없다. 왜냐하면 이 함수의 정의역은 유계이고 닫힌 구간 $[a,b]$이지만 함수는 $x=c$에서 불연속이기 때문에 [정리 2.13: 최댓값과 최솟값의 정리]을 적용할 수 없다.

[그림 4.6](c)의 함수의 그래프는 [그림 4.6](b)와 매우 비슷하고 $x=c$에서만 함숫값이 다르다. [그림 4.6](c)의 함수는 $x=a$에서 최솟값을 갖고 $x=c$에서 최댓값을 갖는다. 이 함수는 $x=c$에서 불연속이기 때문에 [정리 2.13: 최댓값과 최솟값의 정리]을 적용할 수 없지만 최댓값과 최솟값을 갖는 것도 가능하다.

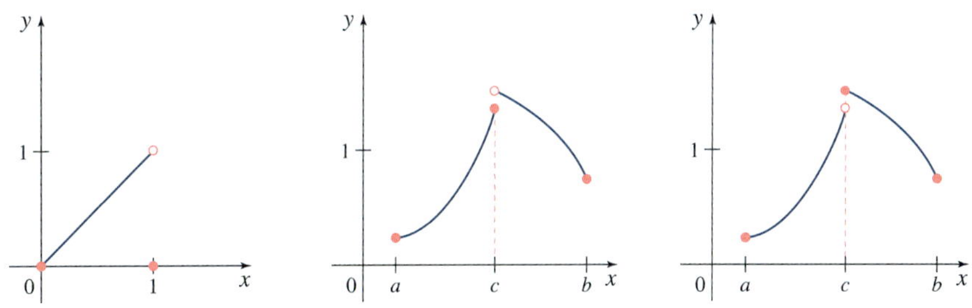

[그림 4.6](a)
최댓값: 없음
최솟값: $f(0)$

[그림 4.6](b)
최댓값: 없음
최솟값: $f(a)$

[그림 4.6](c)
최댓값: $f(c)$
최솟값: $f(a)$

[정리 2.13: 최댓값과 최솟값의 정리]에 의해서 함수의 최댓값과 최솟값의 존재를 보장하기 위해서는 정의역이 유계이고 닫힌 구간인 것과 함수가 정의역에서 연속임을 확인해야 한다.

4.3.2 극값의 정의

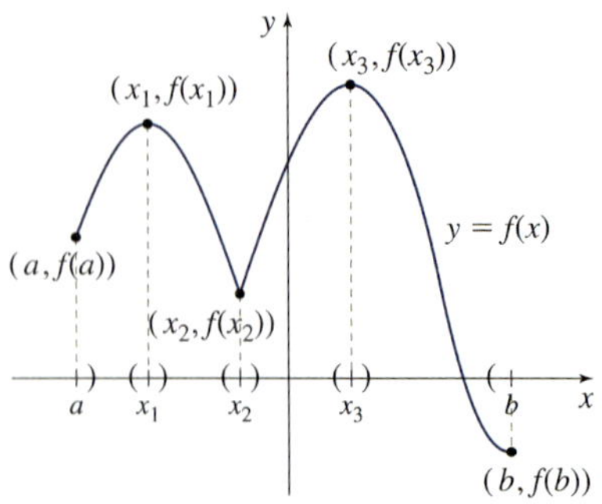

[그림 4.7]

[그림 4.7]은 유계이고 닫힌 구간 $[a,b]$에서 정의된 연속함수 f의 그래프이다. 함수 f는 $x=x_3$에서 최댓값 $f(x_3)$을 갖고 $x=b$에서 최솟값 $f(b)$을 갖는다.

함수 f의 그래프를 살펴보면 함숫값 $f(x_1)$과 $f(x_2)$는 구간 $[a,b]$에서 최댓값과 최솟값은 아니지만 x_1의 근방에서는 함숫값 $f(x_1)$이 가장 크고 x_2의 근방에서는 함숫값 $f(x_2)$이 가장 작다. [그림 4.7]에서 보면 x_1의 근방은 x_1을 포함하는 작은 열린 구간과 정의역의 공통 부분을 의미한다. 정의역 전체적으로 보지 않고 국소적인 최댓값 또는 국소적인 최솟값이라고 할 수 있으며, **극댓값** 또는 **극솟값**이라고 부른다. 물론 정의역 전체에서의 최댓값 $f(x_3)$도 극댓값에 해당하고 정의역 전체에서의 최솟값 $f(b)$도 극솟값에 해당한다.

* 정의역인 구간 $[a,b]$에 대하여 c의 구간 $[a,b]$에서의 **근방**은 c를 포함하는 작은 열린 구간과 정의역 $[a,b]$의 공통부분이다.

> **[정의 4.1: 극댓값, 극솟값 그리고 극값]** c와 d는 함수 f의 정의역에 있다.
>
> (1) c의 구간 $[a,b]$의 근방*에 있는 모든 x에 대하여 $f(x) \le f(c)$이면 함수 f는 $x=c$에서 **극댓값**(local maximum) $f(c)$를 갖는다고 한다.
>
> (2) d의 구간 $[a,b]$의 근방*에 있는 모든 x에 대하여 $f(x) \ge f(d)$이면 함수 f는 $x=d$에서 **극솟값**(local minimum) $f(d)$를 갖는다고 한다.
>
> (3) 극댓값과 극솟값을 합하여 **극값**(extreme value)이라고 한다.

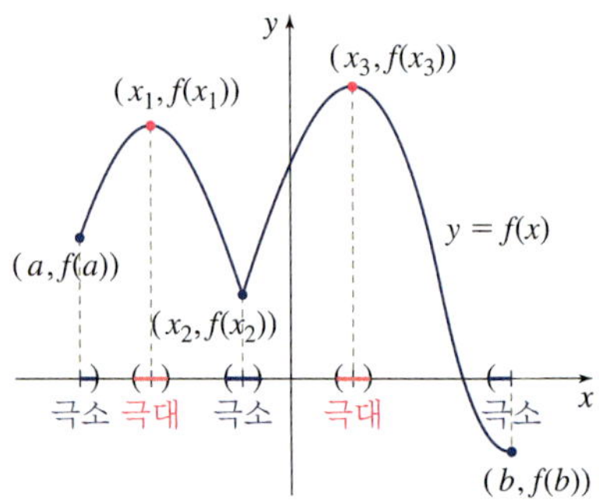

[그림 4.8](a)

점 c의 **근방**은 c를 포함하는 작은 열린 구간과 정의역의 공통부분을 의미한다. 일반적으로 함수가 경계를 포함한 정의역에서 연속이면 경계에서는 반드시 극값을 갖는다.

[그림 4.8](a)는 유계이고 닫힌 구간 $[a,b]$에서 연속함수 f의 그래프이다. 정의역 $[a,b]$의 경계 a와 b에서의 극값 여부를 알아보자. 경계인 a를 포함하는 정의역 내의 근방에서 $f(a)$가 가장 작은 함숫값임을 볼 수 있으므로 $f(a)$는 극솟값이다. 비슷하게 경계인 b에서 극솟값 $f(b)$이다. 그러므로 정의역 $[a,b]$의 경계 a와 b에서 함수 f는 극값을 갖는다. 물론 정의역의 경계 이외에서 $f(x_2)$도 극솟값이고 $f(x_1)$와 $f(x_3)$는 극댓값이다.

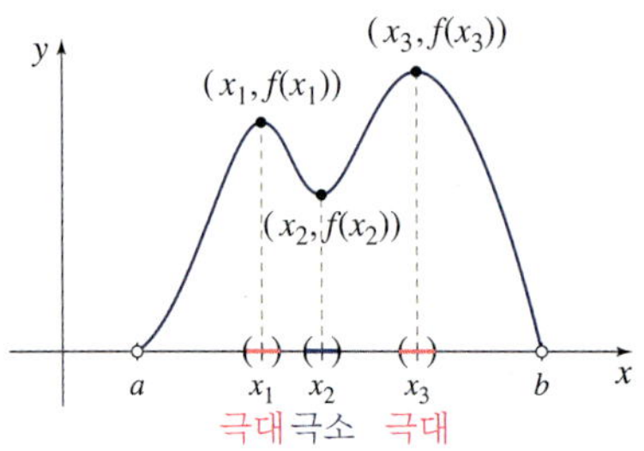

[그림 4.8](b)

[그림 4.8](b)에서 함수 f의 그래프를 보면 정의역인 열린 구간 (a,b)에서 정의된 함수 f의 극값을 보여준다. 경계인 $x=a$와 $x=b$에서 함수 f가 정의되지 않았기 때문에 극값이 될 수 없다. 정의역 구간 (a,b)의 점 x_1, x_3에서 극댓값 $f(x_1)$과 $f(x_3)$을 갖고 점 x_2에서 극솟값 $f(x_2)$를 갖는다.

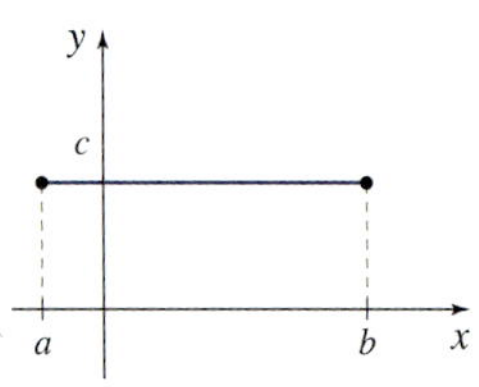

[그림 4.9: $f(x) = c$의 그래프]

[주의] [그림 4.9]는 상수함수의 그래프이다. 상수함수인 경우는 정의역의 모든 점에서 극솟값을 갖고 동시에 모든 점에서 극댓값을 갖는다는 것을 주의하자.

[보기 4.1] 다음 함수의 그래프를 보고 함수의 정의역, 극값 그리고 최댓값 또는 최솟값을 구해보자.

(a)

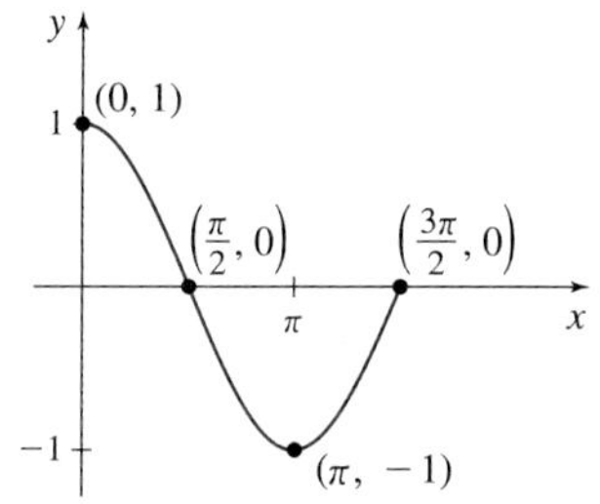

(1) 정의역: $\left[0, \frac{3\pi}{2}\right]$
(2) 극댓값: $x=0$에서 극댓값 1,
$x=\frac{3\pi}{2}$에서 극댓값 0
(3) 극솟값: $x=\pi$에서 극솟값 -1
(4) 최댓값: $x=0$에서 최댓값 1
(5) 최솟값: $x=\pi$에서 최솟값 -1

(b)

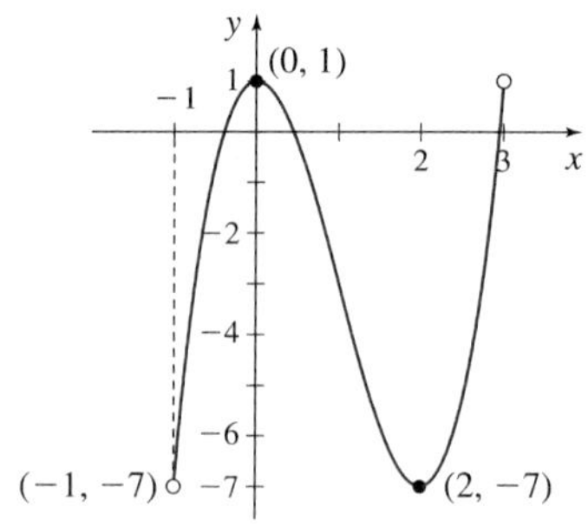

(1) 정의역: $(-1, 3)$
(2) 극댓값: $x=0$에서 극댓값 1
(3) 극솟값: $x=2$에서 극솟값 -7
(4) 최댓값: $x=0$에서 최댓값 1
(5) 최솟값: $x=2$에서 최솟값 -7

(c)

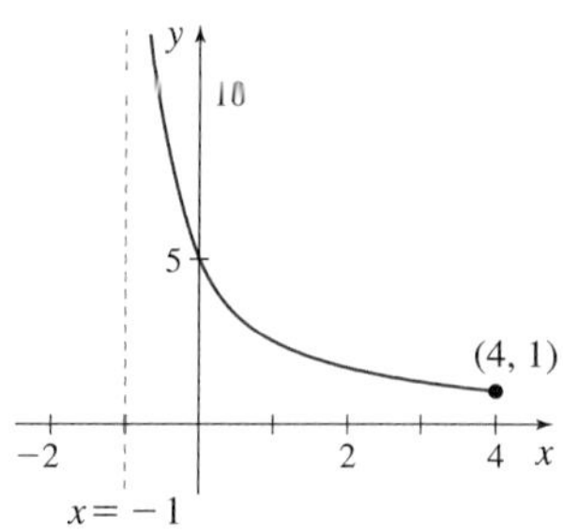

(1) 정의역: $(-1, 4]$
(2) 극댓값: 없다.
(3) 극솟값: $x=4$에서 극솟값 1
(4) 최댓값: 없다.
(5) 최솟값: $x=4$에서 최솟값 1

(d)

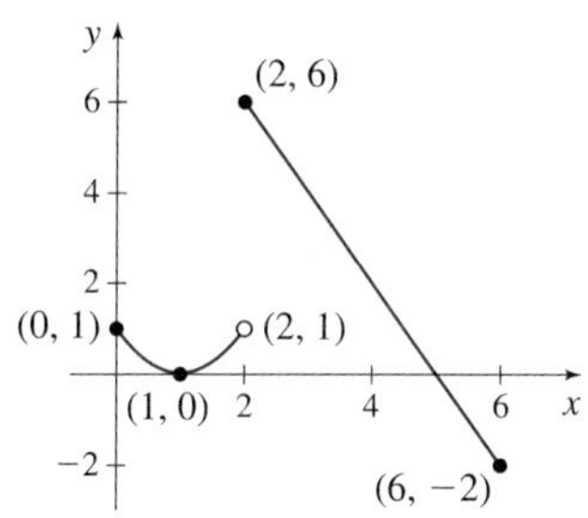

(1) 정의역: $[0, 6]$
(2) 극댓값: $x=0$에서 극댓값 2,
$x=2$에서 극댓값 6
(3) 극솟값: $x=1$에서 극솟값 0,
$x=6$에서 극솟값 -2
(4) 최댓값: $x=2$에서 최댓값 6
(5) 최솟값: $x=6$에서 최솟값 -2

(e)

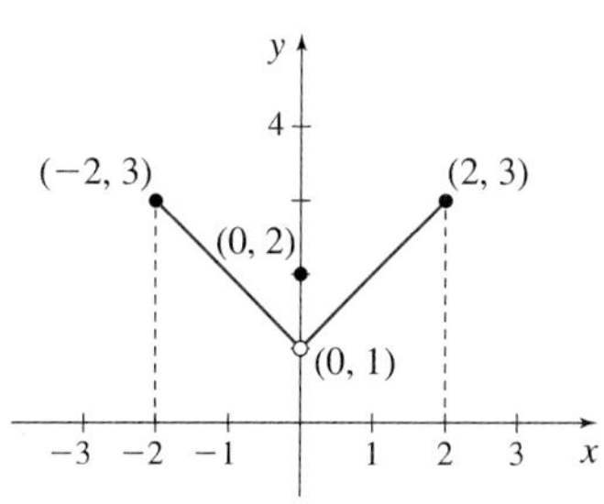

(1) 정의역: $[-2, 2]$
(2) 극댓값: $x=-2$와 $x=2$에서 극댓값 3,
$x=0$에서 극댓값 2
(3) 극솟값: 없다.
(4) 최댓값: $x=-2$와 $x=2$에서 최댓값 3
(5) 최솟값: 없다. ■

[보기 4.1]에서 보면 극값과 최댓값 또는 최솟값이 항상 존재하는 것은 아니다.

4.3.3 극값과 임계점

함수의 그래프가 주어지면 극값들이 어디에 위치하는지를 쉽게 알 수 있지만 단지 함수의 식을 알고 있는 경우 극값의 위치를 찾는 도구가 필요하다.

◐ 임계점과 극값의 후보

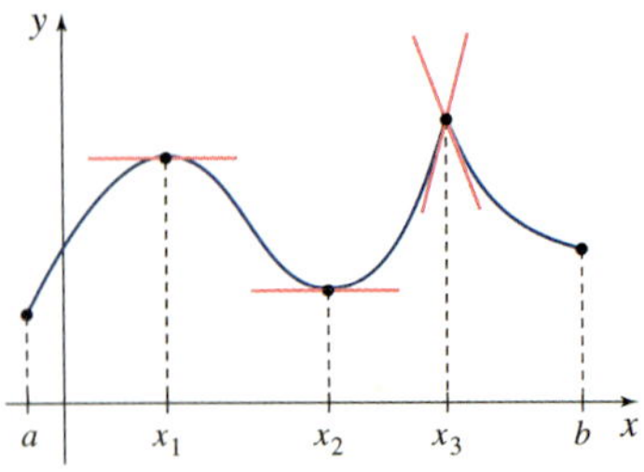

[그림 4.10] 5개의 극값을 갖는 그래프

[그림 4.10]은 유계이고 닫힌 구간 $[a, b]$에서 정의된 연속함수 f의 그래프이다. 함수 f의 그래프에서 보면 다섯 개의 극값이 있다. 함수 f의 정의역인 닫힌 구간 $[a, b]$의 경계 $x = a$와 $x = b$에서 극솟값을 갖고 함수의 정의역 $[a, b]$의 내부의 점 중에서 $x = x_1$과 $x = x_3$에서 극댓값을 갖고 $x = x_2$에서 극솟값을 갖는다. 이때, $x = x_1$과 $x = x_2$에서의 미분계수(즉 접선의 기울기)는 0이다. 즉 $f'(x_1) = 0$이고 $f'(x_2) = 0$이다. $x = x_3$에서는 극댓값을 갖지만 미분이 불가능하다.

> **[정리 4.6]** 함수 f가 $x = c$에서 극값을 갖고 미분가능하면 $f'(c) = 0$이다.

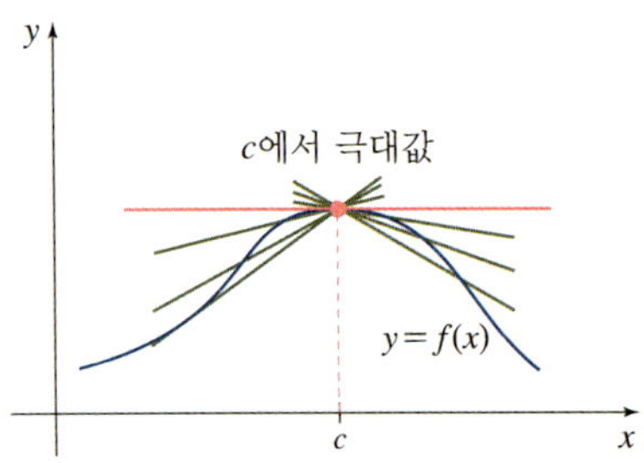

[그림 4.11]
$x = c$에서 f의 극댓값을 갖는 경우

[증명] 함수 f가 $x = c$에서 미분가능하므로 실수 $f'(c)$가 존재한다. 함수 f가 $x = c$에서 극댓값을 갖는 경우에 $f'(c) = 0$임을 증명을 해보자. ([그림 4.11] 참고)
우선 $x > c$인 경우(c의 오른쪽 근방인 경우):
함수 f가 $x = c$에서 극댓값을 갖기 때문에 $f(x) \le f(c)$이다. 그러므로

$$0 \ge \frac{(f(x)-f(c))^{-}}{(x-c)_{+}} \text{ 이므로 } 0 \ge \lim_{x \to c+} \frac{f(x)-f(c)}{x-c}. \qquad (*)$$

그리고 $x < c$인 경우(c의 왼쪽 근방인 경우):
함수 f가 $x = c$에서 극댓값을 갖기 때문에 $f(x) \le f(c)$이다. 그러므로

$$0 \le \frac{(f(x)-f(c))^{+}}{(x-c)_{+}} \text{ 이므로 } 0 \le \lim_{x \to c-} \frac{f(x)-f(c)}{x-c}. \qquad (**)$$

c에서 도함수 $f'(c)$가 존재하므로 식 (*)와 식 (**)에 의해서 다음이 성립한다.

$$0 \le \lim_{x \to c-} \frac{f(x)-f(c)}{x-c} = \lim_{x \to c+} \frac{f(x)-f(c)}{x-c} \le 0$$

그러므로 극한 $\lim_{x \to c} \frac{f(x)-f(c)}{x-c} = 0$이고 $f'(c) = 0$이다.
함수 f가 $x = c$에서 극솟값을 갖는 경우도 같은 방법으로 증명할 수 있다. ■

[정리 4.6]에 의하여 함수 f가 미분가능한 점 $x = c$에서 극값을 가지면 도함수 $f'(c) = 0$이다. 그러나 $x = c$에서 도함수 $f'(c) = 0$인 경우 $x = c$에서 극값을 가질 수도 있고 극값을 갖지 않을 수도 있다. [그림 4.12](a), (b), (c), (d)에서 함수 f의

그래프를 보면 $x=c$에서 미분가능하고 도함수 $f'(c)=0$이다.

- [그림 4.12](a)는 $x=c$에서 극솟값을 갖는다.
- [그림 4.12](b)는 $x=c$에서 극댓값을 갖는다.
- [그림 4.12](c)와 (d)는 $x=c$에서 극값을 갖지 않는다.

* $f'(c)=0$인 c에서의 $f(c)$는 극값의 후보이다.

정의역에서 미분가능한 점 $x=c$에서 $f'(c)=0$인 점 $(c, f'(c))$에서 반드시 극값을 갖는 것은 아니지만 극값의 후보가 될 수 있다.*

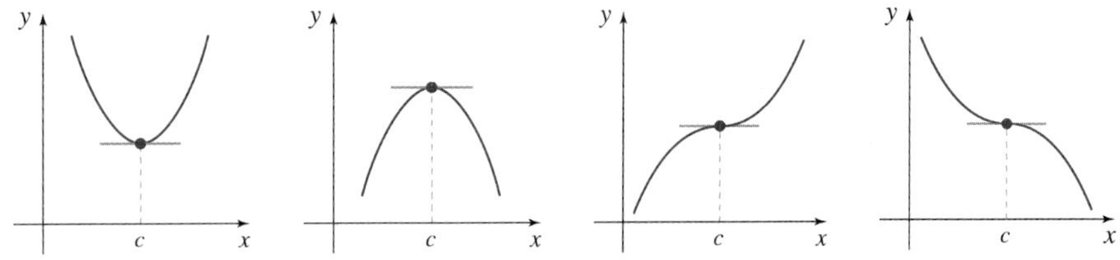

[그림 4.12](a) [그림 4.12](b) [그림 4.12](c) [그림 4.12](d)

함수의 정의역에서 미분불가능한 점 $x=c$에서 극값을 가질 수도 있고 극값을 갖지 않을 수도 있다. [그림 4.13](a), (b), (c), (d)에서 함수 f의 그래프를 보면 $x=c$에서 미분불가능하다.

- [그림 4.13](a)는 $x=c$에서 극솟값을 갖고 [그림 4.13](b)는 $x=c$에서 극댓값을 갖는다.
- [그림 4.13](c)와 (d)는 $x=c$에서 극값을 갖지 않는다.

** f가 c에서 미분불가능하면 $f(c)$는 극값의 후보이다.

그러므로 정의역에서 미분 불가능한 점 $x=c$에서 반드시 극값을 갖는 것은 아니지만 극값의 후보가 될 수 있다.**

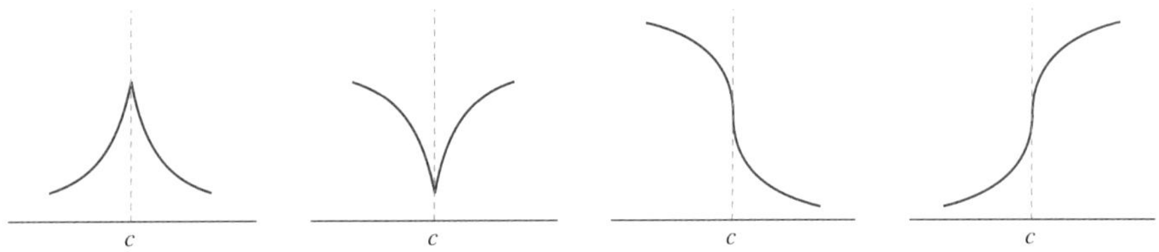

[그림 4.13](a) [그림 4.13](b) [그림 4.13](c) [그림 4.13](d)

*** 함수 f의 미분가능성을 정의역의 경계가 아닌 정의역의 내부점에서 판별한다. 함수의 정의역이 구간 $[a, b]$인 경우

- 정의역의 **내부** = 열린 구간 (a, b)
- 정의역의 **경계**는 a와 b

함수 f의 정의역 경계가 아닌 내부의 점 c에서 함수의 극값의 후보는 다음과 같은 두 종류이다.***

- $f'(c)=0$인 점 c
- $x=c$에서 f가 미분불가능

정의역이 닫힌 구간 $[a, b]$인 경우 경계점 $x=a$ 또는 $x=b$에서 항상 극댓값이나 극솟값을 갖는다.

다음에서 연속인 함수의 **극값의 후보**인 세 종류를 정의해 보자.

> **[정의 4.2: 정점, 특이점, 임계점]**
> (1) c가 함수 f의 정의역 구간의 **내부점**이라고 하자.
> ① $f'(c)=0$인 점 c를 f의 **정점**이라고 한다.
> ② f가 c에서 미분가능하지 않을 때 점 c를 f의 **특이점**이라고 한다.
> (2) 정점, 특이점, 정의역의 **경계점**의 세 종류를 모두 f의 **임계점**이라고 한다.

극값의 후보는 세 종류의 **임계점**이다. 극값을 찾기 위해서 가장 먼저 극값의 후보인 세 종류의 임계점을 모두 찾아야 한다.

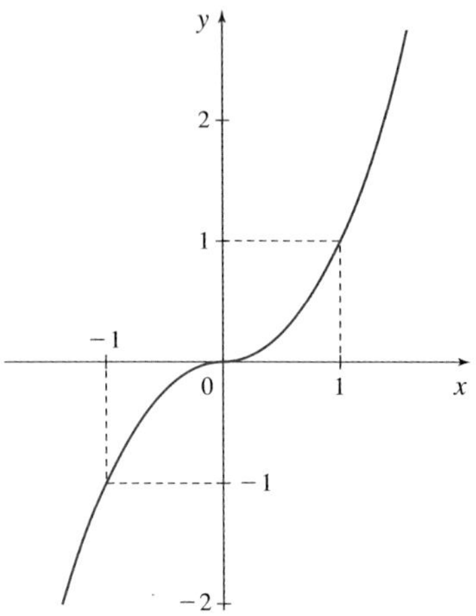

[그림 4.14]

[예제 4.17] 함수 $f(x)=x^3$의 정점을 찾고 정점에서 극값을 갖는지를 판별하여라. [연습문제 1~6]

[풀이] 우선 함수 f의 정점을 알아보자. 도함수는 $f'(x)=x^2$이므로
$f'(x)=x^2=0$이고 $x=0$에서 함수 f는 정점을 갖는다.
이제 $x=0$에서 함수 f의 극값을 갖는지를 알아보자.
$x<0$이면 $f(x)=x^3<0=f(0)$이므로 $f(0)$는 극솟값이 아니고
$x>0$이면 $f(x)=x^3>0=f(0)$이므로 $f(0)$는 극댓값이 아니다.
그러므로 $f(0)$은 극댓값도 갖지 않고 극솟값도 갖지 않는다. 즉, 함수 f는 $x=0$에서 극값을 갖지 않는다. 함수 $f(x)=x^3$의 그래프인 [그림 4.14]를 보면 $x=0$에서 극값을 갖지 않는 것을 볼 수 있다. ■

함수 f의 정의역에서 극값이 될 수 있는 후보를 다음과 같이 정리할 수 있다.

<table>
<tr><td rowspan="3">임계점: 극값 후보</td><td rowspan="2">정의역의 내부점 c</td><td>$f'(c)=0$</td><td>정점</td></tr>
<tr><td>c에서 미분불가능</td><td>특이점</td></tr>
<tr><td colspan="2">정의역의 경계점 c</td><td>경계점</td></tr>
</table>

◐ 최댓값과 최솟값 구하기

이번 절에서 다루는 중요한 문제는 다음 두 가지이다.

- 존재하는 최댓값과 최솟값 찾기
- 존재하는 극댓값과 극솟값 찾기

[정리 2.13: 최댓값과 최솟값의 정리]에 의해 유계이고 닫힌 구간 $[a,b]$에서 연속인 함수 f는 정의역 구간 $[a,b]$에서 반드시 최댓값과 최솟값을 갖는다. 최댓값과 최솟값은 당연히 극댓값과 극솟값인 극값이 되고 극값은 극값의 후보인 3종류의 임계점에서 찾으면 된다.
연속함수의 최댓값과 최솟값을 찾기 위해서는 극값의 후보인 임계점(정점, 특이점, 정의역의 경계점)을 구하고 각 임계점에서의 함숫값을 비교하여 가장 큰 값이

최댓값이 되고 가장 작은 값이 최솟값이 된다.

[참고] 함수 f의 최댓값과 최솟값을 찾는 경우 임계점에서 극솟값을 갖는지 극댓값을 갖는지는 중요하지 않다.

* 구간 $[a,b]$에서 연속인 함수 f는 최댓값과 최솟값을 반드시 갖기 때문에 최댓값과 최솟값을 구할 수 있는 것이다.

[구간 $[a,b]$에서 연속인 함수 f의 최댓값과 최솟값 구하기]*

① 열린 구간 (a,b)에서 함수 f의 정점과 특이점을 찾는다.
- 구간 (a,b)에서 함수 f의 **정점**인 $f'(c)=0$인 점 c와 $f(c)$를 구한다.
- 구간 (a,b)에서 함수 f의 **특이점**인 점 c와 $f(c)$를 구한다.

② 구간 $[a,b]$의 **경계**에서의 함숫값 $f(a), f(b)$를 구한다.

③ ①과 ②에서 구한 세 종류의 **임계점**에서의 함숫값 중에서 가장 큰 값이 **최댓값**이고 가장 작은 값이 **최솟값**이 된다.

[예제 4.18] 구간 $[0,1]$에서 함수 $f(x)=x-x^3$의 최댓값과 최솟값을 구하여라. [연습문제 9~18]

[풀이] 함수 $f(x)=x-x^3$은 다항함수이므로 구간 $[0,1]$에서 연속이다. 그러므로 [정리 2.13: 최댓값과 최솟값의 정리]에 의해 구간 $[0,1]$에서 최댓값과 최솟값이 있다.

① 열린 구간 $(0,1)$에서 정점과 특이점을 찾아보자.
- 정점: $f'(x)=1-3x^2=0$의 해는 $x=\dfrac{1}{\sqrt{3}}$ 또는 $-\dfrac{1}{\sqrt{3}}$이다. 구간 $(0,1)$에 있는 정점은 $\dfrac{1}{\sqrt{3}}$이고** $f\left(\dfrac{1}{\sqrt{3}}\right)=\dfrac{1}{\sqrt{3}}-\dfrac{1}{3\sqrt{3}}=\dfrac{2}{3\sqrt{3}}$이다.
- 특이점: 다항함수 f는 미분불가능한 점이 없고 특이점은 없다.

** $-\dfrac{1}{\sqrt{3}}$은 정의역 구간 $(0,3)$에 속하지 않으므로 정점이 아니다.

② 경계에서의 함숫값: $f(0)=0$이고 $f(1)=0$.

③ $x=\dfrac{1}{\sqrt{3}}$에서 최댓값 $f\left(\dfrac{1}{\sqrt{3}}\right)=\dfrac{2}{3\sqrt{3}}$을 갖는다.

$x=0$과 $x=1$에서 최솟값 $f(0)=f(1)=0$을 갖는다. ■

[예제 4.19] 다음 구간에서 함수 $f(x)=x^3-9x^2-48x+52$의 최댓값과 최솟값을 구하여라. [연습문제 9~18]

(1) $[-5,12]$　　(2) $[0,14]$

[풀이] 주어진 함수 $f(x)=x^3-9x^2-48x+52$는 다항함수이므로 모든 실수에서 미분가능하다. 도함수를 구하면 다음과 같다.

$$\begin{aligned} f'(x) &= 3x^2-18x-48 = 3(x^2-6x-16) \\ &= 3(x+2)(x-8) \end{aligned}$$

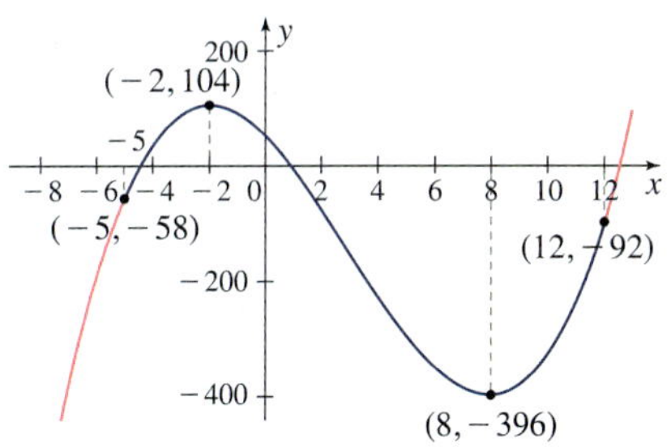

[그림 4.15] 구간 $[-5,12]$에서 $f(x)=x^3-9x^2-48x+52$

(1) 구간 $[-5,12]$에서 다항함수 f는 연속이므로 [정리 2.13: 최댓값과 최솟값의 정리]에 의해 구간 $[-5,12]$에서 최댓값과 최솟값을 갖는다.

① 열린 구간 $(-5,12)$에서 정점과 특이점을 찾아보자.
- 정점: $f'(-2)=0$이고 $f'(8)=0$이고 -2와 8은 열린 구간 $(-5,12)$ 내에 있으므로 $x=-2, 8$에서 정점을 갖는다.

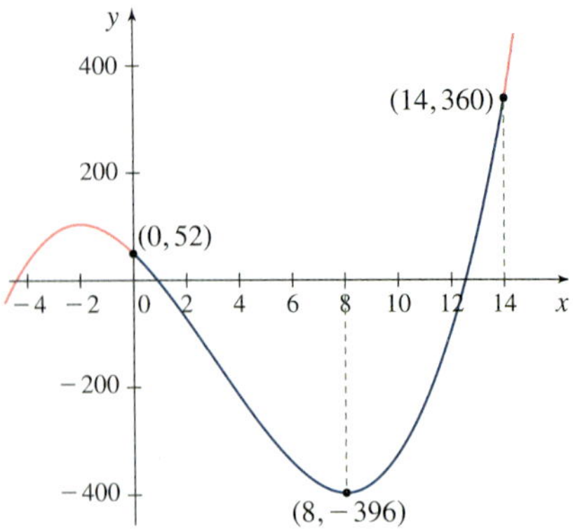

[그림 4.16] 구간 $[0, 14]$에서 $f(x) = x^3 - 9x^2 - 48x + 52$

- 특이점: f는 다항함수로 미분불가능한 점이 없으므로 특이점은 없다.

② 정점에서의 함숫값: $f(-2) = 104$, $f(8) = -396$
경계점에서의 함숫값: $f(-5) = -58$, $f(12) = -92$

③ ②에서 구한 4개의 값에서 가장 큰 값과 가장 작은 값을 구하자.
$x = -2$에서 최댓값 $f(-2) = 104$을 갖는다.
$x = 8$에서 최솟값 $f(8) = -396$을 갖는다. ([그림 4.15] 참고)

(2) 구간 $[0, 14]$에서 다항함수 f는 연속이므로 [정리 2.13: 최댓값과 최솟값의 정리]에 의해 구간 $[0, 14]$에서 최댓값과 최솟값을 갖는다.

① 열린 구간 $[0, 14]$에서 정점과 특이점을 찾아보자.
- 정점: $x = -2$는 구간 $[0, 14]$에 없으므로 $x = 8$에서만 정점을 갖는다.
- 특이점: f는 다항함수로 미분불가능한 점이 없으므로 특이점은 없다.

② 정점에서의 함숫값: $f(8) = -396$
경계점에서의 함숫값: $f(-5) = -58$, $f(14) = 360$

③ ②에서 구한 3개의 값에서 가장 큰 값과 가장 작은 값을 구하자.
$x = 14$에서 최댓값 $f(14) = 360$을 갖는다.
$x = 8$에서 최솟값 $f(8) = -396$을 갖는다. ([그림 4.16] 참고) ■

[예제 4.20] 구간 $[-1, 1]$에서 함수 $f(x) = x^{2/3}$의 최댓값과 최솟값을 구하여라.
[연습문제 9~18]

[풀이] 함수 $f(x) = x^{2/3}$은 다항형식의 함수로 유계이고 닫힌 구간 $[-1, 1]$에서 연속이므로 [정리 2.13: 최댓값과 최솟값의 정리]에 의해서 구간 $[-1, 1]$에서 최댓값과 최솟값을 갖는다.

① 구간 $(-1, 1)$에서 정점과 특이점을 찾아보자.
- 정점: $f'(x) = \dfrac{2}{3}x^{-1/3} = \dfrac{2}{3\sqrt[3]{x}} \neq 0$이므로 열린 구간 $(-1, 1)$ 내에 정점은 없다.
- 특이점: $x = 0$에서 미분가능성을 알아보자.

$$\lim_{x \to 0} \frac{f(x) - f(0)}{x - 0} = \lim_{x \to 0-} \frac{x^{2/3}}{x} = \lim_{x \to 0-} \frac{1}{x^{1/3}} = -\infty \text{이고}$$

$$\lim_{x \to 0+} \frac{x^{2/3}}{x} = \lim_{x \to 0+} \frac{1}{x^{1/3}} = \infty \text{이므로 함수 } f\text{는 } x = 0\text{에서 미분불가능하다.}$$

그러므로 $x = 0$는 함수 f의 특이점 $(0, 0)$을 갖는다.

② 특이점에서의 함숫값: $f(0) = 0$
경계점에서의 함숫값: $f(-1) = 1$, $f(1) = 1$

③ ②에서 구한 3개의 값에서 가장 큰 값과 가장 작은 값을 구하자.
$x = -1$과 $x = 1$에서 최댓값 $f(-1) = f(1) = 1$을 갖는다.
$x = 0$에서 최솟값 $f(0) = 0$을 갖는다. ([그림 4.17] 참고) ■

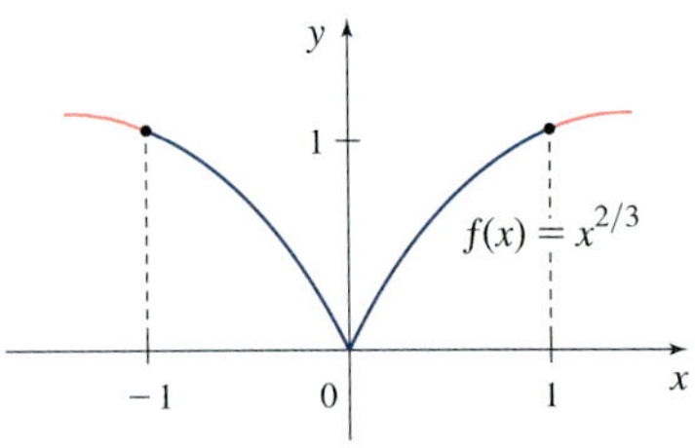

[그림 4.17]

연습문제

• Part 1

[1-6] 다음 함수들의 모든 임계점을 구하여라. [예제 4.17]

1. $f(x)=x^2-10x+6$
2. $f(x)=4x^3-6x^2-9x$
3. $f(x)=2x^3-4x^2+2x$
4. $f(x)=x(4-x)^3$
5. $f(x)=x-4\sqrt{x}$
6. $f(x)=x+\dfrac{1}{x}$
7. $f(x)=\dfrac{x^2}{x-2}$
8. $f(x)=\sin x$

[9-18] 주어진 구간에서 다음 함수들의 모든 임계점을 구하고, 최댓값과 최솟값을 구하여라. [예제 4.18~4.20]

9. $f(x)=-x+4;\ [-4,1]$
10. $f(x)=8x-x^2;\ [0,6]$
11. $f(x)=4x^2-12x+10;\ [1,2]$
12. $f(x)=2x^3+3x^2-12x;\ [-3,2]$
13. $f(x)=2x^3+3x^2-12x;\ [0,2]$
14. $f(x)=\dfrac{x}{x^2+2};\ [-2,3]$
15. $f(x)=\sqrt[3]{x};\ [-1,8]$
16. $f(x)=x-2\ln x;\ \left[\dfrac{1}{2},1\right]$
17. $f(x)=xe^x;\ [-2,0]$
18. $f(x)=\sin x-\cos x;\ [0,\pi]$

• Part 2

[19-30] 주어진 구간에서 다음 함수들의 모든 임계점을 구하고, 최댓값과 최솟값을 구하여라.

19. $f(x)=3x^4-4x^3;\ [-2,0]$
20. $f(x)=\dfrac{x}{x^2-1};\ \left[-\dfrac{1}{2},\dfrac{1}{2}\right]$
21. $f(x)=\sqrt{4-x^2};\ [-2,1]$
22. $f(x)=x-2\cos x;\ [-\pi,\pi]$
23. $f(x)=e^x-e^{-2x};\ [0,1]$
24. $f(x)=e^{\cos x};\ [-\pi,2\pi]$
25. $f(x)=e^{-x}\sin x;\ \left[0,\dfrac{3\pi}{2}\right]$
26. $f(x)=2-|x|;\ [-1,3]$
27. $f(x)=|x-2|+|x+3|;\ [-5,5]$
28. $f(x)=\begin{cases}1+2x, & 0\le x<1\\ 3x, & 1\le x\le 3\end{cases}$
29. $f(x)=\begin{cases}x^2, & 0\le x<1\\ 1-x^2, & 1\le x\le 2\end{cases}$
30. $f(x)=\begin{cases}4-x^2, & -2\le x<0\\ 2x-1, & 0\le x<2\end{cases}$

4.4 1계 도함수가 알려주는 것: 단조성과 극값

함수의 움직임을 관찰하는 것은 함수를 공부하는 중요한 목표이다. 함수의 움직임은 함수의 그래프를 그리는 것으로 완성된다. 미분은 함수의 그래프를 그리는 가장 중요한 도구이다. 함수의 기본적인 움직임은 함수의 증가와 감소이다. 함수의 움직임의 또 다른 성질은 그래프의 곡선이 굽은 모양이다. 즉 위로 오목하게 또는 아래로 오목하게 구부러진 모양이다. 주어진 함수의 식을 미분하여 함수의 그래프의 증가와 감소 그리고 오목성의 두 가지 성질을 살펴보고 직접 그래프를 그려보자. 4.4절에서는 1계 도함수가 알려주는 그래프의 성질인 함수의 증가와 감소, 그리고 극값의 판정에 대하여 알아보자.

4.4.1 함수의 단조성: 증가와 감소

함수의 기본적인 움직임으로 정의역의 값이 점점 증가할 때 함숫값의 움직임은 크게 2가지이다. 즉, 함숫값이 점점 커지는 경우(즉, 함수의 증가)와 함숫값이 점점 작아지는 경우(즉, 함수의 감소)를 정의하자.
함수의 그래프의 증가와 감소에 관한 개념은 **정의역 변수 x를 기준**으로 x가 커질 때 x에 따라서 변하는 함숫값 $f(x)$가 커지면 함수 f는 **증가**한다고 하고, x가 커질 때 x에 따라서 변하는 함숫값 $f(x)$가 작아지면 함수 f는 **감소**한다고 한다.

[정의 4.3: 함수의 증가와 감소] 함수 f가 구간 I에서 정의되었다고 하자.
(i) 구간 I 내의 모든 x_1, x_2에 대하여 $x_1 < x_2$일 때 $f(x_1) < f(x_2)$이면 함수 f는 구간 I에서 **증가**(increasing)한다고 한다.
(ii) 구간 I 내의 모든 x_1, x_2에 대하여 $x_1 < x_2$일 때 $f(x_1) > f(x_2)$이면 함수 f는 구간 I에서 **감소**(decreasing)한다고 한다.

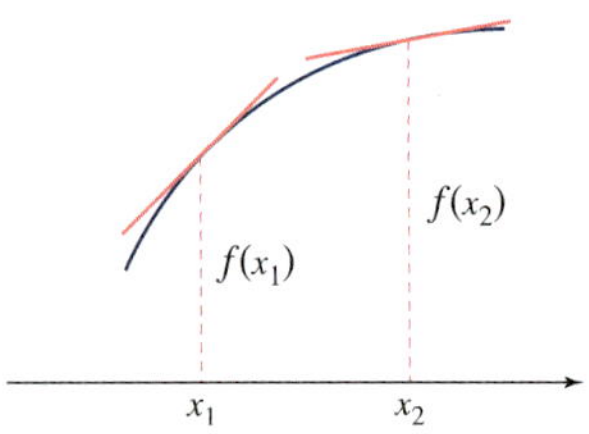

[그림 4.18](a) 증가함수

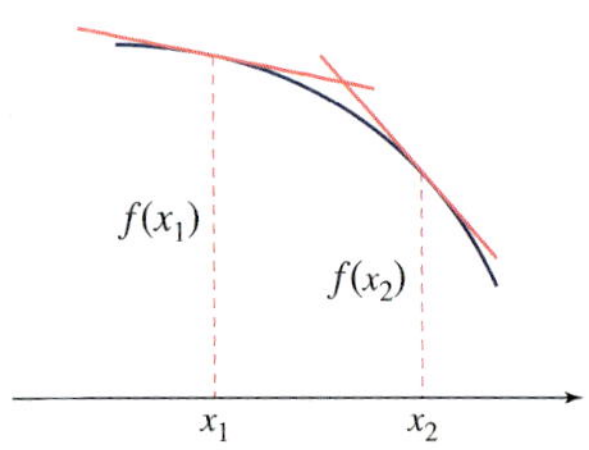

[그림 4.18](b) 감소함수

함수의 그래프로 증가와 감소를 살펴보자. 함수의 그래프를 왼쪽에서 오른쪽으로 그려보자. [그림 4.18](a)에서 보면 산을 올라가는 것과 같이 그래프가 위로 올라가는 경우 함수가 **증가**한다고 한다. [그림 4.18](b)에서 보면 산을 내려오는 것과 같이 그래프가 아래로 내려가는 경우 함수가 **감소**한다고 한다. [그림 4.18](c)와 같이 그래프가 올라가지도 내려가지도 않고 같은 값으로 유지되는 상수함수는 증가함수도 아니고 감소함수도 아니다.

함수의 그래프를 보지 않고 증가하는 영역과 감소하는 영역을 알아보는 방법을 알아보자. 증가 또는 감소하는 영역을 알면 좌표평면에 몇 개의 점을 그리고 이

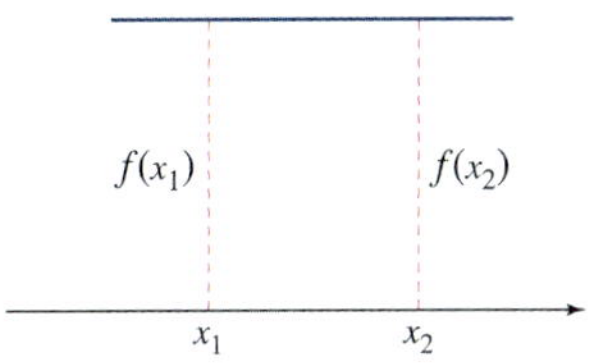

[그림 4.18](c) 상수함수

들 점들을 증가 또는 감소하는 곡선으로 연결하면서 그래프의 개형을 그린다. 즉, 함수의 증가와 감소는 그래프의 개형을 그리는 데 필수적인 요소이다.
함수의 도함수를 사용하여 함수가 증가 또는 감소하는 영역을 구해보자.
[그림 4.18](a)는 증가하는 함수 f의 그래프이다. 임의의 점 x에서 접선을 그리면 접선의 기울기가 $f'(x) > 0$임을 알 수 있다. [그림 4.18](b)는 감소하는 함수 f의 그래프이다. 임의의 점 x에서 접선을 그리면 접선의 기울기가 $f'(x) < 0$임을 알 수 있다.

> **[정리 4.7: 함수의 증감과 도함수]**
> 함수 f가 구간에서 연속이고 경계를 제외한 구간의 내부에서 미분가능하다고 하자.
> (i) 구간 내부의 각 점 x에서 $f'(x) > 0$이면 함수 f는 구간 I에서 증가한다.
> (ii) 구간 내부의 각 점 x에서 $f'(x) < 0$이면 함수 f는 구간 I에서 감소한다.

[정리 4.7: 함수의 증감과 도함수]에서 구간은 모든 종류의 구간이다.
- 구간 I가 $[a,b]$, (a,b), $[a,b)$, (a,b)의 형태인 경우 구간 I의 내부는 구간 (a,b)이다.
- 구간 I가 $[a,\infty)$, (a,∞)의 형태인 경우 구간 I의 내부는 구간 (a,∞)이다.
- 구간 I가 $(-\infty,a]$, $(-\infty,a)$의 형태인 경우 구간 I의 내부는 구간 (∞,a)이다.

[증명] [정리 4.2: 평균값 정리]를 사용하여 (i)의 증명을 살펴보자.
구간 (a,b)의 모든 점 x에서 $f'(x) > 0$이라고 가정하고, 함수 f가 구간 $[a,b]$에서 증가임을 보이자.
서로 다른 두 점 $x_1 < x_2$을 잡자. $f(x_1) < f(x_2)$임을 보이면 된다.
함수 f는 $[x_1,x_2]$에서 연속이고 (x_1,x_2)에서 미분가능하므로 [정리 4.2: 평균값 정리]에 의하여 다음이 성립하는 c가 구간 (x_1,x_2) 내에 적어도 하나 존재한다.

$$f'(c) = \frac{f(x_2) - f(x_2)}{x_2 - x_1}$$

가정에 의해 $f'(c) > 0$이고 $x_1 < x_2$이므로, $f(x_2) - f(x_1) > 0$이고 $f(x_1) < f(x_2)$.
그러므로 함수 f는 구간 $[a,b]$에서 증가이다.
(ii)의 증명도 비슷한 방법으로 증명할 수 있다. ■

[그림 4.19]에서 함수 f의 그래프를 보면
(i) 연속함수 f가 증가하는 구간을 구하는 경우:
  $f'(x) > 0$인 구간은 구간 $(-\infty,0)$과 구간 $(4,6)$과 구간 $(6,\infty)$이므로
  f가 증가하는 구간은 구간 $(-\infty,0]$과 구간 $[4,6]$과 구간 $[6,\infty)$이다.
  즉, 증가하는 구간은 2개의 구간인 구간 $(-\infty,0]$과 구간 $[4,\infty)$이다.
(ii) 연속함수 f가 감소하는 구간을 구하는 경우:
  $f'(x) < 0$인 구간은 구간 $(0,4)$이므로 f가 증가하는 구간은 구간 $[0,4]$이다.

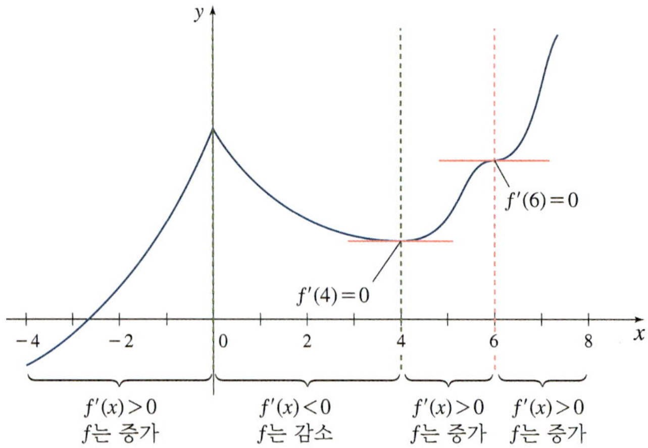

[그림 4.19]

* 함수 f의 증가 또는 감소구간을 구하기 위해

- 열린 구간 (a,b)에서 $f'>0$이면 닫힌 구간 $[a,b]$에서 f는 증가한다.
- 열린 구간 (a,b)에서 $f'<0$이면 닫힌 구간 $[a,b]$에서 f는 감소한다.

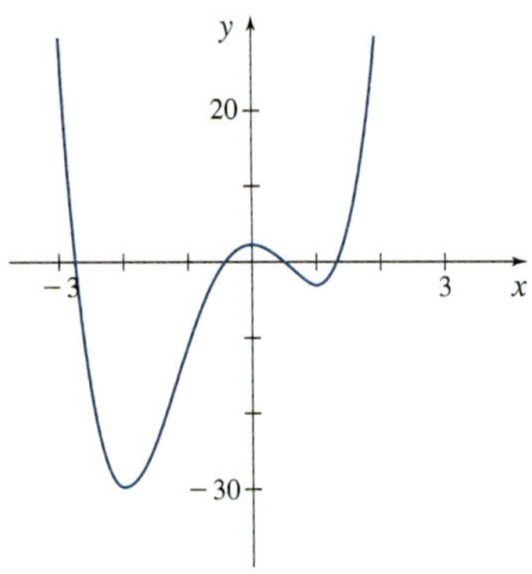

[그림 4.20]
$f(x)=3x^4+4x^3-12x^2+2$의 그래프

함수 f의 증가하는 구간과 감소하는 구간을 구하는 방법은 도함수 $f'(x)>0$인 구간과 $f'(x)<0$인 구간을 찾는 것이다. 그러므로 도함수의 함수식을 인수분해하고 음 또는 양의 부호를 갖는 구간을 구해야 한다.*

[예제 4.21] 함수 $f(x)=3x^4+4x^3-12x^2+2$가 증가하는 구간과 감소하는 구간을 구하여라. [연습문제 1~6]

[풀이] 함수 $f(x)=3x^4+4x^3-12x^2+2$의 도함수를 구해보자.

$$f'(x)=12x^3+12x^2-24x=12x(x-1)(x+2)$$

도함수 $f'(x)$의 부호를 알아보면 다음과 같다.

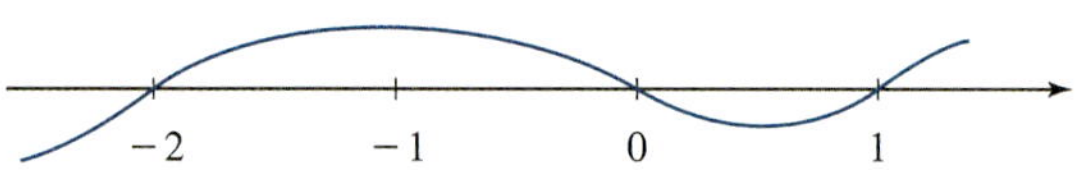

$f'(x)>0$인 구간은 $(-2,0)$과 $(1,\infty)$이다. 그러므로 함수 f는 구간 $[-2,0]$과 구간 $[1,\infty)$에서 증가한다.
$f'(x)<0$인 구간은 $(-\infty,-2)$과 $(0,1)$이다. 그러므로 함수 f는 구간 $(-\infty,-2]$과 구간 $[0,1]$에서 감소한다.
[그림 4.20]에서 보면 함수 $f(x)=3x^4+4x^3-12x^2+2$의 그래프를 볼 수 있다.■

[예제 4.22] 함수 $f(x)=x^2e^x$가 증가하는 구간과 감소하는 구간을 구하여라. [연습문제 1~6]

[풀이] 함수 $f(x)=x^2e^x$의 도함수를 구해보자.

$$f'(x)=2xe^x+x^2e^x=x(x+2)e^x$$

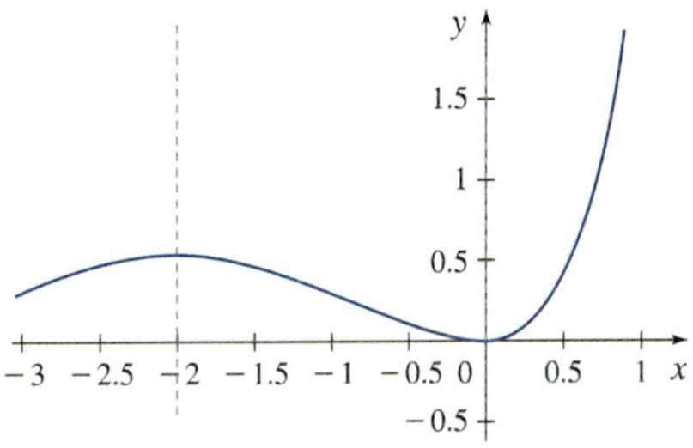

[그림 4.21] $f(x) = x^2e^x$의 그래프

도함수 $f'(x)$의 부호를 알아보면 $e^x > 0$이므로 다음과 같다.

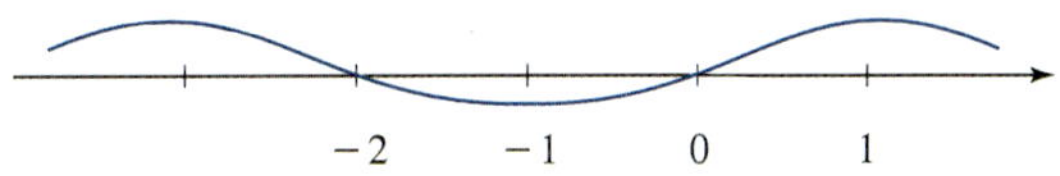

$f'(x) > 0$인 구간은 $(-\infty, -2)$과 $(0, \infty)$이므로 함수 f는 구간 $(-\infty, -2]$과 구간 $[0, \infty)$에서 증가한다.

$f'(x) < 0$인 구간은 $(-2, 0)$이다. 그러므로 함수 f는 구간 $[-2, 0]$에서 감소한다.

함수 $f(x) = x^2e^x$의 그래프는 [그림 4.21]에서 볼 수 있다. ■

4.4.2 1계 도함수의 극값 판정

4.3절에서 유계이고 닫힌 구간에서 연속인 함수의 최댓값과 최솟값을 구할 때 세 종류의 임계점인 정점, 특이점과 경계에서 함숫값을 비교하여 가장 큰 값과 가장 작은 값을 구하면 각각 최댓값과 최솟값이 되는 것을 보았다.

연속인 함수의 경우 극값을 구하는 문제는 좀 더 복잡한 과정을 거친다. 우선 극값의 후보는 마찬가지로 세 종류의 임계점인 정점, 특이점, 경계점이다.

연속인 함수의 경계에서의 함숫값은 항상 극값임을 주의하자.

정의역 구간의 내부에서 극값의 후보인 정점과 특이점에서 극값을 갖는지를 판정하는 방법이 필요하다. 1계 도함수를 이용하는 방법과 2계 도함수를 이용하는 방법인 두 종류가 있다.

(i) **1계 도함수를 이용한 극값 판정법**은 함수의 증가와 감소를 나타내는 표를 만들어서 극댓값과 극솟값을 판정하는 방법으로 모든 정점과 특이점에 대해 극값을 정확하게 판정해준다.

(ii) **2계 도함수를 이용한 극값 판정법**은 정점인 경우에만 사용할 수 있고 정점인 경우에도 판정이 불가능한 경우도 있다. 그러나 간단한 계산으로 판별을 할 수 있는 장점이 있다.

구간 I에서 정의된 함수 f의 극값의 후보는 다음 세 종류가 있다.

① 구간 I의 내부에서의 정점, 즉 $f'(c) = 0$

② 구간 I의 내부에서 특이점, 즉 미분불가능인 점이다.

③ 구간 I의 경계점

[그림 4.22]에서 연속함수 f의 그래프를 보면 정의역인 구간 $[a, b]$의 내부인 열린 구간 (a, b)에 정점과 특이점이 5개가 있다. 이 중에서 c_1, c_2, c_3, c_5은 정점이고 c_4은 특이점이다.

- 세 점 c_2, c_3, c_4에서 극값을 갖는다. 즉, c_2과 c_4에서 극댓값을 갖고 c_3에서 극솟값을 갖는다.
- $f'(c_1) = f'(c_2) = 0$이므로 c_1과 c_5는 정점이지만 극값을 갖지 않는다.
- 경계점 a와 b에서 극값을 갖는다. a에서 극솟값, b에서 극댓값을 갖는다.

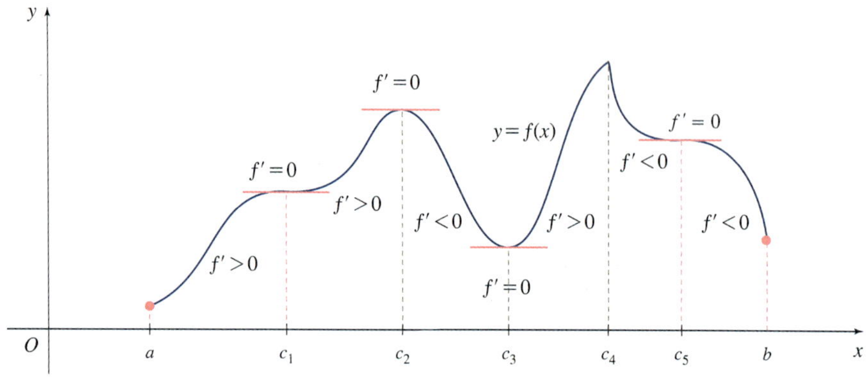

[그림 4.22]

연속함수의 정의역인 구간의 내부의 점 c가 정점 또는 특이점 c인 경우 c에서 극값을 갖는지를 판정하는 기준을 [그림 4.23](a)와 [그림 4.23](b)의 함수의 그래프를 보고 알아보자.

(i) c를 중심으로 $x<c$일 때 f가 증가(즉 $f'(x)>0$)하고 $c<x$일 때 감소(즉 $f'(x)<0$)하면 c에서 극댓값을 갖는다. ([그림 4.23](a) 참고)

(ii) c를 중심으로 $x<c$일 때 f가 감소(즉 $f'(x)<0$)하고 $c<x$일 때 증가(즉 $f'(x)>0$)하면 c에서 극솟값을 갖는다. ([그림 4.23](b) 참고)

즉, c를 중심으로 f의 도함수 f'의 부호가 바뀌면 c에서 극값을 갖는다.

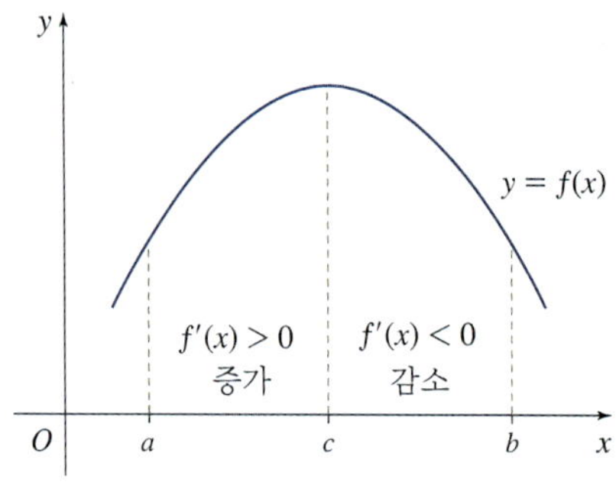

[그림 4.23](a)
$x=c$에서 극댓값 $f(c)$

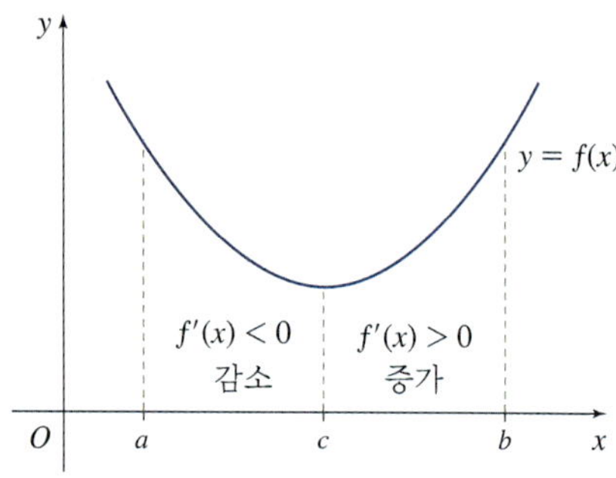

[그림 4.23](b)
$x=c$에서 극솟값 $f(c)$

* $x=c$를 중심으로 도함수 f'의 부호가 바뀌면 c에서 극값을 갖는다.

[정리 4.8: 극값의 1계 도함수 판정법*] 함수 f가 열린 구간 (a,b)에서 연속이고 $a<c<b$인 c에 대해 함수 f가 $(a,b)-\{c\}$에서 미분가능하다고 하자.

(1) $a<x<c$인 경우 $f'(x)<0$이고 $c<x<b$인 경우 $f'(x)>0$이면 함수 f는 $x=c$에서 극솟값을 갖는다.

(2) $a<x<c$인 경우 $f'(x)>0$이고 $c<x<b$인 경우 $f'(x)<0$이면 함수 f는 $x=c$에서 극댓값을 갖는다.

[정리 4.8: 극값의 1계 도함수 판정법]은 구간 내부의 정점 또는 특이점 c가 극점

인지 판정하는 방법이다. [정리 4.8: 극값의 1계 도함수 판정법]을 사용하여 극값을 판정하기 위하여 함수의 그래프의 증감에 대한 개요를 나타내는 표를 그려서 정확하게 판별한다. 다음과 같은 표를 그리는 것이 주어진 함수의 극값을 판정하는 가장 정확한 방법이다. 또한 이러한 표는 그래프를 그리는 가장 중요한 기초가 된다.

[극값을 판정하는 표를 그리는 방법]

① 정의역에서 정점, 특이점, 경계점을 모두 찾는다.

② 표를 3행으로 만들고 첫 번째 행을 x축을 나타내는 수직선으로 생각한다.

- 세 종류의 임계점 즉, **경계점, 정점, 특이점**들을 크기 순서대로 나열한다.
- 임계점들 사이를 한 칸씩 건너뛰고 적는다. 이 빈칸은 점과 점 사이의 값들을 의미한다.

③ 두 번째 행은 1계 도함수 $f'(x)$의 부호를 음(−)과 양(+)으로 표시한다.

④ 세 번째 행은 $f(x)$의 움직임으로 도함수 $f'(x)$의 부호에 따라 화살표로 증가와 감소를 나타낸다. 즉 증가 구간에는 ↗으로 감소 구간에는 ↘으로 나타낸다.

⑤ 함수 f의 증가와 감소가 바뀌는 점들을 살펴보면 극값을 판정할 수 있다.

[극값을 판정하는 표를 그리는 방법]을 정리하면 다음과 같다.

<table>
<tr><th></th><th>그래프에 의한 표현</th><th>표에 의한 표현</th></tr>
<tr><td>극솟값</td><td>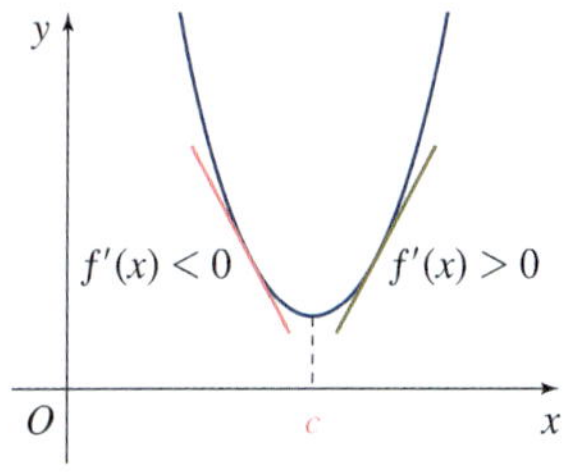</td><td>

x	$\cdots$	c	$\cdots$
$f'(x)$	−	0	+
$f(x)$	↘	극솟값	↗

</td></tr>
<tr><td>극댓값</td><td>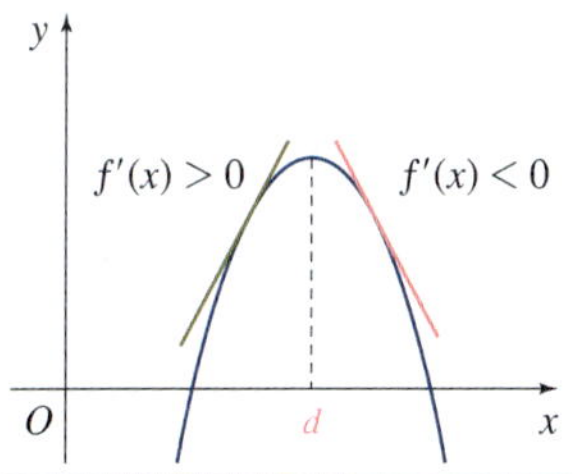</td><td>

x	$\cdots$	d	$\cdots$
$f'(x)$	+	0	−
$f(x)$	↗	극댓값	↘

</td></tr>
</table>

[예제 4.23] 구간 $[-\frac{1}{2}, 2]$에서 함수 $f(x) = -2x^3 + 3x^2$의 극값을 모두 구하여라. [연습문제 7~12]

[풀이] 함수 f는 다항함수이므로 구간 $(-\frac{1}{2}, 2)$에서 미분가능하다.
도함수를 구하면 $f'(x) = -6x^2 + 6x = -6x(x-1)$이다.

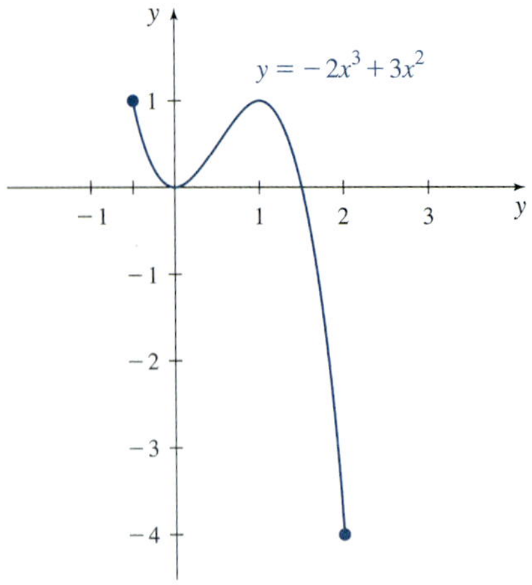

[그림 4.24]
$f(x) = -2x^3 + 3x^2$의 그래프

* 표는 함수 f의 정의역에서 그린다.

구간 $(-\frac{1}{2}, 2)$에서 정점은 0과 1이고 미분불가능한 점인 특이점은 없다.
정의역이 구간 $[-\frac{1}{2}, 2]$이므로 구간의 경계점은 $x = -1, 2$이다.
그러므로 임계점은 -1, 0, 1, 2인 4개의 점이다.
도함수 $f'(x) = -6x(x-1)$의 부호를 다음과 같이 음(−)과 양(+)으로 표시한다.

도함수의 부호를 이용하여 표를 그리면* 다음과 같다.

x	$-\frac{1}{2}$	$\cdots$	0	$\cdots$	1	$\cdots$	2
$f'(x)$		−	0	+	0	−	
$f(x)$	극댓값	↘	극솟값	↗	극댓값	↘	극솟값

$x = 0$일 때 극솟값 $f(0) = 0$을 갖고 $x = 2$일 때 극솟값 $f(2) = -4$를 갖는다.
$x = -\frac{1}{2}$일 때 극댓값 $f\left(-\frac{1}{2}\right) = 1$을 갖고 $x = 1$일 때 극댓값 $f(1) = 1$을 갖는다.
함수 f의 그래프는 [그림 4.24]이다. ■

[예제 4.24] 함수 $f(x) = (x-1)^3(x-3)^2$의 극값을 모두 구하여라. [연습문제 7~12]

[풀이] 함수 f는 다항함수이므로 정의역은 실수 전체이다. 도함수 f'를 구하면

$$f'(x) = 3(x-1)^2(x-3)^2 + 2(x-1)^3(x-3) = (x-1)^2(x-3)(5x-11).$$

정점은 $x = 1, 3, \frac{11}{5}$이고 다항함수는 미분불가능한 점이 없으므로 특이점은 없다.
함수 f의 정의역이 실수 전체인 구간 $(-\infty, \infty)$이므로 경계점은 없다.
그러므로 함수 f의 임계점은 $x = 1, 3, \frac{11}{5}$이다.
도함수 $f'(x)$의 식을 보고 부호를 음(−)과 양(+)으로 구해보면 다음과 같다.

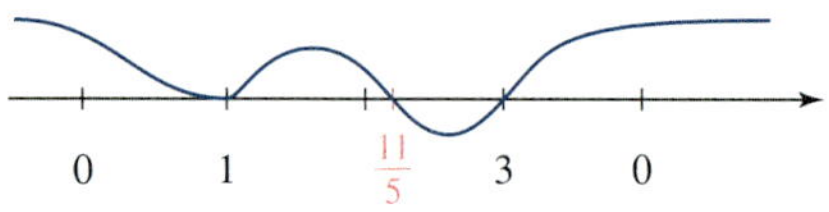

도함수의 부호를 이용하여 표를 그리면 다음과 같다. 이때, 정의역이 $(-\infty, \infty)$이므로 구간의 경계점은 없다.

x	$\cdots$	1	$\cdots$	$\frac{11}{5}$	$\cdots$	3	$\cdots$
$f'(x)$	+	0	+	0	−	0	+
$f(x)$	↗		↗	극댓값	↘	극솟값	↗

$x=\frac{11}{5}$일 때 극댓값 $f\left(\frac{11}{5}\right)=\frac{3456}{3125}$을 갖는다.

$x=3$일 때 극솟값 $f(3)=8\times 0=0$을 갖는다. ■

[예제 4.25] 함수 $f(x)=x^{\frac{2}{3}}$의 극값을 모두 구하여라. [연습문제 7~12]

[풀이] 함수 $f(x)=x^{\frac{2}{3}}$의 정의역은 실수 전체인 구간 $(-\infty,\infty)$이다. 도함수를 구해 보자.

$$f'(x)=\frac{2}{3}x^{-\frac{1}{3}}=\frac{2}{3\sqrt[3]{x}}\neq 0$$

함수 f의 정점은 없다. 특이점은 $x=0$이다. 왜냐하면

$$\lim_{x\to 0+}\frac{f(x)-f(1)}{x-0}=\lim_{x\to 0+}\frac{x^{2/3}}{x}=\lim_{x\to 0+}\frac{1}{x^{1/3}}=\infty$$

이므로 함수 f는 $x=0$에서 미분불가능하다.

도함수 $f'(x)$의 식을 보고 부호를 음(−)과 양(+)으로 표시하고 표를 만들자.

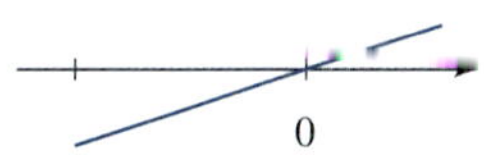

x	$\cdots$	0	$\cdots$
$f'(x)$	−	없다	+
$f(x)$	↘	극솟값	↗

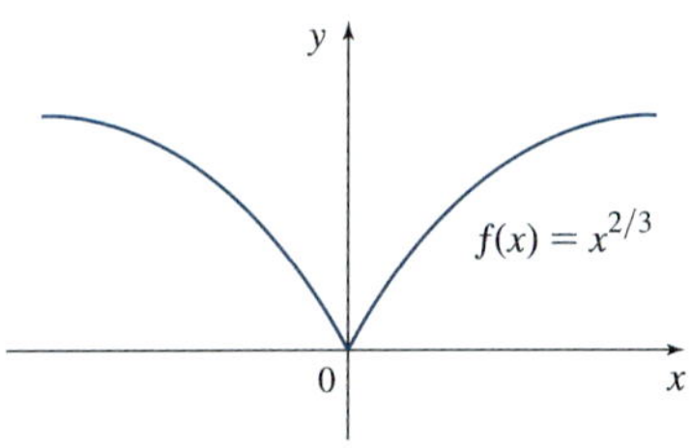

[그림 4.25] $f(x)=x^{\frac{2}{3}}$의 그래프

$x=0$일 때 극솟값 $f(0)=0$을 가지고 극댓값은 존재하지 않는다.

함수 $f(x)=x^{\frac{2}{3}}$의 그래프는 [그림 4.25]이다. ■

[예제 4.26] 함수 $f(x)=x(x-1)^{\frac{2}{3}}$의 극값을 모두 구하여라. [연습문제 7~12]

[풀이] 함수 f의 정의역은 실수 전체이다. 도함수 f'를 구하면

$$f'(x)=\frac{2}{3}(x-1)^{-\frac{1}{3}}x+(x-1)^{\frac{2}{3}}=\frac{3x-1}{3(x-1)^{1/3}}.$$

정점은 $x=\frac{1}{3}$이고 특이점(미분불가능한 점)은 $x=1$이다. 왜냐하면

$$\lim_{x\to 1+}\frac{f(x)-f(1)}{x-1}=\lim_{x\to 1+}\frac{x(x-1)^{1/3}}{x-1}=\lim_{x\to 1+}\frac{x}{(x-1)^{2/3}}=\infty$$

이므로 함수 f는 $x=1$에서 미분불가능하기 때문이다.
그리고 정의역이 실수 전체인 구간 $(-\infty, \infty)$이므로 경계점이 없다.
도함수 $f'(x)$의 식을 보고 음과 양의 부호를 표시하면 다음과 같다.

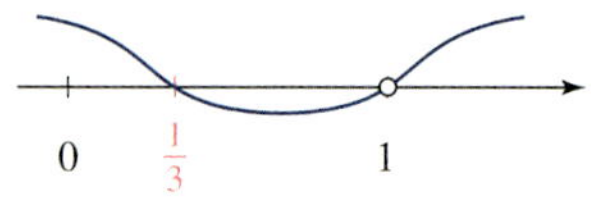

도함수 f'의 부호를 이용하여 함수의 증감에 대한 표를 그려보자.

x	$\cdots$	$\frac{1}{3}$	$\cdots$	1	$\cdots$
$f'(x)$	+	0	−	없다	+
$f(x)$	↗	극댓값	↘	극솟값	↗

$x=\frac{1}{3}$일 때 극댓값 $f\left(\frac{1}{3}\right)=\frac{1}{3}\left(\frac{2}{3}\right)^{2/3}$을 갖는다.
$x=1$일 때 극솟값 $f(1)=0$을 갖는다. ■

연습문제

• Part 1

[1-6] 다음 함수의 증가하는 구간과 감소하는 구간을 구하여라. [예제 4.21~4.22]

1. $f(x)=-x^2-3x+3$
2. $f(x)=2x^3-18x$
3. $f(x)=x^3-x^2+x-1$
4. $f(x)=\dfrac{x-2}{x-1}$
5. $f(x)=3x^4-4x^3$
6. $f(x)=x-2\sin x;\ (0, 2\pi)$

[7-12] 1계 도함수를 이용하여 다음 함수의 극값을 구하여라. [예제 4.23~4.26]

7. $f(x)=-3x^2+3x+7$
8. $f(x)=x^3-12x+2$
9. $f(x)=(2x+1)^3$
10. $f(x)=\dfrac{x}{x^2+2}$
11. $f(x)=x^{\frac{2}{3}}-x$
12. $f(x)=xe^x$

• Part 2

[13-24] 1계 도함수를 이용하여 다음 함수의 증가하는 구간과 감소하는 구간을 구하고, 극값이 있으면 극값을 구하여라.

13. $f(x)=x^3+6x^2+12x+1$
14. $f(x)=x^4+2x^3-3$
15. $f(x)=x+e^x$
16. $f(x)=\dfrac{x^2-3}{x-2}, x\neq 2$
17. $f(x)=|x^3+1|$
18. $f(x)=|x^2-1|$
19. $f(x)=|x-1|+|x+3|$
20. $f(x)=e^x\sin x;\ [0, 2\pi]$
21. $f(x)=(5-2x)e^x$
22. $f(x)=\dfrac{\ln x}{x^3}$
23. $f(x)=\dfrac{e^x+e^{-x}}{2}$
24. $f(x)=\dfrac{\sqrt{x}}{1+x}$

25. $x=2$에서 극댓값 3, $x=1$에서 극솟값 0을 가지는, 삼차함수 $f(x)=ax^3+bx^2+cx+d$를 구하여라.

26. 함수 $f(x)=axe^{bx^2}$은 극댓값 $f(2)=1$을 가진다고 한다. 이때, 상수 a와 b를 구하여라.

[27-28] 다음 그림을 보고 물음에 답하여라.

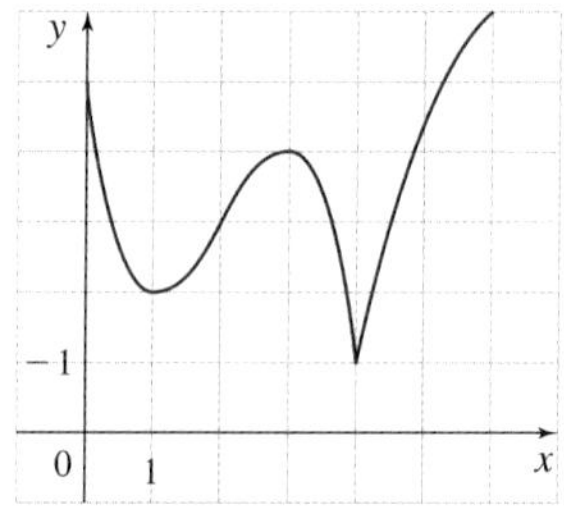

27. $f(x)$의 증가하는 구간과 감소하는 구간을 말하여라.

28. $f(x)$의 극값을 말하여라.

4.5 2계 도함수가 알려주는 것: 오목성과 변곡점, 극점

4.4절에서 1계 도함수가 함수의 증가와 감소를 알려주는 역할과 극값을 판별해 주는 역할을 하는 것을 살펴보았다. 이번 절에서는 함수의 그래프인 곡선이 굽어진 모양을 2계 도함수가 어떻게 알려주는지를 살펴보자. 또한 증가와 감소가 변하는 점에서 극값을 갖는 것을 판정하는 것과 같이 그래프 곡선의 굽어진 방향이 변하는 점을 변곡점이라고 하고 변곡점을 중심으로 그래프가 굽어진 방향을 판별하자.

1계 도함수와 2계 도함수를 사용하여 함수의 그래프의 개형을 그릴 수 있게 된다. 즉, 함수의 증가와 감소, 극값의 위치, 구부러진 방향 등을 나타내는 그래프의 개형을 그릴 수 있게 된다.

4.5.1 오목성과 2계 도함수

◐ 오목성의 정의

[그림 4.26](a)와 [그림 4.26](b)에서의 두 함수 $f(x) = x^2\,(x \geq 0)$과 $g(x) = \sqrt{x}$의 그래프는 모두 증가하는 그래프이지만 구부러진 방향이 다르기 때문에 모양이 다르게 보인다. [그림 4.26](a)에서 $f(x) = x^2\,(x \geq 0)$의 그래프는 위에서 보면 오목하게(concave upward) 보이고 [그림 4.26](b)에서는 $g(x) = \sqrt{x}$의 그래프는 아래에서 보면 오목하게(concave downward) 보인다.

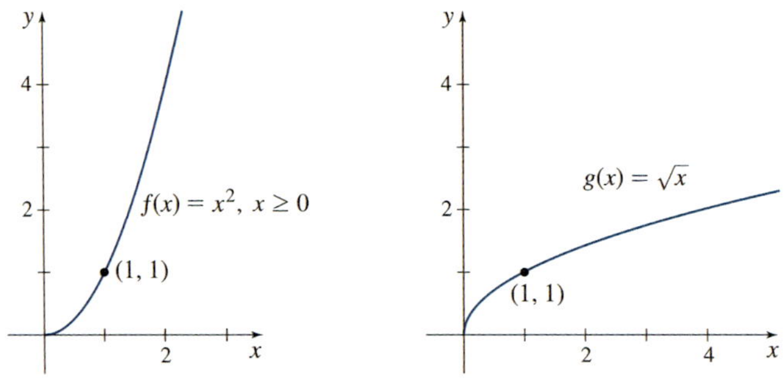

[그림 4.26](a) [그림 4.26](b)

두 함수 $f(x) = x^2\,(x \geq 0)$과 $g(x) = \sqrt{x}$의 그래프의 각 점에서 접선을 그려보자.

[그림 4.27](a)의 $f(x) = x^2\,(x \geq 0)$의 그래프 위의 각 점에서 접선을 그리면

- 접점 주변의 그래프는 접선 위에 놓여 있다.
- 각 점에서의 접선의 기울기는 점점 커진다.

[그림 4.27](b)의 $g(x) = \sqrt{x}$의 그래프 위의 각 점에서 접선을 그리면

- 접점 주변의 그래프가 접선 아래에 있고
- 각 점에서의 접선의 기울기는 점점 작아진다.

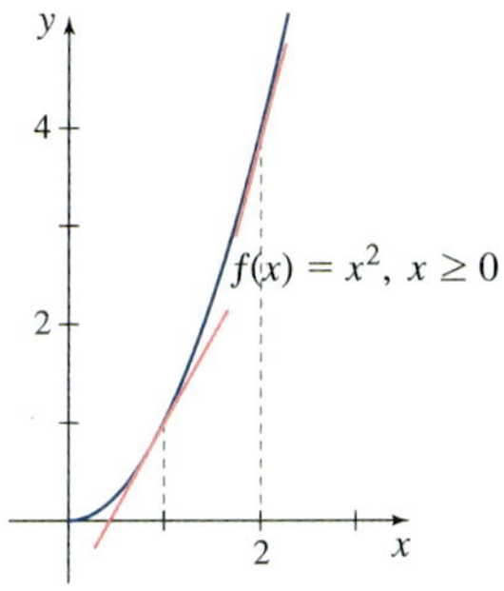

[그림 4.27](a)

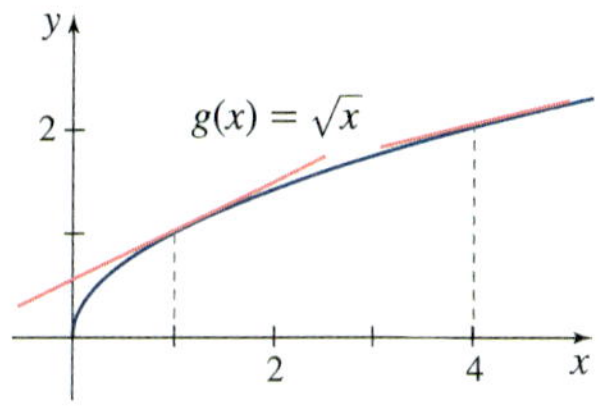

[그림 4.27](b)

> **[정의 4.4: 오목성]** 함수 f가 열린 구간 (a,b)에서 미분가능하다고 하자.
> (1) 구간 (a,b)의 각 점 c의 근처에서 함수 f의 그래프가 f의 접선 위에 있을 때 함수 f는 구간 (a,b)에서 위로 오목(concave upward)이다. ([그림 4.28](a) 참고)
> (2) 구간 (a,b)의 각 점 c의 근처에서 함수 f의 그래프가 f의 접선 아래에 있을 때 함수 f는 구간 (a,b)에서 아래로 오목(concave downward)이다. ([그림 4.28](b) 참고)

◐ 오목성의 2계 도함수 판정법

함수의 그래프를 보지 않고 함수가 위로 오목인 구간 또는 아래로 오목인 구간을 판정하는 방법을 알아보자.

[그림 4.28](a)에서 함수 f의 그래프를 보면 함수 f가 구간 (a,b)에서 위로 오목이다. 함수 f의 그래프 위에 그려진 접선의 기울기를 보면 점점 증가하고 있음을 알 수 있다. 즉, 1계 도함수 $f'(x)$이 구간 (a,b)에서 증가하고 있다. 1계 도함수 $f'(x)$가 열린 구간 (a,b)에서 증가하고 있으므로 2계 도함수 $f''(x) = (f')'(x) > 0$이다. 그러므로 열린 구간 (a,b)에서 $f''(x) > 0$이면 함수 f는 열린 구간 (a,b)에서 위로 오목이다.

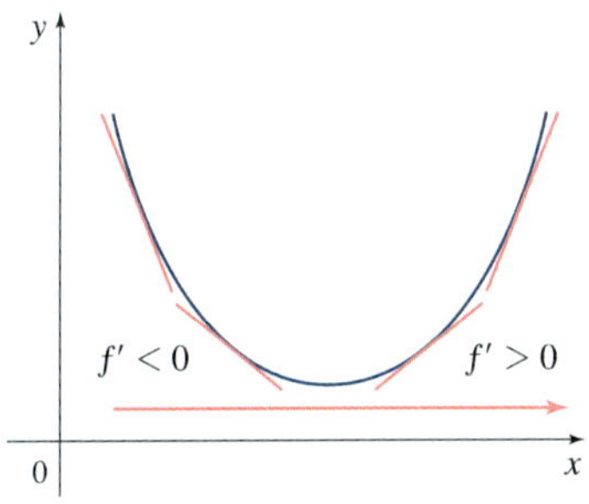

[그림 4.28](a)
위로 오목(concave upward)

[그림 4.28](b)에서 함수 f의 그래프를 보면 함수 f가 구간 (a,b)에서 아래로 오목이다. 함수 f의 그래프 위에 그려진 접선의 기울기를 보면 점점 감소하고 있음을 알 수 있다. 즉, 1계 도함수 $f'(x)$는 구간 (a,b)에서 감소하고 있다. 1계 도함수 $f'(x)$가 열린 구간 (a,b)에서 감소하고 있으므로 2계 도함수 $f''(x) = (f')'(x) < 0$이다. 그러므로 열린 구간 (a,b)에서 $f''(x) < 0$이면 함수 f는 열린 구간 (a,b)에서 아래로 오목이다.

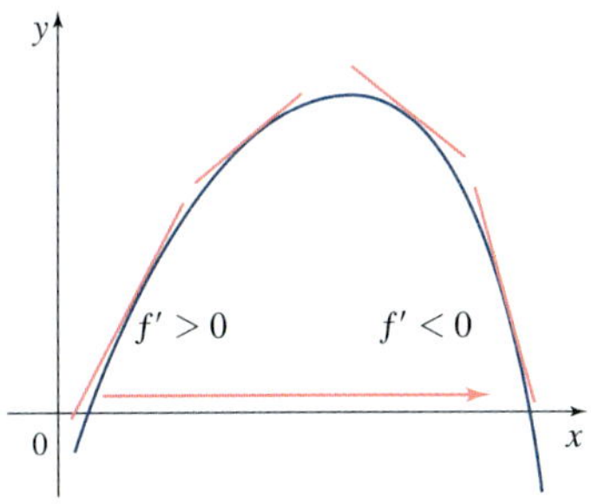

[그림 4.28](b)
아래로 오목(concave downward)

2계 도함수를 사용하여 함수의 오목성을 판정하는 방법은 함수의 그래프를 그리는 데 매우 유용하게 사용될 것이다.

> **[정리 4.9: 오목성의 2계 도함수 판정법]**
> 함수 f가 열린 구간 (a,b)에서 미분가능하다고 하자.
> (1) 구간 (a,b)의 각 x에서 $f''(x)>0$이면 함수 f는 구간 (a,b)에서 위로 오목이다.
> (2) 구간 (a,b)의 각 x에서 $f''(x)<0$이면 함수 f는 구간 (a,b)에서 아래로 오목이다.

[예제 4.27] 함수 $f(x)=e^x$의 오목성을 판정하여라. [연습문제 1~6]

[풀이] 함수 $f(x)=e^x$의 정의역은 실수 전체인 구간 $(-\infty,\infty)$이다. 함수 f의 오목성을 판별하기 위하여 2계 도함수를 구하면 다음과 같다.
모든 실수 x에 대하여 $f''(x)=e^x>0$이다.
그러므로 [정리 4.9: 오목성의 2계 도함수 판정법]에 의하여 함수 $f(x)=e^x$는 실수 전체에서 위로 오목이다. ■

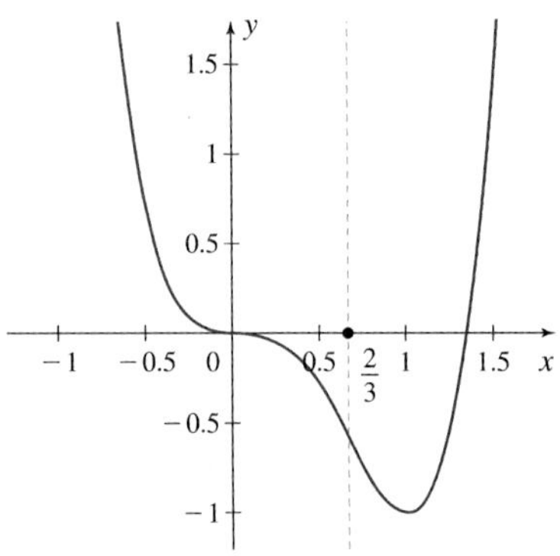

[그림 4.29] $f(x)=3x^4-4x^3$의 그래프

[예제 4.28] 함수 $f(x)=3x^4-4x^3$가 위로 오목인 구간과 아래로 오목인 구간을 구하여라. [연습문제 1~6]

[풀이] 다항함수 f의 정의역은 실수 전체이다. [정리 4.9: 오목성의 2계 도함수 판정법]에 의하여 함수의 오목성을 구하기 위해 2계 도함수를 구해보자.

$$f'(x)=12x^3-12x^2\text{이고 } f''(x)=36x^2-24x=12x(3x-2)$$

2계 도함수 f''의 식을 보고 f''의 부호를 알아보면 다음과 같다.

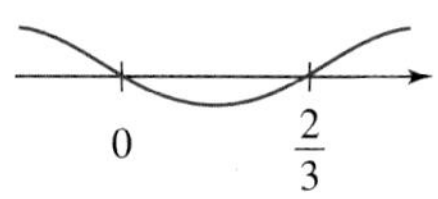

그러므로 위로 오목인 구간은 구간 $(-\infty,0)$과 구간 $\left(\frac{2}{3},\infty\right)$이고 아래로 오목인 구간은 구간 $\left(0,\frac{2}{3}\right)$이다. [그림 4.29]에서 함수 $f(x)=3x^4-4x^3$의 그래프를 보면 함수의 오목성을 확인할 수 있다. ■

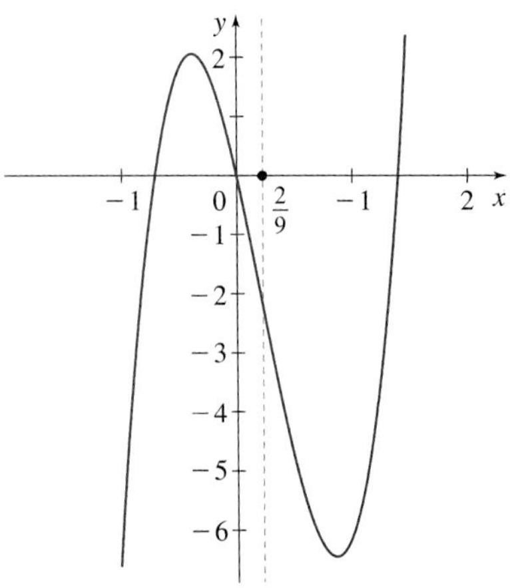

[그림 4.30]
$f(x)=9x^3-6x^2-9x$의 그래프

[예제 4.29] 함수 $f(x)=9x^3-6x^2-9x$가 위로 오목인 구간과 아래로 오목인 구간을 구하여라. [연습문제 1~6]

[풀이] 다항함수 f의 정의역은 실수 전체이다. [정리 4.9: 오목성의 2계 도함수 판정법]에 의하여 함수의 오목성을 구하기 위해 2계 도함수를 구해보자.

$$f'(x)=27x^2-12x-9\text{이고 } f''(x)=54x-12=6(9x-2)$$

2계 도함수 f''의 식을 보고 f''의 부호는 다음과 같다.

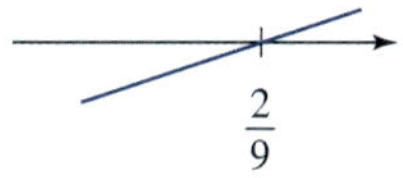

그러므로 함수 f는 구간 $\left(-\infty, \frac{2}{9}\right)$에서 위로 오목이고 구간 $\left(\frac{2}{9}, \infty\right)$에서 아래로 오목이다. [그림 4.30]에서 함수 $f(x) = 9x^3 - 6x^2 - 9x$의 그래프를 보면 함수의 오목성을 확인할 수 있다. ■

4.5.2 변곡점

함수의 그래프에서 아래로 오목과 위로 오목이 바뀌는 점을 굽어진 모양이 바뀌는 점이라는 의미로 **변곡점**(inflection point)이라고 한다.

[그림 4.31](a)에서 c를 중심으로 아래로 오목에서 위로 오목으로 바뀌므로 c에서 변곡점 $(c, f(c))$를 갖는다. 그리고 [그림 4.31](b)에서 c를 중심으로 위로 오목에서 아래로 오목으로 바뀌므로 c에서 변곡점 $(c, f(c))$를 갖는다.

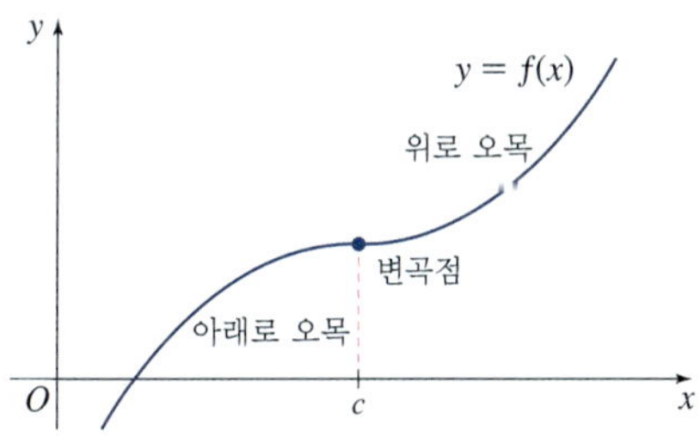

[그림 4.31](a)

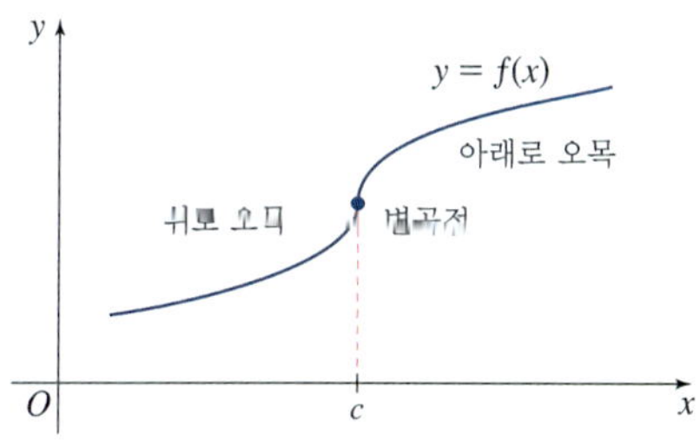

[그림 4.31](b)

* $(a, b) - \{c\}$는 구간 (a, b)에서 점 c를 제외한 모든 점의 모임이다.

[정의 4.5: 변곡점(inflection point)]

$a < c < b$이고 함수 f는 구간 $(a, b) - \{c\}$ *에서 미분가능하다고 하자.
[$x < c$일 때 f가 위로 오목이고 $x > c$일 때 f가 아래로 오목]이거나 또는
[$x < c$일 때 f가 아래로 오목이고 $x > c$일 때 f가 위로 오목]이라고 하자. 그러면
함수 f는 c에서 **변곡점** $(c, f(c))$을 갖는다. 이때, 점 $(c, f(c))$는 f의 **변곡점**이다.

[정리 4.9: 오목성의 2계 도함수 판정법]을 사용하면 변곡점을 판정할 수 있다.

[정리 4.10: 변곡점의 2계 도함수 판정법]

$a < c < b$이고 함수 f는 구간 $(a, b) - \{c\}$에서 미분가능하다고 하자.
[$x < c$일 때 $f''(x) > 0$이고 $x > c$일 때 $f''(x) < 0$]이거나 또는
[$x < c$일 때 $f''(x) < 0$이고 $x > c$일 때 $f''(x) > 0$]이라고 하자. 그러면
함수 f는 $x = c$에서 **변곡점** $(c, f(c))$를 갖는다.

- 극값의 후보가 임계점인 정점, 특이점, 경계점이다.
- 변곡점의 후보는 정의역의 내부에서 다음 중 하나에 해당하는 점이다.
  ① $f''(c)=0$인 c
  ② c에서 미분 불가능, 즉 실수 $f'(c)$가 존재하지 않는다.
  ③ c에서 2계 미분 불가능, 즉 실수 $f''(c)$가 존재하지 않는다.

[정리 4.8: 극값의 1계 도함수 판정법]에 의하여 1계 도함수의 부호가 변하는 점에서 극값을 갖는다는 것을 알고 있다. 비슷하게 변곡점은 2계 도함수의 부호가 바뀌는 점을 말한다. [그림 4.32](a)와 [그림 4.32](b)의 그래프에서 2계 도함수의 부호가 바뀌는 경우를 볼 수 있다.

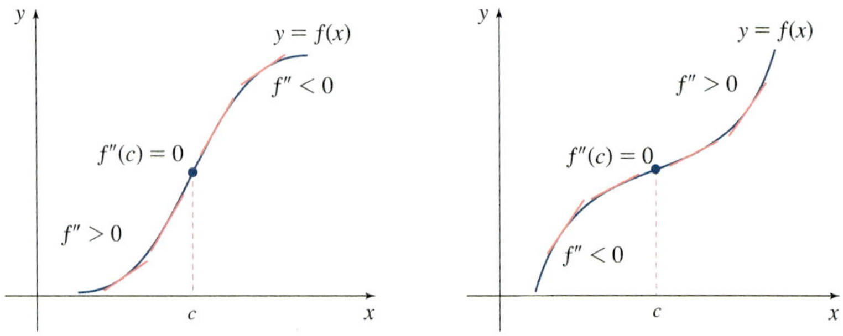

[그림 4.32](a) [그림 4.32](b)

[예제 4.30] 함수 $f(x)=x^4-6x^2+8x+10$의 변곡점을 찾아라. [연습문제 7~12]

[풀이] [정리 4.10: 변곡점의 2계 도함수 판정법]에 의하여 변곡점은 2계 도함수의 부호가 바뀌는 점이므로 2계 도함수를 구해보자.

$$f'(x)=4x^3-12x+8 \text{이고 } f''(x)=12x^2-12=12(x+1)(x-1)$$

2계 도함수 f''의 식을 보고 f''의 부호를 알아보자.

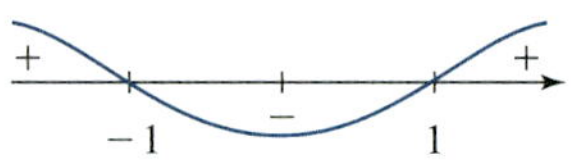

$x=-1$과 $x=1$에서 f''의 부호가 바뀐다. 그러므로 함수 f의 변곡점은 $(-1,-3)$과 $(1,13)$이다. ■

[예제 4.31] 함수 $f(x)=x^4$의 변곡점을 찾아라. [연습문제 7~12]

[풀이] [정리 4.10: 변곡점의 2계 도함수 판정법]에 의하여 변곡점은 2계 도함수의 부호가 바뀌는 점이므로 2계 도함수를 구해보자.

$$f'(x)=4x^3 \text{이고 } f''(x)=12x^2>0$$

2계 도함수 f''의 부호는 다음과 같다.

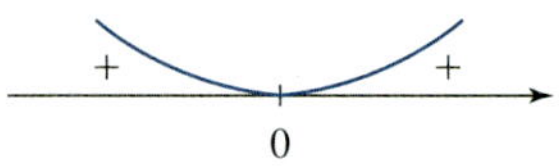

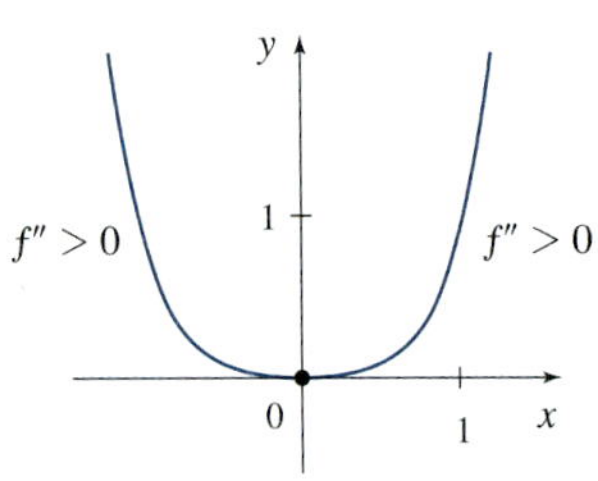

[그림 4.33] $f(x)=x^4$의 그래프

$x=0$에서 f''의 부호가 변하지 않고 그러므로 $x=0$에서 함수 f는 변곡점을 갖지 않는다. 함수 f의 유일한 변곡점의 후보 $x=0$에서 변곡점을 갖지 않으므로 함수 f의 변곡점은 존재하지 않는다.

함수 $f(x) = x^4$의 그래프를 살펴보면 실수 전체에서 위로 오목으로 변곡점이 없음을 확인할 수 있다. ([그림 4.33] 참고) ■

4.5.3 극값과 2계 도함수 판정법

함수의 정의역의 구간의 내부에 있는 극값의 후보인 정점과 특이점에서 극값을 갖는지를 판정하는 방법으로 1계 도함수를 이용하여 판정하는 방법과 2계 도함수를 이용하여 판정하는 방법이 있다. 4.4절의 [정리 4.8: 극값의 1계 도함수 판정법]은 1계 도함수를 사용하여 극값을 판정하는 방법이다. 여기서는 2계 도함수를 사용하여 극값을 판정하는 방법을 알아보자.

* [정리 4.11: 극값의 2계 도함수 판정법]은 $f'(c) = 0$인 정점 c만을 극값인지 판정한다. 즉, 특이점은 판정하지 않는다.

** [정리 4.11: 극값의 2계 도함수 판정법] (3)에서 판정 불가능이란 $x = c$에서 $f(c)$가 극값일 수도 있고 $f(c)$가 극값이 아닐 수도 있다는 것이다.

[정리 4.11: 극값의 2계 도함수 판정법] $a < c < b$이라고 하자.
함수 f는 구간 (a, b)에서 미분가능하다. $f'(c) = 0$*이고 $f''(c)$가 존재한다고 하자.
(1) $f''(c) > 0$이면 $f(c)$는 f의 극솟값이다.
(2) $f''(c) < 0$이면 $f(c)$는 f의 극댓값이다.
(3) $f''(c) = 0$이면 판정 불가능하다.**

[보기 4.2] 다음 함수의 극값을 판별하여라.

(1) $f(x) = x^2$ (2) $f(x) = -x^2$ (3) $f(x) = x^3$ (4) $f(x) = x^4$

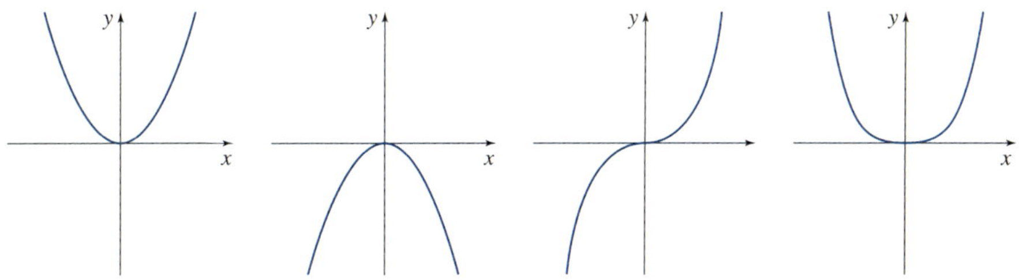

[주의] (3)과 (4)에 의하면 $f'(0) = 0$이고 $f''(0) = 0$인 경우 극값을 가질 수도 있고 갖지 않을 수도 있다.

[풀이]

(1) $f'(0) = 0$이고 $f''(0) = 2 > 0$. [정리 4.11: 극값의 2계 도함수 판정법] (1)에 의해 $x = 0$에서 극솟값 $f(0) = 0$을 갖는다. 또한 함수 $f(x) = x^2$의 그래프를 보면 $x = 0$에서 극솟값을 갖는 것을 볼 수 있다.

(2) $f'(0) = 0$이고 $f''(0) = -2 < 0$. [정리 4.11: 극값의 2계 도함수 판정법] (2)에 의해 $x = 0$에서 극댓값 $f(0) = 0$을 갖는다. 또한 함수 $f(x) = -x^2$의 그래프를 보면 $x = 0$에서 극댓값을 갖는 것을 볼 수 있다.

(3) $f'(0) = 0$이고 $f''(0) = 0$. [정리 4.11: 극값의 2계 도함수 판정법] (3)에 의해 판정할 수 없다. 그러나 함수 $f(x) = x^3$의 그래프로 보면 $x = 0$에서 극값을 갖지 않는다.

(4) $f'(0) = 0$이고 $f''(0) = 0$. [정리 4.11: 극값의 2계 도함수 판정법] (3)에 의해 판정할 수 있다. 그러나 함수 $f(x) = x^4$의 그래프로 보면 $x = 0$에서 극솟값을 갖는

것을 볼 수 있다. ■

극값을 판정하는 2개의 방법을 비교하면 다음과 같다.

- 공통점은 두 가지 방법 모두 정의역 구간의 내부의 점에서 극값을 판정한다는 것이다.
- [정리 4.8: 극값의 1계 도함수 판정법]은 **정점**과 **특이점**에서 극값을 갖는지를 판정하는 방법이다. 1계 도함수 판정법은 표를 그리는 번거로움이 있지만 모든 정점과 특이점에 대하여 극값이 되는지를 확실하게 판정할 수 있다.
- [정리 4.11: 극값의 2계 도함수 판정법]은 **정점**에 대해서만 극값이 되는지를 판정하는 방법이고 특이점에는 적용할 수 없는 방법이다. 2계 도함수 판정법은 계산에 의해 간단하게 판정을 할 수 있지만 판정이 불가능한 경우도 생긴다.

[예제 4.32] [정리 4.11: 극값의 2계 도함수 판정법]을 이용하여 함수 $f(x)=\frac{1}{3}x^3-x^2-3x+4$의 극값을 구하여라. [연습문제 13~20]

[풀이] 다항함수 f의 정의역은 실수 전체이다. 함수 f의 1계 도함수와 2계 도함수를 구해보자.

$$f'(x)=x^2-2x-3=(x-3)(x+1)\text{이고 } f''(x)=2x-2$$

함수 f는 -1과 3에서 정점을 갖는다.
정점 $x=-1$에서 $f''(-1)=-4<0$이다. [정리 4.11: 극값의 2계 도함수 판정법] (2)를 적용하면 $x=-1$에서 함수 f는 극댓값 $f(-1)=\frac{17}{3}$을 갖는다.
정점 $x=2$에서 $f''(2)=2>0$이다. [정리 4.11: 극값의 2계 도함수 판정법] (1)을 적용하면 $x=2$에서 함수 f는 극솟값 $f(2)=-\frac{18}{3}$을 갖는다.

$x=-1$에서 함수 f는 극댓값 $f(-1)=\frac{17}{3}$을 갖는다.

$x=2$에서 함수 f는 극솟값 $f(2)=-\frac{18}{3}$을 갖는다. ■

연습문제

• Part 1

[1-6] 다음 함수의 위로 오목인 구간과 아래로 오목인 구간을 구하여라. [예제 4.27~4.29]

1. $f(x)=-\frac{3}{2}x^2+x$
2. $f(x)=x^3-6x^2+9x+2$
3. $f(x)=x(6-2x)^2$
4. $f(x)=x+\frac{1}{x}$
5. $f(x)=\frac{x}{x^2-1}$
6. $f(x)=x^2+\ln x$

[7-12] 다음 함수의 변곡점을 모두 구하여라. [예제 4.30~4.31]

7. $f(x)=x^3+3x^2-9x-2$

8. $f(x)=(x+2)^3$

9. $f(x)=\dfrac{x+1}{x^2+3}$

10. $f(x)=\sin x;\ [-2\pi, 2\pi]$

11. $f(x)=x-\cos x;\ \left[-\dfrac{\pi}{2}, \dfrac{\pi}{2}\right]$

12. $f(x)=xe^x$

[13-20] 2계 도함수의 판정법을 이용하여 다음 함수의 극값을 구하여라. [예제 4.32]

13. $f(x)=x^3-3x^2-24x+1$

14. $f(x)=-3x^2+8x+1$

15. $f(x)=x^4-4x^3+4x^2$

16. $f(x)=(x-3)e^x$

17. $f(x)=(x^2+1)^3$

18. $f(x)=\sin x+\cos x;\ [0, 2\pi]$

19. $f(x)=x^2-8\ln x$

20. $f(x)=x\ln x$

• Part 2

[21-24] 다음 함수의 대하여 물음에 답하여라.

$$f(x)=-x^4+6x^2-4$$

21. $f''(x)$를 구하여라.

22. $f(x)$의 위로 오목인 구간, 아래로 오목인 구간을 구하여라.

23. $f(x)$의 변곡점을 구하여라.

24. $f(x)$의 극값을 구하여라.

[25-28] 다음 함수의 대하여 물음에 답하여라.

$$f(x)=3x^5-5x^3+3$$

25. $f''(x)$를 구하여라.

26. $f(x)$의 위로 오목인 구간, 아래로 오목인 구간을 구하여라.

27. $f(x)$의 변곡점을 구하여라.

28. $f(x)$의 극값을 구하여라.

[29-30] 다음 함수의 대하여 물음에 답하여라.

$$f(x)=x+\sqrt{1-x}$$

29. 1계 도함수를 이용하여 극값을 구하여라.

30. 2계 도함수를 이용하여 극값을 구하고, 1계 도함수를 이용하여 구한 결과가 다르다면 그 이유를 말하여라.

[31-32] 다음 함수의 대하여 물음에 답하여라.

$$f(x)=x^{\frac{2}{3}}$$

31. 1계 도함수를 이용하여 극값을 구하여라.

32. 2계 도함수를 이용하여 극값을 구하고, 1계 도함수를 이용하여 구한 결과가 다르다면 그 이유를 말하여라.

[33-34] 다음 그림을 보고 물음에 답하여라.

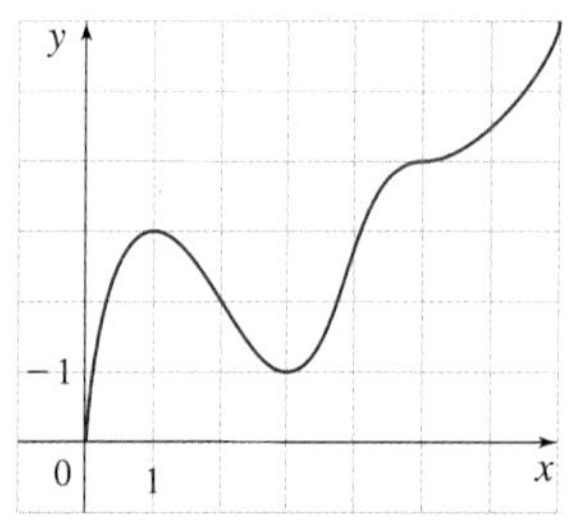

33. $f(x)$의 위로 오목인 구간과 아래로 오목인 구간을 말하여라.

34. $f(x)$의 극값과 변곡점을 구하여라.

4.6 함수의 그래프

4.6.1 미분은 무엇을 알려주는가?

미분의 가장 중요한 목표는 주어진 함수의 그래프를 그리는 것이다. 4장에서 미분의 응용으로 함수의 개형에 대해 살펴보았던 모든 정보를 정리해 보자.

1. 1계 도함수는 함수의 증가와 감소를 알려준다.
2. 1계 도함수는 함수의 극값을 알려준다.
3. 2계 도함수는 함수의 오목성을 알려준다.
4. 2계 도함수는 함수의 변곡점을 알려준다.

함수의 그래프를 그리기 위해 먼저 해야 할 일은 위의 정보를 종합하여 표를 그리는 것이다. 그리고 이 표를 가지고 그래프를 그리게 된다.
[정리 4.8: 극값의 1계 도함수 판정법]은 표를 그려서 극점을 판정하였다. 함수의 정의역 내의 임계점을 중심으로 1계 도함수의 부호를 표에 표시하여 함수의 증가와 감소 그리고 극값을 판정하였다. [정리 4.10: 변곡점의 2계 도함수 판정법]도 함수의 정의역 내의 변곡점의 후보를 중심으로 2계 도함수의 부호를 따라 위로 오목성과 아래로 오목성, 그리고 변곡점을 판정하였다.
이제 그래프의 개형을 그리기 위하여 함수의 1계 도함수와 2계 도함수의 부호에 대한 정보를 표시하는 표를 만들어 보자.
함수 f 의 움직임은 1계 도함수 f'의 부호에 의한 증가(+)와 감소(−) 그리고 2계 도함수 f''의 부호에 의한 위로 오목(+)과 아래로 오목(−)으로 나타내어진다. 이들의 조합으로 다음과 같은 4가지 개형을 생각할 수 있다.
감소인 경우 위로 오목인 감소(↘)와 아래로 오목인 감소(↘)가 있고
증가인 경우 위로 오목인 증가(↗)와 아래로 오목인 증가(↗)가 있다.

	감소		증가	
$f'(x)$	−	−	+	+
$f''(x)$	+	−	+	−
$f(x)$	↘	↘	↗	↗

이제 4개의 행으로 이루어진 다음과 같은 표를 만들어보자.

- 1행은 정의역인 x의 영역으로 극값의 후보인 임계점, 즉 **정점, 특이점, 경계점**과 **변곡점의 후보**($f''(c)=0$인 점)들을 나타낸다.

- 2행은 1계 도함수 f'의 부호를 나타낸다.
- 3행은 2계 도함수 f''의 부호를 나타낸다.
- 4행은 2행과 3행에 의한 함수 f의 움직임을 표현한다. **증감**과 **오목성**을 나타내는 네 종류의 화살표를 표현하고 **극값**과 **변곡점**을 표현한다.

예를 들어서 함수 f의 1계 도함수와 2계 도함수가 다음과 같이 주어진 경우 표를 만들고 표에 의한 그래프를 그려보자.

$$f'(x) = -A(x-b)^3(x-d)^3 \text{이고} \quad f''(x) = -B(x-b)^2(x-c)(x-d)^2$$

이때, $A>0$, $B>0$이고 $b<c<d$.

1계 도함수 $f'(x) = -A(x-b)^3(x-d)^3$의 부호를 알아보자.*

* f'의 최고차의 계수가 음수(−)이므로, 부호의 그래프에서 오른쪽의 음수($-\infty$)에서 시작한다.

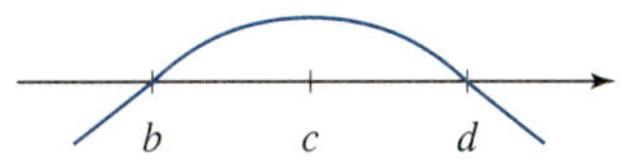

2계 도함수 $f''(x) = -B(x-b)^2(x-c)(x-d)^2$의 부호를 알아보자.**

** f''의 최고차의 계수가 음수(−)이므로, f''의 부호의 그래프에서 오른쪽의 음수에서 시작한다.

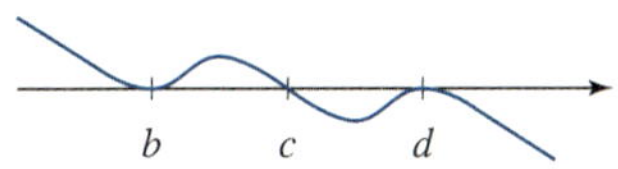

[복습] 변곡점의 후보는 다음 세 가지이다.
- $f''(c)=0$인 c
- c에서 1계 미분불가능
- c에서 2계 미분불가능

함수 f의 4개의 행으로 이루어진 표를 다음과 같은 과정으로 만들어보자.

- 1행은 정의역에서 정점, 특이점, 경계점, 변곡점의 후보는 세 점 b, c, d이다.
- 2행은 1계 도함수 $f'(x) = -A(x-b)^3(x-d)^3$의 부호를 표현한다.
- 3행은 2계 도함수 $f''(x) = -B(x-b)^2(x-c)(x-d)^2$의 부호를 표현한다.
- 4행은 함수 f의 움직임을 표현한다.

x	$\cdots$	b	$\cdots$	c	$\cdots$	d	$\cdots$
$f'(x)$	−	0	+		+	0	−
$f''(x)$	+	0	+	0	−	0	−
$f(x)$	① ↘	극솟값	② ↗	변곡점	③ ↗	극댓값	④ ↘

위의 표를 이용하여 그린 함수의 그래프의 개형은 다음 [그림 4.34]와 같다.

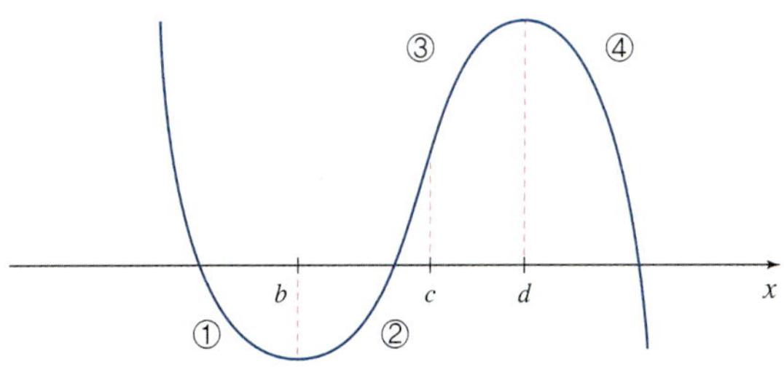

[그림 4.34]

■

4.6.2 함수의 점근선 구하기

함수의 그래프를 그리는 첫 단계는 함수의 증가와 감소 그리고 오목성을 조사하여 표를 그리는 것이다. 이와 더불어 그래프의 개형에서 점근선의 위치와 모양도 중요한 성질이다. 점근선의 정의는 2장에서 다루었다. [2.3 무한극한]에서는 수직점근선을 [2.4 무한에서의 극한]에서는 수평점근선을 공부하였다. 여기서 점근선의 정의를 복습하자.

수평점근선을 구하기 위해 정의역 내에서 무한에서의 극한을 구한다. 즉, ∞ 또는 $-\infty$ 에서의 극한을 구한다.

[정의 4.6: 수평점근선] 다음 두 가지 극한 중에서 한 가지를 만족하면

$$\lim_{x\to\infty} f(x) = L \text{이거나} \quad \lim_{x\to-\infty} f(x) = L$$

수평선 $y=L$을 함수 $y=f(x)$의 **수평점근선**이라고 한다. ([그림 4.35](a), (b) 참고)

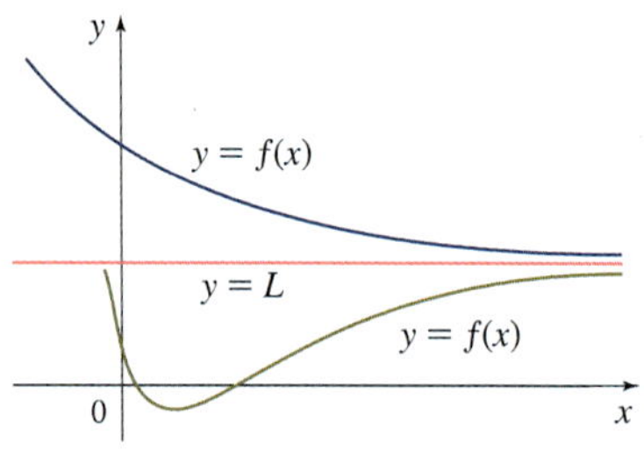

[그림 4.35](a) $\lim_{x\to\infty} f(x) = L$

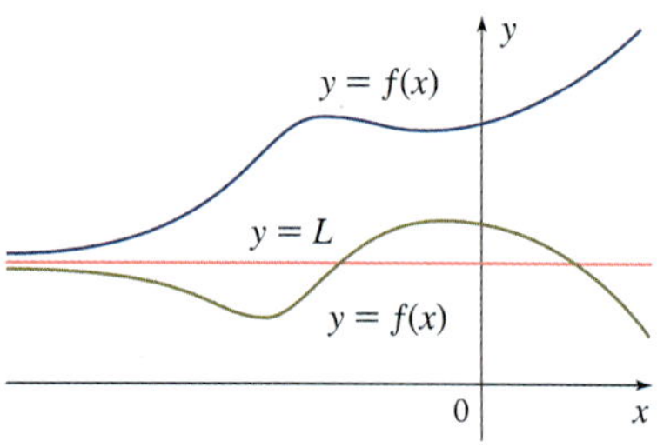

[그림 4.35](b) $\lim_{x\to-\infty} f(x) = L$

함수식이 분수 형태의 함수이거나 지수함수를 포함한 경우 수평점근선이 존재한다.

유리함수의 경우에 분모의 차수와 분자의 차수가 같으면 수평점근선이 있다.

그래프를 그리기 위해 수평점근선을 구하는 경우 $\lim_{x\to\infty} f(x)$와 $\lim_{x\to-\infty} f(x)$를 모두 살펴야 한다.

[예제 4.33] 함수 $f(x) = \dfrac{x^2-4}{x^2+4}$ 의 수평점근선을 구하여라. [연습문제 1~4]

[풀이] 함수 f 의 수평점근선의 존재성을 확인하기 위하여 무한에서의 극한을 다음과 같이 구해야 한다. 이때, 음의 무한에서의 극한과 양의 무한에서의 극한을 각각 구한다.

$$\lim_{x\to\infty} \frac{x^2-4}{x^2+4} = 1 \text{이고} \quad \lim_{x\to-\infty} \frac{x^2-4}{x^2+4} = 1$$

그러므로 함수 f 의 수평점근선은 $y=1$ 이다. ■

수직점근선을 구하기 위해 분모식 $=0$ 이 되는 점 c에서 무한극한을 살펴보아야 한다. 이 경우 c에서의 좌극한과 우극한을 모두 구해야 한다.

[정의 4.7: 수직점근선] 다음 네 가지 극한 중 적어도 한 가지를 만족하는 경우

$$\lim_{x\to c+} f(x) = \infty \text{ 또는 } \lim_{x\to c-} f(x) = \infty \text{ 또는}$$

$$\lim_{x \to c+} f(x) = -\infty \quad 또는 \quad \lim_{x \to c-} f(x) = -\infty$$

수직선 $x = c$을 함수 $y = f(x)$의 **수직점근선**이라고 한다. ([그림 4.36](a), (b) 참고)

분수 형태의 함수에서 분모가 0이 되는 점이 있으면 수직점근선이 있을 가능성이 크다.

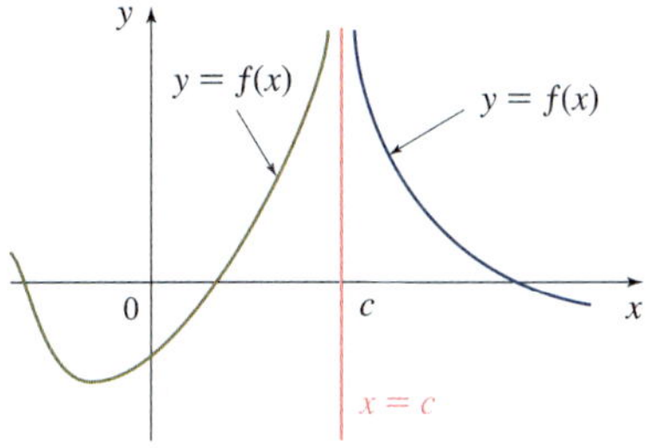

[그림 4.36](a)

$\lim_{x \to c+} f(x) = \infty$ 또는 $\lim_{x \to c-} f(x) = \infty$

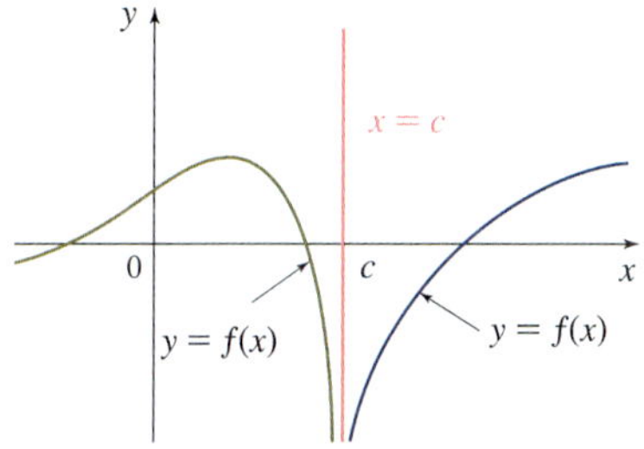

[그림 4.36](b)

$\lim_{x \to c+} f(x) = -\infty$ 또는 $\lim_{x \to c-} f(x) = -\infty$

그래프를 그리기 위해 수직점근선을 구하는 경우 $\lim_{x \to c+} f(x)$와 $\lim_{x \to c-} f(x)$를 모두 살펴야 한다.

[예제 4.34] 함수 $f(x) = \dfrac{x^2 + 2x + 4}{x}$의 수직점근선을 구하여라. [연습문제 5~8]

[풀이] 유리함수 f의 수평점근선은 분모식 x가 0이 되는 점 0에서의 무한극한을 다음과 같이 구한다. 이때, 무한 우극한과 무한 좌극한을 각각 구한다.

$$\lim_{x \to 0+} \frac{x^2 + 2x + 4}{x} = \infty \text{이고} \quad \lim_{x \to 0-} \frac{x^2 + 2x + 4}{x} = -\infty$$

그러므로 함수 f의 수직점근선이 $x = 0$이다. ■

함수의 그래프에서 점근선은 있을 수도 있고 없을 수도 있다. 점근선이 있는 경우에는 그래프에 점근선을 반드시 표시해야 한다. 이러한 점근선이 존재하는 함수식의 형태는 분수 형태의 함수, 지수함수, 로그함수 등이다.

점근선의 존재를 알기 위하여

- 수직점근선: 주어진 함수의 정의역에서 제외되는 경계점을 찾고 그 점을 기준으로 무한극한을 살펴보고 수직점근선이 있는지 없는지를 확인한다.
  분수 형태의 함수에서 분모를 0으로 만드는 점과 로그함수에서 로그 내부의 식이 0이 되는 점에서 무한 우극한과 무한 좌극한을 구하고 수직점근선의 존재를 확인한다.
- 수평점근선: 주어진 함수 f의 무한에서의 극한을 구하고 수평점근선이 있는지 없는지를 확인한다. 즉, 다음 2가지의 무한에서의 극한을 구하고 수평점근선의 존재를 확인한다.

$$\lim_{x \to \infty} f(x) \text{와} \quad \lim_{x \to -\infty} f(x)$$

4.6.3 그래프 그리기

함수의 그래프를 그리는 것은 매우 중요한 일이다. 함수의 1계 도함수와 2계 도함수는 함수의 그래프를 그리는 데 필요한 매우 중요한 도구이다. 그래프를 그리는 과정을 다음과 같이 정리해 보자.

[그래프를 그리는 방법]

[1단계] 함수 f의 정의역, 그리고 x절편과 y절편을 구한다.
[2단계] 1계 도함수의 부호와 극값의 후보인 임계점을 구한다.
[3단계] 2계 도함수의 부호와 변곡점의 후보를 구한다.
[4단계] 함수 f의 수직점근선과 수평점근선을 구한다.
[5단계] [2단계]~[4단계]를 사용하여 표를 만든다. f의 증가와 감소, 극값 그리고 오목성과 변곡점을 구한다.
[6단계] 표를 이용하여 그래프를 그린다.

[그래프를 그리는 방법]의 과정으로 표를 만드는 방법은 다음과 같다.

① 표는 4개의 행이다.
② 1행은 정의역인 x축을 나타내고 [2단계]에서 구한 **임계점**과 [3단계]에서 구한 **변곡점의 후보**를 표시한다. **점근선을 표현하는 점**도 표시한다.
③ 2행은 1계 도함수 $f'(x)$의 부호를 표시한다.
④ 3행은 2계 도함수 $f''(x)$의 부호를 표시한다.
⑤ 4행은 함수 f의 구간에 따른 개형을 2행과 3행의 부호에 따라서 다음과 같은 4가지 종류의 굽어진 화살표로 표시한다.

	감소		증가	
$f'(x)$	$-$	$-$	$+$	$+$
$f''(x)$	$+$	$-$	$+$	$-$
$f(x)$	↘	↘	↗	↗

표를 만드는 방법을 설명한 ②에서 점근선을 표현하는 점도 포함하는 것을 알아보자.

(ⅰ) 수평점근선 $y=L$의 존재성을 표현하기 위하여

- 정의역이 실수 전체인 경우 1행에 음의 무한대$(-\infty)$와 양의 무한대(∞)를 표시한다. 여기에 괄호를 표시한 것은 실제 정의역의 원소가 아니기 때문이다.
- 음의 무한대$(-\infty)$와 양의 무한대(∞)에 해당하는 4행에 무한에서의 극한인 실숫값 L 또는 ∞ 또는 $-\infty$를 표시한다.

- 정의역이 $[a, b]$, (a, b)인 경우에도 1행에 a와 b를 표시한다. 이때 정의역 내의 점이 아니면 괄호를 표시한다.

(ii) 수직점근선 $x = c$의 존재성을 표현하기 위하여

- 1행에 (c)를 표현한다. 여기에 괄호를 표시한 것은 실제 정의역 내의 점이 아니기 때문이다.
- 1행에 (c)에 해당하는 4열에 좌극한 $\lim_{x \to c-} f(x)$의 실숫값과 우극한 $\lim_{x \to c-} f(x)$의 실숫값을 양쪽으로 표시한다.

이제 다양한 함수의 그래프를 그려보자.

[예제 4.35] 함수 $f(x) = x^3 - 3x + 2$의 그래프를 그려라. [연습문제 9~20]

[풀이] ① 다항함수 f의 정의역은 실수 전체인 구간 $(-\infty, \infty)$이다.

f의 x절편 및 y절편을 구한다.

- f의 y절편: $f(0) = 2$
- f의 x절편: $f(x) = x^3 - 3x + 2 = 0$이고 $(x+2)(x-1)^2 = 0$.

$$x = -2 \text{ 또는 } x = 1$$

그러므로 절편은 세 점 $(0, 2)$, $(-2, 0)$, $(1, 0)$이다.

② 임계점과 1계 도함수의 부호를 구한다.

도함수 $f'(x) = 3x^2 - 3 = 3(x-1)(x+1)$이므로 -1과 1이 정점이다.

다항식이므로 특이점과 경계점은 없다. 그러므로 임계점은 -1과 1이다.

f'의 부호를 구하면 다음과 같다.

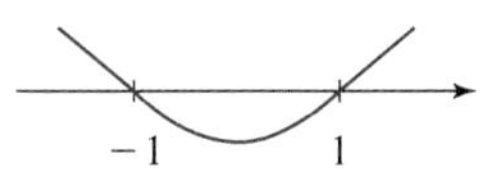

③ 변곡점의 후보와 2계 도함수의 부호를 구한다.

2계 도함수 $f''(x) = 6x$이므로 변곡점의 후보는 $x = 0$이다.

f''의 부호를 구하면 다음과 같다.

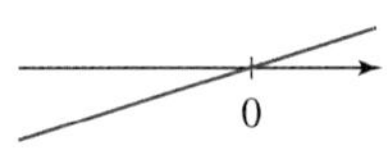

④ f의 수직점근선과 수평점근선을 구한다.

- 수평점근선: $\lim_{x \to \infty}(x^3 - 3x + 2) = \infty$이고 $\lim_{x \to -\infty}(x^3 - 3x + 2) = -\infty$이므로 수평점근선은 없다.
- 분모가 0이 되는 점이 없으므로 수직점근선도 없다.

⑤ 표를 만든다.

임계점과 변곡점인 $x = -1, 0, 1$을 중심으로 표를 만든다.

그래프를 완성하기 위하여 정의역의 경계인 음의 무한대$(-\infty)$와 양의 무한대

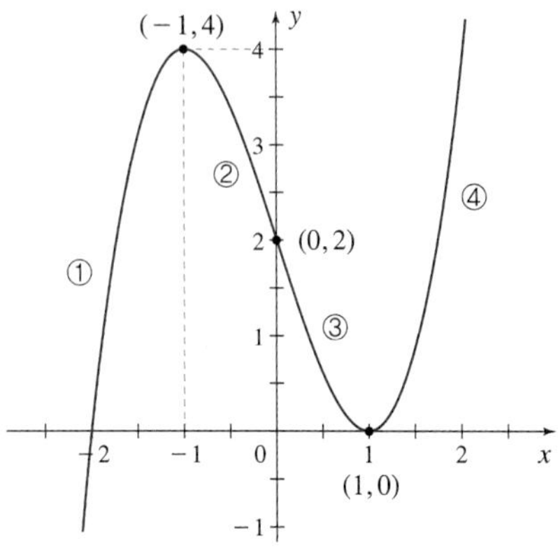

[그림 4.37] $f(x) = x^3 - 3x + 2$의 그래프

(∞)를 1행에 표시한다.

그래프의 개형을 표시한 화살표에 따라서 4행에 극댓값, 극솟값, 변곡점을 표시한다.

x	$(-\infty)$	$\cdots$	-1	$\cdots$	0	$\cdots$	1	$\cdots$	(∞)
$f'(x)$		$+$	0	$-$	$-$	$-$	0	$+$	
$f''(x)$		$-$	$-$	$-$	0	$+$	$+$	$+$	
$f(x)$	$(-\infty)$	↗ ①	극댓값	② ↘	변곡점	↘ ③	극솟값	④ ↗	(∞)

⑥ 표를 이용하여 그래프를 그린다.

- $x = -1$에서 극댓값 $f(-1) = 4$를 갖는다.
- $x = 1$에서 극솟값 $f(1) = 0$를 갖는다.
- $f(0) = 2$이므로 변곡점은 점 $(0, 2)$이다.

그래프를 그릴 때는 절편, 극점, 변곡점 그리고 점근선들은 미리 표시하고 표에 따라서 구간별로 4가지 유형(증가의 2가지, 감소의 2가지)에 맞추어 그린다.

함수 $f(x) = x^3 - 3x + 2$의 그래프는 [그림 4.37]이다. ■

[예제 4.36] 함수 $f(x) = 3x^4 - 6x^3$의 그래프를 그려라. [연습문제 9~20]

[풀이] ① 다항함수 f의 정의역은 실수 전체인 구간 $(-\infty, \infty)$이다.

f의 x절편 및 y절편을 구한다.

- f의 y절편: $f(0) = 0$
- f의 x절편: $f(x) = 3x^4 - 6x^3 = 0$이고 $3x^3(x-2) = 0$이므로 $x = 0$ 또는 $x = 2$이다.

그러므로 절편은 두 점 $(0, 0)$, $(2, 0)$이다.

② 임계점과 1계 도함수의 부호를 구한다.

도함수 $f'(x) = 12x^3 - 18x^2 = 6x^2(2x-3)$이므로 $x = 0, \dfrac{3}{2}$이 정점이다.

다항식이므로 특이점과 경계점은 없다. 그러므로 임계점은 $x = 0, \dfrac{3}{2}$이다.

f'의 부호를 구하면 다음과 같다.

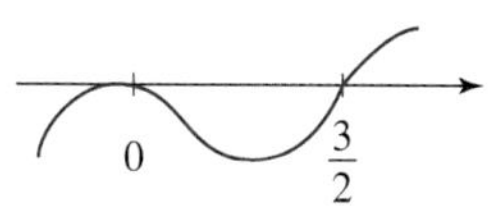

③ 변곡점의 후보와 2계 도함수의 부호를 구한다.

2계 도함수 $f''(x) = 36x^2 - 36x = 36x(x-1)$이므로 변곡점의 후보는 0과 1이다.

f''의 부호를 구하면 다음과 같다.

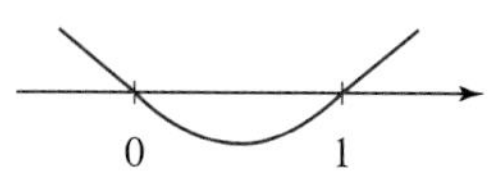

④ f의 수직점근선과 수평점근선을 구한다.

- 수평점근선: $\lim_{x\to\infty}(3x^4-6x^3)=\infty$이고 $\lim_{x\to-\infty}(3x^4-6x^3)=\infty$이므로 수평점근선이 없다.
- 수직점근선: 분모가 0이 되는 점이 없으므로 수직점근선도 없다.

⑤ 표를 구한다.

임계점과 변곡점의 후보인 $x=0, 1, \dfrac{3}{2}$을 중심으로 표를 만든다.

그래프를 완성하기 위하여 정의역의 경계인 음의 무한대($-\infty$)와 양의 무한대(∞)를 1행에 표시한다.

그래프의 개형을 표시한 화살표에 따라 4행에 극댓값, 극솟값, 변곡점을 표시한다.

x	$(-\infty)$	$\cdots$	0	$\cdots$	1	$\cdots$	$\frac{3}{2}$	$\cdots$	(∞)
$f'(x)$		$-$	0	$-$	$-$	$-$	0	$+$	
$f''(x)$		$+$	0	$-$	0	$+$	$+$	$+$	
$f(x)$	$(-\infty)$	↘①	변곡점	②↘	변곡점	↘③	극솟값	④↗	(∞)

$x=\dfrac{3}{2}$에서 극솟값 $f\left(\dfrac{3}{2}\right)=-\dfrac{81}{16}$를 갖는다.

$f(1)=-3$이고 $f(0)=0$이므로 변곡점은 $(1,3)$과 $(0,0)$이다.

⑥ 표를 이용하여 그래프를 그린다.

그래프를 그릴 때는 절편, 극값, 변곡점들을 미리 표시하고 표에 따라서 구간별로 4가지 유형(증가의 2가지, 감소의 2가지)에 맞추어 그린다.

함수 $f(x)=3x^4-6x^3$의 그래프는 [그림 4.38]이다. ■

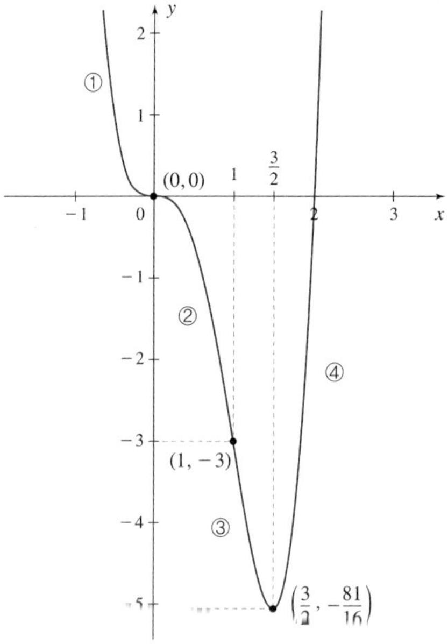

[그림 4.38] $f(x)=3x^4-6x^3$의 그래프

[예제 4.37] 함수 $f(x)=x^5-10x^3$의 그래프를 그려라. [연습문제 9~20]

[풀이] ① 다항함수 f의 정의역은 실수 전체인 구간 $(-\infty,\infty)$이다.

f의 x절편 및 y절편을 구한다.

- f의 y절편: $f(0)=0$이므로 y값은 0이다.
- f의 x절편: $f(x)=x^5-10x^3=0$이고 $x^3(x-\sqrt{10})(x+\sqrt{10})=0$이므로 $x=0$과 $\sqrt{10}$과 $-\sqrt{10}$이다.

그러므로 절편은 세 점 $(0,0)$, $(\sqrt{10},0)$, $(-\sqrt{10},0)$이다.

② 임계점과 1계 도함수의 부호를 구한다.

도함수 $f'(x)=5x^4-30x^2=5x^2(x-\sqrt{6})(x+\sqrt{6})$이므로 $x=-\sqrt{6}$, 0, $\sqrt{6}$이 정점이다.

다항식이므로 특이점과 경계점은 없다. 그러므로 임계점은 $-\sqrt{6}$, 0, $\sqrt{6}$이다.

f'의 부호를 구하면 다음과 같다.

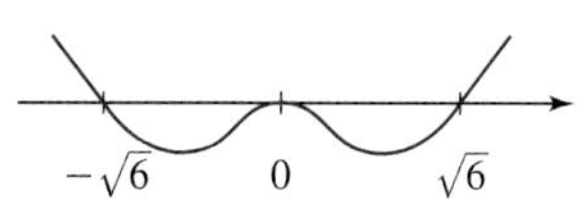

③ 변곡점의 후보와 2계 도함수의 부호를 구한다.

2계 도함수 $f''(x) = 20x^3 - 60x = 20x(x - \sqrt{3})(x + \sqrt{3})$이므로 변곡점의 후보는 $-\sqrt{3},\ 0,\ \sqrt{3}$이다. f''의 부호를 구하면 다음과 같다.

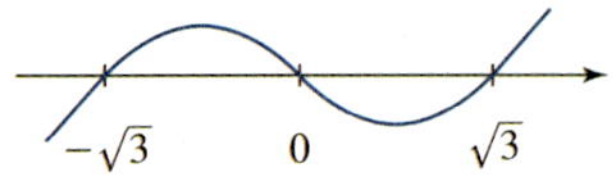

④ f의 수직점근선과 수평점근선을 구한다.

- 수평점근선: $\lim_{x \to \infty}(x^5 - 10x^3) = \infty$이고 $\lim_{x \to -\infty}(x^5 - 10x^3) = -\infty$이므로 수평점근선은 없다.
- 수직점근선: 분모가 0이 되는 점이 없으므로 수직점근선도 없다.

⑤ 표를 만든다.

정점과 변곡점의 후보인 $x = -\sqrt{6},\ -\sqrt{3},\ 0,\ \sqrt{3},\ \sqrt{6}$을 중심으로 표를 만든다. 그래프를 완성하기 위하여 정의역의 경계인 음의 무한대($-\infty$)와 양의 무한대(∞)를 1행에 표시한다.

그래프의 개형을 표시한 화살표에 따라서 4행에 극댓값, 극솟값, 변곡점을 표시한다.

x	$(-\infty)$	$\cdots$	$-\sqrt{6}$	$\cdots$	$-\sqrt{3}$	$\cdots$	0	$\cdots$	$\sqrt{3}$		$\sqrt{6}$	$\cdots$	(∞)
$f'(x)$		$+$	0	$-$	$-$	$-$	0	$-$	$-$	$-$	0	$+$	
$f''(x)$		$-$	$-$	$-$	0	$+$	0	$-$	0	$+$	$+$	$+$	
$f(x)$	$(-\infty)$	↗	극댓값	↘	변곡점	↘	변곡점	↘	변곡점	↘	극솟값	↗	(∞)

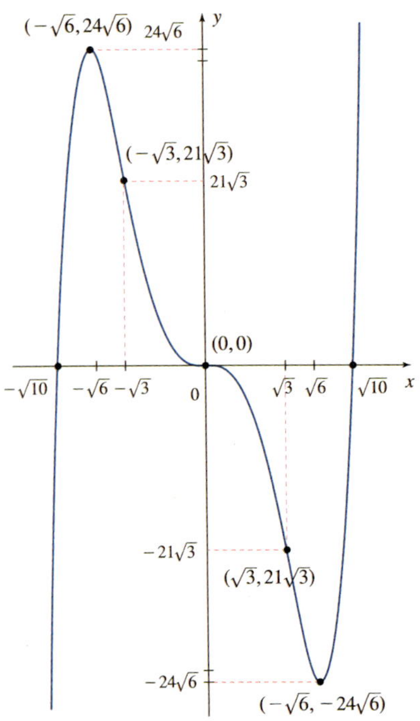

[그림 4.39] $f(x) = x^5 - 10x^3$의 그래프

$x = -\sqrt{6}$에서 극댓값 $f(-\sqrt{6}) = 24\sqrt{6}$를 갖는다.

$x = \sqrt{6}$에서 극솟값 $f(\sqrt{6}) = -24\sqrt{6}$를 갖는다.

$f(-\sqrt{3}) = 21\sqrt{3}$이고 $f(0) = 0$이고 $f(\sqrt{6}) = 21\sqrt{3}$이므로 변곡점은 $(-\sqrt{3}, 21\sqrt{3})$과 $(0, 0)$과 $(\sqrt{3}, -21\sqrt{3})$인 세 점이다.

⑥ 표를 이용하여 그래프를 그린다.

그래프를 그릴 때는 절편, 극값, 변곡점 그리고 점근선들은 미리 표시하고 표에 따라서 구간별로 4가지 유형(증가의 2가지, 감소의 2가지)에 맞추어 그린다.

함수 $f(x) = x^5 - 10x^3$의 그래프는 [그림 4.39]이다. ■

[예제 4.38] 함수 $f(x) = \dfrac{1}{1 + x^2}$의 그래프를 그려라. [연습문제 9~20]

[풀이] ① 유리함수 f의 분모식이 0이 되지 않으므로 정의역은 실수 전체이다.

f의 x절편 및 y절편을 구한다.

- f의 y절편: $f(0) = 1$이고 $y = 1$이다.
- f의 x절편: $f(x) = \dfrac{1}{1 + x^2}$이고 $\dfrac{1}{1 + x^2} = 0$를 만족하는 x는 없다.

그러므로 절편은 점 $(0, 1)$이다.

② 임계점과 1계 도함수의 부호를 구한다.

도함수 $f'(x)=\dfrac{-2x}{(1+x^2)^2}$ 이므로 $x=0$이 정점이다.

미분불가능한 점이 없으므로 특이점은 없고 정의역은 실수 전체이므로 경계점은 없다. 그러므로 임계점은 $x=0$이다. f'의 부호를 구하면 다음과 같다.

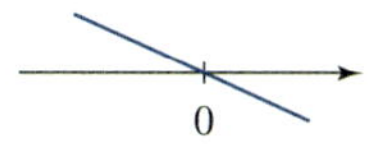

③ 변곡점의 후보와 2계 도함수의 부호를 구한다.

2계 도함수 $f''(x)=\dfrac{2(3x^2-1)}{(1+x^2)^3}=\dfrac{2(\sqrt{3}x-1)(\sqrt{3}x+1)}{(1+x^2)^3}$ 이므로 변곡점의 후보는 $-\dfrac{1}{\sqrt{3}}$과 $\dfrac{1}{\sqrt{3}}$이다. f''의 부호를 구하면 다음과 같다.

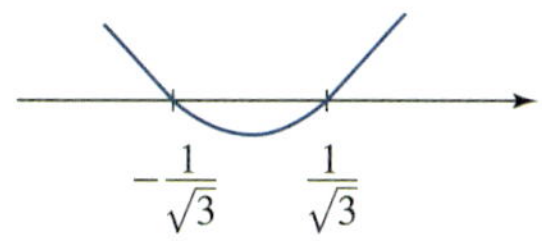

④ f의 수직점근선과 수평점근선을 구한다.

- 수평점근선: $\lim_{x\to\infty}\dfrac{1}{1+x^2}=0$이고 $\lim_{x\to-\infty}\dfrac{1}{1+x^2}=0$이므로 수평점근선은 $y=0$이다.
- 수직점근선: 분모가 0이 되는 점이 없으므로 수직점근선은 없다.

⑤ 표를 만든다.

정점과 변곡점의 후보인 $x=-\dfrac{1}{\sqrt{3}},\ 0,\ \dfrac{1}{\sqrt{3}}$을 중심으로 표를 만든다.

그래프를 완성하기 위하여 정의역의 경계인 음의 무한대($-\infty$)와 양의 무한대(∞)를 1행에 표시한다.

그래프의 개형을 표시한 화살표에 따라서 4행에 극댓값, 극솟값, 변곡점을 표시한다.

x	$(-\infty)$	$\cdots$	$-\frac{1}{\sqrt{3}}$	$\cdots$	0	$\cdots$	$\frac{1}{\sqrt{3}}$	$\cdots$	(∞)
$f'(x)$		$+$	$+$	$+$	0	$-$	$-$	$-$	
$f''(x)$		$+$	0	$-$	$-$	$-$	0	$+$	
$f(x)$	(0)	↗	변곡점	↗	극댓값	↘	변곡점	↘	(0)

- $x=0$에서 극댓값 $f(0)=1$를 갖는다.
- $f\left(-\dfrac{1}{\sqrt{3}}\right)=\dfrac{3}{4}$이고 $f\left(\dfrac{1}{\sqrt{3}}\right)=\dfrac{3}{4}$이므로 변곡점은 $\left(-\dfrac{1}{\sqrt{3}},\dfrac{3}{4}\right)$과 $\left(\dfrac{1}{\sqrt{3}},\dfrac{3}{4}\right)$이다.

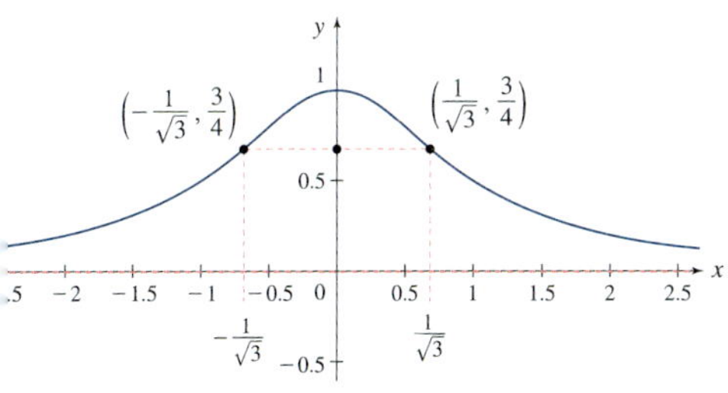

[그림 4.40] $f(x)=\dfrac{1}{1+x^2}$의 그래프

⑥ 표를 이용하여 그래프를 그린다.

그래프를 그릴 때는 절편, 극값, 변곡점 그리고 점근선들은 미리 표시하고 표에 따라서 구간별로 4가지 유형(증가의 2가지, 감소의 2가지)에 맞추어 그린다.

함수 $f(x)=\dfrac{1}{1+x^2}$의 그래프는 [그림 4.40]이다. ■

[예제 4.39] 함수 $f(x)=\dfrac{x}{(1+x)^2}$의 그래프를 그려라. [연습문제 9~20]

[풀이] ① 유리함수의 분모식 $x+1\neq 0$이므로 정의역은 $x\neq -1$인 모든 실수이다. f의 x절편 및 y절편을 구한다.

- f의 y절편: $f(0)=0$이므로 $x=0$이다.
- f의 x절편: $f(x)=\dfrac{x}{(1+x)^2}$이고 $\dfrac{x}{(1+x)^2}=0$이고 $x=0$이다.

그러므로 절편은 점 $(0,0)$이다.

② 임계점과 1계 도함수의 부호를 구한다.

도함수 $f'(x)=\dfrac{-(x-1)}{(1+x)^3}=0$에서 $x=1$은 정점이다.

$x=-1$은 정의역의 원소가 아니므로 특이점이 없고 정의역의 경계가 없다. 그러므로 임계점은 $x=1$이다.

f'의 부호에 대하여 -1은 정의역의 원소는 아니지만 f'의 부호에 영향을 미칠 수 있다. f'의 부호를 구하면 다음과 같다.

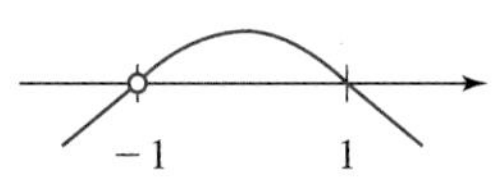

③ 변곡점의 후보와 2계 도함수의 부호를 구한다.

2계 도함수 $f''(x)=\dfrac{-(x+1)^3+(x-1)3(x+1)^2}{(1+x)^6}=\dfrac{2(x-2)}{(x+1)^4}$이므로 변곡점의 후보는 $x=2$이다.

f''의 부호에 대하여 -1은 정의역의 원소는 아니지만 f''의 부호에 영향을 미칠 수 있다. f''의 부호를 구하면 다음과 같다.

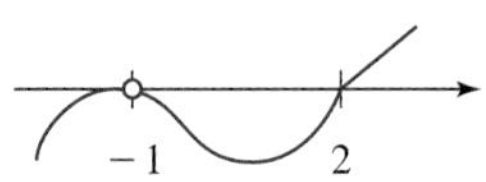

④ f의 수직점근선과 수평점근선을 구한다.

- 수평점근선: $\lim\limits_{x\to\infty}\dfrac{x}{(1+x)^2}=0$이고 $\lim\limits_{x\to-\infty}\dfrac{x}{(1+x)^2}=0$이므로 수평점근선은 $y=0$이다.
- 수직점근선: $\lim\limits_{x\to-1+}\dfrac{x}{(1+x)^2}=-\infty$이고 $\lim\limits_{x\to-1-}\dfrac{x}{(1+x)^2}=-\infty$이므로 수직점근선은 $x=-1$이다.

⑤ 표를 만든다.

- 1행에 정의역의 정점과 변곡점의 후보 그리고 수직점근선의 위치인 (-1), 1, 2를 중심으로 표를 만든다. 정의역에 포함되지 않은 점 -1은 괄호를 한다.
- 그래프를 완성하기 위하여 음의 무한대$(-\infty)$, 양의 무한대(∞)를 1행에 표시한다.
- 수직점근선 $x=-1$을 위하여 -1에서 무한 좌극한과 무한 우극한인 $-\infty$을 표시한다.

- 수평점근선 $y=0$을 위하여 무한에서의 극한도 표시한다.
- 그래프의 개형을 표시한 4행의 화살표에 따라 극댓값, 극솟값, 변곡점을 표시한다.

x	$(-\infty)$	$\cdots$	(-1)	$\cdots$	1	$\cdots$	2	$\cdots$	(∞)
$f'(x)$		$-$		$+$	0	$-$	$-$	$-$	
$f''(x)$		$-$		$-$	$-$	$-$	0	$+$	
$f(x)$	(0)	① ↘	$(-\infty)(-\infty)$	↗ ②	극댓값	③ ↘	변곡점	↘ ④	(0)

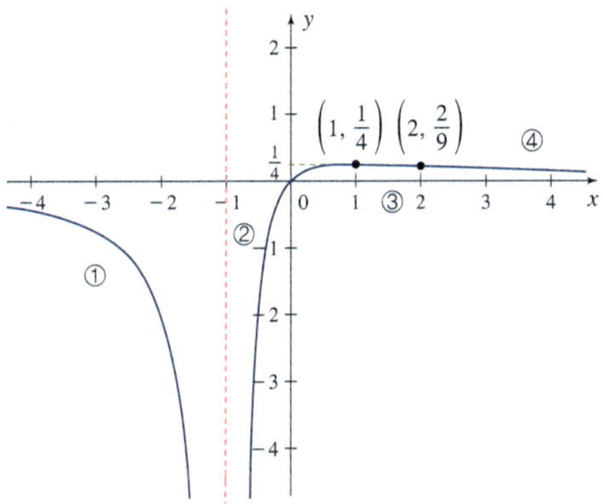

[그림 4.41] $f(x)=\dfrac{x}{1+x^2}$의 그래프

- 수평점근선은 $y=0$이다.
- 수직점근선은 $x=-1$이다.
- $x=1$에서 극댓값 $f(1)=\dfrac{1}{4}$를 갖는다.
- 변곡점은 점 $(2, f(2))=\left(2, \dfrac{2}{9}\right)$이다.

⑥ 표를 이용하여 그래프를 그린다.
그래프를 그릴 때 절편, 극값, 변곡점 그리고 점근선들은 미리 표시하고 표에 따라서 구간별로 4가지 유형(증가의 2가지, 감소의 2가지)에 맞추어 그린다.
한수 $f(x)=\dfrac{x}{(1+x)^2}$의 그래프는 [그림 4.41]이다. ■

[예제 4.40] 함수 $f(x)=x^{4/3}-2x^{2/3}$의 그래프를 그려라. [연습문제 9~20]

[풀이]

① 무리함수이지만 홀수인 3제곱근이므로 정의역은 실수 전체인 구간 $(-\infty, \infty)$이다.
f의 x절편 및 y절편을 구한다.
- f의 y절편: $f(0)=0$이므로 $y=0$이다.
- f의 x절편: $f(x)=x^{4/3}-2x^{2/3}$이고 $x=-2\sqrt{2}$, 0, $2\sqrt{2}$이다.

그러므로 절편은 점 $(0,0)$, $(-2\sqrt{2},0)$, $(2\sqrt{2},0)$이다.

② 임계점과 1계 도함수의 부호를 구한다.

도함수 $f'(x)=\dfrac{4}{3}x^{1/3}-\dfrac{4}{3}x^{-1/3}=\dfrac{4(x^{2/3}-1)}{3x^{1/3}}=0$이므로 $x=-1, 1$은 정점이다.

$x=0$에서 미분불가능이므로 특이점은 $x=0$이다. 정의역은 실수 전체이므로 경계점은 없다. 그러므로 임계점은 -1, 0, 1이다. f'의 부호를 구하면 다음과 같다.

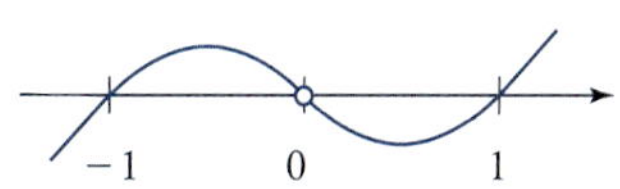

③ 2계 도함수의 부호와 변곡점의 후보를 구한다.

2계 도함수 $f''(x)=\dfrac{4}{9}x^{-2/3}+\dfrac{4}{9}x^{-4/3}=\dfrac{4(x^{2/3}+1)}{9x^{4/3}}=0$이고 $x=0$에서 $f''(x)$이 존재하지 않으므로 변곡점의 후보는 $x=0$이다. 2계 도함수의 부호는 다음과

같다.

$$x \neq 0 \text{이면 } f''(x) = \frac{4(x^{2/3}+1)}{9x^{4/3}} > 0$$

④ 수직점근선과 수평점근선을 구한다.

- 수평점근선: $\lim_{x \to \infty}(x^{4/3} - 2x^{1/3}) = \lim_{x \to \infty} x^{4/3}(1 - 2x^{-2/3}) = \infty$이므로 수평점근선은 없다.
- 분모가 0이 되는 점이 없으므로 수직점근선도 없다.

⑤ 표를 만든다.

- 1행에 정의역의 정점과 변곡점의 후보인 -1, 0, 1을 중심으로 표를 만든다.
- 그래프를 완성하기 위하여 음의 무한대($-\infty$), 양의 무한대(∞)를 1행에 표시한다.
- 그래프의 개형을 표시한 화살표에 따라서 4행에 극댓값, 극솟값, 변곡점을 표시한다.

x	$(-\infty)$	$\cdots$	-1	$\cdots$	0	$\cdots$	1	$\cdots$	(∞)
$f'(x)$		$-$	0	$+$	없다	$-$	0	$+$	
$f''(x)$		$+$	$+$	$+$	없다	$+$	$+$	$+$	
$f(x)$	(∞)	↘	극솟값	↗	극댓값	↘	극솟값	↗	(∞)

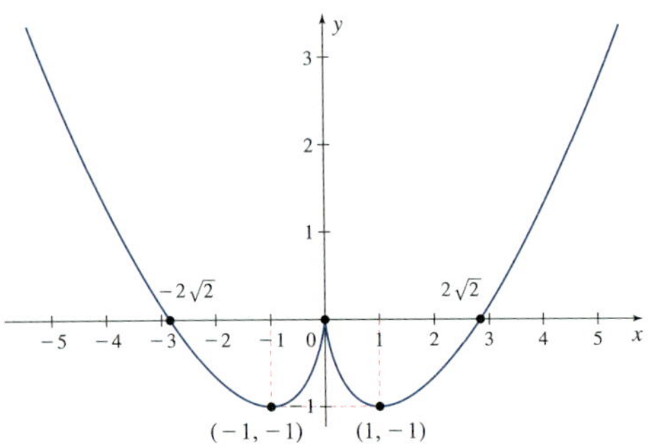

[그림 4.42] $f(x) = x^{4/3} - 2x^{2/3}$의 그래프

- $x = -1$에서 극솟값 $f(-1) = -1$를 갖는다.
- $x = 1$에서 극솟값 $f(1) = -1$를 갖는다.
- $x = 0$에서 극댓값 $f(0) = 0$를 갖는다.

⑥ 그래프를 그린다.

좌표평면에 절편 $(0, 0)$, $(-2\sqrt{2}, 0)$, $(2\sqrt{2}, 0)$과 극점 $(1, -1)$, $(0, 0)$, $(1, -1)$을 미리 그려 놓는다. 그리고 극점과 극점 사이에서 표에서 그려진 굽은 화살표를 보고 곡선을 그린다.

함수 $f(x) = x^{4/3} - 2x^{2/3}$의 그래프는 [그림 4.42]이다. ■

연습문제

• Part 1

[1-4] 다음 함수의 수평점근선을 구하여라. [예제 4.33]

1. $f(x) = \dfrac{2x-6}{4-x}$

2. $f(x) = \dfrac{4}{x^2-4}$

3. $f(x) = \dfrac{x^2+2x}{x^2-1}$

4. $f(x) = \dfrac{4}{(1-x)^2}$

[5-8] 다음 함수의 수직점근선을 구하여라. [예제 4.34]

5. $f(x) = \dfrac{x+2}{x-1}$

6. $f(x) = \dfrac{2x-3}{4-6x}$

7. $f(x) = \dfrac{2x(x+3)}{9-x^2}$

8. $f(x) = \dfrac{\sqrt{x+2}}{(x+2)^2}$

[9-20] 다음 함수를 본문 내용에 따라 표를 이용하여 그래프를 그리시오. [예제 4.35~4.40]

9. $f(x) = x^3 + 3x^2 + 2$

10. $f(x) = -x^3 - 2x^2 - x$

11. $f(x) = x^4 - 12x^3 + 48x^2 - 64x$

12. $f(x) = x(x-1)^2$

13. $f(x) = (x^2-4)^2$

14. $f(x) = -\dfrac{x}{x+1}$

15. $f(x) = \dfrac{2x^2}{x^2+1}$

16. $f(x) = 2x^{\frac{5}{3}} - 5x^{\frac{4}{3}}$

17. $f(x) = \dfrac{1}{x} - \dfrac{1}{x^2}$

18. $f(x) = x\sqrt{1+x}$

19. $f(x) = 6 - \dfrac{2}{x^2}$

20. $f(x) = \dfrac{x}{\sqrt{x^2+2}}$

• Part 2

[21-26] 다음 조건을 만족하는 함수 $f(x)$를 그리시오.

21. $f(x)$는 $(-\infty, \infty)$에서 위로 오목하고,$(-\infty, 0)$에서 증가, $(0, \infty)$에서 감소, $f(0) = 1$

22. $f(x)$는 $(-\infty, 0)$에서 위로 오목하고, $(0, \infty)$에서 아래로 오목하고$(-\infty, 0)$에서 감소, $(0, \infty)$에서 증가, $f(0) = 1$

23. $f(x)$는 $(-\infty, 1)$에서 아래로 오목하고, $(1, \infty)$에서 위로 오목하고$(-\infty, 0)$에서 감소, $(0, \infty)$에서 증가, $f(0) = 1$, $f(1) = 2$

24. $\begin{cases} f'(x) > 0, & x < 0 \\ f'(x) < 0, & x > 0 \end{cases}$, $\begin{cases} f''(x) > 0, & x < 0 \\ f''(x) > 0, & x > 0 \end{cases}$, $f(0) = 1$

25. $f'(0) = 0$, $\begin{cases} f''(x) > 0, & x \neq 0 \\ f''(x) = 0, & x = 0 \end{cases}$, $f(0) = 1$

26. $f'(0)$은 존재하지 않음

$\begin{cases} f''(x) < 0, & x < 0 \\ f''(x) > 0, & x > 0 \end{cases}$, $f(0) = 1$

[27-36] 다음 함수의 그래프를 그리시오.

27. $f(x) = \dfrac{e^x - e^{-x}}{2}$

28. $f(x) = 3 - \dfrac{4}{x} + \dfrac{4}{x^2}$

29. $f(x) = x^2 + \dfrac{1}{x}$

30. $f(x) = |x^2 - 1|$

31. $f(x) = x\sqrt{8-x^2}$

32. $f(x) = \dfrac{2x}{\sqrt{1+x^2}}$

33. $f(x) = x^2e^{-x}$

34. $f(x) = \sin x \cos x$; $[0, \pi]$

35. $f(x) = \dfrac{x}{2} + \sin x$; $[0, 2\pi]$

36. $f(x) = x + \dfrac{4}{x}$

CHAPTER 5

적분: 정적분과 부정적분

평면도형의 넓이와 공간도형의 부피를 구하는 문제는 오랜 역사를 가진 문제이고 수학의 역사에서 가장 유용한 업적일 것이다. 다양한 도형의 넓이와 부피를 구하는 방법이 정적분이다. 정적분은 넓이, 부피 그리고 평균 등과 같은 중요한 양을 계산하는 매우 중요한 미적분학의 도구이다.

정적분도 미분과 마찬가지로 극한으로부터 정의된다. 정적분의 목적은 주어진 영역의 넓이를 구하는 것이다. 영역의 넓이를 구하려는 경우 주어진 영역을 평면의 기본도형의 형태의 작은 조각으로 분할하고 분할된 작은 영역의 넓이를 더하여 주어진 영역의 넓이를 근사적으로 계산할 수 있다. 이때, 영역을 작게 자른 분할의 개수가 무한히 많아지고 면적의 합의 극한을 정의할 수 있다. 그 극한이 주어진 영역의 넓이 또는 부피가 된다. 영역의 넓이를 구하는 이러한 방법을 구분구적법이라고 하고 정적분의 정의이다.

다음으로 적분과 미분 사이의 관계인 미적분학의 기본 정리를 다룰 것이다. 영역의 넓이나 부피를 구하기 위해 정적분의 정의인 구분구적법으로 넓이를 계산하면 복잡한 단계를 매번 거쳐야 한다. 미적분학의 기본 정리는 미분의 역사상인 부정적분을 구하여 정적분의 값을 간단하게 계산할 수 있게 한다.

미적분학의 기본 정리에 의해 정적분을 구하는 과정에서 가장 중요한 부분은 부정적분을 구하는 부분이다.

일반적으로 연속인 함수는 부정적분을 갖는다. 그러나 연속인 함수의 부정적분을 구하는 것은 매우 어려울 수 있고 다양한 방법이 알려져 있다. 다양한 함수의 부정적분을 구하는 여러 방법을 소개한다.

5.1 평면도형의 넓이

고대 그리스 수학의 가장 위대한 업적 중 하나는 삼각형 등 다각형의 넓이 그리고 구, 원기둥 그리고 원뿔의 부피를 구하는 식의 발견이다. 삼각형, 사각형 등의 다각형의 넓이에 대한 식은 그리스 이전의 문명에서도 잘 알려져 있었다. 그러나 원과 같이 경계가 곡선인 영역에 대한 넓이를 구하는 문제는 그 시대의 수학자들에게는 어려운 일이었고 가장 풀고 싶은 문제였다.

이러한 일반적인 영역의 넓이 또는 부피를 다루는 문제에 있어서 최초의 성과는 그리스의 수학자 아르키메데스에 의해 이루어졌다. 그는 영역의 경계가 원호(circular arc) 또는 포물선 등 다양한 곡선으로 이루어진 영역의 넓이를 **소진법***(the method of exhaustion)이라는 독창적인 과정으로 구했다. 이러한 아르키메데스의 아이디어가 오늘날 정적분 개념의 기본이다.

* [the method of exhaustion]의 번역을 소진법으로 한 것이다. 또는 실진법으로 번역되기도 한다.

5.1.1 평면도형의 넓이

평면도형의 넓이를 구하는 방법을 알아보자. 먼저 넓이를 구하는 방법이 가장 간단한 삼각형이나 직사각형을 기본도형으로 잡는다. 넓이를 구하고자 하는 평면도형을 작은 기본도형으로 적당하게 분할하여 분할된 작은 기본도형의 넓이의 합으로 근사시켜서 주어진 도형의 넓이를 구한다. 이 방법은 고대 그리스의 수학에서 기본적으로 사용된 방법이고 그리스의 수학자 아르키메데스는 이러한 방법을 발전시켜서 원의 넓이를 근사하였고 포물선으로 둘러싸인 영역의 넓이, 그리고 구의 부피와 원기둥 등 입체의 부피를 구하는 방법을 남겼다. 여기서 소개하는 방법도 고대로부터 이어온 아르키메데스의 아이디어를 토대로 만들어진 방법이다.

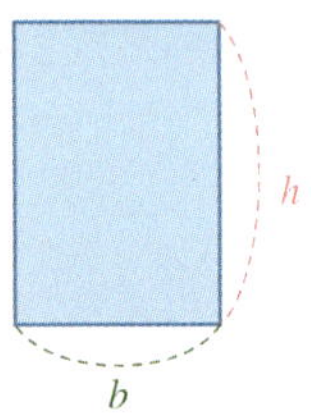

[그림 5.1](a)

[1] 평면도형의 넓이에 대한 기본도형은 직사각형과 삼각형이다.

가장 기본도형인 직사각형 R의 넓이는 [그림 5.1](a)를 보면 다음과 같다.

$$R\text{의 넓이} = bh$$

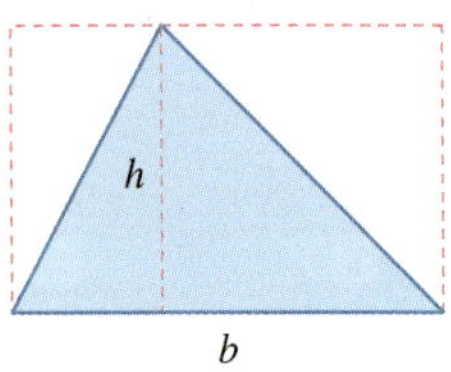

[그림 5.1](b)

다음 기본도형은 삼각형이다. 삼각형 T는 [그림 5.1](b)에서 보면 직사각형을 반으로 자른 모양이고 삼각형의 T의 넓이는 다음과 같다.

$$T\text{의 넓이} = \frac{1}{2}bh$$

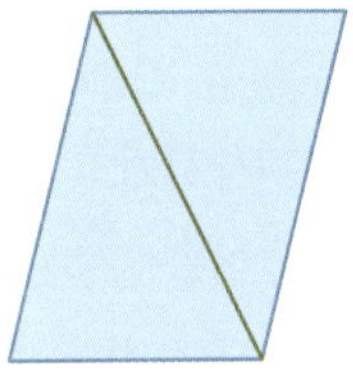

[그림 5.2](a)

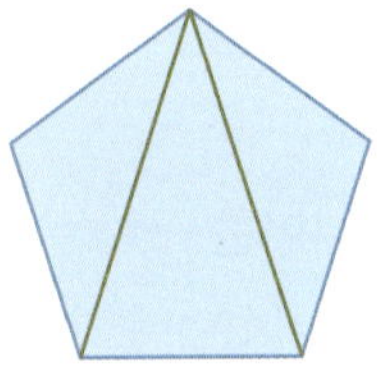

[그림 5.2](b)

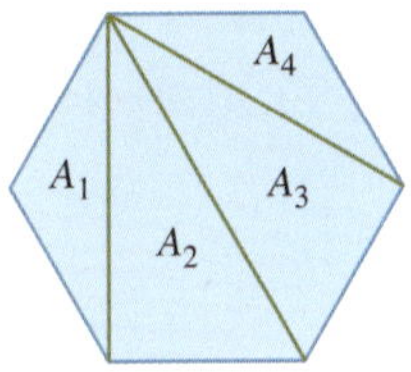

[그림 5.2](c)

[2] 평면 위의 다각형의 넓이을 구해보자.

평면 위의 다각형의 넓이는 다각형을 여러 개의 작은 삼각형으로 분할하여 작은 삼각형의 넓이를 합하여 구한다. 사각형은 2개의 삼각형으로 오각형은 3개의 삼각형으로 분할되는 것을 볼 수 있다. ([그림 5.2](a), (b) 참고)

육각형 P의 넓이 A는 육각형 P을 [그림 5.2](c)와 같이 4개의 기본도형인 삼각형으로 분할하고 각각의 작은 삼각형의 넓이를 A_1, A_2, A_3, A_4라고 하면 육각형 P의 넓이 A은 다음과 같다.

$$P\text{의 넓이} = A_1 + A_2 + A_3 + A_4$$

[3] 아르케메데스의 원의 넓이 구하기

평면도형인 원의 넓이를 구하는 문제는 주어진 도형을 기본도형으로 분할을 한다는 아이디어에서 출발한다. 평면도형이 원인 경우 주어진 원에 정다각형을 내접시키고 정다각형의 넓이로 원의 넓이를 구한다. 그리고 정다각형의 변의 개수를 무한히 늘려가면 다각형의 넓이가 원의 넓이로 다가간다. ([그림 5.3] 참고)

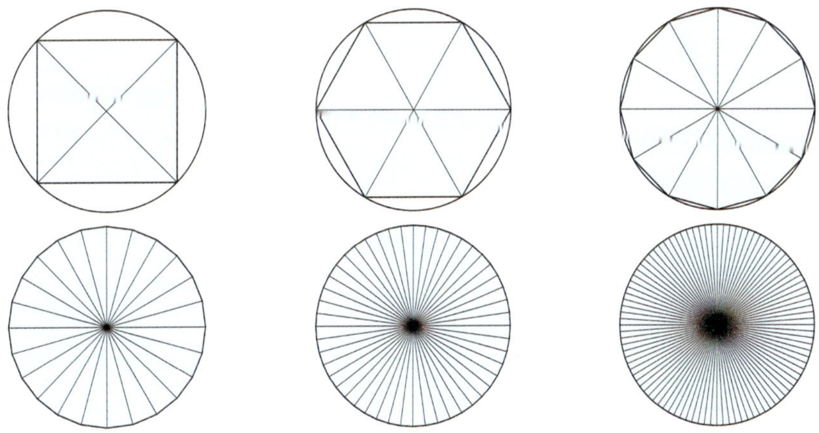

[그림 5.3]

[아르키메데스(Archimedes, B.C. 287-B.C. 212)] 그리스 태생의 수학자

이런 개념을 가장 먼저 명확하게 서술한 수학자는 그리스의 수학자 아르키메데스(Archimedes)이다.

아르키메데스가 반지름이 1인 원 C의 내부의 넓이 S를 구하는 방법을 알아보자. 원 C에 내접하는 정 n각형을 잡아보면 [그림 5.3]과 같다. [그림 5.3]에서는 원에 내접된 사각형, 육각형, 12각형, 24각형, 48각형 그리고 96각형을 보여주고 있다. 내접 n각형에서 n이 커질수록 내접 다각형의 넓이가 원의 내부 넓이에 더 가까워지는 것을 알 수 있다. 실제로 아르키메데스는 원에 내접하는 96각형을 그려보고 반지름이 1인 원 C의 내부 넓이인 π의 근사값을 구하였다. 아르키메데스가 구한 내접하는 96각형의 넓이는 약 3.1408로 기록되어 있으므로 아르키메데스는 π의 근삿값을 다음과 같이 구하였다.

$$\text{내접 96각형의 넓이} = 3.1408\cdots \simeq \pi$$

아르키메데스의 평면도형의 넓이를 구하는 아이디어는 도형을 기본도형으로 분할하여 기본도형의 넓이의 합으로 주어진 도형의 넓이를 근사시키고 분할을 매우 잘게 쪼개어서 기본도형의 넓이의 합의 극한으로 도형의 넓이를 구하는 방법이다. 이렇게 기본도형으로 분할하여 넓이를 구하는 방법을 **구분구적법**이라고 한다.

5.1.2 경계가 곡선인 일반 평면도형의 넓이

경계가 곡선인 평면도형의 넓이를 구하는 문제는 원의 넓이를 구하는 아르키메데스의 아이디어를 바탕으로 한다. 도형의 경계를 이루는 곡선이 함수의 그래프인 경우 도형의 넓이를 구하는 방법을 알아보자.
함수가 상수함수인 경우는 넓이를 쉽게 구할 수 있다. 예를 들어 구간 $[a,b]$에서 정의된 상수함수 $f(x)=h>0$의 그래프와 정의역인 구간 $[a,b]$의 사이에 놓인 영역은 직사각형이고 영역의 넓이 A를 살펴보면 다음과 같다. ([그림 5.4] 참고)

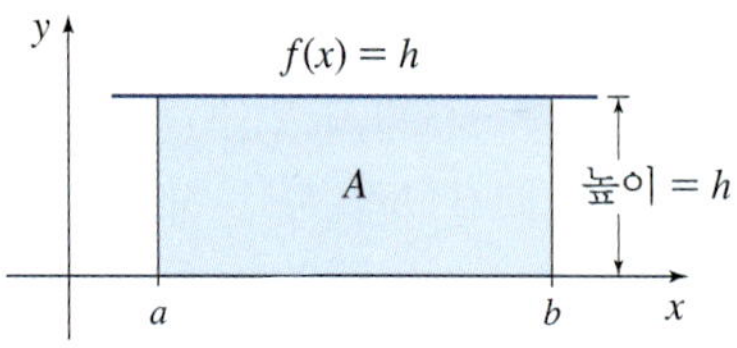

[그림 5.4]

$$\text{영역의 넓이 } A=(b-a)\times h$$

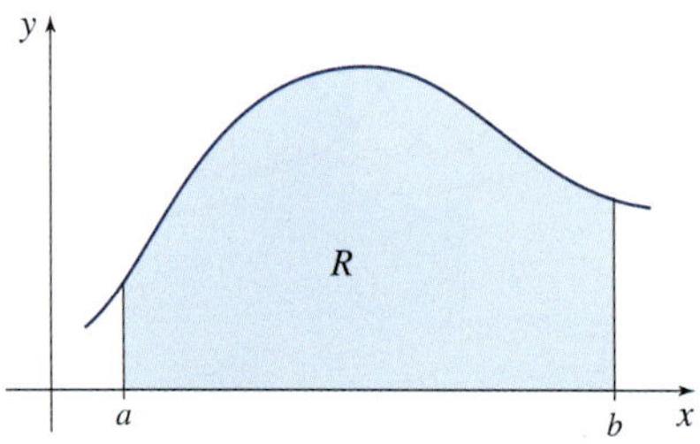

[그림 5.5]

구간 $[a,b]$에서 연속인 함수 f의 그래프와 x축의 구간 $[a,b]$로 둘러싸인 영역 R의 넓이 A를 구해보자. 이때, $[a,b)$ 위에서 $f(x)\ge 0$. ([그림 5.5] 참고)

[1단계] 정의역 구간 $[a,b]$를 6개로 잘라서 생긴 작은 구간을 다음과 같이 만든다. ([그림 5.6] 참고)

$$[x_0,x_1],\ [x_1,x_2],\ [x_2,x_3],\ [x_3,x_4],\ [x_4,x_5],\ [x_5,x_6]$$

각각의 작은 구간에서 임의로 한 점 t_k를 선택한다. ([그림 5.6] 참고)

$$x_0\le t_1\le x_1,\ x_1\le t_2\le x_2,\ x_2\le t_3\le x_3,\ x_3\le t_4\le x_4,\ x_4\le t_5\le x_5,\ x_5\le t_6\le x_6$$

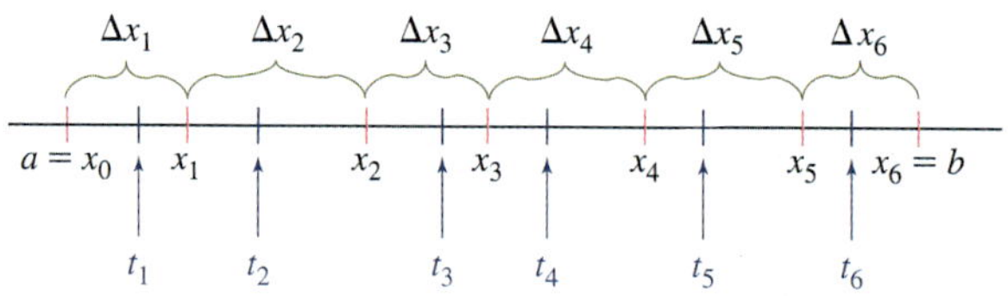

[그림 5.6]

여기서 $\Delta_1=x_1-x_0,\ \Delta_2=x_2-x_1,\ \Delta_3=x_3-x_2,\ \cdots,\ \Delta_6=x_6-x_5.$

[2단계] 작은 구간 $[x_{k-1},x_k]$을 밑변으로 하고 작은 구간 $[x_{k-1},x_k]$에 있는 점 t_k에서의 함숫값 $f(t_k)$를 높이로 하는 직사각형을 만든다. ([그림 5.7] 참고) 그러면 6개의 작은 직사각형의 넓이의 합 $A(6)$는 다음과 같다.

$$A(6) = f(t_1)\Delta_1 + f(t_2)\Delta_2 + f(t_3)\Delta_3 + f(t_4)\Delta_4 + f(t_5)\Delta_5 + f(t_6)\Delta_6$$
$$= \sum_{k=1}^{6} f(t_k)\Delta_k$$

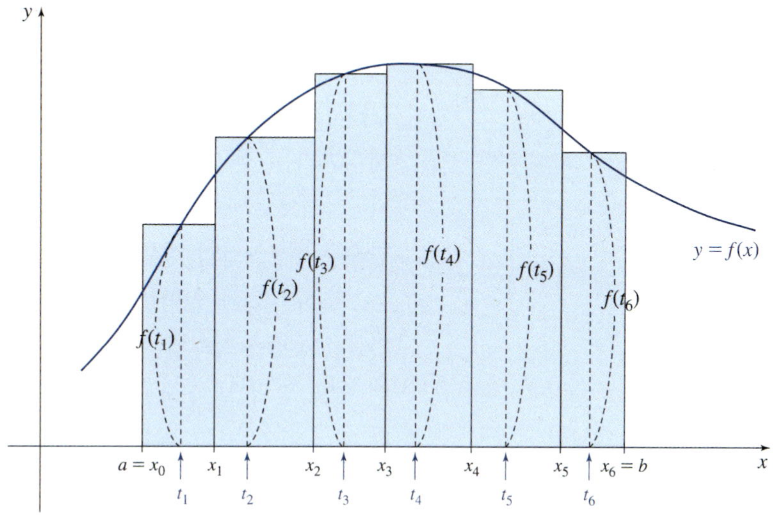

[그림 5.7]

[3단계] [2단계]와 비슷하게 구간 $[a, b]$를 n개의 작은 구간으로 나누면 n개의 작은 직사각형이 생기고 n개의 작은 직사각형의 넓이의 합 $A(n)$은 다음과 같다.

$$A(n) = f(t_1)\Delta_1 + f(t_2)\Delta_2 + \cdots + f(t_n)\Delta_n$$
$$= \sum_{k=1}^{n} f(t_k)\Delta_k$$

[4단계] [그림 5.8]에서 보면 구간 $[a, b]$를 더 잘게 나누고 작은 직사각형으로 분할하면 직사각형의 넓이의 합 $A(n)$은 영역 R의 넓이 A에 점점 더 가까이 다가간다. 즉 n이 무한으로 갈 때 $A(n)$의 극한은 A이다.

$$A = \lim_{n \to \infty} A(n) = \lim_{n \to \infty} \sum_{k=1}^{n} f(t_k)\Delta_k$$

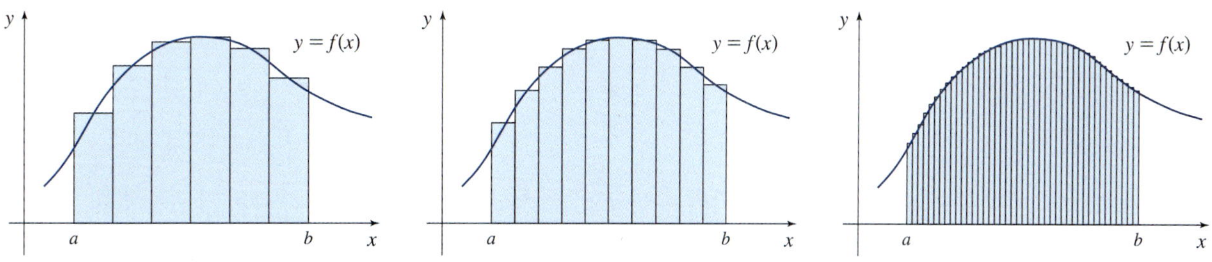

[그림 5.8]

위의 [1단계]~[4단계]를 거쳐서 넓이를 구하는 방법을 **구분구적법**이라고 부른다.

5.2 정적분

5.2.1 리만합

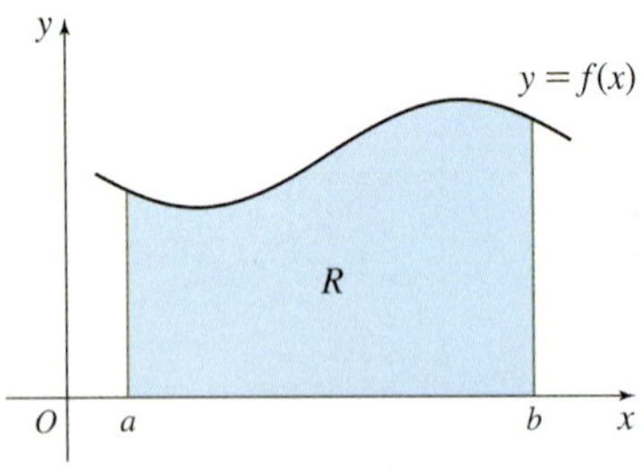

[그림 5.9]

유계이고 닫힌 구간 $[a,b]$ 위에서 정의된 유계인 함수 f의 그래프와 x축 위의 구간 $[a,b]$ 사이에 놓인 영역 R의 넓이 A를 구해보자. 여기서 **함수 f가 구간 I에서 유계**라는 것은 구간 I에서 함수 f의 최댓값과 최솟값이 존재하는 것을 의미한다. 그러므로 유계이고 닫힌 구간 $[a,b]$에서 연속인 함수는 유계이다.

함수 f가 $f \geq 0$인 경우 영역 R의 넓이 A를 [1단계]에서 [4단계]의 과정으로 구하는 **구분구적법**을 알아보았다. 구분구적법을 적용하여 일반적인 유계이고 닫힌 구간 $[a,b]$에서 정의된 연속인 함수 f의 그래프와 x축 위의 구간 $[a,b]$ 사이에 놓인 영역 R의 넓이 A를 구해보자. ([그림 5.9] 참고)

[그림 5.9]의 영역 R에 근사하는 여러 개의 작은 직사각형을 만들어 보자. 함수 f의 정의역인 구간 $[a,b]$은 작은 직사각형의 밑변의 역할을 한다. 영역 R에 근사하는 n개의 작은 직사각형을 만들기 위하여 직사각형의 밑변인 정의역을 n개로 분할을 하는 것은 중요하다.

[주의] 구간 $[a,b]$의 분할 P를 구간 $[a,b]$를 등분하는 것만으로 보지 않고 작은 구간 $[x_{k-1}, x_k]$이 크기가 같아도 또는 같지 않아도 되는 구간임을 의미한다.

[정의 5.1: 구간의 분할]

구간 $[a,b]$의 **분할**(partition) P는 다음과 같다. ([그림 5.10] 참고)

$$P = \{x_0 = a < x_1 < x_2 < \cdots < x_n = b\}$$

구간 $[a,b]$의 분할은 구간 $[a,b]$을 n개의 작은 구간으로 다음과 같은 분할한다.

$$[x_0, x_1], [x_1, x_2], \cdots, [x_{i-1}, x_i], \cdots, [x_{n-1}, x_n]$$

이때, $i = 1, 2, \cdots n$에 대하여 작은 구간의 길이 $\Delta_i = x_i - x_{i-1}$이다.

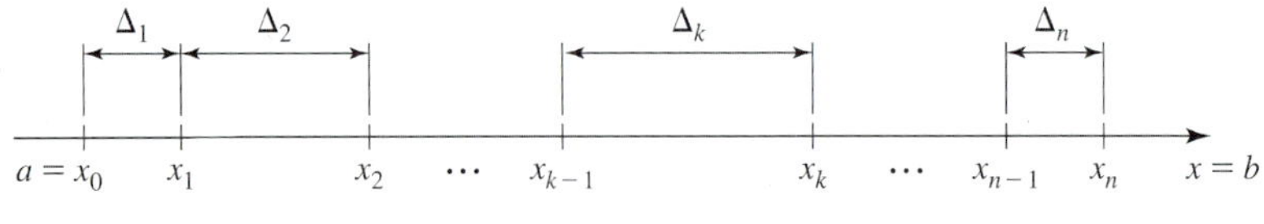

[그림 5.10]

구간 $[a,b]$의 분할 P는 반드시 구간 $[a,b]$의 경계를 포함해야 한다.

구간 $[a,b]$의 분할 $P = \{x_0 = a < x_1 < x_2 < \cdots < x_n = b\}$가 주어졌을 때 각 n개의 작은 구간 $[x_{k-1}, x_k]$에서 한 점 t_k를 잡자. 즉, $k = 1, 2, \cdots, n$에 대하여 $x_{k-1} \leq t_k \leq x_k$인 점 t_k를 잡자. 그리고 $C = \{t_1, t_2, \cdots, t_n\}$라고 놓자. ([그림 5.11] 참고)

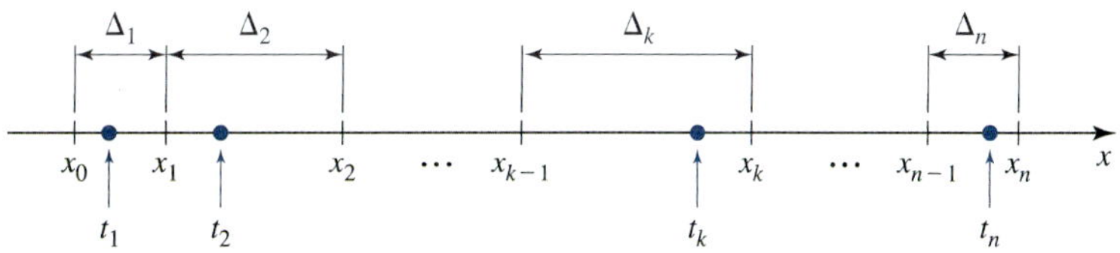

[그림 5.11]

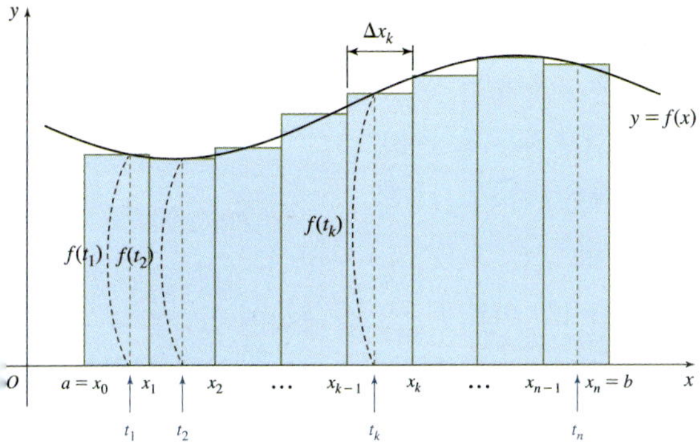

[그림 5.12] $f \geq 0$인 경우

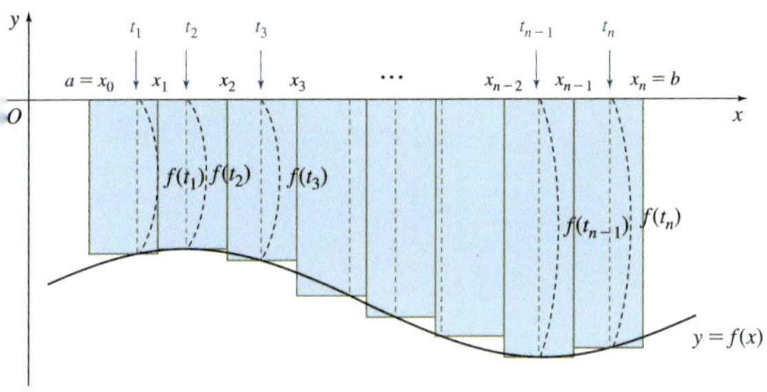

[그림 5.13] $f \leq 0$인 경우

$f \geq 0$인 경우 n개의 작은 직사각형의 넓이의 합 $A(n)$을 구하자. ([그림 5.12] 참고)

첫 번째 작은 직사각형의 넓이$=f(t_1)(x_1-x_0)=f(t_1)\Delta_1$,

두 번째 작은 직사각형의 넓이$=f(t_2)(x_2-x_1)=f(t_2)\Delta_2$,

$\vdots$

n번째 작은 직사각형의 넓이$=f(t_n)(x_n-x_{n-1})=f(t_n)\Delta_n$.

그러므로 n개의 작은 직사각형의 넓이의 합 $A(n)$은 다음과 같다.

$$A(n)=f(t_1)\Delta_1+f(t_2)\Delta_2+\cdots+f(t_n)\Delta_n=\sum_{k=1}^{n}f(t_k)\Delta_k$$

$f \leq 0$인 경우 n개의 작은 직사각형의 넓이의 합 $A(n)$을 구하자. ([그림 5.13] 참고)

$k=1, \cdots, n$에 대하여 k번째 작은 직사각형의 높이$=-f(t_k) \geq 0$이므로

k번째 작은 직사각형의 넓이$=-f(t_k)(x_k-x_{k-1})=-f(t_k)\Delta_k$.

그러므로 n개의 작은 직사각형의 넓이의 합 $A(n)$은 다음과 같다.

$$A(n)=-f(t_1)\Delta_1-f(t_2)\Delta_2-\cdots-f(t_n)\Delta_n=-\sum_{k=1}^{n}f(t_k)\Delta_k$$

[정의 5.2: 리만합 $R(f:P:C)$]

분할 $P=\{x_0=a<x_1<x_2<\cdots<x_n=b\}$와 $C=\{t_1, t_2, \cdots, t_n\}$가 주어졌을 때 분할 P에 의한 함수 f의 리만합(Riemann Sum) $R(f:P:C)$은 다음과 같다.

$$R(f:P:C)=f(t_1)\Delta_1+f(t_2)\Delta_2+\cdots+f(t_n)\Delta_n=\sum_{k=1}^{n}f(t_k)\Delta_k$$

(1) $f \geq 0$인 경우는 $R(f:P:C)=\sum_{k=1}^{n}f(t_k)\Delta_k$는 n개의 작은 직사각형의 넓이의 합이다. ([그림 5.12] 참고)

(2) $f \leq 0$인 경우는 $R(f:P:C)=\sum_{k=1}^{n}f(t_k)\Delta_k$는 n개의 작은 직사각형의 넓이의 합의 음의 부호를 갖는다. ([그림 5.13] 참고)

[예제 5.1] 구간 $[-1,2]$에서 함수 $f(x)=x^2+1$과 구간 $[-1,2]$ 위의 분할 $P=\left\{-1,-\frac{1}{2},0,\frac{1}{2},1,\frac{3}{2},2\right\}$와 $C=\{t_i \mid x_{i-1}\le t_i\le x_i,\ i=1,2,\cdots,6\}$가 다음과 같이 주어졌을 때 $R(f:P:C)$을 구하여라. [연습문제 1~6]

(1) t_i가 작은 구간 $[x_{i-1},x_i]$의 중앙값일 때 $R(f:P:C)$을 구하여라.

(2) t_i가 작은 구간 $[x_{i-1},x_i]$의 왼쪽값일 때 $R(f:P:C)$을 구하여라.

(3) t_i가 작은 구간 $[x_{i-1},x_i]$의 오른쪽값일 때 $R(f:P:C)$을 구하여라.

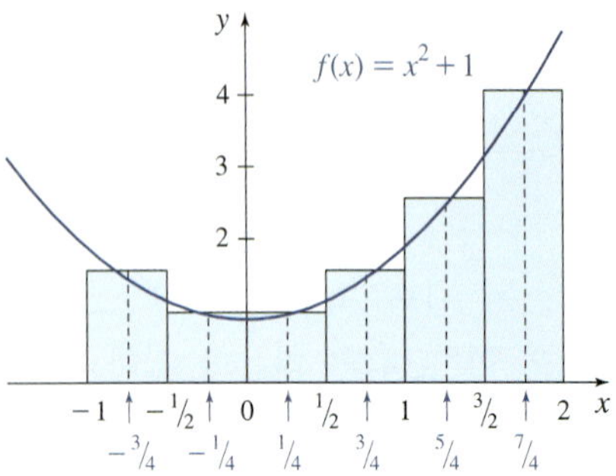

[그림 5.14]

[풀이] 풀이는 [그림 5.14]를 참고하자.

(1) t_i가 작은 구간의 중앙값이므로 $C=\left\{-\frac{3}{4},-\frac{1}{4},\frac{1}{4},\frac{3}{4},\frac{5}{4},\frac{7}{4}\right\}$이다.

$$\begin{aligned}&R(f:P:C)\\&=f\left(-\frac{3}{4}\right)\cdot\frac{1}{2}+f\left(-\frac{1}{4}\right)\cdot\frac{1}{2}+f\left(\frac{1}{4}\right)\cdot\frac{1}{2}+f\left(\frac{3}{4}\right)\cdot\frac{1}{2}+f\left(\frac{5}{4}\right)\cdot\frac{1}{2}+f\left(\frac{7}{4}\right)\cdot\frac{1}{2}\\&=\frac{25}{16}\cdot\frac{1}{2}+\frac{17}{16}\cdot\frac{1}{2}+\frac{17}{16}\cdot\frac{1}{2}+\frac{25}{16}\cdot\frac{1}{2}+\frac{41}{16}\cdot\frac{1}{2}+\frac{65}{16}\cdot\frac{1}{2}\\&=\frac{95}{16}\end{aligned}$$

(2) t_i가 작은 구간의 왼쪽 값이므로 $C=\left\{-1,-\frac{1}{2},0,\frac{1}{2},1,\frac{3}{2}\right\}$이다.

$$\begin{aligned}&R(f:P:C)\\&=f(-1)\cdot\frac{1}{2}+f\left(-\frac{1}{2}\right)\cdot\frac{1}{2}+f(0)\cdot\frac{1}{2}+f\left(\frac{1}{2}\right)\cdot\frac{1}{2}+f(1)\cdot\frac{1}{2}+f\left(\frac{3}{2}\right)\cdot\frac{1}{2}\\&=2\cdot\frac{1}{2}+\frac{5}{4}\cdot\frac{1}{2}+1\cdot\frac{1}{2+}\frac{5}{4}\cdot\frac{1}{2}+2\cdot\frac{1}{2}+\frac{13}{4}\cdot\frac{1}{2}\\&=\frac{43}{8}\end{aligned}$$

(3) t_i가 작은 구간의 오른쪽 값이므로 $C=\left\{-\frac{1}{2},0,\frac{1}{2},1,\frac{3}{2},2\right\}$이다.

$$\begin{aligned}&R(f:P:C)\\&=f\left(-\frac{1}{2}\right)\cdot\frac{1}{2}+f(0)\cdot\frac{1}{2}+f\left(\frac{1}{2}\right)\cdot\frac{1}{2}+f(1)\cdot\frac{1}{2}+f\left(\frac{3}{2}\right)\cdot\frac{1}{2}+f(2)\cdot\frac{1}{2}\\&=\frac{5}{4}\cdot\frac{1}{2}+1\cdot\frac{1}{2}+\frac{5}{4}\cdot\frac{1}{2}+2\cdot\frac{1}{2}+\frac{13}{4}\cdot\frac{1}{2}+5\cdot\frac{1}{2}\\&=\frac{65}{16}\end{aligned}$$

■

함수가 음의 값을 갖는 경우 리만합을 구해보자.

[예제 5.2] 구간 $[0,3]$ 위에서 함수 $f(x)=1-x^2$과 구간 $[0,3]$ 위의 분할 $P=\left\{0,\frac{1}{2},1,\frac{3}{2},2,\frac{5}{2},3\right\}$이고 $C=\{t_i \mid t_i$는 $[x_{i-1},x_i]$의 왼쪽값, $i=1,2,\cdots,6\}$일

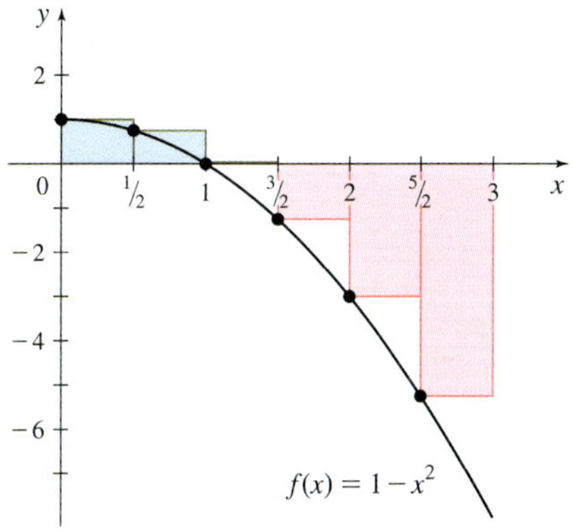

[그림 5.15]

때 리만합 $R(f:P:C)$을 구하여라. [연습문제 7~8]

[풀이] 풀이는 [그림 5.15]를 참고하자.

t_i가 6개의 작은 구간 $[x_{i-1}, x_i]$의 왼쪽값이므로 $C=\left\{0, \frac{1}{2}, 1, \frac{3}{2}, 2, \frac{5}{2}\right\}$이다.

분할 P에 대한 함수 f의 리만합 $R(f:P:C)$를 구하면 다음과 같다.

$$\begin{aligned} R(f:P:C) &= f(0)\cdot\frac{1}{2}+f\left(\frac{1}{2}\right)\cdot\frac{1}{2}+f(1)\cdot\frac{1}{2}+f\left(\frac{3}{2}\right)\cdot\frac{1}{2}+f(2)\cdot\frac{1}{2}+f\left(\frac{5}{2}\right)\cdot\frac{1}{2} \\ &= 1\cdot\frac{1}{2}+\frac{3}{4}\cdot\frac{1}{2}+0\cdot\frac{1}{2}-\frac{5}{4}\cdot\frac{1}{2}-3\cdot\frac{1}{2}-\frac{21}{4}\cdot\frac{1}{2} \\ &= -\frac{31}{8} \end{aligned}$$

■

5.2.2 정적분 정의

이제 리만합 $R(f:P:C)=\sum_{k=1}^{n} f(t_k)\Delta_k$의 극한을 살펴보자. 리만합의 극한은 단순히 $n\to\infty$에 대한 극한을 다루는 것이 아니다. 리만합을 정의하는 데 사용되는 함수 f의 정의역 $[a,b]$의 분할 P에 대한 극한을 의미하고 이를 정의해 보자.

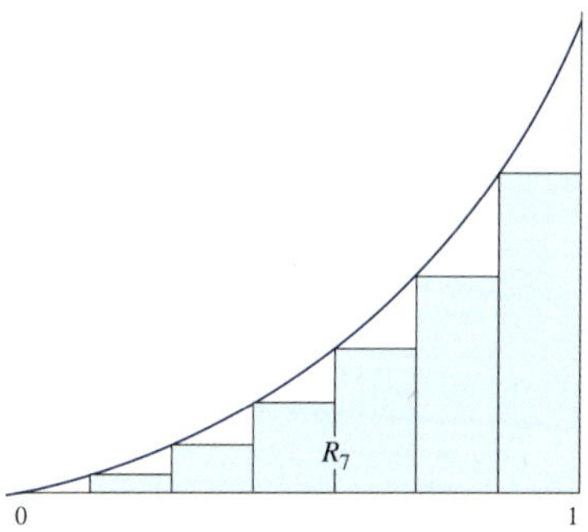

[그림 5.16](a)

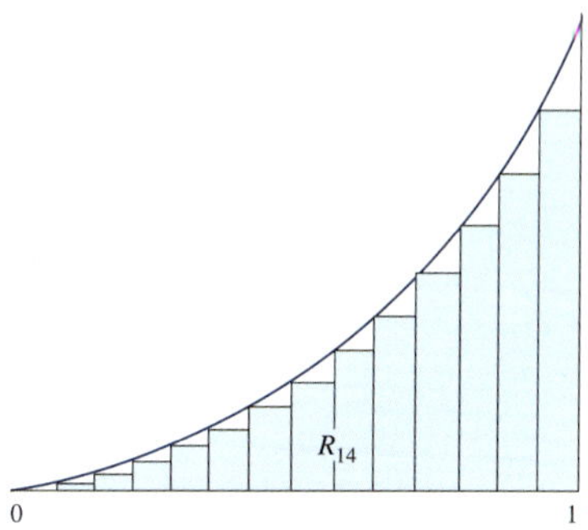

[그림 5.16](b)

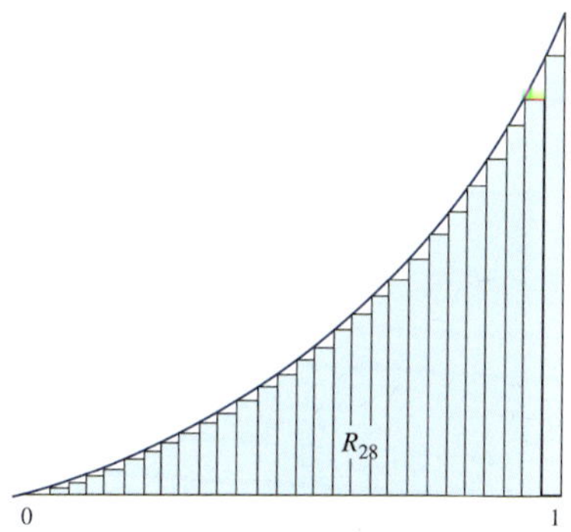

[그림 5.16](c)

구간 $[0,1]$에서 함수 $f(x)=x^2$의 그래프와 정의역인 x축의 구간 $[0,1]$ 사이에 놓인 영역 R의 넓이를 A라고 하자.

[그림 5.16](a)는 구간 $[0,1]$을 7개로 등분한 분할 P_7에 대한 리만합 R_7이다.

[그림 5.16](b)는 구간 $[0,1]$을 14개로 등분한 분할 P_{14}에 대한 리만합 R_{14}이다. 분할 P_7으로 생긴 7개의 작은 구간을 반으로 분할하여 분할 P_{14}이 만들어 진다. 리만합 R_{14}가 리만합 R_7보다 영역 R의 넓이 S에 가깝다.

[그림 5.16](c)는 구간 $[0,1]$을 28개로 등분한 분할 P_{28}에 대한 리만합 R_{28}이다. 분할 P_{14}으로 생긴 14개의 작은 구간을 반으로 분할하여 분할 P_{28}이 만들어진다. 리만합 R_{28}이 리만합 R_{14}보다 영역 R의 넓이 S에 가깝다.

구간 $[0,1]$ 위의 분할이 잘게 분할될수록 리만합이 영역 R의 넓이 A에 점점 더 가까워지는 것을 볼 수 있다.

함수 f의 정의역 구간 $[a, b]$의 분할 P를 다음과 같이 잡자.

$$P = \{a = x_0 < x_1 < x_2 < \cdots < x_i < \cdots < x_n = b\}$$

그러면 n개의 작은 구간 $[x_0, x_1], [x_1, x_2], \cdots, [x_{i-1}, x_i], \cdots, [x_{n-1}, x_n]$이 생기고, 각 작은 구간의 길이를 $\Delta_i = x_i - x_{i-1}$이라고 하자.

분할 P의 크기 $\|P\|$를 $\Delta_1, \Delta_2, \cdots, \Delta_n$ 중에서 가장 큰 값으로 정의한다.

리만합의 극한은 $\|P\| \to 0$에 따른 리만합 $\sum_{k=1}^{n} f(t_k)\Delta_k$의 극한을 의미한다.

여기서 $\|P\| \to 0$은 다음과 같이 분할 매우 세밀하게 분할된다는 의미이다.

- 정의역의 분할에 의해 생기는 작은 구간의 개수 n는 무한히 많아진다.
- 모든 작은 직사각형 밑변의 길이 $\Delta_i = x_i - x_{i-1}$가 점점 0으로 간다.

아르키메데스의 구분구적분의 개념을 이어서 빌헬름 라이프니츠(Wilhelm von Leibniz, 1646~1716)는 아르키메데스의 구분구적분을 적용하여 다양한 평면도형의 넓이를 구하면서 구분구적분의 아이디어를 정리했다. 이후 베른하르트 리만(Bernhard Riemann, 1826~1866)이 정적분 형태의 정의를 완성하였다. 그래서 정적분(definite integral)을 리만 적분(Riemann integral)이라고도 부른다.

베른하르트 리만
(Bernhard Riemann, 1826~1866)

[정의 5.3: 정적분] 유계이고 닫힌 구간 $[a, b]$에서 유계인 함수 f에 대하여 구간 $[a, b]$의 분할 P가 $\|P\| \to 0$일 때 다음 리만합의 극한이 존재하면 함수 f가 구간 $[a, b]$에서 **정적분가능(definite integrable)**이라고 한다.

$$\lim_{\|P\| \to 0} R(f : P : C) = \lim_{\|P\| \to 0} \sum_{k=1}^{n} f(t_k)\Delta_k$$

극한을 a에서 b까지 f의 **정적분(definite integral)**이라고 하고 다음과 같이 쓴다.

$$\int_a^b f(x)dx$$

그러므로 구간 $[a, b]$에서 연속인 함수의 정적분을 다음과 같이 쓴다.

$$\lim_{\|P\| \to 0} R(f : P : C) = \lim_{\|P\| \to 0} \sum_{k=1}^{n} f(t_k)\Delta_k = \int_a^b f(x)dx$$

- $$\int_a^b \; f(x) \; dx = \lim_{\|P\| \to 0} \sum_{k=1}^{n} \; f(t_k) \; \Delta_k$$
  합의 극한 높이 밑변 합의 극한 높이 밑변
- $\int_a^b f(x)dx$은 실수값이다. 적분 함수의 정의역 변수의 표현에 무관하다.
  즉, $\int_a^b f(x)dx = \int_a^b f(r)dr = \int_a^b f(t)dt$.
- 함수 f의 정적분에서 적분구간이 유계이고 닫힌 구간이라는 것이 중요하다.

5.2.3 정적분의 성질과 넓이

◐ 정적분과 넓이

구간 $[a,b]$에서의 함수 f의 정적분과 구간 $[a,b]$와 함수 f의 그래프 사이에 놓인 영역 R의 넓이 S와의 관계를 정리해 보자.
구간 $[a,b]$의 분할 P에 의한 작은 구간에서 선택한 점들의 모임을 C에 대한 함수 f의 리만합의 정의에서 다음의 관계를 갖는다.

- $f \geq 0$인 경우 $R(f:P:C) = \sum_{k=1}^{\infty} f(t_k)\Delta x_k =$[$n$개의 작은 직사각형의 넓이의 합]
- $f \leq 0$인 경우 $R(f:P:C) = \sum_{k=1}^{\infty} f(t_k)\Delta x_k = -$[$n$개의 작은 직사각형의 넓이의 합]

정적분의 정의는 다음과 같이 리만합 $R(f:P:C)$의 극한이다.

$$\lim_{\|P\|\to 0} R(f:P:C) = \lim_{\|P\|\to 0}\sum_{k=1}^{n} f(t_k)\Delta_k = \int_a^b f(x)dx$$

그러므로 정적분과 영역의 넓이의 관계는 다음과 같다.

- $f \geq 0$인 경우 $\int_a^b f(x)dx = \lim_{\|P\|\to 0} R(f:P:C)$

$$= \lim_{\|P\|\to 0}\sum_{k=1}^{n} f(t_k)\Delta_k = [\text{영역 } R\text{의 면적 } S]$$

- $f \leq 0$인 경우 k번째 작은 직사각형의 넓이는 $[-f(t_k)]\Delta_k$이므로

$$\int_a^b f(x)dx = \lim_{\|P\|\to 0} R(f:P:C)$$

$$= -\lim_{\|P\|\to 0}\sum_{k=1}^{n}[-f(t_k)]\Delta_k$$ $[-f(t_k)]$는 작은 직사각형의 높이

$$= -[\text{영역 } R\text{의 넓이 } S].$$

$|f(x)| = \begin{cases} f(x), & f(x) \geq 0\text{인 경우} \\ -f(x), & f(x) < 0\text{인 경우} \end{cases}$

함수의 정의역과 그래프 사이의 영역의 넓이와 정적분의 관계는 다음과 같다.

$$\text{영역 } R\text{의 넓이 } S = \lim_{\|P\|\to 0}\sum_{k=1}^{n}|f(t_k)|\Delta_k = \int_a^b |f(x)|dx$$

[정리 5.1: 정적분과 넓이] 구간 $[a,b]$에서 정의된 유계인 함수 f에 대하여 구간 $[a,b]$와 구간 $[a,b]$ 위의 함수 f의 그래프 사이의 영역 R의 넓이 S는 다음과 같이 구간 $[a,b]$ 위의 정적분으로 표현된다.

$$S = \lim_{\|P\| \to 0} \sum_{k=1}^{n} |f(t_k)|\Delta_k = \int_a^b |f(x)|dx$$

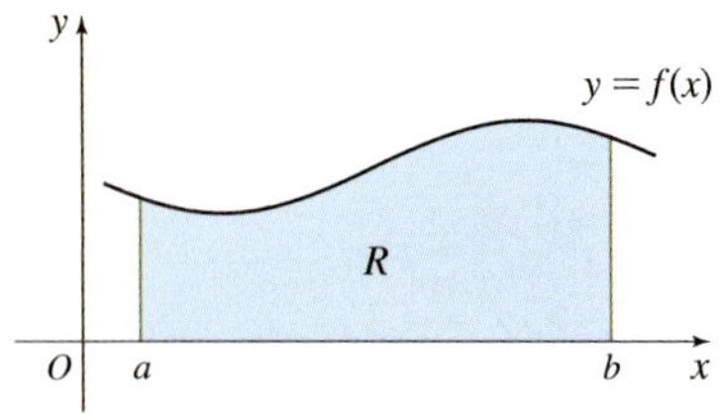

[그림 5.17](a) $f \geq 0$인 경우

구간 $[a,b]$에서 $f \geq 0$인 경우 ([그림 5.17](a) 참고)
구간 $[a,b]$와 함수 f의 그래프 아랫부분의 영역 R의 넓이 S는 다음과 같다.

$$S = \int_a^b f(x)dx \text{ 또는 } \int_a^b f(x)dx = S$$

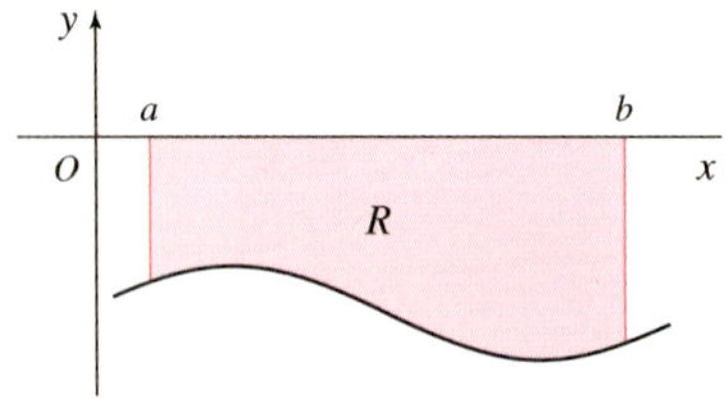

[그림 5.17](b) $f \leq 0$인 경우

구간 $[a,b]$에서 $f \leq 0$인 경우 ([그림 5.17](b) 참고)
구간 $[a,b]$와 함수 f의 그래프 윗부분의 영역 R의 넓이 S는 다음과 같다.

$$S = -\int_a^b f(x)dx \text{ 또는 } \int_a^b f(x)dx = -S$$

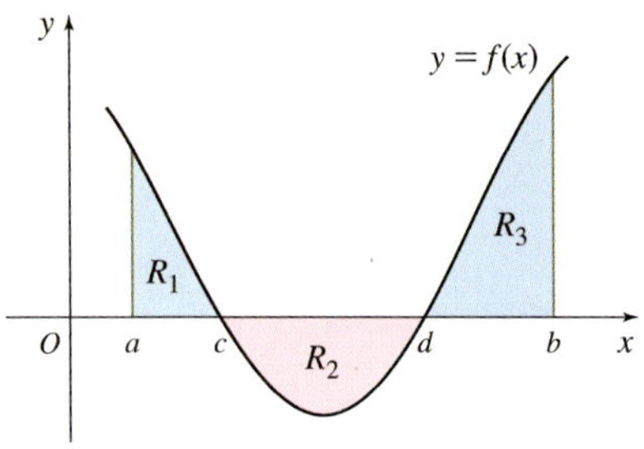

[그림 5.17](c)

함숫값이 양의 값과 음의 값을 모두 가진 경우 ([그림 5.17](c) 참고)
구간 $[a,b]$와 함수 f의 그래프와 x축으로 둘러싸인 영역 $R = R_1 \cup R_2 \cup R_3$의 넓이 S는 다음과 같다.

$$\begin{aligned} S &= [\text{영역 } R_1\text{의 넓이}] + [\text{영역 } R_2\text{의 넓이}] + [\text{영역 } R_3\text{의 넓이}] \\ &= \int_a^c f(x)dx - \int_c^d f(x)dx + \int_d^b f(x)dx \end{aligned}$$

◐ 넓이를 이용한 정적분 구하기

[정리 5.1: 정적분과 넓이]과 함수의 그래프를 이용하여 정적분을 구해보자.
우선 가장 기본적인 함수인 상수함수에 대해 상수함수의 그래프를 이용하여 정적분을 구해보자.

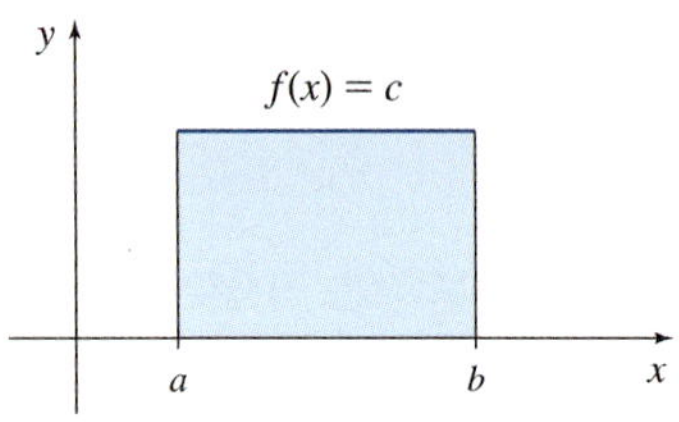

[그림 5.18](a) $f(x) = c > 0$

구간 $[a,b]$ 위의 상수함수 $f(x) = c$의 그래프는 [그림 5.18](a)와 (b)이다. 구간 $[a,b]$와 구간 $[a,b]$ 위의 함수 $f(x) = c$의 그래프 사이의 영역 R은 직사각형이다. 직사각형 R의 넓이 A를 구해보자.

(i) $c > 0$인 경우 $A = c(b-a) = \int_a^b c\,dx$. ([그림 5.18](a) 참고)

(ii) $c < 0$인 경우 $A = (-c)(b-a) = -\int_a^b c\,dx$. ([그림 5.18](b) 참고)

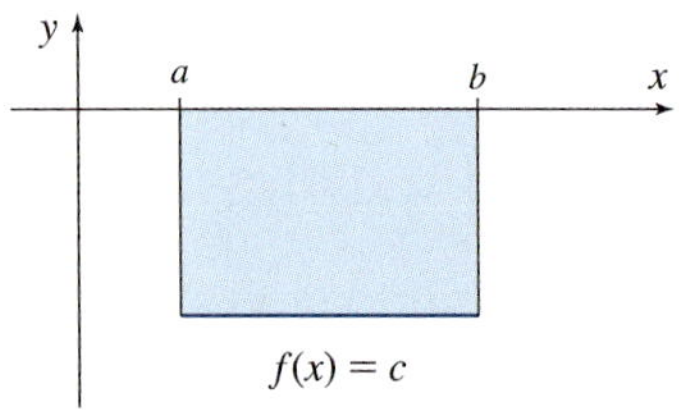

[그림 5.18](b) $f(x) = c < 0$

(i)과 (ii)에 의해 구간 $[a,b]$ 위의 상수함수 $f(x) = c$의 정적분은 다음과 같다.

$$\int_a^b c\,dx = c(b-a)$$

> **[정리 5.2: 상수함수의 정적분]** 구간 $[a,b]$ 위의 상수함수 $f(x)=c$의 정적분은 다음과 같다.
>
> $$\int_a^b c\,dx = c(b-a)$$

[예제 5.3] 다음 정적분을 구하여라. [연습문제 9~10]

(1) $\int_1^4 3\,dx$ (2) $\int_{-1}^2 (-2)\,dx$

[풀이] (1) $\int_1^4 3\,dx = 3(4-1) = 9$

(2) $\int_{-1}^2 (-2)\,dx = (-2)\cdot(2-(-1)) = -6$ ■

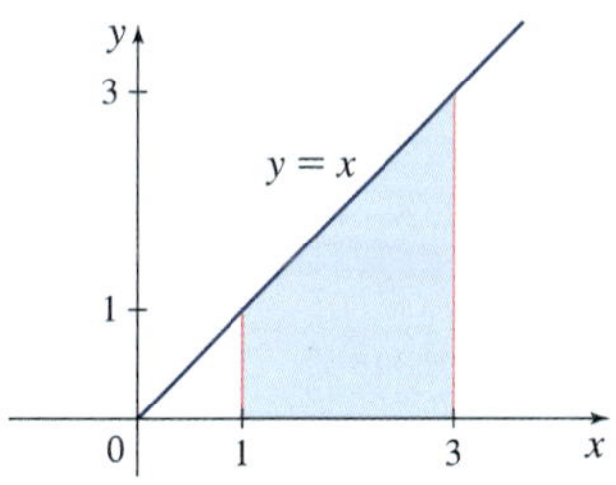

[그림 5.19](a)

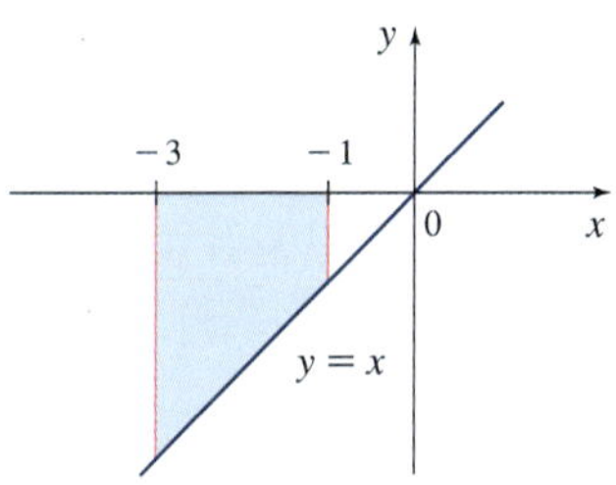

[그림 5.19](b)

[예제 5.4] 항등함수 $f(x)=x$에 대하여 다음 정적분을 구하여라. [연습문제 11~16]

(1) $\int_1^3 x\,dx$ (2) $\int_{-3}^{-1} x\,dx$

[풀이] (1) [그림 5.19](a)에서 보면 구간 $[1,3]$에서 함수 $f \geq 0$이므로

$$\int_1^3 x\,dx = [\text{사다리꼴의 넓이}] = \frac{1}{2}(3+1)(3-1) = \frac{8}{2} = 4.$$

그러므로 $\int_1^3 x\,dx = 4$이다.

(2) [그림 5.19](b)에서 보면 구간 $[-3,-1]$에서 함수 $f \leq 0$이므로

$$\int_{-3}^{-1} x\,dx = -[\text{사다리꼴의 넓이}] = -\frac{1}{2}(3+1)(3-1) = -\frac{8}{2} = -4.$$

그러므로 $\int_{-3}^{1} x\,dx = -4$이다. ■

◐ 정적분의 성질

지금까지 유계이고 닫힌 구간 $[a,b]$의 정적분 $\int_a^b f(x)\,dx$는 $a<b$인 경우에 정의되었다. 조건 $a<b$를 확장하여 임의의 실수 a,b에 대하여 정적분을 정의한다.

> **[정의 5.4]**
>
> (1) $f(a)$가 정의되었다면 $\int_a^a f(x)\,dx = 0.$

(2) $a<b$이고 $\int_a^b f(x)dx$가 존재한다면 $\int_b^a f(x)dx = -\int_a^b f(x)dx$.

정적분 $\int_a^a f(x)dx$를 영역의 넓이로 보면 밑변인 적분구간 $[a,a]$의 길이가 $a-a=0$이므로 넓이가 0이다. 즉, 다음 [정의 5.4] (1)은 의미를 갖는다.

$$\int_a^a f(x)dx = 0$$

다음 성질도 매우 유용하게 사용된다.

[정리 5.3: 정적분의 성질 1] 임의의 실수 c에 대하여 $\int_a^b f(x)dx$와 $\int_a^c f(x)dx$와 $\int_c^b f(x)dx$가 존재하면 다음이 성립한다.

$$\int_a^b f(x)dx = \int_a^c f(x)dx + \int_c^b f(x)dx$$

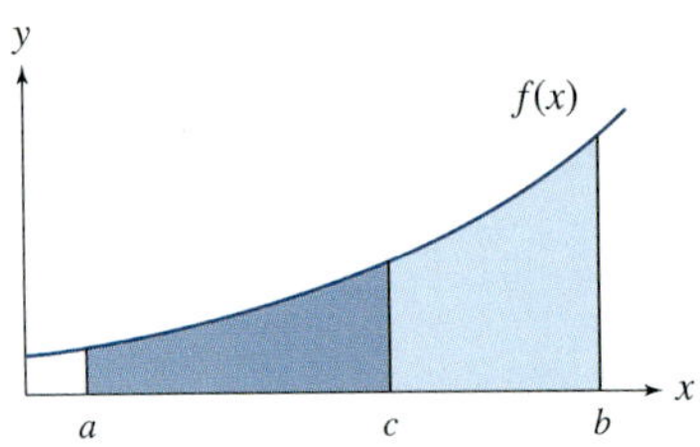

[그림 5.20](a) $a \le c \le b$인 경우

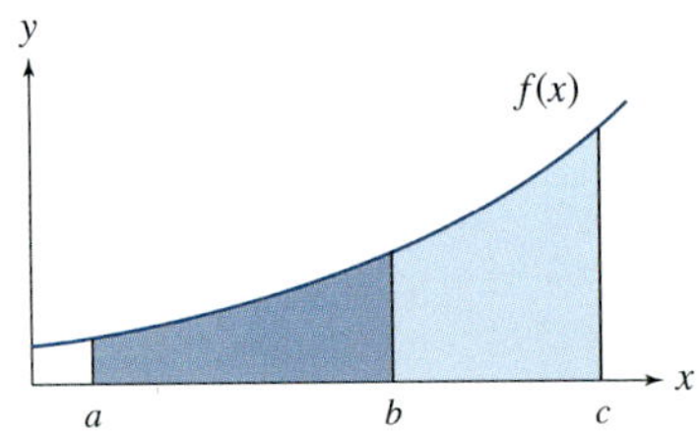

[그림 5.20](b) $a \le b \le c$인 경우

* [정의 5.4] (2)를 적용하여 적분 영역의 순서를 바꾼다.

[증명] $f \ge 0$인 경우에 증명을 다음과 같이 간단하게 알아보자.

① $a \le c \le b$인 경우 넓이의 합으로 생각을 하면 ([그림 5.20](a) 참고)
[구간 $[a,b]$ 위의 넓이]=[구간 $[a,c]$ 위의 넓이]+[구간 $[c,b]$ 위의 넓이]이므로

$$\int_a^b f(x)dx = \int_a^c f(x)dx + \int_c^b f(x)dx.$$

② $a \le b \le c$인 경우 넓이의 합으로 생각을 하면 ([그림 5.20](b) 참고)
[구간 $[a,c]$ 위의 넓이]=[구간 $[a,b]$ 위의 넓이]+[구간 $[b,c]$ 위의 넓이]이므로

$$\int_a^c f(x)dx = \int_a^b f(x)dx + \int_b^c f(x)dx.$$

그러면 $\int_a^b f(x)dx = \int_a^c f(x)dx - \int_b^c f(x)dx \overset{*}{=} \int_a^c f(x)dx + \int_c^b f(x)dx.$ ■

[주의] [정리 5.4: 정적분의 성질 1]에서 a, b, c의 크기에 관계없이 성립한다. 즉,

$$\int_1^2 f(x)dx = \int_1^4 f(x)dx + \int_4^2 f(x)dx$$

유계이고 닫힌 구간 $[a,b]$에서 유계인 함수 중에서 어떤 함수가 적분가능한 함수인지에 대하여 알아보자.

> **[정리 5.4: 연속함수의 적분가능]** 구간 $[a,b]$에서 정의된 함수 f에 대하여
> (1) 함수 f가 구간 $[a,b]$에서 연속이면 함수 f는 구간 $[a,b]$에서 적분가능하다.
> (2) 함수 f가 구간 $[a,b]$ 위의 유한개의 점에서 불연속이면 함수 f는 구간 $[a,b]$에서 적분가능하다.

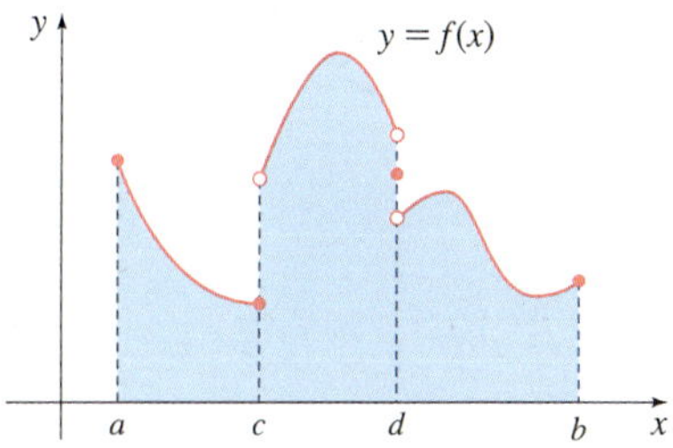

[그림 5.21]

(1) 구간 $[a,b]$에서 연속인 함수는 정적분 $\int_a^b f(x)dx$가 항상 존재한다. 즉, 구간 $[a,b]$에서 연속함수 f의 그래프와 x축 사이의 영역의 넓이는 존재한다.

(2) [정리 5.4: 연속함수의 적분가능] (2)에서 구간 $[a,b]$ 위의 유한개의 점에서만 불연속인 함수를 **조각적 연속인 함수**(piecewise continuous function)라고 한다. [그림 5.21]에서 보는 것과 같이 연속인 구간 $[a,b]$에서 함수 f의 그래프와 x축 사이의 영역의 넓이 A는 각 조각의 넓이를 더하여 다음과 같이 구할 수 있다. ([그림 5.21] 참고)

$$\int_a^b f(x)dx = \int_a^c f(x)dx + \int_c^d f(x)dx + \int_d^b f(x)dx$$

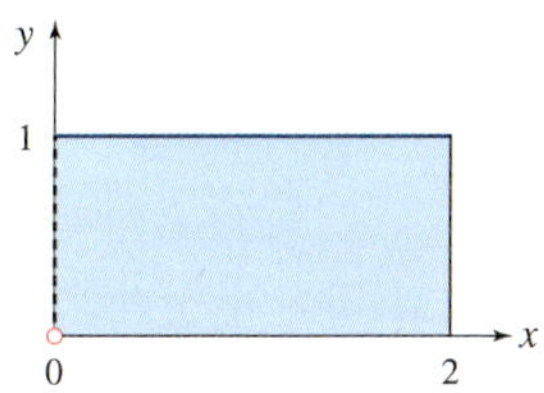

[그림 5.22](a)

이제 정적분의 성질을 이용하여 다음 정적분을 간단히 구해보자.

함수 $f(x) = \begin{cases} 0, & x=0 \\ 1, & 0<x\le 2 \end{cases}$이라고 놓자. ([그림 5.22](a) 참고)

함수 f는 구간 $[0,2]$의 한 점 $x=0$에서만 연속이 아니고 구간 $(0,2]$에서 연속이다. 그러므로 [정리 5.4: 연속함수의 적분가능] (2)에 의해서 함수 f는 구간 $[0,2]$에서 적분가능하고 구간 $[0,2]$ 위의 정적분은 다음과 같다.

$$\int_0^2 f(x)dx = \int_0^2 1dx = 2$$

[주의] 넓이의 관점에서 정적분 $\int_0^2 f(x)dx$는 밑변의 길이가 2이고 높이가 1인 직사각형에서 $x=0$의 한 변을 제외한 영역의 넓이이다. 평면에서 넓이를 구할 때 선분의 넓이는 0이므로 무시할 수 있다.

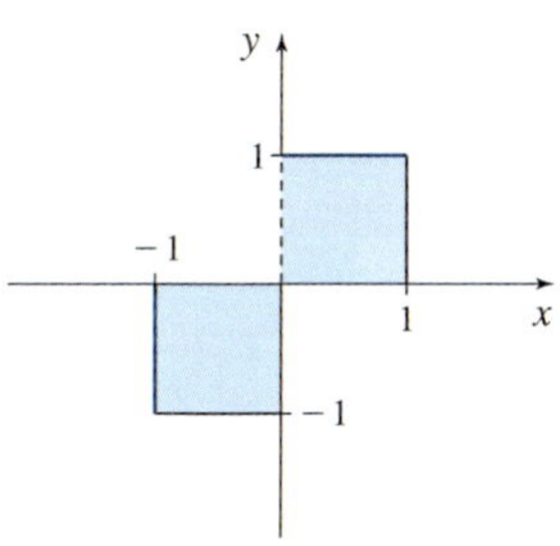

[그림 5.22](b)

함수 $f(x) = \begin{cases} -1, & -1\le x\le 0 \\ 1, & 0<x\le 1 \end{cases}$이라고 놓자. ([그림 5.22](b) 참고)

함수 f는 구간 $[-1,1]$ 위에서 $x=0$에서만 연속이 아니고 한 점 $x=0$을 제외한 구간 $[-1,1]$의 모든 점에서 연속이다. 그러므로 [정리 5.4: 연속함수의 적분가능] (2)에 의해서 함수 f는 $[-1,1]$에서 적분가능하고 구간 $[-1,1]$ 위의 정적분은 다음과 같다.

$$\int_1^{-1} f(x)dx = \int_{-1}^0 (-1)dx + \int_0^1 1dx = (-1)\cdot 1 + 1\cdot 1 = 0$$

넓이를 사용하여 정적분을 구하는 경우 가장 먼저 함수의 부호를 알아보고 함수의 부호에 따라서 구간을 나누어서 정적분을 구해야 한다.

[예제 5.5] [그림 5.23]의 함수 $f(x)=2x-6$의 다음 그래프를 이용하여 정적분 $\int_1^6 (2x-6)dx$를 구하여라. [연습문제 11~16]

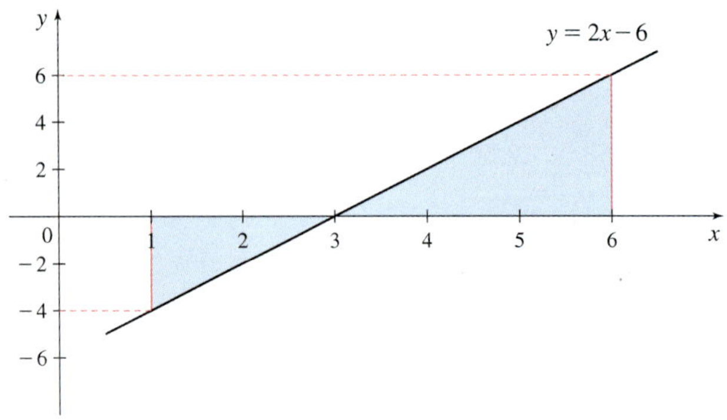

[그림 5.23] 함수 $f(x)=2x-6$의 그래프

[풀이] [그림 5.23]에서 보면 구간 $[1,3]$에서 $f(x)\le 0$이고 구간 $[3,6]$에서 $f(x)\ge 0$이므로 [정리 5.3: 정적분의 성질 1]에 의해 다음과 같이 놓자.

$$\int_1^6 (2x-6)dx=\int_1^3 (2x-6)dx+\int_3^6 (2x-6)dx$$

$$\int_1^3 (2x-6)dx=-[\text{구간 } [1,3]\text{와 } f(x)=2x-6\text{의 그래프 사이의 삼각형의 넓이}]$$
$$=-\left[\frac{1}{2}\cdot 2\cdot 4\right]=-4$$

$$\int_3^6 (2x-6)dx=[\text{구간 } [3,6]\text{와 } f(x)=2x-6\text{의 그래프 사이의 삼각형의 넓이}]$$
$$=\left[\frac{1}{2}\cdot 3\cdot 6\right]=9$$

그러므로 $\int_1^6 (2x-6)dx=\int_1^3 (2x-6)dx+\int_3^6 (2x-6)dx=(-4)+9=5$이다. ■

[예제 5.6] 함수 $f(x)=|x|$의 그래프인 [그림 5.24]를 이용하여 정적분 $\int_{-2}^1 |x|dx$를 구하여라. [연습문제 11~16]

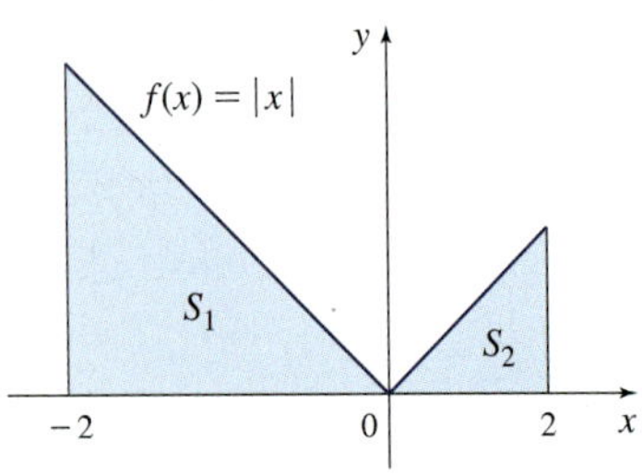

[그림 5.24] 함수 $f(x)=|x|$의 그래프

[풀이] $f(x)=|x|\ge 0$이므로 $\int_{-2}^1 |x|dx$은 [그림 5.24]의 함수 $f(x)=|x|$의 그래프에서 보이는 2개의 삼각형 S_1과 S_2의 넓이의 합이다.

$$\int_{-2}^0 |x|dx=[S_1\text{의 넓이}]=[\text{구간 } [-2,0] \text{ 위의 삼각형의 넓이}]\text{이고}$$

$$\int_0^1 |x|dx=[S_2\text{의 넓이}]=[\text{구간 } [0,1] \text{ 위의 삼각형의 넓이}]\text{이다.}$$

그러므로 $\int_{-2}^{1}|x|dx=\int_{-2}^{0}|x|dx+\int_{0}^{1}|x|dx$

$$=\frac{1}{2}\cdot 2\cdot 2+\frac{1}{2}\cdot 1\cdot 1=2+\frac{1}{2}=\frac{5}{2}.$$ ■

[예제 5.7] 다음 정적분 $\int_0^1\sqrt{1-x^2}\,dx$을 구하여라. [연습문제 11~16]

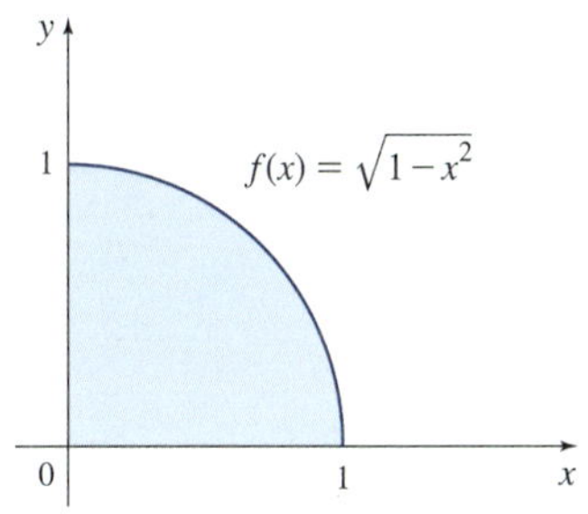

[그림 5.25] 함수 $f(x)=\sqrt{1-x^2}$ 의 그래프

[풀이] 구간 $[0,1]$ 위의 함수 $f(x)=\sqrt{1-x^2}$ 의 그래프인 곡선을 알아보자. $y=f(x)=\sqrt{1-x^2}$ 에서 양변을 제곱하면 $y^2=1-x^2$이고 $x^2+y^2=1$이다.
그러므로 중심 $(0,0)$이고 반지름이 1인 원이다.

[그림 5.25]를 보면 구간 $[0,1]$ 위에서 함수 $f(x)=\sqrt{1-x^2}\geq 0$이므로 반지름이 1인 원의 4분의 1이다. 정적분 $\int_0^1\sqrt{1-x^2}\,dx$은 반지름이 1인 원의 4분의 1의 넓이다.

$$\int_0^1\sqrt{1-x^2}\,dx=[\text{반지름이 1인 원의 4분의 1의넓이}]=\frac{\pi}{4}$$

그러므로 $\int_0^1\sqrt{1-x^2}\,dx=\frac{\pi}{4}$이다. ■

◐ 함수의 연산에 대한 정적분의 성질: 덧셈과 실수배

정적분 가능한 함수의 실수배 그리고 두 함수의 합과 차로 만들어진 함수도 여전히 적분가능함을 보여보자. 적분가능한 두 함수의 곱셈에 대한 정적분은 나중에 다른 방법으로 다룰 예정이다.

[정리 5.5: 정적분의 성질 2] 두 함수 f와 g가 구간 $[a,b]$에서 적분가능할 때

(1) 함수 $f+g$도 구간 $[a,b]$에서 적분가능하고

$$\int_a^b(f+g)(x)dx=\int_a^b f(x)dx+\int_a^b g(x)dx.$$

(2) 함수 $f-g$도 구간 $[a,b]$에서 적분가능하고

$$\int_a^b(f-g)(x)dx=\int_a^b f(x)dx-\int_a^b g(x)dx.$$

(3) 실수 c에 대하여 함수 cf도 구간 $[a,b]$에서 적분가능하고

$$\int_a^b(cf)(x)dx=c\int_a^b f(x)dx.$$

[증명] 정적분의 정의를 사용하여 (1)과 (3)을 간단하게 증명을 해보자.

(1) $\int_a^b(f+g)(x)dx=\lim_{\|P\|\to 0}\sum_{k=1}^{n}[(f+g)(t_k)]\Delta_k$

$$= \lim_{\|P\| \to 0} \sum_{k=1}^{n} [f(t_k) + g(t_k)] \Delta_k$$

$$= \lim_{\|P\| \to 0} \left[\sum_{k=1}^{n} f(t_k) \Delta_k + \sum_{k=1}^{n} g(t_k) \Delta_k \right]$$

$$= \lim_{\|P\| \to 0} \sum_{k=1}^{n} f(t_k) \Delta_k + \lim_{\|P\| \to 0} \sum_{k=1}^{n} g(t_k) \Delta_k$$

$$= \int_a^b f(x)dx + \int_a^b g(x)dx$$

(3) $\int_a^b (cf)(x)dx = \lim_{\|P\| \to 0} \sum_{k=1}^{n} (cf)(t_k) \Delta_k$

$$= \lim_{\|P\| \to 0} \sum_{k=1}^{n} cf(t_k) \Delta_k$$

$$= c \lim_{\|P\| \to 0} \sum_{k=1}^{n} f(t_k) \Delta_k$$

$$= c \int_a^b f(x)dx$$

■

◐ 정적분의 비교정리

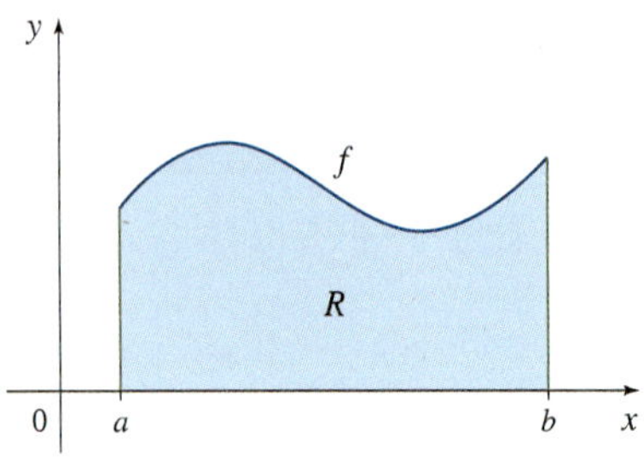

[그림 5.26]

두 함수 f와 g가 구간 $[a,b]$에서 적분가능하다고 하자.
구간 $[a,b]$에서 $0 \le f$이면 정적분 $\int_a^b f(x)dx$은 구간 $[a,b]$ 위의 함수 f의 그래프와 x축의 구간 $[a,b]$ 사이에 놓인 영역의 넓이이고 $0 \le \int_a^b f(x)dx$이다. ([그림 5.26] 참고)

구간 $[a,b]$ 위에서 $g \le f$이면 $0 \le f - g$이므로 $0 \le \int_a^b (f-g)(x)dx$이다.
그러므로 [정리 5.5: 정적분의 성질 2] (2)에 의해 $0 \le \int_a^b f(x)dx - \int_a^b g(x)dx$이고 $\int_a^b g(x)dx \le \int_a^b f(x)dx$이다.

[정리 5.6: 정적분의 비교정리] 두 함수 f와 g가 구간 $[a,b]$에서 적분가능한 경우

(1) 구간 $[a,b]$ 위에서 $0 \le f$이면 $0 \le \int_a^b f(x)dx$.

(2) 구간 $[a,b]$ 위에서 $g \le f$이면 $\int_a^b g(x)dx \le \int_a^b f(x)dx$.

(3) 구간 $[a,b]$ 위에서 $m \le f(x) \le M$이면 $m(b-a) \le \int_a^b f(x)dx \le M(b-a)$.

[증명] (3) 함수 f가 구간에서 연속이므로 구간 $[a,b]$에서 적분가능하다.
가정에 의하여 $m \le f(x) \le M$이므로 성질 (2)에 의해서

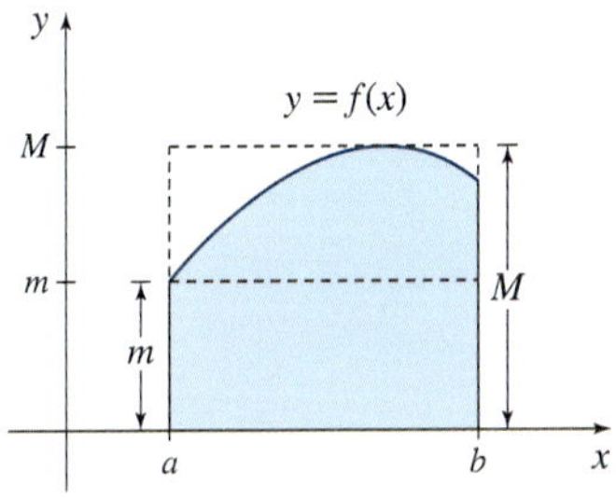

[그림 5.27]

$$\int_a^b m dx \le \int_a^b f(x) dx \le \int_a^b M dx.$$

그러므로 $m(b-a) \le \int_a^b f(x) dx \le M(b-a)$. ([그림 5.27] 참고) ■

◐ 정적분의 평균값 정리

n개의 값 $y_1, y_2, \cdots, y_n$의 **평균값**(average value) y_{av}가 n개의 값을 모두 더해서 n으로 나눈 값이라는 것은 일반적으로 알려져 있다. 즉,

$$y_{av} = \frac{y_1 + y_2 + \cdots + y_n}{n}$$

이제 자료의 값이 무한히 많은 경우를 생각해 보자.
구간 $[a, b]$에서 정의된 함수 f의 평균값을 정의할 수 있을까?
구간 $[a, b]$의 균등분할 $P : x_0 = a < x_1 < x_2 < \cdots < x_n = b$인 $\Delta_i = \frac{b-a}{n}$이도록 잡자. 우선 n개의 값 $f(x_1), f(x_2), \cdots, f(x_n)$의 평균값은 다음과 같다.

$$\frac{f(x_1) + f(x_2) + \cdots + f(x_n)}{n} = \sum_{i=1}^{n} f(x_i) \frac{1}{n} = \sum_{i=1}^{n} f(x_i) \frac{b-a}{n} \frac{1}{b-a}$$

구간 $[a, b]$의 분할 P에 대한 함수 f의 리만합의 표현이다.
함숫값의 개수를 무한히 늘려서 함숫값의 평균값은 다음의 정적분이 된다.

$$\begin{aligned} \lim_{n \to \infty} \frac{f(x_1) + f(x_2) + \cdots + f(x_n)}{n} &= \frac{1}{b-a} \left[\lim_{n \to \infty} \sum_{i=1}^{n} f(x_i) \frac{b-a}{n} \right] \\ &= \frac{1}{b-a} \int_a^b f(x) dx \end{aligned}$$

그러므로 다음과 같이 구간 $[a, b]$ 위의 **함수 f의 평균값**을 정의할 수 있다.

> **[정의 5.5: 함수의 평균값(average value)]** 구간 $[a, b]$에서 적분가능한 함수 f에 대해 구간 $[a, b]$ 위의 **함수 f의 평균값**을 다음과 같이 정의한다.
>
> $$\frac{1}{b-a} \int_a^b f(x) dx$$

함수 f가 구간 $[a, b]$에서 연속인 경우 구간 $[a, b]$ 위의 함수 f의 평균값을 함숫값 $f(c)$로 표현될 수 있다. 이러한 성질을 **정적분의 평균값의 정리**(Mean Value Theorem for Integrals)라고 한다.

[정리 5.7: 정적분의 평균값 정리] 구간 $[a, b]$에서 연속인 함수 f에 대해 다음이 성립하는 c가 구간 $[a, b]$에 적어도 하나 존재한다.

$$\frac{1}{b-a}\int_a^b f(x)dx = f(c)$$

[증명] 함수 f가 구간 $[a, b]$에서 연속이므로 [정리 2.13: 최댓값과 최솟값의 정리]에 의하여 구간 $[a, b]$에 있는 모든 x에 대해

$$f(c) \le f(x) \le f(d)$$

인 c, d가 구간 $[a, b]$에 존재한다. [정리 5.6: 정적분의 비교]에 의하여

$$f(c)(b-a) \le \int_a^b f(x)dx \le f(d)(b-a)$$

$$f(c) \le \frac{1}{b-a}\int_a^b f(x)dx \le f(d)$$

[정리 2.14: 중간값 정리]에 의하여 $\frac{1}{b-a}\int_a^b f(x)dx = f(c)$를 만족하는 c가 구간 $[a, b]$에 적어도 하나 존재한다. ■

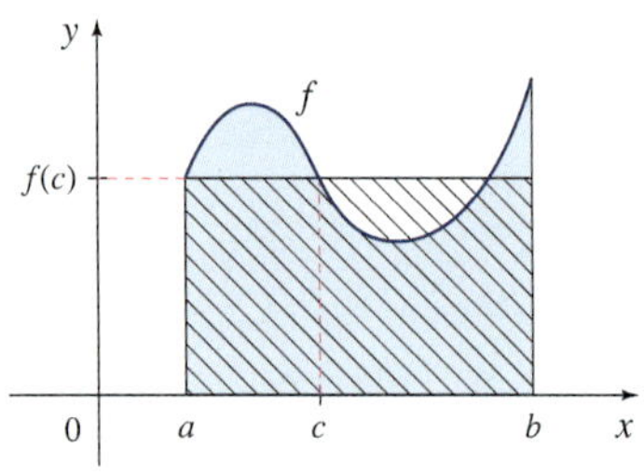

[그림 5.28]

[정리 5.7: 정적분의 평균값 정리]는 구간 $[a, b]$에서 $f \ge 0$인 경우 넓이의 관점에서 보면 다음과 같다. ([그림 5.28] 참고)

구간 $[a, b]$와 함수 f의 그래프 사이에 있는 영역의 넓이 $S = \int_a^b f(x)dx$를 구간 $[a, b]$이 밑변이고 높이가 $f(c)$인 직사각형의 넓이와 같게 하는 점 c가 구간 $[a, b]$에 존재한다. 즉, $\int_a^b f(x)dx = f(c)(b-a)$이다.

[예제 5.8] 구간 $[0, 2]$ 위의 함수 $f(x) = x$에 대하여 [연습문제 23~24]

(1) 구간 $[0, 2]$ 위의 함수 f의 평균값을 구하여라.

(2) [정리 5.7: 정적분의 평균값 정리]에 의해 구간 $[0, 2]$ 위의 함수 f의 평균값을 함숫값 $f(c)$로 표현하는 점 c를 구간 $[0, 2]$에서 구하여라.

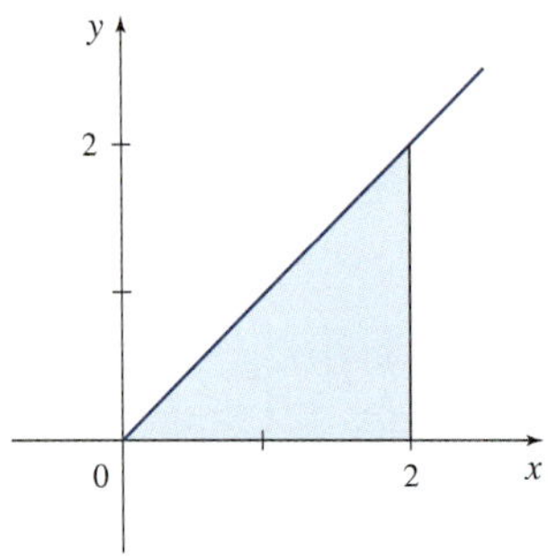

[그림 5.29]

[풀이]

(1) 구간 $[0, 2]$ 위의 함수 $f(x) = x$의 평균값 $\frac{1}{2-0}\int_0^2 x dx$을 구해보자.

[그림 5.29]에 의해서 영역의 넓이는 $\int_0^2 x dx = \frac{1}{2} \cdot 2 \cdot 2 = 2$이다.

그러므로 구간 $[0, 2]$ 위의 함수 f의 평균값 $\frac{1}{2}\int_0^2 x dx = 1$이다.

(2) [정리 5.7: 정적분의 평균값 정리]에 의해 다음을 만족하는 c를 구간 $[0, 2]$에서 구해보자.

$$\frac{1}{2}\int_0^2 xdx = f(c)$$

(1)에 의해 $\frac{1}{2}\int_0^2 xdx = 1$이므로 $f(c) = c = 1$이고 c는 구간 $[0, 2]$에 있다. ■

연습문제

• Part 1

[1-6] 구간 $[1, 6]$ 위의 분할 $P = \{1, 2, 3, 4, 5, 6\}$이고 $C = \{t_i \mid x_{i-1} \le t_i \le x_i,\ i = 1, 2, \cdots, 5\}$라고 하자. 다음 함수의 $R(f:P:C)$을 구하여라. [예제 5.1]

1. $f(x) = x + 3$, (t_i는 각 구간의 왼쪽값)
2. $f(x) = x + 3$, (t_i는 각 구간의 오른쪽값)
3. $f(x) = x + 3$, (t_i는 각 구간의 중앙값)
4. $f(x) = 2x^2$, (t_i는 각 구간의 왼쪽값)
5. $f(x) = 2x^2$, (t_i는 각 구간의 오른쪽값)
6. $f(x) = 2x^2$, (t_i는 각 구간의 중앙값)

[7-8] 다음은 $f(x) = \sqrt{1 - x^2}$의 그래프이다. 물음에 답하여라. [예제 5.2]

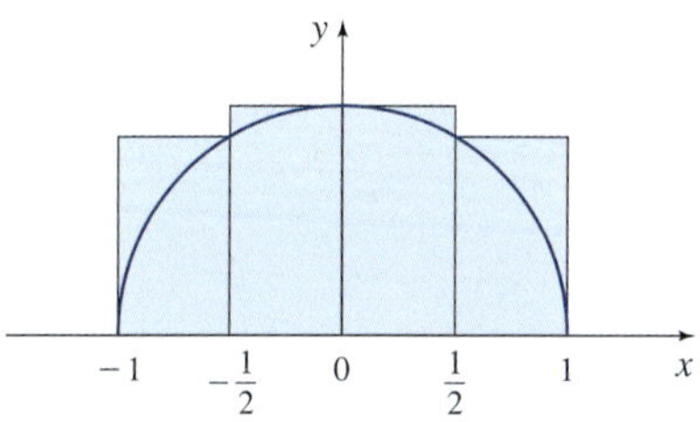

7. t_i가 각 구간의 왼쪽값일 때, $f(x)$의 $R(f:P:C)$을 구하여라.
8. t_i가 각 구간의 오른쪽값일 때, $f(x)$의 $R(f:P:C)$을 구하여라.

[9-10] 다음 정적분을 구하여라. [예제 5.3]

9. $\int_1^4 \frac{1}{2} dx$
10. $\int_{-1}^2 (-1) dx$

[11-16] 함수 $f(x)$의 그래프를 이용하여 다음 정적분을 구하여라. [예제 5.4~5.7]

11. $\int_1^3 2x + 3dx$
12. $\int_2^5 (-x + 1)dx$
13. $\int_0^3 (-x + 1)dx$
14. $\int_0^3 |x - 1| dx$
15. $\int_1^3 f(x)dx$, $f(x) = \begin{cases} 2, & x \le 1 \\ -x + 3, & x > 1 \end{cases}$
16. $\int_{-2}^2 \sqrt{4 - x^2} dx$

[17-22] 다음 주어진 조건으로 물음에 답하여라. [정의 5.3, 정리 5.3, 정리 5.5]

$$\int_1^2 f(x)dx = -4, \quad \int_1^5 f(x)dx = 6, \quad \int_1^5 g(x)dx = 8$$

17. $\int_2^2 g(x)dx$
18. $\int_5^1 g(x)dx$
19. $\int_1^2 3f(x)dx$
20. $\int_2^5 f(x)dx$
21. $\int_1^5 [f(x) - g(x)]dx$
22. $\int_1^5 [4f(x) - g(x)]dx$

[23-24] 다음 함수 $f(x)$에 대하여 주어진 구간에서의 정적분의 평균값을 구하여라. [예제 5.8]

23. $f(x) = x + 2$, $[2, 6]$
24. $f(x) = \frac{1}{2}x - 4$, $[1, 7]$

• Part 2

[25-26] 구간 $[0, \pi]$ 위의 분할 $P = \left\{0, \frac{\pi}{4}, \frac{\pi}{2}, \frac{3\pi}{4}, \pi\right\}$이고 $C = \{t_i \mid x_{i-1} \le t_i \le x_i, i = 1, 2, \cdots, 5\}$라고 하자. 다음 함수의 $R(f : P : C)$을 구하여라.

25. $f(x) = \sin x$, (t_i는 각 구간의 왼쪽값)

26. $f(x) = \sin x$, (t_i는 각 구간의 오른쪽값)

27. 함수 $f(x) = x$의 그래프를 이용하여 $\int_a^b x\,dx$, (a, b는 상수)를 구하여라.

[28-29] 다음을 하나의 적분으로 나타내어라. [정의 5.3, 정리 5.3]

28. $\int_1^4 f(x)dx + \int_4^7 f(x)dx$

29. $\int_{-2}^1 f(x)dx - \int_5^1 f(x)dx$

[30-33] 다음 정적분을 구하여라.

30. $\int_1^4 (2x+3)dx + \int_{-1}^2 (-3x+1)dx$

31. $\frac{1}{2}\int_2^5 x\,dx - \int_2^5 \frac{1}{2}x\,dx + \int_0^1 \pi\,dx$

32. $\int_4^7 |x-1| - 3dx$

33. $\int_0^1 1 + \sqrt{1-x^2}\,dx$

[34-36] 다음 주어진 조건으로 물음에 답하여라.

$$\int_1^2 f(x)dx = 2$$

34. $\int_2^1 f(u)du$

35. $\int_1^2 2f(v)dv$

36. $\int_1^2 -\sqrt{2}f(z)dz$

37. 다음 함수 $f(x)$에 대하여 주어진 구간에서의 정적분의 평균값을 구하여라.

$$f(x) = |x| - 1,\ [1, 3]$$

5.3 미적분학의 기본정리와 부정적분

이번 절에서는 **미적분학의 기본정리**(The Fundamental Theorem of Calculus)를 다룰 것이다. 이 정리는 두 가지 큰 의미를 갖는다. 첫째는 미적분학(Calculus)의 2가지 큰 주제인 미분과 적분을 연결해 준다. 이러한 이유로 「미적분학의 기본정리」라는 이름이 붙여졌다. 미분과 적분(특히, 정적분)은 정의를 보면 서로의 연관성이 없는 듯이 보이나 미적분학의 기본정리를 통하여 두 개념은 서로 연결되어 있음을 볼 수 있다. 두 번째는 리만합을 구하지 않고 정적분을 구하는 방법을 보여주고 있다는 것이다. 연속함수의 정적분은 리만합의 극한에 의하여 정의가 되었지만 리만합의 극한에 의해서 모든 연속 함수의 정적분을 구하는 것은 거의 불가능한 일이다. 즉, 정적분의 값이 존재한다는 것은 알고 있지만 직접 구하는 것은 다른 문제이다. 미적분학의 기본정리는 연속함수의 정적분을 리만합의 극한을 구하지 않고 정적분을 구할 수 있게 해준다.

5.3.1 역도함수와 부정적분

미적분학의 기본정리는 미분과 적분을 연결해 주는 정리이다. 미적분학의 기본정리를 공부하기 전에 미분과 적분을 연결하는 새로운 용어인 **역도함수**와 **부정적분**을 정의해 보자.

함수 f가 열린 구간 (a, b)에서 미분가능하면 함수 f의 도함수 f'가 존재하고 도함수 f'를 구하는 여러 가지 방법을 공부하였다. 그러면 다음 질문을 해 보자.

「주어진 함수 f를 도함수로 갖는 함수 F를 구할 수 있는가?」

즉, 주어진 함수 f에 대하여 다음 식을 만족하는 함수 F를 구할 수 있는가?

$$F' = \frac{dF}{dx} = f \qquad (*)$$

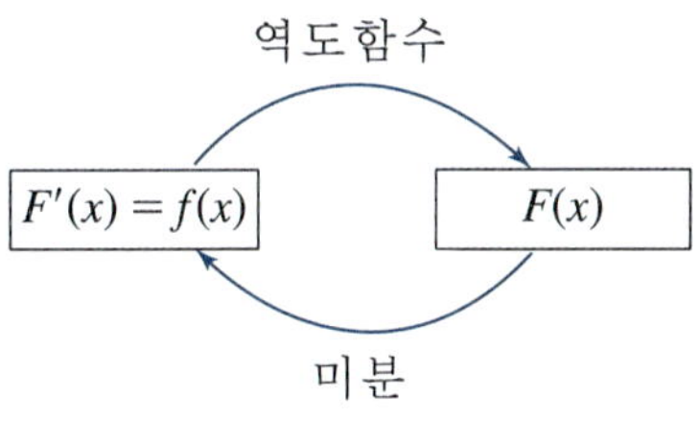

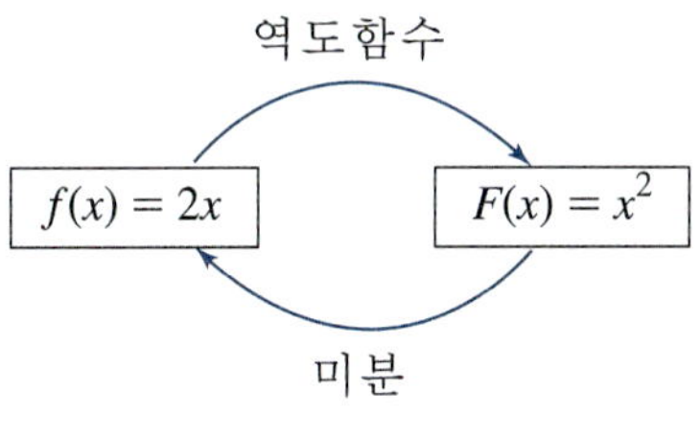

이 질문에 대한 실재적인 의미는 위치의 변화율인 속도를 알면 위치를 알 수 있는지를 묻는 것이다. 이런 문제는 주위의 환경을 공부하는 과정에서 전형적으로 나타나는 식이다. 식 (*)은 미분 방정식(dfferential equations)의 단순한 형태이다. 식 (*)를 만족하는 함수 F를 찾았다면 함수 F를 f의 **역도함수**(antiderivative)라고 하고 이것은 미분의 역사상(inverse)을 의미한다.

예를 들어서, 함수 $f(x) = 2x$에 대하여 $\frac{d}{dx}[x^2] = 2x$이므로 $F'(x) = f(x) = 2x$인 함수 $F(x) = x^2$를 구할 수 있다. 그리고 함수 $F(x) = x^2$를 함수 $f(x) = 2x$의 역도함수라고 한다.

> **[정의 5.6: 역도함수(antiderivative)]** 구간 I 위의 두 함수 f와 F에 대하여
>
> $$F' = \frac{dF}{dx} = f$$
>
> 이면 함수 F를 함수 f의 **역도함수(antiderivative)**라고 한다.

세 함수 $F_1(x) = x^2$, $F_2(x) = x^2 + 1$, $F_3(x) = x^2 + \sqrt{5}$는 모두 함수 $f(x) = 2x$의 역도함수이다. 왜냐하면 다음이 성립하기 때문이다.

$$F_1'(x) = (x^2)' = 2x,\ F_2'(x) = (x^2 + 1)' = 2x,\ F_3'(x) = (x^2 + \sqrt{5})' = 2x$$

그러므로 함수의 역도함수가 존재한다면 역도함수는 한 개가 아니고 무수히 많다는 것을 알 수 있다. [4장. 미분의 응용]의 [정리 4.1]에 의하면
두 함수 f와 g가 구간 $[a, b]$에서 연속이고 구간 (a, b)에서 미분가능하고
구간 (a, b)에서 $f'(x) = g'(x)$이면 $f(x) = g(x) + C$이다. 이때, C는 상수이다.
그러므로 함수 F가 함수 f의 역도함수인 경우 임의의 상수 C에 대해 함수 $F + C$는 f의 역도함수이다.

> **[정의 5.7: 부정적분(Indefinite Integral)]** 함수 f의 모든 역도함수의 모임을 함수 f의 **부정적분(Indefinite Integral)**이라고 하고 기호로 다음과 같이 쓴다.
>
> $$\int f(x)dx$$

함수 f의 부정적분 $\int f(x)dx$은 다음과 같은 성질을 갖는다.

(1) [부정적분의 표현] 함수 F가 함수 f의 역도함수이면 함수 f의 부정적분의 표현은 다음과 같다.

$$\int f(x)dx = F(x) + C,\ (C\text{는 상수})$$

(2) 함수 f의 부정적분 $\int f(x)dx$와 구간 $[a, b]$에서 정적분 $\int_a^b f(x)dx$가 있을 때

- 부정적분 $\int f(x)dx$는 변수 x에 대한 함수이다.
- 정적분 $\int_a^b f(x)dx$는 실숫값이다.

[주의]

- $\int f(x)dx$: x에 대한 식이다.
- $\int f(u)du$: u에 대한 식이다.

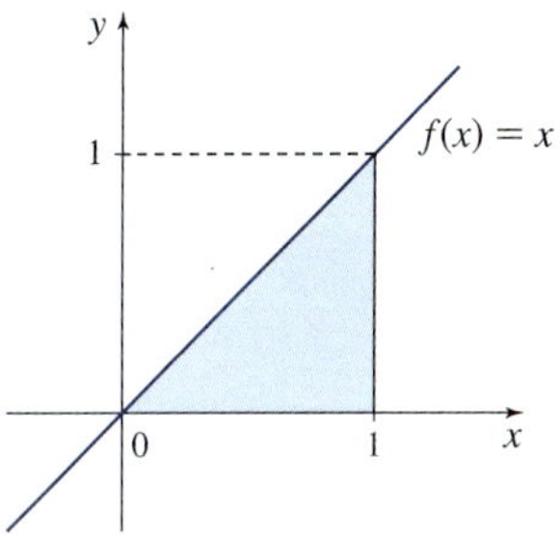

[그림 5.30]

예를 들어서 부정적분 $\int x dx$과 정적분 $\int_0^1 x dx$를 구해보자.

(i) 부정적분 $\int x dx = \frac{1}{2}x^2 + C$, ($C$는 상수)이다. 왜냐하면 $\frac{d}{dx}\left[\frac{1}{2}x^2\right] = x$이기 때문이다.

(ii) 정적분 $\int_0^1 x dx = \frac{1}{2}$이다. 왜냐하면 정적분 $\int_0^1 x dx$은 구간 $[0,1]$과 구간 $[0,1]$ 위의 함수 $f(x)$의 그래프 사이에 놓인 영역인 삼각형의 넓이이다. ([그림 5.30] 참고)

역도함수와 부정적분에 관한 개념을 정리하면 다음과 같다.

> 다음 세 가지 명제는 동치이다.
> (1) F는 함수 f의 역도함수이다.
> (2) 부정적분 $\int f(x)dx = F(x) + C$. 즉, F는 f의 부정적분이다. (이때 C는 상수이다.)
> (3) $F'(x) = f(x)$.

[예제 5.9] 다음 부정적분을 구하여라. [연습문제 1~6, 7~12]

(1) $\int 2dx$ (2) $\int x dx$ (3) $\int x^3 dx$

[풀이]

(1) $\frac{d}{dx}[2x] = 2$이므로 함수 $f(x) = 2$의 역도함수는 $2x$이다.

즉, $\int 2dx = 2x + C$, (C는 상수).

(2) $\frac{d}{dx}\left[\frac{x^2}{2}\right] = x$이므로 함수 $f(x) = x$의 역도함수는 $\frac{x^2}{2}$이다.

즉, $\int x dx = \frac{x^2}{2} + C$, ($C$는 상수).

(3) $\frac{d}{dx}\left[\frac{x^3}{3}\right] = x^2$이므로 함수 $f(x) = x^2$의 역도함수는 $\frac{x^3}{3}$이다.

즉, $\int x^2 dx = \frac{x^3}{3} + C$, ($C$는 상수). ■

[예제 5.10] 다음 함수의 부정적분을 구하여라. [연습문제 1~6, 7~12]

(1) $f(x) = 3x^2$ (2) $f(x) = \sin x$

[풀이]

(1) $(x^3)' = 3x^2 = f(x)$이므로 $f(x) = 3x^2$의 역도함수는 x^3이다.

그러므로 $\int 3x^2 dx = x^3 + C$, (C는 상수)이다.

(2) $(-\cos x)' = \sin x = f(x)$이므로 $f(x) = \sin x$의 역도함수는 $-\cos x$이다.
그러므로 $\int \sin x dx = -\cos x + C$, ($C$는 상수)이다. ■

다시 강조하면 함수 f의 부정적분를 구하기 위하여

- $F'(x) = f(x)$인 f의 역도함수 F를 구하고
- f의 부정적분 $\int f(x)dx = F(x) + C$, (C는 상수).

5.3.2 미적분학의 기본정리

미적분학의 기본정리는 2개의 정리로 이루어진다.
첫 번째 정리는 미분과 적분을 연결하는 정리이고 연속함수는 역도함수를 갖는다는 것을 의미한다. 즉, 구간 $[a,b]$에서 연속인 함수는 항상 **역도함수를 갖는다.**
두 번째 정리는 역도함수를 이용하여 **정적분의 값을 구하는 방법**을 알려준다.

◐ 미적분학의 기본정리 1

구간 $[a,b]$에서 연속인 함수 f가 있다고 하자. 구간 $[a,b]$의 모든 x에 대하여 함수 f는 구간 $[a,x]$에서 연속이므로 구간 $[a,x]$에서 정적분가능하다. 그러므로 구간 $[a,b]$에서 실함수 F를 다음과 같이 정의할 수 있다.

$$\text{구간 } [a,b]\text{의 임의의 } x\text{에 대하여 } F(x) = \int_a^x f(t)dt$$

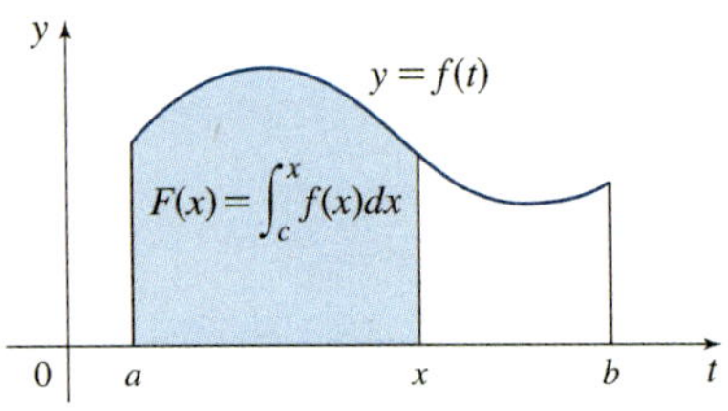

[그림 5.31]

$f \geq 0$인 경우 함수 F는 [그림 5.31]에서와 같이 구간 $[a,x]$와 구간 $[a,x]$ 위의 함수 f의 그래프 사이에 있는 영역의 넓이이다.

[정리 5.8: 미적분학의 기본정리 1] 구간 $[a,b]$에서 연속함수 f가 있다고 하자.
구간 $[a,b]$의 모든 x에 대하여 함수 $F(x) = \int_a^x f(t)dt$라고 정의하자.
그러면 (1) 함수 F는 구간 $[a,b]$에서 연속이고
(2) 함수 F는 구간 (a,b)에서 미분가능하고 $F'(x) = f(x)$.* 즉,

$$\frac{d}{dx}\left[\int_a^x f(t)dt\right] = f(x). \tag{5.1}$$

* $F'(x) = f(x)$이므로 $F(x) = \int_a^x f(t)dt$는 f의 역도함수이다. 즉 f는 역도함수를 갖는다.

[증명] (2)를 먼저 증명하고 (2)를 이용해서 (1)을 증명해 보자.
(2) 열린 구간 (a,b)에 속하는 x를 잡자.

$$F(x+h) - F(x) = \int_a^{x+h} f(t)dt - \int_a^x f(t)dt$$

$$= \left[\int_a^x f(t)dt + \int_x^{x+h} f(t)dt\right] - \int_a^x f(t)dt$$
$$= \int_x^{x+h} f(t)dt$$

그러므로 극한 $\lim_{h\to 0}\frac{F(x+h)-F(x)}{h} = \lim_{h\to 0}\left[\frac{1}{h}\int_x^{x+h} f(t)dt\right]$의 존재성을 알아보자.

[정리 5.7: 정적분의 평균값 정리]에 의하여 다음 식이 성립하는 c가 x와 $x+h$ 사이에 존재한다.

$$\frac{1}{h}\int_x^{x+h} f(t)dt = f(c)$$

함수 f가 연속이고 c가 x와 $x+h$ 사이에 있으므로 $\lim_{h\to 0} f(c) = f(x)$.

그러므로 $\lim_{h\to 0}\frac{F(x+h)-F(x)}{h} = \lim_{h\to 0}\left[\frac{1}{h}\int_x^{x+h} f(t)dt\right] = \lim_{h\to 0} f(c) = f(x)$.

즉 열린 구간 (a,b)에 있는 임의의 x에 대해 $F'(x) = f(x)$이고 미분가능하다.

(1) 함수 F는 구간 (a,b)에서 미분가능하므로 구간 (a,b)에서 연속이다. 구간 $[a,b]$의 경계인 $x=a$와 $x=b$에서 연속임을 보이면 충분하다.

[정리 5.7: 정적분의 평균값 정리]에 의하여 $\int_a^x f(t)dt = (x-a)f(c)$인 c가 구간 $[a,x]$에 존재한다.

그러므로 $\lim_{x\to a+}\int_a^x f(t)dt = \lim_{x\to a+}(x-a)f(c) = 0$. $f(a)=0$이다.

즉, $\lim_{x\to a+} F(x) = \lim_{x\to a+}\int_a^x f(t)dt = 0$이고 $F(a) = \int_a^a f(t)dt = 0$이다.

그러므로 $\lim_{x\to a+} F(x) = 0 = F(a)$이고 함수 F는 $x=a$에서 연속이다.

비슷한 방법으로 $\lim_{x\to b-} F(x) = F(b)$이고 함수 F는 $x=b$에서 연속임을 보일 수 있다. 그러므로 함수 F는 구간 $[a,b]$에서 연속이다. ■

[정리 5.8: 미적분학의 기본정리 1]로부터 다음을 알 수 있다.

> (1) 함수 $F(x) = \int_a^x f(t)dt$는 f의 역도함수이다. 즉, $\frac{d}{dx}\left[\int_a^x f(t)dt\right] = f(x)$.
>
> (2) 연속인 함수 f는 항상 역도함수를 갖는다.

[정리 5.8: 미적분학의 기본정리 1]의 식 (5.1)을 사용하여 다음 도함수를 구해보자.

[예제 5.11] 다음 함수의 미분을 구하여라. [연습문제 13~16]

(1) $F(x) = \int_0^x \sqrt{1+t^2}\,dt$ (2) $F(x) = \int_1^x \frac{1}{s}ds$

[풀이]

(1) [정리 5.8: 미적분학의 기본정리 1] 식 (5.1)에 의해서

$$\frac{dF}{dx}(x) = \frac{d}{dx}\left[\int_0^x \sqrt{1+t^2}\,dt\right] = \sqrt{1+x^2}.$$

(2) [정리 5.8: 미적분학의 기본정리 1] 식 (5.1)을 적용하면

$$F'(x) = \frac{dF}{dx}(x) = \frac{d}{dx}\left[\int_a^x \frac{1}{t}\,dt\right] = \frac{1}{x}.$$ ■

◐ 미적분학의 기본정리 2

이제 구간 $[a,b]$에서 연속인 함수 f의 정적분을 구하는 문제를 살펴보자. 정적분을 정의에 의하여 구하는 것은 매우 시간도 많이 걸리고 어려운 일이다. 다음 [정리 5.9: 미적분학의 기본정리 2]는 연속인 함수의 정적분을 부정적분을 사용하여 구하는 방법을 알려주는 매우 유용한 정리이다.

[정리 5.9: 미적분학의 기본정리 2] 구간 $[a,b]$에서 정의된 함수 f가 연속이고 F는 구간 $[a,b]$에서 f의 역도함수라고 하자. 그러면 다음이 성립한다.

$$\int_a^b f(x)dx = F(b) - F(a) =: [F(x)]_a^b \tag{5.2}$$

구간 $[a,b]$에서의 정적분 $\int_a^b f(x)dx$는 함수의 경계 a와 b에서의 역도함수 $F(x)$의 함숫값의 차 $[F(b)-F(a)]$로 구한다는 것을 말해준다.

그런데 f의 역도함수는 유일하지 않기 때문에 다른 역도함수에 대하여 [정리 5.9: 미적분학의 기본정리 2]에서 정적분 $\int_a^b f(x)dx$가 같은 값이 나오는지 확인해 보자. 함수 f가 $[a,b]$에서 연속이고 F와 G가 구간 $[a,b]$에서 f의 두 개의 역도함수라고 하자. 열린 구간 (a,b)에서 $F'(x) = f(x) = G'(x)$이다. 그러면 $G(x) = F(x) + C$인 상수 C가 있다. 그러므로

$$G(b) - G(a) = [F(b) + C] - [F(a) + C] = F(b) - F(a)$$

$$\int_a^b f(t)dt = F(b) - F(a) = G(b) - G(a).$$

그러므로 정적분 $\int_a^b f(t)dt$는 어떤 역도함수에 의해서 구해도 같은 값을 갖는다. 즉, 함수 f의 역도함수 F를 찾고 다음과 같이 정적분을 구한다.

$$\int_a^b f(t)dt = F(b) - F(a) =: [F(x)]_a^b$$

[정리 5.9: 미적분학의 기본정리 2]를 이용하여 정적분의 값을 구해보자.

[예제 5.12] $\int_{-1}^{2} x\,dx$를 구하여라. [연습문제 17~20]

[풀이] 우선 $f(x) = x$의 역도함수를 구해보자.

$\frac{d}{dx}\left[\frac{1}{2}x^2\right] = x$이므로 $F(x) = \frac{1}{2}x^2$은 $f(x) = x$의 역도함수이다.

[정리 5.9: 미적분학의 기본정리 2]의 식 (5.2)에 의하여

$$\int_{-1}^{2} x\,dx = \left[\frac{1}{2}x^2\right]_{-1}^{2} = \frac{1}{2}(2)^2 - \frac{1}{2}(-1)^2 = 2 - \frac{1}{2} = \frac{3}{2}.$$

그러므로 $\int_{-1}^{2} x\,dx = \frac{3}{2}$이다. ■

정적분의 값을 구하기 위해서는 함수의 부정적분을 구하는 것이 가장 중요하다.

[예제 5.13] $\int_0^{\frac{\pi}{2}} \cos t\,dt$를 구하여라. [연습문제 17~20]

[풀이] 우선 $f(t) = \cos t$의 역도함수를 구한다.

$\frac{d}{dx}[\sin t] = \cos t$이므로 $f(t) = \cos t$의 역도함수는 $F(t) = \sin t$이다.

[정리 5.9: 미적분학의 기본정리 2]의 식 (5.2)에 의하여

$$\int_0^{\frac{\pi}{2}} \cos t\,dt = [\sin t]_0^{\pi/2} = \sin\frac{\pi}{2} - \sin 0 = 1 - 0 = 1.$$

그러므로 $\int_0^{\frac{\pi}{2}} \cos t\,dt = 1$이다. ■

[예제 5.14] 다음 $\frac{d}{dx}\int_0^x \sin(t^2)dt$를 구하여라. [연습문제 13~16]

[풀이] [정리 5.8: 미적분학의 기본정리 1]의 식 (5.1)을 이용하여

$\frac{d}{dx}\int_0^x \sin(t^2)dt = \sin(x^2)$이다. ■

[주의] [정리 5.8: 미적분학의 기본정리 1]을 적용하는 경우

$\frac{d}{dx}\left[\int_a^x f(t)dt\right] = f(x)$에서

$\int$ 위끝 x: 단순한 식 x인 경우, 아래끝 c: 상수인 경우

임을 주의해야 한다.

다음의 예제는 [정리 5.8: 미적분학의 기본정리 1]에서 나오는 기본형태가 아니므로 [정리 5.8: 미적분학의 기본정리 1]을 사용하지 않고 [정리 5.9: 미적분학의 기본정리 2]를 사용하여 구해보자.

[예제 5.15] 다음 함수 $F(x)=\int_0^{x^2}\sqrt[3]{1+t^4}\,dt$의 미분을 구하여라. [연습문제 21~24]

[풀이] 피적분함수인 $f(x)=\sqrt[3]{1+x^4}$ 의 역도함수를 직접 구하지 않고 부정적분 $G(t)=\int\sqrt[3]{1+t^4}\,dt$라고 놓자. 즉, $G'(t)=\sqrt[3]{1+t^4}$ 이다.
[정리 5.9: 미적분학의 기본정리 2]에 의해서 $F(x)=\int_0^{x^2}\sqrt[3]{1+t^4}\,dt=G(x^2)-G(0)$.
$F'(x)=G'(x^2)\cdot 2x=(1+x^8)^{1/3}\cdot 2x=2x\sqrt[3]{1+x^8}$ 이므로 $F'(x)=2x\sqrt[3]{1+x^8}$ 이다. ■

[예제 5.16] 다음 함수 $F(x)=\int_0^{2x}\cos(t^2)\,dt$의 미분을 구하여라. [연습문제 21~24]

[풀이] 적분함수의 부정적분 $G(t)=\int\cos(t^2)\,dt$라고 놓자. 즉, $G'(t)=\cos(t^2)$.
[정리 5.9: 미적분학의 기본정리 2]에 의해서 $F(x)=\int_0^{2x}\cos(t^2)\,dt=G(2x)-G(0)$.
$F'(x)=G'(2x)\cdot 2=[\cos(2x)^2]2=2\cos(4x^2)$ 이므로 즉, $F'(x)=2\cos(4x^2)$. ■

5.3.3 기본함수의 부정적분과 정적분

[주의] 역도함수와 부정적분은 약간의 의미의 차이가 있지만 두 용어를 혼동하여 사용한다.

[정리 5.8: 미적분학의 기본정리 1]과 [정리 5.9: 미적분학의 기본정리 2]는 함수의 정적분을 구하는 매우 유용한 방법이다. 구간 $[a,b]$에서 연속함수 f의 정적분 $\int_a^b f(x)dx$을 구하는 두 단계는 다음과 같다.

[1단계] 함수 f의 부정적분 $F(x)=\int f(x)dx$를 놓는다. 즉, $F'(t)=f(t)$.

[2단계] 부정적분 F에 정적분의 구간 $[a,b]$의 경계 a와 b에서의 함숫값 $F(a)$와 $F(b)$를 대입하여 정적분을 다음과 같이 구한다.

$$\int_a^b f(x)dx=F(b)-F(a)=[F(x)]_a^b$$

정적분에서 가장 핵심적인 단계는 함수 f의 부정적분 F를 구하는 부분이다. [정리 5.8: 미적분학의 기본정리 1]에서 연속인 함수는 항상 부정적분을 가진다는 것을 알 수 있다. 그러나 부정적분이 존재한다는 것과 부정적분을 실제로 구한다는 것은 다른 문제이다. 적분에서 가장 중요한 단계는 다음과 같다.

가능한 많은 종류의 연속함수의 부정적분을 구하는 것이다.

이제 부정적분의 표현인 역도함수는 미분의 역사상(inverse)이므로 이미 알고 있는 미분의 공식을 통하여 기본적인 함수의 부정적분을 정리해 보자.

◐ 멱함수 형태 $f(x)=x^r$의 부정적분과 정적분

$r \neq -1$인 실수인 경우 멱함수 형태 $f(x)=x^r$의 부정적분을 살펴보자. 일반적으로 멱함수 $f(x)=x^r$이 도함수 $f(x)=x^{r-1}$로 비교적 간단하게 미분을 한다. 멱함수의 부정적분과 미분의 관계는 $\dfrac{d}{dx}\left[\dfrac{1}{r+1}x^{r+1}\right]=x^r$이므로 다음과 같다.

$$r+1 \neq 0\text{이면 } \int x^r dx = \frac{1}{r+1}x^{r+1}+C, \ (C\text{는 상수})$$

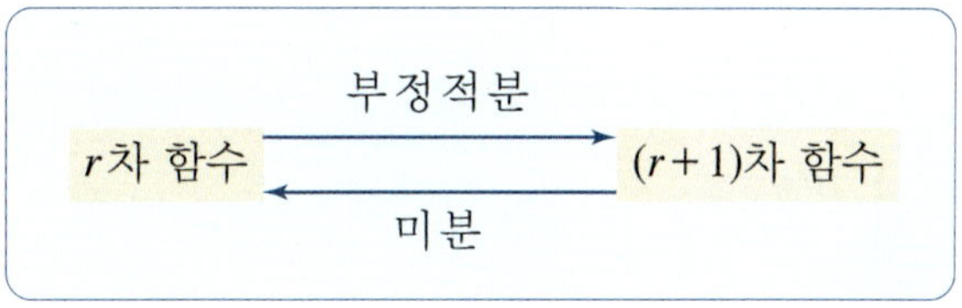

[복습] 함수의 식이 $\sqrt[n]{x}$이거나 $\dfrac{1}{x^n}$인 경우도 멱함수 형태 x^α에 해당한다. 즉, $\sqrt[n]{x}=x^{1/n}$이고 $\dfrac{1}{x^n}=x^{-n}$이다.

[예제 5.17] 부정적분 $\int 1dx$, $\int xdx$, $\int \sqrt{x}dx$, $\int \dfrac{1}{\sqrt{x}}dx$, $\int \dfrac{1}{x^3}dx$를 구하여라.
[연습문제 25~26]

[풀이] $\int 1dx = x+C$, $(C\text{는 상수})$

$$\int xdx = \frac{1}{2}x^2+C, \ (C\text{는 상수})$$

$$\int \sqrt{x}dx = \int x^{1/2}dx = \frac{1}{1+\frac{1}{2}}x^{\left(1+\frac{1}{2}\right)}+C=\frac{2}{3}x^{3/2}+C=\frac{2}{3}\sqrt{x^3}+C, \ (C\text{는 상수})$$

$$\int \frac{1}{\sqrt{x}}dx = \int x^{-1/2}dx = \frac{1}{-\frac{1}{2}+1}x^{\left(-\frac{1}{2}+1\right)} = 2x^{1/2}+C=2\sqrt{x}+C, \ (C\text{는 상수})$$

$$\int \frac{1}{x^3}dx = \int x^{-3}dx = -\frac{1}{2}x^{-2}+C=-\frac{1}{2x^2}+C, \ (C\text{는 상수})$$ ■

멱함수 형태 $f(x)=\dfrac{1}{x}$인 경우 (즉 $r=-1$) 부정적분 $\int \dfrac{1}{x}dx$를 알아보자.

(경우 1) $x>0$인 경우

$$\frac{d}{dx}[\ln x]=\frac{1}{x}\text{이므로 } \int \frac{1}{x}dx = \ln x + C = \ln|x|+C, \ (C\text{는 상수}).$$

(경우 2) $x<0$인 경우

$$\frac{d}{dx}[\ln(-x)]=\frac{1}{-x}\cdot(-1)=\frac{1}{x}\text{이므로}$$

$$\int \frac{1}{x}dx = \ln(-x)+C=\ln|x|+C, \ (C\text{는 상수}).$$

[주의] 멱함수 형태 $f(x)=\frac{1}{x}$의 정적분인 경우 (즉 $r=-1$)

- 적분구간 $[a,b]$은 반드시 $a \le b < 0$이거나 $0 < a \le b$이어야 한다.
- $a<0<b$인 경우 구간 $[a,b]$에서 정적분 $\int_a^b \frac{1}{x}dx$는 정의되지 않는다. 왜냐하면 함수 $f(x)=\frac{1}{x}$는 구간 $[a,b]$ 내의 점 $x=0$에서 연속이 아니기 때문이다. ([그림 5.33] 참고)

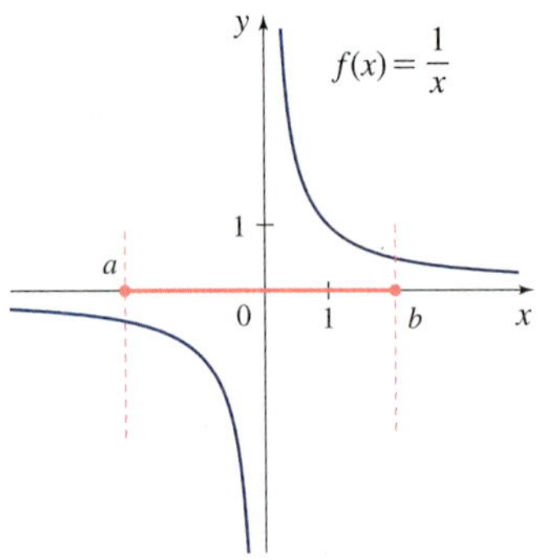

[그림 5.32] 함수 $f(x)=\frac{1}{x}$의 그래프

(경우 1)과 (경우 2)에 의하여 $\int \frac{1}{x}dx = \ln|x| + C$, ($C$는 상수). 여기서 절댓값 부호는 중요하다.

멱급수 형태 $f(x)=x^r$의 부정적분은 다음과 같이 정리할 수 있다.

> (1) $r+1 \neq 0$이면 $\int x^r dx = \frac{1}{r+1}x^{r+1} + C$, ($C$는 상수).
>
> (2) $\int \frac{1}{x}dx = \ln|x| + C$, ($C$는 상수)

[예제 5.18] 다음 부정적분 $\int_2^3 \frac{1}{x}dx$을 구하여라. [연습문제 25~26]

[풀이] $\int_2^3 \frac{1}{x}dx = [\ln|x|]_2^3 = \ln 3 - \ln 2 = \ln\frac{3}{2}$, ($C$는 상수) ■

[예제 5.19] 다음 정적분을 구하여라. [연습문제 27~30]

(1) $\int_1^2 \frac{1}{\sqrt{x}}dx$ (2) $\int_{-1}^3 x^2 dx$ (3) $\int_{-2}^{-1} \frac{1}{x}dx$ (4) $\int_1^e \frac{1}{x}dx$

[풀이] (1) $\int_1^4 \frac{1}{\sqrt{x}}dx = [2\sqrt{x}]_1^4 = 2\sqrt{4} - 2\sqrt{1} = 4-2=2$

(2) $\int_{-1}^3 x^2 dx = \left[\frac{1}{3}x^3\right]_{-1}^3 = \frac{3^3}{3} - \frac{(-1)^3}{3} = \frac{28}{3}$

(3) $\int_{-2}^{-1} \frac{1}{x}dx = [\ln|x|]_{-2}^{-1} = \ln|-1| - \ln|-2| = \ln 1 - \ln 2 = -\ln 2$

(4) $\int_1^e \frac{1}{x}dx = [\ln|x|]_1^e = \ln e - \ln 1 = 1$ ■

◐ 삼각함수의 부정적분과 정적분

삼각함수의 부정적분을 미분과 함께 정리하면 다음 [표 5.1]과 같다.

[표 5.1]

미분	부정적분 (C는 상수)
$\frac{d}{dx}[\sin x]=\cos x$	$\int \cos x dx=\sin x+C$
$\frac{d}{dx}[\cos x]=-\sin x$	$\int \sin x dx=-\cos x+C$
$\frac{d}{dx}[\tan x]=\sec^2 x$	$\int \sec^2 x dx=\tan x+C$
$\frac{d}{dx}[\cot x]=-\csc^2 x$	$\int \csc^2 x dx=-\cot x+C$
$\frac{d}{dx}[\sec x]=\sec x\tan x$	$\int \sec x\tan x dx=\sec x+C$
$\frac{d}{dx}[\csc x]=-\csc x\cot x$	$\int \csc x\cot x dx=-\csc x+C$

[예제 5.20] 다음 부정적분을 구하여라. [연습문제 31~36]

(1) $\int \sin x dx$ (2) $\int \cos x dx$ (3) $\int \sec^2 x dx$ (4) $\int \sec x\tan x dx$

[풀이] (1) $\int \sin x dx=-\cos x+C$, (C는 상수)

(2) $\int \cos x dx=\sin x+C$, (C는 상수)

(3) $\int \sec^2 x dx=\tan x+C$, ($C$는 상수)

(4) $\int \sec x\tan x dx=\sec x+C$, ($C$는 상수) ■

[예제 5.21] 다음 정적분을 구하여라. [연습문제 31~36]

(1) $\int_0^{\frac{\pi}{3}} \sin x dx$ (2) $\int_0^{\frac{\pi}{6}} \cos x dx$ (3) $\int_0^{\frac{\pi}{4}} \sec^2 x dx$ (4) $\int_{\frac{\pi}{6}}^{\frac{\pi}{3}} \csc x\cot x dx$

[풀이] (1) $\int_0^{\frac{\pi}{3}} \sin x dx=[-\cos x]_0^{\frac{\pi}{3}}=-\cos\left(\frac{\pi}{3}\right)-(-\cos 0)=-\frac{1}{2}+1=\frac{1}{2}$

(2) $\int_0^{\frac{\pi}{6}} \cos x dx=[\sin x]_0^{\frac{\pi}{6}}=\sin\left(\frac{\pi}{6}\right)-\sin 0=\frac{1}{2}-0=\frac{1}{2}$

(3) $\int_0^{\frac{\pi}{4}} \sec^2 x dx=[\tan x]_0^{\frac{\pi}{4}}=\tan\left(\frac{\pi}{4}\right)-\tan 0=1-0=1$

(4) $\int_{\frac{\pi}{6}}^{\frac{\pi}{3}} \csc x\cot x dx=[-\csc x]_{\frac{\pi}{6}}^{\frac{\pi}{3}}=-\csc\left(\frac{\pi}{3}\right)-\left[-\csc\left(\frac{\pi}{6}\right)\right]$

$$=-\frac{1}{\sin\left(\frac{\pi}{3}\right)}+\frac{1}{\sin\left(\frac{\pi}{6}\right)}=-\frac{2}{\sqrt{3}}+2$$ ■

◐ 역삼각함수를 이용한 부정적분과 정적분

역삼각함수를 이용한 부정적분을 미분과 함께 정리하면 다음 [표 5.2]와 같다.

부정적분 $\int \frac{1}{\sqrt{1-x^2}}dx$은 $\sin^{-1}x$ 또는 $-\cos^{-1}x$로 두 가지 표현을 갖는다. 그러나 $\int \frac{1}{\sqrt{1-x^2}}dx = \sin^{-1}x + C$, ($C$는 상수)를 일반적으로 사용한다.

[표 5.2]

미분	부정적분 (C는 상수)
$\frac{d}{dx}[\sin^{-1}x] = \frac{1}{\sqrt{1-x^2}}$	$\int \frac{1}{\sqrt{1-x^2}}dx = \sin^{-1}x + C$
$\frac{d}{dx}[\cos^{-1}x] = -\frac{1}{\sqrt{1-x^2}}$	$\int \frac{1}{\sqrt{1-x^2}}dx = -\cos^{-1}x + C$
$\frac{d}{dx}[\tan^{-1}x] = \frac{1}{1+x^2}$	$\int \frac{1}{1+x^2}dx = \tan^{-1}x + C$

[예제 5.22] 다음 부정적분을 구하여라. [연습문제 37~38]

(1) $\int \frac{1}{\sqrt{1-x^2}}dx$ (2) $\int \frac{1}{1+x^2}dx$

[풀이] (1) $\int \frac{1}{\sqrt{1-x^2}}dx = \sin^{-1}x + C$, ($C$는 상수)

(2) $\int \frac{1}{1+x^2}dx = \tan^{-1}x + C$, ($C$는 상수) ■

[주의] 정적분 $\int_a^b \frac{1}{\sqrt{1-x^2}}dx$에서 적분구간 $[a, b]$는 구간 $(-1, 1)$에 포함되어야 한다.

[예제 5.23] 다음 정적분을 구하여라. [연습문제 37~38]

(1) $\int_0^{\frac{1}{2}} \frac{1}{\sqrt{1-x^2}}dx$ (2) $\int_0^1 \frac{1}{1+x^2}dx$

[풀이] (1) $\int_0^{\frac{1}{2}} \frac{1}{\sqrt{1-x^2}}dx = \left[\sin^{-1}x\right]_0^{\frac{1}{2}} = \sin^{-1}\left(\frac{1}{2}\right) - \sin^{-1}(0) = \frac{\pi}{6} - 0 = \frac{\pi}{6}$

(2) $\int_0^1 \frac{1}{1+x^2}dx = \left[\tan^{-1}x\right]_0^1 = \tan^{-1}(1) - \tan^{-1}(0) = \frac{\pi}{4} - 0 = \frac{\pi}{4}$ ■

◐ 지수함수의 부정적분과 정적분

지수함수의 부정적분을 미분과 함께 정리하면 [표 5.3]과 같다.

[표 5.3]

미분	부정적분 (C는 상수)
$\frac{d}{dx}[e^x] = e^x$	$\int e^x dx = e^x + C$
($a \neq 1$인 양수) $\frac{d}{dx}[a^x] = (\ln a)a^x$	($a \neq 1$인 양수) $\int a^x dx = \frac{1}{\ln a}a^x + C$

[예제 5.24] 다음 부정적분을 구하여라. [연습문제 39~42]

(1) $\int e^x dx$ (2) $\int 3^x dx$

[풀이] (1) $\int e^x dx = e^x + C$, (C는 상수)

(2) $\int 3^x dx = \frac{1}{\ln 3} 3^x + C$, ($C$는 상수) ■

[예제 5.25] 다음 정적분을 구하여라. [연습문제 39~42]

(1) $\int_0^3 e^x dx$ (2) $\int_{-1}^1 2^x dx$

[풀이] (1) $\int_0^3 e^x dx = [e^x]_0^3 = e^3 - e^0 = e^3 - 1$

(2) $\int_{-1}^1 2^x dx = \left[\frac{2^x}{\ln 2}\right]_{-1}^1 = \frac{2}{\ln 2} - \left(\frac{1}{2\ln 2}\right) = \frac{3}{2\ln 2}$ ■

5.3.4 부정적분의 성질

적분에서 부정적분을 구하는 것은 매우 중요하나. 지금까지 기본함수의 부정적분을 정리해 보았다. 앞으로는 가능한 많은 다양한 함수의 부정적분을 구해보려고 한다. 우선 부정적분을 구하는 데 유용한 부정적분의 성질을 알아보자.

부정적분의 정의에 의해서

$$\int f(x)dx = F(x) + C \Leftrightarrow \frac{1}{dx}\left[\int f(x)dx\right] = \frac{1}{dx}F(x)$$

즉, 양변을 미분해서 같으면 부정적분을 포함하는 방정식이 같다.

[정리 5.10: 부정적분의 성질 1] 구간 I 위에서 연속인 함수 f와 g에 대하여

(1) 실수 c에 대하여 $\int cf(x)dx = c\int f(x)dx$.

(2) $\int (f(x) + g(x))dx = \int f(x)dx + \int g(x)dx$

(3) $\int (f(x) - g(x))dx = \int f(x)dx - \int g(x)dx$

[증명]

(1) 실수 c를 잡자.

좌변의 식을 미분하면 $\frac{1}{dx}\int cf(x)dx = cf(x)$.

우변의 식을 미분하면 $\frac{1}{dx}\left[c\int f(x)dx\right] = c\frac{1}{dx}\int f(x)dx = cf(x)$.

그러므로 $\int cf(x)dx = cF(x) = c\int f(x)dx$.

(2) 좌변의 식을 미분하면 $\frac{1}{dx}\int (f(x)dx + g(x))dx = f(x) + g(x)$.

우변의 식을 미분하면 $\frac{d}{dx}\left[\int f(x)dx+\int g(x)dx\right]$

$$=\frac{1}{dx}\int f(x)dx+\frac{d}{dx}\int g(x)dx=f(x)+g(x).$$

그러므로 $\int (f(x)dx+g(x))dx=\int f(x)dx+\int g(x)dx.$ ■

◐ 다항 형태 함수의 부정적분

[정리 5.10: 부정적분의 성질 1]을 사용하면 다항 형태 함수의 부정적분을 구할 수 있다.

n이 자연수일 때 n차 다항함수 $f(x)=a_nx^n+a_{n-1}x^{n-1}+\cdots+a_2x^2+a_1x+a_0$의 부정적분을 구해보자.

$$\int f(x)dx=\int\left(a_nx^n+a_{n-1}x^{n-1}+\cdots+a_2x^2+a_1x+a_0\right)dx$$
$$=a_n\int x^ndx+a_{n-1}\int x^{n-1}dx+\cdots+a_2\int x^2dx+a_1\int xdx+\int a_0dx$$
$$=\frac{a_n}{n+1}x^{n+1}+\frac{a_{n-1}}{n}x^n+\cdots+\frac{a_2}{3}x^3+\frac{a_1}{2}x^2+a_0x+C,\ (C\text{는 상수})$$

$$\int f(x)dx=\frac{a_n}{n+1}x^{n+1}+\frac{a_{n-1}}{n}x^ndx+\cdots+\frac{a_2}{3}x^3+\frac{a_1}{2}x^2+a_0x+C,\ (C\text{는 상수})$$

[주의] 부정적분의 결과를 표현할 때 변수를 주의해야 한다.

$\int f(x)dx=x$의 식

$\int f(r)dr=r$의 식

$\int f(u)du=u$의 식

[예제 5.26] 다음 부정적분을 구하여라. [연습문제 43~46]

(1) $\int (x^2+2x+3)dx$ (2) $\int (3x^5+2-5\sqrt{x})dx$ (3) $\int\left(\frac{4x^{19}-5x^{-8}}{x^2}\right)dx$

(4) $\int (t^2+1)(2t-5)dt$ (5) $\int\left(\frac{1}{2x}+2x\right)dx$

[풀이]

(1) $\int (x^2+2x+3)dx=\int x^2dx+2\int xdx+\int 3dx$

$$=\frac{1}{3}x^3+\frac{2}{2}x^2+3x+C=\frac{1}{3}x^3+x^2+3x+C,\ (C\text{는 상수})$$

(2) $\int (3x^5+2-5\sqrt{x})dx=3\int x^5dx+\int 2dx-5\int\sqrt{x}dx$

$$=\frac{3}{6}x^6+2x-\frac{10}{3}x^{\frac{3}{2}}+C,\ (C\text{는 상수})$$

(3) $\int\left(\frac{4x^{19}-5x^{-8}}{x^2}\right)dx=\int (4x^{17}-5x^{-10})dx$

$$=4\int x^{17}dx-5\int x^{-10}dx$$

$$= \frac{4}{18}x^{18} - \frac{5}{-9}x^{-9} + C$$

$$= \frac{4}{18}x^{18} + \frac{5}{9}\frac{1}{x^9} + C, \ (C\text{는 상수})$$

(4) $\int (t^2+1)(2t-5)dt = \int (2t^3 - 5t^2 + 2t - 5)dx$

$$= \frac{2}{4}t^4 - \frac{5}{3}t^3 + \frac{2}{2}t^2 - 5x + C$$

$$= \frac{1}{2}t^4 - \frac{5}{3}t^3 + x^2 - 5x + C, \ (C\text{는 상수})$$

(5) $\int \left(\frac{1}{2x} + 2x\right)dx = \frac{1}{2}\int \frac{1}{x}dx + 2\int x dx = \frac{1}{2}\ln|x| + \frac{2}{2}x^2 + C$

$$= \frac{1}{2}\ln|x| + x^2 + C, \ (C\text{는 상수})$$ ■

[예제 5.27] 다음 부정적분을 구하여라. [연습문제 43~46]

(1) $\int \left(\frac{3}{\pi}\sin x - 2\csc^2 x\right)dx$ (2) $\int (3e^x + 3x\sqrt{x})dx$

(3) $\int \left(\frac{2}{1+x^2} + \frac{1}{2\sqrt{1-x^2}}\right)dx$

[풀이] (1) $\int \left(\frac{3}{\pi}\sin x - 2\csc^2 x\right)dx = \frac{3}{\pi}\int \sin x dx - 2\int \csc^2 x dx$

$$= -\frac{3}{\pi}\cos x + 2\cot x + C, \ (C\text{는 상수})$$

(2) $\int (3e^x + 5x\sqrt{x})dx = 3\int e^x dx + 5\int x\sqrt{x}dx$

$$= 3e^x + 5\int x^{\frac{3}{2}}dx$$

$$= 3e^x + 5\cdot\frac{1}{5/2}x^{\frac{5}{2}} + C$$

$$= 3e^x + 2x^{\frac{5}{2}} + C, \ (C\text{는 상수})$$

(3) $\int \left(\frac{2}{1+x^2} + \frac{1}{2\sqrt{1-x^2}}\right)dx = 2\int \frac{1}{1+x^2}dx + \frac{1}{2}\int \frac{1}{\sqrt{1-x^2}}dx$

$$= 2\tan^{-1}x + \frac{1}{2}\sin^{-1}x + C, \ (C\text{는 상수})$$ ■

5.4절부터는 부정적분을 구하는 다양한 방법을 소개할 것이다. 더불어 정적분도 함께 다룰 것이다. 가능한 많은 함수의 부정적분을 구할 수 있으면 [정리 5.8: 미적분학의 기본정리 1]과 [정리 5.9: 미적분학의 기본정리 2]를 사용하여 정적분을 구할 수 있고 넓이, 부피 등 응용문제를 해결할 수 있게 된다.

5.3.5 우함수와 기함수의 정적분

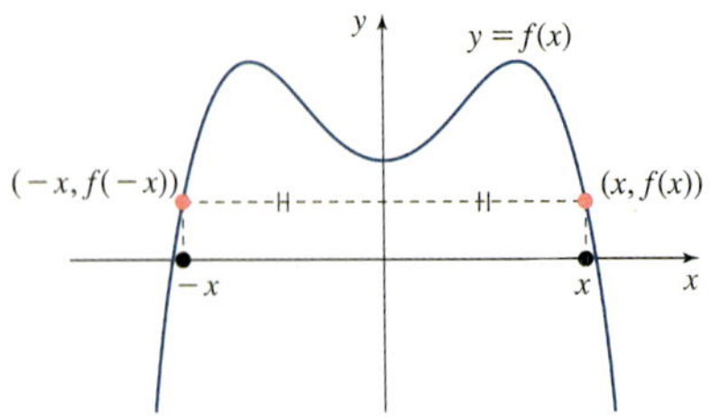

[그림 5.33] 우함수 $y=f(x)$의 그래프

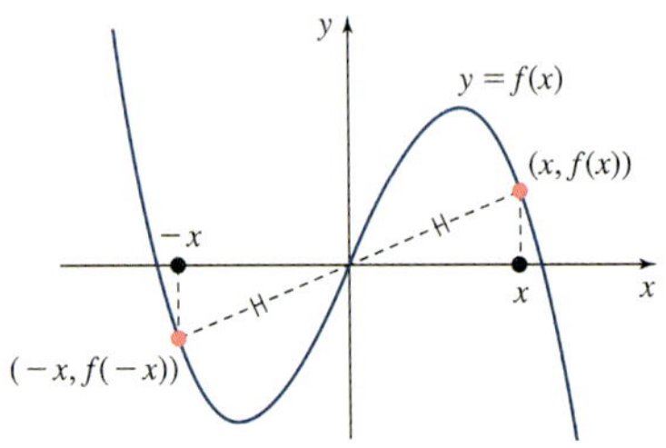

[그림 5.34] 기함수 $y=f(x)$의 그래프

정적분을 구하는 데 유용한 함수의 성질을 공부해 보자. 함수의 그래프가 대칭인 성질을 갖는 경우 그래프를 그릴 때 유용하고 이를 이용하여 정적분을 구하는 경우에도 유용하다.

함수 f가 정의역에 있는 x에 대하여 $f(-x)=f(x)$를 만족하면 함수 f의 그래프가 y축에 **대칭**이다. ([그림 5.33] 참고) 이러한 함수 f를 **우함수**(even function)라고 한다. 예를 들어서 함수 $f(x)=x^2$는 우함수이다. 왜냐하면 다음이 성립하기 때문이다.

$$f(-x)=(-x)^2=x^2=f(x)$$

함수 f가 정의역에 있는 x에 대하여 $f(-x)=-f(x)$를 만족하면 함수 f의 그래프가 **원점** $(0,0)$에 **대칭**이다. ([그림 5.34] 참고) 이러한 함수 f를 **기함수**(odd function)라고 한다. 예를 들어서 함수 $f(x)=x^3$는 기함수이다. 왜냐하면 다음이 성립하기 때문이다.

$$f(-x)=(-x)^3=-x^2=-f(x)$$

우함수와 기함수의 그래프를 그리면 우선 $x\ge 0$인 부분의 그래프를 그리고 $x\le 0$인 경우의 그래프는 각각 대칭으로 그리게 된다.

우함수와 기함수인 두 함수의 곱에 대한 다음 성질은 유용하게 사용된다.
(1) (우함수)·(우함수)=(우함수)
(2) (기함수)·(기함수)=(우함수)
(3) (우함수)·(기함수)=(기함수)·(우함수)
=(기함수)

[정의 5.8: 우함수와 기함수] 함수 f가 정의역에 있는 x에 대하여
$f(-x)=f(x)$를 만족하면 f를 **우함수**(even function)라고 한다.
$f(-x)=-f(x)$를 만족하면 f를 **기함수**(odd function)라고 한다.

자주 사용되는 우함수와 기함수를 소개하면 다음과 같다.

우함수	기함수
• n이 **짝수**인 경우 $f(x)=x^n$ 즉, $f(x)=1,\ f(x)=x^2,\ f(x)=x^4\cdots.$ • $f(x)=\cos x$	• n이 **홀수**인 경우 $f(x)=x^n$ 즉, $f(x)=x,\ f(x)=x^3,\ f(x)=x^5\ \cdots.$ • $f(x)=\sin x,\ f(x)=\tan x$

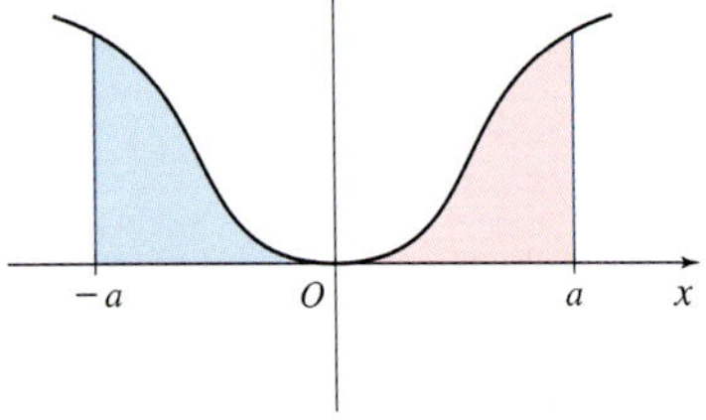

[그림 5.35](a) 우함수 $y=f(x)$

함수 f가 우함수 또는 기함수인 경우 구간 $[-a,a]$에서 정적분 $\int_{-a}^{a} f(x)dx$를 우함수와 기함수의 정의를 사용하여 간편하게 구할 수 있다.

함수 f가 우함수이면 함수 f의 그래프가 [그림 5.35](a)와 같이 y축에 대칭이다. 구간 $[-a,0]$에서 정적분 $\int_{-a}^{0} f(x)dx$와 구간 $[0,a]$에서 정적분 $\int_{0}^{a} f(x)dx$는 같다. 그러므로 [정리 5.3: 정적분의 성질 1]에 의해 다음이 성립한다.

$$\int_{-a}^{a} f(x)dx = \int_{-a}^{0} f(x)dx + \int_{0}^{a} f(x)dx = 2\int_{0}^{a} f(x)dx$$

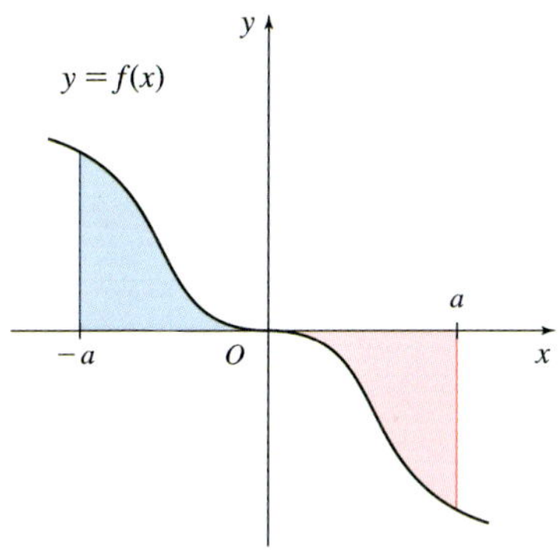

[그림 5.35](b) 기함수 $y = f(x)$

함수 f가 기함수이면 함수 f의 그래프가 [그림 5.35](b)와 같이 y축에 대칭이다. 구간 $[-a, 0]$에서 정적분 $\int_{-a}^{0} f(x)dx$와 구간 $[0, a]$에서 정적분 $\int_{0}^{a} f(x)dx$는 부호가 반대이다. 즉,

$$\int_{-a}^{0} f(x)dx = -\int_{0}^{a} f(x)dx.$$

그러므로 [정리 5.3: 정적분의 성질 1]에 의해 다음이 성립한다.

$$\int_{-a}^{a} f(x)dx = \int_{-a}^{0} f(x)dx + \int_{0}^{a} f(x)dx = \int_{0}^{a} f(x)dx - \int_{0}^{a} f(x)dx = 0$$

[주의] 우함수와 기함수의 정적분의 성질에서 중요한 점은 적분 구간이 0를 중심으로 한 구간 $[-a, a]$인 것이다.

[정리 5.11: 우함수와 기함수의 정적분]

구간 $[-a, a]$에서 함수 f가 정적분 가능하면

- f를 우함수이면 $\int_{-a}^{a} f(x)dx = 2\int_{0}^{a} f(x)dx.$
- f를 기함수이면 $\int_{-a}^{a} f(x)dx = 0.$

[예제 5.28] 다음 정적분을 구하여라. [연습문제 47~50]

(1) $\int_{-2}^{2} (x^5 + x)dx$ (2) $\int_{-3}^{3} (x^4 + x^2 - 2)dx$ (3) $\int_{-1}^{1} (2x^3 + x^2 + 3x)dx$

[풀이] (1) 다항함수 $f(x) = x^5 + x$는 모두 홀수 차수이므로 기함수이다. 그러므로 [정리 5.11: 우함수와 기함수의 정적분]에 의해

$$\int_{-2}^{2} (x^5 + x)dx = 0.$$

(2) 다항함수 $f(x) = x^4 + x^2 - 2$는 모든 항이 짝수 차수이므로 우함수이다. 그러므로 [정리 5.11: 우함수와 기함수의 정적분]에 의해

$$\int_{-1}^{1} (x^4 + x^2 - 2)dx = 2\int_{0}^{1} (x^4 + x^2 - 2)dx$$
$$= 2\left[\frac{x^5}{5} + \frac{x^3}{3} - 2x\right]_0^1 = 2\left[\frac{1}{5} + \frac{1}{3} - 2\right] = -\frac{44}{15}.$$

(3) 다항함수 $f(x) = 2x^3 + x^2 + 3x$는 우함수와 기함수가 같이 있으므로 우함수와 기함수로 나누어서 정적분을 하면 된다.

$$\int_{-1}^{1}(2x^3+x^2+3x)dx=\int_{-1}^{1}(2x^3+3x)dx+\int_{-1}^{1}x^2dx$$
$$=2\int_{0}^{1}x^2dx=2\left[\frac{x^3}{3}\right]_0^1=\frac{2}{3}$$ ■

[예제 5.29] 다음 정적분을 구하여라. [연습문제 47~50]

(1) $\int_{-\frac{\pi}{2}}^{\frac{\pi}{2}}\sin x dx$ (2) $\int_{-\frac{\pi}{2}}^{\frac{\pi}{2}}\cos x dx$ (3) $\int_{-\frac{\pi}{2}}^{\frac{\pi}{2}}x^2\sin x dx$ (4) $\int_{-\frac{\pi}{2}}^{\frac{\pi}{2}}x\cos x dx$

[풀이] (1) 함수 $f(x)=\sin x$는 기함수이므로 $\int_{-\frac{\pi}{2}}^{\frac{\pi}{2}}\sin x dx=0$.

(2) 함수 $f(x)=\cos x$는 우함수이므로 $\int_{-\frac{\pi}{2}}^{\frac{\pi}{2}}\cos x dx=2\int_{0}^{\frac{\pi}{2}}\cos x dx=[\sin x]_0^{\frac{\pi}{2}}=1$.

(3) 함수 $f(x)=x^2\sin x$는 (우함수)·(기함수)=(기함수)이므로 $\int_{-\frac{\pi}{2}}^{\frac{\pi}{2}}x^2\sin x dx=0$.

(4) 함수 $f(x)=x\cos x$는 (기함수)·(우함수)=(기함수)이므로 $\int_{-\frac{\pi}{2}}^{\frac{\pi}{2}}x\cos x dx=0$. ■

연습문제

• Part 1

[1-6] 다음 함수의 부정적분을 구하여라. [예제 5.9~5.10]

1. $f(x)=5$
2. $f(x)=\frac{1}{2}x$
3. $f(x)=5x^3$
4. $f(x)=\cos x$
5. $f(x)=\sec x\tan x$
6. $f(x)=\sec^2 x$

[7-12] 다음 부정적분을 구하여라. [예제 5.9~5.10]

7. $\int(-2)dx$
8. $\int 2x^2dx$
9. $\int x\sqrt{x}dx$
10. $\int(2x)^{-\frac{1}{2}}dx$
11. $\int\sin x dx$
12. $\int\cos x dx$

[13-16] 다음 함수의 미분을 구하여라. [예제 5.11, 5.14]

13. $F(x)=\int_0^x(t^2+t-3)dt$
14. $F(x)=\int_0^x\sqrt{1+t}\,dt$
15. $F(x)=\int_0^x\frac{t}{t+2}dt$
16. $F(x)=\int_0^x\cos 2t dt$

[17-20] 다음 정적분을 구하여라. [예제 5.12~5.13]

17. $\int_1^3 2x dx$
18. $\int_{-1}^2 3x^2dx$
19. $\int_0^\pi\sin x dx$

20. $\int_0^{\frac{\pi}{4}} \sec^2 dx$

[21-24] 다음 함수의 도함수를 구하여라. [예제 5.15~5.16]

21. $F(x) = \int_0^{2x} \sqrt{1+t^2}\,dt$

22. $F(x) = \int_0^{x^2} \sqrt{t+t^2}\,dt$

23. $F(x) = \int_0^{2x} \sin t\,dt$

24. $F(x) = \int_0^{\sin x} t^2\,dt$

[25-26] 다음 정적분을 구하여라. [예제 5.17]

25. $\int_1^e \frac{1}{x}dx$

26. $\int_1^3 \frac{2}{x}dx$

[27-30] 다음 정적분을 구하여라. [예제 5.19]

27. $\int_0^3 x^2 dx$

28. $\int_4^5 -x\,dx$

29. $\int_1^4 x\sqrt{x}\,dx$

30. $\int_1^8 \frac{3}{\sqrt[3]{x}}dx$

[31-36] 다음 정적분을 구하여라. [예제 5.21]

31. $\int_{\frac{\pi}{4}}^{\frac{\pi}{2}} \sin x\,dx$

32. $\int_{-\frac{\pi}{2}}^{\frac{\pi}{2}} \sin x\,dx$

33. $\int_0^{\frac{\pi}{4}} \cos x\,dx$

34. $\int_{-\frac{\pi}{4}}^{\frac{\pi}{4}} \cos x\,dx$

35. $\int_0^{\frac{\pi}{3}} \sec^2 x\,dx$

36. $\int_0^{\frac{\pi}{4}} \sec x \tan x\,dx$

[37-38] 다음 정적분을 구하여라. [예제 5.23]

37. $\int_{\frac{1}{2}}^1 \frac{1}{\sqrt{1-x^2}}dx$

38. $\int_1^{\sqrt{3}} \frac{1}{1+x^2}dx$

[39-42] 다음 정적분을 구하여라. [예제 5.25]

39. $\int_1^2 2e^x dx$

40. $\int_{-1}^3 \frac{1}{2}e^x dx$

41. $\int_{-1}^1 2^x dx$

42. $\int_0^e 3^x dx$

[43-46] 다음 부정적분을 구하여라. [예제 5.26~5.27]

43. $\int (2x^3 + 2\sqrt{x})\,dx$

44. $\int \left(\frac{(x+2)^2}{x} + \sqrt{x}\right)dx$

45. $\int (2e^x - x\sqrt[3]{x})\,dx$

46. $\int (\sin x + \cos x + x + 1)\,dx$

[47-50] 다음 정적분을 구하여라. [예제 5.28~5.29]

47. $\int_{-2}^2 (x^6+1)\,dx$

48. $\int_{-1}^1 \tan x\,dx$

49. $\int_{-1}^1 x^2 \sin^2 x \tan x\,dx$

50. $\int_{-1}^1 \frac{\tan x}{1+x^2+x^4}dx$

• Part 2

[51-70] 다음 부정적분을 구하여라.

51. $\int (5x^5+2x^3-3x^2+1)\,dx$

52. $\int (3x^2+\sqrt[3]{x})\,dx$

53. $\int x(x+1)^2 dx$

54. $\int (\sqrt{x}+\frac{2}{\sqrt{x}})\,dx$

55. $\int \frac{(x+2)^2}{x}dx$

56. $\int \frac{x^4-3x^3+6x-1}{x^2}dx$

57. $\int \frac{1-x^5}{x^3}dx$

58. $\int \frac{(\sqrt{x}+2)(x+1)}{x}dx$

59. $\int \frac{1}{\csc x}-\frac{\sec x}{\cos x}dx$

60. $\int (x+2\sin x+3\sec^2 x)\,dx$

61. $\int (\sec x+\tan x)\sec x dx$

62. $\int \frac{\sin x}{\cos^2 x}dx$

63. $\int \frac{x}{x\sqrt{1-x^2}}dx$

64. $\int \frac{x^2+2}{1+x^2}dx$

65. $\int \frac{1}{\sqrt{4-x^2}}dx$

66. $\int \frac{1}{\sqrt{1-(2x)^2}}dx$

67. $\int e^x+x^2+\sin x dx$

68. $\int 2e^{2x}-\sin x+\sec^2 x dx$

69. $\int \frac{1}{x}+3e^x-2^x dx$

70. $\int \frac{x^3+2x^2-xe^x}{x}dx$

[71-78] 다음 정적분을 구하여라.

71. $\int_1^2 (5x^4+2x^3-3x+1)\,dx$

72. $\int_1^8 (3x^2+\sqrt[3]{x})\,dx$

73. $\int_1^2 \frac{x^4-3x^3+6x-1}{x^2}dx$

74. $\int_1^3 \frac{1-x^5}{x^3}dx$

75. $\int_0^{\frac{\pi}{4}} (x+2\sin x+3\sec^2 x)\,dx$

76. $\int_0^{\frac{\pi}{4}} \frac{\sin x}{\cos^2 x}dx$

77. $\int_0^1 (e^x+x^2)dx+\int_0^{\frac{\pi}{2}} \sin x dx$

78. $\int_1^2 \frac{1}{x}+3e^x-2^x dx$

[79-84] 다음을 구하여라.

79. $F(x)=\int_0^x \frac{t^2+2}{t+1}dt$ 대하여, $F'(x)$을 구하여라.

80. $F(x)=\int_{\sqrt{x}}^0 \sin t^2 dt$ 대하여, $F'(x)$을 구하여라.

81. $\frac{d}{dx}\left(\int_0^{\tan x} \frac{1}{1+t^2}dt\right)$

82. $\frac{d}{dx}\left(\int_x^{x^2} t\sin t^2 dt\right)$

83. $\int_1^x f(t)dt=x^2-2x+1$을 만족하는 $f(x)$를 구하여라.

84. $\int_0^x f(t)dt=x\cos \pi x$을 만족하는 $f(4)$를 구하여라.

5.4 치환적분

5.4.1 치환적분에 의한 부정적분

함수 f의 역도함수 F를 잡으면 $F'(x)=f(x)$이다.

두 함수 F와 g의 합성함수 $F\circ g$의 미분인 연쇄법칙과 대응하는 부정적분의 형태를 알아보자.

$$\frac{d}{dx}([F\circ g]x)=\frac{d}{dx}[F(g(x))]=F'(g(x))g'(x)=f(g(x))g'(x)$$

그러므로 $f(g(x))g'(x)$의 역도함수는 $[F\circ g](x)=F(g(x))$이다. 즉,

$$\int f(g(x))g'(x)\,dx=F(g(x))+C. \qquad (*)$$

변수변환 $u=g(x)$에 대해 $F(g(x))=F(u)$이고 $\frac{d}{du}F(u)=F'(u)=f(u)$이므로

$$\int f(u)\,du=F(u)+C. \qquad (**)$$

$F(g(x))=F(u)$이므로 식 (*)과 식 (**)은 동일한 식이므로 부정적분은 다음과 같다.

$$\boxed{\int f(g(x))g'(x)dx=\int f(u)du} \qquad (5.3)$$

[주의] 치환적분은 치환하는 식 $g(x)$의 도함수 $g'(x)$가 dx의 옆에 곱해져 있는 것에 주의하자.

변수 x에 대한 적분을 변수 u에 대한 적분으로 변환한다는 의미로 **치환적분**이라고 한다.

식 (5.3)에서 치환된 부분을 정리하면 다음과 같다.

$$\begin{cases} u=g(x) \\ du=g'(x)dx \end{cases} \qquad (***)$$

[주의] $\int f(g(x))g'(x)dx$의 결과는 x의 함수이어야 한다. 그러므로 치환 적분에 의한 부정적분은 마지막에 변수를 문제의 주어진 변수에 맞추어 다시 변환하여야 한다.

> **[정리 5.12: 치환적분에 의한 부정적분]**
>
> 함수 g는 미분가능하고 함수 f의 역도함수 F를 잡자. 즉, 변수 $u=g(x)$라고 놓으면
>
> $$\int f(g(x))g'(x)dx=\int f(u)du=F(u)+C=F(g(x))+C,\ (C\text{는 상수}).$$

[예제 5.30] 다음 부정적분을 구하여라. [연습문제 1~20]

(1) $\int (x^2+3)^5 x\,dx$ (2) $\int (2x+1)^{10} dx$

[풀이]

$(x^2+3)^5$의 옆에 x가 곱해져 있기 때문에 변수치환 $u=x^2+3$이 가능하다. 왜냐하면 $\frac{du}{dx}=2x$이기 때문이다. 즉, $du=2xdx$이고 $xdx=\frac{1}{2}du$이다.

(1) 적분함수 $(x^2+3)^5x$에 대하여 식 (***)에 의해 $u=x^2+3$으로 놓으면 $du=2xdx$이고 $xdx=\frac{1}{2}du$이므로 치환적분으로 구해보자.

$$\int (x^2+3)^5 x\,dx = \int u^5 \frac{1}{2}du = \frac{1}{2}\int u^5 du = \frac{1}{2}\left(\frac{1}{6}u^6\right)+C = \frac{1}{12}u^6 + C$$

여기서 중요한 점은 주어진 부정적분 $\int (x^2+3)^5 x\,dx$은 x의 함수이어야 한다. 그러므로 변수치환 $u=x^2+3$에 의해서 x의 함수로 변환해야 한다.

$$\int (x^2+3)^5 x\,dx = -\frac{1}{12}u^6 + C = \frac{1}{12}(x^2+3)^6 + C,\ (C\text{는 상수})$$

일차식 $u=2x+1$로 치환을 하면 $\frac{du}{dx}=2$인 상수이므로 치환이 가능하다.

(2) 적분함수 $(2x+1)^{10}$에 대하여 $u=2x+1$로 놓고 $du=2dx$이고 $dx=\frac{1}{2}du$이므로 치환적분으로 구해보자.

$$\int (2x+1)^{10}dx = \int \left[u^{10}\frac{1}{2}du\right] = \frac{1}{22}u^{11}+C$$

주어진 부정적분 $\int (2x+1)^{10}dx$은 x의 함수이므로 변수치환 $u=2x+1$에 의해서 x의 함수로 변환해야 한다.

$$\int (2x+1)^{10}dx = \frac{1}{22}u^{11}+C = (2x+1)^{11}+C,\ (C\text{는 상수})$$ ■

치환적분을 하는 단계를 정리하면 다음과 같다.

[1단계]에서 치환의 식 $g(x)$의 미분 $g'(x)$가 적분함수에 인수로 포함되어 있는 형식이 치환적분의 기본이다. 이때, 상수의 곱으로 인수를 다음과 같이 조절할 수 있다.

- $\sin(2x+1) = \frac{1}{2}[2\sin(2x+1)]$
- $x^2\sin(x^3) = \frac{1}{3}[3x^2\sin(x^3)]$
- $\frac{\cos\sqrt{x}}{\sqrt{x}} = 2\left[\frac{1}{2\sqrt{x}}\cos\sqrt{x}\right]$

[치환 적분으로 부정적분 $\int f(g(x))g'(x)dx$을 구하는 단계]

[1단계] 적분함수 $f(g(x))g'(x)$가 합성함수 $f(g(x))$와 $g'(x)$의 곱의 형태가 기본이다. 즉, 치환하는 식 $g(x)$의 미분 $g'(x)$이 옆에 곱해져 있는 형태이다. 그러면 다음과 같은 치환의 식을 만든다.

$$u=g(x) \quad \text{그리고} \quad du=g'(x)dx \tag{5.4}$$

[2단계] 치환의 식 (5.4)를 사용하여 변수 u에 관한 적분으로 치환한다. 치환 후에는 부정적분에서 변수 u만이 보이고 변수 x가 보이지 않아야 한다.

$$\int f(g(x))g'(x)dx = \int f(u)du$$

[3단계] 변수 u에 관하여 부정적분 $\int f(u)du$을 구한다.

> [4단계] 부정적분 $\int f(g(x))g'(x)dx$가 x에 관한 부정적분이므로, x에 관한 식이어야 하기 때문에 $u=g(x)$를 사용하여 변수 x에 관한 식으로 변환한다.

[예제 5.31] 부정적분 $\int \sin(4x+9)dx$를 구하여라. [연습문제 1~20]

[풀이] 적분함수 $\sin(x+9)$에서 $u=4x+9$라고 놓자.

$du=\left[\frac{d}{dx}(4x+9)\right]dx=4dx$이고 $dx=\frac{1}{4}du$이므로 치환적분으로 구해보자.

$$\int \sin(4x+9)dx=\int(\sin u)\frac{1}{4}du=-\frac{1}{4}\cos u+C=-\frac{1}{4}\cos(4x+9)+C$$

그러므로 $\int \sin(4x+9)dx=-\frac{1}{4}\cos(4x+9)+C$, ($C$는 상수). ■

[예제 5.32] 부정적분 $\int \frac{1}{(2x-7)^3}dx$를 구하여라. [연습문제 1~20]

[풀이] 적분함수 $\frac{1}{(2x-7)^3}$에서 $u=2x-7$로 놓자.

$du=\left[\frac{d}{dx}(2x-9)\right]dx=2dx$이고 $dx=\frac{1}{2}du$이므로 치환적분으로 구해보자.

$$\int \frac{1}{(2x-7)^3}dx=\int \frac{1}{u^3}\frac{1}{2}du=\frac{1}{2}\int u^{-3}du=\frac{1}{2}\cdot\frac{u^{-2}}{-2}=-\frac{1}{4u^4}+C$$

그러므로 $\int \frac{1}{(2x-7)^3}dx=-\frac{1}{4u^4}+C=-\frac{1}{4(2x-7)^2}+C$, ($C$는 상수). ■

[예제 5.33] 부정적분 $\int \sin^2 x\cos x\,dx$를 구하여라. [연습문제 1~20]

[풀이] 적분함수 $\sin^2 x\cos x$에서 $u=\sin x$로 놓자.*

$du=\left[\frac{d}{dx}\sin x\right]dx=\cos x\,dx$이므로 치환적분으로 구해보자.

$$\int \sin^2 x\cos x\,dx=\int u^2du=\frac{1}{3}u^3+C$$

변수치환 $u=\sin x$에 의해 $\int \sin^2 x\cos x\,dx=\frac{1}{3}u^3+C=\frac{1}{3}\sin^3 x+C$. ($C$는 상수). ■

* $(\sin x)'=\cos x$이므로 $\sin^2 x\cos x=\sin^2 x(\sin x)'$ 으로 보자.

[예제 5.34] 부정적분 $\int \frac{\cos\sqrt{x}}{\sqrt{x}}dx$를 구하여라. [연습문제 1~20]

* $(\sqrt{x})' = \frac{1}{2\sqrt{x}}$이므로
$(\cos\sqrt{x})\frac{1}{\sqrt{x}} = (\cos\sqrt{x})(2\sqrt{x})'$
으로 본다.

[풀이] 적분함수 $\frac{\cos\sqrt{x}}{\sqrt{x}}$에서 $u = \sqrt{x}$라고 놓자.*

$du = \left[\frac{d}{dx}\sqrt{x}\right]dx = \frac{1}{2\sqrt{x}}dx$이고 $\frac{1}{\sqrt{x}}dx = 2du$이므로 치환적분을 구해보자.

$$\int \frac{\cos\sqrt{x}}{\sqrt{x}}dx = \int \cos u 2\,du = 2\int \cos u\,du = 2\sin u + C$$

$u = \sqrt{x}$이므로 $\int \frac{\cos\sqrt{x}}{\sqrt{x}}dx = 2\sin u + C = 2\sin\sqrt{x} + C$, ($C$는 상수). ■

[예제 5.35] 부정적분 $\int x^4\sqrt[3]{3-5x^5}\,dx$를 구하여라. [연습문제 1~20]

** $(3-5x^5)' = 25x^4$이므로
$\frac{1}{25}x^4\sqrt[3]{3-5x^5} = \sqrt[3]{3-5x^5}(3-5x^5)'$
으로 본다.

[풀이] 적분함수 $x^4\sqrt[3]{3-5x^5}\,dx$에서 $u = 3-5x^5$으로 놓자.**

$du = \left[\frac{d}{dx}(3-5x^5)\right]dx = -25x^4dx$이므로 치환적분을 구해보자.

왜냐하면 x^4이 $\sqrt[3]{3-5x^5}$의 옆에 곱해져 있기 때문이다.

$$\int x^4\sqrt[3]{3-5x^5}\,dx = -\frac{1}{25}\int \sqrt[3]{u}\,du = -\frac{1}{25}\int u^{1/3}du = -\frac{1}{25}\frac{u^{4/3}}{4/3} + C$$
$$= -\frac{3}{100}u^{4/3} + C$$

$u = 3-5x^5$이므로 $\int x^4\sqrt[3]{3-5x^5}\,dx = -\frac{3}{100}u^{4/3} + C = -\frac{3}{100}(3-5x^5)^{4/3} + C$,
(C는 상수). ■

[예제 5.36] 부정적분 $\int \sqrt{x-1}\,dx$와 $\int x^2\sqrt{x-1}\,dx$를 구하여라. [연습문제 1~20]

적분함수에 무리근호의 내부가 일차식인 경우 일차식의 전체를 치환한다. 치환에서 중요한 점은 치환의 완성된 식에는 치환된 변수만 보여야 한다.

[풀이] 두 적분 모두 적분함수에 무리식 $\sqrt{x-1}$가 있다. 무리식 $\sqrt{x-1}$가 있는 경우 근호 안의 식 $x-1$을 치환하는 것이 편리하다.

$u = x-1$이라고 놓으면 $du = \left[\frac{d}{dx}(x-1)\right]dx = dx$이다.

(1) 부정적분 $\int \sqrt{x-1}\,dx$을 치환적분으로 구해보자.

$$\int \sqrt{x-1}\,dx = \int \sqrt{u}\,du = \int u^{1/2}du = \frac{u^{3/2}}{3/2} + C = \frac{2}{3}u^{3/2} + C$$

$u = x-1$에 의하여 $\int \sqrt{x-1}\,dx = \frac{2}{3}(x-1)^{3/2} + C$, ($C$는 상수).

(2) 부정적분 $\int x^2\sqrt{x-1}\,dx$를 치환적분으로 구해보자.

$\sqrt{x-1}=u$이고 $dx=du$이지만 x^2도 u의 식으로 치환되어야 한다.
치환의 식 $u=x-1$에서 $x=u+1$이므로 $x^2=(u+1)^2=u^2+2u+1$.
$\int x^2\sqrt{x-1}\,dx=\int(u^2+2u+1)\sqrt{u}\,du$이면 치환이 완성된 형태이다.

$$\begin{aligned}\int x^2\sqrt{x-1}\,dx&=\int(u^2+2u+1)\sqrt{u}\,du\\&=\int(u^{5/2}+2u^{3/2}+u^{1/2})du\\&=\frac{2}{7}u^{7/2}+\frac{4}{5}u^{5/2}+\frac{2}{3}u^{3/2}+C.\end{aligned}$$

그러므로 치환의 식 $u=x-1$이므로

$$\int x^2\sqrt{x-1}\,dx=\frac{2}{7}(x-1)^{7/2}+\frac{4}{5}(x-1)^{5/2}+\frac{2}{3}(x-1)^{3/2}+C,\ (C\text{는 상수}).\ \blacksquare$$

◐ 역삼각함수의 미분을 이용한 치환적분

다음과 같은 부정적분을 이용하여 분수 형태의 함수의 적분을 구해보자.

$$\int\frac{1}{\sqrt{1-x^2}}dx=\sin^{-1}x+C,\quad \int\frac{1}{1+x^2}dx=\tan^{-1}x+C$$

분수 형태의 적분함수의 분모가 이차식이거나 이차식의 제곱근인 경우 역삼각함수의 미분에 의한 부정적분을 구할 수가 있다.

[예제 5.37] 다음 적분을 하여라. [연습문제 1~20]

(1) $\int\frac{1}{3x^2+4}dx$ *　　　(2) $\int\frac{1}{\sqrt{4-9x^2}}dx$ **

* $\int\frac{1}{1+x^2}dx$에서 분모식 $1+x^2$의 형태가 중요하다.
이차식의 완전제곱형 변환으로 $1+x^2$의 형태를 만들어야 한다.

** $\int\frac{1}{\sqrt{1-x^2}}dx$에서 분모식의 제곱근호의 내부식 $1-x^2$의 형태가 중요하다.
이차식의 완전제곱형 변환으로 $1-x^2$의 형태를 만들어야 한다.

[풀이] (1) $\int\frac{1}{3x^2+4}dx$의 적분함수 $\frac{1}{3x^2+4}$를 다음과 같이 변형해 보자.

$$\frac{1}{3x^2+4}=\frac{1}{(\sqrt{3}x)^2+4}=\frac{1}{4\left[1+\left(\frac{\sqrt{3}x}{2}\right)^2\right]}$$

$$\int\frac{1}{3x^2+4}dx=\int\frac{1}{4[1+(\sqrt{3}x/2)^2]}dx=\frac{1}{4}\int\frac{1}{[1+(\sqrt{3}x/2)^2]}dx$$

$u=\frac{\sqrt{3}x}{2}$로 놓으면 $du=\frac{\sqrt{3}}{2}dx$이므로

$$\begin{aligned}\frac{1}{4}\int\frac{1}{[1+(\sqrt{3}x/2)^2]}dx&=\frac{1}{4}\int\frac{1}{1+u^2}\frac{2}{\sqrt{3}}du\\&=\frac{1}{2\sqrt{3}}\int\frac{1}{1+u^2}du=\frac{1}{2\sqrt{3}}\tan^{-1}u+C.\end{aligned}$$

주어진 부정적분은 x에 대한 함수이므로 변수치환 $u=\frac{\sqrt{3}x}{2}$에 의해

$$\int \frac{1}{3x^2+4}dx = \frac{1}{2\sqrt{3}}\tan^{-1}\left(\frac{\sqrt{3}}{2}x\right)+C,\ (C\text{는 상수}).$$

(2) $\int \frac{1}{\sqrt{4-9x^2}}dx$의 적분함수 $\frac{1}{\sqrt{4-9x^2}}$를 다음과 같이 변형해 보자.

$$\frac{1}{\sqrt{4-9x^2}} = \frac{1}{2\sqrt{1-\frac{9x^2}{4}}} = \frac{1}{2\sqrt{1-\left(\frac{3x}{2}\right)^2}}$$

$$\int \frac{1}{\sqrt{4-9x^2}}dx = \int \frac{1}{2\sqrt{1-(3x/2)^2}}dx = \frac{1}{2}\int \frac{1}{\sqrt{1-(3x/2)^2}}dx\text{이다.}$$

$u=\frac{3x}{2}$로 놓으면 $du=\frac{3}{2}dx$이므로

$$\begin{aligned}\frac{1}{2}\int \frac{1}{\sqrt{1-(3x/2)^2}}dx &= \frac{1}{2}\int \frac{1}{\sqrt{1-u^2}}\frac{2}{3}du \\ &= \frac{1}{3}\int \frac{1}{\sqrt{1-u^2}}du = \frac{1}{3}\sin^{-1}u+C\end{aligned}$$

주어진 부정적분은 x에 대한 함수이므로 변수치환 $u=\frac{3x}{2}$에 의해

$$\int \frac{1}{\sqrt{4-9x^2}}dx = \frac{1}{3}\sin^{-1}\left(\frac{3}{2}x\right)+C,\ (C\text{는 상수}).$$ ■

[예제 5.38] 부정적분 $\int \frac{e^x}{1+e^{2x}}dx$를 구하여라. [연습문제 1~20]

[풀이] 적분함수 $\frac{e^x}{1+e^{2x}}$에서 $u=e^x$이라고 놓자.

$du=\left[\frac{d}{dx}e^x\right]dx=e^x dx$이므로 치환적분으로 구해보자.

$$\int \frac{e^x}{1+e^{2x}}dx = \int \frac{1}{1+u^2}du = \tan^{-1}u+C$$

주어진 부정적분은 x에 대한 함수이므로 변수치환 $u=e^x$에 의해

$$\int \frac{e^x}{1+e^{2x}}dx = \tan^{-1}(e^x)+C,\ (C\text{는 상수}).$$ ■

◐ 분수 형태 함수의 부정적분 $\int \frac{f'(x)}{f(x)}dx$

기본함수의 부정적분에서 $\int \frac{1}{x}dx = \ln|x| + C$임을 이용하여 분수 형태 함수의 부정적분 $\int \frac{f'(x)}{f(x)}dx$를 알아보자.

적분함수 $\frac{f'(x)}{f(x)}$에서 $u = f(x)$라고 놓으면 $du = \left[\frac{d}{dx}f(x)\right]dx = f'(x)dx$.

주어진 적분함수를 치환적분으로 표현하여 구해보자.

$$\int \frac{f'(x)}{f(x)}dx = \int \frac{1}{u}du = \ln|u| + C = \ln|f(x)| + C$$

분수 형태의 함수인 $\frac{f'(x)}{f(x)}$의 형태의 적분은 가장 먼저 고려해보아야 하는 매우 유용한 유형이다.

$$\int \frac{f'(x)}{f(x)}dx = \ln|f(x)| + C, \ (C\text{는 상수})$$

[예제 5.39] 부정적분 $\int \tan x dx$를 구하여라. [연습문제 1~20]

[풀이] 적분함수 $\frac{\sin x}{\cos x}$가 분수 형태이므로

$$\int \tan x dx = \int \frac{\sin x}{\cos x}dx = \int \frac{-(\cos x)'}{\cos x}dx$$
$$= -\ln|\cos x| + C, \ (C\text{는 상수}).$$ ■

[주의]

- $\int \frac{1}{1+x^2}dx = \tan^{-1}x + C$
- $\int \frac{x}{1+x^2}dx = \ln(1+x^2) + C$

(C는 상수)

[예제 5.40] 부정적분 $\int \frac{x}{1+x^2}dx$를 구하여라. [연습문제 1~20]

[풀이] $\int \frac{x}{1+x^2}dx = \frac{1}{2}\int \frac{2x}{1+x^2}dx$ $\quad (1+x^2)' = 2x$

$$= \frac{1}{2}\ln|1+x^2| + C = \frac{1}{2}\ln(1+x^2) + C. \ (C\text{는 상수})$$ ■

5.4.2 치환적분에 의한 정적분

정적분은 적분의 범위가 매우 중요하다. 구간 $[a, b]$에서의 정적분 $\int_a^b f(g(x))g'(x)dx$에서는 변수 x의 범위인 $x = a$에서 $x = b$에서의 적분이다. 그러면 $u = g(x)$에 의한 치환되어진 적분 $\int_c^d f(u)du$은 변수 u에 대한 범위인 $u = c$에서 $u = d$에서의 적분이다. 그러므로 적분 구간도 다음과 같이 치환되어야 한다.

$$\begin{cases} x=a \text{이면 } u=g(a) \\ x=b \text{이면 } u=g(b) \end{cases}$$

치환적분에 의한 정적분은 다음과 같다. 이때 적분 구간의 순서는 매우 중요하다.

$$\int_a^b f(g(x))g'(x)dx = \int_{g(a)}^{g(b)} f(u)du.$$

치환적분에 의한 정적분은 치환의 과정에서 적분 구간도 치환되어야 한다.

$\int_{a}^{b} f(x)dx$ 이고 $\int_{c}^{d} f(u)du$

x의 범위: $x=a$에서 $x=b$ x의 범위: $x=a$에서 $x=b$

치환적분에 의한 정적분에서 마지막의 변수를 치환하는 과정은 생략된다.

[정리 5.13: 치환적분에 의한 정적분] 함수 g는 미분가능하고 함수 F는 함수 f의 역도함수라고 하자. $u=g(x)$라고 치환하면

$$\int_a^b f(g(x))g'(x)dx = \int_{g(a)}^{g(b)} f(u)du.$$

[예제 5.41] 정적분 $\int_{-1}^{1} 3x^2\sqrt{x^3+1}\,dx$를 구하여라. [연습문제 21~30]

[풀이] 적분함수 $3x^2\sqrt{x^3+1}$ 에서 x^2이 $\sqrt{x^3+1}$ 의 옆에 곱해져 있기 때문에 치환변수 $u=x^3+1$라고 놓고 $du=3x^2dx$이다.

이제 x에 대한 적분 범위를 치환 $u=x^3+1$에 의해 u에 대한 적분 범위로 변환하자.

$$x=-1 \text{이면 } u=-1+1=0$$
$$x=1 \text{이면 } u=1+1=2$$

주어진 정적분을 치환적분에 의한 정적분으로 구해보자.

$$\int_{-1}^{1} 3x^2\sqrt{x^3+1}\,dx = \int_0^2 \sqrt{u}\,du = \left[\frac{2}{3}u^{3/2}\right]_0^2$$
$$= \frac{2}{3}\cdot 2\sqrt{2} = \frac{4\sqrt{2}}{3}$$

■

[예제 5.42] 다음을 구하여라. [연습문제 21~30]

(1) $\int_0^{\frac{\pi}{8}} \sin^5 2x\cos 2x\,dx$ (2) $\int_2^4 (2x-5)(x-3)^9 dx$

[풀이]

(1) 적분함수 $\sin^5 2x\cos 2x$에서 $\cos 2x$가 $\sin^5 2x$의 옆에 곱해져 있기 때문에 $u=\sin 2x$이라고 놓고 $du=2\cos 2x\,dx$이고 $\frac{1}{2}du=\cos 2x\,dx$이다.

이제 x에 대한 적분 범위를 치환 $u=\sin 2x$에 의해 u에 대한 적분 범위로 변환하자.

$$x = 0\text{이면 } u = \sin 0 = 0$$
$$x = \frac{\pi}{8}\text{이면 } u = \sin\frac{\pi}{4} = \frac{1}{\sqrt{2}}$$

주어진 정적분을 치환적분에 의한 정적분으로 구해보자.

$$\int_0^{\frac{\pi}{8}} \sin^5 2x \cos 2x dx = \frac{1}{2}\int_0^{\frac{1}{\sqrt{2}}} u^5 du = \left[\frac{1}{2}\frac{u^6}{6}\right]_0^{\frac{1}{\sqrt{2}}}$$
$$= \frac{1}{2}\left[\frac{1}{6(\sqrt{2})^6} - 0\right] = \frac{1}{96}$$

(2) 변수치환 $u = x - 3$이라고 놓으면 $du = dx$이다. 적분함수 $(2x-5)(x-3)^9$에서 식 $(2x-5)$에 치환을 적용하면 $2x - 5 = 2(u+3) - 5 = 2u + 1$이다.
이제 x에 대한 범위를 치환 $u = x - 3$에 의해 u에 대한 범위로 변환해 보자.

$$x = 2\text{이면 } u = 2 - 3 = -1$$
$$x = 4\text{이면 } u = 4 - 3 = 1$$

$$\int_2^4 (2x-5)(x-3)^9 dx = \int_{-1}^1 (2u-1)u^9 du = \int_{-1}^1 (2u^{10} - u^9) du$$
$$= 2\int_0^1 2u^{10} du \qquad u^{10}\text{은 우함수, } u^9\text{는 기함수}$$
$$= 4\left[\frac{u^{11}}{11}\right]_0^1 = \frac{4}{11}$$

■

연습문제

• Part 1

[1-20] 치환적분법으로 부정적분을 구하여라. [예제 5.30~5.40]

1. $\int x(x^2+1)^5 dx$
2. $\int (3x^2+2x)(x^3+x^2)^2 dx$
3. $\int \cos(2x) dx$
4. $\int \sin\left(\frac{x}{2}+1\right) dx$
5. $\int 2x\sin(x^2) dx$
6. $\int x\cos(x^2+1) dx$
7. $\int \frac{1}{(x-2)^2} dx$
8. $\int \frac{1}{2(2x+1)^2} dx$
9. $\int \cos^2 x \sin x dx$
10. $\int \sin^3 x \cos x dx$
11. $\int \frac{\sin\sqrt{x}}{\sqrt{x}} dx$
12. $\int \sec^2(x+2) dx$
13. $\int 2\sqrt{x-1}\, dx$
14. $\int x\sqrt{1+x^2}\, dx$
15. $\int x^2\sqrt{x+1}\, dx$
16. $\int (x^2+2)\sqrt{x-1}\, dx$
17. $\int \frac{e^x}{\sqrt{1-e^{2x}}} dx$

18. $\int \frac{2x}{1+x^4}dx$

19. $\int \frac{e^x}{1+e^x}dx$

20. $\int \frac{x+1}{x^2+2x}dx$

[21-30] 주어진 함수를 이용하여 치환적분법으로 정적분을 구하여라. [예제 5.41~5.42]

21. $\int_1^2 8x(2x^2+1)^5 dx$

22. $\int_0^{\frac{\sqrt{\pi}}{2}} 2x\sin(x^2)dx$

23. $\int_{\frac{\pi}{4}}^{\frac{\pi}{2}} \cos^2 x \sin x dx$

24. $\int_{\frac{\pi^2}{4}}^{\frac{\pi^2}{9}} \frac{\cos\sqrt{x}}{\sqrt{x}}dx$

25. $\int_{-3}^{2} x^2\sqrt{x+3}\,dx$

26. $\int_0^1 \frac{3x}{2(1+x^4)}dx$

27. $\int_0^1 \frac{e^x}{1+2e^x}dx$

28. $\int_0^{\pi} \frac{\sin x}{2-\cos x}dx$

29. $\int_2^4 (2x-5)(x-3)^3 dx$

30. $\int_0^{\frac{1}{2}} \frac{4}{\sqrt{1-(2x)^2}}dx$

• Part 2

[31-40] 다음 부정적분을 구하여라.

31. $\int (x+1)(x-1)^4 dx$

32. $\int \frac{2x^3}{\sqrt{x^4+1}}dx$

33. $\int \frac{x}{\sqrt{1+x}}$

34. $\int \left(1-\cos\frac{x}{2}\right)^2 \sin\frac{x}{2}dx$

35. $\int \frac{\sec x\tan x}{\sqrt{\sec x}}dx$

36. $\int \frac{1}{x^2}\cos^2\frac{1}{x}\left(\sin\frac{1}{x}\right)dx$

37. $\int \sec\frac{x}{2}\tan\frac{x}{2}dx$

38. $\int \tan\frac{x}{2}dx$

39. $\int \frac{\ln x}{x}dx$

40. $\int \frac{1}{x\ln x}dx$

[41-46] 다음 정적분을 구하여라.

41. $\int_0^1 x^3(1+x^4)^2 dx$

42. $\int_{-1}^{1} \frac{2x}{(1+x^2)^2}dx$

43. $\int_0^{\frac{\pi}{4}} \tan x\sec^2 x dx$

44. $\int_0^{\frac{\pi}{4}} \frac{\sin x}{\cos^2 x}dx$

45. $\int_2^{16} \frac{1}{2x\sqrt{\ln x}}dx$

46. $\int_2^4 \frac{1}{x(\ln x)^2}dx$

[47-48] 주어진 함수 $u(x)$를 피적분함수의 분모와 분자에 곱한 후 치환적분을 사용하여 다음 부정적분을 해결하여라.

47. $\int \sec x dx,\ u=\sec x+\tan x$

48. $\int \csc x dx,\ u=\csc x+\cot x$

[49-50] 연속함수 $f(x)$에 대하여 물음에 답하여라.

49. $\int_0^6 f(x)dx=9$일 때, $\int_0^2 f(3x)dx$를 구하여라.

50. $\int_0^4 f(x)dx=8$일 때, $\int_0^2 xf(x^2)dx$를 구하여라.

5.5 부분적분

5.5.1 부분적분의 정의

이번 절에서 부분적분을 소개한다. 부분적분은 두 종류의 함수의 곱으로 이루어진 함수를 적분하는 방법이다.

5.4절에서 소개한 치환적분은 미분의 연쇄법칙의 역사상(inverse)으로 구해지는 적분 방법이었다. 부분적분은 미분에서 곱의 법칙인 「라이프니츠의 법칙」의 역사상(inverse)으로 구해지는 적분 방법이다.

미분가능한 두 함수 $u=u(x)$와 $v=v(x)$를 놓자. 두 함수의 곱 $u(x)v(x)$에 곱의 미분을 적용하면 다음과 같다.

$$\frac{d}{dx}[u(x)v(x)]=u'(x)v(x)+u(x)v'(x)$$

양변의 식에 대한 부정적분을 구하면 다음과 같다.

$$\int\frac{d}{dx}[u(x)v(x)]dx=\int u'(x)v(x)dx+\int u(x)v'(x)dx$$

식에서 여러 개의 부정적분이 있으면
- 부정적분의 결과의 상수 C는 하나로 쓴다.
- 부정적분의 기호에는 「$+C$(상수)」가 포함되어 있다.

[정리 5.8: 미적분학의 기본정리 1]을 적용하면 $\int\frac{d}{dx}[u(x)v(x)]dx=u(x)v(x)+C$이므로 다음의 식이 성립한다.

$$u(x)v(x)=\int u'(x)v(x)dx+\int u(x)v'(x)dx$$

식의 순서를 바꾸어 다음과 같이 배열하자.

$$\boxed{\int u(x)v'(x)dx=u(x)v(x)-\int u'(x)v(x)dx}$$

식 (5.5)를 **부분적분공식**이라고 부른다.

> **[정리 5.14: 부분적분에 의한 부정적분]** 미분가능한 두 함수 u와 v에 대하여
>
> $$\int u(x)v'(x)dx=u(x)v(x)-\int u'(x)v(x)dx. \qquad (5.5)$$

부분적분의 특징은

(1) 두 함수의 곱으로 이루어진 함수의 적분이다. 즉, $\int u(x)v'(x)dx$.

(2) 주어진 부정적분 $\int u(x)v'(x)dx$는 구하기 어렵지만, 부정적분 $\int u'(x)v(x)dx$

를 구하는 것이 수월한 경우 계산이 어려운 $\int u'(x)v(x)dx$를 구하는 문제를 계산이 수월한 $\int u(x)v'(x)dx$를 구하는 문제로 바꾸어 계산하는 것이다.

(3) 부정적분에서 적분함수를 곱으로 표현하는 두 함수를 각각 $u(x)$ 또는 $v'(x)$로 놓을 수 있는 두 함수의 특징은 다음과 같다.

- $u(x)$: 미분하면 상대적으로 식의 모양이 많이 변하는 함수이고, 역도함수를 구하기 어렵다.
- $v'(x)$: 미분하면 상대적으로 식의 모양이 덜 변하는 함수이고, 역도함수도 상대적으로 쉽게 구할 수 있다.

적분함수가 두 함수의 곱으로 이루어진 형태는 많이 있다. 부분분수는 일반적으로 두 함수의 곱이 네 종류의 함수(지수함수류, 삼각함수류, 다항식, 로그함수류) 중에서 두 종류의 함수의 곱으로 표현된 함수의 적분에서 사용된다.

함수들을 미분의 성질에 따라서 다음과 같이 네 종류로 분류해 보자.

1. **지수함수류**(e^x, a^x, $\cdots$): 미분하면 자신의 모양이 다시 나타나고 미분에 의해 형태가 거의 변화되지 않는다.
2. **삼각함수류**($\sin x$, $\cos x$): 미분으로 형태가 변하지만 sin함수와 cos함수 사이에서 서로 교환된다. 즉, 미분에 의해 상대적으로 형태 변화가 작다.
3. **다항식**(x^n): n차식은 미분하면 $(n-1)$차식으로 변하고 결국 n번 미분하면 n차식은 상수가 된다.
4. **로그함수류**($\ln x$, $\log_a x$): 미분에 의해 로그함수가 아니고 완전히 다른 형태의 함수가 된다. 즉, $(\ln x)' = \dfrac{1}{x}$이고 $(\log_a x)' = \dfrac{1}{x\ln a}$.

다음은 부분적분의 형태 $\int u(x)v'(x)dx$에서 u의 선택과 v'의 선택의 기준을 4종류의 함수로 나타내고 있다.

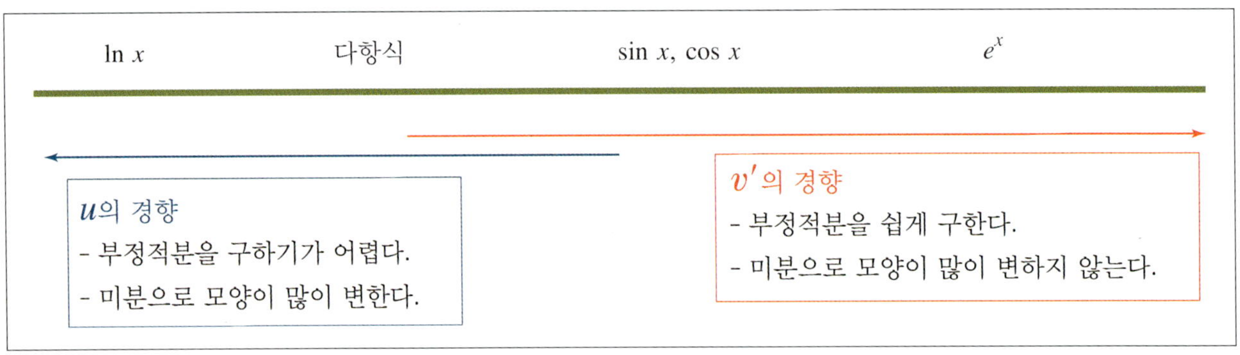

부분적분은 위의 네 종류의 함수 중에서 두 종류의 **함수의 곱으로 이루어진 함수의 적분**을 구할 때 적용할 수 있는 적분 방법이다. 예를 들어서, 다음과 같은 부정적분은 부분적분으로 구하게 된다. 이때, 상수 $x^0 = 1$는 다항식으로 분류한다.

$$\int e^x \sin x dx,\ \int e^x x^n dx,\ \int x^n \sin x dx,\ \int x^n \ln x dx,\ \int \ln x dx,\ \cdots$$

부분적분 $\int u(x)v'(x)dx$에서 $u(x)$와 $v'(x)$을 선택하는 기준을 네 종류의 함수의 특징으로 적용하면 다음과 같다.

- $\int e^x \sin x dx$에서 $u(x) = \sin x$이고 $v'(x) = e^x$.
- $\int x^n e^x dx$에서 $u(x) = x^n$이고 $v'(x) = e^x$.
- $\int x^n \sin x dx$에서 $u(x) = x^n$이고 $v'(x) = \sin x$.
- $\int x^n \ln x dx$에서 $u(x) = \ln x$이고 $v'(x) = x^n$.

다음은 부분적분을 사용한 정적분을 알아보자.

정적분은 부정적분을 구하고 구간의 경계인 a, b에서의 값을 구해서 완성한다.

[정리 5.15: 부분적분에 의한 정적분]
구간 $[a, b]$ 위에서 미분가능한 두 함수 u, v에 대하여

$$\int_a^b u(x)v'(x)dx = [u(x)v(x)]_a^b - \int_a^b u'(x)v(x)dx.$$

[예제 5.43] 다음 적분을 구하여라. [연습문제 1~4]

(1) $\int xe^x dx$ (2) $\int_0^1 xe^{2x} dx$

[풀이] (1) $\int xe^x dx$를 $\int u(x)v'(x)dx$의 형식으로 다음과 같이 놓는다.

$$u = x\text{이고 } v' = e^x$$
$$u' = 1\text{이고 } v = e^x$$

부분적분 $\int u(x)v'(x)dx = u(x)v(x) - \int u'(x)v(x)dx$에 의하여

$$\int xe^x dx = xe^x - \int 1 \cdot e^x dx = xe^x - \int e^x dx.$$

그러므로 $\int e^x x dx = xe^x - \int e^x dx$이고 $\int xe^x dx = xe^x - e^x + C$, ($C$는 상수).

(2) $\int_0^1 xe^{2x} dx$를 $\int_a^b u(x)v'(x)dx$의 형식으로 다음과 같이 놓는다.

$$u = x\text{이고 } v' = e^{2x}$$
$$u' = 1\text{이고 } v = \frac{1}{2}e^{2x}$$

정적분의 부분적분 $\int_a^b u(x)v'(x)dx = [u(x)v(x)]_a^b - \int_a^b u'(x)v(x)dx$에 의하여

$$\int_0^1 xe^{2x}dx = \left[\frac{1}{2}xe^{2x}\right]_0^1 - \int_0^1\left(1\cdot\frac{1}{2}e^{2x}\right)dx$$
$$= \left(\frac{1}{2}e-0\right)-\frac{1}{2}\int_0^1 e^{2x}dx = e-\frac{1}{4}\left[e^{2x}\right]_0^1$$
$$= \frac{1}{2}e-\frac{1}{4}(e-1) = \frac{1}{4}(e+1).$$

그러므로 정적분 $\int_0^1 xe^{2x}dx = \frac{1}{4}(e+1)$. ■

[예제 5.44] 다음 적분을 구하여라. [연습문제 5~8]

(1) $\int x\sin x dx$ (2) $\int_0^{\pi/2} x\sin x dx$

[풀이] (1) $\int x\sin x dx$를 $\int u(x)v'(x)dx$의 형식에서 다음과 같이 놓는다.

$u = x$이고 $v' = \sin x$이므로
$u' = 1$이고 $v = -\cos x$

부분적분 $\int u(x)v'(x)dx = u(x)v(x) - \int u'(x)v(x)dx$에 의하여

$$\int x\sin x dx = x(-\cos x) - \int 1\cdot(-\cos x)dx$$
$$= -x\cos x + \int \cos x dx$$
$$= -x\cos x + \sin x + C.$$

그러므로 $\int x\sin x dx = -x\cos x + \sin x + C$, ($C$는 상수).

(2) (1)에서 구한 부정적분 $\int x\sin x dx = -x\cos x + \sin x + C$을 사용하면

$$\int_0^{\pi/2} x\sin x dx = [-x\cos x]_0^{\pi/2} + \int_0^{\pi/2}\cos x dx$$
$$= [-x\cos x]_0^{\pi/2} + [\sin x]_0^{\pi/2}$$
$$= (0-0)+(1-0) = 1.$$

그러므로 $\int_0^{\pi/2} x\sin x dx = 1$이다. ■

[예제 5.45] 다음 적분을 구하여라. [연습문제 9~12]

로그함수의 적분은 부분적분의 방법을 적용한다. $\int \ln x dx$는 두 함수의 곱으로 보이지 않지만 $\int 1\cdot\ln x dx$이고 $1 = x^0$는 다항함수로 본다.

(1) $\int \ln x dx$ (2) $\int_1^2 \log_2 x dx$

[풀이] (1) $\int \ln x dx$를 $\int u(x)v'(x)dx$의 형식에서 다음과 같이 놓는다.

$$u = \ln x \text{이고} \quad v' = 1 \text{이므로}$$
$$u' = \frac{1}{x} \text{이고} \quad v = x$$

부분적분 $\int u(x)v'(x)dx = u(x)v(x) - \int u'(x)v(x)dx$에 의하여

$$\int \ln x dx = x\ln x - \int x \cdot \frac{1}{x} dx = x\ln x - \int 1 dx.$$

그러므로 $\int \ln x dx = x\ln x - \int 1 dx = x\ln x - x + C$이다.

주어진 부정적분 $\int \ln x dx = x\ln x - x + C$, ($C$는 상수)이다.

(2) 로그함수의 밑변환의 식을 적용하면 $\int_1^2 \log_2 x dx = \int_1^2 \frac{\ln x}{\ln 2} dx = \frac{1}{\ln 2}\int_1^2 \ln x dx$.

부정적분 $\int_1^2 \ln x dx$을 (1)에서 구한 부분적분을 적용하여 구해보자.

$$\begin{aligned}\int_1^2 \log_2 x dx = \frac{1}{\ln 2}\int_1^2 \ln x dx &= \frac{1}{\ln 2}\left[[x\ln x]_1^2 - \int_1^2 x \cdot \frac{1}{x} dx \right] \\ &= \frac{1}{\ln 2}\left[(2\ln 2 - 0) - \int_1^2 1 dx \right] \\ &= 2 - \frac{1}{\ln 2}[x]_1^2 = 2 - \frac{1}{\ln 2}\end{aligned}$$

그러므로 정적분 $\int_1^2 \log_2 x dx = \frac{1}{\ln 2}\int_1^2 \ln x dx = 2 - \frac{1}{\ln 2}$이다. ■

삼각함수와 지수함수의 곱으로 이루어진 함수의 적분은 단순한 부분적분의 적용만이 아니고 여러 단계의 계산이 필요하므로 주의깊게 살펴보아야 한다.

[예제 5.46] 다음 적분을 구하여라. [연습문제 13~16]

(1) $\int e^x \sin x dx$ (2) $\int_0^{\pi/2} e^x \sin x dx$

[풀이] (1) $\int e^x \sin x dx$을 $\int u(x)v'(x)dx$의 형식에서 다음과 같이 놓는다.

$$u = \sin x \text{이고} \ v' = e^x \text{이므로}$$
$$u' = \cos x \text{이고} \ v = e^x$$

부분적분 $\int u(x)v'(x)dx = u(x)v(x) - \int u'(x)v(x)dx$에 의하여

$$\int e^x \sin x dx = e^x \sin x - \int e^x \cos x dx. \qquad (*)$$

부분적분을 한 번 적용한 결과 생긴 부정적분 $\int e^x \cos x dx$도 단순하게 부정적분

을 구하기는 힘들고 부분적분을 다시 적용해야 한다.

부정적분 $\int e^x \cos x\,dx$도 부분적분 $\int u(x)v'(x)dx$를 적용해 보자.

$$u = \cos x\text{이고 } v' = e^x\text{이므로}$$
$$u' = -\sin x\text{이고 } v = e^x\text{이다.}$$

부분적분 $\int e^x \cos x\,dx = \left[e^x \cos x - \int e^x(-\sin x)dx\right] = e^x \cos x + \int e^x \sin x\,dx$이다.

식 (*)에 $\int e^x \cos x\,dx$의 부분적분을 대입해보면 다음과 같다.

부분적분 $\int u(x)v'(x)dx$에서 $u(x)$가 삼각함수($\sin x$ 또는 $\cos x$)이고 $v'(x)$가 지수함수이면 두 번의 부분적분을 적용하여 구한다.

$$\int e^x \sin x\,dx = e^x \sin x - \int e^x \cos x\,dx = e^x \sin x - e^x \cos x - \int e^x \sin x\,dx$$

이와 같이 부분적분을 2번 적용하면 주어진 부정적분 $\int e^x \sin x\,dx$가 다시 나타난다. 여기서 중요한 것은 주어진 부정적분 $\int e^x \sin x\,dx$가 반대부호인 $-\int e^x \sin x\,dx$로 다음과 같이 나타난다는 것이다.

$$\int e^x \sin x\,dx = e^x \sin x - e^x \cos x - \int e^x \sin x\,dx$$

우변의 $\int e^x \sin x\,dx$을 이항을 하면 $2\int e^x \sin x\,dx = e^x \sin x - e^x \cos x$이다.

그러므로 $\int e^x \sin x\,dx = \frac{1}{2}[e^x \sin x - e^x \cos x] + C$, ($C$는 상수).

(2) (1)에서 구한 부정적분을 사용하면

$$\begin{aligned}\int_0^{\pi/2} e^x \sin x\,dx &= \left[e^x \sin x\right]_0^{\pi/2} - \left[e^x \cos x\right]_0^{\pi/2} - \int_0^{\pi/2} e^x \sin x\,dx \\ &= (e^{\pi/2} - 0) - (0 - 1) - \int_0^{\pi/2} e^x \sin x\,dx \\ &= e^{\pi/2} + 1 - \int_0^{\pi/2} e^x \sin x\,dx.\end{aligned}$$

$2\int_0^{\pi/2} e^x \sin x\,dx = e^{\pi/2} + 1$이므로 $\int_0^{\pi/2} e^x \sin x\,dx = \frac{1}{2}(e^{\pi/2} + 1)$이다. ■

5.5.2 다양한 함수의 부분적분

5.5.1절에서 기본적인 함수의 종류의 조합에 대한 부분적분을 다루었다. 이제 부분적분의 적용함수를 확대해 보자.

◐ 역삼각함수의 적분

로그함수는 미분을 하면 함수식의 형태가 로그가 아닌 유리식으로 바뀐다. 이런 비슷한 특징을 가진 함수로는 역삼각함수 $\sin^{-1}x, \tan^{-1}x$ 등이 있다.

즉, $\frac{d}{dx}[\sin^{-1}x]=\frac{1}{\sqrt{1-x^2}}$이고 $\frac{d}{dx}[\tan^{-1}x]=\frac{1}{1+x^2}$이다.

그러므로 역삼각함수 $\sin^{-1}x$와 $\tan^{-1}x$는 부분적분의 네 번째 함수 종류인 로그함수류에 해당된다. 따라서 로그함수 $\ln x$와 비슷하게 부분적분을 적용하면 된다.

[예제 5.47] 다음 적분을 구하여라. [연습문제 17~20]

(1) $\int \sin^{-1}xdx$ (2) $\int \tan^{-1}xdx$

$\int \sin^{-1}xdx=\int 1\cdot\sin^{-1}xdx$로 놓는다.

$\int \tan^{-1}xdx=\int 1\cdot\tan^{-1}xdx$로 놓는다.

[풀이]

(1) $\int \sin^{-1}xdx$를 부분적분 형식 $\int u(x)v'(x)dx$에서 다음과 같이 놓자.

$$u=\sin^{-1}x,\ v'=1\text{이므로}$$
$$u'=\frac{1}{\sqrt{1-x^2}},\quad v=x$$

그러면 부분적분에 의해 $\int \sin^{-1}xdx=x\sin^{-1}x-\int\frac{x}{\sqrt{1-x^2}}dx$이다.

부정적분 $\int\frac{x}{\sqrt{1-x^2}}dx$에 치환적분을 적용하기 위해 구해보자.

$u=1-x^2$으로 놓으면 $du=-2xdx$이고 $xdx=-\frac{1}{2}du$이다.

그러면 $\int\frac{x}{\sqrt{1-x^2}}dx=-\frac{1}{2}\int\frac{1}{\sqrt{u}}du=-\frac{1}{2}\cdot2\sqrt{u}=-\sqrt{u}$ 이다.

$u=1-x^2$이므로 x의 식으로 표현하면 $\int\frac{x}{\sqrt{1-x^2}}dx=-\sqrt{1-x^2}$ 이다.

$\int \sin^{-1}xdx$의 부분적분에 $\int\frac{x}{\sqrt{1-x^2}}dx$의 식을 대입을 하면 다음과 같다.

$$\int \sin^{-1}xdx=x\sin^{-1}x-\int\frac{x}{\sqrt{1-x^2}}dx=x\sin^{-1}x+\sqrt{1-x^2}+C$$

그러므로 $\int \sin^{-1}xdx=x\sin^{-1}x+\sqrt{1-x^2}+C$, ($C$는 상수).

(2) $\int \tan^{-1}xdx$에서 부분적분 $\int u(x)v'(x)dx$의 형식으로 놓으면

$$u=\tan^{-1}x,\ v'=1\text{이므로}$$
$$u'=\frac{1}{1+x^2},\ v=x$$

$*\int\frac{2x}{1+x^2}dx=\int\frac{(1+x^2)'}{1+x^2}dx$
$=\ln(1+x^2)+C$

그러면 $\int \tan^{-1}xdx=x\tan^{-1}x-\int\frac{x}{1+x^2}dx=x\tan^{-1}x-\frac{1}{2}\int\frac{2x}{1+x^2}dx$*이다.

그러므로 $\int_0^1 \tan^{-1}xdx=x\tan^{-1}x-\frac{1}{2}\ln(1+x^2)+C$, ($C$는 상수). ■

◐ $(\ln x)^n$의 적분(점화식)

다음은 앞으로 유용하게 사용될 $(\ln x)^n$의 적분에 대하여 부분적분을 적용하여 풀어보자. 자연수 n에 대하여 $(\ln x)^n$의 적분을 구하는 방법은 귀납적 방법이다. 즉, $n=1$인 경우 적분을 구하고 그 결과를 바탕으로 $n=2,\ n=3,\ \cdots$에서의 $(\ln x)^n$의 적분을 구한다.

[예제 5.48] 부정적분 $\int (\ln x)^2 dx$를 구해보자. [연습문제 21~22]

[풀이] $\int (\ln x)^2 dx$를 구해보자.

부정적분 $\int (\ln x)^2 dx$을 부분적분 $\int u(x)v'(x)dx$의 형식으로 놓으면

$$u = (\ln x)^2 \qquad v' = 1 \text{로 놓고}$$
$$u' = \frac{2}{x}\ln x \qquad v = x.$$

[예제 5.45] (1)에 의해 $\int \ln x dx = x\ln x - x + C$, ($C$는 상수).

그러면 $\int (\ln x)^2 dx = x(\ln x)^2 - \int x \cdot \frac{2\ln x}{x} dx = x(\ln x)^2 - 2\int \ln x dx$

$\int \ln x dx = x\ln x - x + C$이므로 $\int (\ln x)^2 dx$의 부분적분에 대입하면

$$\int (\ln x)^2 dx = x(\ln x)^2 - 2\int \ln x dx = x(\ln x)^2 - 2(x\ln x - x) + C.$$

그러므로 부정적분 $\int (\ln x)^2 dx = x(\ln x)^2 - 2x\ln x + 2x + C$, ($C$는 상수)이다. ■

[예제 5.42]에서 $\int (\ln x)^2 dx = x(\ln x)^2 - 2\int \ln x dx$이다. 즉, $\int (\ln x)^2 dx$를 $\int \ln x dx$로 표현된다. 이러한 식을 **점화식**(recurrence relation)이라고 한다.

자연수 n에 대하여 부정적분 $\int (\ln x)^n dx$을 점화식으로 표현해 보자.

$\int (\ln x)^n dx$를 부분적분 $\int u(x)v'(x)dx$의 형식으로 놓으면

$$u = (\ln x)^n \text{이고 } v' = 1 \text{이므로}$$
$$u' = \frac{n}{x}(\ln x)^{n-1} \text{이고 } v = x.$$

그러면 $\int (\ln x)^n dx = x(\ln x)^n - \int x\left(\frac{n}{x}(\ln x)^{n-1}\right)dx = x(\ln x)^n - n\int (\ln x)^{n-1} dx.$

자연수 n에 대하여 부정적분 $\int (\ln x)^n dx$을 점화식은 다음과 같다.

$$\boxed{\int (\ln x)^n dx = x(\ln x)^n - n\int (\ln x)^{n-1} dx}$$

연습문제

• Part 1

[1-4] 다음 부정적분과 정적분을 구하여라. [예제 5.43]

1. $\int xe^{2x}dx$
2. $\int_0^2 xe^{2x}dx$
3. $\int e^{-x}dx$
4. $\int_0^1 e^{-x}dx$

[5-8] 다음 부정적분과 정적분을 구하여라. [예제 5.44]

5. $\int x\cos x dx$
6. $\int_0^{\frac{\pi}{2}} x\cos x dx$
7. $\int x\sin 2x dx$
8. $\int_0^{\frac{\pi}{2}} x\sin 2x dx$

[9-12] 다음 부정적분과 정적분을 구하여라. [예제 5.45]

9. $\int \ln(2x)dx$
10. $\int_1^e \ln(2x)dx$
11. $\int x\ln x dx$
12. $\int_2^4 x\ln x dx$

[13-16] 다음 부정적분과 정적분을 구하여라. [예제 5.46]

13. $\int e^x\cos x dx$
14. $\int_0^{\frac{\pi}{2}} e^x\cos x dx$
15. $\int e^{2x}\cos x dx$
16. $\int_0^{\frac{\pi}{2}} e^{2x}\cos x dx$

[17-20] 다음 부정적분을 구하여라. [예제 5.47]

17. $\int \sin^{-1}(2x)dx$
18. $\int \cos^{-1}x dx$
19. $\int \tan^{-1}(3x)dx$
20. $\int x\tan^{-1}(x)dx$

[21-22] 다음 부정적분을 구하여라. [예제 5.48]

21. $\int (\ln(x+1))^2 dx$
22. $\int (1+\ln x)^2 dx$

• Part 2

[23-37] 부분적분법을 이용하여 다음 부정적분을 구하여라.

23. $\int 2xe^{3x}dx$
24. $\int 2xe^{-2x}dx$
25. $\int x^2e^x dx$
26. $\int x^2e^{-x}dx$
27. $\int x^2\cos x dx$
28. $\int x^2\sin x dx$
29. $\int x^2\ln x dx$
30. $\int x^2\ln(x+1)dx$
31. $\int \frac{\ln x}{x^2}dx$
32. $\int \frac{\ln x}{\sqrt{x}}dx$
33. $\int \sqrt{x}\ln x dx$
34. $\int \ln(x^2)dx$
35. $\int \tan^{-1}\left(\frac{1}{x}\right)dx$
36. $\int \sin(\ln x)dx$
37. $\int \cos(\ln x)dx$

38. $f(1)=2,\ f(4)=7,\ f'(1)=5,\ f'(4)=3$이고 f''가 연속일 때, $\int_1^4 xf''(x)dx$를 구하여라.

5.6 유리함수의 적분

다항식의 적분은 기본적인 성질에 의해 쉽게 구할 수 있다. 유리함수는 다항함수만큼 자주 접하는 함수이지만 적분을 구할 수 있는 유리함수의 형태는 다양하지 않고 적분을 구할 수 있는 경우에도 여러 단계를 거쳐서 구해야 한다.

적분 $\int \frac{3x}{x^2+2x-8}dx$을 구하는 것은 힘들다. 그러나 $\int\left(\frac{1}{x-2}+\frac{2}{x+4}\right)dx$는 적분이 쉬워 보인다. 즉, 적분을 구하면 다음과 같다.

$$\int\left(\frac{1}{x-2}+\frac{2}{x+4}\right)dx = \ln|x-2| + 2\ln|x+4| + C$$

그런데 $\frac{3x}{x^2+2x-8} = \frac{1}{x-2}+\frac{2}{x+4}$이므로 위의 두 적분은 같은 적분이다.

$$\begin{aligned}\int \frac{3x}{x^2+2x-8}dx &= \int\left(\frac{1}{x-2}+\frac{2}{x+4}\right)dx \\ &= \ln|x-2| + 2\ln|x+4| + C, \ (C\text{는 상수})\end{aligned}$$

5.6.1 유리함수의 부분분수분해

유리함수 $f(x) = \frac{3x}{x^2+2x-8}$를 두 분수식의 합 $f(x) = \frac{1}{x-2}+\frac{2}{x+4}$로 변형시킨 후에 변형된 유리함수 f의 적분을 구한다. 유리함수 $f(x) = \frac{3x}{x^2+2x-8}$를 두 간단한 분수식의 합 $f(x) = \frac{1}{x-2}+\frac{2}{x+4}$로 변형시킨 후 변형된 유리함수 f의 적분을 구한다. 이때, 유리식 $\frac{3x}{x^2+2x-8}$을 2개의 유리식으로 분해하여 표현된 유리식 $\frac{1}{x-2}+\frac{2}{x+4}$를 **부분분수분해**라고 한다.

> **[유리함수 $f(x)=\frac{Q(x)}{P(x)}$의 부분분수분해(Partial Fraction Decomposition)]**
>
> (1단계) [분자 $Q(x)$의 차수] < [분모 $P(x)$의 차수]
>
> (2단계) 분모 $P(x)$를 인수분해를 한다.
>
> (3단계) 분모 $P(x)$의 각 인수를 분모로 하는 유리함수의 합으로 분해한다.

(3단계)에서의 유리함수를 분해하는 기본 원칙은 다음과 같다.

(원칙 1) 분모식 $P(x)$의 인수분해에 의한 각 인수에 대하여

- 각 인수를 분모로 하는 유리함수의 항을 만든다.

- 각 항의 분자식의 차수는 주어진 인수의 분모식의 차수보다 한 차수가 낮게 분자식을 놓는다.

(원칙 2) 분모 $P(x)$의 인수분해에서 인수 $(x+r)^n$이 있는 경우 $(n \geq 2)$

- 인수 $(x+r)^n$에서 기본인수는 1차식 $x+r$이다.
- 기본인수의 차수가 1인 경우 **분자식의 차수는 한 차수가 낮은 0차식인 상수로 놓는다.**
- 인수 $(x+r)^n$에 대하여 분모식이 $(x+r), (x+r)^2, \cdots, (x+r)^n$인 n개의 항으로 다음과 같이 표현한다.

$$\frac{A_1}{x+r}+\frac{A_2}{(x+r)^2}+\cdots+\frac{A_n}{(x+r)^n}$$

(원칙 3) 분모 $P(x)$의 인수분해에서 인수 $(x^2+sx+t)^m$이 있는 경우 $(m \geq 2)$

- 인수 $(x^2+sx+t)^m$에서 기본인수는 2차식 x^2+sx+t이다.
- 기본인수의 차수가 2인 경우 **분자식의 차수는 한 차수가 낮은 1차식으로 놓는다.**
- 인수 $(x^2+sx+t)^m$에 대하여 분모식이 $(x^2+sx+t), (x^2+sx+t)^2, \cdots, (x^2+sx+t)^m$개의 m개의 항으로 다음과 같이 표현한다.

$$\frac{B_1x+C_1}{x^2+sx+t}+\frac{B_2x+C_2}{(x^2+sx+t)^2}+\cdots+\frac{B_mx+C_m}{(x^2+sx+t)^m}$$

◐ 유리함수의 부분분수분해에서 [1단계] 실행

유리함수 $f(x)=\dfrac{2x^3}{x^3+1}$과 같이 분자식의 차수가 분모식의 차수와 같은 경우 부분분수분해를 하기 전에 분자식의 차수가 분모식의 차수보다 작게 만들어야 한다. 예를 들어서 유리함수 $f(x)=\dfrac{2x^3}{x^3+1}$를 다음과 같이 변형한다.

- $\dfrac{2x^3}{x^3+3}=2-\dfrac{6}{x^3+3}$에서 $2x^3$을 (x^3+3)으로 나누었을 때 몫이 2이고 나머지가 -6이다.
- 다항식의 나눗셈에서 나머지는 나누는 식의 차수보다 낮은 차수를 갖는 식이다.

$$f(x)=\frac{2x^3}{x^3+1}=\frac{2x^3+2-2}{x^3+1}=\frac{2(x^3+1)}{x^3+1}-\frac{2}{x^3+1}=2-\frac{2}{x^3+1}$$

$\dfrac{2}{x^3+1}$은 분자식의 차수가 분모식의 차수보다 작으므로 유리식 $f(x)=2-\dfrac{2}{x^3+1}$ 형태가 [1단계]를 만족하는 형태이다. 즉, 주어진 유리식을 $f(x)=2-\dfrac{2}{x^3+1}$로 변형한 후에 $\dfrac{2}{x^3+1}$를 부분분수분해를 한다.

그러므로 유리식에서 분모의 차수보다 분자의 차수가 크기가 같은 경우 분자식을 분모식으로 나눈 몫과 나머지를 구해서 [1단계]를 만족하는 유리식으로 변환을 한다.

[예제 5.49] 유리함수 $f(x)=\dfrac{x^5+2x^3-x+1}{x^3+5x}$ 에서 분자식의 차수가 분모식의 차수보다 작게 변형하여라. [연습문제 1~4]

[풀이] 유리식을 정수의 나눗셈에서 몫과 나머지*를 표현하듯이 계산하면 다음과 같이 구할 수 있다.

* 다항식의 나눗셈에서 나머지는 나누는 식의 차수보다 낮은 식이다. 즉, x^5+2x^3-x+1을 x^3+5x로 나눌 때 x^3+5x의 차수인 3보다 작은 차수의 식이 나오면 나머지를 구한 것이다.

$$
\begin{array}{r l}
 & x^2 - 3 \quad \text{몫} \\
x^3+5x \,\big) & x^5+2x^3-x+1 \\
 & x^5+5x^3 \\ \hline
 & -3x^3-x+1 \\
 & -3x^3-15x \\ \hline
 & 14x+1 \quad \text{나머지}
\end{array}
$$

그러면 $f(x)=\dfrac{x^5+2x^3-x+1}{x^3+5x}=x^2-3+\dfrac{14x+1}{x^3+5x}$ 이다. ■

◐ 유리함수의 부분분수분해

[예제 5.50] 다음 식을 부분분수분해하여라. [연습문제 5~12]

(1) $\dfrac{2x-1}{x^2-x-6}$ (2) $\dfrac{3x^2-8x+13}{(x+3)(x-1)^2}$ (3) $\dfrac{x}{(x-3)^2}$ (4) $\dfrac{6x^2-3x+1}{(4x+1)(x^2+1)}$

[풀이]

(1) 유리식 $\dfrac{2x-1}{x^2-x-6}$ 에서 [분자의 차수]$=1<2=$[분모의 차수]이므로 [1단계]를 만족한다.

분모식 x^2-x-6을 인수분해한다. 즉, $x^2-x-6=(x-3)(x+2)$이고 [2단계]를 만족한다.

이제 [3단계]를 적용하자. $x^2-x-6=(x-3)(x+2)$의 인수는 2개의 일차식 $x-3$과 $x+2$이다. 그러므로 다음과 같이 2개의 유리식으로 분해하는 식으로 만든다. 이때, 일차식을 분모로 갖는 경우 분자는 0차식인 상수 A, B로 놓는다.

$$\frac{2x-1}{x^2-x-6}=\frac{2x-1}{(x-3)(x+2)}=\frac{A}{x+2}+\frac{B}{x-3} \qquad (*)$$

두 식이 항등식 관계라는 것은 모든 x에서 등식이 성립하는 것이다.

식 (*)가 모든 x에서 성립하는 식이 되는 항등식으로써 상수 A와 B를 구하면 된다. 우변의 식 $\dfrac{A}{x+2}+\dfrac{B}{x-3}$을 통분하고 좌변의 식 $\dfrac{2x-1}{x^2-x-6}$과 모든 x에서 성립하도록 다음과 같이 상수 A와 B를 구한다.

항등식에서 상수 A와 B를 정하는 방법은 여러 가지이지만 중요한 점은 상수의 개수만큼 식을 만들어야 한다는 것이다.

$$\frac{A}{x+2}+\frac{B}{x-3}=\frac{A(x-3)+B(x+2)}{(x+2)(x-3)}=\frac{2x-1}{(x+2)(x-3)}$$

분모식에서 항등식 $A(x-3)+B(x+2)=2x-1$을 풀면 다음 연립방정식이다.

$$\begin{cases} A+B=2 \\ -3A+2B=-1 \end{cases}$$

연립방정식을 풀면 $A=1$이고 $B=1$이다.

그러므로 부분분수분해는 $\dfrac{2x-1}{x^2-x-6}=\dfrac{1}{x+2}+\dfrac{1}{x-3}$이다.

(2) 유리식 $\dfrac{3x^2-8x+13}{(x+3)(x-1)^2}$의 분모식은 3차식이고 분자식은 2차식이므로 [1단계]를 만족한다. 그리고 분자식 $(x+3)(x-1)^2$은 인수분해가 완성된 형태이므로 [2단계]도 만족한다. 이제 [3단계]를 적용해 보자.

유리식 $\dfrac{3x^2-8x+13}{(x+3)(x-1)^2}$의 분모에서 인수는 $(x+3)$과 $(x-1)^2$이다.

인수 $(x-1)^2$는 1차식 $x-1$을 기본인수로 갖는다. $(x-1)^2$에 관해서 $x-1$과 $(x-1)^2$을 분모로 하는 2개의 유리식으로 분해된다.

인수는 $x+3$는 1차식으로 $x+3$를 분모로 하는 1개의 유리식으로 분해된다.

그러므로 3개의 유리식으로 분해하면 다음 항등식으로 표현된다. 이때, 분모는 기본인수가 1차식이므로 분자는 0차식인 상수 A, B, C로 놓는다.

$$\frac{3x^2-8x+13}{(x+3)(x-1)^2}=\frac{A}{x+3}+\frac{B}{x-1}+\frac{C}{(x-1)^2}$$

항등식의 우변을 통분하여 정리를 해보자.

$$\frac{A}{x+3}+\frac{B}{x-1}+\frac{C}{(x-1)^2}=\frac{A(x-1)^2+B(x+3)(x-1)+C(x+3)}{(x+3)(x-1)^2}$$

그러면 항등식은 다음과 같이 놓고 상수 A, B, C를 구해보자.

$$\frac{3x^2-8x+13}{(x+3)(x-1)^2}=\frac{A(x-1)^2+B(x+3)(x-1)+C(x+3)}{(x+3)(x-1)^2}$$

분자의 항등식 $A(x-1)^2+B(x+3)(x-1)+C(x+3)=3x^2-8x+13$을 풀면 $A=4$, $B=-1$, $C=2$이다.

그러므로 부분분수분해는 $\dfrac{3x^2-8x+13}{(x+3)(x-1)^2}=\dfrac{4}{x+3}-\dfrac{1}{x-1}+\dfrac{2}{(x-1)^2}$이다.

(3) 유리식 $\dfrac{x}{(x-3)^3}$에서 분모식은 3차식이고 분자식은 1차식이므로 [1단계]를 만족한다. 그리고 분자식 $(x-3)^3$은 인수분해가 완성된 형태이므로 [2단계]도 만족한다. 이제 [3단계]를 적용해 보자.

유리식 $\dfrac{x}{(x-3)^3}$는 부분분수 분해가 완성된 것으로 보이지만 분모식의 기본인수가 1차식 $(x-3)$이므로 분자식가 0차식인 상수이어야 한다. 그러므로 부분분수 분해로 놓으면 다음과 같이 3개의 유리식으로 놓으면 다음 항등식으로 놓을 수 있다.

$$\frac{x}{(x-3)^2}=\frac{A}{(x-3)}+\frac{B}{(x-3)^2}+\frac{C}{(x-3)^3}$$

항등식의 우변을 통분하여 정리하면 다음과 같고 상수 A, B, C를 구해보자.

$$\frac{x}{(x-3)^3}=\frac{A(x-3)^2+B(x-3)+C}{(x-3)^3}$$

항등식 $A(x-3)^2+B(x-3)+C=x$을 풀면 $A=0,\ B=1,\ C=3$이다.

그러므로 부분분수분해는 $\dfrac{x}{(x-3)^3}=\dfrac{1}{(x-3)^2}+\dfrac{3}{(x-3)^3}$이다.

(4) 유리식 $\dfrac{6x^2-3x+1}{(4x+1)(x^2+1)}$에서 분모식은 3차식이고 분자식은 2차식이므로 [1단계]를 만족한다. 그리고 분자식 $(4x+1)(x^2+1)$은 인수분해가 완성된 형태이므로 [2단계]도 만족한다. 이제 [3단계]를 적용해 보자.

유리식 $\dfrac{6x^2-3x+1}{(4x+1)(x^2+1)}$의 분모식의 인수는 1차식 $(4x+1)$과 2차식 (x^2+1)이다.

그러므로 유리식 $\dfrac{6x^2-3x+1}{(4x+1)(x^2+1)}$을 2개의 유리식으로 분해하면 다음과 같은 항등식으로 표현된다. 이때, 분모식이 1차식 $(4x+1)$인 유리식의 분모는 0차식인 상수 A라고 놓고 분모식이 2차식 (x^2+1)인 유리식의 분모는 1차식인 $Bx+C$라고 놓는다.

$$\frac{6x^2-3x+1}{(4x+1)(x^2+1)}=\frac{A}{4x+1}+\frac{Bx+C}{x^2+1}$$

항등식의 우변을 통분하고 정리해 보자.

$$\frac{A(x^2+1)+(Bx+C)(4x+1)}{(4x+1)(x^2+1)}=\frac{6x^2-3x+1}{(4x+1)(x^2+1)}$$

분자의 항등식 $A(x^2+1)+(Bx+C)(4x+1)=6x^2-3x+1$을 풀면 $A=2,\ B=1,\ C=-1$이다.

그러므로 부분분수분해는 $\dfrac{6x^2-3x+1}{(4x+1)(x^2+1)}=\dfrac{2}{4x+1}+\dfrac{x-1}{x^2+1}$이다. ■

5.6.2 분모가 1차식 또는 2차식인 유리함수의 적분

기본적으로 유리함수의 적분은 부분분수분해를 완성한 후에 각 항을 적분을 한다. 그러므로 부분분수분해가 되어진 각 항의 적분에 대하여 알아보자.

◐ 분모가 1차식인 유리함수의 적분

간단한 1차식의 적분은 다음과 같다.

$$\int \frac{1}{x+1}dx = \ln|x+1| + C,\ (C\text{는 상수})$$

일반적인 1차식의 적분을 구하면 다음과 같다.

$\int \frac{f'(x)}{f(x)}dx = \ln|f(x)| + C,\ (C\text{는 상수})$

$$\int \frac{A}{ax+b}dx = \frac{A}{a}\int \frac{a}{ax+b}dx = \frac{A}{a}\int \frac{(ax+b)'}{ax+b}dx$$
$$= \frac{A}{a}\ln|ax+b| + C,\ (C\text{는 상수}).$$

분모가 1차식인 유리식의 적분은 다음과 같다.

$$\int \frac{A}{ax+b}dx = \frac{A}{a}\ln|ax+b| + C,\ (C\text{는 상수})$$

[예제 5.51] 다음 적분을 구하여라.

(1) $\int \frac{1}{x+3}dx$ (2) $\int \frac{2}{3x+2}dx$

[풀이] (1) $\int \frac{1}{x+3}dx = \ln|x+3| + C,\ (C\text{는 상수})$

(2) $\int \frac{2}{3x+2}dx = \frac{2}{3}\int \frac{3}{3x+2}dx = \frac{2}{3}\ln|3x+2| + C,\ (C\text{는 상수})$ ■

◐ 분모가 2차식인 유리함수의 적분

분모가 2차식인 유리함수의 가장 기본적인 형태를 적분해 보자.

[예제 5.52] 적분 $\int \frac{1}{x^2+1}dx$와 $\int \frac{1}{x^2-1}dx$를 구해보자.

[풀이] (i) $\int \frac{1}{x^2+1}dx = \tan^{-1}x + C,\ (C\text{는 상수}).$

(ii) $\int \frac{1}{x^2-1}dx$의 적분함수의 분모식 x^2-1은 인수분해가 된다. 즉, $x^2-1 = (x-1)(x+1)$이다. 그러므로 적분함수인 유리함수 $\frac{1}{x^2-1}$을 부분분수분를 하면 다음과 같다.

$$\frac{1}{x^2-1} = \frac{1}{(x-1)(x+1)} = \frac{1}{2}\left[\frac{1}{x-1} - \frac{1}{x+1}\right]$$

부분분수분해된 유리식을 적분하면 다음과 같다.

$$\int \frac{1}{x^2-1}dx = \int \frac{1}{(x-1)(x+1)}dx = \frac{1}{2}\int \left[\frac{1}{x-1} - \frac{1}{x+1}\right]dx$$

$$= \frac{1}{2}\int \frac{1}{x-1}dx - \frac{1}{2}\int \frac{1}{x+1}dx$$
$$= \frac{1}{2}\ln|x-1| - \frac{1}{2}\ln|x+1| + C$$

그러므로 $\int \frac{1}{x^2-1}dx = \frac{1}{2}\ln|x-1| - \frac{1}{2}\ln|x+1| + C$, ($C$는 상수). ■

적분 $\int \frac{1}{p(x)}dx$에서 적분함수의 분모식이 2차식 $p(x)$라고 하자. 2차식 $p(x)$가 인수분해가 되거나 인수분해가 되지 않는다.

- 분모 $p(x)$가 인수분해가 되는 경우 부분분수분해를 한 후에 적분한다.
- 분모 $p(x)$가 인수분해가 가능하지 않는 경우 완전제곱 형태 $p(x) = a(x-\alpha)^2+\beta$로 변환한 후에 치환적분을 사용하여 다음과 같이 적분한다.

  $\int \frac{1}{u^2+1}du = \tan^{-1}u + C$를 적용하기 위해 다음과 같이 변형해 보자.

$$\int \frac{1}{p(x)}dx = \int \frac{1}{a(x-\alpha)^2+\beta}dx = \frac{1}{\beta}\int \frac{1}{[\sqrt{a}(x-\alpha)/\sqrt{\beta}\,]^2+1}dx$$

치환변수 $u = \frac{\sqrt{a}}{\sqrt{\beta}}(x-\alpha)$에 의해 적분을 구하면 다음과 같다.

$$\int \frac{1}{p(x)}dx = \frac{1}{\sqrt{a\beta}}\int \frac{1}{u^2+1}du = \frac{1}{\sqrt{a\beta}}\tan^{-1}u = \frac{1}{\sqrt{a\beta}}\tan^{-1}\left[\frac{\sqrt{a}}{\sqrt{\beta}}(x-\alpha)\right]$$

[분모식이 2차식인 유리식의 적분 1]

2차식 $p(x)$에 대하여 $\int \frac{1}{p(x)}dx$를 구하는 방법

[경우 1] 분모 $p(x)$가 인수분해가 되지 않는 경우

- $p(x)$를 완전제곱 형식으로 변형한다. 즉, $p(x) = a(x-\alpha)^2+\beta$.
- $\int \frac{1}{u^2+1}du = \tan^{-1}u + C$을 적용하는 변수치환을 하여 적분을 구한다.

[경우 2] 분모 $p(x)$가 인수분해가 되는 경우

- 부분분수분해를 하여 $\int \frac{1}{p(x)}dx = \int \frac{A}{x-\alpha}dx + \int \frac{B}{x-\beta}dx$로 구한다.

[예제 5.53] 다음 적분을 구하여라. [연습문제 13~18]

(1) $\int \frac{1}{2x^2+4x+6}dx$ (2) $\int \frac{1}{2x^2+4x-6}dx$

[풀이] (1) 분모식 $2x^2+4x+6$은 인수분해가 되지 않으므로 완전제곱 형태로 변환하여 다음과 같이 놓자.

$$\int \frac{1}{2x^2+4x+6}dx = \int \frac{1}{2(x+1)^2+4}dx = \frac{1}{4}\int \frac{1}{[(x+1)/\sqrt{2}\,]^2+1}dx$$

변수치환 $u=\dfrac{x+1}{\sqrt{2}}$로 놓으면 $du=\dfrac{1}{\sqrt{2}}dx$이고 $dx=\sqrt{2}\,du$이다.

$$\begin{aligned}\int \frac{1}{2x^2+4x+6}dx &= \frac{1}{4}\int \frac{1}{[(x+1)/\sqrt{2}\,]^2+1}dx \\ &= \frac{\sqrt{2}}{4}\int \frac{1}{u^2+1}du \\ &= \frac{\sqrt{2}}{4}\tan^{-1}u+C \\ &= \frac{\sqrt{2}}{4}\tan^{-1}\left(\frac{x+1}{\sqrt{2}}\right)+C,\ (C\text{는 상수})\end{aligned}$$

(2) $\displaystyle\int \frac{1}{2x^2+4x-6}dx$의 적분함수 $\dfrac{1}{2x^2+4x-6}$의 분모 $2x^2+4x-6$은 인수분해가 된다.

즉, $2x^2+4x-6=2(x-1)(x+3)$.

적분함수 $\dfrac{1}{2x^2+4x-6}$를 부분분수분해를 하면 다음과 같다.

$$\frac{1}{2x^2+4x-6} = \frac{1}{2(x-1)(x+3)} = \frac{1}{8}\left[\frac{1}{x-1}-\frac{1}{x+3}\right]$$

그러므로

$$\begin{aligned}\int \frac{1}{2x^2+4x-6}dx &= \int \frac{1}{8}\left[\frac{1}{x-1}-\frac{1}{x+3}\right]dx \\ &= \frac{1}{8}\int \frac{1}{x-1}dx-\frac{1}{8}\int \frac{1}{x+3}dx \\ &= \frac{1}{8}\ln|x-1|-\frac{1}{8}\ln|x+3|+C,\ (C\text{는 상수}).\ ■\end{aligned}$$

[예제 5.54] 다음 부정적분을 구하여라. [연습문제 19~24]

(1) $\displaystyle\int \frac{x^2}{x^2-1}dx$ (2) $\displaystyle\int \frac{x}{x^2-1}dx$ (3) $\displaystyle\int \frac{x}{x^2+1}dx$

[풀이]

(1) $\displaystyle\int \frac{x^2}{x^2-1}dx$의 적분함수 $\dfrac{x^2}{x^2-1}$에 부분분수를 적용하여 구해보자.

우선 분자식의 차수를 분모식의 차수보다 작게 만들면 다음과 같다.

$$\int \frac{x^2}{x^2-1}dx = \int \left(1+\frac{1}{x^2-1}\right)dx = \int 1dx + \int \frac{1}{x^2-1}dx$$

적분 $\int \frac{1}{x^2-1}dx$에서 분모 x^2-1을 인수분해하여 적분해 보자.

$$\int \frac{1}{1-x^2}dx = \int \frac{1}{(1-x)(1+x)}dx = \frac{1}{2}\int \frac{1}{1-x}+\frac{1}{1+x}dx$$
$$= \frac{1}{2}[\ln|1-x|+\ln|1+x|]+C, \ (C\text{는 상수})$$

그러므로 $\int \frac{x^2}{x^2-1}dx = \int 1dx + \int \frac{1}{x^2-1}dx$
$$= x+\frac{1}{2}[\ln|1-x|+\ln|1+x|]+C, \ (C\text{는 상수}).$$

유리함수의 적분을 구할 때 가장 먼저 $\int \frac{f'(x)}{f(x)}dx$의 형태인지 살펴본다.

(2) 부정적분 $\int \frac{x}{x^2-1}dx$의 적분함수 $\frac{x}{x^2-1}$의 형태는 분모의 인수분해를 체크하기 전에 $\int \frac{f'(x)}{f(x)}dx = \ln|f(x)|+C$를 먼저 체크한다.

$$\int \frac{x}{x^2-1}dx = \frac{1}{2}\int \frac{2x}{x^2-1} = \frac{1}{2}\int \frac{(x^2+1)'}{x^2-1}dx = \frac{1}{2}\ln(x^2-1)+C, \ (C\text{는 상수})$$

(3) $\int \frac{x}{x^2+1}dx = \frac{1}{2}\int \frac{2x}{x^2+1}dx = \frac{1}{2}\ln(x^2+1)+C, \ (C\text{는 상수})$ ■

[분모식이 2차식인 유리식의 적분 2]

이차식 $p(x)$에 대하여 부정적분 $\int \frac{ax+b}{p(x)}dx$를 구하는 방법

(1) 이차식 $p(x)$가 인수분해가 되지 않는 경우

$$\int \frac{ax+b}{p(x)}dx = \int \frac{A(p(x))'+B}{p(x)}dx = \int \frac{A(p(x))'}{p(x)}dx + \int \frac{B}{p(x)}dx$$
$$= A\ln|p(x)| + B\int \frac{1}{p(x)}dx.$$

이때 $\int \frac{1}{p(x)}dx$는 [분모식이 2차식인 유리식의 적분 1] (1)에 의해 구한다.

(2) 이차식 $p(x)$가 인수분해가 되는 경우

부분분수분해를 하여 $\int \frac{ax+b}{p(x)}dx = \int \frac{A}{x-\alpha}dx + \int \frac{B}{x-\beta}dx$를 구한다.

[예제 5.55] 다음 적분을 구하여라. [연습문제 25~28]

(1) $\int \frac{x}{x^2+2x+2}dx$ (2) $\int \frac{x}{x^2+2x-3}dx$

[풀이] (1) $\int \frac{x}{x^2+2x+2}dx$의 적분함수의 분모식 (x^2+2x+2)는 인수분해가 되지 않고 $(x^2+2x+2)'=2x+2$이므로 다음과 같이 적분한다.

$$\begin{aligned}\int \frac{x}{x^2+2x+2}dx &= \frac{1}{2}\int \frac{2x+2}{x^2+2x+2}dx - \int \frac{1}{x^2+2x+2}dx \\ &= \ln|x^2+2x+2| - \int \frac{1}{(x+1)^2+1}dx \\ &= \ln|x^2+2x+2| - \tan^{-1}(x+1)+C,\ (C\text{는 상수})\end{aligned}$$

(2) $\int \frac{x}{x^2+2x-3}dx$의 적분함수의 분모식 (x^2+2x-3)이 인수분해가 된다. 즉, $x^2+2x-3=(x-1)(x+3)$이다. 부분분수분해를 하면 다음과 같다.

그러므로 $\int \frac{x}{x^2+2x-3}dx = \frac{1}{4}\int \frac{1}{x-1}dx - \frac{1}{4}\int \frac{2}{x+3}dx$

$$= \frac{1}{4}\ln|x-1| - \frac{1}{2}\ln|x+3|+C,\ (C\text{는 상수})$$ ■

연습문제

• Part 1

[1-4] 다음 유리함수를 부분분수분해하여라. [예제 5.49]

1. $f(x)=\frac{x-3}{x+1}$
2. $f(x)=\frac{x^2+x-3}{x+1}$
3. $f(x)=\frac{x^3+2x^2-x+1}{x+1}$
4. $f(x)=\frac{2x^4+2x^3-3x+2}{x^2+1}$

[5-12] 다음 유리함수를 부분분수분해하여라. [예제 5.50]

5. $\frac{3x+1}{x(x+2)}$
6. $\frac{-2x+1}{(x+3)(x-2)}$
7. $\frac{3}{x(x^2+1)}$
8. $\frac{x+2}{x(x^2-1)}$
9. $\frac{x}{(x+1)^2}$
10. $\frac{x^2}{(x+1)^3}$
11. $\frac{3x}{(x-1)(x^2+6)}$
12. $\frac{3x+2}{(x+1)(x^2+x-3)}$

[13-18] 다음 부정적분을 구하여라. [예제 5.52~5.53]

13. $\int \frac{1}{(x-1)^2+1}dx$
14. $\int \frac{1}{(x-1)^2-1}dx$
15. $\int \frac{2}{x^2-2x-3}dx$
16. $\int \frac{2}{x^2-2x+3}dx$
17. $\int \frac{1}{x^2+3x-4}dx$
18. $\int \frac{1}{x^2+3x+4}dx$

[19-24] 다음 부정적분을 구하여라. [예제 5.54]

19. $\int \frac{2x^2}{x^2-4}dx$

20. $\int \frac{2x}{x^2-4}dx$

21. $\int \frac{2x}{x^2+4}dx$

22. $\int \frac{x^2}{4x^2-1}dx$

23. $\int \frac{x}{4x^2-1}dx$

24. $\int \frac{x}{4x^2+1}dx$

[25-28] 다음 부정적분을 구하여라. [예제 5.55]

25. $\int \frac{x}{x^2-x-2}dx$

26. $\int \frac{x}{x^2-2x-3}dx$

27. $\int \frac{2x-1}{x^2-2x+2}dx$

28. $\int \frac{2x-1}{x^2+4x+5}dx$

• Part 2

[29-36] 부분분수분해를 이용하여 다음 부정적분을 구하여라.

29. $\int \frac{2x^3-2x^2+1}{x^2-x}dx$

30. $\int \frac{2x+1}{x^2+5x+6}dx$

31. $\int \frac{2x-1}{(x+6)(x-2)}dx$

32. $\int \frac{3x+1}{(x-3)(x+4)}dx$

33. $\int \frac{1}{x^3-x^2-6x}dx$

34. $\int \frac{2x^2+x-1}{x(x+1)^2}dx$

35. $\int \frac{2x^2-x+4}{x^3+4x}dx$

36. $\int \frac{x^3-3x^2+2x-3}{(x^2+1)^2}dx$

[37-40] 치환을 이용하여 피적분함수를 유리함수로 나타낸 다음 부정적분을 구하여라.

37. $\int \frac{1}{x-\sqrt{x+2}}dx$

38. $\int \frac{\sqrt{x}}{x-4}$

39. $\int \frac{e^x}{e^{2x}-4}dx$

40. $\int \frac{2\ln x+5}{x(\ln x+1)}dx$

5.7 삼각함수의 적분

삼각함수는 다양한 응용 분야에서 활용되고 있고 삼각함수 형태인 함수의 적분을 해야 하는 경우도 많다. 삼각함수의 성질들과 치환적분, 부분적분 등을 사용하여 다양한 형태의 삼각함수의 적분을 구할 수 있다. 이번 절에서는 5가지 형태의 삼각함수의 적분을 공부할 것이다.

삼각함수의 적분은 크게 두 종류로 구분된다.

- sin 함수와 cos 함수에서 $(\sin x)' = \cos x$ 그리고 $(\cos x)' = -\sin x$이고 항등식 $\sin^2 x + \cos^2 x = 1$로 서로 연결되어 있으므로 sin 함수와 cos 함수는 항상 짝을 이루어서 공식을 이룬다.
- tan 함수와 sec 함수에서 $(\tan x)' = \sec^2 x$ 그리고 $(\sec x)' = \sec x \tan x$이고 항등식 $\tan^2 x + 1 = \sec^2 x$로 서로 연결되어 있으므로 tan 함수와 sec 함수는 항상 짝을 이루어서 공식을 이룬다.

5.7.1 $\int \sin^n x\,dx$ 그리고 $\int \cos^n x\,dx$(n은 자연수)

n은 자연수일 때 $\int \sin^n x\,dx$와 $\int \cos^n x\,dx$ 형태의 적분을 구해보자.

우선 이런 형태의 적분을 할 때 자주 사용하는 관계식을 복습해 보자.

> (1) 반각공식: $\cos^2 x = \dfrac{1-\cos 2x}{2}$, $\sin^2 x = \dfrac{1-\cos 2x}{2}$
>
> (2) 항등식: $\sin^2 x + \cos^2 x = 1$

◐ [n이 홀수인 경우] $\int \sin^n x\,dx$와 $\int \cos^n x\,dx$에 치환적분 적용

n이 홀수일 때 $(\sin x)' = \cos x$과 $(\cos x)' = -\sin x$을 사용하여 치환적분으로 구해보자.

우선 적분 $\int \sin^n x\,dx$을 다음과 같이 변형하여 구해보자.

$$\int \sin^n x\,dx = \int \sin^{n-1} x \sin x\,dx = -\int \sin^{n-1} x(-\cos x)'dx$$

홀수 n에 대해 $n-1$은 짝수이고 항등식 $\sin^2 x = 1-\cos^2 x$로 $\sin^{n-1} x$를 $\cos x$만의 식으로 만든다. 그러면 치환 $u = \cos x$에 의한 치환적분이 가능하다.

적분 $\int \cos^n x\,dx$의 경우도 비슷하게 치환적분으로 구할 수 있다.

$$\int \cos^n x dx = \int \cos^{n-1} x \cos x dx = \int \cos^{n-1} x (\sin x)' dx$$

홀수 n에 대해 $n-1$은 짝수이고 항등식 $\cos^2 x = 1 - \sin^2 x$로 $\cos^{n-1} x$를 $\sin x$만의 식으로 만든다. 그러면 치환 $u = \sin x$에 의한 치환적분이 가능하다.

[예제 5.56] 적분 $\int \sin^5 x dx$를 구하여라. [연습문제 1~10]

[풀이] $n = 5$가 홀수이므로 항등식 $\sin^2 x = 1 - \cos^2 x$를 사용하여 구해보자.

$$\int \sin^5 x dx = \int \sin^4 x \sin x dx = \int (1 - \cos^2 x)^2 \sin x dx$$

치환적분을 위하여 $u = \cos x$라고 놓으면 $du = -\sin x dx$.

$$\begin{aligned}\int \sin^5 x dx &= \int (1 - \cos^2 x)^2 \sin x dx = -\int (1 - u^2)^2 du \\ &= \int (-u^4 + 2u^2 - 1) du \\ &= -\frac{1}{5}u^5 + \frac{2}{3}u^3 - u + C \\ &= -\frac{1}{5}\cos^5 x + \frac{2}{3}\cos^3 x - \cos x + C, \ (C\text{는 상수})\end{aligned}$$

■

[예제 5.57] 적분 $\int \cos^3 x dx$를 구하여라. [연습문제 1~10]

[풀이] $n = 3$이 홀수이므로 항등식 $\cos^2 x = 1 - \sin^2 x$를 사용하여 구해보자.

$$\int \cos^3 x dx = \int \cos^2 x \cos x dx = \int (1 - \sin^2 x) \cos x dx$$

치환적분을 위하여 $u = \sin x$라고 놓으면 $du = \cos x dx$.

$$\begin{aligned}\int \cos^3 x dx &= \int (1 - \sin^2 x) \cos x dx = \int (1 - u^2) du \\ &= -\frac{1}{3}u^3 + u + C = -\frac{1}{3}\sin^3 x + \sin x + C, \ (C\text{는 상수})\end{aligned}$$

■

◐ [n이 짝수인 경우] $\int \sin^n x dx$와 $\int \cos^n x dx$을 구하는 2가지 방법

- 반각의 공식으로 차수 n을 작게 하고 적분을 한다.
- 부분적분을 사용하여 $\int \sin^n x dx$와 $\int \cos^n x dx$에 대한 점화식을 구한다.

삼각함수의 적분에서 반각의 공식은 매우 중요하다. 삼각함수의 적분의 기본은 $\int \sin x dx$와 $\int \cos x dx$의 형태이다. 반각의 공식은 차수를 반으로 낮추어서 차수를 일차인 기본 형식으로 만드는 유용한 방법이다.

[예제 5.58] 반각의 공식을 사용하여 다음 적분을 구하여라. [연습문제 1~10]

(1) $\int \sin^2 x dx$ (2) $\int \sin^4 x dx$

[풀이] 적분함수가 짝수 차수인 삼각함수인 경우 반각의 공식을 사용하여 삼각함수의 일차식으로 만들자. 이 때 반각공식을 여러 번 사용해야 삼각함수의 일차식이 되는 경우도 있다.

(1) 반각공식을 사용하여 다음과 같이 삼각함수의 일차식으로 만든다.

$$\int \sin^2 x\,dx = \int \frac{1-\cos 2x}{2}dx = \frac{1}{2}\int 1\,dx - \frac{1}{2}\int \cos 2x\,dx$$

치환적분을 위하여 $u = 2x$라고 놓으면 $du = 2dx$.

$$\begin{aligned}\int \sin^2 x\,dx &= \frac{1}{2}\int 1\,dx - \frac{1}{2}\int \cos 2x\,dx \\ &= \frac{x}{2} - \frac{1}{4}\int \cos u\,du \\ &= \frac{x}{2} - \frac{1}{4}\sin 2x + C,\ (C\text{는 상수})\end{aligned}$$

(2) 적분식 $\sin^4 x$에 반각공식을 두 번 사용하여 삼각함수의 일차식으로 만든다.

$$\begin{aligned}\int \sin^4 x\,dx &= \int \left(\frac{1-\cos 2x}{2}\right)^2 dx \qquad \text{반각공식} \\ &= \frac{1}{4}\int (1 - 2\cos 2x + \cos^2 2x)dx \\ &= \frac{1}{4}\int 1\,dx - \frac{2}{4}\int \cos 2x\,dx + \frac{1}{4}\int \cos^2 2x\,dx \\ &= \frac{1}{4}\int 1\,dx - \frac{2}{4}\int \cos 2x\,dx + \frac{1}{8}\int (1+\cos 4x)dx \qquad \text{반각공식} \\ &= \frac{1}{4}x - \frac{1}{4}\sin 2x + \frac{1}{8}x + \frac{1}{32}\sin 4x + C \\ &= \frac{3}{8}x - \frac{1}{4}\sin 2x + \frac{1}{32}\sin 4x + C,\ (C\text{는 상수})\end{aligned}$$

치환적분에 의하여

$\int \cos 2x\,dx = \frac{1}{2}\sin 2x + C$이고

$\int (1+\cos 4x)dx = x + \frac{1}{4}\sin 4x + C.$

■

[예제 5.59] 다음 적분을 구하여라. [연습문제 1~10]

(1) $\int \cos^2 x\,dx$　　　　(2) $\int \cos^4 x\,dx$

[풀이] (1) $\cos^2 x$는 반각의 공식을 사용하는 것이 가장 간단한 풀이이다.

$$\begin{aligned}\int \cos^2 x\,dx &= \int \frac{1+\cos 2x}{2}dx \\ &= \frac{1}{2}\int 1\,dx + \frac{1}{2}\int \cos 2x\,dx \\ &= \frac{x}{2} + \frac{1}{4}\int \cos u\,du \\ &= \frac{x}{2} + \frac{1}{4}\sin 2x + C,\ (C\text{는 상수})\end{aligned}$$

$\int \sin^n x\,dx$을 구하는 규칙성은 $\int \sin^{n-2}x\,dx$를 알면 $\int \sin^n x\,dx$을 구할 수 있는 것이다. 이러한 규칙성으로 $\int \sin^n x\,dx$을 구하는 방법을 **귀납적 방법**이라고 하며, 구해진 식을 **점화식**이라고 한다.

(2) $\int \cos^4 x\,dx$을 반각공식을 사용하지 않고 부분적분을 적용하여 구해보자.

$\int \cos^4 x\,dx$을 부분적분 $\int u(x)v'(x)dx$의 형식으로 놓으면

$$u=\cos^3 x \text{이고 } v'=\cos x \text{이므로}$$
$$u'=-3\cos x\sin x,\ v=\sin x.$$

부분적분 $\int u(x)v'(x)dx=u(x)v(x)-\int u'(x)v(x)dx$에 의해서

$$\begin{aligned}\int \cos^4 x\,dx &= \cos^3 x\sin x-\int 3\cos^2 x\cdot(-\sin x)\sin x\,dx \quad \text{부분적분 적용}\\ &= \cos^3 x\sin x+\int 3\cos^2 x\sin^2 x\,dx\\ &= \cos^3 x\sin x+3\int \cos^2 x(1-\cos^2 x)\,dx \quad \text{항등식 } \sin^2 x=1-\cos^2 x\\ &= \cos^3 x\sin x+3\int \cos^2 x\,dx-3\int \cos^4 x\,dx\end{aligned}$$

$\int \cos^4 x\,dx=\cos^3 x\sin x+3\int \cos^2 x\,dx-3\int \cos^4 x\,dx$에서 이항하면

$$4\int \cos^4 x\,dx=\cos^3 x\sin x+3\int \cos^2 x\,dx.$$

그러므로 $$\begin{aligned}\int \cos^4 x\,dx &= \frac{1}{4}\cos^3 x\sin x+\frac{3}{4}\int \frac{1+\cos 2x}{2}dx\\ &= \frac{1}{4}\cos^3 x\sin x+\frac{3}{8}x+\frac{3}{16}\sin 2x+C,\ (C\text{는 상수}).\end{aligned}$$ ■

◐ 자연수 n에 대하여 $\int \sin^n x\,dx$와 $\int \cos^n x\,dx$의 점화식

(1) $\int \sin^n x\,dx$의 점화식을 구해보자.

$\int \sin^n x\,dx$에서 부분적분 $\int u(x)v'(x)\,dx$의 형식으로 놓으면

$$u=\sin^{n-1}x \text{이고 } v'=\sin x \text{이므로}$$
$$u'=(n-1)\sin^{n-2}x\cos x \text{이고 } v=-\cos x.$$

그러므로 $$\begin{aligned}\int \sin^n x\,dx &= -\sin^{n-1}x\cos x-\int (n-1)(\sin^{n-2}x)(\cos x)(-\cos x)\,dx\\ &= -\sin^{n-1}x\cos x+(n-1)\int \sin^{n-2}x\cos^2 x\,dx\\ &= -\sin^{n-1}x\cos x+(n-1)\int \sin^{n-2}x(1-\sin^2 x)\,dx\\ &= -\sin^n x\cos x+(n-1)\int \sin^{(n-2)}x\,dx-(n-1)\int \sin^n x\,dx.\end{aligned}$$

즉, $n\int \sin^n x\,dx=-\sin^n x\cos x+(n-1)\int \sin^{(n-2)}x\,dx.$

그러므로 $\int \sin^n x\,dx = -\frac{1}{n}\sin^n x\cos x + \frac{n-1}{n}\int \sin^{(n-2)}x\,dx.$

(2) $\int \cos^n x\,dx$의 점화식을 구해보자.

$\int \cos^n x\,dx$에서 부분적분 $\int u(x)v'(x)\,dx$의 형식으로 놓으면

$$u = \cos^{n-1}x\text{이고 } v' = \cos x\text{이므로}$$
$$u' = -(n-1)\cos^{n-2}x\sin x\text{이고 } v = \sin x.$$

그러므로
$$\begin{aligned}\int \cos^n x\,dx &= \cos^{n-1}x\sin x + \int (n-1)(\cos^{n-2}x)(\sin x)\sin x\,dx \\ &= \cos^{n-1}x\sin x + (n-1)\int \cos^{n-2}x\sin^2 x\,dx \\ &= \cos^{n-1}x\sin x + (n-1)\int \cos^{n-2}x(1-\cos^2 x)\,dx \\ &= \cos^{n-1}x\sin x + (n-1)\int \cos^{(n-2)}x\,dx - (n-1)\int \cos^n x\,dx.\end{aligned}$$

즉, $n\int \cos^n x\,dx = \cos^{n-1}x\sin x + (n-1)\int \cos^{(n-2)}x\,dx.$

그러므로 $\int \cos^n x\,dx = \frac{1}{n}\cos^{n-1}x\sin x + \frac{n-1}{n}\int \cos^{n-2}x\,dx.$

자연수 n에 대하여 $\int \sin^n x\,dx$와 $\int \cos^n x\,dx$에 대한 점화식

(1) $\int \sin^n x\,dx = -\frac{1}{n}\sin^n x\cos x + \frac{n-1}{n}\int \sin^{(n-2)}x\,dx$

(2) $\int \cos^n x\,dx = \frac{1}{n}\cos^{n-1}x\sin x + \frac{n-1}{n}\int \cos^{n-2}x\,dx$

5.7.2 $\int \sin^m x\cos^n x\,dx$($m$과 n이 자연수)

m와 n에 관하여 2가지 경우로 나누어서 적분을 구하는 방법을 생각할 수 있다.

- m이 홀수이거나 n이 홀수인 경우
- m와 n이 모두 짝수인 경우

◐ [m이 홀수 또는 n이 홀수인 경우] $\int \sin^m x\cos^n x\,dx$에 치환적분 적용

m이 홀수이거나 n이 홀수인 경우 홀수인 삼각함수에서 한 차수를 옆으로 분리하고 남은 짝수 차수를 항등식 $\sin^2 x + \cos^2 x = 1$을 사용하여 상대편 삼각함수로 변환을 한다. 그 후에 치환적분을 적용한다.

[예제 5.60] 적분 $\int \sin^3 x \cos^2 x\,dx$를 구하여라. [연습문제 11~18]

[풀이] 홀수 차수를 갖는 부분 $\sin^3 x = \sin^2 x \sin x$으로 분리하고 $\sin x$을 제외한 부분을 항등식 $\sin^2 x = 1 - \cos^2 x$을 사용하여 $\cos x$만의 식으로 만든다.
치환적분을 위하여 $u = \cos x$라고 놓으면 $du = -\sin x\,dx$.

$$\begin{aligned}\int \sin^3 x \cos^2 x\,dx &= \int (1-\cos^2 x)\cos^2 x \sin x\,dx \\ &= -\int (1-u^2)u^2\,du \\ &= \int (u^4 - u^2)\,du = \frac{1}{5}u^5 - \frac{1}{3}u^3 + C \\ &= \frac{1}{5}\cos^5 x - \frac{1}{3}\cos^3 x + C,\ (C\text{는 상수})\end{aligned}$$

■

[예제 5.61] 적분 $\int \sin^5 x \cos^3 x\,dx$를 구하여라. [연습문제 11~18]

[풀이] $\int \sin^5 x \cos^3 x\,dx$은 m와 n이 모두 홀수이므로 $\sin x$ 또는 $\cos x$ 중에서 어느 쪽을 분리해도 가능하다. $\cos^3 x = \cos^2 x \cos x$로 분리하여 구해보자.

$$\int \sin^5 x \cos^3 x\,dx = \int (\sin^5 x \cos^2 x)\cos x\,dx = \int \sin^5 x(1-\sin^2 x)\,dx$$

치환적분을 위하여 $u = \sin x$라고 놓으면 $du = \cos x\,dx$.

$$\begin{aligned}\int \sin^5 x \cos^3 x\,dx &= \int \sin^5 x(1-\sin^2 x)\cos x\,dx = \int u^5(1-u^2)\,du \\ &= \int (u^5 - u^7)\,du = \frac{1}{6}u^6 - \frac{1}{8}u^8 + C \\ &= \frac{1}{6}\sin^6 x - \frac{1}{8}\sin^8 x + C,\ (C\text{는 상수})\end{aligned}$$

■

◐ [m와 n이 모두 짝수인 경우]*

* 반각공식을 사용하지 않고 항등식 $\sin^2 x + \cos^2 x = 1$을 사용하여 $\int \sin^\alpha x dx$와 $\int \cos^\alpha x dx$로 변환하여 적분할 수 있다.

[예제 5.62] 적분 $\int \sin^2 x \cos^4 x\,dx$를 구하여라.

[풀이] 반각 공식을 사용하여 모든 차수를 낮춘다.

$$\begin{aligned}\int \sin^2 x \cos^4 x\,dx &= \int \left(\frac{1-\cos 2x}{2}\right)\left(\frac{1+\cos 2x}{2}\right)^2 dx \qquad \text{반각공식} \\ &= \frac{1}{8}\int (1 + \cos 2x - \cos^2 2x - \cos^3 2x)\,dx \\ &= \frac{1}{8}\int \left[1 + \cos 2x - \frac{1}{2}(1+\cos 4x) - (1-\sin^2 2x)\cos 2x\right] dx \\ &= \frac{1}{8}\int \left[\frac{1}{2} - \frac{1}{2}\cos 4x + \sin^2 2x \cos 2x\right] dx\end{aligned}$$

$$= \frac{1}{8}\left[\int \frac{1}{2}dx - \frac{1}{8}\int \cos 4x(4dx) + \frac{1}{2}\int \sin^2 2x(2\cos 2x\,dx)\right]$$

$$= \frac{1}{8}\left[\frac{1}{2}x - \frac{1}{8}\sin 4x + \frac{1}{6}\sin^3 2x\right] + C,\ (C\text{는 상수})$$ ■

5.7.3 $\int \sin mx \cos nx\,dx$, $\int \sin mx \sin nx\,dx$, $\int \cos mx \cos nx\,dx$

m과 n이 정수일 때 $\int \sin mx \cos nx\,dx$, $\int \sin mx \sin nx\,dx$, $\int \cos mx \cos nx\,dx$ 형태의 적분을 구해보자. 우선 이런 곱의 형태를 합 또는 차의 형태로 바꾸는 다음과 같은 관계식을 복습해 보자.

직접 적분을 하기 위해서는 $m > n$이도록 곱의 순서를 바꾸는 것을 권장한다. 왜냐하면 sin 또는 cos의 내부식이 양수(+) 형태의 계수를 가지면 계산이 수월하기 때문이다.

[곱을 합과 차로 변환]

(1) $\sin\alpha\cos\beta = \frac{1}{2}[\sin(\alpha+\beta) + \sin(\alpha-\beta)]$

(2) $\cos\alpha\sin\beta = \frac{1}{2}[\sin(\alpha+\beta) - \sin(\alpha-\beta)]$

(3) $\cos\alpha\cos\beta = \frac{1}{2}[\cos(\alpha+\beta) + \cos(\alpha-\beta)]$

(4) $\sin\alpha\sin\beta = -\frac{1}{2}[\cos(\alpha+\beta) - \cos(\alpha-\beta)]$

[예제 5.63] 적분 $\int \sin 2x \cos 3x\,dx$를 구하여라. [연습문제 19~24]

[풀이] [곱을 합과 차로 변환] (2)를 적용하면 다음과 같다.

$$\int \sin 2x \cos 3x\,dx = \int \cos 3x \sin 2x\,dx \quad \text{계산을 위해 순서 바꿈}$$

$$= \frac{1}{2}\int [\sin 5x - \sin x]dx \quad \text{[곱을 합과 차로 변환] (2)}$$

$$= -\frac{1}{10}\cos 5x + \frac{1}{2}\cos x + C,\ (C\text{는 상수})$$ ■

[예제 5.64] 다음 적분을 구하여라. [연습문제 19~24]

(1) $\int \sin 4x \sin 2x\,dx$　　(2) $\int \cos 4x \cos 3x\,dx$

[풀이] (1) [곱을 합과 차로 변환] (4)를 적용하면 다음과 같다.

$$\int \sin 4x \sin 2x\,dx = -\frac{1}{2}\int [\cos 6x - \cos 2x]dx \quad \text{[곱을 합과 차로 변환] (4)}$$

$$= -\frac{1}{12}\sin 6x + \frac{1}{4}\sin x + C,\ (C\text{는 상수})$$

(2) [곱을 합과 차로 변환] (3)을 적용하면 다음과 같다.

$$\int \cos 4x \cos 3x dx = \frac{1}{2}\int [\cos 7x + \cos x]dx \quad \text{[곱을 합과 차로 변환] (3)}$$

$$= \frac{1}{14}\sin 7x + \frac{1}{2}\sin x + C, \ (C\text{는 상수})$$ ■

[예제 5.65] 다음 적분을 구하여라. [연습문제 19~24]

(1) $\int \cos 3x \sin 5x dx$ (2) $\int \sin 3x \sin 5x dx$

[풀이] (1) [곱을 합과 차로 변환] (1)을 적용하면 다음과 같다.

$$\int \cos 3x \sin 5x dx = \int \sin 5x \cos 3x dx \quad \text{계산을 위해 순서 바꿈}$$

$$= \frac{1}{2}\int [\sin 8x + \sin 2x]dx \quad \text{[곱을 합과 차로 변환] (1)}$$

$$= -\frac{1}{16}\cos 8x - \frac{1}{4}\cos 2x + C, \ (C\text{는 상수})$$

(2) [곱을 합과 차로 변환] (4)를 적용하면 다음과 같다.

$$\int \sin 3x \sin 5x dx = \int \sin 5x \sin 3x dx \quad \text{계산을 위해 순서 바꿈}$$

$$= -\frac{1}{2}\int [\cos 8x - \cos 2x]dx \quad \text{[곱을 합과 차로 변환] (4)}$$

$$= -\frac{1}{16}\sin 8x + \frac{1}{4}\sin x + C, \ (C\text{는 상수})$$ ■

5.7.4 $\int \sec^n x dx$, $\int \csc^n x dx$ (n은 자연수)

[주의] $\int \sec x dx$와 $\int \csc x dx$는 매우 자주 사용되는 적분이므로 기억해 두자.

[예제 5.66] 다음 적분을 구해보자. [연습문제 25~30]

(1) $\int \sec x dx$ (2) $\int \csc x dx$

[풀이] (1) $\int \sec x dx$는 치환적분의 방법을 사용하여 구할 수 있다.

도함수 $(\sec x)' = \sec x \tan x$이고 $(\tan x)' = \sec^2 x$이므로

$$(\sec x + \tan x)' = (\sec x \tan x + \sec^2 x) = \sec x(\tan x + \sec x).$$

$\sec x$를 다음과 같이 변환할 수 있다.

$$\sec x = \frac{\sec x(\tan x + \sec x)}{\tan x + \sec x} = \frac{\sec x \tan x + \sec^2 x}{\tan x + \sec x} = \frac{(\sec x + \tan x)'}{\tan x + \sec x}$$

그러므로 $\int \sec x dx = \int \frac{(\sec x + \tan x)'}{\tan x + \sec x} dx$

$$= \ln|\sec x + \tan x| + C, \ (C\text{는 상수}).$$

(2) (1)과 같은 방법으로 $\int \csc x\, dx$를 구한다.

$(\csc x)' = -\csc x \cot x$이고 $(\cot x)' = -\csc^2 x$이므로

$$\csc x = \frac{\csc x(\cot x + \csc x)}{\cot x + \csc x} = \frac{\csc x \cot x + \csc^2 x}{\cot x + \csc x} = \frac{-(\cot x + \csc x)'}{\cot x + \csc x}$$

$$\int \csc x\, dx = \int \frac{-(\csc x + \cot x)'}{\cot x + \csc x} dx$$

$$= -\ln|\csc x + \cot x| + C, \ (C\text{는 상수}).$$ ■

적분 $\int \sec x\, dx$, $\int \csc x\, dx$는 자주 사용되는 중요한 적분이다.

$$\int \sec x\, dx = \ln|\sec x + \tan x| + C$$

$$\int \csc x\, dx = -\ln|\csc x + \cot x| + C$$

[예제 5.67] 적분 $\int \sec^2 x\, dx$와 $\int \sec^3 x\, dx$를 구하여라. [연습문제 25~30]

[풀이] (i) $(\tan x)' = \sec^2 x$이므로 $\int \sec^2 x\, dx = \tan x + C$, ($C$는 상수).

(ii) $\int \sec^3 x\, dx$를 구해보자.

$\int \sec^3 x\, dx = \int (\sec^2 x)(\sec x)\, dx$에 부분적분을 적용하여 구해보자.

$\int \sec^n x dx$에서 부분적분 $\int u(x)v'(x)dx$를 적용하기 위해 $v'(x) = \sec^2 x$로 놓는다. 왜냐하면 $\sec^2 x$는 역도함수를 구하기 쉽기 때문이다.

$u = \sec x$이고 $v' = \sec^2 x$라고 놓으면
$u' = \sec x \tan x$, $v = \tan x$.

$$\int \sec^3 x dx = \int (\sec^2 x)(\sec x) dx$$

$$= \sec x \tan x - \int \sec x \tan^2 x dx \qquad \text{부분적분 적용}$$

$$= \sec x \tan x - \int \sec x(\sec^2 x - 1) dx \qquad \tan^2 x + 1 = \sec^2 x$$

$$= \sec x \tan x - \int (\sec^3 x - \sec x) dx$$

$$= \sec x \tan x - \int \sec^3 x dx + \int \sec x dx \qquad \int \sec x dx\text{를 적용}$$

$\int \sec^3 x dx = \sec x \tan x - \int \sec^3 x dx + \ln|\sec x + \tan x|$에서 이항하자.

$2\int \sec^3 dx = \sec x \tan x + \ln|\sec x + \tan x| + C$이다.

그러므로 $\int \sec^3 dx = \frac{1}{2}\sec x \tan x + \frac{1}{2}\ln|\sec x + \tan x| + C$, ($C$는 상수). ■

◐ $\int \sec^n x\,dx$의 점화식

$\int \csc^n x\,dx$의 점화식도 비슷하게 구할 수 있다.

$n > 2$인 자연수에 대해 $\int \sec^n x\,dx$의 일반 점화식을 구해보자.

$\int \sec^n x\,dx$에서 부분적분 $\int u(x)v'(x)\,dx$의 형식을 적용하기 위해

$$u = \sec^{n-2}x \text{이고 } v' = \sec^2 x \text{으로 놓으면}$$
$$u' = (n-2)\sec^{n-3}x\sec x\tan x = (n-2)\sec^{n-2}x\tan x,\ v = \tan x.$$

그러므로 부분적분을 적용하고 항등식 $\tan^2 x + 1 = \sec^2 x$에 의해서

$$\begin{aligned}\int \sec^n x\,dx &= \sec^{n-2}x\tan x - \int (n-2)(\sec^{n-2}x)(\tan x)\tan x\,dx \\ &= \sec^{n-2}x\tan x - (n-2)\int \sec^{n-2}x\tan^2 x\,dx \\ &= \sec^{n-2}x\tan x - (n-2)\int \sec^{n-2}x(\sec^2 x - 1)\,dx \quad \boxed{\tan^2 x + 1 = \sec^2 x} \\ &= \sec^{n-2}x\tan x - (n-2)\int \sec^n x\,dx + (n-2)\int \sec^{n-2}x\,dx.\end{aligned}$$

즉, $\int \sec^n x\,dx = \sec^{n-2}x\tan x - (n-2)\int \sec^n x\,dx + (n-2)\int \sec^{n-2}x\,dx.$

그러므로 $\int \sec^n x\,dx = \frac{1}{n-1}\sec^{n-2}x\tan x + \frac{n-2}{n-1}\int \sec^{n-2}x\,dx.$

> **[$n > 2$인 자연수에 대해 $\int \sec^n x\,dx$의 점화식]**
>
> $$\int \sec^n x\,dx = \frac{1}{n-1}\sec^{n-2}x\tan x + \frac{n-2}{n-1}\int \sec^{n-2}x\,dx$$

5.7.5 $\int \tan^n x\,dx$, $\int \cot^n x\,dx$(n은 자연수)

적분 $\int \tan^n x\,dx$과 $\int \cot^n x\,dx$는 자주 나오는 적분의 유형으로 부분적분을 적용하여 점화식을 구해보자.

$\tan x$와 $\cot x$는 분수 형태의 함수이므로 $\int \frac{f'(x)}{f(x)}dx = \ln|f(x)| + C$를 사용하여 적분한다.

[예제 5.68] $\int \tan x\,dx$과 $\int \cot x\,dx$를 구하여라. [연습문제 31~38]

[풀이] $\tan x$와 $\cot x$는 분수 형태 함수이므로

$$\int \tan x\,dx = -\int \frac{-\sin x}{\cos x}dx = -\int \frac{(\cos x)'}{\cos x}dx = -\ln|\cos x| + C,\ (C\text{는 상수})$$
$$\int \cot x\,dx = \int \frac{\cos x}{\sin x}dx = \int \frac{(\sin x)'}{\sin x}dx = \ln|\sin x| + C,\ (C\text{는 상수}).$$

■

$$\int \tan x\,dx = -\ln|\cos x| + C,\ (C\text{는 상수})$$
$$\int \cot x\,dx = \ln|\sin x| + C,\ (C\text{는 상수})$$

항등식 $\tan^2 x + 1 = \sec^2 x$를 사용하여 다음 적분을 구해보자.

[예제 5.69] $\int \tan^2 x\,dx$ 그리고 $\int \cot^2 x\,dx$을 구하여라. [연습문제 31~38]

[풀이] $\int \sec^2 x dx = \tan x + C$이고 $\int \csc^2 x dx = \cot x + C$이므로 항등식 $\tan^2 x + 1 = \sec^2 x$를 사용하여 다음과 같이 변환하여 적분한다.

$$\int \tan^2 x dx = \int (\sec^2 x - 1) dx = \tan x - x + C,\ (C\text{는 상수})$$
$$\int \cot^2 x dx = \int (\csc^2 x - 1) dx = -\cot x - x + C,\ (C\text{는 상수})$$ ■

[예제 5.70] $\int \tan^3 x\,dx$를 구하여라. [연습문제 31~38]

[풀이] $\int \tan^3 x dx$는 치환적분을 적용하여 점화식의 형태를 구한다.

항등식 $\tan^2 x + 1 = \sec^2 x$를 사용하여 적분식에 $(\tan x)' = \sec^2 x$을 인수로 만든다.

$$\int \tan^3 x dx = \int (\tan x)(\tan^2 x) dx = \int (\tan x)(\sec^2 x - 1) dx$$
$$= \int \tan x \sec^2 x dx - \int \tan x dx$$

$\int \tan x \sec^2 x dx$를 구하기 위해 치환적분을 적용하자.

$u = \tan x$라고 놓으면 $du = \sec^2 x dx$이다.

그러면 $\int \tan x \sec^2 x dx = \int u du = \frac{1}{2}u^2 + C = \frac{1}{2}\tan^2 x + C$.

$$\int \tan^3 x dx = \int \tan x \sec^2 x dx - \int \tan x dx = \frac{1}{2}\tan^2 x + \ln|\cos x| + C,\ (C\text{는 상수})$$

그러므로 $\int \tan^3 x dx = \frac{1}{2}\tan^2 x + \ln|\cos x| + C$, ($C$는 상수). ■

◐ $\int \tan^n x\,dx$의 점화식

$\int \cot^n x\,dx$의 점화식도 비슷하게 구할 수 있다.

$n > 2$인 자연수에 대해 부분적분을 사용하여 $\int \tan^n x\,dx$의 점화식을 구해보자.

항등식 $\tan^2 x + 1 = \sec^2 x$를 사용하여 적분식에 $(\tan x)' = \sec^2 x$을 인수로 만든다.

$$\int \tan^n x dx = \int (\tan^{n-2}x)(\tan^2 x)dx = \int (\tan^{n-2}x)(\sec^2 x - 1)dx$$
$$= \int \tan^{n-2}x \sec^2 x dx - \int \tan^{n-2} x dx$$

$\int \tan^{n-2}x \sec^2 x dx$를 구하기 위해 치환적분을 적용하자.

$u = \tan x$라고 놓으면 $du = \sec^2 x dx$이다.

그러면 $\int \tan^{n-2}x \sec^2 x dx = \int u^{n-2}du = \frac{1}{n-1}u^{n-1} + C = \frac{1}{n-1}\tan^{n-1}x + C.$

이제 $\int \tan^n x dx = \int \tan^{n-2}x \sec^2 x dx - \int \tan^{n-2}x dx$를 구하자.

$$\int \tan^n x dx = \int \tan^{n-2}x \sec^2 x dx - \int \tan^{n-2}x dx$$
$$= \frac{1}{n-1}\tan^{n-1}x - \int \tan^{n-2}x dx, \text{ (}C\text{는 상수)}$$

[$n > 2$인 자연수에 대해 $\int \tan^n x dx$의 점화식]

$$\int \tan^n x dx = \frac{1}{n-1}\tan^{n-1}x - \int \tan^{n-2}x dx$$

5.7.6 $\int \tan^m x \sec^n x dx$($m$, n은 자연수)

항등식 $1 + \tan^2 x = \sec^2 x$와 미분 $(\tan x)' = \sec^2 x$, $(\sec x)' = \sec x \tan x$에 의해서 $\tan x$와 $\sec x$는 긴밀하게 연결되어 있다. $\int \tan^m x \sec^n x dx$ 형태의 적분을 세 가지 경우로 나누어 치환적분을 적용하여 푼다.

- n이 짝수인 경우
  $(\tan x)' = \sec^2 x$이므로 $\tan^m x \sec^n x = [\tan^m x \sec^{n-2}x]\sec^2 x$에서 $n-2$가 짝수이므로 $\tan^m x \sec^{n-2}x$가 $\tan x$만의 식으로 변환하고 치환적분을 적용할 수 있다.
- m이 홀수인 경우
  $(\sec x)' = \sec x \tan x$이므로 $\tan^m x \sec^n x = [\tan^{m-1}x \sec^{n-1}x]\sec x \tan x$에서 $m-1$이 짝수이므로 $\tan^{m-1}x \sec^{n-1}x$가 $\sec x$만의 식으로 변환하고 치환적분을 적용할 수 있다.
- m이 짝수인 경우
  항등식 $\tan^2 x + 1 = \sec^2 x$을 사용하여 적분함수 $\tan^m x \sec^n x$를 $\sec x$만의 적분함수로 변환하여 적분한다. (5.7.4절 참고)

◐ [n이 짝수인 경우] $\int \tan^m x \sec^n x\,dx$에 치환적분 적용

$(\tan x)' = \sec^2 x$이므로 적분함수 $\tan^m x \sec^n x$는 다음과 같이 알아보자.

$$\tan^m x \sec^n x = [\tan^m x \sec^{n-2} x] \sec^2 x$$

n이 짝수인 경우 $n-2$가 짝수이고 항등식 $1+\tan^2 x = \sec^2 x$를 사용하여 $\tan^m x \sec^{n-2} x$을 $\tan x$만의 식으로 변환하자. 그 후에 치환적분으로 구한다.

[예제 5.71] $\int \tan x \sec^4 x\,dx$를 구하여라. [연습문제 39~44]

[풀이] 치환적분에서 $(\tan x)' = \sec^2 x$을 사용하기 위하여 $\sec^4 x = (\sec^2 x)(\sec^2 x)$으로 분리한다.

$$\int \tan x \sec^4 x\,dx = \int (\tan x \sec^2 x)(\sec^2 x)dx = \int \tan x(\tan^2 x + 1)\sec^2 x\,dx$$

변수치환을 $u = \tan x$이고 $du = \sec^2 x\,dx$라고 놓으면

$$\begin{aligned}\int \tan x \sec^4 x\,dx = \int u(u^2+1)du = \int (u^3+u)du \\ = \frac{1}{4}u^4 + \frac{1}{2}u^2 + C \\ = \frac{1}{4}\tan^4 x + \frac{1}{2}\tan^2 x + C,\ (C\text{는 상수}).\end{aligned}$$

그러므로 $\int \tan x \sec^4 x\,dx = \frac{1}{4}\tan^4 x + \frac{1}{2}\tan^2 x + C$, ($C$는 상수). ■

◐ [m이 홀수인 경우] $\int \tan^m x \sec^n x\,dx$에 치환적분 적용

$(\sec x)' = \sec x \tan x$이므로 적분함수 $\tan^m x \sec^n x$를 다음과 같이 알아보자.

$$\tan^m x \sec^n x = [\tan^{m-1} x \sec^{n-1} x] \sec x \tan x$$

m이 홀수인 경우 $m-1$이 짝수이고 항등식 $1+\tan^2 x = \sec^2 x$를 사용하여 $\tan^{m-1} x \sec^{n-1} x$를 $\sec x$로 치환할 수 있다. 그 후에 치환적분으로 구한다.

[예제 5.72] $\int \tan^3 x \sec^3 x\,dx$를 구하여라. [연습문제 39~44]

[풀이] 치환적분를 적용하기 위해 $(\sec x)' = \sec x \tan x$이므로 $\tan^3 x \sec^3 x\,dx = \tan^2 x \sec^2 x(\sec x \tan x)$로 놓고 항등식 $1+\tan^2 x = \sec^2 x$으로 $\sec x$만의 식 $(\sec^2 x - 1)\sec^2 x$로 표현한다.

$$\int \tan^3 x \sec^3 x\,dx = \int \tan^2 x \sec^2 x(\sec x \tan x)\,dx = \int (\sec^2 x - 1)\sec^2 x(\sec x \tan x)\,dx$$

변수치환을 $u=\sec x$라고 놓으면 $du=\sec x\tan x\,dx$이고

$$\int \tan^3 x\sec^3 x\,dx=\int (u^2-1)u^2du=\int (u^4-u^2)du=\frac{1}{5}u^5-\frac{1}{3}u^3+C$$
$$=\frac{1}{5}\sec^5 x-\frac{1}{3}\sec^3 x+C,\ (C\text{는 상수}).$$

그러므로 $\int \tan^3 x\sec^3 x\,dx=\frac{1}{5}\sec^5 x-\frac{1}{3}\sec^3 x+C$, ($C$는 상수). ■

◐ [m이 짝수인 경우]

항등식 $\tan^2 x+1=\sec^2 x$를 사용하여 적분함수 $\tan^m x\sec^n x$를 $\sec x$만의 함수로 변환하여 적분한다. 즉 변환한 적분은 $\int \sec^l x\,dx$의 형태이고 이러한 형태는 5.7.4절에서 $\int \sec^n x\,dx$의 점화식으로 자세히 다루었다.

연습문제

• Part 1

[1-10] 다음 적분을 구하여라. [예제 5.56~5.59]

1. $\int \sin^3 x\,dx$
2. $\int \cos^3(3x)\,dx$
3. $\int x\sin^3(x^2)\,dx$
4. $\int_0^{\frac{\pi}{2}} \cos^3 x\,dx$
5. $\int_0^{\frac{\pi}{2}} \sin^3 x\,dx$
6. $\int \cos^2(2x+1)\,dx$
7. $\int \sin^4 x\,dx$
8. $\int 2x\cos^4(x^2+3)\,dx$
9. $\int_0^{\frac{\pi}{2}} \cos^2 x\,dx$
10. $\int_0^{\frac{\sqrt{\pi}}{2}} x\cos^2(x^2)\,dx$

[11-18] 다음 적분을 구하여라. [예제 5.60~5.62]

11. $\int \sin x\cos^2 x\,dx$
12. $\int \sin^2 x\cos x\,dx$
13. $\int \sin^3(2x)\cos^2(2x)\,dx$
14. $\int \sin^2 x\cos^3 x\,dx$
15. $\int_0^{\frac{\pi}{4}} \sin^3 x\cos^3 x\,dx$
16. $\int \sin^2 x\cos^2 x\,dx$
17. $\int \sin^4 x\cos^2 x\,dx$
18. $\int_0^{\frac{\pi}{2}} \sin^2(2x)\cos^2(2x)\,dx$

[19-24] 다음 적분을 구하여라. [예제 5.63~5.65]

19. $\int \sin x\cos 2x\,dx$
20. $\int \sin 3x\cos 2x\,dx$
21. $\int \sin x\sin 2x\,dx$
22. $\int \sin 2x\sin 3x\,dx$
23. $\int \cos x\cos 2x\,dx$
24. $\int \cos 2x\cos 3x\,dx$

[25-30] 다음 적분을 구하여라. [예제 5.66~5.67]

25. $\int \frac{1}{\cos^2 x} dx$

26. $\int \sec^2\left(\frac{x}{2}\right) dx$

27. $\int \frac{\sec^3\sqrt{x}}{\sqrt{x}} dx$

28. $\int \csc^2 x dx$

29. $\int \csc^2(2x) dx$

30. $\int \csc^3 x dx$

[31-38] 다음 적분을 구하여라. [예제 5.68~5.70]

31. $\int \tan(3x) dx$

32. $\int 2x\tan^2(x^2+1) dx$

33. $\int \tan^3(3x+1) dx$

34. $\int \tan^5 x dx$

35. $\int \cot^3 x dx$

36. $\int \cot^4 x dx$

37. $\int_0^{\frac{\pi}{3}} \tan^2 x dx$

38. $\int_0^{\frac{\pi}{4}} \tan^3 x dx$

[39-44] 다음 적분을 구하여라. [예제 5.71~5.72]

39. $\int \tan^2 x\sec^2 x dx$

40. $\int \tan^2 x\sec^4 x dx$

41. $\int \tan x\sec^2 x dx$

42. $\int \tan^3 x\sec x dx$

43. $\int \tan x\sec^3 x dx$

44. $\int \tan^2 x\sec x dx$

• Part 2

[45-68] 다음 적분을 구하여라.

45. $\int \sin^5 x dx$

46. $\int \cos^5 x dx$

47. $\int \sin^3(2x)\sqrt{\cos(2x)} dx$

48. $\int \frac{\cos^3 x}{\sqrt{\sin x}} dx$

49. $\int \sin^4(5x) dx$

50. $\int_0^{2\pi} \sqrt{1-\cos 2x} dx$

51. $\int_0^{2\pi} \sqrt{\frac{1-\cos x}{2}} dx$

52. $\int \sin^2 x\cos^4 x dx$

53. $\int \sin^2(2x)\cos^4(2x) dx$

54. $\int \sin^2 x\cos^5 x dx$

55. $\int \sin^3 x\cos^4 x dx$

56. $\int \sin\left(\frac{x}{2}\right)\cos(3x) dx$

57. $\int \cos(2x)\cos(6x) dx$

58. $\int \sin(2x)\sin(6x) dx$

59. $\int \frac{\sec^3 x}{\tan x} dx$

60. $\int \frac{\cot^2 x}{\csc x} dx$

61. $\int \frac{1}{\sec x\tan x} dx$

62. $\int e^x\sec^3(e^x) dx$

63. $\int \frac{\sin^2 x-\cos^2 x}{\cos x} dx$

64. $\int \tan^4\left(\frac{x}{2}\right)\sec^4\left(\frac{x}{2}\right) dx$

65. $\int \tan x\sec^{3/2} x dx$

66. $\int \tan^2 x\sec^3 x dx$

67. $\int \sqrt{\tan x}\sec^4 x dx$

68. $\int \tan^4 x-\sec^4 x dx$

[69-72] 다음과 같은 정리를 이용하여 적분을 구하여라.

> **월리스(wallis)**
>
> $n \geq 2$인 짝수인 경우,
>
> $$\int_0^{\frac{\pi}{2}} \sin^n x\,dx = \left(\frac{\pi}{2}\right)\left(\frac{1}{2}\right)\left(\frac{3}{4}\right)\left(\frac{5}{6}\right)\cdots\left(\frac{n-1}{n}\right)$$
>
> $$\int_0^{\frac{\pi}{2}} \cos^n x\,dx = \left(\frac{\pi}{2}\right)\left(\frac{1}{2}\right)\left(\frac{3}{4}\right)\left(\frac{5}{6}\right)\cdots\left(\frac{n-1}{n}\right)$$
>
> $n \geq 3$인 홀수인 경우,
>
> $$\int_0^{\frac{\pi}{2}} \sin^n x\,dx = \left(\frac{2}{3}\right)\left(\frac{4}{5}\right)\left(\frac{6}{7}\right)\cdots\left(\frac{n-1}{n}\right)$$
>
> $$\int_0^{\frac{\pi}{2}} \cos^n x\,dx = \left(\frac{2}{3}\right)\left(\frac{4}{5}\right)\left(\frac{6}{7}\right)\cdots\left(\frac{n-1}{n}\right)$$

69. $\int_0^{\frac{\pi}{2}} \sin^4 x\,dx$

70. $\int_0^{\frac{\pi}{2}} \cos^5 x\,dx$

71. $\int_0^{\frac{\pi}{2}} \sin^4 x \cos^2 x\,dx$

72. $\int_0^{\frac{\pi}{2}} \sin^3 x \cos^2 x\,dx$

5.8 삼각치환

적분함수에 다음과 같은 3가지 형식이 포함되어 있으면

$$\sqrt{a^2-x^2},\ \sqrt{a^2+x^2},\ \sqrt{x^2-a^2}\ (\text{단, } a>0)$$

삼각치환이라는 방법으로 적분을 한다. 삼각치환은 적절한 변수치환을 하면 적분을 삼각함수의 적분으로 변환하여 적분하는 방법이다. 무리식에서 근호를 없애기 위해 근호 안의 식을 완전제곱의 형식으로 만드는 변수치환을 구해보자.

$a=1$이라고 놓으면

① $\sqrt{1-x^2}$: 항등식 $1-\sin^2 t=\cos^2 t$이므로 $x=\sin t$로 놓으면

$\sqrt{1-\sin^2 t}=\sqrt{\cos^2 t}=|\cos t|$.

② $\sqrt{1+x^2}$: 항등식 $\tan^2 t+1=\sec^2 t$이므로 $x=\tan t$로 놓으면

$\sqrt{1+\tan^2 t}=\sqrt{\sec^2 t}=|\sec t|$.

③ $\sqrt{x^2-1}$: 항등식 $\sec^2 t-1=\tan^2 t$이므로 $x=\sec t$로 놓으면

$\sqrt{\sec^2 t-1}=\sqrt{\tan^2 t}=|\tan t|$.

치환적분에 의한 부정적분은 연속인 구간에서 연속인 함수식에 적용되는 방법이다.
①의 $x=\sin t$, $(-\pi/2\le t\le\pi/2)$ 와 ②의 $x=\tan t$, $(-\pi/2<t<\pi/2)$ 는 자연스러운 치환이다.
그러나 ③은 $x=\sec t$ 의 정의구간이 $[0,\pi/2)$ 와 $(\pi/2,\pi]$ 로 연결되지 않는다.
그러므로 치환 ③은 상황에 따라 나누어서 적분한다.

변수치환인 $x=\sin t$, $x=\tan t$, $x=\sec t$에서 1.5절의 역삼각함수의 정의를 보면

① $\left[x=\sin t \Leftrightarrow t=\sin^{-1}x\right]$이므로 t의 구간이 $-\frac{\pi}{2}\le t\le\frac{\pi}{2}$임을 표시한다.

② $\left[x=\tan t \Leftrightarrow t=\tan^{-1}x\right]$이므로 t의 구간이 $-\frac{\pi}{2}<t<\frac{\pi}{2}$임을 표시한다.

③ $\left[x=\sec t=\frac{1}{\cos t} \Leftrightarrow t=\sec^{-1}x\right]$이므로

t의 구간이 $0\le t<\frac{\pi}{2}$ 또는 $\frac{\pi}{2}<t\le\pi$임을 표시한다.

3가지 형식에 각각 사용이 되어질 치환은 다음 표와 같고 **삼각치환**이라고 한다.

포함되는 근호식	치환	구간
$\sqrt{a^2-x^2}$	$x=a\sin t$	$-\frac{\pi}{2}\le t\le\frac{\pi}{2}$
$\sqrt{a^2+x^2}$	$x=a\tan t$	$-\frac{\pi}{2}<t<\frac{\pi}{2}$
$\sqrt{x^2-a^2}$	$x=a\sec t$	$\begin{cases}0\le t<\frac{\pi}{2}, & x\ge a\text{인 경우}\\ \frac{\pi}{2}<t\le\pi, & x\le -a\text{인 경우}\end{cases}$

삼각치환을 할 때 다음 2가지를 주의해야 한다.

(1) 삼각치환은 역삼각함수이므로 치환변수에서 정의구간이 반드시 필요하다.

(2) 치환적분을 적용하고 x의 식으로 변환하기 위해 치환변수를 다음과 같이 삼각형 그림을 그려서 x의 식으로 변환한다. ([그림 5.36] 참고)

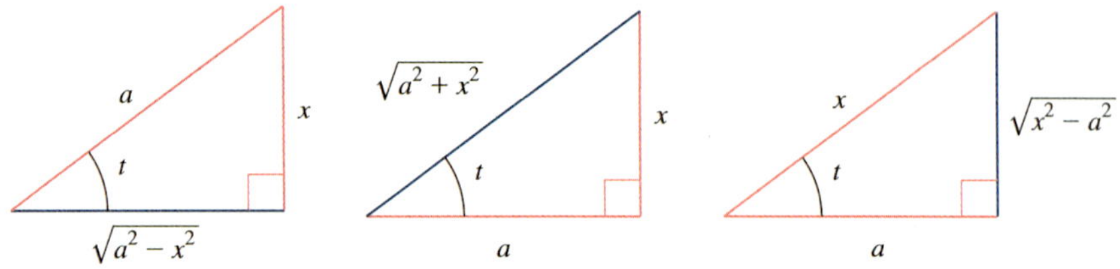

치환 $x=a\sin t$인 경우 치환 $x=a\tan t$인 경우 치환 $x=a\sec t$인 경우

[그림 5.36]

5.8.1 $\sqrt{a^2-x^2}$을 포함한 식의 적분

적분함수식이 $\sqrt{a^2-x^2}$ 형태를 포함한 식이면 다음과 같은 변수치환을 사용한다.

$$x=a\sin t,\ -\frac{\pi}{2}\le t\le\frac{\pi}{2}$$

$\left[x=a\sin t \Leftrightarrow t=\sin^{-1}\left(\frac{x}{a}\right)\right]$이므로 t의 정의구간 $\left[-\frac{\pi}{2},\frac{\pi}{2}\right]$이 중요하다.

이러한 변수치환을 하고 항등식 $1-\sin^2x=\cos^2x$을 사용하면

$$\begin{aligned}\sqrt{a^2-x^2}&=\sqrt{a^2-a^2\sin^2t}\\&=a\sqrt{1-\sin^2t}\quad(a>0\text{이므로})\\&=a\sqrt{\cos^2t}=a|\cos t|\ge 0.\end{aligned}$$

t의 정의구간 $\left[-\frac{\pi}{2},\frac{\pi}{2}\right]$에서 $\cos t\ge 0$이므로 $\sqrt{a^2-x^2}=a\cos t$이다.

[예제 5.73] 다음 적분 $\int\frac{1}{x^2\sqrt{4-x^2}}dx$를 구하여라. [연습문제 1~4]

[풀이] 적분함수 $\frac{1}{x^2\sqrt{4-x^2}}$에 무리식 $\sqrt{4-x^2}$가 포함되어 있다.

변수치환으로 $x=2\sin t\ \left(-\frac{\pi}{2}\le t\le\frac{\pi}{2}\right)$라고 놓으면 $dx=2\cos t dt$.

$$\sqrt{4-x^2}=\sqrt{4-4\sin^2t}=2\sqrt{1-\sin^2t}=2\sqrt{\cos^2t}=2|\cos t|>0$$

t의 정의구간 $\left[-\frac{\pi}{2},\frac{\pi}{2}\right]$에서 $\cos t\ge 0$이므로 $\sqrt{4-x^2}=2\cos t\ge 0$.

그러므로 치환적분으로 구해보자.

$$\int \frac{1}{x^2\sqrt{4-x^2}}dx = \int \frac{2\cos t}{(4\sin^2 t)(2\cos t)}dt$$
$$= \int \frac{1}{4\sin^2 t}dt = \frac{1}{4}\int \csc^2 t dt = -\frac{1}{4}\cot t + C, \ (C\text{는 상수})$$

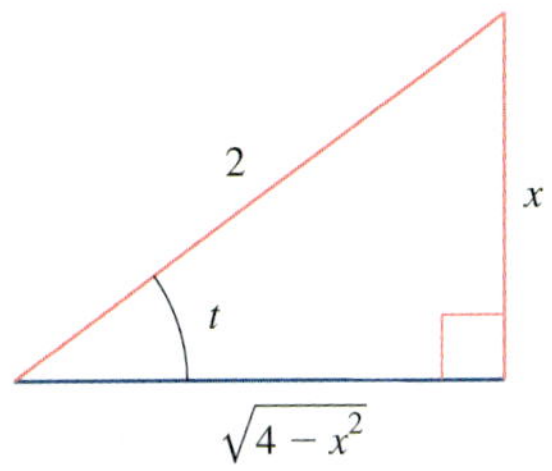

[그림 5.37] $x = 2\sin t, \ -\frac{\pi}{2} \le t \le \frac{\pi}{2}$

$\int \frac{1}{x^2\sqrt{4-x^2}}dx$가 x의 식이므로 $-\frac{1}{4}\cot t + C$도 x의 식으로 변환해야 한다. 치환 $x = 2\sin t$을 가지고 삼각형을 그리면 [그림 5.37]이다.

[그림 5.37]을 사용하면 $\cot t = \frac{\sqrt{4-x^2}}{x}$이다.

그러므로 $\int \frac{1}{x^2\sqrt{4-x^2}}dx = -\frac{1}{4}\cot t + C = -\frac{\sqrt{4-x^2}}{4x} + C$, ($C$는 상수). ■

[예제 5.74] 다음 정적분 $\int_0^2 \frac{1}{(16-x^2)^{3/2}}dx$를 구하여라. [연습문제 5~6]

[풀이] 적분함수 $\frac{1}{(16-x^2)^{3/2}}$에 무리식 $\sqrt{16-x^2}$가 포함되어 있다.

변수치환으로 $x = 4\sin t, \ \left(-\frac{\pi}{2} \le t \le \frac{\pi}{2}\right)$라고 놓으면 $dx = 4\cos t dt$.

$$\sqrt{16-x^2} = \sqrt{16-16\sin^2 t} = 4\sqrt{1-\sin^2 t} = 4\sqrt{\cos^2 t} = 4|\cos t|$$

t의 정의구간 $\left[-\frac{\pi}{2}, \frac{\pi}{2}\right]$에서 $\cos t \ge 0$이므로 $\sqrt{16-x^2} = 4\cos t$.

이제 변수치환 $x = 4\sin t$와 구간 $\left[-\frac{\pi}{2}, \frac{\pi}{2}\right]$를 사용하여 구간의 변환을 알아보자.

$x = 0$일 때 $\sin t = 0$이므로 $t = 0$.

$x = 2$일 때 $\sin t = \frac{1}{2}$이므로 $t = \frac{\pi}{6}$.

그러므로 정적분의 치환적분으로 다음과 같이 구한다.

[주의] 정적분은 대입하여야 할 구간도 치환 변수에 따라서 변화되었으므로 그림을 사용하여 원래의 변수 x로 변화시킬 필요가 없이 변화된 적분 구간으로 미적분학의 기본 정리에 의하여 정적분의 값을 구한다.

$$\int_0^2 \frac{1}{(16-x^2)^{3/2}}dx = \int_0^{\frac{\pi}{6}} \frac{4\cos t}{(4\cos t)^3}dt = \int_0^{\frac{\pi}{6}} \frac{1}{16\cos^2 t}dt$$
$$= \frac{1}{16}\int_0^{\frac{\pi}{6}} \sec^2 t dt = \frac{1}{16}[\tan t]_0^{\frac{\pi}{6}}$$
$$= \frac{1}{16}\left(\frac{1}{\sqrt{3}} - 0\right) = \frac{1}{16\sqrt{3}}$$

그러므로 $\int_0^2 \frac{1}{(16-x^2)^{3/2}}dx = \frac{1}{16\sqrt{3}}$이다. ■

5.8.2 $\sqrt{a^2+x^2}$을 포함한 식의 적분

적분함수식이 $\sqrt{a^2+x^2}$ 형태를 포함하면 다음과 같은 변수치환을 한다.

$$x = a\tan t, \quad -\frac{\pi}{2} < t < \frac{\pi}{2}$$

이 치환은 $\left[x = a\tan t \Leftrightarrow t = \tan^{-1}\left(\frac{x}{a}\right)\right]$이므로 구간 $\left(-\frac{\pi}{2}, \frac{\pi}{2}\right)$이 중요하다.

이러한 변수치환을 하고 항등식 $\tan^2 t + 1 = \sec^2 t$을 사용하면

$$\begin{aligned}\sqrt{a^2+x^2} &= \sqrt{a^2+a^2\tan^2 t}\\ &= a\sqrt{1+\tan^2 t} \qquad\qquad a \ge 0\\ &= a\sqrt{\sec^2 t} = a\,|\sec t|.\end{aligned}$$

t의 정의구간 $\left(-\frac{\pi}{2}, \frac{\pi}{2}\right)$에서 $\sec t \ge 0$이므로

$\sqrt{a^2+x^2} = a\sqrt{\sec^2 t} = a\sec t = \dfrac{a}{\cos t}$.

[예제 5.75] 다음 적분을 구하여라. [연습문제 7~12]

(1) $\displaystyle\int \frac{1}{\sqrt{9+x^2}}dx$ (2) $\displaystyle\int_0^{3\sqrt{3}} \frac{1}{\sqrt{9+x^2}}dx$

[풀이] (1) 적분함수 $\dfrac{1}{\sqrt{9+x^2}}$에 무리식 $\sqrt{9+x^2}$이 포함되어 있다.

변수치환으로 $x = 3\tan t\left(-\frac{\pi}{2} < t < \frac{\pi}{2}\right)$라고 놓으면 $dx = 3\sec^2 t\,dt$.

$$\sqrt{9+x^2} = \sqrt{9+9\tan^2 t} = 3\sqrt{1+\tan^2 t} = 3\sqrt{\sec^2 t} = 3\,|\sec t|$$

t의 정의구간 $\left(-\frac{\pi}{2}, \frac{\pi}{2}\right)$이므로 $\sec t > 0$이고 $\sqrt{9+x^2} = 3\,|\sec t| = 3\sec t$.

그러므로 $\displaystyle\int \frac{1}{\sqrt{9+x^2}}dx = \int \frac{3\sec^2 t}{3\sec t}dt = \int \sec t\,dt$

$$= \ln|\sec t + \tan t| + C. \qquad (*)$$

부정적분 $\displaystyle\int \frac{1}{\sqrt{9+x^2}}dx$의 변수가 x이므로 $\ln|\sec t + \tan t| + C$도 변수 x의 식으로 변환해야 한다. 치환 $x = 3\tan t$으로 삼각형을 그리면 [그림 5.38]이다.

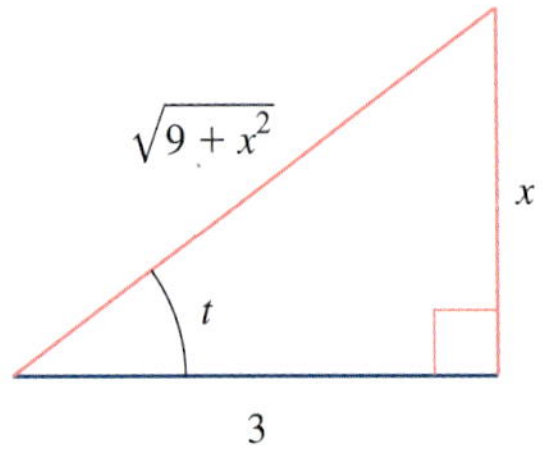

[그림 5.38] $x = 3\tan t,\ -\frac{\pi}{2} < t < \frac{\pi}{2}$

[그림 5.38]을 사용하면 $\sec t = \dfrac{\sqrt{9+x^2}}{3}$이고 $\tan t = \dfrac{x}{3}$이다.

그러므로 $\displaystyle\int \frac{1}{\sqrt{9+x^2}}dx = \ln|\sec t + \tan t| + C$

$$= \ln\left|\frac{\sqrt{9+x^2}}{3}+\frac{x}{3}\right|+C,\ (C\text{는 상수}).$$

(2) 식 (*)에 의해 $\displaystyle\int \frac{1}{\sqrt{9+x^2}}\,dx = \int \sec t\,dt = \ln|\sec t+\tan t| + C$이다.

정적분은 그림을 사용하지 않고 치환식에 의해서 적분 구간을 변환하자.

치환변수 $x=3\tan t\left(-\dfrac{\pi}{2}<t<\dfrac{\pi}{2}\right)$을 이용하여 구간의 변환을 알아보자.

$x=0$일 때 $\tan t=0$이므로 $t=0$.

$x=3\sqrt{3}$일 때 $\tan t=\sqrt{3}$이므로 $t=\dfrac{\pi}{3}$.

$$\int_0^{3\sqrt{3}} \frac{1}{\sqrt{9+x^2}}\,dx = \int_0^{\frac{\pi}{3}} \sec t\,dt = \left[\ln|\sec t+\tan t|\right]_0^{\frac{\pi}{3}}$$
$$= \ln\left(\sec\frac{\pi}{3}+\tan\frac{\pi}{3}\right)-\ln(\sec 0+\tan 0)$$
$$= \ln(2+\sqrt{3})$$

그러므로 $\displaystyle\int_0^{3\sqrt{3}} \frac{1}{\sqrt{9+x^2}}\,dx = \ln(2+\sqrt{3})$이다. ■

[예제 5.76] 다음 적분 $\displaystyle\int \frac{1}{(9x^2+6x+2)^{3/2}}\,dx$를 구하여라. [연습문제 13~14]

[풀이] 적분함수 $\dfrac{1}{(9x^2+6x+2)^{3/2}}$에 무리식 $\sqrt{9x^2+6x+2}$이 포함되어 있다. 완전제곱 형식으로 변환하면 $\sqrt{9x^2+6x+2}=\sqrt{(3x+1)^2+1}$이다.

변수치환으로 $3x+1=\tan t$, $\left(-\dfrac{\pi}{2}<t<\dfrac{\pi}{2}\right)$라고 놓으면 $3dx=\sec^2 t\,dt$.

$$\sqrt{9x^2+6x+2}=\sqrt{(3x+1)^2+1}=\sqrt{\tan^2 t+1}=\sqrt{\sec^2 t}=|\sec t|$$

t의 정의구간 $\left(-\dfrac{\pi}{2},\dfrac{\pi}{2}\right)$에서 $\cos t>0$이므로 $\sqrt{9x^2+6x+2}=|\sec t|=\sec t$.

그러므로 적분을 변수치환해서 구해보자.

$$\int \frac{1}{(9x^2+6x+2)^{3/2}}\,dx = \int \frac{1}{\left[(3x+1)^2+1\right]^{3/2}}\,dx$$
$$= \int \frac{1}{3}\frac{\sec^2 t}{\sec^3 t}\,dx$$
$$= \frac{1}{3}\int \frac{1}{\sec t}\,dt = \frac{1}{3}\int \cos t\,dt = \frac{1}{3}\sin t + C,\ (C\text{는 상수}).$$

$\displaystyle\int \frac{1}{(9x^2+6x+2)^{3/2}}\,dx$는 x의 식이므로 $\dfrac{1}{3}\sin t+C$도 x의 식으로 변환해야 한다. 치환 $3x+1=\tan t$로 삼각형을 그리면 [그림 5.39]이고

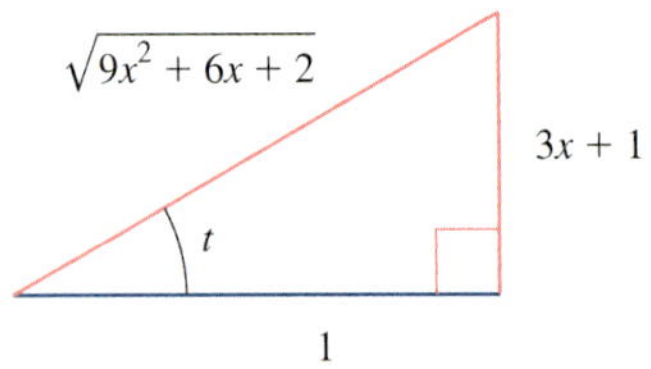

[그림 5.39] $3x+1=\tan t,\ -\dfrac{\pi}{2}<t<\dfrac{\pi}{2}$

$$\sin t=\frac{3x+1}{\sqrt{9x^2+6x+2}}.$$

그러므로

$$\int\frac{1}{(9x^2+6x+2)^{3/2}}dx=\frac{1}{3}\sin t+C=\frac{1}{3}\frac{3x+1}{\sqrt{9x^2+6x+2}}+C,\ (C\text{는 상수}).$$ ■

5.8.3 $\sqrt{x^2-a^2}$을 포함한 식의 적분

적분함수가 $\sqrt{x^2-a^2}$ 형태를 포함하는 경우 다음과 같은 변수치환을 사용한다.

$$x=a\sec t,\ 0\le t<\frac{\pi}{2}\ \text{또는}\ \frac{\pi}{2}<t\le\pi$$

또한 변수치환에서 보면

$$\left[x\ge a\Leftrightarrow 0\le t<\frac{\pi}{2}\right]\ \text{그리고}\ \left[x\le -a\Leftrightarrow \frac{\pi}{2}<t\le\pi\right].$$

$\left[x=a\sec t\Leftrightarrow t=\sec^{-1}\left(\dfrac{x}{a}\right)\right]$이므로 구간 $\left[0,\dfrac{\pi}{2}\right)$ 또는 $\left(\dfrac{\pi}{2},\pi\right]$이 중요하다.
항등식 $\sec^2 t-1=\tan^2 x$을 사용하면 다음과 같다.

$$\sqrt{x^2-a^2}=\sqrt{x^2-a^2\sec^2 t}=a\sqrt{\sec^2 t-1}=a\sqrt{\tan^2 t}=a|\tan t|$$

그러므로 $\sqrt{x^2-a^2}=a|\tan t|=\begin{cases}a\tan t, & 0\le t<\dfrac{\pi}{2}\text{인 경우}\\ -a\tan t, & \dfrac{\pi}{2}<t\le\pi\text{인 경우}\end{cases}.$

$\int\sqrt{x^2-a^2}\,dx$는 x의 구간에 따라서 적분이 달라지므로 정적분의 문제가 자주 주어진다. 정적분에서 주의할 점은 적분 구간이 0을 포함하지 않는다는 것이다.

[예제 5.77] 다음 적분을 구하여라. [연습문제 15~21]

(1) $\displaystyle\int_2^4\sqrt{x^2-4}\,dx$　　　(2) $\displaystyle\int_{-2\sqrt{2}}^{-2}\sqrt{x^2-4}\,dx$

[풀이] 적분하는 식에 $\sqrt{x^2-4}$가 포함되어 있다.

(1) 정적분 $\displaystyle\int_2^4\sqrt{x^2-4}\,dx$의 적분구간이 $2\le x\le 4$이다.
$2\le x$이므로 변수치환으로 $x=2\sec t,\ \left(0\le t<\dfrac{\pi}{2}\right)$라고 놓으면
$dx=2\sec t\tan t\,dt$.

$$\sqrt{x^2-4}=\sqrt{4\sec^2 t-4}=2\sqrt{\sec^2 t-1}=2\sqrt{\tan^2 t}=2|\tan t|$$

$0\le t<\dfrac{\pi}{2}$이므로 $\sqrt{x^2-4}=2|\tan t|=2\tan t$.
변수치환 $x=2\sec t$에 따른 구간의 변화를 살펴보면
$x=2$에서 $\sec t=1$이고 $\cos t=1$이므로 $t=0$.

$x=4$에서 $\sec t=2$이고 $\cos t=\frac{1}{2}$이므로 $t=\frac{\pi}{3}$.

$$\int_2^4 \sqrt{x^2-4}\,dx=\int_0^{\frac{\pi}{3}}(2\tan t)(2\sec t\tan t)dt=4\int_0^{\frac{\pi}{3}}\tan^2 t\sec t\,dt$$

$$=[\ln|\sec t+\tan t|]_0^{\frac{\pi}{3}}$$

$$=\ln|2+\sqrt{3}|-\ln 1=\ln(2+\sqrt{3}).$$

그러므로 $\int_2^4 \frac{1}{\sqrt{x^2-4}}dx=\ln(2+\sqrt{3})$.

(2) 정적분 $\int_{-2\sqrt{2}}^{-2}\frac{1}{\sqrt{x^2-4}}dx$의 적분구간이 $-2\sqrt{2}\le x\le -2$이다.

$x\le -2$이므로 변수치환으로 $x=2\sec t$, $\left(\frac{\pi}{2}<t\le\pi\right)$라고 놓으면

$dx=2\sec t\tan t\,dt$.

$\sqrt{x^2-4}=\sqrt{4\sec^2 t-4}=2\sqrt{\sec^2 t-1}=2\sqrt{\tan^2 t}=2|\tan t|$.

$\frac{\pi}{2}<t\le\pi$이므로 $\sqrt{x^2-4}=2|\tan t|=-2\tan t$.

변수치환 $x=2\sec t$에 따른 구간의 변화를 살펴보면

$x=-2\sqrt{2}$에서 $\sec t=-\sqrt{2}$이고 $\cos t=-\frac{1}{\sqrt{2}}$이므로 $t=\frac{3\pi}{4}$.

$x=-2$ 에서 $\sec t=-1$이고 $\cos t=-1$이므로 $t=\pi$.

$$\int_{-2\sqrt{2}}^{-2}\frac{1}{\sqrt{x^2-4}}dx=-\int_{\frac{3\pi}{4}}^{\pi}\sec t\,dt=-[\ln|\sec t+\tan t|]_{\frac{3\pi}{4}}^{\pi}$$

$$=-\ln|1|+\ln|\sqrt{2}+1|=\ln|\sqrt{2}+1|.$$

그러므로 $\int_{-2\sqrt{2}}^{-2}\frac{1}{\sqrt{x^2-4}}dx=\ln(\sqrt{2}+1)$. ■

[예제 5.78] 다음 적분을 구하여라. [연습문제 15~21]

(1) $\int_{\frac{4}{\sqrt{3}}}^{4}\frac{1}{\sqrt{x^2-4}}dx$ (2) $\int_{-4}^{-\frac{4}{\sqrt{3}}}\frac{1}{\sqrt{x^2-4}}dx$

[풀이] 적분하는 식에 $\sqrt{x^2-4}$가 포함되어 있다.

(1) 정적분 $\int_{\frac{4}{\sqrt{3}}}^{4}\frac{1}{\sqrt{x^2-4}}dx$의 적분구간이 $\frac{4}{\sqrt{3}}\le x\le 4$이다.

$2\le x$이므로 $x=2\sec t$, $\left(0\le t<\frac{\pi}{2}\right)$라고 놓으면 $dx=2\sec t\tan t\,dt$.

그러면 $\sqrt{x^2-4}=\sqrt{4\sec^2 t-4}=2\sqrt{\sec^2 t-1}=2\sqrt{\tan^2 t}=2|\tan t|$.

$0\le t<\frac{\pi}{2}$이므로 $\sqrt{x^2-4}=2|\tan t|=2\tan t$.

변수치환 $x=2\sec t$에 따른 구간의 변화를 살펴보면

$x=\dfrac{4}{\sqrt{3}}$에서 $\sec t=\dfrac{1}{\cos t}=\dfrac{2}{\sqrt{3}}$이므로 $t=\dfrac{\pi}{6}$.

$x=4$에서 $\sec t=2$이고 $\cos t=\dfrac{1}{2}$이므로 $t=\dfrac{\pi}{3}$.

그러므로 $\displaystyle\int_{\frac{4}{\sqrt{3}}}^{4}\frac{1}{\sqrt{x^2-4}}dx=\int_{\frac{\pi}{6}}^{\frac{\pi}{3}}\frac{2\sec t\tan t}{2\tan t}dt$

$$=\int_{\frac{\pi}{6}}^{\frac{\pi}{3}}\sec t dt\ =\left[\ln|\sec t+\tan t|\right]_{\frac{\pi}{6}}^{\frac{\pi}{3}}$$

$$=\ln|2+\sqrt{3}|-\ln\left|\frac{2}{\sqrt{3}}+\frac{1}{\sqrt{3}}\right|=\ln\left|\frac{2+\sqrt{3}}{\sqrt{3}}\right|.$$

그러므로 $\displaystyle\int_{\frac{4}{\sqrt{3}}}^{4}\frac{1}{\sqrt{x^2-4}}dx=\ln\left|\frac{2+\sqrt{3}}{\sqrt{3}}\right|$.

(2) 정적분 $\displaystyle\int_{-4}^{-\frac{4}{\sqrt{3}}}\frac{1}{\sqrt{x^2-4}}dx$의 적분구간이 $-4\le x\le-\dfrac{4}{\sqrt{3}}$이다.

$x\le-2$이므로 변수치환으로 $x=2\sec t$, $\left(\dfrac{\pi}{2}<t\le\pi\right)$라고 놓으면

$dx=2\sec t\tan t dt$.

$\sqrt{x^2-4}=\sqrt{4\sec^2 t-4}=2\sqrt{\sec^2 t-1}=2\sqrt{\tan^2 t}=2|\tan t|$.

$\dfrac{\pi}{2}<t\le\pi$이므로 $\sqrt{x^2-4}=2|\tan t|\ =\ -2\tan t$.

변수치환 $x=2\sec t$에 따른 구간의 변화를 살펴보면

$x=\ -4$에서 $\sec t=\dfrac{1}{\cos t}=\ -2$이므로 $t=\dfrac{2\pi}{3}$.

$x=\ -\dfrac{4}{\sqrt{3}}$에서 $\sec t=\dfrac{1}{\cos t}=\ -\dfrac{2}{\sqrt{3}}$이므로 $t=\dfrac{5\pi}{6}$.

$\displaystyle\int_{-4}^{-\frac{4}{\sqrt{3}}}\frac{1}{\sqrt{x^2-4}}dx=\ -\int_{\frac{4\pi}{3}}^{\frac{5\pi}{6}}\sec t dt$

$$=\ -\left[\ln|\sec t+\tan t|\right]_{\frac{2\pi}{3}}^{\frac{5\pi}{6}}$$

$$=\ -\ln\left|\frac{2}{\sqrt{3}}+\frac{1}{\sqrt{3}}\right|+\ln|2+\sqrt{3}|=\ln\left[\frac{2+\sqrt{3}}{\sqrt{3}}\right]$$

그러므로 $\displaystyle\int_{-4}^{-\frac{4}{\sqrt{3}}}\frac{1}{\sqrt{x^2-4}}dx=\ln\left[\frac{2+\sqrt{3}}{\sqrt{3}}\right]$. ■

연습문제

• Part 1

[1-4] 다음 부정적분을 구하여라. [예제 5.73]

1. $\int \sqrt{4-x^2}\,dx$
2. $\int \sqrt{1-4x^2}\,dx$
3. $\int \frac{1}{x^2\sqrt{9-x^2}}dx$
4. $\int \frac{1}{\sqrt{9-x^2}}dx$

[5-6] 다음 정적분을 구하여라. [예제 5.74]

5. $\int_0^{\frac{1}{2}} \frac{1}{(1-x^2)^2}dx$
6. $\int_0^{\frac{\sqrt{3}}{2}} \frac{4x^2}{(1-x^2)^{3/2}}dx$

[7-12] 다음 적분을 구하여라. [예제 5.75]

7. $\int \frac{1}{\sqrt{1+9x^2}}dx$
8. $\int_0^{\frac{1}{3}} \frac{1}{\sqrt{1+9x^2}}dx$
9. $\int \frac{1}{x^2\sqrt{4+x^2}}dx$
10. $\int_2^{\frac{2\sqrt{3}}{3}} \frac{1}{x^2\sqrt{4+x^2}}dx$
11. $\int \frac{\sqrt{1+x^2}}{x}dx$
12. $\int \frac{x^2}{\sqrt{4+x^2}}dx$

[13-14] 다음 적분을 구하여라. [예제 5.76]

13. $\int \frac{x}{\sqrt{x^2+6x+12}}dx$
14. $\int \frac{1}{\sqrt{x^2-6x+10}}dx$

[15-21] 다음 적분을 구하여라. [예제 5.77~5.78]

15. $\int \frac{1}{\sqrt{x^2-25}}dx$
16. $\int_5^{5\sqrt{2}} \frac{1}{\sqrt{x^2-25}}dx$
17. $\int_{-10}^{-5} \frac{1}{\sqrt{x^2-25}}dx$
18. $\int \frac{x^2}{\sqrt{x^2-9}}dx$
19. $\int_{-6}^{-3} \frac{x^2}{\sqrt{x^2-9}}dx$
20. $\int \frac{\sqrt{x^2-25}}{x}dx$
21. $\int_5^{5\sqrt{2}} \frac{\sqrt{x^2-25}}{x}dx$

• Part 2

[22-27] 다음 적분을 구하여라. [$\sqrt{a^2-x^2}$ 형태]

22. $\int \frac{\sqrt{1-x^2}}{x^4}dx$
23. $\int e^x\sqrt{1-e^{2x}}\,dx$
24. $\int \frac{\cos x}{\sqrt{2-\sin^2 x}}dx$
25. $\int \sqrt{3-2x-x^2}\,dx$
26. $\int_1^2 \frac{1}{\sqrt{4x-x^2}}dx$
27. $\int_0^1 5x^3\sqrt{1-x^2}\,dx$

[28-33] 다음 적분을 구하여라. [$\sqrt{a^2+x^2}$ 형태]

28. $\int \frac{x^3}{\sqrt{4+x^2}}dx$
29. $\int \frac{4}{(4+x^2)^2}dx$
30. $\int \frac{x}{\sqrt{1+x^4}}dx$
31. $\int_0^{\ln 4} \frac{e^x}{\sqrt{e^{2x}+9}}dx$
32. $\int_1^3 \frac{1}{x^4\sqrt{3+x^2}}dx$
33. $\int \frac{e^x}{\sqrt{1+e^x+e^{2x}}}dx$

[34-38] 다음 적분을 구하여라. [$\sqrt{x^2-a^2}$ 형태]

34. $\int \frac{1}{x^2\sqrt{x^2-9}}dx$

35. $\int \frac{1}{x\sqrt{x^2-9}}dx$

36. $\int \frac{1}{\sqrt{x^2-6x+5}}dx$

37. $\int \frac{x}{\sqrt{x^2-6x+5}}dx$

38. $\int_4^8 \frac{\sqrt{x^2-16}}{x^2}dx$

5.9 이상적분

정적분 $\int_a^b f(x)dx$의 정의를 복습해 보면 다음과 같은 두 가지 조건을 필수로 한다.

(1) 적분의 구간 $[a,b]$은 유계이고 닫힌 구간이다.

(2) 적분 함수 $f(x)$는 구간 $[a,b]$에서 유계이다. (즉, 최댓값과 최솟값이 있다.)

이번 절에서 위의 조건을 다음과 같이 완화하면서 정적분을 확장해 보자.

(1′) 적분 구간을 구간 (a,b), $(-\infty,b]$, $[a,\infty)$, 또는 $(-\infty,\infty)$으로 확장한다.

(예: $\int_0^\infty \frac{1}{1+x^2}dx$, $\int_{-\infty}^{-1} xe^{-x^2}dx$, $\int_{-\infty}^{\infty} x^2e^{-x^2}dx$)

(2′) 함수가 유계가 아닌 경우로 확장한다.

즉, $\lim_{x\to a+} f(x)=\infty$ 또는 $-\infty$이거나 $\lim_{x\to b-} f(x)=\infty$ 또는 $-\infty$.

(예: $\int_0^1 \frac{1}{\sqrt{x}}dx$, $\int_0^1 \ln(1-x)dx$)

- 조건 (1)과 (2)에서 정의된 $\int_a^b f(x)dx$을 정적분이라고 한다.
- 조건 (1′)과 (2′)에서 확장된 정적분은 정적분이 아니고 이상적분(improper integral)이라고 한다.

5.9.1 무한 구간에서의 이상적분

무한 구간 $[0,\infty)$ 위에서 연속인 함수 $f(x)=e^{-x}$을 잡자. $n>0$을 잡자. $A(n)$은 구간 $[0,n]$와 구간 $[0,n]$ 위의 함수 $f(x)=e^{-x}$의 그래프 사이에 놓인 영역의 넓이라고 하자. ([그림 5.40](a) 참고) 그러면 구간 $[0,n]$은 유계이고 닫힌 구간이고 $f(x)=e^{-x}$은 연속이므로 정적분이 존재하고 다음과 같다.

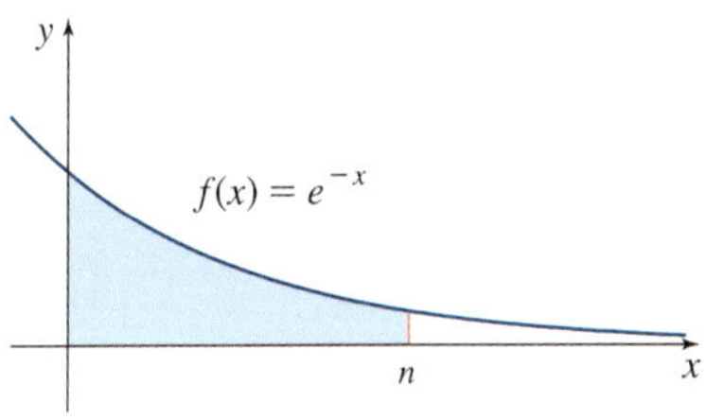

[그림 5.40](a) $A(n)=\int_0^n e^{-x}dx$

$$A(n)=\int_0^n e^{-x}dx=\left[-e^{-x}\right]_0^n=1-e^{-n}$$

무한 구간 $[0,\infty)$와 구간 $[0,\infty)$ 위의 함수 $f(x)=e^{-x}$의 그래프 사이에 놓인 영역의 넓이 A는 [그림 5.40](b)에서 볼 수 있다. n이 무한으로 커지면 극한 $\lim_{n\to\infty} A(n)=\lim_{n\to\infty}\int_0^n e^{-x}dx$가 넓이 A가 된다. 즉, 영역의 넓이 $A=\lim_{n\to\infty}A(n)=\lim_{n\to\infty}\int_0^n e^{-x}dx=\lim_{n\to\infty}\left[1-e^{-n}\right]=1$이다.

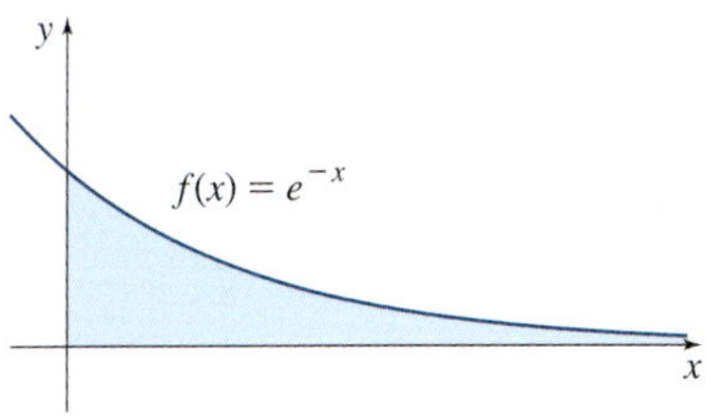

[그림 5.40](b) $\lim_{n\to\infty}\int_0^n e^{-x}dx$

즉, 극한 $\lim_{n\to\infty}A(n)=\lim_{n\to\infty}\int_0^n e^{-x}dx$가 존재하면 구간 $[0,\infty)$ 위에서 함수 $f(x)=e^{-x}$의 이상적분이 수렴한다고 한다.

[주의] 이상적분은 일반 정적분이 아니다. 이상적분은 정적분으로 구하지 않고 정적분의 극한으로 구해야 한다. 즉, 다음과 같은 기호는 쓰지 않아야 한다.

$$\int_0^{\infty} e^{-x}dx = [-e^{-x}]_0^{\infty} = -(e^{-\infty} - e^0) = 1$$

왜냐하면 ∞는 실수의 계산에서 사용하지 않기 때문이다.

이상적분은 극한으로 정의하므로
- 「이상적분이 수렴한다」는 「이상적분이 존재한다」와 같은 의미이다.
- 「이상적분이 발산한다」는 「이상적분이 존재하지 않는다」와 같은 의미이다.

[정의 5.9: 무한 구간에서의 이상적분 1]

(1) 함수 f가 구간 $[a, \infty)$에서 연속이고 극한 $\lim\limits_{b \to \infty} \int_a^b f(x)dx$가 존재하면

$$\int_a^{\infty} f(x)dx = \lim_{b \to \infty} \int_a^b f(x)dx$$

이때, **이상적분** $\int_a^{\infty} f(x)dx$**가 수렴한다**고 한다. ([그림 5.41](a) 참고)

(2) 함수 f가 구간 $(-\infty, b]$에서 연속이고 극한 $\lim\limits_{a \to -\infty} \int_a^b f(x)dx$가 존재하면

$$\int_{-\infty}^b f(x)dx = \lim_{a \to -\infty} \int_a^b f(x)dx$$

이때, **이상적분** $\int_{-\infty}^b f(x)dx$**가 수렴한다**고 한다. ([그림 5.41](b) 참고)

[정의 5.9]의 (1)과 (2)에서 극한이 존재하지 않으면 **이상적분이 발산한다**고 한다.

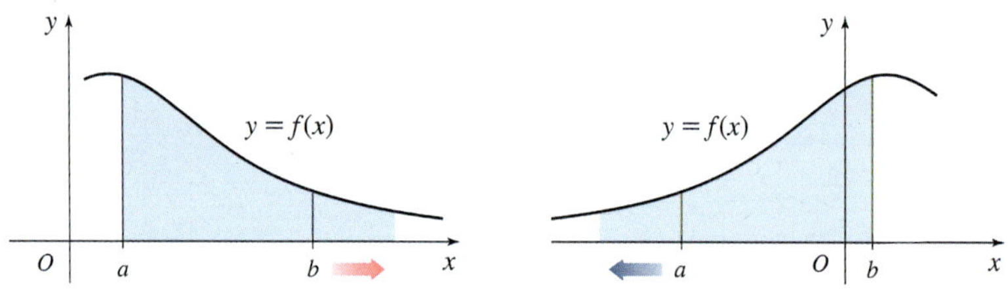

[그림 5.41](a) [그림 5.41](b)

[예제 5.78] 다음 이상적분의 수렴성을 판단하여라. [연습문제 1~8]

(1) $\int_1^{\infty} \frac{1}{x}dx$ (2) $\int_{-\infty}^0 e^x dx$ (3) $\int_0^{\infty} \sin x dx$

[풀이] (1) $b > 1$에 대하여 정적분 $\int_1^b \frac{1}{x}dx = [\ln|x|]_1^b = \ln b$이다.

$\lim\limits_{b \to \infty} \int_1^b \frac{1}{x}dx = \lim\limits_{b \to \infty} [\ln b] = \infty$이므로 $\lim\limits_{b \to \infty} \int_1^b \frac{1}{x}dx$는 발산한다.

그러므로 이상적분 $\int_1^{\infty} \frac{1}{x}dx$는 수렴하지 않는다.

(2) $a<0$에 대하여 정적분 $\int_a^0 e^x dx = [e^x]_a^0 = 1-e^a$.

$\lim\limits_{a\to-\infty}\int_a^0 e^x dx = \lim\limits_{a\to-\infty}[1-e^a] = 1-0 = 1$이고 $\lim\limits_{a\to-\infty}\int_a^0 e^x dx$는 수렴한다.

그러므로 이상적분 $\int_{-\infty}^0 e^x dx$는 수렴하고 $\int_{-\infty}^0 e^x dx = 1$이다.

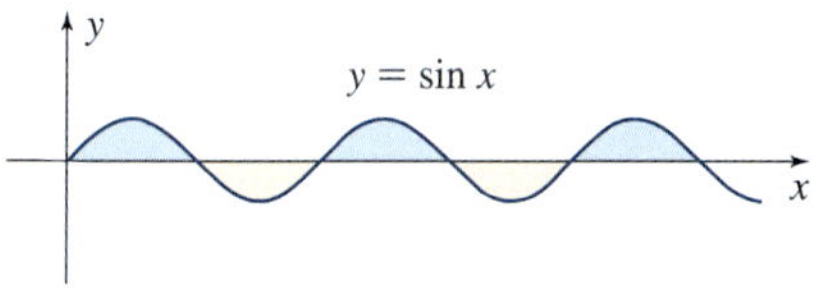

[그림 5.42]

(3) $b>0$에 대하여 정적분 $\int_0^b \sin x dx = [-\cos x]_0^b = -\cos b + 1$.

$\lim\limits_{b\to\infty}\int_0^b \sin x dx = \lim\limits_{b\to\infty}[1-\cos b]$는 존재하지 않는다.

그러므로 이상적분 $\int_0^{\infty}\sin x dx$은 수렴하지 않는다. ([그림 5.42] 참고) ■

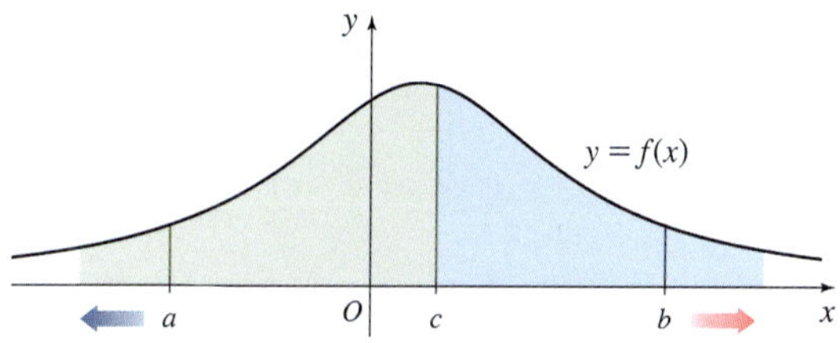

[그림 5.43]

[주의] 이상적분 $\int_{-\infty}^{\infty} f(x)dx$에서 임의의 실수 c에 대해서 $\int_{-\infty}^{c} f(x)dx$ 또는 $\int_c^{\infty} f(x)dx$ 중에서 하나라도 존재하지 않으면 이상적분 $\int_{-\infty}^{\infty} f(x)dx$는 존재하지 않는다.

[정의 5.10: 무한 구간에서의 이상적분 2] 함수 f가 실수 전체에서 연속이고 임의의 실수 c에 대하여 극한 $\int_{-\infty}^{c} f(x)dx$와 $\int_c^{\infty} f(x)dx$이 모두 존재하면

$$\int_{-\infty}^{\infty} f(x)dx = \int_{-\infty}^{c} f(x)dx + \int_c^{\infty} f(x)dx$$

이고 이상적분 $\int_{-\infty}^{\infty} f(x)dx$이 수렴한다고 한다. ([그림 5.43] 참고)

[예제 5.79] 이상적분 $\int_{-\infty}^{\infty}\frac{1}{1+x^2}dx$가 존재하는지를 판단하여라. [연습문제 9~10]

[풀이] $c=0$이고 이상적분 $\int_{-\infty}^{0}\frac{1}{1+x^2}dx$와 $\int_0^{\infty}\frac{1}{1+x^2}dx$의 수렴성을 알아보자.

$$\int_0^{\infty}\frac{1}{1+x^2}dx = \lim_{b\to\infty}\int_0^b \frac{1}{1+x^2}dx = \lim_{b\to\infty}[\tan^{-1}x]_0^b$$

$$= \lim_{b\to\infty}[\tan^{-1}b - \tan^{-1}0] = \frac{\pi}{2}$$

$$\int_{-\infty}^0\frac{1}{1+x^2}dx = \lim_{a\to-\infty}\int_a^0 \frac{1}{1+x^2}dx = \lim_{a\to-\infty}[\tan^{-1}x]_a^0$$

$$= \lim_{b\to\infty}[\tan^{-1}0 - \tan^{-1}a] = 0-\left(-\frac{\pi}{2}\right) = \frac{\pi}{2}$$

[주의] 두 개의 극한 $\int_{-\infty}^{0} \frac{1}{1+x^2}dx$와 $\int_{0}^{\infty} \frac{1}{1+x^2}dx$를 독립적으로 따로 계산을 해야 한다.

$\int_{-\infty}^{0} \frac{1}{1+x^2}dx$와 $\int_{0}^{\infty} \frac{1}{1+x^2}dx$가 모두 수렴하므로 이상적분 $\int_{-\infty}^{\infty} \frac{1}{1+x^2}dx$는 수렴하고 $\int_{-\infty}^{\infty} \frac{1}{1+x^2}dx = \int_{-\infty}^{0} \frac{1}{1+x^2}dx + \int_{0}^{\infty} \frac{1}{1+x^2}dx = \frac{\pi}{2} + \frac{\pi}{2} = \pi$이다. ■

* $p-$적분 $\int_{1}^{\infty} \frac{1}{x^p}dx$는 8장에서 매우 중요하게 사용되는 도구이다.

[예제 5.80: $p-$적분]* 다음 이상적분이 존재하는지를 판별하여라. [연습문제 11~14]

(1) $p \le 1$일 때 $\int_{1}^{\infty} \frac{1}{x^p}dx$ (2) $p > 1$일 때 $\int_{1}^{\infty} \frac{1}{x^p}dx$

[풀이]

(1) $p \le 1$이라고 하자.

(i) $p = 1$인 경우

$$\int_{1}^{\infty} \frac{1}{x}dx = \lim_{b \to \infty}\int_{1}^{b} \frac{1}{x}dx = \lim_{b \to \infty}[\ln x]_1^b = \lim_{b \to \infty}[\ln b] = \infty \text{이므로}$$

이상적분 $\int_{1}^{\infty} \frac{1}{x}dx$은 수렴하지 않는다.

(ii) $p < 1$인 경우

$$\int_{1}^{\infty} \frac{1}{x^p}dx = \lim_{b \to \infty}\int_{1}^{b} \frac{1}{x^p}dx = \lim_{b \to \infty}\left[\frac{x^{1-p}}{1-p}\right]_1^b = \frac{1}{1-p}\left[\lim_{b \to \infty}(b^{1-p} - 1)\right] = \infty$$

그러므로 이상적분 $\int_{1}^{\infty} \frac{1}{x^p}dx$은 존재하지 않는다.

(i)과 (ii)에 의해서 $p \le 1$일 때 이상적분 $\int_{1}^{\infty} \frac{1}{x^p}dx$는 수렴하지 않는다.

(2) $p > 1$이라고 하자.

$$\int_{1}^{\infty} \frac{1}{x^p}dx = \lim_{b \to \infty}\int_{1}^{b} \frac{1}{x^p}dx = \lim_{b \to \infty}\left[\frac{1}{(1-p)x^{p-1}}\right]_1^b$$
$$= \frac{1}{1-p}\lim_{b \to \infty}\left[\frac{1}{b^{p-1}} - 1\right] = \frac{1}{1-p}(0-1) = \frac{1}{p-1}$$

그러므로 이상적분 $\int_{1}^{\infty} \frac{1}{x^p}dx$은 수렴하고 $p > 1$일 때 $\int_{1}^{\infty} \frac{1}{x^p}dx = \frac{1}{p-1}$. ■

다음 이상적분은 나중에 유용하게 사용될 내용이므로 잘 살펴보자.

[정리 5.16: $p-$적분] 실수 $a > 0$에 대하여

(1) $p \le 1$일 때 이상적분 $\int_{a}^{\infty} \frac{1}{x^p}dx$는 수렴하지 않는다.

(2) $p > 1$일 때 이상적분 $\int_{a}^{\infty} \frac{1}{x^p}dx = \frac{a^{1-p}}{p-1}$이고 수렴한다.

5.9.2 유계가 아닌 함수의 이상적분

함수 f가 닫힌 구간이 아닌 구간 $[a,b)$ 또는 구간 $(a,b]$ 위에서 연속이지만 유계가 아닌 경우를 살펴보자.

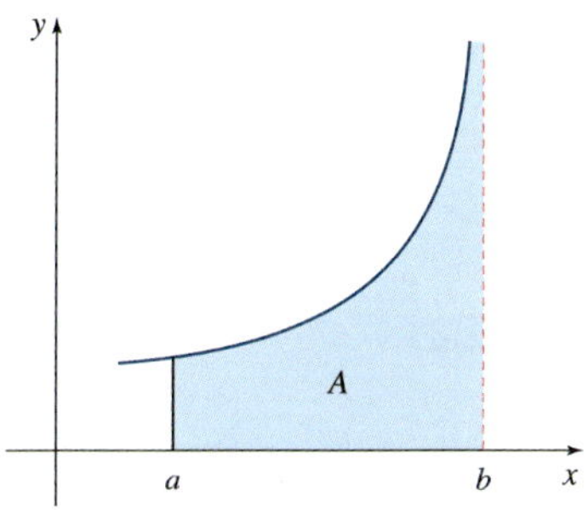

[그림 5.44](a) 넓이 A

구간 $[a,b)$에서 함수 f가 유계가 아니라고 하자. 즉, $\lim_{x\to b-} f(x)=\infty$ 또는 $-\infty$. 그러므로 수직점근선의 정의에 의해 $x=b$는 함수 f의 수직점근선이다. ([그림 5.44](a) 참고) 연속함수 $f\geq 0$인 경우 구간 $[a,b)$와 구간 $[a,b)$ 위의 함수 f의 그래프 사이에 놓인 영역의 넓이 A를 구할 수 있는지 알아보자.

$a<k<b$일 때 유계이고 닫힌 구간 $[a,k]$에서 함수 f가 연속이므로 함수 f는 구간 $[a,k]$에서 정적분가능하다. 구간 $[a,k]$와 구간 $[a,k]$ 위의 함수 f의 그래프 사이에 놓인 영역의 넓이 $A(k)$는 다음과 같다. ([그림 5.44](b) 참고)

$$A(k)=\int_a^k f(x)dx$$

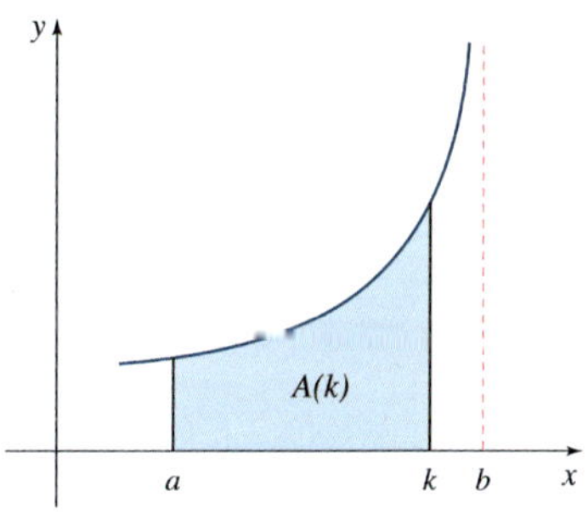

[그림 5.44](b) 면적 $A(k)$

$k<b$인 k가 b로 점점 다가갈 때 구간 $[a,k]$와 구간 $[a,k]$ 위의 함수 f의 그래프 사이에 놓인 넓이 $A(k)$의 극한이 존재하면 극한값이 구간 $[a,b)$ 위의 함수 f의 그래프 아래 영역의 넓이 A로 다가간다. ([그림 5.44](a) 참고)

$$\lim_{k\to b-} A(k)=\lim_{k\to b-}\int_a^k f(x)dx=\int_a^b f(x)dx=A$$

이 경우 구간 $[a,b)$에서 함수 f의 **이상적분** $\int_a^b f(x)dx$**이 수렴한다고** 한다.

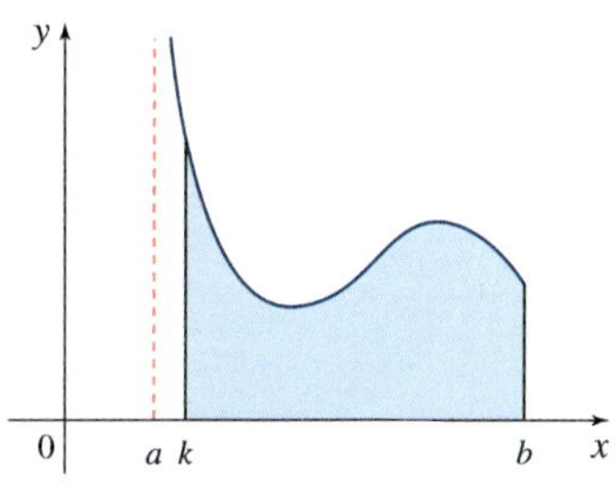

[그림 5.45]

비슷하게 구간 $(a,b]$ 위에서 연속인 함수가 유계가 아니라고 하자. 즉, $\lim_{x\to a+} f(x)=\infty$ 또는 $-\infty$. 그러므로 $x=a$는 함수 f의 수직점근선이다. ([그림 5.45] 참고) $a<k<b$일 때 유계이고 닫힌 구간 $[k,b]$에서 함수 f가 연속이므로 함수 f는 구간 $[k,b]$에서 정적분이 존재하고 다음과 같다. ([그림 5.45] 참고)

$$A(k)=\int_k^b f(x)dx$$

[그림 5.45]에서 보면 $a<k$이고 k가 a로 다가갈 때 $A(k)$가 다음과 같이 수렴하면

$$\lim_{k\to a+} A(k)=\lim_{k\to a+}\int_k^b f(x)dx=\int_a^b f(x)dx.$$

이 경우에 구간 $[a,b)$에서 함수 f의 **이상적분** $\int_a^b f(x)dx$**이 수렴한다고** 한다.

일반적으로 기호 $\int_a^b f(x)dx$에 대하여

① 함수 f가 닫힌 구간 $[a,b]$에서 연속이면 기호 $\int_a^b f(x)dx$는 정적분이다.

② 함수 f가 구간 $(a,b]$ 또는 $[a,b)$에서 연속이면 즉, 경계인 $x=a$ 또는 $x=b$에서 연속이 아니면 기호 $\int_a^b f(x)dx$는 정적분이 아니고 이상적분이므로 극한으로 구해야 한다.

[정의 5.11: 유계가 아닌 함수의 이상적분]

(1) 구간 $(a,b]$ 위의 연속함수 f가 유계가 아니고 다음 극한이 존재하면

$$\lim_{k \to a+} \int_k^b f(x)dx = \int_a^b f(x)dx$$

이상적분 $\int_a^b f(x)dx$가 수렴한다고 한다.

(2) 구간 $[a,b)$ 위의 연속함수 f가 유계가 아니고 다음 극한이 존재하면

$$\lim_{k \to b-} \int_a^k f(x)dx = \int_a^b f(x)dx$$

이상적분 $\int_a^b f(x)dx$가 수렴한다고 한다.

[정의 5.11] (1)과 (2)에서 극한이 존재하지 않으면 이상적분이 발산한다고 한다.

[예제 5.81] 이상적분 $\int_0^1 \frac{1}{\sqrt{x}}dx$의 수렴성을 판별하여라. [연습문제 15~16]

[풀이] 함수 $f(x)=\frac{1}{\sqrt{x}}$은 구간 $(0,1]$에서 연속이므로 구간 $(0,1]$ 위의 이상적분 $\int_0^1 \frac{1}{\sqrt{x}}dx$의 수렴성을 알아보자.

$0<k<1$일 때 구간 $[k,1]$ 위에서 함수 $f(x)=\frac{1}{\sqrt{x}}$가 연속이므로 정적분가능하다.

$$\int_k^1 \frac{1}{\sqrt{x}}dx = [2\sqrt{x}]_k^1 = 2-2\sqrt{k}$$

이상적분의 수렴성을 알아보기 위하여 $x=0$에서의 $\int_k^1 \frac{1}{\sqrt{x}}dx$의 우극한을 구해보자.

$$\lim_{k \to 0+} \int_k^1 \frac{1}{\sqrt{x}}dx = \lim_{k \to 0+}(2-2\sqrt{k}) = 2$$

그러므로 이상적분 $\int_0^1 \frac{1}{\sqrt{x}}dx$는 수렴하고 $\int_0^1 \frac{1}{\sqrt{x}}dx = \lim_{k \to 0+} \int_k^1 \frac{1}{\sqrt{x}}dx = 2$. ■

[예제 5.82] 이상적분 $\int_0^{\frac{\pi}{2}} \tan x dx$의 수렴성을 판별하여라. [연습문제 17~18]

[풀이] 함수 $f(x)=\tan x$는 구간 $[0, \frac{\pi}{2})$에서 연속이고 $x=\frac{\pi}{2}$에서 함수가 정의되지 않는다.

$0 < k < \frac{\pi}{2}$일 때 유계이고 닫힌 구간 $[0, k]$에서 함수 $f(x) = \tan x$가 연속이므로 정적분가능하다.

정적분 $\int_0^k \tan x\,dx$를 구해보자.

$$\int_0^k \tan x\,dx = [-\ln|\cos x|]_0^k = -\ln|\cos k| + 0 = -\ln|\cos k|$$

이상적분의 수렴성을 위하여 $x = \frac{\pi}{2}$에서의 좌극한을 구하면 다음과 같다.

$$\lim_{k \to \frac{\pi}{2}-} \int_0^k \tan x\,dx = \lim_{k \to \frac{\pi}{2}-} [-\ln|\cos x|]_0^k = \lim_{k \to \frac{\pi}{2}-} \ln|\cos k| = -\infty$$

그러므로 이상적분 $\int_0^{\frac{\pi}{2}} \tan x\,dx$은 발산한다. ■

연습문제

• **Part I**

[1-8] 다음 이상적분의 수렴성을 판별하여라. [예제 5.78]

1. $\int_3^{\infty} \frac{1}{x-2}dx$
2. $\int_{-\infty}^{-1} \frac{1}{x}dx$
3. $\int_1^{\infty} \frac{1}{(2x+1)^2}dx$
4. $\int_0^{\infty} e^{-x}dx$
5. $\int_{-1}^{\infty} e^{-2x}dx$
6. $\int_{-\infty}^{1} 2xe^{x^2}dx$
7. $\int_0^{\infty} \cos x\,dx$
8. $\int_0^{\infty} \sin 2x\,dx$

[9-10] 다음 이상적분의 수렴성을 판별하여라. [예제 5.79]

9. $\int_{-\infty}^{\infty} \frac{x}{1+x^4}dx$
10. $\int_{-\infty}^{\infty} \frac{e^x}{1+e^{2x}}dx$

[11-14] 다음 이상적분을 구하여라. [예제 5.80]

11. $\int_1^{\infty} \frac{1}{x^2}dx$
12. $\int_1^{\infty} \frac{2}{x^3}dx$
13. $\int_1^{\infty} \frac{1}{\sqrt{x}}dx$
14. $\int_1^{\infty} \frac{5}{\sqrt[3]{x}}dx$

[15-16] 다음 이상적분을 구하여라. [예제 5.81]

15. $\int_1^{5} \frac{1}{\sqrt{x-1}}dx$
16. $\int_0^{1} \frac{1}{\sqrt[3]{x}}dx$

[17-18] 다음 이상적분의 수렴성을 판별하여라. [예제 5.82]

17. $\int_0^{\frac{\pi}{2}} \sec x\,dx$
18. $\int_0^{1} \frac{1}{x}dx$

• Part 2

[19-30] 다음 이상적분의 수렴성을 판별하여라.

19. $\int_{3}^{\infty} \frac{2}{x^2-1} dx$

20. $\int_{-\infty}^{1} 2xe^{x^2} dx$

21. $\int_{-1}^{1} \frac{e^x}{e^x-1} dx$

22. $\int_{0}^{1} \frac{1}{\sqrt{1-x^2}} dx$

23. $\int_{0}^{\frac{\pi}{2}} \cot x dx$

24. $\int_{0}^{\infty} (1-\tan^{-1}x) dx$

25. $\int_{0}^{1} x \ln x dx$

26. $\int_{2}^{\infty} \frac{1}{\ln x} dx$

27. $\int_{0}^{1} \ln x dx$

28. $\int_{1}^{\infty} \frac{\ln x}{x} dx$

29. $\int_{0}^{3} \frac{1}{x-1} dx$

30. $\int_{-\infty}^{\infty} \frac{1}{\sqrt{x^2+2}} dx$

[31-32] 아래 영역을 그리고 유한값인 경우 넓이를 구하여라.

31. $M = \{(x, y) \mid x \le 1,\ 0 \le y \le e^x\}$

32. $M = \left\{(x, y) \mid 0 \le x,\ 0 \le y \le \frac{x}{x^2+1}\right\}$

적분의 응용

CHAPTER 6

5장에서 정적분의 정의와 성질을 다음과 같이 살펴보았다.
함수 f가 유계이고 닫힌 구간 $[a, b]$에서 연속이라고 하자.

(1) f는 구간 $[a, b]$에서 정적분 가능하고 $f \geq 0$인 경우 정적분은 구간 $[a, b]$와 f의 그래프 사이 영역의 넓이를 의미한다. 즉, a에서 b까지 f의 정적분은 구간 $[a, b]$에서 함수 f에 대한 리만합의 극한이다.

$$\int_a^b f(x)dx = \lim_{n \to \infty} \sum_{i=1}^{n} f(t_i)\Delta x, \quad \left(\Delta x = \frac{b-a}{n}\right)$$

이러한 정적분의 정의는 정적분의 의미를 말해 주고 있다. 리만합 $\sum_{i=1}^{n} f(t_i)\Delta x$는 잘게 잘라진 작은 직사각형 넓이의 합이고 정적분은 리만합의 극한이다. 그러므로 정적분은 주어진 영역의 넓이와 매우 관련이 있다.

(2) 함수 F를 열린 구간 (a, b)에서 연속인 f의 역도함수라고 하면

$$\int_a^b f(x)dx = F(b) - F(a).$$

이것은 미적분학의 기본정리로 정적분의 실질적인 계산 방법을 제시하고 있다.

6장에서는 정적분이 응용 분야에서 자주 나타나는 기하학의 문제를 해결하는 데 어떻게 사용되는지를 알아본다. 즉, 평면에서의 도형의 넓이, 공간에서의 입체의 부피 그리고 곡선의 길이를 구하는 문제를 정적분으로 다룰 것이다.
넓이, 부피, 길이 등을 구하는 문제는 겉으로 보기에는 다르게 보이지만 넓이, 부피 그리고 길이 등의 양을 측정하는 방법적인 면에서 보면 공통점을 찾을 수 있다. 넓이든지 부피든지 길이든지 작은 기본 영역으로 잘게 자르고 리만합을 구하고 리만합의 극한을 구하면서 정적분의 공식으로 유도한다.

6.1 넓이: 두 곡선으로 둘러싸인 영역

평면곡선은 일반적으로 방정식 $F(x,y)=0$의 그래프이다. 함수 f가 주어졌을 때 f의 그래프도 평면곡선이다.
방정식 $F(x,y)=y-f(x)$라고 놓으면 다음은 같은 의미이다.
- 함수 f의 그래프
- 방정식 $y=f(x)$의 그래프
- 방정식 $F(x,y)=0$의 그래프

6.1.1 x축 분할에 의한 두 곡선 사이에 놓인 영역의 넓이

x축 위의 유계이고 닫힌 구간 $[a,b]$에서 연속인 두 함수 f와 g가 구간 $[a,b]$의 모든 x에 대하여 $g(x)\le f(x)$라고 하자. 구간 $[a,b]$ 위의 두 함수 f와 g의 그래프 사이에 놓인 영역 R의 넓이 A를 구해보자. ([그림 6.1](a) 참고)

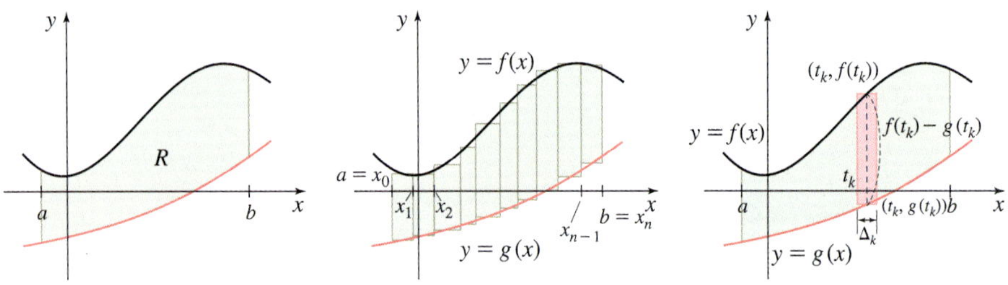

[그림 6.1](a) [그림 6.1](b) [그림 6.1](c)

구간 $[a,b]$에서 연속인 함수는 구간 $[a,b]$에서 정적분가능하다.
정의역 구간 $[a,b]$의 분할 $P=\{a=x_0,\ x_1,\ x_2,\ \cdots,x_k,\ \cdots,\ x_n=b\}$을 잡고 n개의 작은 구간을 밑변으로 하는 n개의 작은 직사각형을 만든다. ([그림 6.1](b) 참고)
k번째 작은 직사각형의 넓이는 다음과 같다.

$$\text{높이}\times\text{밑변의 길이}=[f(t_k)-g(t_k)]\Delta_k$$

이 때, $\Delta_k=x_k-x_{k-1}$이고 $x_{k-1}\le t_k\le x_k$이다. ([그림 6.1](c) 참고)
n개의 작은 직사각형 넓이의 합 $\sum_{k=1}^{n}[f(t_k)-g(t_k)]\Delta_k$은 구간 $[a,b]$ 위의 분할 P에 대한 연속함수 $f(x)-g(x)$의 리만합이다. 구간 $[a,b]$ 위의 분할 P를 무한히 세분하면 리만합 $\sum_{k=1}^{n}[f(t_k)-g(t_k)]\Delta_k$의 극한은 수렴하고 리만합의 극한은 다음 정적분으로 표현된다.

$$\lim_{\|P\|\to 0}\sum_{k=1}^{n}[f(t_k)-g(t_k)]\Delta_k=\int_a^b(f(x)-g(x))dx$$

n개의 작은 직사각형 넓이의 합 $\sum_{k=1}^{n}[f(t_k)-g(t_k)]\Delta_k$은 구간 $[a,b]$에서 두 함수 f와 g 사이의 영역 R의 넓이 A에 근사한다. 그러므로 분할 P를 무한히 세분하면 n개의 작은 직사각형 넓이의 합 $\sum_{k=1}^{n}[f(t_k)-g(t_k)]\Delta_k$의 극한은 영역 R의 넓이 A가 된다. 즉,

$$A=\lim_{\|P\|\to 0}\sum_{k=1}^{n}[f(t_k)-g(t_k)]\Delta_k.$$

그러므로 두 함수 f와 g가 구간 $[a,b]$에서 $g(x) \le f(x)$이면 영역 R의 넓이 A는 다음과 같이 구간 $[a,b]$ 위의 정적분으로 표현된다.

$$\text{넓이 } A = \lim_{\|P\| \to 0} \sum_{k=1}^{n} [f(t_k) - g(t_k)]\Delta_k$$
$$= \lim_{\|P\| \to 0} \sum_{k=1}^{n} [f(t_k) - g(t_k)]\Delta_k = \int_a^b (f(x) - g(x))dx$$

일반적으로 주어진 함수 f와 g의 그래프로 둘러싸인 영역으로 적분구간이 주어지지 않는 경우 다음 두 가지를 알아보는 것이 중요하다.

- 두 그래프가 만나는 점을 찾아서 적분구간을 구한다.
- 교점 사이에서 두 그래프 중에서 어느 그래프가 위에 있는지를 판별한다.

- $f(x) - g(x) \ge 0$인 경우 $f(x) - g(x)$가 작은 직사각형의 높이가 된다.
- $f(x) - g(x) \le 0$인 경우 $g(x) - f(x)$가 작은 직사각형의 높이가 된다.

그러므로 $|f(x) - g(x)|$가 작은 직사각형의 높이다.

구간 $[a,b]$에서 함수 f와 g의 그래프 사이의 영역의 넓이 A는 다음과 같다.

$$A = \int_a^b |f(x) - g(x)|dx^*$$

[정리 6.1: 두 곡선 사이의 영역의 넓이 1] 구간 $[a,b]$에서 연속인 두 함수 f와 g에 대하여 구간 $[a,b]$에서 두 함수 $y = f(x)$와 $y = g(x)$의 그래프 사이에 놓인 영역의 넓이 A는 다음과 같다.

$$A = \int_a^b |f(x) - g(x)|dx$$

두 함수 f와 g의 그래프 사이에 놓인 영역의 넓이를 구할 경우 적분구간에서 $g(x) \le f(x)$인 구간과 $f(x) \le g(x)$인 구간을 알아보는 것을 우선해야 한다.

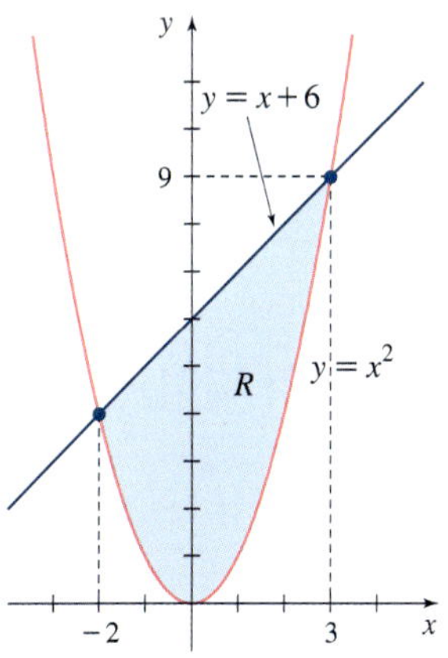

[그림 6.2] $x + 6 \ge x^2$의 영역

[예제 6.1] $y = x^2$과 $y = x + 6$으로 둘러싸인 영역 R의 넓이 A를 구하여라. [연습문제 11~13]

[풀이] 우선 두 방정식 $y = x^2$과 $y = x + 6$의 그래프가 만나는 점을 구하자.

$$x^2 = x + 6\text{이고 } x^2 - x - 6 = (x+2)(x-3) = 0$$

그러므로 $x = -2$과 $x = 3$에서 두 그래프는 만난다. [그림 6.2]에서 두 함수의 그래프를 보면 구간 $[-2, 3]$에서 $x + 6 \ge x^2$이다.
x축의 구간 $[-2, 3]$에서 두 함수 $y = x^2$와 $y = x + 6$의 그래프로 둘러싸인 영역 R의 넓이 A를 구하면 다음과 같다.

$$A=\int_{-2}^{3}((x+6)-x^2)\,dx=\left[\frac{x^2}{2}+6x-\frac{x^3}{3}\right]_{-2}^{3}$$
$$=\frac{1}{2}(9-4)+6(3-(-2))-\frac{1}{3}(27-(-8))$$
$$=\frac{125}{6}$$

그러므로 두 곡선으로 둘러싸인 영역 R의 넓이 A는 $\frac{125}{6}$이다. ■

[예제 6.2] 구간 $[0, 2\pi]$에서 $y=\sin x$와 $y=\cos x$의 그래프 사이의 영역 R이 [그림 6.3]과 같이 주어졌다. 영역 R의 넓이 A를 구하여라. [연습문제 14~17]

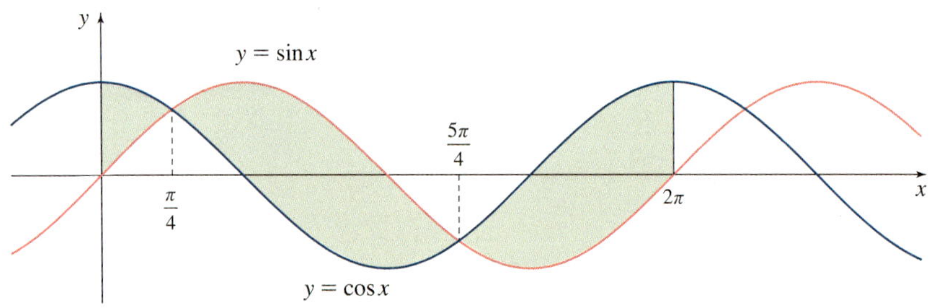

[그림 6.3]

[풀이] [그림 6.3]을 보면 구간 $[0, \frac{\pi}{2}]$와 구간 $[\frac{5\pi}{4}, 2\pi]$에서 $\sin x \le \cos x$이고 구간 $[\frac{\pi}{2}, \frac{5\pi}{4}]$에서 $\cos x \le \sin x$. 그러므로 넓이 A는 다음과 같다.

$$A=\int_{0}^{2\pi}|\cos x-\sin x|\,dx$$
$$=\int_{0}^{\frac{\pi}{4}}(\cos x-\sin x)\,dx+\int_{\frac{\pi}{4}}^{\frac{5\pi}{4}}(\sin x-\cos x)\,dx+\int_{\frac{5\pi}{4}}^{2\pi}(\cos x-\sin x)\,dx$$
$$=[\sin x+\cos x]_{0}^{\frac{\pi}{4}}+[-\cos x-\sin x]_{\frac{\pi}{4}}^{\frac{5\pi}{4}}+[\sin x+\cos x]_{\frac{5\pi}{4}}^{2\pi}$$
$$=(\sqrt{2}-1)+(\sqrt{2}+\sqrt{2})+(1+\sqrt{2})$$
$$=4\sqrt{2}.$$
■

[주의] 곡선의 함수방정식 표현
- 정의역이 x축인 함수 f의 식으로 표현되는 경우 곡선 $y=f(x)$으로 표현되고
- 정의역이 y축인 함수 g의 식으로 표현되는 경우 곡선 $x=g(y)$으로 표현된다.

6.1.2 y축 분할에 의한 두 곡선 사이에 놓인 영역의 넓이

두 곡선으로 둘러싸인 영역 R이 [그림 6.4]와 같이 주어졌다. [그림 6.3]에서의 영역과 비슷하지만 90도 회전하여 x축과 y축이 바뀌어진 모양이다. 곡선이 x의 함수의 그래프가 아니고 정의역이 y축인 함수의 그래프로 표현된다. 영역 R은 y축의 구간 $[c, d]$ 위의 두 함수 $x=f(y)$와 $x=g(y)$의 그래프 사이에 놓여 있다.

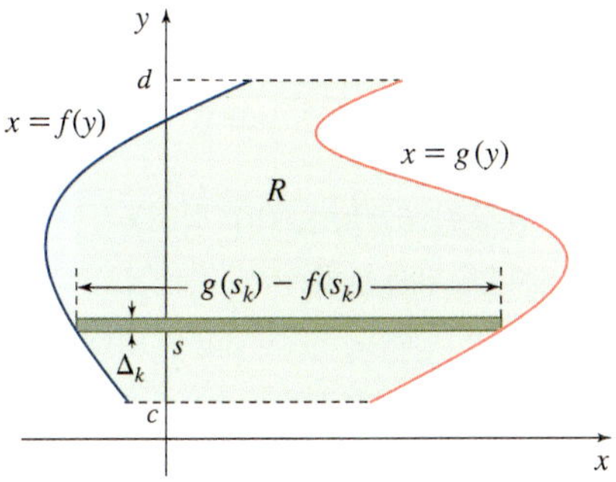

[그림 6.4]

([그림 6.4] 참고) 즉, 두 곡선 $x=f(y)$와 $x=g(y)$ 사이에 놓인 영역을 의미한다. 정의역인 y축 위의 구간 $[c,d]$의 분할 $P=\{c=y_0<y_1<\cdots<y_n=d\}$에 의해서 구간 $[c,d]$를 n개의 작은 구간으로 분할하자. n개의 작은 직사각형에서 밑변의 길이는 $\Delta_k=|y_k-y_{k-1}|$이고 높이는 $|g(s_k)-f(s_k)|$이므로

$$\text{작은 직사각형의 넓이} = |g(s_k)-f(s_k)|\cdot\Delta_k$$

이때, $\Delta_k=y_k-y_{k-1}$이고 s_k는 작은 구간 $[y_{k-1},y_k]$에 있는 점이다.
n개의 작은 직사각형 넓이의 합 $\sum_{k=1}^{n}|g(s_k)-f(s_k)|\Delta_k$은 구간 $[c,d]$ 위의 분할 P에 대한 연속함수 $|g(y)-f(y)|$의 리만합이다. 구간 $[c,d]$ 위의 분할 P를 무한히 세분하면 리만합 $\sum_{k=1}^{n}|g(s_k)-f(s_k)|\Delta_k$의 극한은 수렴하고 리만합의 극한은 다음 정적분으로 표현된다.

$$\lim_{\|t\|\to 0}\sum_{k=1}^{n}|g(s_k)-f(s_k)|\Delta_k=\int_a^b|g(y)-f(y)|dy$$

n개의 작은 직사각형 넓이의 합 $\sum_{k=1}^{n}|g(s_k)-f(s_k)|\Delta_k$은 구간 $[c,d]$에서 두 함수 f와 g의 그래프 사이의 영역 R의 넓이 A에 근사한다. 그러므로 분할 P를 무한히 세분하면 n개의 작은 직사각형 넓이의 합 $\sum_{k=1}^{n}|g(s_k)-f(s_k)|\Delta_k$의 극한은 영역 R의 넓이 A가 된다. 즉,

$$A=\lim_{\|t\|\to 0}\sum_{k=1}^{n}|g(s_k)-f(s_k)|\Delta_k.$$

그리고 함수 f와 g의 그래프 사이의 영역 R의 넓이 A는 구간 $[a,b]$ 위의 정적분으로 다음과 같이 표현된다.

$$A=\int_a^b|g(y)-f(y)|dy$$

[정리 6.2: 두 곡선 사이의 영역의 넓이 2] y축 위의 구간 $[c,d]$에서 연속인 두 함수 f와 g에 대하여 구간 $[c,d]$에서 두 곡선 $x=f(y)$와 $x=g(y)$ 사이에 놓인 영역의 넓이 A는 다음과 같다.

$$A=\int_c^d|g(y)-f(y)|dy$$

[예제 6.3] 두 함수 $x=y^2$과 $y=x-2$로 둘러싸인 영역의 넓이 A를 다음과 같이 두 가지 방법으로 구해보자.

[풀이] 우선 두 그래프의 교점을 구하면

$$y^2 = y - 2 \text{이고 } (y+1)(y-2) = 0 \text{이므로 } y = -1 \text{이고 } y = 2.$$

교점을 좌표로 표시하면 $(1, -1)$이고 $(4, 2)$이다. ([그림 6.5](a), (b) 참고)
두 함수로 둘러싸인 영역의 넓이 A를 2가지 방법으로 구해보자.

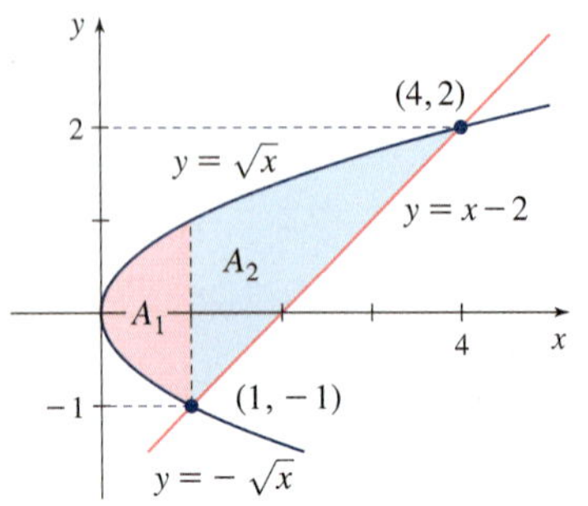

[그림 6.5](a)

(1) 정의역을 x축으로 놓고 [정리 6.1: 두 곡선 사이의 영역의 넓이 1]에 의해 x에 대한 함수의 그래프로 둘러싸인 영역의 넓이 A를 구한다.
정의역 x축 위의 구간 $[0, 4]$에서 3개의 함수 $y = \sqrt{x}$, $y = -\sqrt{x}$, $y = x - 2$의 그래프로 둘러싸인 영역이라고 하자. ([그림 6.5](a) 참고)
넓이 A는 A_1와 A_2의 합으로 볼 수 있다.
A_1은 x축의 구간 $[0, 1]$에서 위는 $y = \sqrt{x}$이고 아래는 $y = -\sqrt{x}$의 그래프로 둘러싸인 영역의 넓이이고 A_2는 x축의 구간 $[1, 4]$에서 위는 $y = \sqrt{x}$이고 아래는 $y = x - 2$의 그래프로 둘러싸인 영역의 넓이이다. 그러므로 넓이 A_1와 넓이 A_2를 각각 구해보자.

$$A_1 = \int_0^1 [\sqrt{x} - (-\sqrt{x})]\,dx = 2\int_0^1 \sqrt{x}\,dx = 2\left[\frac{2}{3}x^{3/2}\right]_0^1 = \frac{4}{3}$$

$$A_2 = \int_1^4 [\sqrt{x} - (x-2)]\,dx = \left[\frac{2}{3}x^{3/2} - \frac{1}{2}x^2 + 2x\right]_0^4$$

$$= \left(\frac{16}{3} - \frac{2}{3}\right) - \left(8 - \frac{1}{2}\right) + (8 - 2) = \frac{19}{6}$$

그러므로 넓이 $A = A_1 + A_2 = \frac{4}{3} + \frac{19}{6} = \frac{9}{2}$.

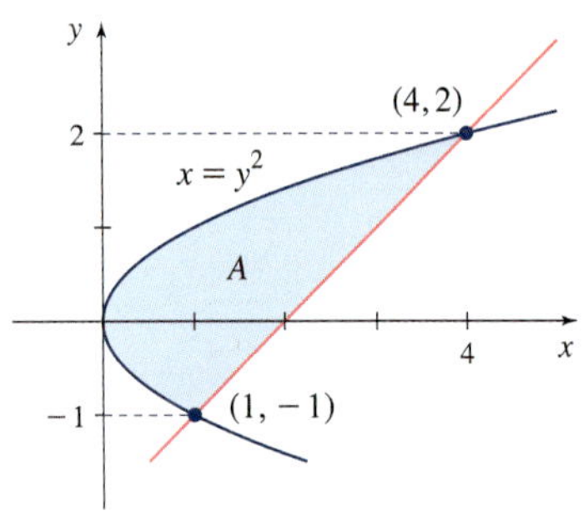

[그림 6.5](b)

(2) 정의역을 y축으로 놓고 [정리 6.2: 두 곡선 사이의 영역의 넓이 2]에 의해 y에 대한 함수의 그래프로 둘러싸인 영역의 넓이 A를 구한다.
y축 위의 구간 $[-1, 2]$에서 y의 함수 $x = y^2$과 $y = x - 2$의 그래프로 둘러싸인 영역이라고 하자. ([그림 6.5](b) 참고)
넓이 A는 y축 위의 구간 $[-1, 2]$에서 위는 $x = y + 2$이고 아래는 $x = y^2$의 그래프로 둘러싸인 영역의 넓이이므로 다음과 같이 구해보자.

$$A = \int_{-1}^2 [y + 2 - y^2]\,dx = \left[\frac{1}{2}y^2 + 2y - \frac{1}{3}y^3\right]_{-1}^2$$

$$= \frac{1}{2}(4-1) + 2(2-(-1)) - \frac{1}{3}(8-(-1)) = \frac{9}{2} \quad ■$$

[예제 6.3]에서 두 방정식으로 둘러싸인 영역의 넓이를 구하는 경우
(1)의 방법: x의 함수의 그래프로 보고 x축의 분할에 의한 면적을 구하였고
(2)의 방법: y의 함수의 그래프로 보고 y축의 분할에 의한 면적을 구하였다.
[예제 6.3]에서 주어진 영역은 (1)의 방법인 x축의 분할에 의해 넓이를 구하는 것

보다 (2)의 방법인 y축의 분할에 의해 넓이를 구하는 방법이 훨씬 간단하다. 즉, 주어진 영역을 보고 x축의 분할 또는 y축의 분할 중에서 어떤 방법으로 넓이를 구할 것인지를 판별하는 것은 중요하다.

[예제 6.4] $y=\sqrt{4-4x}$와 $y=\sqrt{4-x}$의 그래프 그리고 x축으로 둘러싸인 영역의 넓이 A를 구하여라. ([그림 6.6] 참고) [연습문제 18~20]

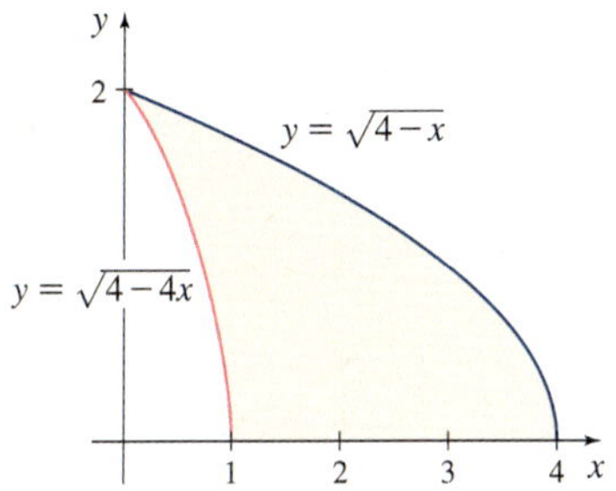

[그림 6.6]

[풀이] [그림 6.6]을 보면 x축의 분할에 의해 넓이를 구하는 방법은 두 개의 부분으로 나누어서 구해야 하므로 y축의 분할에 의해 넓이를 구하는 방법이 간편하다. 우선 주어진 방정식 $y=\sqrt{4-4x}$와 $y=\sqrt{4-x}$를 정의역변수가 y인 함수식 $g(y)$로 변환해 보자. 즉, $x=g(y)$ 형태로 만들자.

$y=\sqrt{4-4x}$에서 양변을 제곱하면 $y^2=4-4x$이다. 그러면 $x=g(y)=1-\dfrac{y^2}{4}$.

$y=\sqrt{4-x}$에서 양변을 제곱하면 $y^2=4-x$이다. 그러면 $x=f(y)=4-y^2$.

[그림 6.6]의 두 방정식의 그래프를 보면 구간 $[0,2]$에서 $1-\dfrac{y^2}{4}\le 4-y^2$이다. 그러면 주어진 영역의 넓이 A를 구해보자.

$$\begin{aligned} A &= \int_0^2 [f(y)-g(y)]\,dy = \int_0^2\left[(4-y^2)-\left(1-\frac{y^2}{4}\right)\right]dy \\ &= \int_0^2\left(3-\frac{3y^2}{4}\right)dy \\ &= \left[3y-\frac{y^3}{4}\right]_0^2 = 6-\frac{8}{4}=4 \end{aligned}$$

그러므로 주어진 영역의 넓이 A는 4이다. ■

연습문제

• Part 1

[1-3] 주어진 구간에서 다음 함수와 x축과의 둘러싸인 영역의 넓이를 구하여라.

1. $y=-x^2+1,\ 0\le x\le 1$
2. $y=\sin x,\ 0\le x\le \dfrac{\pi}{2}$
3. $y=e^x,\ 0\le x\le 1$

[4-6] 주어진 구간에서 다음 함수와 y축과의 둘러싸인 영역의 넓이를 구하여라.

4. $y=\sqrt{x-1},\ 0\le y\le 1$
5. $y=\dfrac{1}{x},\ 1\le y\le 2$
6. $y=\ln x,\ 0\le y\le 1$

[7-10] 다음 그림을 보고 색칠한 영역의 넓이를 구하여라.

7. $y_1=x^2-6x$
$y_2=0$

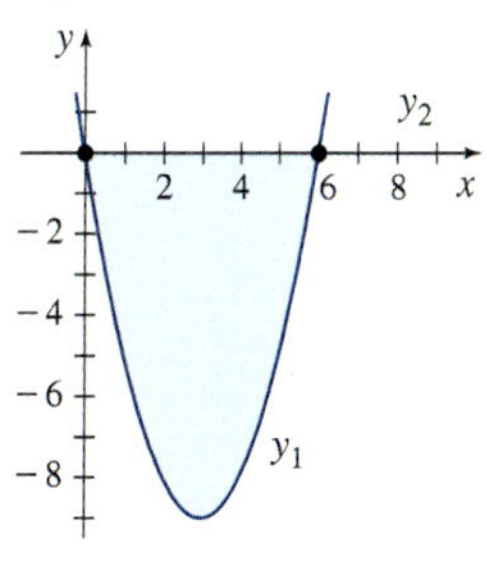

8.

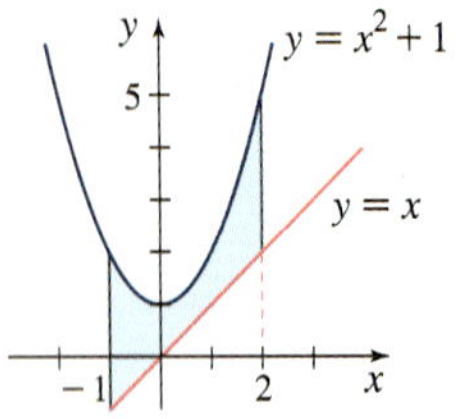

9. $x = 4 - y^2$
$x = y - 2$

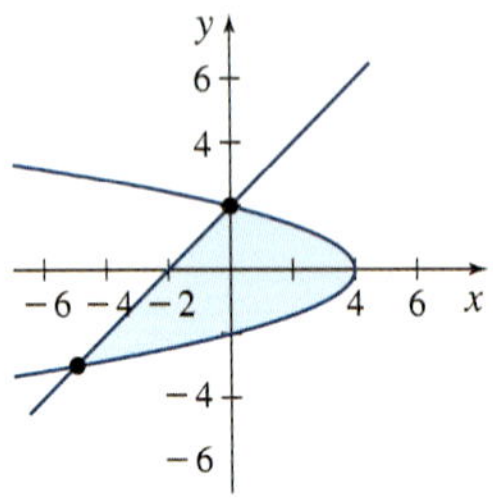

10.

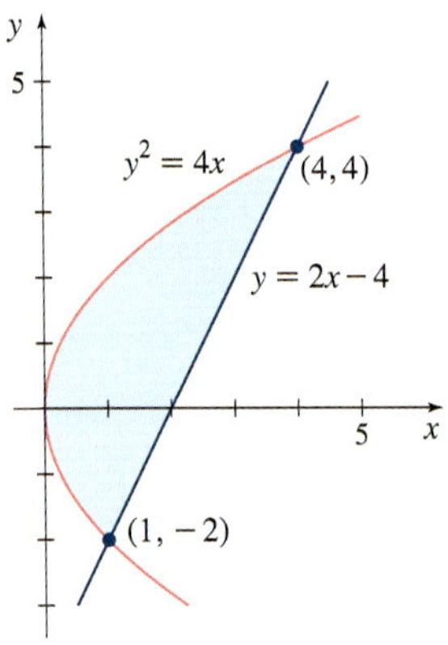

[11-13] 다음 곡선으로 둘러싸인 영역의 넓이를 구하여라. [예제 6.1]

11. $y = x^2 + 2, \ y = -x, \ x = 0, \ x = 1$

12. $y = 2 - x^2, \ y = x$

13. $y = 5 - x^2, \ y = x^2 - 3$

[14-17] 다음 두 곡선으로 둘러싸인 영역의 넓이를 구하여라. [예제 6.2]

14. $y = x + 1, \ y = x^3 + 1$

15. $y = 3x^3 - x^2 - 10x, \ y = -x^2 + 2x$

16. $x = y^3 - 4y^2 + 3y, \ x = y^2 - y$

17. $y = \cos x, \ y = \sin x, \ 0 \le x \le \dfrac{\pi}{3}$

[18-20] 다음 두 곡선으로 둘러싸인 영역의 넓이를 구하여라. [예제 6.4]

18. $x = 3 - y^2, \ x = y + 1$

19. $y = x^3, \ y = x + 6, \ y = 0$

20. $y = x^{\frac{2}{3}}, \ y = x - 4, \ y = 0$

• Part 2

[21-24] 다음 함수로 둘러싸인 영역의 넓이를 구하여라.

21. $y = x(x^2 - 3x + 3), \ y = x^2$

22. $y = -x^2 + 3x + 6, \ y = |2x|$

23. $y = \sec^2 x, \ y = 2, \ x = -\dfrac{\pi}{4}, \ x = \dfrac{\pi}{4}$

24. $y = 2^x, \ y = 3 - x, \ x = 0$

[25-27] 다음 함수로 둘러싸인 영역의 넓이를 구하여라.

25. $x = |y|, \ x = 2 - y^2$

26. $x = y^2 - 3y + 12, \ x = -2y^2 - 6y + 30$

27. $x = 2\sin y, \ x = 2\cos y, \ y = 0, \ y = \pi$

[28-30] 다음 함수로 둘러싸인 영역의 넓이를 구하여라.

28. $y \le 4, \ x = \dfrac{y}{4}, \ x = \sqrt{y}$

29. $y = \begin{cases} \sin x, & 0 \le x < \dfrac{\pi}{4} \\ \cos x, & \dfrac{\pi}{4} \le x \le \dfrac{\pi}{2} \end{cases}, \ y = 0$

30. $y = 4\sqrt{2x}, \ y = 2x^2, \ y \le -4x + 6$

6.2 회전체의 부피 Ⅰ : 수직단면에 의한 방법

6.2.1 수직단면 방법에 의한 입체의 부피

입체의 부피를 구하는 방법을 알아보기 전에 평면 위의 영역의 넓이를 구하는 기본 원리를 다시 한번 복습해 보자.

- 영역을 축의 분할을 밑변으로 하는 작은 직사각형의 합으로 근사적 분할하고
- 작은 직사각형의 넓이의 합인 리만합을 구하고
- 작은 직사각형의 밑변을 점점 무한으로 분할할 때 작은 직사각형의 합인 리만합의 극한은 영역의 넓이이다. 이때 리만합의 극한은 정적분으로 표현된다.

입체의 부피도 같은 원리로 구하게 된다.

[그림 6.7]

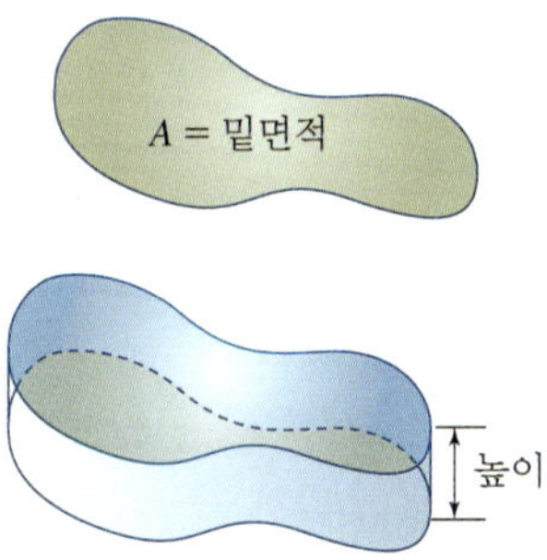

[그림 6.8]

주어진 입체를 [그림 6.7]과 같이 얇은 조각으로 잘라서 얇은 조각의 부피의 합을 입체의 부피로 근사시키고 얇은 조각의 부피의 합의 극한으로 부피를 구한다. 여기서 얇은 조각으로 자를 때 다음을 만족해야 한다.

- 입체에서 **기준축**을 잡고 축에 수직인 평면으로 입체를 자른다.
- 분할된 입체는 부피를 구하기 쉬운 기본입체인 기둥면으로 근사한다.
- [기둥면의 부피=밑면적×높이]이므로 각각의 얇은 조각인 기둥면은 밑면적을 구할 수 있는 도형이어야 한다. ([그림 6.8] 참고)

입체 S가 [그림 6.9](a)와 같이 주어졌을 때 입체 S의 부피 V를 구해보자.

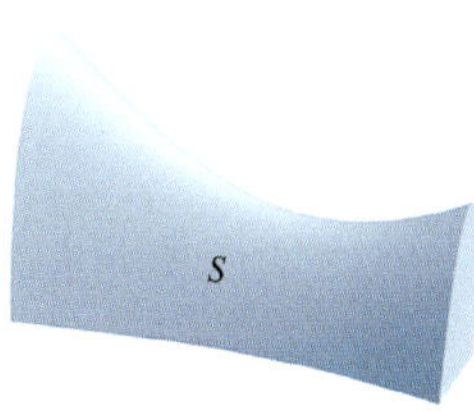

[그림 6.9](a)

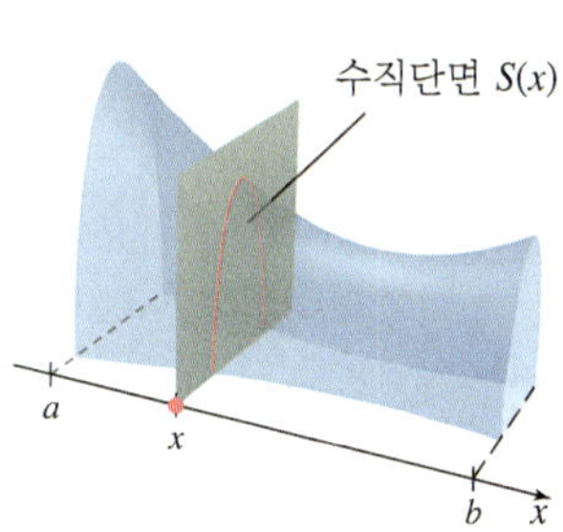

[그림 6.9](b)

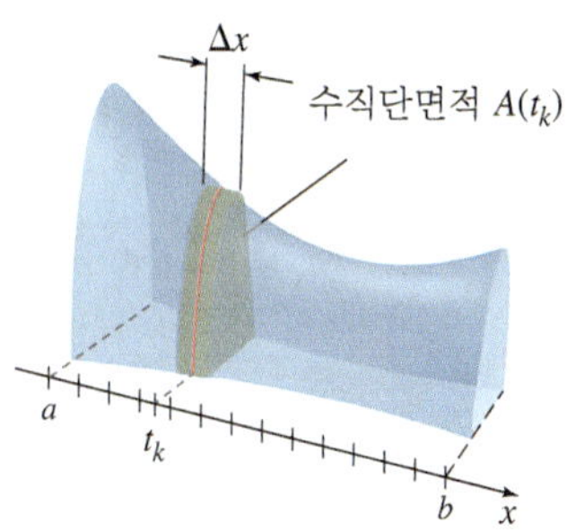

[그림 6.9](c)

[그림 6.9](b)에서와 같이 **기준축**을 하나 잡아서 x축으로 놓고 입체 S는 x축 위의 유계이고 닫힌 구간 $[a, b]$에 놓여 있다고 하자.

[그림 6.9](b)에서 x축 위의 구간 $[a,b]$에서 점 x에서 x축에 수직인 평면에 의해서 입체 S를 자른 면을 수직단면 $S(x)$라고 하고 $S(x)$의 넓이를 수직단면적 $A(x)$라고 하자.

[주의] 입체의 부피를 구하기 위하여 얇은 기둥조각으로 잘랐을 경우
① 입체의 축을 잡고 축에 수직인 단면이 얇은 기둥조각의 밑변이다.
② 얇은 조각의 밑변인 수직단면의 넓이가 잘 구할 수 있는 도형이 되도록 축을 잘 잡아야 한다.

[그림 6.9](c)에서 구간 $[a,b]$의 분할 $P=\{a=x_0, x_1, x_1, \cdots, x_n=b\}$을 잡고 입체 S를 n개의 작은 기둥면으로 근사한다. k번째 작은 기둥면의 부피를 구하기 위해 구간 $[x_{k-1}, x_k]$ 내의 점 t_k를 잡으면 밑면적은 단면적 $A(t_k)$이고 높이는 $\Delta_k = x_k - x_{k-1}$이므로 다음과 같다.

$$k\text{번째 작은 기둥면의 부피} = A(t_k) \times \Delta_k$$

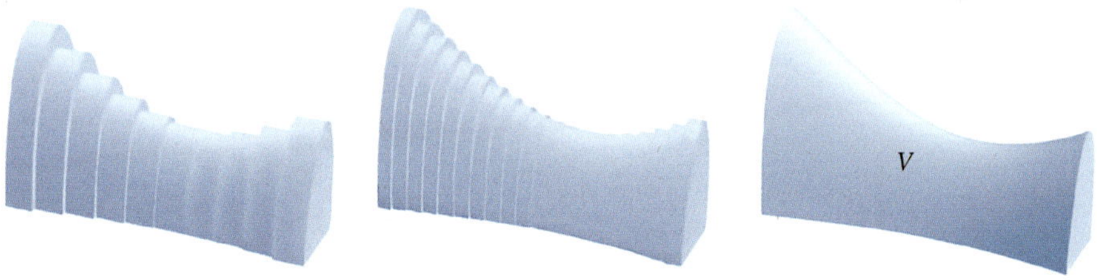

[그림 6.10]

[그림 6.10]에서 보면 작은 기둥면 n개의 부피의 합 $\sum_{k=1}^{n} A(t_k)\Delta_k$은 입체 S의 부피 V에 근사한다. 구간 $[a,b]$ 위의 분할 P를 무한히 세분하면 작은 기둥면 n개의 합의 극한은 입체 S의 부피 V로 수렴한다. 즉,

$$\text{입체 } S\text{의 부피 } V = \lim_{\|P\| \to 0} \sum_{k=1}^{n} A(t_k)\Delta_k$$

또한 작은 기둥면 n개의 부피의 합 $\sum_{k=1}^{n} A(t_k)\Delta_k$은 구간 $[a,b]$의 분할 P에 대한 **연속함수 $A(x)$의 리만합**이다. 구간 $[a,b]$ 위의 분할 P를 무한히 세분하면 리만합의 극한이 존재하고 리만합의 극한은 다음 정적분으로 표현된다.

$$\lim_{\|P\| \to 0} \sum_{k=1}^{n} A(x_k)\Delta_k = \int_a^b A(x)\,dx$$

[주의] 수직단면에 의해 입체의 부피를 구하는 경우 가장 중요하고 우선적으로 해야 하는 일은 **기준축**을 잡는 것이다. 기준축은 수직단면적이 간편하게 구해지도록 잡는 것을 권장한다.

그러므로 입체 S의 부피 V는 다음과 같이 정적분으로 표현된다.

$$V = \int_a^b A(x)\,dx$$

[정리 6.3: 수직단면에 의한 입체의 부피]
입체 S에 대하여 x축 위의 구간 $[a,b]$에서 정의된 입체 S의 단면적 함수 $A(x)$가 연속이라고 하자. 그러면 입체 S의 부피 V는 다음과 같다.

$$V=\int_a^b A(x)dx$$

입체의 단면을 만드는 x축은 단면적 $A(x)$가 잘 구해지도록 선택한다.

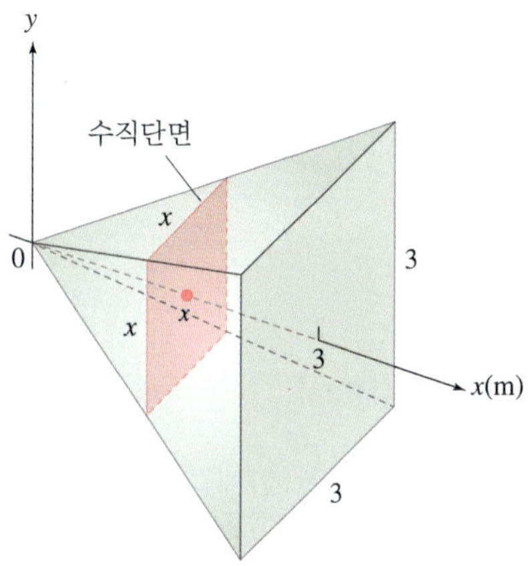

[그림 6.11](a)

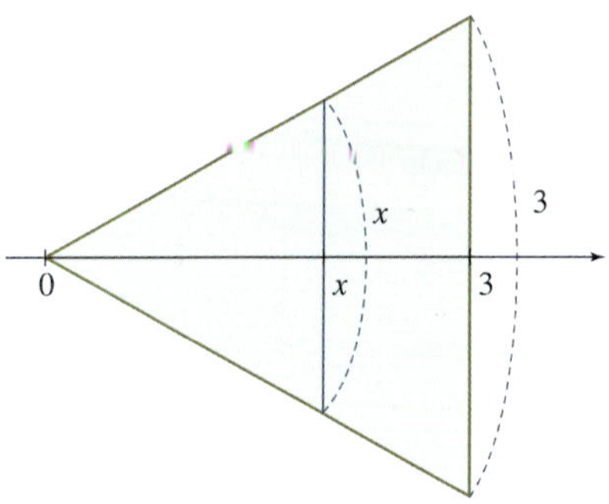

[그림 6.11](b)

바닥은 한 변이 3m인 정사각형이고 높이가 3m인 피라미드의 부피를 구해보자. 피라미드에 수직으로 자른 단면의 넓이가 잘 구해지는 도형이 나오는 축을 잡자. 피라미드는 사각뿔이므로 뿔의 꼭짓점에서 바닥에 수직으로 내린 직선을 기준축인 x축으로 잡으면 x축에 수직단면은 정사각형이다.

[그림 6.11](a)는 피라미드를 옆으로 눕혀놓은 모습으로 x축은 피라미드의 꼭짓점에서 바닥에 수직인 직선이다.

[그림 6.11](b)는 x축을 포함해서 밑바닥이 3m이도록 자른 면으로 삼각형이다. [그림 6.11](b)의 삼각형에서 x축 위의 구간 $[0,3]$에 있는 점 x에서 수직으로 자른 직선과 삼각형이 만나는 선분의 길이는 x이다. 그러므로 입체 피라미드를 축에 수직으로 자른 수직단면은 한 변이 x인 정사각형이므로 수직단면적 $A(x)$는 다음과 같다.

$$A(x)=x\cdot x=x^2$$

그러므로 높이가 3m인 피라미드의 부피 V를 구하면 다음과 같다.

$$V=\int_0^3 A(x)dx=\int_0^3 x^2dx=\left[\frac{x^3}{3}\right]_0^3=9$$

피라미드의 부피 V는 $9m^2$이다.

입체의 부피를 구할 때 수직단면적 $A(x)$를 잘 구할 수 있는 x축을 잡는 것이 가장 중요하다.

[예제 6.6] 주어진 입체는 밑면 R이 xy-평면에서 제1사분면에서 $y=1-x^2$의 그래프와 x축과 y축으로 둘러싸인 영역이고 x축에 수직으로 자른 수직단면은 정사각형이다. ([그림 6.12] 참고) 입체의 부피를 구하여라. [연습문제 1~2]

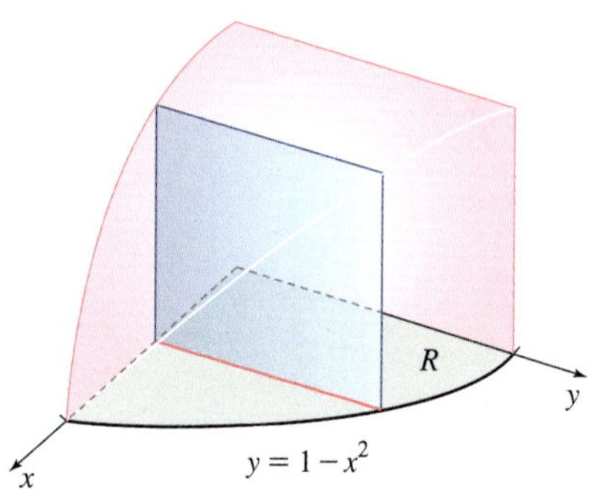

[그림 6.12]

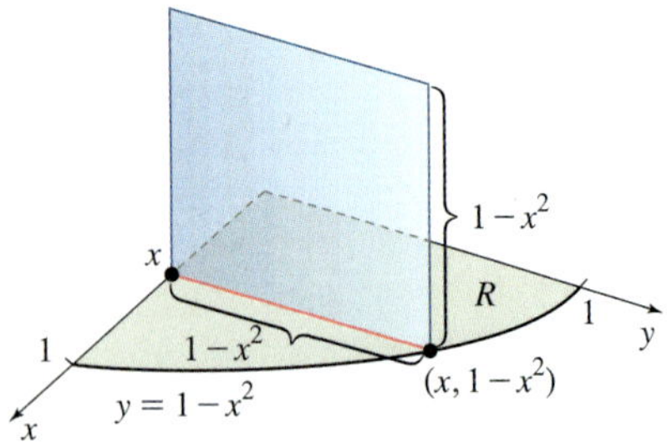

[그림 6.13]

[풀이] x축의 구간 $[0,1]$ 위의 점 x에서 x축에 수직으로 자른 수직단면을 살펴보면 한 변이 $(1-x^2)$인 정사각형이다. ([그림 6.13] 참고) 그러므로 수직단면적 $A(x)=(1-x^2)^2$이다. 입체의 부피 V는 다음과 같다.

$$V=\int_0^1 A(x)dx=\int_0^1 (1-x^2)^2 dx=\int_0^1 (1-2x^2+x^4)dx$$
$$=\left[x-\frac{2}{3}x^3+\frac{1}{5}x^5\right]_0^1=\frac{8}{15}$$

그러므로 입체의 부피는 $\dfrac{8}{15}$이다. ■

6.2.2 회전체의 부피 구하기: 원판법(disc method)

수직단면 방법으로 입체의 부피를 구할 수 있는 가장 유용한 입체는 평면의 곡선의 한 축을 중심으로 회전하여 생긴 회전체이다. 회전체를 회전축에 수직으로 자른 회전체의 단면은 원의 내부이다. 원의 내부는 부피를 구하기 좋은 기본도형 중의 하나이다. ([그림 6.14] 참고)

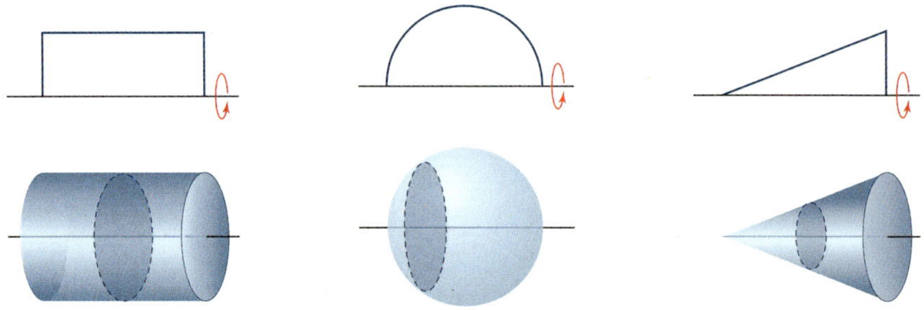

[그림 6.14]

◐ x축 회전체의 부피를 원판법으로 구하기

함수 f가 구간 $[a,b]$ 위에서 연속이라고 하자. 구간 $[a,b]$에서 함수 f의 그래프와 x축으로 둘러싸인 영역 R을 x축을 중심으로 회전하면 3차원 공간의 입체인 회전체가 만들어진다. 이러한 입체를 x축을 회전축으로 하는 **회전체**(solid of revolution) 또는 x축 **회전체**라고 한다. ([그림 6.15](b)와 [그림 6.16](b) 참고)

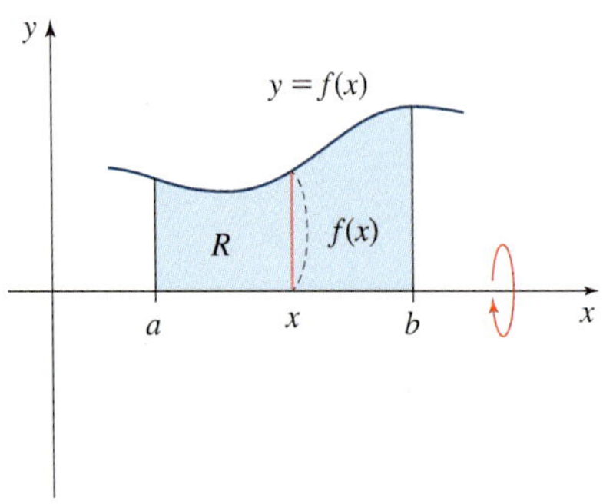

[그림 6.15](a)

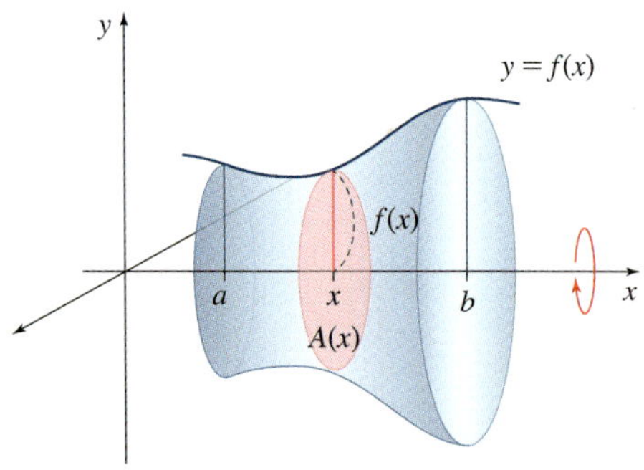

[그림 6.15](b)

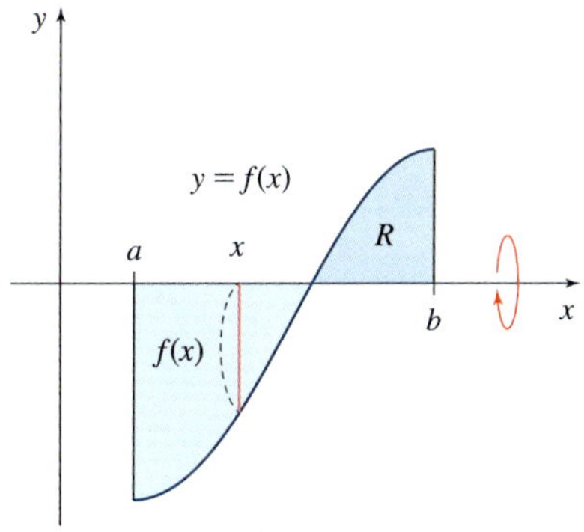

[그림 6.16](a)

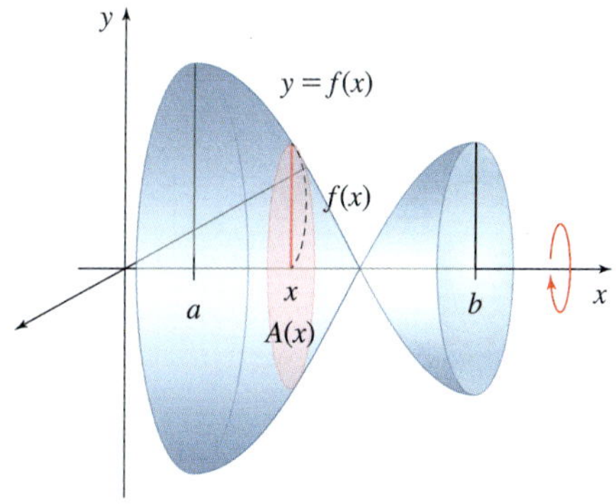

[그림 6.16](b)

[그림 6.15](b)와 [그림 6.16](b)에서 보면 구간 $[a, b]$에서 x에서 x축에 수직으로 자른 입체 S의 수직단면 $S(x)$는 원이다.

[그림 6.15](b)에서 수직단면인 $S(x)$는 반지름이 $|f(x)| \geq 0$인 원이므로 단면적 $A(x)$는 다음과 같다.

$$A(x) = \pi(f(x))^2$$

[그림 6.16](a)에서 함수값 $f(x) \leq 0$인 부분도 있지만 수직단면 $S(x)$는 반지름이 $|f(x)| \geq 0$인 원이고 단면적 $A(x)$는 다음과 같다.

$$A(x) = \pi|f(x)|^2 = \pi(f(x))^2$$

그러므로 함수 f가 반드시 $f(x) \geq 0$일 필요는 없음을 알 수 있다.

함수 f가 연속이므로 단면적 함수인 $A(x) = \pi(f(x))^2$는 연속인 함수이다. 그러므로 회전체 S의 부피 V는 다음과 같다.

$$V = \int_a^b A(x)dx = \pi\int_a^b [f(x)]^2 dx$$

회전체의 수직단면이 원판(disc)이므로 원판법이라고 부른다.

회전체의 부피를 구하는 이러한 방법을 **원판법**(disc method)라고 한다.

회전체의 부피를 구하는 원판법은 [정리 6.3: 수직단면에 의한 입체의 부피]와 같은 개념이다. 원판법은 수직단면이 원의 내부인 수직단면에 의하여 입체의 부피를 구한 것이다.

[정리 6.4: x축 회전체의 부피(원판법(disc method))] 구간 $[a, b]$에서 연속인 함수 f의 그래프와 x축의 구간 $[a, b]$ 사이에 놓인 영역을 R이라고 하자. 영역 R을 x축으로 회전하여 생긴 회전체 S의 부피 V는 다음과 같다.

$$V = \pi\int_a^b [f(x)]^2 dx$$

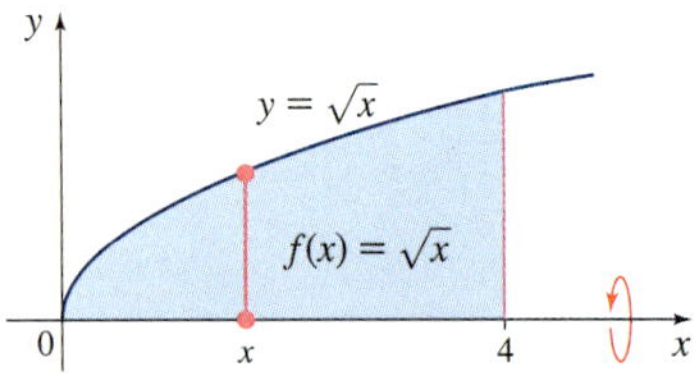

[그림 6.17](a)

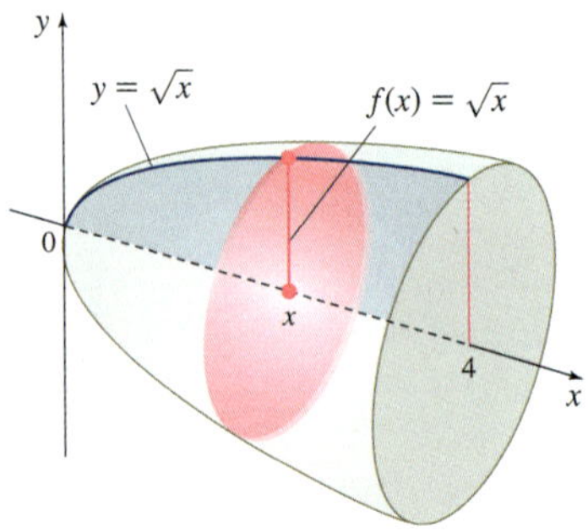

[그림 6.17](b)

[예제 6.7] 구간 $[0,4]$ 위의 함수 $f(x)=\sqrt{x}$ 의 그래프와 구간 $[0,4]$ 사이의 영역을 x축으로 회전하여 생긴 회전체의 부피를 구하여라. [연습문제 3~10]

[풀이] 구간 $[0,4]$와 구간 $[0,4]$ 위의 함수 $f(x)=\sqrt{x}$ 의 그래프 사이의 영역은 [그림 6.17](a)에서 볼 수 있다. 영역을 x축으로 회전하여 생긴 회전체는 [그림 6.17](b)에서 볼 수 있다. [정리 6.4: x축 회전체의 부피(원판법)]에 의해 회전체의 부피를 구해보자.

$$\text{회전체의 부피}=\pi\int_0^4(\sqrt{x})^2dx$$
$$=\pi\int_0^4 xdx=\pi\left[\frac{x^2}{2}\right]_0^4=\pi\left(\frac{16}{2}\right)=8\pi$$

그러므로 회전체의 부피는 8π 이다. ■

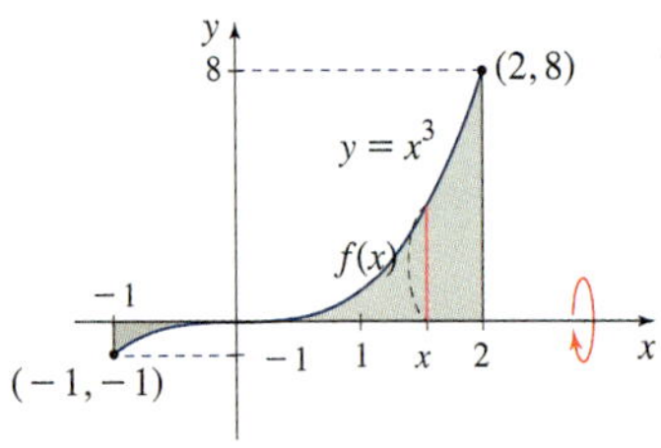

[그림 6.18](a)

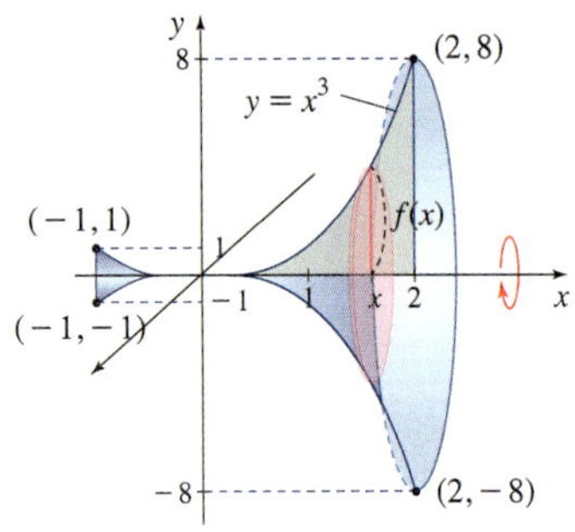

[그림 6.18](b)

[예제 6.8] 구간 $[-1,2]$와 구간 $[-1,2]$ 위의 함수 $y=x^3$의 그래프 사이의 영역을 x축으로 회전하여 생긴 회전체의 부피를 구하여라. [연습문제 3~10]

[풀이] [그림 6.18](a)는 구간 $[-1,2]$와 구간 $[-1,2]$에서 함수 $y=x^3$의 그래프 사이의 영역을 보여주고 있다. 이 영역을 x축으로 회전하여 생긴 회전체는 [그림 6.18](b)에서 볼 수 있다. [정리 6.4: x축 회전체의 부피(원판법)]에 의해 회전체의 부피를 구해보자.

$$\text{회전체의 부피}=\pi\int_{-1}^2 x^6dx=\pi\left[\frac{x^7}{7}\right]_{-1}^2=\frac{\pi}{7}(128-(-1))=\frac{129}{7}\pi$$ ■

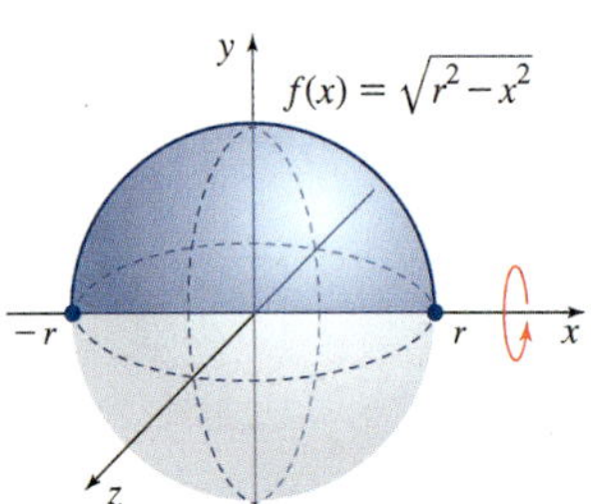

[그림 6.19]

[예제 6.9] 반지름이 $r>0$인 구의 부피를 구하여라. [연습문제 3~10]

[풀이] 반지름이 $r>0$인 원의 식을 $x^2+y^2=r^2$이라고 놓자. 반지름이 r인 구는 원 $x^2+y^2=r^2$과 x축으로 둘러싸인 반원을 x축으로 회전하여 생긴 회전체이다.
반원은 함수 $f(x)=\sqrt{r^2-x^2}$ 의 그래프로 나타낼 수 있다. ([그림 6.19] 참고)
반지름이 r인 구는 구간 $[-r,r]$과 구간 $[-r,r]$에서 함수 $f(x)=\sqrt{r^2-x^2}$ 사이에 놓인 영역을 x축으로 회전하여 생긴 회전체이다. [정리 6.4: x축 회전체의 부피(원판법)]에 의해 반지름이 r인 구의 부피 V를 구해보자.

$$V=\pi\int_{-r}^r(\sqrt{r^2-x^2})^2dx=\pi\int_{-r}^r(r^2-x^2)dx=\pi\left[r^2x-\frac{x^3}{3}\right]_{-r}^r$$
$$=\pi\left[r^2(r-(-r))-\frac{1}{3}(r^3-(-r^3))\right]$$

$$= \pi\left[2r^3 - \frac{2}{3}r^3\right] = \frac{4}{3}\pi r^3.$$

그러므로 반지름이 r인 구의 부피는 $\frac{4}{3}\pi r^3$이다. ■

◐ y축 회전체의 부피를 원판법으로 구하기

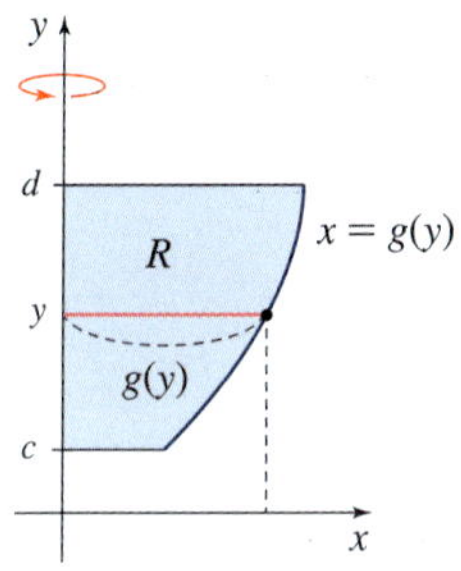

[그림 6.20](a)

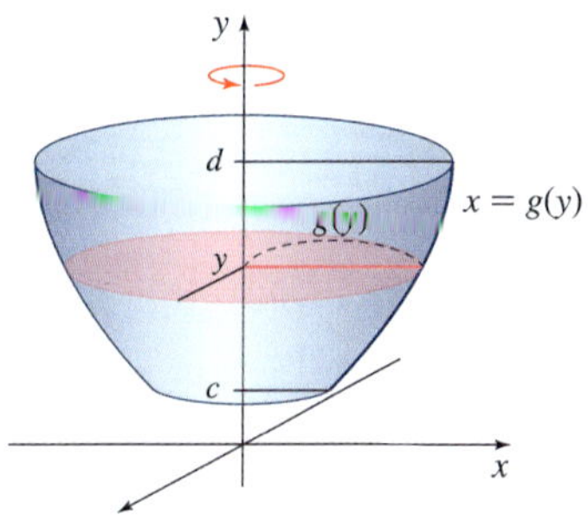

[그림 6.20](b)

y축의 구간 $[c, d]$에서 연속인 함수 $x = g(y)$를 잡자. 구간 $[c, d]$와 구간 $[c, d]$ 위의 함수 g의 그래프 사이에 놓인 영역 R을 y축을 중심으로 회전하여 생긴 입체를 y축을 회전축으로 하는 **회전체**(solid of revolution) 또는 **y축 회전체**의 부피를 구해보자. ([그림 6.20](a) 참고)

[그림 6.20](b)에서 보면 구간 $[c, d]$의 점 y에서 y축에 수직으로 자른 회전체 S의 단면은 반지름이 $|g(y)| \geq 0$인 원의 내부이므로 단면적 $A(y)$은 다음과 같다.

$$A(y) = \pi(g(y))^2$$

그러므로 회전체 S의 부피 V는 다음과 같다.

$$V = \int_c^d A(y)dy = \pi\int_c^d [g(y)]^2 dy$$

[정리 6.5: y축 회전체의 부피(원판법(disc method))] 함수 g의 그래프와 y축의 구간 $[c, d]$ 사이에 놓인 영역을 R이라고 하자. 영역 R을 y축으로 회전하여 생긴 회전체 S의 부피 V는 다음과 같다.

$$V = \pi\int_c^d [g(y)]^2 dy$$

회전체를 원판법으로 구하는 것은 단면이 원의 내부인 것이다.

[주의] 회전체의 부피를 구하는 원판법을 사용할 때

- x축 회전체는 정의역이 x인 $y = f(x)$의 그래프를 회전한 경우이다.
- y축 회전체는 정의역이 y인 $x = g(y)$의 그래프를 회전한 경우이다.

[예제 6.10] $y = x^3$, $y = 3$ 그리고 y축으로 둘러싸인 영역을 y축으로 회전시킨 회전체의 부피를 원판법을 사용하여 구하여라. [연습문제 11~16]

[풀이] [그림 6.21](b)에서 보면 회전체가 y축으로 회전하여 만들어진 입체이므로 함수식이 정의역이 y인 $x = g(y)$의 형태임을 확인해야 한다. 주어진 $y = x^3$를 $x = g(y) = y^{1/3}$으로 변환하자. [그림 6.21](a)에서 보면 y축의 구간 $[0, 3]$과 구간 $[0, 3]$에서 연속인 함수 $g(y) = y^{1/3}$ 사이의 영역을 y축으로 회전하여 만들어진 회전체의 부피 V를 [정리 6.5: y축 회전체의 부피(원판법)]에 의해 구하면 다음과 같다.

$$V = \pi\int_0^3 (g(y))^2 dy = \pi\int_0^3 y^{2/3} dy = \pi\left[\frac{1}{5/3}y^{5/3}\right]_0^3 = \frac{9\sqrt[3]{9}}{5}\pi$$

그러므로 회전체의 부피 $V = \frac{9\sqrt[3]{9}}{5}\pi$이다. ■

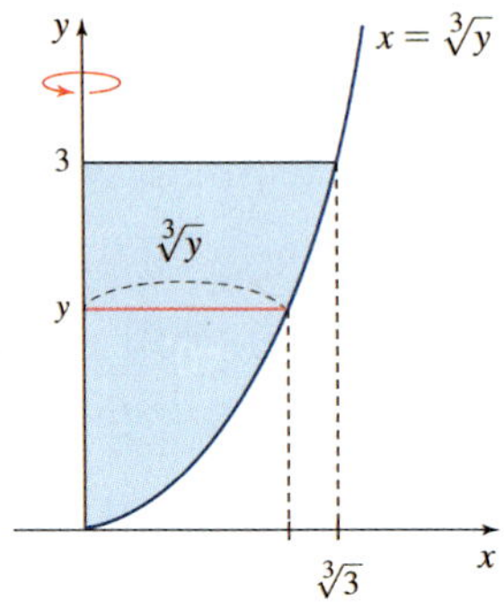

[그림 6.21](a)

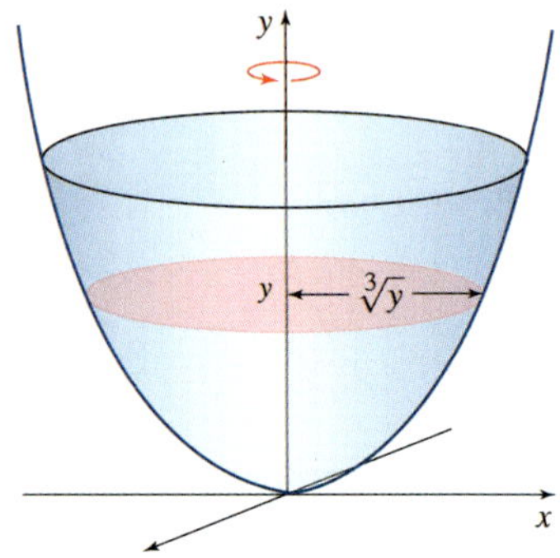

[그림 6.21](b)

6.2.3 회전체의 부피 구하기: 고리법

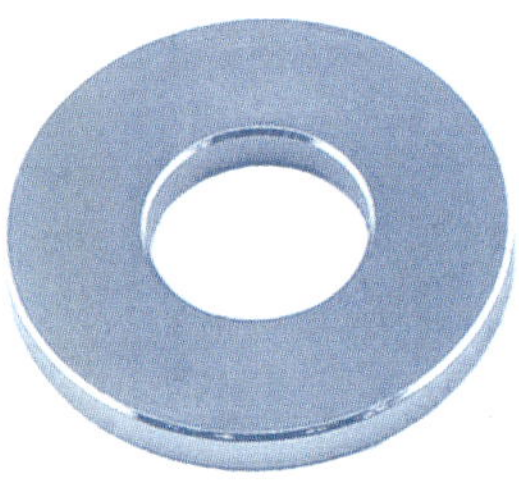

[그림 6.22](a)

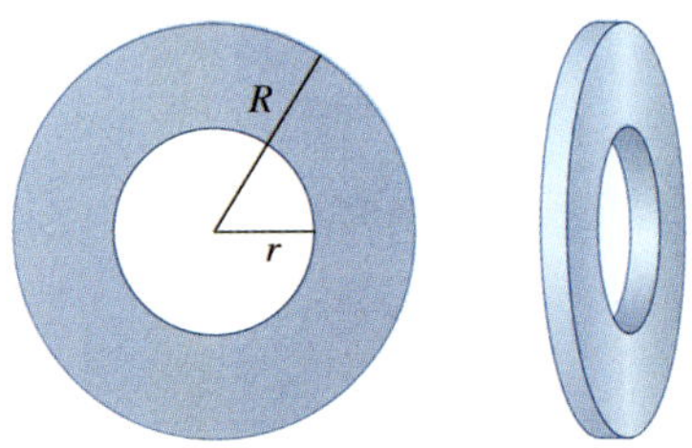

[그림 6.22](b)

회전체의 부피를 구하는 원판법은 회전체의 회전축에 대한 수직단면이 원판인 수직단면법이다. 이번에는 새로운 형식의 모양인 영역을 회전하여 생긴 회전체의 부피를 구하는 방법인 **고리법**을 알아보자. 고리법은 영어로 washer method라고 부른다. washer는 가운데 구멍이 있는 얇은 고리 모양의 나사받이이다. ([그림 6.18](a) 참고) [그림 6.22](b)를 보면 고리 모양의 나사받이인 washer는 동심원으로 외부원의 반지름은 R이고 내부원은 r인 고리 모양이다.

회전체의 부피를 구하는 고리법은 회전체의 수직단면이 고리(washer) 모양인 수직단면법의 한 종류이다. 고리법은 두 개의 함수로 둘러싸인 영역을 회전하여 만들어진 회전체의 부피를 구하는 방법이다.

◐ x축 회전체의 부피를 고리법으로 구하기

회전체의 내부에 회전체 모양의 구멍이 있는 입체를 생각해 보자.

두 함수 f와 g는 구간 $[a,b]$ 위에서 연속이고 $f(x) \geq g(x) \geq 0$이라고 하자. ([그림 6.23](a) 참고) x축의 구간 $[a,b]$에서 두 함수 f와 g의 그래프로 둘러싸인 영역을 R이라고 하자. 영역 R을 x축으로 회전하여 생긴 회전체의 부피 V를 수직단면에 의한 방법으로 구해보자.

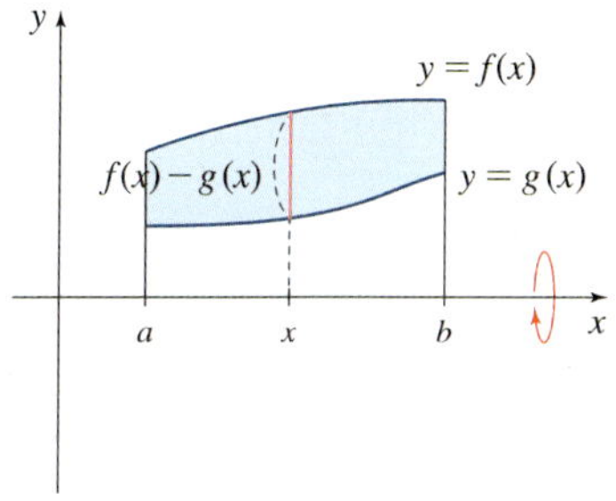

[그림 6.23](a)

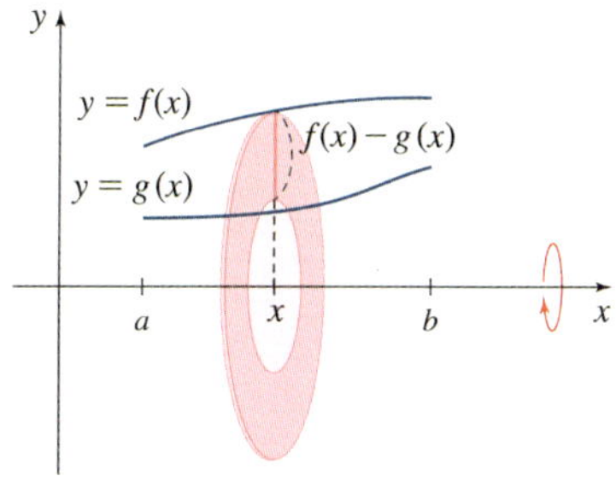

[그림 6.23](b)

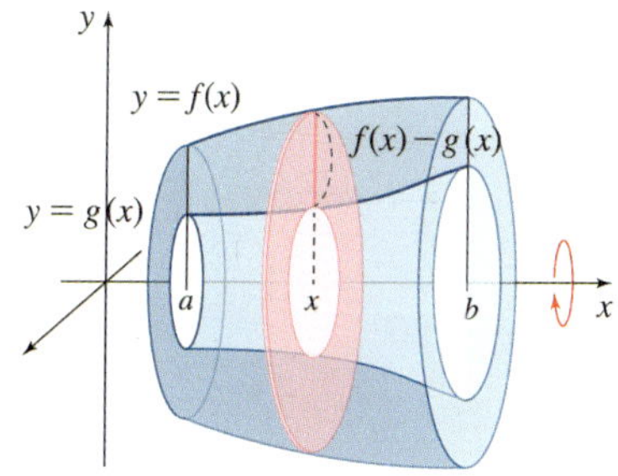

[그림 6.23](c)

[그림 6.23](b)에서 보면 구간 $[a,b]$의 한 점 x에서 x축에 수직인 회전체의 단면 $S(x)$은 외부 원의 반지름이 $f(x)$이고 내부원의 반지름이 $g(x)$인 고리모양이다. 그러므로 점 x에서 회전체의 단면적 $A(x)$는 다음과 같다.

$$A(x) = \pi(f(x))^2 - \pi(g(x))^2 = \pi\left[(f(x))^2 - (g(x))^2\right]$$

회전체의 부피 V를 수직단면에 의한 방법으로 구하면 다음과 같다.

$$V = \int_a^b A(x)\,dx = \int_a^b \pi\left[(f(x))^2 - (g(x))^2\right]dx$$

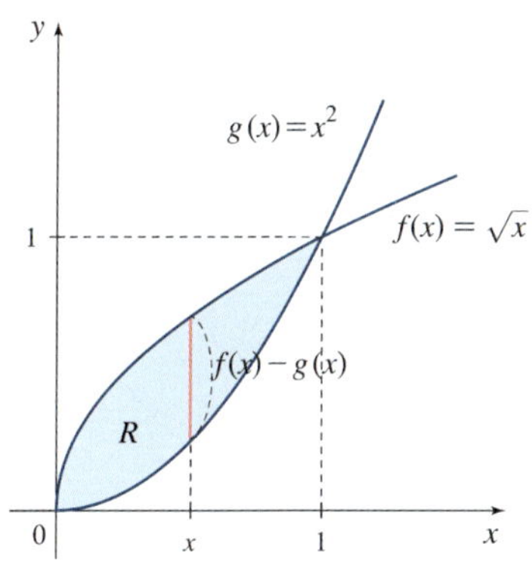

[그림 6.24](a)

[정리 6.6: x축 회전체의 부피(고리법(washer method))] 두 함수 f와 g는 구간 $[a,b]$ 위에서 연속이고 $f(x) \ge g(x) \ge 0$일 때, x축의 구간 $[a,b]$에서 두 함수 f와 g의 그래프로 둘러싸인 영역을 R이라고 하자. 영역 R을 x축으로 회전하여 생긴 회전체 S의 부피 V는 다음과 같다.

$$V = \pi\int_a^b \left[(f(x))^2 - (g(x))^2\right]dx$$

[예제 6.11] 두 함수 $f(x) = \sqrt{x}$와 $g(x) = x^2$의 그래프로 둘러싸인 영역 R을 x축으로 회전한 회전체의 부피를 구하여라. [연습문제 17~20]

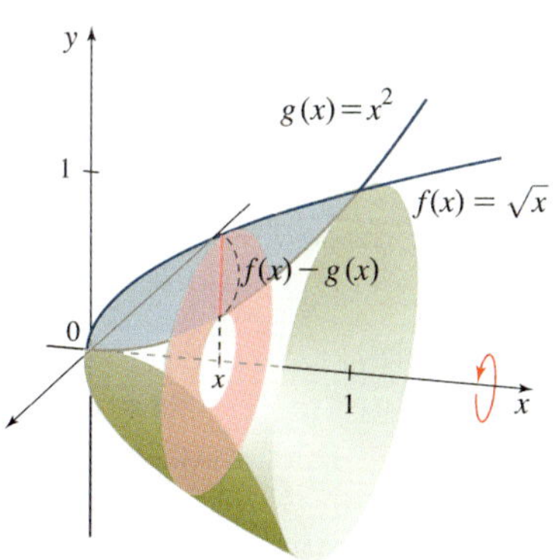

[그림 6.24](b)

[풀이] 영역을 x축으로 회전한 회전체이므로 주어진 영역이 정의역 변수가 x인 함수인 표현임을 확인한다. 두 함수 $f(x) = \sqrt{x}$와 $g(x) = x^2$로 둘러싸인 부분이므로 회전체의 부피를 [정리 6.6: x축 회전체의 부피(고리법)]으로 구할 수 있다.
우선 두 함수 $f(x) = \sqrt{x}$와 $g(x) = x^2$가 만나는 점을 구해보자.
$\sqrt{x} = x^2$이므로 $x \ge 0$이고 $x = x^4$, 즉 $x(x-1)(x^2+x+1) = 0$.
$x = 0$과 $x = 1$에서 만난다. 그리고 구간 $[0,1]$에서 $\sqrt{x} \ge x^2$. ([그림 6.19](a) 참고)
[정리 6.6: x축 회전체의 부피(고리법)]으로 x축 회전체의 부피 V를 구하자.

$$V = \pi\int_0^1 \left[(\sqrt{x})^2 - (x^2)^2\right]dx = \pi\int_0^1 (x - x^4)\,dx$$

$$= \pi \left[\frac{x^2}{2} - \frac{x^5}{5} \right]_0^1 = \frac{3}{10}\pi.$$

그러므로 회전체의 부피는 $\frac{3}{10}\pi$이다. ■

◐ y축 회전체의 부피를 고리법으로 구하기

정의역이 y축인 두 개의 함수의 그래프로 둘러싸인 영역을 y축으로 회전한 회전체의 부피를 고리법(washer method)으로 구해보자.

y축의 구간 $[c, d]$에서 연속인 두 함수 f와 g는 구간 $[c, d]$에서 $f(y) \geq g(y) \geq 0$이라고 하자. 구간 $[c, d]$ 위의 두 함수 f와 g의 그래프로 둘러싸인 영역 R을 [그림 6.20](a)에서 볼 수 있다. 영역 R을 y축으로 회전하여 생긴 회전체의 부피를 [정리 6.6: x축 회전체의 부피(고리법)]으로 구해보자. ([그림 6.20](b) 참고)

구간 $[c, d]$의 점 y에서 수직단면인 고리모양의 넓이 $A(y)$는 다음과 같다.

$$A(y) = \pi\left[(f(y))^2 - (g(y))^2\right]$$

그러므로 y축 회전체의 부피 V는 다음과 같다.

$$V = \int_c^d A(y)dy = \pi \int_c^d \left[(f(y))^2 - (g(y))^2\right] dy$$

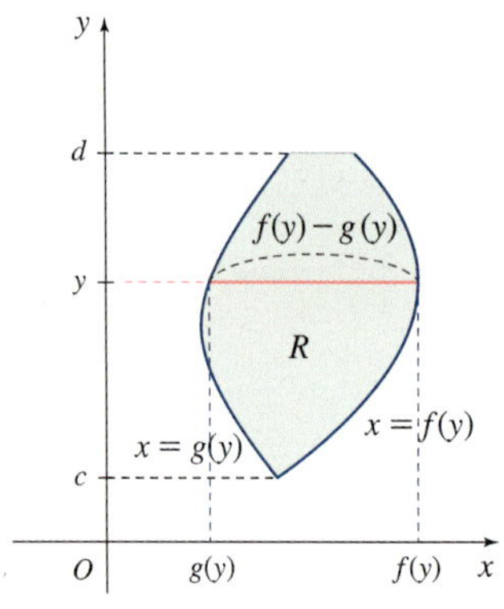

[그림 6.20](a)

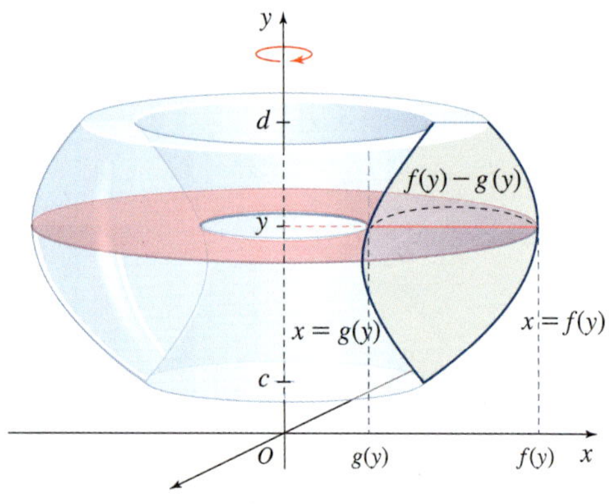

[그림 6.20](b)

> **[정리 6.7: y축 회전체의 부피(고리법(washer method))]** y축의 구간 $[c, d]$에서 연속인 두 함수 f와 g는 구간 $[c, d]$에서 $f(y) \geq g(y) \geq 0$이라고 하자. 구간 $[c, d]$ 위의 두 함수 f와 g의 그래프로 둘러싸인 영역 R을 y축을 중심으로 회전하여 생긴 회전체 S의 부피 V는 다음과 같다.
>
> $$V = \pi \int_c^d \left[(f(y))^2 - (g(y))^2\right] dy$$

[예제 6.12] 영역 R은 $x=y^3$와 $x=4y$로 둘러싸인 제1사분면의 영역이다. [연습문제 21~24]

(1) 영역 R을 y축으로 회전한 회전체의 부피를 구하여라.

(2) 영역 R을 x축으로 회전한 회전체의 부피를 구하여라.

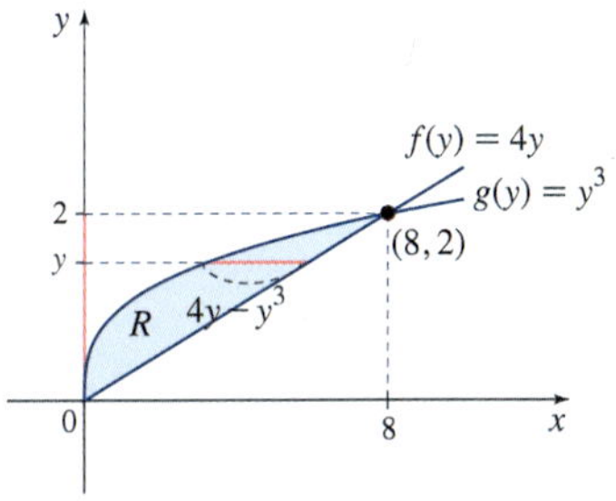

[그림 6.26](a)

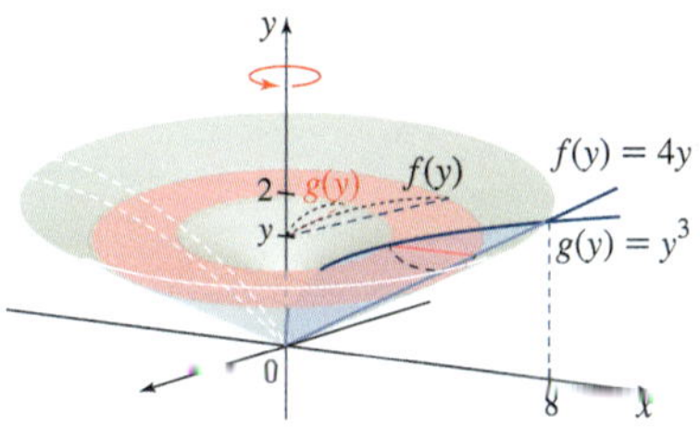

[그림 6.26](b) y축 회전

[풀이]

(1) 영역 R을 y축으로 회전한 회전체이므로 영역 R을 둘러싼 함수는 정의역 변수는 y이다. 즉, $x=y^3$과 $x=4y$로 표현되어 있음을 확인한다.

우선 $x=y^3$과 $x=4y$의 그래프가 만나는 점을 구해보자.

$y^3=4y$이므로 $y(y-2)(y+2)=0$. 그러므로 $y=0$, $y=-2$, $y=2$.

영역이 제1사분면에 있으므로 $y\ge 0$이어야 하고 $y=0$과 $y=2$에서 만난다. ([그림 6.21](a) 참고)

[그림 6.21](a)에서 보면 y축 구간 $[0,2]$에서 $4y\ge y^3$이다. [정리 6.7: y축 회전체의 부피(고리법)]에 의해 영역 R을 y축으로 회전한 회전체의 부피 V를 구해보자. ([그림 6.26](b) 참고)

$$V=\pi\int_0^2\left[(4y)^2-(y^3)^2\right]dy=\pi\int_0^2(16y^2-y^6)dy$$

$$=\pi\left[\frac{16}{3}y^3-\frac{1}{7}y^7\right]_0^2=\frac{512}{21}\pi$$

그러므로 회전체의 부피 V는 $\dfrac{512}{21}\pi$이다.

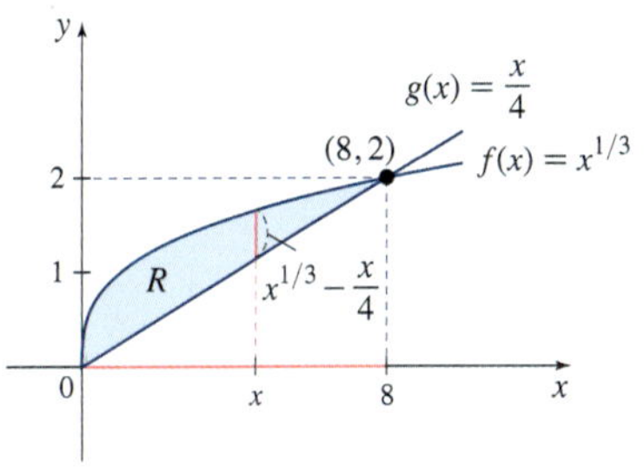

[그림 6.27](a)

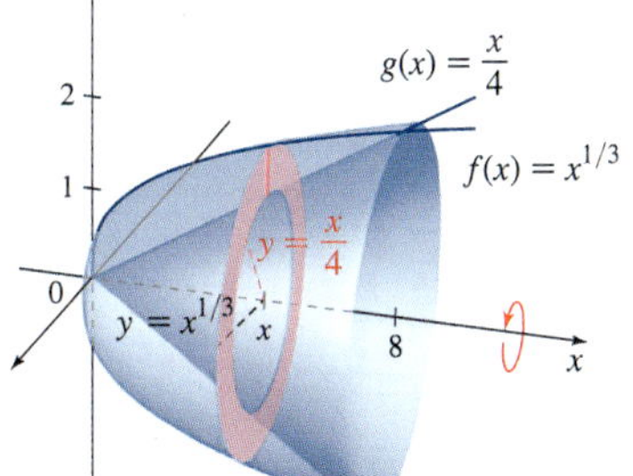

[그림 6.27](b) x축 회전

(2) 영역 R을 x축으로 회전한 회전체이므로 영역 R을 둘러싼 함수는 정의역이 x축이다. 즉, $y=x^{1/3}$과 $y=\dfrac{x}{4}$로 표현되어야 한다.

우선 $y=x^{1/3}$과 $y=\dfrac{x}{4}$가 만나는 점을 구해보자.

$x^{1/3}=\dfrac{x}{4}$이므로 양변을 세제곱을 하면 $x^3-64x=x(x-8)(x+8)=0$. 그러므로 $x=0$이고 $x=-8$ 그리고 $x=8$이다. 영역이 제1사분면에 있으므로 $x\ge 0$이어야 하고 $x=0$과 $x=8$에서 만난다. ([그림 6.27](a) 참고)

[그림 6.27](a)에서 보면 x축 구간 $[0,8]$에서 $x^{1/3}\ge\dfrac{x}{4}$이다. [정리 6.7: y축 회전체의 부피(고리법)]에 의해 영역 R을 x축으로 회전한 회전체의 부피 V를 구해보자. ([그림 6.27](b) 참고)

$$V=\pi\int_0^8\left[(x^{1/3})^2-\left(\frac{x}{4}\right)^2\right]dx=\pi\int_0^8\left(x^{2/3}-\frac{x^2}{16}\right)dy$$

$$=\pi\left[\frac{3}{5}x^{5/3}-\frac{x^3}{48}\right]_0^8=\frac{128}{15}\pi$$

그러므로 회전체의 부피 V는 $\dfrac{128}{15}\pi$이다. ■

연습문제

• Part 1

[1-2] 다음 그림을 보고 물음에 답하여라. [예제 6.6]

1. 그림과 같이 입체의 밑바닥이 제1사분면에서의 4분 원 $y=1-x^2$의 그래프로 둘러싸인 영역이고 x축에 수직단면은 정사각형인 입체에 대하여 입체의 부피를 구하여라.

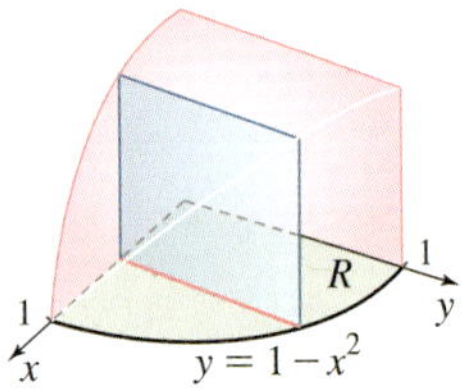

2. 그림과 같이 입체의 밑바닥이 $y=\sqrt{\cos x}$의 그래프와 x축의 구간 $[-\pi/2, \pi/2]$ 사이에 놓인 영역이고 x축에 수직단면이 정삼각형인 입체에 대하여 입체의 부피를 구하여라.

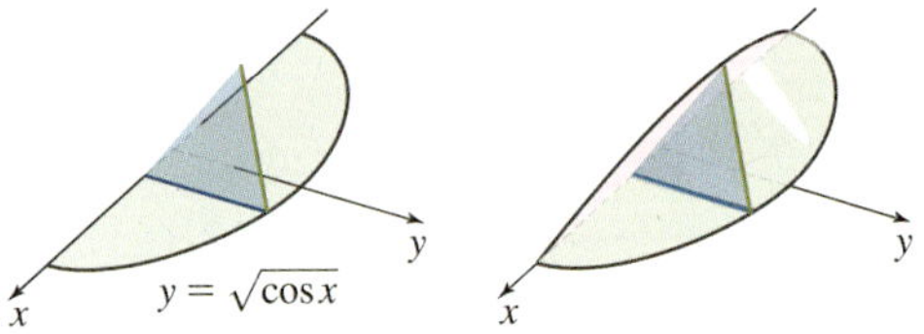

[3-4] 다음 색칠한 영역을 x축으로 회전하였을 때 생기는 입체의 부피를 구하여라. [예제 6.7~6.9]

3.

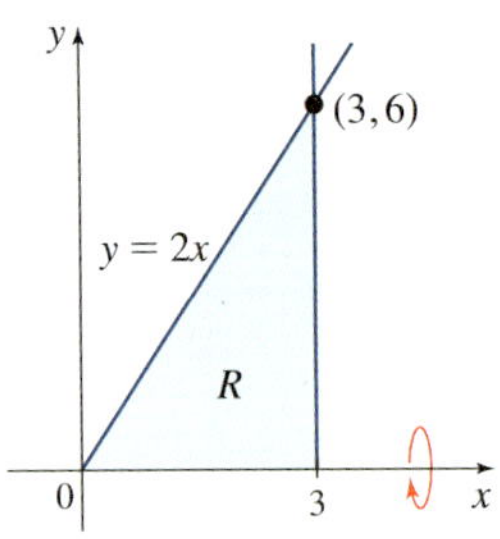

4.

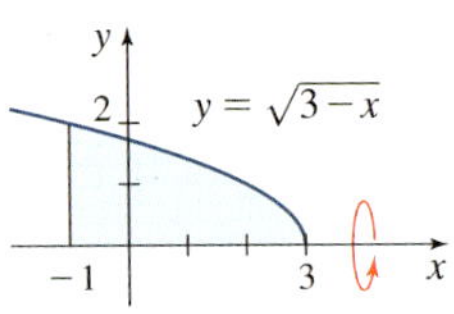

[5-8] 주어진 구간에서 다음 함수의 그래프와 x축 사이의 영역을 x축으로 회전시켰을 때, 나오는 회전체의 부피를 구하여라. [예제 6.7~6.9]

5. $f(x)=\sqrt{x},\ 1 \le x \le 4$

6. $f(x)=\sqrt{\sin x},\ 0 \le x \le \pi$

7. $f(x)=\sqrt{4x e^{x^2}},\ 1 \le x \le 2$

8. $f(x)=(x+1)^2,\ 0 \le x \le 2$

[9-10] 다음 함수의 그래프와 x축 사이의 영역을 x축으로 회전시켰을 때, 나오는 회전체의 부피를 구하여라. [예제 6.7~6.9]

9. $f(x)=x,\ -1 \le x \le 3$

10. $f(x)=x^2+3x,\ -1 \le x \le 2$

[11-12] 다음 색칠한 영역을 y축으로 회전하였을 때 생기는 입체의 부피를 구하여라. [예제 6.10]

11.

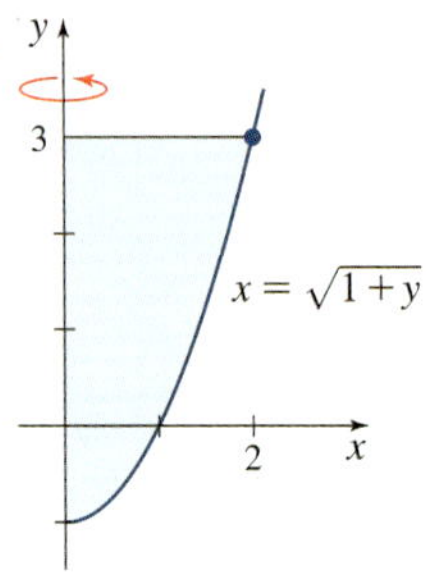

12.

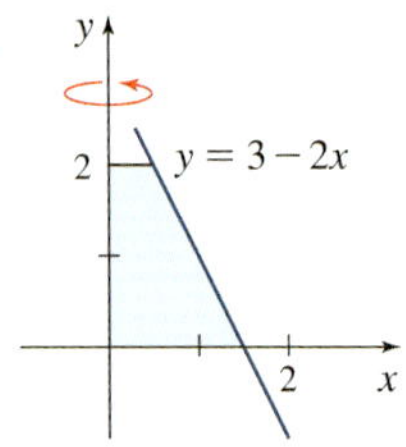

[13-16] 주어진 y축의 구간에서 정의된 함수의 그래프와 y축의 구간 사이에 놓인 영역을 y축으로 회전하였을 때 생기는 회전체의 부피를 구하여라. [예제 6.10]

13. $g(y)=\dfrac{2}{y},\ 1 \le y \le 4$

14. $g(y)=\sqrt{y},\ 0 \le y \le 4$

15. $g(y)=e^y,\ 0 \le y \le 2$

16. $g(y)=\sqrt{4-y^2},\ 0 \le y \le 2$

[17-20] 다음 곡선으로 둘러싸인 영역 R을 x축으로 회전한 회전체의 부피를 구하여라. [예제 6.11]

17. $y=\dfrac{1}{2}+x^2,\ y=x,\ x=0, x=2$

18. $y=x^2+1,\ y=-x+3$

19. $y=\sqrt{25-x^2},\ y=3$

20. $y=x^3,\ x=0,\ y=1$

[21-22] 다음 두 곡선으로 둘러싸인 영역을 R이라고 하자. 물음에 답하여라. [예제 6.12]

$$y = x - 1,\ y = \sqrt{x-1}$$

21. 영역 R을 x축으로 회전시킨 회전체의 부피를 구하여라.
22. 영역 R을 y축으로 회전시킨 회전체의 부피를 구하여라.

[23-24] 다음 두 곡선으로 둘러싸인 영역을 R이라고 하자. 물음에 답하여라. [예제 6.12]

$$y = 1 + \sqrt{x},\ y = 1,\ x = 4$$

23. 영역 R을 x축으로 회전시킨 회전체의 부피를 구하여라.
24. 영역 R을 y축으로 회전시킨 회전체의 부피를 구하여라.

• Part 2

[25-30] 다음 그림을 보고 물음에 답하여라.

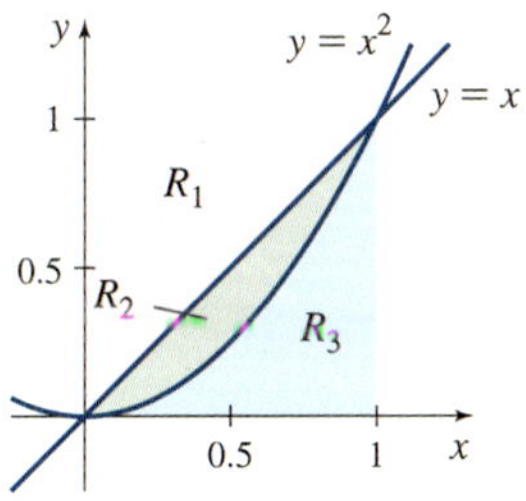

25. 영역 R_1을 x축으로 회전시킨 회전체의 부피를 구하여라.
26. 영역 R_1을 y축으로 회전시킨 회전체의 부피를 구하여라.
27. 영역 R_3을 x축으로 회전시킨 회전체의 부피를 구하여라.
28. 영역 R_3을 y축으로 회전시킨 회전체의 부피를 구하여라.
29. 영역 R_2을 x축으로 회전시킨 회전체의 부피를 구하여라.
30. 영역 R_2을 y축으로 회전시킨 회전체의 부피를 구하여라.

[31-34] 다음 곡선으로 둘러싸인 영역 R을 x축으로 회전한 회전체의 부피를 구하여라.

31. $y = \sec x,\ y = \sqrt{2},\ x = 0,\ x = \dfrac{\pi}{4}$
32. $y = \sin x,\ y = 0,\ x = 0,\ x = \pi$
33. $y = \ln x,\ y = 0,\ x = 1,\ x = 3$
34. $y = \dfrac{1}{\sqrt[4]{1-x^2}},\ y = 0,\ x = 0,\ x = \dfrac{1}{2}$

[35-37] 다음 곡선으로 둘러싸인 영역 R을 y축으로 회전한 회전체의 부피를 구하여라.

35. $x = 1 - y^2,\ x = 2 + y^2,\ y = 1,\ y = -1$
36. $x = \dfrac{1}{\sqrt{1+y^2}},\ x = 0,\ y = 1,\ y = -1$
37. $y = \ln x,\ x = 0,\ y = 0,\ y = 2$

[38-40] 다음 함수에 대하여 물음에 답하여라.

$$f(x) = \sqrt{x} + 1,\ g(x) = x^2 + 1$$

38. 함수 f와 $x = 0,\ y = 2$의 그래프로 둘러싸인 영역을 $y = 2$를 중심으로 회전시킨 회전체의 부피를 구하여라.
39. 두 함수 f와 g의 그래프로 둘러싸인 영역을 $y = -1$을 중심으로 회전시킨 회전체의 부피를 구하여라.
40. 두 함수 f와 g의 그래프로 둘러싸인 영역을 $x = 2$를 중심으로 회전시킨 회전체의 부피를 구하여라.

6.3 회전체의 부피 Ⅱ : 쉘에 의한 방법

입체의 부피를 구하는 **수직단면에 의한 방법**을 공부하였다. 특히, 수직단면에 의한 방법으로 회전체의 부피를 구하는 **원판법**과 **고리법**으로 소개하였다.
이 원판법의 주요 특징은 다음과 같다.

① 회전축에 수직으로 자른 수직단면이 원판이므로 수직단면적을 구하기 쉽다.

② 영역 R을 x축에 의해 회전한 경우

- 영역 R을 둘러싸는 곡선은 정의역이 x인 함수방정식 표현이다. 즉, $y=f(x)$.
- 회전체의 부피 $V=\int_a^b A(x)dx=\pi\int_a^b (f(x))^2dx$

③ 영역 R을 y축에 의해 회전한 경우

- 영역 R을 둘러싸는 곡선은 정의역이 y인 함수방정식 표현이다. 즉, $x=g(y)$.
- 회전체의 부피 $V=\int_c^d A(y)dy=\pi\int_c^d (g(y))^2dy$

④ 영역 R의 y축 회전체에서 영역 R을 둘러싼 곡선의 방정식 $y=f(x)$인 경우

- 곡선의 함수를 y에 관한 식으로 바꿀 수 있으면 원판법을 사용한다.
- 곡선의 함수를 y에 관한 식으로 바꾸는 것이 어려우면 원판법을 사용할 수 없다.

회전체를 구하는 새로운 방법인 **쉘의 의한 방법**은 다음과 같은 경우에 사용한다.

① 영역 R의 y축 회전체에서 영역 R을 둘러싼 곡선의 함수식을 y에 관한 식으로 표현하기 어려운 경우 쉘에 의한 방법을 사용한다.

② 영역 R의 x축 회전체에서 영역 R을 둘러싼 곡선의 함수식을 x에 관한 식으로 표현하기 어려운 경우 쉘에 의한 방법을 사용한다.

◐ y축 회전체의 부피를 쉘에 의한 방법으로 구하기

영역 R의 회전체에서 회전체의 회전축과 영역 R을 표현하는 함수의 정의역의 축이 같지 않으면 **쉘에 의한 방법**을 사용하여 회전체의 부피를 구한다.

x축의 구간 $[a,b]$를 $0<a<b$이도록 잡자. 함수 f가 구간 $[a,b]$에서 연속이고 $f(x)\ge 0$*이라고 하자. 영역 R은 구간 $[a,b]$와 구간 $[a,b]$ 위의 함수 f의 그래프 사이의 영역 R을 y축으로 회전하여 생긴 회전체를 S라고 하자. ([그림 6.28](a), (b) 참고)

* 쉘에 의한 방법을 사용하여 입체의 부피를 구하는 경우 $f\ge 0$과 정의구간 $[a,b]$에서 $0<a<b$가 중요한 조건이다.

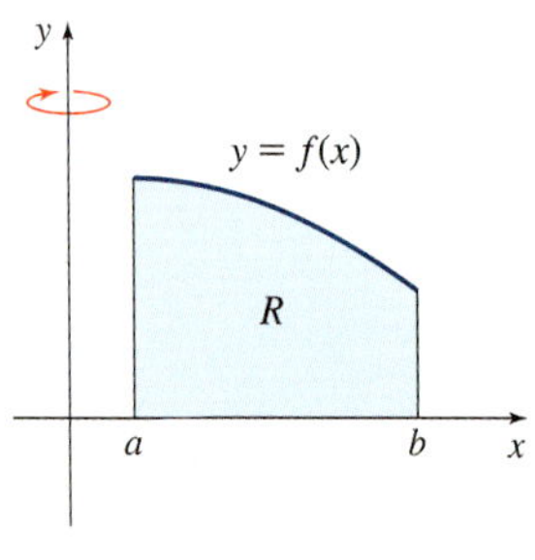

[그림 6.28](a)

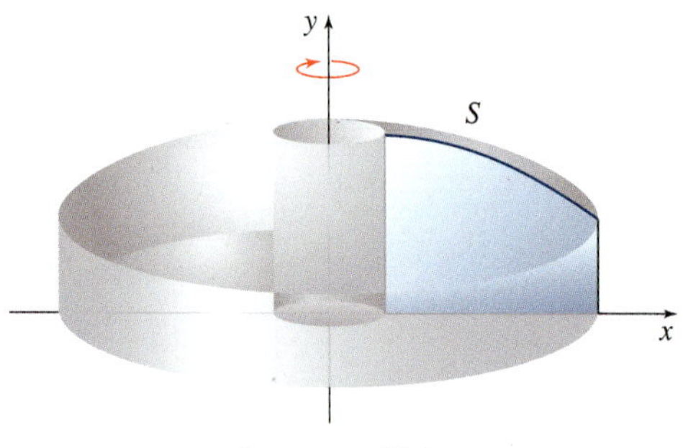

[그림 6.28](b)

함수 f의 정의역 구간 $[a, b]$의 분할 P는 다음의 n개의 작은 구간을 만든다.

$$[a, x_1], [x_1, x_2], \cdots, [x_{k-1}, x_k], \cdots, [x_{n-1}, x_n]$$

이때, 각 작은 구간의 길이는 $\Delta_k = x_k - x_{k-1}$이다.

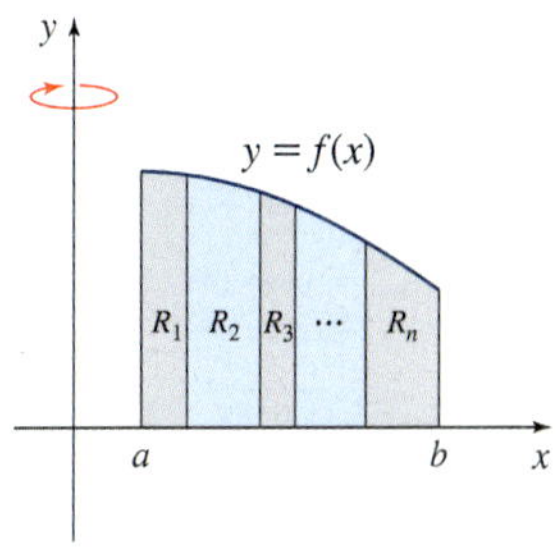

[그림 6.29](a)

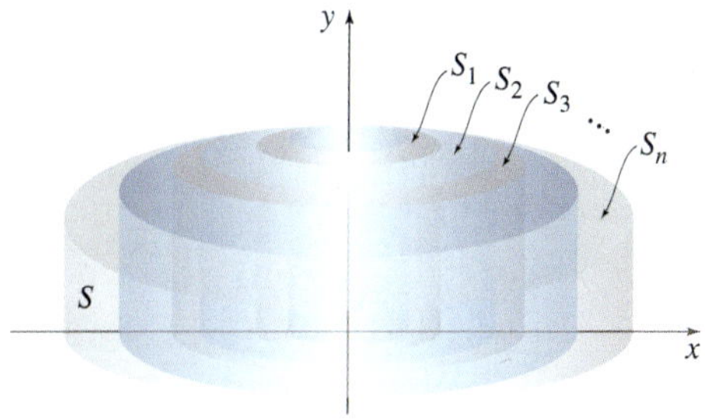

[그림 6.29](b)

[그림 6.29](a)에서 보면 영역 R은 n개의 작은 구간에 의해 n개의 작은 영역 $R_1, R_2, \cdots, R_n$으로 나뉘어진다.

[그림 6.29](b)에서 보면 영역 R을 y축으로 회전하면 회전체 S가 되고 영역 R을 분할하는 작은 영역 $R_1, R_2, \cdots, R_n$을 y축으로 회전하면 n개의 작은 회전체 $S_1, S_2, \cdots, S_n$이 생긴다. n개의 작은 회전체 $S_1, S_2, \cdots, S_n$를 전체 회전체 S의 양파 껍질과 같다고 이해할 수 있다.

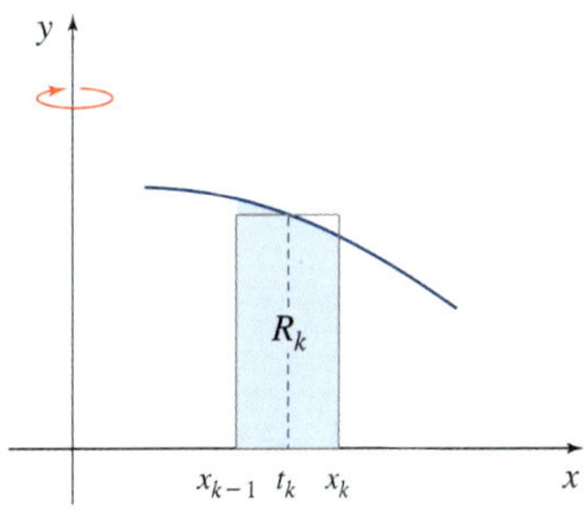

[그림 6.30] 근사적인 작은 영역 R_k

작은 회전체 중 하나인 S_k의 부피를 근사적으로 구해보자.

[그림 6.30]에서 작은 영역 R_k를 사다리 형태가 아닌 직사각형으로 근사한다. 이 직사각형을 y축으로 회전하면 기둥면 모양의 작은 회전체가 되고, 이 작은 회전체는 S_k의 근사적 모양으로 $\overline{S_k}$라 부르자.

$\Delta_k = x_k - x_{k-1}$이고 구간 $[x_{k-1}, x_k]$의 중간값 $t_k = \dfrac{x_k + x_{k-1}}{2}$은 $x_{k-1} \le t_k \le x_k$이다.

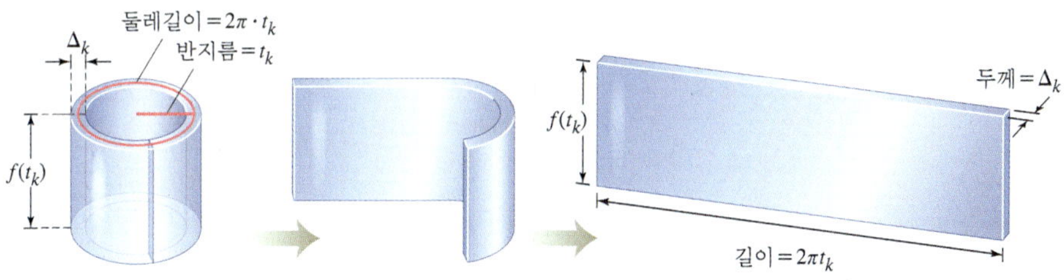

[그림 6.31]

[그림 6.31]에서 보면 기둥면 모양의 작은 회전체 $\overline{S_k}$를 펼치면 두께가 Δ_k인 얇은 직육면체로 근사적으로 만들어질 수 있다. 직육면체는 밑변의 길이 $2\pi t_k$이고 높이가 $f(t_k)$인 직사각형이고 두께 Δ_k이다. 그러므로 작은 회전체 $\overline{S_k}$의 근사적 형태인 직육면체의 부피 V_k는 다음과 같다.

$$V_k = 2\pi t_k \cdot f(t_k) \cdot \Delta_k = [\overline{S_k}\text{의 부피}]$$

회전체 S는 작은 회전체 $S_1, S_2, \cdots, S_n$으로 분할되었고 회전체의 부피 V를 n개의 작은 직육면체의 합으로 근사시킬 수 있다. 즉,

$$V \approx V_1 + V_2 + \cdots + V_k + \cdots + V_n = \sum_{k=1}^{n} V_k = \sum_{k=1}^{n} 2\pi t_k f(t_k)\Delta_k.$$

이때, $\sum_{k=1}^{n} 2\pi t_k f(t_k)\Delta_k$은 구간 $[a, b]$ 위의 연속함수 $2\pi x f(x)$의 리만합이다. 정의역 구간 $[a, b]$의 분할 P를 무한히 작게 분할하면 리만합 $\sum_{k=1}^{n} 2\pi x_k f(x_k)\Delta_k$의 극한이 수렴하고 리만합의 극한은 정적분의 형태로 표현된다. 즉, 다음 구간 $[a, b]$에서 $2\pi x f(x)$의 정적분이다.

$$\lim_{\|P\| \to 0} \sum_{k=1}^{n} 2\pi t_k f(t_k)\Delta_k = \int_a^b 2\pi x f(x)dx$$

또한 정의역 구간 $[a, b]$를 무한히 작게 분할하면 $\sum_{k=1}^{n} V_k$의 극한은 회전체 S의 부피 V로 수렴한다. 그러므로 회전체 S의 부피 V는 다음과 같다.

$$V = \lim_{\|P\| \to 0} \sum_{k=1}^{n} V_k = \lim_{\|P\| \to 0} \sum_{k=1}^{n} [2\pi t_k f(t_k)\Delta_k] = \int_a^b 2\pi x f(x)dx$$

[정리 6.8: y축 회전체의 부피(쉘에 의한 방법(shell method))]
$0 \le a < b$이고 함수 f가 x축의 구간 $[a, b]$에서 연속이고 $f(x) \ge 0$라고 하자. 영역 R은 x축의 구간 $[a, b]$와 구간 $[a, b]$ 위의 함수 f의 그래프 사이에 있다. 영역 R을 y축으로 회전하여 만들어진 회전체의 부피 V는 다음과 같다.

$$V = 2\pi \int_a^b x f(x)dx$$

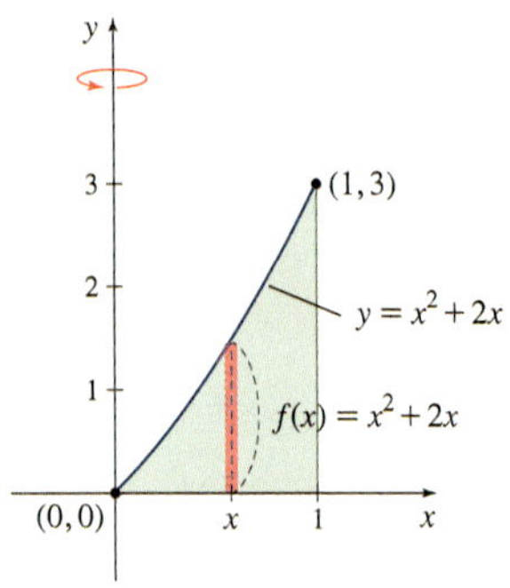

[그림 6.32](a)

[예제 6.13] x축의 구간 $[0, 1]$에서 함수 $f(x) = x^2 + 2x$의 그래프와 구간 $[0, 1]$ 사이에 놓인 영역을 y축으로 회전한 회전체의 부피를 구하여라. [연습문제 1~12]

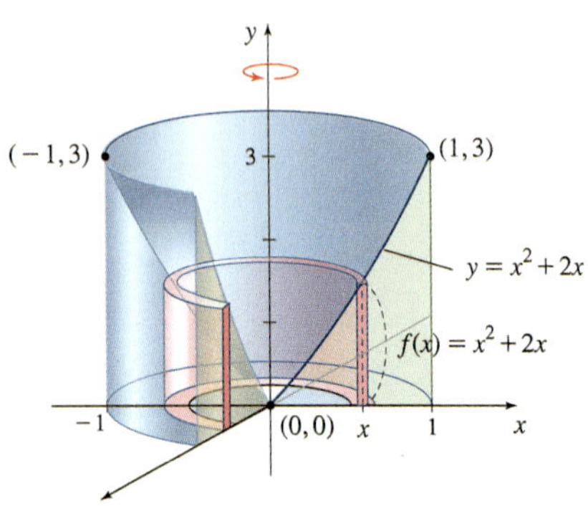

[그림 6.32](b)

[풀이] x축의 구간 $[0, 1]$에서 정의된 함수 $f(x) = x^2 + 2x$ 그래프와 구간 $[0, 1]$ 사이에 놓인 영역을 [그림 6.32](a)에서 볼 수 있다. 이 영역을 y축으로 회전하면 [그림 6.32](b)에 보이는 회전체가 생긴다.
x에 관한 함수의 그래프와 x축으로 둘러싸인 영역을 y축으로 회전한 회전체이므로 [정리 6.8: y축 회전체의 부피(쉘에 의한 방법)]으로 부피 V를 구해보자.

$$V = 2\pi \int_0^1 x f(x)dx = 2\pi \int_0^1 [x(x^2 + 2x)]dx$$

$$= 2\pi \int_0^1 (x^3 + 2x^2)dx = 2\pi \left[\frac{x^4}{4} + \frac{2}{3}x^3\right]_0^1 = \frac{11}{6}\pi$$

그러므로 회전체의 부피는 $\frac{11}{6}\pi$ 이다. ■

[예제 6.14] 함수 $f(x) = 2x^2 - x^3$ 의 그래프와 x축으로 둘러싸인 영역을 y축으로 회전한 회전체의 부피를 구하여라. [연습문제 1~12]

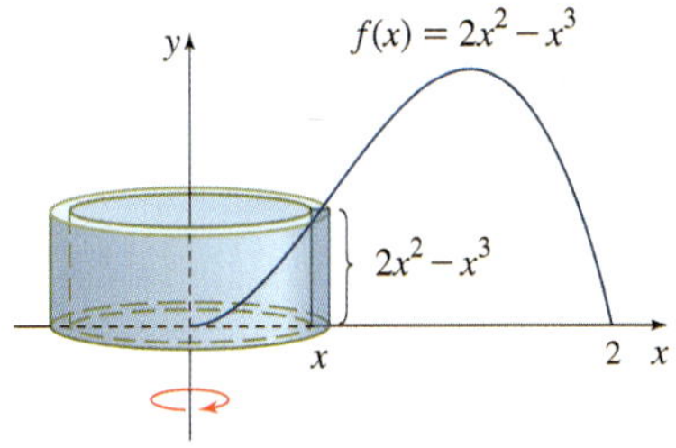

[그림 6.33](a)

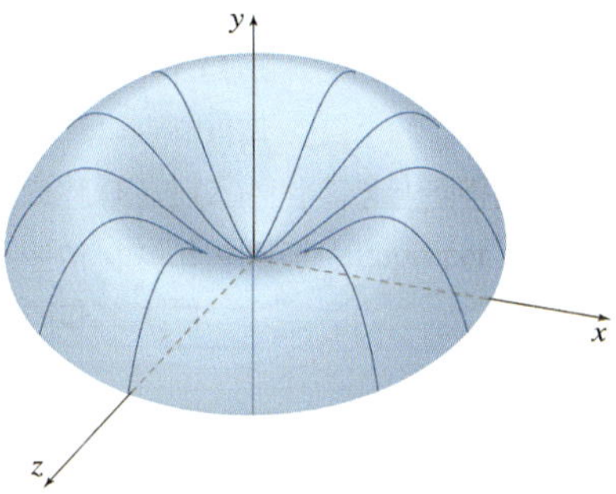
[그림 6.33](b)

[풀이] 함수 $y = 2x^2 - x^3$와 x축인 $y = 0$과 만나는 점을 알아보자.
$2x^2 - x^3 = 0$이고 $x^2(x-2) = 0$이므로 만나는 점은 $x = 0$과 $x = 2$이다.
그러므로 x축의 구간 $[0, 2]$에서 함수 $y = 2x^2 - x^3$의 그래프와 x축으로 둘러싸인 영역을 [그림 6.33](a)에서 볼 수 있다. 이 영역을 y축으로 회전하면 [그림 6.33](b)에 보이는 회전체가 생긴다.
여기서 x축 위의 함수 $f(x) = 2x^2 - x^3$를 y축 위의 함수방정식인 $x = g(y)$의 형태로 변형하는 것이 매우 어렵다. x축 위의 함수 $f(x) = 2x^2 - x^3$로 표현된 영역을 y축으로 회전하는 회전체의 부피는 쉘에 의한 방법을 사용한다.
x에 관한 함수의 그래프와 x축으로 둘러싸인 영역을 y축으로 회전한 회전체이므로 [정리 6.8: y축 회전체의 부피(쉘에 의한 방법)]을 적용하여 부피 V를 구한다.
x축의 구간 $[0, 2]$에서 함수 $y = 2x^2 - x^3 \geq 0$이므로 쉘에 의한 방법으로 부피 V를 구하면 다음과 같다.

$$\text{회전체의 부피 } V = 2\pi\int_0^2 x(2x^2 - x^3)\,dx = 2\pi\int_0^2 (2x^3 - x^4)\,dx$$
$$= 2\pi\left[\frac{x^4}{2} - \frac{x^5}{5}\right]_0^2$$
$$= 2\pi\left(8 - \frac{32}{5}\right) = \frac{16}{5}\pi$$

그러므로 회전체의 부피는 $\frac{16}{5}\pi$ 이다. ■

[예제 6.15] (토러스: torus) 원 $(x-3)^2 + y^2 = 1$의 내부를 y축으로 회전한 회전체의 부피를 쉘에 의한 방법으로 구하여라. [연습문제 1~12]

* 일반적으로 토러스(torus)는 원을 원과 만나지 않는 축으로 회전하여 생긴 입체이다.

[풀이] [그림 6.34](a)의 원 $(x-3)^2 + y^2 = 1$의 내부를 y축으로 회전한 회전체를 [그림 6.34](b)에서 볼 수 있는데 이 회전체를 토러스(torus)*라고 한다.

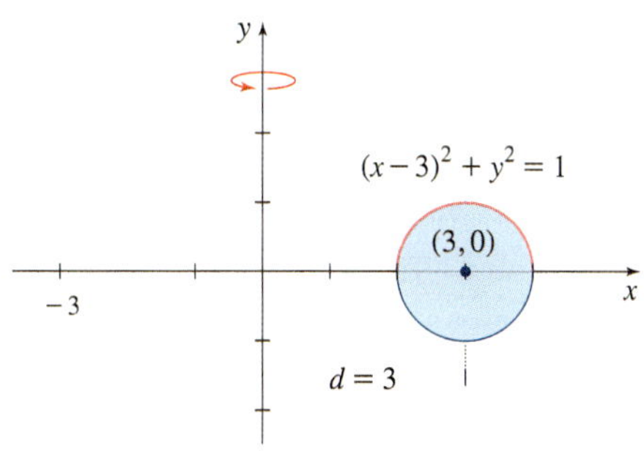

[그림 6.34](a)

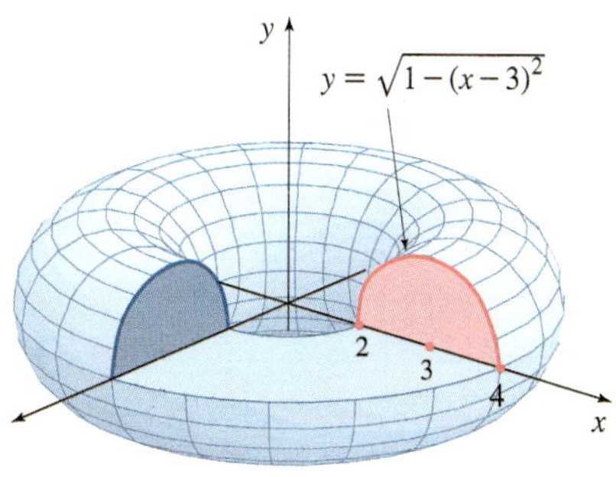

[그림 6.34](b)

회전체인 주어진 토러스를 쉘에 의한 방법으로 부피를 구하자.
원의 방정식 $(x-3)^2+y^2=1$에서 반원인 x의 함수 $y=\sqrt{1-(x-3)^2}\geq 0$로 만든다. 반원 $y=\sqrt{1-(x-3)^2}$과 x축의 사이의 영역을 y축으로 회전한 회전체는 토러스의 반에 해당한다. ([그림 6.34](b) 참고) 이에 따라 반원의 내부를 y축으로 회전한 회전체의 2배인 토러스의 부피를 구해보자.

$$\text{토러스의 부피} = 2\cdot 2\pi\int_2^4 x\sqrt{1-(x-3)^2}\,dx \quad u=x-3\text{이라고 놓으면 } du=dx$$
$$=4\pi\int_{-1}^{1}(u+3)\sqrt{1-u^2}\,du$$
$$=4\pi\int_{-1}^{1}u\sqrt{1-u^2}\,du+12\pi\int_{-1}^{1}\sqrt{1-u^2}\,du=①+②$$

① $\int_{-1}^{1}u\sqrt{1-u^2}\,du$는 치환적분을 적용하고 ② $\int_{-1}^{1}\sqrt{1-u^2}\,du$는 삼각치환을 적용하여 구한다.

$$① \int_{-1}^{1}u\sqrt{1-u^2}\,du=-\int_0^0\frac{1}{2}\sqrt{t}\,dt=0 \quad 1-u^2=t\text{라고 놓으면 } -2udu=dt\text{이고}$$
$$u=-1\text{이고 } u=1\text{인 경우 } t=0$$

$$② \int_{-1}^{1}\sqrt{1-u^2}\,du=\int_{-\frac{\pi}{2}}^{\frac{\pi}{2}}\cos^2 t\,dt \quad u=\sin t,\ \left(-\frac{\pi}{2}\leq t\leq\frac{\pi}{2}\right)\text{라고 놓으면 } du=\cos t\,dt$$
$$=\int_{-\frac{\pi}{2}}^{\frac{\pi}{2}}\frac{1+\cos 2t}{2}\,dt=\frac{1}{2}\left[t+\frac{1}{2}\sin 2t\right]_{-\pi/2}^{\pi/2}$$
$$=\frac{1}{2}\left(\frac{\pi}{2}-\left(-\frac{\pi}{2}\right)\right)=\frac{\pi}{2}$$

$$\text{토러스의 부피}=2\cdot 2\pi\int_2^4 x\sqrt{1-(x-3)^2}\,dx=0+12\pi\cdot\frac{\pi}{2}=6\pi^2$$

그러므로 토러스의 부피는 $6\pi^2$이다. ■

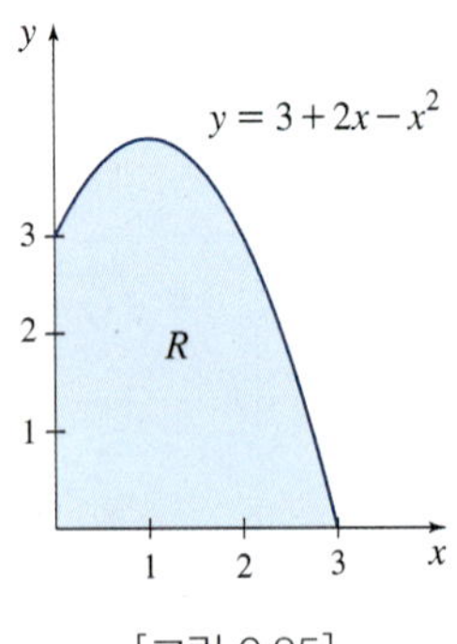

[그림 6.35]

[예제 6.16] 평면의 제1사분면에서 $y=-x^2+2x+3$으로 둘러싸인 영역 R에 대하여 다음에 답하여라. ([그림 6.35] 참고) [연습문제 13~18]

(1) 영역 R을 x축으로 회전한 회전체의 부피를 구하여라.
(2) 영역 R을 y축으로 회전한 회전체의 부피를 구하여라.

[풀이]

(1) x에 관한 함수방정식 $y=-x^2+2x+3$의 그래프를 x축으로 회전한 회전체의 부피 V는 [정리 6.4: x축 회전체의 부피(원판법)]을 사용하여 구한다. ([그림 6.36](a), (b) 참고)

$$V=\pi\int_0^3(3+2x-x^2)^2dx=\pi\int_0^3(9+12x-2x^2-4x^3+x^4)dx$$

$$=\pi\left[9x+6x^2-\frac{2}{3}x^3-x^4+\frac{1}{5}x^5\right]_0^3=\frac{153}{5}\pi$$

그러므로 회전체의 부피는 $\frac{153}{5}\pi$이다.

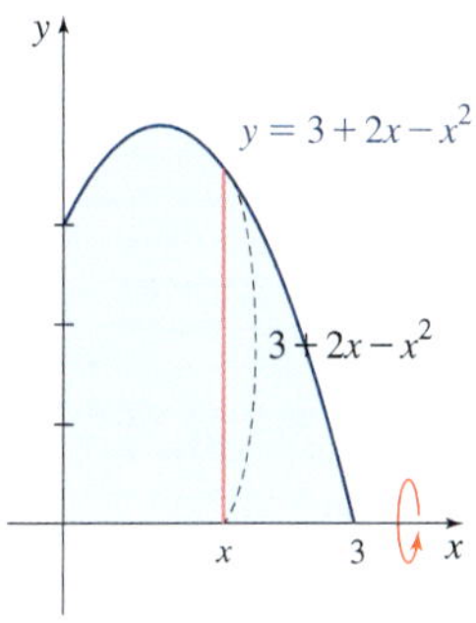

[그림 6.36](a)

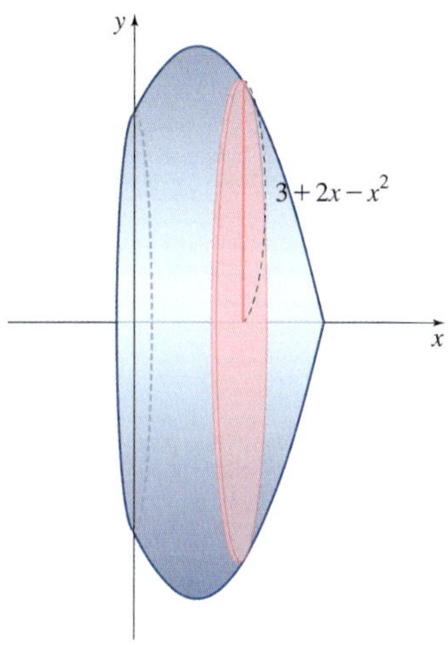

[그림 6.36](b)

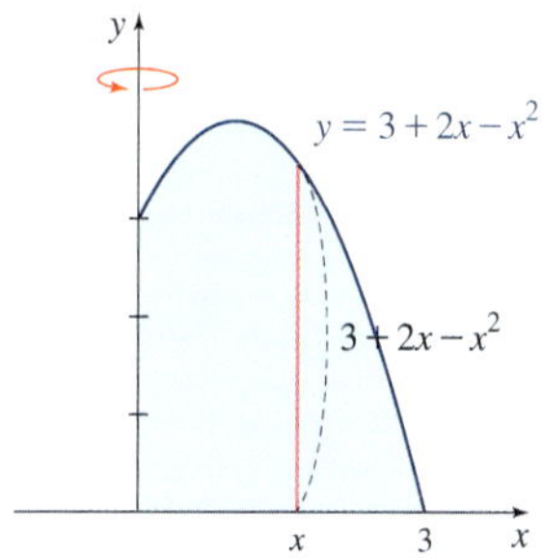

[그림 6.37](a)

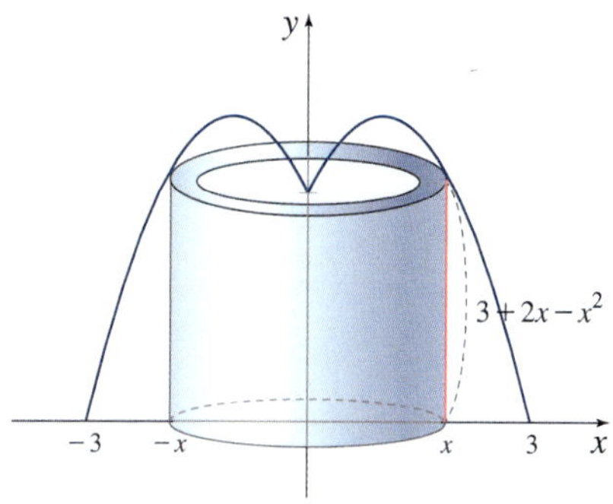

[그림 6.37](b)

(2) x에 관한 함수 $y=-x^2+2x+3$은 정의역이 y인 함수로 변환하는 것이 어려우므로 y축으로 회전한 회전체의 부피 V는 수직단면법의 원판법을 사용하지 않고 [정리 6.8: y축 회전체의 부피(쉘에 의한 방법)]에 의해 구해보자. ([그림 6.32](a), (b) 참고)

$$V=2\pi\int_0^3 x(3+2x-x^2)dx=2\pi\int_0^3(3x+2x^2-x^3)dx$$

$$=2\pi\left[\frac{3}{2}x^2+\frac{2}{3}x^3-\frac{1}{4}x^4\right]_0^3=\frac{45}{2}\pi$$

그러므로 회전체의 부피는 $\frac{45}{2}\pi$이다. ■

연습문제

• Part 1

[1-2] 다음 색칠한 영역을 y축으로 회전하였을 때 생기는 입체의 부피를 구하여라. [예제 6.13~6.15]

1.

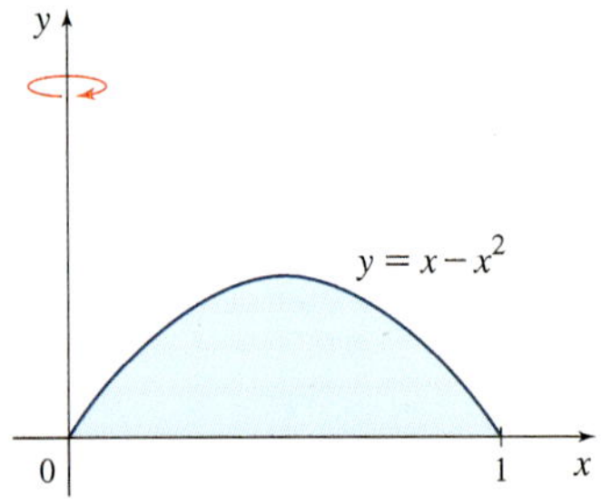

2.

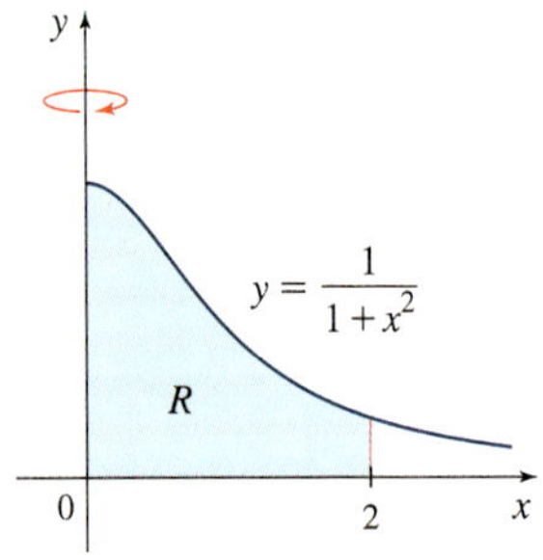

[3-8] 다음 곡선으로 둘러싸인 영역 R을 y축으로 회전한 회전체의 부피를 구하여라. [예제 6.13~6.15]

3. $y=\sqrt{x},\ x=1,\ x=4,\ y=0$

4. $y=x,\ y=x^2$

5. $y=x-x^3,\ x=1,\ x=0,\ y=0$

6. $y=\sin x^2,\ x=\sqrt{\dfrac{\pi}{2}},\ y=0$

7. $y=\dfrac{1}{(x^2+1)^2},\ x=1,\ x=2,\ y=0$

8. $y=e^{x^2},\ x=1,\ x=\sqrt{3},\ y=0$

[9-10] 다음 색칠한 영역을 x축으로 회전하였을 때 생기는 입체의 부피를 구하여라. [예제 6.13~6.15]

9.

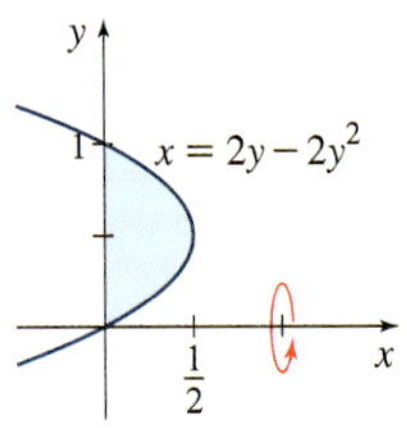

10.

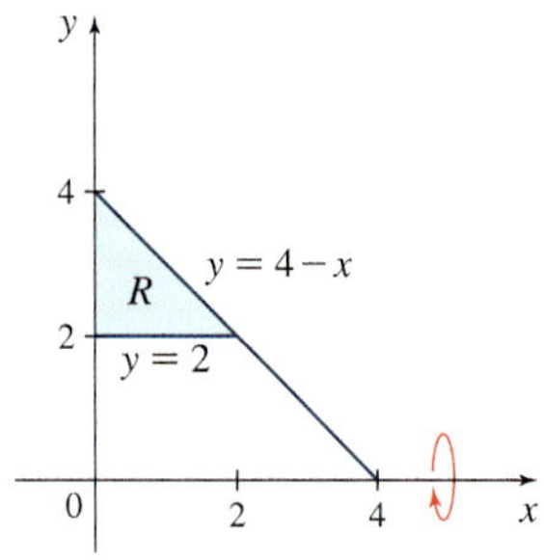

[11-12] 다음 곡선으로 둘러싸인 영역 R을 x축으로 회전한 회전체의 부피를 구하여라. [예제 6.13~6.15]

11. $x=e^{-y^2},\ x=0,\ y=0,\ y=1$

12. $y=\sqrt{x-2},\ y=2,\ x=0,\ y=0$

[13-18] 다음 곡선으로 둘러싸인 영역을 R_1, R_2, R_3라고 하자. 물음에 답하여라. [예제 6.16]

$$R_1:\ y=2x-x^2,\ y=x$$
$$R_2:\ y=\sqrt{x},\ y=0,\ x=4$$
$$R_3:\ y=x^2+1,\ y=0,\ x=0,\ x=1$$

13. 영역 R_1을 x축으로 회전시킨 회전체의 부피를 구하여라.

14. 영역 R_1을 y축으로 회전시킨 회전체의 부피를 구하여라.

15. 영역 R_2을 x축으로 회전시킨 회전체의 부피를 구하여라.

16. 영역 R_2을 y축으로 회전시킨 회전체의 부피를 구하여라.

17. 영역 R_3을 x축으로 회전시킨 회전체의 부피를 구하여라.

18. 영역 R_3을 y축으로 회전시킨 회전체의 부피를 구하여라.

• Part 2

[19-22] 다음 곡선으로 둘러싸인 영역 R을 y축으로 회전한 회전체의 부피를 구하여라.

19. $y=x^2-6x+10,\ y=-x^2+4x+2$

20. $y=\sin x,\ y=0,\ x=0,\ x=\dfrac{\pi}{2}$

21. $y=2\sin x,\ y=-\sin x,\ x=0,\ x=\pi$

22. $y=\sec^{-1}x,\ y=0,\ 1\le x\le 2$

[23-26] 다음 곡선으로 둘러싸인 영역 R을 x축으로 회전한 회전체의 부피를 구하여라.

23. $x=12(y^2-y^3),\ x=0$

24. $x=3y^2-2,\ x=y^2,\ y\ge 0$

25. $y=\sqrt{x}$, $y=2-x$, $y=0$

26. $y=x^4$, $y=4-3x^2$

[27-30] 다음 물음에 답하여라.

27. $y=x^2$, $y=0$, $x=2$로 둘러싸인 영역을 $y=-1$로 회전한 회전체의 부피를 구하여라.

28. $y=3x-x^2$, $y=0$으로 둘러싸인 영역을 $y=-1$로 회전한 회전체의 부피를 구하여라.

29. $y=x^3+x+1$, $y=1$, $x=1$로 둘러싸인 영역을 $x=2$로 회전한 회전체의 부피를 구하여라.

30. $y=\sqrt{x}$, $y=1$, $x=0$으로 둘러싸인 영역을 $x=-\frac{1}{2}$로 회전한 회전체의 부피를 구하여라.

6.4 평면곡선의 길이: 실함수의 그래프인 곡선의 길이

적분의 응용으로 곡선의 길이에 대하여 알아보자.

6장에서 곡선은 함수 $y=f(x)$ 또는 $x=g(y)$의 그래프를 다룬다. 일반적인 곡선의 길이는 10장에서 다룰 예정이다. 6장에서 정적분의 응용으로 곡선의 길이에 대해 공부한다.

일상생활에서 곡선의 길이를 구하는 가장 간단한 방법은 곡선을 곧게 늘려서 자로 재는 것이다. 자로 잰다는 것은 선분의 길이를 재는 것이다.

평면 위의 일반적인 곡선의 길이를 구하는 방법을 알아보자. 일상생활에서 연필의 길이를 재는 것과 같이 평면의 곡선 중에서도 길이를 간단하게 구할 수 있는 곡선이 바로 선분이다.

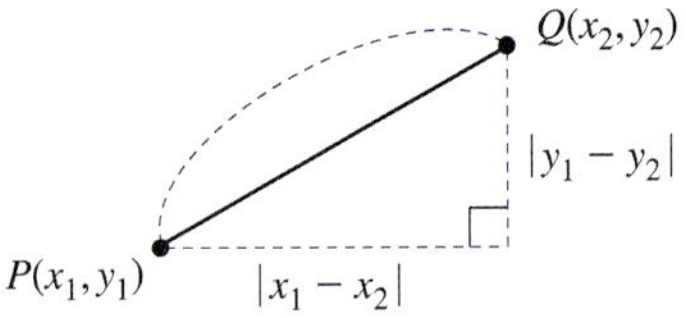

[그림 6.38]

서로 다른 두 점 P와 Q를 잇는 선분의 길이 $|PQ|$를 복습해 보자. 선분의 길이를 구하는 기본 원칙은 직각삼각형에 대한 피타고라스의 법칙이다.

두 점 $P(x_1, y_1)$와 $Q(x_2, y_2)$가 주어졌을 때 선분 PQ의 길이 $|PQ|$를 피타고라스의 법칙으로 다음과 같이 구할 수 있다. ([그림 6.38] 참고)

$$|PQ| = \sqrt{(x_2-x_1)^2+(y_2-y_1)^2}$$

그러므로 곡선의 길이를 구할 때 가장 기본이 되는 도형은 선분이다.

이제 곡선의 길이를 정적분의 개념으로 표현하여 정적분 표현을 구해보자.

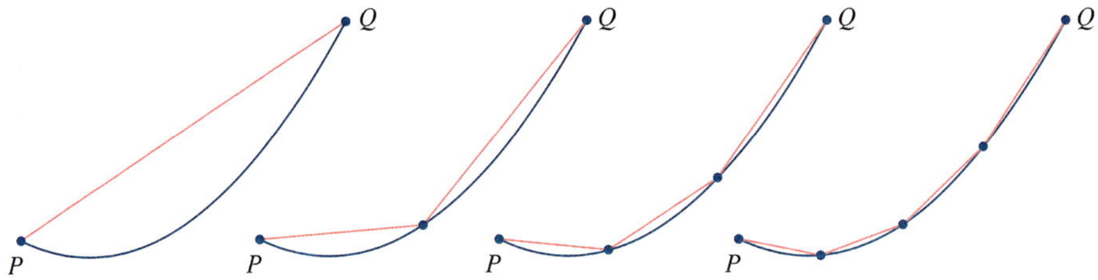

[그림 6.39]

유계이고 닫힌 구간과 연속함수의 그래프 사이의 영역의 넓이를 정적분으로 표현하는 개념과 비슷하게 함수 $y=f(x)$ 또는 $x=g(y)$의 그래프인 곡선의 길이를 구하는 과정을 알아보자. ([그림 6.39] 참고)

① [그림 6.39]에서와 같이 곡선을 기본도형인 선분으로 잘게 분할하여 근사한다.

② 잘게 자른 짧은 선분의 길이의 합을 구한다. 이때 짧은 선분의 길이의 합은 적절한 함수의 리만합으로 표현된다.

③ 분할을 무한히 작게 세분하면 선분의 길이의 합의 극한은 곡선의 길이를 나타낸다.

④ 짧은 선분의 길이의 합인 리만합의 극한은 정적분으로 표현된다. 즉, 곡선의 길이는 정적분이다.

이러한 과정으로 실함수 $y=f(x)$의 그래프인 곡선의 길이를 구해보자.
유계이고 닫힌 구간 $[a,b]$ 위의 함수 f의 그래프의 길이 L을 구해보자.
함수 f는 구간 (a,b)에서 미분가능하고 도함수 f'가 $[a,b]$에서 연속이라고 하자.
구간 $[a,b]$의 분할 $P=\{a=x_0, x_1, x_2, \cdots, x_k, \cdots, x_n=b\}$을 잡으면 n개의 작은 구간 $[x_0,x_1], [x_1,x_2], \cdots, [x_{n-1},x_n]$이 생긴다.
함수 $y=f(x)$의 그래프 위에 $(n+1)$개의 점 $P_0(x_0,f(x_0))$, $P_1(x_1,f(x_1))$, $\cdots$, $P_k(x_k,f(x_k))$, $\cdots$, $P_n(x_n,f(x_n))$을 잡고 연속된 점을 잇는 n개의 선분 $\overline{P_0P_1}, \overline{P_1P_2}, \cdots, \overline{P_{k-1}P_k}, \cdots, \overline{P_{n-1}P_n}$을 잡자. ([그림 6.40] 참고)

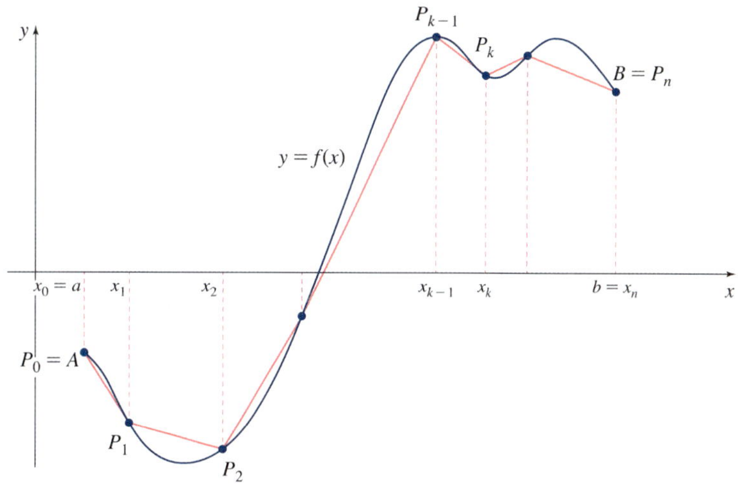

[그림 6.40]

$k=1, \cdots, n$에 대하여 작은 선분의 길이 $|P_{k-1}P_k|$는 다음과 같다.

$$|P_{k-1}P_k| = \sqrt{(x_{k-1}-x_k)^2+(f(x_{k-1})-f(x_k))^2}$$

n개의 작은 선분의 길이의 합은 다음과 같다.

$$\sum_{k=1}^{n}|P_{k-1}P_k| = \sum_{k=1}^{n}\sqrt{(x_{k-1}-x_k)^2+(f(x_{k-1})-f(x_k))^2}$$

함수 f가 구간 $[x_{k-1},x_k]$에서 연속이고 구간 (x_{k-1},x_k)에서 미분가능하므로 [정리 4.2: 평균값 정리]에 의해 다음이 성립하는 t_k가 구간 $[x_{k-1},x_k]$가 있다.

$$\left[\frac{f(x_k)-f(x_{k-1})}{x_k-x_{k-1}}=f'(t_k)\right] \Leftrightarrow \left[f(x_k)-f(x_{k-1})=f'(t_k)\left(x_{k-x_{k-1}}\right)\right]$$

그러면 분할 P에 의한 n개의 짧은 선분의 길이의 합은 다음과 같다.

$$\begin{aligned}\sum_{k=1}^{n}|P_{k-1}P_k| &= \sum_{k=1}^{n}\sqrt{(x_{k-1}-x_k)^2+(f(x_{k-1})-f(x_k))^2}\\ &= \sum_{k=1}^{n}\sqrt{(x_{k-1}-x_k)^2+[f'(t_k)(x_k-x_{k-1})]^2}\\ &= \sum_{k=1}^{n}\sqrt{[1+(f'(t_k))^2](x_k-x_{k-1})^2}\\ &= \sum_{k=1}^{n}\sqrt{1+(f'(t_k))^2}\,(x_k-x_{k-1})\\ &= \sum_{k=1}^{n}\sqrt{1+(f'(t_k))^2}\,\Delta_k\end{aligned}$$

즉, n개의 짧은 선분의 길이의 합 $=\sum_{k=1}^{n}|P_{k-1}P_k|=\sum_{k=1}^{n}\sqrt{1+(f'(t_k))^2}\,\Delta_k$.

분할 P에 의한 n개의 선분의 길이의 합 $\sum_{k=1}^{n}\sqrt{1+(f'(t_k))^2}\,\Delta_k$은 구간 $[a,b]$의 분할 P에 의한 연속함수 $\sqrt{1+(f'(x))^2}$의 리만합이다.

정의역 구간 $[a,b]$의 분할 P를 무한히 작게 세분하면 분할 P에 의한 연속함수의 리만합은 존재하고 리만합의 극한은 다음과 같은 정적분으로 표현된다.

$$\lim_{\|P\|\to 0}\sum_{k=1}^{n}\sqrt{1+(f'(t_k))^2}\,\Delta_k=\int_a^b\sqrt{1+f^2(x)}\,dx$$

n개의 선분의 길이의 합 $\sum_{k=1}^{n}|P_{k-1}P_k|$의 극한 $\lim_{\|P\|\to 0}\sum_{k=1}^{n}|P_{k-1}P_k|$이 곡선의 길이 L로 수렴한다. 즉,

$$L=\lim_{\|P\|\to 0}\sum_{k=1}^{n}|P_{k-1}P_k|$$

그러므로 구간 $[a,b]$ 위의 함수 f의 그래프의 길이 L은 다음과 같다.

$$\begin{aligned}L &= \lim_{\|P\|\to 0}\sum_{k=1}^{n}|P_{k-1}P_k|\\ &= \lim_{\|P\|\to 0}\sum_{k=1}^{n}\sqrt{1+(f'(t_k))^2}\,(x_k-x_{k-1})\\ &= \int_a^b\sqrt{1+(f(x))^2}\,dx\end{aligned}$$

구간 $[a,b]$에서 연속인 함수가 정적분가능하므로 함수 $\sqrt{1+(f'(x))^2}$가 구간 $[a,b]$에서 연속이어야 구간 $[a,b]$에서 정적분 $\int_a^b\sqrt{1+(f(x))^2}\,dx$가 가능하다.

그러므로 [정의 6.9: x에 관한 함수의 그래프의 길이]에서 함수 f가 구간 $[a,b]$에서 도함수 f'가 연속이라는 가정이 필요하다.

[정리 6.9: $y=f(x)$ 형태의 곡선의 길이] 함수 f의 도함수 f'가 구간 $[a,b]$에서 연속이라고 하자. 구간 $[a,b]$ 위의 함수 f의 그래프의 길이 L은 다음과 같다.

$$L=\int_a^b\sqrt{1+(f(x))^2}\,dx \tag{6.1}$$

[예제 6.17] 구간 $[0,4]$ 위의 함수 $f(x)=x^{3/2}$의 그래프의 길이를 구하여라. [연습문제 1~10]

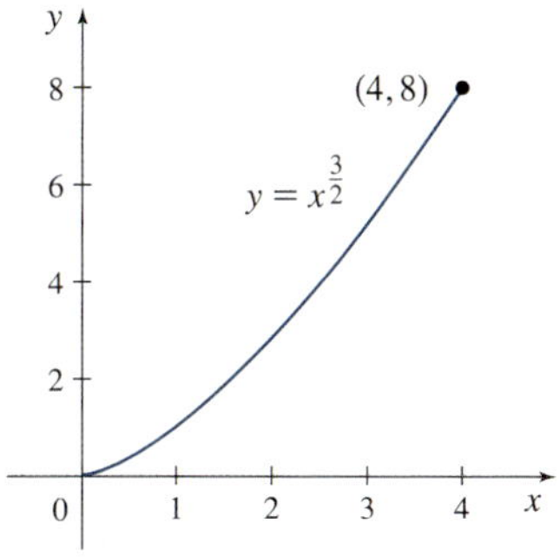

[그림 6.41] $f(x)=x^{3/2}$의 그래프

[풀이] 구간 $[0,4]$ 위의 함수 $f(x)=x^{3/2}$의 그래프는 [그림 6.41]이다. 함수 f의 도함수를 구하면 $f'(x)=\dfrac{3}{2}x^{1/2}$이고 f'이 구간 $[0,4]$에서 연속이다. 식 (6.1)에 의해 구간 $[0,4]$에서 함수 $y=f(x)$의 그래프의 길이 L을 구해보자.

$$\begin{aligned} L &= \int_0^4 \sqrt{1+[(f(x)]^2}\,dx = \int_0^4 \sqrt{1+\left(\frac{3}{2}x^{1/2}\right)^2}\,dx \\ &= \int_0^4 \sqrt{1+\frac{9}{4}x}\,dx \qquad u=1+\frac{9}{4}x\text{이고 } du=\frac{9}{4}dx \\ &= \frac{4}{9}\int_1^{10}\sqrt{u}\,dx \\ &= \frac{4}{9}\left[\frac{2}{3}u^{3/2}\right]_1^{10} = \frac{8}{27}(10^{3/2}-1) \end{aligned}$$

구간 $[0,4]$에서 함수 $f(x)=x^{3/2}$의 그래프의 길이는 $\dfrac{8}{27}(10^{3/2}-1)$이다. ■

구간 $[a,b]$ 위의 함수 f의 그래프의 길이는 식 (6.1)을 사용하여 구하기 간단할 것으로 예상할 수 있다. 그 이유는 적분을 하는 함수가 연속이면 부정적분이 존재하기 때문이다. 그러나 무리함수의 부정적분은 실제로 구하는 것이 힘들 수 있다. 예를 들어서 $f(x)=\sin x$와 같은 함수의 그래프의 길이 L를 구하면 다음과 같다.

$$L=\int_a^b \sqrt{1+\cos^2 x}\,dx$$

그러나 이 적분을 구하는 것은 어렵다.

[예제 6.18] 구간 $\left[0,\dfrac{\pi}{4}\right]$ 위의 함수 $f(x)=\ln(\sec x)$의 그래프의 길이를 구하여라. [연습문제 1~10]

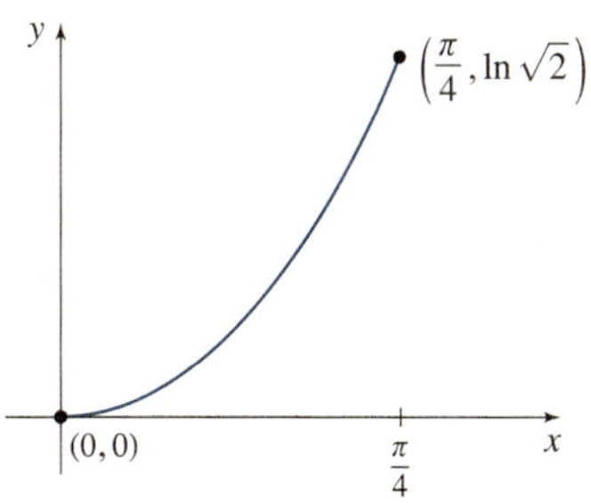

[그림 6.42] 구간 $\left[0,\dfrac{\pi}{4}\right]$에서 함수 $f(x)=\ln(\sec x)$의 그래프

[풀이] 구간 $\left[0,\dfrac{\pi}{4}\right]$ 위의 함수 $f(x)=\ln(\sec x)$의 그래프는 [그림 6.42]이다. 함수 f의 도함수 f'를 구하면 $f'(x)=\dfrac{\sec x\tan x}{\sec x}=\tan x$이고 구간 $\left[0,\dfrac{\pi}{4}\right]$에서 연속이다. 식 (6.1)에 의해 구간 $\left[0,\dfrac{\pi}{4}\right]$에서 함수 f의 그래프의 길이 L을 구해보자.

$$\begin{aligned} L &= \int_0^{\frac{\pi}{4}} \sqrt{1+(f'(x))^2}\,dx = \int_0^{\frac{\pi}{4}} \sqrt{1+\tan^2 x}\,dx \\ &= \int_0^{\frac{\pi}{4}} \sec x\,dx \qquad \text{구간 } \left[0,\frac{\pi}{4}\right]\text{에서 } \sec x>0 \end{aligned}$$

$$= [\ln|\sec x + \tan x|]_0^{\frac{\pi}{4}}$$
$$= \ln\left|\sec\frac{\pi}{4} + \tan\frac{\pi}{4}\right| - \ln|\sec 0 + \tan 0|$$
$$= \ln(\sqrt{2}+1)$$

구간 $\left[0, \frac{\pi}{4}\right]$ 위의 함수 f의 그래프의 길이는 $\ln(\sqrt{2}+1)$이다. ■

평면곡선이 y축 위의 구간 $[c, d]$에서 정의된 함수 $x = g(y)$의 그래프인 경우 비슷한 방법으로 곡선의 길이를 구할 수 있다.

[정리 6.10: $x = g(y)$ 형태의 곡선의 길이] 함수 g의 도함수 g'가 y축의 구간 $[c, d]$에서 연속이라고 하자. 구간 $[c, d]$ 위의 함수 g의 그래프의 길이 L은 다음과 같다.

$$L = \int_c^d \sqrt{1 + (g'(y))^2}\, dy \qquad (6.2)$$

[예제 6.19] 구간 $[0, 1]$ 위의 함수 $g(y) = 2y^{3/2}$의 그래프의 길이를 구하여라.
[연습문제 11~13]

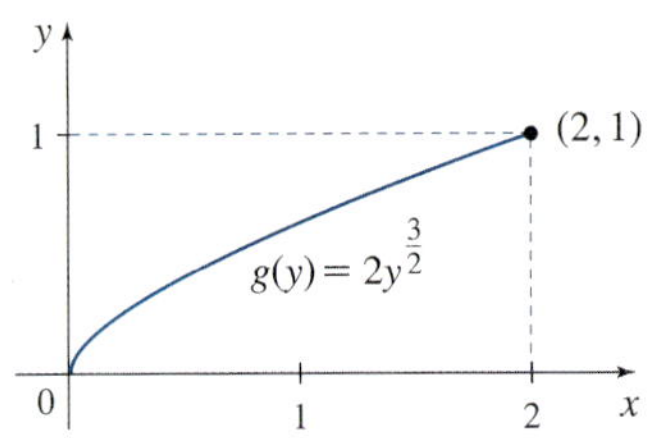

[그림 6.43]

[풀이] y축의 구간 $[0, 1]$ 위의 함수 $g(y) = 2y^{3/2}$의 그래프는 [그림 6.43]이다.
함수 $g(y) = 2y^{3/2}$의 도함수 $g'(y) = 2\left(\frac{3}{2}\right)y^{1/2} = 3y^{1/2}$은 구간 $[0, 1]$에서 연속이다.
식 (6.2)를 사용하여 곡선의 길이 L을 구해보자.

$$L = \int_0^1 \sqrt{1 + \left(\frac{dg}{dy}\right)^2} = \int_0^1 \sqrt{1 + 9y}\, dy$$
$$= \left[\frac{1}{9} \cdot \frac{2}{3}(1 + 9y)^{3/2}\right]_0^1$$
$$= \frac{2}{27}(10\sqrt{10} - 1)$$

구간 $[0, 1]$ 위의 함수 $g(y) = 2y^{3/2}$의 그래프 길이는 $\frac{2}{27}(10\sqrt{10} - 1)$이다. ■

함수 $x = 2y^{3/2}$, $(0 \le y \le 1)$의 그래프와 함수 $y = \left(\frac{x}{2}\right)^{2/3}$, $(0 \le x \le 2)$의 그래프가 같다는 의미는 다음과 같다. 왜냐하면

구간 $[0, 2]$에서 함수 $\left[y = \left(\frac{x}{2}\right)^{2/3}\right]$

$\Leftrightarrow$

구간 $[0, 1]$에서 함수 $[x = 2y^{3/2}]$

이기 때문이다.

[주의] [예제 6.19]의 곡선인 y축의 구간 $[0, 1]$ 위의 함수 $g(y) = 2y^{3/2}$의 그래프를 다음과 같이 정의역이 x축인 함수로 표현하여 그래프의 길이를 구해보자.
y축의 구간 $[0, 1]$ 위의 함수 $g(y) = 2y^{3/2}$를 x축 위의 구간 $[0, 2]$ 위의 함수 $f(x) = \left(\frac{x}{2}\right)^{2/3}$라고 표현할 수 있다. 즉, 역함수변환에 해당한다. ([그림 6.43] 참고)

x축 위의 구간 $[0, 2]$에서 함수 $f(x) = \left(\frac{x}{2}\right)^{2/3}$의 그래프의 길이를 구하기 위해 [정리 6.9: $y = f(x)$ 형태의 곡선의 길이]의 조건을 알아보자.

함수 $f(x) = \left(\frac{x}{2}\right)^{2/3}$을 미분하면 $x \neq 0$에서 $f'(x) = \frac{1}{3}\left(\frac{2}{x}\right)^{1/3}$이다.

$x = 0$에서 함수 f는 미분불가능하다. 왜냐하면 다음과 같이 $x = 0$에서 우극한이 존재하지 않기 때문이다.

$$\lim_{x \to 0+} \frac{f(x) - f(0)}{x - 0} = \lim_{x \to 0+} \frac{\left(\frac{x}{2}\right)^{2/3}}{x} = \left(\frac{1}{2}\right)^{3/2} \lim_{x \to 0+} \frac{1}{x^{1/3}} = \infty$$

구간 $[0, 2]$에서 도함수 $f'(x) = \frac{1}{3}\left(\frac{2}{x}\right)^{1/3}$의 그래프의 길이에 대한 식 (6.1)을 적용할 수 없다.

x축 위의 구간 $[0, 2]$에서 함수 $y = \left(\frac{x}{2}\right)^{2/3}$의 그래프의 길이를 구하는 문제가 주어진 경우 직접 구할 수 없다. 그러므로 y축의 구간 $[0, 1]$ 위의 함수 $g(y) = 2y^{3/2}$의 그래프의 길이를 구하는 문제로 변형하여 풀어야 한다. [예제 6.19]를 참고하자.

연습문제

• Part 1

[1-10] 주어진 구간에서 다음 함수의 그래프의 길이를 구하여라. [예제 6.17~6.18]

1. $f(x) = 2x - 1,\ 0 \le x \le 3$
2. $f(x) = \frac{4\sqrt{2}}{3}x^{\frac{3}{2}} - 1,\ 0 \le x \le 1$
3. $f(x) = \frac{x^3}{6} + \frac{1}{2x},\ \frac{1}{2} \le x \le 2$
4. $f(x) = x^2,\ 0 \le x \le 2$
5. $f(x) = \frac{\ln x}{2} - \frac{x^2}{4},\ 1 \le x \le e$
6. $f(x) = \ln(\cos x),\ 0 \le x \le \frac{\pi}{4}$
7. $f(x) = \frac{e^x + e^{-x}}{2},\ 0 \le x \le 2$
8. $g(y) = 2y - 4,\ 1 \le y \le 4$
9. $g(y) = y^{\frac{3}{2}},\ 4 \le y \le 8$
10. $g(y) = \frac{y^3}{12} + \frac{1}{y},\ 1 \le y \le 4$

[11-13] 주어진 구간에서 다음 곡선의 그래프의 길이를 구하여라. [예제 6.19]

11. $y = x^{\frac{2}{3}} + 1,\ 0 \le x \le 8$
12. $y = \sqrt{x},\ 0 \le x \le 4$
13. $y = \ln(x + \sqrt{x^2 - 1}),\ 1 \le x \le \sqrt{2}$

• Part 2

[14-23] 주어진 구간에서 다음 곡선의 길이를 구하여라.

14. $y = \frac{1}{3}x^3 + x^2 + x + \frac{1}{4x + 4},\ 0 \le x \le 2$
15. $y = \frac{2}{3}(x^2 + 1)^{\frac{3}{2}},\ 0 \le x \le 2$
16. $y = \frac{x^3}{3} + \frac{1}{4x},\ 1 \le x \le 2$
17. $y = \frac{x^4}{8} + \frac{1}{4x^2},\ 2 \le x \le 3$
18. $y = \frac{x^5}{10} + \frac{1}{6x^3},\ 1 \le x \le 2$

19. $x = \dfrac{y^4}{4} + \dfrac{1}{8y^2}$, $1 \le y \le 2$

20. $x = 2e^{\sqrt{2}y} + \dfrac{1}{16}e^{-\sqrt{2}y}$, $0 \le y \le \dfrac{\ln 2}{\sqrt{2}}$

21. $y = \ln(1-x^2)$, $-\dfrac{1}{2} \le x \le \dfrac{1}{2}$

22. $y = \ln(\sin x)$, $\dfrac{\pi}{4} \le x \le \dfrac{3\pi}{4}$

23. $y = \ln(x - \sqrt{x^2-1})$, $1 \le x \le \sqrt{2}$

CHAPTER 7

수열과 급수

디지털 컴퓨터나 계산기는 숫자를 어떻게 표현할까? 삼각함수 $\sin x$의 값을 어떻게 계산할까? 계산기에 명령어를 넣으면 출력판에 값이 나온다. $\sin\pi = 0$이므로 $\sin\pi$를 입력하면 출력판에 0이 나온다. 계산기 출력판의 자리가 10자리인 경우 $\sin 2$를 입력하면 0.0348994967으로 나타난다. $\sin 2$는 무리수이므로 10개의 숫자로 표현하는 것은 실제값이 아니므로 0.0348994967은 $\sin 2$의 근삿값이다. 계산기나 컴퓨터는 이러한 근삿값을 어떻게 계산하는 것일까?

디지털 기계가 계산을 하는 기본은 정수의 4칙연산이다. 그러므로 함수의 다항함수 형식인 멱급수 표현은 디지털 계산을 가능하게 해준다.

예를 들어서 $\sin x = x - \dfrac{x^3}{3!} + \dfrac{x^5}{5!} - \dfrac{x^7}{7!} + \cdots$

$$e^x = 1 + x + \frac{x^2}{2!} + \frac{x^3}{3!} + \frac{x^4}{4!} + \cdots$$

로 표현된다. 오른쪽 변에 있는 식은 무한개의 항의 합이고 이런 표현의 식은 다항식은 아니지만 각 항은 $a_n x^n$의 형식이므로 디지털의 계산이 가능하다. 계산기의 능력에 따라서 항의 개수를 정하면 가능한 자리수의 값으로 근사적인 계산이 가능하다.

이번 수열과 급수에서의 목표는 이러한 함수들을 다항식 형태로 표현하는 것이다. 함수와 급수의 관계는 디지털 세계로의 큰 걸음을 가능하게 한 수학의 한 부분이다.

7.1 수열

7.1.1 수열의 정의

수열(sequence)은 다음과 같이 정해진 순서대로 나열된 무한개의 실수들이다.

$$a_1, a_2, a_3, \cdots, a_n, \cdots$$

여기서 각각의 a_1, a_2, a_3 등은 실수이고 이를 수열의 **항**(term)이라고 한다. 예를 들어 다음 수열을 보면

$$3,\ 6,\ 9,\ 12,\ 15,\ \cdots,\ 3n,\ \cdots$$

$a_1 = 3$은 첫 번째 항, $a_2 = 6$은 두 번째 항, $a_n = 3n$은 n번째 항이라고 한다. 이때 a_n에서 n은 a_n의 **첨자**(index)라고 하고 a_n이 수열에서 n번째 순서의 수임을 표현한다. 수열에서 **순서**는 매우 중요하다. 즉, 수열 $3, 6, 9, 12, \cdots$와 $9, 6, 3, 12, \cdots$은 다른 수열이다.

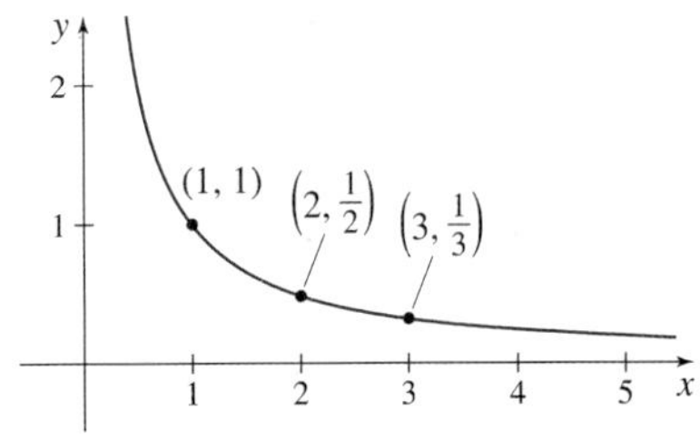

[그림 7.1](a) $f(x) = \dfrac{1}{x}$, $(x > 0)$의 그래프

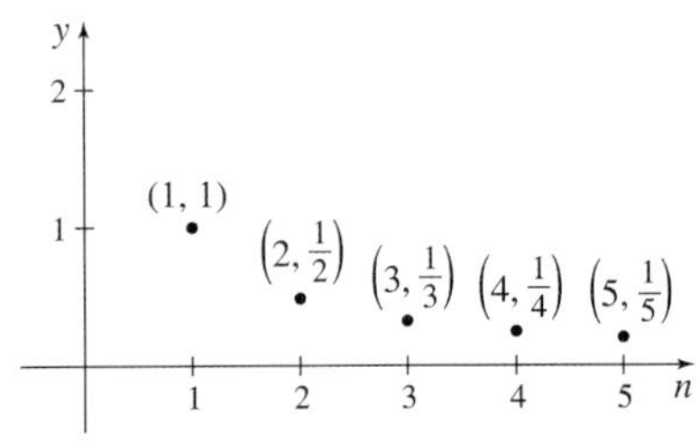

[그림 7.1](b) $f(n) = \dfrac{1}{n}$, $n = 1, 2, 3, \cdots$의 그래프

좀 더 일반적으로 수열을 정의할 때 시작하는 항을 a_1이 아니고 a_0 또는 a_{-1}로 시작할 수도 있다. 순서를 중요시하는 실수의 나열인 수열을 수학적으로 정의하면 자연수 n에 대하여 실수 a_n을 대응시키는 **함수 규칙**이라고 할 수 있다. [그림 7.1](a)는 실수 위의 함수 $f(x) = \dfrac{1}{x}$, $(x > 0)$의 그래프이다. $f(n) = \dfrac{1}{n}$은 함수 f의 정의역을 자연수의 모임인 $\{1, 2, 3, \cdots\}$으로 제한한 것이다. 즉, 수열은 임의의 자연수 n에서 정의한 함수 f이고 함수 f의 그래프는 [그림 7.1](b)이다.

* 수열의 정의역은 일반적으로 정수 $k \in Z$에 대해 $\{k, k+1, k+2, \cdots\}$로 놓는다.

> **[정의 7.1: 수열]** 수열(sequence)은 자연수*에서 정의된 실함수 f이다. 즉, 임의의 자연수 n에 대하여 함숫값인 실수 $f(n)$을 대응하는 함수이다.

수열은 오랜 역사를 가진 용어이다. 그러므로 관습적으로 사용되고 있는 기호의 표현을 사용하고 있다. 주어진 수열인 함수 f가 있을 때, 관습적으로 임의의 자연수 n에 대하여 $a_n := f(n)$인 첨자 형식으로 표현한다.

수열의 표현 방법으로는 수열 $\{a_n\}_{n=1}^{\infty}$ 또는 수열 $\{a_n\}$ 또는 수열 $\{a_1, a_2, a_3, \cdots\}$이 있다.

- a_1을 수열 $\{a_n\}_{n=1}^{\infty}$의 **초항**(initial term)이라고 하고
- a_n을 수열 $\{a_n\}_{n=1}^{\infty}$의 **일반항**(general term) 또는 n번째 항이라고 한다.

일반적인 수열의 표현은

- 수열 $\{a_n\}_{n=1}^{\infty}$, 수열 $\{a_n\}_{n=0}^{\infty}$, 수열 $\{a_n\}_{n=-1}^{\infty}$, $\cdots$
- 수열 $\{a_n\}$으로 표현을 할 경우, 수열 $\{a_n\}_{n=1}^{\infty}$으로 약속한다.

수열 $\{a_n\}$으로 표현하는 방법
- 일반항 표현: $a_n = (n$의 식$)$
- 점화식 표현:
  $a_n = (a_1, a_2, \cdots, a_{n-1}$에 관한 식$)$

수열 $\{a_n\}$에서 다음과 같이 일반항 a_n의 규칙을 (n에 관한 식)으로 구하는 **일반항 표현**이 있다.

$$a_n = (n\text{에 관한 식})$$

예를 들어서 $a_n = 3n - 1$ 또는 $a_n = \dfrac{1}{n+2}$.
수열 $\{a_n\}$을 표현하는 다른 방법으로 다음과 같이 일반항의 규칙을 표현하는 **점화식(recursion formula) 표현**이 있고 점화식 표현에는 초깃값이 필요하다.

$$a_n = (a_1, a_2, \cdots, a_{n-1}\text{에 관한 식})$$

예를 들어서
(1) $a_n = a_{n-1} + 2,\ a_1 = 0$
(2) $a_n = 3a_{n-1} + 1,\ a_1 = 3$
이때, 수열의 점화식 표현에서 초깃값 조건이 반드시 주어져야 한다.

[예제 7.1] 다음 주어진 수열 $\{a_n\}_{n=1}^{\infty}$에서 처음 3개 항을 써라. [연습문제 1~16]

(1) $a_n = \dfrac{1}{3n-2}$ (2) $a_n = \dfrac{2n-1}{n^3}$ (3) $a_n = (-1)^n\left(\dfrac{1}{2}\right)^n$ (4) $a_n = \cos\dfrac{n\pi}{6}$

[풀이] (1) $a_1 = \dfrac{1}{3\cdot 1-2} = 1,\ a_2 = \dfrac{1}{3\cdot 2-2} = \dfrac{1}{4},\ a_3 = \dfrac{1}{3\cdot 3-2} = \dfrac{1}{7}$

(2) $a_1 = \dfrac{2\cdot 1-1}{1^3} = 1,\ a_2 = \dfrac{2\cdot 2-1}{2^3} = \dfrac{3}{8},\ a_3 = \dfrac{2\cdot 3-1}{3^3} = \dfrac{5}{27}$

(3) $a_1 = (-1)^1\left(\dfrac{1}{2}\right)^1 = -\dfrac{1}{2},\ a_2 = (-1)^2\left(\dfrac{1}{2}\right)^2 = \dfrac{1}{4},\ a_3 = (-1)^3\left(\dfrac{1}{2}\right)^3 = -\dfrac{1}{8}$

(4) $a_1 = \cos\dfrac{1\pi}{6} = \dfrac{\sqrt{3}}{2},\ a_2 = \cos\dfrac{2\pi}{6} = \dfrac{1}{2},\ a_3 = \cos\dfrac{3\pi}{6} = 0$ ■

피보나치 수열은 생물, 물리 등에서 많은 현상을 표현하는 수열이다. 예를 들어서 꽃잎의 개수, 꽃씨의 배열, 성인의 뼈 길이 등 다양한 분야에서 피보나치 수열을 발견할 수 있다.

[예제 7.2] (피보나치 수열) 다음과 같은 점화식으로 주어진 수열을 피보나치 수열이라고 한다. 피보나치 수열 $\{a_n\}_{n=1}^{\infty}$을 구해보자. [연습문제 17~20]

$$a_1 = 1,\ a_2 = 1,\ a_n = a_{n-1} + a_{n-2}$$

[풀이] 주어진 점화식으로 피보나치 수열을 나열해 보면 다음과 같다.

$$\begin{aligned} &a_1 = 1,\ a_2 = 1, \\ &a_3 = a_1 + a_2 = 1 + 1 = 2 \\ &a_4 = a_2 + a_3 = 1 + 2 = 3 \\ &a_5 = a_3 + a_4 = 2 + 3 = 5 \\ &a_6 = a_4 + a_5 = 3 + 5 = 8 \\ &\quad\vdots \end{aligned}$$

점화식에 차례로 적용을 하면 다음과 같이 피보나치 수열을 얻을 수 있다.
수열 $\{1, 1, 2, 3, 5, 8, 13, 21, \cdots\}$ ■

7.1.2 수열의 수렴성과 성질

수열에서 가장 중요한 문제는 다음과 같다:
수열이 무한개의 수의 나열이므로 $a_{100}, \cdots, a_{10000}, \cdots, a_{1000000}, \cdots$과 같이 n이 커질 때 수열의 움직임을 알아보는 것이다.*

* 수열 $\{a\}$의 움직임을 알아보는 것은 수열의 흐름을 전체적으로 보는 것이 아니라 n이 무한히 커질 때 a_n의 움직이는 모습을 보아야 하는 것이다.

- 특별한 값으로 가까이 가는가? 그렇다면 그 값은 무엇인가?
- 그렇지 않으면 무한히 커지는가?
- 아니면 왔다 갔다 진동하는가?

[그림 7.2](a), (b), (c), (d)에서 수열 $\{a_n\}$의 그래프를 보면서 수열의 움직임을 알아보자.

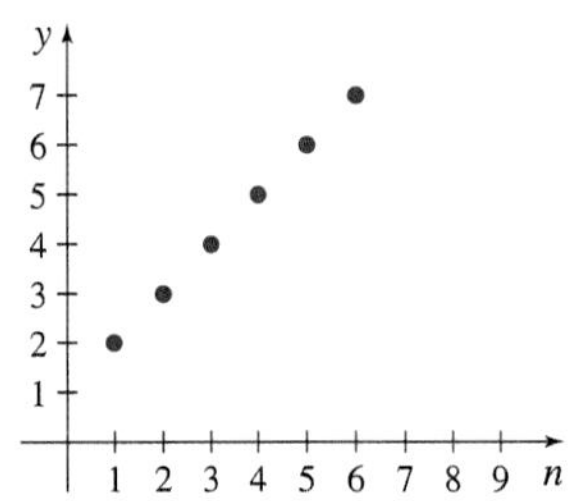

[그림 7.2](a) 수열 $\{n+1\}$의 그래프

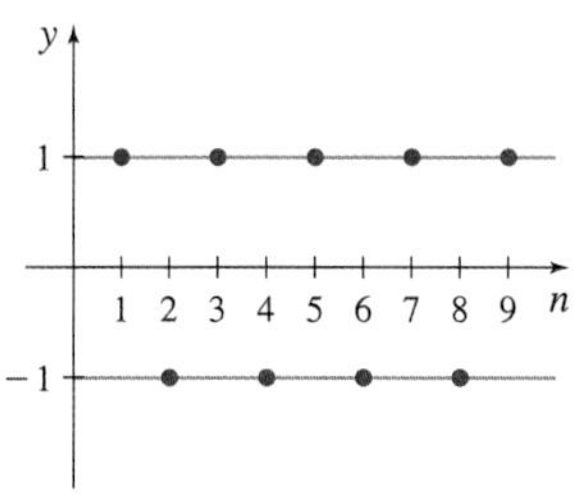

[그림 7.2](b) 수열 $\{(-1)^n\}$의 그래프

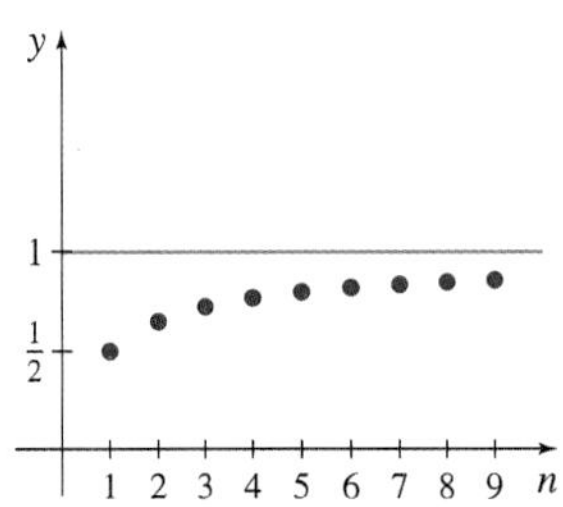

[그림 7.2](c) 수열 $\left\{\frac{1}{n+1}\right\}$의 그래프

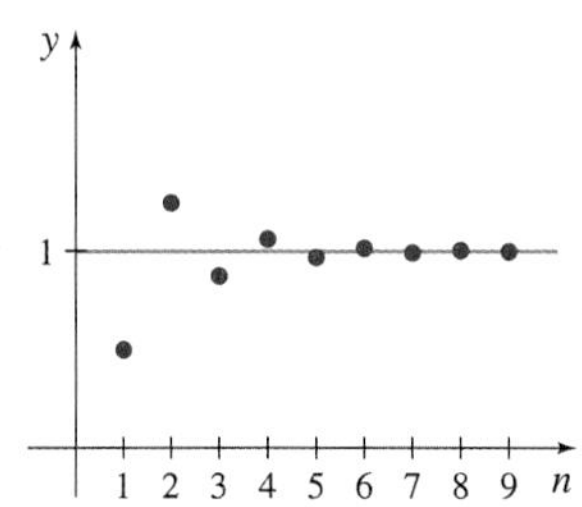

[그림 7.2](d) 수열 $\left\{1+\left(-\frac{1}{2}\right)^n\right\}$의 그래프

[그림 7.2](a)의 수열 $\{n+1\}_{n=1}^{\infty}$에서 수열의 값이 무한으로 점점 커지고 있다.
[그림 7.2](b) 수열 $\{(-1)^n\}_{n=1}^{\infty}$에서 수열의 값은 1과 -1을 왔다 갔다 한다.
[그림 7.2](c) 수열 $\left\{\frac{n}{n+1}\right\}_{n=1}^{\infty}$에서 수열의 값은 점점 증가하면서 1로 다가간다.
[그림 7.2](d) 수열 $\left\{1+\left(-\frac{1}{2}\right)^n\right\}_{n=1}^{\infty}$에서 수열의 값은 1의 주변을 왔다 갔다 하면서 결국 1로 다가간다.

* 수열이 수렴하지 않는다는 것과 수열이 발산한다는 것은 같은 의미이다.

** 수열이 무한으로 발산한다는 것은 수열이 발산한다는 의미 중 하나로, n이 무한히 커질 때 a_n도 무한히 커진다는 의미이다.

- [그림 7.2](c)의 수열 $\left\{\frac{n}{n+1}\right\}_{n=1}^{\infty}$과 (d)의 수열 $\left\{1+\left(-\frac{1}{2}\right)^n\right\}_{n=1}^{\infty}$은 실수 1에 **수렴하는 수열**이고
- [그림 7.2](a)의 수열 $\{n+1\}_{n=1}^{\infty}$와 (b)의 수열 $\{(-1)^n\}_{n=1}^{\infty}$은 **수렴하지 않은 수열** 또는 **발산하는 수열***이다. 수렴하지 않은 수열 중에서 [그림 7.2](a)의 수열 $\{n+1\}_{n=1}^{\infty}$은 **무한으로 발산하는 수열****이다.

수열 $\{a_n\}$이 실수 L로 수렴한다는 개념을 정리해 보자.
n이 충분히 커지면 a_n이 실수 L로 가까이 다가간다는 개념은 다음과 같다.

「n이 충분히 커지면 대부분의 a_n이 실수 L의 근처에 있다.」

*** 무한의 개수(cardinality)란 유한개를 덜어내어도 개수에는 영향을 미치지 않는다는 개념이다.

무한개의 수열 $\{a_n\}$에서 **대부분의** a_n이라는 의미는 수열 $\{a_n\}$에서 **유한개*****를 **제외한** 모든 a_n이라는 의미이므로 다음과 같이 쓸 수 있다. ([그림 7.3] 참고)

「실수 L의 근방을 하나 잡으면 수열의 유한개인 N개를 제외하고 수열 $\{a_n\}_{n=N+1}^{\infty}$은 모두 실수 L의 근방에 있다.」

이때, 실수 L의 근방은 L을 중심으로 하는 열린 구간 $(L-\alpha, L+\alpha)$을 의미한다.

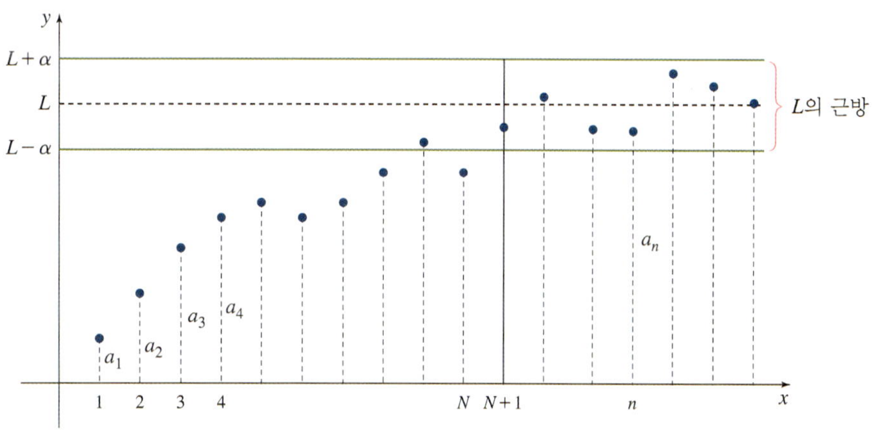

[그림 7.3]

[정의 7.2: 수열의 수렴과 발산] 수열 $\{a_n\}$가 있다고 하자.

(i) n이 충분히 커질 때 a_n이 실수 L로 가까이 다가간다면
「수열 $\{a_n\}$이 극한 L을 갖는다」 또는 「수열 $\{a_n\}$이 실수 L로 **수렴한다**」라고 한다. 기호로는 다음과 같이 쓴다.

$$\lim_{n\to\infty} a_n = L$$

(ii) 극한 $\lim_{n\to\infty} a_n$가 실수로 존재하지 않으면 「수열 $\{a_n\}$이 **발산한다**」라고 한다.

(iii) $\lim_{n\to\infty} a_n$가 실수로 존재하지 않고

n이 충분히 커질 때 a_n이 무한히 커지거나 무한히 작아지면
「수열$\{a_n\}$이 ∞로 발산한다」 또는 「수열$\{a_n\}$이 $-\infty$로 발산한다」라고 한다.
기호로는 다음과 같이 쓴다.

$$\lim_{n\to\infty} a_n = \infty \text{ 또는 } \lim_{n\to\infty} a_n = -\infty$$

수열의 극한은 이미 2장에서 학습한 무한에서의 함수의 극한과 비슷한 의미를 갖는다. 다음의 정리와 이미 알고 있는 함수의 무한에서의 극한의 정리를 이용하면 수열의 극한을 잘 구할 수 있다.

[정리 7.1: 수열의 극한의 성질 1]에서 보면 함수 f의 극한 L이 존재하면 수열 $\{a_n\}$의 극한 L이 존재한다. 그러므로 함수 f에 **로피탈의 정리**를 사용하여 극한을 구할 수 있으면 함수 f에 대응하는 수열 $\{a_n\}$의 극한을 구하는 데 로피탈의 정리를 적용할 수 있다.

[정리 7.1: 수열의 극한의 성질 1] 수열 $\{a_n\}$에 대하여 함수 f가 있어서 임의의 자연수 n에 대하여 $f(n) = a_n$이라고 하자.

(1) $\lim_{x\to\infty} f(x) = L$이면 $\lim_{n\to\infty} a_n = L$.

(2) $\lim_{x\to\infty} f(x) = \infty$ 또는 $-\infty$이면 $\lim_{n\to\infty} a_n = \infty$ 또는 $-\infty$.

수열의 극한은 함수의 극한의 성질과 비슷한 성질을 갖는다.

[정리 7.2: 수열의 극한의 성질 2] 수열 $\{a_n\}$과 수열 $\{b_n\}$에 대하여 $\lim_{n\to\infty} a_n = L$이고 $\lim_{n\to\infty} b_n = M$이라고 하자. 실수 c를 잡자.

(1) 수열 $\{a_n \pm b_n\}$도 수렴한다. 즉, $\lim_{n\to\infty}(a_n \pm b_n) = L \pm M = \lim_{n\to\infty} a_n \pm \lim_{n\to\infty} b_n$.

(2) 수열 $\{ca_n\}$도 수렴한다. 즉, $\lim_{n\to\infty}(ca_n) = cL = c\lim_{n\to\infty} a_n$.

(3) 수열 $\{a_n b_n\}$도 수렴한다. 즉, $\lim_{n\to\infty}(a_n b_n) = LM = \left[\lim_{n\to\infty} a_n\right]\left[\lim_{n\to\infty} b_n\right]$.

(4) $\lim_{n\to\infty} b_n = M \neq 0$이면 수열 $\left\{\dfrac{a_n}{b_n}\right\}$도 수렴한다. 즉, $\lim_{n\to\infty} \dfrac{a_n}{b_n} = \dfrac{L}{M} = \dfrac{\lim_{n\to\infty} a_n}{\lim_{n\to\infty} b_n}$.

수열 극한을 구하는 데 함수의 무한에서의 극한의 성질은 매우 유용하다.

- 일반항 a_n이 분수식 $\dfrac{c_n}{b_n}$인 경우 분자 c_n의 최고 차수와 분모 b_n의 최고 차수를 비교하여 극한 $\lim_{n\to\infty} a_n$을 구할 수 있다.
- 일반항 $a_n = \sqrt[m]{b_n}$인 경우 $\lim_{n\to\infty} a_n = \sqrt[m]{\lim_{n\to\infty} b_n}$.

[예제 7.3] 다음 주어진 수열 $\{a_n\}$의 극한 $\lim_{n\to\infty} a_n$을 구하여라. [연습문제 21~50]

(1) $a_n = \dfrac{n}{3n-2}$ (2) $a_n = \dfrac{2}{n^2}$

(3) $a_n = \sqrt[3]{\dfrac{16n^2+3n}{2n^2}}$ (4) $a_n = \sqrt{n^2+2n} - n$

[풀이] 수열이 유리식인 경우 [정리 2.26: 유리함수의 무한에서의 극한]을 적용하여 수열의 극한을 구한다. 그리고 무리식인 경우 무리함수와 비슷하게 무리식을 유리화하여 유리식으로 변환하여 극한을 구한다.

(1) $x \ge 1$에 대하여 $f(x) = \dfrac{x}{3x-2}$라고 놓자.

[정리 2.26: 유리함수의 무한에서의 극한]에 의해 $\lim_{x\to\infty} f(x) = \lim_{x\to\infty}\dfrac{x}{3x-2} = \dfrac{1}{3}$ 이므로 $\lim_{n\to\infty} a_n = \lim_{n\to\infty}\dfrac{n}{3n-2} = \dfrac{1}{3}$.

[예제 7.3] (2)~(4)의 풀이는 실함수로 변환하지 않고 무한으로 가는 속도 비교를 하면서 극한을 구한다.

(2) $\lim_{n\to\infty} a_n = \lim_{n\to\infty}\dfrac{2}{n^2} = 0$

(3) $\lim_{n\to\infty} a_n = \lim_{n\to\infty}\sqrt[3]{\dfrac{16n^2+3n}{2n^2}} = \sqrt[3]{\lim_{n\to\infty}\dfrac{16n^2+3n}{2n^2}} = \sqrt[3]{8} = 2$

(4)
$$\begin{aligned}\lim_{n\to\infty} a_n &= \lim_{n\to\infty}\left(\sqrt{n^2+2n}-n\right)\\ &= \lim_{n\to\infty}\frac{\left(\sqrt{n^2+2n}-n\right)\left(\sqrt{n^2+2n}+n\right)}{\left(\sqrt{n^2+2n}+n\right)}\\ &= \lim_{n\to\infty}\frac{2n}{\left(\sqrt{n^2+2n}+n\right)} = \frac{2}{1+1} = 1\end{aligned}$$ ■

[정리 7.3: 수열의 극한의 성질 3] (1)에서 $a_n < b_n$인 경우도 $\lim_{n\to\infty} a_n \le \lim_{n\to\infty} b_n$이 성립한다.

[정리 7.3: 수열의 극한의 성질 3] 세 수열 $\{a_n\}$, $\{b_n\}$, $\{c_n\}$에 대하여

(1) [비교정리] 유한개의 항을 제외하고 $a_n \le b_n$이면 $\lim_{n\to\infty} a_n \le \lim_{n\to\infty} b_n$.

(2) [조임정리] 유한개의 항을 제외하고 $a_n \le b_n \le c_n$이고 $\lim_{n\to\infty} a_n = L = \lim_{n\to\infty} c_n$이면 $\lim_{n\to\infty} b_n = L$.

(3) $\lim_{n\to\infty} |a_n| = 0$이면 $\lim_{n\to\infty} a_n = 0$.*

* [주의] $\lim_{n\to\infty}|a_n| = |L|$이지만 $\lim_{n\to\infty} a_n \ne L$인 수열 $\{a_n\}$이 있다. $L \ne 0$인 경우, 예를 들어 $a_n = (-1)^n$이면 $\lim_{n\to\infty}|a_n| = \lim_{n\to\infty} 1 = 1$이지만 $\lim_{n\to\infty} a_n$은 존재하지 않는다.

수열의 극한을 알아보는 경우 유한개의 항의 불규칙한 현상을 무시하고 유한개를 제외한 모든 항의 성질을 주목해야 한다.

[예제 7.4] 다음 주어진 수열 $\{a_n\}$의 극한 $\lim_{n\to\infty} a_n$을 구하여라. [연습문제 21~50]

(1) $a_n = \dfrac{n}{e^n}$　　(2) $a_n = \dfrac{\ln n}{n}$　　(3) $a_n = n^{1/n}$

(4) $a_n = \dfrac{\cos n}{n}$　　(5) $a_n = (-1)^n\dfrac{1}{n^2}$

[풀이] (1) $x \ge 1$에 대하여 $f(x) = \dfrac{x}{e^x}$라고 놓자.

[로피탈의 정리]를 적용하면 $\lim_{x\to\infty} f(x) = \lim_{x\to\infty}\dfrac{x}{e^x} = \lim_{x\to\infty}\dfrac{1}{e^x} = 0$이므로

$$\lim_{n\to\infty} a_n = \lim_{n\to\infty} \frac{n}{e^n} = 0.$$

(2) $x \geq 1$에 대하여 $f(x) = \dfrac{\ln x}{x}$라고 놓자.

[로피탈의 정리]를 적용하면 $\lim_{x\to\infty} f(x) = \lim_{x\to\infty} \dfrac{\ln x}{x} = \lim_{x\to\infty} \dfrac{1/x}{1} = \lim_{x\to\infty} \dfrac{1}{x} = 0$이므로 $\lim_{n\to\infty} a_n = \lim_{n\to\infty} \dfrac{\ln n}{n} = 0.$

(3) 지수함수와 로그함수가 역함수의 관계임을 이용하여 $a_n = n^{1/n}$을 표현하여 풀면

$$\lim_{n\to\infty} n^{1/n} = \lim_{n\to\infty} e^{\frac{\ln n}{n}} = e^{\lim_{n\to\infty}\frac{\ln n}{n}} = e^0 = 1.^*$$ 그러므로 $\lim_{n\to\infty} n^{1/n} = 1.$

* $n^{1/n} = e^{\ln(n^{1/n})} = e^{\frac{\ln n}{n}}$

[예제 7.4] (3)의 풀이에서 분수 형태의 수열을 실함수로 변환하여 로피탈의 정리를 적용하는 과정을 생략하고 편의상 수열에 직접 로피탈의 정리를 적용한다.

(4) 모든 자연수 n에 대하여 $-1 \leq \cos n \leq 1$이므로 $-\dfrac{1}{n} \leq \dfrac{\cos n}{n} \leq \dfrac{1}{n}.$

$\lim_{n\to\infty}\left(-\dfrac{1}{n}\right) = 0 = \lim_{n\to\infty} \dfrac{1}{n}$이므로 [정리 7.3] (3) 조임정리에 의해

$$\lim_{n\to\infty} \frac{\cos n}{n} = 0.$$

(5) 모든 자연수 n에 대하여 $-\dfrac{1}{n^2} \leq (-1)^n \dfrac{1}{n^2} \leq \dfrac{1}{n^2}.$

$\lim_{n\to\infty}\left(-\dfrac{1}{n^2}\right) = 0 = \lim_{n\to\infty} \dfrac{1}{n^2}$이므로 [정리 7.3] (3) 조임정리에 의해

$$\lim_{n\to\infty} (-1)^n \frac{1}{n^2} = 0.$$ ■

다음은 매우 유용하게 사용되는 수열의 극한이다.

[정리 7.4: 주요 수열의 극한]

(1) $\lim_{n\to\infty} \dfrac{n}{e^n} = 0$ (2) $\lim_{n\to\infty} \dfrac{\ln n}{n} = 0$ (3) $\lim_{n\to\infty} n^{1/n} = 1$

(4) $\lim_{n\to\infty} c^{1/n} = 1,\ (c > 0)$ (5) $\lim_{n\to\infty}\left(1 + \dfrac{1}{n}\right)^n = e$

[증명] (1), (2), (3)은 [예제 7.4]의 풀이 참고.

(4)와 (5)의 수열에서 지수함수와 로그함수의 역함수 관계를 이용하여 풀어보자.

(4) $\lim_{n\to\infty} c^{1/n} = c^{\lim_{n\to\infty}\frac{1}{n}} = c^0 = 1$이므로 $\lim_{n\to\infty} c^{1/n} = 1.$

(5) 수열 $a_n = \left(1 + \dfrac{1}{n}\right)^n$에 대해 임의의 실수 $x \geq 1$에서 함수 $f(x) = \left(1 + \dfrac{1}{x}\right)^x$라고 놓자. 그러면 자연수 n에서 $a_n = f(n)$이다.

[2.5절 무한극한과 무한에서의 극한]에 있는 [정의 2.12: 무리수 e의 극한을 이용한 정의]에서 다음과 같이 무리수 e를 정의하였다.

$$\lim_{x \to -\infty}\left(1+\frac{1}{x}\right)^x = e \text{ 그리고 } \lim_{x \to \infty}\left(1+\frac{1}{x}\right)^x = e$$

그러므로 함수의 극한 $\lim_{x \to \infty} f(x) = \lim_{x \to \infty}\left(1+\frac{1}{x}\right)^x = e$이므로

수열의 극한 $\lim_{n \to \infty} a_n = \lim_{n \to \infty}\left(1+\frac{1}{n}\right)^n = e$이다. ■

다음과 같은 점화식 형태의 수열 $\{a_n\}$은 많은 활용을 갖고있는 중요한 수열이다.

$$[a_{n+1} = ra_n] \Leftrightarrow \left[\frac{a_{n+1}}{a_n} = r\right] \tag{7.1}$$

수열에서 바로 다음 항과의 비가 일정하다고 알 수 있다. 이때, r을 **공비**(commom ratio)라고 한다. 식 (7.1)을 만족하는 초항이 a인 수열의 일반항을 구해보면 $a_1 = a$, $a_2 = ar$, $a_3 = ar^2$, $\cdots$이므로 일반항은 다음과 같다.

$$\boxed{a_n = ar^{n-1}}$$

기하수열 $\{ar^{n-1}\}$을 중등교육에서는 **등비수열**이라고 부른다.

수열 $\{ar^{n-1}\}$을 초항이 a이고 공비가 r인 **기하수열**(geometric sequaence)이라고 한다.

[보기 7.1] 기하수열 $\{r^n\}$의 수렴성을 구하여라.

[풀이] 공비 r을 $|r| < 1$, $r = 1$, $r = -1$, $|r| > 1$로 나누어 수렴성을 알아본다.

① $|r| < 1$인 경우

$r \neq 0$이면 $\lim_{n \to \infty} |r|^n = \lim_{n \to \infty} e^{n\ln|r|} = e^{\lim_{n\to\infty} n\ln|r|}$이다.

$0 < |r| < 1$이므로 $\ln|r| < 0$이고 $\lim_{n \to \infty} n\ln|r| = -\infty$.

그러므로 $\lim_{n \to \infty} |r|^n = \lim_{n \to \infty} e^{n\ln|r|} = e^{\lim_{n\to\infty} n\ln|r|} = 0$.

$r = 0$이면 $\lim_{n \to \infty} |r|^n = \lim_{n \to \infty} 0 = 0$.

그러므로 $|r| < 1$이면 $\lim_{n \to \infty} |r|^n = 0$이고 $\lim_{n \to \infty} r^n = 0$.

② $r = 1$인 경우 $\lim_{n \to \infty} r^n = \lim_{n \to \infty} 1 = 1$.

③ $r = -1$인 경우 $r^n = (-1)^n$이므로 $1, -1, 1, -1, \cdots$이므로 한 값으로 가까이 가지 않는다. 그러므로 수열 $\{r^n\}$은 수렴하지 않는다.

④ $|r| > 1$인 경우*

$\left|\frac{1}{r}\right| < 1$이므로 ①에 의해서 $\lim_{n \to \infty} \frac{1}{|r|^n} = \lim_{n \to \infty} \left|\frac{1}{r}\right|^n = 0$.

* $|r| > 1$인 경우는 $r > 1$인 경우와 $r < -1$인 경우로 2가지 경우가 있다.

그러므로 $\lim_{n\to\infty}|r|^n = \infty$.

$r > 1$인 경우 수열 $\{r^n\}$은 무한대로 발산하고 $\lim_{n\to\infty} r^n = \infty$.

$r < -1$인 경우 r^n은 음수 $(-)$와 양수 $(+)$가 번갈아 나오면서 절댓값이 커지므로 수열 $\{r^n\}$은 수렴하지 않는다. ■

[정리 7.5: 기하수열의 수렴성] 기하수열 $\{r^n\}$에 대하여

(1) $|r| < 1$이면 $\lim_{n\to\infty} r^n = 0$.

(2) $r = 1$이면 $\lim_{n\to\infty} r^n = 1$.

(3) $r = -1$이면 수열$\{r^n\}$은 발산한다.

(4) $|r| > 1$이면 수열 $\{r^n\}$은 수렴하지 않는다. 특히, $r > 1$이면 $\lim_{n\to\infty} r^n = \infty$.

[예제 7.5] 다음 기하수열의 수렴성을 구하여라. [연습문제 51~58]

(1) $\lim_{n\to\infty}(1.1)^n$ (2) $\lim_{n\to\infty}(-0.9)^n$

[풀이]

(1) 기하수열 $a_n = (1.1)^n$에서 공비 $|r| = 1.1 > 1$이므로 수열 $\{(1.1)^n\}$은 발산하고 $\lim_{n\to\infty}(1.1)^n = \infty$이다.

(2) 기하수열 $a_n = (-0.9)^n$에서 공비 $|r| = |-0.9| = 0.9 < 1$이므로 $\lim_{n\to\infty}(-0.9)^n = 0$. ■

7.1.3 증가수열과 감소수열의 수렴성

수열의 증가와 감소를 정의하자.

* 수열 $\{a_n\}$이 증가수열이거나 감소수열인 경우 합해서 **단조수열**이라고 한다. 즉, 한 방향으로 움직인다는 의미이다.

[정의 7.3: 수열의 증가과 감소*] 수열 $\{a_n\}$에 대하여

(i) $a_1 \le a_2 \le a_3 \le \cdots \le a_n \le a_{n+1} \le \cdots$이면 수열$\{a_n\}$을 **증가수열**이라고 한다.

(ii) $a_1 \ge a_2 \ge a_3 \ge \cdots \ge a_n \ge a_{n+1} \ge \cdots$이면 수열$\{a_n\}$을 **감소수열**이라고 한다.

수열 $\{a_n\}$의 **단조성**을 보이는 방법을 소개한다.

단조성	두 항의 차이	두 항의 비	$f(n) = a_n$인 함수 f
증가수열	$a_{n+1} - a_n \ge 0$	$\dfrac{a_{n+1}}{a_n} \ge 1$	도함수 $f'(x) \ge 0$
감소수열	$a_{n+1} - a_n \le 0$	$\dfrac{a_{n+1}}{a_n} \le 1$	도함수 $f'(x) \le 0$

[예제 7.6] 수열 $\left\{a_n = \frac{n}{n+1}\right\}$이 증가수열임을 보여라. [연습문제 59~62]

[풀이] 3가지 방법으로 증가수열임을 보여보자.

[방법 1] $a_{n+1} - a_n = \frac{n+1}{n+2} - \frac{n}{n+1} = \frac{(n+1)^2 - n(n+2)}{(n+2)(n+1)} = \frac{1}{(n+2)(n+1)} \geq 0.$

그러므로 $a_{n+1} - a_n \geq 0$이고 증가수열이다.

[방법 2] $\frac{a_{n+1}}{a_n} = \frac{\frac{n+1}{n+2}}{\frac{n}{n+1}} = \frac{(n+1)^2}{n(n+2)} = \left[1 + \frac{1}{n(n+2)}\right] \geq 1.$

그러므로 $\frac{a_{n+1}}{a_n} \geq 1$이고 증가수열이다.

[방법 3] $x \geq 1$일 때 함수 $f(x) = \frac{x}{x+1}$이라고 놓자.

$f'(x) = \frac{(x+1)-x}{(x+1)^2} = \frac{1}{(x+1)^2} \geq 0$이므로

함수 $f(x)$는 증가함수이고 수열 $\{a_n\}$도 증가수열이다. ■

수열이 유계라는 것은 수열이 한정된 영역 안에 있다는 것이다. 다시 말해서 실수 M과 m이 있어서 유계이고 닫힌 구간 $[m, M]$ 안에 모든 수열이 있어야 한다. 수열의 유계성을 정의해 보자. ([그림 7.4](a)와 (b) 참고)

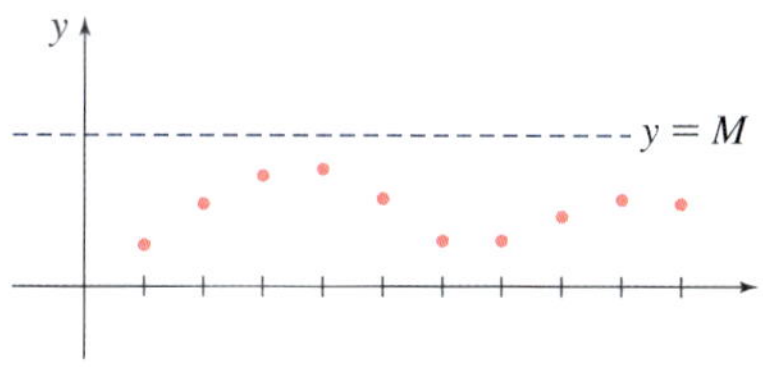

[그림 7.4](a) 위로 유계인 수열

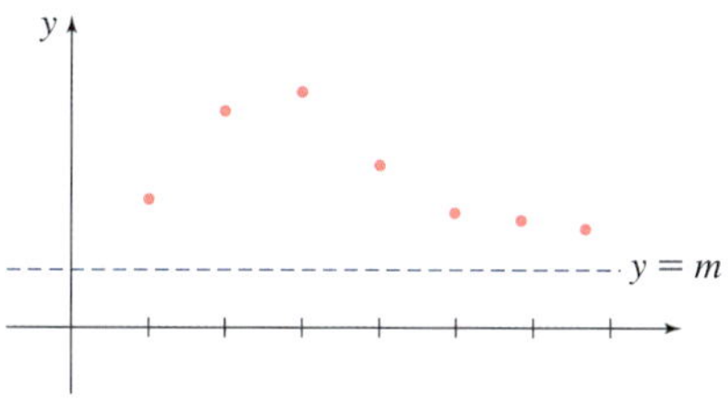

[그림 7.4](b) 아래로 유계인 수열

[정의 7.4: 수열의 유계] 수열 $\{a_n\}$에 대하여

(i) [모든 n에 대하여 $a_n \leq M$]인 실수 M이 있으면 수열 $\{a_n\}$은 **위로 유계**(bounded above)라고 한다. ([그림 7.4](a) 참고)

(ii) [모든 n에 대하여 $a_n \geq m$]인 실수 m이 있으면 수열 $\{a_n\}$은 **아래로 유계**(bounded below)라고 한다. ([그림 7.4](b) 참고)

(iii) 수열 $\{a_n\}$이 위로 유계이고 또한 아래로 유계이면 **유계**라고 한다.

[그림 7.4](a)에서 보면 모든 $a_n \leq M$이므로 수열 $\{a_n\}$은 위로 유계이다.

[그림 7.4](b)에서 보면 모든 $a_n \geq m$이므로 수열 $\{a_n\}$은 아래로 유계이다.

수열의 단조성과 유계를 사용하여 수열의 수렴을 알려주는 중요한 정리를 소개한다. [정리 7.6]은 수열이 수렴하는 조건을 말해 주지만 그 수열의 극한값에 대해서는 알려주지 않는다는 것을 주의한다.

주의할 부분은 수열의 극한을 다루는 일은 수열의 꼬리 부분의 움직임을 살펴보는 일이다. 그러므로 수열의 앞부분은 수열의 극한에 영향을 주지 않는다.

수열 $\{a_n\}_{n=1}^{\infty}$와 수열 $\{a_n\}_{n=1000}^{\infty}$이 수렴한다면 두 수열의 극한은 같다.

즉, [정리 7.6]에서 수열 $\{a_n\}$의 단조성을 알아볼 때 앞의 유한개의 항를 제외하고 단조성을 알아보면 된다.

[정리 7.6] 수열 $\{a_n\}$에 대하여

(1) 증가수열 $\{a_n\}$이 위로 유계이면 수열 $\{a_n\}$은 수렴한다. ([그림 7.5](a) 참고)

(2) 감소수열 $\{a_n\}$이 아래로 유계이면 수열 $\{a_n\}$은 수렴한다. ([그림 7.5](b) 참고)

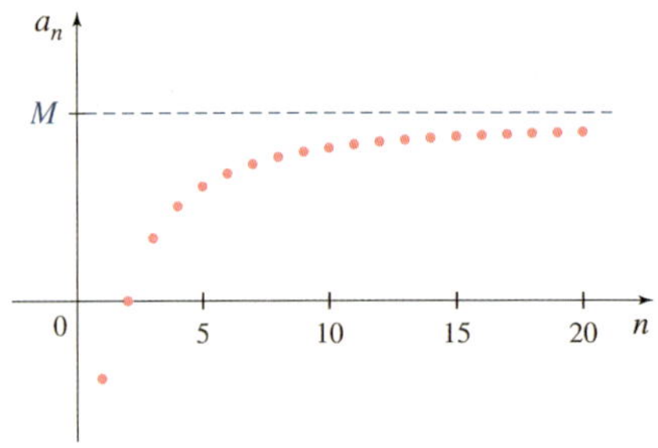

[그림 7.5](a) 위로 유계인 증가수열

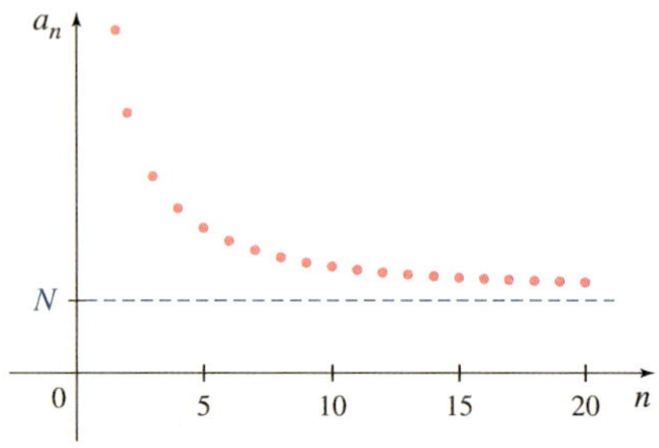

[그림 7.5](b) 아래로 유계인 감소수열

[정리 7.6]은 수열이 수렴한다는 것을 보이는 데 매우 유용하다.

- 증가하는 위로 유계인 수열은 극한을 갖는다.
- 감소하는 아래로 유계인 수열은 극한을 갖는다.

[주의] [정리 7.6]은 극한을 갖는다는 것을 알려주지만, 극한을 구하는 것은 알려주지 않는다. [정리 7.6]을 사용하여 수열 $\{a_n\}$의 극한이 존재함을 확인하고 극한을 찾는 한 방법으로 수열의 점화식 표현을 사용한다.

다음과 같은 과정으로 수열의 극한을 구해 보자.

① [정리 7.6]을 사용하여 수열 $\{a_n\}$이 [위로 유계인 증가수열] 또는 [아래로 유계인 감소수열]임을 보이고 **수열의 극한이 존재함을 확인**하고 $\lim_{n\to\infty} a_n = L$이라고 놓는다.

② 수열 $\{a_n\}$을 점화식으로 표현하고 극한 L을 구한다.

[예제 7.7] 극한 $\lim_{n\to\infty}\dfrac{2^n}{n!}=0$임을 보여라. [연습문제 63~65]

[풀이] 임의의 자연수 n에 대하여 $a_n=\dfrac{2^n}{n!}$이라고 놓자.

우선 수열 $\{a_n\}$이 감소수열임을 보이자.

모든 자연수 n에 대하여 $\dfrac{a_{n+1}}{a_n}=\dfrac{\dfrac{2^{n+1}}{(n+1)!}}{\dfrac{2^n}{n!}}=\dfrac{2}{(n+1)}\le 1.$

그러므로 수열 $\{a_n\}$이 감소수열이다.

이번에는 수열 $\{a_n\}$이 아래로 유계임을 보이자.

모든 자연수 n에 대하여 $a_n=\dfrac{2^n}{n!}\ge 0$이므로 아래로 유계이다.

그러므로 수열 $\{a_n\}$은 아래로 유계인 감소수열이다.

[정리 7.6] (2)에 의하여 수열 $\{a_n\}$은 수렴한다. 즉, $\lim_{n\to\infty} a_n = L$인 실수 L이 있다.

수열 $\{a_n\}$을 점화식으로 표현하면 $a_{n+1} = \frac{2^{n+1}}{(n+1)!} = \frac{2}{n+1}\cdot\frac{2^n}{n!} = \frac{2}{n+1}a_n$.

즉, $a_{n+1} = \frac{2}{n+1}a_n$이다.

수열 $\{a_n\}$은 수렴하므로 양변에 극한을 취하면 다음과 같다.

$$a_{n+1} = \frac{2}{n+1}a_n$$

$$\lim_{n\to\infty} a_{n+1} = \lim_{n\to\infty}\frac{2}{n+1}\cdot\lim_{n\to\infty} a_n$$

$$L = 0\cdot L = 0$$

그러므로 $\lim_{n\to\infty} a_n = L = 0$이고 $\lim_{n\to\infty}\frac{2^n}{n!} = 0$. ■

[예제 7.7]에서 수열의 점화식을 이용하여 수열의 극한을 구하는 문제에서 가장 중요한 부분은 수열이 극한을 갖는다는 것을 보이는 부분이다. 즉, 수열이 극한을 갖는 경우에만 수열의 점화식에 극한을 적용할 수 있다.

[예제 7.8] 다음 점화식을 만족하는 수열 $\{a_n\}$의 극한을 구하여라. [연습문제 66~69]

$$a_{n+1} = \frac{1}{2}a_n + 2,\ a_1 = 2$$

[풀이] 우선 수열 $\{a_n\}_{n=1}^{\infty}$이 유계임을 보이자.

$$a_{n+1} = \frac{1}{2}a_n + 2$$

$$a_{n+1} = \frac{1}{2}\left(\frac{1}{2}a_{n-1}+2\right)+2 = \frac{1}{2^2}a_{n-1}+1+2 \qquad a_n = \frac{1}{2}a_{n-1}+2$$

$$a_{n+1} = \frac{1}{2^2}\left(\frac{1}{2}a_{n-2}+2\right)+1+2 = \frac{1}{2^3}a_{n-2}+\frac{1}{2}+1+2 \qquad a_{n-1} = \frac{1}{2}a_{n-2}+2$$

$$a_{n+1} = \frac{1}{2^4}a_{n-3}+\frac{1}{2^2}+\frac{1}{2}+1+2 \qquad a_{n-2} = \frac{1}{2}a_{n-3}+2$$

이러한 과정을 $n-1$번 반복하면 일반항 a_n은 다음과 같다.

$$a_{n+1} = \frac{1}{2^{n+1}}a_1 + \frac{1}{2^{n-1}}+\cdots+\frac{1}{2^3}+\frac{1}{2}+1+2$$

$a_1 = 2$이므로 $a_{n+1} = \left[\frac{1}{2^n}+\frac{1}{2^{n-1}}+\cdots+\frac{1}{2^3}+\frac{1}{2}+1+2\right] \le 4$.

그러므로 수열 $\{a_n\}_{n=1}^{\infty}$은 위로 유계이다.

이제 수열 $\{a_n\}_{n=1}^{\infty}$이 증가수열임을 보이자.

임의의 n에 대해 $a_{n+1}-a_n=\frac{1}{2}a_n+2-a_n=-\frac{1}{2}a_n+2$.

$a_n \le 4$이므로 $a_{n+1}-a_n=-\frac{1}{2}a_n+2\ge -2+2=0$이고 $a_{n+1}\ge a_n$이다.

즉, 임의의 자연수 n에 대하여 $a_{n+1}\ge a_n$이므로 수열 $\{a_n\}_{n=1}^{\infty}$은 증가수열이다.

그러므로 수열 $\{a_n\}$은 위로 유계인 증가수열이다.

[정리 7.6] (1)에 의하여 수열 $\{a_n\}$은 수렴한다. 즉, $\lim_{n\to\infty}a_n=L$인 실수 L이 있다.

수열 $\{a_n\}$은 수렴하므로 다음 점화식의 양변에 극한을 적용하고 구해보자.

$$a_{n+1}=\frac{1}{2}a_n+2$$

$$\lim_{n\to\infty}a_{n+1}=\frac{1}{2}\lim_{n\to\infty}a_n+2$$

이므로 $L=\frac{1}{2}L+2$이고 극한 $\lim_{n\to\infty}a_n=L=4$. ■

연습문제

• Part 1

[1-16] 다음 주어진 수열$\{a_n\}_{n=1}^{\infty}$에서 처음 3개 항을 써라. [예제 7.1]

1. $a_n=3n+1$
2. $a_n=\frac{n}{n^2+1}$
3. $a_n=\frac{1}{(-1)^n+2}$
4. $a_n=\sin\frac{n\pi}{2}$
5. $a_n=\ln(4n-1)$
6. $a_n=e^{\cos n\pi}$
7. $a_n=\frac{1}{n(n+1)}$
8. $a_n=\frac{1}{n!}$ (단, $n!=n\cdot(n-1)\cdots 2\cdot 1$)
9. $a_n=\frac{n}{2n+1}$
10. $a_n=(-1)^{n+1}\sin\frac{n\pi}{6}$
11. $a_n=\frac{n^2+1}{2n}$
12. $a_n=3n+1$
13. $a_n=2^n$
14. $a_n=(-1)^{n-1}\left(2-\frac{1}{n}\right)$
15. $a_n=\tan\frac{n}{4}\pi$
16. $a_n=\frac{n}{n+1}$

[17-20] 주어진 점화식에서 처음 5개 항을 써라. [예제 7.2]

17. $a_1=1,\ a_{n+1}-a_n=2$
18. $a_1=1,\ a_{n+1}\div a_n=2$
19. $a_1=2,\ a_{n+1}=2a_n-3$
20. $a_1=1,\ a_2=2,\ a_{n+2}=3a_{n+1}-a_n$

[21-50] 다음 주어진 수열 $\{a_n\}$의 극한 $\lim_{n\to\infty}a_n$을 구하여라. [예제 7.3~7.4]

21. $a_n=\frac{n^2+2n-3}{2n^2+n+1}$
22. $a_n=\frac{3n}{n^2+1}$
23. $a_n=\sqrt[3]{\frac{26n-1}{n+1}+1}$
24. $a_n=\frac{\sqrt{4n+1}-\sqrt{4n}}{\sqrt{n+3}-\sqrt{n+1}}$
25. $a_n=\left(1+\frac{1}{n}\right)^{2n}$
26. $a_n=\frac{n^2+1}{e^n}$
27. $a_n=\frac{\ln(n^2+2)}{n}$
28. $a_n=(-1)^{n+1}\frac{1+\sin n}{n}$
29. $a_n=\left(\frac{n}{n+4}\right)^n$
30. $a_n=\frac{3n-1}{2n+1}$
31. $a_n=-\frac{3n+1}{n^3+2n^2-3}$
32. $a_n=\frac{\sqrt{n^2+3n+1}-n+1}{2}$

33. $a_n = \sqrt[4]{\dfrac{16n+1}{n}}$

34. $a_n = \dfrac{1}{n!}$

35. $a_n = \sqrt[3]{\dfrac{n^2+3n+1}{8n^2-1}}$

36. $a_n = \dfrac{2}{\sqrt{n}+\sqrt{n+1}}$

37. $a_n = \dfrac{n^2+1}{e^n}$

38. $a_n = \dfrac{n+\ln n}{n^2}$

39. $a_n = (2n+1)^{1/n}$

40. $a_n = (-1)^{n+1}\dfrac{2}{n+2}$

41. $a_n = \dfrac{2^n}{n^2+1}$

42. $a_n = \dfrac{2n^3+n^2+1}{3n^3-n^2+4}$

43. $a_n = \dfrac{n-\sqrt{n+1}}{2n}$

44. $a_n = \dfrac{\sqrt{4n^2-n+1}+2n}{n}$

45. $a_n = \sqrt{\dfrac{n^2+2n}{4n^2-n+10}}$

46. $a_n = \dfrac{1}{n+\cos n}$

47. $a_n = \dfrac{1+\sin n}{e^n}$

48. $a_n = \dfrac{n+2+\ln n}{n+1}$

49. $a_n = n^{-2/n}$

50. $a_n = (-1)^{n+1}\dfrac{n+1}{n+3}$

[51-58] 다음 기하수열의 수렴성을 알아보아라. [예제 7.5]

51. $a_n = \left(\dfrac{3}{4}\right)^{n-1}$

52. $a_n = \left(-\dfrac{3}{4}\right)^{n}$

53. $a_n = \left(\dfrac{4}{3}\right)^{n+1}$

54. $a_n = \left(\dfrac{e}{2}\right)^{n}$

55. $a_n = (-0.21)^n$

56. $a_n = (-1)^{n+1}\left(\dfrac{1}{2}\right)^{n}$

57. $a_n = 4^n \cdot 5^{-n}$

58. $a_n = 3^n$

[59-62] 다음 수열이 증가수열인지 감소수열인지 판단하여라. [예제 7.6]

59. $a_n = \dfrac{3}{n}$

60. $a_n = \dfrac{n!}{n+1}$

61. $a_n = \dfrac{n+2}{n+3}$

62. $a_n = -\dfrac{1}{n}$

[63-65] 다음 수열의 극한값을 구하여라. [예제 7.7]

63. $\lim\limits_{n\to\infty}\dfrac{3^n}{n!}$

64. $\lim\limits_{n\to\infty}\dfrac{2^n}{(n+1)!}$

65. $\lim\limits_{n\to\infty}\dfrac{(-2)^{n+1}}{n!}$

[66-69] 주어진 점화식을 이용하여 수열의 극한을 구하여라. [예제 7.8]

66. $a_1 = 1,\ a_{n+1} = \dfrac{1}{3}a_n + 1$

67. $a_1 = 2,\ 2a_n = \dfrac{1}{2}a_n + 3$

68. $a_1 = 1,\ a_n = \dfrac{2}{3}a_n + 2$

69. $a_1 = 3,\ a_{n+1} = \dfrac{1}{4}a_n + 3$

• Part 2

70. $a_1 = 1$이고 점화식 $a_{n+1} = (n+1)a_n$을 만족하는 일반항 a_n을 구하여라.

71. $a_1 = 1,\ a_2 = 3$이고 점화식 $2a_{n+1} = a_{n+2} + a_n$을 만족하는 일반항 a_n을 구하여라.

72. $a_1 = 1,\ a_2 = 3$이고 점화식 $a_{n+1}^2 = a_{n+2}a_n$을 만족하는 일반항 a_n을 구하여라.

73. $a_1 = \sqrt{2}$이고 점화식 $a_{n+1} = a_n + \dfrac{1}{\sqrt{n+2}+\sqrt{n+1}}$을 만족하는 일반항 a_n을 구하여라.

[74-82] 다음 주어진 수열 $\{a_n\}$의 극한 $\lim\limits_{n\to\infty} a_n$을 구하여라.

74. $a_n = \dfrac{3n^{\frac{3}{2}} + 2n - n^{\frac{1}{2}} + 1}{n^{\frac{3}{2}} + 1}$

75. $a_n = \left(1-\dfrac{1}{n}\right)^{3n}$

76. $a_n = \dfrac{1+2+\cdots+n}{n^2}$

77. $a_n = \dfrac{1\times 2 + 2\times 3 + \cdots + n\times(n+1)}{n^3}$

78. $a_n = \dfrac{\tan\frac{1}{n}}{\frac{1}{n}}$

79. $a_n = \dfrac{\sin\frac{2}{n}}{\frac{1}{n}}$

80. $a_n = \sqrt[n]{e^{3n+4}}$

81. $a_n = \dfrac{e^{-n}}{3\sin(e^{-n})}$

82. $a_n = \sqrt{n^2+2n} + \sqrt{n^2+4n} - 2n$

83. $a_n = \dfrac{r^{2n}+2}{2r^{2n}-1}$

84. $a_n = \dfrac{r^{2n+1}-1}{r^{2n}+1}$

85. $a_n = \dfrac{r^n+1}{r^n+3}$ (단, $r \neq -1$)

86. $a_n = \dfrac{r^n+2}{r^{2n}+1}$ (단, $r \neq -1$)

7.2 급수

급수에 대한 역사적 자료에서 보면 아르키메데스(Archimedes, B.C. 287~212)가 포물선으로 둘러싸인 영역의 넓이를 구할 때 급수를 사용한 것이 가장 오래된 기록이다. 그 후 19세기 초 푸리에(Fourier, 1789~1830)에 의해서 급수에 대한 체계가 자리 잡기 시작하였고, 코시(Cauchy, 1789~1857)에 이르러 학문적으로 완성되었다.

급수는 덧셈을 확장한 것이다. 보통 덧셈은 2개의 수를 더하는 규칙인 a_1+a_2이고 2개의 수의 덧셈을 이용하여 3개의 수의 덧셈 $a_1+a_2+a_3$, 4개의 수의 덧셈 $a_1+a_2+a_3+a_4$을 계산할 수 있고 일반적으로 유한개인 n개의 수의 덧셈 $a_1+a_2+\cdots+a_n$을 계산할 수 있다. 이런 유한개의 덧셈은 순서를 바꾸어서 계산을 해도 상관이 없는 특징이 있다.

유한개의 수의 덧셈을 무한개의 수의 덧셈으로 확장해 보자. 무한개의 실수의 덧셈을 **무한급수**라고 한다. 무한개의 덧셈이 가능하다는 것은 덧셈의 결과가 실수로 나와야 하는 것을 의미한다. 무한개의 실수의 합인 급수가 항상 실숫값을 갖지 않는다. 이번 절에서는 무한 합인 급수를 정의하고 급수의 성질을 살펴보자.

7.2.1 급수의 수렴성

무한개의 실수를 더하는 것이 가능한가? 무한개의 실수의 합을 이미 경험한 적이 있다. 유리수 $\frac{1}{3}$은 무한 소수인 $0.333\cdots$으로 표현된다는 것을 알고 있다. 무한 소수 $0.333\cdots$은 다음과 같은 무한 합으로 나타내어지고 무한 합은 $\frac{1}{3}$이다.

$$0.3+0.03+0.003+0.0003+\cdots$$

$$\text{또는 } \frac{3}{10}+\frac{3}{10^2}+\frac{3}{10^3}+\frac{3}{10^4}+\cdots.$$

즉, 무한개의 실수의 합을 구하는 것이 가능하다. 그러나 모든 무한개의 실수의 합을 구할 수 있는 것은 아니다. 예를 들어서 실수 1의 무한개의 합인

$$1+1+1+\cdots$$

은 결과가 실수가 아니라는 것을 짐작할 수 있다.

그러므로 무한 합인 **급수** $\sum_{k=1}^{\infty} a_k$는 유한개의 실수의 합과는 다른 새로운 개념으로 무한급수의 합은 존재할 수도 있고 존재하지 않을 수도 있다.

수열 $\{a_n\}_{n=1}^{\infty}$의 무한 합인 급수 $\sum_{k=1}^{\infty} a_k$를 정의하기 위하여 먼저 새로운 수열인 수열 $\{a_n\}_{n=1}^{\infty}$의 **부분합 수열**(partial sum) $\{s_n\}_{n=1}^{\infty}$을 다음과 같이 정의하자.

$$\begin{aligned} s_1 &= a_1 \\ s_2 &= a_1+a_2 \\ s_3 &= a_1+a_2+a_3 \\ &\vdots \end{aligned}$$

$$s_n = s_{n-1} + a_n = a_1 + a_2 + a_3 + \cdots + a_n = \sum_{k=1}^{n} a_k$$
$$\vdots$$

부분합 수열 $\{s_n\}$에 대해 수열 $\{s_n\}$의 극한을 알아보고

- 극한 $\lim_{n\to\infty} s_n = s$가 존재하면 $\lim_{n\to\infty} s_n = \lim_{n\to\infty} \sum_{k=1}^{n} a_k = \sum_{k=1}^{\infty} a_k = s$이므로 무한급수 $\sum_{k=1}^{\infty} a_k$는 실수 s의 값을 갖는다.
- 극한 $\lim_{n\to\infty} s_n$이 존재하지 않으면 무한급수 $\sum_{k=1}^{\infty} a_k$도 존재하지 않는다.

즉, 무한급수는 극한의 개념을 사용하여 다음과 같이 정의한다.

[주의] 급수 $\sum_{k=1}^{\infty} a_k$의 수렴성을 알아보기 위한 첫 단계는 부분합 수열 $\{s_n\}$을 구하는 것이다.

[정의 7.5: 급수의 수렴] 수열 $\{a_n\}_{n=1}^{\infty}$이 주어졌다.

(1) **부분합 수열 $\{s_n\}$이 실수 s로 수렴하면 「급수 $\sum_{k=1}^{\infty} a_k$는 s로 수렴한다」** 또는 **「s는 급수 $\sum_{k=1}^{\infty} a_k$의 합이다」**라고 하고 다음과 같이 쓴다.

$$\sum_{k=1}^{\infty} a_k = \lim_{n\to\infty} \sum_{k=1}^{n} a_k = \lim_{n\to\infty} s_n = s$$

(2) **부분합 수열 $\{s_n\}$이 수렴하지 않으면** (즉 극한이 없으면) **「급수 $\sum_{k=1}^{\infty} a_k$는 합이 없다」** 또는 **「급수 $\sum_{k=1}^{\infty} a_k$는 발산한다」**라고 한다.

[예제 7.9] 다음 급수의 수렴성을 판별하여라. [연습문제 1~8]

(1) $\sum_{k=1}^{\infty} 1$ (2) $\sum_{k=1}^{\infty} (-1)^k$

[풀이] (1) 우선 부분합 수열$\{s_n\}$을 구해보자.

$$s_1 = 1,\ s_2 = 1+1 = 2,\ s_3 = 1+1+1 = 3,\ \cdots,\ s_n = \sum_{k=1}^{n} 1 = n,\ \cdots$$

$\lim_{n\to\infty} s_n = \lim_{n\to\infty} n = \infty$이므로 급수 $\sum_{k=1}^{\infty} 1 = \infty$이고 급수 $\sum_{k=1}^{\infty} 1$는 발산한다.

(2) 우선 부분합 수열 $\{s_n\}$을 구해보자.

$$s_1 = -1,$$
$$s_2 = -1+1 = 0,$$
$$s_3 = -1+1-1 = -1,$$
$$s_4 = -1+1-1+1 = 0$$
$$\cdots$$

이므로 부분합 수열 $\{s_n\}$은 수렴하지 않는다.

그러므로 급수 $\sum_{k=1}^{\infty}(-1)^k$는 존재하지 않고 발산한다. ■

[예제 7.9]의 급수 $\sum_{k=1}^{\infty}a_k$는 수열 $\{a_n\}$의 일반항 a_k가 $a_k = c_k - c_{k-1}$의 형태로 분해가 되는 경우이다.

[예제 7.10] 급수 $\sum_{k=1}^{\infty}\frac{1}{k(k+1)}$의 수렴성을 판별하여라. [연습문제 9~12]

[풀이] 부분합 수열 $\{s_n\}$을 구해보자.

$$s_n = \sum_{k=1}^{n}\frac{1}{k(k+1)} \text{에서 } \frac{1}{k(k+1)} = \frac{1}{k} - \frac{1}{k+1}.$$

$$s_n = \sum_{k=1}^{n}\left[\frac{1}{k} - \frac{1}{k+1}\right]$$

$$= \left(\frac{1}{1} - \frac{1}{2}\right) + \left(\frac{1}{2} - \frac{1}{3}\right) + \cdots + \left(\frac{1}{n-1} - \frac{1}{n}\right) + \left(\frac{1}{n} - \frac{1}{n+1}\right) = 1 - \frac{1}{n+1}$$

그러면 $\lim_{n\to\infty}s_n = \lim_{n\to\infty}\left(1 - \frac{1}{n+1}\right) = 1$.

급수 $\sum_{k=1}^{\infty}\frac{1}{k(k+1)}$은 수렴하고 급수 $\sum_{k=1}^{\infty}\frac{1}{k(k+1)} = 1$. ■

7.2.2 기하급수

생물학, 경제학, 통계학 등의 넓은 범위에 활용되는 기하급수를 살펴보자. 기하급수는 다른 급수의 수렴성을 판별하는 유용하게 사용되는 기준이 되는 급수이다. 기하급수는 초항이 a이고 공비가 r인 기하수열 $\{ar^{n-1}\}$의 무한 합인 급수 $\sum_{n=0}^{\infty}ar^{n-1}$이다.

[정의 7.6: 기하급수] $a \neq 0$일 때 다음 형태의 급수를 초항이 a이고 공비가 r인 기하급수라고 한다.

$$\sum_{k=0}^{\infty}ar^k = \sum_{k=1}^{\infty}ar^{k-1} = a + ar + ar^2 + ar^3 + \cdots$$

기하급수는 기하수열에 대한 급수를 의미한다. 중등교육에서는 기하급수를 등비급수라고 부른다.

[보기 7.2] (기하급수) 급수 $\sum_{k=1}^{\infty}ar^{k-1}$ $(a \neq 0)$의 수렴성을 알아보자.

[풀이] 급수 $\sum_{k=1}^{\infty}ar^{k-1}$의 부분합 수열 $\{s_n\}$을 구해보자.

$s_n = \sum_{k=1}^{n}ar^{k-1} = a + ar + ar^2 + ar^3 + \cdots + ar^{n-1}$이다.

$r=1$인 경우 $s_n = \sum_{k=1}^{n} a = a+a+a+a+\cdots+a = na$이다.

$$\lim_{n\to\infty} s_n = \lim_{n\to\infty} na = \infty \text{ 또는 } -\infty\text{이므로 } \sum_{k=1}^{\infty} ar^{k-1}\text{는 발산한다.}$$

$r \neq 1$인 경우 $s_n - rs_n = (a+ar+\cdots+ar^{n-1}) - (ar+ar^2+\cdots+ar^n) = a - ar^n$.

그러므로 $(1-r)s_n = a - ar^n$이고 $s_n = \dfrac{a-ar^n}{1-r}$이다.

$$\lim_{n\to\infty} s_n = \lim_{n\to\infty} \frac{a-ar^n}{1-r} = \lim_{n\to\infty} \frac{a}{1-r} - \lim_{n\to\infty} \frac{ar^n}{1-r} = \frac{a}{1-r} - \frac{a}{1-r}\left[\lim_{n\to\infty} r^n\right]$$

(i) $|r|<1$ (즉 $-1<r<1$)인 경우 $\lim_{n\to\infty} r^n = 0$이므로

$$\lim_{n\to\infty} s_n = \lim_{n\to\infty} \frac{a-ar^n}{1-r} = \frac{a}{1-r} - \frac{a}{1-r}\left[\lim_{n\to\infty} r^n\right] = \frac{a}{1-r}.$$

그러므로 $\sum_{k=1}^{\infty} ar^{k-1} = \lim_{n\to\infty} s_n = \dfrac{a}{1-r}$.

(ii) $|r|>1$ (즉, $r<-1$ 또는 $r>1$)인 경우 $\lim_{n\to\infty} r^n$이 발산하므로

$$\lim_{n\to\infty} s_n = \lim_{n\to\infty} \frac{a-ar^n}{1-r} = \frac{a}{1-r} - \frac{a}{1-r}\left[\lim_{n\to\infty} r^n\right]\text{도 발산한다.*}$$

그러므로 $\sum_{k=1}^{\infty} ar^{k-1}$도 발산한다.

(iii) $r=-1$인 경우 $\lim_{n\to\infty} r^n$이 발산하므로

$$\lim_{n\to\infty} s_n = \lim_{n\to\infty} \frac{a-ar^n}{1-r} = \frac{a}{1-r} - \frac{a}{1-r}\left[\lim_{n\to\infty} r^n\right]\text{도 발산한다.}$$

그러므로 급수 $\sum_{k=1}^{\infty} ar^{k-1}$도 발산한다. ■

* 수열의 표현이 $a_n = b_n - c_n$인 경우

- $\lim_{n\to\infty} b_n$ 또는 $\lim_{n\to\infty} c_n$ 중 하나만 발산하면 $\lim_{n\to\infty} a_n$은 발산한다.
- $\lim_{n\to\infty} b_n$과 $\lim_{n\to\infty} c_n$이 모두 발산하면 $\lim_{n\to\infty} a_n$은 발산할 수도 있고 수렴할 수도 있다.

[정리 7.7: 기하급수의 수렴] $a \neq 0$이라고 하자. 기하급수 $\sum_{k=1}^{\infty} ar^{k-1}$에 대하여

(1) $|r|<1$이면 급수 $\sum_{k=1}^{\infty} ar^{k-1}$는 수렴한다.

이때, $\sum_{k=1}^{\infty} ar^{k-1} = \dfrac{a}{1-r}$**, (여기서 a는 초항이다.)

(2) $|r| \geq 1$이면 급수 $\sum_{k=1}^{\infty} ar^{k-1}$는 발산한다.

** $\sum_{k=1}^{\infty} ar^{k-1} = \dfrac{\text{초항}}{1-\text{공비}}$으로 기억하도록 하자.

기하급수의 수렴성에 대한 기하학적인 표현을 알아보자.

기하급수 $\sum_{k=1}^{\infty} \dfrac{1}{2^k} = \dfrac{1}{2} + \dfrac{1}{4} + \dfrac{1}{8} + \dfrac{1}{16} + \cdots$에서 초항 $a = \dfrac{1}{2}$이고 공비 $r = \dfrac{1}{2}$이므로 [정리 7.7: 기하급수의 수렴]에서 공비 $|r| = \dfrac{1}{2} < 1$이므로 $\sum_{k=1}^{\infty} \dfrac{1}{2^k}$는 수렴하고

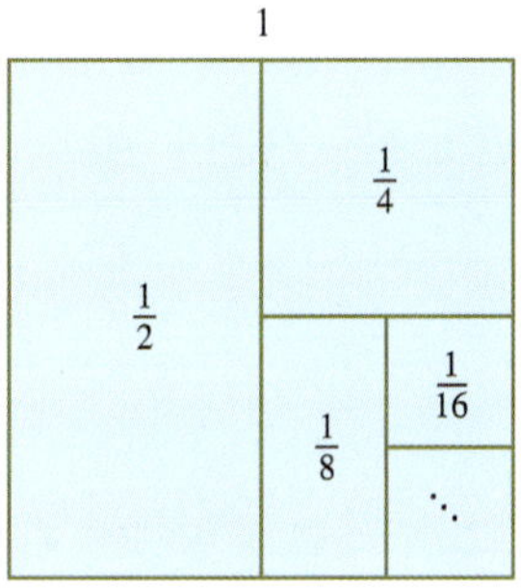

[그림 7.6]

$\sum_{k=1}^{\infty}\frac{1}{2^k}=\frac{1/2}{1-1/2}=1$이다. 즉, $\sum_{k=1}^{\infty}\frac{1}{2^k}=1$이다.

또한 기하학적으로 [그림 7.6]에서와 같이 사각형을 반씩 분할하는 것을 무한하게 반복하고 분할된 조각을 다시 맞추면 사각형이 된다. 즉

$$\sum_{k=1}^{\infty}\frac{1}{2^k}=\frac{1}{2}+\frac{1}{4}+\frac{1}{8}+\frac{1}{16}+\cdots=1.$$

[예제 7.11] 다음 기하급수의 수렴성을 판별하여라. [연습문제 13~16]

(1) $\sum_{k=1}^{\infty}8\left(\frac{2}{5}\right)^{k-1}$　　(2) $\sum_{k=1}^{\infty}(-1)^k\left(\frac{5}{9}\right)^{k-1}$

(3) $\sum_{k=1}^{\infty}3\left(\frac{3}{2}\right)^{k-1}$　　(4) $\sum_{k=0}^{\infty}\left(\frac{1}{3}\right)^{k-1}$

[풀이] (1) 기하급수에서 공비 $r=\frac{2}{5}$이고 $-1<\left(r=\frac{2}{5}\right)<1$이므로 급수는 수렴한다. 또한 초항은 $k=1$일 때 $a_1=8$이다.

그러므로 기하급수 $\sum_{k=1}^{\infty}8\left(\frac{2}{5}\right)^{k-1}=\frac{8}{1-\frac{2}{5}}=\frac{40}{3}$.

* 기하급수의 기본형태는 $\sum ar^k$ 이다.

(2) 기하급수의 기본형태로 변형하면 $\sum_{k=1}^{\infty}(-1)^k\left(\frac{5}{9}\right)^{k-1}=\sum_{k=1}^{\infty}-\left(-\frac{5}{9}\right)^{k-1}$.

$\sum_{k=1}^{\infty}-\left(-\frac{5}{9}\right)^{k-1}$에서 공비 $r=-\frac{5}{9}$이고 $-1<\left(r=-\frac{5}{9}\right)<1$이므로 급수는 수렴한다. 또한 초항은 $k=1$일 때의 $a=-1$이다.

그러므로 기하급수 $\sum_{k=1}^{\infty}(-1)^k\left(\frac{5}{9}\right)^{k-1}=\frac{-1}{1-\left(-\frac{5}{9}\right)}=-\frac{9}{14}$.

(3) 기하급수 $\sum_{k=1}^{\infty}3\left(\frac{3}{2}\right)^{k-1}$에서 공비 $r=\frac{3}{2}$이고 $\left(r=\frac{3}{2}\right)>1$이고 초항은 $k=1$인 $a_1=3$이다.

그러므로 급수 $\sum_{k=1}^{\infty}3\left(\frac{3}{2}\right)^{k-1}$는 발산한다.

(4) 기하급수 $\sum_{k=0}^{\infty}\left(\frac{1}{3}\right)^{k-1}$에서 공비 $-1<\left(r=\frac{1}{3}\right)<1$이므로 수렴한다. 또한 초항은 $k=0$인 경우인 $a=\frac{1}{1/3}=3$이다.

그러므로 기하급수 $\sum_{k=0}^{\infty}\left(\frac{1}{3}\right)^{k-1}=\frac{3}{1-\frac{1}{3}}=\frac{9}{2}$. ■

일반적인 급수는 급수의 수렴을 알고 있더라도 급수의 수렴값을 구할 수 없는 경우가 많다. 기하급수는 다음과 같은 중요한 성질을 갖는다.

- 기하급수는 수렴하는 경우 수렴하는 값을 확실하게 구할 수 있다.
- 기하급수와 비교하여 다른 급수의 수렴성을 판정하는 기준이 된다.

7.2.3 급수의 주요 정리

급수의 수렴과 발산을 판단하는 것은 중요하다. 급수의 수렴과 발산에 관한 주요 성질을 알아보자.

[정리 7.8: 급수의 성질]

수렴하는 급수 $\sum_{k=1}^{\infty} a_k = A$와 $\sum_{k=1}^{\infty} b_k = B$와 실수 c에 대하여

(1) 실수배: $\sum_{k=1}^{\infty} (ca_k) = c\sum_{k=1}^{\infty} a_k = cA$

(2) 덧셈: $\sum_{k=1}^{\infty} (a_k + k) = \sum_{k=1}^{\infty} a_k + \sum_{k=1}^{\infty} b_k = A + B$

(3) 뺄셈: $\sum_{k=1}^{\infty} (a_k - b_k) = \sum_{k=1}^{\infty} a_k - \sum_{k=1}^{\infty} b_k = A - B$

[예제 7.12] 급수 $\sum_{k=1}^{\infty}\left(\frac{1}{3^{k-1}} - \frac{1}{5^k}\right)$의 수렴성을 판별하여라. [연습문제 29~32]

[풀이] 급수 $\sum_{k=1}^{\infty}\frac{1}{3^{k-1}}$와 $\sum_{k=1}^{\infty}\frac{1}{5^k}$의 수렴성을 알아보자.

기하급수 $\sum_{k=1}^{\infty}\frac{1}{3^{k-1}}$에서 공비가 $r = \frac{1}{3}$이고 $-1 < \frac{1}{3} < 1$이므로 수렴한다.

초항은 $k = 1$일때 $a = 1$이므로 급수 $\sum_{k=1}^{\infty}\frac{1}{3^{k-1}} = \frac{1}{1-1/3} = \frac{3}{2}$이다.

기하급수 $\sum_{k=1}^{\infty}\frac{1}{5^k}$는 공비가 $r = \frac{1}{5}$이고 $-1 < \frac{1}{5} < 1$이므로 수렴한다.

초항은 $k = 1$일때 $a = \frac{1}{5}$이므로 급수 $\sum_{k=1}^{\infty}\frac{1}{5^k} = \frac{1/5}{1-1/5} = \frac{1}{4}$.

[정리 7.8] (3)에서 $\sum_{k=1}^{\infty}\left(\frac{1}{3^{k-1}} - \frac{1}{5^k}\right) = \sum_{k=1}^{\infty}\frac{1}{3^{k-1}} - \sum_{k=1}^{\infty}\frac{1}{5^k} = \frac{3}{2} - \frac{1}{4} = \frac{5}{4}$. ■

발산하는 급수에 대한 [정리 7.9]도 앞으로 나오는 급수의 수렴과 발산 판별에서 많이 활용된다.

[정리 7.9]

발산하는 급수 $\sum_{k=1}^{\infty} a_k$와 실수 $c \neq 0$에 대하여 $\sum_{k=1}^{\infty} (ca_k)$도 발산한다.

급수 $\sum_{k=1}^{\infty} a_k$의 수렴성은 급수의 부분합 수열 $\{s_k\}$의 수렴성으로 정의하였고 부분합 수열의 극한이 급수의 값이 된다. 즉 $\sum_{k=1}^{\infty} a_k = \lim_{n \to \infty} s_n$.

이 과정에서 어려운 점은 부분합 수열 $\{s_k\}$을 정확하게 구할 수 없다는 것이다.

이제 급수의 부분합 수열을 구하지 않고 급수의 수렴과 발산을 판정하는 다양한 기준을 소개한다. [정리 7.10: 급수의 발산 정리]는 급수의 수렴과 발산을 판정하는 첫 번째 판단 기준이다.

[정리 7.10: 급수의 발산 정리] (2)가 급수의 발산을 판정하는 매우 중요한 기준으로 사용되기 때문에 「급수의 발산 정리」로 부른다.

[정리 7.10: 급수의 발산 정리]

(1) 급수 $\sum_{k=1}^{\infty} a_k$가 수렴하면 $\lim_{n \to \infty} a_n = 0$.

(2) $\lim_{n \to \infty} a_n \neq 0$이면 급수 $\sum_{k=1}^{\infty} a_k$가 발산한다.

[증명] (1)은 다음과 같이 증명한다.

(1) 부분합 수열 $\{s_k\}$은 다음과 같은 점화식으로 쓸 수 있다.

$$s_{n+1} = (a_1 + a_2 + \cdots + a_n) + a_{n+1} = s_n + a_{n+1}$$

급수 $\sum_{k=1}^{\infty} a_k$가 수렴하므로 부분합 수열 $\{s_k\}$이 수렴하고 $\lim_{n \to \infty} s_n = A$라고 놓자.

$a_{n+1} = s_{n+1} - s_n$이므로 수열 $\{a_k\}$도 수렴한다.

$$\lim_{n \to \infty} a_{n+1} = \lim_{n \to \infty} [s_{n+1} - s_n] = \lim_{n \to \infty} s_{n+1} - \lim_{n \to \infty} s_n = A - A = 0$$

즉, $\lim_{n \to \infty} a_n = \lim_{n \to \infty} a_{n+1} = 0$.

(2) (1)의 대우이므로 동치인 명제이다. ■

[정리 7.10: 급수의 발산 정리]는 급수의 수렴과 발산을 판정하는 과정에서 가장 먼저 확인해야 하는 단계이다.

> **[주의] 급수의 수렴과 발산 판정을 위한 첫 단계**
>
> (1) $\lim_{n\to\infty} a_n \neq 0$이면 급수 $\sum_{k=1}^{\infty} a_k$는 발산한다.
>
> (2) $\lim_{n\to\infty} a_n = 0$이면 급수 $\sum_{k=1}^{\infty} a_k$는 수렴할 수도 있고 발산할 수도 있다.

$\lim_{n\to\infty} a_n = 0$인 경우 급수 $\sum_{k=1}^{\infty} a_k$는 수렴성을 판정하기 위한 다른 판정법을 알아야 한다. 앞으로 여러 가지 판정법을 공부할 예정이다.

[예제 7.13] 급수 $\sum_{k=1}^{\infty} \frac{k}{k+1}$의 수렴과 발산을 판별하여라. [연습문제 33~36]

[풀이] $\lim_{k\to\infty} \frac{k}{k+1} = 1 \neq 0$이므로

[정리 7.10: 급수의 발산 정리]에 의해서 급수 $\sum_{k=1}^{\infty} \frac{k}{k+1}$는 발산한다. ■

연습문제

• Part 1

[1-8] 다음 급수의 수렴성을 판별하여라. [예제 7.9]

1. $\sum_{k=1}^{\infty} \sin\frac{k\pi}{2}$
2. $\sum_{k=1}^{\infty} (2k+1)$
3. $\sum_{k=1}^{\infty} \cos k\pi$
4. $1+(-1)+1+(-1)+\cdots$
5. $\{1+(-1)\}+\{1+(-1)\}+\cdots$
6. $1+\{(-1)+1\}+\{(-1)+1\}+\cdots$
7. $\sum_{k=1}^{\infty} k$
8. $\sum_{k=1}^{\infty} k^2$

[9-12] 다음 급수의 수렴성을 판별하여라. [예제 7.10]

9. $\sum_{k=1}^{\infty} \frac{1}{k(k+2)}$
10. $\sum_{k=1}^{\infty} \frac{1}{\sqrt{k}+\sqrt{k+1}}$
11. $\sum_{k=2}^{\infty} \log_2 \frac{(k-1)(k+1)}{k^2}$
12. $\sum_{k=1}^{\infty} \frac{2}{(2k+1)(2k+3)}$

[13-28] 다음 기하급수의 수렴성을 판별하여라. [예제 7.11]

13. $\sum_{k=1}^{\infty} \frac{1}{2^{k+1}}$
14. $\sum_{k=1}^{\infty} (-1)^{k+1}\left(\frac{2}{3}\right)^{k-1}$
15. $\sum_{k=1}^{\infty} 2\left(\frac{4}{3}\right)^{k}$
16. $\sum_{k=0}^{\infty} \left(\frac{2}{e}\right)^{k}$
17. $\sum_{k=1}^{\infty} \left(\frac{3}{e}\right)^{k}$
18. $\sum_{k=0}^{\infty} 2\left(\frac{4}{7}\right)^{k+1}$
19. $\sum_{k=1}^{\infty} \left(-\frac{3}{2}\right)^{k-1}$
20. $\sum_{k=1}^{\infty} (-1)^{k+1}\left(\frac{5}{9}\right)^{k}$
21. $\sum_{k=1}^{\infty} \left(\frac{3}{7}\right)^{k+1}$
22. $\sum_{k=1}^{\infty} \left(\frac{7}{6}\right)^{k}$
23. $\sum_{k=1}^{\infty} \left(\frac{4}{3}\right)^{k+1}$
24. $\sum_{k=1}^{\infty} \left(-\frac{2}{7}\right)^{k-1}$
25. $\sum_{k=0}^{\infty} \left(\frac{8}{5}\right)^{k+1}$
26. $\sum_{k=1}^{\infty} 4\left(-\frac{1}{3}\right)^{k-1}$
27. $\sum_{k=1}^{\infty} 3\left(-\frac{5}{3}\right)^{k}$
28. $\sum_{k=1}^{\infty} 5\left(-\frac{5}{e}\right)^{k-1}$

[29-32] 다음 급수의 수렴성을 판별하여라. [예제 7.12]

29. $\sum_{k=1}^{\infty}\left(\frac{2}{3^{k-1}}+\frac{3}{5^k}\right)$

30. $\sum_{k=1}^{\infty}\left(\frac{1}{2^{k+1}}+2^k\right)$

31. $\sum_{k=1}^{\infty}\left(\frac{1}{2^k}+\frac{1}{3^k}\right)$

32. $\sum_{k=1}^{\infty}\left\{\left(\frac{2}{3}\right)^{k-1}-\left(\frac{2}{5}\right)^{k-1}\right\}$

[33-36] 다음 급수의 수렴성을 판별하여라. [예제 7.13]

33. $\sum_{k=1}^{\infty}\frac{k^2}{k^2+3k+2}$

34. $\sum_{k=1}^{\infty}\cos\left(\pi-\frac{2}{k}\right)$

35. $\sum_{k=1}^{\infty}\frac{2k+1}{k+2}$

36. $\sum_{k=1}^{\infty}\left(3+\frac{2}{k}\right)$

• Part 2

[37-43] 다음 급수의 수렴성을 판별하여라. (만일 수렴하면 수렴값을 구하여라.)

37. $\sum_{k=1}^{\infty}\frac{k}{(k+1)!}$

38. $\sum_{k=1}^{\infty}\frac{2^k+3^k}{4^k}$

39. $\sum_{k=1}^{\infty}\frac{2}{k(k+1)(k+2)}$

40. $\sum_{k=1}^{\infty}\frac{5^k-2^k}{2^k5^k}$

41. $\sum_{k=1}^{\infty}\left(1-\frac{1}{e}\right)^k$

42. $\sum_{k=1}^{\infty}\left(1+\frac{1}{e}\right)^{k-1}$

43. $\sum_{k=1}^{\infty}(-1)^{k+1}\frac{3k}{2k+1}$

7.3 양항급수의 수렴판정법

[정리 7.10: 급수의 발산 정리]에서 보면 $\lim_{n\to\infty} a_n \neq 0$이면 급수 $\sum_{k=1}^{\infty} a_k$은 발산한다. $\lim_{n\to\infty} a_n = 0$이면 급수 $\sum_{k=1}^{\infty} a_k$의 수렴과 발산을 판별하기 위해서는 다른 판정법이 필요하다.

이번 절에서는 양항급수에 대하여 $\lim_{n\to\infty} a_n = 0$인 경우 급수 $\sum_{k=1}^{\infty} a_k$의 수렴과 발산을 판정하기 위해 사용되는 4가지 판정법인 적분판정법, 비교판정법, 비율판정법, 거듭제곱판정법을 알아보자.

$\lim_{n\to\infty} a_n \neq 0$인 경우 급수 $\sum a_k$는 발산이므로 $\lim_{n\to\infty} a_n = 0$인 경우 급수 $\sum a_k$가 수렴하는지에 대한 판정법을 소개한다.

양항급수의 수렴과 발산을 판정하는 4가지 판정법을 소개한다. 우선 양항급수를 정의해 보자.

> **[정의 7.7: 양항급수]** 급수 $\sum_{n=1}^{\infty} a_n$에 대하여
>
> 「임의의 $n \geq 1$에 대하여 $a_n \geq 0$」이면 급수 $\sum_{n=1}^{\infty} a_n$를 **양항급수***라고 한다.

* 양항급수는 모든 항이 양수라는 의미이다. 그러나 정확히 말하자면 모든 항이 음이 아닌 실수라는 것이다.

일반적인 급수 $\sum_{n=1}^{\infty} a_n$의 수렴과 발산을 판정하는 것이 급수판정의 목표이다. 그런데 일반적인 급수 $\sum_{n=1}^{\infty} a_n$의 수렴과 발산을 판정하기 전에 양항급수의 수렴과 발산을 판정하는 이유가 있다. 그 이유는 다음과 같은 부등식에서 찾아볼 수 있다.

$$-|a_n| \leq a_n \leq |a_n|$$

즉, 일반적인 급수 $\sum_{n=1}^{\infty} a_n$에서 새롭게 만든 급수 $\sum_{n=1}^{\infty} |a_n|$은 양항급수이다. 그러므로 양항급수의 수렴과 발산에 대한 판정을 먼저 알아보는 것은 중요하다.

7.3.1 양항급수: 적분판정법

◐ 적분판정법

급수 $\sum_{k=1}^{\infty} \frac{1}{k} = \frac{1}{1} + \frac{1}{2} + \frac{1}{3} + \frac{1}{4} + \cdots$는 자주 접하는 급수이다. 이 급수의 수렴성을 알아보는 것은 자연스럽다. 급수 $\sum_{k=1}^{\infty} \frac{1}{k}$의 부분합 수열 $\{s_k\}$의 일반항 s_n을 알아보자.

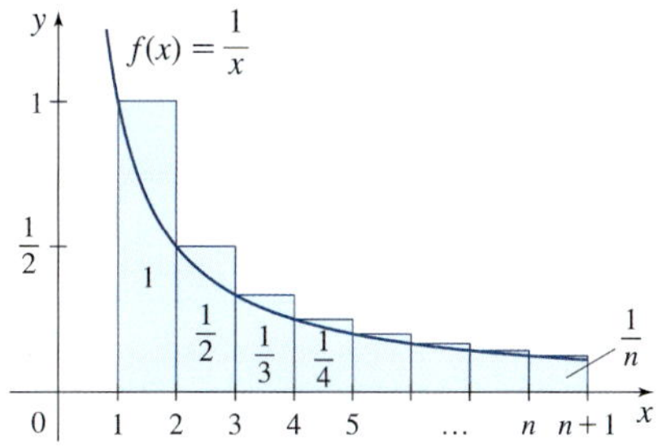

[그림 7.7]

$$s_n=\sum_{k=1}^{n}\frac{1}{k}=\frac{1}{1}+\frac{1}{2}+\frac{1}{3}+\frac{1}{4}+\cdots+\frac{1}{n}$$

[그림 7.7]에서 보면 구간 $[1,n+1]$에서 함수 $f(x)=\frac{1}{x}$의 리만합으로 n개의 직사각형의 넓이의 합이다. [그림 7.7]에서 구간 $[1,n+1]$과 구간 $[1,n+1]$ 위의 함수 $f(x)=\frac{1}{x}$의 그래프 사이에 놓인 영역의 넓이인 정적분 $\int_1^{n+1}\frac{1}{x}dx$와 구간 $[1,n+1]$에서 n개의 직사각형의 넓이의 합인 $s_n=\sum_{k=1}^{n}\frac{1}{k}$을 비교해 보자.

$$\int_1^{n+1}\frac{1}{x}dx\le\frac{1}{1}+\frac{1}{2}+\frac{1}{3}+\frac{1}{4}+\cdots+\frac{1}{n}=\sum_{k=1}^{n}\frac{1}{k}=s_n$$

양변에 무한에서의 극한을 취하면 다음과 같다.

$$\lim_{n\to\infty}\int_1^{n+1}\frac{1}{x}dx\le\lim_{n\to\infty}s_n.$$

이상적분 $\int_1^{\infty}\frac{1}{x}dx=\lim_{n\to\infty}\int_1^{n+1}\frac{1}{x}dx=\lim_{n\to\infty}[\ln x]_1^{n+1}=\lim_{n\to\infty}\ln(n+1)=\infty$이다.

그러므로 $\infty\le\int_1^{n+1}\frac{1}{x}dx\le\lim_{n\to\infty}s_n$이므로 $\lim_{n\to\infty}s_n=\infty$. 즉, 부분합 수열 $\{s_k\}$는 발산한다.

급수의 수렴성에 대한 정의에 의하여 급수 $\sum_{k=1}^{\infty}\frac{1}{k}$은 발산한다.

이와 같이 주어진 양항급수 $\sum_{k=1}^{\infty}a_k=\sum_{k=1}^{\infty}\frac{1}{k}$의 수렴성을 판정하는 과정을 다음과 같이 정리해 보자.

우선 수열 $\left\{a_n=\frac{1}{n}\right\}$을 실수로 확장한 연속함수 $f(x)=\frac{1}{x}$을 잡는다.

함수 $f(x)=\frac{1}{x}$의 이상적분 $\int_1^{\infty}f(x)dx=\int_1^{\infty}\frac{1}{x}dx$의 수렴성을 기준으로 급수 $\sum_{k=1}^{\infty}a_k=\sum_{k=1}^{\infty}\frac{1}{k}$의 수렴성을 판단하였다. 이러한 방법을 **적분판정법**이라고 한다.

양항급수 $\sum_{k=1}^{\infty}a_k$의 수렴성을 판정하는 적분판정법을 적용하기 위하여 실함수 f는 다음 기준을 만족해야 한다.

자연수 N*이 있어서

- $x\ge N$에 대하여 함수 f는 $[N,\infty)$에서 연속이고 감소한다.
- $n\ge N$에 대하여 $f(n)=a_n$이다.

* 급수의 규칙성은 초항부터 성립할 필요가 없다. 구간 $[1,N]$에서의 불규칙성은 영향을 주지 않는다.

[정리 7.11: 적분판정법] 양항급수 $\sum_{k=1}^{\infty}a_k$에 대하여 구간 $[N,\infty)$에서 연속인 감소함수**이고 $f(k)=a_k,(k\ge N)$인 실함수 f를 잡자.

** [정리 7.11: 적분판정법]에서 실함수 f가 감소함수임은 중요한 가정이다.

* $\int_1^\infty f(x)dx$는 이상적분임을 유의하자.

(1) $\int_1^\infty f(x)\,dx$*가 수렴하면 양항급수 $\sum_{k=1}^{\infty} a_k$가 수렴한다.

(2) $\int_1^\infty f(x)\,dx$가 발산하면 양항급수 $\sum_{k=1}^{\infty} a_k$가 발산한다.

[증명] 연속함수 f가 구간 $[N,\infty)$에서 감소함수이고 $f(k)=a_k$이라고 하자. 양항급수 $\sum_{k=1}^{\infty} a_k$의 부분합 $s_n=\sum_{k=1}^{n} a_k$는 n개의 직사각형의 넓이의 합이고 $s_{n-1}=\sum_{k=1}^{n-1} a_k$는 $n-1$개의 직사각형의 넓이의 합이다. 구간 $[1,n]$과 구간 $[1,n]$ 위의 연속함수 f의 그래프로 둘러싸인 영역의 넓이와 부분합 $s_n=\sum_{k=1}^{n} a_k$과 $s_{n-1}=\sum_{k=1}^{n-1} a_k$의 크기를 비교하면 [그림 7.8]에서 볼 수 있다.

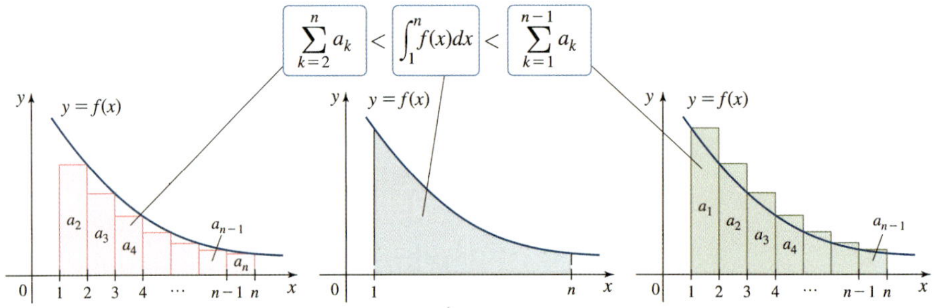

[그림 7.8]

** 양항급수의 부분합 수열 $\{s_n\}$은 증가수열이다. 모든 n에 대해 $s_n \le \int_1^\infty f(x)dx$이므로 위로 유계이다. $\lim_{n\to\infty} s_n=\sum_{k=1}^{\infty} a_k$는 수렴한다.

- $\lim_{n\to\infty}\sum_{k=2}^{n} a_k \le \lim_{n\to\infty}\int_1^n f(x)\,dx = \int_1^\infty f(x)\,dx$이므로

  이상적분 $\int_1^\infty f(x)\,dx$가 수렴하면 $\sum_{k=1}^{\infty} a_k = a_1+\sum_{k=2}^{\infty} a_k$는 수렴한다.**

- $\int_1^\infty f(x)\,dx = \lim_{n\to\infty}\int_1^n f(x)\,dx \le \lim_{n\to\infty}\sum_{k=1}^{n-1} a_k$이므로

  이상적분 $\int_1^\infty f(x)\,dx$가 발산하면 $\sum_{k=1}^{\infty} a_k = \lim_{n\to\infty}\sum_{k=1}^{n-1} a_k$는 발산한다. ■

[예제 7.14] 다음 양항급수의 수렴성을 판별하여라. [연습문제 1~8]

(1) $\sum_{k=1}^{\infty}\frac{k}{(k^2+1)^2}$ (2) $\sum_{k=2}^{\infty}\frac{1}{k(\ln k)}$

[풀이]

(1) 구간 $[1,\infty)$에서 함수 $f(x)=\frac{x}{(x^2+1)^2}$라고 놓자. 함수 f는 구간 $[1,\infty)$에서 연속이고 자연수 k에서 $f(k)=\frac{k}{(k^2+2)^2}$이다. 함수 f가 감소임을 보이자.

구간 $[1,\infty)$에서 도함수 $f'(x)=\frac{(x^2+1)^2-x\cdot 2(x^2+1)2x}{(x^2+1)^4}=\frac{-3x^2+1}{(x^2+1)^3}\le 0.$

그러므로 $x \ge 1$에서 함수 f는 감소한다.

* 치환적분 $u = x^2 + 1$로 놓고 적분을 구한다.

$$\int_1^n \frac{x}{(x^2+1)^2}\,dx^* = \frac{1}{2}\int_2^{n^2+1} \frac{1}{u^2}\,du = \frac{1}{2}\left[-\frac{1}{u}\right]_2^{n^2+1} = \frac{1}{2}\left(\frac{1}{2} - \frac{1}{n^2+1}\right)\text{이므로}$$

$$\int_1^\infty \frac{x}{(x^2+1)^2}\,dx = \lim_{n\to\infty}\int_1^n \frac{x}{(x^2+1)^2}\,dx = \lim_{n\to\infty}\frac{1}{2}\left(\frac{1}{2} - \frac{1}{n^2+1}\right) = \frac{1}{4}.$$

주의할 점은 급수 $\sum_{k=1}^{\infty}\frac{k}{(k^2+1)^2}$가 수렴한다는 것은 알 수 있지만 급수의 수렴값은 정확히 알 수 없다는 것이다.

즉 이상적분 $\int_1^\infty \frac{x}{(x^2+1)^2}\,dx$는 수렴한다.

그러므로 [정리 7.11: 적분판정법]에 의해서 급수 $\sum_{k=1}^{\infty}\frac{k}{(k^2+1)^2}$도 수렴한다.

(2) 구간 $[2, \infty)$에서 함수 $f(x) = \frac{1}{x(\ln x)}$이라고 놓자. 함수 f는 구간 $[2, \infty)$에서 연속이고 자연수 $k \ge 2$에서 $f(k) = \frac{1}{k\ln k}$이다. 함수 f가 감소임을 보이자.

구간 $[2, \infty)$에서 도함수 $f'(x) = -\frac{\ln x - 1}{(x\ln x)^2} \le 0$이므로 $x \ge 2$에서 함수 f는 감소함수이다.

** 치환적분 $u = \ln x$로 놓고 적분을 구한다.

$$\int_2^n \frac{1}{x\ln x}\,dx^{**} = \int_{\ln 2}^{\ln n}\frac{1}{u}\,du = [\ln|u|]_{\ln 2}^{\ln n} = \ln(\ln n) - \ln(\ln 2)\text{이므로}$$

$$\int_2^\infty \frac{1}{x\ln x}\,dx = \lim_{n\to\infty}\int_2^n \frac{1}{x\ln x}\,dx = \lim_{n\to\infty}[\ln(\ln n) - \ln(\ln 2)] = \infty.$$

즉 이상적분 $\int_2^\infty \frac{1}{x\ln x}\,dx$는 발산한다.

그러므로 [정리 7.11: 적분판정법]에 의해서 $\sum_{k=2}^{\infty}\frac{1}{k(\ln k)}$도 발산한다. ■

◐ p급수의 판정

급수 $\sum_{k=1}^{\infty}\frac{1}{k^p}$의 수렴과 발산은 [정리 7.11: 적분판정법]에 의해서 판정할 수 있다.

급수 $\sum_{k=1}^{\infty}\frac{1}{k^p}$는 분수식 형태의 수열 $\{a_k\}$로 만들어진 급수 $\sum_{k=1}^{\infty}a_k$의 수렴성을 판정하는 기준이 되는 중요한 급수로 p**급수*****라고 부른다.

*** 급수 $\sum_{k=1}^{\infty}a_k$에서 $a_k = \frac{1}{n^p}$의 형태인 경우 급수 $\sum a_k = \sum \frac{1}{n^p}$을 p**급수**라고 한다.

> **[정리 7.12: p급수 판정법]** 급수 $\sum_{k=1}^{\infty}\frac{1}{k^p}$에 대하여
>
> (1) $p > 1$이면 급수 $\sum_{k=1}^{\infty}\frac{1}{k^p}$는 수렴한다.
>
> (2) $p \le 1$이면 급수 $\sum_{k=1}^{\infty}\frac{1}{k^p}$가 발산한다.

[증명] 급수 $\sum_{n=1}^{\infty}\frac{1}{n^p}$에서 $p \le 0$와 $p > 0$인 경우로 나누어서 알아보자.

$p \le 0$인 경우 급수 $\sum_{n=1}^{\infty} \frac{1}{n^p}$에서 $\lim_{n \to \infty} \frac{1}{n^p} \ge 1 \ne 0$이므로 [정리 7.10: 급수의 발산 정리]에 의해 급수 $\sum_{n=1}^{\infty} \frac{1}{n^p}$는 발산한다.

$p > 0$인 경우 [정리 7.11: 적분판정법]을 적용해서 구해보자.

수열 $a_n = \frac{1}{n^p}$에 대해 임의의 실수 $x \ge 1$에서 연속함수 $f(x) = \frac{1}{x^p}$라고 놓자. 그러면 자연수 n에서 $a_n = f(n)$이고 $p > 0$이므로 함수 $f(x) = \frac{1}{x^p}$는 감소함수이다. 그러면 [정리 7.11: 적분판정법]에 의해 급수 $\sum_{n=1}^{\infty} \frac{1}{n^p}$의 수렴과 발산은 이상적분 $\int_a^{\infty} \frac{1}{x^p} dx$의 수렴과 발산과 같다.

[5.9.2 유계가 아닌 구간에서의 이상적분]에 있는 [정리 5.17: p-적분]에서 함수 $f(x) = \frac{1}{x^p}$의 다음 이상적분을 다시 살펴보자. 이때, $a > 0$이다.

- $0 < p \le 1$일 때 이상적분 $\int_a^{\infty} \frac{1}{x^p} dx$는 발산한다.
- $p > 1$일 때 이상적분 $\int_a^{\infty} \frac{1}{x^p} dx = \frac{1}{(p-1)a^{p-1}}$이고 수렴한다.

[정리 7.11: 적분판정법]에 의해 $\sum_{n=1}^{\infty} \frac{1}{n^p}$의 수렴성은 다음과 같다.

- $0 < p \le 1$일 때 급수 $\sum_{n=1}^{\infty} \frac{1}{n^p}$는 수렴하지 않는다.
- $p > 1$일 때 급수 $\sum_{n=1}^{\infty} \frac{1}{n^p}$는 수렴한다.

그러므로 $p \le 0$의 경우와 $p > 0$인 경우를 종합하면

(1) $p \le 1$일 때 급수 $\sum_{n=1}^{\infty} \frac{1}{n^p}$는 수렴하지 않는다.

(2) $p > 1$일 때 급수 $\sum_{n=1}^{\infty} \frac{1}{n^p}$는 수렴한다. ■

[예제 7.15] 다음 급수의 수렴성을 판별하여라. [연습문제 9~20]

(1) $\sum_{k=1}^{\infty} \frac{1}{k^2}$ (2) $\sum_{k=1}^{\infty} \frac{1}{\sqrt{k}}$ (3) $\sum_{k=1}^{\infty} \frac{1}{k^{1.1}}$

[풀이]

(1) p급수 $\sum_{k=1}^{\infty} \frac{1}{k^2}$에서 $p = 2 > 1$이므로 [정리 7.12: p급수 판정법]에 의해서 급수 $\sum_{k=1}^{\infty} \frac{1}{k^2}$는 수렴한다.

(2) p급수 $\sum_{k=1}^{\infty} \frac{1}{\sqrt{k}}$에서 $p = \frac{1}{2} \le 1$이므로 [정리 7.12: p급수 판정법]에 의해서 급수 $\sum_{k=1}^{\infty} \frac{1}{\sqrt{k}}$는 발산한다.

(3) p급수 $\sum_{k=1}^{\infty}\frac{1}{k^{1.1}}$에서 $p=1.1>1$이므로 [정리 7.12: p급수 판정법]에 의해서 급수 $\sum_{k=1}^{\infty}\frac{1}{k^{1.1}}$는 수렴한다. ■

7.3.2 양항급수: 비교판정법

주어진 양항급수가 수렴하는지 또는 발산하는지를 판별하기 위해 수렴과 발산을 이미 알고 있는 급수와 비교하면서 수렴성을 알아보는 방법을 살펴보자.

예를 들어, 급수 $\sum_{k=1}^{\infty}\frac{k^3+2}{k^4-k^2-3}$의 수렴성을 판별하기 위해서는 부분합을 정확히 구하기도 어렵고 적분판정법도 적용하기 힘들다. 또한 급수 $\sum_{k=1}^{\infty}\frac{1}{3^n+5}$를 보면 기하급수 $\sum_{k=1}^{\infty}\frac{1}{3^n}$와 비슷한 형태이지만 기하급수는 아니다. 이러한 형태를 가진 양항급수의 수렴과 발산을 판별하는 데 적용할 수 있는 **비교판정법**을 알아보자.

◐ 비교판정법

비교판정법은 주어진 급수의 수렴성을 판별하기 위하여 이미 수렴성을 알고 있는 급수를 이용하는 것이다. 여기서 이미 수렴성을 알고 있는 기준이 되고 많이 사용하는 2가지 급수는 다음과 같이 **p급수**와 **기하급수**이다.

(i) (p급수) 급수 $\sum_{k=1}^{\infty}\frac{1}{n^p}$에서

$p>1$이면 급수 $\sum_{k=1}^{\infty}\frac{1}{n^p}$는 수렴하고 $p\le 1$이면 급수 $\sum_{k=1}^{\infty}\frac{1}{n^p}$는 발산한다.

(ii) (기하급수) 급수 $\sum_{k=1}^{\infty}r^n$에서

$|r|<1$이면 급수 $\sum_{k=1}^{\infty}r^n$는 수렴하고 $|r|\ge 1$이면 급수 $\sum_{k=1}^{\infty}r^n$는 발산한다.

기준이 되는 수열과 비교하여 수열의 수렴성을 판정하는 방법은 다음과 같다.

주의할 점은 「임의의 $n\ge N$에 대하여 $a_n \le b_n$」이라는 의미가 급수에서의 규칙은 앞부분의 N개의 항을 제외하고 $a_{N+1}\le b_{N+1}$, $a_{N+2}\le b_{N+2}$, …임을 보이면 된다는 것이다. 그 이유는 수열과 급수와 같은 무한개의 수의 성질을 다루는 경우 앞의 유한개의 수의 움직임은 무한개의 수의 성질에 영향을 미치지 않기 때문이다.

[정리 7.13: 비교판정법]

양항급수 $\sum_{k=1}^{\infty}a_k$와 $\sum_{k=1}^{\infty}b_k$에 대하여 임의의 $n\ge N$에 대하여 $a_n\le b_n$이라고 하자.

(1) $\sum_{k=1}^{\infty}b_k$이 수렴하면 $\sum_{k=1}^{\infty}a_k$도 수렴한다.

(2) $\sum_{k=1}^{\infty}a_k$이 발산하면 $\sum_{k=1}^{\infty}b_k$도 발산한다.

양항급수 $\sum_{k=1}^{\infty} a_k$에 [정리 7.13: 비교판정법]을 적용하기 위하여 가장 먼저 기준이 되는 급수 $\sum_{k=1}^{\infty} b_k$를 찾아야 한다.

- a_k가 분수 형태 $\dfrac{p(k)}{q(k)}$인 경우

  수열의 극한과 비슷하게 무한으로 가는 속도를 $\dfrac{1}{k^p}$와 비교하는 것이다. 즉, 최고차항의 차수만을 비교하는 것이다.

  $[q(k)$의 최고차수$] - [p(k)$의 최고차수$] = p$인 경우 $b_k = \dfrac{1}{n^p}$라고 놓는다.

  그러면 $k \to \infty$이면 $a_k = \dfrac{p(k)}{q(k)} \sim \dfrac{1}{k^p} = b_k$.

  예를 들어서 $a_k = \dfrac{3x^2 - x}{n^3 + 2x^2 + 1}$인 경우

  [분모의 최고차수$= 3] - [$분자의 최고차수$= 2] = 1$이므로 $b_k = \dfrac{1}{n}$를 잡는다.

「$k \to \infty$이면 $a_k \sim b_k$」의 의미는 $0 < \lim_{k\to\infty} \dfrac{a_k}{b_k} < \infty$이다.

- a_k가 분모의 최대지수가 s^k이고 분자의 최대지수 t^k인 경우*

  $b_k = \left(\dfrac{t}{s}\right)^k$라고 놓는다.

  그러면 $k \to \infty$이면 $a_k = \dfrac{p(k)}{q(k)} \sim \left(\dfrac{t}{s}\right)^k = b_k$.

* 식 a_k가 지수 s^k를 여러 항을 가지고 있을 때 지수 s^k의 밑 s가 가장 큰 지수를 식 a_k의 **최대지수**라고 한다.

[예제 7.16] 다음 급수의 수렴성을 판별하여라. [연습문제 21~28]

(1) $\displaystyle\sum_{k=1}^{\infty} \frac{k^3+2}{k^4-k^2-3}$ (2) $\displaystyle\sum_{k=1}^{\infty} \frac{1}{3^n+5}$

[풀이] (1) $a_k = \dfrac{k^3+2}{k^4-k^2-3}$에서 기준이 되는 수열은 $\dfrac{1}{n^p}$의 형태이다.

[분모 (k^4-k^2-3)의 차수$= 4] - [$분자 (k^3+2)의 차수$= 3] = 1$이므로 기준이 되는 수열은 $b_k = \dfrac{1}{k}$ 형태이다. 즉, $k \to \infty$이면 $\dfrac{k^3+2}{k^4-k^2-3} \sim \dfrac{k^3}{k^4} = \dfrac{1}{k}$.

기준 수열이 $b_k = \dfrac{1}{k}$이고 $p = 1 \le 1$이므로 p급수 $\sum_{k=1}^{\infty} \dfrac{1}{n}$은 발산한다.

임의의 $k \ge 2$에 대하여 $\dfrac{k^3+2}{k^4-k^2-3} \ge \dfrac{1}{k}$ **이고 급수 $\sum_{k=1}^{\infty} \dfrac{1}{k}$은 발산하므로

[정리 7.13: 비교판정법]에 의하여 급수 $\sum_{k=1}^{\infty} \dfrac{k^3+2}{k^4-k^2-3}$도 발산한다.

** 기준급수 $\sum b_k = \sum \dfrac{1}{k}$이 발산하므로 $a_k \ge \dfrac{1}{k}$인 부등호를 보여야 한다.

(2) 수열의 k번째 항이 $a_k = \dfrac{1}{3^k+5}$ 형태인 경우 기준이 되는 수열은 r^k 형태이다.

이때 공비 $|r| = \left|\dfrac{1}{3}\right| < 1$이므로 기하급수 $\sum_{k=1}^{\infty} \dfrac{1}{3^n}$은 수렴한다.

임의의 $k \ge 1$에 대하여 $\dfrac{1}{3^k+5} \le \dfrac{1}{3^k}$ ***이고 급수 $\sum_{k=1}^{\infty} \dfrac{1}{3^k}$은 수렴하므로

[정리 7.13: 비교판정법]에 의하여 급수 $\sum_{k=1}^{\infty} \dfrac{1}{3^k+5}$도 수렴한다. ■

** 기준급수 $\sum b_k = \sum \left(\dfrac{1}{3}\right)^n$이 수렴하므로 $a_k \le b_k$인 부등호를 보여야 한다.

[예제 7.16]에서 보면 주어진 급수 $\sum_{k=1}^{\infty} a_k$의 각 항을 기준급수 $\sum_{k=1}^{\infty} b_k$의 항과 비교하여 기준급수 $\sum_{k=1}^{\infty} b_k$의 수렴과 발산을 추측한 다음 추측한 결과에 따라서

- 기준급수 $\sum_{k=1}^{\infty} b_k$가 수렴인 경우는 $a_k \le Ab_k$이도록 상수 A를 찾는다.
- 기준급수 $\sum_{k=1}^{\infty} b_k$가 발산인 경우는 $a_k \ge Bb_k$이도록 상수 B를 찾는다.

◐ 극한비교판정법

위에서 살펴본 비교정리는 다양한 급수의 수렴과 발산을 판별하도록 하지만 판별에서 필요한 부등식을 만드는 과정이 쉽지 않다. 다음 **극한비교판정**에 관한 정리는 이러한 부등식을 유도하는 과정을 생략하고 급수의 수렴과 발산을 판정할 수 있도록 해 준다.

[정리 7.14: 극한비교판정법]

양항급수 $\sum_{k=1}^{\infty} a_k$와 $\sum_{k=1}^{\infty} b_k$에 대하여 $\lim_{n\to\infty} \frac{a_n}{b_n} = L > 0$이면

- 급수 $\sum_{k=1}^{\infty} b_k$가 수렴하면 급수 $\sum_{k=1}^{\infty} a_k$도 수렴한다.
- 급수 $\sum_{k=1}^{\infty} b_k$가 발산하면 급수 $\sum_{k=1}^{\infty} a_k$도 발산한다.

[간단한 증명] 극한 $\lim_{n\to\infty} \frac{a_n}{b_n} = L > 0$이라는 의미는 n이 무한히 커지면 $\frac{a_n}{b_n}$이 L에 가까이 다가간다는 것이다. 즉, 유한개 N개를 제외하고 $n \ge N$에 대하여

$$\left|\frac{a_n}{b_n} - L\right| \le \frac{L}{2} \text{이고 } \frac{L}{2} \le \frac{a_n}{b_n} \le \frac{3L}{2} \text{이고 } \frac{1}{2}b_k \le a_n \le \frac{3L}{2}b_n.$$

(1) 양항급수 $\sum_{k=1}^{\infty} b_k$가 수렴하면 $n \ge N$에 대하여 $a_n \le \frac{3L}{2}b_n$이므로
양항급수 $\sum_{k=1}^{\infty} a_k$도 수렴한다.

(2) 양항급수 $\sum_{k=1}^{\infty} b_k$이 발산하면 $n \ge N$에 대하여 $\frac{L}{2}b_n \le a_n$이므로
양항급수 $\sum_{k=1}^{\infty} a_k$도 발산한다. ■

> **[극한비교판정법 사용단계]** 양항급수 $\sum_{n=1}^{\infty} a_n$에 대하여
>
> [1단계] (1) a_n가 분수식인 경우
>
> [분모의 최고차]−[분자의 최고차] $= p$이면 기준 수열을 $b_n = \frac{1}{n^p}$로 잡고 p**급수 판정법**에 의해서 p급수 $\sum_{n=1}^{\infty} \frac{1}{n^p}$의 수렴과 발산을 추측한다.
>
> (2) a_n가 분모의 최대지수가 s^n이고 분자의 최대지수 t^n인 경우
>
> 기준 수열을 $b_n = \left(\frac{t}{s}\right)^n = r^n$로 잡고 **기하급수 판정**에 의해서 기하급수 $\sum_{n=1}^{\infty} r^n$의 수렴과 발산을 추측한다.
>
> [2단계] 극한 $\lim_{n \to \infty} \frac{a_n}{b_n} = L > 0$을 구하고 기준 수열인 p급수와 기하급수의 수렴과 발산을 판정을 이용하여 급수 $\sum_{n=1}^{\infty} a_n$의 수렴과 발산을 판정한다.

식 a_n가 지수 s^n를 여러 항을 가지고 있을 때 지수 s^n의 밑 s가 가장 큰 지수를 식 a_n의 **최대지수**라고 한다.

[예제 7.17] 다음 급수의 수렴성을 판별하여라. [연습문제 29~44]

(1) $\sum_{k=1}^{\infty} \frac{1}{3k^2+5k+2}$ (2) $\sum_{k=1}^{\infty} \frac{1}{2\sqrt{k}+5}$

(3) $\sum_{k=1}^{\infty} \frac{1}{2^k+k}$ (4) $\sum_{k=1}^{\infty} \frac{2^k}{3^k+4}$

[풀이] (1) 급수 $\sum_{k=1}^{\infty} \frac{1}{3k^2+5k+2}$에서 매우 큰 k에 대해 $\frac{1}{3k^2+5k+2} \sim \frac{1}{3k^2}$이므로 기준이 되는 p급수 $\sum_{k=1}^{\infty} \frac{1}{k^2}$으로 잡자. $p = 2 > 1$이므로 p급수 판정에 의해 기준급수 $\sum_{k=1}^{\infty} \frac{1}{k^2}$는 수렴한다.

$$L = \lim_{k \to \infty} \frac{a_k}{b_k} = \lim_{k \to \infty} \frac{1/(3k^2+5k+2)}{1/k^2} = \lim_{k \to \infty} \frac{k^2}{3k^2+5k+2} = \frac{1}{3} > 0$$

[정리 7.14: 극한비교판정법]에 의해 급수 $\sum_{k=1}^{\infty} \frac{1}{3k^2+5k+2}$는 수렴한다.

(2) 급수 $\sum_{k=1}^{\infty} \frac{1}{2\sqrt{k}+5}$에서 매우 큰 k에 대해 $\frac{1}{2\sqrt{k}+5} \sim \frac{1}{2\sqrt{k}}$이므로 기준이 되는 p급수 $\sum_{k=1}^{\infty} \frac{1}{\sqrt{k}}$를 잡자. $p = \frac{1}{2} \le 1$이므로 p급수 판정에 의해 기준급수 $\sum_{k=1}^{\infty} \frac{1}{\sqrt{k}}$는 발산한다.

$$L = \lim_{k \to \infty} \frac{a_k}{b_k} = \lim_{k \to \infty} \frac{1/(2\sqrt{k}+5)}{1/\sqrt{k}} = \lim_{k \to \infty} \frac{\sqrt{k}}{2\sqrt{k}+5} = \frac{1}{2} > 0 \text{이다.}$$

[정리 7.14: 극한비교판정법]에 의해 급수 $\sum_{k=1}^{\infty} \frac{1}{2\sqrt{k}+5}$는 발산한다.

다항식과 지수식은 무한극한을 다룰 때 지수식이 무한으로 가는 속도가 빠르다.

(3) 급수 $\sum_{k=1}^{\infty} \frac{1}{2^k + k}$ 에서 매우 큰 k에 대해 $\frac{1}{2^k + k} \sim \frac{1}{2^k}$ 이므로 기준급수인 기하급수 $\sum_{k=1}^{\infty} \frac{1}{2^k}$ 으로 잡자. $|r| = \left|\frac{1}{2}\right| < 1$ 이므로 기하급수 $\sum_{k=1}^{\infty} \frac{1}{2^k}$ 는 수렴한다.

$L = \lim_{k \to \infty} \frac{a_k}{b_k} = \lim_{k \to \infty} \frac{1/(2^k + k)}{1/2^k} = \lim_{k \to \infty} \frac{2^k}{2^k + k} = 1 > 0$ 이다.

[정리 7.14: 극한비교판정법]에 의해서 급수 $\sum_{k=1}^{\infty} \frac{1}{2^k + k}$ 는 수렴한다.

(4) 급수 $\sum_{k=1}^{\infty} \frac{2^k}{3^k + 4}$ 에서 매우 큰 k에 대해 $\frac{2^k}{3^k + 4} \sim \left(\frac{2}{3}\right)^k$ 이므로 기준급수인 기하급수 $\sum_{k=1}^{\infty} \left(\frac{2}{3}\right)^k$ 를 잡자. $|r| = \left|\frac{2}{3}\right| < 1$ 이므로 기하급수 $\sum_{k=1}^{\infty} \left(\frac{2}{3}\right)^k$ 는 수렴한다.

$L = \lim_{k \to \infty} \frac{a_k}{b_k} = \lim_{k \to \infty} \frac{2^k/(3^k + 4)}{(2/3)^k} = \lim_{k \to \infty} \frac{2^k 3^k}{2^k (3^k + 4)} = 1 > 0$ 이다.

[정리 7.14: 극한비교판정법]에 의해서 급수 $\sum_{k=1}^{\infty} \frac{2^k}{3^k + 4}$ 는 수렴한다. ■

7.3.3 양항급수: 비율판정법과 거듭제곱근판정법

[정리 7.10: 급수의 발산 정리]에서 $\lim_{n \to \infty} a_n = 0$ 인 양항수열 $\{a_n\}$ 의 수렴성을 판정하는 **비율판정법**과 **거듭제곱근판정법**을 알아보자.

$\lim_{n \to \infty} a_n = 0$ 인 수열 $\{a_n\}$ 중에서 공비 $|r| < 1$ 인 기하수열 $\{r^n\}$ 이 있다.

기하급수 $\sum_{k=1}^{\infty} r^k$ 에서 공비 $|r| < 1$ 이면 기하급수 $\sum_{k=1}^{\infty} r^k$ 는 수렴하고 공비 $|r| \geq 1$ 이면 기하급수 $\sum_{k=1}^{\infty} r^k$ 는 발산한다. 그러므로 일반수열 $\{a_n\}$ 에서 공비 $|r| < 1$ 인 수열 $\{r^n\}$ 이 0으로 가는 속도로 $\lim_{n \to \infty} a_n = 0$ 인 수열 $\{a_n\}$ 은 수렴할 것으로 추측할 수 있다.

양항수열 $\{a_n\}$ 이 기하급수의 공비 r을 갖는 것은 아니지만 공비와 비슷한 성질을 갖는 ρ를 정의해 보자.

- 수열 $\{r^n\}$ 에서 공비 r은 다음 2가지 방법으로 알아볼 수 있다.

$$|r| = \frac{|r^{n+1}|}{|r^n|} \quad \text{또는} \quad r = (|r^n|)^{1/n}$$

- 일반 양항수열 $\{a_n\}$ 에서 공비와 비슷한 성질의 ρ를 극한을 사용해 정의하자.

$$\rho = \lim_{n \to \infty} \frac{a_{n+1}}{a_n} \quad \text{또는} \quad \rho = \lim_{n \to \infty} (a_n)^{1/n}$$

이와 같이 기하급수의 공비 r과 비슷하게 정의한 ρ를 사용하여 급수의 수렴과 발산을 판별하는 2가지 방법인 **비율판정법**과 **거듭제곱근판정법**을 알아보자.

◐ 비율판정법

양항급수 $\sum_{k=1}^{\infty} a_k$에서 $\lim_{n\to\infty} a_n = 0$인 경우 양항급수 $\sum_{k=1}^{\infty} a_k$의 수렴과 발산을 판별하는 방법으로 연속하는 항의 비율의 극한 $\lim_{n\to\infty} \frac{a_{n+1}}{a_n}$을 사용하는 방법인 양항급수의 **비율판정법**을 알아보자.

양항급수 $\sum_{k=1}^{\infty} a_k$가 기하급수인 경우 $a_k = ar^{k-1}$이고 $\frac{a_{n+1}}{a_n} = r$은 공비이고 주어진 양항급수 $\sum_{k=1}^{\infty} a_k$에서 극한 $\lim_{n\to\infty} \frac{a_{n+1}}{a_n}$은 기하급수의 공비와 비슷한 역할을 한다.

[정리 7.15: 비율판정법] (3)에서 「$\rho = 1$이면 급수 $\sum_{k=1}^{\infty} a_k$의 수렴과 발산을 판정할 수 없다.」라는 의미는 $\rho = 1$인 경우 급수 $\sum_{k=1}^{\infty} a_k$가 수렴할 수도 있고 발산할 수도 있으므로 다른 판정법을 사용해야 한다는 것이다.

> **[정리 7.15: 비율판정법]** 양항급수 $\sum_{k=1}^{\infty} a_k$에 대하여 $\rho = \lim_{n\to\infty} \frac{a_{n+1}}{a_n}$라고 놓자.
>
> (1) $0 \le \rho < 1$이면 급수 $\sum_{k=1}^{\infty} a_k$는 수렴한다.
>
> (2) $\rho > 1$이면 급수 $\sum_{k=1}^{\infty} a_k$는 발산한다.
>
> (3) $\rho = 1$이면 급수 $\sum_{k=1}^{\infty} a_k$의 수렴과 발산을 판정할 수 없다.

그러므로 p급수와 유사한 급수는 비율판정법이 아닌 다른 판정법을 사용한다. 왜냐하면 p급수와 유사한 급수의 $p = \lim_{k\to\infty} \frac{a_{k+1}}{a_k} = 1$이기 때문이다.

예를 들어서 두 양항급수 $\sum_{k=1}^{\infty} \frac{1}{k}$와 $\sum_{k=1}^{\infty} \frac{1}{k^2}$에 대하여

(i) 급수 $\sum_{k=1}^{\infty} \frac{1}{k}$는 $p = 1 \le 1$이므로 [정리 7.12: p급수 판정법]에 의해 발산한다.

$$\rho = \lim_{n\to\infty} \frac{a_{n+1}}{a_n} = \lim_{k\to\infty} \frac{\frac{1}{n+1}}{\frac{1}{n}} = \lim_{n\to\infty} \frac{n}{n+1} = 1$$

(ii) 급수 $\sum_{k=1}^{\infty} \frac{1}{k^2}$는 $p = 2 > 1$이므로 [정리 7.12: p급수 판정법]에 의해 수렴한다.

$$\rho = \lim_{n\to\infty} \frac{a_{n+1}}{a_n} = \lim_{k\to\infty} \frac{\frac{1}{(n+1)^2}}{\frac{1}{n^2}} = \lim_{n\to\infty} \left(\frac{n}{n+1}\right)^2 = 1$$

[예제 7.18] 다음 양항급수의 수렴과 발산을 판별하여라. [연습문제 45~64]

(1) $\sum_{k=1}^{\infty} \frac{k}{5^k}$ (2) $\sum_{k=1}^{\infty} \frac{3^k}{k+1}$ (3) $\sum_{k=1}^{\infty} \frac{1}{k!}$ (4) $\sum_{k=1}^{\infty} \frac{k!}{7^k}$

[풀이] (1) 양항급수 $\sum_{k=1}^{\infty} \frac{k}{5^k}$ 에서 $a_k = \frac{k}{5^k}$ 이므로

$$\rho = \lim_{k\to\infty} \frac{a_{k+1}}{a_k} = \lim_{n\to\infty} \frac{\frac{k+1}{5^{k+1}}}{\frac{k}{5^k}} = \lim_{n\to\infty} \frac{(k+1)5^k}{k5^{k+1}} = \lim_{k\to\infty} \frac{k+1}{5k} = \frac{1}{5}.$$

$0 \le \left(\rho = \frac{1}{5}\right) < 1$ 이므로 [정리 7.15: 비율판정법]에 의해서 급수 $\sum_{k=1}^{\infty} \frac{k}{5^k}$ 는 수렴한다.

(2) 급수 $\sum_{k=1}^{\infty} \frac{3^k}{k+1}$ 에서 $a_k = \frac{3^k}{k+1}$ 이므로

$$\rho = \lim_{k\to\infty} \frac{a_{k+1}}{a_k} = \lim_{n\to\infty} \frac{\frac{3^{k+1}}{k+2}}{\frac{3^k}{k+1}} = \lim_{n\to\infty} \frac{(k+1)3^{k+1}}{(k+2)3^k} = \lim_{k\to\infty} \frac{3(k+1)}{(k+2)} = 3.$$

$(\rho = 3) > 1$ 이므로 [정리 7.15: 비율판정법]에 의해서 급수 $\sum_{k=1}^{\infty} \frac{3^k}{k+1}$ 는 발산한다.

(3) 급수 $\sum_{k=1}^{\infty} \frac{1}{k!}$ 에서 $a_k = \frac{1}{k!}$ 이므로

$$\rho = \lim_{k\to\infty} \frac{a_{k+1}}{a_k} = \lim_{n\to\infty} \frac{\frac{1}{(k+1)!}}{\frac{1}{k!}} = \lim_{n\to\infty} \frac{k!}{(k+1)!} = \lim_{k\to\infty} \frac{1}{k+1} = 0.$$

$0 \le (\rho = 0) < 1$ 이므로 [정리 7.15: 비율판정법]에 의해서 급수 $\sum_{k=1}^{\infty} \frac{1}{k!}$ 는 수렴한다.

(4) 급수 $\sum_{k=1}^{\infty} \frac{k!}{7^k}$ 에서 $a_k = \frac{k!}{7^k}$ 이므로

$$\rho = \lim_{k\to\infty} \frac{a_{k+1}}{a_k} = \lim_{n\to\infty} \frac{\frac{(k+1)!}{7^{k+1}}}{\frac{k!}{7^k}} = \lim_{n\to\infty} \frac{(k+1)! \cdot 7^k}{k! \cdot 7^{k+1}} = \lim_{k\to\infty} \frac{k+1}{7} = \infty.$$

$(\rho = \infty) > 1$ 이므로 [정리 7.15: 비율판정법]에 의해서 급수 $\sum_{k=1}^{\infty} \frac{k!}{7^k}$ 는 발산한다. ■

[예제 7.19] 양항급수 $\sum_{k=1}^{\infty} \frac{k!}{k^k}$ *의 수렴과 발산을 구하여라. [연습문제 45~64]

* $k!$의 정의
- 자연수 k에 대해 $k! = k(k-1)\cdots 2\cdot 1$
- $0! = 1$

[풀이] 급수 $\sum_{k=1}^{\infty} \frac{k!}{k^k}$ 에서 $a_k = \frac{k!}{k^k}$ 이므로

$$\frac{a_{k+1}}{a_k} = \frac{\frac{(k+1)!}{(k+1)^{k+1}}}{\frac{k!}{k^k}} = \frac{(k+1)! \cdot k^k}{k! \cdot (k+1)^{k+1}}$$

$$= \frac{(k+1)\cdot k^k}{(k+1)^{k+1}} = \left(\frac{k}{k+1}\right)^k = \left(\frac{1}{\frac{k+1}{k}}\right)^k = \frac{1}{\left(1+\frac{1}{k}\right)^k}.$$

$$\rho = \lim_{k\to\infty} \frac{a_{k+1}}{a_k} = \lim_{n\to\infty} \frac{1}{\left(1+\frac{1}{k}\right)^k} = \frac{1}{\lim_{n\to\infty}\left(1+\frac{1}{k}\right)^k} = \frac{1}{e}*$$

* 무리수 e의 정의(극한의 정의)에 의해 $\lim_{x\to\infty}(1+\frac{1}{x})^x = e$.

$\left(\rho = \frac{1}{e}\right) < 1$이므로 [정리 7.15: 비율판정법]에 의해서 급수 $\sum_{k=1}^{\infty} \frac{k!}{k^k}$는 발산한다. ■

일반적으로 양항급수 $\sum a_k$에서 a_k가 $(k!)$ 형태를 포함하고 있으면 [정리 7.15: 비율판정법]을 사용한다.

◐ 거듭제곱근판정법

양항급수 $\sum_{k=1}^{\infty} a_k$에서 거듭제곱근판정법은 비율판정법과 비슷한 방법이다. 양항급수 $\sum_{k=1}^{\infty} a_k$가 기하급수인 경우 $a_k = ar^{k-1}$이고 $(a_n)^{1/n} = (r^n)^{1/n} = r$은 공비이고 주어진 양항급수 $\sum_{k=1}^{\infty} a_k$에서 극한 $\lim_{n\to\infty}(a_n)^{1/n}$은 기하급수의 공비와 비슷한 역할을 한다.

[정리 7.16: 비율판정법] (3)에서 「$\rho = 1$이면 급수 $\sum_{k=1}^{\infty} a_k$의 수렴과 발산을 판정할 수 없다.」라는 의미는 $\rho = 1$인 경우 급수 $\sum_{k=1}^{\infty} a_k$가 수렴할 수도 있고 발산할 수도 있으므로 다른 판정법을 사용해야 한다는 것이다.

[정리 7.16: 거듭제곱근판정법] 양항급수 $\sum_{k=1}^{\infty} a_k$에서 $\rho = \lim_{n\to\infty}(a_n)^{1/n}$이라고 놓자.

(1) $0 \le \rho < 1$이면 급수 $\sum_{k=1}^{\infty} a_k$는 수렴한다.

(2) $\rho > 1$이면 급수 $\sum_{k=1}^{\infty} a_k$는 발산한다.

(3) $\rho = 1$이면 급수 $\sum_{k=1}^{\infty} a_k$의 수렴과 발산을 판정할 수 없다.

예를 들어서 양항급수 $\sum_{k=1}^{\infty} \frac{1}{k}$와 $\sum_{k=1}^{\infty} \frac{1}{k^2}$에 대하여

- 급수 $\sum_{k=1}^{\infty} \frac{1}{k}$에서 $\rho = \lim_{k\to\infty}\left(\frac{1}{k}\right)^{1/k} = \lim_{k\to\infty} \frac{1}{(k)^{1/k}} = \frac{1}{\lim_{k\to\infty}(k)^{1/k}} = 1$이지만 $p = 1 \le 1$이므로 급수 $\sum_{k=1}^{\infty} \frac{1}{k}$는 [정리 7.12: p급수 판정법]에 의해 발산한다.
- 급수 $\sum_{k=1}^{\infty} \frac{1}{k^2}$에서 $\rho = \lim_{k\to\infty}\left(\frac{1}{k}\right)^{1/k} = \lim_{k\to\infty} \frac{1}{(k)^{1/k}} = \frac{1}{\lim_{k\to\infty}(k)^{1/k}} = 1$이지만 $p = 2 > 1$이므로 급수 $\sum_{k=1}^{\infty} \frac{1}{k^2}$는 [정리 7.12: p급수 판정법]에 의해 수렴한다.

그러므로 $\rho = \lim_{n \to \infty} (a_n)^{1/n} = 1$인 경우 [정리 7.16: 거듭제곱근판정법]으로 급수의 수렴과 발산을 판정할 수 없다.

[예제 7.20] 다음 양항급수의 수렴과 발산을 판별하여라. [연습문제 65~80]

(1) $\sum_{k=1}^{\infty} \frac{2^k}{k^k}$ (2) $\sum_{k=1}^{\infty} \frac{\sqrt{k}}{2^k}$ (3) $\sum_{k=1}^{\infty} \left(\frac{1}{1+2k}\right)^k$ (4) $\sum_{k=2}^{\infty} \left(\frac{\ln k}{k}\right)^k$

[풀이] (1) 급수 $\sum_{k=1}^{\infty} \frac{2^k}{k^k}$에서 $a_k = \frac{2^k}{k^k}$이므로

$$\rho = \lim_{k \to \infty} \left[(a_k)^{1/k}\right] = \lim_{k \to \infty} \left[\left(\frac{2^k}{k^k}\right)^{1/k}\right] = \lim_{k \to \infty} \frac{2}{k} = 0.$$

$0 \le (\rho = 0) < 1$이므로 [정리 7.16: 거듭제곱근판정법]에 의해 급수 $\sum_{k=1}^{\infty} \frac{2^k}{k^k}$는 수렴한다.

(2) 급수 $\sum_{k=1}^{\infty} \frac{\sqrt{k}}{2^k}$에서 $a_k = \frac{\sqrt{k}}{2^k}$이므로

* $\lim_{k \to \infty} (k)^{1/k} = 1$

$$\rho = \lim_{k \to \infty} \left[(a_k)^{1/k}\right] = \lim_{k \to \infty} \left[\left(\frac{\sqrt{k}}{2^k}\right)^{1/k}\right] = \lim_{k \to \infty} \frac{(k)^{1/2k}}{2} {}^{*} = \frac{1}{2}.$$

$0 \le \left(\rho = \frac{1}{2}\right) < 1$이므로 [정리 7.16: 거듭제곱근판정법]에 의해 급수 $\sum_{k=1}^{\infty} \frac{\sqrt{k}}{2^k}$는 수렴한다.

(3) 급수 $\sum_{k=1}^{\infty} \left(\frac{1}{1+2k}\right)^k$에서 $a_k = \left(\frac{1}{1+2k}\right)^k$이므로

$$\rho = \lim_{k \to \infty} \left[(a_k)^{1/k}\right] = \lim_{k \to \infty} \left[\left(\left(\frac{1}{1+2k}\right)^k\right)^{1/k}\right] = \lim_{k \to \infty} \frac{1}{1+2k} = 0.$$

$0 \le (\rho = 0) < 1$이므로 [정리 7.16: 거듭제곱근판정법]에 의해 급수 $\sum_{k=1}^{\infty} \left(\frac{1}{1+2k}\right)^k$는 수렴한다.

(4) 급수 $\sum_{k=2}^{\infty} \left(\frac{\ln k}{k}\right)^k$에서 $a_k = \left(\frac{\ln k}{k}\right)^k$이므로

** 로피탈의 정리를 적용하면 $\lim_{k \to \infty} \frac{\ln k}{k} = \lim_{k \to \infty} \frac{1/k}{1} = 0.$

$$\rho = \lim_{k \to \infty} \left[(a_k)^{1/k}\right] = \lim_{k \to \infty} \left[\left(\left(\frac{\ln k}{k}\right)^k\right)^{1/k}\right] = \lim_{k \to \infty} \frac{\ln k}{k} {}^{**} = 0.$$

$0 \le (\rho = 0) < 1$이므로 [정리 7.16: 거듭제곱근판정법]에 의해 급수 $\sum_{k=2}^{\infty} \left(\frac{\ln k}{k}\right)^k$는 수렴한다. ■

연습문제

• Part 1

[1-8] 다음 양항급수의 수렴성을 적분판정법을 이용하여 판별하여라. [예제 7.14]

1. $\sum_{k=1}^{\infty} \frac{6k+1}{(3k^2+k+1)^2}$
2. $\sum_{k=2}^{\infty} ke^{-k^2}$
3. $\sum_{k=2}^{\infty} \frac{3}{k}$
4. $\sum_{k=1}^{\infty} \frac{2}{(k+1)\ln(k+1)}$
5. $\sum_{k=1}^{\infty} \frac{2k}{k^2+1}$
6. $\sum_{k=1}^{\infty} \frac{2}{\sqrt{2k+1}}$
7. $\sum_{k=0}^{\infty} \frac{1}{k^2+1}$
8. $\sum_{k=1}^{\infty} \frac{3}{(2k+1)^2}$

[9-20] 다음 양항급수의 수렴성을 p급수 판정법을 이용하여 판별하여라. [예제 7.15]

9. $\sum_{k=1}^{\infty} \frac{1}{\sqrt[3]{k}}$
10. $\sum_{k=1}^{\infty} \frac{2}{\sqrt{k^3}}$
11. $\sum_{k=1}^{\infty} \frac{2}{k^{3.2}}$
12. $\sum_{k=1}^{\infty} \frac{2}{\sqrt[3]{k^5}}$
13. $\sum_{k=1}^{\infty} \frac{1}{k^{0.9}}$
14. $\sum_{k=1}^{\infty} \frac{1}{k\sqrt{k}}$
15. $\sum_{k=1}^{\infty} \frac{1}{k^4}$
16. $\sum_{k=1}^{\infty} k^{-3}$
17. $\sum_{k=1}^{\infty} k^{-0.3}$
18. $\sum_{k=1}^{\infty} \frac{3}{k^{3.2}}$
19. $\sum_{k=1}^{\infty} \frac{\sqrt[4]{k}}{k^2}$
20. $\sum_{k=1}^{\infty} \frac{k}{\sqrt[3]{k^5}}$

[21-28] 다음 급수의 수렴성을 비교판정법을 이용하여 판별하여라. [예제 7.16]

21. $\sum_{k=0}^{\infty} \frac{2}{2^n+3}$
22. $\sum_{k=1}^{\infty} \frac{3}{3k^3+1}$
23. $\sum_{k=1}^{\infty} \frac{1}{3\sqrt{k}-1}$
24. $\sum_{k=1}^{\infty} \frac{\ln k}{k^4}$
25. $\sum_{k=2}^{\infty} \frac{3}{k-1}$
26. $\sum_{k=1}^{\infty} \frac{1}{\sqrt{k^3+1}}$
27. $\sum_{k=1}^{\infty} \frac{1}{k+2\sqrt{k}}$
28. $\sum_{k=1}^{\infty} \frac{\sqrt{k}}{k^3+5}$

[29-44] 다음 급수의 수렴성을 극한비교판정법을 이용하여 판별하여라. [예제 7.17]

29. $\sum_{k=1}^{\infty} \frac{4k^4-k^2+4}{3k^6-k+10}$
30. $\sum_{k=1}^{\infty} \frac{1}{\sqrt[3]{8k^2+2k}}$
31. $\sum_{k=1}^{\infty} \frac{(1.1)^k}{3^k+2^k}$
32. $\sum_{k=1}^{\infty} \frac{k^3}{3k^4-1}$
33. $\sum_{k=1}^{\infty} \frac{2k^2-k+3}{2k-1}$
34. $\sum_{k=1}^{\infty} \frac{3k\sqrt{k}-1}{k^2+1}$
35. $\sum_{k=1}^{\infty} \frac{1}{k^2+k\ln k}$
36. $\sum_{k=1}^{\infty} \frac{1}{4k^3-k^2+5k+9}$
37. $\sum_{k=1}^{\infty} \frac{2}{3^k-k+2}$
38. $\sum_{k=1}^{\infty} \frac{3^k+1}{4^k+1}$
39. $\sum_{k=1}^{\infty} \frac{3k}{k\sqrt{k}+1}$
40. $\sum_{k=1}^{\infty} \frac{4^{k-1}+1}{3^k+1}$
41. $\sum_{k=1}^{\infty} \frac{2^k}{1.9^k+2}$
42. $\sum_{k=1}^{\infty} \frac{2^{k+1}-1}{3^k-2}$
43. $\sum_{k=1}^{\infty} \frac{k}{2^k+k}$
44. $\sum_{k=1}^{\infty} \frac{3^k+k+1}{2^k-k+4}$

[45-64] 다음 급수의 수렴성을 비율판정법을 이용하여 판별하여라. [예제 7.18~7.19]

45. $\sum_{k=1}^{\infty} \frac{k!}{3^k}$
46. $\sum_{k=1}^{\infty} \frac{2k}{3^k-1}$
47. $\sum_{k=1}^{\infty} \frac{2^{3k-2}}{(2k-1)!}$
48. $\sum_{k=1}^{\infty} \frac{(1.2)^k}{k^2}$
49. $\sum_{k=1}^{\infty} \frac{k!}{(2k+1)!}$
50. $\sum_{k=1}^{\infty} \frac{(2k)!}{k!k!}$
51. $\sum_{k=1}^{\infty} \frac{2^{k+2}}{k3^k}$
52. $\sum_{k=1}^{\infty} \frac{k4^k}{(2k+1)\ln(k+1)}$
53. $\sum_{k=1}^{\infty} \frac{3^k}{k^2}$
54. $\sum_{k=1}^{\infty} \frac{2^k+1}{k^2+1}$
55. $\sum_{k=1}^{\infty} \frac{\ln(k+1)}{e^{k+1}}$
56. $\sum_{k=1}^{\infty} \frac{k!}{e^k}$
57. $\sum_{k=1}^{\infty} \frac{k+9}{7^k}$
58. $\sum_{k=1}^{\infty} \frac{(k-1)!}{5^k}$
59. $\sum_{k=1}^{\infty} \frac{3k}{4^k}$
60. $\sum_{k=1}^{\infty} e^{-k}(k^2+1)$
61. $\sum_{k=1}^{\infty} \frac{5^k}{k^{100}}$
62. $2+\frac{4}{16}+\frac{8}{81}+\frac{16}{256}+\cdots$

63. $\frac{1}{2}+\frac{8}{4}+\frac{27}{8}+\frac{64}{16}+\cdots$

64. $\frac{1}{1}+\frac{1}{2}+\frac{1}{6}+\frac{1}{24}+\cdots$

[65-80] 다음 급수의 수렴성을 거듭제곱근판정법을 이용하여 판별하여라. [예제 7.20]

65. $\sum_{k=1}^{\infty}\frac{1}{(\ln k)^k}$

66. $\sum_{k=1}^{\infty}\left(\frac{4k^3+3}{2k^2-1}\right)^k$

67. $\sum_{k=1}^{\infty}\frac{1}{(2+p)^k}$ (단, $p>0$)

68. $\sum_{k=2}^{\infty}2k^{-k}$

69. $\sum_{k=1}^{\infty}\left(\frac{1}{\ln(k+2)}\right)^k$

70. $\sum_{k=1}^{\infty}\left(\frac{2k}{k+1}\right)^k$

71. $\sum_{k=1}^{\infty}\left(\frac{k}{1+5k}\right)^k$

72. $\sum_{k=1}^{\infty}\left(\frac{k^2+3k+1}{2k^2+k+1}\right)^k$

73. $\sum_{k=1}^{\infty}\left(\frac{3k+1}{2k+3}\right)^k$

74. $\sum_{k=1}^{\infty}\left(1+\frac{2}{k}\right)^{k^2}$

75. $\sum_{k=1}^{\infty}\frac{3^k}{k^k}$

76. $\sum_{k=1}^{\infty}\frac{\sqrt{k}}{3^k}$

77. $\sum_{k=1}^{\infty}\frac{2^k}{(2k)^k}$

78. $\sum_{k=1}^{\infty}\frac{(k+1)^k}{2^k}$

79. $\sum_{k=1}^{\infty}\left(\frac{6k^3+k}{5k^3+k+3}\right)^k$

80. $\sum_{k=1}^{\infty}\left(\frac{2k^2-k+4}{3k^2+1}\right)^k$

• Part 2

[81-92] 다음 양항급수의 수렴성을 판별하여라.

81. $\sum_{k=1}^{\infty}\frac{1}{k+\sqrt{k+2}}$

82. $\sum_{k=2}^{\infty}\frac{1}{k(\ln k)^2}$

83. $\sum_{k=1}^{\infty}\frac{\tan^{-1}k}{k^2+1}$

84. $\sum_{k=1}^{\infty}\frac{1}{k(1+(\ln k)^2)}$

85. $\sum_{k=1}^{\infty}\frac{\sin^2 2k}{n^{\frac{3}{2}}}$

86. $\sum_{k=1}^{\infty}\frac{10}{\sqrt[4]{k}+\sqrt{k}}$

87. $\sum_{k=2}^{\infty}\frac{2}{k^2\ln k}$

88. $\sum_{k=1}^{\infty}\frac{\sqrt[3]{k^2+1}}{\sqrt{k^3+3}}$

89. $\sum_{k=1}^{\infty}\frac{e^{2k}}{e^{4k}+3}$

90. $\sum_{k=1}^{\infty}\frac{k!}{(k+1)^k}$

91. $\sum_{k=1}^{\infty}\frac{3^k k!k!}{(2k)!}$

92. $\sum_{k=1}^{\infty}\left(1-\frac{1}{k}\right)^{k^2}$

93. $p>0$에 대하여 $\sum_{k=1}^{\infty}\left(1-\frac{p}{k}\right)^k$이 수렴하게 되는 p의 범위를 결정하여라.

7.4 교대급수, 절대수렴과 조건부수렴

7.3절에서 양항급수 $\sum_{k=1}^{\infty} a_k$의 수렴성을 판별하는 4가지 판정법을 살펴보았다. 이제 일반적인 급수 $\sum_{k=1}^{\infty} a_k$의 수렴성을 알아보자. 일반적인 급수는 각 항의 부호에 대한 조건이 없는 급수를 말한다. 우선 급수의 각 항의 부호가 규칙적으로 음(−)과 양(+)이 번갈아 나오는 급수의 수렴성을 다룬다. 이러한 급수를 **교대급수**라고 한다. 그리고 일반적인 급수 $\sum_{k=1}^{\infty} a_k$에 대하여 $|a_k| \ge 0$이므로 $\sum_{k=1}^{\infty} |a_k|$는 양항급수이다. 양항급수 $\sum |a_k|$는 7.3절에서 공부한 4가지 양항급수의 판정법으로 판정할 수 있다. 급수 $\sum_{k=1}^{\infty} a_k$의 수렴성과 양항급수 $\sum_{k=1}^{\infty} |a_k|$의 수렴성의 관계도 중요하다.

7.4.1 교대급수

교대급수의 특징은
(1) 임의의 n에 대하여 $a_n \cdot a_{n+1} < 0$이거나
(2) 각 항의 식에 $(-1)^k$ 또는 $(-1)^{k+1}$ 또는 $\cos(n\pi)$가 곱해져 있다.

이제 급수의 항이 양(+)의 항과 음(−)의 항이 차례로 나오는 급수의 수렴과 발산에 대하여 알아보자.

$\sum_{k=1}^{\infty} (-1)^k \frac{1}{k} = -\frac{1}{1} + \frac{1}{2} - \frac{1}{3} + \frac{1}{4} - \cdots$

또는 $\sum_{k=0}^{\infty} \cos(k\pi) = \sum_{k=0}^{\infty} (-1)^k = 1 - 1 + 1 - 1 + \cdots$ 등이 있다.

음과 양의 부호가 번갈아 나오는 급수를 **교대급수**(alternating series)라고 한다. 급수 $\sum_{k=1}^{\infty} a_k$가 교대급수인 경우 $b_n = |a_n| > 0$라고 놓으면 다음과 같이 표현된다.

$$a_n = (-1)^n b_n \text{ 또는 } a_n = (-1)^{n+1} b_n$$

교대급수는 일반적으로 $\sum_{k=1}^{\infty} (-1)^k b_k$ 또는 $\sum_{k=1}^{\infty} (-1)^{k+1} b_k$이라고 쓴다. 이때, $b_k > 0$. 교대급수의 수렴과 발산을 판별하는 판정법을 알아보자.

[정리 7.17: 교대급수의 판정법]

교대급수 $\sum_{k=1}^{\infty} (-1)^k b_k$ 또는 $\sum_{k=1}^{\infty} (-1)^{k+1} b_k$, $(b_k > 0)$가 다음을 만족한다고 하자.

(i) 임의의 n에 대하여 $b_n \ge b_{n+1}$. 즉 $\{b_n\}$이 감소수열이다.

(ii) $\lim_{n \to \infty} b_n = 0$

그러면 교대급수 $\sum_{k=1}^{\infty}(-1)^k b_k$ 또는 $\sum_{k=1}^{\infty}(-1)^{k+1} b_k$는 수렴한다.

[증명] 교대급수 $\sum_{k=1}^{\infty}(-1)^k b_k$의 부분합 수열 $\{s_k\}$를 구해보자.

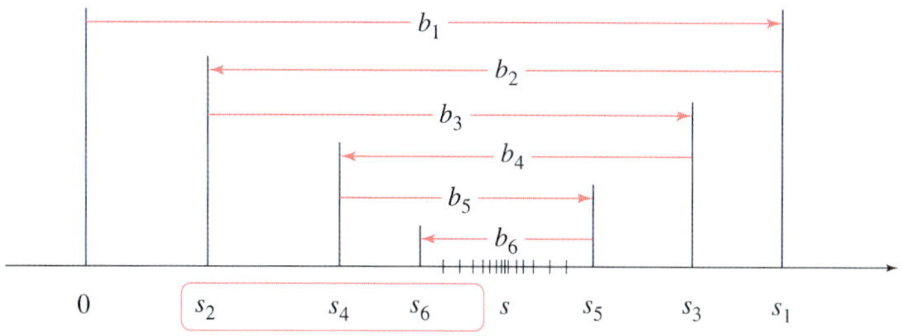

[그림 7.9]

우선 짝수에 관해 부분합 수열의 짝수열을 알아보자.
조건 (i)에 의해서 임의의 n에 대하여 $b_n \geq b_{n+1}$이므로 다음이 성립한다.

$$b_1 \geq b_2\text{이므로 } s_2 = b_1 - b_2 \geq 0$$
$$b_3 \geq b_4\text{이므로 } s_4 = s_2 + (b_3 - b_4) \geq s_2$$
$$b_5 \geq b_6\text{이므로 } s_6 = s_2 + (b_5 - b_6) \geq s_4$$
$$\vdots$$

즉, $s_2 \leq s_4 \leq s_6 \leq \cdots$ 이므로 부분합 수열 $\{s_k\}$의 짝수열은 증가한다.

$$s_2 = (b_1 - b_2) \leq b_1$$
$$s_4 = [b_1 - (b_2 - b_3) - b_4] \leq b_1$$
$$s_6 = [b_1 - (b_2 - b_3) - (b_4 - b_5) - b_6] \leq b_1$$
$$\vdots$$

즉, 짝수항 $s_{2n} \leq b_1$이므로 부분합 수열의 짝수열은 위로 유계이다.
부분합 수열의 짝수열 $\{s_{2k}\}$은 위로 유계인 증가수열이므로 수렴하고 극한을 s라고 놓자. 즉,

$$\lim_{n \to \infty} s_{2n} = s.$$

조건 (ii)에 의해서 $\lim_{n \to \infty} b_n = 0$이고 $s_{2n+1} = s_{2n} + b_{2n+1}$이므로 다음이 성립한다.

$$\lim_{n \to \infty} s_{2n+1} = \lim_{n \to \infty}(s_{2n} + b_{2n+1}) = \lim_{n \to \infty} s_{2n} + \lim_{n \to \infty} b_{2n+1} = s + 0 = s$$

부분합 수열 $\{s_n\}$의 홀수열 $\{s_{2n+1}\}$의 극한 $\lim_{n \to \infty} s_{2n+1} = s$이다.

그러므로 $\lim_{n \to \infty} s_{2n} = s$이고 $\lim_{n \to \infty} s_{2n+1} = s$이므로 $\lim_{n \to \infty} s_n = s$이다.

부분합 수열 $\{s_n\}$이 수렴하므로 교대급수 $\sum_{k=1}^{\infty}(-1)^{k+1}b_k$는 수렴한다. ■

양항급수 $\{b_n\}$이 감소수열임을 보이는 3가지 방법이 있다.
① $b_{n+1}-b_n \le 0$
② $\frac{b_{n+1}}{b_n} \le 1$
③ 실함수 $f(x)$가 $f(n)=b_n$이면 $f'(x) \le 0$.

[예제 7.21] 다음 교대급수의 수렴과 발산을 판별하여라. [연습문제 1~9]

(1) $\sum_{k=1}^{\infty}(-1)^k\frac{k}{k+1}$ (2) $\sum_{k=1}^{\infty}(-1)^k\frac{1}{k}$ (3) $\sum_{k=1}^{\infty}(-1)^{k+1}\frac{1}{\sqrt{k}}$

[풀이]

(1) 급수 $\sum_{k=1}^{\infty}(-1)^k\frac{k}{k+1}$는 교대급수이지만 급수의 수렴성을 판별하기 위하여 [정리 7.10: 급수의 발산판정법]을 가장 먼저 확인해야 한다.

우선 $b_k := |a_k| = \left|\frac{k}{k+1}\right|$라고 놓자.

극한 $\lim_{n\to\infty} b_n = \lim_{n\to\infty}\frac{n}{n+1} = 1 \ne 0$*이므로 [정리 7.10: 급수의 발산판정법]에 의해서 급수 $\sum_{k=1}^{\infty}(-1)^k\frac{k}{k+1}$는 발산한다.

* $b_n = |a_n|$인 경우 $\left[\lim_{n\to\infty} b_n = 0\right]$과 $\left[\lim_{n\to\infty} a_n = 0\right]$은 같은 의미이다.

(2) 교대급수 $\sum_{k=1}^{\infty}(-1)^k\frac{1}{k} = -1+\frac{1}{2}-\frac{1}{3}+\frac{1}{4}-\cdots$ 에서 $b_k := \left|(-1)^k\frac{1}{k}\right| = \frac{1}{k}$라고 놓자.

(i) 수열 $\{b_k\}$가 감소수열임을 보이자.

임의의 자연수 n에 대하여 $b_{n+1}-b_n = \frac{1}{n+1}-\frac{1}{n} = -\frac{1}{n(n+1)} \le 0$.

(ii) $\lim_{n\to\infty} b_n = \lim_{n\to\infty}\frac{1}{n} = 0$

[정리 7.17: 교대급수의 판정법]의 조건 (i)과 (ii)를 만족하므로 교대급수 $\sum_{k=1}^{\infty}(-1)^k\frac{1}{k}$는 수렴한다.

(3) 교대급수 $\sum_{k=1}^{\infty}(-1)^k\frac{1}{\sqrt{k}} = -1+\frac{1}{\sqrt{2}}-\frac{1}{\sqrt{3}}+\frac{1}{\sqrt{4}}-\cdots$에서

$b_k = \left|(-1)^k\frac{1}{\sqrt{k}}\right| = \frac{1}{\sqrt{k}}$라고 놓자.

(i) 수열 $\{b_k\}$가 감소수열임을 보이자.

$x \ge 1$일 때 $f(x) = \frac{1}{\sqrt{x}}$라고 놓으면 자연수 n에 대하여 $f(n) = \frac{1}{\sqrt{n}}$.

함수 f의 도함수 $f'(x) = -\frac{1}{2x^{3/2}} \le 0$, $(x \ge 1)$이므로 $f(x) = \frac{1}{\sqrt{x}}$는 $x \ge 1$에서 감소함수이다. 그러므로 $f(n) = b_n = \frac{1}{\sqrt{n}}$도 감소수열이다.

(ii) $\lim_{n\to\infty} b_n = \lim_{n\to\infty}\frac{1}{\sqrt{n}} = 0$

[정리 7.17: 교대급수의 판정법]의 조건 (i)과 (ii)를 만족하므로 교대급수 $\sum_{k=1}^{\infty}(-1)^k\frac{1}{\sqrt{k}}$는 수렴한다. ■

7.4.2 절대수렴과 조건부수렴

급수 $\sum_{k=1}^{\infty} a_k$의 수렴성에서

(1) 7.3절에서 모든 항이 $a_k \geq 0$인 양항급수의 수렴성을 다루었다.

(2) 7.4.1에서 급수의 연속되는 항의 부호가 음(−)과 양(+)이 번갈아 나타나는 교대급수의 수렴성을 다루었다.

양항급수 $\sum_{k=1}^{\infty} |a_k|$는 7.3절의 양항급수의 4가지 판정법으로 수렴과 발산을 판별할 수 있다.

이제 각 항의 부호에 대한 조건이 없는 일반적인 급수 $\sum_{k=1}^{\infty} a_k$의 수렴과 발산에 대하여 알아보자. 이번 절에서는 급수 $\sum_{k=1}^{\infty} a_k = a_1 + a_2 + a_3 + \cdots$의 수렴성과 양항급수 $\sum_{k=1}^{\infty} |a_k| = |a_1| + |a_2| + |a_3| + \cdots$의 수렴성의 관계에 대해서 알아보자.

[정의 7.8: 절대수렴] 급수 $\sum_{k=1}^{\infty} a_k$에 대하여
양항급수 $\sum_{k=1}^{\infty} |a_k| = |a_1| + |a_2| + |a_3| + \cdots + |a_n| + \cdots$가 수렴하면
급수 $\sum_{k=1}^{\infty} a_k$가 절대수렴(absolute convergence)한다고 한다.

다음은 급수 $\sum_{k=1}^{\infty} a_k$의 수렴성과 절대수렴성의 관계에 관한 정리이다.

[정리 7.18: 절대수렴과 수렴]

(1) 급수 $\sum_{k=1}^{\infty} a_k$가 절대수렴하면 급수 $\sum_{k=1}^{\infty} a_k$는 수렴한다.

(2) 급수 $\sum_{k=1}^{\infty} a_k$는 수렴하지 않으면 급수 $\sum_{k=1}^{\infty} a_k$가 절대수렴하지 않는다.

[증명]

(1) 모든 자연수 n에 대하여 $-|a_n| \leq a_n \leq |a_n|$.

각 변에 $|a_n|$을 더하면 $0 \leq (a_n + |a_n|) \leq 2|a_n|$.

급수 $\sum_{k=1}^{\infty} a_k$가 절대수렴하면 양항급수 $\sum_{k=1}^{\infty} |a_k|$가 수렴하고 급수 $\sum_{k=1}^{\infty} 2|a_k|$가 수렴한다. [정리 7.13: 비교판정법]에 의하여 양항급수 $\sum_{k=1}^{\infty} (a_k + |a_k|)$는 수렴한다. [정리 7.8: 수렴하는 급수의 성질]에 의해

$$\sum_{k=1}^{\infty} a_k = \sum_{k=1}^{\infty} [(a_k - |a_k|) - |a_k|] = \underbrace{\sum_{k=1}^{\infty} (a_k + |a_k|)}_{\text{수렴}} - \underbrace{\sum_{k=1}^{\infty} |a_k|}_{\text{수렴}}$$

이므로 급수 $\sum_{k=1}^{\infty} a_k$는 수렴한다. ■

[정리 7.18: 절대수렴과 수렴]의 역에 해당하는 「급수 $\sum_{k=1}^{\infty} a_k$가 수렴하면 절대수렴한다.」는 성립하지 않는다. 즉, 급수 $\sum_{k=1}^{\infty} a_k$가 수렴하지만 절대수렴하지 않는 급수 $\sum_{k=1}^{\infty} a_k$가 존재한다.

[보기 7.3] 급수 $\sum_{k=1}^{\infty} (-1)^k \frac{1}{k}$에 대하여

① 교대급수 $\sum_{k=1}^{\infty} (-1)^k \frac{1}{k}$는 수렴한다. ([예제 7.21] (2) 참고)

② 급수 $\sum_{k=1}^{\infty} (-1)^k \frac{1}{k}$는 절대수렴하지 않는다.

왜냐하면 급수 $\sum_{k=1}^{\infty} \left| (-1)^k \frac{1}{k} \right| = \sum_{k=1}^{\infty} \frac{1}{k}$는 p급수이고 $p = 1 \leq 1$이므로 급수 $\sum_{k=1}^{\infty} \frac{1}{k}$는 발산한다. 그러므로 급수 $\sum_{k=1}^{\infty} (-1)^k \frac{1}{k}$는 절대수렴하지 않는다. ■

[보기 7.3]에서 교대급수 $\sum_{k=1}^{\infty} (-1)^k \frac{1}{k}$와 같이 급수 $\sum_{k=1}^{\infty} a_k$는 수렴하지만 절대수렴하지 않는 경우가 있다. 이러한 경우 급수 $\sum_{k=1}^{\infty} a_k$가 **조건부수렴(conditional convergence)**한다고 한다.

급수 $\sum_{k=1}^{\infty} a_k$에 대하여 수렴성을 정리하면 다음 [표 7.1]과 같다.

[표 7.1]

경우	급수 $\sum_{k=1}^{\infty} a_k$	급수 $\sum_{k=1}^{\infty} \lvert a_k \rvert$	수렴성의 용어	근거
1	수렴	수렴	절대수렴	[정리 7.18] (1)
2	발산	수렴	조건부수렴	[보기 7.3]
3	수렴	발산	╳	[정리 7.18]에 의해 발생하지 않는다.
4	발산	발산	발산	[정리 7.18] (2)

[표 7.1]의 (경우 3)은 [정리 7.18]에 의해 절대로 발생하지 않는다. 그러므로 급수 $\sum_{k=1}^{\infty} a_k$는 절대수렴, 조건부수렴, 발산의 세 종류로 구분한다.

[그림 7.10]은 주어진 급수 $\sum_{k=1}^{\infty} a_k$의 수렴성의 종류를 정리한 것이다.

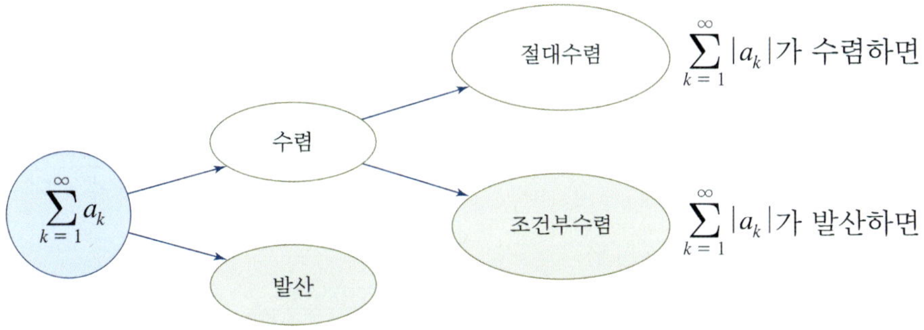

[그림 7.10]

[급수 $\sum_{k=1}^{\infty} a_k$의 절대수렴과 조건부수렴을 판별하는 과정]

[1단계] 가장 먼저 $\lim_{n\to\infty} a_n$을 알아본다.

(i) $\lim_{n\to\infty} a_n \neq 0$이면 발산 정리에 의해 급수 $\sum_{k=1}^{\infty} a_k$는 **발산**한다.

(ii) $\lim_{n\to\infty} a_n = 0$이면 [2단계]로 넘어간다.

[2단계] 양항급수 $\sum_{k=1}^{\infty} |a_k|$의 수렴성을 양항급수의 4가지 판정법으로 알아본다.

(i) 급수 $\sum_{k=1}^{\infty} |a_k|$가 수렴하면 급수 $\sum_{k=1}^{\infty} a_k$는 **절대수렴**한다.

(ii) 급수 $\sum_{k=1}^{\infty} |a_k|$가 발산하면 [3단계]로 넘어간다.

[3단계] 급수 $\sum_{k=1}^{\infty} a_k$가 교대급수이면 교대급수 판정법으로 판정한다.

(i) 급수 $\sum_{k=1}^{\infty} a_k$가 수렴하면 급수 $\sum_{k=1}^{\infty} a_k$는 **조건부수렴**한다.

(ii) 급수 $\sum_{k=1}^{\infty} a_k$가 발산하면 급수 $\sum_{k=1}^{\infty} a_k$는 **발산**한다.

급수 $\sum_{k=1}^{\infty} a_k$의 절대수렴, 조건부수렴, 발산을 판별하는 과정을 다음 [그림 7.11]와 같이 정리하였다.

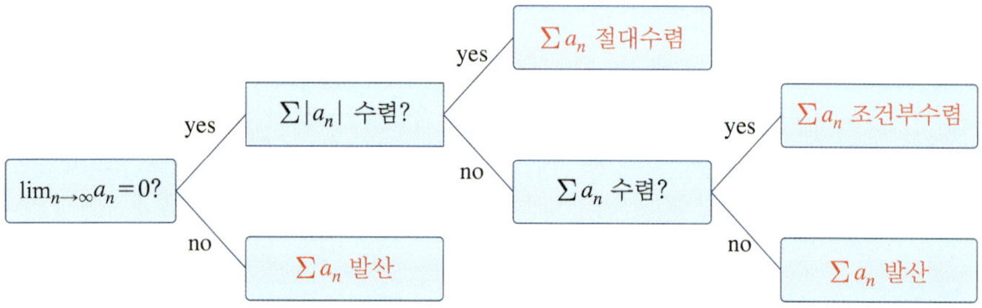

[그림 7.11]

[예제 7.22] 다음 급수에 대하여 절대수렴, 조건부수렴, 발산을 판정하여라. [연습문제 10~18]

(1) $\displaystyle\sum_{k=1}^{\infty} \frac{\cos(k\pi)}{k^2}$　　(2) $\displaystyle\sum_{k=1}^{\infty} (-1)^k \frac{k+3}{k(k+1)}$　　(3) $\displaystyle\sum_{k=1}^{\infty} (-1)^k \frac{k}{2k+3}$

[풀이] (1) 급수 $\displaystyle\sum_{k=1}^{\infty} \frac{\cos(k\pi)}{k^2}$는 교대급수이다.

$0 \le \displaystyle\lim_{k\to\infty} \left|\frac{\cos(k\pi)}{k^2}\right| \le \lim_{k\to\infty} \frac{1}{k^2} = 0$이므로 [정리 7.2] (2) 조임정리에 의해서 $\displaystyle\lim_{k\to\infty} \frac{\cos(k\pi)}{k^2} = 0$.

다음 단계로 절대수렴성을 알아보자.

임의의 $n \ge 1$에 대하여 $0 \le \left|\dfrac{\cos(k\pi)}{k^2}\right| \le \dfrac{1}{k^2}$.

p급수 $\displaystyle\sum_{k=1}^{\infty} \frac{1}{k^2}$은 $(p=2) > 1$이므로 [정리 7.12: p급수 판정법]에 의해 $\displaystyle\sum_{k=1}^{\infty} \frac{1}{k^2}$는 수렴하고 [정리 7.13: 비교판정법]에 의하여 급수 $\displaystyle\sum_{k=1}^{\infty} \left|\frac{\cos(k\pi)}{k^2}\right|$가 수렴한다.

그러므로 급수 $\displaystyle\sum_{k=1}^{\infty} \frac{\cos(k\pi)}{k^2}$는 절대수렴한다.

(2) 급수 $\displaystyle\sum_{k=1}^{\infty} (-1)^k \frac{k+3}{k(k+1)}$은 교대급수이다.

$0 \le \displaystyle\lim_{k\to\infty} \left|(-1)^k \frac{k+3}{k(k+1)}\right| = 0$이므로 $\displaystyle\lim_{k\to\infty} (-1)^k \frac{k+3}{k(k+1)} = 0$.

① 다음 단계로 절대수렴성을 알아보자.

급수 $\displaystyle\sum_{k=1}^{\infty} \left|(-1)^k \frac{k+3}{k(k+1)}\right|$의 수렴과 발산을 알아보자.

임의의 k에 대하여 $\left|(-1)^k \dfrac{k+3}{k(k+1)}\right| = \dfrac{k+3}{k(k+1)}$는 분수식 형태이므로 양항급수의 판정법인 [정리 7.14: 극한비교판정법]을 사용하여 판별해 보자.

k가 매우 커지면 $\left|(-1)^k \dfrac{k+3}{k(k+1)}\right| = \dfrac{k+3}{k(k+1)} \sim \dfrac{1}{k}$이므로

$\displaystyle\lim_{k\to\infty} \frac{\frac{k+3}{k(k+1)}}{\frac{1}{k}} = \lim_{k\to\infty} \frac{k(k+3)}{k(k+1)} = \lim_{k\to\infty} \frac{k+3}{k+1} = 1 > 0$이다.

[정리 7.14: 극한비교판정법]에 의하여 p급수 $\sum_{k=1}^{\infty}\frac{1}{k}$는 $(p=1)\le 1$이므로 급수 $\sum_{k=1}^{\infty}\frac{1}{k}$는 발산하므로 급수 $\sum_{k=1}^{\infty}\left|(-1)^k\frac{k+3}{k(k+1)}\right|=\sum_{k=1}^{\infty}\frac{k+3}{k(k+1)}$도 발산한다.

그러므로 급수 $\sum_{k=1}^{\infty}(-1)^k\frac{k+3}{k(k+1)}$는 절대수렴하지 않는다.

② 다음 단계인 급수 $\sum_{k=1}^{\infty}(-1)^k\frac{k+3}{k(k+1)}$의 수렴성을 알아보자.

급수 $\sum_{k=1}^{\infty}(-1)^k\frac{k+3}{k(k+1)}$은 교대급수이다.

$\left|(-1)^k\frac{k+3}{k(k+1)}\right|=\frac{k+3}{k(k+1)}=b_k$라고 놓자.

$\lim_{k\to\infty}b_k=\lim_{k\to\infty}\frac{k+3}{k(k+1)}=0$

$b_{k+1}-b_k=\frac{k+4}{(k+1)(k+2)}-\frac{k+3}{k(k+1)}=\frac{-k-6}{k(k+1)(k+2)}\le 0$이므로 수열 $\{b_k\}$는 감소수열이다.

그러므로 [정리 7.17: 교대급수의 판정법]에 의하여 교대급수 $\sum_{k=1}^{\infty}(-1)^k\frac{k+3}{k(k+1)}$은 수렴한다.

①과 ②에 의하여 급수 $\sum_{k=1}^{\infty}(-1)^k\frac{k+3}{k(k+1)}$는 조건부수렴한다.

(3) 급수 $\sum_{k=1}^{\infty}(-1)^k\frac{k}{2k+3}$에 대하여

$\lim_{k\to\infty}\left|(-1)^k\frac{k}{2k+3}\right|=\lim_{k\to\infty}\frac{k}{2k+3}=\frac{1}{2}\ne 0$이므로 $\lim_{k\to\infty}(-1)^k\frac{k}{2k+3}\ne 0$.

[정리 7.10: 급수의 발산판정법]에 의해 급수 $\sum_{k=1}^{\infty}(-1)^k\frac{k}{2k+3}$는 발산한다. ■

연습문제

• Part 1

[1-9] 다음 교대급수의 수렴과 발산을 판별하여라. [예제 7.21]

1. $\sum_{k=1}^{\infty}(-1)^{k+1}\frac{1}{2k+1}$
2. $\sum_{k=2}^{\infty}(-1)^{k-1}\frac{1}{\ln k}$
3. $\sum_{k=1}^{\infty}(-1)^k\frac{3k}{2k+1}$
4. $\sum_{k=1}^{\infty}\frac{\cos k\pi}{\sqrt{k}}$
5. $\sum_{k=1}^{\infty}(-1)^k\frac{k!}{10^k}$
6. $\sum_{k=1}^{\infty}(-1)^{k-1}\frac{1}{\sqrt{k+1}}$
7. $\sum_{k=1}^{\infty}(-1)^k\frac{\sqrt[4]{k^2+2k+3}}{\sqrt[4]{k^3+8}}$
8. $\sum_{k=1}^{\infty}\frac{(-2)^k}{k^2}$
9. $\sum_{k=1}^{\infty}\frac{\cos k\pi}{k+7}$

[10-18] 다음 급수에 대하여 절대수렴, 조건부수렴, 발산을 판별하여라. [예제 7.22]

10. $\sum_{k=1}^{\infty}(-1)^{k+1}\frac{k^2}{2k^2+3k-1}$
11. $\sum_{k=1}^{\infty}(-1)^k\frac{k+1}{k^2-k+2}$

12. $\sum_{k=1}^{\infty}(-1)^k\frac{k}{k^3+2}$

13. $\sum_{k=1}^{\infty}\frac{\cos k\pi}{k}$

14. $\sum_{k=1}^{\infty}\frac{(k+1)\sin k}{3k-1}$

15. $\sum_{k=1}^{\infty}(-1)^k\frac{\sqrt[3]{k}}{k^2+5}$

16. $\sum_{k=1}^{\infty}\frac{2\sin k}{\sqrt{k^5+4k^4-1}}$

17. $\sum_{k=1}^{\infty}(-1)^{k+1}\sqrt[3]{\frac{k+1}{8k-1}}$

18. $\sum_{k=1}^{\infty}(-1)^k\frac{1}{\sqrt{k}+\sqrt{k+1}}$

• Part 2

[19-21] 다음 교대급수의 수렴과 발산을 판별하여라.

19. $\sum_{k=2}^{\infty}(-1)^{k-1}\frac{\ln k}{k+1}$

20. $\sum_{k=1}^{\infty}(-1)^{k+1}\frac{\sqrt[4]{k^2+5k+1}}{\sqrt{4k-1}}$

21. $\sum_{k=1}^{\infty}\frac{(-1)^k k!k!}{k^{2k}}$

[22-24] 다음 급수에 대하여 절대수렴, 조건부수렴, 발산을 판별하여라.

22. $\sum_{k=1}^{\infty}\left(\frac{k}{1-4k}\right)^k$

23. $\sum_{k=1}^{\infty}2\left(-\frac{1}{k}\right)^k$

24. $\sum_{k=1}^{\infty}\frac{(-1)^{k+1}}{\tan^{-1}k}$

7.5 멱급수

7.5.1 멱급수의 정의

n개의 항을 가진 n차 다항식 $\sum_{k=0}^{n} c_k x^k = c_0 + c_1 x + c_2 x^2 + \cdots + c_n x^n$은 여러 가지 계산 및 미분과 적분을 하는데 쉽고 익숙하다. 다항식을 확장하는 개념으로 무한 개의 항을 갖는 **멱급수(power series)**를 알아보자.

> **[정의 7.9: 멱급수]** 수열 $\{c_n\}$에 대하여
>
> (1) 다음과 같은 형식의 급수를 $x=0$에서의 **멱급수(power series)** 또는 **맥클로린 급수(Maclaurin series)**라고 한다.
>
> $$\sum_{k=0}^{\infty} c_k x^k = c_0 + c_1 x + c_2 x^2 + c_3 x^3 + c_4 x^4 + \cdots$$
>
> (2) $(x-c)$에 대한 멱급수 또는 $x=c$에서의 **멱급수**는 다음과 같다.
>
> $$\sum_{k=0}^{\infty} c_k (x-c)^k = c_0 + c_1 (x-c) + c_2 (x-c)^2 + c_3 (x-c)^3 + c_4 (x-c)^4 + \cdots$$

무한급수의 형태인 멱급수 $\sum_{k=0}^{\infty} c_k x^k = c_0 + c_1 x + c_2 x^2 + c_3 x^3 + c_4 x^4 + \cdots$에서

$x=0$를 대입하면 $\sum_{k=0}^{\infty} c_k 0^n = c_0$이므로 수렴한다.

$x=1$을 대입하면 $\sum_{k=0}^{\infty} c_k 1^n = c_0 + c_1 + c_2 + c_3 + c_4 + \cdots$이므로 x의 값에 따라서 수렴할 수도 있고 발산할 수도 있다.

[예제 7.23] 멱급수 $\sum_{k=0}^{\infty} x^k = 1 + x + x^2 + x^3 + x^4 + \cdots$가 수렴하는 x를 구해보자.

[풀이] 멱급수 $\sum_{k=0}^{\infty} x^k = 1 + x + x^2 + x^3 + x^4 + \cdots$는 공비가 x인 기하급수이다.

그러므로 멱급수 $\sum_{k=0}^{\infty} x^k$는 구간 $(-1, 1)$에서 수렴하고 $\sum_{k=0}^{\infty} x^k = \frac{1}{1-x}$이다. ■

일반적인 멱급수 $\sum_{k=0}^{\infty} c_k x^k = c_0 + c_1 x + c_2 x^2 + c_3 x^3 + c_4 x^4 + \cdots$에 대해 다음과 같은 질문을 할 수 있다.

(1) 어떤 x값에 대하여 멱급수 $\sum_{k=0}^{\infty} c_k x^k$가 수렴하는가?

(2) 멱급수 $\sum_{k=0}^{\infty} c_k x^k$가 수렴하는 집합은 어떤 성질을 갖는가?

7.5.2 멱급수의 수렴반경과 수렴구간

◐ 멱급수 $\sum_{k=0}^{\infty} c_k x^k$의 수렴반경과 수렴구간

멱급수 $\sum_{k=0}^{\infty} c_k x^k$가 수렴하는 모든 x값을 구해보자.

멱급수 $\sum_{k=0}^{\infty} c_k x^k$가 수렴하는 모든 x값의 모임을 **수렴집합**이라고 한다.

먼저 $x=0$을 대입하면 $\sum_{k=0}^{\infty} c_k 0^k = c_0$이므로 수렴한다. 그러므로 멱급수 $\sum_{k=0}^{\infty} c_k x^k$의 수렴집합은 공집합이 아니고 적어도 점 0을 포함한다.

이제 멱급수 $\sum_{k=0}^{\infty} c_k x^k$의 수렴집합을 구해보자.

$a_k = c_k x^k$이라 놓고, 급수 $\sum_{k=1}^{\infty} a_k$가 절대수렴하는 조건을 비율판정법과 거듭제곱근판정법을 사용하여 구해보자.

(1) 비율판정법을 사용하여 급수가 수렴하는 x값을 구해보자.

급수 $\sum_{k=1}^{\infty} a_k$가 절대수렴한다는 것은 양항급수 $\sum_{k=0}^{\infty} |a_k|$가 수렴하는 것이다.

$$\lim_{k\to\infty}\frac{|a_{k+1}|}{|a_k|} = \lim_{k\to\infty}\frac{|c_{k+1}x^{k+1}|}{|c_k x^k|} = \left[\lim_{k\to\infty}\frac{|c_{k+1}|}{|c_k|}\right]\cdot|x| \text{ 이므로}$$

① $$\lim_{k\to\infty}\frac{|a_{k+1}|}{|a_k|} < 1$$

$$\Leftrightarrow \left[\lim_{k\to\infty}\frac{|c_{k+1}|}{|c_k|}\right]\cdot|x| < 1$$

$$\Leftrightarrow |x| < \frac{1}{\lim_{k\to\infty}\frac{|c_{k+1}|}{|c_k|}} = \lim_{k\to\infty}\frac{|c_k|}{|c_{k+1}|}$$

즉, $|x| < \lim_{k\to\infty}\frac{|c_k|}{|c_{k+1}|}$이면 멱급수 $\sum_{k=0}^{\infty} c_k x^k$는 절대수렴한다.

② $$\lim_{k\to\infty}\frac{|a_{k+1}|}{|a_k|} > 1$$

$$\Leftrightarrow \left[\lim_{k\to\infty}\frac{|c_{k+1}|}{|c_k|}\right]\cdot|x| > 1$$

$$\Leftrightarrow |x| > \frac{1}{\lim_{k\to\infty}\frac{|c_{k+1}|}{|c_k|}} = \lim_{k\to\infty}\frac{|c_k|}{|c_{k+1}|}$$

즉, $|x| > \lim_{k\to\infty}\frac{|c_k|}{|c_{k+1}|}$이면 멱급수 $\sum_{k=0}^{\infty} c_k x^k$는 발산한다.

(2) 거듭제곱근판정법을 사용하여 급수가 수렴하는 x값을 구해보자.

급수 $\sum_{k=1}^{\infty} a_k$가 절대수렴한다는 것은 양항급수 $\sum_{k=0}^{\infty} |a_k|$가 수렴하는 것이다.

$\lim_{k\to\infty} |a_k|^{1/k} = \lim_{k\to\infty} |c_k x^k|^{1/k} = \left[\lim_{k\to\infty} |c_k|^{1/k}\right] \cdot |x|$ 이므로

① $$\lim_{k\to\infty} |a_k|^{1/k} < 1$$
$$\Leftrightarrow \left[\lim_{k\to\infty} |c_k|^{1/k}\right] \cdot |x| < 1$$
$$\Leftrightarrow |x| < \frac{1}{\lim_{k\to\infty} |c_k|^{1/k}}.$$

즉, $|x| < \frac{1}{\lim_{k\to\infty} |c_k|^{1/k}}$ 이면 멱급수 $\sum_{k=0}^{\infty} c_k x^k$는 절대수렴한다.

② $$\lim_{k\to\infty} |a_k|^{1/k} > 1$$
$$\Leftrightarrow \left[\lim_{k\to\infty} |c_k|^{1/k}\right] \cdot |x| > 1$$
$$\Leftrightarrow |x| > \frac{1}{\lim_{k\to\infty} |c_k|^{1/k}}.$$

즉, $|x| > \frac{1}{\lim_{k\to\infty} |c_k|^{1/k}}$ 이면 멱급수 $\sum_{k=0}^{\infty} c_k x^k$가 발산한다

급수 $\sum_{k=0}^{\infty} c_k x^k$가 수렴하는 모든 x값을 집합으로 표현하면 [그림 7.12]에서 볼 수 있는 구간의 형태이고 $0 \le R < \infty$을 $\sum_{k=0}^{\infty} c_k x^k$의 **수렴반경**이라고 한다. 이에 대해 (1) 비율판정법을 이용한 수렴조건과 (2) 거듭제곱근판정법을 이용한 수렴조건을 정리해 보자.

(1) 비율판정법에 의한 수렴조건은 다음과 같다.

- $|x| < \lim_{k\to\infty} \frac{|c_k|}{|c_{k+1}|}$ 이면 멱급수 $\sum_{k=0}^{\infty} c_k x^k$는 절대수렴한다.
- $|x| > \lim_{k\to\infty} \frac{|c_k|}{|c_{k+1}|}$ 이면 멱급수 $\sum_{k=0}^{\infty} c_k x^k$는 발산한다.

(2) 거듭제곱근판정법에 의한 수렴조건은 다음과 같다.

- $|x| < \frac{1}{\lim_{k\to\infty} |c_k|^{1/k}}$ 이면 멱급수 $\sum_{k=0}^{\infty} c_k x^k$는 절대수렴한다.
- $|x| > \frac{1}{\lim_{k\to\infty} |c_k|^{1/k}}$ 이면 멱급수 $\sum_{k=0}^{\infty} c_k x^k$가 발산한다.

다음과 같은 극한을 수렴반경 R이라고 놓자.

$$R = \lim_{k \to \infty} \frac{|c_k|}{|c_{k+1}|} \quad * \quad \text{또는} \quad R = \frac{1}{\lim_{k \to \infty} |c_k|^{1/k}} \quad *$$

* 수렴반경 R의 식이 비율판정법과 거듭제곱근판정법의 식의 역수임을 주의하자.

급수 $\sum_{k=0}^{\infty} c_k x^k$가 수렴조건을 다음과 같이 표현할 수 있다. ([그림 7.12] 참고)

① $|x| < R$ (즉 $-R < x < R$)이면 멱급수 $\sum_{k=0}^{\infty} c_k x^k$는 절대수렴한다.

② $|x| > R$ (즉 $x < -R$ 또는 $x > R$)이면 멱급수 $\sum_{k=0}^{\infty} c_k x^k$는 발산한다.

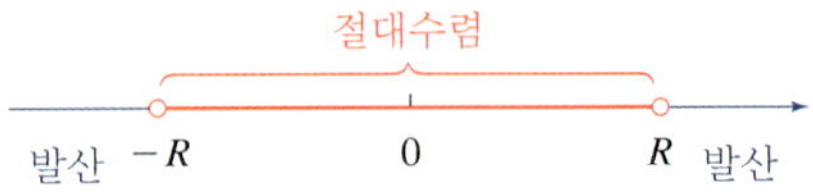

[그림 7.12]

급수 $\sum_{k=0}^{\infty} c_k x^k$의 수렴집합 표현은 [그림 7.12]이고 구간 형태이므로 수렴집합을 수렴구간이라고 한다. 이때, $0 \le R \le \infty$을 $\sum_{k=0}^{\infty} c_k x^k$의 **수렴반경**이라고 한다.

이제 멱급수 $\sum_{k=0}^{\infty} c_k x^k$의 수렴구간을 정리해 보자. 수렴반경 R을 다음과 같이 놓자.

$$R = \lim_{k \to \infty} \frac{|c_k|}{|c_{k+1}|} \quad \text{또는} \quad R = \frac{1}{\lim_{k \to \infty} |c_k|^{1/k}}$$

$0 \le R \le \infty$이므로 수렴반경 R은 다음과 같이 세 종류로 분류한다.

① 수렴반경 $R = \infty$인 경우

수렴구간은 구간 $(-\infty, \infty)$인 실수 전체이다. 즉, 모든 실수에서 멱급수 $\sum_{k=0}^{\infty} c_k x^k$는 절대수렴한다. ([그림 7.13] 참고)

[그림 7.13] 수렴구간 $(-\infty, \infty)$

② 수렴반경 $R = 0$인 경우

수렴구간은 집합 $\{0\}$이고 $x = 0$에서만 멱급수 $\sum_{k=0}^{\infty} c_k x^k$는 수렴한다. ([그림 7.14] 참고)

[그림 7.14] 수렴구간 $\{0\}$

③ $0 < R < \infty$인 경우

- $|x| < R$이면 멱급수 $\sum_{k=0}^{\infty} c_k x^k$는 절대수렴한다.
- $|x| > R$이면 멱급수 $\sum_{k=0}^{\infty} c_k x^k$는 발산한다.
- $x = -R$과 $x = R$을 급수에 대입하여 각각 $\sum_{k=0}^{\infty} c_k (-R)^k$과 $\sum_{k=0}^{\infty} c_k R^k$이 수렴하는지 또는 발산하는지를 알아본다. 수렴구간은 다음과 같은 네 종류이다. ([그림 7.15](a), (b), (c), (d) 참고)

[그림 7.15](a) 수렴구간 $[-R, R]$

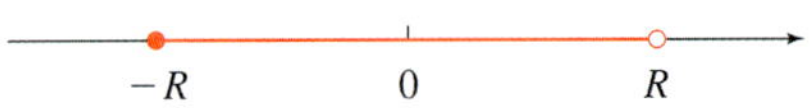

[그림 7.15](b) 수렴구간 $[-R, R)$

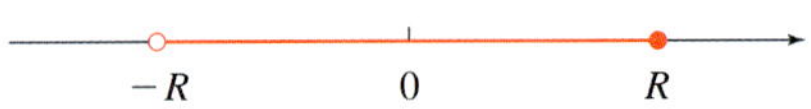

[그림 7.15](c) 수렴구간 $(-R, R]$

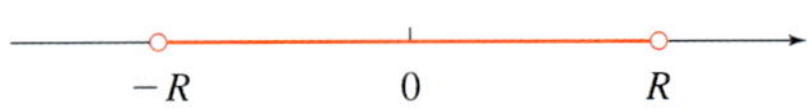

[그림 7.15](d) 수렴구간 $(-R, R)$

급수 $\sum_{k=0}^{\infty} c_k(-R)^k$	급수 $\sum_{k=0}^{\infty} c_k R^k$	급수 $\sum_{k=0}^{\infty} c_k x^k$의 수렴구간	
수렴	수렴	$[-R, R]$	[그림 7.15](a) 참고
수렴	발산	$[-R, R)$	[그림 7.15](b) 참고
발산	수렴	$(-R, R]$	[그림 7.15](c) 참고
발산	발산	$(-R, R)$	[그림 7.15](d) 참고

멱급수 $\sum_{k=0}^{\infty} c_k x^k$의 수렴반경과 수렴구간을 다음과 같이 정리해 보자.

[정리 7.19: 멱급수 $\sum_{k=0}^{\infty} c_k x^k$의 수렴반경과 수렴구간]

(1) 멱급수 $\sum_{k=0}^{\infty} c_k x^k$의 **수렴반경**(radius of convergence)은 다음과 같다.

$$R = \lim_{k\to\infty} \frac{|c_k|}{|c_{k+1}|} \quad \text{또는} \quad R = \frac{1}{\lim_{k\to\infty} |c_k|^{1/k}}$$

(2) 멱급수 $\sum_{k=0}^{\infty} c_k x^k$의 **수렴구간**

① $R = \infty$이면 급수 $\sum_{k=0}^{\infty} c_k x^k$는 실수 전체인 구간 $(-\infty, \infty)$에서 절대수렴하고 수렴구간은 구간 $(-\infty, \infty)$이다.

② $0 < R < \infty$이면

- $|x| < R$이면 급수 $\sum_{k=0}^{\infty} c_k x^k$는 절대수렴하고 $|x| > R$이면 급수 $\sum_{k=0}^{\infty} c_k x^k$는 발산한다.
- 수렴구간은 다음 4가지 중 한 가지의 형태이다.

$$[-R, R],\ [-R, R),\ (-R, R],\ (-R, R)$$

③ $R = 0$이면 $x = 0$에서만 급수 $\sum_{k=0}^{\infty} c_k x^k$는 수렴하고 수렴구간은 집합 $\{0\}$이다.

[예제 7.24] 다음 멱급수의 수렴반경과 수렴구간을 구하여라. [연습문제 1~16]

(1) $\sum_{k=0}^{\infty} \frac{x^k}{k}$ (2) $\sum_{k=0}^{\infty} \frac{x^k}{3^k}$ (3) $\sum_{k=0}^{\infty} \frac{x^k}{k!}$ (4) $\sum_{k=0}^{\infty} k!\,x^k$

[풀이] (1) 멱급수 $\sum_{k=0}^{\infty} \frac{x^k}{k}$에서 $c_k = \frac{1}{k}$라고 놓자.

$R = \lim_{k\to\infty} \frac{|c_k|}{|c_{k+1}|} = \lim_{k\to\infty} \frac{1/k}{1/(k+1)} = \lim_{k\to\infty} \frac{k+1}{k} = 1$이므로 수렴반경 $R = 1$ 이다.

$x=1$인 경우 $\sum_{k=0}^{\infty}\frac{1}{k}$은 p급수이고 $p=1\le 1$이므로 급수 $\sum_{k=0}^{\infty}\frac{1}{k}$는 발산한다.

$x=-1$인 경우 $\sum_{k=0}^{\infty}\frac{(-1)^k}{k}$는 교대급수이다. $\lim_{k\to\infty}\left|\frac{(-1)^k}{k}\right|=\lim_{k\to\infty}\frac{1}{k}=0$이다.

$\frac{1}{k+1}-\frac{1}{k}=-\frac{1}{k(k+1)}<0$이므로 수열 $\left\{\left|\frac{(-1)^2}{k}\right|=\frac{1}{k}\right\}$은 감소수열이다.

[정리 7.17: 교대급수 판정법]에 의해서 교대급수 $\sum_{k=0}^{\infty}\frac{(-1)^k}{k}$는 수렴한다.

그러므로 수렴구간은 구간 $[-1,1)$이다.

멱급수 $\sum_{k=0}^{\infty}\frac{x^k}{k}$의 수렴반경 $R=1$이고 수렴구간은 구간 $[-1,1)$이다.

(2) 멱급수 $\sum_{k=0}^{\infty}\frac{x^k}{3^k}$에서 $c_k=\frac{1}{3^k}$라고 놓자.

$$R=\frac{1}{\lim_{k\to\infty}|c_k|^{1/k}}=\frac{1}{\lim_{k\to\infty}(1/3^k)^{1/k}}=\frac{1}{1/3}=3$$이므로 수렴반경 $R=3$이다.

$x=3$인 경우 $\sum_{k=1}^{\infty}\frac{3^k}{3^k}=\sum_{k=1}^{\infty}1$은 $\lim_{k\to\infty}1=1\neq 0$이므로* 급수 $\sum_{k=1}^{\infty}\frac{3^k}{3^k}$는 발산한다.

$x=-3$인 경우 $\sum_{k=1}^{\infty}\frac{(-3)^k}{3^k}=\sum_{k=1}^{\infty}(-1)^k$은 $\lim_{k\to\infty}|(-1)^k|=1\neq 0$이므로*

급수 $\sum_{k=1}^{\infty}\frac{(-3)^k}{3^k}$는 발산한다.

그러므로 수렴구간은 구간 $(-3,3)$이다.

멱급수 $\sum_{k=0}^{\infty}\frac{x^k}{3^k}$의 수렴반경 $R=3$이고 수렴구간은 구간 $(-3,3)$이다.

* $\lim_{k\to\infty}1\neq 0$이거나 $\lim_{k\to\infty}|(-1)^k|\neq 0$이므로 발산정리에 의해 주어진 급수가 발산한다.

(3) 멱급수 $\sum_{k=0}^{\infty}\frac{x^k}{k!}$에서 $c_k=\frac{1}{k!}$라고 놓자.

$$R=\lim_{k\to\infty}\frac{|c_k|}{|c_{k+1}|}=\lim_{k\to\infty}\frac{\frac{1}{k!}}{\frac{1}{(k+1)!}}=\lim_{k\to\infty}\frac{(k+1)!}{k!}=\lim_{k\to\infty}(k+1)=\infty$$이므로

수렴반경 $R=\infty$이다.

그러므로 수렴구간은 실수 전체인 구간 $(-\infty,\infty)$이다.

(4) 멱급수 $\sum_{k=0}^{\infty}k!x^k$에서 $c_k=k!$라고 놓자.

수렴반경 $R=\lim_{k\to\infty}\frac{|c_k|}{|c_{k+1}|}=\lim_{k\to\infty}\frac{k!}{(k+1)!}=\lim_{k\to\infty}\frac{1}{k+1}=0.$

멱급수 $\sum_{k=0}^{\infty}k!x^k$의 수렴반경은 $R=0$이고 수렴구간은 집합 $\{0\}$이다. ■

◐ 멱급수 $\sum_{k=0}^{\infty} c_k(x-c)^k$의 수렴반경과 수렴구간

멱급수 $\sum_{k=0}^{\infty} c_k x^k$는 수렴구간에서 무한개의 항을 가진 다항식 형태이다. 수렴구간도 0를 중심으로 하고 반경이 R인 구간의 형태인 $[-R,R]$, $[-R,R)$, $(-R,R]$, $(-R,R)$이다. 그러므로 멱급수 $\sum_{k=0}^{\infty} c_k x^k$는 0 근처에서 함수로 보는 것이다.

실수 c에 대하여 c를 중심으로 하는 멱급수 $\sum_{k=0}^{\infty} c_k(x-c)^k$에 대하여 살펴 보자.

멱급수 $\sum_{k=0}^{\infty} c_k(x-c)^k$는 0를 중심으로 한 멱급수 $\sum_{k=0}^{\infty} c_k x^k$를 c만큼 평행이동한 함수로 생각하면 수렴반경과 수렴구간을 비슷하게 정의된다.

(1) 수렴반경 R은 멱급수의 항의 계수 c_k에 의해 정해지므로 같은 식을 갖는다.

$$R = \lim_{k\to\infty} \frac{|c_k|}{|c_{k+1}|} \quad \text{또는} \quad R = \frac{1}{\lim_{k\to\infty} |c_k|^{1/k}}$$

(2) 수렴구간은 c가 중심이고 반경이 R인 구간이다. ([그림 7.16](a), (b), (c), (d) 참고)

멱급수 $\sum_{k=0}^{\infty} c_k(x-c)^k$의 수렴반경과 수렴구간은 다음과 같이 정의한다.

[정리 7.20: 멱급수 $\sum_{k=0}^{\infty} c_k(x-c)^k$의 수렴반경과 수렴구간]

(1) 멱급수 $\sum_{k=0}^{\infty} c_k(x-c)^k$의 **수렴반경**(radius of convergence)은 다음과 같다.

$$R = \lim_{k\to\infty} \frac{|c_k|}{|c_{k+1}|} \quad \text{또는} \quad R = \frac{1}{\lim_{k\to\infty} |c_k|^{1/k}}$$

(2) $x=c$를 중심으로 하는 멱급수 $\sum_{k=0}^{\infty} c_k(x-c)^k$의 **수렴구간**은 다음과 같다.

① $R=\infty$이면 급수 $\sum_{k=0}^{\infty} c_k(x-c)^k$는 실수 전체인 구간 $(-\infty,\infty)$에서 절대수렴하고 **수렴구간**은 구간 $(-\infty,\infty)$이다.

② $0<R<\infty$이면

- $|x-c|<R$이면 $\sum_{k=0}^{\infty} c_k(x-c)^k$는 절대수렴하고 $|x-c|>R$이면 $\sum_{k=0}^{\infty} c_k(x-c)^k$는 발산한다.
- **수렴구간**은 다음 4가지 중 한 가지의 형태이다.

$$[c-R,c+R],\ [c-R,c+R),\ (c-R,c+R],\ (c-R,c+R)$$

③ $R=0$이면 $x=c$에서만 $\sum_{k=0}^{\infty} c_k(x-c)^k$는 수렴하고 **수렴구간**은 집합 $\{c\}$이다.

c를 중심으로 하는 멱급수 $\sum_{k=0}^{\infty} c_k(x-c)^k$의 수렴반경이 R인 경우 수렴구간은 다음과 같은 4가지 종류가 있다.

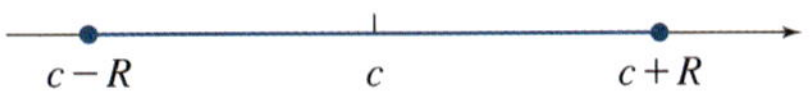

[그림 7.16](a) 구간 $(c-R,\ c+R)$

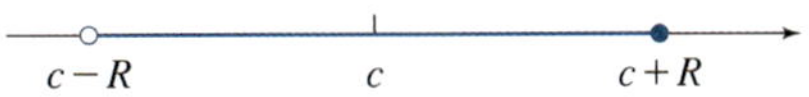

[그림 7.16](b) 구간 $(c-R,\ c+R]$

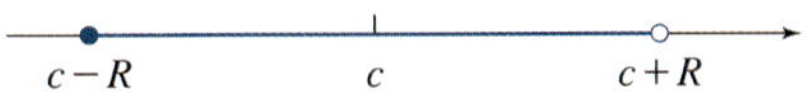

[그림 7.16](c) 구간 $[c-R,\ c+R)$

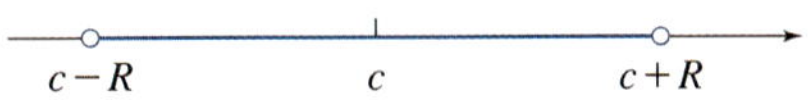

[그림 7.16](d) 구간 $[c-R,\ c+R]$

수렴구간을 구하는 경우 수직선에 중심과 수렴반경을 그려보는 것을 권장한다.

[예제 7.25] 다음 멱급수의 수렴반경과 수렴구간을 구하여라. [연습문제 17~24]

(1) $\sum_{k=0}^{\infty} \frac{(x-2)^k}{k^2}$ (2) $\sum_{k=0}^{\infty} (x-1)^k$

[풀이] (1) 멱급수 $\sum_{k=0}^{\infty} \frac{(x-2)^k}{k^2}$ 에서 $c_k = \frac{1}{k^2}$ 라고 놓자.

$R = \lim_{k\to\infty} \frac{|c_k|}{|c_{k+1}|} = \lim_{k\to\infty} \frac{1/k^2}{1/(k+1)^2} = \lim_{k\to\infty} \frac{(k+1)^2}{k^2} = 1$ 이므로 수렴반경 $R = 1$ 이다. 그러므로 $|x-2| < 1$ 에서 절대수렴한다.

- $(x-2) = 1$ 인 경우 즉 $x = 3$ 이면

  급수 $\sum_{k=0}^{\infty} \frac{1}{k^2}$ 은 p급수이고 $(p=2) > 1$ 이므로 급수 $\sum_{k=0}^{\infty} \frac{1}{k^2}$ 는 수렴한다.

- $(x-2) = -1$ 인 경우 즉 $x = 1$ 이면

  급수 $\sum_{k=0}^{\infty} \frac{(-1)^k}{k^2}$ 에서

  양항급수 $\sum_{k=0}^{\infty} \left| \frac{(-1)^k}{k^2} \right| = \sum_{k=0}^{\infty} \frac{1}{k^2}$ 는 $p = 2 > 1$ 인 p급수이므로 수렴한다.

  그러므로 급수 $\sum_{k=0}^{\infty} \frac{(-1)^k}{k^2}$ 는 절대수렴하고 급수 $\sum_{k=0}^{\infty} \frac{(-1)^k}{k^2}$ 도 수렴한다.

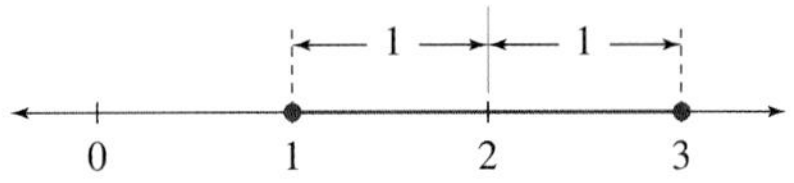
[그림 7.17]

[그림 7.17]에서와 같이 수직선 위에 $c = 2$ 를 중심으로 반경 $R = 1$ 인 구간을 그려서 수렴구간을 구한다. 그러므로 수렴구간은 구간 $[1, 3]$ 이다.

급수 $\sum_{k=0}^{\infty} \frac{(x-2)^k}{k^2}$ 의 수렴반경 $R = 1$ 이고 수렴구간은 구간 $[1, 3]$ 이다.

(2) 멱급수 $\sum_{k=0}^{\infty} (x-1)^k$ 에서 $c_k = 1$ 라고 놓자.

$R = \lim_{k\to\infty} \frac{|c_k|}{|c_{k+1}|} = \lim_{k\to\infty} \frac{1}{1} = 1$ 이므로 수렴반경 $R = 1$ 이다.

그러므로 $|x-1| < 1$ 에서 절대수렴한다.

- $(x-1) = 1$ 인 경우 즉 $x = 2$ 이면

  급수 $\sum_{k=0}^{\infty} 1^k = \sum_{k=1}^{\infty} 1$ 은 $\lim_{k\to\infty} 1 \neq 0$ 이므로 급수 $\sum_{k=0}^{\infty} 1^k = \sum_{k=1}^{\infty} 1$ 는 발산한다.

- $(x-1) = -1$ 인 경우 즉 $x = 0$ 이면

  급수 $\sum_{k=0}^{\infty} (-1)^k$ 은 $\lim_{k\to\infty} (-1)^k \neq 0$ 이므로 급수 $\sum_{k=0}^{\infty} (-1)^k$ 는 발산한다.

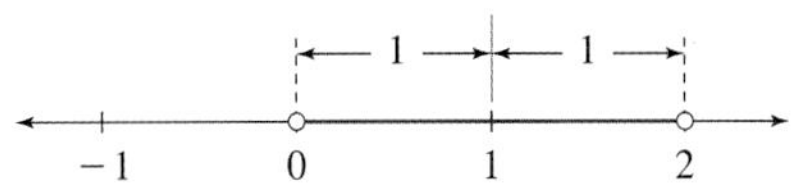
[그림 7.18]

[그림 7.18]에서와 같이 수직선 위에 $c = 1$ 을 중심으로 반경 $R = 1$ 인 구간을 그려서 수렴구간을 구한다. 그러므로 수렴구간은 구간 $(0, 2)$ 이다.

급수 $\sum_{k=0}^{\infty} (x-1)^k$ 의 수렴반경은 $R = 1$ 이고 수렴구간은 구간 $(0, 2)$ 이다. ■

7.5.3 함수의 멱급수 표현

$x=c$를 중심으로 하는 멱급수 $\sum_{k=0}^{\infty} c_k(x-c)^k$의 수렴반경 R과 수렴구간를 알아보았다. 멱급수 $\sum_{k=0}^{\infty} c_k(x-c)^k$는 수렴구간 위에서 정의된 함수이다.

멱급수는 다항함수를 확장한 의미를 갖는 식이다. 다항함수는 여러 가지 면에서 다루기 쉬운 장점을 갖는다. 다항함수가 아닌 함수를 다항식 형식인 멱급수로 표현하여 다항함수의 장점을 사용할 수 있다면 매우 유용하다. 다양한 함수식의 멱급수 표현을 찾기 위한 일반적인 방법은 7.6절에서 테일러 급수를 정의하면서 알아볼 예정이다.

여기에서는 기하급수 그리고 멱급수 함수의 미분과 적분 등을 이용하여 유용한 몇 종류의 함수식의 멱급수 표현을 알아보자. 이때, 함수의 멱급수 표현은 반드시 수렴구간을 함께 표시해야 한다.

◐ 함수의 멱급수 표현

멱급수 $\sum_{k=0}^{\infty} c_k(x-c)^k$는 수렴구간 위에서 정의된 함수이다. 그러나 멱급수가 명확하게 식으로 표현되는 경우는 드물다. 기하급수는 급수의 극한이 명확하게 식으로 표현되는 장점을 갖는다.

[정리 7.21: 기하급수의 수렴]

(1) 기하급수 $\sum_{k=0}^{\infty} x^k$은 수렴구간 $(-1,1)$에서 $\sum_{k=0}^{\infty} x^k = \dfrac{1}{1-x}$로 표현된다.

즉, $\dfrac{1}{1-x} = 1+x+x^2+x^3+\cdots = \sum_{k=0}^{\infty} x^k,\ (-1<x<1).$

(2) 기하급수 $\sum_{k=0}^{\infty} (-x)^k$은 수렴구간 $(-1,1)$에서 $\sum_{k=0}^{\infty} (-x)^k = \dfrac{1}{1+x}$로 표현된다.

즉, $\dfrac{1}{1+x} = 1-x+x^2-x^3+\cdots = \sum_{k=0}^{\infty} (-1)^k x^k,\ (-1<x<1).$

일반적인 기하급수 $\sum_{k=0}^{\infty} ar^k$에서 공비 r이 $-1<r<1$인 경우

$$\sum_{k=0}^{\infty} ar^k = \frac{a}{1-r} = \frac{\text{초항}}{1-\text{공비}}.$$

- 주어진 식의 멱급수가 기하급수 표현을 갖는 식을 기하급수의 표준형이라고 하고 크게 다음 2가지 형식을 갖는다.

$$\frac{1}{1-r} \quad \text{그리고} \quad \frac{1}{1+r}$$

[예제 7.26] 다음 식을 $x=0$을 중심으로 하는 멱급수 $\sum_{k=0}^{\infty} c_k x^k$로 표현하여라.
[연습문제 25~39]

(1) $\dfrac{1}{1+x^2}$ (2) $\dfrac{1}{x-3}$ (3) $\dfrac{x^2}{1-x}$

[풀이] (1) 식 $\dfrac{1}{1+x^2}$은 공비가 $-x^2$이고 초항이 1인 기하급수의 합이다.

그러므로 $\dfrac{1}{1+x^2} = 1-x^2+x^4-x^6+\cdots = \sum_{k=0}^{\infty} (-1)^k x^{2k},\ (-1<x<1).$

• 주어진 식의 멱급수 표현을 구하는 경우 멱급수의 수렴구간을 반드시 표현해야 한다. 특히 기하급수 표현인 경우 공비에 해당하는 식 r이 $-1<r<1$의 조건으로 수렴구간을 구해야 한다.

(2) 식 $\dfrac{1}{x-3}$에서 $\dfrac{1}{x-3}=\dfrac{1}{-3+x}=-\dfrac{1}{3}\cdot\dfrac{1}{1-\dfrac{x}{3}}$.

식 $\dfrac{1}{1-\dfrac{x}{3}}$은 공비가 $\dfrac{x}{3}$이고 초항이 1인 기하급수의 합이다.

$$\frac{1}{1-\frac{x}{3}}=\sum_{k=0}^{\infty}\left(\frac{x}{3}\right)^k=1+\frac{x}{3}+\frac{x^2}{3^2}+\frac{x^3}{3^3}+\cdots,\ \left(-1<\frac{x}{3}<1\right).$$

$\dfrac{1}{x-3}=-\dfrac{1}{3}\cdot\dfrac{1}{1-\dfrac{x}{3}}=-\dfrac{1}{3}\cdot\left(1+\dfrac{x}{3}+\dfrac{x^2}{3^2}+\dfrac{x^3}{3^3}+\cdots\right)$이므로

$$\frac{1}{x-3}=-\frac{1}{3}-\frac{x}{3^2}-\frac{x^2}{3^3}-\frac{x^3}{3^4}-\cdots=\sum_{k=0}^{\infty}\left(-\frac{1}{3^{k+1}}\right)x^k,\ (-3<x<3).$$

(3) 식 $\dfrac{x^2}{1-x}$에서 $\dfrac{x^2}{1-x}=x^2\cdot\dfrac{1}{1-x}$.

식 $\dfrac{1}{1-x}$은 공비가 x이고 초항이 1인 기하급수의 합이므로

$$\frac{1}{1-x}=1+x+x^2+x^3+\cdots,\ (-1<x<1).$$

$$\begin{aligned}\frac{x^2}{1-x}&=x^2\cdot\frac{1}{1-x}=x^2\cdot(1+x+x^2+x^3+\cdots)\\&=x^2+x^3+x^4+x^5+\cdots=\sum_{k=0}^{\infty}x^{k+2},\ (-1<x<1).\end{aligned}$$

그러므로 $\dfrac{x^2}{1-x}=x^2+x^3+x^4+x^5+\cdots=\sum_{k=0}^{\infty}x^{k+2},\ (-1<x<1)$. ■

분수식을 기하급수를 적용하여 멱급수 $\sum_{k=0}^{\infty}c_k x^k$로 표현하는 것을 알아보았다. 이제 일반적으로 $x=c$를 중심으로 하는 멱급수 $\sum_{k=0}^{\infty}c_k(x-c)^k$의 표현으로 구해보자. 이때, 공비는 $(x-c)$의 형태를 포함하도록 변환한다.

$$\frac{1}{x-a}=\frac{1}{-(a-c)+(x-c)}=\frac{1}{-(a-c)}\frac{1}{1-\left(\frac{x-c}{a-c}\right)},\ \left(-1<\frac{x-c}{a-c}<1\right)$$

예를 들어 유리식 $\dfrac{1}{x-3}$을 $x=1$을 중심으로 멱급수 $\sum_{n=0}^{\infty}c_n(x-1)^n$을 구하자.

$$\begin{aligned}\frac{1}{x-3}&=\frac{1}{-2+(x-1)}=-\frac{1}{2}\left[\frac{1}{1-\frac{x-1}{2}}\right]\\&=-\frac{1}{2}\sum_{k=0}^{\infty}\left(\frac{x-1}{2}\right)^k,\ \left(-1<\frac{x-1}{2}<1\right)\\&=\sum_{k=0}^{\infty}-\left(\frac{1}{2}\right)^{k+1}(x-1)^k,\ (-1<x<3)\end{aligned}$$

[예제 7.27] 다음을 표현하여라. [연습문제 40~47]

(1) 식 $\dfrac{1}{1-x}$을 $x=-2$를 중심으로 하는 멱급수 $\sum_{k=0}^{\infty} c_k (x+2)^k$로 표현하여라.

(2) 식 $\dfrac{1}{1+x}$을 $x=1$을 중심으로 하는 멱급수 $\sum_{k=0}^{\infty} c_k (x-1)^k$ 형태로 표현하여라.

[풀이]

(1) 식 $\dfrac{1}{1-x}$을 $x=-2$를 중심으로 하는 멱급수 $\sum_{k=0}^{\infty} c_k (x+2)^k$로 표현하기 위해 식 $\dfrac{1}{1-x}$에서 공비에 $x+2$를 포함해야 한다. 그러므로 다음과 같이 구해보자.

$$\frac{1}{x-1}=\frac{1}{3-(x+2)}=\frac{1}{3}\cdot\frac{1}{1-\left(\dfrac{x+2}{3}\right)}$$

$$=\frac{1}{3}\sum_{k=0}^{\infty}\left(\frac{x+2}{3}\right)^k,\quad \left(-1<\frac{x+2}{3}<1\right)$$

$\left|\dfrac{x+2}{3}\right|<1 \Leftrightarrow |x+2|<3$

이므로 수렴구간은 중심이 -2이고 수렴반경이 3인 구간으로 다음과 같다.

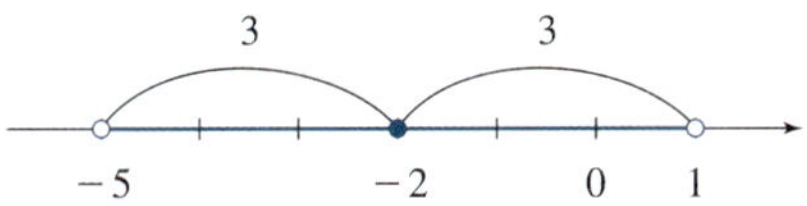

이때, $\left[-1<\dfrac{x+2}{3}<1\right]\Leftrightarrow[-3<x+2<3]\Leftrightarrow[-5<x<1]$.

그러므로 $\dfrac{1}{x-1}=\dfrac{1}{3}\sum_{k=0}^{\infty}\left(\dfrac{x+2}{3}\right)^k=\sum_{k=0}^{\infty}\dfrac{1}{3^k}(x+2)^k,\ (-5<x<1)$.

(2) 식 $\dfrac{1}{1-x}$을 $x=1$을 중심으로 하는 멱급수 $\sum_{k=0}^{\infty} c_k (x-1)^k$로 표현하기 위해 식 $\dfrac{1}{1-x}$에서 공비에 $x-1$를 포함해야 한다. 그러므로 다음과 같이 구해보자.

$$\frac{1}{x+1}=\frac{1}{2+(x-1)}=\frac{1}{2}\cdot\frac{1}{1+\left(\dfrac{x-1}{2}\right)}$$

$$=\frac{1}{2}\sum_{k=0}^{\infty}(-1)^k\left(\frac{x-1}{2}\right)^k,\quad \left(-1<\frac{x-1}{2}<1\right)$$

$$=\sum_{k=0}^{\infty}\frac{(-1)^k}{2^{k+1}}(x-1)^k$$

$\left|\dfrac{x-1}{2}\right|<1 \Leftrightarrow |x-1|<2$

이므로 수렴구간은 중심이 1이고 수렴반경이 2인 구간으로 다음과 같다.

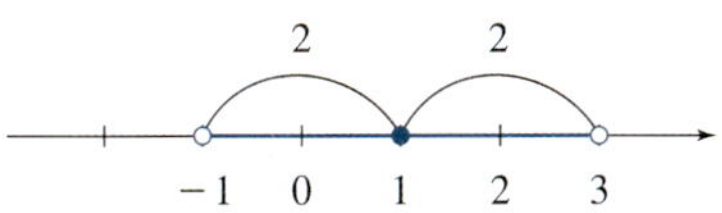

이때, $\left[-1<\dfrac{x-1}{2}<1\right]\Leftrightarrow[-2<x-1<2]\Leftrightarrow[-1<x<3]$.

그러므로 $\dfrac{1}{x+1}=\sum_{k=0}^{\infty}\dfrac{(-1)^k}{2^{k+1}}(x-1)^k,\ (-1<x<3)$. ■

◐ 멱급수의 미분과 적분

멱급수 $\sum_{k=0}^{\infty} c_k (x-c)^k$를 수렴구간 $I=(c-R, c+R)$에서 정의된 함수 f이다.

$$f(x)=\sum_{k=0}^{\infty}c_k(x-c)^k=c_0+c_1(x-c)+c_2(x-c)^2+\cdots,\ (c-R,c+R)$$

구간 I에서 정의된 함수 $f(x)=\sum_{k=0}^{\infty}c_k(x-c)^k$의 미분과 적분을 알아보자.

[정리 7.22: 멱급수의 미분과 적분]

열린 구간 $I=(c-R,c+R)$에서 함수 f가 다음 멱급수 표현을 갖는다고 하자.

$$f(x)=\sum_{k=0}^{\infty}c_k(x-c)^k=c_0+c_1(x-c)+c_2(x-c)^2+c_3(x-c)^3+\cdots$$

(1) 열린 구간 I의 임의의 점 x에 대하여 f는 x에서 미분가능하고

$$f'(x)=\frac{df}{dx}(x)=\sum_{k=0}^{\infty}\frac{d(a_k(x-c)^k)}{dx}=\sum_{k=1}^{\infty}ka_k(x-c)^{k-1}.$$

즉, $f'(x)=c_1+2c_2(x-c)+3c_3(x-c)^2+\cdots+kc_k(x-c)^{k-1}+\cdots.$

(2) 열린 구간 I의 임의의 점 x에 대하여 f는 $[0,x]$에서 적분가능하고

$$\int_0^x f(t)\,dt=\int_0^x\sum_{k=0}^{\infty}\left[c_k(t-c)^k\right]dt=\sum_{k=0}^{\infty}\int_0^x c_k(t-c)^k\,dt$$
$$=\sum_{k=0}^{\infty}\frac{c_k}{k+1}(x-c)^{k+1}.$$

즉, $\int_0^x f(t)\,dt=\sum_{k=0}^{\infty}\frac{c_k}{k+1}(x-c)^{k+1}$

$$=c_0(x-c)+\frac{1}{2}c_1(x-c)^2+\cdots+\frac{1}{k+1}c_k(x-c)^{k+1}+\cdots.$$

[주의] 멱급수 $f(x)=\sum_{k=0}^{\infty}c_k(x-c)^k$의 도함수 $f'(x)=\sum_{k=1}^{\infty}ka_k(x-c)^{k-1}$이고 도함수의 멱급수 표현에서 $k=1$에서 시작한다. 즉, 상수항의 미분이 0이 된다.

다항식의 미분과 적분과 같이 멱급수의 열린 구간 I에서 미분과 적분도 **항별 미분**(term by term differentiation) 그리고 **항별 적분**(term by term integration)을 한다.

[주의] 멱급수의 미분과 적분으로 만들어진 멱급수의 수렴구간은 변하지 않는다. 구간 I에서의 멱급수의 미분과 적분을 적용하여 좀 더 다양한 식의 멱급수 표현을 구할 수 있다.

기하급수 형태의 멱급수를 갖는 기하급수의 표준형은 다음 2가지 형식이다.

$$\frac{1}{1-r}\ \text{그리고}\ \frac{1}{1+r}$$

[예제 7.28] 기하급수를 이용하여 다음 식을 멱급수 표현을 구하여라. [연습문제 48~54]

(1) $\frac{1}{(1-x)^2}$ (2) $\ln(1+x)$

[풀이]

(1) 주어진 식 $\frac{1}{(1-x)^2}$은 기하급수의 합의 표준형은 아니지만 다음과 같이 표준형 식 $\frac{1}{1-x}$의 도함수임을 알 수 있다. 즉,

$$\frac{1}{(1-x)^2}=\frac{d}{dx}\left(\frac{1}{1-x}\right)$$

식 $\dfrac{1}{1-x}$의 멱급수 표현은 다음과 같다.

$$\frac{1}{1-x}=\sum_{k=0}^{\infty}x^k=1+x+x^2+x^3+\cdots,\ (-1<x<1)$$

그러므로 [정리 7.22: 멱급수의 미분과 적분] (1)을 적용하여 도함수를 구하자.

$$\begin{aligned}\frac{1}{(1-x)^2}&=\frac{d}{dx}\left(\frac{1}{1-x}\right)=\frac{d}{dx}\left[\sum_{k=0}^{\infty}x^k\right]=\sum_{k=0}^{\infty}\frac{d\left(x^k\right)}{dx}\\&=\sum_{k=1}^{\infty}kx^{k-1}=1+2x+3x^2+4x^3+\cdots,\ \ (-1<x<1)\end{aligned}$$

그러므로

$$\boxed{\frac{1}{(1-x)^2}=\sum_{k=1}^{\infty}kx^{k-1}=1+2x+3x^2+4x^3+\cdots,\ \ (-1<x<1).}$$

(2) 주어진 식 $\ln(1+x)$은 기하급수의 합의 표준형은 아니지만 다음과 같이 표준형인 식 $\dfrac{1}{1+x}$의 적분임을 알 수 있다.

$$\ln(1+x)=\int_0^x\frac{1}{1+t}dt,\ \ (-1<x<1)$$

그러므로 [정리 7.22: 멱급수의 미분과 적분] (2)를 적용하여 적분을 해보자.

$$\begin{aligned}\ln(1+x)&=\int_0^x\frac{1}{1+t}dt\\&=\int_0^x\left(\sum_{k=0}^{\infty}(-t)^k\right)dt=\sum_{k=0}^{\infty}\left(\int_0^x(-t)^k dt\right)\\&=\sum_{k=0}^{\infty}(-1)^k\frac{x^{k+1}}{k+1}\\&=x-\frac{1}{2}x^2+\frac{1}{3}x^3-\frac{1}{4}x^4+\cdots+(-1)^k\frac{1}{k+1}x^{k+1}+\cdots,\ (-1<x<1).\end{aligned}$$

그러므로

$$\boxed{\ln(1+x)=x-\frac{1}{2}x^2+\frac{1}{3}x^3+\cdots+(-1)^k\frac{1}{k+1}x^{k+1}+\cdots,\ \ (-1<x<1).}$$

■

[예제 7.29] $\tan^{-1}x=\displaystyle\int_0^x\frac{1}{1+t^2}dt$임을 이용하여 $\tan^{-1}x$의 멱급수 표현을 구하여라. [연습문제 55]

[풀이] 식 $\dfrac{1}{1+t^2}$는 공비가 $-t^2$이고 초항은 1인 기하급수의 합의 표현이다.

그러므로 $\dfrac{1}{1+t^2}$의 멱급수 표현은 다음과 같다.

$$\frac{1}{1+t^2}=\sum_{k=0}^{\infty}(-t^2)^k=1-t^2+t^4-t^6+\cdots,\ (-1<t<1)$$

양변을 적분하고 우변의 멱급수의 항별 적분을 적용하면 다음과 같다.

$$좌변=\int_0^x \frac{1}{1+t^2}\,dt=\tan^{-1}x.$$

$$\begin{aligned}우변&=\int_0^x\left[\sum_{k=0}^{\infty}(-t^2)^k\right]dt=\sum_{k=0}^{\infty}\left[\int_0^x(-1)^k t^{2k}dt\right]\\&=\sum_{k=0}^{\infty}(-1)^k\left[\frac{t^{2k+1}}{2k+1}\right]_0^x=\sum_{k=0}^{\infty}(-1)^k\frac{x^{2k+1}}{2k+1}\\&=x-\frac{x^3}{3}+\frac{x^5}{5}-\frac{x^7}{7}+\cdots,\ (-1<x<1)\end{aligned}$$

그러므로

$$\tan^{-1}x=\sum_{k=0}^{\infty}(-1)^k\frac{x^{2k-1}}{(2k-1)!}=x-\frac{x^3}{3}+\frac{x^5}{5}-\frac{x^7}{7}+\cdots,\ (-1<x<1)$$

■

연습문제

• Part 1

[1-16] 다음 멱급수의 수렴반경과 수렴구간을 구하여라. [예제 7.24]

1. $\displaystyle\sum_{k=0}^{\infty}\frac{x^k}{2^k}$
2. $\displaystyle\sum_{k=1}^{\infty}kx^k$
3. $\displaystyle\sum_{k=1}^{\infty}\frac{x^k}{k^2}$
4. $\displaystyle\sum_{k=0}^{\infty}2^k x^k$
5. $\displaystyle\sum_{n=0}^{\infty}\frac{x^k}{(-2)^k}$
6. $\displaystyle\sum_{k=1}^{\infty}\frac{k}{3^k}x^k$
7. $\displaystyle\sum_{k=1}^{\infty}\frac{1}{k3^k}x^k$
8. $\displaystyle\sum_{k=0}^{\infty}\frac{(-1)^k}{k+2}x^{2k}$
9. $\displaystyle\sum_{k=2}^{\infty}\frac{\ln k}{k}x^k$
10. $\displaystyle\sum_{k=0}^{\infty}\frac{1}{k^2+1}x^k$
11. $\displaystyle\sum_{k=1}^{\infty}(\ln 2)^k x^k$
12. $\displaystyle\sum_{k=1}^{\infty}\frac{(-1)^{k+1}}{(2k)^2}x^k$
13. $\displaystyle\sum_{k=0}^{\infty}\frac{(-1)^k}{(k+1)!}x^k$
14. $\displaystyle\sum_{k=0}^{\infty}(2k)!x^k$
15. $\displaystyle\sum_{k=0}^{\infty}\frac{2^k}{(k+1)!}x^k$
16. $\displaystyle\sum_{k=1}^{\infty}\frac{(-1)^k}{3^k}x^k$

[17-24] 다음 멱급수의 수렴반경과 수렴구간을 구하여라. [예제 7.25]

17. $\displaystyle\sum_{k=0}^{\infty}2^k(x+1)^k$
18. $\displaystyle\sum_{k=1}^{\infty}\frac{1}{k^2}(x-1)^k$
19. $\displaystyle\sum_{k=0}^{\infty}\frac{1}{k!}(x+2)^k$
20. $\displaystyle\sum_{k=0}^{\infty}k!(x-5)^k$
21. $\displaystyle\sum_{k=1}^{\infty}\frac{2^k}{k}(x+1)^k$
22. $\displaystyle\sum_{k=0}^{\infty}\frac{(-1)^{k+1}k}{2^k}(x-2)^k$
23. $\displaystyle\sum_{k=2}^{\infty}\frac{1}{k\ln k}(x+2)^k$
24. $\displaystyle\sum_{k=0}^{\infty}\frac{1}{(k+2)^2}(2x-1)^k$

[25-39] 다음 식을 $x=0$를 중심으로 하는 멱급수인 $\sum_{k=0}^{\infty} c_k x^k$로 표현하여라. [예제 7.26]

25. $\dfrac{1}{1+x^3}$

26. $\dfrac{1}{1-2x}$

27. $\dfrac{1}{4+x}$

28. $\dfrac{x^3}{1+x^2}$

29. $\dfrac{1}{2+x}$

30. $\dfrac{1}{1-3x}$

31. $\dfrac{2x^{10}}{1-x}$

32. $\dfrac{1}{1-x^3}$

33. $\dfrac{2x^4}{1-x^2}$

34. $\dfrac{1}{1+3x}$

35. $\dfrac{-2x}{1+x}$

36. $\dfrac{x}{1+x^2}$

37. $\dfrac{1}{1+2x}$

38. $\dfrac{x^{10}}{1+4x}$

39. $\dfrac{1}{1-x^2}$

[40-47] 주어진 식을 $x=a$를 중심으로 하는 멱급수 $\sum_{k=0}^{\infty} c_k (x-a)^k$ 형태로 표현하여라. [예제 7.27]

40. $\dfrac{1}{1+x}$, $a=2$

41. $\dfrac{1}{1-x}$, $a=3$

42. $\dfrac{1}{1+2x}$, $a=1$

43. $\dfrac{1}{1+x}$, $a=-2$

44. $\dfrac{1}{1-x}$, $a=-3$

45. $\dfrac{1}{1-2x}$, $a=-1$

46. $\dfrac{1}{1+3x}$, $a=1$

47. $\dfrac{1}{1+3x}$, $a=-1$

[48-54] 등비급수를 이용하여 다음 식을 멱급수 표현을 구하여라. [예제 7.28]

48. $\dfrac{-1}{(1+x)^2}$

49. $\dfrac{2}{(1-2x)^2}$

50. $\dfrac{3}{(1-3x)^2}$

51. $\dfrac{-2}{(1+2x)^2}$

52. $\ln(1-x)$

53. $\ln\left(\dfrac{1+x}{1-x}\right)$

54. $\ln(1-2x)$

55. $\tan^{-1}2x = \int_0^x \dfrac{2}{1+4t^2}\,dt$임을 이용하여 $\tan^{-1}2x$의 멱급수 표현을 구하여라. [예제 7.29]

• Part 2

[56-61] 다음 멱급수의 수렴반경과 수렴구간을 구하여라.

56. $\sum_{k=1}^{\infty} \dfrac{1}{2^{k+1}k^2} x^k$

57. $\sum_{k=1}^{\infty} \dfrac{k!}{k^k} x^k$

58. $\sum_{k=0}^{\infty} \dfrac{3^k k!}{(2k+1)!} x^k$

59. $\sum_{k=1}^{\infty} \left(1+\cos\dfrac{1}{3^k}\right) x^k$

60. $\sum_{k=1}^{\infty} \dfrac{k^k}{(k+1)^k} (x-1)^k$

61. $\sum_{k=0}^{\infty} \dfrac{(-1)^{3k}}{8^k} x^{3k}$

[62-63] 다음 식을 $x=0$를 중심으로 하는 멱급수인 $\sum_{k=0}^{\infty} c_k x^k$로 표현하여라.

62. $\dfrac{\sqrt[3]{x}}{1-\sqrt[3]{x}}$

63. $\dfrac{1}{1-\sqrt{x}}$

[64-65] 주어진 식을 $x=a$를 중심으로 하는 멱급수 $\sum_{k=0}^{\infty} c_k (x-a)^k$ 형태로 표현하여라.

64. $\dfrac{1}{-x^2-2x}$, $a=-1$

65. $\dfrac{1}{-3+4x-x^2}$, $a=2$

[66-69] 등비급수를 이용하여 다음 식을 멱급수 표현을 구하여라.

66. $\dfrac{2}{(1+2x)^2}$

67. $\dfrac{2x}{(1-x^2)^2}$

68. $\ln\sqrt{1-x^2}$

69. $\tan^{-1}(x^2)$

7.6 테일러 급수와 맥클로린 급수

멱급수는 수렴구간에서 정의된 함수이다. 기하급수를 이용하여 몇 가지 유리함수를 멱급수로 표현하였다. 이번 절에서는 다음 질문에 대하여 알아보고자 한다.

[질문 1] 주어진 함수 f가 다음과 같은 $x=0$에서의 멱급수 표현이 가능하겠는가?

$$\sum_{k=0}^{\infty} c_k x^k = c_0 + c_1 x + c_2 x^2 + c_3 x^3 + \cdots$$

또는 다음과 같이 $x=c$에서의 멱급수 표현이 가능하겠는가?

$$\sum_{k=0}^{\infty} c_k (x-c)^k = c_0 + c_1 (x-c) + c_2 (x-c)^2 + c_3 (x-c)^3 + \cdots$$

[질문 2] 만약 함수 f가 멱급수 표현 $\sum_{k=0}^{\infty} c_k x^k$ 또는 $\sum_{k=0}^{\infty} c_k (x-c)^k$이 가능하다면 멱급수는 어떻게 구할 수 있을까? 다시 말해서 멱급수 $\sum_{k=0}^{\infty} c_k x^k$의 각 항의 계수들 $c_0, c_1, c_2, \cdots$를 정확히 구할 수 있을까?

7.6.1 테일러 급수와 맥클로린 급수의 정의

함수 f가 $x=c$의 근처에서 무한번 미분가능하다고 하자.
함수 f가 다음과 같이 $x=c$에서의 멱급수 표현이 가능하다고 가정하자.

$$\sum_{k=0}^{\infty} c_k (x-c)^k = c_0 + c_1 (x-c) + c_2 (x-c)^2 + c_3 (x-c)^3 + \cdots$$

이때, 수렴구간은 열린 구간 $(c-R, c+R)$이라고 하자.

이제 함수 f가 열린 구간 $(c-R, c+R)$에서 다음 멱급수로 표현이 되도록 실수 $c_0, c_1, \cdots$를 구해보자.

$$f(x) = \sum_{k=0}^{\infty} c_k (x-c)^k = c_0 + c_1 (x-c) + c_2 (x-c)^2 + c_3 (x-c)^3 + \cdots \quad (7.2)$$

식 (7.2)에 $x=c$를 대입하면 $f(c)=c_0$이다.
식 (7.2)를 미분하면 열린 구간 $(c-R, c+R)$에서 다음과 같고

$$f'(x) = c_1 + 2c_2 (x-c)^1 + 3c_3 (x-c)^2 + 4c_4 (x-c)^3 + \cdots. \quad (7.3)$$

식 (7.3)에 $x=c$를 대입하면 $f'(c)=c_1$이다.

식 (7.3)을 다시 미분하면 열린 구간 $(c-R, c+R)$에서 다음과 같고

$$f''(x)=2c_2+2\cdot 3c_3(x-c)+3\cdot 4c_4(x-c)^2+4\cdot 5c_5(x-c)^3+\cdots. \tag{7.4}$$

식 (7.4)에 $x=c$를 대입하면 $f''(c)=2c_2$이다.

식 (7.4)를 다시 미분하면 열린 구간 $(c-R, c+R)$에서 다음과 같고

$$f'''(x)=2\cdot 3c_3+2\cdot 3\cdot 4c_4(x-c)+3\cdot 4\cdot 5c_5(x-c)^2+\cdots. \tag{7.5}$$

식 (7.5)에 $x=c$를 대입하면 $f'''(c)=2\cdot 3c_3=3!c_3$이다.

이와 같은 과정을 반복하면

임의의 $n=0, 1, 2, \cdots$에 대하여, $f^{(n)}(c)=n!c_n$이다.

주어진 함수 f의 멱급수 $\sum_{k=0}^{\infty} c_k(x-c)^k$의 n번째 항의 계수 c_n은 다음과 같다.

$$\boxed{c_n=\frac{f^{(n)}(c)}{n!}}$$

함수 f가 열린 구간 $(c-R, c+R)$에서 멱급수 표현이 존재하는 경우 멱급수는 열린 구간 $(c-R, c+R)$에서 다음과 같은 형태이어야 한다.

$$f(x)=f(c)+f'(c)(x-c)+\frac{f''(c)}{2!}(x-c)^2+\cdots+\frac{f^{(n)}(c)}{n!}(x-c)^n+\cdots.$$

[정의 7.10: 테일러 급수와 맥클로린 급수]

함수 f가 $x=c$의 근처에서 무한번 미분가능하다고 하자.

(1) 멱급수

$$\sum_{n=0}^{\infty}\frac{f^{(n)}(c)}{n!}(x-c)^n=f(c)+f'(c)(x-c)+\frac{f''(c)}{2!}(x-c)^2+\frac{f'''(c)}{3!}(x-c)^3+\cdots+\frac{f^{(n)}(c)}{n!}(x-c)^n+\cdots.$$

를 함수 f의 c를 중심으로 하는 테일러 급수(Taylor series of f centered at c)라고 부른다.

(2) $c=0$인 경우의 멱급수

$$\sum_{n=0}^{\infty}\frac{f^{(n)}(0)}{n!}x^n=f(0)+f'(0)x+\frac{f''(0)}{2!}x^2+\frac{f'''(0)}{3!}x^3+\cdots+\frac{f^{(n)}(0)}{n!}x^n+\cdots$$

를 함수 f의 맥클로린 급수(Maclaurin series of f)라고 부른다.

[주의] 맥클로린 급수는 0을 중심으로 하는 테일러 급수와 같은 의미이다.

[정의 7.10: 테일러 급수와 맥클로린 급수]는 다음과 같은 의미를 갖는다.

(i) 다양한 방법으로 함수가 멱급수로 표현할 수 있는 경우 멱급수의 모양은 모두 같다는 것을 의미한다. 즉 **멱급수 표현은 유일하다.**

(ii) 함수 f가 $x=c$의 근처에서 무한번 미분가능하면 함수 f는 테일러 급수를 갖는다. 함수 f의 테일러급수는 멱급수이다.

(iii) 함수 f의 테일러급수와 함수 f의 관계에 대하여

- 함수 f의 테일러급수는 함수 f로 수렴하지 않을 수도 있다.

  즉, $f(x) \neq \sum_{n=0}^{\infty} \frac{f^{(n)}(0)}{n!} x^n$.

- 함수 f의 테일러급수가 함수 f로 수렴할 수도 있다.

  즉, $f(x) = \sum_{n=0}^{\infty} \frac{f^{(n)}(0)}{n!} x^n$.

7.6.2 테일러 급수 표현과 맥클로린 급수 표현

이제 함수 f의 $x=c$의 근처에서 테일러 급수 $\sum_{n=0}^{\infty} \frac{f^{(n)}(c)}{n!}(x-c)^n$가 함수 f로 수렴하는지를 알아보자. 열린 구간 $(c-R, c+R)$에서

$$f(x) = f(c) + f'(c)(x-c) + \frac{f''(c)}{2!}(x-c)^2 + \frac{f'''(c)}{3!}(x-c)^3 + \cdots + \frac{f^{(n)}(c)}{n!}(x-c)^n + \cdots$$

이 되는 조건을 다음과 같은 단계를 통해서 알아보자. 이때 $0 \leq R \leq \infty$.

[1단계] 테일러 급수의 부분합인 **테일러 다항식**을 알아보자.
[2단계] 주어진 함수 f와 테일러 다항식의 차이인 **나머지**를 알아본다.
[3단계] 함수 f가 테일러 다항식의 극한인 테일러 급수와 같아지는 조건을 알아본다.

◐ 테일러 다항식

첫 단계인 멱급수인 테일러 급수의 부분합인 **테일러 다항식**을 알아보자.

[정의 7.11: 테일러 다항식] 함수 f가 $x=c$의 근처에서 n번 미분가능하다고 하자. 다음과 같은 n차 다항식 P_n을

$$P_n(x) = f(c) + f'(c)(x-c) + \frac{f''(c)}{2!}(x-c)^2 + \cdots + \frac{f^{(n)}(c)}{n!}(x-c)^n$$

c에서 **함수 f의 n차 테일러 다항식**(nth Taylor polynomial for f at c)이라고 한다.

[주의] 함수 f의 테일러 다항식은 테일러 급수의 부분합 수열의 일반항이다.

* 0에서 f의 테일러 다항식을 f의 **맥클로린 다항식**이라고도 부른다.

특히, $c=0$인 경우 0에서 함수 f의 n차 **테일러 다항식***은 다음과 같다.

$$P_n(x)=f(0)+f'(0)(x)+\frac{f''(0)}{2!}(x)^2+\frac{f'''(0)}{3!}(x)^3+\cdots+\frac{f^{(n)}(0)}{n!}(x)^n$$

함수 f의 c에서의 테일러 다항식 $P_n(x)$는 c의 근처에서 함수 f에 근사하는 다항식이다. 여기서 테일러 다항식 $P_n(x)$가 c의 근처에서 함수 f에 근사하다는 의미는 다음과 같다.

$$f(c)=P_n(c),\ f'(c)=P_n'(c),\ \cdots,\ f^{(n)}(c)=P_n^{(n)}(c)$$

[예제 7.30] 다음을 구하여라. [연습문제 1~12]

(1) 함수 $f(x)=\sqrt{x}$에 대하여 $x=1$에서 함수 f의 테일러 다항식 P_3을 구하여라.

(2) 함수 $f(x)=\sin x$에 대하여 $x=0$에서 함수 f의 테일러 다항식 P_5을 구하여라.

(3) 함수 $f(x)=e^x$에 대하여 $x=0$에서 함수 f의 테일러 다항식 P_5을 구하여라.

[풀이] (1) 함수 $f(x)=\sqrt{x}$에서 $f(1)=1$이고

$f'(x)=\dfrac{1}{2\sqrt{x}}$이므로 $f'(1)=\dfrac{1}{2}$.

$f''(x)=-\dfrac{1}{4}\dfrac{1}{x^{3/2}}$이므로 $f''(1)=-\dfrac{1}{4}$.

$f'''(x)=\dfrac{3}{8}\dfrac{1}{x^{5/2}}$이므로 $f'''(1)=\dfrac{3}{8}$.

그러므로
$$\begin{aligned}P_3(x)&=f(1)+f'(1)(x-1)+\frac{f''(1)}{2!}(x-1)^2+\frac{f'''(1)}{3!}(x-1)^3\\&=1+\frac{1}{2}(x-1)-\frac{1}{4\cdot 2!}(x-1)^2+\frac{3}{8\cdot 3!}(x-1)^3\\&=1+\frac{1}{2}(x-1)-\frac{1}{8}(x-1)^2+\frac{1}{16}(x-1)^3.\end{aligned}$$

그러므로 $P_3(x)=1+\dfrac{1}{2}(x-1)-\dfrac{1}{8}(x-1)^2+\dfrac{1}{16}(x-1)^3$.

(2) 함수 $f(x)=\sin x$에서 $f(0)=0$이고

$f'(x)=\cos x$이므로 $f'(0)=1$.

$f''(x)=-\sin x$이므로 $f''(0)=0$.

$f'''(x)=-\cos x$이므로 $f'''(0)=-1$.

$f^{(4)}(x)=\sin x$이므로 $f^{(4)}(0)=0$.

$f^{(5)}(x)=\cos x$이므로 $f^{(5)}(0)=1$.

그러므로 0에서 f의 테일러 다항식을 구해보자.

$$P_5(x)=f(0)+f'(0)x+\frac{f''(0)}{2!}x^2+\frac{f'''(0)}{3!}x^3+\frac{f^{(4)}((0)}{4!}x^4+\frac{f^{(5)}(0)}{5!}x^5$$

$$= 0 + 1x + \frac{0}{2!}x^2 + \frac{-1}{3!}x^3 + \frac{0}{4!}x^4 + \frac{1}{5!}x^5$$

$$= 1x - \frac{1}{3!}x^3 + \frac{1}{5!}x^5.$$

그러므로 $P_5(x) = 1x - \frac{1}{3!}x^3 + \frac{1}{5!}x^5.$

(3) 함수 $f(x) = e^x$에서 $f(0) = 1$이고

$f'(x) = e^x$이므로 $f'(0) = 1.$

$f''(x) = e^x$이므로 $f''(0) = 1.$

$f'''(x) = e^x$이므로 $f'''(0) = 1.$

$f^{(4)}(x) = e^x$이므로 $f^{(4)}(0) = 1.$

$f^{(5)}(x) = e^x$이므로 $f^{(5)}(0) = 1.$

그러므로 0에서 f의 테일러 다항식을 구해보자.

$$P_5(x) = f(0) + f'(0)x + \frac{f''(0)}{2!}x^2 + \frac{f'''(0)}{3!}x^3 + \frac{f^{(4)}((0)}{4!}x^4 + \frac{f^{(5)}(0)}{5!}x^5$$

$$= 1 + x + \frac{1}{2!}x^2 + \frac{1}{3!}x^3 + \frac{1}{4!}x^4 + \frac{1}{5!}x^5.$$

그러므로 $P_5(x) = 1 + x + \frac{1}{2!}x^2 + \frac{1}{3!}x^3 + \frac{1}{4!}x^4 + \frac{1}{5!}x^5.$ ■

◐ 테일러 정리

다음 단계인 주어진 함수 $f(x)$와 테일러 다항식의 차이를 알아본다.
열린 구간 $(c-R, c+R)$에서 $f(x)$와 $P_n(x)$의 차를 나머지(remainder) $R_n(x)$라고 하고 다음과 같이 놓을 수 있다.

$$R_n(x) = f(x) - P_n(x)$$

[정리 7.23: 테일러 정리(Taylor's Theorem)]

함수 f가 $x = c$의 근처에서 $(n+1)$번 미분가능하다고 하자.

$$f(x) = P_n(x) + R_n(x)$$
$$= f(c) + f'(c)(x-c) + \frac{f''(c)}{2!}(x-c)^2 + \cdots + \frac{f^{(n)}(c)}{n!}(x-c)^n + R_n(x)$$

이때, 나머지(remainder) $R_n(x)$은 다음과 같이 표현되는 x_0가 x와 c 사이에 있다.

$$R_n(x) = \frac{f^{(n+1)}(x_0)}{(n+1)!}(x-c)^{n+1}$$

[정리 7.23: 테일러 정리]는 다음과 같은 의미를 갖는 중요한 정리이다.

[정리 7.23]의 의미는
나머지 $R_n(x) = f(x) - P_n(x)$
이 명확한 식으로 표현되는 것으로 매우 유용하다. 그리고 $|R_n(x)| = |f(x) - P_n(x)|$는 참값 $f(x)$과 근삿값 $P_n(x)$의 차이인 오차에 해당한다.

- $f(x)$와 $P_n(x)$의 차를 나타내는 나머지 $R_n(x)$를 명확한 식으로 표현하였다.
- [정리 4.2: 평균값 정리]는 테일러 정리의 특수한 경우이다.
  테일러 정리에 의해 다음을 만족하는 t_c가 c와 x 사이에 있다.

$$f(x) = P_0(x) + R_0(x) = f(c) + f'(t_c)(x-c)$$
$$\Leftrightarrow \frac{f(x) - f(c)}{x - c} = f'(t_c)$$

  이때, 마지막 식은 [정리 4.2: 평균값 정리]에 해당한다.

나머지 $R_n(x)$에 대하여 $|R_n(x)| = |f(x) - P_n(x)|$는 참값 $f(x)$과 근삿값 $P_n(x)$의 차이인 **오차**(error)에 해당한다.

예를 들어서 함수 $f(x) = e^x$에 대하여 0에서 함수 f의 n차 다항식 $P_n(x)$는 다음과 같다. ([예제 7.30] (3) 참고)

$$P_n(x) = 1 + x + \frac{1}{2!}x^2 + \frac{1}{3!}x^3 + \cdots + \frac{1}{n!}x^n$$

$f(1) = e$에 대하여 무리수 e의 값을 $P_n(1) = 1 + 1 + \frac{1}{2!} + \cdots + \frac{1}{n!}$을 이용하여 근사적으로 구할 수 있다. 그리고 $f(1) = e$과 $P(1)$의 오차 $|R_n(1)|$을 구해보자.
$|R_n(1)| = |f(1) - P_n(1)|$이므로 다음을 만족하는 x_0가 0과 1 사이에 있다.

$$|f(1) - P_n(1)| = \left|e - \left(1 + 1 + \frac{1}{2!} + \cdots + \frac{1}{n!}\right)\right| = |R_n(x)| = \left|\frac{e^{x_0}}{(n+1)!}\right|$$

$0 < x_0 < 1$이므로 나머지 $|R_n(x)| = \left|\frac{e^{x_0}}{(n+1)!}\right| \le \left|\frac{3}{(n+1)!}\right|$.

$n = 5$인 경우 e와 $P_5(1) = 1 + 1 + \frac{1}{2!} + \frac{1}{3!} + \frac{1}{4!} + \frac{1}{5!}$과의 오차는 $|R_5(1)|$이다.
$|R_5(1)| \le \left|\frac{3}{6!}\right| = \frac{1}{240}$이다.

그러므로 오차 $\frac{1}{240}$ 이내인 $e \approx 1 + 1 + \frac{1}{2!} + \frac{1}{3!} + \frac{1}{4!} + \frac{1}{5!}$로 근사시킬 수 있다.

◐ 테일러 급수 표현과 맥클로린 급수 표현

마지막으로 함수 $f(x)$가 테일러 다항식의 극한인 테일러 급수와 같아지는 조건을 알아보자.

열린 구간 $(c-R, c+R)$에서 $f(x)$와 $P_n(x)$의 차를 **나머지**(remainder) $R_n(x)$라고 하고 다음과 같이 놓을 수 있다.

$$R_n(x) = f(x) - P_n(x)$$

[정리 7.24] 함수 f가 구간 $(c-R, c+R)$에서 무한번 미분가능하다고 하자.
구간 $(c-R, c+R)$에 있는 x에 대하여
$\lim_{n \to \infty} R_n(x) = 0$이면 $f(x)$는 f의 테일러 급수 $\sum_{k=0}^{\infty} \frac{f^{(k)}(c)}{k!}(x-c)^k$와 같다.

즉, $\lim_{n\to\infty} R_n(x) = 0$이면 $f(x) = f(0) + f'(0)x + \cdots + \dfrac{f^{(n)}(0)}{n!}x^n + \cdots$.

[정리 7.24]에서는 열린 구간 $(c-R, c+R)$에서

$$f(x) = f(c) + f'(c)(x-c) + \frac{f''(c)}{2!}(x-c)^2 + \cdots + \frac{f^{(n)}(c)}{n!}(x-c)^n + \cdots$$

를 보이기 위해서는 다음을 보이면 된다.

구간 $(c-R, c+R)$에서 $\lim_{n\to\infty} |R_n(x)| = 0$

[정의 7.12] 함수 f가 $(c-R, c+R)$에서 무한번 미분가능하다고 하자. 구간$(c-R, c+R)$ 내의 임의의 x에 대하여

$$\lim_{n\to\infty} |R_n(x)| = 0 \text{이면}$$

(1) 구간 $(c-R, c+R)$에서 다음과 같이 표현하고

$$f(x) = \sum_{k=0}^{\infty} \frac{f^{(k)}(c)}{k!} = f(c) + f'(c)(x-c) + \frac{f''(c)}{2!}(x-c)^2 + \frac{f'''(c)}{3!}(x-c)^3 + \cdots$$

「함수 f가 c에서 테일러 급수로 표현된다」라고 한다.

(2) 특히, $c = 0$인 경우 구간 $(-R, R)$에서 다음과 같이 표현하고

$$f(x) = \sum_{k=0}^{\infty} \frac{f^{(k)}(0)}{k!} = f(0) + f'(0)x + \frac{f''(c)}{2!}x^2 + \frac{f'''(0)}{3!}x^3 + \cdots + \frac{f^{(n)}(0)}{n!}x^n + \cdots$$

「함수 f는 맥클로린 급수로 표현된다」라고 한다.

주어진 함수 f의 c에서 테일러 급수 표현 $\sum_{n=0}^{\infty} \dfrac{f^{(n)}(c)}{n!}(x-c)^n$이 된다는 것을 보이는 방법을 정리해 보자.

[주의] 함수 f의 테일러 급수를 구하는 것과 테일러 급수로 표현된다는 것을 보이는 것은 다르다.

[함수 f의 테일러 급수 표현이 가능함을 보이는 과정]

[1단계] 함수 f의 c에서 테일러 급수 $\sum_{n=0}^{\infty} \dfrac{f^{(n)}(c)}{n!}(x-c)^n$을 구한다.

[2단계] 나머지 $\lim_{n\to\infty} |R_n(x)| = 0$이 성립하는 모든 x의 구간 I를 찾자.

[3단계] 구간 I에 속하는 임의의 x에 대하여 $f(x) = \sum_{n=0}^{\infty} \dfrac{f^{(n)}(c)}{n!}x^n$. 즉, 구간 I에서 f가 c에서 테일러 급수 표현이 된다.

이때 $\lim_{n\to\infty}|R_n(x)|=0$을 보이는 데 다음 식는 매우 유용하다.

$$\text{모든 실수 } x\text{에 대하여 } \lim_{n\to\infty}\frac{x!}{n!}=0 \tag{7.6}$$

[예제 7.31] 함수 $f(x)=e^x$에 대하여

(1) e^x가 맥클로린 급수를 구하여라. [연습문제 13~24]

(2) e^x가 실수 전체에서 맥클로린 급수로 표현된다는 것을 보여라. [연습문제 25~27]

[풀이] (1) $f(x)=e^x$에서 $f(0)=1$.

$f'(x)=e^x$에서 $f'(0)=1$이고 $f''(x)=e^x$에서 $f''(0)=1$.

그러므로 임의의 $n\geq 0$에 대하여 $f^{(n)}(x)=e^x$에서 $f^{(n)}(0)=1$.

함수 f의 맥클로린 급수 x^n의 n번째 항의 계수 c_n은 $c_n=\dfrac{f^{(n)}(0)}{n!}=\dfrac{1}{n!}$이므로

$$\sum_{k=0}^{\infty}\frac{f^{(k)}(0)}{k!}x^k=\sum_{k=0}^{\infty}\frac{1}{k!}x^k=\frac{1}{0!}x^0+\frac{1}{1!}x^1+\frac{1}{2!}x^2+\frac{1}{3!}x^3+\cdots.$$

e^x의 맥클로린 급수는 $\sum_{k=0}^{\infty}\dfrac{1}{k!}x^k=1+x+\dfrac{1}{2!}x^2+\dfrac{1}{3!}x^3+\cdots$.

(2) $|R_n(x)|=\left|\dfrac{f^{(n+1)}(x_0)}{(n+1)!}\right||x|^{n+1}$이므로 $\lim_{n\to\infty}\left|\dfrac{f^{(n+1)}(x_0)}{(n+1)!}\right||x|^{n+1}=0$이 성립하는 x를 찾자. 이때, x_0는 0과 x 사이의 값이다.

$f^{(n+1)}(x_0)=e^{x_0}$와 $0\leq|x_0|\leq|x|$이고 식 (7.5)에 의해 모든 실수 x에 대해

$$\lim_{n\to\infty}|R_n(x)|=\lim_{n\to\infty}\frac{e^{|x_0|}|x|^n}{(n+1)!}\leq\lim_{n\to\infty}\frac{e^{|x|}|x|^n}{(n+1)!}=e^{|x|}\left[\lim_{n\to\infty}\frac{|x|^n}{(n+1)!}\right]=0.$$

그러므로 임의의 실수 x에 대하여 $\lim_{n\to\infty}|R_n(x)|=0$.

[정리 7.24: 테일러 정리]에 의해서 임의의 실수 x에 대해서 e^x는 맥클로린 급수로 표현된다. 즉, 임의의 실수 x에 대해서

$$e^x=\sum_{k=0}^{\infty}\frac{1}{k!}x^k=1+x+\frac{1}{2!}x^2+\frac{1}{3!}x^3+\cdots.$$ ■

[예제 7.32] 함수 $f(x)=\sin x$에 대하여

(1) $\sin x$의 맥클로린 급수를 구하여라. [연습문제 13~24]

(2) $\sin x$가 실수 전체에서 맥클로린 급수로 표현된다는 것을 보여라. [연습문제 25~27]

[풀이] (1) $f(x) = \sin x$에서 $f(0) = 0$.

$f'(x) = \cos x$이므로 $f'(0) = 1$.

$f''(x) = -\sin x$이므로 $f''(0) = 0$.

$f'''(x) = -\cos x$이므로 $f'''(0) = -1$.

$f^{(4)}(x) = \sin x$이므로 $f^{(4)}(0) = 0$.

$f^{(5)}(x) = \cos x$이므로 $f^{(5)}(0) = 1$.

$\vdots \qquad \vdots$

함수 $f(x) = \sin x$의 맥클로린 급수 n번째 항의 계수 $c_n = \dfrac{f^{(n)}(0)}{n!}$이므로

$$\begin{aligned}\sum_{k=0}^{\infty} \frac{f^{(k)}(0)}{k!}x^k &= \frac{0}{0!}x^0 + \frac{1}{1!}x^1 + \frac{0}{2!}x^2 + \frac{(-1)}{3!}x^3 + \frac{0}{4!}x^4 + \frac{1}{5!}x^5 + \cdots \\ &= x - \frac{1}{3!}x^3 + \frac{1}{5!}x^5 - \frac{1}{7!}x^7 + \cdots \\ &= \sum_{k=1}^{\infty}(-1)^{k-1}\frac{1}{(2k-1)!}x^k.\end{aligned}$$

그러므로 $f(x) = \sin x$의 맥클로린 급수는 다음과 같다.

$$\sum_{k=1}^{\infty}(-1)^{k-1}\frac{1}{(2k-1)!}x^k = x - \frac{1}{3!}x^3 + \frac{1}{5!}x^5 - \frac{1}{7!}x^7 + \cdots$$

(2) $|R_n(x)| = \left|\dfrac{f^{(n+1)}(x_0)}{(n+1)!}\right| |x|^{n+1}$이므로 $\lim\limits_{n\to\infty}\left|\dfrac{f^{(n+1)}(x_0)}{(n+1)!}\right| |x|^{n+1} = 0$이 성립하는 x를 찾자. 이때, x_0는 0과 x 사이의 값이다.

$\left|f^{(n+1)}(x_0)\right| = |\sin x_0| \le 1$ 또는 $\left|f^{(n+1)}(x_0)\right| = |\cos x_0| \le 1$이므로

식 (7.5)에 의해 모든 실수 x에 대해 $\lim\limits_{n\to\infty}|R_n(x)| \le \lim\limits_{n\to\infty}\dfrac{|x|^{n+1}}{(n+1)!} = 0$.

[정리 7.24: 테일러 정리]에 의해서 임의의 실수 x에 대해서 $\sin x$는 맥클로린 급수로 표현된다. 즉 임의의 실수 x에 대해

$$\sin x = \sum_{k=1}^{\infty}(-1)^{k-1}\frac{1}{(2k-1)!}x^k = x - \frac{1}{3!}x^3 + \frac{1}{5!}x^5 - \frac{1}{7!}x^7 + \cdots. \quad ■$$

* $\cos x$의 맥클로린 급수는 정의에 의해 구할 수도 있지만 $(\sin x)' = \cos x$이고 급수의 미분을 적용하여 맥클로린 급수로 표현됨을 알아보았다.

[예제 7.33] $\cos x$의 맥클로린 급수를 구하고 실수 전체에서 맥클로린 급수로 표현된다는 것을 보여라.* [연습문제 13~27]

[풀이] [예제 7.25]에서 $\sin x$는 실수 전체에서 맥클로린 급수로 표현된다는 것을 보였다. 즉, 임의의 실수 x에 대해서

$$\sin x = \sum_{k=1}^{\infty}(-1)^{k-1}\frac{1}{(2k-1)!}x^{2k-1} = x - \frac{1}{3!}x^3 + \frac{1}{5!}x^5 - \frac{1}{7!}x^7 + \cdots.$$

[정리 7.22: 멱급수의 미분과 적분]에 의해서 실수 전체에서 양변을 미분하면

$$\frac{d}{dx}\sin x = \frac{d}{dx}\left(x - \frac{1}{3!}x^3 + \frac{1}{5!}x^5 - \frac{1}{7!}x^7 + \cdots\right)$$
$$= \frac{d}{dx}(x) - \frac{1}{3!}\frac{d}{dx}(x^3) + \frac{1}{5!}\frac{d}{dx}(x^5) - \frac{1}{7!}\frac{d}{dx}(x^7) + \cdots$$

그러므로 모든 실수 x에 대해 $\cos x = 1 - 3\frac{1}{3!}x^2 + 5\frac{1}{5!}x^4 - 7\frac{1}{7!}x^6 + \cdots$

$$= 1 - \frac{1}{2!}x^2 + \frac{1}{4!}x^4 - \frac{1}{6!}x^6 + \cdots$$
$$= \sum_{k=0}^{\infty}(-1)^k \frac{1}{(2k)!}x^{2k}.$$

임의의 실수 x에 대해서 $\cos x$는 다음과 같은 맥클로린 급수로 표현된다.

$$\cos x = \sum_{k=0}^{\infty}(-1)^k \frac{1}{(2k)!}x^{2k} = 1 - \frac{1}{2!}x^2 + \frac{1}{4!}x^4 - \frac{1}{6!}x^6 + \cdots.$$ ■

7.5절의 멱급수의 응용에서 기하급수의 멱급수를 이용하여 몇 가지 함수의 멱급수 표현을 볼 수 있었다. 주어진 함수의 멱급수 표현은 유일한 표현이므로 7.5절에서 구한 기하급수를 이용한 멱급수 표현 또한 맥클로린 급수이다.
다음은 많이 활용되는 주요 함수들의 매클로린 급수는 다음과 같다.

[주의] 함수의 멱급수 표현에서 정의 구간을 반드시 써야 한다.

* [주요 함수의 맥클로린 급수 표현]의 (1), (2), (3)은 7.5절의 기하급수의 합, 멱급수의 미분과 적분을 이용하였다. ([예제 7.28]과 [예제 7.29] 참고)

[주요 함수의 맥클로린 급수 표현]*

(1) $\frac{1}{1-x} = \sum_{0}^{\infty} x^k = 1 + x + x^2 + x^3 + \cdots,\ (-1 < x < 1)$

(2) $\ln(1+x) = \sum_{k=1}^{\infty}\frac{1}{k}x^k = x + \frac{1}{2}x^2 + \frac{1}{3}x^3 + \frac{1}{4}x^4 + \cdots + \frac{1}{k+1}x^{k+1} + \cdots,$
$(-1 < x < 1)$

(3) $\tan^{-1}x = \sum_{k=1}^{\infty}(-1)^{k-1}\frac{1}{2k-1}x^{2k-1} = x - \frac{x^3}{3} + \frac{x^5}{5} - \frac{x^7}{7} + \cdots,$
$(-1 < x < 1)$

(4) $e^x = \sum_{k=0}^{\infty}\frac{1}{k!}x^k = 1 + x + \frac{1}{2!}x^2 + \frac{1}{3!}x^3 + \cdots,\ (-\infty < x < \infty)$

(5) $\sin x = \sum_{k=1}^{\infty}(-1)^{k-1}\frac{1}{(2k-1)!}x^k = x - \frac{1}{3!}x^3 + \frac{1}{5!}x^5 - \frac{1}{7!}x^7 + \cdots,$
$(-\infty < x < \infty)$

(6) $\cos x = \sum_{k=0}^{\infty}(-1)^k\frac{1}{(2k)!}x^{2k} = 1 - \frac{1}{2!}x^2 + \frac{1}{4!}x^4 - \frac{1}{6!}x^6 + \cdots,$
$(-\infty < x < \infty)$

기본적인 함수들의 맥클로린 급수를 이용하여 다양한 함수의 테일러 급수나 맥클로린 급수를 구하여라.

[예제 7.34]

(1) e^{-2x}의 맥클로린 급수 표현을 구하여라. [연습문제 13~24]

(2) e^x의 $x=3$에서 테일러 급수 표현을 구하여라. [연습문제 25~27]

[풀이] (1) 임의의 실수 x에 대해서 $e^x = \sum_{k=0}^{\infty} \frac{1}{k!}x^k$이므로

$$e^{-2x} = \sum_{k=0}^{\infty} \frac{1}{k!}(-2x)^k = \sum_{k=0}^{\infty} \frac{(-2)^k}{k!}x^k$$
$$= 1 - 2x + \frac{2^2}{2!}x^2 - \frac{2^3}{3!}x^3 - \frac{2^4}{4!}x^4 + \cdots.$$

임의의 실수 x에 대해서 $e^{-2x} = 1 - 2x + \frac{2^2}{2!}x^2 - \frac{2^3}{3!}x^3 - \frac{2^4}{4!}x^4 + \cdots.$

(2) 임의의 실수 x에 대해서 $e^x = \sum_{k=0}^{\infty} \frac{1}{k!}x^k$이므로

$$e^x = e^{3+(x-3)} = e^3 \cdot e^{x-3} = e^3\left[\sum_{k=0}^{\infty} \frac{1}{k!}(x-3)^k\right]$$
$$= \sum_{k=0}^{\infty} \frac{e^3}{k!}(x-3)^k$$
$$= e^3 + e^3(x-3) + \frac{e^3}{2!}(x-3)^2 + \frac{e^3}{3!}(x-3)^3 + \cdots.$$

그러므로 임의의 실수 x에 대해서

$$e^x = \sum_{k=0}^{\infty} \frac{e^3}{k!}(x-3)^k = e^3 + e^3(x-3) + \frac{e^3}{2!}(x-3)^2 + \frac{e^3}{3!}(x-3)^3 + \cdots.$$ ■

연습문제

• Part 1

[1-12] 주어진 함수 $f(x)$에 대하여 $x=a$에서 함수 f의 테일러 다항식 P_3을 구하여라. [예제 7.30]

1. $f(x) = \cos x,\ a=0$
2. $f(x) = e^{2x},\ a=0$
3. $f(x) = \sin 2x,\ a=0$
4. $f(x) = \sqrt{x},\ a=2$
5. $f(x) = \cos 2x,\ a=\frac{\pi}{2}$
6. $f(x) = e^x,\ a=-1$
7. $f(x) = \cos 2x,\ a=0$
8. $f(x) = \sin x,\ a=\frac{\pi}{2}$
9. $f(x) = \ln x,\ a=e$
10. $f(x) = \ln(x+1),\ a=1$
11. $f(x) = \tan x,\ x=0$
12. $f(x) = e^{-x},\ x=0$

[13-24] 주어진 함수의 맥클로린 급수를 구하여라. [예제 7.31~7.34]

13. $f(x) = \sin 2x$

14. $f(x) = \cos 2x$

15. $f(x) = e^{x+1}$

16. $f(x) = e^{2x}$

17. $f(x) = \sin(x+1)$

18. $f(x) = \cos(x-1)$

19. $f(x) = \tan^{-1}(x+1)$ (단, $-2 < x < 0$)

20. $f(x) = \tan^{-1}2x$ (단, $|2x| < 1$)

21. $f(x) = \sin(x^2)$

22. $f(x) = \cos(x^2)$

23. $f(x) = e^{x^2}$

24. $f(x) = e^{-x}$

[25-27] 주어진 함수 $f(x)$에 대하여 $x = a$에서 함수 f의 테일러 급수 표현을 구하여라. [예제 7.31~7.34]

25. $f(x) = e^x$, $a = 1$

26. $f(x) = \sin x$, $a = \frac{\pi}{2}$

27. $f(x) = \cos x$, $a = \pi$

• Part 2

[28-30] 주어진 함수 $f(x)$에 대하여 $x = a$에서 함수 f의 테일러 다항식 P_3을 구하여라.

28. $f(x) = \dfrac{1}{1-x}$, $x = 4$

29. $f(x) = e^{x^2}$, $x = 1$

30. $f(x) = 2^x$, $x = 0$

[31-35] 주어진 함수의 맥클로린 급수를 구하여라.

31. $f(x) = \sin \dfrac{x}{2}$

32. $f(x) = \cos \dfrac{x}{2}$

33. $f(x) = e^{\frac{x}{2}}$

34. $f(x) = \sinh x$

35. $f(x) = \cosh x$

36. $e^{i\theta} = \cos\theta + i\sin\theta$ 임을 맥클로린 급수를 이용하여 보여라.

CHAPTER 8

극좌표와 극방정식, 원뿔곡선

수학의 역사상 처음으로 극좌표(polar coordinates)를 도입한 수학자는 스위스의 수학자 야코브 베르누이(Jacob Bernoulli, 1654-1705)이다. 사실 베르누이 가문은 많은 수학자를 배출한 가문으로 그의 동생과 3명의 조카도 유명한 수학자이다. 야코브 베르누이는 극좌표를 사용하여 로그 나선의 특성을 밝혀내었다.
1691년의 〈학술총서〉에서 주어진 점(극점)에서 첫 번째 좌표는 원의 호의 길이로 잡고 두 번째 좌표는 극점에서 방사형의 반경으로 잡는다. 오늘날의 표기법으로 (r, θ)와 비슷한 형태가 된다. 사실 극좌표는 뉴턴이 베르누이보다 빠르게 사용하였으나 베르누이가 먼저 출판하였다.
베르누이는 극좌표를 이용하여 호의 길이와 곡률의 식을 유도했다. 특히 베르누이는 극방정식 $r = ke^{a\theta}$을 만족하는 로그 나선을 광범위하게 조사하였다. 베르누이 자신은 이 나선을 기적의 나선(spira mirabilis)라고 불렀고 오늘날 베르누이의 나선이라 부른다. 이 나선은 그래프의 원점을 중심으로 확대를 하거나 축소를 하더라도 자기 자신과 합동이 된다. 또한 이 나선은 자연에 흔히 나타나는 도형이다. ([그림] 참고)

[그림] 베르누이 나선

베르누이 자신은 자신의 묘비에 이 로그 나선을 “나는 변하지만 똑같이 일어설 것이다.”라는 비문과 함께 새기기를 원하였다. 그러나 석공이 로그 나선의 의미를 정확히 알지 못하였고 현재 바젤 성당에 있는 그의 묘지에는 일반 나선 또는 아르키메데스의 나선이 그려져 있다.

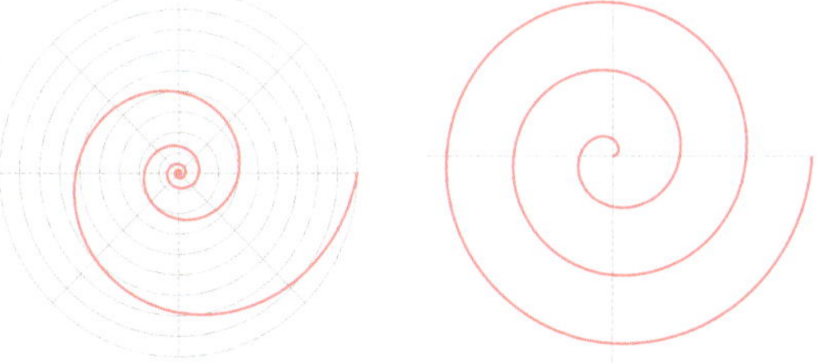

로그 나선 아르키메데스 나선

8.1 평면의 극좌표계

8.1.1 평면좌표계: 직교좌표계

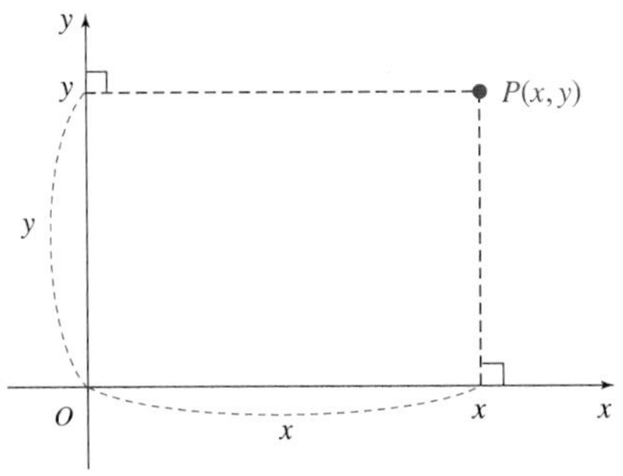

[그림 8.1] 직교좌표계

기하학적 관점에서 평면은 점으로 이루어졌다. 평면과 평면을 이루는 점 그리고 평면의 곡선 등은 기하학의 대상이다. 고대의 수학에서는 기하학적 대상을 방정식을 사용하지 않고 오로지 기하학적인 대상을 가지고 연구를 하였다. 예를 들어서 고대 그리스의 수학자인 아르키메데스가 반지름이 1인 원의 성질을 살펴볼 때 방정식 $x^2 + y^2 = 1$을 사용하지 않고 원을 그리면서 원의 성질을 연구하였다. 물론 그 당시에는 원을 방정식으로 표현하는 도구가 존재하지 않았다.
기하학의 대상을 대수학적인 도구로 표현을 할 수 있게 된 이후 근대적인 의미의 기하학이 본격적으로 발전하기 시작하게 되었다. 기하학적 대상에 대한 대수적 도구로의 표현에 대하여 알아보자.

기본적으로 평면 위의 각 점에 수를 사용하여 이름을 붙이는 방법인 평면좌표계를 만드는 것에서 출발한다.

- 평면 위의 점의 **좌표**(coordinate)란 실수를 사용하여 점에 붙인 이름이다.
- **평면좌표계**(coordinate system)는 평면 위의 각 점에 수를 사용하여 이름을 붙이는 방법이다.

평면의 직선을 잡는 경우 직선은 수직선이다. 이것은 직선에 각 점은 실수를 대응할 수 있음을 의미한다.
수직하는 2개의 직선은 다양하게 잡을 수 있다. 관행적으로 [그림 8.1]과 같이 잡는다.

예를 들어서 [그림 8.1]에서와 같이 2개의 수직하는 직선에 대하여 평면 위의 점 P을 2개 실수의 순서쌍 (x, y)로 부르는데, 이 순서쌍(x, y)이 점 P의 **좌표**이다.
평면의 점에 좌표를 부여하는 방법인 평면좌표계는 여러 종류가 있다. 미적분에서는 직교좌표계와 극좌표계를 가장 많이 사용한다.
가장 많이 사용되고 있는 친숙한 평면좌표계는 **직교좌표계**(Cartesian coordinate system)이다. 좌표계를 처음으로 소개한 수학자인 데카르트(Rene Descartes: 1596-1650)의 이름의 라틴식 발음에서 나온 이름이 카테시안(Cartesian)이라고 한다.
직교좌표계로 평면 위의 점에 **좌표**(이름)를 붙여주는 방법을 알아보자.
수직하는 2개의 직선과 두 직선이 만나는 점을 기준으로 잡는다. ([그림 8.1] 참고)

- 수평 위치의 직선을 x**축***이라고 하고
- x축에 수직인 직선을 y**축***이라고 하며
- 두 수직인 직선이 만나는 점을 **원점** O이라고 한다.

* x축과 y축은 각각 실직선이다. 즉, 원점을 중심으로 각 축 위의 점에 실수가 대응된다.

평면 위의 임의의 점 P에 대하여

- 점 P를 지나고 x축에 내린 수선의 발 P_x를 x축 좌표로 실수 x를 대응하고
- 점 P를 지나고 y축에 내린 수선의 발 P_y를 y축 좌표로 실수 y를 대응한다.

이렇게 구해진 2개 실수의 순서쌍 (x, y)을 점 P의 **좌표**(coordinate)라고 한다.

8.1.2 극좌표계

[복습] 평면좌표계
평면은 점들로 이루어졌다. 평면 위의 각 점에 수를 사용하여 이름을 대응시키는 방법을 평면좌표계라고 한다.

평면의 점의 이름을 붙이는 방법 중 직교좌표계를 공부하였다. 이제 평면 위의 새로운 좌표계인 **극좌표계**(polar coordinate system)를 살펴보고 평면 위의 직교좌표계와 극좌표계의 관계에 대해 알아보자.

◐ 극좌표계의 정의

평면의 **극좌표계**(polar coordinate system)는 다음과 같이 평면 위의 점 O와 점 O에서 출발하는 반직선을 기준으로 잡는 것으로 시작한다.

- 점 O를 **극**(pole)이라고 하고
- 점 O에서 출발하는 반직선을 **극축**(polar axis)이라고 한다.

극좌표계에서 평면 위의 점 P에 극좌표 (r, θ)를 대응하는 방법을 알아보자.

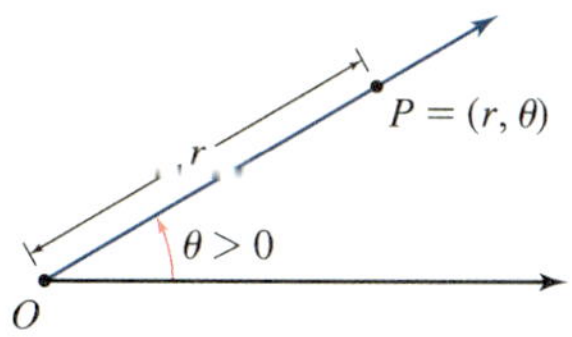

[그림 8.2](a)
$\theta > 0$인 경우 반시계방향

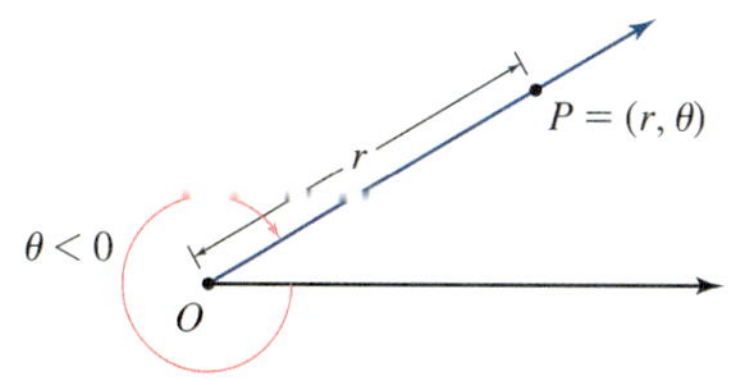

[그림 8.2](b)
$\theta < 0$인 경우 시계방향

[정의 8.1: 평면의 점 P의 극좌표 (r, θ)]

평면 위의 임의의 점 P의 극좌표 (r, θ)를 만드는 두 실수 r과 θ을 다음과 같이 정의하자. ([그림 8.2](a)와 (b) 참고)

(1) $r > 0$인 경우

- $r = |OP| > 0$: 극점 O에서 점 P까지의 거리이다.
- θ: 두 반직선인 극축에서 반직선 $\overrightarrow{OP}$까지의 각의 크기

$\theta > 0$: 극축에서 $\overrightarrow{OP}$로의 반시계방향으로 이루어진 각의 크기 ([그림 8.2](a) 참고)
$\theta < 0$: 극축에서 $\overrightarrow{OP}$로의 시계방향으로 이루어진 각의 크기 ([그림 8.2](b) 참고)

(2) $r < 0$인 경우([그림 8.3] 참고)

주어진 θ가 가르키는 반직선과 그에 대한 반향반직선은 직선을 이룬다.

- θ가 가리키는 방향의 반직선 $r > 0$
- θ가 가리키는 방향에 대한 반향반직선 방향은 $r < 0$

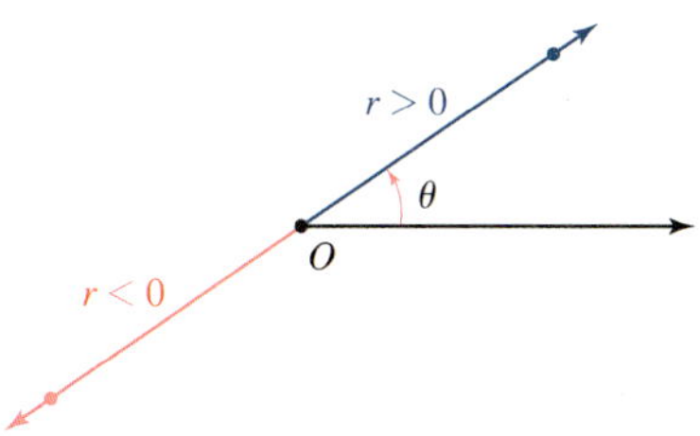

[그림 8.3]

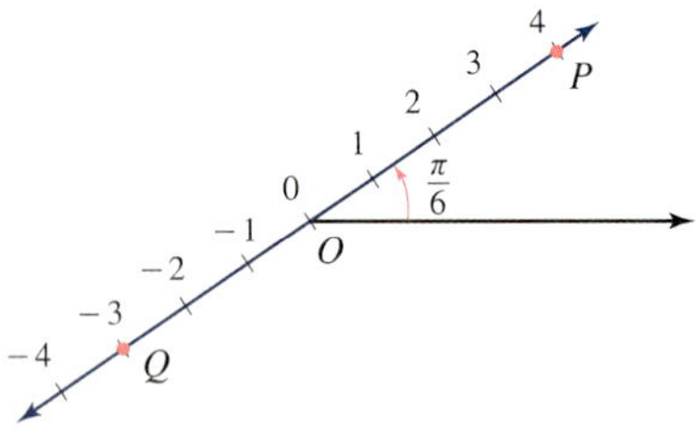

[그림 8.4]

예를 들어서 $\theta=\dfrac{\pi}{6}$에 해당하는 r을 살펴보면 [그림 8.4]와 같다. $\theta=\dfrac{\pi}{6}$가 가리키는 반직선 위의 점은 $r>0$이고 반향반직선 위에 있는 점은 $r<0$이다.

[그림 8.4]에서 보이는 점 P와 점 Q의 극좌표를 구해보자.

점 P는 $\theta=\dfrac{\pi}{6}$가 가리키는 반직선 위에 있으므로 $r=4>0$이다. 그러므로 점 P는 극좌표 $\left(4, \dfrac{\pi}{6}\right)$를 갖는다. 점 Q는 $\theta=\dfrac{\pi}{6}$가 가리키는 반직선의 반향반직선 위에 있으므로 $r=-3<0$이다. 그러므로 점 Q는 극좌표 $\left(-3, \dfrac{\pi}{6}\right)$를 갖는다.

◐ 평면의 점과 극좌표의 대응

예를 들면 점 P의 극좌표가 $\left(3, \dfrac{2\pi}{3}\right)$라고 하면

(i) $\theta=\dfrac{2\pi}{3}>0$이므로 극축에서 반시계 방향으로 $\dfrac{2\pi}{3}$만큼의 크기를 갖는 각을 이루는 반직선을 그린다.

(ii) $r=3>0$이므로 (i)에서 그려진 반직선 위에 극점 O에서 길이가 3인 점이 점 P이다. ([그림 8.5] 참고)

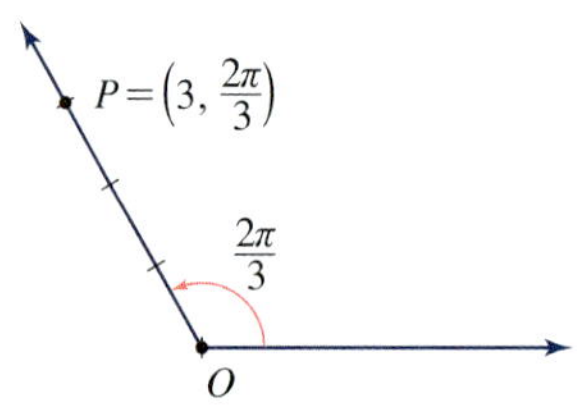

[그림 8.5]

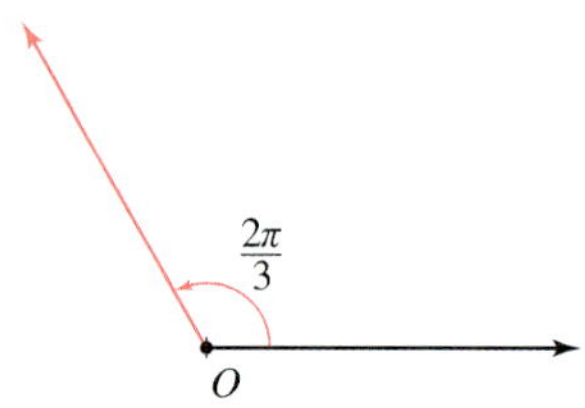

[그림 8.6](a)

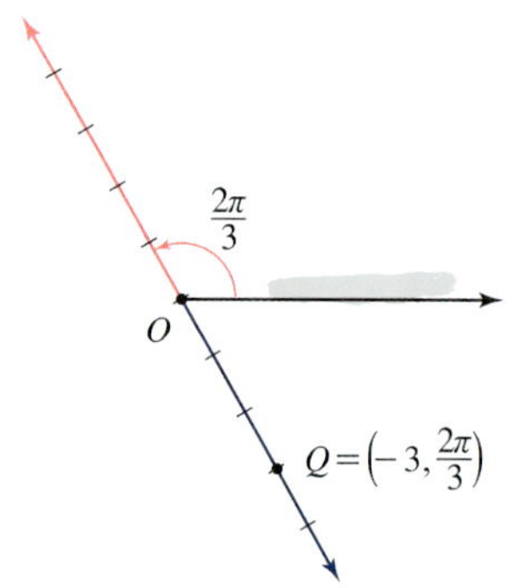

[그림 8.6](b)

다른 예로 극좌표가 $\left(-3, \dfrac{2\pi}{3}\right)$인 점 Q를 극좌표계에서 그려보자.

(i) $\theta=\dfrac{2\pi}{3}>0$이므로 극축에서 반시계 방향으로 $\dfrac{2\pi}{3}$만큼의 크기를 갖는 각을 이루는 반직선을 그린다. ([그림 8.6](a) 참고)

(ii) $r=-3<0$이므로 (i)에서 그려진 반직선의 반향반직선 위에 극점 O에서 길이가 3인 점이 점 Q이다. ([그림 8.6](b) 참고)

점 P의 극좌표 (r_0, θ_0)에 대해 좌표평면에 점 P를 그리는 방법은 다음과 같다.

- 우선 극축에서 θ_0만큼 회전한 반직선을 그리고
- $r_0>0$이면 θ_0만큼 회전한 반직선 위에 점 P를 그린다.
- $r_0<0$이면 θ_0만큼 회전한 반직선의 반향반직선 위에 점 P를 그린다.

[예제 8.1] 다음과 같은 극좌표를 갖는 점을 그려라. [연습문제 1~12]

(1) $\left(3, \dfrac{5\pi}{3}\right)$　　(2) $\left(2, -\dfrac{\pi}{4}\right)$　　(3) $(3, 0)$　　(4) $\left(-2, \dfrac{\pi}{4}\right)$

[풀이]

(1)　　(2)　　(3)　　(4)

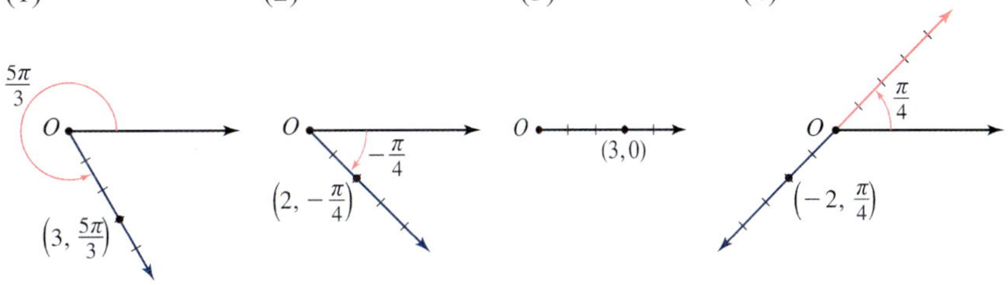

■

극좌표계가 직교좌표계와 다른 성질은 점 P에 대응되는 직교좌표는 단 하나이지만 점 P에 대응되는 극좌표는 여러 개가 있다.

다음은 주어진 평면의 점 P에 대한 4가지 표현의 극좌표 (r, θ)를 보여준다.

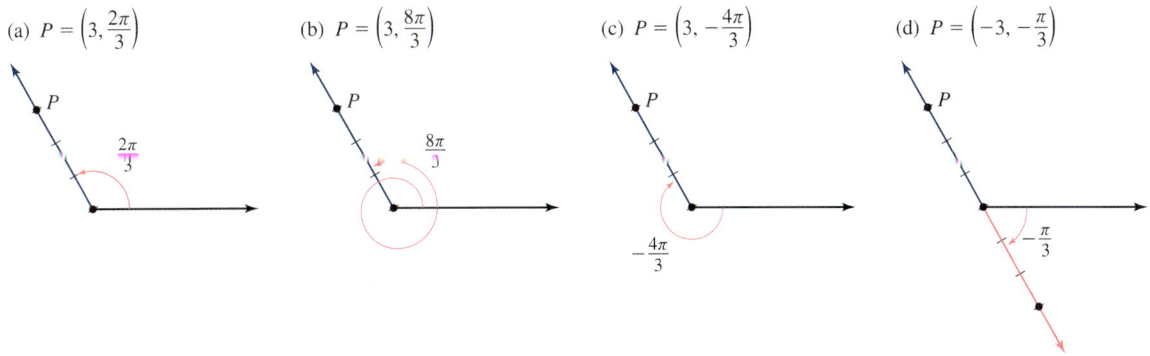

[예제 8.2] 평면 위의 점 P의 극좌표 $(r, \theta) = \left(-2, -\dfrac{3\pi}{4}\right)$에 대하여 다음 주어진 조건을 갖는 점 P의 극좌표를 구하여라. [연습문제 13~21]

(1) $r > 0$이고 $0 < \theta < 2\pi$　　(2) $r > 0$이고 $-2\pi < \theta < 0$

(3) $r < 0$이고 $0 < \theta < 2\pi$

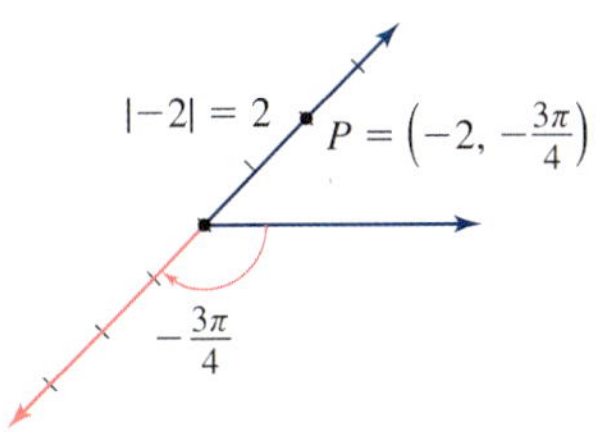

[그림 8.7]

[풀이] 주어진 극좌표가 $\left(-2, -\dfrac{3\pi}{4}\right)$인 점 P를 그리기 위하여 $\theta = -\dfrac{4\pi}{3} < 0$이므로 극축에서 시계방향으로 $\dfrac{3\pi}{4}$의 각도를 이루는 반직선을 그린다. $r = -2 < 0$이므로 반향반직선을 그리고 반향반직선 위에 극점에서 거리가 2인 점이 주어진 점 P이다. ([그림 8.7] 참고)

(1) 점 P의 극좌표 (r, θ)라고 놓자. $r > 0$이고 $0 < \theta < 2\pi$이므로 우선 극축에서 점 P가 있는 반직선까지 반시계방향으로 회전하면 $\theta = \dfrac{\pi}{4}$이다. $\theta = \dfrac{\pi}{4}$만큼 회전한 반직선 위에 점 P가 있으므로 $r = 2$이다. 그러므로 점 P는 극좌표 $\left(2, \dfrac{\pi}{4}\right)$를 갖는다. ([그림 8.8](a) 참고)

(2) 점 P의 극좌표 (r, θ)라고 놓자. $r > 0$이고 $-2\pi < \theta < 0$이므로 우선 극축에서 점 P가 있는 반직선까지 시계방향으로 회전하면 $\theta = -\dfrac{7\pi}{4}$이다. $\theta = -\dfrac{7\pi}{4}$만큼 회전한 반직선 위에 점 P가 있으므로 $r = 2$이다. 그러므로 점 P는 극좌표 $\left(2, -\dfrac{7\pi}{4}\right)$를 갖는다. ([그림 8.8](b) 참고)

(3) 점 P의 극좌표 (r, θ)라고 놓자. $r < 0$이고 $0 < \theta < 2\pi$이므로 우선 극축에서 점 P가 있는 반직선의 반향반직선을 그리고 반향반직선까지 반시계방향으로 회전하면 $\theta = \dfrac{5\pi}{4}$이다. $\theta = \dfrac{5\pi}{4}$만큼 회전한 반직선의 반향반직선 위에 점 P가 있으므로 $r = -2$이다. 그러므로 점 P는 극좌표$\left(-2, \dfrac{5\pi}{4}\right)$를 갖는다. ([그림 8.8](c) 참고)

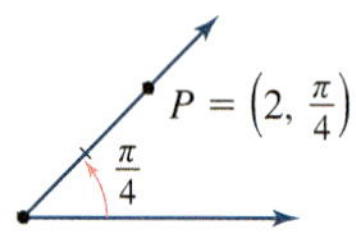

[그림 8.8](a)

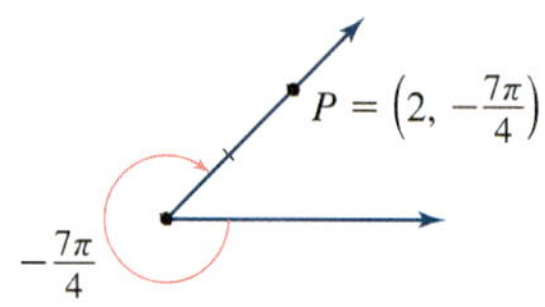

[그림 8.8](b)

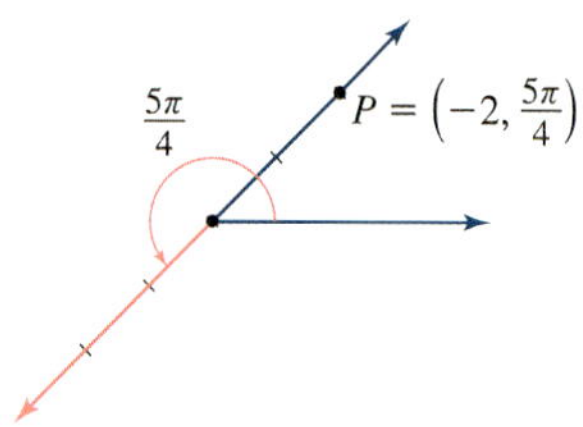

[그림 8.8](c) ■

8.1.3 직교좌표와 극좌표 사이의 변환

평면 위의 점에 좌표(즉, 점의 이름)를 주는 2가지 방법인 직교좌표계와 극좌표계 사이의 관계를 살펴보자.

좌표계는 점에 좌표(이름)를 주는 방법과 기준이다. 그러므로 평면 위의 하나의 점이 주어지면 좌표계에 따라서 이름이 제각각으로 다르게 주어진다.

예를 들어서 [그림 8.9](a)에서와 같이 평면 위에 2개의 직교좌표계인 붉은 직교좌표계와 파란 직교좌표계가 있다고 하자. 평면의 점 P를 파란 직교좌표계에서의 좌표는 $(1, 1)$이고 붉은 직교좌표계에서의 좌표는 $(2, -1)$이다. 즉, 점 P는 2개의 직교좌표계에서 다른 이름인 $(1, 1)$과 $(2, -1)$을 갖는다.

- 평면에 직교좌표계가 주어졌다는 것은 직교하는 2개의 수직선이 정해졌음을 의미한다.
- 평면에 극좌표가 주어졌다는 것은 극점과 극점에서 출발하는 극축이 정해졌음을 의미한다.

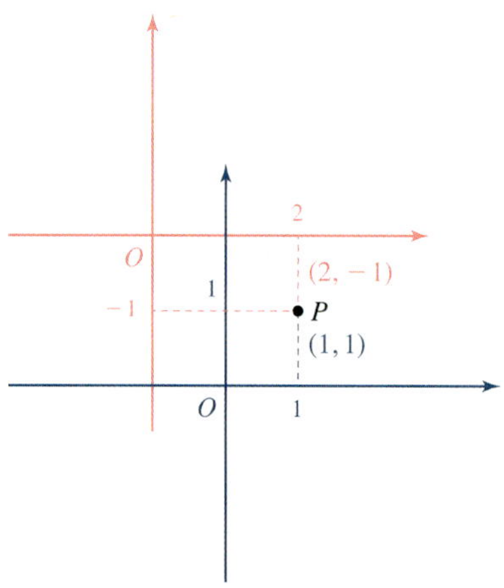

[그림 8.9](a) 평면에서 2개의 직교좌표계

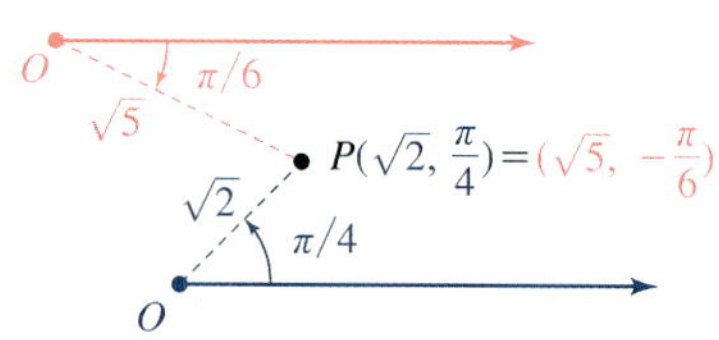

[그림 8.9](b) 평면에서 2개의 극좌표계

[그림 8.9](b)에서와 같이 평면에 2개의 극좌표계인 붉은 극좌표계와 파란 극좌표계가 있다고 하자. 평면의 점 P를 파란 극좌표계에서의 좌표는 $(\sqrt{2}, \pi/4)$이고 붉은 직교좌표계에서의 좌표는 $(\sqrt{5}, -\pi/6)$이다. 즉, 점 P는 2개의 극좌표계에서 다른 이름인 $(\sqrt{2}, \pi/4)$과 $(\sqrt{5}, -\pi/6)$를 갖는다.

그러므로 좌표계는 기준이 되는 수직선 또는 반직선을 정하는 것이 중요하다. 직교좌표계와 극좌표계에서 좌표를 비교하기 위해서 직교좌표계의 수직하는 2개의 수직선과 극좌표계의 극축인 반직선의 관계를 정해야 한다.
오랜 관습으로 다음과 같이 기준을 정하고 직교좌표와 극좌표를 서로 변환하였다. 주어진 직교좌표계에서 직교좌표계의 원점을 극점(pole)으로 정하고 직교좌표계의 x축의 양의 방향의 반직선을 극축으로 한다. ([그림 8.10](a) 참고)

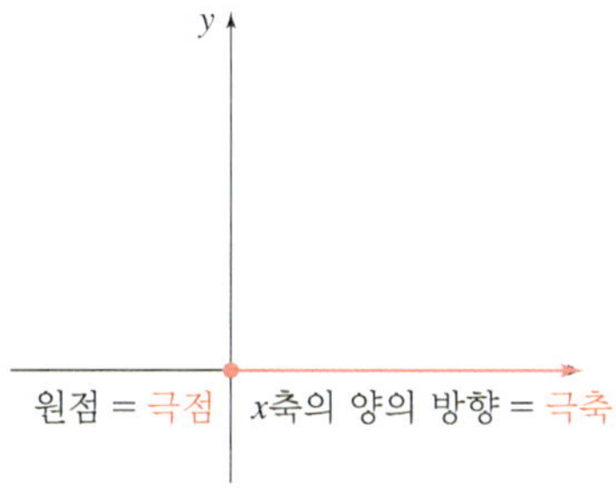

[그림 8.10](a)

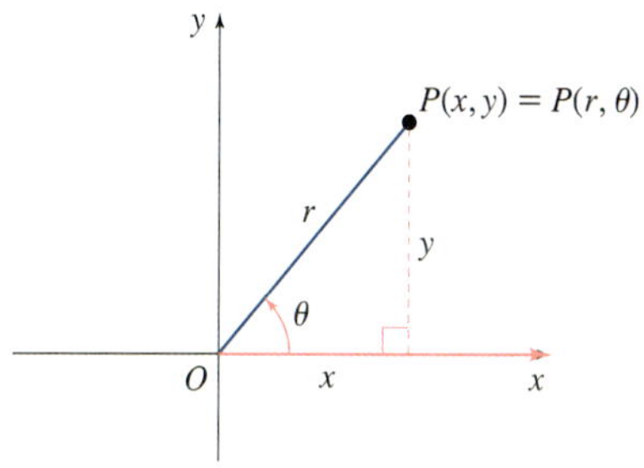

[그림 8.10](b)

[그림 8.10](b)에서와 같이 평면의 점 P의 직교좌표 (x, y)와 극좌표 (r, θ)가 주어졌을 때 두 좌표 사이의 관계를 살펴보자.
[그림 8.10](b)에서 보면 점 P와 원점 O를 꼭짓점으로 갖고 선분 OP를 빗변으로 갖는 직각삼각형을 만들면 세 변과 사잇각 θ와의 관계는 다음과 같다.

$$\cos\theta = \frac{x}{r} \text{이고} \quad \sin\theta = \frac{y}{r} \tag{8.1}$$

점 P의 극좌표 (r, θ)가 주어졌을 때 대한 직교좌표 (x, y)는 다음과 같다.

$$\boxed{x = r\cos\theta \text{이고} \quad y = r\sin\theta} \tag{8.2}$$

점 P의 직교좌표 (x, y)가 주어졌을 때 점 P의 극좌표 (r, θ)는 다음과 같다.

$$\boxed{r^2 = x^2 + y^2 \text{이고} \quad \tan\theta = \frac{y}{x}} \tag{8.3}$$

[그림 8.10](b)는 점 P가 직교좌표계의 1사분면에 있을 때 점 P를 꼭짓점으로 갖는 직사각형의 모양을 보여 주고 있으므로 $0 \le \theta \le \frac{\pi}{2}$인 경우 두 좌표계의 좌표의 변환식 (8.2)와 (8.3)이 성립하는 것을 의미한다.
일반각인 임의의 실수 θ인 경우에도 삼각함수의 일반각 정의에 의해 식 (8.1)이 성립하므로 두 좌표계의 변환식 (8.2)와 (8.3)이 일반적으로 임의의 실수 θ에 대하여 성립한다.

[정리 8.1: 직교좌표와 극좌표 사이의 변환]

평면 위의 점 P의 직교좌표 (x, y)와 극좌표 (r, θ) 사이의 관계는 다음과 같다.

극좌표 (r, θ) → 직교좌표 (x, y)	직교좌표 (x, y) → 극좌표 (r, θ)
$x = r\cos\theta$	$r^2 = x^2 + y^2$
$y = r\sin\theta$	$\tan\theta = \dfrac{y}{x}$

극좌표를 직교좌표로 변화하는 방법인 2가지 방법은 모두 유용하다.

- 식 (8.2)을 이용하는 방법
- 평면에 두 좌표계를 고정하여 구하는 방법(그림을 이용한 방법)

[예제 8.3] 다음과 같이 주어진 극좌표를 직교좌표로 변환하여라. [연습문제 22~27]

(1) $\left(2, \dfrac{3\pi}{4}\right)$　　　(2) $\left(4, \dfrac{\pi}{3}\right)$

[풀이] (1) 극좌표 $\left(2, \dfrac{3\pi}{4}\right)$에서 직교좌표 (x, y)로의 변환을 2가지로 구해보자.

[방법 1] 식 (8.2)를 이용하여 직교좌표 (x, y)로 변환하자.

$r = 2$이고 $\theta = \dfrac{3\pi}{4}$이므로 [정리 8.1]에 의하여 x와 y를 구하자.

$$x = r\cos\theta = 2\cos\frac{3\pi}{4} = 2 \times \left(-\frac{\sqrt{2}}{2}\right) = -\sqrt{2} \text{ 이고}$$

$$y = r\sin\theta = 2\sin\frac{3\pi}{4} = 2 \times \frac{\sqrt{2}}{2} = \sqrt{2}$$

그러므로 극좌표 $\left(2, \dfrac{3\pi}{4}\right)$의 직교좌표는 $(-\sqrt{2}, \sqrt{2})$이다.

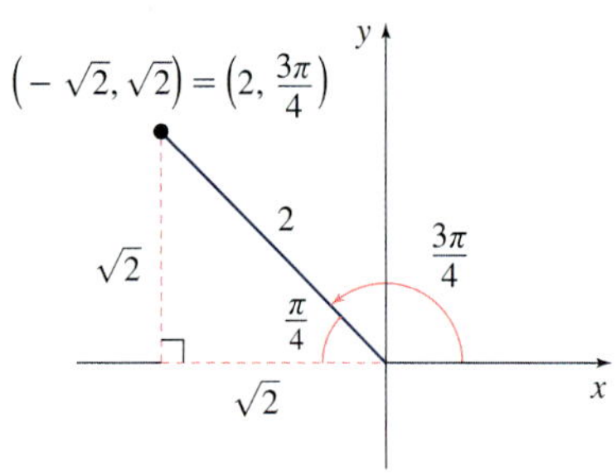

[그림 8.11]

[방법 2] 그림을 이용하여 직교좌표 (x, y)로 변환하자.

극좌표 $\left(2, \dfrac{3\pi}{4}\right)$에 해당하는 점을 좌표평면에 그려보자.

x축의 양의 방향 반직선과의 각도가 $\theta = \dfrac{3\pi}{4}$인 반직선에 $r = 2$인 점을 그리면 [그림 8.11]에서와 같이 제2사분면에서 볼 수 있다. 직각삼각형을 그려서 직교좌표를 구하면 $(-\sqrt{2}, \sqrt{2})$이다.

(2) 식 (8.2)를 이용하여 직교좌표 (x, y)로 변화하자.

$r = 4$이고 $\theta = \dfrac{\pi}{3}$이므로 식 (8.2)에 의해 x, y를 구해보자.

$$x = r\cos\theta = 4\cos\frac{\pi}{3} = 4 \times \frac{1}{2} = 2 \text{ 이고}$$

$$y = r\sin\theta = 4\sin\frac{\pi}{3} = 4 \times \frac{\sqrt{3}}{2} = 2\sqrt{3}$$

그러므로 극좌표 $\left(4, \frac{\pi}{3}\right)$의 직교좌표는 $(2, 2\sqrt{3})$이다. ■

직교좌표를 극좌표로 변환하는 방법도 2가지가 있다. 변환식 (8.3)을 사용하여 구하는 방법과 평면의 직교좌표축에 주어진 직교좌표를 갖는 점을 그린 다음 극좌표를 구하는 그림에 의한 방법이다. 이 경우는 그림에 의한 방법을 사용하는 것을 권장한다.

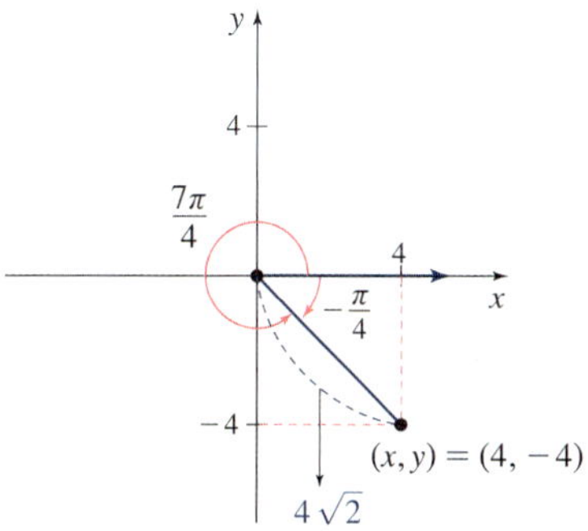

[그림 8.12]

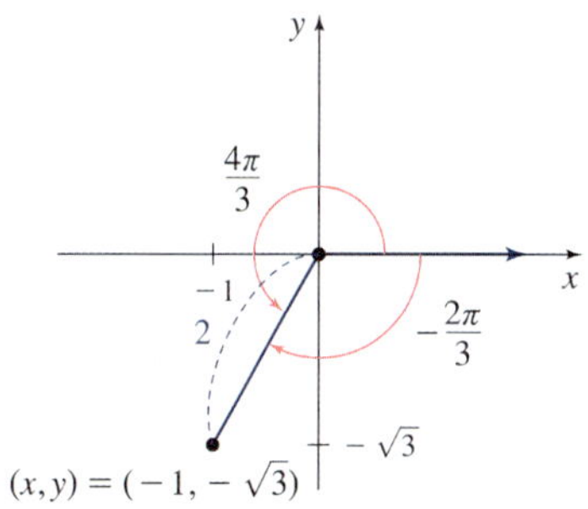

[그림 8.13]

[예제 8.4] 평면 위의 점의 주어진 직교좌표를 극좌표로 변환하여라. [연습문제 28~33]

(1) $(4, -4)$ (2) $(-1, -\sqrt{3})$

[풀이]

(1) 평면의 직교좌표계에 직교좌표 $(4, -4)$에 해당하는 점을 그리면 [그림 8.12]에서 볼 수 있다.
직각삼각형의 성질을 이용하여 극좌표 (r, θ)를 구하면 극축인 x축의 양의 방향에 시계방향이면 $\theta = -\frac{\pi}{4}$이고 반시계방향이면 $\theta = \frac{7\pi}{4}$이다. $r = \sqrt{x^2 + y^2} = \sqrt{4^2 + (-4)^2} = 4\sqrt{2}$이다.
그러므로 극좌표는 $\left(4\sqrt{2}, -\frac{\pi}{4}\right) = \left(4\sqrt{2}, \frac{7\pi}{4}\right)$이다.

(2) 평면의 직교좌표계에 직교좌표 $(-1, -\sqrt{3})$에 해당하는 점을 그리면 [그림 8.13]에서 볼 수 있다.
직각삼각형의 성질을 이용하여 극좌표 (r, θ)를 구하면 극축인 x축의 양의 방향에 반시계방향이면 $\theta = \frac{4\pi}{3}$이고 시계방향이면 $\theta = -\frac{2\pi}{3}$이다. $r = \sqrt{x^2 + y^2} = \sqrt{(-1)^2 + (-\sqrt{3})^2} = 2$이다.
그러므로 극좌표는 $\left(2, \frac{4\pi}{3}\right) = \left(2, -\frac{2\pi}{3}\right)$이다. ■

[예제 8.5] 다음 그림의 원 위에 주어진 점 P를 네 종류의 극좌표로 표현하여라. [연습문제 34~36]

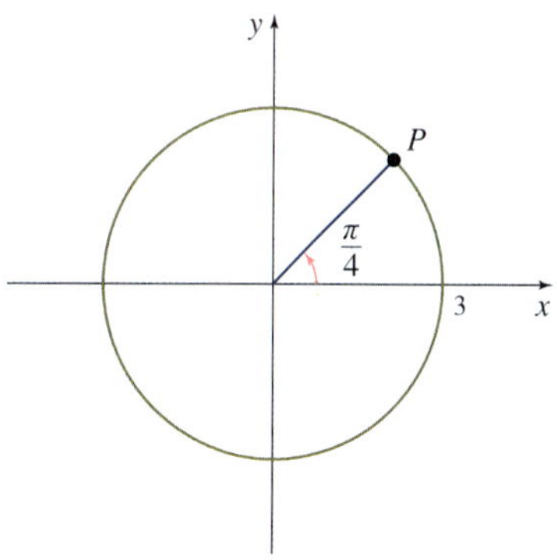

[그림 8.14]

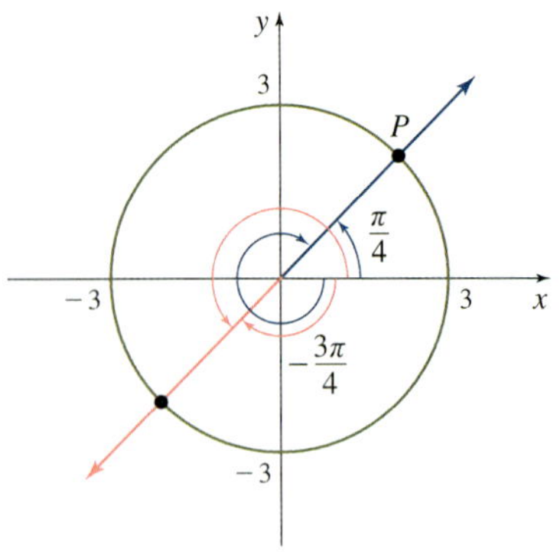

[그림 8.15]

[풀이] [그림 8.14]에서 점 P는 $r=3$이고 $\theta=\frac{\pi}{4}$이므로 극좌표는 $\left(3, \frac{\pi}{4}\right)$이다.
$r=3>0$이고 $\theta<0$인 경우의 극좌표를 구하면 시계방향인 각도이므로 $\theta=-\frac{7\pi}{4}$.
극좌표는 $\left(3, -\frac{7\pi}{4}\right)$이다.
$r=-3<0$이면 반직선 $\overrightarrow{OP}$의 반향반직선의 각도를 읽는다. [그림 8.15]에서 보면 반직선 $\overrightarrow{OP}$의 반향반직선의 각도는 $\theta=-\frac{3\pi}{4}$이거나 $\theta=\frac{5\pi}{4}$이다.
그러므로 극좌표는 $\left(-3, \frac{5\pi}{4}\right)$이거나 $\left(-3, -\frac{3\pi}{4}\right)$이다.
점 P의 4가지 극좌표는 $\left(3, \frac{\pi}{4}\right)$, $\left(3, -\frac{7\pi}{4}\right)$, $\left(-3, \frac{5\pi}{4}\right)$, $\left(-3, -\frac{3\pi}{4}\right)$이다. ■

연습문제

• Part 1

[1-12] 다음 극좌표를 갖는 점을 그려라. [예제 8.1]

1. $\left(3, \frac{\pi}{6}\right)$
2. $\left(4, \frac{\pi}{3}\right)$
3. $\left(1, \frac{\pi}{2}\right)$
4. $\left(2, \frac{3\pi}{4}\right)$
5. $\left(-2, -\frac{\pi}{3}\right)$
6. $\left(-4, \frac{5\pi}{6}\right)$
7. $\left(2, -\frac{3\pi}{2}\right)$
8. $\left(-3, \frac{\pi}{6}\right)$
9. $\left(3, -\frac{2\pi}{3}\right)$
10. $\left(-4, \frac{5\pi}{4}\right)$
11. $\left(1, \frac{\pi}{4}\right)$
12. $\left(4, -\frac{7\pi}{6}\right)$

[13-21] 주어진 극좌표 (r, θ)에서 다음 조건에 맞는 극좌표를 구하여라. [예제 8.2]

13. $(r, \theta)=\left(1, \frac{\pi}{4}\right)$ $r<0,\ 0<\theta<2\pi$
14. $(r, \theta)=\left(1, \frac{\pi}{4}\right)$ $r<0,\ -2\pi<\theta<0$
15. $(r, \theta)=\left(1, \frac{\pi}{4}\right)$ $r>0,\ -2\pi<\theta<0$
16. $(r, \theta)=\left(2, -\frac{\pi}{3}\right)$ $r>0,\ 0<\theta<2\pi$
17. $(r, \theta)=\left(2, -\frac{\pi}{3}\right)$ $r<0,\ 0<\theta<2\pi$
18. $(r, \theta)=\left(2, -\frac{\pi}{3}\right)$ $r<0,\ -2\pi<\theta<0$
19. $(r, \theta)=\left(-2, \frac{\pi}{6}\right)$ $r>0,\ 0<\theta<2\pi$
20. $(r, \theta)=\left(-2, \frac{\pi}{6}\right)$ $r>0,\ -2\pi<\theta<0$
21. $(r, \theta)=\left(-2, \frac{\pi}{6}\right)$ $r<0,\ -2\pi<\theta<0$

[22-27] 주어진 극좌표를 직교좌표로 변환하여라. [예제 8.3]

22. $\left(1, \frac{\pi}{3}\right)$
23. $\left(2, \frac{4\pi}{3}\right)$
24. $\left(-2, \frac{\pi}{2}\right)$
25. $\left(-2, -\frac{2\pi}{3}\right)$
26. $\left(-4, \frac{\pi}{6}\right)$
27. $\left(3, -\frac{\pi}{3}\right)$

[28-33] 주어진 직교좌표를 극좌표로 변환하여라. [예제 8.4]

28. $(2, 2)$
29. $\left(-\frac{1}{2}, \frac{\sqrt{3}}{2}\right)$
30. $(-\sqrt{3}, -1)$
31. $(\sqrt{2}, -\sqrt{2})$
32. $(-2, 2\sqrt{3})$
33. $\left(\frac{3}{2}, -\frac{3\sqrt{3}}{2}\right)$

[34-36] 다음 그림에서 주어진 점 P를 네 종류의 극좌표로 표현하여라. [예제 8.5]

34.

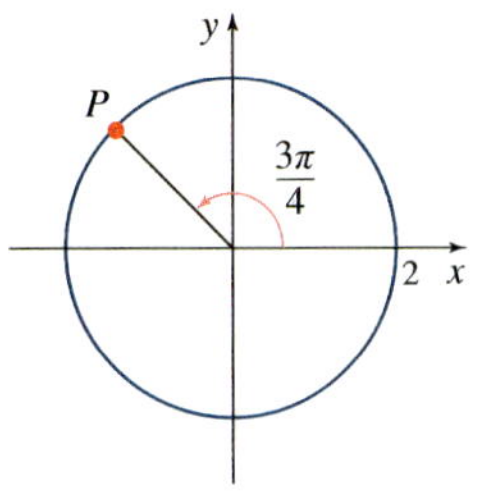

35.

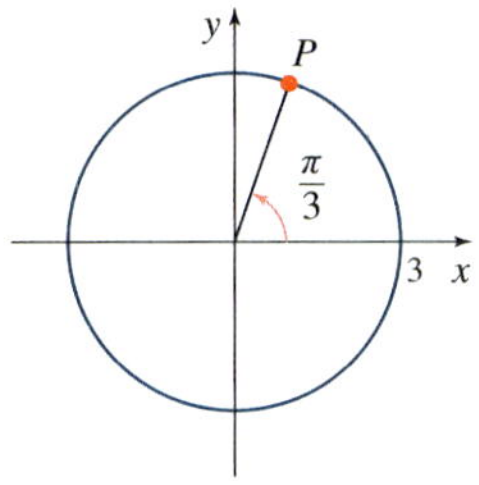

36.

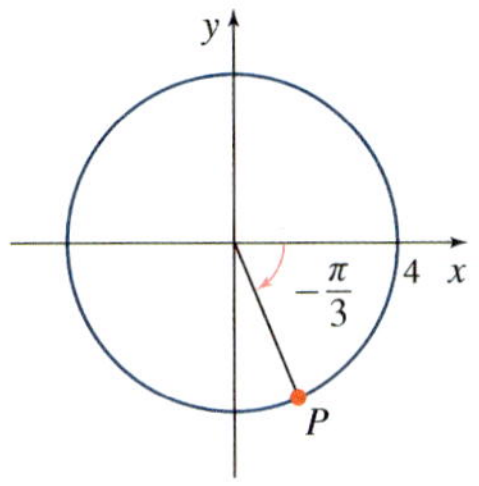

• Part 2

[37-39] 주어진 극좌표 (r, θ)에서 다음 조건에 맞는 극좌표를 구하여라.

37. $(r, \theta) = \left(1, \dfrac{\pi}{12}\right) \quad r < 0,\ 0 < \theta < 2\pi$

38. $(r, \theta) = \left(1, \dfrac{\pi}{12}\right) \quad r < 0,\ -2\pi < \theta < 0$

39. $(r, \theta) = \left(1, \dfrac{\pi}{12}\right) \quad r > 0,\ -2\pi < \theta < 0$

[40-43] 주어진 극좌표를 직교좌표로 변환하여라.

40. $\left(4, \dfrac{\pi}{12}\right)$

41. $\left(-8, \dfrac{7\pi}{12}\right)$

42. $\left(4, -\dfrac{\pi}{12}\right)$

43. $\left(-8, -\dfrac{7\pi}{12}\right)$

[44-45] 주어진 직교좌표를 극좌표로 변환하여라.

44. $(-4, 0)$

45. $(\sqrt{6}-\sqrt{2}, \sqrt{6}+\sqrt{2})$

8.2 극방정식과 그래프

평면에 그려진 곡선을 표현하는 방법으로 방정식 표현이 있다. 직교좌표 (x, y)를 사용하여 방정식 표현을 하기도 하고 극좌표 (r, θ)를 사용하여 방정식 표현을 하기도 한다. 곡선의 형태에 따라 직교좌표로 사용하면 방정식이 편리하게 표현되는 곡선이 있고 극좌표를 사용하면 방정식이 간단하게 표현되는 곡선이 있다.
예를 들어서 중심이 원점이고 반지름이 2인 원의 방정식을

- 직교좌표로 표현하면 $x^2 + y^2 = 4$이고
- 극좌표로 표현하면 $r = 2$이다.

이번 절에서는 극좌표로 표현하면 좋은 기본적인 곡선을 알아보고 $r = f(\theta)$ 형태의 극방정식이 표현된 곡선을 그리는 방법을 살펴보자. $r = f(\theta)$ 형태의 극방정식으로 그려지는 곡선은 직교좌표에서는 표현이 힘든 다양한 곡선을 표현할 수 있다.

8.2.1 기본적인 극방정식의 그래프

극방정식은 평면 위의 극좌표 (r, θ)의 두 변수 r과 θ로 이루어진 방정식이다. 즉, $g(r, \theta) = 0$의 형태이다. 극방정식 $g(r, \theta) = 0$를 만족하는 모든 (r, θ)들의 모임을 **극방정식의 그래프**라고 한다. 극방정식을 만족하는 모든 점들을 평면 위에 그리면 그래프를 그린다고 한다.

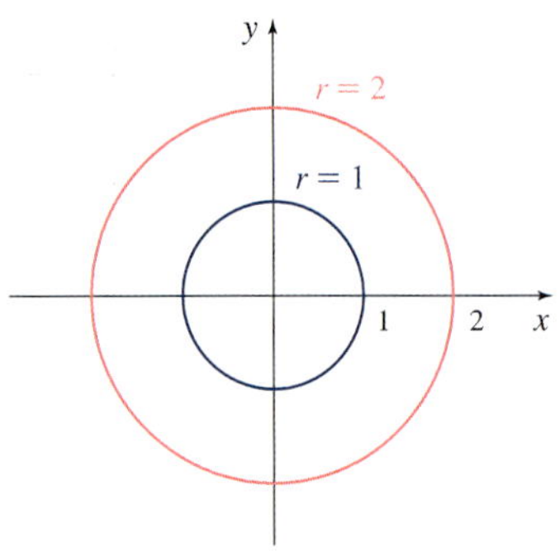

[그림 8.16](a)

대표적인 극방정식의 단순한 형태부터 알아보자.

[예제 8.6] 다음 극방정식의 그래프를 그려라. [연습문제 1~13]

(1) $r = 1$　　(2) $r = 2$　　(3) $r = -2$

[풀이]

(1) 극방정식 $r = 1 > 0$은 극점으로부터 거리인 r가 1인 모든 점의 모임을 의미한다. 그러므로 중심이 극점이고 반지름이 1인 원이다. ([그림 8.16](a) 참고)

(2) 극방정식 $r = 2$은 중심이 극점이고 반지름이 2인 원이다. ([그림 8.16](a) 참고)

(3) 극방정식 $r = -2 < 0$의 그래프를 구해보자. 모든 각 θ에 대하여 $r = -2 < 0$이다. 예를 들어서 $\theta = \dfrac{\pi}{4}$에 $r = -2 < 0$인 점 P이다. ([그림 8.16](b) 참고) 그러므로 $r = -2$의 그래프는 중심이 원점이고 반지름이 2인 원이다. ■

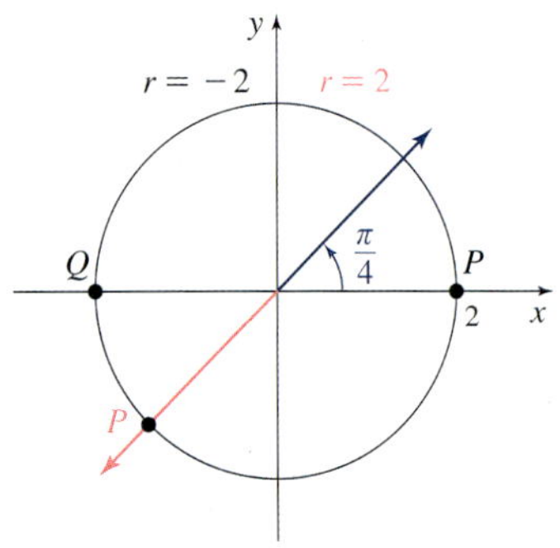

[그림 8.16](b)

[예제 8.6]에서 극방정식 $r = 2$와 $r = -2$의 그래프는 같은 도형으로 중심이 원점이고 반지름이 2인 원이다. 그러나 $\theta = 0$일 때 원 $r = 2$ 위에서 점 P이고 원 $r = -2$ 위에서 점 Q이다.

[예제 8.7] 다음 극방정식의 그래프를 그려라. [연습문제 1~13]

(1) $\theta = \dfrac{\pi}{4}$ (2) $\theta = -\dfrac{\pi}{4}$

[풀이]

(1) 극방정식 $\theta = \dfrac{\pi}{4}$의 그래프는 $r \geq 0$인 반직선과 $r \leq 0$인 반향 반직선을 합한 직선이다. ([그림 8.17] 참고)

(2) 극방정식 $\theta = -\dfrac{\pi}{4}$의 그래프는 $r \geq 0$인 반직선과 $r \leq 0$인 반향 반직선을 합한 직선이다. ([그림 8.17] 참고) ■

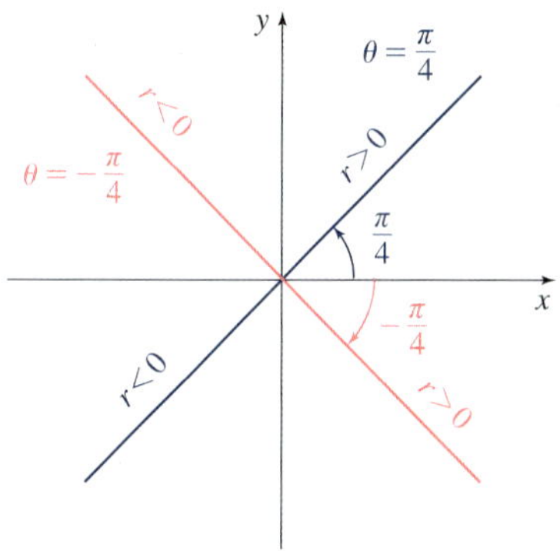

[그림 8.17]

[예제 8.7]에서 극방정식 $\theta = \theta_0$의 그래프는 반직선이 아니고 직선임을 주의한다.

[예제 8.8] 다음 극방정식의 그래프를 그려라. [연습문제 1~13]

(1) $r = \theta \ (\theta \geq 0)$ (2) $r = -\theta \ (\theta \geq 0)$

[풀이]

(1) 극방정식 $r = \theta \ (\theta \geq 0)$의 그래프는 $\theta > 0$가 증가하면 $r > 0$도 증가한다. [그림 8.18] (a)에서와 같이 나선 모양으로 그려진다.

(2) 극방정식 $r = -\theta \ (\theta \geq 0)$의 그래프는 $\theta > 0$가 증가하면 $r < 0$이므로 반향반직선 위에 $|r|$이 증가하면서 나선모양으로 그려진다. ([그림 8.18](b) 참고) ■

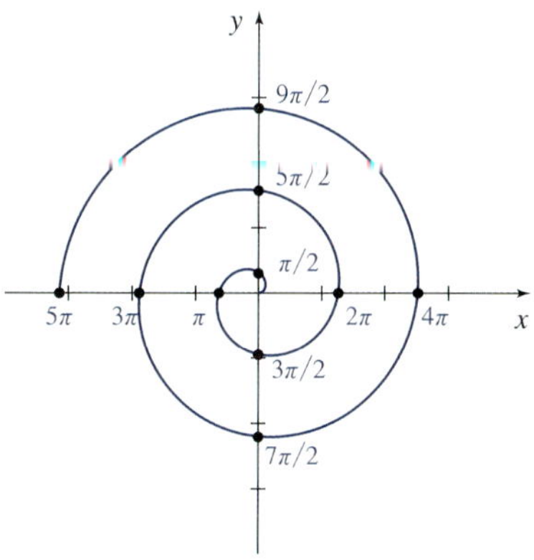

[그림 8.18] (a) $r = \theta \ (\theta \geq 0)$

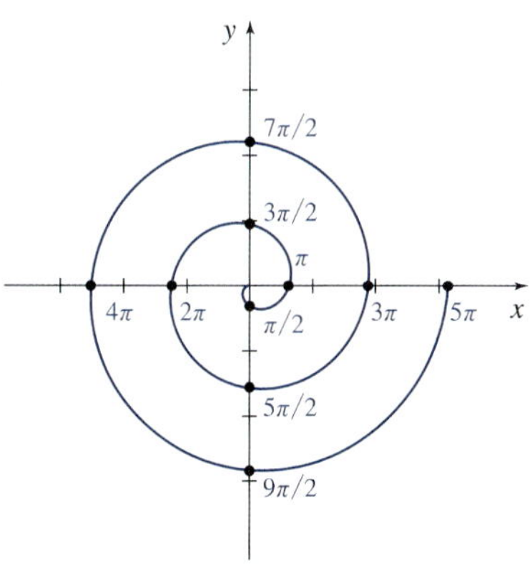

[그림 8.18] (b) $r = -\theta (\theta \geq 0)$

기본 극방정식의 그래프는 다음과 같다.

- 원점을 지나는 원
- 원점을 지나는 직선
- 원점에서 시작하는 평면나선

[기본 극방정식의 그래프 1]

(1) $r = a \neq 0$: 중심이 극점이고 반지름이 $|a|$인 원 ([그림 8.19](a))

(2) $\theta = \theta_0$: 극축으로부터 각도가 θ_0인 극점을 지나는 직선 ([그림 8.19](b))

(3) $r = a\theta$:

- $a > 0$ 극점에서 θ가 증가하면 $r > 0$도 증가하는 나선모양 ([그림 8.18](a))
- $a < 0$ 극점에서 θ가 증가하면 $r < 0$이므로 반향반직선 위에서 $|r|$이 증가하는 나선모양 ([그림 8.18](b))

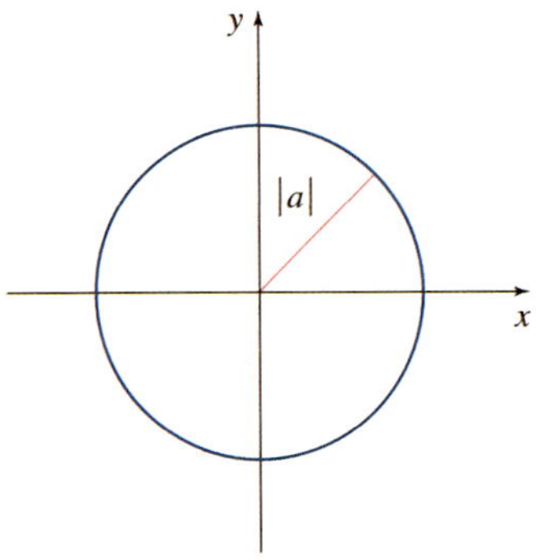

[그림 8.19] (a) $r=a$

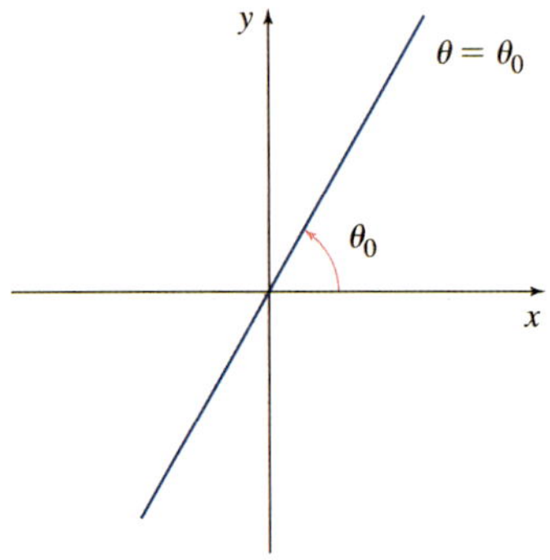

[그림 8.19](b) $\theta=\theta_0$

[예제 8.9] 극좌표의 변수 r과 θ에 관한 극부등식으로 표현된 영역을 좌표평면에 그려보자. [연습문제 14~19]

(1) $1 \le r \le 2$이고 $0 \le \theta \le \dfrac{\pi}{2}$ (2) $\dfrac{\pi}{3} \le \theta \le \dfrac{2\pi}{3}$

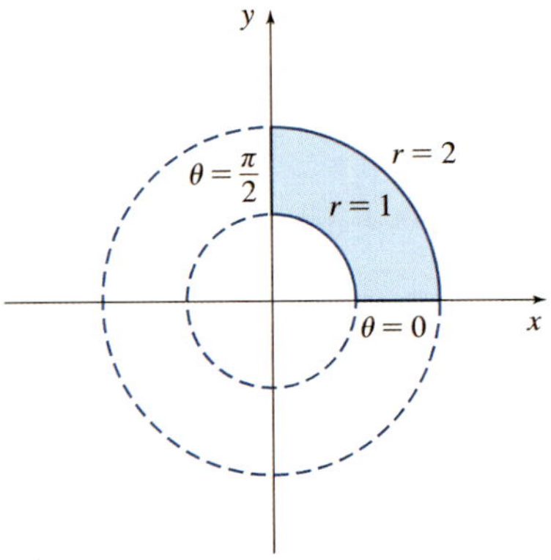

[그림 8.20](a)

[풀이]

(1) 원 $r=1$과 원 $r=2$의 사이에 있는 영역과 $r>0$이므로 두 반직선 $\theta=0$과 $\theta=\dfrac{\pi}{2}$ 사이에 있는 영역의 공통부분의 영역으로 [그림 8.20](a)이다.

(2) 두 직선 $\theta=\dfrac{\pi}{3}$과 $\theta=\dfrac{2\pi}{3}$ 사이에 있는 영역으로 [그림 8.20](b)이다. ■

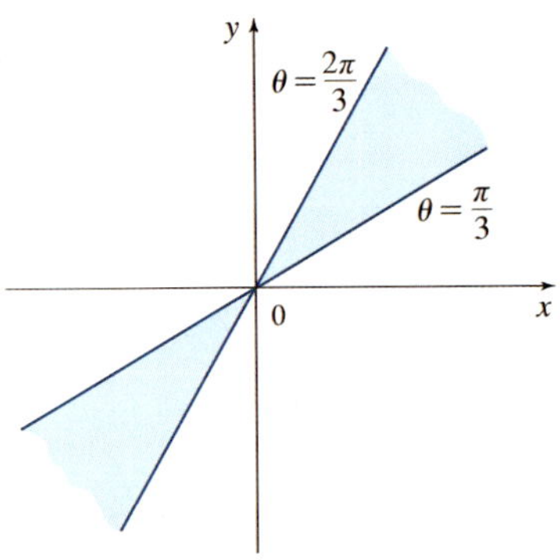

[그림 8.20](b)

참고로 일반적인 극방정식 $g(r,\theta)=0$의 그래프를 그리는 방법 중 하나는 [정리 8.1: 직교좌표와 극좌표 사이의 변환]의 식 (8.2)와 식 (8.3)인

$$x=r\cos\theta \text{이고 } y=r\sin\theta \tag{8.2}$$

$$r^2=x^2+y^2 \text{이고 } \tan\theta=\frac{y}{x} \tag{8.3}$$

을 사용하여 직교방정식 $g(x,y)=0$에서 극방정식 $G(r,\theta)=g(r\cos\theta, r\sin\theta)=0$으로 변환할 수 있다. 또한 극방정식 $G(r,\theta)=g(r\cos\theta, r\sin\theta)=0$에서 직교방정식 $g(x,y)=0$으로 변환할 수 있다.

기본도형	직교좌표 방정식		극좌표 방정식
원점 지나는 직선	$y=(\tan\theta_0)x$	$x=r\cos\theta$, $y=r\sin\theta$	$\theta=\theta_0$
y축에 평행한 직선	$x=a$	⟷	$r\cos\theta=a$
x축에 평행한 직선	$y=b$	$r^2=x^2+y^2$, $\tan\theta=\dfrac{y}{x}$	$r\sin\theta=b$
중심이 원점인 원	$x^2+y^2=a^2$		$r=a$

8.2.2 $r = f(\theta)$ 형식의 극방정식의 그래프

직교좌표 (x, y)에 대한
- 일반 방정식 형태 $g(x, y) = 0$
- 함수 형태 $y = f(x)$

극좌표 (r, θ)에 대한
- 일반 방정식 형태 $g(r, \theta) = 0$
- 함수 형태 $r = f(\theta)$

변수 θ에서 정의된 함수 f에 대하여 $r\theta$-평면 위에서 $r = f(\theta)$ 형식의 극방정식에 대해 알아보자. $r = f(\theta)$ 형식의 극방정식은 직교좌표 x, y에 관한 방정식의 그래프로는 표현하기 어려운 곡선을 표현해 주는 흥미로운 방정식이다. 극방정식 $r = f(\theta)$의 그래프를 그리는 경우 곡선을 정확하게 그리는 것은 어려우나 대강의 개형은 그릴 수 있다.

함수 f가 정의역 변수 θ에 대하여 연속이라고 하자.

정의역 변수 θ의 몇 개의 값 θ_i에 대한 $r_i = f(\theta_i)$를 구하고 이러한 몇 개의 점 (r_i, θ_i)을 좌표평면 위에 그리고 점들을 순서대로 부드럽게 연결하여 곡선의 개형을 그린다. 주의할 점은 실수 θ는 원점을 중심으로 시계 방향($\theta < 0$)이나 반시계 방향($\theta > 0$)으로 여러 바퀴를 회전을 하는 것이다.

[예제 8.10] 극방정식 $r = \sin\theta$의 그래프를 그려라. [연습문제 20~25]

[풀이] sin 함수의 주기는 2π이므로 θ축의 양의 방향인 반직선을 기준으로 한 바퀴($0 \le \theta \le 2\pi$)를 회전하여 생긴 점들을 그리면 xy-평면 위에 모든 실수 θ에 대한 그래프를 그린 것이다.

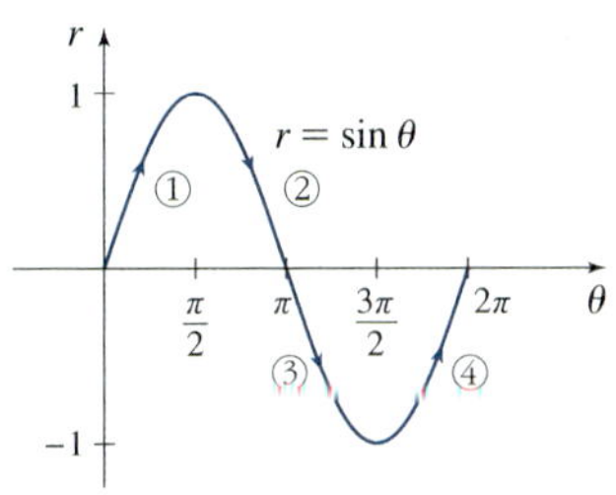

[그림 8.21]

구간 $[0, 2\pi]$에서의 함수 $r = \sin\theta$의 그래프는 [그림 8.21]이다. 여기서 그래프의 평면이 $r\theta$-평면임을 주의하자.

극방정식 $r = \sin\theta$의 그래프인 [그림 8.21]을 보면 r이 양수, 음수 그리고 증가, 감소에 따라 θ의 구간 $[0, 2\pi]$를 4개의 부분으로 나눈다. θ에 대한 4개의 각 구간에서 r의 변화를 나타내는 [표 8.1]을 그린다. [표 8.1]에 따라 그래프를 그리는 과정은 [표 8.1]과 [그림 8.22]이다.

[표 8.1]

	①	②	③	④
θ	$0 \to \frac{\pi}{2}$	$\frac{\pi}{2} \to \pi$	$\pi \to \frac{3\pi}{2}$	$\frac{3\pi}{2} \to 2\pi$
r	0 ↗ 1	1 ↘ 0	0 ↘ −1	−1 ↗ 0
	θ가 0에서 $\frac{\pi}{2}$까지 변할 때 r은 0에서 1까지 증가한다.	θ가 $\frac{\pi}{2}$에서 π까지 변할 때 r은 1에서 0까지 감소한다.	θ가 π에서 $\frac{3\pi}{2}$까지 변할 때 r은 0에서 −1까지 감소한다.	θ가 $\frac{3\pi}{2}$에서 2π까지 변할 때 r은 −1에서 0까지 증가한다.
그래프의 위치	1사분면($r > 0$)	2사분면($r > 0$)	1사분면($r < 0$)	2사분면($r < 0$)

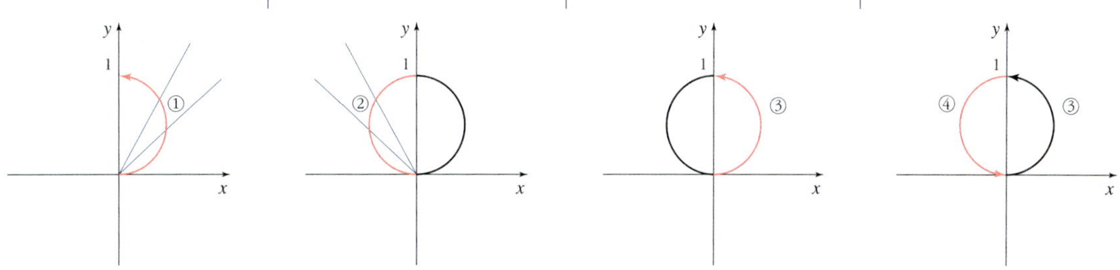

[그림 8.22]

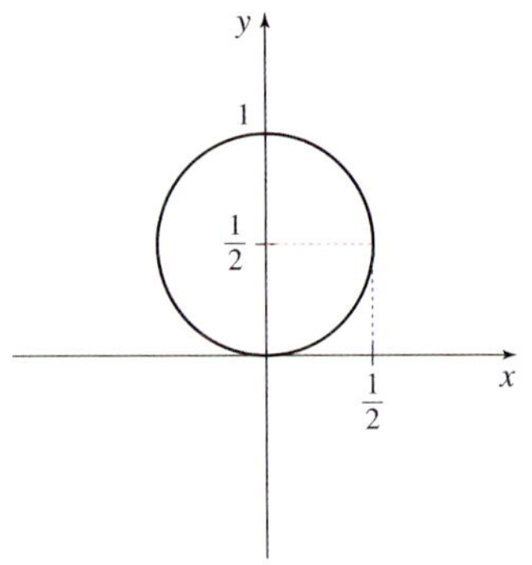

[그림 8.23]

$r=\sin\theta$의 그래프는 구간 $[0,2\pi]$에서 반시계 방향으로 두 바퀴를 그린 원모양이다. 그러므로 $r=\sin\theta$의 그래프는 [그림 8.23]에서와 같다.

이와 같이 극방정식의 그래프를 그리는 방법은 가장 일반적인 방법으로 곡선의 대강의 개형만을 그릴 수 있고 극방정식 $r=\sin\theta$의 그래프가 어떤 곡선인지 정확히 알기 어려울 수 있다.

극방정식 $r=f(\theta)$의 그래프의 정확한 개형을 그리기 위해서 극방정식을 직교좌표에 의한 방정식으로 변환해야 한다.

극방정식의 그래프의 정확한 개형을 그리기 위해서 극방정식을 변환식 (8.2)와 (8.3)을 사용하여 직교방정식으로 변환해 보자.

$$r=\sin\theta \qquad \text{양변에 } r\text{을 곱하면}$$

$$r^2=r\sin\theta \qquad r^2=x^2+y^2\text{이고 } r\sin\theta=y\text{을 대입하면}$$

$$x^2+y^2=y \qquad \text{완전제곱형식으로 만들면}$$

$$x^2+\left(y-\frac{1}{2}\right)^2=\frac{1}{4}=\left(\frac{1}{2}\right)^2.$$

그러므로 $r=\sin\theta$는 중심 $\left(0,\frac{1}{2}\right)$이고 반지름 $\frac{1}{2}$인 원이다. ([그림 8.23] 참고) ■

극방정식 $r=f(\theta)$의 그래프는 대략적인 개형으로 그린다. 극방정식을 직교좌표에 의한 방정식으로 변환하는 것이 어려운 경우가 많기 때문에 정확한 개형을 그리지 못하는 경우가 많다.

[예제 8.11] 극방정식 $r=4\cos\theta$의 그래프를 그려보자. [연습문제 20~25]

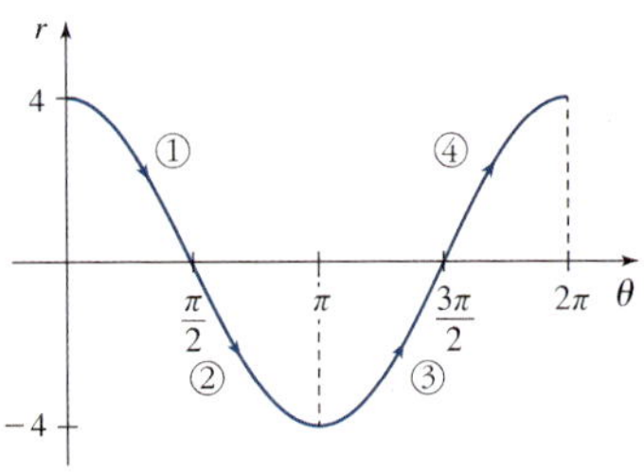

[그림 8.24]

[풀이] cos 함수의 주기는 2π이므로 θ축의 양의 방향인 반직선을 기준으로 한 바퀴 $(0\le\theta\le2\pi)$를 회전하여 생긴 점들을 그리면 xy-평면 위에 모든 실수 θ에 대한 그래프를 그린 것이다.

함수 $r=4\cos\theta$의 구간 $[0,2\pi]$에서 그래프는 [그림 8.24]이다. 그래프의 평면이 $r\theta$-평면임을 주의하자.

극방정식 $r=\cos\theta$의 그래프인 [그림 8.24]을 보고 r이 양수, 음수 그리고 증가, 감소에 따라 θ의 구간 $[0,2\pi]$를 4개의 부분으로 나눈다. θ의 4개의 부분구간에서 r의 변화를 표를 만든다. 표의 각 단계에 따라서 그래프의 개형을 그려보자.

	①	②	③	④
θ	$0\to\frac{\pi}{2}$	$\frac{\pi}{2}\to\pi$	$\pi\to\frac{3\pi}{2}$	$\frac{3\pi}{2}\to2\pi$
r	4 ↘ 0	0 ↘ −4	−4 ↗ 0	0 ↗ 4
그래프의 위치	1사분면$(r>0)$	4사분면$(r<0)$	1사분면$(r<0)$	4사분면$(r>0)$

* $r=4\cos\theta$의 정확한 개형을 위해 직교방정식으로 변환하자.

$$r=4\cos\theta$$
$$r^2=4r\cos\theta$$
$$x^2+y^2=4x$$
$$(x-2)^2+y^2=4$$

즉, 중심이 $(2,0)$이고 반지름이 2인 원이다.

이러한 표를 사용하여 그래프를 그리면 [그림 8.25]에서와 같이 구간 $[0,2\pi]$에서 2바퀴를 그린 원모양*이다.

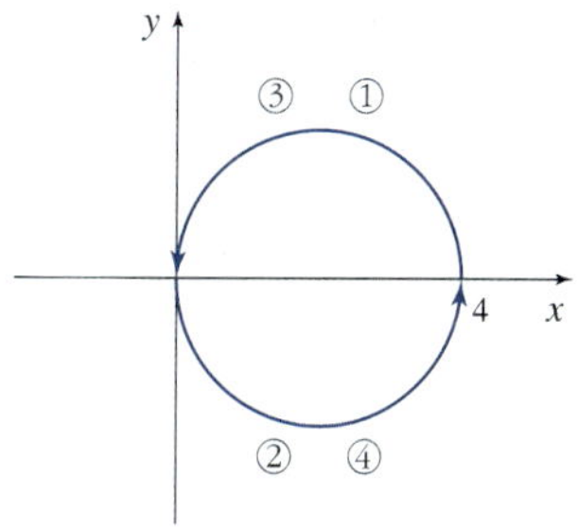

[그림 8.25]

■

[예제 8.12] $r=\cos 2\theta$의 그래프를 그려라. [연습문제 26~34]

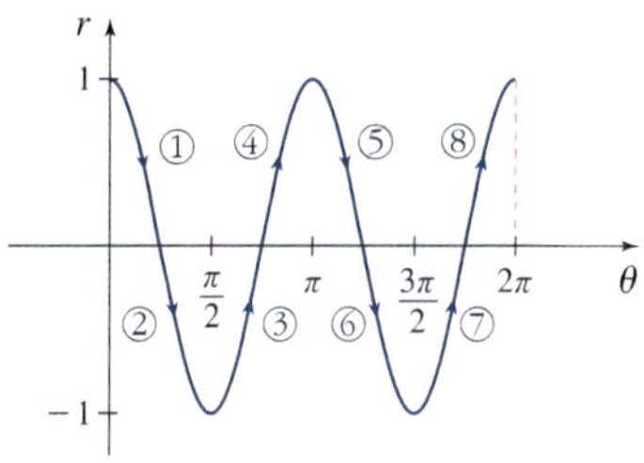

[그림 8.26]

[풀이] 극방정식 $r=\cos 2\theta$의 주기는 π이지만 xy-평면에서 그리기 위해 θ의 범위를 구간 $[0,2\pi]$에서 그래프를 그리면 충분하다. 극방정식 $r=\cos 2\theta$의 구간 $[0,2\pi]$에서 $r\theta$-평면에 그려진 그래프는 [그림 8.26]과 같다.
그래프를 보고 r이 양수, 음수 그리고 증가, 감소에 따라 구간 $[0,2\pi]$을 8개의 부분으로 나누어 다음과 같이 표를 그리고 표에 따라 8단계로 그래프를 [그림 8.27]의 차례로 그린다.

	①	②	③	④	⑤	⑥	⑦	⑧
θ	$0\sim\frac{\pi}{4}$	$\frac{\pi}{4}\sim\frac{\pi}{2}$	$\frac{\pi}{2}\sim\frac{3\pi}{4}$	$\frac{3\pi}{4}\sim\pi$	$\pi\sim\frac{5\pi}{4}$	$\frac{5\pi}{4}\sim\frac{3\pi}{2}$	$\frac{3\pi}{2}\sim\frac{7\pi}{4}$	$\frac{7\pi}{4}\sim 2\pi$
r	$1\sim 0$	$0\sim -1$	$-1\sim 0$	$0\sim 1$	$1\sim 0$	$0\sim -1$	$-1\sim 0$	$0\sim 1$

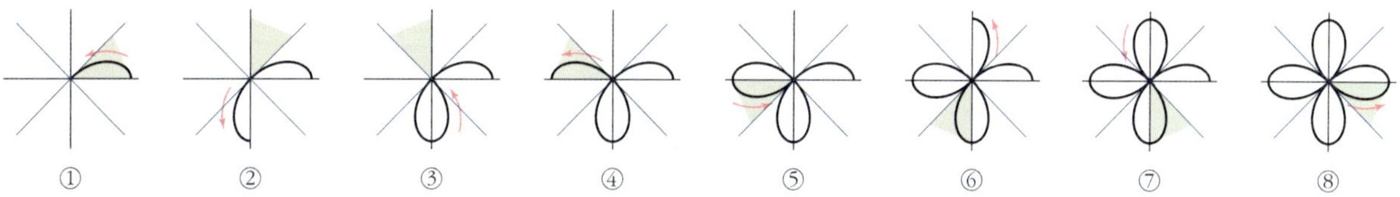

[그림 8.27]

$r=\cos 2\theta$의 그래프를 그리는 과정을 잘 보면 꺾이는 점이 없고 부드럽게 그려진다는 것에 주목하자. 그래프의 개형은 4개의 잎을 가진 꽃모양을 표현하는 「4잎장미」라고 한다. ([그림 8.28] 참고)

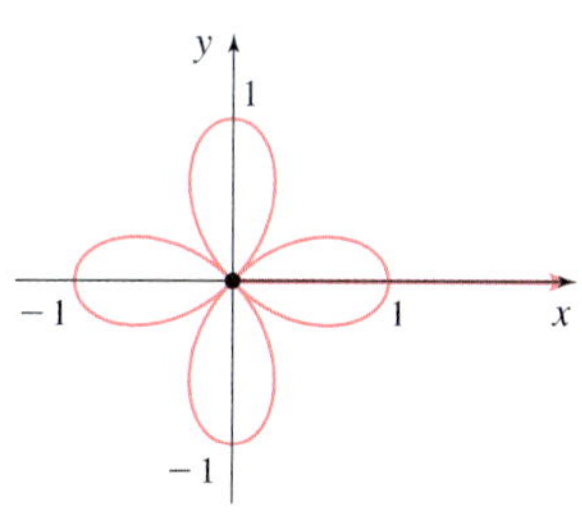

[그림 8.28]

■

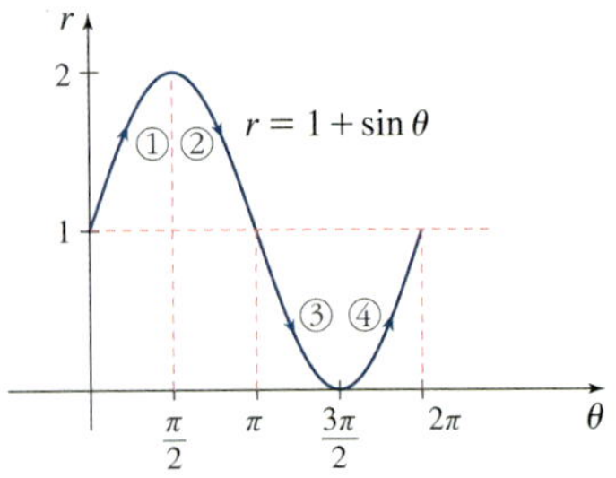

[그림 8.29]

[예제 8.13] $r = 1 + \sin\theta$의 그래프를 그려보자. [연습문제 26~34]

[풀이] 극방정식 $r = 1 + \sin\theta$의 주기는 2π이고 xy-평면에서 그래프를 그리기 위해 θ의 범위를 구간 $[0, 2\pi]$로 놓고 그래프를 그리면 충분하다.
극방정식 $r = 1 + \sin\theta$의 그래프를 $r\theta$-평면 위에 그린 [그림 8.29]를 보고 r의 증가, 감소만을 고려하여 구간 $[0, 2\pi]$를 4개의 부분으로 나눈다. 이때, r은 항상 음이 아닌 값을 갖는다. θ에 대한 4개의 작은 부분 구간에서 r의 변화를 표로 그리고 각 단계에 따라서 그래프의 개형을 [그림 8.30]의 차례로 그린다.

	①	②	③	④
θ	$0 \to \frac{\pi}{2}$	$\frac{\pi}{2} \to \pi$	$\pi \to \frac{3\pi}{2}$	$\frac{3\pi}{2} \to 2\pi$
r	1 ↗ 2	2 ↘ 1	1 ↘ 0	0 ↗ 1

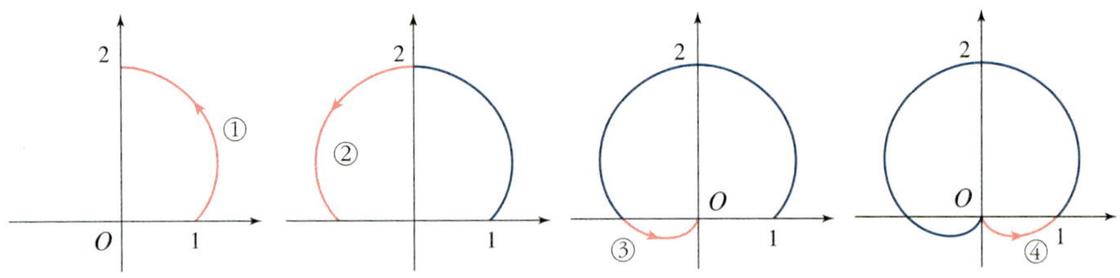

[그림 8.30]

위와 같이 표를 따라 4단계로 그래프를 그리면 $r = 1 + \sin\theta$의 그래프는 [그림 8.31]에서와 같이 하트모양의 곡선으로 나온다.

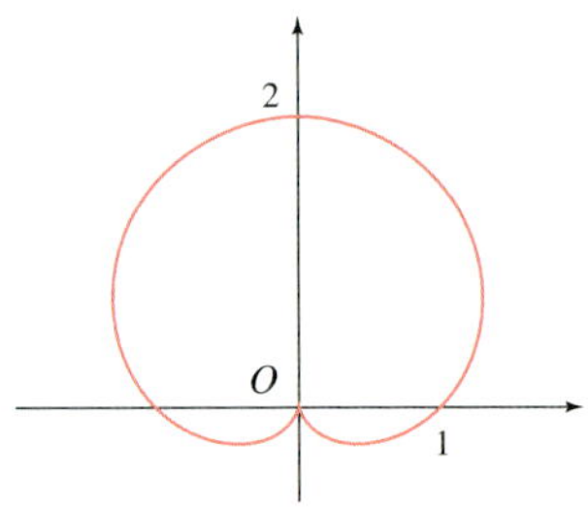

[그림 8.31]

■

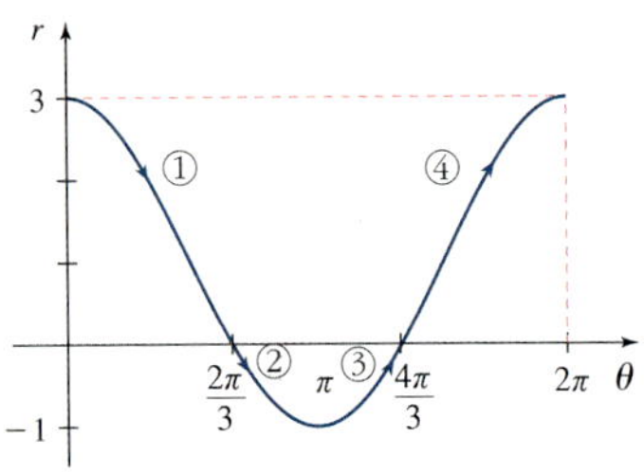

[그림 8.32]

[예제 8.14] $r = 1 + 2\cos\theta$의 그래프를 그려보자. [연습문제 26~34]

[풀이] 극방정식 $r = 1 + 2\cos\theta$의 주기는 2π이고 xy-평면에서 그리기 위해 θ의 범위를 구간 $[0, 2\pi]$으로 놓고 그래프를 그리면 충분하다. $r = 1 + 2\cos\theta$의 음과 양, 그리고 증가와 감소를 구분하는 기준을 알아 보자. 우선 $1 + 2\cos\theta = 0$인 점을 구해보자. $1 + 2\cos\theta = 0$인 θ를 구하면 $\theta = \frac{2\pi}{3}$ 그리고 $\theta = \frac{4\pi}{3}$이다. ([그림 8.32] 참고)
극방정식 $r = 1 + 2\cos\theta$의 $r\theta$-평면에서의 그래프인 [그림 8.32]를 보고 r이 양수, 음수 그리고 증가, 감소에 따라 구간 $[0, 2\pi]$을 4개의 부분으로 나누어 표를 그리고 단계에 따라서 그래프의 개형을 그려보자. 이때 가장 먼저 각 구간을 구분하는 극점인

원점을 지나는 직선 $\theta = \frac{\pi}{3}$과 $\theta = \frac{2\pi}{3}$를 그린다. ([그림 8.33] 참고)

	①	②	③	④
θ	$0 \to \frac{2\pi}{3}$	$\frac{2\pi}{3} \to \pi$	$\pi \to \frac{4\pi}{3}$	$\frac{4\pi}{3} \to 2\pi$
r	3 ↘ 0	0 ↘ −1	−1 ↗ 0	0 ↗ 3

극방정식 $r = 1 + 2\cos\theta$에서 4단계로 나누어서 그래프를 그린다. 각 단계에 해당하는 점들에 대한 표를 만들고 점들을 연결하면서 그래프를 그려보자. ([그림 8.33] 참고)

단계	θ	r	(r, θ)
①	0	3	$(3, 0)$
①	$\frac{\pi}{3}$	2	$\left(2, \frac{\pi}{3}\right)$
①	$\frac{\pi}{2}$	1	$\left(1, \frac{\pi}{2}\right)$
①	$\frac{2\pi}{3}$	0	$\left(0, \frac{2\pi}{3}\right)$
② ③	π	−1	$(-1, \pi)$
④	$\frac{4\pi}{3}$	0	$\left(0, \frac{4\pi}{3}\right)$
④	$\frac{3\pi}{2}$	1	$\left(1, \frac{3\pi}{2}\right)$
④	$\frac{5\pi}{3}$	2	$\left(2, \frac{5\pi}{3}\right)$
④	2π	3	$(3, 2\pi)$

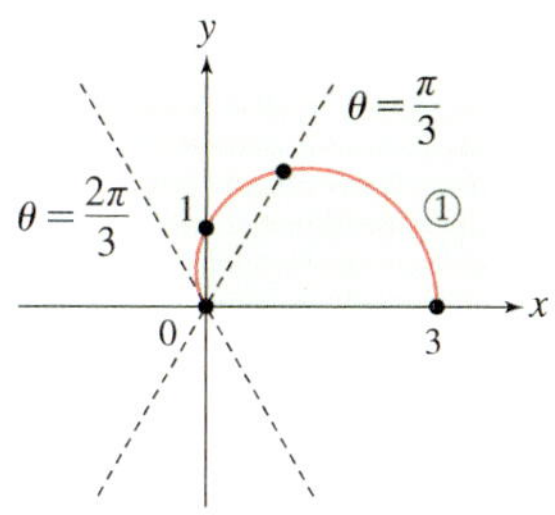

① θ가 0에서 $\frac{2\pi}{3}$로 변하는 구간에서 r은 3에서 0으로 감소한다. 그 과정에서 4개의 점의 극좌표 $(3, 0)$, $\left(2, \frac{\pi}{3}\right)$, $\left(1, \frac{\pi}{2}\right)$, $\left(0, \frac{2\pi}{3}\right)$를 미리 그려놓고 부드럽게 이어준다.

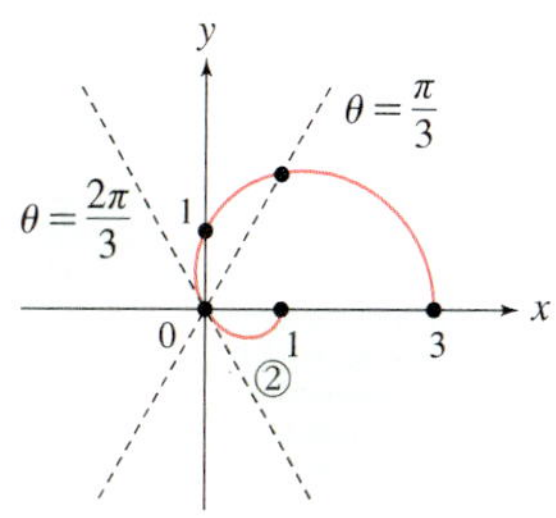

② θ가 $\frac{2\pi}{3}$에서 π로 변하는 구간에서 r은 0에서 -1로 감소한다. $r < 0$이므로 제2사분면이 아닌 반대 방향인 제4사분면에 그려지고 2개의 점의 극좌표 $(0, 0)$, $(1, 0)$을 부드럽게 이어준다.

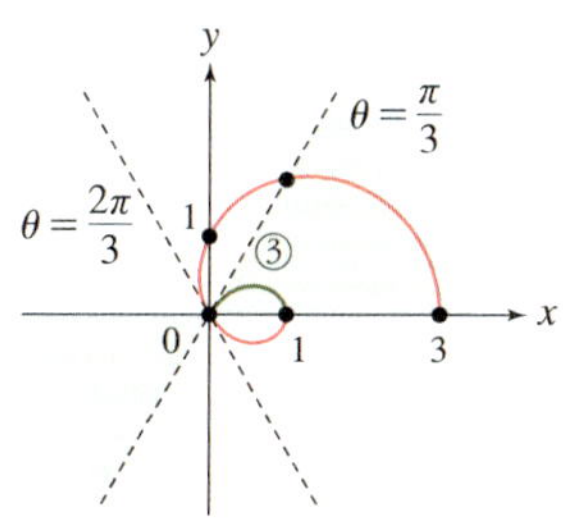

③ θ가 π에서 $\frac{4\pi}{3}$로 변하는 구간에서 r은 -1에서 0으로 증가한다. $r < 0$이므로 제3사분면이 아닌 반대 방향인 제1사분면에 그려지고 2개의 점의 극좌표 $(1, 0)$, $(0, 0)$을 부드럽게 이어준다.

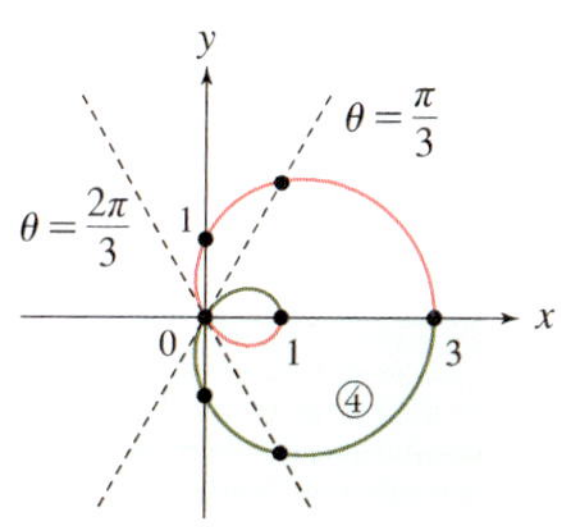

④ θ가 $\frac{4\pi}{3}$에서 2π로 변하는 구간에서 r은 0에서 3으로 증가한다. 그 과정에서 4개의 점의 극좌표 $\left(0, \frac{4\pi}{3}\right)$, $\left(1, \frac{3\pi}{2}\right)$, $\left(2, \frac{5\pi}{3}\right)$, $(3, 2\pi)$를 미리 그려놓고 부드럽게 이어준다.

[그림 8.33]

이와 같이 표를 따라서 4단계로 그리면 $r = 1 + 2\cos\theta$의 그래프는 [그림 8.34]에서와 같이 그려진다.

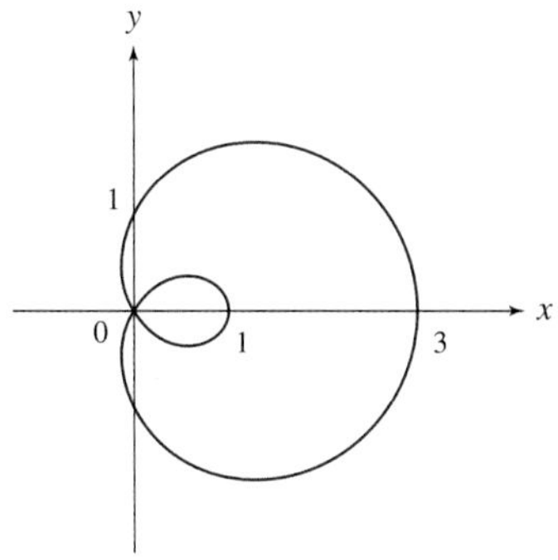

[그림 8.34] ■

연습문제

• Part 1

[1-13] 다음 극방정식의 그래프를 그려라. [예제 8.6~8.8]

1. $r=-1$
2. $r=3$
3. $r=-3$
4. $\theta=\frac{\pi}{3}$
5. $\theta=-\frac{\pi}{3}$
6. $\theta=\frac{\pi}{6}$
7. $\theta=-\frac{\pi}{6}$
8. $\theta=\frac{2p}{3}$
9. $\theta=-\frac{2\pi}{3}$
10. $r=2\theta,\ (0\le\theta\le 2\pi)$
11. $r=-2\theta,\ (0\le\theta\le 2\pi)$
12. $r=\theta,\ (-\pi\le\theta<0)$
13. $r=-\theta,\ (-\pi\le\theta\le 0)$

[14-19] 다음의 극좌표의 변수 r과 θ로 이루어진 극부등식으로 표현된 영역을 좌표평면에 나타내어라. [예제 8.9]

14. $0\le r\le\sqrt{2}$ 이고 $\frac{\pi}{4}\le\theta\le\frac{3\pi}{4}$
15. $1\le r\le 2$이고 $\frac{\pi}{4}\le\theta\le\frac{\pi}{3}$
16. $-2\le r\le -1$이고 $\frac{\pi}{4}\le\theta\le\frac{\pi}{3}$
17. $-\frac{\pi}{4}\le\theta\le\frac{\pi}{4}$
18. $-\frac{2\pi}{3}\le\theta\le-\frac{\pi}{3}$
19. $0\le\theta\le\frac{\pi}{2}$

[20-25] 다음 극방정식의 그래프를 그려라. [예제 8.10~8.11]

20. $r=-\sin\theta$
21. $r=2\sin\theta$
22. $r=3\sin\theta$
23. $r=\cos\theta$
24. $r=-\cos\theta$
25. $r=2\cos\theta$

[26-34] 다음 극방정식의 그래프를 그려라. [예제 8.12~8.14]

26. $r=\sin 2\theta$
27. $r=1+\cos\theta$
28. $r=1+2\sin\theta$
29. $r=\sin 3\theta$
30. $r=\cos 3\theta$
31. $r=2+\sin\theta$
32. $r=2+\cos\theta$
33. $r=1+3\sin\theta$
34. $r=2-\sin\theta$

• Part 2

[35-40] 다음 극방정식의 그래프를 그려라.

35. $r=\theta,\ (-\pi\le\theta\le\pi)$
36. $r=-\theta,\ (-\pi\le\theta\le\pi)$
37. $r=1+2\sin\theta\cos\theta$
38. $r=1+\sin(-\theta)$
39. $r=-1+\sin\theta$
40. $r=-1+\cos 2\theta$

8.3 극좌표에서의 넓이와 길이

8.3.1 극좌표 위의 기본 도형

평면에서 극방정식의 그래프로 둘러싸인 영역의 넓이를 구해보자. 직교좌표계를 고정한 평면에서 유계이고 닫힌 구간 I와 구간 I에서 정의된 연속인 함수*의 그래프 사이에 놓인 영역의 넓이를 구하는 방법을 [6.2: 적분의 응용]에서 공부하였다. 그 방법을 복습해 보면 다음과 같다.

* 직교좌표 (x, y)에서 함수는 $y = f(x)$ 또는 $x = g(y)$의 형태이다.

1. 주어진 함수의 정의역을 작게 분할하여 정의역을 밑변으로 하는 기본도형인 작은 직사각형의 넓이의 합을 구한다.
2. 작은 직사각형의 넓이의 합인 함수의 리만합으로 영역의 넓이를 근사시킨다.
3. 정의역의 분할을 무한으로 세분하면 작은 직사각형의 넓이의 합의 극한은 영역의 넓이가 되고 함수의 리만합의 극한은 정의역 구간에서 함수의 정적분이다.

주어진 좌표계에서 기본 도형은 각 축의 구간에 대한 곱집합으로 표현되는 도형이 일반적이다.

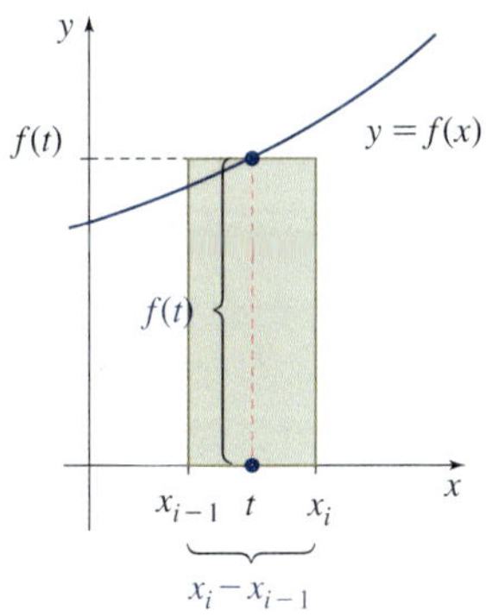

[그림 8.35]

6장에서 평면의 직교좌표계에서 기본 도형은 직사각형이다.
평면의 직교좌표계는 수직인 2개의 축인 x축과 y축으로 이루어진다. 각 축의 구간으로 만들어지는 기본 도형인 직사각형으로 넓이를 간단하게 구할 수 있다. [그림 8.35]에서와 같이 $y = f(x) \geq 0$인 경우

[직교좌표계에서의 기본도형인 직사각형의 넓이]
=[x축 정의역의 작은 구간의 길이]×[작은 구간 안에서의 함숫값 $f(t)$]
$= (x_i - x_{i-1}) \times f(t)$

평면의 극좌표계에서의 극좌표형 기본도형을 알아보자.
평면의 극좌표계는 다음과 같은 2개의 축이 있다.

- 원점에서 출발하는 반직선 방향의 r축
- 극축으로부터의 각을 가르키는 θ축

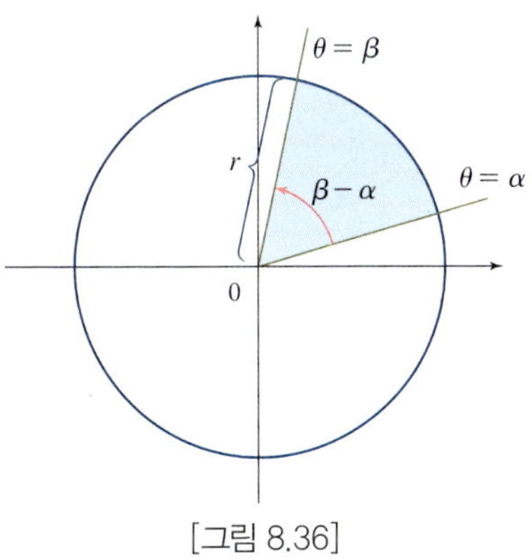

[그림 8.36]

평면의 극좌표계는 r축과 θ축으로 이루어진다. 극좌표형 기본도형 R은 r축의 구간 $[0, b]$과 θ축의 구간 $[\alpha, \beta]$으로 만들어진 부채꼴 $[0, b] \times [\alpha, \beta]$이다. ([그림 8.36] 참고) 이때, $0 \leq \beta - \alpha \leq 2\pi$이다. 극좌표형 기본도형인 부채꼴 R의 넓이를 다음과 같다.

$$[\text{중심각이 } \beta - \alpha \text{이고 반지름이 } r \text{인 부채꼴의 넓이}] = \left[\frac{1}{2} r^2 (\beta - \alpha)\right]$$

평면의 극좌표계에서 극방정식 $r = f(\theta)$의 그래프로 둘러싸인 영역의 넓이를 구하기 위하여 정의역인 θ의 구간 $[\alpha, \beta]$를 잘게 나누어서 생긴 기본도형인 작은 부채꼴의 넓이의 합으로 영역의 넓이를 근사시키는 방법을 사용한다.

8.3.2 극방정식 $r=f(\theta)$으로 둘러싸인 영역의 넓이

θ축 위의 구간 $[\alpha,\beta]$ 위에서 정의된 극방정식 형태의 연속함수 $r=f(\theta)$가 음이 아닌 함숫값 $f(\theta)\geq 0$을 갖는다고 하자. 극방정식 $r=f(\theta)$의 그래프 그리고 두 개의 반직선 $\theta=\alpha$와 $\theta=\beta$로 둘러싸인 영역을 R이라고 하자. 이때, 정의역 변수 θ의 구간 $[\alpha,\beta]$은 $\beta-\alpha\leq 2\pi$를 만족해야 한다. 이러한 조건은 각의 차이가 2π를 넘으면 영역 R에 평면에서 중복된 부분이 생기기 때문이다. ([그림 8.37](a) 참고) 이제 영역 R의 넓이 A를 구해보자.

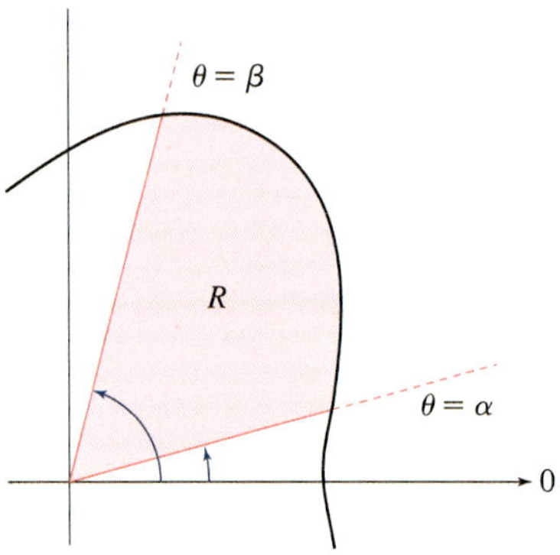

[그림 8.37](a)

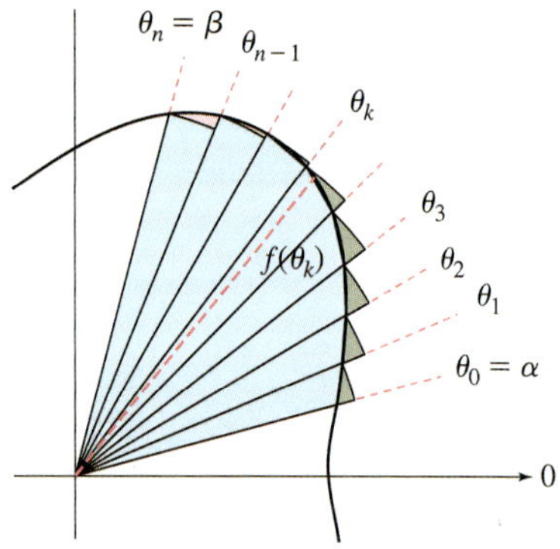

[그림 8.37](b)

- 정의역인 θ축인 구간 $[\alpha,\beta]$의 분할 $P=\{\alpha=\theta_0<\theta_1<\theta_2<\cdots<\theta_n=\beta\}$를 잡고 구간 $[\alpha,\beta]$를 다음 n개 작은 구간으로 분할하자. ([그림 8.37](b) 참고)

$$[\theta_0,\theta_1],[\theta_1,\theta_2],\ \cdots,[\theta_{k-1},\theta_k],\ \cdots,[\theta_{n-1},\theta_n]$$

- 작은 구간 $[\theta_{k-1},\theta_k]$으로 생긴 작은 부채꼴은 중심각 $\Delta\theta_k=\theta_k-\theta_{k-1}$과 반지름 $f(\theta_k)$을 갖는다. 이 작은 부채꼴의 넓이는 $\frac{1}{2}[f(\theta_k)]^2\Delta\theta_k$이다.

$A_n=\sum_{k=1}^{n}\frac{1}{2}[f(\theta_k)]^2\Delta\theta_k$는 구간 $[\alpha,\beta]$에서 함수 $\frac{1}{2}f(\theta)^2$의 리만합이라고 할 수 있다.

- n개의 작은 부채꼴 넓이의 합 A_n은 다음과 같이 함수 $\frac{1}{2}[f(\theta)]^2$의 리만합이다.

$$A_n=\sum_{k=1}^{n}\frac{1}{2}[f(\theta_k)]^2\Delta\theta_k$$

- n개의 작은 부채꼴 넓이의 합 A_n은 영역 R의 넓이 A를 근사한다. ([그림 8.37](b) 참고)

$$A\approx A_n=\sum_{k=1}^{n}\frac{1}{2}[f(\theta_k)]^2\Delta\theta_k$$

- 구간 $[\alpha,\beta]$의 분할을 무한히 세분하면 작은 부채꼴 넓이의 합 A_n의 극한은 영역 R의 넓이 A이다.

$$A = \lim_{\|P\| \to 0} A_n = \lim_{\|P\| \to 0} \left[\sum_{k=1}^{n} \frac{1}{2} [f(\theta_k)]^2 \Delta \theta_k \right]$$

• 구간 $[\alpha, \beta]$의 분할을 무한히 세분하면 함수 $\frac{1}{2}[f(\theta)]^2$의 리만합의 극한은 구간 $[\alpha, \beta]$에서 함수 $\frac{1}{2}[f(\theta)]^2$의 정적분으로 표현된다.

$$A = \lim_{\|P\| \to 0} \left[\sum_{k=1}^{n} \frac{1}{2} [f(\theta_k)]^2 \Delta \theta_k \right] = \int_{\alpha}^{\beta} \frac{1}{2} f(\theta)^2 \, d\theta$$

[정리 8.2: 극방정식에 의한 영역의 넓이] 구간 $[\alpha, \beta]$에서 연속함수 f를 잡고 $f \geq 0$이라고 하자. 이때, $\beta - \alpha \leq 2\pi$이다. 그러면 구간 $[\alpha, \beta]$ 위에서 극방정식 $r = f(\theta)$의 그래프와 2개의 반직선 $\theta = \alpha$와 $\theta = \beta$으로 둘러싸인 영역 R의 넓이 A는 다음과 같다.

$$A = \int_{\alpha}^{\beta} \frac{1}{2} [f(\theta)]^2 d\theta$$

극방정식 $r = f(\theta)$로 둘러싸인 영역의 넓이를 구하는 경우 우선 대략적인 그래프의 개형을 그리는 것이 중요하다.

[예제 8.15] 극방정식 $r = 1 + \cos\theta$의 그래프로 둘러싸인 영역의 넓이를 구하여라. [연습문제 1~3]

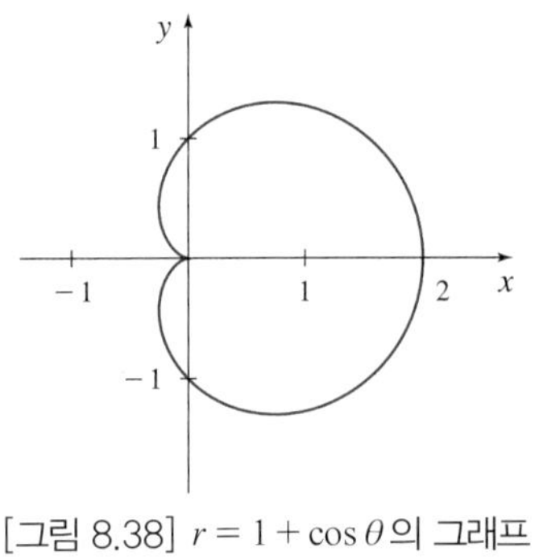

[그림 8.38] $r = 1 + \cos\theta$의 그래프

[풀이] 극방정식 $r = 1 + \cos\theta$의 그래프는 다음과 같다. ([그림 8.38] 참고)
[그림 8.38]을 보면 $0 \leq \theta \leq \pi$에서 그려진 $r = 1 + \cos\theta$의 그래프와 $\pi \leq \theta \leq 2\pi$에서 그려진 $r = 1 + \cos\theta$의 그래프는 x축에 대칭이다. 그러므로 구간 $[0, 2\pi]$ 위에서 $r = 1 + \cos\theta$의 그래프로 둘러싸인 영역의 넓이 A는 $0 \leq \theta \leq \pi$에서 그려진 그래프로 둘러싸인 영역의 넓이의 2배이다. 그러므로

$$\begin{aligned} A = 2\int_0^{\pi} \frac{1}{2}(1 + \cos\theta)^2 d\theta &= \int_0^{\pi} (1 + 2\cos\theta + \cos^2\theta) d\theta \\ &= \int_0^{\pi} \left(1 + 2\cos\theta + \frac{1 + \cos 2\theta}{2}\right) d\theta \\ &= \left[\frac{3}{2}\theta + 2\sin\theta + \frac{1}{4}\sin 2\theta\right]_0^{\pi} = \frac{3}{2}\pi. \end{aligned}$$

구간 $[0, 2\pi]$에서 정의된 극방정식 $r = 1 + \cos\theta$의 그래프로 둘러싸인 영역의 넓이 A는 $\frac{3}{2}\pi$이다. ■

[예제 8.16] 극방정식 $r=\cos 2\theta$의 그래프로 둘러싸인 영역의 넓이를 구하여라. [연습문제 4~6]

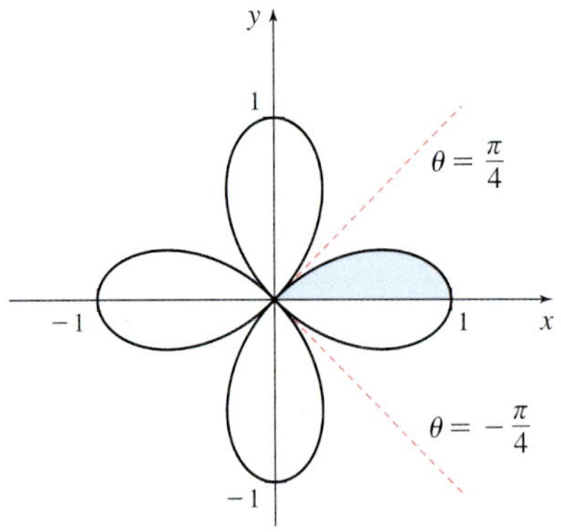

[그림 8.39] $r=\cos 2\theta$의 그래프

[풀이] 극방정식 $r=\cos 2\theta$의 그래프를 그리면 [그림 8.39]이다.
그래프를 보면 4개의 잎은 모양이 같다. 그리고 한 개의 잎도 반으로 나누면 대칭인 두 부분으로 나뉘어진다.
즉, 구간 $\left[-\frac{\pi}{4},\frac{\pi}{4}\right]$에서 $r=\cos 2\theta$의 그래프는 한 개의 잎이다. 구간 $\left[-\frac{\pi}{4},\frac{\pi}{4}\right]$의 잎의 넓이는 구간 $\left[-\frac{\pi}{4},0\right]$의 잎의 반쪽 넓이와 구간 $\left[0,\frac{\pi}{4}\right]$의 잎의 반쪽 넓이로 나뉘어지고 두 개의 반쪽 잎은 대칭 모양으로 같은 넓이를 갖는다.
그러므로 평면 전체인 구간 $[0,2\pi]$에서 $r=\cos 2\theta$의 그래프로 둘러싸인 영역의 면적 A는 구간 $\left[0,\frac{\pi}{4}\right]$에서 $r=\cos 2\theta$의 그래프로 둘러싸인 영역의 넓이의 8배이다. 즉,

$$A=8\int_0^{\frac{\pi}{4}}\frac{1}{2}\cos^2 2\theta\ d\theta.$$

그러므로 $A=4\int_0^{\frac{\pi}{4}}\cos^2 2\theta\ d\theta=4\int_0^{\frac{\pi}{4}}\left(\frac{1+\cos 4\theta}{2}\right)d\theta$

$$=2\left[\theta+\frac{1}{4}\sin 4\theta\right]_0^{\frac{\pi}{4}}=\frac{\pi}{2}.$$

구간 $[0,2\pi]$에서 $r=\cos 2\theta$의 그래프로 둘러싸인 영역의 넓이는 $\frac{\pi}{2}$이다. ■

[참고] θ축의 구간 $[\alpha,\beta]$에서 정의된 극방정식 $r=f(\theta)$의 그래프과 두 개의 반직선 $\theta=\alpha$와 $\theta=\beta$로 둘러싸인 영역을 R의 넓이를 구하는 경우
(1) 극방정식 $r=f(\theta)$의 그래프를 먼저 그리고
(2) 그래프에서 대칭으로 같은 모양을 갖는 부분을 알아본다.

[예제 8.17] 극방정식 $r=\sqrt{\theta}$의 그래프를 그리고 구간 $[0,\pi]$에서 $r=\sqrt{\theta}$의 그래프와 두 개의 반직선 $\theta=0$와 $\theta=\pi$로 둘러싸인 영역의 넓이를 구하여라. [연습문제 7~9]

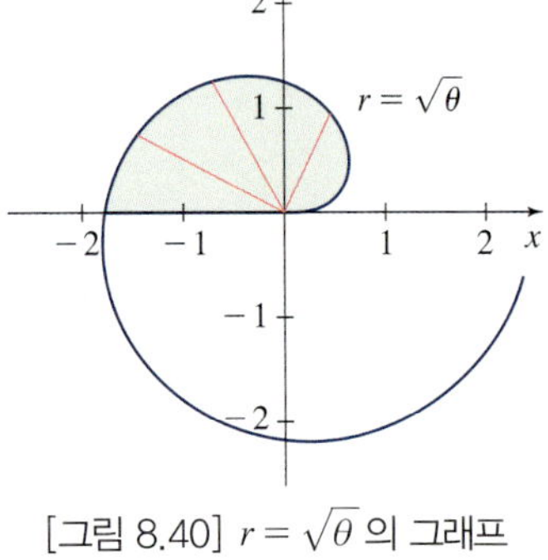

[그림 8.40] $r=\sqrt{\theta}$의 그래프

[풀이] 극방정식 $r=\sqrt{\theta}$에서 정의역은 $\theta\geq 0$이다.
$\theta=0$이면 $r=0$, $\theta=\frac{\pi}{2}$이면 $r=\sqrt{\frac{\pi}{2}}$, $\theta=\pi$이면 $r=\sqrt{\pi}$이므로
θ가 커지면 r도 커지도록 그래프를 그리면 [그림 8.40]이다.
$\theta=0$과 $\theta=\pi$ 그리고 $r=\sqrt{\theta}$으로 둘러싸인 영역은 [그림 8.40]에서 보면 색이 칠해진 영역이다. 그러므로 색이 칠해진 영역의 넓이 A는 다음과 같다.

$$A=\int_0^{\pi}\frac{1}{2}(\sqrt{\theta})^2\,d\theta=\frac{1}{2}\int_0^{\pi}\theta\,d\theta=\frac{1}{4}[\theta^2]_0^{\pi}=\frac{\pi^2}{4}$$

구간 $[0,\theta]$ 위에서 $r=\sqrt{\theta}$로 둘러싸인 영역의 넓이는 $\dfrac{\pi^2}{4}$이다. ■

8.3.3 두 개의 극방정식으로 둘러싸인 영역의 넓이

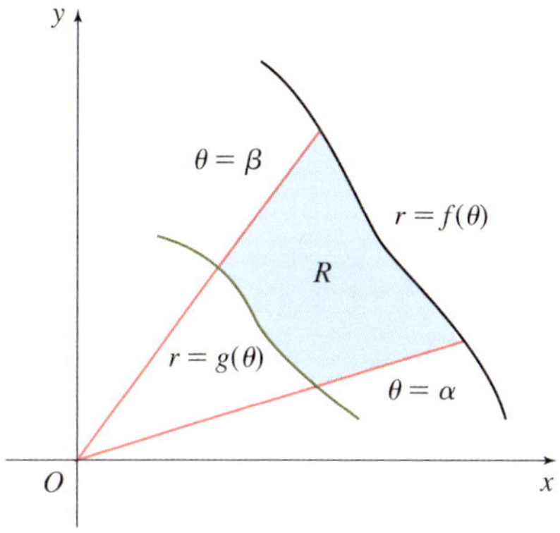

[그림 8.41]

구간 $[\alpha,\beta]$ 위에서 정의된 2개의 연속인 함수 f와 g를 잡고 $f(\theta)\ge g(\theta)\ge 0$이라고 하자. 극방정식 $r=f(\theta)$와 $r=g(\theta)$의 그래프 그리고 두 개의 반직선 $\theta=\alpha$와 $\theta=\beta$로 둘러싸인 영역 R을 잡자. ([그림 8.41] 참고) 영역 R의 넓이 A를 구해보자.

영역 R의 넓이 A는 구간 $[\alpha,\beta]$에서 극방정식 $r=f(\theta)$의 그래프로 둘러싸인 영역의 넓이에서 구간 $[\alpha,\beta]$에서 극방정식 $r=g(\theta)$의 그래프로 둘러싸인 영역의 넓이를 뺀 값이다. 즉, 영역 R의 넓이 A는 다음과 같다. ([그림 8.41] 참고)

$$A=\int_\alpha^\beta \frac{1}{2}f(\theta)^2d\theta-\int_\alpha^\beta \frac{1}{2}g(\theta)^2d\theta=\frac{1}{2}\int_\alpha^\beta\left[\left(f(\theta)^2-g(\theta)^2\right)\right]d\theta$$

[정리 8.3: 두 개의 극방정식에 의한 영역의 넓이]
구간 $[\alpha,\beta]$에서 연속인 두 함수 f와 g에 대하여 $f(\theta)\ge g(\theta)\ge 0$라고 하자. 이때, $\beta-\alpha\le 2\pi$이다. 그러면 구간 $[\alpha,\beta]$ 위에서 2개의 극방정식 $r=f(\theta)$와 $r=g(\theta)$의 그래프와 두 개의 반직선 $\theta=\alpha$와 $\theta=\beta$으로 둘러싸인 영역 R의 넓이 A는 다음과 같다.

$$A=\frac{1}{2}\int_\alpha^\beta\left[f(\theta)^2-g(\theta)^2\right]d\theta$$

[예제 8.18] 두 개의 극방정식 $r=1+\cos\theta$과 $r=1$에 대하여 [연습문제 10~15]
(1) $r=1+\cos\theta$의 내부와 $r=1$의 내부의 공통 영역의 넓이를 구하여라.
(2) $r=1+\cos\theta$의 외부와 $r=1$의 내부의 공통 영역의 넓이를 구하여라.

[풀이] (1)과 (2)에서 주어진 영역을 구하기 위해 극방정식 $r=1+\cos\theta$과 $r=1$이 만나는 점을 구해야 한다.

$1=1+\cos\theta$이고 $\cos\theta=0$이므로 $\theta=\dfrac{\pi}{2}$이고 $\theta=\dfrac{3\pi}{2}$이다. 그러므로 극방정식 $r=1+\cos\theta$과 $r=1$이 만나는 점은 $\left(1,\dfrac{\pi}{2}\right)$와 $\left(1,\dfrac{3\pi}{2}\right)$이다.

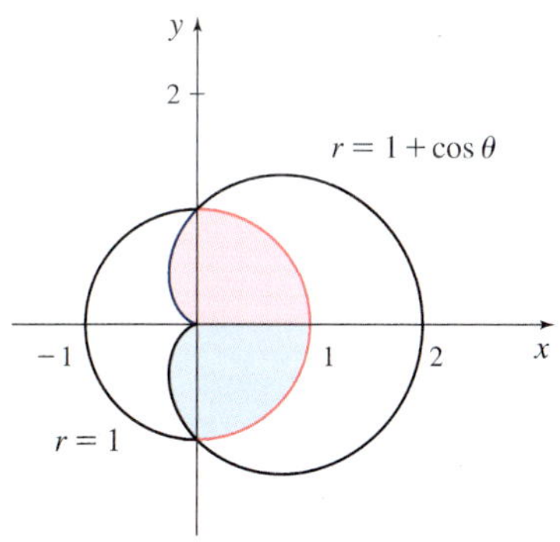

[그림 8.42](a)

(1) $r=1+\cos\theta$의 내부와 $r=1$의 내부의 공통부분에 대한 그래프는 [그림 8.42](a)에서 볼 수 있다.
구간 $[0,\pi]$에서의 $r=1+\cos\theta$의 내부와 $r=1$의 내부의 공통 영역의 넓이와 구간 $[\pi,2\pi]$에서 $r=1+\cos\theta$의 내부와 $r=1$의 내부의 공통 영역의 넓이는 같다. 그러므로 구해야 하는 구간 $[0, 2\pi]$에서 $r=1+\cos\theta$의 내부와 $r=1$ 내부로 둘러싸인 영역의 넓이는 구간 $[0, \pi]$에서 $r=1+\cos\theta$의 내부와 $r=1$의 내부로 둘러싸인 영역의 넓이의 2배이다.

구간 $[0, \pi]$에서도 다음과 같이 두 부분으로 나누어 넓이를 구한다.

- 구간 $\left[0, \frac{\pi}{2}\right]$에서 $r=1$로 둘러싸인 영역의 넓이는 $\int_0^{\frac{\pi}{2}} \frac{1}{2} \times 1\, d\theta$이다.
- 구간 $\left[\frac{\pi}{2}, \pi\right]$에서 $r=1+\cos\theta$로 둘러싸인 영역의 넓이는 $\int_{\frac{\pi}{2}}^{\pi} \frac{1}{2}(1+\cos\theta)^2\, d\theta$이다.

구간 $[0, 2\pi]$에서 $r=1+\cos\theta$의 내부와 $r=1$ 내부의 공통 영역의 넓이 A는 다음과 같다.

$$\begin{aligned} A &= [\text{구간 } [0,2\pi]\text{에서 } r=1+\cos\theta\text{의 내부와 } r=1 \text{ 내부의 공통 영역의 넓이}] \\ &= 2\times[\text{구간 } [0,\pi]\text{에서 } r=1+\cos\theta\text{의 내부와 } r=1 \text{ 내부의 공통 영역의 넓이}] \\ &= 2\left[\frac{1}{2}\int_0^{\frac{\pi}{2}} 1^2 d\theta + \frac{1}{2}\int_{\frac{\pi}{2}}^{\pi}(1+\cos\theta)^2 d\theta\right] \\ &= [\theta]_0^{\frac{\pi}{2}} + \int_{\frac{\pi}{2}}^{\pi}\left[\frac{3}{2}+2\cos\theta+\frac{1}{2}\cos 2\theta\right]d\theta \qquad \cos^2\theta = \frac{1+\cos 2\theta}{2} \\ &= \frac{\pi}{2} + \left[\frac{3}{2}\theta + 2\sin\theta + \frac{1}{4}\sin 2\theta\right]_{\frac{\pi}{2}}^{\pi} \\ &= \frac{\pi}{2} + \frac{3\pi}{4} - 2 = \frac{5\pi}{4} - 2 \end{aligned}$$

$r=1+\cos\theta$의 내부와 $r=1$의 내부의 공통 영역의 넓이는 $\frac{5\pi}{4}-2$이다.

(2) $r=1+\cos\theta$의 외부와 $r=1$의 내부의 공통 영역을 살펴보자. 구간 $\left[\frac{\pi}{2}, \frac{3\pi}{2}\right]$에서 $\cos\theta \le 0$, $(1+\cos\theta) \le 1$이므로 $r=1+\cos\theta$의 외부와 $r=1$의 내부의 공통 영역은 [그림 8.42](b)에서 볼 수 있다.

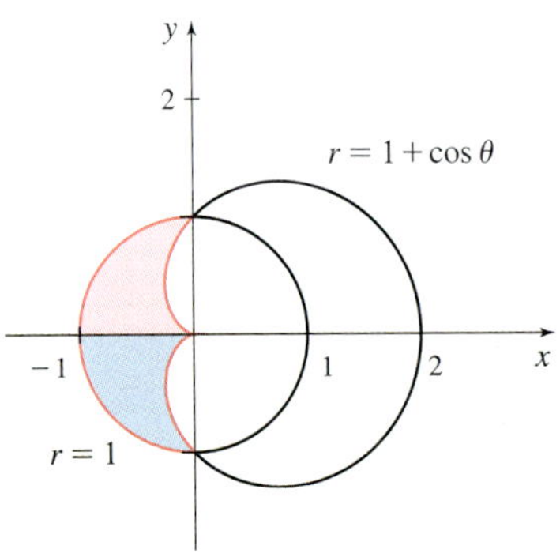

[그림 8.42](b)

$r=1+\cos\theta$의 외부와 $r=1$ 내부의 공통 영역의 넓이는 같은 모양을 갖는 2개 부분으로 나뉜다. 즉, 구간 $\left[\frac{\pi}{2}, \pi\right]$에서의 영역과 구간 $\left[\pi, \frac{3\pi}{2}\right]$에서의 영역은 같은 넓이를 갖는다.

그러므로 구간 $\left[\frac{\pi}{2}, \frac{3\pi}{2}\right]$에서 $r=1+\cos\theta$의 외부와 $r=1$ 내부의 공통 영역의 넓이 A는 다음과 같다.

$$\begin{aligned} A &= \left[\text{구간 } \left[\frac{\pi}{2}, \frac{3\pi}{2}\right]\text{에서 } r=1+\cos\theta\text{의 외부와 } r=1 \text{ 내부의 공통 영역의 넓이}\right] \\ &= 2\times\left[\text{구간 } \left[\frac{\pi}{2}, \pi\right]\text{에서 } r=1+\cos\theta\text{의 내부와 } r=1 \text{ 내부의 공통 영역의 넓이}\right] \\ &= 2\left[\frac{1}{2}\int_{\frac{\pi}{2}}^{\pi}[1^2-(1+\cos\theta)^2]d\theta\right] \end{aligned}$$

$$= \int_{\frac{\pi}{2}}^{\pi} (-2\cos\theta - \cos^2\theta)\,d\theta$$

$$= \left[-2\sin\theta - \frac{1}{2}\theta - \frac{1}{4}\sin 2\theta\right]_{\frac{\pi}{2}}^{\pi} = 2 - \frac{\pi}{4}$$

그러므로 $r = 1 + \cos\theta$의 외부와 $r = 1$의 내부의 공통 영역의 넓이는 $2 - \frac{\pi}{4}$이다. ■

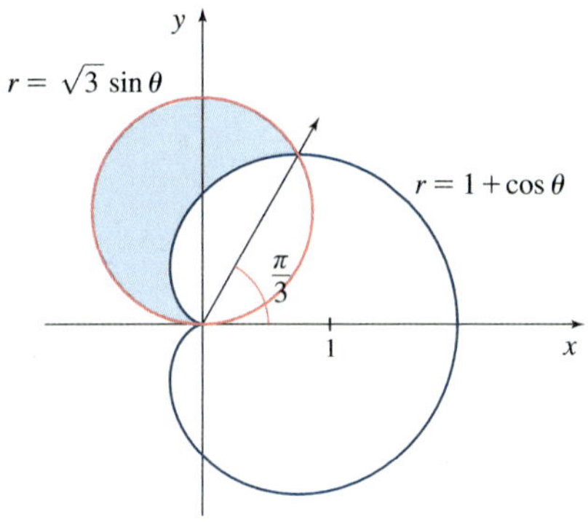

[그림 8.43]

[예제 8.19] 두 개의 극방정식 $r = 1 + \cos\theta$과 $r = \sqrt{3}\sin\theta$에 대하여 $r = 1 + \cos\theta$의 외부와 $r = \sqrt{3}\sin\theta$의 내부의 공통 영역의 넓이를 구하여라. [연습문제 16~18]

[풀이] 극방정식 $r = 1 + \cos\theta$의 외부와 $r = \sqrt{3}\sin\theta$ 내부의 공통 영역을 살펴보자. 우선 두 개의 극방정식 $r = 1 + \cos\theta$과 $r = \sqrt{3}\sin\theta$의 그래프가 만나는 θ의 값을 구해보자. 그러면

$$1 + \cos\theta = \sqrt{3}\sin\theta \qquad \text{양변 제곱}$$
$$1 + 2\cos\theta + \cos^2\theta = 3\sin^2\theta$$
$$1 + 2\cos\theta + \cos^2\theta = 3(1 - \cos^2\theta) \qquad \text{항등식 } \sin^2\theta = 1 - \cos^2\theta\text{을 대입}$$
$$4\cos^2\theta + 2\cos\theta - 2 = 0$$
$$(2\cos\theta - 1)(\cos\theta + 1) = 0$$

그러므로 두 개의 그래프가 만나는 θ의 값은 $\theta = \frac{\pi}{3}$ 또는 $\theta = \pi$이다.

[그림 8.43]에서 구간 $\left[\frac{\pi}{3}, \pi\right]$에서 $r = 1 + \cos\theta$의 외부와 $r = \sqrt{3}\sin\theta$의 내부의 공통 영역을 볼 수 있다.

즉, 구간 $\left[\frac{\pi}{3}, \pi\right]$에서 $\sqrt{3}\sin\theta \ge 1 + \cos\theta$이다.

$r = 1 + \cos\theta$의 외부와 $r = \sqrt{3}\sin\theta$의 내부의 공통 영역의 넓이 A는 다음과 같다.

$$A = \frac{1}{2}\int_{\frac{\pi}{3}}^{\pi} [3\sin^2\theta - (1 + \cos\theta)^2]\,d\theta$$

$$= \frac{1}{2}\int_{\frac{\pi}{3}}^{\pi} [3\sin^2\theta - 1 - 2\cos\theta - \cos^2\theta]\,d\theta$$

$$= \frac{1}{2}\int_{\frac{\pi}{3}}^{\pi} \left[\frac{3}{2}(1 - \cos 2\theta) - 1 - 2\cos\theta - \frac{1}{2}(1 + \cos 2\theta)\right] d\theta$$

$$= \frac{1}{2}\int_{\frac{\pi}{3}}^{\pi} [-2\cos\theta - 2\cos 2\theta]\,d\theta$$

$$= \frac{1}{2}[-2\sin\theta - \sin 2\theta]_{\pi/3}^{\pi}$$

$$= \frac{1}{2}\left[\sqrt{3} + \frac{\sqrt{3}}{2}\right] = \frac{3\sqrt{3}}{4}$$

$r = 1 + \cos\theta$의 외부와 $r = \sqrt{3}\sin\theta$ 내부의 공통 영역의 넓이는 $\frac{3\sqrt{3}}{4}$이다. ■

연습문제

• Part 1

[1-3] 다음의 극방정식의 그래프로 둘러싸인 영역의 넓이를 구하여라. [예제 8.15]

1. $r = 1 + \sin\theta$
2. $r = \sin\theta$
3. $r = \cos\theta$

[4-6] 다음의 극방정식의 그래프로 둘러싸인 영역의 넓이를 구하여라. [예제 8.16]

4. $r = \sin 2\theta$
5. $r = \sin 3\theta$
6. $r = \cos 3\theta$

[7-9] 다음에서 제시된 영역의 넓이를 구하여라. [예제 8.17]

7. 구간 $\left[\frac{\pi}{2}, \frac{3p}{2}\right]$에서 $r = \sqrt{\theta}$의 그래프와 두 개의 반직선 $\theta = \frac{\pi}{2}$와 $\theta = \frac{3\pi}{2}$로 둘러싸인 영역의 넓이
8. 구간 $[0, \pi]$에서 $r = \theta$의 그래프와 두 개의 반직선 $\theta = 0$와 $\theta = \pi$로 둘러싸인 영역의 넓이
9. 구간 $\left[0, \frac{\pi}{6}\right]$에서 $r = \sin 3\theta$의 그래프와 반직선 $\theta = \frac{\pi}{6}$로 둘러싸인 영역의 넓이

[10-15] 다음에서 제시된 영역의 넓이를 구하여라. [예제 8.18]

10. $r = 1 + \sin\theta$의 내부와 $r = 1$의 내부의 공통 영역의 넓이
11. $r = 1 + \sin\theta$의 외부와 $r = 1$의 내부의 공통 영역의 넓이
12. $r = 1 + \sin\theta$의 내부와 $r = 1$의 외부의 공통 영역의 넓이
13. $r = 2 - \sin\theta$의 내부와 $r = 1$의 외부의 공통 영역의 넓이
14. $r = \cos\theta$의 외부와 $r = 1$의 내부의 공통 영역의 넓이
15. $r = \sin\theta$의 외부와 $r = 1$의 내부의 공통 영역의 넓이

[16-18] 다음에서 제시된 영역의 넓이를 구하여라. [예제 8.19]

16. $r = \sin\theta$의 내부와 $r = \cos\theta$의 내부의 공통 영역의 넓이
17. $r = \sin\theta$의 외부와 $r = \cos\theta$의 내부의 공통 영역의 넓이
18. $r = 1 + \cos\theta$의 내부와 $r = \sqrt{3}\sin\theta$의 외부의 공통 영역의 넓이

• Part 2

[19-20] 다음의 극방정식의 그래프로 둘러싸인 영역의 넓이를 구하여라.

19. $r = 2 + \sin\theta$
20. $r = 1 + \sin 2\theta$

21. 구간 $\left[0, \frac{\pi}{2}\right]$에서 $r = 1 + \cos 2\theta$의 그래프와 두 개의 반직선 $\theta = 0$와 $\theta = \frac{\pi}{3}$로 둘러싸인 영역의 넓이를 구하여라.
22. $r = 1 + \cos 2\theta$의 내부와 $r = 1$의 내부의 공통 영역의 넓이

8.4 원뿔곡선

8.4.1 원뿔곡선의 개념: 이차곡선

◐ 원뿔곡선의 정의

그리스의 수학자 아폴로니우스(Apollonius, B.C. 262~200)는 저서 〈원뿔곡선론(Conins)〉에서 원뿔곡선에 대하여 집중적으로 논하였고 원뿔곡선에 원, 타원, 포물선, 쌍곡선이라는 이름을 부여한 최초의 인물이다.

원뿔곡선은 원, 타원, 포물선 그리고 쌍곡선의 평면 곡선을 말한다. 이 4가지 곡선을 다른 표현으로 **이차곡선**이라고 한다. 원뿔곡선의 어원은 그리스에서 나왔다. 그리스 시대는 직교좌표 또는 극좌표와 같은 좌표의 개념이 없었다. 좌표가 없기 때문에 반지름이 1인 원을 $x^2 + y^2 = 1$과 같은 방정식으로 나타낼 수 있는 도구가 없었다. 그리스 시대의 도구는 단지 자와 컴퍼스였다. 이렇게 좌표축을 사용하지 않고 평면이나 공간에 그려진 도형 자체를 공부하는 것이 그리스 시대의 기하학에 대한 연구였다.

평면도형에서 원과 직선은 자와 컴퍼스를 사용하여 그릴 수 있지만, 그 이외의 타원, 포물선 그리고 쌍곡선은 자와 컴퍼스를 사용하여 그릴 수 없다. 그리스 사람들은 원과 직선 이외의 다양한 곡선을 그리기 위해 공간의 입체를 평면으로 잘라서 곡선을 만들었다.

원뿔면을 평면으로 잘라서 만드는 대표적인 곡선이 타원, 포물선 그리고 쌍곡선이다. 이러한 곡선들은 **원뿔면**(cone 또는 double cone)을 평면으로 잘라서 만들어진 곡선이라는 의미로 **원뿔곡선**(conic section)이라고 한다.

원뿔면은 다음과 같이 만들어진다. [그림 8.44]

- 한 점 P에서 만나는 서로 다른 두 직선 l과 g를 잡자.
- 직선 l을 고정하고 직선 l을 회전축으로 직선 g를 회전시켰을 때 생기는 면이 원뿔면이다.
- 점 P를 원뿔면의 **꼭짓점**(vertex), 회전축 l을 원뿔면의 **축**(axis), 직선 g를 원뿔면의 생성자 또는 **생성직선**(generator)이라고 한다.

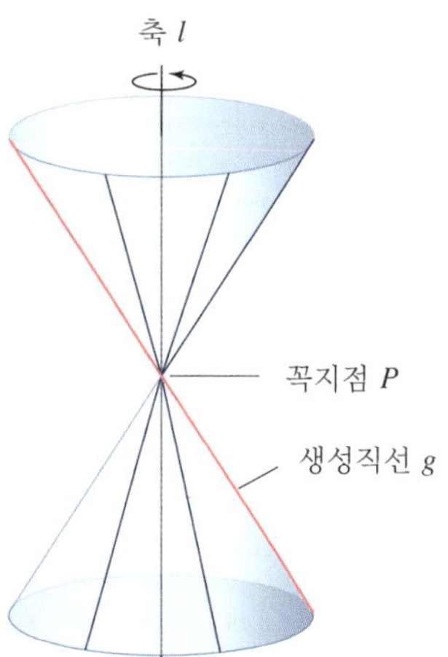

[그림 8.44] 원뿔면

[그림 8.44]에서 보듯이 원뿔면은 2개의 원뿔이 꼭짓점을 맞대고 있는 도형이다. 원뿔면과 평면이 만나서 생기는 곡선에서

- 평면이 원뿔면의 꼭짓점을 지나는 경우 원뿔면과 평면이 만나서 생기는 평면도형은 한 점이거나 직선이다.
- 평면이 원뿔면의 꼭짓점을 지나지 않은 경우 원뿔면과 평면이 만나서 생기는 평면도형이 **원뿔곡선**이다. 즉, **원**, **타원**, **포물선** 그리고 **쌍곡선**이다. ([그림 8.45](a), (b), (c), (d) 참고)

원뿔면의 꼭짓점 P을 지나지 않는 평면과 원뿔면이 만나서 생기는 원뿔곡선은 다음과 같은 네 종류이다.

(1) 원은 축 l에 수직인 평면이 원뿔면과 만나서 생기는 곡선이다. ([그림 8.45](a)

참고)

(2) **타원**은 평면과 축 l 사이의 각도가 축 l과 생성직선 g 사이의 각도보다 큰 경우 평면이 원뿔면과 만나서 생기는 곡선이다. ([그림 8.45](b) 참고)

(3) **포물선**은 평면과 생성곡선 g이 평행한 경우 평면이 원뿔면과 만나서 생기는 곡선이다. ([그림 8.45](c) 참고)

(4) **쌍곡선**은 평면이 축 l과 평행한 경우 평면이 원뿔면과 만나서 생기는 곡선이다. ([그림 8.45](d) 참고)

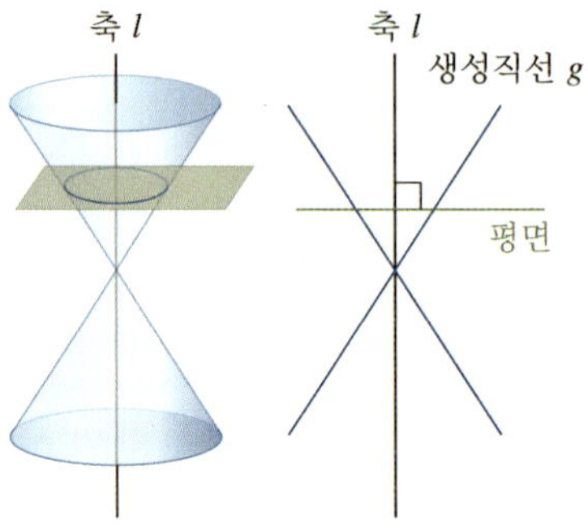

[그림 8.45](a) 원

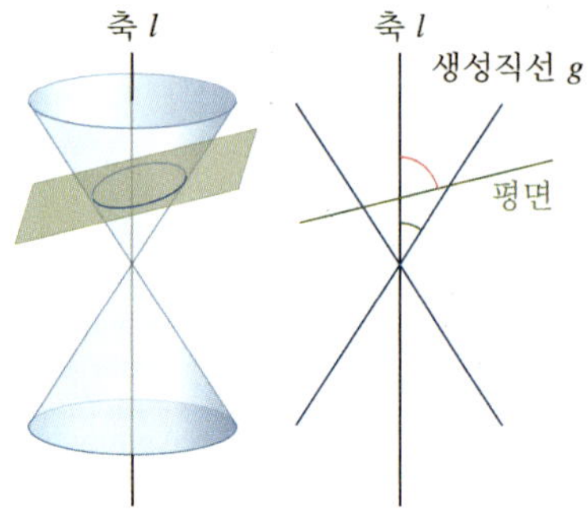

[그림 8.45](b) 타원

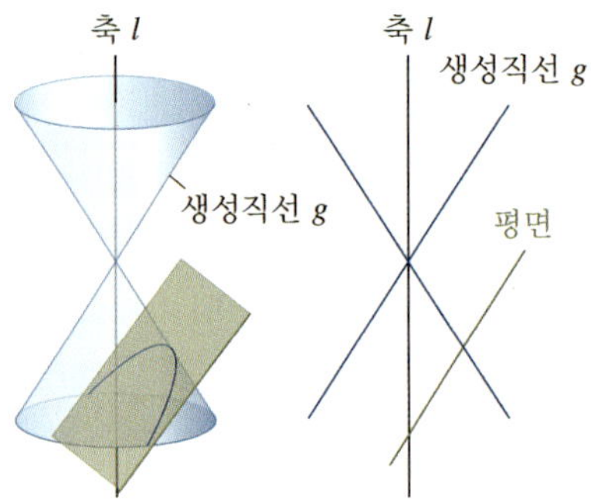

[그림 8.45](c) 포물선

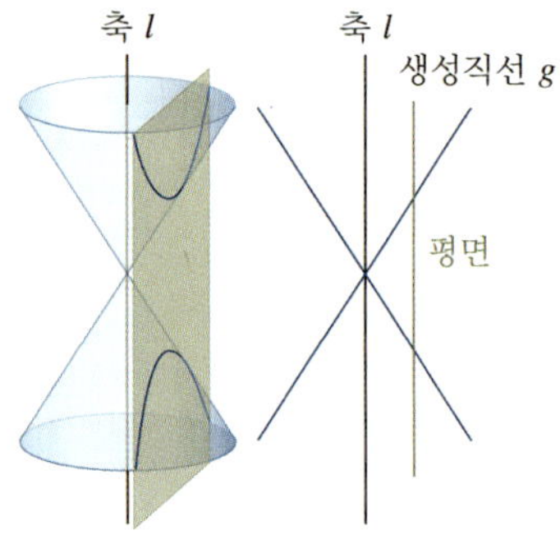

[그림 8.45](d) 쌍곡선

◐ 원뿔곡선의 이차방정식 표현

이제 4가지 원뿔곡선의 순수기하학적 관점의 정의가 아닌 해석기하학적인 정의를 다룬다. 즉, 평면의 직교좌표계를 사용하여 원추곡선을 정의해 보자.

가장 먼저 원은 앞에서 이미 다루었기 때문에 원추곡선에서는 간단하게 다룬다. 원의 정의는 다음과 같다.

> 「원은 한 점 P에서 거리가 $r>0$인 점들의 모임이다. 이때, 점 P는 원의 중심이고 $r>0$은 원의 반지름이다.」

그러므로 중심이 $(0,0)$이고 반지름이 $r>0$인 **원의 표준형 방정식**은

$$x^2+y^2=r^2$$

이고 중심이 (x_0, y_0)이고 반지름이 $r>0$인 원의 방정식은 다음과 같다.

$$(x-x_0)^2+(y-y_0)^2=r^2$$

완전제곱 형태를 전개하면 **원의 일반형 방정식**은 다음과 같다.

$$x^2+y^2+Cx+Dy+E=0 \tag{8.4}$$

8.4.2 포물선(parabola)

포물선의 일반적인 정의는 다음과 같다.

> **[정의 8.2: 포물선(parabola)]** 점 F와 F를 지나지 않는 직선 l에 대하여 점 F에서의 거리와 직선 l에서의 거리가 같은 점들의 모임이 **포물선(parabola)**이다. 이때, 점 F는 **포물선의 초점(focus)**이고 직선 l은 **포물선의 준선(directrix)**이다. 초점에서 준선까지의 거리의 반이 되는 점 O를 **포물선의 꼭짓점(vertex)**이라고 한다.

기본형의 포물선은 다음과 같은 두 종류이다.

- 초점은 x축 위에 있고 준선은 y축에 평행하고 꼭짓점은 원점인 포물선
- 초점은 y축 위에 있고 준선은 x축에 평행하고 꼭짓점은 원점인 포물선

기본형의 포물선의 방정식을 구해보자.

$p>0$라고 하자. y축에 초점 $F(0,p)$을 잡고 준선 l은 x축에 평행한 $y=-p$를 잡는다. 그러면 포물선의 꼭짓점은 원점인 $O(0,0)$이다. ([그림 8.46] 참고)

포물선의 정의에 의하여 포물선 위의 점 $P(x,y)$는 다음 식을 만족한다.

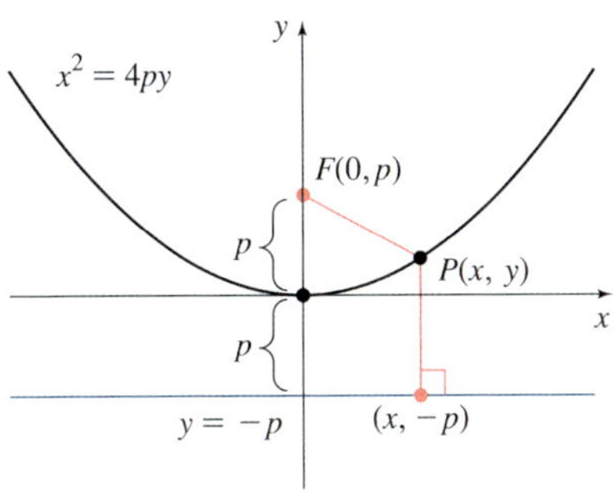

[그림 8.46]

[점 $P(x,y)$와 초점 $F(0,p)$ 사이 거리] = [점 $P(x,y)$에서 직선 $l:y=-p$의 거리]

$$|PF|=|Pl|$$

$$\sqrt{(x-0)^2+(y-p)^2}=\sqrt{(x-x)^2+(y+p)^2}$$

양변을 제곱하여 근호를 없애고 식을 정리를 해보면 초점이 $F(0,p)$이고 준선이 $y=-p$인 포물선의 **표준형 방정식**이다.

$$x^2=4py$$

[그림 8.46]에서 포물선 $x^2=4py$는 초점을 향해 굽어져 있음을 볼 수 있다.

기본형의 포물선의 방정식을 **포물선의 표준형 방정식**이라고 한다.
포물선의 표준형 방정식의 꼭짓점은 원점 $(0,0)$이다.

포물선의 표준형 방정식은 다음의 4가지 형태이고 모두 꼭짓점은 $(0,0)$이다.

(1) 초점이 $F(0,p)$이고 준선이 $y=-p$인 포물선의 표준형의 식은 다음과 같고 그래프는 [그림 8.47](a), (b)에서 볼 수 있다.

$$x^2=4py(p>0),\ x^2=4py(p<0)$$

(2) 초점이 $F(p,0)$이고 준선이 $x=-p$인 포물선의 표준형의 식은 다음과 같고 그래프는 [그림 8.47](c), (d)에서 볼 수 있다.

$$y^2=4px(p>0),\quad y^2=4px(p<0)$$

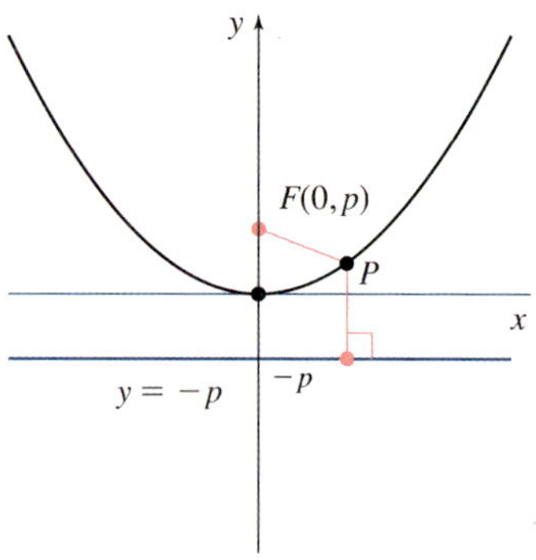

[그림 8.47](a) $x^2=4py(p>0)$

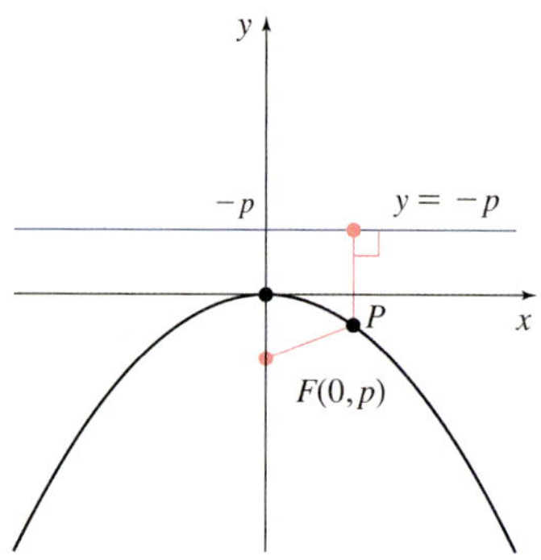

[그림 8.47](b) $x^2=4py(p<0)$

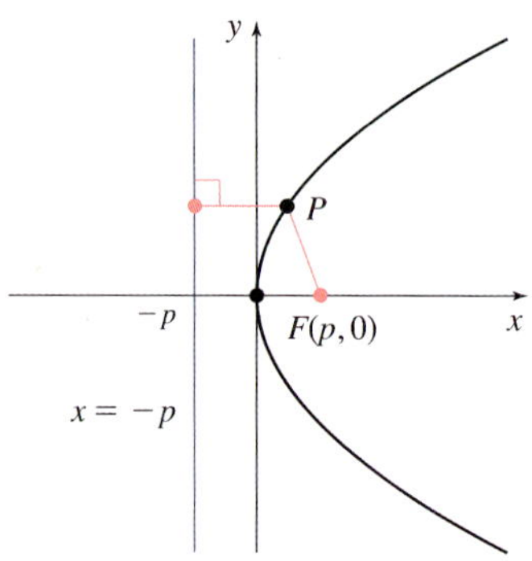

[그림 8.47](c) $y^2=4px(p>0)$

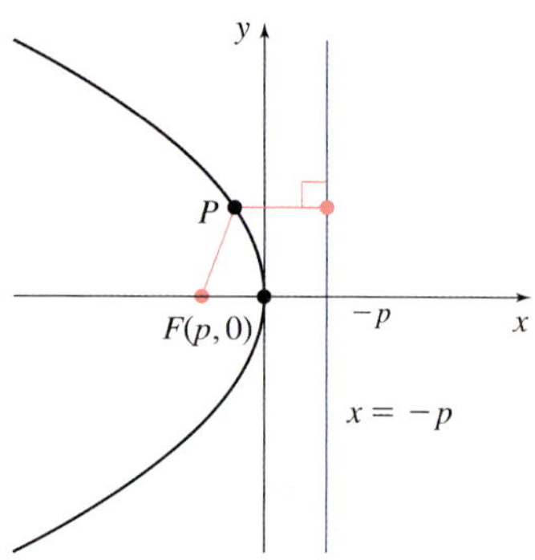

[그림 8.47](d) $y^2=4px(p<0)$

[예제 8.20] 포물선 $y^2=20x$의 초점과 준선의 식을 구하여라. [연습문제 1~6]

[풀이] 포물선의 네 종류의 표준형의 모형 중에서 초점이 $(p,0)$이고 준선이 $x=-p$인 포물선이 $y^2=4px$이다. 즉, $4p=20$이고 $p=5>0$이다.
그러므로 포물선 $y^2=20x$의 초점은 $(5,0)$이고 준선은 $x=-5$이다. ■

* 꼭짓점이 $(0,0)$이고 초점이 축 위에 있으면 포물선의 표준형 방정식에 해당한다.

[예제 8.21]* 꼭짓점이 $(0,0)$이고 초점이 $(0,-2)$인 포물선의 식을 구하고 포물선의 그래프를 그려라. [연습문제 7~9]

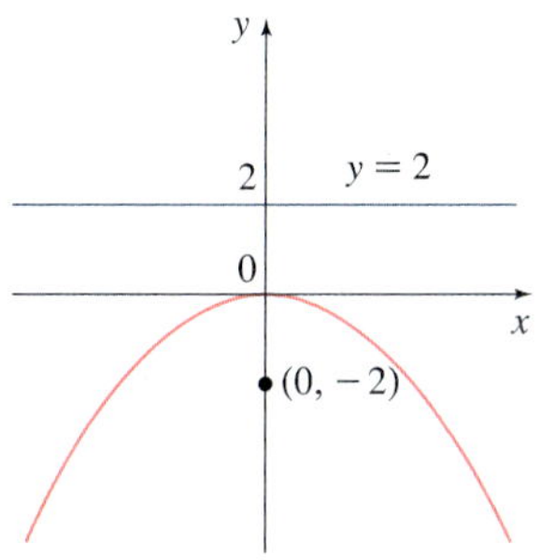

[그림 8.48]

[풀이] 포물선의 꼭짓점이 $(0,0)$이고 초점이 $(0,-2)$이므로 기본형의 포물선이고 $p=-2$이다. 포물선의 식은 $x^2=4\times(-2)y$이고 $x^2=-8y$.
포물선 $x^2=-8y$의 그래프는 [그림 8.48]과 같다. ■

포물선의 표준형 방정식의 꼭짓점인 $(0,0)$을 (a,b)로 평행이동하면 일반적인 포물선의 식을 구할 수 있다. **포물선의 일반형 방정식**은 다음과 같다.

$$(x-c)^2=4p(y-d) \text{ 또는 } (y-d)^2=4p(x-c)$$

[참고] 포물선의 식은 x의 이차항이나 y의 이차항 중에서 하나만 나타나는 이차식이다.

제곱 형식을 풀어서 쓰면 포물선의 일반형 방정식은 다음 두 종류이다.

$$x^2+Cx+Dy+E=0 \text{ 또는 } y^2+Cx+Dy+E=0$$

8.4.3 타원(Ellipse)

타원의 일반적인 정의는 다음과 같다.

[정의 8.3: 타원(Ellipse)]

타원은 서로 다른 두 점 F_1과 F_2에 대하여 점 F_1에서의 거리와 점 F_2에서의 거리의 합이 상수인 점들의 모임이다. ([그림 8.49](b) 참고)

- 두 점 F_1과 F_2를 타원의 **초점**(foci)이라고 하고
- 촛점 F_1과 F_2의 중점을 타원의 **중심**(center)이라고 하며
- 촛점 F_1과 F_2를 잇는 직선과 타원이 만나는 두 점을 타원의 **꼭짓점**(vertices)이라고 하고
- 두 꼭짓점을 잇는 직선을 타원의 **장축**(major axis)이라고 하며 ([그림 8.49](a) 참고)
- 두 꼭짓점 사이의 거리를 **장축의 길이**라고 한다. ([그림 8.49](a) 참고)

[참고] 중등교육과정에서 타원의 꼭짓점은 네 개다. 중심을 지나고 장축에 수직인 직선과 타원이 만나는 두 개의 점도 꼭짓점이다.

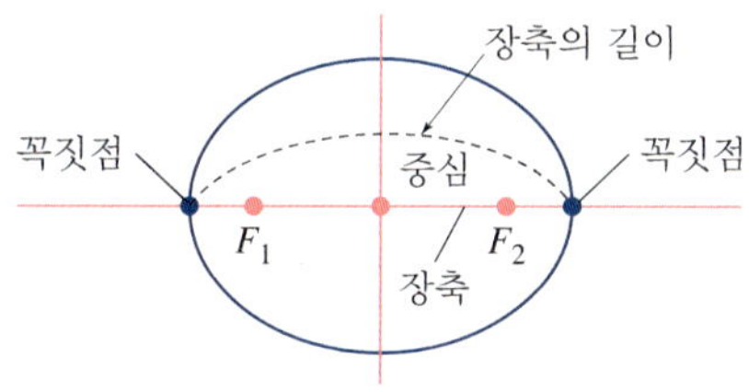

[그림 8.49](a)

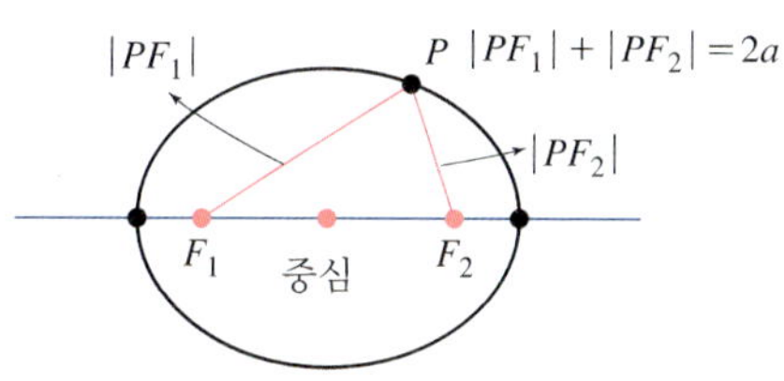

[그림 8.49](b)

기본형의 타원은 다음과 같은 두 종류이다.

- 두 초점이 x축 위에 있고 중심이 원점 $O(0,0)$인 타원
- 두 초점이 y축 위에 있고 중심이 원점 $O(0,0)$인 타원

기본형의 포물선의 방정식을 구해보자.
$c>0$이라고 하자. x축에 있는 두 초점 $F_1(c,0)$과 $F_2(-c,0)$을 잡으면 타원의 중

심은 $(0,0)$이다. 타원의 정의에 의하여 타원 위의 점 $P(x,y)$는 다음 식을 만족한다고 하자. ([그림 8.49](b) 참고)

$$[\text{점 } P(x,y)\text{와 초점 } F_1(c,0) \text{ 사이 거리}]+[\text{점 } P(x,y)\text{와 초점 } F_1(c,0) \text{ 사이 거리}]=2a$$

$$|PF_1| + |PF_2| = 2a$$

$$\sqrt{(x-c)^2+(y-0)^2}+\sqrt{(x+c)^2+(y-0)^2}=2a$$

제곱하여 무리근호를 제거하고 식을 정리해 보자. $c>0$이고 $b^2=a^2-c^2$라고 하자. 두 초점 $F_1(c,0)$과 $F_2(-c,0)$을 갖는 **타원의 표준형 방정식**은 다음과 같다.

$$\frac{x^2}{a^2}+\frac{y^2}{b^2}=1$$

이때, 초점이 있는 x축이 장축이고 꼭짓점은 $V_1(-a,0)$과 $V_2(a,0)$이다. 타원은 원의 모양에서 초점이 있는 축으로 납작하게 된 모양이다.

기본형의 타원의 방정식을 **타원의 표준형 방정식**이라고 한다.

타원의 표준형 방정식은 다음의 2가지 형태이고 모두 중심은 $(0,0)$이다.

(1) 두 초점 $F_1(-c,0)$과 $F_2(c,0)$을 갖고 꼭짓점이 $(-a,0)$과 $(a,0)$이라고 할 때 타원의 그래프는 [그림 8.50](a)이고 표준형 방정식은 다음과 같다.

$$\frac{x^2}{a^2}+\frac{y^2}{b^2}=1,\ a>b>0\ \ (\text{이때, } b^2=a^2-c^2)$$

이때, 장축은 x축이고 장축의 길이는 $2a$이다.

(2) 두 초점 $F_1(0,c)$과 $F_2(0,-c)$을 갖고 꼭짓점은 $(0,-a)$과 $(0,a)$이라고 할 때 타원의 그래프는 [그림 8.50](b)이고 표준형 방정식은 다음과 같다.

$$\frac{x^2}{b^2}+\frac{y^2}{a^2}=1,\ a>b>0\ \ (\text{이때, } b^2=a^2-c^2)$$

이때, 장축은 y축이고 장축의 길이는 $2a$이다.

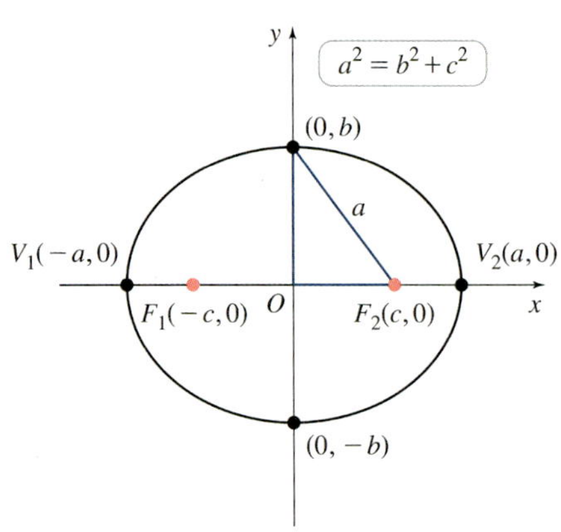

[그림 8.50](a) $\frac{x^2}{a^2}+\frac{y^2}{b^2}=1$

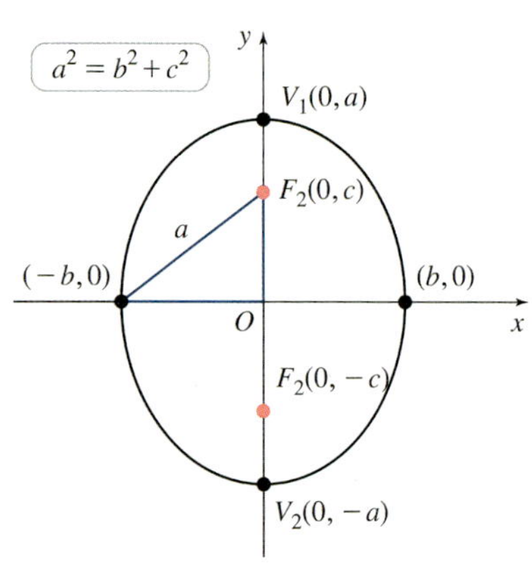

[그림 8.50](b) $\frac{x^2}{b^2}+\frac{y^2}{a^2}=1$

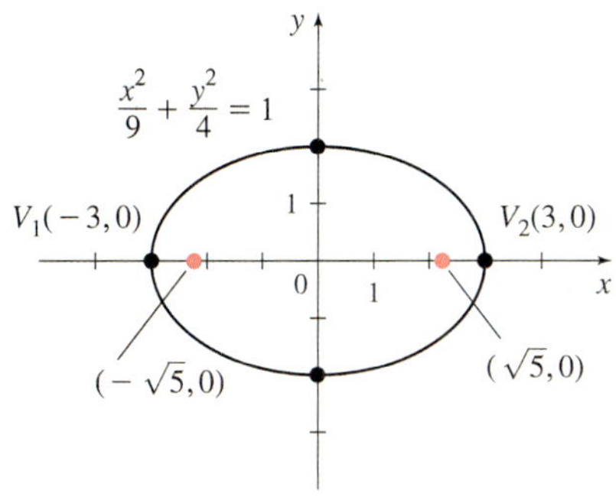

[그림 8.51] $\frac{x^2}{9}+\frac{y^2}{4}=1$의 그래프

[예제 8.22] 타원의 방정식 $\frac{x^2}{9}+\frac{y^2}{4}=1$에서 초점, 꼭짓점을 구하고 타원의 그래프를 그려라. [연습문제 10~12]

[풀이] $a^2=9$이고 $b^2=4$. $b^2=a^2-c^2$이므로 $4=9-c^2$이고 $c=\sqrt{5}$이거나 $c=-\sqrt{5}$이다. x축이 장축이므로 초점도 x축에 있다.
그러므로 타원 $\frac{x^2}{9}+\frac{y^2}{4}=1$의 초점은 $(-\sqrt{5},0)$과 $(\sqrt{5},0)$이고 꼭짓점은 $(-3,0)$과 $(3,0)$이다. 타원 $\frac{x^2}{9}+\frac{y^2}{4}=1$의 그래프는 [그림 8.51]이다. ■

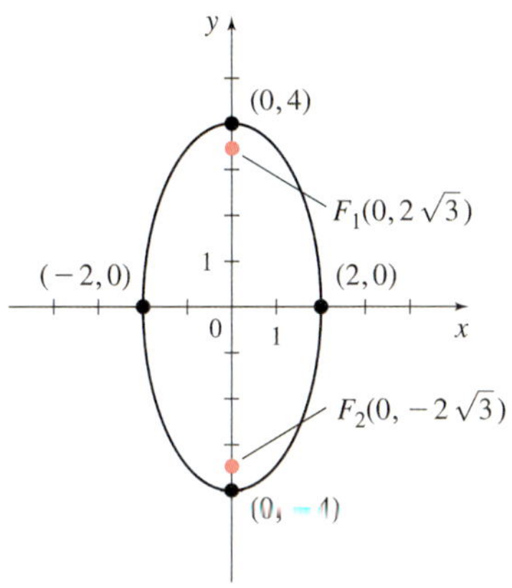

[그림 8.52] $\frac{x^2}{4}+\frac{y^2}{16}=1$의 그래프

[예제 8.23] 초점이 $(0,2\sqrt{3})$과 $(0,-2\sqrt{3})$이고 꼭짓점이 $(0,4)$과 $(0,-4)$인 타원의 방정식을 구하고 그래프를 그려라. [연습문제 13~15]

[풀이] 초점이 $(0,2\sqrt{3})$과 $(0,-2\sqrt{3})$이고 꼭짓점이 $(0,4)$과 $(0,-4)$이므로 장축은 y축이다. 그러므로 $c=2\sqrt{3}$이고 $a=4$이다. 따라서 $b^2=4^2-(2\sqrt{3})^2=4$이고 $b=2$이다.
그러므로 타원의 방정식은 $\frac{x^2}{4}+\frac{y^2}{16}=1$.
타원 $\frac{x^2}{4}+\frac{y^2}{16}=1$의 그래프는 [그림 8.52]이다. ■

타원의 표준형 방정식의 중심인 $(0,0)$을 점 (x_0,y_0)로 평행이동하면 **타원의 일반형 방정식**을 다음과 같이 구할 수 있다.

$$\frac{(x-x_0)^2}{a^2}+\frac{(y-y_0)^2}{b^2}=1$$

타원의 일반형 방정식에서 A와 B의 부호가 같다는 것이 중요하다.
- $A=B$이면 원의 방정식
- $A\neq B$이면 타원의 일반형 방정식

제곱 형식을 전개하면 **타원의 일반형 방정식**은 다음과 같다.

$$Ax^2+By^2+Cx+Dy+E=0 \tag{8.5}$$

이때, $A>0$이고 $B>0$.

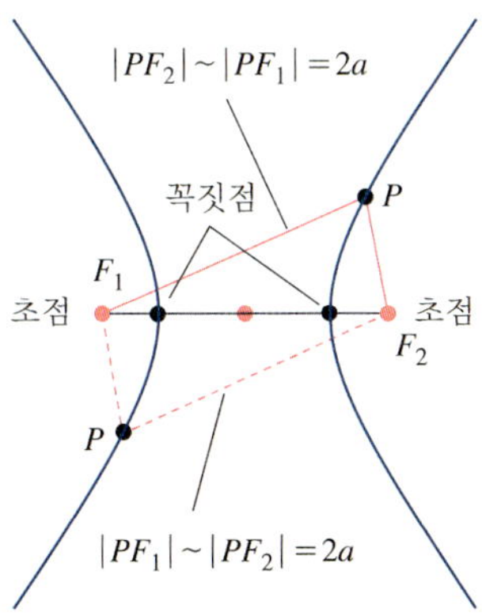

[그림 8.53]

8.4.4 쌍곡선(Hyperbola)

쌍곡선의 일반적인 정의는 다음과 같다.

[정의 8.4: 쌍곡선(Hyperbola)]
쌍곡선은 서로 다른 두 점 F_1와 F_2에 대하여 점 F_1에서의 거리와 점 F_2에서의 거리의 차가 상수인 점들의 모임이다. ([그림 8.53] 참고)
- 두 점 F_1와 F_2를 쌍곡선의 **초점**(foci)이라고 하고

- 두 점 F_1와 F_2의 중점을 쌍곡선의 **중심(center)**이라고 하고
- 두 점 F_1와 F_2를 지나는 직선과 쌍곡선이 만나는 두 점을 쌍곡]선의 **꼭짓점(vertices)**이라고 한다.

기본형의 쌍곡선은 두 초점이 x축이나 y축 위에 있고 중심이 원점 $O(0,0)$인 쌍곡선이다. 기본형의 쌍곡선의 방정식을 구해보자.

$c>0$이라고 하자. x축 위에 있는 $F_1(c,0)$과 $F_2(-c,0)$을 두 초점으로 잡으면 쌍곡선의 중심은 $(0,0)$이다.
쌍곡선의 정의에 의하여 쌍곡선 위의 점 $P(x,y)$는 다음 식을 만족한다고 하자. ([그림 8.53] 참고)

여기서 $a \sim b = |a-b|$임을 의미한다.

[점 $P(x,y)$와 초점 $F_1(c,0)$ 사이 거리]~[점 $P(x,y)$와 초점 $F_1(c,0)$ 사이 거리]=$2a$

$$|PF_1| \sim |PF_2| = 2a$$

$$\sqrt{(x-c)^2+(y-0)^2} \sim \sqrt{(x+c)^2+(y-0)^2} = 2a$$

제곱하여 무리근호를 제거하고 식을 정리해 보자. $c>0$이고 $b^2=c^2-a^2$라고 하자. 두 초점 $F_1(c,0)$과 $F_2(-c,0)$을 갖는 **쌍곡선의 표준형 방정식**은 다음과 같다.

$$\frac{x^2}{a^2}-\frac{y^2}{b^2}=1$$

이때, 장축은 초점이 있는 x축이고 꼭짓점은 $V_1(-a,0)$과 $V_2(a,0)$이다.

◐ 쌍곡선의 점근선

쌍곡선은 타원이나 포물선과 다른 점이 있다. 쌍곡선은 그래프에서 반드시 점근선을 갖는다. 점근선은 미분에서 수직점근선과 수평점근선으로 이미 공부한 개념이다. 일반적으로 그래프의 점근선은 용어 그대로 그래프에 점점 가까워지는 직선으로 $y=ax+b$로 놓을 수 있다.

[정의 8.5: 점근선(asymptote)]
함수 $y=f(x)$의 그래프의 점근선이 $y=ax+b$이다.

$$\Leftrightarrow$$

$$\lim_{x\to\infty}[f(x)-(ax+b)]=0 \text{ 또는 } \lim_{x\to-\infty}[f(x)-(ax+b)]=0$$

쌍곡선의 점근선을 알아보자.

쌍곡선의 표준형 방정식 $\frac{x^2}{a^2}-\frac{y^2}{b^2}=1$은 $y=\frac{b}{a}\sqrt{x^2-a^2}$과 $y=-\frac{b}{a}\sqrt{x^2-a^2}$으로 쓸 수 있다.

$y=\frac{b}{a}\sqrt{x^2-a^2}$인 경우에 대하여 점근선을 알아보자.

양의 무한에서의 극한을 구해보면 다음과 같다.

$$\lim_{x\to\infty}\left[\frac{b}{a}\sqrt{x^2-a^2}-\frac{b}{a}x\right]=\frac{b}{a}\lim_{x\to\infty}\left[\sqrt{x^2-a^2}-x\right]=0$$

즉, $y=\frac{b}{a}\sqrt{x^2-a^2}$와 $y=\frac{b}{a}x$가 x가 무한으로 갈 때 점점 가까워진다는 것을 알 수 있다. ([그림 8.54] 참고) 그러므로 직선 $y=\frac{b}{a}x$가 쌍곡선 $y=\frac{b}{a}\sqrt{x^2-a^2}$의 점근선이다.

음의 무한에서의 극한을 구하면 다음과 같다.

$$\lim_{x\to-\infty}\left[\frac{b}{a}\sqrt{x^2-a^2}+\frac{b}{a}x\right]=\frac{b}{a}\lim_{x\to-\infty}\left[\sqrt{x^2-a^2}+x\right]=\frac{b}{a}\lim_{t\to\infty}\left[\sqrt{t^2-a^2}-t\right]=0$$

즉, $y=\frac{b}{a}\sqrt{x^2-a^2}$와 $y=-\frac{b}{a}x$가 x가 무한으로 갈 때 점점 가까워진다는 것을 알 수 있다. ([그림 8.54] 참고) 그러므로 직선 $y=-\frac{b}{a}x$가 쌍곡선 $y=\frac{b}{a}\sqrt{x^2-a^2}$의 점근선이다.

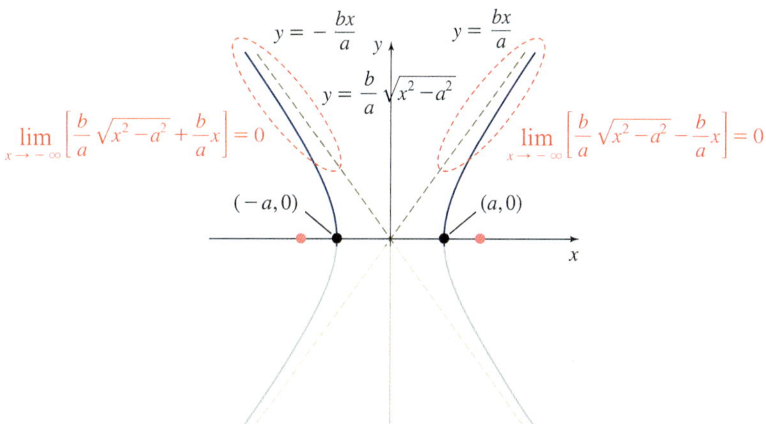

[그림 8.54]

$y=-\frac{b}{a}\sqrt{x^2-a^2}$의 경우도 비슷한 방식으로 전개하면

두 직선 $y=\frac{b}{a}x$와 $y=-\frac{b}{a}x$가 쌍곡선 $y=-\frac{b}{a}\sqrt{x^2-a^2}$의 점근선이다.

그러므로 쌍곡선 $\frac{x^2}{a^2}-\frac{y^2}{b^2}=1$의 점근선은 두 직선 $y=\frac{b}{a}x$와 $y=-\frac{b}{a}x$이다.

쌍곡선의 그래프를 그릴 때는 반드시 점근선을 함께 그려야 한다.

쌍곡선의 표준형 방정식의 두 개의 유형을 보고 초점의 위치를 알 수 있다.

- $\frac{x^2}{a^2}-\frac{y^2}{b^2}=1$은 $y=0$이어야 하고 초점은 x축 위에 있다.
- $\frac{y^2}{a^2}-\frac{x^2}{b^2}=1$은 $x=0$이어야 하고 초점은 y축 위에 있다.

◐ 쌍곡선의 표준형 방정식과 일반형 방정식

쌍곡선의 표준형 방정식은 다음의 2가지 형태이다. $a>0$이고 $b>0$이라고 하자.

(1) 두 초점 $F_1(-c,0)$과 $F_2(c,0)$을 갖고 꼭짓점이 $(-a,0)$과 $(a,0)$이라고 할 때 쌍곡선의 그래프는 [그림 8.55](a)이고 **표준형 방정식**은 다음과 같다.

$$\frac{x^2}{a^2}-\frac{y^2}{b^2}=1 \ \ (\text{이때, } b^2=c^2-a^2)$$

이때, 점근선은 $y=\frac{b}{a}x$와 $y=-\frac{b}{a}x$이다.

(2) 두 초점 $F_1(0,c)$과 $F_2(0,-c)$을 갖고 꼭짓점은 $(0,-a)$와 $(0,a)$라고 할 때 타원의 그래프는 [그림 8.55](b)이고 **표준형 방정식**은 다음과 같다.

$$\frac{y^2}{a^2}-\frac{x^2}{b^2}=1 \ \ (\text{이때, } b^2=c^2-a^2)$$

이때, 점근선은 $y=\frac{a}{b}x$와 $y=-\frac{a}{b}x$이다.

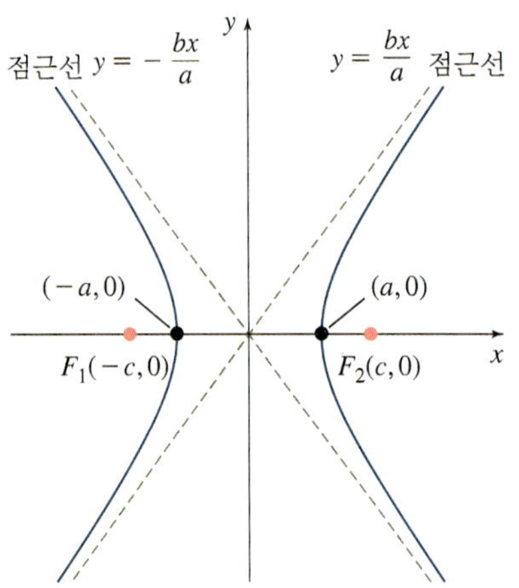

[그림 8.55](a)
$\frac{x^2}{a^2}-\frac{y^2}{b^2}=1$

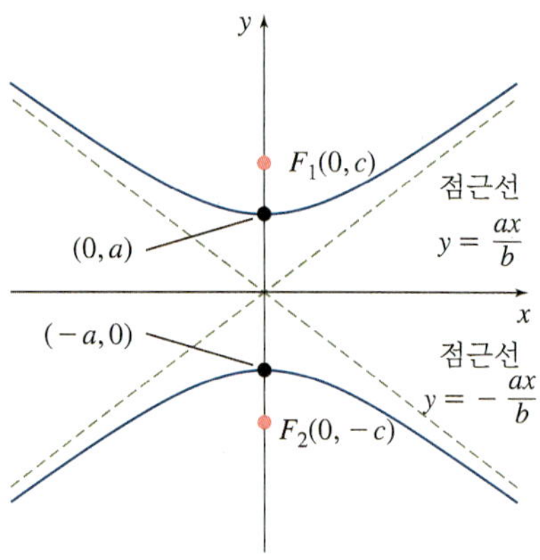

[그림 8.55](b)
$\frac{y^2}{a^2}-\frac{x^2}{b^2}=1$

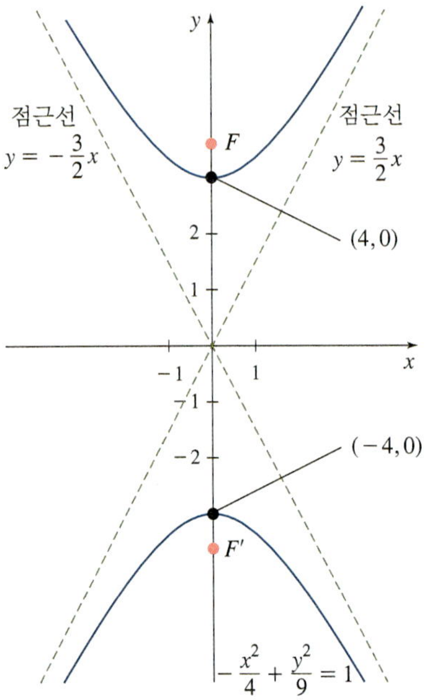

[그림 8.56]
$\frac{y^2}{9}-\frac{x^2}{4}=1$의 그래프

쌍곡선의 그래프를 그리는 경우 꼭짓점과 점근선을 먼저 그리고 그래프를 그린다.

[예제 8.24] 쌍곡선의 방정식 $\frac{y^2}{9}-\frac{x^2}{4}=1$에서 초점, 꼭짓점을 구하고 쌍곡선의 그래프를 그려라. [연습문제 16~18]

[풀이] 주어진 쌍곡선의 표준형 방정식 $\frac{y^2}{9}-\frac{x^2}{4}=1$에서 꼭짓점과 초점이 y축에 있다. 그러므로 $a^2=9$이고 $b^2=4$이다. 그리고 $c^2=9+4=13$이고 $c=\sqrt{13}$이다.

쌍곡선의 초점은 $(0, c) = (0, \sqrt{13})$과 $(0, -c) = (0, -\sqrt{13})$이다.

쌍곡선의 꼭짓점은 $(0, a) = (0, 3)$과 $(0, -a) = (0, -3)$이다.

쌍곡선의 방정식 $\frac{y^2}{9} - \frac{x^2}{4} = 1$의 점근선은 $y = \frac{3}{2}x$와 $y = -\frac{3}{2}x$이다. 우선 점근선과 꼭짓점을 먼저 표시하고 $\frac{y^2}{9} - \frac{x^2}{4} = 1$의 그래프는 [그림 8.56]이다. ■

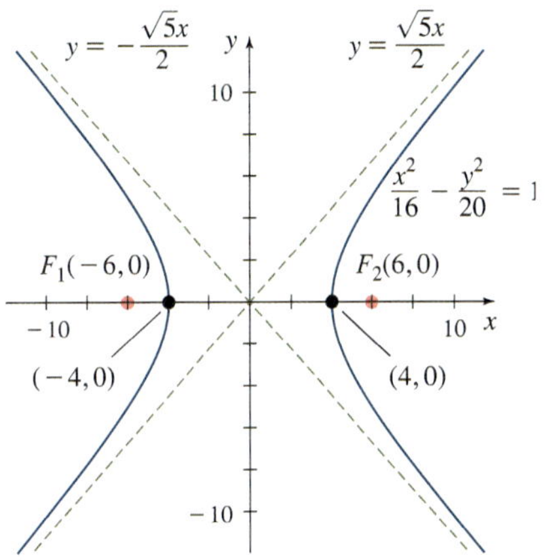

[그림 8.57]

$\frac{x^2}{16} - \frac{y^2}{20} = 1$의 그래프

[예제 8.25] 초점이 $(6, 0)$과 $(-6, 0)$이고 꼭짓점이 $(4, 0)$과 $(-4, 0)$인 쌍곡선의 방정식을 구하고 그래프를 그려라. [연습문제 19~21]

[풀이] 초점이 $(6, 0)$과 $(-6, 0)$이고 꼭짓점이 $(4, 0)$과 $(-4, 0)$으로 꼭짓점과 초점이 x축에 있다. 그러므로 $c = 6$이고 $a = 4$이다. 그리고 $b^2 = 6^2 - 4^2 = 20$. 그러므로 쌍곡선의 방정식은 $\frac{x^2}{16} - \frac{y^2}{20} = 1$이다.

쌍곡선 $\frac{x^2}{16} - \frac{y^2}{20} = 1$의 그래프에서 점근선 $y = \frac{\sqrt{5}}{2}x$와 $y = -\frac{\sqrt{5}}{2}x$을 먼저 표시를 하고 그래프를 그리면 [그림 8.57]이다. ■

쌍곡선의 표준형 방정식의 중심인 $(0, 0)$을 (x_0, y_0)로 평행 이동하면 일반적인 쌍곡선의 식을 다음과 같이 구할 수 있다.

$$\frac{(x-x_0)^2}{a^2} - \frac{(y-y_0)^2}{b^2} = 1 \quad \text{또는} \quad \frac{(y-x_0)^2}{a^2} - \frac{(x-y_0)^2}{b^2} = 1$$

쌍곡선의 일반형 방정식에서 2차항의 계수는 $A > 0$과 $-B < 0$으로 부호가 다르다는 것이 중요하다.

제곱 형식을 전개하면 **쌍곡선의 일반형 방정식**은 다음과 같다.

$$Ax^2 - By^2 + Cx + Dy + E = 0 \quad \text{또는} \quad -Ax^2 + By^2 + Cx + Dy + E = 0 \qquad (8.6)$$

이때, $A > 0$와 $B > 0$이다.

8.4.5 원뿔곡선의 일반적 이차곡선 표현

◐ 원뿔곡선의 이차방정식 표현

(1) 원

1. 원의 표준형 방정식: $x^2 + y^2 = r^2$
   중심 $(0, 0)$, 반지름 $r > 0$
2. 원의 일반형 방정식: $(x - x_0)^2 + (y - y_0)^2 = r^2$
   중심 (x_0, y_0), 반지름 $r > 0$
3. 원의 일반 이차방정식 $x^2 + y^2 + Cx + Dy + E = 0$

(2) 포물선

1. 포물선의 표준형 방정식: 준선이 축에 평행하고 초점은 축 위에 있고 중심이 $(0,0)$ 인 포물선

   ① 초점이 x축에 있는 경우: $x^2 = 4py$ $(p > 0$ 또는 $p < 0)$

   초점 $(p, 0)$, 꼭짓점 $(0,0)$, 준선 $x = -p$

   ② 초점이 y축에 있는 경우: $y^2 = 4px$ $(p > 0$ 또는 $p < 0)$

   초점 $(0, p)$, 꼭짓점 $(0,0)$, 준선 $y = -p$

2. 포물선의 일반형 방정식: 포물선의 중심을 $(0,0)$에서 (x_0, y_0)로 평행이동한 포물선

   ① $(x - x_0)^2 = 4p(y - y_0)$ $(p > 0$ 또는 $p < 0)$

   초점 $(p + x_0, y_0)$, 꼭짓점 (x_0, y_0), 준선 $x = -p + x_0$

   ② $(y - y_0)^2 = 4p(x - x_0)$ $(p > 0$ 또는 $p < 0)$

   초점 $(x_0, p + y_0)$, 꼭짓점 (x_0, y_0), 준선 $y = -p + y_0$

3. 포물선의 일반 이차방정식

   $x^2 + Cx + Dy + E = 0$ 또는 $y^2 + Cx + Dy + E = 0$.

   : x^2의 항 또는 y^2의 항 중에서 하나만 존재한다.

(3) 타원

1. 타원의 표준형 방정식: 두 초점이 같은 축 위에 있고 중심이 $(0,0)$인 타원

   ① 초점이 x축에 있는 경우: $\dfrac{x^2}{a^2} + \dfrac{y^2}{b^2} = 1$, $a > b > 0$

   초점 $(-c, 0)$과 $(c, 0)$, 꼭짓점 $(-a, 0)$과 $(a, 0)$, 중심 $(0,0)$, $b^2 = a^2 - c^2$

   ② 초점이 y축에 있는 경우: $\dfrac{x^2}{b^2} + \dfrac{y^2}{a^2} = 1$, $a > b > 0$

   초점 $(0, -c)$과 $(0, c)$, 꼭짓점 $(0. -a)$과 $(0, a)$, 중심 $(0,0)$, $b^2 = a^2 - c^2$

2. 타원의 일반형 방정식: 타원의 중심을 $(0,0)$에서 (x_0, y_0)로 평행이동한 타원

   ① $\dfrac{(x - x_0)^2}{a^2} + \dfrac{(y - y_0)^2}{b^2} = 1$, $(a > b > 0)$에서

   초점$(x_0 \pm c, y_0)$, 꼭짓점 $(x_0 \pm a, y_0)$, 중심 (x_0, y_0)

   ② $\dfrac{(x - x_0)^2}{b^2} + \dfrac{(y - y_0)^2}{a^2} = 1$, $(a > b > 0)$에서

   초점$(x_0, y_0 \pm c)$, 꼭짓점 $(x_0, y_0 \pm a)$, 중심 (x_0, y_0)

3. 타원의 일반 이차방정식

   $Ax^2 + By^2 + Cx + Dy + E = 0$이다. $(A > 0$이고 $B > 0)$

   즉, x^2과 y^2의 계수의 부호가 같고 크기는 다르다.

(4) 쌍곡선

1. 쌍곡선의 표준형 방정식: 두 초점이 같은 축 위에 있고 중심이 $(0,0)$인 쌍곡선

   ① 초점이 x축에 있는 경우: $\frac{x^2}{a^2}-\frac{y^2}{b^2}=1$

   초점 $(-c,0)$과 $(c,0)$, 꼭짓점 $(-a,0)$과 $(a,0)$, 중심 $(0,0)$, $b^2=c^2+a^2$

   점근선 $y=\frac{b}{a}x$ 또는 $y=-\frac{b}{a}x$

   ② 초점이 y축에 있는 경우: $\frac{y^2}{a^2}-\frac{x^2}{b^2}=1$

   초점$(0,-c)$과 $(0,c)$, 꼭짓점 $(0,-a)$과 $(0,a)$, 중심 $(0,0)$, $b^2=a^2-c^2$

   점근선 $y=\frac{a}{b}x$ 또는 $y=-\frac{a}{b}x$

2. 쌍곡선의 일반 이차방정식은 다음과 같다.

   $Ax^2-By^2+Cx+Dy+E=0$ 또는 $-Ax^2+By^2+Cx+Dy+E=0$

   $(A>0$와 $B>0)$

   즉, x^2과 y^2의 계수의 부호가 다르다.

◐ 이차방정식에 의한 원뿔곡선의 분류

좌표평면에서의 이차방정식은 두 변수 x와 y에 대한 이차방정식이므로 이차항은 x^2, xy, y^2 등 세 종류가 있다.

평면좌표 위의 원뿔곡선을 표현하는 이차방정식의 일반 형태를 다음과 같이 쓸 수 있다.

$$Ax^2+A_0xy+By^2+Cx+Dy+E=0 \tag{8.7}$$

이차방정식 $xy=1$의 그래프를 그리면 [그림 8.58]과 같다.

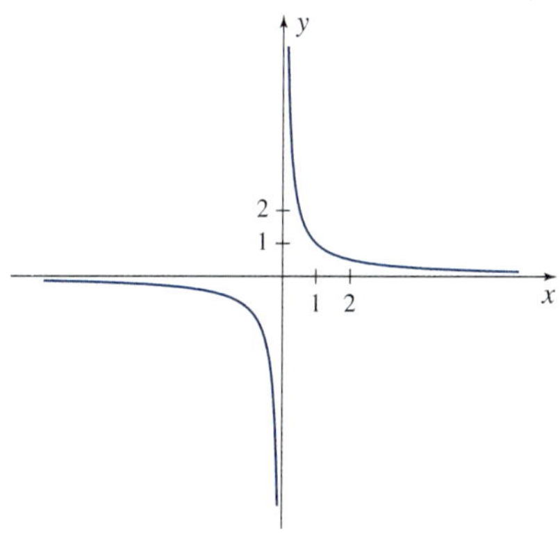

[그림 8.58] $xy=1$의 그래프

이차방정식 $xy=1$의 그래프도 일반적으로 쌍곡선이라고 부른다. [그림 8.59]에서 보듯이 기준인 좌표축을 회전하여 새로운 점선의 좌표축 기준으로 파란색으로 그려진 그래프를 보면 원뿔곡선 정의로 보는 표준 형태의 쌍곡선을 볼 수 있다. 좌표

축을 이동하고 도형을 보는 것은 도형을 보는 위치를 이동하는 것이다. [그림 8.59]에서 사용한 좌표축의 회전이동으로 도형을 보는 것은 도형을 볼 때 각 좌표축을 반시계 방향으로 $\frac{\pi}{4}$만큼 회전하여 보는 것과 같다.

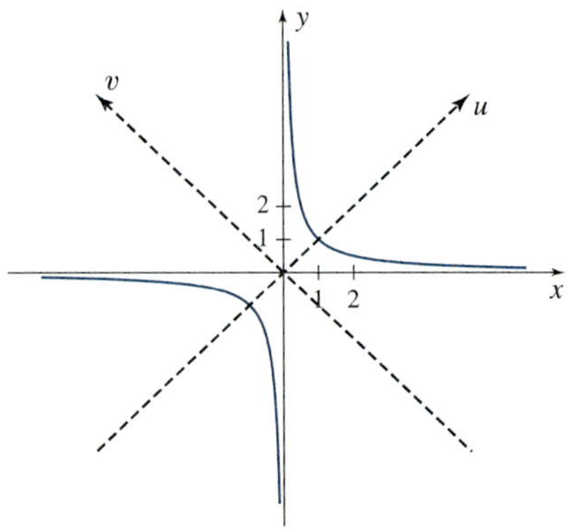

[그림 8.59]

도형은 원래 도형이 있는 위치와 관계없이 모양만을 보고 도형의 성질을 공부한다. 좌표축은 도형의 성질을 공부하는 데 유용한 도구일 뿐이다. 도형을 공부할 때 계산이 수월하도록 좌표축을 새롭게 배치하여 도형의 방정식을 간편하게 만든다.

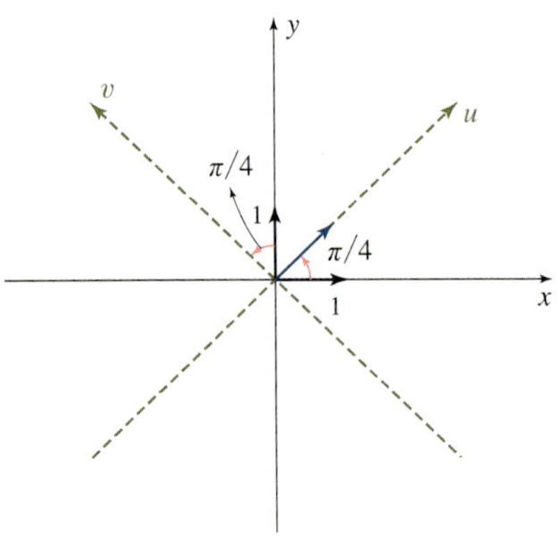

[그림 8.60]

[그림 8.60]을 보면 기존의 xy-직교좌표계의 좌표축인 x축과 y축이 있고 기존의 좌표축을 각각 $\frac{\pi}{4}$만큼 회전한 새로운 점선 좌표축인 u축과 v축으로 이루어진 새로운 uv-좌표축이 있다. 평면의 점 P를 두 좌표계에 의한 각각의 좌표 (u, v)와 (x, y)로 나타낼 때 두 좌표의 관계식을 나타낼 수 있다. 이것은 직교좌표와 극좌표의 변환식과 비슷한 의미이다.

우선 다음 식은 좌표 (x, y)로 나타낸 점 P를 좌표 (u, v)로 변환하는 관계식이다.

$$u = \frac{1}{\sqrt{2}}x + \frac{1}{\sqrt{2}}y$$

$$v = -\frac{1}{\sqrt{2}}x + \frac{1}{\sqrt{2}}y$$

다음은 역으로 좌표 (u, v)로 나타낸 점 P를 좌표 (x, y)로 변환하는 관계식이다.

$$x = \frac{1}{\sqrt{2}}u - \frac{1}{\sqrt{2}}v$$

$$y = \frac{1}{\sqrt{2}}u + \frac{1}{\sqrt{2}}v$$

이제 xy-직교좌표계로 만들어진 이차방정식 $xy = 1$을 새로운 uv-좌표축의 두 변수 u와 v만의 새로운 방정식을 만들어 보자. 즉, 이차방정식 $xy = 1$에서

x 대신에 $x = \frac{1}{\sqrt{2}}u - \frac{1}{\sqrt{2}}v$을 대입하고

y 대신에 $y = \frac{1}{\sqrt{2}}u + \frac{1}{\sqrt{2}}v$을 대입하면

다음과 같은 두 변수 u와 v만의 새로운 방정식으로 만들어진다.

$$\left(\frac{1}{\sqrt{2}}u - \frac{1}{\sqrt{2}}v\right)\left(\frac{1}{\sqrt{2}}u + \frac{1}{\sqrt{2}}v\right) = 1$$

이 방정식을 전개하면 다음과 같은 원뿔곡선인 쌍곡선의 표준형 방정식을 구할 수 있다.

$$\frac{u^2}{2} - \frac{v^2}{2} = 1$$

원뿔곡선을 표현하는 이차방정식의 일반형인 식 (8.7)인

$$Ax^2 + A_0xy + By^2 + Cx + Dy + E = 0$$

에서 좌표축을 회전하는 변환으로 A_0xy항을 제거하고 다음과 같은 이차식으로 만들 수 있다.

$$Ax^2 + By^2 + Cx + Dy + E = 0 \tag{8.8}$$

식 (8.8)이 원뿔곡선의 이차방정식 표현으로 이차항인 xy항이 없는 이차식이다.

[참고]

(1) 이차방정식으로 만들어지는 곡선을 이차곡선이라고 부르기도 한다.

(2) 원뿔곡선은 이차곡선과 같은 의미이다.

[정리 8.4: 원뿔곡선의 이차방정식 표현] 다음과 같은 이차항인 xy항을 갖지 않는 이차방정식을 원뿔곡선의 이차방정식의 표현이라고 한다.

$$Ax^2 + By^2 + Cx + Dy + E = 0$$

이차방정식은 다음과 같이 분류한다.

① $A = B \neq 0$인 경우 그래프는 원이다.

② $A = 0$이거나 $B = 0$인 경우 그래프는 포물선이다.

③ $AB > 0$인 경우 (즉, A와 B의 부호가 같은 경우) 그래프는 타원이다.

④ $AB < 0$인 경우 (즉, A와 B의 부호가 다른 경우) 그래프는 쌍곡선이다.

이차방정식 (8.8)이 주어지면 [정리 8.4]에 의해서 원, 포물선, 타원 또는 쌍곡선으로 분류될 수 있고 실제적인 계산으로 명확하게 표현하는 것도 가능하다.

[예제 8.26] 이차방정식 $4x^2 + 9y^2 + 8x - 90y + 193 = 0$에 대하여 [연습문제 22~27]

(1) [정리 8.4]에 의하여 이차곡선이 표현하는 원뿔곡선을 판별하여라.

(2) x의 완전제곱 형식과 y의 완전제곱 형식의 합으로 표현하여라

(3) 이차방정식의 그래프를 그려라.

[풀이]

(1) $A = 4$이고 $B = 9$이므로 A와 B는 같은 부호이고 [정리 8.4]에 의하여 타원이다.

(2) 이차방정식 $4x^2 + 9y^2 + 8x - 90y + 193 = 0$을 완전제곱 형식의 합으로 다음과 같이 변형해 보자.

$$4(x^2 + 2x) + 9(y^2 - 10y) = -193$$
$$4(x^2 + 2x + 1 - 1) + 9(y^2 - 10y + 25 - 25) = -193$$
$$4(x+1)^2 + 9(y-5)^2 = 36$$
$$\frac{(x+1)^2}{9} + \frac{(y-5)^2}{4} = 1$$

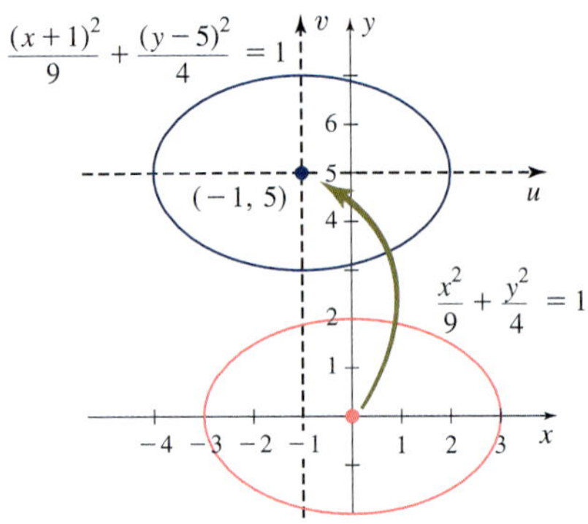

[그림 8.61]

(3) $\frac{(x+1)^2}{9} + \frac{(y-5)^2}{4} = 1$에서 보면

타원 $\frac{x^2}{9} + \frac{y^2}{4} = 1$의 중심인 점 $(0, 0)$을 점 $(-1, 5)$로 평행이동한 그래프이다.

[그림 8.61]에서 타원 $\frac{(x+1)^2}{9} + \frac{(y-5)^2}{4} = 1$의 그래프를 볼 수 있다. ■

연습문제

• Part 1

[1-6] 다음 포물선의 초점과 준선의 식을 구하여라. [예제 8.20]

1. $y^2 = 8x$
2. $y^2 = x$
3. $y^2 = 3x$
4. $x^2 = 12y$
5. $x^2 = -4y$
6. $x^2 = -8y$

[7-9] 다음 조건을 만족하는 포물선의 식을 구하고 그래프를 그려라. [예제 8.21]

7. 꼭짓점 $(0, 0)$, 준선 $x = 2$
8. 꼭짓점 $(0, 0)$, 준선 $y = 3$
9. 꼭짓점 $(0, 0)$, 준선 $x = -1$

[10-12] 다음 타원의 방정식에서 초점, 꼭짓점을 구하고 타원의 그래프를 그려라. [예제 8.22]

10. $\frac{x^2}{4} + y^2 = 1$
11. $\frac{x^2}{4} + \frac{y^2}{9} = 1$
12. $2x^2 + 3y^2 = 6$

[13-15] 다음 조건을 만족하는 타원의 방정식을 구하고 그래프를 그려라. [예제 8.23]

13. 초점이 $(\sqrt{5}, 0)$과 $(-\sqrt{5}, 0)$이고 꼭짓점이 $(-3, 0)$과 $(3, 0)$
14. 초점이 $(0, -\sqrt{5})$과 $(0, \sqrt{5})$이고 꼭짓점이 $(0, -2)$과 $(0, 2)$
15. 초점이 $(-2, 0)$과 $(2, 0)$이고 꼭짓점이 $(-2\sqrt{3}, 0)$과 $(2\sqrt{3}, 0)$

[16-18] 다음 쌍곡선의 초점, 꼭짓점을 구하고 쌍곡선의 그래프를 그려라. [예제 8.24]

16. $x^2 - y^2 = 1$
17. $x^2 - \frac{y^2}{3} = -1$
18. $9x^2 - 16y^2 = 144$

[19-21] 다음 조건을 만족하는 쌍곡선의 방정식을 구하고 그래프를 그려라. [예제 8.25]

19. 초점이 $(-3, 0)$과 $(3, 0)$이고 꼭짓점이 $(-2, 0)$, $(2, 0)$
20. 초점이 $(0, -3)$과 $(0, 3)$이고 꼭짓점이 $(0, -2\sqrt{2})$, $(0, 2\sqrt{2})$

21. 초점이 $(-\sqrt{5}, 0)$과 $(\sqrt{5}, 0)$이고 꼭짓점이 $(-\sqrt{2}, 0)$, $(\sqrt{2}, 0)$

[22-27] 다음 이차방정식의 그래프를 그려라. [예제 8.26]

22. $-8x+y^2+2y+9=0$
23. $x^2-4x-4y=0$
24. $x^2+9y^2-2x+18y+1=0$
25. $9x^2+4y^2-36x-24y+36=0$
26. $2x^2-y^2-4x-2y-3=0$
27. $3x^2-y^2+12x+2y+14=0$

• Part 2

[28-29] 다음 포물선의 초점과 준선의 식을 구하여라.

28. $y^2+2y=4x$
29. $x^2-4x=-4y$

[30-32] 다음 조건을 만족하는 포물선의 식을 구하고 그래프를 그려라.

30. 꼭짓점 $(-2, 1)$, 준선 $x=-4$
31. 꼭짓점 $(1, 1)$, 준선 $y=-2$
32. 초점이 $(1-\sqrt{5}, -1)$, $(1+\sqrt{5}, -1)$이고 꼭짓점이 $(-2, -1)$, $(4, -1)$이다.

33. 다음 타원의 방정식에서 초점, 꼭짓점을 구하고 타원의 그래프를 그려라.

$$\frac{(x-2)^2}{9}+\frac{y^2}{25}=1$$

34. 초점이 $(1, 1)$과 $(1, 3)$이고 꼭짓점이 $(1, 2+\sqrt{5})$과 $(1, 2-\sqrt{5})$인 타원의 방정식을 구하고 그래프를 그려라.

[35-40] 다음 그래프에 대응하는 이차방정식을 구하여라.

35.

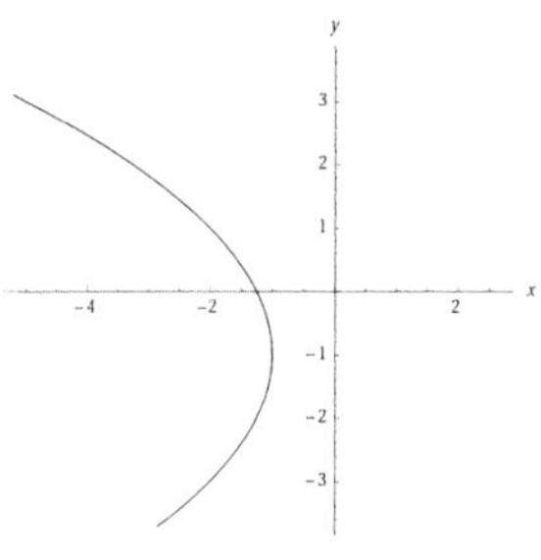

초점: $(-2, -1)$, 준선: y축

36.

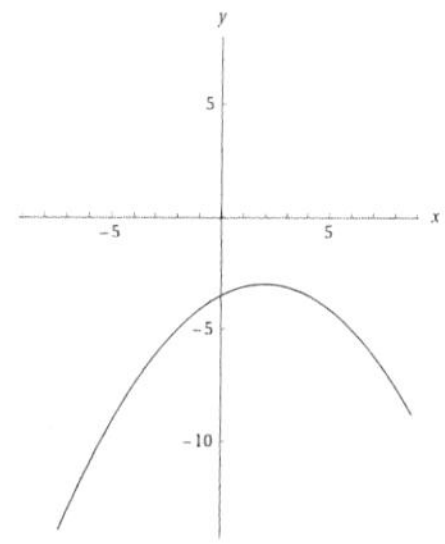

초점: $(2, -5)$, 준선: $y=-1$

37.

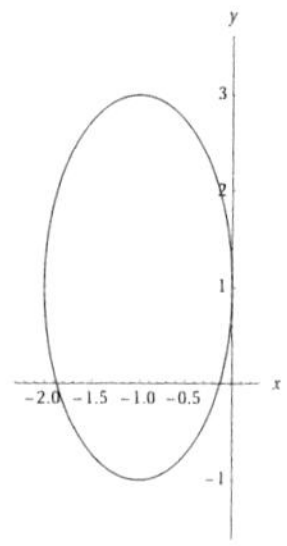

초점: $(-1, 1-\sqrt{3})$, $(-1, 1+\sqrt{3})$, 장축의 길이: 4, 단축의 길이: 2

38.

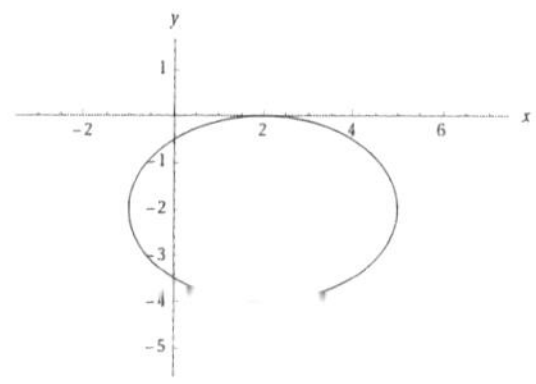

초점: $(2-\sqrt{5}, -2)$, $(2+\sqrt{5}, -2)$, 장축의 길이: 6, 단축의 길이: 4

39.

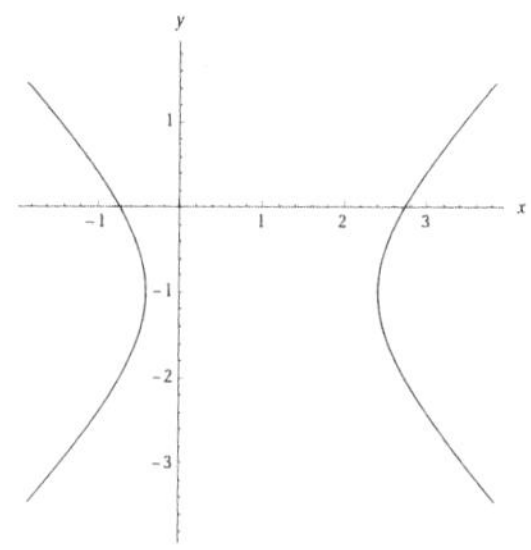

초점: $(3, -1)$, $(-1, -1)$,
꼭짓점: $(1-\sqrt{2}, -1)$, $(1+\sqrt{2}, -1)$

40.

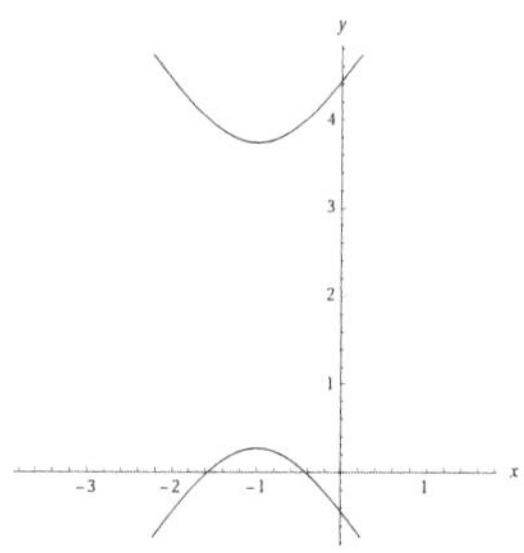

초점: $(-1, 0)$, $(-1, 4)$,
꼭짓점: $(-1, 2-\sqrt{3})$, $(-1, 2+\sqrt{3})$

CHAPTER 9

벡터 그리고 공간 위의 직선, 평면, 이차곡면

8장까지 미분과 적분에 관한 여러 가지 개념들을 공부해 왔고 9장을 시작하는 이 시점에 미적분학에서 다루는 긴 과정을 살펴보자. 미적분학은 극한의 개념을 기본으로 다음과 같은 함수들의 미분과 적분을 다루는 분야이다.

(1) 정의역이 실수이고 실수를 함숫값으로 하는 함수: 실함수
(2) 정의역이 실수이고 벡터를 함숫값으로 갖는 함수: 벡터함수
(3) 정의역이 벡터이고 실수를 함숫값으로 갖는 함수: 다변수함수
(4) 정의역이 벡터이고 벡터를 함숫값으로 갖는 함수: 벡터장

1장에서 8장까지 (1)의 범위의 실함수를 다루어 왔다. 미적분학의 개념을 실수에서 실수로 가는 실함수에 적용하였다. 실함수의 그래프인 곡선을 평면 위에 그리기 위하여 미분을 적용하였고 평면 위에 실함수의 정의역 구간과 그래프 사이에 놓인 영역의 넓이를 구하기 위하여 적분의 개념을 적용하였다.

이제 미적분학에서 다루는 함수를 확장해야 할 시기이다. 미분과 적분의 개념을 공간으로 확장할 것이다. 9장 이후는 (2)와 (3)의 범위의 함수를 다룰 예정이다. 극한에 기초한 미분과 적분의 개념을 우리가 살고 있는 공간의 세계로 넓혀야 할 것이다. 지구의 산, 바다 그리고 비행기가 자유롭게 움직이는 공간이 우리가 활동하고 살아가는 세계이다.

9장에서는 다변수함수나 벡터장의 기초 개념인 벡터와 공간을 살펴볼 것이다. 평면과 공간은 공통적으로 점으로 이루어졌다. 평면 위의 점에 이름을 붙여주는 방법인 좌표계에 대하여 2장에서 살펴보았다. 좌표계를 정하는 기준에 따라서 같은 점에 이름을 붙이는 방법은 다양하다. 평면에서 대표적인 좌표계는 직교좌표계와 극좌표계이다. 직교좌표계와 극좌표계는 방법은 매우 다르지만 두 좌표계의 공통점이 있다. 평면 위의 두 좌표계는 모든 점에 이름을 붙일 때 단 **2개의 실수**를 사용한다. 그래서 평면을 2차원 공간, 정확하게 **2차원 유클리드 공간**이라고 부른다.
공간도 평면과 같이 점으로 이루어졌다. **공간 위의 점들에 이름을 붙여주는 방법인 공간 좌표계**를 소개하려고 한다. 먼저, 가장 대표적인 공간의 좌표계인 **직교좌표계**를 소개한다.

물리와 공학에서의 문제를 수학적으로 표현하는 가장 유용한 도구는 벡터이다.
벡터는

• 물리학의 모든 개념을 설명하는데 사용되어 온 도구이고
• 수학적으로 도형과 도형의 변환을 표현하는 도구이다.

9장에서 벡터의 물리적 정의와 수학적 정의 사이의 관계를 알아본다. 또한 공간에서 도형의 성질을 정의하는 데 필요한 벡터의 내적과 외적을 공부해 보자.
벡터를 사용하여 공간에서의 도형인 직선, 평면 그리고 곡면을 공부해 보자.

9.1 공간좌표계: 직교좌표계

9.1.1 직교좌표계의 정의

평면좌표계는 평면 위의 점에 이름을 주는 방법이고 공간좌표계는 공간 위의 점에 이름을 주는 방법이다.

공간은 점으로 이루어졌다. 공간의 각 점에 실수를 사용하여 이름을 붙이는 방법을 **공간의 좌표계**라고 한다. 평면의 좌표계도 직교좌표계, 극좌표계 등 여러 가지 방법이 있는 것과 같이 공간의 좌표계도 여러 종류가 있고 **직교좌표계**(Cartesian coordinate system)가 가장 대표적인 좌표계이다.

우선 한 점 O를 고정하고 **원점**(origin)이라고 한다. 원점 O를 지나고 서로 수직인 세 개의 직선을 그린다. 이 세 개의 직선을 직교좌표계의 **좌표축**(coordinate axes)이라고 하고 순서대로 x축, y축, z축이라고 부른다. 세 개의 축을 고정하고 공간 위의 점에 대하여 각 축에 대한 점의 위치를 정해서 순서쌍으로 이름을 정하는 방법이 직교좌표계이다.

* 축의 위치와 방향은 각 축의 양의 방향의 위치와 방향을 의미한다.

역사적으로 수학과 물리학은 함께 발전하였기 때문에 많은 수학적 개념은 물리적 의미를 내포하고 있다. 직교좌표계의 축의 위치와 방향*은 물리학에서 전기선에 의한 자기장의 방향을 의미하는 **오른손 법칙**으로 정해지고 기하학적으로는 양의 방향으로 위치한다고 정의한다.

[그림 9.1](a)에서 보듯이 오른손의 엄지를 제외한 네 손가락을 x축의 양의 방향에서 y축의 양의 방향으로 구부렸을 때 엄지손가락이 가리키는 방향을 z축의 양의 방향으로 한다. 그러면 [그림 9.1](b)에서와 같은 양의 방향인 직교좌표축을 만들 수 있다.

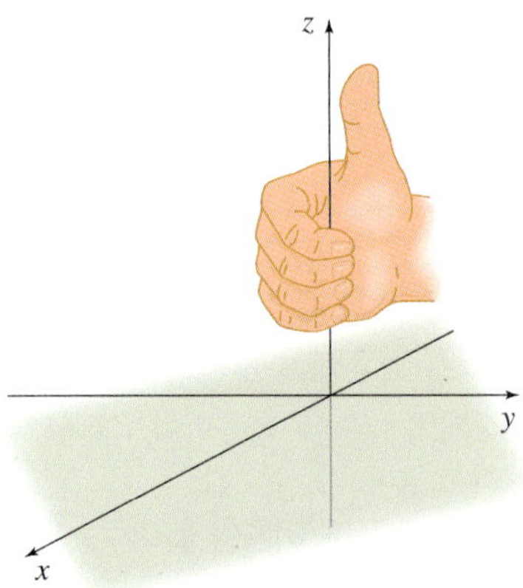

[그림 9.1](a)

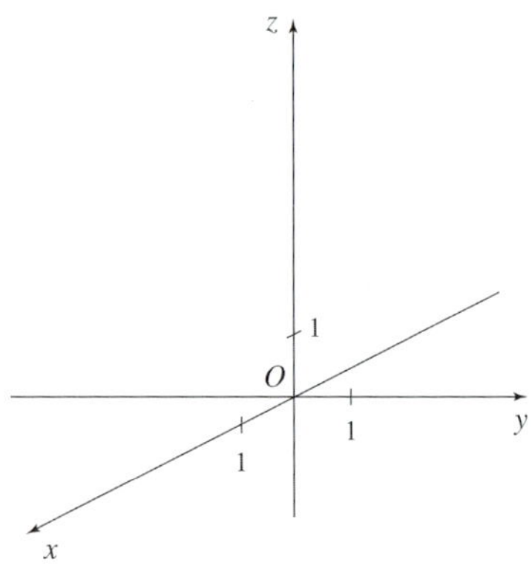

[그림 9.1](b)

세 개의 축인 x축, y축, z축은 [그림 9.2]에서 보듯이 다음과 같은 3개의 좌표평면을 만든다.

- xy-평면: $z = 0$
- yz-평면: $x = 0$

• xz-평면: $y=0$

이 세 좌표평면은 공간을 8개의 공간으로 나눈다. 이렇게 나뉘어진 8개의 공간 중에서 $x>0$이고 $y>0$이고 $z>0$인 부분을 「**제1팔분공간**」이라고 부른다.

평면에서는 직교좌표계에서 직교하는 2개의 직선으로 평면을 4개의 부분으로 나뉘어진다. 4개의 부분에서 $x>0$이고 $y>0$인 부분을 「제1사분면」으로 하고 반시계방향으로 「제2사분면」, 「제3사분면」, 「제4사분면」이라고 부른다.

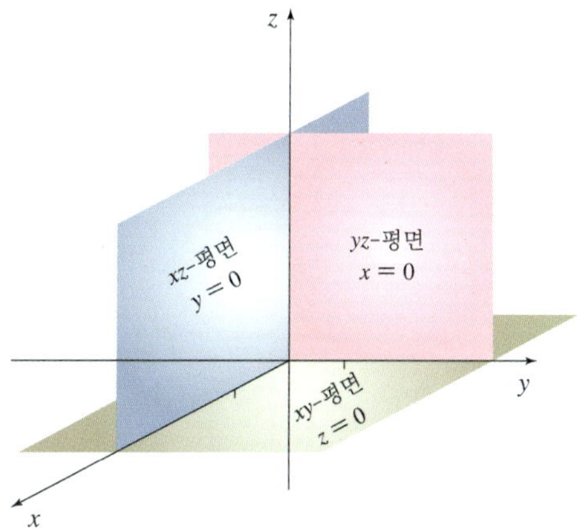

[그림 9.2]

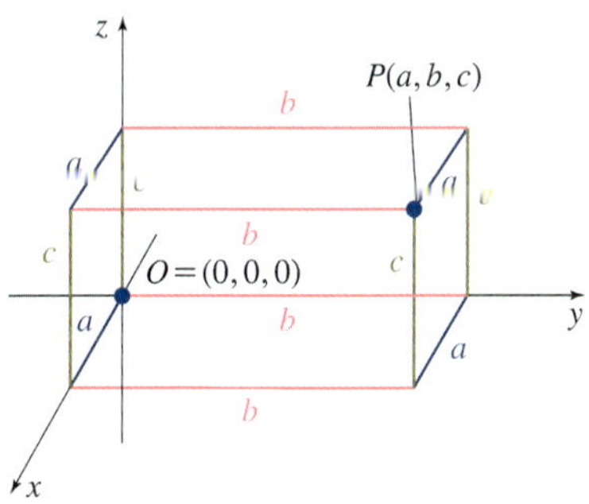

[그림 9.3]

공간 위의 점 P가 있다고 하자. [그림 9.3]에서와 같이 점 P에서 yz-평면으로의 수직으로 내리고 xz-평면으로의 수직으로 내리고 xy-평면으로의 수직으로 내리면 직육면체가 만들어진다. 이 직육면체에서

• x축과 겹치는 선분의 끝점의 x축 수직선에서의 좌표를 a라고 하고
• y축과 겹치는 선분의 끝점의 y축 수직선에서의 좌표를 b라고 하고
• z축과 겹치는 선분의 끝점의 z축 수직선에서의 좌표를 c라고 한다.

그러면 점 P를 실수의 순서쌍 (a,b,c)라고 표현하고 순서쌍 (a,b,c)를 점 P의 **좌표**(coordinate)라고 한다.

이때, a를 점 P의 x**좌표**(또는 x성분)라고 하고 b를 점 P의 y**좌표**(또는 y성분)라고 하고 c를 점 P의 z**좌표**(또는 z성분)라고 한다.

특히 원점 O의 좌표는 $(0,0,0)$이다. 여기서 평면좌표계에서 평면 위의 점의 좌표인 순서쌍 (x,y)는 2개의 실수 x와 y를 사용한다. 공간좌표계에서 점 P는 좌표는 실수를 x, y, z 3개를 사용하여 순서쌍 (x,y,z)를 사용한다. 평면 위의 점의 좌표 (x,y)는 실수를 자유롭게 두 개를 사용하여 표현한다는 의미에서 평면을 **2차원 공간**이라고 하고 공간 위의 점의 좌표 (x,y,z)는 실수를 자유롭게 세 개를 사용하여 표현한다는 의미의 공간을 **3차원 공간**이라고 한다.

[예제 9.1] 다음과 같이 주어진 좌표에 해당하는 점을 직교좌표계에 그려라.
[연습문제 1~3]

(1) $(2,-3,4)$ (2) $(2,-3,4)$

[풀이] (1) (2)

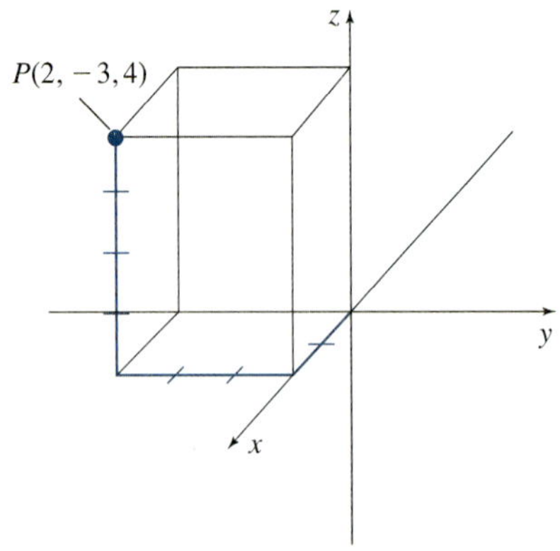

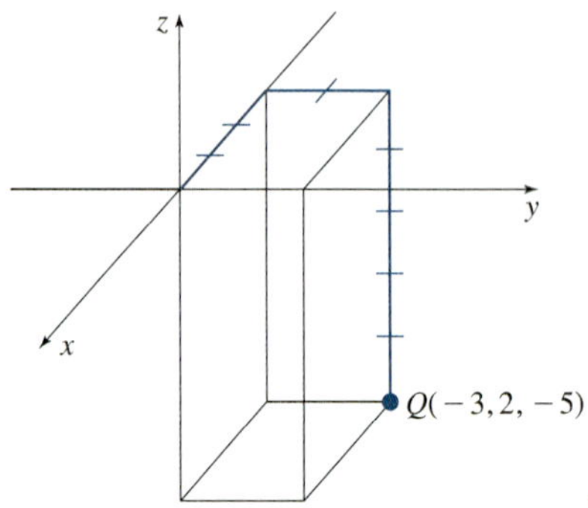

■

9.1.2 공간에서의 거리

공간에 있는 서로 다른 **두 점 사이의 거리**를 알아보자. 평면에서는 두 점 사이의 거리는 직각삼각형에 대한 피타고라스의 정리를 이용하여 정의하였다.

공간 위의 서로 다른 두 점 $P_1(x_1, y_1, z_1)$과 $P_2(x_2, y_2, z_2)$에 대하여 두 점 P_1과 P_2 사이의 거리는 선분 P_1P_2의 길이 $|P_1P_2|$라고 표현한다. ([그림 9.4] 참고)

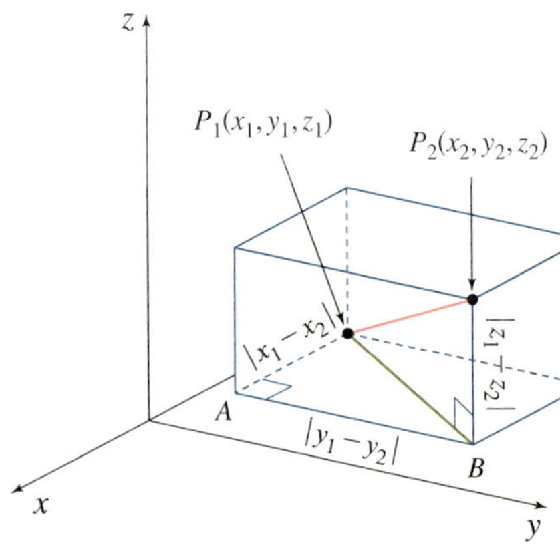

[그림 9.4]

[그림 9.4]를 보면 직육면체 안에 선분 P_1P_2를 대각선으로 갖는 직각삼각형 ΔP_1BP_2이 있다. 피타고라스 정리를 적용하면 다음과 같다.

$$|P_1P_2|^2 = |P_1B|^2 + |BP_2|^2 = |P_1B|^2 + |z_1 - z_2|^2$$

[그림 9.4]를 보면 직육면체의 밑면에 선분 P_1B를 대각선으로 갖는 직각삼각형 ΔP_1AB이 있다. 피타고라스 정리를 적용하면 다음과 같다.

$$\begin{aligned} |P_1B|^2 &= |P_1A|^2 + |AB|^2 \\ &= |x_1 - x_2|^2 + |y_1 - y_2|^2 \end{aligned}$$

직각삼각형 ΔP_1BP_2에서 $|P_1P_2|^2 = |P_1B|^2 + |BP_2|^2$

$$= |x_1 - x_2|^2 + |y_1 - y_2|^2 + |z_1 - z_2|^2.$$

그러므로 선분 P_1P_2의 길이에서 $|P_1P_2|^2 = |x_1 - x_2|^2 + |y_1 - y_2|^2 + |z_1 - z_2|^2$이다. 두 점 P_1과 P_2 사이의 거리는 선분 P_1P_2의 길이 $|P_1P_2|$이므로 두 점 사이의 거리는 다음과 같이 정의한다.

> **[정의 9.1 : 두 점 사이의 거리(distance)]** 공간 위의 서로 다른 두 점 $P_1(x_1, y_1, z_1)$과 $P_2(x_2, y_2, z_2)$ 사이의 거리 $|P_1P_2|$는 다음과 같다.
>
> $$|P_2 - P_1| = \sqrt{(x_2 - x_1)^2 + (y_2 - y_1)^2 + (z_2 - z_1)^2}$$

[예제 9.2] 두 점 $P_1(1, 3, -2)$과 $P_2(2, -1, -3)$ 사이의 거리 $|P_1P_2|$를 구하여라. [연습문제 3~6]

[풀이] $|P_1P_2|^2 = (2-1)^2 + (-1-3)^2 + (-3+2)^2 = 18$
그러므로 $|P_1P_2| = \sqrt{18} = 3\sqrt{2}$. ■

9.1.3 구와 구의 방정식

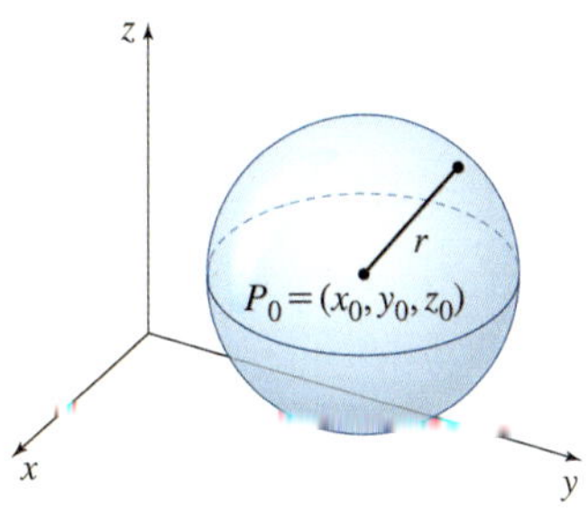

[그림 9.5]

공간에서 구(sphere)을 알아보자. 구(sphere)는 공간의 고정된 한 점 $P_0(x_0, y_0, z_0)$에서 거리가 양수 $r > 0$인 모든 점들의 모임이다. 이때, 점 $P_0(x_0, y_0, z_0)$는 **구의 중심**이고 실수 $r > 0$는 **구의 반지름**이다. ([그림 9.5] 참고)
구와 공의 정의에 의해서 구의 방정식을 구할 수 있다.

> **[정리 9.1 : 구(sphere)]** 중심이 $P_0(x_0, y_0, z_0)$이고 반지름이 실수 $r > 0$인 구(sphere)의 방정식은 다음과 같다.
>
> $$(x - x_0)^2 + (y - y_0)^2 + (z - z_0)^2 = r^2$$

세 변수 x, y, z에 대한 이차방정식에서 이차항 x^2, y^2, z^2의 계수가 같은 경우
- 계수로 양변을 나누면 다음과 같다.
  $x^2 + y^2 + z^2 + ax + by + cz + d = 0$
- 세 변수에 대한 완전제곱 형식의 합으로 만들어서 구의 중심과 반지름을 구한다.

중심이 $P_0(a, b, c)$이고 반지름이 실수 $r > 0$인 구의 방정식

$$(x - x_0)^2 + (y - y_0)^2 + (z - z_0)^2 = r^2$$

을 전개해서 정리하면 공간에서의 구의 방정식을 다음과 같이 쓸 수 있다.

$$x^2 + y^2 + z^2 + ax + by + cz + d = 0$$

x, y, z의 이차방정식에서 이차항 x^2, y^2, z^2의 계수가 같으면 구의 방정식이다.

[예제 9.3] 다음을 만족하는 구의 방정식을 구하여라. [연습문제 7~12]
(1) 중심이 $(2, 1, 0)$이고 반지름이 3인 구
(2) 두 점 $P(1, -2, 5)$와 $Q(3, 4, -3)$이 있을 때 선분 PQ의 길이 $|PQ|$를 지름으로 하는 구

[풀이] (1) 중심이 $(2, 1, 0)$이고 반지름이 2인 구의 방정식을 구하면

$(x-2)^2+(y-1)^2+(z-0)^2=3^2$이므로 $(x-2)^2+(y-1)^2+z^2=9$이다.

그러므로 구의 방정식은 $(x-2)^2+(y-1)^2+z^2=9$이다.

(2) 구의 지름이 선분 PQ의 길이 $|PQ|$이므로 반지름은 다음과 같다.

$$\frac{1}{2}|PQ|=\frac{1}{2}\sqrt{(3-1)^2+(4+2)^2+(-3-5)^2}=\frac{\sqrt{104}}{2}=\sqrt{26}$$

구의 중심은 선분 PQ의 중점이므로 점 $\left(\frac{1+3}{2}, \frac{-2+4}{2}, \frac{5-3}{2}\right)=(2,1,1)$이다. 그러므로 선분 PQ의 길이 $|PQ|$를 지름으로 하는 구는 중심이 $(2,1,1)$이고 반지름이 $\sqrt{26}$인 구이다. 그러므로 구의 방정식은 다음과 같다.

$$(x-2)^2+(y-1)^2+(z-1)^2=\sqrt{26}$$ ■

[예제 9.4] 다음 식 $x^2+y^2+z^2+4x+6y-2z+6=0$이 구의 방정식임을 보이고 구의 중심과 반지름을 구하여라. [연습문제 13~15]

[참고] 이차항 x^2, y^2, z^2의 계수가 모두 1이지만 구의 방정식이 아닐 수 있다. 예를 들어서 다음 이차방정식을 만족하는 점 (x, y, z)은 존재하지 않는다.

$$x^2+y^2+z^2=-1$$

그러므로 구의 방정식이 아니다.

[풀이] 이차항 x^2, y^2, z^2의 계수가 모두 1이므로 구의 방정식일 가능성이 있다. 구의 방정식 형태로 변형하기 위하여 주어진 식을 완전제곱 형태로 만들자.
$(x^2+4x)+(y^2+6y)+(z^2-2z)+6=0$이므로 구의 방정식은 다음과 같다.

$$(x+2)^2+(y+3)^2+(z-1)^2=8$$

그러므로 구의 중심은 $(-2,-3,1)$이고 반지름은 $2\sqrt{2}$이다. ■

연습문제

• Part 1

1. 다음 입체에 대하여 8개의 꼭짓점에 대한 좌표를 구하여라. [예제 9.1]

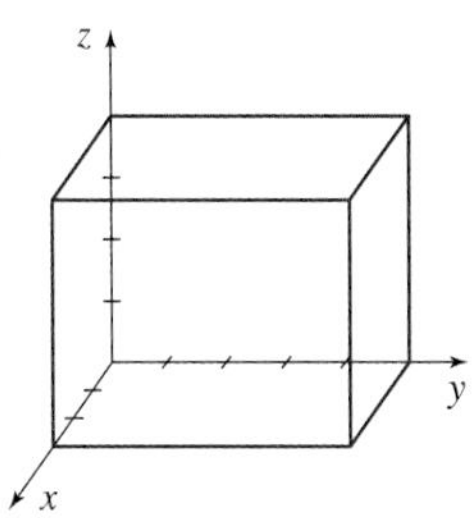

2. 다음과 같이 주어진 좌표에 해당하는 점을 직교좌표계에 그려라. [예제 9.1]

$P(1,2,0),\ Q(1,-2,2),\ R(-2,0,3),\ S(0,0,1)$

[3-6] 다음과 같이 주어진 두 점 P_1과 P_2 사이의 거리를 구하여라. [예제 9.2]

3. $P_1(0,0,0),\ P_2(2,-1,2)$
4. $P_1(3,1,-1),\ P_2(0,1,0)$
5. $P_1(2,3,4),\ P_2(1,2,-3)$
6. $P_1(4,1,-2),\ P_2(0,-1,0)$

[7-12] 다음을 만족하는 구의 방정식을 구하여라. [예제 9.3]

7. 중심이 $(3,1,1)$이고 반지름이 1인 구
8. 중심이 $(-1,1,2)$이고 반지름이 2인 구
9. 두 점 $P(1,-2,5)$ $Q(3,4,-6)$를 지나고 선분 PQ의 길이 $|PQ|$를 지름으로 하는 구
10. 두 점 $P(0,0,4)$ $Q(2,4,6)$를 지나고 선분 PQ의 길이 $|PQ|$를 지름으로 하는 구
11. 중심이 $(0,-3,4)$이고 점 $P(2,1,1)$를 지나는 구

12. 중심이 $(1, 0, 2)$ 이고 점 $P(1, -2, 5)$ 를 지나는 구

[13-15] 다음 식에 대하여 구의 방정식임을 확인하고 구의 중심과 반지름을 구하여라. [예제 9.4]

13. $x^2 + y^2 + z^2 + 2x - 2y = 2$
14. $x^2 + y^2 + z^2 - 6y + 8z = 0$
15. $2x^2 + 2y^2 + 2z^2 - 8x + 1z + 2 = 0$

• Part 2

[16-21] 점 $P(-5, 2, 3)$ 에 대하여 다음 물음에 답하여라.

16. 점 P와 xy-평면과의 거리를 구하여라.
17. 점 P와 yz-평면과의 거리를 구하여라.
18. 점 P와 xz-평면과의 거리를 구하여라.
19. 점 P와 x축과의 거리를 구하여라.
20. 점 P와 y축과의 거리를 구하여라.
21. 점 P와 z축과의 거리를 구하여라.
22. 점 $P(6, 1, 2)$, $Q(-5, -2, 3)$, $R(0, 3, 8)$ 중 xz-평면에 가장 가까운 점은 무엇인지 답하여라.
23. $x^2 + y^2 + z^2 - 2x - 4y - 6z + 10 = 0$과 $x^2 + y^2 + z^2 + 4x - 2y + 4z = 0$ 사이에서 가장 가까운 거리를 구하여라.

[24-25] 다음을 만족하는 구의 방정식을 구하여라.

24. 중심이 $(5, 4, 9)$ 이고 제1팔분공간에 포함되는 가장 큰 구의 방정식을 구하여라.
25. 직경의 양 끝점이 $(2, 1, 4)$, $(4, 3, 10)$ 인 구의 방정식을 구하여라.

[26-28] 점 $P(2, -3, 6)$ 에 대하여 다음 물음에 답하여라.

26. 점 P가 중심이고 xy-평면과 접하는 구의 방정식을 구하여라.
27. 점 P가 중심이고 yz-평면과 접하는 구의 방정식을 구하여라.
28. 점 P가 중심이고 xz-평면과 접하는 구의 방정식을 구하여라.

9.2 벡터

세상의 물체의 상태나 변화를 나타내는 방법은 다양하다.
다음과 같이 숫자로 크기만을 나타내는 양이 있다.
한라산의 높이는 1,947m이고 지리산 높이는 1,915m, 63빌딩의 높이는 248m, 잠실 월드타워는 555m, KTX 기차의 최고 속력은 시속 305km이다. 그리고 서울과 부산 사이의 거리는 325km이다.
그러나 비행기의 속도나 배의 항해 속도는 단지 시속 100km로 나타내지 않는다. 같은 속력으로 움직이더라도 방향에 따라 배의 움직임과 비행기의 움직임은 다르다. 이와 같이 크기만이 아니고 방향과 함께 표현해야 하는 양이 있는데 이를 **벡터**(vector)라고 부른다. 그리고 앞에서 말한 크기만을 나타내는 양을 **스칼라**(scalar)라고 한다.
벡터는 물리적 의미에서 시작되었기 때문에 물리적 의미의 벡터의 개념이 많이 사용된다. 반면 벡터의 다양하고 복잡한 계산을 위하여 벡터의 수학적 개념을 사용해야 한다. 그러므로 벡터의 정의는 물리적 정의와 수학적 정의를 모두 이해해야 하고 두 개념의 관계를 살펴보는 것은 중요하다.

9.2.1 물리적 의미의 벡터

◐ 벡터의 물리적 정의

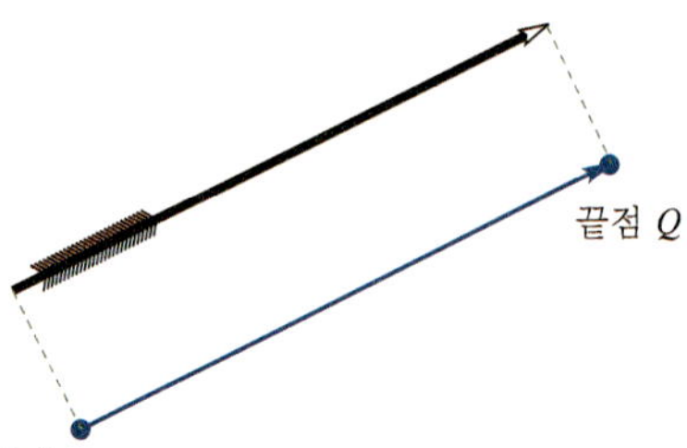

[그림 9.6]

벡터는 물리적인 의미에서 시작된 개념이다. 물리에서는 힘(force)을 나타내는 경우 벡터의 개념을 사용한다. 물체에 작용하는 힘은 크기와 방향이 함께 중요하다. **벡터는 크기와 방향이 함께 작용하는 대상이다.** 물리학적으로 벡터를 표현하는 방법은 화살표이다. 화살표의 방향은 벡터의 방향을 나타내고 화살표의 길이는 벡터의 크기를 나타낸다. ([그림 9.6] 참고)
예를 들어서 물리에서 전기장과 자기장 그리고 비행기의 날개 주변의 공기의 흐름 등을 나타낼 때 화살표로 힘의 흐름을 나타낸다.
스칼라(scalar)는 방향이 없고 크기만을 가진 양이다. 미적분학에서 스칼라는 실수에 해당한다. 이제 벡터의 물리적 (또는 기하학적) 정의를 해보자.

[주의] 선분 PQ와 벡터 $\overrightarrow{PQ}$
- 두 점 P와 Q를 잇는 선분은 선분 PQ라고 나타낸다.
- 점 P에서 점 Q로의 벡터는 벡터 $\overrightarrow{PQ}$라고 나타낸다.

[정의 9.2: 벡터의 물리적 정의]

(1) 벡터 $\mathbf{v}$는 점 P에서 점 Q로의 **방향이 있는 선분** $\overrightarrow{PQ}$이다. ([그림 9.6] 참고)
점 P를 **시작점**이라고 하고 점 Q를 **끝점**이라고 하고 벡터 $\mathbf{v} = \overrightarrow{PQ}$이다.

(2) 벡터 $\mathbf{v} = \overrightarrow{PQ}$에서 $P = Q$이면 $\mathbf{v}$를 **영벡터**라고 하고 벡터 $\mathbf{v} = \mathbf{0}$이라고 쓴다.

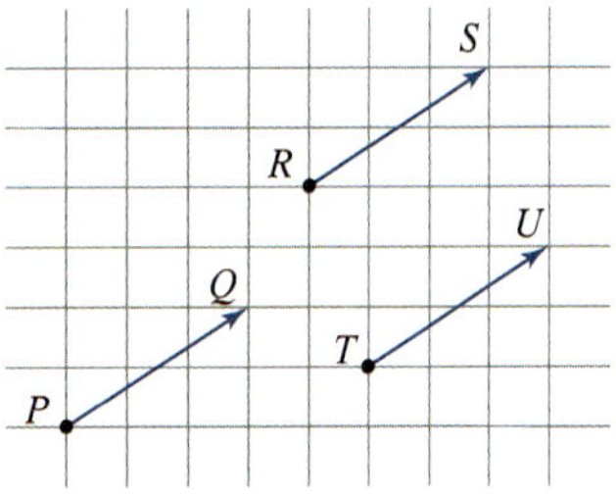

[그림 9.7](a)

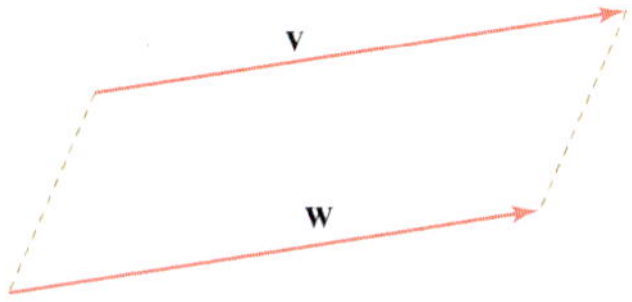

[그림 9.7](b)

벡터의 물리적인 의미가 가지고 있는 중요한 개념이 또 하나가 있다. [그림 9.7](a)에서 3개의 벡터 $\overrightarrow{PQ}$, $\overrightarrow{RS}$, $\overrightarrow{TU}$는 영벡터가 아닌 벡터로 크기와 방향이 같은 벡터들이다. 즉, 각 벡터를 평행이동을 하면 다른 벡터에 겹쳐질 수 있다. 물리의 힘의 관점에서 벡터 $\overrightarrow{PQ}$, $\overrightarrow{RS}$, $\overrightarrow{TU}$가 힘으로서 물체에 작용하면 같은 힘이 작용되었다고 한다. 그러므로 벡터로서 세 벡터 $\overrightarrow{PQ}$와 $\overrightarrow{RS}$와 $\overrightarrow{TU}$는 **서로 같다** 또는 **상등**이다. 즉, 벡터들이 평행이동으로 겹쳐진다면 두 벡터는 서로 같은 벡터이다. [그림 9.7](b)에서 보면 두 벡터 $\mathbf{v}$와 $\mathbf{w}$에 대하여

[두 벡터 $\mathbf{v}$와 $\mathbf{w}$가 평행이동으로 겹쳐진다.]

$$\Leftrightarrow$$

[두 벡터 $\mathbf{v}$와 $\mathbf{w}$는 방향과 크기가 같다.]

> **[정의 9.3: 두 벡터의 상등(서로 같다) 1]** 두 벡터 $\mathbf{v}$와 $\mathbf{w}$에 대하여
> 벡터 $\mathbf{v}$와 $\mathbf{w}$의 방향과 크기가 같으면 벡터 $\mathbf{v}$와 $\mathbf{w}$는 **서로 같다** 또는 **상등**라고 하고 기호로 다음과 같이 쓴다.
>
> $$\mathbf{v} = \mathbf{w}$$

◐ 물리적 의미에서 벡터의 연산

벡터의 연산에는 스칼라배와 덧셈이 있다. 우선 벡터의 스칼라배 또는 벡터의 실수배에 대하여 알아보자.

> **[정의 9.4: 벡터의 스칼라배 또는 실수배]** 실수 c와 벡터 $\mathbf{v}$에 대하여
> 벡터 $\mathbf{v}$의 스칼라 c배(또는 실수 c배)는 벡터 $c\mathbf{v}$는 다음과 같이 정의하자.
>
> (1) $c > 0$인 경우
> 벡터 $c\mathbf{v}$는 벡터 $\mathbf{v}$와 같은 방향이고 크기는 벡터 $\mathbf{v}$의 c배인 벡터이다.
>
> (2) $c < 0$인 경우
> 벡터 $c\mathbf{v}$는 벡터 $\mathbf{v}$와 반대 방향이고 크기는 벡터 $\mathbf{v}$의 $|c| = -c$배이다.
>
> (3) $c = 0$인 경우
> 벡터 $c\mathbf{v} = 0\mathbf{v}$는 영벡터 $\mathbf{0}$이다.

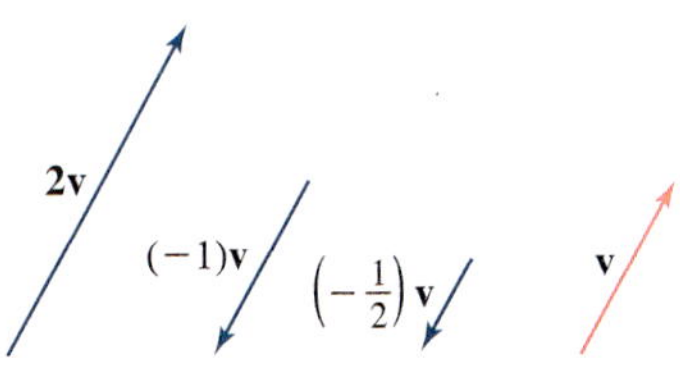

[그림 9.8]

예를 들어서 [그림 9.8]에서 보면

벡터 $2\mathbf{v}$는 벡터 $\mathbf{v}$와 같은 방향이고 크기는 벡터 $\mathbf{v}$의 2배이다.

벡터 $(-1)\mathbf{v}$는 벡터 $\mathbf{v}$와 반대 방향이고 크기는 벡터 $\mathbf{v}$의 $|-1| = 1$배이다.

벡터 $\left(-\frac{1}{2}\right)\mathbf{v}$는 벡터 $\mathbf{v}$와 반대 방향이고 크기는 벡터 $\mathbf{v}$의 $\left|-\frac{1}{2}\right| = \frac{1}{2}$배이다.

두 벡터의 덧셈을 정의하는 2가지 방법인 **삼각형의 법칙**과 **평행사변형의 법칙**을 알아보자.

[정의 9.5: 벡터의 덧셈] 두 벡터 $\mathbf{u}$와 $\mathbf{v}$에 대하여
벡터 $\mathbf{u}+\mathbf{v}$를 다음과 같이 2가지 방법으로 정의할 수 있다.

(1) [삼각형의 법칙]*
덧셈 $\mathbf{u}+\mathbf{v}$는 벡터 $\mathbf{u}$의 끝점에 벡터 $\mathbf{v}$의 시작점을 연결하였을 때 벡터 $\mathbf{u}$의 시작점에서 벡터 $\mathbf{v}$의 끝점으로의 벡터이다. ([그림 9.9](a) 참고)

(2) [평행사변형의 법칙] 벡터 $\mathbf{u}$와 $\mathbf{v}$가 평행이 아닌 경우 벡터 $\mathbf{u}$의 시작점과 벡터 $\mathbf{v}$의 시작점을 연결하고 두 벡터 $\mathbf{u}$와 $\mathbf{v}$를 두 변으로 하는 평행사변형에서 두 벡터 $\mathbf{u}$와 $\mathbf{v}$의 시작점에서 시작하는 대각선벡터가 벡터 $\mathbf{u}+\mathbf{v}$이다. ([그림 9.9](b) 참고)

* [정의: 9.5: 벡터의 덧셈] (1) [삼각형의 법칙] 덧셈 $\mathbf{u}+\mathbf{v}$에서

끝점 시작점 연결
$\mathbf{u}$ + $\mathbf{v}$
시작점 ⟶ 끝점: 벡터 $\mathbf{u}+\mathbf{v}$

즉, $\overrightarrow{PQ}+\overrightarrow{QR}=\overrightarrow{PR}$.

[삼각형의 법칙]은 벡터의 덧셈인 벡터를 실제로 구하는 경우 유용한 방법이다. [평행사변형의 법칙]은 벡터의 덧셈의 성질을 알아볼 때 유용한 방법이다.

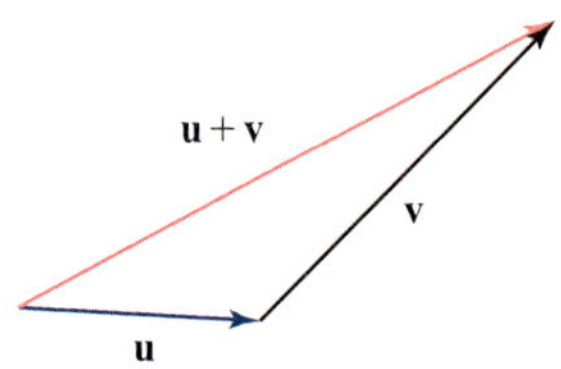

[그림 9.9](a)
[삼각형의 법칙: $\mathbf{u}+\mathbf{v}$]

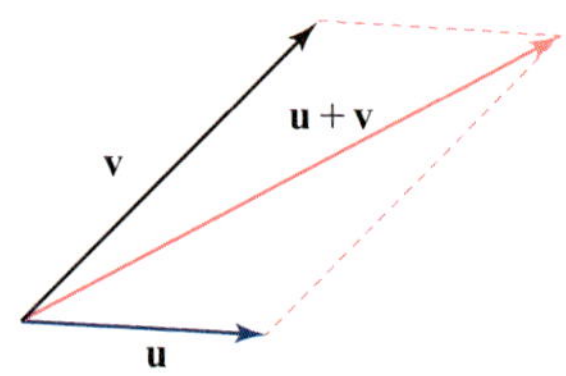

[그림 9.9](b)
[평행사변형의 법칙: $\mathbf{u}+\mathbf{v}$]

벡터의 2가지 연산인 스칼라배와 덧셈을 이용하여 벡터의 뺄셈을 정의할 수 있다.
두 벡터 $\mathbf{u}$와 $\mathbf{v}$에 대하여 새로운 벡터 $\mathbf{u}-\mathbf{v}$를 다음과 같이 정의한다.

두 벡터의 뺄셈: $\mathbf{u}-\mathbf{v}:=\mathbf{u}+(-1)\mathbf{v}$

두 벡터 $\mathbf{u}$와 $\mathbf{v}$의 뺄셈 $\mathbf{u}-\mathbf{v}$의 정의를 기하학적으로 표현하면
[그림 9.10](a)에서 보면 벡터 $\mathbf{u}+(-1)\mathbf{v}$를 삼각형의 법칙으로 표현하였다.
[그림 9.10](b)에서 보면 벡터 $\mathbf{u}-\mathbf{v}$는 두 벡터 $\mathbf{v}$와 벡터 $\mathbf{u}$의 시작점을 연결하였을 때 벡터 $\mathbf{v}$의 끝점에서 벡터 $\mathbf{u}$의 끝점으로 향하는 벡터임을 볼 수 있다.

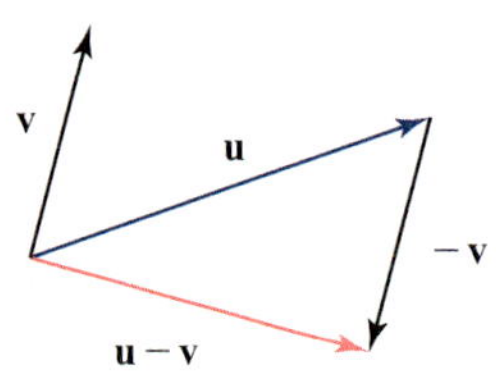

[그림 9.10](a) $\mathbf{u}+(-1)\mathbf{v}$

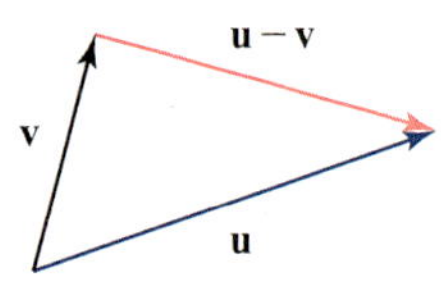

[그림 9.10](b) $\mathbf{u}-\mathbf{v}$

[예제 9.5] [그림 9.11](a)의 주어진 두 벡터 $\mathbf{u}$와 $\mathbf{v}$에 대하여 [연습문제 1~7]
(1) 점 P를 그리고 점 P에서 시작하는 벡터 $\mathbf{u}$를 그려라.

[그림 9.11](a)

(2) 벡터 $3\mathbf{u}+2\mathbf{v}$를 그려라.

(3) 벡터 $3\mathbf{u}-\mathbf{v}$를 그려라.

[풀이] [그림 9.11](a)와 같이 두 벡터 $\mathbf{u}$와 $\mathbf{v}$가 주어졌다고 하자.

(1) 점 P에서 시작하는 벡터 $\mathbf{u}$를 [그림 9.11](b)에서와 같이 그릴 수 있다.

(2) 삼각형의 법칙을 사용하여 [그림 9.11](c)에서와 같이 [삼각형의 법칙]으로 벡터 $3\mathbf{u}+2\mathbf{v}$를 그릴 수 있다.

(3) 삼각형의 법칙을 사용하여 [그림 9.11](d)에서와 같이 [삼각형의 법칙]으로 벡터 $3\mathbf{u}-\mathbf{v}$를 그릴 수 있다.

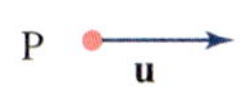

[그림 9.11](b)

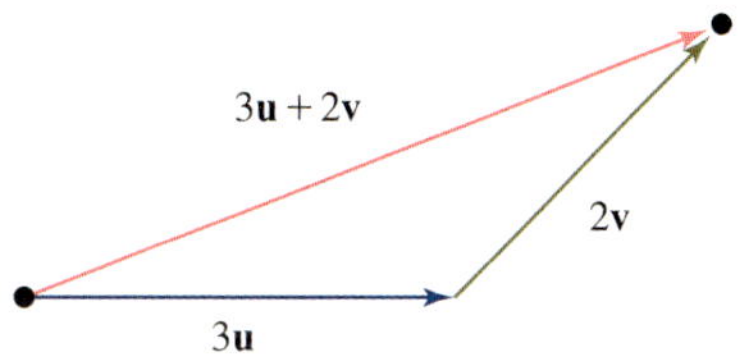

[그림 9.11](c)

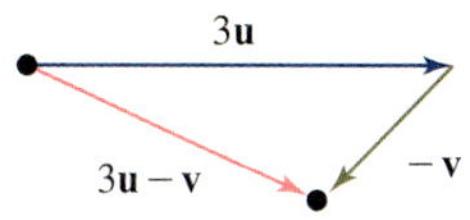

[그림 9.11](d) ■

9.2.2 벡터의 수학적 정의: 평면벡터와 공간벡터

9.2.1에서 벡터의 개념과 역사에 대한 물리적 정의에 대하여 알아보았다. 이제 벡터의 물리적 개념을 수학적으로 정의해 보자. 벡터의 수학적 정의는 실질적인 벡터의 계산을 위하여 평면의 직교좌표계를 사용하여 벡터를 표현하는 **평면벡터**와 공간의 직교좌표계를 사용하여 벡터를 표현하는 **공간벡터**를 정의한다. 벡터의 물리적이고 기하학적인 개념과 수학적 개념은 같은 의미임을 이해하고 서로의 장점을 잘 사용하는 것이 필요하다.

물리적이고 기하학적인 개념으로 평면상의 벡터와 공간상의 벡터를 사용할 때 평면과 공간에 대한 구분을 많이 하지 않고 그림으로 표현을 한다. 반면에 수학적인 정의는 평면 위의 벡터와 공간 위의 벡터를 정확히 구분하여 표현한다.

앞에서 나오는 물리적 개념에서의 벡터의 용어에 대한 각 수학적 정의에서

- 평면의 벡터 표현
- 공간의 벡터 표현

으로 나누어서 정의한다.

◐ 벡터의 수학적 정의

벡터는 크기와 방향을 함께 가지고 있는 양이다. 시작점과 끝점이 있는 방향이 있는 선분, 즉 화살표로 나타내었다.

- **평면벡터**는 시작점과 끝점을 평면에서의 점으로 잡은 벡터이고
- **공간벡터**는 시작점과 끝점을 공간에서의 점으로 잡은 벡터이다.

벡터의 수학적 정의를 위해 벡터에 대한 다음 사실을 중요한 기본으로 한다. ([그림 9.12] 참고)

[그림 9.12]

[벡터 표현의 원리] 임의의 벡터 $\mathbf{v}$에 대하여 고정된 한 점 A를 시작점으로 하는 벡터의 표현 $\mathbf{v}=\overrightarrow{AP}$인 점 P를 유일하게 잡을 수 있다.

평면 직교좌표계를 가진 평면에 놓인 벡터와 공간 직교좌표계를 가진 공간에 놓인 벡터에 대한 수학적인 표현을 알아보자.

평면벡터 $\mathbf{v}$에 대하여 벡터 $\mathbf{v}$의 시작점을 원점 $O(0,0)$으로 하는 벡터 표현 $\mathbf{v}=\overrightarrow{OP}$인 끝점 $P(a_1,a_2)$를 잡으면 벡터 $\mathbf{v}$를 다음과 같이 끝점 P의 좌표로 표현한다. ([그림 9.13](a) 참고)

평면에서 점 $P(a_1,a_2)$로 표현하고 벡터 $\overrightarrow{OP}=\langle a_1,a_2\rangle$로 표현한다.

공간에서 점 $P(a_1,a_2,a_3)$로 표현하고 벡터 $\overrightarrow{OP}=\langle a_1,a_2,a_3\rangle$로 표현한다.

$$\mathbf{v}=\langle a_1,a_2\rangle$$

이때, a_1은 벡터 $\mathbf{v}$의 x성분이라고 하고 a_2은 벡터 $\mathbf{v}$의 y성분이라고 한다.

공간벡터 $\mathbf{v}$에 대하여 원점 $O(0,0,0)$을 벡터 $\mathbf{v}$의 시작점으로 하는 벡터 $\mathbf{v}$의 벡터 표현 $\mathbf{v}=\overrightarrow{OP}$인 평면의 끝점 $P(a_1,a_2,a_3)$가 있다. 벡터 $\mathbf{v}$를 다음과 같이 끝점 P의 좌표로 표현한다. ([그림 9.13](b) 참고)

$$\mathbf{v}=\langle a_1,a_2,a_3\rangle$$

이때, a_1은 벡터 $\mathbf{v}$의 x성분이라고 하고 a_2은 벡터 $\mathbf{v}$의 y성분이라고 하고 a_3은 벡터 $\mathbf{v}$의 z성분이라고 한다.

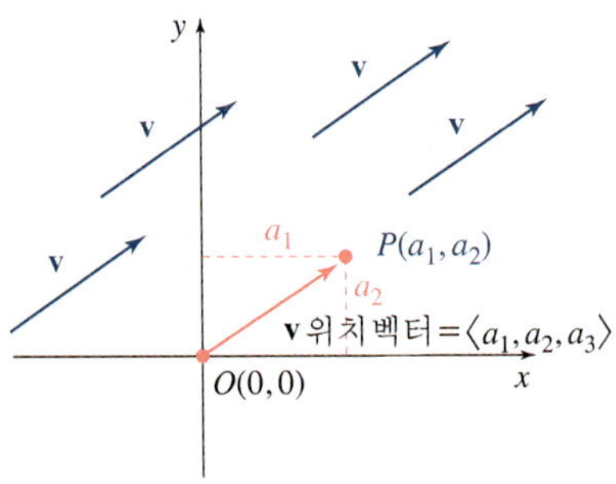

[그림 9.13](a)

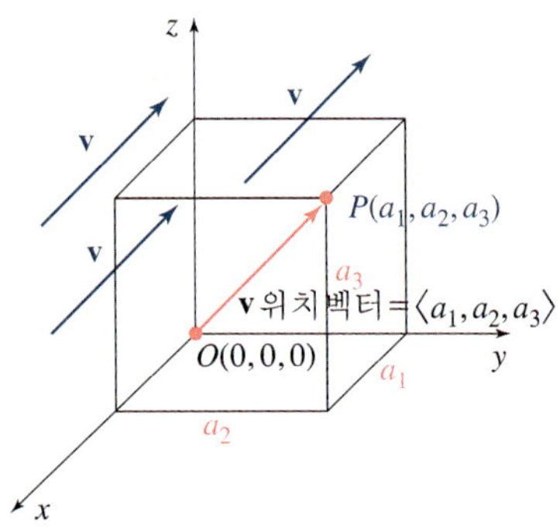

[그림 9.13](b)

[정의 9.6: 벡터의 수학적 정의]

(1) 평면벡터: 평면벡터 $\mathbf{v}$에 대하여 벡터 표현 $\mathbf{v}=\overrightarrow{OP}$인 점 $P(a_1,a_2)$를 잡자. 벡터 $\mathbf{v}$의 위치벡터(positional vector) 또는 벡터의 성분표현은 다음과 같다.

$$\mathbf{v} = \langle a_1, a_2 \rangle$$

(2) 공간벡터: 공간벡터 $\mathbf{v}$에 대하여 벡터 표현 $\mathbf{v} = \overrightarrow{OP}$인 점 $P(a_1, a_2, a_3)$를 잡자. 벡터 $\mathbf{v}$의 위치벡터(positional vector) 또는 벡터의 성분표현은 다음과 같다.

$$\mathbf{v} = \langle a_1, a_2, a_3 \rangle$$

[주의]

(1) 평면벡터 $\mathbf{v} = \langle a_1, a_2 \rangle$와 점 $P(a_1, a_2)$는 괄호의 표현으로 구분하고 공간벡터 $\mathbf{v} = \langle a_1, a_2, a_3 \rangle$와 점 $P(a_1, a_2, a_3)$는 괄호의 표현으로 구분한다.

(2) 앞으로 벡터는 위치벡터 또는 수학적인 성분표현으로 한다.

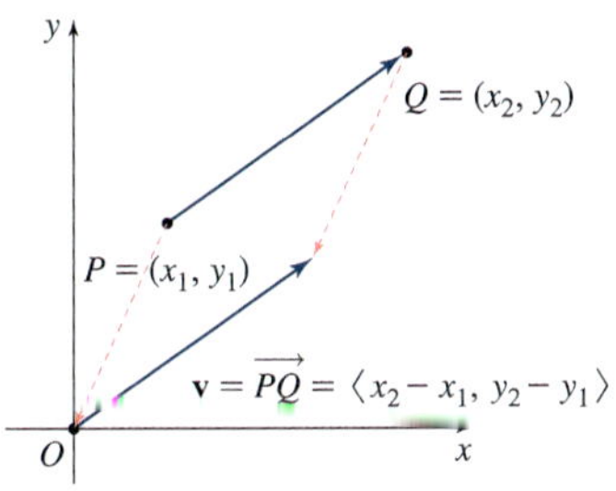

[그림 9.14](a) 평면벡터 $\overrightarrow{PQ}$

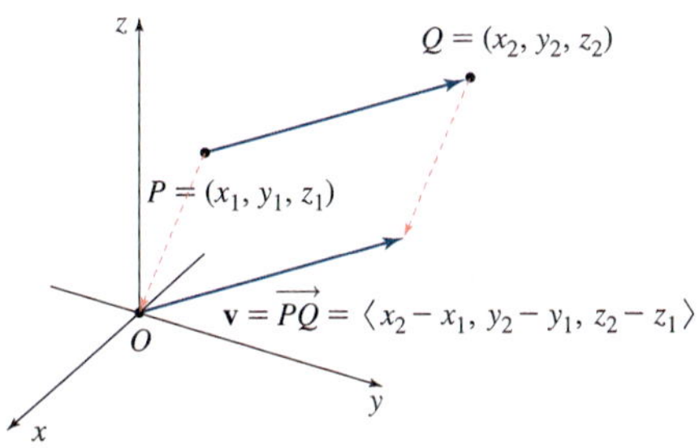

[그림 9.14](b) 공간벡터 $\overrightarrow{PQ}$

두 점 P와 Q가 주어졌을 때 벡터 $\overrightarrow{PQ}$의 성분표현을 알아보자.

(1) 평면벡터 $\overrightarrow{PQ}$의 시작점 $P(x_1, y_1)$과 끝점 $Q(x_2, y_2)$이 주어졌을 때 벡터 $\overrightarrow{PQ}$의 위치벡터를 구해보자.

벡터 $\overrightarrow{PQ}$에서 시작점이 원점 $O(0,0)$이 되도록 벡터 $\overrightarrow{PQ}$를 평행이동하면 끝점은 $(x_2 - x_1, y_2 - y_1)$이다. 그러므로 벡터 $\overrightarrow{PQ}$의 위치벡터 또는 성분표현은 다음과 같다. ([그림 9.14](a) 참고)

$$\overrightarrow{PQ} = \langle x_2 - x_1, y_2 - y_1 \rangle$$

(2) 공간벡터 $\overrightarrow{PQ}$의 시작점 $P(x_1, y_1, z_1)$과 끝점 $Q(x_2, y_2, z_1)$이 주어졌을 때 벡터 $\overrightarrow{PQ}$의 위치벡터를 구해보자.

벡터 $\overrightarrow{PQ}$의 시작점이 원점 $O(0,0,0)$이 되도록 벡터 $\overrightarrow{PQ}$를 평행이동하면 의해 끝점은 $(x_2 - x_1, y_2 - y_1, z_2 - z_1)$이다. 그러므로 벡터 $\overrightarrow{PQ}$의 위치벡터 또는 성분표현은 다음과 같다. ([그림 9.14](b) 참고)

$$\overrightarrow{PQ} = \langle x_2 - x_1,\ y_2 - y_1,\ z_2 - z_1 \rangle$$

(3) $P = Q$일 때

평면에서의 영벡터 $\overrightarrow{PQ} = \mathbf{0} = \langle 0, 0 \rangle$이다.

공간에서의 영벡터 $\overrightarrow{PQ} = \mathbf{0} = \langle 0, 0, 0 \rangle$이다. ■

* **[주의]** 주어진 두 점 P와 Q에 대하여

벡터 $\overrightarrow{PQ} = \overrightarrow{OQ} - \overrightarrow{OP}$

[벡터 $\overrightarrow{PQ}$의 성분표현]*

(1) 평면벡터 $\overrightarrow{PQ}$의 시작점 $P(x_1, y_1)$과 끝점 $Q(x_2, y_2)$이 주어졌을 때 벡터 $\overrightarrow{PQ}$의 위치벡터 $\overrightarrow{PQ} = \langle x_2 - x_1, y_2 - y_1 \rangle$.

(2) 공간벡터 $\overrightarrow{PQ}$의 시작점 $P(x_1, y_1, z_1)$과 끝점 $Q(x_2, y_2, z_1)$이 주어졌을 때 벡터 $\overrightarrow{PQ}$의 위치벡터 $\overrightarrow{PQ} = \langle x_2 - x_1, y_2 - y_1, z_2 - z_1 \rangle$.

[예제 9.6] 주어진 점 P와 Q에 대하여 벡터 $\overrightarrow{PQ}$의 위치벡터를 구하여라. [연습문제 8~11]

(1) $P(-1,2)$과 $Q(4,6)$ (2) $P(3,4,2)$과 $Q(7,-8,5)$

[풀이]

(1) 벡터 $\overrightarrow{PQ}$의 시작점을 원점 $O(0,0)$으로 놓으면 끝점은 다음과 같다.

$$(4-(-1),6-2)=(5,4)*$$

* $\overrightarrow{PQ}$의 성분표현 $=\overrightarrow{OQ}-\overrightarrow{OP}$

그러므로 벡터 $\overrightarrow{PQ}$의 위치벡터는 $\langle 5,4\rangle$이고 $\overrightarrow{PQ}=\langle 5,4\rangle$.

(2) 벡터 $\overrightarrow{PQ}$의 시작점을 원점 $O(0,0,0)$으로 놓으면 끝점은 다음과 같다.

$$(7-3,-8-4,5-2)=(4,-12,3)*$$

그러므로 벡터 $\overrightarrow{PQ}$의 위치벡터는 $\langle 4,-12,3\rangle$이고 $\overrightarrow{PQ}=\langle 4,-12,3\rangle$. ■

두 벡터 $\mathbf{u}$와 $\mathbf{v}$의 상등에 대한 수학적 정의를 다음과 같이 정의할 수 있다.

[정의 9.7: 벡터의 상등(서로 같다) 2]

(1) 두 평면벡터 $\mathbf{v}=\langle a_1,a_2\rangle$와 $\mathbf{u}=\langle b_1,b_2\rangle$에 대하여

$$\mathbf{v}=\mathbf{u} \quad \Leftrightarrow \quad a_1=b_1 \text{이고 } a_2=b_2$$

(2) 두 공간벡터 $\mathbf{v}=\langle a_1,a_2,a_3\rangle$와 $\mathbf{u}=\langle b_1,b_2,b_3\rangle$에 대하여

$$\mathbf{v}=\mathbf{u} \quad \Leftrightarrow \quad a_1=b_1 \text{이고 } a_2=b_2 \text{이고 } a_3=b_3$$

◐ 벡터의 연산의 수학적 정의

벡터의 실수배와 벡터의 덧셈 그리고 벡터의 빼셈에 대한 물리적 정의와 같은 개념을 갖도록 수학적으로 정의해 보자. 즉, 벡터의 연산을 벡터의 성분표현에 대한 연산으로 정의해 보자.

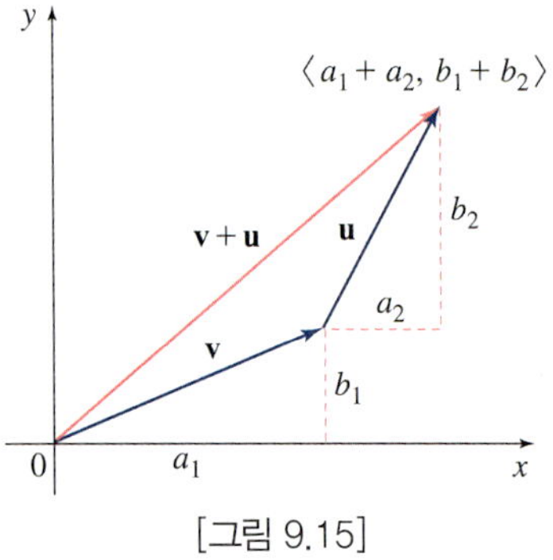

[그림 9.15]

벡터의 연산의 물리적인 정의와 수학적 정의는 같은 개념임을 [그림 9.15]를 보면 확인할 수 있다.
두 평면벡터 $\mathbf{v}=\langle a_1,a_2\rangle$와 $\mathbf{u}=\langle b_1,b_2\rangle$의 덧셈 $\mathbf{v}+\mathbf{u}$에 대하여 [물리적 정의]인 삼각형의 법칙에 의해 정의한 벡터 $\mathbf{v}+\mathbf{u}$를 [그림 9.15]에서 살펴보면
벡터 $\mathbf{v}+\mathbf{u}$의 직교좌표에서의 성분표현이 $\langle a_1+a_2, b_1+b_2\rangle$이다.
즉, 벡터 $\mathbf{v}+\mathbf{u}$의 [수학적 정의]는 $\langle a_1+a_2, b_1+b_2\rangle$로 놓는다.
또한 공간벡터에 대해서도 비슷하게 확인할 수 있다.

[정의 9.8: 벡터의 연산 2]

(1) 평면벡터 $\mathbf{v}=\langle a_1,a_2\rangle$와 $\mathbf{u}=\langle b_1,b_2\rangle$와 실수(스칼라) t에 대하여

- 덧셈과 뺄셈: $\mathbf{v}+\mathbf{u}=\langle a_1+a_2, b_1+b_2\rangle$, $\mathbf{v}-\mathbf{u}=\langle a_1-a_2, b_1-b_2\rangle$
- 실수배: $t\mathbf{v}=\langle ta_1, ta_2\rangle$

(2) 공간벡터 $\mathbf{v}=\langle a_1,a_2,a_3\rangle$와 $\mathbf{u}=\langle b_1,b_2,b_3\rangle$와 실수(스칼라) t에 대하여

- 덧셈과 뺄셈: $\mathbf{v}+\mathbf{u}=\langle a_1+a_2, b_1+b_2, c_1+c_2\rangle$,
  $\mathbf{v}-\mathbf{u}=\langle a_1-a_2, b_1-b_2, c_1-c_2\rangle$
- 실수배: $t\mathbf{v}=\langle ta_1, ta_2, ta_3\rangle$

벡터의 실수배와 덧셈 등 연산의 수학적 정의는 단순히 벡터의 성분표현에서 실수의 사칙연산으로 이루어진다.

[예제 9.7] 벡터 $\mathbf{v}=\langle 2,3,-1\rangle$와 $\mathbf{u}=\langle -1,-2,4\rangle$에 대하여 다음을 구하여라. [연습문제 12~19]

(1) $\mathbf{v}+\mathbf{u}$ (2) $\mathbf{u}-2\mathbf{v}$ (3) $\frac{1}{3}\mathbf{u}$ (4) $2\mathbf{v}-3\mathbf{u}$

[풀이] (1) $\mathbf{v}+\mathbf{u}=\langle 2,3,-1\rangle+\langle -1,-2,4\rangle=\langle 1,1,3\rangle$

(2) $\mathbf{u}-2\mathbf{v}=\langle -1,-2,4\rangle-2\langle 2,3,-1\rangle=\langle -5,-8,6\rangle$

(3) $\frac{1}{3}\mathbf{u}=\frac{1}{3}\langle -1,-2,4\rangle=\left\langle -\frac{1}{3}, -\frac{1}{3}, \frac{4}{3}\right\rangle$

(4) $2\mathbf{v}-3\mathbf{u}=2\langle 2,3,-1\rangle-3\langle -1,-2,4\rangle=\langle 7,12,-14\rangle$ ■

벡터의 연산에 대한 성질을 알아보자.

[정리 9.2: 벡터의 연산의 성질] 벡터 $\mathbf{u}$, $\mathbf{v}$, $\mathbf{w}$와 실수 s, t에 대하여

(1) $\mathbf{u}+\mathbf{v}=\mathbf{v}+\mathbf{u}$
(2) $\mathbf{u}+(\mathbf{v}+\mathbf{w})=(\mathbf{u}+\mathbf{v})+\mathbf{w}$
(3) $\mathbf{u}+\mathbf{0}=\mathbf{0}+\mathbf{u}=\mathbf{u}$
(4) $\mathbf{u}+(-\mathbf{u})=\mathbf{0}$
(5) $t(\mathbf{u}+\mathbf{v})=t\mathbf{v}+t\mathbf{u}$
(6) $(s+t)\mathbf{u}=s\mathbf{u}+t\mathbf{u}$
(7) $(st)\mathbf{u}=s(t\mathbf{u})$
(8) $1\mathbf{u}=\mathbf{u}$

[증명] 성질 (1)과 (2)를 벡터의 성분표현과 물리적인 정의인 2가지 방법으로 보이자.

예를 들어 평면벡터 $\mathbf{u}=\langle a_1,a_2\rangle$, $\mathbf{v}=\langle b_1,b_2\rangle$, $\mathbf{w}=\langle c_1,c_2\rangle$라고 하자.

(1) 수학적 정의에 의해 $\mathbf{u}+\mathbf{v}=\langle a_1+a_2, b_1+b_2\rangle=\langle a_2+a_1, b_2+b_1\rangle=\mathbf{v}+\mathbf{u}$이므로 $\mathbf{u}+\mathbf{v}=\mathbf{v}+\mathbf{u}$이다.

물리적 정의에 의해 벡터의 덧셈에 대한 평행사변형의 법칙에 의하면 [그림 9.16](a)에서 $\mathbf{u}+\mathbf{v}=\mathbf{v}+\mathbf{u}$임을 볼 수 있다.

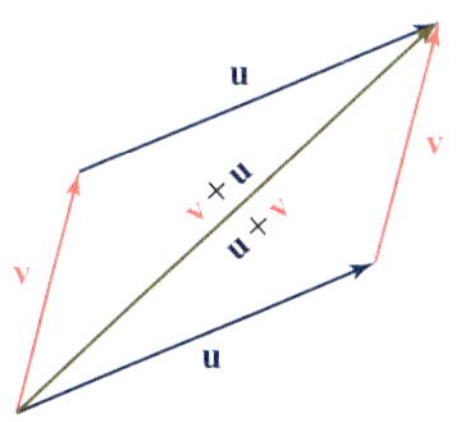

[그림 9.16](a)

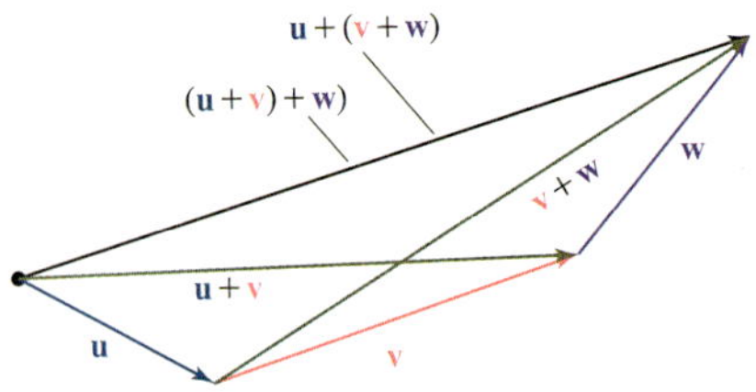

[그림 9.16](b)

(2) $\mathbf{u}+(\mathbf{v}+\mathbf{w})=(\mathbf{u}+\mathbf{v})+\mathbf{w}$에 대하여

수학적 정의에 의해 $\mathbf{u}+(\mathbf{v}+\mathbf{w})=\langle a_1+(b_1+c_1), a_1+(b_1+c_1)\rangle$이고 $(\mathbf{u}+\mathbf{v})+\mathbf{w}=\langle (a_1+b_1)+c_1, (a_1+b_1)+c_1\rangle$이므로 $\mathbf{u}+(\mathbf{v}+\mathbf{w})=(\mathbf{u}+\mathbf{v})+\mathbf{w}$이다.

물리적 정의인 벡터의 덧셈에 대한 삼각형의 법칙에 의하면 [그림 9.16](b)에서 $\mathbf{u}+(\mathbf{v}+\mathbf{w})=(\mathbf{u}+\mathbf{v})+\mathbf{w}$임을 볼 수 있다. ■

벡터의 개념은 앞으로의 미적분학의 내용에 많이 사용된다. 벡터에 관한 기본적인 용어들을 정의해 본다.

[정의 9.9: 벡터의 평행] 영 벡터가 아닌 두 벡터 $\mathbf{u}$와 $\mathbf{v}$에 대하여 다음을 만족하는 실수 t가 있으면 두 벡터 $\mathbf{u}$와 $\mathbf{v}$가 평행(parallel)하다고 한다.

$$\mathbf{u}=t\mathbf{v}$$

예를 들어서 두 벡터 $\mathbf{v}=\langle 2,3,-1\rangle$와 $\mathbf{u}=\langle 4,6,-2\rangle$는 평행하다. 왜냐하면 $\mathbf{u}=2\mathbf{v}$이기 때문이다. 또한 두 벡터 $\mathbf{v}=\langle 1,3,2\rangle$와 $\mathbf{u}=\langle -3,-9,-6\rangle$는 평행하다. 왜냐하면 $\mathbf{u}=-3\mathbf{v}$이기 때문이다.

◐ 벡터의 크기와 단위벡터

벡터는 크기와 방향을 갖는 양이라고 정의하였다. 우선 벡터의 크기는 벡터를 나타내는 화살표의 길이로 나타낸다. 즉, 벡터 $\mathbf{v}$의 크기(norm)는 벡터 $\mathbf{v}$의 시작점과 벡터 $\mathbf{v}$의 끝점 사이의 거리이고 기호로 $\|\mathbf{v}\|$로 나타낸다.

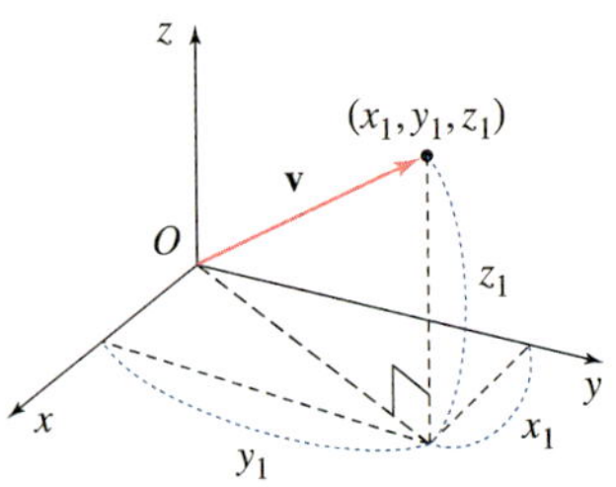

[그림 9.17]

[정의 9.10: 벡터의 크기]

(1) 평면벡터 $\mathbf{v}=\langle a_1,a_2\rangle$의 크기(norm) $\|\mathbf{v}\|$는 다음과 같다.

$$\|\mathbf{v}\|=\sqrt{a_1^2+a_2^2}$$

(2) 공간벡터 $\mathbf{v}=\langle a_1,a_2,a_3\rangle$의 크기(norm) $\|\mathbf{v}\|$는 다음과 같다. ([그림 9.17] 참고)

$$\|\mathbf{v}\|=\sqrt{a_1^2+a_2^2+a_3^2}$$

[예제 9.8] 다음 주어진 벡터의 크기를 구하여라. [연습문제 20~24]

(1) $\mathbf{v}=\langle 3,-4\rangle$　　　　(2) $\mathbf{v}=\langle 2,3,-1\rangle$

[풀이] (1) $\|\mathbf{v}\|=\sqrt{3^2+(-4)^2}=\sqrt{25}=5$

(2) $\|\mathbf{v}\| = \sqrt{2^2 + 3^2 + (-1)^2} = \sqrt{14}$ ■

[예제 9.9] 시작점 $P(-1, 2, -2)$에서 끝점 $Q(3, -10, 1)$을 갖는 벡터 $\overrightarrow{PQ}$의 크기를 구하여라. [연습문제 25~27]

[풀이] 벡터 $\overrightarrow{PQ}$의 성분표현은 다음과 같다.

$$\langle 3-(-1), -10-2, 1-(-2) \rangle = \langle 4, -12, 3 \rangle *$$

* $\overrightarrow{PQ} = \overrightarrow{OQ} - \overrightarrow{OP}$

벡터 $\overrightarrow{PQ} = \langle 4, -12, 3 \rangle$이므로 벡터 $\overrightarrow{PQ}$의 크기 $\|\overrightarrow{PQ}\| = \sqrt{4^2 + (-12)^2 + 3^2} = \sqrt{169} = 13$이다. 벡터 $\overrightarrow{PQ}$의 크기는 13이다. ■

다음은 벡터의 실수배의 크기에 대한 성질이다.

[정리 9.3] 벡터 $\mathbf{v}$와 실수 t에 대하여 벡터 $t\mathbf{v}$의 크기 $\|t\mathbf{v}\|$는 다음과 같다.

$$\|t\mathbf{v}\| = |t|\,\|\mathbf{v}\|$$

벡터 $\mathbf{v} = \langle 1, 2, 3 \rangle$와 실수 $t = -3$에 대하여

$$\|\mathbf{v}\| = \sqrt{1+4+9} = \sqrt{14} \text{이고 } |t|\,\|\mathbf{v}\| = |-3|\sqrt{14} = 3\sqrt{14}.$$

$t\mathbf{v} = (-3)\langle 1, 2, 3 \rangle = \langle -3, -6, -9 \rangle$이므로

$$\|t\mathbf{v}\| = \|\langle -3, -6, -9 \rangle\| = \sqrt{9+36+81} = \sqrt{126} = 3\sqrt{14}\}.$$

그러므로 $|t|\,\|\mathbf{v}\| = 3\sqrt{14} = \|t\mathbf{v}\|$ 임을 알 수 있다.

단위벡터는 다음과 같이 정의한다.

[정의 9.11: 단위벡터] 단위벡터(unit vector)는 크기가 1인 벡터이다.

영벡터가 아닌 벡터 $\mathbf{v}$에 대하여 벡터 $\mathbf{v}$와 같은 방향인 단위벡터를 구해보자. 즉 다음 2가지 성질을 만족하는 벡터이다.

- 벡터 $\mathbf{v}$와 같은 방향인 벡터: $t\mathbf{v}$이고 $t > 0$.
- 단위벡터이므로 $\|t\mathbf{v}\| = 1$.

그러므로 $\|t\mathbf{v}\| = 1$인 양수 t를 구해야 한다.

$$1 = \|t\mathbf{v}\| = |t|\,\|\mathbf{v}\| \text{이고 } |t| = \frac{1}{\|\mathbf{v}\|}$$

그러므로 $t>0$이므로 $t=\dfrac{1}{\|\mathbf{v}\|}$이다.

영벡터가 아닌 벡터 $\mathbf{v}$에 대하여 벡터 $\mathbf{v}$와 같은 방향인 단위벡터는 $\dfrac{1}{\|\mathbf{v}\|}\mathbf{v}$이다. 또한 벡터 $\mathbf{v}$와 반대 방향인 단위벡터는 $-\dfrac{1}{\|\mathbf{v}\|}\mathbf{v}$이다.

[정리 9.4: v방향의 단위벡터] 영벡터가 아닌 벡터 $\mathbf{v}$에 대하여

(1) 벡터 $\mathbf{v}$와 같은 방향의 단위벡터 $\mathbf{u}$는 $\mathbf{u}=\dfrac{1}{\|\mathbf{v}\|}\mathbf{v}$.

(2) 벡터 $\mathbf{v}$와 반대 방향의 단위벡터 $\mathbf{u}$는 $\mathbf{u}=-\dfrac{1}{\|\mathbf{v}\|}\mathbf{v}$.

[예제 9.10] 다음 벡터 $\mathbf{v}$와 같은 방향의 단위벡터 $\mathbf{u}$를 구하여라. [연습문제 28~30]

(1) $\mathbf{v}=\langle -4,3\rangle$　　　　(2) $\mathbf{v}=\langle -2,1,2\rangle$

[풀이] (1) 벡터 $\mathbf{v}=\langle -4,3\rangle$의 크기 $\|\mathbf{v}\|=\sqrt{16+9}=5$.

그러므로 벡터 $\mathbf{v}$와 같은 방향의 단위벡터 $\mathbf{u}$는 다음과 같다.

$$\mathbf{u}=\frac{1}{\|\mathbf{v}\|}\mathbf{v}=\frac{1}{5}\langle -4,3\rangle=\left\langle -\frac{4}{5},\frac{3}{5}\right\rangle$$

(2) 벡터 $\mathbf{v}=\langle -2,1,2\rangle$의 크기 $\|\mathbf{v}\|=\sqrt{4+1+4}=3$.

그러므로 벡터 $\mathbf{v}$와 같은 방향의 단위벡터 $\mathbf{u}$는 다음과 같다.

$$\mathbf{u}=\frac{1}{\|\mathbf{v}\|}\mathbf{v}=\frac{1}{3}\langle -2,1,2\rangle=\left\langle -\frac{2}{3},\frac{1}{3},\frac{2}{3}\right\rangle$$ ■

주어진 벡터 $\mathbf{v}$에 대하여

- 벡터 $\mathbf{v}$와 같은 방향이고 크기가 a인 벡터는 다음과 같다.
$$a\cdot\left[\frac{1}{\|\mathbf{v}\|}\mathbf{v}\right]$$
- 벡터 $\mathbf{v}$와 반대 방향이고 크기가 a인 벡터는 다음과 같다.
$$a\cdot\left[-\frac{1}{\|\mathbf{v}\|}\mathbf{v}\right]$$

[예제 9.11] 두 점 $P(-1,-2)$와 $Q(4,10)$에 대하여 벡터 $\overrightarrow{PQ}$와 반대 방향이고 길이가 3인 벡터를 구하여라. [연습문제 31~36]

[풀이] $\overrightarrow{PQ}=\langle 4-(-1),10-(-2)\rangle=\langle 5,12\rangle$이고 $\|\overrightarrow{PQ}\|=\sqrt{5^2+(12)^2}=13$.

$\overrightarrow{PQ}$와 반대 방향이고 크기가 3인 벡터는

$$\underbrace{3}_{\text{길이 }3}\cdot\underbrace{\left[-\frac{1}{\|\overrightarrow{PQ}\|}\overrightarrow{PQ}\right]}_{\text{반대방향 단위벡터}}=3\cdot\left[-\frac{1}{13}\langle -5,12\rangle\right]=\left\langle -\frac{15}{13},-\frac{36}{13}\right\rangle$$

$\overrightarrow{PQ}$와 반대 방향이고 크기가 3인 벡터는 $\left\langle -\dfrac{15}{13},-\dfrac{36}{13}\right\rangle$이다. ■

◐ 표준단위벡터에 의한 벡터 표현

단위벡터를 정의하는 중요한 목적은 방향을 결정하는 것이다. 벡터는 방향과 크기

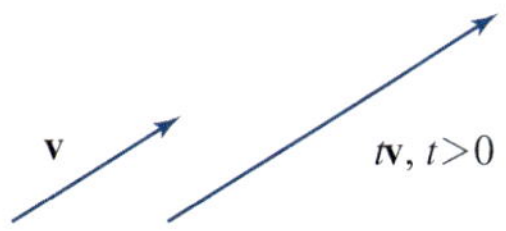

[그림 9.18]

가 있는 양이다. 영벡터가 아닌 벡터는 방향을 갖는다. 같은 방향의 평행한 벡터들은 모두 방향이 같다. ([그림 9.18] 참고) 같은 방향의 평행한 많은 벡터를 대표하는 방향벡터를 단위벡터로 정한다.

방향벡터는 단위벡터를 의미한다.

중요한 기본 방향벡터를 정한다. 평면이나 공간의 좌표계에서 기본적인 방향벡터는 각 축 방향의 단위벡터이다. 그러므로

(1) 평면에서의 기본 단위벡터는 2개이다.
- x축 방향의 단위벡터 $\langle 1,0 \rangle$
- y축 방향의 단위벡터 $\langle 0,1 \rangle$

(2) 공간에서의 기본 단위벡터는 3개이다.
- x축 방향의 단위벡터 $\langle 1,0,0 \rangle$
- y축 방향의 단위벡터 $\langle 0,1,0 \rangle$
- z축 방향의 단위벡터 $\langle 0,0,1 \rangle$

[정의 9.12: 표준단위벡터]

(1) 평면의 표준단위벡터는 다음과 같다. ([그림 9.19](a) 참고)

$$\mathbf{i} = \langle 1,0 \rangle,\ \mathbf{j} = \langle 0,1 \rangle$$

(2) 공간의 표준단위벡터는 다음과 같다. ([그림 9.19](b) 참고)

$$\mathbf{i} = \langle 1,0,0 \rangle,\ \mathbf{j} = \langle 0.1.0 \rangle,\ \mathbf{k} = \langle 0,0,1 \rangle$$

[주의] 평면에서의 x축 방향 단위벡터 $\mathbf{i}$와 공간에서의 x축 방향 단위벡터 $\mathbf{i}$는 같은 기호를 사용하지만
평면에서 x축 방향의 단위벡터는 $\mathbf{i} = \langle 1,0 \rangle$이고
공간에서 x축 방향의 단위벡터는 $\mathbf{i} = \langle 1,0,0 \rangle$이다.

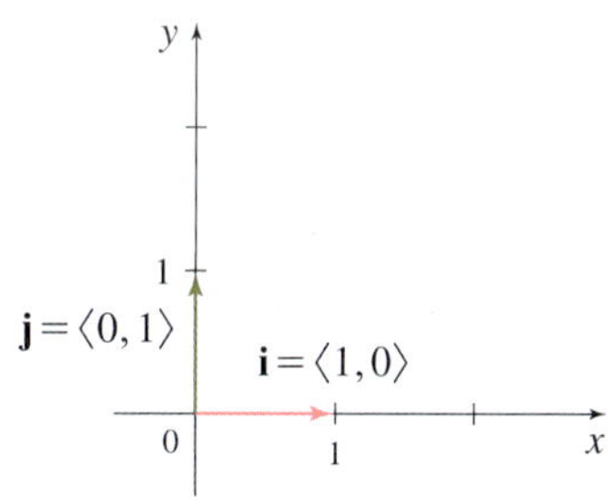

[그림 9.19](a)

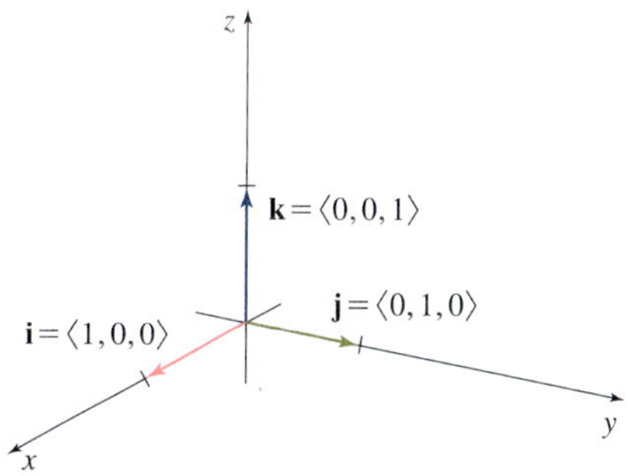

[그림 9.19](b)

평면의 표준단위벡터 $\mathbf{i} = \langle 1,0 \rangle$와 $\mathbf{j} = \langle 0,1 \rangle$를 사용하여
평면벡터 $\mathbf{v} = \langle a_1, a_2 \rangle$를 다음과 같이 표현할 수 있다.

$$\mathbf{v} = \langle a_1, a_2 \rangle = \langle a_1, 0 \rangle + \langle 0, a_2 \rangle = a_1 \langle 1,0 \rangle + a_2 \langle 0,1 \rangle = a_1\mathbf{i} + a_2\mathbf{j}$$

또한 공간단위벡터 $\mathbf{i} = \langle 1,0 \rangle$, $\mathbf{j} = \langle 0,1 \rangle$, $\mathbf{k} = \langle 0,0,1 \rangle$를 사용하여
공간벡터 $\mathbf{v} = \langle a_1, a_2, a_3 \rangle$를 다음과 같이 표현할 수 있다.

$$\begin{aligned}\mathbf{v} &= \langle a_1, a_2, a_3 \rangle = \langle a_1, 0, 0 \rangle + \langle 0, a_2, 0 \rangle + \langle 0, 0, a_3 \rangle \\ &= a_1 \langle 1, 0, 0 \rangle + a_2 \langle 0, 1, 0 \rangle + a_3 \langle 0, 0, 1 \rangle \\ &= a_1 \mathbf{i} + a_2 \mathbf{j} + a_3 \mathbf{k}\end{aligned}$$

[정리 9.5: 표준단위벡터에 의한 벡터의 표현]

(1) 평면벡터 $\mathbf{v} = \langle a_1, a_2 \rangle$를 평면의 표준단위벡터 $\mathbf{i}$와 $\mathbf{j}$로 다음과 같이 쓸 수 있다.

$$\mathbf{v} = a_1 \mathbf{i} + a_2 \mathbf{j}$$

(2) 공간벡터 $\mathbf{v} = \langle a_1, a_2, a_3 \rangle$를 공간의 표준단위벡터 $\mathbf{i}$, $\mathbf{j}$, $\mathbf{k}$로 다음과 같이 쓸 수 있다.

$$\mathbf{v} = a_1 \mathbf{i} + a_2 \mathbf{j} + a_3 \mathbf{k}$$

벡터의 성분표현은 점의 좌표표현과 혼동될 가능성이 있기 때문에 표준단위벡터에 의한 표현을 원칙으로 한다.

[주의] 앞으로 모든 벡터 표현은 벡터의 성분표현과 [정리 9.5]의 표준단위벡터에 의한 표현으로 하는 것을 원칙으로 한다.

[예제 9.12] 다음 주어진 벡터를 표준단위벡터에 의한 표현을 구하여라. [연습문제 37~46]

(1) 평면벡터 $\langle 2, 3 \rangle$, $\langle -1, 4 \rangle$

(2) 공간벡터 $\langle 2, -3, 1 \rangle$, $\langle 4, 0, 2 \rangle$

[풀이] (1) $\langle 2, 3 \rangle = 2\mathbf{i} + 3\mathbf{j}$, $\langle -1, 4 \rangle = -\mathbf{i} + 4\mathbf{j}$

(2) $\langle 2, -3, 1 \rangle = 2\mathbf{i} - 3\mathbf{j} + \mathbf{k}$, $\langle 4, 0, 2 \rangle = 4\mathbf{i} - 0\mathbf{j} + 2\mathbf{k} = 4\mathbf{i} + 2\mathbf{k}$ ■

표준단위벡터 표현에서

- $0\mathbf{i}$, $0\mathbf{j}$, $0\mathbf{k}$는 생략한다.
- $1\mathbf{i} = \mathbf{i}, 1\mathbf{j} = \mathbf{j}, 1\mathbf{k} = \mathbf{k}$
- $(-1)\mathbf{i} = -\mathbf{i}, (-1)\mathbf{j} = -\mathbf{j}, (-1)\mathbf{k} = -\mathbf{k}$

예를 들어서 $\langle 0, 0, 0 \rangle = \mathbf{0}$이고 $\langle 0, 1, -1 \rangle = \mathbf{j} - \mathbf{k}$.

[예제 9.13] 표준단위벡터에 의하여 표현된 벡터의 성분표현을 구하여라. [연습문제 37~46]

(1) 평면벡터 $-\mathbf{i} + \mathbf{j}$, $3\mathbf{i} - 2\mathbf{j}$

(2) 공간벡터 $\mathbf{i} + \mathbf{j} - 3\mathbf{k}$, $\mathbf{i} - 2\mathbf{j}$, $-\mathbf{j} - 2\mathbf{k}$

[풀이] (1) $-\mathbf{i} + \mathbf{j} = \langle -1, 1 \rangle$, $3\mathbf{i} - 2\mathbf{j} = \langle 3, -2 \rangle$

(2) $\mathbf{i} + \mathbf{j} - 3\mathbf{k} = \langle 1, 1, -3 \rangle$, $\mathbf{i} - 2\mathbf{j} = \langle 1, -2, 0 \rangle$, $-\mathbf{j} - 2\mathbf{k} = \langle 0, -1, -2 \rangle$ ■

연습문제

• Part 1

[1-3] 다음 주어진 세 벡터 $\mathbf{u}$, $\mathbf{v}$, $\mathbf{w}$에 대하여 물음에 답하여라. [예제 9.5]

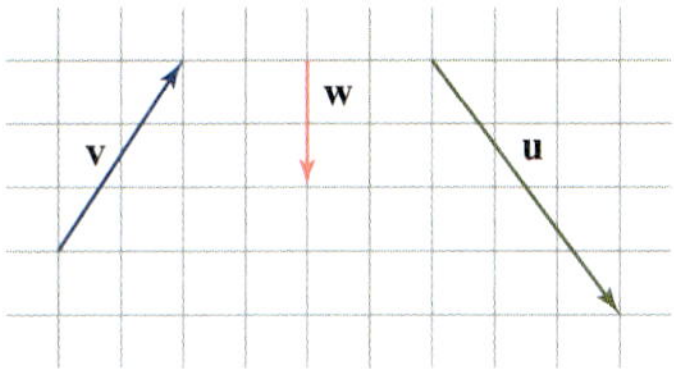

1. $\mathbf{v}-\mathbf{w}$를 그리시오.
2. $2\mathbf{v}-\mathbf{w}+\mathbf{u}$를 그리시오.
3. $\frac{2}{3}\mathbf{u}+\frac{1}{2}(\mathbf{v}-\mathbf{w})$를 그리시오.

[4-7] 다음 주어진 세 벡터 $\mathbf{u}$, $\mathbf{v}$, $\mathbf{w}$에 대하여 물음에 답하여라. [예제 9.5]

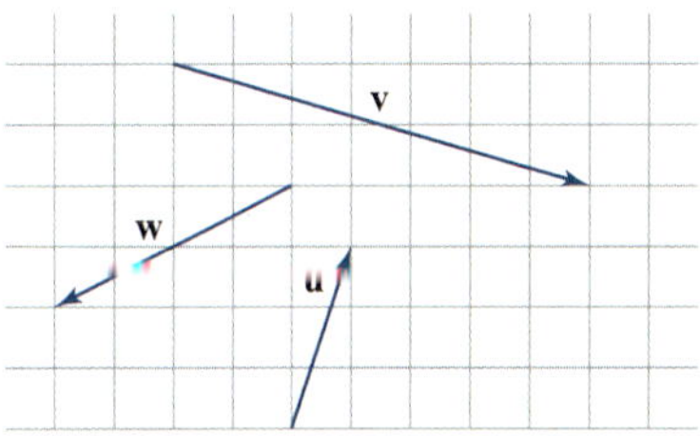

4. $-2v$를 그리시오.
5. $\mathbf{v}-\mathbf{w}$를 그리시오.
6. $\mathbf{v}-2\mathbf{w}$를 그리시오.
7. $\mathbf{v}+(\mathbf{w}+3\mathbf{u})$를 그리시오.

[8-11] 다음 점 P와 점 Q에 대하여 벡터 $\overrightarrow{PQ}$의 위치벡터를 구하여라. [예제 9.6]

8. $P(1,2)$, $Q(1,-2)$
9. $P(3,0)$, $Q(-2,2)$
10. $P(3,-2,1)$, $Q(1,-2,2)$
11. $P(\frac{1}{2},2,3)$, $Q(1,-\frac{1}{3},2)$

[12-15] 다음 두 평면벡터 $\mathbf{u}$와 $\mathbf{v}$에 대하여 다음을 구하여라. [예제 9.7]

$$\mathbf{u}=\langle 4,-1\rangle,\ \mathbf{v}=\langle 1,-2\rangle$$

12. $\mathbf{v}+\mathbf{u}$
13. $3\mathbf{u}-2\mathbf{v}$
14. $\frac{1}{2}\mathbf{u}$
15. $2\mathbf{v}+\frac{1}{2}\mathbf{u}$

[16-19] 다음 두 공간벡터 $\mathbf{u}$와 $\mathbf{v}$에 대하여 다음을 구하여라. [예제 9.7]

$$\mathbf{u}=\langle 2,-2,3\rangle,\ \mathbf{v}=\langle 3,1,-2\rangle$$

16. $2\mathbf{v}+3\mathbf{u}$
17. $\mathbf{u}-\frac{1}{2}\mathbf{v}$
18. $4\mathbf{u}$
19. $2\mathbf{v}-3\mathbf{u}$

[20-24] 다음 주어진 벡터의 크기를 구하여라. [예제 9.8]

20. $\mathbf{v}=\langle 3,4\rangle$
21. $\mathbf{v}=\langle 5,-2\rangle$
22. $\mathbf{v}=\langle 6,10,-3\rangle$
23. $\mathbf{v}=\left\langle \frac{1}{2},3,-2\right\rangle$
24. $\mathbf{v}=\left\langle -\frac{3}{\sqrt{2}},\sqrt{2},1\right\rangle$

[25-27] 다음 점 P와 점 Q에 대하여 벡터 $\overrightarrow{PQ}$의 크기를 구하여라. [예제 9.9]

25. $P(5,1)$, $Q(3,-4)$
26. $P(1,6,7)$, $Q(1,-3,0)$
27. $P(3,-2,1)$, $Q(1,-2,1)$

[28-30] 다음 주어진 벡터 $\mathbf{v}$와 같은 방향의 단위벡터 $\mathbf{u}$를 구하여라. [예제 9.10]

28. $\mathbf{v}=\langle 4,-3\rangle$
29. $\mathbf{v}=\langle 4,2,1\rangle$
30. $\mathbf{v}=\langle 3,-2,2\rangle$

[31-33] 두 점 $P(-1,-2)$와 $Q(4,10)$에 대하여 물음에 답하여라. [예제 9.11]

31. $\overrightarrow{PQ}$를 구하여라.
32. 벡터 $\overrightarrow{PQ}$와 같은 방향이고 길이가 2인 벡터를 구하여라.
33. 벡터 $\overrightarrow{PQ}$와 반대 방향이고 길이가 $\frac{1}{2}$인 벡터를 구하여라.

[34-36] 두 점 $P(1,-2,0)$와 $Q(2,-4,-1)$에 대하여 물음에 답하여라. [예제 9.11]

34. $\overrightarrow{QP}$를 구하여라.
35. 벡터 $\overrightarrow{QP}$와 같은 방향이고 길이가 10인 벡터를 구하여라.
36. 벡터 $\overrightarrow{QP}$와 반대 방향이고 길이가 π인 벡터를 구하여라.

[37-46] 다음 주어진 벡터에 대하여 표준단위벡터로 표현된 것은 성분표현으로, 성분표현된 것은 표준단위벡터로 표현하여라.
[예제 9.12~9.13]

37. 평면벡터 $\langle 4, -1 \rangle$
38. 평면벡터 $\langle -3, -2 \rangle$
39. 평면벡터 $-2\mathbf{i}+3\mathbf{j}$
40. 평면벡터 $3\mathbf{i}+6\mathbf{j}$
41. 공간벡터 $\langle -3, \sqrt{2}, 1 \rangle$
42. 공간벡터 $\langle 0, -3, 2 \rangle$
43. 공간벡터 $\langle 2, 0, 0 \rangle$
44. 공간벡터 $10\mathbf{i}+5\mathbf{j}-11\mathbf{k}$
45. 공간벡터 $\mathbf{i}-3\mathbf{j}$
46. 공간벡터 $-3\mathbf{k}$

• Part 2

[47-51] 주어진 점에 대하여 다음을 구하여라.

$$P(2,2,1),\ Q(-1,2,3),\ R(0,3,0)$$

47. $\overrightarrow{PQ}$를 구하여라
48. $2\overrightarrow{PQ}+3\overrightarrow{PQ}$를 구하여라.
49. $\overrightarrow{PR}-\overrightarrow{RQ}$의 단위 벡터를 구하여라.
50. $\overrightarrow{PS}=\overrightarrow{QR}$을 만족하는 점 S를 구하여라.
51. $\overrightarrow{MP}+\overrightarrow{MQ}+\overrightarrow{MR}=\mathbf{0}$인 점 M을 구하여라.

[52-56] 주어진 벡터에 대하여 다음을 구하여라.

$$\mathbf{u}=\langle 2, -2, 3 \rangle,\ \mathbf{v}=\langle 3, 1, -2 \rangle,\ \mathbf{w}=\langle 0, 4, 1 \rangle$$

52. $\boldsymbol{u}-2\boldsymbol{w}$
53. $2\boldsymbol{v}+4\boldsymbol{w}$
54. $3\boldsymbol{u}-\boldsymbol{v}-2\boldsymbol{w}$
55. $\|\boldsymbol{u}-\boldsymbol{w}\|$
56. $-\boldsymbol{u}-2\boldsymbol{v}+2\boldsymbol{w}$의 단위벡터를 구하여라.

57. $\boldsymbol{u}-2\boldsymbol{v}=3\boldsymbol{i}+\boldsymbol{j}-2\boldsymbol{k}$와 $\boldsymbol{u}+\boldsymbol{v}=\boldsymbol{i}+2\boldsymbol{j}-3\boldsymbol{k}$를 만족하는 벡터 $\boldsymbol{u}, \boldsymbol{v}$를 구하여라.
58. $3\boldsymbol{u}-\boldsymbol{v}=\langle 4, 2, -1 \rangle$와 $\boldsymbol{u}-3\boldsymbol{v}=\langle -2, 1, 1 \rangle$를 만족하는 벡터 $\boldsymbol{u}, \boldsymbol{v}$를 구하여라.

[59-62] 다음 그림을 보고 물음에 답하여라.

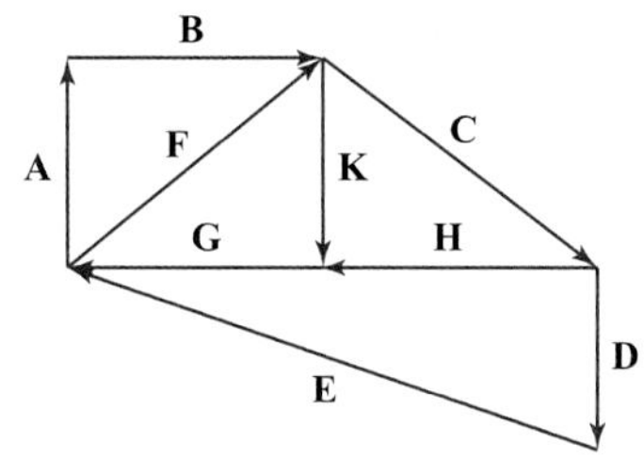

59. $\boldsymbol{x}+\boldsymbol{B}=\boldsymbol{F}$를 만족하는 벡터 $\boldsymbol{x}$를 구하여라.
60. $\boldsymbol{x}+\boldsymbol{K}=\boldsymbol{C}$를 만족하는 벡터 $\boldsymbol{x}$를 구하여라.
61. $\boldsymbol{C}$를 $\boldsymbol{E}$, $\boldsymbol{D}$, $\boldsymbol{F}$로 표현하여라.
62. $\boldsymbol{E}$를 $\boldsymbol{A}$, $\boldsymbol{B}$, $\boldsymbol{C}$, $\boldsymbol{D}$로 표현하여라.

63. 모든 벡터 $\boldsymbol{u}, \boldsymbol{v}$에 대하여 다음을 만족하는 실수 a, b를 구하여라.

$$4\boldsymbol{u}+a(\boldsymbol{u}-\boldsymbol{v})+b(\boldsymbol{u}+\boldsymbol{v})=\mathbf{0}$$

9.3 벡터의 내적

벡터에서 곱셈의 연산으로 스칼라배 또는 실수배를 알아보았다. 9.3절에서 벡터의 내적과 9.4절에서 벡터의 외적을 다룰 예정이다. **내적**(inner product 또는 dot product)과 **외적**(outer product 또는 cross product)도 곱셈(product)이라는 의미를 포함하고 있다. 그러나 엄밀한 의미로 내적과 외적은 벡터에서의 연산이라고 부르지는 않는다. 왜냐하면 벡터에서의 곱셈은 곱셈의 결과가 다시 벡터이어야 하고 일반적인 모든 벡터에서 성립해야 하는데 내적과 외적은 이러한 조건들을 만족하지 않기 때문이다.

벡터에서 실수는 벡터의 성분을 나타내는 데 사용되는 스칼라이다. 실수는 벡터를 이루는 재료이고 두 벡터의 내적(inner product)의 결과가 벡터의 재료가 되는 실수가 된다. 그런 의미에서 내적이라는 이름이 붙여졌다.

그러나 내적과 외적은 벡터에서 중요한 역할을 한다. 두 벡터의 내적을 한 결과가 벡터가 아니고 실수가 되고 내적은 두 벡터 사이의 각도와 벡터의 길이를 정의할 수 있게 한다. 그러므로 도형들의 성질을 계산할 수 있게 하는 중요한 도구가 내적이다.

벡터의 외적은 공간벡터에서만 정의하고 평면벡터에서는 외적을 정의하지 않는 것이 큰 특징이다. 3차원의 기하학적인 특징을 사용하여 외적을 정의하기 때문이다. 그러나 공간벡터의 외적은 공간에서 기하학적으로 또한 물리적으로 매우 중요한 도구이다.

9.3.1 벡터의 내적의 정의

두 벡터의 **내적**을 정의해 보자. 내적의 정의에서 주의할 점은 내적의 결과가 벡터가 아니고 실수이다.

[정의 9.13: 벡터의 내적]

(1) 평면벡터의 **내적**(inner product)

평면벡터 $\mathbf{u}=a_1\mathbf{i}+a_2\mathbf{j}$와 $\mathbf{v}=b_1\mathbf{i}+b_2\mathbf{j}$에 대하여 내적 $\mathbf{u}\cdot\mathbf{v}$은 다음과 같다.

$$\mathbf{u}\cdot\mathbf{v}=a_1b_1+a_2b_2$$

(2) 공간벡터의 **내적**(inner product)

공간벡터 $\mathbf{u}=a_1\mathbf{i}+a_2\mathbf{j}+a_3\mathbf{k}$와 $\mathbf{v}=b_1\mathbf{i}+b_2\mathbf{j}+b_3\mathbf{k}$의 내적 $\mathbf{u}\cdot\mathbf{v}$은 다음과 같다.

$$\mathbf{u}\cdot\mathbf{v}=a_1b_1+a_2b_2+a_3b_3$$

두 벡터의 내적을 계산하면 실수가 나와야 하는 것을 주의하자.

벡터의 내적의 정의 $\mathbf{u}\cdot\mathbf{v}$에서 점($\cdot$)을 사용하기 때문에 **점적**(dot product)이라는 용어를 사용하기도 한다. 벡터의 내적은 벡터의 성분에 의해 정의되었기 때문에 벡터의 성분표현이 내적을 구하는 데 유용하다.

- 성분표현인 벡터의 내적을 구해보자.

$\langle -1,2\rangle \cdot \langle 1,1\rangle = (-1)(1)+(2)(1)=1$

$\langle 1,-1,3\rangle \cdot \langle 2,2,-1\rangle = (1)(2)+(-1)(2)+(3)(-1) = -3$

- 일반적인 벡터의 내적은 성분표현으로 수정하고 내적을 구해보자.

$(-\mathbf{i}+2\mathbf{j})\cdot(3\mathbf{i}+\mathbf{j}) = \langle -1,2\rangle \cdot \langle 3,1\rangle = (-1)(3)+(2)(1) = -1$

$$\left(\mathbf{i}+2\mathbf{j}+\frac{1}{2}\mathbf{k}\right)\cdot(2\mathbf{i}-\mathbf{j}+2\mathbf{k}) = \left\langle 1,2,\frac{1}{2}\right\rangle \cdot \langle 2,-1,2\rangle$$

$$= (1)(2)+(2)(-1)+\left(\frac{1}{2}\right)(2) = 1$$

벡터의 표준단위벡터 표현에서 벡터의 내적을 구하는 경우 벡터의 성분표현을 먼저 구한 후에 내적을 구하는 것을 권장한다.

[예제 9.14] 다음 주어진 벡터에 대한 내적 $\mathbf{u}\cdot\mathbf{u}$, $\mathbf{u}\cdot\mathbf{v}$, $\mathbf{v}\cdot\mathbf{u}$, $\mathbf{v}\cdot\mathbf{v}$을 구하여라. [연습문제 1~22]

(1) $\mathbf{u} = -2\mathbf{i}+3\mathbf{j}$, $\mathbf{v}=\mathbf{i}+\mathbf{j}$　　(2) $\mathbf{u}=3\mathbf{i}-\mathbf{j}+2\mathbf{k}$, $\mathbf{v}=-\mathbf{i}+3\mathbf{k}$

[풀이]

(1) $\mathbf{u} = -2\mathbf{i}+3\mathbf{j} = \langle -2,3\rangle$과 $\mathbf{v}=\mathbf{i}+\mathbf{j}=\langle 1,1\rangle$에 대하여

$\mathbf{u}\cdot\mathbf{v} = (-2)(1)+(3)(1) = 1$　　$\mathbf{v}\cdot\mathbf{u} = (1)(-2)+(1)(3)=1$

$\mathbf{u}\cdot\mathbf{u} = (-2)(-2)+(3)(3) = 13$　　$\mathbf{v}\cdot\mathbf{v} = (1)(1)+(1)(1) = 2.$

(2) $\mathbf{u}=3\mathbf{i}-\mathbf{j}+2\mathbf{k} = \langle 3,-1,2\rangle$와 $\mathbf{v}=-\mathbf{i}+3\mathbf{k} \equiv \langle -1,0,3\rangle$에 대하여

$\mathbf{u}\cdot\mathbf{v} = (3)(-1)+(-1)(0)+(2)(3) = 3$

$\mathbf{v}\cdot\mathbf{u} = (-1)(3)+(0)(-1)+(3)(2) = 3$

$\mathbf{u}\cdot\mathbf{u} = (3)(3)+(-1)(-1)+(2)(2) = 14$

$\mathbf{v}\cdot\mathbf{v} = (-1)(-1)+(0)(0)+(3)(3) = 10.$ ■

벡터 $\mathbf{v}$에 대하여 다음 식

$$\mathbf{v}\cdot\mathbf{v} = \|\mathbf{v}\|^2$$

는 중요한 의미를 갖는다. 즉, 벡터의 내적은 벡터의 크기를 만들 수 있음을 의미한다.

벡터 $\mathbf{v}$의 크기 $\|\mathbf{v}\|$에 대하여 $\|\mathbf{v}\|^2$을 내적으로 표현하면 다음과 같다.

$\mathbf{v} = \langle a_1,a_2\rangle = a_1\mathbf{i}+a_2\mathbf{j}$이면 $\|\mathbf{v}\|^2 = a_1^2+a_2^2 = \mathbf{v}\cdot\mathbf{v}.$

$\mathbf{v} = \langle a_1,a_2,a_3\rangle = a_1\mathbf{i}+a_2\mathbf{j}+a_3\mathbf{k}$이면 $\|\mathbf{v}\|^2 = a_1^2+a_2^2+a_3^2 = \mathbf{v}\cdot\mathbf{v}.$

즉, 벡터의 크기와 내적의 관계는 $\|\mathbf{v}\|^2 = \mathbf{v}\cdot\mathbf{v}.$

내적은 다음과 같은 유용한 성질을 가지고 있다.

[정리 9.6: 내적의 성질] 두 벡터 $\mathbf{u},\mathbf{v},\mathbf{w}$와 실수 s에 대하여

(1) $\mathbf{v}\cdot\mathbf{v} = \|\mathbf{v}\|^2$　　(2) $\mathbf{u}\cdot\mathbf{v} = \mathbf{v}\cdot\mathbf{u}$

(3) $\mathbf{u}\cdot(\mathbf{v}+\mathbf{w}) = \mathbf{u}\cdot\mathbf{v}+\mathbf{u}\cdot\mathbf{w}$　　(4) $s(\mathbf{u}\cdot\mathbf{v}) = (s\mathbf{u})\cdot\mathbf{v} = \mathbf{u}\cdot(s\mathbf{v})$

(5) $\mathbf{0}\cdot\mathbf{v} = 0$

9.3.2 두 벡터의 사잇각

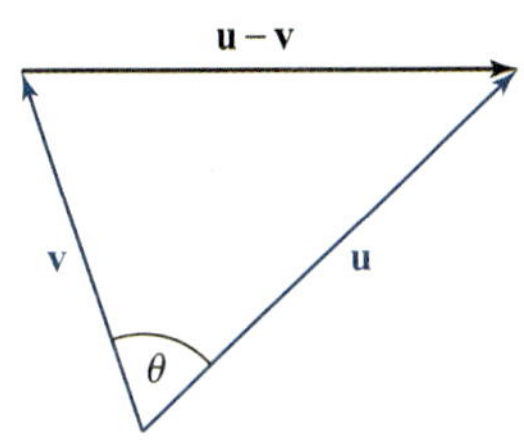
[그림 9.20]

영이 아닌 두 벡터 $\mathbf{u}$와 $\mathbf{v}$의 내적 $\mathbf{u}\cdot\mathbf{v}$은 기하학적인 해석으로 두 벡터 $\mathbf{u}$와 $\mathbf{v}$의 사잇각 θ와 관련된 중요한 식을 구할 수 있다. [그림 9.20]에서 보면 세 벡터 $\mathbf{u}$, $\mathbf{v}$, $\mathbf{u}-\mathbf{v}$는 삼각형을 만든다. 두 벡터 $\mathbf{u}$와 $\mathbf{v}$의 사잇각 θ에 대한 식을 알아보자.

삼각형의 세 변의 길이는 $\|\mathbf{u}\|$, $\|\mathbf{v}\|$, $\|\mathbf{u}-\mathbf{v}\|$이고 두 벡터 $\mathbf{u}$와 $\mathbf{v}$의 사잇각 θ일 때 삼각형에 대한 [코사인 제2법칙]을 적용하면 다음과 같다.

$$\|\mathbf{u}\|^2+\|\mathbf{v}\|^2-2\|\mathbf{u}\|\|\mathbf{v}\|\cos\theta=\|\mathbf{u}-\mathbf{v}\|^2 \tag{9.1}$$

[정리 9.6: 내적의 성질] (1) $\mathbf{v}\cdot\mathbf{v}=\|\mathbf{v}\|^2$을 식 (9.1)에 적용하면 다음과 같다.

$$\mathbf{u}\cdot\mathbf{u}+\mathbf{v}\cdot\mathbf{v}-2\|\mathbf{u}\|\|\mathbf{v}\|\cos\theta=(\mathbf{u}-\mathbf{v})\cdot(\mathbf{u}-\mathbf{v})$$

[정리 9.6] (2)와 (3)을 우변에 적용하면 다음과 같다.

$$(\mathbf{u}-\mathbf{v})\cdot(\mathbf{u}-\mathbf{v})=\mathbf{u}\cdot\mathbf{u}+\mathbf{v}\cdot\mathbf{v}-2(\mathbf{u}\cdot\mathbf{v})$$

그러므로 식 (9.1)을 정리하면 다음과 같다.

$\mathbf{u}\cdot\mathbf{u}+\mathbf{v}\cdot\mathbf{v}-2\|\mathbf{u}\|\|\mathbf{v}\|\cos\theta=\mathbf{u}\cdot\mathbf{u}+\mathbf{v}\cdot\mathbf{v}-2(\mathbf{u}\cdot\mathbf{v})$이므로

$$\mathbf{u}\cdot\mathbf{v}=\|\mathbf{u}\|\|\mathbf{v}\|\cos\theta.$$

[정리 9.7: 벡터의 사잇각]
영벡터가 아닌 두 벡터 $\mathbf{u}$와 $\mathbf{v}$의 사잇각 $\theta(0\le\theta\le\pi)$에 대하여

$$\mathbf{u}\cdot\mathbf{v}=\|\mathbf{u}\|\|\mathbf{v}\|\cos\theta.$$

벡터의 내적 $\mathbf{u}\cdot\mathbf{v}$를 구하는 방법
- 내적의 정의에 의한 벡터의 성분으로 구한다.
- [정리 9.8]에 의해 $\|\mathbf{u}\|\|\mathbf{v}\|\cos\theta$

벡터의 내적과 [정리 9.7: 벡터의 사잇각]을 이용하면 두 벡터의 사잇각을 구할 수 있다.

[예제 9.15] 두 벡터 $\mathbf{u}=\mathbf{i}-\mathbf{j}+2\mathbf{k}$와 $\mathbf{v}=\mathbf{j}-\mathbf{k}$의 사잇각 θ를 구하여라. [연습문제 23~25]

[풀이] 벡터 $\mathbf{u}=\mathbf{i}-\mathbf{j}+2\mathbf{k}=\langle 1,-1,2\rangle$와 $\mathbf{v}=\mathbf{j}-\mathbf{k}=\langle 0,1,-1\rangle$에 대하여
$\mathbf{u}\cdot\mathbf{v}=(1)(0)+(-1)(1)+(2)(-1)=-3.$
$\|\mathbf{u}\|=\sqrt{1^2+(-1)^2+2^2}=\sqrt{6}$이고 $\|\mathbf{v}\|=\sqrt{0^2+(1)^2+(-1)^2}=\sqrt{2}$

그러므로 벡터 $\mathbf{u}$와 $\mathbf{v}$의 사잇각 θ라고 하면 [정리 9.7: 벡터의 사잇각]을 적용하면

$\cos\theta = \frac{\mathbf{u}\cdot\mathbf{v}}{\|\mathbf{u}\|\|\mathbf{v}\|}$에서 일반적으로 각 θ를 구할 수 없는 경우가 대부분이다. 그런 경우는 $\cos\theta$의 값으로 놓는다.

$$\cos\theta = \frac{\mathbf{u}\cdot\mathbf{v}}{\|\mathbf{u}\|\|\mathbf{v}\|} = \frac{-3}{\sqrt{6}\sqrt{2}} = -\frac{3}{\sqrt{12}} = -\frac{\sqrt{3}}{2}.$$

$0 \le \theta \le \pi$이므로 $\theta = \frac{5\pi}{6}$. 즉, 두 벡터 $\mathbf{u}$와 $\mathbf{v}$의 사잇각은 $\frac{5\pi}{6}$이다. ■

두 벡터 $\mathbf{u}$와 $\mathbf{v}$가 수직이면 벡터 $\mathbf{u}$와 $\mathbf{v}$의 사잇각 $\theta = \frac{\pi}{2}$이므로 $\cos\frac{\pi}{2} = 0$. 그러므로 [정리 9.4]에 의해서 $\mathbf{u}\cdot\mathbf{v} = \|\mathbf{u}\|\|\mathbf{v}\|\cos\theta = 0$이다.

그러므로 다음 정리는 두 벡터의 수직을 판정하는 데 유용하다.

> **[정리 9.8: 벡터의 수직]** 영벡터가 아닌 두 벡터 $\mathbf{u}$와 $\mathbf{v}$가 수직일 필요충분조건은
>
> $$\mathbf{u}\cdot\mathbf{v} = 0.$$

[예제 9.16] (1) 두 벡터 $\mathbf{u} = 5\mathbf{i} - \mathbf{j} + 2\mathbf{k}$와 $\mathbf{v} = -\mathbf{i} + \mathbf{j} + 3\mathbf{k}$가 수직임을 보여라.
(2) 두 벡터 $\mathbf{u} = 2a\mathbf{i} - \mathbf{j} + \mathbf{k}$와 $\mathbf{v} = \mathbf{i} + \mathbf{j} - a\mathbf{k}$가 수직이도록 실수 a를 구하여라.
[연습문제 29~31]

[풀이]

(1) 벡터 $\mathbf{u} = 5\mathbf{i} - \mathbf{j} + 2\mathbf{k} = \langle 5, -1, 2\rangle$와 $\mathbf{v} = -\mathbf{i} + \mathbf{j} + 3\mathbf{k} = \langle -1, 1, 3\rangle$에 대하여 $\mathbf{u}\cdot\mathbf{v} = (5)(-1) + (-1)(1) + (2)(3) = 0$이므로 [정리 9.8: 벡터의 수직]에 의하여 벡터 $\mathbf{u}$와 $\mathbf{v}$는 수직이다.

(2) 벡터 $\mathbf{u} = 2a\mathbf{i} - \mathbf{j} + \mathbf{k} = \langle 2a, -1, 1\rangle$와 $\mathbf{v} = \mathbf{i} + \mathbf{j} - a\mathbf{k} = \langle 1, 1, -a\rangle$로 놓자. 두 벡터 $\mathbf{u} = 2a\mathbf{i} - \mathbf{j} + \mathbf{k}$와 $\mathbf{v} = \mathbf{i} + \mathbf{j} - a\mathbf{k}$가 수직일 조건은 $\mathbf{u}\cdot\mathbf{v} = 0$이다.

$$\mathbf{u}\cdot\mathbf{v} = (2a)(1) + (-1)(1) + (1)(-a) = a - 1 = 0,$$

그러므로 $a = 1$. ■

9.3.3 정사영과 벡터의 분해

◐ 정사영

햇빛이 땅 위에 내리쬐면 물체의 그림자가 땅 위에 생긴다. 물체의 그림자를 사영(projection)이라고 한다. 특히 땅 위에 햇빛이 수직으로 내리쬘 때 생기는 그림자를 정사영(orthogonal projection)이라고 한다.
영벡터가 아닌 벡터 $\mathbf{u}$를 놓자. 벡터 $\mathbf{u}$를 포함하는 직선을 지면이라고 생각하자. [그림 9.21](a), (b)와 같이 지면인 벡터 $\mathbf{u}$ 위에 빛이 수직으로 비추는 경우 지면에 생긴 벡터 $\mathbf{v}$의 정사영(그림자) $t\mathbf{u}$를 구해보자. 이때 벡터의 정사영도 벡터이다.

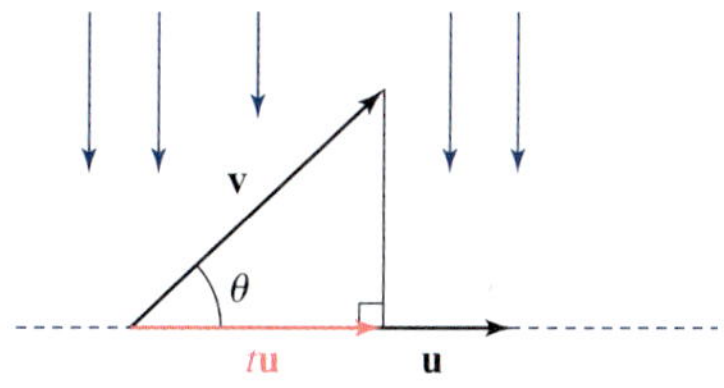

[그림 9.21](a) $0 \le \theta \le \frac{\pi}{2}$인 경우

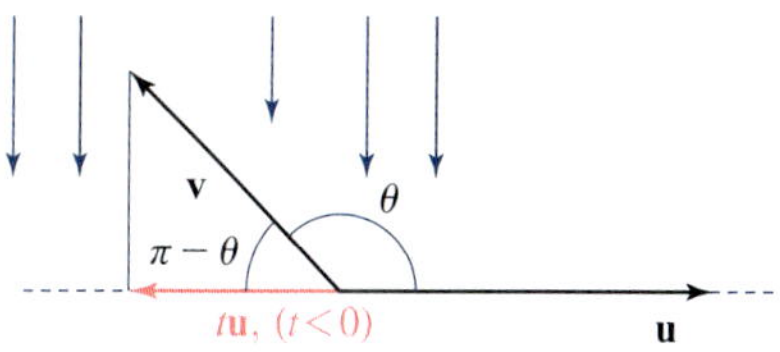

[그림 9.21](b) $\frac{\pi}{2} \le \theta \le \pi$인 경우

- 두 벡터 $\mathbf{u}$와 $\mathbf{v}$의 사잇각 θ가 $0 \le \theta \le \pi/2$인 경우 ([그림 9.21](a) 참고) 벡터 $\mathbf{u}$로의 벡터 $\mathbf{v}$의 정사영 $t\mathbf{u}$는 $\mathbf{u}$와 같은 방향이므로 $t > 0$이다.
  우선 $\cos\theta$를 구하는 2가지 방법을 알아보자.
  [그림 9.21](a)의 직각삼각형으로 구하면 $0 < \cos\theta = \frac{\|t\mathbf{u}\|}{\|\mathbf{v}\|} = \frac{|t|\,\|\mathbf{u}\|}{\|\mathbf{v}\|} = \frac{t\|\mathbf{u}\|}{\|\mathbf{v}\|}$.
  벡터 $\mathbf{u}$와 $\mathbf{v}$의 내적을 사용하여 구하면 $\cos\theta = \frac{\mathbf{u}\cdot\mathbf{v}}{\|\mathbf{u}\|\,\|\mathbf{v}\|}$.
  그러므로 $\frac{t\|\mathbf{u}\|}{\|\mathbf{v}\|} = \frac{\mathbf{u}\cdot\mathbf{v}}{\|\mathbf{u}\|\,\|\mathbf{v}\|}$이고 $t = \frac{\mathbf{u}\cdot\mathbf{v}}{\|\mathbf{u}\|^2}$.
  $0 \le \theta \le \pi/2$인 경우 벡터 $\mathbf{u}$로의 벡터 $\mathbf{v}$의 정사영 $t\mathbf{u}$은 다음과 같다.

$$\mathbf{u} = \frac{\mathbf{u}\cdot\mathbf{v}}{\|\mathbf{u}\|^2}\mathbf{u}$$

- 두 벡터 $\mathbf{u}$와 $\mathbf{v}$의 사잇각 θ가 $\pi/2 \le \theta \le \pi$인 경우 ([그림 9.21](b) 참고) 벡터 $\mathbf{u}$로의 벡터 $\mathbf{v}$의 정사영 $t\mathbf{u}$는 $\mathbf{u}$와 반대 방향이므로 $t < 0$이다.
  위와 비슷한 계산으로 $\cos\theta$를 구하는 2가지 방법을 알아보자.
  [그림 9.21](b)의 직각삼각형으로 구하고 $\cos(\pi - \theta) = -\cos\theta$이고

$$0 < \cos(\pi - \theta) = \frac{\|t\mathbf{u}\|}{\|\mathbf{v}\|} = \frac{|t|\,\|\mathbf{u}\|}{\|\mathbf{v}\|} = -\frac{t\|\mathbf{u}\|}{\|\mathbf{v}\|} \text{이므로 } \cos\theta = \frac{t\|\mathbf{u}\|}{\|\mathbf{v}\|}$$

  두 벡터 $\mathbf{u}$와 $\mathbf{v}$의 내적을 사용하여 구하면 $\cos\theta = \frac{\mathbf{u}\cdot\mathbf{v}}{\|\mathbf{u}\|\,\|\mathbf{v}\|}$.
  그러므로 $\frac{t\|\mathbf{u}\|}{\|\mathbf{v}\|} = \frac{\mathbf{u}\cdot\mathbf{v}}{\|\mathbf{u}\|\,\|\mathbf{v}\|}$이고 $t = \frac{\mathbf{u}\cdot\mathbf{v}}{\|\mathbf{u}\|^2}$.
  $\pi/2 \le \theta \le \pi$인 경우 벡터 $\mathbf{u}$로의 벡터 $\mathbf{v}$의 정사영 $t\mathbf{u}$은 다음과 같다.

$$\mathbf{u} = \frac{\mathbf{u}\cdot\mathbf{v}}{\|\mathbf{u}\|^2}\mathbf{u}$$

영벡터가 아닌 벡터 $\mathbf{u}$와 $\mathbf{v}$에서 벡터 $\mathbf{u}$로의 벡터 $\mathbf{v}$의 정사영은 $\frac{\mathbf{u}\cdot\mathbf{v}}{\|\mathbf{u}\|^2}\mathbf{u}$이다.

[정의 9.14: 정사영] 영벡터가 아닌 두 벡터 $\mathbf{u}$와 $\mathbf{v}$에 대하여 벡터 $\mathbf{u}$로의 벡터 $\mathbf{v}$의 정사영(orthogonal project) $\text{proj}_{\mathbf{u}}\mathbf{v}$은 다음과 같다.

$$\text{proj}_{\mathbf{u}}\mathbf{v} = \frac{\mathbf{u}\cdot\mathbf{v}}{\|\mathbf{u}\|^2}\mathbf{u}$$

[예제 9.17] 벡터 $\mathbf{u} = 3\mathbf{i} - \mathbf{j} - 2\mathbf{k}$와 $\mathbf{v} = 4\mathbf{i} - 6\mathbf{j} + \mathbf{k}$에 대하여 [연습문제 32~37]

(1) 벡터 $\mathbf{u}$로의 $\mathbf{v}$의 정사영 $\text{proj}_{\mathbf{u}}\mathbf{v}$을 구하여라.

(2) 벡터 $\mathbf{v}$로의 $\mathbf{u}$의 정사영 $\text{proj}_{\mathbf{v}}\mathbf{u}$을 구하여라.

[풀이] $\mathbf{u} = 3\mathbf{i} - \mathbf{j} - 2\mathbf{k} = \langle 3, -1, -2 \rangle$이고 $\mathbf{v} = 4\mathbf{i} - 6\mathbf{j} + \mathbf{k} = \langle 4, -6, 1 \rangle$에 대하여

(1) $\mathbf{u}\cdot\mathbf{v} = 12 + 6 - 2 = 16$이고 $\|\mathbf{u}\|^2 = 9 + 1 + 4 = 14$이다.

그러므로 $\text{proj}_{\mathbf{u}}\mathbf{v} = \dfrac{\mathbf{u}\cdot\mathbf{v}}{\|\mathbf{u}\|^2}\mathbf{u} = \dfrac{8}{7}(3\mathbf{i} - \mathbf{j} - 2\mathbf{k}) = \dfrac{24}{7}\mathbf{i} - \dfrac{8}{7}\mathbf{j} - \dfrac{16}{7}\mathbf{k}$.

(2) $\mathbf{u}\cdot\mathbf{v} = 16$이고 $\|\mathbf{v}\|^2 = 16 + 36 + 1 = 53$이므로

$\text{proj}_{\mathbf{v}}\mathbf{u} = \dfrac{\mathbf{u}\cdot\mathbf{v}}{\|\mathbf{v}\|^2}\mathbf{v} = \dfrac{16}{53}(4\mathbf{i} - 6\mathbf{j} + \mathbf{k}) = \dfrac{64}{53}\mathbf{i} - \dfrac{96}{53}\mathbf{j} + \dfrac{16}{53}\mathbf{k}$. ■

◐ 벡터의 수직분해

영벡터가 아닌 벡터 $\mathbf{u}$와 $\mathbf{v}$에서 벡터 $\mathbf{u}$로의 벡터 $\mathbf{v}$의 정사영 $\mathbf{u}_1 = \text{proj}_{\mathbf{u}}\mathbf{v}$을 놓고 $\mathbf{u}_2 = \mathbf{v} - \text{proj}_{\mathbf{u}}\mathbf{v}$라고 놓자. ([그림 9.22](a), (b) 참고)

- 벡터 $\mathbf{u}_1$과 벡터 $\mathbf{u}_2$는 서로 수직이고
- 벡터 $\mathbf{v}$는 두 벡터의 합 $\mathbf{u}_1 + \mathbf{u}_2$이다. 즉, $\mathbf{v} = \mathbf{u}_1 + \mathbf{u}_2$.

왜냐하면

$$\begin{aligned}\mathbf{u}_1\cdot\mathbf{u}_2 = \mathbf{u}_1\cdot(\mathbf{v} - \mathbf{u}_1) &= \left[\frac{\mathbf{u}\cdot\mathbf{v}}{\|\mathbf{u}\|^2}\mathbf{u}\right]\cdot\left[\mathbf{v} - \frac{\mathbf{u}\cdot\mathbf{v}}{\|\mathbf{u}\|^2}\mathbf{u}\right] \\ &= \frac{\mathbf{u}\cdot\mathbf{v}}{\|\mathbf{u}\|^2}\left[\mathbf{u}\cdot\mathbf{v} - \frac{\mathbf{u}\cdot\mathbf{v}}{\|\mathbf{u}\|^2}(\mathbf{u}\cdot\mathbf{u})\right] = 0\end{aligned}$$

이므로 $\mathbf{u}_1\cdot\mathbf{u}_2 = 0$이기 때문에 벡터 $\mathbf{u}_1$와 $\mathbf{u}_2$는 서로 수직이다.

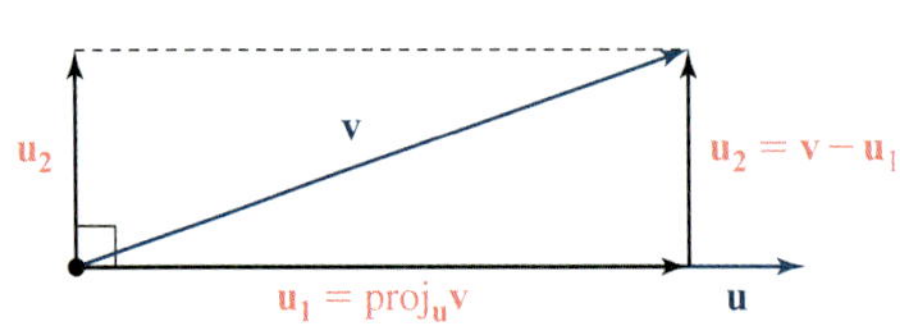

[그림 9.22](a)

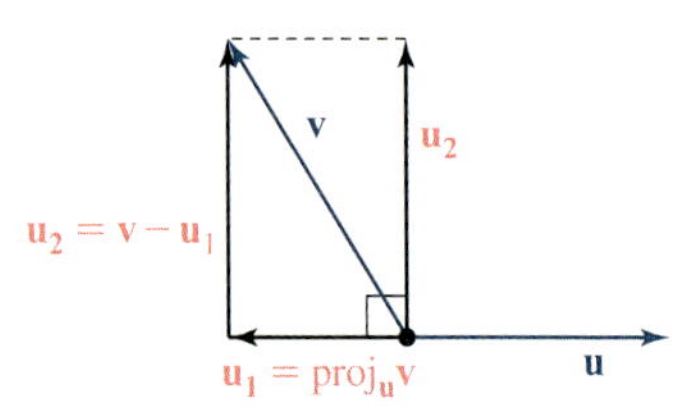

[그림 9.22](b)

[정리 9.9: 벡터의 수직분해]

영벡터가 아닌 벡터 $\mathbf{u}$와 $\mathbf{v}$에서 벡터 $\mathbf{u}_1 = \text{proj}_{\mathbf{u}}\mathbf{v}$와 $\mathbf{u}_2 = \mathbf{u} - \mathbf{u}_1$라고 놓자.

벡터 $\mathbf{u}_1$과 $\mathbf{u}_2$는 수직이고 $\mathbf{v}=\mathbf{u}_1+\mathbf{u}_2$이다.
$\mathbf{v}=\mathbf{u}_1+\mathbf{u}_2$를 벡터 $\mathbf{v}$의 수직분해(orthogonal decomposition)이라고 한다.

[예제 9.18] 벡터 $\mathbf{u}=-\mathbf{i}+\mathbf{j}+2\mathbf{k}$와 $\mathbf{v}=\mathbf{i}+\mathbf{j}+\mathbf{k}$에 대하여 [연습문제 38~41]

(1) 벡터 $\mathbf{u}$로의 $\mathbf{v}$의 정사영 $\text{proj}_{\mathbf{u}}\mathbf{v}$을 구하여라.

(2) 벡터 $\mathbf{v}$를 $\mathbf{u}_1=\text{proj}_{\mathbf{u}}\mathbf{v}$를 사용하여 수직분해를 하여라.

[풀이]

(1) 벡터 $\mathbf{u}=-\mathbf{i}+\mathbf{j}+2\mathbf{k}=\langle -1,1,2\rangle$와 $\mathbf{v}=\mathbf{i}+\mathbf{j}+\mathbf{k}=\langle 1,1,1\rangle$에 대하여

$\mathbf{u}\cdot\mathbf{v}=(-1)+1+2=2$이고 $\|\mathbf{u}\|^2=1+1+4=6$이므로

$$\text{proj}_{\mathbf{u}}\mathbf{v}=\frac{\mathbf{u}\cdot\mathbf{v}}{\|\mathbf{u}\|^2}\mathbf{u}=\frac{2}{6}(-\mathbf{i}+\mathbf{j}+2\mathbf{k})=-\frac{1}{3}\mathbf{i}+\frac{1}{3}\mathbf{j}+\frac{2}{3}\mathbf{k}.$$

(2) $\mathbf{u}_1=\text{proj}_{\mathbf{u}}\mathbf{v}=-\frac{1}{3}\mathbf{i}+\frac{1}{3}\mathbf{j}+\frac{2}{3}\mathbf{k}$이고 [정리 9.9: 벡터의 수직분해]에 의해서

$\mathbf{u}_2=\mathbf{v}-\mathbf{u}_1=(\mathbf{i}+\mathbf{j}+\mathbf{k})-\left(-\frac{1}{3}\mathbf{i}+\frac{1}{3}\mathbf{j}+\frac{2}{3}\mathbf{k}\right)=\frac{4}{3}\mathbf{i}+\frac{2}{3}\mathbf{j}-\frac{1}{3}\mathbf{k}$라고 놓자.

그러므로 벡터 $\mathbf{u}$의 수직분해는 다음과 같다.

$$\mathbf{v}=\mathbf{u}_1+\mathbf{u}_2=\left(-\frac{1}{3}\mathbf{i}+\frac{1}{3}\mathbf{j}+\frac{2}{3}\mathbf{k}\right)+\left(\frac{4}{3}\mathbf{i}+\frac{2}{3}\mathbf{j}-\frac{1}{3}\mathbf{k}\right)$$ ■

연습문제

• Part 1

[1-11] 다음 벡터에 대하여 물음에 답하여라. [예제 9.14]

$$\mathbf{u}=3\mathbf{i}+4\mathbf{j},\ \mathbf{v}=-\mathbf{i}+3\mathbf{j},\ \mathbf{w}=5\mathbf{i}-\mathbf{j}$$

1. $\mathbf{u}\cdot\mathbf{v}$
2. $\mathbf{v}\cdot\mathbf{u}$
3. $\mathbf{v}\cdot\mathbf{w}$
4. $\mathbf{w}\cdot\mathbf{v}$
5. $\mathbf{u}\cdot\mathbf{w}$
6. $\mathbf{w}\cdot\mathbf{u}$
7. $\mathbf{u}\cdot\mathbf{u}$
8. $\mathbf{v}\cdot\mathbf{v}$
9. $\mathbf{w}\cdot\mathbf{w}$
10. $(\mathbf{u}\cdot\mathbf{v})\mathbf{u}$
11. $\mathbf{u}\cdot\mathbf{v}+\mathbf{v}\cdot\mathbf{w}$

[12-22] 다음 벡터에 대하여 물음에 답하여라. [예제 9.14]

$$\mathbf{u}=3\mathbf{i}+4\mathbf{j}-\mathbf{k},\ \mathbf{v}=3\mathbf{i}+\mathbf{j}-\mathbf{k},\ \mathbf{w}=5\mathbf{i}+2\mathbf{j}-\mathbf{k}$$

12. $\mathbf{u}\cdot\mathbf{v}$
13. $\mathbf{v}\cdot\mathbf{u}$
14. $\mathbf{v}\cdot\mathbf{w}$
15. $\mathbf{w}\cdot\mathbf{v}$
16. $\mathbf{u}\cdot\mathbf{w}$
17. $\mathbf{w}\cdot\mathbf{u}$
18. $\mathbf{u}\cdot\mathbf{u}$
19. $\mathbf{v}\cdot\mathbf{v}$
20. $\mathbf{w}\cdot\mathbf{w}$
21. $(\mathbf{u}\cdot\mathbf{v})\mathbf{u}$
22. $\mathbf{u}\cdot\mathbf{v}+\mathbf{v}\cdot\mathbf{w}$

[23-25] 다음 두 벡터 $\mathbf{u}$와 $\mathbf{v}$에 대하여 사잇각을 θ라고 하자. 이에 대한 $\cos\theta$ 값을 구하여라. [예제 9.15]

23. $\mathbf{u}=-3\mathbf{i}+2\mathbf{j}+\mathbf{k},\ \mathbf{v}=3\mathbf{i}+\mathbf{j}-\mathbf{k}$
24. $\mathbf{u}=3\mathbf{i}+\mathbf{j}-\mathbf{k},\ \mathbf{v}=-2\mathbf{i}-\mathbf{j}+\mathbf{k}$
25. $\mathbf{u}=\mathbf{i}-3\mathbf{j}+4\mathbf{k},\ \mathbf{v}=4\mathbf{i}-\mathbf{j}+3\mathbf{k}$

[26-28] 다음 두 벡터 $\mathbf{u}$와 $\mathbf{v}$가 수직임을 확인하여라. [예제 9.16]

26. $\mathbf{u}=3\mathbf{i}+\mathbf{j}-2\mathbf{k},\ \mathbf{v}=3\mathbf{i}-2\mathbf{j}$
27. $\mathbf{u}=-2\mathbf{i}+3\mathbf{j}+\mathbf{k},\ \mathbf{v}=2\mathbf{i}+\mathbf{j}+\mathbf{k}$
28. $\mathbf{u}=\mathbf{i}-3\mathbf{k},\ \mathbf{v}=6\mathbf{i}+\mathbf{j}+2\mathbf{k}$

[29-31] 다음 두 벡터 $\mathbf{u}$와 $\mathbf{v}$에 대하여 수직이 되도록 실수 a 값을 구하여라. [예제 9.16]

29. $\mathbf{u}=\mathbf{i}-a\mathbf{j}+2\mathbf{k},\ \mathbf{v}=2a\mathbf{i}+\mathbf{j}+\mathbf{k}$
30. $\mathbf{u}=\mathbf{i}+2a\mathbf{j}-\mathbf{k},\ \mathbf{v}=\mathbf{i}-\mathbf{j}+\mathbf{k}$
31. $\mathbf{u}=a\mathbf{i}+\mathbf{j}+\mathbf{k},\ \mathbf{v}=\mathbf{i}+a\mathbf{j}+4\mathbf{k}$

[32-37] 다음 벡터 $\mathbf{u}$, $\mathbf{v}$, $\mathbf{w}$에 대하여 물음에 답하여라. [예제 9.17]

$$\mathbf{u} = 3\mathbf{i} - \mathbf{j} - 2\mathbf{k}$$
$$\mathbf{v} = -2\mathbf{i} + 2\mathbf{j} + 2\mathbf{k}$$
$$\mathbf{w} = \mathbf{i} + \mathbf{j} - \mathbf{k}$$

32. 벡터 $\mathbf{u}$로의 $\mathbf{v}$의 정사영 $\text{proj}_{\mathbf{u}}\mathbf{v}$를 구하여라.
33. 벡터 $\mathbf{v}$로의 $\mathbf{u}$의 정사영 $\text{proj}_{\mathbf{v}}\mathbf{u}$를 구하여라.
34. 벡터 $\mathbf{u}$로의 $\mathbf{w}$의 정사영 $\text{proj}_{\mathbf{u}}\mathbf{w}$를 구하여라.
35. 벡터 $\mathbf{w}$로의 $\mathbf{u}$의 정사영 $\text{proj}_{\mathbf{w}}\mathbf{u}$를 구하여라.
36. 벡터 $\mathbf{w}$로의 $\mathbf{v}$의 정사영 $\text{proj}_{\mathbf{w}}\mathbf{v}$를 구하여라.
37. 벡터 $\mathbf{v}$로의 $\mathbf{w}$의 정사영 $\text{proj}_{\mathbf{v}}\mathbf{w}$를 구하여라.

[38-39] 다음 벡터 $\mathbf{u}$, $\mathbf{v}$에 대하여 물음에 답하여라. [예제 9.18]

$$\mathbf{u} = 2\mathbf{i} + \mathbf{j} - \mathbf{k},\quad \mathbf{v} = \mathbf{i} + \mathbf{j} + 2\mathbf{k}$$

38. 벡터 $\mathbf{u}$로의 $\mathbf{v}$의 정사영 $\text{proj}_{\mathbf{u}}\mathbf{v}$를 구하여라.
39. 벡터 $\mathbf{v}$를 $\mathbf{u}_1 = \text{proj}_{\mathbf{u}}\mathbf{v}$와 $\mathbf{u}_1$에 수직인 벡터 $\mathbf{u}_2$로 수직분해를 하여라.

[40-41] 다음 벡터 $\mathbf{u}$, $\mathbf{v}$에 대하여 물음에 답하여라. [예제 9.18]

$$\mathbf{u} = 2\mathbf{i} - \mathbf{j} - 2\mathbf{k},\quad \mathbf{v} = -\mathbf{i} + 3\mathbf{j} - 2\mathbf{k}$$

40. 벡터 $\mathbf{u}$로의 $\mathbf{v}$의 정사영 $\text{proj}_{\mathbf{u}}\mathbf{v}$를 구하여라.
41. 벡터 $\mathbf{v}$를 $\mathbf{u}_1 = \text{proj}_{\mathbf{u}}\mathbf{v}$와 $\mathbf{u}_1$에 수직인 벡터 $\mathbf{u}_2$로 수직분해를 하여라.

• Part 2

[42-45] 다음 벡터 $\mathbf{u}$, $\mathbf{v}$에 대하여 물음에 답하여라.

$$\mathbf{u} = \mathbf{i} + 2\mathbf{j},\quad \mathbf{v} = 4\mathbf{i} - 2\mathbf{j},\quad \mathbf{w} = 6\mathbf{i}$$

42. $\mathbf{u} \cdot (7\mathbf{v} + \mathbf{w})$
43. $\|(\mathbf{u} \cdot \mathbf{w})\mathbf{w}\|$
44. $\|\mathbf{u}\|(\mathbf{v} \cdot \mathbf{w})$
45. $(\|\mathbf{u}\|\mathbf{v}) \cdot \mathbf{w}$

[46-49] 다음 벡터에 대하여 $\mathbf{u} \cdot \mathbf{v}$를 구하여라.

46. $\mathbf{u} = \mathbf{i} + \sqrt{2}\mathbf{j} - \sqrt{2}\mathbf{k}$, $\mathbf{v} = -\mathbf{i} + \mathbf{j} + \mathbf{k}$
47. $\mathbf{u} = \mathbf{i} - 2\mathbf{j} + 3\mathbf{k}$, $\mathbf{v} = 5\mathbf{i} + 9\mathbf{k}$
48. $\mathbf{u} = 4\mathbf{j} - 3\mathbf{k}$, $\mathbf{v} = 2\mathbf{i} + 4\mathbf{j} + 6\mathbf{k}$
49. $\|\mathbf{u}\| = 6$, $\|\mathbf{v}\| = 5$, $\mathbf{u}$와 $\mathbf{v}$의 사잇각은 $\frac{\pi}{3}$이다.

50. $\mathbf{u} = a\mathbf{i} + \mathbf{j} + \mathbf{k}$, $\mathbf{v} = \mathbf{i} + a\mathbf{j} + \mathbf{k}$이고 사잇각이 $\frac{\pi}{3}$일 때, 실수 a를 구하여라.
51. 꼭짓점이 $A(0, 1, 1)$, $B(-2, 4, 3)$, $C(1, 2, -1)$인 삼각형의 세 각에 대한 코사인값을 구하여라.
52. $\mathbf{u} = -6\mathbf{i} + b\mathbf{j} + 2\mathbf{k}$, $\mathbf{v} = b\mathbf{i} + b^2\mathbf{j} + b\mathbf{k}$가 수직이 되는 b를 모두 구하여라.

[53-54] $\|\mathbf{u}\| = 2$, $\|\mathbf{v}\| = 6$이고 $\mathbf{u}$와 $\mathbf{v}$의 사잇각은 $\frac{\pi}{3}$일 때, 물음에 답하여라.

53. $\|\mathbf{u} + \mathbf{v}\|$를 구하여라.
54. $\|\mathbf{u} - \mathbf{v}\|$를 구하여라.
55. 정삼각형을 수직 이등분한 삼각형에서 단위벡터 $\mathbf{a}$가 주어진 경우 $\mathbf{a} \cdot \mathbf{b}$, $\mathbf{a} \cdot \mathbf{c}$와 $\mathbf{b} \cdot \mathbf{c}$를 구하여라.

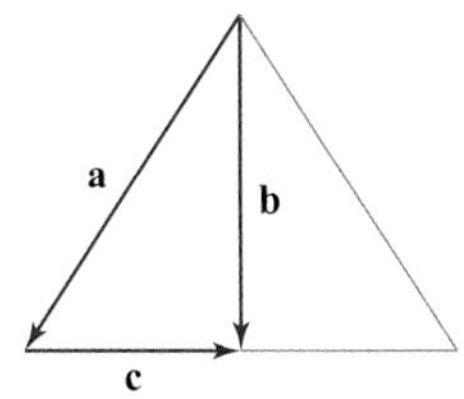

56. 정사각형에서 단위벡터 $\mathbf{a}$가 주어진 경우 $\mathbf{a} \cdot \mathbf{b}$, $\mathbf{a} \cdot \mathbf{c}$와 $\mathbf{b} \cdot \mathbf{c}$를 구하여라.

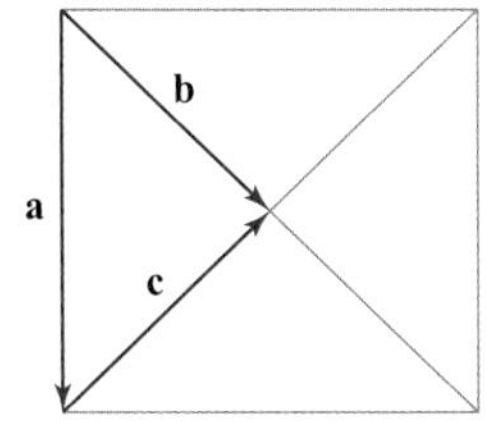

9.4 벡터의 외적

9.3절에서 벡터의 내적에 대한 다음 특징을 공부했다.

- 평면벡터의 내적을 정의했고 공간벡터의 내적도 정의했다.
- 두 벡터의 내적은 실수이다.

9.4절에서 공부할 벡터의 외적은 다음 특징이 있다.

- 두 공간벡터의 외적은 공간벡터이다.
- 평면벡터의 외적은 정의하지 않는다.

9.4.1 벡터의 외적의 정의

공간 위의 한 점에서 출발하는 서로 평행하지 않는 두 벡터는 평면을 만든다. 이 두 벡터로 만들어진 평면에 수직하는 벡터를 구하는 것은 기하학적으로, 물리적으로 그리고 공학적으로 다양하게 응용된다. 두 벡터의 외적은 주어진 두 벡터에 동시에 수직인 벡터를 구하는 것이다.

공간벡터 $\mathbf{u}=\langle a_1, a_2, a_3\rangle = a_1\mathbf{i}+a_2\mathbf{j}+a_3\mathbf{k}$와 $\mathbf{v}=\langle b_1, b_2, b_3\rangle = b_1\mathbf{i}+b_2\mathbf{j}+b_3\mathbf{k}$에 대하여 두 벡터 $\mathbf{u}$와 $\mathbf{v}$에 동시에 수직인 벡터 $\mathbf{w}=x\mathbf{i}+y\mathbf{j}+z\mathbf{k}$를 구해보자.
그러므로 벡터 $\mathbf{w}=x\mathbf{i}+y\mathbf{j}+z\mathbf{k}$는 다음 식을 만족해야 한다.

$$\mathbf{w}\cdot\mathbf{u}=0 \text{ 그리고 } \mathbf{w}\cdot\mathbf{v}=0$$

즉, 연립방정식 $\begin{cases} 0=a_1x+a_2y+a_3y \\ 0=b_1x+b_2y+b_3y \end{cases}$의 해* x, y, z를 구해보면 다음과 같다.

$$x=a_2b_3-a_3b_2,\ y=a_3b_1-a_1b_3,\ z=a_1b_2-a_2b_1$$

벡터 $\mathbf{u}$와 $\mathbf{v}$에 수직인 벡터 $\mathbf{w}$를 $\mathbf{u}\times\mathbf{v}$로 표시하고 이는 $\mathbf{u}$와 $\mathbf{v}$의 외적이다.

$$\mathbf{w}=\mathbf{u}\times\mathbf{v}=\langle a_2b_3-a_3b_2,\ a_3b_1-a_1b_3,\ a_1b_2-a_2b_1\rangle$$

두 벡터 $\mathbf{u}$와 $\mathbf{v}$의 외적은 다음과 같이 정의할 수 있다.

[정의 9.15: 벡터의 외적] 두 공간벡터 $\mathbf{u}=a_1\mathbf{i}+a_2\mathbf{j}+a_3\mathbf{k}$와 $\mathbf{v}=b_1\mathbf{i}+b_2\mathbf{j}+b_3\mathbf{k}$에 대하여 벡터 $\mathbf{u}$와 $\mathbf{v}$의 외적(cross product) $\mathbf{u}\times\mathbf{v}$은 다음과 같다.

$$\begin{aligned}\mathbf{u}\times\mathbf{v} &= \langle a_2b_3-a_3b_2,\ a_3b_1-a_1b_3,\ a_1b_2-a_2b_1\rangle \\ &= (a_2b_3-a_3b_2)\mathbf{i}+(a_3b_1-a_1b_3)\mathbf{j}+(a_1b_2-a_2b_1)\mathbf{k}\end{aligned}$$

* 연립방정식의 해는 무수히 많고 연립방정식의 모든 해 $\langle x, y, z\rangle$는 $\langle a_2b_3-a_3b_2,\ a_3b_1-a_1b_3,\ a_1b_2-a_2b_1\rangle$에 평행하다.

벡터의 외적은 행렬과 밀접한 관련이 있다.

[참고] 행렬(matrix)은 수를 직사각형으로 나열한 것이다. 여기서 가로줄을 행(column)이라고 하고 세로줄을 **열**(row)이라고 한다. 행과 열의 개수가 같은 n인 정사각형으로 나열한 행렬을 n**차 행렬**이라고 한다. 2차 행렬은 행과 열의 개수가 2인 행렬이고 3차 행렬은 행과 열의 개수가 3인 행렬이다.

즉, 2차 행렬 $= \begin{bmatrix} a & b \\ c & d \end{bmatrix}$이고 3차 행렬 $= \begin{bmatrix} a & b & c \\ d & e & f \\ g & h & i \end{bmatrix}$이다.

n차 행렬의 **행렬식**(determinant)은 행렬에서 중요한 실숫값이다. n차 행렬의 행렬식의 정의는 복잡하지만 2차 행렬에 대한 정의는 다음과 같이 간단하다.

$$2\text{차 행렬 } \begin{bmatrix} a & b \\ c & d \end{bmatrix} \text{의 행렬식} = \begin{vmatrix} a & b \\ c & d \end{vmatrix} = ad - bc$$

2차 행렬의 행렬식을 이용하여 벡터 $\mathbf{u}$와 $\mathbf{v}$의 외적 $\mathbf{u}\times\mathbf{v}$를 구하는 방법을 단계로 알아보자.

[벡터 $\mathbf{u} = a_1\mathbf{i} + a_2\mathbf{j} + a_3\mathbf{k}$와 $\mathbf{v} = b_1\mathbf{i} + b_2\mathbf{j} + b_3\mathbf{k}$의 외적 $\mathbf{u}\times\mathbf{v}$를 구하는 방법]

[1단계] 벡터 $\mathbf{u}$와 $\mathbf{v}$를 **순서대로** 다음과 같이 2줄의 행렬로 만든다.

$$\begin{bmatrix} \mathbf{u} \\ \mathbf{v} \end{bmatrix} = \begin{bmatrix} a_1 & a_2 & a_3 \\ b_1 & b_2 & b_3 \end{bmatrix}^*$$

* $\mathbf{u}\times\mathbf{v}$를 구하는 경우 $\mathbf{u}$의 성분을 위에 놓고 $\mathbf{v}$의 성분을 아래에 놓는다. 즉, $\begin{bmatrix} \mathbf{u} \\ \mathbf{v} \end{bmatrix}$

[2단계] 외적 $\mathbf{u}\times\mathbf{v}$는 3개의 성분을 갖는 공간 벡터로 3개의 성분은 세로를 한 줄씩 제거하여 만들어진 2차 행렬의 행렬식으로 정의한다. 이때 두 번째 y성분은 부호가 음수임을 주의하자.

$$\begin{aligned} \mathbf{u}\times\mathbf{v} &= \left(\begin{vmatrix} a_1 & a_2 & a_3 \\ b_1 & b_2 & b_3 \end{vmatrix}, -\begin{vmatrix} a_1 & a_2 & a_3 \\ b_1 & b_2 & b_3 \end{vmatrix}, \begin{vmatrix} a_1 & a_2 & a_3 \\ b_1 & b_2 & b_3 \end{vmatrix} \right) \\ &= \begin{vmatrix} a_2 & a_3 \\ b_3 & b_3 \end{vmatrix}\mathbf{i} - \begin{vmatrix} a_1 & a_3 \\ b_1 & b3 \end{vmatrix}\mathbf{j} + \begin{vmatrix} a_1 & a_2 \\ b_1 & b_2 \end{vmatrix}\mathbf{k} \\ &= (a_2b_3 - a_3b_2)\mathbf{i} - (a_1b_3 - a_3b_1)\mathbf{j} + (a_1b_2 - a_2b_1)\mathbf{k} \end{aligned}$$

벡터의 외적을 구할 때 주의점은

- [1단계]에서 $\begin{bmatrix} \mathbf{u} \\ \mathbf{v} \end{bmatrix}$의 순서가 중요하다. 사실 $\mathbf{u}\times\mathbf{v} \neq \mathbf{v}\times\mathbf{u}$이다.
- [2단계]에서 외적의 각 성분을 구할 때 부호는 매우 중요하다. 즉, 외적의 두 번째 성분에서 반드시 음수를 곱한다.

[예제 9.19] 벡터 $\mathbf{u}=-\mathbf{i}+\mathbf{j}+2\mathbf{k}$와 $\mathbf{v}=\mathbf{i}+\mathbf{j}+\mathbf{k}$에 대하여 [연습문제 1~9]

(1) $\mathbf{u}\times\mathbf{v}$와 $\mathbf{v}\times\mathbf{u}$를 구하여라.

(2) $\mathbf{u}\times\mathbf{u}$를 구하여라.

[풀이] 벡터 $\mathbf{u}=-\mathbf{i}+\mathbf{j}+2\mathbf{k}=\langle -1,1,2\rangle$와 $\mathbf{v}=\mathbf{i}+\mathbf{j}+\mathbf{k}=\langle 1,1,1\rangle$에 대하여

(1) 우선 $\mathbf{u}\times\mathbf{v}$를 구하자.

$$\begin{bmatrix}\mathbf{u}\\ \mathbf{v}\end{bmatrix}=\begin{bmatrix}-1 & 1 & 2\\ 1 & 1 & 1\end{bmatrix}\text{에서}$$

$$\begin{aligned}\mathbf{u}\times\mathbf{v}&=\begin{vmatrix}1 & 2\\ 1 & 1\end{vmatrix}\mathbf{i}-\begin{vmatrix}-1 & 2\\ 1 & 1\end{vmatrix}\mathbf{j}+\begin{vmatrix}-1 & 1\\ 1 & 1\end{vmatrix}\mathbf{k}\\ &=[(1)(1)-(2)(1)]\mathbf{i}-[(-1)(1)-(2)(1)]\mathbf{j}+[(-1)(1)-(1)(1)]\mathbf{k}\\ &=-\mathbf{i}+3\mathbf{j}-2\mathbf{k}.\end{aligned}$$

이제 $\mathbf{v}\times\mathbf{u}$를 구하자.

$$\begin{bmatrix}\mathbf{v}\\ \mathbf{u}\end{bmatrix}=\begin{bmatrix}1 & 1 & 1\\ -1 & 1 & 2\end{bmatrix}\text{에서}$$

$$\begin{aligned}\mathbf{v}\times\mathbf{u}&=\begin{vmatrix}1 & 1\\ 1 & 2\end{vmatrix}\mathbf{i}-\begin{vmatrix}1 & 1\\ -1 & 2\end{vmatrix}\mathbf{j}+\begin{vmatrix}1 & 1\\ -1 & 1\end{vmatrix}\mathbf{k}\\ &=[(1)(2)-(1)(1)]\mathbf{i}-[(1)(2)-(1)(-1)]\mathbf{j}+[(1)(1)-(1)(-1)]\mathbf{k}\\ &=\mathbf{i}-3\mathbf{j}+2\mathbf{k}.\end{aligned}$$

(2) $\mathbf{u}\times\mathbf{u}$를 구하자.*

$$\begin{bmatrix}\mathbf{u}\\ \mathbf{u}\end{bmatrix}=\begin{bmatrix}1 & 1 & 2\\ -1 & 1 & 2\end{bmatrix}\text{에서}$$

$$\begin{aligned}\mathbf{u}\times\mathbf{u}&=\begin{vmatrix}1 & 2\\ 1 & 2\end{vmatrix}\mathbf{i}-\begin{vmatrix}-1 & 2\\ -1 & 2\end{vmatrix}\mathbf{j}+\begin{vmatrix}-1 & 1\\ -1 & 1\end{vmatrix}\mathbf{k}\\ &=[(1)(2)-(1)(1)]\mathbf{i}-[(-1)(2)-(-1)(2)]\mathbf{j}+[(-1)(1)-(-1)(1)]\mathbf{k}\\ &=0\mathbf{i}-0\mathbf{j}+0\mathbf{k}=\mathbf{0}.\end{aligned}$$

그러므로 $\mathbf{u}\times\mathbf{u}=\mathbf{0}$이다. ■

[참고] 두 벡터 $\mathbf{u}$와 $\mathbf{v}$에서

- $\mathbf{u}\times\mathbf{v}\neq\mathbf{v}\times\mathbf{u}$
- [예제 9.19] (1)에서 $\mathbf{u}\times\mathbf{v}=-(\mathbf{v}\times\mathbf{u})$

* $\mathbf{u}\times\mathbf{u}=\mathbf{0}$이므로 임의의 실수 t에 대하여 $\mathbf{u}\times t\mathbf{u}=t\mathbf{u}\times\mathbf{u}=\mathbf{0}$

공간의 표준단위벡터 $\mathbf{i}, \mathbf{j}, \mathbf{k}$의 외적을 구하면 다음과 같다.

(1) $\mathbf{i}\times\mathbf{j}$의 외적을 구하면

$$\begin{bmatrix}\mathbf{i}\\ \mathbf{j}\end{bmatrix}=\begin{bmatrix}1 & 0 & 0\\ 0 & 1 & 0\end{bmatrix}\text{이므로 }\mathbf{i}\times\mathbf{j}=\begin{vmatrix}0 & 0\\ 1 & 0\end{vmatrix}\mathbf{i}-\begin{vmatrix}1 & 0\\ 0 & 0\end{vmatrix}\mathbf{j}+\begin{vmatrix}1 & 0\\ 0 & 1\end{vmatrix}\mathbf{k}=\mathbf{k}.$$

그러므로 $\mathbf{i}\times\mathbf{j}=\mathbf{k}$.

(2) $\mathbf{j}\times\mathbf{k}$의 외적을 구하면

$$\begin{bmatrix}\mathbf{j}\\ \mathbf{k}\end{bmatrix}=\begin{bmatrix}0 & 1 & 0\\ 0 & 0 & 1\end{bmatrix}\text{이므로 }\mathbf{j}\times\mathbf{k}=\begin{vmatrix}1 & 0\\ 0 & 1\end{vmatrix}\mathbf{i}-\begin{vmatrix}0 & 0\\ 0 & 1\end{vmatrix}\mathbf{j}+\begin{vmatrix}0 & 1\\ 0 & 0\end{vmatrix}\mathbf{k}=\mathbf{i}.$$

그러므로 $\mathbf{j}\times\mathbf{k}=\mathbf{i}$.

(3) $\mathbf{k}\times\mathbf{i}$의 외적을 구하면

$$\begin{bmatrix}\mathbf{k}\\ \mathbf{i}\end{bmatrix}=\begin{bmatrix}0 & 0 & 1\\ 1 & 0 & 0\end{bmatrix}\text{이므로 }\mathbf{k}\times\mathbf{i}=\begin{vmatrix}0 & 1\\ 0 & 0\end{vmatrix}\mathbf{i}-\begin{vmatrix}0 & 1\\ 1 & 0\end{vmatrix}\mathbf{j}+\begin{vmatrix}0 & 0\\ 1 & 0\end{vmatrix}\mathbf{k}=\mathbf{j}.$$

그러므로 $\mathbf{k}\times\mathbf{i}=\mathbf{j}$.

공간의 표준 단위벡터인 $\mathbf{i}, \mathbf{j}, \mathbf{k}$의 외적은 자주 사용되고 다음과 같은 순환규칙이 있다.

$\mathbf{i}\times\mathbf{j}=\mathbf{k}$

$\mathbf{j}\times\mathbf{k}=\mathbf{i}$

$\mathbf{k}\times\mathbf{i}=\mathbf{j}$

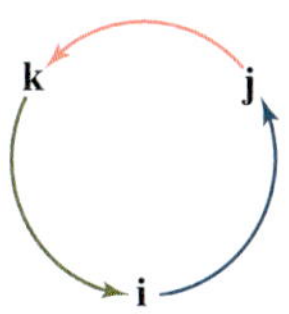

9.4.2 외적의 성질

두 벡터 $\mathbf{u}$와 $\mathbf{v}$의 외적 $\mathbf{u}\times\mathbf{v}$에 대한 성질들을 알아보자.

* [주의] $\mathbf{u}\times\mathbf{v} = -(\mathbf{v}\times\mathbf{u})$ 이고 $\mathbf{u}\times\mathbf{v} \neq \mathbf{v}\times\mathbf{u}$

[정리 9.10: 외적의 성질] 공간의 벡터 $\mathbf{u}$, $\mathbf{v}$, $\mathbf{w}$와 실수 t에 대하여

(1) $\mathbf{u}\times\mathbf{v} = -(\mathbf{v}\times\mathbf{u})$ *

(2) $\mathbf{u}\times\mathbf{u} = \mathbf{0}$, $\mathbf{u}\times\mathbf{0} = \mathbf{0}\times\mathbf{u} = \mathbf{0}$

(3) $\mathbf{u}\times(\mathbf{v}+\mathbf{w}) = (\mathbf{u}\times\mathbf{v}) + (\mathbf{u}\times\mathbf{w})$

(4) $t(\mathbf{u}\times\mathbf{v}) = (t\mathbf{u})\times\mathbf{v} = \mathbf{u}\times(t\mathbf{v})$

[증명] $\mathbf{u} = a_1\mathbf{i}+a_2\mathbf{j}+a_3\mathbf{k}$, $\mathbf{v} = b_1\mathbf{i}+b_2\mathbf{j}+b_3\mathbf{k}$, $\mathbf{w} = c_1\mathbf{i}+c_2\mathbf{j}+c_3\mathbf{k}$라고 놓자.

(1) $\begin{bmatrix}\mathbf{u}\\\mathbf{v}\end{bmatrix} = \begin{bmatrix}a_1 & a_2 & a_3\\ b_1 & b_2 & b_3\end{bmatrix}$이고 $\begin{bmatrix}\mathbf{v}\\\mathbf{u}\end{bmatrix} = \begin{bmatrix}b_1 & b_2 & b_3\\ a_1 & a_2 & a_3\end{bmatrix}$이므로

$$\mathbf{u}\times\mathbf{v} = \begin{vmatrix}a_2 & a_3\\ b_2 & b_3\end{vmatrix}\mathbf{i} - \begin{vmatrix}a_1 & a_3\\ b_1 & b_3\end{vmatrix}\mathbf{j} + \begin{vmatrix}a_1 & a_2\\ b_1 & b_2\end{vmatrix}\mathbf{k}$$

$$= (a_2b_3 - a_3b_2)\mathbf{i} + (a_3b_1 - a_1b_3)\mathbf{j} + (a_1b_2 - a_2b_1)\mathbf{k} \text{ 이고}$$

$$\mathbf{v}\times\mathbf{u} = \begin{vmatrix}b_2 & b_3\\ a_2 & a_3\end{vmatrix}\mathbf{i} - \begin{vmatrix}b_1 & b_3\\ a_1 & a_3\end{vmatrix}\mathbf{j} + \begin{vmatrix}b_1 & b_2\\ a_1 & a_2\end{vmatrix}\mathbf{k}$$

$$= (b_2a_3 - b_3a_2)\mathbf{i} + (b_3a_1 - b_1a_3)\mathbf{j} + (b_1a_2 - b_2a_1)\mathbf{k}.$$

그러므로 $\mathbf{u}\times\mathbf{v} = -(\mathbf{v}\times\mathbf{u})$.

(2) $\begin{bmatrix}\mathbf{u}\\\mathbf{u}\end{bmatrix} = \begin{bmatrix}a_1 & a_2 & a_3\\ a_1 & a_2 & a_3\end{bmatrix}$이므로

$$\mathbf{u}\times\mathbf{u} = \begin{vmatrix}a_2 & a_3\\ a_2 & a_3\end{vmatrix}\mathbf{i} - \begin{vmatrix}a_1 & a_3\\ a_1 & a_3\end{vmatrix}\mathbf{j} + \begin{vmatrix}a_1 & a_2\\ a_1 & a_2\end{vmatrix}\mathbf{k}$$

$$= (a_2a_3 - a_3a_2)\mathbf{i} + (a_3a_1 - a_1a_3)\mathbf{j} + (a_1a_2 - a_2a_1)\mathbf{k} = \mathbf{0}.$$

그러므로 $\mathbf{u}\times\mathbf{u} = 0$.

(3) $\begin{bmatrix}\mathbf{u}\\\mathbf{v}+\mathbf{w}\end{bmatrix} = \begin{bmatrix}a_1 & a_2 & a_3\\ b_1+c_1 & b_2+c_2 & b_3+c_3\end{bmatrix}$이므로

$$\mathbf{u}\times(\mathbf{v}+\mathbf{w}) = \begin{vmatrix}a_2 & a_3\\ b_2+c_2 & b_3+c_3\end{vmatrix}\mathbf{i} - \begin{vmatrix}a_1 & a_3\\ b_1+c_1 & b_3+c_3\end{vmatrix}\mathbf{j} + \begin{vmatrix}a_1 & a_2\\ b_1+c_1 & b_2+c_2\end{vmatrix}\mathbf{k}$$

$$= [a_2(b_3+c_3) - a_3(b_2+c_2)]\mathbf{i} + [a_3(b_1+c_1) - a_1(b_3+c_3)]\mathbf{j}$$

$$+ [a_1(b_2+c_2) - a_2(b_1+c_1)]\mathbf{k}.$$

$(\mathbf{u}\times\mathbf{v}) + (\mathbf{u}\times\mathbf{w})$를 구해보자.

$(\mathbf{u}\times\mathbf{v}) + (\mathbf{u}\times\mathbf{w})$

$$= \left(\begin{vmatrix}a_2 & a_3\\ b_2 & b_3\end{vmatrix}\mathbf{i} - \begin{vmatrix}a_1 & a_3\\ b_1 & b_3\end{vmatrix}\mathbf{j} + \begin{vmatrix}a_1 & a_2\\ b_1 & b_2\end{vmatrix}\mathbf{k}\right) + \left(\begin{vmatrix}a_2 & a_3\\ c_2 & c_3\end{vmatrix}\mathbf{i} - \begin{vmatrix}a_1 & a_3\\ c_1 & c_3\end{vmatrix}\mathbf{j} + \begin{vmatrix}a_1 & a_2\\ c_1 & c_2\end{vmatrix}\mathbf{k}\right)$$

$$= [(a_2b_3 - a_3b_2)\mathbf{i} + (a_3b_1 - a_1b_3)\mathbf{j} + (a_1b_2 - a_{2b_1})\mathbf{k}]$$

$$+ [(a_2c_3 - a_3c_2)\mathbf{i} + (a_3c_1 - a_1c_3)\mathbf{j} + (a_1c_2 - a_2c_1)\mathbf{k}]$$

$$= [a_2(b_3+c_3) - a_3(b_2+c_2)]\mathbf{i} + [a_3(b_1+c_1) - a_1(b_3+c_3)]\mathbf{j}$$
$$+ [a_1(b_2+c_2) - a_2(b_1+c_1)]\mathbf{k}.$$

그러므로 $\mathbf{u}\times(\mathbf{v}+\mathbf{w}) = (\mathbf{u}\times\mathbf{v}) + (\mathbf{u}\times\mathbf{w})$. ■

◐ 외적 $\mathbf{u}\times\mathbf{v}$와 내적 $\mathbf{u}\cdot\mathbf{v}$의 관계

벡터의 외적 $\mathbf{u}\times\mathbf{v}$와 내적 $\mathbf{u}\cdot\mathbf{v}$의 관계를 알아보자.
외적 $\mathbf{u}\times\mathbf{v}$은 벡터이고 내적 $\mathbf{u}\cdot\mathbf{v}$은 실수이므로 실수 $\|\mathbf{u}\times\mathbf{v}\|$와 $\mathbf{u}\cdot\mathbf{v}$를 비교하자.
$\mathbf{u} = a_1\mathbf{i} + a_2\mathbf{j} + a_3\mathbf{k} = \langle a_1, a_2, a_3\rangle$와 $\mathbf{v} = b_1\mathbf{i} + b_2\mathbf{j} + b_3\mathbf{k} = \langle b_1, b_2, b_3\rangle$라고 놓으면

$$\mathbf{u}\times\mathbf{v} = \begin{bmatrix}\mathbf{u}\\ \mathbf{v}\end{bmatrix} = \begin{bmatrix}a_1 & a_2 & a_3\\ b_1 & b_2 & b_3\end{bmatrix}$$
$$= (a_2b_3 - a_3b_2)\mathbf{i} - (a_1b_3 - a_3b_1)\mathbf{j} + (a_1b_2 - a_2b_1)\mathbf{k} \text{ 이므로}$$

$$\|\mathbf{u}\times\mathbf{v}\|^2$$
$$= (a_2b_3 - a_3b_2)^2 + (a_3b_1 - a_1b_3)^2 + (a_1b_2 - a_2b_1)^2$$
$$= \left[(a_2b_3)^2 - 2a_2b_3a_3b_2 + (a_3b_2)^2\right] + \left[(a_3b_1)^2 - 2a_3b_1a_1b_3 + (a_1b_3)^2\right]$$
$$+ \left[(a_1b_{2)}^2 - 2a_1b_2a_2b_1 + (a_2b_1)^2\right]$$

$$(\mathbf{u}\cdot\mathbf{v})^?$$
$$= (a_1b_{1+}a_2b_2 + a_3b_3)^2$$
$$= (a_1b_1)^2 + (a_2b_2)^2 + (a_3b_3)^2 + 2a_1b_1a_2b_2 + 2a_2b_2a_3b_3 + 2a_1b_1a_3b_3.$$

그러므로

$$\|\mathbf{u}\times\mathbf{v}\|^2 + (\mathbf{u}\cdot\mathbf{v})^2$$
$$= (a_2b_3)^2 + (a_3b_2)^2 + (a_3b_1)^2 + (a_1b_3)^2 + (a_1b_2)^2 + (a_2b_1)^2 + (a_1b_1)^2$$
$$+ (a_2b_2)^2 + (a_3b_3)^2$$
$$= \left(a_1^2 + a_2^2 + a_3^2\right)\left(b_1^2 + b_2^2 + b_3^2\right)$$
$$= \|\mathbf{u}\|^2\|\mathbf{v}\|^2.$$

즉, $\|\mathbf{u}\times\mathbf{v}\|^2 = \|\mathbf{u}\|^2\|\mathbf{v}\|^2 - (\mathbf{u}\cdot\mathbf{v})^2$임을 알 수 있다.

벡터의 외적과 내적의 관계는 다음과 같다.

[정리 9.11: 외적과 내적의 관계] 두 공간벡터 $\mathbf{u}, \mathbf{v}$에 대하여

$$\|\mathbf{u}\times\mathbf{v}\|^2 = \|\mathbf{u}\|^2\|\mathbf{v}\|^2 - (\mathbf{u}\cdot\mathbf{v})^2.$$

[정리 9.11: 외적과 내적의 관계]의 식에 내적의 성질

$$\mathbf{u}\cdot\mathbf{v} = \|\mathbf{u}\|\,\|\mathbf{v}\|\cos\theta$$

을 적용하면 $\|\mathbf{u}\times\mathbf{v}\|^2$을 다음과 같이 구할 수 있다.

$$\begin{aligned}\|\mathbf{u}\times\mathbf{v}\|^2 &= \|\mathbf{u}\|^2\|\mathbf{v}\|^2 - (\mathbf{u}\cdot\mathbf{v})^2\\ &= \|\mathbf{u}\|^2\|\mathbf{v}\|^2 - \|\mathbf{u}\|^2\|\mathbf{v}\|^2\cos^2\theta.\\ &= \|\mathbf{u}\|^2\|\mathbf{v}\|^2(1-\cos^2\theta)^{*} = \|\mathbf{u}\|^2\|\mathbf{v}\|^2\sin^2\theta\end{aligned}$$

* $\sin^2\theta + \cos^2\theta = 1$

그러므로 $\|\mathbf{u}\times\mathbf{v}\| = \|\mathbf{u}\|\,\|\mathbf{v}\|\sin\theta$이다.

◐ 외적 $\mathbf{u}\times\mathbf{v}$의 기하학적 성질

공간벡터 $\mathbf{u}$와 $\mathbf{v}$의 외적 $\mathbf{u}\times\mathbf{v}$에 대한 벡터 $\mathbf{u}\times\mathbf{v}$의 기하학적 성질을 알아보자.

[정리 9.12: 외적 $\mathbf{u}\times\mathbf{v}$의 기하학적 성질]

두 공간벡터 $\mathbf{u}$와 $\mathbf{v}$와 두 벡터 $\mathbf{u}$와 $\mathbf{v}$의 사잇각 θ에 대하여

(1) $\mathbf{u}\times\mathbf{v}$와 $\mathbf{u}$는 수직이고 $\mathbf{u}\times\mathbf{v}$와 $\mathbf{v}$는 수직이다.
즉, $(\mathbf{u}\times\mathbf{v})\cdot\mathbf{u} = 0$이고 $(\mathbf{u}\times\mathbf{v})\cdot\mathbf{v} = 0$.
또한 $\mathbf{u}\times\mathbf{v}$는 두 벡터 $\mathbf{u}$와 $\mathbf{v}$를 포함하는 평면에 수직이다.**

(2) [오른손 법칙] 오른손에서 엄지를 제외한 네 손가락을 벡터 $\mathbf{u}$에서 벡터 $\mathbf{v}$로 구부렸을 때 엄지가 가르키는 방향이 $\mathbf{u}\times\mathbf{v}$의 방향이다. ([그림 9.23](a) 참고)

(3) $\|\mathbf{u}\times\mathbf{v}\| = \|\mathbf{u}\|\,\|\mathbf{v}\|\sin\theta$.
$\|\mathbf{u}\times\mathbf{v}\|$는 벡터 $\mathbf{u}$와 $\mathbf{v}$로 만들어지는 평행사변형의 넓이이다. ([그림 9.23](b) 참고)

** 벡터 $\mathbf{v}$가 평면에 수직이라는 의미는 평면에 있는 모든 벡터와 벡터 $\mathbf{v}$가 수직이라는 것이다.

[정리 9.12]는 두 벡터의 외적이 기하학적으로 방향과 크기를 정확하게 알려주고 있다.

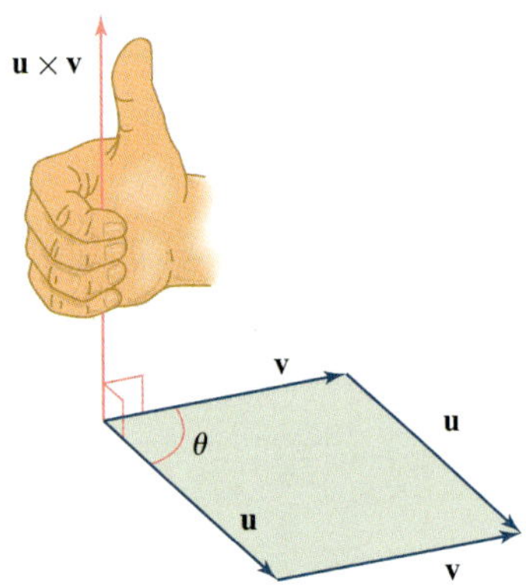

[그림 9.23](a)

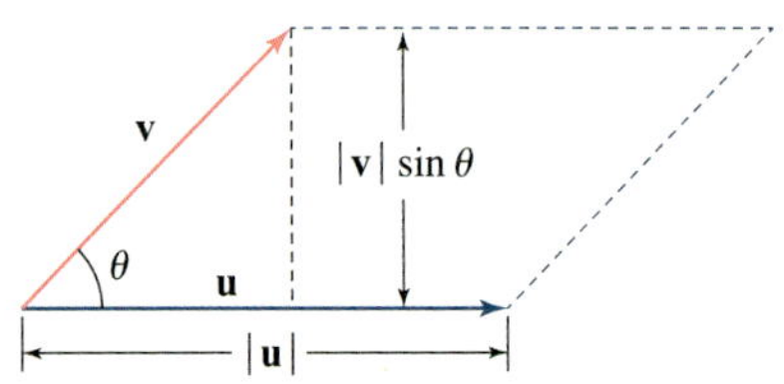

[그림 9.23](b)

[예제 9.20] 다음 두 벡터 $\mathbf{u} = \mathbf{i}+\mathbf{j}+2\mathbf{k}$와 $\mathbf{v} = 3\mathbf{i}+\mathbf{j}-4\mathbf{k}$에 동시에 수직인 벡터를 구하여라. [연습문제 10~12]

[풀이] 벡터 $\mathbf{u}=\mathbf{i}+\mathbf{j}+2\mathbf{k}=\langle 1,1,2\rangle$와 $\mathbf{v}=3\mathbf{i}+\mathbf{j}-4\mathbf{k}=\langle 3,1,-4\rangle$에 대하여 두 벡터 $\mathbf{u}$와 $\mathbf{v}$에 동시에 수직인 벡터는 $\mathbf{u}$와 $\mathbf{v}$의 외적인 $\mathbf{u}\times\mathbf{v}$이다.

$\mathbf{u}\times\mathbf{v}=\begin{bmatrix}\mathbf{u}\\ \mathbf{v}\end{bmatrix}=\begin{bmatrix}1 & 1 & 2\\ 3 & 1 & -4\end{bmatrix}$에서

$$\begin{aligned}\mathbf{u}\times\mathbf{v}&=\begin{vmatrix}1 & 2\\ 1 & -4\end{vmatrix}\mathbf{i}-\begin{vmatrix}1 & 2\\ 3 & -4\end{vmatrix}\mathbf{j}+\begin{vmatrix}1 & 1\\ 3 & 1\end{vmatrix}\mathbf{k}\\ &=[(1)(-4)-(2)(1)]\mathbf{i}-[(1)(-4)-(2)(3)]\mathbf{j}+[(1)(1)-(1)(3)]\mathbf{k}\\ &=-6\mathbf{i}+10\mathbf{j}-2\mathbf{k}.\end{aligned}$$

두 벡터 $\mathbf{u}$와 $\mathbf{v}$에 동시에 수직인 벡터 $\mathbf{u}\times\mathbf{v}=-6\mathbf{i}+10\mathbf{j}-2\mathbf{k}$이다. ■

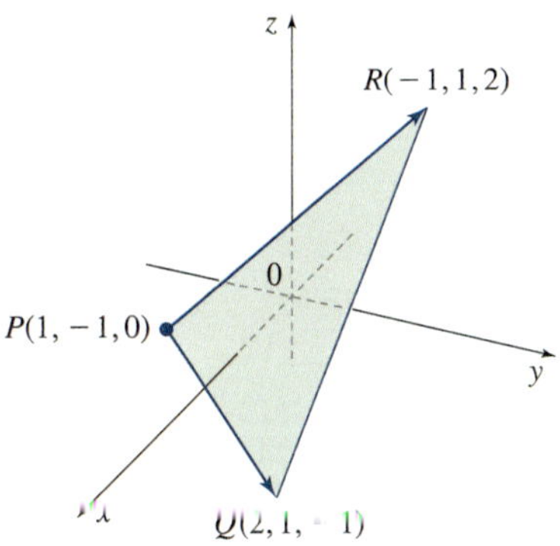

[그림 9.24]

[예제 9.21] 공간의 세 점 $P(1,-1,0)$, $Q(2,1,-1)$, $R(-1,1,2)$에 대하여 [연습문제 13~16]

(1) 세 점을 포함하는 평면에 수직인 벡터를 구하여라.

(2) ΔPQR의 넓이를 구하여라.

[풀이]

(1) 세 점 P,Q,R을 포함하는 평면에 수직인 벡터는 두 벡터 $\overrightarrow{PQ}$와 $\overrightarrow{PR}$에 동시에 수직인 벡터이다. 그러므로 $\overrightarrow{PQ}\times\overrightarrow{PR}$이 평면에 수직인 벡터이다. ([그림 9.24] 참고)

$$\begin{aligned}\overrightarrow{PQ}&=(2-1)\mathbf{i}+(1+1)\mathbf{j}+(-1-0)\mathbf{k}=\mathbf{i}+2\mathbf{j}-\mathbf{k},\\ \overrightarrow{PR}&=(-1-1)\mathbf{i}+(1+1)\mathbf{j}+(2-0)\mathbf{k}=-2\mathbf{i}+2\mathbf{j}+2\mathbf{k}\text{이고,}\end{aligned}$$

$\begin{bmatrix}\overrightarrow{PQ}\\ \overrightarrow{PR}\end{bmatrix}=\begin{bmatrix}1 & 2 & -1\\ -2 & 2 & 2\end{bmatrix}$에서

$$\overrightarrow{PQ}\times\overrightarrow{PR}=\begin{vmatrix}2 & -1\\ 2 & 2\end{vmatrix}\mathbf{i}-\begin{vmatrix}1 & -1\\ -2 & 2\end{vmatrix}\mathbf{j}+\begin{vmatrix}1 & 2\\ -2 & 2\end{vmatrix}\mathbf{k}=6\mathbf{i}+6\mathbf{k}.$$

그러므로 세 점 P,Q,R을 포함하는 평면에 수직인 벡터는 $6\mathbf{i}+6\mathbf{k}$이다.

ΔPQR의 넓이는 다음 3가지 방법으로 구할 수 있다.
$\|\overrightarrow{PQ}\times\overrightarrow{PR}\|$, $\|\overrightarrow{QP}\times\overrightarrow{QR}\|$, $\|\overrightarrow{RP}\times\overrightarrow{RQ}\|$

(2) [정리 9.12: 외적 $\mathbf{u}\times\mathbf{v}$의 기하학적 성질] (2)에 의해 두 벡터 $\overrightarrow{PQ}$와 $\overrightarrow{PR}$로 만들어진 평행사변형의 넓이는 $\|\overrightarrow{PQ}\times\overrightarrow{PR}\|$이다.
(1)에서 $\overrightarrow{PQ}\times\overrightarrow{PR}=6\mathbf{i}+6\mathbf{k}$이므로 $\|\overrightarrow{PQ}\times\overrightarrow{PR}\|=\|6\mathbf{i}+6\mathbf{k}\|=6\sqrt{2}$.
ΔPQR의 면적은 평행사변형 넓이 $\|\overrightarrow{PQ}\times\overrightarrow{PR}\|$의 반이므로 $3\sqrt{2}$이다. ■

9.4.3 삼중적

영벡터가 아닌 세 벡터 $\mathbf{u}$, $\mathbf{v}$, $\mathbf{w}$가 평행육면체를 만들 때 평행육면체의 부피를 구해보자. ([그림 9.25](a) 참고)

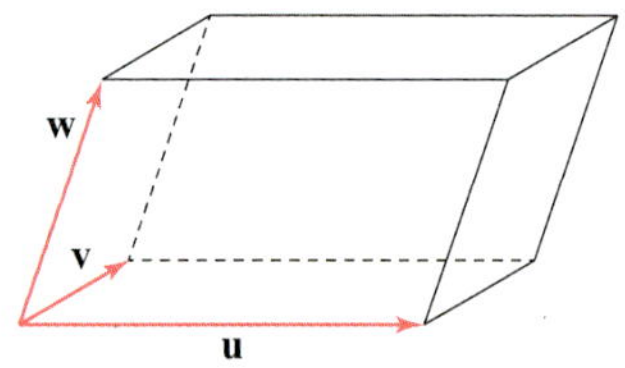

[그림 9.25](a)

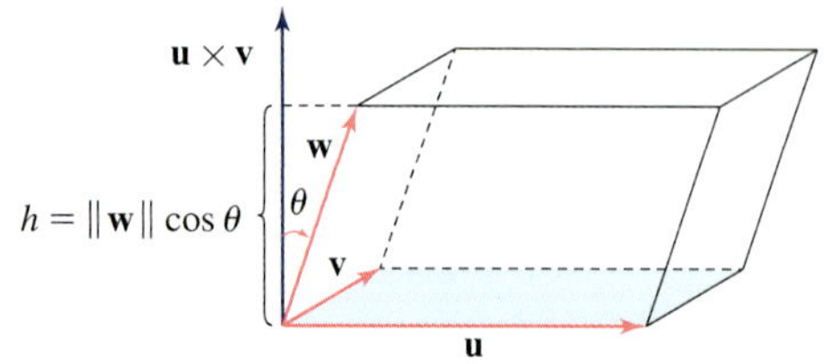

[그림 9.25](b)

[그림 9.25](b)에서 평행육면체의 밑면은 벡터 $\mathbf{u}$와 $\mathbf{v}$로 만들어진 평행사변형이고 밑면의 넓이는 $\|\mathbf{u}\times\mathbf{v}\|$이다.

평행육면체의 높이 h를 구해보자. 두 벡터 $\mathbf{u}\times\mathbf{v}$*와 $\mathbf{w}$의 사잇각을 θ로 놓자. 평행육면체의 높이 $h=\|\mathbf{w}\|\,|\cos\theta|>0$이다.

* $\mathbf{u}\times\mathbf{v}$는 $\mathbf{u}$와 $\mathbf{v}$로 이루어진 평행사변형에 수직인 벡터이다. ([그림 9.25](b) 참고)

$$\begin{aligned}\text{평행육면체의 부피} &= [\text{밑면의 넓이}]\cdot[\text{높이}]\\ &= \|\mathbf{u}\times\mathbf{v}\|h\\ &= \|\mathbf{u}\times\mathbf{v}\|\,\|\mathbf{w}\|\,|\cos\theta|\end{aligned}$$

θ는 두 벡터 $\mathbf{u}\times\mathbf{v}$와 $\mathbf{w}$의 사잇각이므로

$$\|\mathbf{u}\times\mathbf{v}\|\,\|\mathbf{w}\|\,|\cos\theta| = |(\mathbf{u}\times\mathbf{v})\cdot\mathbf{w}| = |\mathbf{w}\cdot(\mathbf{u}\times\mathbf{v})|.$$

$\mathbf{w}\cdot(\mathbf{u}\times\mathbf{v})$는 외적과 내적이 연속적으로 작용이 되어진 형태로 세 벡터 $\mathbf{u},\mathbf{v},\mathbf{w}$의 삼중적(triple product)이라고 한다. 그러므로 평행육면체의 부피는 다음과 같다.

> **[정리 9.13: 삼중적]** 세 벡터 $\mathbf{u},\mathbf{v},\mathbf{w}$로 만들어진 평행육면체의 부피는 다음과 같은 $\mathbf{u},\mathbf{v},\mathbf{w}$의 삼중적(triple product)의 절댓값이다.
>
> $$\text{평행육면체의 부피} = |\mathbf{w}\cdot(\mathbf{u}\times\mathbf{v})|$$

세 벡터 $\mathbf{u}$, $\mathbf{v}$, $\mathbf{w}$로 만들어진 평행육면체의 밑면은 다음 3가지가 모두 가능하고 각 경우에 따라 평행사변형의 부피는 3가지로 가능하다.

- 평행육면체의 밑면이 벡터 $\mathbf{u}$와 $\mathbf{v}$로 만들어진 평행사변형이고 넓이는 $\|\mathbf{u}\times\mathbf{v}\|$이고 평행육면체의 부피는 $|\mathbf{w}\cdot(\mathbf{u}\times\mathbf{v})|$이다.
- 평행육면체의 밑면이 벡터 $\mathbf{v}$와 $\mathbf{w}$로 만들어진 평행사변형이고 넓이는 $\|\mathbf{v}\times\mathbf{w}\|$이고 평행육면체의 부피는 $|\mathbf{u}\cdot(\mathbf{v}\times\mathbf{w})|$이다.
- 평행육면체의 밑면이 벡터 $\mathbf{u}$와 $\mathbf{w}$로 만들어진 평행사변형이고 넓이는 $\|\mathbf{u}\times\mathbf{w}\|$이고 평행육면체의 부피는 $|\mathbf{v}\cdot(\mathbf{u}\times\mathbf{w})|$이다.

[예제 9.22] 세 벡터 $\mathbf{u}=\mathbf{i}-\mathbf{j}$, $\mathbf{v}=2\mathbf{i}+3\mathbf{j}-\mathbf{k}$, $\mathbf{w}=-\mathbf{i}+2\mathbf{k}$로 만들어진 평행육면체의 부피를 구하여라. [연습문제 17~23]

[풀이] 공간의 세 벡터 $\mathbf{u}=\mathbf{i}-\mathbf{j}=\langle 1,-1,0\rangle$, $\mathbf{v}=2\mathbf{i}+3\mathbf{j}-\mathbf{k}=\langle 2,3,-1\rangle$, $\mathbf{w}=-\mathbf{i}+2\mathbf{k}=\langle -1,0,2\rangle$에 대하여 평행육면체의 부피 $=|\mathbf{w}\cdot(\mathbf{u}\times\mathbf{v})|$이다.

$\mathbf{u}\times\mathbf{v}=\begin{bmatrix}\mathbf{u}\\ \mathbf{v}\end{bmatrix}=\begin{bmatrix}1 & -1 & 0\\ 2 & 3 & -1\end{bmatrix}$에서

$\mathbf{u}\times\mathbf{v}=\begin{vmatrix}-1 & 0\\ 3 & -1\end{vmatrix}\mathbf{i}-\begin{vmatrix}1 & 0\\ 2 & -1\end{vmatrix}\mathbf{j}+\begin{vmatrix}1 & -1\\ 2 & 3\end{vmatrix}\mathbf{k}=\mathbf{i}+\mathbf{j}+5\mathbf{k}$이므로

$|\mathbf{w}\cdot(\mathbf{u}\times\mathbf{v})|=|(-\mathbf{i}+2\mathbf{k})\cdot(\mathbf{i}+\mathbf{j}+5\mathbf{k})|=|(-1)(1)+(0)(1)+(2)(5)|=9.$

그러므로 세 벡터 $\mathbf{u}$, $\mathbf{v}$, $\mathbf{w}$로 만들어진 평행육면체의 부피는 9이다. ■

외적에서 주의할 점은 일반적인 곱셈의 성질이 성립하지 않는다는 것이다. 즉,

$$(\mathbf{u}\times\mathbf{v})\times\mathbf{w}\neq\mathbf{u}\times(\mathbf{v}\times\mathbf{w}).$$

예를 들어서 $(\mathbf{i}\times\mathbf{i})\times\mathbf{j}$와 $\mathbf{i}\times(\mathbf{i}\times\mathbf{j})$를 구해보면
$(\mathbf{i}\times\mathbf{i})\times\mathbf{j}=\mathbf{0}\times\mathbf{j}=\mathbf{0}$이고 $\mathbf{i}\times(\mathbf{i}\times\mathbf{j})=\mathbf{i}\times\mathbf{k}=-\mathbf{j}$이므로

$$(\mathbf{i}\times\mathbf{i})\times\mathbf{j}\neq\mathbf{i}\times(\mathbf{i}\times\mathbf{j})$$

이다.

연습문제

• Part 1

[1-9] 다음 벡터에 대하여 물음에 답하여라. [예제 9.19]

$$\mathbf{u}=\mathbf{i}-2\mathbf{j}+\mathbf{k}$$
$$\mathbf{v}=3\mathbf{i}+\mathbf{j}-2\mathbf{k}$$
$$\mathbf{w}=-\mathbf{i}+2\mathbf{j}+3\mathbf{k}$$

1. $\mathbf{u}\times\mathbf{v}$
2. $\mathbf{v}\times\mathbf{u}$
3. $\mathbf{v}\times\mathbf{w}$
4. $\mathbf{w}\times\mathbf{v}$
5. $\mathbf{u}\times\mathbf{w}$
6. $\mathbf{w}\times\mathbf{u}$
7. $\mathbf{u}\times\mathbf{u}$
8. $\mathbf{v}\times\mathbf{v}$
9. $\mathbf{w}\times\mathbf{w}$

[10-12] 다음 벡터들에 대하여 동시에 수직인 벡터를 구하여라. [예제 9.20]

10. $\mathbf{u}=\mathbf{i}-4\mathbf{j}+\mathbf{k}$, $\mathbf{v}=2\mathbf{i}+3\mathbf{j}$
11. $\mathbf{u}=2\mathbf{i}+\mathbf{j}+\mathbf{k}$, $\mathbf{v}=-4\mathbf{i}+3\mathbf{j}+\mathbf{k}$
12. $\mathbf{u}=\mathbf{i}+2\mathbf{j}-\mathbf{k}$, $\mathbf{v}=-2\mathbf{i}+2\mathbf{j}-2\mathbf{k}$

[13-14] 다음 그림에서의 세 점 P_1, P_2, P_3에 대하여 물음에 답하여라. [예제 9.21]

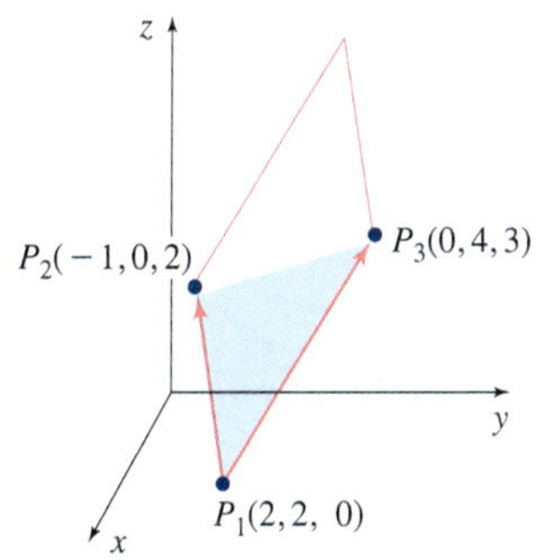

13. 세 점을 포함하는 평면에 수직인 벡터를 구하여라.
14. $\Delta P_1P_2P_3$의 넓이를 구하여라.

[15-16] 공간의 세 점 $P(1,1,0)$, $Q(3,0,2)$, $R(0,-1,1)$에 대하여 물음에 답하여라. [예제 9.21]

15. 세 점을 포함하는 평면에 수직인 벡터를 구하여라.
16. ΔPQR의 넓이를 구하여라.

[17-20] 다음 벡터에 대하여 물음에 답하여라. [예제 9.22]

$$\mathbf{u} = 3\mathbf{i} - 2\mathbf{j} - 5\mathbf{k}$$
$$\mathbf{v} = \mathbf{i} + 4\mathbf{j} - 4\mathbf{k}$$
$$\mathbf{w} = 3\mathbf{j} + 2\mathbf{k}$$

17. $\mathbf{u} \cdot \mathbf{v}$
18. $\mathbf{u} \times \mathbf{v}$
19. $\mathbf{w} \cdot (\mathbf{u} \times \mathbf{v})$
20. $\mathbf{u} \cdot (\mathbf{v} \times \mathbf{w})$

[21-23] 다음 벡터 $\mathbf{u}$, $\mathbf{v}$, $\mathbf{w}$를 변으로 만들어진 평행육면체의 부피를 구하여라. [예제 9.22]

21. $\mathbf{u} = 2\mathbf{i} + \mathbf{j} - 2\mathbf{k}$, $\mathbf{v} = 3\mathbf{i} - 2\mathbf{j} + 4\mathbf{k}$, $\mathbf{w} = 3\mathbf{i} + 6\mathbf{j} - 2\mathbf{k}$
22. $\mathbf{u} = 3\mathbf{i} - 5\mathbf{j} + \mathbf{k}$, $\mathbf{v} = 2\mathbf{j} - 2\mathbf{k}$, $\mathbf{w} = 3\mathbf{i} + \mathbf{j} + \mathbf{k}$
23. $\mathbf{u} = \mathbf{i} + 2\mathbf{j} - \mathbf{k}$, $\mathbf{v} = -2\mathbf{i} + 3\mathbf{k}$, $\mathbf{w} = 7\mathbf{j} - 4\mathbf{k}$

• Part 2

[24-29] 다음 벡터에 대하여 물음에 답하여라.

$$\mathbf{u} = 2\mathbf{i} - \mathbf{j} - 4\mathbf{k}$$
$$\mathbf{v} = 2\mathbf{i} + 4\mathbf{j} - 3\mathbf{k}$$
$$\mathbf{w} = 2\mathbf{j} - 3\mathbf{k}$$

24. $\mathbf{u} \times \mathbf{v}$
25. $\|\mathbf{u} \times \mathbf{v}\|$
26. $\mathbf{u} \cdot (\mathbf{v} \times \mathbf{w})$
27. $|\mathbf{u} \cdot (\mathbf{v} \times \mathbf{w})|$
28. $\mathbf{u} \times \mathbf{v} \times \mathbf{w}$
29. $(\mathbf{u} \times \mathbf{v}) \cdot (\mathbf{v} \times \mathbf{w})$

30. $\mathbf{u} = \mathbf{i} + \mathbf{j} + \mathbf{k}$와 $\mathbf{v} = 2\mathbf{i} + \mathbf{k}$에 모두 직교하는 두 개의 단위벡터를 구하여라.
31. 꼭짓점이 $A(-2, 1)$, $B(0, 4)$, $C(4, 2)$, $D(2, -1)$인 평행사변형의 넓이를 구하여라.
32. 꼭짓점이 $A(1, 2, 3)$, $B(1, 3, 6)$, $C(3, 8, 6)$, $D(3, 7, 3)$인 평행사변형의 넓이를 구하여라.

[33-35] 다음 공간상의 점에 대하여 물음에 답하여라.

$$P(2, 0, -1),\ Q(4, 1, 0),$$
$$R(3, -1, 1),\ S(2, -2, 2)$$

33. ΔPQR의 넓이를 구하여라.
34. ΔPQS의 넓이를 구하여라.
35. $\overrightarrow{PQ}$, $\overrightarrow{PR}$, $\overrightarrow{PS}$를 변으로 갖는 평행육면체의 부피를 구하여라.

9.5 공간 위의 직선과 평면

공간에서 가장 단순한 형태의 도형은 직선과 평면이다.
공간에서 직선의 방정식을 알아보고 공간에서 직선들의 관계를 알아보자.
공간에서 평면의 방정식을 알아보고 공간에서 평면들의 관계를 알아보자.

9.5.1 공간 위의 직선

◐ 공간 위의 직선의 방정식

* 영벡터가 아닌 벡터 $\mathbf{v}$는 방향을 가리킬 수 있는 벡터이다. 방향벡터는 영벡터가 아닌 벡터를 가정한다.

평면의 직선은 기울기와 지나는 한 점에 의해서 정해진다. 기울기는 직선의 방향을 의미한다. 공간에서의 직선도 직선의 방향과 지나는 한 점에 의해 정의된다. 점 $P_0(x_0, y_0, z_0)$와 영벡터가 아닌 벡터* $\mathbf{v} = a\mathbf{i} + b\mathbf{j} + c\mathbf{k}$가 주어질 때

> 점 P_0를 지나고 벡터 $\mathbf{v}$에 평행한 직선 l이 존재한다.

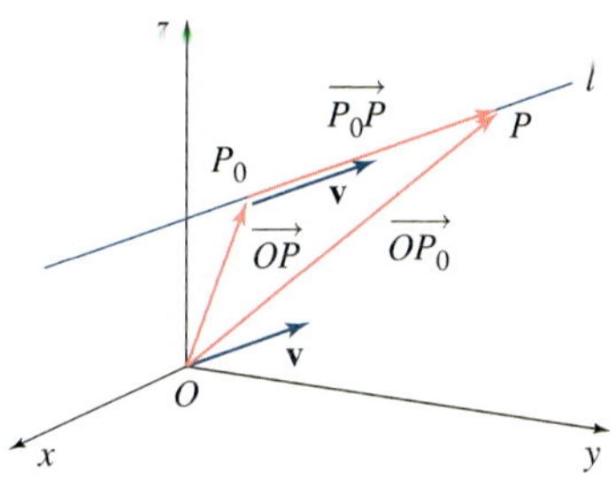

[그림 9.26]

이때, 벡터 $\mathbf{v}$를 직선 l의 **방향벡터**라고 한다. 직선 l의 방정식을 알아보자.
직선 l은 벡터 $\overrightarrow{P_0P}$와 벡터 $\mathbf{v}$에 평행한 점 P들의 모임이다. ([그림 9.26] 참고)
직선 l 위의 점 $P(x, y, z)$라고 놓으면 벡터 $\overrightarrow{P_0P}$와 벡터 $\mathbf{v}$에 평행하므로 다음 식 (9.2)를 만족하는 실수 t가 있다.

$$\overrightarrow{P_0P} = t\mathbf{v} \tag{9.2}$$

식 (9.2)를 벡터로 나타내어 보자.
$\overrightarrow{OP_0} = x_0\mathbf{i} + y_0\mathbf{j} + z_0\mathbf{k}$이고 $\overrightarrow{OP} = x\mathbf{i} + y\mathbf{j} + z\mathbf{k}$라고 하자.
그러면 $\overrightarrow{P_0P} = \overrightarrow{OP_0} - \overrightarrow{OP}$. 식 (9.2)를 벡터로 나타내면 다음을 만족하는 실수 t가 있다.

$$\overrightarrow{P_0P} = \overrightarrow{OP_0} - \overrightarrow{OP} = t\mathbf{v}$$

$$\overrightarrow{OP_0} = \overrightarrow{OP} + t\mathbf{v},\ (t\text{는 실수}) \tag{9.3}$$

식 (9.3)을 직선 l의 **벡터방정식**이라고 한다.
식 (9.3)에서 벡터를 성분으로 표현해 보면 다음과 같다.

$$x\mathbf{i} + y\mathbf{j} + z\mathbf{k} = (x_0\mathbf{i} + y_0\mathbf{j} + z_0\mathbf{k}) + t(a\mathbf{i} + b\mathbf{j} + c\mathbf{k}) \text{ 이고}$$

$$x\mathbf{i} + y\mathbf{j} + z\mathbf{k} = (x_0 + ta)\mathbf{i} + (y_0 + tb)\mathbf{j} + (z_0 + tc)\mathbf{k}.$$

벡터의 상등에 의해 다음과 같은 세 개의 식으로 나타낼 수 있다.

$$x = x_0 + ta,\ y = y_0 + tb,\ z = z_0 + tc\ \ (t\text{는 실수})\ ^{*} \tag{9.4}$$

* $\begin{cases} x = x_0 + ta \\ y = y_0 + tb \\ z = z_0 + ta \end{cases}$에서 매개변수 t의 계수인 a, b, c가 방향벡터의 성분이 된다.

식 (9.4)을 직선 l의 **매개방정식**이라고 한다. 이때, t를 **매개변수**라고 한다.
즉, 매개변수 t를 사용하여 직선 위의 점 $P(x, y, z)$를 표현한 것이다.
매개변수는 중매 또는 연결의 의미를 갖는다. 세 변수 x, y, z 사이의 관계를 직접 연결하지 않고 매개변수 t를 중간에 두고 세 변수 x, y, z가 관계되어 있다. 이 매개변수를 제거하면 세 변수 x, y, z가 직접 방정식으로 관계를 갖는다.
식 (9.4)의 세 개의 식을 t에 관하여 풀면 다음과 같다.

$$t = \frac{x - x_0}{a},\ t = \frac{y - y_0}{b},\ t = \frac{z - z_0}{c}\ \ (a, b, c \neq 0)$$

그러므로 매개변수 t를 제거한 다음과 같은 식으로 구할 수 있다.

$$\frac{x - x_0}{a} = \frac{y - y_0}{b} = \frac{z - z_0}{c} \tag{9.5}$$

식 (9.5)을 직선 l의 **대칭방정식****이라고 한다.

** 대칭방정식은 3개의 식을 연결한 방정식이다. 주어진 대칭방정식에서 세 변수 x, y, z의 각 계수를 $+1$로 맞추었을 때 분모인 a, b, c가 방향벡터의 성분이고 방향벡터 $\mathbf{v} = a\mathbf{i} + b\mathbf{j} + c\mathbf{k}$를 구할 수 있다.

직선의 정의로부터 직선의 벡터방정식를 구하고 벡터방정식으로부터 매개방정식과 대칭방정식을 구하였다. 그러나 일반적으로 직선의 방정식으로는 매개방정식과 대칭방정식이 주로 사용된다. 그러므로 다음을 주로 다루어보자.

- 방향벡터 $\mathbf{v} = a\mathbf{i} + b\mathbf{j} + c\mathbf{k}$와 직선을 지나는 점 $P_0(x_0, y_0, z_0)$이 주어지면 직선의 매개방정식과 대칭방정식을 직접 구할 수 있다.
- 직선의 매개방정식과 대칭방정식을 보고 직선의 방향벡터와 직선을 지나는 점을 구할 수 있다.

[예제 9.23] 점 $P_0(1, 4, 2)$를 지나고 $\mathbf{v} = 5\mathbf{i} + \mathbf{j} - 3\mathbf{k}$와 평행한 직선 l에 대하여
[연습문제 1~6]

(1) 직선 l의 벡터방정식을 구하여라.
(2) 직선 l의 매개방정식을 구하여라.
(3) 직선 l의 대칭방정식을 구하여라.

[풀이] (1) $\overrightarrow{OP_0} = \mathbf{i} + 4\mathbf{j} + 2\mathbf{k}$라고 놓자. 점 $P_0(1, 4, 2)$를 지나고 방향벡터 $\mathbf{v} = 5\mathbf{i} + \mathbf{j} - 3\mathbf{k}$를 갖는 직선 l의 벡터방정식은 다음과 같다.

$$\overrightarrow{OP} = \overrightarrow{OP_0} + t\mathbf{v} = (1 + 5t)\mathbf{i} + (4 + t)\mathbf{j} + (2 - 3t)\mathbf{k}\ \ (t\text{는 실수})$$

(2) 직선 l의 매개방정식은 다음과 같다.

$$x = 1 + 5t,\ y = 4 + t,\ z = 2 - 3t\ \ (t\text{는 실수})$$

(3) 직선 l의 매개방정식을 t에 관해 풀어서 대칭방정식을 구해보자.

$$\frac{x-1}{5} = y-4 = \frac{-z+2}{3}$$ ■

[예제 9.24] 두 점 $P_1(2, 4, -3)$과 $P_2(3, -1, 1)$를 지나는 직선 l의 매개방정식을 구하여라. [연습문제 7~12]

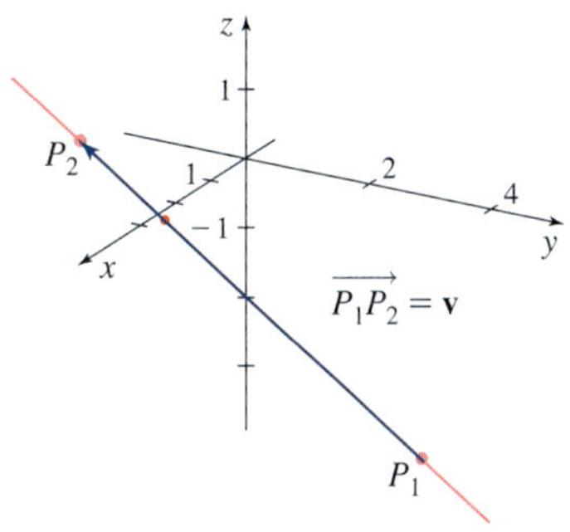

[그림 9.27]

[풀이] [그림 9.27]에서 보면 두 점 $P_1(2, 4, -3)$과 $P_2(3, -1, 1)$를 지나는 직선 l은 방향벡터 $\overrightarrow{P_1P_2}$를 갖는 직선이다. 벡터 $\overrightarrow{P_1P_2}$를 구해보자.

$$\overrightarrow{P_1P_2} = (3-2)\mathbf{i} + ((-1)-4)\mathbf{j} + (1-(-3))\mathbf{k} = \mathbf{i} - 5\mathbf{j} + 4\mathbf{k}$$

점 $P_1(2, 4, -3)$를 지나고 $\overrightarrow{P_1P_2} = \mathbf{i} - 5\mathbf{j} + 4\mathbf{k}$에 평행한 직선의 매개방정식은 다음과 같다.

$$x = 2+t,\ y = 4-5t,\ z = 3+4t\ \ (t\text{는 실수})$$ ■

점 $P_0(x_0, y_0, z_0)$를 지나고 방향벡터 $\mathbf{v} = a\mathbf{i} + b\mathbf{j} + c\mathbf{k}$를 갖는 직선의 대칭방정식인 식 (9.5)는 일반적으로 다음과 같다.

$$\frac{x-x_0}{a} = \frac{y-y_0}{b} = \frac{z-z_0}{c}$$

그러나 $a = 0$인 방향벡터 $\mathbf{v} = b\mathbf{j} + c\mathbf{k}$를 갖는 직선의 대칭방정식은 식 (9.5)를 그대로 적용할 수 없다.* 먼저 매개방정식인 식 (9.4)를 구해보자.

* 대칭방정식을 바로 구할 수 없는 이유는 $a = 0$을 대칭방정식 형태에서 분모에 대입할 수 없기 때문이다. 이런 경우 매개방정식을 먼저 구하고 매개방정식 형태에서 대칭방정식을 구한다.

$$x = x_0,\ y = y_0 + tb,\ z = z_0 + ta$$

t에 관하여 풀어서 대칭방정식을 구하면 다음과 같다.

$$x = x_0,\quad \frac{y-y_0}{b} = \frac{z-z_0}{c}$$

그러므로 대칭방정식은 매개방정식 식 (9.4)를 먼저 구하고 t에 관하여 풀어서 대칭방정식을 구한다.

[예제 9.25] 점 $P_0(1, 4, 2)$을 지나고 주어진 방향벡터를 갖는 직선 l의 대칭방정식을 구하여라. [연습문제 13~16]

(1) 방향벡터 $\mathbf{v} = 2\mathbf{i} + \mathbf{j} - 3\mathbf{k}$

(2) 방향벡터 $\mathbf{v} = \mathbf{i} - 2\mathbf{j}$

[풀이]

(1) 점 $P_0(1, 4, 2)$를 지나고 방향벡터가 $\mathbf{v} = 2\mathbf{i} + \mathbf{j} - 3\mathbf{k} = \langle 2, 1, -3 \rangle$인 직선 l에 대하여 매개방정식은 다음과 같다.

$$x=1+2t,\ y=4+t,\ z=2-3t$$

매개방정식의 각 식을 t에 관하여 풀어서 대칭방정식을 구하면 다음과 같다.

$$\frac{x-1}{2}=y-4=\frac{-z+2}{3}$$

(2) 점 $P_0(1,4,2)$를 지나고 방향벡터 $\mathbf{v}=\mathbf{i}-2\mathbf{j}=\langle 1,-2,0\rangle$를 갖는 직선 l에 대하여 매개방정식은 다음과 같다.

$$x=1+t,\ y=4-2t,\ z=2$$

매개방정식의 각 식을 t에 관하여 풀어서 대칭방정식을 구하면 다음과 같다.

$$\frac{x-1}{1}=\frac{y-4}{-2},\ z=2$$

직선 l의 대칭방정식은 $x-1=\dfrac{4-y}{2},\ z=2$이다. ■

직선의 각 점에 실수를 일대일대응한 경우 직선의 좌표계인 수직선이라고 한다.
그러므로 모든 직선은 실수의 개수만큼의 점이 있다.
매개방정식

$$\begin{cases} x=x_0+at \\ y=y_0+bt \quad (t\text{는 실수}) \\ z=z_0+ct \end{cases}$$

에서 t에 실수를 대입하면 직선 위의 점이 나온다.

[예제 9.26] 다음 매개방정식으로 주어진 직선 l 위의 세 점을 구하여라. [연습문제 17~19]

$$x=2+3t,\ y=4-4t,\ z=-1\ \ (t\text{는 실수})$$

[풀이] 직선 위의 점의 갯수는 실수의 갯수 만큼 많다. 직선의 매개방정식에서 매개변수 t에 실수를 대입하였을 때 나오는 x,y,z를 세 성분으로 갖는 $P(x,y,z)$가 직선 위의 점이다.

$t=0$이면 $x=2, y=4, z=-1$이고 $(2,4,-1)$.
$t=1$이면 $x=5, y=0, z=-1$이고 $(5,0,-1)$.
$t=-1$이면 $x=-1, y=8, z=-1$이고 $(-1,8,-1)$.

그러므로 직선 위의 세 점은 $(2,4,-1)$, $(5,0,-1)$, $(-1,8,-1)$이다. ■

[예제 9.27] 다음 대칭방정식으로 주어진 직선 l에 대하여 [연습문제 20~22]

$$l: \frac{1-x}{2}=y-1=2z-4$$

(1) 직선 l의 방향벡터를 구하여라.
(2) 직선 l과 평행하고 점 $P_0(0,-2,1)$를 지나는 직선의 대칭방정식을 구하여라.
(3) 직선 l 위의 세 점을 구하여라.

* 대칭방정식에서 방향벡터를 구하기 위해서 우선 대칭방정식에서 변수 x, y, z의 각 계수를 $+1$로 맞추어 변환하자. 변환한 식에서 분모가 방향벡터의 성분이다.

[풀이]

(1) 대칭방정식에서 방향벡터를 구하기 위해서* 우선 대칭방정식에서 변수 x, y, z의 각 계수를 $+1$로 맞추어 변환을 하자. 즉 x, y, z의 각 계수로 분모와 분자를 나눈다. 그러면 직선 l의 대칭방정식은 다음과 같이 변환된다.

$$l : \frac{x-1}{-2} = \frac{y-1}{1} = \frac{z-2}{1/2}$$

각 성분의 분모를 보면 $a = -2,\ b = 1,\ c = \frac{1}{2}$이다.

그러므로 방향벡터 $\mathbf{v} = \left\langle -2, 1, \frac{1}{2} \right\rangle = -2\mathbf{i} + \mathbf{j} + \frac{1}{2}\mathbf{k}$.

(2) 구하는 직선의 방향벡터는 $\mathbf{v} = \left\langle -2, 1, \frac{1}{2} \right\rangle = -2\mathbf{i} + \mathbf{j} + \frac{1}{2}\mathbf{k}$이고 점 $P_0(0, -2, 1)$을 지난다. 직선의 대칭방정식은 다음과 같이 놓고 정리해 보자.

$$\frac{x}{-2} = \frac{y-(-2)}{1} = \frac{z-1}{1/2} \text{이고 } \frac{-x}{2} = y+2 = 2z-2.$$

직선의 대칭방정식은 $-\frac{x}{2} = y+2 = 2z-2$이다.

(3) 직선 위의 점의 개수는 실수의 개수만큼 많다. 직선의 대칭방정식에서 매개변수 t의 의미는 다음과 같다.

$$t = \frac{1-x}{2} = 2z-4,\ y = 3$$

매개변수 t에 실수를 대입하였을 때 나오는 x, y, z를 세 성분으로 갖는 $P(x, y, z)$가 직선 위의 점이다.

$t = 0$이면 $\frac{1-x}{2} = 0$이므로 $x = 1,\ y = 3,\ 2z-4 = 0$이므로 $z = 2$.
그러므로 점 $(1, 3, 2)$이다.

$t = 1$이면 $\frac{1-x}{2} = 1$이므로 $x = -1,\ y = 3,\ 2z-4 = 1$이므로 $z = \frac{5}{2}$.
그러므로 점 $\left(-1, 3, \frac{5}{2}\right)$이다.

$t = 2$이면 $\frac{1-x}{2} = 2$이므로 $x = -3,\ y = 3,\ 2z-4 = 2$이므로 $z = 3$.
그러므로 점 $(-3, 3, 3)$이다.

그러므로 직선 위의 세 점은 $(1, 3, 2)$, $\left(-1, 3, \frac{5}{2}\right)$, $(-3, 3, 3)$이다. ■

◐ 공간 위의 두 직선의 관계

평면의 서로 다른 두 직선은 한 점에서 만나거나 또는 평행한 2가지 관계가 있다. 공간의 서로 다른 두 직선은 다음과 같은 3가지 관계를 갖는다.

① 두 직선 l과 m은 **한 점에서 만난다**. ([그림 9.28](a) 참고)
 : 두 직선 l과 m은 오직 한 점 P에서 만난다.

② 두 직선 l과 m은 **평행하다**. ([그림 9.28](b) 참고)
 : 두 직선 l과 m은 같은 평면 위에 있고 서로 만나지 않는다.

③ 두 직선 l과 m은 **꼬인 위치에 있다**. ([그림 9.28](c) 참고)
 : 두 직선 l과 m은 만나지도 않고 평행하지도 않다.

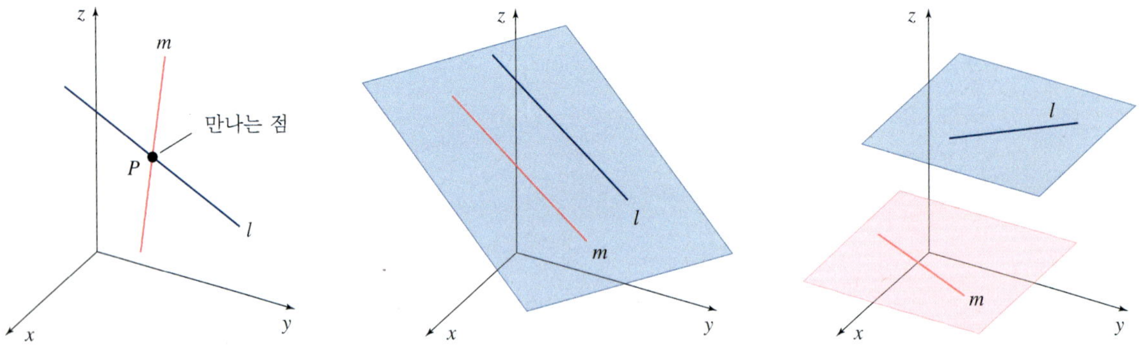

[그림 9.28](a)
만나는 두 직선

[그림 9.28](b)
평행한 두 직선

[그림 9.28](c)
꼬인 위치의 두 직선

서로 다른 두 직선의 관계를 판단하기 위한 과정을 알아보자.

[서로 다른 두 직선의 관계를 판단하는 법]

[1단계] 두 직선의 방향벡터를 각각 구한다.

- 두 직선의 방향벡터가 평행하면 두 직선은 평행하다.
- 두 직선의 방향벡터가 평행하지 않으면 2단계로 간다.

[2단계] 두 직선이 만나는 점을 구한다.

- 두 직선이 만나는 점이 있으면 두 직선은 한 점에서 만난다.
- 두 직선이 만나는 점이 없으면 두 직선은 꼬인 위치에 있다.

[예제 9.28] 다음 주어진 서로 다른 두 직선의 위치 관계를 판단하여라. [연습문제 23~25]

(1) l: $x=3+t,\ y=3-2t,\ z=1+t$

m: $x=5+t,\ y=1-4t,\ z=1+3t$

(2) l: $x=3+t,\ y=2-t,\ z=1+t$

m: $x=5+t,\ y=6-t,\ z=1+2t$

[풀이] (1) 직선 l의 방향벡터는 $\mathbf{v}_1=\langle 1,-2,1\rangle=\mathbf{i}-2\mathbf{j}+\mathbf{k}$이고 직선 m의 방향벡터는 $\mathbf{v}_2=\langle 1,-4,3\rangle=\mathbf{i}-4\mathbf{j}+3\mathbf{k}$이다.

두 직선 l과 m의 방향벡터가 평행하지 않으므로 두 직선 l과 m은 평행하지 않다. 이제 두 직선 l과 m이 만나는 점을 알아보자. 이때 주의할 점은 직선 l의 매개변수 s와 직선 m의 매개변수 t를 다르게 주어야 한다. 연립방정식을 풀어보자.

$$3+s=5+t,\ 3-2s=1-4t,\ 1+s=1+3t$$

그러면 $s=3$이고 $t=1$이다.

두 직선 l과 m이 만나는 점에 대하여 $s=3$을 주어진 직선 l의 식에 대입하면 $x=6,\ y=-3,\ z=4$이다. 그러므로 두 직선 l과 m은 한 점 $(6,-3,4)$에서 만난다.

(2) 직선 l의 방향벡터는 $\mathbf{v}_1 = \langle 1, -1, 1 \rangle = \mathbf{i} - \mathbf{j} + \mathbf{k}$이고
직선 m의 방향벡터는 $\mathbf{v}_2 = \langle 1, -1, 2 \rangle = \mathbf{i} - \mathbf{j} + 2\mathbf{k}$이다.
두 직선 l과 m의 방향벡터가 평행하지 않으므로 두 직선 l과 m은 평행하지 않다. 이제 두 직선 l과 m이 만나는 점을 알아보자. 두 직선의 매개방정식에서 매개변수를 s와 t로 다르게 놓고 연립으로 풀어보자.

$$3 + s = 5 + t,\ 2 - s = 6 - t,\ 1 + s = 1 + 2t$$

그런데 연립방정식을 만족하는 해 s와 t가 없다. 즉, 두 직선 l과 m이 만나지 않는다. 두 직선 l과 m은 평행하지 않고 만나지도 않는다. 그러므로 두 직선 l과 m은 꼬인 위치에 있다. ■

9.5.2 공간 위의 평면

◐ 공간 위의 평면의 방정식

공간에서 오직 한 개의 직선을 만드는 조건은 직선의 방향벡터 $\mathbf{v}$와 지나는 점 P가 주어지는 것이다. [그림 9.29](a)와 같이 방향벡터 $\mathbf{v}$에 평행한 많은 직선 중에서 점 P를 지나는 직선이 하나 정해진다.
비슷하게 공간에서 오직 한 개의 평면을 만드는 조건은 평면에 수직인 방향의 벡터 $\mathbf{n}$과 지나는 점 P_0가 주어지는 것이다. [그림 9.29](b)와 같이 벡터 $\mathbf{n}$에 수직인 많은 평면 중에서 점 P를 지나는 직선이 하나 정해진다.

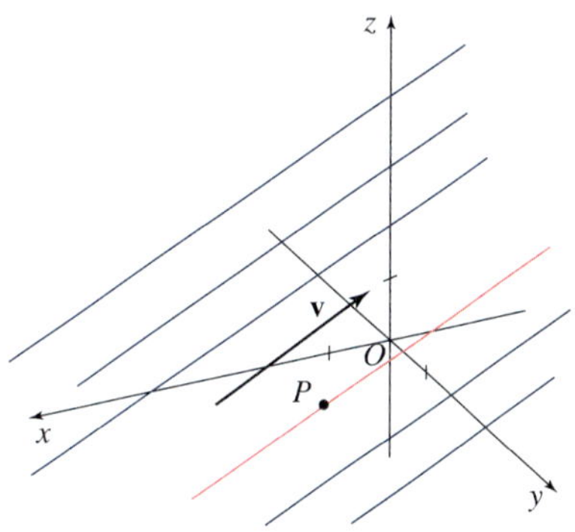

[그림 9.29](a)

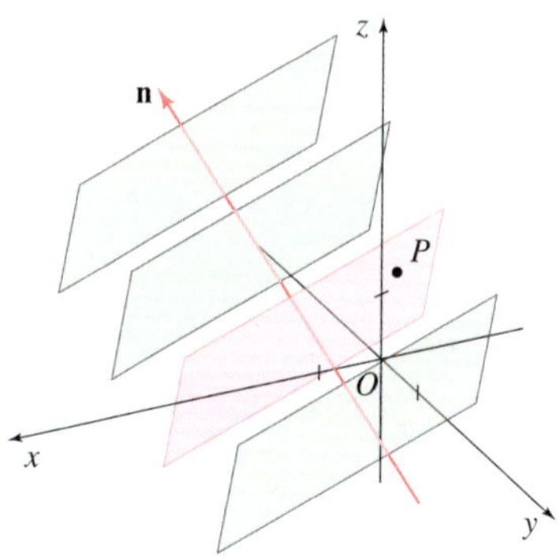

[그림 9.29](b)

점 $P_0(x_0, y_0, z_0)$와 영벡터가 아닌 벡터 $\mathbf{n} = a\mathbf{i} + b\mathbf{j} + c\mathbf{k}$가 주어진 경우

점 P_0를 지나고 벡터 $\mathbf{n}$에 수직인 평면 π가 존재한다.

이때, 벡터 $\mathbf{n}$를 평면 π의 **법선벡터**라고 한다.
평면 π는 벡터 $\overrightarrow{P_0P}$와 벡터 $\mathbf{n}$에 수직인 점 $P(x, y, z)$들의 모임이다. ([그림 9.30] 참고) 평면 π의 점 $P(x, y, z)$라고 잡으면 벡터 $\overrightarrow{P_0P}$와 벡터 $\mathbf{n}$에 수직이므로 다음 식 (9.6)을 만족한다.

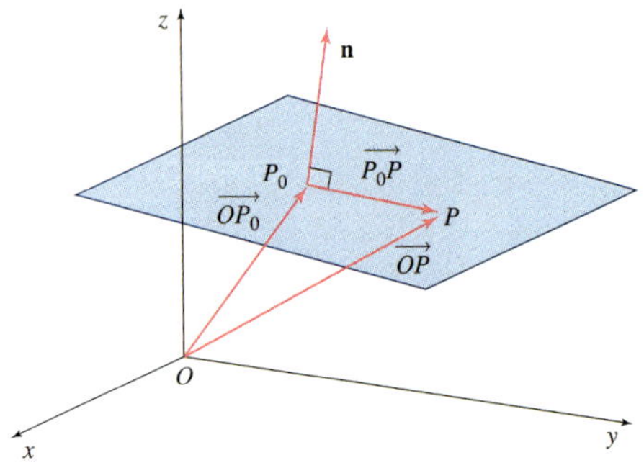

[그림 9.30]

$$\mathbf{n}\cdot\overrightarrow{P_0P}=0 \tag{9.6}$$

식 (9.6)을 벡터로 나타내어 보자.
$\overrightarrow{OP_0}=x_0\mathbf{i}+y_0\mathbf{j}+z_0\mathbf{k}$이고 $\overrightarrow{OP}=x\mathbf{i}+y\mathbf{j}+z\mathbf{k}$라고 하자.
그러면 $\overrightarrow{P_0P}=\overrightarrow{OP_0}-\overrightarrow{OP}$. ([그림 9.30] 참고) 식 (9.6)을 벡터로 나타내면 다음 식 (9.7)을 구할 수 있다.

$$\boxed{\mathbf{n}\cdot\left(\overrightarrow{OP_0}-\overrightarrow{OP}\right)=0} \tag{9.7}$$

식 (9.7)을 성분으로 표현하자.
벡터 $\overrightarrow{P_0P}=\langle x-x_0,\, y-y_0,\, z-z_0\rangle=(x-x_0)\mathbf{i}+(y-y_0)\mathbf{j}+(z-z_0)\mathbf{k}$와
수직 벡터 $\mathbf{n}=\langle a,b,c\rangle=a\mathbf{i}+b\mathbf{j}+c\mathbf{k}$에 대하여 식 (9.7)을 성분으로 구하자.

$$\langle a,b,c\rangle\cdot\langle x-x_0,\, y-y_0,\, z-z_0\rangle=0$$
$$\boxed{a(x-x_0)+b(y-y_0)+c(z-z_0)=0}$$
$$\text{또는}\quad \boxed{ax+by+cz=d.} \tag{9.8}$$

[참고] 일반방정식의 표현
- 평면의 두 변수 x, y의 일차방정식 $ax+by=c$는 평면의 직선의 방정식이다.
- 공간의 세 변수 x, y, z의 일차방정식 $ax+by+cz=d$는 공간의 평면의 방정식이다.

식 (9.8)을 점 $P_0(x_0,y_0,z_0)$를 지나고 수직벡터 $\mathbf{n}=a\mathbf{i}+b\mathbf{j}+c\mathbf{k}$을 갖는 평면 π의 **일반방정식**이라도 부른다. 평면의 일반방정식은 공간의 세 변수 x, y, z에 대한 일차방정식이다.

- 점 $P_0(x_0,y_0,z_0)$와 법선벡터 $\mathbf{n}=a\mathbf{i}+b\mathbf{j}+c\mathbf{k}$을 갖는 평면의 일반식은 $a(x-x_0)+b(y-y_0)+c(z-z_0)=0$이다.
- 평면 π을 나타내는 일차방정식 $ax+by+cz=d$이 주어진 경우 세 변수 x, y, z의 계수 a, b, c는 평면 π의 법선벡터 $\mathbf{n}$의 성분이다. 즉, 법선벡터는 $\mathbf{n}=a\mathbf{i}+b\mathbf{j}+c\mathbf{k}$이다.

[예제 9.29] 점 $P_0(2,-3,4)$를 지나고 $\mathbf{n}=-\mathbf{i}+2\mathbf{j}+3\mathbf{k}$에 수직인 평면 π의 일반방정식을 구하여라. [연습문제 26~28]

[풀이] 점 $P_0(2,-3,4)$를 지나고 벡터 $\mathbf{n}=-\mathbf{i}+2\mathbf{j}+3\mathbf{k}$에 수직인 평면 π의 방정식을 구하면 다음과 같다.

$$-1(x-2)+2(y+3)+3(z-4)=0$$

그러므로 평면 π의 일반방정식은 $-x+2y+3z=4$이다. ■

[예제 9.30] 점 $P_0(2,-3,4)$를 지나고 직선 l: $x=3+2t, y=-4t, z=1-6t$에 수직인 평면 π의 일반방정식을 구하여라. [연습문제 29~31]

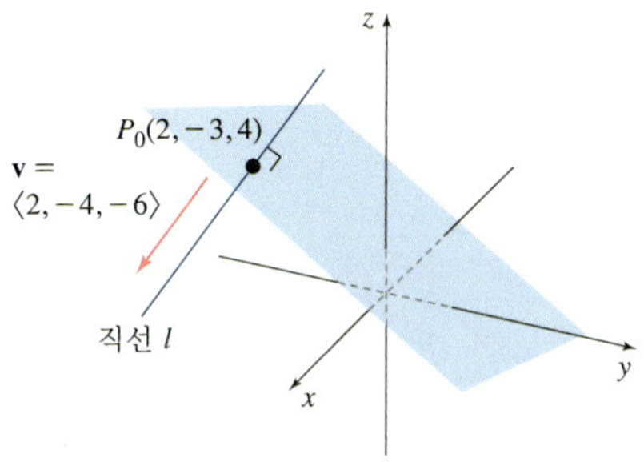

[그림 9.31]

[풀이] 직선 $l: x = 3 + 2t, \ y = -4t, \ z = 1 - 6t$ 에서 방향벡터 $\mathbf{v} = 2\mathbf{i} - 4\mathbf{j} - 6\mathbf{k}$ 이다. 평면 π는 직선 l에 수직이므로 [그림 9.31]을 보면 직선 l의 방향벡터 $\mathbf{v} = 2\mathbf{i} - 4\mathbf{j} - 6\mathbf{k}$는 평면 π에 수직이다. 그러므로 벡터 $\mathbf{v} = 2\mathbf{i} - 4\mathbf{j} - 6\mathbf{k}$는 평면의 법선벡터이다. 점 $P_0(2, -3, 4)$를 지나고 $\mathbf{v} = \langle 2, -4, -6 \rangle$에 수직인 평면 π의 방정식은

$$2(x-2) - 4(y+3) - 6(z-4) = 0$$

이므로 평면의 일반방정식은 다음과 같다.

$$2x - 4y - 6z = -8$$

■

[예제 9.31] 공간 위의 세 점 $P(1, -1, 2)$, $Q(3, 0, 0)$, $R(4, 2, 1)$을 포함하는 평면의 일반방정식을 구하여라. [연습문제 32~34]

[풀이] 세 점 $P(1, -1, 2)$, $Q(3, 0, 0)$, $R(4, 2, 1)$을 포함하는 평면 π은 두 벡터 $\overrightarrow{PQ}$와 $\overrightarrow{PR}$를 포함하고 있다. 그러므로 평면 π의 법선벡터는 두 벡터 $\overrightarrow{PQ}$와 $\overrightarrow{PR}$에 동시에 수직인 벡터인 $\overrightarrow{PQ} \times \overrightarrow{PR}$이다.

$$\overrightarrow{PQ} = (3-1)\mathbf{i} + (0+1)\mathbf{j} + (0-2)\mathbf{k} = 2\mathbf{i} + \mathbf{j} - 2\mathbf{k},$$
$$\overrightarrow{PR} = (4-1)\mathbf{i} + (2+1)\mathbf{j} + (1-2)\mathbf{k} = 3\mathbf{i} + 3\mathbf{j} - \mathbf{k}$$

$$\overrightarrow{PQ} \times \overrightarrow{PR} = \begin{bmatrix} \overrightarrow{PQ} \\ \overrightarrow{PR} \end{bmatrix} = \begin{bmatrix} 2 & 1 & -2 \\ 3 & 3 & -1 \end{bmatrix}$$ 에서

$$\overrightarrow{PQ} \times \overrightarrow{PR} = \begin{vmatrix} 3 & -2 \\ 3 & -1 \end{vmatrix}\mathbf{i} - \begin{vmatrix} 2 & -2 \\ 3 & -1 \end{vmatrix}\mathbf{j} + \begin{vmatrix} 2 & 1 \\ 3 & 3 \end{vmatrix}\mathbf{k} = 5\mathbf{i} - 4\mathbf{j} + 3\mathbf{k}.$$

평면 π는 점 $P(1, -1, 2)$를 지나고 $\overrightarrow{PQ} \times \overrightarrow{PR} = 5\mathbf{i} - 4\mathbf{j} + 3\mathbf{k}$에 수직인 평면이므로

$$5(x-1) - 4(y+1) + 3(z-2) = 0 \text{이고}$$
$$5x - 4y + 3z = 15.$$

그러므로 세 점 $P(1, -1, 2)$, $Q(3, 0, 0)$, $R(4, 2, 1)$을 포함하는 평면의 일반방정식은 $5x - 4y + 3z = 15$이다. ■

◐ 공간 위의 두 평면의 관계

공간 위의 서로 다른 두 평면은 다음의 2가지의 관계가 있다.

(1) **두 평면은 평행하다.** 평행한 두 평면은 평행한 수직벡터를 갖는다. ([그림 9.32](a) 참고)

(2) **두 평면은 만난다.** 만나는 두 직선은 한 직선에서 만난다. ([그림 9.32](b) 참고)

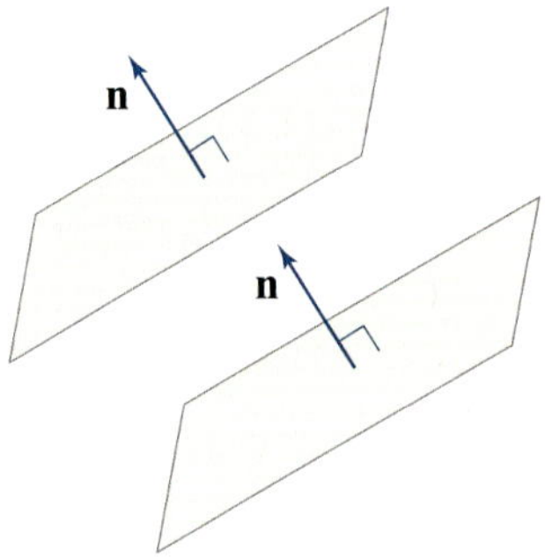

[그림 9.32](a)
두 평면이 평행하다.

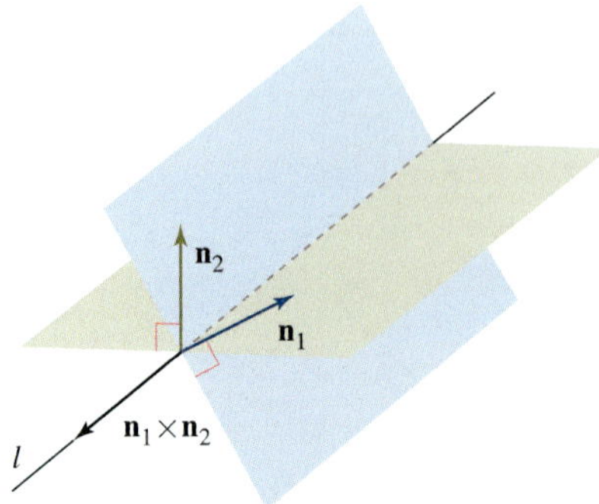

[그림 9.32](b)
두 평면이 만난다.

[예제 9.32] 두 평면 $x+2y+z=5$와 $2x+y-z=7$이 만나는 직선의 방정식을 구하여라. [연습문제 35~37]

[풀이] 직선의 방정식을 구하기 위해 직선의 방향벡터와 직선을 지나는 점을 구해보자.
평면 $x+2y+z=5$의 법선벡터는 $\mathbf{n}_1=\mathbf{i}+2\mathbf{j}+\mathbf{k}=\langle 1,2,1\rangle$이다. 평면 $2x+y-z=7$의 법선벡터는 $\mathbf{n}_2=2\mathbf{i}+\mathbf{j}-\mathbf{k}=\langle 2,1,-1\rangle$이다.
두 평면 $x+2y+z=5$과 $2x+y-z=7$이 만나는 직선은 두 벡터 $\mathbf{n}_1$과 $\mathbf{n}_2$에 동시에 수직이어야 한다. 두 벡터 $\mathbf{n}_1$과 $\mathbf{n}_2$에 동시에 수직인 벡터는 $\mathbf{n}_1\times\mathbf{n}_2$이므로 구하는 직선의 방향벡터는 $\mathbf{n}_1\times\mathbf{n}_2$이다. ([그림 9.32](b) 참고) 이제 만나는 직선의 방향벡터 $\mathbf{n}_1\times\mathbf{n}_2$를 구하자.

$\begin{bmatrix}\mathbf{n}_1\\ \mathbf{n}_2\end{bmatrix}=\begin{bmatrix}1&2&1\\2&1&-1\end{bmatrix}$라고 놓으면

$\mathbf{n}_1\times\mathbf{n}_2=\begin{vmatrix}2&1\\1&-1\end{vmatrix}\mathbf{i}-\begin{vmatrix}1&1\\2&-1\end{vmatrix}\mathbf{j}+\begin{vmatrix}1&2\\2&1\end{vmatrix}\mathbf{k}=-3\mathbf{i}+3\mathbf{j}-3\mathbf{k}$이다.

두 평면 $x+2y+z=5$과 $2x+y-z=7$이 만나는 직선 위의 점 P을 구하자.
평면의 2개의 방정식 $x+2y+z=5$와 $2x+y-z=7$을 연립하여 풀어보자. 두 식을 더하면 $3x+3y=12$이고 $x+y=4$이다. 식 $x+y=4$의 해를 하나 구하면 $x=3$, $y=1$이다.
$x=3$, $y=1$을 평면 방정식 $x+2y+z=5$에 대입하면 $z=0$이다. 그러므로 두 평면을 지나는 직선에 있는 한 점 P는 $P(3,1,0)$이다.
두 평면 $x+2y+z=5$과 $2x+y-z=7$이 만나는 직선은 점 $P(3,1,0)$을 지나고 방향벡터가 벡터 $\mathbf{n}_1\times\mathbf{n}_2=-3\mathbf{i}+3\mathbf{j}-3\mathbf{k}$인 직선이다.
그러므로 직선의 매개방정식은 다음과 같다.

$$x=3-3t,\ y=1+3t,\ z=-3t\ \ (t\text{는 실수})^*$$

■

* 직선의 대칭방정식은 다음과 같다.
$\dfrac{3-x}{3}=\dfrac{y-1}{3}=\dfrac{-z}{3}$

[예제 9.33] 두 평면 $2x+y+z=1$과 $x+y=1$이 이루는 사잇각을 구하여라. [연습문제 38~40]

[풀이] 두 평면의 사잇각은 각 평면의 법선벡터의 사잇각과 같다.

평면 $2x+y+z=1$의 법선벡터는 $\mathbf{n}_1 = 2\mathbf{i}+\mathbf{j}+\mathbf{k} = \langle 2,1,1\rangle$이다. 평면 $x+y=1$의 법선벡터는 $\mathbf{n}_2 = \mathbf{i}+\mathbf{j} = \langle 1,1,0\rangle$이다. 두 벡터 $\mathbf{n}_1$과 $\mathbf{n}_2$의 사잇각을 θ라고 놓자.

$\|\mathbf{n}_1\| = \sqrt{2^2+1^2+1^2} = \sqrt{6}$이고 $\|\mathbf{n}_2\| = \sqrt{1^2+1^2} = \sqrt{2}$이다.

그리고 $\mathbf{n}_1\cdot\mathbf{n}_2 = (2)(1)+(1)(1)+(-1)(0) = 3$이다.

그러므로 $\cos\theta = \dfrac{\mathbf{n}_1\cdot\mathbf{n}_2}{\|\mathbf{n}_1\|\,\|\mathbf{n}_2\|} = \dfrac{3}{\sqrt{6}\sqrt{2}} = \dfrac{3}{2\sqrt{3}} = \dfrac{\sqrt{3}}{2}$이고 $\theta = \dfrac{\pi}{3}$이다.

그러므로 두 평면의 사잇각은 $\dfrac{\pi}{3}$이다. ■

◐ 점과 평면 사이의 거리

공간 위의 한 점에서 평면까지의 거리를 알아보자.

평면 π의 일반방정식을 $ax+by+cx=d$라고 하고 평면 π 위에 있지 않은 점 $P_0=(x_0,y_0,z_0)$을 잡자. ([그림 9.33] 참고)

- 평면 π의 법선벡터 $N=a\mathbf{i}+b\mathbf{j}+c\mathbf{k}$이고
- 평면 π 위의 점 $P_1(x_1,y_1,z_1)$을 잡으면 식 $ax_1+by_1+cx_1=d$를 만족한다.

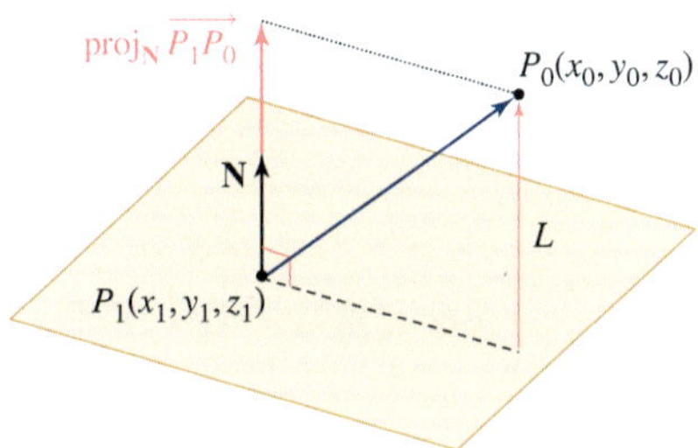

[그림 9.33]

[참고] [정의 9.14: 정사영]에서 벡터 **u**로의 벡터 **v**의 정사영과 같이 정의되었다.

$$\text{proj}_\mathbf{u}\mathbf{v} = \frac{\mathbf{u}\cdot\mathbf{v}}{\|\mathbf{u}\|^2}\mathbf{u}$$

[그림 9.33]에서 보면 점 P_0에서 평면 π까지의 거리 L은 벡터 $\overrightarrow{P_1P_0}$의 벡터 N으로의 정사영 길이 $\|\text{proj}_N\overrightarrow{P_1P_0}\|$이다. 점 P_0에서 평면 π까지 거리 L은 다음과 같다.

$$L = \|\text{proj}_\mathbf{N}\overrightarrow{P_1P_0}\| = \left\|\frac{\overrightarrow{P_1P_0}\cdot\mathbf{N}}{\|\mathbf{N}\|^2}\mathbf{N}\right\| = \frac{|\overrightarrow{P_1P_0}\cdot\mathbf{N}|}{\|\mathbf{N}\|}$$

벡터 $\overrightarrow{P_1P_0} = (x_0-x_1)\mathbf{i}+(y_0-y_1)\mathbf{j}+(z_0-z_1)\mathbf{k}$이므로 L을 구해보자.

$$\begin{aligned}L &= \frac{|a(x_0-x_1)+b(y_0-y_1)+c(z_0-z_1)|}{\sqrt{a^2+b^2+c^2}}\\ &= \frac{|ax_0+by_0+cz_0-(ax_1+by_1+cz_1)|}{\sqrt{a^2+b^2+c^2}}\\ &= \frac{|ax_0+by_0+cz_0-d|}{\sqrt{a^2+b^2+c^2}} \qquad ax_1+by_1+cz_1=d\text{이므로}\end{aligned}$$

점 $P_0(x_0,y_0,z_0)$에서 평면 $ax+by+cx=d$까지 거리 L은 다음과 같다.

$$L = \frac{|ax_0+by_0+cz_0-d|}{\sqrt{a^2+b^2+c^2}}$$

[예제 9.34] 점 $(2,3,-1)$에서 평면 $x-2y+2z=3$까지 거리를 구하여라. [연습문제 41~43]

[풀이] 평면 $x-2y+2z=3$의 법선벡터 $\mathbf{N}=\mathbf{i}-2\mathbf{j}+2\mathbf{k}=\langle 1,-2,2\rangle$이다. 그러면 점 $(2,3,-1)$에서 평면까지의 거리 L은 다음과 같다.

$$L=\frac{|(1)(2)+(-2)(3)+(2)(-1)-3|}{\sqrt{(1)^2+(-2)^2+(2)^2}}=\frac{9}{3}=3 \qquad \blacksquare$$

연습문제

• Part 1

[1-6] 다음 두 직선 l_1, l_2에 대하여 물음에 답하여라. [예제 9.23]

l_1: 점 $P(1,-2,4)$를 지나고 벡터 $\mathbf{u}=2\mathbf{i}+4\mathbf{j}-4\mathbf{k}$에 평행한 직선

l_2: 점 $Q(-2,0,4)$를 지나고 벡터 $\mathbf{v}=2\mathbf{i}+4\mathbf{j}-2\mathbf{k}$에 평행한 직선

1. 직선 l_1의 벡터방정식을 구하여라.
2. 직선 l_1의 매개방정식을 구하여라.
3. 직선 l_1의 대칭방정식을 구하여라.
4. 직선 l_2의 벡터방정식을 구하여라.
5. 직선 l_2의 매개방정식을 구하여라.
6. 직선 l_2의 대칭방정식을 구하여라.

[7-12] 주어진 세 점에 대하여 물음에 답하여라. [예제 9.24]

$A(-2,1,0)$, $B(1,3,5)$, $C(-3,2,-3)$

l_1: 점 A와 점 B를 지나는 직선

l_2: 점 B와 점 C를 지나는 직선

l_3: 점 A와 점 C를 지나는 직선

7. l_1의 벡터방정식을 구하여라.
8. l_1의 매개방정식을 구하여라.
9. l_2의 벡터방정식을 구하여라.
10. l_2의 대칭방정식을 구하여라.
11. l_3의 매개방정식을 구하여라.
12. l_3의 대칭방정식을 구하여라.

[13-16] 주어진 점에 대하여 다음 물음에 답하여라. [예제 9.25]

$A(3,3,1)$, $B(-1,2,1)$

13. 점 A를 지나고 방향벡터 $\mathbf{v}=2\mathbf{j}+\mathbf{k}$를 갖는 직선의 대칭방정식
14. 점 A를 지나고 방향벡터 $\mathbf{v}=\mathbf{i}+3\mathbf{k}$를 갖는 직선의 대칭방정식
15. 점 B를 지나고 방향벡터 $\mathbf{v}=2\mathbf{j}$를 갖는 직선의 대칭방정식
16. 점 B를 지나고 방향벡터 $\mathbf{v}=-\mathbf{k}$를 갖는 직선의 대칭방정식

[17-19] 주어진 직선의 방정식으로부터 직선 위에 놓인 세 점을 구하여라. [예제 9.26]

17. $x=5+2t,\ y=-t,\ z=2t$ (t는 실수)
18. $-\dfrac{x}{2}=\dfrac{y-1}{3}=\dfrac{2-z}{4}$
19. $(2+t)\mathbf{i}+2\mathbf{j}-(1-t)\mathbf{k}$ (t는 실수)

20. 점 $P(1,2,1)$를 지나고 다음 직선과 평행한 직선의 매개방정식을 구하여라. [예제 9.27]
$$\frac{2x+1}{2}=y-1=-\frac{z}{2}$$
21. 점 $P(-1,0,1)$를 지나고 다음 직선과 평행한 직선의 대칭방정식을 구하여라. [예제 9.27]
$$(2+t)\mathbf{i}+2\mathbf{j}-(1-t)\mathbf{k} \quad (t\text{는 실수})$$
22. 점 $P(3,2,-1)$를 지나고 다음 직선과 평행한 직선의 벡터방정식을 구하여라. [예제 9.27]
$$x=1+2t,\ y=-2t,\ z=t \quad (t\text{는 실수})$$

[23-25] 다음 주어진 서로 다른 두 직선의 위치 관계를 판단하여라. [예제 9.28]

23. $l: x=6-3t, y=2+2t, z=1+4t$
    $m: x=6t, y=1-4t, z=1-8t$
24. $l: x=2+4t, y=3, z=1-t$
    $m: x=2+2t, y=3+2t, z=1+t$
25. $l: x=1-3t, y=1+4t, z=4+2t$
    $m: x=1+3t, y=4+2t, z=1-t$

[26-28] 주어진 조건을 만족하는 평면의 방정식을 구하여라. [예제 9.29]

26. 점 $P_0(-1,2,1)$를 지나고 $\mathbf{n}=2\mathbf{i}+3\mathbf{j}-\mathbf{k}$에 수직인 평면
27. 점 $P_0(3,2,2)$를 지나고 $\mathbf{n}=-3\mathbf{i}+2\mathbf{k}$에 수직인 평면
28. 점 $P_0(2,6,1)$를 지나고 $\mathbf{n}=\mathbf{i}+4\mathbf{j}+2\mathbf{k}$에 수직인 평면

[29-31] 주어진 조건을 만족하는 평면의 방정식을 구하여라. [예제 9.30]

29. 점 $P(1,-1,-2)$를 지나고 직선 $x=2+2t,\ y=1-4t,\ z=6t$에 수직인 평면

30. 점 $P(2,3,1)$를 지나고 직선 $\frac{x-1}{2}=\frac{y-3}{3}=-\frac{z+1}{4}$에 수직인 평면

31. 점 $P(-1,2,3)$를 지나고 직선 $\frac{x+5}{3}=\frac{y+3}{4}=\frac{z+1}{4}$에 수직인 평면

[32-34] 주어진 세 점을 지나는 평면의 방정식을 구하여라. [예제 9.31]

32. $(-2,1,1),\ (0,2,3),\ (1,0,-1)$

33. $(3,2,1),\ (2,1,-1),\ (-1,3,2)$

34. $(1,2,1),\ (3,2,2),\ (4,-1,-1)$

[35-37] 주어진 두 평면과의 교선에 대한 교선의 매개방정식을 구하여라. [예제 9.32]

35. $x+y+z=1,\ x+y=2$

36. $3x+2y-z=7,\ x-4y+2z=0$

37. $3x-6y-2z=3,\ 2x+y-2z=2$

[38-40] 주어진 두 평면이 이루는 사잇각에 대한 코사인값을 구하여라. [예제 9.33]

38. $2x-y+z=2,\ x+y+z=3$

39. $x+y-z=5,\ 2x+3y-4z=1$

40. $2x-3y+z=1,\ 2x-3y+4z=2$

[41-43] 주어진 점과 평면 사이의 거리를 구하여라. [예제 9.34]

41. $x-2y-2z=1,\ (2,8,5)$

42. $4x-6y+z=5,\ (3,-2,7)$

43. $-x+3y-z=2,\ (3,3,1)$

• Part 2

[44-46] 주어진 세 점에 대하여 물음에 답하여라.

$$A(1,3,2),\ B(3,-1,6),\ C(5,2,0)$$

44. 점 A와 점 B를 지나는 직선의 매개방정식을 구하여라.

45. 점 B와 점 C를 지나는 직선의 대칭방정식을 구하여라.

46. 점 $A,\ B,\ C$를 지나는 평면의 방정식을 구하여라.

[47-48] 주어진 직선과 평면이 만나는 점을 구하여라.

47. $x=1+2t,\ y=-1,\ z=t;\ 2x+y-z+5=0$

48. $x=1-t,\ y=t,\ z=1+t;\ z=1-2x+y$

49. 다음 그림에서 점 P와 점 Q를 지나는 직선의 방정식을 구하여라.

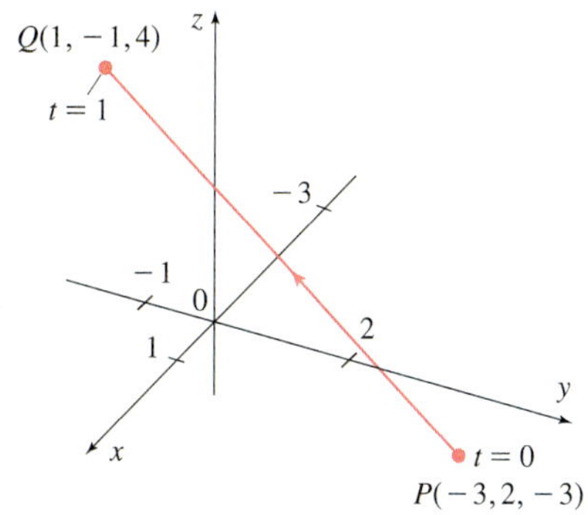

50. 다음 색칠된 평면의 방정식을 구하여라.

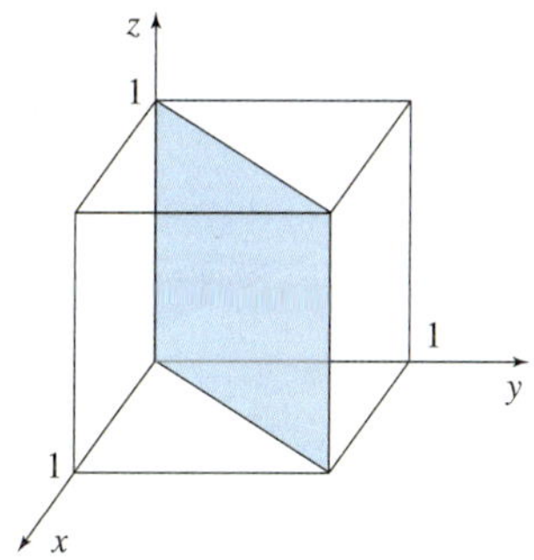

[51-52] 평면 $x+y+z=1$과 $x-2y+3z=1$에 대하여 물음에 답하여라.

51. 두 평면의 교선에 대한 직선의 대칭방정식을 구하여라.

52. 두 평면이 이루는 사잇각에 대한 코사인값을 구하여라.

[53-54] 평면 $x+y-z=2$와 $3x-4y+5z=6$에 대하여 물음에 답하여라.

53. 두 평면의 교선에 대한 직선의 매개방정식을 구하여라.

54. 두 평면이 이루는 사잇각에 대한 코사인값을 구하여라.

55. 두 평면 $ax+y-z=1,\ x-2y+z=2$가 이루는 각 θ에 대하여 $\cos\theta=\frac{\sqrt{2}}{3}$일 때, 양수 a의 값을 구하여라.

56. 점 $(-4,2,1)$과 점 $(2,-4,3)$으로부터 같은 거리에 있는 평면의 방정식을 구하여라.

[57-58] 다음 두 직선에 대하여 물음에 답하여라.

$$x=1+2t,\ y=-1,\ z=t$$

$$x=1-t,\ y=t,\ z=\frac{3}{2}+t$$

57. 두 직선이 만나는 점을 구하여라.

58. 두 직선을 포함하는 평면의 방정식을 구하여라.

59. 점 $(1,2,3)$을 지나고 두 평면 $x-y+z=1$, $x+2y+2z=3$의 교선에 수직인 평면의 방정식을 구하여라.

60. 공간 내의 점 $A(1,2,3)$에서 yz 평면, xz 평면, xy 평면에 내린 수선의 발을 각각 P, Q, R이라 할 때 세 점 P, Q, R을 포함하는 평면의 방정식을 구하여라.

61. 두 직선 $\frac{x+1}{2}=y+k=\frac{z-4}{2}$와 $x+1=\frac{y-5}{2}=-\frac{z-k}{2}$가 한점에서 만날 때, k의 값과 그 교점을 구하여라.

62. $\frac{x+1}{2}=y+a=z-2$, $x-2=\frac{y-4}{2}=\frac{z+b}{3}$의 교점이 평면 $x-y+z=2$ 위에 있을 때, a, b의 값을 구하여라.

[63-64] 다음 두 평면 사이의 거리를 구하여라.

63. 두 평면 $z=x+2y+1$와 $3x+6y-3z=4$ 사이의 거리를 구하여라.

64. 두 평면 $3x+6y-9z=4$와 $x+2y-3z=1$ 사이의 거리를 구하여라.

9.6 공간 위의 곡면: 기둥면과 이차곡면

공간에서 가장 기본적인 도형인 직선과 평면을 공부하였다. 공간에서 일반적인 도형은 직선을 구부린 곡선과 평면을 구부린 곡면이다.

공간에서의 대표적인 곡면인 기둥면과 이차곡면을 알아보자. 공간에서의 곡면의 모양을 그리는 것은 중요하다. 공간에서 곡면이 어떤 모양인지 추측하는 유용한 방법으로 공간좌표계에서 3개의 좌표평면에 비친 도형의 그림자를 보는 것이다. 공간에서의 곡면과 평면의 절단면이 만나서 생기는 곡선에 대하여 알아보자.

공간의 직교좌표계에서는 3개의 좌표평면인 xy-평면, yz-평면, xz-평면이 있다.

(1) 곡면이 좌표평면과 평행한 평면과 만나서 생긴 곡선을 곡면의 **자취**라고 한다.

(2) 특히, 세 개의 좌표평면과 곡면이 만나서 생긴 곡선을 곡면의 각각 xy-**자취**, yz-**자취**, xz-**자취**라고 한다.*

* 공간의 곡면의 식에서
① xy-자취는 $z=0$을 대입하여 두 변수 x, y에 관한 식으로 표현된다.
② yz-자취는 $x=0$을 대입하여 두 변수 y, z에 관한 식으로 표현된다.
③ xz-자취는 $y=0$을 대입하여 두 변수 x, z에 관한 식으로 표현된다.

자취를 이용하여 곡면의 그래프를 그리는 방법을 알아보자.

[예제 9.35] 방정식 $\frac{x^2}{9}+\frac{y^2}{16}+\frac{z^2}{25}=1$의 그래프를 그려라. [연습문제 1~2]

[풀이] 우선 각 축에 대한 절편을 알아보자.

$x=y=0$이면 $z=\pm 5$이고 $(0,0,-5)$과 $(0,0,5)$이 z축의 절편이다.

$x=z=0$이면 $y=\pm 4$이고 $(0,-4,0)$과 $(0,4,0)$이 y축의 절편이다.

$y=z=0$이면 $z=\pm 3$이고 $(-3,0,0)$과 $(3,0,0)$이 x축의 절편이다.

xy-자취는 $z=0$을 대입한 타원 $\frac{x^2}{9}+\frac{y^2}{16}=1$이다.

xz-자취는 $y=0$을 대입한 타원 $\frac{x^2}{9}+\frac{z^2}{25}=1$이다.

yz-자취는 $x=0$을 대입하면 타원 $\frac{y^2}{16}+\frac{z^2}{25}=1$이다.

[그림 9.34](a)와 같이 세 종류의 절편과 세 개의 자취를 그리고 [그림 9.34](b)과 같이 세 개의 자취를 바탕으로 하여 부드럽게 곡면을 그린다.

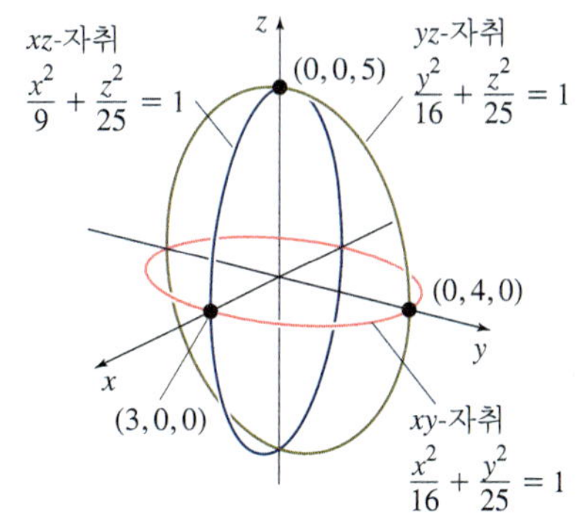

[그림 9.34](a)

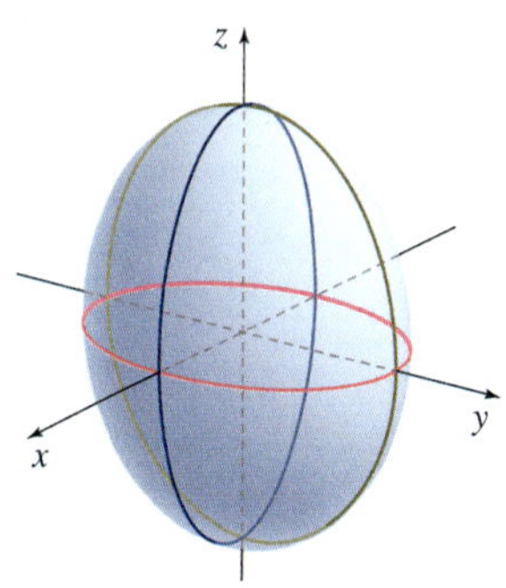

[그림 9.34](b) ■

9.6.1 공간 위의 기둥면

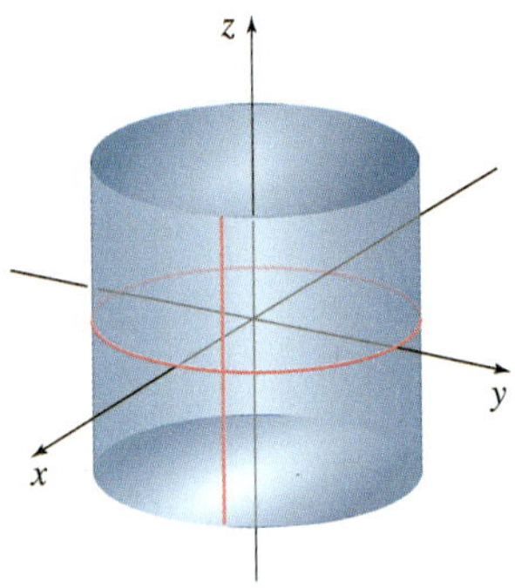

[그림 9.35](a)

일반적으로 기둥면(cylinder)은 [그림 9.35](a)와 같은 도형을 말한다. 기하학에서의 기둥면에 대한 정의는 다음과 같다.

> **[정의 9.16: 기둥면]** 평면에 있는 곡선과 평면 위에 있지 않은 직선에 대하여 직선이 곡선을 따라서 평행하게 움직일 때 생기는 곡면을 **기둥면**(cylinder)이라고 한다. 이때, 평면에 있는 곡선을 **생성곡선**(generating curve)이라고 한다. ([그림 9.35](b) 참고)

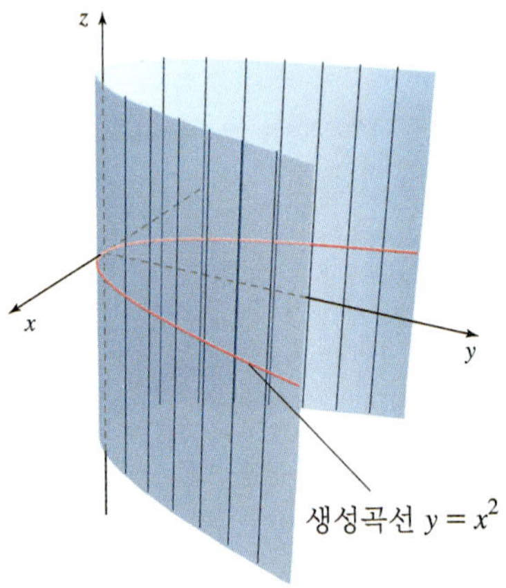

[그림 9.35](b)

표준형 기둥면은 생성곡선이 3개의 좌표평면인 xy-평면, yz-평면, xz-평면 위에 있고 직선은 각 좌표평면에 수직인 직선으로 한다. 표준형 기둥면의 방정식은 세 변수 x, y, z중 많아야 두 변수의 방정식으로 표현된다. 예를 들면 다음과 같다.

[그림 9.35](b)의 기둥면을 보면 생성곡선이 xy-평면에 있는 $y = x^2$이고 직선은 xy-평면에 수직이다.

기둥면 위의 점 P를 xy-평면에 수직으로 내리면 수선의 발은 xy-평면의 곡선 $y = x^2$ 위에 있다. 기둥면은 임의의 실수 z에 대하여 $y = x^2$이다. 그러므로 xy-평면에 평행한 평면으로 기둥면을 자른 단면인 **기둥면의 자취**가 $y = x^2$이다. 그러므로 [그림 9.35](b)의 기둥면의 방정식은 $y = x^2$이다.

표준형 기둥면에서 평면의 생성곡선에 대한 기둥면의 방정식은 다음과 같은 관계가 있다.

- **표준형 기둥면의 방정식**은 평면의 생성곡선의 방정식과 같은 모양이다.
- 표준형 기둥면의 방정식은 일반적으로 세 변수 x, y, z 중 많아야 두 변수의 방정식으로 표현된다.
- 세 변수 x, y, z 중 많아야 두 변수의 방정식으로 표현된 입체는 표준형 기둥면이다.

표준형 기둥면을 표현하는 방정식은 일반적으로 x, y, z에서 2개의 변수로 이루어진 식이다. 기둥면의 방정식은 생성곡선의 방정식과 동일하다.

[예제 9.36] 공간의 직교좌표계에서 다음 기둥면에 대한 방정식의 그래프를 그려라. [연습문제 3~8]

(1) $y = z^2$ (2) $x^2 + y^2 = 1$ (3) $y^2 + z^2 = 1$

[풀이]

(1) 우선 yz-평면 위의 포물선 $y=z^2$을 그리고 yz-평면에 수직인 직선이 포물선 $y=z^2$을 따라 움직이면 생기는 곡면이다. 그래프는 다음과 같다.

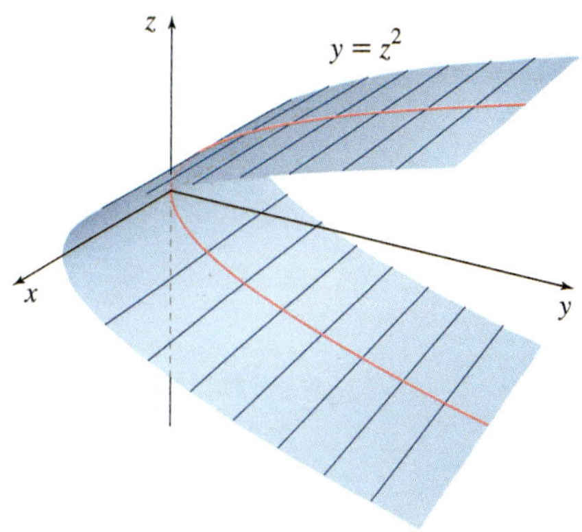

(2) 우선 xy-평면 위의 원 $x^2+y^2=1$을 그리고 xy-평면에 수직인 직선이 원 $x^2+y^2=1$을 따라 움직이면 생기는 곡면이다. 그래프는 다음과 같다.

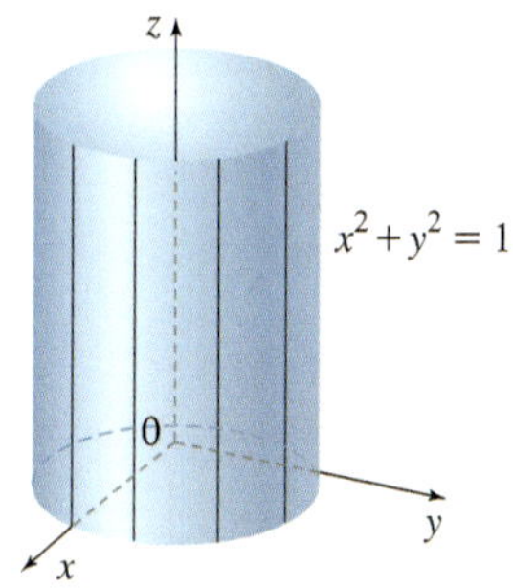

(3) 우선 yz-평면 위의 원 $y^2+z^2=1$을 그리고 yz-평면에 수직인 직선이 원 $y^2+z^2=1$을 따라 움직이면 생기는 곡면이다. 그래프는 다음과 같다.

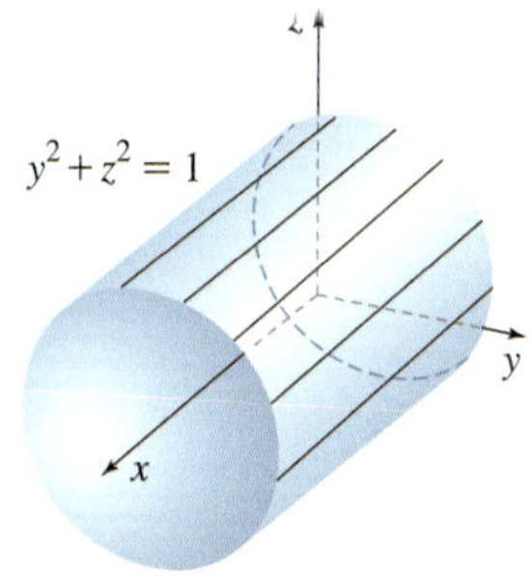

■

9.6.2 공간 위의 이차곡면

◐ 공간 위의 이차방정식의 그래프

8.4절에서 평면에서의 이차곡선을 알아보았다. 즉, 평면의 직교좌표계의 두 변수 x, y에 대한 이차방정식의 그래프인 이차곡선을 알아보았다.
공간의 직교좌표계의 세 변수 x, y, z에 대한 다음 식 (9.9)의 이차방정식의 그래프를 **공간 위의 이차곡면**이라고 한다.

$$Ax^2+By^2+Cz^2+Dxy+Exz+Fyz+Gx+Hy+Iz=J \tag{9.9}$$

$A^2+B^2+C^2\neq 0$은 A, B, C 중에서 적어도 하나는 0이 아님을 의미한다. 이 조건이 식 (9.9)가 이차방정식임을 알려준다.

이때, $A^2+B^2+C^2\neq 0$.

공간에서의 이차곡면은 10장 이후의 내용에서 나오는 다양한 영역의 형태를 기하학적으로 나타낼 때 중요하게 다루어질 예정이다. 공간의 이차방정식인 식 (9.9)를 좌표축의 회전과 평행이동에 의해 이차곡면의 표준 유형을 구해보자.

① 8.4절의 평면의 이차방정식에서 설명한 것과 비슷하게 좌표축의 회전으로 식 (9.8)의 이차항 xy, yz, xz을 제거하고 다음과 같이 변환할 수 있다.

$$Ax^2+By^2+Cz^2+Gx+Hy+Iz=J \tag{9.10}$$

② 식 (9.10)에서 완전제곱 형태를 만들면 평행이동으로 일차항을 제거하고 단순 이차항으로 식 (9.11)로 변환할 수 있다.
예를 들어서 $A=B=C$ 인 경우 식 (9.10)을 완전제곱 형태인 $(x-a)^2+(y-b)^2+(z-c)^2=d^2$ 으로 변환한다. 완전제곱 형태는 중심이 (a,b,c) 인 구이고 다음과 같이 중심을 원점으로 하는 구로 평행이동할 수 있다.

$$x^2+y^2+z^2=r^2$$

①과 ②에 의해 좌표축의 회전과 적당한 평행이동에 의해서 식 (9.10)의 공간의 이차방정식을 다음과 같이 3가지 형태인 표준형의 식 (9.11) 중의 하나로 변환할 수 있다. 이때, $A^2+B^2+C^2\neq 0$.

$$\begin{cases} Ax^2+By^2+Cz^2+Dx=J \\ Ax^2+By^2+Cz^2+Dy=J \\ Ax^2+By^2+Cz^2+Dz=J \end{cases} \tag{9.11}$$

식 (9.11)의 3가지 식의 그래프인 이차곡선은 이차항의 계수 A, B, C에 의해 결정된다.

이제 식 (9.11)의 이차곡면의 표준형의 그래프의 유형은 크게 다음의 5가지 형태로 나눌 수 있다.
(1) 타원면 형태(ellipsoid type)
(2) 포물면 형태(paraboloid type)
(3) 쌍곡면 형태(hyperboloid type)
(4) 기둥면 형태(cylinder type)
(5) 원뿔면 형태(cone type)
여기서는 (1), (2), (3), (4)인 4가지 유형을 다룰 예정이다.

◐ 타원면 형태(ellipsoid type)

타원면 형태의 표준형 방정식은 다음과 같다.

$$\frac{x^2}{a^2}+\frac{y^2}{b^2}+\frac{z^2}{c^2}=1 \quad (a>0,\ b>0,\ c>0) \tag{9.12}$$

식 (9.12)의 표준형 방정식의 그래프는 **타원면**(ellpisoid) 또는 **구**(sphere)라고 한다.

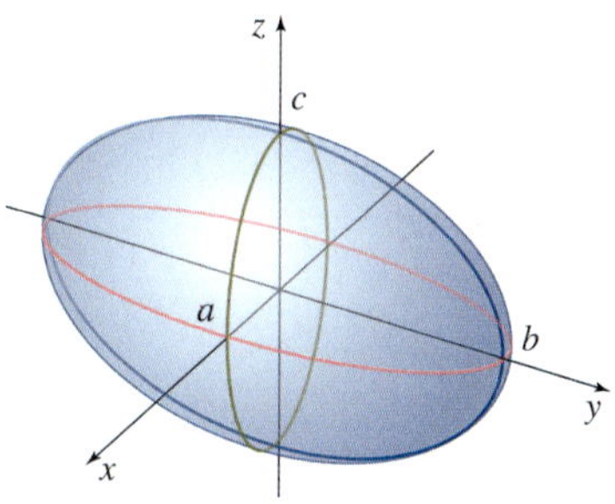

[그림 9.36](a) 타원면 $\frac{x^2}{a^2}+\frac{y^2}{b^2}+\frac{z^2}{c^2}=1$

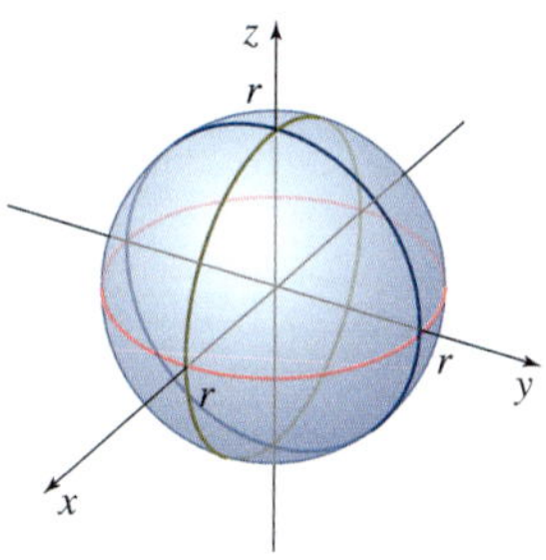

[그림 9.36](b) 원 $x^2+y^2+z^2=r^2$

이제 식 (9.12)인 $\frac{x^2}{a^2}+\frac{y^2}{b^2}+\frac{z^2}{c^2}=1$ $(a>0,\ b>0,\ c>0)$의 그래프인 타원면 또는 구를 그려보자. ([그림 9.36](a), (b) 참고)

우선 각 축에 대한 절편은 $(\pm a, 0, 0)$, $(0, \pm b, 0)$, $(0, 0, \pm c)$이다.

세 개의 xy-자취, yz-자취, xz-자취를 구해보자. ([그림 9.36](a) 참고)

xy-자취는 $z=0$을 대입한 타원 $\frac{x^2}{a^2}+\frac{y^2}{b^2}=1$이다.

xz-자취는 $y=0$을 대입한 타원 $\frac{x^2}{a^2}+\frac{z^2}{c^2}=1$이다.

yz-자취는 $x=0$을 대입한 타원 $\frac{y^2}{b^2}+\frac{z^2}{c^2}=1$이다.

각 축에 대한 절편과 세 개의 자취를 바탕으로 곡면을 그리면 $\frac{x^2}{a^2}+\frac{y^2}{b^2}+\frac{z^2}{c^2}=1$의 그래프는 [그림 9.36](a)와 같고 **타원면**이라고 부른다.

식 (9.12)에서 $a=b=c=r$인 경우 이차방정식은 $x^2+y^2+z^2=r^2$이고 그래프는 중심이 원점 $O(0, 0, 0)$이며, 반지름이 $r>0$인 **구**이고 [그림 9.36](b)에서 볼 수 있다.

타원면은 구를 납작하게 만든 럭비공의 모양에 해당한다.

◐ 포물면 형태(paraboloid type)

포물면 형태의 방정식은 다음 2가지 형태의 표준형 방정식이다.

$$z=\frac{x^2}{a^2}+\frac{y^2}{b^2} \quad (a>0,\ b>0) \tag{9.13}$$

$$z=\frac{x^2}{a^2}-\frac{y^2}{b^2} \quad \text{또는} \quad z=-\frac{x^2}{a^2}+\frac{y^2}{b^2} \quad (a>0,\ b>0) \tag{9.14}$$

식 (9.13)의 표준형 방정식의 그래프는 **타원형 포물면**(elliptic paraboloid) 또는 **원형 포물면**(circular paraboloid)이라고 한다.

식 (9.14)의 표준형 방정식의 그래프는 **쌍곡형 포물면**(hyperbolic paraboloid)이라고 한다.

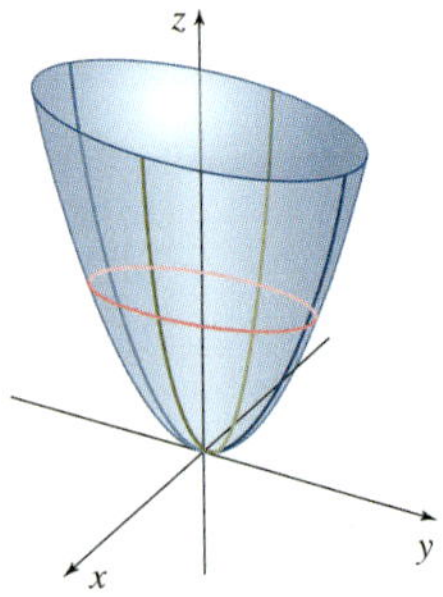

[그림 9.37](a) 타원형 포물면

$z=\dfrac{x^2}{a^2}+\dfrac{y^2}{b^2}$

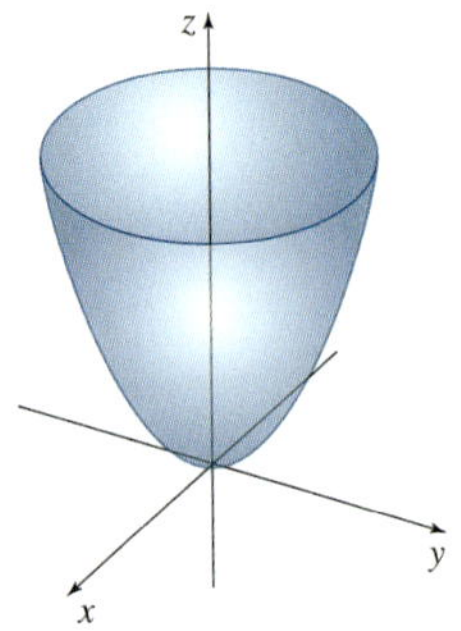

[그림 9.37](b) 원형 포물면

$a^2z=x^2+y^2$

우선 식 (9.13)인 $z=\dfrac{x^2}{a^2}+\dfrac{y^2}{b^2}$ $(a>0,\ b>0)$의 그래프인 타원형 포물면 또는 원형 포물면을 그려보자. ([그림 9.37](a), (b) 참고)

우선 절편은 $(0,0,0)$이다.

두 개의 yz-자취, xz-자취를 구해보자. ([그림 9.37](a) 참고)

xz-자취는 $y=0$을 대입한 포물선 $z=\dfrac{x^2}{a^2}$이다.

yz-자취는 $x=0$을 대입한 포물선 $z=\dfrac{y^2}{b^2}$이다.

xy-평면에 평행한 $z=1$과 포물면이 만나서 생긴 자취는 타원인 $\dfrac{x^2}{a^2}+\dfrac{y^2}{b^2}=1$이다.

절편과 세 개의 자취를 바탕으로 곡면을 그리면 $z=\dfrac{x^2}{a^2}+\dfrac{y^2}{b^2}$의 그래프인 [그림 9.37](a)와 같다. xy-평면에 평행한 평면 $z=k>0$과 곡면이 만나서 생긴 곡선이 $1=\dfrac{x^2}{ka^2}+\dfrac{y^2}{kb^2}$으로 타원이므로 **타원형 포물면**이라고 부른다.

[그림 9.37](b)는 식 (9.13)에서 $a=b$인 경우 $a^2z=x^2+y^2$이고 xy-평면에 평행한 평면 $z=k>0$과 포물면이 만나서 생긴 곡선이 $x^2+y^2=a^2k$은 원이므로 $a^2z=x^2+y^2$의 그래프를 **원형 포물면**이라고 부른다. 그래프는 [그림 9.37](b)이다.

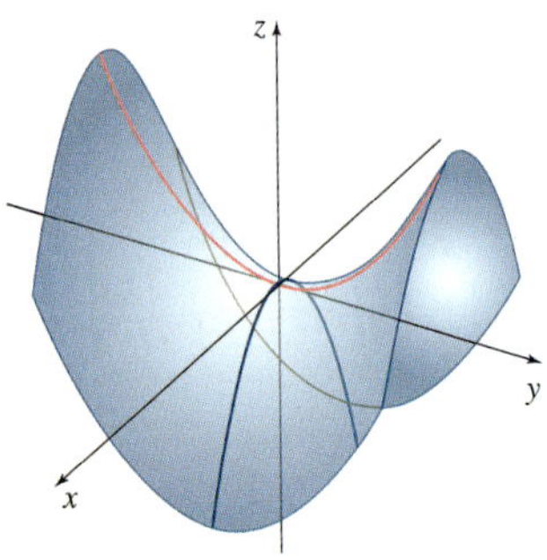

[그림 9.38](a) 쌍곡형 포물면

$z=-\dfrac{x^2}{a^2}+\dfrac{y^2}{b^2}$

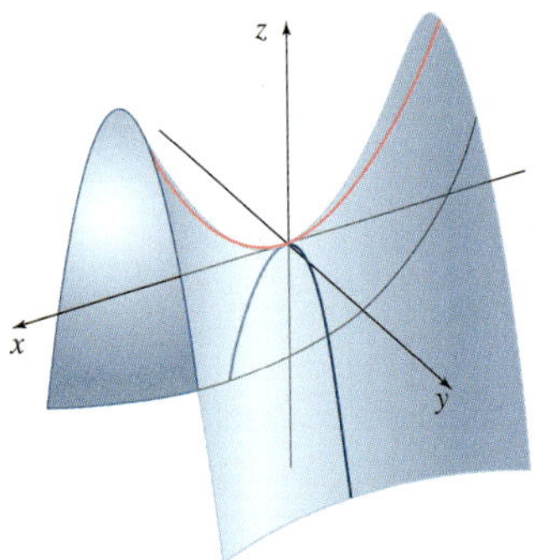

[그림 9.38](b) 쌍곡형 포물면

$z=\dfrac{x^2}{a^2}-\dfrac{y^2}{b^2}$

식 (9.14) $z=-\dfrac{x^2}{a^2}+\dfrac{y^2}{b^2}$의 그래프를 그려보자. ([그림 9.38](a) 참고)

우선 절편은 $(0,0,0)$이다.

두 개의 yz-자취, xz-자취를 구해보자. ([그림 9.38](a) 참고)

xz-자취는 $y=0$을 대입한 아래로 오목한 포물선 $z=-\dfrac{x^2}{a^2}$이다.

yz-자취는 $x=0$을 대입한 위로 오목한 포물선 $z=\dfrac{y^2}{b^2}$이다.

xz-자취의 포물선과 $yz-$자취의 포물선의 부호가 반대이고 반대로 구부려져 있는 것을 [그림 9.38](a)와 (b)에서 볼 수 있다.

xy-자취는 $z=0$을 대입한 두 개의 직선인 $y=\pm\dfrac{b}{a}x$이다.

또한 xy-평면에 평행한 평면 $z=k$를 대입하면 쌍곡선 $-\dfrac{x^2}{a^2}+\dfrac{y^2}{b^2}=k$이다.

그러므로 여러 자취를 바탕으로 곡면을 그리면 $z=-\dfrac{x^2}{a^2}+\dfrac{y^2}{b^2}$의 그래프인 [그림 9.38](a)에서 볼 수 있다. xy-평면에 평행한 평면 $z=k$와 곡면이 만나서 생긴 곡선이 쌍곡선 $-\dfrac{x^2}{a^2}+\dfrac{y^2}{b^2}=k$이므로 **쌍곡형 포물면**이라고 한다.

비슷하게 식 (9.14)의 쌍곡형 포물면 $z=\dfrac{x^2}{a^2}-\dfrac{y^2}{b^2}$의 그래프를 그리면 [그림 9.38](b)이다.

◐ 쌍곡면 형태(hyperboloid type)

> 쌍곡면 형태는 다음 2가지 형태의 표준형 방정식이다.
>
> $$\frac{x^2}{a^2}+\frac{y^2}{b^2}-\frac{z^2}{c^2}=1,\ (a>0,\ b>0,\ c>0) \tag{9.15}$$
>
> $$\frac{x^2}{a^2}+\frac{y^2}{b^2}-\frac{z^2}{c^2}=-1,\ (a>0,\ b>0,\ c>0). \tag{9.16}$$
>
> 식 (9.15)의 표준형 방정식의 그래프는 **일엽 쌍곡면**(hyperboloid of one sheet)이라고 한다. ([그림 9.39] 참고)
> 식 (9.16)의 표준형 방정식의 그래프는 **이엽 쌍곡면**(hyperboloid of two sheets)이라고 한다. ([그림 9.40] 참고)

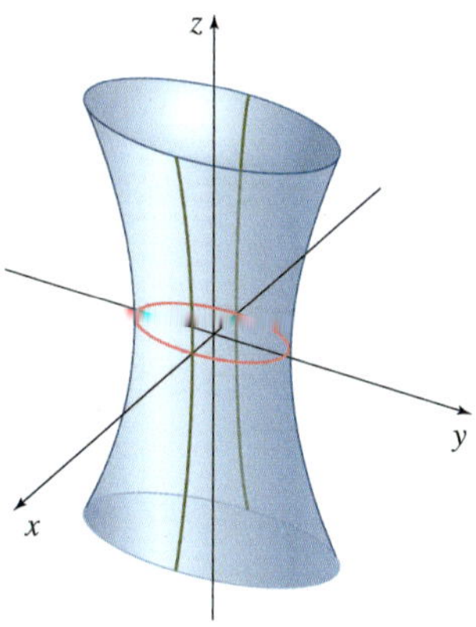

[그림 9.39] 일엽 쌍곡면

$$\frac{x^2}{a^2}+\frac{y^2}{b^2}-\frac{z^2}{c^2}=1$$

우선 식 (9.15)인 $\frac{x^2}{a^2}+\frac{y^2}{b^2}-\frac{z^2}{c^2}=1\ (a>0,\ b>0,\ c>0)$의 그래프를 그려보자. ([그림 9.39] 참고)

우선 절편은 x축 절편과 y축 절편인 $(\pm a, 0, 0)$, $(0, \pm b, 0)$이 있다.

세 개의 xy-자취, yz-자취, xz-자취를 구해보자. ([그림 9.39] 참고)

xz-자취는 $y=0$을 대입한 쌍곡선 $\frac{x^2}{a^2}-\frac{z^2}{c^2}=1$이다.

yz-자취는 $x=0$을 대입한 쌍곡선 $\frac{y^2}{b^2}-\frac{z^2}{c^2}=1$이다.

xy-자취는 $z=0$을 대입한 타원 $\frac{x^2}{a^2}+\frac{y^2}{b^2}=1$이다.

절편과 여러 자취를 바탕으로 곡면을 그리면 $\frac{x^2}{a^2}+\frac{y^2}{b^2}-\frac{z^2}{c^2}=1$의 그래프인 [그림 9.39]에서 볼 수 있다. 모든 실수 k에 대하여 xy-평면에 평행한 평면 $z=k$과 포물면이 만나서 생긴 곡선이 원 $\frac{x^2}{a^2}+\frac{y^2}{b^2}=\frac{k^2}{c^2}+1$이고 연결된 곡면이므로 **일엽 쌍곡면**이라고 한다. 일엽 쌍곡면은 연결된 곡면을 의미라는 이름이다.

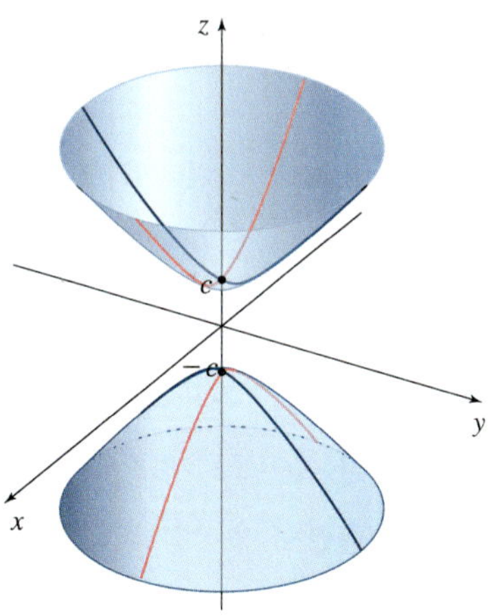

[그림 9.40] 이엽 쌍곡면

$$\frac{x^2}{a^2}+\frac{y^2}{b^2}-\frac{z^2}{c^2}=-1$$

다음은 식 (9.16)인 $\frac{x^2}{a^2}+\frac{y^2}{b^2}-\frac{z^2}{c^2}=-1\ (a>0, b>0, c>0)$의 그래프를 그려보자. ([그림 9.40] 참고)

우선 절편은 z축 절편인 $(0, 0, \pm c)$이 있다.

세 개의 xy-자취, yz-자취, xz-자취를 구해보자. ([그림 9.40] 참고)

xz-자취는 $y=0$을 대입한 쌍곡선 $\frac{x^2}{a^2}-\frac{z^2}{c^2}=-1$이다.

yz-자취는 $x=0$을 대입한 쌍곡선 $\frac{y^2}{b^2}-\frac{z^2}{c^2}=-1$이다.

xy-자취는 $z=0$을 대입한 $\frac{x^2}{a^2}+\frac{y^2}{b^2}=-1$이므로 xy-자취는 없다.

절편과 여러 자취를 바탕으로 곡면을 그리면 $\frac{x^2}{a^2}+\frac{y^2}{b^2}-\frac{z^2}{c^2}=-1$의 그래프인 [그림 9.40]에서 볼 수 있다.

$|k|>c$인 경우 xy-평면에 평행한 평면 $z=k$과 곡면이 만나서 생기는 곡면이 타원 $\frac{x^2}{a^2}+\frac{y^2}{b^2}=-1+\frac{k^2}{c^2}$이다.

$|k|<c$인 경우 xy-평면에 평행한 평면 $z=k$과 곡면은 만나지 않는다.

그러므로 곡면 $\frac{x^2}{a^2}+\frac{y^2}{b^2}-\frac{z^2}{c^2}=-1$은 연결되지 않은 2개의 곡면으로 이루어진 **이엽 쌍곡면**이라고 한다.

◐ 기둥면 형태(cylinder type)

여기서 소개한 기둥면 형태의 곡면은 공간에서의 2차 방정식의 표준형의 형태이고 동시에 9.6.1절에서 공부한 기둥면의 한 종류이다. 일반적으로 공간에서의 세 변수 x, y, z에서 2개의 변수만 나타나는 이차 방정식은 **기둥면(cylinder)**이다.

> 이차곡면에서 **기둥면 형태**의 식은 다음 3가지 형태의 표준형 방정식이다.
>
> $$y^2=az,\ (a\neq 0) \tag{9.17}$$
>
> $$\frac{x^2}{a^2}+\frac{y^2}{b^2}=1,\ (a>0,\ b>0) \tag{9.18}$$
>
> $$\frac{x^2}{a^2}-\frac{y^2}{b^2}=1,\ (a>0,\ b>0) \tag{9.19}$$
>
> 식 (9.17)의 표준형 방정식의 그래프는 **포물형 기둥면(parabolic cylinder)**이라고 한다. ([그림 9.41] 참고)
> 식 (9.18)의 표준형 방정식의 그래프는 **타원형 기둥면(elliptic cylinder)**이라고 한다. ([그림 9.42] 참고)
> 식 (9.19)의 표준형 방정식의 그래프는 **쌍곡형 기둥면(hyperbolic cylinder)**이라고 한다. ([그림 9.43] 참고)

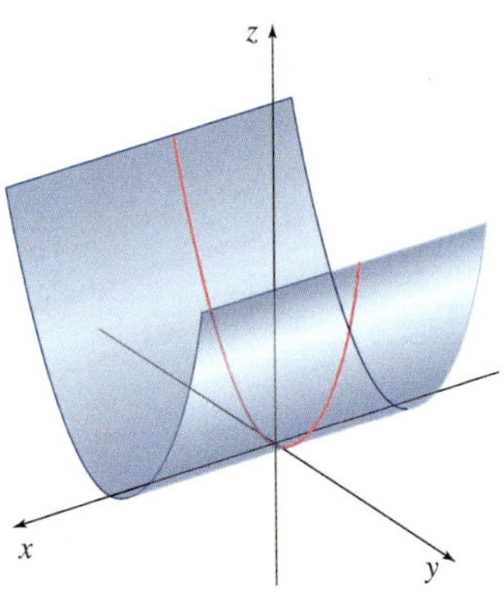

[그림 9.41] 포물형 기둥면
$y^2=az,\ (a>0)$

식 (9.17)의 $y^2=az,\ (a\neq 0)$의 그래프를 그려보자. ([그림 9.41] 참고)

식 (9.17)의 $y^2=az$는 공간에서 2개의 변수 y와 z만의 식이므로 표준 기둥면이다. 생성곡선이 yz-평면 위의 포물선 $y^2=az$이고 yz-평면에 수직인 직선이 생성곡선 위를 평행이동하여 생긴 곡면이다. 그러므로 $y^2=az$의 그래프인 [그림 9.41]의 곡면을 **포물형 기둥면**이라고 한다.

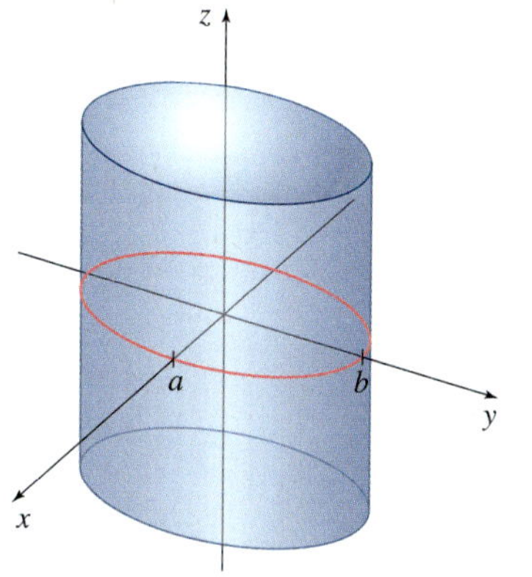

[그림 9.42] 타원형 기둥면 $\dfrac{x^2}{a^2}+\dfrac{y^2}{b^2}=1$

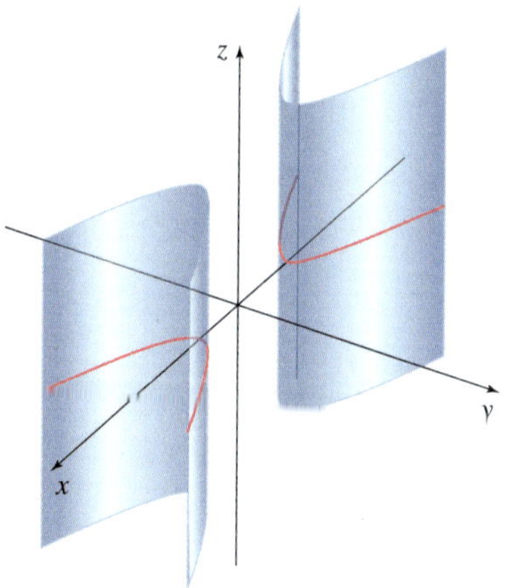

[그림 9.43] 쌍곡형 기둥면 $\dfrac{x^2}{a^2}-\dfrac{y^2}{b^2}=1$

식 (9.18)의 $\dfrac{x^2}{a^2}+\dfrac{y^2}{b^2}=1\ (a>0,\ b>0)$의 그래프를 그려보자. ([그림 9.42] 참고)

식 (9.18)의 $\dfrac{x^2}{a^2}+\dfrac{y^2}{b^2}=1$은 공간에서 2개의 변수 x와 y만의 식이므로 표준 기둥면이다. 생성곡선이 xy-평면 위의 타원 $\dfrac{x^2}{a^2}+\dfrac{y^2}{b^2}=1$이고 xy-평면에 수직인 직선이 생성곡선 위를 평행이동하여 생긴 곡면이다. 그러므로 $\dfrac{x^2}{a^2}+\dfrac{y^2}{b^2}=1$의 그래프인 [그림 9.42]의 곡면을 **타원형 기둥면**이라고 한다.

식 (9.19)의 $\dfrac{x^2}{a^2}-\dfrac{y^2}{b^2}=1,\ (a>0,\ b>0)$의 그래프를 그려보자. ([그림 9.43] 참고)

식 (9.19)의 $\dfrac{x^2}{a^2}-\dfrac{y^2}{b^2}=1$은 공간에서 2개의 변수 x와 y만의 식이므로 표준 기둥면이다. 생성곡선이 xy-평면 위의 쌍곡선 $\dfrac{x^2}{a^2}-\dfrac{y^2}{b^2}=1$이고, xy-평면에 수직인 직선이 생성곡선 위를 평행이동하여 생긴 곡면이다. 그러므로 $\dfrac{x^2}{a^2}-\dfrac{y^2}{b^2}=1$의 그래프인 [그림 9.43]의 곡면을 **쌍곡형 기둥면**이라고 한다.

연습문제

• Part 1

[1-2] 다음 방정식의 그래프를 그려라. [예제 9.35]

1. $x^2+\dfrac{y^2}{9}+\dfrac{z^2}{4}=1$
2. $4x^2+9y^2+z^2=36$

[3-6] 공간의 직교좌표계에서 다음 기둥면 형태 방정식의 그래프를 그려라. [예제 9.36]

3. $y^2=8z$
4. $(x-2)^2+z^2=4$
5. $z=\cos x$
6. $z=y^3$

[7-8] 공간의 직교좌표계에서 다음 방정식의 그래프를 그려라.

7. $x=\dfrac{y^2}{4}+z^2$
8. $z=4x^2+y^2$

• Part 2

[9-14] 다음을 보고 주어진 함수에 대응하는 그래프의 개형을 선택하여라.

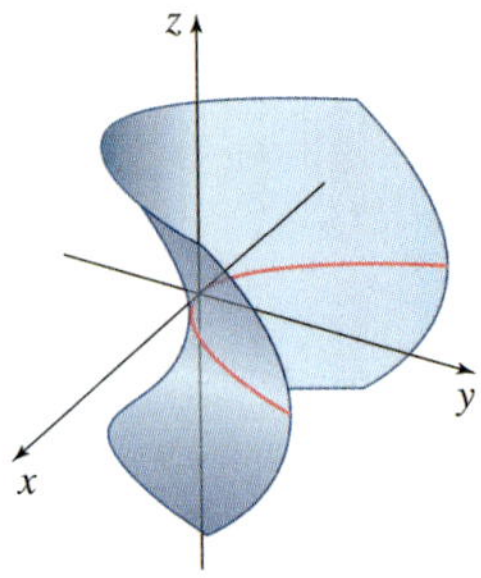

A

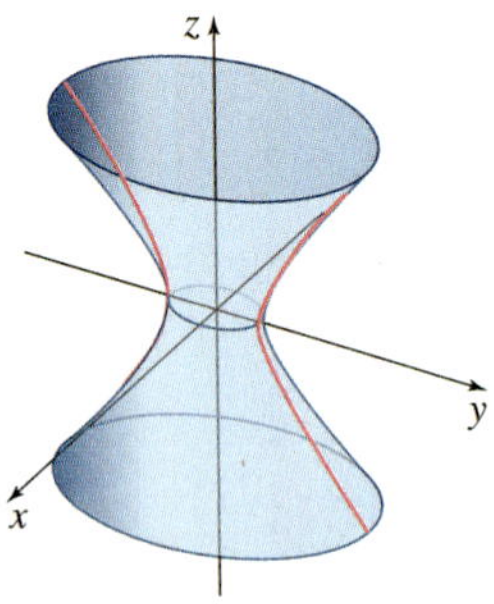

B

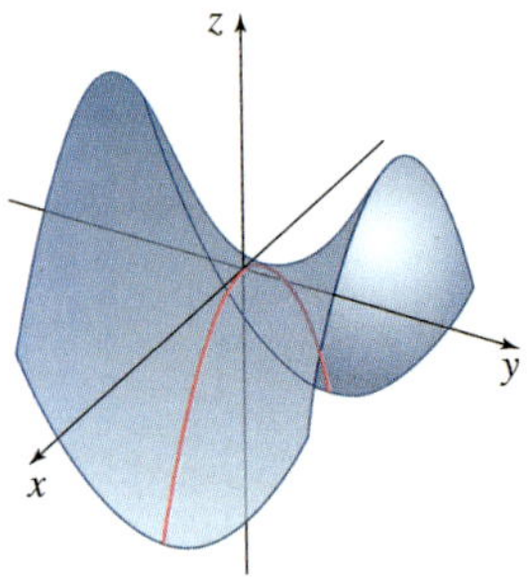

C

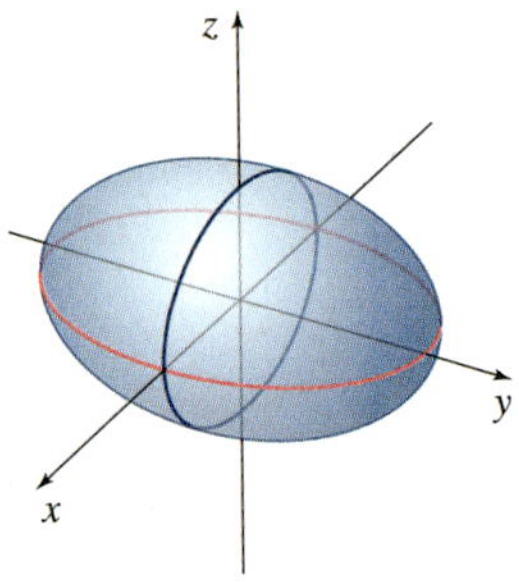

D

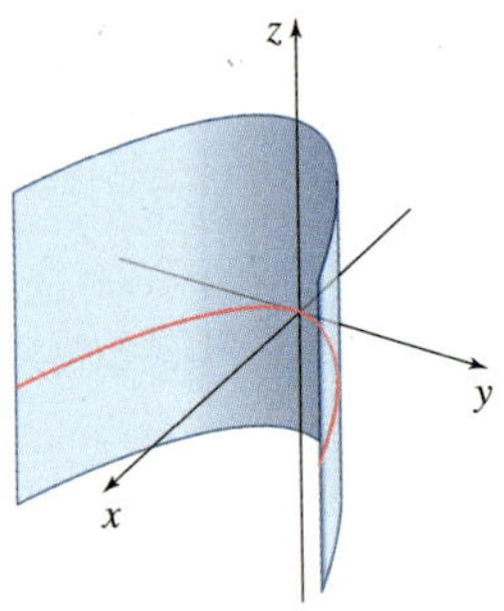

E

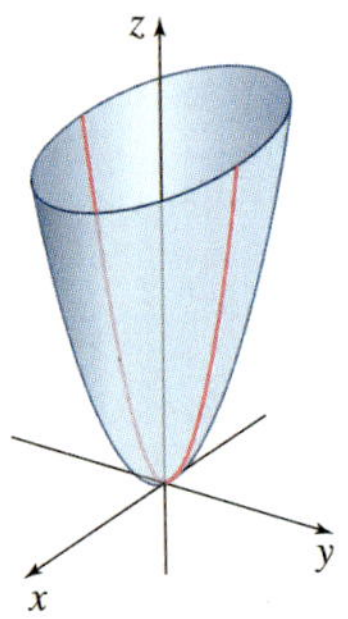

F

9. $z = 4y^2 - x^2$
10. $2x^2 + y^2 - z^2 = 1$
11. $y^2 = 4x$
12. $2z = x^2 + 4y^2$
13. $2x^2 + y^2 + 3z^2 = 1$
14. $x^2 - z^2 = y$

[15-20] 다음을 보고 주어진 함수에 대응하는 그래프의 개형을 선택하여라.

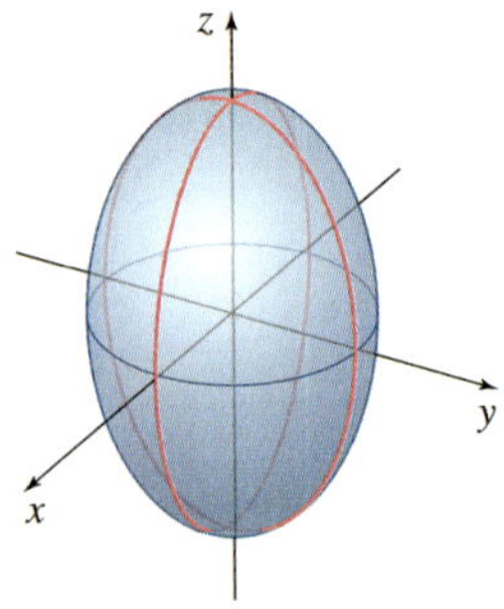

G

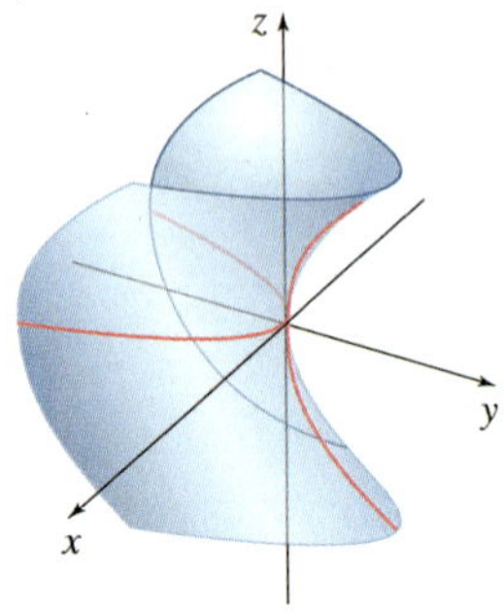

H

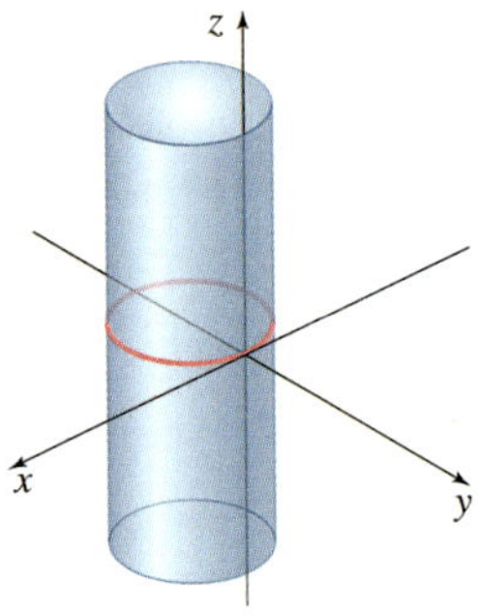

I

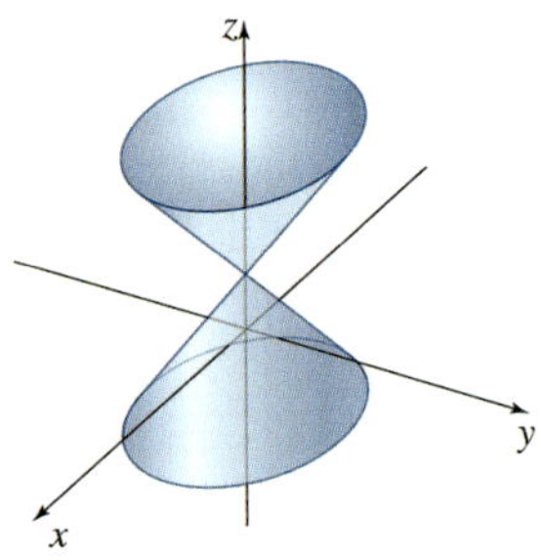

J

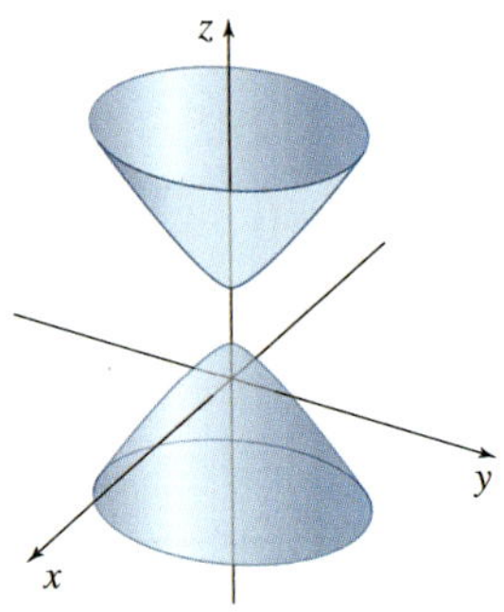

K

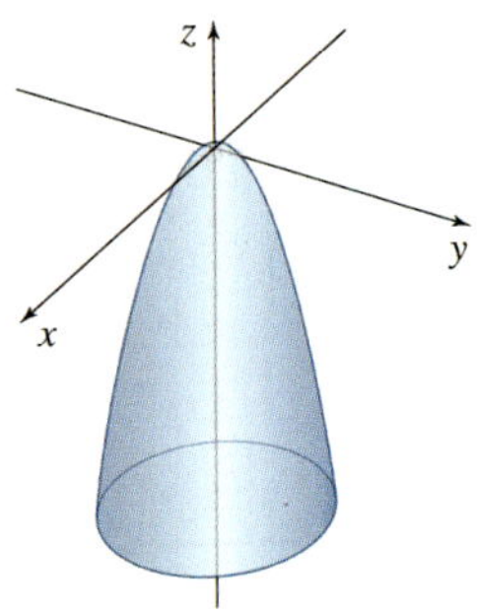

L

15. $3x^2 + 4y^2 + z = 0$
16. $3x^2 + 2y^2 - (z-2)^2 + 1 = 0$
17. $x^2 + 2y^2 - z^2 + 4z = 4$
18. $3x^2 + 4y^2 + 4y = 0$
19. $z^2 - 4x^2 = 3y$
20. $3x^2 + 3y^2 + z^2 = 1$

CHAPTER 10

벡터함수와 매개곡선

지금까지 공부한 함수는 정의역과 공역이 모두 실수인 함수이고 그런 함수를 실함수라고 부른다. 이번 10장에서는 정의역은 실수이지만 공역이 실수가 아니고 평면벡터 또는 공간벡터인 경우에 대해 공부할 것이다. 이런 함수는 함수의 값이 평면벡터 또는 공간벡터이므로 벡터함숫값을 갖는 함수(vector valued function) 또는 간단하게 벡터함수(vector function)라고 한다.

또한 평면에서의 곡선과 공간에서의 곡선을 벡터함수를 사용하여 정의하고 매개곡선이라 부른다. 주어진 곡선의 다양한 매개곡선 표현을 공부한다. 평면곡선이나 공간곡선의 자체적인 의미는 곡선에 놓인 도형으로서의 곡선을 의미한다. 가장 원천적인 개념이고 그려진 도형 자체이다. 이러한 곡선의 또 다른 표현은 방정식이다. 평면곡선으로 평면좌표 (x, y)에 의한 방정식 $g(x, y) = 0$으로 표현할 수 있는 곡선이 있고 공간곡선으로 공간좌표 (x, y, z)에 의한 방정식 $h(x, y, z) = 0$으로 표현할 수 있는 곡선이 있다. 곡선의 방정식 표현은 곡선에 대한 분야를 크게 발전시키는 계기가 되었지만 곡선의 성질을 정의하기에는 한계가 있었다.

그러므로 곡선을 실수에서 정의된 벡터함수로 정의하였다. 이러한 정의는 정의역인 직선을 평면이나 곡선에 구부린 이미지를 갖는다는 것을 의미한다. 곡선의 벡터함수 표현은 곡선을 그리는 방법이라고 할 수 있다. 그러므로 주어진 그래프(도형)의 곡선의 벡터함수 표현을 다양하게 만들 수 있다. 또한 벡터함수로서의 곡선은 이미지는 평면이나 공간에 있지만 실제의 성질은 정의역인 실직선의 성질을 갖는다. 즉, 곡선은 1개의 매개변수 표현을 갖는다. 그러므로 곡선의 벡터함수 표현을 매개곡선이라고 부른다.

10.1 벡터함수의 정의와 극한

10.1.1 벡터함수의 정의

함수의 공역을 실수가 아닌 평면이나 공간으로 확장한 함수를 정의하자.
정의역에 있는 한 원소에 대하여 평면벡터 또는 공간벡터가 대응되는 함수를 **벡터 함숫값을 갖는 함수**(vector valued function)라고 하고 간단하게 **벡터함수**(vector function)라고 한다. 벡터함수라는 이름을 갖는 함수는 함수의 공역이 평면이나 공간이다. 즉 벡터함수라는 이름은 공역만 관심을 갖고 정의역에 대한 조건은 없다. 10장에서 벡터함수는 정의역이 실수인 벡터함수를 공부할 것이다.
정의역이 실수의 부분집합이고 공역이 평면 또는 공간인 함수를 일변수 벡터함수(vector function of single variable)라고 하고 여기서는 일변수 벡터함수만 다룰 예정이며, 간단하게 **벡터함수**(vector function)라고 부른다.
함숫값을 평면벡터로 갖는 함수 $\mathbf{r}$을 **평면 벡터함수**라고 하고 정의역 위의 실수 t에 대해 함숫값 $\mathbf{r}(t)$가 평면벡터이므로 다음과 같이

$$\mathbf{r}(t)=\langle x(t),y(t)\rangle=x(t)\mathbf{i}+y(t)\mathbf{j}$$

로 나타낼 수 있다. 이때, x와 y는 실함수이다.
함숫값을 공간벡터로 갖는 함수 $\mathbf{r}$은 **공간 벡터함수**라고 하고 정의역 위의 실수 t에 대해 함숫값 $\mathbf{r}(t)$가 공간벡터이므로 다음과 같이

$$\mathbf{r}(t)=\langle x(t),y(t),z(t)\rangle=x(t)\mathbf{i}+y(t)\mathbf{j}+z(t)\mathbf{k}$$

로 나타낼 수 있다. 이때, x, y, z는 실함수이다.

[참고] 벡터함수의 기호는 함수의 값이 벡터이므로 굵은 글씨체를 사용한다. 이는 스칼라를 나타내는 실함수와의 구별을 나타낸다.

[정의 10.1: 벡터함수] 정의역이 실수의 구간 I이고 공역이 평면 또는 공간인 함수를 벡터함수(vector function)라고 부른다.

(1) **평면 벡터함수**: 정의역 I에 속하는 실수 t에 대하여 다음과 같이 정의된 함수를 평면 벡터함수라고 한다.

$$\mathbf{r}(t)=\langle x(t),y(t)\rangle=x(t)\mathbf{i}+y(t)\mathbf{j}$$

이때, 실함수 x, y를 벡터함수 $\mathbf{r}$의 **성분함수**(component functions)라고 한다.

(2) **공간 벡터함수**: 정의역 I 에 속하는 실수 t에 대하여 다음과 같이 정의된 함수를 공간 벡터함수라고 한다.

$$\mathbf{r}(t)=\langle x(t),y(t),z(t)\rangle=x(t)\mathbf{i}+y(t)\mathbf{j}+z(t)\mathbf{k}$$

이때, 실함수 x, y, z를 벡터함수 $\mathbf{r}$의 **성분함수**(component functions)라고 한다.

일변수 벡터함수, 즉 벡터함수는 실함수를 성분으로 갖는 함수이다.

벡터함수는 성분함수가 중요하다. 평면 벡터함수는 2개의 성분함수로 이루어졌고 공간 벡터함수는 3개의 성분함수로 이루어졌다. 벡터함수의 대부분의 성질은 성분함수인 실함수의 성질을 그대로 적용할 수 있다.

실함수 f에서 특정한 정의역이 주어지지 않는 경우 함수 f의 식이 정의될 수 있는 **최대정의역** $D(f)$를 잡는다. 이러한 개념을 벡터함수 $\mathbf{r}$에도 적용하여 벡터함수 $\mathbf{r}$의 최대정의역 $D(\mathbf{r})$을 다음과 같이 놓자.

* $D(x)\cap D(y)$는 $D(x)$와 $D(y)$의 공통영역이다.

** $D(x)\cap D(y)\cap D(z)$는 $D(x)$와 $D(y)$와 $D(z)$의 공통영역이다.

(1) 벡터함수 $\mathbf{r}(t)=\langle x(t), y(t)\rangle = x(t)\mathbf{i}+y(t)\mathbf{j}$에 대하여
벡터함수 $\mathbf{r}$의 최대정의역 $D(\mathbf{r})=D(x)\cap D(y)$.*

(2) 벡터함수 $\mathbf{r}(t)=\langle x(t), y(t), z(t)\rangle = x(t)\mathbf{i}+y(t)\mathbf{j}+z(t)\mathbf{k}$에 대하여
벡터함수$\mathbf{r}$의 최대정의역 $D(\mathbf{r})=D(x)\cap D(y)\cap D(z)$.**

[예제 10.1] 벡터함수 $\mathbf{r}(t)=(2t+2)\mathbf{i}+\sqrt{t}\,\mathbf{j}-\ln(t+2)\mathbf{k}$의 정의역을 구하여라. [연습문제 1~4]

[풀이] 벡터함수 $\mathbf{r}(t)=(2t+2)\mathbf{i}+\sqrt{t}\,\mathbf{j}-\ln(t+2)\mathbf{k}$의 성분함수는 다음과 같다.

$$x(t)=2t+t,\ y(t)=\sqrt{t},\ z(t)=-\ln(t+2)$$

성분함수 x, y, z의 최대정의역을 살펴보면 다음과 같다.

$$D(x)=(-\infty,\infty),\ D(y)=[0,\infty),\ D(z)=(-2,\infty)$$

벡터함수 $\mathbf{r}$의 정의역 $D(\mathbf{r})=(-\infty,\infty)\cap[0,\infty)\cap(-2,\infty)=[0,\infty)$이므로
벡터함수 $\mathbf{r}$의 정의역 $D(\mathbf{r})=[0,\infty)$이다. ■

벡터함수는 함수의 그래프보다는 함수의 상(image)에 대하여 많은 활용을 갖는다.

이제부터 벡터함수의 정의역을 실수의 구간 I로 놓고 **벡터함수 r의 상(image)**을 좌표평면이나 좌표공간에 그려보자.

평면 벡터함수 $\mathbf{r}$에 대해 정의역 구간 I 내의 임의의 실수 t에 대하여 함숫값 $\mathbf{r}(t)=x(t)\mathbf{i}+y(t)\mathbf{j}$는 평면벡터이다. 평면 벡터함수의 상 $\mathbf{r}(t)$을 좌표평면에 그리면 [그림 10.1](a)와 같이 평면에 놓인 곡선을 나타내고 있다. 이때, 정의역 I 내의 실수 t가 t_1에서 t_2로 커지면서 평면곡선 위의 점 $\mathbf{r}(t_1)$에서 $\mathbf{r}(t_2)$로 그려지는 방향을 화살표로 나타내고 있다.

공간 벡터함수 $\mathbf{r}$에 대해 정의역 I 내의 임의의 실수 t에 대하여 함숫값 $\mathbf{r}(t)=x(t)\mathbf{i}+y(t)\mathbf{j}+z(t)\mathbf{k}$는 공간벡터이다. 공간 벡터함수의 상 $\mathbf{r}(t)$을 좌표공간에 그리면 [그림 10.1](b)와 같이 공간에 놓인 곡선을 나타내고 있다. 이때, 정의역 I 내의 실수 t가 t_1에서 t_2로 커지면서 공간곡선 위의 점 $\mathbf{r}(t_1)$에서 $\mathbf{r}(t_2)$로 그려지는 방향을 화살표로 나타내고 있다.

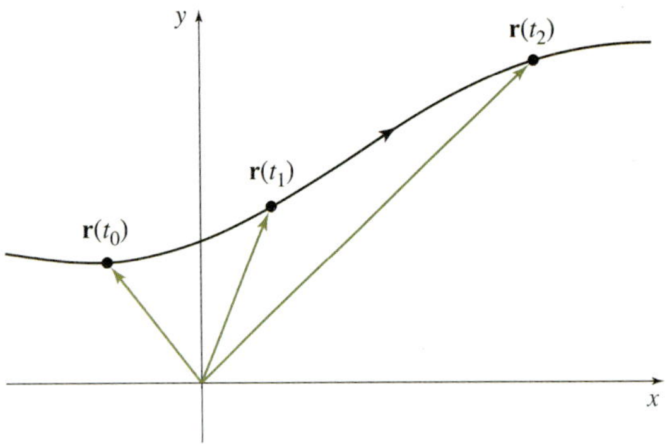

평면 벡터함수 $\mathbf{r}(t) = x(t)\mathbf{i} + y(t)\mathbf{j}$의 상

[그림 10.1](a)

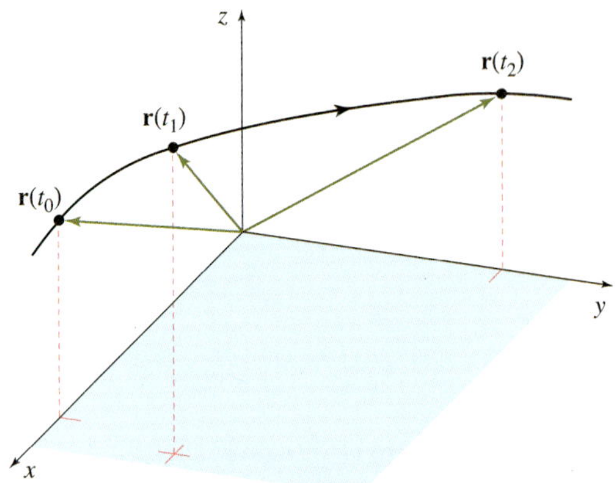

공간 벡터함수 $\mathbf{r}(t) = x(t)\mathbf{i} + y(t)\mathbf{j} + z(t)\mathbf{k}$의 상

[그림 10.1](b)

벡터의 연산에는 벡터의 덧셈, 실수배, 벡터의 내적, 벡터의 외적이 있다. 이러한 벡터의 연산을 벡터함수에 적용하여 새로운 함수를 정의할 수 있다.

[정의 10.2: 벡터함수의 연산]

정의역 I에서 정의된 두 벡터함수 $\mathbf{u}$와 $\mathbf{v}$와 실함수 f가 있다고 하자.

(1) (덧셈) 벡터함수 $\mathbf{u}+\boldsymbol{v}$는 다음과 같이 정의된다.

정의역 I의 실수 t에 대해 $(\mathbf{u}+\boldsymbol{v})(t) = \mathbf{u}(t) + \mathbf{v}(t)$

(2) (실함수배) 벡터함수 $f\mathbf{u}$는 다음과 같이 정의된다.

정의역 I의 실수 t에 대해 $(f\mathbf{u})(t) = f(t)\mathbf{u}(t)$

(3) (내적) 실함수 $\mathbf{u}\cdot\boldsymbol{v}$는 다음과 같이 정의된다.*

정의역 I의 실수 t에 대해 $(\mathbf{u}\cdot\boldsymbol{v})(t) = \mathbf{u}(t)\cdot\mathbf{v}(t)$

(4) (외적) 벡터함수 $\mathbf{u}\times\boldsymbol{v}$는 다음과 같이 정의된다.**

정의역 I의 실수 t에 대해 $(\mathbf{u}\times\boldsymbol{v})(t) = \mathbf{u}(t)\times\mathbf{v}(t)$

* 두 벡터함수의 내적은 실함수이다.

** 공간벡터에만 외적이 정의되므로 공간 벡터함수 $\mathbf{u}$와 $\mathbf{v}$에 대하여 공간 벡터함수 $\mathbf{u}\times\mathbf{v}$를 정의할 수 있다.

10.1.2 벡터함수의 극한

벡터함수의 극한을 알아보자. 벡터함수의 극한은 각각의 성분함수인 실함수의 극한으로 정의한다. 실함수의 극한은 [2장. 함수의 극한]에서 이미 다루었다.

우선 평면 벡터함수 $\mathbf{r}(t) = x(t)\mathbf{i} + y(t)\mathbf{j}$에 대해 벡터함수 $\mathbf{r}$이 $t=a$에서의 극한이 존재하는 필요충분조건은 두 성분함수 x, y가 $t=a$에서의 극한이 존재한다. 즉, 다음 2가지 극한이 동시에 존재해야 한다.

$$\begin{cases} \text{실함수 } x\text{가 } t=a\text{에서 극한이 존재하고} \\ \text{실함수 } y\text{가 } t=a\text{에서 극한이 존재한다.} \end{cases}$$

즉, $\lim_{t\to a}\mathbf{r}(t)=\left[\lim_{t\to a}x(t)\right]\mathbf{i}+\left[\lim_{t\to a}y(t)\right]\mathbf{j}$이다.

공간 벡터함수 $\mathbf{r}$이 $\mathbf{r}(t)=x(t)\mathbf{i}+y(t)\mathbf{j}+z(t)\mathbf{k}$에 대해 벡터함수 $\mathbf{r}$이 $t=a$에서의 극한이 존재하는 필요충분조건은 세 성분함수 x, y, z가 $t=a$에서의 극한이 존재한다. 즉, 다음 3가지 극한이 동시에 존재해야 한다.

$$\begin{cases} \text{실함수 } x\text{가 } t=a\text{에서 극한이 존재하고} \\ \text{실함수 } y\text{가 } t=a\text{에서 극한이 존재하고} \\ \text{실함수 } z\text{가 } t=a\text{에서 극한이 존재한다.} \end{cases}$$

즉, $\lim_{t\to a}\mathbf{r}(t)=\left[\lim_{t\to a}x(t)\right]\mathbf{i}+\left[\lim_{t\to a}y(t)\right]\mathbf{j}+\left[\lim_{t\to a}z(t)\right]\mathbf{k}$이다.

성분함수는 실함수이고 실함수의 극한은 [2장. 함수의 극한]에서 공부했다. 그러므로 벡터함수의 성분함수의 극한을 알아보면 벡터함수가 극한을 갖는지 판정할 수 있고 실제로 벡터함수의 극한은 성분함수인 실함수의 극한을 성분으로 갖는 벡터가 된다.

[정의 10.3: 벡터함수의 극한]

(1) 평면 벡터함수 $\mathbf{r}(t)=x(t)\mathbf{i}+y(t)\mathbf{j}$에 대해 2개의 성분함수 x, y가 $t=a$에서의 극한이 존재하면 벡터함수 $\mathbf{r}$이 $t=a$에서의 극한이 존재한다.

$$\lim_{t\to a}\mathbf{r}(t)=\left[\lim_{t\to a}x(t)\right]\mathbf{i}+\left[\lim_{t\to a}y(t)\right]\mathbf{j} \tag{10.1}$$

(2) 공간 벡터함수 $\mathbf{r}(t)=x(t)\mathbf{i}+y(t)\mathbf{j}+z(t)\mathbf{k}$에 대해 3개의 성분함수 x, y, z가 $t=a$에서의 극한이 존재하면 벡터함수 $\mathbf{r}$이 $t=a$에서의 극한이 존재한다.

$$\lim_{t\to a}\mathbf{r}(t)=\left[\lim_{t\to a}x(t)\right]\mathbf{i}+\left[\lim_{t\to a}y(t)\right]\mathbf{j}+\left[\lim_{t\to a}z(t)\right]\mathbf{k} \tag{10.2}$$

벡터함수의 극한은 실함수의 극한을 성분으로 갖는다. 그러므로 실함수의 극한을 구하는 방법을 그대로 벡터함수의 성분함수인 실함수에 적용하여 벡터함수의 극한을 구할 수 있다.

[예제 10.2] 다음 벡터함수에 대하여 극한 $\lim_{t\to 0}\mathbf{r}(t)$를 구하여라. [연습문제 5~14]

(1) $\mathbf{r}(t)=\mathbf{i}+(2t-3)\mathbf{j}+(3t^2+5)\mathbf{k}$ (2) $\mathbf{r}(t)=t^2\mathbf{i}+\dfrac{\sin t}{t}\mathbf{j}+e^t\mathbf{k}$

[풀이] (1) [정의 10.3]에 의하여

$$\lim_{t\to 0}\mathbf{r}(t) = \left[\lim_{t\to 0}1\right]\mathbf{i} + \left[\lim_{t\to 0}(2t-3)\right]\mathbf{j} + \left[\lim_{t\to 0}(3t^2+5)\right]\mathbf{k} = \mathbf{i} - 3\mathbf{j} + 5\mathbf{k}.$$

(2) [정의 10.3]에 의하여

$$\lim_{t\to 0}\mathbf{r}(t) = \left[\lim_{t\to 0}t^2\right]\mathbf{i} + \left[\lim_{t\to 0}\frac{\sin t}{t}\right]\mathbf{j} + \left[\lim_{t\to 0}e^t\right]\mathbf{k} = 0\mathbf{i} + \mathbf{j} + \boldsymbol{k} = \mathbf{j} + \boldsymbol{k}.$$ ■

10.1.3 벡터함수의 연속

함수 F의 정의역과 공역이 실수 또는 평면 또는 공간인 모든 경우에 함수 F의 연속성에 대한 정의는 다음과 같은 형태이다.

$$\lim_{x\to a}F(x) = F(a)$$

함수의 연속은 일관된 정의를 갖는다. 벡터함수의 연속을 정의해 보자.

> **[정의 10.4: 벡터함수의 연속]** 구간 I에서 정의된 벡터함수 $\mathbf{r}$에 대하여 벡터함수 $\mathbf{r}$가 다음을 만족하면 $t=a$에서 **연속**(continuous)이라고 한다.
>
> $$\lim_{t\to a}\mathbf{r}(t) = \mathbf{r}(a) \tag{10.3}$$

벡터함수 $\mathbf{r}$가 $t=a$에서 연속임을 정의한 식 (10.3)은 다음의 3가지가 성립하는 것을 의미한다.

(1) $\mathbf{r}(a)$가 존재하고

(2) 극한 $\lim_{t\to a}\mathbf{r}(t)$가 존재하고

(3) (1)과 (2)의 2개의 값이 같다. 즉, $\lim_{t\to a}\mathbf{r}(t) = \mathbf{r}(a)$.

벡터함수의 연속을 벡터함수의 성분함수의 연속성으로 알아보자.
평면 벡터함수 $\mathbf{r}(t) = x(t)\mathbf{i} + y(t)\mathbf{j}$에 대하여 식 (10.1)에 의하면

$$\lim_{t\to a}\mathbf{r}(t) = \left[\lim_{t\to a}x(t)\right]\mathbf{i} + \left[\lim_{t\to a}y(t)\right]\mathbf{j}\text{이고 } \mathbf{r}(a) = x(a)\mathbf{i} + y(a)\mathbf{j}.$$

그러므로

$$\begin{aligned} &\text{벡터함수 } \mathbf{r}\text{가 } t=a\text{에서 연속} \\ \Leftrightarrow\ & \lim_{t\to a}\mathbf{r}(t) = \mathbf{r}(a) \\ \Leftrightarrow\ & \left[\lim_{t\to a}x(t)\right]\mathbf{i} + \left[\lim_{t\to a}y(t)\right]\mathbf{j} = x(a)\mathbf{i} + y(a)\mathbf{j} \\ \Leftrightarrow\ & \lim_{t\to a}x(t) = x(a)\text{이고 } \lim_{t\to a}y(t) = y(a). \end{aligned}$$

즉, 성분함수 x와 y가 모두 $t=a$에서 연속이다.
그러므로 벡터함수의 연속성을 성분함수의 연속성으로 판정할 수 있다.

> **[정리 10.1: 벡터함수의 연속성]**
> (1) 평면 벡터함수 $\mathbf{r}(t)=x(t)\mathbf{i}+y(t)\mathbf{j}$에 대하여
> 성분함수 x, y가 $t=a$에서 연속이면 벡터함수 $\mathbf{r}$이 $t=a$에서 연속이다.
> (2) 공간 벡터함수 $\mathbf{r}(t)=x(t)\mathbf{i}+y(t)\mathbf{j}+z(t)\mathbf{k}$에 대하여
> 성분함수 x, y, z가 $t=a$에서 연속이면 벡터함수 $\mathbf{r}$이 $t=a$에서 연속이다.

[참고] 정의역인 구간인 벡터함수가 불연속인 경우 벡터함수의 상이 좌표평면이나 좌표공간에 연결되지 않은 곡선으로 그려진다.

[정의 10.4: 벡터함수의 연속]은 다음과 같이 정리할 수 있다.

- 평면 벡터함수 $\mathbf{r}(t)=x(t)\mathbf{i}+y(t)\mathbf{j}$에 대하여
  벡터함수 $\mathbf{r}$가 $t=a$에서 연속일 필요충분조건은 다음을 만족해야 한다.

$$\begin{cases} \text{실함수 } x\text{가 } t=a\text{에서 연속이고} \\ \text{실함수 } y\text{가 } t=a\text{에서 연속이다.} \end{cases}$$

- 공간 벡터함수 $\mathbf{r}(t)=x(t)\mathbf{i}+y(t)\mathbf{j}+z(t)\mathbf{k}$에 대하여
  벡터함수 $\mathbf{r}$가 $t=a$에서 연속일 필요충분조건은 다음을 만족해야 한다.

$$\begin{cases} \text{실함수 } x\text{가 } t=a\text{에서 연속이고} \\ \text{실함수 } y\text{가 } t=a\text{에서 연속이고} \\ \text{실함수 } z\text{가 } t=a\text{에서 연속이다.} \end{cases}$$

◐ 연속인 벡터함수의 극한 구하기

실함수도 극한의 개념으로 연속성을 정의했지만, 연속성으로 극한을 구할 수 있다. 즉, 극한과 연속성은 연결된 개념이다.

- 구간 I 위의 연속인 실함수의 그래프는 연결된 곡선이다.
- 함수 f이 연속임을 알고 이를 사용하여 함수 f의 극한을 구한다.
  연속인 함수 f에서 함숫값 $f(a)$를 구하고 극한 $\lim_{t\to a}f(t)=f(a)$을 구한다.

비슷하게 실함수의 극한과 연속성도 서로 연결된 개념이다.

- 구간 I에서 정의된 벡터함수의 상이 평면이나 공간의 연결된 곡선이다.
- 벡터함수 $\mathbf{r}$이 연속임을 알고 이를 사용하여 벡터함수 $\mathbf{r}$의 극한을 구한다.
  연속인 함수 $\mathbf{r}$는 함숫값 $\mathbf{r}(a)$를 알고 있고 $\lim_{t\to a}\mathbf{r}(t)=\mathbf{r}(a)$라고 놓는다.

[예제 10.3] 다음 주어진 벡터함수 $\mathbf{r}(t)$의 극한 $\lim_{t\to 3}\mathbf{r}(t)$를 구하여라. [연습문제 5~14]

(1) $\mathbf{r}(t)=(t^2-3t+4)\mathbf{i}+(4t+3)\mathbf{j}$

(2) $\mathbf{r}(t)=\dfrac{2t-4}{t+1}\mathbf{i}+\dfrac{t+2}{t^2-4}\mathbf{j}+(4t-3)\mathbf{k}$

[풀이]

(1) 평면 벡터함수 $\mathbf{r}(t) = (t^2 - 3t + 4)\mathbf{i} + (4t+3)\mathbf{j}$의 성분함수는 다음과 같다.

$$x(t) = t^2 - 3t + 4, \quad y(t) = 4t + 3$$

2개의 성분함수 $x(t) = t^2 - 3t + 4$와 $y(t) = 4t + 3$는 $t = 3$에서 다항함수이므로 연속이다. [정리 10.1]에 의해서 벡터함수 $\mathbf{r}(t) = (t^2 - 3t + 4)\mathbf{i} + (4t+3)\mathbf{j}$는 $t = 3$에서 연속이다. 그러므로 극한 $\lim_{t \to 3} \mathbf{r}(t)$는 다음과 같다.

$$\lim_{t \to 3} \mathbf{r}(t) = \mathbf{r}(3) = x(3)\mathbf{i} + y(3)\mathbf{j} = 4\mathbf{i} + 15\mathbf{j}$$

(2) 공간 벡터함수 $\mathbf{r}(t) = \frac{2t-4}{t+1}\mathbf{i} + \frac{t+2}{t^2-4}\mathbf{j} + (4t-3)\mathbf{k}$의 성분함수는 다음과 같다.

$$x(t) = \frac{2t-4}{t+1}, \ y(t) = \frac{t+2}{t^2-4}, \ z(t) = 4t-3$$

3개의 성분함수 $x(t) = \frac{2t-4}{t+1}$와 $y(t) = \frac{t+2}{t^2-4}$와 $z(t) = 4t-3$는 $t = 3$에서 연속이다. [정리 10.1]에 의해 벡터함수 $\mathbf{r}(t) = \frac{2t-4}{t+1}\mathbf{i} + \frac{t+2}{t^2-4}\mathbf{j} + (4t-3)\mathbf{k}$는 $t = 3$에서 연속이므로 극한 $\lim_{t \to 3} \mathbf{r}(t)$는 다음과 같다.

$$\lim_{t \to 3} \mathbf{r}(t) = \mathbf{r}(3) = x(3)\mathbf{i} + y(3)\mathbf{j} + z(3)\mathbf{k} = \frac{1}{2}\mathbf{i} + \mathbf{j} + 9\mathbf{k}$$ ■

연습문제

• Part 1

[1-4] 다음 벡터함수의 정의역을 구하여라. [예제 10.1]

1. $\mathbf{r}(t) = (\frac{1}{t+1})\mathbf{i} + \frac{1}{2}t\mathbf{j} - 2t\mathbf{k}$
2. $\mathbf{r}(t) = (\sqrt{t})\mathbf{i} + t\mathbf{j} - 2\mathbf{k}$
3. $\mathbf{r}(t) = \ln t\,\mathbf{i} + (t+1)\mathbf{j} + 3t\mathbf{k}$
4. $\mathbf{r}(t) = \cos t\,\mathbf{i} + \sin t\,\mathbf{j} + 2\mathbf{k}$

[5-14] 다음 벡터함수의 극한을 구하여라. [예제 10.2~10.3]

5. $\lim_{t \to \pi} (2t\mathbf{i} + \cos t\,\mathbf{j} + \sin t\,\mathbf{k})$
6. $\lim_{t \to 2} (3t\mathbf{i} + \frac{2}{t^2-1}\mathbf{j} + \frac{1}{t}\mathbf{k})$
7. $\lim_{t \to 0} (t^3\mathbf{i} + 3t\mathbf{j} + \frac{1-\cos t}{t}\mathbf{k})$
8. $\lim_{t \to 0} (e^{-t}\mathbf{i} + \frac{\sin t}{t}\mathbf{j} + e^t\mathbf{k})$
9. $\lim_{t \to e} (\cos t\,\mathbf{i} + \ln t\,\mathbf{j} + \frac{1}{t}\mathbf{k})$
10. $\lim_{t \to 0+} (\cos t\,\mathbf{i} + \sin t\,\mathbf{j} + t\ln t\,\mathbf{k})$
11. $\lim_{t \to 0} [(1+t^3)\mathbf{i} + te^{-t}\mathbf{j} + \frac{\sin t}{t}\mathbf{k}]$
12. $\lim_{t \to 1} [(2+\ln t)\mathbf{i} + (t+1)\mathbf{j} + t\mathbf{k}]$
13. $\lim_{t \to 0+} [8\mathbf{i} + \sqrt{t}\mathbf{j} + \sqrt[3]{t}\,\mathbf{k}]$
14. $\lim_{t \to 1} (\frac{3}{t^2}\mathbf{i} + \frac{\ln t}{t^2-1}\mathbf{j} + \sin 2\pi t\,\mathbf{k})$

• Part 2

[15-17] 다음 두 벡터함수들에 대하여 물음에 답하여라.

$$\mathbf{u}(t) = 2t\mathbf{i} + \sqrt{t}\,\mathbf{j} - \ln t\,\mathbf{k} \ \mathbf{v}(t) = 2\mathbf{i} + 2\sqrt{t}\,\mathbf{j} - \frac{1}{t}\mathbf{k}$$

15. $2\mathbf{u} + 3\mathbf{v}$를 구하여라.

16. $\mathbf{u}\cdot\boldsymbol{v}$를 구하여라.

17. $\mathbf{u}\times\boldsymbol{v}$를 구하여라.

[18-21] 다음 벡터함수의 극한이 존재하는지 말하고, 존재한다면 극한을 구하여라.

18. $\lim_{t\to 0}(e^{-3t}\mathbf{i}+\frac{t^2}{\sin^2 t}\mathbf{j}+\cos 2t\,\mathbf{k})$

19. $\lim_{t\to 1}(\frac{t^2-t}{t-1}\mathbf{i}+\sqrt{t+8}\,\mathbf{j}+\frac{\sin\pi t}{\ln t}\mathbf{k})$

20. $\lim_{t\to\infty}(\frac{1+t^2}{1-t^2}\mathbf{i}+\tan^{-1}t\,\mathbf{j}+\frac{1-e^{-2t}}{t}\mathbf{k})$

21. $\lim_{t\to\infty}(te^{-t}\mathbf{i}+\frac{t^3+t}{2t^3-1}\mathbf{j}+t\sin\frac{1}{t}\mathbf{k})$

[22-24] 다음 벡터함수가 $t=0$에서 연속인지 확인하여라.

22. $\mathbf{r}(t)=2\sin t\,\mathbf{i}+2t\,\mathbf{j}$

23. $\mathbf{r}(t)=t^2\mathbf{i}+t\,\mathbf{j}+\frac{1}{t}\mathbf{k}$

24. $\mathbf{r}(t)=e^t\mathbf{i}+\mathbf{j}+\csc t\,\mathbf{k}$

10.2 평면곡선과 공간곡선

10.2.1 곡선의 정의

실수의 구간을 정의역으로 갖는 벡터함수는 그래프를 그리는 것보다 벡터함수의 상(image)이 중요한 의미가 갖는다. 벡터함수의 상은 평면이나 공간에서의 곡선으로 그려진다.

넓은 의미에서 곡선은 직선의 일부를 평면이나 공간에서 구부려놓은 도형이다.

곡선은 학교뿐 아니라 일상생활에서 매우 자주 접하는 용어이다. 일반적으로 곡선은 평면이나 공간에 그려진 도형으로서의 곡선을 의미한다. 함수나 방정식의 개념을 접한 이후에는 실함수의 그래프나 평면방정식의 그래프를 곡선이라고 했다.

지금까지의 곡선의 개념을 정리하면 다음과 같이 네 가지가 있다.

① **평면이나 공간에서 그려진 곡선** ([그림 10.2](a) 참고)

② **실함수 $y = f(x)$의 그래프**: 평면곡선 ([그림 10.2](b) 참고)

③ 평면좌표에서 변수 x, y의 **방정식 $g(x, y) = 0$의 그래프**: 평면곡선 ([그림 10.2](c) 참고)

④ 공간에서 **두 곡면이 만나서 생기는 곡선**: 공간에서의 곡선 ([그림 10.2](d) 참고)

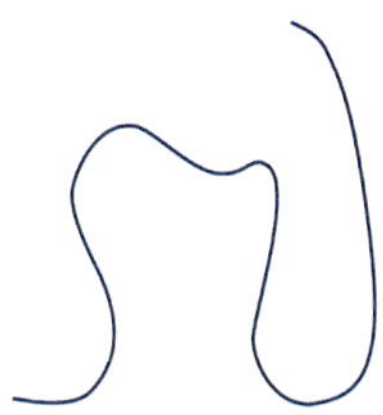

[그림 10.2](a)

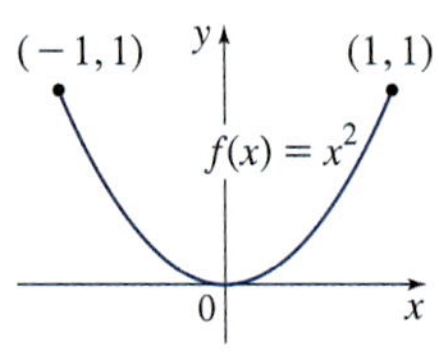

[그림 10.2](b)

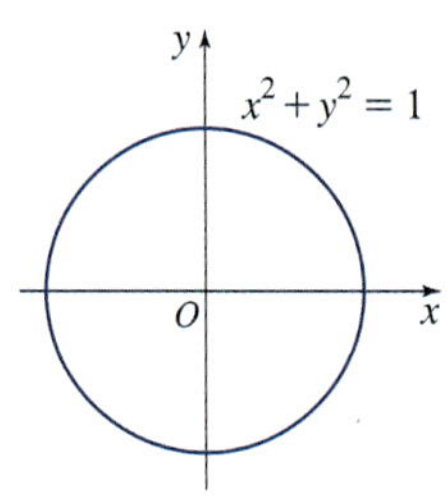

[그림 10.2](c)

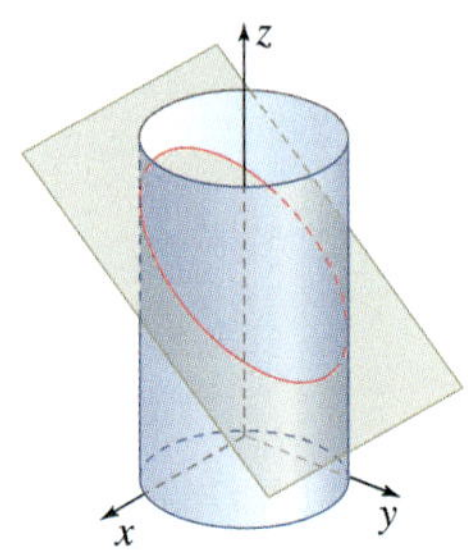

[그림 10.2](d)

* 함수 $y = f(x)$에서 식을

$$g(x, y) = y - f(x)$$

라고 놓으면 함수 $y = f(x, y)$로 방정식 $g(x, y) = 0$의 예이다.

평면곡선을 다루는 ②와 ③을 종합하면 일반적으로 방정식 $g(x, y) = 0$의 그래프가 중요한 곡선의 예이다.* 그러나 모든 곡선을 표현하지는 못한다.

①에서 평면의 도형인 곡선은 가장 일반적인 곡선의 개념이지만 곡선의 성질을 구체적으로 적용해야 하는 수학이나 공학의 입장에서는 적절하지 않은 정의이다. 그러나 평면에서의 기하학적 곡선이 진정한 곡선을 의미한다. 이러한 기하학적 곡선을 수학적으로 표현하는 정의가 필요하다.

이제 그림 또는 방정식으로 표현되는 곡선에 대한 수학적인 정의를 해보자.

[정의 10.5: 평면 매개곡선과 공간 매개곡선] 실수의 구간 I에 대하여

(1) 구간 I에서 연속인 평면 벡터함수 $\mathbf{r}$을 **평면 매개곡선(plane parametric curve)**이라고 한다.

(2) 구간 I에서 연속인 공간 벡터함수 $\mathbf{r}$을 **공간 매개곡선(space parametric curve)**이라고 한다.

평면 매개곡선은 구간 I 위의 t에 대해 $\mathbf{r}(t) = x(t)\mathbf{i} + y(t)\mathbf{j}$라고 표현한다.
공간 매개곡선은 구간 I 위의 t에 대해 $\mathbf{r}(t) = x(t)\mathbf{i} + y(t)\mathbf{j} + z(t)\mathbf{k}$라고 표현한다.
벡터함수로 표현된 평면 매개곡선과 공간 매개곡선을 통칭하여 **매개곡선** 또는 **매개곡선 표현**이라고 한다. 연속인 벡터함수 $\mathbf{r}$의 정의역 변수 t를 매개곡선의 **매개변수(parameter)**라고 한다.
매개변수는 좌표평면의 두 변수 x, y를 연결하는 변수라는 의미이다.
평면 매개곡선 $\mathbf{r}(t) = x(t)\mathbf{i} + y(t)\mathbf{j}$의 상을 좌표$(x(t), y(t))$를 갖는 점으로 좌표평면에 그린다. 평면 매개곡선 $\mathbf{r}$의 성분함수 표현을 다음과 같이 해보자.

$$\begin{cases} x = x(t), \\ y = y(t) \end{cases} \tag{10.4}$$

식 (10.4)는 두 변수 x와 y가 직접 관계되어있지 않은 것처럼 보이지만 매개변수 t를 중간매개로 두 변수 x와 y는 연결되어 있다. 그러므로 식 (10.4)를 **평면곡선의 매개방정식(parametric equation for plane curve)**이라고 한다.
예를 들어서 평면곡선인 포물선 $y = x^2$의 매개방정식은 다음과 같다.

$$\begin{cases} x = t, \\ y = t^2 \end{cases}$$

즉, 매개변수 t에 의해서 두 변수 x와 y는 연결되어 있다.
공간 매개곡선 $\mathbf{r}(t) = x(t)\mathbf{i} + y(t)\mathbf{j} + z(t)\mathbf{k}$의 상을 좌표평면에서 좌표 $(x(t), y(t), z(t))$로 표시한다. 그러므로 공간 매개곡선의 성분함수 표현은 다음과 같다.

$$\begin{cases} x = x(t), \\ y = y(t), \\ z = z(t) \end{cases} \tag{10.5}$$

식 (10.5)는 세 변수 x, y, z가 직접 관계되어있지 않은 것처럼 보이지만 매개변수 t를 중간매개로 세 변수 x와 y와 z는 연결되어 있다. 그러므로 식 (10.5)를 **공간곡선의 매개방정식(parametric equation for space curve)**이라고 한다.
평면이나 공간에 그려진 곡선 C를 [정의 10.5: 평면곡선과 공간곡선]에서와 같이 벡터함수로 표현된 평면 매개곡선 또는 공간 매개곡선 $\mathbf{r}(t)$로 정의하는 것은 **곡선 C를 평면이나 공간에 그리는 방법**을 제시하는 것이다. 주의할 점은 같은 모양의 곡

곡선의 용어에 관하여

- 곡선 C는 평면이나 공간에 그려진 곡선의 모양이다.
- 매개화된 곡선은 벡터함수 표현을 갖는 평면곡선이나 공간곡선의 상(image)이다.

[참고] 곡선의 용어

- 곡선 C: 평면이나 공간에 그려진 도형인 곡선
- 매개곡선: 벡터함수 $\mathbf{r}$이므로
  평면 벡터함수 $\mathbf{r}(t) = x(t)\mathbf{i} + y(t)\mathbf{j}$
  공간 벡터함수 $\mathbf{r}(t) = x(t)\mathbf{i} + y(t)\mathbf{j} + z(t)\mathbf{k}$
- 매개화된 곡선: 매개곡선 $\mathbf{r}$의 상으로서 평면이나 공간에 그린 도형

선 C를 그리는 방법은 무수히 많이 있다는 것이다. 즉, 동일한 곡선 C를 표현하는 다양한 매개곡선 표현이 있다.

벡터함수로 표현된 매개곡선 $\mathbf{r}$의 상(image)을 평면이나 공간에 그린 곡선을 **매개화된 곡선**이라고 한다. 즉, 매개화된 곡선은 구간 I에 있는 모든 t에 대한 $(x(t), y(t))$ 또는 $(x(t), y(t), z(t))$를 평면이나 공간에 그린 것이다.

주의할 점은 같은 모양의 곡선 C를 그리는 무수히 많은 방법이 있다는 것이다. 즉, 곡선 C를 표현하는 다양한 매개곡선이 있다. 또한 매개곡선 $\mathbf{r}$의 상을(image)를 평면이나 공간에 그리는 경우 매개변수 t가 증가할 때 매개곡선의 상이 평면이나 공간의 곡선을 그리는 방향을 **곡선의 방향**이라고 한다. 곡선의 방향을 곡선 C 위에 **화살표로 표시**한다.

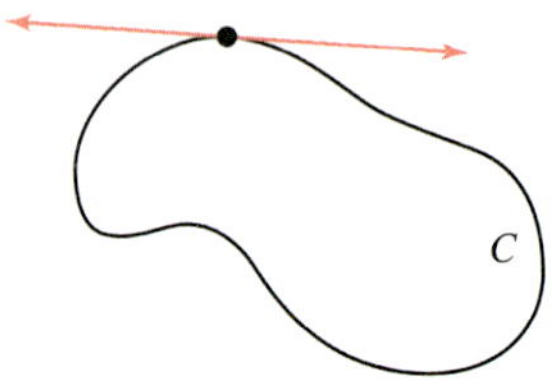

[그림 10.3](a)
매개화가 되지 않은 곡선 C

[곡선 C와 매개화된 곡선]

(1) 곡선 C는 단순히 평면이나 공간에 그려진 그림으로 곡선을 그리는 방법인 곡선의 방향을 표시하는 화살표를 표시하지 않는다. 매개화되지 않는 곡선이다. ([그림 10.3](a) 참고)

(2) **매개화된 곡선**은 곡선을 그리는 방향인 곡선의 방향을 **화살표**로 표시되어 있다. ([그림 10.3](b) 참고)

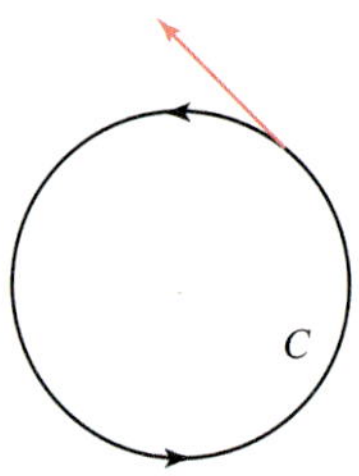

[그림 10.3](b)
매개화가 된 곡선 C

예를 들어서 평면에서 중심이 원점 $O(0,0)$이고 반지름이 1인 원의 방정식은 다음과 같다.

$$x^2 + y^2 = 1$$

원의 다양한 매개곡선 표현은 다음과 같이 $\mathbf{r}_1$, $\mathbf{r}_2$, $\mathbf{r}_2$으로 표현할 수 있다.

$$\mathbf{r}_1(t) = \cos t\mathbf{i} + \sin t\mathbf{j},\ 0 \le t \le 2\pi$$
$$\mathbf{r}_2(t) = \cos t\mathbf{i} - \sin t\mathbf{j},\ 0 \le t \le 2\pi$$
$$\mathbf{r}_3(t) = \sin 2t\mathbf{i} + \cos 2t\mathbf{j},\ 0 \le t \le 2\pi$$

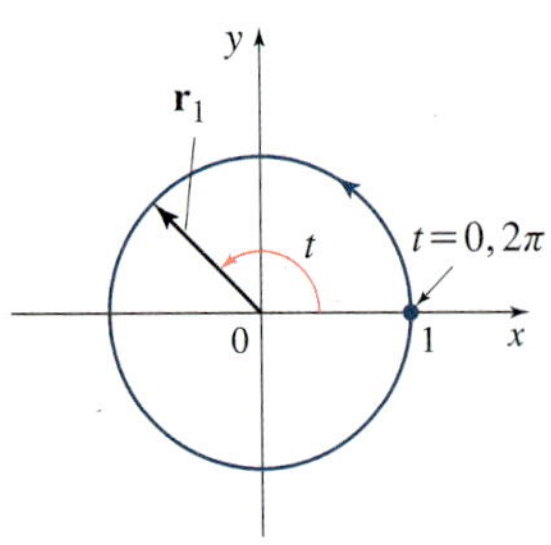

[그림 10.4](a)

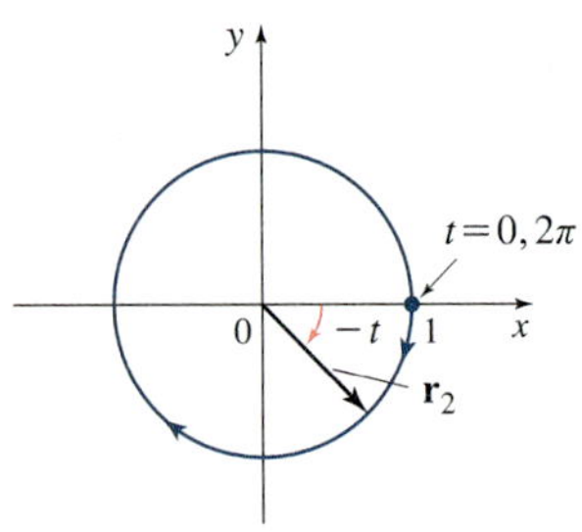

[그림 10.4](b)

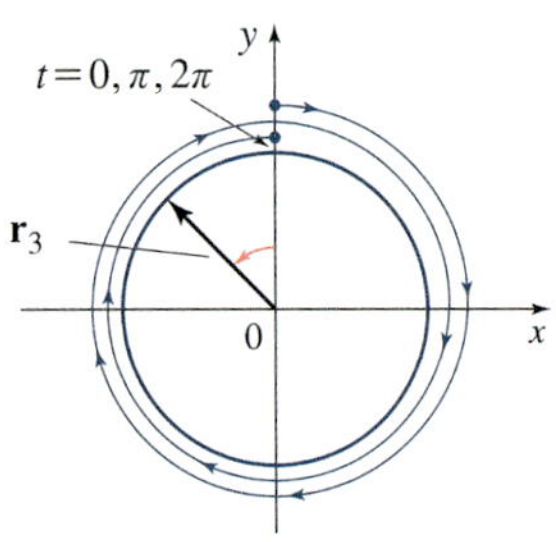

[그림 10.4](c)

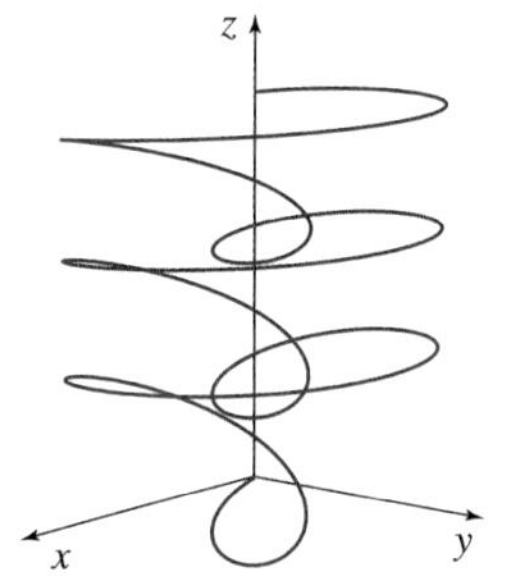

[그림 10.5](a)
$\mathbf{r}(t) = (\sin 3t)(\cos t)\mathbf{i} + (\sin 3t)(\sin t)\mathbf{j} + t\mathbf{k}$

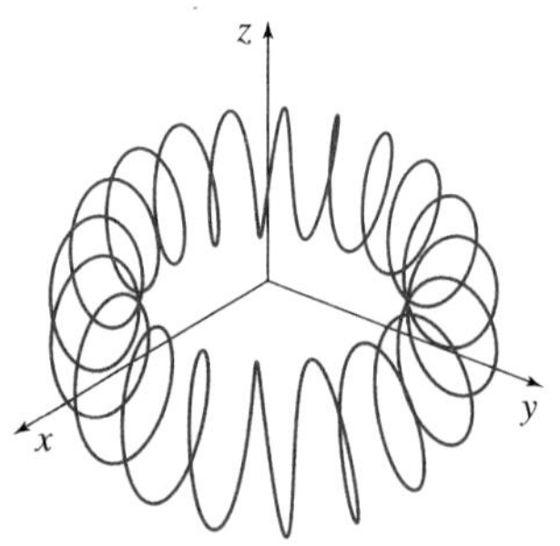

[그림 10.5](b)
$\mathbf{r}(t) = (4 + \sin 20t)(\cos t)\mathbf{i} + (4 + \sin 20t)(\sin t)\mathbf{j} + (\cos 20t)\mathbf{k}$

매개곡선 $\mathbf{r}_1$은 $\mathbf{r}_1(0) = (1,0)$에서 시작하여 $\mathbf{r}_1(2\pi) = (1,0)$까지 중심이 $(0,0)$이고 반지름이 1인 원의 위를 반시계 방향으로 한 바퀴를 회전한다. ([그림 10.4](a) 참고)
매개곡선 $\mathbf{r}_2$는 $\mathbf{r}_2(0) = (1,0)$에서 시작하여 $\mathbf{r}_2(2\pi) = (1,0)$까지 중심이 $(0,0)$이고 반지름이 1인 원의 위를 시계 방향으로 한 바퀴를 회전한다. ([그림 10.4](b) 참고)
매개곡선 $\mathbf{r}_3$은 $\mathbf{r}_3(0) = (0,1)$에서 시작하여 $\mathbf{r}_1(2\pi) = (1,0)$까지 중심이 $(0,0)$이고 반지름이 1인 원을 따라서 반시계 방향으로 두 바퀴를 회전한다. ([그림 10.4](c) 참고)
세 평면곡선 $\mathbf{r}_1$, $\mathbf{r}_2$, $\mathbf{r}_3$의 상이 그리는 곡선은 모두 같은 원이지만 그리는 방법을 다르게 표현한다. 같은 원을 그리지만 원을 그리는 방법은 다양하게 있다.

이러한 곡선의 매개곡선 표현의 좋은 점은 다음과 같다.

- 곡선의 상을 그리는 방향과 속도를 알려준다.
- 평면이나 공간 위의 다양한 곡선의 표현이 가능하다. ([그림 10.5](a), (b) 참고)
- 곡선의 성질을 구하는 데 필요한 계산이 편리하다.

10.2.2 평면곡선

구간 I에서 정의된 연속인 다음 벡터함수 $\mathbf{r}$을 **평면 매개곡선***이라고 한다.

$$\mathbf{r}(t) = \langle x(t), y(t) \rangle = x(t)\mathbf{i} + y(t)\mathbf{j}$$

* 매개곡선의 벡터함수의 정의역을 표시하지 않는 경우는 각 성분함수의 최대정의역으로 정한다.

벡터함수 $\mathbf{r}$의 상 $\mathbf{r}(t)$가 평면의 벡터이고 벡터함수의 정의역 변수 t가 증가하면서 평면벡터 $\mathbf{r}(t)$의 상(image)이 평면에 매개화된 곡선 C를 그리게 된다.
이제 평면 매개곡선과 평면좌표의 방정식 $g(x,y) = 0$의 표현 사이에서 다음과 같이 서로 전환하는 것은 매우 유용하다.

- 주어진 평면 매개곡선을 방정식 $g(x,y) = 0$으로 표현하고 곡선을 그린다.
- 주어진 방정식 $g(x,y) = 0$을 평면 매개곡선으로 표현하고 곡선의 성질을 구한다.

◐ 평면 매개곡선 r을 평면에 매개화된 곡선으로 그리는 방법

[방법1] 구간 I 위의 평면 매개곡선 $\mathbf{r}(t) = \langle x(t), y(t) \rangle = x(t)\mathbf{i} + y(t)\mathbf{j}$에 대하여 구간 I의 몇 개의 대푯값 t에서 곡선 위의 점 $(x(t), y(t))$을 찍고 점들의 사이를 부드럽게 연결한다.

매개화된 곡선은 곡선을 그리는 방향을 표현한 화살표를 표시한다.

[예제 10.4] 평면 벡터함수 $\mathbf{r}(t) = (3t^2)\mathbf{i} + (2t)\mathbf{j}$, $(-2 \le t \le 2)$의 상인 매개화된 곡선을 그려보자.

[풀이] 정의역 구간 $[-2, 2]$의 다섯 개의 $t = -2, -1, 0, 1, 2$에 대하여 곡선 위에 대응하는 점 $(x(t), y(t))$을 구한다. 그러면 다음과 같은 [표 10.1]를 만들 수 있다.

[표 10.1]

t	$x(t)$	$y(t)$	$(x(t), y(t))$
-2	12	-4	$(12, -4)$
-1	3	-2	$(3, -2)$
0	0	0	$(0, 0)$
1	3	2	$(3, 2)$
2	12	4	$(12, 4)$

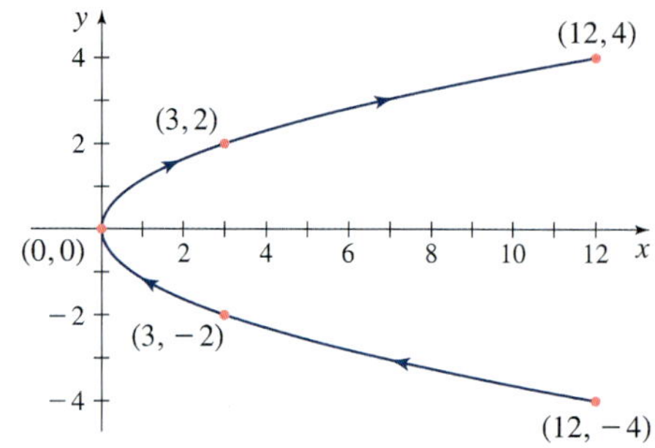

[그림 10.6]

매개화된 곡선은 $t = -2$인 점 $(12, -4)$에서 출발하여 $(3, -2)$, $(0, 0)$, $(3, 2)$를 차례로 거쳐서 $t = 2$인 점 $(12, 4)$에서 끝나는 곡선임을 [그림 10.6]에서 보여주고 있다. 그러므로 정의역 변수 t가 증가함에 따라서 곡선이 그려지는 방향을 화살표로 곡선의 방향을 표시하여 매개화된 곡선을 완성한다. ([그림 10.6] 참고) ■

[방법1]은 몇 개의 점을 연결하는 방법으로, 점의 선택에 따라서 그림이 달라질 수 있다. [방법2]는 [방법1]보다 자세하게 곡선의 개형을 그릴 수 있지만, 그리기 힘든 방정식이 있을 수 있다.

[방법2] 평면 매개곡선 $\mathbf{r}$에서 매개변수 t를 제거하고 성분변수 x와 y 사이의 방정식을 만든다.

구간 I 위의 평면 매개곡선 $\mathbf{r}(t) = \langle x(t), y(t) \rangle = x(t)\mathbf{i} + y(t)\mathbf{j}$의 2개의 성분함수

$$x = x(t),\ y = y(t)$$

에서 매개변수 t를 제거하고 두 변수 x와 y의 방정식 $g(x, y) = 0$을 구하고 방정식 $g(x, y) = 0$의 그래프를 그린다.

매개변수 t를 제거하는 방법을 알아보자. 평면 벡터함수 $\mathbf{r}(t) = (3t^2)\mathbf{i} + (2t)\mathbf{j}$, $(-2 \le t \le 2)$에서 매개변수 t를 제거하여 x, y의 방정식을 구하는 과정을 다음과 같이 알아보자.

성분함수에 의한 매개변수 표현	➡	한 성분함수를 t에 관해 푼다.	➡	다른 성분함수에 대입한다.	➡	방정식 $g(x,y)=0$으로 정리한다.
$x = 3t^2$ $y = 2t$		$t = \dfrac{y}{2}$ $-2 \le t \le 2$		$x = 3\left(\dfrac{y}{2}\right)^2$ $-4 \le y \le 4$		$x = \dfrac{3}{4}y^2$ $-4 \le y \le 4$

[주의] 매개변수 t의 제거에서 정의역 t의 영역을 변수 x 또는 y의 영역으로 표현한다.

매개곡선 $\mathbf{r}$에서 매개변수를 제거한 x와 y의 방정식 $x = \dfrac{3}{4}y^2$의 그래프는 포물선이다. ([그림 10.7] 참고) 매개변수 제거에서 중요한 점은 변수들이 정의되는 영역이다. 벡터함수의 정의역 변수인 t의 변역에서 x또는 y의 변역을 구해야 한다. 평면 매개곡선 $\mathbf{r}(t) = (3t^2)\mathbf{i} + (2t)\mathbf{j}$, $(-2 \le t \le 2)$에서 t의 변역이 $-2 \le t \le 2$로 주어졌다. 매개변수 t를 제거하는 과정에서 t의 변역은 y의 변역인 $-4 \le y \le 4$를 구하는 것은 중요하다.

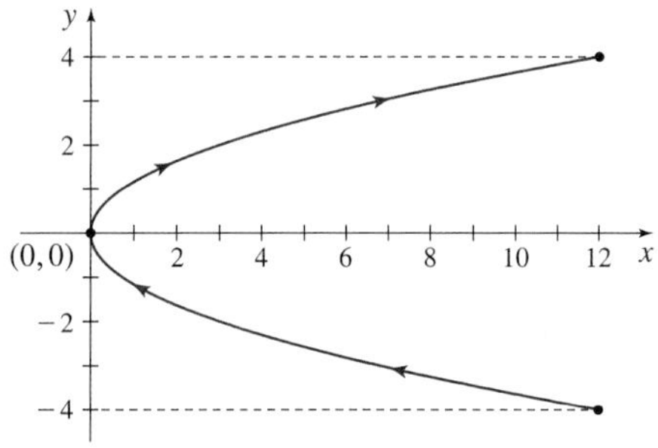

[그림 10.7]

[예제 10.5] 다음 평면 매개곡선으로 표현된 매개화된 곡선을 그려라. [연습문제 1~8]

(1) $\mathbf{r}(t)=\sqrt{t}\,\mathbf{i}+t\mathbf{j},\ t\ge 0$　　(2) $\mathbf{r}(t)=t\mathbf{i}+t^2\mathbf{j}$

(3) $\mathbf{r}(t)=-t\mathbf{i}+t^2\mathbf{j}$

[풀이] (1) 평면 매개곡선 $\mathbf{r}(t)=\sqrt{t}\,\mathbf{i}+t\mathbf{j}$ $(t\ge 0)$의 2개의 성분함수는

$$x=\sqrt{t},\ (t\ge 0)\ \text{그리고}\ y=t$$

이고 $t=y,\ (y\ge 0)$를 대입하면 $x=\sqrt{y}$이고 $y=x^2,\ (x\ge 0)$이다. 그러므로 $y=x^2,\ (x\ge 0)$이므로 곡선은 포물선의 일부인 [그림 10.8](a)이다. 또한 매개변수 $t\ge 0$이므로 $t=0$이면 $(x,y)=(0,0)$이고 $t=1$이면 $(x,y)=(1,1)$이므로 곡선의 방향은 [그림 10.8](a)에서 볼 수 있다.

(2) 평면 매개곡선 $\mathbf{r}(t)=t\mathbf{i}+t^2\mathbf{j}$의 2개의 성분함수는 다음과 같다.

$$x=t\ \text{그리고}\ y=t^2$$

$t=x$를 대입하면 $y=x^2$. 그러므로 $y=x^2$의 그래프는 포물선으로 [그림 10.8](b)이다. 또한 $t=-1$일 때 $(x,y)=(-1,1)$이고 $t=0$일 때 $(x,y)=(0,0)$이고 $t=1$이면 $(x,y)=(1,1)$이므로 곡선의 방향은 [그림 10.8](b)에서 볼 수 있다.

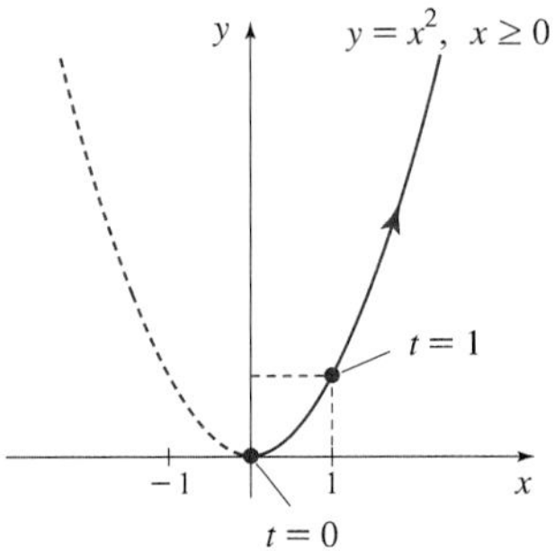

[그림 10.8](a)
$y=x^2,\ (x\ge 0)$

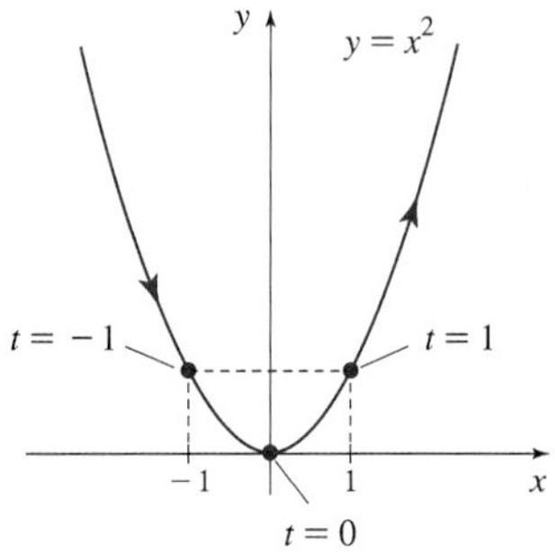

[그림 10.8](a)
$y=x^2$

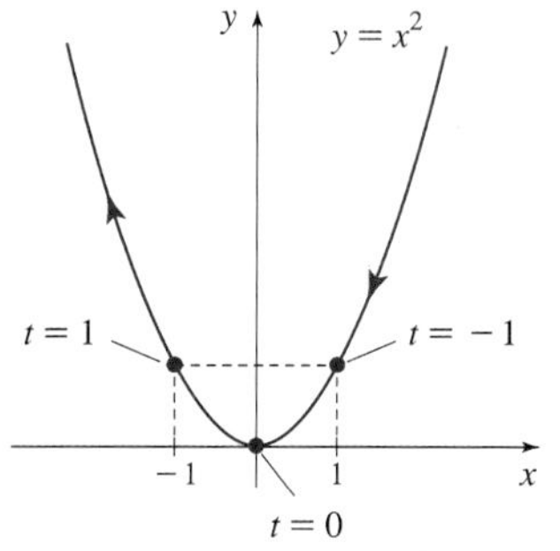

[그림 10.8](a)
$y=x^2$

(3) 평면 매개곡선 $\mathbf{r}(t) = -t\mathbf{i} + t^2\mathbf{j}$의 성분함수의 매개변수 표현은 다음과 같다.

$$x = -t \text{ 그리고 } y = t^2$$

$t = -x$를 대입하면 $y = (-x)^2 = x^2$. 그러므로 $y = x^2$이고 그래프는 포물선이다. $t = -1$일 때 $(x, y) = (1, 1)$이고 $t = 0$일 때 $(x, y) = (0, 0)$이고 $t = 1$이면 $(x, y) = (-1, 1)$이므로 곡선의 개형과 방향은 [그림 10.8](c)에서 볼 수 있다. ■

[예제 10.5]에서 (2)의 곡선과 (3)의 곡선은 같은 포물선으로 그려진다. 그러나 포물선을 그리는 화살표의 방향은 반대이다.

[그림 10.8](a), (b), (c)는 포물선 $y = x^2$을 나타내지만 매개곡선 $\mathbf{r}$에 따라서 [그림 10.8](a)는 포물선이 그려지는 부분이 다르고 [그림 10.8](b)와 (c)는 그려진 곡선은 같지만 곡선을 그리는 방향이 다르다. 매개화된 곡선을 그리는 경우 곡선의 방향을 화살표로 표시하는 것이 중요하다.

[예제 10.6] 다음 평면 매개곡선의 상(image)인 매개화된 곡선을 그려라. [연습문제 9~13]

(1) $\mathbf{r}(t) = (3\cos t)\mathbf{i} + (3\sin t)\mathbf{j}, \ (0 \le t \le 2\pi)$

(2) $\mathbf{r}(t) = (-3\sin t)\mathbf{i} + (3\cos t)\mathbf{j}, \ (0 \le t \le \pi)$

[풀이] (1) 사인함수와 코사인함수로 이루어진 항등식은 다음과 같다.

$$\cos^2 t + \sin^2 t = 1 \tag{10.6}$$

항등식 (10.6)을 이용하여 매개변수 t를 제거한다.
평면 매개곡선 $\mathbf{r}(t) = (3\cos t)\mathbf{i} + (3\sin t)\mathbf{j}$의 2개의 성분함수는

$$x = 3\cos t \quad y = 3\sin t$$

이므로 식 (10.6)을 사용하기 위하여 매개변수 표현을 다음과 같이 변형하자.

$$\cos t = \frac{x}{3} \quad \sin t = \frac{y}{3}$$

매개변수 t를 제거하기 위하여 식 (10.6)에 대입하면 다음과 같다.

$$\left(\frac{x}{3}\right)^2 + \left(\frac{x}{3}\right)^2 = 1 \text{이고 } x^3 + y^2 = 9$$

즉, 매개화된 곡선은 중심이 $(0, 0)$이고 반지름이 3인 원이다.
매개변수 $\mathbf{r}$의 정의역이 $0 \le t \le 2\pi$이므로 $t = 0$인 점 $(3, 0)$에서 출발해서 $t = \frac{\pi}{2}$인 점 $(0, 3)$을 통과해서 $t = \pi$인 점 $(-3, 0)$을 거쳐서 $t = 2\pi$인 점 $(3, 0)$인 시작점과 끝점이 같다. 평면 매개곡선 $\mathbf{r}$의 매개화된 곡선은 중심이 $(0, 0)$이고 반지름이 3인 원을 반시계방향으로 한 바퀴 회전한 곡선을 그리면 [그림 10.9](a)이다.

(2) (1)과 비슷한 방법으로 평면 매개곡선 $\mathbf{r}(t) = (-3\sin t)\mathbf{i} + (3\cos t)\mathbf{j}$의 2개의 성분함수는 다음과 같다.

$$x = -3\sin t, \quad y = 3\cos t$$

매개변수 t를 제거하기 위해 항등식 (10.6)에 대입을 하면 다음과 같다.

$$\left(-\frac{x}{3}\right)^2 + \left(\frac{x}{3}\right)^2 = 1 \text{이고} \quad x^3 + y^2 = 9$$

매개화된 곡선의 중심이 $(0,0)$이고 반지름이 3인 원이다.
매개곡선 $\mathbf{r}$의 정의역이 $0 \le t \le \pi$이므로 원을 $t=0$인 점 $(0,3)$에서 출발해서 $t=\frac{\pi}{2}$인 점 $(-3,0)$을 통과해서 $t=\pi$인 점 $(0,-3)$에서 끝난다. 평면 매개곡선 $\mathbf{r}$의 매개화된 곡선은 중심이 $(0,0)$이고 반지름이 3인 원 위의 점 $(0,3)$에서 시작하여 점 $(0,-3)$까지 원 위를 반시계방향으로 반 바퀴 회전한 곡선을 그리면 [그림 10.9](b)이다.

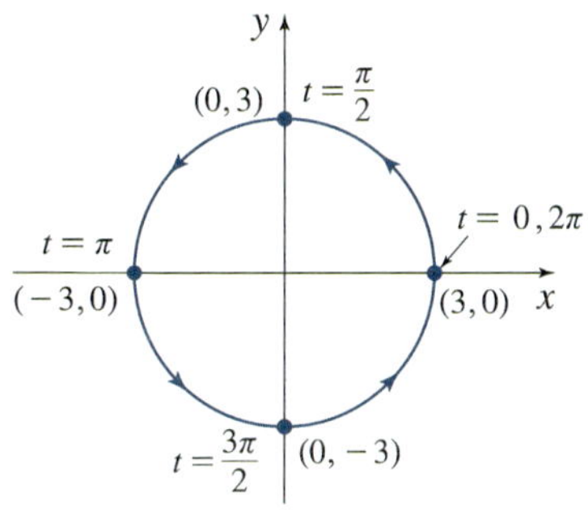

[그림 10.9](a)

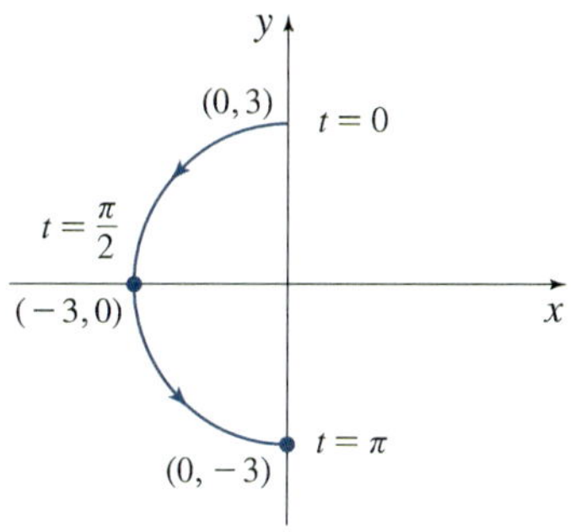

[그림 10.9](b) ■

◐ 평면의 방정식 $g(x,y)=0$을 평면 매개곡선 $\mathbf{r}$로 변환하는 방법

주어진 방정식 $g(x,y)=0$의 그래프는 이미 그려진 평면의 곡선이고 이 곡선을 그리는 방법으로 매개화 $\mathbf{r}$을 구한다.

평면의 방정식 $g(x,y)=0$의 그래프로 그려진 곡선을 곡선의 매개곡선으로 구해보자. 주의할 점은 주어진 방정식의 그래프의 매개곡선 표현을 구하는 것은 방정식의 그래프를 그리는 방법이므로 다양한 매개곡선 표현 $\mathbf{r}$을 만들 수 있다는 점이다.

[1] 실함수 $y=f(x)$ 또는 $x=g(y)$의 그래프를 그린 평면곡선의 매개화

실함수 $y=f(x)$ 또는 $x=g(y)$의 그래프는 평면에 그려지는 대표적인 곡선이다. 우선 정의역의 변수를 매개변수 t로 잡고 매개변수 표현을 한다.

① 구간 I에서 정의된 실함수 $y=f(x)$의 그래프를 그린 곡선 C인 경우
정의역 변수 x를 매개변수 t로 놓으면 다음과 같은 평면 매개곡선의 성분함수

$$x=t, \quad y=f(t)$$

을 만들 수 있다. 그러면 구간 I에서 정의된 실함수 $y=f(x)$의 그래프에 대한 평면 매개곡선 표현 $\mathbf{r}$은 다음과 같다.

구간 I^* 내의 t에 대하여, $\mathbf{r}(t) = t\mathbf{i} + f(t)\mathbf{j}$

* 구간 I는 실함수 f의 정의역이고 평면 매개곡선 $\mathbf{r}$의 정의역이다.

② 구간 I에서 정의된 실함수 $x=g(y)$의 그래프를 그린 곡선 C인 경우 정의역 변수 y를 매개변수 t로 놓으면 다음과 같은 평면 매개곡선의 성분함수

$$x=g(t),\quad y=t$$

를 만들 수 있다. 그러면 구간 I에서 정의된 실함수 $x=g(y)$의 그래프에 대한 평면 매개곡선 표현 $\mathbf{r}$은 다음과 같다.

* 구간 I는 실함수 g의 정의역이고 평면 매개곡선 $\mathbf{r}$의 정의역이다.

구간 I* 내의 t에 대하여, $\mathbf{r}(t)=g(t)\mathbf{i}+t\mathbf{j}$

[주의] 실함수 형태 $y=f(x)$ 또는 $x=g(y)$의 그래프의 매개곡선 표현은 정의역 변수를 t로 놓는다.

[1] 함수 형태 방정식의 평면 매개곡선 표현

① 구간 I 위의 실함수 $y=f(x)$의 그래프에 대한 평면 매개곡선 표현은 다음과 같다.

$$\mathbf{r}(t)=t\mathbf{i}+f(t)\mathbf{j},\quad t\in I$$

② 구간 I 위의 실함수 $x=g(y)$의 그래프에 대한 평면 매개곡선 표현은 다음과 같다.

$$\mathbf{r}(t)=g(t)\mathbf{i}+t\mathbf{j},\quad t\in I$$

[예제 10.7] 다음 방정식의 그래프에 대한 평면 매개곡선 $\mathbf{r}$을 구하여라. [연습문제 14~20]

(1) $y=9-x^2,\ (-1\le x\le 3)$ (2) $x=y^2-2y+1$

[풀이]

(1) 방정식 $y=9-x^2$은 x축이 정의역인 함수 형태이다. 그러므로 정의역 변수 x를 매개변수 t로 잡으면 다음과 같이 평면 매개곡선 $\mathbf{r}$의 성분함수를 놓는다.

$$x=t,\quad y=9-t^2,\ (-1\le t\le 3)$$

그러면 평면 매개곡선 표현 $\mathbf{r}$은 다음과 같다.

$$\mathbf{r}(t)=t\mathbf{i}+(9-t^2)\mathbf{j},\ (-1\le t\le 3)$$

(2) 방정식 $x=y^2-2y+1$은 y축이 정의역인 함수 형태이다. 그러므로 정의역 변수 y를 매개변수 t로 잡으면 다음과 같은 평면 매개곡선 $\mathbf{r}$의 성분함수를 놓는다.

$$x=t^2-2t+1,\quad y=t$$

그러면 평면 매개곡선 표현 $\mathbf{r}$은 다음과 같다.

$$\mathbf{r}(t)=(t^2-2t+t)\mathbf{i}+t\mathbf{j}$$ ■

* 원이나 타원 형태의 평면곡선은 **닫힌 단순곡선**을 의미한다. 즉,
- 시작점과 끝점이 같고
- 중간에 교차점이 없는 곡선이다.

이러한 닫힌 곡선은 주기적인 표현을 한다. 타원의 방정식에서 $a = b = r$인 경우 원의 방정식이 된다.

[2] 원이나 타원 형태의 평면곡선*의 매개화

평면 위의 곡선인 원이나 타원에 대한 표준형 방정식은 다음과 같다.

타원의 표준형 방정식: $\dfrac{(x-x_0)^2}{a^2}+\dfrac{(y-y_0)}{b^2}=1$

원의 표준형 방정식: $(x-x_0)^2+(y-y_0)^2=r^2$

타원의 표준형 방정식과 원의 표준형 방정식은 다음 항등식과 비슷한 형태이다.

$$\cos^2 t+\sin^2 t=1 \tag{10.6}$$

① 원의 표준형 방정식 $(x-a)^2+(y-b)^2=r^2$에 대하여 $\left(\dfrac{x-x_0}{r}\right)^2+\left(\dfrac{y-y_0}{r}\right)^2=1$을 식 (10.6)과 비교를 하면 다음과 같이 놓을 수 있다.

$$\frac{x-x_0}{r}=\cos t \quad \text{그리고} \quad \frac{y-y_0}{r}=\sin t$$

그러므로 성분함수로 풀어서 평면 매개곡선 $\mathbf{r}$의 성분함수는 다음과 같다.

$$x=r\cos t+x_0 \quad \text{그리고} \quad y=r\sin t+y_0$$

평면 매개곡선 $\mathbf{r}$을 다음과 같이 표현한다.

** t의 구간 $(0 \le t \le 2\pi)$를 쓰지 않아도 된다.

$$\mathbf{r}(t)=(r\cos t+x_0)\mathbf{i}+(r\sin t+y_0)\mathbf{j},\ (0 \le t \le 2\pi)^{**}$$

② 타원의 표준형 방정식 $\dfrac{(x-x_0)^2}{a^2}+\dfrac{(y-y_0)}{b^2}=1$에 대하여 $\left(\dfrac{x-x_0}{a}\right)^2+\left(\dfrac{y-y_0}{b}\right)^2=1$을 식 (10.6)과 비교를 하여 다음과 같이 놓을 수 있다.

$$\frac{x-x_0}{a}=\cos t \quad \text{그리고} \quad \frac{y-y_0}{b}=\sin t$$

그러므로 성분함수로 풀면 평면 매개곡선 $\mathbf{r}$의 성분함수는 다음과 같다.

$$x=a\cos t+x_0 \quad \text{그리고} \quad y=b\sin t+y_0$$

평면 매개곡선 $\mathbf{r}$로 다음과 같이 표현한다.

*** t의 구간 $(0 \le t \le 2\pi)$를 쓰지 않아도 된다.

$$\mathbf{r}(t)=(a\cos t+x_0)\mathbf{i}+(b\sin t+y_0)\mathbf{j},\ (0 \le t \le 2\pi)^{***}$$

[참고]

(1) 원 또는 타원의 매개화 식 (10.7)은 시작점인 $t=0$을 x축의 양의 방향에서 반시계방향으로 그리는 방법(매개화)을 선택한 것이다.

[2] 원 또는 타원 형태의 방정식의 평면 매개곡선 표현

원 또는 타원의 표준형 방정식 $\left(\dfrac{x-x_0}{a}\right)^2+\left(\dfrac{y-y_0}{b}\right)^2=1$의 그래프에 대한 평면 매개곡선 $\mathbf{r}$은 다음과 같다.

(2) 매개곡선의 정의역 $0 \le t \le 2\pi$은 평면에서 한바퀴를 그린 것으로 삼각함수의 주기성에 의해 $[0, 2\pi]$ 이외의 구간에서는 같은 곡선을 반복해서 그린다.

$$\mathbf{r}(t) = (a\cos t + x_0)\mathbf{i} + (b\sin t + y_0)\mathbf{j}, \ (0 \le t \le 2\pi) \tag{10.7}$$

[예제 10.8] 원의 방정식 $(x-1)^2 + (y+2)^2 = 9$의 평면 매개곡선 $\mathbf{r}$을 구하여라. [연습문제 14~20]

[풀이] 원의 방정식 $(x-1)^2 + (y+2)^2 = 9$을 다음과 같이 변형하자.

$$\left(\frac{x-1}{3}\right)^2 + \left(\frac{y+2}{3}\right)^2 = 1$$

식 (10.7)을 사용하면 $\frac{x-1}{3} = \cos t$이고 $\frac{y+2}{3} = \sin t$이므로 매개곡선 $\mathbf{r}$의 성분함수를 다음과 같이 놓자.

$$x = 3\cos t + 1, \ y = 3\sin t - 2$$

따라서 원의 방정식 $(x-1)^2 + (y+2)^2 = 9$의 평면 매개곡선 $\mathbf{r}$은 다음과 같다.

$$\mathbf{r}(t) = (3\cos t + 1)\mathbf{i} + (3\sin t - 2)\mathbf{j}, \ (0 \le t \le 2\pi)$$ ■

[예제 10.9] 타원의 방정식 $\frac{x^2}{9} + \frac{y^2}{16} = 1$의 평면 매개곡선 $\mathbf{r}$을 구하여라. [연습문제 14~20]

[풀이] 타원의 방정식 $\frac{x^2}{9} + \frac{y^2}{16} = 1$을 변형하면 다음과 같다.

$$\left(\frac{x}{3}\right)^2 + \left(\frac{y}{4}\right)^2 = 1$$

식 (10.7)을 사용하면 타원의 방정식 $\frac{x^2}{9} + \frac{y^2}{16} = 1$의 평면 매개곡선 $\mathbf{r}$의 성분함수를 다음과 같이 놓을 수 있다.

$$\frac{x}{3} = \cos t \ \text{그리고} \ \frac{y}{4} = \sin t$$

타원의 방정식 $\frac{x^2}{9} + \frac{y^2}{16} = 1$의 평면 매개방정식 $\mathbf{r}$은 다음과 같다.

$$\mathbf{r}(t) = 3\cos t\mathbf{i} + 4\sin t\mathbf{j}, \ (0 \le t \le 2\pi)$$ ■

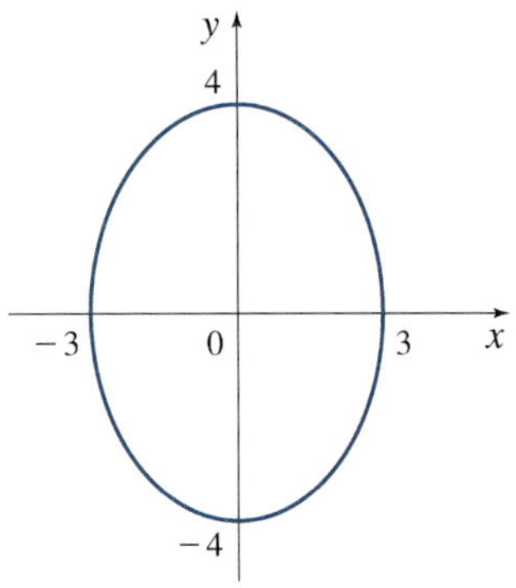

[그림 10.10]
$\mathbf{r}(t) = 3\cos t\mathbf{i} + 4\sin t\mathbf{j}$의 상

[3] 직선이나 선분의 매개화

직선이나 선분은 매우 자주 접하는 간단한 곡선이다. 직선이나 선분을 매개곡선 $\mathbf{r}$로 표현하는 것을 다음 예제를 풀면서 알아보자.

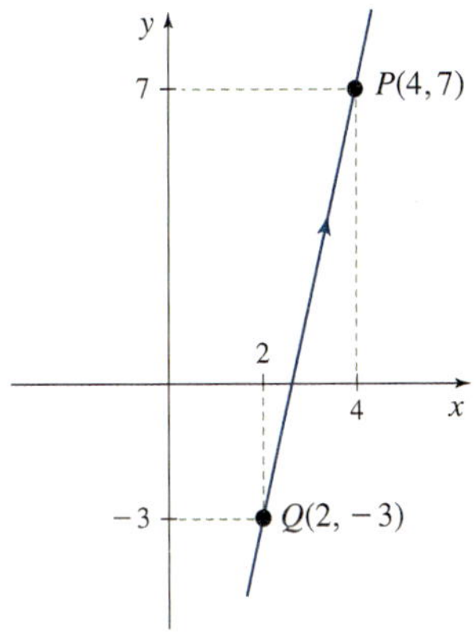

[그림 10.11](a)

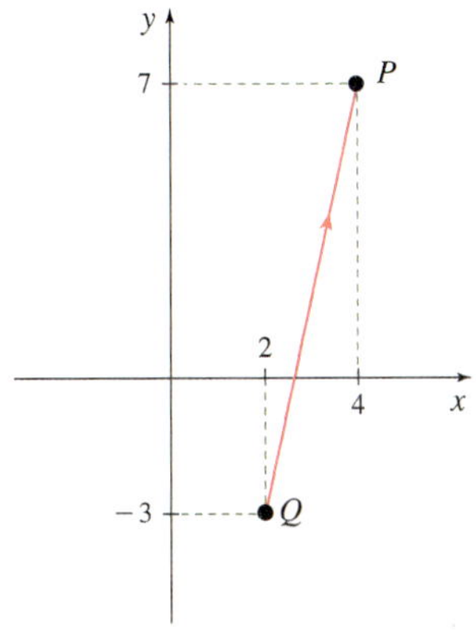

[그림 10.11](b)

[예제 10.10] 평면의 두 점 $P(4,7)$와 $Q(2,-3)$에 대하여 [연습문제 20~24]

(1) 두 점 P와 Q를 지나는 직선에 대한 평면 매개곡선을 구하여라.

(2) 두 점 P와 Q를 잇는 선분에 대한 평면 매개곡선을 구하여라.

[풀이]

(1) 평면의 두 점 $P(4,7)$와 $Q(2,-3)$을 지나는 직선은 점 $P(4,7)$를 지나고 기울기는 $\dfrac{7-(-3)}{4-2}=5$인 직선이다. 그러므로 직선의 방정식은 다음과 같다.

$$(y-7)=5(x-4) \text{이고 } y=5x-7$$

직선의 그래프는 [그림 10.11](a)에서 볼 수 있다.
P와 Q를 지나는 직선의 방정식 $y=5x-7$는 정의역 변수가 x인 함수형태이므로 직선의 평면 매개곡선 $\mathbf{r}$은 다음과 같다.

$$\mathbf{r}(t)=t\mathbf{i}+(5t-13)\mathbf{j}$$

(2) 두 점 P와 Q를 잇는 선분은 두 점 P와 Q를 잇는 직선의 일부분이다. 그러므로 선분의 평면 매개곡선은 직선의 평면 매개곡선과 같다. 단, 선분의 벡터함수의 정의역은 $t=x$이므로 두 점 P와 Q 사이는 $2\le t\le 4$이다. ([그림 10.11](b) 참고)
두 점 P와 Q를 잇는 선분의 그래프는 [그림 10.11](b)에서 볼 수 있다.
그러므로 P와 Q 사이의 선분의 평면 매개곡선 $\mathbf{r}$은 다음과 같다.

$$\mathbf{r}(t)=t\mathbf{i}+(5t-13)\mathbf{j},\ \ (2\le t\le 4)$$ ■

[예제 10.10]에서 평면에서의 두 점 사이의 직선과 선분의 평면 매개곡선 표현을 알아보았다. 평면의 직선의 방정식은 일반적으로 기울기 a를 갖는 $y=ax+b$로 표현하지만 y축에 평행한 수직직선은 방정식 $x=c$으로 표현한다. 그러므로 수직직선 $x=c$의 평면 매개곡선 $\mathbf{r}$은 다음과 같이 표현한다.

$$\mathbf{r}(t)=c\mathbf{i}+t\mathbf{j}$$

y축에 평행한 선분인 경우는 정의역을 제한하여 표현한다.

$$\mathbf{r}(t)=c\mathbf{i}+t\mathbf{j},\ \ (a\le t\le b)$$

◐ 조각적 부드러운 곡선의 평면 매개곡선 표현

곡선의 중요한 점은 곡선을 그리는 방법인 매개곡선이 연속인 벡터함수인 것이다. 즉, 연결되도록 그려진 곡선을 의미한다. 일반적으로 꺾이지 않고 부드럽게 그려진 곡선에 대한 매개곡선 표현을 알아보았다. 이번에는 삼각형이나 사각형 그리고 반원과 같은 꺾여진 부분이 있는 연결된 곡선인 경우의 매개곡선 표현을 알아보자. 부드럽게 연결된 유한개의 곡선이 연결된 형태*이므로 각 부드러운 곡선 부분에 대한 매개곡선을 구하고 이들을 연결하는 매개곡선으로 표현한다.

* 부드럽게 연결된 유한개의 곡선이 연결된 곡선을 **조각적 부드러운**(piecewise smooth) 곡선이라고 한다. 즉, 유한개의 점에서 꺾인 곡선을 말한다.

매개화된 곡선은 곡선을 그리는 방향을 표시한 곡선이므로 매개곡선을 구할 때 방향을 주의해야 한다.

[예제 10.11] 평면좌표 위의 주어진 매개화된 곡선을 표현하는 평면 매개곡선을 구하여라. [연습문제 25~28]

(1)

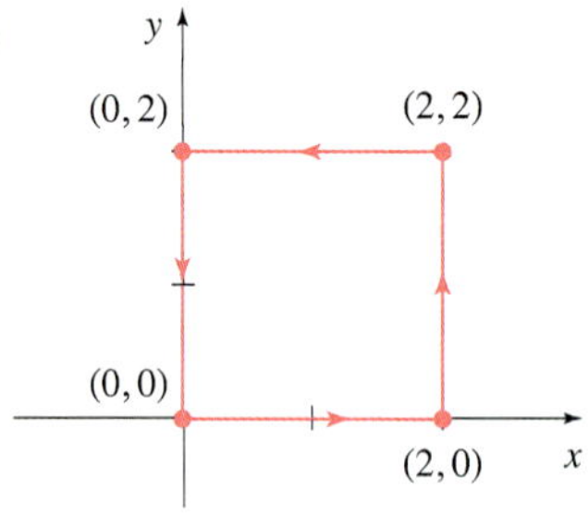

(2)

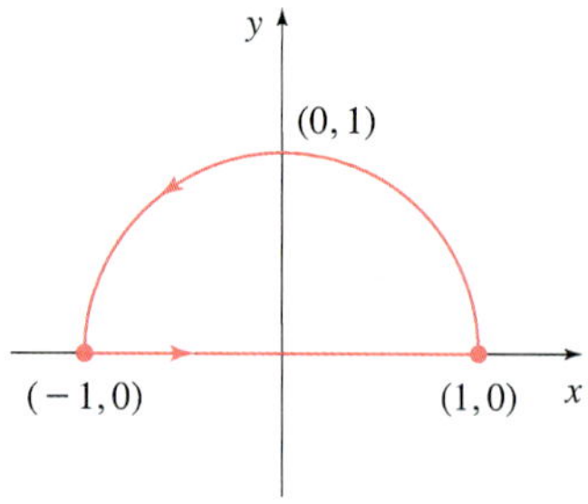

[풀이]

(1) 사각형은 연결된 네 개의 선분으로 이루어진다.

점 $(0,0)$에서 점 $(2,0)$까지의 선분의 평면 매개곡선인 $\mathbf{r}$은 x축 위의 선분이므로

$$\mathbf{r}(t) = t\mathbf{i},\ 0 \le t \le 2.$$

점 $(2,0)$에서 점 $(2,2)$까지의 선분의 평면 매개곡선인 $\mathbf{r}$은 y축에 평행한 선분이므로

$$\mathbf{r}(t) = 2\mathbf{i} + (t-2)\mathbf{j},\ 2 \le t \le 4.$$

점 $(2,2)$에서 점 $(0,2)$까지의 선분의 평면 매개곡선인 $\mathbf{r}$은 x축에 평행한 선분이므로

$$\mathbf{r}(t) = (6-t)\mathbf{i} + 2\mathbf{j},\ 4 \le t \le 6.$$

점 $(0,2)$에서 점 $(0,0)$까지의 선분의 평면 매개곡선인 $\mathbf{r}$은 y축 위의 선분이므로

$$\mathbf{r}(t) = (8-t)\mathbf{j},\ 6 \le t \le 8.$$

즉, 사각형의 평면 매개곡선 $\mathbf{r}(t) = \begin{cases} t\mathbf{i}, & 0 \le t \le 2 \\ 2\mathbf{i} + (t-2)\mathbf{j}, & 2 \le t \le 4 \\ (6-t)\mathbf{i} + 2\mathbf{j}, & 4 \le t \le 6 \\ (8-t)\mathbf{j}, & 6 \le t \le 8 \end{cases}$ 이다.*

* 일반적으로 조각적 부드러운 곡선의 매개곡선은 *와 같이 주어진다. t의 연속된 범위에 따른 식을 표현하는 것이 번거로울 수 있다. 매개변수를 응용하는 입장에서는 단순하게 다음과 같이 표현해도 혼돈을 주지 않는다. 단, 방향은 중요하다.

(1) $\mathbf{r}(t) = \begin{cases} t\mathbf{i}, & 0 \le t \le 2 \\ 2\mathbf{i} + t\mathbf{j}, & 0 \le t \le 2 \\ (2-t)\mathbf{i} + 2\mathbf{j}, & 0 \le t \le 2 \\ (2-t)\mathbf{j}, & 0 \le t \le 2 \end{cases}$

(2) $\mathbf{r}(t) = \begin{cases} \cos t\mathbf{i} + \sin t\mathbf{j}, & 0 \le t \le \pi \\ t\mathbf{i}, & -2 \le t \le 2 \end{cases}$

(2) 주어진 곡선은 반원과 선분으로 이루어져 있다.

반원은 중심이 점 $(0,0)$이고 반지름이 1인 원의 일부이다.

점 $(1,0)$에서 점 $(0,1)$를 통과하여 점 $(-1,0)$까지 반시계 방향의 반원의 평면 매개곡선인 $\mathbf{r}$은 다음과 같다.

$$\mathbf{r}(t) = \cos t\mathbf{i} + \sin t\mathbf{j},\ 0 \le t \le \pi$$

점 $(-1,0)$에서 점 $(1,0)$까지의 선분의 평면 매개곡선 $\mathbf{r}$은 다음과 같다.

$$\mathbf{r}(t) = (t - \pi - 1)\mathbf{i},\ (\pi \le t \le \pi + 2)$$

주어진 곡선의 매개곡선 표현은 $\mathbf{r}(t) = \begin{cases} \cos t\mathbf{i} + \sin t\mathbf{j}, & 0 \le t \le \pi \\ (t - \pi - 2)\mathbf{i}, & \pi \le t \le \pi + 2 \end{cases}$ 이다. ■

10.2.3 공간곡선

* 공간 매개곡선 $\mathbf{r}$은 벡터함수이고 정의역이 표시되지 않았으면 최대정의역으로 생각한다.

구간 I에서 정의된 연속인 공간 벡터함수 $\mathbf{r}$*은 공간 매개곡선이다.

$$\mathbf{r}(t) = \langle x(t), y(t), z(t) \rangle = x(t)\mathbf{i} + y(t)\mathbf{j} + z(t)\mathbf{k}$$

** 공간 매개곡선의 상은 벡터이지만 위치벡터의 끝점이 그리는 자취라고 보는 것이 편리하다.

공간 매개곡선 $\mathbf{r}$의 상은 공간벡터이고 벡터함수의 정의역 변수 t가 증가하면서 매개곡선 $\mathbf{r}(t)$의 상(image)이 공간곡선 C를 그린다.**
매개곡선의 벡터함수의 정의역을 표시하지 않는 경우는 각 성분함수의 최대 정의역으로 정한다.

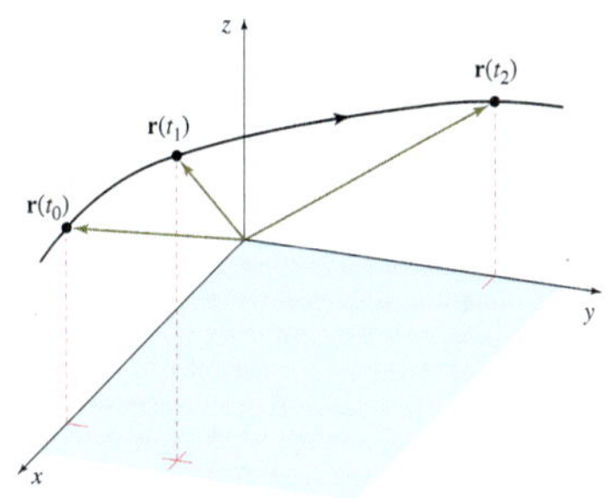

공간 벡터함수 $\mathbf{r}(t) = x(t)\mathbf{i} + y(t)\mathbf{j} + z(t)\mathbf{k}$의 상

◐ 공간 매개곡선 r을 공간의 매개화된 곡선으로 그리는 방법

공간 매개곡선 $\mathbf{r}(t) = \langle x(t), y(t), z(t) \rangle = x(t)\mathbf{i} + y(t)\mathbf{j} + z(t)\mathbf{k}$의 성분함수는

$$x = x(t),\ y = y(t),\ z = z(t)$$

이다. 공간좌표계의 세 개의 좌표평면에 사영된 곡선의 상을 보고 공간의 매개화된 곡선 C를 그린다.

[예제 10.12] 다음 공간 매개곡선의 매개화된 곡선을 그려라. [연습문제 29~35]

(1) $\mathbf{r}(t) = \cos t\mathbf{i} + \sin t\mathbf{j}$　　　(2) $\mathbf{r}(t) = \cos t\mathbf{i} + \sin t\mathbf{j} + 2\mathbf{k}$

(3) $\mathbf{r}(t) = \cos t\mathbf{i} + \sin t\mathbf{j} + t\mathbf{k}$　　　(4) $\mathbf{r}(t) = \cos t\mathbf{i} + \sin t\mathbf{j} + \dfrac{3}{10}t\mathbf{k}$

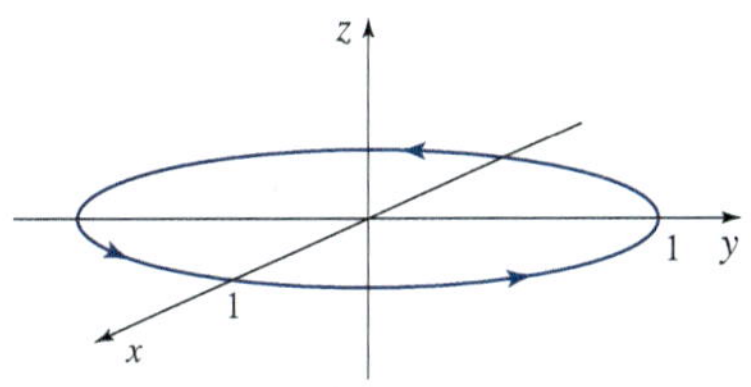

[그림 10.12](a)
$\mathbf{r}(t) = \cos t\mathbf{i} + \sin t\mathbf{j}$

[풀이] (1) 공간 벡터함수 $\mathbf{r}(t) = \cos t\mathbf{i} + \sin t\mathbf{j}$의 성분함수는 다음과 같다.

$$x = \cos t,\ \ y = \sin t,\ \ z = 0$$

매개변수 t를 제거하면 $x^2 + y^2 = 1$ 그리고 $z = 0$이다.
평면 $z = 0$은 xy-좌표평면이므로 xy-좌표평면 위에 놓인 $x^2 + y^2 = 1$이다.
평면 $z = 0$ 위에서 중심이 원점 $(0, 0)$이고 반지름이 1인 원의 매개화는 [그림 10.12](a)이다.

(2) 공간 벡터함수 $\mathbf{r}(t) = \cos t\mathbf{i} + \sin t\mathbf{j} + 2\mathbf{k}$의 성분함수는 다음과 같다.

$$x = \cos t,\ \ y = \sin t,\ \ z = 2$$

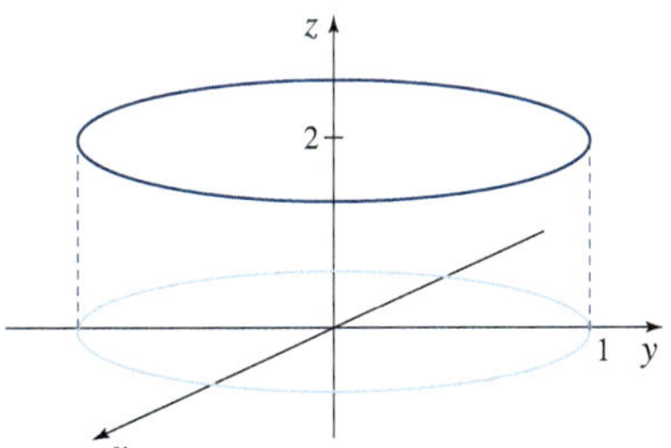

[그림 10.12](b)
$\mathbf{r}(t) = \cos t\mathbf{i} + \sin t\mathbf{j} + 2\mathbf{k}$

매개변수 t를 제거하면 $x^2 + y^2 = 1$ 그리고 $z = 2$이다.
$z = 2$는 xy-평면에 평행한 평면이므로 평면 $z = 2$ 위에 놓인 $x^2 + y^2 = 1$이다.
그러므로 평면 $z = 2$ 위에 놓인 매개곡선 $x = \cos t$과 $y = \sin t$이다.
평면 $z = 2$ 위에서 중심이 원점 $(0, 0)$이고 반지름이 1인 원의 성분함수의 매개변수 표현은 [그림 10.12](b)이다.

(3) 공간 벡터함수 $\mathbf{r}(t) = \cos t\mathbf{i} + \sin t\mathbf{j} + t\mathbf{k}$의 성분함수는 다음과 같다.

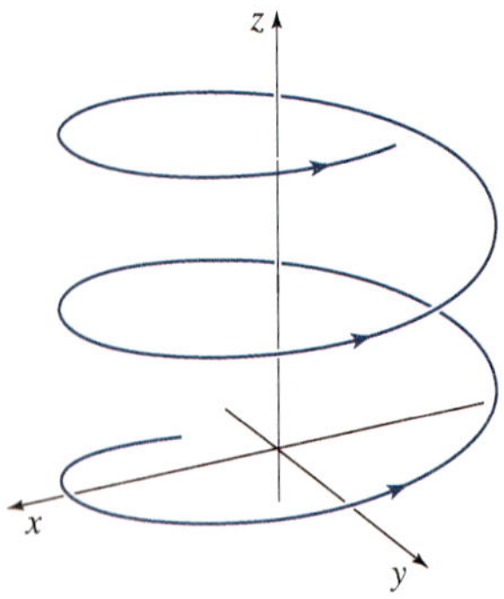

[그림 10.13](a)

$$x = \cos t,\ y = \sin t,\ z = t$$

매개변수 t를 제거하면 다음과 같은 방정식을 만족한다.

$$x^2 + y^2 = (\cos t)^2 + (\sin t)^2 = 1$$

- 공간 매개곡선 $\mathbf{r}(t)$의 xy-좌표평면에 사영된 곡선은 중심이 점 $(0, 0)$이고 반지름이 1인 원을 반시계 방향으로 그리고 있고
- 공간 매개곡선 $\mathbf{r}(t)$은 공간 곡면인 원기둥 $x^2 + y^2 = 1$ 위에 있음을 알 수 있다. 공간 매개방정식에서 $z = t$는 매개변수 t가 z 방향으로 증가한다.

공간 매개곡선 $\mathbf{r}(t)$의 상(image)는 매개변수 t가 증가할 때 원기둥을 반시계 방향으로 회전하면서 z축으로도 증가하는 곡선으로 [그림 10.13](a)에서 볼 수 있다.

(4) 공간 벡터함수 $\mathbf{r}(t) = \cos t\mathbf{i} + \sin t\mathbf{j} + \frac{3}{10}t\mathbf{k}$의 3개의 성분함수는 다음과 같다.

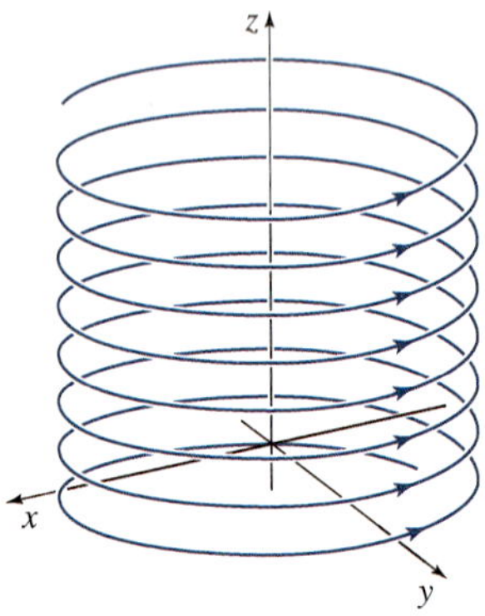

[그림 10.13](b)

$$x = \cos t,\ y = \sin t,\ z = \frac{3}{10}t$$

[예제 10.12](3)에서와 같이 $x^2 + y^2 = 1$을 만족하므로 공간 매개곡선 $\mathbf{r}(t)$은 공간의 곡면인 원기둥 $x^2 + y^2 = 1$ 위에 있다.

또한 매개변수 t가 증가할 때 원기둥을 반시계 방향으로 회전하면서 z축으로도 $z = \frac{3}{10}t$만큼 증가하는 곡선으로 [그림 10.13](b)에서 볼 수 있다. ■

[그림 10.13](a), (b)와 같이 기둥면을 감는 모양의 곡선을 나선(helix)라고 한다. [예제 10.12] (3)과 (4)의 매개화된 곡선인 두 나선을 비교해보자. ([그림 10.13](a)와 (b) 참고)

나선에서 매개변수 t가 증가할 때 z축 방향으로 증가하는 속도를 비교하면 [예제 10.12] (3)의 나선은 z축으로 $z = t$만큼 증가하고 [예제 10.12] (4)의 나선은 z축으로 $z = \frac{3}{10}t$만큼 증가한다. 즉, (4)의 나선이 (3)의 나선보다 z축 방향으로 천천히 증가하고 있다. 증가의 의미를 두 나선의 그래프인 [그림 10.13](a)와 (b)에서 살펴보자. 즉, (4)의 나선인 [그림 10.13](b)는 (3)의 나선인 [그림 10.13](a)보다 원기둥을 촘촘하게 감아서 올라가고 있음을 알 수 있다.

◐ 공간 위의 직선과 선분의 공간 매개곡선 구하기

[1] 공간의 직선의 공간 매개곡선 구하기

공간에서 점 $P = (x_0, y_0, z_0)$를 지나고 영벡터가 아닌 벡터 $\mathbf{v} = a\mathbf{i} + b\mathbf{j} + c\mathbf{k}$에 평행한 직선의 다음 벡터방정식 $\mathbf{r}$이 직선의 공간 매개곡선이다.

$$\mathbf{r}(t) = (at + x_0)\mathbf{i} + (bt + y_0)\mathbf{j} + (ct + z_0)\mathbf{k},\ (t\text{는 모든 실수})$$

[2] 공간의 두 점 P와 Q 사이의 선분의 공간 매개곡선 구하기

서로 다른 두 점 $P(x_1, y_1)$와 $Q(x_2, y_2)$를 잇는 선분의 매개화를 구해보자.

우선 두 점 $P(x_1, y_1)$와 $Q(x_2, y_2)$을 지나는 직선의 방정식을 먼저 구해보자. 점 $P(x_1, y_1)$를 지나고 $\overrightarrow{PQ} = \overrightarrow{OQ} - \overrightarrow{OP}$에 평행인 직선이다. 그러므로 공간 직선의 벡터방정식 $\mathbf{r}$은 다음과 같다.

$$\mathbf{r}(t) = \overrightarrow{OP} + t(\overrightarrow{OQ} - \overrightarrow{OP}) = (1-t)\overrightarrow{OP} + t\overrightarrow{OQ}$$

직선의 벡터방정식 $\mathbf{r}$은 직선의 공간 매개곡선은 다음과 같다.

$$\mathbf{r}(t) = (1-t)\overrightarrow{OP} + t\overrightarrow{OQ}$$

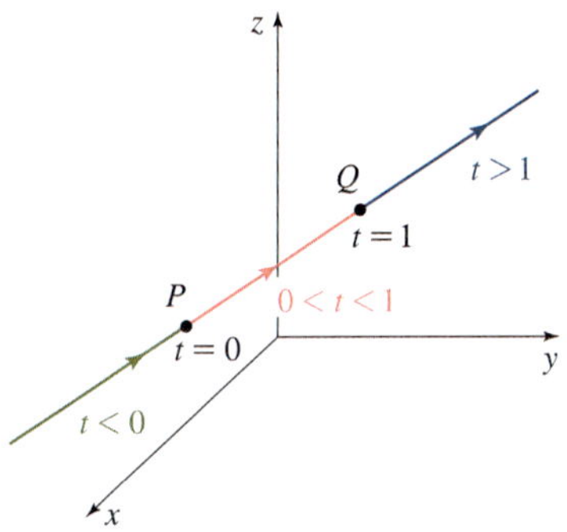

[그림 10.14]
두 점 P와 Q를 지나는 직선

[그림 10.14]에서 보면 $t = 0$에서 $\mathbf{r}(0) = \overrightarrow{OP}$이고 $t = 1$에서 $\mathbf{r}(1) = \overrightarrow{OQ}$이고 매개변수 t가 증가함에 따라서 $t < 0$, $0 \le t \le 1$과 $t > 1$인 부분으로 나누어 볼 수 있다.
[그림 10.14]를 보면 $t < 0$과 $t > 1$인 경우는 반직선에 해당한다.
$0 \le t \le 1$는 두 점 P와 점 Q를 잇는 선분에 해당한다.
그러므로 두 점 P와 Q를 잇는 선분의 공간 매개곡선은 다음과 같다.

$$\boxed{\mathbf{r}(t) = (1-t)\overrightarrow{OP} + t\overrightarrow{OQ}, \ (0 \le t \le 1)}$$

[공간에서의 직선과 선분의 매개변수 표현]

[1] 점 $P(x_0, y_0)$를 지나고 영벡터가 아닌 벡터 $\mathbf{v} = a\mathbf{i} + b\mathbf{j} + c\mathbf{k}$에 평행한 직선의 공간 매개곡선은 다음과 같다.

$$\mathbf{r}(t) = (at + x_0)\mathbf{i} + (bt + y_0)\mathbf{j} + (ct + z_0)\mathbf{k}$$

[2]* 서로 다른 두 점 P와 Q 사이의 선분의 공간 매개곡선은 다음과 같다.

$$\mathbf{r}(t) = (1-t)\overrightarrow{OP} + t\overrightarrow{OQ}, \ (0 \le t \le 1)$$

* 서로 다른 두 점 P와 Q를 잇는 직선의 공간 매개곡선

$$\mathbf{r}(t) = (1-t)\overrightarrow{OP} + t\overrightarrow{OQ}$$

이때, t의 정의역은 실수 전체이다.

[예제 10.13] 두 점 $P(1, 4, 7)$와 $Q(0, 2, -3)$에 대하여 [연습문제 36~39]

(1) 두 점 P와 Q를 지나는 직선의 매개곡선 표현을 구하여라.

(2) 두 점 P와 Q 사이의 선분의 매개곡선 표현을 구하여라.

[풀이] (1) 점 P와 점 Q를 지나는 직선의 매개곡선 $\mathbf{r}$은 다음과 같다.

$$\begin{aligned}\mathbf{r}(t) &= (1-t)\overrightarrow{OP} + t\overrightarrow{OQ} \\ &= (1-t)(\mathbf{i} + 4\mathbf{j} + 7\mathbf{k}) + t(2\mathbf{j} - 3\mathbf{k})/ \\ &= (-t+1)\mathbf{i} + (-2t+4)\mathbf{j} + (-10t+7)\mathbf{k}\end{aligned}$$

(2) 점 P와 점 Q를 잇는 선분의 매개곡선 $\mathbf{r}$은 다음과 같다.

$$\mathbf{r}(t) = (-t+1)\mathbf{i} + (-2t+4)\mathbf{j} + (-10t+7)\mathbf{k}, \ (0 \le t \le 1)$$ ■

연습문제

• Part 1

[1-3] 다음 평면 벡터함수의 상을 그리시오. [예제 10.5]

1. $\mathbf{r}(t)=(2t+1)\mathbf{i}+(t+2)\mathbf{j},\ 0\le t\le 2$
2. $\mathbf{r}(t)=(t^2-3)\mathbf{i}+(t+2)\mathbf{j},\ -3\le t\le 3$
3. $\mathbf{r}(t)=t\mathbf{i}+(\sqrt{1-t^2})\mathbf{j},\ -1\le t\le 0$

[4-8] 다음 평면 매개곡선을 그려라. [예제 10.5]

4. $\mathbf{r}(t)=(2t-3)\mathbf{i}+(3t+1)\mathbf{j}$
5. $\mathbf{r}(t)=(t+1)\mathbf{i}+t^2\mathbf{j}$
6. $\mathbf{r}(t)=(\sqrt{t})\mathbf{i}+(t-5)\mathbf{j},\ (t\ge 0)$
7. $\mathbf{r}(t)=e^t\mathbf{i}+(e^{3t}+1)\mathbf{j}$
8. $\mathbf{r}(t)=(t-3)\mathbf{i}+\left(\dfrac{t}{t-3}\right)\mathbf{j}$

[9-13] 다음 평면 매개곡선을 그려라. [예제 10.6]

9. $\mathbf{r}(t)=\sin t\mathbf{i}+\cos t\mathbf{j},\ (0\le t\le 2\pi)$
10. $\mathbf{r}(t)=8\cos t\mathbf{i}+8\sin t\mathbf{j},\ (0\le t\le 2\pi)$
11. $\mathbf{r}(t)=\cos(2t)\mathbf{i}+\sin(2t)\mathbf{j},\ (0\le t\le \pi)$
12. $\mathbf{r}(t)=3\cos t\mathbf{i}+3\sin t\mathbf{j},\ (0\le t\le \pi)$
13. $\mathbf{r}(t)=\sin t\mathbf{i}+\cos(2t)\mathbf{j},\ \left(-\dfrac{\pi}{2}\le t\le \dfrac{\pi}{2}\right)$

[14-20] 다음 평면방정식에 대한 평면 매개곡선 $\mathbf{r}$을 구하여라. [예제 10.7~10.9]

14. $y=x+4$
15. $2x+3y+4=0$
16. $x=2(y+1)^2$
17. $x^2+y^2=4$
18. $(x-2)^2+y^2=25$
19. $\dfrac{x^2}{25}+\dfrac{y^2}{4}=1$
20. $9x^2+4y^2=36$

[21-24] 다음 주어진 점에 대하여 물음에 답하여라. [예제 10.10]

$$P(2,-1),\ Q(4,6),\ R(-3,6)$$

21. P와 Q를 지나는 직선의 매개곡선 $\mathbf{r}$을 구하여라.
22. P와 Q를 잇는 선분의 매개곡선 $\mathbf{r}$을 구하여라.
23. P와 R을 지나는 직선의 매개곡선 $\mathbf{r}$을 구하여라.
24. P와 R을 잇는 선분의 매개곡선 $\mathbf{r}$을 구하여라.

[25-28] 다음 평면좌표 위의 사각형에 대한 매개곡선 $\mathbf{r}$을 구하여라. [예제 10.11]

25.

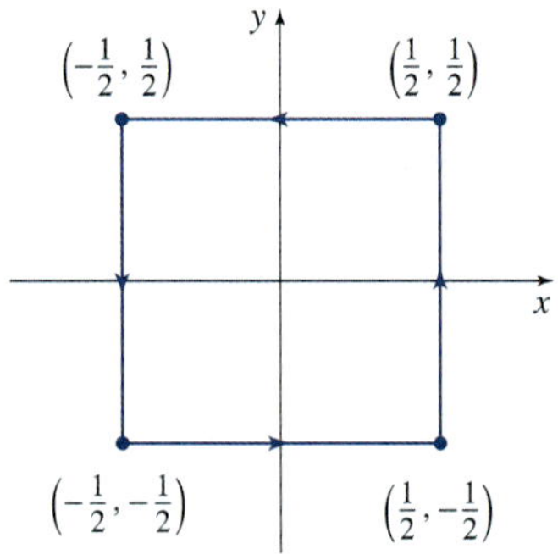

26.

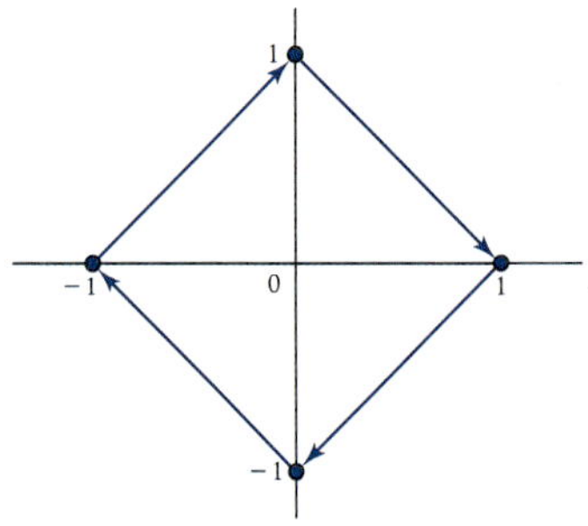

27.

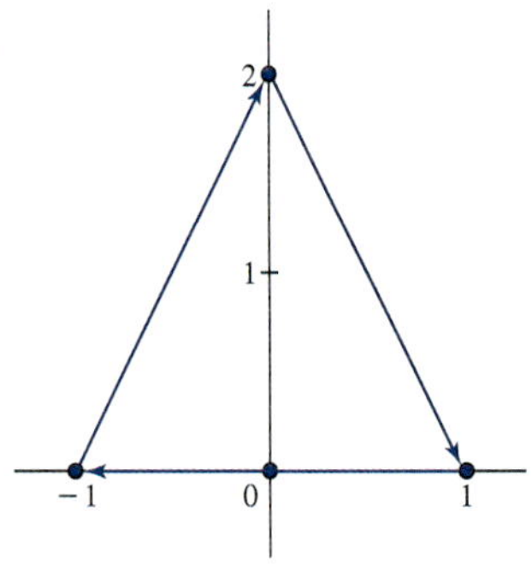

28.

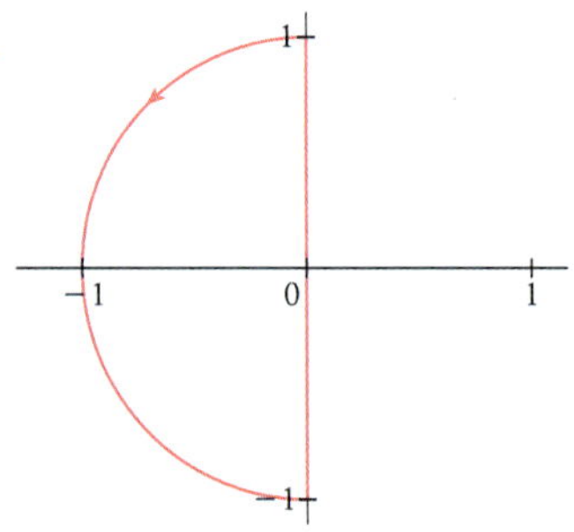

[29-35] 다음 공간 벡터함수의 상을 그리시오. [예제 10.12]

29. $\mathbf{r}(t)=\cos t\mathbf{j}+\sin t\mathbf{k}$
30. $\mathbf{r}(t)=\mathbf{i}+\cos t\mathbf{j}+\sin t\mathbf{k}$
31. $\mathbf{r}(t)=t\mathbf{i}+\cos t\mathbf{j}+\sin t\mathbf{k}$
32. $\mathbf{r}(t)=2t\mathbf{i}+\cos t\mathbf{j}+\sin t\mathbf{k}$

33. $\mathbf{r}(t) = t\mathbf{i} + \sin t\mathbf{j}$

34. $\mathbf{r}(t) = t\mathbf{i} + \sin t\mathbf{j} + \mathbf{k}$

35. $\mathbf{r}(t) = t\mathbf{i} + \sin t\mathbf{j} + t\mathbf{k}$

[36-39] 다음 주어진 점들에 대하여 물음에 답하여라. [예제 10.13]

$$P(-1, 1, 0),\ Q(2, 2, 3),\ R(4, -1, -3)$$

36. 두 점 P와 Q를 지나는 직선의 매개곡선 $\mathbf{r}$을 구하여라.

37. 두 점 P와 Q 사이의 선분의 매개곡선 $\mathbf{r}$을 구하여라.

38. 두 점 P와 R을 지나는 직선의 매개곡선 $\mathbf{r}$을 구하여라.

39. 두 점 P와 R 사이의 선분의 매개곡선 $\mathbf{r}$을 구하여라.

• Part 2

40. 다음 공간 매개방정식으로 표현된 곡선이 점 $(1, -1, 3)$과 점 $(9, 7, -25)$을 지나지만 점 $(4, -3, -6)$을 지나지 않음을 확인하여라.

$$x = t^2,\ y = 1 - 2t,\ z = 2 + t^3$$

41. 다음 두 공간 매개곡선은 교점을 가지는지 확인하여라.

$$\mathbf{r}(t) = t^2\mathbf{i} + (7t - 12)\mathbf{j} + t^2\mathbf{k}$$
$$\mathbf{s}(t) = (4t - 3)\mathbf{i} + (t^2)\mathbf{j} + (5t - 6)\mathbf{k}$$

[42-49] 다음 평면 매개곡선을 그려라.

42. $x = 2t,\ y = |t - 2|$

43. $x = \ln t,\ y = \sqrt{t},\ (1 \le t)$

44. $x = \dfrac{t}{t-1},\ y = \dfrac{t-2}{t+1},\ (-1 \le t \le 1)$

45. $x = 2^t - t,\ y = 2^{-t} + t,\ (-3 \le t \le 3)$

46. $x = \cos(\pi - t),\ y = \sin(\pi - t),\ (0 \le t \le \pi)$

47. $x = 2\cos t,\ y = 2\sin t,\ (0 \le t \le 2\pi)$

48. $x = 3 + 2\cos t,\ y = 2 + 4\sin t,\ (0 \le t \le 2\pi)$

49. $x = \sec t,\ y = \tan t,\ \left(\pi \le t < \dfrac{3\pi}{2}\right)$

[50-52] 다음 주어진 두 곡면의 교선으로 표현되는 곡선을 매개곡선 $\mathbf{r}$로 표현하여라.

50. 원기둥 $x^2 + y^2 = 9$, 곡면 $z = xy$

51. 원뿔 $z = \sqrt{x^2 + y^2}$, 평면 $z = 2 + y$

52. 포물면 $z = 9x^2 + 4y^2$, 포물기둥 $y = x^2$

53. 다음 공간상의 세 점을 꼭짓점으로 하는 삼각형에 대한 공간 매개곡선을 구하여라.

$$P(-3, 5, 2),\ Q(4, -4, 2),\ R(0, 4, 7)$$

10.3 벡터함수의 미분과 적분

10.3.1 벡터함수의 미분

벡터함수 $\mathbf{r}$의 미분의 정의는 실함수의 미분의 정의와 비슷하다.

[정의 10.6: 벡터함수의 미분] 벡터함수 $\mathbf{r}$에 대하여 다음 극한이 존재하면

$$\mathbf{r}'(t) = \lim_{h \to 0} \frac{\mathbf{r}(t+h) - \mathbf{r}(t)}{h} = \lim_{h \to 0} \frac{1}{h}\left[\mathbf{r}(t+h) - \mathbf{r}(t)\right] \tag{10.8}$$

벡터함수 $\mathbf{r}$가 t에서 **미분가능(differentiable)**이라고 한다.

이때, 벡터함수 $\mathbf{r}'(t) = \dfrac{d\mathbf{r}}{dt}(t)$를 벡터함수 $\mathbf{r}$의 **도함수(derivative)***라고 한다.

* 벡터함수 $\mathbf{r}(t)$의 도함수 $\mathbf{r}'(t)$도 벡터함수이다.

벡터함수는 곡선을 나타내고 있다. 벡터함수의 t에서 도함수는 곡선에서 어떤 의미인지 알아보자.

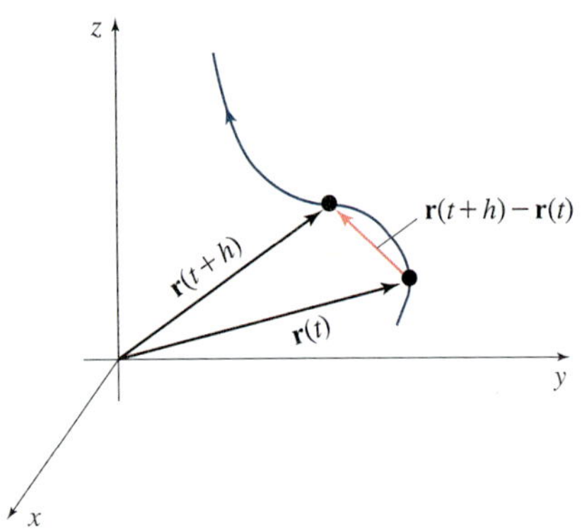

[그림 10.15](a)

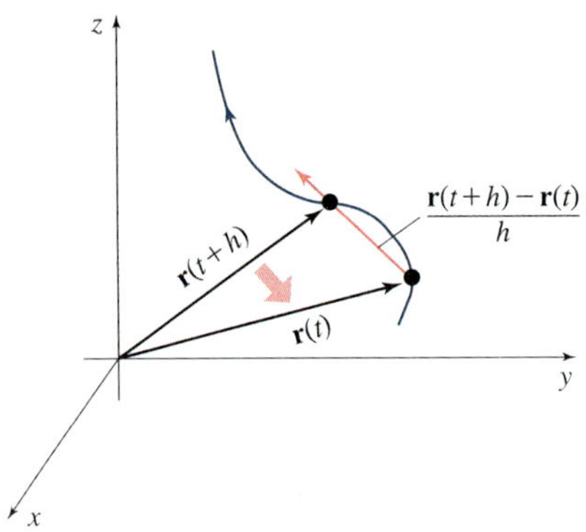

[그림 10.15](b)

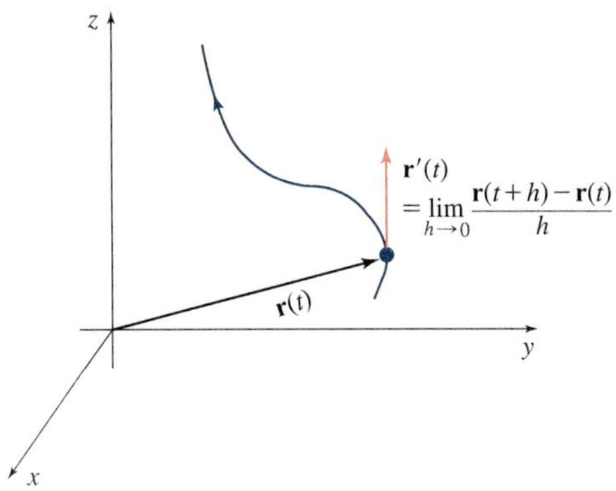

[그림 10.15](c)

[그림 10.15](a)는 두 벡터의 차 $\mathbf{r}(t+h) - \mathbf{r}(t)$를 벡터로 표현하였고

[그림 10.15](b)는 실수배 $\dfrac{1}{h}\left[\mathbf{r}(t+h) - \mathbf{r}(t)\right]$를 벡터로 표현하였고

[그림 10.15](c)는 극한 $\displaystyle\lim_{h \to 0} \frac{\mathbf{r}(t+h) - \mathbf{r}(t)}{h}$으로 벡터 $\mathbf{r}'(t)$를 표현하였다.

벡터 $\mathbf{r}'(t)$은 곡선 $\mathbf{r}(t)$이 **그려지는 방향**을 향하고 곡선 위의 점에서 **곡선에 접한다.** 벡터 $\mathbf{r}'(t)$의 크기는 벡터의 상을 **그리는 속도,** 즉 매개변수 t가 증가함에 따라서 곡선을 빠르게 그리거나 느리게 그리는 정도를 나타내고 있다.

그러므로 벡터함수 $\mathbf{r}(t)$의 도함수 $\mathbf{r}'(t)$는 다음 두 가지로 응용할 수 있다.

(1) 벡터 $\mathbf{r}'(t_0)$는 곡선 위의 점 $\mathbf{r}(t_0)$에서의 **접벡터**이다. 그러므로 곡선 위의 점

$\mathbf{r}(t_0)$에서 곡선에 접하는 방정식의 방정식을 구할 수 있다.

접선은 점 $\mathbf{r}(t_0)$를 지나고 벡터 $\mathbf{r}'(t_0)$에 평행한 직선이다. 그러므로 곡선 위의 점 $\mathbf{r}(t_0)$에서의 접선의 공간 매개곡선 표현 $\boldsymbol{\alpha}$은 다음과 같다.

$$\boldsymbol{\alpha}(t) = \mathbf{r}(t_0) + t\mathbf{r}'(t_0) \quad ^*$$

* $\boldsymbol{\alpha}(t)$는 점 $\mathbf{r}(t_0)$에서 매개곡선 $\mathbf{r}$의 접선이다.

(2) 곡선을 그리는 방법의 물리적인 의미에서 **속도** $\mathbf{v}(t)$, **속력** $\|\mathbf{v}(t)\|$, **가속도** $\boldsymbol{a}(t)$를 다음과 같이 정의할 수 있다.

속도벡터: $\mathbf{v}(t) = \mathbf{r}'(t)$

속력: $\|\mathbf{v}(t)\| = \|\mathbf{r}'(t)\|$

가속도벡터: $\boldsymbol{a}(t) = \mathbf{v}'(t) = \mathbf{r}''(t)$

벡터함수의 미분을 벡터함수의 성분함수의 미분으로 알아보자.

예를 들어서 평면 벡터함수 $\mathbf{r}(t) = x(t)\mathbf{i} + y(t)\mathbf{j}$에 대하여

[정의 10.3: 벡터함수의 극한]과 [정의 10.6: 벡터함수의 미분]의 식 (10.8)에 의하여

$$\begin{aligned}\mathbf{r}'(t) &= \lim_{h\to 0}\frac{1}{h}[\mathbf{r}(t+h) - \mathbf{r}(t)] \\ &= \left[\lim_{h\to 0}\left(\frac{x(t+h)-x(t)}{t}\right)\right]\mathbf{i} + \left[\lim_{h\to 0}\left(\frac{y(t+h)-y(t)}{h}\right)\right]\mathbf{j} \\ &= x'(t)\mathbf{i} + y'(t)\mathbf{j}.\end{aligned}$$

벡터함수 $\mathbf{r}$가 t에서 미분가능하면 성분함수 x와 y가 모두 t에서 미분가능하므로 $\mathbf{r}'(t) = x'(t)\mathbf{i} + y'(t)\mathbf{j}$이다.

[정리 10.2]

(1) 평면 벡터함수 $\mathbf{r}(t) = x(t)\mathbf{i} + y(t)\mathbf{j}$에 대하여

벡터함수 $\mathbf{r}$가 t에서 미분가능할 필요충분조건은 성분함수 x, y가 t에서 미분가능해야 한다. 즉, 다음 두 가지가 동시에 만족해야 한다.

$$\begin{cases}\text{실함수 } x\text{가 } t\text{에서 미분가능하고} \\ \text{실함수 } y\text{가 } t\text{에서 미분가능하다.}\end{cases}$$

이때, $\mathbf{r}'(t) = x'(t)\mathbf{i} + y'(t)\mathbf{j}$.

(2) 공간 벡터함수 $\mathbf{r}(t) = x(t)\mathbf{i} + y(t)\mathbf{j} + z(t)\mathbf{k}$에 대하여

벡터함수 $\mathbf{r}$가 t에서 미분가능할 필요충분조건은 성분함수 x, y, z가 $t = a$에서 미분가능해야 한다. 즉, 다음 세 가지가 동시에 만족해야 한다.

$$\begin{cases}\text{실함수 } x\text{가 } t\text{에서 미분가능하고} \\ \text{실함수 } y\text{가 } t\text{에서 미분가능하고} \\ \text{실함수 } z\text{가 } t\text{에서 미분가능하다.}\end{cases}$$

이때, $\mathbf{r}'(t) = x'(t)\mathbf{i} + y'(t)\mathbf{j} + z'(t)\mathbf{k}$.

벡터함수 $\mathbf{r}$에서 $\mathbf{r}'(a)$를 구하려면 우선 벡터함수 $\mathbf{r}$의 도함수 $\mathbf{r}'(t)$를 구하고 $t=a$를 대입하여 $\mathbf{r}'(a)$를 구한다.

[예제 10.14] 벡터함수 $\mathbf{r}(t)=(2t+1)\mathbf{i}+e^t\mathbf{j}+\cos t\mathbf{k}$의 $\mathbf{r}'(t)$과 $\mathbf{r}''(t)$를 구하여라. [연습문제 1~4]

[풀이] $\mathbf{r}'(t)=\dfrac{d}{dt}(2t+1)\mathbf{i}+\dfrac{d}{dt}(e^t)\mathbf{j}+\dfrac{d}{dt}(\cos t)\mathbf{k}=2\mathbf{i}+e^t\mathbf{j}-\sin t\mathbf{k}$이고

$\mathbf{r}''(t)=\dfrac{d}{dt}(2)\mathbf{i}+\dfrac{d}{dt}(e^t)\mathbf{j}-\dfrac{d}{dt}(\sin t)\mathbf{k}=0\mathbf{i}+e^t\mathbf{j}-\cos t\mathbf{k}=e^t\mathbf{j}-\cos t\mathbf{k}.$ ■

[예제 10.15] 다음 매개곡선 $\mathbf{r}$에 대하여 $t=0$에서 접선의 매개곡선 표현을 구하여라. [연습문제 5~10]

(1) $\mathbf{r}(t)=\sin 2t\mathbf{i}+\cos 2t\mathbf{j}$ (2) $\mathbf{r}(t)=(t^2+1)\mathbf{i}+e^{-t}\mathbf{j}+\sin t\mathbf{k}$

[풀이] (1) 우선 벡터함수 $\mathbf{r}(t)=\sin 2t\mathbf{i}+\cos 2t\mathbf{j}$의 도함수를 구하면

$$\mathbf{r}'(t)=\frac{d}{dt}[\sin 2t]\mathbf{i}+\frac{d}{dt}[\cos 2t]\mathbf{j}=(2\cos 2t)\mathbf{i}-(2\sin 3t)\mathbf{j}$$

이므로 $\mathbf{r}'(0)=2\mathbf{i}$이다.

$t=0$에서 접선 $\boldsymbol{\alpha}$은 점 $\mathbf{r}(0)=(0,1)$을 지나고 방향벡터 $\mathbf{r}'(0)=2\mathbf{i}=\langle 2,0\rangle$인 직선이므로 $t=0$에서 접선 $\boldsymbol{\alpha}$의 매개곡선 표현은 다음과 같다.

$$\boldsymbol{\alpha}(t)=\langle 0,1\rangle+t\langle 2,0\rangle=2t\mathbf{i}+\mathbf{j}$$

즉, $t=0$에서 곡선 $\mathbf{r}$의 접선은 $\boldsymbol{\alpha}(t)=2t\mathbf{i}+\mathbf{j}$이다.

(2) 벡터함수 $\mathbf{r}(t)=(t^2+1)\mathbf{i}+e^{-t}\mathbf{j}+\sin t\mathbf{k}$의 도함수를 구하면

$$\mathbf{r}'(t)=\frac{d}{dt}(t^2+1)\mathbf{i}+\frac{d}{dt}(e^{-t})\mathbf{j}+\frac{d}{dt}(\sin t)\mathbf{k}=2t\mathbf{i}-e^{-t}\mathbf{j}-\cos t\mathbf{k}$$

이므로 $\mathbf{r}'(0)=-\mathbf{j}-\mathbf{k}$이다.

$t=0$에서 곡선 $\mathbf{r}$에 접하는 접선 $\boldsymbol{\alpha}$는 점 $\mathbf{r}(0)=(1,1,0)$을 지나고 벡터 $\mathbf{r}'(0)=\langle 0,-1,-1\rangle=-\mathbf{j}-\mathbf{k}$에 평행한 직선이다.

그러므로 $t=0$에서 곡선 $\mathbf{r}$에 대한 접선의 매개곡선 표현은 다음과 같다.

$$\boldsymbol{\alpha}(t)=\langle 1,1,0\rangle+t\langle 0,-1,-1\rangle=\mathbf{i}+(1-t)\mathbf{j}+t\mathbf{k}$$

즉, $t=0$에서 곡선 $\mathbf{r}$의 접선은 $\boldsymbol{\alpha}(t)=\mathbf{i}+(1-t)\mathbf{j}+t\mathbf{k}$이다. ■

[예제 10.16] 평면 매개곡선에 대하여 속도벡터, 속력, 가속도벡터를 구하여라. [연습문제 11~14]

(1) $\mathbf{r}_1(t)=\cos t\mathbf{i}+\sin t\mathbf{j}$ (2) $\mathbf{r}_2(t)=\cos 2t\mathbf{i}+\sin 2t\mathbf{j}$

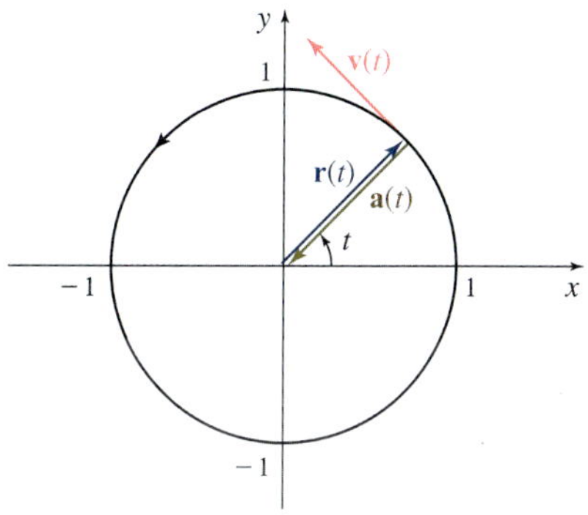

[그림 10.16](a)
$\mathbf{r}(t)=\cos t\mathbf{i}+\sin t\mathbf{j}$

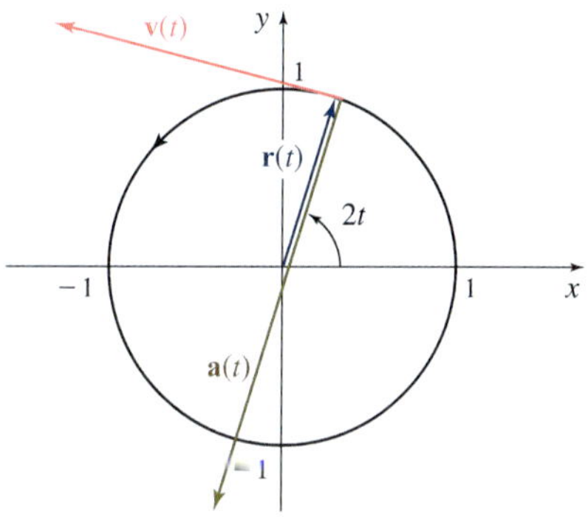

[그림 10.16](b)
$\mathbf{r}(t)=\cos 2t\mathbf{i}+\sin 2t\mathbf{j}$

[풀이]

(1) 평면 벡터함수 $\mathbf{r}_1(t)=\cos t\mathbf{i}+\sin t\mathbf{j}$에 대하여

속도벡터 $\mathbf{v}_1(t)=-\sin t\mathbf{i}+\cos t\mathbf{j}$이고

속력 $\|\mathbf{v}(t)\|=\sqrt{(-\sin t)^2+(\cos t)^2}=1$이고

가속도벡터 $\boldsymbol{a}_1(t)=-\cos t\mathbf{i}-\sin t\mathbf{j}$이다.

평면 벡터함수 $\mathbf{r}_1(t)=\cos t\mathbf{i}+\sin t\mathbf{j}$의 상은 좌표평면에서 원이고 속도벡터 $\mathbf{v}_1(t)$, 가속도벡터 $\boldsymbol{a}_1(t)$를 표시하면 [그림10.16](a)와 같다.

(2) 평면 벡터함수 $\mathbf{r}_2(t)=\cos 2t\mathbf{i}+\sin 2t\mathbf{j}$에 대하여

속도벡터 $\mathbf{v}_2(t)=-2\sin 2t\mathbf{i}+2\cos 2t\mathbf{j}$이고

속력 $\|\mathbf{v}_2(t)\|=\sqrt{(-2\sin 2t)^2+(2\cos 2t)^2}=2$이고

가속도벡터 $\mathbf{a}_2(t)=-4\cos 2t\mathbf{i}-4\sin 2t\mathbf{j}$이다.

평면 벡터함수 $\mathbf{r}_2(t)=\cos 2t\mathbf{i}+\sin 2t\mathbf{j}$의 상은 좌표평면에서 원이고 속도벡터 $\mathbf{v}_2(t)$, 가속도벡터 $\boldsymbol{a}_2(t)$를 표시하면 [그림10.16](b)와 같다. ■

[예제 10.16]의 두 평면 벡터함수 $\mathbf{r}_1(t)=\cos t\mathbf{i}+\sin t\mathbf{j}$와 $\mathbf{r}_2(t)=\cos 2t\mathbf{i}+\sin 2t\mathbf{j}$에서

- 두 평면 벡터함수의 상은 모두 반지름이 1인 원을 표현한다.
- 두 벡터함수의 속도벡터 $\mathbf{v}_1(t)=-\sin t\mathbf{i}+\cos t\mathbf{j}$과 $\mathbf{v}_2(t)=-2\sin 2t\mathbf{i}+2\cos 2t\mathbf{j}$에서 $\mathbf{v}_2(t)=2\mathbf{v}_1(t)$이고 평면 매개곡선 $\mathbf{r}_2$가 $\mathbf{r}_1$보다 2배의 속도로 빠르게 원을 그리는 것을 의미한다.

◐ 벡터함수의 미분의 성질

[정의 10.2: 벡터함수의 연산]에서의 벡터의 연산으로 새롭게 정의한 함수의 미분을 알아보자.

[정리 10.3]에서의 미분의 성질은 복잡해 보이지만 규칙성이 있음을 볼 수 있다. (2) 실함수배 (3) 내적 (4) 외적은 명칭에서 공통적으로 곱셈의 의미를 가진다. 곱셈에 대한 미분은 라이프니츠의 법칙이 적용됨을 [정리 10.3]에서 알 수 있다.

[정리 10.3: 벡터함수의 미분의 성질] 실수의 구간 I를 잡자.
두 벡터함수 $\mathbf{u}$와 $\mathbf{v}$와 실함수 f가 모두 구간 I에서 미분가능하다고 하자.

(1) (덧셈) 벡터함수 $\mathbf{u}+\boldsymbol{v}$도 구간 I에서 미분가능하다.

$$\frac{d}{dt}(\mathbf{u}+\boldsymbol{v})(t)=\mathbf{u}'(t)+\mathbf{v}'(t)$$

(2) (실함수배) 벡터함수 $f\mathbf{u}$도 구간 I에서 미분가능하다.

$$\frac{d}{dt}(f\mathbf{u})(t)=f'(t)\mathbf{u}(t)+f(t)\mathbf{u}'(t)$$

(3) (내적) 실함수 $\mathbf{u}\cdot\mathbf{v}$도 구간 I에서 미분가능하다.

$$\frac{d}{dt}[\mathbf{u}\cdot\mathbf{v}](t)=[\mathbf{u}'(t)\cdot\mathbf{v}(t)]+[\mathbf{u}(t)\cdot\mathbf{v}'(t)]$$

(4) (외적) 벡터함수 $\mathbf{u}\times\mathbf{v}$도 구간 I에서 미분가능하다.

$$\frac{d}{dt}[\mathbf{u}\times\mathbf{v}](t)=[\mathbf{u}'(t)\times\mathbf{v}(t)]+[\mathbf{u}(t)\times\mathbf{v}'(t)]$$

[증명]
(2) (내적)의 증명을 한다. 나머지 증명은 (2)의 증명과 비슷하게 완성할 수 있다.
벡터함수 $\mathbf{u}(t)=x_1(t)\mathbf{i}+y_1(t)\mathbf{j}+z_1(t)\mathbf{k}$와 $\mathbf{v}(t)=x_2(t)\mathbf{i}+y_2(t)\mathbf{j}+z_2(t)\mathbf{k}$를 잡자.
$[\mathbf{u}\cdot\boldsymbol{v}](t)=x_1(t)x_2(t)+y_1(t)y_2(t)+z_1(t)z_2(t)$이므로 다음과 같이 미분하자.

$$\begin{aligned}&\frac{d}{dt}[\mathbf{u}\cdot\mathbf{v}](t)\\&=\frac{d}{dt}[x_1(t)x_2(t)+y_1(t)y_2(t)+z_1(t)z_2(t)]\\&=[x_1{}'(t)x_2(t)+x_1(t)x_2{}'(t)]+[y_1{}'(t)y_2(t)+y_1(t)y_2{}'(t)]+[z_1{}'(t)z_2(t)+z_1(t)z_2{}'(t)]\\&=[x_1{}'(t)x_2(t)+y_1{}'(t)y_2(t)+z_1{}'(t)z_2(t)]+[x_1(t)x_2{}'(t)+y_1(t)y_2{}'(t)+z_1(t)z_2{}'(t)]\\&=\mathbf{u}'(t)\cdot\mathbf{v}(t)+\mathbf{u}(t)\cdot\mathbf{v}'(t).\end{aligned}$$
■

다음 [예제 10.17]은 매우 유용하게 사용되는 벡터함수와 벡터함수의 미분의 관계이다.

[예제 10.17] 벡터함수 $\mathbf{r}(t)$가 미분가능하고 구간 I 위에서 $\|\mathbf{r}(t)\|=1$이면 구간 I의 모든 t에 대하여 두 벡터 $\mathbf{r}(t)$와 $\mathbf{r}'(t)$는 수직임을 보여라.

[풀이] 구간 I 위에서 $\|\mathbf{r}(t)\|=1$이므로 $1=\|\mathbf{r}(t)\|^2=\mathbf{r}(t)\cdot\mathbf{r}(t)$이다.
[정리 10.3] (3)의 내적의 미분을 사용하여 양변을 미분하면 다음과 같다.

$$\begin{aligned}\frac{d}{dt}[1]&=\frac{d}{dt}[\mathbf{r}\cdot\boldsymbol{r}](t)\\0&=\mathbf{r}'(t)\cdot\mathbf{r}(t)+\mathbf{r}(t)\cdot\mathbf{r}'(t)=2\mathbf{r}'(t)\cdot\mathbf{r}(t)\end{aligned}$$

그러므로 구간 I의 모든 t에 대하여 $\mathbf{r}'(t)\cdot\mathbf{r}(t)=0$이다.
즉, 구간 I의 모든 t에 대하여 두 벡터 $\mathbf{r}(t)$와 $\mathbf{r}'(t)$는 수직이다. ■

10.3.2 벡터함수의 적분

벡터함수의 부정적분과 정적분을 정의해 보자.
벡터함수의 부정적분 $\int\mathbf{r}(t)dt$는 일반적인 부정적분의 정의와 같다.
벡터함수 $\mathbf{R}$의 미분 $\mathbf{R}'(t)=\mathbf{r}(t)$인 경우 벡터함수 $\mathbf{r}$의 부정적분 $\int\mathbf{r}(t)dt=\mathbf{R}(t)$으로 놓는다. 예를 들어서 벡터함수 $\mathbf{R}(t)=X(t)\mathbf{i}+Y(t)\mathbf{j}$와 $\mathbf{r}(t)=x(t)\mathbf{i}+y(t)\mathbf{j}$에 대해 $\mathbf{R}'(t)=\mathbf{r}(t)$이면 $[X'(t)=x(t)$ 그리고 $Y'(t)=y(t)]$이다.

실함수의 부정적분에 의해 $X(t)=\int x(t)dt$ 그리고 $Y(t)=\int y(t)dt$.
벡터함수의 부정적분 $\int \mathbf{r}(t)dt=\mathbf{R}(t)$에 의해 다음이 성립한다.

$$\int \mathbf{r}(t)dt=\mathbf{R}(t)=X(t)\mathbf{i}+Y(t)\mathbf{j}=\left[\int x(t)dt\right]\mathbf{i}+\left[\int y(t)dt\right]\mathbf{j}$$

벡터함수의 부정적분은 성분함수의 부정적분으로 구할 수 있음을 알 수 있다.

벡터함수의 부정적분도 벡터함수이고, 각 성분함수의 부정적분을 성분으로 갖는다.

[정의 10.7: 벡터함수의 부정적분]

(1) 평면 벡터함수 $\mathbf{r}(t)=x(t)\mathbf{i}+y(t)\mathbf{j}$가 연속이면 $\mathbf{r}$의 부정적분은 존재하고

$$\int \mathbf{r}(t)dt=\left[\int x(t)dt\right]\mathbf{i}+\left[\int y(t)dt\right]\mathbf{j}.$$

(2) 공간 벡터함수 $\mathbf{r}(t)=x(t)\mathbf{i}+y(t)\mathbf{j}+z(t)\mathbf{k}$가 연속이면 $\mathbf{r}$의 부정적분은 존재하고

$$\int \mathbf{r}(t)dt=\left[\int x(t)dt\right]\mathbf{i}+\left[\int y(t)dt\right]\mathbf{j}+\left[\int z(t)dt\right]\mathbf{k}.$$

[예제 10.18] 벡터함수 $\mathbf{r}(t)=3t^2\mathbf{i}+e^t\mathbf{j}+\sin t\mathbf{k}$에 대하여 $\int \mathbf{r}(t)dt$를 구하여라.
[연습문제 18~21]

[풀이] $\int \mathbf{r}(t)dt=\left[\int 3t^2dt\right]\boldsymbol{i}+\left[\int e^tdt\right]\mathbf{j}+\left[\int \sin t dt\right]\mathbf{k}$
$=(t^3+C_1)\mathbf{i}+(e^t+C_2)\mathbf{j}+(-\cos t+C_3)\mathbf{k}$, ($C_1, C_2, C_3$는 상수)

여기서 각 성분함수의 부정적분에서 상수는 다르게 쓴다.

$$\int \mathbf{r}(t)dt=t^3\mathbf{i}+e^t\mathbf{j}-\cos t\mathbf{k}+\mathbf{C}$$

여기서 $\mathbf{C}=C_1\mathbf{i}+C_2\mathbf{j}+C_3\mathbf{k}$는 상수벡터이다. ■

벡터함수의 정적분은 각 성분함수인 실함수의 정적분을 구하는 방법인 미적분학의 기본 정리를 사용하여 계산한다.

[정의 10.8: 벡터함수의 정적분]

(1) 평면 벡터함수 $\mathbf{r}(t)=x(t)\mathbf{i}+y(t)\mathbf{j}$에 대하여 벡터함수 $\mathbf{r}$이 구간 $[a,b]$ 위에서 연속이라고 하자. 그러면 벡터함수 $\mathbf{r}$은 구간 $[a,b]$에서 정적분가능하고

$$\int_a^b \mathbf{r}(t)dt=\left[\int_a^b x(t)dt\right]\boldsymbol{i}+\left[\int_a^b y(t)\right]\mathbf{j}$$

(2) 공간 벡터함수 $\mathbf{r}(t)=x(t)\mathbf{i}+y(t)\mathbf{j}+z(t)\mathbf{k}$에 대하여 벡터함수 $\mathbf{r}$이 구간 $[a,b]$ 위에서 연속이라고 하면 벡터함수 $\mathbf{r}$은 구간 $[a,b]$에서 정적분가능하고

$$\int_a^b \mathbf{r}(t)dt=\left[\int_a^b x(t)dt\right]\mathbf{i}+\left[\int_a^b y(t)dt\right]\mathbf{j}+\left[\int_a^b z(t)dt\right]\mathbf{k}.$$

[예제 10.19] 벡터함수 $\mathbf{r}(t)=3t^2\mathbf{i}+e^t\mathbf{j}+\sin\pi t\mathbf{k}$에 대하여 $\int_0^1 \mathbf{r}(t)dt$를 구하여라. [연습문제 22~24]

[풀이] $$\int_0^1 \mathbf{r}(t)\,dt=\left[\int_0^1 3t^2dt\right]\mathbf{i}+\left[\int_0^1 e^tdt\right]\mathbf{j}+\left[\int_0^1 \sin\pi t dt\right]\mathbf{k}$$
$$=[t^3]_0^1\mathbf{i}+[e^t]_0^1\mathbf{j}+\left[-\frac{1}{\pi}\cos\pi t\right]_0^1\mathbf{k}$$
$$=\mathbf{i}+(e-1)\mathbf{j}+\frac{2}{\pi}\mathbf{k}.$$ ■

곡선 $\mathbf{r}(t)$에서 속도벡터 $\mathbf{v}(t)=\mathbf{r}'(t)$이고 가속도벡터 $\boldsymbol{a}(t)=\mathbf{v}'(t)$이므로 부정적분 $\int \mathbf{v}(t)dt=\mathbf{r}(t)$이고 $\int \boldsymbol{a}(t)dt=\mathbf{v}(t)$로 구할 수 있다.

[예제 10.20] 평면 매개곡선 $\mathbf{r}$의 가속도벡터 $\boldsymbol{a}(t)=-10\mathbf{j}$가 주어졌다. $t=0$에서 속도벡터 $\mathbf{v}(0)=10\mathbf{j}$이고 위치벡터 $\mathbf{r}(0)=\mathbf{0}$일 때 속도벡터 $\mathbf{v}(t)$와 매개곡선 $\mathbf{r}(t)$를 구하여라. [연습문제 25~27]

[풀이] 속도벡터 $\mathbf{v}(t)$의 도함수 $\mathbf{v}'(t)=\mathbf{a}(t)$이므로 속도벡터 $\mathbf{v}$는 가속도벡터 $\mathbf{a}$의 부정적분이다.

$$\mathbf{v}(t)=\int \boldsymbol{a}(t)\,dt=\left(\int -10\,dt\right)\mathbf{j}=c_1\boldsymbol{i}+(-10t+c_2)\mathbf{j}.\ (c_1,\ c_2\text{는 상수})$$

$\mathbf{v}(0)=10\mathbf{j}$이므로 $\mathbf{v}(0)=c_1\mathbf{i}+c_2\mathbf{j}=10\mathbf{j}$. 그러면 $c_1=0$이고 $c_2=10$이다.
그러므로 속도벡터 $\mathbf{v}(t)=(-10t+10)\mathbf{j}$이다.
매개곡선 $\mathbf{r}(t)$의 도함수 $\mathbf{r}'(t)=\mathbf{v}(t)$이므로 매개곡선 $\mathbf{r}$은 속도벡터 $\mathbf{v}$의 부정적분이다.

$$\mathbf{r}(t)=\int \mathbf{v}(t)\,dt=\left(\int(-10t+10)\,dt\right)\mathbf{j}=c_1\mathbf{i}+\left(-5t^2+10t+c_2\right)\mathbf{j}.\ (c_1,\ c_2\text{는 상수})$$

$\mathbf{r}(0)=\mathbf{0}$이므로 $\mathbf{r}(0)=c_1\mathbf{i}+c_2\mathbf{j}=\mathbf{0}$. 그러면 $c_1=0$이고 $c_2=0$이다.
그러므로 매개곡선 $\mathbf{r}(t)=\left(-5t^2+10t\right)\mathbf{j}$이다. ■

연습문제

• Part 1

[1-4] 다음 벡터함수 $\mathbf{r}$에 대하여 $\mathbf{r}'(t)$과 $\mathbf{r}''(t)$를 구하여라. [예제 10.14]

1. $\mathbf{r}(t)=\left(\frac{1}{2}t^2\right)\mathbf{i}+t\mathbf{j}+\frac{1}{6}t^3\mathbf{k}$
2. $\mathbf{r}(t)=(2t^3+t)\mathbf{i}+e^{2t}\mathbf{j}+2\sin t\mathbf{k}$
3. $\mathbf{r}(t)=(\frac{1}{t})\mathbf{i}+\ln t\mathbf{j}+e^t\mathbf{k}$
4. $\mathbf{r}(t)=(\cos t)\mathbf{i}+\sin t\mathbf{j}+t^2\mathbf{k}$

[5-10] 다음 매개곡선 $\mathbf{r}$에 대하여 주어진 t에서 벡터함수의 상에 접하는 접선의 매개곡선 표현을 구하여라. [예제 10.15]

5. $\mathbf{r}(t)=(t^3+t)\mathbf{i}+3\cos t\mathbf{j},\ t=0$
6. $\mathbf{r}(t)=3\sin t\mathbf{i}+4\cos t\mathbf{j},\ t=\frac{\pi}{4}$
7. $\mathbf{r}(t)=4t\mathbf{i}+5(t^2-1)\mathbf{j}+2t\mathbf{k},\ t=1$
8. $\mathbf{r}(t)=t\mathbf{i}+(t-1)^2\mathbf{j}+(t-2)^3\mathbf{k},\ t=0$
9. $\mathbf{r}(t)=\cos t\mathbf{i}+\sin t\mathbf{j}+t\mathbf{k},\ t=\pi$
10. $\mathbf{r}(t)=\sin 2t\mathbf{i}+\cos 3t\mathbf{j}+\cos 4t\mathbf{k},\ t=\frac{\pi}{2}$

[11-14] 주어진 벡터함수 $\mathbf{r}$의 속도벡터 $\mathbf{v}(t)$, 속력 $\|\mathbf{v}(t)\|$, 가속도벡터 $a(t)$를 구하여라. [예제 10.16]

11. $\mathbf{r}(t)=t\mathbf{i}+t^2\mathbf{j}$
12. $\mathbf{r}(t)=3\cos t\mathbf{i}+2\sin t\mathbf{j}$
13. $\mathbf{r}(t)=4\sin t\mathbf{i}+4\cos t\mathbf{j}$
14. $\mathbf{r}(t)=e^t\cos t\mathbf{i}+e^t\sin t\mathbf{j}$

[15-17] 다음 벡터함수에 대하여 물음에 답하여라.

$$\mathbf{u}(t)=t\mathbf{i}+t^2\mathbf{j}+t^3\mathbf{k},\ \mathbf{v}(t)=\sin t\mathbf{i}+\cos t\mathbf{j}+2\mathbf{k}$$

15. $(2\mathbf{u}+3\mathbf{v})(t)$
16. $(\mathbf{u}\cdot\mathbf{v})(t)$
17. $(\mathbf{u}\times\mathbf{v})(t)$

[18-21] 다음 벡터함수 $\mathbf{r}$에 대하여 $\int \mathbf{r}(t)dt$를 구하여라. [예제 10.18]

18. $\mathbf{r}(t)=t^2\mathbf{i}-2t\mathbf{j}+\frac{1}{t}\mathbf{k}$
19. $\mathbf{r}(t)=3t^2\mathbf{i}+e^t\mathbf{j}+\sin t\mathbf{k}$
20. $\mathbf{r}(t)=e^t\mathbf{i}+e^{-t}\mathbf{j}+t^3\mathbf{k}$
21. $\mathbf{r}(t)=\cos t\mathbf{i}+\sin t\mathbf{j}+3t^3\mathbf{k}$

[22-24] 다음 주어진 t의 범위에서의 벡터함수 $\mathbf{r}$의 정적분을 구하여라. [예제 10.19]

22. $\mathbf{r}(t)=e^{2t}\mathbf{i}+e^{-t}\mathbf{j}+t\mathbf{k},\ [0,1]$
23. $\mathbf{r}(t)=\frac{1}{t}\mathbf{i}+\mathbf{j}-t^{\frac{3}{2}}\mathbf{k},\ [1,e]$
24. $\mathbf{r}(t)=5\sin t\mathbf{i}+6\cos t\mathbf{j}+t\mathbf{k},\ \left[0,\frac{\pi}{2}\right]$

[25-27] 다음 물음에 답하여라. [예제 10.20]

25. $a(t)=2\mathbf{i}+2t\mathbf{k},\ \mathbf{v}(0)=3\mathbf{i}-\mathbf{j},\ \mathbf{r}(0)=\mathbf{j}+\mathbf{k}$를 만족하는 $\mathbf{v}(t)$, $\mathbf{r}(t)$를 구하여라.
26. $a(t)=\sin t\mathbf{i}+2\cos t\mathbf{j}+6t\mathbf{k},\ \mathbf{v}(0)=\mathbf{k},\ \mathbf{r}(0)=\mathbf{j}+\mathbf{k}$를 만족하는 $\mathbf{v}(t)$, $\mathbf{r}(t)$를 구하여라.
27. $a(t)=-\cos t\mathbf{i}-\sin t\mathbf{j},\ \ \mathbf{v}(0)=\mathbf{j}+\mathbf{k},\ \ \mathbf{r}(0)=\mathbf{i}$를 만족하는 $\mathbf{v}(t)$, $\mathbf{r}(t)$를 구하여라.

• Part 2

[28-31] 다음 벡터함수 $\mathbf{r}$에 대하여 $\mathbf{r}'(t)$과 $\mathbf{r}''(t)$를 구하여라.

28. $\mathbf{r}(t)=(\sin^2 t)\mathbf{i}+\sin t\cos t\mathbf{j}+\cos^2 t\mathbf{k}$
29. $\mathbf{r}(t)=(e^t\cos t)\mathbf{i}+e^t\sin t\mathbf{j}+t^2\mathbf{k}$
30. $\mathbf{r}(t)=(e^{-t}\sin t)\mathbf{i}+e^t\cos t\mathbf{j}+\tan t\mathbf{k}$
31. $\mathbf{r}(t)=(\frac{t+1}{t-1})\mathbf{i}+t\ln t\mathbf{j}+\sin 2t\mathbf{k}$

[32-34] 다음 매개곡선 $\mathbf{r}$에 대하여 주어진 t에서 곡선에 접하는 접선의 매개곡선 표현을 구하여라.

32. $\mathbf{r}(t)=(t^2-2t)\mathbf{i}+3t\mathbf{j}+(\frac{5t^3-3t^2}{2})\mathbf{k},\ t=2$
33. $\mathbf{r}(t)=t\sin t\mathbf{i}+t\cos t\mathbf{j}+(t+1)\mathbf{k},\ t=0$
34. $\mathbf{r}(t)=\sin t\mathbf{i}+5t\mathbf{j}+\cos t\mathbf{k},\ t=0$

[35-36] 다음 주어진 점에서 매개방정식에 대한 곡선의 접선을 구하여라.

35. $x=t^4,\ y=t^3,\ z=t^2;\ (1,1,1)$
36. $x=t^2-1,\ y=t^2+1,\ z=t+1;\ (-1,1,1)$

[37-39] 다음 벡터함수의 적분을 구하여라.

37. $\int_0^1 \frac{2}{\sqrt{1-t^2}}\mathbf{i}+\frac{\sqrt{3}}{1+t^2}\mathbf{k}\,dt$

38. $\int_0^{\frac{\pi}{4}} \sec t \tan t\mathbf{i} + \tan t\mathbf{j} + \sec^2 t\mathbf{k}\, dt$

39. $\int_0^1 \frac{4}{1+t^2}\mathbf{j} + \frac{2t}{1+t^2}\mathbf{k}\, dt$

[40-41] 주어진 벡터함수에 대하여 속도 벡터 $\mathbf{v}(t)$, 속력 $\|\mathbf{v}(t)\|$, 가속도벡터 $\boldsymbol{a}(t)$를 구하여라.

40. $\mathbf{r}(t) = t\cos t\mathbf{i} + t\sin t\mathbf{j} + t^2\mathbf{k}$

41. $\mathbf{r}(t) = \sqrt{2}\, t\mathbf{i} + e^t\mathbf{j} + e^{-t}\mathbf{k}$

10.4 곡선의 길이와 곡률

10.4.1 곡선의 길이

곡선의 길이는 [5장. 적분의 응용]에서 다루었던 주제이다. 5장에서는 실함수 $y = f(x)$의 그래프로 그려진 평면곡선인 경우에 평면곡선의 길이를 구하였다.
구간 $[a,b]$에서 정의된 미분가능한 함수 f의 그래프의 길이 L를 구하는 방법을 복습하자.
구간 $[a,b]$의 분할 $P = \{a = x_0, x_1, x_2, \cdots, x_k, \cdots, x_n = b\}$를 잡고 그래프 위에 $(n+1)$개의 점 $P_0(x_0, f(x_0))$, $P_1(x_1, f(x_1))$, $\cdots$, $P_k(x_k, f(x_k))$, $\cdots$, $P_n(x_n, f(x_n))$을 잡자. ([그림 10.17] 참고)

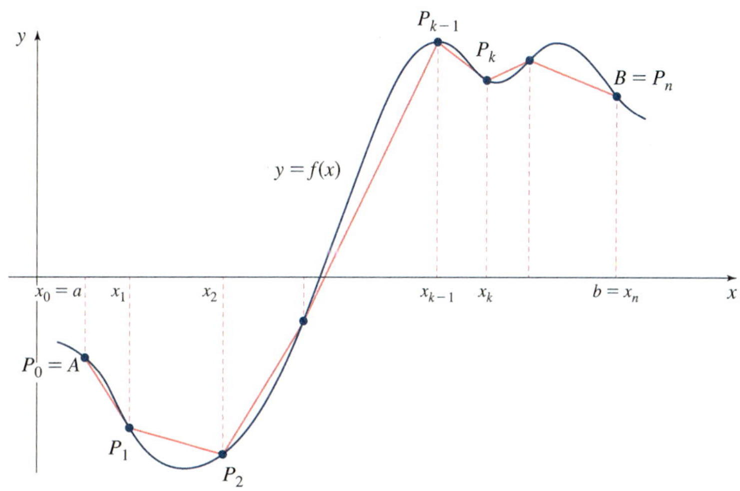

[그림 10.17]

그러면 n개의 선분의 합은 다음과 같다.

$$\begin{aligned}\sum_{k=1}^{n} |P_{k-1}P_k| &= \sum_{k=1}^{n} \sqrt{(x_{k-1} - x_k)^2 + (f(x_{k-1}) - f(x_k))^2} \\ &= \sum_{k=1}^{n} \sqrt{(x_{k-1} - x_k)^2 + [f'(t_k)(x_k - x_{k-1})]^2}\,* \\ &= \sum_{k=1}^{n} \sqrt{1 + (f'(t_k))^2}\,(x_k - x_{k-1})\end{aligned}$$

* 평균값 정리에 의해 $f(x_k) - f(x_{k-1}) = f'(t_k)(x_k - x_{k-1})$ 인 t_k가 구간 $[x_{k-1}, x_k]$에 존재한다. 평균값 정리는 정적분을 이용한 공식을 만들 때 유용하게 사용된다.

n개의 선분의 합 $\sum_{k=1}^{n} |P_{k-1}P_k| = \sum_{k=1}^{n} \sqrt{1 + (f'(t_k))^2}\,(x_k - x_{k-1})$은 분할 P에 대한 함수 $\sqrt{1 + (f'(x))^2}$의 리만합이다. 구간 $[a,b]$에서 도함수 f'가 연속이면 함수 $\sqrt{1 + (f'(x))^2}$도 연속이다.

구간 $[a,b]$의 분할을 무한히 세분하면서 극한은 다음과 같다.

$$L = \lim_{\|P\| \to 0} \sum_{k=1}^{n} |P_{k-1}P_k|$$
$$= \lim_{\|P\| \to 0} \sum_{k=1}^{n} \sqrt{1+(f'(t_k))^2}\,(x_k - x_{k-1}) = \int_a^b \sqrt{1+(f'(x))^2}\,dx$$

이제 일반적인 매개곡선 $\mathbf{r}(t)$에 대하여 곡선의 길이 L을 구해보자.
함수의 그래프에서의 곡선의 길이를 구하는 것과 비슷한 방법으로 구한다.

- 구간 $[a,b]$ 위의 벡터함수 $\mathbf{r}(t)$의 상인 곡선을 n개의 선분으로 분할한다.
- 분할을 무한히 세분하면 선분의 길이의 합의 극한을 구간 $[a,b]$ 위의 정적분으로 만든다.

구간 $[a,b]$에서 정의된 매개곡선 $\mathbf{r}(t)$가 미분가능하고 도함수 $\mathbf{r}'(t)$가 구간 $[a,b]$에서 연속이라고 하자. ([그림 10.18](a) 참고)
구간 $[a,b]$ 위의 매개곡선 $\mathbf{r}(t)$의 길이 L을 구하자.
구간 $[a,b]$의 분할 $P=\{a=t_0,\ t_1,\ t_2,\ \cdots,\ t_k,\ \cdots,\ t_n=b\}$를 잡고 매개곡선의 상 위에 $(n+1)$개의 벡터 $\mathbf{r}_0=\mathbf{r}(a)=\mathbf{r}(0),\ \mathbf{r}_1=\mathbf{r}(t_1),\ \mathbf{r}_2=\mathbf{r}(t_2),\ \cdots,\ \mathbf{r}_{n-1}=\mathbf{r}(t_{n-1}),$ $\mathbf{r}_n=\mathbf{r}(b)=\mathbf{r}(t_n)$을 잡자. ([그림 10.18](b) 참고)

- k번째 선분의 길이는 벡터 $\mathbf{r}_{k-1}-\mathbf{r}_k$의 길이인 $\|\mathbf{r}_k-\mathbf{r}_{k-1}\|$이다.
- 실함수의 평균값의 정리를 벡터함수에 적용하면 다음 식이 성립하는 $t_k \le s_k \le t_{k+1}$가 존재한다.

$$\|\mathbf{r}(t_{k+1})-\mathbf{r}(t_k)\| \approx \|\mathbf{r}'(s_k)(t_{k+1}-t_k)\|$$

- $\|\mathbf{r}'(t)\| = \|\mathbf{v}(t)\|$이므로

$$\|\mathbf{r}'(s_k)(t_{k+1}-t_k)\| = \|\mathbf{v}(s_k)\|\,|t_{k+1}-t_k|.$$

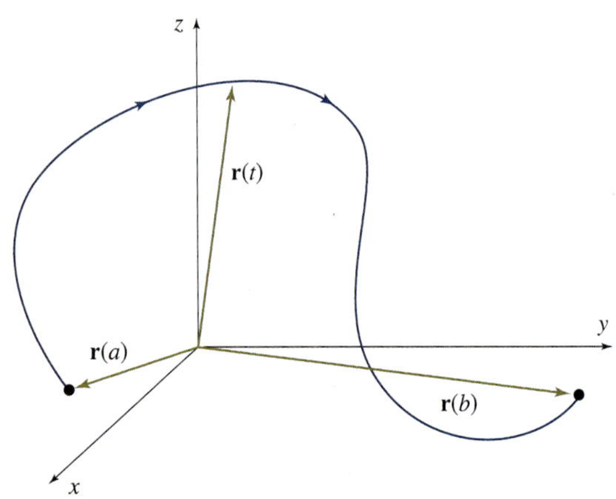

[그림 10.18](a)

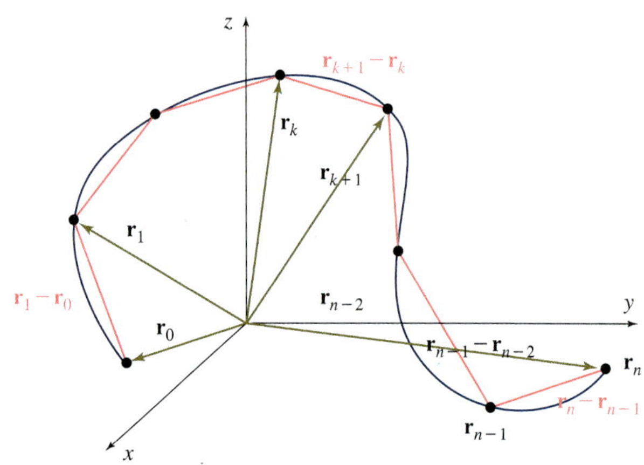

[그림 10.18](b)

그러므로 n개 선분의 길이의 합은 다음과 같이 쓸 수 있다.

$$\sum_{k=1}^{n} \|\mathbf{r}_k - \mathbf{r}_{k-1}\| = \sum_{k=1}^{n} \|\mathbf{r}(t_k) - \mathbf{r}(t_{k-1})\|$$

$$\approx \sum_{k=1}^{n} \|\mathbf{r}(s_k)(t_k - t_{k-1})\| = \sum_{k=1}^{n} \|\mathbf{v}(s_k)\| \, |t_k - t_{k-1}|$$

즉, n개 선분의 길이의 합은 다음과 같고 구간 $[a,b]$의 분할 P에 대한 연속인 함수 $\|\mathbf{r}'(x)\| = \|\mathbf{v}(x)\|$의 리만합이다.

$$\sum_{k=1}^{n} \|\mathbf{r}_k - \mathbf{r}_{k-1}\| \approx \sum_{k=1}^{n} \|\mathbf{v}(s_k)\| \, |t_k - t_{k-1}|$$

구간 $[a,b]$의 분할 P를 무한히 작게 세분하면 n개의 작은 선분의 합의 극한 $\lim\limits_{\|P\| \to 0} \sum_{k=1}^{n} \|\mathbf{r}_k - \mathbf{r}_{k-1}\|$은 곡선의 길이 L로 수렴한다. 즉,

$$L = \lim_{\|P\| \to 0} \sum_{k=1}^{n} \|\mathbf{r}_k - \mathbf{r}_{k-1}\|.$$

구간 $[a,b]$의 분할 P를 무한히 작게 세분하면 분할 P에 대한 연속인 함수 $\|\mathbf{r}'(x)\| = \|\mathbf{v}(x)\|$의 리만합의 극한은 다음과 같이 구간 $[a,b]$에서의 $\|\mathbf{r}'(x)\| = \|\mathbf{v}(x)\|$의 정적분으로 표현된다.

$$\lim_{\|P\| \to 0} \sum_{k=1}^{n} \mathbf{v}(s_k) \, |t_k - t_{k-1}| = \int_a^b \|\mathbf{v}(t)\| \, dt$$

그러므로 $\sum_{k=1}^{n} \|\mathbf{r}_k - \mathbf{r}_{k-1}\| \approx \sum_{k=1}^{n} \|\mathbf{v}(s_k)\| \, |t_k - t_{k-1}|$이므로 곡선의 길이 L은

$$L = \lim_{\|P\| \to 0} \sum_{k=1}^{n} \|\mathbf{r}_k - \mathbf{r}_{k-1}\| = \lim_{\|P\| \to 0} \sum_{k=1}^{n} \|\mathbf{v}(s_k)\| \, |t_k - t_{k-1}| = \int_a^b \|\mathbf{v}(t)\| \, dt.$$

구간 $[a,b]$ 위의 매개곡선 $\mathbf{r}(t)$의 길이 L은 다음과 같다.

$$L = \int_a^b \|\mathbf{v}\|(t) dt$$

구간 $[a,b]$ 위의 평면 매개곡선 $\mathbf{r}(t) = x(t)\mathbf{i} + y(t)\mathbf{j}$에 대하여
도함수 $\mathbf{r}'$가 연속이므로 $\|\mathbf{r}'(t)\| = \|\mathbf{v}(t)\| = \sqrt{(x'(t))^2 + (y'(t))^2}$이 연속이고
구간 $[a,b]$ 위의 곡선 $\mathbf{r}(t)$의 길이 L은 다음과 같이 정적분으로 표현된다.

$$L = \int_a^b \sqrt{(x'(t))^2 + (y'(t))^2} \, dt$$

구간 $[a,b]$ 위의 공간 매개곡선 $\mathbf{r}(t)=x(t)\mathbf{i}+y(t)\mathbf{j}+z(t)\mathbf{k}$에 대하여 평면곡선과 비슷한 방법을 적용하면 구간 $[a,b]$ 위의 곡선 $\mathbf{r}(t)$의 길이 L은 다음과 같다.

$$L=\int_a^b \sqrt{(x'(t))^2+(y'(t))^2+(z'(t))^2}\,dt$$

[정리 10.4: 매개곡선의 길이] 구간 $[a,b]$ 위의 매개곡선 $\mathbf{r}(t)$가 미분가능하고 도함수 $\mathbf{r}'$가 연속이라고 하자. 구간 $[a,b]$ 위의 매개곡선 $\mathbf{r}(t)$의 길이 L에 대해

$$L=\int_a^b \|\mathbf{r}'(t)\|\,dt=\int_a^b \|\mathbf{v}(t)\|\,dt.$$

(1) 구간 $[a,b]$ 위의 평면 매개곡선 $\mathbf{r}(t)=x(t)\mathbf{i}+y(t)\mathbf{j}$인 경우

$$L=\int_a^b \|\mathbf{v}(t)\|\,dt=\int_a^b \sqrt{(x'(t))^2+(y'(t))^2}\,dt.$$

(2) 구간 $[a,b]$ 위의 공간 매개곡선 $\mathbf{r}(t)=x(t)\mathbf{i}+y(t)\mathbf{j}+z(t)\mathbf{k}$인 경우

$$L=\int_a^b \|\mathbf{v}(t)\|\,dt=\int_a^b \sqrt{(x'(t))^2+(y'(t))^2+(z'(t))^2}\,dt.$$

[예제 10.21] 구간 $[0,2\pi]$ 위의 평면 매개곡선 $\mathbf{r}(t)=2\cos t\mathbf{i}+2\sin t\mathbf{j}$의 길이를 구하여라. [연습문제 1~10]

[풀이] 주어진 매개곡선 $\mathbf{r}(t)=2\cos t\mathbf{i}+2\sin t\mathbf{j}$의 성분함수의 매개변수 표현은

$$x=2\cos t,\ y=2\sin t$$

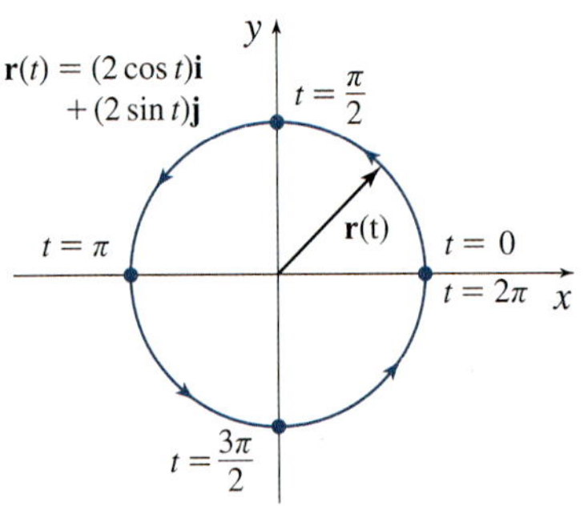

[그림 10.19] $\mathbf{r}(t)=2\cos t\mathbf{i}+2\sin t\mathbf{j}$의 상

이므로 매개곡선 $\mathbf{r}$의 상은 반지름이 2이고 중심이 원점인 원으로 [그림 10.19]이다. 매개곡선 $\mathbf{r}$의 길이를 구하기 위하여 우선 $\mathbf{r}'(t)$와 $\|\mathbf{r}'(t)\|=\|\mathbf{v}(t)\|$를 구하자. $\mathbf{r}'(t)=-2\sin t\mathbf{i}+2\cos t\mathbf{j}$이고

$$\|\mathbf{r}'(t)\|=\|\mathbf{v}(t)\|=\sqrt{(-2\sin t)^2+(2\cos t)^2}=2.$$

구간 $[0,2\pi]$ 위의 매개곡선 $\mathbf{r}$의 길이 L은 다음과 같다.

$$L=\int_0^{2\pi}\|\mathbf{v}(t)\|\,dt=\int_0^{2\pi}2\,dt=[2t]_0^{2\pi}=4\pi$$

그러므로 구간 $[0,2\pi]$ 위의 매개곡선 $\mathbf{r}$의 길이는 4π이다. ■

[예제 10.22] 다음과 같은 공간 매개곡선 나선(helix)의 길이를 구하여라. [연습문제 1~10]

$$\mathbf{r}(t) = \cos 2t\mathbf{i} + \sin 2t\mathbf{j} + t\mathbf{k},\ (0 \le t \le 2\pi).$$

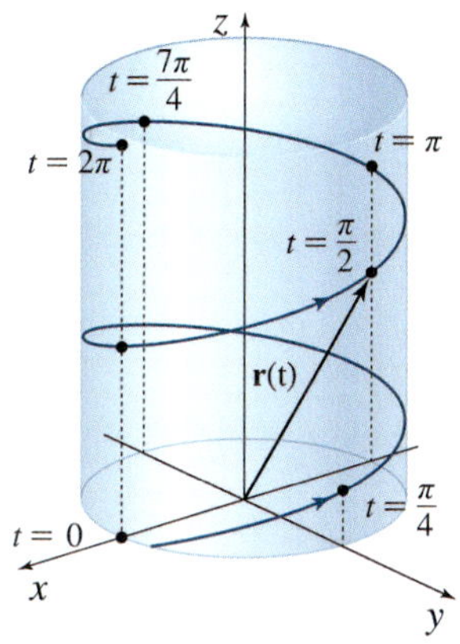

[그림 10.20]

[풀이] 주어진 공간 매개곡선 $\mathbf{r}(t) = \cos 2t\mathbf{i} + \sin 2t\mathbf{j} + t\mathbf{k},\ (0 \le t \le 2\pi)$의 3개의 성분함수는 다음과 같다.

$$x = \cos 2t,\ y = \sin 2t,\ z = t$$

그러므로 공간 매개곡선 $\mathbf{r}$의 상은 반지름이 1이고 중심이 원점인 원기둥은 반시계방향으로 감고 올라가는 나선으로 [그림 10.20]이다.
매개곡선 $\mathbf{r}$의 길이를 구하기 위하여 우선 $\mathbf{r}'(t)$와 $\|\mathbf{r}'(t)\| = \|\mathbf{v}(t)\|$를 구하자.
$\mathbf{r}'(t) = -2\sin 2t\mathbf{i} + 2\cos 2t\mathbf{j} + \mathbf{k}$이고

$$\|\mathbf{r}'(t)\| = \|\mathbf{v}(t)\| = \sqrt{(-2\sin 2t)^2 + (2\cos 2t)^2 + (1)^2} = \sqrt{5}.$$

구간 $[0, 2\pi]$ 위의 나선 $\mathbf{r}$의 길이 L은 다음과 같다.

$$L = \int_0^{2\pi} \|\mathbf{v}(t)\| dt = \int_0^{2\pi} \sqrt{5}\, dt = \left[\sqrt{5}\, t\right]_0^{2\pi} = 2\sqrt{5}\,\pi$$

그러므로 구간 $[0, 2\pi]$ 위의 곡선 $\mathbf{r}$의 길이는 $2\sqrt{5}\,\pi$이다. ■

[예제 10.23] 다음과 같은 공간 매개곡선의 길이를 구하여라. [연습문제 1~10]

$$\mathbf{r}(t) = t\mathbf{i} + \frac{\sqrt{6}}{2}t^2\mathbf{j} + t^3\mathbf{k},\ (-1 \le t \le 1)$$

[풀이] 우선 매개곡선 $\mathbf{r}$의 $\mathbf{r}'(t)$와 $\|\mathbf{r}'(t)\| = \|\mathbf{v}(t)\|$를 구하자.
$\mathbf{r}'(t) = \mathbf{i} + \sqrt{6}\, t\mathbf{j} + 3t^2\mathbf{k}$이고 속력 $\|\mathbf{r}'(t)\| = \|\mathbf{v}(t)\|$는 다음과 같다.

$$\begin{aligned}\|\mathbf{r}'(t)\| = \|\mathbf{v}(t)\| &= \sqrt{(1)^2 + (\sqrt{6}\, t)^2 + (3t^2)^2} \\ &= \sqrt{1 + 6t^2 + 9t^4} = \sqrt{(1 + 3t^2)^2} = 1 + 3t^2\end{aligned}$$

구간 $[-1, 1]$ 위의 공간 매개곡선 $\mathbf{r}$의 길이 L은 다음과 같다.

$$L = \int_{-1}^{1} \|\mathbf{v}(t)\| dt = \int_{-1}^{1} (1 + 3t^2) dt = \left[t + t^3\right]_{-1}^{1} = 4$$

그러므로 구간 $[-1, 1]$ 위의 공간 매개곡선 $\mathbf{r}$의 길이는 4이다. ■

10.4.2 극방정식에 의한 곡선의 길이

극방정식 $r = f(\theta)$로 주어진 곡선의 길이를 알아보자.
극방정식 $r = f(\theta)$가 주어졌을 때 $\alpha \le \theta \le \beta$에서 극방정식 $r = f(\theta)$의 그래프인 평면곡선의 길이를 구해보자.
[정리 10.4: 매개곡선의 길이]에 의해서 구간 $[a, b]$ 위의 평면 매개곡선 $\mathbf{r}(t) = x(t)\mathbf{i} + y(t)\mathbf{j}$의 길이 L는 다음과 같다.

$$L=\int_a^b \|\mathbf{v}(t)\|dt=\int_a^b \sqrt{(x'(t))^2+(y'(t))^2}\,dt \tag{10.9}$$

* 두 점 $P(x_1, y_1)$과 $Q(x_2, y_2)$를 잇는 선분의 길이

$$|PQ|=\sqrt{(x_2-x_1)^2+(y_2-y_1)^2}$$

는 두 점의 직교좌표로 표시된 직각삼각형의 피타고라스 정리에서 유도되었다. 선분의 길이에서 유도된 곡선의 길이에 대한 식은 직교좌표에 의한 식이다.

식 (10.9)는 평면 매개곡선 $\mathbf{r}(t)=x(t)\mathbf{i}+y(t)\mathbf{j}$와 같이 성분함수가 직교좌표의 변수 x, y에 대한 표현*으로 되어 있는 경우에 대한 구간 $[a, b]$ 위의 평면 매개곡선의 길이다. 직교좌표계 (x, y)와 극좌표계 (r, θ)의 관계는 다음과 같다.

$$x=r\cos\theta,\quad y=r\sin\theta$$

극방정식 $r=f(\theta)$의 그래프를 직교좌표의 변수 x, y에 대한 표현하면 다음과 같다.

$$\begin{cases} x=r\cos\theta=f(\theta)\cos\theta \\ y=r\sin\theta=f(\theta)\sin\theta \end{cases}$$

매개변수를 θ로 놓고 평면 매개곡선 $\mathbf{r}(\theta)=x(\theta)\mathbf{i}+y(\theta)\mathbf{j}$으로 표현해 보자.

$$\mathbf{r}(\theta)=x(\theta)\mathbf{i}+y(\theta)\mathbf{j}=(f(\theta)\cos\theta)\mathbf{i}+(f(\theta)\sin\theta)\mathbf{j}$$

극방정식 $r=f(\theta)$의 그래프의 평면 매개곡선 표현은 다음과 같다.

$$\boxed{\mathbf{r}(\theta)=(f(\theta)\cos\theta)\mathbf{i}+(f(\theta)\sin\theta)\mathbf{j}}$$

극방정식 $r=f(\theta)$의 그래프의 곡선의 길이는 다음과 같다.

$$L=\int_\alpha^\beta \|\mathbf{r}'(\theta)\|d\theta=\int_\alpha^\beta \sqrt{\left(\frac{dx}{d\theta}\right)^2+\left(\frac{dy}{d\theta}\right)^2}\,d\theta \text{이므로}$$

$$\frac{dx}{d\theta}=f'(\theta)\cos\theta-f(\theta)\sin\theta \quad \text{그리고} \quad \frac{dy}{d\theta}=f'(\theta)\sin\theta+f(\theta)\cos\theta.$$

$$\begin{aligned}\left(\frac{dx}{d\theta}\right)^2+\left(\frac{dy}{d\theta}\right)^2&=(f'(\theta)\cos\theta-f(\theta)\sin\theta)^2+(f'(\theta)\sin\theta+f(\theta)\cos\theta)^2\\&=f(\theta)^2+f'(\theta)^2.\end{aligned}$$

그러므로 구간 $[\alpha, \beta]$ 위의 극방정식 $r=f(\theta)$의 그래프의 길이 L는 다음과 같다.

$$\boxed{L=\int_\alpha^\beta \sqrt{f(\theta)^2+f'(\theta)^2}\,d\theta} \tag{10.10}$$

극방정식에 의한 평면곡선의 길이를 구하는 경우 먼저 극방정식에 의한 곡선을 그리는 것을 권장한다.

[정의 10.9: 극방정식의 곡선의 길이] 극방정식 $r=f(\theta)$에 대하여 함수 f가 구간 $[\alpha, \beta]$에서 미분가능하고 도함수 f'가 연속이면 구간 $[\alpha, \beta]$ 위의 극방정식 $r=f(\theta)$의 곡선의 길이 L은 다음과 같다.

$$L=\int_\alpha^\beta \sqrt{f(\theta)^2+f'(\theta)^2}\,d\theta$$

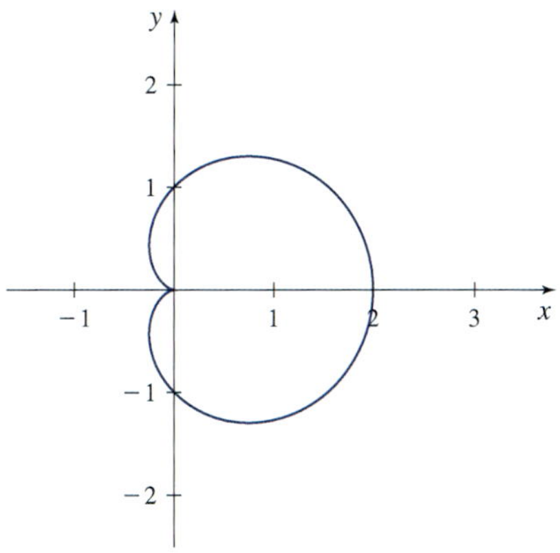

[그림 10.21]
$r = 1 + \cos\theta$의 그래프

[예제 10.24] 극방정식 $r = 1 + \cos\theta$의 곡선의 길이를 구하여라. [연습문제 11~16]

[풀이] 극방정식 $r = 1 + \cos\theta$의 그래프는 [그림 10.21]에서 볼 수 있다.
극방정식 $r = 1 + \cos\theta$의 그래프는 x축에 대칭이므로 극방정식 $r = 1 + \cos\theta$의 그래프의 길이는 구간 $[0, \pi]$에서 구한 길이의 2배이다.
극방정식 $r = f(\theta)$에서 $f(\theta) = 1 + \cos\theta$이고 $f'(\theta) = -\sin\theta$이다.
구간 $[0, 2\pi]$ 위의 극방정식 $r = 1 + \cos\theta$의 곡선의 길이 L은 다음과 같다.

$$
\begin{aligned}
L &= 2\int_0^{\pi} \sqrt{(1+\cos\theta)^2 + (-\sin\theta)^2}\, d\theta \\
&= 2\int_0^{\pi} \sqrt{2 + 2\cos\theta}\, d\theta \\
&= 2\int_0^{\pi} \sqrt{4\cos^2\left(\frac{\theta}{2}\right)}\, d\theta && \text{반각의 공식 } \cos^2\frac{\theta}{2} = \frac{1+\cos\theta}{2} \\
&= 4\int_0^{\pi} \cos\left(\frac{\theta}{2}\right) d\theta && 0 \le \theta \le \pi \text{에 대하여 } \cos\left(\frac{\theta}{2}\right) \ge 0 \\
&= \left[8\sin\left(\frac{\theta}{2}\right)\right]_0^{\pi} = 8
\end{aligned}
$$

구간 $[0, 2\pi]$ 위의 극방정식 $r = 1 + \cos\theta$의 곡선의 길이는 8이다. ■

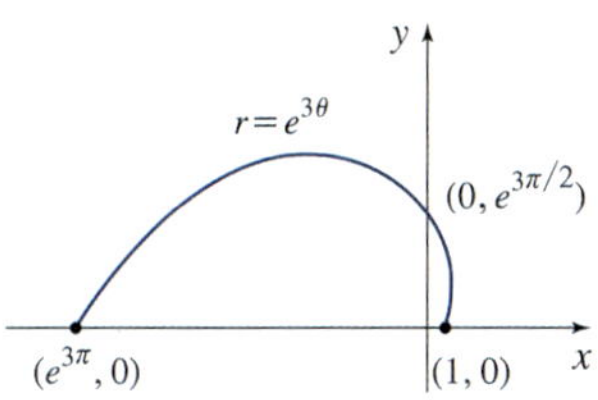

[그림 10.22]
$r = e^{3\theta}$, $(0 \le \theta \le \pi)$의 그래프

[예제 10.25] 구간 $[0, \pi]$ 위에서 극방정식 $r = e^{3\theta}$의 곡선의 길이를 구하여라. [연습문제 11~16]

[풀이] 극방정식 $r = e^{3\theta}$의 그래프는 [그림 10.22]에서 볼 수 있다.
극방정식 $r = f(\theta)$에서 $f(\theta) = e^{3\theta}$이고 $f'(\theta) = 3e^{3\theta}$이다.
구간 $[0, \pi]$ 위의 극방정식 $r = e^{3\theta}$의 곡선의 길이 L은 다음과 같다.

$$
\begin{aligned}
L &= \int_0^{\pi} \sqrt{(e^{3\theta})^2 + (3e^{3\theta})^2}\, d\theta \\
&= \int_0^{\pi} \sqrt{10e^{6\theta}}\, d\theta \\
&= \sqrt{10}\int_0^{\pi} e^{3\theta}\, d\theta \\
&= \left[\frac{\sqrt{10}}{3} e^{3\theta}\right]_0^{\pi} = \frac{\sqrt{10}}{3}\left(e^{3\pi} - 1\right)
\end{aligned}
$$

구간 $[0, \pi]$ 위의 극방정식 $r = e^{3\theta}$의 곡선의 길이는 $\frac{\sqrt{10}}{3}\left(e^{3\pi} - 1\right)$이다. ■

10.4.3 곡선의 곡률

이제까지 곡선에 대해 2가지 관점에서 살펴보았다.
(1) 기하학적인 도형으로서의 곡선
(2) 식으로 표현된 곡선: 매개변수 표현, 방정식 표현

(1)에서의 도형으로 보는 곡선이 우리가 공부를 하고자 하는 진정한 대상이다.
예를 들어서 반지름이 1인 원은 위치가 어디에 있든지 그 자체가 반지름이 1인 원이다. 원의 중심이 어디에 있든지 원을 시계 방향으로 그리든지 반시계 방향으로 그리든지 중요하지 않다. 기하학적으로는 합동이라는 개념을 사용하여 반지름이 1인 원은 오직 한 종류가 있다고 본다. 단지 반지름이 1인 원과 반지름이 2인 원이 다르게 있을 뿐이다.
이러한 기하학적 도형으로서의 곡선이 공부의 대상이지만 기하학적인 도형만으로 곡선의 본질적인 성질을 구하는 것은 힘들고 가능하지 않을 수도 있다.
일반적인 곡선들의 성질을 알아내기 위하여 (2)의 방법인 기하학적인 도형을 방정식으로 표현하기 시작했고 곡선을 가장 일반적으로 곡선을 표현하는 방법으로 매개곡선 표현으로 곡선을 정의하였다.
매개곡선은 도형으로서의 곡선을 그리는 방법이다. 도형인 곡선을 빠르게 그리거나 느리게 그리거나 되돌아와서 반복해서 그리거나 반대 방향으로 그리는 등 다양한 방법이 있다. 즉, 도형인 곡선 하나에 그 곡선을 표현하는 매개곡선은 무수히 많이 존재한다. 도형인 곡선의 본질적인 성질을 구하기 위하여 곡선의 매개곡선을 이용한다. 매개곡선은 벡터함수이므로 매개곡선의 속도와 가속도는 모두 벡터함수 표현에 따라서 달라진다.
그러므로 도형인 곡선에 대해 **일정한 기준이 되는 매개곡선 표현을 정하고,** 정해진 기준을 갖는 매개곡선 표현으로 곡선의 성질들을 정의하는 것이 자연스럽다.

◐ 단위속도를 갖는 매개곡선 표현

곡선 C에 대해 매개곡선은 곡선 C를 그리는 다양한 방법을 표현한다. 구간 I 위에 정의된 매개곡선 표현 $\mathbf{r}(t)$가 주어지면 매개곡선 $\mathbf{r}$의 상(image)인 곡선 C를 그리는 새로운 표현을 구하는 방법을 알아보자.
구간 J에서 정의된 미분가능한 함수 $t = h(s)$가 주어지면 다음과 같이 곡선 C를 그리는 새로운 매개곡선 $\mathbf{r}_1$을 만들 수 있다.

$$\mathbf{r}_1(s) := (\mathbf{r} \circ h)(s) = \mathbf{r}(h(s))$$

두 매개곡선 $\mathbf{r}(t)$와 $\mathbf{r}_1(s)$는 다음과 같은 성질이 있다.
- 두 매개곡선 $\mathbf{r}(t)$와 $\mathbf{r}_1(s)$는 같은 곡선 C를 그린다.
- 두 매개곡선 $\mathbf{r}(t)$와 $\mathbf{r}_1(s)$는 같은 곡선을 다른 방법으로 그린다.

그러므로 새로이 만들어진 매개곡선 $\mathbf{r}_1 = \mathbf{r} \circ h$를 매개곡선 $\mathbf{r}(t)$의 **재매개화**(reparametrization)라고 부른다. 즉, 도형인 곡선 C를 그리는 새로운 방법을 의미한다.

예를 들어서 반지름이 1인 원을 그리는 다양한 방법인 매개곡선을 구해보자.
평면 매개곡선 $\mathbf{r}(t) = \cos t\mathbf{i} + \sin t\mathbf{j}$, $(0 \le t \le 2\pi)$의 상은 반지름이 1인 원이다. 매개곡선 $\mathbf{r}(t)$은 점 $(1, 0)$에서 출발하여 반시계 방향으로 한 바퀴를 회전하면서 반지름이 1인 원을 그린다. ([그림 10.23](a) 참고)
구간 $[0, \pi]$ 위에서 미분가능한 함수 $h(s) = 2s$에 대하여 함수 h에 의한 매개곡선 $\mathbf{r}(t)$의 재매개화 $\mathbf{r}_1(s)$는 다음과 같다.

$$\mathbf{r}_1(s) = \mathbf{r}(h(s)) = \mathbf{r}(2s) = (\cos 2s)\mathbf{i} + (\sin 2s)\mathbf{j}$$

재매개화된 매개곡선 $\mathbf{r}_1(s)$의 상은 반지름이 1인 같은 원이지만 매개곡선 $\mathbf{r}(t)$보다 2배로 빠른 속도로 같은 원을 그리는 방법인 매개곡선 $\mathbf{r}_1(s)$이다. ([그림 10.23](b) 참고)

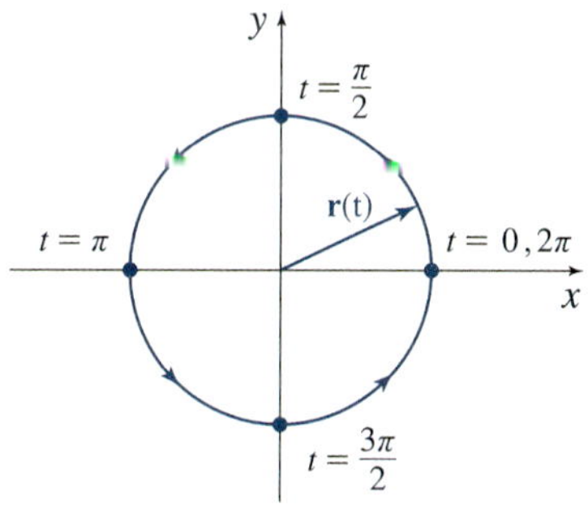

[그림 10.23](a)
$\mathbf{r}(t) = \cos t\mathbf{i} + \sin t\mathbf{j}$

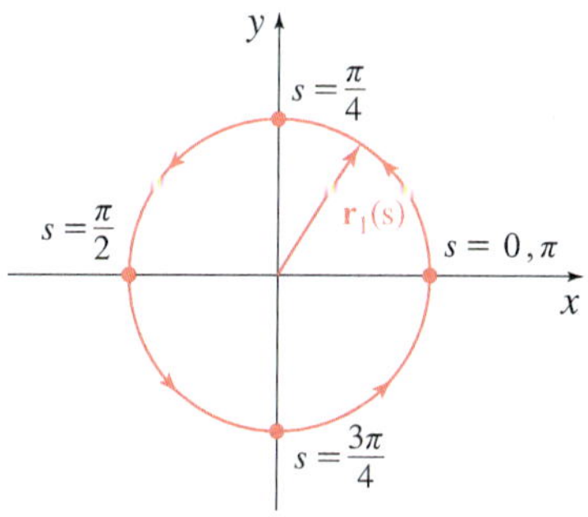

[그림 10.23](b)
$\mathbf{r}_1(s) = (\cos 2s)\mathbf{i} + (\sin 2s)\mathbf{j}$ ■

곡선 C를 그리는 방법은 다양하게 만들 수 있음을 보았다. 그리는 방법에 따라서 달라지는 성질은 곡선의 본질적 성질이 아니다. 본질적 성질을 정의하기 위하여 곡선 C의 다양한 매개곡선 표현 중에서 곡선의 **기준이 되는 매개곡선 표현**을 선택한다. 그리고 곡선의 기본적인 매개곡선 표현으로 성질을 정의하고 일반적인 곡선의 매개곡선 표현에 대한 성질의 정의로 확대한다.

기준이 되는 매개곡선 표현은 단위속력을 갖는 곡선의 매개곡선이다.

매개곡선 $\mathbf{r}(t)$가 $\left\| \frac{d\mathbf{r}}{dt}(t) \right\| = \| \mathbf{r}(t) \| = \| \mathbf{v}(t) \| \ne 0$이라고 하자. 미분가능한 함수 $t = h(s)$를 사용한 매개곡선 $\mathbf{r}(t)$의 재매개화 $\mathbf{r}_1(s) = \mathbf{r}(h(s))$가 단위속력을 갖는다고 하자. 그러면 재매개화 $\mathbf{r}_1$의 속력은 다음이 성립한다.

$$1 = \left\| \frac{d\mathbf{r}_1}{ds} \right\| = \left\| \frac{d\mathbf{r}}{dt}\frac{dh}{ds} \right\| = \left| \frac{dh}{ds} \right| \left\| \frac{d\mathbf{r}}{dt} \right\|$$

그러므로 함수 $t = h(s)$의 도함수는 다음이 성립한다.

$$\left| \frac{dt}{ds} \right| = \left| \frac{dh}{ds} \right| = \frac{1}{\left\| \frac{d\mathbf{r}}{dt}(h(s)) \right\|} = \frac{1}{\|\mathbf{r}'(h(s))\|} = \frac{1}{\|\mathbf{v}(h(s))\|}$$

재매개화 $\mathbf{r}_1 = \mathbf{r} \circ h$에서 사용한 미분가능한 실함수 $t = h(s)$는 다음을 만족한다.

$$\frac{ds}{dt} = \|\mathbf{r}'(t)\| \quad \text{그리고} \quad \frac{dt}{ds} = \frac{1}{\|\mathbf{r}'(t)\|} \qquad (10.11)$$

식 (10.11)을 앞으로 유용하게 사용한다.

매개곡선 $\mathbf{r}(t)$가 $\left\| \frac{d\mathbf{r}}{dt}(t) \right\| = \|\mathbf{r}'(t)\| \neq 0$라고 하자. 매개곡선 $\mathbf{r}(t)$의 많은 재매개화 중에서 단위속력을 갖는 재매개화 $\mathbf{r}_1(s) = \mathbf{r}(h(s))$가 존재한다. 이때, $\frac{dh}{ds} = \frac{1}{\|\mathbf{r}'(t)\|}$이다.

[정리 10.5: 단위속도를 갖는 곡선의 재매개화]의 의미는 곡선 C가 $\|\mathbf{r}'(t)\| \neq 0$인 매개화 $\mathbf{r}(t)$를 갖고 있는 경우 단위속력을 갖는 매개곡선 $\mathbf{r}_1(s)$가 존재한다는 것이다.

[정리 10.5: 단위속도를 갖는 곡선의 재매개화]

매개곡선 $\mathbf{r}(t)$가 $\left\| \frac{d\mathbf{r}}{dt}(t) \right\| = \|\mathbf{r}'(t)\| \neq 0$이라고 하자. 그러면 단위속력을 갖는 매개곡선 $\mathbf{r}(t)$의 재매개화 $\mathbf{r}_1(s) = \mathbf{r}(h(s))$가 존재한다.

즉, $\left\| \frac{d\mathbf{r}_1}{ds}(s) \right\| = 1$을 만족하는 재매개화 $\mathbf{r}_1(s) = \mathbf{r}(h(s))$가 존재하고 이때 h는 실함수이다.

앞으로 단위속도를 갖는 매개곡선은 매개변수 s를 사용한다.

[정리 10.5]의 단위속도를 갖는 $\mathbf{r}(t)$의 재매개화 $\mathbf{r}_1(s) = \mathbf{r}(h(s))$를 찾는 문제는 복잡한 과정이 있으므로 여기서 다루지는 않는다.

매개곡선이 단위속도를 갖는 경우 매개변수를 특별히 s로 놓는 것이 일반적이다.

단위속력을 갖는 매개화 $\mathbf{r}(s)$는 다음과 같은 성질이 있다.

임의의 s에 대하여 $\left\| \frac{d\mathbf{r}}{ds}(s) \right\| = 1$이므로 구간 $[0, s]$ 위의 $\mathbf{r}(0)$에서 $\mathbf{r}(s)$까지의 곡선 $\mathbf{r}$의 길이 $L(s)$는 다음과 같다.

$$L(s) = \int_0^s \left\| \frac{d\mathbf{r}}{ds}(s) \right\| ds = \int_0^s 1\,ds = s$$

즉, 단위속력을 갖는 매개곡선 $\mathbf{r}(s)$에서 매개변수 s는 $\mathbf{r}(0)$에서 $\mathbf{r}(s)$까지의 매개곡선 $\mathbf{r}$의 길이에 해당한다.

[정리 10.5: 단위속도를 갖는 재매개화]에 의해서 단위속력을 갖는 곡선의 매개변

수 표현이 존재하는 것을 알 수 있지만 단위속력을 갖는 매개변수 표현을 직접 구하는 것은 어려울 수 있다.

곡선의 본질적인 성질은 곡선의 각 위치에서의 성질이므로 모든 매개곡선 표현에 대해서도 같은 위치에서는 같은 성질을 가져야 한다. 그러므로 다음과 같은 방법으로 곡선 C의 본질적인 성질을 정의한다.

① 단위속도를 갖는 매개곡선으로 곡선 C의 본질적인 성질을 정의한다.

② 곡선 C의 점에서 ①의 정의를 일반적인 매개곡선 표현에서의 정의로 확대한다.

◐ 단위접벡터, 단위법벡터

곡선의 형태의 특징을 표현하는 기본적인 2개의 단위벡터인 **단위접벡터**와 **단위법벡터**를 정의하자.

우선 **단위접벡터**를 알아보자.

10.3절에서 벡터함수 $\mathbf{r}$의 도함수 $\mathbf{r}'$를 접벡터 또는 속도벡터라고 하였다. 매개곡선의 접벡터는 매개곡선의 상(image)인 곡선 C를 그리는 방향과 빠르기를 나타내고 있다. 즉, 곡선 C의 다양한 매개곡선 $\mathbf{r}$을 접벡터 $\mathbf{r}'$는 매개곡선에 따라서 다르게 나타난다. 그러므로 곡선 C의 매개곡선 표현에 의존하지 않는 접벡터는 단순히 곡선이 움직이는 방향만을 나타내어 벡터라고 정의한다. 즉, 단위길이를 갖는 단위접벡터 $\mathbf{T}$를 정의한다.

단위속도를 갖는 매개곡선 $\mathbf{r}(s)$*의 점 $\mathbf{r}(s)$에서 **단위접벡터** $\mathbf{T}(s)$**는 다음과 같다.

* 단위속력을 갖는 매개곡선은 $\mathbf{r}(s)$로 표현한다. 즉, 정의역이 s변수이다.

** 매개곡선 $\mathbf{r}(s)$가 단위속력을 갖기 때문에 $\|T(s)\| = \|r'(s)\| = 1$이고 $T(s)$는 단위벡터이다.

$$\mathbf{T}(s) = \frac{d\mathbf{r}(s)}{ds} = \mathbf{r}'(s)$$

단위접벡터 $\mathbf{T}(s)$는 곡선이 움직이는 방향인 접선의 방향을 나타내는 것이므로 기하학적으로 단위접벡터 $\mathbf{T}(s)$는 시작점을 $\mathbf{r}(s)$로 하는 벡터로 표현하는 것이 이해하는 데 유익하다. ([그림 10.24] 참고)

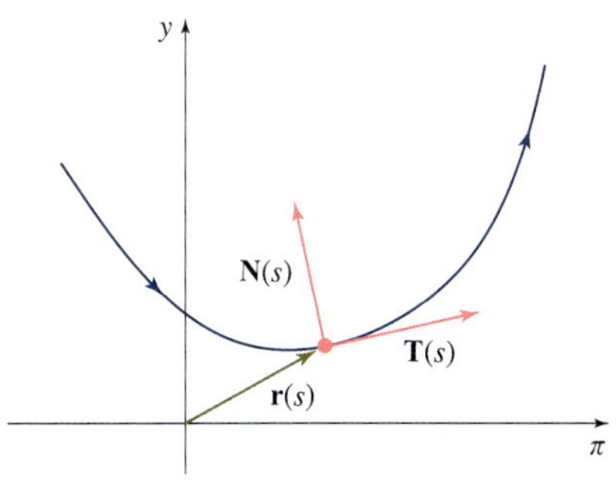

[그림 10.24]

다음 **단위법벡터**를 알아보자.

단위속도를 갖는 매개곡선 $\mathbf{r}(s)$의 점 $\mathbf{r}(s)$에서의 **단위법벡터** $\mathrm{N}(s)$는 다음과 같다.

$$\mathrm{N}(s) = \frac{1}{\left\| \dfrac{d\mathbf{T}(s)}{ds} \right\|} \frac{d\mathbf{T}(s)}{ds} = \frac{1}{\|\mathbf{T}'(s)\|}\mathbf{T}'(s)$$

단위법벡터 $\mathrm{N}(s)$도 기하학적으로 $\mathbf{r}(s)$을 시작점으로 하는 벡터로 표현하는 것을 권장한다. ([그림 10.24] 참고)

[정의 10.10: 단위접벡터와 단위법벡터] 단위속도를 갖는 매개곡선 $\mathbf{r}(s)$를 잡자.

(1) 매개곡선 $\mathbf{r}(s)$에서의 단위접벡터 $\mathbf{T}(s)$는 다음과 같다.

$$\mathbf{T}(s) = \frac{d\mathbf{r}(s)}{ds} = \mathbf{r}'(s)$$

(2) 매개곡선 $\mathbf{r}(s)$에서의 단위법벡터 $\mathbf{N}(s)$는 다음과 같다.

$$\mathbf{N}(s) = \frac{1}{\|\mathbf{T}'(s)\|}\mathbf{T}'(s)$$

단위접벡터와 단위법벡터은 다음 두 가지 성질을 갖는다.

(1) 단위법벡터 $\mathbf{N}(s)$와 단위접벡터 $\mathbf{T}(s)$에 수직이다. 즉, $\mathbf{T}(s)\cdot\mathbf{N}(s) = 0$.

그 이유는 다음과 같다. ([그림 10.25] 참고)

단위접벡터 $\mathbf{T}(s)$는 크기가 항상 1이다. 즉 구간 $[0, L]$의 모든 s에 대하여,

$$1 = \|\mathbf{T}(s)\|$$
$$1 = \|\mathbf{T}(s)\|^2 = \mathbf{T}(s)\cdot\mathbf{T}(s).$$

양변을 미분하면 구간 $[0, L]$의 모든 s에 대하여,

$$0 = \mathbf{T}'(s)\cdot\mathbf{T}(s) + \mathbf{T}(s)\cdot\mathbf{T}'(s) = 2(\mathbf{T}'(s)\cdot\mathbf{T}(s))$$
$$0 = \mathbf{T}'(s)\cdot\mathbf{T}(s).$$

그러면 $\mathbf{T}(s)\cdot\mathbf{N}(s) = \mathbf{T}(s)\cdot\left[\frac{1}{\|\mathbf{T}'(s)\|}\mathbf{T}'(s)\right] = \frac{1}{\|\mathbf{T}'(s)\|}(\mathbf{T}(s)\cdot\mathbf{T}'(s)) = 0.$

그러므로 $\mathbf{T}(s)\cdot\mathbf{N}(s) = 0$.

(2) 단위법벡터 $\mathbf{N}(s)$는 단위접벡터 $\mathbf{T}(s)$방향의 직선을 기준으로 곡선이 구부러진 방향을 나타낸다.* ([그림 10.25] 참고)

* 이 부분은 전문적인 계산이 필요하므로 여기서는 증명을 생략한다.

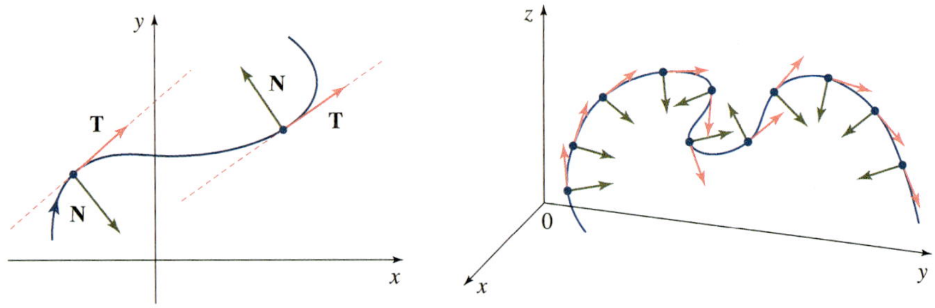

[그림 10.25]
단위접벡터 T와 단위법벡터 N

단위속도를 갖는 매개곡선 $\mathbf{r}(s)$에서 단위접벡터 $\mathbf{T}(s)$와 단위법벡터 $\mathbf{N}(s)$를 정의하였다. [정리 10.5: 단위 속력을 갖는 재매개화]에서 단위속도를 갖는 매개곡선 $\mathbf{r}(s)$가 항상 존재하지만 매개곡선 $\mathbf{r}(s)$를 직접 구하는 것은 어려울 수 있다. 그러므로 일반적인 매개곡선에서 단위접벡터 $\mathbf{T}$와 단위법벡터 $\mathbf{N}$을 구할 수 있으

면 매우 유용할 것이다.

매개곡선 $\mathbf{r}(t)$가 $\|\mathbf{r}'(t)\| \neq 0$이라고 하자.

미분가능한 실함수 $t = h(s)$가 있어서 매개곡선 $\mathbf{r}_1(s) = \mathbf{r}(h(s))$를 단위속도를 갖는 $\mathbf{r}(t)$의 재매개화라고 하자. 그러면 식 (10.11)에 의해 $\dfrac{ds}{dt} = \|\mathbf{r}'(t)\|$이고 $\dfrac{dt}{ds} = \dfrac{1}{\|\mathbf{r}'(t)\|}$임의 유의하자. 매개곡선 $\mathbf{r}(t)$의 단위접벡터 $\mathbf{T}(t)$를 구하면 다음과 같다.

매개곡선 $\mathbf{r}(\mathrm{t})$에서 미분가능한 실함수 $t = h(s)$에 의해서 단위속도를 갖는 재매개화

$$\mathbf{r}_1(\mathrm{s}) = \mathbf{r}(\mathrm{h}(\mathrm{s}))$$

에서 다음은 매우 중요하다.

$$\frac{ds}{dt} = \|\mathbf{r}'(\mathrm{t})\| \text{이고 } \frac{dt}{ds} = \frac{1}{\|\mathbf{r}'(\mathrm{t})\|}$$

$$\mathbf{T}(t) = \mathbf{T}(h(s)) = \mathbf{T}(s) = \frac{d\mathbf{r}_1(s)}{ds} \qquad \text{단위접벡터 } \mathbf{T}(s)\text{의 정의}$$

$$= \frac{d\mathbf{r}(h(s))}{ds} = \frac{d\mathbf{r}(t)}{dt}\frac{dt}{ds} \qquad \mathbf{r}_1(s) = \mathbf{r}(h(s))\text{의 연쇄법칙}$$

$$= \frac{1}{\|\mathbf{r}'(t)\|}\mathbf{r}'(t) \qquad \frac{dt}{ds} = \frac{1}{\|\mathbf{r}'(t)\|}$$

그러므로 매개곡선 $\mathbf{r}(t)$의 **단위접벡터**는 다음과 같다.

$$\boxed{\mathbf{T}(t) = \frac{1}{\|\mathbf{r}'(t)\|}\mathbf{r}'(t)}$$

다음 $\|\mathbf{T}'(t)\| \neq 0$인 경우 매개곡선 $\mathbf{r}(t)$의 단위법벡터 $\mathbf{N}(t)$를 알아보자.

$$\mathbf{N}(t) = \mathbf{N}(h(s)) = \mathbf{N}(s) = \frac{1}{\|\mathbf{T}'(s)\|}\mathbf{T}'(s) \qquad \text{단위법벡터 } \mathbf{N}(s)\text{의 정의}$$

$$= \frac{1}{\left\|\dfrac{d\mathbf{T}(h(s))}{ds}\right\|}\frac{d\mathbf{T}(h(s))}{ds}$$

$$\frac{d\mathbf{T}(h(s))}{ds} = \frac{d\mathbf{T}(t)}{dt}\frac{dt}{ds} \qquad \mathbf{T}(t) = \mathbf{T}(h(s))\text{의 연쇄법칙}$$

$$= \frac{d\mathbf{T}(t)}{dt}\frac{1}{\|\mathbf{r}'(t)\|} \qquad \text{식 (10.11)인 } \frac{dt}{ds} = \frac{1}{\|\mathbf{r}'(t)\|}$$

$$= \frac{1}{\|\mathbf{r}'(t)\|}\mathbf{T}'(t)$$

$$\left\|\frac{d\mathbf{T}(h(s))}{ds}\right\| = \left\|\frac{d\mathbf{T}(t)}{dt}\right\|\left|\frac{dt}{ds}\right| = \frac{1}{\|\mathbf{r}'(t)\|}\|\mathbf{T}'(t)\| \text{이다.}$$

그러므로 $\mathbf{N}(t) = \dfrac{1}{\left\|\dfrac{d\mathbf{T}(t)}{dt}\right\|}\dfrac{d\mathbf{T}(t)}{dt} = \dfrac{\mathbf{T}'(t)/\|\mathbf{r}'(t)\|}{\|\mathbf{T}'(t)\|/\|\mathbf{r}'(t)\|} = \dfrac{\mathbf{T}'(t)}{\|\mathbf{T}'(t)\|}$.

매개곡선 $\mathbf{r}$의 **단위법벡터** $\mathbf{N}$은 다음과 같다.

$$\boxed{\mathbf{N}(t) = \frac{1}{\|\mathbf{T}'(t)\|}\mathbf{T}'(t)}$$

단, $\|\mathbf{T}'(t)\| = 0$인 경우 단위법벡터는 존재하지 않는다.

$\|\mathbf{r}'(t)\| \neq 0$인 일반 매개곡선 $\mathbf{r}(t)$의 단위접벡터와 단위법벡터를 다음과 같이 정리한다.

> **[정리 10.6: 단위접벡터와 단위법벡터]** 매개곡선 $\mathbf{r}(t)$가 $\|\mathbf{r}'(t)\| \neq 0$이라고 하자.
>
> (1) 매개곡선 $\mathbf{r}(t)$의 단위접벡터 $\mathbf{T}(t)$는 다음과 같다.
>
> $$\mathbf{T}(t) = \frac{1}{\|\mathbf{r}'(t)\|}\mathbf{r}'(t)$$
>
> (2) $\|\mathbf{T}'(t)\| \neq 0$이면 매개곡선 $\mathbf{r}(t)$에서의 단위법벡터 $\mathbf{N}(t)$는 다음과 같다.
>
> $$\mathbf{N}(t) = \frac{1}{\|\mathbf{T}'(t)\|}\mathbf{T}'(t)$$

◐ 곡선의 곡률

곡선(curve)이라는 이름에 내포된 의미는 굽어진 선이다. 곡선에서 선의 굽어진 정도를 나타내는 양을 나타내는 값을 **곡률(curvature)**이라고 한다. **평면곡선인 경우 곡선의 본질적인 성질은 곡선의 곡률(curvature) 단 하나이다.** 실질적으로 평면곡선 C의 각 점에서 곡률이 정해지면 평면곡선을 그릴 수 있다. 공간곡선인 경우에도 곡률은 매우 중요한 역할을 하는 본질적인 성질이다.

단위속도를 갖는 매개곡선 $\mathbf{r}(s)$의 **곡률** $\boldsymbol{\kappa}(s)$은 다음과 같이 정의된다.

$$\boldsymbol{\kappa}(s) = \left\|\frac{d\mathbf{T}}{ds}\right\| = \|\mathbf{T}'(s)\|$$

그러므로 매개곡선 $\mathbf{r}(s)$의 단위법벡터 $\mathbf{N}(s) = \frac{1}{\boldsymbol{\kappa}(s)}\mathbf{T}'(s)$이고 $\mathbf{T}'(s) = \boldsymbol{\kappa}(s)\mathbf{N}(s)$.

> **[정의 10.11: 곡률]** 단위속도를 갖는 매개곡선 $\mathbf{r}(s)$에 대하여 매개곡선 $\mathbf{r}(s)$의 곡률(curvature) $\boldsymbol{\kappa}(s)$은 다음과 같이 정의된다.
>
> $$\boldsymbol{\kappa}(s) = \left\|\frac{d\mathbf{T}}{ds}\right\| = \|\mathbf{T}'(s)\|$$

단위속도를 갖지 않는 일반 매개곡선 $\mathbf{r}(t)$에서 곡률 $\boldsymbol{\kappa}(t)$를 구할 수 있으면 유용하다.

매개곡선 $\mathbf{r}(t)$가 $\|\mathbf{r}'(t)\| \neq 0$이라고 하자. 만약 미분가능한 실함수 $t = h(s)$가 있어서 매개곡선 $\mathbf{r}(t)$의 재매개곡선 $\mathbf{r}_1(s) = \mathbf{r}(h(s))$가 단위속력을 갖는다고 하자.

매개곡선 $\mathbf{r}(t)$의 곡률 $\boldsymbol{\kappa}(t)$를 구하면 다음과 같다.

$$\begin{aligned}\boldsymbol{\kappa}(t)=\boldsymbol{\kappa}(h(s))=\boldsymbol{\kappa}(s)&=\left\|\frac{d\mathbf{T}(h(s))}{ds}\right\| && \text{단위접벡터 } \boldsymbol{\kappa}(s)\text{의 정의}\\ &=\left\|\frac{d\mathbf{T}(t)}{dt}\frac{dt}{ds}\right\| && \mathbf{T}(s)=\mathbf{T}(h(s))\text{의 연쇄법칙}\\ &=\left\|\frac{d\mathbf{T}(t)}{dt}\right\|\left|\frac{dt}{ds}\right|=\frac{\|\mathbf{T}(t)\|}{\|\mathbf{r}'(t)\|} && \frac{dt}{ds}=\frac{1}{\|\mathbf{r}'(t)\|}\end{aligned}$$

$\|\mathbf{r}'(t)\|\neq 0$을 가진 일반 매개곡선 $\mathbf{r}(t)$의 곡률 $\boldsymbol{\kappa}(t)$를 다음과 같이 정리한다. 실제적으로 곡률을 구할 때 유용하다.

[정리 10.7: 곡률] $\|\mathbf{r}'(t)\|\neq 0$인 매개곡선 $\mathbf{r}(t)$에서의 곡률 $\boldsymbol{\kappa}(t)$은 다음과 같다.

$$\boldsymbol{\kappa}(t)=\frac{\|\mathbf{T}'(t)\|}{\|\mathbf{r}'(t)\|}$$

곡선의 곡률은 곡선이 굽어진 정도를 나타낸다. 직선은 굽어지지 않은 선을 의미한다. 직선의 곡률을 구해보자.

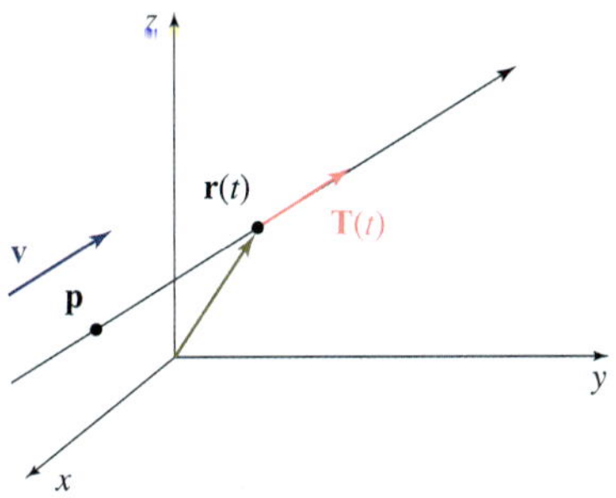

[그림 10.26]

[예제 10.26] 직선의 곡률 $\boldsymbol{\kappa}=0$임을 보여라.

[풀이] 공간 직선의 곡률을 구해보자.
공간 위의 점 $P(x_0, y_0, z_0)$를 지나고 방향벡터가 벡터 $\mathbf{v}=a\mathbf{i}+b\mathbf{j}+c\mathbf{k}$인 평행한 직선은 다음과 같이 공간 매개곡선 $\mathbf{r}(t)$으로 표현된다. ([그림 10.26] 참고)

$$\mathbf{r}(t)=(at+x_0)\mathbf{i}+(bt+y_0)\mathbf{j}+(ct+z_0)\mathbf{k}$$

매개곡선 $\mathbf{r}(t)$의 도함수는 $\mathbf{r}'(t)=(at+x_0)'\mathbf{i}+(bt+y_0)'\mathbf{j}+(ct+z_0)'\mathbf{k}=a\mathbf{i}+b\mathbf{j}+c\mathbf{k}$이므로 $\|\mathbf{r}'(t)\|=\sqrt{a^2+b^2+c^2}\neq 0$이다. [정리 10.6: 단위접벡터와 단위법벡터]를 사용하여 단위접벡터 $\mathbf{T}(t)$를 구하면 다음과 같다.

$$\begin{aligned}\mathbf{T}(t)=\frac{\mathbf{r}'(t)}{\|\mathbf{r}'(t)\|}&=\frac{1}{\sqrt{a^2+b^2+c^2}}[a\mathbf{i}+b\mathbf{j}+c\mathbf{k}]\\ &=\frac{a}{\sqrt{a^2+b^2+c^2}}\mathbf{i}+\frac{b}{\sqrt{a^2+b^2+c^2}}\mathbf{j}+\frac{c}{\sqrt{a^2+b^2+c^2}}\mathbf{k}\end{aligned}$$

단위접벡터 $\mathbf{T}(t)$의 각 성분은 상수함수이므로 $\mathbf{T}'(t)=\mathbf{0}$이다.
[정리 10.7]의 곡률 $\boldsymbol{\kappa}(t)$를 구하면 다음과 같다.

$$\boldsymbol{\kappa}(t)=\frac{\|\mathbf{T}'(t)\|}{\|\mathbf{r}'(t)\|}=\frac{0}{\|\mathbf{r}'(t)\|}=0$$

그러므로 직선의 곡률은 $\boldsymbol{\kappa}(t)=0$이다. ■

원은 모든 점에서 구부러진 정도가 같은 곡선이다. 원의 곡률을 구해보자.

[예제 10.27] 반지름이 $r > 0$인 원의 곡률은 $\frac{1}{r}$임을 보여라.

[풀이] 반지름이 $r > 0$이고 중심이 점 $(0, 0)$인 원의 매개곡선 $\mathbf{r}(t)$는 다음과 같다.

$$\mathbf{r}(t) = r\cos t\mathbf{i} + r\sin t\mathbf{j}$$

$\mathbf{r}'(t) = -r\sin t\mathbf{i} + r\cos t\mathbf{j}$이므로 $\|\mathbf{r}'(t)\| = \sqrt{(-r\sin t)^2 + (r\cos t)^2} = r$이다.
원의 매개곡선 $\mathbf{r}(t)$의 단위접벡터 $\mathbf{T}(t)$를 구하면 다음과 같다.

$$\begin{aligned}\mathbf{T}(t) &= \frac{1}{\|\mathbf{r}'(t)\|}\mathbf{r}'(t) \\ &= \frac{1}{r}[-r\sin t\mathbf{i} + r\cos t\mathbf{j}] = -\sin t\mathbf{i} + \cos t\mathbf{j}\end{aligned}$$

$\mathbf{T}'(t) = -\cos t\mathbf{i} - \sin t\mathbf{j}$이고 $\|\mathbf{T}'(t)\| = \sqrt{(-\cos t)^2 + (-\sin t)^2} = 1$이다.
그러므로 곡률 $\boldsymbol{\kappa}(t)$를 구하면 다음과 같다.

$$\boldsymbol{\kappa}(t) = \frac{\|\mathbf{T}'(t)\|}{\|\mathbf{r}'(t)\|} = \frac{1}{r}$$

그러므로 반지름이 $r > 0$인 원의 곡률은 $\boldsymbol{\kappa}(t) = \frac{1}{r}$이다. ■

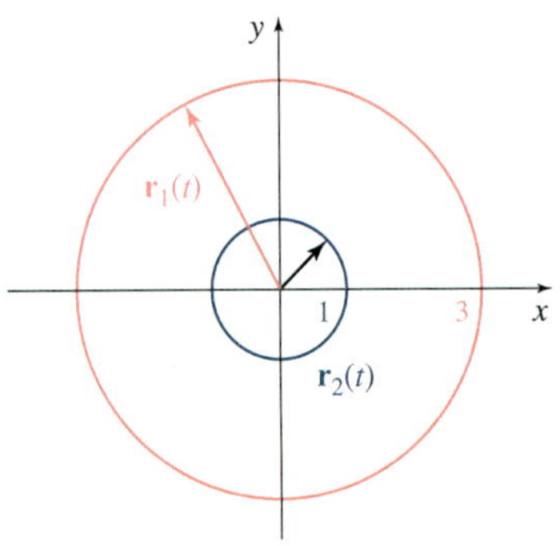

[그림 10.27]

[그림 10.27]에서 반지름이 1과 3인 두 개의 원을 보면 반지름이 작은 원 $\mathbf{r}_2$가 반지름이 큰 원 $\mathbf{r}_1$보다 더 많이 굽어 있는 것을 볼 수 있다. 실제로 두 원의 곡률을 살펴보자.

- 곡선 $\mathbf{r}_1$은 반지름이 3인 원이므로 원 $\mathbf{r}_1$의 곡률은 $\frac{1}{3}$이다.
- 곡선 $\mathbf{r}_2$은 반지름이 1인 원이므로 원 $\mathbf{r}_2$의 곡률은 1이다.

매개곡선의 한 점에서 곡률을 구하는 문제를 풀어보자.

곡선이 일반 방정식으로 주어진 경우 가장 먼저 매개변수 $\mathbf{r}(t)$로 표현해야 한다.

[예제 10.28] 포물선 $y = x^2$에 대하여

(1) 포물선의 점 $(0, 0)$에서 단위접벡터 $\mathbf{T}$, 단위법벡터 $\mathbf{N}$, 곡률 $\boldsymbol{\kappa}$를 구하여라.
  [연습문제 17~28]

(2) 포물선의 점 $(1, 1)$에서 곡률 $\boldsymbol{\kappa}$를 구하여라. [연습문제 25~28]

[풀이] 포물선의 방정식 $y = x^2$은 함수 형태이므로 매개곡선 $\mathbf{r}$은 다음과 같다.

$$\mathbf{r}(t) = t\mathbf{i} + t^2\mathbf{j}$$

(1) 포물선의 점 $(0, 0)$에 대하여 단위접벡터 $\mathbf{T}$, 단위법벡터 $\mathbf{N}$, 곡률 $\boldsymbol{\kappa}$를 구하자.
  매개곡선 $\mathbf{r}(t) = t\mathbf{i} + t^2\mathbf{j}$ 위의 점 $(0, 0)$은 $t = 0$인 $\mathbf{r}(0) = \mathbf{0} = \langle 0, 0 \rangle$이다.
  점 $(0, 0)$에서 단위접벡터 $\mathbf{T}$는 $t = 0$에서 $\mathbf{T}(0)$를 구하면 된다.

우선, $\mathbf{r}'(t)=\mathbf{i}+2t\mathbf{j}$이므로 $\|\mathbf{r}'(t)\|=\sqrt{1+4t^2}\neq 0$이다.

$\mathbf{T}(t)=\dfrac{\mathbf{r}'(t)}{\|\mathbf{r}'(t)\|}$이므로 $\mathbf{T}(t)=\dfrac{1}{\sqrt{1+4t^2}}\mathbf{i}+\dfrac{2t}{\sqrt{1+4t^2}}\mathbf{j}$이고 $\mathbf{T}(0)=\mathbf{i}$이다.

점 $(0,0)$에서 단위법벡터 $\mathbf{N}$는 $t=0$에서 $\mathbf{N}(0)=\dfrac{\mathbf{T}'(0)}{\|\mathbf{T}'(0)\|}$를 구해보자.

$$\begin{aligned}\mathbf{T}'(t)&=\frac{d}{dt}\left[\frac{1}{\sqrt{1+4t^2}}\right]\mathbf{i}+\frac{d}{dt}\left[\frac{2t}{\sqrt{1+4t^2}}\right]\mathbf{j}\\&=-\left[\frac{4t}{(1+4t^2)^{3/2}}\right]\mathbf{i}+\left[\frac{2}{(1+4t^2)^{3/2}}\right]\mathbf{j}\end{aligned}$$

그러므로 $\mathbf{T}'(0)=2\mathbf{j}$이고 $\|\mathbf{T}'(0)\|=2$이므로 $\mathbf{N}(0)=\dfrac{\mathbf{T}'(0)}{\|\mathbf{T}'(0)\|}=\mathbf{j}$.

점 $(0,0)$에서 곡률 $\boldsymbol{\kappa}$는 $t=0$에서 $\boldsymbol{\kappa}(0)=\dfrac{\|\mathbf{T}'(0)\|}{\|\mathbf{r}'(0)\|}=2$이다.

그러므로 점 $(0,0)$에서 곡률 $\boldsymbol{\kappa}(0)$는 2이다.

(2) 매개곡선 $\mathbf{r}(t)=t\mathbf{i}+t^2\mathbf{j}$ 위의 점 $(1,1)$은 $t=1$인 $\mathbf{r}(1)=\langle 1,1\rangle$이다.

점 $(1,1)$에서 곡률 $\boldsymbol{\kappa}$은 $t=1$에서 $\boldsymbol{\kappa}(1)=\dfrac{\|\mathbf{T}'(1)\|}{\|\mathbf{r}'(1)\|}$을 구하면 된다.

$\|\mathbf{r}'(t)\|=\sqrt{1+4t^2}$이므로 $\|\mathbf{r}'(1)\|=\sqrt{5}$이다.

$\mathbf{T}'(t)=\left[\dfrac{-4t}{(1+4t^2)^{3/2}}\right]\mathbf{i}+\left[\dfrac{2}{(1+4t^2)^{3/2}}\right]\mathbf{j}$이므로 $\mathbf{T}'(1)=-\dfrac{4}{5\sqrt{5}}\mathbf{i}+\dfrac{2}{5\sqrt{5}}\mathbf{j}$.

그러므로 $\boldsymbol{\kappa}(1)=\dfrac{\|\mathbf{T}'(1)\|}{\|\mathbf{r}'(1)\|}=\dfrac{1}{\sqrt{5}}\sqrt{\dfrac{16+4}{125}}=\dfrac{2}{5\sqrt{5}}$이다.

점 $(1,1)$에서 곡률 $\boldsymbol{\kappa}(1)$는 $\dfrac{2}{5\sqrt{5}}$이다. ■

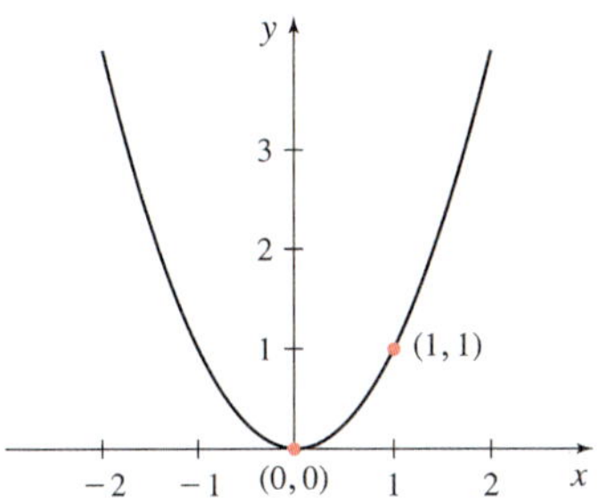

[그림 10.28]

$\boldsymbol{\kappa}(0)=2$이고 $\boldsymbol{\kappa}(1)=\dfrac{2}{5\sqrt{5}}$

[예제 10.28]의 포물선 $y=x^2$ 위에서

- 점 $(0,0)$에서 곡률 $\boldsymbol{\kappa}$는 2이다.
- 점 $(1,1)$에서 곡률 $\boldsymbol{\kappa}$는 $\dfrac{2}{5\sqrt{5}}$이다.
- [그림 10.28]에서 포물선 $y=x^2$의 그래프를 보면 점 $(0,0)$에서의 곡률이 점 $(1,1)$의 곡률보다 큰 것을 확인할 수 있다.

연습문제

• Part 1

[1-10] 다음 주어진 구간에서의 매개곡선의 길이를 구하여라. [예제 10.21~10.22]

1. $\mathbf{r}(t)=3t\mathbf{i}-t\mathbf{j},\ -3\le t\le 3$
2. $\mathbf{r}(t)=t^2\mathbf{i}+t^3\mathbf{j},\ 0\le t\le 2$
3. $\mathbf{r}(t)=\cos 3t\mathbf{i}+\sin 3t\mathbf{j},\ 0\le t\le 2\pi$
4. $\mathbf{r}(t)=\sin^3 t\mathbf{i}+\cos^3 t\mathbf{j},\ 0\le t\le \dfrac{\pi}{2}$
5. $\mathbf{r}(t)=\mathbf{i}+t^2\mathbf{j}+t^3\mathbf{k},\ 1\le t\le 2$
6. $\mathbf{r}(t)=(\cos t+t\sin t)\mathbf{i}+(\sin t-t\cos t)\mathbf{j}+t^2\mathbf{k},\ 0\le t\le \pi$

7. $\mathbf{r}(t)=t^2\mathbf{i}+2t\mathbf{j}+\ln t\mathbf{k},\ 1\le t\le e$

8. $\mathbf{r}(t)=e^t\mathbf{i}+e^t\cos t\mathbf{j}+e^t\sin t\mathbf{k},\ 0\le t\le \dfrac{\pi}{2}$

9. $\mathbf{r}(t)=4t\mathbf{i}-\cos t\mathbf{j}+\sin t\mathbf{k},\ 0\le t\le \dfrac{3}{2}\pi$

10. $\mathbf{r}(t)=\sin t\mathbf{i}+\ln(\cos t)\mathbf{j}+\cos t\mathbf{k},\ 0\le t\le \dfrac{\pi}{4}$

[11-16] 주어진 구간에서 다음 극방정식의 그래프인 곡선의 길이를 구하여라. [예제 10.24~10.25]

11. $r=\theta,\ 0\le\theta\le 1$

12. $r=e^{2\theta},\ 0\le\theta\le 2$

13. $r=4\sin\theta,\ 0\le\theta\le\pi$

14. $r=3\cos\theta,\ 0\le\theta\le\pi$

15. $r=\cos^2\left(\dfrac{\theta}{2}\right),\ 0\le\theta\le\pi$

16. $r=2-2\cos\theta,\ 0\le\theta\le 2\pi$

[17-18] 다음 그림의 점 P, Q, R에서 접벡터와 법벡터를 그리시오. [예제 10.28]

17.

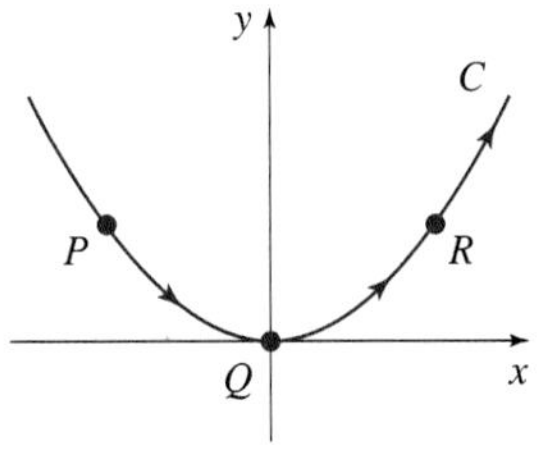

18.

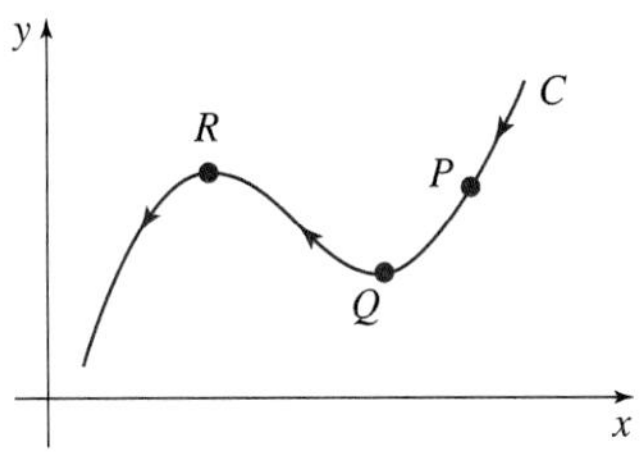

[19-24] 다음 주어진 t에서 매개곡선의 단위접벡터 $\mathbf{T}$와 단위법벡터 $\mathbf{N}$을 구하여라. [예제 10.28]

19. $\mathbf{r}(t)=t\mathbf{i}+t^3\mathbf{j},\ t=1$

20. $\mathbf{r}(t)=t\mathbf{i}+\dfrac{1}{t}\mathbf{j},\ t=2$

21. $\mathbf{r}(t)=t^2\mathbf{i}+t^3\mathbf{j},\ t=1$

22. $\mathbf{r}(t)=\ln t\mathbf{i}+t\mathbf{j},\ t=e$

23. $\mathbf{r}(t)=\dfrac{1}{2}t^2\mathbf{i}+t\mathbf{j}+\dfrac{1}{3}t^3\mathbf{k},\ t=2$

24. $\mathbf{r}(t)=\cos t\mathbf{i}+\sin t\mathbf{j}+t\mathbf{k},\ t=\dfrac{\pi}{2}$

[25-28] 다음 주어진 t에서 매개곡선의 곡률을 구하여라. [예제 10.28]

25. $\mathbf{r}(t)=4t^2\mathbf{i}+4t\mathbf{j},\ t=\dfrac{1}{2}$

26. $\mathbf{r}(t)=3\cos t\mathbf{i}+4\sin t\mathbf{j},\ t=0$

27. $\mathbf{r}(t)=\dfrac{1}{2}t^2\mathbf{i}+t\mathbf{j}+\dfrac{1}{3}t^3\mathbf{k},\ t=2$

28. $\mathbf{r}(t)=\sin 3t\mathbf{i}+\cos 3t\mathbf{j}+t\mathbf{k},\ t=\dfrac{\pi}{9}$

• Part 2

[29-34] 다음 주어진 구간에서 매개곡선의 길이를 구하여라.

29. $\mathbf{r}(t)=4\sqrt{2}t\mathbf{i}+\dfrac{t^6+1}{t^2}\mathbf{j},\ 1\le t\le 2$

30. $\mathbf{r}(t)=\sin^3 t\mathbf{i}+\cos^3 t\mathbf{j},\ 0\le t\le\pi$

31. $\mathbf{r}(t)=\cos 2t\mathbf{i}+\sin 2t\mathbf{j}+t\mathbf{k},\ 0\le t\le\pi$

32. $\mathbf{r}(t)=5\cos 2t\mathbf{i}+5\sin 2t\mathbf{j}+2t\mathbf{k},\ 0\le t\le\pi$

33. $r=1+\sin\theta,\ 0\le\theta\le 2\pi$

34. $r=2-2\sin\theta,\ 0\le\theta\le 2\pi$

[35-41] 다음 주어진 t에서 매개곡선의 단위접벡터 $\mathbf{T}$, 단위법벡터 $\mathbf{N}$, 곡률 $\boldsymbol{\kappa}$를 구하여라.

35. $y=\dfrac{1}{2}x^2+x,\ x=4$

36. $y=\tan x,\ x=\dfrac{\pi}{4}$

37. $x=t^2,\ y=t^3,\ t=\dfrac{1}{2}$

38. $x=e^{3t},\ y=e^{-t},\ t=0$

39. $\mathbf{r}(t)=4\sin t\mathbf{i}+3\cos t\mathbf{j},\ t=\dfrac{\pi}{2}$

40. $\mathbf{r}(t)=\dfrac{2t}{t+1}\mathbf{i}-\dfrac{t^2}{t+1}\mathbf{j},\ t=1$

41. $\mathbf{r}(t)=e^t\cos t\mathbf{i}+e^t\sin t\mathbf{j}+e^t\mathbf{k},\ t=0$

42. $\mathbf{r}(t)=\dfrac{1}{2}t^2\mathbf{i}+t\mathbf{j}+\dfrac{1}{3}t^3\mathbf{k}$의 곡률함수와 $\left(\dfrac{1}{2},1,\dfrac{1}{3}\right)$에서의 곡률을 구하여라.

[43-44] 주어진 매개곡선에서 곡률이 최대가 되는 점을 구하여라.

43. $y=\ln x$

44. $y=e^x$

CHAPTER 11

다변수함수

9장 벡터와 10장 벡터함수를 공부하면서 미적분학 공부의 영역을 공간으로 확장하였다. 이제 미분적분학에 대한 대상이 되는 함수에 대해 소개해 보자.

(1) 미분적분 공부의 대상 영역은

- 실수 영역 R
- 평면 영역 R^2
- 공간 영역 R^3

(2) 미분적분 공부의 대상 함수는

① 실함수 $f: R \to R$

② 평면 벡터함수 $f: R \to R^2$는 $f = (f_1, f_2)$로 성분함수로 표현된다.
공간 벡터함수 $f: R \to R^3$는 $f = (f_1, f_2, f_3)$로 성분함수로 표현된다.
이때, 성분함수 $f_i: R \to R$은 실함수이다.
그러므로 벡터함수는 실함수의 모든 성질을 이용할 수 있다.

③ 다변수함수은 이변수함수와 삼변수함수가 있다.
이변수함수 $f: R^2 \to R$
삼변수함수 $f: R^3 \to R$
: 이변수함수와 삼변수함수의 극한, 연속, 미분, 적분은 실함수의 극한, 연속, 미분, 적분과는 다른 확장된 정의가 필요하다.

④ 다변수 벡터함수 또는 벡터장은 이변수 벡터함수와 삼변수 벡터함수가 있다.
이변수 벡터함수 $f: R^2 \to R$는 $f = (f_1, f_2)$로 성분함수로 표현된다.
삼변수 벡터함수 $f: R^3 \to R$는 $f = (f_1, f_2, f_3)$로 성분함수로 표현된다.
이때, 성분함수 $f_i: R^2 \to R$ 또는 $f_i: R^3 \to R$은 다변수함수이다.
그러므로 다변수 벡터함수는 다변수함수의 모든 성질을 이용할 수 있다.

그러므로 위의 네 종류의 함수에서 다음을 중요하게 공부해야 한다.

- 실함수의 극한, 미분과 적분
- 다변수함수의 극한, 미분과 적분

다변수함수는 정의역이 실수 집합이 아니고 평면과 공간으로 확장된 경우이고 극한의 개념은 일관성을 유지하지만 정의역의 성질에 의하여 많은 생소한 성질들을 갖는다.

11.1 다변수함수: 그래프, 등고선과 등위면

11.1.1 다변수함수의 정의

실함수는 실수 하나를 입력하면 실수 하나가 출력되는 함수이다. 그러나 입력되는 자료가 실수 하나가 아닌 경우가 있다. 예를 들어서

- 원기둥의 부피 $V=\pi r^2 h$는 원기둥 밑면인 원의 **반지름**(r)과 원기둥의 **높이**(h)의 실수 2개를 입력해야 한다.
- 비만을 측정하는 체질량지수 BMI= (몸무게) ÷ (키)^{2}는 몸무게(kg)와 키(m)의 실수 2개를 입력해야 한다.
- 직육면체의 부피 $V=abc$는 직육면체의 가로(a), 세로(b), 높이(c)에 대한 실수 3개를 입력해야 한다.

함수의 입력값이 2개의 실수인 경우 **이변수함수**라고 한다. 이변수함수의 입력값을 실수 2개의 순서쌍 (x, y)으로 표현한다. 함수의 입력값이 3개의 실수인 경우 **삼변수함수**라고 부른다. 삼변수함수의 입력값을 실수 3개의 순서쌍 (x, y, z)으로 표현한다.

입력값이 2개 이상인 함수를 통칭하여 **다변수함수**(function of several variables)라고 부른다.

- 평면 R^2은 $R\times R$을 의미하고 실수 2개의 순서쌍인 (x, y)들의 모임이다.
- 평면 R^2의 영역 D는 R^2의 연결된 부분 모임으로 수학적으로 R^2의 열린 집합과 그 경계의 일부를 갖는 모임을 의미한다.

[정의 11.1: 이변수함수] 평면 R^2의 영역 D를 잡자.
영역 D에서 정의된 함수 f는 영역 D의 임의의 점 (x, y)에 대하여 단 하나의 실수 z를 대응하는 규칙이다. 이때 대응하는 함숫값을 $z=f(x, y)$라고 표현한다. ([그림 11.1] 참고) 함수 f를 x, y에 관한 **이변수함수**(function of two variables)라고 한다.
- 영역 D는 함수 f의 **정의역**(domain)이라고 한다.
- $R(f)=\{f(x, y) \mid (x, y)\in D\}$ 를 함수 f의 **치역**(range)이라고 한다.

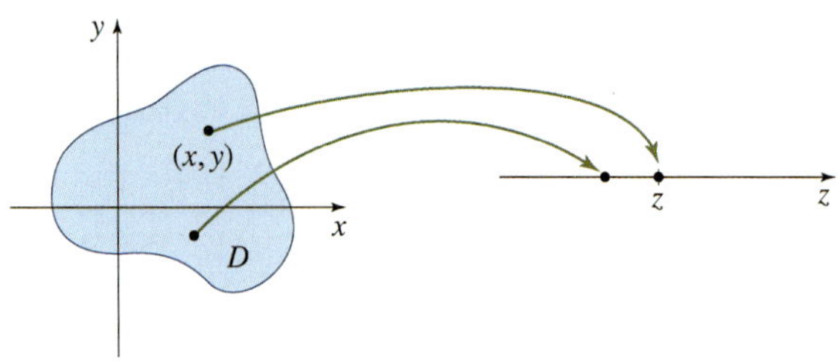

[그림 11.1] 이변수함수 f

일반적으로 x, y에 관한 이변수함수의 규칙은 x, y에 관한 식으로 표현한다.
함수 f의 정의역이 특별하게 표시되지 않은 경우 함수 f의 식이 정의가 가능한 최대의 영역을 정의역으로 하고 함수 f의 **최대정의역**이라고 하고 $D(f)$라고 표시

함수의 식이 정의 가능하다는 의미에서 주의할 점은

- 무리식 $\sqrt[n]{A}$ 에서 짝수 n이면 $A \geq 0$.
- 유리식에서 분모의 식$\neq 0$.
- $\log_a A$에서 $A > 0$.

한다. 예를 들어서 $f(x, y) = x^2y - 2xy - 4xy^2$인 경우 함수 f의 식은 평면 위의 모든 점 (x, y)에서 정의된다. 그러므로 함수 f의 최대정의역 $D(f)$은 평면 전체이다.

[예제 11.1] 다음 이변수함수의 최대정의역을 구하여라. [연습문제 1~6]

(1) $f(x, y) = \sqrt{4 - x^2 - y^2}$ (2) $f(x, y) = \ln(y^2 - 4x)$

[풀이]

(1) 함수 $f(x, y) = \sqrt{4 - x^2 - y^2}$ 에서 함수식에 있는 근호 내부는 항상 음이 아닌 실수이어야 하므로 다음을 만족해야 한다.

$$4 - x^2 - y^2 \geq 0$$
$$x^2 - y^2 \leq 4$$

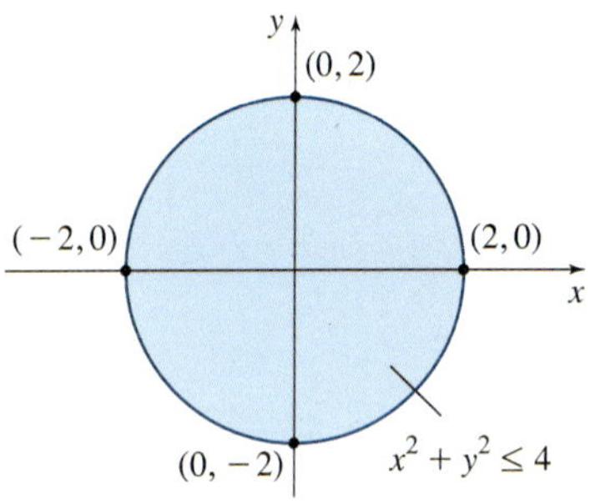

[그림 11.2](a) $x^2 + y^2 \leq 4$

그러므로 함수 f의 최대정의역 $D(f)$는 부등식 $x^2 + y^2 \leq 4$를 만족하는 영역으로 중심이 $(0, 0)$이고 반지름이 2인 원과 원의 내부이다. 좌표평면에서 영역을 표시하면 [그림 11.2](a)에서 볼 수 있다.

(2) 함수 $f(x, y) = \ln(y^2 - 4x)$ 에서 함수식에 있는 로그 내부는 항상 양수이므로 다음을 만족해야 한다.

$$y^2 - 4x > 0$$

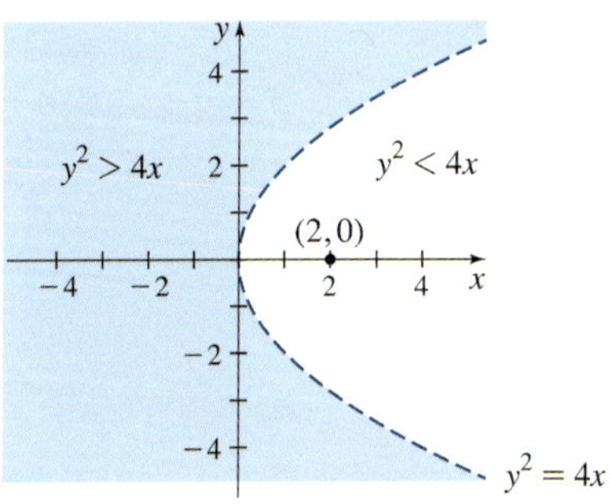

[그림 11.2](b) $y^2 > 4x$

그러므로 함수 f의 최대정의역 $D(f)$는 부등식 $y^2 > 4x$를 만족하는 영역이다. 최대정의역의 조건인 $y^2 > 4x$를 만족하는 영역을 구해보자.

우선 포물선 $y^2 = 4x$를 그리면 평면은 포물선에 의해서 두 부분으로 나누어진다. 두 부분 중 한 부분이 부등식 $y^2 > 4x$에 해당한다. 두 부분 중의 한 부분을 택하는 일반적인 방법은 부등식 $y^2 > 4x$를 만족하는 한 점을 잡고 그 점이 속하는 부분으로 택하면 된다.

점 $(2, 0)$을 부등식 $y^2 > 4x$에 하면 $0^2 > 8$이므로 부등식을 만족하지 않는다. 그러므로 점 $(2, 0)$이 속하지 않는 부분이 부등식 $y^2 > 4x$의 영역이다. 이때 주의할 점은 경계인 포물선은 포함하지 않는다. ([그림 11.2](b) 참고) ■

공간 $\boldsymbol{R}^3$는 $\boldsymbol{R} \times \boldsymbol{R} \times \boldsymbol{R}$을 의미하고 실수 3개의 순서쌍 (x, y, z)들의 모임이다.

[정의 11.2: 삼변수함수] 공간 $\boldsymbol{R}^3$의 영역 E를 잡자.

영역 E에서 정의된 함수 f는 영역 E의 임의의 점 (x, y, z)에 대해 단 하나의 실수 w를 대응하는 규칙이다. 이때, 대응하는 함숫값을 $w = f(x, y, w)$라고 표현한다. ([그림 11.3] 참고) 이때, 함수 f를 x, y, z에 관한 **삼변수함수**(function of three variables)라고 한다.

- 영역 E는 함수 f의 **정의역**(domain)이라고 한다.
- $R(f) = \{f(x, y, z) \mid (x, y, z) \in D\}$ 를 함수 f의 **치역**(range)이라고 한다.

이변수함수와 삼변수함수와 같이 정의역의 변수가 2개 이상인 함수를 **다변수함수**(function of several variables)라고 한다.

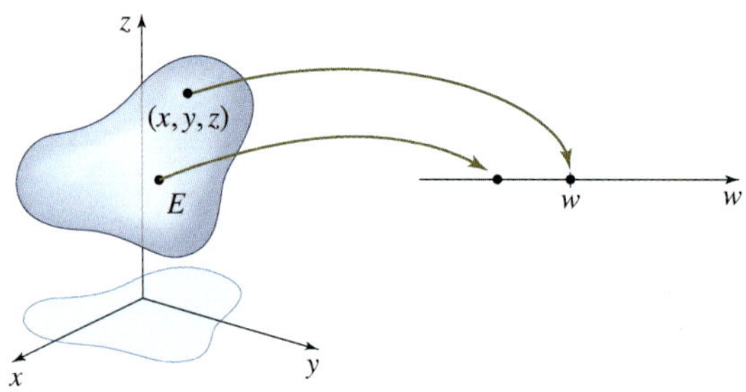

[그림 11.3] 삼변수함수

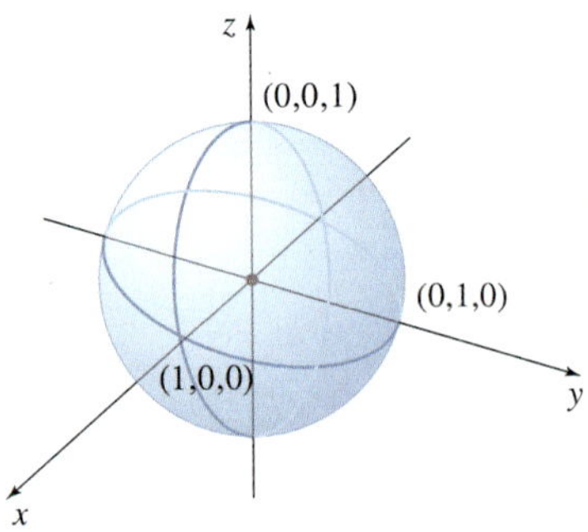

[그림 11.4]

[예제 11.2] 삼변수함수 $f(x,y,z)=\sqrt{1-x^2-y^2-z^2}$ 의 최대정의역을 구하여라. [연습문제 7~9]

[풀이] 삼변수함수 $f(x,y,z)=\sqrt{1-x^2-y^2-z^2}$ 에서 함수식에 있는 근호의 내부는 항상 음이 아닌 실수이어야 하므로 다음을 만족해야 한다.

$$1-x^2-y^2-z^2 \geq 0$$
$$x^2+y^2+z^2 \leq 1$$

그러므로 함수 f 의 최대정의역 $D(f)$는 부등식 $x^2+y^2+z^2 \leq 1$을 만족하는 영역으로 중심이 원점 $(0,0,0)$이고 반지름이 1인 구와 구의 내부이다. ([그림 11.4] 참고)

■

11.1.2 이변수함수의 그래프

실함수의 움직임을 보는 일반적인 방법은 실함수의 그래프를 그려서 시각적으로 보는 것이다. 다변수함수인 경우는 함수의 움직임을 보는 2가지 방법이 있다.

① 다변수함수의 그래프(graph)

② 다변수함수의 레벨집합(level set)

> **[정의 11.3: 이변수함수의 그래프]** 평면의 영역 D 위의 이변수함수 f에 대하여 함수 f의 그래프는 영역 D의 모든 점 (x,y)에 대한 순서쌍 $(x,y,f(x,y))$의 모임이다.

이변수함수 f의 그래프는 점 $(x,y,f(x,y))$의 모임이므로 다음과 같이 세 번째 변수인 z-변수에 함숫값 $f(x,y)$를 쓴다. 그러므로

$$z=f(x,y)$$

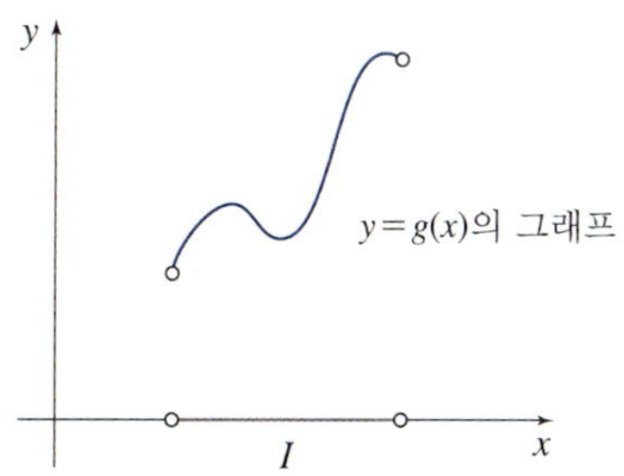

[그림 11.5](a)
실함수의 그래프

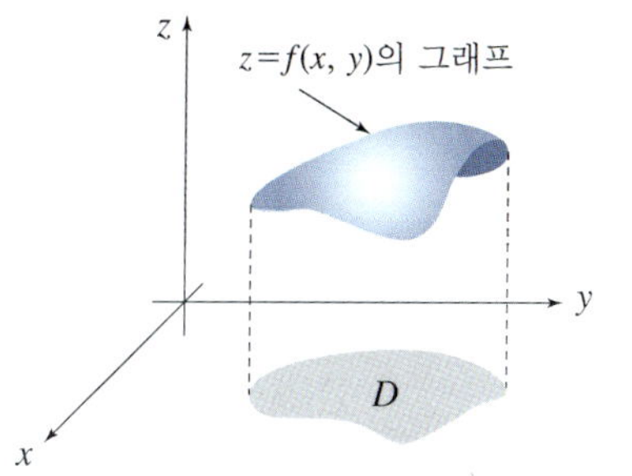

[그림 11.5](b)
이변수함수의 그래프

* 두 집합 A, B의 곱집합 $A \times B$는 순서쌍 (a, b)로 이루어진 집합이다. 이때 $a \in A$이고 $b \in B$이다.

함수의 그래프는 [정의역×치역]*으로 그려진다. ([그림 11.5](a)와 (b) 참고)

$$(\underbrace{x,\ y}_{\text{정의역}},\ \underbrace{f(x,\ y)}_{\text{치역}})$$

실함수의 그래프는 평면 위의 곡선이고 이변수함수의 그래프는 공간 위의 곡면이다.

실함수 g의 그래프는 순서쌍 $(x, g(x))$로 이루어졌기 때문에 [그림 11.5](a)와 같이 평면 $\boldsymbol{R}^2$에 직선의 일부를 구부린 곡선으로 표현된다.
이변수함수 f의 그래프는 순서쌍 $(x, y, f(x, y))$로 이루어졌기 때문에 공간 $\boldsymbol{R}^3$에서 평면의 일부를 구부린 곡면으로 그려진다. 즉, [그림 11.5](b)에서와 같이 공간 $\boldsymbol{R}^3$에 평면의 일부를 구부린 곡면으로 표현된다. 이변수함수의 그래프는 산의 모형과 비슷하다. 함수 f의 정의역의 점 (x, y)에 함숫값 $z = f(x, y)$의 값을 해발고도로 갖는 산의 모형은 이변수함수의 그래프의 좋은 모델이 된다.
평면 위의 곡선이 실함수의 그래프인지 판정하는 [수직선 판정법]이 있듯이 공간 위의 곡면이 이변수함수의 그래프인지 판정하는 [수직선 판정법]이 있다. 이변수함수의 그래프의 정의역이 있는 xy-평면에 수직인 z축에 평행한 직선을 사용하므로 **수직선 판정법**이라고 부른다.

[이변수함수의 수직선 판정법] 공간 위에 곡면 S에 대하여

- z축에 평행한 모든 직선이 곡면 S과 만나는 점이 많아야 한 개이면 곡면 S은 이변수함수의 그래프이다.
- 곡면 S와 만나는 점이 한 개 이상인 z축에 평행한 직선이 하나라도 있으면 곡면 S는 이변수함수의 그래프가 될 수 없다.

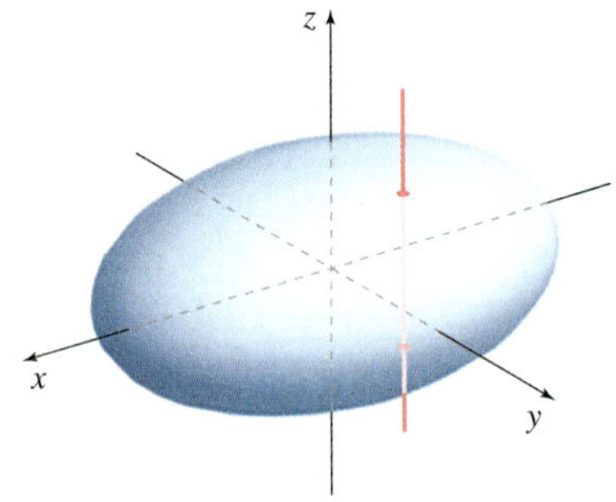

[그림 11.6](a)

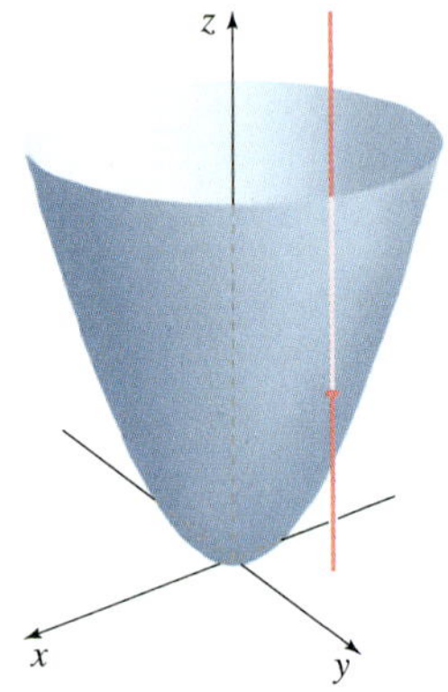

[그림 11.6](b)

예를 들어서 [그림 11.6](a)에서 보면 타원면와 두 점에서 만나는 z축과 평행한 한 직선을 잡을 수 있다. 그러므로 [이변수함수의 수직선 판정법]에 의해서 타원면은 이변수함수의 그래프가 아니다.

[그림 11.6](b)에서 보면 포물면은 z축과 평행한 모든 직선과 많아야 한 점에서 만나는 것을 알 수 있다. 그러므로 [이변수함수의 수직선 판정법]에 의해서 포물면은 이변수함수의 그래프이다.

방정식 $z=f(x,y)$의 그래프인 곡면을 그리는 경우, 각 축과 만나는 점 그리고 각 좌표평면과 만나는 곡선을 표현하면서 그리는 것을 권장한다.

실함수 g의 그래프는 평면 방정식 $y=g(x)$의 그래프와 같다. 평면 방정식 $y=g(x)$ 형태가 익숙해서 그래프를 그리기에 편리하다.

이변수함수 f의 그래프는 공간 방정식 $z=f(x,y)$의 그래프와 같다. 익숙한 곡면의 방정식은 [9장. 벡터]와 [10장. 벡터함수]에서 나오는 공간 위의 직선과 평면의 방정식 그리고 공간 이차방정식이 있다. 그러므로 이변수함수 f의 그래프를 그리기 위해 공간 방정식 $z=f(x,y)$의 형태를 보고 익숙한 형태로 곡면을 그리고 이 곡면이 이변수함수 f의 그래프의 그래프이다.

[예제 11.3] 다음 이변수함수의 그래프를 그려보아라. [연습문제 10~18]

(1) $f(x,y)=1-x-y$ (2) $f(x,y)=x^2+y^2$

(3) $f(x,y)=\sqrt{1-x^2-y^2}$

[풀이]

(1) 이변수함수 $f(x,y)=1-x-y$의 그래프인 방정식 $z=1-x-y$의 그래프를 그려보자. 방정식 $z=1-x-y$은 다음과 같이 변형하면

$$x+y+z=1$$

수직벡터가 $\mathbf{i}+\mathbf{j}+\mathbf{k}$인 평면의 방정식이다.

평면을 그리는 경우 각 축의 절편이 존재하면 절편을 구해서 절편을 포함하는 평면을 그리는 것이 편리하다.

평면 $x+y+z=1$이 각 축의 절편을 구해보자.

$y=0,\ z=0$을 식 $x+y+z=1$에 대입하면 $x=1$이고 x축 절편은 $(1,0,0)$이다.

$x=0,\ z=0$을 식 $x+y+z=1$에 대입하면 $y=1$이고 y축 절편은 $(0,1,0)$이다.

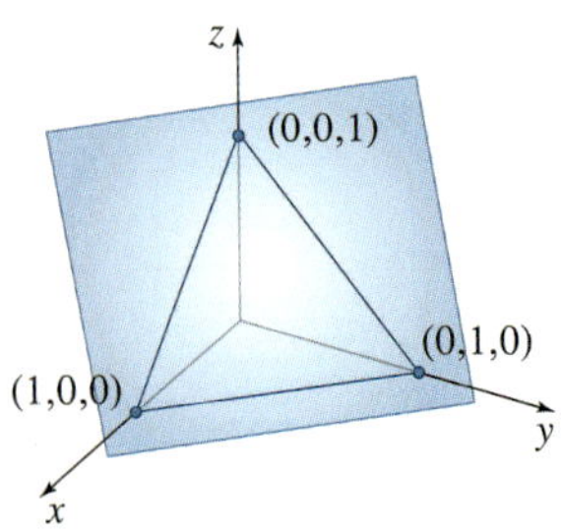

[그림 11.7](a)
$f(x,y)=1-x-y$의 그래프

$x=0,\ y=0$을 식 $x+y+z=1$에 대입하면 $z=1$이고 z축 절편은 $(0,0,1)$이다. 세 절편 $(1,0,0)$, $(0,1,0)$, $(0,0,1)$을 먼저 그리고 평면 $x+y+z=1$을 그리면 [그림 11.7](a)와 같다.

즉, 함수 $f(x,y)=1-x-y$의 그래프인 평면 $x+y+z=1$는 [그림 11.7](a)이다.

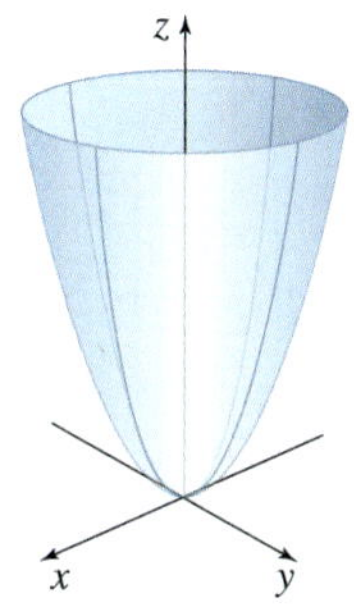

[그림 11.7](b)
$f(x,y)=x^2+y^2$의 그래프

(2) 이변수함수 $f(x,y)=x^2+y^2$의 그래프인 공간 방정식 $z=x^2+y^2$의 그래프를 그려보자. 방정식 $z=x^2+y^2$는 공간의 이차곡면 중의 포물면이다.
이차곡면은 좌표평면과 만나는 곡선을 먼저 그려보고 이차곡면을 그린다.
$z=x^2+y^2$에 $y=0$를 대입하면 포물선 $z=x^2$이고 xz-평면 자취이다.
$z=x^2+y^2$에 $x=0$를 대입하면 포물선 $z=y^2$이고 yz-평면 자취이다.
2개의 평면자취인 포물선 $z=x^2$와 $z=y^2$를 먼저 그리고 포물면 $z=x^2+y^2$을 그리면 [그림 11.7](b)와 같다. 즉, 함수 $f(x,y)=x^2+y^2$의 그래프인 포물면 $z=x^2+y^2$을 그리면 [그림 11.7](b)이다.

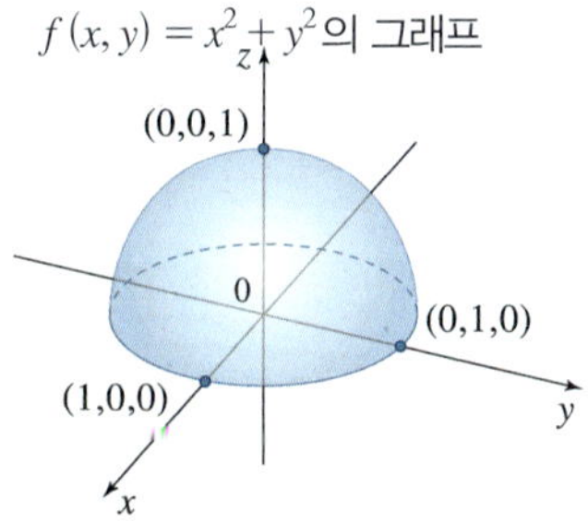

[그림 11.7](c)
$f(x,y)=\sqrt{1-x^2-y^2}$ 의 그래프

(3) 이변수함수 $f(x,y)=\sqrt{1-x^2-y^2}$ 의 그래프는 공간 방정식 $z=\sqrt{1-x^2-y^2}$ 의 그래프를 그리는 것이다.
방정식 $z=\sqrt{1-x^2-y^2}$ 의 양변을 제곱하고 정리하면

$$x^2+y^2+z^2=1$$

이므로 중심이 점 $(0,0,0)$이고 반지름이 1인 구이다. 그리고

$$z=\sqrt{1-x^2-y^2}\geq 0$$

이므로 함수 $f(x,y)=\sqrt{1-x^2-y^2}$ 의 그래프는 $z\geq 0$인 반구이다.
이변수함수 $f(x,y)=\sqrt{1-x^2-y^2}$ 의 그래프인 반구 $z=\sqrt{1-x^2-y^2}\geq 0$를 그리면 [그림 11.7](c)와 같다. ■

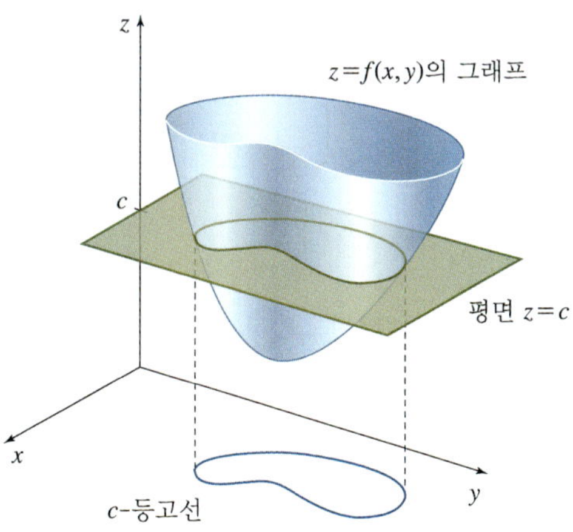

[그림 11.8]

11.1.3 이변수함수의 레벨집합: 등고선

다변수함수의 움직임을 시각적으로 보여주는 두 번째 방법은 함수의 레벨집합을 알아보는 것이다. 일반적으로 이변수함수의 그래프는 공간에 그려지는 곡면이므로 여러 방향에서 보이는 모습을 평면에 모두 그리는 것이 쉽지 않다. 이변수함수를 사용하는 많은 분야에서 레벨집합을 사용하여 함수의 움직임을 평면에서 표현한다.
이변수함수의 **레벨집합**은 같은 함숫값을 갖는 정의역의 점들의 모임이다. 예를 들어서 이변수함수를 지면의 각 점의 해발고도를 나타내는 함수라고 한다면 해발고도 함수의 레벨집합은 **등고선**인 해발고도가 같은 점을 이어주는 곡선이다. ([그림 11.8] 참고)

[주의] 이변수함수 f의 그래프와 레벨집합은 완전히 다른 집합임을 주의하자.

- 이변수함수 f의 그래프는 $\{(x, y, f(x, y)) \mid (x, y) \in D\}$ 으로 공간에 놓인 곡면이고
- 이변수함수 f의 c-레벨집합은 $\{(x, y) \in D \mid f(x, y) = c\}$ 으로 xy-평면에 놓인 영역이다.

[정의 11.4: 이변수함수의 레벨집합, 등고선]

평면의 영역 D에서 정의된 이변수함수 f와 실수 c에 대하여

이변수함수 f의 c-**레벨집합**은 함숫값 $f(x, y) = c$인 정의역 D의 점 (x, y)들의 모임이다. 이변수함수 f의 c-레벨집합을 c-**등고선**(level curve)이라고 한다.

이변수함수의 레벨집합은 일상적으로 많이 사용된다. 가장 알려진 예로 지면 위의 각 지점에 해발고도를 표시한 지형도이다. 지형도에는 등고선이 표시되어 있고 등고선의 모습으로 지형을 추측할 수 있다. [그림 11.9](a)는 한국 동해에 있는 독도의 서도에 대한 지형도에서 등고선을 표시한 것이고 [그림 11.9](b)는 독도의 서도의 실제 항공사진이다. 등고선을 나타내는 지형도는 일정한 간격의 해발고도를 따라서 그린 등고선들이다. [그림 11.9](a)는 해발고도 간격 20m로 등고선을 그린 지형도이다. 지형도에서 등고선의 간격이 조밀하게 나타난 지역은 가파른 지형이고 등고선의 간격이 넓게 나타난 지역은 완만한 지형이다.

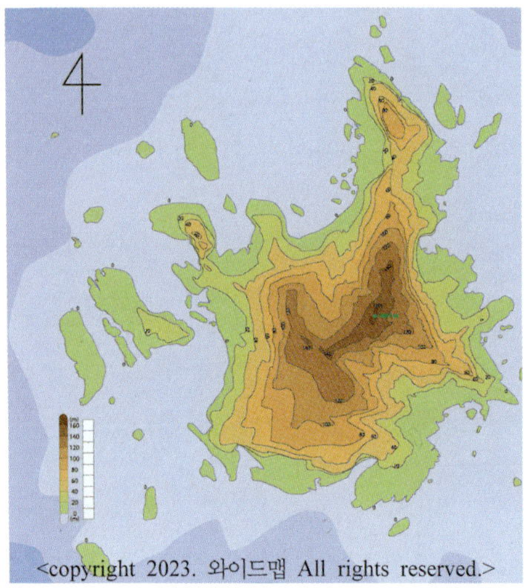

[그림 11.9](a)

[그림 11.9](b)

이변수함수의 등고선이 많이 사용되는 다른 예는 날씨의 일기도이다. 일기도에는 대기압에 대한 등압선이 나타나고 이 등압선의 배치를 보고 대기의 흐름을 알고 날씨를 예측한다. [그림 11.10](a)은 한반도 주변의 여름 일기도이다. 지도의 남동 방향에 있는 북태평양은 고기압이고 북서쪽은 저기압을 이루고 있다. 우리나라는 등압선의 폭이 넓어서 정체를 이루고 습한 공기가 정체하고 있음을 알 수 있다. [그림 11.10](b)는 겨울 일기도이다. 서쪽의 대륙은 고기압을 이루고 동쪽에는 저기압을 이루고 있다. 북서풍이 불어오는 것을 예측할 수 있다.

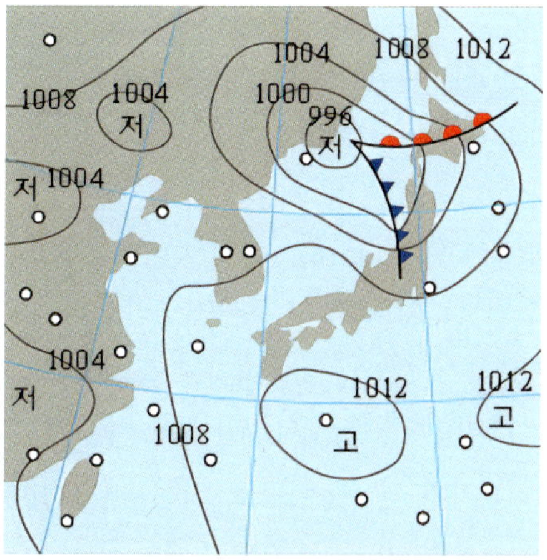

[그림 11.10](a) 여름 일기도

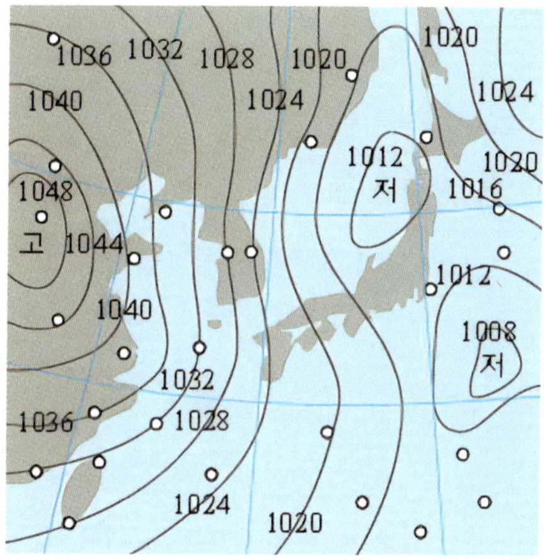

[그림 11.10](b) 겨울 일기도

[예제 11.4] 이변수함수 $f(x, y) = x^2 + y^2$의 $c = 1, 2, \cdots, 10$인 10개의 c-등고선들을 구하여라. [연습문제 19~28]

이변수함수 f의 c-등고선은 함수의 그래프 $z = f(x, y)$와 평면 $z = c$가 만나는 곡선을 정의역인 xy-평면에 정사영인 평면곡선이다

[풀이] 이변수함수 f의 c-등고선의 식은 다음과 같다.

$$x^2 + y^2 = c$$

$c < 0$이면 등고선은 존재하지 않는다.
$c = 0$이면 등고선은 한 점 $(0, 0)$이다.
$c > 0$이면 등고선은 중심이 $(0, 0)$이고 반지름이 $\sqrt{c}$인 원이다.
[그림 11.11](a)는 이변수함수 f의 그래프와 평면 $z = 1,\ z = 2,\ \cdots,\ z = 10$인 10개의 평면이 만나서 생기는 10개의 곡선과 이 곡선들을 xy-평면에 정사영한 10개의 동심원을 보여준다.
[그림 11.11](b)는 $c = 1, 2, \cdots, 10$에 대하여 이변수함수 f의 10개의 c-등고선인 동심원을 xy-평면에 그린 등고선 지도이다.

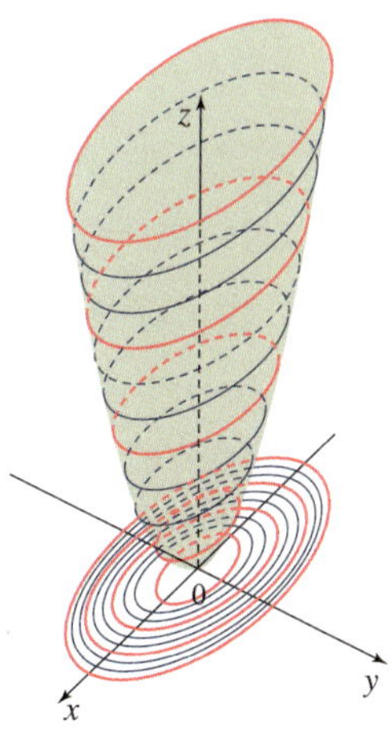

[그림 11.11](a)

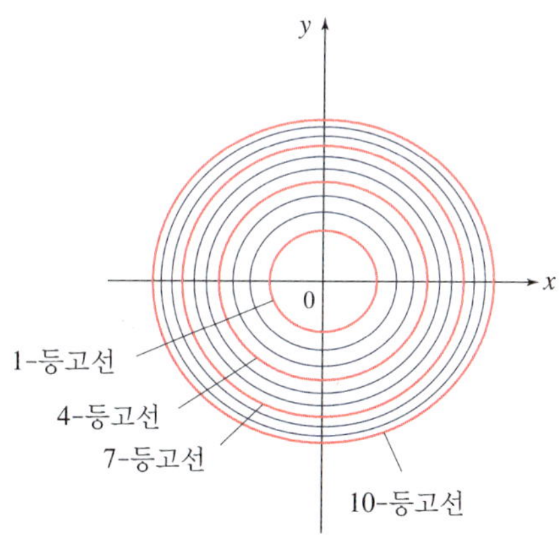

[그림 11.11](b) 10개의 등고선

이때, z축에 따른 높이인 실수 c의 간격을 1로 일정하게 정하고 10개의 등고선들을 그렸다. c가 증가하면서 등고선인 동심원의 간격이 점점 좁아지는 것을 볼 수 있다. 이것은 높이가 증가하면서 그래프가 가파르게 증가하는 것으로 짐작할 수 있다. ■

[그림 11.12](a), (b), (c)는 이변수함수의 그래프와 그에 대응하는 등고선을 보여준다. [그림 11.12](a)에서 포물기둥면 $z = y^2$의 그래프와 c-등고선을 알아보자. 우선 이변수함수 $f(x, y) = y^2$이라고 놓자. 포물기둥면 $z = y^2$의 c-등고선은 함수 f의 c-등고선이다. 즉, $y = c$인 점 (x, y)을 구해보자.

$c = 0$이면 $y^2 = c$이므로 직선 $y = 0$이다.

$c > 0$이면 $y^2 = c$이므로 2개의 직선 $y = \sqrt{c}$와 $y = -\sqrt{c}$이 c-등고선이다.

$c < 0$이면 c-등고선은 존재하지 않는다.

등고선을 보면 x축인 $y = 0$에서 멀어질수록 직선의 간격이 좁아진다. 즉 y축을 증가함에 따라서 그래프가 증가하는 속도가 빨라지는 것을 의미한다.

[그림 11.12](b)에서 쌍곡포물면 $z = x^2 - y^2$의 그래프와 c-등고선을 알아보자. 우선 이변수함수 $f(x, y) = x^2 - y^2$라고 놓자. 쌍곡포물면 $z = x^2 - y^2$의 c-등고선은 함수 f의 c-등고선이다. 즉, 함숫값 $x^2 - y^2 = c$인 점 (x, y)을 구해보자.

$c = 0$이면 $x^2 - y^2 = 0$이므로 2개의 직선 $x = y$와 $x = -y$이다. $c \neq 0$이면 $x^2 - y^2 = c$는 쌍곡선이고 c의 부호에 따라 쌍곡선의 위치가 다르다. ([그림 11.12](b) 참고)

[그림 11.12](c)에서 원뿔면 $z = \sqrt{x^2 + y^2}$의 c-등고선을 알아보자. 우선 이변수함수 $f(x, y) = \sqrt{x^2 + y^2}$라고 놓자. 원뿔면 $z = \sqrt{x^2 + y^2}$의 c-등고선은 함수 f의 c-등고선이다. 즉, 함숫값 $z = f(x, y) = c$인 점 (x, y)을 구해보자.

$c = 0$이면 $x^2 + y^2 = 0$이므로 점 $(0, 0)$이 0-등고선이다.

$c > 0$이면 $\sqrt{x^2 + y^2} = c$는 반지름이 c인 c-등고선이다.

$c < 0$이면 c-등고선은 존재하지 않는다. ([그림 11.12](c) 참고)

[그림 11.11](b)의 포물면의 등고선 $f(x, y) = x^2 + y^2 = c$와 [그림 11.12](c)의 원뿔면의 등고선 $f(x, y) = \sqrt{x^2 + y^2} = c$을 비교해 보자.

포물면의 등고선과 원뿔면의 등고선들의 공통점은 동심원이라는 것이다.

[그림 11.11](b)의 포물면의 등고선의 분포는 일정한 간격이 아니고 중심에서 멀어질수록 등고선의 간격이 좁아진다. 즉, 포물면의 높이인 z축을 따라서 가파르게 증가한다. [그림 11.12](c)의 원뿔면의 등고선의 분포는 간격이 일정하다. 즉, 원뿔면의 높이인 z축을 따라서 일정하게 증가한다.

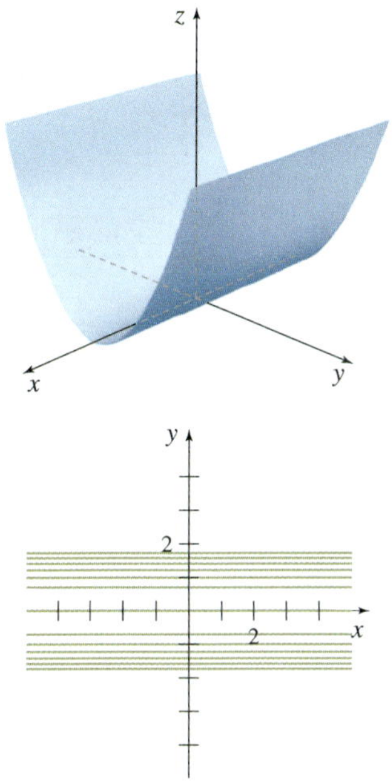

[그림 11.12](a)
포물기둥면 $z = y^2$의 그래프와 등고선

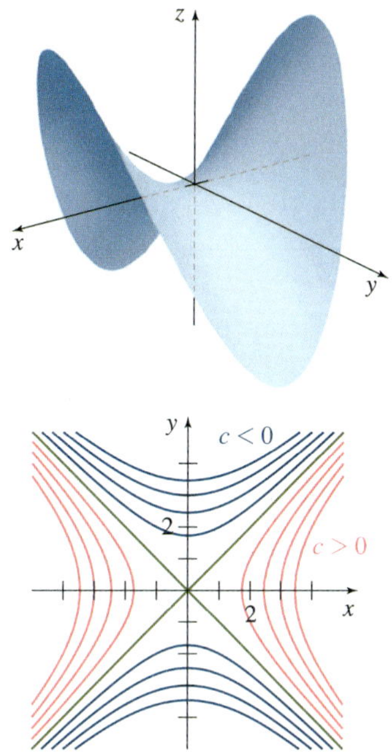

[그림 11.12](b)
쌍곡포물면 $z = x^2 - y^2$의 그래프와 등고선

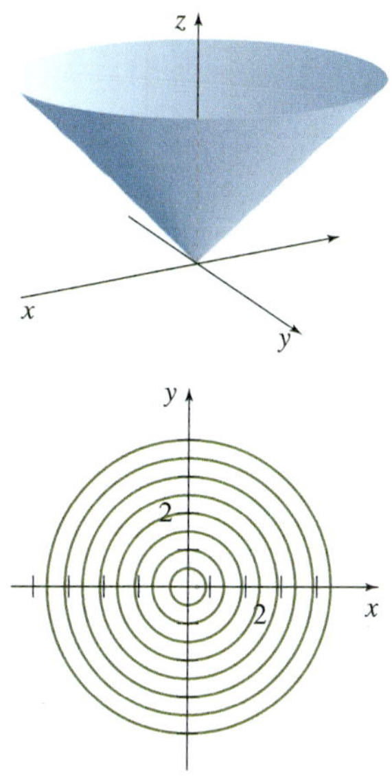

[그림 11.12](c)
원뿔면 $z = \sqrt{x^2 + y^2}$의 그래프와 등고선

11.1.4 삼변수함수의 그래프와 레벨집합(등위면)

삼변수함수의 움직임을 시각적으로 보기 위하여 **그래프**와 **레벨집합**을 정의해 보자.

> **[정의 11.5: 삼변수함수의 그래프]** 공간의 영역 E 위의 삼변수함수 f에 대하여 함수 f의 그래프는 영역 E의 모든 점 (x, y, z)에 대한 순서쌍 $(x, y, z, f(x, y, z))$의 모임이다.

삼변수함수 f의 그래프는 점 $(x, y, z, f(x, y, z))$의 모임이므로 다음과 같이 w-변수에 함숫값 $f(x, y, z)$를 쓴다.

$$w = f(x, y, z)$$

삼변수함수의 그래프는 4차원 공간 $\boldsymbol{R}^4$에 그려야 하는데 우리가 시각적으로 $\boldsymbol{R}^4$에 있는 도형을 그리는 것은 현실적으로 불가능하다. 그러므로 삼변수함수의 그래프는 [정의 11.5]와 같이 정의를 하고 삼변수함수의 그래프를 그림으로 그리지 않는다. 이제 삼변수함수의 레벨집합을 알아보자.

삼변수함수의 레벨집합은 함숫값이 같은 정의역의 점들의 모임이다.

[정의 11.6: 삼변수함수의 레벨집합, 등위면]
공간의 영역 E에서 정의된 삼변수함수 f에 대하여
삼변수함수 f의 c-레벨집합은 함숫값 $f(x,y,z)=c$인 정의역 E의 점 (x,y,z)들의 모임이다. 삼변수함수 f의 c-레벨집합을 c-등위면(level surface)이라고 한다.

[주의] 삼변수함수의 그래프와 레벨집합은 완전히 다른 집합임을 주의하자.

- 삼변수함수 f의 그래프는 정의역 E의 점 (x,y,z)에 대하여 $(x,y,z,f(x,y,z))$인 $\boldsymbol{R}^4$에 있는 점으로 이루어진다.
- 삼변수함수 f의 c-레벨집합은 $f(x,y,z)=c$인 정의역 E의 점 (x,y,z)인 $\boldsymbol{R}^3$에 있는 점으로 이루어진다.

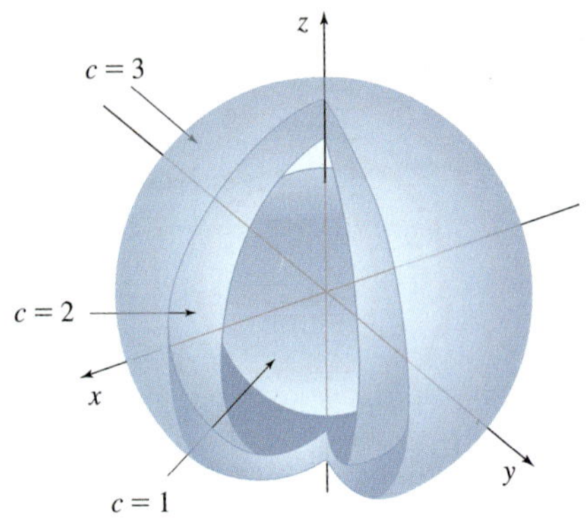

[그림 11.13]

[예제 11.5] 삼변수함수 $f(x,y,z)=x^2+y^2+z^2$의 c-등위면을 구하여라. 이때, $c=1,2,3$이다. [연습문제 24~30]

[풀이] 실수 $c>0$에 대하여 삼변수함수 f의 c-등위면은 $x^2+y^2+z^2=c$이고 중심이 원점 $(0,0,0)$이고 반지름이 $\sqrt{c}$인 구이다.
$c=1$이면 함수 f의 1-등위면은 $x^2+y^2+z^2=1$이고 반지름이 1인 구이다.
$c=2$이면 함수 f의 2-등위면은 $x^2+y^2+z^2=2$이고 반지름은 $\sqrt{2}$인 구이다.
$c=3$이면 함수 f의 3-등위면은 $x^2+y^2+z^2=3$이고 반지름은 $\sqrt{3}$인 구이다.
$c=1,2,3$인 경우 함수 f의 c-등위면은 [그림 11.13]에서 볼 수 있다. ■

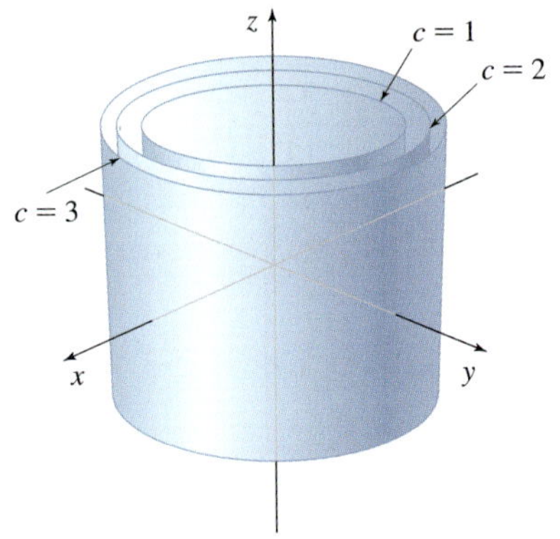

[그림 11.14](a)

[예제 11.6] 다음 삼변수함수의 c-등위면을 구하여라. [연습문제 24~30]

(1) $f(x,y,z)=x^2+y^2$, $c=1,2,3$ (2) $g(x,y,z)=z-y$, $c=0,1,2$

[풀이] (1) 실수 $c>0$에 대하여 삼변수함수 f의 c-등위면은 $x^2+y^2=c$로 z축을 중심축으로 하고 반지름이 $\sqrt{c}$인 원기둥이다.
$c=1$이면 함수 f의 1-등위면은 $x^2+y^2=1$이고 반지름이 1인 원기둥이다.
$c=2$이면 함수 f의 2-등위면은 $x^2+y^2=2$이고 반지름은 $\sqrt{2}$인 원기둥이다.
$c=3$이면 함수 f의 3-등위면은 $x^2+y^2=3$이고 반지름은 $\sqrt{3}$인 원기둥이다.
$c=1,2,3$인 경우 함수 f의 c-등위면은 [그림 11.14](a)에서 볼 수 있다.

(2) 실수 c에 대하여 삼변수함수 g의 c-등위면은 $z-y=c$이다. 방정식 $-y+z=c$는 벡터 $\langle 0,-1,1\rangle$를 수직벡터로 갖는 평면이다. $c=0,1,2$인 경우 함수 g의 c-등위면은 동일한 수직벡터 $\langle 0,-1,1\rangle$를 갖는 평행한 평면이다.
$c=1$이면 함수 g의 0-등위면은 $-y+z=0$이고 점 $(0,0,0)$을 지나는 평면이다.
$c=1$이면 함수 g의 1-등위면은 $-y+z=1$이고 점 $(0,0,1)$을 지나는 평면이다.
$c=2$이면 함수 g의 2-등위면은 $-y+z=2$이고 점 $(0,0,2)$을 지나는 평면이다.
$c=0,1,2$인 경우 함수 g의 c-등위면은 [그림 11.14](b)에서 볼 수 있다. ■

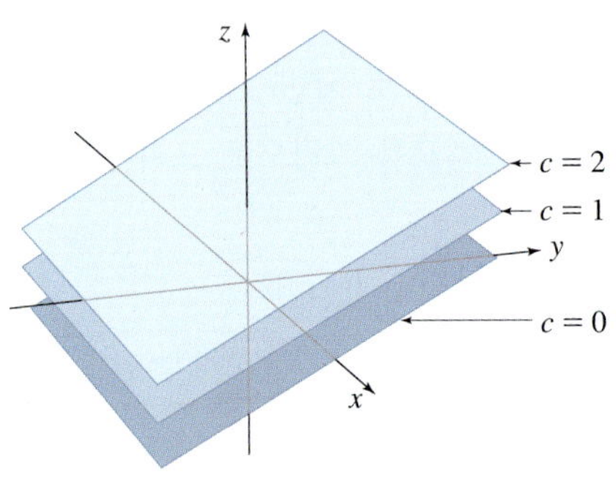

[그림 11.14](b)

연습문제

• Part 1

[1-6] 다음 이변수함수의 최대정의역을 구하여라. [예제 11.1]

1. $f(x, y) = \sqrt{3 - x^2 - y^2}$
2. $f(x, y) = x^2 + y^2$
3. $f(x, y) = \dfrac{\sin x + \cos y}{xy}$
4. $f(x, y) = \ln(y - x)$
5. $f(x, y) = e^{x+y}$
6. $f(x, y) = \dfrac{\ln x}{y - 1}$

[7-9] 다음 삼변수함수의 최대정의역을 구하여라. [예제 11.2]

7. $f(x, y, z) = \sqrt{4 - x^2 - y^2 - z^2}$
8. $f(x, y, z) = \sqrt{x + y - 2z - 5}$
9. $f(x, y, z) = \ln(x^2 + y^2 - z)$

[10-18] 다음 이변수함수의 그래프를 그려라. [예제 11.3]

10. $f(x, y) = 2 - x + y$
11. $f(x, y) = x^2 + y^2 + 2$
12. $f(x, y) = \sqrt{4 - x^2 - y^2}$
13. $f(x, y) = 3 - 2x + y$
14. $f(x, y) = -x^2 - y^2$
15. $f(x, y) = \sqrt{2 - x^2 - y^2}$
16. $f(x, y) = x + 2y$
17. $f(x, y) = 4x^2 + 2y^2$
18. $f(x, y) = \sqrt{4 - 2x^2 - y^2}$

[19-23] 다음 이변수함수의 c-등고선들을 구하여라. [예제 11.4]

19. $f(x, y) = -x^2 - y^2$
20. $f(x, y) = x^2 + 4y^2$
21. $f(x, y) = x - y$
22. $f(x, y) = x + y + 1$
23. $f(x, y) = \sqrt[3]{x^2 + y^2}$

[24-30] 다음 삼변수함수의 c-등위면들을 구하여라. (단, $c = 1, 2, 3$) [예제 11.5~11.6]

24. $f(x, y, z) = \sqrt{x^2 + y^2 + z^2}$
25. $f(x, y, z) = z$
26. $f(x, y, z) = x + 1$
27. $f(x, y, z) = x + y$
28. $f(x, y, z) = y^2 + z^2$
29. $f(x, y, z) = x^2 + y^2 - z$
30. $f(x, y, z) = x + y + z$

• Part 2

[31-32] 다음 함수의 최대정의역을 구하여라.

31. $f(x, y) = \dfrac{\sqrt{x^2 + y^2}}{e^x - 1}$
32. $f(x, y, z) = \sqrt{x^2 - y} + \ln z$

33. 이변수함수 $f(x, y) = \sin(xy)$ 의 그래프를 그려라.

[34-35] 다음 다변수함수의 등고선을 구하고 그래프를 그려라.

34. $f(x, y) = y - \sin x,\ c = 0, 1, 2$
35. $f(x, y, z) = 4x^2 + y^2 + z^2,\ c = 1, 2, 3$

11.2 다변수함수의 극한과 연속

11.2.1 다변수함수의 극한의 정의

다변수함수의 극한과 연속에 대해 알아보자. [그림 11.15]의 지역은 영국 동남부의 '세븐 시스터즈'라는 해안절벽이 있는 곳으로 절벽의 높이는 약 20 ~ 30m이다. 이변수함수 $h(x, y)$는 지면의 지점 (x, y)에서 해발고도라고 하자. 이때, 절벽은 함수 $h(x, y)$의 그래프가 연결되지 않고 끊어진 지점이다. ([그림 11.15] 참고)
즉, 오른쪽에서 다가가는 함숫값 $h(x, y)$는 절벽 위에서 끊어졌고 왼쪽에서 다가가는 함숫값 $h(x, y)$는 절벽 아래에서 끊어졌다. 오른쪽에서 다가가는 해발고도 $h(x, y)$와 왼쪽에서 다가가는 해발고도 $h(x, y)$는 같지 않다. 즉 해발고도 함수 $h(x, y)$의 그래프인 지형에서 절벽은 지형이 연결되지 않고 끊어진 지점이다.

[그림 11.15]

◐ 실변수함수의 극한(복습)

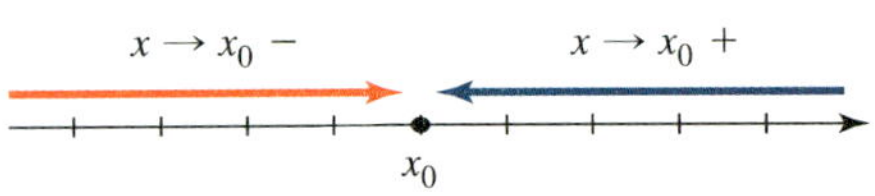

[그림 11.16]

실함수의 극한에 대하여 복습을 해보자. 구간 I에서 정의된 실함수 f와 구간 I에 속하는 x_0에 대해 x_0에서 함수 f의 극한이 l은 다음과 같다.

$$\lim_{x \to x_0} f(x) = l$$

$x \neq x_0$이면서 x가 x_0로 다가갈 때 $g(x)$가 실수 l로 다가간다는 의미이다.
이때, 실직선에서 x가 x_0로 다가갈 때 [그림 11.16]에서 보는 것과 같이 $x > x_0$이면서 x_0로 다가가는 것과 $x < x_0$이면서 x_0로 다가가는 단지 두 가지 방법만 있다. 그러므로 x_0에서 함수 f의 극한이 존재한다는 것은 x_0에서의 함수 f의 우극한과 좌극한이 같음을 보이는 것이다. 즉, 다음과 같다.

$$\lim_{x \to x_0} f(x) = l \iff \left[\lim_{x \to x_0 +} f(x) = l = \lim_{x \to x_0} f(x) \right]$$

[그림 11.17](a)에서 $\lim_{x \to a+} f(x) = l = \lim_{x \to a-} f(x)$이므로 $\lim_{x \to a} f(x) = l$이다.
[그림 11.17](b)에서 $\lim_{x \to 0+} f(x) = 1 \neq 0 = \lim_{x \to 0-} f(x)$이므로 $\lim_{x \to 0} f(x)$은 존재하지 않는다.

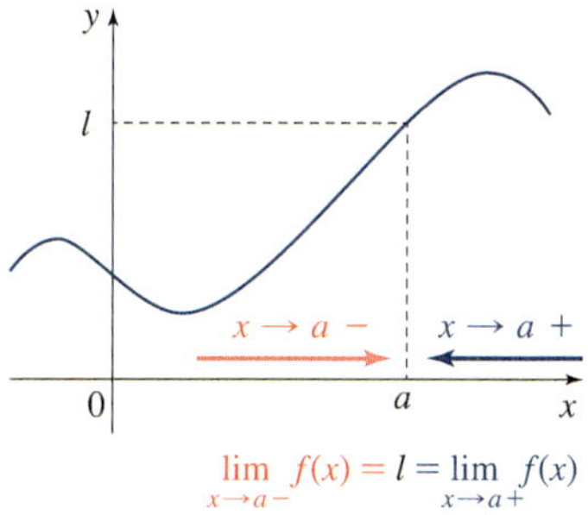

[그림 11.17](a)

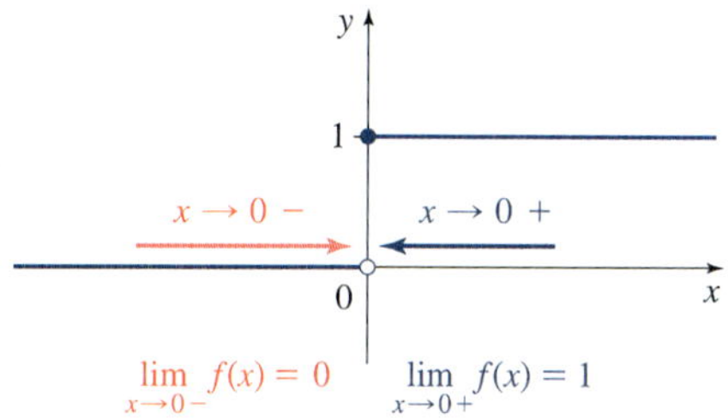

[그림 11.17](b)

◐ 다변수함수의 극한의 정의

평면에 있는 영역 D에서 정의된 이변수함수 f의 극한을 알아보자.
우선, 점 (a,b)가 정의역 D의 원소이거나 정의역 D에 붙어 있는 점이라고 하자. 이때, 점 (a,b)가 정의역 D에 붙어 있는 점이라는 것은 (a,b)가 중심인 모든 원의 내부에 (a,b) 이외의 D의 원소가 존재한다는 의미이다.

[보기 11.1] 중심이 $(0,0)$이고 반지름이 1인 원의 내부에서 중심인 점 $(0,0)$을 제외한 집합을 B_0라고 하자.

(1) 점 $(0,0)$은 B_0의 원소는 아니지만 B_0에 붙어 있는 점이다. ([그림 11.18](a) 참고)

(2) 중심이 $(0,0)$이고 반지름이 1인 원 내부의 모든 점과 경계인 원 위의 모든 점은 B_0에 붙어 있는 점이다. ([그림 11.18](b) 참고)

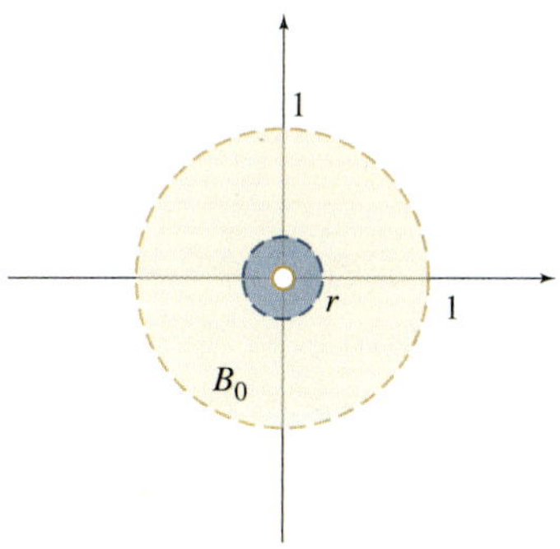

[그림 11.18](a)

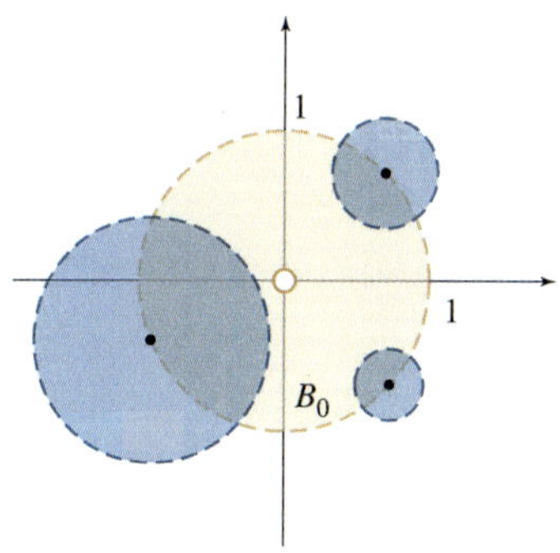

[그림 11.18](b)

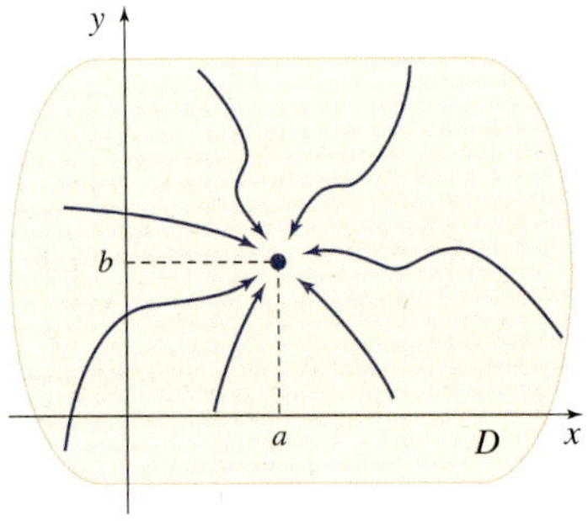

[그림 11.19](a)

평면 위의 정의역 D에서 정의된 이변수함수 f에 대하여 점 (a,b)가 정의역 D의 원소 또는 정의역 D에 붙어 있는 점이라고 하자. 정의역 D의 점 (x,y)가 점 (a,b)로 다가가는 수많은 경로가 있다. 점 (x,y)가 점 (a,b)로 다가간다는 의미는 점 (x,y)가 $(x,y) \neq (a,b)$이고 점 (a,b)로 다가가는 모든 경로를 따라서 다가가는 것을 고려해야 한다는 것이다. ([그림 11.19](a) 참고)

정의역 D의 점 (x,y)가 $(x,y) \neq (a,b)$이고 점 (a,b)로 가까이 다가갈 때 함숫값 $f(x,y)$가 실수 l로 다가가면 점 (a,b)에서 함수 f의 극한이 l이다. ([그림 11.19](b) 참고) 기호로는 다음과 같이 쓴다.

$$\lim_{(x,y)\to(a,b)} f(x,y) = l$$

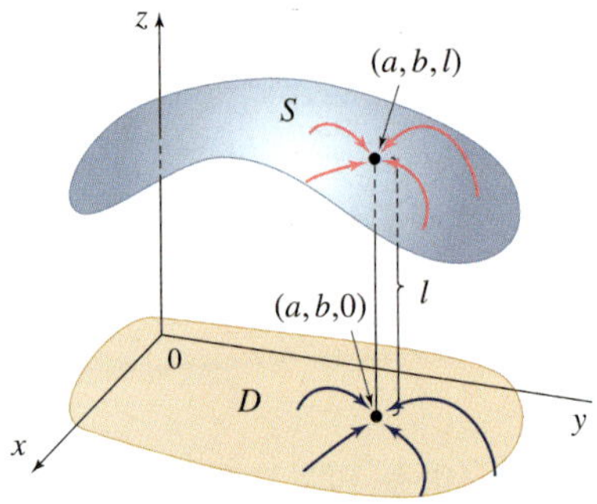

[그림 11.19](b)

[정의 11.7: 이변수함수의 극한] 평면 위의 영역 D에서 정의된 이변수함수 f가 있고 점 (a,b)가 영역 D 내의 점 또는 영역 D에 붙어있는 점이라고 하자.
정의역 D의 점 (x,y)가 $(x,y) \neq (a,b)$이고 점 (a,b)로 가까이 다가갈 때 함숫값 $f(x,y)$가 실수 l로 다가가면 점 (a,b)에서 함수 f의 극한이 l이다.* 기호로 다음과 같이 쓴다.

$$\lim_{(x,y)\to(a,b)} f(x,y) = l$$

* [점 (a,b)에서 함수 f의 극한이 l이다.]는 [점 (a,b)에서 함수 f는 l로 수렴한다.]라고도 쓴다.

이변수함수의 극한과 비슷한 개념으로 삼변수함수의 극한을 정의한다.

3차원 공간 내의 영역 E에서 정의된 삼변수함수 f에 대하여 점 (a,b,c)가 정의역 E 내의 점 또는 정의역 E에 붙어 있는 점이라고 하자. 정의역 E의 점 (x,y,z)가 점 (a,b,c)로 가까이 다가갈 때 함숫값 $f(x,y,z)$가 실수 l로 다가가면 점 (a,b,c)에서 함수 $f(x,y,z)$의 극한이 l이다. 기호를 다음과 같이 쓴다.

$$\lim_{(x,y,z)\to(a,b,c)} f(x,y,z) = l$$

[정의 11.8: 삼변수함수의 극한] 3차원 공간의 영역 E에서 정의된 삼변수함수 f가 있고 점 (a,b,c)가 정의역 E 내의 점 또는 영역 E에 붙어있는 점이라고 하자.
정의역 E의 점 (x,y,z)가 $(x,y,z) \neq (a,b,c)$이고 점 $(a,b.c)$로 다가갈 때 함숫값 $f(x,y,z)$가 실수 l로 다가가면 점 (a,b,c)에서 함수 f의 극한이 l이다.** 기호로 다음과 같다.

$$\lim_{(x,y,z)\to(a,b,c)} f(x,y,z) = l$$

** [점 (a,b,c)에서 함수 f의 극한이 l이다.]는 [점 (a,b,c)에서 함수 f는 l로 수렴한다.]라고도 쓴다.

11.2.2 다변수함수의 극한의 존재여부를 보이는 방법

다변수함수의 극한이 존재하는 것과 존재하지 않음을 보이는 방법을 알아보자.

◐ 극한이 존재하지 않음을 보이는 방법

점 (a,b)에서 이변수함수 f의 극한 l이 존재한다는 것 즉,

$$\lim_{(x,y)\to(a,b)} f(x,y)=l$$

는 (x,y)에서 **점 (a,b)로 가까이 다가가는 모든 경로**를 따라서 함숫값 $f(x,y)$가 실수 l에 다가가는 것이다.

점 (a,b)에서 이변수함수 f의 극한이 존재하지 않는다는 것은
점 (x,y)에서 점 (a,b)로 가까이 다가가는 다른 2개의 경로 C_1, C_2을 찾고

- 경로 C_1를 따르는 점 (a,b)에서의 함수 $f(x,y)$의 극한과
- 경로 C_2을 따르는 점 (a,b)에서의 함수 $f(x,y)$의 극한이

다르다는 것을 보이면 된다.
이 경우, 경로 C를 따른 함숫값의 극한을 구하는 것은 다음과 같이 한다.

(1) (x,y)에서 점 (a,b)로 가까이 다가가는 경로 C는 점 (a,b)를 지나는 곡선이다. 점 (a,b)를 지나는 곡선 C의 평면 매개곡선은 다음과 같이 잡는다.

$$\mathbf{r}(t)=x(t)\mathbf{i}+y(t)\mathbf{j},\quad \mathbf{r}(0)=a\mathbf{i}+b\mathbf{j}$$

(2) 점 (a,b)로 다가가는 경로 C를 따라서 점 (a,b)에서의 함수 f의 극한*은 $\lim_{t\to0} f(\mathbf{r}(t))=\lim_{t\to0} f(x(t),y(t))$를 의미한다.

* 경로 C: $\mathbf{r}(t)=x(t)\mathbf{i}+y(t)\mathbf{j}$ 위에서의 이변수함수 $f(x,y)$는 $f(\mathbf{r}(t))=f(x(t),y(t))$를 의미한다.
그러므로 경로 C를 따르는 점 (a,b)에서의 함수 $f(x,y)$의 극한을 구하는 경우
① 경로 C의 매개곡선 $\mathbf{r}$을 구한다.
② 경로 C 위의 이변수함수 $f(\mathbf{r}(t))$
③ 극한 $\lim_{t\to0} f(\mathbf{r}(t))$을 구한다.

[예제 11.7] 극한 $\lim_{(x,y)\to(0,0)} \dfrac{x^2-y^2}{x^2+y^2}$가 존재하지 않음을 보여라. [연습문제 1~9]

[풀이] 점 $(0,0)$을 지나는 두 경로 C_1, C_2를 다음과 같이 찾자. ([그림 11.20] 참고)
경로 C_1은 x축 위의 점 $(0,0)$을 지나는 곡선의 다음의 매개곡선 $\mathbf{r}_1$이다.

$$\mathbf{r}_1(t)=t\mathbf{i}\text{이고 } \mathbf{r}_1(0)=\mathbf{0}$$

경로 C_2은 y축 위의 점 $(0,0)$을 지나는 곡선의 다음의 매개곡선 $\mathbf{r}_2$이다.

$$\mathbf{r}_2(t)=t\mathbf{j}\text{이고 } \mathbf{r}_2(0)=\mathbf{0}$$

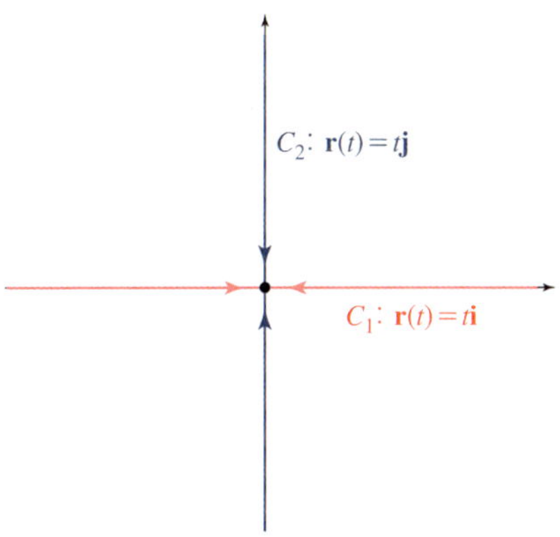

[그림 11.20]

곡선 C_1을 따라서 점 $(0,0)$에서의 $f(x,y)$의 극한은 다음과 같다.

$$\lim_{t\to0} f(\mathbf{r}_1(t))=\lim_{t\to0} f(t,0)=\lim_{t\to0}\frac{t^2-0^2}{t^2+0^2}=1$$

곡선 C_2을 따라서 점 $(0,0)$에서의 $f(x,y)$의 극한은 다음과 같다.

$$\lim_{t\to 0} f(\mathbf{r}_2(t)) = \lim_{t\to 0} f(0,t) = \lim_{t\to 0}\frac{0-t^2}{0+t^2} = -1$$

$\lim_{t\to 0} f(t,0) = 1 \neq -1 = \lim_{t\to 0} f(0,t)$이므로 극한 $\lim_{(x,y)\to(0,0)}\frac{x^2-y^2}{x^2+y^2}$가 존재하지 않는다. ■

[예제 11.8] 극한 $\lim_{(x,y)\to(0,0)}\frac{xy}{x^2+y^2}$가 존재하지 않음을 보여라. [연습문제 1~9]

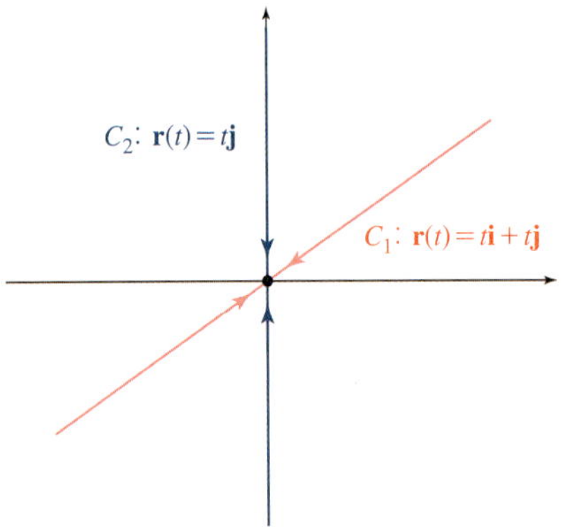

[그림 11.21]

[풀이] 점 $(0,0)$을 지나는 두 경로 C_1, C_2를 다음과 같이 찾자. ([그림 11.21] 참고) 경로 C_1은 직선 $y=x$을 따라 점 $(0,0)$을 지나는 다음의 매개곡선 $\mathbf{r}_1$이다.

$$\mathbf{r}_1(t) = t\mathbf{i}+t\mathbf{j}\text{이고 } \mathbf{r}_1(0)=\mathbf{0}$$

경로 C_2은 y축 위의 점 $(0,0)$을 지나는 곡선의 다음의 매개곡선 $\mathbf{r}_2$이다.

$$\mathbf{r}_2(t) = t\mathbf{j}\text{이고 } \mathbf{r}_2(0)=\mathbf{0}$$

곡선 C_1을 따라서 점 $(0,0)$에서의 $f(x,y)$의 극한은 다음과 같다.

$$\lim_{t\to 0} f(\mathbf{r}_1(t)) = \lim_{t\to 0} f(t,t) = \lim_{t\to 0}\frac{t^2}{t^2+t^2} = \frac{1}{2}$$

곡선 C_2을 따라서 점 $(0,0)$에서의 $f(x,y)$의 극한은 다음과 같다.

$$\lim_{t\to 0} f(\mathbf{r}_2(t)) = \lim_{t\to 0} f(0,t) = \lim_{t\to 0}\frac{0}{t^2+t^2} = 0$$

$\lim_{t\to 0} f(t,t) = \frac{1}{2} \neq 0 = \lim_{t\to 0} f(0,t)$이므로 극한 $\lim_{(x,y)\to(0,0)}\frac{xy}{x^2+y^2}$가 존재하지 않는다. ■

◐ 극한이 존재하는 것을 보이는 방법

평면 위의 영역 D에서 정의된 이변수함수 f에 대하여 점 (a,b)에서 이변수함수 f의 극한이 있는 경우를 살펴보자.

점 (a,b)에서 이변수함수 f의 극한을 구하는 경우 점 (a,b)는 정의역 D에 있거나 D에 붙어 있는 것을 가정한다.

정의역 D 위의 점 (x,y)가 $(x,y)\neq(a,b)$이고 **점 (a,b)로 다가가는 모든 경로를 따라서** 함수값 $f(x,y)$가 실수 l에 다가간다는 것을 보여야 한다. 그러나 점 (x,y)가 점 (a,b)로 가까이 다가가는 모든 경로를 따른 극한을 알아보는 것은 불가능하다. 그러므로 다음 부등식은 이변수함수의 극한의 존재를 보이는 데 유용하게 사용된다.

$(x, y) \to (0, 0)$ 이라는 의미는
$\|(x, y) - (0, 0)\| = \sqrt{x^2 + y^2} \to 0$
이라는 것이다.

[참고: 부등식]

(1) 평면벡터 $\mathbf{v} = x\mathbf{i} + y\mathbf{j}$에 대하여

$|x| \le \sqrt{x^2 + y^2} = \|\mathbf{v}\|$ 이고 $|y| \le \sqrt{x^2 + y^2} = \|\mathbf{v}\|$.

(2) $|x + y| \le |x| + |y|$ 이고 $|x - y| \le |x| + |y|$.

실함수의 조임정리는 극한에서 중요하게 사용되었다. 다변수함수의 경우도 [정리 11.1: 다변수함수의 조임정리]가 다음과 같이 존재하고 극한에서 중요하게 사용된다.

[정리 11.1: 다변수함수의 조임정리]

세 이변수함수 g, f, h가 정의역에서 $g(x, y) \le f(x, y) \le h(x, y)$ 이고

극한 $\displaystyle\lim_{(x,y)\to(a,b)} g(x, y) = \lim_{(x,y)\to(a,b)} h(x, y) = l$ 이면 $\displaystyle\lim_{(x,y)\to(a,b)} f(x, y) = l$ 이다.

함수의 부등식와 극한의 조임정리를 사용하여 이변수함수의 극한의 존재를 보여 보자.

[예제 11.9] $\displaystyle\lim_{(x,y)\to(0,0)} \frac{2xy^2}{x^2 + y^2} = 0$ 임을 보여라. [연습문제 1~9]

[풀이] [참고: 부등식]을 이용하면 다음이 성립한다.

$$0 \le \left| \frac{2xy^2}{x^2 + y^2} \right| = \frac{2|x||y|^2}{x^2 + y^2} \le \frac{2\sqrt{x^2 + y^2}\left(\sqrt{x^2 + y^2}\right)^2}{x^2 + y^2} = 2\sqrt{x^2 + y^2}$$

$(x, y) \to (0, 0)$ 이므로 $\displaystyle\lim_{(x,y)\to(0,0)} 2\sqrt{x^2 + y^2} = 0$ 이고 $\displaystyle\lim_{(x,y)\to(0,0)} 0 = 0$ 이므로 [정리 11.1: 다변수함수의 조임정리]에 의해 다음 극한을 구할 수 있다.

$$\lim_{(x,y)\to(0,0)} \left| \frac{2xy^2}{x^2 + y^2} \right| = 0 \text{ 이고 } \lim_{(x,y)\to(0,0)} \frac{2xy^2}{x^2 + y^2} = 0$$ ■

11.2.3 다변수함수의 극한의 성질

실함수와 미찬가지로 이변수함수도 다음과 같은 성질을 갖는다.

[정리 11.2: 이변수함수의 극한의 성질] 영역 D 위의 이변수함수 f와 g에 대하여

$\displaystyle\lim_{(x,y)\to(a,b)} f(x, y) = l$ 이고 $\displaystyle\lim_{(x,y)\to(a,b)} g(x, y) = m$ 이라고 하자.

- 점 (x, y)가 점 (a, b)로 가까이 다가가는 의미는 $\|(x, y)-(a, b)\| = \sqrt{(x-a)^2+(y-b)^2}$ 이 0으로 가는 것이다.
- $\lim_{(x,y)\to(a,b)} f(x, y)=l$은 $\lim_{(x,y)\to(a,b)} |f(x, y)-l|=0$과 같은 의미이다.

(1) 함수의 합 $f+g$도 점 (a, b)에서 극한이 존재한다.

$$\lim_{(x,y)\to(a,b)} [f(x, y)+g(x, y)] = \lim_{(x,y)\to(a,b)} f(x, y) + \lim_{(x,y)\to(a,b)} g(x, y) = l+m$$

(2) 함수의 곱 fg도 점 (a, b)에서 극한이 존재한다.

$$\lim_{(x,y)\to(a,b)} [f(x, y)g(x, y)] = \left[\lim_{(x,y)\to(a,b)} f(x, y)\right]\left[\lim_{(x,y)\to(a,b)} g(x, y)\right] = lm$$

(3) 함수의 상수배 cf도 점 (a, b)에서 극한이 존재한다.

$$\lim_{(x,y)\to(a,b)} [cf(x, y)] = c\left[\lim_{(x,y)\to(a,b)} f(x, y)\right] = cl$$

(4) $\lim_{(x,y)\to(a,b)} g(x, y)\neq 0$이면 함수의 나눗셈 f/g도 점 (a, b)에서 극한이 존재한다.

$$\lim_{(x,y)\to(a,b)} \frac{f(x, y)}{g(x, y)} = \frac{\lim_{(x,y)\to(a,b)} f(x, y)}{\lim_{(x,y)\to(a,b)} g(x, y)} = \frac{l}{m}$$

삼변수함수의 합, 곱, 상수배, 나눗셈에서도 [정리 11.2: 이변수함수의 극한의 성질]과 비슷한 극한의 성질을 갖는다.

◐ 기본 이변수함수의 극한

이제 기본 이변수함수에 대한 극한을 알아보자.

이변수 상수함수 $f(x, y)=c$의 점 (a, b)에서 극한을 알아보자.

$$0 \le |f(x, y)-c| = |c-c| = 0\text{이므로} \quad \lim_{(x,y)\to(a,b)} |f(x, y)-c| = \lim_{(x,y)\to(a,b)} 0 = 0.$$

그러므로 $\lim_{(x,y)\to(a,b)} f(x, y) = \lim_{(x,y)\to(a,b)} c = c$.

이변수함수 $f(x, y)=x$의 점 (a, b)에서 극한을 알아보자.

$$0 \le |f(x, y)-a| = |x-a| \le \sqrt{(x-a)^2+(y-b)^2}. \qquad (*)$$

$(x, y)\to(a, b)$이므로

$$\lim_{(x,y)\to(a,b)} \|(x, y)-(a, b)\| = \lim_{(x,y)\to(a,b)} \sqrt{(x-a)^2+(y-b)^2} = 0.$$

식 $(*)$에 [정리 11.1: 다변수함수의 조임정리]를 적용하면 다음과 같다.

$$\lim_{(x,y)\to(a,b)} |f(x, y)-a| = \lim_{(x,y)\to(a,b)} |x-a| = 0.$$

그러므로 $\lim_{(x,y)\to(a,b)} f(x, y) = \lim_{(x,y)\to(a,b)} x = a = f(a, b)$.

이변수함수 $f(x,y)=y$의 점 (a,b)에서 극한도 비슷하게 다음이 성립한다.

$$\lim_{(x,y)\to(a,b)} f(x,y) = \lim_{(x,y)\to(a,b)} y = b = f(a,b)$$

이변수 다항함수 $f(x,y) = \sum_{n+m=0}^{N} A_{nm}x^m y^n$의 점 (a,b)에서 극한을 알아보자.

$$\begin{aligned}
&\lim_{(x,y)\to(a,b)} f(x,y) \\
&= \lim_{(x,y)\to(a,b)} \left[\sum_{n+m=0}^{N} A_{nm}x^m y^n\right] \\
&= \sum_{n+m=0}^{N} \lim_{(x,y)\to(a,b)} \left[A_{nm}x^m y^n\right] && \text{[정리 11.2: 이변수함수의 극한의 성질] (1)} \\
&= \sum_{n+m=0}^{N} A_{nm}a^m b^n && \text{이변수함수 } f(x,y)=x\text{와 } f(x,y)=y\text{의 극한} \\
&= f(a,b)
\end{aligned}$$

그러므로 다음과 같이 기본 이변수함수의 극한을 정리할 수 있다.

[정리 11.3: 기본 이변수함수의 극한]

(1) 이변수 상수함수 $f(x,y)=c$와 평면의 모든 점 (a,b)에 대하여

$$\lim_{(x,y)\to(a,b)} f(x,y) = \left[\lim_{(x,y)\to(a,b)} c\right] = c = f(a,b).$$

(2) 이변수함수 $f(x,y)=x$와 평면의 모든 점 (a,b)에 대하여

$$\lim_{(x,y)\to(a,b)} f(x,y) = \left[\lim_{(x,y)\to(a,b)} x\right] = a = f(a,b).$$

(3) 이변수함수 $f(x,y)=y$와 평면의 모든 점 (a,b)에 대하여

$$\lim_{(x,y)\to(a,b)} f(x,y) = \left[\lim_{(x,y)\to(a,b)} y\right] = b = f(a,b).$$

(4) 이변수 다항함수 $f(x,y) = \sum_{n+m=0}^{N} A_{nm}x^m y^n$와 평면의 모든 점 (a,b)에 대하여

$$\lim_{(x,y)\to(a,b)} f(x,y) = \sum_{n+m=0}^{N} A_{nm}a^m b^n = f(a,b).$$

[정리 11.3: 기본 이변수함수의 극한]은 이변수함수 f가 상수함수 또는 다항함수인 경우 평면의 모든 점 (a,b)에서 함수 f의 극한이 존재하고 극한은 다음과 같다.

$$\lim_{(x,y)\to(a,b)} f(x,y) = f(a,b)$$

[정리 11.3: 기본 이변수함수의 극한]과 비슷하게 삼변수함수 f가 기본함수인 상수함수 또는 다항함수인 경우 공간의 모든 점 (a,b,c)에서 함수 f의 극한이 존재하고 극한은 다음과 같이 점 (a,b,c)에서 함숫값 $f(a,b,c)$이다.

$$\lim_{(x,,y,z)\to(a,b,c)} f(x,y,z) = f(a,b,c)$$

11.2.4 다변수함수의 연속

2장에서 공부한 실함수의 연속성을 복습해 보자.
실함수 f가 c에서 연속이라는 것은 다음이 성립하는 것이다.

$$\lim_{x\to c} f(x) = f(c)$$

다음과 같은 3가지를 모두 만족해야 하는 것을 의미한다.
① c에서 함수 f의 극한 $\lim_{x\to c} f(x)$가 존재한다.
② c에서 함수 f의 함숫값 $f(c)$가 정의된다.
③ ①과 ②의 값이 같다. 즉, $\lim_{x\to c} f(x) = f(c)$.

그러므로 실함수 f가 c에서 불연속이라는 것은 ①, ②, ③ 중에서 적어도 하나가 성립하지 않는 것이다.

다변수함수의 연속성도 같은 개념으로 정의한다.

[정의 11.9: 다변수함수의 연속]

(1) [이변수함수의 연속] 정의역 D 위의 이변수함수 f가 D의 점 (a,b)에서 연속이다는 것은 다음이 성립하는 것이다.

$$\lim_{(x,y)\to(a,b)} f(x,y) = f(a,b) \tag{11.1}$$

(2) [삼변수함수의 연속] 정의역 E 위의 삼변수함수 f가 E의 점 (a,b,c)에서 연속이다는 것은 다음이 성립하는 것이다.

$$\lim_{(x,y,z)\to(a,b,c)} f(x,y,z) = f(a,b,c) \tag{11.2}$$

식 (11.1)는 다음과 같은 3가지를 모두 만족해야 하는 것을 의미한다.

① (a,b)에서 함수 f의 극한 $\lim_{(x,y)\to(a,b)} f(x,y)$가 존재한다.

② (a,b)에서 함수 f의 함숫값 $f(a,b)$가 정의된다.

③ ①과 ②의 값이 같다. 즉, $\lim_{(x,y)\to(a,b)} f(x,y) = f(a,b)$.

그리고 이변수함수 f가 점 (a,b)에서 불연속이라는 것은 ①, ②, ③ 중에서 적어도 하나가 성립하지 않는 것이다.

식 (11.2)에서 삼변수함수의 경우도 비슷하게 3가지를 만족해야 함을 의미한다.

[정의 11.10: 다변수함수의 집합에서의 연속]

(1) 이변수함수 f가 평면 내의 **영역** D**에서 연속**이라는 것은 다음이 성립하는 것이다. 영역 D 내의 모든 점 (a,b)에 대하여 f가 (a,b)에서 연속이다.

(2) 삼변수함수 f가 공간 내의 **영역** E**에서 연속**이라는 것은 다음이 성립하는 것이다. 영역 E 내의 모든 점 (a,b,c)에 대하여 f가 (a,b,c)에서 연속이다.

그리고 다변수함수 f가 정의역에서 불연속이라는 것은 함수 f가 불연속인 점이 정의역 내에 존재한다는 것이다. 이변수함수 $f(x,y)$의 불연속이라는 것은 함수 f의 그래프인 곡면에서 절벽과 같이 끊어진 부분이 있다는 것을 의미한다.

[예제 11.10] 다음 이변수함수 f가 점 $(0,0)$에서 불연속임을 보여라. [연습문제 10~12]

$$f(x,y) = \begin{cases} \dfrac{3xy^2}{x^2+y^4}, & (x,y) \neq (0,0) \\ 0, & (x,y) = (0,0) \end{cases}$$

[풀이] 점 $(0,0)$을 지나는 두 곡선 C_1, C_2를 다음과 같이 찾자. ([그림 11.22] 참고)

경로 C_1인 포물선 $x = y^2$을 따라 점 $(0,0)$을 지나는 곡선의 매개곡선 $\mathbf{r}_1$를 구하면

$$\mathbf{r}_1(t) = t^2\mathbf{i} + t\mathbf{j}\text{이고 } \mathbf{r}_1(0) = \mathbf{0}.$$

경로 C_2인 x축을 따라 점 $(0,0)$을 지나는 곡선의 매개곡선 $\mathbf{r}_2$를 구하면

$$\mathbf{r}_2(t) = t\mathbf{i}\text{이고 } \mathbf{r}_2(0) = \mathbf{0}.$$

곡선 C_1인 $\mathbf{r}_1(t) = t^2\mathbf{i} + t\mathbf{j}$을 따라 점 $(0,0)$에서 $f(x,y)$의 극한을 구하자.

$$\lim_{t\to 0} f(\mathbf{r}(t)) = \lim_{t\to 0} f(t^2, t) = \lim_{t\to 0} \frac{3t^4}{t^4+t^4} = \lim_{t\to 0} \frac{3}{2} = \frac{3}{2}$$

곡선 C_2인 $\mathbf{r}_2(t) = t\mathbf{i}$을 따라 점 $(0,0)$에서 $f(x,y)$의 극한을 구하자.

$$\lim_{t\to 0} f(\mathbf{r}(t)) = \lim_{t\to 0} f(t,0) = \lim_{t\to 0}\frac{0}{t^2+0} = 0$$

$\lim_{t\to 0} f(t^2,t) = \frac{3}{2} \neq 0 = \lim_{t\to 0} f(t,0)$이므로 $\lim_{(x,y)\to(0,0)} \frac{xy}{x^2+y^2}$가 존재하지 않는다.
그러므로 함수 f가 점 $(0,0)$에서 불연속이다.
함수 f의 그래프는 [그림 11.22]에서 볼 수 있다. 그래프 위의 두 점$(0,0,0)$와 $\left(0,0,\frac{3}{2}\right)$에서 보면 그래프가 절벽같이 끊어져 있음을 볼 수 있다.

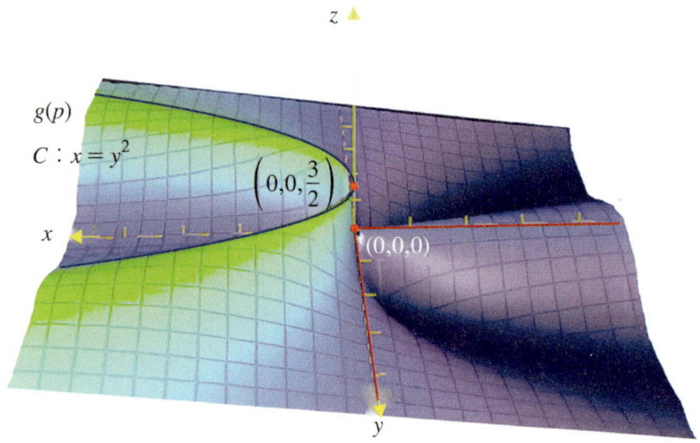

[그림 11.22] ■

◐ 연속인 다변수함수의 성질

[정리 11.2: 이변수함수의 극한의 성질]과 삼변수함수의 극한의 비슷한 성질을 적용하여 연속함수의 성질을 알아보자.

[정리 11.4: 연속인 다변수함수의 성질]에 의해서 기본적인 이변수 다항함수과 이변수 유리함수의 연속성을 정리할 수 있다.

> **[정리 11.4: 연속인 다변수함수의 성질]** 다변수함수 f와 g가 정의역 D 내의 점 P에서 연속이라고 하자.
> (1) 두 함수의 합 $f+g$도 점 P에서 연속이다.
> (2) 두 함수의 곱 fg도 점 P에서 연속이다.
> (3) $g(P)\neq 0$인 경우 두 함수의 나눗셈 f/g도 점 P에서 연속이다.

연속인 다변수함수는 다음과 같이 다양하게 만들어진다.
실함수 $z=g(t)$와 이변수함수 $t=f(x,y)$의 **합성함수** $h=g\circ f$는 다음과 같이 이변수함수로 정의한다.

$$z=h(x,y)=(g\circ f)(x,y)=g(f(x,y))$$

실함수 $g(t)=e^t$와 이변수함수 $f(x,y)=x^2+y^2$이면 새로운 이변수함수 h가 만들어진다.

$$h(x, y) = g(f(x, y)) = e^{x^2+y^2}$$

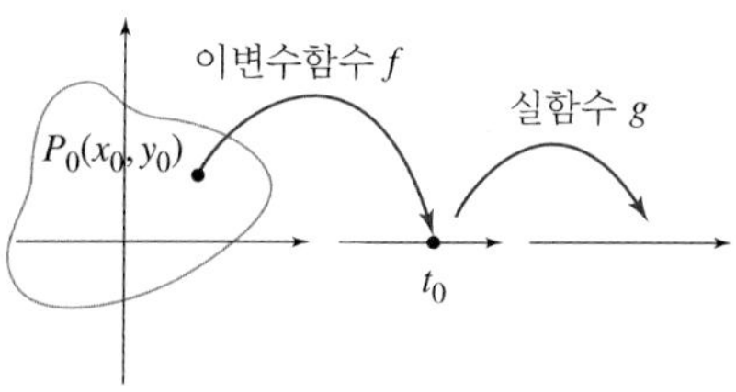

합성함수 $g \circ f$의 연속

2개의 연속인 실함수의 합성함수는 연속임을 공부하였다. 다변수함수 f와 실함수 g의 합성함수 $h = g \circ f$의 경우도 비슷하게 적용된다. 실함수 g가 $f(P_0) = t_0$에서 연속이고 다변수함수 f가 P_0에서 연속이면 합성함수 h도 P_0에서 연속이 된다.

> **[정리 11.5: 다변수 합성함수의 연속]**
>
> (1) 실함수 $z = g(t)$와 이변수함수 $t = f(x, y)$의 합성함수 $h = g \circ f$에 대하여 함수 f가 (a, b)에서 연속이고 함수 g가 $f(a, b) = t_0$에서 연속이면 $h = g \circ f$가 (a, b)에서 연속이다.
>
> (2) 실함수 $z = g(t)$와 삼변수함수 $t = f(x, y, z)$의 합성함수 $h = g \circ f$에 대하여 함수 f가 (a, b, c)에서 연속이고 함수 g가 $f(a, b, c) = t_0$에서 연속이면 $h = g \circ f$가 (a, b, c)에서 연속이다.

[정리 11.4: 연속인 다변수함수의 성질]과 [정리 11.5: 다변수 합성함수의 연속]을 적용하면 이변수 다항함수와 이변수 유리함수 그리고 이변수 무리함수가 연속인 것을 알 수 있다.*

* 연속인 다변수함수의 형태들을 알고 있는 것은 응용에서 중요하다.

> **[정리 11.6: 연속인 이변수함수들]**
>
> (1) 이변수 다항함수 $f(x, y) = \sum_{n+m=0}^{N} A_{nm} x^m y^n$는 평면의 모든 점 (a, b)에서 연속이다. 즉, $\lim_{(x,y)\to(a,b)} f(x, y) = \sum_{n+m=0}^{N} A_{nm} a^m b^n = f(a, b)$.
>
> (2) 이변수 유리함수 $f(x, y) = \dfrac{q(x, y)}{p(x, y)}$에 대하여 $p(a, b) \neq 0$이면 유리함수 f는 (a, b)에서 연속이다. 즉, $\lim_{(x,y)\to(a,b)} f(x, y) = \dfrac{q(a, b)}{p(a, b)} = f(a, b)$.
>
> (3) $\lim_{(x,y)\to(a,b)} [f(x, y)]^n = \left[\lim_{(x,y)\to(a,b)} f(x, y)\right]^n = [f(a, b)]^n$
>
> (4) $\lim_{(x,y)\to(a,b)} [f(x, y)]^{1/n} = \left[\lim_{(x,y)\to(a,b)} f(x, y)\right]^{1/n} = [f(a, b)]^{1/n}$

삼변수 다항함수는

$$f(x, y, z) = \sum_{e+n+m=0}^{N} A_{enm} x^e y^n z^m$$

의 형태이다.

삼변수함수 $f(x, y, z)$에 대하여 [정리 11.6]과 비슷한 정리가 있다.

- 삼변수 다항함수도 공간에서 연속이다.
- 삼변수 유리함수 $\dfrac{q}{p}$는 $p(x, y, z) \neq 0$이면 연속이다.
- 무리함수 $\sqrt[n]{p}$ (n이 짝수)는 $p(x, y, z) \geq 0$이면 연속이다.

[정리 11.6: 연속인 이변수함수들]과 비슷하게 삼변수 다항함수, 삼변수 유리함수, 삼변수 무리함수도 정의역에서 연속이다.

[예제 11.11] 다음 함수들이 연속인 영역을 구하여라. [연습문제 13~18]

(1) $h(x, y, z) = \ln(x^2 + y^2 + z^2)$ (2) $h(x, y) = e^{x/y}$

[풀이]

(1) 실함수 $g(t) = \ln t$와 삼변수 다항함수 $f(x, y, z) = x^2 + y^2 + z^2$에 대하여 $f(x, y, z) = x^2 + y^2 + z^2 > 0$이면 합성함수 f가 다음과 같이 정의된다.

$$h(x, y, z) = g(f(x, y, z)) = \ln(x^2 + y^2 + z^2)$$

$f(x, y, z) = x^2 + y^2 + z^2 > 0$은 공간에서 점 $(0, 0, 0)$을 제외한 모든 점이다. 그러므로 합성함수 $h(x, y, z) = \ln(x^2 + y^2 + z^2)$는 공간에서 점 $(0, 0, 0)$을 제외한 모든 점에서 정의된다.

실함수 $g(t) = \ln t$는 구간 $(0, \infty)$에서 연속이고 함수 $f(x, y, z) = x^2 + y^2 + z^2$는 공간에서 점 $(0, 0, 0)$을 제외한 모든 점에서 연속이므로 [정리 11.5: 다변수 합성함수의 연속]에 의해서 합성함수는 $h(x, y, z) = \ln(x^2 + y^2 + z^2)$도 공간에서 점 $(0, 0, 0)$을 제외한 모든 점에서 연속이다.

(2) 실함수 $g(t) = e^t$와 이변수함수 $f(x, y) = x/y$에 대하여 $y \neq 0$인 평면의 모든 점 (x, y)에서 합성함수 h가 다음과 같이 정의된다.

$$h(x, y) = g(f(x, y)) = e^{x/y}$$

실함수 $g(t) = e^t$는 실수에서 연속이고 함수 $f(x, y) = x/y$가 $y \neq 0$인 평면의 모든 점 (x, y)에서 연속이므로 [정리 11.5: 다변수 합성함수의 연속]에 의해서 합성함수 $h(x, y) = e^{x/y}$는 $y \neq 0$인 평면의 모든 점 (x, y)에서 연속이다. ■

◐ 연속인 다변수함수의 극한 구하기

함수의 극한을 구할 때 연속함수를 사용한다.
이변수함수 f가 점 (a, b)에서 연속이면 다음이 성립하므로

$$\lim_{(x, y) \to (a, b)} f(x, y) = f(a, b).$$

점 (a, b)에서 함수 f의 극한 $\lim_{(x, y) \to (a, b)} f(x, y)$은 점 (a, b)에서 함숫값 $f(a, b)$이다.
예를 들어서 극한 $\lim_{(x, y) \to (2, -1)} (2x^2 - xy + y)$을 구해보자.
이변수 다항함수 $f(x) = 2x^2 - xy + y$는 평면에서 연속이므로 다음과 같이 구하자.

$$\lim_{(x, y) \to (2, -1)} (2x^2 - xy + y) = 2(2)^2 - (2)(-1) + (-1) = 9$$

[예제 11.12] 다음 극한을 구하여라. [연습문제 19~36]

(1) $\lim_{(x, y) \to (2, 3)} (2xy - y^3)$ (2) $\lim_{(x, y) \to (-1, 2)} \dfrac{xy}{x^2 + y^2}$

(3) $\lim_{(x, y) \to (1, 0)} \sin(x^2 y^4)$ (4) $\lim_{(x, y) \to (e, 1)} \ln \dfrac{y}{x}$

[풀이]

(1) 다항함수 $f(x,y)=2xy-y^3$는 평면에서 연속이므로

$$\lim_{(x,y)\to(2,3)}(2xy-y^3)=12-27=-15.$$

(2) 이변수함수 $f(x,y)=\dfrac{xy}{x^2+y^2}$가 점 $(-1,2)$에서 연속이므로

$$\lim_{(x,y)\to(-1,2)}\frac{xy}{x^2+y^2}=\frac{-2}{(-1)^2+2^2}=-\frac{2}{5}.$$

(3) 이변수함수 $f(x,y)=\sin(x^2y^4)$가 점 $(1,0)$에서 연속이므로

$$\lim_{(x,y)\to(1,0)}\sin(x^2y^4)=\sin 0=0.$$

(4) 이변수함수 $f(x,y)=\ln\dfrac{y}{x}$가 점 $(e,1)$에서 연속이므로

$$\lim_{(x,y)\to(e,1)}\ln\frac{y}{x}=\ln\frac{1}{e}=-\ln e=-1.$$ ■

[예제 11.13] 다음 극한을 구하여라. [연습문제 19~36]

(1) $\displaystyle\lim_{(x,y,z)\to(1,0,3)}\frac{1}{1-x^2-y^2-z^2}$ (2) $\displaystyle\lim_{(x,y,z)\to(1,2,-1)}\sqrt{y+z}\cos(\pi x)$

[풀이] (1) 삼변수 유리함수에서 분모의 식 $p(x,y,z)=1-x^2-y^2-z^2$에서 $p(1,0,3)=-9\neq 0$이므로

$$\lim_{(x,y,z)\to(1,0,3)}\frac{1}{1-x^2-y^2-z^2}=\frac{1}{1-1^2-0-3^2}=-\frac{1}{9}.$$

(2) 삼변수함수 $f(x,y,z)=\sqrt{y+z}\cos(\pi x)$는 점 $(1,2,-1)$에서 연속이므로

$$\lim_{(x,y,z)\to(1,2,-1)}\sqrt{y+z}\cos(\pi x)=\sqrt{2-1}\cos\pi=-1.$$ ■

연습문제

• Part 1

[1-9] 다음 극한값의 존재여부를 판단하여라. [예제 11.7~11.9]

1. $\displaystyle\lim_{(x,y)\to(0,0)}\frac{x-y}{x+y}$

2. $\displaystyle\lim_{(x,y)\to(0,0)}\frac{\sin x-y}{x+y}$

3. $\displaystyle\lim_{(x,y)\to(0,0)}\frac{y^3}{x^2+y^2}$

4. $\displaystyle\lim_{(x,y)\to(0,0)}\frac{x}{x^2+y^2}$

5. $\displaystyle\lim_{(x,y)\to(0,0)}\frac{\sin(xy)}{xy}$

6. $\displaystyle\lim_{(x,y)\to(0,0)}\frac{\sin(xy)}{x+y}$

7. $\displaystyle\lim_{(x,y)\to(0,0)}\frac{x^3-y^3}{x+y}$

8. $\displaystyle\lim_{(x,y)\to(0,0)}\frac{xy^3}{x^2+y^2}$

9. $\displaystyle\lim_{(x,y)\to(0,0)}\frac{x^2y^2}{x^2+y^2}$

[10-12] 다음 이변수함수 f가 $(0,0)$에서 불연속임을 보여라. [예제 11.10]

10. $f(x,y)=\begin{cases}\dfrac{2xy}{x^2+y^2}, & (x,y)\neq(0,0)\\ 0, & (x,y)=(0,0)\end{cases}$

11. $f(x,y)=\begin{cases}\dfrac{2x^2-y^2}{x^2+y^2}, & (x,y)\neq(0,0)\\ 0, & (x,y)=(0,0)\end{cases}$

12. $f(x, y) = \begin{cases} \dfrac{xy^3}{x^2+y^2}, & (x, y) \neq (0, 0) \\ 1, & (x, y) = (0, 0) \end{cases}$

[13-18] 다음 다변수함수가 연속인 영역을 구하여라. [예제 11.11]

13. $f(x, y) = \dfrac{e^{x+y}}{x+y}$

14. $f(x, y) = \dfrac{\sin(xy)}{1+x^2+y^2}$

15. $f(x, y) = \ln(y-x^2)$

16. $f(x, y, z) = x^2+y^2-z+3$

17. $f(x, y, z) = \dfrac{x^3+\cos(yz)}{\ln(x^2+y^2+z^2)}$

18. $f(x, y, z) = \sqrt{x}+2\sqrt{y}-\sqrt{z}$

[19-36] 다음 극한을 구하여라. [예제 11.12~11.13]

19. $\lim\limits_{(x, y)\to(1, 2)} (x^2+y^2)$

20. $\lim\limits_{(x, y)\to(0, 2)} \left(\dfrac{x+y}{x^2+y^2}\right)$

21. $\lim\limits_{(x, y)\to\left(3, \frac{\pi}{2}\right)} \sin(xy)$

22. $\lim\limits_{(x, y)\to(2, -1)} e^{xy+3}$

23. $\lim\limits_{(x, y)\to(1, 1)} \ln\dfrac{2xy}{x^3+y^4}$

24. $\lim\limits_{(x, y)\to(0, -1)} (3x^{10}-9y^9)$

25. $\lim\limits_{(x, y)\to(-2, 1)} \left(\dfrac{-2x+y}{x^2-y^4}\right)$

26. $\lim\limits_{(x, y)\to(2, 1)} \left(\csc\dfrac{\pi}{xy}+\cos(\pi xy)\right)$

27. $\lim\limits_{(x, y)\to(0, 1)} \ln(5xy+y^3)$

28. $\lim\limits_{(x, y)\to(2, -2)} \dfrac{\tan(x+y)}{e^{x+y}}$

29. $\lim\limits_{(x, y)\to(-1, 1)} (x^2+y^3)^{xy}$

30. $\lim\limits_{(x, y)\to(2, 3)} \left(-\sqrt{3}\tan\dfrac{x}{y}\pi\right)$

31. $\lim\limits_{(x, y, z)\to(1, 1, 1)} \dfrac{x+2y+3z}{x^2+y^2+z^2}$

32. $\lim\limits_{(x, y, z)\to(1, 0, -1)} \sqrt{x^2+y^2+z^2}\sin\dfrac{\pi}{2x}$

33. $\lim\limits_{(x, y, z)\to(1, 1, 9)} e^{3x-y\sqrt{z}}$

34. $\lim\limits_{(x, y, z)\to(-1, 2, -2)} \left\{1+\ln\left(\dfrac{y}{xz}\right)\right\}$

35. $\lim\limits_{(x, y, z)\to\left(\frac{1}{2}, \pi, 1\right)} \dfrac{\sin(xyz)}{x^2+z^2}$

36. $\lim\limits_{(x, y, z)\to(1, 2, 1)} \dfrac{\sqrt[3]{2x+y^2+z^3+1}}{x^2+z^2}$

• Part 2

[37-39] 다음 극한값의 존재 여부를 판단하여라.

37. $\lim\limits_{(x, y)\to\left(\frac{\pi}{2}, 0\right)} \dfrac{y^2\cos x}{\left(x-\frac{\pi}{2}\right)^2+y^2}$

38. $\lim\limits_{(x, y)\to(0, 0)} \dfrac{x^2y^2}{x^2+y^2}$

39. $\lim\limits_{(x, y)\to(0, 0)} \dfrac{1-e^{x^2+y^2}}{x^2+y^2}$

[40-41] 다음 다변수함수들이 연속인 영역을 구하여라.

40. $f(x, y) = \dfrac{\sqrt{y}}{\cos x}$

41. $f(x, y, z) = \dfrac{x^3-y^3+\ln(2-\cos z)}{e^{xyz}}$

[42-45] 다음 극한을 구하여라.

42. $\lim\limits_{(x, y)\to(0, 0)} \left\{e^{\tan(x+y)}+\ln\dfrac{\sin(xy)}{xy}\right\}$

43. $\lim\limits_{(x, y)\to(1, 1)} \dfrac{\sqrt[4]{3(x-3)^2+2(y+1)^2}}{\cos(x^3-y)}$

44. $\lim\limits_{(x, y)\to(0, 0)} \dfrac{\sin x+\sin y}{x+y}$

45. $\lim\limits_{(x, y, z)\to(1, 1, 2)} \tan^{-1}(2x^2+3y^2-z^2)$

11.3 편도함수와 미분가능성

* 실함수 f에 대해 함수방정식 형태인 $y=f(x)$를 함수 $y=f(x)$라고 쓰기도 한다. 이변수함수 f에 대해 함수방정식 형태인 $z=f(x,y)$를 이변수함수 $z=f(x,y)$라고 쓰기도 한다.

실함수에 대한 미분의 개념을 확장하여 다변수함수의 미분에 대하여 알아보자. 실함수 $y=f(x)$*의 미분은 변수 x의 변화에 대한 y의 변화율의 극한이다. 이 변화율은 함수 $y=f(x)$ 그래프의 접선의 기울기이다.

다변수함수에 대하여 비슷한 개념을 적용해 보자.

예를 들어서 온도와 압력에 따라서 물질의 변화를 살펴보는 실험에 대하여 물질의 변화를 온도(T)와 압력(P)의 이변수함수 $f(T,P)$라고 놓을 수 있다.

실험자는 다음과 같이 실험을 시행할 수 있다.

① 압력을 P_0로 고정하고 온도만을 변화시켜 함수 $f(T,P_0)$의 변화를 살펴본다.

② 온도를 T_0로 고정하고 압력만을 변화시켜 함수 $f(T_0,P)$의 변화를 살펴본다.

이 두 가지 경우는 이변수함수 $f(T,P)$를 일변수함수로 볼 수 있다.

①의 경우 온도 T에 관한 일변수함수 $g(T)=f(T,P_0)$로 볼 수 있다.

②의 경우 압력 P에 관한 일변수함수 $h(P)=f(T_0,P)$로 볼 수 있다.

이미 공부한 일변수함수인 실함수의 변화율의 개념을 사용하여 다변수함수의 변화율을 구해보자. 다변수함수 f의 정의역의 여러 변수에서 한 변수를 제외한 다른 변수를 고정하고 고정하지 않은 한 변수에 대한 함수 f의 변화율을 구할 수 있다. 이 변화율을 구하는 것을 함수 f의 **편미분**(partial derivative)이라고 한다.

11.3.1 이변수함수의 편도함수

이변수함수 $f(x,y)$와 정의역의 점 (a,b)를 잡자. 점 (a,b)의 근처에서 이변수함수 $f(x,y)$의 정의역의 두 변수 x,y에서 한 변수를 제외한 다른 변수를 고정하고 고정하지 않은 한 변수에 대한 함수 f의 변화율을 알아보자.

① 변수 $y=b$를 고정하고 x만의 일변수함수 $f(x,b)$의 변화율을 구한다.

② 변수 $x=a$를 고정하고 y만의 일변수함수 $f(a,y)$의 변화율을 구한다.

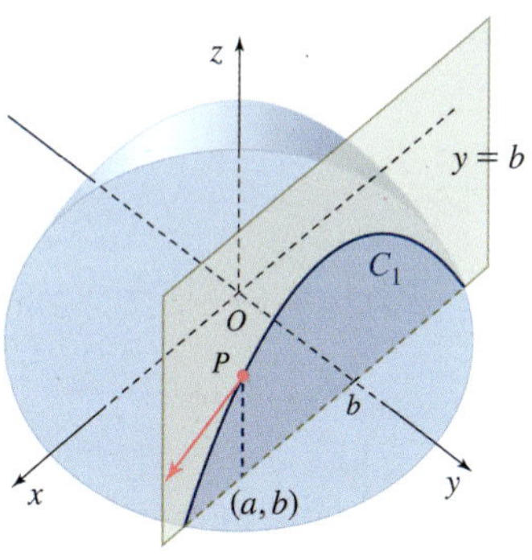

[그림 11.23](a)

이변수함수 f의 그래프인 곡면 $z=f(x,y)$ 위의 점 $(a,b,f(a,b))$에서 출발해서 다음과 같이 2가지 방법으로 곡면 $z=f(x,y)$ 위를 움직이는 경우 점 (a,b)에서 함수 f의 변화율을 구해보자.

(1) $y=b$를 고정한 상태에서 x를 변화시켜 보자. ([그림 11.23](a) 참고)
이변수함수 f의 그래프와 평면 $y=b$가 만나는 곡선 C_1을 [그림 11.23](a)에서 볼 수 있다. 곡선 C_1 위에서 함수 f의 움직임은 다음과 같이 x만의 일변수함수인 실함수 g로 나타낼 수 있다.

$$g(x) = f(x, b)$$

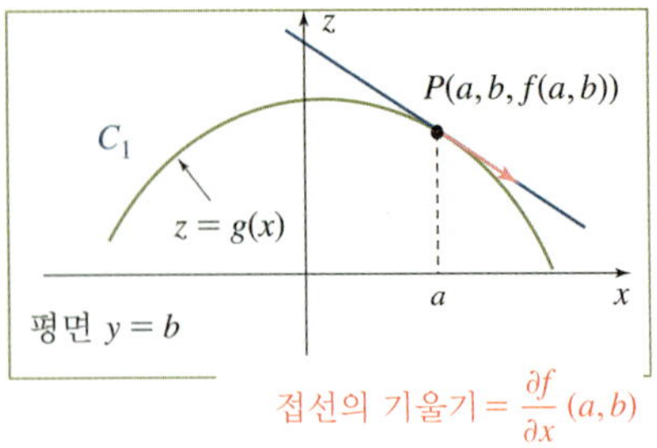

[그림 11.23](b)

실수 a에서 함수 g가 미분가능하면 도함수 $g'(a)$가 존재하고 다음과 같다.

$$g'(a) = \lim_{h \to 0} \frac{g(a+h) - g(a)}{h} = \lim_{h \to 0} \frac{f(a+h, b) - f(a, b)}{h}$$

도함수 $g'(a)$가 존재하면 점 (a, b)에서 이변수함수 f의 x에 관한 **편도함수**가 존재한다고 하고 기호로 다음과 같이 쓴다.

$$\frac{\partial f}{\partial x}(a, b) = f_x(a, b) = \lim_{h \to 0} \frac{f(a+h, b) - f(a, b)}{h}$$

[그림 11.23](b)에서 보면 $\frac{\partial f}{\partial x}(a, b) = f_x(a, b)$은 곡선 C_1 위의 점 $P(a, b, f(a, b))$에서 곡선 C_1에 접하는 접선의 기울기이다.

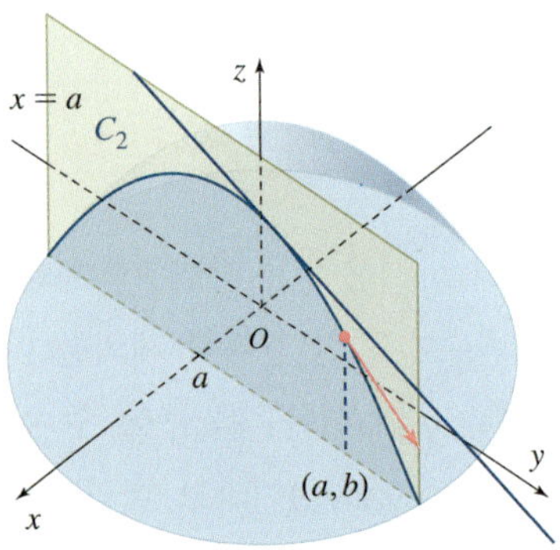

[그림 11.24](a)

(2) $x = a$를 고정한 상태에서 y를 변화시켜 보자.
이변수함수 f의 그래프와 평면 $x = a$가 만나는 곡선 C_2을 [그림 11.24](a)에서 볼 수 있다. 곡선 C_2 위에서 함수 f의 움직임은 다음과 같이 y만의 일변수함수 k로 나타낼 수 있다.

$$k(y) = f(a, y)$$

실수 b에서 함수 k가 미분가능하면 도함수 $k'(b)$가 존재하고 다음과 같다.

$$k'(b) = \lim_{h \to 0} \frac{k(b+h) - k(b)}{h} = \lim_{h \to 0} \frac{f(a, b+h) - f(a, b)}{h}$$

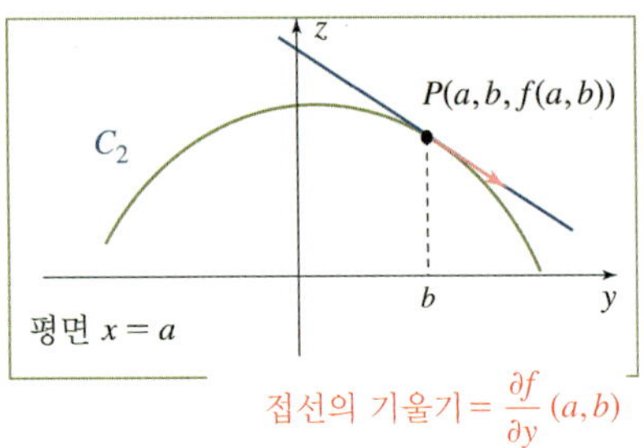

[그림 11.24](b)

도함수 $k'(b)$가 존재하면 점 (a, b)에서 이변수함수 f의 y에 관한 **편도함수**가 존재한다고 하고 기호로 다음과 같이 쓴다.

$$\frac{\partial f}{\partial y}(a, b) = f_y(a, b) = \lim_{h \to 0} \frac{f(a, b+h) - f(a, b)}{h}$$

[그림 11.24](b)에서 $\frac{\partial f}{\partial y}(a, b) = f_y(a, b)$은 곡선 C_2 위의 점 $P(a, b, f(a, b))$에서 곡선 C_2에 접하는 접선의 기울기이다.

이변수함수 $f(x, y)$는 정의역이 있는 좌표평면의 2개 축인 x축과 y축에 관한 편도함수가 존재한다. 즉, x축에 관한 편도함수 $\frac{\partial f}{\partial x}$과 y축에 관한 편도함수 $\frac{\partial f}{\partial x}$가 존재한다.

[예제 11.14] 이변수함수 $f(x, y) = x^2 y$에 대하여 $f_x(1, 2)$와 $f_y(1, 2)$를 구하여라.
[연습문제 1~6]

[풀이] 우선 $f_x(1,2)$를 구해보자. 실함수 $g(x)=f(x,2)$를 잡자. 그러면 $g(x)=f(x,2)=2x^2$이고 $x=1$에서 도함수 $g'(1)$을 구해보자.

$$f_x(1,2)=g'(1)=\left.\frac{dg}{dx}\right|_{x=1}=\left.\frac{d(2x^2)}{dx}\right|_{x=1}=4x\Big|_{x=1}=4$$

그러므로 $f_x(1,2)=4$이다.

$f_y(1,2)$를 구해보자. 실함수 $k(y)=f(1,y)$를 잡자. 그러면 $k(y)=f(1,y)=y$이고 $y=2$에서 도함수 $k'(2)$을 구해보자.

$$f_y(1,2)=k'(2)=\left.\frac{dk}{dy}\right|_{y=2}=\left.\frac{dy}{dy}\right|_{y=2}=1$$

그러므로 $f_y(1,2)=1$이다. ■

실함수의 도함수를 실함수로서 정의하는 것과 비슷하게 이변수함수의 편도함수를 이변수함수로서 다음과 같이 정의를 한다.

* 이변수함수의 편도함수 $f_x(x,y)$, $f_y(x,y)$도 이변수함수이다.

[정의 11.11: 이변수함수의 편도함수*] 이변수함수 $f(x,y)$에 대하여

(1) 영역 D의 각 점 (x,y)에서 극한 $\lim_{h\to 0}\frac{f(x+h,y)-f(x,y)}{h}$이 존재하면 영역 D에서 함수 f의 x에 관한 **편도함수**(the partial derivative of f with respect to x)는 다음과 같이 정의한다.

$$\frac{\partial f}{\partial x}(x,y)=f_x(x,y)=\lim_{h\to 0}\frac{f(x+h,y)-f(x,y)}{h}$$

(2) 영역 D의 각 점 (x,y)에서 극한 $\lim_{h\to 0}\frac{f(x,y+h)-f(x,y)}{h}$이 존재하면 영역 D에서 함수 f의 y에 관한 **편도함수**(the partial derivative of f with respect to y)는 다음과 같이 정의한다.

$$\frac{\partial f}{\partial y}(x,y)=f_y(x,y)=\lim_{h\to 0}\frac{f(x,y+h)-f(x,y)}{h}$$

이변수함수의 편도함수는 정의역의 변수가 2개이므로 두 종류의 편도함수가 있다. 편도함수의 기호를 다음과 같이 정리할 수 있다.

평면좌표 (x,y)에서 x는 첫 번째 변수이므로, $\frac{\partial f}{\partial x}=D_1f$는 첫 번째 변수에 대한 편미분을 의미한다.

(1) 이변수함수 $z=f(x,y)$의 x에 관한 **편도함수**의 기호는 다음과 같다.

$$\frac{\partial f}{\partial x}(x,y)=\frac{\partial z}{\partial x}(x,y)=f_x(x,y)=D_1f(x,y)$$

점 (a,b)에서 함수 $z=f(x,y)$의 x에 관한 편도함수의 기호는 다음과 같다.

$$\frac{\partial f}{\partial x}(a,b)=\frac{\partial f}{\partial x}\bigg|_{(a,b)}=\frac{\partial z}{\partial x}\bigg|_{(a,b)}=f_x(a,b)=D_1 f(a,b)$$

평면좌표 (x,y)에서 y는 두 번째 변수이므로, $\frac{\partial f}{\partial y}=D_2 f$는 두 번째 변수에 대한 편미분을 의미한다.

(2) 이변수함수 $z=f(x,y)$의 y에 관한 편도함수의 기호는 다음과 같다.

$$\frac{\partial f}{\partial y}(x,y)=\frac{\partial z}{\partial y}(x,y)=f_y(x,y)=D_2 f(x,y)$$

점 (a,b)에서 함수 $z=f(x,y)$의 y에 관한 편도함수의 기호는 다음과 같다.

$$\frac{\partial f}{\partial y}(a,b)=\frac{\partial f}{\partial y}\bigg|_{(a,b)}=\frac{\partial z}{\partial y}\bigg|_{(a,b)}=f_y(a,b)=D_2 f(a,b)$$

[주의: 편미분에 관한 기호의 주의 사항]

미분에 관한 기호 $\frac{dg}{dx}$와 $\frac{\partial f}{\partial x}$의 차이점은 주의해서 사용해야 한다.

- $\frac{dg}{dx}$: 함수 g는 일변수함수로 정의역 변수가 x뿐이다.
- $\frac{\partial f}{\partial x}$: 함수 f는 다변수함수로 정의역 변수가 x 이외에 다른 변수가 있다.

이변수함수 $z=f(x,y)$에 대해

x에 관한 편도함수인 이변수함수 $\frac{\partial f}{\partial x}(x,y)=f_x(x,y)$를 구해보자.

- 변수 x를 제외한 변수 y를 고정하기 때문에 변수 y를 상수로 생각하고
- x만의 일변수함수로 보고 x에 관한 미분이 x에 관한 편도함수 $f_x(x,y)$이다.

y에 관한 편도함수인 이변수함수 $\frac{\partial f}{\partial y}(x,y)=f_y(x,y)$를 구해보자.

- 변수 y를 제외한 변수 x를 고정하기 때문에 변수 x를 상수로 생각하고
- y만의 일변수함수로 보고 y에 관한 미분이 y에 관한 편도함수 $f_y(x,y)$이다.

이변수함수의 편도함수를 구하는 방법을 정리해 보자.

[이변수함수의 편도함수를 구하는 방법]

(1) x에 관한 편도함수 $f_x(x,y)$를 구해보자.

- 변수 x만의 함수로 보고 x 이외의 다른 변수들은 상수로 생각한다.
- 일변수함수인 x의 함수로 보고 x에 관하여 미분을 한다.

(2) y에 관한 편도함수 $f_y(x,y)$를 구해보자.

- 변수 y만의 함수로 보고 y 이외의 다른 변수들은 상수로 생각한다.
- 일변수함수인 y의 함수로 보고 y에 관하여 미분을 한다.

[예제 11.15] 이변수함수 $f(x,y)=3x^2y^3+2x-y$에 대하여 $f_x(x,y)$와 $f_y(x,y)$를 구하여라. [연습문제 7~15]

[풀이]

(1) 편도함수 $f_x(x,y)$를 구해보자.

함수 $f(x,y)$를 x 이외의 다른 변수는 상수로 생각하고 x만의 함수로 생각하자.
y에 상수 b로 고정하면 함수 $f(x,b)=3x^2b^3+2x-b$는 x의 함수이므로

$$f_x(x,b)=\frac{\partial}{\partial x}[3x^2b^3+2x-b]=6xb^3+2.$$

일반 y를 고정하여 상수로 여기면 $f(x,y)=3x^2y^3+2x-y$도 x만의 함수이므로

$$f_x(x,y)=\frac{\partial}{\partial x}[3x^2y^3+2x-y]=6xy^3+2.$$

그러므로 $f_x(x,y)=6xy^3+2$이다.

(2) 편도함수 $f_x(x,y)$를 구해보자.

함수 $f(x,y)$를 y 이외의 다른 변수는 상수로 생각하고 y만의 함수로 생각한다.
x에 상수 a로 고정하면 함수 $f(a,y)=3a^2y^3+2a-y$는 y의 함수이므로

$$f_y(a,y)=\frac{\partial}{\partial y}[3a^2y^3+2a-y]=9a^2y^2-1.$$

일반 y를 고정하여 상수로 여기면 $f(x,y)=3x^2y^3+2x-y$는 y만의 함수이므로

$$f_y(x,y)=\frac{\partial}{\partial y}[3x^2y^3+2x-y]=9x^2y^2-1.$$

그러므로 $f_x(x,y)=9x^2y^2-1$이다. ■

◐ 편도함수의 성질

실함수의 미분에 적용되는 미분의 성질이 편미분에서도 성립한다.

* [정리 11.7]은 이변수함수의 편도함수의 성질이지만 [11.3.2 삼변수함수의 편도함수]에도 적용이 되는 성질이다.

[정리 11.7: 편도함수의 성질]*

정의역 D 위의 이변수함수 f와 g에 대해 편도함수 f_x, f_y와 g_x, g_y가 존재하면

(1) 두 함수의 합 $f+g$의 편도함수도 존재한다.

$$(f+g)_x=f_x+g_x \text{이고} \quad (f+g)_y=f_y+g_y$$

(2) 두 함수의 곱 fg의 편도함수도 존재한다.

$$(fg)_x=f_xg+fg_x \text{이고} \quad (fg)_y=f_yg+fg_y$$

(3) $g(x,y)\neq 0$인 경우 두 함수의 나눗셈 f/g도 편도함수가 존재한다.

$$\left(\frac{f}{g}\right)_x=\frac{f_xg-fg_x}{g^2} \text{이고} \quad \left(\frac{f}{g}\right)_y=\frac{f_yg-fg_y}{g^2}$$

[예제 11.16] 다음 이변수함수에 대하여 $f_x(1,2)$와 $f_y(1,2)$를 구하여라. [연습문제 1~6]

이변수함수 $f(x,y)$에서
- $f_x(1,2)$를 구하는 경우 우선 $f_x(x,y)$를 구하고 $f_x(1,2)$를 구한다.
- $f_y(1,2)$를 구하는 경우 우선 $f_y(x,y)$를 구하고 $f_y(1,2)$를 구한다.

(1) $f(x,y)=6xy+2x^2$　　　　(2) $f(x,y)=\dfrac{y}{x}$

[풀이]

(1) 우선 편도함수 $f_x(x,y)$를 구하고 점 $(x,y)=(1,2)$를 대입한다.

$f_x(x,y)=\dfrac{\partial}{\partial x}[6xy+2x^2]=6y+4x$이고 $f_x(1,2)=[6y+4x]_{(1,2)}=14$.

그러므로 $f_x(1,2)=14$이다.

$f_y(x,y)=\dfrac{\partial}{\partial y}[6xy+2x^2]=6x$이고 $f_y(1,2)=[6x]_{(1,2)}=6$.

그러므로 $f_y(1,2)=6$이다.

(2) $f_x(x,y)=\dfrac{\partial}{\partial x}\left[\dfrac{x}{y}\right]=\dfrac{1}{y}$이고 $f_x(1,2)=\left[\dfrac{1}{y}\right]_{(1,2)}=\dfrac{1}{2}$.

그러므로 $f_x(1,2)=\dfrac{1}{2}$이다.

$f_y(x,y)=\dfrac{\partial}{\partial y}\left[\dfrac{x}{y}\right]=\dfrac{0\cdot y-x\cdot 1}{y^2}=-\dfrac{x}{y^2}$이고 $f_y(1,2)=\left[-\dfrac{x}{y^2}\right]_{(1,2)}=-\dfrac{1}{4}$.

그러므로 $f_y(1,2)=-\dfrac{1}{4}$이다. ■

[예제 11.17] 다음 이변수함수에 대하여 $f_x(x,y)$와 $f_y(x,y)$를 구하여라. [연습문제 7~15]

(1) $f(x,y)=x\cos y+y\sin x$　　　　(2) $f(x,y)=x^2e^{xy}$

[풀이] (1) $f_x(x,y)=\dfrac{\partial}{\partial x}[x\cos y+y\sin x]=\cos y+y\cos x$

$f_y(x,y)=\dfrac{\partial}{\partial y}[x\cos y+y\sin x]=-x\sin y+\sin x$

(2) $f_x(x,y)=\dfrac{\partial}{\partial x}[x^2e^{xy}]=2xe^{xy}+x^2ye^{xy}=(2x+x^2y)e^{xy}$

$f_y(x,y)=\dfrac{\partial}{\partial y}[x^2e^{xy}]=x^2xe^{xy}=x^3e^{xy}$ ■

[예제 11.18]에서와 같이 함수가 분리되어서 정의된 경우 분리된 점에서의 편미분은 정의에 의해 구해야 한다.
즉, 점 $(0,0)$에서의 편미분 $f_x(0,0)$은 극한 $\lim\limits_{t\to 0}\dfrac{f(t,0)-f(0,0)}{t}$으로 구한다.

[예제 11.18] 다음 이변수함수에 대하여 $f_x(x,y)$를 구하여라. [연습문제 16~17]

$$f(x,y)=\begin{cases}\dfrac{xy}{x^2+y^2}, & (x,y)\neq(0,0)\\ 0, & (x,y)=(0,0)\end{cases}$$

[풀이] 주어진 함수 $f(x,y)$의 편미분을 할 때 다음 두 가지 경우로 나누어서 구한다.

$(x,y)\neq(0,0)$과 $(x,y)=(0,0)$

① $(x,y)=(0,0)$인 경우 점 $(0,0)$의 주변에서 한 개의 식으로 정의되지 않았으므로 편미분의 정의에 의해서 다음과 같이 $(0,0)$에서 편도함수 $f_x(0,0)$을 구해야 한다.

$$\begin{aligned} f_x(0,0) &= \lim_{h\to 0}\frac{f(0+h,0)-f(0,0)}{h} && f_x(0,0)\text{의 정의} \\ &= \lim_{h\to 0}\frac{0-0}{h} && f(h,0)=\frac{0}{0^2+h^2}=0\text{이고 } f(0,0)=0 \\ &= \lim_{h\to 0}0=0 \end{aligned}$$

그러므로 $f_x(0,0)=0$이다.

② $(x,y)\neq(0,0)$인 경우 (x,y)의 주변에서 유리식으로 정의되었기 때문에 [정리 11.7: 편도함수의 성질] (3)에 의해서 $f_x(x,y)$을 구해보자.

$$\begin{aligned} f_x(x,y) &= \frac{\partial}{\partial x}\left(\frac{xy}{x^2+y^2}\right)=\frac{y(x^2+y^2)-xy(2x)}{(x^2+y^2)^2} && \left(\frac{p}{q}\right)_x=\frac{p_xq-pq_x}{q^2}\text{의 정의} \\ &= \frac{-x^2y+y^3}{(x^2+y^2)^2} \end{aligned}$$

①과 ②에 의해 x에 관한 편도함수 f_x는 다음과 같다.

$$f_x(x,y)=\begin{cases}\dfrac{-x^2y+y^3}{(x^2+y^2)^2}, & (x,y)\neq(0,0)\\ 0, & (x,y)=(0,0)\end{cases}$$ ■

11.3.2 삼변수함수의 편도함수

삼변수함수 $f(x,y,z)$의 정의역이 있는 좌표공간의 세 변수 x,y,z에서 한 변수를 제외하고 다른 두 변수를 고정하는 경우 고정되지 않은 한 변수에 대한 일변수함수 f로써 변화율을 구해보자.

- 변수 $y=b, z=c$를 고정하고 x만의 일변수함수 $f(x,b,c)$의 변화율을 구한다.
- 변수 $x=a, z=c$를 고정하고 y만의 일변수함수 $f(a,y,c)$의 변화율을 구한다.
- 변수 $x=a, y=b$를 고정하고 z만의 일변수함수 $f(a,b,z)$의 변화율을 구한다.

그러므로 삼변수함수의 세 종류의 편도함수를 정의할 수 있다.

[정의 11.12: 삼변수함수의 편도함수] 삼변수함수 $f(x,y,z)$에 대하여

(1) 영역 E의 각 점 (x,y,z)에서 극한 $\lim_{h\to 0}\frac{f(x+h,y,z)-f(x,y,z)}{h}$이 존재하면 함수 f의 x에 관한 편도함수(the partial derivative of f with respect to x)는 다음과 같이 영역 E의 삼변수함수로 정의한다.

$$\frac{\partial f}{\partial x}(x,y,z)=f_x(x,y,z)=\lim_{h\to 0}\frac{f(x+h,y,z)-f(x,y,z)}{h}$$

(2) 영역 E의 각 점 (x,y,z)에서 극한 $\lim_{h\to 0}\frac{f(x,y+h,z)-f(x,y,z)}{h}$이 존재하면 함수 f의 y에 관한 **편도함수**(the partial derivative of f with respect to y)는 다음과 같이 영역 E의 삼변수함수로 정의한다.

$$\frac{\partial f}{\partial y}(x,y,z)=f_y(x,y,z)=\lim_{h\to 0}\frac{f(x,y+h,z)-f(x,y,z)}{h}$$

(3) 영역 E의 각 점 (x,y,z)에서 극한 $\lim_{h\to 0}\frac{f(x,y,z+h)-f(x,y,z)}{h}$이 존재하면 함수 f의 z에 관한 **편도함수**(the partial derivative of f with respect to z)는 다음과 같이 영역 E의 삼변수함수로 정의한다.

$$\frac{\partial f}{\partial z}(x,y,z)=f_z(x,y,z)=\lim_{h\to 0}\frac{f(x,y,z+h)-f(x,y,z)}{h}$$

다변수함수의 편도함수는 정의역의 차원만큼의 편도함수의 종류가 존재한다. 또는 정의역의 좌표계의 좌표축의 종류에 따른 편도함수의 종류가 존재한다.
이변수함수의 정의역은 2차원이므로 두 종류의 편도함수가 있다. 평면 직교좌표계에서는 f_x, f_y가 있다.
삼변수함수의 정의역은 3차원이므로 세 종류의 편도함수가 있다. 공간 직교좌표계에서는 f_x, f_y, f_z가 있다.

삼변수함수의 편도함수의 기호를 다음과 같이 정리할 수 있다.

(1) 함수 $w=f(x,y,z)$의 x에 관한 **편도함수**의 기호는 다음과 같다.

$$\text{삼변수함수 } \frac{\partial f}{\partial x}(x,y,z)=\frac{\partial w}{\partial x}(x,y,z)=f_x(x,y,z)=D_1 f(x,y,z)=D_x f(x,y,z)$$

점 (a,b,c)에서 함수 $w=f(x,y,z)$의 x에 관한 편도함수는 다음과 같이 쓴다.

$$\frac{\partial f}{\partial x}(a,b,c)=\left.\frac{\partial f}{\partial x}\right|_{(a,b,c)}=\left.\frac{\partial w}{\partial x}\right|_{(a,b,c)}$$
$$=f_x(a,b,c)=D_1 f(a,b,c)=D_x f(a,b,c)$$

(2) 함수 $w=f(x,y,z)$의 y에 관한 **편도함수**의 기호는 다음과 같다.

$$\text{삼변수함수 } \frac{\partial f}{\partial y}(x,y,z)=\frac{\partial w}{\partial y}(x,y,z)=f_y(x,y,z)=D_2 f(x,y,z)=D_y f(x,y,z)$$

삼변수함수 $f(x,y,z)$에서

- $f_x(a,b,c)$를 구하는 경우 우선 $f_x(x,y,z)$를 구하고 점 (a,b,c)를 대입하고 $f_x(a,b,c)$를 구한다.
- $f_y(a,b,c)$를 구하는 경우 우선 $f_y(x,y,z)$를 구하고 점 (a,b,c)를 대입하고 $f_y(a,b,c)$를 구한다.
- $f_z(a,b,c)$를 구하는 경우 우선 $f_z(x,y,z)$를 구하고 점 (a,b,c)를 대입하고 $f_z(a,b,c)$를 구한다.

점 (a,b,c)에서 함수 f의 y에 관한 편도함수는 다음과 같이 쓴다.

$$\frac{\partial f}{\partial y}(a,b,c)=\left.\frac{\partial f}{\partial y}\right|_{(a,b,c)}=\left.\frac{\partial w}{\partial y}\right|_{(a,b,c)}$$
$$=f_y(a,b,c)=D_2 f(a,b,c)=D_y f(a,b,c)$$

(3) 함수 $w=f(x,y,z)$의 z에 관한 **편도함수**의 기호는 다음과 같다.

$$\text{삼변수함수 } \frac{\partial f}{\partial z}(x,y,z)=\frac{\partial w}{\partial z}(x,y,z)=f_z(x,y,z)=D_3 f(x,y,z)=D_z f(x,y,z)$$

점 (a,b,c)에서 함수 f의 z에 관한 편도함수는 다음과 같이 쓴다.

$$\frac{\partial f}{\partial z}(a,b,c)=\frac{\partial f}{\partial z}\bigg|_{(a,b,c)}=\frac{\partial w}{\partial z}\bigg|_{(a,b,c)}$$
$$=f_z(a,b,c)=D_3 f(a,b,c)=D_z f(a,b,c)$$

[예제 11.19] 삼변수함수 $f(x,y,z)=xy^2+yz^2+xz$에 대하여 $f_x(1,0,2)$, $f_y(1,0,2)$, $f_z(1,0,2)$를 구하여라. [연습문제 18~20]

[풀이] $f_x(x,y,z)=\frac{\partial}{\partial x}(xy^2+yz^2+xz)=y^2+z$이므로 $f_x(1,0,2)=2$이다.

$f_y(x,y,z)=\frac{\partial}{\partial y}(xy^2+yz^2+xz)=2xy+z^2$이므로 $f_y(1,0,2)=4$이다.

$f_z(x,y,z)=\frac{\partial}{\partial z}(xy^2+yz^2+xz)=2xz+x$이므로 $f_z(1,0,2)=5$이다. ■

[예제 11.20] 다음 삼변수함수의 편도함수 f_x, f_y, f_z를 구하여라. [연습문제 21~26]

(1) $f(x,y,z)=z\sin(x^2y+z)$ (2) $f(x,y,z)=\dfrac{x+y}{z}$

[풀이] (1) $f_x(x,y,z)=\frac{\partial}{\partial x}\left[z\sin(x^2y+z)\right]=2xyz\cos(x^2y+z)$

$f_y(x,y,z)=\frac{\partial}{\partial y}\left[z\sin(x^2y+z)\right]=x^2z\cos(x^2y+z)$

$f_z(x,y,z)=\frac{\partial}{\partial z}\left[z\sin(x^2y+z)\right]^*=\sin(x^2y+z)+z\cos(x^2y+z)$

* $f(x,y,z)=z\sin(x^2y+z)$는 2개의 z에 관한 함수의 곱이므로, 곱의 미분을 적용한다.

(2) $f_x(x,y,z)=\frac{\partial}{\partial x}\left[\frac{x+y}{z}\right]=\frac{\partial}{\partial x}\left[\frac{x}{z}+\frac{y}{z}\right]=\frac{1}{z}$

$f_y(x,y,z)=\frac{\partial}{\partial y}\left[\frac{x+y}{z}\right]=\frac{\partial}{\partial y}\left[\frac{x}{z}+\frac{y}{z}\right]=\frac{1}{z}$

$f_z(x,y,z)=\frac{\partial}{\partial z}\left[\frac{x+y}{z}\right]=-\frac{1}{z^2}(x+y)=-\frac{x+y}{z^2}$ ■

11.3.3 고계 편도함수

실함수의 고계 도함수와 비슷하게 다변수함수의 고계 편도함수를 정의해 보자. 이변수함수 $f(x,y)$의 편도함수 $f_x(x,y)$와 $f_y(x,y)$를 **1계 편도함수**라고 한다. 이때, 편도함수 $f_x(x,y)$와 $f_y(x,y)$는 이변수함수이다.

2개의 이변수함수 $f_x(x,y)$와 $f_y(x,y)$의 편도함수가 존재하면 **2계 편도함수**라고 한다. 이변수함수 $f(x,y)$의 2계 편도함수의 정의를 살펴보면 다음과 네 종류가 있다.

- 이변수함수 $f_x(x,y)$의 x에 관한 편도함수가 존재하면 다음과 같다.

$$\left[\frac{\partial}{\partial x}\left(\frac{\partial f}{\partial x}\right)\right](x,y) = \frac{\partial^2 f}{\partial x^2}(x,y) = f_{xx}(x,y) = \left[(f_x)_x\right](x,y)$$

- 이변수함수 $f_x(x,y)$의 y에 관한 편도함수가 존재하면 다음과 같다.

$$\left[\frac{\partial}{\partial y}\left(\frac{\partial f}{\partial x}\right)\right](x,y) = \frac{\partial^2 f}{\partial y \partial x}(x,y) = f_{xy}(x,y) = \left[(f_x)_y\right](x,y)$$

- 이변수함수 $f_y(x,y)$의 x에 관한 편도함수가 존재하면 다음과 같다.

$$\left[\frac{\partial}{\partial x}\left(\frac{\partial f}{\partial y}\right)\right](x,y) = \frac{\partial^2 f}{\partial x \partial y}(x,y) = f_{yx}(x,y) = \left[(f_y)_x\right](x,y)$$

- 이변수함수 $f_y(x,y)$의 y에 관한 편도함수가 존재하면 다음과 같다.

$$\left[\frac{\partial}{\partial y}\left(\frac{\partial f}{\partial y}\right)\right](x,y) = \frac{\partial^2 f}{\partial y^2}(x,y) = f_{yy}(x,y) = \left[(f_y)_y\right](x,y)$$

이변수함수의 2계 편도함수와 삼변수함수의 2계 편도함수는 다음과 같다.

[정의 11.13: 다변수함수의 2계 편도함수]

(1) 이변수함수 $f(x,y)$에 대하여 다음과 같은 네 종류의 2계 편도함수가 있다.

$$\frac{\partial^2 f}{\partial x^2}(x,y) = f_{xx}(x,y), \quad \frac{\partial^2 f}{\partial y \partial x}(x,y) = f_{xy}(x,y)$$

$$\frac{\partial^2 f}{\partial x \partial y}(x,y) = f_{yx}(x,y), \quad \frac{\partial^2 f}{\partial y^2}(x,y) = f_{yy}(x,y)$$

(2) 삼변수함수 $f(x,y,z)$에 대하여 다음과 같은 아홉 종류의 2계 편도함수가 있다.

$$\frac{\partial^2 f}{\partial x^2}(x,y,z) = f_{xx}(x,y,z), \quad \frac{\partial^2 f}{\partial y \partial x}(x,y,z) = f_{xy}(x,y,z),$$

$$\frac{\partial^2 f}{\partial z \partial x}(x,y,z) = f_{xz}(x,y,z), \quad \frac{\partial^2 f}{\partial x \partial y}(x,y,z) = f_{yx}(x,y,z),$$

$$\frac{\partial^2 f}{\partial y^2}(x,y,z) = f_{yy}(x,y,z), \quad \frac{\partial^2 f}{\partial z \partial y}(x,y,z) = f_{yz}(x,y,z)$$

$$\frac{\partial^2 f}{\partial x \partial z}(x,y,z) = f_{zx}(x,y,z), \quad \frac{\partial^2 f}{\partial y \partial z}(x,y,z) = f_{zy}(x,y,z),$$

$$\frac{\partial^2 f}{\partial z^2}(x,y,z) = f_{zz}(x,y,z)$$

일반적으로 이변수함수 f의 **고계 편도함수**를 다음과 같이 구할 수 있다.

$$f_{xxx},\ f_{xyx},\ f_{xyy},\ f_{yyyy},\ \cdots$$

3계 편도함수 $\dfrac{\partial^3 f}{\partial y \partial x \partial x} = f_{xxy}$에 대하여 다음과 같은 주의점을 알아보자.

(1) $\left[\dfrac{\partial}{\partial x}\left(\dfrac{\partial f}{\partial x}\right)\right](x, y) = \dfrac{\partial^2 f}{\partial x^2}(x, y)$이고 $\dfrac{\partial^3 f}{\partial y \partial x \partial x} = \left[\dfrac{\partial}{\partial y}\left(\dfrac{\partial^2 f}{\partial x^2}\right)\right]$이므로 오른쪽부터 차례로 x에 관하여, x에 관하여, y에 관하여 편미분을 시행한다.

(2) $f_{xx} = \left[(f_x)_x\right]$이고 $f_{xxy} = \left[(f_{xx})_y\right]$이므로 첨자의 왼쪽부터 차례로 x에 관하여, x에 관하여, y에 관하여 편미분을 시행한다.

[예제 11.21] 이변수함수 $f(x, y) = x^2 \sin y + xy$에 대하여 [연습문제 27~32]

(1) 2계 편도함수를 모두 구하여라.

(2) 고계 편도함수 f_{xyx}, f_{xyxy}를 구하여라.

[풀이] (1) 우선, 이변수함수 f의 1계 편도함수를 구하면 다음과 같다.

$$f_x(x, y) = 2x\sin y + y,\ f_y(x, y) = x^2\cos y + x$$

이변수함수 f의 2계 편도함수를 구해보자.

$$f_{xx}(x, y) = (f_x)_x(x, y) = (2x\sin y + y)_x = 2\sin y$$
$$f_{xy}(x, y) = (f_x)_y(x, y) = (2x\sin y + y)_y = 2x\cos y + 1$$
$$f_{yx}(x, y) = (f_y)_x(x, y) = (x^2\cos y + x)_x = 2x\cos y + 1$$
$$f_{yy}(x, y) = (f_y)_y(x, y) = (x^2\cos y + x)_y = -x^2\sin y$$

(2) $f_{xyx}(x, y) = (f_{xy})_x(x, y) = (2x\cos y + 1)_x = 2\cos y$

$f_{xyxy}(x, y) = (f_{xyx})_y(x, y) = (2\cos y)_y = -2\sin y$ ■

[예제 11.21]에서 주어진 이변수함수 $f(x, y)$에서 $f_{xy}(x, y) = f_{yx}(x, y)$임을 보았다. 다변수함수의 고계 편도함수에서 편미분의 순서에 관한 다음 정리는 유용하다.

> **[정리 11.8: 클레로의 정리(Clairaut's Theorem)]** 정의역 D 위의 이변수함수 f와 정의역 D에 있는 점 (a, b)에 대해 편도함수 f_x, f_y, f_{xy}, f_{yx}가 점 (a, b) 근처에서 존재하고 f_{xy}와 f_{yx}가 점 (a, b)에서 연속이면 다음이 성립한다.
>
> $$f_{xy}(a, b) = f_{yx}(a, b)$$

- 다음 익숙한 많은 함수들은 편미분의 순서에 상관없는 성질을 가지고 있다.
  : 다항함수, 유리함수(분모$\neq 0$), 미분가능한 실함수와 합성한 함수
- [정리 11.8: 클레로의 정리]는 3계 이상의 편도함수에서도 성립한다.
  즉, 각 편도함수들이 존재하고 연속이면 다음이 성립한다.

$$f_{xyy} = f_{yxy} = f_{yyx} \text{이고} \quad f_{xyyy} = f_{yxyy} = f_{yyxy} = f_{yyyx}$$

[예제 11.22] 삼변수함수 $f(x,y,z) = x^2y + xy^2z$의 2계 편도함수를 구하여라. [연습문제 27~32]

[풀이] 우선 1계 편도함수를 구하면

$$f_x(x,y,z) = 2xy + y^2z, \; f_y(x,y,z) = x^2 + 2xyz, \quad f_z(x,y,z) = xy^2.$$

다항함수는 편도함수를 존재하고 연속이므로 [정리 11.8: 클레로의 정리]에 의해서 여섯 종류의 2계 편도함수를 구하면 2계 편도함수를 모두 구한 것이다.

$$\begin{aligned} &f_{xy}(x,y,z) = f_{yx}(x,y,z) = 2x + 2yz, && f_{xz}(x,y,z) = f_{zx}(x,y,z) = y^2 \\ &f_{yz}(x,y,z) = f_{zy}(x,y,z) = 2xy, && f_{xx}(x,y,z) = 2y \\ &f_{yy}(x,y,z) = 2xz, && f_{zz}(x,y,z) = 0 \end{aligned}$$

■

11.3.4 다변수함수의 미분가능성

다변수함수의 미분가능성을 알아 보자.
우선 실함수의 미분가능성을 복습하자. 실함수 f가 $x = a$에서 미분가능하다는 개념을 기하학적 의미와 대수적 의미인 2가지 의미를 가지고 있다.

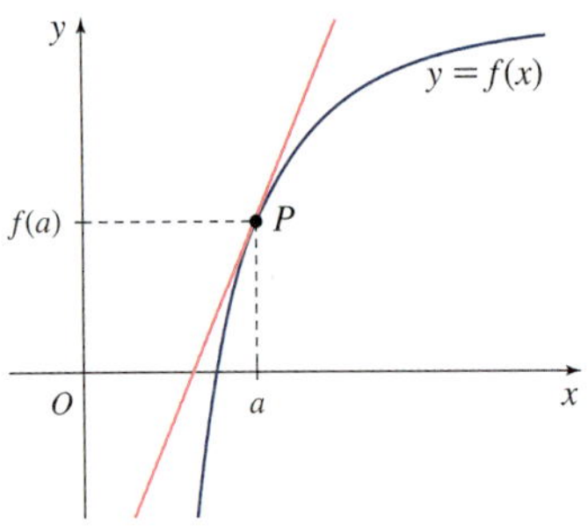

[그림 11.25]

우선 미분가능성에 대한 기하학적 의미는 **접선의 존재**이다.
실함수 f의 그래프 위의 점 $(a, f(a))$에서 접선이 존재하면 실함수 f가 a에서 미분가능하다. ([그림 11.25] 참고) 단, 수직접선이 존재하면 미분불가능이다.
다음 미분가능성에 대한 대수적인 의미는 **극한의 개념**이다.
실함수 f에 대해 다음을 만족하는 실수 l이 존재하면 f가 $x = a$에서 미분가능하다.

$$\lim_{x \to a} \frac{f(x) - f(a)}{x - a} = l \tag{$*$}$$

실수 $l = f'(a)$를 a에서 f의 도함수라고 한다. 또한 실수 $f'(a)$는 a에서 함수 f의 그래프의 접선의 기울기이다.

[11.5절 방향도함수와 그래디언트]에서 기하학적 의미인 접평면의 존재를 다룰 예정이다.

이변수함수 f의 점 (a, b)에서 미분가능성도 기하학적 의미와 대수적 의미인 두 가지 의미로 정리해 보자. 이번 절에서 미분가능성의 대수적 정의를 다룰 예정이다. 다변수함수의 미분가능성은 대수적 개념은 실함수의 미분가능성의 대수적 의미인 식 $(*)$과 일관성이 있는 확장된 개념이다.

이변수함수 f와 정의역 내의 점 (a,b)가 있다고 하자.

[**첫 번째 시도**] 이변수함수 f와 점(a,b)를 식 (*)에 적용하면 다음 식은

$$\lim_{(x,y)\to(a,b)} \frac{f(x,y)-f(a,b)}{(x,y)-(a,b)}$$

의미가 없는 식이다. 왜냐하면 분모식 $(x,y)-(a,b)$와 분자식의 실수 $f(x,y)-f(a,b)$는 나눗셈으로 표현할 수 없기 때문이다. 그러므로 식 (*)을 잘 변형하여 이변수함수 $f(x,y)$에 대한 의미 있는 적용이 가능하도록 해보자.

벡터 $\langle x,y\rangle-\langle a,b\rangle$의 크기 $\|\langle x,y\rangle-\langle a,b\rangle\|$는 실수이다. 분모를 실수 $\|\langle x,y\rangle-\langle a,b\rangle\|$로 만들면 분모는 분자인 실수 $f(x,y)-f(a,b)$와 나눗셈이 가능하다.

우선 실함수의 식 (*)와 동치인 절댓값을 사용한 식으로 변형해 보자.

극한에서 일반적으로 $\lim_{x\to p} f(x)=l$과 $\lim_{x\to p}|f(x)-l|=0$은 같은 의미이다.

$$\begin{aligned} 0 &= \lim_{x\to a}\left|\frac{f(x)-f(a)}{x-a}-f'(a)\right| \\ &= \lim_{x\to a}\left|\frac{f(x)-f(a)-f'(a)(x-a)}{x-a}\right| \\ &= \lim_{x\to a}\frac{|f(x)-f(a)-f'(a)l(x-a)|}{|x-a|} \end{aligned}$$

실함수 f가 $x=a$에서 미분가능하면 다음을 만족하는 실수 $f'(a)$가 있다.

식 (*)와 식 (**)는 동치이다.

$$\lim_{x\to a}\frac{|f(x)-f(a)-f'(a)(x-a)|}{|x-a|}=0 \qquad (**)$$

[**두 번째 시도**] 이변수함수 $f(x,y)$와 점 (a,b)에 대하여 식 (**)를 적용해 보자.

식 (**)에 해당하는 분모는 벡터의 크기 $\|\langle x,y\rangle-\langle a,b\rangle\|$인 실수이고

식 (**)에 해당하는 분자는 실수 $|f(x,y)-f(a,b)-Df(a,b)[\langle x-a,y-b\rangle]|$이다.

분자에서 $f(x,y)-f(a,b)-Df(a,b)[\langle x-a,\ y-b\rangle]$이 실수이어야 한다.

$$|\boxed{f(x,y)-f(a,b)}-Df(a,b)[\langle x-a,\ y-b\rangle]|$$

실수

$f(x,y)-f(a,b)$는 실수이므로 $\boxed{Df(a,b)[\langle x-a,\ y-b\rangle}$도 실수이어야 한다.

다음을 만족하는 평면벡터 $Df(a,b)=\langle l,m\rangle$이라고 놓으면 내적을 사용하여

$$Df(a,b)[\langle x-a,\ y-b\rangle]=\langle l,m\rangle\cdot\langle x-a,\ y-b\rangle$$

는 실수이다. 이때, $\cdot$은 평면벡터의 내적이다.

이변수함수의 미분가능성을 위한 [두 번째 시도]를 정리해 보자.

이변수함수 f와 정의역 내의 점 (a,b)에 대하여 다음 극한을 만족하는 평면벡터 $\langle l,m\rangle$이 존재하면 함수 $f(x,y)$는 점 (a,b)에서 **미분가능**하다.

$$\lim_{(x,y)\to(a,b)} \frac{|f(x,y)-f(a,b)-\langle l,m\rangle\cdot[\langle x-a,\ y-b\rangle]|}{\|\langle x-a,\ y-b\rangle\|}=0 \qquad (11.3)$$

[정의 11.14: 다변수함수의 미분가능성]

(1) 정의역 D 위의 이변수함수 $f(x,y)$와 D에 속하는 점 (a,b)에 대하여 다음을 만족하는 평면벡터 $\langle l,m\rangle$이 존재하면 함수 $f(x,y)$는 점 (a,b)에서 미분가능(differentiable)하다.

$$\lim_{(x,y)\to(a,b)} \frac{|f(x,y)-f(a,b)-\langle l,m\rangle\cdot[\langle x-a,\ y-b\rangle]|}{\|\langle x-a,\ y-b\rangle\|}=0$$

이 경우 평면벡터 $\langle l,m\rangle=Df(a,b)$라고 쓴다.

(2) 공간의 정의역 E 위의 삼변수함수 $f(x,y,z)$와 E에 속하는 점 (a,b,c)에 대하여 다음을 만족하는 공간벡터 $\langle l,m,n\rangle$가 존재하면 함수 $f(x,y,z)$는 점 (a,b,c)에서 미분가능(differentiable)하다

$$\lim_{(x,y,z)\to(a,b,c)} \frac{|f(x,y,z)-f(a,b,c)-\langle l,m,n\rangle\cdot[\langle x-a,\ y-b,\ z-c\rangle]|}{\|\langle x-a,\ y-b,\ z-c\rangle\|}=0$$

이 경우 공간벡터 $\langle l,m,n\rangle=Df(a,b,c)$라고 쓴다.

◐ 다변수함수의 미분가능성, 연속성 그리고 편미분

다변수함수의 미분가능성, 연속 그리고 편미분 사이의 관계를 알아보자. 실함수와 비슷하게 다음 정리와 같은 성질이 있다.

[정리 11.9: 다변수함수의 미분가능성과 연속성]

다변수함수 f가 점 P에서 미분가능하면 함수 f는 점 P에서 연속이다.

[정리 11.9: 다변수함수의 미분가능성과 연속성]의 증명은 미적분학에서 다루기에는 복잡한 과정이 있어서 생략한다. 이 정리는 실함수에서도 성립하는 성질이다.

다음은 다변수함수의 미분가능과 편미분의 존재성에 관한 정리이다.

[정리 11.10: 미분가능성과 편미분의 존재]

(1) 다변수함수 f가 점 P에서 미분가능하면 점 P에서 모든 1계 편도함수가 존재한다.

(2) 다변수함수 f의 모든 1계 편도함수가 점 P에서 존재하고 1계 편도함수가 점 P의 근방에서 연속이면 함수 f는 점 P에서 미분가능하다.

다변수함수 f의 점 P에서 모든 1계 편도함수가 존재해도 다변수함수 f의 점 P에서 미분가능이 아닐 수도 있다. 다음 [보기 11.2]에서 이변수함수 $f(x,y)$가 점 $(0,0)$에서 모든 1계 편도함수가 존재하지만 점 $(0,0)$에서 연속이 아니고 미분가능도 아닌 예를 보여주고 있다.

[보기 11.2] 다음 이변수함수 f는 점 $(0,0)$에 대하여 다음과 같다.

$$f(x,y) = \begin{cases} 0, & xy \neq 0 \\ 1, & xy = 0 \end{cases}$$

(1) 점 $(0,0)$에서 함수 f의 1계 편도함수가 모두 존재함을 보이자.

(2) 점 $(0,0)$에서 함수 f가 연속이 아님을 보이자.

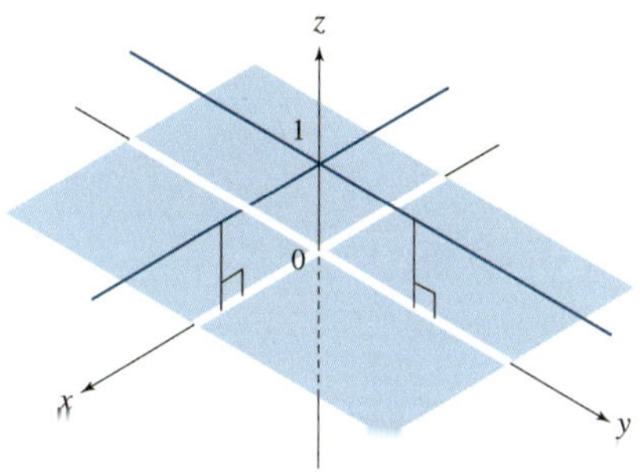

[그림 11.26]

[풀이] 함수 f의 정의에서 $xy=0$인 경우 $f(x,y)=1$이다. $xy=0$은 $x=0$이거나 $y=0$이고 y축 또는 x축을 의미한다. 그러므로 y축 또는 x축에서 $f(x,y)=1$이고 그 이외의 점 (x,y)에서 $f(x,y)=0$이다. 그러므로 함수 f의 그래프는 [그림 11.26]이다.

(1) $f_x(0,0) = \lim_{h\to 0}\dfrac{f(h,0)-f(0,0)}{h} = \lim_{h\to 0}\dfrac{1-1}{h} = \lim_{h\to 0}0 = 0$이고

$f_y(0,0) = \lim_{h\to 0}\dfrac{f(0,h)-f(0,0)}{h} = \lim_{h\to 0}\dfrac{1-1}{h} = \lim_{h\to 0}0 = 0$이다.

점 $(0,0)$에서 함수 f의 1계 편도함수 $f_x(0,0)=0$이고 $f_y(0,0)=0$이다.

(2) 함수 f는 점 $(0,0)$에서 연속이 아님을 보이자.

경로 C는 점 $(0,0)$을 지나는 직선 $y=x$의 매개곡선이 다음과 같다.

$$\mathbf{r}(t) = t\mathbf{i}+t\mathbf{j}\text{이고 } \mathbf{r}(0) = (0.0)$$

곡선 C를 따라 점 $(0,0)$에서 함수 f의 극한은 다음과 같다.

$$\lim_{t\to 0} f(\mathbf{r}(t)) = \lim_{t\to 0} f(t,t) = \lim_{t\to 0} 0 = 0$$

그러므로 $\lim_{t\to 0} f(\mathbf{r}(t)) = 0 \neq 1 = f(0,0)$*이고 함수 f는 점 $(0,0)$에서 연속이 아니다. ■

* 이변수함수 f가 점 $(0,0)$에서 불연속임을 보이기 위해 극한 $\lim_{(x,y)\to(0,0)} f(x,y)$의 존재성을 알아보지 않고 경로 C를 따른 극한만을 구해도 된다.

[정리 11.11]

(1) 정의역 D 위의 이변수함수 $f(x,y)$가 D 내의 점 (a,b)에서 미분가능하면

$$\lim_{(x,y)\to(a,b)} \frac{|f(x,y)-f(a,b)-\langle f_x(a,b),\, f_y(a,b)\rangle \cdot [\langle x-a,\ y-b\rangle]|}{\|\langle x-a,\ y-b\rangle\|} = 0.$$

(2) 정의역 E 위의 삼변수함수 $f(x,y,z)$와 E 내의 점 (a,b,c)에서 미분가능하면

$$\lim_{(x,y,z)\to(a,b,c)} \frac{|f(x,y,z)-f(a,b,c)-\langle f_x(a,b,c),\, f_y(a,b,c),\, f_z(a,b,c)\rangle \cdot [\langle x-a,\ y-b,\ z-c\rangle]|}{\|\langle x-a,\ y-b,\ z-c\rangle\|} = 0.$$

[정리 11.11]에 의하여 이변수함수 f가 점 (a,b)에서 미분가능하면 평면벡터 $Df(a,b)$는 다음과 같이 놓을 수 있다.

$$Df(a,b)=\langle f_x(a,b), f_y(a,b)\rangle = f_x(a,b)\mathbf{i}+f_y(a,b)\mathbf{j}$$

삼변수함수 f가 점 (a,b,c)에서 미분가능하면 공간벡터 $Df(a,b,c)$는 다음과 같이 놓을 수 있다.

$$\begin{aligned}Df(a,b,c)&=\langle f_x(a,b,c), f_y(a,b,c), f_z(a,b,c)\rangle\\&=f_x(a,b,c)\mathbf{i}+f_y(a,b,c)\mathbf{j}+f_z(a,b,c)\mathbf{k}\end{aligned}$$

연습문제

• Part 1

[1-6] 다음 이변수함수에 대하여 $f_x(2,1)$과 $f_y(2,1)$을 구하여라. [예제 11.14] [예제 11.16]

1. $f(x,y)=x^3+y^4$
2. $f(x,y)=3xy^4$
3. $f(x,y)=\sin\left(\dfrac{\pi}{3}x\right)+\ln(xy)$
4. $f(x,y)=e^{3x+4y}$
5. $f(x,y)=\dfrac{x}{y}$
6. $f(x,y)=\cos\left(\dfrac{xy}{3}\pi\right)$

[7-15] 다음 이변수함수에 대하여 $f_x(x,y)$와 $f_y(x,y)$를 구하여라. [예제 11.15] [예제 11.17]

7. $f(x,y)=3x^4y+2y+3$
8. $f(x,y)=\sin(xy)$
9. $f(x,y)=e^{x^2y}$
10. $f(x,y)=\ln(x^2+y^4)$
11. $f(x,y)=-3x+y\sin x$
12. $f(x,y)=\dfrac{3xy}{x^2+y^2}$
13. $f(x,y)=3x^{-2}y^4+\cos(x+y)$
14. $f(x,y)=a^{3xy+y}$ (단, $a\neq 1,\ a>0$)
15. $f(x,y)=y\tan x$

[16-17] 다음 이변수함수에 대하여 $f_x(x,y)$를 구하여라. [예제 11.18]

16. $f(x,y)=\begin{cases}\dfrac{x+y}{x^2+y^2}, & (x,y)\neq(0,0)\\ 0, & (x,y)=(0,0)\end{cases}$
17. $f(x,y)=\begin{cases}\dfrac{xy}{x^3+y^3}, & (x,y)\neq(0,0)\\ 0, & (x,y)=(0,0)\end{cases}$

[18-20] 다음 삼변수함수에 대하여 $f_x(1,1,0)$, $f_y(1,1,0)$, $f_z(1,1,0)$을 구하여라. [예제 11.19]

18. $f(x,y,z)=xyz+x^3y+yz^3$
19. $f(x,y,z)=x^3+y^3+z^3+x^2yz$
20. $f(x,y,z)=(xyz)^3+2x+3z$

[21-26] 다음 삼변수함수에 대하여 f_x, f_y, f_z를 구하여라. [예제 11.20]

21. $f(x,y,z)=x\cos(xy+z^2)$
22. $f(x,y,z)=\dfrac{y}{x^2+z}$
23. $f(x,y,z)=e^{xy}+\ln(y^2+z^2)$
24. $f(x,y,z)=(x+2y)^{10}+z^7$
25. $f(x,y,z)=z\tan(2x+y-z)$
26. $f(x,y,z)=\dfrac{\sin(x+z^2)}{xy}$

[27-32] 다음 다변수함수의 2계 편도함수를 구하여라. [예제 11.21~11.22]

27. $f(x, y) = x^4y^3 - x^2 + 3y$

28. $f(x, y) = x^3\cos y + xy^4 + 10$

29. $f(x, y) = xe^{-y}$

30. $f(x, y, z) = x^3y\sin z$

31. $f(x, y, z) = x^4y^2z$

32. $f(x, y, z) = e^{x+2y-z}$

• Part 2

[33-36] 다음 이변수함수에 대하여 $f_x(x, y)$와 $f_y(x, y)$를 구하여라.

33. $f(x, y) = \tan^{-1}(x^3y)$

34. $f(x, y) = \cos h(3x + 4y)$

35. $f(x, y) = e^{\sin(xy)}$

36. $f(x, y) = x^2\sin(\cos(3y))$

[37-39] 다음 삼변수함수에 대하여 f_x, f_y, f_z를 구하여라.

37. $f(x, y, z) = \sin^{-1}(x^2yz)$

38. $f(x, y, z) = e^{3xz}\ln(y^3 + z^3)$

39. $f(x, y, z) = z^2\tan^{-1}(xy)$

[40-43] 함수 $f(x, y) = \sin(xy)$에 대하여 다음을 구하여라.

40. $f_y(x, y)$

41. $f_{yx}(x, y)$

42. $f_{yxy}(x, y)$

43. $f_{yxyx}(x, y)$

[44-47] 다음 함수의 2계 편도함수를 구하여라.

44. $f(x, y) = \tan^{-1}(xy)$

45. $f(x, y) = ye^{\sin x}$

46. $f(x, y, z) = \dfrac{3}{x^2 + y^2 + z^2}$

47. $f(x, y, z) = x^2\sin(xz + y)$

11.4 연쇄법칙

11.4.1 합성함수가 실함수인 경우의 연쇄법칙

여러 개의 함수를 합성하여 다양한 함수를 만들 수 있다.

◐ 두 실함수의 합성함수에 대한 연쇄법칙(복습)

실함수들의 합성함수의 경우 합성함수의 미분은 합성함수를 구성하는 함수들의 미분의 곱으로 표현된다. 이러한 합성함수의 미분 법칙을 **연쇄법칙**(chain rule)이라고 한다. 실함수의 미분에서 가장 중요하게 사용되는 미분의 방법이다.

두 실함수 f와 g의 합성함수 h가 있을 때, $w=h(t)=(f\circ g)(t)$라고 하자.

실함수 $x=g(t)$가 t에서 미분가능하고 $\dfrac{dg}{dt}(t)$가 있다고 하자.

실함수 $y=f(x)$가 $x=g(t)$에서 미분가능하고 $\dfrac{df}{dx}(x)=\dfrac{df}{dx}(g(t))$가 있다고 하자.

그러면 합성함수인 실함수 h는 t에서 미분가능하고 도함수는 다음과 같다.

$$\frac{dh}{dt}(t)=\frac{df}{dx}(x)\,\frac{dg}{dx}(g(t))=\frac{df}{dx}(g(t))\,\frac{dg}{dt}(t)$$

$w=h(t)$의 도함수 $\dfrac{dw}{dt}$를 간단하게 다음과 같이 쓴다.

$$\boxed{\frac{dw}{dt}=\frac{dw}{dx}\,\frac{dx}{dt}}$$

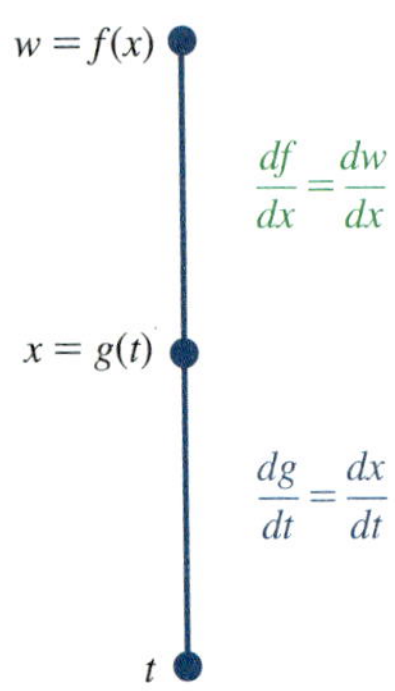

[그림 11.27]

[그림 11.27]은 합성함수 h와 각 점에서의 도함수 $\dfrac{dg}{dt}(t)$와 $\dfrac{df}{dx}(x)=\dfrac{df}{dx}(g(t))$의 관계를 나타낸다. 복잡한 합성함수를 다이어그램으로 표현하는 것은 다변수함수로의 연쇄법칙의 확장에 도움이 된다. 다이어그램에서 각 변은 함수를 나타내고 각 꼭짓점은 함수의 입력변수 또는 출력변수를 표현한다. 이때, 변의 아래 꼭짓점은 함수의 입력(정의역)이고 위 꼭짓점은 출력(공역)을 나타내므로 함수는 아래에서 위로의 방향으로 향한다.

◐ 이변수함수와 평면 벡터함수의 합성인 경우의 연쇄법칙

이변수함수와 평면 벡터함수의 합성함수의 미분에 대해 알아보자.

이변수함수 $w=f(x,y)$와 평면 벡터함수 $g(t)=x(t)\mathbf{i}+y(t)\mathbf{j}$의 합성함수 $h=f\circ g$는 실함수이므로 실수 t에 대해 다음과 같은 실수인 함숫값을 갖는다.

$$w=h(t)=(f\circ g)(t)=f(g(t))=f(x(t),y(t))$$

벡터함수 $g(t)=x(t)\mathbf{i}+y(t)\mathbf{j}$가 t에서 미분가능하면 도함수 $g'(t)$는 평면벡터이다.

$$\frac{dg}{dt}(t)=x'(t)\mathbf{i}+y'(t)\mathbf{j}=\langle x'(t), y'(t)\rangle$$

함수 $w=f(x,y)$가 (x,y)에서 미분가능하면 $Df(x,y)$은 평면벡터이다.

$$Df(x,y)=\frac{\partial f}{\partial x}(x,y)\mathbf{i}+\frac{\partial f}{\partial y}(x,y)\mathbf{j}=\left\langle \frac{\partial f}{\partial x}(x,y), \frac{\partial f}{\partial y}(x,y)\right\rangle$$

합성함수인 실함수 $h=f\circ g$는 t에서 미분가능하고 도함수는 다음의 실수이다.

$$\frac{dw}{dt}(t)=\frac{dh}{dt}(t)=\frac{\partial f}{\partial x}(x(t),y(t))\frac{dx}{dt}(t)+\frac{\partial f}{\partial y}(x(t),y(t))\frac{dy}{dt}(t) \quad *$$

* 합성함수 $h=f\circ g$의 미분 식 (11.4)는 두 벡터의 내적인

$$\frac{dh}{dt}=Df\cdot\frac{dg}{dt}=\left\langle \frac{\partial f}{\partial x}, \frac{\partial f}{\partial y}\right\rangle\cdot\left\langle \frac{dx}{dt}, \frac{dy}{dt}\right\rangle$$

으로 해석하는 것이 유용하다.

합성함수 $w=h(t)$의 미분을 다음과 같이 간단하게 표현할 수 있다.

$$\frac{\partial w}{\partial t}=\frac{\partial w}{\partial x}\frac{dx}{dt}+\frac{\partial w}{\partial y}\frac{dy}{dt}$$

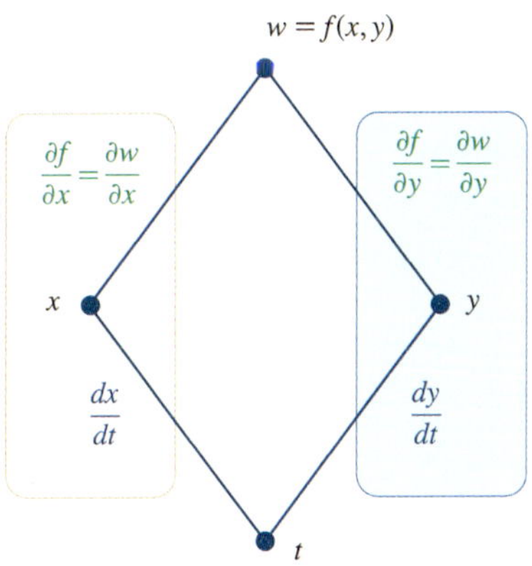

[그림 11.28]

합성함수의 미분을 다이어그램으로 나타내면 [그림 11.28]과 같다.

다이어그램은 다음과 같은 규칙을 갖는다.

- 각 변(선분)은 함수를 표현한다.
- 변의 아래 꼭짓점은 정의역변수이고 위 꼭짓점은 출력변수를 나타낸다.
- 각 변에서 양쪽 꼭짓점의 변수에 대한 미분 또는 편미분을 나타낸다.
- 합성의 과정에서 생기는 중간변수의 수만큼 경우의 수(경로)가 생긴다.
- 연쇄법칙의 식에서 중간에 갈라지는 길(경우)의 수만큼 항이 생긴다.

[그림 11.28]에서 맨 아래 꼭짓점의 변수 t에서 맨 위의 꼭짓점 w에 이르는 과정에 중간변수 x와 y가 있다. 그러므로 두 갈래 길인 x변수의 길과 y변수의 길이 생기고 아래와 같이 연쇄법칙의 식에서 2개의 항 (x변수의 항과 y변수의 항)을 만든다.

$$\frac{dw}{dt}(t)=\frac{dh}{dt}(t)=\underbrace{\frac{\partial f}{\partial x}(x(t),y(t))\frac{dx}{dt}(t)}_{x\text{변수}}+\underbrace{\frac{\partial f}{\partial y}(x(t),y(t))\frac{dy}{dt}(t)}_{y\text{변수}}$$

[정리 11.12: 다변수함수의 연쇄법칙 1-1]

이변수함수 $w=f(x,y)$와 벡터함수 $g(t)=x(t)\mathbf{i}+y(t)\mathbf{j}$의 합성함수 $h=f\circ g$에 대해 벡터함수 $g(t)=x(t)\mathbf{i}+y(t)\mathbf{j}$가 t에서 미분가능하고 $\frac{dg}{dt}(t)=x'(t)\mathbf{i}+y'(t)\mathbf{j}$가 있고 이변수함수 $w=f(x,y)$가 $(x,y)=g(t)$에서 미분가능하고

$Df(x,y) = \left(\frac{\partial f}{\partial x}(x,y), \frac{\partial f}{\partial x}(x,y)\right)$가 있으면
합성함수 $w = h = f \circ g$는 t에서 미분가능하고 $\frac{dh}{dt} = \frac{dw}{dt}$는 다음과 같다.

$$\frac{dh}{dt}(t) = \frac{\partial f}{\partial x}(x(t), y(t))\frac{dx}{dt}(t) + \frac{\partial f}{\partial y}(x(t), y(t))\frac{dy}{dt}(t)$$
$$\frac{dw}{dt} = \frac{\partial w}{\partial x}\frac{dx}{dt} + \frac{\partial w}{\partial y}\frac{dy}{dt}$$

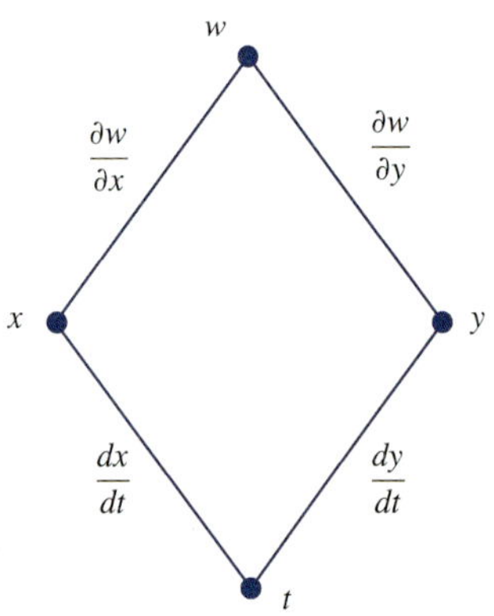

[그림 11.29]

[예제 11.23] $w = x^2y$이고 $x = 2t$와 $y = t^2$라고 할 때 $\frac{dw}{dt}$를 구하여라. [연습문제 1~10]

[풀이] 주어진 식 $w = x^2y$이고 $x = 2t$와 $y = t^2$에 대하여
식 $w = x^2y$에서 이변수함수 $w = w(x,y)$라고 놓을 수 있고
식 $x = 2t$와 $y = t^2$에서 $x = x(t)$이고 $y = y(t)$이므로 벡터함수 $x(t)\mathbf{i} + y(t)\mathbf{j}$를 놓자.
합성함수 $w(t) = w(x(t), y(t))$는 실함수이고 2개의 중간변수 x와 y를 갖는다.
합성함수의 다이어그램을 그리면 [그림 11.29]이다. 그러므로 $\frac{dw}{dt}$는 다음과 같이 x에 관한 항과 y에 관한 항인 두 개의 항으로 만든다.

$$\frac{dw}{dt} = \frac{\partial w}{\partial x}\frac{dx}{dt} + \frac{\partial w}{\partial y}\frac{dy}{dt}$$

$w = x^2y$이므로 $\frac{\partial w}{\partial x} = 2xy$이고 $\frac{\partial w}{\partial y} = x^2$이다.

$x = 2t$와 $y = t^2$이므로 $\frac{dx}{dt} = 2$이고 $\frac{dy}{dt} = 2t$이다.

그러므로 $\frac{dw}{dt} = \frac{\partial w}{\partial x}\frac{dx}{dt} + \frac{\partial w}{\partial y}\frac{dy}{dt} = (2xy)(2) + (x^2)(2t)$ 이다.

도함수 $\frac{dw}{dt}$는 정의역변수가 t이므로 식 $x = 2t$와 $y = t^2$를 사용하여 t의 함수로 표현하면 다음과 같다.

$$\frac{dw}{dt}(t) = 4(2t)(t^2) + 2t(2t)^2 = 8t^3 + 8t^3 = 16t^3$$ ■

◐ 삼변수함수와 공간 벡터함수의 합성인 경우의 연쇄법칙

삼변수함수와 공간 벡터함수의 합성한 합성함수의 미분에 대하여 알아보자.
삼변수함수 $w = f(x,y,z)$와 평면 벡터함수 $g(t) = x(t)\mathbf{i} + y(t)\mathbf{j} + z(t)\mathbf{k}$의 합성함수 $h = f \circ g$는 실함수이므로 실수 t에 관해 다음과 같은 실수인 함숫값을 갖는다.

$$w = h(t) = (f \circ g)(t) = f(g(t)) = f(x(t), y(t), z(t))$$

벡터함수 $g(t) = x(t)\mathbf{i} + y(t)\mathbf{j} + z(t)\mathbf{k}$가 t에서 미분가능하고 미분 $g'(t)$는

$$\frac{dg}{dt}(t) = x'(t)\mathbf{i} + y'(t)\mathbf{j} + z'(t)\mathbf{k}$$

이고 함수 $w = f(x, y, z)$가 (x, y, z)에서 미분가능하고 미분 $Df(x, y, z)$는

$$Df(x, y, z) = \left\langle \frac{\partial f}{\partial x}(x, y), \frac{\partial f}{\partial x}(x, y), \frac{\partial f}{\partial z}(x, y) \right\rangle$$

이다. 그러면 합성함수 $h = f \circ g$는 t에서 미분가능하고 도함수는 다음과 같다.

삼변수함수 $w = f(x, y, z)$와 합성함수 $w = h(t) = (f \circ g)(t)$에서 함수 f와 h는 정의역은 다르지만 함숫값은 같은 w에 도달한다. $\frac{\partial w}{\partial x} = \frac{\partial f}{\partial x}(x, y, z)$이고 $\frac{dw}{dt} = \frac{dh}{dt}(t)$이다.

$$\frac{dh}{dt}(t) = \frac{\partial f}{\partial x}(x(t), y(t), z(t))\frac{dx}{dt}(t) + \frac{\partial f}{\partial y}(x(t), y(t), z(t))\frac{dy}{dt}(t) + \frac{\partial f}{\partial z}(x(t), y(t), z(t))\frac{dz}{dt}(t)$$

합성함수 $w = h(t)$의 미분은 다음과 같이 간단하게 쓸 수 있다.

$$\frac{\partial w}{\partial t} = \frac{\partial w}{\partial x}\frac{dx}{dt} + \frac{\partial w}{\partial y}\frac{dy}{dt} + \frac{\partial w}{\partial z}\frac{dz}{dt}$$

합성함수 $h = f \circ g$의 미분 식은 두 벡터의 내적인

$$\frac{dh}{dt} = Df \cdot \frac{dg}{dt} = \left\langle \frac{\partial f}{\partial x}, \frac{\partial f}{\partial y}, \frac{\partial f}{\partial z} \right\rangle \cdot \left\langle \frac{dx}{dt}, \frac{dy}{dt}, \frac{dz}{dt} \right\rangle$$

으로 해석하는 것도 유용하다.

연쇄법칙을 다이어그램으로 나타내면 [그림 11.30]과 같고 중간변수가 x, y, z이므로 연쇄법칙은 3개의 항으로 이루어진다. 즉 x에 관한 항, y에 관한 항, z에 관한 항인 3항의 덧셈으로 이루어진다.

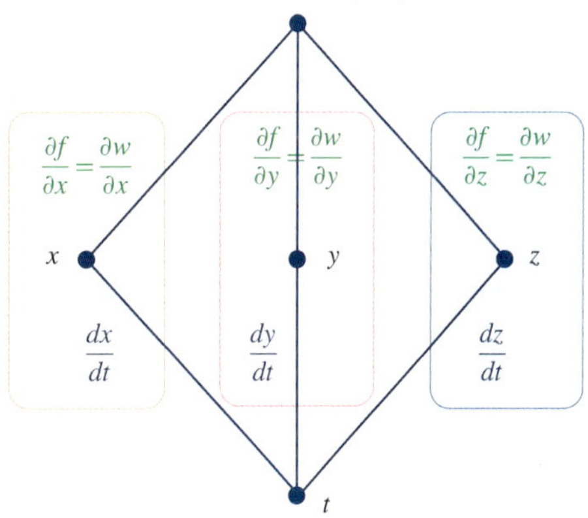

[그림 11.30]

[참고] 연쇄법칙에 대한 [그림 11.29]와 [그림 11.30]의 다이어그램을 집의 수도관으로 해석해 보자. 들어가는 물(상수)은 t이고, 나오는 물(하수)은 w라고 해석하자.

[그림 11.29]는 방 2개(즉, x방, y방)인 집으로, 수도관이 작동하는지를 알아보려면 x방으로 연결된 수도관과 y방으로 연결된 수도관을 살펴보아야 하므로 2개의 항이 만들어진다. 여기에서 x방으로 흐르는 수도관의 작동은 x방으로 상수관의 작동$\left(즉, \frac{dx}{dt}\right)$과 x방으로 하수관의 작동$\left(즉, \frac{\partial w}{\partial t}\right)$이 모두 이루어져야 한다$\left(즉, \frac{\partial w}{\partial x}\frac{dx}{dt}\right)$. 또한 y방의 작동$\left(즉, \frac{\partial w}{\partial y}\frac{dy}{dt}\right)$도 비슷하게 이루어진다. 그러므로

2개 방을 갖는 집의 수도관 작동 $\dfrac{dw}{dt}$는 2개 방(x와 y)의 작동으로 나타낸다.

$$\frac{dw}{dt} = \frac{\partial w}{\partial x}\frac{dx}{dt} + \frac{\partial w}{\partial y}\frac{dy}{dt}$$

[그림 11.30]은 방 3개(즉, x방, y방, z방)인 집으로 수도관이 원활하게 작동하는지를 알아보려면 각 방으로 연결된 수도관을 살펴보아야 하므로 3개의 항이 만들어진다. 각항의 작동도 비슷하게 이루어진다.

[정리 11.13: 다변수함수의 연쇄법칙 1-2]
삼변수함수 $w = f(x, y, z)$와 벡터함수 $g(t) = x(t)\mathbf{i} + y(t)\mathbf{j} + z(t)\mathbf{k}$의 합성함수 $h = f \circ g$에 대하여 벡터함수 $g(t) = x(t)\mathbf{i} + y(t)\mathbf{j}$가 t에서 미분가능하고 $\dfrac{dg}{dt}(t) = x'(t)\mathbf{i} + y'(t)\mathbf{j} + z'(t)\mathbf{k}$가 있고 이변수함수 $w = f(x, y)$가 $(x, y) = g(t)$에서 미분가능하고
$Df(x, y, z) = \left\langle \dfrac{\partial f}{\partial x}(x, y, z), \dfrac{\partial f}{\partial y}(x, y, z), \dfrac{\partial f}{\partial z}(x, y, z) \right\rangle$가 있으면
합성함수 h는 t에서 미분가능하고 $\dfrac{dh}{dt} = \dfrac{dw}{dt}$는 다음과 같다.

$$\frac{dh}{dt}(t) = \frac{\partial f}{\partial x}(x(t), y(t), z(t))\frac{dx}{dt}(t) + \frac{\partial f}{\partial y}(x(t), y(t), z(t))\frac{dy}{dt}(t) + \frac{\partial f}{\partial z}(x(t), y(t), z(t))\frac{dz}{dt}(t)$$

$$\frac{dw}{dt} = \frac{\partial w}{\partial x}\frac{dx}{dt} + \frac{\partial w}{\partial y}\frac{dy}{dt} + \frac{\partial w}{\partial z}\frac{dz}{dt}$$

[예제 11.24] $w = xy^2 + yz^2 + x^2z$이고 $x = t^3$, $y = t^2$, $z = t$이면 $\dfrac{dw}{dt}$를 구하여라.
[연습문제 1~10]

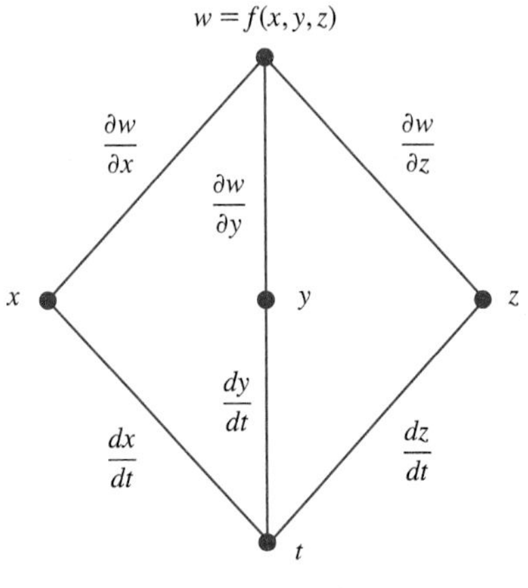

[그림 11.31]

[풀이] 주어진 식 $w = xy^2 + yz^2 + x^2z$이고 $x = t^3$, $y = t^2$와 $z = t$에 대하여
식 $w = xy^2 + yz^2 + x^2z$에서 이변수함수 $w = w(x, y, z)$라고 놓고
식 $x = t^3$, $y = t^2$, $z = t$에서 벡터함수 $x(t)\mathbf{i} + y(t)\mathbf{j} + z(t)\mathbf{k}$를 잡을 수 있다.
합성함수 $w(t) = w(x(t), y(t), z(t))$는 실함수이고 3개의 중간변수 x, y, z를 갖는다.
합성함수의 다이어그램을 그리면 [그림 11.31]이다.
$\dfrac{dw}{dt}$는 다음과 같이 x에 관한 항, y에 관한 항 그리고 z에 관한 항인 3개의 항으로 만든다.

$$\begin{aligned}\frac{dw}{dt} &= \frac{\partial w}{\partial x}\frac{dx}{dt} + \frac{\partial w}{\partial y}\frac{dy}{dt} + \frac{\partial w}{\partial z}\frac{dz}{dt} \\ &= (y^2 + 2xz)(3t^2) + (2xy + z^2)(2t) + (2yz + x^2)(1)\end{aligned}$$

도함수 $\dfrac{dw}{dt}$는 정의역 변수가 t이므로 t의 함수로 표현되어야 한다.

$$\frac{dw}{dt}(t) = (t^4 + 2t^3t)(3t^2) + (2t^3t^2 + t^2)(2t) + (2t^2t + t^6)(1)$$
$$= 9t^6 + 4t^6 + 2t^3 + 2t^3 + t^6 = 14t^6 + 4t^3$$

그러므로 $\frac{dw}{dt}(t) = 14t^6 + 4t^3$ 이다. ■

11.4.2 합성함수가 다변수함수인 경우의 연쇄법칙

삼변수함수 $w = f(x, y, z)$와 $x = x(s,t)$, $y = y(s,t)$, $z = z(s,t)$라고 놓자.

삼변수함수 $w = f(x, y, z)$가 (x, y, z)에서 미분가능하며 3개의 편도함수 $\frac{\partial f}{\partial x}(x, y, z)$, $\frac{\partial f}{\partial y}(x, y, z)$, $\frac{\partial f}{\partial z}(x, y, z)$가 존재하고 3개의 이변수함수 $x = x(s,t)$, $y = y(s,t)$, $z = z(s,t)$가 미분가능하고 미분은 다음과 같다.

$$Dx(s,t) = \left\langle \frac{\partial x}{\partial s}(s,t), \frac{\partial x}{\partial t}(s,t) \right\rangle, \quad Dy(s,t) = \left\langle \frac{\partial y}{\partial s}(s,t), \frac{\partial y}{\partial t}(s,t) \right\rangle,$$
$$Dz(s,t) = \left\langle \frac{\partial z}{\partial s}(s,t), \frac{\partial z}{\partial t}(s,t) \right\rangle$$

[정리 11.13: 다변수함수의 연쇄법칙 1-2]에 의해 합성함수인 이변수함수 $w = h(s,t)$는 미분가능하다. 합성함수 $w = h(s,t)$의 미분을 다이어그램으로 나타내자. ([그림 11.32] 참고)

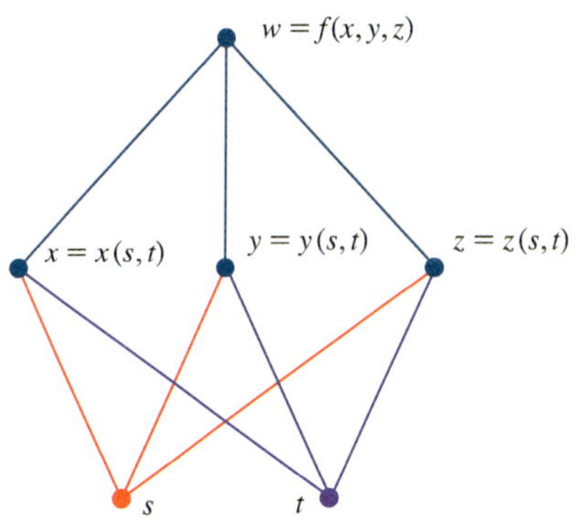

[그림 11.32]

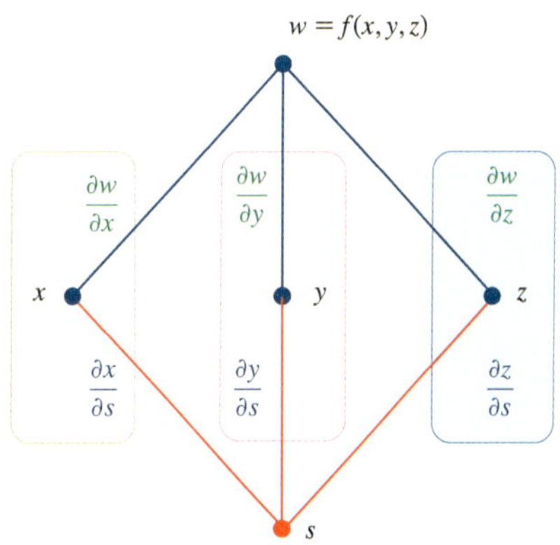

[그림 11.33](a)

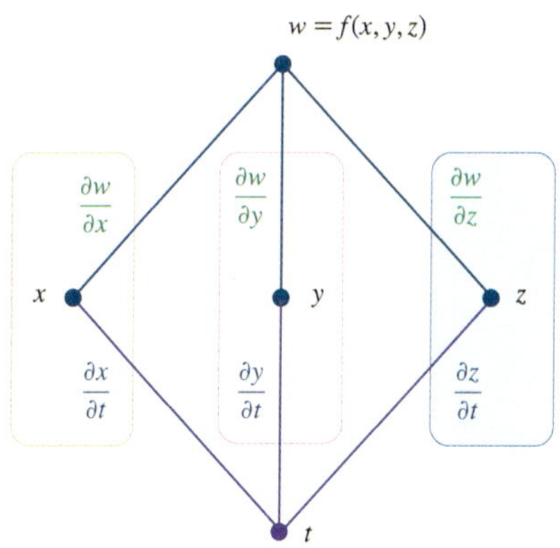

[그림 11.33](b)

그러면 이변수함수 $h(s,t)$의 편도함수 $\frac{\partial h}{\partial s}(s,t)$와 $\frac{\partial h}{\partial t}(s,t)$를 구해보자.

이변수함수 $h(s,t)$의 편도함수를 구하는 경우 이변수함수에 대한 다이어그램인 [그림 11.32]는 변수 s에 관한 편미분을 위한 변수 s의 다이어그램 [그림 11.33](a)와 변수 t에 관한 편미분을 위한 변수 t의 다이어그램 [그림 11.33](b)으로 나누어서 생각할 수 있다.

[그림 11.33](a)과 [그림 11.33](b)을 식으로 정리하면 다음과 같다.

$$\frac{\partial h}{\partial s}(t) = \frac{\partial f}{\partial x}(x,y,z)\frac{\partial x}{\partial s}(s,t) + \frac{\partial f}{\partial y}(x,y,z)\frac{\partial y}{\partial s}(s,t) + \frac{\partial f}{\partial z}(x,y,z)\frac{\partial z}{\partial s}(s,t)$$

$$\frac{\partial h}{\partial t}(t) = \frac{\partial f}{\partial x}(x,y,z)\frac{\partial x}{\partial t}(s,t) + \frac{\partial f}{\partial y}(x,y,z)\frac{\partial y}{\partial t}(s,t) + \frac{\partial f}{\partial z}(x,y,z)\frac{\partial z}{\partial t}(s,t)$$

합성함수 $w = h(s,t)$의 도함수를 다음과 같이 간단하게 쓴다.

$$\frac{\partial w}{\partial s} = \frac{\partial w}{\partial x}\frac{\partial x}{\partial s} + \frac{\partial w}{\partial y}\frac{\partial y}{\partial s} + \frac{\partial w}{\partial z}\frac{\partial z}{\partial s}, \qquad \frac{\partial w}{\partial t} = \frac{\partial w}{\partial x}\frac{\partial x}{\partial t} + \frac{\partial w}{\partial y}\frac{\partial y}{\partial t} + \frac{\partial w}{\partial z}\frac{\partial z}{\partial t}$$

[참고] 연쇄법칙에 대한 [그림 11.32]의 다이어그램을 집의 수도관으로 해석해 보자. 들어가는 물(상수)을 온수 s와 냉수 t라고 하고 나오는 물(하수)은 온수와 냉수의 구분이 없이 w라고 하자.

[그림 11.33]은 방 3개(즉, x방, y방, z방)인 집으로 수도관이 작동하는지를 알아보려면 온수를 입력할 경우 수도관의 작동$\left(즉, \frac{\partial w}{\partial s}\right)$과 냉수를 입력했을 경우 수도관의 작동$\left(즉, \frac{\partial w}{\partial t}\right)$을 따로 살펴보아야 한다.

온수의 입력에 수도관의 작동인 $\frac{\partial w}{\partial s}$을 알아보는 다이어그램은 [그림 11.33](a)이다. 그리고 냉수의 입력에 수도관의 작동인 $\frac{\partial w}{\partial t}$을 알아보는 다이어그램은 [그림 11.33](b)이다.

[정리 11.14: 다변수함수의 연쇄법칙 2]

(1) 미분가능한 이변수함수 $w = f(x,y)$와 미분가능한 이변수함수 $x = x(s,t)$, $y = y(s,t)$의 합성함수인 이변수함수 $w = f(x(s,t), y(s,t)) = h(s,t)$에 대해 합성함수 $w = h(s,t)$는 미분가능하고 편도함수는 다음과 같다.

$$\frac{\partial w}{\partial s} = \frac{\partial w}{\partial x}\frac{\partial x}{\partial s} + \frac{\partial w}{\partial y}\frac{\partial y}{\partial s}, \qquad \frac{\partial w}{\partial t} = \frac{\partial w}{\partial x}\frac{\partial x}{\partial t} + \frac{\partial w}{\partial y}\frac{\partial y}{\partial t}$$

(2) 미분가능한 삼변수함수 $w = f(x,y,z)$와 미분가능한 이변수함수 $x = x(s,t)$, $y = y(s,t)$, $z = z(s,t)$의 합성함수인 이변수함수 $w = f(x(s,t), y(s,t), z(s,t)) = h(s,t)$에 대해 합성함수 $w = h(s,t)$는 미분가능하고 편도함수는 다음과 같다.

$$\frac{\partial w}{\partial s} = \frac{\partial w}{\partial x}\frac{\partial x}{\partial s} + \frac{\partial w}{\partial y}\frac{\partial y}{\partial s} + \frac{\partial w}{\partial z}\frac{\partial z}{\partial s}, \qquad \frac{\partial w}{\partial t} = \frac{\partial w}{\partial x}\frac{\partial x}{\partial t} + \frac{\partial w}{\partial y}\frac{\partial y}{\partial t} + \frac{\partial w}{\partial z}\frac{\partial z}{\partial t}$$

[예제 11.25] 삼변수함수 $w = f(x,y,z) = xyz$이고 이변수함수 $x(s,t) = s+t$, $y(s,t) = s-t$, $z(s,t) = e^s$일 때 $\frac{\partial w}{\partial s}$와 $\frac{\partial w}{\partial t}$를 구하여라. [연습문제 11~18]

[풀이] 주어진 식 $w = f(x,y,z) = xyz$이고 이변수함수 $x(s,t) = s+t$, $y(s,t) = s-t$, $z(s,t) = e^s$에 대하여 합성함수인 이변수함수는 다음과 같다.

$$w = w(s,t) = w(x(s,t), y(s,t), z(s,t))$$

합성함수 $w(s,t)$는 3개의 중간변수 x, y, z를 갖고 다이어그램은 [그림 11.32]이다. [그림 11.33](a)를 보고 변수 s에 관한 편미분 $\dfrac{\partial w}{\partial s}$를 구해보자.

$$\begin{aligned}\frac{\partial w}{\partial s} &= \frac{\partial w}{\partial x}\frac{\partial x}{\partial s} + \frac{\partial w}{\partial y}\frac{\partial y}{\partial s} + \frac{\partial w}{\partial z}\frac{\partial z}{\partial s} \\ &= \frac{\partial f}{\partial x}\frac{\partial x}{\partial s} + \frac{\partial f}{\partial y}\frac{\partial y}{\partial s} + \frac{\partial f}{\partial z}\frac{\partial z}{\partial s} \\ &= (yz)(1) + (xz)(1) + (xy)(e^s)\end{aligned}$$

$\dfrac{\partial w}{\partial s} = \dfrac{\partial w}{\partial s}(s,t)$는 정의역 변수가 (s,t)이므로 $x = s+t$, $y = s-t$, $z = e^s$를 대입하면

$$\frac{\partial w}{\partial s}(s,t) = (s-t)e^s + (s+t)e^s + (s+t)(s-t)e^s = (2s + s^2 - t^2)e^s.$$

그러므로 $\dfrac{\partial w}{\partial s}(s,t) = (2s + s^2 - t^2)e^s$이다.

[그림 11.33](b)를 보고 변수 s에 관한 편미분 $\dfrac{\partial w}{\partial t}$를 구해보자.

$$\begin{aligned}\frac{\partial w}{\partial t} &= \frac{\partial w}{\partial x}\frac{\partial x}{\partial t} + \frac{\partial w}{\partial y}\frac{\partial y}{\partial t} + \frac{\partial w}{\partial z}\frac{\partial z}{\partial t} \\ &= \frac{\partial f}{\partial x}\frac{\partial x}{\partial t} + \frac{\partial f}{\partial y}\frac{\partial y}{\partial t} + \frac{\partial f}{\partial z}\frac{\partial z}{\partial t} \\ &= (yz)(1) + (xz)(-1) + (xy)(0)\end{aligned}$$

$\dfrac{\partial w}{\partial t} = \dfrac{\partial w}{\partial t}(s,t)$는 정의역 변수가 (s,t)이므로 $x = s+t$, $y = s-t$, $z = e^s$를 대입하면

$$\frac{\partial w}{\partial t}(s,t) = (s-t)e^s - (s+t)e^s = -2te^s.$$

그러므로 $\dfrac{\partial w}{\partial t}(s,t) = -2te^s$이다. ■

[예제 11.26] 이변수함수 $w = g(st, s^2 + t^2)$이고 이변수함수 $g(x,y) = \dfrac{x}{y}$에 대하여 $\dfrac{\partial w}{\partial s}$와 $\dfrac{\partial w}{\partial t}$를 구하여라. [연습문제 11~18]

[풀이] 주어진 식 $w = g(st, s^2 + t^2)$와 $g(x,y) = \dfrac{x}{y}$에서 합성함수의 다이어그램을 그려보자. ([그림 11.34](a) 참고) 이때, $x(s,t) = st$이고 $y(s,t) = s^2 + t^2$로 놓는다. 이변수함수의 편도함수 $\dfrac{\partial w}{\partial s}$와 $\dfrac{\partial w}{\partial t}$는 [그림 11.34](a)의 다이어그램을 다음 s에 관한 다이어그램 [그림 11.34](b)와 t에 관한 다이어그램 [그림 11.34](c)로 분리해 보자.

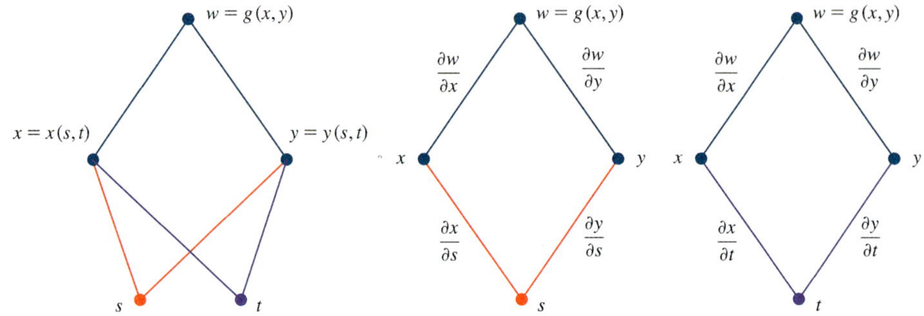

[그림 11.34](a) [그림 11.34](b) [그림 11.34(c)

[그림 11.34](b)에 의해서 s에 관한 편미분 $\dfrac{\partial w}{\partial s}$를 구해보자.

$$\begin{aligned}\frac{\partial w}{\partial s} &= \frac{\partial w}{\partial x}\frac{\partial x}{\partial s} + \frac{\partial w}{\partial y}\frac{\partial y}{\partial s}\\ &= \frac{\partial g}{\partial x}\frac{\partial x}{\partial s} + \frac{\partial g}{\partial y}\frac{\partial y}{\partial s} = \left(\frac{1}{y}\right)(t) + \left(-\frac{x}{y^2}\right)(2s)\end{aligned}$$

$\dfrac{\partial w}{\partial s}(s,t)$는 정의역 변수가 (s,t)이므로 $x = st$와 $y = s^2 + t^2$을 대입하면

$$\frac{\partial w}{\partial s} = \frac{t}{s^2+t^2} - \frac{2s^2t}{(s^2+t^2)^2} = \frac{-s^2t+t^3}{(s^2+t^2)^2}.$$

[그림 11.34](c)에 의해서 t에 관한 편미분 $\dfrac{\partial w}{\partial t}$를 구해보자.

$$\begin{aligned}\frac{\partial w}{\partial t} &= \frac{\partial w}{\partial x}\frac{\partial x}{\partial t} + \frac{\partial w}{\partial y}\frac{\partial y}{\partial t}\\ &= \frac{\partial g}{\partial x}\frac{\partial x}{\partial t} + \frac{\partial g}{\partial y}\frac{\partial y}{\partial t} = \left(\frac{1}{y}\right)(s) + \left(-\frac{x}{y^2}\right)(2t)\end{aligned}$$

$\dfrac{\partial w}{\partial t}(s,t)$는 정의역변수가 (s,t)이므로 $x = st$와 $y = s^2 + t^2$을 대입하면

$$\frac{\partial w}{\partial t} = \frac{s}{s^2+t^2} - \frac{2st^2}{(s^2+t^2)^2} = \frac{s^3-st^2}{(s^2+t^2)^2}.$$

■

11.4.3 음함수 정리

음함수 미분법은 3장에서 다루었다. 평면방정식 $F(x,y)=0$의 그래프는 평면 위의 곡선이다. 일반적으로 평면방정식의 그래프인 곡선은 함수의 그래프는 아니지만 적절한 조건이 주어지면 그래프의 일부를 함수방정식 $y=f(x)$ 또는 $x=g(y)$의 그래프로 나타낼 수 있다. 방정식 $F(x,y)=0$에 감추어진 함수(음함수)가 있다. 이 숨겨진 함수가 있는 것은 판단할 수 있음에도 함수의 명확한 식의 표현을 구할 수 없는 경우가 많다. 이렇게 함수의 식을 구하지 않고 그래프의 접선의 기울기는

구할 수 있는 것이 **음함수 정리**(Implicit Function Theorem)이다.
이제 다변수함수의 합성함수의 연쇄법칙을 사용하여 **음함수 정리**를 알아보자. 그리고 음함수 미분법을 평면방정식 $F(x,y)=0$ 이외에도 공간방정식 $F(x,y,z)=0$에도 적용하여 보자.

이변수함수 F가 미분가능하다고 하자. 평면방정식 $F(x,y)=0$의 그래프의 일부분이 함수 $y=f(x)$ 또는 $x=g(y)$의 그래프로 나타낼 수 있다. ([그림 11.34] 참고) [그림 11.35]에서 그래프 위의 두 점 A와 B에 대하여 점 A의 부근이 정의역이 x축에 있는 함수 $y=f(x)$의 그래프이고 점 B의 부근은 정의역이 y축에 있는 함수 $x=g(y)$의 그래프인 함수 $y=f(x)$와 $x=g(y)$가 존재하는 것을 알 수 있다.

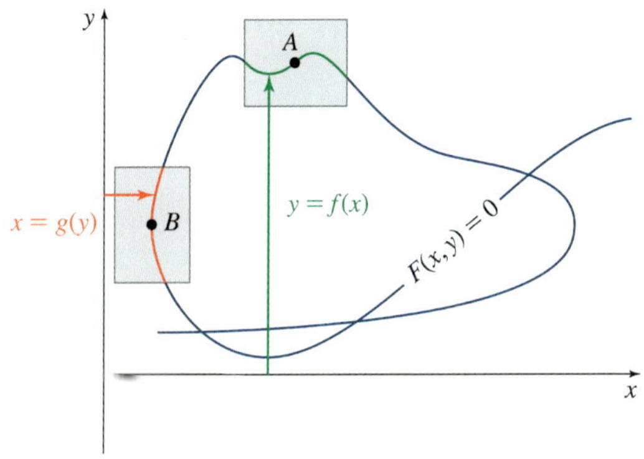

[그림 11.35]

[그림 11.35]에서 곡선의 점 A의 부근의 곡선을 표현하는 함수 $y=f(x)$의 식을 구할 수 없는 경우가 많다는 것에 주의하자.

[그림 11.35]에서 곡선의 점 A의 부근의 곡선은 정의역변수가 x인 함수 $y=f(x)$의 그래프라고 놓고 $\dfrac{dy}{dx}$를 구해보자.
그러면 곡선 위의 점 A의 부근의 곡선은 일변수 방정식 $F(x,f(x))=0$의 그래프이다. 이변수함수 $w=F(x,y)$와 $x=x,\ y=f(x)$의 합성함수인 실함수 $F(x,f(x))$의 미분을 구해보자. 합성함수의 다이어그램은 [그림 11.36]이다.
x에 관한 일변수 방정식 $w(x)=F(x,f(x))=0$의 양변을 x로 미분하면
중간변수가 2개인 x와 y이므로 연쇄법칙에 의해서

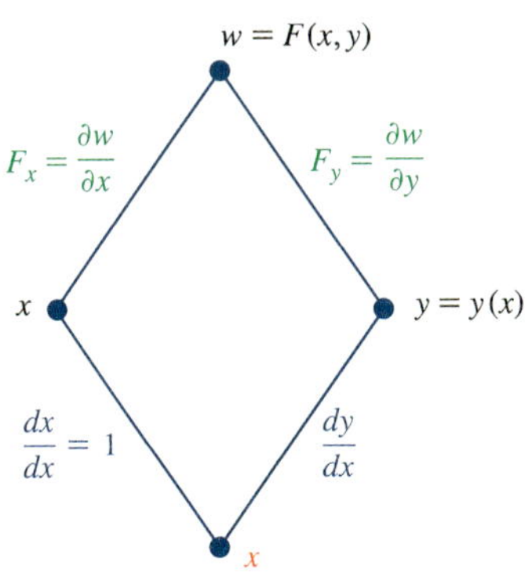

[그림 11.36]

$$\frac{\partial w}{\partial x}\frac{dx}{dx}+\frac{\partial w}{\partial y}\frac{dy}{dx}=0$$
$$\frac{\partial F}{\partial x}\times 1+\frac{\partial F}{\partial y}\frac{dy}{dx}=0$$

평면방정식 $F(x,y)=0$에서 미분 $\dfrac{dy}{dx}$는 다음과 같고 [**음함수 정리**]의 한 형태이다.

$$\frac{\partial F}{\partial y}=F_y\neq 0\text{이면 }\ \frac{dy}{dx}=-\frac{\partial F/\partial x}{\partial F/\partial y}=-\frac{F_x}{F_y}.$$

* 이변수 (x, y)에 대하여 음함수의 미분 $\frac{dy}{dx}$는 정의역변수가 x임을 의미한다. 즉, $y = y(x)$라고 놓는다.

[예제 11.27] 방정식 $e^y \cos x - x - 1 = 0$에 대하여 $\frac{dy}{dx}$를 구하여라.* [연습문제 19~21]

[풀이] 이변수함수 $F(x, y) = e^y \cos x - x - 1$라고 놓자. 구하는 문제 $\frac{dy}{dx}$에서 정의역변수는 일변수 x로 놓자. 평면 방정식 $F(x, y) = 0$에서 y변수의 음함수 표현으로 $y = y(x)$로 놓는다. 음함수의 미분에 의해서 일변수방정식 $F(x, y(x)) = 0$의 양변을 미분하면 다음과 같다.

$$\frac{\partial F}{\partial x}\frac{dx}{dx} + \frac{\partial F}{\partial y}\frac{dy}{dx} = 0$$

$$\frac{\partial F}{\partial x} \times 1 + \frac{\partial F}{\partial y}\frac{dy}{dx} = 0$$

$$(e^y \sin x + 1) + e^y \cos x \frac{dy}{dx} = 0$$

그러므로 $e^y \cos x \neq 0$이면 $\frac{dy}{dx} = -\frac{F_x}{F_y} = \frac{e^y \sin x + 1}{e^y \cos x}$이다. ■

공간방정식 $F(x, y, z) = 0$의 그래프는 공간에서의 곡면이다. 일반적으로 공간방정식의 그래프인 곡면은 이변수함수의 그래프는 아니지만 적절한 조건이 주어지면 곡면의 일부분이 이변수함수 $z = f(x, y)$의 그래프로 나타낼 수 있다. ([그림 11.37] 참고) 이때, 이변수함수 $z = f(x, y)$의 표현을 정확히 알지 못해도 편미분 $\frac{\partial z}{\partial x}$와 $\frac{\partial z}{\partial y}$를 구하는 것이 음함수의 미분이다.

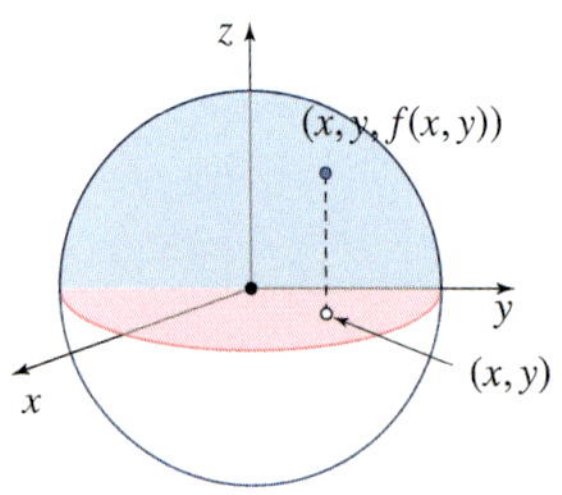

[그림 11.37]

미분가능한 공간방정식 $F(x, y, z) = 0$의 그래프인 곡면의 일부분이 이변수함수 $z = f(x, y)$의 그래프로 나타낼 수 있다고 하자.

삼변수함수 $w = F(x, y, z)$와 $x = x,\ y = y,\ z = f(x, y)$의 합성함수인 이변수함수 $w = w(x, y) = F(x, y, f(x, y))$의 편미분 $\frac{\partial w}{\partial x}$와 $\frac{\partial w}{\partial y}$를 구해보자.

합성함수 $w = w(x, y) = F(x, y, f(x, y))$의 다이어그램으로 나타내보면 [그림 11.38]이다. 이때, 정의역 변수 x와 y는 서로 독립이므로 $\frac{\partial x}{\partial y} = 0$이고 $\frac{\partial y}{\partial x} = 0$이다.

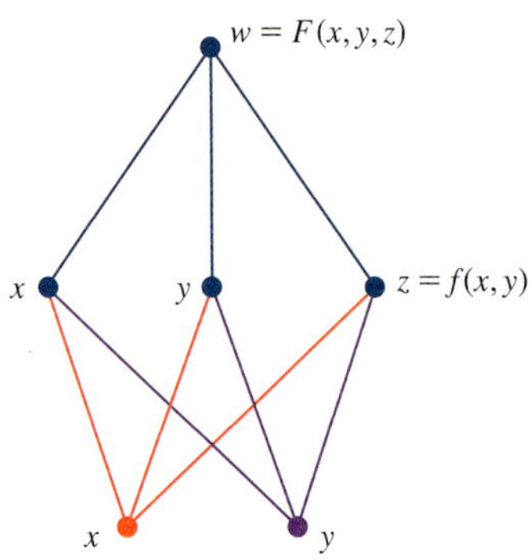

[그림 11.38]

이변수 방정식 $w(x, y) = F(x, y, f(x, y)) = 0$의 양변을 x에 관하여 편미분을 구하면 중간변수는 (x, y, z)이므로 연쇄법칙을 적용하면 다음과 같다.

$$\frac{\partial w}{\partial x}\frac{\partial x}{\partial x} + \frac{\partial w}{\partial y}\frac{\partial y}{\partial x} + \frac{\partial w}{\partial z}\frac{\partial z}{\partial x} = 0$$

$$\frac{\partial F}{\partial x} \times 1 + \frac{\partial F}{\partial y} \times 0 + \frac{\partial F}{\partial z}\frac{\partial z}{\partial x} = 0$$

공간방정식 $F(x, y, z) = 0$에서 편미분 $\frac{\partial z}{\partial x}$은 다음과 같고 **[음함수 정리]**의 한 형태이다.

$$\frac{\partial F}{\partial z} = F_z \neq 0\text{이면 } \frac{\partial z}{\partial x} = -\frac{\partial F/\partial x}{\partial F/\partial z} = -\frac{F_x}{F_z} \qquad (11.4)$$

이변수방정식 $w(x,y)=F(x,y,f(x,y))=0$의 양변을 y에 관하여 편미분을 구하면 중간변수는 (x,y,z)이므로 연쇄법칙에 의하여

$$\frac{\partial w}{\partial x}\frac{\partial x}{\partial y}+\frac{\partial w}{\partial y}\frac{\partial y}{\partial y}+\frac{\partial w}{\partial z}\frac{\partial z}{\partial y}=0$$
$$\frac{\partial F}{\partial x}\times 0+\frac{\partial F}{\partial y}\times 1+\frac{\partial F}{\partial z}\frac{\partial z}{\partial y}=0$$

식 (11.4)와 식 (11.5)는 [음함수 정리]의 한 형태이다.

공간방정식 $F(x,y,z)=0$에서 편미분 $\frac{\partial z}{\partial y}$은 다음과 같고 [음함수 정리]의 한 형태이다.

$$\frac{\partial F}{\partial z}=F_z\neq 0\text{이면 }\frac{\partial z}{\partial y}=-\frac{\partial F/\partial y}{\partial F/\partial z}=-\frac{F_y}{F_z} \tag{11.5}$$

삼변수 (x,y,z)에 대하여 음함수의 미분 $\frac{dz}{dx}$는 정의역변수가 x를 포함하는 것을 의미한다. 즉, $z=z(x,y)$라고 놓는다.

[예제 11.28] 방정식 $x^2z^2+y^2-z^2+6yz-10=0$에 대하여 $\frac{\partial z}{\partial x}$와 $\frac{\partial z}{\partial y}$를 구하여라. [연습문제 22~24]

[풀이] 삼변수함수 $F(x,y,z)=x^2z^2+y^2-z^2+6yz-10$라고 놓자. 구하는 $\frac{\partial z}{\partial x}$와 $\frac{\partial z}{\partial y}$에서 정의역변수는 x와 y고 놓자 방정식 $F(x,y,z)=0$에서 변수 z의 음함수 표현으로 $z=z(x,y)$로 놓는다. 이변수방정식 $F(x,y,z(x,y))=0$의 양변을 x에 관해 미분하면 다음과 같다.

$$\frac{\partial F}{\partial x}\frac{\partial x}{\partial x}+\frac{\partial F}{\partial y}\frac{\partial y}{\partial x}+\frac{\partial F}{\partial z}\frac{\partial z}{\partial x}=0\text{이고}$$
$$\frac{\partial F}{\partial x}\times 1+\frac{\partial F}{\partial y}\times 0+\frac{\partial F}{\partial z}\frac{\partial z}{\partial x}=0.$$

$x^2z-z+3y\neq 0$이면 $\frac{\partial z}{\partial x}=-\frac{F_x}{F_z}=\frac{-2xz^2}{2x^2z-2z+6y}=\frac{-xz^2}{x^2z-z+3y}$.

이변수방정식 $F(x,y,z(x,y))=0$의 양변을 y에 관해 미분하면

$$\frac{\partial F}{\partial x}\frac{\partial x}{\partial y}+\frac{\partial F}{\partial y}\frac{\partial y}{\partial y}+\frac{\partial F}{\partial z}\frac{\partial z}{\partial y}=0\text{이고}$$
$$\frac{\partial F}{\partial x}\times 0+\frac{\partial F}{\partial y}\times 1+\frac{\partial F}{\partial z}\frac{\partial z}{\partial y}=0.$$

$x^2z-z+3y\neq 0$이면 $\frac{\partial z}{\partial y}=-\frac{F_y}{F_z}=\frac{-2y-6z}{2x^{2z}-2z+6y}=\frac{-y-3z}{x^{2z}-z+3y}$. ■

연습문제

• Part 1

[1-10] 다음 주어진 식에서 $\frac{dw}{dt}$를 구하여라. [예제 11.23~11.24]

1. $w=xy^3,\ x=3t,\ y=t^3$
2. $w=\sin(x+y),\ x=2t^2,\ y=-t$
3. $w=(y+1)e^x,\ x=3t,\ y=t^2$
4. $w=x\ln y,\ x=2t,\ y=t^2+1$
5. $w=x^2+y^3,\ x=\sin t,\ y=\cos t$
6. $w=x^2+2y-3z,\ x=t^3,\ y=-2t,\ z=\sin t$
7. $w=xyz,\ x=t^2,\ y=\tan t,\ z=3t$
8. $w=z\ln(x+y),\ x=t^2,\ y=t^4,\ z=2t$
9. $w=e^{x+yz},\ x=3t^2,\ y=2t,\ z=t$
10. $w=\tan(xy-2z),\ x=2t^2,\ y=2t,\ z=t^3$

[11-18] 다음 주어진 식에서 $\frac{\partial w}{\partial s}$와 $\frac{\partial w}{\partial t}$를 각각 구하여라. [예제 11.25~11.26]

11. $w=x^2+y,\ x(s,t)=3s^2,\ y(s,t)=s+2t$
12. $w=x\tan y,\ x(s,t)=s+t,\ y(s,t)=st$
13. $w=\frac{y^2}{x},\ x(s,t)=t^2,\ y=e^{s+t}$
14. $w=xy^3,\ x(s,t)=s^2+t^2,\ y(s,t)=s+t$
15. $w=xe^{x+y},\ x(s,t)=-2s+t,\ y(s,t)=-t$
16. $w=xy-z^2,\ x(s,t)=s+2t,\ y(s,t)=t^2,\ z(s,t)=t^3$
17. $w=z(x+y),\ x(s,t)=3s+t,\ y(s,t)=st,\ z(s,t)=s-t$
18. $w=ye^{x+z},\ x(s,t)=t^2+s,\ y(s,t)=s^2,\ z(s,t)=t-s$

[19-21] 다음 주어진 방정식에 대하여 $\frac{dy}{dx}$를 구하여라. [예제 11.27]

19. $x^2+y^2-xy+1=0$
20. $y^2\sin x+y+x=0$
21. $e^x\ln(x+y)-3=0$

[22-24] 다음 주어진 방정식에 대하여 $\frac{\partial z}{\partial x}$와 $\frac{\partial z}{\partial y}$를 구하여라. [예제 11.28]

22. $x^3y-y^3z+3zy+3=0$
23. $\sin(xy)-x^2yz+z^3+1=0$
24. $ye^{xz}+x^3-z^3+y-4=0$

• Part 2

[25-28] 다음 주어진 식에서 $\frac{dw}{dt}$를 구하여라.

25. $w=\frac{\sin y}{x},\ x=\cos t,\ y=t^2$
26. $w=e^{xy},\ x=\ln 3t,\ y=t^2$
27. $w=\tan^{-1}(xy+z),\ x=e^t,\ y=t,\ z=3t$
28. $w=\frac{x^2+yz}{y-z},\ x=\sin t,\ y=t^3,\ z=t$

[29-32] 다음 주어진 식에서 $\frac{\partial w}{\partial s}$와 $\frac{\partial w}{\partial t}$를 각각 구하여라.

29. $w=(x+y)\ln x,\ x=s+t^2,\ y=s^2-t$
30. $w=\sin(xy),\ x=e^{s+t},\ y=s-t$
31. $w=x^2+y^2z,\ x=s+t,\ y=st,\ z=e^{s+t}$
32. $w=xy+\ln z,\ x=\sin(s-t),\ y=\cos(s+t),\ z=t$

33. $e^{xy}+\ln(x^2+y^2)-\cos(x+y)+3=0$에 대하여 $\frac{dy}{dx}$를 구하여라.

11.5 방향도함수와 그래디언트

11.5.1 다변수함수의 방향도함수

일반적으로 산에 가면 다양한 등산로가 있다. 올라가는 길, 내려가는 길, 가파른 길 그리고 완만한 길 등의 여러 종류의 길들이 있다. [그림 11.39](a)는 산의 입체적인 모습을 보여주고 있다. 산의 각 위치 (x, y)에서 해발고도를 함숫값으로 갖는 함수 h의 그래프가 [그림 11.39](a)에서 보여주는 산의 입체적 모습이다. 산의 지형과 비슷한 개형의 부드러운 함수의 그래프를 [그림 11.39](b)에서 볼 수 있다. 그래프 위의 점 $(0, 0, f(0, 0))$에서 서 있는 사람은 갈 수 있는 여러 가지 길이 있다. 북쪽 방향과 남쪽 방향은 내려가는 길이고 동쪽 방향과 서쪽 방향은 올라가는 길이다. 또한 동쪽과 북쪽 방향 사이로 완만하게 올라가는 길이 보인다. 각 위치에서 진행하는 방향을 선택하면 각 방향에 따른 경사가 있다.

점 $(0, 0, f(0, 0))$에서 임의의 방향으로 걸어가는 경우 그 방향의 변화율을 구해보자. 이러한 변화율을 표현하는 **방향도함수**를 알아보자.

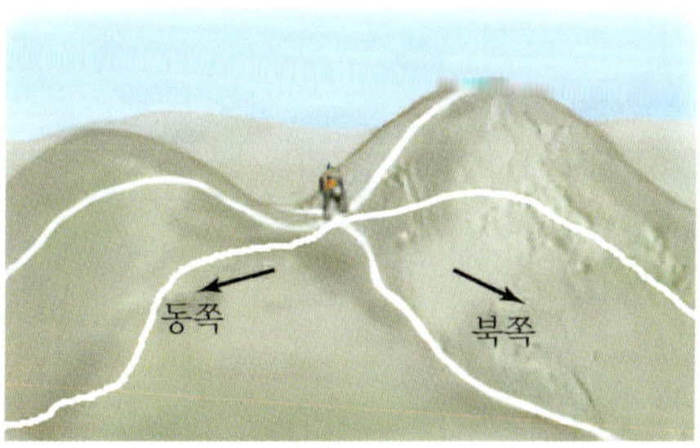

[그림 11.39](a)

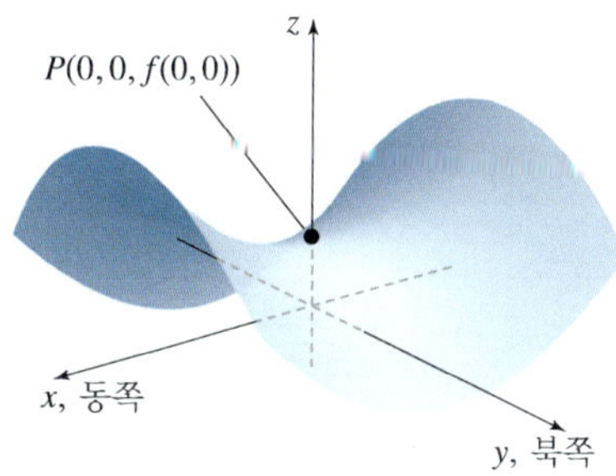

[그림 11.39](b)

◐ 이변수함수의 방향도함수

이변수함수 f와 f의 정의역 내의 점 (x_0, y_0)을 잡자.

점 (x_0, y_0)에서 함수 f의 x에 관한 편도함수 $f_x(x_0, y_0)$는 다음과 같고 점 (x_0, y_0)에서 x축 방향인 단위벡터 $\mathbf{i} = \langle 1, 0 \rangle$을 따른 함수 f의 변화율을 의미한다.

$$f_x(x_0, y_0) = \lim_{h \to 0} \frac{f(x_0 + h, y_0) - f(x_0, y_0)}{h}$$

점 (x_0, y_0)에서 함수 $z = f(x, y)$의 y에 관한 편도함수 $f_x(x_0, y_0)$는 다음과 같고 점 (x_0, y_0)에서 y축 방향인 단위벡터 $\mathbf{j} = \langle 0, 1 \rangle$을 따른 함수 f의 변화율을 의미한다.

$$f_y(x_0, y_0) = \lim_{h \to 0} \frac{f(x_0, y_0 + h) - f(x_0, y_0)}{h}$$

이변수함수 f에 대하여 x축이나 y축 방향만이 아닌 일반적인 방향에 대한 함수의 변화율을 알아보자.

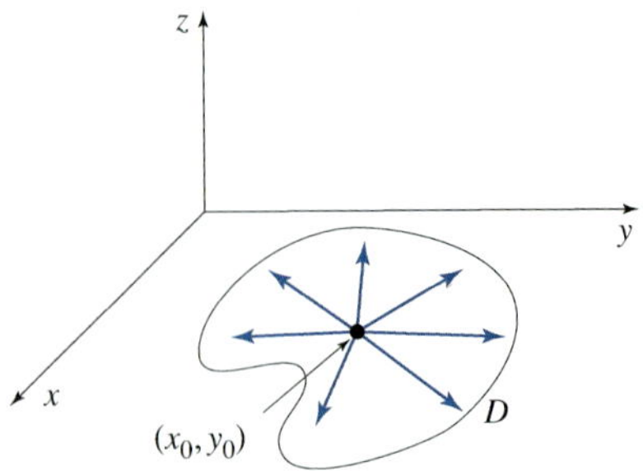

[그림 11.40]

정의역 D 위의 이변수함수 f가 있다고 하자. 정의역의 점 $P(x_0, y_0)$와 단위벡터 $\mathbf{u} = a\mathbf{i} + b\mathbf{j}$를 잡자. ([그림 11.40] 참고)

함수 f가 점 (x_0, y_0)에서 임의의 단위벡터인 $\mathbf{u}$ 방향으로 나아갈 때 함수 f의 변화율을 구해보자. 즉, 단위벡터가 $\mathbf{u} = \langle 1, 0 \rangle$ 또는 $\langle 0, 1 \rangle$인 경우만이 아닌 임의의 단위벡터 $\mathbf{u} = a\mathbf{i} + b\mathbf{j} = \langle a, b \rangle$에 대한 함수 f의 변화율을 구해보자.

이변수함수 f의 그래프는 방정식 $z = f(x, y)$로 만들어진 곡면이다. 그리고 $z_0 = f(x_0, y_0)$라고 놓으면 점 (x_0, y_0, z_0)은 곡면 위의 점이다.

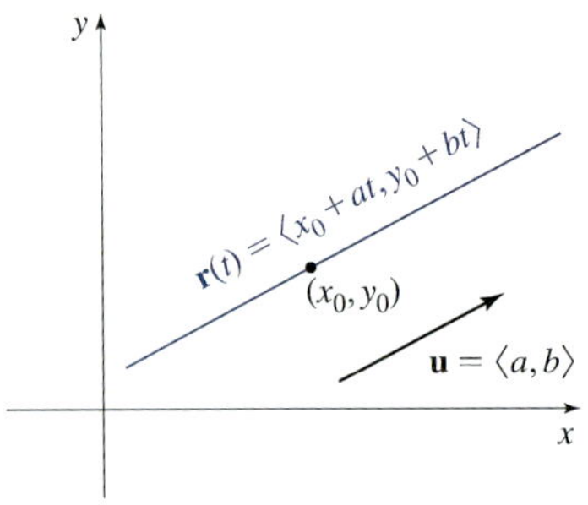

[그림 11.41]
점 (x_0, y_0)를 지나고 $\mathbf{u}$ 방향의 직선

점 (x_0, y_0)를 지나고 단위벡터 $\mathbf{u} = a\mathbf{i} + b\mathbf{j}$에 평행한 xy-평면 위의 직선의 매개곡선 $\mathbf{r}$은 다음과 같다. ([그림 11.41] 참고)

$$\mathbf{r}(t) = (at + x_0)\mathbf{i} + (bt + y_0)\mathbf{j}$$

함수 f의 그래프인 곡면 $z = f(x, y)$는 공간에 위치하므로 직선 $\mathbf{r}$을 공간으로 이동한 공간 매개곡선 $\mathbf{r}$로 보자. ([그림 11.42](a) 참고) 즉,

$$\mathbf{r}(t) = (at + x_0)\mathbf{i} + (bt + y_0)\mathbf{j} = \langle x_0 + at, y_0 + bt, 0 \rangle$$

평면 π를 직선 $\mathbf{r}$을 지나고 xy-평면에 수직인 평면이라고 하자. 평면 π와 함수 f의 그래프가 만나는 곡선 C를 잡자. 즉, 곡선 C는 직선 $\mathbf{r}$ 위의 함수 f의 그래프이다. 그래프 위의 점 $(x_0, y_0, f(x_0, y_0))$에서 곡선 C의 기울기를 구해보자.

함수 f의 그래프 위의 점 $(x_0, y_0, f(x_0, y_0))$에서 곡선 C의 기울기는 점 (x_0, y_0)를 지나고 $\mathbf{u} = a\mathbf{i} + b\mathbf{j}$ 방향의 직선 $\mathbf{r}$ 위에서 함수 f의 변화율이다. 평면직선 $\mathbf{r}$ 위를 따른 이변수함수 f의 움직임을 다음과 같은 실함수 g로 표시하자.

$$g(t) = (f \circ \mathbf{r})(t) = f(\mathbf{r}(t)) = f(at + x_0, bt + y_0)$$

점 $\mathbf{r}(0) = (x_0, y_0)$에서 매개화된 곡선 C의 변화율은 $t = 0$에서 실함수 $g(t) =$

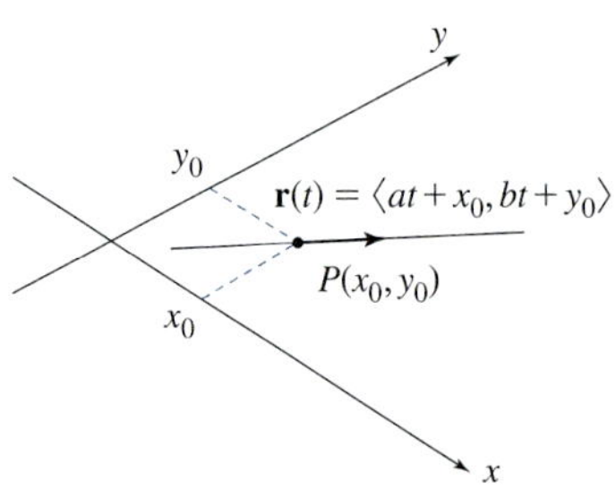

[그림 11.42](a)

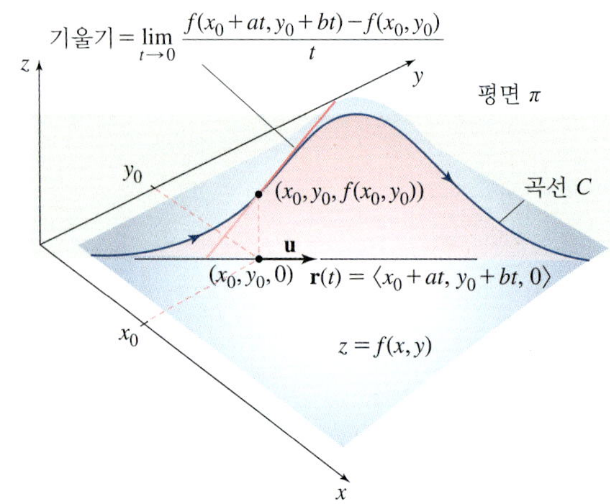

[그림 11.42](b)

$f(\mathbf{r}(t))$의 도함수 $g'(0)$을 의미한다. ([그림 11.42](b) 참고)

점 (x_0, y_0)에서 매개화된 곡선 C의 변화율을 점 (x_0, y_0)에서 함수 f의 $\mathbf{u}$ 방향의 **방향도함수**라고 하고 기호로 $D_{\mathbf{u}} f(x_0, y_0)$라고 한다. 즉,

$$D_{\mathbf{u}} f(x_0, y_0) = g'(0) = \frac{d}{dt}[f(\mathbf{r}(t))]\Big|_{t=0} = \frac{d}{dt}[f(at + x_0, bt + y_0)]\Big|_{t=0}$$
$$= \lim_{t \to 0} \frac{f(x_0 + at, y_0 + bt) - f(x_0, y_0)}{t}$$

점 $P(x_0, y_0)$에서 함수 f의 단위벡터 $\mathbf{u}$ 방향의 **방향도함수**는 다음과 같다.

$$D_{\mathbf{u}} f(x_0, y_0) = \lim_{t \to 0} \frac{f(x_0 + at, y_0 + bt) - f(x_0, y_0)}{t} \tag{11.6}$$

◐ 삼변수함수의 방향도함수

이변수함수와 비슷하게 삼변수함수에 대하여 임의의 단위벡터 $\mathbf{u}$ 방향에 대한 함수의 변화율을 알아보자. 공간의 영역 E에서 정의된 삼변수함수 f와 영역 E 내의 점 (x_0, y_0, z_0)와 단위벡터 $\mathbf{u} = a\mathbf{i} + b\mathbf{j} + c\mathbf{k}$을 잡자.

점 (x_0, y_0, z_0)를 지나고 $\mathbf{u}$ 방향의 직선의 공간 매개곡선 $\mathbf{r}$은 다음과 같다.

$$\mathbf{r}(t) = (at + x_0)\mathbf{i} + (bt + y_0)\mathbf{j} + (ct + z_0)\mathbf{k}$$

함수 f의 그래프 위의 점 $(x_0, y_0, z_0, f(x_0, y_0, z_0))$에서 공간직선 $\mathbf{r}$ 위를 따른 삼변수함수 f의 변화율을 구해보자. 공간직선 $\mathbf{r}$을 따른 함수 $f(x, y, z)$의 움직임을 다음과 같은 실함수 h로 표현하자.

$$h(t) = f(\mathbf{r}(t)) = f(at + x_0, bt + y_0, ct + z_0)$$

점 $\mathbf{r}(0) = (x_0, y_0, z_0)$에서 공간직선 $\mathbf{r}$을 따른 함수 f의 변화율은 $t = 0$에서 실함수 $h(t) = f(\mathbf{r}(t))$의 도함수 $h'(0)$을 의미한다. 그러므로 점 (x_0, y_0, z_0)에서 공간직선 $\mathbf{r}$을 따른 함수 f의 변화율을 점 (x_0, y_0, z_0)에서 함수 f의 $\mathbf{u}$방향의 **방향도함수**라고 하고 기호로 $D_{\mathbf{u}} f(x_0, y_0, z_0)$라고 한다. 즉,

$$D_{\mathbf{u}} f(x_0, y_0, z_0) = h'(0) = \frac{d}{dt}[f(\mathbf{r}(t))]\Big|_{t=0} = \frac{d}{dt}[f(at + x_0, bt + y_0, ct + z_0)]\Big|_{t=0}$$
$$= \lim_{t \to 0} \frac{f(x_0 + at, y_0 + bt, z_0 + ct) - f(x_0, y_0, z_0)}{t}$$

점 (x_0, y_0, z_0)에서 함수 f의 단위벡터 $\mathbf{u}$ 방향의 **방향도함수**는 다음과 같다.

$$D_{\mathbf{u}} f(x_0, y_0, z_0) = \lim_{t \to 0} \frac{f(x_0 + at, y_0 + bt, z_0 + ct) - f(x_0, y_0, z_0)}{t} \tag{11.7}$$

* 방향도함수의 정의에서 벡터 $\mathbf{u}$가 단위벡터임이 중요하다.

[정의 11.15: 방향도함수]

(1) 이변수함수 $f(x, y)$와 점 (x_0, y_0)와 단위벡터* $\mathbf{u} = a\mathbf{i} + b\mathbf{j}$에 대하여 점 (x_0, y_0)에서 함수 f의 $\mathbf{u}$ 방향의 방향도함수(directional derivative)는 다음 극한이다. 단, 극한이 존재하는 경우 방향도함수 $D_{\mathbf{u}} f(x_0, y_0)$를 정의한다.

$$D_{\mathbf{u}} f(x_0, y_0) = \lim_{t \to 0} \frac{f(x_0 + at, y_0 + bt) - f(x_0, y_0)}{t}$$

(2) 삼변수함수 $f(x, y, z)$와 점 (x_0, y_0, z_0)와 단위벡터* $\mathbf{u} = a\mathbf{i} + b\mathbf{j} + c\mathbf{k}$에 대하여 점 (x_0, y_0, z_0)에서 함수 f의 $\mathbf{u}$ 방향의 방향도함수(directional derivative)는 다음 극한이다. 단, 극한이 존재하는 경우 방향도함수 $D_{\mathbf{u}} f(x_0, y_0, z_0)$를 정의한다.

$$D_{\mathbf{u}} f(x_0, y_0, z_0) = \lim_{t \to 0} \frac{f(x_0 + at, y_0 + bt, z_0 + ct) - f(x_0, y_0, z_0)}{t}$$

◐ 방향도함수와 편도함수

다변수함수 f가 점 P에서 미분가능한 경우 단위벡터 $\mathbf{u}$에 대하여 방향도함수 $D_{\mathbf{u}} f(P)$를 다변수함수의 편미분을 사용하여 표현이 가능하고 유용하게 사용된다. 점 (x_0, y_0)에서 이변수함수 f의 방향도함수 $D_{\mathbf{u}} f(x_0, y_0)$를 편미분을 사용해 표현해 보자. 점 (x_0, y_0)를 지나고 단위벡터 $\mathbf{u} = a\mathbf{i} + b\mathbf{j}$에 평행한 직선의 매개곡선 $\mathbf{r}(t) = (at + x_0)\mathbf{i} + (bt + y_0)\mathbf{j}$를 잡자.

합성함수 $g(t) = f(\mathbf{r}(t)) = f(at + x_0, bt + y_0) = f(x(t), y(t))$를 놓자. 이때, $x(t) = x_0 + at$이고 $y(t) = y_0 + bt$이다.

점 (x_0, y_0)에서 이변수함수 f의 방향도함수 $D_{\mathbf{u}} f(x_0, y_0) = g'(0)$는 합성함수 $g(t) = f(x(t), y(t))$의 미분이므로 연쇄법칙을 적용하면 다음과 같다.

$$D_{\mathbf{u}} f(x_0, y_0) = \frac{\partial f}{\partial x}(x_0, y_0)\frac{dx}{dt}(0) + \frac{\partial f}{\partial y}(x_0, y_0)\frac{dy}{dt}(0)$$

성분함수의 도함수인 $\frac{dx}{dt}(0) = a$이고 $\frac{dy}{dt}(0) = b$이므로

$$D_{\mathbf{u}} f(x_0, y_0) = f_x(x_0, y_0)a + f_y(x_0, y_0)b$$

점 (x_0, y_0, z_0)에서 미분가능한 삼변수함수 $f(x, y, z)$와 단위벡터 $\mathbf{u} = a\mathbf{i} + b\mathbf{j} + c\mathbf{k}$에 대하여 이변수함수와 비슷하게 점 (x_0, y_0, z_0)에서 삼변수함수 f의 방향도함수 $D_{\mathbf{u}} f(x_0, y_0, z_0)$는 합성함수의 미분이므로 연쇄법칙을 적용하면 다음과 같이 표현할 수 있다.

$$D_{\mathbf{u}} f(x_0, y_0, z_0) = f_x(x_0, y_0, z_0)a + f_y(x_0, y_0, z_0)b + f_z(x_0, y_0, z_0)c$$

그러므로 미분가능한 다변수함수 f에 대하여 점 Q에서 함수 f의 방향도함수 $D_{\mathbf{u}}f(Q)$는 함수 f의 편미분을 사용하여 다음과 같이 구할 수 있다.

[정리 11.15: 방향도함수와 편도함수]

(1) 미분가능한 이변수함수 $f(x,y)$는 단위벡터 $\mathbf{u}=a\mathbf{i}+b\mathbf{j}$ 방향의 방향도함수 $D_{\mathbf{u}}f(x,y)$를 다음과 같이 표현된다.

$$D_{\mathbf{u}}f(x,y)=f_x(x,y)a+f_y(x,y)b \tag{11.8}$$

(2) 미분가능한 삼변수함수 $f(x,y,z)$는 단위벡터 $\mathbf{u}=a\mathbf{i}+b\mathbf{j}+c\mathbf{k}$ 방향의 방향도함수 $D_{\mathbf{u}}f(x,y)$를 다음과 같이 표현된다.

$$D_{\mathbf{u}}f(x,y,z)=f_x(x,y,z)a+f_y(x,y,z)b+f_z(x,y,z)c \tag{11.9}$$

[예제 11.29] 다음을 구하여라.

(1) 미분가능한 이변수함수 $f(x,y)$에 대한 $D_{\mathbf{i}}f(x,y)$, $D_{\mathbf{j}}f(x,y)$를 구하여라.

(2) 미분가능한 삼변수함수 $f(x,y,z)$에 대한 $D_{\mathbf{i}}f(x,y,z)$, $D_{\mathbf{j}}f(x,y,z)$, $D_{\mathbf{k}}f(x,y,z)$를 구하여라.

[풀이] (1) 단위벡터 $\mathbf{u}=\mathbf{i}=\langle 1,0\rangle$에 대하여 식 (11.8)을 적용하면

$$D_{\mathbf{i}}f(x,y)=f_x(x,y)\cdot 1+f_y(x,y)\cdot 0=f_x(x,y)=\frac{\partial f}{\partial x}(x,y).$$

단위벡터 $\mathbf{u}=\mathbf{j}=\langle 0,1\rangle$에 대하여 식 (11.8)을 적용하면

$$D_{\mathbf{j}}f(x,y)=f_x(x,y)\cdot x+f_y(x,y)\cdot 1=f_y(x,y)=\frac{\partial f}{\partial y}(x,y).$$

(2) 단위벡터 $\mathbf{u}=\mathbf{i}=\langle 1,0,0\rangle$에 대하여 식 (11.9)를 적용하면

$$\begin{aligned}D_{\mathbf{i}}f(x,y)&=f_x(x,y,z)\times 1+f_y(x,y,z)\times 0+f_z(x,y,z)\times 0\\&=f_x(x,y,z)=\frac{\partial f}{\partial x}(x,y,z).\end{aligned}$$

단위벡터 $\mathbf{u}=\mathbf{j}=\langle 0,1,0\rangle$에 대하여 식 (11.9)를 적용하면

$$\begin{aligned}D_{\mathbf{j}}f(x,y,z)&=f_x(x,y,z)\times 0+f_y(x,y,z)\times 1+f_z(x,y,z)\times 0\\&=f_y(x,y,z)=\frac{\partial f}{\partial y}(x,y,z).\end{aligned}$$

단위벡터 $\mathbf{u}=\mathbf{k}=\langle 0,0,1\rangle$에 대하여 식 (11.9)를 적용하면

$$\begin{aligned}D_{\mathbf{k}}f(x,y,z)&=f_x(x,y,z)\times 0+f_y(x,y,z)\times 0+f_z(x,y,z)\times 1\\&=f_z(x,y,z)=\frac{\partial f}{\partial z}(x,y,z).\end{aligned}$$

■

(1) 미분가능한 이변수함수 $f(x,y)$에 대하여

$$D_{\mathbf{i}}f(x,y)=f_x(x,y),\ D_{\mathbf{j}}f(x,y)=f_y(x,y).$$

(2) 미분가능한 삼변수함수 $f(x,y,z)$에 대하여

$$D_{\mathbf{i}} f(x,y,z) = f_x(x,y,z),\ D_{\mathbf{j}} f(x,y,z) = f_y(x,y,z),\ D_{\mathbf{k}} f(x,y,z) = f_z(x,y,z).$$

[예제 11.30] 이변수함수 $f(x,y) = x^2 + 2y^2 + 1$의 그래프 위의 점 $(1,4)$에서 함수 f의 단위벡터 $\mathbf{u} = \frac{1}{2}\mathbf{i} - \frac{\sqrt{3}}{2}\mathbf{j}$ 방향의 방향도함수 $D_{\mathbf{u}} f(1,4)$를 구하여라. [연습문제 1~10]

[풀이] [정리 11.15]의 식 (11.8)에 의해서

$D_{\mathbf{u}} f(1,4) = \frac{1}{2} \cdot f_x(1,4) - \frac{\sqrt{3}}{2} \cdot f_y(1,4)$이다.

$f_x(x,y) = (x^2 + 2y^2)_x = 2x$이므로 $f_x(1,4) = 2x\big|_{(1,4)} = 2$이고

$f_y(x,y) = (x^2 + 2y^2)_y = 4y$이므로 $f_y(1,4) = 4y\big|_{(1,4)} = 16$이다.

그러므로 $D_{\mathbf{u}} f(1,4) = \frac{1}{2} \times 2 - \frac{\sqrt{3}}{2} \times 16 = 1 - 8\sqrt{3}$이다.

점 $(1,4)$에서 함수 f의 $\mathbf{u}$ 방향의 방향도함수 $D_{\mathbf{u}} f(1,4) = 1 - 8\sqrt{3}$이다. ■

영이 아닌 벡터 $\mathbf{u} = a\mathbf{i} + b\mathbf{j}$가 단위벡터가 아닌 경우에도 $D_{\mathbf{u}} f(x,y)$를 동일하게 다음과 같이 정의할 수 있다.

$$D_{\mathbf{u}} f(x_0, y_0) = \frac{d}{dt}\left[f(at + x_0, bt + y_0)\right]\bigg|_{t=0}$$

그러나 주의할 점은 단위벡터가 아닌 벡터 $\mathbf{u} = a\mathbf{i} + b\mathbf{j}$에 대하여 $D_{\mathbf{u}} f(x,y)$를 방향도함수라고 하지 않는다. 단지 기호 $D_{\mathbf{u}} f(x,y)$를 사용할 수 있다.

① 미분가능한 이변수함수 $f(x,y)$는 영이 아닌 벡터 $\mathbf{u} = a\mathbf{i} + b\mathbf{j}$에 대해

- $D_{\mathbf{u}} f(x,y) = f_x(x,y)a + f_y(x,y)b.$ (11.8)*
- 실수 k에 대해 $D_{k\mathbf{u}} f(x,y) = kD_{\mathbf{u}} f(x,y)$.
- 벡터 $\mathbf{u} = a\mathbf{i} + b\mathbf{j}$방향의 방향도함수는 $D_{\frac{\mathbf{u}}{\|\mathbf{u}\|}} f$이다.

② 미분가능한 삼변수함수 $f(x,y,z)$는 영이 아닌 벡터 $\mathbf{u} = a\mathbf{i} + b\mathbf{j} + c\mathbf{k}$에 대해

- $D_{\mathbf{u}} f(x,y,z) = f_x(x,y,z)a + f_y(x,y,z)b + f_z(x,y,z)c.$ (11.9)*
- 실수 k에 대해 $D_{k\mathbf{u}} f(x,y) = kD_{\mathbf{u}} f(x,y)$.
- 벡터 $\mathbf{u} = a\mathbf{i} + b\mathbf{j} + c\mathbf{k}$ 방향의 방향도함수는 $D_{\frac{\mathbf{u}}{\|\mathbf{u}\|}} f$이다.

예를 들어서 이변수함수 $f(x,y) = x^2 + xy$에 대하여 식 (11.7)*을 사용하여 단위벡터가 아닌 벡터 $\mathbf{u} = \mathbf{i} - \mathbf{j}$에 대한 $D_{\mathbf{u}} f(1,2)$를 구해보자.

벡터 $\mathbf{u} = \mathbf{i} - \mathbf{j}$가 단위벡터가 아니므로 식 (11.8)*에 의하여 벡터 $\mathbf{u} = \mathbf{i} - \mathbf{j}$에 대한 $D_{\mathbf{u}} f(1,2) = 1 \cdot f_x(1,2) - 1 \cdot f_y(1,2)$이다.

$f_x(x,y)=(x^2+xy)_x=2x+y$이므로 $f_x(1,2)=(2x+y)\big|_{(1,2)}=4$이고

$f_x(x,y)=(x^2+xy)_y=x$이므로 $f_y(1,2)=x\big|_{(1,2)}=1$.

$D_{\mathbf{u}}f(1,2)=1\cdot f_x(1,2)-1\cdot f_y(1,2)=4-1=3$이므로 $D_{\mathbf{u}}f(1,2)=3$이다.

[주의] $D_{\mathbf{u}}f(1,2)$는 벡터 $\mathbf{u}=\mathbf{i}-\mathbf{j}$ 방향의 방향도함수가 아님을 주의하자.

[주의] 방향도함수와 기호 $D_{\mathbf{u}}f(P)$의 사용에 대한 주의점은 다음과 같다.

- $\mathbf{u}$ 방향의 f의 방향도함수와 $\frac{\mathbf{u}}{\|\mathbf{u}\|}$ 방향의 f의 방향도함수는 같다.
- $\mathbf{u}$ 방향의 f의 방향도함수$=D_{\frac{\mathbf{u}}{\|\mathbf{u}\|}}f$

[예제 11.31] 함수 $f(x,y)=x^2+xy$에 대하여 점 $(1,2)$에서 함수 f의 벡터 $\mathbf{u}=\mathbf{i}-\mathbf{j}$ 방향의 방향도함수를 구하여라. [연습문제 1~10]

[풀이] 벡터 $\mathbf{u}=\mathbf{i}-\mathbf{j}$의 크기 $\|\mathbf{u}\|=\sqrt{2}$이므로 $\mathbf{u}$와 같은 방향의 단위벡터는 $\frac{\mathbf{u}}{\|\mathbf{u}\|}=\frac{1}{\sqrt{2}}\mathbf{u}=\frac{1}{\sqrt{2}}\mathbf{i}-\frac{1}{\sqrt{2}}\mathbf{j}$이다.

점 $P(1,2)$에서 함수 f의 $\mathbf{u}$ 방향의 방향도함수 $D_{\frac{\mathbf{u}}{\|\mathbf{u}\|}}f$는 식 (11.8)에 의해서

$$D_{\frac{\mathbf{u}}{\|\mathbf{u}\|}}f(P)=\frac{1}{\sqrt{2}}f_x(1,2)-\frac{1}{\sqrt{2}}f_y(1,2)$$

$f_x(x,y)=(x^2+xy)_x=2x+y$이므로 $f_x(1,2)=(2x+y)\big|_{(1,2)}=4$이고

$f_x(x,y)=(x^2+xy)_y=x$이므로 $f_y(1,2)=x\big|_{(1,2)}=1$.

그러므로 $D_{\frac{\mathbf{u}}{\|\mathbf{u}\|}}f(P)=\frac{4}{\sqrt{2}}-\frac{1}{\sqrt{2}}=\frac{3\sqrt{2}}{2}$이다. ■

11.5.2 그래디언트

[정리 11.10]에서 다변수함수의 미분에 대하여 이변수함수 f가 점 (x_0,y_0)에서 미분가능하면 $Df(a,b)=\langle f_x(x_0,y_0),f_y(x_0,y_0)\rangle$이고 삼변수함수 f가 점 (x_0,y_0,z_0)에서 미분가능하면 $Df(a,b,c)=\langle f_x(x_0,y_0,z_0),f_y(x_0,y_0,z_0),f_z(x_0,y_0,z_0)\rangle$임을 공부하였다. 이 벡터는 중요한 역할을 하는 벡터로 함수 f의 그래디언트라고 한다.

[정의 11.16: 그래디언트]

(1) 이변수함수 f의 그래디언트(gradient)는 다음 평면벡터이다.

$$\nabla f(x,y)=f_x(x,y)\mathbf{i}+f_y(x,y)\mathbf{j}$$

(2) 삼변수함수 f의 그래디언트(gradient)는 다음 공간벡터이다.

$$\nabla f(x,y,z)=f_x(x,y,z)\mathbf{i}+f_y(x,y,z)\mathbf{j}+f_z(x,y,z)\mathbf{k}$$

[예제 11.32] 점 P에서 다음 함수 f의 그래디언트 ∇f를 구하여라. [연습문제 11~16]

(1) $f(x,y)=x+xye^y$, 점 $P(1,1)$

(2) $f(x,y,z)=x^2+y^2+z^2$, 점 $P(1,2,-1)$

[풀이] (1) $f_x(x,y)=1+ye^y$이고 $f_y(x,y)=xe^y+xye^y$이므로

$$\nabla f(x,y)=f_x(x,y)\mathbf{i}+f_y(x,y)\mathbf{j}=(1+ye^y)\mathbf{i}+(xe^y+xye^y)\mathbf{j}.$$

점 $P(1,1)$에서 함수 f의 그래디언트 $\nabla f(1,1)$은 다음과 같다.

$$\nabla f(1,1)=(1+e)\mathbf{i}+2e\mathbf{j}$$

(2) $f_x(x,y,z)=2x,\ f_y(x,y,z)=2y,\ f_z(x,y,z)=2z$이므로

$$\nabla f(x,y,z)=2x\mathbf{i}+2y\mathbf{j}+2z\mathbf{k}.$$

점 $(1,2,-1)$에서의 함수 f의 그래디언트 $\nabla f(1,2,-1)$은 다음과 같다.

$$\nabla f(1,2,-1)=2\mathbf{i}+4\mathbf{j}-2\mathbf{k}$$ ■

◐ 방향도함수의 그래디언트 표현

다변수함수의 그래디언트는 다양한 분야의 다양한 상황에 활용된다. 그래디언트의 첫 번째 중요한 활용으로 **다변수함수의 방향도함수를 그래디언트로 표현하는 것**이 있다. 미분가능한 이변수함수 $f(x,y)$는 영이 아닌 벡터 $\mathbf{u}=a\mathbf{i}+b\mathbf{j}$에 대해 식 (11.8)*을 그래디언트를 사용하여 내적으로 표현할 수 있다.

$$D_{\mathbf{u}}f(x,y)=f_x(x,y)a+f_y(x,y)b=\nabla f(x_0,y_0)\cdot\mathbf{u}$$

미분가능한 삼변수함수 $f(x,y,z)$는 영이 아닌 벡터 $\mathbf{u}=a\mathbf{i}+b\mathbf{j}+c\mathbf{k}$에 대해 식 (11.9)*를 그래디언트를 사용하여 내적으로 표현할 수 있다.

$$\begin{aligned}D_{\mathbf{u}}f(x,y,z)&=f_x(x,y,z)a+f_y(x,y,z)b+f_z(x,y,z)c\\&=\nabla f(x_0,y_0,z_0)\cdot\mathbf{u}\end{aligned}$$

미분가능한 이변수함수 f와 영이 아닌 벡터 $\mathbf{u}=a\mathbf{i}+b\mathbf{j}$에 대해

- $D_{\mathbf{u}}f(x,y)=\nabla f(x,y)\cdot\mathbf{u}$
- 벡터 $\mathbf{u}$와 같은 방향의 방향도함수는 $D_{\frac{\mathbf{u}}{\|\mathbf{u}\|}}f(x,y)=\nabla f(x,y)\cdot\dfrac{\mathbf{u}}{\|\mathbf{u}\|}$

미분가능한 삼변수함수 f와 영이 아닌 벡터 $\mathbf{u}=a\mathbf{i}+b\mathbf{j}+c\mathbf{k}$에 대해

- $D_{\mathbf{u}}f(x,y,z)=\nabla f(x,y,z)\cdot\mathbf{u}$
- 벡터 $\mathbf{u}$와 같은 방향의 방향도함수는 $D_{\frac{\mathbf{u}}{\|\mathbf{u}\|}}f(x,y)=\nabla f(x,y)\cdot\dfrac{\mathbf{u}}{\|\mathbf{u}\|}$

* 「점 $(0,1)$에서 벡터 $\mathbf{u}$ 방향의 함수 f의 변화율을 구하여라.」와 같은 의미이다.

[예제 11.33] 이변수함수 $f(x,y)=y^4+2xy^3+x^2y^2$에 대하여 점 $(0,1)$에서 함수 f의 벡터 $\mathbf{u}$ 방향의 방향도함수를 구하여라.* [연습문제 1~10]

(1) $\mathbf{u}=\mathbf{i}+2\mathbf{j}$ (2) $\mathbf{u}=2\mathbf{i}-\mathbf{j}$

[풀이] $\nabla f(x,y)=f_x(x,y)\mathbf{i}+f_y(x,y)\mathbf{j}=(2y^3+2xy^2)\mathbf{i}+(4y^3+6xy^2+2x^2y)\mathbf{j}$이고

$$\nabla f(0,1)=2\mathbf{i}+4\mathbf{j}.$$

(1) $\mathbf{u}=\mathbf{i}+2\mathbf{j}$와 같은 방향의 단위벡터는 $\frac{1}{\|\mathbf{u}\|}\mathbf{u}=\frac{1}{\sqrt{5}}\mathbf{u}=\frac{1}{\sqrt{5}}\mathbf{i}+\frac{2}{\sqrt{5}}\mathbf{j}$이다.

점 $(0,1)$에서 함수 f의 $\mathbf{u}$방향의 방향도함수은 $D_{\frac{\mathbf{u}}{\sqrt{5}}}f(0,1)$이므로

$$\begin{aligned}D_{\frac{\mathbf{u}}{\sqrt{5}}}f(0,1)&=\nabla f(0,1)\cdot\frac{\mathbf{u}}{\sqrt{5}}=(2\mathbf{i}+4\mathbf{j})\cdot\left(\frac{1}{\sqrt{5}}\mathbf{i}+\frac{2}{\sqrt{5}}\mathbf{j}\right)\\&=\frac{2}{\sqrt{5}}+\frac{8}{\sqrt{5}}=2\sqrt{5}.\end{aligned}$$

그러므로 점 $(0,1)$에서 함수 f의 $\mathbf{u}$ 방향의 방향도함수는 $2\sqrt{5}$이다.

(2) $\mathbf{u}=2\mathbf{i}-\mathbf{j}$와 같은 방향의 단위벡터는 $\frac{1}{\|\mathbf{u}\|}\mathbf{u}=\frac{1}{\sqrt{5}}\mathbf{u}=\frac{2}{\sqrt{5}}\mathbf{i}-\frac{1}{\sqrt{5}}\mathbf{j}$이다. 점 $(0,1)$에서 함수 f의 $\mathbf{u}$ 방향의 방향도함수는 $D_{\frac{\mathbf{u}}{\sqrt{5}}}f(0,1)$이므로

$$\begin{aligned}D_{\frac{\mathbf{u}}{\sqrt{5}}}f(0,1)&=\nabla f(0,1)\cdot\frac{\mathbf{u}}{\sqrt{5}}=(2\mathbf{i}+4\mathbf{j})\cdot\left(\frac{2}{\sqrt{5}}\mathbf{i}-\frac{1}{\sqrt{5}}\mathbf{j}\right)\\&=\frac{4}{\sqrt{5}}-\frac{4}{\sqrt{5}}=0.\end{aligned}$$

그러므로 점 $(0,1)$에서 함수 f의 $\mathbf{u}$ 방향의 방향도함수는 0이다. ■

[예제 11.34] 함수 $f(x,y,z)=xy\sin z$에 대하여 점 $(1,2,\pi/2)$에서 함수 f의 벡터 $\mathbf{u}=\mathbf{i}+2\mathbf{j}+2\mathbf{k}$ 방향의 방향도함수를 구하여라. [연습문제 17~19]

[풀이] $\nabla f(x,y,z)=f_x(x,y,z)\mathbf{i}+f_y(x,y,z)\mathbf{j}+f_z(x,y,z)\mathbf{k}$이므로
$\nabla f(x,y,z)=(y\sin z)\mathbf{i}+(x\sin z)\mathbf{j}+(xy\cos z)\mathbf{k}$이고

$$\nabla f(1,2,\pi/2)=2\mathbf{i}+\mathbf{j}=\langle 2,1,0\rangle$$

$\mathbf{u}=\mathbf{i}+2\mathbf{j}+2\mathbf{k}$와 같은 방향의 단위 벡터는 $\frac{1}{\|\mathbf{u}\|}\mathbf{u}=\frac{1}{3}\mathbf{u}=\frac{1}{3}\mathbf{i}+\frac{2}{3}\mathbf{j}+\frac{2}{3}\mathbf{k}$이다.
점 $(1,2,\pi/2)$에서 함수 f의 $\mathbf{u}$ 방향의 방향도함수는 $D_{\frac{\mathbf{u}}{3}}f(1,2,\pi/2)$이므로

$$\begin{aligned}D_{\frac{\mathbf{u}}{3}}f(1,2,\pi/2)&=\nabla f(1,2,\pi/2)\cdot\frac{\mathbf{u}}{3}=\langle 2,1,0\rangle\cdot\left\langle\frac{1}{3},\frac{2}{3},\frac{2}{3}\right\rangle\\&=\frac{2}{3}+\frac{2}{3}+0=\frac{4}{3}.\end{aligned}$$

그러므로 점 $(1, 2, \pi/2)$에서 함수 f의 $\mathbf{u}$ 방향의 방향도함수은 $\frac{4}{3}$이다. ■

11.5.3 그래디언트의 성질 1

미분가능한 다변수함수 f와 단위벡터인 $\mathbf{u}$에 대하여 점 P에서 함수 f의 $\mathbf{u}$ 방향의 방향도함수 $D_{\mathbf{u}} f(P)$는 f의 그래디언트 $\nabla f(P)$를 사용하여 다음과 같다.

$$D_{\mathbf{u}} f(P) = \nabla f(P) \cdot \mathbf{u}$$

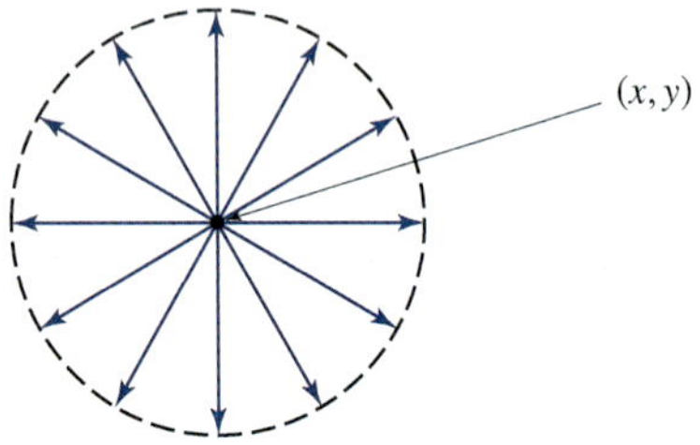

단위벡터 **u**의 후보들

[그림 11.43]

평면에서 단위벡터 $\mathbf{u}$는 [그림 11.43]에서 보면 많은 선택을 할 수 있고 점 (x, y)에서 $\mathbf{u}$ 방향의 방향도함수 $D_{\mathbf{u}} f(x, y) = \nabla f(x, y) \cdot \mathbf{u}$는 단위벡터 $\mathbf{u}$에 따라 방향도함수 $D_{\mathbf{u}} f(x, y)$의 값이 달라진다.

점 P에서 단위벡터 $\mathbf{u}$ 방향의 다변수함수 f의 방향도함수 $D_{\mathbf{u}} f(P) = \nabla f(P) \cdot \mathbf{u}$의 값이 단위벡터 $\mathbf{u}$에 따라 변하므로 방향도함수 $D_{\mathbf{u}} f(x, y)$가 최대가 되는 방향벡터와 최소가 되는 방향벡터를 알아보자.

그래디언트 $\nabla f(P)$와 단위벡터 $\mathbf{u}$의 사잇각을 θ라고 하자.

$\|\mathbf{u}\| = 1$이고 내적의 성질을 사용하면 다음과 같다.

$$\begin{aligned} D_{\mathbf{u}} f(P) &= \nabla f(P) \cdot \mathbf{u} \\ &= \|\nabla f(P)\| \|\mathbf{u}\| \cos\theta \\ &= \|\nabla f(P)\| \cos\theta \end{aligned}$$

$-1 \le \cos\theta \le 1$이므로 $-\|\nabla f(P)\| \le D_{\mathbf{u}} f(P) \le \|\nabla f(P)\|$이므로

(1) $\theta = 0$인 경우: 단위벡터 $\mathbf{u}$가 $\nabla f(P)$와 같은 방향

- 단위벡터 $\mathbf{u} = \dfrac{\nabla f(P)}{\|\nabla f(P)\|}$
- $D_{\mathbf{u}} f(P)$는 최댓값 $D_{\mathbf{u}} f(P) = \|\nabla f(P)\|$를 갖는다.
- 점 P에서 함수 f는 $\nabla f(P)$ 방향으로 가장 빠르게 증가한다.*

(2) $\theta = \pi$인 경우: 단위벡터 $\mathbf{u}$가 $\nabla f(P)$와 반대 방향

- 단위벡터 $\mathbf{u} = -\dfrac{\nabla f(P)}{\|\nabla f(P)\|}$
- $D_{\mathbf{u}} f(P)$는 최솟값 $D_{\mathbf{u}} f(P) = -\|\nabla f(P)\|$을 갖는다.
- 점 P에서 함수 f는 $-\nabla f(P)$ 방향으로 가장 빠르게 감소한다.**

* 방향도함수 $D_{\mathbf{u}} f(P) > 0$이므로 f가 $\mathbf{u}$ 방향으로 증가한다고 한다.

** 방향도함수 $D_{\mathbf{u}} f(P) < 0$이므로 f가 $\mathbf{u}$ 방향으로 감소한다고 한다.

[그림 11.44]의 곡면 $z = f(x, y)$을 보면 점 (a, b)에서 함수 f가 $\nabla f(a, b)$ 방향으로 가장 빠르게 증가하고 $-\nabla f(a, b)$ 방향으로 가장 빠르게 감소하는 것을 볼 수 있다.

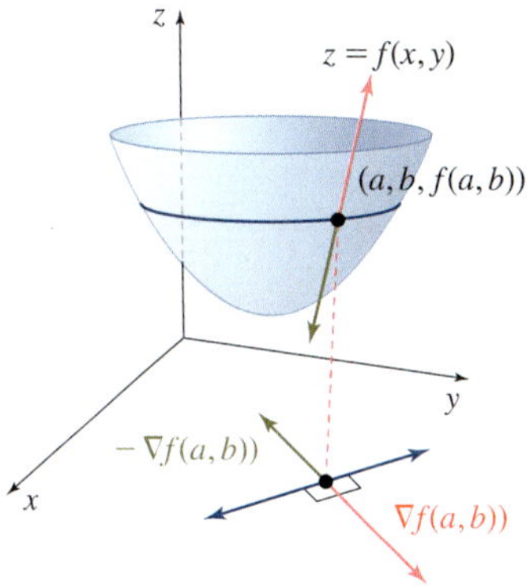

[그림 11.44]

[정리 11.16] 미분가능한 다변수함수 f에 대하여

(1) 점 P에서 함수 f는 $\nabla f(P)$ 방향으로 가장 빠르게 증가한다.

함수 f의 가장 빠르게 증가하는 변화율 $D_{\frac{\nabla f(P)}{\|\nabla f(P)\|}} f(P) = \|\nabla f(P)\|$.

(2) 점 P에서 함수 f는 $-\nabla f(P)$ 방향으로 가장 빠르게 감소한다.

함수 f의 가장 빠르게 감소하는 변화율 $D_{\frac{\nabla f(P)}{\|\nabla f(P)\|}} f(P) = -\|\nabla f(P)\|$.

[예제 11.35] 함수 $f(x,y)=x^2-xy+y^2$에 대하여 [연습문제 20~26]

(1) 점 $(1,-2)$에서 함수 f가 가장 빠르게 증가하는 방향을 구하여라.

(2) 점 $(1,-2)$에서 함수 f가 가장 빠르게 증가하는 변화율을 구하여라.

[풀이]

(1) [정리 11.16] (1)에 의하여 점 $(1,-2)$에서 함수 f가 가장 빠르게 증가하는 방향은 $\nabla f(1,-2)$이다.

함수 f의 그래디언트는 $\nabla f(x,y)=(2x-y)\mathbf{i}+(2y-x)\mathbf{j}$이므로 점 $(1,-2)$에서 그래디언트는 $\nabla f(1,-2)=4\mathbf{i}-5\mathbf{j}$이다.

그러므로 점 $(1,-2)$에서 함수 f가 가장 빠르게 증가하는 방향은 $4\mathbf{i}-5\mathbf{j}$이다.

(2) [정리 11.16] (1)에서 점 $(1,-2)$에서 $\nabla f(1,-2)=4\mathbf{i}-5\mathbf{j}$ 방향으로 함수 f가 증가하는 변화율은 $D_{\frac{\nabla f(1,-2)}{\|\nabla f(1,-2)\|}} f(1,-2)$이다.

$\|\nabla f(1,-2)\| = \|4\mathbf{i}-5\mathbf{j}\| = \sqrt{41}$이므로 $\nabla f(1,-2)=4\mathbf{i}-5\mathbf{j}$ 방향의 방향도함수 $D_{\frac{4}{\sqrt{41}}\mathbf{i}-\frac{5}{\sqrt{41}}\mathbf{j}} f(1,-2) = \|\nabla f(1,-2)\| = \sqrt{41}$이다.

그러므로 점 $(1,-2)$에서 함수 f가 가장 빠르게 증가하는 변화율은 $\sqrt{41}$이다.

■

[예제 11.36] 삼변수함수 $f(x,y,z)=x^3-xy^2-z$에 대하여 [연습문제 20~26]

(1) 점 $(1,1,0)$에서 함수 f가 가장 빠르게 증가하는 방향을 구하여라.

(2) 점 $(1,1,0)$에서 함수 f가 가장 빠르게 증가하는 변화율을 구하여라.

[풀이]

(1) [정리 11.16] (1)에서 점 $(1,1,0)$에서 함수 f가 가장 빠르게 증가하는 방향은 $\nabla f(1,1,0)$이다.

함수 f의 그래디언트 $\nabla f(x,y,z)=(3x^2-y^2)\mathbf{i}-2xy\mathbf{j}-\mathbf{k}$이고 점 $(1,1,0)$에서 $\nabla f(1,1,0)=2\mathbf{i}-2\mathbf{j}-\mathbf{k}$이다.

그러므로 점 $(1,1,0)$에서 함수 f가 가장 빠르게 증가하는 방향은 $2\mathbf{i}-2\mathbf{j}-\mathbf{k}$이다.

(2) [정리 11.16] (2)에서 점 $(1,1,0)$에서 $\nabla f(1,1,0)=2\mathbf{i}-2\mathbf{j}-\mathbf{k}$ 방향으로 함수 f가 증가하는 변화율은 $D_{\frac{\nabla f(1,1,0)}{\|\nabla f(1,1,0)\|}} f(1,1,0)$이다.

$\|\nabla f(1,1,0)\| = \|2\mathbf{i}-2\mathbf{j}-\mathbf{k}\| = 3$이므로 $\nabla f(1,1,0) = 2\mathbf{i}-2\mathbf{j}-\mathbf{k}$ 방향의 방향 도함수 $D_{\frac{2}{3}\mathbf{i}-\frac{2}{3}\mathbf{j}-\frac{1}{3}\mathbf{k}} f(1,1,0) = \|\nabla f(1,1,0)\| = 3$이다.

그러므로 점 $(1,1,0)$에서 함수 f가 가장 빠르게 증가하는 변화율은 3이다. ■

11.5.4 그래디언트의 성질 2: 등고선과 등위면의 수직벡터

다변수함수의 그래디언트와 다변수함수의 레벨집합 사이의 관계를 알아보자. 그래디언트는 레벨집합에 수직인 벡터가 된다. 이 성질은 다음과 같이 활용된다.

- 이변수함수의 그래디언트는 레벨집합인 등고선에 수직이다.
- 삼변수함수의 그래디언트는 레벨집합인 등위면의 접평면의 수직벡터이다.

◐ 그래디언트와 등고선의 접선

11.1절에서 이변수함수 $f(x,y)$의 c-등고선를 공부하였다. 함수 $f(x,y)$의 c-등고선은 방정식 $f(x,y)=c$의 그래프이고 일반적으로 평면 위의 곡선 C로 나타난다. c-등고선 위의 점 (x_0,y_0)를 지나는 등고선 c의 매개곡선 $\mathbf{r}$은 다음과 같다.

$$\mathbf{r}(t) = x(t)\mathbf{i} + y(t)\mathbf{j}$$

이때, $\mathbf{r}(0) = x_0\mathbf{i} + y_0\mathbf{j} = \langle x_0, y_0 \rangle$이다. 매개곡선 $\mathbf{r}(t)$는 c-등고선이므로 모든 t에서

$$f(\mathbf{r}(t)) = f(x(t), y(t)) = c.$$

실함수 $g(t) = f(\mathbf{r}(t)) = c$를 t에 관해 양변을 미분하고 $t=0$을 대입하자.

* $g(t) = (f\circ\mathbf{r})(t)$이고 $\mathbf{r}(t) = \langle x(t), y(t)\rangle$ 이므로 연쇄법칙에 의해서

$$g'(0) = \frac{\partial f}{\partial x}(\mathbf{r}(0))\frac{dx}{dt}(0) + \frac{\partial f}{\partial y}(\mathbf{r}(0))\frac{dy}{dt}(0) = f_x(\mathbf{r}(0))x'(0) + f_y(\mathbf{r}(0))y'(0)$$

$$*g'(0) = f_x(\mathbf{r}(0))x'(0) + f_y(\mathbf{r}(0))y'(0) = 0 \quad \text{연쇄법칙 적용}$$

$$f_x(x_0,y_0)x'(0) + f_y(x_0,y_0)y'(0) = 0$$

$$\nabla f(x_0,y_0)\cdot[x'(0)\mathbf{i} + y'(0)\mathbf{j}] = 0 \quad \text{내적의 정의}$$

$\|\nabla f(x_0,y_0)\| \neq 0$이면 내적 $\nabla f(x_0,y_0)\cdot[x'(0)\mathbf{i} + y'(0)\mathbf{j}] = 0$이므로

[점 (x_0,y_0)에서 두 벡터 $\nabla f(x_0,y_0)$와 $x'(0)\mathbf{i} + y'(0)\mathbf{j}$는 서로 수직이다.]

벡터 $x'(0)\mathbf{i} + y'(0)\mathbf{j}$는 매개곡선 $\mathbf{r}(t)$의 $\mathbf{r}(0)$에서의 접벡터이다.
그러므로 등고선 위의 점 (x_0,y_0)에서 벡터 $\nabla f(x_0,y_0)$는 c-등고선에 수직이다. ([그림 11.45] 참고)

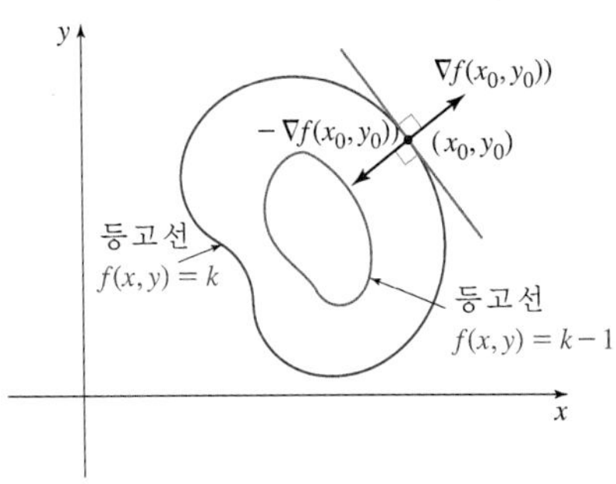

[그림 11.45]

> **[정리 11.17: 등고선과 그래디언트]**
> 미분가능한 이변수함수 f의 c-등고선 위의 점 (x_0,y_0)에서 $\nabla f(x_0,y_0) \neq \mathbf{0}$이면
> $\nabla f(x_0,y_0) = f_x(x_0,y_0)\mathbf{i} + f_y(x_0,y_0)\mathbf{j}$은 점 (x_0,y_0)에서 f의 c-등고선에 수직이다.

[예제 11.37] 함수 $f(x,y)=\sqrt{x^2+y^2}$ 에 대하여 점 $(3,4)$를 지나는 f의 등고선과 $\nabla f(3,4)$를 그려라.

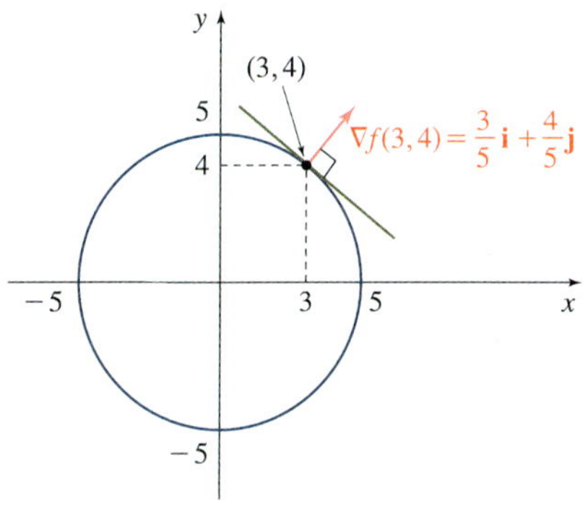

[그림 11.46]

[풀이] $f(3,4)=\sqrt{3^2+4^2}=5$이므로 점 $(3,4)$가 지나는 등고선은 함수 f의 5-등고선이다. 함수 f의 5-등고선은 다음 식을 만족하는 곡선이다.

$$\sqrt{x^2+y^2}=5 \Leftrightarrow x^2+y^2=25$$

그러므로 점 $(3,4)$를 지나는 f의 5-등고선은 중심이 $(0,0)$이고 반지름이 5인 원을 그리면 [그림 11.46]이다. 이제 $\nabla f(3,4)$를 구해보자.

$f_x(x,y)=\dfrac{x}{\sqrt{x^2+y^2}}$ 이고 $f_y(x,y)=\dfrac{y}{\sqrt{x^2+y^2}}$ 이다.

그러므로 $\nabla f(3,4)=f_x(3,4)\mathbf{i}+f_y(3,4)\mathbf{j}=\dfrac{3}{5}\mathbf{i}+\dfrac{4}{5}\mathbf{j}$이다.

$\nabla f(3,4)=\dfrac{3}{5}\mathbf{i}+\dfrac{4}{5}\mathbf{j}$는 f의 5-등고선에 수직으로 그리면 [그림 11.46]이다. ■

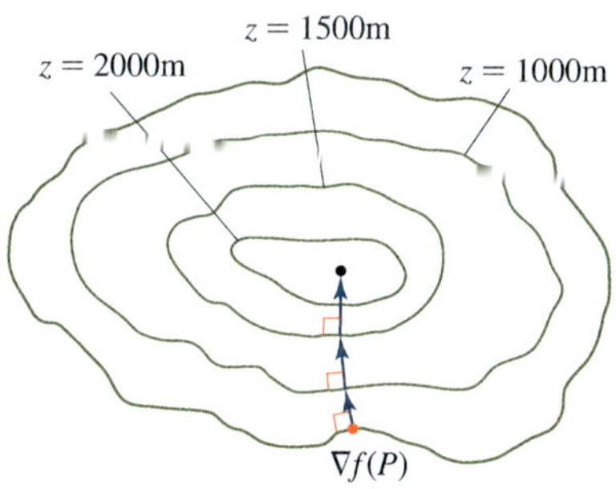

[그림 11.47]

[정리 11.16]과 [정리 11.17]을 종합하여 다음과 같은 다변수함수의 그래디언트 해석을 할 수 있다. ([그림 11.47] 참고)
[정리 11.15]에 의해서 점 P에서 가장 빠르게 증가하는 방향은 $\nabla f(P)$이고
[정리 11.16]에 의해서 점 P에서 $\nabla f(P)$는 점 P를 지나는 등고선에 수직이다.
그러므로 [그림 11.47]은 산의 지형도로 500m 간격으로 등고선을 그린 산의 지형도이다. 지형도에의 지점 P에서 가장 빠르게 등산을 하는 경로는 [그림 11.47]에서 보여주고 있다. 즉, 지점 P를 지나는 등고선에 수직인 $\nabla f(P)$를 따르는 경로를 그리면 가장 빠른 등산 경로이다.

◐ 그래디언트와 등위면의 접평면

이변수함수의 등고선을 지나는 점에서 함수의 그래디언트는 등고선에 수직임을 공부하였다.
이제 삼변수함수 $f(x,y,z)$의 그래디언트와 등위면 사이의 관계를 알아보자. 삼변수함수 f의 c-등위면은 방정식 $f(x,y,z)=c$의 그래프이고 일반적으로 공간 위의 곡면 S로 나타난다.
c-등위면 S 위의 점 (x_0,y_0,z_0)을 지나는 등위면 위에 있는 곡선 C의 매개곡선 $\mathbf{r}(t)=x(t)\mathbf{i}+y(t)\mathbf{j}+z(t)\mathbf{k}$을 놓자. 이때, $\mathbf{r}(0)=x_0\mathbf{i}+y_0\mathbf{j}+y_0\mathbf{j}=\langle x_0,y_0,z_0\rangle$이다.
점 (x_0,y_0,z_0)에서 곡선 C의 접벡터 $\mathbf{r}'(0)=x'(0)\mathbf{i}+y'(0)\mathbf{j}+z'(0)\mathbf{k}$이다. 매개곡선 $\mathbf{r}(t)$는 등위면 위의 곡선이므로 모든 t에 대해 다음이 성립한다.

$$f(\mathbf{r}(t))=f(x(t),y(t),z(t))=c$$

연쇄법칙을 적용하여 양변을 t로 미분한 뒤 $t=0$을 대입하자. 그러면 곡면 S 위의 점 P에서 S의 접벡터는 다음과 같이 표현한다.
점 P를 지나는 S 위의 매개곡선 $\mathbf{r}$이 $\mathbf{r}(0)=P$라고 하면 P에서 S의 접벡터는 $\mathbf{r}'(0)$이다.

$$f_x(x_0,y_0,z_0)x'(0)+f_y(x_0,y_0,z_0)y'(0)+f_z(x_0,y_0,z_0)z'(0)=0$$

그래디언트 $\nabla f(x_0,y_0,z_0)\neq\mathbf{0}$이면 점 (x_0,y_0,z_0)에서 접벡터 $\mathbf{r}'(0)$와 그래디언트 $\nabla f(x_0,y_0,z_0)=f_x(x_0,y_0,z_0)\mathbf{i}+f_y(x_0,y_0,z_0)\mathbf{j}+f_z(x_0,y_0,z_0)\mathbf{k}$는 수직이다.

$$\nabla f(x_0,y_0,z_0)\cdot[x'(0)\mathbf{i}+y'(0)\mathbf{j}+z'(0)\mathbf{k}]=0$$
$$\nabla f(x_0,y_0,z_0)\cdot\mathbf{r}'(0)=0$$

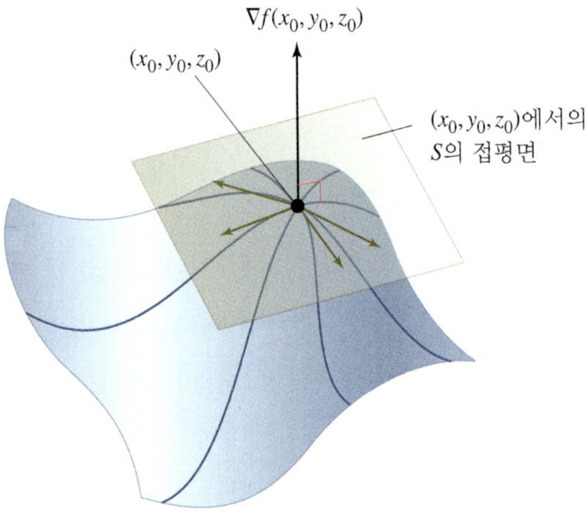

[그림 11.48]

점 (x_0,y_0,z_0)를 지나는 c-등위면 S 위의 임의의 곡선을 잡자. 점 (x_0,y_0,z_0)에서 곡선의 접벡터는 $\nabla f(x_0,y_0,z_0)$에 수직이다. 점 (x_0,y_0,z_0)에서 벡터 $\nabla f(x_0,y_0,z_0)$에 수직인 평면을 놓자. [그림 11.48]에서 보면 점 (x_0,y_0,z_0)에서 모든 곡선의 접벡터는 점 (x_0,y_0,z_0)을 지나고 벡터 $\nabla f(x_0,y_0,z_0)$에 수직인 평면 위에 있음을 볼 수 있다.
그러므로 점 (x_0,y_0,z_0)를 지나고 $\nabla f(x_0,y_0,z_0)$에 수직인 평면을 점 (x_0,y_0,z_0)에서 c-등위면 S의 **접평면**(tangent plane of S)이라고 한다. 또한 점 (x_0,y_0,z_0)에서 c-등위면 S의 접평면은 점 (x_0,y_0,z_0)를 지나는 c-등위면 S 위의 모든 곡선의 접벡터로 이루어진다.

[정의 11.17: 접평면] 점 P에서 c-등위면 S의 **접평면**(tangent plane)은 벡터 $\overrightarrow{PX}$가 $\nabla f(P)$에 수직인 모든 점 X의 모임이다. 즉, $\nabla f(P)\cdot\overrightarrow{PX}=0$인 모든 점 X의 모임이다.*

* 점 P에서 S의 접평면은 점 P를 지나고 벡터 $\nabla f(P)$에 수직인 평면이다.

[정리 11.18: 등위면의 접평면] 미분가능한 삼변수함수 $f(x,y,z)$의 c-등위면 S 위의 점 $P(x_0,y_0,z_0)$를 잡자. $\nabla f(x_0,y_0,z_0)\neq\mathbf{0}$라고 하자.

(1) $\nabla f(x_0,y_0)=f_x(x_0,y_0)\mathbf{i}+f_y(x_0,y_0)\mathbf{j}+f_z(x_0,y_0)\mathbf{k}$는 점 (x_0,y_0,z_0)에서 f의 c-등위면 S에 수직이다.

(2) 점 $P(x_0,y_0,z_0)$에서 등위면 S의 **접평면**은 점 $P(x_0,y_0,z_0)$를 지나고 $\nabla f(x_0,y_0,z_0)$에 수직인 평면이다. **접평면의 방정식**은 다음과 같다.

$$f_x(x_0,y_0,z_0)(x-x_0)+f_y(x_0,y_0,z_0)(y-y_0)+f_z(x_0,y_0,z_0)(z-z_0)=0$$

[예제 11.38] 타원체 $x^2+2y^2+4z^2=4$ 위의 점 $P(2,0,0)$와 $Q\left(1,1,\frac{1}{2}\right)$에서 접평면의 방정식을 각각 구하여라. [연습문제 27~32]

[풀이] 타원체 $x^2+2y^2+4z^2=4$는 다음 삼변수함수 f의 4-등위면이다.

$$f(x,y,z)=x^2+2y^2+4z^2$$

함수 f의 그래디언트는 다음과 같다.

$$\nabla f(x,y,z)=f_x(x,y,z)\mathbf{i}+f_y(x,y,z)\mathbf{j}+f_z(x,y,z)\mathbf{k}=2x\mathbf{i}+4y\mathbf{j}+8z\mathbf{k}$$

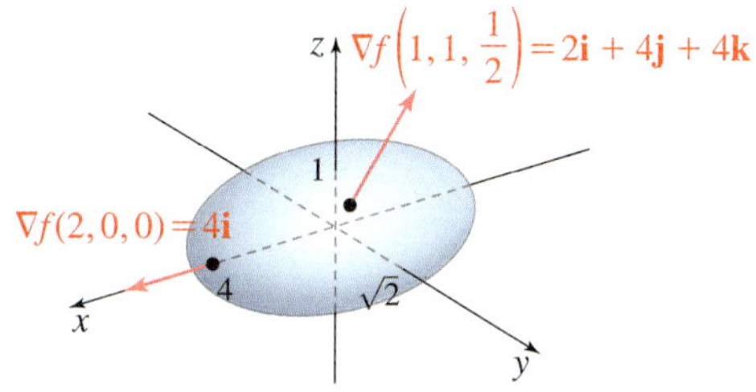

[그림 11.49]

우선 점 $P(2,0,0)$에서 접평면의 방정식을 구하자.

점 $P(2,0,0)$에서 함수 f의 그래디언트는 $\nabla f(2,0,0)=4\mathbf{i}=\langle 4,0,0\rangle$이다. ([그림 11.49] 참고)

점 $P(2,0,0)$에서 접평면은 점 $P(2,0,0)$을 지나고 $\nabla f(x,y,z)=4\mathbf{i}$에 수직인 평면이므로 접선의 방정식은 다음과 같다.

$$4(x-2)+0(y-0)+0(z-0)=0$$

그러므로 점 $P(2,0,0)$에서 접평면의 방정식은 $x=2$이다.

다음 점 $Q\left(1,1,\frac{1}{2}\right)$에서 접평면의 방정식을 구하자.

점 $Q\left(1,1,\frac{1}{2}\right)$에서 함수 f의 그래디언트는 $\nabla f\left(1,1,\frac{1}{2}\right)=2\mathbf{i}+4\mathbf{j}+4\mathbf{k}=\langle 2,4,4\rangle$이다. ([그림 11.49] 참고)

점 $Q\left(1,1,\frac{1}{2}\right)$에서의 접평면은 점 $Q\left(1,1,\frac{1}{2}\right)$을 지나고 $\nabla f\left(1,1,\frac{1}{2}\right)=2\mathbf{i}+4\mathbf{j}+4\mathbf{k}$에 수직인 평면이므로 접선의 방정식은 다음과 같다.

$$2(x-1)+4(y-1)+4\left(z-\frac{1}{2}\right)=0$$

그러므로 점 $Q\left(1,1,\frac{1}{2}\right)$에서 접평면의 방정식은 $x+2y+2z=4$이다. ■

◐ 이변수함수의 그래프의 접평면

공간에 있는 곡면의 접평면은 중요한 개념이다.

이변수함수 g에 대해 g의 그래프는 $(x,y,g(x,y))$의 모임이므로 방정식 $z=g(x,y)$를 g의 그래프로 말한다.

[정리 11.18: 등위면의 접평면]에서는 곡면이 삼변수함수 f의 c-등위면의 표현인 것이 중요하다. 그러나 삼변수함수의 c-등위면으로 보이지 않는 곡면의 표현이 있다. 이변수함수 g의 그래프 S도 곡면의 대표적인 예이다.

이변수함수 $g(x,y)$의 그래프는 공간 방정식 $z=g(x,y)$의 그래프이다. 삼변수함수 f를 다음과 같이 정의하자.

$$f(x,y,z)=z-g(x,y)$$

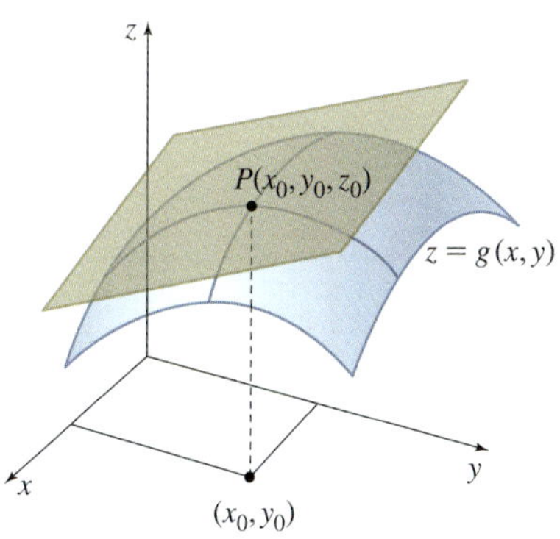

[그림 11.50]

그러면 이변수함수 g의 그래프는 삼변수함수 $f(x,y,z)$의 0-등위면 S이다. 즉, $z_0=g(x_0,y_0)$이라고 하면, 점 (x_0,y_0,z_0)는 f의 0-등위면 S 위의 점이다.

점 (x_0,y_0,z_0)에서 삼변수함수 f의 0-등위면 S의 접평면은 (x_0,y_0)에서 이변수함수 g의 그래프 $z=g(x,y)$에서의 접평면과 같다. ([그림 11.50] 참고)

삼변수함수 $f(x,y,z)$의 그래디언트 ∇f를 위한 편도함수를 구하자.

$$f_x(x,y,z)=-g_x(x,y),\quad f_y(x,y,z)=-g_y(x,y),\quad f_z(x,y,z)=1$$

점 (x_0, y_0, z_0)에서 함수 f의 그래디언트는 다음과 같다.

$$\begin{aligned}\nabla f(x_0, y_0, z_0) &= f_x(x_0, y_0, z_0)\mathbf{i} + f_y(x_0, y_0, z_0)\mathbf{j} + f_z(x_0, y_0, z_0)\mathbf{k} \\ &= -g_x(x_0, y_0)\mathbf{i} - g_y(x_0, y_0)\mathbf{j} + \mathbf{k}\end{aligned}$$

점 (x_0, y_0)에서 함수 $z = g(x, y)$의 그래프의 접평면은 점 (x_0, y_0, z_0)을 지나고 $\nabla f(x_0, y_0, z_0) = -g_x(x_0, y_0)\mathbf{i} - g_y(x_0, y_0)\mathbf{j} + \mathbf{k}$에 수직인 평면이다.
점 (x_0, y_0)에서 방정식 $z = g(x, y)$의 그래프의 접평면의 방정식은 다음과 같다.

$$-g_x(x_0, y_0)(x - x_0) - g_y(x_0, y_0)(y - y_0) + (z - z_0) = 0$$

* 방정식 $z = g(x, y)$의 그래프는 곡면이므로 곡면 $z = g(x, y)$라고 쓴다.

[곡면 $z = g(x, y)$*의 접평면의 방정식]
미분가능한 이변수함수 $g(x, y)$에 대하여 $g(x_0, y_0) = z_0$라고 하자. 점 (x_0, y_0, z_0)에서 곡면 $z = g(x, y)$의 접평면의 방정식은 다음과 같다.

$$-g_x(x_0, y_0)(x - x_0) - g_y(x_0, y_0)(y - y_0) + (z - z_0) = 0$$

[예제 11.39] 이변수함수 $g(x, y) = 32 - 3x^2 - 4y^2$일 때 곡면 $z = g(x, y)$ 위의 점 $(2, 1, 16)$에서 곡면 $z = g(x, y)$의 접평면의 방정식을 구하여라. [연습문제 33~35]

공간의 곡면 S가 삼변수함수 f의 c-등위면인 경우 곡면 S 위의 점 P에서 $\nabla f(P)$가 곡면 S에 수직벡터이다.

[풀이] 삼변수함수 $f(x, y, z) = z - g(x, y) = z - 32 + 3x^2 + 4y^2$이라고 놓자.
곡면 $z = g(x, y)$은 삼변수함수 f의 0-등위면이다.
점 $(2, 1, 16)$에서 함수 f의 그래디언트 $\nabla f(2, 1, 16)$을 구하자.
$\nabla f(x, y, z) = 6x\mathbf{i} + 8y\mathbf{j} + \mathbf{k}$이므로 $\nabla f(2, 1, 16) = 12\mathbf{i} + 8\mathbf{j} + \mathbf{k}$이다.
점 $(2, 1, 16)$에서 곡면 $z = g(x, y)$의 접평면은 점 $(2, 1, 16)$에서 함수 f의 0-등위면의 접평면이다. 그러므로 접평면은 점 $(2, 1, 16)$을 지나고 $\nabla f(2, 1, 16) = 12\mathbf{i} + 8\mathbf{j} + \mathbf{k}$에 수직인 평면이므로 접평면의 방정식은 다음과 같다.

$$\begin{aligned}&12(x - 2) + 8(y - 1) + (z - 16) = 0 \\ &12x + 8y + z = 48\end{aligned}$$

점 $(2, 1, 16)$에서 곡면 $z = g(x, y)$의 접평면의 방정식은 $12x + 8y + z = 48$이다. ■

연습문제

• Part 1

[1-10] 주어진 이변수함수 f에 대하여 점 P에서 함수 f의 $\mathbf{u}$ 방향의 방향도함수를 구하여라. [예제 11.30~11.31] [예제 11.33]

1. $f(x, y) = x^3 + 2y^2$, $P(1, 1)$, $\mathbf{u} = \mathbf{i}$
2. $f(x, y) = x^3 + 2y^2$, $P(1, 1)$, $\mathbf{u} = \mathbf{j}$
3. $f(x, y) = x^3 + 2y^2$, $P(1, 1)$, $\mathbf{u} = \mathbf{i} + \mathbf{j}$
4. $f(x, y) = \sin(xy)$, $P\left(\pi, \dfrac{1}{4}\right)$, $\mathbf{u} = \mathbf{i}$
5. $f(x, y) = \sin(xy)$, $P\left(\pi, \dfrac{1}{4}\right)$, $\mathbf{u} = \mathbf{j}$

6. $f(x, y) = \sin(xy)$, $P\left(-1, \dfrac{\pi}{4}\right)$, $\mathbf{u} = 2\mathbf{i} - \mathbf{j}$

7. $f(x, y) = x^2 - y + e^y$, $P(1, 0)$, $\mathbf{u} = \mathbf{i} - \mathbf{j}$

8. $f(x, y) = xy^4 + \ln(x^2 + y)$, $P(2, 1)$, $\mathbf{u} = \mathbf{i} + 2\mathbf{j}$

9. $f(x, y) = x^2 + y^2$, $P(2, 1)$, $\mathbf{u} = \mathbf{i} - \mathbf{j}$

10. $f(x, y) = \dfrac{x}{y}$, $P(2, 1)$, $\mathbf{u} = 2\mathbf{i} + \mathbf{j}$

[11-16] 주어진 함수 f에 대하여 점 P에서 함수 f의 그래디언트를 구하여라. [예제 11.32]

11. $f(x, y) = y^3 - x^2e^x$, $P(-2, 1)$

12. $f(x, y) = \tan(xy) + x^2$, $P(2, 0)$

13. $f(x, y) = -3x^2 + 5y^4 + xy$, $P(1, 0)$

14. $f(x, y) = \cos x + y^2$, $P\left(\dfrac{\pi}{6}, 1\right)$

15. $f(x, y, z) = \ln(x^3y) + y^2z + z^2 + 1$, $P(1, 1, -2)$

16. $f(x, y, z) = x\sin(yz) + xy + yz$, $P(1, 0, -1)$

[17-19] 주어진 삼변수함수 f에 대하여 점 P에서 함수 f의 $\mathbf{u}$ 방향의 방향도함수를 구하여라. [예제 11.34]

17. $f(x, y, z) = xy + x^3 - y^2 + z^3$, $P(1, 1, 1)$, $\mathbf{u} = \dfrac{1}{2}\mathbf{i} + \dfrac{1}{2}\mathbf{j} + \dfrac{1}{\sqrt{2}}\mathbf{k}$

18. $f(x, y, z) = xz\sin y + e^y$, $P(1, 0, 1)$, $\mathbf{u} = \mathbf{i} + \mathbf{j} + \mathbf{k}$

19. $f(x, y, z) = x^3 + xy^2\ln z + 3$, $P(2, -1, 1)$, $\mathbf{u} = -\mathbf{i} + 2\mathbf{j} + 2\mathbf{k}$

[20-26] 함수 f에 대하여 주어진 점 P에서 함수 f가 가장 빠르게 증가하는 방향과 가장 빠르게 증가하는 변화율을 각각 구하여라. [예제 11.35] [예제 11.36]

20. $f(x, y) = x^3 + xy + y^2$, $P(1, 0)$

21. $f(x, y) = x^2y^3 + x + y - 2$, $P(1, 1)$

22. $f(x, y) = (x + y)e^{xy}$, $P(0, 0)$

23. $f(x, y) = \ln\left(\dfrac{x + y}{x - y}\right)$, $P(\sqrt{3}, \sqrt{2})$

24. $f(x, y, z) = x^4 + x^2y^2 + z^2$, $P(0, -1, 1)$

25. $f(x, y, z) = yz\sin x + xyz + y^2$, $P(0, 1, 1)$

26. $f(x, y, z) = x^2e^{yz} + 3xz + 1$, $P(2, 1, 0)$

[27-32] 다음 주어진 곡면 위의 점 P에서 곡면의 접평면의 방정식을 구하여라. [예제 11.38]

27. $x^2 + y^2 + z^2 = 3$, $P(1, 1, 1)$

28. $xyz = -2$, $P(2, 1, -1)$

29. $ze^{x+y} + x^3 = 2$, $P(1, -1, 1)$

30. $x^2 + 4y^2 + 4z^2 = 24$, $P(4, -1, 1)$

31. $x\sin(yz) = 0$, $P(2, 1, 0)$

32. $\ln(x^2 + y^2 + z^2) = 0$, $P(1, 1, -1)$

[33-35] 함수 $f(x, y)$ 위의 점 $P(x_0, y_0)$에서 곡면 $z = f(x, y)$의 접평면의 방정식을 구하여라. [예제 11.39]

33. $f(x, y) = x^3 + 2y^2$, $P(1, 1)$

34. $f(x, y) = \sqrt{4 - x^2 - y^2}$, $P(\sqrt{2}, 1)$

35. $f(x, y) = e^{xy-4}$, $P(4, 1)$

• Part 2

[36-39] 주어진 함수에 대하여 점 P와 벡터 $\mathbf{u}$에서 함수 f의 $\mathbf{u}$ 방향의 방향도함수를 구하여라.

36. $f(x, y) = \sqrt{4 - x^2 - y^2}$, $P(1, 1)$, $\mathbf{u} = \dfrac{1}{\sqrt{2}}\mathbf{i} + \dfrac{1}{\sqrt{2}}\mathbf{j}$

37. $f(x, y) = \dfrac{y^2}{x} + e^{3xy}$, $P(-1, 0)$, $\mathbf{u} = 2\mathbf{i} - 3\mathbf{j}$

38. $f(x, y) = e^{x^2 - y^2} + 2\sec(x + y)$, $P(1, -1)$, $\mathbf{u} = -4\mathbf{i} + 3\mathbf{j}$

39. $f(x, y, z) = \sqrt{x^2yz} + y^2z$, $P(1, 1, 1)$, $\mathbf{u} = \mathbf{i} + 2\mathbf{j} - \mathbf{k}$

[40-42] 다음 함수의 그래디언트 벡터를 구하여라.

40. $f(x, y) = \dfrac{x - y^2}{x^2 + y}$

41. $f(x, y) = x\sin^{-1}(x + y)$

42. $f(x, y, z) = \sinh(xyz) + \dfrac{yz}{x}$

[43-44] 함수 f에 대하여 주어진 점 P에서 함수 f가 가장 빠르게 증가하는 방향과 가장 빠르게 증가하는 변화율을 각각 구하여라.

43. $f(x, y) = \dfrac{x}{\sqrt{x^2 + y^2}}$, $P(1, \sqrt{3})$

44. $f(x, y, z) = \ln\left(\dfrac{yz}{x^2 + z^2}\right)$, $P(1, 1, 1)$

[45-46] f의 등위면 위의 점 P에서의 접평면의 방정식을 구하여라.

45. $f(x, y, z) = \sqrt{x^2 + y^2 + z^2}$, $P(2, -2, 1)$

46. $f(x, y, z) = e^{\sin(xyz)}$, $P(0, 1, 1)$

11.6 이변수함수의 극값

4장에서 다룬 미분가능한 실함수에서 미분의 중요한 역할 중의 하나는 실함수의 극값, 최댓값과 최솟값을 구하는 것이다. 미분가능한 이변수함수인 경우도 함수의 극값, 최댓값과 최솟값을 구하기 위해 이변수함수의 미분은 중요한 역할을 한다.

11.6.1 이변수함수의 최댓값과 최솟값 그리고 극값

미분가능한 실함수의 최댓값과 최솟값을 구하는 문제는 2장의 연속함수에서의 정리인 [정리 2.13: 최댓값과 최솟값의 정리]에서 출발한다.

> **[정리 2.13: 최댓값과 최솟값 정리(복습)]** 실함수 f가 구간 $[a,b]$에서 연속이라고 하자.
> 구간 $[a,b]$에 속하는 모든 x에 대하여 $f(v) \le f(x) \le f(u)$를 만족하는 실수 u, v가 구간 $[a,b]$ 내에 존재한다. 즉, 최댓값인 $f(u)$와 최솟값인 $f(v)$가 존재한다.

실함수의 최댓값과 최솟값 정리에서 중요한 점은 실직선에서 정의역 $[a,b]$가 유계이고 닫힌 구간이라는 것이다. 즉,

- 구간 $[a,b]$이 유계라는 것은 a, b가 실수라는 의미이다.
- 구간 $[a,b]$이 닫힌 구간인 것은 구간 $[a,b]$의 경계인 두 점 a와 b를 구간이 포함하고 있다는 것이다.

평면 위의 영역 D가 유계이고 닫힌 영역이라는 개념을 알아보자.

- 영역 D가 유계라는 것은 영역 D가 반지름이 $R>0$인 원 안에 포함되어야 한다. ([그림 11.51](a), (b) 참고)
- 영역 D가 닫힌 집합이라는 것은 영역 D의 경계를 모두 포함하고 있다는 것이다. ([그림 11.52](a), (b), (c) 참고)

[그림 11.51](a) 유계가 아닌 집합

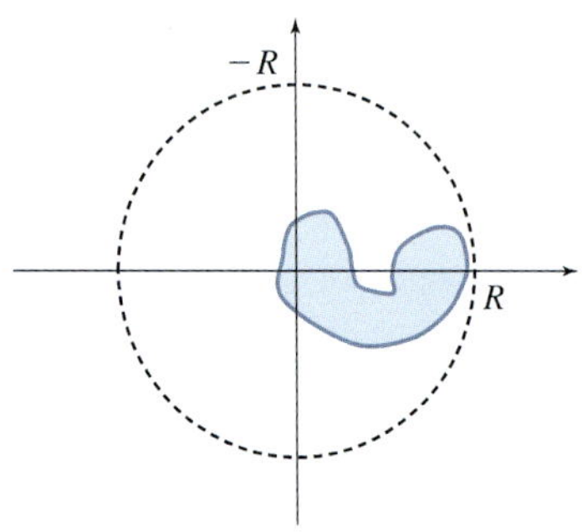

[그림 11.51](b) 유계인 집합

[그림 11.52](a)
닫힌 집합이 아니다.

[그림 11.52](b)
닫힌 집합이 아니다.

[그림 11.52](c)
닫힌 집합이다.

이제 이변수함수에 대한 최댓값과 최솟값의 정리에 대하여 알아보자.

[정리 11.19: 이변수함수의 최댓값과 최솟값의 정리] 평면에서 유계이고 닫힌 영역 D에서 이변수함수 f가 연속이라고 하자. 영역 D에 속하는 모든 (x, y)에 대하여

$$f(x_1, y_1) \le f(x, y) \le f(x_2, y_2)$$

를 만족하는 점 (x_1, y_1), (x_2, y_2)가 영역 D에 존재한다. 이때, $f(x_1, y_1)$은 D에서 함수 f의 최솟값(minimum), $f(x_2, y_2)$은 D에서 함수 f의 최댓값(maximum)이라고 한다.

[그림 11.53]에서 정의역 D 전체에서 이변수함수 $f(x, y)$의 가장 큰 값인 최댓값 $f(x_2, y_2) = f(P_2)$과 가장 작은 값인 최솟값 $f(x_1, y_1) = f(P_1)$를 보여주고 있다. [그림 11.53]에서 정의역 D의 점 P_3, 점 P_5, 점 P_4에서

- $f(P_3)$과 $f(P_5)$는 D의 전체에서 가장 큰 값은 아니지만 점 P_3와 점 P_5의 근처에서 가장 큰 값이다.
- $f(P_4)$는 D의 전체에서 가장 작은 값은 아니지만 점 P_4의 근처에서 가장 작은 값이다.

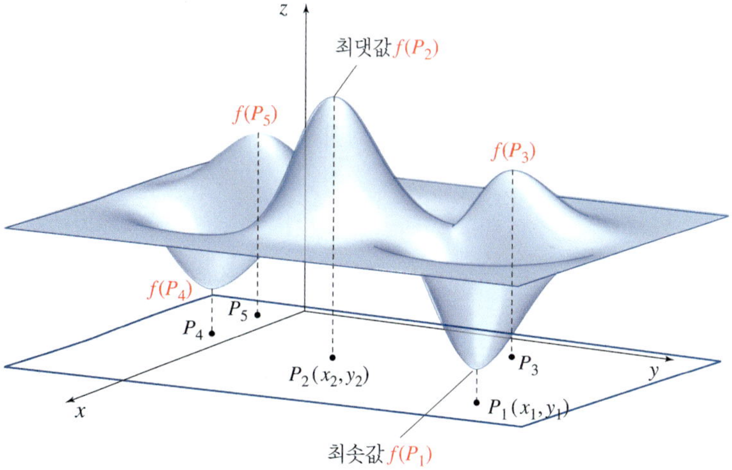

[그림 11.53]

> **[정의 11.18: 이변수함수의 극솟값, 극댓값 그리고 극값]**
> 정의역 D에서 정의된 이변수함수 $f(x,y)$가 연속이라고 하자.
> (1) 정의역 D에 속하는 점 (x_1,y_1)을 포함하는 작은 근처*의 모든 점 (x,y)에서 $f(x_1,y_1) \le f(x,y)$이면 함수 f는 점 (x_1,y_1)에서 **극솟값**(local minimum) $f(x_1,y_1)$을 갖는다.
> (2) 정의역 D에 속하는 점 (x_2,y_2)을 포함하는 작은 근처*의 모든 점 (x,y)에서 $f(x,y) \le f(x_2,y_2)$이면 함수 f는 점 (x_2,y_2)에서 **극댓값**(local maximum) $f(x_2,y_2)$을 갖는다.
> (3) (1)과 (2)의 극솟값과 극댓값을 합하여 **극값**(extreme value)이라고 한다.

* 점 (x_0,y_0)를 포함하는 작은 근처는 작은 반지름 $r>0$을 갖는 중심이 (x_0,y_0)인 원의 내부이다.

[정의 11.18: 이변수함수의 극솟값, 극댓값, 극값]에 의하면 함수 f의 최댓값과 최솟값도 함수 f의 극값이다.

평면에서 유계이고 닫힌 영역 D에서 이변수함수 f가 연속이라고 하자.
[정리 11.19: 이변수함수의 최댓값과 최솟값의 정리]에 의하여 유계이고 닫힌 영역 D에서 최솟값 $f(x_1,y_1)$과 최댓값 $f(x_2,y_2)$이 반드시 존재한다.
그러나 유계이고 닫힌 영역 D에서 연속인 함수 f는 최솟값 $f(x_1,y_1)$과 최댓값 $f(x_2,y_2)$을 반드시 갖는다는 것을 알지만 최솟값 $f(x_1,y_1)$과 최댓값 $f(x_2,y_2)$을 직접 구하는 것은 다른 문제이다.
실함수의 경우와 비슷하게 최솟값 $f(x_1,y_1)$과 최댓값 $f(x_2,y_2)$을 구해보자.
연속인 이변수함수 f의 최댓값 $f(x_2,y_2)$와 최솟값 $f(x_1,y_1)$이 반드시 존재한다는 것이다. 그러므로 유계이고 닫힌 영역 D에서 연속인 함수 f의 극값 중에서 가장 큰 값이 최댓값이고 가장 작은 값이 최솟값이므로 연속인 이변수함수 f의 극값을 찾는 것이 중요하다.

11.6.2 이변수함수의 극값의 후보: 정점과 특이점

실직선 위의 유계이고 닫힌 구간 $[a,b]$에서 연속인 실함수 g의 경우 실함수 g의 최댓값과 최솟값 그리고 극값의 후보인 **임계점**은 다음과 같은 세 종류이다.
① 구간 $[a,b]$의 내부인 열린 구간 (a,b)에서
- **정점**: $g'(c)=0$인 점 c
- **특이점**: g가 미분불가능한 점 c

② 구간 $[a,b]$의 **경계점**: 점 $x=a$와 $x=b$

실함수의 극값의 후보들을 찾는 방법을 이변수함수로 확장해 보자.
평면에서 유계이고 닫힌 영역 D를 D의 **내부**와 D의 **경계**로 나누어 생각한다.
예를 들어서 중심이 점 $(0,0)$이고 반지름이 1인 원과 원의 내부 $D=\{(x,y)\,|\,x^2+$

$y^2 \le 1\}$는 유계이고 닫힌 집합이다. ([그림 11.54](a) 참고)

영역 D의 내부는 [그림 11.54](b)의 원의 내부인 $x^2+y^2<1$이다. 그리고 영역 D의 경계는 [그림 11.54](c)의 원인 $x^2+y^2=1$이다.

다음은 유계이고 닫힌 영역 D에서 연속인 함수 f의 최댓값과 최솟값 그리고 극값을 영역 D의 내부와 영역 D의 경계에서 나누어서 구해야 한다.

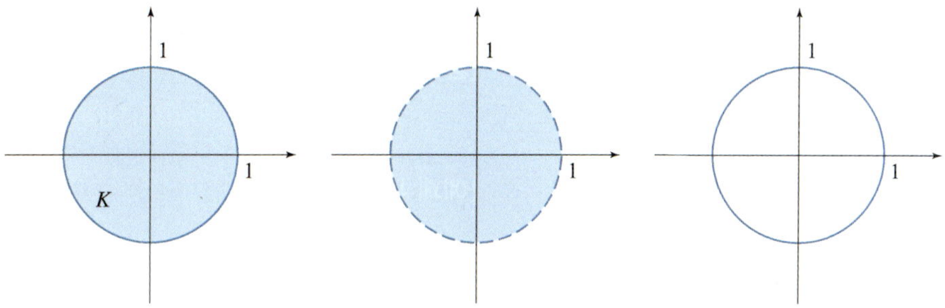

[그림 11.54](a) 유계이고 닫힌 영역 D | [그림 11.54](b) 영역 D의 내부 | [그림 11.54](c) 영역 D의 경계

평면영역 D에 대하여

- 영역 D의 내부에서의 이변수함수의 극값은 영역 D에서의 이변수함수의 극값이다.* 그러므로 영역 D의 내부에 있는 이변수함수의 극값의 후보를 찾는 것은 중요하다.
- 영역 D의 경계는 실함수의 경계와 달리 평면곡선인 경우가 많다. 영역 D의 경계에서 이변수함수의 극값을 구하는 것은 영역 D에서의 극값과 관계는 있지만, 반드시 일치하는 것은 아니기 때문에 주의해야 한다. 영역 D의 경계에서 극값의 후보를 구하는 2가지 방법을 알아보자. 영역 D의 경계에서 극값의 후보는 영역 D에서 최댓값과 최솟값을 찾는 경우 중요한 역할을 한다.

* 영역 D의 내부 점인 P_0는 P_0가 중심인 작은 볼(ball)이 영역 D에 포함됨을 의미한다. 그러므로 영역 D의 내부에서 극값 $f(P_0)$는 P_0 중심의 작은 구에서 극값이고 영역 D 전체에서 극값이다.

이번 절에서 평면영역 D의 내부에 있는 이변수함수의 극값의 성질을 알아보자. 4.3절의 [정리 4.6]에서 실함수 g가 $x=c$에서 미분가능하고 극값을 갖는다면 $g'(c)=0$이다. 이러한 사실을 이변수함수 f로 확장하자. [그림 11.55]는 점 (x_0, y_0)에서 극댓값을 갖는 이변수함수 $z=f(x,y)$의 그래프를 보여주고 있다.

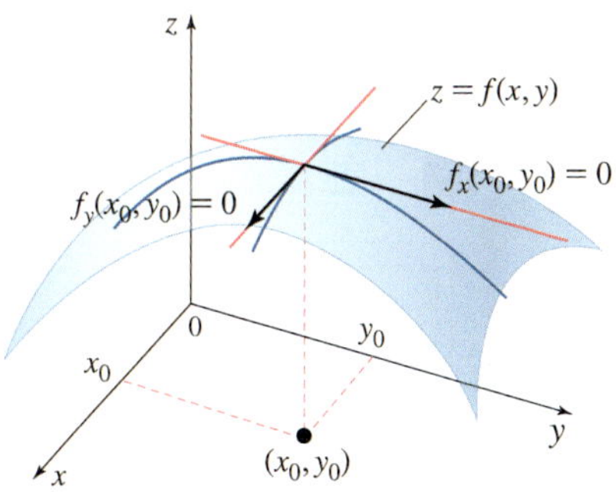

[그림 11.55]

> **[정리 11.20]** 이변수함수 $f(x,y)$가 점 (x_0, y_0)에서 미분가능하다고 하자. 함수 $f(x,y)$가 점 (x_0, y_0)에서 극값을 갖는다면 $f_x(x_0,y_0)=f_y(x_0,y_0)=0$이다. 즉, $\nabla f(x_0,y_0)=\mathbf{0}=\langle 0,0\rangle$이다.

[증명] 이변수함수 f가 점 (x_0, y_0)에서 극값을 갖는다고 하자.

점 (x_0, y_0)를 지나고 x축과 평행한 직선을 따르는 이변수함수 f를 실함수 $g(t)=f(t+x_0, y_0)$라고 놓자. 이변수함수 f가 점 (x_0, y_0)에서 극값을 가지므로, 실함수

$g(t)$는 $t = 0$에서 극값을 갖기 때문에 [정리 4.2]에 의해서 $g'(0) = 0$이다. 그러므로

$$f_x(x_0, y_0) = \left[\frac{d}{dt} f(t + x_0, y_0)\right]\Bigg|_{t=0} = g'(0) = 0.$$

점 (x_0, y_0)를 지나고 y축과 평행한 직선을 따르는 이변수함수 f를 실함수 $h(t) = f(x_0, t + y_0)$로 놓자. 이변수함수 f가 점 (x_0, y_0)에서 극값을 갖기 때문에 실함수 $h(t)$도 $t = 0$에서 극값을 가지므로 [정리 4.2]에 의해서 $h'(0) = 0$이다. 그러므로

$$f_y(x_0, y_0) = \left[\frac{d}{dt} f(x_0, t + y_0)\right]\Bigg|_{t=0} = h'(0) = 0.$$

그러므로 $f_x(x_0, y_0) = f_x(x_0, y_0) = 0$이다. ■

[정의 11.19: 이변수함수의 정점과 특이점]

이변수함수 f와 정의역 내부의 점 (x_0, y_0)에 대하여

(1) 두 편도함수 $f_x(x_0, y_0)$와 $f_y(x_0, y_0)$가 존재하고 $f_x(x_0, y_0) = f_y(x_0, y_0) = 0$이면 점 (x_0, y_0)를 함수 $f(x, y)$의 **정점**(stationary point)이라고 한다.

(2) $f_x(x_0, y_0)$ 또는 $f_y(x_0, y_0)$가 존재하지 않으면* 점 (x_0, y_0)를 함수 $f(x, y)$의 **특이점**(critical point)이라고 한다.

* 다변수함수에서 여러 편도함수 중 한 개라도 존재하지 않으면 다변수함수는 미분불가능하다. 즉, 특이점은 미분불가능한 점에 대응한다.

[정의 11.19]에 의하면 이변수함수 $f(x, y)$가 미분가능한 점 (x_0, y_0)에서 극값을 갖는다면 점 (x_0, y_0)는 함수 f의 정점이다. 즉, $f_x(x_0, y_0) = f_y(x_0, y_0) = 0$이다. 그러나 점 (x_0, y_0)는 함수 $f(x, y)$의 정점인 경우 점 (x_0, y_0)에서 함수 f가 극값을 가질 수도 있거나 함수 f가 극값을 갖지 않을 수도 있다.

이변수함수 $f(x, y) = x^2 + y^2$과 $g(x, y) = 1 - x^2 - y^2$에 대해 $f_x(0, 0) = g_x(0, 0) = 0$이고 $f_y(0, 0) = g_y(0, 0) = 0$이므로 점 $(0, 0)$은 두 이변수함수 f와 g의 정점이다.

함수 $f(x, y) = x^2 + y^2$의 그래프인 [그림 11.56](a)를 보면 정점 $(0, 0)$에서 극솟값 $f(0, 0) = 0$을 갖는다.

함수 $g(x, y) = 1 - x^2 - y^2$의 그래프인 [그림 11.56](b)를 보면 정점 $(0, 0)$에서 극댓값 $g(0, 0) = 1$을 갖는다.

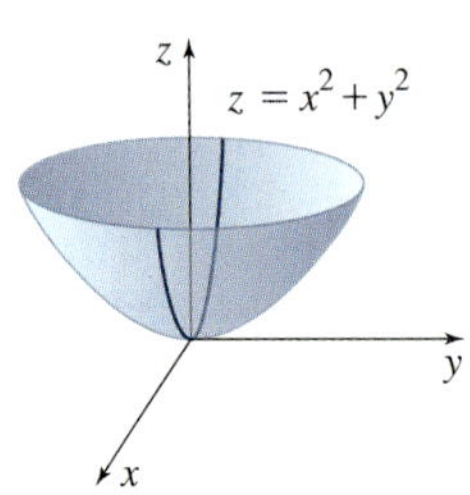

[그림 11.56](a)

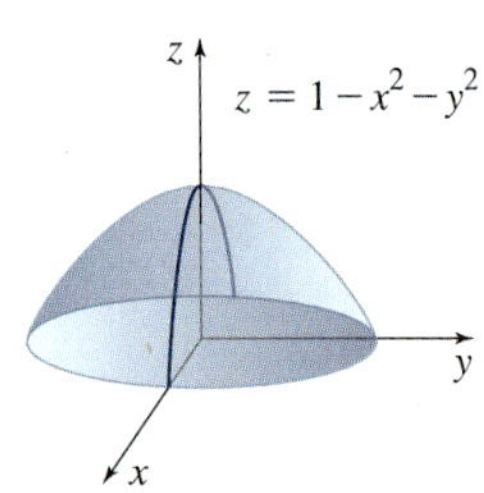

[그림 11.56](b)

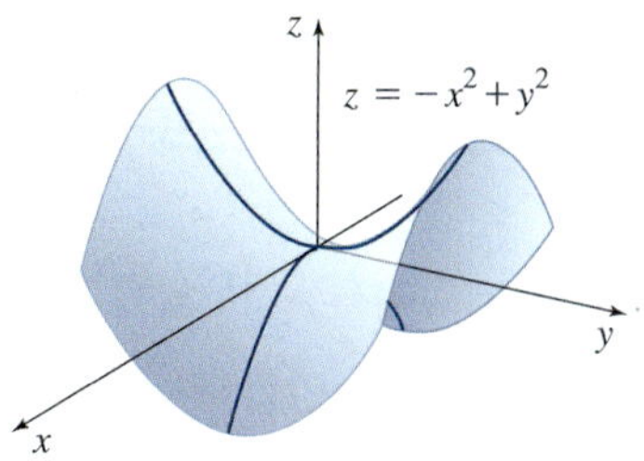

[그림 11.56](c)

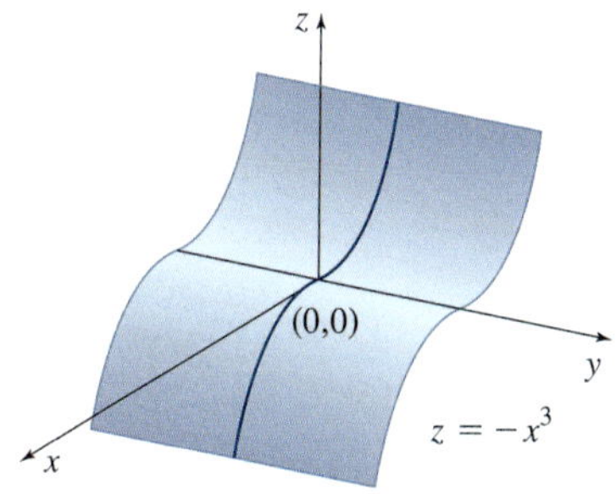

[그림 11.56](d)

[예제 11.40] 함수 $f(x,y) = -x^2 + y^2$에 대하여 [연습문제 1~2]

(1) 함수 $f(x,y)$의 정점을 구하여라.

(2) 함수 $f(x,y)$의 정점에서 극값을 갖는지를 알아보아라.

[풀이]

(1) 이변수 함수 $f(x,y) = -x^2 + y^2$의 정점을 구해보자,
$f_x(x,y) = -2x = 0$이고 $f_y(x,y) = 2y = 0$이므로 $f_x(0,0) = f_y(0,0) = 0$이다.
그러므로 점 $(0,0)$이 함수 f의 정점이다.

(2) [그림11.56](c)에서 $f(x,y) = -x^2 + y^2$의 그래프를 볼 수 있다.
점 $(0,0)$을 지나는 x축을 따라 함수 $f(x,0)$를 살펴보면 다음과 같다.

$$f(x,0) = -x^2 \le 0 = f(0,0)$$

즉, 함수 f는 점 $(0,0)$에서 극솟값을 갖지 않는다.
점 $(0,0)$을 지나는 y축을 따라 함수 $f(0,y)$를 살펴보면 다음과 같다.

$$f(0,y) = y^2 \ge 0 = f(0,0)$$

즉, 함수 f는 점 $(0,0)$에서 극댓값을 갖지 않는다.
함수 $f(x,y)$는 $(0,0)$에서 극솟값도 갖지 않고 극댓값도 갖지 않는다. ■

[예제 11.40]에서 함수 $f(x,y) = y^2 - x^2$는 점 $(0,0)$이 정점이지만 정점 $(0,0)$에서 극값을 갖지 않는다는 것을 보여주고 있다. [그림 11.56](c)에서도 정점 $(0,0)$에서 극값을 갖지 않는다는 것을 확인할 수 있다.

[보기 11.3] 함수 $f(x,y) = -x^3$에 대해 점 $(0,0)$가 정점이지만 정점 $(0,0)$에서 극값을 갖지 않는다는 것을 보여보자. ([그림 11.56](d) 참고)

[풀이] $f_x(x,y) = -2x = 0$이고 $f_y(x,y) = 0$이므로 $f_x(0,0) = f_x(0,0) = 0$이고 점 $(0,0)$이 함수 f의 정점이다.
정점 $(0,0)$을 지나는 x축을 따라 함수 $f(x,0) = -x^3$를 살펴보면 다음과 같다.
$x > 0$이면 $f(x,0) = -x^3 < 0 = f(0,0)$이므로 $f(0,0) = 0$은 극댓값이 아니다.

$x<0$이면 $f(x,0)=-x^3>0=f(0,0)$이므로 $f(0,0)=0$은 극솟값이 아니다. 즉, 점 $(0,0)$는 함수 f의 정점이지만 함수 f는 점 $(0,0)$에서 극값을 갖지 않는다. [그림 11.56](d)에서도 정점 $(0,0)$에서 극값을 갖지 않음을 볼 수 있다. ■

안장점이라는 이름은 [그림 11.56](c)에서와 같이 안장점의 근처의 그래프가 말의 안장과 비슷하다는 의미에서 붙여진 이름이다. [그림 11.56](c)와 (d)는 점 $(0,0)$에서 안장점을 갖지만 [그림 11.56](c) 그래프에서의 정점이 대표적인 안장점이다. 기하학적인 입장에서 [그림 11.56](c)의 그래프에서의 정점을 안장점으로 정의하기도 한다.

[예제 11.40]과 [보기 11.3]의 이변수함수는 정점에서 극값을 갖지 않는다. 이러한 정점을 함수 f의 **안장점**(saddle point)이라고 한다.

> **[정의 11.20: 안장점]** 이변수함수 f가 정점 (x_0,y_0)에서 극솟값과 극댓값을 모두 갖지 않으면 그래프 위의 점 $(x_0,y_0,f(x_0,y_0))$을 함수 f의 **안장점**(saddle point)이라고 한다.

이변수함수는 정점에서 극댓값을 갖거나 극솟값을 갖거나 안장점을 갖는다. 이제 정의역의 내부에 있는 특이점에 대해 알아보자.

[예제 11.41] 함수 $f(x,y)=\sqrt{x^2+y^2}$에 대하여

(1) 점 $(0,0)$이 함수 f의 특이점임을 판정하여라.

(2) 함수 $f(x,y)$가 점 $(0,0)$에서 극값을 갖는지를 알아보아라.

[풀이] (1) $f_x(0,0)$가 존재하는지 알아보자.

$$\lim_{t\to 0}\frac{f(t,0)-f(0,0)}{t}=\lim_{t\to 0}\frac{\sqrt{t^2}}{t}=\lim_{t\to 0}\frac{|t|}{t} \text{ 이므로}$$

$$\lim_{t\to 0+}\frac{|t|}{t}=\lim_{t\to 0+}\frac{t}{t}=1\text{ 이고 }\lim_{t\to 0-}\frac{|t|}{t}=\lim_{t\to 0-}\frac{-t}{t}=\lim_{t\to 0-}(-1)=-1.$$

그러므로 극한 $\lim_{t\to 0}\frac{f(t,0)-f(0,0)}{t}$이 존재하지 않으므로 $f_x(0,0)$이 존재하지 않는다. 따라서 점 $(0,0)$이 함수 f의 특이점이다.

(2) [그림 11.57]은 $f(x,y)=\sqrt{x^2+y^2}$의 그래프이고 다음이 성립한다.

$$\text{모든 점 } (x,y)\text{에 대하여 } f(x,y)=\sqrt{x^2+y^2}\ge 0=f(0,0).$$

그러므로 함수 $f(x,y)$는 $(0,0)$에서 극솟값 $f(0,0)=0$을 갖는다. ■

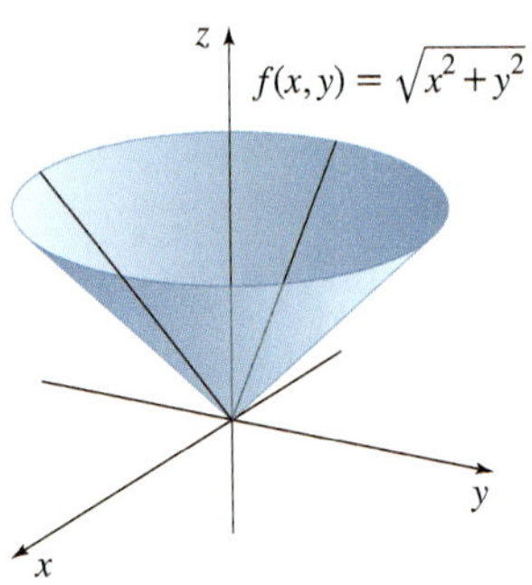

[그림 11.57]
$f(x,y)=\sqrt{x^2+y^2}$ 의 그래프

[예제 11.41]에서 함수 $f(x,y)=\sqrt{x^2+y^2}$에 대해 점 $(0,0)$에서 편미분이 존재하지 않으므로 점 $(0,0)$은 함수 f의 특이점이고 점 $(0,0)$에서 극솟값을 갖는다. 그러므로 편미분 $f_x(x,y)$ 또는 $f_y(x,y)$가 존재하지 않은 특이점도 함수 f의 극값의 후보가 될 수 있다.

함수 $f(x,y)$의 정의역 경계를 제외한 내부에서 극값의 후보는 다음과 같다.

[정리 11.21: 정의역의 내부에서 이변수함수의 극값의 후보]
이변수함수 $f(x,y)$의 정의역 내부에 있는 함수 f의 극값의 후보는 두 종류이다.
① 함수 $f(x,y)$의 정점
② 함수 $f(x,y)$의 특이점

이변수함수의 정의역 내부에 있는 극값 후보에 대하여 정리하면 [표 11.1]과 같다.

[표 11.1]

극값의 후보: 정의역의 내부의 점 (x_0,y_0)	$f_x(x_0,y_0)=f_x(x_0,y_0)=0$	정점
	$f_x(x,y)$ 또는 $f_y(x,y)$가 존재하지 않은 경우	특이점

11.6.3 극값에 대한 2계 편도함수 판정법

실함수의 경우 극값의 후보가 극값인지 아닌지를 판정하는 두 종류의 판정법인 1계 도함수 판정법과 2계 도함수 판정법이 있다. 이변수함수는 극값의 후보 중의 하나인 정점이 극값인지 아닌지를 판정하는 이변수함수의 극값에 대한 2계 편도함수 판정법이 있다.

* [정리 11.22: 2계 편도함수 판정법]은 정점에서만 극값을 갖는지를 판정한다. 특이점에 대한 판정은 하지 않는다.

** 판정이 불가하다는 의미는 정점 (x_0,y_0)에서 $D=0$인 경우 극값을 갖는 예가 있을 수도 있고 안장점을 갖는 예가 있을 수도 있다는 것이다.

[정리 11.22: 극값에 대한 2계 편도함수 판정법]* 이변수함수 f가 점 (x_0,y_0)의 근방에서 2계 편도함수가 연속이고 점 (x_0,y_0)는 정점이라고 하자. 함수 f의 정점 (x_0,y_0)에서 다음 $D(x_0,y_0)$를 놓자.

$$D=D(x_0,y_0)=f_{xx}(x_0,y_0)f_{yy}(x_0,y_0)-[f_{xy}(x_0,y_0)]^2$$

그러면 다음 중 하나가 성립한다.
(1) $D>0$이고 $f_{xx}(x_0,y_0)<0$인 경우 함수 f는 점 (x_0,y_0)에서 극댓값을 갖는다.
(2) $D>0$이고 $f_{xx}(x_0,y_0)>0$인 경우 함수 f는 점 (x_0,y_0)에서 극솟값을 갖는다.
(3) $D<0$인 경우 함수 f는 점 (x_0,y_0)에서 안장점을 갖는다.
(4) $D=0$인 경우 판정이 불가하다.**

[참고]

(1) $D=D(x_0,y_0)=f_{xx}(x_0,y_0)f_{yy}(x_0,y_0)-[f_{xy}(x_0,y_0)]^2$를 점 (x_0,y_0)에서 이변수함수 f의 판별식이라고 한다.
(2) 점 (x_0,y_0)을 중심으로 하는 작은 원판에서 이변수함수 $f(x,y)$의 2계 편도함수가 연속이므로 $f_{xy}(x_0,y_0)=f_{yx}(x_0,y_0)$이다.
(3) [9장. 공간좌표계와 벡터]에서 2차 행렬 $\begin{pmatrix} a & b \\ c & d \end{pmatrix}$의 행렬식은 $\begin{vmatrix} a & b \\ c & d \end{vmatrix}=ad-bc$이다. 그러므로 점 (x,y)에서 f의 판별식 $D(x,y)$는 2차 행렬의 행렬식이다.

$$f_{xy} = f_{yx} \text{이면 } D(x, y) = f_{xx}f_{yy} - [f_{xy}]^2 = \begin{vmatrix} f_{xx} & f_{xy} \\ f_{yx} & f_{yy} \end{vmatrix}$$

[예제 11.42] 함수 $f(x, y) = x^2 + xy + y^2 - 6x + 6$의 극값과 안장점을 구하여라.
[연습문제 3~13]

[풀이] 이변수함수 $f(x, y) = x^2 + xy + y^2 - 6x + 6$의 정의역은 평면 전체이다. 평면 전체에서 함수 f의 극값의 후보인 임계점은 특이점과 정점이다. 함수 f는 다항함수이므로 특이점은 없으므로 함수 f의 정점을 구하면 충분하다.
다음 연립방정식을 풀면

$$f_x(x, y) = 2x + y - 6 = 0$$
$$f_y(x, y) = x + 2y = 0$$

$x = 4$이고 $y = -2$이다. 즉, $f_x(4, -2) = 0 = f_y(4, -2)$이다.
그러므로 함수 f의 정점은 점 $(4, -2)$이다.
정점 $(4, -2)$에서 [정리 11.22: 2계 편도함수 판정법]을 적용해 보자.
$f_{xx}(x, y) = 2$, $f_{xy}(x, y) = f_{yx}(x, y) = 1$, $f_{yy}(x, y) = 2$이므로 판별식을 구해보자.

$$\begin{aligned} D = D(4, -2) &= f_{xx}(4, -2)f_{yy}(4, -2) - [f_{xy}(4, -2)]^2 \\ &= 2 \times 2 - [1]^2 = 3 > 0. \end{aligned}$$

그러므로 $D = D(4, -2) = 3 > 0$이고 $f_{xx}(4, -2) = 2 > 0$이다.
[정리 11.22: 극값에 대한 2계 편도함수 판정법]에 의하여 함수 f는 점 $(4, -2)$에서 극솟값 $f(4, -2) = -6$을 갖는다. ■

[예제 11.43] 이변수함수 $f(x, y) = 4xy - x^4 - y^4$의 극점과 안장점을 모두 구하여라.
[연습문제 3~13]

[풀이] 함수 $f(x, y) = 4xy - x^4 - y^4$의 정의역은 평면 전체이다. 평면에서 함수 f의 극값의 후보인 임계점은 특이점과 정점이다. 함수 f는 다항함수이므로 특이점은 없다. 함수 f의 정점를 구하면 충분하다. 다음 연립방정식을 풀면

$$f_x(x, y) = 4y - 4x^3 = 0$$
$$f_y(x, y) = x - 4y^3 = 0$$

$x = (x^3)^3$이고 $x(x-1)(x+1)(x^2+1)(x^4+1) = 0$.
그러므로 $x = 0, -1, 1$이고 해당하는 $y = 0, -1, 1$.
함수 f의 정점은 $(0, 0), (1, 1), (-1, -1)$이다.
[정리 11.22: 극값에 대한 2계 편도함수 판정법]을 적용해 판별식 $D(x, y)$를 구해보자.

$$f_{xx}(x, y) = -12x^2, \; f_{xy}(x, y) = f_{yx}(x, y) = 4, \; f_{yy}(x, y) = -12y^2$$

판별식 $D = D(x, y) = f_{xx}(x, y)f_{yy}(x, y) - [f_{xy}(x, y)]^2 = 144x^2y^2 - 16$이다.

- $(x_0, y_0) = (0, 0)$인 경우
  [정리 11.22: 극값에 대한 2계 편도함수 판정법]에 의해서 $D = D(0, 0) = -16 < 0$이므로 함수 f는 점 $(0, 0)$에서 안장점 $(0, 0, 0)$을 갖는다.
- $(x_0, y_0) = (1, 1)$인 경우
  $D = D(1, 1) = 144 - 16 = 128 > 0$이고 $f_{xx}(1, 1) = -12 < 0$이므로
  [정리 11.22: 극값에 대한 2계 편도함수 판정법]에 의해 함수 f는 점 $(1, 1)$에서 극솟값 $f(1, 1) = 2$를 갖는다.
- $(x_0, y_0) = (-1, -1)$일 때
  $D = D(-1, -1) = 128 > 0$이고 $f_{xx}(-1, -1) = -12 < 0$이므로
  [정리 11.22: 극값에 대한 2계 편도함수 판정법]에 의하여 함수 f는 점 $(1, 1)$에서 극솟값 $f(1, 1) = 2$를 갖는다. ■

[정리 11.22: 극값에 대한 2계 편도함수 판정법] (4)에서 정점이 극값 또는 안장점인지에 대한 판정이 불가능한 경우가 있다. 이런 경우에 다른 방법으로 판정을 사용해야 한다.

[예제 11.44] 다음 이변수함수의 극값과 안장점가 있으면 모두 구하여라. [연습문제 3~13]

(1) $f(x, y) = 2x^4 + y^4$ (2) $f(x, y) = x^4 - y^4$

[풀이]

(1) 함수 $f(x, y) = 2x^4 + y^4$의 정의역은 평면 전체이다. 평면에서 함수 f의 극값의 후보인 임계점은 특이점과 정점이다. 함수 f는 다항함수이므로 특이점이 없다. 함수 f의 정점을 구하면 충분하다.
다음 연립방정식을 풀어보자.

$$f_x(x, y) = 8x^3 = 0, \ f_y(x, y) = 4y^3 = 0$$

연립방정식의 해는 $(x, y) = (0, 0)$이다. 그러므로 점 $(0, 0)$은 f의 정점이다.
판별식 $D(x, y)$를 구해보자.

$$f_{xx}(x, y) = 12x^2, \quad f_{xy}(x, y) = f_{yx}(x, y) = 0, \quad f_{yy}(x, y) = 12y^2$$

판별식 $D = D(x, y) = f_{xx}(x, y)f_{yy}(x, y) - [f_{xy}(x, y)]^2 = 144x^2y^2$이다.

- [정리 11.22: 극값에 대한 2계 편도함수 판정법]에 의해 극값을 판정해 보자.
  정점 $(x, y) = (0, 0)$에서는 $D = D(0, 0) = 0$이므로 [정리 11.22: 극값에 대한 2계 편도함수 판정법]에 의하여 정점 $(0, 0)$에서 극값을 갖는지 판정할 수 없다.
- 극값의 정의에 의한 극값을 판정해 보자.
  모든 점 (x, y)에 대하여 함수 $f(0, 0) = 0 \le f(x, y) = 2x^2 + y^4$이므로
  정점 $(0, 0)$에서 극솟값 $f(0, 0) = 0$를 갖는다.

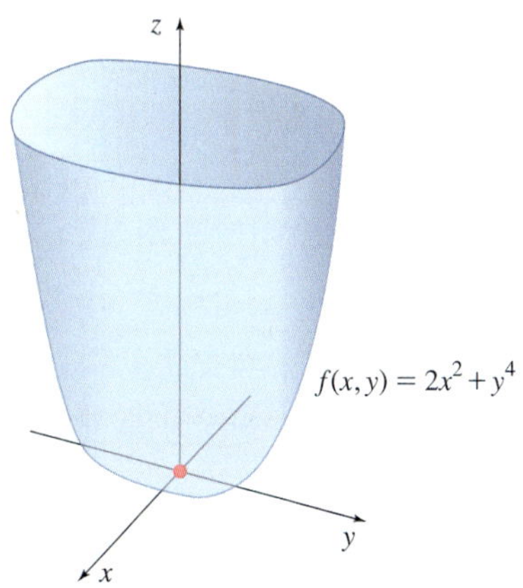

[그림 11.58]

[그림 11.58]에서 $f(x, y) = 2x^2 + y^4$의 그래프를 보면 정점 $(0, 0)$에서 극솟값을

갖는 것을 확인할 수 있다.

(2) 함수 $f(x,y) = x^4 - y^4$의 정의역은 평면 전체이다. 평면에서 극값의 후보인 임계점은 특이점과 정점이다. 함수 f는 다항함수이므로 특이점은 없다.
이제 함수 f의 정점을 구해보자.
다음 연립방정식을 풀어보자.

$$f_x(x,y) = 4x^3 = 0,\ f_y(x,y) = -4y^3 = 0$$

연립방정식의 해는 $(x,y) = (0,0)$이다. 그러므로 점 $(0,0)$은 함수 f의 정점이다.

• [정리 11.22: 극값에 대한 2계 편도함수 판정법]에 의해 극값을 판정해 보자.

$$f_{xx}(x,y) = 12x^2,\ f_{xy}(x,y) = f_{yx}(x,y) = 0,\ f_{yy}(x,y) = 12y^3$$

정점 $(0,0)$에서

$$D = D(0,0) = f_{xx}(0,0)f_{yy}(0,0) - [f_{xy}(0,0)]^2 = 0.$$

그러므로 [정리 11.22: 극값에 대한 2계 편도함수 판정법]에 의하여 $D(0,0) = 0$이므로 정점 $(0,0)$에서 극값 또는 안장점을 갖는지를 판정할 수 없다.

• 극값 또는 안장점의 정의에 의해 판정해 보자.
점 $(0,0)$을 지나는 x축을 따른 함수 $f(x,0)$을 살펴보면 다음과 같다.

$$f(x,0) = x^4 \ge 0 = f(0,0)$$

즉, 함수 f는 점 $(0,0)$에서 극솟값을 갖지 않는다.
점 $(0,0)$을 지나고 y축을 따른 함수 $f(0,y)$를 살펴보면 다음과 같다.

$$f(0,y) = -y^4 \le 0 = f(0,0)$$

즉, 함수 f는 점 $(0,0)$에서 극댓값을 갖지 않는다.
그러므로 정점 $(0,0)$에서 함수 f가 극솟값을 갖지 않고 극댓값을 갖지 않기 때문에 정점 $(0,0)$에서 함수 f가 안장점 $(0,0,0)$을 갖는다. ■

[예제 11.44]는 [정리 11.22: 극값에 대한 2계 편도함수 판정법]에서 정점 (x_0, y_0)에서 판별식 $D = D(x_0, y_0) = 0$인 경우를 다루고 있다.
[예제 11.44](1)은 $D = D(x_0, y_0) = 0$이지만 정점 (x_0, y_0)에서 극솟값을 갖는다.
[예제 11.44](2)은 $D = D(x_0, y_0) = 0$이지만 정점 (x_0, y_0)에서 안장점을 갖는다.
[정리 11.22: 극값에 대한 2계 편도함수 판정법]에서 정점 (x_0, y_0)에서 판별식 $D = D(x_0, y_0) = 0$인 경우 극값인지 안장점인지의 여부는 다른 방법으로 판정해야 한다.

11.6.4 유계이고 닫힌 영역에서의 최댓값과 최솟값

[정리 11.19: 이변수함수의 최댓값과 최솟값의 정리]에 의하여 유계이고 닫힌 영역 D에서 연속인 이변수함수 f는 영역 D에서 최솟값 $f(x_1, y_1)$과 최댓값 $f(x_2, y_2)$이 존재한다.

유계이고 닫힌 영역 D에서 연속함수 f의 최댓값 $f(x_1, y_1)$과 최솟값 $f(x_2, y_2)$를 구체적으로 찾는 방법은 영역 D의 전체에서 함수 f의 최댓값 또는 최솟값의 후보를 찾고 후보 중에서 함수 f의 최댓값 또는 최솟값을 선택한다. 영역 D의 전체에서 함수 f의 최댓값 또는 최솟값의 후보를 다음과 같이 나누어서 찾아본다.

- 영역 D의 내부에 있는 최댓값 또는 최솟값의 후보
- 영역 D의 경계에 있는 최댓값 또는 최솟값의 후보

(i) 최댓값 또는 최솟값이 **영역 D의 내부**에서 생기는 경우 최댓값 또는 최솟값은 영역 D의 내부에서 함수 $f(x, y)$의 극값이다. 그러므로 함수 f의 **극값의 후보**인 정점과 특이점이 최댓값과 최솟값의 후보이다.

(ii) 최댓값 또는 최솟값이 **영역 D의 경계**에 있는 경우 다음 과정으로 구한다.

① 영역 D의 경계인 **평면곡선** $\mathbf{r}(t) = x(t)\mathbf{i} + y(t)\mathbf{j}$, $(a \le t \le b)$를 구한다. 최댓값과 최솟값을 위한 곡선의 매개화인 경우 곡선의 방향은 관계가 없다.

② 평면곡선 $\mathbf{r}(t)$을 따른 함수 f를 실함수 $g(t) = f(x(t), y(t))$로 놓는다.

③ 유계이고 닫힌 구간 $[a, b]$에서 연속인 실함수 $g(t)$의 최댓값과 최솟값을 찾는다.

◐ 평면영역의 경계에서의 최댓값과 최솟값

평면영역의 경계인 평면곡선에서 이변수함수의 최댓값과 최솟값을 구해보자.

[예제 11.45] 이변수함수 $f(x, y) = x + y$에 대하여 [연습문제 14~18]

(1) 원 $x^2 + y^2 = 4$ 위에서 함수 f의 최댓값과 최솟값을 구하여라.

(2) 점 $(1, -1)$과 점 $(-1, 3)$을 지나는 선분 위에서 함수 f의 최댓값과 최솟값을 구하여라.

(3) 세 점 $(0, 0)$, $(1, 0)$, $(0, 2)$을 꼭짓점으로 하는 삼각형 위에서 함수 f의 최댓값과 최솟값을 구하여라.

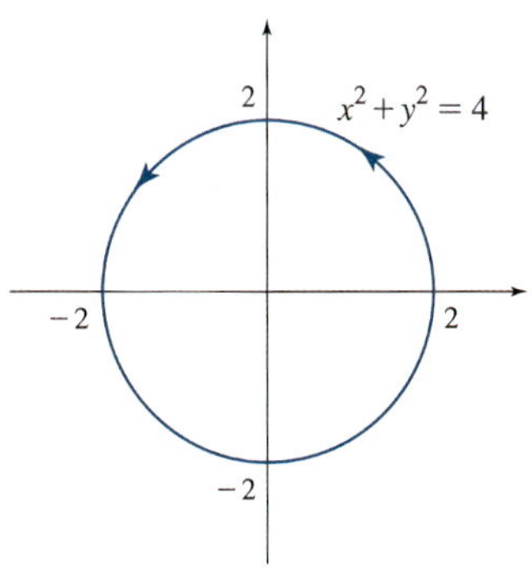

[그림 11.59](a)

[풀이]

(1) 원 $x^2 + y^2 = 4$을 평면곡선 $\mathbf{r}$을 구하면 다음과 같다. ([그림 11.59](a) 참고)

$$\mathbf{r}(t) = 2\cos t\,\mathbf{i} + 2\sin t\,\mathbf{j},\ 0 \le t \le 2\pi$$

평면곡선 $\mathbf{r}(t)$를 따른 함수 $f(x, y) = x + y$는 실함수 $g(t)$로 나타낸다.

$$g(t)=f(\mathbf{r}(t))=f(2\cos t, 2\sin t)=2\cos t+2\sin t,\ \ 0\le t\le 2\pi$$

유계이고 닫힌 구간 $[0,2\pi]$에서 실함수 $g(t)=2\cos t+2\sin t$의 최댓값과 최솟값을 구한다. 우선 실함수 g의 정점을 구해보자.

$$g'(t)=-2\sin t+2\cos t=-2(\sin t-\cos t)=0$$

이를 풀면 $t=\frac{\pi}{4}, \frac{5\pi}{4}$에서 g는 정점을 갖는다. 구간 $[0,2\pi]$ 위의 함수 g의 임계점은 다음과 같다.

- 정점: $g\left(\frac{\pi}{4}\right)=2\sqrt{2}$ 이므로 $g\left(\frac{5\pi}{4}\right)=-2\sqrt{2}$
- 특이점은 없다.
- 경계값 $g(0)=g(2\pi)=1$

그러므로 $t=\frac{\pi}{4}$일 때 최댓값 $g\left(\frac{\pi}{4}\right)=2\sqrt{2}$이고 $t=\frac{5\pi}{4}$일 때 최솟값 $g\left(\frac{5\pi}{4}\right)=-2\sqrt{2}$이다.*

* $g(t)=f(\mathbf{r}(t))$이므로 g의 최댓값과 최솟값에서 f의 최댓값과 최솟값으로 구한다.

$t=\frac{\pi}{4}$는 점 $(\sqrt{2},\sqrt{2})$이고 $t=\frac{5\pi}{4}$는 점 $(-\sqrt{2},-\sqrt{2})$이다.
함수 f는 점 $(\sqrt{2},\sqrt{2})$에서 최댓값 $2\sqrt{2}$를 갖고
함수 f는 점 $(-\sqrt{2},-\sqrt{2})$에서 최솟값 $-2\sqrt{2}$를 갖는다.

(2) 두 점 $(1,-1)$에서 $(-1,3)$을 잇는 선분의 매개곡선 $\mathbf{r}$을 다음과 같이 구하자. ([그림 11.59](b) 참고)

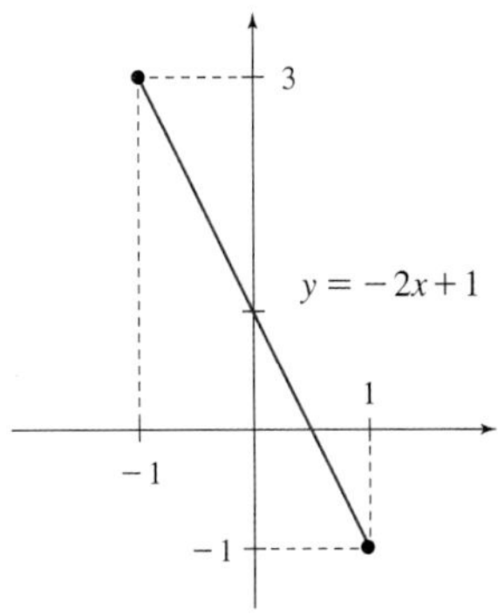

[그림 11.59](b)

$$\begin{aligned} 0\le x\le 1\text{에서 } \mathbf{r}(t)&=(1-t)\langle 1,-1\rangle+t\langle -1,3\rangle\\ &=\langle 1-2t,-1+4t\rangle\\ &=(1-2t)\mathbf{i}+(-1+4t)\mathbf{j}\end{aligned}$$

구간 $[0,1]$에서 매개곡선 $\mathbf{r}(t)=(1-2t)\mathbf{i}+(-1+4t)\mathbf{j}$을 따른 이변수함수 $f(x,y)=x+y$는 구간 $[0,1]$ 위의 실함수 g로 다음과 같이 나타낼 수 있다.

$$g(t)=f(\mathbf{r}(t))=f(t,-2t+1)=-t+1,\ \ 0\le t\le 1$$

평면에서 두 점 P와 Q 사이의 선분의 매개곡선을 공간에서의 매개곡선과 비슷하게 정의할 수 있다.
$\mathbf{r}(t)=(1-t)P+tQ,\ (0\le t\le 1)$

유계이고 닫힌 구간 $[0,1]$에서 연속인 실함수 $g(t)=-t+1$의 최댓값과 최솟값을 구해보자.
다항함수 g는 미분가능이므로 특이점이 없고 도함수 $g'(t)=-1$이므로 정점은 없다. 그러므로 구간 $[0,1]$에서 함수 g의 임계점은 다음과 같다.

- 정점과 특이점은 없다.
- 경계값: $g(-1)=2$이고 $g(1)=0$

그러므로 $t=-1$일 때 최댓값 $g(-1)=2$이고 $t=1$일 때 최솟값 $g(1)=0$이다.
곡선 $\mathbf{r}(t)=t\mathbf{i}+(-2t+1)\mathbf{j}$에서 $t=-1$이면 점 $(-1,3)$이고 $t=1$이면 점 $(1,-1)$에 해당한다.
함수 f는 점 $(-1,3)$에서 최댓값 2를 갖고 점 $(1,-1)$에서 최솟값 0을 갖는다.

(3) [그림 11.60]의 세 점$(0,0)$, $(1,0)$, $(0,1)$을 꼭짓점으로 하는 삼각형을 매개화하자. 삼각형과 같이 곡선은 3개의 부드러운 곡선이 이어진 경우 각 부드러운 곡선에서 최댓값과 최솟값을 구하고 각 곡선에서의 모든 최댓값과 최솟값 중에서 가장 큰

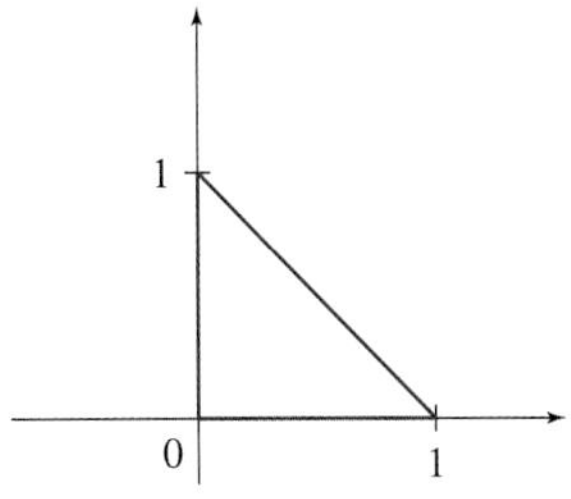

[그림 11.60]

값이 삼각형에서의 최댓값이고 가장 작은 값이 삼각형에서의 최솟값이 된다. 삼각형은 3개의 선분으로 이루어져 있으므로 다음 세 가지로 나누어 구하자.

① 점 $(0,0)$과 점 $(1,0)$을 잇는 선분 위에서 최댓값과 최솟값을 구하자.
점 $(0,0)$과 점 $(1,0)$을 잇는 선분의 매개곡선 $\mathbf{r}$을 구하면 $\mathbf{r}(t)=t\mathbf{i}$, $(0 \le t \le 1)$이다.
평면곡선 $\mathbf{r}(t)=t\mathbf{i}$을 따른 함수 $f(x,y)=x+y$를 실함수 g로 나타낸다.

$$g(t)=f(\mathbf{r}(t))=f(t,0)=t,\ \ 0 \le t \le 1$$

유계이고 닫힌 구간 $[0,1]$에서 연속함수 $g(t)=t$의 최댓값과 최솟값을 구한다.
실함수 g의 구간 $[0,1]$에서의 임계점은 다음과 같다.
- $g'(t)=1$이므로 정점은 없고 다항함수 g는 특이점은 없다.
- 경계값: $g(0)=0$이고 $g(1)=1$

그러므로 함수 f는 점 $(0,0)$에서 최솟값 0을 갖고 점 $(1,0)$에서 최댓값 1을 갖는다.

② 두 점 $(1,0)$과 $(0,2)$를 잇는 선분 위에서 최댓값과 최솟값을 구하자.
두 점 $(1,0)$과 $(0,2)$를 잇는 선분의 매개곡선 $\mathbf{r}$은 다음과 같다.

$$\mathbf{r}(t)=(1-t)\langle 0,2\rangle+t\langle 1,0\rangle=t\mathbf{i}+(2-2t)\mathbf{j},\ \ 0 \le t \le 1$$

평면곡선 $\mathbf{r}(t)=t\mathbf{i}+(2-2t)\mathbf{j}$를 따른 함수 $f(x,y)=x+y$를 실함수 g로 다음과 같이 나타낼 수 있다.

$$g(t)=f(\mathbf{r}(t))=f(t,2-2t)=2-t,\ \ 0 \le t \le 1$$

유계이고 닫힌 구간 $[0,1]$에서 연속함수 $g(t)=2-t$의 최댓값과 최솟값을 구한다.
실함수 g의 구간 $[0,1]$에서의 임계점은 다음과 같다.
- $g'(t)=-1$이므로 정점은 없고 다항함수 g는 특이점은 없다.
- 경계점: $g(0)=2$이고 $g(1)=1$

그러므로 함수 f는 점 $(0,2)$에서 최댓값 2를 갖고 점 $(1,0)$에서 최솟값 1을 갖는다.

③ 두 점$(0,0)$과 점$(0,2)$를 잇는 선분 위에서 최댓값과 최솟값을 구하자.
두 점 $(0,0)$과 $(0,2)$를 잇는 선분의 매개곡선 $\mathbf{r}$을 구하면 $\mathbf{r}(t)=t\mathbf{j}$, $(0 \le t \le 2)$이다.
평면곡선 $\mathbf{r}(t)=t\mathbf{j}$를 따른 $f(x,y)=x+y$는 실함수 g로 나타낼 수 있다.

$$g(t)=f(\mathbf{r}(t))=f(0,t)=t,\ \ 0 \le t \le 1$$

유계이고 닫힌 구간 $[0,2]$에서 연속함수 $g(t)=t$의 최댓값과 최솟값을 구한다.
함수 g의 구간 $[0,2]$에서의 임계점은 다음과 같다.
- $g'(t)=1$이므로 정점은 없고 다항함수 g는 특이점은 없다.
- 경계점: $g(0)=0$이고 $g(2)=2$

그러므로 함수 f는 점 $(0,0)$에서 최솟값 0을 갖고 점 $(0,2)$에서 최댓값 2를 갖는다.

①, ②, ③에서 구한 각각의 최댓값과 최솟값을 비교하면
함수 f는 점 $(0,2)$에서 최댓값은 2이고 점 $(0,0)$에서 최솟값은 0이다. ■

◐ 유계이고 닫힌 영역에서의 최댓값과 최솟값

유계이고 닫힌 영역 D에서 연속인 이변수함수에 존재하는 최댓값과 최솟값을 구하는 과정은 다음과 같다.

[유계이고 닫힌 영역 D에서 연속인 이변함수의 최댓값과 최솟값 구하기]
① 영역 D의 **내부**에서 함수 $f(x,y)$의 **정점**과 **특이점**을 구한다.
② 영역 D의 **경계**에서 함수 $f(x,y)$의 **최댓값**과 **최솟값**을 구한다.
③ ①과 ②에서 구한 함숫값 중에서 가장 큰 값이 최댓값이고 가장 작은 값이 최솟값이다.

[예제 11.46] 영역 D는 반지름이 3인 원과 원의 내부인 $x^2+y^2 \le 9$이라고 하자. 영역 D에서 이변수함수 $f(x,y)=x^2+y^2-2x+2y-5$의 최댓값과 최솟값을 구하여라. [연습문제 14~18]

[풀이] [정리 11.19: 이변수함수의 최댓값과 최솟값의 정리]에 의해서 영역 D는 $x^2+y^2 \le 9$인 유계이고 닫힌 영역이므로 연속함수 f는 영역 D에서 최댓값과 최솟값을 갖는다.
이제 영역 D에서 함수 f의 최댓값과 최솟값을 구하자.

① 영역 D의 내부인 $x^2+y^2<9$에서 정점과 특이점을 구하자.
- 특이점: 함수 $f(x,y)=x^2+y^2-2x+2y-5$는 다항식이므로 특이점은 없다.
- 정점: $f_x(x,y)=2x-2=0$, $f_y(x,y)=2y+2=0$이므로 $x=1$이고 $y=-1$.
  그러므로 정점은 $(1,-1)$이고 함숫값 $f(1,-1)=-7$이다.

② 영역 D의 경계인 원 $x^2+y^2=9$의 매개화 $\mathbf{r}$은 다음과 같다.

$$\mathbf{r}(t)=3\cos t\mathbf{i}+3\sin t\mathbf{j},\ 0 \le t \le 2\pi$$

매개곡선 $\mathbf{r}(t)=3\cos t\mathbf{i}+3\sin t\mathbf{j}$를 따른 함수 $f(x,y)=x^2+y^2-2x+2y-5$는 구간 $[0,2\pi]$에서 실함수 g로 나타낼 수 있다.

$$\begin{aligned} g(t)=f(\mathbf{r}(t))=f(3\cos t, 3\sin t) &= 9\cos^2 t+9\sin^2 t-6\cos t+6\sin t-5 \\ &= 4-6\cos t+6\sin t \end{aligned}$$

유계이고 닫힌 구간 $[0,2\pi]$에서 연속인 실함수 $g(t)=4-6\cos t+6\sin t$의 최댓값과 최솟값을 구해보자.
실함수 g의 구간 $[0,2\pi]$에서의 임계점은 다음과 같다.

- g의 정점: $g'(t)=6\sin t+6\cos t=0$이므로

  $\sin t=-\cos t$. $t=\dfrac{3\pi}{4}$ 또는 $\dfrac{7\pi}{4}$에서 함수 g는 정점을 갖는다.

  $t=\dfrac{3\pi}{4}$에서 $g\left(\dfrac{3\pi}{4}\right)=4+6\sqrt{2}$이고

  $t=\dfrac{7\pi}{4}$에서 $g\left(\dfrac{7\pi}{4}\right)=4-6\sqrt{2}$.
- g의 특이점: 함수 $g(t)=4-6\cos t+6\sin t$는 특이점은 없다.
- 경계값: $g(0)=g(2\pi)=-2$

실함수 g는 $t=\dfrac{3\pi}{4}$에서 최댓값 $g\left(\dfrac{3\pi}{4}\right)=4+6\sqrt{2}$를 갖고 $t=\dfrac{7\pi}{4}$에서 최솟값 $g\left(\dfrac{7\pi}{4}\right)=4-6\sqrt{2}$를 갖는다. $t=\dfrac{3\pi}{4}$일 때는 점 $\left(-\dfrac{3\sqrt{2}}{2},\dfrac{3\sqrt{2}}{2}\right)$이고 $t=\dfrac{7\pi}{4}$일 때는 점 $\left(\dfrac{3\sqrt{2}}{2},-\dfrac{3\sqrt{2}}{2}\right)$이다.

그러므로 이변수함수 f는 점 $\left(-\dfrac{3\sqrt{2}}{2},\dfrac{3\sqrt{2}}{2}\right)$에서 최댓값 $4+6\sqrt{2}$을 갖고 점 $\left(\dfrac{3\sqrt{2}}{2},-\dfrac{3\sqrt{2}}{2}\right)$에서 최솟값 $4-6\sqrt{2}$를 갖는다.

③ ①에서 영역의 D의 내부에서 임계점은 다음과 같다.

점 $(1,-1)$에서 함숫값 $f(1,-1)=-7$

②에서 영역의 D의 경계에서 최댓값과 최솟값은 다음과 같다.

점 $\left(-\dfrac{3\sqrt{2}}{2},\dfrac{3\sqrt{2}}{2}\right)$에서 최댓값 $4+6\sqrt{2}$을 갖고 점 $\left(\dfrac{3\sqrt{2}}{2},\quad\dfrac{3\sqrt{2}}{2}\right)$에서 최솟값 $4-6\sqrt{2}$을 갖는다.

그러므로 이변수함수 f는 점 $\left(\dfrac{3\sqrt{2}}{2},-\dfrac{3\sqrt{2}}{2}\right)$에서 최댓값 $4+6\sqrt{2}$을 갖고 점 $(1,-1)$에서 최솟값 -7을 갖는다. ■

연습문제

• Part 1

[1-2] 함수 $f(x,y)$의 정점을 구하여라. [예제 11.40]

1. $f(x,y)=x^2+y^2$
2. $f(x,y)=3-x^2+2x-y^2-4y$

[3-13] 함수 $f(x,y)$의 극값과 안장점을 구하여라. [예제 11.42~11.44]

3. $f(x,y)=x^2-2xy+\dfrac{1}{3}y^3-3y$
4. $f(x,y)=x^2+2y^2-6x+8y+1$
5. $f(x,y)=x^2-2y^2-6x+8y+4$
6. $f(x,y)=x^2+6xy+2y^2-6x+10y+2$
7. $f(x,y)=x^2-xy-2y^2+7x-8y+5$
8. $f(x,y)=x^2y-2xy+2y^2-15y$
9. $f(x,y)=x^2+y^4$
10. $f(x,y)=-4x^2+8y^2+1$
11. $f(x,y)=ye^x-e^y$
12. $f(x,y)=(2x-1)^2+(2y+4)^2+2$
13. $f(x,y)=x^4+y^4-4x-32y+5$

[14-18] 이변수함수 $f(x,y)=\sqrt{3}x+y$에 대하여 다음을 구하여라. [예제 11.45]

14. 원 $x^2+y^2=1$ 위에서 함수 f의 최댓값과 최솟값을 구하여라.
15. 점 $(0,0)$에서 점 $(2,4)$를 지나는 선분에서 함수 f의 최댓값과 최솟값을 구하여라.

16. 점 $(-1,-2)$에서 점 $(3,2)$를 지나는 선분에서 함수 f의 최댓값과 최솟값을 구하여라.

17. 세 점 $(0,0)$, $(1,0)$, $(0,1)$을 꼭짓점으로 하는 삼각형에서 함수 f의 최댓값과 최솟값을 구하여라.

18. 세 점 $(1,0)$, $(1,1)$, $(0,1)$을 꼭짓점으로 하는 삼각형에서 함수 f의 최댓값과 최솟값을 구하여라.

[19-21] 이변수함수 $f(x,y)=x-y$에 대하여 다음을 구하여라. [예제 11.45]

19. 원 $x^2+y^2=4$ 위에서 함수 f의 최댓값과 최솟값을 구하여라.

20. 점 $(-1,1)$에서 점 $(1,-1)$를 지나는 선분에서 함수 f의 최댓값과 최솟값을 구하여라.

21. 세 점 $(-1,0)$, $(1,0)$, $(0,1)$을 꼭짓점으로 하는 삼각형에서 함수 f의 최댓값과 최솟값을 구하여라.

[22-24] 영역 $D=\{(x,y)\,|\,x^2+y^2\le 4\}$에서 다음 이변수함수 f의 최댓값과 최솟값을 구하여라. [예제 11.46]

22. $f(x,y)=x^2+y^2-1$

23. $f(x,y)=x^2+4y^2+1$

24. $f(x,y)=x^2+y^2+6x-4y+1$

• Part 2

[25-27] 함수 $f(x,y)$의 극값과 안장점을 구하여라.

25. $f(x,y)=xy(x-2)(y+3)$

26. $f(x,y)=xye^{-x-y}$

27. $f(x,y)=\tan^{-1}(xy)$

28. 타원 $\frac{x^2}{4}+y^2=1$ 위에서 함수 $f(x,y)=\sqrt{x^2+y^2}$의 최댓값과 최솟값을 구하여라.

29. 세 직선 $y=x$, $y=\frac{1}{2}x$, $y=1$로 이루어진 삼각형에서 함수 $f(x,y)=x^2+y^2$의 최댓값과 최솟값을 구하여라.

30. 영역 $D=\{(x,y)\,|\,x\ge 0, y\ge 0\}$에서 $f(x,y)=2e^{-x-y}$의 최댓값과 최솟값을 구하여라.

11.7 라그랑주 승수법

이변수함수의 정의역의 경계에서 함수의 최댓값 또는 최솟값을 구하는 문제에 대하여 11.6절에서 공부하였다.

평면에서 제한된 영역*인 곡선 $C: g(x,y)=c$에서 정의된 이변수함수 $z=f(x,y)$의 그래프는 [그림 11.61]과 같다고 하자. 정의역인 곡선 $C: g(x,y)=c$에서 함수 f의 최댓값과 최솟값의 위치를 보여주고 있다.

* 평면에서 **제한된 영역**이란 방정식 g의 c-등고선으로 표현된 영역으로, 일반적으로 평면곡선 C이다. 여기서는 [곡선 $C: g(x,y)=c$]로 표현한다.

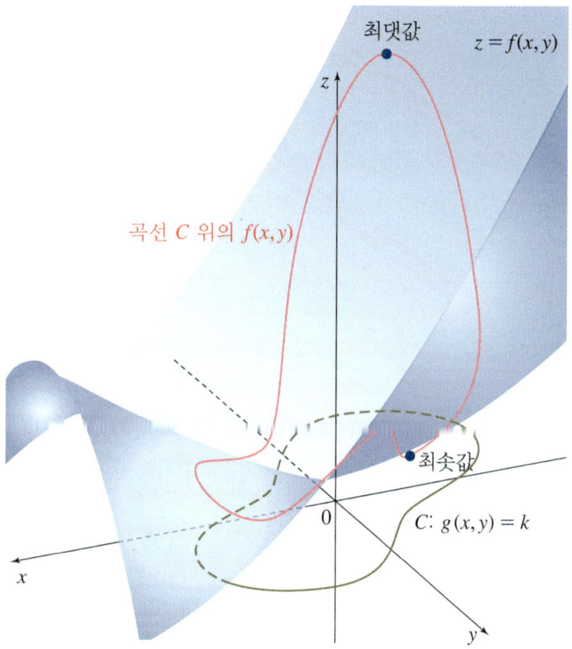

[그림 11.61]

11.6절에서 평면의 유계이고 닫힌 영역 D의 경계인 곡선 C 위에서 연속인 이변수함수 $f(x,y)$의 최댓값과 최솟값을 다음 과정으로 구하였다.

- 영역 D의 경계인 곡선의 방정식 $g(x,y)=c$의 매개곡선 $\mathbf{r}(t)=x(t)\mathbf{i}+y(t)\mathbf{j}$를 구한다.
- 매개곡선 $\mathbf{r}(t)=x(t)\mathbf{i}+y(t)\mathbf{j}$을 따른 함수 $f(x,y)$를 다음 실함수 g로 표현한다.

$$g(t)=f(\mathbf{r}(t))=f(x(t),y(t)),\ a\le t\le b$$

- 유계이고 닫힌 구간 $[a,b]$에서 연속인 실함수 $g(t)$의 최댓값 또는 최솟값을 구하는 문제를 푼다.

영역 D의 경계인 곡선 C에서 연속인 이변수함수 f의 최댓값과 최솟값을 구할 때 곡선 C인 방정식 $g(x,y)=c$의 매개곡선 $\mathbf{r}(t)=x(t)\mathbf{i}+y(t)\mathbf{j}$ 표현을 구하는 것이 중요한 단계이다. 곡선 C인 방정식 $g(x,y)=c$의 매개곡선 $\mathbf{r}(t)=x(t)\mathbf{i}+y(t)\mathbf{j}$ 표

현이 어렵거나 불가능한 경우가 있으므로 함수 $f(x,y)$의 최댓값과 최솟값을 구하는 새로운 방법을 알아보자. 또한 공간의 곡면 S 위에 정의된 연속인 삼변수함수의 최솟값과 최댓값을 구하는 방법으로 확장할 수 있는 방법도 필요하다.

이번 절에서는 제한된 조건에서 정의된 다변수함수의 최댓값 또는 최솟값을 구하는 일반적인 방법을 알아보자.

① 평면에서 제한된 조건의 영역인 곡선 $C : g(x,y)=c$에서 이변수함수 $f(x,y)$의 최댓값 또는 최솟값을 구한다.

② 공간에서 제한된 조건의 영역인 곡면 $S : g(x,y,z)=c$에서 삼변수함수 $f(x,y,z)$의 최댓값 또는 최솟값을 구한다.

◐ 이변수함수의 라그랑주 승수법

이제 곡선 C의 매개화를 구하지 않고 방정식 표현 $C : g(x,y)=c$에서 함수 $f(x,y)$의 최댓값과 최솟값을 구하는 문제 그리고 곡면의 방정식 $S : g(x,y,z)=c$의 표현에서 삼변수함수 $f(x,y,z)$의 최댓값 또는 최솟값을 구하는 문제를 해결하는 방법인 **라그랑주 승수법**(Lagrange's multiplier)을 알아보자.

평면곡선 $C : g(x,y)=xy-4=0, (x>0, y>0)$에서 이변수함수 $f(x,y)=12x+3y$의 최댓값 또는 최솟값을 구해보자. 이때 평면곡선 $C : g(x,y)=xy-4=0$은 이변수함수 $g(x,y)=xy-4$의 0-등위면이고 쌍곡선 $xy=4$이다.

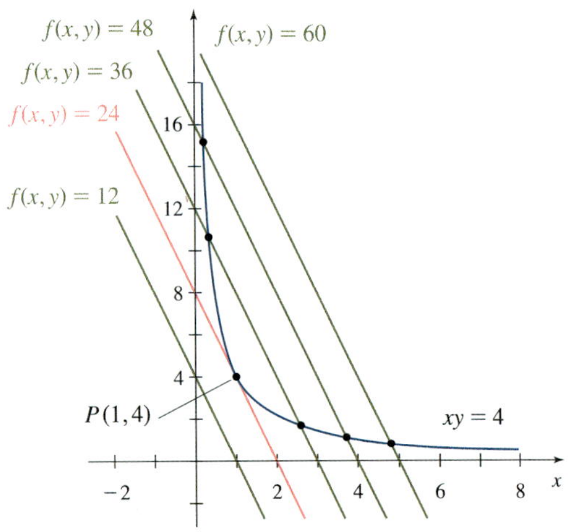

[그림 11.62]

쌍곡선 $xy=4$에서 이변수함수 $f(x,y)=12x+3y$의 최댓값 또는 최솟값을 구하기 위해 임의의 실수 c에 대해 함수 f의 c-등고선인 직선 $12x+3y=c$와 쌍곡선 $xy=4$의 만나는 점을 알아보자.

[그림 11.62]에서 보면 쌍곡선 $xy=4$와 만나는 함수 f의 c-등고선 중에서 가장 작은 c의 값이 $c=24$임을 볼 수 있다. $c=24$에서 쌍곡선 $xy=4$와 함수 f의 24-등고선인 직선 $12x+3y=24$는 접한다.

쌍곡선 $xy=4$와 직선 $12x+3y=24$가 만나는 점을 찾아보면 점 $P(1,4)$이다. 그러므로 함수 $f(x,y)=12x+3y$가 쌍곡선 $xy=4$ 위의 점 $P(1,4)$에서 가장 작은 함숫값 $f(1,4)=24$를 갖는다.

함수 f의 24-등고선인 직선 $12x+3y=24$는 쌍곡선 $xy=4$와 점 $P(1,4)$에서 접하므로 함수 $f(x,y)=12x+3y$의 24-등고선과 $g(x,y)=xy-4$의 0-등고선이 점 $P(1,4)$에서 **공통 접선**을 갖는다. 그러므로 점 $P(1,4)$에서는 $\nabla f(1,4)$와 $\nabla g(1,4)$가 평행하다. 실제로 $\nabla f(1,4)=\langle 12,3\rangle$이고 $\nabla g(1,4)=\langle 4,1\rangle$이므로

$$\nabla f(1,4)=3\nabla g(1,4)$$

임을 알 수 있다.

곡선 $C: g(x,y)=c$에서 정의된 이변수함수 f의 움직임을 알아보자.
[그림 11.63]에서 함수 f의 등고선과 정의역 곡선 C가 만나는 점들을 살펴보자. 곡선 C인 함수 g의 c-등고선에 있는 점 $P(x_0, y_o)$에서 함수 f가 극값을 갖는다고 하자. 그러면 점 $P(x_0, y_o)$에서 함수 g의 c-등고선과 함수 $f(x,y)$의 d_1-등고선이 접한다. 그러므로 두 벡터 $\nabla f(x_0, y_0)$와 $\nabla g(x_0, y_0)$는 평행하고 다음이 성립하는 실수 λ가 있다.

$$\nabla f(x_0, y_0) = \lambda \nabla g(x_0, y_0)$$

점 $P(x_0, y_o)$ 이외의 다른 점에서 함수 $f(x,y)$의 등고선과 정의역 곡선 C가 만나는 경우 두 벡터 $\nabla f(x,y)$와 $\nabla g(x,y)$는 평행하지 않은 것을 [그림 11.63]에서 볼 수 있다.

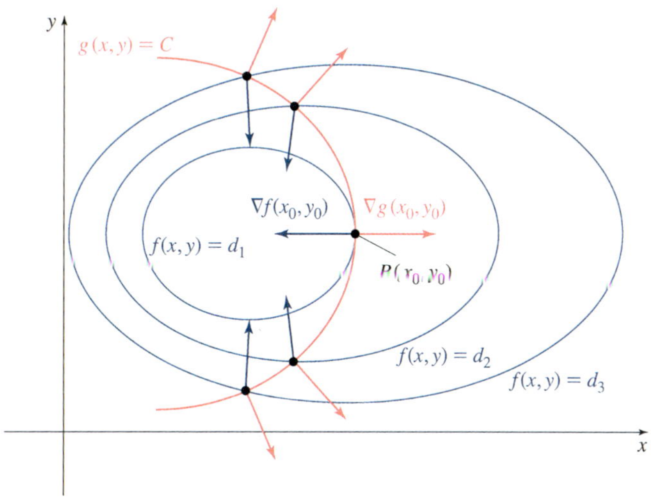

[그림 11.63]

* $\nabla f(x_0, y_0) = \lambda \nabla g(x_0, y_0)$는 두 벡터 $\nabla f(x_0, y_0)$와 $\nabla g(x_0, y_0)$가 평행함을 의미한다.

[정리 11.23: 이변수함수의 라그랑주 승수법(Lagrange's multiplier)]
이변수함수 $f(x,y)$와 $g(x,y)$가 점 (x_0, y_0)에서 미분가능하다고 하자.
곡선 $C: g(x,y)=c$ 위의 점 (x_0, y_0)에서 $\nabla g(x_0, y_0) \neq 0$이라고 하자. 함수 f가 곡선 C의 점 (x_0, y_0)에서 극값을 갖는다면 다음을 만족하는 실수 λ가 존재한다.

$$\nabla f(x_0, y_0) = \lambda \nabla g(x_0, y_0)^{*} \qquad (11.10)$$

[정리 11.23: 이변수함수의 라그랑주 승수법]은 다변수함수의 연쇄법칙과 이변수함수의 그래디언트의 성질을 사용하여 증명할 수 있다.

식 (11.10)의 실수 λ를 **라그랑주의 승수**(Lagrange multiplier)라고 한다.
[정리 11.23: 이변수함수의 라그랑주 승수법]에서 보면 곡선 $C: g(x,y)=c$ 위의 점 (x_0, y_0)에서 함수 f가 극값을 갖는다면 방정식 $\nabla f(x_0, y_0) = \lambda \nabla g(x_0, y_0)$을 만

* 라그랑주의 승수법은 극값의 후보를 알려 주지만 극값을 판정하지는 못한다. 최댓값과 최솟값의 존재를 알고 있는 경우 극값의 후보 중에서 최댓값과 최솟값을 구하게 된다.

족하는 실수 λ가 존재한다. 라그랑주 승수법의 주요한 의미*를 알아보자.

① 방정식 $\nabla f(x_0, y_0) = \lambda \nabla g(x_0, y_0)$을 만족하는 곡선 $C : g(x, y) = c$ 위의 점 (x_0, y_0)는 이변수함수 f의 극값의 후보이다.

② 극값의 후보인 점 (x_0, y_0)가 극값임을 판단하는 것은 쉽지 않다.

③ 곡선 $C : g(x, y) = c$가 몇 개의 닫힌 곡선인 경우는 곡선 C는 유계이고 닫힌 영역이므로 연속함수 f의 최댓값과 최솟값이 존재한다. 존재하는 최댓값과 최솟값은 극값의 후보에서 찾으면 된다.

라그랑주 승수법에서 방정식 $\nabla f(x, y) = \lambda \nabla g(x, y)$를 만족하는 곡선 $C : g(x, y) = c$ 위의 점 (x_0, y_0)와 실수 λ를 구하는 것은 다음 연립방정식의 해인 점 (x_0, y_0)와 실수 λ를 구하는 것이다.

$$\begin{cases} f_x(x, y) = \lambda g_x(x, y) \\ f_y(x, y) = \lambda g_y(x, y) \\ g(x, y) = c \end{cases} \tag{11.11}$$

[참고] 라그랑주 승수법에서 최댓값 또는 최솟값의 존재를 아는 방법은 다음과 같다.

- 곡선 C가 몇 개의 닫힌 곡선, 즉 유계이고 닫힌 영역인 경우 [정리 11.19: 이변수함수의 최댓값과 최솟값의 정리]에 의해 곡선 C에서 연속인 함수 f의 최댓값과 최솟값이 존재한다. 그러면 곡선 C 위의 점 (x_0, y_0)에서 함수 f는 극값의 후보는 최댓값과 최솟값이 되는 점의 후보이고 최댓값과 최솟값을 구한다.
- 임의의 곡선 C인 경우 연속인 함수 f의 최댓값 또는 최솟값이 존재함을 판단하는 예가 있다. 특히 점 (a, b)에서 유계가 아닌 곡선 $C : g(x, y) = c$까지의 최소 거리를 구하는 문제는 최솟값이 존재하는 것을 알 수 있는 대표적인 예이다. 또한 [그림 11.62]에서와 같이 그래프를 이용하여 최솟값의 존재를 판단할 수 있다.

다음은 [정리 11.23: 이변수함수의 라그랑주 승수법]를 적용하여 평면의 제한된 영역인 곡선 $C : g(x, y) = c$에서 이변수함수 $f(x, y)$의 최댓값 또는 최솟값을 구하는 과정을 알아보자.

① 곡선 C가 유계이고 닫힌 영역인지 아닌지를 판단하고 곡선 C에서 연속인 함수 f의 최댓값 또는 최솟값이 존재를 판단한다.

② 주어진 곡선 C를 이변수함수 g의 c-등고선, 즉 $C : g(x, y) = c$으로 표현하는 이변수함수 $g(x, y)$를 구한다.

③ [정리 11.23: 이변수함수의 라그랑주 승수법]에 의하면 곡선 C의 점 (x_0, y_0)에서 함수 f가 극값의 후보인 식 (11.10)인 방정식 $\nabla f(x_0, y_0) = \lambda \nabla g(x_0, y_0)$를 만족하는 실수 λ가 있다. 즉, 연립방정식 (11.11)의 해 (x_0, y_0)를 구한다.

④ 연립방정식 (11.11)의 해 (x_0, y_0)과 함숫값 $f(x_0, y_0)$ 중에서 최솟값 또는 최댓값을 구한다.

* 평면의 제1사분면은 $x>0$이고 $y>0$을 만족하는 영역이다. 즉,

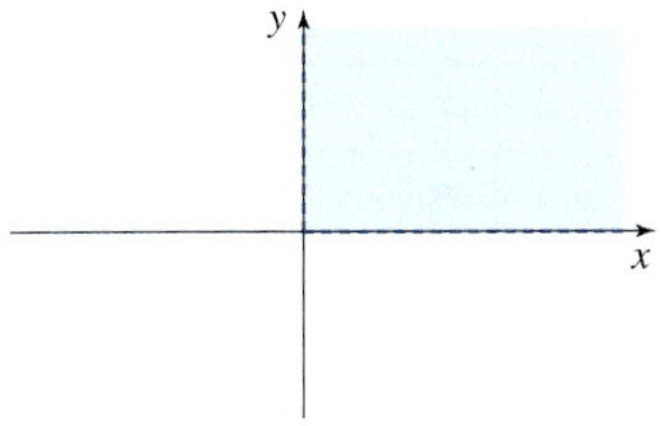

[예제 11.47] 제1사분면*에 있는 쌍곡선 $xy=4$에서 이변수함수 $f(x,y)=12x+3y$의 최솟값을 구하여라. [연습문제 1~4]

[풀이]

① 제1사분면에 있는 쌍곡선 $xy=4$ 위에서 이변수함수 $f(x,y)=12x+3y$의 최솟값은 제1사분면에 있는 쌍곡선 $xy=4$와 직선 $12x+3y=k$가 만나는 k에 대한 최솟값이다. [그림 11.62]를 보면 제1사분면에 있는 쌍곡선 $xy=4$ 위에서 이변수함수 $f(x,y)=12x+3y$의 **최솟값은 존재**한다.

② 제1사분면에 있는 쌍곡선 $xy=4$가 이변수함수 g의 c-등고선이 되도록 함수 g를 만들자. 이변수함수 $g(x,y)=xy-4$라고 놓자. 제1사분면 위의 쌍곡선 $xy=4$는 함수 $g(x,y)=xy-4,\ (x>0,\ y>0)$의 0-등고선이다. 즉,

$$g(x,y)=xy-4=0,\ (x>0,\ y>0)$$

③ 함수 $g(x,y)=xy-4\ (x>0,\ y>0)$의 0-등고선 위에서 함수 $f(x,y)=12x+3y$의 극값의 후보를 구하기 위하여 식 (11.10)을 만족하는 점 (x,y)와 대응하는 실수 λ를 구해보자.

$$\nabla f(x,y)=\lambda\nabla g(x,y),\ \ g(x,y)=xy=4,\ (x>0,\ y>0)$$

$\nabla f(x,y)=\langle 12,3\rangle$이고 $\nabla g(x,y)=\langle y,x\rangle$이므로 다음 연립방정식의 해를 구해야 한다.

$$\begin{cases} 12=\lambda y \\ 3\ \ =\lambda x \\ xy=4,\ (x>0 \text{ 그리고 } y>0) \end{cases}$$

$\lambda\neq 0$이므로 처음 두 식을 나누면 $y=4x$가 된다. 세 번째 식에 대입하면 $4x^2=4$이고 $x=1$ 또는 $x=-1$이다. $x>0$이므로 $x=-1$은 제외한 $x=1$이고, $y=4$, $\lambda=3$이다.

그러므로 연립방정식의 해는 점 $(1,4)$이고 대응하는 $\lambda=3$이다.

④ 극값의 후보는 점 $(1,4)$이다. 그러므로 제1사분면에 있는 쌍곡선 $xy=4$ 위에서 함수 $f(x,y)=12x+3y$의 최솟값은 $f(1,4)=24$이다. ■

[정리 11.24: 라그랑주 승수법을 적용하는 단계] 이전에 곡선 C가 유계이고 닫힌 영역인지 아닌지를 판단하고, 곡선 C에서 연속인 함수 f의 최댓값 또는 최솟값이 존재를 판단해야 하지만 생략하기도 한다.

제한된 정의역 곡선 C 위에서 이변수함수 $f(x,y)$의 최댓값 또는 최솟값의 존재를 확인한 후에 최댓값 또는 최솟값을 구하는 문제를 푸는 과정을 정리하면 다음과 같다.

[라그랑주 승수법을 적용하는 단계]

[1단계] 제한된 정의역 곡선 C를 이변수함수 g의 c-등고선, 즉 $C: g(x,y)=c$로 표현하는 이변수함수 g를 구한다.

[2단계] 식 (11.10)의 $\nabla f(x,y)=\lambda\nabla g(x,y)$과 $g(x,y)=c$를 만족하는 점 (x,y)와 대응하는 실수 λ를 구한다. 즉, 다음 연립방정식의 해 (x,y)와 λ를 구한다.

$$\begin{cases} f_x(x, y) = \lambda g_x(x, y) \\ f_y(x, y) = \lambda g_y(x, y) \\ g(x, y) \ = c \end{cases}$$

[3단계] [2단계]의 연립방정식에서 구한 점 (x, y)과 실수 λ에 대한 함숫값 $f(x, y)$를 구한다. 가장 큰 값이 최댓값이고 가장 작은 값이 최솟값이다.

[예제 11.48] 쌍곡선 $C: xy = 1$에서 원점 $(0, 0)$까지 가장 가까운 거리를 구하여라.

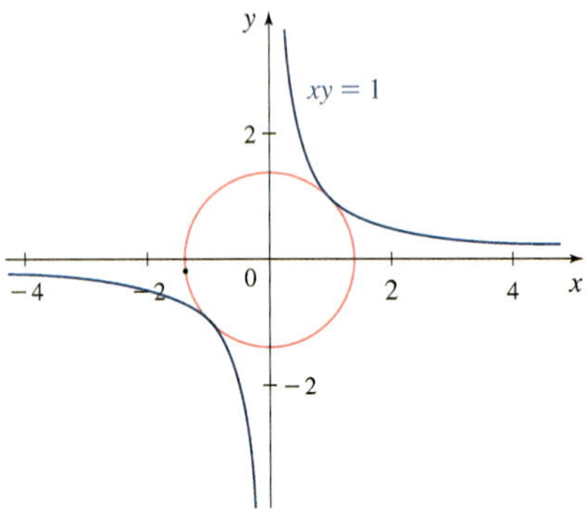

[그림 11.64]

[풀이] [그림 11.64]에서 쌍곡선 $C: xy = 1$의 그래프를 볼 수 있다.
원점 $(0, 0)$에서 쌍곡선 $C: xy = 1$ 위에 있는 점 (x, y)까지의 거리는 $d = \sqrt{x^2 + y^2}$ 이지만 근호로 표현된 함수를 다루는 것이 까다로운 경우가 있기 때문에 거리의 제곱 함수 $f(x, y) = x^2 + y^2$를 잡자.
그러므로 이변수함수 $f(x, y) = x^2 + y^2$의 최솟값이 되는 쌍곡선 C의 점 (x, y)를 구해 보자. ([그림 11.64] 참고)

[1단계] 주어진 곡선이 쌍곡선 $C: xy = 1$이므로 이변수함수 $g(x, y) = xy - 1$라고 놓으면 곡선 C는 g의 0-등고선이다. 즉, $C: g(x, y) = xy - 1 = 0$이다. 그러므로 $g(x, y) = xy - 1$의 0-등고선 위에서 이변수함수 $f(x, y) = x^2 + y^2$의 최솟값을 찾으면 된다.

[2단계] $\nabla f(x, y) = \lambda \nabla g(x, y)$과 $g(x, y) = 1$을 만족하는 점 (x, y)와 대응하는 실수 λ를 모두 찾자. $\nabla f(x, y) = (2x, 2y)$이고 $\nabla g(x, y) = (y, x)$이므로 다음 연립방정식을 만들 수 있다.

$$\begin{cases} 2x = \lambda y \\ 2y = \lambda x \\ xy = 1 \end{cases} \qquad (*)$$

첫 번째 식에서 두 번째 식을 빼면

$$2(x - y) = \lambda(y - x)$$
$$(x - y)(2 + \lambda) = 0$$

그러므로 $x = y$ 또는 $\lambda = -2$이다.

- $x = y$인 경우: 연립방정식의 세 번째 식에 의해서 $x^2 = 1$이므로 $x = 1$ 또는 $x = -1$이다. 이 경우 $\lambda = 2$이다.
  점 $(1, 1)$에서 $f(1, 1) = 2$이고
  점 $(-1, -1)$에서 $f(-1, -1) = 2$이다.
- $\lambda = -2$인 경우: $x = -y$이고 식 $(*)$의 세 번째 식에 의해 $y^2 = -1$이므로 연립방정식 $(*)$를 만족하는 점은 없다.

[3단계] 극값의 후보는
점 $(1, 1)$에서 $f(1, 1) = 2$이고 점 $(-1, -1)$에서 $f(-1, -1) = 2$이다.
그러므로 최솟값은 $f(1, 1) = f(-1, -1) = 2$이다.

[참고] 식 (11.10)에 의한 연립방정식을 푸는 방법은 다양하다.

그러나 $f(x,y)=x^2+y^2$이므로 원점에서의 거리 $d=\sqrt{x^2+y^2}=\sqrt{f(x,y)}$이므로 쌍곡선 $C: xy=1$에서 원점까지의 거리는 $\sqrt{2}$이다. ■

[참고] 닫힌 곡선의 의미는 곡선의 시작점과 끝점이 같은 곡선으로 평면에서 유계이고 닫힌 집합이다.

[예제 11.48]에서는 제한된 곡선 C가 닫힌 곡선이 아니다. 그래서 연속인 함수 $f(x,y)$가 최솟값만 갖고 최댓값은 갖지 않을 수 있다. 그러나 제한된 곡선 C가 유계이고 닫힌 곡선이면 [정리 11.16: 이변수함수의 최댓값과 최솟값의 정리]에 의해서 연속인 함수 $f(x,y)$가 최솟값과 최댓값을 모두 갖는다.

[예제 11.49] 곡선 $C: x^2+y^2=2$에서 정의된 이변수함수 $f(x,y)=x^2+y^2+2x-2y$의 최댓값과 최솟값을 구하여라. [연습문제 5~8]

[풀이] 정의역인 곡선 $C: x^2+y^2=2$는 평면의 유계이고 닫힌 영역이므로 [정리 11.19: 이변수함수의 최댓값과 최솟값의 정리]에 의해 곡선 C에서 연속인 이변수함수 $f(x,y)=x^2+y^2+2x-2y$의 최댓값과 최솟값은 존재한다. 이제 함수 f의 최댓값과 최솟값을 곡선 C에서 찾아보자.

[1단계] 곡선 $C: x^2+y^2=2$에 대해 이변수함수 $g(x,y)=x^2+y^2-2$라고 놓자. 그러면 정의역 곡선 $C: x^2+y^2=2$는 $g(x,y)=x^2+y^2-2$의 0-등고선이다.

[2단계] $g(x,y)=x^2+y^2-2$의 0-등고선 위의 이변수함수 $f(x,y)=x^2+y^2+2x-2y$의 최댓값과 최솟값의 후보를 찾기 위해서 식 (11.10)을 만족하는 점 (x,y)와 실수 λ를 구하자.

$$\nabla f(x,y)=\lambda\nabla g(x,y), \quad g(x,y)=x^2+y^2-2=0$$

$\nabla f(x,y)=\langle 2x+2, 2y-2\rangle$이고 $\nabla g(x,y)=\langle 2x, 2y\rangle$이므로 다음 연립방정식의 해를 구하면 된다.

$$\begin{cases} 2x+2=2\lambda x \\ 2y-2=2\lambda y \\ x^2+y^2=2 \end{cases}$$

연립방정식의 첫번째 식과 두번째 식을 더하면

$2(x+y)=2\lambda(x+y)$이고 $(x+y)(1-\lambda)=0$이므로 $x=-y$ 또는 $\lambda=1$.

- $x=-y$인 경우 세 번째 식에서 $2x^2=2$이므로 $x=1$ 또는 $x=-1$.
  $x=1$이면 $(x,y)=(1,-1)$에서 $f(1,-1)=6$이다.
  $x=-1$이면 $(x,y)=(-1,1)$에서 $f(-1,1)=-2$이다.
- $\lambda=1$인 경우 해가 없다.

[3단계] [2단계]에서 극값의 후보는 $f(-1,1)=-2$과 $f(1,-1)=6$이다. 그러므로 최댓값은 $f(1,-1)=6$을 갖고 최솟값은 $f(-1,1)=-2$이다. ■

정의역 D가 일반적인 유계이고 닫힌 영역인 경우 다음과 같이 함수 f의 최댓값과 최솟값의 후보를 구하고 후보 중에서 함수 f의 최댓값과 최솟값을 정한다.

① 영역 D의 내부에서 f의 정점 또는 특이점을 구한다.

* ②에서 영역 D의 경계에서 극값의 후보를 구하는 방법은 두 가지로 다루고 있다.
- 매개변수 표현
- 라그랑주 승수법

② 영역 D의 경계에서 라그랑주 승수법에 의해 극값의 후보를 구한다.*

[예제 11.50] 영역 $D: x^2+4y^2 \le 4$에서 이변수함수 $f(x,y)=x^2-y^2$의 최댓값과 최솟값을 구하여라. [연습문제 9~10]

[풀이] 영역 D는 유계이고 닫힌 집합이므로 [정리 11.19: 이변수함수의 최댓값과 최솟값의 정리]에 의해서 영역 $D: x^2+4y^2 \le 4$에서 연속인 이변수함수 $f(x,y)=x^2-y^2$는 최댓값과 최솟값을 갖는다.

영역 $D: x^2+4y^2 \le 4$는 다음과 같이 내부와 경계로 나뉜다. ([그림 11.65](a) 참고)

- 영역 D의 내부인 $x^2+4y^2<4$ ([그림 11.65](b) 참고)
- 영역 D의 경계인 곡선인 $x^2+4y^2=4$ ([그림 11.65](c) 참고)

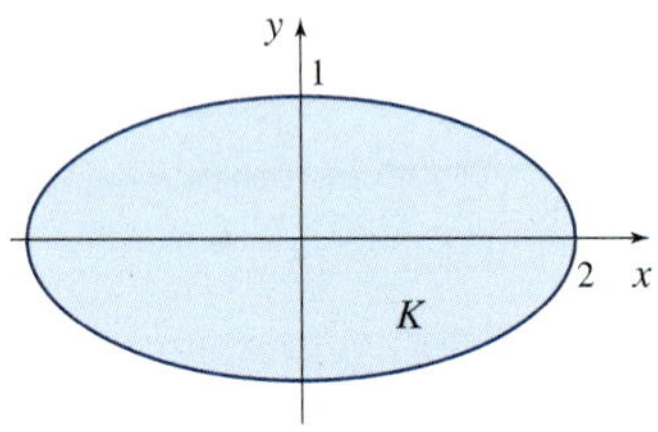

[그림 11.65](a) 영역 D

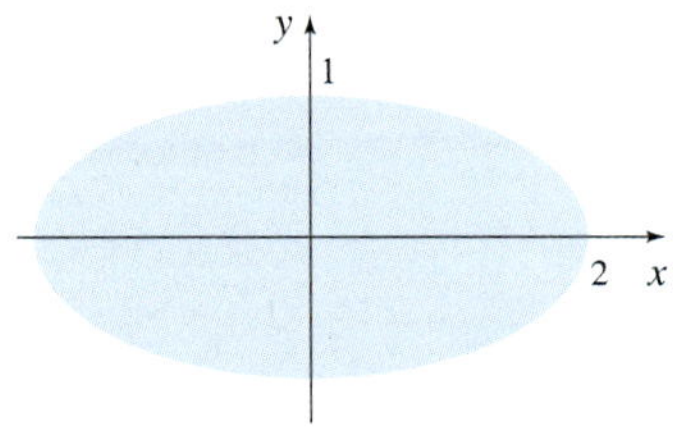

[그림 11.65](b) 영역 D의 내부

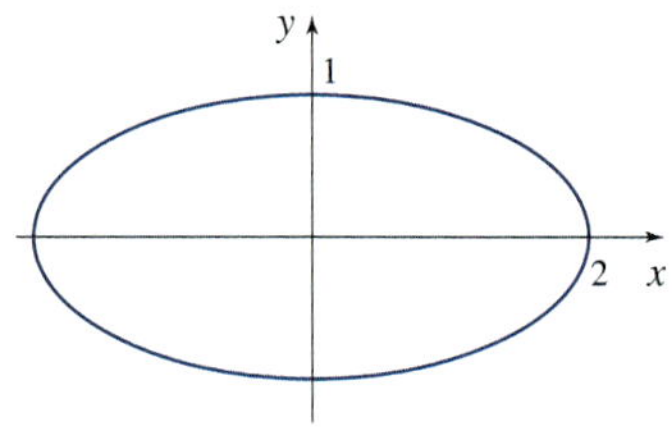

[그림 11.65](c) 영역 D의 경계

① 영역 D의 내부 $x^2+4y^2<4$에서 $f(x,y)=x^2-y^2$의 정점 또는 특이점을 구한다.
함수 $f(x,y)=x^2-y^2$이 다항함수이므로 특이점은 없다.
$f_x=2x=0$과 $f_y=-2y=0$을 만족하는 해는 $x=0$과 $y=0$이다.
그러므로 $(0,0)$은 f의 정점이고 영역 D의 내부에 있는 극값의 후보이다.

② 영역 D의 경계인 곡선 $x^2+4y^2=4$에서 함수 f의 극값의 후보를 구한다.
영역 D의 경계인 곡선 $x^2+4y^2=4$ 위의 함수 f의 그래프는 [그림 11.66]이다.

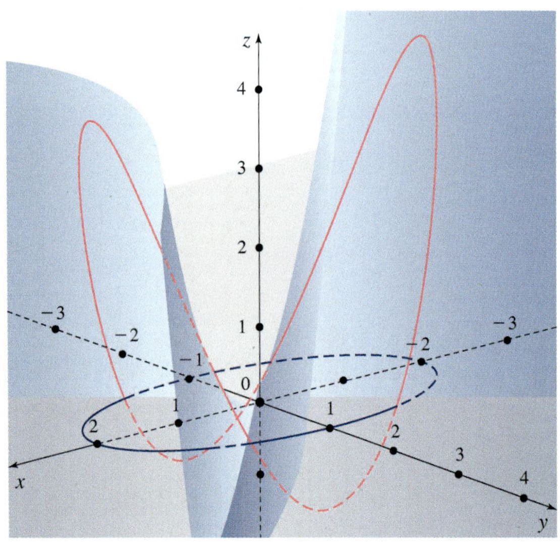

[그림 11.66]

[1단계] 영역 D의 경계인 곡선 $x^2+4y^2=4$에서 이변수함수 $g(x,y)=x^2+4y^2-4$ 라고 놓자. 그러면 정의역 곡선 $C: x^2+4y^2=4$는 $g(x,y)=x^2+4y^2-4$의 0-등고선이다. 즉 곡선 $C: g(x,y)=0$이다.

[2단계] 이변수함수 $g(x,y)=x^2+4y^2-4$의 0-등고선에서 이변수함수 $f(x,y)=x^2-y^2$의 최댓값과 최솟값의 후보를 찾기 위하여 식 (11.10)을 만족하는 점 (x,y)와 실수 λ를 구하자.

$$\nabla f(x,y) = \lambda \nabla g(x,y), \ g(x,y)=x^2+4y^2-4=0$$

$\nabla f(x,y)=\langle 2x, -2y\rangle$이고 $\nabla g(x,y)=\langle 2x, 8y\rangle$이므로 다음 연립방정식의 해를 구하자.

$$\begin{cases} 2x = 2\lambda x \\ -2y = 8\lambda y \\ x^2+4y^2=4 \end{cases}$$

첫 번째 식에서 $x(\lambda-1)=0$이므로 $x=0$ 또는 $\lambda=1$.

$x=0$인 경우: 세 번째 식에 의해서 $4y^2=4$이므로 $y=1$ 또는 $y=-1$.
$y=1$이면 $(x,y)=(0,1)$이고 $f(0,1)=-1$.
$y=-1$이면 $(x,y)=(0,-1)$이고 $f(0,-1)=-1$.

$\lambda=1$인 경우: 두 번째 식에서 $y=0$. 세 번째 식에서 $x=2$ 또는 $x=-2$.
$x=2$이면 $(x,y)=(2,0)$에서 $f(2,0)=4$.
$x=-2$이면 $(x,y)=(-2,0)$에서 $f(-2,0)=4$.

[3단계] [2단계]에서 영역 D의 경계인 곡선 $C: x^2+4y^2=4$에서 극값의 후보는 $f(0,1)=-1$, $f(0,-1)=-1$, $f(2,0)=4$, $f(-2,0)=4$이다.

집합 D의 내부에서 극값의 후보는 정점 $(0,0)$에서 $f(0,0)=0$이고
집합 D의 경계에서 극값의 후보는 다음 4가지이다.
$f(0,1)=-1$, $f(0,-1)=-1$, $f(2,0)=4$, $f(-2,0)=4$
그러므로 유계이고 닫힌 영역 D의 함수 $f(x,y)=x^2-y^2$의 최솟값은
$f(0,-1)=f(0,1)=-1$이고 최댓값은 $f(-2,0)=f(2,0)=4$이다. ■

◐ 삼변수함수의 라그랑주 승수법

이제 삼변수함수 $f(x,y,z)$에 대한 라그랑주 승수법을 알아보자.
공간에서 제한된 곡면 $S: g(x,y,z)=c$에서 정의된 미분가능한 삼변수함수 f의 최댓값 또는 최솟값을 구하자.
평면의 제한된 영역인 곡선 위의 이변수함수의 경우와 비슷하게 곡면 $S: g(x,y,z)=c$ 위에 있는 점 $P(x_0,y_0,z_0)$에서 함수 f가 극값 $f(x_0,y_0,z_0)=d$를 갖는 경우 다음이 만족한다.

- 점 $P(x_0,y_0,z_0)$에서 곡면 $S: g(x,y,z)=c$와 함수 f의 d-등위면이 접한다.
- $\nabla f(x_0,y_0,z_0)$는 함수 f의 d-등위면에 수직이고 $\nabla g(x_0,y_0,z_0)$는 곡면 S인 함수 g의 c-등위면에 수직이다.

그러므로 두 벡터 $\nabla f(x_0, y_0, z_0)$과 $\nabla g(x_0, y_0, z_0)$은 평행하고 다음이 성립하는 실수 λ가 있다.

$$\nabla f(x_0, y_0, z_0) = \lambda \nabla g(x_0, y_0, z_0)$$

[참고] 라그랑주 승수법에서 삼변수함수의 최댓값 또는 최솟값의 존재를 확인하는 방법은 다음과 같다.

* 공간에서 유계이고 닫힌 영역에서 연속인 삼변수함수는 최댓값과 최솟값을 갖는다.

- 곡면 S가 유계인 영역인 경우 곡면 S에서 연속인 삼변수함수 f의 최댓값과 최솟값이 존재한다. 그러면 곡면 S 위의 점 (x_0, y_0, z_0)에서 함수 f는 극값의 후보는 최댓값과 최솟값이 되는 점의 후보이다.*
- 임의의 곡면 S인 경우 연속인 삼변수함수 f의 최댓값 또는 최솟값이 존재함을 판단하는 예가 있다. 특히 점 (a, b, c)에서 곡면 $S : g(x, y, z) = c$까지의 최소거리를 구하는 문제는 최솟값이 존재하는 것을 알 수 있는 대표적인 예이다.

다음 정리는 삼변수함수의 **라그랑주 승수법**이다. 이변수함수의 라그랑주 승수법의 자연스러운 확장이고 적용 방법도 이변수함수의 경우와 거의 비슷하다.

[정리 11.24: 삼변수함수의 라그랑주 승수법(Lagrange's multiplier)]
삼변수함수 $f(x, y, z)$와 $g(x, y, z)$가 점 (x_0, y_0, z_0)에서 미분가능하다고 하자. 곡면 $S : g(x, y, z) = c$ 위의 점 (x_0, y_0, z_0)에서 $\nabla g(x_0, y_0, z_0) \neq 0$이라고 하자. 함수 f가 곡면 S의 점 (x_0, y_0, z_0)에서 극값을 갖는다면 다음을 만족하는 실수 λ가 존재한다.

$$\nabla f(x_0, y_0, z_0) = \lambda \nabla g(x_0, y_0, z_0) \qquad (11.12)$$

식 (11.12)에서 실수 λ를 **라그랑주의 승수**(Lagrange multiplier)라고 한다.
[정리 11.24: 삼변수함수의 라그랑주 승수법]의 의미는 방정식 $\nabla f(x_0, y_0, z_0) = \lambda \nabla g(x_0, y_0, z_0)$을 만족하는 곡선 $S : g(x, y, z) = c$ 위의 점 (x_0, y_0, z_0)는 삼변수함수 f의 극값의 후보이다.
곡면 S에서 삼변수함수 f의 극값의 후보가 실제로 함수 f의 극값인지를 판정하는 것은 매우 힘든 일이다. 곡면 S에서 삼변수함수 f의 극값의 후보는 함수 f의 최댓값 또는 최솟값의 후보이다. 즉, 함수 f의 극값의 후보에서 가장 큰 함숫값이 함수 f의 최댓값이고 가장 작은 함숫값이 함수 f의 최솟값이다. 주의할 점은 이러한 과정은 곡면 S에서 함수 f의 최댓값 또는 최솟값의 존재하는 것을 확인해야 가능하다.

[주의] [정리 11.25: 삼변수함수의 라그랑주 승수법]은 곡면 S에서 삼변수함수 f의 극값을 알려주는 것이 아니고 함수 f의 최댓값 또는 최솟값을 찾아준다.

이제 [정리 11.24: 삼변수함수의 라그랑주 승수법]에 의해 곡면 S에서 삼변수함수 f의 극값의 후보인 점 (x_0, y_0, z_0)을 구해보자.

식 (11.12)인 방정식 $\nabla f(x_0, y_0, z_0) = \lambda \nabla g(x_0, y_0, z_0)$을 만족하는 곡면 $S : g(x, y, z) = c$ 위의 점 (x_0, y_0, z_0)와 실수 λ를 구하는 것은 다음 연립방정식의 해인 점 (x_0, y_0, z_0)와 실수 λ를 구하는 것이다.

$$\begin{cases} f_x(x, y, z) = \lambda g_x(x, y, z) \\ f_y(x, y, z) = \lambda g_y(x, y, z) \\ f_z(x, y, z) = \lambda g_z(x, y, z) \\ g(x, y, z) \;\; = c \end{cases} \tag{11.13}$$

삼변수함수의 라그랑주 승수법을 사용하여 최댓값 또는 최솟값을 구하는 과정은 이변수함수의 과정과 비슷하게 세 단계를 따른다.

[예제 11.51] 구 $x^2 + y^2 + z^2 = 81$에서 점 $(2, 4, 4)$까지 가장 가까운 거리와 가장 먼 거리를 구하여라. [연습문제 11~13]

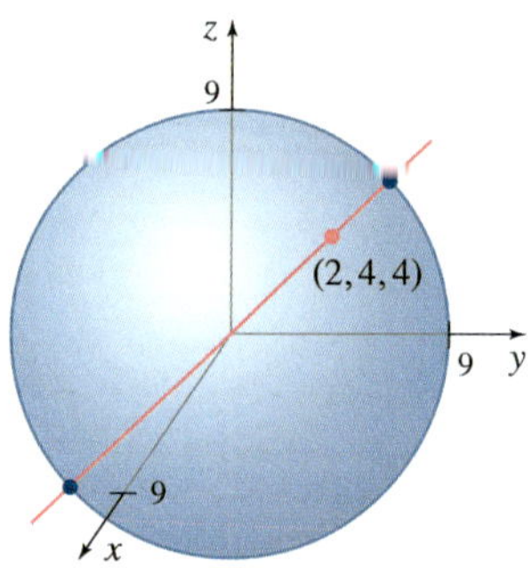

[그림 11.67]

[풀이] 공간의 점 $(2, 4, 4)$에서 구 $x^2 + y^2 + z^2 = 81$ 위의 점 (x, y, z)까지의 거리는 $d(x, y, z) = \sqrt{(x-2)^2 + (y-4)^2 + (z-4)^2}$ 이지만 근호로 표현된 함수를 다루는 것이 까다로우므로 거리의 제곱함수 $f(x, y, z) = (x-2)^2 + (y-4)^2 + (z-4)^2$를 잡자. 구 $x^2 + y^2 + z^2 = 81$는 유계이고 닫힌 영역이므로 연속인 삼변수함수 $f(x, y, z) = (x-2)^2 + (y-4)^2 + (z-4)^2$는 구 $x^2 + y^2 + z^2 = 81$ 위에서 최댓값과 최솟값을 갖는다.

그러므로 삼변수함수 $f(x, y, z) = (x-2)^2 + (y-4)^2 + (z-4)^2$의 최솟값과 최댓값을 갖는 구 $x^2 + y^2 + z^2 = 81$ 위의 점 (x, y, z)를 구하면 된다. ([그림 11.67] 참고)

[1단계] 구 $x^2 + y^2 + z^2 = 81$에 대해 삼변수함수 $g(x, y, z) = x^2 + y^2 + z^2 - 81$로 놓자. 그러면 구 $x^2 + y^2 + z^2 = 81$는 삼변수함수 $g(x, y, z) = x^2 + y^2 + z^2 - 81$의 0-등위면이다.

[2단계] 함수 $g(x, y, z) = x^2 + y^2 + z^2 - 81$의 0-등위면 위에서 삼변수함수 $f(x, y, z) = (x-2)^2 + (y-4)^2 + (z-4)^2$의 최댓값과 최솟값의 후보를 찾기 위해 식 (11.12)를 만족하는 점 (x, y, z)와 실수 λ를 구하자. 즉,

$$\nabla f(x, y, z) = \lambda \nabla g(x, y, z) \quad \text{그리고} \quad g(x, y, z) = 0$$

$\nabla f(x, y, z) = \langle 2(x-2), 2(y-4), 2(z-4) \rangle$이고 $\nabla g(x, y, z) = \langle 2x, 2y, 2z \rangle$이므로 다음 연립방정식을 만족하는 실수 λ과 대응하는 점 (x, y, z)를 구하자.

$$\begin{cases} (x-2) = \lambda x \\ (y-4) = \lambda y \\ (z-4) = \lambda z \\ x^2 + y^2 + z^2 = 81 \end{cases} \tag{*}$$

[1식$\times$2]$-$[2식]을 하고 정리하면 $(\lambda-1)(2x-y)=0$.
[2식]$-$[3식]을 하고 정리하면 $(\lambda-1)(y-z)=0$.
$\lambda=1$이면 연립방정식은 해가 없다.
그러므로 $\lambda\neq 1$이고 $x=\dfrac{y}{2}$, $z=y$이고 [4식]에 대입하면 $y^2=36$.
연립방정식 (*)의 해는 $(3,6,6)$, $(-3,-6,-6)$이고 $\lambda=\dfrac{1}{2}$이다.
극값의 후보는 $f(3,6,6)=9$과 $f(-3,-6,-6)=225$이다.
구 $x^2+y^2+z^2=81$에서 함수 f의 최댓값은 $f(-3,-6,-6)=225$이고 최솟값은 $f(2,4,4)=9$이다.

주어진 문제는 거리를 구하는 문제이므로 거리는 $d(x,y,z)=\sqrt{f(x,y,z)}$로 변환해야 한다.
그러므로 구 $x^2+y^2+z^2=81$에서 점 $(2,4,4)$까지 가장 가까운 거리는 $\sqrt{9}=3$이고 가장 먼 거리는 $\sqrt{225}=15$이다. ■

유계가 아닌 곡면 S 위에서 연속인 삼변수함수 f의 최댓값 또는 최솟값이 존재함을 판단해야 하는 예가 있을 수 있다. 특히 [예제 11.52]에서와 같이 점 (a,b,c)에서 유계가 아닌 곡면 S까지의 최소거리를 구하는 문제는 최솟값이 존재하는 것을 알 수 있다.

[예제 11.52] 공간 위의 점 $(0,3,0)$에서 원뿔 $x^2+y^2=z^2$까지 가장 가까운 거리를 구하여라. [연습문제 14~16]

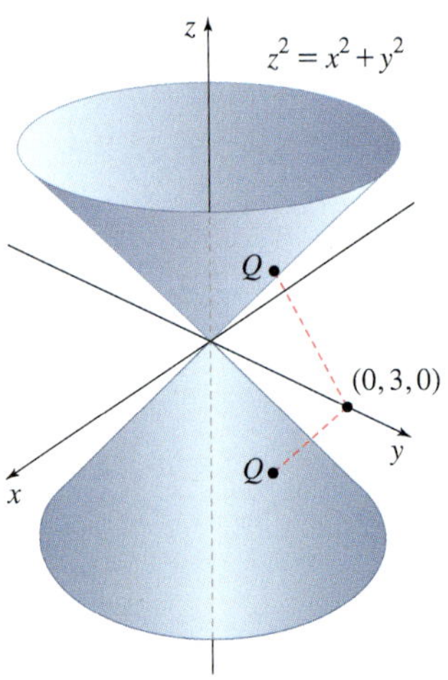

[그림 11.68]

[풀이] 공간의 점 $(0,3,0)$에서 원뿔 $x^2+y^2=z^2$ 위의 점 (x,y,z)까지의 거리는 $d(x,y,z)=\sqrt{x^2+(y-3)^2+z^2}$이다. ([그림 11.68] 참고) 그러나 근호로 표현된 함수를 다루는 것이 까다롭기 때문에 거리의 제곱함수 $f(x,y,z)=x^2+(y-3)^2+z^2$를 놓는다.

[1단계] 원뿔 $x^2+y^2=z^2$에 대하여 삼변수함수 $g(x,y,z)=x^2+y^2-z^2$라고 놓자. 그러면 원뿔 $x^2+y^2=z^2$은 함수 $g(x,y,z)=x^2+y^2-z^2$의 0-등위면이다.

[2단계] 함수 $g(x,y,z)=x^2+y^2-z^2$의 0-등위면 위에서 삼변수함수 $f(x,y,z)=x^2+(y-3)^2+z^2$의 최댓값과 최솟값의 후보를 찾기 위해 식 (11.12)를 만족하는 점 (x,y,z)와 실수 λ를 구하자.

$$\nabla f(x,y,z)=\lambda\nabla g(x,y,z) \text{ 그리고 } g(x,y,z)=0$$

즉, $\nabla f(x,y,z)=\langle 2x,2(y-3),2z\rangle$이고 $\nabla g(x,y,z)=\langle 2x,2y,-2z\rangle$이므로 다음 연립방정식을 만족하는 실수 λ과 대응하는 점 (x,y,z)를 구하자.

$$\begin{cases} x=\lambda x \\ (y-3)=\lambda y \\ z=-\lambda z \\ x^2+y^2-z^2=1 \end{cases}$$

우선 세 번째 식에서 $z(\lambda+1)=0$이므로 $z=0$ 또는 $\lambda=-1$.

$z=0$인 경우: 첫 번째 식에서 $x(\lambda-1)=0$이므로 $x=0$ 또는 $\lambda=1$.

- $x=0$인 경우 네 번째 식에 의해서 $y^2=1$이므로 $y=1$ 또는 $y=-1$.
  $y=1$이면 $(x,y,z)=(0,1,0)$에서 $f(0,1,0)=1$.
  $y=-1$이면 $(x,y,z)=(0,-1,0)$에서 $f(0,-1,0)=1$.
- $\lambda=1$인 경우 두 번째 식이 성립하지 않으므로 해가 없다.

$\lambda=-1$인 경우: $x=0$이고 $y=\dfrac{3}{2}$이다. 그리고 $z=\dfrac{\sqrt{5}}{2}$, $z=-\dfrac{\sqrt{5}}{2}$.

$z=\dfrac{\sqrt{5}}{2}$이면 $(x,y,z)=\left(0,\dfrac{3}{2},\dfrac{\sqrt{5}}{2}\right)$에서 $f\left(0,\dfrac{3}{2},\dfrac{\sqrt{5}}{2}\right)=\dfrac{7}{2}$.

$z=-\dfrac{\sqrt{5}}{2}$이면 $(x,y,z)=\left(0,\dfrac{3}{2},-\dfrac{\sqrt{5}}{2}\right)$에서 $f\left(0,\dfrac{3}{2},-\dfrac{\sqrt{5}}{2}\right)=\dfrac{7}{2}$.

[3단계] [2단계]에 의하여 극값의 후보는 다음 네 종류이다.

$$f(0,1,0)=1,\ f(0,-1,0)=1,\ f\left(0,\frac{3}{2},\frac{\sqrt{5}}{2}\right)=\frac{7}{2},\ f\left(0,\frac{3}{2},-\frac{\sqrt{5}}{2}\right)=\frac{7}{2}$$

함수 f는 원뿔 위의 점 $(0,1,0)$과 $(0,-1,0)$에서 최솟값 1을 갖는다. 거리는 $d(x,y,z)=\sqrt{f(x,y,z)}$이므로 점 $(0,3,0)$에서 원뿔 $x^2+y^2=z^2$까지의 최소 거리는 1이다. ■

연습문제

• Part 1

[1-4] 제1사분면에 있는 쌍곡선 $xy=4$에서 함수 $f(x,y)$의 최솟값을 구하여라 [예제 11.48]

1. $f(x,y)=5x+2y+1$
2. $f(x,y)=4x+y+3$
3. $f(x,y)=x+4y$
4. $f(x,y)=x+y+5$

[5-8] 다음 평면곡선에서 이변수함수 $f(x,y)$의 최댓값과 최솟값을 구하여라. [예제 11.49]

5. $x^2+xy+y^2-4=0$에서 함수 $f(x,y)=x^2+y^2+1$의 최댓값과 최솟값을 구하여라.
6. 타원 $x^2+2y^2=1$에서 함수 $f(x,y)=x^2+4y^3$의 최댓값과 최솟값을 구하여라.
7. 원 $x^2+y^2=25$에서 함수 $f(x,y)=2x^2-y^2$의 최댓값과 최솟값을 구하여라.
8. 원 $x^2+y^2=1$에서 함수 $f(x,y)=3x+4y$의 최댓값과 최솟값을 구하여라.

[9-10] 평면영역 D에서 함수 $f(x,y)$의 최댓값과 최솟값을 구하여라. [예제 11.50]

9. $D=\{(x,y)\,|\,0\le x\le 15, 0\le y\le 15-x\}$,
   $f(x,y)=xy-8x-y^2+12y+120$
10. $D=\{(x,y)\,|\,x^2+y^2\le 1\}$, $f(x,y)=x^2+2y^2$

11. 구 $x^2+y^2+z^2=9$에서 점 $(0,12,5)$까지 가장 가까운 거리와 가장 먼 거리를 구하여라. [예제 11.51]
12. 구 $(x-1)^2+(y+1)^2+z^2=4$에서 점 $(4,3,0)$까지 가장 가까운 거리와 가장 먼 거리를 구하여라. [예제 11.51]
13. 구 $x^2+y^2+z^2=1$에서 점 $(1,2,3)$까지 가장 가까운 거리와 가장 먼 거리를 구하여라. [예제 11.51]
14. $(0,0,0)$에서 곡면 $xy+2xz=5\sqrt{5}$까지 가장 가까운 거리를 구하여라. [예제 11.52]
15. $(0,0,0)$에서 곡면 $x^2-z^2-1=0$까지 가장 가까운 거리를 구하여라. [예제 11.52]
16. 평면 $x+3y+2z=1$에서 점 $(1,-1,1)$에 가장 가까운 거리를 구하여라. [예제 11.52]

• Part 2

17. $g(x, y, z) = 9x^2 + 4y^2 - z = 0$을 만족할 때, $f(x, y, z) = 3x + 2y + z + 5$의 최솟값을 구하여라.

18. $D = \{(x, y) \mid x^2 + y^2 \le 1\}$에서 함수 $f(x, y) = 4 + xy - x^2 - y^2$의 최댓값과 최솟값을 구하여라.

19. 원점 $(0, 0)$에서 곡선 $17x^2 + 12xy + 8y^2 = 100$까지 가장 가까운 점과 가장 멀리있는 점의 좌표를 구하여라.

20. $D = \{(x, y, z) \mid x^2 + y^2 + z^2 \le 1\}$에서 $f(x, y, z) = xy^2z^3$의 최댓값과 최솟값을 구하여라.

다중적분

CHAPTER 12

수학적으로 집합의 크기에 대한 개념을 알아보자. 일반적으로 1차원인 직선에서의 집합의 크기는 **길이**(length)라고 부르며 2차원인 평면에서의 집합의 크기는 면적 또는 **넓이**(area)라고 부르고 3차원인 공간에서의 집합의 크기를 **부피**(volume)라고 부른다. 직선에서의 기본 도형은 구간 $[a,b]$이고 구간 $[a,b]$의 길이 $L([a,b])$는 다음과 같다.

$$L([a,b]) = b - a$$

평면에서의 기본도형은 직사각형 $[a,b]\times[c,d]$이고 넓이 $A([a,b]\times[c,d])$는 다음과 같다.

$$\begin{aligned} A([a,b]\times[c,d]) &= L(\text{밑변}) \times L(\text{높이}) \\ &= (b-a)\cdot(d-c) \end{aligned}$$

평면에서의 직사각형의 면적은 직선에서의 구간 길이의 확장이다. 즉, 직선의 구간을 밑변으로 하고 새로운 축을 수직으로 세워서 만든 평면 도형이 직사각형이다.
공간에서의 기본도형은 직육면체 $[a,b]\times[c,d]\times[e,f]$이고 부피 $V([a,b]\times[c,d]\times[e,f])$는 다음과 같다.

$$\begin{aligned} V([a,b]\times[c,d]\times[e,f]) &= A(\text{밑면}) \times L(\text{높이}) \\ &= (b-a)\cdot(d-c)\cdot(f-e) \end{aligned}$$

공간에서의 직육면체의 부피는 평면의 직사각형 넓이의 확장이다. 즉, 평면의 직사각형을 밑면으로 하고 새로운 축을 수직으로 세워서 만든 공간에서의 입체가 직사각형이다.

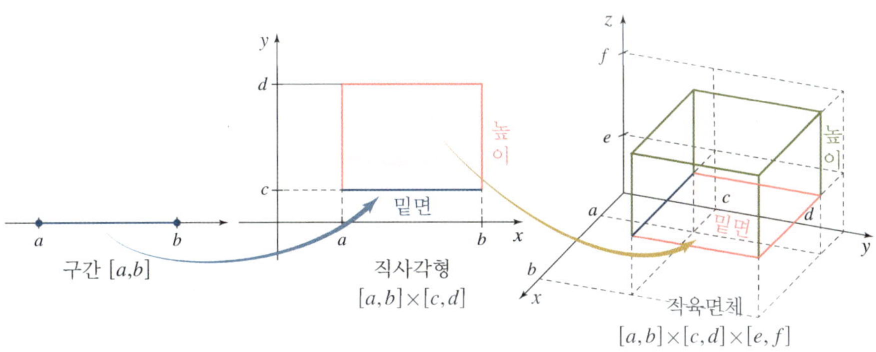

집합의 크기의 개념은 차원을 확장하면서 개념을 정리한다. 차원을 확장하는 것은 기존의 차원에 새로운 축을 수직으로 세워서 확장하고 확장된 차원에 있는 기본도형의 크기는 기존의 영역의 크기에 확장된 축의 길이를 곱하는 것이다.

12.1 직사각형 위의 이중적분

유계이고 닫힌 구간과 구간에서 정의된 실함수의 그래프 사이에 놓인 영역의 넓이는 실함수의 정적분의 개념이다. 이런 개념을 확장하여 다변수함수의 적분을 정의해 보자. 평면에 놓인 영역의 넓이를 구하기 위해 영역이 유계이고 닫힌 구간과 구간 위에 정의된 실함수의 그래프 사이에 놓인 부분이라고 놓고 영역의 넓이를 구간 위의 실함수의 정적분으로 구하였다. 이러한 방법을 공간의 입체의 부피를 구하는 문제로 확장해 보자. 공간의 입체가 이변수함수의 정의역과 이변수함수의 그래프 사이에 놓인 부분으로 놓고 입체의 부피를 구하는 문제를 알아보자.

유계이고 닫힌 구간 $[a,b]$와 구간 $[a,b]$ 위에 정의된 실함수의 그래프 사이에 놓인 평면에서의 영역의 넓이를 구하는 방법을 그대로 공간으로 확장해 보자. 우선 직사각형 R과 직사각형 R에서 정의된 이변수함수의 그래프 사이의 입체는 공간에 놓여 있다. 이 입체의 부피를 구하는 방법으로 확장해 보자.

◐ 직사각형 위의 이변수함수의 이중리만합

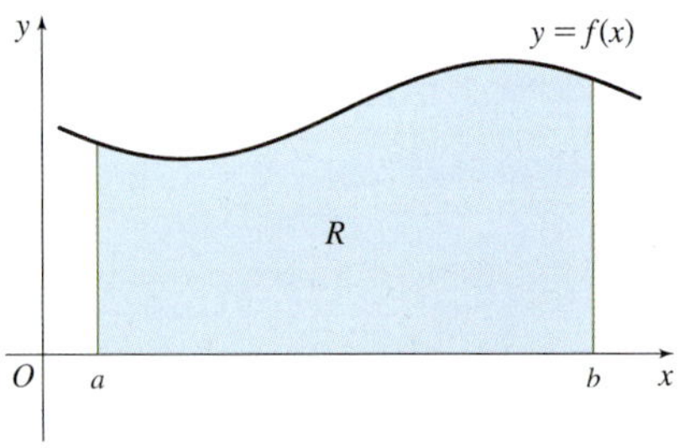

[그림 12.1]

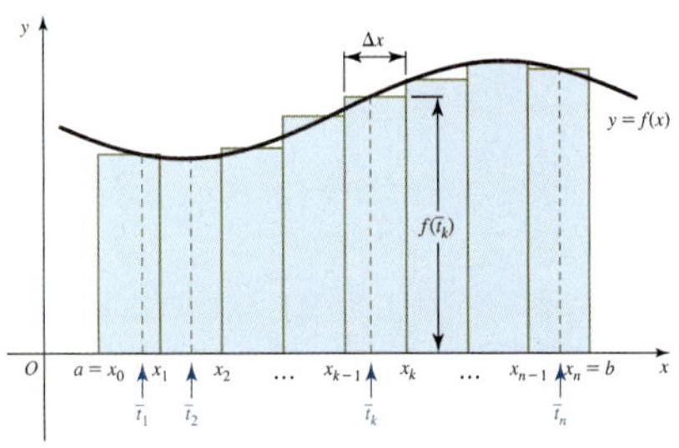

[그림 12.2]

우선 5장에서 유계이고 닫힌 구간 $[a,b]$에서 정의된 연속이고 음이 아닌 함수 f의 그래프와 정의역인 구간 $[a,b]$ 사이에 놓인 평면 영역 R의 넓이 A를 구하는 방법을 복습하자. ([그림 12.1] 참고) 기본 아이디어는 평면에 놓인 영역 R의 넓이를 평면의 기본도형인 작은 직사각형의 합으로 근사하는 것이다. 이때 작은 직사각형의 밑변은 함수 f의 정의역 구간 $[a,b]$를 분할한 작은 구간으로 한다.

① 정의역 구간 $[a,b]$의 분할 $P=\{x_0=a<x_1<x_2<\cdots<x_n=b\}$을 잡고 구간 $[a,b]$을 n개의 작은 구간 $[x_0,x_1],[x_1,x_2],\cdots,[x_{k-1},x_k],\cdots,[x_{n-1},x_n]$으로 나눈다. 작은 구간의 길이는 $\Delta x_k=x_k-x_{k-1}$이다. ([그림 12.2] 참고)
각각의 작은 구간 $[x_{k-1},x_k]$에서 임의로 한 점 t_k를 잡는다. [그림 12.2]와 같이 작은 구간을 밑변으로 하고 점 t_k에서의 함숫값 $f(t_k)$을 높이로 하는 작은 직사각형을 만든다.

② k번째 작은 직사각형의 넓이는 $f(t_k)(x_k-x_{k-1})=f(t_k)\Delta x_k$이다.
n개의 작은 직사각형의 넓이의 합을 구간 $[a,b]$의 분할 P에 대한 리만합 $R(f:P)$이라고 하고 리만합은 다음과 같다. ([그림 12.2] 참고)

$$R(f:P)=f(t_1)\Delta x_1+f(t_2)\Delta x_2+\cdots+f(t_n)\Delta x_n=\sum_{k=1}^{n}f(t_k)\Delta x_k$$

③ 구간 $[a,b]$의 분할 P을 무한히 세분하면 리만합 $R(f:P)$은 구간 $[a,b]$와 구간 $[a,b]$에서 정의된 연속함수 f의 그래프로 둘러싸인 영역 R의 넓이 A로 수렴한다. 이 리만합의 극한을 구간 $[a,b]$에서 함수 f의 정적분이라고 한다.

$$\lim_{\|P\|\to 0}R(f:P)=\lim_{\|P\|\to 0}\sum_{k=1}^{n}f(t_k)\Delta_k=\int_a^b f(x)dx$$

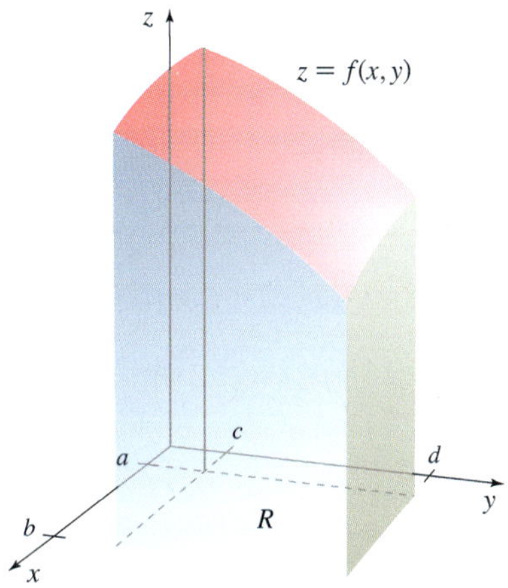

[그림 12.3]

평면도형의 면적을 구하는 방법을 확장하여 공간입체의 부피로 구해보자.

우선 정의역이 직사각형 $R = [a, b] \times [c, d]$인 경우 이변수함수의 적분을 알아보자. 평면의 직사각형 $R = [a, b] \times [c, d]$에서 정의된 이변수함수 f가 직사각형 R에서 $f(x, y) \geq 0$이라고 하자. 직사각형 R과 직사각형 R에서 정의된 이변수함수 f의 그래프 사이에 놓인 입체 E의 부피 V를 구해보자. ([그림 12.3] 참고)

공간에서의 **기본도형인 직육면체**를 사용하여 입체 E의 부피 V를 근사하고 그 극한으로 입체 E의 부피 V를 구한다.

우선 정의역인 직사각형 $R = [a, b] \times [c, d]$의 **분할** P을 다음과 같이 표현하자.

$$P = P_1 \times P_2 = \{a = x_0 < x_1 < x_2 < \cdots < x_m = b\} \times \{c = y_0 < y_1 < y_2 < \cdots < y_n = d\}$$

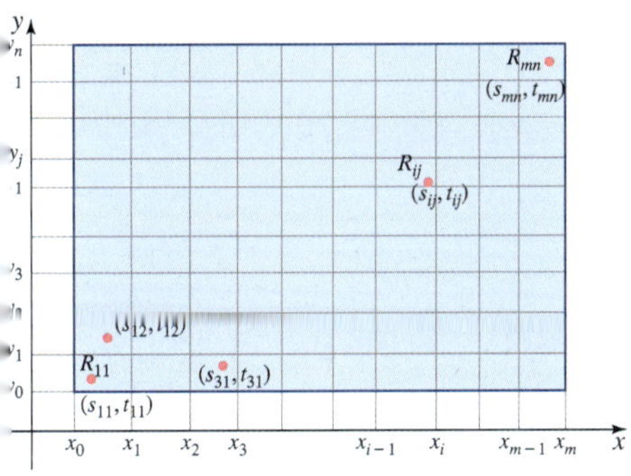

[그림 12.4]

이때 P_1은 구간 $[a, b]$의 분할이고 P_2는 구간 $[c, d]$의 분할이다.

분할 P에 의해 직사각형 R을 mn개의 작은 직사각형 R_{ij}으로 분할하고 작은 직사각형 R_{ij} 안에서 임의의 한 점 (s_{ij}, t_{ij})를 선택한다. ([그림 12.4] 참고)

- ij번째 작은 직사각형 $R_{ij} = [x_{i-1}, x_i] \times [y_{j-1}, y_j]$
- ij번째 작은 직사각형의 넓이 $\Delta A_{ij} = \Delta x_i \Delta y_j = (x_i - x_{i-1})(y_j - y_{j-1})$
- 작은 직사각형 $R_{ij} = [x_{i-1}, x_i] \times [y_{j-1}, y_j]$에 있는 한 점 (s_{ij}, t_{ij})

이제 mn개의 작은 직육면체를 다음과 같이 만든다. ([그림 12.5](a), (b) 참고)

ij번째 작은 직육면체는 다음과 같이 밑면과 높이를 갖는다.

- 밑면은 작은 직사각형 $R_{ij} = [x_{i-1}, x_i] \times [y_{j-1}, y_j]$이고
- 높이는 작은 직사각형 R_{ij} 내의 점 (s_{ij}, t_{ij})에서의 함숫값 $f(s_{ij}, t_{jj})$이다.

그러면 ij번째 작은 직육면체의 부피는 다음과 같다.

$$\begin{aligned} ij\text{번째 작은 직육면체의 부피} &= (\text{높이 } f(s_{ij}, t_{ij})) \cdot (R_{ij}\text{의 밑넓이}) \\ &= f(s_{ij}, t_{ij})\,[\Delta x_i \Delta y_j] \\ &= f(s_{ij}, t_{ij})\,\Delta A_{ij} \end{aligned}$$

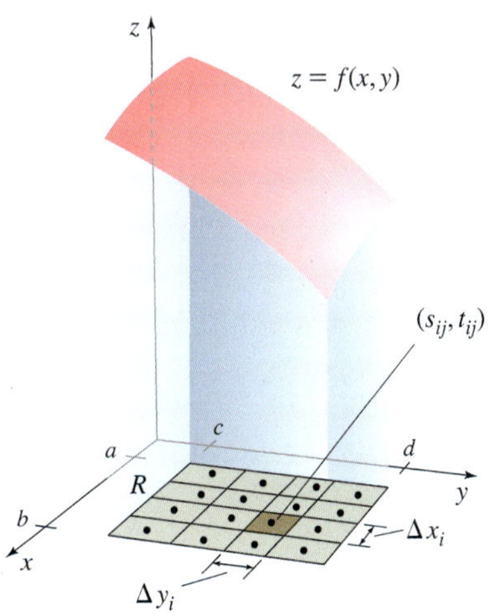

[그림 12.5](a)

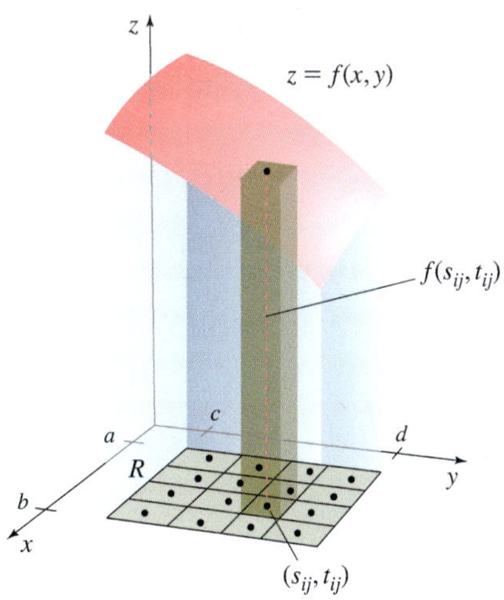

[그림 12.5](b)

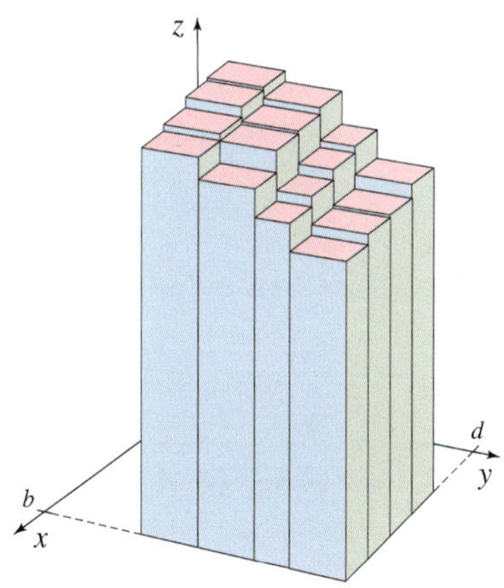

[그림 12.5](c)

입체 E의 부피 V를 mn개의 작은 직육면체의 부피의 합으로 근사시킨다. ([그림 12.5](c) 참고)

$$V \approx mn\text{개의 작은 직육면체의 부피의 합}$$
$$= \sum_{i=1}^{m}\sum_{j=1}^{n} f(s_{ij}, t_{ij})\Delta A_{ij} = \sum_{i=1}^{m}\sum_{j=1}^{n} f(s_{ij}, t_{ij})\Delta x_i \Delta y_j \qquad (12.1)$$

mn개의 작은 직육면체의 부피의 합인 식 (12.1)을 분할 P에 대한 이변수함수 f의 **이중리만합(double Riemann sum)**이라고 한다.

[예제 12.1] 직사각형 $R = [1, 5] \times [0, 4]$에서 정의된 이변수함수 $f(x, y) = x^2 + y$에 대하여 다음에 답하여라. [연습문제 1~5]

(1) 직사각형 R의 각 변을 2등분을 한 분할 P에 대하여 작은 직사각형의 중점에 대한 이중리만합을 구하여라. ([그림 12.6](a) 참고)

(2) 직사각형 R에서 x축에 평행한 변을 2등분, y축에 평행한 변을 4등분한 분할 P에 대하여 작은 직사각형의 밑변의 오른쪽 점에 대한 이중리만합을 구하여라. ([그림 12.6](b) 참고)

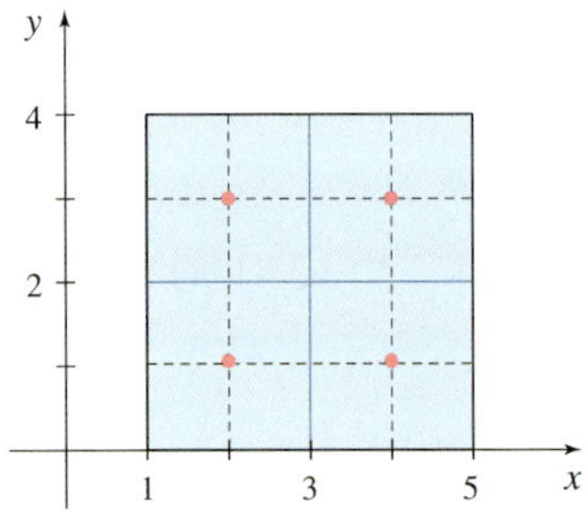

[그림 12.6](a)

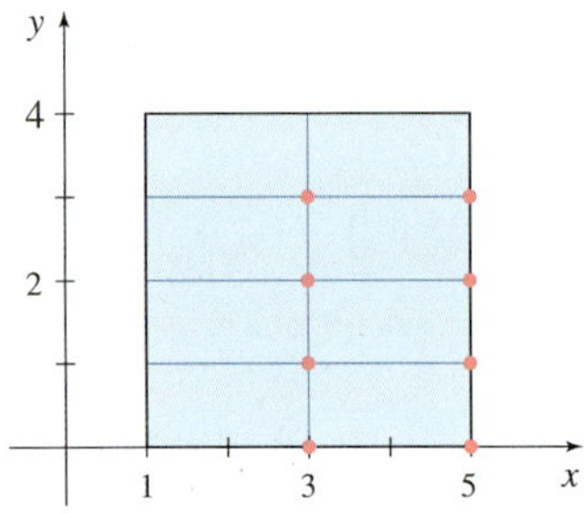

[그림 12.6](b)

[풀이]

(1) 직사각형 R의 각 변을 2등분한 분할 P에 의하여 직사각형 R은 네 개의 작은 직사각형으로 나누어진다. 작은 직사각형의 넓이는 $\Delta A_{ij} = 4$이다. 각 작은 직사각형의 중점 (s_{ij}, t_{ij})은 $(2, 1), (4, 1), (2, 3), (4, 3)$이므로 네 개의 직육면체의 부피의 합인 이중리만합은 다음과 같다.

$$f(2,1)(4) + f(4,1)(4) + f(2,3)(4) + f(4,3)(4)$$
$$= [f(2,1) + f(4,1) + f(2,3) + f(4,3)](4)$$
$$= [5 + 17 + 7 + 19](4) = 192$$

(2) 직사각형 R에서 x축에 평행한 변을 2등분 그리고 y축에 평행한 변을 4등분한 분할 P에 의하여 여덟 개의 작은 직사각형으로 나누어진다. 각 작은 직사각형의 넓이는 $\Delta A_{ij} = 2$이다. 작은 직사각형에서 밑변의 오른쪽 점은 다음과 같다.

$$(3,0), (5,0), (3,1), (5,1), (3,2), (5,2), (3,3), (5,3)$$

여덟 개의 직육면체의 부피의 합인 이중리만합은 다음과 같다.

$$f(3,0)(2) + f(5,0)(2) + f(3,1)(2) + f(5,1)(2) + f(3,2)(2) + f(5,2)(2)$$
$$+ f(3,3)(2) + f(5,3)(2)$$
$$= [f(3,0) + f(5,0) + f(3,1) + f(5,1) + f(3,2) + f(5,2) + f(3,3) + f(5,3)](2)$$
$$= [9 + 25 + 10 + 26 + 11 + 27 + 12 + 28](2)$$
$$= 296$$

■

◐ 직사각형 위의 이변수함수의 이중적분

분할 P에 대하여 $\|P\|$를 $\{x_i - x_{i-1},\ y_j - y_{j-1} \mid i=1, \cdots, m, j=1, \cdots, n\}$에서 가장 작은 값이라고 하자. $\|P\| \to 0$이라는 의미는 다음과 같이 매우 세밀하기 분할된다고 한다.

- 분할 P에 의해서 생기는 작은 직사각형의 개수가 무한히 많아지는 것이다.
- 모든 작은 직사각형의 각 변의 길이가 0으로 간다는 것이다.

평면의 직사각형 R과 R에서 정의된 이변수함수 f의 그래프 사이에 놓인 입체 E의 부피를 V라고 하자. 직사각형 R을 점점 세밀하게 분할할 때 이중리만합의 변화를 알아보자. ([그림 12.7](a), (b), (c), (d) 참고)

[그림 12.7](a)는 직사각형 R의 각 변을 4개로 분할한 분할 P_4에 의한 16개의 작은 직육면체의 이중리만합 R_4이다. [그림 12.7](b)는 직사각형 R의 각 변을 8개로 분할한 분할 P_8에 의한 64개의 작은 직육면체의 이중리만합 R_8이다. [그림 12.7](c)는 직사각형 R의 각 변을 16개로 분할한 분할 P_{16}에 의한 256개의 작은 직육면체의 이중리만합 R_{16}이다. 리만합 R_8이 리만합 R_4보다 입체 E의 부피 V에 더 가깝고 리만합 R_{16}이 리만합 R_8보다 입체 E의 부피 V에 더 가깝다는 것을 볼 수 있다. 즉, 분할을 세밀하게 분할을 할수록 리만합은 입체 E의 부피 V에 더 가까이 다가간다.

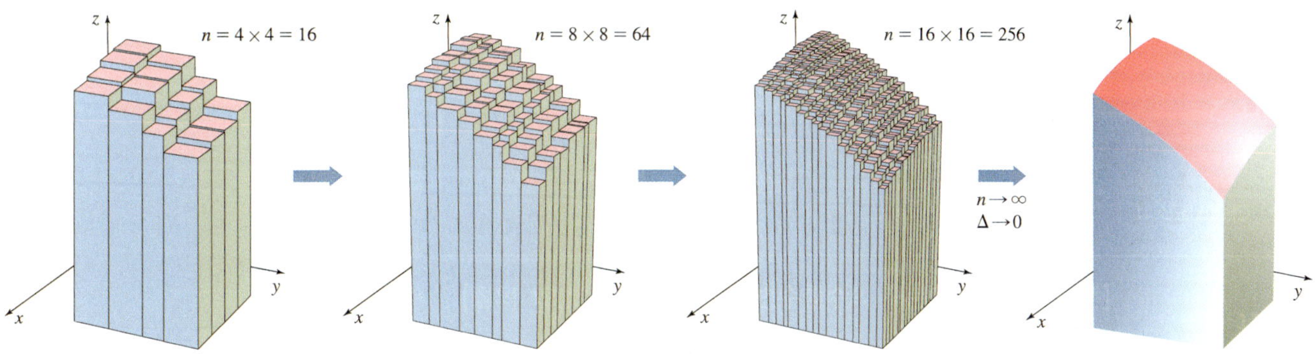

[그림 12.7](a) [그림 12.7](b) [그림 12.7](c) [그림 12.7](d)

[정의 12.1: 직사각형의 이변수함수의 적분가능과 이중적분]

직사각형 $R = [a, b] \times [c, d]$에서 정의된 이변수함수 f를 놓자. 직사각형 R의 임의의 분할 P와 분할 P에 의한 작은 직사각형에 있는 임의의 점 (s_{ij}, t_{ij})에 대하여 분할 P가 무한으로 세밀하게 분할될 때 함수 f의 이중리만합의 극한 I이 존재하면

$$I = \lim_{\|P\| \to 0} \sum_{i=1}^{m} \sum_{j=1}^{n} f(s_{ij}, t_{ij}) \Delta A_{ij} = \lim_{\|P\| \to 0} \sum_{i=1}^{m} \sum_{j=1}^{n} f(s_{ij}, t_{ij}) \Delta x_i \Delta y_j$$

이변수함수 f가 직사각형 R 위에서 **적분가능**(integrable)하다고 한다.

극한 I를 직사각형 R 위의 f의 **이중적분(double integral)**이라고 하고 다음과 같다.

$$\iint_R f(x,y)dA = \lim_{\|P\|\to 0}\sum_{i=1}^{m}\sum_{j=1}^{n} f(s_{ij},t_{ij})\Delta A_{ij}$$

리만합에서 작은 직육면체의 밑면의 넓이는

$$\Delta A_{ij} = \Delta x_i \Delta y_j = \Delta y_j \Delta x_i$$

이고 이중적분의 표현을 다음과 같이 볼 수 있다.

$\Delta A_{ij} = \Delta x_i \Delta y_j = \Delta y_j \Delta x_i$이므로
$dA = dxdy = dydx$
라고 쓴다.

$$\underbrace{\lim_{\|P\|\to 0}\sum_{i,j}}_{\text{합의 극한}} \underbrace{f(s_{ij},t_{ij})}_{\text{높이}} \underbrace{\Delta A_{ij}}_{\text{밑면적}} = \underbrace{\iint_R}_{\text{합의 극한}} \underbrace{f(x,y)}_{\text{높이}} \underbrace{dA}_{\text{밑면적}}$$

그리고 직사각형 R 위의 f의 이중적분을 다음과 같이 표현된다.

$$\iint_R f(x,y)dA = \iint_R f(x,y)dxdy = \iint_R f(x,y)dydx$$

유계이고 닫힌 구간 $[a,b]$에서 연속인 실함수 $f(x)$에 대해 구간 $[a,b]$에서의 정적분가능하고 정적분 $\int_a^b f(x)dx$가 존재하는 것을 알고 있다. 또한 평면의 직사각형 R에서 연속인 이변수함수 $f(x,y)$는 직사각형 R에서 적분가능하며, 이중적분 $\iint_R f(x,y)dA$가 존재한다.

[정리 12.1: 연속함수의 적분가능성] 직사각형 $R=[a,b]\times[c,d]$ 위에서 연속인 이변수함수 f는 R 위에서 적분가능하다. 즉, 이중적분 $\iint_R f(x,y)dA$이 존재한다.

이변수함수의 이중적분과 입체의 부피와의 관계는 다음과 같다.

[정리 12.2: 이중적분과 부피] 직사각형 $R=[a,b]\times[c,d]$에서 이변수함수 f가 적분가능하다고 하자. 직사각형 R과 직사각형 R 위에서 정의된 함수 f의 그래프 사이에 놓인 입체 E의 부피 V라고 하자. 그러면 정의역 R 위에서 $f(x,y)\geq 0$이면 입체 E의 부피 V는 다음과 같다.

$$\text{입체 } E\text{의 부피 } V = \iint_R f(x,y)dA$$

그러므로 [정리 12.2: 이중적분과 부피]에서 영역 R과 R 위의 함수 f의 그래프 사이에 놓인 입체 E의 부피를 구하는 식은 다음과 같다.

- 영역 R에서 함수 $f \geq 0$인 경우 입체 E의 부피 $V = \iint_R f(x,y)dA$
- 영역 R에서 함수 $f \leq 0$인 경우 입체 E의 부피 $V = \iint_R [-f(x,y)]dA$

[예제 12.2] 직사각형 $R = [0,2] \times [0,5]$ 위에서 이변수함수 $f(x,y) = 2$일 때 $\iint_R f(x,y)\,dA$를 구하여라. [연습문제 6~7]

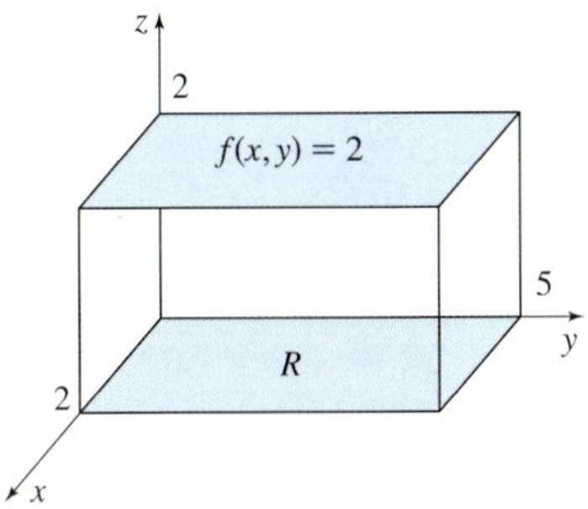

[그림 12.8]

[풀이] 직사각형 $R = [0,2] \times [0,5]$에서 이변수함수 $f(x,y) = 2$의 그래프를 그리면 [그림 12.8]과 같이 직육면체의 윗면에 해당한다.
이변수함수 $f(x,y) = 2$의 그래프와 직사각형 $R = [0,2] \times [0,5]$ 사이에 놓인 입체 E는 직육면체이고 함수 $f(x,y) = 2 \geq 0$이므로 입체 E의 부피는 다음과 같다.

$$\iint_R f(x,y)\,dA = \text{입체 } E\text{의 부피} = 2 \times 5 \times 2 = 20.$$

그러므로 이중적분 $\iint_R f(x,y)\,dA = 20$. ■

연습문제

• Part 1

[1-5] 직사각형 $R = [0,3] \times [0,2]$에서 x축에 평행한 변을 3등분, y축에 평행한 변을 2등분한 분할을 P라 하자. 직사각형 R에서 정의된 이변수함수 $f(x,y) = x + y + 2$에 대하여 다음에 답하여라. [예제 12.1]

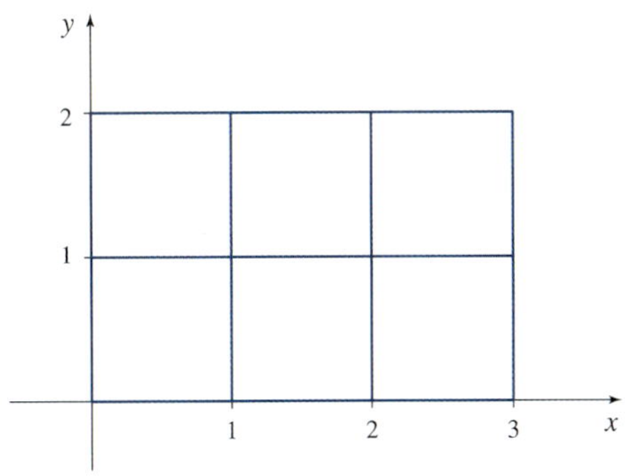

1. 분할 P에 대하여 작은 직사각형의 중점에 대한 리만합을 구하여라.
2. 분할 P에 대하여 작은 직사각형의 밑변의 오른쪽 점에 대한 리만합을 구하여라.
3. 분할 P에 대하여 작은 직사각형의 밑변의 왼쪽 점에 대한 리만합을 구하여라.
4. 분할 P에 대하여 작은 직사각형의 윗변의 오른쪽 점에 대한 리만합을 구하여라.
5. 분할 P에 대하여 작은 직사각형의 윗변의 왼쪽 점에 대한 리만합을 구하여라.

[6-7] 다음에 답하여라. [예제 12.2]

6. 직사각형 $R = [1,4] \times [2,5]$ 위의 이변수함수 $f(x,y) = 5$일 때 $\iint_R f(x,y)\,dA$를 구하여라.
7. 직사각형 $R = [-1,2] \times [-2,0]$ 위의 이변수함수 $f(x,y) = 1$일 때 $\iint_R f(x,y)\,dA$를 구하여라.

• Part 2

[8-12] 직사각형 $R=[1,5]\times[1,4]$에서 x축에 평행한 변을 4등분, y축에 평행한 변을 3등분한 분할을 P라 하자. 직사각형 R에서 정의된 이변수함수 $f(x,y)=x^2+y^2-1$에 대하여 다음에 답하여라.

8. 분할 P에 대하여 작은 직사각형의 중점에 대한 리만합을 구하여라.

9. 분할 P에 대하여 작은 직사각형의 밑변의 오른쪽 점에 대한 리만합을 구하여라.

10. 분할 P에 대하여 작은 직사각형의 밑변의 왼쪽 점에 대한 리만합을 구하여라.

11. 분할 P에 대하여 작은 직사각형의 윗변의 오른쪽 점에 대한 리만합을 구하여라.

12. 분할 P에 대하여 작은 직사각형의 윗변의 왼쪽 점에 대한 리만합을 구하여라.

13. 직사각형 $R=\left[-\frac{1}{3},\frac{2}{3}\right]\times\left[-\frac{3}{2},\frac{1}{2}\right]$ 위에서 이변수함수 $f(x,y)=3$일 때 $\iint_R f(x,y)\,dA$를 구하여라.

12.2 일반영역 위의 이중적분

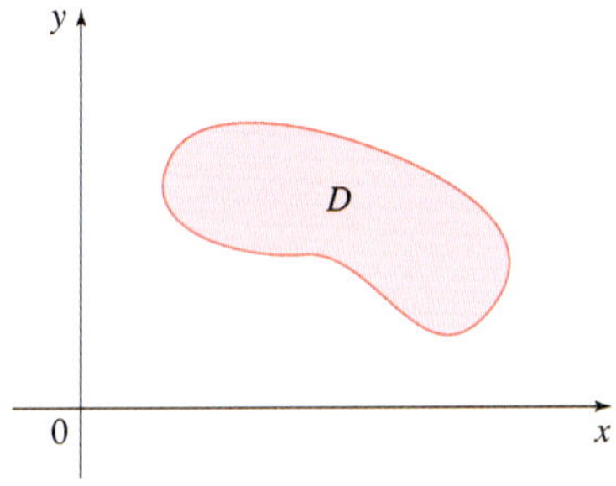

[그림 12.9](a)

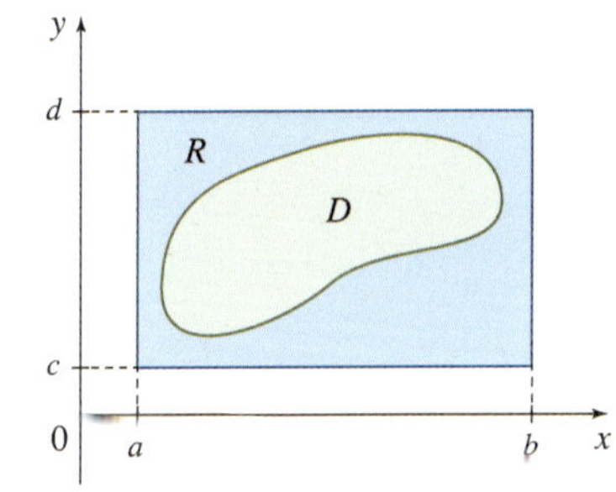

[그림 12.9](b)

12.1절에서 이변수함수의 정의역이 직사각형인 경우 이중적분에 대한 공부를 하였다. 이번 절에서는 정의역이 직사각형이 아닌 평면의 일반적인 영역인 경우 이변수함수의 이중적분에 관하여 알아보자.

실함수의 정적분을 정의하는 경우 가장 먼저 실함수의 정의역이 유계이고 닫힌 구간 $[a, b]$라는 조건은 필수적이다. 그러므로 이변수함수의 이중적분을 정의하기 위한 기본 조건은 이변수함수의 정의역이 평면에 놓인 유계이고 닫힌 영역이라는 것은 중요하다. ([그림 12.9](a) 참고)

평면에 있는 유계이고 닫힌 영역 D 위에서 정의된 이변수함수 f가 있다고 하자. 우선 유계이고 닫힌 영역인 정의역 D에 대하여 [그림 12.9](b)에서와 같이 영역 D를 포함하는 직사각형 $R = [a, b] \times [c, d]$를 잡자.

정의역 D 위에서 정의된 함수 f를 직사각형 $R = [a, b] \times [c, d]$ 위에서 정의된 함수 $\bar{f}$로 확장하여 다음과 같이 정의한다.

$$\bar{f}(x, y) = \begin{cases} f(x, y), & (x, y)\text{가 } D\text{에 속하면} \\ 0, & (x, y)\text{가 } D\text{에 속하지 않으면} \end{cases} \tag{12.2}$$

정의역 D 위에서 정의된 함수 f의 그래프([그림 12.10](a) 참고)와 직사각형 $[a, b] \times [c, d] = R$ 위의 함수 $\bar{f}$의 그래프([그림 12.10](b) 참고)를 비교해서 볼 수 있다.

영역 D에서 함수 f의 이중적분은 영역 D와 영역 D 위의 함수 f의 그래프로 둘러싸인 입체의 부피를 구하는 것이다. 유계이고 닫힌 영역 D와 영역 D 위의 함수 f의 그래프로 둘러싸인 입체의 부피와 직사각형 R과 직사각형 R 위의 함수 $\bar{f}$의 그래프로 둘러싸인 입체의 부피는 같다. ([그림 12.10](a), (b) 참고) 케이크 박스에서 꺼낸 케이크를 상상해 보자. 공간 입체인 케이크(함수 f의 그래프)의 부피와 사각판에 얹혀진 케이크(함수 $\bar{f}$의 그래프)의 부피는 같다는 것을 의미한다.

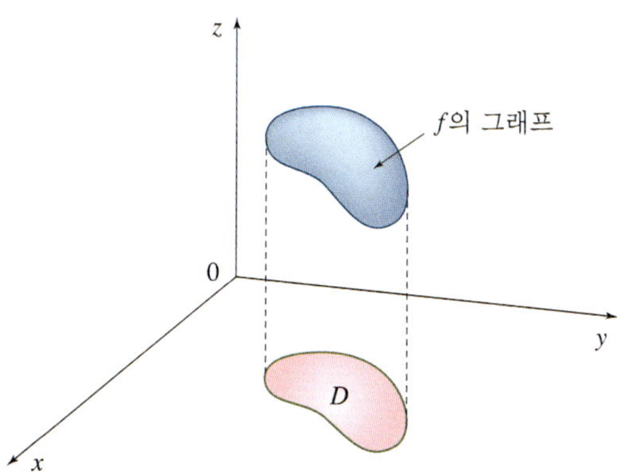

[그림 12.10](a)
함수 f의 그래프

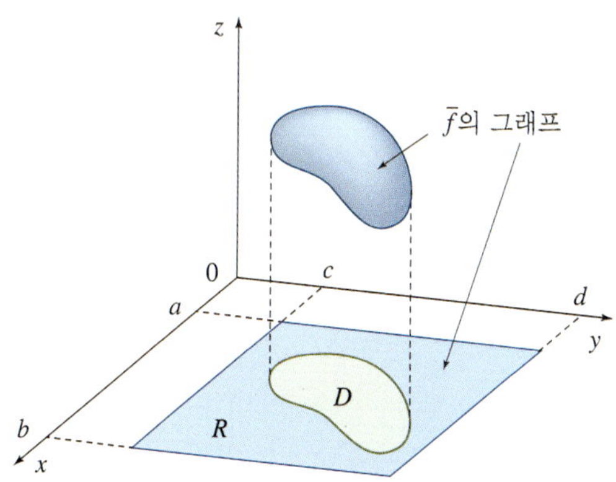

[그림 12.10](b)
함수 $\bar{f}$의 그래프

직사각형 $R=[a,b]\times[c,d]$ 위의 함수 $\bar{f}$의 적분가능성은 [정의 12.1]에서 정의하였다. 일반 영역 D 위에서 정의된 함수 f의 적분가능성을 다음과 같이 정의하자.

[정의 12.2: 일반영역에서 이변수함수의 적분가능과 이중적분]
평면 위의 유계이고 닫힌 영역 D 위에 정의된 이변수함수 f가 있다고 하자.
영역 D를 포함하는 직사각형 $R=[a,b]\times[c,d]$을 잡고 영역 D 위의 함수 f를 직사각형 R 위의 함수 $\bar{f}$로 식 (12.2)와 같이 확장하여 정의하자.
함수 $\bar{f}$가 직사각형 R 위에서 적분가능하면 함수 f가 D 위에서 **적분가능**하다.
이때, 영역 D 위의 함수 f의 **이중적분** $\iint_D f(x,y)\,dA$를 다음과 같이 정의한다.

$$\iint_D f(x,y)\,dA=\iint_R \bar{f}(x,y)\,dA$$

[정의 12.2: 일반영역에서 이변수함수의 적분가능과 이중적분]을 입체의 부피를 구하는 의미로 생각해 보자.
유계이고 닫힌 영역 D에서 함수 f가 연속임에도 영역 D의 경계가 복잡한 모양을 가지면 직사각형 R에서 함수 $\bar{f}$가 적분이 가능하지 않을 수 있다. 즉, 입체의 부피를 구할 수 없는 경우가 있다.
그러므로 유계이고 닫힌 일반 영역 D에서 정의된 함수 f에 대하여

- 영역 D의 경계가 좋은 모양이고
- 함수 f가 좋은 성질을 가지고 있으면

실직선의 구간 $[a,b]$에서는 경계가 두 점 a와 b이다.

영역 D에서 함수 f가 적분가능하다. 즉, 영역 D와 영역 D 위의 함수 f의 그래프 사이에 놓인 입체의 부피를 구할 수 있다.
미적분학에서의 좋은 모양의 영역은 **영역의 경계가 유한개의 미분가능한 곡선으로** 이루어진 평면곡선이고 11장에서 이러한 곡선을 조각적으로 부드러운 곡선이라고 하였다. 여기서 미분가능한 곡선은 미분가능한 평면곡선 $\mathbf{r}(t)=x(t)\mathbf{i}+y(t)\mathbf{j}$ 표현이 가능한 곡선이다.
또한 함수 f의 좋은 성질은 영역 D 위에서 **함수 f가 연속**이라는 것이다. 이것은 입체의 윗면이 좋은 모양의 곡면이어야 함을 의미한다.

[정리 12.3: 일반영역에서 연속함수의 적분가능성]
평면의 유계이고 닫힌 영역 D에서 정의된 이변수함수 f에 대하여 영역 D의 경계가 유한개의 미분가능한 곡선이고 함수 f가 D 위에서 연속이면 함수 f는 영역 D 위에서 적분가능하다. 즉, 영역 D 위의 이중적분 $\iint_D f(x,y)\,dA$이 존재한다.

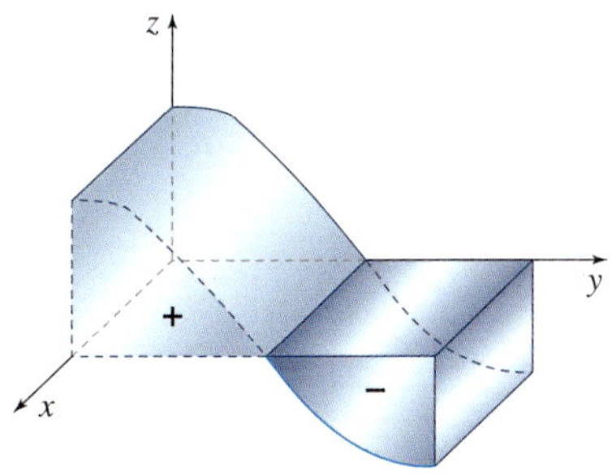

[그림 12.11](a)

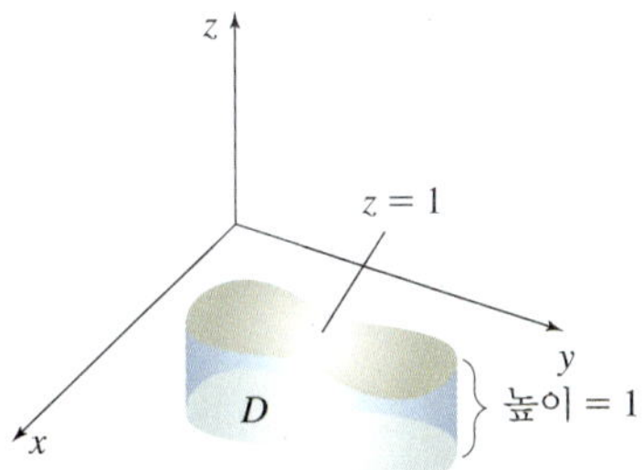

[그림 12.11](b)

유계이고 닫힌 영역 위의 이변수함수의 **이중적분과 입체의 부피와의 관계는** 다음과 같다.

> **[정리 12.4: 이중적분과 부피]** 평면에 놓인 유계이고 닫힌 영역 D 위에서 이변수 함수 f가 적분가능하다고 하자. 영역 D와 영역 D에서 정의된 함수 f의 그래프 사이에 놓인 입체 E의 부피를 V라고 하자.
>
> (1) D에서 $f(x,y) \geq 0$이면 $\iint_D f(x,y)\,dA = V$. ([그림 12.11](a) 참고)
>
> (2) D에서 $f(x,y) \leq 0$이면 $\iint_D f(x,y)\,dA = -V$. ([그림 12.11](a) 참고)
>
> (3) $\iint_D 1\,dA = [D\text{의 넓이}]$ ([그림 12.11](b) 참고)

연습문제

• **Part 1**

[1-2] 영역 D는 직선 $y=2x$, $x=3$, x축으로 둘러싸인 삼각형의 내부이고 영역 D를 포함하는 직사각형 $R=[0,3]\times[0,6]$을 잡자. 직사각형 R의 분할 P는 한 변의 길이가 1인 18개의 작은 정사각형으로 나눈 분할이라고 하자. 영역 D에서 정의된 이변수 함수 $f(x,y)=x+y$에 대하여 다음에 답하여라.

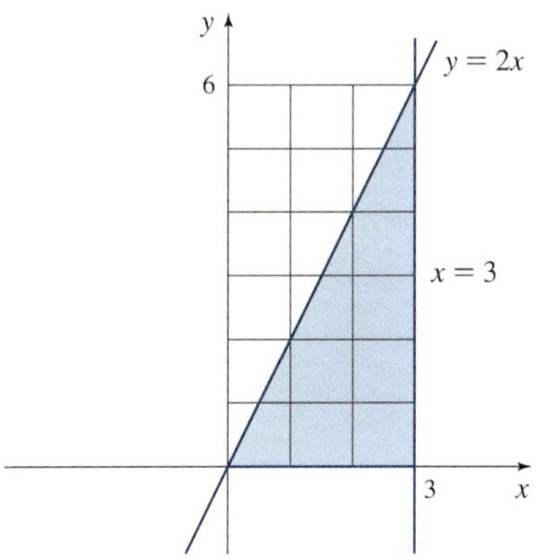

1. 분할 P에 대하여 작은 직사각형의 중점에 대한 리만합을 구하여라.
2. 분할 P에 대하여 작은 직사각형의 밑변의 오른쪽 점에 대한 리만합을 구하여라.

[3-4] 영역 D는 $x^2+y^2 \leq 9$이고 영역 D를 포함하는 직사각형 $R=[-3,3]\times[-3,3]$을 잡자. 직사각형 R의 분할 P는 한 변의 길이가 1인 36개의 작은 정사각형으로 나눈 분할이다. 영역 D에서 정의된 이변수함수 $f(x,y)=2$에 대하여 다음에 답하여라.

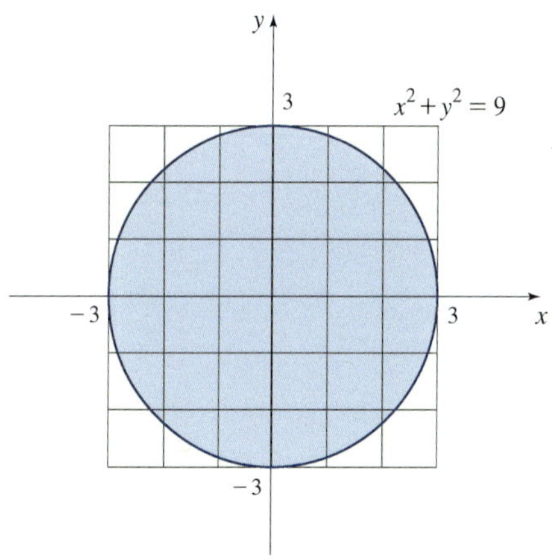

3. 분할 P에 대하여 작은 직사각형의 중점에 대한 리만합을 구하여라.
4. 분할 P에 대하여 작은 직사각형의 원점에서 가장 가까운 점에 대한 리만합을 구하여라.

• Part 2

[5-6] 영역 D는 $\dfrac{x^2}{9}+\dfrac{y^2}{4}\le 1$이고 분할 P는 영역 D를 포함하는 직사각형 $R=[-3,3]\times[-2,2]$을 잡자. 직사각형 R의 분할 P는 한 변의 길이가 1인 24개의 작은 정사각형으로 나눈 분할이다. 영역 D에서 정의된 이변수함수 $f(x,y)=5$에 대하여 다음에 답하여라.

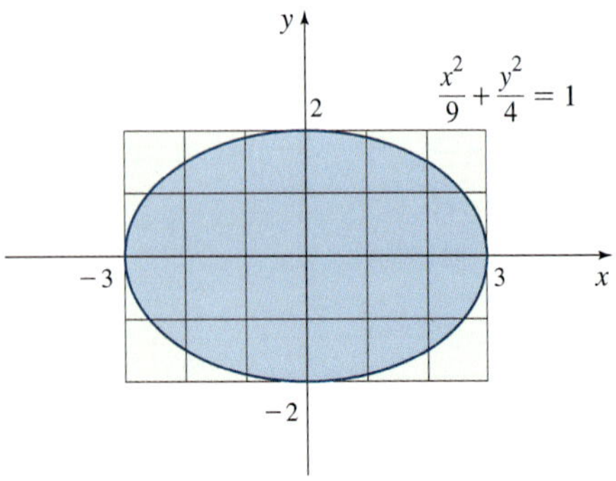

5. 분할 P에 대하여 작은 직사각형의 중점에 대한 리만합을 구하여라.
6. 분할 P에 대하여 작은 직사각형의 원점에서 가장 가까운 점에 대한 리만합을 구하여라.

12.3 반복적분

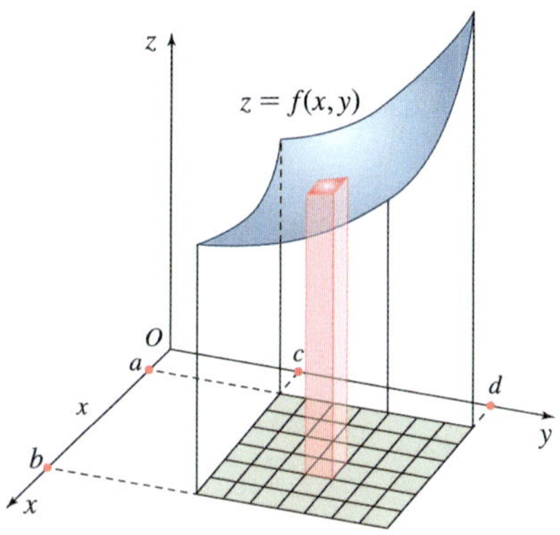

[그림 12.12] 이중적분 $\iint_D f(x,y)\,dA$

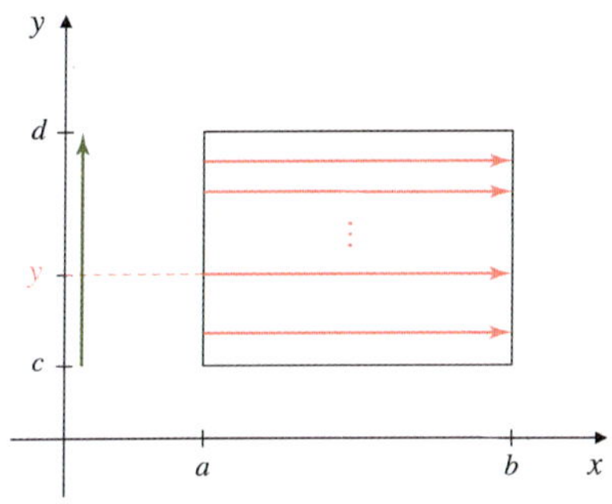

[그림 12.13](a) [방법 1]

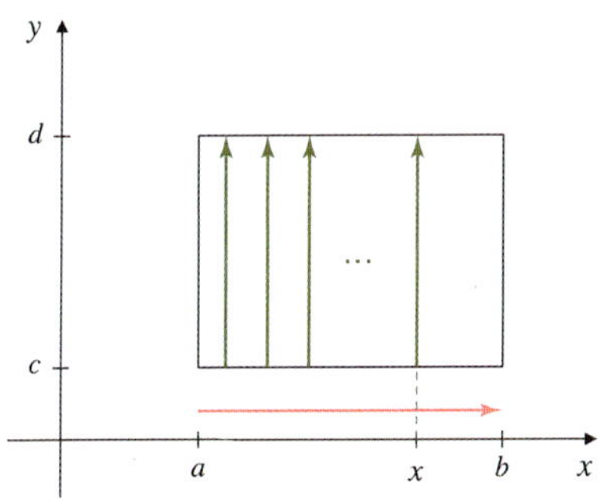

[그림 12.13](b) [방법 2]

12.3.1 직사각형 위의 이중적분의 반복적분 표현

유계이고 닫힌 구간 $[a,b]$ 위의 실함수의 정적분 $\int_a^b f(x)\,dx$은 리만합의 극한으로 정의하였으나 실제적인 계산은 미적분학의 기본정리를 이용하였다.

평면에서 유계이고 닫힌 영역 D에서 연속인 이변수함수 f의 이중적분 $\iint_D f(x,y)\,dA$은 이중리만합의 극한으로 정의하였다. 영역 D와 영역 D에서 정의된 음이 아닌 이변수함수 f의 그래프 사이에 놓인 입체 E의 부피인 이중적분을 [그림 12.12]에서와 같이 유한개의 작은 직육면체의 합인 함수 f의 이중리만합의 극한으로 구하는 것은 매우 번거로운 일이다.

이제 실제적으로 이중적분을 계산하는 방법으로 **반복적분**을 알아보자.

유계이고 닫힌 영역 D와 영역 D에서 정의된 음이 아닌 이변수함수 f의 그래프 사이에 놓인 입체 E의 부피 V에 해당하는 영역 D 위의 이중적분을 구하는 방법인 **반복적분**의 개념을 알아보자.

우선 정의역이 직사각형 $D=[a,b]\times[c,d]$인 경우에 연속인 이변수함수 f의 이중적분을 반복적분이라는 방법으로 구해보자. 반복적분은 함수 f의 정의역 D가 놓인 평면의 두 개의 축인 x축과 y축을 따라 실함수의 정적분을 연속적으로 두 번 하는 방법이다. x축과 y축을 따라 **적분하는 순서**에 의하여 다음과 같은 [방법 1]과 [방법 2]가 있다.

[방법 1] [그림 12.13](a)와 같이 x축을 따른 적분을 한 후 y축을 따른 적분을 한다.

[방법 2] [그림 12.13](b)와 같이 y축을 따른 적분을 한 후 x축을 따른 적분을 한다.

◐ x축을 따른 적분을 먼저 하는 반복적분

[방법 1] x축을 따른 적분을 먼저 하는 두 단계의 적분을 알아보자.

① 구간 $[c,d]$ 내의 임의의 점 y를 고정하고 점 y를 지나고 y축에 수직인 평면으로 입체 E를 자른 단면의 넓이 $A(y)$을 구해보자. ([그림 12.14] 참고)

- 이변수함수 $f(x,y)$에서 y를 고정하고 x에 관한 실함수인 $f(x,y)$를 다룬다. 즉, y는 상수로 취급하고 x만의 실함수 $f(x,y)$로 생각한다.
- 적분 $\int f(x,y)dx$는 x에 관한 적분으로 다른 변수는 상수로 취급한다.
- y축의 구간 $[c,d]$ 내의 임의의 점 y에 대해 단면적 $A(y)$는 x축의 구간 $[a,b]$에서 $f(x,y)$의 x에 관한 적분으로 다음과 같다. ([그림 12.14] 참고)

$$A(y) = \int_a^b f(x, y)\,dx$$

* x의 범위는 'x = 식'으로 표현하는 것이 중요하다.

이때, $\int_{\square}^{\square} f(x, y)\,dx$

x의 범위*로 $x = \square$에서 $x = \square$까지의 범위를 쓴다.

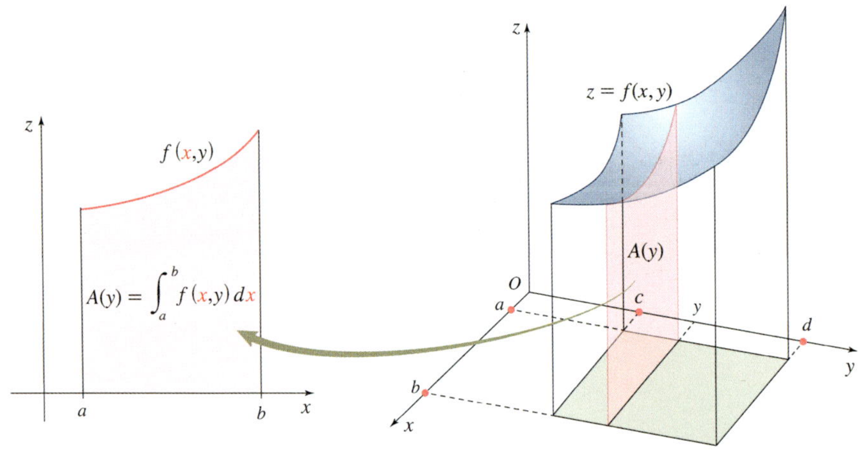

[그림 12.14] $A(y) = \int_a^b f(x, y)\,dx$와 반복적분 $\int_c^d \int_a^b f(x, y)\,dx\,dy$

② 점 y에서 y축의 수직 단면적 $A(y)$은 y에 대한 함수이고 y축의 구간 $[c, d]$에서 단면적 함수 $A(y)$을 적분하면 입체 E의 부피 V를 나타낸다.

$$V = \int_c^d A(y)\,dy = \int_c^d \left[\int_a^b f(x, y)\,dx\right] dy$$

이때, $\int_c^d \left[\int_a^b f(x, y)\,dx\right] dy$은 구간 $[a, b]$에서 x에 관한 적분을 한 후에 구간 $[c, d]$에서 y에 관하여 적분을 하는 두 단계의 정적분을 의미한다.

$\int_{\square}^{\square} \left[\int f(x, y)\,dx\right] dy$

y의 범위로 $y = \square$에서 $y = \square$까지의 범위를 쓴다.

[주의] 이중적분과 반복적분은 개념적으로 다르다.

입체 E의 부피 V인 직사각형 D에서의 함수 $f(x, y)$의 이중적분을 ①과 ②의 과정과 같이 두 번에 걸친 일변수 정적분을 하는 다음의 적분 형태를 **반복적분(iterated integral)**이라고 한다.

$$V = \iint_D f(x, y)\,dA = \int_c^d \left[\int_a^b f(x, y)\,dx\right] dy = \int_c^d \int_a^b f(x, y)\,dx\,dy \qquad (12.3)$$

적분 $\int f(x,y)dx$에서 적분기호 $\int dx$는 x에 대한 적분이다. 그러므로 함수 $f(x,y)$에서 x 이외의 다른 변수는 상수로 취급하고 x만의 일변수 실함수로 취급한다.

[예제 12.3] $\int_1^2 x^2y^3\,dx$을 구하여라. [연습문제 1~6]

[풀이] 적분 $\int_1^2 x^2y^3dx$는 x에 관한 적분 $\int_1^2 []dx$이므로 함수 $f(x,y)=x^2y^3$을 x만의 함수라고 간주하고 적분한다.

즉, $\int_1^2 x^2y^3\,dx = \left[\frac{x^3}{3}y^3\right]_1^2 = \frac{(8-1)}{3}y^3 = \frac{7}{3}y^3.$ ■

[예제 12.4] 직사각형 $D=[0,3]\times[1,2]$와 직사각형 D 위의 이변수함수 $f(x,y)=2xy+y$의 그래프 사이에 놓인 입체 E의 부피 V인 이중적분 $\iint_D (2xy+y)dA$를 반복적분 $\int_1^2\int_0^3 (2xy+y)\,dx\,dy$로 구해보자. [연습문제 7~12]

[풀이] 우선 반복적분 $\int_1^2\int_0^3 (2xy+y)\,dx\,dy = \int_1^2\left[\int_0^3 (2xy+y)\,dx\right]dy$에서 내부적분인 $A(y)=\int_0^3 (2xy+y)\,dx$를 구하자.

함수 $f(x,y)=2xy+y$를 x에 관한 일변수함수로 간주하고 x축을 따라 구간 $[0,3]$에서 정적분 $A(y)=\int_0^3 (2xy+y)\,dx$를 다음과 같이 구하자.

$$A(y)=\int_0^3 [(2xy+1y)\,dx = [x^2y+xy]_0^3 = (9y-0y)+(3y-0y)=12y.$$

다음 y축을 따라 구간 $[1,2]$에서 y에 관한 실함수 $A(y)=12y$의 정적분을 구한다.

$$\int_1^2 A(y)\,dy = \int_1^2 12y\,dy = [6y^2]_1^2 = 24-6=18$$

그러므로 반복적분 $\int_1^2\int_0^3 (2xy+y)\,dx\,dy = 18.$

입체 E의 부피 $V=\iint_D (2x+y)dxdy = \int_1^2\int_0^3 (2x+y)dxdy = 18$이다. ■

◐ y축을 따른 적분을 먼저 하는 반복적분

[방법 2] 구간 $[a,b]$ 내의 임의의 점 x를 고정하고 점 x을 지나고 x축에 수직인 평면으로 입체 E를 자른 단면의 넓이 $A(x)$을 구해보자. ([그림 12.15] 참고)

- 이변수함수 $f(x,y)$에서 x를 고정하고 y에 관한 실함수인 $f(x,y)$를 다룬다.
- 적분 $\int f(x,y)dy$은 y에 관한 적분으로 다른 변수는 상수로 취급한다.
- 구간 $[a,b]$인 점 x에 대해 단면적 $A(x)=\int_c^d f(x,y)dy$는 x의 함수이다.

다음 점 x에서 x축의 수직 단면적 $A(x)$는 x에 관한 실함수이고 x축의 구간 $[a,b]$

에서 단면적함수 $A(x)$를 적분하면 입체 E의 부피 V를 나타낸다.

$$V=\int_a^b A(y)dx=\int_c^d\left[\int_a^b f(x,y)dx\right]dy$$

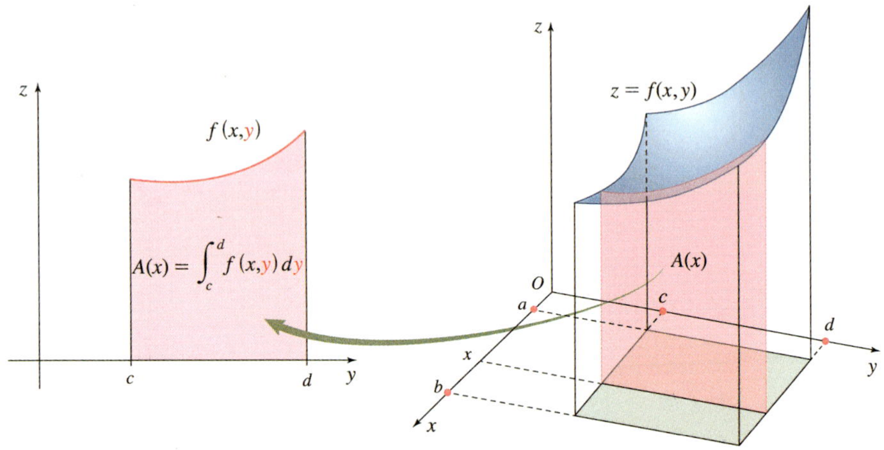

[그림 12.15] $A(x)=\int_c^d f(x,y)dy$와 반복적분 $\int_a^b\int_c^d f(x,y)\,dydx$

입체 E의 부피 V인 직사각형 D에서의 함수 $f(x,y)$의 이중적분을 구하기 위하여 y축을 따른 적분을 먼저하고 x축을 따른 적분을 나중에 하는 순서로 두 번에 걸친 실함수의 정적분을 하는 다음의 적분 형태를 **반복적분**(iterated integral)이라고 한다.

$$V=\iint_D f(x,y)dA=\int_c^d\left[\int_a^b f(x,y)dx\right]dy=\int_c^d\int_a^b f(x,y)dxdy \tag{12.4}$$

적분 $\int f(x,y)dy$에서 적분기호 $\int dy$는 y에 대한 적분이다. 그러므로 함수 $f(x,y)$에서 y 이외의 다른 변수는 상수로 취급하고 y만의 일변수 실함수로 취급한다.

[예제 12.5] $\int_0^4 x^2y^3\,dy$를 구하여라. [연습문제 1~6]

[풀이] 적분 $\int_0^4 x^2y^3dy$는 y에 관한 적분 $\int_0^4 []dy$이므로 함수 $f(x,y)=x^2y^3$을 y만의 함수라고 간주하고 적분한다. 이때 경계의 값을 반드시 변수 x에 대입을 해야 한다.

$$\int_0^4 x^2y^3\,dy=\left[x^2\frac{y^4}{4}\right]_0^4=x^2\frac{(256-0)}{4}=64x^2$$ ■

[예제 12.6] 직사각형 $D=[0,3]\times[1,2]$와 직사각형 D 위의 이변수함수 $f(x,y)=2xy+y$의 그래프로 둘러싸인 입체 E의 부피인 이중적분 $\iint_D(2xy+y)\,dA$를 반복적분 $\int_0^3\int_1^2(2xy+y)\,dydx$로 구하여라. [연습문제 7~12]

[풀이] 우선 반복적분 $\int_0^3 \int_1^2 (2xy+y)\,dy\,dx = \int_0^3 \left[\int_1^2 (2xy+y)\,dy\right] dx$에서 내부적분인 $A(x) = \int_1^2 (2xy+y)\,dy$를 구해보자.

함수 $f(x, y) = 2xy + y$를 y에 관한 일변수함수로 간주하여 y축을 따라 구간 $[1, 2]$ 위에서 정적분 $A(x)$를 다음과 같이 구해보자.

$$A(x) = \int_1^2 (2xy + y)\,dy = \left[xy^2 + \frac{y^2}{2}\right]_1^2 = (4x - x) + \left(2 - \frac{1}{2}\right) = 3x + \frac{3}{2}$$

다음 x축을 따라 구간 $[0, 3]$위에서 $A(x)$의 정적분을 구하자.

$$\int_0^3 A(x)\,dx = \int_0^3 \left(3x + \frac{3}{2}\right) dx = \left[\frac{3x^2}{2} + \frac{3x}{2}\right]_0^3 = \left(\frac{27}{2} - 0\right) + \left(\frac{9}{2} - 0\right) = 18$$

그러므로 $\int_0^3 \int_1^2 (2xy+y)\,dy\,dx = 18$.

입체 E의 부피 $V = \iint_E (2xy+y)dA = \int_0^3 \int_0^2 (2xy+y)dydx = 18$이다. ■

[예제 12.4]와 [예제 12.6]에서 보면 직사각형 $D = [0, 3] \times [1, 2]$와 함수 $f(x, y) = 2xy + y$의 그래프 사이에 있는 입체 E의 부피 V를 2가지 방법으로 구하였다.

$$V = \iint_D f(x, y)\,dA = \int_1^2 \int_0^3 (2xy+y)\,dx\,dy = \int_0^3 \int_1^2 (2xy+y)\,dy\,dx = 18$$

◐ 직사각형 위의 푸비니 정리

평면의 직사각형 $D = [a, b] \times [c, d]$에서 연속인 이변수함수 f에 대하여 직사각형 D 위의 이변수함수 f의 이중적분을 x축과 y축을 순서에 따라 정적분을 구하는 다음 2가지 형태의 반복적분(iterated integral)으로 표현할 수 있다.

$$\int_a^b \left[\int_c^d f(x, y)\,dy\right] dx \text{와 } \int_c^d \left[\int_a^b f(x, y)\,dx\right] dy$$

두 종류의 적분은 이중적분 $\iint_D f(x, y)\,dA$를 의미하므로 다음이 만족한다.

$$\iint_D f(x, y)\,dA = \int_a^b \left[\int_c^d f(x, y)\,dy\right] dx = \int_c^d \left[\int_a^b f(x, y)\,dx\right] dy \qquad (12.5)$$

식 (12.5)는 직사각형 $D = [a, b] \times [c, d]$에서 연속인 이변수함수 $f(x, y)$의 이중적분 $\iint_D f(x, y)dA$를 구하는 2가지 반복적분이 있고 x축과 y축의 순서를 바꾸어 반복적분을 하여도 같은 값을 갖는다는 것을 보여준다. 그러므로 이중적분

$\iint_D f(x,y)dA$를 편의에 따라서 적분의 순서를 선택하여 구할 수 있다. 이러한 정리를 푸비니 정리(Fubini's Theorem)라고 한다.

[정리 12.5: 직사각형 위의 푸비니 정리(Fubini's Theorem)]
이변수함수 $f(x,y)$가 평면의 직사각형 $D=[a,b]\times[c,d]$ 위에서 연속이면

$$\iint_D f(x,y)\,dA=\int_a^b\left[\int_c^d f(x,y)\,dy\right]dx=\int_c^d\left[\int_a^b f(x,y)\,dx\right]dy.$$

[정리 12.5: 직사각형 위의 푸비니 정리]는 직사각형에서 연속인 함수의 이중적분을 구하는 두 가지 반복적분이 있고 x축과 y축의 순서를 바꾸어 적분을 하여도 같은 결과를 갖는다는 것을 알려준다.

[예제 12.7] 다음 반복적분을 구하여라. [연습문제 7~12]

(1) $\int_1^2\int_0^3(2x+3y)\,dy\,dx$　　　(2) $\int_0^3\int_1^2(2x+3y)\,dx\,dy$

[풀이]

(1) 반복적분 $\int_1^2\int_0^3(2x+3y)\,dy\,dx$의 내부적분 $\int_0^3(2x+3y)\,dy$을 구해보자.

$$\int_0^3(2x+3y)\,dy=\left[2xy+\frac{3}{2}y^2\right]_0^3=6x+\frac{27}{2}$$

그러므로 $$\int_1^2\int_0^3(2x+3y)\,dy\,dx=\int_1^2\left[6x+\frac{27}{2}\right]dx$$
$$=\left[3x^2+\frac{27}{2}x\right]_1^2=12+27-\left(3+\frac{27}{2}\right)=\frac{45}{2}.$$

(2) 반복적분 $\int_0^3\int_1^2(2x+3y)\,dx\,dy$의 내부적분 $\int_1^2(2x+3y)\,dx$를 해보자.

$$\int_1^2(2x+3y)\,dx=\left[x^2+3xy\right]_1^2=3+3y$$

그리고 $\int_0^3\int_1^2(2x+3y)\,dx\,dy=\int_0^3(3+3y)\,dy=\left[3y+\frac{3}{2}y^2\right]_0^3=9+\frac{27}{2}.$

그러므로 반복적분 $\int_0^3\int_1^2(2x+3y)\,dx\,dy=\frac{45}{2}.$ ■

[예제 12.7]은 직사각형 $[1,2]\times[0,3]$ 위에서 연속함수 f의 반복적분의 순서가

바뀌어도 적분값이 같다는 것을 확인할 수 있다. 즉,

$$\int_1^2 \int_0^3 (2x+3y)\,dy\,dx = \int_0^3 \int_1^2 (2x+3y)\,dx\,dy = \frac{45}{2}.$$

12.3.2 일반영역 위의 이중적분의 반복적분 표현

정의역이 직사각형이 아닌 일반적인 유계이고 닫힌 영역인 경우 이변수함수 $f(x,y)$의 이중적분을 반복적분으로 구하는 방법을 알아보자. [그림 12.16](a)의 영역 D은 반복적분으로 표현하기에는 어려움이 있다. 왜냐하면 $y=y_0$에서 x축을 따른 적분을 식으로 간단하기 표현하기 어렵고 $x=x_0$에서 y축을 따른 적분을 식으로 간단하게 표현하기 어렵다는 것을 알 수 있다.

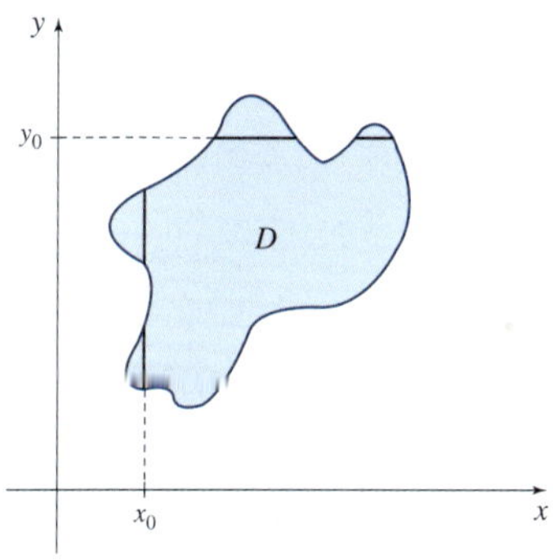

[그림 12.16](a)

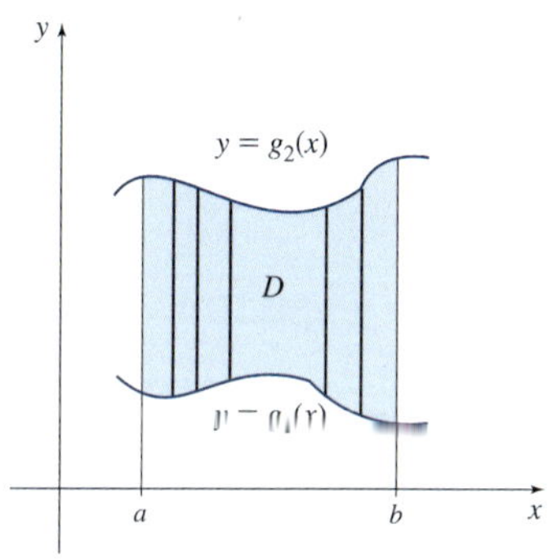

[그림 12.16](b)

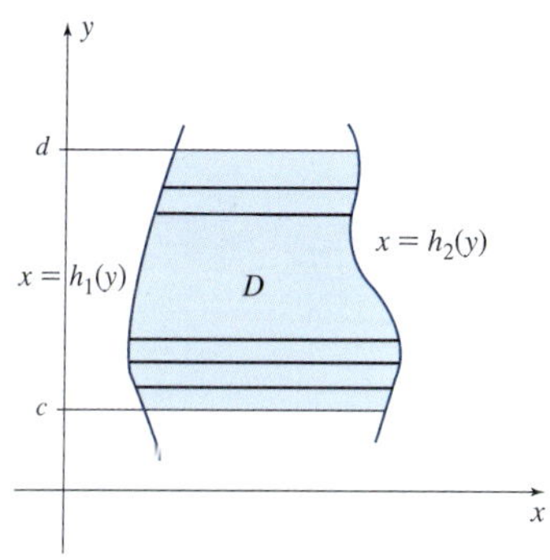

[그림 12.16](c)

◐ 수직적 단순영역과 수평적 단순영역

[그림 12.16](b)의 집합 D는 x축의 구간 $[a,b]$ 위의 두 실함수 g_1과 g_2의 그래프 사이의 영역이다. 구간 $[a,b]$의 점 x에서 y축을 따라 구간 $[g_1(x), g_2(x)]$ 위의 정적분으로 표현하는 것이 가능한 영역으로 **수직적 단순영역(vertical simple set)**이라고 한다.

[그림 12.16](c)의 영역 D는 y축의 구간 $[c,d]$ 위의 두 실함수 h_1과 h_2의 그래프 사이의 영역이다. 구간 $[c,d]$의 점 y에서 x축을 따라 구간 $[h_1(x), h_2(x)]$ 위의 정적분으로 표현하는 것이 가능한 영역으로 **수평적 단순영역(horizontal simple set)**이라고 한다.

[정의 12.3: 단순영역] 평면에서 유계이고 닫힌 영역 D에 대하여

(1) x축의 구간 $[a,b]$에서 연속인 실함수 $y=g_1(x)$와 $y=g_2(x)$가 $g_1(x) \le g_2(x)$인 경우 구간 $[a,b]$에서 함수 g_1의 그래프와 함수 g_2의 그래프 사이에 놓인 영역 D를 **수직적 단순영역(vertical simple set)**이라고 한다. ([그림 12.16](b) 참고)

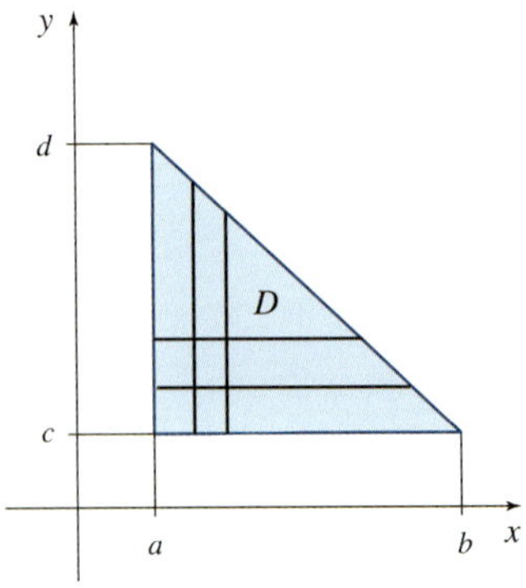

[그림 12.17](a) 단순영역

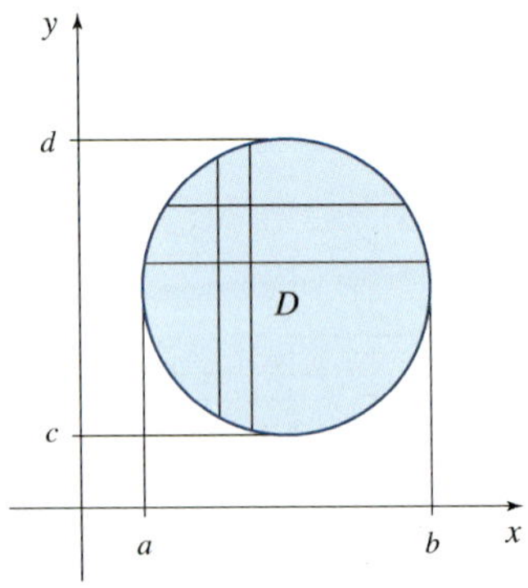

[그림 12.17](b) 단순영역

(2) y축의 구간 $[c, d]$에서 연속인 실함수 $x = h_1(y)$과 $x = h_2(y)$가 $h_1(y) \le h_2(y)$인 경우 구간 $[c, d]$에서 함수 h_1의 그래프와 함수 h_2의 그래프 사이에 놓인 영역 D를 **수평적 단순영역**(horizontal simple set)이다. ([그림 12.16](c) 참고)

(3) 영역 D가 수직적 단순영역이고 수평적 단순영역이면 **단순영역**(simple set)이다.

평면의 유계이고 닫힌 영역 D가 수직적 단순영역이거나 수평적 단순영역인 경우 영역 D 위의 이중적분을 반복적분으로 표현할 수 있다.

- **수직적 단순영역**인 경우 y축을 따라 먼저 적분하고 나중에 x축을 따라 적분한다.
- **수평적 단순영역**인 경우 x축을 따라 먼저 적분하고 나중에 y축을 따라 적분한다.

[그림 12.17](a)와 (b)에서 보이는 영역 D는 단순영역이다. 단순영역인 영역 D 위의 이중적분은 두 종류의 반복적분으로 표현이 모두 가능하다.

◐ 수직적 단순영역 위의 반복적분 표현

이제 [그림 12.18](a)에서와 같은 수직적 단순영역 D가 있다고 하자. 즉, x축의 구간 $[a, b]$에서 연속인 실함수 $y = g_1(x)$와 $y = g_2(x)$가 $g_1(x) \le g_2(x)$인 경우 구간 $[a, b]$에서 함수 g_1의 그래프와 함수 g_2의 그래프 사이에 놓인 영역을 D라고 하자. 영역 D에서 연속인 이변수함수 f의 이중적분 $\iint_D f(x, y)\,dA$을 반복적분으로 구해보자.

[그림 12.18](b)에서와 같이 영역 D를 포함하는 직사각형 $R = [a, b] \times [c, d]$를 구하고 영역 D 위의 이변수함수 f를 직사각형 R 위의 함수 $\bar{f}$로 다음과 같이 확대하여 정의하자.

$$\bar{f}(x, y) = \begin{cases} f(x, y), & (x, y)\text{가 } D\text{에 속하면} \\ 0, & (x, y)\text{가 } D\text{에 속하지 않으면} \end{cases}$$

영역 D에서 함수 $f(x, y)$의 이중적분은 정의에 의해 다음과 같이 직사각형 R에서 확장된 함수 $\bar{f}(x, y)$의 이중적분으로 표현한다. 그리고 직사각형 R에서 이변수함

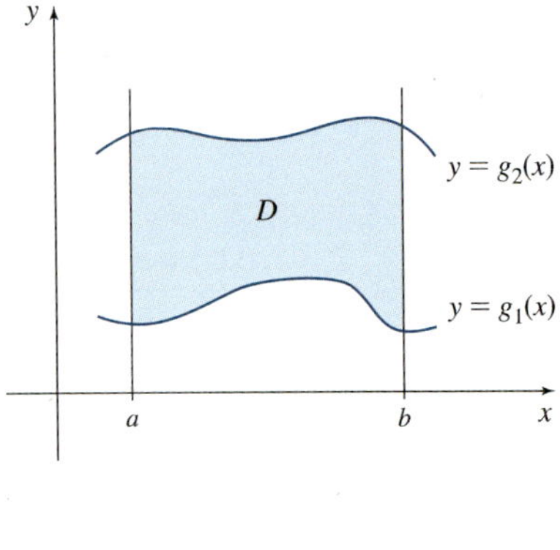

[그림 12.18](a) 수직적 단순영역 D

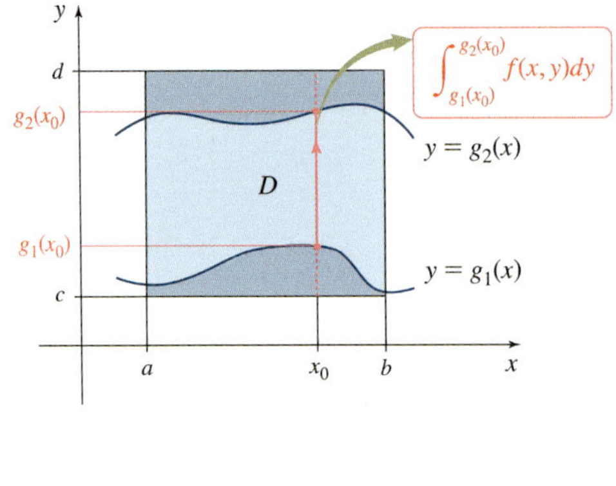

[그림 12.18](b)

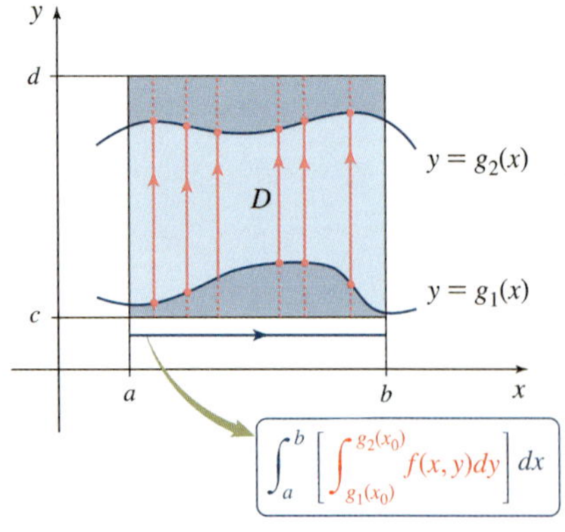

[그림 12.18](c)

수 $\bar{f}(x,y)$의 이중적분을 반복적분으로 표현한다. ([그림 12.18](b) 참고)

$$\iint_D f(x,y)dA = \iint_R \bar{f}(x,y)dA = \int_a^b \left[\int_c^d \bar{f}(x,y)dy\right]dx$$

이때, 영역 D가 수직적 단순영역이므로 먼저 y축을 따라 적분을 하고 나중에 x축을 따라 적분을 하는 반복적분으로 표현한다.

[그림 12.18](b)에서 보면 구간 $[a,b]$의 점 x_0을 고정하면 구간 $[g_1(x_0), g_2(x_0)]$의 y에서는 $\bar{f}(x_0,y) = f(x,y)$이고 구간 $[g_1(x_0), g_2(x_0)]$ 이외의 y에서는 $\bar{f}(x_0,y) = 0$이므로 구간 $[c,d]$ 위의 함수 $\bar{f}(x_0,y)$의 적분을 구간 $[g_1(x_0), g_2(x_0)]$ 위의 함수 $f(x_0,y)$의 적분으로 다음과 같이 변환할 수 있다.

$$\int_c^d \bar{f}(x_0,y)\,dy = \int_{g_1(x_0)}^{g_2(x_0)} f(x_0,y)\,dy \qquad (*)$$

식 (*)에서 점 x_0는 구간 $[a,b]$ 위의 모든 점이다. 그러므로 식 (*)는 구간 $[a,b]$ 위의 점 x에서의 식으로 놓고 x축을 따라 $x=a$에서 $y=b$까지 다음과 같이 적분을 할 수 있다. ([그림 12.18](c) 참고)

$$\int_a^b \left[\int_c^d \bar{f}(x,y)\,dy\right]dx = \int_a^b \left[\int_{g_1(x)}^{g_2(x)} f(x,y)\,dy\right]dx$$

그러므로 이중적분은 다음과 같이 표현된다.

$$\iint_D f(x,y)\,dA = \iint_R \bar{f}(x,y)\,dA = \int_a^b \left[\int_c^d \bar{f}(x,y)\,dy\right]dx = \int_a^b \left[\int_{g_1(x)}^{g_2(x)} f(x,y)\,dy\right]dx$$

그러므로 수직적 단순영역 D에서 연속인 이변수함수 $f(x,y)$의 이중적분은 y에 대한 정적분을 한 후에 x에 대한 정적분을 하는 반복적분으로 다음과 같다.

$$\iint_D f(x,y)\,dA = \int_a^b \int_{g_1(x)}^{g_2(x)} f(x,y)\,dy\,dx \qquad (12.6)$$

◐ 수평적 단순영역 위의 반복적분 표현

다음 수평적 단순영역 위의 이중적분에 대하여 수직적 단순영역에서와 같이 비슷한 과정으로 수평적 단순영역 위의 이중적분을 반복적분으로 표현해 보자.

다음 [그림 12.19](a)에서와 같은 수평적 단순영역 D가 있다고 하자. 즉, y축의 구간 $[c,d]$에서 연속인 실함수 $x = h_1(y)$과 $x = h_2(y)$가 $h_1(y) \le h_2(y)$인 경우 구간 $[c,d]$에서 $x = h_1(y)$의 그래프와 $x = h_2(y)$의 그래프 사이에 놓인 영역을 D라고 하자. 영역 D에서 연속인 이변수함수 $f(x,y)$의 이중적분 $\iint_D f(x,y)dA$를 반복적분으로 구해보자.

[그림 12.19](b)에서와 같이 영역 D를 감싸는 직사각형 $R=[a,b]\times[c,d]$를 구하고 영역 D 위의 이변수함수 f를 직사각형 R 위의 다음 함수 $\bar{f}$로 확대하여 정의하자.

$$\bar{f}(x,y)=\begin{cases} f(x,y), & (x,y)\text{가 } D\text{에 속하면} \\ 0, & (x,y)\text{가 } D\text{에 속하지 않으면} \end{cases}$$

집합 D에서 이변수함수 $f(x,y)$의 이중적분은 정의에 의해서 다음과 같이 직사각형 R에서 확장된 함수 $\bar{f}(x,y)$의 이중적분으로 표현한다. 그리고 직사각형 R에서 함수 $\bar{f}(x,y)$의 이중적분을 반복적분으로 표현한다. ([그림 12.19](b) 참고)

$$\iint_D f(x,y)\,dA=\iint_R \bar{f}(x,y)\,dA=\int_c^d\left[\int_a^b \bar{f}(x,y)\,dx\right]dy$$

이때, 영역 D가 수평적 단순영역이므로 먼저 x축을 따라 적분을 하고 나중에 y축을 따라 적분을 하는 반복적분으로 표현한다.

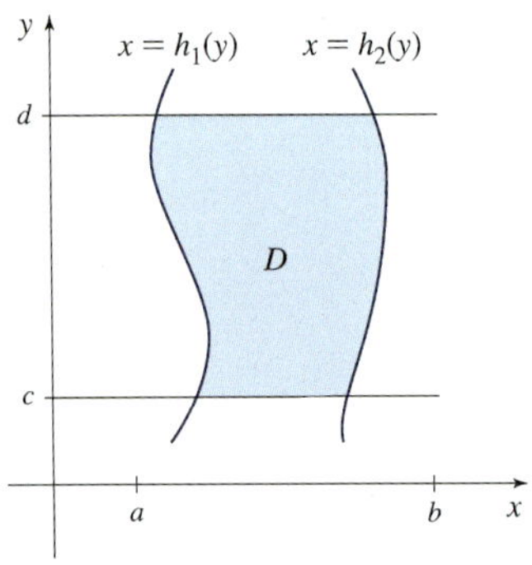

[그림 12.19](a)

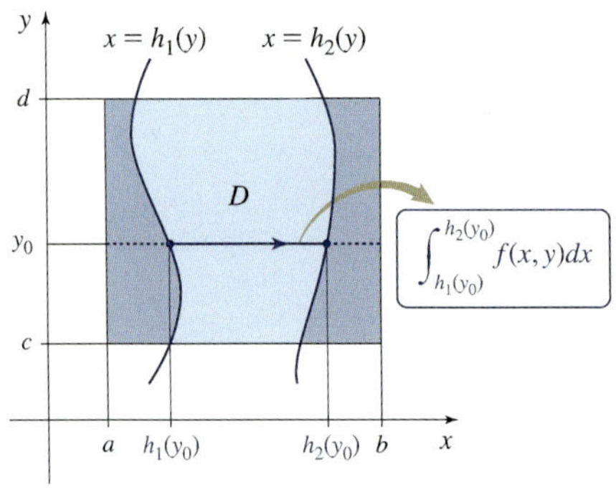

[그림 12.19](b)

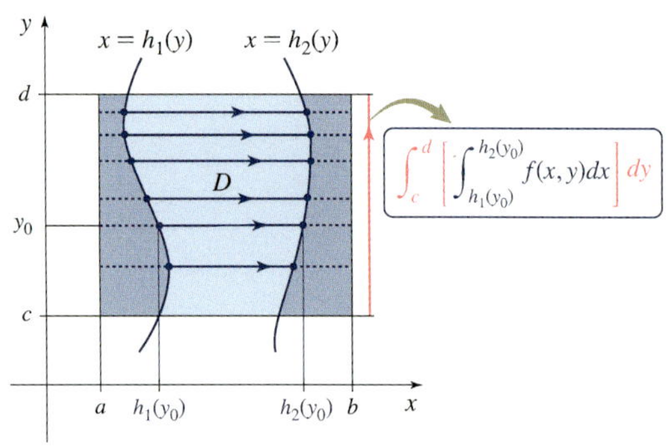

[그림 12.19](c)

[그림 12.19](b)에서 보면 구간 $[c,d]$의 점 y_0을 고정하면 $\bar{f}$의 정의에 의해서 $\int_a^b \bar{f}(x,y_0)\,dx=\int_{h_1(y_0)}^{h_2(y_0)} f(x,y_0)\,dx$임을 알 수 있다. 이때, 점 y_0는 구간 $[c,d]$의 임의의 점이므로 y_0를 y로 변경한 식으로 놓고 [그림 12.19](c)와 같이 y축을 따라 $x=c$에서 $y=d$까지 적분을 하면 다음과 같다.

$$\int_c^d\left[\int_a^b \bar{f}(x,y)\,dx\right]dy=\int_c^d\left[\int_{h_1(y)}^{h_2(y)} f(x,y)\,dx\right]dy$$

이다. 그러므로 이중적분은 다음과 같이 표현된다.

$$\iint_D f(x,y)\,dA=\iint_R \bar{f}(x,y)\,dA=\int_c^d\left[\int_a^b \bar{f}(x,y)\,dx\right]dy=\int_c^d\left[\int_{h_1(y)}^{h_2(y)} f(x,y)\,dx\right]dy$$

그러므로 수평적 단순영역에서 이중적분은 x에 대한 정적분을 하고 후에 y에 대한 정적분을 하는 반복적분으로 다음과 같다.

$$\iint_D f(x,y)\,dA = \int_c^d \int_{h_1(y)}^{h_2(y)} f(x,y)\,dx\,dy \tag{12.7}$$

유계이고 닫힌 영역 D에서 연속인 이변수함수 f의 이중적분을 식 (12.6)과 식 (12.7)과 같은 반복적분으로 표현할 수 있다.

◐ 일반영역 위의 푸비니 정리

[정리 12.6: 일반영역 위의 푸비니 정리(Fubini's Theorem)]

이변수함수 $f(x,y)$가 유계이고 닫힌 영역 D에서 연속이라고 하자.

(1) 영역 D가 수직적 단순영역으로 x축의 구간 $[a,b]$에서 $g_1(x) \le g_2(x)$이고, 연속인 두 실함수 $y=g_1(x)$와 $y=g_2(x)$의 그래프 사이에 놓인 영역인 경우

$$\iint_D f(x,y)\,dA = \int_a^b \int_{g_1(x)}^{g_2(x)} f(x,y)\,dy\,dx$$

(2) 영역 D가 수평적 단순영역으로 y축의 구간 $[c,d]$에서 $h_1(y) \le h_2(y)$이고, 연속인 두 실함수 $x=h_1(y)$와 $x=h_2(y)$의 그래프 사이에 놓인 영역인 경우

$$\iint_D f(x,y)\,dA = \int_c^d \int_{h_1(y)}^{h_2(y)} f(x,y)\,dx\,dy$$

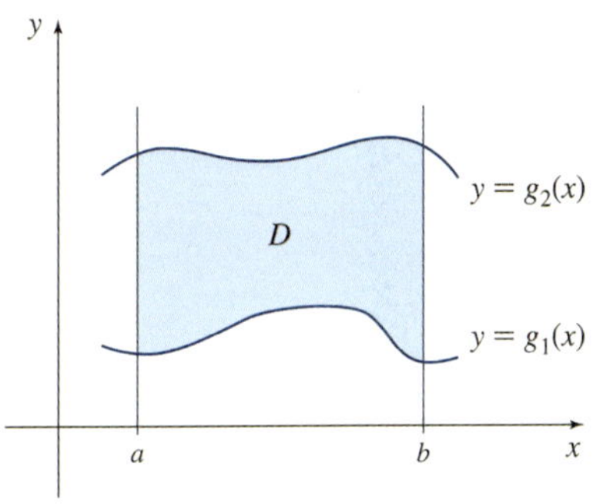

수직적 단순영역

(1) 정의역 D가 수직적 단순영역인 경우 다음과 같이 반복적분을 표현한다.

$$\underbrace{\int_{g_1(x)}^{g_2(x)}}_{} f(x,y)\,dy \quad \text{이고} \quad \underbrace{\int_a^b}_{} \left[\int_{g_1(x)}^{g_2(x)} f(x,y)\,dy\right] dx$$

y의 범위: $y=g_1(x)$에서 $y=g_2(x)$ x의 범위: $x=a$에서 $x=b$

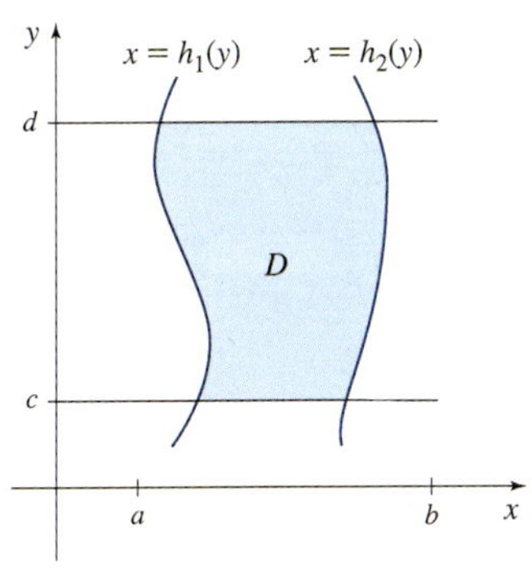

수평적 단순영역

(2) 정의역 D가 수평적 단순영역인 경우 다음과 같이 반복적분을 표현한다.

$$\underbrace{\int_{h_1(y)}^{h_2(y)}}_{} f(x,y)\,dx \quad \text{이고} \quad \underbrace{\int_c^d}_{} \left[\int_{h_1(y)}^{h_2(y)} f(x,y)\,dx\right] dy$$

x의 범위: $x=h_1(y)$에서 $x=h_2(y)$ y의 범위: $y=c$에서 $y=c$

[정리 12.6: 일반영역 위의 푸비니 정리]에서 이변수함수 $f(x,y)$의 정의역 D가 단순영역인 경우 즉, 수직적 단순영역이고 수평적 단순영역인 경우 다음과 같이 적분의 순서와 관계없이 2개의 반복적분으로 표현하여 적분하면 같은 적분값을 갖는다.

$$\iint_D f(x,y)\,dA = \int_a^b \int_{g_1(x)}^{g_2(x)} f(x,y)\,dy\,dx = \int_c^d \int_{h_1(y)}^{h_2(y)} f(x,y)\,dx\,dy \qquad (12.8)$$

[주의] 이중적분을 반복적분으로 표현하기 위해서 적분영역 D를 그리고 영역 D를 보고 수직적 단순영역인지 또는 수평적 단순영역인지를 판단한 후 반복적분의 순서를 결정한다.

[예제 12.8] D가 직선 $y=x$, $y=-x$, $x=2$로 둘러싸인 영역일 때 이중적분 $\iint_D 3xy^2\,dA$를 구하여라. [연습문제 13~17]

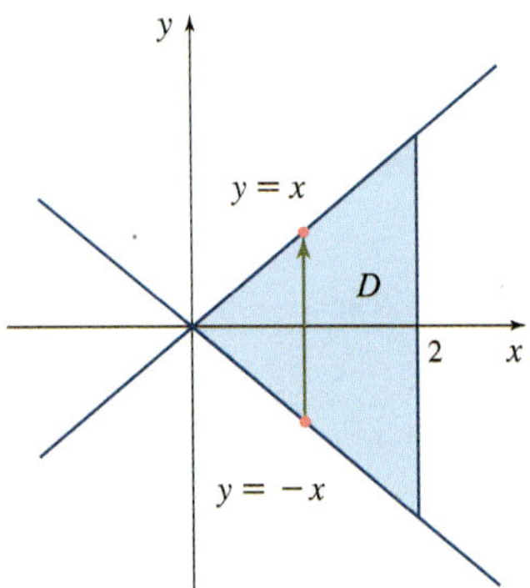

[그림 12.20]

[풀이] 먼저 주어진 영역 D를 [그림 12.20]에서와 같이 그려보자.
[그림 12.20]에서 보면 영역 D는 수직적 단순영역이므로

- 먼저 y축을 따라 $y=-x$에서 $y=x$까지 적분하고
- x축을 따라 $x=0$에서 $x=2$까지 적분하자.

수직적 단순영역 D에서의 이중적분을 반복적분으로 나타내면 다음과 같다.

$$\iint_D 3xy^2\,dA = \int_0^2 \int_{-x}^{x} 3xy^2\,dy\,dx$$

반복적분의 내부적분 $\int_{-x}^{x} 3xy^2\,dy$을 구하면 다음과 같다.

$$\int_{-x}^{x} 3xy^2\,dy = [xy^3]_{-x}^{x} = x(x^3-(-x^3)) = 2x^4$$

반복적분 $\int_0^2 \int_{-x}^{x} 3xy^2\,dy\,dx = \int_0^2 2x^4\,dx = \left[\frac{2}{5}x^5\right]_0^2 = \frac{64}{5}$이다.

그러므로 이중적분 $\iint_D 3xy^2\,dA = \frac{64}{5}$이다. ■

[예제 12.9] D가 $x=y^2-2$과 $y=x$로 둘러싸인 영역일 때 $\iint_D x\,dA$를 구하여라. [연습문제 13~17]

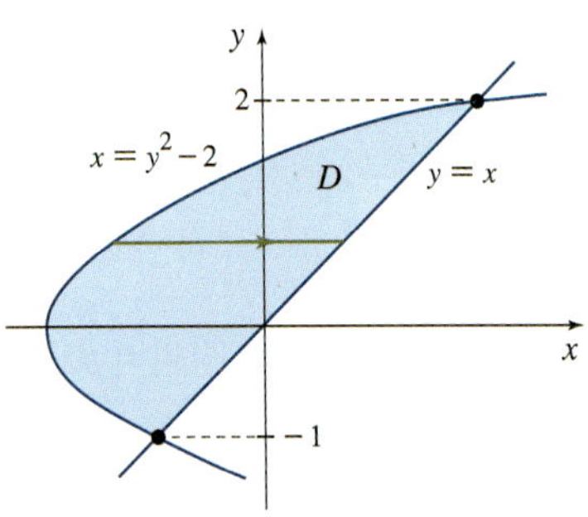

[그림 12.21]

[풀이] 먼저 주어진 영역 D를 그려보자.
포물선 $x=y^2-2$와 직선 $y=x$이 만나는 점을 구하기 위해 방정식을 풀어 보자. 즉, $y=y^2-2$이고 $(y-2)(y+1)=0$이다. 그러므로 교점은 $y=-1, 2$이다.
영역 D를 그리면 [그림 12.21]에서 볼 수 있고 영역 D는 수평적 단순영역이므로

- 먼저 x축을 따라 $x=y^2-2$에서 $x=y$까지 적분하고
- y축을 따라 $y=-1$에서 $y=2$까지 적분한다.

영역 D 위의 이적축분을 반복적분으로 나타내면 다음과 같다.

$$\iint_D x\,dA = \int_{-1}^{2}\int_{y^2-2}^{y} x\,dx\,dy$$

반복적분의 내부적분 $\int_{y^2-2}^{y} x\,dx$을 구하면 다음과 같다.

$$\int_{y^2-2}^{y} x\,dx = \left[\frac{x^2}{2}\right]_{y^2-2}^{y} = \frac{1}{2}\left(y^2-(y^2-2)^2\right) = \frac{1}{2}\left(-y^4+5y^2-4\right).$$

반복적분 $\int_{-1}^{2}\int_{y^2-2}^{y} x\,dx\,dy = \int_{-1}^{2}\frac{1}{2}\left(-y^4+5y^2-4\right)dy = \left[-\frac{1}{10}y^5+\frac{5}{6}y^3-2y\right]_{-1}^{2}$

$$= \left[-\frac{1}{10}(32-(-1))+\frac{5}{6}(8-(-1))-2(2-(-1))\right]$$

$$= -\frac{9}{5}$$

그러므로 이중적분 $\iint_D x\,dA = \int_0^2\int_{y^2-2}^{y} x\,dy\,dx = -\frac{9}{5}$이다. ■

[예제 12.10] D가 $x=y^3$과 $y=x^2$으로 둘러싸인 영역일 때 $\iint_D xy^2\,dA$를 구하여라.
[연습문제 18~19]

[풀이] 먼저 주어진 영역 D를 그려보자.
주어진 두 곡선 $x=y^3$과 $y=x^2$의 만나는 점을 구해보자.

$$x = x^6$$
$$x(x-1)(x^4+x^3+x^2+x+1)=0$$

그러므로 $x=0$과 $x=1$에서 두 곡선 $x=y^3$과 $y=x^2$은 만난다.
영역 D는 [그림 12.22](a)와 (b)에서와 같다. 영역 D는 단순영역으로 수평적 단순영역이고 수직적 단순영역이다. 그러므로 두 종류의 반복적분으로 표현될 수 있다.

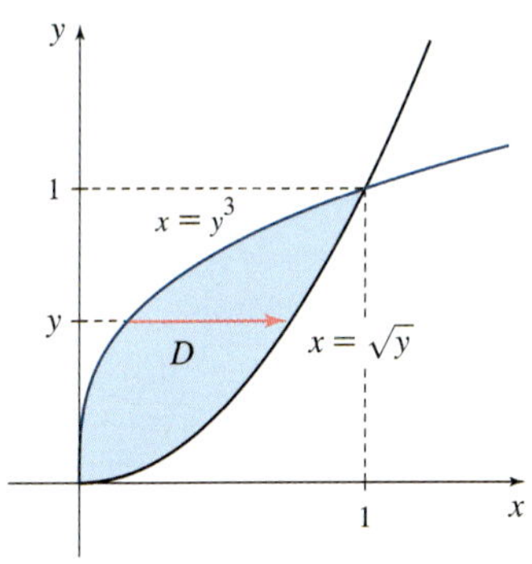

[그림 12.22](a)

① 영역 D를 수평적 단순영역으로 보고 이중적분 $\iint_D xy^2\,dA$을 반복적분으로 표현하여 구해보자. ([그림 12.22](a) 참고)

- 먼저 x축을 따라 $x=y^3$에서 $x=\sqrt{y}$까지 적분을 한 후에
- y축을 따라 $y=0$에서 $y=1$까지 적분을 하자.

영역 D 위의 이중적분을 반복적분으로 나타내면 다음과 같다.

$$\iint_D xy^2\,dA = \int_0^1\int_{y^3}^{\sqrt{y}} xy^2\,dx\,dy$$

반복적분의 내부적분 $\int_{y^3}^{\sqrt{y}} xy^2\,dx$을 구하면 다음과 같다.

$$\int_{y^3}^{\sqrt{y}} xy^2\,dx = \left[\frac{1}{2}x^2y^2\right]_{y^3}^{\sqrt{y}} = \frac{1}{2}\left(y-y^6\right)y^2 = \frac{1}{2}\left(y^3-y^8\right)$$

그러므로 반복적분을 구해보자.

$$\int_0^1 \int_{y^3}^{\sqrt{y}} xy^2 dxdy = \int_0^1 \frac{1}{2}(y^3 - y^8) dy = \left[\frac{1}{8}y^4 - \frac{1}{18}y^9\right]_0^1 = \frac{5}{72}.$$

그러므로 이중적분 $\iint_D xy^2 dA = \int_0^1 \int_{y^3}^{\sqrt{y}} xy^2 dxdy = \frac{5}{72}$.

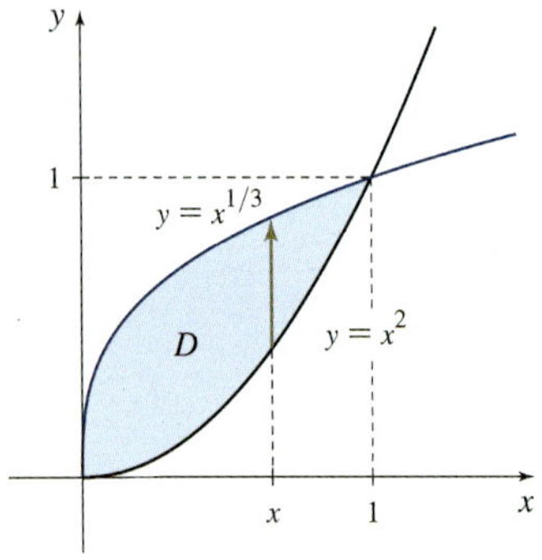

[그림 12.22](b)

② 영역 D를 수직적 단순영역으로 보고 이중적분 $\iint_D xy^2 dA$을 반복적분으로 표현하여 구해보자. ([그림 12.22](b) 참고)

- 먼저 y축을 따라 $y = x^2$에서 $y = \sqrt[3]{x} = x^{1/3}$까지 적분을 한 후에
- x축을 따라 $x = 0$에서 $x = 1$까지 적분을 한다.

영역 D 위의 이중적분을 반복적분으로 표현하면 다음과 같다.

$$\iint_D xy^2 dA = \int_0^1 \int_{x^2}^{\sqrt[3]{x}} xy^2 dydx$$

반복적분의 내부적분 $\int_{x^2}^{\sqrt[3]{x}} xy^2 dx$을 구하면 다음과 같다.

$$\int_{x^2}^{\sqrt[3]{x}} xy^2 dy = \left[\frac{1}{3}xy^3\right]_{x^2}^{\sqrt[3]{x}} = \frac{1}{3}x(x - x^6) = \frac{1}{3}(x^2 - x^7)$$

따라서 반복적분은 다음과 같다.

$$\int_0^1 \int_{x^2}^{\sqrt[3]{x}} xy^2 dydx = \int_0^1 \frac{1}{3}(x^2 - x^7) dx = \left[\frac{1}{9}y^3 - \frac{1}{24}y^8\right]_0^1 = \frac{5}{72}$$

그러므로 이중적분 $\iint_D xy^2 dA = \int_0^1 \int_{x^2}^{\sqrt[3]{x}} xy^2 dydx = \frac{5}{72}$.

①과 ②를 보면 단순영역 D는 반복적분의 순서와 관계없이 같은 이중적분의 값 $\frac{5}{72}$를 갖는다. 즉,

$$\iint_D xy^2 dA = \int_0^1 \int_{y^3}^{\sqrt{y}} xy^2 dxdy = \int_0^1 \int_{x^2}^{\sqrt[3]{x}} xy^2 dydx = \frac{5}{72}.$$ ■

◐ 반복적분의 순서 바꾸기

이중적분을 반복적분으로 표현할 경우 반복적분의 순서를 결정하는 기준은

- 적분영역 D가 수직적 단순영역 또는 수평적 단순영역에 따라 결정된다.
- 적분영역 D가 단순영역이면 반복적분의 순서에 상관없이 같은 값을 갖는다.
- 적분영역 D가 단순영역이면 적분함수의 형태에 따라 결정된다.

다음 [Fubini's Theorem]의 반복적분을 다시 한 번 강조한다.

$$\int_a^b \int_{g_1(x)}^{g_2(x)} f(x, y)\, dydx = \iint_D f(x, y)\, dA = \int_c^d \int_{h_1(y)}^{h_2(y)} f(x, y)\, dxdy$$

단순영역 D에서 정의된 이변수함수 f의 반복적분이 주어진 경우 주어진 반복적분의 적분 순서로는 적분을 구하기 힘들 수 있다. 이런 경우 적분 순서를 바꾸어서 반복적분을 표현하고 적분을 하면 이변수함수 f의 이중적분이 가능할 수 있다.

주어진 반복적분의 적분 순서를 바꾼 반복적분으로 변환하여 표현해야 하는 경우 중요한 단계는 주어진 반복적분의 형태에서 적분영역 D를 그리는 단계이다.
예를 들어서 다음과 같이 주어진 반복적분을 영역 D에서의 이중적분으로 표현하기 위한 영역 D를 구해보자.

$$\int_c^d \left[\int_{h_1(y)}^{h_2(y)} f(x, y)\, dx\right] dy = \iint_D f(x, y)\, dA$$

반복적분의 내부적분 $\int_{h_1(y)}^{h_2(y)} f(x, y)\, dx$는 x에 대한 정적분이므로 적분구간은 x의 범위이고 다음과 같다.

$$x = h_1(y) \text{에서 } x = h_2(y)$$

반복적분의 외부적분은 $\int_c^d [\,\square\,] dy$은 y에 대한 정적분이므로 적분구간은 y의 범위이고 다음과 같다.

$$y = c \text{에서 } y = d$$

이와 같이 구한 4개의 식에서 다음과 같이 영역 D를 그린다. ([그림 12.23] 참고)
- 먼저 함수 $x = h_1(y)$와 $x = h_2(y)$의 그래프를 그리고
- 다음 함수 $y = c$에서 $y = d$의 그래프를 그린다.

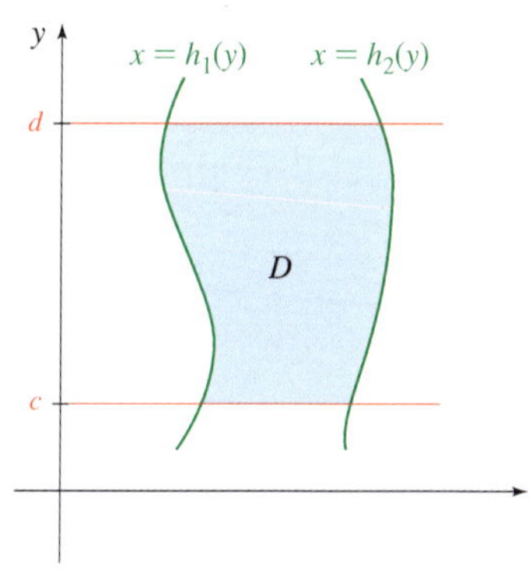

[그림 12.23]

그러므로 다음과 같이 영역 D 위의 이중적분을 반복적분으로 변환하고 반복적분을 영역 D 위의 이중적분으로 변환하는 과정은 중요한 부분이다.
이중적분과 반복적분 사이의 변환에서 반드시 거쳐야 하는 과정은 이중적분과 반복적분의 표현에서 적분영역 D를 그리는 것이다.

영역 D 위의 이중적분 $\iint_D f(x, y)dA$	⟺	영역 D를 그린다.	⟺	영역 D 위의 반복적분 $\int_a^b \int_{g_1(x)}^{g_2(x)} f(x, y)dy\, dx$ 또는 $\int_c^d \int_{h_1(x)}^{h_2(x)} f(x, y)dy\, dx$

다음은 주어진 반복적분의 순서를 바꾸어서 새로운 반복적분으로 표현하는 과정이다.

적분영역 D가 단순영역이라고 하자. 주어진 반복적분의 적분 순서를 따른 적분은 적분함수 $f(x,y)$의 부정적분을 구할 수 없는 경우 반복적분의 적분 순서를 바꾸어서 새로운 반복적분으로 표현하면 적분이 가능할 수 있다. 이때, 적분영역 D가 수평적 단순영역이고 수직적 단순영역이어야 함을 주의하자.

반복적분의 적분 순서를 바꾸는 과정에서도 주어진 반복적분으로 적분영역 D을 구하는 것은 가장 중요한 과정이다.

[반복적분의 순서를 바꾸는 방법]

① 주어진 반복적분에서 적분영역 D를 구하고 이중적분으로 표현한다.

② 영역 D 위의 이중적분을 보고 적분 순서를 바꾼 반복적분으로 표현한다.

[예제 12.11] 적분 $\int_0^1 \int_{2x}^2 e^{y^2}\,dy\,dx$을 구하여라. [연습문제 20~23]

[풀이] 반복적분 $\int_0^1 \int_{2x}^2 e^{y^2}dydx$의 내부적분 $\int_{2x}^2 e^{y^2}dy$에서 적분함수 e^{y^2}은 y의 함수이고 부정적분을 구하는 것은 불가능하다. 그러므로 주어진 반복적분과 같이 y축을 따라 먼저 적분을 하는 반복적분으로 구하는 것은 불가능하다. 적분의 순서를 바꾸어서 반복적분을 표현해 보자.

우선 다음과 같이 반복적분을 이중적분으로 표현하기 위해 적분영역 D를 구해보자.

$$\iint_D e^{y^2}dA = \int_0^2 \left[\int_{2x}^2 e^{y^2}dy \right] dx$$

- 내부적분으로 y축을 따라 적분하는 구간은 $y = 2x$에서 $y = 2$이고
- 외부적분으로 x축을 따라 적분하는 구간은 $x = 0$에서 $x = 1$이다.

이렇게 주어진 4개의 식으로 영역 D를 그려보면 [그림 12.24]와 같다.

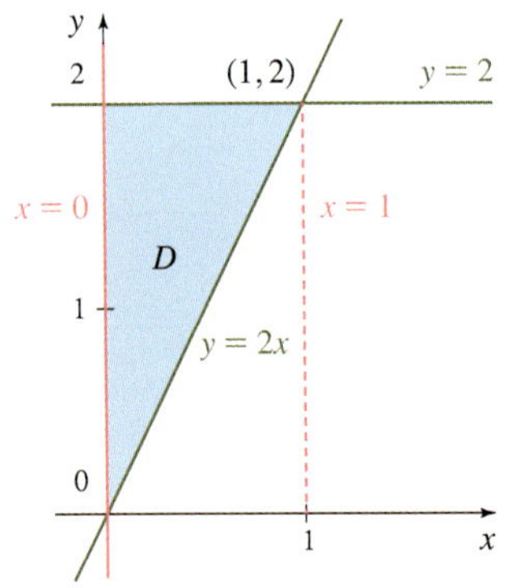

- y축 구간: $y = 2x$에서 $y = 2$
- x축 구간: $x = 0$에서 $x = 1$

[그림 12.24]

[그림 12.24]에서 보면 영역 D는 단순영역이므로 수평적 단순영역으로 보고 이중적분 $\iint_D e^{y^2}dA$을 x축을 따른 적분을 먼저 하는 반복적분으로 변환해 보자.

[그림 12.25]를 보면서 영역 D 위의 이중적분을 x축을 따라 먼저 적분하고 y축을 따라 적분하는 반복적분을 다음과 같이 표현한다.

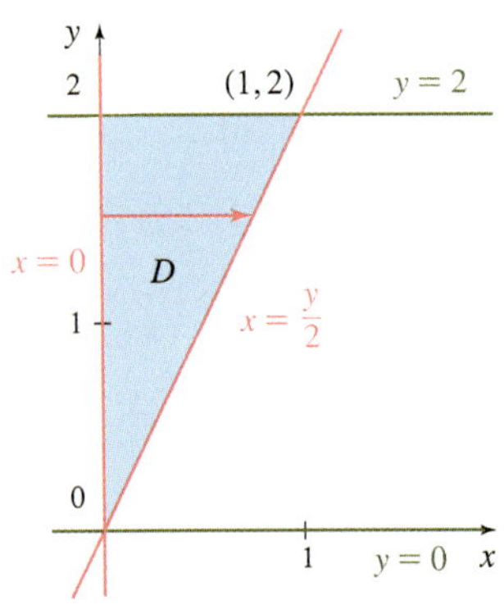

[그림 12.25]

- x축을 따라 $x = 0$에서 $x = \dfrac{y}{2}$까지 적분한다.
- y축을 따라 $y = 0$에서 $y = 2$까지 적분한다.

$$\iint_D e^{y^2}dA = \int_0^2 \left[\int_0^{\frac{x}{2}} e^{y^2}dx \right] dy$$

반복적분의 내부적분 $\int_0^{\frac{y}{2}} e^{y^2} dx = \left[xe^{y^2}\right]_0^{\frac{y}{2}} = \frac{y}{2}e^{y^2}$이므로 반복적분을 구하면

$$\int_0^2 \left[\int_0^{\frac{x}{2}} e^{y^2} dx\right] dy = \int_0^2 \frac{y}{2} e^{y^2} dy \qquad \left(\frac{1}{4}e^{y^2}\right)' = \frac{1}{2}ye^{y^2}$$
$$= \frac{1}{4}\left[e^{y^2}\right]_0^2 = \frac{1}{4}(e^4 - 1).$$

그러므로 $\int_0^2 \int_{2x}^2 e^{y^2} dy\, dx = \int_0^2 \int_0^{\frac{x}{2}} e^{y^2} dx\, dy = \frac{1}{4}(e^4 - 1).$ ■

12.3.3 입체의 부피를 이중적분으로 구하기

공간에서 주어진 입체 E를 보고 이중적분으로 표현하여 입체의 부피를 구해보자. 공간의 입체 E가 xy-평면에 놓인 영역 D와 영역 D 위의 이변수함수 $f(x, y)$의 그래프 사이에 놓인 영역인 경우 입체 E의 부피를 이중적분 $\iint_D f(x, y)dA$로 구한다. 이때, $f(x, y) \geq 0$이다. 그러므로 주어진 입체 E에서 xy-평면에 놓인 영역 D와 영역 D 위의 이변수함수 $f(x, y)$의 그래프 사이의 영역이라고 보아야 한다. 즉, 입체 E를 보고 다음 2가지를 찾아야 한다.

- xy-평면에 놓인 **영역** D와
- 영역 D에서 정의된 **이변수함수** $f(x, y)$

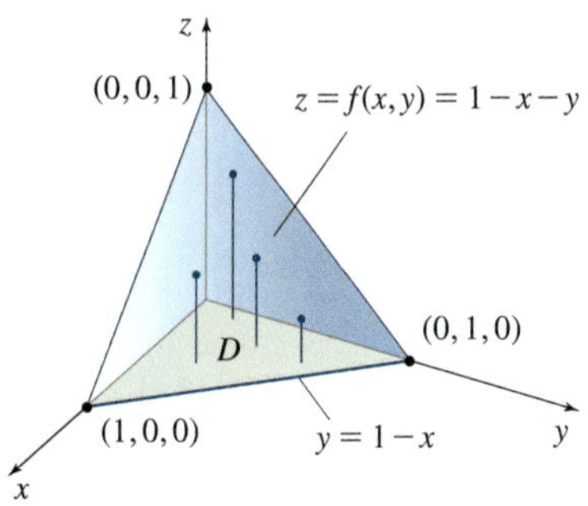

[그림 12.26](a)

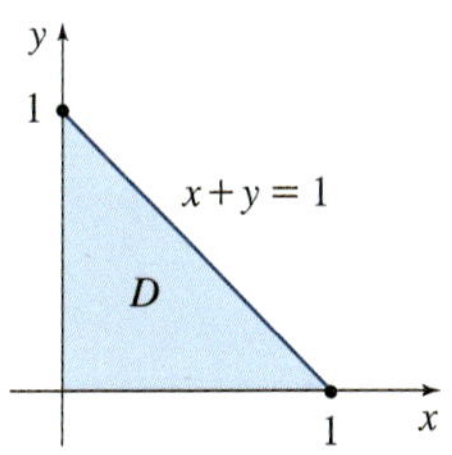

[그림 12.26](b)

[예제 12.12] E는 $x + y + z = 1$, $x = 0$, $y = 0$과 $z = 0$으로 둘러싸인 사면체 E의 부피를 이중적분을 이용하여 구하여라. [연습문제 24~25]

[풀이] 주어진 사면체를 그리면 [그림 12.26](a)와 같다. 사면체 E는

- xy-평면인 $z = 0$ 위에 놓인 삼각형의 내부 D와
- 삼각형의 내부 D에서 정의된 함수 $z = f(x, y) = 1 - x - y$의 그래프

사이에 놓인 입체이다. 이때 삼각형 D는 $x + y = 1$과 $x = 0$, $y = 0$으로 둘러싸인 삼각형이다. ([그림 12.26](b) 참고)

그러므로 삼각형의 내부 D에서 함수 $f(x, y) = 1 - x - y \geq 0$이므로 사면체 E의 부피 V는 다음과 같다.

$$V = \iint_D (1 - x - y)dA$$

삼각형의 내부 D를 수평적 단순영역으로 보고 이중적분을 x축을 따라 먼저 적분하고 y축을 따라 다음과 같이 적분하는 반복적분으로 표현한다.

- x축을 따라 $x = 0$에서 $x = 1 - y$까지 적분한다.
- y축을 따라 $y = 0$에서 $y = 1$까지 적분한다.

영역 D에서 이중적분을 반복적분으로 표현하면 다음과 같다.

$$\iint_D (1-x-y)\,dA = \int_0^1 \int_0^{1-y} (1-x-y)\,dx\,dy$$

반복적분 $\int_0^1 \int_0^{1-y} (1-x-y)\,dx\,dy$의 내부적분 $\int_0^{1-y} (1-x-y)\,dx$을 구하면

$$\int_0^{1-y} (1-x-y)\,dx = \left[x - \frac{x^2}{2} - xy\right]_0^{1-y} = (1-y) - \frac{1}{2}(1-y)^2 - y(1-y)$$
$$= \frac{1}{2}(1-y)^2.$$

그러므로 $\int_0^1 \int_0^{1-y} (1-x-y)\,dx\,dy = \int_0^1 \frac{1}{2}(1-y)^2\,dy$

$$= \frac{1}{2}\int_0^1 (1-2y+y^2)\,dy = \frac{1}{2}\left[y - y^2 + \frac{y^3}{3}\right]_0^1$$
$$= \frac{1}{6}.$$

사면체 E의 부피는 $\frac{1}{6}$이다. ■

[예제 12.13] 원기둥 $x^2+y^2=9$와 두 평면 $y+z=9$, $z=0$으로 둘러싸인 입체의 부피를 구하여라. [연습문제 26~27]

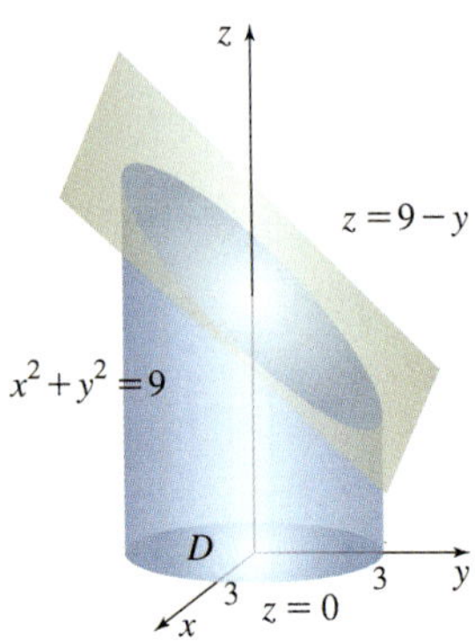

[그림 12.27](a)

[풀이] 원기둥 $x^2+y^2=9$와 두 평면 $y+z=9$, $z=0$으로 둘러싸인 입체 E를 그림으로 그리면 [그림 12.27](a)이다. 입체 E는

- xy-평면인 원의 내부 D와
- 원의 내부 D에서 정의된 이변수함수 $z=f(x,y)=9-y$의 그래프

사이에 놓인 입체이다. 이때 원의 내부 D는 $x^2+y^2 \le 9$이다. ([그림 12.27](b) 참고) 영역 D에서 $f(x,y)>0$이므로 입체 E의 부피는 다음과 같은 이중적분으로 나타낸다.

$$\iint_D f(x,y)\,dA = \iint_D (9-y)\,dA$$

원의 내부 D를 수직적 단순영역으로 보고 이중적분을 y축을 따라 먼저 적분하고 x축을 따라 다음과 같이 적분하는 반복적분으로 표현한다. ([그림 12.27](b) 참고)

- y축을 따라 $y=-\sqrt{9-x^2}$에서 $y=\sqrt{9-x^2}$까지 적분한다.
- x축을 따라 $x=-3$에서 $x=3$까지 적분한다.

영역 D에서 이중적분을 반복적분으로 표현하면 다음과 같다.

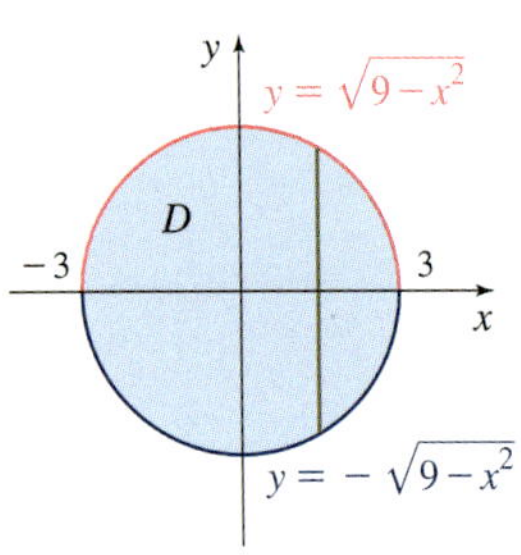

[그림 12.27](b)

$$\iint_D (9-y)\,dA = \int_{-3}^{3} \int_{-\sqrt{9-x^2}}^{\sqrt{9-x^2}} (9-y)\,dy\,dx$$

반복적분 $\int_{-3}^{3} \int_{-\sqrt{9-x^2}}^{\sqrt{9-x^2}} (9-y)\,dy\,dx$의 내부적분 $\int_{-\sqrt{9-x^2}}^{\sqrt{9-x^2}} (9-y)\,dy$을 구하면

$$\int_{-\sqrt{9-x^2}}^{\sqrt{9-x^2}}(9-y)\,dy = \left[9y-\frac{y^2}{2}\right]_{-\sqrt{9-x^2}}^{\sqrt{9-x^2}} = 18\sqrt{9-x^2}\,.$$

그러므로

$$\int_{-3}^{3}\int_{-\sqrt{9-x^2}}^{\sqrt{9-x^2}}(9-y)\,dy\,dx = \int_{-3}^{3}18\sqrt{9-x^2}\,dx$$

$$= 162\int_{-\frac{\pi}{2}}^{\frac{\pi}{2}}\cos^2 t\,dt \qquad \begin{aligned} &x = 3\sin t\ \left(-\frac{\pi}{2}\le t\le\frac{\pi}{2}\right)\\ &dx = 3\cos t\\ &\sqrt{9-x^2} = 3\sqrt{1-\sin^2 t} = 3\cos t\end{aligned}$$

$$= 81\int_{-\frac{\pi}{2}}^{\frac{\pi}{2}}(1+\cos 2t)\,dt = 81\pi.$$

그러므로 입체의 부피는 81π이다. ■

12.3.4 영역을 분할하여 반복적분 표현

이변수함수 f의 정의역 D가 수직적 단순영역도 아니고 수평적 단순영역도 아닌 경우 영역 D를 유한개의 영역으로 분할하면 분할된 영역은 수직적 단순영역이거나 수평적 단순영역인 경우가 많이 있다. [그림 12.28](a)에서 보이는 영역 D는 3개의 수직적 단순영역 D_1, D_2, D_3으로 분할할 수 있다. [그림 12.28](b)에서 보이는 집합 D는 4개의 수직적 단순영역 D_1, D_2, D_3, D_4로 분할할 수 있다. [그림 12.28](c)에서 보이는 집합 D는 2개의 수평적 단순영역 D_1, D_2로 분할할 수 있다.

[주의] 이 분할에서 중요한 점은 각 분할된 영역들은 경계에서만 겹친다는 것이다.

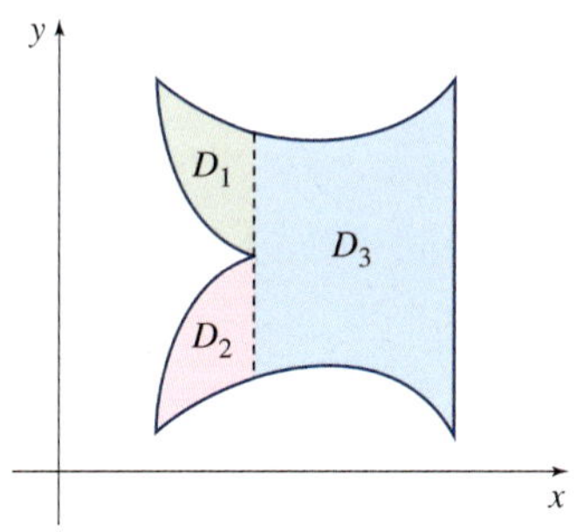

[그림 12.28](a)

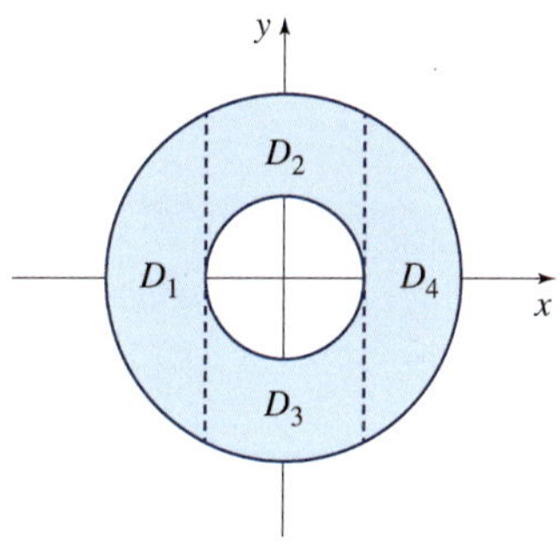

[그림 12.28](b)

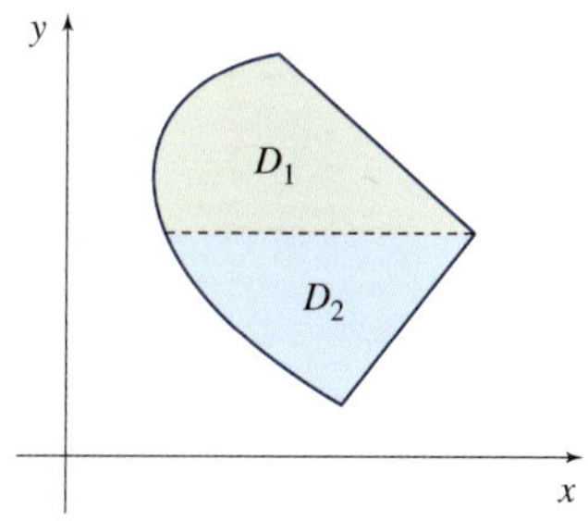

[그림 12.28](c)

[정리 12.7] 유계이고 닫힌 영역 D가 D_1과 D_2로 분할되고 경계에서만 겹치는 경우 영역 D에서 연속함수 f에 대하여 다음이 성립한다.

$$\iint_D f(x,y)\,dA = \iint_{D_1} f(x,y)\,dA + \iint_{D_2} f(x,y)\,dA$$

[예제 12.14] 영역 D가 포물선 $y=6x-x^2$과 직선 $y=4x-8$과 $y=0$으로 둘러싸인 영역일 때 이중적분 $\iint_D (2y+1)\,dA$을 구하여라. [연습문제 28~29]

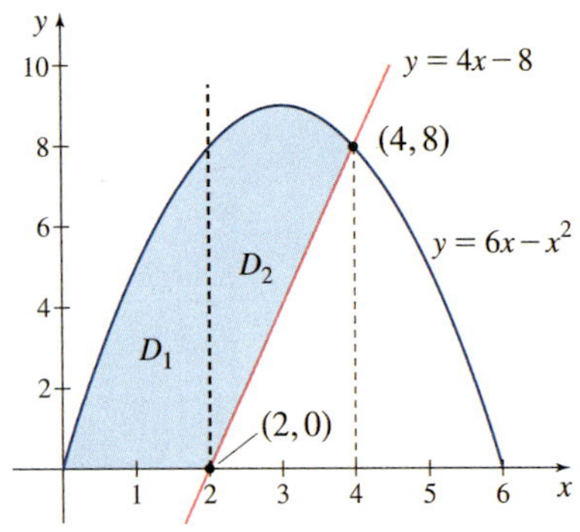

[그림 12.29]

[풀이] 주어진 영역 D를 그려보자.

우선 포물선 $y=6x-x^2$과 직선 $y=4x-8$이 만나는 점을 알아보자.

$$6x-x^2=4x-8$$
$$(x-4)(x+2)=0$$

이므로 $x=4$ 또는 $x=-2$에서 포물선 $y=6x-x^2$과 직선 $y=4x-8$는 만난다. 그러므로 포물선 $y=6x-x^2$과 직선 $y=4x-8$과 $y=0$으로 둘러싸인 영역 D를 그리면 [그림 12.29]이다.

영역 D는 수직적 단순집합도 아니고 수평적 단순영역도 아니다. [그림 12.29]에서 보면 직선 $x=2$에 의해서 영역 D는 수직적 단순집합 D_1과 수직적 단순집합 D_2로 분할되었고 경계인 $x=2$에서만 겹친다. 영역 D에서의 이중적분은 다음과 같이 2개의 이중적분으로 나누어서 표현한다.

$$\iint_D (2y+1)\,dA=\iint_{D_1}(2y+1)\,dA+\iint_{D_2}(2y+1)\,dA$$

영역 D_1은 수직적 단순영역이므로 이중적분을 y축을 따라 먼저 적분하고 x축을 따라 다음과 같이 적분하는 반복적분으로 표현한다.

- y축을 따라 $y=0$에서 $y=6x-x^2$까지 적분한다.
- x축을 따라 $x=0$에서 $x=2$까지 적분한다.

영역 D_1에서 이중적분을 반복적분으로 표현하면 다음과 같다.

$$\iint_{D_1}(2y+1)\,dA=\int_0^2\int_0^{6x-x^2}(2y+1)\,dy\,dx$$

반복적분 $\int_0^2\int_0^{6x-x^2}(2y+1)\,dy\,dx$의 내부적분 $\int_0^{6x-x^2}(2y+1)\,dy$을 구해보자.

$$\begin{aligned}\int_0^{6x-x^2}(2y+1)\,dy&=\left[y^2+y\right]_0^{6x-x^2}=(6x-x^2)^2+(6x-x^2)\\&=x^4-12x^3+35x^2+6x\end{aligned}$$

$$\begin{aligned}\text{반복적분 }\int_0^2\int_0^{6x-x^2}(2y+1)\,dy\,dx&=\int_0^2(x^4-12x^3+35x^2+6x)\,dx\\&=\left[\frac{x^5}{5}-3x^4+\frac{35}{3}x^3+3x^2\right]_0^2=\frac{956}{15}\end{aligned}$$

그러므로 $\iint_{D_1}(2y+1)\,dA=\frac{956}{15}$이다. (*)

영역 D_2는 수직적 단순영역이므로 이중적분을 x축을 따라 먼저 적분하고 y축을 따라 다음과 같이 적분하는 반복적분으로 표현한다.

- y축을 따라 $y=4x-8$에서 $y=6x-x^2$까지 적분한다.
- x축을 따라 $x=2$에서 $x=4$까지 적분한다.

영역 D_2에서 이중적분을 반복적분으로 표현하면 다음과 같다.

$$\iint_{D_2}(2y+1)\,dA=\int_2^4\int_{4x-8}^{6x-x^2}(2y+1)\,dy\,dx$$

반복적분 $\int_2^4\int_{4x-8}^{6x-x^2}(2y+1)\,dy\,dx$의 내부적분 $\int_{4x-8}^{6x-x^2}(2y+1)dy$을 구해보자.

$$\begin{aligned}\int_{4x-8}^{6x-x^2}(2y+1)\,dy&=\left[y^2+y\right]_{4x-8}^{6x-x^2}\\&=\left[(6x-x^2)^2-(4x-8)^2\right]+\left[(6x-x^2)-(4x-8)\right]\\&=x^4-12x^3+19x^2+66x-56\end{aligned}$$

반복적분 $\int_2^4\int_{4x-8}^{6x-x^2}(2y+1)\,dy\,dx=\int_2^4(x^4-12x^3+19x^2+66x-56)dx$

$$=\left[\frac{x^5}{5}-3x^4+\frac{19}{3}x^3+33x^2-56x\right]_2^4=\frac{1756}{15}$$

그러므로 $\iint_{D_2}(2y+1)\,dA=\frac{1756}{15}$. (∗∗)

(∗)와 (∗∗)에 의해서

$$\begin{aligned}\iint_D(2y+1)\,dA&=\iint_{D_1}(2y+1)\,dA+\iint_{D_2}(2y+1)\,dA\\&=\frac{956}{15}+\frac{1756}{15}=\frac{2712}{15}=\frac{904}{5}.\end{aligned}$$ ■

[예제 12.15] 영역 D가 곡선 $y=x^3$과 직선 $y=x$으로 둘러싸인 영역 D일 때 이중적분 $\iint_D(2x-1)\,dA$을 구하여라. [연습문제 30~31]

[풀이] 주어진 영역 D를 그려보자.

먼저 곡선 $y=x^3$과 직선 $y=x$이 만나는 점을 알아보면

$$x^3=x$$
$$x(x+1)(x-1)=0$$

이므로 $x=-1,0,1$에서 $y=x^3$과 $y=x$는 만난다. 두 곡선 $y=x^3$과 $y=x$으로 둘러싸인 영역 D를 그리면 [그림 12.30]이다.

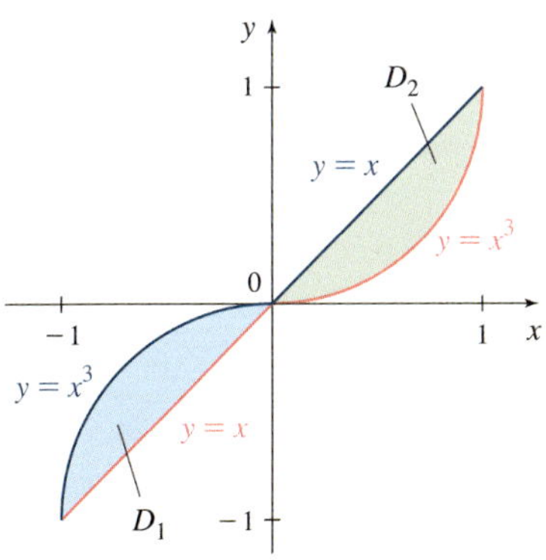

[그림 12.30]

영역 D는 두 개의 수직적 단순영역 D_1과 D_2로 분할되고 두 영역은 점 $(0,0)$에서만 겹친다. [정리 12.7]에 의해서 영역 D 위의 이중적분은 다음과 같이 두 개의 이중적분으로 나누어서 표현한다.

$$\iint_D (2x-1)\,dA = \iint_{D_1} (2x-1)\,dA + \iint_{D_2} (2x-1)\,dA$$

두 영역 D_1과 D_2는 수직적 단순영역이므로 반복적분으로 표현하여 계산하면 다음과 같다.

$$\begin{aligned}
\iint_D (2x-1)\,dA &= \iint_{D_1} (2x-1)\,dA + \iint_{D_2} (2x-1)\,dA \\
&= \int_{-1}^{0}\int_{x}^{x^3} (x-1)\,dy\,dx + \int_{0}^{1}\int_{x^3}^{x} (x-1)\,dy\,dx \\
&= \int_{-1}^{0} [(x-1)y]\Big|_{x}^{x^3} dx + \int_{0}^{1} [(x-1)y]\Big|_{x^3}^{x} dx \\
&= \int_{-1}^{0} (x-1)(x^3-x)\,dx + \int_{0}^{1} (x-1)(x-x^3)\,dx \\
&= \int_{-1}^{0} (x^4-x^3-x^2+x)\,dx + \int_{0}^{1} (-x^4+x^3+x^2-x)\,dx \\
&= \left(\frac{x^5}{5}-\frac{x^4}{4}-\frac{x^3}{3}+\frac{x^2}{2}\right)\Big|_{-1}^{0} - \left(\frac{x^5}{5}-\frac{x^4}{4}-\frac{x^3}{3}+\frac{x^2}{2}\right)\Big|_{0}^{1} = -\frac{1}{2}
\end{aligned}$$

그러므로 이중적분 $\iint_D (2x-1)\,dA = -\frac{1}{2}$이다. ■

연습문제

• Part 1

[1-6] 다음 이변수함수에 대한 적분을 구하여라. [예제 12.3], [예제 12.5]

1. $\int_1^2 12xy^2\,dx$
2. $\int_1^2 12xy^2\,dy$
3. $\int_0^{\frac{\pi}{2}} \sin 2x \cos y\,dx$
4. $\int_0^{\frac{\pi}{2}} \sin 2x \cos y\,dy$
5. $\int_0^1 e^{x+3y}\,dx$
6. $\int_0^1 e^{x+3y}\,dy$

[7-12] 다음 반복적분을 구하여라. [예제 12.4], [예제 12.6~12.7]

7. $\int_0^1\int_0^2 (3x^2+2y)\,dy\,dx$
8. $\int_0^2\int_0^1 (3x^2+2y)\,dx\,dy$
9. $\int_0^{\pi}\int_0^{\frac{\pi}{2}} \sin(x+y)\,dy\,dx$
10. $\int_0^{\frac{\pi}{2}}\int_0^{\pi} \sin(x+y)\,dx\,dy$
11. $\int_0^1\int_0^2 e^{x+y}\,dy\,dx$
12. $\int_0^2\int_0^1 e^{x+y}\,dx\,dy$

[13-17] 주어진 영역 D 위의 이중적분을 구하여라. [예제 12.8~12.9]

13. 영역 D가 직선 $y=2x$와 x축 그리고 $x=2$로 둘러싸인 영역일 때 $\iint_D (3x^2+6y)\,dA$를 구하여라.

14. 영역 D가 직선 $y=x$와 곡선 $y=x^2$으로 둘러싸인 영역일 때 $\iint_D 2xy\,dA$를 구하여라.

15. 영역 D가 두 곡선 $y=\sqrt{x}$와 $y=x^2$으로 둘러싸인 영역일 때 $\iint_D (2x+2y)\,dA$를 구하여라.

16. 영역 D가 $y=x^2$과 $y=x+6$으로 둘러싸인 영역일 때 $\iint_D 12x\,dA$를 구하여라.

17. 영역 D가 세 직선 $y=x$, $x=1$ 및 $y=e$로 둘러싸인 영역일 때 $\iint_D \frac{x}{y}\,dA$를 구하여라.

18. 영역 D가 $x=y^2$과 $y=x^2$으로 둘러싸인 영역일 때 다음을 구하여라. [예제 12.10]
    (1) 영역 D를 수평적 단순영역으로 보고 이중적분 $\iint_D f(x,y)\,dA$를 반복적분으로 표현하여라.
    (2) 영역 D를 수직적 단순영역으로 보고 이중적분 $\iint_D f(x,y)\,dA$를 반복적분으로 표현하여라.
    (3) $\iint_D (2x-y)\,dA$를 구하여라.

19. 영역 D가 원 $x^2+y^2\le 16$과 $x\ge 0$, $y\ge 0$의 공통영역일 때 다음을 구하여라. [예제 12.10]
    (1) 영역 D를 수평적 단순영역으로 보고 이중적분 $\iint_D f(x,y)\,dA$를 반복적분으로 표현하여라.
    (2) 영역 D를 수직적 단순영역으로 보고 이중적분 $\iint_D f(x,y)\,dA$를 반복적분으로 표현하여라.
    (3) $\iint_D x\,dA$를 구하여라.

[20-23] 다음 반복적분에서 적분순서를 바꾸어서 적분을 구하여라. [예제 12.11]

20. $\int_0^1\int_y^1 2e^{x^2}\,dx\,dy$

21. $\int_0^{\pi}\int_y^{\pi} \frac{\sin x}{x}\,dx\,dy$

22. $\int_0^2\int_{1+y^2}^5 4ye^{(x-1)^2}\,dx\,dy$

23. $\int_0^9\int_{\sqrt{y}}^3 \pi\sin(\pi x^3)\,dx\,dy$

[24-25] 다음 입체의 부피를 이중적분으로 구하여라. [예제 12.12]

24. $z=4-2x-y$, $x=0$, $y=0$, $z=0$으로 둘러싸인 입체의 부피를 구하여라.

25. 다섯 개의 평면 $x=0$, $x=1$, $y=0$, $y=1$, $z=0$과 곡면 $z=4-x^2-y^2$으로 둘러싸인 입체의 부피를 구하여라.

[26-27] 다음에 답하여라. [예제 12.13]

26. 원기둥 $x^2+y^2=1$과 두 평면 $z=0$, $z=2$로 둘러싸인 입체의 부피를 이중적분을 이용하여 구하여라.

27. 원기둥 $x^2+y^2=4$와 두 평면 $z=0$, $z=4-y$으로 둘러싸인 입체의 부피를 구하여라.

[28-29] 다음에 답하여라. [예제 12.14]

28. 영역 D가 포물선 $y=-x(x-4)$와 직선 $y=x-1$과 $y=0$으로 둘러싸인 부분일 때 이중적분 $\iint_D (2x+y)\,dA$를 구하여라.

29. 영역 D가 세 직선 $y=x$, $y=-x+1$ 그리고 $y=0$으로 둘러싸인 부분일 때 이중적분 $\iint_D (3x^2+3y^2)\,dA$를 구하여라.

[30-31] 다음에 답하여라. [예제 12.15]

30. 영역 D가 곡선 $y=x^3-3x^2$과 직선 $y=-2x$으로 둘러싸인 부분일 때 이중적분 $\iint_D (2x-y)\,dA$를 구하여라.

31. 영역 D가 곡선 $y=x^2-x$와 직선 $y=0$ 및 $x=2$으로 둘러싸인 두 부분일 때 이중적분 $\iint_D (3x^2-y)\,dA$를 구하여라.

• Part 2

[32-35] 다음 이변수함수의 반복적분을 구하여라.

32. $\int_0^1 \int_0^2 xye^x \, dx dy$

33. $\int_0^1 \int_0^1 6xy(3x^2y+2)^2 \, dx dy$

34. $\int_1^2 \int_0^{\frac{\pi}{2}} (\ln x \cdot \sin y) \, dy dx$

35. $\int_0^1 \int_0^{\frac{\pi}{2}} (x+y)\cos y \, dy dx$

36. 영역 D가 직선 $y=2x+1$와 x축 그리고 $x=1$로 둘러싸인 부분일 때 이중적분 $\iint_D xe^y \, dA$를 구하여라.

37. 영역 D가 직선 $y=|x|$와 $y=2$로 둘러싸인 부분일 때 이중적분 $\iint_D (x+y) \, dA$를 구하여라.

[38-39] 다음 반복적분에서 적분 순서를 바꾸어서 적분을 구하여라.

38. $\int_0^1 \int_{\arcsin y}^{\frac{\pi}{2}} f(x,y) \, dx dy$

39. $\int_1^e \int_{\frac{1}{e}}^{\frac{1}{y}} f(x,y) \, dx dy$

40. 영역 D가 $|x|+|y| \le 1$인 그림과 같은 부분일 때 이중적분 $\iint_D (12-3x-4y) \, dA$를 구하여라.

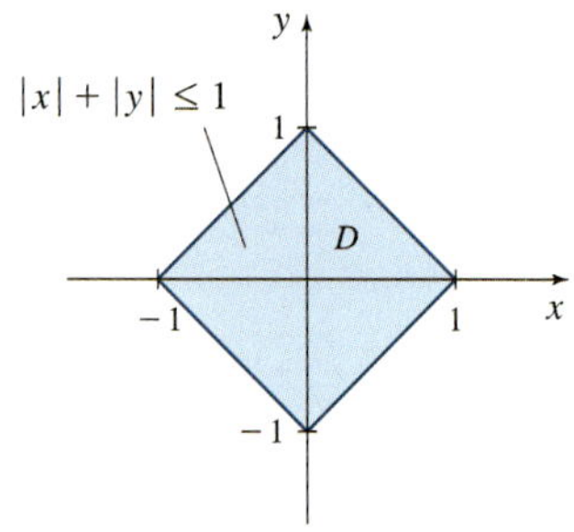

41. 영역 D가 그림과 같은 부분일 때 이중적분 $\iint_D x dA$를 구하여라.

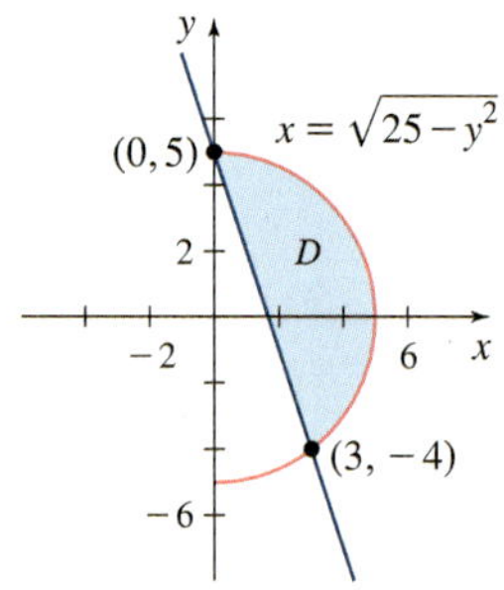

12.4 극좌표에서의 이중적분

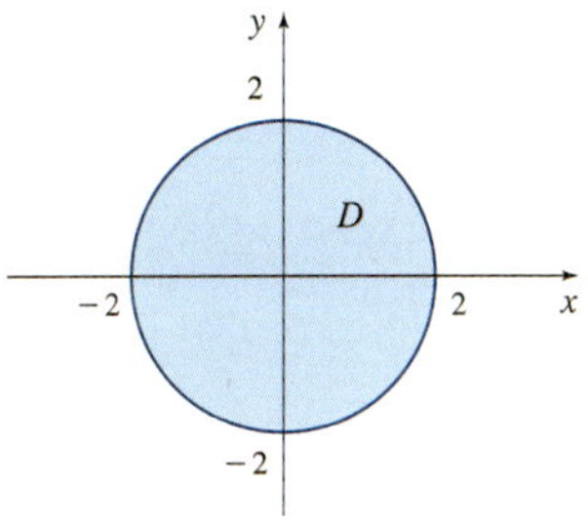

[그림 12.31]

[그림 12.31]의 영역 D는 중심이 점 $(0, 0)$이고 반지름이 1인 원과 원의 내부이다. 영역 D를 직교좌표계와 극좌표계의 식으로 표현해 보자.

- 영역 D의 직교좌표형 식의 표현: $x^2 + y^2 \le 1$
- 영역 D의 극좌표형 식의 표현: $0 \le r \le 1$

도형에 따라서 극좌표로 간단한 식으로 표현되는 경우가 있고 원점 $(0, 0)$이 중심인 원은 그 대표적인 도형이다. 일반적으로 극방정식 $r = f(\theta)$의 그래프가 극좌표로 표현하면 좋은 도형이다.

이번 절에서는 극방정식 $r = f(\theta)$의 그래프로 둘러싸인 영역 위의 이중적분에 대하여 알아보자.

12.4.1 극좌표형 직사각형 위의 이중적분

우선 직교좌표계의 좌표 (x, y)와 극좌표계의 좌표 (r, θ)의 관계를 복습해 보자. 직교좌표계의 원점 O를 극좌표계의 극점 O로 잡고 원점 O에서 시작하는 극축은 직교좌표계의 x축의 양의 방향으로 정한다. 직교좌표계의 좌표 (x, y)와 극좌표계의 좌표 (r, θ)의 관계는 [그림 12.32]와 같고 삼각함수의 정의에 의해 변환식도 볼 수 있다.

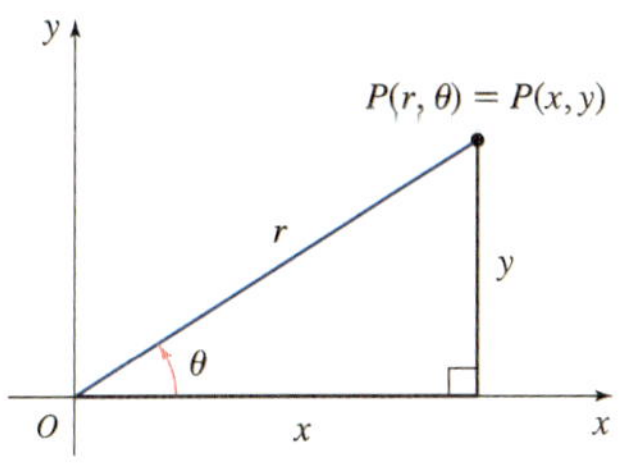

[그림 12.32]

$$x = r\cos\theta, \quad y = r\sin\theta \quad \Longleftrightarrow \quad x^2 + y^2 = r^2, \quad \tan\theta = \frac{y}{x}$$

◐ 극좌표형 직사각형 위의 이중적분

극좌표 (r, θ)로 표현된 영역 D 위의 이변수함수 f의 이중적분에 대해 알아보자. 직교좌표 (x, y)에서 기본도형은 [그림 12.33](a)의 직사각형 R이고 식으로는 $a \le x \le b$, $c \le y \le d$이다. 극좌표 (r, θ)에서 기본도형은 [그림 12.33](b)의 **극좌표형 직사각형*** R이고 식으로는 $a \le r \le b$, $\alpha \le \theta \le \beta$이다. 이때 $\beta - \alpha \le 2\pi$이다. 극좌표형 직사각형을 직교좌표계에 그리면 부채꼴의 일부로 그려진다.

* 이제부터 평면에서 기본도형인 직사각형을 다음과 같이 표현한다.
- 직교좌표형 직사각형
- 극좌표형 직사각형

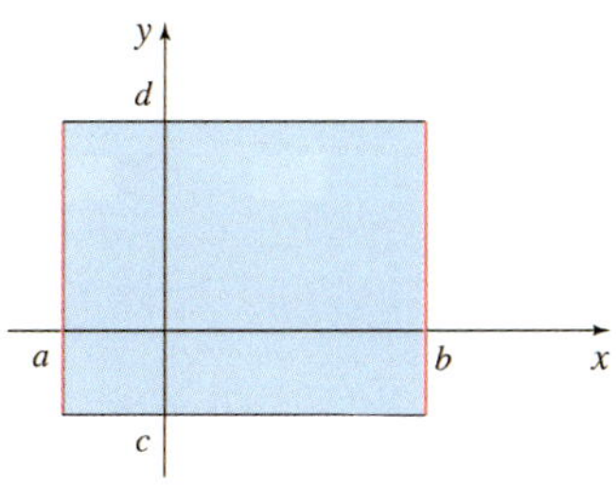

[그림 12.33](a) 직교좌표형 직사각형

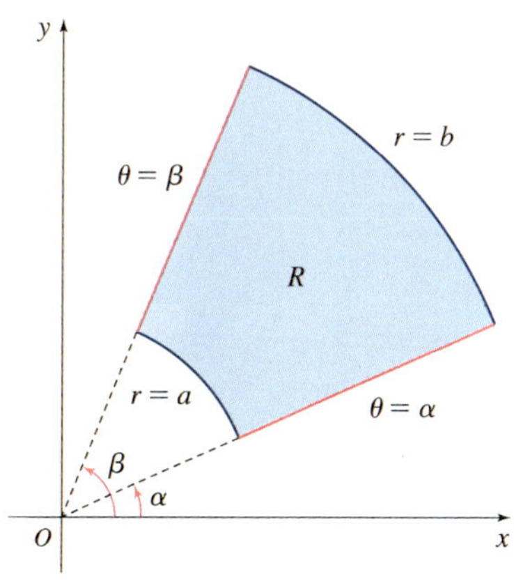

[그림 12.33](b) 극좌표형 직사각형

- 직교좌표형 직사각형 $[a,b]\times[c,d]$의 넓이 $=(b-a)\cdot(d-c)$.
- 극좌표형 직사각형 $[a,b]\times[\alpha,\beta]$의 넓이 $=\dfrac{1}{2}b^2(\beta-\alpha)-\dfrac{1}{2}a^2(\beta-\alpha)$

$$=\frac{1}{2}(b^2-a^2)(\beta-\alpha)$$

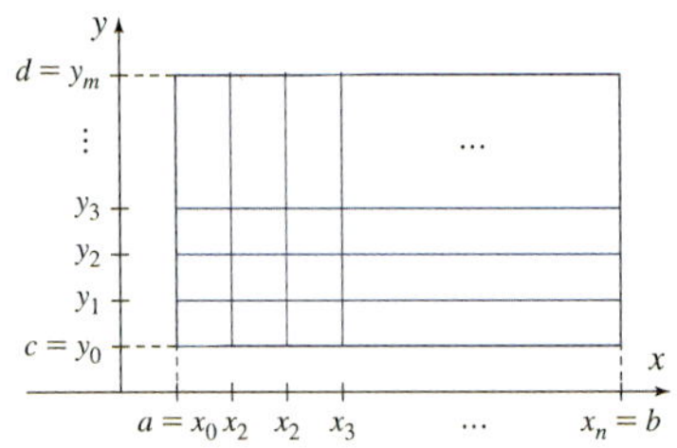

[그림 12.34](a)

직교좌표계에서 이중적분은 가장 먼저 정의역인 직교좌표형 직사각형을 [그림 12.34](a)에서와 같이 각 축을 분할하여 작은 직사각형으로 분할하고 각각의 작은 직교좌표형 직사각형 $[x_{i-1},x_i]\times[y_{j-1},y_j]$의 넓이 A_{ij}는 다음과 같고 **직교좌표에서의 면적소(area element)**라고 부른다.

$$\Delta A_{ij}=\Delta x_i\Delta y_j=\Delta y_j\Delta x_i$$

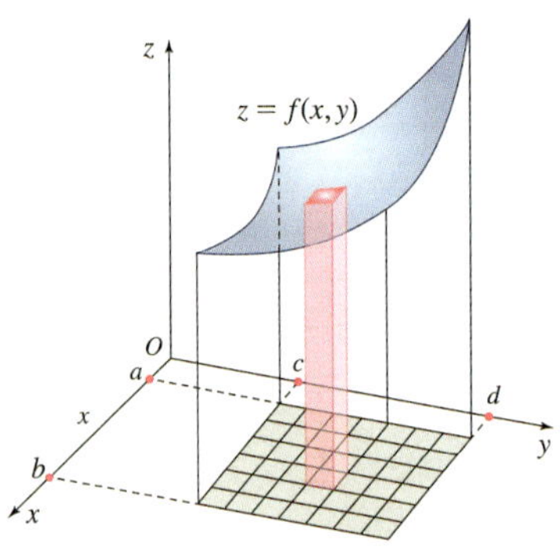

[그림 12.34](b)

작은 직사각형을 밑변으로 하고 높이는 작은 직사각형에서의 한 점 (s_{ij},t_{ij})에서의 함숫값 $f(s_{ij},t_{ij})$로 하는 작은 직육면체의 부피 $f(s_{ij},t_{ij})\Delta x_i\Delta y_j$를 구한다. ([그림 12.34](b) 참고) 그러므로 직교좌표계의 직사각형 R에서 이변수함수 $f(x,y)$의 이중적분은 다음과 같이 정의한다.

$$\underbrace{\lim_{\|P\|\to 0}\sum_{i,j}}_{\text{합의 극한}}\underbrace{f(s_{ij},t_{ij})}_{\text{높이}}\underbrace{\Delta x_i\Delta y_j}_{\text{밑면적}}=\underbrace{\iint_R}_{\text{합의 극한}}\underbrace{f(x,y)}_{\text{높이}}\underbrace{dA}_{\text{밑면적}}$$

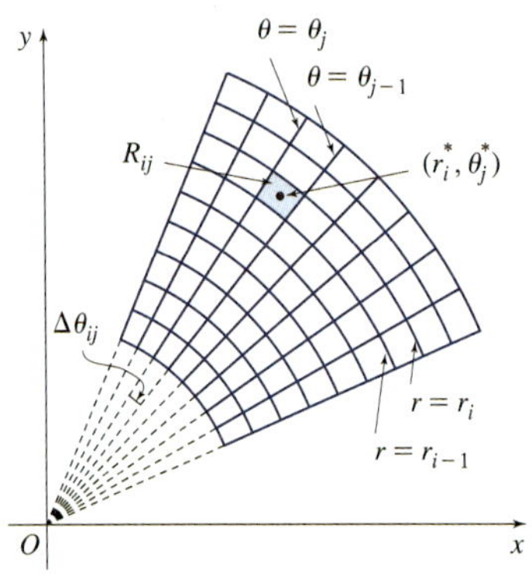

[그림 12.35](a)

극좌표형 직사각형 $R=[a,b]\times[\alpha,\beta]$의 r축과 θ축의 구간을 분할해 보자.

- r축의 구간 $[a,b]$의 분할 $\{a=r_0<r_1<r_2<\cdots<r_n=b\}$을 잡자.
- θ축의 구간 $[\alpha,\beta]$의 분할 $\{\alpha=\theta_0<\theta_1<\theta_2<\cdots<\theta_m=\beta\}$를 잡자.

[그림 12.35](a)에서 보면 직사각형 R의 분할 P에 의해 만들어진 작은 극좌표형 직사각형 R_{ij}는 $[r_{i-1},r_i]\times[\theta_{j-1},\theta_j]$이라고 하자. 그리고 $\Delta r_i=r_i-r_{i-1}$이고 $\Delta\theta_j=\theta_j-\theta_{j-1}$라고 놓자. [그림 12.35](b)를 보고 작은 극좌표형 직사각형 R_{ij}의 넓이 ΔA_{ij}를 구해보자.

$$\Delta A_{ij}=\frac{1}{2}r_i^2\Delta\theta_j-\frac{1}{2}r_{i-1}^2\Delta\theta_j=\frac{1}{2}\left(r_i^2-r_{i-1}^2\right)\Delta\theta_j$$

$$=\frac{1}{2}(r_i+r_{i-1})\,(r_i-r_{i-1})\,\Delta\theta_j$$

$$=\frac{1}{2}(r_i+r_{i-1})\,\Delta r_i\,\Delta\theta_j$$

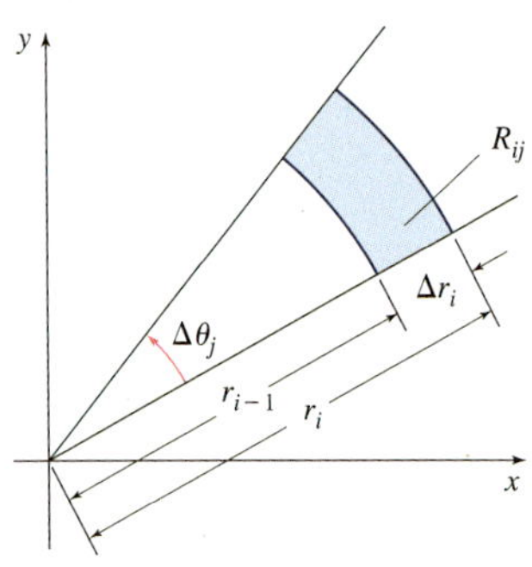

[그림 12.35](b)

이때, $\dfrac{1}{2}(r_i+r_{i-1})$은 작은 구간 $[r_{i-1},r_i]$의 내부에 있다. 분할을 무한개로 세밀하게 나누고 극한을 구하면 밑넓이 dA는 다음과 같이 쓸 수 있고 **극좌표에서의 면적소(area element)**라고 부른다.

$$dA = r\,dr\,d\theta \tag{12.9}$$

[참고] 면적소는 좌표계의 작은 직사각형의 넓이의 극한 형식으로 직교좌표와 극좌표의 면적소는 다음과 같다.

- 직교좌표의 면적소 $= dxdy = dydx$
- 극좌표의 면적소 $= rdrd\theta$

작은 극좌표형 직사각형 R_{ij}에서 중점 $(\overline{r_i}, \overline{\theta_j})$를 잡자. 즉, $\overline{r_i} = \frac{1}{2}(r_i + r_{i-1})$이고 $\overline{\theta_j} = \frac{1}{2}(\theta_j + \theta_{j-1})$이다.

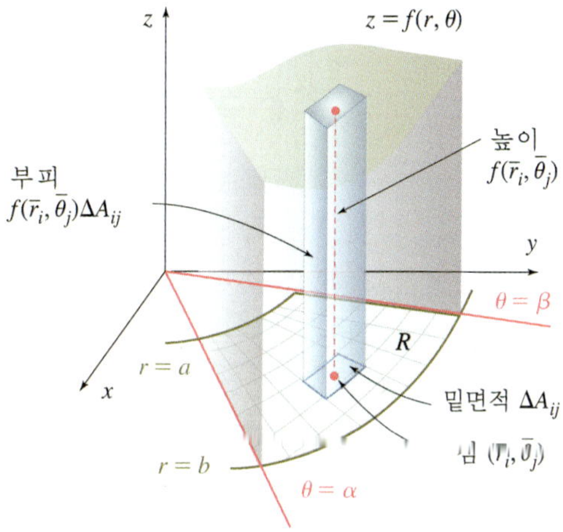

[그림 12.36]

[그림 12.36]에서 볼 수 있는 작은 극좌표형 입체는 밑면이 작은 극좌표형 직사각형 R_{ij}이고 높이를 R_{ij} 내의 중점 $(\overline{r_i}, \overline{\theta_j})$에서의 함숫값 $f(\overline{r_i}, \overline{\theta_j})$으로 하는 입체이다. 그러므로 작은 극좌표형 직사각형의 밑면적은 ΔA_{ij}이고 높이가 $f(\overline{r_i}, \overline{\theta_j})$이다. 즉, 작은 극좌표형 직사각형의 부피는 다음과 같다.

$$f(\overline{r_i}, \overline{\theta_j})\Delta A_{ij} = f(\overline{r_i}, \overline{\theta_j})\overline{r_i}\Delta r \Delta\theta$$

nm개의 작은 극좌표형 직사각형의 부피의 합인 **극좌표형 이중리만합**은 다음과 같다.

$$\sum_{j=1}^{m}\sum_{i=1}^{n} f(\overline{r_i}, \overline{\theta_j})\Delta A_{ij} = \sum_{j=1}^{m}\sum_{i=1}^{n} f(\overline{r}, \overline{\theta_i})\overline{r}\Delta r \Delta\theta \tag{*}$$

극좌표형 직사각형 R에서 연속인 이변수함수 $f(r, \theta)$에 대하여 분할 P를 무한으로 세밀하게 나누면 극좌표형 이중리만합 (*)의 극한이 존재하고 (*)의 극한이 영역 D에서의 f의 **극좌표형 이중적분**이다.

$$\iint_R f(r,\theta)\,r\,dr\,d\theta = \lim_{\|P\|\to 0}\sum_{j=1}^{m}\sum_{i=1}^{n} f(\overline{r_i}, \overline{\theta_j})\overline{r_i}\Delta r\Delta\theta \tag{12.10}$$

극좌표형 직사각형 R에서 연속인 이변수함수 $f(r,\theta)$는 적분가능하고 **극좌표형 이중적분**은 다음과 같다.

$$\iint_R f(r,\theta)\,dA = \iint_R f(r,\theta)\,r\,dr\,d\theta$$

[주의] 이중적분 $\iint_R f(r,\theta)\,dA = \iint_R f(r,\theta)\,r\,dr\,d\theta$에서

- $dA = r\,dr\,d\theta$
- 적분하는 함수는 $f(r,\theta)r$이다.

◐ 극좌표형 직사각형 위의 극좌표형 반복적분

극좌표형 이중적분을 실제로 구하는 방법인 **극좌표형 반복적분**은 다음과 같다.

* $\beta-\alpha \le 2\pi$는 극좌표형 영역이 평면에서 겹치는 부분이 없도록 한다는 것을 의미한다.

[정리 12.8: 극좌표형 직사각형 위의 극좌표형 반복적분]

극좌표형 직사각형 R이 $a \le r \le b$, $\alpha \le \theta \le \beta$이고 $\beta-\alpha \le 2\pi$*라고 하자. 영역 R에서 연속인 이변수함수 $f(r,\theta)$의 이중적분을 다음과 같이 **극좌표형 반복적분**으로 표현할 수 있다.

$$\iint_R f(r,\theta)\,dA = \iint_R f(r,\theta)\,r\,dr\,d\theta = \int_\alpha^\beta \int_a^b f(r,\theta)\,r\,dr\,d\theta$$

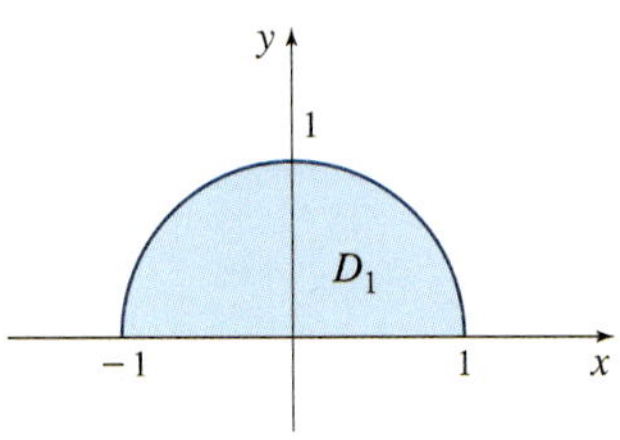

[그림 12.37]

[보기 12.1] [그림 12.37]에서의 영역 D는 중심이 원점 $(0,0)$이고 반지름이 1인 반원이다. 영역 D의 넓이 $\iint_D 1\,dA$를 다음과 같이 2가지 방법으로 각각 구하여라.

(1) 영역 D의 직교좌표 표현으로 $y=0$과 $y=\sqrt{1-x^2}$의 그래프로 둘러싸인 영역

(2) 영역 D의 극좌표 표현으로 $0 \le r \le 1$, $0 \le \theta \le \pi$인 영역

[풀이] (1) 직교좌표 표현으로 영역 D의 넓이 $\iint_D 1\,dA$를 구해보자.

D가 수직적 단순영역이므로 반복적분으로 구하면 다음과 같다.

$$\int_{-1}^{1}\int_0^{\sqrt{1-x^2}} 1\,dy\,dx = \int_{-1}^{1}\sqrt{1-x^2}\,dx$$
$$= \int_{-\frac{\pi}{2}}^{\frac{\pi}{2}} \cos^2 t\,dt$$
$$= \int_{-\frac{\pi}{2}}^{\frac{\pi}{2}} \frac{1+\cos 2t}{2}\,dt$$

$x=\sin t$, $\left(-\frac{\pi}{2} \le t \le \frac{\pi}{2}\right)$

$dx = \cos t\,dt$이고

$\sqrt{1-x^2} = \sqrt{1-\sin^2 t} = \cos t$

$$= \left[\frac{1}{2}t + \frac{1}{4}\sin 2t\right]_{-\frac{\pi}{2}}^{\frac{\pi}{2}} = \frac{\pi}{2}$$

그러므로 영역 D의 넓이 $\iint_D 1dA$는 $\frac{\pi}{2}$이다.

(2) 극좌표 표현으로 영역 D의 넓이 $\iint_D 1dA$를 구해보자.

영역 D는 극좌표형 직사각형인 $0 \le r \le 1,\ 0 \le \theta \le \pi$으로 극좌표형 반복적분으로 다음과 같이 구한다.

$$\iint_D 1\,dA = \int_0^{\pi}\int_0^1 r\,dr\,d\theta = \int_0^{\pi}\left[\frac{1}{2}r^2\right]_0^1 d\theta = \int_0^{\pi}\frac{1}{2}\,d\theta = \frac{1}{2}\pi$$

그러므로 영역 D의 넓이 $\iint_D 1dA$는 $\frac{\pi}{2}$이다. ■

[보기 12.1]에서 보면 원과 같이 극좌표 표현이 간단한 도형인 경우 극좌표형 이중적분으로 구하는 것이 간단하다. 그러므로 주어진 영역이나 적분하는 함수를 보고 적분하는 좌표계를 선택하는 것은 중요하다.

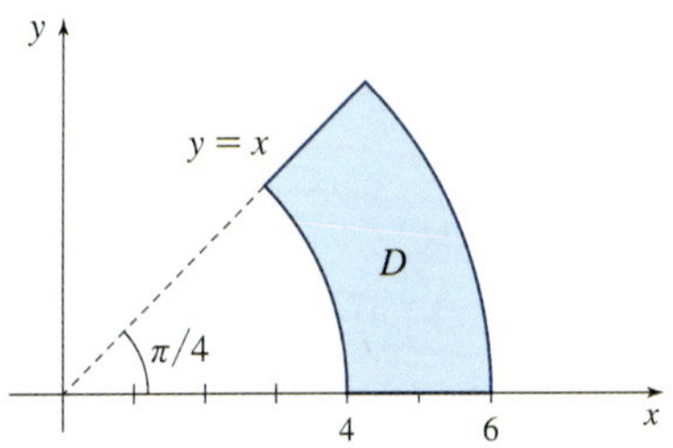

[그림 12.38]

[예제 12.16] 영역 D가 [그림 12.38]에서와 같이 $4 \le r \le 6$이고 $0 \le \theta \le \frac{\pi}{4}$인 극좌표형 직사각형일 때 이중적분 $\iint_D x\,dA$를 구하여라. [연습문제 1~3]

[풀이] 영역 D는 중심이 $(0,0)$인 2개의 동심원으로 둘러싸인 부분은 극좌표형 직사각형이므로 극좌표형 반복적분을 표현하는 것이 간단하다. 이때 적분함수 $f(x,y) = x$도 극좌표로 변환해야 한다. 이변수함수 f의 극좌표 표현은 $f(r\cos\theta, r\sin\theta) = r\cos\theta$이다. 영역 D는 r의 범위는 $4 \le r \le 6$이고 θ의 범위는 $0 \le \theta \le \frac{\pi}{4}$이므로 극좌표형 반복적분으로 표현하여 구해보자.

[주의] $dA = r\,dr\,d\theta$는 적분영역에서의 극좌표형 작은 직사각형의 면적을 의미하므로 $r \ge 0$이어야 한다. 그러므로 적분하는 $r = g(\theta) \ge 0$이도록 θ의 구간을 잘 정해야 한다.

$$\begin{aligned}\iint_D x\,dA = \iint_D (r\cos\theta)r\,dr\,d\theta &= \int_0^{\frac{\pi}{4}}\int_4^6 r^2\cos\theta\,dr\,d\theta \\ &= \int_0^{\frac{\pi}{4}}\left[\frac{1}{3}r^3\cos\theta\right]_4^6 d\theta \\ &= \int_0^{\frac{\pi}{4}}\frac{152}{3}\cos\theta\,d\theta \\ &= \left[\frac{152}{3}\sin\theta\right]_0^{\frac{\pi}{4}} = \frac{2\sqrt{38}}{3}\end{aligned}$$

그러므로 극좌표형 이중적분 $\iint_D x\,dA = \frac{2\sqrt{38}}{3}$이다. ■

12.4.2 극좌표형 일반영역 위의 극좌표형 반복적분

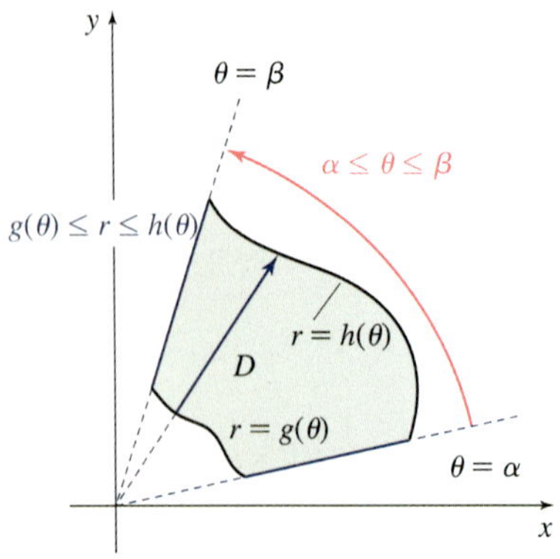

[그림 12.39]

극좌표형 직사각형 R에서의 이중적분을 [그림 12.39]에서의 극좌표형 일반영역에서의 이중적분으로 확장해 보자. [그림 12.39]의 극좌표형 영역 D는 θ축의 구간 $[\alpha, \beta]$에서 연속인 2개의 극방정식 $r = g(\theta)$와 $r = h(\theta)$의 그래프 그리고 2개의 반직선 $\theta = \alpha$와 $\theta = \beta$으로 둘러싸인 부분이라고 하자. 이때 $0 \le g(\theta) \le h(\theta)$이다.

이러한 극좌표형 일반영역 D에서의 이중적분을 극좌표형 반복적분으로 표현해 보자. 극좌표형의 영역의 경계를 표현하는 곡선의 표현은 극방정식 $r = f(\theta)$의 표현이 일반적이다. 그러므로 극좌표형 일반영역 D에서의 극좌표형 반복적분은 r축을 따른 적분을 먼저하고 θ축을 따른 적분을 하는 순서의 표현을 주로 사용한다. 즉, 극좌표의 2개 축인 r축과 θ축에 대하여

- r축을 따라 먼저 $r = g(\theta)$에서 $r = h(\theta)$까지 적분하고
- θ축을 따라 $\theta = \alpha$에서 $\theta = \beta$까지 적분한다.

두 번의 정적분을 연속적으로 하는 **극좌표형 반복적분**의 표현은 다음과 같다.

$$\iint_D f(r, \theta)\, dA = \int_\alpha^\beta \left[\int_{g(\theta)}^{h(\theta)} f(r, \theta) r\, dr \right] d\theta$$

극좌표형 이중적분의 일반 적분영역을 극방정식으로 표현하는 경우 $r = g(\theta)$ 형식의 표현을 일반적으로 사용하고 $\theta = k(r)$ 형식을 사용하지 않기 때문에 적분 순서를 바꾸는 일은 자주 발생하지 않는다.

[정리 12.9: 극좌표형 일반영역 위의 극좌표형 반복적분]

구간 $[\alpha, \beta]$에서 연속인 2개의 극방정식인 $r = g(\theta)$와 $r = h(\theta)$이 있어서 $g(\theta) \le h(\theta)$라고 하자. D는 $0 \le g(\theta) \le r \le h(\theta)$이고 $\alpha \le \theta \le \beta$인 영역이다. 이때 $\beta - \alpha \le 2\pi$이다. 영역 D에서 연속인 이변수함수 $f(r, \theta)$의 이중적분을 **극좌표형 반복적분**으로 표현하면 다음과 같다.

$$\iint_D f(r, \theta)\, dA = \int_\alpha^\beta \int_{g(\theta)}^{h(\theta)} f(r, \theta) r\, dr\, d\theta$$

* 평면에서의 이중적분에서

- 직교좌표에서의 반복적분을 **직교좌표형 반복적분**이라고 한다.
- 극좌표에서의 반복적분을 **극좌표형 반복적분**이라고 한다.

이중적분을 직교좌표형 반복적분*으로 변환할 때 주어진 적분영역을 그려보는 것이 중요한 단계다. 이와 비슷하게 극좌표에서도 극좌표형 반복적분으로 변환할 때 주어진 적분영역을 그리는 것은 매우 중요하다.

극방정식 $r = f(\theta)$의 그래프의 정확한 개형을 그리는 방법은 직교좌표 (x, y) 표현의 방정식으로 변환하여 그린다. 그러나 직교좌표로 변환할 수 없거나 직교좌표의 방정식의 그래프를 그릴 수 없는 경우도 많다. 그러므로 극방정식의 그래프를 그리는 방법으로 곡선의 대략적인 개형을 그린다. [8.2절 극방정식과 그래프]를 참고하자.

[주의] 극좌표형 반복적분에서 적분영역의 표현은 $r>0$인 영역임을 주의하자.
특히, 극방정식 $r=f(\theta)$로 둘러싸인 경우 $r=f(\theta)>0$인 θ의 구간을 선택해야 한다.

[예제 12.17] 다음 주어진 영역 D에서 이중적분 $\iint_D x\,dA$를 구하여라. [연습문제 4~6]

(1) D가 $r=\sin\theta$로 둘러싸인 영역이다.

(2) D가 $r=\cos\theta$로 둘러싸인 영역이다.

[풀이]

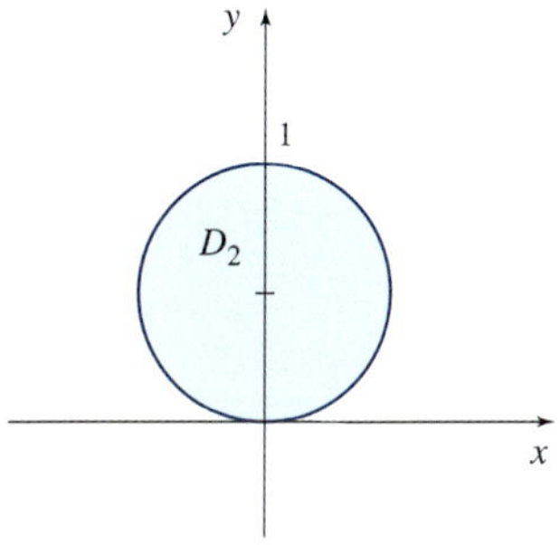

[그림 12.40](a)

(1) 극방정식 $r=\sin\theta$의 그래프*는 [그림 12.40](a)이다. 그래프의 개형은 중심이 $\left(0,\frac{1}{2}\right)$이고 반지름이 $\frac{1}{2}$인 원이다. 우선 $r=\sin\theta\geq 0$인 θ의 구간은 $0\leq\theta\leq\pi$이다. 그러므로 영역 D에서의 이중적분을 r축을 따라 먼저 적분하고 θ축을 따라 다음과 같이 적분하는 반복적분으로 표현한다.

- r축을 따라 먼저 $r=0$에서 $r=\sin\theta$까지 적분하고
- θ축을 따라 $\theta=0$에서 $\theta=\pi$까지 적분한다.**

이중적분 $\iint_D x\,dA$를 극좌표형 반복적분으로 표현하면 다음과 같다.

$$\iint_D x\,dA=\int_0^{\pi}\int_0^{\sin\theta}(r\cos\theta)r\,dr\,d\theta=\int_0^{\pi}\int_0^{\sin\theta}r^2\cos\theta\,dr\,d\theta$$

극좌표형 반복적분의 내부적분 $\int_0^{\sin\theta}r^2\cos\theta\,dr$을 구하면 다음과 같다.

$$\int_0^{\sin\theta}r^2\cos\theta\,dr=\left[\frac{r^3}{3}\cos\theta\right]_0^{\sin\theta}=\frac{1}{3}\sin^3\theta\cos\theta$$

극좌표형 반복적분은 구하면 다음과 같다.

$$\int_0^{\pi}\left[\int_0^{\sin\theta}r^2\cos\theta\,dr\right]d\theta=\frac{1}{3}\int_0^{\pi}\sin^3\theta\cos\theta\,d\theta=\frac{1}{3}\left[\frac{1}{4}\sin^4\theta\right]_0^{\pi}=0$$

그러므로 영역 D에서의 이중적분 $\iint_D x\,dA=0$이다.

* 극방정식 $r=f(\theta)=\sin\theta$의 그래프는 직교좌표로 변환하여 정확히 그리는 것은 중요하지 않다. 대강의 개형을 그리는 것으로 충분하다.

** θ의 구간이 $[0,\pi]$인 것은 영역 D_2인 원을 한 바퀴 회전하게 하는 구간이다.

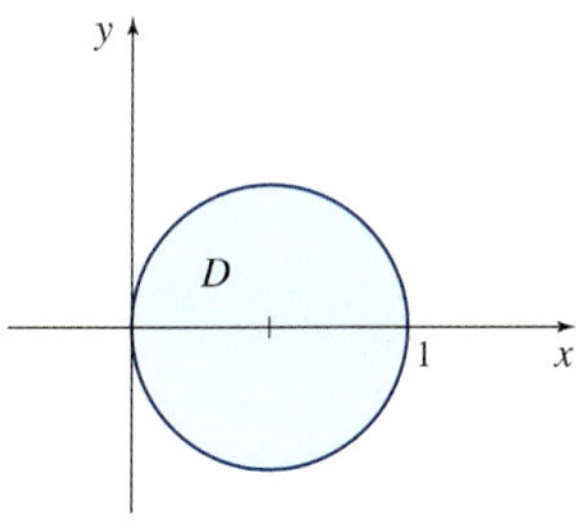

[그림 12.40](b)

(2) 극방정식 $r=\cos\theta$의 그래프***는 [그림 12.40](b)이다. 그래프는 중심이 $\left(\frac{1}{2},0\right)$이고 반지름이 $\frac{1}{2}$인 원이다. 우선 $r=\cos\theta\geq 0$인 θ의 구간은 $-\frac{\pi}{2}\leq\theta\leq\frac{\pi}{2}$이다. 그러므로 영역 D에서의 이중적분을 r축을 따라 먼저 적분하고 θ축을 따라 다음과 같이 적분하는 반복적분으로 표현한다.

- r축을 따라 먼저 $r=0$에서 $r=\cos\theta$까지 변화하고
- θ축을 따라 $\theta=-\frac{\pi}{2}$에서 $\theta=\frac{\pi}{2}$까지 변화하므로

이중적분 $\iint_D x\,dA$를 극좌표형 반복적분으로 표현하면 다음과 같다.

$$\iint_D f(r,\theta)\,dA=\int_{-\frac{\pi}{2}}^{\frac{\pi}{2}}\int_0^{\cos\theta}(r\cos\theta)r\,dr\,d\theta=\int_{-\frac{\pi}{2}}^{\frac{\pi}{2}}\int_0^{\cos\theta}r^2\cos\theta\,dr\,d\theta$$

극좌표형 반복적분의 내부적분 $\int_0^{\cos\theta}r^2\cos\theta\,dr$을 구하면 다음과 같다.

*** 극방정식 $r=f(\theta)=\cos\theta$의 그래프는 직교좌표로 변환하여 정확히 그리는 것은 중요하지 않다. 대강의 개형을 그리는 것으로 충분하다.

$$\int_0^{\cos\theta} r^2\cos\theta\, dr = \left[\frac{r^3}{3}\cos\theta\right]_0^{\cos\theta} = \frac{1}{3}\cos^4\theta$$

극좌표형 반복적분은 구하면 다음과 같다.

$$\begin{aligned}\int_{-\frac{\pi}{2}}^{\frac{\pi}{2}}\left[\int_0^{\cos\theta} r^2\cos\theta\, dr\right]d\theta &= \frac{1}{3}\int_{-\frac{\pi}{2}}^{\frac{\pi}{2}}(\cos^4\theta)d\theta = \frac{1}{12}\int_{-\frac{\pi}{2}}^{\frac{\pi}{2}}(1+\cos 2\theta)^2 d\theta \\ &= \frac{1}{12}\int_{-\frac{\pi}{2}}^{\frac{\pi}{2}}(1+2\cos 2\theta+\cos^2 2\theta)d\theta \\ &= \frac{1}{12}\int_{-\frac{\pi}{2}}^{\frac{\pi}{2}}\left(\frac{3}{2}+2\cos 2\theta+\frac{1}{2}\cos 4\theta\right)d\theta \\ &= \frac{1}{12}\left[\frac{3}{2}\theta+\sin 2\theta+\frac{1}{8}\sin 4\theta\right]_{-\frac{\pi}{2}}^{\frac{\pi}{2}} = \frac{\pi}{8}\end{aligned}$$

그러므로 영역 D에서의 이중적분 $\iint_D x\,dA = \frac{\pi}{8}$ 이다. ■

◐ 직교좌표형 반복적분을 극좌표형 반복적분으로 변환

이제 주어진 반복적분을 다른 좌표계를 사용한 반복적분으로 변환하는 문제를 알아보자. 이 문제는 직교좌표형 반복적분의 적분 순서를 바꾸는 경우와 비슷하다. 직교좌표형 반복적분을 극좌표형 반복적분으로 변환하는 경우 가장 먼저 주어진 반복적분의 적분영역을 그리는 것이 중요하다.

직교좌표형 반복적분 ⟷ 영역 D를 그린다. ⟷ 극좌표형 반복적분

[예제 12.18] 다음 주어진 직교좌표형 반복적분을 극좌표형 반복적분으로 변환하여 구하여라. [연습문제 7~11]

(1) $\int_0^1\int_0^{\sqrt{1-x^2}}(x^2+y^2)\,dy\,dx$　　　(2) $\int_{-1}^0\int_{-\sqrt{1-x^2}}^{\sqrt{1-x^2}}(x^2+y^2)\,dy\,dx$

[풀이] (1) 반복적분을 다음 이중적분으로 표현하기 위한 영역 D를 구해보자.

$$\iint_D (x^2+y^2)\,dA = \int_0^1\int_0^{\sqrt{1-x^2}}(x^2+y^2)\,dy\,dx$$

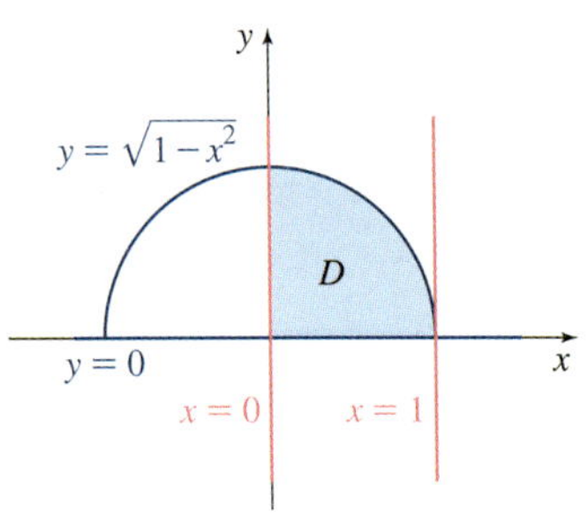

[그림 12.41]

- 내부적분은 y축을 따른 적분구간: $y=0$에서 $y=\sqrt{1-x^2}$ 이고
- 외부적분은 x축을 따른 적분구간: $x=0$에서 $x=1$이다.

이렇게 주어진 4개의 식으로 영역 D을 그리면 [그림 12.41]이고 영역 D를 반지름인 1인 원의 4분의 1에 해당한다.

영역 D 위의 이중적분을 극좌표에서 r축을 따라 먼저 적분하고 θ축을 따라 다음과 같이 적분하는 극좌표형 반복적분으로 표현하자.

- r축을 따라 $r = 0$에서 $r = 1$까지 적분하고
- θ축을 따라 $\theta = 0$에서 $\theta = \frac{\pi}{2}$까지 적분한다.

영역 D 위의 이중적분을 극좌표형 반복적분 표현은 다음과 같다.

$$\iint_D (x^2 + y^2)\, dA = \int_0^{\frac{\pi}{2}} \int_0^1 r^2 r\, dr\, d\theta = \int_0^{\frac{\pi}{2}} \int_0^1 r^3 dr\, d\theta$$

극좌표형 반복적분을 구하면 다음과 같다.

$$\int_0^{\frac{\pi}{2}} \int_0^1 r^3 dr\, d\theta = \int_0^{\frac{\pi}{2}} \left[\frac{r^4}{4}\right]_0^1 d\theta = \int_0^{\frac{\pi}{2}} \frac{1}{4} d\theta = \frac{\pi}{8}$$

그러므로 $\int_0^1 \int_0^{\sqrt{1-x^2}} (x^2 + y^2)\, dy\, dx = \int_0^{\frac{\pi}{2}} \int_0^1 r^3 dr\, d\theta = \frac{\pi}{8}$ 이다.

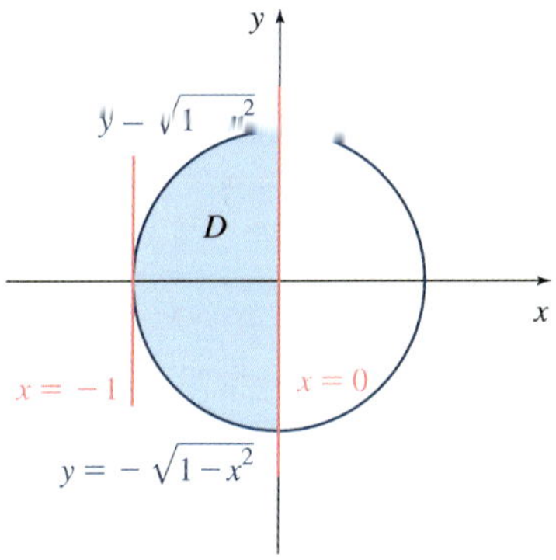

[그림 12.42]

(2) 반복적분을 다음과 같이 이중적분으로 표현하기 위한 영역 D를 구해보자.

$$\iint_D (x^2 + y^2)\, dA = \int_{-1}^0 \int_{-\sqrt{1-x^2}}^{\sqrt{1-x^2}} (x^2 + y^2)\, dy\, dx$$

- 내부적분은 y축을 따른 적분구간: $y = -\sqrt{1-x^2}$ 에서 $y = \sqrt{1-x^2}$ 이고
- 외부적분은 x축을 따른 적분구간: $x = -1$에서 $x = 0$이다.

이렇게 주어진 4개의 식으로 영역 D을 그리면 [그림 12.42]이고 영역 D를 반지름인 1인 원의 2분의 1에 해당한다.

영역 D 위의 이중적분을 극좌표에서 r축을 따라 먼저 적분하고 θ축을 따라 다음과 같이 적분하는 극좌표형 반복적분으로 표현하자.

- r축을 따라 $r = 0$에서 $r = 1$까지 적분하고
- θ축을 따라 $\theta = \frac{\pi}{2}$에서 $\theta = \frac{3\pi}{2}$까지 적분한다.

영역 D 위의 이중적분을 극좌표형 반복적분 표현은 다음과 같다.

$$\iint_D (x^2 + y^2)\, dA = \int_{\frac{\pi}{2}}^{\frac{3\pi}{2}} \int_0^1 r^2 r\, dr\, d\theta = \int_{\frac{\pi}{2}}^{\frac{3\pi}{2}} \int_0^1 r^3 dr\, d\theta$$

극좌표형 반복적분을 구하면 다음과 같다.

$$\int_{\frac{\pi}{2}}^{\frac{3\pi}{2}} \int_0^1 r^3 dr\, d\theta = \int_{\frac{\pi}{2}}^{\frac{3\pi}{2}} \left[\frac{r^4}{4}\right]_0^1 d\theta = \int_{\frac{\pi}{2}}^{\frac{3\pi}{2}} \frac{1}{4} d\theta = \frac{\pi}{4}$$

그러므로 $\int_{-1}^0 \int_{-\sqrt{1-x^2}}^{\sqrt{1-x^2}} (x^2 + y^2)\, dy\, dx = \int_{\frac{\pi}{2}}^{\frac{3\pi}{2}} \int_0^1 r^3 dr\, d\theta = \frac{\pi}{4}$ 이다. ■

◐ 두 극방정식의 그래프 사이에 놓인 영역 위의 이중적분

[예제 12.19] 원 $r=1$의 내부와 $r=1+\cos\theta$의 외부의 공통 부분을 영역 D라고 할 때 이중적분 $\iint_D y\,dA$를 구하여라. [연습문제 12~14]

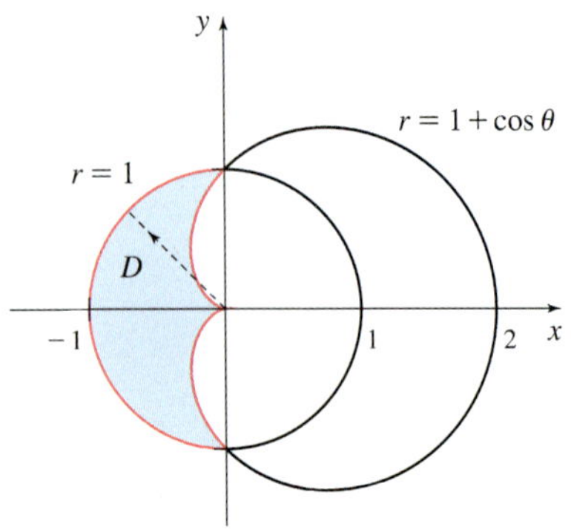

[그림 12.43]

[풀이] 주어진 영역 D를 평면에 그려보자.

우선 두 극방정식 $r=1$과 $r=1+\cos\theta$의 그래프가 만나는 점을 구하기 위하여 다음 방정식을 풀어보자.

$$1+\cos\theta=1\text{이고 }\cos\theta=0$$

그러면 방정식의 해는 $\theta=\dfrac{\pi}{2}$과 $\dfrac{3\pi}{2}$이다. 즉, 두 극방정식의 그래프는 $\theta=\dfrac{\pi}{2}$과 $\theta=\dfrac{3\pi}{2}$에서 만난다. 원 $r=1$의 내부와 $r=1+\cos\theta$의 외부의 공통 부분인 영역 D를 그리면 [그림 12.43]이다.

영역 D 위의 이중적분을 극좌표에서 r축을 따라 먼저 적분하고 θ축을 따라 다음과 같이 적분하는 극좌표형 반복적분으로 표현하자.

- r축을 따라 $r=1+\cos\theta$에서 $r=1$까지 적분하고
- θ축을 따라 $\theta=\dfrac{\pi}{2}$에서 $\theta=\dfrac{3\pi}{2}$까지 적분한다.

영역 D 위의 이중적분을 극형식형 반복적분 표현은 다음과 같다.

$$\iint_D y\,dA=\int_{\frac{\pi}{2}}^{\frac{3\pi}{2}}\int_{1+\cos\theta}^{1}(r\sin\theta)r\,dr\,d\theta=\int_{\frac{\pi}{2}}^{\frac{3\pi}{2}}\int_{1+\cos\theta}^{1}r^2\sin\theta\,dr\,d\theta$$

극좌표형 반복적분을 구하면 다음과 같다.

$$\begin{aligned}\int_{\frac{\pi}{2}}^{\frac{3\pi}{2}}\int_{1+\cos\theta}^{1}r^2\sin\theta\,dr\,d\theta&=\int_{\frac{\pi}{2}}^{\frac{3\pi}{2}}\left[\frac{r^3}{3}\sin\theta\right]_{1+\cos\theta}^{1}d\theta\\&=\int_{\frac{\pi}{2}}^{\frac{3\pi}{2}}\frac{1}{3}\left[(1-(1+\cos\theta)^3\right]\sin\theta\,d\theta\\&=\int_{\frac{\pi}{2}}^{\frac{3\pi}{2}}\frac{1}{3}(-3\cos\theta-3\cos^2\theta-\cos^3\theta)\sin\theta\,d\theta\\&=\left[-\frac{1}{2}\cos^2\theta-\frac{1}{3}\cos^3\theta-\frac{1}{12}\cos^4\theta\right]_{\frac{\pi}{2}}^{\frac{3\pi}{2}}\\&=-\frac{1}{2}(0-0)-\frac{1}{3}(0-0)-\frac{1}{12}(0-0)=0\end{aligned}$$

그러므로 $\iint_D y\,dA=\int_{\frac{\pi}{2}}^{\frac{3\pi}{2}}\int_{1+\cos\theta}^{1}r^2\sin\theta\,dr\,d\theta=0$이다. ■

[예제 12.20] 극좌표의 θ의 구간 $\left[-\frac{\pi}{4}, \frac{\pi}{4}\right]$에서의 극방정식 $r = 2\cos 2\theta$의 내부를 영역 D라고 할 때 이중적분 $\iint_D \cos\theta dA$를 구하여라. [연습문제 15~16]

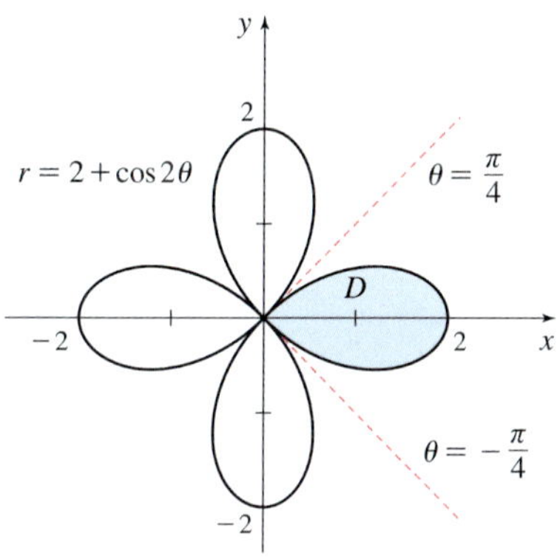

[그림 12.44]

[풀이] 극방정식 $r = 2\cos 2\theta$의 그래프는 [그림 12.44]와 같고 4잎장미라고 부른다. 영역 D 위의 이중적분을 극좌표형 반복적분으로 표현하기 위해

- r축을 따라 $r = 0$에서 $r = 2\cos 2\theta$까지 적분하고
- θ축을 따라 $\theta = -\frac{\pi}{4}$에서 $\theta = \frac{\pi}{4}$까지 적분한다.

$\iint_D \cos\theta dA$을 극좌표형 반복적분 표현은 다음과 같다.

$$\iint_D \cos\theta dA = \int_{-\frac{\pi}{4}}^{\frac{\pi}{4}} \int_0^{2\cos 2\theta} (\cos\theta) r dr d\theta$$

극좌표형 반복적분을 구하면 다음과 같다.

$$\begin{aligned}
\int_{-\frac{\pi}{4}}^{\frac{\pi}{4}} \int_0^{2\cos 2\theta} (\cos\theta) r dr d\theta &= \int_{-\frac{\pi}{4}}^{\frac{\pi}{4}} \left[\frac{r^2}{2}\cos\theta\right]_0^{2\cos 2\theta} d\theta \\
&= \int_{-\frac{\pi}{4}}^{\frac{\pi}{4}} \left[\frac{(2\cos 2\theta)^2}{2}\cos\theta\right] d\theta \\
&= \int_{-\frac{\pi}{4}}^{\frac{\pi}{4}} [2(1-2\sin^2\theta)^2\cos\theta] d\theta \qquad \cos 2\theta = 1 - 2\sin^2\theta \\
&= \int_{-\frac{\pi}{4}}^{\frac{\pi}{4}} [2(1-4\sin^2\theta + 4\sin^4\theta)\cos\theta] d\theta \\
&= \left[2\sin\theta - \frac{8}{3}\sin^3\theta + \frac{8}{5}\sin^5\theta\right]_{-\frac{\pi}{4}}^{\frac{\pi}{4}} = \frac{16}{15}\sqrt{2}
\end{aligned}$$

그러므로 이분적분 $\iint_D \cos\theta dA = \frac{16}{15}\sqrt{2}$이다. ■

12.4.3 입체의 부피를 극좌표형 이중적분으로 구하기

12.3절에서 공간에서 주어진 입체 E를 보고 이중적분으로 표현하여 입체의 부피를 다음과 같은 과정으로 구했다.

입체 E를 xy-평면에 놓인 영역 D와 영역 D에서 정의된 이변수함수 f의 그래프 사이에 놓인 입체라고 놓고 입체 E의 부피를 구하는 식은 $\iint_D f(x, y) dA$이다.

그러므로 주어진 입체 E를 보고 다음과 같이 2가지를 찾아야 한다.

• xy-평면에 놓인 영역 D와

• 영역 D에서 정의된 이변수함수 $f(x, y)$

xy-평면에 놓인 영역 D의 형태에 따라서 영역 D에서의 이중적분을 극좌표형 반복적분으로 표현하여 구할 수 있다.

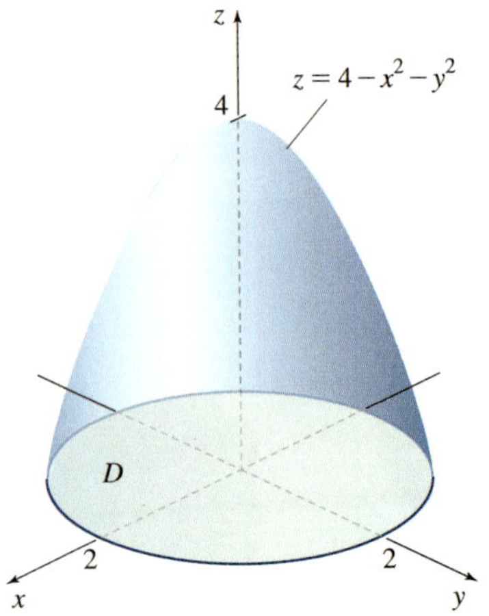

[그림 12.45](a)

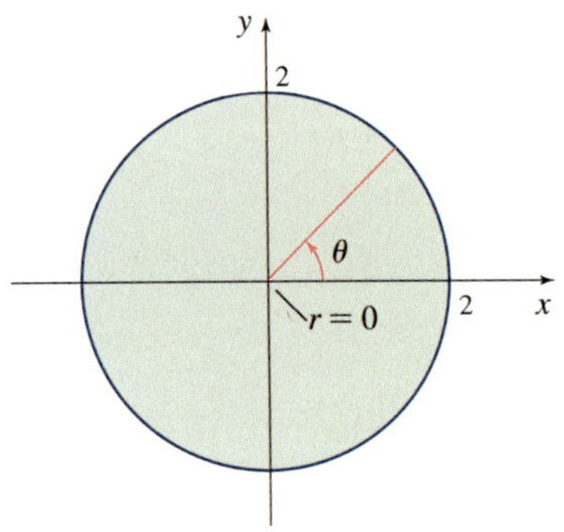

[그림 12.45](b)

[예제 12.21] 포물면 $z=4-x^2-y^2$과 평면 $z=0$으로 둘러싸인 입체의 부피를 구하여라. [연습문제 17~18]

[풀이] 주어진 입체를 그려보면 [그림 12.45](a)와 같다.

포물면 $z=4-x^2-y^2$와 평면 $z=0$이 만나는 곡선은 $0=4-x^2-y^2$이고 중심이 원점 $(0,0)$이고 반지름이 2인 원이다.

• 반지름이 2인 원의 내부를 영역 D라고 하자. ([그림 12.45](b) 참고)

• 영역 D에서 정의된 이변수함수 $z=f(x,y)=4-x^2-y^2$라고 놓자.

입체 E는 평면의 영역 D와 영역 D에서의 이변수함수 $f(x,y)=4-x^2-y^2 \geq 0$의 그래프로 둘러싸인 영역이다. 입체 E의 부피 V는 영역 D에서의 함수 $f(x,y)$의 이중적분으로 다음과 같이 표현된다.

$$V=\iint_D f(x,y)\,dA=\iint_D (4-x^2-y^2)\,dA$$

영역 D는 반지름이 2인 원의 내부이므로 극좌표형 반복적분으로 표현하면

• r축을 따라 $r=0$에서 $r=2$까지 적분하고

• θ축을 따라 $\theta=0$에서 $\theta=2\pi$까지 적분한다.

극좌표형 반복적분으로 표현할 때 이변수함수 f도 극좌표로 표현해야 한다. 그러면

$$V=\iint_D (4-x^2-y^2)\,dA=\iint_D (4-r^2)\,dA=\int_0^{2\pi}\int_0^2 (4-r^2)r\,dr\,d\theta$$

극좌표형 반복적분을 구하면 다음과 같다.

$$\int_0^{2\pi}\int_0^2 (4-r^2)r\,dr\,d\theta=\int_0^{2\pi}\left[2r^2-\frac{r^4}{4}\right]_0^2 d\theta=\int_0^{2\pi}\left[2r^2-\frac{r^4}{4}\right]_0^2 d\theta$$

$$=\int_0^{2\pi}4\,d\theta=8\pi$$

그러므로 입체 E의 부피는 8π이다. ■

[예제 12.22] 반지름이 3인 구의 부피를 구하여라. [연습문제 20~22]

[풀이] 중심이 원점이고 반지름이 3인 구의 식은 $x^2+y^2+z^2=9$이고 평면의 영역 D와 영역 D 위의 이변수함수의 그래프로 사이의 입체로 보는 것은 불가능하다. [그림 12.46](a)에서 반지름이 3인 반구는 평면의 영역 D와 영역 D 위의 이변수함수의 그래프로 사이의 입체로 볼 수 있다. 그러므로 반지름이 3인 반구의 부피를 구하면

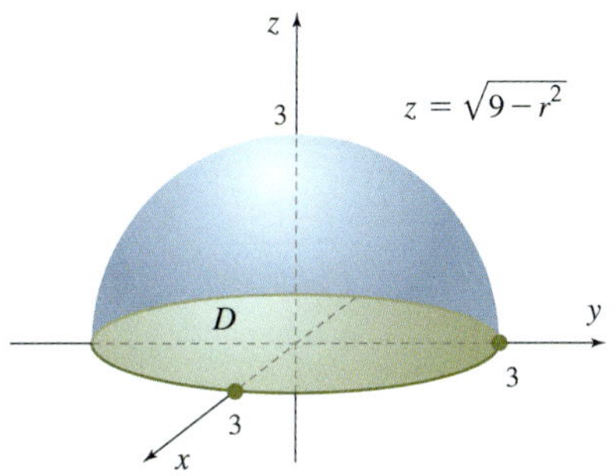

[그림 12.46](a)

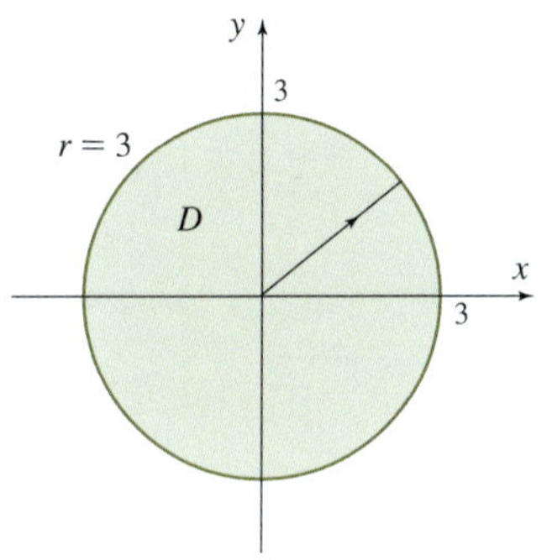

[그림 12.46](b)

충분하다. 반지름이 3인 구의 부피는 반구의 부피의 2배이다.

[그림 12.46](a)에서 보면 반구는 영역 D에서 정의된 이변수함수 $f(x, y) = \sqrt{9-(x^2+y^2)}$ 의 그래프이다. 이때 정의역 D는 반지름이 3인 원의 내부이다. ([그림 12.46](b) 참고)

영역 D가 원 또는 원의 일부인 경우 극좌표형 방정식으로 표현하는 것이 편리하다. 이때 극방정식으로 표현된 정의역 위의 이변수함수도 극좌표로 표현해야 한다.

그러므로 정의역 D의 극좌표 표현은 $r \le 3$이고 정의역 D에서 정의된 이변수함수의 극형식 표현은 $f(r, \theta) = \sqrt{9-r^2}$ 이다.

영역 D에서 함수 $f(r, \theta) = \sqrt{9-r^2} \ge 0$이므로 반구의 부피 V는 다음과 같은 이중적분으로 표현된다.

$$V = \iint_D f(x, y)\, dA = \iint_D \sqrt{9-r^2}\, dA$$

영역 D는 반지름이 3인 원의 내부이므로 극좌표형 반복적분으로 표현하면

- r축을 따라 $r=0$에서 $r=3$까지 적분하고
- θ축을 따라 $\theta=0$에서 $\theta=2\pi$까지 적분한다.

영역 D 위의 이중적분을 극좌표형 반복적분으로 표현하면 다음과 같다.

$$V = \iint_D \sqrt{9-r^2}\, dA = \int_0^{2\pi}\int_0^3 \left(\sqrt{9-r^2}\right) r\, dr\, d\theta$$

반복적분 $\int_0^{2\pi}\int_0^3 \left(\sqrt{9-r^2}\right) r\, dr\, d\theta$의 내부적분 $\int_0^3 \left(\sqrt{9-r^2}\right) r\, dr$을 구해보자.

$9-r^2 = t$라고 치환하면 $-2r\,dr = dt$이고 적분구간도 변환하여 적분하면

$$\int_0^3 \left(\sqrt{9-r^2}\right) r\, dr = -\frac{1}{2}\int_9^0 \sqrt{t}\, dt = \frac{1}{2}\int_0^9 \sqrt{t}\, dt = \left[\frac{1}{3}\sqrt{t^3}\right]_0^9 = 9.$$

반지름이 3인 반구의 부피 $V = \iint_D \sqrt{9-r^2}\, dA = \int_0^{2\pi} 9\, d\theta = [9\theta]\Big|_0^{2\pi} = 18\pi$.

반지름이 3인 구의 부피는 $2V = 36\pi$이다. ■

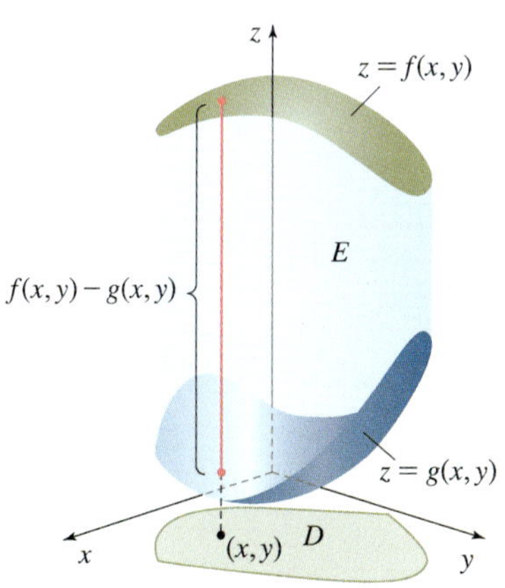

[그림 12.47]

◐ 두 극방정식의 그래프 사이에 놓인 입체의 부피

이제까지 영역 D와 영역 D 위의 이변수함수의 그래프인 곡면으로 둘러싸인 입체의 부피를 구해보았다. 이제는 두 개의 이변수함수의 그래프인 두 곡면 사이의 입체의 부피를 구해보자.

유계이고 닫힌 영역 D에서 연속인 이변수함수 f와 g가 있고 영역 D에서 $f(x, y) \ge g(x, y)$라고 하자. [그림 12.47]에서와 같이 입체 E는 영역 D에서 두 곡면 $z = f(x, y)$와 $z = g(x, y)$ 사이의 영역이다. 입체 E의 부피 V를 구해보자.

[그림 12.47]에서 보면 영역 D의 각 점 (x, y)에서 입체 E의 높이는 $f(x, y) - g(x, y)$이다. 입체 E의 부피 V를 이중적분으로 표현하면 다음과 같다.

$$V = \iint_D (f(x,y) - g(x,y))\, dA$$

[예제 12.23] 두 곡면인 포물면 $z = x^2 + y^2$과 원뿔 $z = 2 - \sqrt{x^2 + y^2}$ 사이에 놓인 입체 E의 부피 V를 구하여라. [연습문제 20~22]

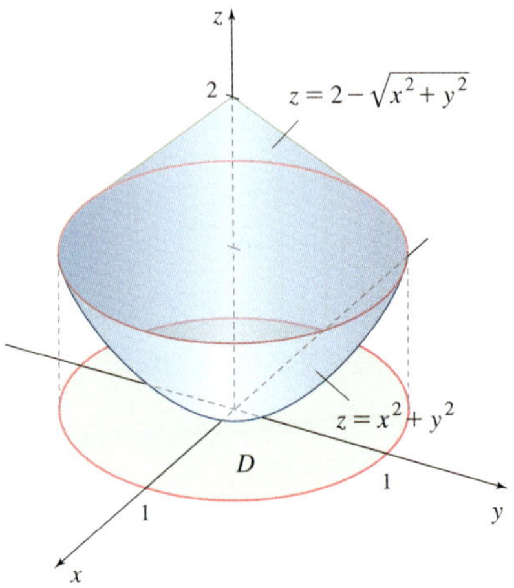

[그림 12.48](a)

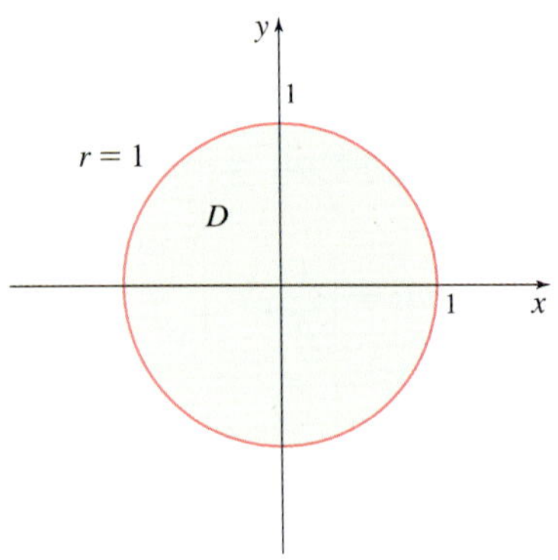

[그림 12.48](b)

[풀이] 두 곡면인 포물면인 $z = x^2 + y^2$의 그래프와 원뿔인 $z = 2 - \sqrt{x^2 + y^2}$의 그래프 사이의 입체 E는 [그림 12.48](a)이다.

먼저 포물면 $z = x^2 + y^2$과 원뿔 $z = 2 - \sqrt{x^2 + y^2}$이 만나는 곡선을 구해보자.

$z = (2 - z)^2$이고 $z^2 - 5z + 4 = (z - 1)(z + 4) = 0$.

그러면 $z = 1$이고 $z = -4$이지만 $z \le 2$를 만족해야 하므로 해는 $z = 1$이다. 즉 포물면과 원뿔이 만나는 곡선은 $x^2 + y^2 = 1$이다.

영역 D는 반지름이 1인 원과 원의 내부라고 놓자. ([그림 12.48](a) 참고) 영역 D에서 정의된 이변수함수 $g(x,y) = x^2 + y^2$와 $f(x,y) = 2 - \sqrt{x^2 + y^2}$ 라고 놓자. 그러면 영역 D에서 $g(x,y) \le f(x,y)$이다.

입체 E는 영역 D에서 $g(x,y) = x^2 + y^2$의 그래프와 $f(x,y) = 2 - \sqrt{x^2 + y^2}$의 그래프 사이에 놓인 영역이다. 입체 E의 부피V를 이중적분으로 표현하자.

$$V = \iint_D (f(x,y) - g(x,y))\, dA = \iint_D \left(2 - \sqrt{x^2 + y^2}\right) - (x^2 + y^2)\, dA$$

영역 D는 반지름이 1인 원의 내부이므로 극좌표형 반복적분으로 표현하면

- r축을 따라 $r = 0$에서 $r = 1$까지 적분하고
- θ축을 따라 $\theta = 0$에서 $\theta = 2\pi$까지 적분한다.

영역 D 위의 이중적분을 극좌표형 반복적분으로 표현하면 다음과 같다.

$$V = \iint_D \left(2 - \sqrt{x^2 + y^2}\right) - (x^2 + y^2)\, dA = \int_0^{2\pi} \int_0^1 \left[(2 - r) - r^2\right] r\, dr\, d\theta$$

이중적분을 극좌표형 반복적분으로 표현하여 구해보자.

$$\begin{aligned} V &= \int_0^{2\pi} \int_0^1 (2 - r - r^2) r\, dr\, d\theta \\ &= \int_0^{2\pi} \left[r^2 - \frac{1}{3}r^3 - \frac{1}{4}r^4\right]_0^1 d\theta \\ &= \int_0^{2\pi} \frac{5}{12}\, d\theta = \frac{5}{6}\pi \end{aligned}$$

입체 V의 부피 E는 $\frac{5}{6}\pi$이다. ■

연습문제

• Part 1

[1-3] 다음을 구하여라. [예제 12.16]

1. 영역 D가 $1 \le r \le 2$이고 $0 \le \theta \le \frac{\pi}{2}$인 극좌표형 직사각형일 때 이중적분 $\iint_D 3y\,dA$를 구하여라.
2. 영역 D가 $0 \le r \le 1$이고 $0 \le \theta \le \pi$인 반원일 때 이중적분 $\iint_D (x+y)\,dA$를 구하여라.
3. 영역 D가 $1 \le r \le 2$이고 $0 \le \theta \le \frac{\pi}{2}$인 극좌표형 직사각형일 때 이중적분 $\iint_D 2\sqrt{x^2+y^2+1}\,dA$를 구하여라.

[4-6] 다음을 구하여라. [예제 12.17]

4. 영역 D가 $r = \sin\theta$로 둘러싸인 영역일 때 이중적분 $\iint_D y\,dA$를 구하여라.
5. 영역 D가 $r = 2\cos\theta$로 둘러싸인 영역일 때 이중적분 $\iint_D xy\,dA$를 구하여라.
6. 영역 D가 $r = 4\sin\theta$로 둘러싸인 영역일 때 이중적분 $\iint_D x^2\,dA$를 구하여라.

[7-11] 다음 주어진 직교좌표형 반복적분을 극좌표형 반복적분으로 변환하여 구하여라. [예제 12.18]

7. $\int_0^1 \int_0^{\sqrt{1-x^2}} 1\,dy\,dx$
8. $\int_0^1 \int_0^{\sqrt{1-y^2}} \sin\{\pi(x^2+y^2)\}\,dx\,dy$
9. $\int_0^1 \int_0^{\sqrt{1-x^2}} 4e^{x^2+y^2}\,dy\,dx$
10. $\int_0^2 \int_{-\sqrt{4-x^2}}^{\sqrt{4-x^2}} \sqrt{x^2+y^2}\,dy\,dx$
11. $\int_0^2 \int_0^{\sqrt{4-x^2}} \frac{2xy}{x^2+y^2}\,dy\,dx$

[12-14] 다음을 구하여라. [예제 12.19]

12. 영역 D를 원 $r = 1$의 내부와 $r = 1+\sin\theta$의 외부의 공통 부분이라고 할 때 이중적분 $\iint_D x\,dA$를 구하여라.
13. 영역 D를 원 $r = 1$의 외부와 $r = 1+\cos\theta$의 내부 및 $0 \le \theta \le \frac{\pi}{2}$의 공통 부분이라고 할 때 이중적분 $\iint_D \frac{y}{\sqrt{x^2+y^2}}\,dA$를 구하여라.
14. 영역 D를 원 $r = \sqrt{2}$의 외부와 $r^2 = 4\cos 2\theta$의 내부 및 $-\frac{\pi}{6} \le \theta \le \frac{\pi}{6}$의 공통 부분이라고 할 때 이중적분 $\iint_D 1\,dA$를 구하여라.

[15-16] 다음을 구하여라. [예제 12.20]

15. θ축의 구간 $\left[-\frac{\pi}{4}, \frac{\pi}{4}\right]$에서 정의된 극방정식 $r = \cos 2\theta$의 내부를 영역 D라고 할 때 이중적분 $\iint_D \frac{15x}{\sqrt{x^2+y^2}}\,dA$를 구하여라.
16. θ축의 구간 $\left[-\frac{\pi}{6}, \frac{\pi}{6}\right]$에서 정의된 극방정식 $r = 2\cos 3\theta$의 내부를 영역 D라고 할 때 이중적분 $\iint_D 7\cos\theta\,dA$를 구하여라.

[17-18] 다음을 구하여라. [예제 12.21]

17. 평면 $z = 4+x+2y$, 기둥면 $x^2+y^2 = 1$과 평면 $z = 0$에 의해 둘러싸인 입체의 부피를 구하여라.
18. $z = 4-\sqrt{x^2+y^2}$와 평면 $z = 0$으로 둘러싸인 입체 E의 부피 V를 구하여라.

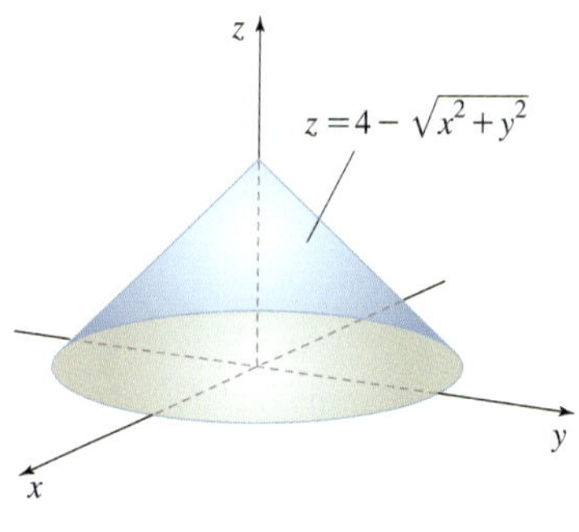

19. 반지름의 길이가 a인 구의 부피를 구하여라. [예제12.22]

[20-22] 다음을 구하여라. [예제 12.23]

20. 두 포물면 $z = x^2+y^2$과 $z = 8-x^2-y^2$으로 둘러싸인 입체 E의 부피 V를 구하여라.
21. 평면 $z = 9$와 포물면 $z = x^2+y^2$으로 둘러싸인 입체 E의 부피 V를 구하여라.

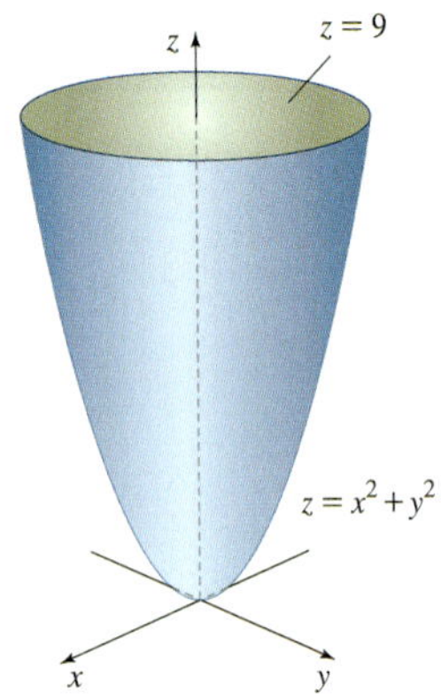

22. 원기둥 $x^2+y^2=4$와 평면 $z=3-x$와 $z=x-3$으로 둘러싸인 입체 E의 부피 V를 구하여라.

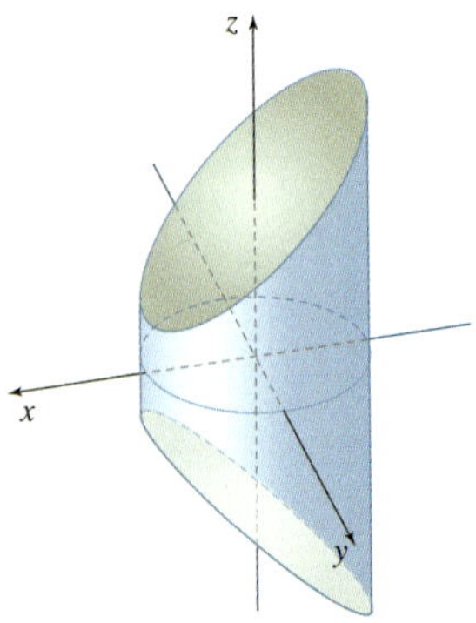

• Part 2

[23-24] 영역 D가 $1 \le r \le 2$이고 $0 \le \theta \le \pi$인 극좌표형 직사각형일 때 다음 이중적분을 구하여라.

23. $\iint_D (xy+10)\, dA$

24. $\iint_D \frac{1}{1+x^2+y^2}\, dA$

25. 영역 D는 그림과 같이 $xy-$평면에서 원 $x^2+y^2=4$와 직선 $y=1$(이때 $y=1$의 극방정식 표현은 $y=\csc x$) 및 $y=\sqrt{3}x$로 둘러싸인 영역이다. D의 넓이를 구하여라.

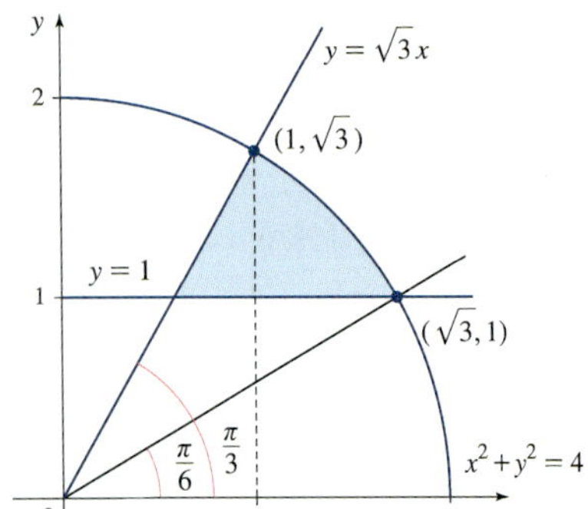

[26-27] 다음 주어진 직교좌표형 반복적분을 극좌표형 반복적분으로 변환하여 구하여라.

26. $\int_{-1}^{1}\int_{-\sqrt{1-x^2}}^{\sqrt{1-x^2}} (x^2+y^2+1)^{\frac{3}{2}}\, dy\,dx$

27. $\int_{-1}^{1}\int_{-\sqrt{1-x^2}}^{\sqrt{1-x^2}} \frac{x-y}{x^2+y^2+1}\, dy\,dx$

28. 실린더 $(x-1)^2+y^2=1$, $xy-$평면 및 콘 $z=\sqrt{x^2+y^2}$으로 둘러싸인 입체 E의 부피 V를 구하여라.

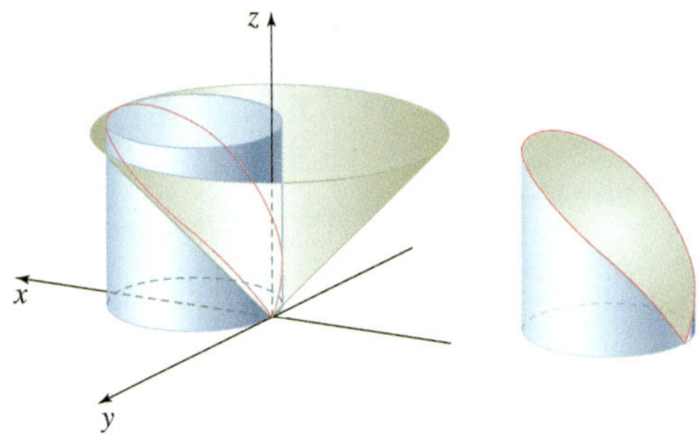

29. 두 곡면 $z=2x^2+y^2$과 $z=12-x^2-2y^2$ 사이에 놓인 입체 E의 부피 V를 구하여라.

30. 원기둥 $x^2+y^2=1$의 내부와 위로는 $z=-x^2+y^2+9$ 아래로는 $z=x^2+3y^2$으로 둘러싸인 입체 E의 부피 V를 구하여라.

31. 영역 D는 좌표평면 전체라고 하자. 이중적분 $\iint_D e^{-x^2-y^2}\, dA$를 구하여라.

32. 영역 D는 $x \ge 0$이고 $y \ge 0$인 영역이라고 하자. 이중적분 $\iint_D \frac{1}{(2+x^2+y^2)^2}\, dA$를 구하여라.

[33-34] 영역 D가 다음과 같을 때 이중적분 $\iint_D \frac{1}{(x^2+y^2)^p}\, dA$이 존재하기 위한 p값의 범위를 정하여라.

33. D는 $1 \le r < \infty$이다.

34. D는 $0 \le r \le 1$이다.

12.5 곡면의 표면적

유계이고 닫힌 영역 D에서 이변수함수 f가 미분가능하고 편도함수 f_x와 f_y가 연속이라고 하자. 영역 D에서 함수 f의 그래프 $z=f(x,y)$는 공간에서의 곡면 S이다. 곡면 S의 표면적 A를 구해보자.

곡면은 기하학적으로 평면의 일부를 적당한 규칙으로 구부린 도형이다. 여기서는 간단하게 영역 D가 직사각형인 경우 영역 D 위의 이변수함수 $z=f(x,y)$의 그래프인 곡면 S의 표면적 A를 구해보자.

직사각형 D를 분할 P에 의하여 작은 직사각형으로 만들자. 작은 직사각형 $R_{ij}=[x_{i-1},x_i]\times[y_{j-1},y_j]$를 잡자. 작은 직사각형 R_{ij} 위의 함수 f의 그래프를 작은 곡면 ΔS_{ij}라고 하자. ([그림 12.49] 참고)

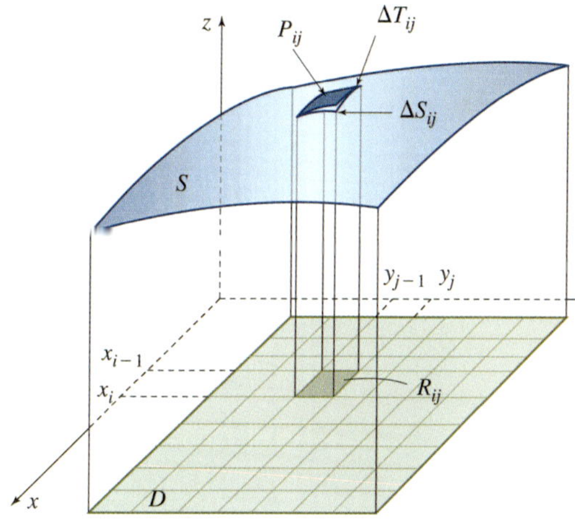

[그림 12.49]

곡면 S의 표면적 A는 ΔS_{ij}의 넓이의 합이다. ΔS_{ij}의 넓이의 근삿값을 구해보자. ΔS_{ij}의 꼭짓점에서 두 벡터를 다음과 같이 놓자. ([그림 12.50](a) 참고)

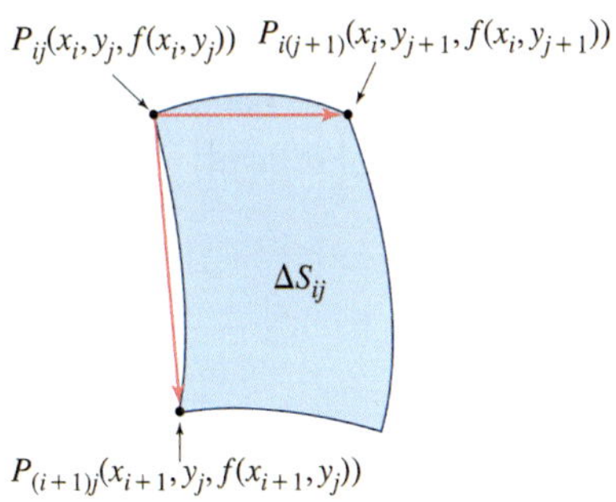

[그림 12.50](a)

$$\overrightarrow{P_{ij}P_{(i+1)j}}=\langle x_{i+1}-x_i, 0, f(x_{i+1},y_j)-f(x_i,y_j)\rangle$$
$$\overrightarrow{P_{ij}P_{i(j+1)}}=\langle 0, y_{j+1}-y_j, f(x_i,y_{j+1})-f(x_i,y_j)\rangle$$

x축과 y축에 대한 이변수함수 $f(x,y)$의 평균값 정리를 적용하면 다음을 만족하는 s_i와 t_j가 구간 $[x_i,x_{i+1}]$와 구간 $[y_j,y_{j+1}]$에 각각 존재한다.

$$\frac{f(x_{i+1},y_j)-f(x_i,y_j)}{x_{i+1}-x_i}=f_x(s_i,y_j)\text{이고 }\frac{f(x_i,y_{j+1})-f(x_i,y_j)}{y_{j+1}-y_j}=f_y(x_i,t_j)$$

$\Delta x_i=x_{i+1}-x_i$이고 $\Delta y_j=y_{j+1}-y_j$라고 놓자. 편도함수 f_x와 f_y가 연속이므로 다음과 같이 근사할 수 있다.

$$f(x_{i+1}, y_j) - f(x_i, y_j) = f_x(s_i, y_j)\Delta x_i \approx f_x(x_i, y_j)\Delta x_i$$
$$f(x_i, y_{j+1}) - f(x_i, y_j) = f_y(x_i, t_j)\Delta y_j \approx f_y(x_i, y_j)\Delta y_j$$

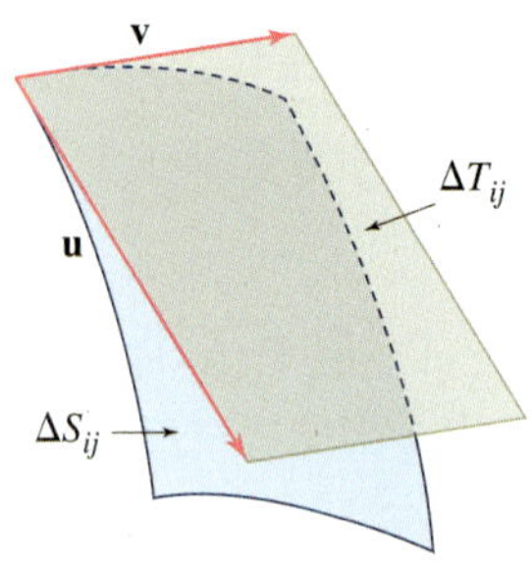

[그림 12.50](b)

두 벡터 $\overrightarrow{P_{ij}P_{(i+1)j}}$와 $\overrightarrow{P_{ij}P_{i(j+1)}}$를 다음과 같이 근사적으로 두 벡터 **u**와 **v**로 쓸 수 있다. ([그림 12.50](b) 참고)

$$\mathbf{u} = \langle \Delta x_i,\ 0,\ f_x(x_i, y_j)\Delta x_i \rangle,\quad \mathbf{v} = \langle 0,\ \Delta y_j,\ f_y(x_i, y_j)\Delta y_j \rangle$$

두 벡터 **u**와 **v**로 이루어진 평행사변형의 넓이 ΔT_{ij}를 구하자. 그러면

$$\begin{aligned}&[\Delta S_{ij}\text{의 넓이}]\\ &\approx [\text{두 벡터 } \overrightarrow{P_{ij}P_{(i+1)j}}\text{와 } \overrightarrow{P_{ij}P_{i(j+1)}}\text{에 의한 평행사변형의 넓이}]\\ &\approx [\text{두 벡터 } \mathbf{u}\text{와 } \mathbf{v}\text{에 의한 평행사변형의 넓이}]\\ &= \Delta T_{ij}.\end{aligned}$$

두 벡터 **u**와 **v**로 만들어진 평행사변형의 넓이 $\Delta T_{ij} = \|\mathbf{u}\times\mathbf{v}\|$이다.

$$\begin{aligned}\mathbf{u}\times\mathbf{v} &= \langle \Delta x_i,\ 0,\ f_x(x_i, y_j)\Delta x_i \rangle \times \langle 0,\ \Delta y_j,\ f_y(x_i, y_j)\Delta y_j \rangle\\ &= \langle -f_x(x_i, y_j)\Delta x_i \Delta y_j,\ -f_y(x_i, y_j)\Delta x_i\Delta y_j,\ \Delta x_i\Delta y_j \rangle\end{aligned}$$

그러므로 $\Delta T_{ij} = \|\mathbf{u}\times\mathbf{v}\| = \sqrt{[f_x(x_i, y_j)]^2 + [f_y(x_i, y_j)]^2 + 1}\,\Delta x_i \Delta y_j$이다.
곡면 S의 표면적 A는 다음과 같이 근사할 수 있다.

$$\begin{aligned}&\text{곡면 } S\text{의 표면적 } A\\ &= \sum_{i,j}[\Delta S_{ij}\text{의 넓이}] \approx \sum_{i,j}[\Delta T_{ij}]\\ &= \sum_{i,j}\left[\sqrt{[f_x(x_i, y_j)]^2 + [f_y(x_i, y_j)]^2 + 1}\right]\Delta x_i \Delta y_j\end{aligned}$$

작은 평행사변형의 넓이 ΔT_{ij}의 합은 분할 P에 대한 연속인 이변수함수 $\sqrt{f_x^2(x, y) + f_y^2(x, y) + 1}$의 이중리만합이다.
영역 D에서 편도함수 f_x와 f_y가 연속인 함수 $f(x, y)$에 대하여 D의 분할 P을 무한히 세밀하게 분할하면 이중리만합의 극한이 존재한다. 극한은 곡면 S의 표면적 A이고 이변수함수 $\sqrt{f_x^2(x, y) + f_y^2(x, y) + 1}$의 이중리만합은 이중적분으로 표현된다. 그러므로

$$\begin{aligned}\text{곡면 } S\text{의 표면적 } A &= \lim_{\|P\|\to 0}\sum_{i,j}[\Delta S_{ij}\text{의 넓이}]\\ &= \lim_{\|P\|\to 0}\sum_{i,j}[\Delta T_{ij}]\\ &= \lim_{\|P\|\to 0}\sum_{i,j}\left[\sqrt{[f_x(x_i, y_j)]^2 + [f_y(x_i, y_j)]^2 + 1}\right]\Delta x_i\Delta y_j\\ &= \iint_D \sqrt{f_x^2(x, y) + f_y^2(x, y) + 1}\, dA.\end{aligned}$$

$$\text{곡면 } S\text{의 표면적 } A = \iint_D \sqrt{f_x^2(x,y) + f_y^2(x,y) + 1}\, dA$$

지금까지 직사각형 D에서 정의된 이변수함수의 그래프인 곡면 $S : z = f(x,y)$의 표면적을 구하는 식을 구하였다. D가 직사각형이 아니고 일반적인 유계이고 닫힌 영역인 경우에도 비슷한 과정으로 다음과 같이 표면적을 구할 수 있다.

[주의] 곡면 S의 표면적을 구하기 위해서는 곡면 S가 영역 D에서 정의된 이변수함수 $f(x,y)$의 그래프의 형태이어야 한다. 그러므로 곡면 S를 표현하는 영역 D와 이변수함수 $f(x,y)$를 가장 먼저 구해야 한다.

[정리 12.10: 곡면의 표면적] 유계이고 닫힌 영역 D에서 정의된 미분가능한 이변수함수 f의 편도함수 f_x와 f_y가 연속이라고 하자. 그러면 집합 D에서 이변수함수 f의 그래프인 곡면 S의 **표면적** A는 다음과 같다.

$$A = \iint_D \sqrt{f_x^2(x,y) + f_y^2(x,y) + 1}\, dA$$

[예제 12.24] 평면의 제1사분면에 있는 원 $x^2 + y^2 = 4$의 내부인 영역 D에서 정의된 함수 $f(x,y) = 6 - 2x - 2y$의 그래프 S의 표면적 A를 구하여라. [연습문제 1~4]

[풀이] 영역 D에서 정의된 함수 $f(x,y) = 6 - 2x - 2y$의 그래프는 평면 $2x + 2y + z = 6$의 일부이고 [그림 12.51](a)이다. 함수 $f(x,y) = 6 - 2x - 2y$의 편도함수를 구하면 다음과 같다.

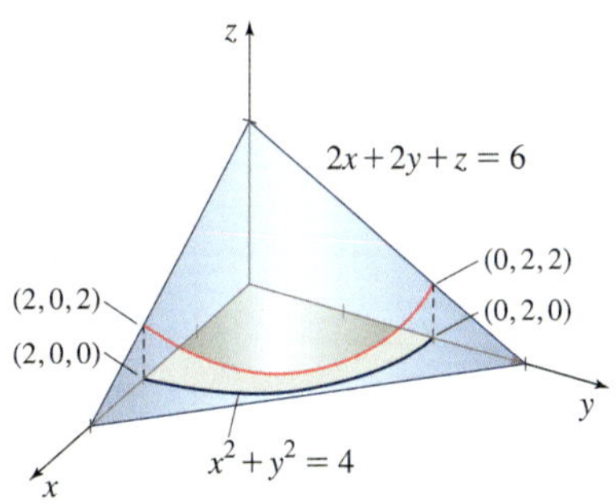

[그림 12.51](a)

$$f_x(x,y) = -2,\ f_y(x,y) = -2$$

영역 D에서 f_x와 f_y는 연속이므로 [정리 12.10: 곡면의 표면적]에 의하여 표면적 A는 다음과 같이 이중적분으로 표현된다.

$$A = \iint_D \sqrt{(-2)^2 + (-2)^2 + 1}\, dA = \iint_D 3\, dA$$

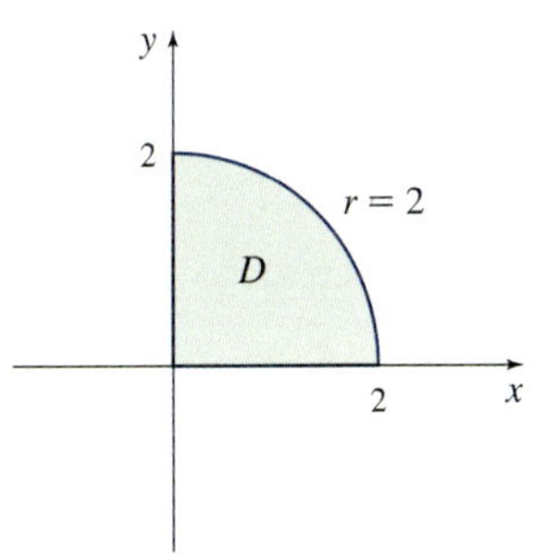

[그림 12.51](b)

영역 D는 중심이 원점이고 반지름이 2인 원의 내부에서 제1사분면에 놓인 영역이다. ([그림 12.51](b) 참고) 영역 D 위의 극좌표형 반복적분으로 표현하면

- r축을 따라 $r = 0$에서 $r = 2$까지 적분하고
- θ축을 따라 $\theta = 0$에서 $\theta = \frac{\pi}{2}$까지 적분한다.

영역 D 위의 이중적분 $\iint_D 3\, dA$을 극좌표형 반복적분으로 표현하여 구해보자.

$$\iint_D 3\, dA = \int_0^{\frac{\pi}{2}} \int_0^2 3r\, dr\, d\theta = \int_0^{\frac{\pi}{2}} \left[\frac{3}{2}r^2\right]_0^2 d\theta$$

$$= \int_0^{\frac{\pi}{2}} (6)\, d\theta = [6\theta]_0^{\frac{\pi}{2}} = 3\pi$$

그러므로 곡면 S의 표면적 A는 3π이다. ■

방정식 형태로 주어진 곡면 S의 표면적을 구하는 경우 방정식 형태의 곡면을 평면에 있는 영역 D에서 정의된 이변수함수 $f(x,y)$의 그래프가 되도록 영역 D와 함수 $f(x,y)$를 만들어야 [정리 12.10: 곡면의 표면적]을 적용하여 곡면 S의 표면적 A를 구할 수 있다.

예를 들어서 곡면이 포물면 $z=x^2+y^2$인 경우 이변수함수 $f(x,y)=x^2-y^2$으로 놓는다.

[예제 12.25] xy-평면인 $z=0$의 윗부분에 있는 포물면 $z=2-x^2-y^2$의 표면적 A를 구하여라. [연습문제 5~8]

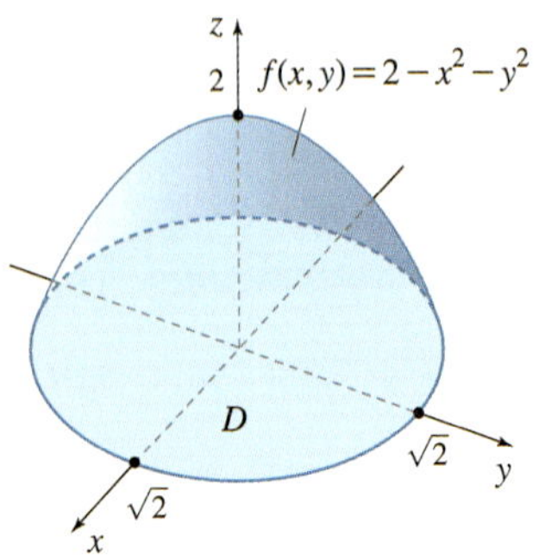

[그림 12.52](a)

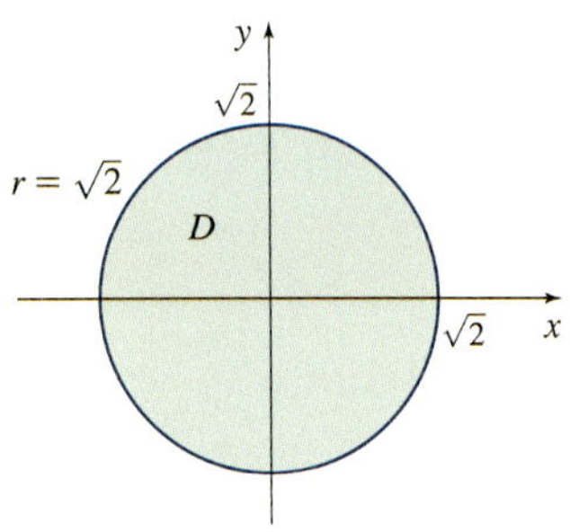

[그림 12.52](b)

[풀이] xy-평면인 $z=0$의 윗부분에 있는 포물면 $z=2-x^2-y^2$은 [그림 12.52](a)이다. 포물면 $z=2-x^2-y^2$이 평면 $z=0$과 만나는 곡선은 원 $x^2+y^2=2$이다. 영역 D를 중심이 원점 $(0,0)$이고 반지름이 $\sqrt{2}$인 원과 원의 내부라고 놓자. ([그림 12.52](b) 참고)

그러므로 평면 $z=0$의 윗부분에 있는 포물면 $z=2-x^2-y^2$은 영역 D에서 정의된 이변수함수 $z=f(x,y)=2-x^2-y^2$의 그래프이다. 함수 $f(x,y)$의 편도함수 f_x와 f_y를 구하면 다음과 같다.

$$f_x(x,y)=-2x,\ f_y(x,y)=-2y$$

영역 D에서 f_x와 f_y는 연속이므로 [정리 12.10: 곡면의 표면적]에 의하여 평면 $z=0$의 윗부분에 있는 포물면의 표면적 A는 다음과 같다.

$$A=\iint_D \sqrt{f_x^2(x,y)+f_y^2(x,y)+1}\,dA=\iint_D \sqrt{4x^2+4y^2+1}\,dA$$

영역 D는 중심이 원점이고 반지름이 $\sqrt{2}$인 원 $r=\sqrt{2}$의 내부이므로 영역 D 위의 극좌표형 반복적분으로 표현하면

- r축을 따라 $r=0$에서 $r=\sqrt{2}$까지 적분하고
- θ축을 따라 $\theta=0$에서 $\theta=2\pi$까지 적분한다.

영역 D에서 정의된 이변수함수 $f(x,y)=2-x^2-y^2$의 극좌표형 표현은 $f(r,\theta)=1-r^2$이다.

그러므로 영역 D 위의 이중적분을 극좌표형 반복적분으로 표현하여 구해보자.

$$\iint_D \sqrt{4x^2+4y^2+1}\,dA=\int_0^{2\pi}\int_0^{\sqrt{2}}\sqrt{4r^2+1}\,r\,dr\,d\theta$$

$$=\int_0^{2\pi}\left[\frac{1}{12}(4r^2+1)^{\frac{3}{2}}\right]_0^{\sqrt{2}}d\theta \qquad \text{치환적분 적용}$$

$$= \frac{1}{12}\int_0^{2\pi} 26\,d\theta = \frac{13}{3}\pi.$$

그러므로 표면적 A는 $\frac{13}{3}\pi$이다. ■

[예제 12.26] 구 $x^2+y^2+z^2=4$의 평면 $z=1$의 윗부분의 표면적을 구하여라.
[연습문제 5~8]

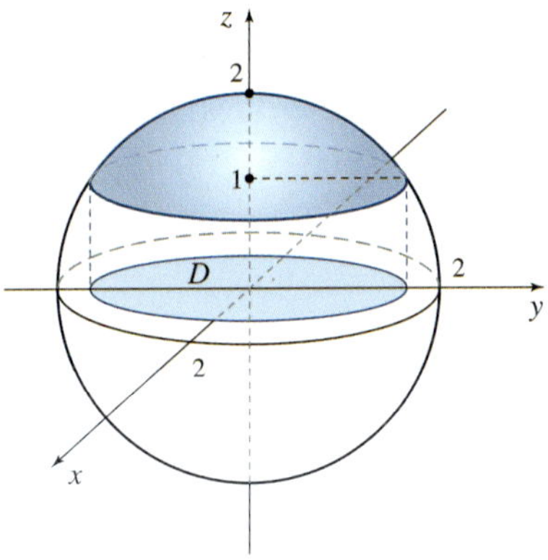

[그림 12.53]

[풀이] 구 $x^2+y^2+z^2=4$의 평면 $z=1$의 윗부분에 해당하는 곡면 S을 그리면 [그림 12.53]이다. $x^2+y^2+z^2=4$과 평면 $z=1$이 만나는 곡선은 원 $x^2+y^2=3$이다. 영역 D를 중심이 원점 $(0,0)$이고 반지름이 $\sqrt{3}$인 원 $x^2+y^2=3$의 내부라고 놓자. ([그림 12.53] 참고) 그러므로 구 $x^2+y^2+z^2=4$에서 평면 $z=1$의 윗부분의 곡면은 영역 D에서 정의된 이변수함수 $f(x,y)=\sqrt{4-x^2-y^2}$의 그래프이다. ([그림 12.53] 참고)

함수 $f(x,y)=\sqrt{4-x^2-y^2}$의 편도함수를 구하면 다음과 같다.

$$f_x(x,y) = -\frac{x}{\sqrt{4-x^2-y^2}},\ f_y(x,y) = -\frac{y}{\sqrt{4-x^2-y^2}}$$

영역 D에서 f_x와 f_y는 연속이므로 [정리 2.10: 곡면의 표면적]에 의하여 평면 $z=1$ 위에 있는 구 $x^2+y^2+z^2=4$의 표면적 A는 다음과 같다.

$$\begin{aligned} A &= \iint_D \sqrt{f_x^2(x,y)+f_y^2(x,y)+1}\,dA \\ &= \iint_D \sqrt{\left(-\frac{x}{\sqrt{4-x^2-y^2}}\right)^2+\left(-\frac{y}{\sqrt{4-x^2-y^2}}\right)^2+1}\,dA \\ &= \iint_D \sqrt{\frac{4}{4-x^2-y^2}}\,dA \end{aligned}$$

영역 D가 $x^2+y^2\le 3$이므로 영역 D 위의 극좌표형 반복적분으로 표현하면

- r축을 따라 $r=0$에서 $r=\sqrt{3}$까지 적분하고
- θ축을 따라 $\theta=0$에서 $\theta=2\pi$까지 적분한다.

영역 D 위의 함수 $f(x,y)=\sqrt{\frac{4}{4-x^2-y^2}}$의 극좌표형 표현은 $f(r,\theta)=\sqrt{\frac{4}{4-r^2}}$이다.

그러므로 영역 D 위의 이중적분을 극좌표형 반복적분으로 표현하여 구해보자.

$$\begin{aligned} A &= \iint_D \sqrt{\frac{4}{4-x^2-y^2}}\,dA \\ &= \int_0^{2\pi}\left[\int_0^{\sqrt{3}} \sqrt{\frac{4}{4-r^2}}\,r\,dr\right]d\theta \\ &= \int_0^{2\pi}\left[\int_1^4 \sqrt{\frac{1}{u}}\,du\right]d\theta \end{aligned}$$

$4-r^2=u$라고 치환하면
$-2r\,dr=du$이고
u의 적분구간은 $u=1$에서 $u=4$

$$= \int_0^{2\pi} [2\sqrt{u}\,]_1^4 d\theta = \int_0^{2\pi} 2d\theta = 4\pi.$$

평면 $z=1$의 윗부분에 있는 구 $x^2+y^2+z^2=4$의 표면적 A는 4π이다. ■

연습문제

• Part 1

[1-4] 다음 곡면 S의 표면적을 구하여라. [예제 12.24]

1. 영역 D가 xy-평면에서 직선 $x=0$, $x=3$, $y=0$, $y=2$에 의해 둘러싸인 직사각형일 때 영역 D에서 정의된 함수 $f(x,y)=2x^{\frac{3}{2}}+1$의 그래프인 곡면 S의 표면적 A를 구하여라.
2. 영역 D가 xy-평면의 제1사분면에 있는 $x^2+y^2=1$의 내부일 때 영역 D에서 정의된 함수 $f(x,y)=4-x-y$의 그래프인 곡면 S의 표면적 A를 구하여라.
3. 영역 D가 xy-평면에서 원 $x^2+y^2\le 4$와 $x\ge 0$의 공통부분일 때 영역 D에서 정의된 함수 $f(x,y)=\frac{1}{2}x^2+\sqrt{2x}y+1$의 그래프인 곡면 S의 표면적을 구하여라.
4. 그림과 같이 중심이 원점이고 반지름이 1인 원의 내부에서 제1사분면에 해당하는 부분인 영역 D에서 정의된 함수 $f(x,y)=2-x-y$의 그래프인 곡면 S의 표면적을 구하여라.

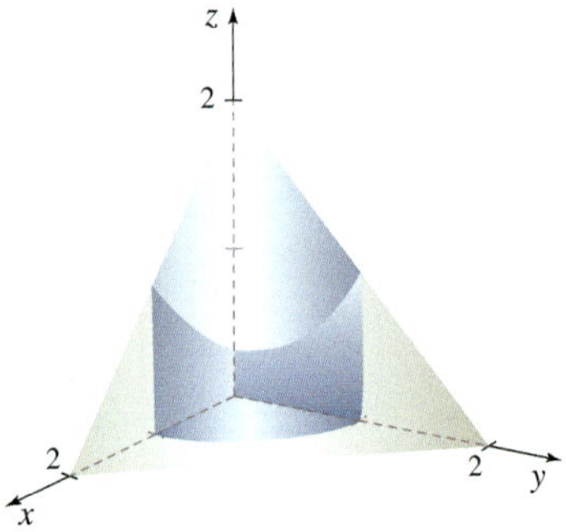

[5-8] 다음을 구하여라. [예제 12.25~12.26]

5. 평면 $z=9$의 아래에 있는 포물면 $z=x^2+y^2$의 표면적을 구하여라.
6. xy-평면의 윗부분에 있는 포물면 $z=4-x^2-y^2$의 표면적을 구하여라.
7. 포물면 $z=4-x^2-y^2$에서 평면 $z=1$의 윗부분의 표면적을 구하여라.
8. xy-평면의 윗부분에 있는 원뿔 $z=4-\sqrt{x^2+y^2}$의 표면적을 구하여라.

• Part 2

9. 그림과 같이 $x=0$, $x=1$, $y=0$, $y=2$로 둘러싸인 영역 D에서 정의된 함수 $f(x,y)=\sqrt{4-x^2}$의 그래프인 곡면 S의 표면적 A를 구하여라.

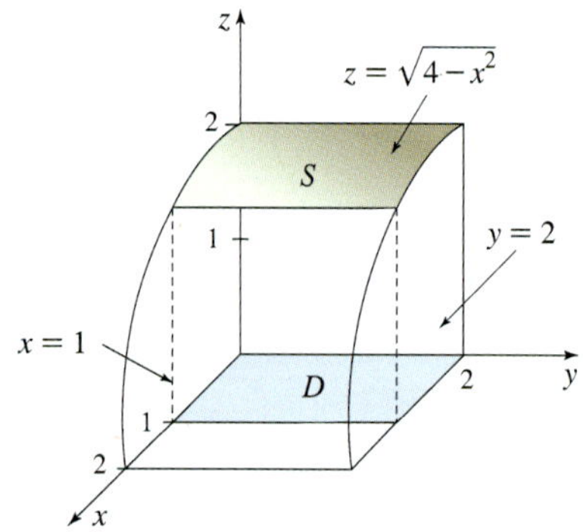

10. 세 꼭짓점 $(0,0)$, $(1,0)$, $(0,1)$로 이루어진 삼각형의 내부인 영역 D에서 정의된 함수 $f(x,y)=4+5x+3y$의 그래프인 곡면 S의 표면적 A를 구하여라.
11. x축, y축, $x=\frac{\pi}{4}$ 곡선 $y=\tan x$로 둘러싸인 영역 D에서 정의된 함수 $f(x,y)=\ln|\sec x|$의 그래프인 곡면 S의 표면적 A를 구하여라.

[12-13] 주어진 영역 D에서 정의된 함수 $f(x,y)$의 그래프인 곡면 S의 표면적을 구하여라.

12. 영역 D가 $0\le x\le 2$이고 $0\le y\le 2$인 직사각형일 때 함수 $f(x,y)=\sqrt{4-y^2}$의 그래프의 표면적
13. 영역 D는 세 점 $(0,0)$, $(0,1)$, $(1,1)$을 꼭짓점으로 하는 삼각형의 내분일 때 함수 $f(x,y)=1+3x+2y^2$의 그래프

14. 영역 D는 $0\le x\le 1$, $0\le y\le 2$인 직사각형일 때 영역 D에서 정의된 함수 $f(x,y)=\frac{2}{3}(x^{3/2}+y^{3/2})$의 그래프 S의 표면적을 이중적분으로 표현하여라.

12.6 삼중적분

12.6.1 직육면체 위의 삼중적분과 반복적분

평면 위의 유계이고 닫힌 영역 D에서 연속인 이변수함수 $f(x,y)$의 이중적분(double integral)을 공부하였다. 공간 위의 유계이고 닫힌 영역 E에서 연속인 삼변수함수 $f(x,y,z)$의 **삼중적분**(triple integral)을 알아보자. 삼변수함수 $f(x,y,z)$의 삼중적분(triple integral)은 이중적분과 비슷한 과정으로 정의한다. 이중적분은 공간의 입체의 부피를 의미한다. 즉 평면의 영역과 이변수함수의 그래프 사이의 입체의 부피를 의미한다. 그러나 삼중적분에 대해 삼변수함수의 그래프가 공간에서 볼 수 있는 도형이 아니므로 삼중적분을 도형의 부피를 의미하는 것으로 정의하지는 않을 예정이다. 그럼에도 삼중적분은 벡터장과 유체의 흐름을 공부하는 데 중요하게 사용되는 개념이다.

공간의 직교좌표의 기본도형은 직육면체이고 직육면체의 부피 V는 다음과 같다.

$$V = \text{가로} \times \text{세로} \times \text{높이}$$

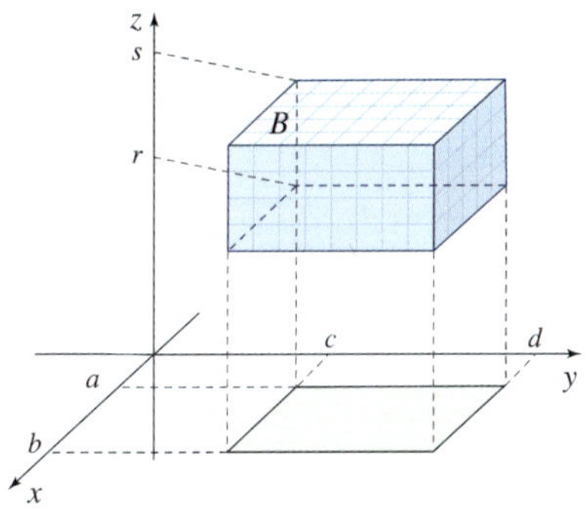

[그림 12.54](a)

우선 직육면체 $B = [a,b]\times[c,d]\times[r,s]$에서 정의된 연속인 삼변수함수 $f(x,y,z)$를 생각하자. 첫 단계로 직육면체 B를 [그림 12.54](a)에서와 같이 분할 P를 잡으면 작은 직육면체 B_{ijk}으로 나누어 진다. 이때 작은 직육면체는 다음과 같다.

$$B_{ijk} = [x_{i-1}, x_i] \times [y_{j-1}, y_j] \times [z_{k-1}, z_k]$$

$\Delta x_i = x_i - x_{i-1}$, $\Delta y_j = y_j - y_{j-1}$이고 $\Delta z_k = z_k - z_{k-1}$라고 놓으면 작은 직육면체 B_{ijk}의 부피 ΔV_{ijk}는 다음과 같다. ([그림 12.54](b) 참고)

$$\Delta V_{ijk} = \Delta x_i \Delta y_j \Delta z_k$$

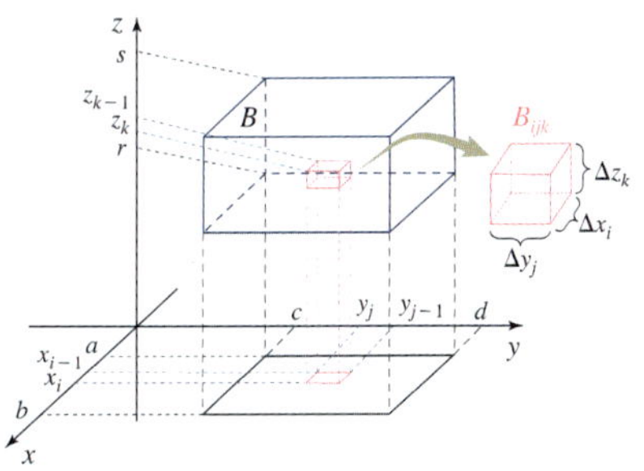

[그림 12.54](b)

각 작은 직육면체 B_{ijk}에서 점 $(\overline{x_i}, \overline{y_j}, \overline{z_k})$을 하나 잡으면 영역 B의 분할 P에 대한 함수 f의 **삼중리만합**(triple Riemann sum)은 다음과 같다.

$$\sum_i \sum_j \sum_k f(\overline{x_i}, \overline{y_j}, \overline{z_k}) \Delta V_{ijk}$$

삼변수함수 $f(x,y,z)$가 집합 B에서 연속이고 집합 B의 분할 P를 점점 무한히 세분하면 삼중리만합의 극한이 존재하고 영역 B에서의 삼변수함수 f가 적분가능하다. 삼중리만합의 극한을 영역 B에서의 **삼변수함수 f의 삼중적분**으로 다음과 같다.

$$\iiint_B f(x,y,z)\,dV = \lim_{\|P\| \to 0} \sum_i \sum_j \sum_k f(\overline{x_i}, \overline{y_j}, \overline{z_k}) \Delta V_{ijk}$$

이중적분과 비슷하게 삼중적분도 실제적인 적분은 세 번의 실함수 적분을 반복하는 **반복적분**으로 삼중적분의 값을 구한다. 이때 연속인 함수 $f(x,y,z)$에 대해 반복적분은 적분의 순서에 상관없이 같은 적분값을 갖는다.

[정리 12.11: 직육면체에서 삼중적분의 푸비니 정리 I(Fubini's Theorem)]

삼변수함수 $f(x,y,z)$가 직육면체 $B=[a,b]\times[c,d]\times[r,s]$에서 연속이면 영역 B에서의 삼중적분 $\iiint_B f(x,y,z)\,dV$은 다음 6가지의 **반복적분**으로 구할 수 있다.

(1) 가장 먼저 x축을 따라 적분하는 경우

$$\iiint_B f(x,y,z)\,dV=\int_r^s\int_c^d\left[\int_a^b f(x,y,z)\,dx\right]dy\,dz$$
$$=\int_c^d\int_r^s\left[\int_a^b f(x,y,z)\,dx\right]dz\,dy$$

(2) 가장 먼저 y축을 따라 적분하는 경우

$$\iiint_B f(x,y,z)\,dV=\int_r^s\int_a^b\left[\int_c^d f(x,y,z)\,dy\right]dx\,dz$$
$$=\int_a^b\int_r^s\left[\int_c^d f(x,y,z)\,dy\right]dz\,dx$$

(3) 가장 먼저 z축을 따라 적분하는 경우

$$\iiint_B f(x,y,z)\,dV=\int_a^b\int_c^d\left[\int_r^s f(x,y,z)\,dz\right]dy\,dx$$
$$=\int_c^d\int_a^b\left[\int_r^s f(x,y,z)\,dz\right]dx\,dy$$

[예제 12.27] 직육면체 B가 $[0,1]\times[1,3]\times[-1,2]$일 때 삼중적분 $\iiint_B 6x^2yz\,dV$을 다음 순서의 반복적분으로 구하여라. [연습문제 1~4]

(1) $dy\,dx\,dz$ (2) $dx\,dy\,dz$

[주의] 반복적분에서 각 축을 따라서 정적분을 하는 경우 경계값을 대입하는 변수를 잘 살펴야 한다. 즉, x축을 따라 적분을 할 경우 경계값을 변수 x에 넣어야 한다.

[풀이] (1) y축, x축, z축을 따라 순서대로 반복적분을 표현하고 구해보자.

$$\iiint_B 6x^2yz\,dV=\int_{-1}^2\int_0^1\int_1^3(6x^2yz)\,dy\,dx\,dz$$
$$=\int_{-1}^2\int_0^1[3x^2y^2z]_1^3\,dx\,dz=\int_{-1}^2\int_0^1(3x^2z(9-1))\,dx\,dz$$
$$=\int_{-1}^2\int_0^1(24x^2z)\,dx\,dz$$
$$=\int_{-1}^2[8x^3z]_0^1\,dz=\int_{-1}^2 8z\,dz$$

$$= \left[4z^2\right]_{-1}^{2} = 4(4-1) = 12$$

즉, $\iiint_B 6x^2yz\,dV = \int_{-1}^{2}\int_{0}^{1}\int_{1}^{3}(6x^2yz)\,dy\,dx\,dz = 12.$

(2) x축, y축, z축을 따라 순서대로 반복적분을 표현하여 계산해 보자.

$$\begin{aligned}\iiint_B 6x^2yz\,dV &= \int_{-1}^{2}\int_{1}^{3}\int_{0}^{1}(6x^2yz)\,dx\,dy\,dz \\ &= \int_{-1}^{2}\int_{1}^{3}\left[2x^3yz\right]_0^1 dy\,dz = \int_{-1}^{2}\int_{1}^{3} 2yz\,dy\,dz \\ &= \int_{-1}^{2}\left[y^2z\right]_1^3 dz = \int_{-1}^{2} 8z\,dz = \left[4z^2\right]_{-1}^{2} = 4(4-1) = 12.\end{aligned}$$

즉, $\iiint_B 6x^2yz\,dV = \int_{-1}^{2}\int_{1}^{3}\int_{0}^{1}(6x^2yz)\,dx\,dy\,dz = 12.$ ■

12.6.2 일반영역 위의 삼중적분과 반복적분

직육면체에서의 삼변수함수의 삼중적분을 공부하였다. 이제는 공간에서 일반적인 유계이고 닫힌 영역 E 위의 삼변수함수의 삼중적분을 알아보자. 직사각형에서의 이중적분을 평면에서의 일반적인 유계이고 닫힌 영역에서 정의된 이중적분으로 확장하는 과정과 비슷하다. 공간에서의 유계이고 닫힌 영역 E에서 연속인 삼변수함수 $f(x, y, z)$의 삼중적분을 구해보자. 공간에서의 유계이고 닫힌 영역 E을 둘러싸는 직육면체 B를 잡자. 영역 E에서 정의된 삼변수함수 f를 직육면체 B에서의 함수 $\bar{f}$로 확장하여 다음과 같이 정의한다.

$$\bar{f}(x,y,z) = \begin{cases} f(x,y,z), & (x,y,z)\text{가 } E\text{에 있을 때} \\ 0, & (x,y,z)\text{가 } E\text{에 있지 않을 때} \end{cases}$$

그러면 직육면체 B에서의 함수 $\bar{f}$가 적분가능하면 집합 E에서의 함수 f가 적분가능하고 다음과 같이 **영역 E에서 함수 f의 삼중적분**을 정의한다.

$$\iiint_E f(x,y,z)\,dV = \iiint_B \bar{f}(x,y,z)\,dV$$

평면의 일반 유계이고 닫힌 영역 D에서의 이중적분에서 영역 D가 수직적 단순영역 또는 수평적 단순영역인 경우 이중적분을 반복적분으로 표현할 수 있고 이를 일반영역에서의 이중적분의 푸비니 정리라고 한다. ([정리 12.5]와 [정리 12.6] 참고) 공간에서의 일반 유계이고 닫힌 영역 E에서의 삼중적분을 **반복적분으로 표현**할 수 있는 3가지 형태의 입체인 영역 E를 살펴보자. 즉, 3가지 형태의 영역 E인 **유형 1** (Type 1), **유형 2**(Type 2), **유형 3**(Type 3)을 알아보자.

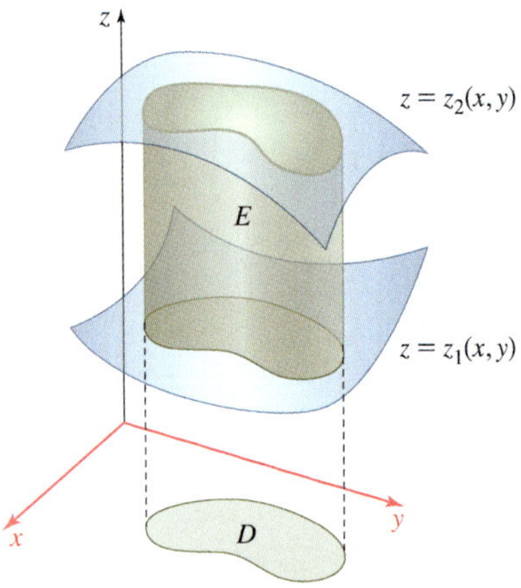

[그림 12.55]
유형 1(Type 1)인 입체 E

* 삼중적분은 적분 영역의 형태를 보고 축을 하나 선택하여 먼저 적분을 하면 이중적분이 된다.

◐ 유형 1(Type 1)인 영역 E 위의 반복적분

우선 유형 1(Type 1)인 영역 E를 알아보자. xy-평면에 있는 유계이고 닫힌 영역 D에서 연속인 두 함수 $z = z_1(x, y)$ 와 $z = z_2(x, y)$가 있고 $z_1(x, y) \le z_2(x, y)$라고 하자. [그림 12.55]와 같이 영역 D에서의 아랫곡면인 함수 $z = z_1(x, y)$의 그래프와 윗곡면인 함수 $z = z_2(x, y)$의 그래프 사이에 놓인 입체 E를 유형 1(Type 1)이라고 한다.

> **[정리 12.12: 유형 1(Type 1) 위의 푸비니 정리(Fubini's Theorem)]**
> 영역 E는 xy-평면에 있는 영역 D에서 두 함수가 $z_1(x, y) \le z_2(x, y)$이고 함수 $z = z_1(x, y)$의 그래프와 함수 $z = z_2(x, y)$의 그래프 사이에 놓여있는 유형 1(Type 1)인 입체라고 하자. ([그림 12.55] 참고)*
> 그러면 영역 E에서 연속함수 f의 삼중적분은 z축을 따라 먼저 적분하는 다음과 같은 반복적분으로 표현할 수 있다.
>
> $$\iiint_E f(x, y, z)\, dV = \iint_D \left[\int_{z_1(x, y)}^{z_2(x, y)} f(x, y, z)\, dz \right] dA$$

[정리 12.12: 유형 1(Type 1) 위의 푸비니 정리]에서의 반복적분은

- 가장 먼저 z축을 따라 적분을 한다.
- 반복적분 $\iint_D \left[\int_{z_1(x, y)}^{z_2(x, y)} f(x, y, z)\, dz \right] dA$의 외부적분은 영역 D 위의 이중적분이다. 영역 D의 형태가 수직적 단순영역 또는 수평적 단순영역인지에 따라 x축과 y축의 반복적분으로 표현하여 이중적분을 구한다. 또한 평면의 영역 D의 형태가 극방정식 표현이면 영역 D 위의 이중적분을 극좌표형 반복적분으로 표현하여 이중적분을 구한다.
- 삼중적분은 z축을 따라 내부 적분을 하고 이중적분으로 만든다.

** 직교좌표계를 갖춘 공간에서 제1팔분공간은 $x \ge 0$, $y \ge 0$, $z \ge 0$인 영역이다.

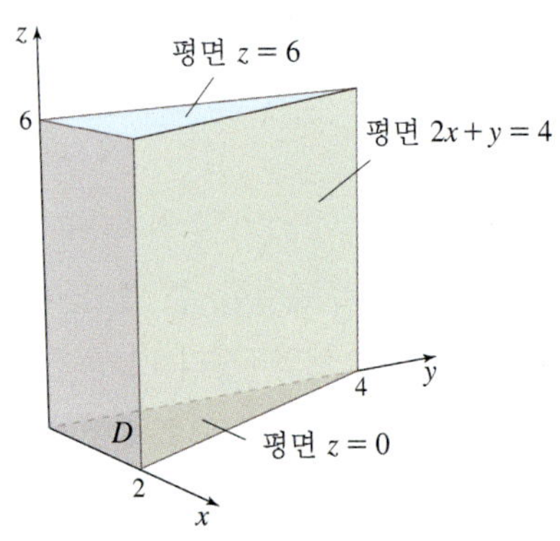

[그림 12.56]

[예제 12.28] 입체 E가 공간의 제1팔분공간**과 두 평면 $2x + y = 4$와 $z = 6$으로 둘러싸인 영역일 때 입체 E에서 삼중적분 $\iiint_E z\, dV$를 구하여라. ([그림 12.56] 참고) [연습문제 5~6]

[풀이] [그림 12.56]의 입체 E는 [유형 1]이고 공간의 제1팔분공간에서 xy-평면에 있는 영역 D 위의 두 함수 $z_1 = 0$과 $z_2 = 6$으로 둘러싸인 입체 영역이다. 이때, 영역 D는 3개의 직선 $x = 0$, $y = 0$, $2x + y = 4$으로 둘러싸인 삼각형이다. ([그림 12.57] 참고)

[정리 12.12: 유형 1(Type 1) 위의 푸비니 정리]에 의해서 입체 E 위의 삼중적분을 먼저 z축을 따라 아랫평면 $z = 0$에서 윗평면 $z = 6$까지 적분하는 반복적분으로 변환

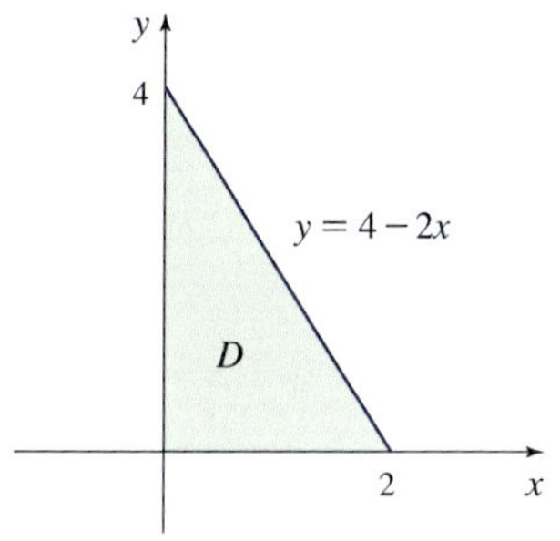

[그림 12.57]

하여 평면의 영역 D에서의 이중적분으로 구해보자.

$$\iiint_E z\,dV = \iint_D \left[\int_0^6 z\,dz\right] dA = \iint_D \left[\frac{1}{2}z^2\right]_0^6 dA = \iint_D 18\,dA$$

[그림 12.56]에서 보면 영역 D는 수직적 단순영역으로 볼 수 있고 다음과 같은 반복적분으로 표현하면

- y축을 따라 $y=0$에서 $y=4-2x$까지 먼저 적분하고
- x축을 따라 $x=0$에서 $x=2$까지 적분한다.

영역 D에서의 이중적분을 반복적분으로 표현하여 구해보자.

$$\begin{aligned}\iint_D 18\,dA &= \int_0^2\int_0^{4-2x} 18\,dy\,dx = \int_0^2 [18y]_0^{4-2x}\,dx \\ &= \int_0^2 18(4-2x)\,dx = \int_0^2 (72-36x)\,dx \\ &= [72x-18x^2]_0^2 = 144-72 = 72.\end{aligned}$$

그러므로 삼중적분 $\iiint_E z\,dV = 72$이다. ■

[예제 12.29] 입체 E가 공간의 제1팔분공간과 두 평면 $z=x+y$와 $z=1$로 둘러싸인 영역일 때 삼중적분 $\iiint_E xy\,dV$를 구하여라. [연습문제 7~8]

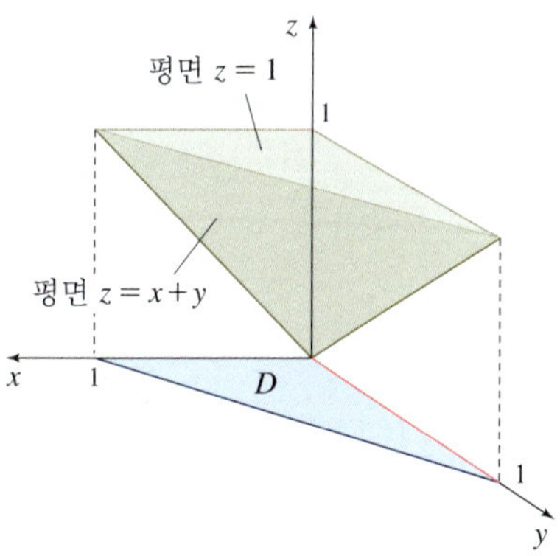

[그림 12.58]

* 영역 D를 구해보자.
두 평면 $z=x+y$와 $z=1$이 만나는 직선을 구하면 $x+y=1$이다. 그러므로 xy-평면에 있는 영역 D는 제1사분면에서 직선 $x+y=1$로 둘러싸인 삼각형이다.

[풀이] [그림 12.58]의 입체 E는 [유형 1]이고 공간의 제1팔분공간에서 xy-평면에 있는 영역 D 위의 두 함수 $z_1(x,y)=x+y$와 $z_2=1$의 그래프 사이에 놓인 영역으로 사면체임을 알 수 있다. 이때, 영역 D*는 3개의 직선 $x+y=1, x=0, y=0$으로 둘러싸인 삼각형이다. ([그림 12.58] 참고)

[정리 12.12: 유형 1(Type 1) 위의 푸비니 정리]에 의해서 입체 E 위의 삼중적분을 먼저 z축을 따라 아랫곡면 $z=x+y$에서 윗곡면 $z=1$까지 적분하는 반복적분으로 변환하여 평면의 영역 D에서의 이중적분으로 표현해 보자.

$$\iiint_E xy\,dV = \iint_D\int_{x+y}^1 xy\,dz\,dA = \iint_D [xyz]_{x+y}^1 dA = \iint_D xy(1-x-y)\,dA$$

[그림 12.58]에서 보면 영역 D는 수직적 단순영역으로 볼 수 있고 다음과 같은 반복적분으로 표현하면

- x축을 따라 $x=0$에서 $x=1-y$까지 먼저 적분하고
- y축을 따라 $y=0$에서 $y=1$까지 적분한다.

영역 D에서의 이중적분을 반복적분으로 표현하여 구해보자.

$$\begin{aligned}\iint_D xy(1-x-y)\,dA &= \int_0^1\int_0^{1-y} xy(1-x-y)\,dx\,dy \\ &= \int_0^1\int_0^{1-y} (xy-x^2y-xy^2)\,dx\,dy\end{aligned}$$

$$= \int_0^1 \left[\frac{1}{2}x^2y - \frac{1}{3}x^3y - \frac{1}{2}x^2y^2 \right]_0^{1-y} dy$$
$$= \int_0^1 \left(\frac{1}{2}(1-y)^2y - \frac{1}{3}(1-y)^3y - \frac{1}{2}(1-y)^2y^2 \right) dy$$
$$= \int_0^1 \frac{1}{6}(y - 3y^2 + 3y^3 - y^4)\, dy$$
$$= \frac{1}{6}\left[\frac{1}{2}y^2 - y^3 + \frac{3}{4}y^4 - \frac{1}{5}y^5 \right]_0^1$$
$$= \frac{1}{6}\left(\frac{1}{2} - 1 + \frac{3}{4} - \frac{1}{5} \right) = \frac{1}{120}$$

그러므로 삼중적분 $\iiint_E xy\,dV = \frac{1}{120}$이다. ■

[예제 12.30] 입체 E가 제1팔분공간과 포물면 $z = 16 - 4x^2 - y^2$으로 둘러싸인 영역일 때 삼중적분 $\iiint_E y\,dV$를 구하여라. [연습문제 9~10]

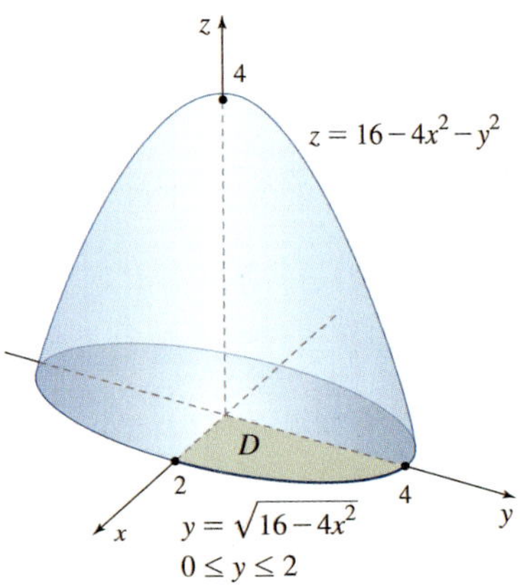

[그림 12.59](a)

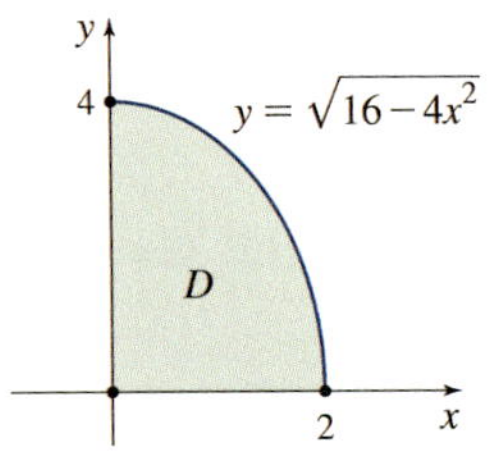

[그림 12.59](b)

[풀이] [그림 12.59](a)의 입체 E는 [유형 1]이고 공간의 제1팔분공간에서 xy-평면에 있는 영역 D 위의 두 함수 $z_1 = 0$과 $z_2 = 16 - 4x^2 - y^2$의 그래프 사이에 놓인 영역이다. 두 입체 방정식인 $z = 0$과 $z = 16 - 4x^2 - y^2$이 만나는 곡선은 타원 $4x^2 + y^2 = 16$이다. 그러므로 평면영역 D는 타원 $4x^2 + y^2 = 16$의 내부와 $x \ge 0$ 이고 $y \ge 0$인 영역이다. ([그림 12.59](b) 참고)

[정리 12.12: 유형 1(Type 1) 위의 푸비니 정리]에 의해서 입체 E 위의 삼중적분을 먼저 z축을 따라 아랫곡면 $z = 0$에서 윗곡면 $z = 16 - 4x^2 - y^2$까지 적분하는 반복적분으로 변환하여 평면의 영역 D에서의 이중적분으로 구해보자.

$$\iiint_E y\,dV = \iint_D \left[\int_0^{16-4x^2-y^2} y\,dz \right] dA$$
$$= \iint_D [yz]_0^{16-4x^2-y^2} dA = \iint_D y(16 - 4x^2 - y^2)\, dA$$

입체 E 위의 삼중적분은 영역 D에서 이변수함수 $f(x, y) = y(16 - 4x^2 - y^2)$의 이중적분으로 표현하였다.

영역 D는 제1사분면에 놓인 타원 $4x^2 + y^2 = 16$의 내부이고 단순영역이다. 반복적분으로 표현하면

- x축을 따라 $x = 0$에서 $x = 2$까지 적분하고
- y축을 따라 $y = 0$에서 $y = \sqrt{16 - 4x^2}$ 까지 적분한다.

영역 D에서의 이중적분을 다음과 같이 반복적분으로 구해보자.

$$\iint_D y(16 - 4x^2 - y^2)\, dA = \int_0^2 \int_0^{\sqrt{16-4x^2}} y(16 - 4x^2 - y^2)\, dy\, dx$$

$$= \int_0^2 \left[(16-4x^2)\frac{y^2}{2} - \frac{y^4}{4} \right]_0^{\sqrt{16-4x^2}} dx$$

$$= \int_0^2 8(4-x^2)^2 - \frac{(16-4x^2)^2}{4} dx$$

$$= 4\int_0^2 (4-x^2)^2\, dx = 4\int_0^2 (16-8x+x^2)\, dx$$

$$= 4\left[16x - \frac{8}{3}x^3 + \frac{1}{5}x^5\right]_0^2 = 4\left(32 - \frac{64}{3} + \frac{32}{5}\right) = \frac{1024}{15}$$

그러므로 삼중적분 $\iiint_E y\,dV = \frac{1024}{15}$ 이다. ■

◐ 유형 2(Type 2)와 유형 3(Type 3) 위의 반복적분

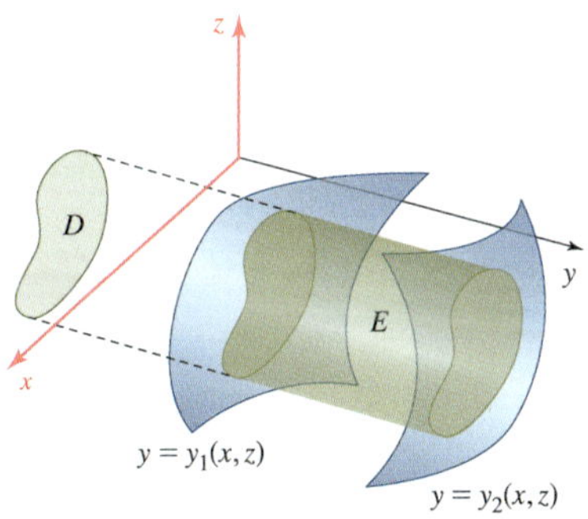

[그림 12.60]
유형 2(Type 2)인 입체 E

유형 2(Type 2)와 유형 3(Type 3)인 입체 E는 유형 1인 입체와 비슷하게 정의되고 유형 2(Type 2)와 유형 3(Type 3)에서의 반복적분도 유형 1에서의 반복적분과 비슷하게 표현된다.

우선 유형 2인 영역 E를 알아보자. xz-평면에 있는 유계이고 닫힌 영역 D에서 연속인 두 함수 $y = y_1(x, z)$와 $y = y_2(x, z)$가 있고 $y_1(x, z) \le y_2(x, z)$라고 하자. [그림 12.60]과 같이 영역 D에서의 아랫곡면인 함수 $y = y_1(x, z)$의 그래프와 윗곡면인 함수 $y = y_2(x, z)$의 그래프 사이에 놓인 입체 E를 유형 2(Type 2)이라고 한다.

[정리 12.13: 유형 2(Type 2) 위의 푸비니 정리(Fubini's Theorem)]

입체 E는 xz-평면에 있는 영역 D에서 두 함수가 $y_1(x, z) \le y_2(x, z)$이고 함수 $y = y_1(x, z)$와 함수 $y = y_2(x, z)$의 그래프 사이에 놓여있는 유형 2(Type 2)인 입체라고 한다. ([그림 12.60] 참고)

그러면 집합 E에서 연속함수 f의 삼중적분은 y축을 따라 먼저 적분하는 다음과 같은 반복적분으로 표현한다.

$$\iiint_E f(x, y, z)\, dV = \iint_D \left[\int_{y_1(x,z)}^{y_2(x,z)} f(x, y, z)\, dy \right] dA$$

[정리 12.13: 유형 2(Type 2) 위의 푸비니 정리]에서

- 가장 먼저 y축을 따라 적분을 한다.
- 반복적분 $\iint_D \left[\int_{y_1(x,z)}^{y_2(x,z)} f(x, y, z)\, dy \right] dA$의 외부적분은 xz-평면에 있는 영역 D 위의 이중적분이다. 영역 D의 형태가 수직적 단순영역 또는 수평적 단순영역인지에 따라 x축과 z축의 반복적분으로 표현하여 이중적분을 구한다. 또한 평면의 영역 D의 형태가 극방정식 표현이면 영역 D 위의 이중적분을 극좌표형 반복적

분으로 표현하여 이중적분을 구한다.

세 번째로 유형 3(Type 3)인 입체 E를 알아보자. yz-평면에 있는 유계이고 닫힌 영역 D에서 연속인 두 함수 $x = x_1(x, z)$와 $x = x_2(x, z)$가 있고 $x_1(x, z) \le x_2(x, z)$라고 하자. [그림 12.61]과 같이 영역 D에서의 아랫곡면인 함수 $x = x_1(x, z)$의 그래프와 윗곡면인 함수 $x = x_2(x, z)$의 그래프 사이에 놓인 입체 E를 유형 3(Type 3)이라고 한다.

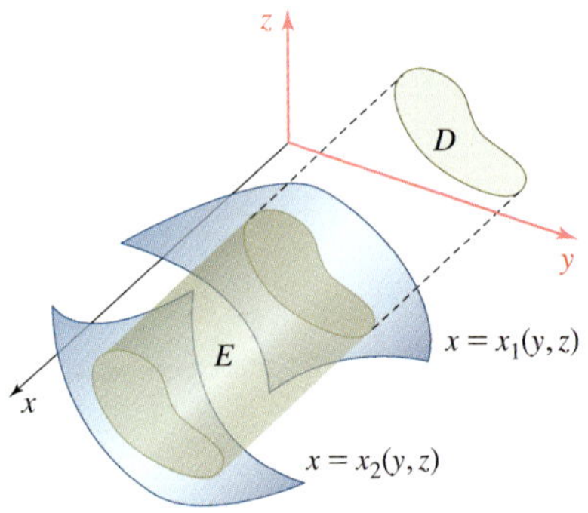

[그림 12.61]

[정리 12.14: 유형 3(Type 3) 위의 푸비니 정리(Fubini's Theorem)]

입체 E는 yz-평면에 있는 영역 D에서 두 함수가 $x_1(x, z) \le x_2(x, z)$이고 함수 $x = x_1(x, z)$과 함수 $x = x_2(x, z)$의 그래프 사이에 놓여있는 유형 3(Type 3)인 입체라고 한다. ([그림 12.61] 참고)

그러면 집합 E에서 연속함수 f의 삼중적분은 x축을 따라 먼저 적분하는 다음과 같은 반복적분으로 표현할 수 있다.

$$\iiint_E f(x, y, z)\,dV = \iint_D \left[\int_{x_1(y,z)}^{x_2(y,z)} f(x, y, z)\,dx \right] dA$$

[정리 12.14: 유형 3(Type 3) 위의 푸비니 정리(Fubini's Theorem)]에서

- 가장 먼저 x축을 따라 적분을 한다.
- 반복적분 $\iint_D \left[\int_{x_1(y,z)}^{x_2(y,z)} f(x, y, z)\,dx \right] dA$의 외부적분은 yz-평면에 있는 영역 D 위의 이중적분이다. 영역 D의 형태가 수직적 단순영역 또는 수평적 단순영역인지에 따라 x축과 z축의 반복적분으로 표현하여 이중적분을 구한다. 또한 평면의 영역 D의 형태가 극방정식 표현이면 영역 D 위의 이중적분을 극좌표형 반복적분으로 표현하여 이중적분을 구한다.

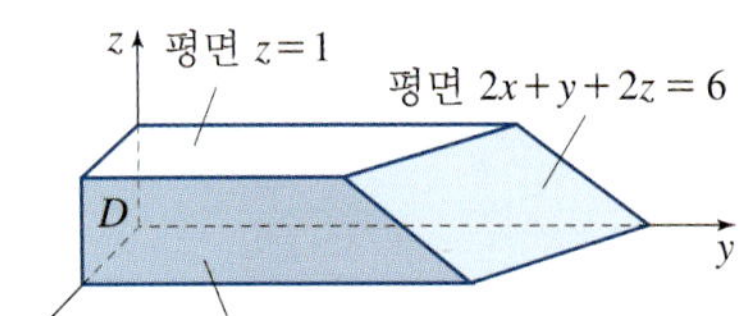

[그림 12.62](a)

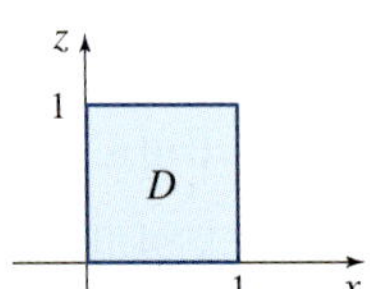

[그림 12.62](b)

[예제 12.31] 입체 E가 제1팔분공간에서 $x = 0, x = 1, z = 0$ 그리고 $z = 1$로 둘러싸인 사각기둥을 평면 $2x + y + 2z = 6$으로 잘라진 영역일 때 입체 E에서 삼중적분 $\iiint_E z\,dV$을 구하여라. ([그림 12.62](a) 참고) [연습문제 11~12]

[풀이] [그림 12.62]의 입체 E는 [유형 2]의 모양이고 제1팔분공간에서 xz-평면의 영역 D 위의 두 함수 $y_1 = 0$과 $y_2 = 6 - 2x - 2z$의 그래프 사이에 놓인 영역이다. 이때, xz-평면의 영역 D는 4개의 직선 $x = 0,\ x = 1,\ z = 0,\ z = 1$로 둘러싸인 정사각형 $[0, 1] \times [0, 1]$이다. ([그림 12.62](b) 참고)

[정리 12.13: 유형 2(Type 2) 위의 푸비니 정리]에 의해서 입체 E 위의 삼중적분을 먼저 y축을 따라 $y_1 = 0$에서 $y_2 = 6 - 2x - 2z$까지 적분하는 반복적분을 시행하여 xz-평면의 영역 D 위의 이중적분으로 표현해 보자.

$$\iiint_E z\,dV = \iint_D \left[\int_0^{6-2x-2z} z\,dy\right] dV$$
$$= \iint_D [yz]_0^{6-2x-2z}\,dA = \iint_D (6-2x-2z)z\,dA$$

[그림 12.62]에서 보면 영역 D는 직사각형 $[0,1]\times[0,1]$이므로 영역 D에서의 이중적분을 반복적분으로 표현하여 구해보자.

$$\iint_D (6-2x-2z)z\,dA = \int_0^1\int_0^1 (6z-2xz-2z^2)\,dz\,dx$$
$$= \int_0^1 \left[3z^2 - xz^2 - \frac{2}{3}z^3\right]_0^1 dx = \int_0^1 \left(3 - x - \frac{2}{3}\right) dx$$
$$= \int_0^1 \left(\frac{7}{3} - x\right) dx = \left[\frac{7}{3}x - \frac{1}{2}x^2\right]_0^1 = \frac{7}{3} - \frac{1}{2} = \frac{11}{6}$$

그러므로 삼중적분 $\iiint_E z\,dV = \dfrac{11}{6}$이다. ■

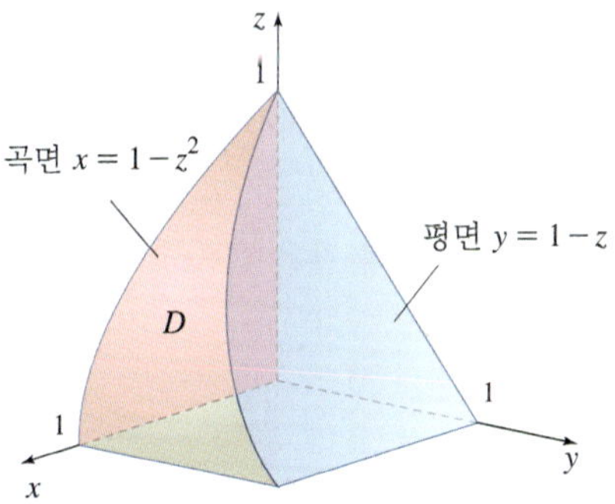

[그림 12.63]

[예제 12.32] 입체 E는 $x=0$, $x=1-z^2$, $y=0$, $z=0$ 그리고 $z=1-y$로 둘러싸인 영역일 때 삼중적분 $\iiint_E z\,dV$을 구하여라. ([그림 12.63] 참고) [연습문제 13~14]

[풀이] [그림 12.63]의 입체 E는 [유형 2]의 모양이고 xz-평면의 영역 D 위의 두 함수 $y_1 = 0$과 $y_2 = 1-z$의 그래프 사이에 놓인 영역이다. 이때, xz-평면의 영역 D는 $x=0$, $z=0$, $x=1-z^2$으로 둘러싸인 영역이다. ([그림 12.64] 참고)
[정리 12.13: 유형 2(Type 2) 위의 푸비니 정리]에 의해서 입체 E 위의 삼중적분을 먼저 y축을 따라 아랫곡면 $y=0$에서 윗곡면 $y=1-z$까지 적분하는 반복적분으로 변환하여 평면의 영역 D에서의 이중적분으로 구해보자.

$$\iiint_E z\,dV = \iint_D \left[\int_0^{1-z} 1\,dy\right] dA = \iint_D [y]_0^{1-z}\,dV = \iint_D (1-z)\,dV$$

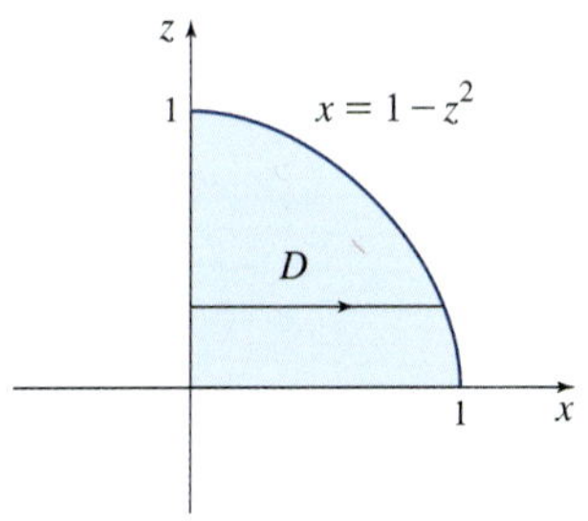

[그림 12.64]

[그림 12.64]에서 보면 영역 D는 수평적 단순영역으로 볼 수 있고 다음과 같은 반복적분으로 표현하면

- x축을 따라 $x=0$에서 $x=1-z^2$까지 먼저 적분하고
- z축을 따라 $z=0$에서 $z=1$까지 적분한다.

영역 D에서의 이중적분을 반복적분으로 표현하여 구해보자.

$$\iint_D (1-z)\,dA = \int_0^1\int_0^{1-z^2} (1-z)\,dx\,dz$$
$$= \int_0^1 [(1-z)x]_0^{1-z^2}\,dz = \int_0^1 (1-z)(1-z^2)\,dz$$

$$= \int_0^1 (1 - z - z^2 + z^3)\,dz = \left[z - \frac{1}{2}z^2 - \frac{1}{3}z^3 + \frac{1}{4}z^4\right]_0^1$$

$$= 1 - \frac{1}{2} - \frac{1}{3} + \frac{1}{4} = \frac{5}{12}$$

그러므로 삼중적분 $\iiint_E z\,dV = \dfrac{5}{12}$ 이다. ■

* 입체 E의 부피 $= \iiint_E 1\,dV$

[예제 12.33] E는 $x=0$, $y=z^2$, $z=0$, $z=2-x-y$로 둘러싸인 영역을 이라고 할 때 입체 E의 부피*를 구하여라. ([그림 12.65] 참고) [연습문제 15~16]

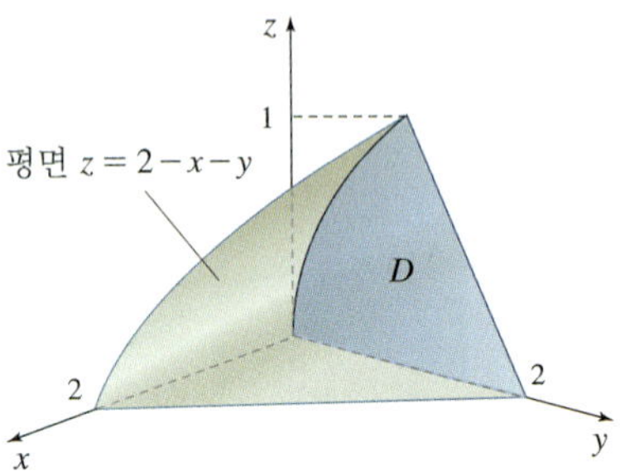

[그림 12.65]

[풀이] [그림 12.65]의 입체 E는 [유형 3]의 모양으로 보고 yz-평면의 영역 D 위의 두 함수 $x_1=0$과 $x_2=2-y-z$의 그래프 사이에 놓인 영역이다. yz-평면의 영역 D**은 포물선 $y=z^2$과 두 직선 $z=2-y$과 $z=0$으로 둘러싸인 영역이다. ([그림 12.66] 참고)

[정리 12.14: 유형 3(Type 3) 위의 푸비니 정리]에 의해서 입체 E의 부피인 삼중적분 $\iiint_E 1\,dV$에 대해 x축을 따라 아랫곡면 $x=0$에서 윗곡면 $x=2-y-z$까지 먼저 적분을 하는 반복적분으로 변환하여 평면의 영역 D에서의 이중적분으로 구해보자.

$$\iiint_E 1\,dV = \iint_D \left[\int_0^{2-y-z} 1\,dx\right] dA = \iint_D [x]_0^{2-y-z}\,dV = \iint_D (2-y-z)\,dV$$

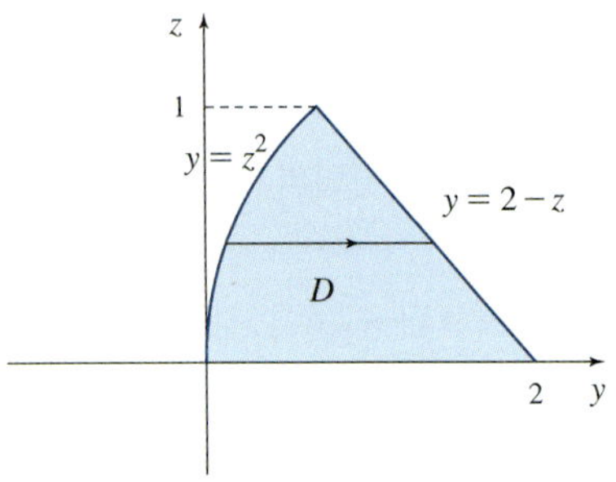

[그림 12.66]

[그림 12.66]에서 보면 영역 D는 수평적 단순영역으로 다음과 같은 반복적분으로 표현해 보자.

- y축을 따라 $y=z^2$에서 $y=2-z$까지 먼저 적분하고
- z축을 따라 $z=0$에서 $z=1$까지 적분한다.

영역 D에서의 이중적분을 반복적분으로 표현하여 구해보자.

$$\iint_D (2-y-z)\,dA = \int_0^1 \int_{z^2}^{2-z} (2-y-z)\,dy\,dz = \int_0^1 \left[2y - \frac{1}{2}y^2 - zy\right]_{z^2}^{2-z} dz$$

$$= \int_0^1 \left[2(2-z-z^2) - \frac{1}{2}\left((2-z)^2 - z^4\right) - z(2-z-z^2)\right] dz$$

$$= \int_0^1 \left(2 - 2z - \frac{3}{2}z^2 + z^3 + \frac{1}{2}z^4\right) dz$$

$$= \left[2z - z^2 - \frac{1}{2}z^3 + \frac{1}{4}z^4 + \frac{1}{10}z^5\right]_0^1$$

$$= 2 - 1 - \frac{1}{2} + \frac{1}{4} + \frac{1}{10} = \frac{17}{20}$$

입체 E의 부피 $\iiint_E 1\,dV$는 $\dfrac{17}{20}$ 이다. ■

** yz-평면의 영역 D를 구해보자. 평면 $z=2-x-y$와 $x=0$이 만나는 직선은 $z=2-y$이다. 기둥면 $y=z^2$과 $x=0$이 만나는 곡선은 포물선 $y=z^2$이다. 그러므로 영역 D는 $z=2-y$와 $y=z^2$과 $z=0$으로 둘러싸인 영역이다.

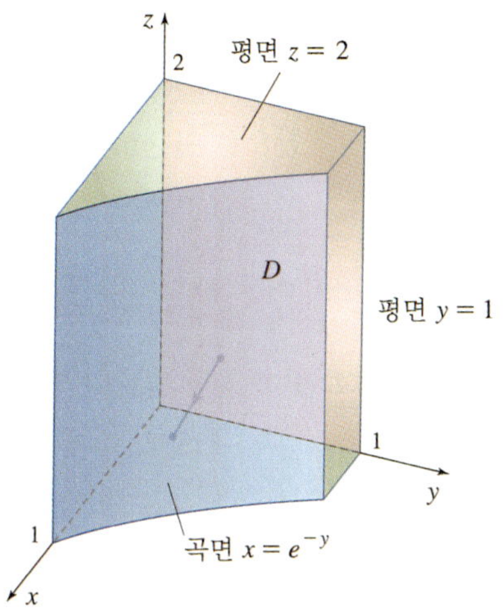

[그림 12.67]

[예제 12.34] $z=0,\ z=2,\ y=0,\ y=1,\ x=e^{-y}$ 그리고 $x=0$으로 둘러싸인 입체 E를 [유형 3]으로 보고 삼중적분 $\iiint_E x\,dV$를 구하여라. ([그림 12.67] 참고) [연습문제 17]

[풀이] [그림 12.67]의 입체 E는 [유형 3]의 모양이고 yz-평면의 영역 D 위의 두 함수 $x_1=0$과 $x_2=e^{-y}$의 그래프 사이에 놓인 영역이다. 이때, yz-평면의 영역 D는 4개의 평면 $y=0,\ y=1,\ z=0,\ z=2$으로 둘러싸인 직사각형 $[0,1]\times[0,2]$이다. ([그림 12.67] 참고)

[정리 12.14: 유형 3(Type 3) 위의 푸비니 정리]에 의해서 입체 E 위의 삼중적분을 먼저 x축을 따라 아랫곡면 $x=0$에서 윗곡면 $x=e^{-y}$까지 먼저 적분을 하는 반복적분으로 변환하여 평면의 영역 D에서의 이중적분을 구해보자.

$$\iiint_E x\,dV=\iint_D\left[\int_0^{e^{-y}}x\,dx\right]dA=\iint_D\frac{1}{2}e^{-2y}\,dA$$

[그림 12.67]에서 보면 영역 D는 직사각형 $[0,1]\times[0,2]$이고 영역 D에서의 이중적분을 반복적분으로 표현하여 구해보자.

$$\begin{aligned}\iint_D\frac{1}{2}e^{-2y}\,dA&=\frac{1}{2}\int_0^2\int_0^1 e^{-2y}\,dy\,dz\\&=\frac{1}{2}\int_0^2\left[-\frac{1}{2}e^{-2y}\right]_0^1dz=\frac{1}{4}\int_0^2\left(1-\frac{1}{e^2}\right)dz\\&=\left[\frac{1}{4}\left(1-\frac{1}{e^2}\right)z\right]_0^2=\frac{1}{2}\left(1-\frac{1}{e^2}\right)\end{aligned}$$

그러므로 입체 E에서 삼중적분 $\iiint_E x\,dV=\frac{1}{2}\left(1-\frac{1}{e^2}\right)$이다. ■

◐ 일반영역 위의 반복적분에서 적분 순서 바꾸기

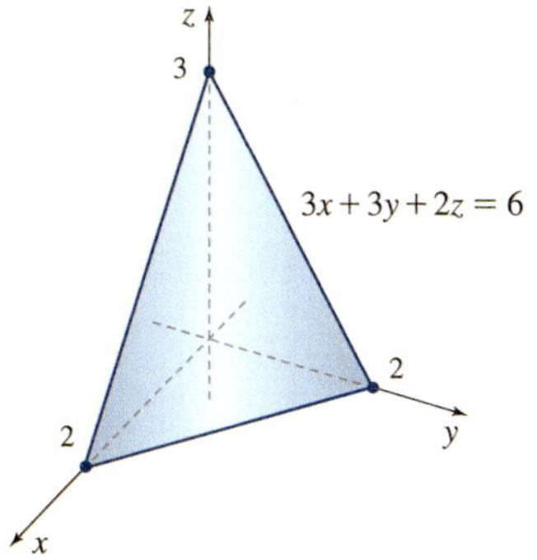

[그림 12.68]

[예제 12.35] 평면 $x=0,\ y=0,\ z=0$과 평면 $3x+3y+2z=6$에 의해 둘러싸인 사면체 E에서의 삼중적분 $\iiint_E x\,dV$를 다음과 같은 순서에 의한 반복적분으로 표현하여라. [연습문제 18~20]

(1) z축, y축, x축 (즉 $dz\,dy\,dx$) (2) y축, z축, x축 (즉 $dy\,dz\,dx$)

[풀이] 사면체 E는 4개의 평면 $x=0, y=0, z=0$과 $3x+3y+2z=6$에 의해 둘러싸인 영역으로 [그림 12.68]에서 볼 수 있다.

(1) 사면체 E 위의 삼중적분을 z축, y축, x축의 순서의 반복적분으로 표현해 보자. 가장 먼저 z축으로 적분을 해야 하므로 사면체를 [유형 1]로 보자. 사면체 E는 xy-평면의 집합 D 위의 두 함수 $z_1=0$의 그래프와 $z_2=3-\frac{3}{2}x-\frac{3}{2}y$의 그래프 사이의 입체이다. 이때, xy-평면의 영역 D는 제1사분면에서 직선 $x+y=2$로 둘러싸인 삼각형의 내부이다. ([그림 12.69] 참고)

[정리 12.12: 유형 1(Type 1) 위의 푸비니 정리]에 의해 입체 E 위의 삼중적분을 먼저 z축을 따라 아랫곡면 $z=0$에서 윗곡면 $z=3-\frac{3}{2}x-\frac{3}{2}y$까지 먼저 적분을 하는 반복적분으로 변환하여 평면 영역 D에서의 이중적분으로 표현하자.

$$\iiint_E x\,dV = \iint_D \int_0^{3-\frac{3}{2}x-\frac{3}{2}y} x\,dz\,dA$$

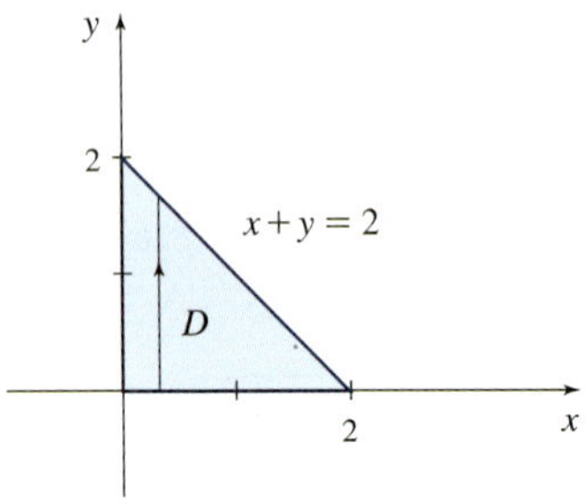

[그림 12.69]

다음 y축으로 적분해야 하므로 [그림 12.69]의 영역 D를 수직적 단순영역으로 보고

- y축을 따라 $y=0$에서 $y=2-x$까지 먼저 적분하고
- x축을 따라 $x=0$에서 $x=2$까지 적분한다.

영역 D 위의 이중적분을 반복적분으로 표현해 보자.

$$\iint_D \int_0^{3-\frac{3}{2}x-\frac{3}{2}y} x\,dz\,dA = \int_0^2 \int_0^{2-x} \int_0^{3-\frac{3}{2}x-\frac{3}{2}y} x\,dz\,dA$$

그러므로 $\iiint_E x\,dV = \int_0^2 \int_0^{2-x} \int_0^{3-\frac{3}{2}x-\frac{3}{2}y} x\,dz\,dy\,dx$이다.

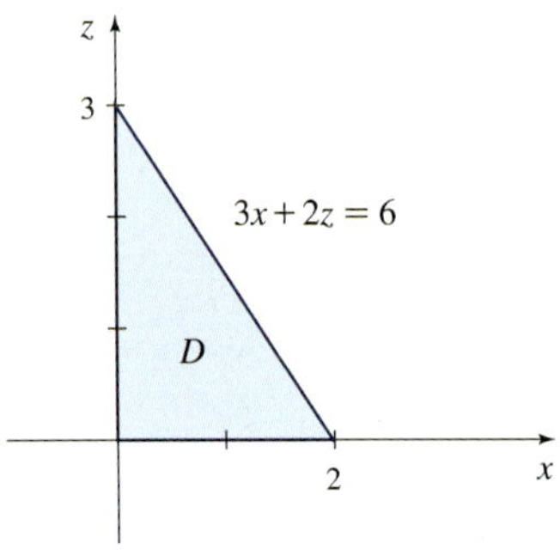

[그림 12.70]

(2) 사면체 E 위의 삼중적분을 y축, z축, x축의 순서의 반복적분으로 표현해 보자. 가장 먼저 y축으로 적분을 해야 하므로 사면체를 [유형 2]로 보자. 사면체 E는 xz-평면의 영역 D 위의 두 함수 $y_1=0$에서 $y_2=2-x-\frac{2}{3}z$의 그래프 사이의 입체이다. 이때, xz-평면의 영역 D는 제1사분면에서 직선 $3x+2z=6$로 둘러싸인 삼각형의 내부이다. ([그림 12.70] 참고)
[유형 2]인 사면체 E는 xz-평면의 영역 D에서 아랫곡면 $y=0$과 윗곡면 $y=2-x-\frac{2}{3}z$ 사이의 입체이므로 y축을 따라 먼저 적분하는 반복적분으로 표현해 보자.

$$\iiint_E x\,dV = \iint_D \int_0^{2-x-\frac{2}{3}y} x\,dy\,dA$$

다음 z축을 따라 적분을 해야 하므로 영역 D를 수직적 단순영역으로 보고

- z축을 따라 $z=0$에서 $z=3-\frac{3}{2}x$까지 먼저 적분하고
- x축을 따라 $x=0$에서 $x=2$까지 적분한다. ([그림 12.70] 참고)

$$\iint_D \left[\int_0^{2-x-\frac{2}{3}y} x\,dy\right] dA = \int_0^2 \int_0^{3-\frac{3}{2}x} \int_0^{2-x-\frac{2}{3}y} x\,dy\,dz\,dx$$

그러므로 $\iiint_E x\,dV = \int_0^2 \int_0^{3-\frac{3}{2}x} \int_0^{2-x-\frac{2}{3}y} x\,dy\,dz\,dx$이다. ■

연습문제

• Part 1

[1-4] 다음을 구하여라. [예제 12.27]

1. 직육면체 $B=[0,1]\times[-1,2]\times[0,2]$ 위의 삼중적분 $\iiint_B 6xy^2z\,dV$을 다음 순서의 반복적분으로 구하여라.

   (1) $dxdydz$ (2) $dxdzdy$ (3) $dydzdx$

2. 직육면체 $B=[0,\pi/2]\times[1,12]\times[0,1]$ 위의 삼중적분 $\iiint_B 4yz\sin x\,dV$을 구하여라.

3. 직육면체 $B=[-1,1]\times[-1,1]\times[-1,1]$ 위의 삼중적분 $\iiint_B e^x y^2 z^2\,dV$을 구하여라.

4. 직육면체 $B=[0,\ln 3]\times[0,\ln 5]\times[0,\ln 2]$ 위의 삼중적분 $\iiint_B e^{x+y+2z}\,dV$을 구하여라.

[5-6] 다음을 구하여라. [예제 12.28]

5. 입체 E가 제1팔분공간과 평면 $x+2y+z=6$으로 둘러싸인 영역일 때 입체 E에서 삼중적분 $\iiint_E x\,dV$를 구하여라.

6. 입체 E가 평면 $x=0,\ y=0,\ y=1,\ z=0,\ x+z=1$로 둘러싸인 영역일 때 입체 E에서 삼중적분 $\iiint_E 2y\,dV$를 구하여라.

[7-8] 다음을 구하여라. [예제 12.29]

7. 입체 E가 제1팔분공간과 두 평면 $z=2-4x$와 $y=8$로 둘러싸인 영역일 때 삼중적분 $\iiint_E (2x+y+z)\,dV$를 구하여라.

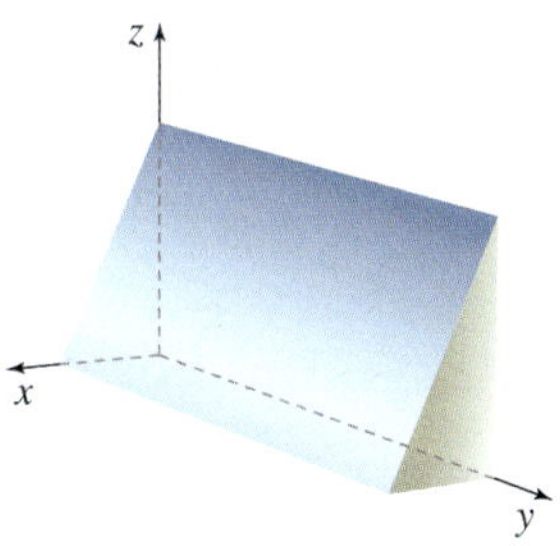

8. 입체 E가 제1팔분공간에서 평면 $x+\dfrac{y}{2}+\dfrac{z}{3}=1$로 둘러싸인 사면체일 때 삼중적분 $\iiint_E (12xyz)\,dV$를 구하여라.

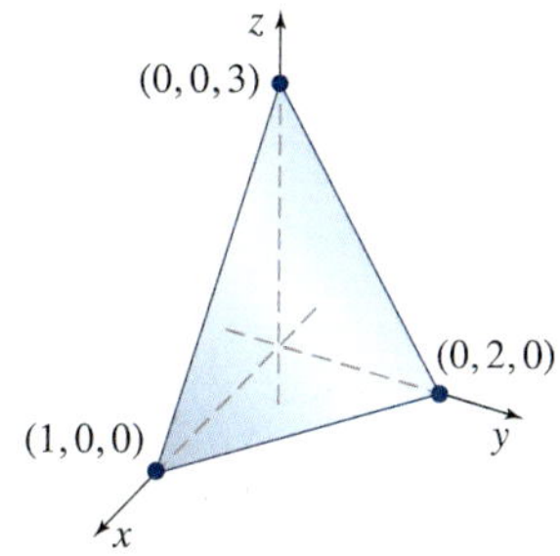

[9-10] 다음을 구하여라. [예제 12.30]

9. 입체 E가 제1팔공간과 포물면 $z=4-x^2-4y^2$으로 둘러싸인 영역일 때 삼중적분 $\iiint_E x\,dV$를 구하여라.

10. 입체 E가 포물면 $z=x^2+4y^2$과 평면 $z=4$로 둘러싸인 영역일 때 삼중적분 $\iiint_E (2x+y)\,dV$를 구하여라.

[11-12] 다음을 구하여라. [예제 12.31]

11. 입체 E가 $x=z^2,\ z=2-x,\ y=2,\ y=0,\ z=0$으로 둘러싸인 영역일 때 삼중적분 $\iiint_E 15x\,dV$를 구하여라.

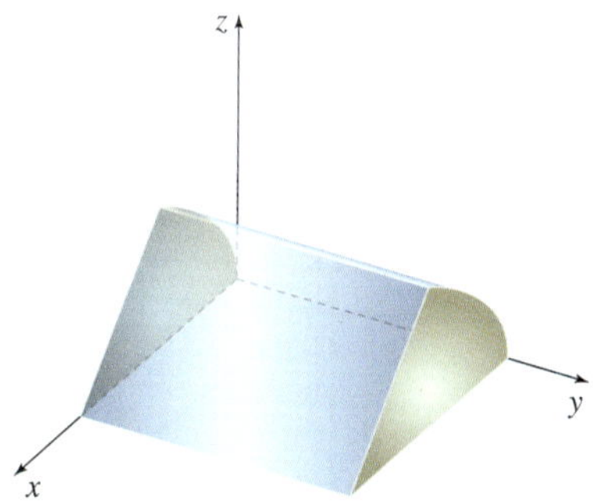

12. 입체 E는 제1팔분공간에서 $x=0,\ x=2,\ z=0,\ z=2$로 둘러싸인 사각기둥을 평면 $x+y+z=5$으로 잘라진 영역이다. 삼중적분 $\iiint_E 3xz\,dV$을 구하여라.

[13-14] 다음을 구하여라. [예제 12.32]

13. 입체 E는 $z=\sin y,\ y=x,\ x=0,\ y=0,\ y=\pi$에 의해 둘러싸인 영역일 때 삼중적분 $\iiint_E z\,dV$을 구하여라.

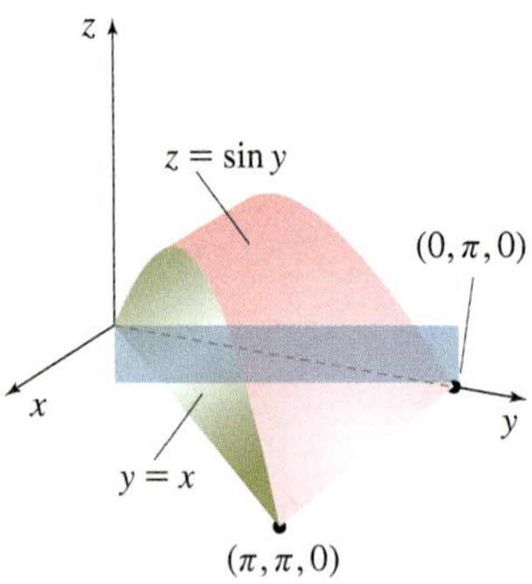

14. 입체 E가 $y = z^2$, $x = 3 - y$, $x = 0$으로 둘러싸인 영역일 때 삼중적분 $\iiint_E 5\,dV$을 구하여라.

[15-16] 다음을 구하여라. [예제 12.33]

15. 입체 E는 $y = 1 - x$, $z = \cos\left(\dfrac{\pi x}{2}\right)$, $x = 0$, $x = 1$에 의해 둘러싸인 영역일 때 입체 E의 부피를 구하여라.

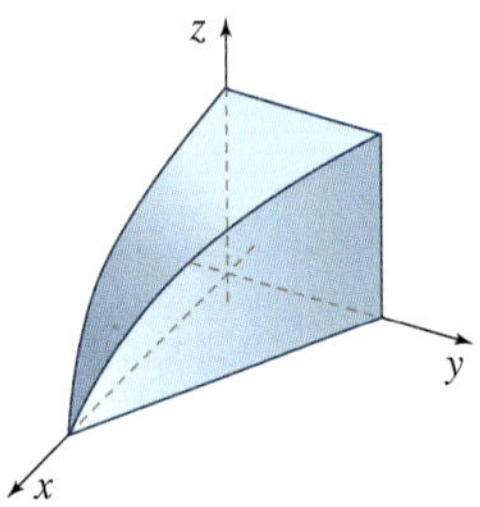

16. 입체 E는 제1팔분공간에서 두 평면 $x + z = 1$과 $y + 2z = 2$로 둘러싸인 사각뿔일 때 입체 E의 부피를 구하여라. (단, 반복적분 순서를 $dy\,dz\,dx$로 하여라.)

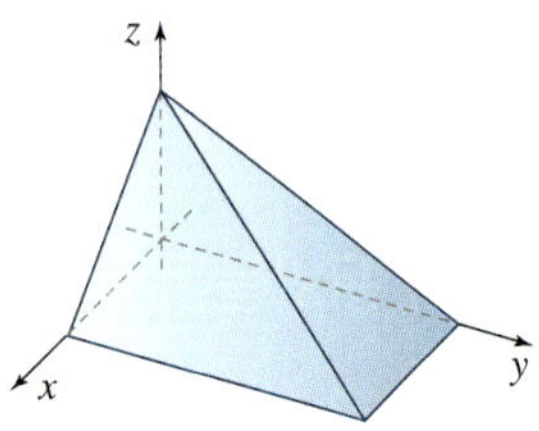

17. 입체 E는 $z = y^2$, $x = 0$, $x = 1$, $y = -1$, $y = 1$에 의해 둘러싸인 영역일 때 삼중적분 $\iiint_E (3x + y)\,dV$을 구하여라. [예제 12.34]

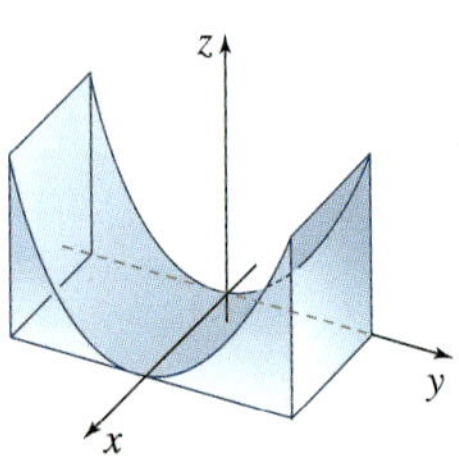

[18-20] 입체 E는 그림과 같이 제1팔분면에서 $x = 1$, $y = 1$, $z = y^2$으로 둘러싸인 영역일 때 삼중적분 $\iiint_E 1\,dV$을 다음의 반복적분 순서로 표현하고 값을 구하여라. [예제 12.35]

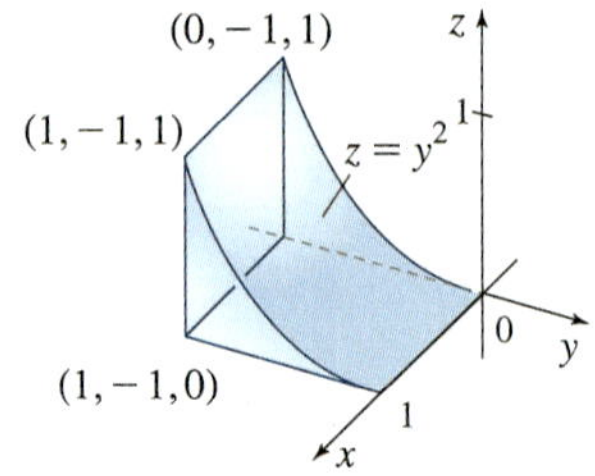

18. $dz\,dy\,dx$

19. $dy\,dz\,dx$

20. $dx\,dz\,dy$

• Part 2

[21-23] 다음 삼중적분을 계산하여라.

21. $\displaystyle\int_0^2 \int_0^x \int_0^{\sqrt{xy}} x\,dz\,dy\,dx$

22. $\displaystyle\int_1^4 \int_1^{e^2} \int_0^{\frac{x}{z}} \ln z\,dy\,dz\,dx$

23. $\displaystyle\int_0^2 \int_0^{\frac{\pi}{2}} \int_0^{1+3x} x\cos y\,dz\,dy\,dx$

[24-25] 입체 E는 공간에서 네 꼭짓점 $(0, 0, 0)$, $(1, 1, 0)$, $(0, 1, 0)$ 그리고 $(0, 1, 1)$로 이루어진 삼각뿔이다. 입체 E의 부피를 삼중적분 $\iiint_E 1\,dV$를 이용하여 구하여라.

24. 반복적분의 순서를 $dy\,dz\,dx$로 표현하고 부피를 구하여라.

25. 반복적분의 순서를 $dz\,dy\,dx$로 표현하고 부피를 구하여라.

26. 입체 E가 제1팔분공간에서 $x + y = 4$와 $y^2 + 4z^2 = 16$으로 둘러싸인 영역일 때 입체 E의 부피를 구하여라.

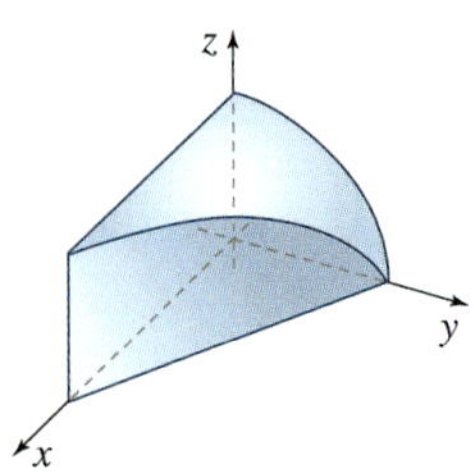

27. 삼중적분 $\displaystyle\int_0^1 \int_0^1 \int_0^{x^2} dz\,dy\,dx$의 순서를 $dy\,dx\,dz$로 바꾸어 표현하고 계산하여라.

12.7 원기둥좌표에서의 삼중적분

영역 D 위의 이중적분을 할 때 적분영역 D의 형태에 따라 직교좌표계를 사용하지 않고 극좌표계를 사용하여 극좌표형 반복적분으로 간단하게 이중적분을 구할 수 있다. 예를 들어서 영역 D가 원의 일부인 경우 영역 D 위의 이중적분을 극좌표형 반복적분으로 표현하여 간단하게 구할 수 있다.

입체 E 위의 삼중적분도 적분영역 E의 형태에 따라 공간의 직교좌표계의 반복적분으로 구하지 않고 다른 좌표계를 사용할 수 있다. 공간의 직교좌표계 이외의 두 가지의 대표적인 공간 좌표계가 있다. 하나는 원기둥좌표계이고 다른 하나는 구면좌표계이다.

원기둥좌표계나 구면좌표계는 공간의 입체의 형태에 따라 각각 사용하면 입체가 간단하게 표현된다. 공간의 입체가 한 축에 대한 대칭 특히 회전의 특징을 가진 경우 원기둥 좌표계로 반복적분을 표현하면 계산의 과정도 편리하다. 반면 공간의 입체가 한 점에 대한 대칭의 특징을 가지면 구면좌표계로 반복적분을 표현하면 유용하다.

12.7.1 원기둥좌표계

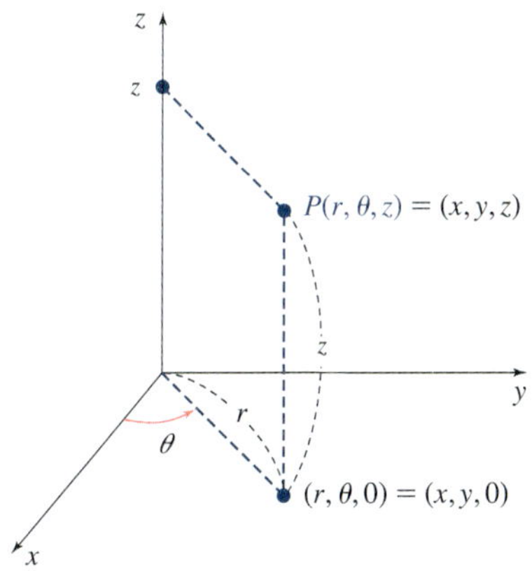

[그림 12.71]

공간의 원기둥좌표계는 평면의 극좌표계와 관계가 있다.

공간의 원기둥좌표계를 직교좌표계와 관련하여 정의해 보자. 즉, 공간에서 직교좌표계가 주어진 경우의 **원기둥좌표계**를 정의해 보자.

공간의 임의의 점 P의 직교좌표를 (x, y, z)라고 하자. ([그림 12.71] 참고)

- 점 P를 xy-평면에 수직으로 내린 점의 좌표는 $(x, y, 0)$이다.
- xy-평면의 점 $(x, y, 0)$는 대응하는 극좌표 $(r, \theta, 0)$을 갖는다.

이러한 규칙에 의하여 점 P의 직교좌표(x, y, z)에 대하여 순서쌍 (r, θ, z)을 점 P의 **원기둥좌표**(cylindrical coordinate)라고 한다.

즉, 점 P의 직교좌표(x, y, z)에 대하여

xy-평면의 점 $(x, y, 0)$는 대응하는 극좌표 $(r, \theta, 0)$를 찾고 세 번째 성분 $z = z$이도록 점 P의 원기둥 좌표(r, θ, z)을 정의한다.

공간의 **원기둥좌표** (r, θ, z) **표현의 범위**는 일반적으로 다음과 같다.

$$0 \le r, \quad -\infty < \theta < \infty, \quad -\infty < z < \infty$$

여기서 원기둥좌표계에서의 r의 범위는 음이 아닌 실수이고 평면의 극좌표 (r, θ)의 범위와의 차이를 알아두자.

◐ 공간의 원기둥좌표와 직교좌표의 변환

평면의 임의의 점에 대한 직교좌표 표현 (x, y)와 극좌표 표현 (r, θ)의 상호 변환하는 다음 식은 매우 유용하게 사용되었다.

- 극좌표 (r, θ)를 직교좌표 (x, y)로 변환: $x = r\cos\theta$, $y = r\sin\theta$
- 직교좌표 (x, y)를 극좌표 (r, θ)로 변환: $r^2 = x^2 + y^2$, $\tan\theta = \dfrac{y}{x}$

공간의 점에 대하여 직교좌표 (x, y, z)와 원기둥좌표 (r, θ, z)의 상호 변환식은 다음과 같다.

[정리 12.15: 직교좌표 (x, y, z)와 원기둥좌표 (r, θ, z)의 관계식]

(1) 원기둥좌표 (r, θ, z)를 직교좌표 (x, y, z)로의 변환식은 다음과 같다.

$$x = r\cos\theta,\ y = r\sin\theta,\ z = z \tag{12.11}$$

(2) 직교좌표 (x, y, z)를 원기둥좌표 (r, θ, z)로의 변환식은 다음과 같다.

$$r^2 = x^2 + y^2,\ \tan\theta = \frac{y}{x},\ z = z \tag{12.12}$$

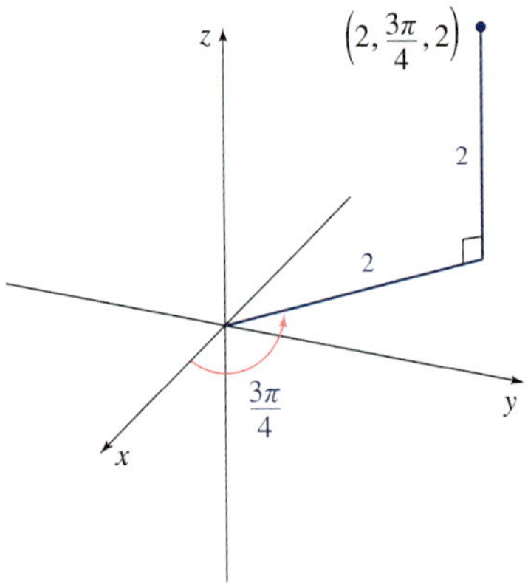

[그림 12.72](a)

공간의 점 P에 대해 직교좌표 (x, y, z)와 원기둥좌표 (r, θ, z)의 상호 변환은 공간에 점 P를 그리고 원하는 좌표계에 의한 점 P의 좌표를 구하는 방법을 간편하게 사용한다. 변환식 (12.11)과 (12.12)를 사용한 변환은 식의 좌표변환에서 유용하게 사용된다. 특히 삼중적분의 직교좌표형 반복적분을 원기둥좌표형 반복적분으로 변환을 가능하게 한다.

[예제 12.36] 주어진 원기둥좌표를 갖는 점 P을 그리고 점 P의 직교좌표를 구하여라. [연습문제 1~4]

(1) $\left(2, \dfrac{3\pi}{4}, 2\right)$ (2) $\left(1, \dfrac{3\pi}{2}, -1\right)$

[풀이]

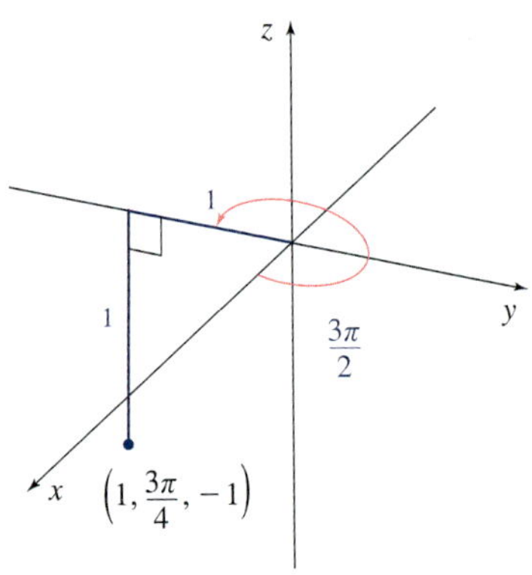

[그림 12.72](b)

(1) 원기둥좌표 $(r, \theta, z) = \left(2, \dfrac{3\pi}{4}, 2\right)$를 갖는 점 P를 그리면 [그림 12.72](a)이다.

점 P의 직교좌표 (x, y, z)를 구해보자. 우선 식 (12.11)을 사용하여 점 P의 원기둥좌표 $(r, \theta, z) = \left(2, \dfrac{3\pi}{4}, 2\right)$를 직교좌표 (x, y, z)로 변환하면 다음과 같다.

$$x = r\cos\theta = 2\cos\frac{3\pi}{4} = -\sqrt{2},\ y = r\sin\theta = 2\sin\frac{3\pi}{4} = \sqrt{2},\ z = 2$$

그러므로 점 P의 직교좌표는 $(-\sqrt{2}, \sqrt{2}, 2)$이다.

(2) 원기둥좌표 $(r, \theta, z) = \left(1, \dfrac{3\pi}{2}, -1\right)$을 갖는 점 P를 그리면 [그림 12.72](b)이다.

점 P의 직교좌표 (x, y, z)를 구해보자. 식 (12.11)을 사용하여 점 P의 원기둥좌표

$(r, \theta, z) = \left(1, \frac{3\pi}{2}, -1\right)$를 직교좌표로 변환하면 다음과 같다.

$$x = r\cos\theta = 1 \cdot \cos\frac{3\pi}{2} = 0,\ \ y = r\sin\theta = 1 \cdot \sin\frac{3\pi}{2} = -1,\ \ z = -1$$

그러므로 점 P의 직교좌표는 $(0, -1, -1)$이다. ■

공간의 점 P의 직교좌표 (x, y, z)를 원기둥좌표 (r, θ, z)는 평면의 직교좌표와 극좌표의 변환으로 생각하고 $(x, y, 0)$와 $(r, \theta, 0)$의 관계로 변환하면 된다.

[예제 12.37] 주어진 직교좌표를 갖는 점 P의 원기둥좌표를 구하여라. [연습문제 5~8]

(1) $(1, \sqrt{3}, 1)$ (2) $(1, -1, -2)$

[풀이]

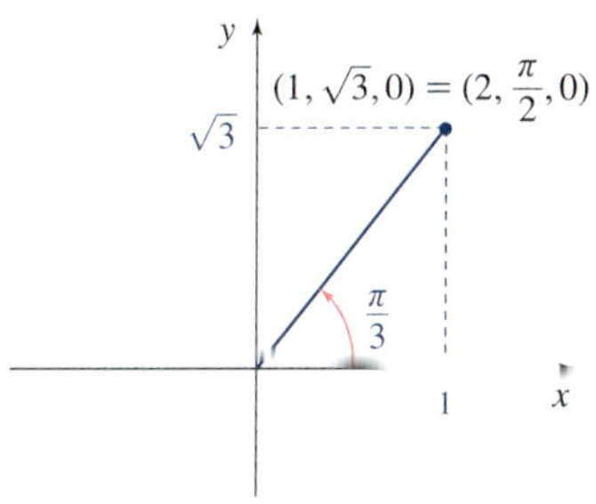

[그림 12.73](a)

(1) 점 P의 직교좌표 $(x, y, z) = (1, \sqrt{3}, 1)$에 대응하는 원기둥좌표 (r, θ, z)를 구하자. [그림 12.73](a)를 보면 xy-평면의 점 $(x, y, 0) = (1, \sqrt{3}, 0)$에 대응하는 극좌표는 $(r, \theta, z) = \left(2, \frac{\pi}{3}, 0\right)$이다. 세 번째 성분 $z = 1$이므로 점 P의 원기둥좌표는 $\left(2, \frac{\pi}{3}, 1\right)$이다.
다른 방법인 식 (12.12)를 사용하여 점 P의 직교좌표 $(x, y, z) = (1, \sqrt{3}, 1)$를 원기둥좌표로 변환하면 다음과 같다.

$$r = \sqrt{x^2 + y^2} = \sqrt{1^2 + (\sqrt{3})^2} = \sqrt{4} = 2$$

$$\tan\theta = \frac{y}{x} = \frac{\sqrt{3}}{1} = \sqrt{3}\text{이고 } x > 0,\ y > 0\text{이므로 } \theta = \frac{\pi}{3}$$

$$z = 1$$

그러므로 점 P의 원기둥좌표는 $\left(2, \frac{\pi}{3}, 1\right)$이다.

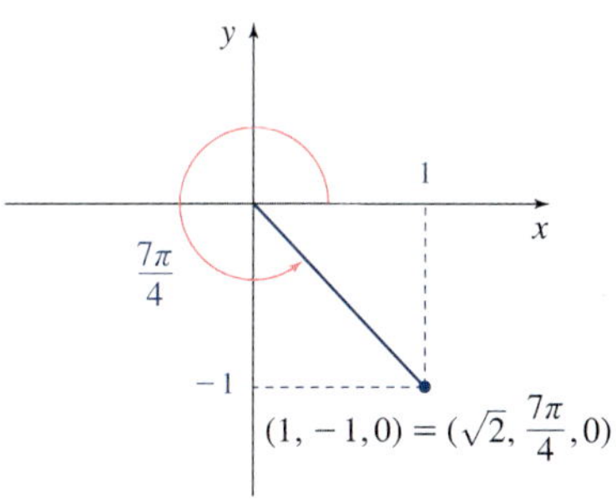

[그림 12.73](b)

(2) 점 P의 직교좌표 $(x, y, z) = (1, -1, -2)$에 대응하는 원기둥좌표 (r, θ, z)를 구하자.
[그림 12.73](b)를 보면 xy-평면의 점 $(x, y, 0) = (1, -1, 0)$에 대응하는 극좌표는 $(r, \theta, z) = \left(\sqrt{2}, \frac{7\pi}{4}, 0\right)$이다. 세 번째 성분 $z = -2$이므로 점 P의 원기둥좌표는 $\left(\sqrt{2}, \frac{7\pi}{4}, -2\right)$이다.
다른 방법인 식 (12.12)를 사용하여 점 P의 직교좌표 $(x, y, z) = (1, -1, -2)$를 원기둥좌표로 변환하면 다음과 같다.

$$r = \sqrt{x^2 + y^2} = \sqrt{1^2 + 1^2} = \sqrt{2}$$

$$\tan\theta = \frac{y}{x} = \frac{-1}{1} = -1\text{이고 } x > 0,\ y < 0\text{이므로 } \theta = \frac{7\pi}{4}$$

$$z = -2$$

그러므로 점 P의 원기둥좌표는 $\left(\sqrt{2}, \dfrac{7\pi}{4}, -2\right)$이다. ■

◐ 원기둥좌표 방정식으로 표현된 곡면

이제 원기둥좌표 표현이 편리한 곡면을 알아보고 각 곡면의 **직교좌표 방정식** 표현과 **원기둥좌표 방정식** 표현을 비교해보자. ([표 12.1] 참고)

[표 12.1] $(a>0)$

원기둥좌표 방정식 표현	직교좌표 방정식 표현	곡면	해당 그림
$\theta = k$	$y = (\tan k)x$	반평면	[그림 12.74](a)
$z = k$	$z = k$	평면	[그림 12.74](b)
$r = a$	$x^2 + y^2 = a^2$	원기둥	[그림 12.74](c)
$r = az$	$\sqrt{x^2 + y^2} = az$	원뿔	[그림 12.74](d)
$r = -az$	$\sqrt{x^2 + y^2} = -az$	원뿔	[그림 12.74](e)
$r^2 = az$	$x^2 + y^2 = az$	(원형) 포물면	[그림 12.74](f)
$r^2 + z^2 = a^2$	$x^2 + y^2 + z^2 = a^2$	구	[그림 12.74](g)

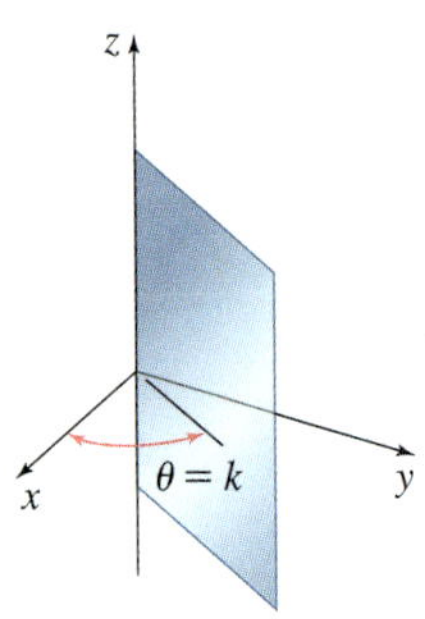

[그림 12.74](a)

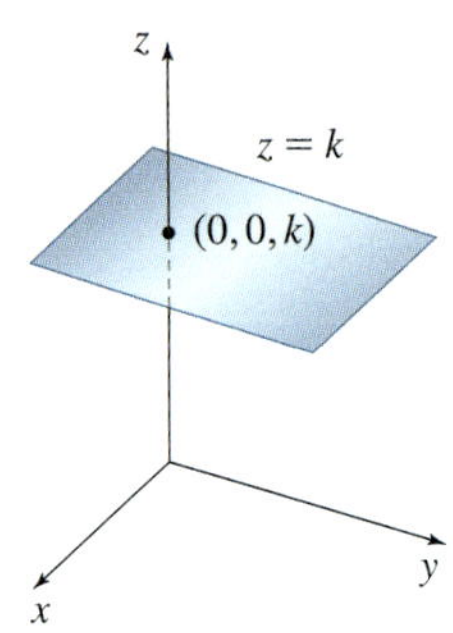

[그림 12.74](b)

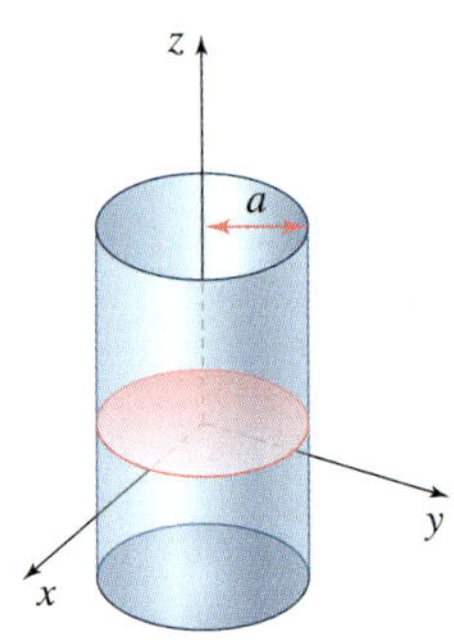

[그림 12.74](c)

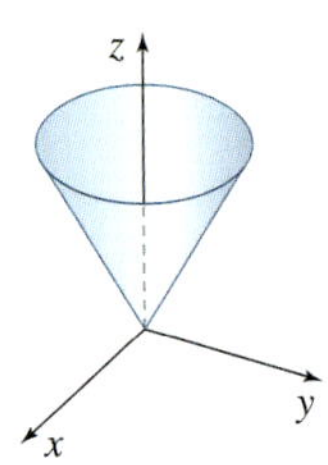

[그림 12.74](d)

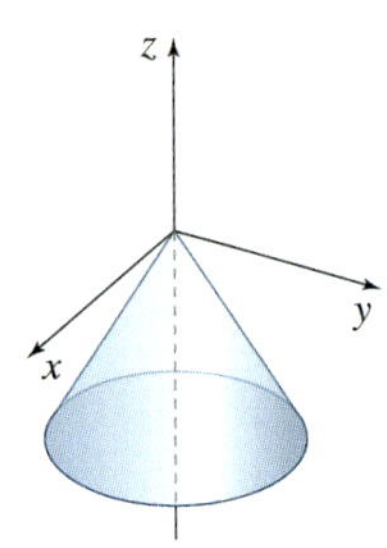

[그림 12.74](e)

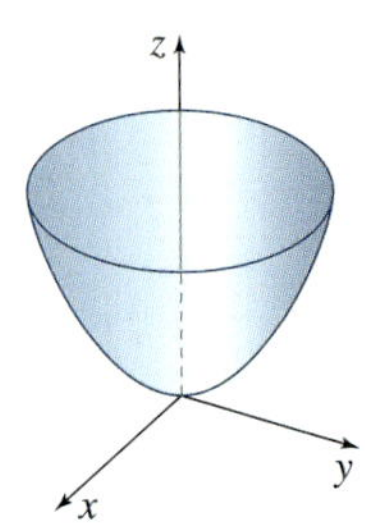

[그림 12.74](f)

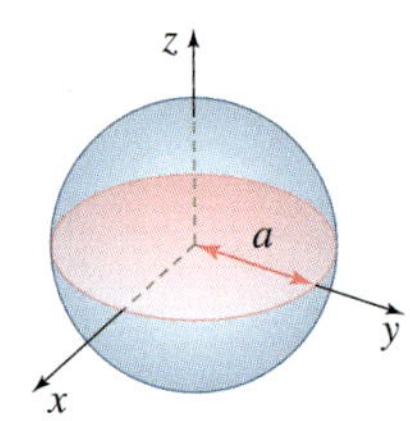

[그림 12.74](g)

12.7.2 원기둥좌표에서의 삼중적분과 원기둥형 반복적분

원기둥좌표에서 입체 E 위의 삼중적분을 반복적분으로 표현하는 방법은 직교좌표에서 입체 E 위의 삼중적분을 반복적분으로 표현하는 방법과 비슷하다.

직교좌표에서 입체 E 위의 삼중적분을 반복적분으로 표현하는 원칙은 한 축을 따라 먼저 적분을 하여 입체 E 위의 삼중적분을 평면영역 D 위의 이중적분으로 표현하는 것이다. 이때, 평면영역 D가 극좌표 표현이 가능하면 평면영역 D 위의 이중적분을 극좌표형 이중적분으로 표현할 수 있다. 이 경우의 반복적분을 입체 E 위의 **원기둥형 반복적분** 표현이라고 한다.

◐ 원기둥형 [유형 1]인 영역 위의 원기둥형 반복적분

입체 E에서 정의된 연속인 삼변수함수 f의 삼중적분을 원기둥좌표를 사용하여 원기둥형 반복적분으로 표현하고 구해보자. [그림 12.75]의 입체 E는 원기둥좌표를 사용하여 삼중적분을 반복적분으로 표현할 수 있는 영역으로 **원기둥형 [유형 1]**이라고 한다. **원기둥형 [유형 1]**은 다음 2가지 성질을 갖는다.

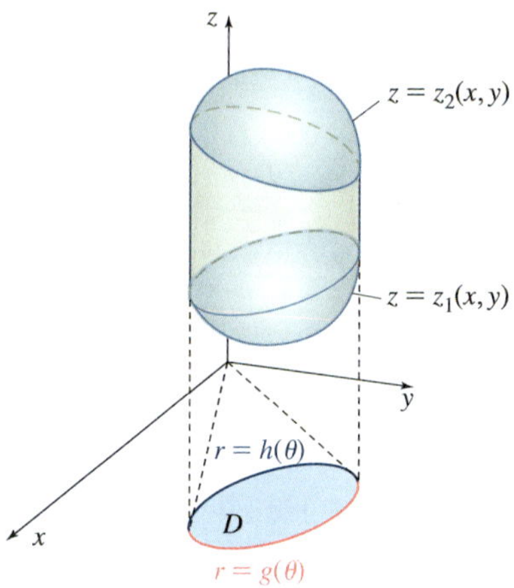

[그림 12.75]

참고로 입체 E의 작은 부피소는 공간의 주어진 좌표계에서의 작은 직육면체의 부피를 의미한다. 그러므로 직교좌표계에서 입체 E의 작은 부피소 $dV = dx\,dy\,dz$이고 의미는 작은 직육면체의 체적이다.

① 입체 E는 xy-평면에 있는 영역 D에서 정의된 이변수함수 $z = z_1(x, y)$과 $z = z_2(x, y)$의 그래프 사이의 영역으로 $z_1(x, y) \le z_2(x, y)$가 성립한다.

② xy-평면에 있는 영역 D가 극좌표로 표현할 수 있는 경우이다. 즉, 영역 D는 θ축의 구간 $[\alpha, \beta]$에서 연속인 극방정식 $r = h(\theta)$와 $r = g(\theta)$으로 둘러싸인 영역이라고 하자. 이때, 구간 $[\alpha, \beta]$에서 $h(\theta) \le g(\theta)$이다.

성질 ①에 의해서 입체 E에서 함수 f의 삼중적분 $\iiint_E f(x, y, z)dV$를 z축을 따라 $z = z_1(x, y)$에서 $z = z_2(x, y)$까지 먼저 적분하는 반복적분 표현은 다음과 같다.

$$\iiint_E f\,dV = \iint_D \left[\int_{z_1(x,y)}^{z_2(x,y)} f(x, y, z)\,dz\right] dA \tag{12.13}$$

성질 ②에 의해서 xy-평면에 있는 영역 D에서 이중적분을 극좌표형 반복적분으로 다음과 같이 표현한다.

$$\begin{aligned}
&\iint_D \left[\int_{z_1(x,y)}^{z_2(x,y)} f(x, y, z)\,dz\right] dA \\
&= \int_\alpha^\beta \int_{h(\theta)}^{g(\theta)} \left[\int_{z_1(r\cos\theta, r\sin\theta)}^{z_2(r\cos\theta, r\sin\theta)} f(r\cos\theta, r\sin\theta, z)\,r\,dz\right] r\,dr\,d\theta \\
&= \int_\alpha^\beta \int_{h(\theta)}^{g(\theta)} \int_{z_1(r\cos\theta, r\sin\theta)}^{z_2(r\cos\theta, r\sin\theta)} f(r\cos\theta, r\sin\theta, z)\,r\,dz\,dr\,d\theta
\end{aligned}$$

그러므로 **원기둥형 [유형 1]**인 입체 E 위의 함수 f의 삼중적분은 다음과 같이 반복적분으로 표현된다.

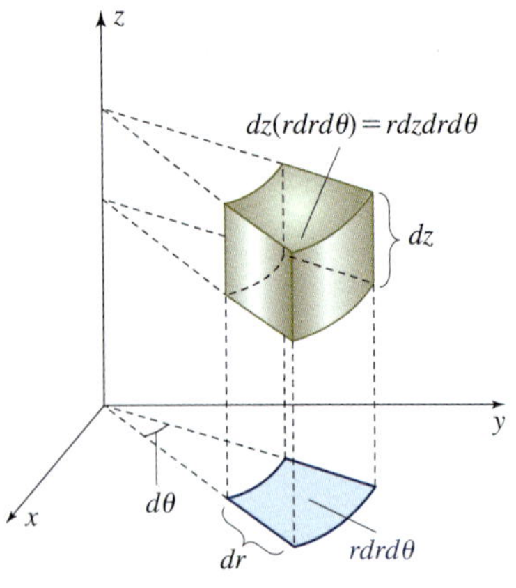

[그림 12.76]

$$\iiint_E f(x,y,z)\,dV \equiv \int_\alpha^\beta \int_{h(\theta)}^{g(\theta)} \int_{z_1(r\cos\theta,\, r\sin\theta)}^{z_2(r\cos\theta,\, r\sin\theta)} f(r\cos\theta, r\sin\theta, z)\, r\,dz\,dr\,d\theta$$

여기서 입체 E의 작은 **부피소**(differential of volume 또는 volume element) dV는 원기둥좌표에서는 다음과 같이 표현된다.

$$dV = r\,dz\,dr\,d\theta$$

이 기호의 의미는 [그림 12.76]과 같이 부채꼴형태를 밑면으로 갖는 작은 입체의 부피이다.

[정리 12.16: 원기둥형 [유형 1] 위의 원기둥형 반복적분]

입체 E는 **원기둥형 [유형 1]**의 형태로 xy-평면에 있는 영역 D에서 정의된 이변수함수 $z = z_1(r,\theta)$에서 $z = z_2(r,\theta)$의 그래프로 둘러싸인 영역이라고 하자. 이때, xy-평면의 영역 D는 극좌표에서 θ축의 구간 $[\alpha, \beta]$에서 연속인 극방정식 $r = h(\theta)$에서 $r = g(\theta)$까지 놓인 부분이다. 그러면 입체 E에서 연속인 삼변수함수 f의 삼중적분은 다음과 같이 2단계로 **원기둥형 반복적분**을 표현한다.

$$\iiint_E f(x,y,z)\,dV = \iint_D \left[\int_{z_1(x,y)}^{z_2(x,y)} f(x,y,z)\,dz\right] dV$$
$$= \int_\alpha^\beta \int_{h(\theta)}^{g(\theta)} \left[\int_{z_1(r\cos\theta,\, r\sin\theta)}^{z_2(r\cos\theta,\, r\sin\theta)} f(r\cos\theta, r\sin\theta, z)\,dz\right] r\,dr\,d\theta$$

기본적인 삼중적분은 한 축으로 먼저 적분을 하고 이중적분으로 만든 후에 이중적분의 방법을 적용한다. 즉,

- 이중적분의 영역이 직교좌표에 의한 표현이 수월하면 직교좌표형 반복적분으로 표현하고
- 이중적분의 영역이 극좌표에 의한 표현이 수월하면 극좌표형 반복적분으로 표현한다.

[정리 12.16: 원기둥형 [유형 1] 위의 원기둥형 반복적분]은 다음 두 단계를 거쳐서 입체 E 위의 삼중적분을 **원기둥형 반복적분**으로 표현하는 것을 의미한다.

① 먼저 z축을 따라 $z = z_1(x,y)$에서 $z = z_2(x,y)$까지 적분하는 반복적분 표현으로 xy-평면에 있는 영역 D 위의 이중적분으로 표현한다.

② xy-평면에 있는 영역 D 위의 이중적분을 극좌표형 반복적분으로 표현한다.

[예제 12.38] 포물면 $z = 2\sqrt{1-x^2-y^2}$과 평면 $z=0$으로 둘러싸인 영역 E의 부피를 구하여라. ([그림 12.77] 참고) [연습문제 9~10]

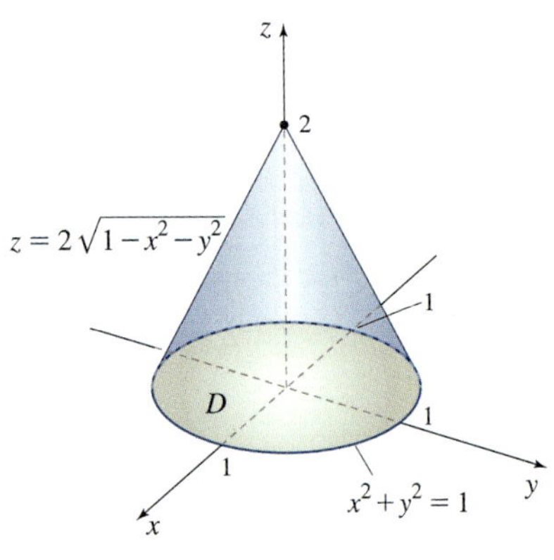

[그림 12.77]

[풀이] 입체 E는 원기둥형 [유형 1]로 xy-평면의 영역 D에서 정의된 두 곡면 $z_1 = 0$과 $z_2 = 2\sqrt{1-x^2-y^2}$ 사이의 영역이다. 이때, 평면영역 D는 원 $x^2+y^2=1$과 원의 내부이다. ([그림 12.78] 참고)

입체 E의 부피인 삼중적분 $\iiint_E 1\,dV$는 z축을 따라 $z_1 = 0$에서 $z_2 = 2\sqrt{1-x^2-y^2}$까지 적분하여 xy-평면의 영역 D 위의 이중적분으로 표현하자.

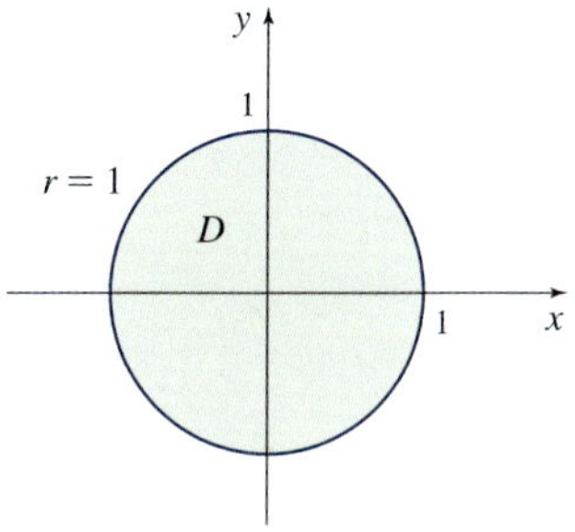

[그림 12.78]

$$\text{입체 } E\text{의 부피} = \iiint_E 1\,dV = \iint_D \left[\int_0^{2\sqrt{1-x^2-y^2}} 1\,dz \right] dA$$
$$= \iint_D [z]_0^{2\sqrt{1-x^2-y^2}}\,dA$$
$$= \iint_D 2\sqrt{1-x^2-y^2}\,dA$$

영역 D는 중심이 $(0,0)$이고 반지름이 1인 원인 $r=0$의 내부로 극좌표형 반복적분으로 표현하면

- r축을 따라 $r=0$에서 $r=1$까지 먼저 적분하고
- θ축을 따라 $\theta=0$에서 $\theta=2\pi$까지 적분한다.
- 적분함수를 극좌표로 표현하면 $2\sqrt{1-x^2-y^2}=2\sqrt{1-r^2}$이다.

영역 D에서의 이중적분을 극좌표형 반복적분을 표현하고 구해보자.

$$\iint_D 2\sqrt{1-x^2-y^2}\,dA = \int_0^{2\pi}\int_0^1 2\sqrt{1-r^2}\,r\,dr\,d\theta$$
$$= \int_0^{2\pi} \left[-\frac{2}{3}(1-r^2)^{3/2} \right]_0^1 d\theta$$
$$= \int_0^{2\pi} \frac{2}{3}\,d\theta = \frac{4\pi}{3}$$

그러므로 입체 E의 부피 $\iiint_E 1\,dV$는 $\frac{4\pi}{3}$이다. ■

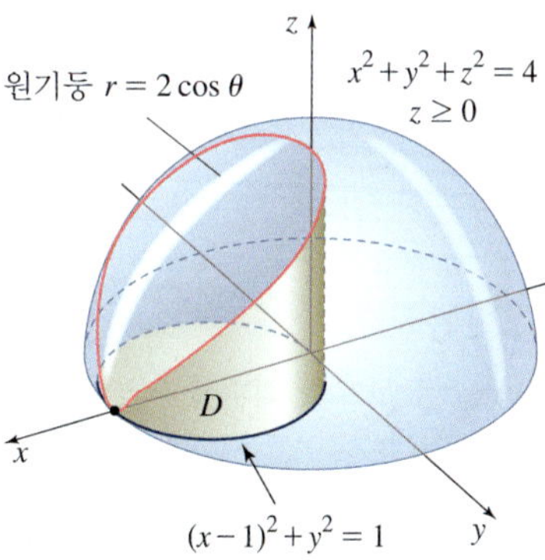

[그림 12.79](a)

[예제 12.39] $z \geq 0$이고 구 $x^2+y^2+z^2=4$와 원기둥 $r=2\cos\theta$으로 둘러싸인 입체 E의 부피를 구하여라. [연습문제 11~12]

[풀이] 공간의 원기둥좌표 (r,θ,z)의 방정식 $r=2\cos\theta$은 입체 원기둥이다. [그림 12.79](a)는 $z \geq 0$에 있는 반구 $x^2+y^2+z^2=4$와 원기둥 $r=2\cos\theta$으로 둘러싸인 입체 E를 보여주고 있다.

입체 E는 원기둥형 [유형 1]로 xy-평면의 영역 D에서 정의된 두 곡면 $z_1(x,y)=0$와 $z_2(x,y)=\sqrt{4-x^2-y^2}$ 사이에 놓인 영역이다. 이때, 영역 D는 xy-평면에서 $r=2\cos\theta$의 내부이다. ([그림 12.79](b) 참고)

입체 E의 부피인 삼중적분 $\iiint_E 1\,dV$는 z축을 따라 $z_1(x,y)=0$에서 $z_2(x,y)=\sqrt{4-x^2-y^2}$까지 적분하여 xy-평면의 영역 D 위의 이중적분으로 표현하자.

$$\text{입체 } E\text{의 부피} = \iiint_E 1\,dV = \iint_D \int_0^{\sqrt{4-x^2-y^2}} 1\,dz\,dA$$
$$= \iint_D \sqrt{4-x^2-y^2}\,dA$$

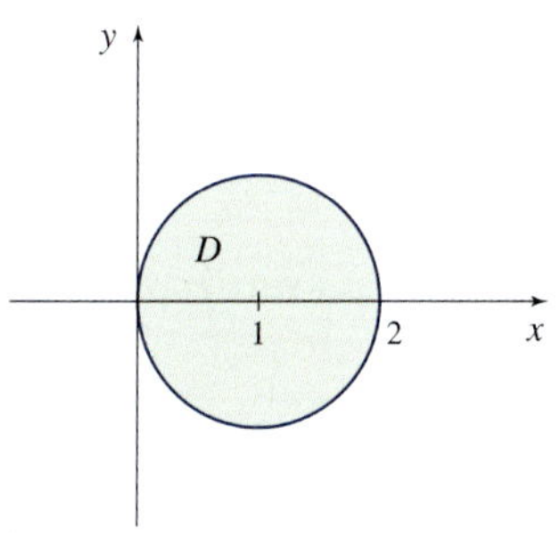

[그림 12.79](b)
$r=\cos\theta$의 그래프

xy-평면에 있는 영역 D는 극방정식 $r=2\cos\theta$의 내부이므로 극좌표형 반복적분으로 표현하면

* θ의 범위를 구하는 경우 $r=2\cos\theta$에서 $r\ge 0$이도록 θ의 범위를 구한다.

- r축을 따라 $r=0$에서 $r=2\cos\theta$까지 적분하고
- θ축을 따라 $\theta=-\frac{\pi}{2}$에서 $\theta=\frac{\pi}{2}$까지 적분한다.*
- 적분함수를 극좌표로 표현하면 $\sqrt{4-x^2-y^2}=\sqrt{4-r^2}$이다.

영역 D에서의 이중적분을 극좌표형 반복적분을 표현하고 구해보자.

$$\iint_D \sqrt{4-x^2-y^2}\,dA = \int_{-\frac{\pi}{2}}^{\frac{\pi}{2}}\int_0^{2\cos\theta}\sqrt{4-r^2}\,r\,dr\,d\theta$$

$$= -\frac{1}{3}\int_{-\frac{\pi}{2}}^{\frac{\pi}{2}}\left[u^{3/2}\right]_4^{4\sin^2\theta}d\theta$$

$4-r^2=u$라고 놓으면 $-2rdr=du$이고 적분구간은 $u=4$에서 $u=4\sin^2\theta$

$$= \frac{8}{3}\int_{-\frac{\pi}{2}}^{\frac{\pi}{2}}(1-\sin^3\theta)\,d\theta$$

$$= \frac{8\pi}{3}-\frac{8}{3}\int_{-\frac{\pi}{2}}^{\frac{\pi}{2}}\sin^3\theta\,d\theta = \frac{8\pi}{3}$$

$\sin^3\theta$는 기함수이므로 $\int_{-a}^{a}\sin^3\theta\,d\theta=0$

입체 E의 부피 $\iiint_E 1\,dV$는 $\frac{8\pi}{3}$이다. ■

◐ 원기둥형 [유형 2]와 원기둥형 [유형 3]에서의 원기둥형 반복적분

원기둥좌표를 이용한 삼중적분을 적분하는 입체 E가 원기둥형 [유형 1] 이외에 원기둥형 [유형 2]와 원기둥형 [유형 3]의 형태에도 적용할 수 있다.

원기둥형 [유형 2]인 입체 E 위의 삼중적분은 먼저 y축을 따라 적분을 하는 원기둥형 반복적분으로 표현할 수 있다.

[정리 12.17: 원기둥형 [유형 2] 위의 원기둥형 반복적분]

입체 E가 원기둥형 [유형 2]의 형태로 xz-평면에 있는 영역 D에서 정의된 이변수함수 $y=y_1(x,z)$과 $y=y_2(x,z)$ 사이의 영역이라고 하자. 그리고 xz-평면의 영역 D는 극좌표에서 θ축의 구간 $[\alpha,\beta]$에서 연속인 극방정식 $r=h(\theta)$에서 $r=g(\theta)$까지 놓인 영역이라고 하자. 그러면 입체 E에서 연속인 삼변수함수 f의 삼중적분은 다음과 같이 2단계로 원기둥형 반복적분을 표현한다.

$$\iiint_E f(x,y,z)\,dV = \iint_D\left[\int_{y_1(x,z)}^{y_2(x,z)}f(x,y,z)\,dy\right]dA$$

$$= \int_\alpha^\beta\int_{h(\theta)}^{g(\theta)}\left[\int_{y_1(r\cos\theta,r\sin\theta)}^{y_2(r\cos\theta,r\sin\theta)}f(r\cos\theta,y,r\sin\theta)\,dy\right]r\,dr\,d\theta$$

마지막으로 입체 E가 원기둥형 [유형 3]인 경우 입체 E 위의 삼중적분을 원기둥좌표를 이용하여 반복적분으로 표현해 보자. 원기둥형 [유형 3]인 입체 E 위의 삼중

적분은 먼저 x축을 따라 적분을 하는 원기둥형 반복적분으로 표현할 수 있다.

[정리 12.18: 원기둥형 [유형 3] 위의 원기둥형 반복적분]

입체 E가 원기둥형 [유형 3]의 형태로 yz-평면에 있는 영역 D에서 정의된 이변수함수 $x = x_1(y,z)$과 $x = x_2(y,z)$ 사이의 영역이라고 하자. 그리고 yz-평면의 영역 D는 극좌표에서 θ축의 구간 $[\alpha,\beta]$에서 연속인 극방정식 $r = h(\theta)$에서 $r = g(\theta)$까지 놓인 영역이라고 하자. 그러면 입체 E에서 연속인 삼변수함수 f의 삼중적분은 다음과 같이 2단계로 원기둥형 반복적분을 표현한다.

$$\iiint_E f(x,y,z)\,dV = \iint_D \left[\int_{x_1(y,z)}^{x_2(y,z)} f(x,y,z)\,dx\right] dA$$
$$= \int_\alpha^\beta \int_{h(\theta)}^{g(\theta)} \left[\int_{x_1(r\cos\theta,\, r\sin\theta)}^{x_2(r\cos\theta,\, r\sin\theta)} f(x, r\cos\theta, r\sin\theta)\,dz\right] r\,dr\,d\theta$$

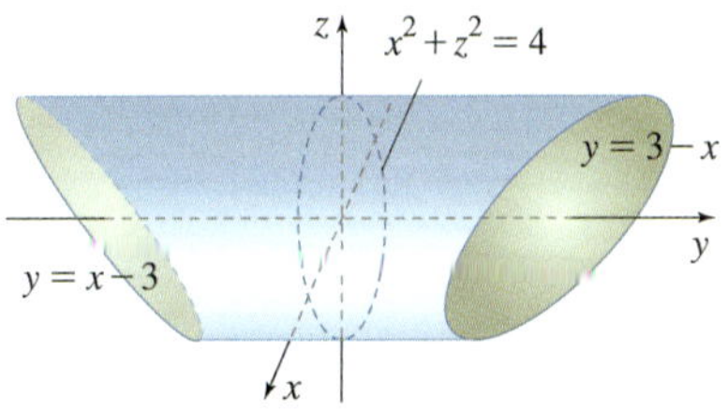

[그림 12.80]

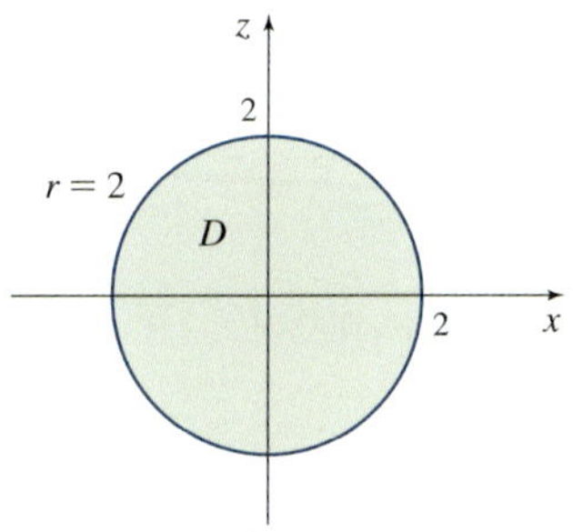

[그림 12.81]

[예제 12.40] 입체 E는 [그림 12.80]의 원기둥 $x^2+z^2=4$이 두 평면 $y=x-3$와 $y=3-x$에 의해서 잘라진 영역이다. 입체 E에서의 삼중적분 $\iiint_E x\,dV$을 구하여라. [연습문제 13~14]

[풀이] 입체 E는 원기둥형 [유형 2]의 모양으로 xz-평면의 영역 D에서 정의된 두 곡면 $y_1 = x-3$에서 $y_2 = 3-x$까지 놓인 영역이다. 이때, xz-평면의 영역 D는 원 $x^2+z^2=4$의 내부이다. ([그림 12.80] 참고) 그러므로 삼중적분 $\iiint_E x\,dV$를 먼저 y축을 따라 $y=x-3$에서 $y=3-x$까지 적분해서 xz-평면의 영역 D 위의 이중적분으로 다음과 같이 표현된다.

$$\iiint_E x\,dV = \int_D\left[\int_{x-3}^{3-x} x\,dy\right]dA = \iint_D [xy]_{x-3}^{3-x}\,dA = \iint_D (6x-2x^2)\,dA$$

xz-평면의 영역 D는 중심이 $(0,0)$이고 반지름이 2인 원 $r=2$의 내부이므로 xz-평면의 극좌표형 반복적분으로 표현하면 ([그림 12.81] 참고)

- r축을 따라 $r=0$에서 $r=2$까지 먼저 적분하고
- θ축을 따라 $\theta=0$에서 $\theta=2\pi$까지 적분한다.
- xz-평면의 극좌표변환은 $x=r\cos\theta$이고 $z=r\sin\theta$이다.
- 적분함수를 극좌표로 표현하면 $6x-2x^2 = 6r\cos\theta - 2r^2\cos^2\theta$이다.

영역 D에서의 이중적분을 반복적분을 표현하고 구해보자.

$$\iint_D (6x-2x^2)\,dA = \int_0^{2\pi}\int_0^2 (6r\cos\theta - 2r^2\cos^2\theta)\,r\,dr\,d\theta$$
$$= \int_0^{2\pi}\int_0^2 (6r^2\cos\theta - 2r^3\cos^2\theta)\,dr\,d\theta$$
$$= \int_0^{2\pi}\left[2r^3\cos\theta - \frac{1}{2}r^4\cos^2\theta\right]_0^2 d\theta = \int_0^{2\pi}(16\cos\theta - 8\cos^2\theta)\,d\theta$$

$$= 4\int_0^{2\pi}(4\cos\theta - 1 - \cos 2\theta)\,d\theta$$

$$= 4\left[4\sin\theta - \theta - \frac{1}{2}\sin 2\theta\right]_0^{2\pi} = -8\pi$$

그러므로 삼중적분 $\iiint_E x\,dV = -8\pi$이다. ■

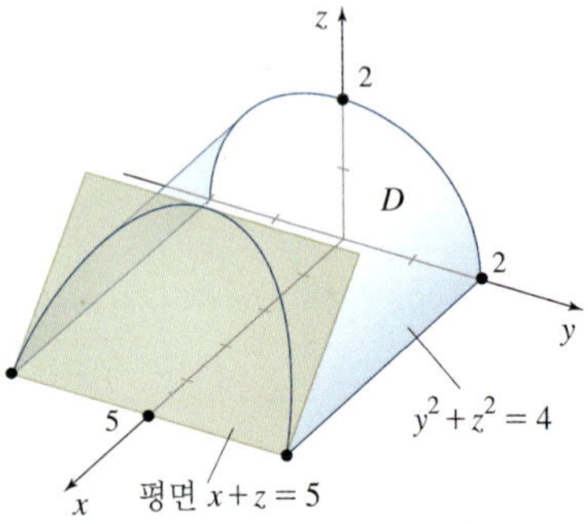

[그림 12.82]

[예제 12.41] 입체 E가 [그림 12.82]의 기둥면 $y^2+z^2=4$와 평면 $x=0$과 $x+z=5$로 둘러싸인 영역 중에서 $z \ge 0$인 영역인 경우 입체 E의 부피를 구하여라. [연습문제 15~16]

[풀이] 입체 E는 기둥면 $y^2+z^2=4$과 평면 $x=0$과 $x+z=5$으로 둘러싸인 영역에서 $z \ge 0$에 해당하는 부분이다. ([그림 12.82] 참고) 입체 E는 원기둥형 [유형 3]의 모양으로 yz-평면에 있는 영역 D에서 정의된 두 곡면 $x_1=0$와 $x_2=5-z$ 사이의 입체이다. 이때, yz-평면에 있는 영역 D는 기둥면 $y^2+z^2=4$이 yz-평면인 $x=0$과 만나는 원에서 $z \ge 0$인 반원의 내부이다. ([그림 12.83] 참고)

입체 E의 부피는 삼중적분 $\iiint_E 1\,dV$이므로 먼저 x축을 따라 $x=0$에서 $x=5-z$까지 적분하면 yz-평면에 있는 영역 D 위의 이중적분으로 다음과 같이 표현된다.

$$\iiint_D 1\,dV = \iint_D\left[\int_0^{5-z} 1\,dx\right]dA = \iint_D [x]_0^{5-z}\,dA = \iint_D (5-z)\,dA$$

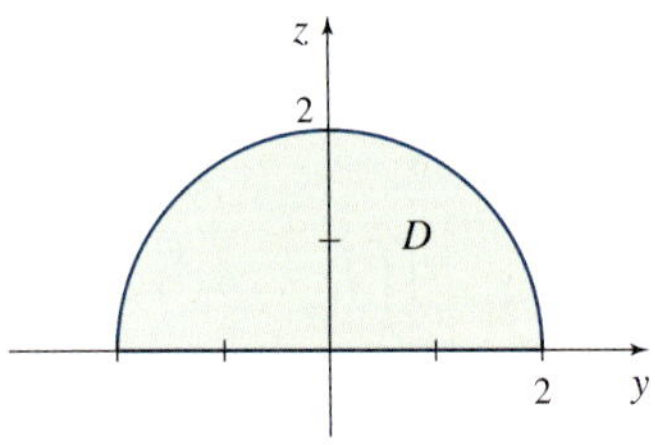

[그림 12.83]

영역 D는 yz-평면에 있는 중심인 원점이고 반지름이 2인 원에서 $z \ge 0$인 반원 부분이므로 yz-평면의 극좌표형 반복적분으로 표현하면

- r축을 따라 $r=0$에서 $r=2$까지 먼저 적분하고
- θ축을 따라 $\theta=0$에서 $\theta=\pi$까지 적분한다.
- yz-평면의 극좌표변환은 $y=r\cos\theta$이고 $z=r\sin\theta$이다. ([그림 12.83] 참고)
- 적분함수를 극좌표로 표현하면 $5-z=5-r\sin\theta$이다.

영역 D에서의 이중적분을 극좌표형 반복적분을 표현하고 구해보자.

$$\iint_D (5-z)\,dA = \int_0^{\pi}\int_0^2 (5-r\sin\theta)r\,dr\,d\theta = \int_0^{\pi}\int_0^2 (5r-r^2\sin\theta)\,dr\,d\theta$$

$$= \int_0^{\pi}\left[\frac{5}{2}r^2 - \frac{1}{3}r^3\sin\theta\right]_0^2 d\theta$$

$$= \int_0^{\pi}\left(10 - \frac{8}{3}\sin\theta\right)d\theta$$

$$= \left[10\theta + \frac{8}{3}\cos\theta\right]_0^{\pi} = 10\pi - \frac{16}{3}$$

그러므로 입체 E의 부피 $\iiint_E 1\,dV$는 $10\pi - \frac{16}{3}$이다. ■

[예제 12.42] 포물면 $y=x^2+z^2$과 평면 $y=4$에 의해 둘러싸인 입체 E의 부피를 구하여라. [연습문제 17~18]

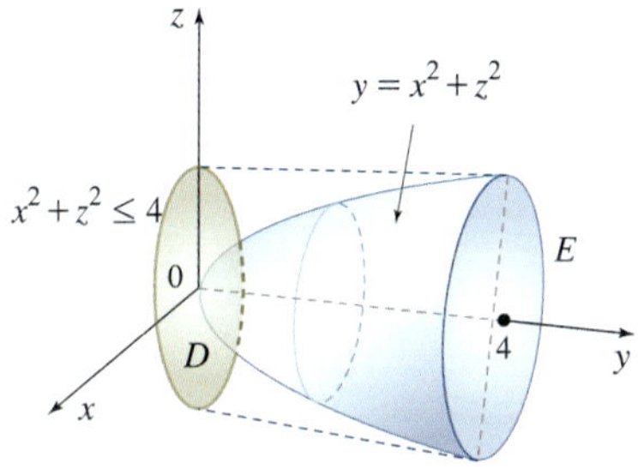

[그림 12.84](a)

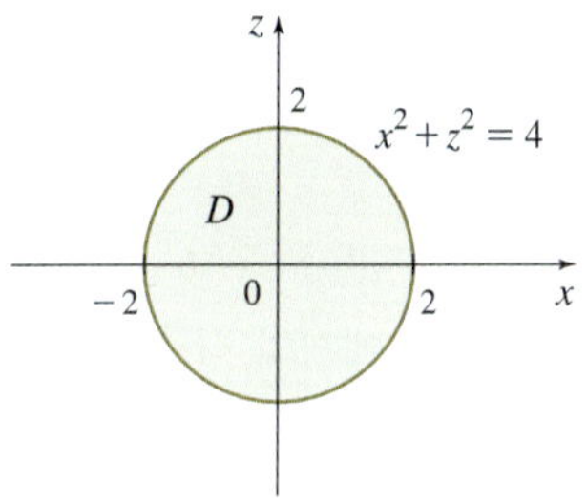

[그림 12.84](b)

[풀이] 입체 E는 포물면 $y=x^2+z^2$과 $y=4$에 의해 둘러싸인 영역이다. ([그림 12.84](a) 참고)

우선 포물면 $y=x^2+z^2$과 $y=4$가 만나는 곡선을 구해보면 방정식 $x^2+z^2=4$으로 xz-평면 위의 중심이 원점이고 반지름이 2인 원이다. 입체 E는 원기둥형 [유형 2]이고 xz-평면에 있는 영역 D에서 정의된 두 곡면 $y_1=x^2+z^2$과 $y_2=4$ 사이에 놓인 영역이다. 이때, xz-평면에 있는 영역 D는 원 $x^2+z^2=4$의 내부이다. ([그림 12.84](b) 참고)

그러므로 입체 E의 부피는 삼중적분 $\iiint_E 1\,dV$이므로 y축을 따라 $y=x^2+z^2$에서 $y=4$까지 먼저 적분하면 xz-평면에 있는 영역 D 위의 이중적분으로 표현하자.

$$\begin{aligned}\text{입체 } E\text{의 부피} = \iiint_E 1\,dV &= \iint_D \left[\int_{x^2+z^2}^{4} 1\,dy\right] dA \\ &= \iint_D [y]_{x^2+z^2}^{4} dA \\ &= \iint_D \left(4-(x^2+z^2)\right) dA\end{aligned}$$

이제 영역 D는 중심이 원점이고 반지름이 2인 원의 내부이므로 xz-평면의 극좌표형 반복적분으로 표현하면

- r축을 따라 $r=0$에서 $r=2$까지 먼저 적분을 하고
- θ축을 따라 $\theta=0$에서 $\theta=2\pi$까지 적분한다.
- xz-평면의 극좌표변환은 $x=r\cos\theta$이고 $z=r\sin\theta$이다.
- 적분함수를 극좌표로 표현하면 $4-(x^2+z^2)=4-r^2$이다.

그러므로 영역 D에서의 이중적분을 극좌표형 반복적분으로 계산하면

$$\begin{aligned}\iint_D \left(4-(x^2+z^2)\right) dA &= \int_0^{2\pi}\int_0^2 (4-r^2)r\,dr\,d\theta \\ &= \int_0^{2\pi}\left[2r^2-\frac{1}{4}r^4\right]_0^2 d\theta = \int_0^{2\pi} 4\,d\theta = 8\pi.\end{aligned}$$

입체 E의 부피인 $\iiint_E 1\,dV = 8\pi$이다. ■

12.7.3 직교좌표형 반복적분을 원기둥형 반복적분으로 변환

이제 입체 E 위의 삼중적분이 직교좌표형 반복적분으로 표현된 경우 원기둥형 반복적분으로 변환해 보자. 이중적분에서와 비슷하게 주어진 직교좌표형 반복적분을 극좌표형 반복적분으로 표현하는 공부를 하였다. 이 경우에서 가장 중요한 부분은 주어진 반복적분으로 평면영역 D를 그려보고 반복적분을 영역 D 위의 이중

적분으로 표현하는 것이다. 삼중적분에서 반복적분의 변환도 주어진 반복적분을 보고 입체 E를 그리는 것이 가장 먼저 해야 할 일이다. 그리고 입체 E를 보고 입체 E 위의 삼중적분을 원기둥형 반복적분으로 표현한다. 즉, 다음과 같다.

직교좌표형 반복적분 표현 ⟷ 입체 E를 구한다. ⟷ 원기둥형 반복적분 표현

[예제 12.43] 다음 주어진 직교좌표형 반복적분을 원기둥형 반복적분으로 적분을 구하여라. [연습문제 19]

(1) $\displaystyle\int_{-1}^{1}\int_{-\sqrt{1-y^2}}^{\sqrt{1-y^2}}\int_{-1}^{1}(x^2+y^2)^{3/2}\,dz\,dx\,dy$

(2) $\displaystyle\int_{0}^{3}\int_{-\sqrt{9-x^2}}^{\sqrt{9-x^2}}\int_{0}^{9-3\sqrt{x^2+y^2}}1\,dz\,dy\,dx$

[풀이]

(1) 먼저 주어진 직교좌표형 반복적분을 다음과 같이 입체 E에서의 삼중적분으로 표현하는 적분영역 입체 E를 구해보자.

$$\int_{-1}^{1}\int_{-\sqrt{1-y^2}}^{\sqrt{1-y^2}}\int_{-1}^{1}(x^2+y^2)^{3/2}\,dz\,dx\,dy=\iiint_E (x^2+y^2)^{3/2}\,dV$$

주어진 반복적분의 적분순서대로 z축, y축, x축의 적분구간을 구해보자.

- z축을 따른 적분구간: $z=-1$에서 $z=1$까지
- y축을 따른 적분구간: $y=-\sqrt{1-x^2}$에서 $y=\sqrt{1-x^2}$까지
- x축을 따라 적분구간: $x=-1$에서 $x=1$까지

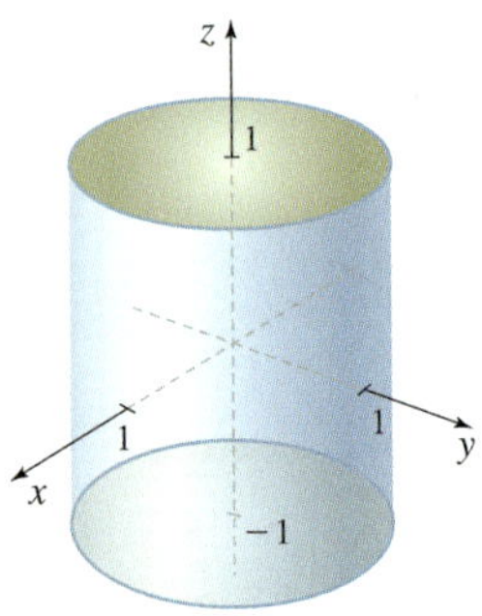

[그림 12.85](a)

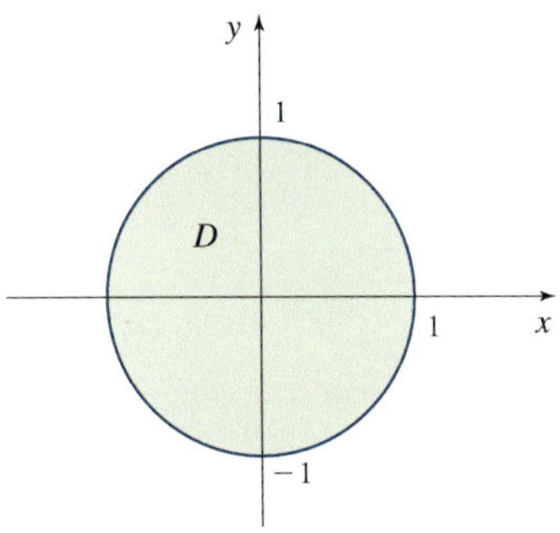

[그림 12.85](b)

각 축을 따라 경계에 해당하는 6개의 식의 그래프를 차례로 그려보고 6개의 식의 그래프로 둘러싸인 영역인 입체 E을 그리면 [그림 12.85](a)와 같이 두 평면 $z=-1$과 $z=1$ 사이의 원기둥 $x^2+y^2=1$이다.

입체 E 위의 삼중적분을 원기둥형 반복적분으로 표현해 보자.

입체 E는 원기둥형 [유형 1]이고 xy-평면에 있는 영역 D에서 정의된 평면 $z=-1$에서 평면 $z=1$ 사이에 놓인 영역이다. 이때, xy-평면에 있는 영역 D는 중심이 원점이고 반지름이 1인 원의 내부이다. ([그림 12.85](b) 참고)

입체 E 위의 삼중적분 $\iiint_E (x^2+y^2)^{3/2}dV$이므로 z축을 따라 $z=-1$에서 $z=1$까지 먼저 적분하면 xy-평면에 있는 영역 D 위의 이중적분으로 표현해 보자.

$$\begin{aligned}\iiint_E (x^2+y^2)^{3/2}dV&=\iint_D\left[\int_{-1}^{1}(x^2+y^2)^{3/2}dz\right]dA\\&=\iint_D\left[z(x^2+y^2)^{3/2}\right]_{-1}^{1}dA=\iint_D 2(x^2+y^2)^{3/2}dA\end{aligned}$$

영역 D는 xy-평면에 있는 중심인 원점이고 반지름이 1인 원이므로 xy-평면의 극좌표형 반복적분으로 표현하면

- r축을 따라 $r=0$에서 $r=1$까지 먼저 적분을 하고
- θ축을 따라 $\theta=0$에서 $\theta=2\pi$까지 적분한다.
- xy-평면의 극좌표변환은 $x=r\cos\theta$이고 $y=r\sin\theta$이다.
- 적분함수를 극좌표로 표현하면 $2(x^2+y^2)^{3/2}=2r^3$이다.

그러므로 영역 D에서의 이중적분을 극좌표형 반복적분으로 구해보자.

$$\iint_D 2(x^2+y^2)^{3/2}dA=\int_0^{2\pi}\int_0^1 2r^3 r\,dr\,d\theta$$
$$=\int_0^{2\pi}\left[\int_0^1 2r^4dr\right]d\theta=\int_0^{2\pi}\left[\frac{2}{5}r^5\right]_0^1 d\theta=\frac{4\pi}{5}$$

그러므로 $\int_{-1}^1\int_{-\sqrt{1-x^2}}^{\sqrt{1-x^2}}\int_{-1}^1(x^2+y^2)^{3/2}dz\,dy\,dx=\iiint_E(x^2+y^2)^{3/2}dV=\frac{5\pi}{4}$.

(2) 먼저 주어진 직교좌표형 반복적분을 다음과 같이 입체 E에서의 삼중적분으로 표현하는 적분영역 입체 E를 구해보자.

$$\int_0^3\int_{-\sqrt{9-y^2}}^{\sqrt{9-y^2}}\int_0^{9-3\sqrt{x^2+y^2}}1\,dz\,dx\,dy=\iiint_E 1\,dV$$

주어진 반복적분을 적분순서대로 z축, x축, y축의 적분하는 구간을 구해보자.

- z축을 따른 적분구간: $z=0$에서 $z=9-3\sqrt{x^2+y^2}$까지
- x축을 따른 적분구간: $x=-\sqrt{9-y^2}$에서 $x=\sqrt{9-y^2}$까지
- y축을 따라 적분구간: $y=0$에서 $y=3$까지

각 축을 따라 경계에 해당하는 6개의 식의 그래프를 차례로 그리고 6개의 식의 그래프로 둘러싸인 영역인 입체 E을 구하면 원뿔 $x^2+y^2=9$와 $z=0$과 $y=0$으로 둘러싸인 영역이다. ([그림 12.86](a) 참고)

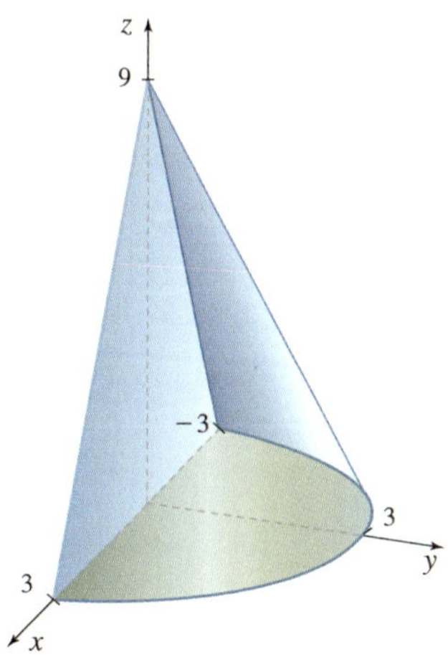

[그림 12.86](a)

입체 E 위의 삼중적분을 원기둥형 반복적분으로 표현해 보자.

입체 E는 원기둥형 [유형 1]이고 xy-평면에 있는 영역 D에서 정의된 평면 $z=0$에서 평면 $z=9-3\sqrt{x^2+y^2}$ 사이에 놓인 영역이다. 이때, xy-평면에 있는 영역 D는 중심이 원점이고 반지름이 3인 원의 내부에서 $y\ge 0$에 해당하는 부분인 반원의 내부이다. ([그림 12.86](b) 참고)

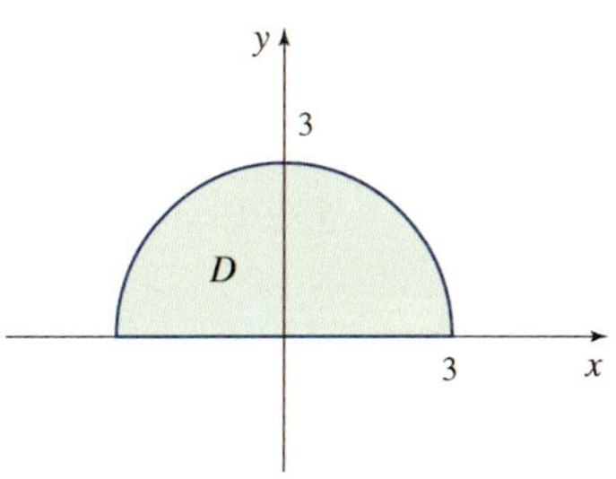

[그림 12.86](b)

그러므로 입체 E 위의 삼중적분 $\iiint_E\frac{1}{1+x^2+y^2}dV$를 먼저 z축을 따라 $z=0$에서 $z=9-3\sqrt{x^2+y^2}$까지 적분하면 xy-평면에 있는 영역 D 위의 이중적분으로 다음과 같이 표현된다.

$$\iiint_E 1\,dV=\iint_D\left[\int_0^{9-3\sqrt{x^2+y^2}}1\,dz\right]dA=\iint_D\left(9-3\sqrt{x^2+y^2}\right)dA$$

영역 D는 xy-평면에 있는 중심인 원점이고 반지름이 3이고 $y\ge 0$인 반원이므로 xy-평면의 극좌표형 반복적분으로 표현하면

- r축을 따라 $r=0$에서 $r=3$까지 먼저 적분을 하고
- θ축을 따라 $\theta=0$에서 $\theta=\pi$까지 적분한다.

- xy-평면의 극좌표변환은 $x = r\cos\theta$이고 $y = r\sin\theta$이다.
- 적분함수를 극좌표로 표현하면 $9 - 3\sqrt{x^2+y^2} = 9 - 3r$이다.

그러므로 영역 D에서의 이중적분을 극좌표형 반복적분으로 구해보자.

$$\iint_D 9 - 3\sqrt{x^2+y^2}\,dA = \int_0^{\pi}\int_0^3 (9-3r)\,r\,dr\,d\theta$$
$$= \int_0^{\pi}\left[\frac{9}{2}r^2 - r^3\right]_0^3 d\theta$$
$$= \int_0^{\pi}\left[\frac{81}{2} - 27\right] d\theta = \frac{27}{2}\pi$$

그러므로 $\int_0^3\int_{-\sqrt{9-y^2}}^{\sqrt{9-y^2}}\int_0^{9-3\sqrt{x^2+y^2}} 1\,dz\,dx\,dy = \iiint_E 1\,dV = \frac{27}{2}\pi$이다. ■

연습문제

• Part 1

[1-4] 주어진 원기둥좌표를 갖는 점 P을 그리고 점 P의 직교좌표를 구하여라. [예제 12.36]

1. $\left(6, \frac{\pi}{3}, 2\right)$
2. $\left(4, \frac{5\pi}{6}, 2\right)$
3. $\left(1, \frac{7\pi}{6}, 5\right)$
4. $\left(2, -\frac{\pi}{6}, -3\right)$

[5-8] 주어진 직교좌표를 갖는 점 P의 원기둥좌표를 구하여라. [예제 12.37]

5. $(4, 4, 1)$
6. $\left(-\frac{1}{2}, \frac{\sqrt{3}}{2}, 2\right)$
7. $(-2, -2, -2)$
8. $(2\sqrt{3}, -2, 4)$

[9-10] 다음을 구하여라. [예제 12.38]

9. 포물면 $z = \sqrt{4 - x^2 - y^2}$과 평면 $z = 0$으로 둘러싸인 영역 E의 부피를 원기둥좌표를 이용하여 구하여라.
10. 포물면 $z = x^2 + y^2$과 평면 $z = 16$으로 둘러싸인 영역 E의 부피를 원기둥좌표를 이용하여 구하여라.

[11-12] 다음을 구하여라. [예제 12.39]

11. $z \ge 0$이고 구 $x^2 + y^2 + z^2 = 4$와 원기둥 $r = 2\sin\theta$으로 둘러싸인 입체 E의 부피를 구하여라.
12. $z = \sqrt{x^2 + y^2}$과 $z = 6 - x^2 - y^2$으로 둘러싸인 입체 E의 부피를 구하여라.

[13-14] 다음을 구하여라. [예제 12.40]

13. 입체 E는 원기둥 $x^2 + z^2 = 1$이 두 평면 $y = -1$와 $y = 2 - x$에 의해서 잘라진 영역이다. 입체 E에서의 삼중적분 $\iiint_E 4x\,dV$을 구하여라.
14. 입체 E는 원기둥 $y^2 + z^2 = 3$이 두 평면 $x = -2$와 $x = 3 - z$에 의해서 잘라진 영역이다. 입체 E에서의 삼중적분 $\iiint_E y\,dV$을 구하여라.

[15-16] 다음을 구하여라. [예제 12.41]

15. 입체 E는 기둥면 $x^2 + z^2 = 1$ 그리고 평면 $y = 0$과 $y + z = 2$으로 둘러싸인 영역 중에서 $z \ge 0$인 영역이다. 입체 E의 부피를 구하여라.
16. 입체 E는 기둥면 $y^2 + z^2 = 4$ 그리고 평면 $x = 0$과 $x = y^2 + z^2$으로 둘러싸인 영역 중에서 $y \ge 0$인 영역이다. 입체 E의 부피를 구하여라.

[17-18] 다음을 구하여라. [예제 12.42]

17. 입체 E는 포물면 $x=y^2+z^2$과 $x=2$에 의해 둘러싸인 영역 중에서 $z\ge 0$인 영역이다. 입체 E의 부피를 구하여라.

18. 입체 E는 두 포물면 $y=4-(x^2+z^2)$과 $y=x^2+z^2-4$에 의해 둘러싸인 영역 중에서 $x\ge 0$인 영역이다. 입체 E의 부피를 구하여라.

19. $\int_0^{2\sqrt{2}}\int_{-\sqrt{8-x^2}}^{\sqrt{8-x^2}}\int_0^2 \sqrt{1+x^2+y^2}\,dz\,dy\,dx$를 원기둥형 반복적분으로 구하여라. [예제 12.43]

• Part 2

[20-23] 다음 직교좌표형 반복적분을 원기둥형 반복적분으로 구하여라.

20. $\int_{-1}^{1}\int_0^{\sqrt{1-x^2}}\int_0^{2-\sqrt{x^2+y^2}} z\,dz\,dy\,dx$

21. $\int_{-1}^{1}\int_{-\sqrt{1-x^2}}^{\sqrt{1-x^2}}\int_{x^2+y^2-2}^{6} 1\,dz\,dy\,dx$

22. $\int_0^3\int_{-\sqrt{9-x^2}}^{\sqrt{9-x^2}}\int_0^{9-x^2-y^2} x^2\,dz\,dy\,dx$

23. $\int_0^2\int_0^{\sqrt{4-x^2}}\int_0^{\sqrt{x^2+y^2}} (x^2+y^2)^{-\frac{1}{2}}\,dz\,dy\,dx$

24. 입체 E는 $z=x^2+y^2$과 $z=4$로 둘러싸인 영역일 때 삼중적분 $\iiint_E (x^2+y^2)\sqrt{x^2+y^2}\,dV$를 구하여라.

25. 입체 E는 $x^2+y^2\le 4,\ x\ge 0,\ y\ge x,\ 0\le z\le 2$를 만족하는 영역일 때, 삼중적분 $\iiint_E xy\,dV$를 구하여라.

26. 입체 E는 원기둥 $1\le x^2+y^2\le 4$과 $z=1$ 그리고 $z=4$로 둘러싸인 영역일 때 입체 E의 부피를 원기둥좌표를 이용하여 구하여라.

27. 입체 E는 $1\le x^2+y^2\le 4,\ y\ge 0,\ z=1$ 그리고 $z=x+3$로 둘러싸인 입체일 때, 삼중적분 $\iiint_E y\,dV$를 구하여라.

12.8 구면좌표에서의 삼중적분

12.8.1 구면좌표계

이중적분이나 삼중적분을 반복적분으로 표현을 할 때 직교좌표보다 다른 좌표를 사용하여 반복적분으로 표현해 적분을 수월하게 구하는 경우를 공부했다. 예를 들어서 이중적분에서는 극좌표형 반복적분을 공부하였고 삼중적분에서는 원기둥형 반복적분을 공부하였다. 공간의 좌표계는 공간의 점에 이름을 부여하는 방법으로 다양한 좌표계가 있다. 공간의 대표적인 좌표계가 **직교좌표계, 원기둥좌표계** 그리고 **구면좌표계**이다. 이번 절에서는 공간의 구면좌표계를 알아보자. 구면좌표계는 일상 생활속에 이미 알려진 좌표계이다. 지구상에서 위치를 표시하는 경도와 위도는 구면좌표계의 중요한 활용이다.

이제 **공간의 구면좌표계**를 정의해 보자. 구면좌표계를 정의하기 위해 다음 준비가 필요하다.

- 한 점 O를 지나는 직선
- 이 직선에 수직인 평면을 고정하자.

일반적으로 공간에서 직교좌표를 고정하고 구면좌표를 정의한다. 직교좌표계의 원점 $O=(0,0,0)$을 지나는 z축과 z축에 수직인 xy-평면을 기준으로 구면좌표계를 다음과 같이 정의해 보자.

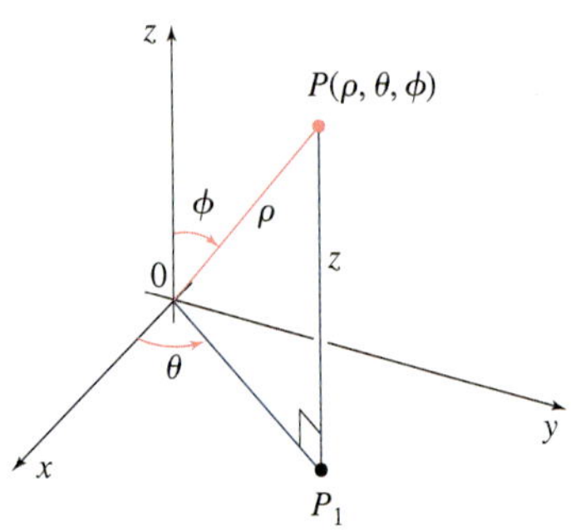

[그림 12.87]

공간의 원점 O이 아닌 점 P의 **구면좌표** (ρ,ϕ,θ)를 정의하자. ([그림 12.87] 참고)

- 첫 번째 성분 $\rho=\|OP\|$은 원점 O과 점 P 사이의 거리이고 $\rho>0$이다.
- 두 번째 성분 ϕ는 반직선 $\overrightarrow{OP}$와 z축의 양의 방향 반직선 사이의 각도이고 $0\le\phi\le\pi$이다.
- 마지막 성분 θ는 $\overrightarrow{OP_1}$와 x축의 양의 방향 반직선 사이의 각도이고 $0\le\theta\le 2\pi$이다. 이때, 점 P_1은 점 P를 xy-평면에 내린 수선의 발이다.

[정의 12.4: 공간의 구면좌표계]

공간의 원점 O이 아닌 점 P에 대하여 순서쌍 (ρ,ϕ,θ)를 다음과 같이 정의한다.

1. $\rho=\|OP\|$이고 $\rho>0$이다.
2. ϕ는 $\overrightarrow{OP}$와 z축의 양의 방향 반직선 사이의 각도이고 $0\le\phi\le\pi$이다.
3. θ는 $\overrightarrow{OP_1}$와 x축의 양의 방향 반직선 사이의 각도이고 $0\le\theta\le 2\pi$이다. 이때 점 P_1은 점 P를 xy-평면에 내린 수선의 발이다.

순서쌍 (ρ,θ,ϕ)를 점 P의 **구면좌표**(spherical coordinate)라고 한다.

여기서 구면좌표의 성분 ρ, ϕ, θ의 구간을 주의해야 한다.

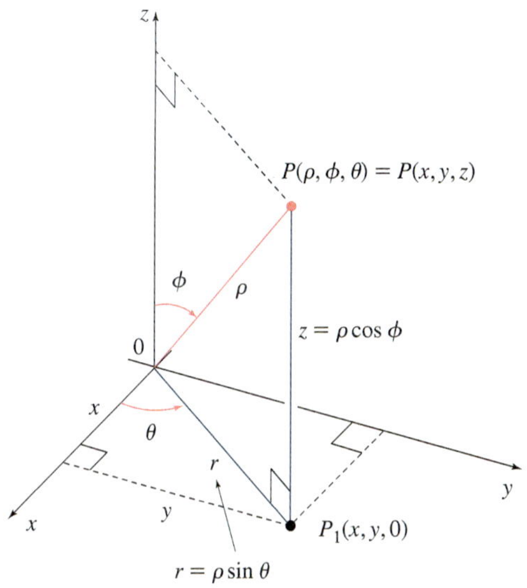

[그림 12.88]

공간에서 원점 O이 아닌 점 P의 직교좌표 (x, y, z)와 구면좌표 (ρ, ϕ, θ)의 관계를 알아보자. ([그림 12.88] 참고)

직각삼각형 OPP_1에서 $z = \rho\cos\phi$이고 $r = \rho\sin\phi$이라고 놓자.
xy-평면의 $r = \rho\sin\phi$이므로 극좌표와 관계에서 x와 y를 구해보자.

$$x = r\cos\theta = (\rho\sin\phi)\cos\theta, \quad y = r\sin\theta = (\rho\sin\phi)\sin\theta$$

점 P의 구면좌표 (ρ, ϕ, θ)에 대한 직교좌표 (x, y, z)는 다음과 같다.

$$x = \rho\sin\phi\cos\theta, \quad y = \rho\sin\phi\sin\theta, \quad z = \rho\cos\phi$$

점 P의 직교좌표 (x, y, z)에 대한 구면좌표 (ρ, ϕ, θ)는 다음과 같다.

$$\rho = \sqrt{x^2 + y^2 + z^2}, \quad \tan\theta = \frac{y}{x}, \quad \cos\phi = \frac{z}{\rho} = \frac{z}{\sqrt{x^2 + y^2 + z^2}}$$

[정리 12.19: 직교좌표와 구면좌표 사이의 관계식] 공간의 점 $P \neq 0$에 대해 점 P의 구면좌표 (ρ, ϕ, θ)에 대한 직교좌표 (x, y, z)는 다음과 같다.

$$x = \rho\sin\phi\cos\theta, \quad y = \rho\sin\phi\sin\theta, \quad z = \rho\cos\phi \qquad (12.14)$$

점 P의 직교좌표 (x, y, z)에 대한 구면좌표 (ρ, ϕ, θ)는 다음과 같다.

$$\rho = \sqrt{x^2 + y^2 + z^2}, \quad \cos\phi = \frac{z}{\rho} = \frac{z}{\sqrt{x^2 + y^2 + z^2}}, \quad \tan\theta = \frac{y}{x} \qquad (12.15)$$

[예제 12.44] 공간의 점 P의 주어진 구면좌표에 대한 직교좌표를 구하여라. [연습문제 1~4]

(1) $\left(2, \frac{\pi}{3}, \frac{\pi}{4}\right)$ (2) $\left(1, \frac{\pi}{4}, \frac{2\pi}{3}\right)$

[풀이]

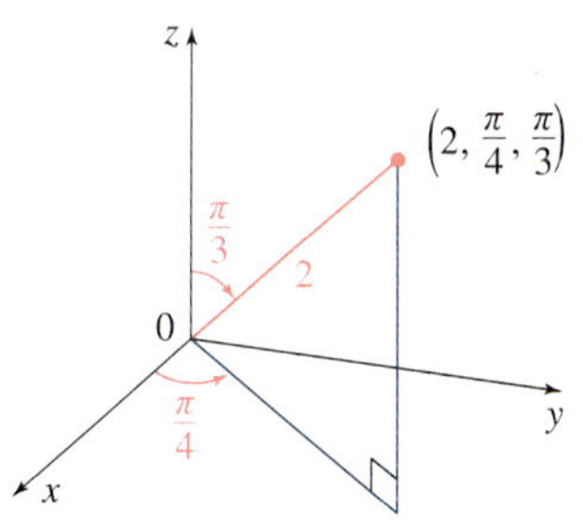

[그림 12.89]

(1) 점 P의 구면좌표 $(\rho, \phi, \theta) = \left(2, \frac{\pi}{3}, \frac{\pi}{4}\right)$를 그리면 [그림 12.89]이다.

직교좌표 변환식 (12.14)를 사용하여 직교좌표 (x, y, z)를 구하자.

$z = \rho\cos\phi = 2\cos\frac{\pi}{3} = 1$이고

$x = \rho\sin\phi\cos\theta = 2\sin\frac{\pi}{3}\cos\frac{\pi}{4} = \frac{\sqrt{6}}{2}$이고

$y = \rho\sin\phi\sin\theta = 2\sin\frac{\pi}{3}\sin\frac{\pi}{4} = \frac{\sqrt{6}}{2}$이다.

그러므로 점 P의 직교좌표는 $\left(\frac{\sqrt{6}}{2}, \frac{\sqrt{6}}{2}, 1\right)$이다.

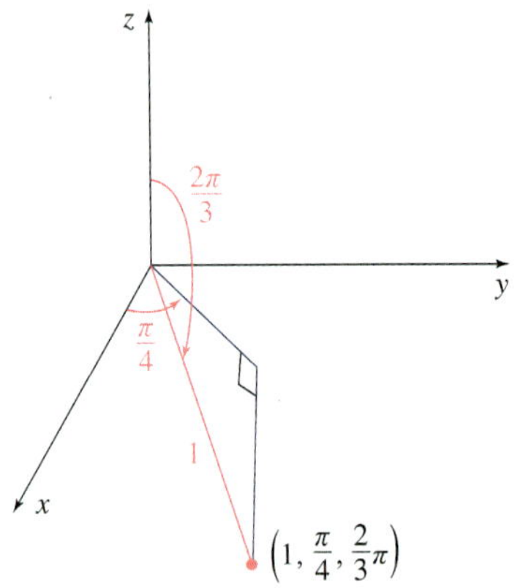

[그림 12.90]

(2) 점 P의 구면좌표 $(\rho, \theta, \phi) = \left(1, \frac{\pi}{4}, \frac{2\pi}{3}\right)$를 그리면 [그림 12.90]이다.

직교좌표 변환식 (12.14)를 사용하여 직교좌표 (x, y, z)를 구하자.

$z = \rho\cos\phi = \cos\frac{2\pi}{3} = -\frac{1}{2}$이고

$x = \rho\sin\phi\cos\theta = \sin\frac{3\pi}{2}\cos\frac{\pi}{4} = \frac{\sqrt{6}}{4}$이고

$y = \rho\sin\phi\sin\theta = \sin\frac{3\pi}{2}\sin\frac{\pi}{4} = \frac{\sqrt{6}}{4}$이다.

그러므로 점 P의 직교좌표는 $\left(\frac{\sqrt{6}}{4}, \frac{\sqrt{6}}{4}, \frac{1}{2}\right)$이다. ■

[예제 12.45] 공간의 점 P의 주어진 직교좌표계에 대한 구면좌표를 구하여라. [연습문제 5~8]

(1) $(3, \sqrt{3}, -2)$　　　　(2) $(-1, -1, \sqrt{2})$

[풀이]

구면좌표 (ρ, ϕ, θ)의 성분들의 정의구간이 중요하다.

$\rho \geq 0,\ 0 \leq \phi \leq \pi,\ 0 \leq \theta \leq 2\pi$

(1) 구면좌표 변환식 (12.15)를 사용하여 점 P의 직교좌표 $(x, y, z) = (3, \sqrt{3}, -2)$에 대한 구면좌표 (ρ, ϕ, θ)를 구해보자.

$\rho = \sqrt{x^2+y^2+z^2} = \sqrt{3^2+(\sqrt{3})^2+(-2)^2} = 4$이고

$\tan\theta = \frac{y}{x} = \frac{1}{\sqrt{3}}$이므로 $\theta = \frac{\pi}{6}$이고

$\cos\phi = \frac{z}{\rho} = \frac{-2}{4} = -\frac{1}{2}$이고 $0 \leq \phi \leq \pi$이므로 $\phi = \frac{2\pi}{3}$이다.

그러므로 점 P의 구면좌표는 $\left(4, \frac{2\pi}{3}, \frac{\pi}{6}\right)$이다.

(2) 구면좌표 변환식 (12.15)를 사용하여 점 P의 직교좌표 $(x, y, z) = (-1, -1, \sqrt{2})$에 대한 극좌표 (ρ, ϕ, θ)를 구해보자.

$\rho = \sqrt{x^2+y^2+z^2} = \sqrt{(-1)^2+(-1)^2+(\sqrt{2})^2} = 2$이고

$\tan\theta = \frac{y}{x} = \frac{-1}{-1} = 1$이므로 $\theta = \frac{5\pi}{4}$이고

$\cos\phi = \frac{z}{\rho} = \frac{\sqrt{2}}{2}$이고 $0 \leq \phi \leq \pi$이므로 $\phi = \frac{\pi}{4}$이다.

그러므로 점 P의 구면좌표는 $\left(2, \frac{\pi}{4}, \frac{5\pi}{4}\right)$이다. ■

공간에서 구면좌표에 의한 구면좌표 방정식으로 표현하면 편리한 곡면을 알아보고 주요 곡면의 직교좌표 방정식 표현과 구면좌표 방정식 표현을 비교해보자.

[표 12.2]

구면좌표 방정식	직교좌표 방정식	곡면	해당 그림
$\rho = a,\ (a>0)$	$x^2+y^2+z^2=a^2$	구	[그림 12.91](a)
$\theta = a$		반평면	[그림 12.91](b)
$\phi = a, 0 < a < \frac{\pi}{2}$	$z = (\cot a)\sqrt{x^2+y^2}$	원뿔	[그림 12.91](c)
$\phi = \frac{\pi}{2}$	$z=0$	xy - 평면	[그림 12.91](d)
$\phi = a, \frac{\pi}{2} < a < \pi$	$z = (\cot a)\sqrt{x^2+y^2}$	원뿔	[그림 12.91](e)

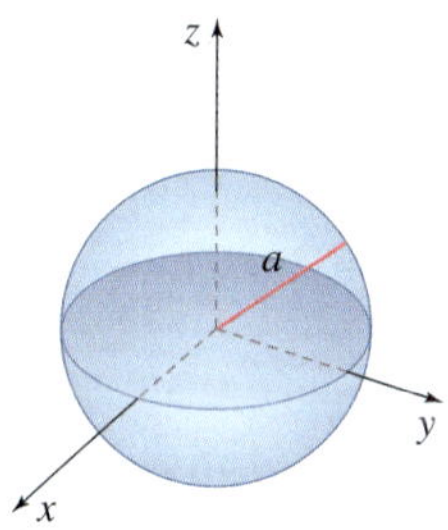

[그림 12.91](a)

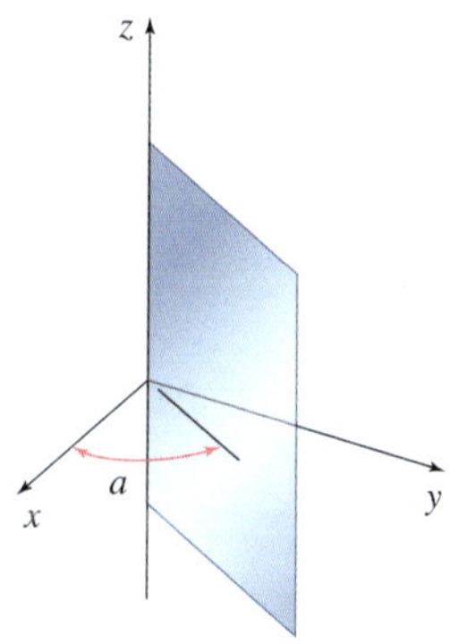

[그림 12.91](b)

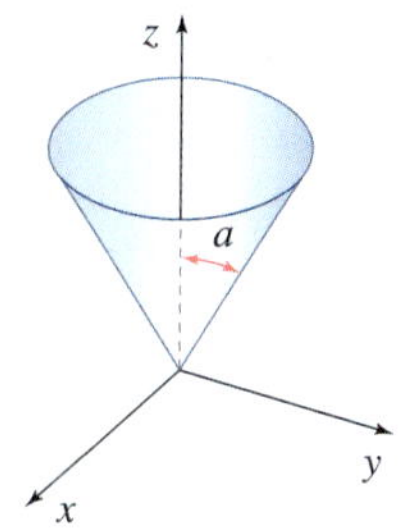

[그림 12.91](c)

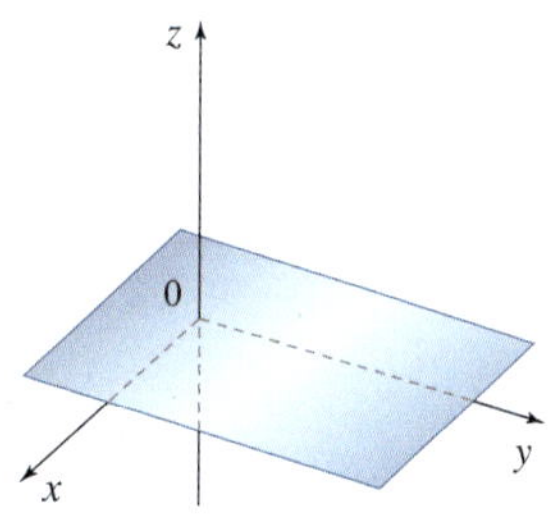

[그림 12.91](d)

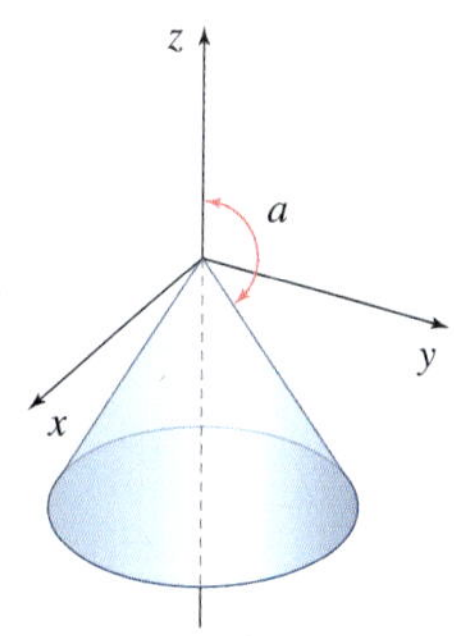

[그림 12.91](e)

◐ 직교좌표 방정식을 구면좌표 방정식으로 변환하기

일반적으로 [정리 12.19: 직교좌표와 구면좌표 사이의 관계식]의 식 (12.14)와 식 (12.15)를 사용하여 구면좌표 방정식과 직교좌표 방정식을 서로 변환할 수 있다. 예를 들어 원기둥 $x^2+y^2=4$을 구면좌표 방정식으로 표현해 보자.

$x=\rho\sin\phi\cos\theta$이고 $y=\rho\sin\phi\sin\theta$이므로 원기둥의 구면좌표 방정식은 다음과 같다.

$$4 = x^2+y^2 = (\rho\sin\phi\cos\theta)^2 + (\rho\sin\phi\sin\theta)^2 = \rho^2\sin^2\phi(\cos^2\theta+\sin^2\theta) = \rho^2\sin^2\phi$$

원기둥 $x^2+y^2=4$의 구면좌표 방정식은 다음과 같다.

$$\rho\sin\phi=2 \text{ 또는 } \rho=2\csc\phi$$

[예제 12.46] 원뿔 $z=\sqrt{x^2+y^2}$을 구면좌표 방정식으로 표현하여라. [연습문제 9~12]

[풀이] 다음 두 가지 방법으로 구해보자.

[방법 1] 그림에 의한 변환 방법이다. 원뿔 $z=\sqrt{x^2+y^2}$의 그래프는 [그림 12.92]이다.

$z=\sqrt{x^2+y^2}$에서 $y=0$을 대입하면 $z=x$이므로 z축의 양의 방향과의 각도 $\phi=\frac{\pi}{4}$이다. 그러므로 원뿔의 구면좌표 방정식은 $\phi=\frac{\pi}{4}$이다.

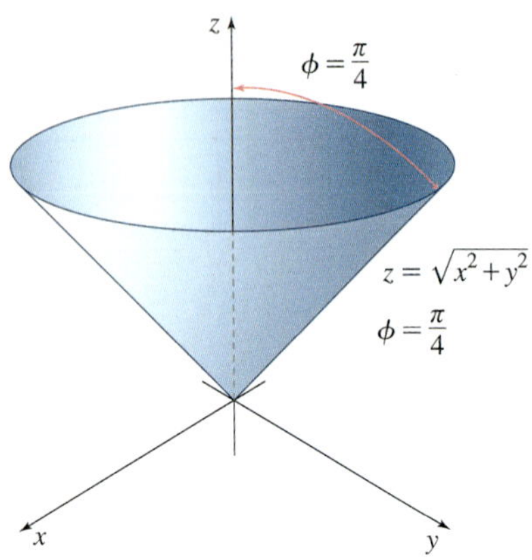

[그림 12.92]

[방법 2] 변환식에 의한 변환 방법이다. [정리 12.19: 직교좌표와 구면좌표 사이의 관계식]의 식 (12.13)을 사용하여 방정식 $z=\sqrt{x^2+y^2}$을 변환하면 다음과 같다.

$$\begin{aligned} z &= \sqrt{x^2+y^2} \\ \rho\cos\phi &= \sqrt{\rho^2\sin^2\phi} && \rho>0,\ \sin\phi\ge 0\ (\because\ 0\le\phi\le\pi) \\ \rho\cos\phi &= \rho\sin\phi \\ \phi &= \frac{\pi}{4} && 0\le\phi\le\pi \end{aligned}$$

그러므로 원뿔의 구면좌표 방정식은 $\phi=\frac{\pi}{4}$이다. ■

[예제 12.47] 구 $x^2+y^2+(z-1)^2=1$을 구면좌표 방정식으로 표현하여라. [연습문제 9~12]

[풀이] [정리 12.19: 직교좌표와 구면좌표 사이의 변환]의 식 (12.13)을 사용하여 구의 방정식 $x^2+y^2+(z-1)^2=1$의 구면좌표 방정식을 구해보자.

$$\begin{aligned} x^2+y^2+(z-1)^2 &= 1 \\ \rho^2\sin^2\phi\cos^2\theta+\rho^2\sin^2\phi\sin^2\theta+(\rho\cos\phi-1)^2 &= 1 \\ \rho^2\sin^2\phi(\cos^2\theta+\sin^2\theta)+\rho^2\cos^2\phi-2\rho\cos\phi+1 &= 1 && \cos^2\theta+\sin^2\theta=1 \\ \rho^2(\sin^2\phi+\cos^2\phi) &= 2\rho\cos\phi && \cos^2\phi+\sin^2\phi=1 \\ \rho &= 2\cos\phi \end{aligned}$$

구 $x^2+y^2+(z-1)^2=1$의 구면좌표 방정식은 $\rho=2\cos\phi$이다. ■

12.8.2 구면좌표에서의 삼중적분

◐ 구면형 직육면체 위의 삼중적분과 구면형 반복적분

공간의 구면좌표의 작은 직육면체 $E=[\rho_1,\rho_2]\times[\phi_1,\phi_2]\times[\theta_1,\theta_2]$를 잡고 작은 **구면형 직육면체**라고 하자. ([그림 12.93] 참고) 이때, $0\le\rho_1<\rho_2$, $0\le\phi_1<\phi_2\le\pi$, $0\le\theta_1<\theta_2\le 2\pi$이다.

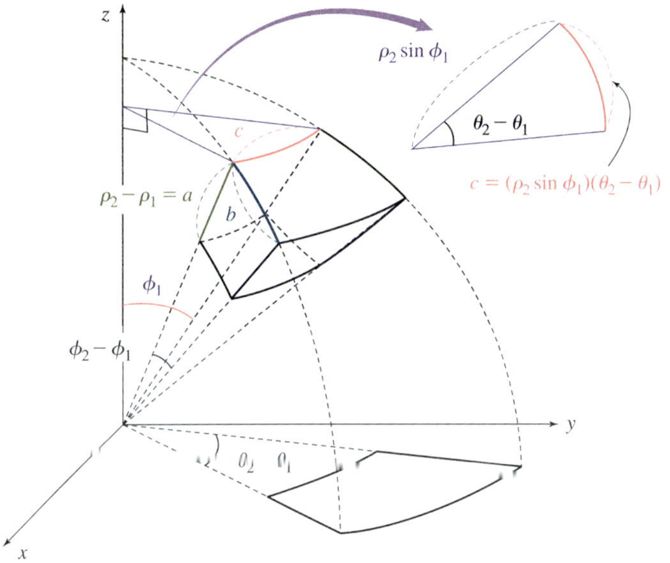

[그림 12.93]

작은 구면형 직육면체 R의 부피 dV의 근삿값을 구해보자. 작은 구면형 직육면체 R의 부피 $\Delta V\approx abc$로 근사한다.

- $a=\rho_2-\rho_2$
- b는 반지름이 ρ_2, 중심각이 $(\phi_2-\phi_1)$인 부채꼴의 길이이므로 $b=\rho_2(\phi_2-\phi_1)$
- c는 반지름이 $\rho_2\sin\phi_1$, 중심각이 $(\theta_2-\theta_1)$인 부채꼴의 원주의 길이이므로 $c=\rho_2\sin\phi_1(\theta_2-\theta_1)$

작은 구면직육면체 R의 부피 ΔV는 다음과 같다.

$$\begin{aligned}\Delta V\approx abc &\approx(\rho_2-\rho_1)\rho_2(\phi_2-\phi_1)\rho_2\sin\phi_1(\theta_2-\theta_1)\\ &=\rho_2^2\sin\phi_1(\rho_2-\rho_1)(\phi_2-\phi_1)(\theta_2-\theta_1)\\ &=\rho_2^2\sin\phi_1\Delta\rho\Delta\phi\Delta\theta\end{aligned}$$

이때, $\Delta\rho=\rho_2-\rho_1$, $\Delta\phi=\phi_2-\phi_1$이고 $\Delta\theta=\theta_2-\theta_1$.

작은 구면형 직육면체를 무한히 작게 하면 작은 구면형 직육면체의 부피 ΔV의 극한은 **구면좌표계에서의 부피소**(volume element) dV이고 다음과 같다.

$$dV=\rho^2\sin\phi\, d\rho\, d\phi\, d\theta$$

공간의 부피소 dV를 각 좌표계에서 표현하자.

- 직교과표계: $dV=dx\,dy\,dz$
- 원기둥좌표계: $dV=r\,dr\,d\theta\,dz$ 또는 $r\,dr\,d\theta\,dy$ 또는 $r\,dr\,d\theta\,dz$
- 구면좌표계: $dV=\rho^2\sin\phi\,d\rho\,d\phi\,d\theta$

그러므로 공간에서 유계이고 닫힌 입체 E에서 연속인 삼변수함수 f의 삼중적분 $\iiint_E f(r,\phi,\theta)dV$은 **구면형 삼중적분**으로 다음과 같이 표현된다.

$$\iiint_E f(\rho,\phi,\theta)dV=\iiint_E f(\rho,\phi,\theta)\rho^2\sin\phi\,d\rho\,d\phi\,d\theta \tag{12.16}$$

또한 공간의 **입체 E의 부피**는 다음과 같이 삼중적분으로 구한다.

$$\text{입체 } E\text{의 부피}=\iiint_E 1\,dV$$

구면좌표계의 구면형 직육면체 $E=[\rho_1,\rho_2]\times[\phi_1,\phi_2]\times[\theta_1,\theta_2]$에서 연속인 삼변수함수 $f(\rho,\theta,\phi)$의 삼중적분은 다음과 같다.

$$\iiint_E f(\rho,\phi,\theta)\,dV = \iiint_E f(\rho,\phi,\theta)\rho^2\sin\phi\, d\rho\, d\phi\, d\theta$$

여기서 실제로 적분을 해야 하는 적분함수는 $f(\rho,\phi,\theta)\rho^2\sin\phi$ 임을 주의하자.
구면형 직육면체 E 위의 삼중적분을 구하기 위하여 구면좌표계의 3개의 축을 따라 세 번의 적분을 차례로 하는 **구면형 반복적분**으로 다음과 같이 표현해야 한다.

$$\iiint_E f(\rho,\phi,\theta)\,dV = \int_{\theta_1}^{\theta_2}\int_{\phi_1}^{\phi_2}\left[\int_{\rho_1}^{\rho_2} f(\rho,\phi,\theta)\rho^2\sin\phi\, d\rho\right]d\phi\, d\theta$$

일반적으로 구면형 반복적분에서는 적분 순서를 바꾸지는 않고 $d\rho\, d\phi\, d\theta$ 의 순서를 따른다.
구면형 직육면체 위의 삼중적분을 다음과 같이 **구면형 반복적분**으로 표현하여 삼중적분을 실제로 구한다.

[정리 12.20: 구면형 직육면체 위의 구면형 반복적분]
입체 E는 구면형 직육면체 $E=[\rho_1,\rho_2]\times[\phi_1,\phi_2]\times[\theta_1,\theta_2]$에서 정의된 연속인 삼변수함수 $f(\rho,\phi,\theta)$의 삼중적분을 다음과 같은 **구면형 반복적분**으로 표현한다.

$$\iiint_E f(\rho,\phi,\theta)\,dV = \int_{\theta_1}^{\theta_2}\int_{\phi_1}^{\phi_2}\left[\int_{\rho_1}^{\rho_2} f(\rho,\phi,\theta)\rho^2\sin\phi\, d\rho\right]d\phi\, d\theta$$

[예제 12.48] 반지름이 $a>0$인 구로 둘러싸인 입체의 부피를 구하여라. [연습문제 17~18]

[풀이] 반지름이 $a>0$인 구로 둘러싸인 입체를 E라고 하자. 반지름이 $a>0$인 구의 구면좌표 방정식은 $\rho=a$이다. 반지름이 $a>0$인 구와 구의 내부를 구면좌표로 표현하면 다음과 같다.

- ρ의 범위: $\rho=0$에서 $\rho=a$까지 즉 구간 $[0,a]$. ([그림 12.94](a) 참고)
- ϕ의 범위: $\phi=0$에서 $\phi=\pi$까지 즉 구간 $[0,\pi]$. ([그림 12.94](b) 참고)
- θ의 범위: $\theta=0$에서 $\theta=2\pi$까지 즉 구간 $[0,2\pi]$. ([그림 12.94](c) 참고)

반지름이 $a>0$인 구와 구의 내부인 입체 E는 다음과 같이 구면형 직육면체이다.

$$E=[0,a]\times[0,\pi]\times[0,2\pi]$$

입체 E의 부피 V는 삼중적분 $V=\iiint_E 1\,dV$이다. 삼중적분을 구면형 반복적분으로 다음과 같이 표현하자.

$$\iiint_E 1\,dV = \iiint_E \rho^2\sin\phi\, d\rho\, d\phi\, d\theta = \int_0^{2\pi}\int_0^{\pi}\left[\int_0^{a}\rho^2\sin\phi\, d\rho\right]d\phi\, d\theta$$

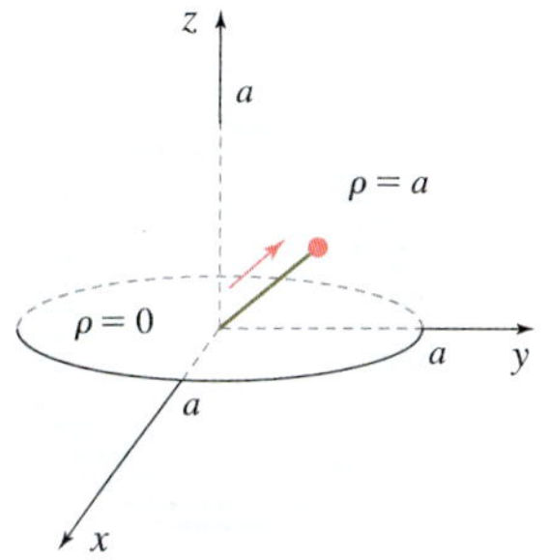

[그림 19.94](a)
ρ축을 따라 $\rho = 0$에서 $\rho = a$까지 변화한다.

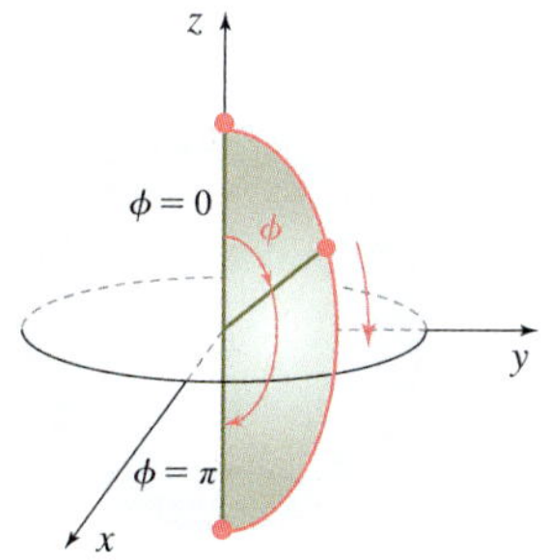

[그림 19.94](b)
ϕ축을 따라 $\phi = 0$에서 $\phi = \pi$까지 변화한다.

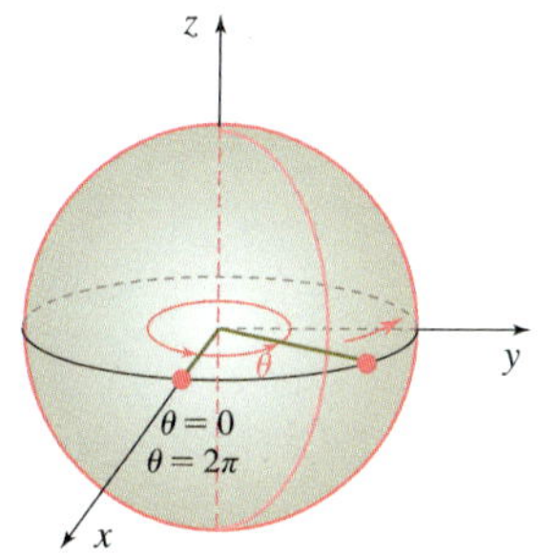

[그림 19.94](c)
ϕ축을 따라 $\phi = 0$에서 $\phi = \pi$까지 변화한다.

구면형 반복적분을 내부적분 $\int_0^a \rho^2 \sin\phi \, d\rho$부터 구해보자.

$$\int_0^{2\pi}\int_0^{\pi}\left[\int_0^a \rho^2 \sin\phi \, d\rho\right] d\phi d\theta = \int_0^{2\pi}\int_0^{\pi}\left[\frac{1}{3}\rho^3 \sin\phi\right]_0^a d\phi d\theta$$
$$= \int_0^{2\pi}\int_0^{\pi}\frac{a^3}{3}\sin\phi \, d\phi d\theta$$

그러므로 구면형 반복적분을 3번의 적분을 차례로 구하면 다음과 같다.

$$\int_0^{2\pi}\int_0^{\pi}\left[\int_0^a \rho^2 \sin\phi \, d\rho\right] d\phi \, d\theta = \int_0^{2\pi}\int_0^{\pi}\frac{1}{3}a^3 \sin\phi \, d\phi \, d\theta$$
$$= \int_0^{2\pi}\left[-\frac{1}{3}a^3 \cos\phi\right]_0^{\pi} d\theta$$
$$= \frac{2}{3}\int_0^{2\pi} a^3 d\theta = \frac{4}{3}\pi a^3$$

반지름이 $a > 0$인 구의 부피 $V = \iiint_E 1 \, dV = \dfrac{4}{3}\pi a^3$이다. ■

[예제 12.49] 입체 E가 제1팔분면에서 중심이 원점이고 반지름이 1인 구와 반지름이 2인 구 사이에 있는 영역일 때 삼중적분 $\iiint_E (x^2+y^2+z^2)^{-3/2} dV$를 구하여라.
[연습문제 19~20]

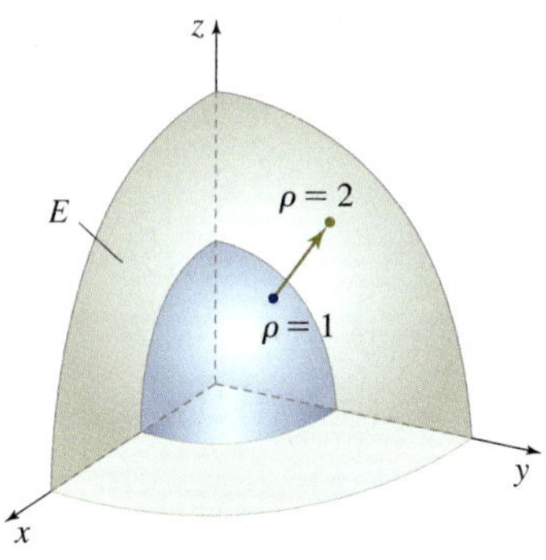

[그림 12.95]

[풀이] 입체 E는 공간의 제1팔분면에서 중심이 원점이고 반지름이 1인 구와 반지름이 2인 구 사이의 영역으로 [그림 12.95]에서 볼 수 있다. 입체 E를 구면좌표로 범위를 표현하면 $1 \le \rho \le 2$, $0 \le \phi \le \dfrac{\pi}{2}$, $0 \le \theta \le \dfrac{\pi}{2}$이고 구면형 직육면체 $E = [1,2] \times [0, \pi/2] \times [0, \pi/2]$이다.

삼중적분의 적분함수를 구면좌표로 변형하면 $(x^2+y^2+z^2)^{-3/2} = r^{-3}$이다.
그러므로 삼중적분을 구면형 반복적분으로 나타내면 다음과 같다.

$$\iiint_E (x^2+y^2+z^2)^{-3/2} dV = \iiint_E (\rho^{-3})\rho^2 \sin\phi \, d\rho d\phi d\theta$$

$$= \int_0^{\frac{\pi}{2}}\int_0^{\frac{\pi}{2}}\int_1^2 \rho^{-3}\rho^2 \sin\phi \, d\rho \, d\phi \, d\theta$$

그러므로 구면형 반복적분을 내부적분부터 차례로 3번의 적분을 차례로 하면 다음과 같다.

$$\begin{aligned}\int_0^{\frac{\pi}{2}}\int_0^{\frac{\pi}{2}}\int_1^2 \rho^{-3}\rho^2 \sin\phi \, d\rho \, d\phi \, d\theta &= \int_0^{\frac{\pi}{2}}\int_0^{\frac{\pi}{2}}\left[\int_1^2 \rho^{-1}\sin\phi \, d\rho\right] d\phi \, d\theta \\ &= \int_0^{\frac{\pi}{2}}\int_0^{\frac{\pi}{2}}\Big[(\ln\rho)\sin\phi\Big]_1^2 \, d\phi \, d\theta \\ &= \ln 2\int_0^{\frac{\pi}{2}}\int_0^{\frac{\pi}{2}} \sin\phi \, d\phi \, d\theta \\ &= \ln 2\int_0^{\frac{\pi}{2}}[-\cos\phi]_0^{\frac{\pi}{2}} \, d\theta = \ln 2\int_0^{\frac{\pi}{2}} 1 \, d\theta \\ &= \ln 2\,[\theta]_0^{\frac{\pi}{2}} = \frac{\pi\ln 2}{2}\end{aligned}$$

그러므로 삼중적분 $\iiint_E (x^2+y^2+z^2)^{-3/2} dV = \dfrac{\pi \ln 2}{2}$ 이다. ■

[예제 12.50] 입체 E가 $\sqrt{x^2+y^2} = z$, $z=0$, $x^2+y^2+z^2=4$으로 둘러싸인 영역일 때 삼중적분 $\iiint_E z\,dV$를 구하여라. [연습문제 21~22]

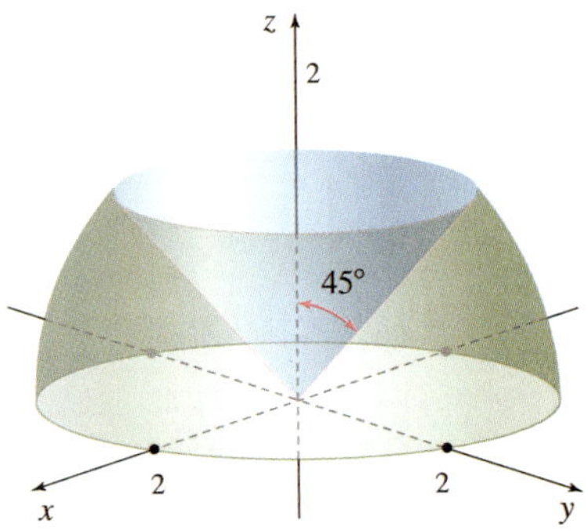

[그림 12.96]

[풀이] 입체 E가 $\sqrt{x^2+y^2} = z$, $z=0$, $x^2+y^2+z^2=4$으로 둘러싸인 영역으로 [그림 12.96]이다. 방정식 $\sqrt{x^2+y^2}=z$은 원뿔이고 구면좌표 방정식 표현은 다음과 같다.

$$\begin{aligned}\sqrt{(\rho\sin\phi\cos\theta)^2 + (\rho\sin\phi\sin\theta)^2} &= \rho\cos\phi \\ \rho\sin\phi &= \rho\cos\phi \\ \phi &= \frac{\pi}{4}\end{aligned}$$

즉, 원뿔 $\sqrt{x^2+y^2}=z$의 구면좌표 방정식 표현은 $\phi = \dfrac{\pi}{4}$이다.

평면 $z=0$의 구면좌표 방정식 표현은 $\rho\cos\phi = 0$이므로 $\phi = \dfrac{\pi}{2}$이다.

반지름이 4인 구 $x^2+y^2+z^2=4$의 구면좌표 방정식 표현은 $\rho=2$이다.

그러므로 입체 E를 구면좌표로 표현하면 $0 \le \rho \le 2$, $\dfrac{\pi}{4} \le \phi \le \dfrac{\pi}{2}$, $0 \le \theta \le 2\pi$이고 구면형 직육면체 $E = [0,2]\times[\pi/4, \pi/2]\times[0, 2\pi]$이다. ([그림 12.96] 참고)
삼중적분의 적분함수 $f(x,y,z)=z$를 구면좌표로 변형하면 $z = \rho\cos\phi$이다.
그러므로 삼중적분을 구면형 반복적분으로 나타내면 다음과 같다.

$$\iiint_E z\,dV = \iiint (\rho\cos\phi)\rho^2\sin\phi\,d\rho\,d\phi\,d\theta$$
$$= \int_0^{2\pi}\int_{\frac{\pi}{4}}^{\frac{\pi}{2}}\int_0^2 (\rho\cos\phi)\rho^2\sin\phi\,d\rho\,d\phi\,d\theta$$

그러므로 구면형 반복적분을 내부적분부터 차례로 3번의 적분을 하면 다음과 같다.

$$\int_0^{2\pi}\int_{\frac{\pi}{4}}^{\frac{\pi}{2}}\int_0^2 (\rho\cos\phi)\rho^2\sin\phi\,d\rho\,d\phi\,d\theta = \int_0^{2\pi}\int_{\frac{\pi}{4}}^{\frac{\pi}{2}}\left[\int_0^2 \rho^3\cos\phi\sin\phi\,d\rho\right]d\phi\,d\theta$$
$$= \int_0^{2\pi}\int_{\frac{\pi}{4}}^{\frac{\pi}{2}}\left[\frac{1}{4}\rho^4\cos\phi\sin\phi\right]_0^2 d\phi\,d\theta$$
$$= 4\int_0^{2\pi}\int_{\frac{\pi}{4}}^{\frac{\pi}{2}}\cos\phi\sin\phi\,d\phi\,d\theta$$
$$= 4\int_0^{2\pi}\left[\frac{1}{2}\sin^2\phi\right]_{\frac{\pi}{4}}^{\frac{\pi}{2}} d\theta = \int_0^{2\pi} 1\,d\theta = 2\pi$$

그러므로 삼중적분 $\iiint_E z\,dV = 2\pi$이다. ■

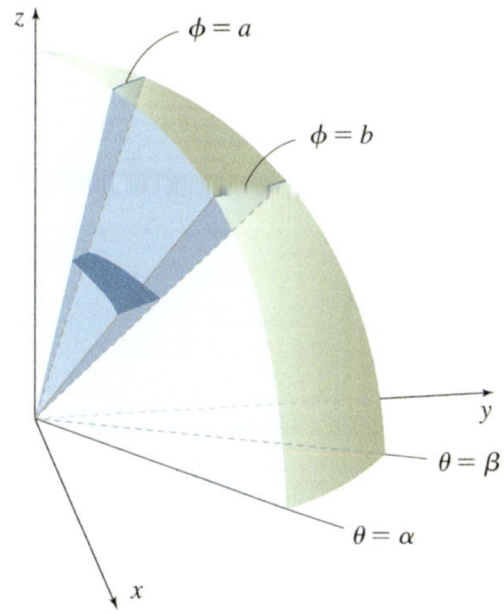

[그림 12.97](a)

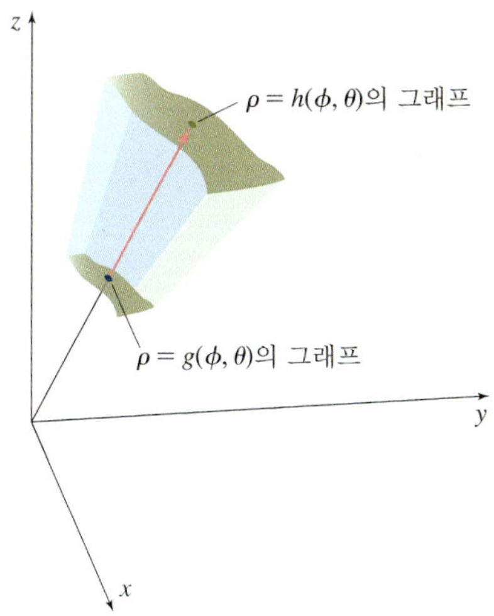

[그림 12.97](b)

◐ 구면형 일반영역 위의 삼중적분과 구면형 반복적분

구면형 직육면체에서의 삼중적분을 구면형 반복적분 표현을 확장하여 보자. 일반적인 입체에서의 삼중적분을 구면좌표를 이용한 구면형 반복적분 표현에 대해 알아보자.

구면좌표로 표현된 일반적인 영역에서 다음과 같은 구면형 일반영역 E를 놓자. 영역 D는 $\phi_1 \le \phi \le \phi_2$와 $\theta_1 \le \theta \le \theta_2$인 부분은 [그림 12.97](a)의 뿔 모양이다. 영역 D 위의 두 함수 $\rho = g(\phi, \theta)$와 $\rho = h(\phi, \theta)$가 $g(\phi, \theta) \le h(\phi, \theta)$라고 하자. 입체 E는 영역 D에서 정의된 두 함수 $\rho = g(\phi, \theta)$와 $\rho = h(\phi, \theta)$의 그래프 사이의 영역이라고 하자. ([그림 12.97](b) 참고)

입체 E를 구면형 반복적분 영역을 적분 표현하면

- ρ축을 따라 $\rho = g(\phi, \theta)$에서 $\rho = h(\phi, \theta)$까지 적분한다.
- ϕ축을 따라 $\phi = \phi_1$에서 $\phi = \phi_2$까지 적분한다.
- θ축을 따라 $\theta = \theta_1$에서 $\theta = \theta_2$까지 적분한다.

입체 E에서 함수 f의 삼중적분을 **구면형 반복적분**으로 표현해 보자.

$$\iiint_E f(\rho, \phi, \theta)\,dV = \int_{\theta_1}^{\theta_2}\int_{\phi_1}^{\phi_2}\int_{g(\phi,\theta)}^{h(\phi,\theta)} f(\rho, \theta, \phi)\rho^2\sin\phi\,d\rho\,d\phi\,d\theta$$

일반적으로 구면좌표형 반복적분에서는 적분 순서를 바꾸지는 않고 $d\rho d\phi d\theta$의 순서를 따른다.

[정리 12.21: 구면형 일반영역 위의 구면형 반복적분]

입체 E는 구면좌표에 의해 $\phi\theta$-평면의 영역 D인 $a \le \phi \le b$, $\alpha \le \theta \le \beta$에서 정의된 이변수함수 $g(\phi, \theta)$의 그래프와 함수 $h(\phi, \theta)$의 그래프 사이의 영역이라고 하자. 입체 E에서 연속인 함수 f의 삼중적분을 구면형 반복적분으로 표현한다.

$$\iiint_E f(\rho, \phi, \theta)dV = \int_\alpha^\beta \int_a^b \int_{g(\phi,\theta)}^{h(\phi,\theta)} f(\rho, \phi, \theta)\rho^2 \sin\phi \, d\rho d\phi \, d\theta$$

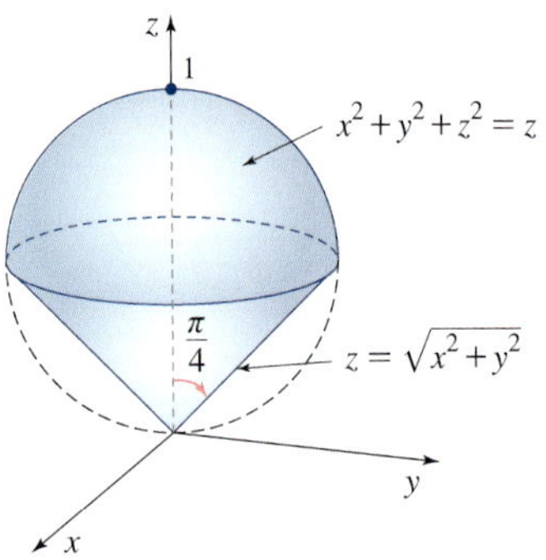

[그림 12.98]

[예제 12.51] 입체 E는 구 $x^2+y^2+z^2=z$와 원뿔 $z=\sqrt{x^2+y^2}$에 의해 둘러싸인 영역이라고 하자. ([그림 12.98] 참고) 삼중적분 $\iiint_E \sqrt{x^2+y^2+z^2}\, dV$을 구하여라. [연습문제 23~24]

[풀이] 입체 E는 구 $x^2+y^2+z^2=z$와 원뿔 $z=\sqrt{x^2+y^2}$에 의해 둘러싸인 영역을 구면좌표 방정식으로 표현해 보자.

구 $x^2+y^2+z^2=z$를 $x^2+y^2+z^2=\rho^2$이고 $z=\rho\cos\theta$이므로 구면좌표 방정식을 구하면

$$\rho^2 = \rho\cos\phi \text{이므로 } \rho = \cos\phi$$

원뿔 $z=\sqrt{x^2+y^2}$의 구면좌표 방정식은 다음과 같다.

$$\rho\cos\phi = \rho\sin\phi \text{이므로 } \tan\phi = 1 \text{이고 } \phi = \frac{\pi}{4}$$

[그림 12.99]를 보고 입체 E의 구면형 반복적분 영역을 표현하면

- ρ축을 따라 $\rho=0$에서 $\rho=\cos\phi$까지 적분하고
- ϕ축을 따라 $\phi=0$에서 $\phi=\frac{\pi}{4}$까지 적분하고
- θ축을 따라 $\theta=0$에서 $\theta=2\pi$까지 적분한다.
- 적분함수를 구면좌표로 표현하면 $\sqrt{x^2+y^2+z^2}=\rho$이다.

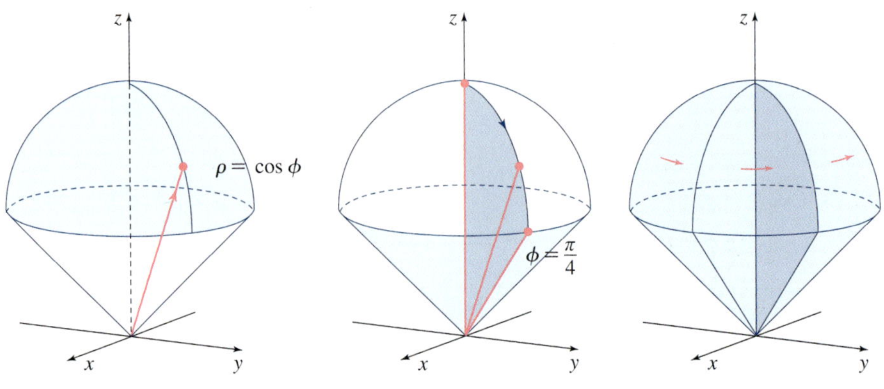

ρ의 범위: $\rho=0 \to \rho=\cos\phi$ ϕ의 범위: $\phi=0 \to \phi=\frac{\pi}{4}$ θ의 범위: $\theta=0 \to \theta=2\pi$

[그림 12.99]

삼중적분 $\iiint_E \sqrt{x^2+y^2+z^2}\,dV$은 구면좌표형 반복적분으로 구해보자.

$$\begin{aligned}&\iiint_E \sqrt{x^2+y^2+z^2}\,dV\\&=\iiint_E \rho\left(\rho^2\sin\phi\right)d\rho\,d\phi\,d\theta\\&=\int_0^{2\pi}\int_0^{\frac{\pi}{4}}\int_0^{\cos\phi}\rho\left(\rho^2\sin\phi\right)d\rho\,d\phi\,d\theta\end{aligned}$$

그러므로 구면좌표형 반복적분을 차례로 3번의 적분을 하면 다음과 같다.

$$\begin{aligned}\int_0^{2\pi}\int_0^{\frac{\pi}{4}}\left[\int_0^{\cos\phi}\rho^3\sin\phi\,d\rho\right]d\phi\,d\theta&=\int_0^{2\pi}\int_0^{\frac{\pi}{4}}\left[\frac{1}{4}\rho^4\sin\phi\right]_0^{\cos\phi}d\phi\,d\theta\\&=\int_0^{2\pi}\int_0^{\frac{\pi}{4}}\left(\frac{1}{4}\cos^4\phi\sin\phi\right)d\phi\,d\theta\\&=\frac{1}{20}\int_0^{2\pi}\left[-\cos^5\phi\right]_0^{\frac{\pi}{4}}d\theta\\&=\frac{1}{20}\int_0^{2\pi}\left(1-\frac{\sqrt{2}}{8}\right)d\theta=\frac{8-\sqrt{2}}{80}\pi.\end{aligned}$$

그러므로 삼중적분 $\iiint_E \sqrt{x^2+y^2+z^2}\,dV=\dfrac{8-\sqrt{2}}{80}\pi$이다. ■

◐ 직교좌표형 반복적분을 구면형 반복적분으로 변환

적분입체 E의 모양에 따라 직교좌표형 반복적분을 구면형 반복적분으로 변환하여 삼중적분을 구할 수 있다. 이 경우 다음의 두 단계의 과정을 거쳐서 구한다.

[1단계] 주어진 직교좌표형 반복적분을 다음과 같은 입체 E의 삼중적분 $\iiint_E f(\rho,\phi,\theta)\,dV$으로 변환하는 입체 E를 구한다.

[2단계] 입체 E를 보고 구면형 반복적분으로 표현한다.

그러므로 입체 E의 삼중적분에서 입체 E를 보고 반복적분으로 표현하는 것과 함께 주어진 반복적분의 형태를 보고 입체 E를 파악하고 삼중적분으로 표현해야 한다. 이때 가장 중요한 것은 입체 E를 그리는 단계이다.

직교좌표형 반복적분 표현 ⟷ 입체 E의 표현 ⟷ 구면형 반복적분 표현

[예제 12.52] 다음 직교좌표형 반복적분을 구면형 반복적분으로 구하여라. [연습문제 25~27]

$$\int_{-2}^{2}\int_{-\sqrt{4-x^2}}^{\sqrt{4-x^2}}\int_{0}^{\sqrt{4-x^2-y^2}} z\,dz\,dy\,dx$$

[풀이] 직교좌표형 반복적분 $\int_{-2}^{2}\int_{-\sqrt{4-x^2}}^{\sqrt{4-x^2}}\int_{0}^{\sqrt{4-x^2-y^2}} y\,dz\,dy\,dx$을 입체 E의 삼중적분 $\iiint_E z\,dV$로 표현하기 위하여 입체 E를 구해보자.

- z축을 따른 범위: $z=0$에서 $z=\sqrt{4-x^2-y^2}$까지
- y축을 따른 범위: $y=-\sqrt{4-x^2}$에서 $y=\sqrt{4-x^2}$까지
- x축을 따른 범위: $x=-2$에서 $x=2$까지

이렇게 주어진 6개의 식을 입체 E를 알아보자.

$z=0$과 $z=\sqrt{4-x^2-y^2}$의 그래프는 원점이 중심이고 반지름이 4인 구에서 $z\geq 0$인 반원이다. 나머지 네 개의 식 $y=-\sqrt{4-x^2}$, $y=\sqrt{4-x^2}$, $x=-2$, $x=2$은 xy-평면의 원 $x^2+y^2=4$와 원의 내부이다. ([그림 12.100] 참고)

그러므로 삼중적분의 적분영역인 입체 E는 $x^2+y^2+z^2=4$에서 $z\geq 0$인 반구의 내부이고 [그림 12.100]에서 볼 수 있다. 여기서 구 $x^2+y^2+z^2=4$의 구면좌표 방정식은 $\rho=2$이다.

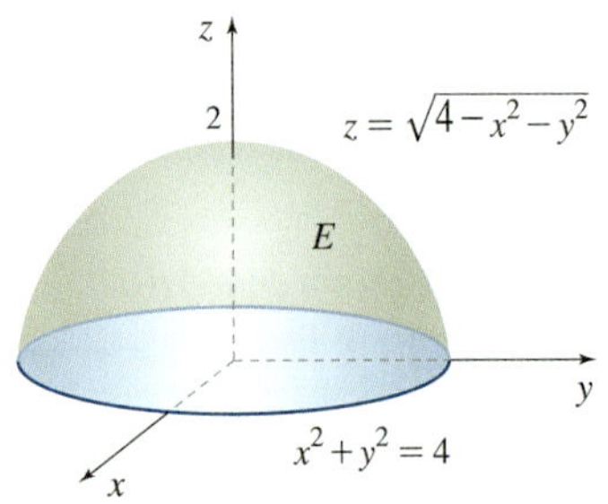

[그림 12.100]

[그림 12.100]을 보고 입체 E를 구면형 반복적분의 영역을 표현하면

- ρ축을 따라 $\rho=0$에서 $\rho=2$까지 적분하고
- ϕ축을 따라 $\phi=0$에서 $\phi=\frac{\pi}{2}$까지 적분하고
- θ축을 따라 $\theta=0$에서 $\theta=2\pi$까지 적분한다.
- 적분함수를 구면좌표로 표현하면 $z=\rho\cos\phi$이다.

그러므로 입체 E에서의 삼중적분 $\iiint_E z\,dV$을 구면형 반복적분으로 구해보자. 이때, $dV=\rho^2\sin\phi\,d\rho\,d\phi\,d\theta\theta$임을 주의하다.

$$\begin{aligned}\iiint_E z\,dV &= \int_0^{2\pi}\int_0^{\frac{\pi}{2}}\int_0^2 (\rho\cos\phi)\rho^2\sin\phi\,d\rho\,d\phi\,d\theta\\ &= \int_0^{2\pi}\int_0^{\frac{\pi}{2}}\left[\int_0^2 \rho^3\cos\phi\sin\phi\,d\rho\right]d\phi\,d\theta\\ &= \int_0^{2\pi}\int_0^{\frac{\pi}{2}}\left[\frac{1}{4}\rho^4\cos\phi\sin\phi\right]_0^2 d\phi\,d\theta\\ &= \int_0^{2\pi}\int_0^{\frac{\pi}{2}}(4\cos\phi\sin\phi)\,d\phi\,d\theta\\ &= \int_0^{2\pi}2\left[\sin^2\phi\right]_0^{\frac{\pi}{2}}d\theta = \int_0^{2\pi}2\,d\theta = 4\pi\end{aligned}$$

즉, $\int_{-2}^{2}\int_{-\sqrt{4-x^2}}^{\sqrt{4-x^2}}\int_{0}^{\sqrt{4-x^2-y^2}} z\,dz\,dy\,dx = 4\pi$이다. ■

연습문제

• Part 1

[1-4] 공간의 점 P의 구면좌표를 직교좌표로 표현하여라. [예제 12.44]

1. $\left(4, \frac{\pi}{6}, \frac{\pi}{2}\right)$
2. $\left(4, \frac{\pi}{3}, \frac{5\pi}{6}\right)$
3. $\left(2, \frac{3\pi}{4}, \frac{\pi}{6}\right)$
4. $\left(1, \frac{5\pi}{6}, \frac{3\pi}{2}\right)$

[5-8] 공간의 점 P의 직교좌표를 구면좌표로 표현하여라. [예제 12.45]

5. $\left(\frac{\sqrt{6}}{2}, \frac{\sqrt{6}}{2}, 1\right)$
6. $(-3, 0, 0)$
7. $(2, 2\sqrt{3}, -4\sqrt{3})$
8. $\left(-\frac{3\sqrt{3}}{2}, \frac{3}{2}, 3\sqrt{3}\right)$

[9-12] 다음 곡면의 직교좌표 방정식을 구면좌표 방정식으로 변환하여라. [예제 12.46~12.47]

9. 반평면 $y = x(x \geq 0,\ y \geq 0)$
10. 중심이 원점이고 반지름의 길이가 3인 구
11. 원뿔 $z = \sqrt{3(x^2+y^2)}$
12. 구 $x^2+y^2+(z+2)^2 = 4$

[13-14] 다음 곡면의 구면좌표 방정식을 직교좌표 방정식으로 변환하여라.

13. $\rho = \csc\phi \quad (0 < \phi < \pi)$
14. $\rho = 2\sec\phi \quad \left(0 \leq \phi \leq \frac{\pi}{2}\right)$

[15-16] 다음 구면형 반복적분을 구하여라.

15. $\int_0^{\pi}\int_0^{\frac{\pi}{4}}\int_0^{1} \rho^2 \sin\phi\, d\rho\, d\phi\, d\theta$
16. $\int_0^{\frac{\pi}{2}}\int_0^{\frac{\pi}{2}}\int_1^{2} \rho^3 \cos\phi \sin\phi\, d\rho\, d\phi\, d\theta$

[17-18] 다음 입체의 부피를 구면형 반복적분으로 구하여라. [예제 12.48]

17. 반지름이 3인 구의 부피
18. 중심이 원점이고 반지름이 1인 구 중에서 제1팔분공간에 있는 부피

[19-20] 다음을 구하여라. [예제 12.49]

19. 입체 E가 제1팔분공간에 있는 중심이 원점이고 반지름이 2인 구와 반지름이 4인 구 사이에 있는 영역일 때 삼중적분 $\iiint_E \frac{1}{x^2+y^2+z^2}\,dV$를 구하여라.
20. 입체 E는 $z \geq 0$과 중심이 원점이고 반지름이 1인 구의 공통부분인 반구일 때 삼중적분 $\iiint_E \left(2-\sqrt{x^2+y^2+z^2}\right)dV$를 구하여라.

[21-22] 다음을 구하여라. [예제 12.50]

21. 입체 E가 $0 \leq \sqrt{x^2+y^2} \leq z$이고 $1 \leq x^2+y^2+z^2 \leq 4$인 영역일 때 삼중적분 $\iiint_E 4z\,dV$를 구하여라.
22. 입체 E가 $z \geq \sqrt{\frac{x^2+y^2}{3}}$이고 $x^2+y^2+z^2 \leq 1$인 영역일 때 삼중적분 $\iiint_E (x^2+y^2)\,dV$를 구하여라.

[23-24] 입체 E가 구 $x^2+y^2+z^2 = 2z$와 원뿔 $z = \sqrt{x^2+y^2}$로 둘러싸인 영역일 때 다음 삼중적분을 구하여라. [예제 12.51]

23. $\iiint_E \frac{1}{x^2+y^2+z^2}\,dV$
24. $\iiint_E (x^2+y^2+z^2)\,dV$

[25-27] 다음 반복적분을 구면형 반복적분으로 구하여라. [예제 12.52]

25. $\int_{-1}^{1}\int_{-\sqrt{1-x^2}}^{\sqrt{1-x^2}}\int_0^{\sqrt{1-x^2-y^2}} 2\,dz\,dy\,dx$
26. $\int_0^{1}\int_0^{\sqrt{1-x^2}}\int_0^{\sqrt{1-x^2-y^2}} 8z\,dz\,dy\,dx$
27. $\int_0^{2}\int_{-\sqrt{4-x^2}}^{\sqrt{4-x^2}}\int_0^{\sqrt{4-x^2-y^2}} x\,dz\,dy\,dx$

• Part 2

[28-29] 다음 구면형 반복적분을 구하여라.

28. $\int_0^{\pi}\int_0^{\frac{\pi}{3}}\int_0^{4\sec\phi}\rho^2\sin\phi\,d\rho\,d\phi\,d\theta$

29. $\int_0^{\pi}\int_{\frac{\pi}{6}}^{\frac{\pi}{3}}\int_0^{2\csc\phi}\rho^2\sin\phi\,d\rho\,d\phi\,d\theta$

[30-31] 다음 반복적분을 구면형 반복적분으로 구하여라.

30. $\int_0^2\int_0^{\sqrt{4-x^2}}\int_{-\sqrt{4-x^2-y^2}}^{\sqrt{4-x^2-y^2}}(x^2+y^2+z^2)^2\,dz\,dy\,dx$

31. $\int_0^2\int_0^{\sqrt{4-y^2}}\int_0^{\sqrt{4-x^2-y^2}}\frac{2z}{\sqrt{x^2+y^2}}\,dz\,dx\,dy$

32. 입체 E가 $x^2+y^2=9z^2$, $x^2+y^2+z^2=1$, $x^2+y^2+z^2=4$ 그리고 $z=0$으로 둘러싸인 영역일 때 삼중적분 $\iiint_E xy\,dV$를 구하여라.

33. 아랫곡면은 원뿔 $z^2=x^2+y^2$의 윗부분이고 윗곡면은 구면 $x^2+y^2+z^2=4$으로 둘러싸인 입체도형의 부피를 구하여라.

34. 아랫곡면은 원뿔 $z^2=x^2+y^2$의 윗부분이고 윗곡면은 구면 $x^2+y^2+z^2=4z$으로 둘러싸인 입체도형의 부피를 구하여라.

35. 입체 E는 $0\le\rho\le 1$, $0\le\theta\le 2\pi$, $0\le\phi\le\frac{\pi}{2}$로 둘러싸인 영역일 때, 입체 E에서의 삼중적분 $\iiint_E e^{\sqrt{x^2+y^2+z^2}}\,dV$를 계산하여라.

12.9 중적분의 변수변환

평면이나 공간에서의 좌표계는 도형을 표현하는 도구이다. 도형 그 자체가 중요하다. 도형의 넓이나 부피를 구하기 위해 좌표계를 사용하여 도형을 표현하고 적분을 한다. 도형을 나타내는 좌표계는 다양하고 어떤 좌표계를 선택하여 적분하는가에 따라 불가능한 적분이 가능하게 되기도 하고 간단하게 적분이 구해지기도 한다. 예를 들어서 원의 내부에서 적분하는 경우 극좌표계를 선택하여 표현하면 간단하게 적분할 수 있음을 공부하였다. 또한 삼중적분에서도 적분 영역의 모양에 따라 원기둥좌표계를 사용하거나 구면좌표계를 사용하여 간단하게 적분하는 것도 공부하였다. 좌표변환에 의한 적분을 유도하는 과정에서 가장 중요한 부분은 면적소인 dA와 부피소인 dV를 새로운 좌표 변수로 표현하는 것이다.

(1) 이중적분에서 직교좌표 (x, y)의 면적소 $dA = dx\,dy$
이중적분에서 극좌표 (r, θ)의 면적소 $dA = r\,dr\,d\theta$

(2) 삼중적분에서 직교좌표 (x, y, z)의 부피소 $dV = dx\,dy\,dz$
삼중적분에서 원기둥좌표 (r, θ, z)의 부피소 $dV = r\,dr\,d\theta\,dz$
삼중적분에서 구면좌표 (ρ, ϕ, θ)의 부피소 $dV = \rho^2 \sin\phi\, d\rho\, d\phi\, d\theta$

12.9.1 실함수의 변수변환에 의한 적분

이번 장에서는 앞에서 공부한 대표적인 좌표계 이외의 일반적인 평면의 좌표계 사이에서 이중적분의 좌표변환에 대하여 알아보자. 이중적분의 변수변환은 실함수의 적분에서 치환적분에 해당한다. 실함수의 치환적분을 복습해 보자.
실함수 f가 유계이고 닫힌 구간 $[a, b]$에서 연속이라고 하자. 실함수 $x = g(u)$가 일대일 함수이고 역함수 g^{-1}를 갖는다고 하자.
$x = g(u)$라고 치환하면 $dx = g'(u)du$이므로 적분의 좌표변환은 다음과 같다.

$$\int_a^b f(x)\,dx = \int_{g^{-1}(a)}^{g^{-1}(b)} f(g(u))g'(u)\,du = \int_{g^{-1}(a)}^{g^{-1}(b)} f(g(u))\frac{dg(u)}{du}\,du$$

이때, 수직선의 길이소는 $dx = g'(u)du$에 해당한다.

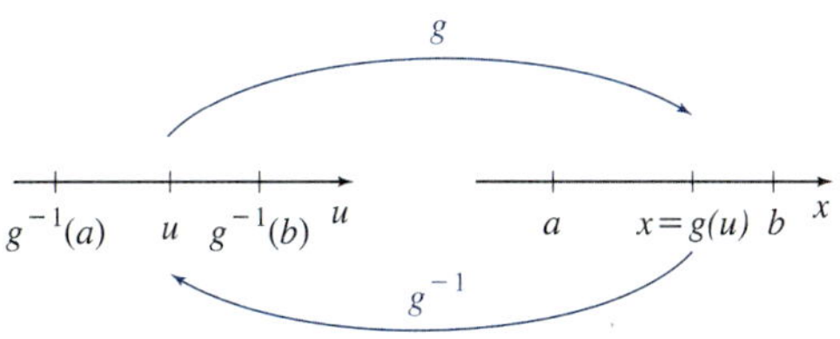

[그림 12.101](a)
함수 g가 증가함수인 경우

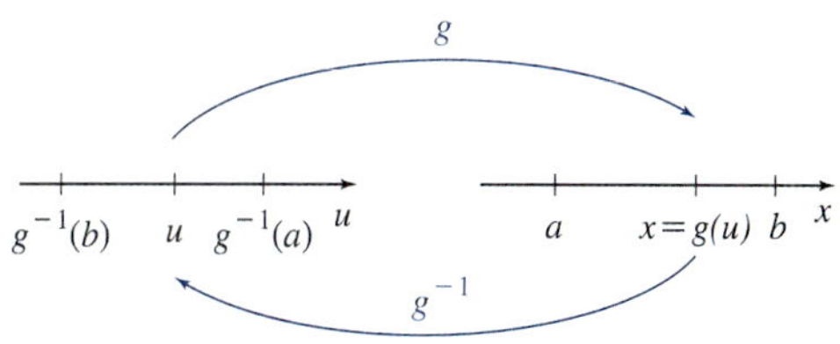

[그림 12.101](b)
함수 g가 감소함수인 경우

함수 g가 증가하면 $g'(u) \ge 0$이고 $\int_a^b f(x)dx = \int_{g^{-1}(a)}^{g^{-1}(b)} f(g(u))g'(u)du$이므로 $\int_{[a,b]} f(x)dx = \int_{[g^{-1}(a),g^{-1}(b)]} f(g(u))g'(u)du$이다. ([그림 12.101](a) 참고)

함수 g가 감소하면 $g'(u) \le 0$이고 $\int_a^b f(x)dx = \int_{g^{-1}(a)}^{g^{-1}(b)} f(g(u))g'(u)du$이므로 $\int_{[a,b]} f(x)dx = -\int_{[g^{-1}(b),g^{-1}(a)]} f(g(u))g'(u)du$이다. ([그림 12.101](b) 참고)

길이소 dx를 사용한 구간 $[a,b]$에서 실함수의 적분은 $\int_{[a,b]} f(x)dx$이고 $a \le b$이면 $\int_{[a,b]} f(x)dx = \int_a^b f(x)dx$이다.

그러므로 좌표변환 $x = g(u)$에 의해 정적분을 다음과 같이 표현할 수 있다.

$$\int_{[a,b]} f(x)dx = \int_{[g^{-1}(a),g^{-1}(b)]} f(g(u))\,|g'(u)|\,du \tag{12.17}$$

12.9.2 이중적분의 변수변환

◐ 평면변환의 야코비안

평면에서의 변환 $G(u,v) = (x,y)$가 다음과 같이 주어졌다고 하자.

$$x = au + bv, \quad y = cu + dv$$

uv-평면에서 정사각형 $S = [0,1] \times [0,1]$이 변환 G에 의해 변환된 도형 $G(S) = D$를 알아보자.

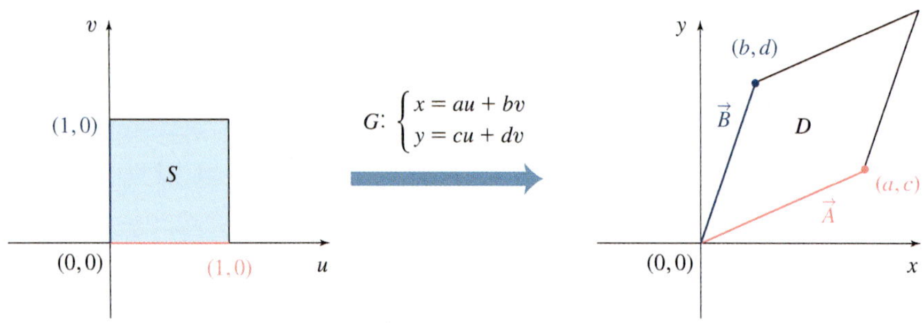

[그림 12.102]

[그림 12.102]를 보면 변환 G에 의해

- 두 점 $(0,0)$과 $(1,0)$ 사이의 선분은 두 점 $(0,0)$과 (a,c) 사이의 선분으로 변환
- 두 점 $(0,0)$과 $(0,1)$ 사이의 선분은 두 점 $(0,0)$과 (b,d) 사이의 선분으로 변환
- 도형 $G(S) = D$는 3점 $(0,0)$, (a,c), (b,d)로 만들어지는 평행사변형이다.

이제 도형 $G(S) = D$의 넓이를 구해보자.
벡터 $\vec{A} = a\mathbf{i} + c\mathbf{j}$를 두 점 $(0,0)$에서 (a,c)로의 벡터라고 하고
벡터 $\vec{B} = b\mathbf{i} + d\mathbf{j}$를 두 점 $(0,0)$에서 (b,d)로의 벡터라고 하자.
두 벡터 $\vec{A}$와 $\vec{B}$로 만들어진 평행사변 $G(S) = D$의 넓이는 외적을 사용한다.
우선 벡터를 공간벡터로 확장하여 $\vec{A} = \langle a,c,0 \rangle$이고 $\vec{B} = \langle b,d,0 \rangle$으로 놓자.

$$\text{평행사변 } D\text{의 넓이} = \|\vec{A} \times \vec{B}\| = |ad - bc|$$

[참고] 변환 G에서 $|ad-bc|=0$이면 $G(S)=D$는 평행사변형이 만들어지지 않는다. 이러한 변환에 대한 이중적분의 변수변환은 성립하지 않는다. 그러므로 $|ad-bc|\neq 0$이고 변환 G는 일대일이어야 한다.

그러므로 uv-평면에서 정사각형 $S=[0,1]\times[0,1]$의 넓이는 1이고 변환 G에 의해 변환된 평행사변형 $G(S)=D$의 넓이는 $|ad-bc|$이다.

평행사변 D의 넓이를 이중적분으로 표현하면 다음과 같다.

$$\text{평행사변 } D\text{의 넓이} = \iint_D 1\,dA = |ad-bc| = \iint_S 1\cdot|ad-bc|\,du\,dv$$

변환 G는 일반적으로 변환된 도형의 넓이는 기존의 도형의 넓이의 $|ad-bc|$배이다.

xy-평면 위의 이변수함수 $f(x,y)$의 이중적분을 uv-평면 위의 이중적분으로 변환하여 표현하면 다음과 같다. 이때, $G(S)=D$이다.

$$\iint_D f(x,y)\,dA = \iint_S f(au+bv, cu+dv)\,|ad-bc|\,du\,dv \qquad (12.18)$$

[그림 12.103]과 같은 극좌표 (r,θ)를 직교좌표 (x,y)로의 변환 G를 놓자.

$$x=r\cos\theta, \quad y=r\sin\theta$$

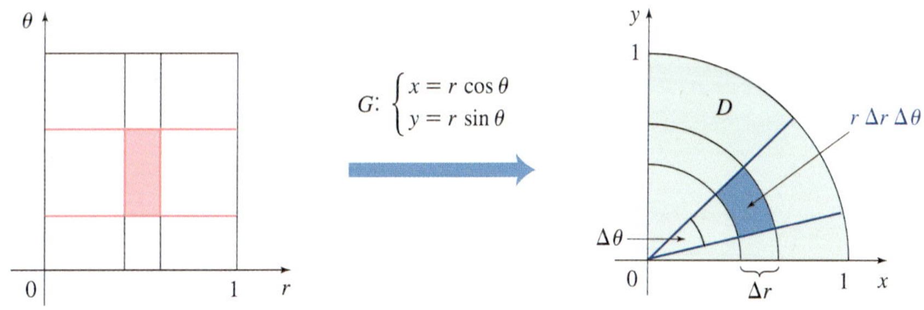

[그림 12.103]

xy-평면의 영역 D 위의 이변수함수 $f(x,y)$의 이중적분을 $r\theta$-평면의 영역 D 위의 이중적분으로 변환하여 표현하면 다음과 같다. 이때, $G(S)=D$이다.

$$\iint_D f(x,y)\,dA = \iint_S f(r\cos\theta, r\sin\theta)\,r\,dr\,d\theta \qquad (12.19)$$

평면에서 변수변환을 하는 경우 식 (12.18)과 식 (12.19)에서 면적소 dA의 표현으로

$$|ad-bc|\,du\,dv \ \text{ 또는 } \ r\,dr\,d\theta$$

과 같이 변환 G에 의해 만들어지는 식 $|ad-bc|$ 또는 r이 곱해져 있음을 알 수 있다. 이제 이러한 식을 변환 G에 의한 **야코비안(Jacobian)**이라고 부른다.

일반적인 평면변환 G에 의한 야코비안을 다음과 같이 정의한다.

[정의 12.5: 평면변환의 야코비안]

평면 사의의 변환 $G(u,v)=(x,y)$가 $x=g(u,v)$, $y=h(u,v)$로 주어진 경우

$$J(u,v)=\frac{\partial(x,y)}{\partial(u,v)}=\begin{vmatrix}\frac{\partial x}{\partial u} & \frac{\partial x}{\partial v}\\ \frac{\partial y}{\partial u} & \frac{\partial y}{\partial v}\end{vmatrix}=\begin{vmatrix}\frac{\partial g}{\partial u} & \frac{\partial g}{\partial v}\\ \frac{\partial h}{\partial u} & \frac{\partial h}{\partial v}\end{vmatrix}=\left[\frac{\partial g}{\partial u}\frac{\partial h}{\partial v}-\frac{\partial h}{\partial u}\frac{\partial g}{\partial v}\right] \quad (12.20)$$

를 변환 (u,v)에 대한 (x,y)의 **야코비 행렬식** 또는 **야코비안(Jacobian)**이라고 한다. 또는 변환 G의 **야코비 행렬식** 또는 **야코비안(Jacobian)**이라고 한다.

영역 D에서의 이중적분 $\iint_D f(x,y)dA$의 정의는 영역 D의 한 분할에 대한 이중리만합의 극한이다. 이중적분에서 dA는 분할에 대한 밑변의 넓이의 극한인 면적소이다.

변환 G에 의해 만들어진 분할의 극한에 의한 dA의 표현을 **변환 G의 야코비안으로** 표현하면 다음과 같다.

$$dA=|J(u,v)|dudv=\left|\frac{\partial(x,y)}{\partial(u,v)}\right|dudv \quad (12.21)$$

[주의] 식 (12.21)에서 야코비안의 절댓값임을 확인해야 한다. 즉, dA는 넓이의 극한에 해당하기 때문이다.

[참고] 실함수의 정적분에서 변수변환 $x=g(u)$에 의한 실함수의 치환적분은 다음 식이다.

$$\int_{[a,b]} f(x)dx=\int_{[g^{-1}(a),\,g^{-1}(b)]} f(g(u))|g'(u)|du$$

여기서 길이소에 해당하는 $dx=|g'(u)|du$이다.

식 (12.18)과 식 (12.19)에서 볼 수 있는 변환의 야코비안을 실제로 구해보자.

[예제 12.52] 다음 주어진 평면변환의 야코비안을 구하여라.

(1) 변환 $G(u,v)=(x,y)$가 $x=au+bv$, $y=cu+dv$인 경우 $\dfrac{\partial(x,y)}{\partial(u,v)}$을 구하여라.

(2) 변환 $G(r,\theta)=(x,y)$가 $x=r\cos\theta$, $r=\sin\theta$인 경우 $\dfrac{\partial(x,y)}{\partial(r,\theta)}$을 구하여라. (이때, $r>0$이라고 하자.)

[풀이] (1) $x=x(u,v)=au+bv$이므로 $\dfrac{\partial x}{\partial u}=a$이고 $\dfrac{\partial x}{\partial v}=b$이다.

$y=y(u,v)=cu+dv$이므로 $\dfrac{\partial y}{\partial u}=c$이고 $\dfrac{\partial y}{\partial v}=d$이다.

그러므로 $\dfrac{\partial(x,y)}{\partial(u,v)} = \begin{vmatrix} a & b \\ c & d \end{vmatrix} = ad - bc$.

(2) $x = x(r,\theta) = r\cos\theta$이므로 $\dfrac{\partial x}{\partial r} = \cos\theta$이고 $\dfrac{\partial x}{\partial \theta} = -r\sin\theta$이다.

$y = y(r,\theta) = r\sin\theta$이므로 $\dfrac{\partial y}{\partial r} = \sin\theta$이고 $\dfrac{\partial y}{\partial \theta} = r\sin\theta$이다.

그러므로 $\dfrac{\partial(x,y)}{\partial(r,\theta)} = \begin{vmatrix} \cos\theta & -r\sin\theta \\ \sin\theta & r\cos\theta \end{vmatrix} = r\cos^2\theta + r\sin^2\theta = r$.

즉, 변환 G 야코비안 $\dfrac{\partial(x,y)}{\partial(r,\theta)} = r$이다. ■

◐ 평면변환의 야코비안을 사용한 이중적분의 변수변환

uv-평면에서 xy-평면으로의 변환 $G(u,v) = (x,y)$가 다음과 같고 일대일이라고 하자.

$$x = g(u,v),\ y = h(u,v)$$

이때, 이변수함수 $g(u,v)$와 $h(u,v)$는 미분가능하고 편미분이 연속이라고 하자. uv-평면에 있는 영역 S의 변환 G에 대한 상(image)을 $G(S) = D$라고 하자. ([그림 12.104] 참고)

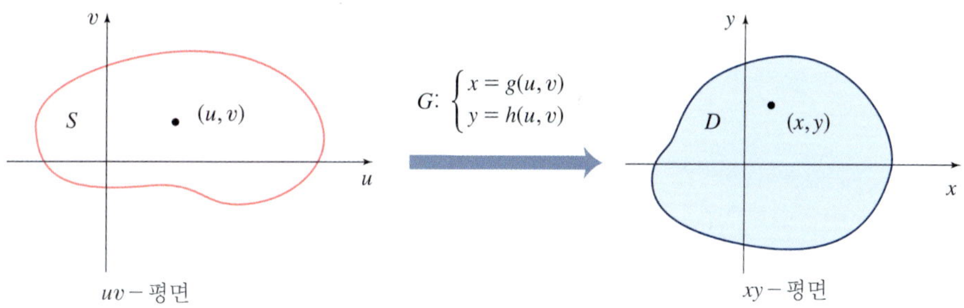

[그림 12.104]

xy-평면의 영역 $G(S) = D$ 위의 이변수함수 $f(x,y)$의 이중적분을 uv-평면의 영역 S 위의 이중적분으로 치환을 하면 다음과 같이 표현한다.

$$\iint_D f(x,y)\,dA = \iint_S f(g(u,v),h(u,v)) \left| \frac{\partial(x,y)}{\partial(u,v)} \right| du dv$$

[정리 12.22: 이중적분의 변수변환] uv-평면에서 xy-평면으로의 일대일 변환 $G(u,v) = (x,y)$가 $x = g(u,v)$, $y = h(u,v)$이라고 하자.

- 함수 $g(u,v)$, $h(u,v)$는 집합 S에서 연속인 편미분을 갖고 야코비안 $\dfrac{\partial(x,y)}{\partial(u,v)} \neq 0$이다.
- $G(S) = D$이고 집합 D에서 함수 $f(x,y)$가 연속이면

$$\iint_D f(x,y)dA = \iint_S f(g(u,v),\ h(u,v))\left|\frac{\partial(x,y)}{\partial(u,v)}\right|dudv. \qquad (12.22)$$

[예제 12.54] 다음 변환 $G: x=u+v, y=u-v$에 대하여 다음 물음에 답하여라.
[연습문제 4~5]

(1) xy-평면에서 $x+y=2,\ x+y=6,\ x-y=2,\ x-y=6$으로 둘러싸인 영역 D에 대하여 $G(S)=D$인 uv-평면의 영역 S를 구하여라.

(2) 영역 S에서 $\dfrac{\partial(x,y)}{\partial(u,v)}$를 구하여라.

(3) 영역 D 위의 적분 $\iint_D x\,dA$를 영역 S 위의 적분으로 변환하여 적분을 구하여라.

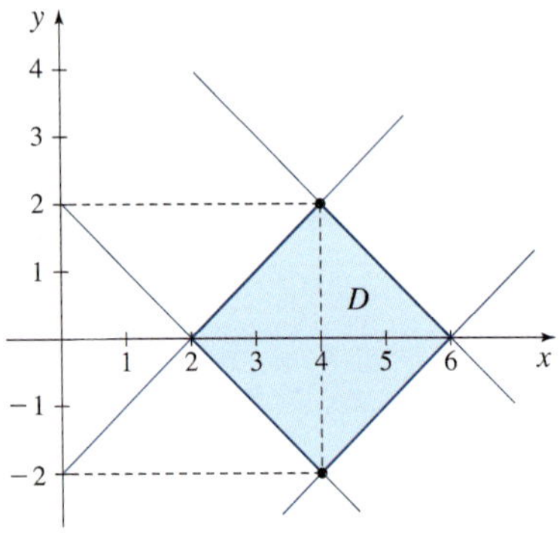

[그림 12.105](a)

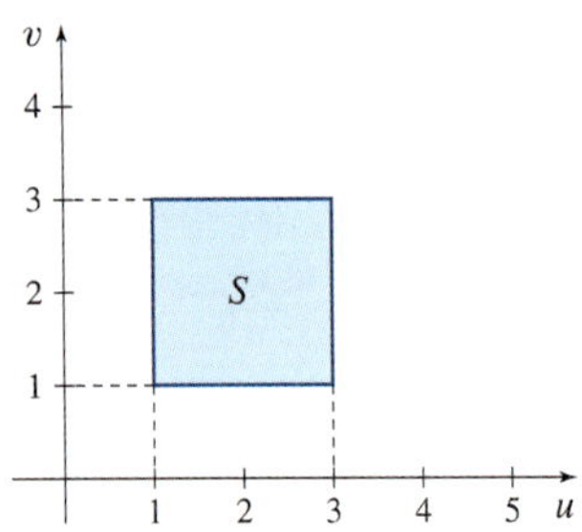

[그림 12.105](b)

[풀이]

(1) 영역 D는 xy-평면에서 4개의 직선 $x+y=2,\ x+y=6,\ x-y=2,\ x-y=6$를 경계로 하는 부분으로 [그림 12.105](a)에서 볼 수 있다. $G(S)=D$인 uv-평면의 영역 S를 구하기 위해서 영역 D를 경계를 이루는 xy-평면의 방정식들은 변환 G에 의하여 uv-평면의 방정식으로 변환해야 한다.

변환 $G: x=u+v,\ y=u-v$이므로

$x+y=2$는 $u=1$로 변환되고 $x+y=6$은 $u=3$으로 변환되고

$x-y=2$는 $v=1$로 변환되고 $x-y=6$은 $v=3$으로 변환된다.

그러므로 $G(S)=D$인 영역 S는 $u=1,\ u=3,\ v=1,\ v=3$으로 둘러싸인 정사각형으로 [그림 12.105](b)에서 볼 수 있다.

(2) $x=u+v$이므로 $\dfrac{\partial x}{\partial u}=1$이고 $\dfrac{\partial x}{\partial v}=1$이다.

$y=u-v$이므로 $\dfrac{\partial y}{\partial u}=1$이고 $\dfrac{\partial y}{\partial v}=-1$이다.

그러므로 $\dfrac{\partial(x,y)}{\partial(u,v)}=\begin{vmatrix}1 & 1\\ 1 & -1\end{vmatrix}=(-1-1)=-2$이다.

(3) [정리 12.22: 이중적분의 변수변환]의 식 (12.22)에 의하여

$$\begin{aligned}\iint_D x\,dA &= \iint_S (u+v)\left|\frac{\partial(x,y)}{\partial(u,v)}\right|du\,dv = \iint_S 2(u+v)\,du\,dv\\ &= 2\int_1^3\int_1^3 (u+v)\,du\,dv\\ &= 2\int_1^3 \left[\frac{1}{2}u^2+uv\right]_1^3 dv\\ &= 2\int_1^3 (4+2v)\,dv = 2\left[4v+v^2\right]_1^3 = 32\end{aligned}$$

그러므로 $\iint_D x\,dA = \iint_S 2(u+v)\,du\,dv = 32$이다. ■

실함수의 치환적분은 일반적으로 적분함수의 형태를 보고 치환식을 결정한다. 중적분에서의 치환적분에 해당하는 변수변환에 의한 중적분 표현을 해야 하는 경우는 다음의 두 가지 경우이다.

① 적분함수가 반복적분에서 x축이나 y축으로 적분하는 것이 힘들다.

② 적분영역 D는 수직적 또는 수평적 단순영역이 아니고 분할도 까다롭다.

우선 적분함수를 우선적으로 보고 다음으로 적분영역을 보고 변환을 구한다. 다음 [예제 12.55]는 적분함수와 적분영역이 모두 적분하기에 힘든 형태이다. 우선 적분함수에 의해 변수변환 G를 정하는 경우이다.

[예제 12.55] 영역 D가 $2x+y=0$, $2x+y=3$, $x=y$, $x=y+2$으로 둘러싸인 부분일 때 $\iint_D (2x+y)\sin(x-y)\,dA$를 구하여라. [연습문제 6~7]

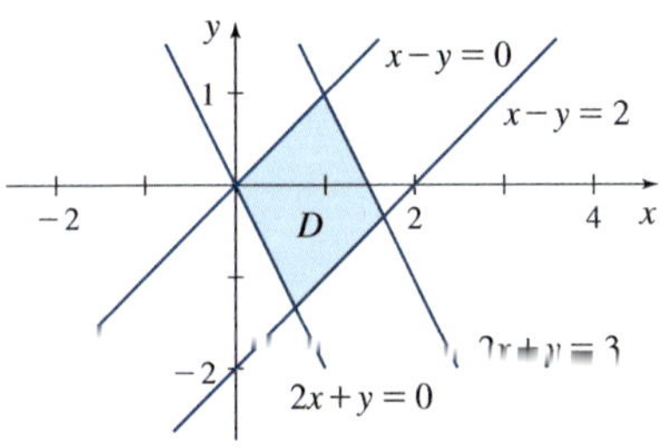

[그림 12.106]

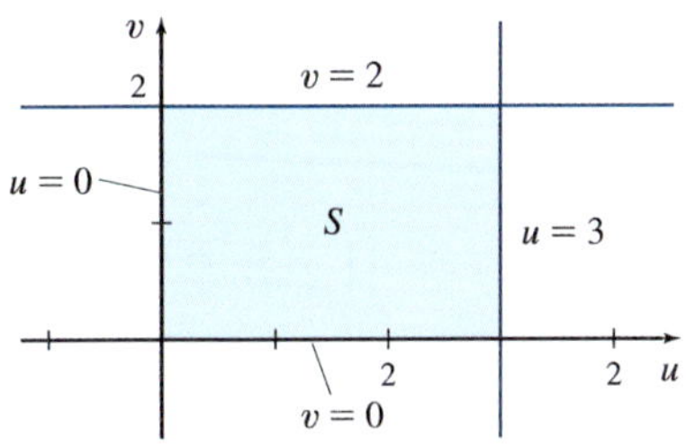

[그림 12.107]

[풀이] 영역 D는 xy-평면에서 4개의 직선 $2x+y=0, 2x+y=3, x=y$, $x=y+2$을 경계로 하는 부분으로 [그림 12.106]에서 볼 수 있다.

영역 D 위의 이중적분 $\iint_D (2x+y)\sin(x-y)dA$을 보면 적분함수 $(2x+y)\sin(x-y)$가 적분이 힘든 형태이다. 적분함수의 적분이 수월하도록 다음 변수변환을 놓자.

$$u = 2x+y, \quad v = x-y \qquad (*)$$

그러면 적분함수는 $(2x+y)\sin(x-y) = u\sin v$이고 적분을 수월하게 할 수 있다. 식 $(*)$에 의해 uv-평면에서 xy-평면으로의 변환 $G(u,v)=(x,y)$를 다음과 같이 놓자.

$$x = \frac{1}{3}(u+v), \ y = \frac{1}{3}(u-2v)$$

이제 $G(S)=D$인 uv-평면의 영역 S를 구하기 위해서 영역 D의 경계를 이루는 (x,y)-좌표의 방정식들은 변환 G에 의하여 (u,v)-좌표의 방정식으로 변환해 보자.

$2x+y=0$은 $u=0$으로 변환되고 $2x+y=3$은 $u=3$으로 변환되고

$x-y=0$은 $v=0$으로 변환되고 $x-y=2$는 $v=2$로 변환된다.

$G(S)=D$인 uv-평면의 영역 S는 다음의 정사각형이다. ([그림 12.107] 참고)

$$u=0, \ u=3, \ v=0, \ v=2$$

이제 변환 G에 의한 $\dfrac{\partial(x,y)}{\partial(u,v)}$를 구해보자.

변환 $G: x = \dfrac{1}{3}(u+v), \ y = \dfrac{1}{3}(u-2v)$에서 편도함수를 구해보자.

$$\frac{\partial x}{\partial u} = \frac{1}{3}, \ \frac{\partial x}{\partial v} = \frac{1}{3}, \ \frac{\partial y}{\partial u} = \frac{1}{3}, \ \frac{\partial y}{\partial v} = -\frac{2}{3}$$

$\dfrac{\partial(x,y)}{\partial(u,v)}$은 다음과 같이 구해보자.

$$\frac{\partial(x,y)}{\partial(u,v)} = \begin{vmatrix} \frac{1}{3} & \frac{1}{3} \\ \frac{1}{3} & -\frac{2}{3} \end{vmatrix} = -\frac{2}{9} - \frac{1}{9} = -\frac{1}{3}$$

이중적분의 변수변환을 위해 이중적분 $\iint_D (2x+y)\sin(x-y)\,dA$의 적분함수 $f(x,y) = (2x+y)\sin(x-y)$도 변수변환을 해야 한다. 주어진 변환에서 $x = u+v$이고 $y = u-v$이므로 적분함수 $f(u+v, u-v) = u\sin v$이다.
[정리 12.22: 이중적분의 변수변환]의 식 (12.22)에 의해 다음과 같이 이중적분의 변수변환 표현하여 구해보자.

$$\begin{aligned}\iint_D (2x+y)\sin(x-y)\,dA &= \iint_S u\sin v \left|\frac{\partial(x,y)}{\partial(u,v)}\right| du\,dv \\ &= \frac{1}{3}\int_0^2\int_0^3 u\sin v\,du\,dv = \frac{1}{3}\int_0^2 \left[\frac{1}{2}u^2\sin v\right]_0^3 dv \\ &= \frac{3}{2}\int_0^2 \sin v\,dv = \frac{3}{2}[-\cos v]_0^2 = \frac{3}{2}(1-\cos 2)\end{aligned}$$

그러므로 $\iint_D (2x+y)\sin(x-y)\,dA = \frac{3}{2}(1-\cos 2)$이다. ■

다음은 타원에서 이중적분을 하는 문제이다. 타원에서의 이중적분은 직교좌표형 반복적분을 표현도 간단하지 않고 극좌표형 반복적분 표현도 간단하지 않다. 변수변환에 의해 타원을 원으로 변환하면 원 위의 이중적분이 되고 극좌표형 반복적분 표현을 간단하게 할 수 있다.

[예제 12.56] 영역 D가 타원 $4x^2+9y^2=36$의 내부일 때 $\iint_D x^2\,dA$를 구하여라.
[연습문제 8~9]

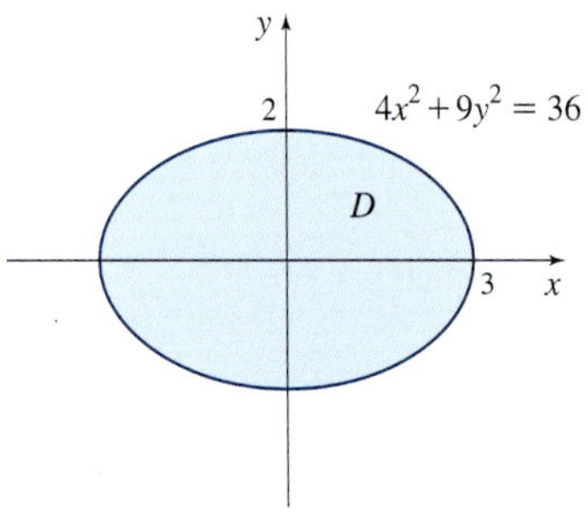

[그림 12.108]

[풀이] 영역 D인 타원 $4x^2+9y^2=36$는 $\left(\frac{x}{3}\right)^2 + \left(\frac{y}{2}\right)^2 = 1$이므로 변수변환을 다음과 같이 놓자.

$$u = \frac{x}{3} \quad \text{그리고} \quad v = \frac{y}{2} \tag{*}$$

xy-평면의 영역 D인 타원의 내부는 uv-평면에서 원 $u^2+v^2=1$의 내부로 변환된다. 식 (*)에 의해 uv-평면에서 xy-평면으로의 변환 $G(u,v)=(x,y)$를 다음과 같이 놓자.

$$x = 3u,\ y = 2v$$

그러면 $G(S)=D$인 uv-평면의 영역 S는 반지름이 1인 원 $u^2+v^2=1$이다.
이제 식 (*)에 의해 변환 G에 의한 $\frac{\partial(x,y)}{\partial(u,v)}$를 구해보자.

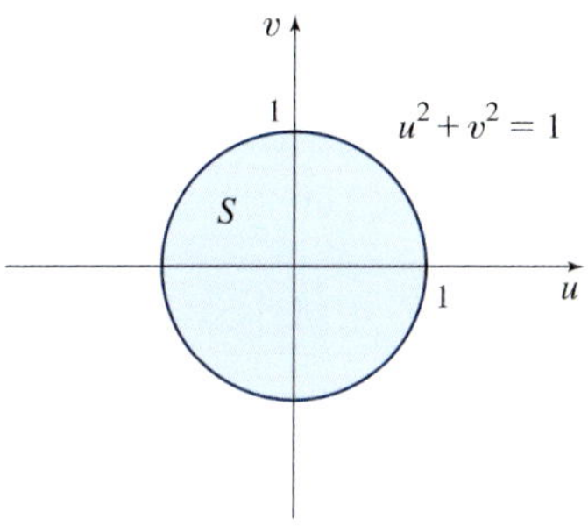

[그림 12.109]

$\frac{\partial x}{\partial u}=3,\ \frac{\partial x}{\partial v}=0,\ \frac{\partial y}{\partial u}=0,\ \frac{\partial y}{\partial v}=2$이므로 $\frac{\partial(x,y)}{\partial(u,v)}$은 다음과 같다.

$$\frac{\partial(x,y)}{\partial(u,v)}=\begin{vmatrix}3 & 0\\ 0 & 2\end{vmatrix}=6$$

이중적분의 변수변환을 위해 이중적분 $\iint_D x^2 dA$의 적분함수 $f(x,y)=x^2$도 변수변환을 해야 한다. 주어진 변환에서 $x=3u$이고 $y=2u$이므로 적분함수 $f(3u,2v)=(3u)^2=9u^2$이다.

[정리 12.22: 이중적분의 변수변환]의 식 (12.22)에 의해 다음과 같이 이중적분의 변수변환 표현하여 구해보자.

$$\iint_D x^2\,dA=\iint_S 9u^2\left|\frac{\partial(x,y)}{\partial(u,v)}\right|du\,dv=\iint_S 54u^2\,du\,dv$$

영역 S는 반지름이 1인 원 $u^2+v^2=1$이므로 영역 S 위의 이중적분을 극좌표형 반복적분*으로 표현하여 구해보자.

* $u=r\cos\theta$이고 $v=r\sin\theta$로의 변환이다. 그러므로 면적소 $dudv=r\,dr\,d\theta$이다.

$$\begin{aligned}\iint_S 54u^2\,du\,dv &= \iint_S (54r^2\cos^2\theta)\,r\,dr\,d\theta\\ &= \int_0^{2\pi}\int_0^1 54r^3\cos^2\theta\,dr\,d\theta\\ &= \int_0^{2\pi}\left[\frac{27}{2}r^2\cos^2\theta\right]_0^1 d\theta\\ &= \int_0^{2\pi}\frac{27}{2}\cos^2\theta\,d\theta\\ &= \frac{27}{4}\int_0^{2\pi}(1+\cos 2\theta)\,d\theta=\frac{27}{4}\left[\theta-\frac{1}{2}\sin\theta\right]_0^{2\pi}=\frac{27}{2}\pi\end{aligned}$$

그러므로 $\iint_D x^2\,dA=\frac{27}{2}\pi$이다. ■

다음 [예제 12.57]에서 적분함수는 적분이 편한 형태이고 적분영역이 적분표현이 복잡한 형태이다. 그러므로 적분영역에 의해 좌표변환 G를 정하는 경우이다.

[예제 12.57] 영역 D가 $y=x$, $y=3x$, $xy=1$, $xy=3$으로 둘러싸인 부분일 때 $\iint_D y^2\,dA$를 구하여라. ([그림 12.110] 참고) [연습문제 10~11]

[풀이] xy-평면의 영역 D는 4개의 직선 $y=x$, $y=3x$, $xy=1$, $xy=3$으로 둘러싸인 영역으로 [그림 12.110]에서 볼 수 있다. 영역 D를 적분이 편리한 단순한 형태의 도형로 변환하기 위하여 변환 G을 다음과 같이 놓자.

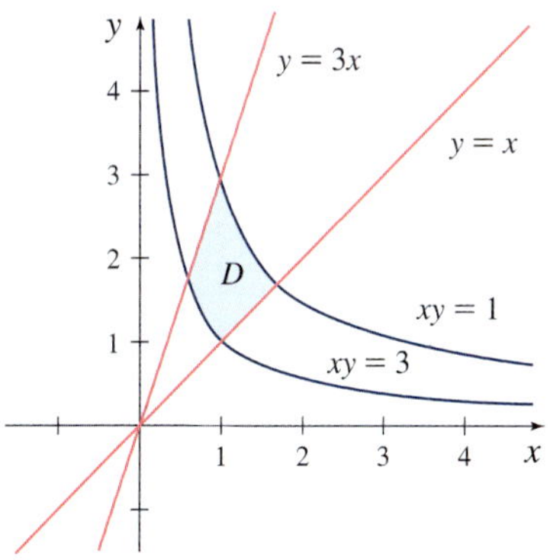

[그림 12.110]

$$u=\frac{y}{x}\quad \text{그리고}\quad v=xy \tag{*}$$

식 (*)에 의해 uv-평면에서 xy-평면으로의 변환 $G(u,v)=(x,y)$를 다음과 같이 놓자.

$$G: x=\sqrt{\frac{u}{v}},\ y=\sqrt{uv} \tag{**}$$

$G(S)=D$인 uv-평면의 영역 S를 구해보자. 우선 영역 D를 경계인 xy-평면 위의 방정식을 변환 G에 의하여 uv-평면의 방정식으로 변환해 보자.

$y=x$는 $u=\frac{y}{x}=1$이므로 $u=1$이고 $y=3x$는 $u=\frac{y}{x}=3$이므로 $u=3$이고 $xy=1$는 $v=xy=1$이므로 $v=1$이고 $xy=3$는 $v=xy=3$이므로 $v=3$이다.

그러므로 $G(S)=D$인 uv-평면의 영역 S는 4개의 직선 $u=1,\ u=3,\ v=1,\ v=3$으로 둘러싸인 정사각형이다. ([그림 12.111] 참고)

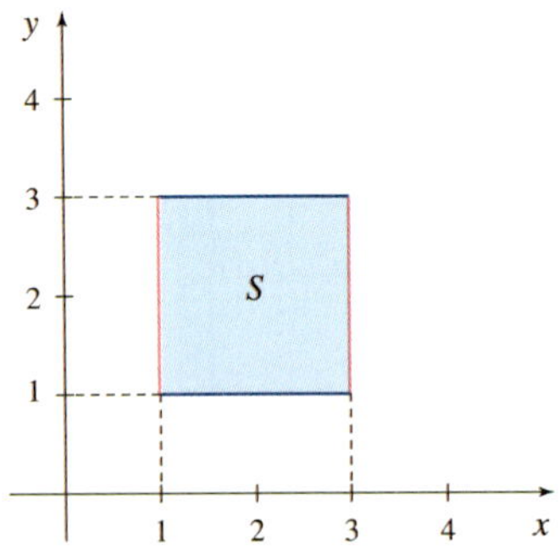

[그림 12.111]

이제 식 (**)에 의해 변환 G에 의한 $\frac{\partial(x,y)}{\partial(u,v)}$를 구해보자.

$x=\sqrt{\frac{v}{u}}$이므로 $\frac{\partial x}{\partial u}=-\frac{1}{2}\frac{\sqrt{v}}{u\sqrt{u}}$이고 $\frac{\partial x}{\partial v}=\frac{1}{2}\frac{1}{\sqrt{uv}}$이다.

$y=\sqrt{uv}$이므로 $\frac{\partial y}{\partial u}=\frac{1}{2}\frac{\sqrt{v}}{\sqrt{u}}$이고 $\frac{\partial y}{\partial v}=\frac{1}{2}\frac{\sqrt{u}}{\sqrt{v}}$이다.

$$\frac{\partial(x,y)}{\partial(u,v)}=\begin{vmatrix} -\frac{1}{2}\frac{\sqrt{v}}{u\sqrt{u}} & \frac{1}{2}\frac{1}{\sqrt{uv}} \\ \frac{1}{2}\frac{\sqrt{v}}{\sqrt{u}} & \frac{1}{2}\frac{\sqrt{u}}{\sqrt{v}} \end{vmatrix}=-\frac{1}{2u}\text{이다.}$$

이중적분의 변수변환을 위해 이중적분 $\iint_D y^2 dA$의 적분함수 $f(x,y)=y^2$도 변수변환을 해야 한다. 주어진 변환에서 $x=\sqrt{\frac{v}{u}}$이고 $y=\sqrt{uv}$이므로 적분함수 $f\left(\sqrt{\frac{v}{u}},\sqrt{uv}\right)=\left(\sqrt{uv}\right)^2=uv$이다. [정리 12.22: 이중적분의 변수변환]의 식 (12.22)에 의해 다음과 같이 이중적분의 변수변환 표현하여 구해보자.

$$\iint_D y^2\,dx\,dy=\iint_S uv\left|\frac{\partial(x,y)}{\partial(u,v)}\right|du\,dv=\iint_S uv\left|-\frac{1}{2u}\right|du\,dv=\iint_S \frac{v}{2}\,du\,dv$$

영역 S는 정사각형이므로 영역 S 위의 이중적분을 반복적분으로 구해보자.

$$\begin{aligned}\iint_S \frac{v}{2}\,du\,dv&=\frac{1}{2}\int_1^3\left[\int_1^3 v\,du\right]dv=\frac{1}{2}\int_1^3 [uv]_1^3\,dv\\&=\int_1^3 v\,dv=\left[\frac{1}{2}v^2\right]_1^3=4\end{aligned}$$

그러므로 $\iint_D y^2\,dA=\iint_S \frac{v}{2}\,du\,dv=4$이다. ■

연습문제

• Part 1

[1-3] 다음 변환 G에 대한 $\dfrac{\partial(x,y)}{\partial(u,v)}$를 구하여라. [예제 12.53]

1. $G: x=2u,\ y=\dfrac{v}{2}$
2. $G: x=u^2-v^2,\ y=uv$
3. $G: x=u\cos\pi v,\ y=u\sin\pi v$

[4-5] 다음 주어진 변환 G에 대하여 다음 물음에 답하여라. [예제 12.54]

4. 변환 $G: x=2u+v,\ y=u-2v$에 대하여
   (1) 영역 D가 xy-평면에서 $2x+y=0$, $2x+y=5$, $x-2y=5$, $x-2y=10$으로 둘러싸인 부분일 때 $G(S)=D$인 uv-평면의 영역 S를 구하여라.
   (2) 변환 G에 대한 $\dfrac{\partial(x,y)}{\partial(u,v)}$를 구하여라.
   (3) 영역 D 위의 이중적분 $\displaystyle\iint_D \frac{(x-2y)}{5}dA$를 영역 S위의 이중적분으로 변환하여 적분을 구하여라.
5. 변환 $G: x=u+v,\ y=2v$에 대하여
   (1) 영역 D가 xy-평면에서 $2x-y=2$, $2x-y=6$, $y=2$, $y=4$으로 둘러싸인 부분일 때 $G(S)=D$인 uv-평면의 영역 S를 구하여라.
   (2) 변환 G에 대한 $\dfrac{\partial(x,y)}{\partial(u,v)}$를 구하여라.
   (3) 영역 D 위의 이중적분 $\displaystyle\iint_D (x+y)dA$를 영역 S 위의 이중적분으로 변환하여 적분을 구하여라.

[6-7] 다음을 구하여라. [예제 12.55]

6. 영역 D가 $0\le x+y\le 1$과 $1\le x-y\le 4$로 둘러싸인 부분일 때 $\displaystyle\iint_D 2xy\,dA$를 구하여라.
7. 영역 D가 $0\le 2x+y\le 4$와 $1\le 2x-y\le 4$로 둘러싸인 부분일 때 $\displaystyle\iint_D 4(x+y)\,dA$를 구하여라.

[8-9] 다음을 구하여라. [예제 12.56]

8. 영역 D가 타원 $\dfrac{x^2}{4}+y^2=1$의 내부일 때 $\displaystyle\iint_D y^2\,dA$를 구하여라.
9. 영역 D가 타원 $\dfrac{x^2}{4}+\dfrac{y^2}{9}=1$의 내부일 때 $\displaystyle\iint_D \frac{1}{\sqrt{9x^2+4y^2+1}}\,dA$를 구하여라.

[10-11] 다음을 구하여라. [예제 12.57]

10. 영역 D는 $y=x$, $y=2x$, $xy=1$, $xy=3$으로 둘러싸인 부분일 때 $\displaystyle\iint_D x^3y\,dA$를 구하여라.
11. 영역 D는 $y=x^2$, $y=2x^2$, $xy=1$, $xy=4$로 둘러싸인 부분일 때 $\displaystyle\iint_D (x^3+y^3)\,dA$를 구하여라.

• Part 2

12. xy-평면의 4점 $(0,0)$, $(0,1)$, $(4,8)$, $(4,9)$을 꼭짓점으로 갖는 평행사변형을 영역 D라고 하자.
    변환 $G: x=2u,\ y=4u+v$에 대하여 이중적분 $\displaystyle\iint_D \sqrt{2x(y-2x)}\,dA$를 변환 G에 의한 좌표변환된 이중적분으로 적분을 구하여라.
13. 영역 D가 $y=0$, $y=x$, $x+y=\dfrac{\pi}{4}$에 의해 둘러싸인 삼각형일 때 중적분 $\displaystyle\iint_D \frac{\sin(x-y)}{\cos(x+y)}\,dA$를 구하여라.
14. 영역 D가 타원 $x^2+\dfrac{y^2}{4}=1$의 내부일 때 $\displaystyle\iint_D (x^2+y^2)\,dA$를 구하여라.
15. 영역 D가 xy-평면의 4점 $(0,0)$, $(1,-1)$, $(2,0)$, $(1,1)$을 꼭짓점으로 갖는 평행사변형일 때 이중적분 $\displaystyle\iint_D \sqrt{\frac{x-y}{x+y+2}}\,dA$을 구하여라.
16. [공간변환의 야코비안]
    공간변환 $F(u,v,w)=(x,y,z)$에 대해
    $$\begin{cases} x=g(u,v,w) \\ y=h(u,v,w) \\ z=k(u,v,w) \end{cases}$$
    공간변환 F의 야코비안 $\dfrac{\partial(x,y,z)}{\partial(u,v,w)}$은 다음과 같다.
    $$\frac{\partial(x,y,z)}{\partial(u,v,w)}=\begin{vmatrix} \frac{\partial x}{\partial u} & \frac{\partial x}{\partial v} & \frac{\partial x}{\partial w} \\ \frac{\partial y}{\partial u} & \frac{\partial y}{\partial v} & \frac{\partial y}{\partial w} \\ \frac{\partial z}{\partial u} & \frac{\partial z}{\partial v} & \frac{\partial z}{\partial w} \end{vmatrix}$$
    다음 공간변환 F는 구면좌표에 대한 직교좌표로의 변환이다. 변환 F에 대한 $\dfrac{\partial(x,y,z)}{\partial(\rho,\phi,\theta)}$를 구하여라.

$$F\begin{cases} x = \rho\sin\phi\cos\theta \\ y = \rho\sin\phi\sin\theta \\ z = \rho\cos\phi \end{cases}$$

(힌트: 3차 정방행렬의 행렬식의 정의는 다음과 같다.

$$\begin{vmatrix} a_1 & a_2 & a_3 \\ b_1 & b_1 & b_3 \\ c_1 & c_2 & c_3 \end{vmatrix} = \mathbf{a}\cdot(\mathbf{b}\times\mathbf{c})$$

이때, $\mathbf{a} = \langle a_1, a_2, a_3 \rangle$, $\mathbf{b} = \langle b_1, b_2, b_3 \rangle$, $\mathbf{c} = \langle c_1, c_2, c_3 \rangle$)

연습문제 정답

CALCULUS ● CALCULUS ● CALCULUS

CHAPTER 0 미적분학을 위한 기본 개념

0.1 실수

• Part 1

1. $2 \leq x \leq 4$, 
2. $0 < x < 3$, 
3. $-1 \leq x < 5$, 
4. $2 < x \leq 6$, 
5. $x > 3$, 
6. $x \geq 2$, 
7. $x < -1$, 
8. $x \leq 1$, 

0.2 지수와 근호

• Part 1

1. $12x^4y^6$
2. $24x^5y^7$
3. $x^2y^8z^9$
4. x^6yz^3
5. $-\dfrac{8y^9}{x^3}$
6. $\dfrac{27z}{xy^4}$
7. $\dfrac{8x^7y^6}{z^4}$
8. $\dfrac{32x^2y^3}{9z^3}$
9. $\dfrac{9y^{12}}{x^2z^{12}}$
10. 12
11. $5\sqrt{2}$
12. $\sqrt{5}$
13. $3a\sqrt{a}+a^2\sqrt{a}$
14. $3\sqrt{a}$
15. $a^3\sqrt{a}+2a^2$
16. $3a\sqrt[3]{a^2}$
17. $-2a\sqrt[5]{a}$
18. $3ab\sqrt[3]{3a^2}$
19. $2|ab^3|$
20. $2a^2$
21. $4a^2|b|^3$
22. $4a^{7/3}$
23. $a^{-5/12}$
24. $a^{2/3}$
25. $16a^{5/2}$
26. $a^{1/4}$
27. $a^{7/8}$

• Part 2

28. $-\dfrac{8}{9y^7z}$
29. $-\dfrac{27y^4z^7}{x^{12}}$
30. 0
31. $-2a$
32. $a^{13/27}$

0.3 대수식: 전개와 인수분해

• Part 1

1. x^2+4x+3
2. $2x^2-5xy-y^2$
3. $3x^2+2x-5$
4. $x^3-2x^2-11x-6$
5. $x^3+4x^2y+2xy^2-3y^3$
6. $2y^3-y^2+5y+3$
7. $4x^2-4xy+y^2$
8. $8x^3+12x^2+6x+1$
9. $8x^3+27y^3$
10. x^3-27
11. $x^2+2xy+y^2+2x+2y+1$

12. $9x^2-12xy+4y^2$
13. $x^6+9x^4y+27x^2y^2+27y^3$
14. $-x^3+27y^3$
15. $4x^2+12xy-8x+9y^2-12y+4$
16. $x^2-6xy-2xz+9y^2+6yz+z^2$
17. $x^9-6x^6y^2+12x^3y^4-8y^6$
18. $x^3-9x^2y+27xy^2-27y^3$
19. x^2-4y^2
20. $-18x+y^2$
21. $-x-9y^2$
22. $9x^2-6x-y^2+1$
23. $-4x^2+8x+y^2-4$
24. x^4+x^2+1
25. $\sqrt{5}+2$
26. $\sqrt{3}+\sqrt{2}$
27. $\sqrt{7}-\sqrt{2}$
28. $\sqrt{6}-\sqrt{3}$
29. $\dfrac{\sqrt{5}-\sqrt{3}}{\sqrt{2}}$
30. $\dfrac{\sqrt{7}+\sqrt{3}}{\sqrt{2}}$
31. $xy(8+3x)$
32. $2xy(y^2+2xy-x^2)$
33. $(x+2y)(x^2-3xy+y^2)$
34. $3x(x^2-8)$
35. $xy(xy-2)$
36. $xy^3(2xy^2-6+7x^2)$
37. $abc(a^2b+3abc^2+4)$
38. $(a+b)(-a+b)$
39. $(a+3b)(a^2+b^3-a-b)$
40. $(2x+1)(3x-1)$
41. $(x+2y)(2x-y)$
42. $(2x+7)(3x-2)$
43. $(2x+y)(2x-y)$
44. $(3a+4b)(4a-3b)$
45. $(x+y+1)(x+y+2)$
46. $2(4x+5)(3x+5)$
47. $-(3x+2y)(5x+2y)$
48. $(x+3-\sqrt{5})(x+3+\sqrt{5})$
49. $(x-2-\sqrt{3})(x-2+\sqrt{3})$
50. $\dfrac{1}{8}(4x-\sqrt{41}+3)(4x+\sqrt{41}+3)$
51. $(x+1-i)(x+1+i)$
52. $(x+2i)(x-2i)$
53. $\dfrac{1}{2}(2x-\sqrt{2}-2)(2x+\sqrt{2}-2)$
54. $(x-1-2i)(x-1+2i)$
55. $(x+2-i)(x+2+i)$
56. $(2x+3)(4x^2-6x+9)$
57. $(x^2-y)(x^4+x^2y+y^2)$
58. $(x-1)(x+1)(x^2+1)$
59. $xy(x+2y)(x-2y)$
60. $x(x-1)(x+1)(x^2+2)$
61. $x^3(2x-1)(x+1)$
62. $x(x-2y)(3x+2y)$
63. $x^2y^3(x^2+y)(x-y)$

• Part 2

64. $x^4-4x^3y+6x^2y^2-4xy^3+y^4$
65. $8x^3+36x^2y+12x^2+54xy^2+36xy+6x+27y^3+27y^2+9y+1$
66. $x^5+5x^4y+10x^3y^2+10x^2y^3+5xy^4+y^5$
67. $x^4+2x^2y-6x^2+y^2-6y+9$
68. $x^2+2xy+y^2-1$
69. $4x^2-y$
70. x^3+1
71. $x^2-y^2-2yz-z^2$
72. x^3+8
73. $(3x-1)^3$
74. $(x+y)(x-y)(x^2+y^2+z^2)$
75. $(x+3)(x-2)(x^2+x-8)$
76. $(x^2+2x+3)(x^2-2x+3)$
77. $(x+y+2)(2x-y+6)$
78. $-(x-y)(y-z)(z-x)$
79. $\dfrac{4}{x}$
80. $3(x-1)(x+2)$
81. $(x-2)(x+2)(3x+8)$
82. $(3x+4)(3x+8)$

0.4 등식: 항등식과 방정식

• Part 1

1. $x=-7$
2. $x=-2$
3. $x=\frac{9}{2}$
4. $x=30$
5. $x=6$
6. $x=28$
7. $x=\frac{1}{2}$과 $x=\frac{7}{2}$
8. $x=1$과 $x=\frac{2}{3}$
9. $x=-2$과 $x=3$
10. $x=2+\sqrt{3}$과 $x=2-\sqrt{3}$
11. 실수 해가 없다.
12. 실수 해가 없다.
13. $x=\frac{1\pm\sqrt{7}}{2}$
14. $x=\frac{-1\pm\sqrt{13}}{6}$
15. 실수 해가 없다.
16. $x=-2$, $x=1$, $x=2$
17. $x=\frac{1}{2}$, $x=-3$, $x=2$
18. $x=2$
19. $x=1$, $x=2$, $x=3$, $x=4$
20. $x=-1$, $x=2$
21. $x=-5$, $x=-3$, $x=-1$, $x=1$

• Part 2

22. $x=-6$, $x=1$
23. $x=-3$, $x=-\frac{1}{3}$, $x=\frac{1}{2}$, $x=2$
24. $x=\pm(1+\sqrt{2})$, $x=\pm(\sqrt{2}-1)$
25. 3
26. 7cm

0.5 부등식

• Part 1

1. $x<2$, 
2. $x>-10$, 
3. $x\geq-2$, 
4. $x\leq 11$, 
5. $x\leq-5$, 
6. $x>\frac{11}{7}$, 
7. $x<\frac{9}{5}$, 
8. $x\geq-\frac{11}{51}$, 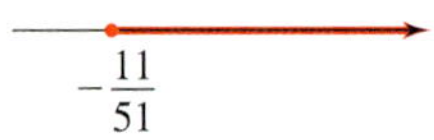
9. $x<-2$, 
10. $-6<x\leq 3$
11. $x=4$
12. $\frac{1}{2}\leq x<2$
13. $1<x<2$
14. $-\frac{1}{3}\leq x\leq\frac{1}{2}$
15. 해가 없다.
16. $\frac{1}{2}\leq x\leq 3$
17. $-1<x<2$ 또는 $2<x<3$
18. $x<-2$ 또는 $x>1$
19. $x<-2$ 또는 $0<x<2$
20. $x<1$
21. $x<-1$ 또는 $x\geq 4$
22. $-1<x<\frac{1}{3}$

• Part 2

23. $a>1$이면 $x<-1$,
    $a<1$이면 $x>-1$,
    $a=1$이면 해는 없다.
24. $x\leq 8$
25. 6
26. $x<0$ 또는 $1<x<4$

0.6 좌표평면

• Part 1

1.~8.

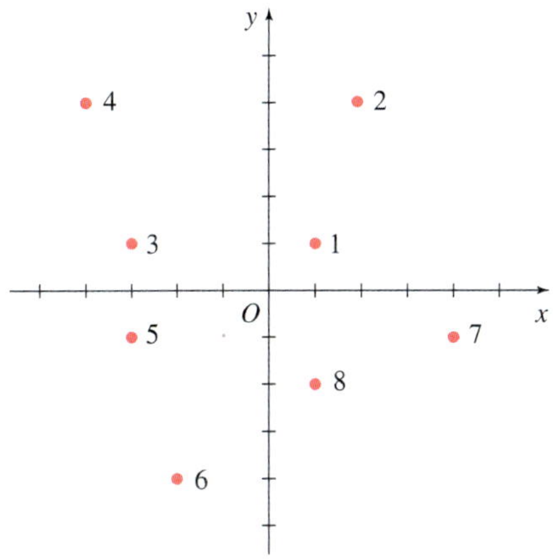

9.

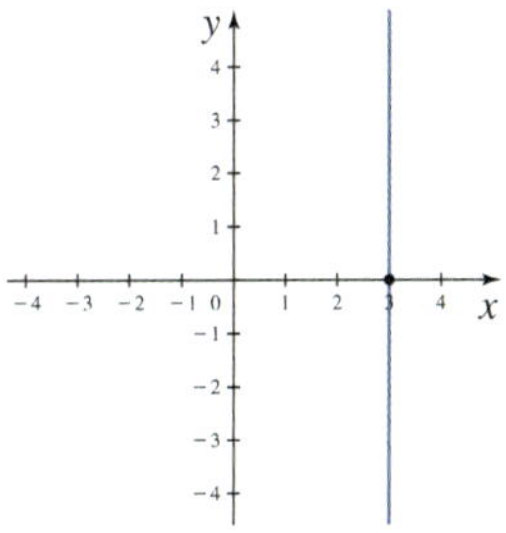

10.

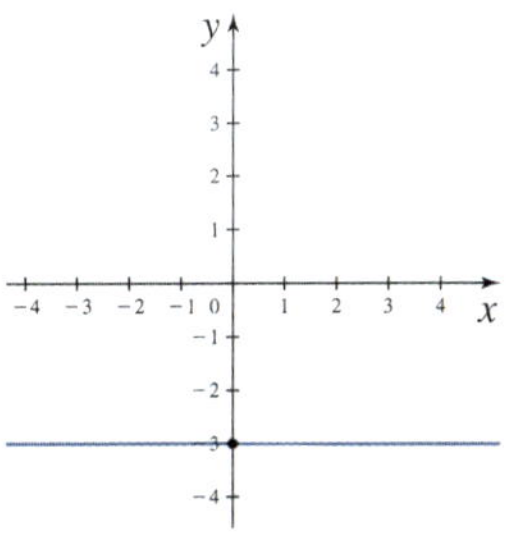

11.

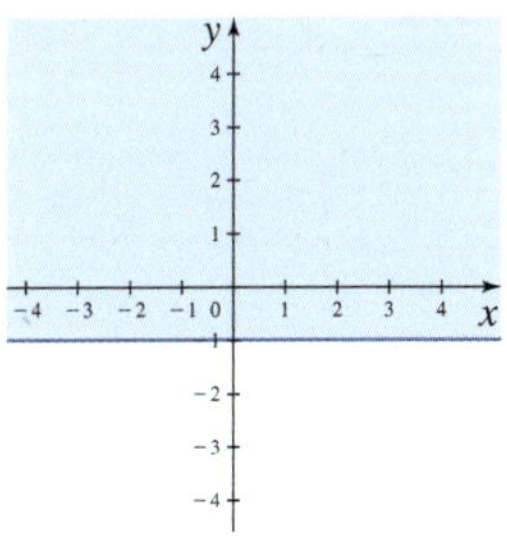

12.

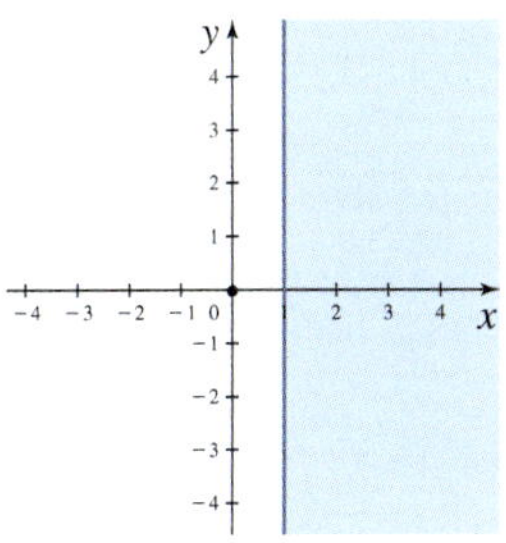

13.

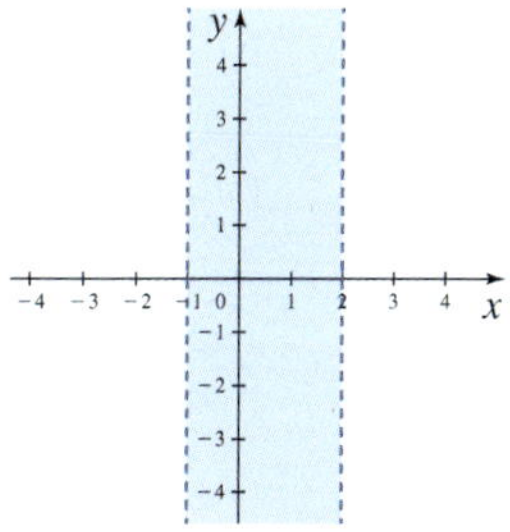

14.

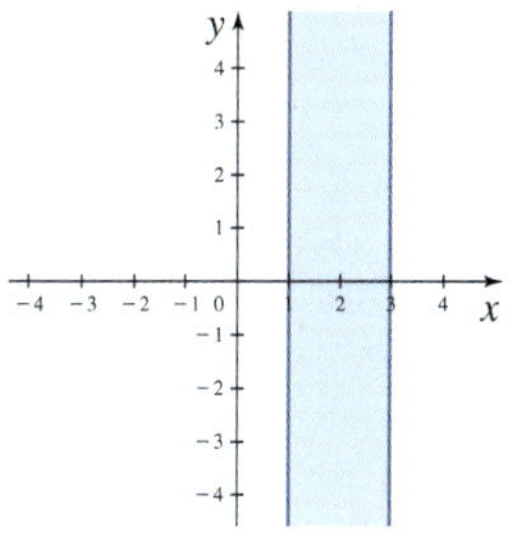

15.

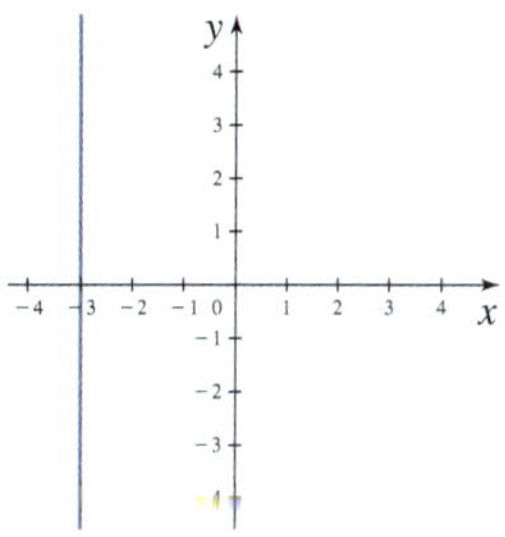

16.

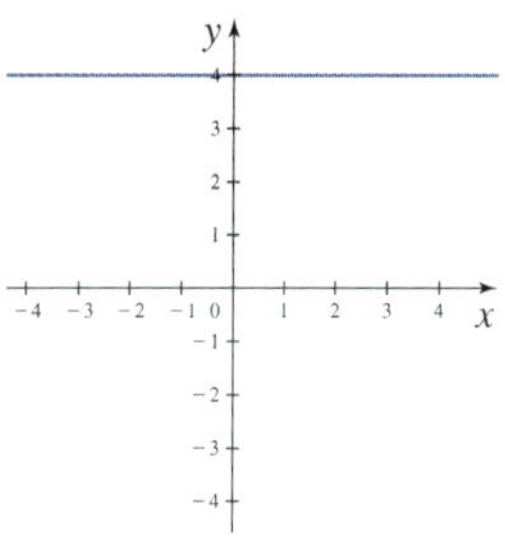

17.

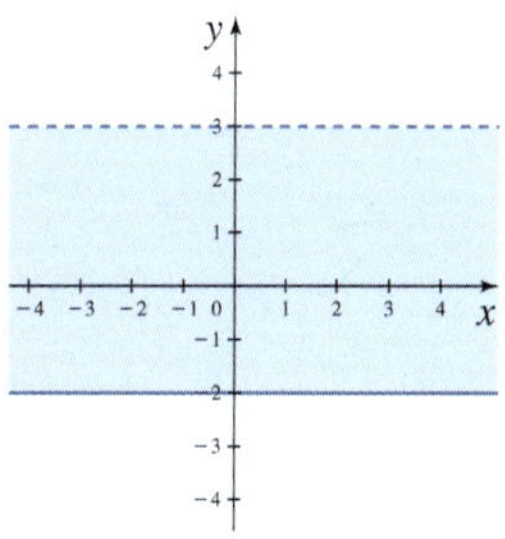

18.

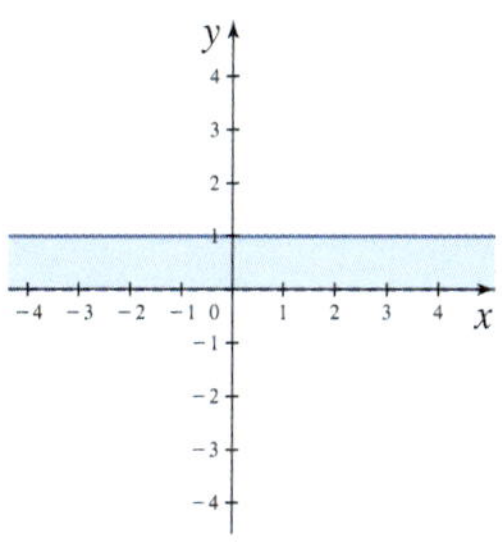

19. 5
20. $2\sqrt{10}$
21. $\sqrt{53}$
22. 13
23. 중심 $(0,0)$, 반지름 1
24. 중심 $(-2,1)$, 반지름 2
25. 중심 $(2,2)$, 반지름 3
26. 중심 $(0,0)$, 반지름 2
27. 중심 $(-3,0)$, 반지름 4
28. 중심 $(-1,1)$, 반지름 $\sqrt{3}$
29. $(x-3)^2+(y+2)^2=25$
30. $x^2+y^2=100$
31. $(x+1)^2+(y-2)^2=5$

• Part 2

32. $\left(\frac{18}{5},0\right)$, $(0,6)$
33. 이등변 삼각형
34. $(x-3)^2+(y-3)^2=8$
35. $8\sqrt{2}$

0.7 평면에서의 직선

• Part 1

1. $y=x+2$
2. $y=-2x+4$
3. $y=3x$
4. $y=-\frac{1}{3}x+\frac{5}{3}$
5. $y=\frac{3}{2}x+\frac{1}{2}$
6. $y=-x+3$
7. $y=-\frac{5}{2}x+5$
8. $y=6x-11$
9. $y=2x-5$
10. $y=-2x-4$
11. $y=2x-3$
12. $y=-\frac{1}{2}x+\frac{3}{2}$
13. $y=3x$
14. $y=\frac{3}{2}x+1$

• Part 2

15. $a=\frac{1}{3}$
16. $y=-\frac{3}{2}x+1$
17. $y=2x-1$
18. $3x+y-12=0$

CHAPTER 1 실함수

1.1 실함수

• Part 1

1. $f(1)=2,\ f(x^2)=2x^2,\ f(p+1)=2p+2$
2. $f(1)=1,\ f(x^2)=x^4,\ f(p+1)=(p+1)^2$
3. $f(1)=1,\ f(x^2)=\dfrac{1}{x^2},\ f(p+1)=\dfrac{1}{p+1}$
4. $f(1)=4,\ f(x^2)=2x^4+x^2+1,\ f(p+1)=2p^2+5p+4$
5. $f(-1)=2,\ f(0)=1,\ f(1)=\sqrt{3}$
6. $f(-1)=-2,\ f(0)=3,\ f(1)=2$
7. $f(-1)=4,\ f(0)=2,\ f(1)=0$
8. $\sqrt{3}-1$
9. $\pi+1$
10. $2-\dfrac{\pi}{2}$
11. $5-\sqrt{24}$
12. $\sqrt{3}+1$
13. $2\sqrt{2}-\dfrac{5}{2}$
14. 0
15. $\sqrt{7}-2$
16. 실수 전체(또는 $(-\infty,\infty)$)
17. $x\ge 1$(또는 $[1,\infty)$)
18. 0을 제외한 실수 전체
19. 실수 전체(또는 $(-\infty,\infty)$)
20. $x\le 2$(또는 $(-\infty,2]$
21. 1을 제외한 실수 전체
22. 실수 전체(또는 $(-\infty,\infty)$)
23. $1\le x\le 3$(또는 $[1,3]$)
24. 실수 전체(또는 $(-\infty,\infty)$)
25. 같은 함수이다.
26. $f(-1)=1$이지만 $g(-1)=-1$이므로 다른 함수이다.
27. 같은 함수이다.
28. $D(f)=[-1.4]$
29. $R(f)=[-2,4)$
30. $f(2)=2$
31. $f(1)=2$
32. (2), (5)

• Part 2

33. $2\le x\le 3$(또는 $[2,3]$)
34. $-1\le x\le 4$(또는 $[-1,4]$)
35. $\dfrac{1}{2}\le x<1$(또는 $\left[\dfrac{1}{2},1\right)$)
36. $D(f)=D(g)=\{-1,0,1\}$

1.2 실함수의 연산과 합성

• Part 1

1. $(f-g)(x)=\dfrac{2x-1}{x}-\sqrt{x}$, 최대정의역은 $(0,\infty)$이다.
2. $(fg)(x)=\dfrac{(2x-1)\sqrt{x}}{x}$, 최대정의역은 $(0,\infty)$이다.
3. $\left(\dfrac{g}{f}\right)(x)=\dfrac{x\sqrt{x}}{2x-1}$, 최대정의역은 $\left(0,\dfrac{1}{2}\right)$ 또는 $\left(\dfrac{1}{2},\infty\right)$이다.
4. $\left(\dfrac{f}{g}\right)(x)=\dfrac{2x-1}{x\sqrt{x}}$, 최대정의역은 $(0,\infty)$이다.
5. $(f+g)(x)=x^2+|x-3|-5$, 최대정의역은 실수 전체 $(-\infty,\infty)$이다.
6. $(fg)(x)=(|x-3|-1)(x^2-4)$, 최대정의역은 실수 전체 $(-\infty,\infty)$이다.
7. $\left(\dfrac{g}{f}\right)(x)=\dfrac{x^2-4}{|x-3|-1}$, 최대정의역은 2와 4를 제외한 실수 집합이다.
8. $\left(\dfrac{f}{g}\right)(x)=\dfrac{|x-3|-1}{x^2-4}$, 최대정의역은 -2와 2를 제외한 실수 집합이다.
9.
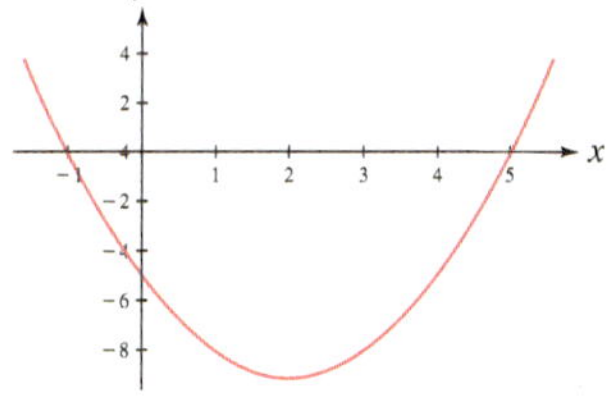

10.
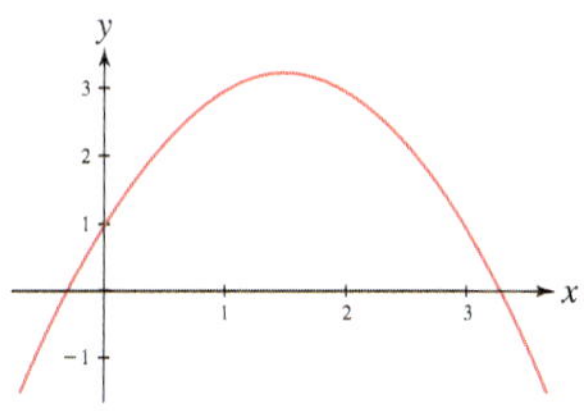

11.

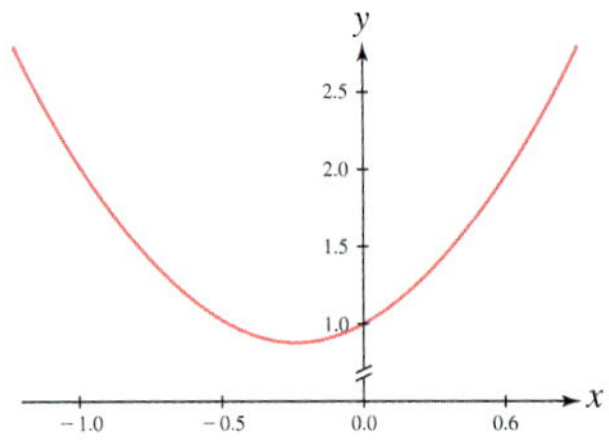

12.

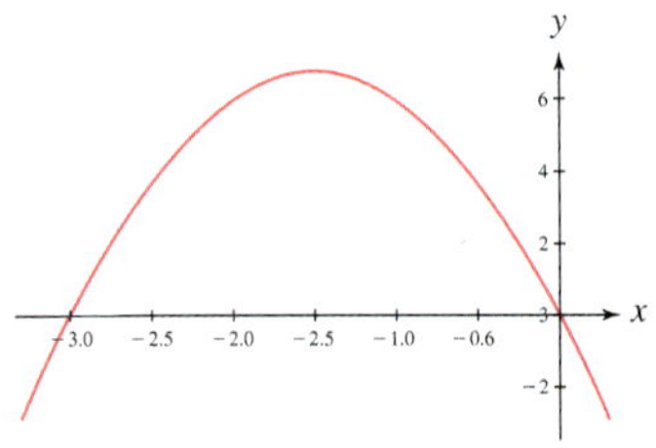

13. -4와 1을 제외한 실수 집합

14. $[0, 4)$ 또는 $(4, \infty)$

15. 1을 제외한 실수 집합

16. $(f \circ g)(1) = 9$, $(g \circ f)(1) = 3$

17. $(f \circ g)(1) = \dfrac{1}{2}$, $(g \circ f)(1) = \dfrac{\sqrt{2}}{2}$

18. $(f \circ g)(1) = \sqrt{10}$, $(g \circ f)(1) = 2$

19. $(f \circ g)(1) = 9$, $(g \circ f)(1) = 1$

20. $(f \circ g)(1) = 3\sqrt{2}$, $(g \circ f)(1) = \sqrt{2}$

21. $(f \circ g)(1) = 6$, $(g \circ f)(1) = \dfrac{1}{5}$

22. $f(x) = 2x+1$, $g(x) = x^4$

23. $f(x) = \sqrt{x}$, $g(x) = \dfrac{2x-1}{3-x}$

24. $f(x) = x^2+3x+1$, $g(x) = \tan x$

• Part 2

25.

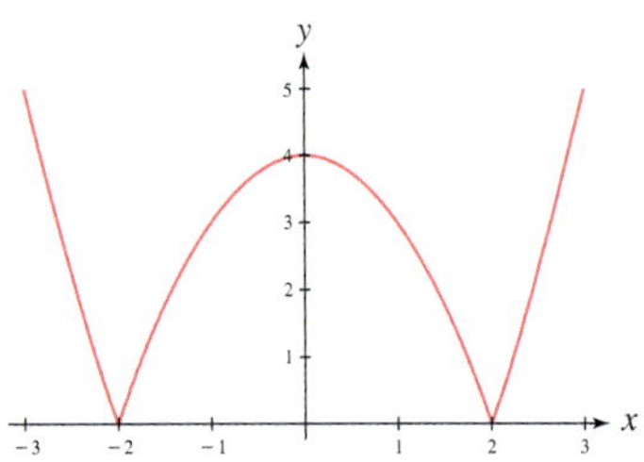

26.

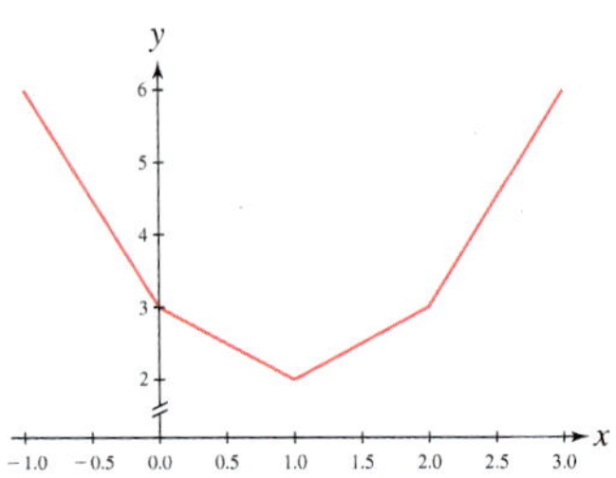

27.

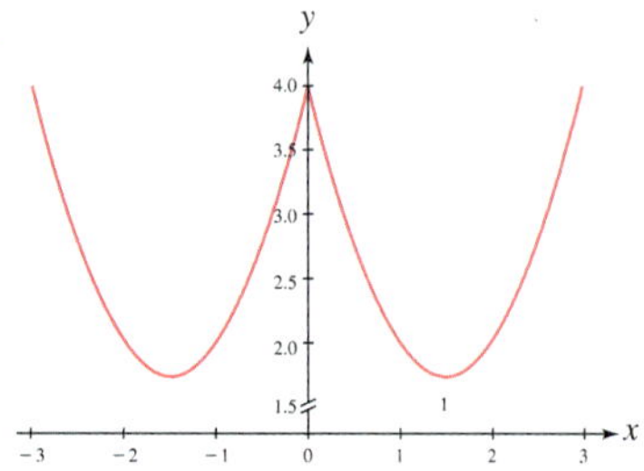

28. $(f \circ g)(x) = (x+1)^3+1$ $D(f \circ g)$는 실수 전체이고,
$(g \circ f)(x) = x^3+2$ $D(g \circ f)$는 실수 전체이다.

29. $(f \circ g)(x) = \sqrt{1-3x}$ $D(f \circ g)$는 $\left(-\infty, \dfrac{1}{3}\right]$이고,
$(g \circ f)(x) = 3\sqrt{2-x}+1$ $D(g \circ f)$는 $(-\infty, 2]$이다.

30. (1) $f(x) = x^6$, $g(x) = x+1$
(2) $f(x) = x^3$, $g(x) = x^2+1$

1.3 역함수

• Part 1

1. 일대일 함수이다.
2. 일대일 함수가 아니다.
3. 일대일 함수이다.
4. 일대일 함수이다.
5. 일대일 함수가 아니다.
6. 일대일 함수이다.
7. $f^{-1}(x) = \dfrac{1}{4}(x+1)$
8. $f^{-1}(x) = \sqrt[3]{x}$
9. 역함수가 존재하지 않는다.
10. $f^{-1}(x) = x^2$ $(x \geq 0)$
11. 역함수가 존재하지 않는다.
12. $f^{-1}(x) = 2-\sqrt{1-x}$, $(x \leq 1)$

• Part 2

13. $a > 0$, $b = 1$

14. $f^{-1}(x) = \begin{cases} \sqrt{x}, & (x \geq 0) \\ x, & (x < 0) \end{cases}$

15. $f^{-1}(x) = \begin{cases} \dfrac{x}{2}+1, & (x \geq 0) \\ 2x+1, & (x < 0) \end{cases}$

1.4 지수함수와 로그함수

• Part 1

1. 실수 전체
2. $(0, \infty)$
3. $(0, \infty)$
4. 0이 아닌 실수
5. $(5, \infty)$
6. $(-\infty, 4)$
7. 1
8. 2
9. 3
10. 2
11. $\frac{5}{2}$
12. -4
13. 8
14. $\frac{1}{3}$
15. $\frac{5}{4}$
16. 6
17. 1
18. $\frac{1}{9}$
19. $e^{(x-3)\ln 2}$
20. $\frac{\ln x}{\ln 10}$
21. $e^{(x^2+x-2)\ln 10}$
22. $\frac{5}{2}\log_3 2$
23. $e^{(2x+1)\ln 5}$
24. $\frac{\ln y}{\ln x}$

• Part 2

25. 15
26. $x = \log_{b^m} a^n$이라 하면 $(b^m)^x = a^n$.
    즉, $b^{mx} = a^n$이어서 $b^x = a^{\frac{n}{m}}$이다. 따라서 $x = \log_b a^{\frac{n}{m}}$이므로
    $\log_{b^m} a^n = \frac{n}{m}\log_b a$이다.
27. $e^{x\ln x}$

1.5 삼각함수

• Part 1

1. $\frac{\pi}{12}$
2. $225°$
3. $\frac{3}{4}\pi$
4. $-300°$
5. $-\frac{7}{6}\pi$
6. $\frac{180}{\pi}$
7. $\frac{\sqrt{3}}{2}$
8. $\frac{1}{2}$
9. $\frac{\sqrt{3}}{3}$
10. -1
11. $-\sqrt{2}$
12. -1
13. $-\frac{1}{2}$
14. 1
15. 0
16. $-\sqrt{2}$
17. $\frac{2\sqrt{3}}{3}$
18. 1
19. $-\frac{\sqrt{2}}{2}$
20. $\frac{1}{2}$
21. -1
22. 2
23. 2
24. 1
25. $\frac{\sqrt{6}-\sqrt{2}}{4}$
26. $2-\sqrt{3}$
27. $\frac{2-\sqrt{2}}{4}$
28. $\frac{1}{4}$

29. $\frac{2-\sqrt{3}}{4}$

30. $-\frac{\sqrt{2}}{2}$

31. $\frac{2+\sqrt{2}}{4}$

32. $\frac{\sqrt{6}}{2}$

33. $\frac{\sqrt{6}-\sqrt{2}}{4}$

34. $\frac{\pi}{3}$

35. $\frac{5\pi}{6}$

36. $\frac{\pi}{3}$

37. $-\frac{\pi}{4}$

38. $\frac{3}{5}$

39. $\frac{4}{7}$

40. $-\frac{\pi}{6}$

41. $\frac{\pi}{3}$

42. $-\frac{\pi}{6}$

43. $\frac{2\pi}{7}$

44. $-\frac{2}{11}$

45. $\frac{1}{3}$

46. $\frac{3\pi}{8}$

47. $\frac{3\pi}{4}$

48. $\frac{\pi}{3}$

49. $-\frac{\pi}{4}$

50. -2

51. $-\frac{\pi}{6}$

52. $\frac{\pi}{8}$

53. $\frac{1}{3}$

54. 0

55. $\frac{\pi}{4}$

56. $\frac{\pi}{6}$

57. $-\frac{\pi}{3}$

58. $\frac{\pi}{6}$

59. $-\frac{\pi}{3}$

• Part 2

60. -1

61. -3

62. $\frac{5}{2}+2\sqrt{2}$

63. $2\sqrt{3}$

64. $$\tan(\alpha+\beta)=\frac{\sin(\alpha+\beta)}{\cos(\alpha+\beta)}=\frac{\sin\alpha\cos\beta+\cos\alpha\sin\beta}{\cos\alpha\cos\beta-\sin\alpha\sin\beta}$$

분자 분모를 $\cos\alpha\cos\beta$로 나누면

$$\tan(\alpha+\beta)=\frac{\tan\alpha+\tan\beta}{1-\tan\alpha\tan\beta}.$$

65. $\frac{1}{7}$

66. $\frac{\sqrt{3}}{2}$

67. $\frac{1}{2}$

68. $\frac{1}{\sqrt{1+x^2}}$

69. $\frac{x}{\sqrt{1-x^2}}$

70. $\frac{4\sqrt{5}}{9}$

71. $\frac{1-x^2}{1+x^2}$

CHAPTER 2 극한과 연속

2.1 함수의 극한

• Part 1

1. 0
2. 1
3. 0
4. -2
5. -1
6. 없음
7. 없음
8. 0
9. 1
10. 0
11. 0
12. 1
13. 우극한: 0, 좌극한: 1
14. 우극한: 0, 좌극한: 0
15. 우극한: 1, 좌극한: 없음
16. 우극한: 없음, 좌극한: 0
17. 0
18. 없음
19. 1

• Part 2

20. 없음
21. 4
22. 없음
23. 2
24. 없음 (좌극한과 우극한이 다름)
25. 없음 (좌극한과 우극한이 다름)
26. $\frac{1}{2}$
27. 없음 (∞로 발산)
28.

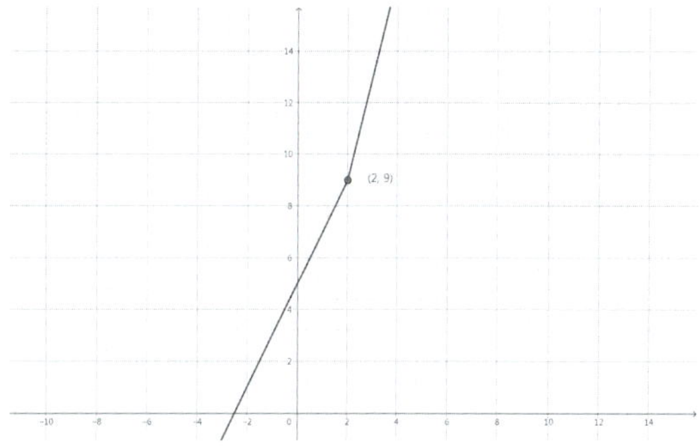

$\lim_{x \to 2} f(x) = 9$

29.

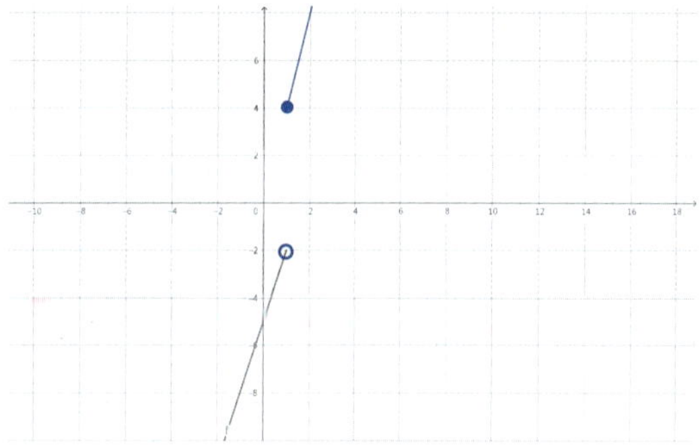

없음(좌극한과 우극한이 다름)

30.

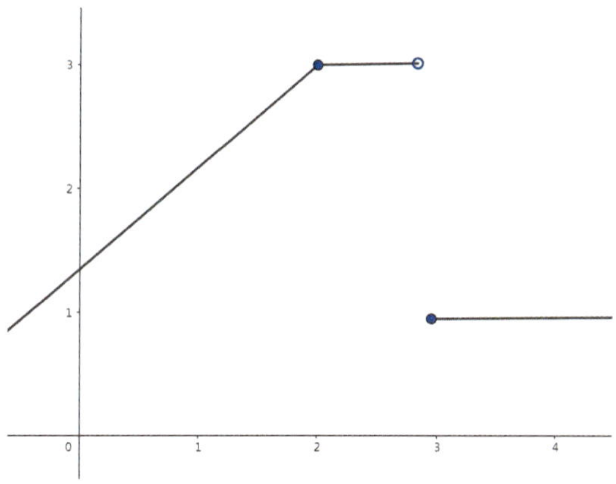

31.

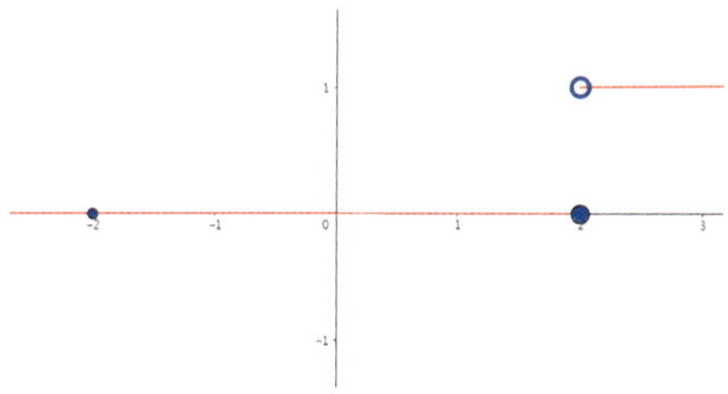

2.2 극한의 성질과 극한 구하기

• Part 1

1. 27
2. -20
3. 0
4. 2
5. 1
6. $2\sqrt{2}$
7. $4+\sqrt{7}$
8. 2
9. $2\sqrt{13}$
10. 4
11. 1
12. -4
13. 2
14. 1
15. 1
16. $\frac{17}{3}$
17. 4
18. 2
19. 2
20. -1
21. $\frac{\sqrt{2}}{4}$
22. $2\sqrt{2}$
23. 없음 ($\because$ 좌극한과 우극한이 다름)
24. 2
25. $\lim_{x\to 0} f(x)$: 없음 ($\because$ 좌극한과 우극한이 다름), $\lim_{x\to 2} f(x)=4$
26. $\lim_{x\to -1} f(x)=-1$, $\lim_{x\to 2} f(x)$: 없음 ($\because$ 좌극한과 우극한이 다름)

• Part 2

27. 6
28. 0
29. -16
30. -16
31. $-\frac{1}{4}$
32. 0
33. 612
34. 38
35. 5
36. $-\frac{1}{27}$
37. 30
38. $\frac{1}{4}$
39. 2
40. $-\frac{1}{9}$
41. 4
42. 없음
43. 없음
44. 0

2.3 함수의 연속

• Part 1

1. 연속
2. 연속
3. 불연속 ($\because$ 정의되지 않음)
4. $f(x)=x+2;\ a=2$ 연속
5. $a=-2$: 연속, $a=2$: 불연속 ($\because$ 정의되지 않음)
6. $a=-2$: 불연속 ($\because$ 정의되지 않음), $a=2$: 연속
7. $a=2$: 불연속 ($\because$ 극한이 없음)
8. $a=2$: 불연속 ($\because$ 극한과 함숫값이 다름)
9. $f(3)=6$
10. $f(3)=-1$
11. $a=7$
12. $a=4$
13. $x\neq 0$인 모든 실수
14. 모든 실수
15. $x\geq 0$인 모든 실수
16. $x\neq 4$이고 $x\geq 0$인 모든 실수
17. $f(x)=x^2+x-12$이라 하자. $f(0)=-12<0$, $f(5)=18>0$이므로 중간값 정리에 의해 $f(c)=0$인 c는 $(0,5)$ 내에 존재한다. 그러므로 방정식 $x^2+x-12=0$의 근 c는 $(0,5)$ 내에 존재한다.
18. $f(x)=x^3-3x^2-x+2$이라 하자. $f(3)=-1<0$, $f(4)=14>0$이므로 중간값 정리에 의해 $f(c)=0$인 c는 $(3,4)$ 내에 존재한다. 그러므로 방정식 $x^3-3x^2-x+2=0$의 근 c는 $(3,4)$ 내에 존재한다.
19. $f(x)=-x^3+4x+1$이라 하자. $f(-1)=-2<0$, $f(0)=1>0$이므로 중간값 정리에 의해 $f(c)=0$인 c는 $(-1,0)$ 내에

존재한다. 그러므로 방정식 $-x^3+4x+1=0$의 근 c는 $(-1, 0)$ 내에 존재한다.

20. $f(x)=x^2-2-\cos x$이라 하자. $f(0)=-3<0$, $f(\pi)=\pi^2-3>0$이므로 중간값 정리에 의해 $f(c)=0$인 c는 $(0, \pi)$ 내에 존재한다. 그러므로 방정식 $x^2-2-\cos x=0$의 근 c는 $(0, \pi)$ 내에 존재한다.

• Part 2

21. 불연속 ($x=2$일 때, 함숫값이 없음)
22. 연속
23. 불연속 (극한이 없음)
24. 연속
25. $x=0$, $x=1$
26. $x=0$ (오른쪽 연속), $x=1$ (왼쪽 연속)
27. $a=\frac{1}{2}$, $b=\frac{1}{2}$
28. $a=\frac{5}{3}$, $b=4$
29. $f(x)=\frac{x-x^3}{x-4}-3$이라 하자. $f(1)=-3<0$, $f(3)=21>0$이므로 중간값 정리에 의해 $f(c)=0$인 c는 $(1, 3)$ 내에 존재한다. 그러므로 방정식 $\frac{x-x^3}{x-4}-3=0$의 근 c는 $(1, 3)$ 내에 존재한다.
30. $f(x)=x^2-x-\sin x$라 하자. $f(1)=-\sin 1<0$, $f(2)=2-\sin 2>0$이므로 중간값 정리에 의해 $f(c)=0$인 c는 $(1, 2)$ 내에 존재한다. 그러므로 방정식 $x^2-x-\sin x=0$의 근 c는 $(1, 2)$ 내에 존재한다.

2.4 삼각함수, 지수함수 그리고 로그함수의 연속

• Part 1

1. 0
2. 0
3. 0
4. 0
5. -1
6. $-\frac{3}{4}$
7. $\sqrt{2}-1$
8. $-\sqrt{2\pi}$
9. 0
10. -3
11. 1
12. 2
13. 2
14. 0
15. 2
16. 0
17. $\frac{1}{2}$
18. 0
19. $\frac{1}{2}$
20. -3
21. $-\frac{1}{2}$
22. 0
23. 0
24. $\frac{1}{2}$
25. $\frac{1}{3}$
26. $-\frac{1}{2}$
27. 1
28. 4
29. $\frac{\ln 2}{2}$
30. $\frac{e+1}{e}$

• Part 2

31. $\sqrt{5}$
32. 2
33. $\frac{\pi^2\sqrt{2}}{8(\pi+2\sqrt{2})}$
34. $\frac{1}{3}$
35. $\frac{1}{2}$
36. $\tan^{-1}\left(\frac{2}{3}\right)$
37. $\frac{2}{3}$
38. $\frac{5}{3}$
39. $-\frac{9}{50}$
40. 0

41. 1
42. -1
43. 연속
44. 불연속 (극한이 없음)

2.5 무한극한과 무한에서의 극한

• Part 1

1. $-\infty$
2. ∞
3. $-\infty$
4. $-\infty$
5. ∞
6. ∞
7. 2
8. ∞
9. 0
10. $-\infty$
11. $-\infty$
12. $-\infty$
13. ∞
14. $-\infty$
15. 4
16. $-\infty$
17. 0
18. ∞
19. $\frac{4}{7}$
20. 1
21. $\frac{\sqrt{2}}{2}$
22. 0
23. $-\infty$
24. ∞
25. 0
26. 0
27. 수직점근선: $x=4$
28. 수직점근선: $x=2$
29. 수직점근선: $x=-2$
30. 수직점근선: $x=0$
31. 수평점근선: $y=2$
32. 수평점근선: $y=1$
33. 수평점근선: $y=1$
34. 없음
35. $e^{\frac{1}{2}}$
36. e^{-1}
37. e^{-2}
38. $e^{\frac{1}{2}}$
39. e
40. e^2

• Part 2

41. $\frac{1}{2}$
42. ∞
43. 0
44. $-\frac{\pi}{2}$
45. ∞
46. -1
47. $e^{\frac{3}{2}}$
48. e^{-6}
49. 수직점근선: $x=2$; 수평점근선: $y=1$
50. 수직점근선: $x=-2$, $x=1$; 수평점근선: $y=2$
51. 수직점근선: $x=\frac{1}{2}$; 수평점근선: $y=\frac{\sqrt{3}}{2}$
52. 수직점근선: $x=1$; 수평점근선: $y=2$
53.

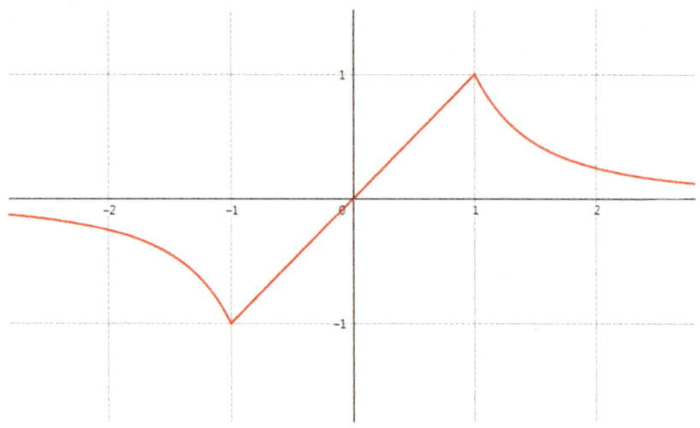

이와 같은 개형의 여러 가지 그래프들 포함

54.

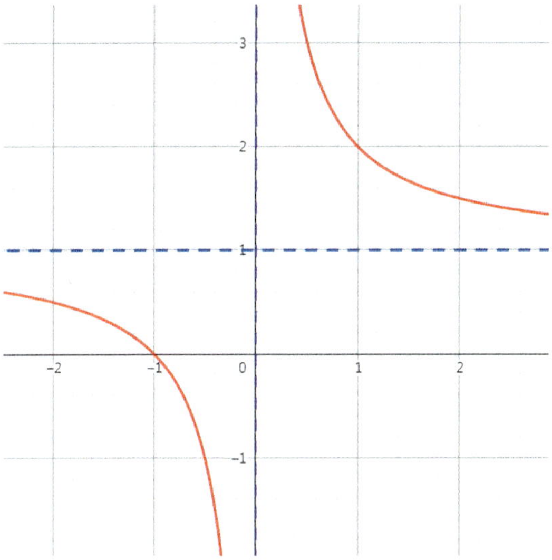

이와 같은 개형의 여러 가지 그래프들 포함

55.

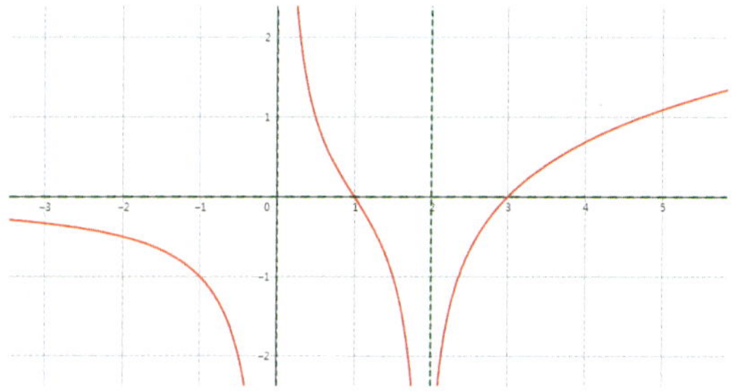

이와 같은 개형의 여러 가지 그래프들 포함

56. $f(x)=\dfrac{1}{(x-1)(x-3)}+1$ 등 조건을 만족하는 여러 가지 함수들

57. $f(x)=\dfrac{-(x-2)}{x^2(x-3)}$ 등 조건을 만족하는 여러 가지 함수들

CHAPTER 3 미분

3.1 미분과 도함수

• Part 1

1. $y=2x-1$
2. $y=-\frac{1}{4}x+1$
3. $y=3x-4$
4. $y=0$
5. $y=-\frac{1}{2}x-\frac{1}{2}$
6. $y=-\frac{1}{16}x+\frac{3}{4}$
7. $x=0$
8. $y=\frac{1}{5}x+\frac{4}{5}$
9. 접선: $y=8x-9$, 법선: $y=-\frac{1}{8}x+\frac{29}{4}$
10. 접선: $y=-4x+8$, 법선: $y=\frac{1}{4}x-\frac{1}{2}$
11. 접선: $y=2x-7$, 법선: $y=-\frac{1}{2}x+\frac{1}{2}$
12. 접선: $y=2x+3$, 법선: $y=-\frac{1}{2}x+\frac{1}{2}$
13. 미분가능
14. 미분가능
15. 미분가능
16. 미분가능
17. 미분가능
18. 미분가능
19. 미분 불가능 ($\because x=0$에서 불연속)
20. 미분 불가능 ($\because x=-1$에서 불연속)
21. 미분 불가능 ($\because x=1$에서 도함수가 없음)
22. 미분 불가능 ($\because x=1$에서 도함수가 없음)
23. $f'(2)=0$
24. $f'(3)=7$
25. $f'(-1)=-1$
26. $f'(3)=6$
27. $f'(\frac{1}{2})=-4$
28. $f'(1)=2$

• Part 2

29–31.

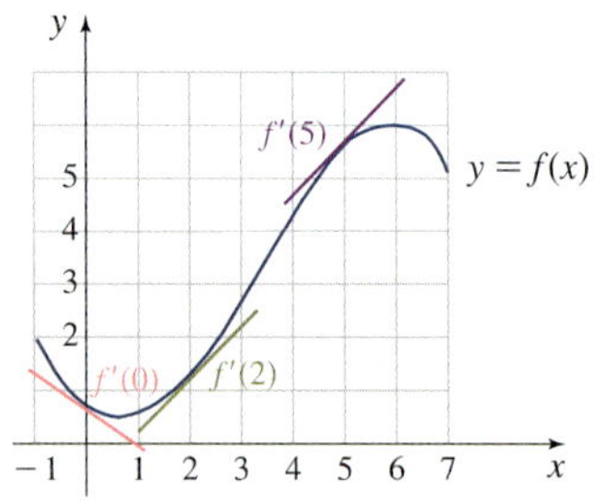

32. $f'(x)=3$
33. $f'(x)=4x-1$
34. $f'(x)=6x+1$
35. $f'(x)=-6x+1$
36. $f'(x)=\frac{-4}{(x-2)^2}$
37. $f'(x)=\frac{2}{3\sqrt[3]{(2x)^2}}$
38. 미분 불가능 ($x=0$에서 도함수가 없음)
39. $y=2x+1$, $y=-2x+9$
40. $y=-2x-1$, $y=6x-9$
41. $k=4$
42. $f'(x)=4x$

3.2 미분의 성질과 도함수를 구하는 법

• Part 1

1. $f'(x)=0$
2. $f'(x)=\frac{1}{2}$
3. $f'(x)=7x^6$
4. $f'(x)=15x^4$
5. $f'(x)=2x+5$
6. $f'(x)=3x^2-1$
7. $f'(x)=12x^3-4x$
8. $f'(x)=6x^2+6x-5$
9. $f'(x)=-2x-2$
10. $f'(x)=3x^2-4x+1$
11. $f'(x)=(x+1)^2+2x(x+1)$
12. $f'(x)=2x(2x+1)+2x^2$

13. $f'(x) = (3x+2) + 3(x-1)$
14. $f'(x) = (2x+1)(x^2-x+1) + (x^2+x)(2x-1)$
15. $f'(x) = (x^2+2x-1) + (x-2)(2x+2)$
16. $f'(x) = 2\left(1+\frac{1}{x}\right) - (2x+1)\frac{1}{x^2}$
17. $f'(x) = \frac{1}{(2x-1)^2}$
18. $f'(x) = \frac{-x-4}{2x^3}$
19. $f'(x) = \frac{-2x^3-3x^2+2}{(x^3-x+1)^2}$
20. $f'(x) = \frac{-x+3}{(x+1)^3}$
21. $f'(x) = \frac{-4x^2+6x-20}{(x^2-5)^2}$
22. $f'(x) = \frac{-4x^3-3x^2+4x+1}{(x^2+1)^3}$
23. $y = 7x-3$
24. $y = x-4$
25. $y = -7x+30$
26. $y = -x+2$
27. $f'(x) = 15x^2+2x-4$
28. $f''(x) = 30x+2$
29. $g'(x) = \frac{2x^2+2x+4}{(2x+1)^2}$
30. $g''(x) = \frac{-14}{(2x+1)^3}$
31. $f'(2) = 60,\ f''(3) = 92$
32. $g'(1) = \frac{8}{9},\ g''(1) = -\frac{14}{27}$

• Part 2

33. $f'(x) = \sqrt{x} + \frac{x+1}{2\sqrt{x}}$
34. $f'(x) = \frac{2x^3-x+6}{x^3}$
35. $f'(x) = \frac{4x}{(x^2+2)^2}$
36. $f'(x) = \frac{-4x}{(1+x^2)^2}$
37. $f'(x) = 8x+12$
38. $f'(x) = \frac{-3x^2+1}{2\sqrt{x}(x^2-\sqrt{x}+1)^2}$
39. 8
40. -16
41. $-\frac{20}{9}$
42. 20
43. 접선: $y = 12x-3$, 법선: $y = -\frac{1}{12}x + \frac{109}{12}$
44. 접선: $y = \frac{1}{2}$, 법선: $x = 1$
45. $f'(x) = 4x^3-9x^2+15,\ f''(x) = 12x^2-18x,\ f'''(x) = 24x-18,$ $f^{(4)}(x) = 24,\ f^{(k)}(x) = 0,\ (k \geq 5)$
46. $f^{(k)} = (-1)^k \frac{k!}{x^{k+1}},\ (k \geq 1)$
47. $\frac{1}{4}$
48. 42

3.3 삼각함수의 미분

• Part 1

1. $f'(x) = \cos x - 2\sin x$
2. $f'(x) = 1 - \sin x$
3. $f'(x) = 1 - \cos x$
4. $f'(x) = \sec^2 x - \sin x$
5. $f'(x) = -2\csc x\cot x + 2\csc^2 x$
6. $f'(x) = \sin x + x\cos x$
7. $f'(x) = 2\sin x\cos x$
8. $f'(x) = -2\sin x\cos x$
9. $f'(x) = 4\sec x\tan x + 3\sec^2 x$
10. $f'(x) = \sec^2 x$
11. $f'(x) = -\sin x + 2\cos^2 x - 2\sin^2 x$
12. $f'(x) = \tan x + x\sec^2 x + 2x\cos x - x^2\sin x$
13. $f'(x) = \frac{-1}{1+\sin x}$
14. $f'(x) = \frac{\cos x(1-\tan x) + \sin x\sec^2 x}{(1-\tan x)^2}$
15. $y = 2x$
16. $y = 3$
17. $f''(x) = \sec x\tan^2 x + \sec^3 x$
18. $f''(x) = \csc x\cot^2 x + \csc^3 x$
19. $f''(x) = 2\sec^2 x\tan x$
20. $f''(x) = 2\csc^2 x\cot x$
21. $f''(x) = -\cos x + 6x + 4,\ f'''(x) = \sin x + 6$
22. $f''(x) = -2\sin x - x\cos x,\ f'''(x) = -3\cos x + x\sin x$

• Part 2

23. $f'(x) = \dfrac{\sin x}{2\sqrt{x}} + \sqrt{x}\cos x$

24. $f'(x) = 3x^2\sin x + x^3\cos x$

25. $f'(x) = \sin x + x\cos^2 x - x\sin^2 x$

26. $f'(x) = \dfrac{2\cos x + 2x\sin x}{4\cos^2 x}$

27. $f'(x) = \dfrac{\sec x\tan x}{(1+\sec x)^2}$

28. $f'(x) = \dfrac{-\sec x\tan x - \sec^2 x + \sec^3 x}{\tan^2 x}$

29. $f'(x) = -\csc x\cot x(x + \cot x) + \csc x(1 - \csc^2 x)$

30. $f'(x) = 2x(\sin x + \cos x) + (x^2+1)(\cos x - \sin x)$

31. $y = 2x - \dfrac{\pi}{2} + 1$

32. $y = -x$

33. $\left(n\pi + \dfrac{(-1)^{n+1}}{6}\pi,\ \dfrac{1}{2}\right)$, n은 모든 정수

34. $-\sin x$

35. $-\cos x$

36. $3\sqrt{2}$

3.4 연쇄법칙

• Part 1

1. $f'(x) = 6(2x+3)^2$
2. $f'(x) = 6x^2(x^3+2)$
3. $f'(x) = 4(2x^3 - x + 3)^3(6x^2 - 1)$
4. $f'(x) = 2x(3x^2-4)^2 + 12x^3(3x^2-4)$
5. $f'(x) = \dfrac{-4x-4}{(x-2)^4}$
6. $f'(x) = \dfrac{-8}{(x+2)^3}$
7. $f'(x) = \dfrac{6x+1}{2\sqrt{3x^2+x-3}}$
8. $f'(x) = -\dfrac{3}{2(3x-5)^{3/2}}$
9. $f'(x) = \dfrac{1}{(x^2+1)^{3/2}}$
10. $f'(x) = \dfrac{\cos x}{2\sqrt{\sin x}}$
11. $f'(x) = -\dfrac{1}{x^2}\cos\left(\dfrac{1}{x}\right)$
12. $f'(x) = 12\tan^2 x\sec^2 x$
13. $f'(x) = 12\sec^3 x\tan x$
14. $f'(x) = 8x\sin(x^2+1)\cos(x^2+1)$
15. $f'(x) = 6\sin^2(2x)\cos(2x)$
16. $f'(x) = 6x\sin^2(x^2)\cos(x^2)$
17. $f'(x) = \cos(1+\tan x)\sec^2 x$
18. $f'(x) = -\sin(5+\csc x)\csc x\cot x$
19. -7
20. -8
21. 24
22. $\dfrac{6}{5}$
23. $f''(x) = 12x^4 + 4$
24. $f''(x) = \dfrac{-2\cos^2 x - \sin^2 x}{4(\cos x)^{3/2}}$
25. $f''(x) = -4\sin(2x)$
26. $f''(x) = 2\sin^2 x - 2\cos^2 x$

• Part 2

27. $f'(x) = \dfrac{-4x^3}{(x^2-1)^3}$

28. $f'(x) = \dfrac{6}{(x-2)^4}$

29. $f'(x) = \dfrac{-2x}{(x^2+1)^2}\sin\left(\dfrac{1}{x^2+1}\right)$

30. $f'(x) = \dfrac{-4x}{(x^2+1)^2}\sin\left(\dfrac{1}{x^2+1}\right)\cos\left(\dfrac{1}{x^2+1}\right)$

31. $f'(x) = \dfrac{\sec^2 x}{2\sqrt{\tan x}}$

32. $f'(x) = \dfrac{\sec^2(\sqrt{x})}{2\sqrt{x}}$

33. $f'(x) = \dfrac{3}{4(2+\sqrt{3x})\sqrt{3x}}$

34. $f'(x) = -\sin(\sqrt{\sin(\tan 2x)})\dfrac{\cos(\tan 2x)\sec^2 2x}{\sqrt{\sin(\tan 2x)}}$

35. 30

36. 36

37. 20

38. 63

39. 198

40. $y = -x + \pi$

3.5 음함수의 미분과 역함수의 미분

• Part 1

1. $y=\frac{1}{3}\sqrt{36-4x^2}$ 또는 $y=-\frac{1}{3}\sqrt{36-4x^2}$
2. $x=\frac{1}{2}\sqrt{36-9y^2}$ 또는 $x=-\frac{1}{2}\sqrt{36-9y^2}$
3. $y=\sqrt{x^2-1}$ 또는 $y=-\sqrt{x^2-1}$
4. $x=\sqrt{1+y^2}$ 또는 $x=-\sqrt{1+y^2}$
5. $y'=-\frac{x}{y}$
6. $y'=\frac{-3x^2+2}{3y^2}$
7. $y'=\frac{x-2y}{2x-y}$
8. $y'=\frac{-2xy-y^2}{x^2+2xy}$
9. $y'=\frac{-3x^2+8xy-y^2}{-4x^2+2xy}$
10. $y'=-\frac{y^2}{x^2}$
11. $y'=\frac{-2x^3-y}{2x^2y-x}$
12. $y'=-\frac{\sqrt{y}}{\sqrt{x}}$
13. $y'=\frac{1-\cos x}{\sin y-1}$
14. $y'=\frac{1-2xy\cos(x^2y)}{1+x^2\cos(x^2y)}$
15. $y=-\frac{1}{2}x+\frac{5}{2}$
16. $y=\frac{3}{4}x$
17. $y=-6x+8$
18. $y=\frac{\sqrt{3}}{6}x-\frac{\sqrt{3}}{3}+\frac{\pi}{3}$
19. $\frac{1}{2}$
20. $\frac{1}{16}$
21. $\frac{1}{3}$
22. $\frac{1}{9}$
23. $\frac{1}{6}$
24. $\frac{1}{16}$
25. $f'(x)=\frac{4}{\sqrt{1-(4x)^2}}$
26. $f'(x)=\frac{3x^2}{\sqrt{1-(x^3-1)^2}}$
27. $f'(x)=\frac{-1}{\sqrt{1-(x-2)^2}}$
28. $f'(x)=\frac{-2x}{\sqrt{1-(x^2+1)^2}}$
29. $f'(x)=\frac{4}{1+(4x+3)^2}$
30. $f'(x)=\frac{1}{3\sqrt[3]{x^2}(1+\sqrt[3]{x^2})}$

• Part 2

31. $y'=\frac{-8xy^2-12x^2y-4x^3}{8x^2y+4x^3-2}$
32. $y'=\frac{-2xy^2+6x^2y-4x^3+2x}{2x^2y-2x^3-2y}$
33. $y'=\frac{4x\sqrt{x+y}-1}{1-4y\sqrt{x+y}}$
34. $y'=\frac{2y\sqrt{x^2+y^2}-2x}{2y-2x\sqrt{x^2+y^2}}$
35. $y'=\frac{-y^2}{y\sin\left(\frac{1}{y}\right)-\cos\left(\frac{1}{y}\right)+xy}$
36. $y'=\frac{y\sec^2(xy)-y}{x-x\sec^2(xy)}$
37. $y'=\frac{-4x^3-y\cos(xy)}{x\cos(xy)}$
38. $y'=\frac{\cos x\cos y-2x-y}{\sin x\sin y+x}$
39. $x'=\frac{x-2y}{2x-y}$
40. $x'=\frac{2xy-x}{2x+y-y^2}$
41. $x'=\frac{1-x^3\cos(xy)}{2x\sin(xy)+x^2y\cos(xy)}$
42. $x'=\frac{y-x^2y}{xy^2-4x}$
43. $y''=\frac{-4y^2-x^2}{16y^3}$
44. $y''=\frac{-6x^2-6xy-6y^3}{(x+2y)^3}$

45. $y'' = \dfrac{2xy - 2x^2}{y^3}$

46. $y'' = \dfrac{\sin x \sin^2 y - \cos^2 x \cos y}{\sin^3 y}$

47. $f'(x) = \sin^{-1} x + \dfrac{x}{\sqrt{1-x^2}}$

48. $f'(x) = -\dfrac{1}{x^2\sqrt{1-\left(\dfrac{1}{x}\right)^2}}$

49. $f'(x) = \tan^{-1}(x^2) + \dfrac{2x^2}{1+x^4}$

50. $f'(x) = \dfrac{2\sin^{-1} x}{\sqrt{1-x^2}}$

51. $f'(x) = 2x - \dfrac{2\cos^{-1} x}{\sqrt{1-x^2}}$

52. $f'(x) = \dfrac{\cos(\tan^{-1} x)}{1+x^2}$

3.6 로그함수와 지수함수의 도함수

• Part 1

1. $y' = \dfrac{1}{x\ln 10}$

2. $y' = \dfrac{1}{x\ln 5}$

3. $y' = \dfrac{2x}{(x^2+1)\ln 2}$

4. $y' = \log_2 x + \dfrac{1}{\ln 2}$

5. $y' = -\dfrac{1}{x}$

6. $y' = \dfrac{2x}{x^2+1}$

7. $y' = \dfrac{1}{\sqrt{x}(\sqrt{x}+1)}$

8. $y' = \dfrac{\ln x - 1}{(\ln x)^2}$

9. $y' = \dfrac{2}{x}$

10. $y' = \dfrac{2\ln x}{x}$

11. $y' = \cot x$

12. $y' = -\tan x$

13. $y' = \ln\left(\dfrac{1}{x}\right) - 1$

14. $y' = 2x\ln(\tan x) + x^2\dfrac{\sec^2 x}{\tan x}$

15. $y' = 4x(x^2+1)(2x-1)^4 + 8(x^2+1)^2(2x-1)^3$

16. $y' = 2x\sqrt{1+x^2} + \dfrac{x^3}{\sqrt{1+x^2}}$

17. $y' = \dfrac{1}{2}\left(\dfrac{1}{x-1} - \dfrac{1}{x+1}\right)\sqrt{\dfrac{x-1}{x+1}}$

18. $y' = \left(\dfrac{2}{x} + \dfrac{3x^2}{x^3+2} - \dfrac{x}{x^2+1}\right)\dfrac{x^2(x^3+2)}{\sqrt{x^2+1}}$

19. $y' = 3e^{3x}$

20. $y' = 2xe^{x^2}$

21. $y' = e^x + xe^x$

22. $y' = (2x-1)e^x + (x^2-x)e^x$

23. $y' = e^x\cos(e^x)$

24. $y' = e^{x\ln x}(\ln x + 1)$

25. $y' = e^x\sec^2(e^x)$

26. $y' = \dfrac{-e^x}{(1+e^x)^2}$

27. $y' = (2\ln 10)(10^{2x+1})$

28. $y' = (2x-1)(\ln 3)(3^{x^2-x})$

29. $y' = 2^x(1+x\ln 2)$

30. $y' = \dfrac{1+3^x\ln 3 - (x+3^x)\ln 2}{2^x}$

31. $y' = \dfrac{-(2^x\ln 2 + 3^x\ln 3)}{(2^x+3^x)^2}$

32. $y' = 2(2^x+x)(2^x\ln 2 + 1)$

33. $y' = 3^{3x+1}\ln 3$

34. $y' = 81x^2$

35. $y' = ex^{e-1}$

36. $y' = e^x$

37. $y' = \dfrac{2\ln x}{x}x^{\ln x}$

38. $y' = \left(\ln(\sin x) + \dfrac{x\cos x}{\sin x}\right)(\sin x)^x$

39. $y' = \left(\cos x\ln x + \dfrac{\sin x}{x}\right)x^{\sin x}$

40. $y' = \left(\sec^2 x\ln x + \dfrac{\tan x}{x}\right)x^{\tan x}$

41. $y' = \dfrac{\cosh x}{\sinh x}$

42. $y' = \dfrac{\cosh(\ln x)}{x}$

43. $y' = 2\cosh x\sinh x$

44. $y' = 3\cosh^2 x \sinh x$

45. $y' = \sinh x + x\cosh x$

46. $y' = e^x \cosh x + e^x \sinh x$

47. $y' = (2x+1)\operatorname{sech}^2(x^2+x)$

48. $y' = 3x^2 \operatorname{sech}(x^3-1)\tan(x^3-1)$

• Part 2

49. $y' = \cos x \log_2 x + \dfrac{\sin x}{x\ln 2}$

50. $y' = \dfrac{\log_3 x}{x} + \dfrac{\ln x}{x\ln 3}$

51. $y' = \dfrac{1}{x\ln x(\ln 2)}$

52. $y' = \dfrac{-1}{x\ln\left(\dfrac{1}{x}\right)}$

53. $y' = \cos x \ln x + \dfrac{\sin x}{x}$

54. $y' = -\sin x \ln x + \dfrac{\cos x}{x}$

55. $y' = \ln(x^2+x-3) + \dfrac{2x^2+x}{x^2+x-3}$

56. $y' = \dfrac{1}{\tan^{-1}x(1+x^2)}$

57. $y' = \dfrac{1}{x + x(\ln x)^2}$

58. $y' = \dfrac{-\sin x\cos x}{(2+\cos^2 x)}$

59. $y' = \dfrac{25x^5+18x^4+26x^3+20x^2+x+2}{2\sqrt{x}(\sqrt[3]{3x+2})^4}$

60. $y' = \dfrac{(x+\tan x + x\tan^2 x)(x^2+1) - 6x^2\tan x}{(x^2+1)^4}$

61. $y' = e^{x\tan x}(\tan x + x\sec^2 x)$

62. $y' = e^{\sqrt{1+5x^2}}\dfrac{10x}{2\sqrt{1+5x^2}}$

63. $y' = \dfrac{e^x}{1+e^{2x}}$

64. $y' = \dfrac{-2(e^x - e^{-x})}{(e^x+e^{-x})^2}$

65. $y' = 2e^x\cos x$

66. $y' = \dfrac{2e^x}{(1+e^x)(1-e^x)}$

67. $y' = 2xe^{x^2}$

68. $y' = 2ex^{2e-1}$

69. $y' = \left(\sec^2 x\ln(\ln x) + \dfrac{\tan x}{x\ln x}\right)(\ln x)^{\tan x}$

70. $y' = \left(\ln(\ln x) + \dfrac{1}{\ln x}\right)(\ln x)^x$

71. $y' = 2e^x(\sinh x + \cosh x)$

72. $y' = \dfrac{2x+\sinh x}{x^2+\cosh x}$

73. $y' = \dfrac{4\sinh(\ln(x^2))\cosh(\ln(x^2))}{x}$

74. $y' = 4\sinh(2x)\cosh(2x)$

75. $y = 4x - 8$

76. $y = x + 2$

77. $y = x$

CHAPTER 4 미분의 활용

4.1 평균값 정리

• Part 1

1. $c=\frac{1}{2}$
2. $c=\sqrt{7}$
3. $c=1$
4. $c=0,\ c=\pi,\ c=2\pi$
5. $c=2\sqrt{3}$
6. $f(x)=x\pi+2\pi$
7. $f(x)=2x+5$
8. $f(x)=x^2-1$
9. $f(x)=\tan x+2$
10. $f(x)=-x+2$

• Part 2

11. $c=1,\ c=-1$
12. 존재하지 않는다. ($x=0$에서 미분불가능)
13. 존재하지 않는다. ($x=\frac{1}{3}$에서 불연속)
14. $c=-\frac{9}{2},\ c=-\frac{7}{4}$
15. $c=\frac{13}{6}$
16. $f(x)=-\frac{2}{x}+2x^3+1$
17. $f(x)=2\sec\frac{x}{2}+2-2\sqrt{2}$
18. $f(x)=ax+b$, (a, b: 상수)
19. $f(x)=3x+4$
20. $f(x)=-\sin x-3x+4$

4.2 로피탈의 정리

• Part 1

1. -10
2. $\frac{9}{11}$
3. 2
4. 1
5. $\frac{5}{7}$
6. 0
7. 2
8. ∞(존재하지 않음)
9. $-\frac{2}{5}$
10. $-\frac{1}{6}$
11. 1
12. $-\frac{1}{6}$
13. 0
14. 0
15. 0
16. $\frac{9}{2}$
17. $-\infty$(존재하지 않음)
18. $-\frac{3}{2}$
19. 1
20. 1
21. e
22. 1
23. $\frac{1}{e}$
24. e

• Part 2

25. 5
26. $-\frac{12}{5}$
27. -1
28. 0
29. 0
30. ∞
31. 1
32. -2
33. $\frac{1}{2}$

34. 0
35. 0
36. -1
37. $\frac{1}{6}$
38. 0
39. 0
40. 0
41. 1
42. 1
43. 1
44. 1
45. 1
46. $e^{\frac{1}{2}}$
47. 0
48. 없음

4.3 최댓값과 최솟값 그리고 극값

• Part 1

1. $x=5$ (정점)
2. $x=-\frac{1}{2}, \frac{3}{2}$ (정점)
3. $x=\frac{1}{3}, 1$ (정점)
4. $x=1, 4$ (정점)
5. $x=0$ (특이점), $x=4$ (정점)
6. $x=-1, 1$ (정점)
7. $x=0, 4$ (정점)
8. $x=\frac{\pi}{2}+n\pi\,(n\in Z)$ (정점)
9. [임계점]: $x=4, 1$(경계점); 최댓값 8, 최솟값 3
10. [임계점]: $x=4$(정점), $x=0, 6$(경계점); 최댓값 16, 최솟값 0
11. [임계점]: $x=\frac{3}{2}$(정점), $x=1, 2$(경계점); 최댓값 2, 최솟값 1
12. [임계점]: $x=-2, 1$(정점), $x=-3, 2$(경계점); 최댓값 20, 최솟값 -7
13. [임계점]: $x=1$(정점), $x=0, 2$(경계점); 최댓값 4, 최솟값 -7
14. [임계점]: $x=\pm\sqrt{2}$(정점), $x=-2, 3$(경계점); 최댓값 $\frac{\sqrt{2}}{4}$, 최솟값 $-\frac{\sqrt{2}}{4}$
15. [임계점]: $x=0$(특이점), $x=-1, 8$(경계점); 최댓값 2, 최솟값 -1
16. [임계점]: $x=\frac{1}{2}, 1$(경계점), 구간 내에 정점과 특이점은 없음; 최댓값 $\frac{1}{2}+2\ln 2$, 최솟값 1
17. [임계점]: $x=-1$(정점), $x=-2, 0$(경계점); 최댓값 0, 최솟값 $-\frac{1}{e}$
18. [임계점]: $x=\frac{\pi}{4}$(정점), $x=0, \pi$(경계점); 최댓값 $\sqrt{2}$, 최솟값 -1

• Part 2

19. [임계점]: $x=0$(정점), $x=-2, 0$(경계점); 최댓값 80, 최솟값 0
20. [임계점]: $x=-\frac{1}{2}, \frac{1}{2}$(경계점); 최댓값 $\frac{2}{3}$, 최솟값 $-\frac{2}{3}$
21. [임계점]: $x=0$(정점), $x=-2, 1$(경계점); 최댓값 2, 최솟값 0
22. [임계점]: $x=-\frac{5\pi}{6}, -\frac{\pi}{6}$(정점), $x=-\pi, \pi$(경계점); 최댓값 $\pi+2$, 최솟값 $-\frac{\pi}{6}-\sqrt{3}$
23. [임계점]: $x=0, 1$(경계점); 최댓값 $e-e^{-2}$, 최솟값 0
24. [임계점]: $x=-\pi, 0, \pi, 2\pi$(정점), $x=-\pi, 2\pi$(경계점); 최댓값 e, 최솟값 e^{-1}
25. [임계점]: $x=\frac{\pi}{4}, \frac{5\pi}{4}$(정점), $x=0, \frac{3\pi}{2}$(경계점); 최댓값 $\frac{\sqrt{2}}{2}e^{-\frac{\pi}{4}}$, 최솟값 $-\frac{\sqrt{2}}{2}e^{-\frac{5\pi}{4}}$
26. [임계점]: $x=0$(특이점), $x=-1, 3$(경계점); 최댓값 2, 최솟값 -1
27. [임계점]: $-3<x<2$(정점), $x=-3, 2$(특이점), $x=-5, 5$(경계점); 최댓값 11, 최솟값 5
28. [임계점]: $x=1$(특이점), $x=0, 3$(경계점); 최댓값 1, 최솟값 9
29. [임계점]: $x=1$(특이점), $x=0, 2$(경계점); 최댓값 없음, 최솟값 -3
30. [임계점]: $x=0$(특이점), $x=-2$(경계점); 최댓값 없음, 최솟값 -1

4.4 1계 도함수가 알려주는 것: 단조성과 극값

• Part 1

1. $\left(-\infty, -\frac{3}{2}\right]$: 증가, $\left[-\frac{3}{2}, \infty\right)$: 감소
2. $(-\infty, -\sqrt{3}]$, $[\sqrt{3}, \infty)$: 증가, $[-\sqrt{3}, \sqrt{3}]$: 감소
3. $\left(-\infty, -\frac{1}{3}\right]$, $[1, \infty)$: 증가, $\left[-\frac{1}{3}, 1\right]$: 감소
4. $(-\infty, 1]$, $[1, \infty)$: 증가
5. $[1, \infty)$: 증가, $(-\infty, 1]$: 감소

6. $\left[\frac{\pi}{3}, \frac{5\pi}{3}\right]$: 증가, $\left[0, \frac{\pi}{3}\right]$, $\left[\frac{5\pi}{3}, 2\pi\right]$: 감소
7. 극댓값 $f\left(\frac{1}{2}\right)=\frac{31}{4}$
8. 극댓값 $f(-2)=18$, 극솟값 $f(2)=-14$
9. 극값은 없음
10. 극댓값 $f(\sqrt{2})=\frac{\sqrt{2}}{4}$, 극솟값 $f(-\sqrt{2})=-\frac{\sqrt{2}}{4}$
11. 극댓값 $f\left(\frac{8}{27}\right)=\frac{4}{27}$, 극솟값 $f(0)=0$
12. 극솟값 $f(-1)=-\frac{1}{e}$

• Part 2

13. $(-\infty, \infty)$: 증가
14. $\left[-\frac{3}{2}, \infty\right)$: 증가, $\left(-\infty, -\frac{3}{2}\right]$: 감소;
극솟값 $f\left(-\frac{3}{2}\right)=-\frac{75}{16}$
15. $(-\infty, \infty)$: 증가
16. $(-\infty, 1]$, $[3, \infty)$: 증가, $[1, 3]$: 감소;
극댓값 $f(1)=2$, 극솟값 $f(3)=6$
17. $[-1, \infty)$: 증가, $(-\infty, -1]$: 감소; 극솟값 $f(-1)=0$
18. $[-1, 0)$, $[1, \infty)$: 증가, $(-\infty, -1]$ $(0, 1)$: 감소;
극댓값 $f(0)=1$, 극솟값 $f(-1)=0$, $f(1)=0$
19. $[1, \infty)$: 증가, $(-\infty, -3]$: 감소, $[-3, 1]$: 상수함수;
극솟값 $f(m)=4, (-3 \le m \le 1)$,
20. $\left[0, \frac{3\pi}{4}\right]$, $\left[\frac{7\pi}{4}, 2\pi\right]$: 증가, $\left[\frac{3\pi}{4}, \frac{7\pi}{4}\right]$: 감소;
극댓값 $f\left(\frac{3\pi}{4}\right)=\frac{\sqrt{2}}{2}e^{\frac{3\pi}{4}}$, 극솟값, $f\left(\frac{7\pi}{4}\right)=-\frac{\sqrt{2}}{2}e^{\frac{7\pi}{4}}$
21. $\left(-\infty, \frac{3}{2}\right]$: 증가, $\left[\frac{3}{2}, \infty\right)$: 감소; 극댓값 $f\left(\frac{3}{2}\right)=2e^{\frac{3}{2}}$
22. $\left[0, e^{\frac{1}{3}}\right]$: 증가, $\left[e^{\frac{1}{3}}, \infty\right)$: 감소;
극댓값 $f\left(e^{\frac{1}{3}}\right)=\frac{1}{3e}$
23. $[0, \infty)$: 증가, $(-\infty, 0]$: 감소;
극댓값 $f(0)=1$
24. $[0, 1]$: 증가, $[1, \infty)$: 감소;
극댓값 $f(1)=\frac{1}{2}$
25. $f(x)=-6x^3+27x^2-36x+15$
26. $a=\frac{\sqrt{e}}{2}$, $b=-\frac{1}{8}$
27. $[1, 3]$, $[4, 6]$: 증가, $[0, 1]$, $[3, 4]$: 감소
28. 극댓값 $f(3)=4$, 극솟값 $f(1)=2$, $f(4)=1$

4.5 2계 도함수가 알려주는 것: 오목성과 변곡점, 극점

• Part 1

1. $(-\infty, \infty)$: 아래로 오목
2. $(-\infty, 2)$: 아래로 오목, $(2, \infty)$: 위로 오목
3. $(-\infty, 2)$: 아래로 오목, $(2, \infty)$: 위로 오목
4. $(-\infty, 0)$: 아래로 오목, $(0, \infty)$: 위로 오목
5. $(-\infty, \infty)$: 위로 오목
6. $\left(0, \frac{\sqrt{2}}{2}\right)$: 아래로 오목, $\left(\frac{\sqrt{2}}{2}, \infty\right)$: 위로 오목
7. 변곡점: $(-1, 9)$
8. 변곡점: $(-2, 0)$
9. 변곡점: $\left(-1, \frac{1}{8}\right), \left(1, \frac{1}{8}\right)$
10. 변곡점: $(-\pi, 0), (0, 0), (\pi, 0)$
11. 변곡점 없음
12. 변곡점: $\left(-2, -\frac{2}{e^2}\right)$
13. 극댓값 $f(-2)=29$, 극솟값 $f(4)=-79$
14. 극댓값 $f\left(\frac{4}{3}\right)=\frac{19}{3}$
15. 극댓값 $f(1)=1$, 극솟값 $f(0)=0$, $f(2)=0$
16. 극솟값 $f(2)=-e^2$
17. 극솟값 $f(0)=1$
18. 극댓값 $f\left(\frac{\pi}{4}\right)=\sqrt{2}$, 극솟값 $f\left(\frac{5\pi}{4}\right)=-\sqrt{2}$
19. 극솟값 $f(2)=4-8\ln 2$
20. 극솟값 $f\left(\frac{1}{e}\right)=-\frac{1}{e}$

• Part 2

21. $f''(x)=-12x^2+12$
22. $(-\infty, -1)$, $(1, \infty)$: 아래로 오목, $(-1, 1)$: 위로 오목
23. 변곡점: $(-1, 1)$, $(1, 1)$
24. 극댓값 $f(-\sqrt{3})=5$, $f(\sqrt{3})=5$, 극솟값 $f(0)=-4$
25. $f''(x)=60x^3-30x$
26. $\left(-\infty, -\frac{\sqrt{2}}{2}\right)$, $\left(0, \frac{\sqrt{2}}{2}\right)$: 아래로 오목, $\left(-\frac{\sqrt{2}}{2}, 0\right)$,
$\left(\frac{\sqrt{2}}{2}, \infty\right)$: 위로 오목
27. 변곡점: $\left(-\frac{\sqrt{2}}{2}, 3+\frac{7\sqrt{2}}{8}\right)$, $(0, 3)$, $\left(\frac{\sqrt{2}}{2}, 3-\frac{7\sqrt{2}}{8}\right)$

28. 극댓값 $f(-1)=5$, 극솟값 $f(1)=1$
29. 극댓값 $f\left(\frac{3}{4}\right)=\frac{5}{4}$
30. 극댓값 $f\left(\frac{3}{4}\right)=\frac{5}{4}$
31. 극솟값 $f(0)=0$
32. 극값을 구할 수 없다. (극값을 갖는 점이 정점의 형태를 가지지 않으므로 2계 도함수를 이용할 수 없음)
33. $(0,2)$, $(4,5)$: 아래로 오목, $(2,4)$, $(5,7)$: 위로 오목
34. 극댓값 $f(1)=3$, 극솟값 $f(3)=1$, 변곡점: $(2,2)$, $(4,3)$, $(5,4)$

4.6 함수의 그래프

• Part 1

1. $y=2$(수평점근선)
2. $y=0$(수평점근선)
3. $y=1$(수평점근선)
4. $y=0$(수평점근선)
5. $x=1$(수직점근선)
6. $x=\frac{2}{3}$(수직점근선)
7. $x=3$(수직점근선)
8. $x=-2$(수직점근선)
9.

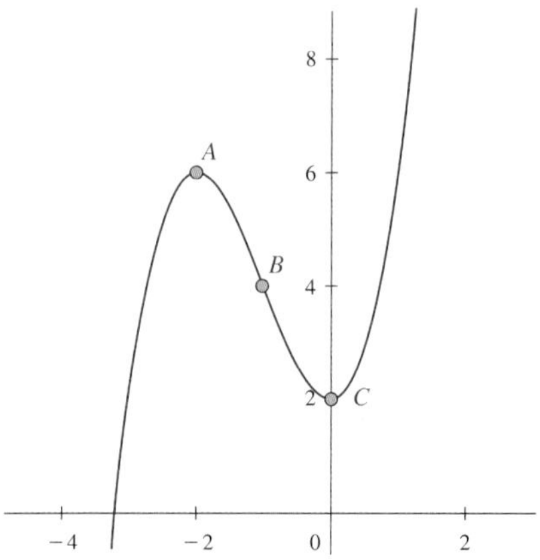

$A(-2,6)$: 극대, 즉 $x=-2$에서 극댓값 6
$B(-1,4)$: 변곡점
$C(0,2)$: 극소, y-절편

10.

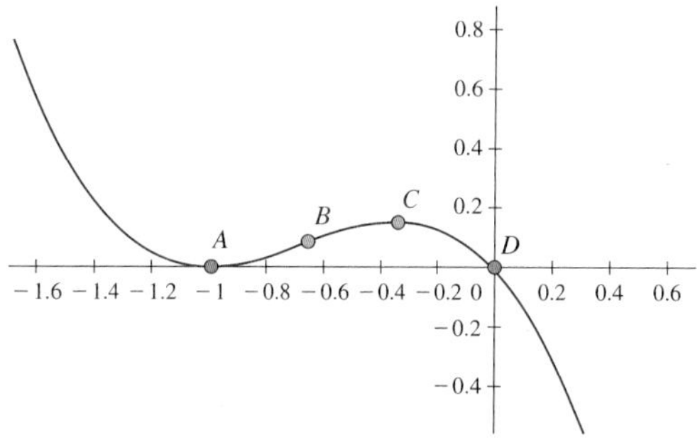

$A(-1,0)$: 극소, 즉 $x=-1$에서 극솟값 0
$B\left(-\frac{2}{3}, \frac{1}{27}\right)$: 변곡점
$C\left(-\frac{1}{3}, \frac{2}{27}\right)$: 극대, 즉 $x=-\frac{1}{3}$에서 극댓값 $\frac{2}{27}$
$D(0,0)$: x, y-절편

11.

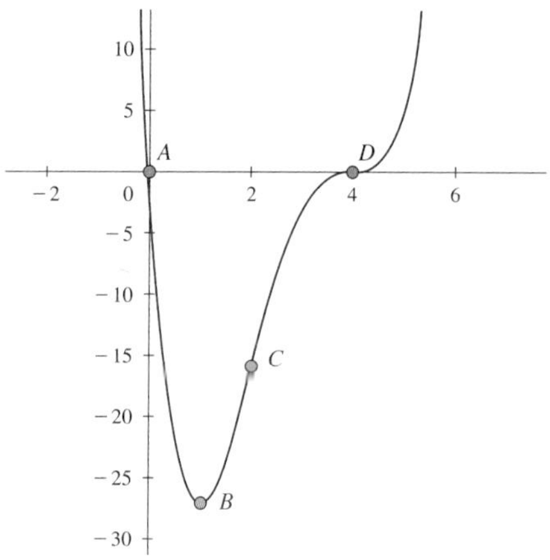

$A(0,0)$: x, y-절편
$B(1,-27)$: 극소, 즉 $x=1$에서 극솟값 -27
$C(2,-16)$: 변곡점
$D(4,0)$: x-절편

12.

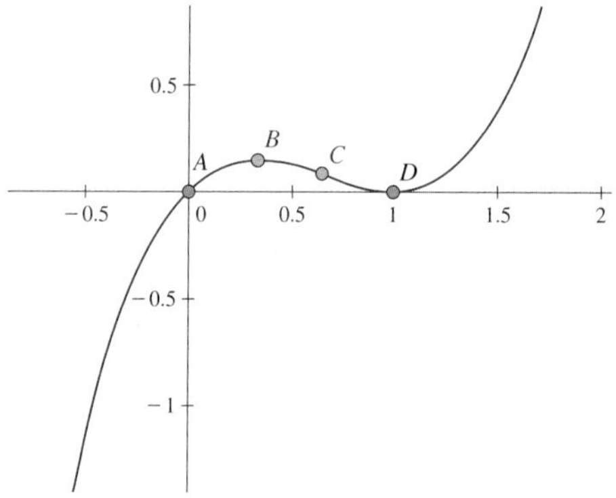

$A(0,0)$: x, y-절편
$B\left(\frac{1}{3}, \frac{4}{27}\right)$: 극대, 즉 $x=\frac{1}{3}$에서 극댓값 $\frac{4}{27}$
$C\left(\frac{2}{3}, \frac{2}{27}\right)$: 변곡점
$D(1,0)$: x-절편

13.

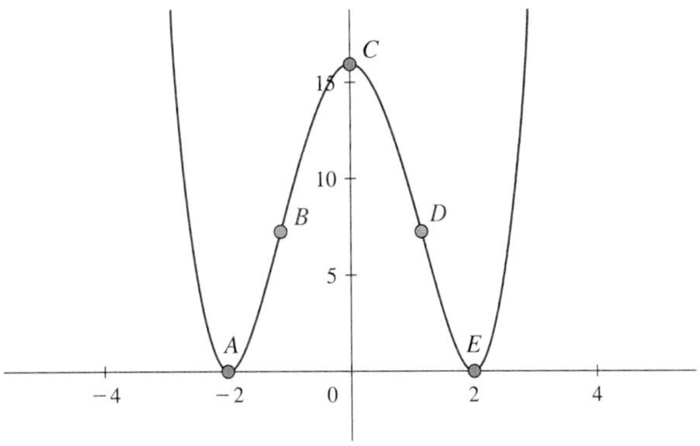

$A(-2, 0)$: 극소, x-절편

$B\left(-\dfrac{2\sqrt{3}}{3}, \dfrac{64}{9}\right)$: 변곡점

$C(0, 16)$: 극대, y-절편

$D\left(\dfrac{2\sqrt{3}}{3}, \dfrac{64}{9}\right)$: 변곡점

$E(2, 0)$: 극소, x-절편

14.

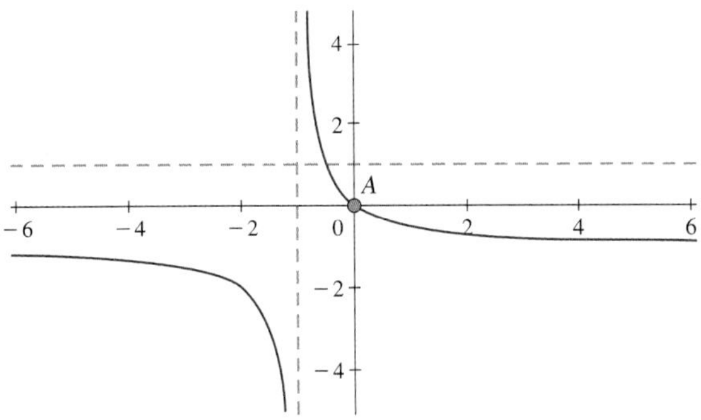

$A(0, 0)$: x, y-절편

$x = -1$: 수직점근선

$y = 1$: 수평점근선

15.

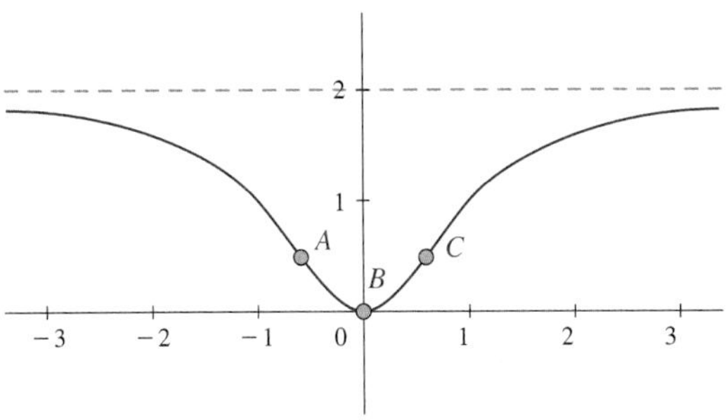

$A\left(-\dfrac{\sqrt{3}}{3}, \dfrac{1}{2}\right)$: 변곡점

$B(0, 0)$: x, y-절편

$C\left(\dfrac{\sqrt{3}}{3}, \dfrac{1}{2}\right)$: 변곡점

$y = 2$: 수평점근선

16.

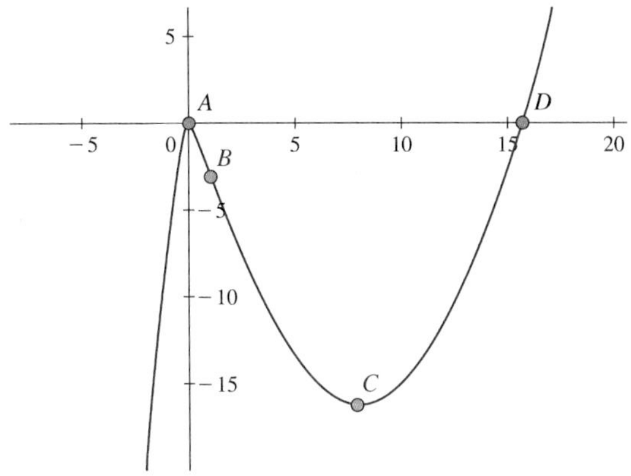

$A(0, 0)$: x, y-절편, 극대, 즉 $x = 0$에서 극댓값 0

$B(1, -3)$: 변곡점

$C(8, -16)$: 극소, 즉 $x = 8$에서 극솟값 -16

$D\left(\dfrac{125}{8}, 0\right)$: x-절편

17.

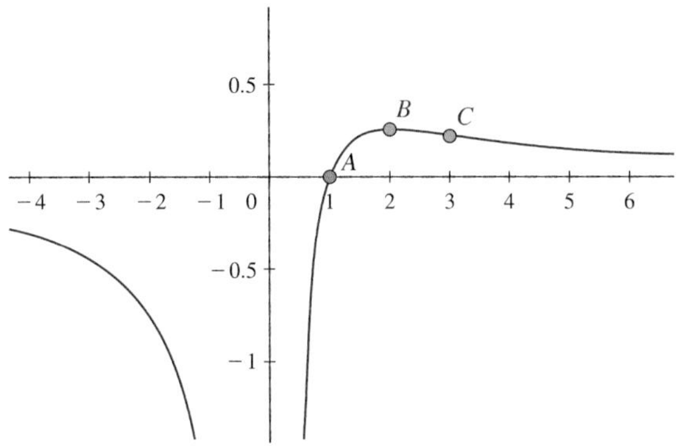

$A(1, 0)$: x-절편

$B\left(2, \dfrac{1}{4}\right)$: 극대, 즉 $x = 2$에서 극댓값 $\dfrac{1}{4}$

$C\left(3, \dfrac{2}{9}\right)$: 변곡점

$y = 0$: 수평점근선

18.

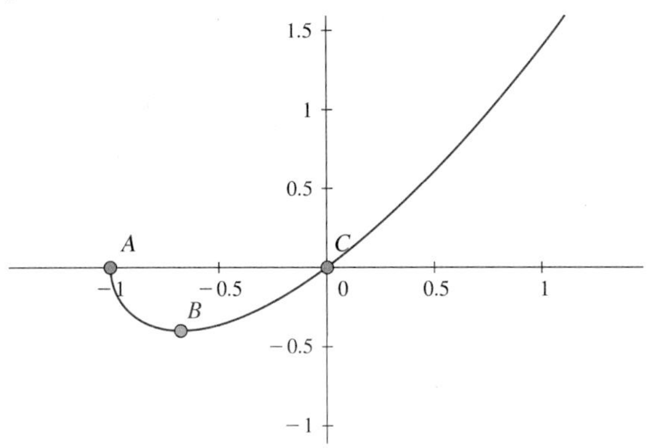

$A(-1, 0)$: x-절편

$B\left(-\dfrac{2}{3}, -\dfrac{2\sqrt{3}}{9}\right)$: 극소, 즉 $x = -\dfrac{2}{3}$에서 극솟값 $-\dfrac{2\sqrt{3}}{9}$

$C(0, 0)$: x, y-절편

19.

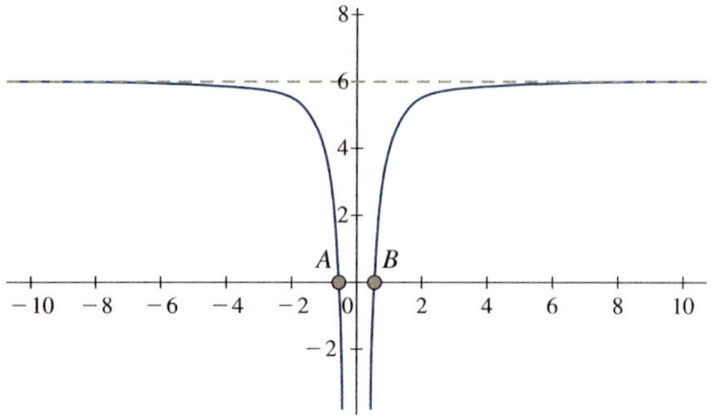

$A\left(-\frac{\sqrt{3}}{3}, 0\right)$: x-절편

$B\left(\frac{\sqrt{3}}{3}, 0\right)$: x-절편

$y=6$: 수평점근선

20.

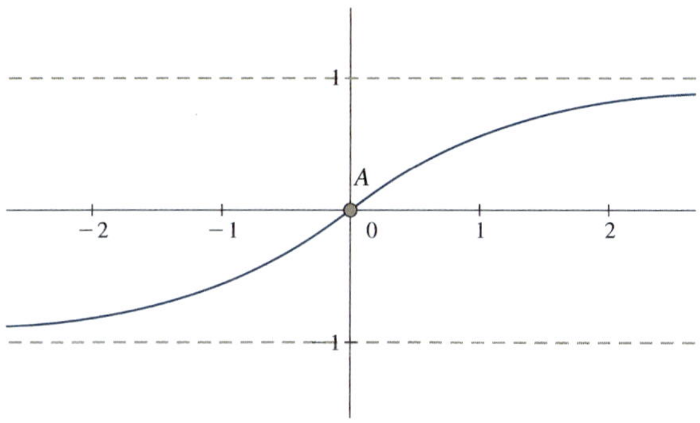

$A(0,0)$: x, y-절편, 변곡점

$y=1$: 수평점근선

$y=-1$: 수평점근선

• Part 2

21. 이와 같은 개형의 유사 그래프들

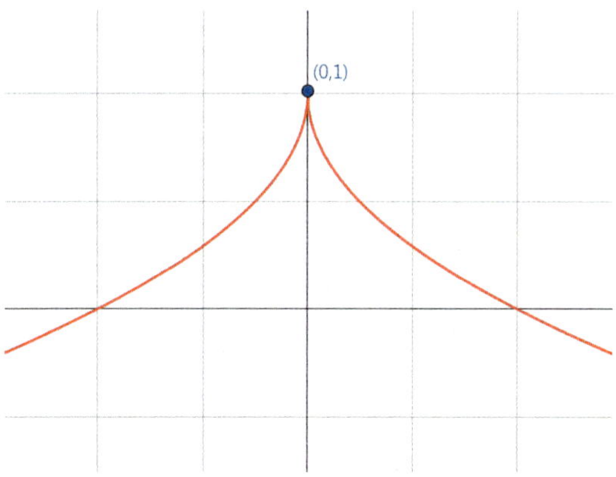

22. 이와 같은 개형의 유사 그래프들

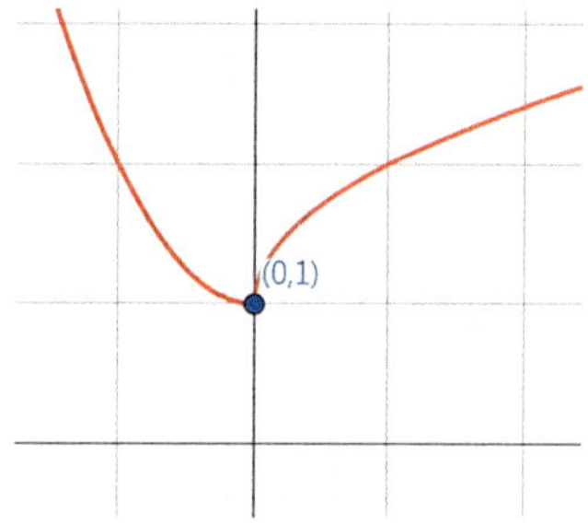

23. 이와 같은 개형의 유사 그래프들

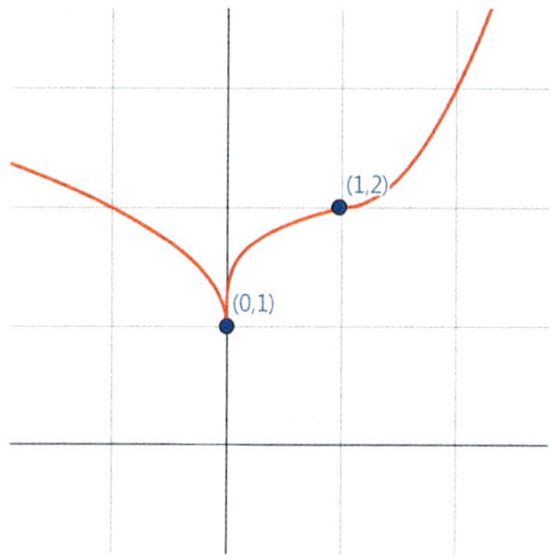

24. 이와 같은 개형의 유사 그래프들

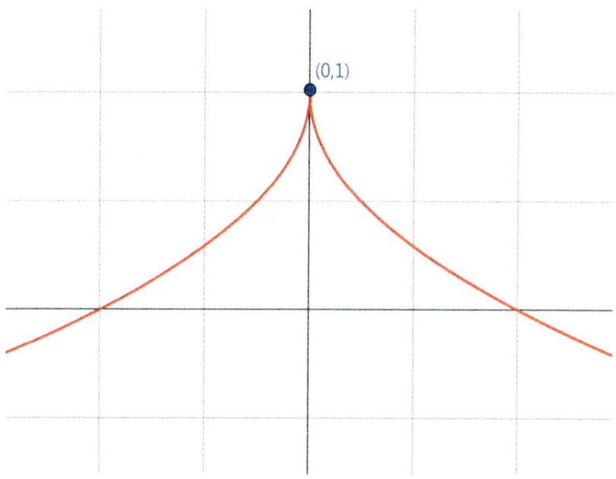

25. 이와 같은 개형의 유사 그래프들

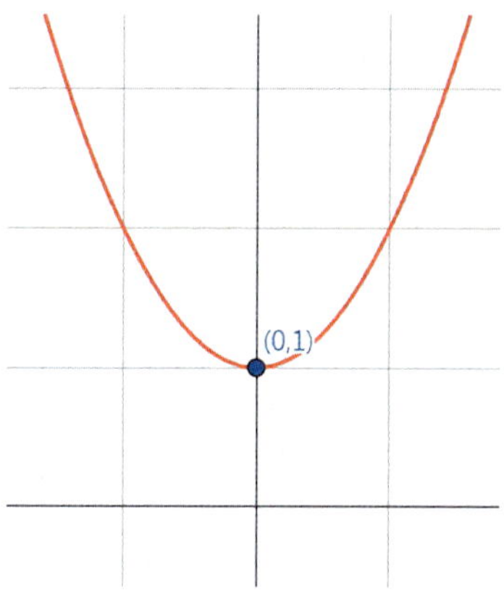

26. 이와 같은 개형의 유사 그래프들

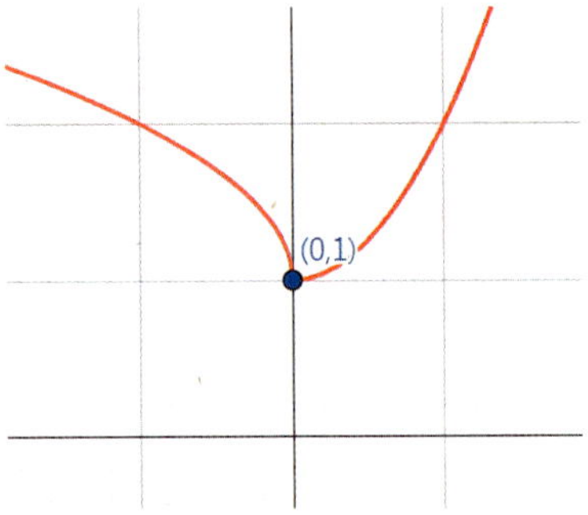

27.

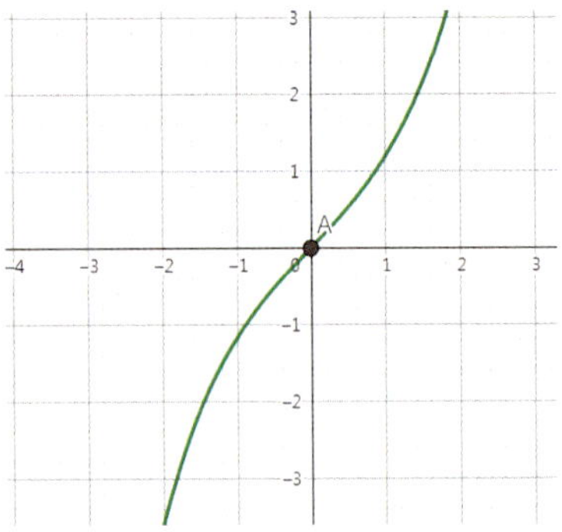

$A(0,0)$: x, y-절편

28.

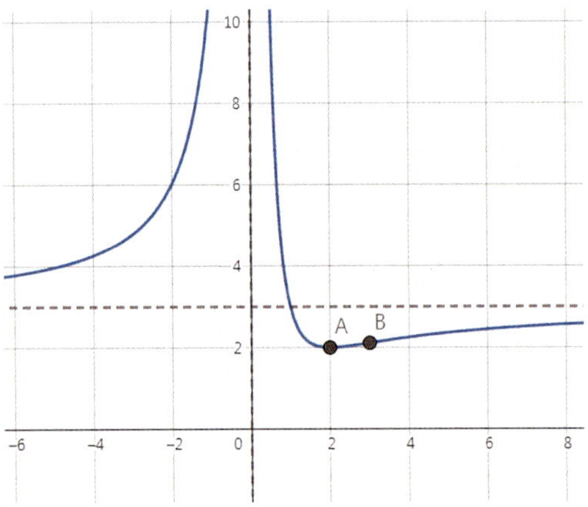

$A(2,2)$: 극소, 즉 $x=2$에서 극솟값 2

$B\left(3, \dfrac{19}{9}\right)$: 변곡점

$y=3$: 수평점근선

$x=0$: 수직점근선

29.

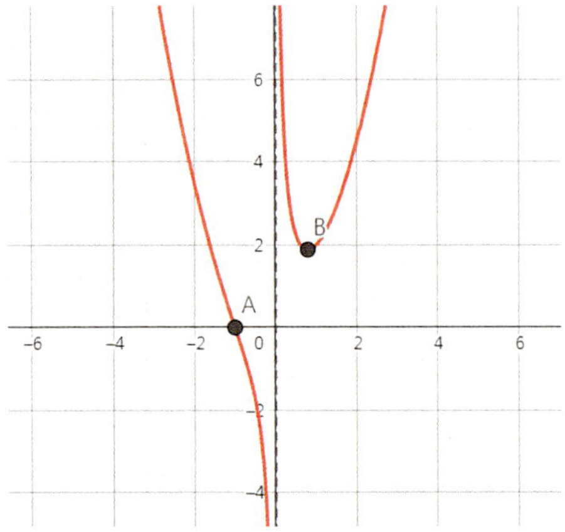

$A(-1,0)$: x-절편, 변곡점

$B\left(\dfrac{1}{\sqrt[3]{2}}, \dfrac{3}{(\sqrt[3]{2})^2}\right)$: 극소, 즉 $x=\dfrac{1}{\sqrt[3]{2}}$에서 극솟값 $\dfrac{3}{(\sqrt[3]{2})^2}$

$x=0$: 수직점근선

30.

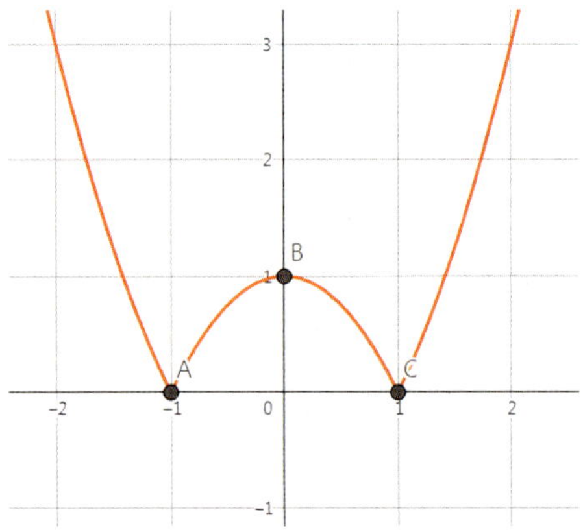

$A(-1,0)$: x-절편, 변곡점, 극소, 즉 $x=-1$에서 극솟값 0

$B(0,1)$: y-절편, 극대, 즉 $x=0$에서 극댓값 1

$C(1,0)$: x-절편, 변곡점, 극소, 즉 $x=1$에서 극솟값 0

31.

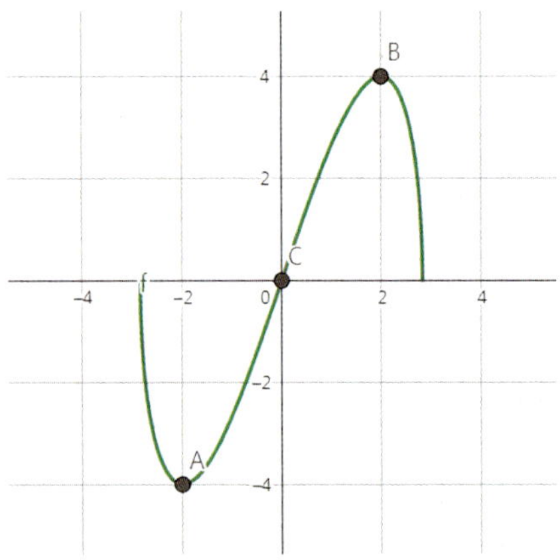

$A(-2,-4)$: 극소, 즉 $x=-2$에서 극솟값 -4

$B(2,4)$: 극대, 즉 $x=2$에서 극댓값 4

$C(0,0)$: x, y-절편, 변곡점

32.

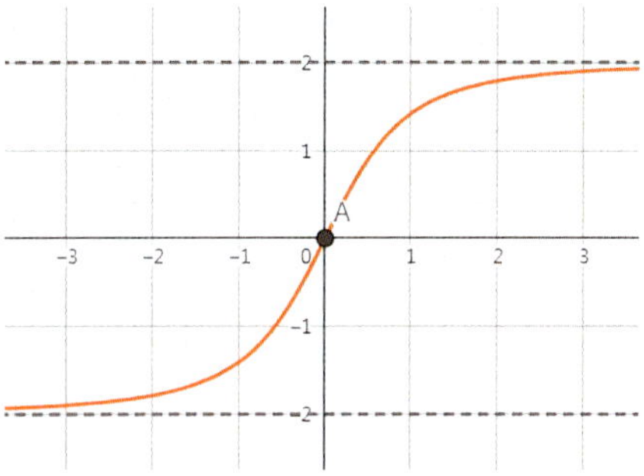

$A(0,0)$: x, y-절편, 변곡점

$y=-2$, $y=2$: 수평점근선

33.

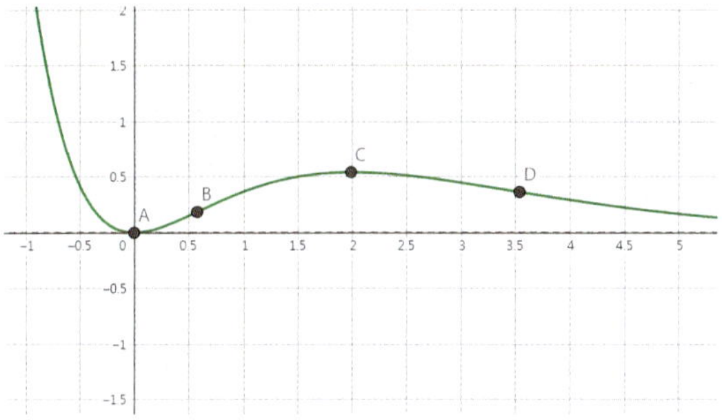

$A(0,0)$: x, y-절편, 극소, 즉 $x=0$에서 극솟값 0

$B\left(2-\sqrt{2}, (6-4\sqrt{2})e^{-(2-\sqrt{2})}\right)$: 변곡점

$C\left(2, \dfrac{4}{e^2}\right)$: 극대, 즉 $x=2$에서 극댓값 $\dfrac{4}{e^2}$

$D\left(2+\sqrt{2}, (6+4\sqrt{2})e^{-(2+\sqrt{2})}\right)$: 변곡점

$y=0$: 수평점근선

34.

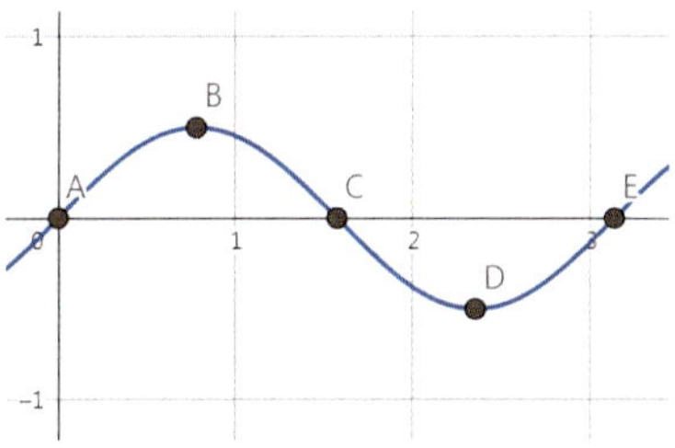

$A(0,0)$: 변곡점, x, y-절편

$B\left(\dfrac{\pi}{4}, \dfrac{1}{2}\right)$: 극대, 즉 $x=\dfrac{\pi}{4}$에서 극댓값 $\dfrac{1}{2}$

$C\left(\dfrac{\pi}{2}, 0\right)$: 변곡점, x-절편

$D\left(\dfrac{3\pi}{4}, -\dfrac{1}{2}\right)$: 극소, 즉 $x=\dfrac{3\pi}{4}$에서 극솟값 $-\dfrac{1}{2}$

$E(\pi, 0)$: 변곡점, x-절편

35.

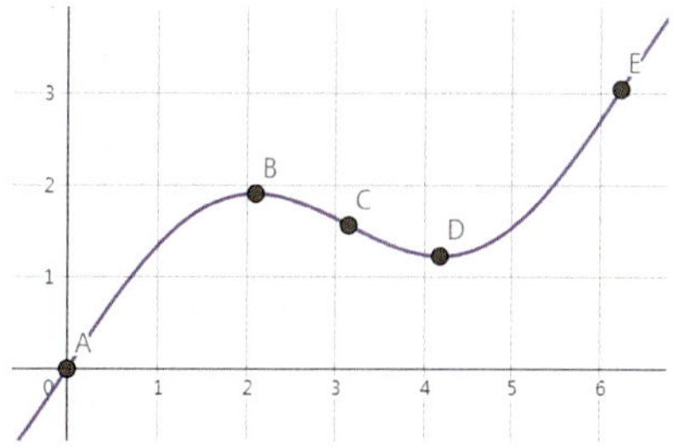

$A(0,0)$: 변곡점, x, y-절편

$B\left(\dfrac{2\pi}{3}, \dfrac{2\pi+3\sqrt{3}}{6}\right)$: 극대, 즉 $x=\dfrac{2\pi}{3}$에서 극댓값 $\dfrac{2\pi+3\sqrt{3}}{6}$

$C\left(\pi, \dfrac{\pi}{2}\right)$: 변곡점

$D\left(\dfrac{4\pi}{3}, \dfrac{4\pi-3\sqrt{3}}{6}\right)$: 극소, 즉 $x=\dfrac{4\pi}{3}$에서 극솟값 $\dfrac{4\pi-3\sqrt{3}}{6}$

$E(2\pi, \pi)$: 변곡점

36.

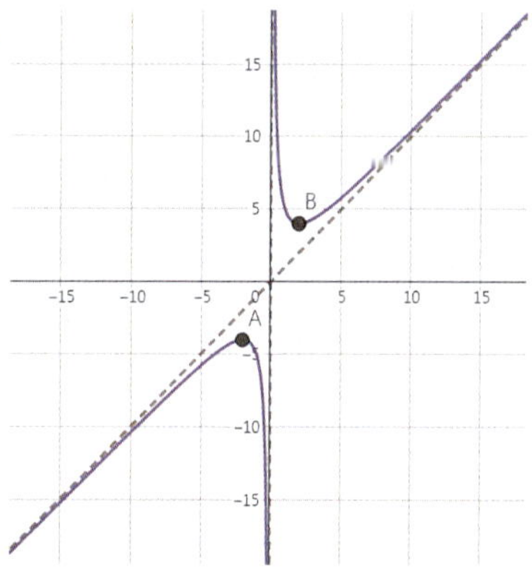

$A(-2,-4)$: 극대, 즉 $x=-2$에서 극댓값 -4

$B(2,4)$: 극소, 즉 $x=2$에서 극솟값 4

$x=0$: 수직점근선

$y=x$: 사선점근선

CHAPTER 5 적분: 정적분과 부정적분

5.2 정적분

• Part 1

1. 30
2. 35
3. $\frac{65}{2}$
4. 110
5. 180
6. $\frac{285}{2}$
7. $\frac{\sqrt{3}+1}{2}$
8. $\frac{\sqrt{3}+1}{2}$
9. $\frac{3}{2}$
10. -3
11. 14
12. $-\frac{15}{2}$
13. $-\frac{3}{2}$
14. $\frac{5}{2}$
15. 2
16. 2π
17. 0
18. -8
19. -12
20. 10
21. -2
22. 16
23. 6
24. -2

• Part 2

25. $\frac{\pi}{4}(1+\sqrt{2})$
26. $\frac{\pi}{4}(1+\sqrt{2})$
27. $\frac{1}{2}(b^2-a^2)$
28. $\int_1^7 f(x)dx$
29. $\int_{-2}^5 f(x)dx$
30. $\frac{45}{2}$
31. π
32. $\frac{9}{2}$
33. $\frac{\pi}{4}+1$
34. -2
35. 4
36. $-2\sqrt{2}$
37. 1
38. $\frac{\pi}{2}$

5.3 미적분학의 기본정리와 부정적분

• Part 1

1. $5x+C$
2. $\frac{1}{4}x^2+C$
3. $\frac{5}{4}x^4+C$
4. $\sin x+C$
5. $\sec x+C$
6. $\tan x+C$
7. $-2x+C$
8. $\frac{2}{3}x^3+C$
9. $\frac{2}{5}x^{\frac{5}{2}}+C$
10. $\sqrt{2x}+C$
11. $-\cos x+C$
12. $\sin x+C$
13. x^2+x-3

14. $\sqrt{1+x}$

15. $\dfrac{x}{x+2}$

16. $\cos 2x$

17. 8

18. 9

19. 2

20. 1

21. $2\sqrt{1+4x^2}$

22. $2x\sqrt{x^2+x^4}$

23. $2\sin 2x$

24. $\sin^2 x\cos x$

25. 1

26. $2\ln 3$

27. 9

28. $-\dfrac{9}{2}$

29. $\dfrac{62}{5}$

30. $\dfrac{27}{2}$

31. $\dfrac{\sqrt{2}}{2}$

32. 0

33. $\dfrac{\sqrt{2}}{2}$

34. $\sqrt{2}$

35. $\sqrt{3}$

36. $\sqrt{2}-1$

37. $\dfrac{\pi}{3}$

38. $\dfrac{\pi}{12}$

39. $2(e^2-e)$

40. $\dfrac{1}{2}(e^3-e^{-1})$

41. $\dfrac{3}{2\ln 2}$

42. $\dfrac{3^e-1}{\ln 3}$

43. $\dfrac{1}{2}x^4+\dfrac{4}{3}x^{\frac{3}{2}}+C$

44. $\dfrac{1}{2}x^2+4x+4\ln|x|+\dfrac{2}{3}x^{\frac{3}{2}}+C$

45. $2e^x-\dfrac{3}{7}x^{\frac{7}{3}}+C$

46. $\sin x-\cos x+\dfrac{1}{2}x^2+x+C$

47. $\dfrac{284}{7}$

48. 0

49. 0

50. 0

- Part 2

51. $\dfrac{5}{6}x^6+\dfrac{1}{2}x^4-x^3+x+C$

52. $x^3+\dfrac{3}{4(\sqrt[3]{x})^2}+C$

53. $\dfrac{1}{4}x^4+\dfrac{2}{3}x^3+\dfrac{1}{2}x^2+C$

54. $\dfrac{2}{3\sqrt{x}}+\dfrac{4}{x\sqrt{x}}+C$

55. $\dfrac{1}{2}x^2+4x+4\ln|x|+C$

56. $\dfrac{1}{3}x^3-\dfrac{3}{2}x^2+6\ln|x|+\dfrac{1}{x}+C$

57. $-\dfrac{1}{2x^2}-\dfrac{1}{3}x^3+C$

58. $\dfrac{2}{3}x\sqrt{x}+2x+2\sqrt{x}+2\ln|x|+C$

59. $-\cos x-\tan x+C$

60. $\dfrac{1}{2}x^2-2\cos x+3\tan x+C$

61. $\tan x+\sec x+C$

62. $\sec x+C$

63. $\sin^{-1}x+C$

64. $x+\tan^{-1}x+C$

65. $\sin^{-1}\left(\dfrac{x}{2}\right)+C$

66. $\dfrac{1}{2}\sin^{-1}(2x)+C$

67. $e^x+\dfrac{1}{3}x^3-\cos x+C$

68. $e^{2x}+\cos x+\tan x+C$

69. $\ln|x|+3e^x-\dfrac{2^x}{\ln 2}+C$

70. $\dfrac{1}{3}x^3+x^2-e^x+C$

71. 35

72. $\frac{2089}{4}$

73. $6\ln 2-\frac{8}{3}$

74. $\frac{74}{9}$

75. $\frac{\pi^2}{32}+5-\sqrt{2}$

76. $\sqrt{2}-1$

77. $e+\frac{1}{3}$

78. $\ln 2+3e^2-3e-\frac{2}{\ln 2}$

79. $\frac{x^2+2}{x+1}$

80. $-\frac{\sin x}{2\sqrt{x}}$

81. 1

82. $2x^3\sin(x^4)-x\sin(x^2)$

83. $f(x)=2x-2$

84. 1

5.4 치환적분

• Part 1정답

1. $\frac{1}{12}(x^2+1)^6+C$
2. $\frac{1}{2}(x^3+x^2)^2+C$
3. $\frac{1}{2}\sin(2x)+C$
4. $-2\cos\left(\frac{x}{2}+1\right)+C$
5. $-\cos(x^2)+C$
6. $\frac{1}{2}\sin(x^2+1)+C$
7. $-\frac{1}{x-2}+C$
8. $-\frac{1}{4(2x+1)}+C$
9. $-\frac{1}{3}\cos^3 x+C$
10. $\frac{1}{4}\sin^4 x+C$
11. $-\cos\sqrt{x}+C$
12. $\tan(x+2)+C$
13. $\frac{4}{3}(x-1)^{\frac{3}{2}}+C$
14. $\frac{1}{3}(x^2+1)^{\frac{3}{2}}+C$
15. $\frac{2}{7}(x+1)^{\frac{7}{2}}-\frac{4}{5}(x+1)^{\frac{5}{2}}+\frac{2}{3}(x+1)^{\frac{3}{2}}+C$
16. $\frac{2}{7}(x-1)^{\frac{7}{2}}+\frac{4}{5}(x-1)^{\frac{5}{2}}+2(x-1)^{\frac{3}{2}}+C$
17. $\sin^{-1}(e^x)+C$
18. $\tan^{-1}(x^2)+C$
19. $\ln(e^x+1)+C$
20. $\frac{1}{2}\ln|x^2+2x|+C$
21. $3^5(3^6-1)$
22. $\frac{2-\sqrt{2}}{2}$
23. $\frac{\sqrt{2}}{12}$
24. $\sqrt{3}-2$
25. $\frac{40\sqrt{5}}{7}$
26. $\frac{3}{16}\pi$
27. $\frac{1}{2}(\ln(2e+1)-\ln 3)$
28. $\ln 3$
29. $\frac{4}{5}$
30. π

• Part 2

31. $\frac{1}{6}(x-1)^6+\frac{2}{5}(x-1)^5+C$
32. $\sqrt{x^4+1}+C$
33. $\frac{2}{3}(1+x)\sqrt{1+x}-2\sqrt{1+x}+C$
34. $\frac{2}{3}\left(1-\cos\frac{x}{2}\right)^3+C$
35. $2\sqrt{\sec x}+C$
36. $\frac{1}{3}\cos^3\left(\frac{1}{x}\right)+C$
37. $2\sec\left(\frac{x}{2}\right)+C$
38. $-2\ln\left|\cos\left(\frac{x}{2}\right)\right|+C$

39. $\frac{1}{2}(\ln x)^2+C$

40. $\ln|\ln x|+C$

41. $\frac{7}{12}$

42. 0

43. $\frac{1}{2}$

44. $\sqrt{2}-1$

45. $\sqrt{\ln 2}$

46. $\frac{1}{2\ln 2}$

47. $\ln|\sec x+\tan x|+C$

48. $-\ln|\csc x+\cot x|+C$

49. 3

50. 4

5.5 부분적분

• Part 1

1. $\frac{1}{2}xe^{2x}-\frac{1}{4}e^{2x}+C$

2. $\frac{1}{4}(3e^4+1)$

3. $-e^{-x}+C$

4. $1-\frac{1}{e}$

5. $x\sin x+\cos x+C$

6. $\frac{\pi}{2}-1$

7. $-\frac{1}{2}x\cos(2x)+\frac{1}{4}\sin(2x)+C$

8. $\frac{\pi}{4}$

9. $x\ln(2x)-x+C$

10. $(e-1)\ln 2+1$

11. $\frac{1}{2}x^2\ln x-\frac{1}{4}x^2+C$

12. $14\ln 2-3$

13. $\frac{1}{2}e^x(\cos x+\sin x)+C$

14. $\frac{1}{2}e^{\frac{\pi}{2}}-\frac{1}{2}$

15. $\frac{1}{5}e^{2x}(2\cos x+\sin x)+C$

16. $\frac{1}{5}e^{\pi}-\frac{2}{5}$

17. $x\sin^{-1}(2x)+\frac{\sqrt{1-(2x)^2}}{2}+C$

18. $x\cos^{-1}x-\sqrt{1-x^2}+C$

19. $x\tan^{-1}(3x)-\frac{1}{6}\ln(9x^2+1)+C$

20. $\frac{1}{2}(x^2\tan^{-1}x-x+\tan^{-1}x)+C$

21. $(x+1)\{\ln(x+1)^2-2\ln(x+1)+2\}+C$

22. $x+x(\ln x)^2+C$

• Part 2

23. $\frac{2}{3}xe^{3x}-\frac{2}{9}e^{3x}+C$

24. $-xe^{-2x}-\frac{1}{2}e^{-2x}+C$

25. $x^2e^x-2xe^x+2e^x+C$

26. $-x^2e^{-x}-2xe^{-x}-2e^{-x}+C$

27. $x^2\sin x+2x\cos x-2\sin x+C$

28. $-x^2\cos x+2x\sin x+2\cos x+C$

29. $\frac{1}{3}x^3\ln x-\frac{1}{9}x^3+C$

30. $\frac{1}{3}(x+1)^3\ln(x+1)-\frac{1}{9}(x+1)^3-(x+1)^2\ln(x+1)$
$+\frac{1}{2}(x+1)^2+(x+1)\ln(x+1)-(x+1)+C$

31. $-\frac{\ln x}{x}-\frac{1}{x}+C$

32. $2\sqrt{x}\ln x-4\sqrt{x}+C$

33. $\frac{2}{3}x\sqrt{x}\ln x-\frac{4}{9}x\sqrt{x}+C$

34. $x\ln(x^2)-2x+C$

35. $x\tan^{-1}\left(\frac{1}{x}\right)+\frac{1}{2}\ln(x^2+1)+C$

36. $\frac{1}{2}x\sin(\ln x)-\frac{1}{2}x\cos(\ln x)+C$

37. $\frac{1}{2}x\cos(\ln x)+\frac{1}{2}x\sin(\ln x)+C$

38. 2

5.6 유리함수의 적분

• Part 1

1. $1-\dfrac{4}{x+1}$

2. $x-\dfrac{3}{x+1}$

3. $x^2+x-2+\dfrac{3}{x+1}$

4. $2x^2+2x-2-\dfrac{5x-4}{x^2+1}$

5. $\dfrac{1}{2x}+\dfrac{5}{2(x+2)}$

6. $-\dfrac{7}{5(x+3)}-\dfrac{3}{5(x-2)}$

7. $\dfrac{3}{x}-\dfrac{3x}{x^2+1}$

8. $-\dfrac{2}{x}+\dfrac{2x+1}{x^2-1}$

9. $\dfrac{1}{x+1}-\dfrac{1}{(x+1)^2}$

10. $\dfrac{1}{x+1}-\dfrac{2}{(x+1)^2}+\dfrac{1}{(x+1)^3}$

11. $\dfrac{3}{7(x-1)}-\dfrac{3x-18}{7(x^2+6)}$

12. $\dfrac{1}{x+1}-\dfrac{x-3}{x^2+x-3}$

13. $\tan^{-1}(x-1)+C$

14. $\dfrac{1}{2}\ln|x-2|-\dfrac{1}{2}\ln|x|+C$

15. $\dfrac{1}{2}\ln|x-3|-\dfrac{1}{2}\ln|x+1|+C$

16. $\dfrac{3\sqrt{2}}{2}\tan^{-1}\left(\dfrac{x-1}{\sqrt{2}}\right)+C$

17. $\dfrac{1}{5}\ln|x-1|-\dfrac{1}{5}\ln|x+4|+C$

18. $\dfrac{4\sqrt{7}}{14}\tan^{-1}\left(\dfrac{2x+3}{\sqrt{7}}\right)+C$

19. $2x-\ln|x+2|+2\ln|x-2|+C$

20. $\ln|x^2-4|+C$

21. $\ln(x^2+4)+C$

22. $\dfrac{1}{4}x-\dfrac{1}{16}\ln|2x+1|+\dfrac{1}{16}\ln|2x-1|+C$

23. $\dfrac{1}{8}\ln|4x^2-1|+C$

24. $\dfrac{1}{8}\ln(4x^2+1)+C$

25. $\dfrac{2}{3}\ln|x-2|+\dfrac{1}{3}\ln|x+1|+C$

26. $\dfrac{3}{4}\ln|x-3|+\dfrac{1}{4}\ln|x+1|+C$

27. $\ln|x^2-2x+2|+\tan^{-1}(x-1)+C$

28. $\ln|x^2+4x+5|-5\tan^{-1}(x+2)+C$

• Part 2

29. $-\ln|x|+\ln|x-1|+x^2+C$

30. $-3\ln|x+2|+5\ln|x+3|+C$

31. $\dfrac{3}{8}\ln|x-2|+\dfrac{13}{8}\ln|x+6|+C$

32. $\dfrac{10}{7}\ln|x-3|+\dfrac{11}{7}\ln|x+4|+C$

33. $-\dfrac{1}{6}\ln|x|+\dfrac{1}{10}\ln|x+2|+\dfrac{1}{15}\ln|x-3|+C$

34. $-\ln|x|+3\ln|x+1|+C$

35. $\dfrac{1}{2}\ln(x^2+4)-\dfrac{1}{2}\tan^{-1}\left(\dfrac{x}{2}\right)+C$

36. $-\dfrac{1}{2(x^2+1)}+\dfrac{1}{2}\ln(x^2+1)-3\tan^{-1}x+C$

37. $\dfrac{4}{3}\ln|\sqrt{x+2}-2|+\dfrac{2}{3}\ln|\sqrt{x+2}+1|+C$

38. $2\ln|\sqrt{x}-2|-2\ln(\sqrt{x}+2)+2\sqrt{x}+C$

39. $\dfrac{1}{4}\ln|e^x-2|-\dfrac{1}{4}\ln(e^x+2)+C$

40. $2\ln x+3\ln(\ln x+1)+C$

5.7 삼각함수의 적분

• Part 1

1. $-\dfrac{1}{3}\sin^2 x\cos x-\dfrac{2}{3}\cos x+C$

2. $\dfrac{1}{9}\cos^2(3x)\sin(3x)+\dfrac{2}{9}\sin(3x)+C$

3. $-\dfrac{1}{6}\sin^2(x^2)\cos(x^2)-\dfrac{1}{3}\cos(x^2)+C$

4. $\dfrac{2}{3}$

5. $\dfrac{2}{3}$

6. $\dfrac{1}{4}(2x+1)+\dfrac{1}{4}\sin(2x+1)\cos(2x+1)+C$

7. $-\dfrac{1}{4}\sin^3 x\cos x-\dfrac{3}{8}\sin x\cos x+\dfrac{3}{8}x+C$

8. $\frac{1}{4}\cos^3(x^2+3)\sin(x^2+3)+\frac{3}{8}\cos(x^2+3)\sin(x^2+3)$

$+\frac{3}{8}(x^2+3)+C$

9. $\frac{\pi}{4}$

10. $\frac{1}{8}\left(\frac{\pi}{2}+1\right)$

11. $-\frac{1}{3}\cos^3 x+C$

12. $\frac{1}{3}\sin^3 x+C$

13. $\frac{1}{10}\cos^5(2x)-\frac{1}{6}\cos^3(2x)+C$

14. $-\frac{1}{5}\sin^5 x+\frac{1}{3}\sin^3 x+C$

15. $\frac{1}{24}$

16. $\frac{1}{4}\sin^3 x\cos x-\frac{1}{8}\sin x\cos x+\frac{1}{8}x+C$

17. $\frac{1}{6}\sin^5 x\cos x-\frac{1}{24}\sin^3 x\cos x-\frac{1}{16}\sin x\cos x+\frac{1}{16}x+C$

18. $\frac{\pi}{16}$

19. $\frac{1}{2}\cos x-\frac{1}{6}\cos(3x)+C$

20. $-\frac{1}{10}\cos(5x)-\frac{1}{2}\cos x+C$

21. $-\frac{1}{6}\sin(3x)+\frac{1}{2}\sin x+C$

22. $-\frac{1}{10}\sin(5x)+\frac{1}{2}\sin x+C$

23. $\frac{1}{6}\sin(3x)+\frac{1}{2}\sin x+C$

24. $\frac{1}{10}\sin(5x)+\frac{1}{2}\sin x+C$

25. $\tan x+C$

26. $2\tan\left(\frac{x}{2}\right)+C$

27. $\sec\sqrt{x}\tan\sqrt{x}+\ln|\sec\sqrt{x}+\tan\sqrt{x}|+C$

28. $-\cot x+C$

29. $-\frac{1}{2}\cot(2x)+C$

30. $-\frac{1}{2}\csc x\cot x-\frac{1}{2}\ln|\csc x+\cot x|+C$

31. $-\frac{1}{3}\ln|\cos(3x)|+C$

32. $\tan^2(x^2+1)-(x^2+1)+C$

33. $\frac{1}{6}\tan^2(3x+1)+\frac{1}{3}\ln|\cos(3x+1)|+C$

34. $\frac{1}{4}\tan^4 x-\frac{1}{2}\tan^2 x-\ln|\cos x|+C$

35. $-\frac{1}{2}\cot^2 x-\ln|\sin x|+C$

36. $-\frac{1}{3}\cot^3 x+\cot x+x+C$

37. $\sqrt{3}-\frac{\pi}{3}$

38. $\frac{1-\ln 2}{2}$

39. $\frac{1}{3}\tan^3 x+C$

40. $\frac{1}{5}\tan^5 x+\frac{1}{3}\tan^3 x+C$

41. $\frac{1}{2}\tan^2 x+C$

42. $\frac{1}{3}\sec^3 x-\sec x+C$

43. $\frac{1}{3}\sec^3 x+C$

44. $\frac{1}{2}\sec x\tan x-\frac{1}{2}\ln|\sec x+\tan x|+C$

• Part 2

45. $-\frac{1}{5}\cos^5 x+\frac{2}{3}\cos^3 x-\cos x+C$

46. $\frac{1}{5}\sin^5 x-\frac{2}{3}\sin^3 x+\sin x+C$

47. $\frac{1}{7}(\cos(2x))^{\frac{7}{2}}-\frac{1}{3}(\cos(2x))^{\frac{1}{2}}+C$

48. $-\frac{2}{5}(\sin x)^{\frac{5}{2}}+2(\sin x)^{\frac{1}{2}}+C$

49. $-\frac{1}{20}\sin^3(5x)\cos(5x)-\frac{3}{40}\sin(5x)\cos(5x)+\frac{3}{8}x+C$

50. $4\sqrt{2}$

51. 4

52. $\frac{1}{64}\sin(2x)-\frac{1}{64}\sin(4x)-\frac{1}{192}\sin(6x)+\frac{1}{16}x+C$

53. $\frac{1}{128}\sin(4x)-\frac{1}{128}\sin(8x)-\frac{1}{384}\sin(12x)+\frac{1}{16}x+C$

54. $\frac{1}{7}\sin^7 x-\frac{2}{5}\sin^5 x+\frac{1}{3}\sin^3 x+C$

55. $\frac{1}{7}\cos^7 x-\frac{1}{5}\cos^5 x+C$

56. $\frac{1}{5}\cos\left(\frac{5}{2}x\right)-\frac{1}{7}\cos\left(\frac{7}{2}x\right)+C$

57. $\frac{1}{8}\sin(4x)+\frac{1}{16}\sin(8x)+C$

58. $\frac{1}{8}\sin(4x)-\frac{1}{16}\sin(8x)+C$

59. $\sec x-\frac{1}{2}\ln|\sec x+1|+\frac{1}{2}\ln|\sec x-1|+C$

60. $\cos x-\frac{1}{2}\ln|\cos x+1|+\frac{1}{2}\ln|\cos x-1|+C$

61. $\cos x-\frac{1}{2}\ln|\cos x+1|+\frac{1}{2}\ln|\cos x-1|+C$

62. $\frac{1}{2}\sec(e^x)\tan(e^x)+\frac{1}{2}\ln|\sec(e^x)+\tan(e^x)|+C$

63. $\ln|\sec x+\tan x|-2\sin x+C$

64. $\frac{2}{7}\tan^7\left(\frac{x}{2}\right)+\frac{2}{5}\tan^5\left(\frac{x}{2}\right)+C$

65. $\frac{2}{3}\sec^{\frac{3}{2}}x+C$

66. $\frac{1}{4}\sec^3x\tan x-\frac{1}{8}\sec x\tan x-\frac{1}{8}\ln|\sec x+\tan x|+C$

67. $\frac{2}{7}\tan^{\frac{7}{2}}x+\frac{2}{3}\tan^{\frac{3}{2}}x+C$

68. $x-2\tan x+C$

69. $\frac{3}{16}\pi$

70. $\frac{8}{15}$

71. $\frac{1}{32}\pi$

72. $\frac{2}{15}$

5.8 삼각치환

• Part 1

1. $2\sin^{-1}\left(\frac{x}{2}\right)+\frac{1}{2}x\sqrt{4-x^2}+C$

2. $\frac{1}{4}\sin^{-1}(2x)+\frac{1}{2}x\sqrt{1-4x^2}+C$

3. $-\frac{\sqrt{9-x^2}}{9x}+C$

4. $\sin^{-1}\left(\frac{x}{3}\right)+C$

5. $\frac{1}{2}\ln\sqrt{3}+\frac{1}{3}$

6. $4\sqrt{3}-\frac{4}{3}\pi$

7. $\frac{1}{3}\ln|\sqrt{1+9x^2}+3x|+C$

8. $\frac{1}{3}\ln|\sqrt{2}+1|$

9. $-\frac{\sqrt{4+x^2}}{4x}+C$

10. $\frac{\sqrt{2}-2}{4}$

11. $-\ln\left|\frac{\sqrt{1+x^2}+1}{x}\right|+\sqrt{1+x^2}+C$

12. $\frac{1}{2}x\sqrt{4+x^2}-2\ln\left|\frac{\sqrt{4+x^2}+x}{2}\right|+C$

13. $\sqrt{x^2+6x+12}-3\ln\left|\frac{\sqrt{x^2+6x+12}+x+3}{\sqrt{3}}\right|+C$

14. $\ln\left|\sqrt{x^2-6x+10}+x-3\right|+C$

15. $\begin{cases}\ln\left|\frac{x+\sqrt{x^2-25}}{5}\right|+C, & x>5\\ -\ln\left|\frac{x+\sqrt{x^2-25}}{5}\right|+C, & x<-5\end{cases}$

16. $\ln(\sqrt{2}+1)$

17. $\ln(10\sqrt{3})$

18. $\begin{cases}\frac{x\sqrt{x^2-9}}{2}+\frac{9}{2}\ln\left|\frac{x+\sqrt{x^2-9}}{3}\right|+C, & x>3\\ -\frac{x\sqrt{x^2-9}}{2}-\frac{9}{2}\ln\left|\frac{x+\sqrt{x^2-9}}{3}\right|+C, & x<-3\end{cases}$

19. $\frac{9}{2}\ln(2-\sqrt{3})-9\sqrt{3}$

20. $\begin{cases}\sqrt{x^2-25}-5\sec^{-1}\left(\frac{x}{5}\right)+C, & x>5\\ -\sqrt{x^2-25}+5\sec^{-1}\left(\frac{x}{5}\right)+C, & x<-5\end{cases}$

21. $5-\frac{5}{4}\pi$

• Part 2

22. $-\frac{1}{3}\left(\frac{\sqrt{1-x^2}}{x}\right)^3+C$

23. $\frac{1}{2}\sin^{-1}(e^x)+\frac{1}{2}e^x\sqrt{1-e^{2x}}+C$

24. $\sin^{-1}\left(\frac{\sin x}{\sqrt{2}}\right)+C$

25. $2\sin^{-1}\left(\frac{x+1}{2}\right)+\frac{(x+1)\sqrt{3-2x-x^2}}{2}+C$

26. $\frac{\pi}{6}$
27. $\frac{2}{3}$
28. $\frac{1}{3}(x^2+4)^{\frac{3}{2}}-4(x^2+4)^{\frac{1}{2}}+C$
29. $\frac{1}{4}\tan^{-1}\left(\frac{x}{2}\right)+\frac{x}{2(x^2+4)}+C$
30. $\frac{1}{2}\ln\left(x^2+\sqrt{x^4+1}\right)+C$
31. $\ln(\sqrt{10}-1)$
32. $\frac{10\sqrt{3}+18}{243}$
33. $\ln|2\sqrt{e^{2x}+e^x+1}+2e^x+1|+C$
34. $\begin{cases}\frac{\sqrt{x^2-9}}{9x}+C & , x>3\\ -\frac{\sqrt{x^2-9}}{9x}+C, & x<-3\end{cases}$
35. $\begin{cases}\frac{1}{3}\sec^{-1}\left(\frac{x}{3}\right)+C & , x>3\\ -\frac{1}{3}\sec^{-1}\left(\frac{x}{3}\right)+C, & x<-3\end{cases}$
36. $\begin{cases}\ln\left|(x-3)+\sqrt{x^2-6x+5}\right|+C & , x>5\\ -\ln\left|(x-3)+\sqrt{x^2-6x+5}\right|+C, & x<1\end{cases}$
37. $\begin{cases}\sqrt{x^2-6x+5}+3\ln\left|(x-3)+\sqrt{x^2-6x+5}\right|+C, & x>5\\ \sqrt{x^2-6x+5}-3\ln\left|(x-3)+\sqrt{x^2-6x+5}\right|+C, & x<1\end{cases}$
38. $\ln|2+\sqrt{3}|-\frac{\sqrt{3}}{2}$

5.9 이상적분

• Part 1

1. ∞(발산)
2. $-\infty$(발산)
3. $\frac{1}{6}$
4. 1
5. $\frac{e^2}{2}$
6. $-\infty$(발산)
7. 발산
8. 발산
9. 0
10. $\frac{\pi}{2}$
11. 1
12. 1
13. ∞(발산)
14. ∞(발산)
15. 4
16. $\frac{3}{2}$
17. ∞(발산)
18. ∞(발산)

• Part 2

19. ln2
20. $-\infty$(발산)
21. 1
22. $\frac{\pi}{2}$
23. ∞(발산)
24. $-\infty$(발산)
25. $-\frac{1}{4}$
26. ∞(발산)
27. -1
28. ∞(발산)
29. ln2
30. ∞(발산)
31. e
32. ∞(발산)

CHAPTER 6 적분의 응용

6.1 넓이: 두 곡선으로 둘러싸인 영역

• Part 1

1. $\frac{2}{3}$
2. 1
3. $e-1$
4. $\frac{4}{3}$
5. $\ln 2$
6. $e-1$
7. 36
8. $\frac{9}{2}$
9. $\frac{49}{2}$
10. 9
11. $\frac{17}{6}$
12. $\frac{9}{2}$
13. $\frac{64}{3}$
14. $\frac{1}{2}$
15. 24
16. $\frac{71}{6}$
17. $\frac{4\sqrt{2}-\sqrt{3}-3}{2}$
18. $\frac{9}{2}$
19. 28
20. $\frac{56}{5}$

• Part 2

21. $\frac{37}{12}$
22. $\frac{50}{3}$
23. $\pi-2$
24. $\frac{5\ln 2-2}{2\ln 2}$
25. $\frac{7}{3}$
26. $\frac{125}{2}$
27. $4\sqrt{2}$
28. $\frac{10}{3}$
29. $2-\sqrt{2}$
30. $\frac{26}{12}$

6.2 회전체의 부피 I : 수직단면에 의한 방법

• Part 1

1. $\frac{8}{15}\pi$
2. 2π
3. 36π
4. 8π
5. $\frac{15}{2}\pi$
6. 2π
7. $\pi(e^8-e^2)$
8. $\frac{242}{5}\pi$
9. $\frac{28}{3}\pi$
10. $\frac{561}{10}\pi$
11. 8π
12. $\frac{13}{6}\pi$
13. 3π
14. 8π
15. $\frac{\pi}{2}(e^4-1)$
16. $\frac{16}{3}\pi$

17. $\frac{69}{10}\pi$

18. $\frac{117}{5}\pi$

19. $\frac{256}{3}\pi$

20. $\frac{6}{7}\pi$

21. $\frac{\pi}{6}$

22. $\frac{7}{15}\pi$

23. $\frac{56}{3}\pi$

24. $\frac{128}{5}\pi$

• Part 2

25. $\frac{2}{3}\pi$

26. $\frac{\pi}{3}$

27. $\frac{\pi}{5}$

28. $\frac{\pi}{2}$

29. $\frac{2}{15}\pi$

30. $\frac{\pi}{6}$

31. $\frac{\pi^2}{2}-\pi$

32. $\frac{\pi^2}{2}$

33. $(3(\ln 3)^2-6\ln 3+4)\pi$

34. $\frac{\pi^2}{6}$

35. 10π

36. $\frac{\pi^2}{2}$

37. $\frac{\pi}{2}(e^4-1)$

38. $\frac{\pi}{6}$

39. $\frac{13}{10}\pi$

40. $\frac{31}{30}\pi$

6.3 회전체의 부피 Ⅱ : 쉘에 의한 방법

• Part 1

1. $\frac{\pi}{6}$

2. $\pi\ln 5$

3. $\frac{124}{5}\pi$

4. $\frac{\pi}{6}$

5. $\frac{4}{15}\pi$

6. π

7. $\frac{3}{10}\pi$

8. $\pi(e^3-e)$

9. $\frac{\pi}{3}$

10. $\frac{32}{3}\pi$

11. $\pi(1-e^{-1})$

12. 16π

13. $\frac{\pi}{5}$

14. $\frac{\pi}{6}$

15. 8π

16. $\frac{128}{5}\pi$

17. $\frac{28}{15}\pi$

18. $\frac{3}{2}\pi$

• Part 2

19. 45π

20. 2π

21. $6\pi^2$

22. $\frac{4}{3}\pi^2-\sqrt{3}\pi$

23. $\frac{6}{5}\pi$

24. π

25. $\frac{5}{6}\pi$

26. $\frac{872}{45}\pi$

27. $\frac{176}{15}\pi$

28. $\frac{171}{10}\pi$

29. $\frac{29}{15}\pi$

30. $\frac{8}{15}\pi$

6.4 평면곡선의 길이: 실함수의 그래프인 곡선의 길이

• Part 1

1. $3\sqrt{5}$
2. $\frac{13}{6}$
3. $\frac{33}{16}$
4. $\frac{1}{4}(4\sqrt{17}+\ln|4+\sqrt{17}|)$
5. $\frac{1}{4}(1+e^2)$
6. $\ln(\sqrt{2}+1)$
7. $\frac{1}{2}(e^2-e^{-2})$
8. $3\sqrt{5}$
9. $\frac{8}{27}(19\sqrt{19}-10\sqrt{10})$
10. 6
11. $\frac{1}{27}(8\sqrt{10}-8)$
12. $\frac{1}{4}(4\sqrt{17}+\ln|4+\sqrt{17}|)$
13. 1

• Part 2

14. $\frac{53}{6}$
15. $\frac{22}{3}$
16. $\frac{59}{24}$
17. $\frac{1175}{144}$
18. $\frac{2257}{720}$
19. $\frac{123}{32}$
20. $\frac{65}{32}$
21. $2\ln 3-1$
22. $2\ln(\sqrt{2}+1)$
23. 1

CHAPTER 7 수열과 급수

7.1 수열

• Part 1

1. 4, 7, 10
2. $\frac{1}{2}, \frac{2}{5}, \frac{3}{10}$
3. $1, \frac{1}{3}, 1$
4. $1, 0, -1$
5. ln3, ln7, ln11
6. $\frac{1}{e}, e, \frac{1}{e}$
7. $\frac{1}{2}, \frac{1}{6}, \frac{1}{12}$
8. $1, \frac{1}{2}, \frac{1}{6}$
9. $\frac{1}{3}, \frac{2}{5}, \frac{3}{7}$
10. $\frac{1}{2}, -\frac{\sqrt{3}}{2}, 1$
11. $1, \frac{5}{4}, \frac{5}{3}$
12. 4, 7, 10
13. 2, 4, 8
14. $1, -\frac{3}{2}, \frac{5}{3}$
15. $0, \frac{\sqrt{3}}{3}, \sqrt{3}$
16. $\frac{1}{2}, \frac{2}{3}, \frac{3}{4}$
17. 1, 3, 5, 7, 9
18. 1, 2, 4, 8, 16
19. $2, 1, -1, -5, -13$
20. 1, 2, 5, 13, 34
21. $\frac{1}{2}$
22. 0
23. 3
24. $\frac{1}{4}$
25. e^2
26. 0
27. 0
28. 0
29. $\frac{1}{e^4}$
30. $\frac{3}{2}$
31. 0
32. $\frac{3}{4}$
33. 2
34. 0
35. $\frac{1}{2}$
36. 0
37. 0
38. 0
39. 1
40. 0
41. ∞
42. $\frac{2}{3}$
43. $\frac{1}{2}$
44. 4
45. $\frac{1}{2}$
46. 0
47. 0
48. 1
49. 1
50. 발산
51. 수렴
52. 수렴
53. 발산
54. 발산
55. 수렴
56. 수렴
57. 수렴

58. 발산
59. 감소수열
60. 증가수열
61. 증가수열
62. 증가수열
63. 0
64. 0
65. 0
66. $\lim_{n\to\infty} a_n = \frac{3}{2}$
67. $\lim_{n\to\infty} a_n = 2$
68. $\lim_{n\to\infty} a_n = 6$
69. $\lim_{n\to\infty} a_n = 4$

• Part 2

70. $a_n = n!$
71. $a_n = 2n-1$
72. $a_n = 3^{n-1}$
73. $a_n = \sqrt{n+1}$
74. 3
75. $\frac{1}{e^3}$
76. $\frac{1}{2}$
77. $\frac{1}{3}$
78. 1
79. 2
80. e^3
81. $\frac{1}{3}$
82. 3
83. $\lim_{n\to\infty} a_n = \begin{cases} -2, & |r|<1 \\ 3, & |r|=1 \\ \frac{1}{2}, & |r|>1 \end{cases}$
84. $\lim_{n\to\infty} a_n = \begin{cases} -1, & |r|<1 \\ 0, & r=1 \\ -1, & r=-1 \\ r, & |r|>1 \end{cases}$
85. $\lim_{n\to\infty} a_n = \begin{cases} \frac{1}{3}, & |r|<1 \\ \frac{1}{2}, & r=1 \\ 1, & |r|>1 \end{cases}$
86. $\lim_{n\to\infty} a_n = \begin{cases} 2, & |r|<1 \\ \frac{3}{2}, & r=1 \\ 0, & |r|>1 \end{cases}$

7.2 급수

• Part 1

1. 발산
2. 발산
3. 발산
4. 발산
5. 수렴
6. 수렴
7. 발산
8. 발산
9. 수렴
10. 발산
11. 수렴
12. 수렴
13. 수렴
14. 수렴
15. 발산
16. 수렴
17. 발산
18. 수렴
19. 발산
20. 수렴
21. 수렴
22. 발산
23. 발산
24. 수렴
25. 발산
26. 수렴
27. 발산
28. 발산
29. 수렴
30. 발산
31. 수렴
32. 수렴
33. 발산
34. 발산
35. 발산
36. 발산

• Part 2

37. 1로 수렴
38. 4로 수렴
39. $\frac{1}{2}$로 수렴
40. $\frac{3}{4}$으로 수렴
41. $e-1$로 수렴
42. 발산
43. 발산

7.3 양항급수의 수렴판정법

• Part 1

1. 수렴
2. 수렴
3. 발산
4. 발산
5. 발산
6. 발산
7. 수렴
8. 수렴
9. 발산
10. 수렴
11. 수렴
12. 수렴
13. 발산
14. 수렴
15. 수렴
16. 수렴
17. 발산
18. 수렴
19. 수렴
20. 발산
21. 수렴
22. 수렴
23. 발산
24. 수렴
25. 발산
26. 수렴
27. 발산
28. 수렴
29. 수렴
30. 발산
31. 수렴
32. 발산
33. 발산
34. 발산
35. 수렴
36. 수렴
37. 수렴
38. 수렴
39. 발산
40. 발산
41. 발산
42. 수렴
43. 수렴
44. 발산
45. 발산
46. 수렴
47. 수렴
48. 발산
49. 수렴
50. 발산
51. 수렴
52. 발산
53. 발산
54. 발산
55. 수렴
56. 발산
57. 수렴
58. 발산
59. 수렴
60. 수렴
61. 발산
62. 발산
63. 수렴
64. 수렴
65. 수렴
66. 발산
67. 수렴
68. 수렴
69. 수렴
70. 발산
71. 수렴

72. 수렴
73. 발산
74. 발산
75. 수렴
76. 수렴
77. 수렴
78. 발산
79. 발산
80. 수렴

- Part 2

81. 발산
82. 수렴
83. 수렴
84. 수렴
85. 수렴
86. 발산
87. 수렴
88. 발산
89. 수렴
90. 수렴
91. 수렴
92. 수렴
93. $0 < p < 1$

7.4 교대급수, 절대수렴과 조건부수렴

- Part 1

1. 수렴
2. 수렴
3. 발산
4. 수렴
5. 발산
6. 수렴
7. 수렴
8. 발산
9. 수렴
10. 발산
11. 조건부수렴
12. 절대수렴
13. 조건부수렴
14. 발산
15. 절대수렴
16. 절대수렴
17. 발산
18. 조건부수렴

- Part 2

19. 수렴
20. 발산
21. 수렴
22. 절대수렴
23. 절대수렴
24. 발산

7.5 멱급수

- Part 1

1. $R=2$, 수렴구간 $(-2, 2)$
2. $R=1$, 수렴구간 $(-1, 1)$
3. $R=1$, 수렴구간 $[-1, 1]$
4. $R=\frac{1}{2}$, 수렴구간 $\left(-\frac{1}{2}, \frac{1}{2}\right)$
5. $R=2$, 수렴구간 $(-2, 2)$
6. $R=3$, 수렴구간 $(-3, 3)$
7. $R=3$, 수렴구간 $[-3, 3)$
8. $R=1$, 수렴구간 $[-1, 1]$
9. $R=1$, 수렴구간 $[-1, 1)$
10. $R=1$, 수렴구간 $[-1, 1]$
11. $R=\frac{1}{\ln 2}$, 수렴구간 $\left(-\frac{1}{\ln 2}, \frac{1}{\ln 2}\right)$
12. $R=1$, 수렴구간 $[-1, 1]$
13. $R=\infty$, 수렴구간 $(-\infty, \infty)$
14. $R=0$, $x=0$에서만 수렴한다.
15. $R=\infty$, 수렴구간 $(-\infty, \infty)$
16. $R=3$, 수렴구간 $(-3, 3)$
17. $R=\frac{1}{2}$, 수렴구간 $\left(-\frac{3}{2}, -\frac{1}{2}\right)$
18. $R=1$, 수렴구간 $[0, 2]$
19. $R=\infty$, 수렴구간 $(-\infty, \infty)$
20. $R=0$, $x=5$에서만 수렴한다.
21. $R=\frac{1}{2}$, 수렴구간 $\left(-\frac{3}{2}, -\frac{1}{2}\right)$
22. $R=2$, 수렴구간 $(0, 4)$
23. $R=1$, 수렴구간 $[-3, -2)$
24. $R=1$, 수렴구간 $[0, 1]$

25. $\sum_{k=0}^{\infty}(-1)^k x^{3k},\ (-1<x<1)$

26. $\sum_{k=0}^{\infty}2^k x^k,\ \left(-\frac{1}{2}<x<\frac{1}{2}\right)$

27. $\sum_{k=0}^{\infty}\frac{(-1)^k}{4^{k+1}}x^k,\ (-4<x<4)$

28. $\sum_{k=0}^{\infty}(-1)^k x^{2k+3},\ (-1<x<1)$

29. $\sum_{k=0}^{\infty}\frac{(-1)^k}{2^{k+1}}x^k,\ (-2<x<2)$

30. $\sum_{k=0}^{\infty}3^k x^k,\ \left(-\frac{1}{3}<x<\frac{1}{3}\right)$

31. $\sum_{k=0}^{\infty}2x^{k+10},\ (-1<x<1)$

32. $\sum_{k=0}^{\infty}x^{3k},\ (-1<x<1)$

33. $\sum_{k=0}^{\infty}2x^{2k+4},\ (-1<x<1)$

34. $\sum_{k=0}^{\infty}(-3)^k x^k,\ \left(-\frac{1}{3}<x<\frac{1}{3}\right)$

35. $\sum_{k=0}^{\infty}2(-1)^{k+1}x^{k+1},\ (-1<x<1)$

36. $\sum_{k=0}^{\infty}(-1)^k x^{2k+1},\ (-1<x<1)$

37. $\sum_{k=0}^{\infty}(-2)^k x^k,\ \left(-\frac{1}{2}<x<\frac{1}{2}\right)$

38. $\sum_{k=0}^{\infty}(-4)^k x^{k+10},\ \left(-\frac{1}{4}<x<\frac{1}{4}\right)$

39. $\sum_{k=0}^{\infty}x^{2k},\ (-1<x<1)$

40. $\sum_{k=0}^{\infty}\frac{(-1)^k}{3^{k+1}}(x-2)^k,\ (-1<x<5)$

41. $\sum_{k=0}^{\infty}\frac{1}{4^{k+1}}(x-3)^k,\ (-1<x<7)$

42. $\sum_{k=0}^{\infty}\frac{(-2)^k}{3^{k+1}}(x-1)^k,\ \left(-\frac{1}{2}<x<\frac{5}{2}\right)$

43. $-\sum_{k=0}^{\infty}(x+2)^k,\ (-3<x<-1)$

44. $\sum_{k=0}^{\infty}\frac{1}{4^{k+1}}(x+3)^k,\ -7<x<1$

45. $\sum_{k=0}^{\infty}\frac{2^k}{3^{k+1}}(x+1)^k,\ \left(-\frac{5}{2}<x<\frac{1}{2}\right)$

46. $\sum_{k=0}^{\infty}\frac{(-3)^k}{4^{k+1}}(x-1)^k,\ \left(-\frac{1}{3}<x<\frac{7}{3}\right)$

47. $-\sum_{k=0}^{\infty}\frac{3^k}{2^{k+1}}(x+1)^k,\ \left(-\frac{5}{3}<x<-\frac{1}{3}\right)$

48. $\sum_{k=1}^{\infty}(-1)^k k x^{k-1}$

49. $\sum_{k=1}^{\infty}k2^k x^{k-1}$

50. $\sum_{k=1}^{\infty}k3^k x^{k-1}$

51. $\sum_{k=1}^{\infty}k(-2)^k x^{k-1}$

52. $-\sum_{k=1}^{\infty}\frac{1}{k}x^k$

53. $2\sum_{k=0}^{\infty}\frac{1}{2k+1}x^{2k+1}$

54. $-2\sum_{k=0}^{\infty}\frac{2^k}{k+1}x^{k+1}$

55. $2\sum_{k=0}^{\infty}\frac{(-4)^k}{2k+1}x^{2k+1}$

• Part 2

56. $R=2$, 수렴구간 $[-2,2]$
57. $R=e$, 수렴구간 $(-e,e)$
58. $R=\infty$, 수렴구간 $(-\infty,\infty)$
59. $R=1$, 수렴구간 $(-1,1)$
60. $R=1$, 수렴구간 $(0,2)$
61. $R=8$, 수렴구간 $(-2,2)$

62. $\sum_{k=1}^{\infty}x^{\frac{k}{3}},\ (-1<x<1)$

63. $\sum_{k=0}^{\infty}x^{\frac{k}{2}},\ (0\le x<1)$

64. $\sum_{k=0}^{\infty}(x+1)^{2k},\ (-2<x<0)$

65. $\sum_{k=0}^{\infty}(x-2)^{2k},\ (1<x<3)$

66. $\sum_{k=1}^{\infty}k(-2)^{k+1}x^{k-1}$

67. $\sum_{k=1}^{\infty}2kx^{2k-1}$

68. $-\sum_{k=1}^{\infty}\frac{1}{2k}x^{2k}$

69. $\sum_{k=0}^{\infty} \frac{(-1)^k}{2k+1} x^{4k+2}$

7.6 테일러 급수와 맥클로린 급수

• Part 1

1. $1-\frac{x^2}{2}$

2. $1+2x+2x^2+\frac{4}{3}x^3$

3. $2x-\frac{4}{3}x^3$

4. $\sqrt{2}+\frac{1}{2\sqrt{2}}(x-2)-\frac{1}{16\sqrt{2}}(x-2)^2+\frac{1}{64\sqrt{2}}(x-2)^3$

5. $-1+2\left(x-\frac{\pi}{2}\right)^2$

6. $\frac{1}{e}+\frac{1}{e}(x+1)+\frac{1}{2e}(x+1)^2+\frac{1}{6e}(x+1)^3$

7. $1-2x^2$

8. $1-\frac{1}{2}\left(x-\frac{\pi}{2}\right)^2$

9. $1+\frac{1}{e}(x-e)-\frac{1}{2e^2}(x-e)^2+\frac{1}{3e^3}(x-e)^3$

10. $\ln 2+\frac{1}{2}(x-1)-\frac{1}{8}(x-2)^2+\frac{1}{24}(x-1)^3$

11. $x+\frac{1}{3}x^3$

12. $1-x+\frac{1}{2}x^2-\frac{1}{6}x^3$

13. $\sum_{k=0}^{\infty} \frac{(-1)^k 2^{2k+1}}{(2k+1)!} x^{2k+1}$

14. $\sum_{k=0}^{\infty} \frac{(-4)^k}{(2k!)} x^{2k}$

15. $\sum_{k=0}^{\infty} \frac{1}{k!}(1+x)^k$

16. $\sum_{k=0}^{\infty} \frac{2^k}{k!} x^k$

17. $\sum_{k=0}^{\infty} \frac{(-1)^k}{(2k+1)!}(x+1)^{2k+1}$

18. $\sum_{k=0}^{\infty} \frac{(-1)^k}{(2k!)}(x-1)^{2k}$

19. $\sum_{k=0}^{\infty} \frac{(-1)^k}{2k+1}(x+1)^{2k+1}$

20. $\sum_{k=0}^{\infty} \frac{(-1)^k 2^{2k+1}}{2k+1} x^{2k+1}$

21. $\sum_{k=0}^{\infty} \frac{(-1)^k}{(2k+1)} x^{4k+2}$

22. $\sum_{k=0}^{\infty} \frac{(-1)^k}{(2k)!} x^{4k}$

23. $\sum_{k=0}^{\infty} \frac{1}{k!} x^{2k}$

24. $\sum_{k=0}^{\infty} \frac{(-1)^k}{k!} x^k$

25. $\sum_{k=0}^{\infty} \frac{2}{k!}(x-1)^k$

26. $\sum_{k=0}^{\infty} \frac{(-1)^k}{(2k)!}\left(x-\frac{\pi}{2}\right)^{2k}$

27. $\sum_{k=0}^{\infty} \frac{(-1)^{k+1}}{(2k)!}(x-\pi)^{2k}$

• Part 2

28. $-\frac{1}{3}+\frac{1}{9}(x-4)-\frac{1}{27}(x-4)^2+\frac{1}{81}(x-4)^3$

29. $e+2e(x-1)+3e(x-1)^2+\frac{10}{3}e(x-1)^3$

30. $1+x\ln 2+\frac{1}{2}x^2(\ln 2)^2+\frac{1}{6}x^3(\ln 2)^3$

31. $\sum_{k=0}^{\infty} \frac{(-1)^k 2^{-2k-1}}{(2k+1)!} x^{2k+1}$

32. $\sum_{k=0}^{\infty} \frac{(-1)^k 2^{-2k}}{(2k)!} x^{2k}$

33. $\sum_{k=0}^{\infty} \frac{2^{-k}}{k!} x^k$

34. $\sum_{k=0}^{\infty} \frac{1}{(2k+1)!} x^{2k+1}$

35. $\sum_{k=0}^{\infty} \frac{1}{(2k)!} x^{2k}$

36. $e^{i\theta}=\sum_{k=0}^{\infty} \frac{(i\theta)^k}{k!}$

$$=1+\frac{\theta i}{1!}-\frac{\theta^2}{2!}-\frac{\theta^3 i}{3!}+\frac{\theta^4}{4!}+\frac{\theta^5 i}{5!}+\cdots$$

$$=1-\frac{\theta^2}{2!}+\frac{\theta^4}{4!}+\cdots+i\left(\frac{\theta}{1!}-\frac{\theta^3}{3!}+\frac{\theta^5}{5!}+\cdots\right)$$

$$=\cos\theta+i\sin\theta$$

CHAPTER 8 극좌표와 극방정식, 원뿔곡선

8.1 평면의 극좌표계

• Part 1

1.~12.

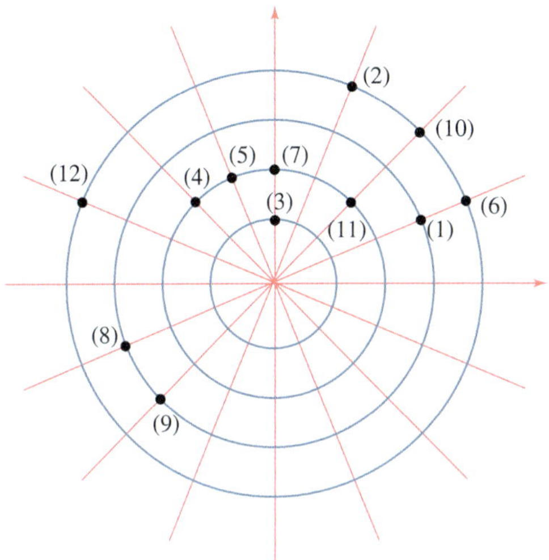

13. $\left(-1, \frac{5\pi}{4}\right)$
14. $\left(-1, -\frac{3\pi}{4}\right)$
15. $\left(1, -\frac{7\pi}{4}\right)$
16. $\left(2, \frac{5\pi}{3}\right)$
17. $\left(-2, \frac{2\pi}{3}\right)$
18. $\left(-2, -\frac{4\pi}{3}\right)$
19. $\left(2, \frac{7\pi}{6}\right)$
20. $\left(2, -\frac{5\pi}{6}\right)$
21. $\left(-2, -\frac{11\pi}{6}\right)$
22. $\left(\frac{\sqrt{3}}{2}, \frac{1}{2}\right)$
23. $(-\sqrt{3}, -1)$
24. $(0, -2)$
25. $(\sqrt{3}, 1)$
26. $(-2, -2\sqrt{3})$
27. $\left(-\frac{3\sqrt{3}}{2}, \frac{3}{2}\right)$
28. $\left(2\sqrt{2}, \frac{\pi}{4}\right)$
29. $\left(1, \frac{2\pi}{3}\right)$
30. $\left(2, \frac{7\pi}{6}\right)$
31. $\left(2, \frac{7\pi}{4}\right)$
32. $\left(4, \frac{2\pi}{3}\right)$
33. $\left(3, \frac{5\pi}{3}\right)$
34. $\left(2, \frac{3\pi}{4}\right)$, $\left(2, -\frac{5\pi}{4}\right)$, $\left(-2, \frac{7\pi}{4}\right)$, $\left(-2, -\frac{\pi}{4}\right)$
35. $\left(3, \frac{\pi}{3}\right)$, $\left(3, -\frac{5\pi}{3}\right)$, $\left(-3, \frac{4\pi}{3}\right)$, $\left(-3, -\frac{2\pi}{3}\right)$
36. $\left(4, \frac{5\pi}{3}\right)$, $\left(4, -\frac{\pi}{3}\right)$, $\left(-4, \frac{2\pi}{3}\right)$, $\left(-4, -\frac{4\pi}{3}\right)$

• Part 2

37. $\left(-1, \frac{13\pi}{12}\right)$
38. $\left(-1, -\frac{11\pi}{12}\right)$
39. $\left(1, -\frac{23\pi}{12}\right)$
40. $(\sqrt{6}-\sqrt{2}, \sqrt{6}+\sqrt{2})$
41. $(-2(\sqrt{6}+\sqrt{2}), 2(\sqrt{6}-\sqrt{2}))$
42. $(-\sqrt{6}+\sqrt{2}, \sqrt{6}+\sqrt{2})$
43. $(\sqrt{6}-\sqrt{2}, \sqrt{6}+\sqrt{2})$
44. $(4, \pi)$
45. $\left(4, \frac{\pi}{12}\right)$

8.2 극방정식과 그래프

• Part 1

1.

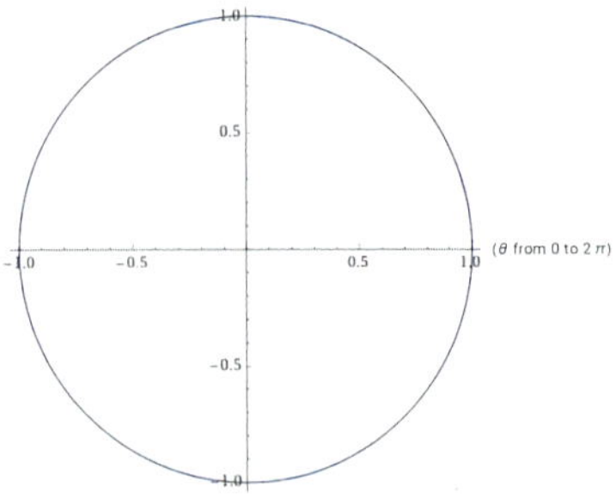

2.

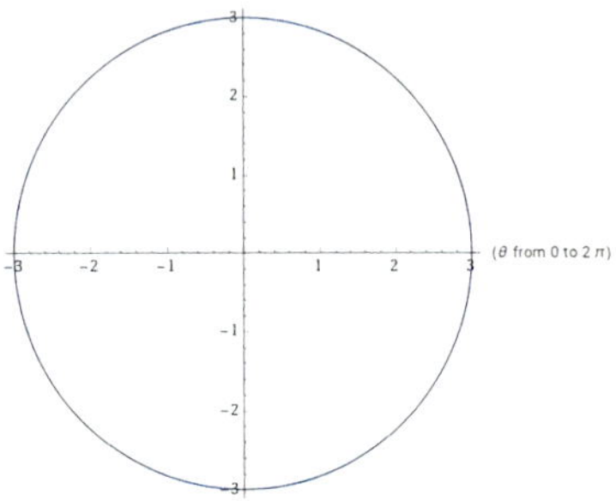

3.

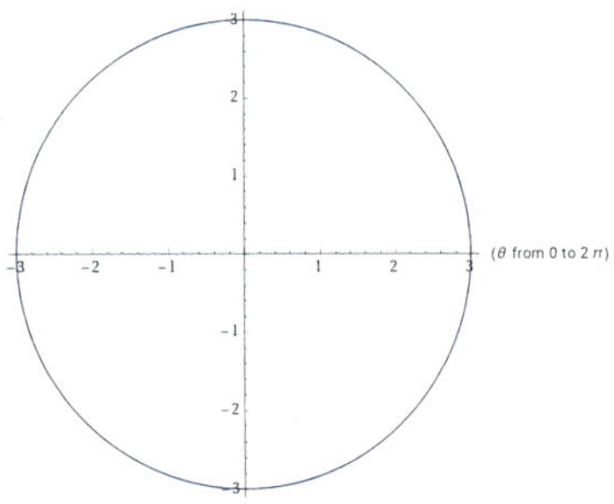

4.

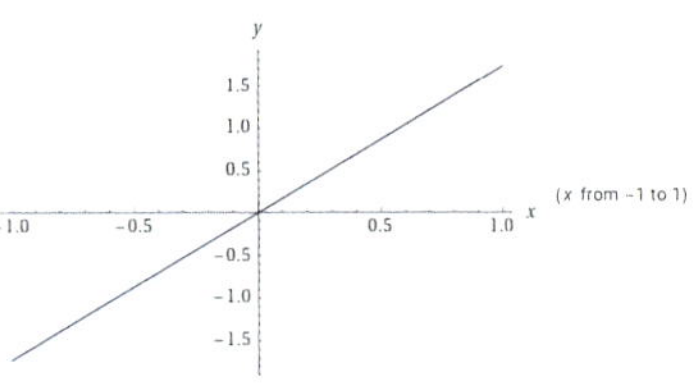

5.

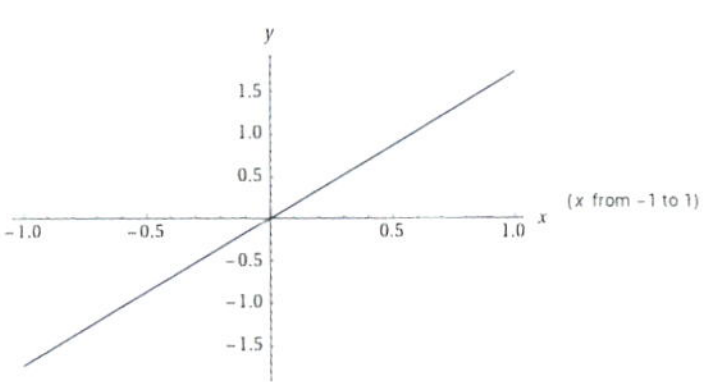

6.

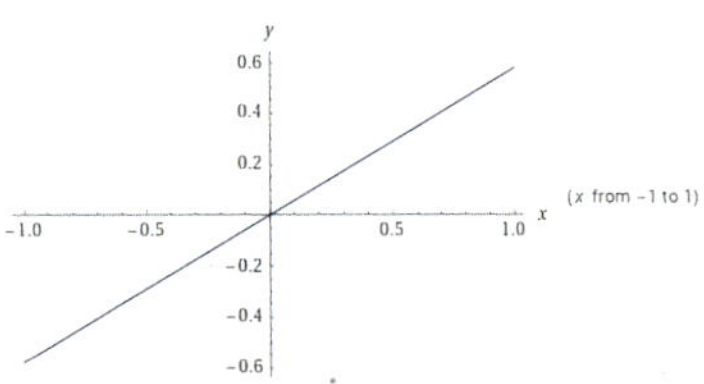

7.

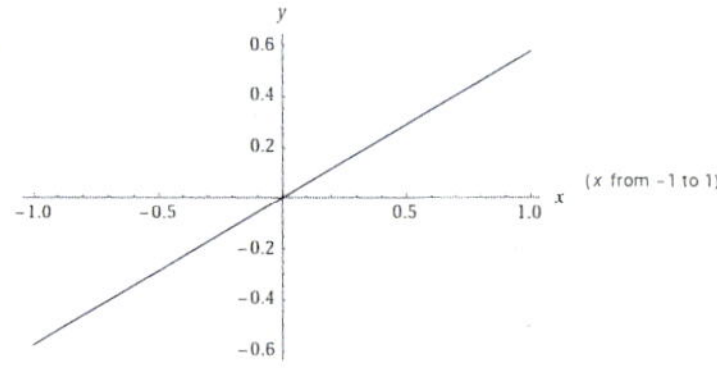

8.

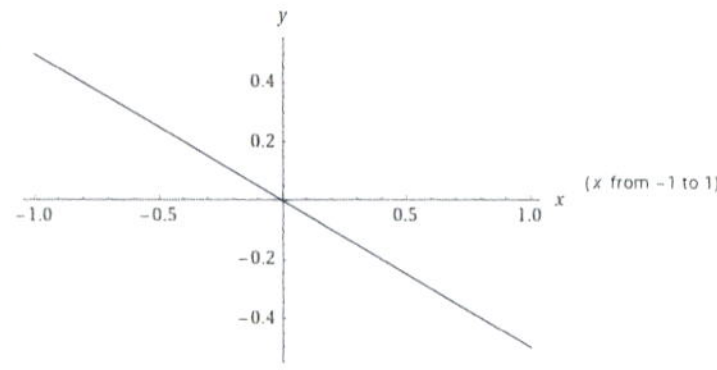

9.

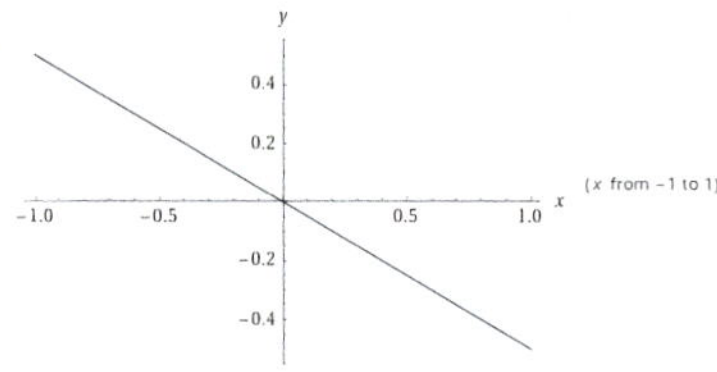

10.

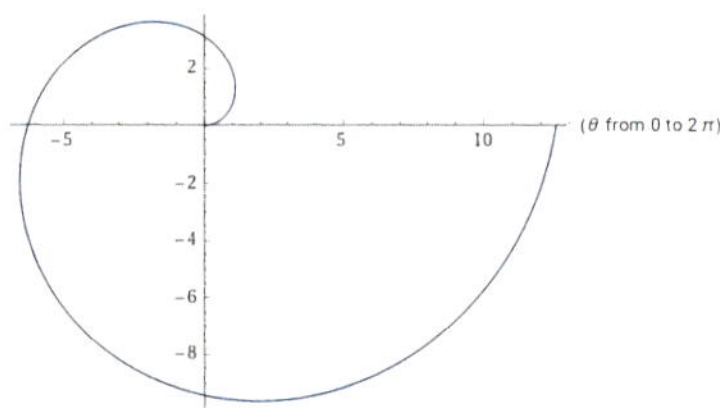

11.

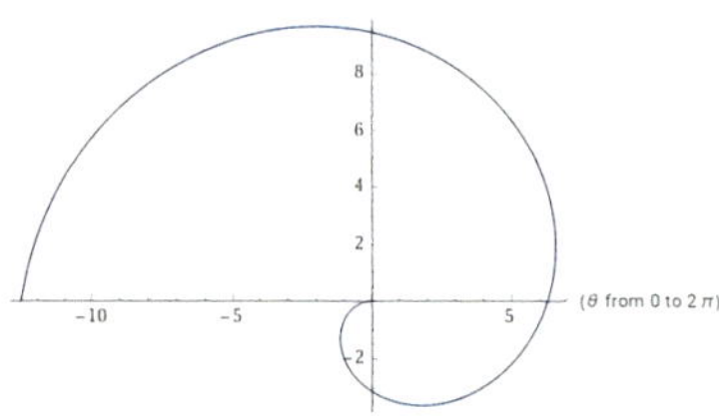

12.

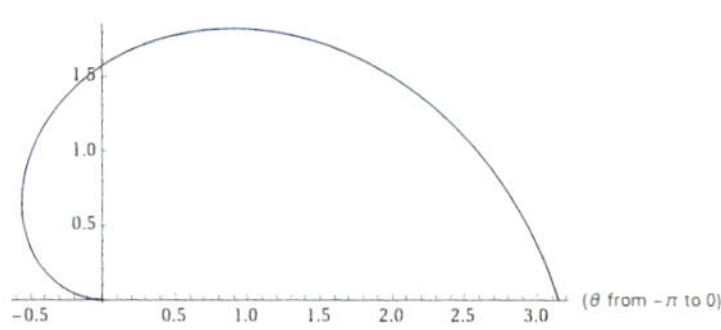

13.

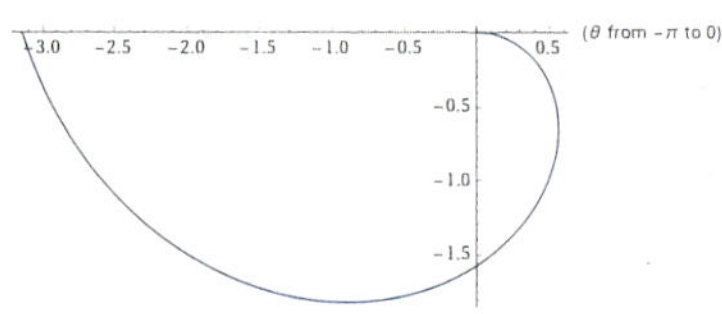

14.

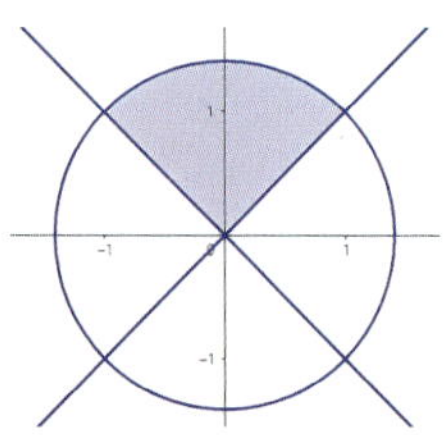

15.

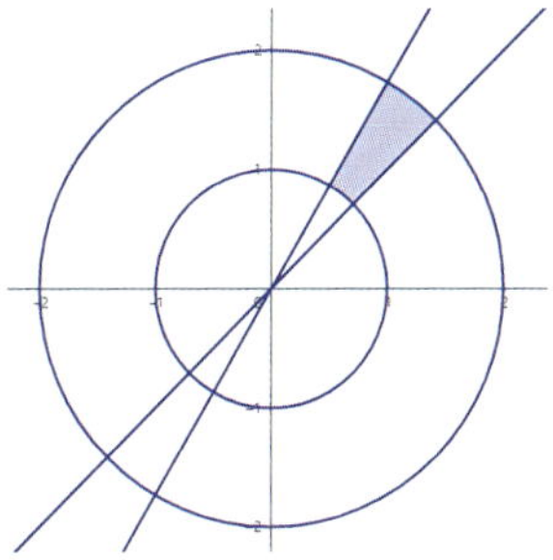

16.

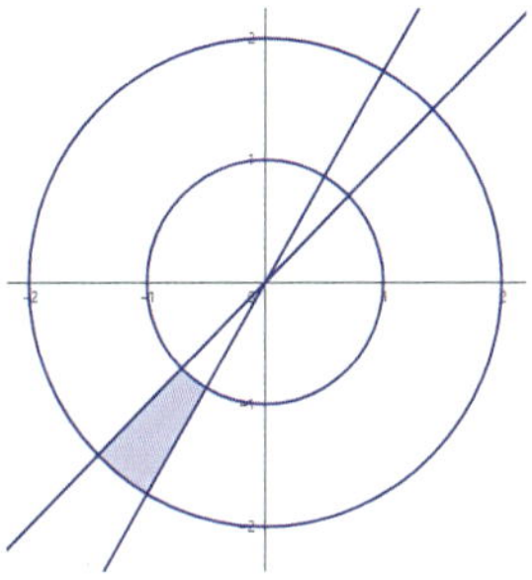

17.

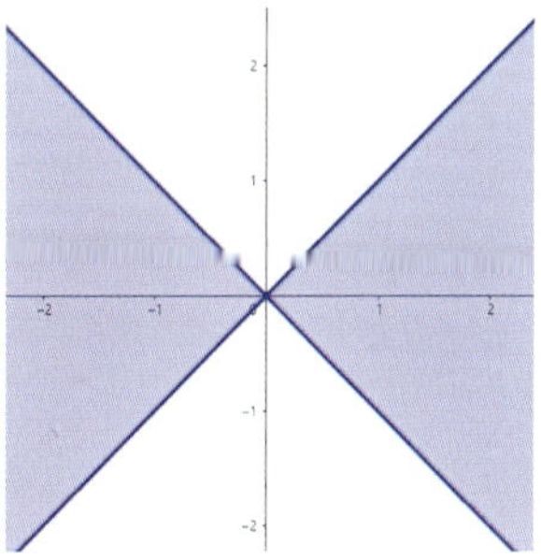

18.

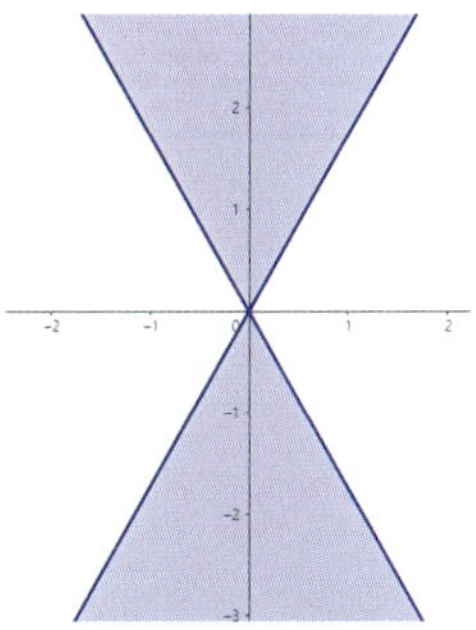

19.

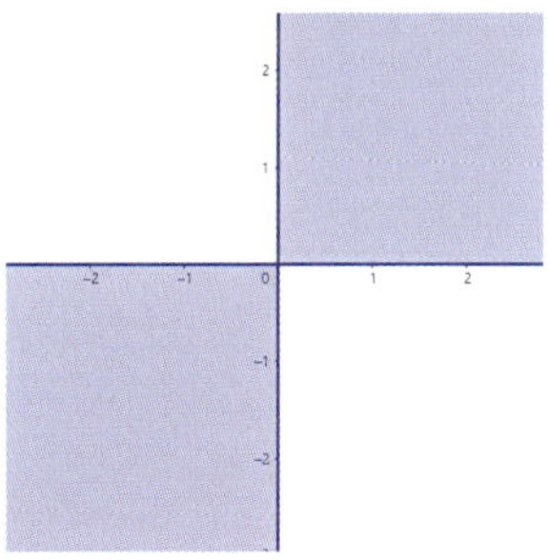

20.

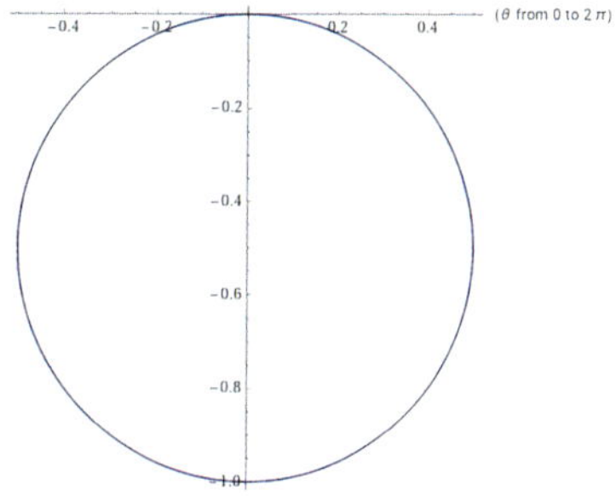

21.

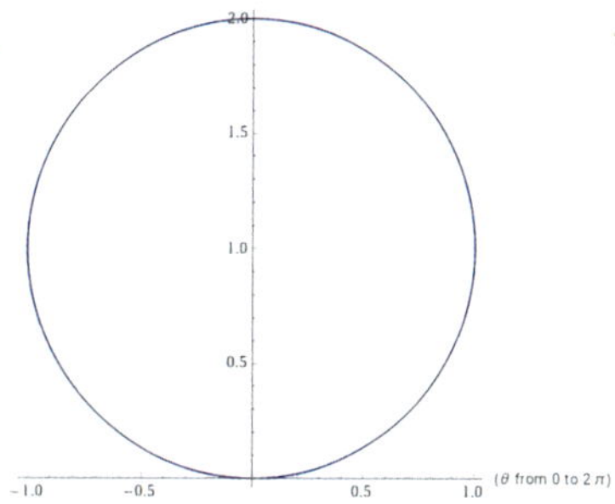

22.

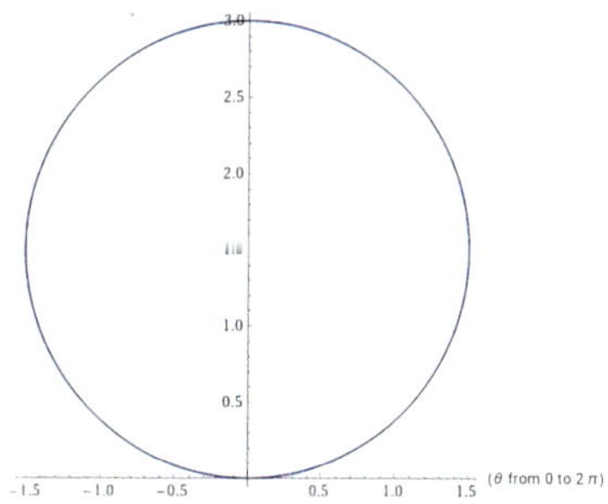

23.

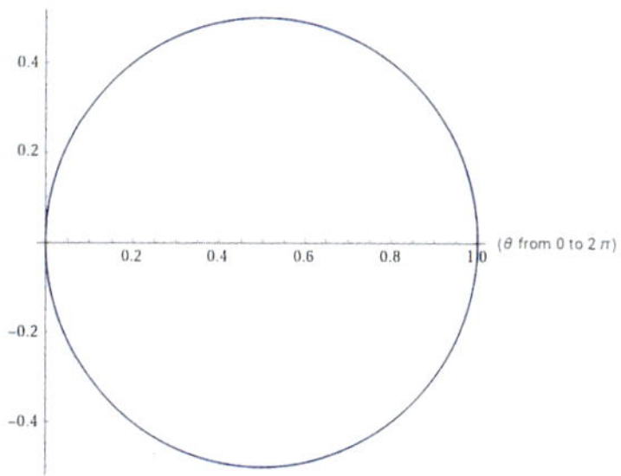

24.

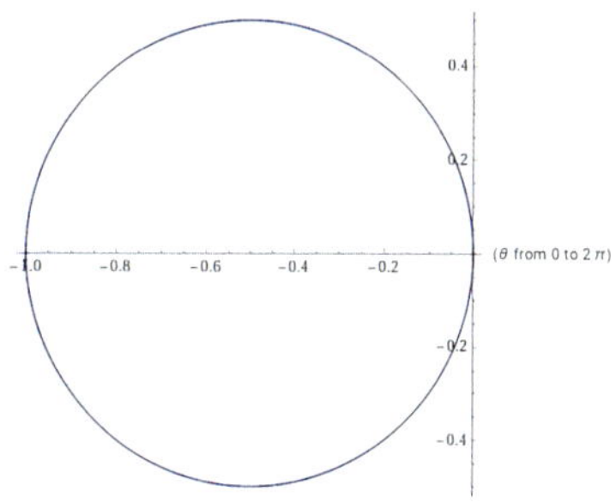

25.

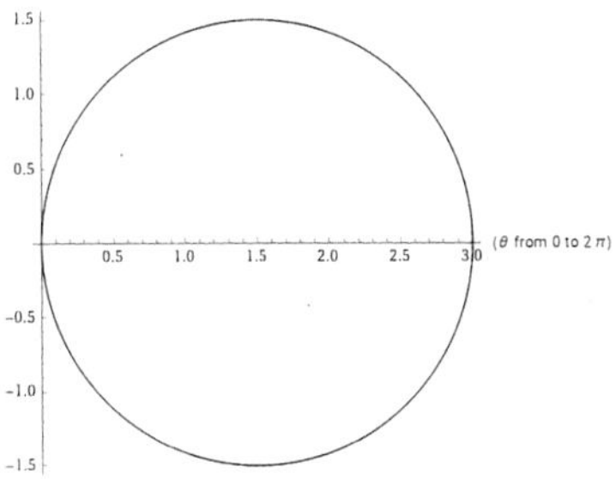

26.

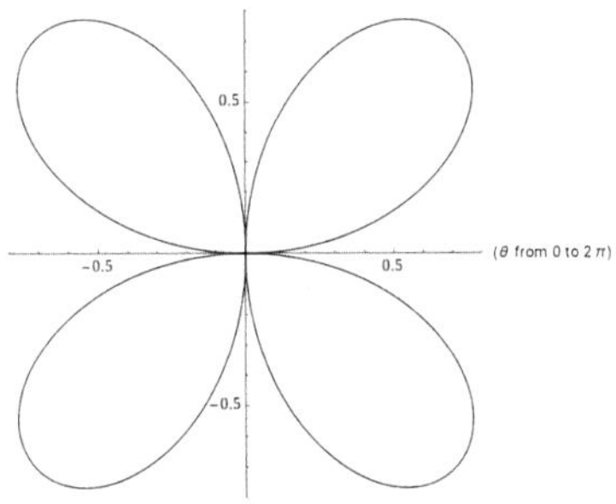

27.

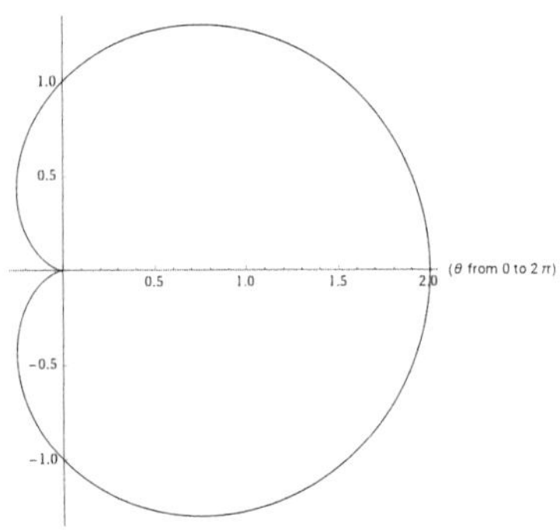

28.

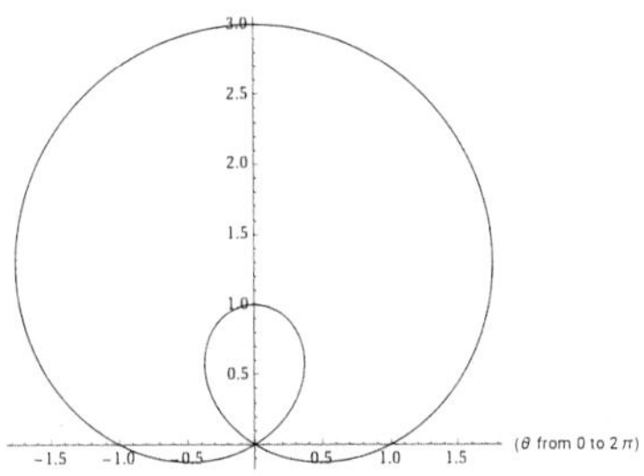

29.

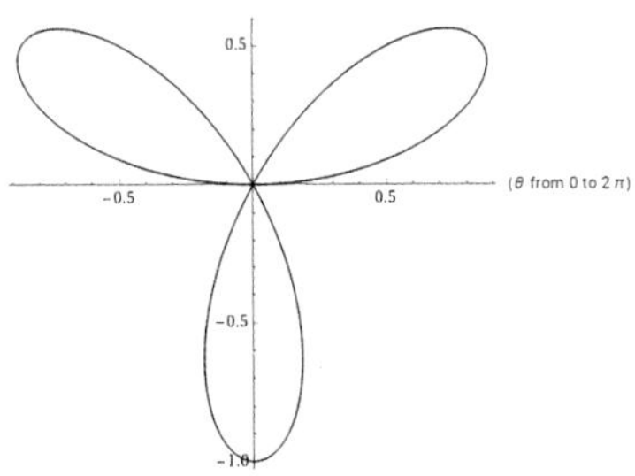

30.

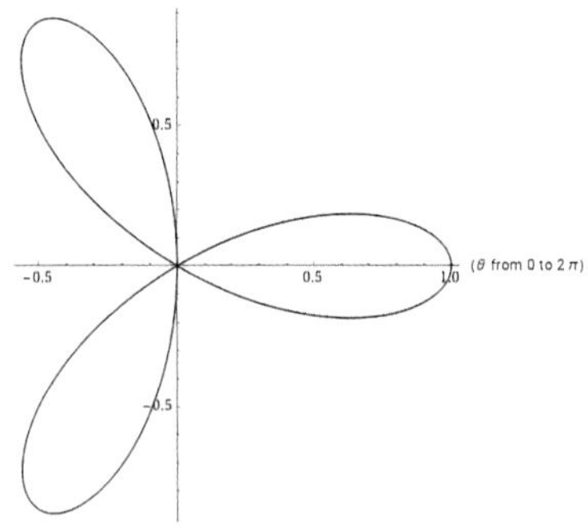

31.

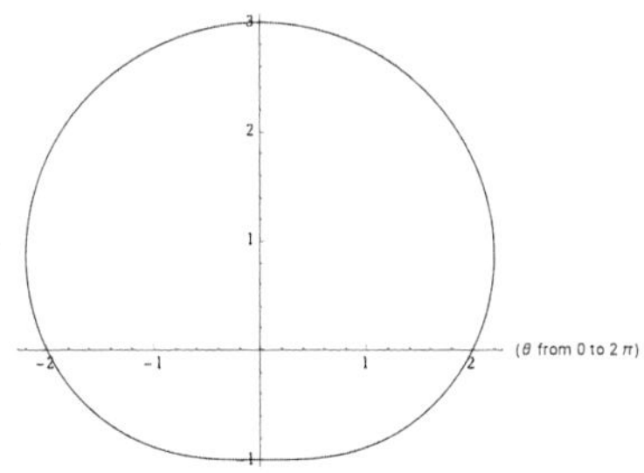

32.

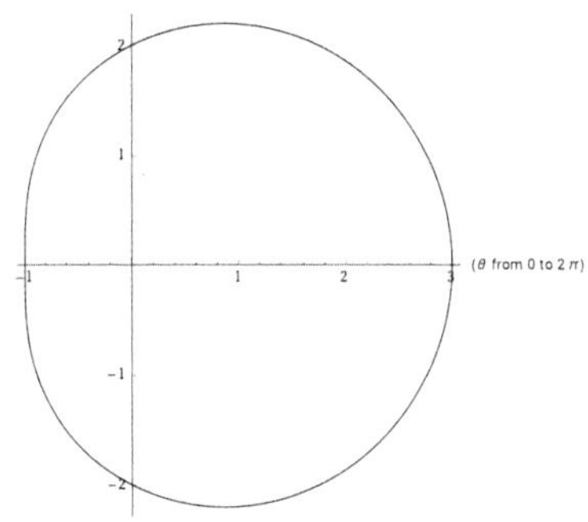

33.

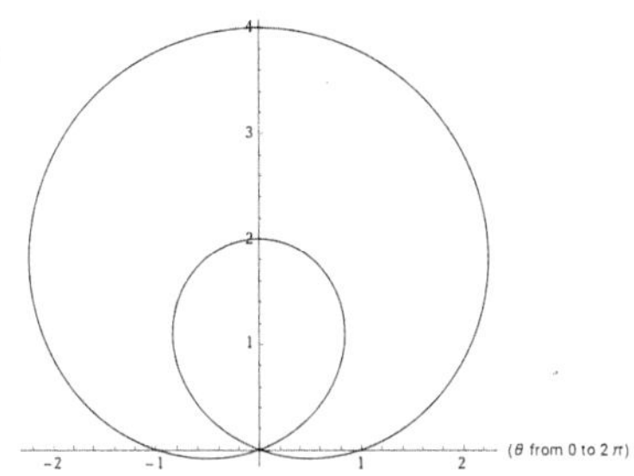

34.

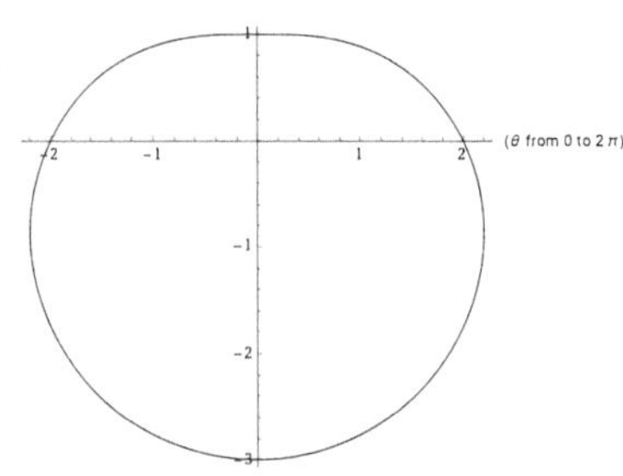

• Part 2

35.

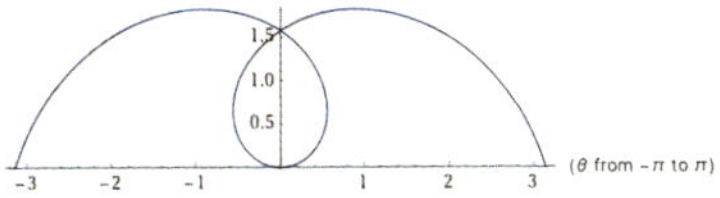

36.

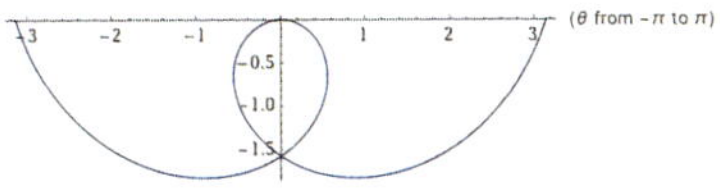

37.

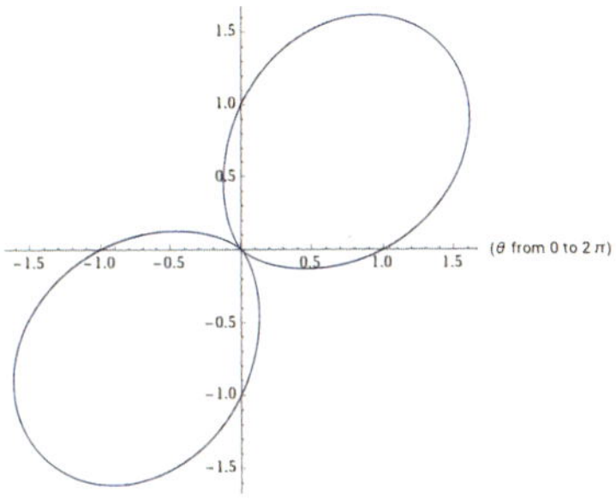

38.

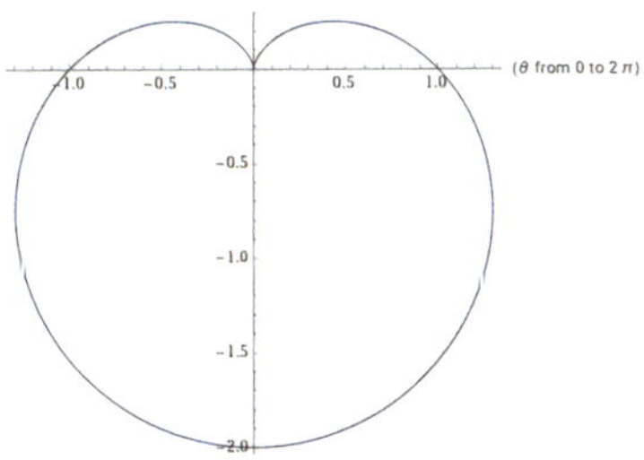

39.

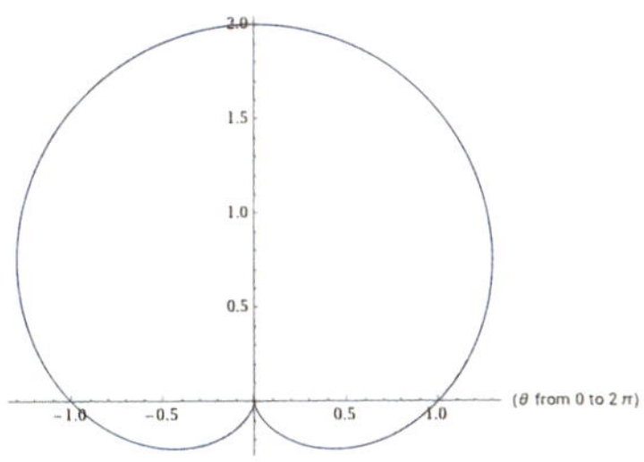

40.

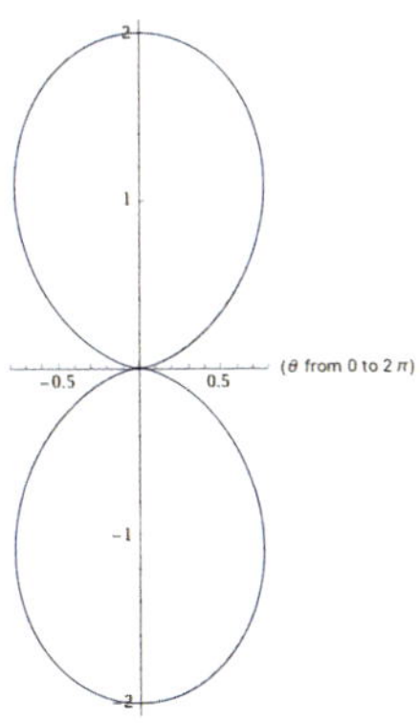

8.3 극좌표에서의 넓이와 길이

• Part 1

1. $\frac{3\pi}{2}$

2. $\frac{\pi}{4}$

3. $\frac{\pi}{4}$

4. $\frac{\pi}{2}$

5. $\frac{\pi}{4}$

6. $\frac{\pi}{4}$

7. $\frac{\pi^2}{2}$

8. $\frac{\pi^3}{6}$

9. $\frac{\pi}{24}$

10. $\frac{5\pi}{4}-2$

11. $2-\frac{\pi}{4}$

12. $2+\frac{\pi}{4}$

13. $\frac{7\pi}{2}$

14. $\frac{\pi}{2}$

15. $\frac{\pi}{2}$

16. $\frac{\pi}{8}-\frac{1}{4}$

17. $\frac{\pi}{8}+\frac{1}{4}$

18. $\frac{3\sqrt{3}+3\pi}{4}$

• Part 2

19. $\frac{9\pi}{2}$

20. $\frac{3\pi}{2}$

21. $\frac{1}{32}(7\sqrt{3}+8\pi)$

22. $\frac{5\pi}{4}-2$

8.4 원뿔곡선

• Part 1

1. 초점 $(2,0)$, 준선 $x=-2$
2. 초점 $\left(\frac{1}{4},0\right)$, 준선 $x=-\frac{1}{4}$
3. 초점 $\left(\frac{3}{4},0\right)$, 준선 $x=-\frac{3}{4}$
4. 초점 $(0,3)$, 준선 $y=-3$
5. 초점 $(0,-1)$, 준선 $y=1$
6. 초점 $(0,-2)$, 준선 $y=2$
7. $y^2=-8x$

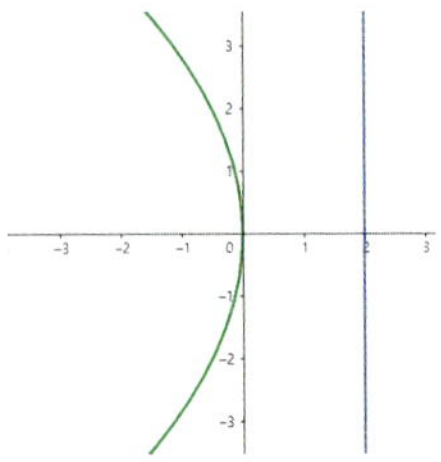

8. $x^2=-12y$

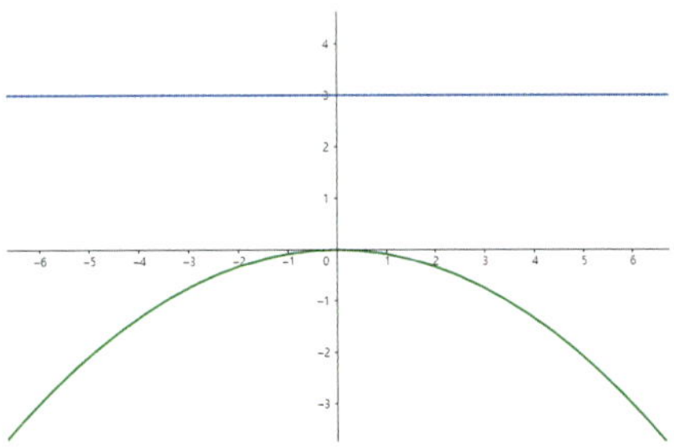

9. $y^2=4x$

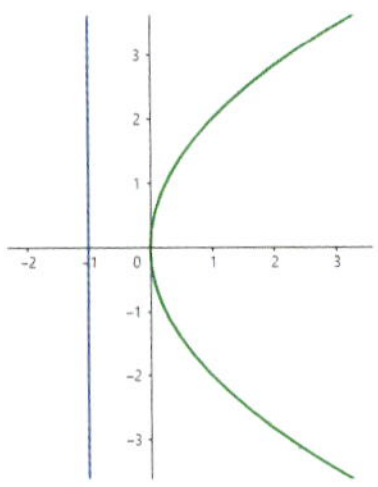

10. 초점 $(-\sqrt{3},0)$, $(\sqrt{3},0)$, 꼭짓점 $(-2,0)$, $(2,0)$

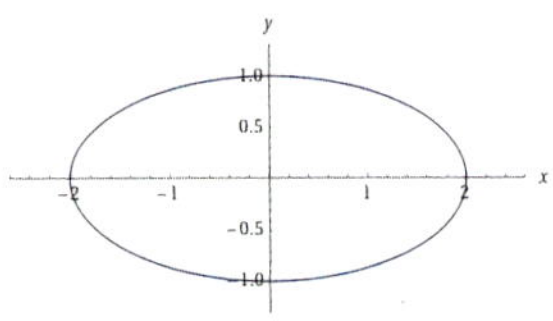

11. 초점 $(0,-\sqrt{5})$, $(0,\sqrt{5})$, 꼭짓점 $(0,-3)$, $(0,3)$

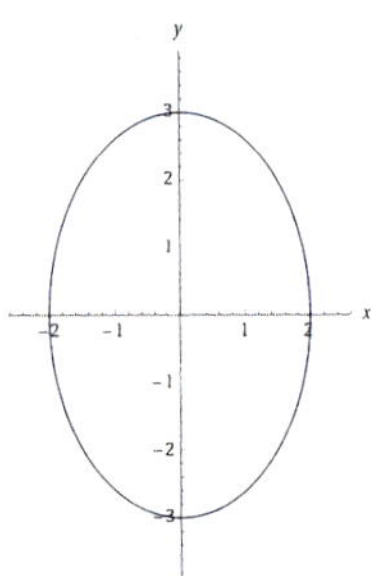

12. 초점 $(-1,0)$, $(1,0)$, 꼭짓점 $(-\sqrt{3},0)$, $(\sqrt{3},0)$

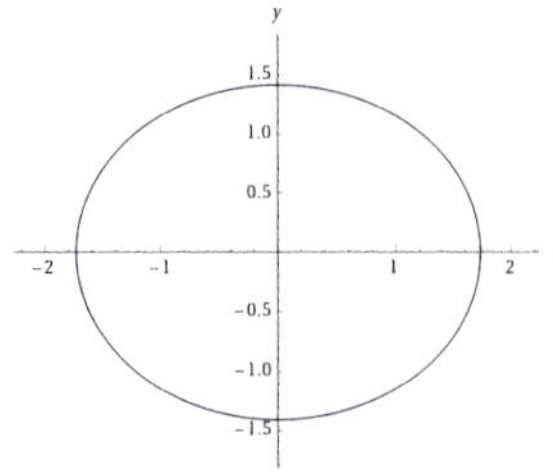

13. $\frac{x^2}{9}+\frac{y^2}{4}=1$

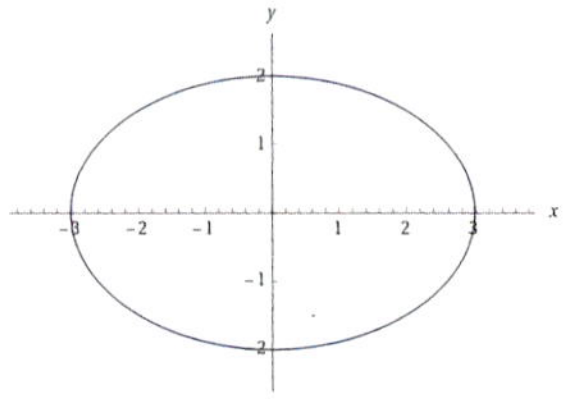

14. $\frac{x^2}{4}+\frac{y^2}{9}=1$

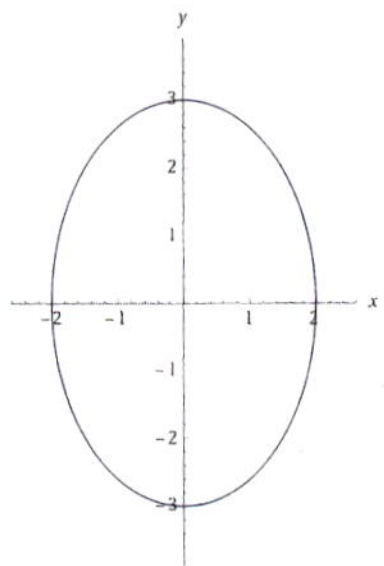

15. $\frac{x^2}{12}+\frac{y^2}{8}=1$

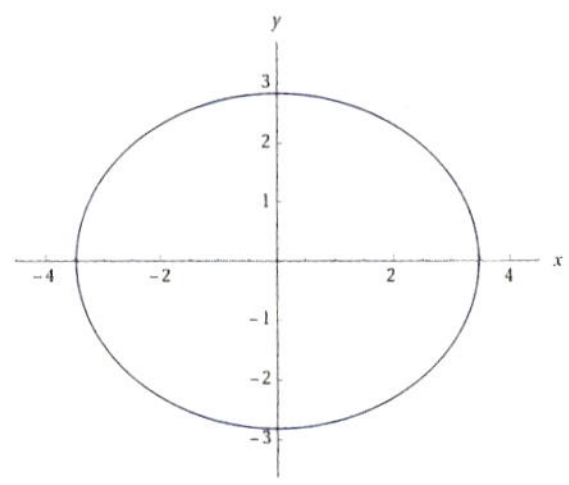

16. 초점 $(-\sqrt{2},0)$, $(\sqrt{2},0)$, 꼭짓점 $(-1,0)$, $(1,0)$

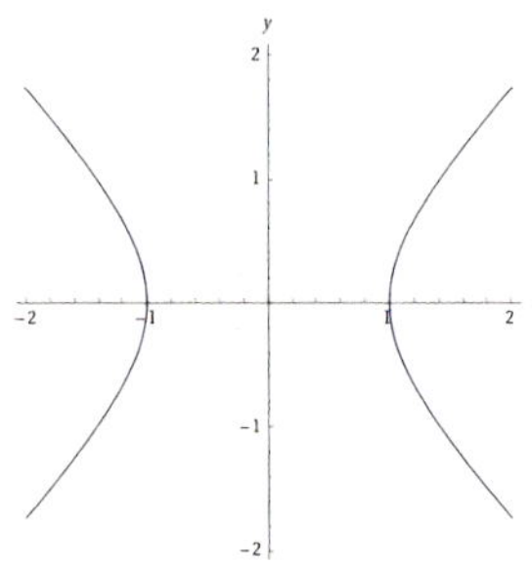

17. 초점 $(0,-2)$, $(0,2)$, 꼭짓점 $(0,-\sqrt{3})$, $(0,\sqrt{3})$

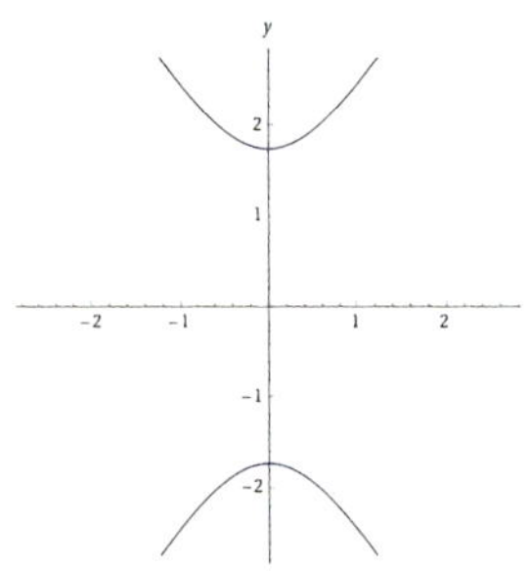

18. 초점 $(-5,0)$, $(5,0)$, 꼭짓점 $(-4,0)$, $(4,0)$

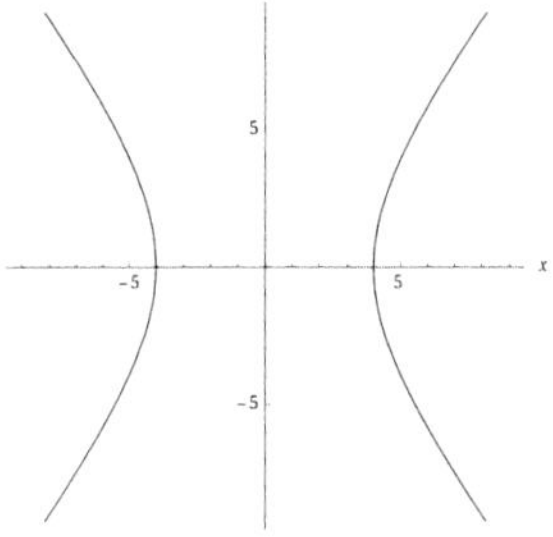

19. $\dfrac{x^2}{4}-\dfrac{y^2}{5}=1$

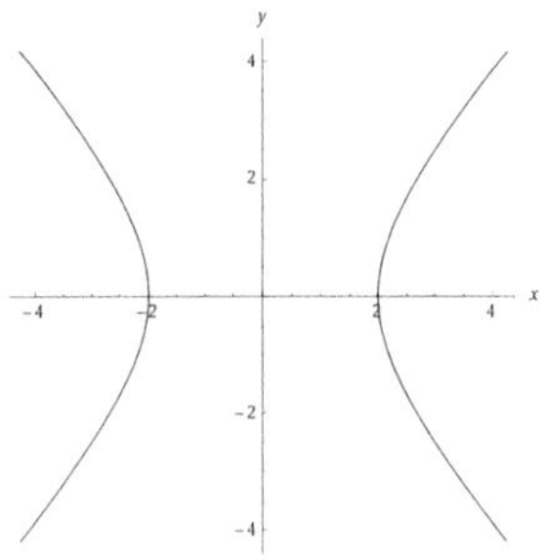

20. $x^2-\dfrac{y^2}{8}=-1$

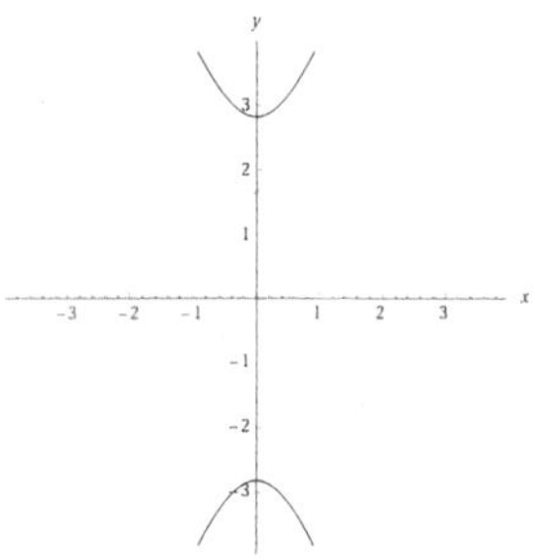

21. $\dfrac{x^2}{2}-\dfrac{y^2}{3}=1$

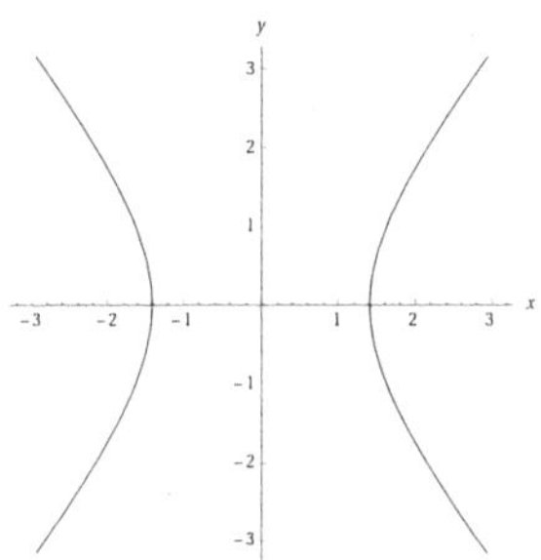

22.

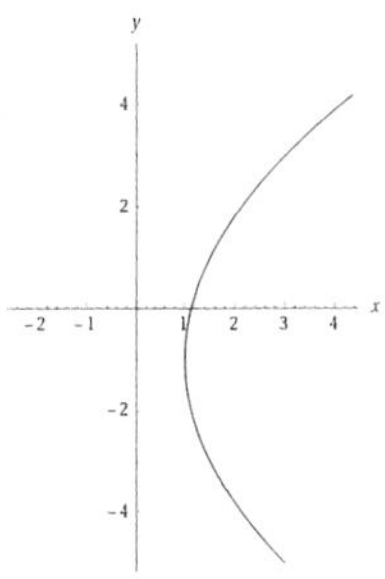

23.

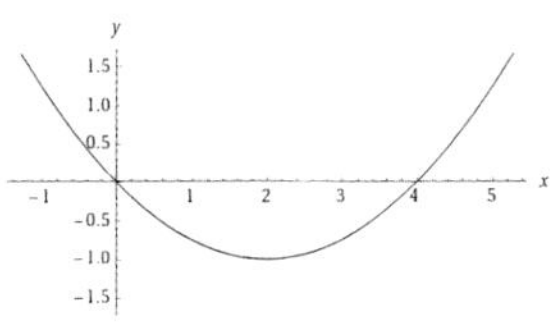

24.

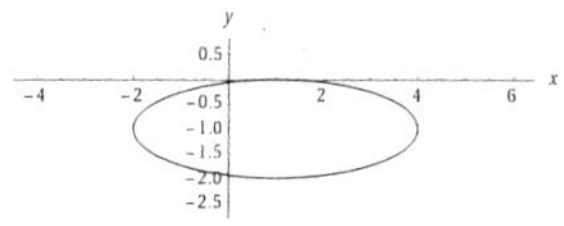

25.

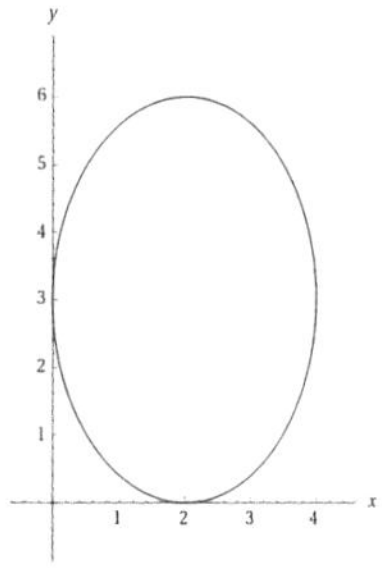

26.

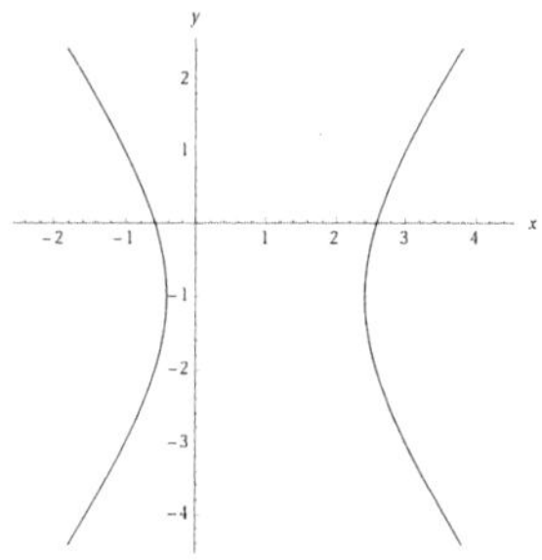

27.

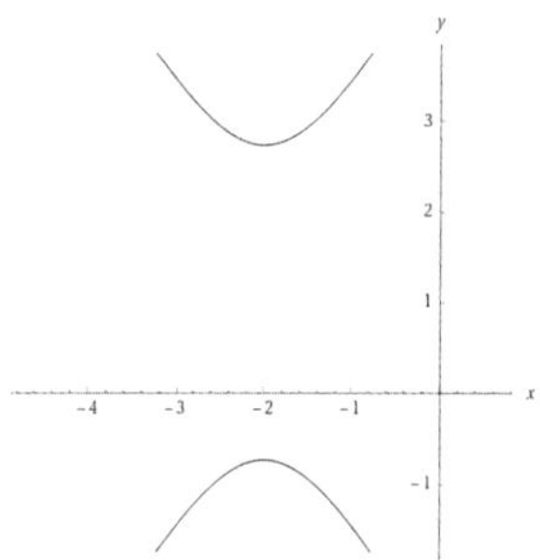

• Part 2

28. 초점 $\left(\dfrac{3}{4},-1\right)$, 준선 $x=-\dfrac{5}{4}$

29. 초점 $(2,0)$, 준선 $y=2$

30. $(y-1)^2=8(x+2)$

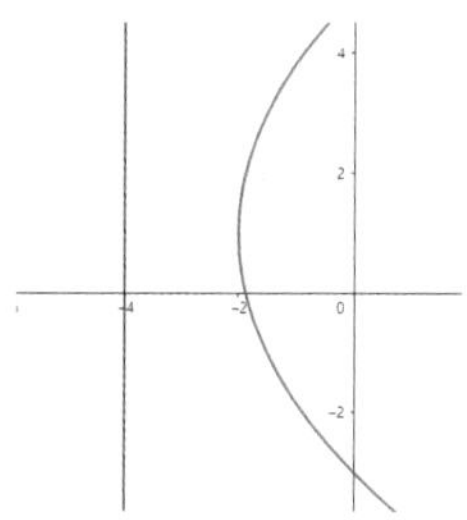

31. $(x-1)^2=4(y-1)$

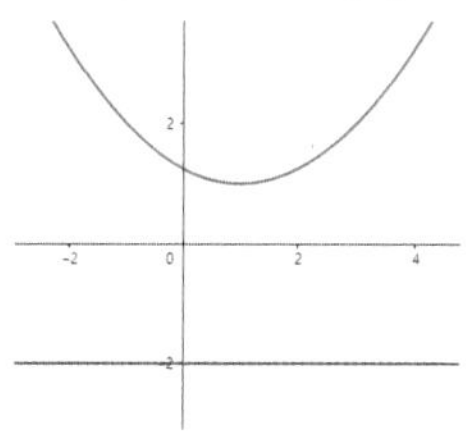

32. $\dfrac{(x-1)^2}{9}+\dfrac{(y+1)^2}{4}=1$

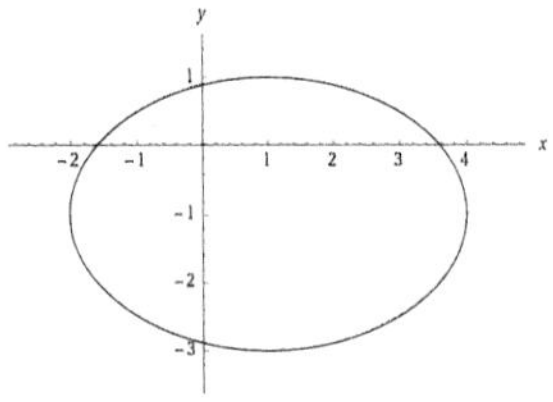

33. 초점 $(2,-4)$, $(2,4)$, 꼭짓점 $(2,-5)$, $(2,5)$

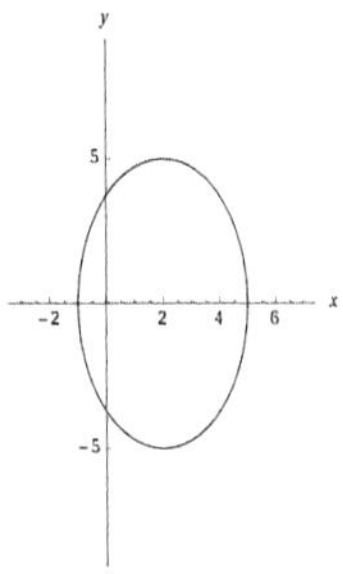

34. $\dfrac{(x-1)^2}{4}+\dfrac{(y-2)^2}{5}=1$

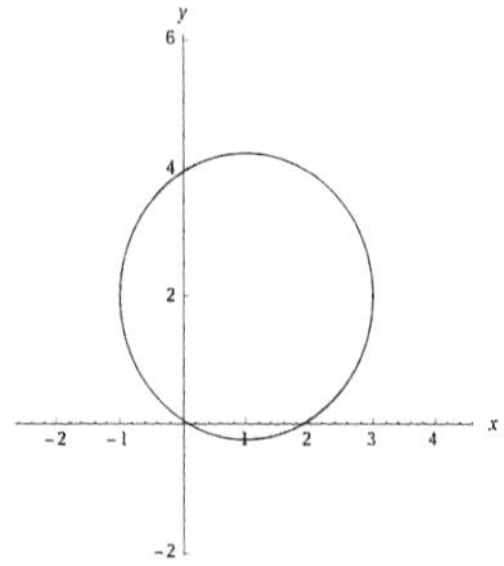

35. $(y+1)^2=-4(x+1)$

36. $(x-2)^2=-8(y+3)$

37. $(x+1)^2+\dfrac{(y-1)^2}{4}=1$

38. $\dfrac{(x-2)^2}{9}+\dfrac{(y+2)^2}{4}=1$

39. $\dfrac{(x-1)^2}{2}-\dfrac{(y-1)^2}{2}=1$

40. $(x+1)^2-\dfrac{(y-2)^2}{3}=-1$

CHAPTER 9 벡터 그리고 공간 위의 직선, 평면, 이차곡면

9.1 공간좌표계: 직교좌표계

• Part 1

1. $(3,0,0)$, $(3,5,0)$, $(0,5,0)$, $(0,0,0)$, $(3,0,4)$, $(3,5,4)$, $(0,5,4)$, $(0,0,4)$
2. 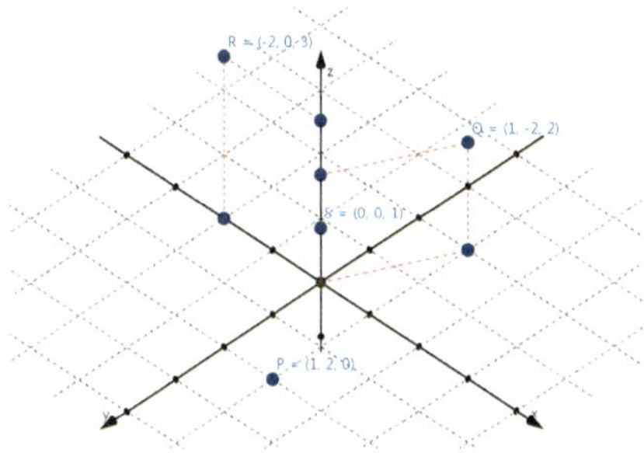

3. 3
4. $\sqrt{10}$
5. $\sqrt{51}$
6. $2\sqrt{6}$
7. $(x-3)^2+(y-1)^2+(z-1)^2=1$
8. $(x+1)^2+(y-1)^2+(z-2)^2=4$
9. $(x-2)^2+(y-1)^2+(z+\frac{1}{2})^2=\frac{161}{4}$
10. $(x-1)^2+(y-2)^2+(z-5)^2=6$
11. $x^2+(y+3)^2+(z-4)^2=29$
12. $(x-1)^2+y^2+(z-2)^2=13$
13. 중심: $(-1,1,0)$, 반지름: 2
14. 중심: $(0,3,-4)$, 반지름: 5
15. 중심: $(2,0,-\frac{1}{4})$, 반지름: $\frac{7}{4}$

• Part 2

16. 3
17. 5
18. 2
19. $\sqrt{13}$
20. $\sqrt{34}$
21. $\sqrt{29}$
22. P
23. $\sqrt{35}-5$
24. $(x-5)^2+(y-4)^2+(z-9)^2=16$
25. $(x-3)^2+(y-2)^2+(z-7)^2=11$
26. $(x-2)^2+(y+3)^2+(z-6)^2=36$
27. $(x-2)^2+(y+3)^2+(z-6)^2=4$
28. $(x-2)^2+(y+3)^2+(z-6)^2=9$

9.2 벡터

• Part 1

1. 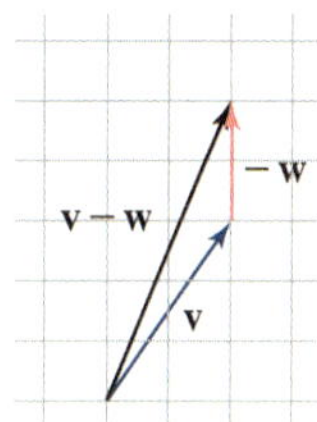

2. 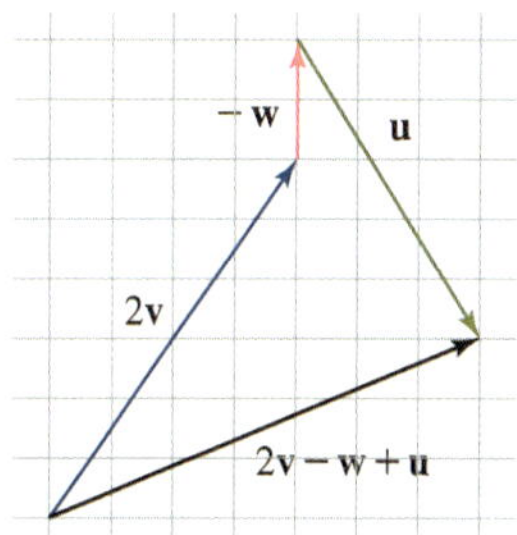

3. 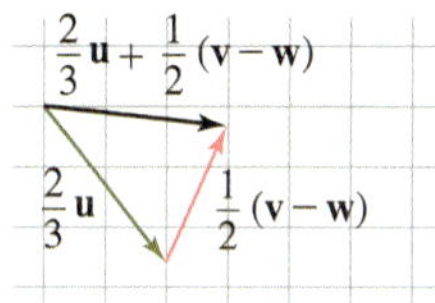

4. 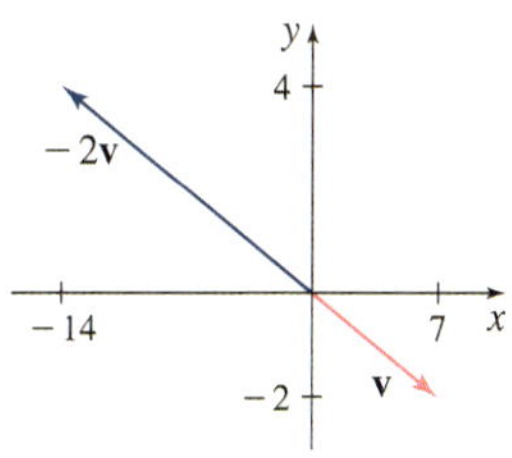

5. 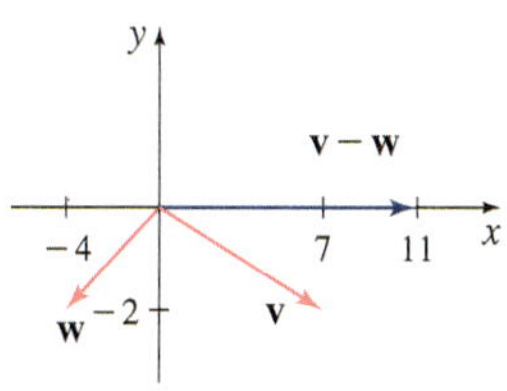

6.

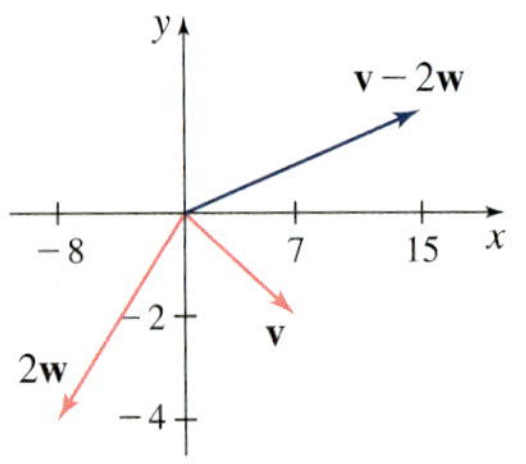

7.

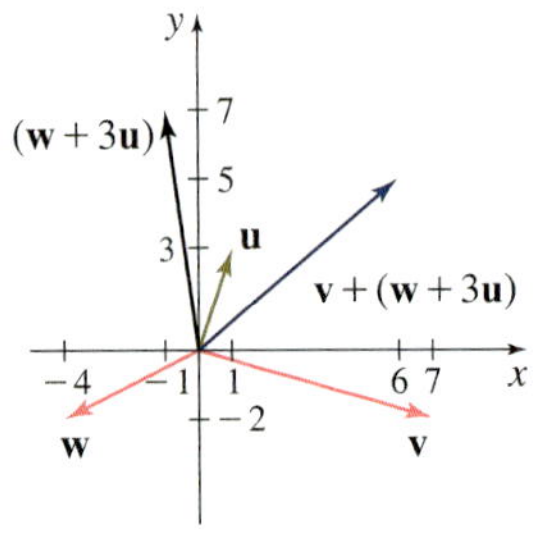

8. $\overrightarrow{PQ} = \langle 0, -4 \rangle$

9. $\overrightarrow{PQ} = \langle -5, 0 \rangle$

10. $\overrightarrow{PQ} = \langle -2, 0, 1 \rangle$

11. $\overrightarrow{PQ} = \left\langle \frac{1}{2}, -\frac{7}{3}, -1 \right\rangle$

12. $\mathbf{v} + \mathbf{u} = \langle 5, -3 \rangle$

13. $3\mathbf{u} - 2\mathbf{v} = \langle 10, 1 \rangle$

14. $\frac{1}{2}\mathbf{u} = \left\langle 2, -\frac{1}{2} \right\rangle$

15. $2\mathbf{v} + \frac{1}{2}\mathbf{u} = \left\langle 4, -\frac{9}{2} \right\rangle$

16. $2\mathbf{v} + 3\mathbf{u} = \langle 12, -4, 5 \rangle$

17. $\mathbf{u} - \frac{1}{2}\mathbf{v} = \left\langle \frac{1}{2}, -\frac{5}{2}, 4 \right\rangle$

18. $4\mathbf{u} = \langle 8, -8, 12 \rangle$

19. $2\mathbf{v} - 3\mathbf{u} = \langle 0, 8, -13 \rangle$

20. 5

21. $\sqrt{29}$

22. $\sqrt{145}$

23. $\frac{\sqrt{53}}{2}$

24. $\frac{\sqrt{30}}{2}$

25. $\sqrt{29}$

26. $\sqrt{130}$

27. 2

28. $\mathbf{u} = \left\langle \frac{4}{5}, -\frac{3}{5} \right\rangle$

29. $\mathbf{u} = \left\langle \frac{4}{\sqrt{21}}, \frac{2}{\sqrt{21}}, \frac{1}{\sqrt{21}} \right\rangle$

30. $\mathbf{u} = \left\langle \frac{3}{\sqrt{17}}, -\frac{2}{\sqrt{17}}, \frac{2}{\sqrt{17}} \right\rangle$

31. $\overrightarrow{PQ} = \langle 5, 12 \rangle$

32. $\left\langle \frac{10}{13}, \frac{24}{13} \right\rangle$

33. $\left\langle -\frac{5}{26}, -\frac{6}{13} \right\rangle$

34. $\overrightarrow{QP} = \langle -1, 2, 1 \rangle$

35. $\left\langle -\frac{10}{\sqrt{6}}, \frac{20}{\sqrt{6}}, \frac{10}{\sqrt{6}} \right\rangle$

36. $\left\langle \frac{\pi}{\sqrt{6}}, -\frac{2\pi}{\sqrt{6}}, -\frac{\pi}{\sqrt{6}} \right\rangle$

37. $4\mathbf{i} - \mathbf{j}$

38. $-3\mathbf{i} - 2\mathbf{j}$

39. $\langle -2, 3 \rangle$

40. $\langle 3, 6 \rangle$

41. $-3\mathbf{i} + \sqrt{2}\mathbf{j} - \mathbf{k}$

42. $-3\mathbf{j} + 2\mathbf{k}$

43. $2\mathbf{i}$

44. $\langle 10, 5, -11 \rangle$

45. $\langle 1, -3, 0 \rangle$

46. $\langle 0, 0, -3 \rangle$

• Part 2

47. $\langle -3, 0, 2 \rangle$

48. $\langle -15, 0, 10 \rangle$

49. $\left\langle -\frac{1}{\sqrt{21}}, \frac{2}{\sqrt{21}}, -\frac{4}{\sqrt{21}} \right\rangle$

50. $S(3, 3, -2)$

51. $M\left(\frac{1}{3}, \frac{7}{3}, \frac{4}{3}\right)$

52. $\langle 2, -10, 1 \rangle$

53. $\langle 6, 18, 0 \rangle$

54. $\langle 3, -15, 9 \rangle$

55. $4\sqrt{11}$

56. $\left\langle -\frac{8}{\sqrt{137}}, \frac{8}{\sqrt{137}}, \frac{3}{\sqrt{137}} \right\rangle$

57. $\mathbf{u} = \left\langle \frac{5}{3}, \frac{5}{3}, -\frac{8}{3} \right\rangle$, $\mathbf{v} = \left\langle -\frac{2}{3}, \frac{1}{3}, -\frac{1}{3} \right\rangle$

58. $\mathbf{u} = \left\langle \frac{7}{4}, \frac{5}{8}, -\frac{1}{2} \right\rangle$, $\mathbf{v} = \left\langle \frac{5}{4}, -\frac{1}{8}, -\frac{1}{2} \right\rangle$

59. $\boldsymbol{A}$

60. $-\boldsymbol{H}$

61. $-(\boldsymbol{D} + \boldsymbol{E} + \boldsymbol{F})$

62. $-(A+B+C+D)$
63. $a=-2,\ b=-2$

9.3 벡터의 내적

• Part 1

1. 9
2. 9
3. -8
4. -8
5. 11
6. 11
7. 25
8. 10
9. 26
10. $\langle 27, 36\rangle$
11. 1
12. 14
13. 14
14. 18
15. 18
16. 24
17. 24
18. 26
19. 11
20. 30
21. $\langle 42, 56, -14\rangle$
22. 32
23. $\dfrac{-8}{\sqrt{154}}$
24. $\dfrac{-8}{\sqrt{66}}$
25. $\dfrac{19}{26}$
26. 수직이 아니다.
27. 수직
28. 수직
29. $a=-2$
30. $a=0$
31. $a=-2$
32. $-\dfrac{18}{7}\mathbf{i}+\dfrac{6}{7}\mathbf{j}+\dfrac{12}{7}\mathbf{k}$
33. $2\mathbf{i}-2\mathbf{j}-2\mathbf{k}$
34. $\dfrac{6}{7}\mathbf{i}-\dfrac{2}{7}\mathbf{j}-\dfrac{4}{7}\mathbf{k}$
35. $\dfrac{4}{3}\mathbf{i}+\dfrac{4}{3}\mathbf{j}-\dfrac{4}{3}\mathbf{k}$
36. $-\dfrac{2}{3}\mathbf{i}-\dfrac{2}{3}\mathbf{j}+\dfrac{2}{3}\mathbf{k}$
37. $\dfrac{1}{3}\mathbf{i}-\dfrac{1}{3}\mathbf{j}-\dfrac{1}{3}\mathbf{k}$
38. $\dfrac{2}{6}\mathbf{i}+\dfrac{1}{6}\mathbf{j}-\dfrac{1}{6}\mathbf{k}$
39. $\mathbf{v}=\left(\dfrac{2}{6}\mathbf{i}+\dfrac{1}{6}\mathbf{j}-\dfrac{1}{6}\mathbf{k}\right)+\left(\dfrac{4}{6}\mathbf{i}+\dfrac{5}{6}\mathbf{j}+\dfrac{13}{6}\mathbf{k}\right)$
40. $-\dfrac{2}{9}\mathbf{i}+\dfrac{1}{9}\mathbf{j}+\dfrac{2}{9}\mathbf{k}$
41. $\mathbf{v}=\left(-\dfrac{2}{9}\mathbf{i}+\dfrac{1}{9}\mathbf{j}+\dfrac{2}{9}\mathbf{k}\right)+\left(-\dfrac{7}{9}\mathbf{i}+\dfrac{26}{9}\mathbf{j}-\dfrac{20}{9}\mathbf{k}\right)$

• Part 2

42. 6
43. 36
44. $22\sqrt{5}$
45. $24\sqrt{5}$
46. -1
47. 32
48. -2
49. 15
50. $a=0,\ a=4$
51. $\cos A=-\dfrac{3}{\sqrt{102}},\ \cos B=\dfrac{20}{\sqrt{493}},\ \cos C=\dfrac{9}{\sqrt{174}}$
52. $b=-2,\ b=2$
53. $2\sqrt{13}$
54. $2\sqrt{7}$
55. $\|\mathbf{a}\|=1,\quad \|\mathbf{b}\|=\dfrac{\sqrt{3}}{2},\quad \|\mathbf{c}\|=\dfrac{1}{2}$이므로

    $\mathbf{a}\cdot\mathbf{b}=\|\mathbf{a}\|\|\mathbf{b}\|\cos\dfrac{\pi}{6}=\dfrac{3}{4}$

    $\mathbf{b}\cdot\mathbf{c}=\|\mathbf{b}\|\|\mathbf{c}\|\cos\dfrac{2\pi}{3}=-\dfrac{1}{4}$

    $\mathbf{a}\cdot\mathbf{c}=\|\mathbf{a}\|\|\mathbf{c}\|\cos\dfrac{\pi}{2}=0$

56. $\|\mathbf{a}\|=1,\quad \|\mathbf{b}\|=\|\mathbf{c}\|=\dfrac{1}{\sqrt{2}}$이므로

    $\mathbf{a}\cdot\mathbf{b}=\|\mathbf{a}\|\|\mathbf{b}\|\cos\dfrac{\pi}{4}=\dfrac{1}{2}$

    $\mathbf{b}\cdot\mathbf{c}=\|\mathbf{b}\|\|\mathbf{c}\|\cos\dfrac{\pi}{2}=0$

$$\mathbf{a}\cdot\mathbf{c} = \|\mathbf{a}\|\,\|\mathbf{c}\|\cos\frac{3\pi}{4} = -\frac{1}{2}$$

9.4 벡터의 외적

• Part 1

1. $3\mathbf{i}+5\mathbf{j}+7\mathbf{k}$
2. $-3\mathbf{i}-5\mathbf{j}-7\mathbf{k}$
3. $7\mathbf{i}-7\mathbf{j}+7\mathbf{k}$
4. $-7\mathbf{i}+7\mathbf{j}-7\mathbf{k}$
5. $-8\mathbf{i}-4\mathbf{j}$
6. $8\mathbf{i}+4\mathbf{j}$
7. $\mathbf{0}$
8. $\mathbf{0}$
9. $\mathbf{0}$
10. $-3\mathbf{i}+2\mathbf{j}+11\mathbf{k}$
11. $-2\mathbf{i}-6\mathbf{j}+10\mathbf{k}$
12. $6\mathbf{i}+6\mathbf{k}$
13. $-10\mathbf{i}+5\mathbf{j}-10\mathbf{k}$
14. $\frac{15}{2}$
15. $3\mathbf{i}-4\mathbf{j}-5\mathbf{k}$
16. $\frac{5\sqrt{2}}{2}$
17. 15
18. $28\mathbf{i}+7\mathbf{j}+14\mathbf{k}$
19. 49
20. 49
21. 70
22. 36
23. 23

• Part 2

24. $19\mathbf{i}-2\mathbf{j}+10\mathbf{k}$
25. $\sqrt{465}$
26. -34
27. 34
28. $-14\mathbf{i}+57\mathbf{j}+38\mathbf{k}$
29. -86
30. $\frac{1}{\sqrt{6}}\mathbf{i}+\frac{1}{\sqrt{6}}\mathbf{j}-\frac{2}{\sqrt{6}}\mathbf{k}$와 $-\frac{1}{\sqrt{6}}\mathbf{i}-\frac{1}{\sqrt{6}}\mathbf{j}+\frac{2}{\sqrt{6}}\mathbf{k}$
31. 16
32. $\sqrt{265}$
33. $\frac{3\sqrt{3}}{2}$
34. $\frac{\sqrt{77}}{2}$
35. 3

9.5 공간 위의 직선과 평면

• Part 1

1. l_1: $(1+2t)\mathbf{i}+(-2+4t)\mathbf{j}+(4-4t)\mathbf{k}$
2. l_1: $x=1+2t,\ y=-2+4t,\ z=4-4t$
3. l_1: $\frac{x-1}{2}=\frac{y+2}{4}=\frac{z-4}{-4}$
4. l_2: $(-2+2t)\mathbf{i}+4t\mathbf{j}+(4-2t)\mathbf{k}$
5. l_2: $x=-2+2t,\ y=4t,\ z=4-2t$
6. l_2: $\frac{x+2}{2}=\frac{y}{4}=\frac{z-4}{-2}$
7. l_1: $(-2+3t)\mathbf{i}+(1+2t)\mathbf{j}+5t\mathbf{k}$
8. l_1: $x=-2+3t,\ y=1+2t,\ z=5t$
9. l_2: $(1-4t)\mathbf{i}+(3-t)\mathbf{j}+(5-8t)\mathbf{k}$
10. l_2: $\frac{x-1}{-4}=\frac{y-3}{-1}=\frac{z-5}{-8}$
11. l_3: $x=-2-t,\ y=1+t,\ z=-3t$
12. l_3: $\frac{x+2}{-1}=\frac{y-1}{1}=\frac{z}{-3}$
13. $x=3,\ \frac{y-3}{2}=\frac{z-1}{1}$
14. $\frac{x-3}{1}=\frac{z-1}{3},\ y=3$
15. $x=-1,\ z=1,\ y\in\mathbb{R}$
16. $x=-1,\ y=2,\ z\in\mathbb{R}$
17. $(5,0,0),\ (7,-1,2),\ (9,-2,4)\ldots$
18. $(0,1,2),\ (2,-2,6),\ (-2,4,-2)\ldots$
19. $(2,2,1),\ (3,2,0),\ (4,2,1)\ldots$
20. $x=1+t,\ y=2+t,\ z=1-2t$
21. $x+1=z-1,\ y=0$
22. $(3+2t)\mathbf{i}+(2-2t)\mathbf{j}+(-1+t)\mathbf{k}$
23. 평행관계
24. 한점에서 만난다
25. 꼬인관계
26. $2x+3y-z=3$
27. $-3x+2z=-5,\ y\in\mathbb{R}$
28. $x+4y+2z=28$
29. $x-2y+3z=-3$

30. $2x+3y-4z=9$
31. $3x+4y+4z=17$
32. $2y-z=1,\ x\in\mathbb{R}$
33. $x+9y-5z=16$
34. $3x+7y-6z=11$
35. $x=t,\ y=2-t,\ z=-1$ (t는 실수)
36. $x=2,\ y=-7t,\ z=-1-14t$ (t는 실수)
37. $x=3+14t,\ y=2t,\ z=15t$ (t는 실수)
38. $\frac{\sqrt{2}}{3}$
39. $\frac{3\sqrt{87}}{29}$
40. $\frac{17}{\sqrt{406}}$
41. $\frac{25}{3}$
42. $\frac{26}{\sqrt{53}}$
43. $\frac{3}{\sqrt{11}}$

• Part 2

44. $x=1+2t, y=3-4t, z=2+4t$
45. $\frac{x-3}{2}=\frac{y+1}{3}=\frac{z-6}{-6}$
46. $6x+10y+7z=50$
47. $(-3,-1,-2)$
48. $(0,1,2)$
49. $(4t-3)\mathbf{i}+(2-3t)\mathbf{j}+(7t-3)\mathbf{k}$ (t는 실수)
50. $-x+y=0,\ z\in\mathbb{R}$
51. $6x=-15y+6=-10z+6$
52. $\frac{2}{\sqrt{42}}$
53. $x=t, y=-8t+16, z=-7t+14$
54. $-\frac{6}{5\sqrt{6}}$
55. $a=1$
56. $3x-3y+z=2$
57. $\left(2,-1,\frac{1}{2}\right)$
58. $x+3y-2z=-2$
59. $4x+y-3z=-3$
60. $6x+3y+2z=12$
61. $k=-2$, 교점: $(-3,1,2)$
62. $a=-1, b=-6$
63. $\frac{7}{3\sqrt{6}}$
64. $\frac{1}{3\sqrt{14}}$

9.6 공간 위의 곡면: 기둥면과 이차곡면

• Part 1

1.

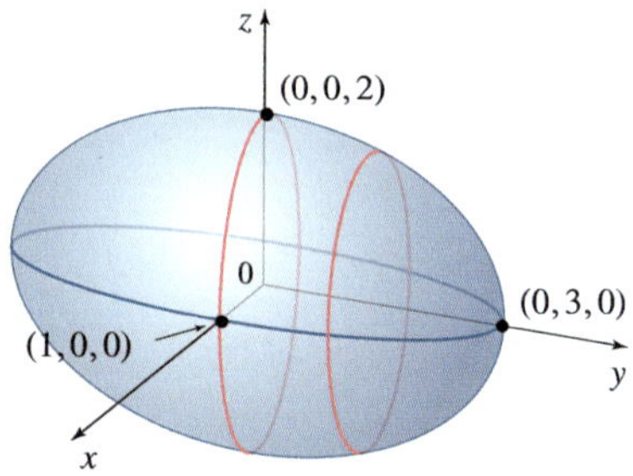

2.

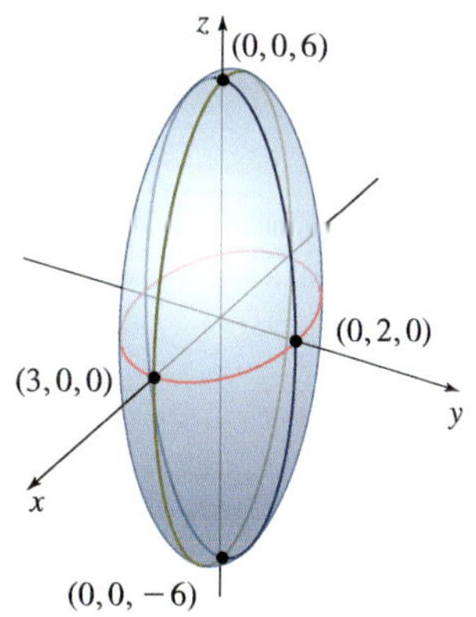

3.

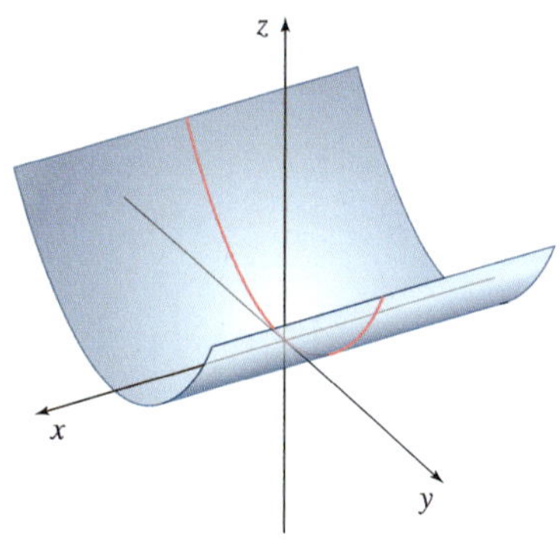

4.

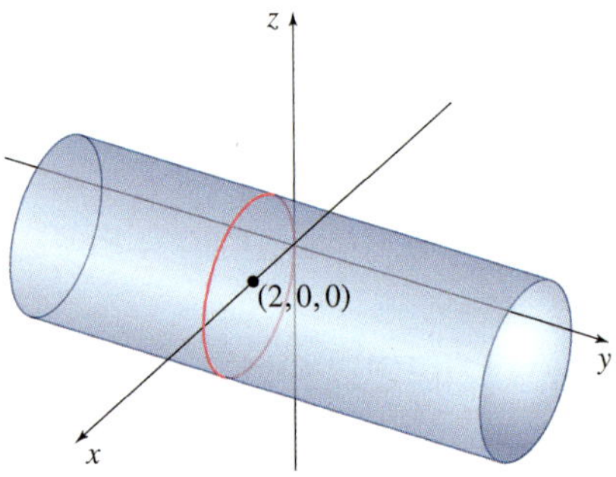

5.

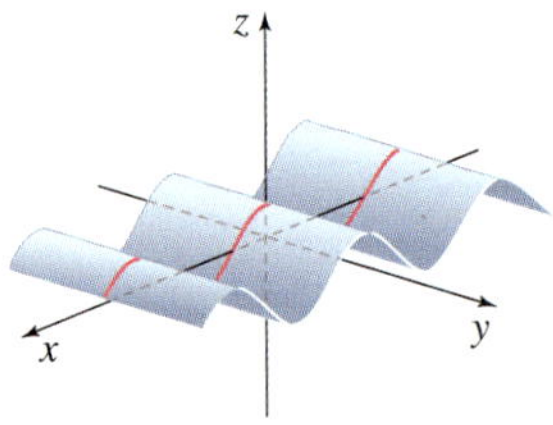

6.

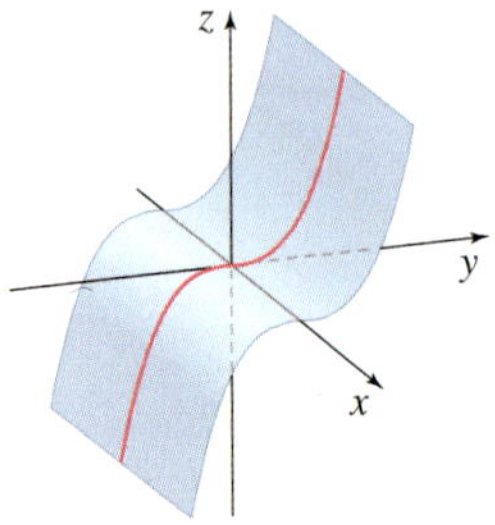

7.

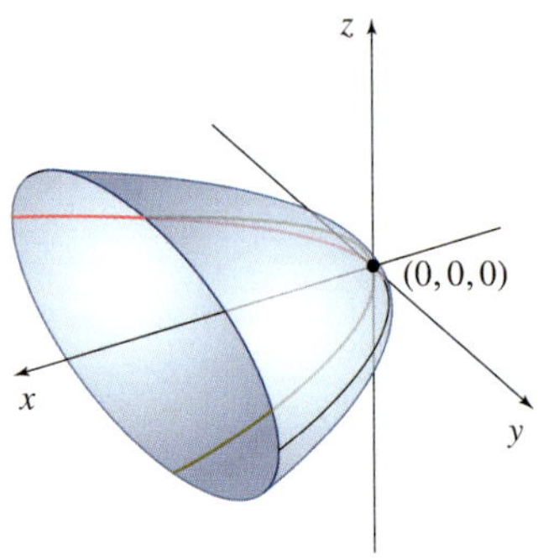

8.

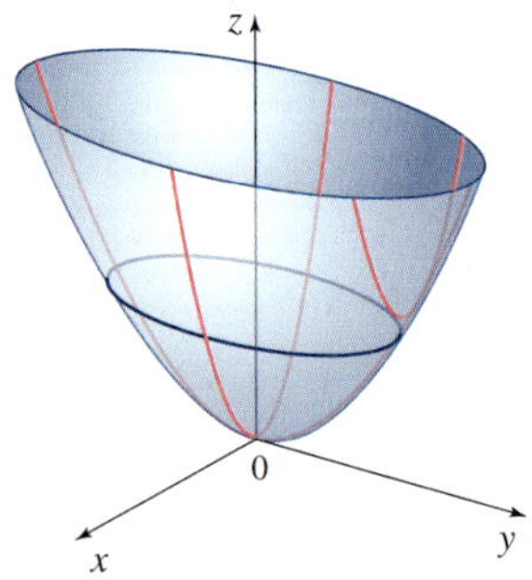

• Part 2

9. C

10. B

11. E

12. F

13. D

14. A

15. L

16. K

17. J

18. I

19. H

20. G

CHAPTER 10 벡터함수와 매개곡선

10.1 벡터함수의 정의와 극한

• Part 1

1. $t \neq -1$인 모든 실수
2. $t \geq 0$인 모든 실수
3. $t > 0$인 모든 실수
4. 모든 실수
5. $2\pi\mathbf{i}-\mathbf{j}$
6. $6\mathbf{i}+\frac{2}{3}\mathbf{j}+\frac{1}{2}\mathbf{k}$
7. $\mathbf{o}$
8. $\mathbf{i}+\mathbf{j}+\mathbf{k}$
9. $\cos e\mathbf{i}+\mathbf{j}+\frac{1}{e}\mathbf{k}$
10. $\mathbf{i}$
11. $\mathbf{i}+\mathbf{k}$
12. $2\mathbf{i}+2\mathbf{j}+\mathbf{k}$
13. $8\mathbf{i}$
14. $3\mathbf{i}+\frac{1}{2}\mathbf{j}$

• Part 2

15. $(4t+6)\mathbf{i}+8\sqrt{t}\,\mathbf{j}-\left(2\ln t+\frac{3}{t}\right)\mathbf{k}$
16. $6t+\frac{\ln t}{t}$
17. $\left(2\sqrt{t}\ln t-\frac{\sqrt{t}}{t}\right)\mathbf{i}+(2-2\ln t)\mathbf{j}+(4t\sqrt{t}-2\sqrt{t})\mathbf{k}$
18. $\mathbf{i}+\mathbf{j}+\mathbf{k}$
19. $\mathbf{i}+3\mathbf{j}-\pi\mathbf{k}$
20. $-\mathbf{i}+\frac{\pi}{2}\mathbf{j}$
21. $\frac{1}{2}\mathbf{j}+\mathbf{k}$
22. $t=0$에서 연속
23. $t=0$에서 불연속
24. $t=0$에서 불연속

10.2 평면곡선과 공간곡선

• Part 1

1.

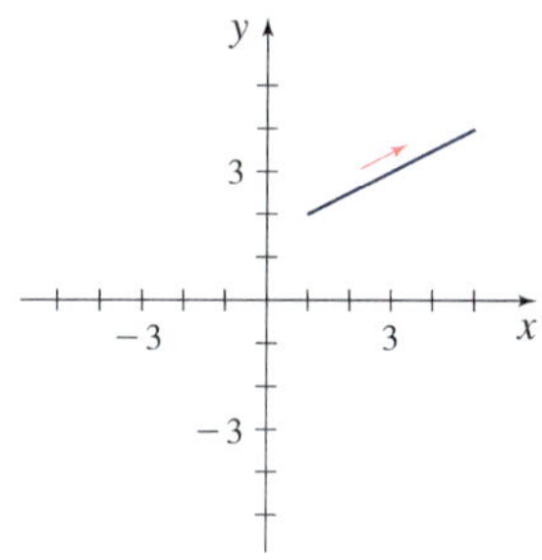

$x=2y-3,\ x\in[1,5]$

2.

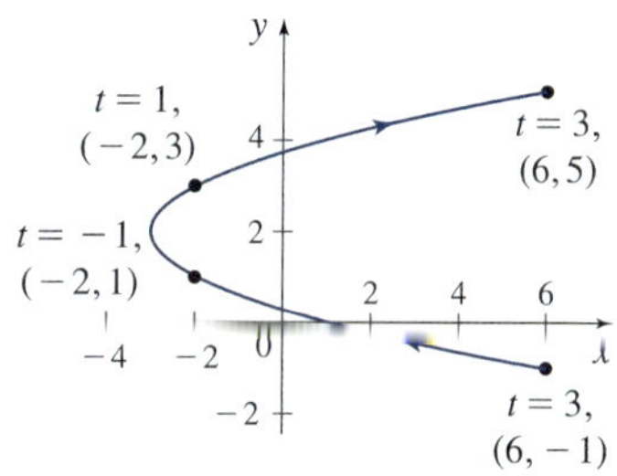

$x=y^2-4y+1,$
$-1 \leq y \leq 5$

3.

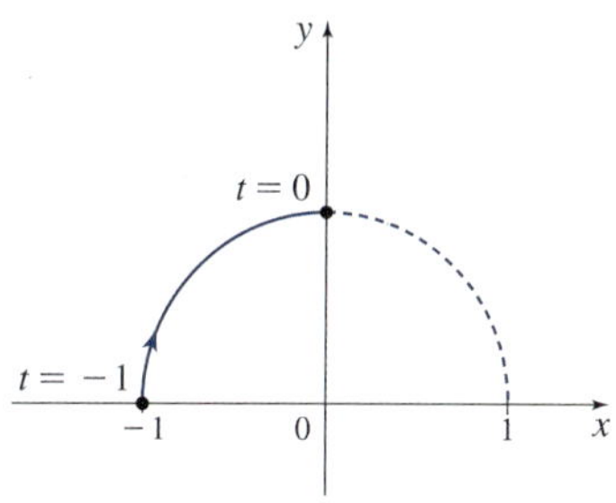

$y=\sqrt{1-x^2}$

4.

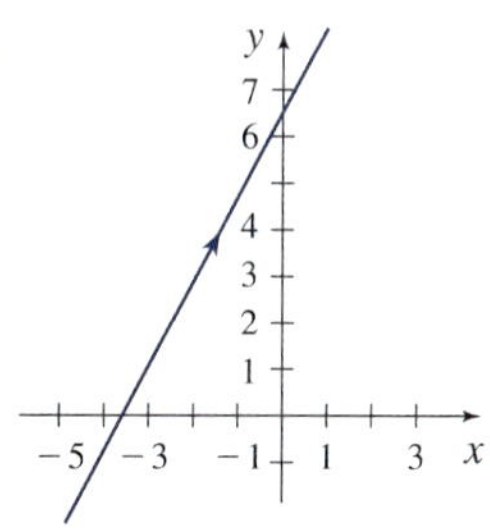

$3x-2y+11=0$

5.

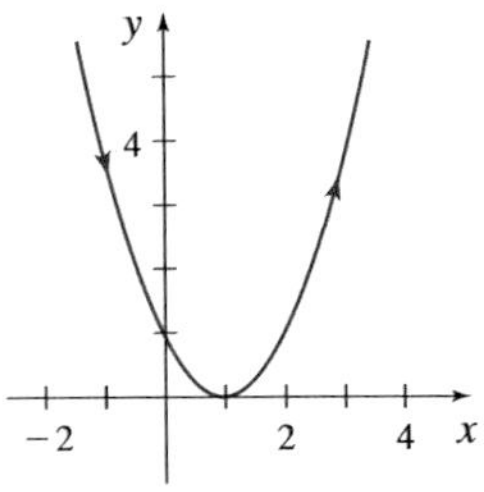

$y=(x-1)^2$

6.

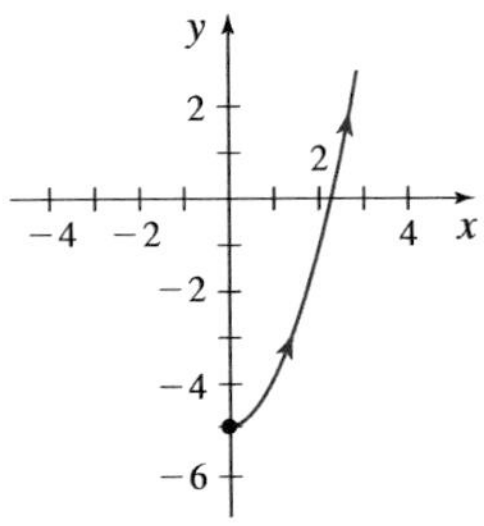

$y=x^2-5,\ \ x\geq 0$

7.

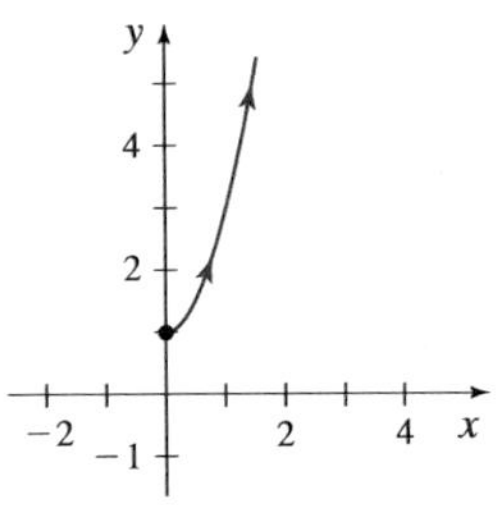

$y=x^3+1,\ \ x>0$

8.

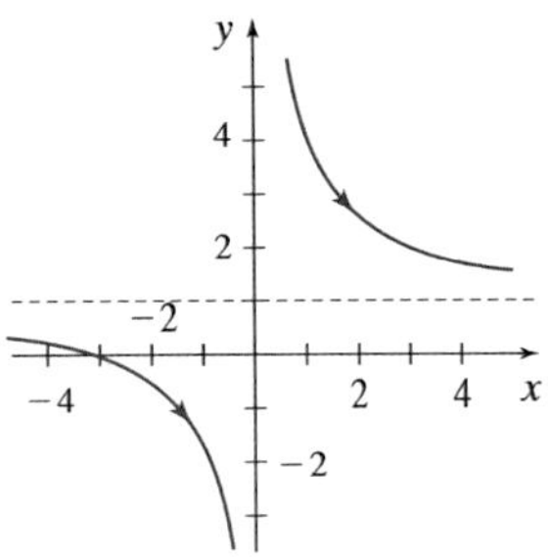

$y=\dfrac{x+3}{x}$

9.

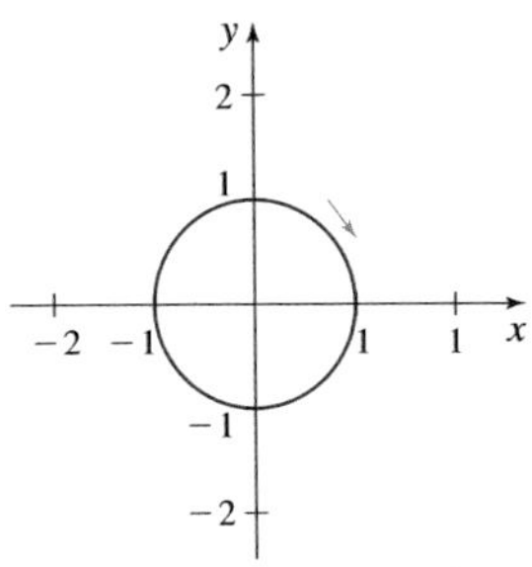

$x^2+y^2=1$

10.

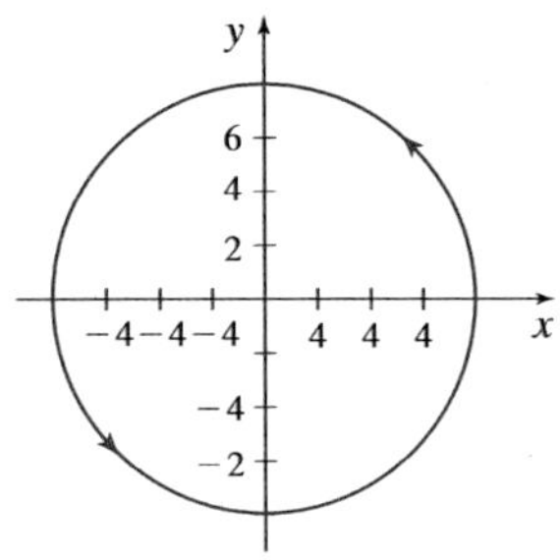

$x^2+y^2=64$

11.

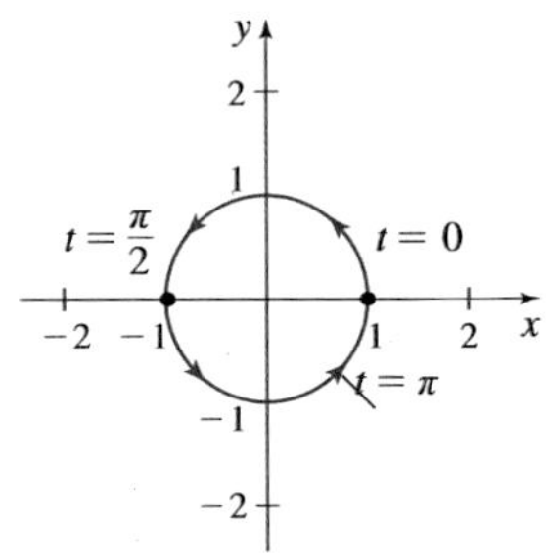

$x^2+y^2=1$

12.

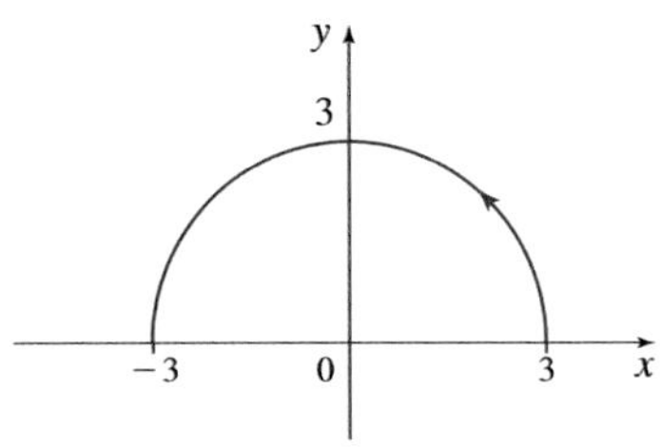

$x^2+y^2=9,\ \ y\geq 0$

13.

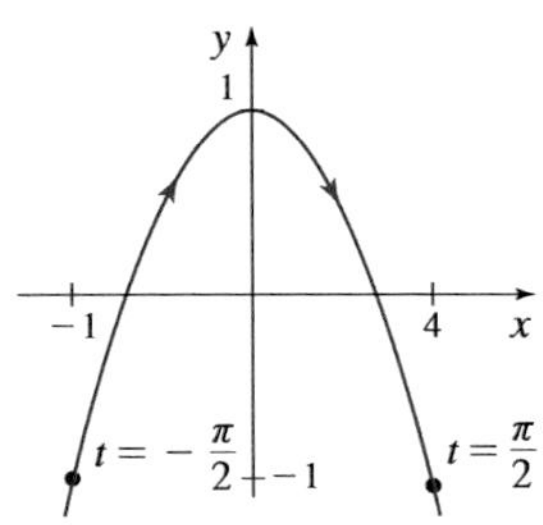

$y=1-2x^2$

14. $x=t,\ \ y=t+4$

15. $x=t,\ \ y=-\dfrac{2}{3}t-\dfrac{4}{3}$

16. $x=2(t+1)^2,\ \ y=t$

17. $x=2\cos t,\ \ y=2\sin t$

18. $x=2+5\cos t,\ \ y=5\sin t$

19. $x=5\cos t,\ \ y=2\sin t$

20. $x=2\cos t,\ \ y=3\sin t$

21. $x=t,\ \ y=\dfrac{7}{2}t-8$

22. $x=t,\ y=\dfrac{7}{2}t-8,\ (2\le t\le 4)$

23. $x=t,\ y=-\dfrac{7}{5}t+\dfrac{9}{5}$

24. $x=t,\ y=-\dfrac{7}{5}t+\dfrac{9}{5},\ (-3\le t\le 2)$

25. $\mathbf{r}(t)=\begin{cases}\left(t-\dfrac{1}{2}\right)\mathbf{i}-\dfrac{1}{2}\mathbf{j} & ,\ 0\le t\le 1\\ \dfrac{1}{2}\mathbf{i}+\left(t-\dfrac{3}{2}\right)\mathbf{j} & ,\ 1\le t\le 2\\ \left(\dfrac{5}{2}-t\right)\mathbf{i}+\dfrac{1}{2}\mathbf{j} & ,\ 2\le t\le 3\\ -\dfrac{1}{2}\mathbf{i}+\left(\dfrac{7}{2}-t\right)\mathbf{j} & ,\ 3\le t\le 4\end{cases}$

26. $\mathbf{r}(t)=\begin{cases}(1-t)\mathbf{i}-t\mathbf{j} & ,\ 0\le t\le 1\\ (1-t)\mathbf{i}+(t-2)\mathbf{j} & ,\ 1\le t\le 2\\ (t-3)\mathbf{i}+(t-2)\mathbf{j} & ,\ 2\le t\le 3\\ (t-3)\mathbf{i}+(4-t)\mathbf{j} & ,\ 3\le t\le 4\end{cases}$

27. $\mathbf{r}(t)=\begin{cases}(1-t)\mathbf{i} & ,\ 0\le t\le 2\\ (t-3)\mathbf{i}+(2t-4)\mathbf{j} & ,\ 2\le t\le 3\\ (t-3)\mathbf{i}+(8-2t)\mathbf{j} & ,\ 3\le t\le 4\end{cases}$

28. $\mathbf{r}(t)=\begin{cases}(-\sin t)\mathbf{i}+\cos t\mathbf{j} & ,\ 0\le t\le \pi\\ (t-\pi-1)\mathbf{j} & ,\ \pi\le t\le \pi+2\end{cases}$

29.

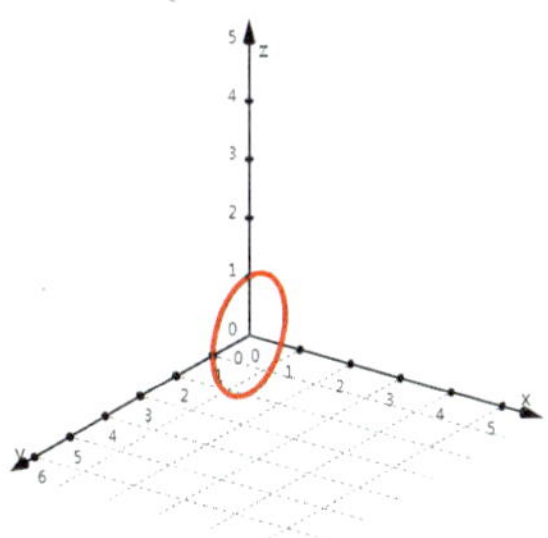

30.

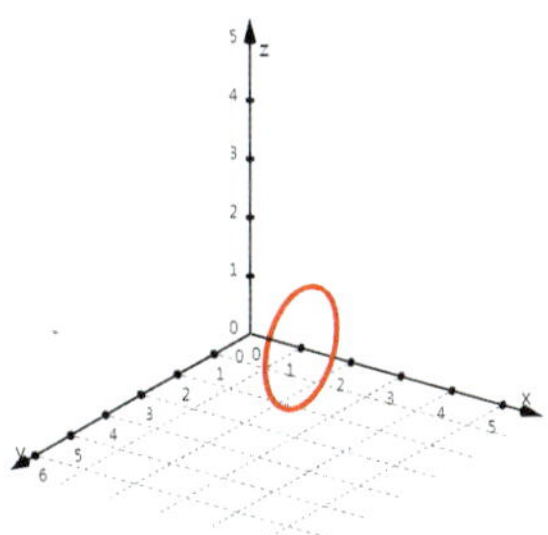

31.

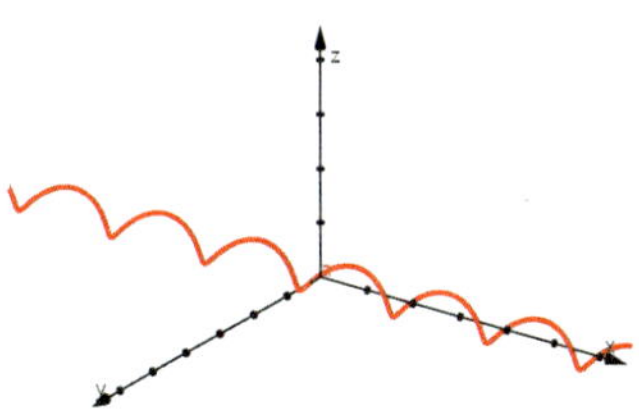

32.

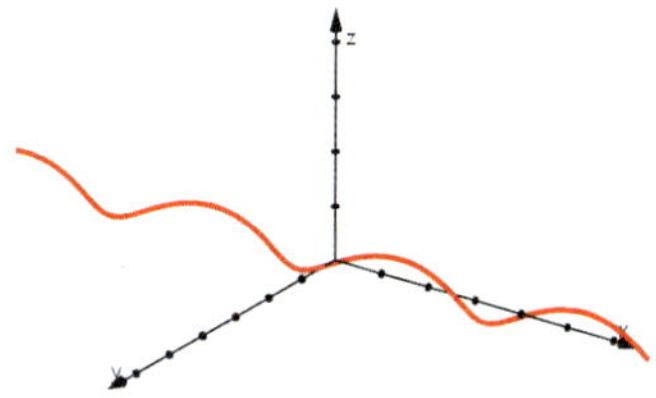

33.

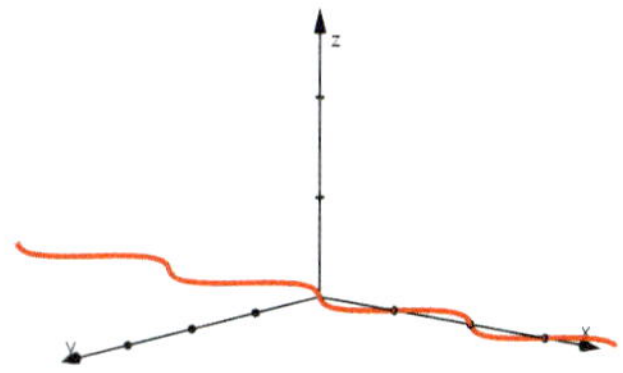

34.

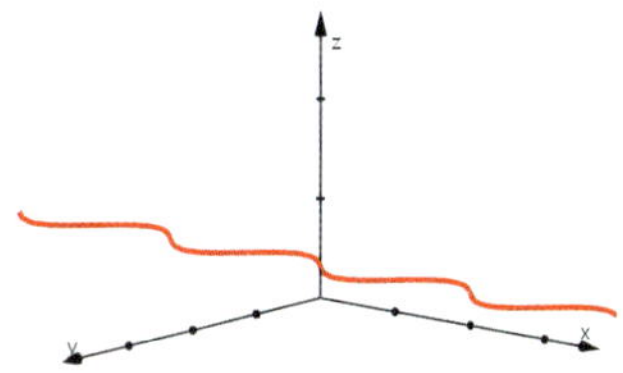

35.

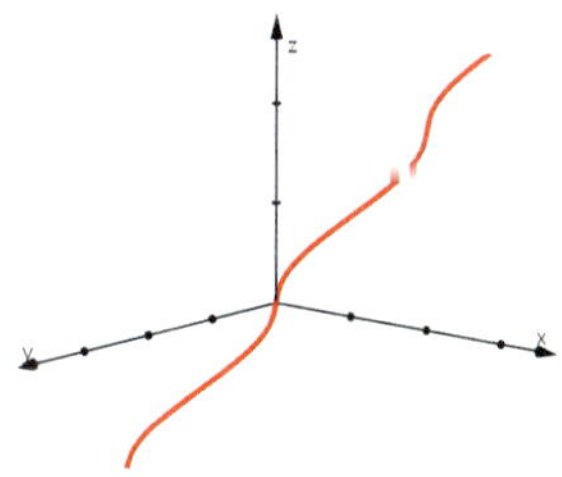

36. $\mathbf{r}(t)=(3t-1)\mathbf{i}+(t+1)\mathbf{j}+(3t)\mathbf{k}$

37. $\mathbf{r}(t)=(3t-1)\mathbf{i}+(t+1)\mathbf{j}+(3t)\mathbf{k},\ (0\le t\le 1)$

38. $\mathbf{r}(t)=(5t-1)\mathbf{i}+(-2t+1)\mathbf{j}+(-3t)\mathbf{k}$

39. $\mathbf{r}(t)=(5t-1)\mathbf{i}+(-2t+1)\mathbf{j}+(-3t)\mathbf{k},\ (0\le t\le 1)$

• Part 2

40. $t=1$일 때, $(1,-1,3)$; $t=-3$일 때, $(9,7,-25)$; $(4,-3,-6)$를 만족하는 t는 없음.

41. 교점 $(9,9,9)$를 가짐.

42.

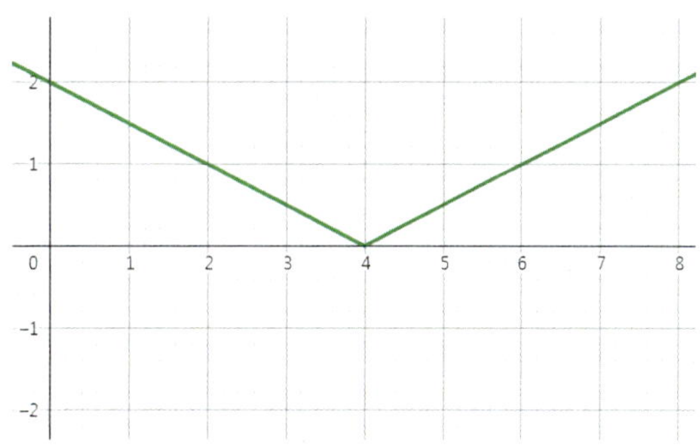

43.

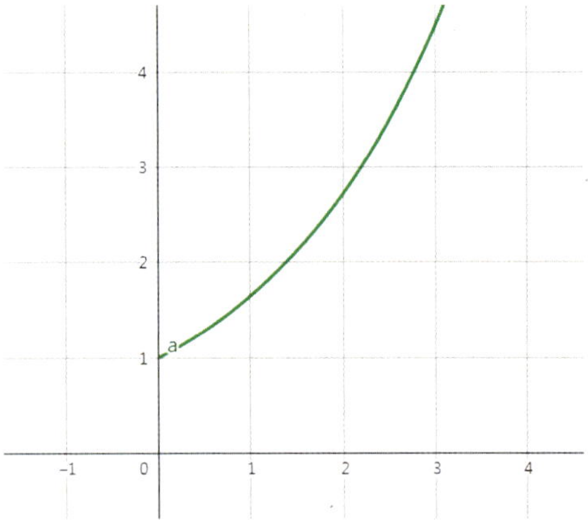

44.

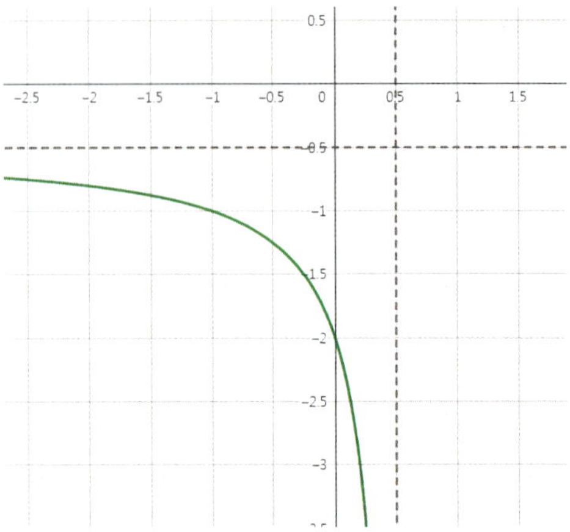

45.

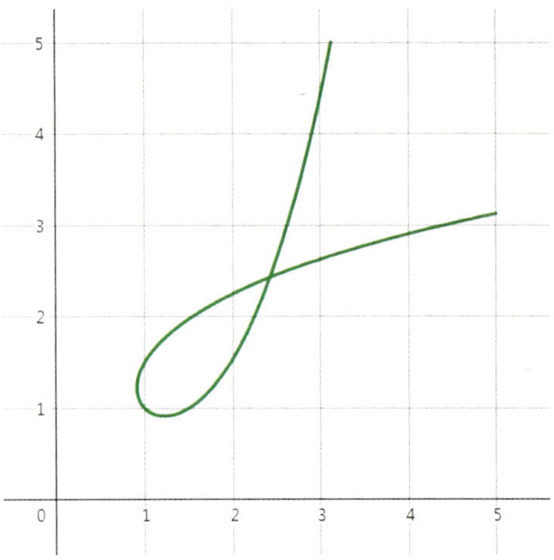

46.

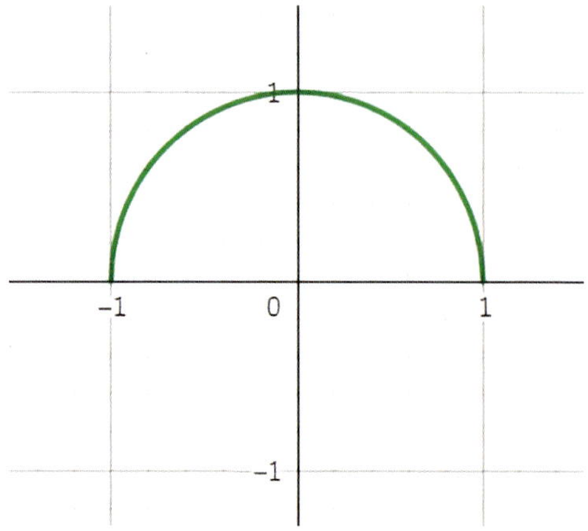

47.

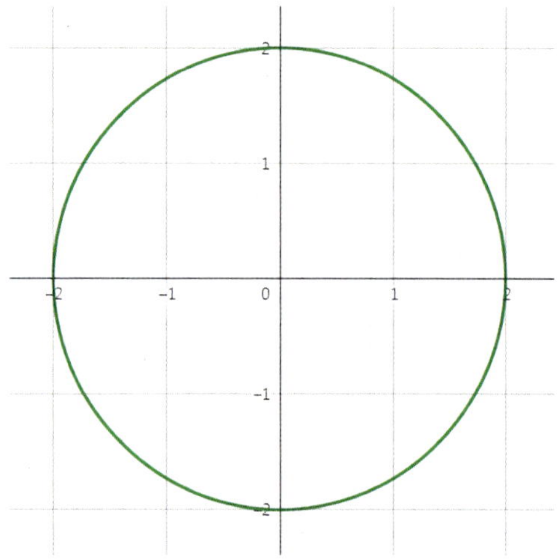

48.

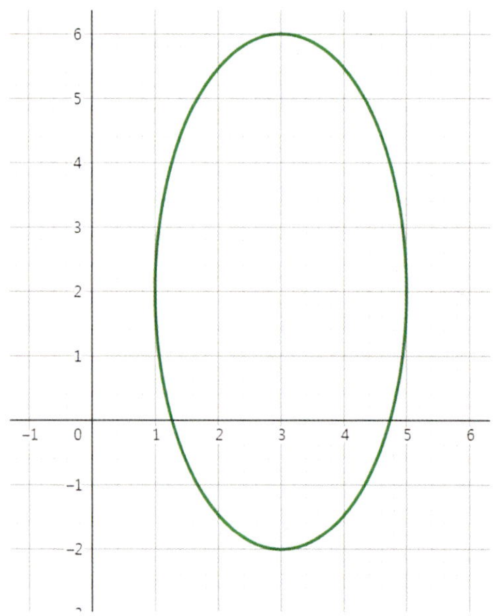

49. 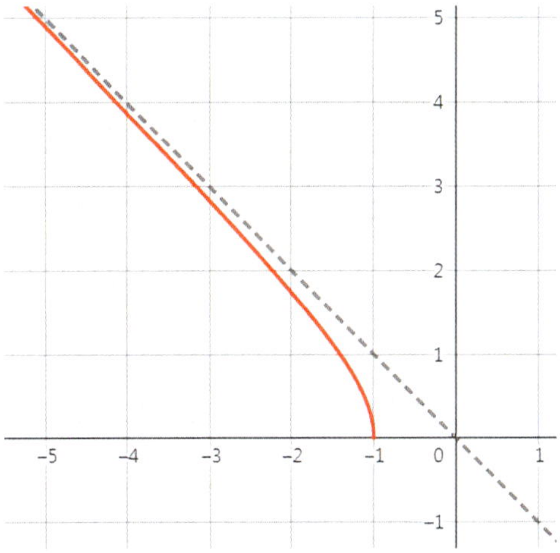

50. $x = 3\cos t,\ y = 3\sin t,\ z = 9\sin t\cos t$

51. $x = t,\ y = \frac{1}{4}t^2 - 1,\ z = \frac{1}{4}t^2 + 1$

52. $x = t,\ y = t^2,\ z = 9t^2 + 4t^4$

53. $\mathbf{r}(t) = \begin{cases} (-2t+2)\,\mathbf{i} + (2t)\,\mathbf{j} & ,\ 0 \le t \le 1 \\ \cos\left(\frac{\pi}{2}t\right)\mathbf{i} + \sin\left(\frac{\pi}{2}t\right)\mathbf{j} & ,\ 1 \le t \le 2 \\ (2t-6)\,\mathbf{i} + (-2t+4)\,\mathbf{j} & ,\ 2 \le t \le 3 \\ \cos\left(\frac{\pi}{2}t\right)\mathbf{i} + \sin\left(\frac{\pi}{2}t\right)\mathbf{j} & ,\ 3 \le t \le 4 \end{cases}$

54. $\mathbf{r}(t) = \begin{cases} (7t-3)\,\mathbf{i} + (5-9t)\,\mathbf{i} + 2\mathbf{k} & ,\ 0 \le t \le 1 \\ (8-4t)\,\mathbf{i} + (8t-12)\,\mathbf{j} + (11-9t)\,\mathbf{k} & ,\ 1 \le t \le 2 \\ (6-3t)\,\mathbf{i} + (t+2)\,\mathbf{j} + (9t-25)\,\mathbf{k} & ,\ 2 \le t \le 3 \end{cases}$

10.3 벡터함수의 미분과 적분

• Part 1

1. $\mathbf{r}'(t) = t\mathbf{i} + \mathbf{j} + \frac{1}{2}t^2\mathbf{k},\ \mathbf{r}''(t) = \mathbf{i} + t\mathbf{k}$

2. $\mathbf{r}'(t) = (6t^2+1)\mathbf{i} + 2e^{2t}\mathbf{j} + 2\cos t\mathbf{k},\ \mathbf{r}''(t) = 12t\mathbf{i} + 4e^{2t}\mathbf{j} - 2\sin t\mathbf{k}$

3. $\mathbf{r}'(t) = \left(-\frac{1}{t^2}\right)\mathbf{i} + \left(\frac{1}{t}\right)\mathbf{j} + e^t\mathbf{k},\ \mathbf{r}''(t) = \left(\frac{2}{t^3}\right)\mathbf{i} - \left(\frac{1}{t^2}\right)\mathbf{j} + e^t\mathbf{k}$

4. $\mathbf{r}'(t) = (-\sin t)\mathbf{i} + \cos t\mathbf{j} + 2t\mathbf{k},\ \mathbf{r}''(t) = (-\cos t)\mathbf{i} - \sin t\mathbf{j} + 2\mathbf{k}$

5. $\boldsymbol{\alpha}(t) = t\mathbf{i} + 3\mathbf{j}$

6. $\boldsymbol{\alpha}(t) = \frac{3\sqrt{2}}{2}t\mathbf{i} + (4 - 2\sqrt{2}t)\mathbf{j}$

7. $\boldsymbol{\alpha}(t) = (4+4t)\mathbf{i} + 10t\mathbf{j} + (2+2t)\mathbf{k}$

8. $\boldsymbol{\alpha}(t) = t\mathbf{i} + (1-2t)\mathbf{j} + (-8+12t)\mathbf{k}$

9. $\boldsymbol{\alpha}(t) = -\mathbf{i} - t\mathbf{j} + (\pi + t)\mathbf{k}$

10. $\boldsymbol{\alpha}(t) = -2t\mathbf{i} + 3t\mathbf{j} + \mathbf{k}$

11. $\mathbf{v}(t) = \mathbf{i} + 2t\mathbf{j},\ \|\mathbf{v}(t)\| = \sqrt{1+4t^2},\ \mathbf{a}(t) = 2\mathbf{j}$

12. $\mathbf{v}(t) = -3\sin t\mathbf{i} + 2\cos t\mathbf{j},\ \|\mathbf{v}(t)\| = \sqrt{1+5\sin^2 t},$
$\mathbf{a}(t) = -3\cos t\mathbf{i} - 2\sin t\mathbf{j}$

13. $\mathbf{v}(t) = 4\cos t\mathbf{i} - 4\sin t\mathbf{j},\ \|\mathbf{v}(t)\| = 4,\ \mathbf{a}(t) = -4\sin t\mathbf{i} - 4\cos t\mathbf{j}$

14. $\mathbf{v}(t) = e^t(\cos t - \sin t)\mathbf{i} + e^t(\sin t + \cos t)\mathbf{j},\ \|\mathbf{v}(t)\| = \sqrt{2}e^t,$
$\mathbf{a}(t) = -2e^t\sin t\mathbf{i} + 2e^t\cos t\mathbf{j}$

15. $(2t + 3\sin t)\mathbf{i} + (2t^2 + 3\cos t)\mathbf{j} + (2t^3 + 6)\mathbf{k}$

16. $t\sin t + t^2\cos t + 2t^3$

17. $(2t^2 - t^3\cos t)\mathbf{i} + (t^3\sin t - 2t)\mathbf{j} + (t\cos t - t^2\sin t)\mathbf{k}$

18. $\frac{1}{3}t^3\mathbf{i} - t^2\mathbf{j} + \ln t\mathbf{k} + \mathbf{C}$

19. $t^3\mathbf{i} + e^t\mathbf{j} - \cos t\mathbf{k} + \mathbf{C}$

20. $e^t\mathbf{i} - e^{-t}\mathbf{j} + \frac{1}{4}t^4\mathbf{k} + \mathbf{C}$

21. $\sin t\mathbf{i} - \cos t\mathbf{j} + \frac{3}{4}t^4\mathbf{k} + \mathbf{C}$

22. $\frac{1}{2}(e^2 - 1)\mathbf{i} + (1 - e^{-1})\mathbf{j} + \frac{1}{2}\mathbf{k}$

23. $\mathbf{i} + (e-1)\mathbf{j} + \left(\frac{2}{5} - \frac{2}{5}e^{\frac{5}{2}}\right)\mathbf{k}$

24. $5\mathbf{i} + 6\mathbf{j} + \frac{\pi}{8}\mathbf{k}$

25. $\mathbf{v}(t) = (2t+3)\mathbf{i} - \mathbf{j} - t^2\mathbf{k},$
$\mathbf{r}(t) = (t^2 + 3t)\mathbf{i} + (1-t)\mathbf{j} + \left(\frac{1}{3}t^3 + 1\right)\mathbf{k}$

26. $\mathbf{v}(t) = (1 - \cos t)\mathbf{i} + 2\sin t\mathbf{j} + (3t^2 + 1)\mathbf{k},$
$\mathbf{r}(t) = (t - \sin t + 1)\mathbf{i} + (2 - 2\cos t)\mathbf{j} + (t^3 + t)\mathbf{k}$

27. $\mathbf{v}(t) = (1 - \sin t)\mathbf{i} + \cos t\mathbf{j} + \mathbf{k},\ \mathbf{r}(t) = (t + \cos t)\mathbf{i} + \sin t\mathbf{j} + t\mathbf{k}$

• Part 2

28. $\mathbf{r}'(t) = (2\sin t\cos t)\mathbf{i} + (\cos^2 t - \sin^2 t)\mathbf{j} - 2\cos t\sin t\mathbf{k},$
$\mathbf{r}''(t) = (2\cos^2 t - 2\sin^2 t)\mathbf{i} - 4\sin t\cos t\mathbf{j} + (2\sin^2 t - 2\cos^2 t)\mathbf{k}$

29. $\mathbf{r}'(t) = e^t(\cos t - \sin t)\mathbf{i} + e^t(\sin t + \cos t)\mathbf{j} + 2t\mathbf{k}$
$\mathbf{r}''(t) = -2e^t\sin t\mathbf{i} + 2e^t\cos t)\mathbf{j} + 2\mathbf{k}$

30. $\mathbf{r}'(t) = e^{-t}(\cos t - \sin t)\mathbf{i} + e^t(\cos t - \sin t)\mathbf{j} + \sec^2 t\mathbf{k}$
$\mathbf{r}''(t) = -2e^{-t}\cos t\mathbf{i} - 2e^t\sin t\mathbf{j} + 2\sec^2 t\tan t\mathbf{k}$

31. $\mathbf{r}'(t) = \frac{-2}{(t-1)^2}\mathbf{i} + (1 + \ln t)\mathbf{j} + 2\cos 2t\mathbf{k}$
$\mathbf{r}''(t) = \frac{4}{(t-1)^3}\mathbf{i} + \frac{1}{t}\mathbf{j} - 4\sin 2t\mathbf{k}$

32. $\boldsymbol{\alpha}(t) = (2t)\mathbf{i} + (3t+6)\mathbf{j} + (14 + 24t)\mathbf{k}$

33. $\boldsymbol{\alpha}(t) = t\mathbf{j} + (t+1)\mathbf{k}$

34. $\boldsymbol{\alpha}(t) = t\mathbf{i} + 5t\mathbf{j} + \mathbf{k}$

35. $\boldsymbol{\alpha}(t) = (4t+1)\mathbf{i} + (3t+1)\mathbf{j} + (2t+1)\mathbf{k}$

36. $\boldsymbol{\alpha}(t) = -\mathbf{i} + \mathbf{j} + (t+1)\mathbf{k}$

37. $\pi\mathbf{i}+\dfrac{\sqrt{3}\,\pi}{4}\mathbf{k}$

38. $(\sqrt{2}-1)\mathbf{i}+\dfrac{\ln 2}{2}\mathbf{j}+\mathbf{k}$

39. $\pi\mathbf{j}+\ln 2\mathbf{k}$

40. $\mathbf{v}(t)=(\cos t-t\sin t)\mathbf{i}+(\sin t+t\cos t)\mathbf{j}+2t\mathbf{k}$,

$\|\mathbf{v}(t)\|=\sqrt{5t^2+1}$,

$\mathbf{a}(t)=(-2\sin t+t\cos t)\mathbf{i}+(2\cos t-t\sin t)\mathbf{j}+2\mathbf{k}$

41. $\mathbf{v}(t)=\sqrt{2}\,\mathbf{i}+e^t\mathbf{j}-e^{-t}\mathbf{k}$, $\|\mathbf{v}(t)\|=e^t+e^{-t}$, $\mathbf{a}(t)=e^t\mathbf{j}+e^{-t}\mathbf{k}$

10.4 곡선의 길이와 곡률

• Part 1

1. $6\sqrt{10}$
2. $\dfrac{8}{27}(10\sqrt{10}-1)$
3. 6π
4. $\dfrac{3}{2}$
5. $\dfrac{1}{27}(40\sqrt{40}-13\sqrt{13})$
6. $\dfrac{\sqrt{5}}{2}\pi^2$
7. e^2
8. $\sqrt{3}(e^{\pi}-1)$
9. $\dfrac{3\sqrt{17}}{2}\pi$
10. $\ln(\sqrt{2}+1)$
11. $\dfrac{1}{2}(\sqrt{2}+\ln(\sqrt{2}+1))$
12. $\dfrac{\sqrt{5}}{2}(e^4-1)$
13. 4π
14. 3π
15. 2
16. 16
17. 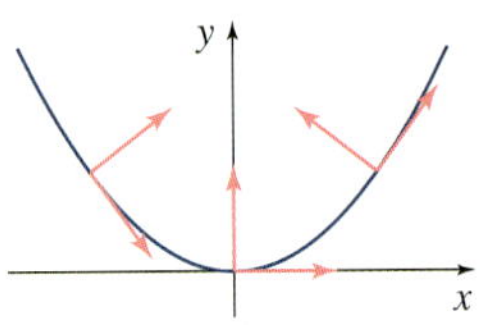

18. 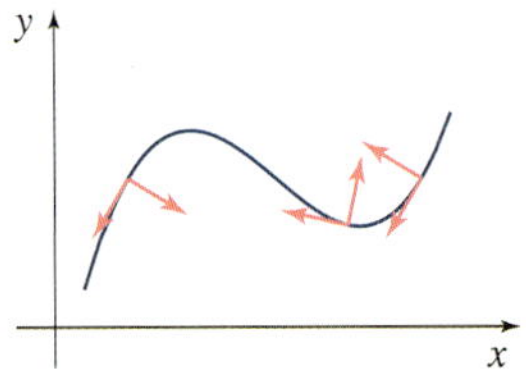

19. $\mathbf{T}(1)=\dfrac{1}{\sqrt{10}}\mathbf{i}+\dfrac{3}{\sqrt{10}}\mathbf{j}$, $\mathbf{N}(1)=\dfrac{-3}{\sqrt{10}}\mathbf{i}+\dfrac{1}{\sqrt{10}}\mathbf{j}$
20. $\mathbf{T}(2)=\dfrac{4}{\sqrt{17}}\mathbf{i}+\dfrac{-1}{\sqrt{17}}\mathbf{j}$, $\mathbf{N}(2)=\dfrac{1}{\sqrt{17}}\mathbf{i}+\dfrac{4}{\sqrt{10}}\mathbf{j}$
21. $\mathbf{T}(1)=\dfrac{2}{\sqrt{13}}\mathbf{i}+\dfrac{3}{\sqrt{13}}\mathbf{j}$, $\mathbf{N}(1)=\dfrac{-3}{\sqrt{13}}\mathbf{i}+\dfrac{2}{\sqrt{13}}\mathbf{j}$
22. $\mathbf{T}(e)=\dfrac{1}{\sqrt{e^2+1}}\mathbf{i}+\dfrac{e}{\sqrt{e^2+1}}\mathbf{j}$,

    $\mathbf{N}(e)=\dfrac{-e}{\sqrt{e^2+1}}\mathbf{i}+\dfrac{1}{\sqrt{e^2+1}}\mathbf{j}$
23. $\mathbf{T}(2)=\dfrac{2}{\sqrt{21}}\mathbf{i}+\dfrac{1}{\sqrt{21}}\mathbf{j}+\dfrac{4}{\sqrt{21}}\mathbf{k}$,

    $\mathbf{N}(2)=\dfrac{-5}{\sqrt{77}}\mathbf{i}+\dfrac{-6}{\sqrt{77}}\mathbf{j}+\dfrac{4}{\sqrt{77}}\mathbf{k}$
24. $\mathbf{T}\left(\dfrac{\pi}{2}\right)=-\dfrac{1}{\sqrt{2}}\mathbf{i}+\dfrac{1}{\sqrt{2}}\mathbf{k}$, $\mathbf{N}\left(\dfrac{\pi}{2}\right)=-\mathbf{j}$
25. $\dfrac{\sqrt{2}}{8}$
26. $\dfrac{3}{16}$
27. $\dfrac{\sqrt{77}}{147}$
28. $\dfrac{9}{10}$

• Part 2

29. $\dfrac{63}{4}$
30. 3
31. $\sqrt{5}\pi$
32. $2\sqrt{26}\pi$
33. 8
34. 16
35. $\mathbf{T}(4)=\dfrac{1}{\sqrt{26}}\mathbf{i}+\dfrac{5}{\sqrt{26}}\mathbf{j}$, $\mathbf{N}(4)=-\dfrac{5}{\sqrt{26}}\mathbf{i}+\dfrac{1}{\sqrt{26}}\mathbf{j}$,

    $\boldsymbol{\kappa}(4)=\dfrac{1}{26\sqrt{26}}$
36. $\mathbf{T}\left(\dfrac{\pi}{4}\right)=\dfrac{1}{\sqrt{5}}\mathbf{i}+\dfrac{2}{\sqrt{5}}\mathbf{j}$, $\mathbf{N}\left(\dfrac{\pi}{4}\right)=-\dfrac{8}{4\sqrt{5}}\mathbf{i}+\dfrac{4}{4\sqrt{5}}\mathbf{j}$,

$\boldsymbol{\kappa}\left(\frac{\pi}{4}\right)=\frac{4}{5\sqrt{5}}$

37. $\mathbf{T}\left(\frac{1}{2}\right)=\frac{4}{5}\mathbf{i}+\frac{3}{5}\mathbf{j}$, $\mathbf{N}\left(\frac{1}{2}\right)=-\frac{3}{5}\mathbf{i}+\frac{4}{5}\mathbf{j}$, $\boldsymbol{\kappa}\left(\frac{1}{2}\right)=\frac{96}{125}$

38. $\mathbf{T}(0)=\frac{3}{\sqrt{10}}\mathbf{i}-\frac{1}{\sqrt{10}}\mathbf{j}$, $\mathbf{N}(0)=\frac{1}{\sqrt{10}}\mathbf{i}+\frac{3}{\sqrt{10}}\mathbf{j}$,

$\boldsymbol{\kappa}(0)=\frac{3\sqrt{10}}{25}$

39. $\mathbf{T}\left(\frac{\pi}{2}\right)=-\mathbf{j}$, $\mathbf{N}\left(\frac{\pi}{2}\right)=-\mathbf{i}$, $\boldsymbol{\kappa}\left(\frac{\pi}{2}\right)=\frac{4}{9}$

40. $\mathbf{T}(1)=\frac{2}{\sqrt{13}}\mathbf{i}-\frac{3}{\sqrt{13}}\mathbf{j}$, $\mathbf{N}(1)=-\frac{3}{\sqrt{13}}\mathbf{i}-\frac{2}{\sqrt{13}}\mathbf{j}$,

$\boldsymbol{\kappa}(1)=\frac{32}{13\sqrt{13}}$

41. $\mathbf{T}(0)=\frac{1}{\sqrt{3}}\mathbf{i}+\frac{1}{\sqrt{3}}\mathbf{j}+\frac{1}{\sqrt{3}}\mathbf{k}$, $\mathbf{N}(0)=-\frac{\sqrt{2}}{2}\mathbf{i}+\frac{1}{2}\mathbf{j}$,

$\boldsymbol{\kappa}(0)=\frac{\sqrt{2}}{3}$

42. $\boldsymbol{\kappa}(1)=\frac{\sqrt{2}}{3}$

43. $\left(\frac{\sqrt{2}}{2}, -\frac{\ln 2}{2}\right)$

44. $\left(-\frac{\ln 2}{2}, \frac{\sqrt{2}}{2}\right)$

CHAPTER 11 다변수함수

11.1 다변수함수: 그래프, 등고선과 등위면

• Part 1

1. $D(f)=\{(x,y)\,|\,x^2+y^2\le 3\}$
2. $D(f)$은 평면 전체
3. $D(f)=\{(x,y)\,|\,x\ne 0,\ y\ne 0\}$
4. $D(f)=\{(x,y)\,|\,y>x\}$
5. $D(f)$은 평면 전체
6. $D(f)=\{(x,y)\,|\,x>0,\ y\ne 1\}$
7. $D(f)=\{(x,y,z)\,|\,x^2+y^2+z^2\le 4\}$
8. $D(f)=\{(x,y,z)\,|\,x+y-2z\ge 5\}$
9. $D(f)=\{(x,y,z)\,|\,z<x^2+y^2\}$

10.

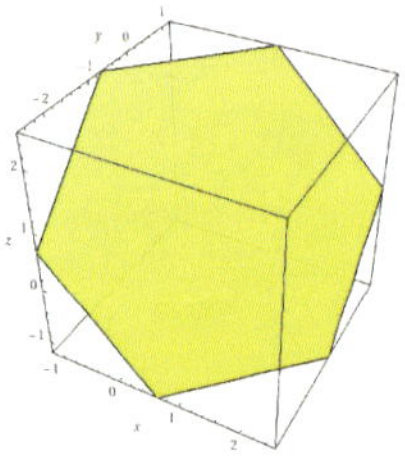

11.

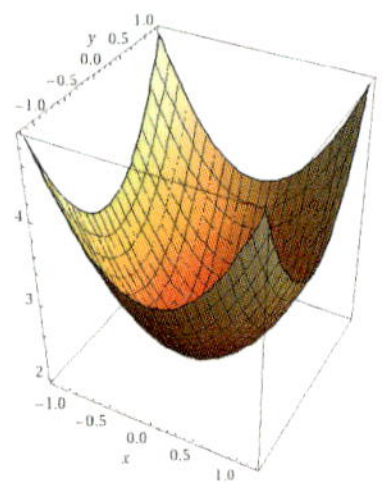

12.

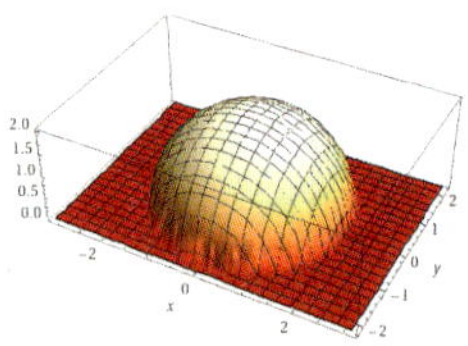

13.

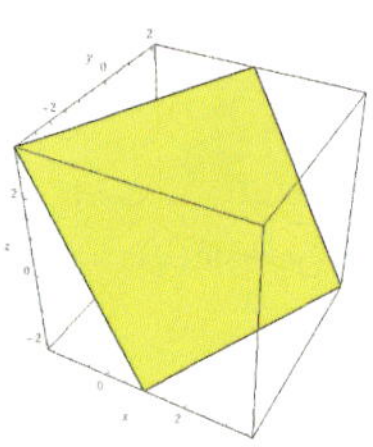

14.

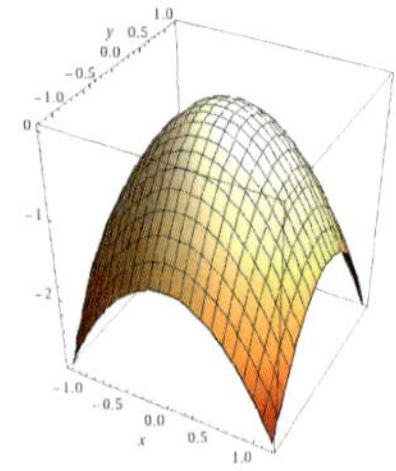

15.

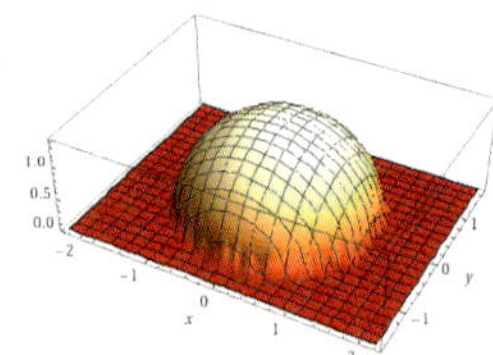

16.

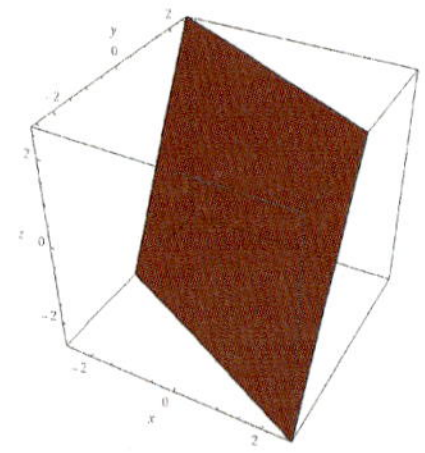

17.

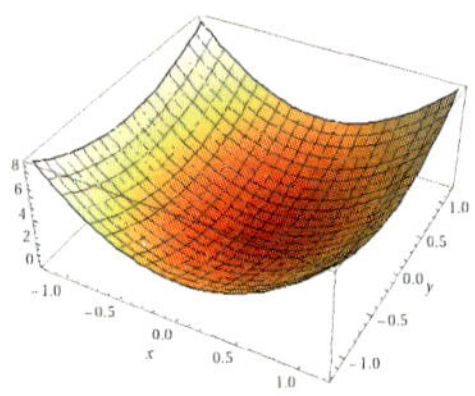

18.

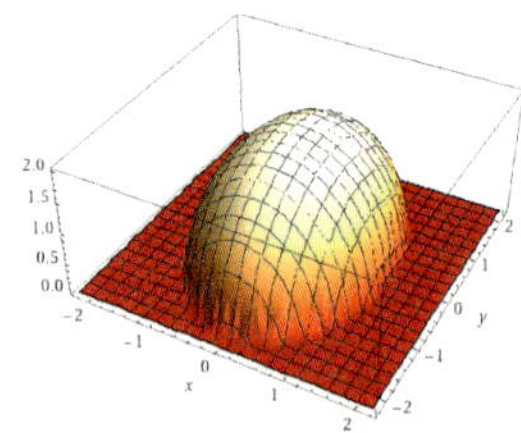

19. $c>0$이면 등고선은 존재하지 않는다. $c=0$이면 등고선은 한 점 $(0,0)$이다. $c<0$이면 등고선은 중심이 $(0,0)$이고 반지름이 $\sqrt{-c}$인 원이다.
20. $c>0$이면 등고선은 장축의 길이가 $2\sqrt{c}$이 타원이다. $c=0$이면 등고선은 한 점 $(0,0)$이다. $c<0$이면 등고선은 존재하지 않는다.
21. 등고선은 기울기가 1이고 y절편이 $-c$인 직선이다.
22. 등고선은 기울기가 -1이고 y절편이 $c-1$인 직선이다.

23. $c>0$이면 등고선은 중심이 원점이고 반지름이 $c^{\frac{3}{2}}$인 원이다. $c=0$이면 등고선은 한 점 $(0,0)$이다. $c<0$이면 등고선은 존재하지 않는다.

24. 중심이 $(0,0,0)$이고 반지름이 c^2인 구이다.

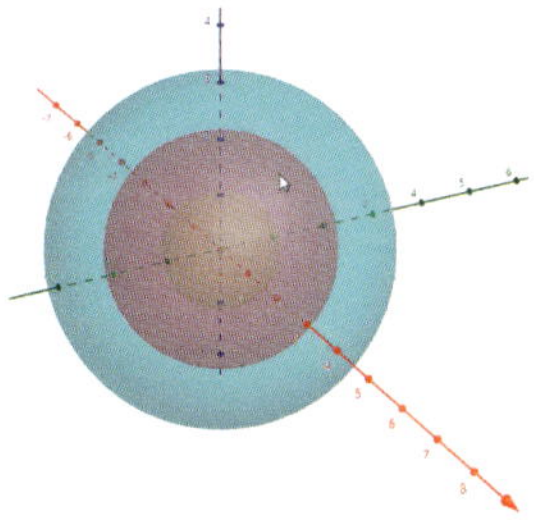

25. $z=1$, $z=2$, $z=3$으로 $xy-$평면과 평행한 평면이다.

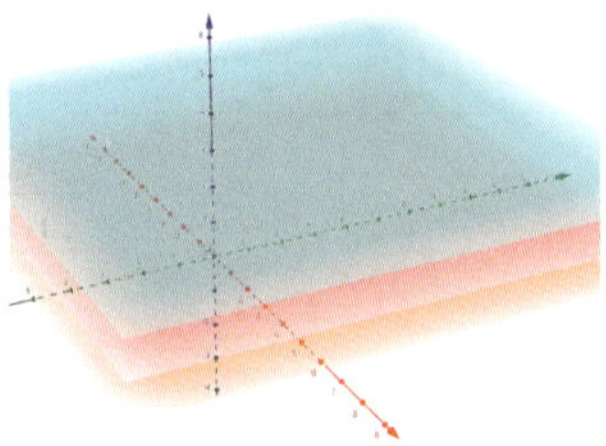

26. $x=0$, $x=1$, $x=2$으로 $yz-$평면과 평행한 평면이다.

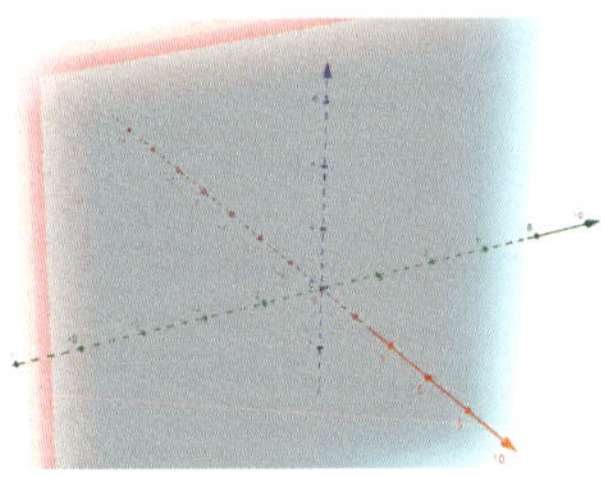

27. $x+y=1$, $x+y=2$, $x+y=3$으로 z축과 평행한 평면이다.

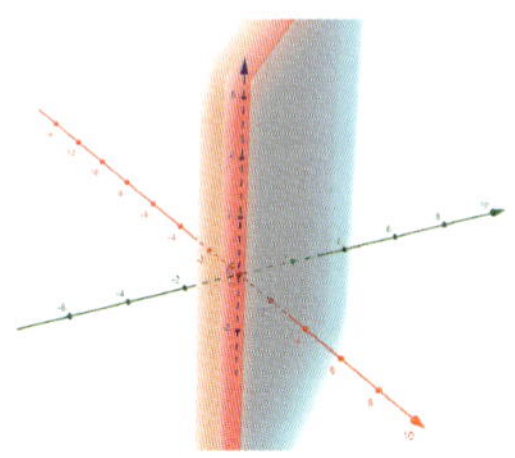

28. x축을 중심축으로 하고 반지름이 $\sqrt{c}$인 원기둥이다.

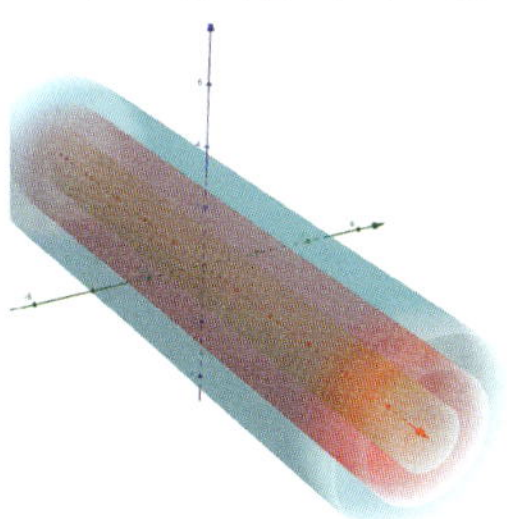

29. $z=x^2+y^2-1$, $z=x^2+y^2-2$, $z=x^2+y^2-3$인 포물면

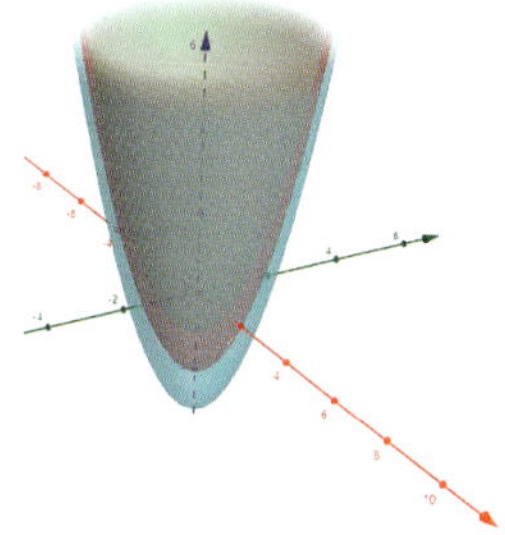

30. 벡터 $\langle 1,1,1\rangle$를 수직벡터로 갖는 평면이다.

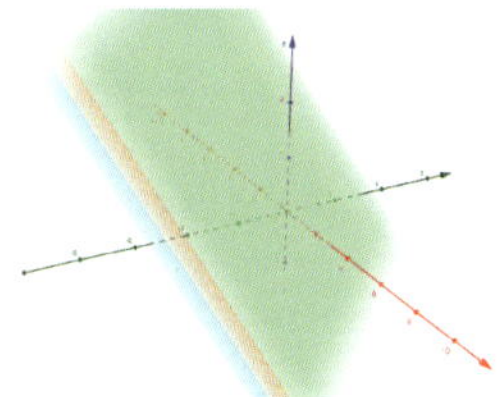

• Part 2

31. $D(f)=\{(x,y)\,|\,x\neq 0\}$

32. $D(f)=\{(x,y,z)\,|\,y\leq x^2,\ z>0\}$

33.

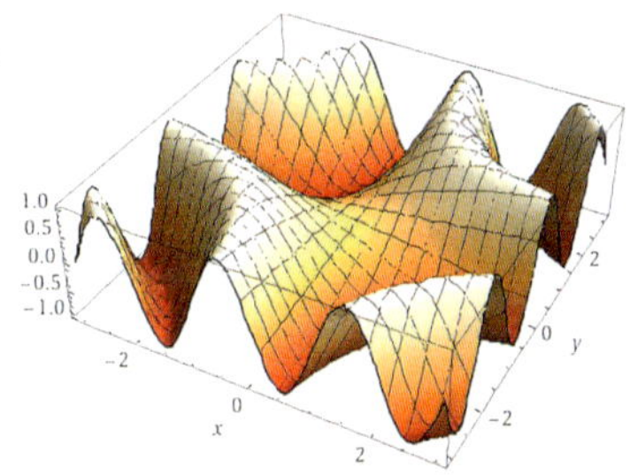

34. $y=\sin x$, $y=\sin x+1$, $y=\sin x+2$

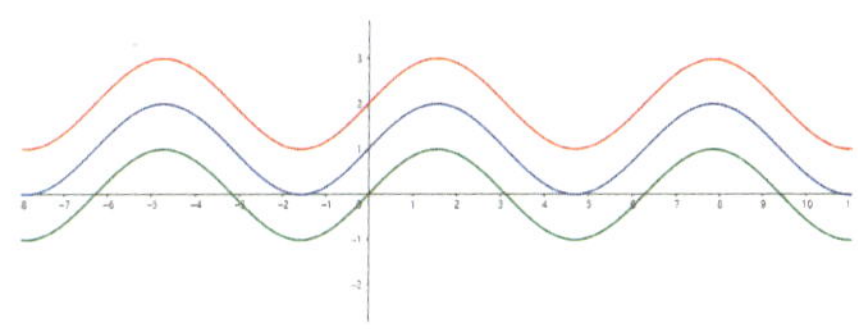

35. $4x^2+y^2+z^2=1$, $4x^2+y^2+z^2=2$, $4x^2+y^2+z^2=3$

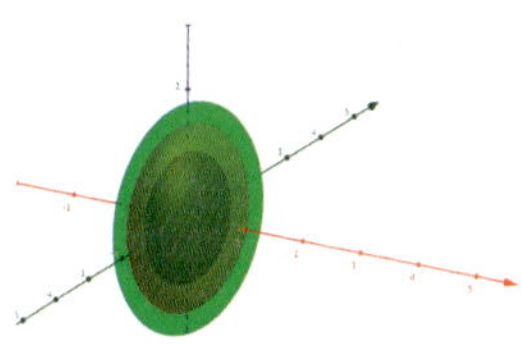

11.2 다변수함수의 극한과 연속

• Part 1

1. 존재하지 않는다.
2. 존재하지 않는다.

3. 0으로 수렴한다.
4. 존재하지 않는다.
5. 1로 수렴한다.
6. 존재하지 않는다.
7. 존재하지 않는다.
8. 0으로 수렴한다.
9. 0으로 수렴한다.
10. $\lim_{t\to 0} f(t,t) = 1 \neq f(0,0)$
11. $\lim_{t\to 0} f(t,0) = 2$이고 $\lim_{t\to 0} f(0,t) = -1$이므로 $\lim_{(x,y)\to(0,0)} f(x,y)$가 존재하지 않는다.
12. $\lim_{(x,y)\to(0,0)} f(x,y) = 0$이고 $f(0,0) = 1$이므로 $(0,0)$에서 불연속이다.
13. $y \neq -x$인 평면 전체에서 연속이다.
14. 평면 전체에서 연속이다.
15. $\{(x,y) \mid y > x^2\}$
16. 삼차원 공간 전체에서 연속이다.
17. 원점$(0,0,0)$을 제외한 삼차원 공간 전체에서 연속이다.
18. $\{(x,y,z) \mid x \geq 0, y \geq 0, z \geq 0\}$
19. 5
20. $\frac{1}{2}$
21. -1
22. e
23. 0
24. 9
25. $\frac{5}{3}$
26. 2
27. 0
28. 0
29. $\frac{1}{2}$
30. 3
31. 2
32. $\sqrt{2}$
33. 1
34. 1
35. $\frac{4}{5}$
36. 1

• Part 2

37. 0으로 수렴한다.
38. 0으로 수렴한다.
39. -1로 수렴한다.
40. $\left\{(x,y) \mid x \neq \frac{2n-1}{2}\pi, n \in \mathbb{Z}, y \geq 0\right\}$
41. 삼차원 공간 전체
42. 1
43. $\sqrt[4]{20}$
44. 1
45. $\frac{\pi}{4}$

11.3 편도함수와 미분가능성

• Part 1

1. $f_x(2,1) = 12,\ f_y(2,1) = 4$
2. $f_x(2,1) = 3,\ f_y(2,1) = 24$
3. $f_x(2,1) = \frac{\pi}{6} + \frac{1}{2},\ f_y(2,1) = 1$
4. $f_x(2,1) = 3e^{10},\ f_y(2,1) = 4e^{10}$
5. $f_x(2,1) = 1,\ f_y(2,1) = -2$
6. $f_x(2,1) = -\frac{\sqrt{3}}{6}\pi,\ f_y(2,1) = -\frac{\sqrt{3}}{3}\pi$
7. $f_x(x,y) = 12x^3y,\ f_y(x,y) = 3y^4 + 2$
8. $f_x(x,y) = y\cos(xy),\ f_y(x,y) = x\cos(xy)$
9. $f_x(x,y) = 2xye^{x^2y},\ f_y(x,y) = x^2e^{x^2y}$
10. $f_x(x,y) = \frac{2x}{x^2+y^4},\ f_y(x,y) = \frac{4y^3}{x^2+y^4}$
11. $f_x(x,y) = -3 + y\cos x,\ f_y(x,y) = \sin x$
12. $f_x(x,y) = \frac{-3x^2y+3y^3}{(x^2+y^2)^2},\ f_y(x,y) = \frac{3x^3-3xy^2}{(x^2+y^2)^2}$
13. $f_x(x,y) = -6x^{-3}y^4 - \sin(x+y)$,
 $f_y(x,y) = 12x^{-2}y^3 - \sin(x+y)$
14. $f_x(x,y) = 3ya^{3xy+y}\ln a,\ f_y(x,y) = (3x+1)a^{3xy+y}\ln a$
15. $f_x(x,y) = y\sec^2 x,\ f_y(x,y) = \tan x$
16. $f_x(x,y) = \begin{cases} \frac{-x^2-2xy+y^2}{(x^2+y^2)^2}, & (x,y) \neq (0,0) \\ 0, & (x,y) = (0,0) \end{cases}$
17. $f_x(x,y) = \begin{cases} \frac{-2x^3y+y^4}{(x^3+y^3)^2}, & (x,y) \neq (0,0) \\ 0, & (x,y) = (0,0) \end{cases}$

18. $f_x(1,1,0)=3,\ f_y(1,1,0)=1,\ f_z(1,1,0)=1$
19. $f_x(1,1,0)=3,\ f_y(1,1,0)=3,\ f_z(1,1,0)=1$
20. $f_x(1,1,0)=2,\ f_y(1,1,0)=0,\ f_z(1,1,0)=3$
21. $f_x=\cos(xy+z^2)-xy\sin(xy+z^2),\ f_y=-x^2\sin(xy+z^2),$
$f_z=-2xz\sin(xy+z^2)$
22. $f_x=-\dfrac{2xy}{(x^2+z)^2},\ f_y=\dfrac{1}{x^2+z},\ f_z=-\dfrac{y}{(x^2+z)^2}$
23. $f_x=ye^{xy},\ f_y=xe^{xy}+\dfrac{2y}{y^2+z^2},\ f_z=\dfrac{2z}{y^2+z^2}$
24. $f_x=10(x+2y)^9,\ f_y=20(x+2y)^9,\ f_z=7z^6$
25. $f_x=2z\sec^2(2x+y-z),\ f_y=z\sec^2(2x+y-z),$
$f_z=\tan(2x+y-z)-z\sec^2(2x+y-z)$
26. $f_x=\dfrac{xy\cos(x+z^2)-y\sin(x+z^2)}{(xy)^2},\ f_y=-\dfrac{\sin(x+z^2)}{xy^2},$
$f_z=\dfrac{2z\cos(x+z^2)}{xy}$
27. $f_{xx}=12x^2y^3-2,\ f_{xy}=12x^3y^2,\ f_{yx}=12x^3y^2,\ f_{yy}=6x^4y$
28. $f_{xx}=6x\cos y,\ f_{xy}=-3x^2\sin y+4y^3,\ f_{yx}=-3x^2\sin y+4y^3,$
$f_{yy}=-x^3\cos y+12xy^2$
29. $f_{xx}=0,\ f_{xy}=-e^{-y},\ f_{yx}=-e^{-y},\ f_{yy}=xe^{-y}$
30. $f_{xx}=6xy\sin z,\ f_{xy}=f_{yx}=3x^2\sin z,\ f_{xz}=f_{zx}=3x^2y\cos z,$
$f_{yy}=0,\ f_{yz}=f_{zy}=x^3\cos z,\ f_{zz}=-x^3y\sin z$
31. $f_{xx}=12x^2y^2z,\ f_{xy}=f_{yx}=8x^3yz,\ f_{xz}=f_{zx}=4x^3y^2,$
$f_{yy}=2x^4z,\ f_{yz}=f_{zy}=2x^4y,\ f_{zz}=0$
32. $f_{xx}=e^{x+2y-z},\ f_{xy}=f_{yx}=2e^{x+2y-z},\ f_{xz}=f_{zx}=-e^{x+2y-z},$
$f_{yy}=4e^{x+2y-z},\ f_{yz}=f_{zy}=-2e^{x+2y-z},\ f_{zz}=e^{x+2y-z}$

• Part 2

33. $f_x(x,y)=\dfrac{3x^2y}{1+x^6y^2},\ f_y(x,y)=\dfrac{x^3}{1+x^6y^2}$
34. $f_x(x,y)=3\sinh(3x+4y),\ f_y(x,y)=4\sinh(3x+4y)$
35. $f_x(x,y)=ye^{\sin(xy)}\cos(xy),\ f_y(x,y)=xe^{\sin(xy)}\cos(xy)$
36. $f_x(x,y)=2x\sin(\cos(3y)),$
$f_y(x,y)=-3x^2\cos(\cos(3y))\sin(3y)$
37. $f_x=\dfrac{2xyz}{\sqrt{1-x^4y^2z^2}},\ f_y=\dfrac{x^2z}{\sqrt{1-x^4y^2z^2}},\ f_z=\dfrac{x^2y}{\sqrt{1-x^4y^2z^2}}$
38. $f_x=3ze^{3xz}\ln(y^3+z^3),\ f_y=\dfrac{3y^2e^{3xz}}{y^3+z^3},$
$f_z=3e^{3xz}\left(x\ln(y^3+z^3)+\dfrac{z^2}{y^3+z^2}\right)$
39. $f_x=\dfrac{yz^2}{x^2y^2+1},\ f_y=\dfrac{xz^2}{x^2y^2+1},\ f_z=2z\tan^{-1}(xy)$
40. $2y^2\cos(2xy)$
41. $-4y^3\sin(2xy)$
42. $-4y^2(3\sin(2xy)+2xy\cos(2xy))$
43. $16y^3(xy\sin(2xy)-2\cos(2xy))$
44. $f_{xx}=\dfrac{2xy^3}{(x^2y^2+1)^2},\ f_{xy}=f_{yx}=\dfrac{1-x^2y^2}{(x^2y^2+1)^2},$
$f_{yy}=\dfrac{2x^3y}{(x^2y^2+1)^2}$
45. $f_{xx}=ye^{y\sin x}(y\cos^2x-\sin x),$
$f_{xy}=f_{yx}=e^{y\sin x}\cos x(y\sin x+1),\ f_{yy}=e^{y\sin x}\sin^2x$
46. $f_{xx}=\dfrac{18x^2-6(y^2+z^2)}{(x^2+y^2+z^2)^3},\quad f_{xy}=f_{yx}=\dfrac{24xy}{(x^2+y^2+z^2)^3},$
$f_{xz}=f_{zx}=\dfrac{24xz}{(x^2+y^2+z^2)^3}\quad f_{yy}=-\dfrac{6(x^2-3y^2+z^2)}{(x^2+y^2+z^2)^3}$
$f_{yz}=f_{zy}=\dfrac{24yz}{(x^2+y^2+z^2)^3}\quad f_{zz}=-\dfrac{6(x^2+y^2-3z^2)}{(x^2+y^2+z^2)^3}$
47. $f_{xx}=(2-x^2z^2)\sin(xz+y)+4xz\cos(xz+y)$
$f_{xy}=f_{yx}=x\{2\cos(xz+y)-xz\sin(xz+y)\}$
$f_{xz}=f_{zx}=x^2\{3\cos(xz+y)-xz\sin(xz+y)\}$
$f_{yy}=-x^2\sin(xz+y)\,f_{yz}=f_{zy}=-x^3\sin(xz+y)$
$f_{zz}=-x^4\sin(xz+y)$

11.4 연쇄법칙

• Part 1

1. $30t^9$
2. $(4t-1)\cos(2t^2-t)$
3. $(3t^2+2t+3)e^{3t}$
4. $\dfrac{4t^2}{t^2+1}+2\ln(t^2+1)$
5. $\sin t\cos t(2-3\cos t)$
6. $6t^5-4-3\cos t$
7. $3t^2(3\tan t+t\sec^2t)$
8. $\dfrac{4(1+2t^2)}{1+t^2}+2\ln(t^2+t^4)$
9. $10te^{5t^2}$
10. $6t^2\sec^2(2t^3)$

11. $\frac{\partial w}{\partial s}=36s^3+1,\ \frac{\partial w}{\partial t}=2$

12. $\frac{\partial w}{\partial s}=\tan(st)+t(s+t)\sec^2(st)$,

$\frac{\partial w}{\partial t}=\tan(st)+s(s+t)\sec^2(st)$

13. $\frac{\partial w}{\partial s}=\frac{2e^{2(s+t)}}{t^2},\ \frac{\partial w}{\partial t}=\frac{2e^{2(s+t)}(t-1)}{t^3}$

14. $\frac{\partial w}{\partial s}=(s+t)^2(5s^2+2st+3t^2)$,

$\frac{\partial w}{\partial t}=(s+t)^2(3s^2+2st+5t^2)$

15. $\frac{\partial w}{\partial s}=e^{-2s}\{4s-2(t+1)\},\ \frac{\partial w}{\partial t}=e^{-2s}$

16. $\frac{\partial w}{\partial s}=t^2,\ \frac{\partial w}{\partial t}=2t(s-3t^4+3t)$

17. $\frac{\partial w}{\partial s}=2s(t+3)-t(t+2),\ \frac{\partial w}{\partial t}=s^2-2s(t+1)-2t$

18. $\frac{\partial w}{\partial s}=2se^{t^2+t},\ \frac{\partial w}{\partial t}=s^2(2t+1)e^{t^2+t}$

19. $\frac{dy}{dx}=\frac{2x-y}{x-2y}$

20. $\frac{dy}{dx}=-\frac{1+y^2\cos x}{1+2y\sin x}$

21. $\frac{dy}{dx}=-(x+y)\ln(x+y)-1$

22. $\frac{\partial z}{\partial x}=\frac{3x^2y}{y^3-3y},\ \frac{\partial z}{\partial y}=\frac{x^3-3y^2z}{y^3-3y}$

23. $\frac{\partial z}{\partial x}=\frac{y\cos(xy)-2xyz}{x^2y-3z^2},\ \frac{\partial z}{\partial y}=\frac{x\cos(xy)-x^2z}{x^2y-3z^2}$

24. $\frac{\partial z}{\partial x}=\frac{yze^{xz}+3x^2}{3z^2-xye^{xz}},\ \frac{\partial z}{\partial y}=\frac{e^{xz}+1}{3z^2-xye^{xz}}$

- Part 2

25. $\frac{2t\cos(t^2)\cos t+\sin(t^2)\sin t}{\cos^2 t}$

26. $te^{t^2\ln 3t}(1+2\ln 3t)$

27. $\frac{e^t(t+1)+3}{(e^t+3)^2t^2+1}$

28. $\frac{(1-3t^2)\sin^2 t+2(t^2-1)\sin t\cos t+(t^2-3)t^4}{t^2(t^2-1)^2}$

29. $\frac{\partial w}{\partial s}=\frac{s^2+s+(t-1)t}{s+t^2}+(2s+1)\ln(s+t^2)$,

$\frac{\partial w}{\partial t}=\frac{2t(s^2+s+(t-1)t)}{s+t^2}+(2t-1)\ln(s+t^2)$

30. $\frac{\partial w}{\partial s}=e^{s+t}(s-t+1)\cos((s-t)e^{s+t})$,

$\frac{\partial w}{\partial t}=e^{s+t}(s-t-1)\cos((s-t)e^{s+t})$

31. $\frac{\partial w}{\partial s}=s^2t^2e^{s+t}+2st^2e^{s+t}+2(s+t)$,

$\frac{\partial w}{\partial t}=s^2t(t+2)e^{s+t}+2s+2t$

32. $\frac{\partial w}{\partial s}=\cos(s-t)\cos(s+t)-\sin(s-t)\sin(s+t)$,

$\frac{\partial w}{\partial t}=-\sin(s-t)\sin(s+t)-\cos(s-t)\cos(s+t)+\frac{1}{t}$

33. $\frac{dy}{dx}=\frac{-ye^{xy}-\frac{2x}{x^2+y^2}+\sin(x+y)}{xe^{xy}+\frac{2y}{x^2+y^2}-\sin(x+y)}$

11.5 방향도함수와 그래디언트

- Part 1

1. 3
2. 4
3. $\frac{7\sqrt{2}}{2}$
4. $\frac{\sqrt{2}}{8}$
5. $\frac{\sqrt{2}}{2}\pi$
6. $\frac{\sqrt{10}}{20}\pi+\frac{\sqrt{10}}{10}$
7. $\sqrt{2}$
8. $\frac{91\sqrt{5}}{25}$
9. $\sqrt{2}$
10. 0
11. $3\mathbf{j}$
12. $2\mathbf{j}$
13. $-6\mathbf{i}+\mathbf{j}$
14. $-\frac{1}{2}\mathbf{i}+2\mathbf{j}$
15. $3\mathbf{i}-3\mathbf{j}-3\mathbf{k}$
16. $-\mathbf{j}-\mathbf{k}$
17. $\frac{3(\sqrt{2}+1)}{2}$
18. $\frac{2\sqrt{2}}{3}$

19. $-\dfrac{8\sqrt{5}}{5}$

20. $3\mathbf{i}+\mathbf{j}$, $\sqrt{10}$

21. $3\mathbf{i}+4\mathbf{j}$, 5

22. $\mathbf{i}+\mathbf{j}$, $\sqrt{2}$

23. $-2\sqrt{2}\mathbf{i}+2\sqrt{3}\mathbf{j}$, $2\sqrt{5}$

24. $2\mathbf{k}$, 2

25. $2\mathbf{i}+2\mathbf{j}+\mathbf{k}$, 3

26. $4\mathbf{i}+10\mathbf{k}$, $2\sqrt{29}$

27. $x+2y=5$

28. $x-3y=1$

29. $2x+y=1$

30. $\sqrt{3}x+y=\sqrt{3}+\dfrac{\pi}{3}$

31. $x+y+z=3$

32. $x+2y-2z=6$

33. $4x+y+z=4$

34. $x-y+z=6$

35. $z=0$

36. $x+y+z=3$

37. $3x+4y-z=4$

38. $\sqrt{2}x+y+z=4$

39. $x+4y-z=7$

• Part 2

40. -1

41. $\dfrac{9\sqrt{13}}{13}$

42. $-\dfrac{2}{5}$

43. $\dfrac{13\sqrt{6}}{12}$

44. $\left(\dfrac{-x^2+2xy^2+y}{(x^2+y^2)^2}\right)\mathbf{i}+\left(-\dfrac{2x^2y+x+y^2}{(x^2+y^2)^2}\right)\mathbf{j}$

45. $\left(\dfrac{x}{\sqrt{1-(x+y)^2}}+\sin^{-1}(x+y)\right)\mathbf{i}+\dfrac{x}{\sqrt{1-(x+y)^2}}\mathbf{j}$

46. $yz\left(\cosh(xyz)-\dfrac{1}{x^2}\right)\mathbf{i}+\left(xz\cosh(xyz)+\dfrac{z}{x}\right)\mathbf{j}$
$+\left(xy\cosh(xyz)+\dfrac{y}{x}\right)\mathbf{k}$

47. $\dfrac{3}{8}\mathbf{i}+\dfrac{\sqrt{3}}{8}\mathbf{j}$, $\dfrac{\sqrt{3}}{4}$

48. $-\mathbf{i}+\mathbf{j}$, $\sqrt{2}$

49. $x-y+z=5$

50. $x=0$

11.6 이변수함수의 극값

• Part 1

1. $(0,0)$
2. $(1,-2)$
3. $(3,3)$에서 극솟값 -9,
   안장점 $\left(-1,-1,\dfrac{5}{3}\right)$
4. $(3,-2)$에서 극솟값 -16
5. 안장점 $(3,2,3)$
6. 안장점 $(-3,2,21)$
7. 안장점 $(-4,-1,-5)$
8. $(1,4)$에서 극솟값 -32,
   안장점 $(5,0,0)$, $(-3,0,0)$
9. $(0,0)$에서 극솟값 0
10. 안장점 $(0,0,1)$
11. 안장점 $(0,0,-1)$
12. $\left(\dfrac{1}{2},-2\right)$에서 극솟값 2
13. $(1,2)$에서 극솟값 -46
14. 최솟값 -2, 최댓값 2
15. 최솟값 0, 최댓값 $4+2\sqrt{3}$
16. 최솟값 $-2-\sqrt{3}$, 최댓값 $2+3\sqrt{3}$
17. 최솟값 0, 최댓값 $\sqrt{3}$
18. 최솟값 1, 최댓값 $1+\sqrt{3}$
19. 최솟값 $-2\sqrt{2}$, 최댓값 $2\sqrt{2}$
20. 최솟값 -2, 최댓값 2
21. 최솟값 -1, 최댓값 1
22. 최솟값 -1, 최댓값 3
23. 최솟값 1, 최댓값 17
24. 최솟값 $5-4\sqrt{13}$, 최댓값 $5+4\sqrt{13}$

• Part 2

25. $\left(1,-\dfrac{3}{2}\right)$에서 극댓값 $\dfrac{9}{4}$,
   안장점 $(0,0,0)$, $(2,0,0)$, $(0,-3,0)$, $(2,-3,0)$
26. $(1,1)$에서 극댓값 e^{-2},
   안장점 $(0,0,0)$
27. 안장점 $(0,0,0)$
28. 최솟값 1, 최댓값 2
29. 최솟값 0, 최댓값 5

30. 최솟값 0, 최댓값 2

11.7 라그랑주 승수법

• Part 1

1. $1+4\sqrt{10}$
2. 11
3. 8
4. 9
5. 최솟값 $\frac{11}{3}$, 최댓값 9
6. 최솟값 $-\sqrt{2}$, 최댓값 $\sqrt{2}$
7. 최솟값 -25, 최댓값 50
8. 최솟값 -5, 최댓값 5
9. 최솟값 0, 최댓값 156
10. 최솟값 0, 최댓값 2
11. 최소거리 10, 최대거리 16
12. 최소거리 3, 최대거리 7
13. 최소거리 $-1+\sqrt{14}$,
최대거리 $1+\sqrt{14}$
14. $\sqrt{10}$
15. 1
16. $\frac{\sqrt{14}}{14}$
17. $\frac{9}{2}$

• Part 2

18. 최솟값 $\frac{5}{2}$, 최댓값 4
19. 가장 가까운 점 $(2,1)$, $(-2,-1)$,
가장 먼 점 $(-2,4)$, $(2,-4)$
20. 최솟값 $-\frac{\sqrt{3}}{18}$, 최댓값 $\frac{\sqrt{3}}{18}$

CHAPTER 12 다중적분

12.1 직사각형 위의 이중적분

• Part 1

1. 27
2. 27
3. 21
4. 33
5. 27
6. 45
7. 6

• Part 2

8. 194
9. 206
10. 132
11. 266
12. 234
13. 6

12.2 일반영역 위의 이중적분

• Part 1

1. 35
2. 50
3. 56
4. 50

• Part 2

5. 100
6. 120

12.3 반복적분

• Part 1

1. $18y^2$
2. $28x$
3. $\cos y$
4. $\sin 2x$
5. $(e-1)e^{3y}$
6. $\frac{1}{3}(e^3-1)e^x$
7. 6
8. 6
9. 2
10. 2
11. $(e-1)^2(1+e)$
12. $(e-1)^2(1+e)$
13. 56
14. $\frac{1}{12}$
15. $\frac{3}{5}$
16. 125
17. $\frac{1}{4}(e^2-3)$
18. (1) $\int_0^1\int_{y^2}^{\sqrt{y}} f(x,y)\,dxdy$

    (2) $\int_0^1\int_{x^2}^{\sqrt{x}} f(x,y)\,dydx$

    (3) $\frac{3}{20}$
19. (1) $\int_0^4\int_0^{\sqrt{16-y^2}} f(x,y)\,dxdy$

    (2) $\int_0^4\int_0^{\sqrt{16-x^2}} f(x,y)\,dydx$

    (3) $\frac{64}{3}$
20. $e-1$
21. 2
22. $e^{16}-1$
23. $\frac{2}{3}$
24. $\frac{16}{3}$
25. $\frac{10}{3}$
26. 2π
27. 16π

28. $\frac{542}{15}$
29. 4
30. 2
31. 7

- Part 2

32. $\frac{1}{2}(1+e^2)$
33. $\frac{57}{4}$
34. $-1+\ln 4$
35. $\frac{1}{2}(\pi-1)$
36. $\frac{1}{8}(1+2e^3)$
37. $\frac{16}{3}$
38. $\int_0^{\frac{\pi}{2}}\int_0^{\sin x} f(x, y)\,dydx$
39. $\int_{\frac{1}{e}}^{1}\int_1^{\frac{1}{x}} f(x, y)\,dydx$
40. 24
41. $\frac{135}{2}$

12.4 극좌표에서의 이중적분

- Part 1

1. 7
2. $\frac{2}{3}$
3. $\frac{1}{3}(5\sqrt{5}-2\sqrt{2})\pi$
4. $\frac{\pi}{8}$
5. 0
6. 4π
7. $\frac{\pi}{4}$
8. $\frac{1}{2}$
9. $(e-1)\pi$
10. $\frac{8\pi}{3}$
11. 2
12. 0
13. $\frac{2}{3}$
14. $\sqrt{3}-\frac{\pi}{3}$
15. $4\sqrt{2}$
16. $\frac{36}{5}$
17. 4π
18. $\frac{64\pi}{3}$
19. $\frac{4a^3}{3}\pi$
20. 16π
21. $\frac{81\pi}{2}$
22. 24π

- Part 2

23. 60π
24. $\frac{1}{2}\pi\ln\left(\frac{5}{2}\right)$
25. $\frac{\pi-\sqrt{3}}{3}$
26. $\frac{2}{5}(4\sqrt{2}-1)\pi$
27. 0
28. $\frac{32}{9}$
29. 24π
30. 8π
31. π
32. $\frac{\pi}{8}$
33. $p>1$
34. $p<1$

12.5 곡면의 표면적

- Part 1

1. 28
2. $\frac{\sqrt{3}\pi}{4}$
3. $\frac{\pi}{2}+\frac{2}{3}$

4. $\frac{\sqrt{3}}{4}$

5. $\frac{\pi}{6}(37\sqrt{37}-1)$

6. $\frac{\pi}{6}(17\sqrt{17}-1)$

7. $\frac{\pi}{6}(13\sqrt{13}-1)$

8. $16\sqrt{2}\pi$

• Part 2

9. $\frac{2\pi}{3}$

10. $\frac{\sqrt{35}}{2}$

11. $\sqrt{2}-1$

12. 2π

13. $\frac{1}{64}\left(\frac{1}{\sqrt{26}}-\frac{1}{\sqrt{10}}\right)$

14. $\frac{4}{15}(33-9\sqrt{3}-4\sqrt{2})$

12.6 삼중적분

• Part 1

1. (1) 18, (2) 18, (3) 18

2. 3

3. $\frac{4}{9}\left(e-\frac{1}{e}\right)$

4. 12

5. 27

6. $\frac{1}{2}$

7. 20

8. $\frac{3}{5}$

9. $\frac{32}{15}$

10. $\frac{8\pi}{3}$

11. 32

12. 28

13. $\frac{\pi^2}{8}$

14. $24\sqrt{3}$

15. $\frac{4}{\pi^2}$

16. $\frac{2}{3}$

17. 1

18. $\int_0^1\int_{-1}^0\int_0^{y^2} 1dzdydx=\frac{1}{3}$

19. $\int_0^1\int_0^1\int_{-1}^{-\sqrt{z}} 1dydzdx=\frac{1}{3}$

20. $\int_{-1}^0\int_0^{y^2}\int_0^1 1dxdzdy=\frac{1}{3}$

• Part 2

21. $\frac{16\sqrt{2}}{9}$

22. 15

23. 10

24. $\int_0^1\int_0^{1-x}\int_{x+z}^1 1dydzdx=\frac{1}{6}$

25. $\int_0^1\int_x^1\int_0^{y-x} 1dzdydx=\frac{1}{6}$

26. $8\pi-\frac{32}{3}$

27. $\int_0^1\int_0^{\sqrt{z}}\int_0^1 dydxdz=\frac{1}{3}$

12.7 원기둥좌표에서의 삼중적분

• Part 1

1. $(3, 3\sqrt{3}, 2)$

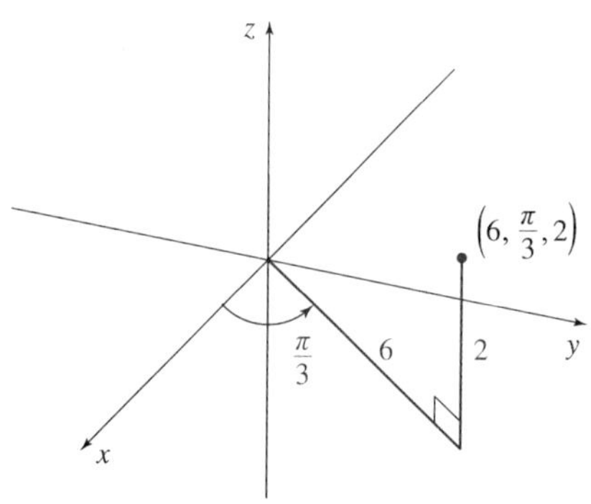

2. $(-2\sqrt{3}, 2, 2)$

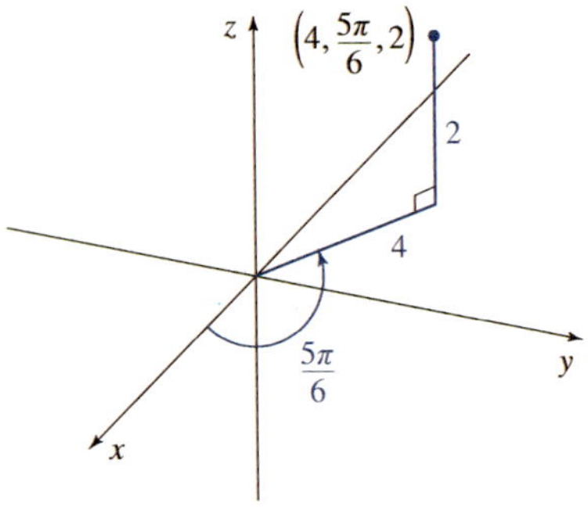

3. $\left(-\frac{\sqrt{3}}{2}, -\frac{1}{2}, 5\right)$

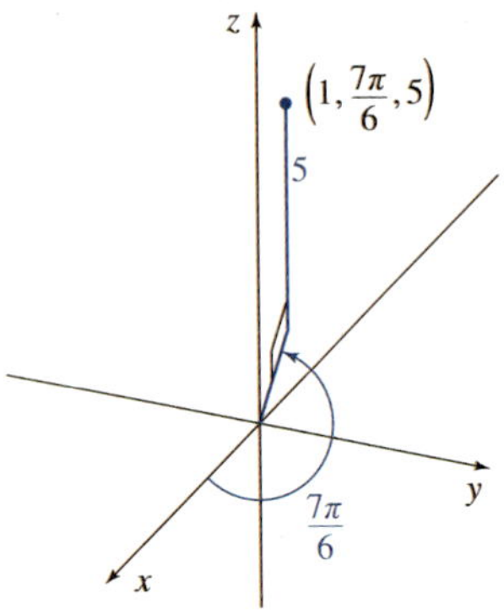

4. $(\sqrt{3}, -1, -3)$

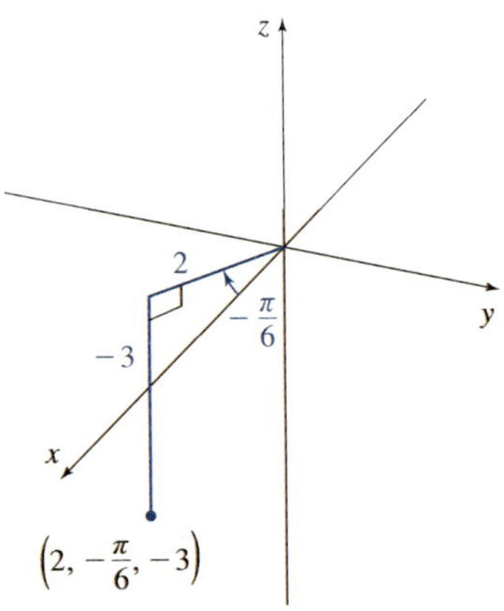

5. $\left(4\sqrt{2}, \frac{\pi}{4}, 1\right)$

6. $\left(1, \frac{2\pi}{3}, 2\right)$

7. $\left(2\sqrt{2}, \frac{5\pi}{4}, -2\right)$

8. $\left(4, \frac{11\pi}{6}, 4\right)$

9. $\frac{16\pi}{3}$

10. 128π

11. $\frac{8}{9}(3\pi - 4)$

12. $\frac{44\pi}{3}$

13. $-\pi$

14. 0

15. $\pi - \frac{2}{3}$

16. 4π

17. π

18. 8π

19. $\frac{52\pi}{3}$

• Part 2

20. $\frac{11\pi}{24}$

21. $\frac{15\pi}{2}$

22. $\frac{243\pi}{8}$

23. π

24. $\frac{512}{35}$

25. 2

26. 9π

27. $\frac{28}{3}$

12.8 구면좌표에서의 삼중적분

• Part 1

1. $(0, 2, 2\sqrt{3})$

2. $(-3, \sqrt{3}, 2)$

3. $\left(\frac{\sqrt{6}}{2}, -\frac{\sqrt{2}}{2}, -\sqrt{2}\right)$

4. $\left(0, -\frac{1}{2}, -\frac{\sqrt{3}}{2}\right)$

5. $\left(2, \frac{\pi}{3}, \frac{\pi}{4}\right)$

6. $\left(2, \frac{\pi}{2}, \pi\right)$

7. $\left(8, \frac{5\pi}{6}, \frac{\pi}{3}\right)$

8. $\left(6, \frac{\pi}{6}, \frac{5\pi}{6}\right)$

9. $\theta = \frac{\pi}{4}$
10. $\rho = 3$
11. $\phi = \frac{\pi}{6}$
12. $\rho = -4\cos\phi$
13. 원기둥 $x^2 + y^2 = 1$
14. 평면 $z = 2$
15. $\frac{1}{6}(2-\sqrt{2})\pi$
16. $\frac{15\pi}{16}$
17. 36π
18. $\frac{\pi}{6}$
19. π
20. $\frac{5\pi}{6}$
21. $\frac{15\pi}{2}$
22. $\frac{\pi}{12}$
23. $\frac{\pi}{2}$
24. $\frac{37\pi}{30}$
25. $\frac{4\pi}{3}$
26. $\frac{\pi}{2}$
27. 2π

• Part 2

28. 32π
29. $\frac{16\pi}{3\sqrt{3}}$
30. $\frac{128\pi}{7}$
31. $\frac{8\pi}{3}$
32. 0
33. $\frac{8}{3}(2-\sqrt{2})\pi$
34. 8π
35. $2(e-2)\pi$

12.9 중적분의 변수변환

• Part 1

1. 1
2. $2u^2 + 2v^2$
3. πu
4. (1) $2x+y=0$에서 $u=0$, $2x+y=5$에서 $u=1$,
   $x-2y=5$에서 $v=1$,
   $x-2y=10$에서 $v=2$
   (2) $\frac{\partial(x, y)}{\partial(u, v)} = -5$
   (3) $\frac{15}{2}$
5. (1) $2x-y=2$에서 $u=1$, $2x-y=6$에서 $u=3$,
   $y=2$에서 $v=1$, $y=4$에서 $v=2$
   (2) $\frac{\partial(x, y)}{\partial(u, v)} = 2$
   (3) 26
6. -5
7. 168
8. $\frac{\pi}{2}$
9. $\frac{1}{3}(\sqrt{37}-1)\pi$
10. $\frac{13}{6}$
11. $\frac{33}{4}$

• Part 2

12. $\frac{32\sqrt{2}}{9}$
13. $\frac{1}{2}\left[\ln(\sqrt{2}+1) - \frac{\pi}{4}\right]$
14. $\frac{5\pi}{2}$
15. $\frac{8}{3}(\sqrt{2}-1)$
16. $\rho^2\sin\phi$

찾아보기

ㅎ

기타